建筑工程检测鉴定加固
规范汇编

（上）

本社 编

中国建筑工业出版社

图书在版编目（CIP）数据

建筑工程检测鉴定加固规范汇编/中国建筑工业出版社编. —北京：中国建筑工业出版社，2008
ISBN 978-7-112-10073-6

Ⅰ.建… Ⅱ.中… Ⅲ.①建筑工程-质量检验-规范-汇编-中国②建筑工程-鉴定-规范-汇编-中国③建筑工程-加固-规范-汇编-中国 Ⅳ.TU71-65

中国版本图书馆 CIP 数据核字（2008）第 061816 号

责任编辑：郦锁林　曾　威
责任设计：崔兰萍
责任校对：兰曼利　孟　楠

建筑工程检测鉴定加固规范汇编
本社　编
*
中国建筑工业出版社出版、发行（北京西郊百万庄）
各地新华书店、建筑书店经销
北京红光制版公司制版
北京蓝海印刷有限公司印刷
*

开本：787×1092 毫米　1/16　印张：135　插页：1　字数：4968 千字
2008 年 6 月第一版　2008 年 6 月第一次印刷
印数：1—3000 册　定价：**270.00** 元（上、下册）
ISBN 978-7-112-10073-6
（16876）

版权所有　翻印必究
如有印装质量问题，可寄本社退换
（邮政编码 100037）

前 言

目前，我国既有建筑物的总量（包括城镇房屋建筑、工业建筑等）约400多亿 m²。有很大比例的建筑物出现安全性失效或进入功能退化期。有些建筑物超过正常使用年限却没有做安全性鉴定；有些因使用不当造成寿命缩短的建筑物也存在诸多隐患。通过科学可靠的检测、鉴定、加固，通过维修、加固，这也是一种重要的节约方式，符合国家的大政方针。继续保持其应有的安全性和可靠性，老旧建筑就能继续发挥它们的功能，建筑结构检测不仅可为危旧房屋加固修复提供直接的技术参数，而且对新建工程安全性能的鉴定起到重要作用。虽然目前设计、施工和管理水平都有很大的提高，但是，每年总有相当数量的新建工程因为各种原因而发生质量事故，需要检测、鉴定和加固处理。汶川大地震之后，大量房屋倒塌、损毁，也出现了一大批损坏不太严重，但必须经过检测、鉴定和加固之后才能使用的建筑物。只有在正确掌握结构使用功能和技术状态的基础上，才能制定出合理的加固方案，解决好加固工程中出现的各种技术问题。

近年来随着技术的提高以及实践经验的不断积累，一系列建筑工程检测、鉴定、加固规范相继颁布实施，有力地推动了行业的快速发展。标准化工作在建筑检测鉴定加固维修加固领域发挥了巨大的作用，是建筑检测、鉴定、维修和加固工作的重要技术依据，占有重要地位。因此应进一步地发挥规范的约束和指导作用。为了方便相关技术人员更好地查找和利用规范，我们对现行的建筑工程检测、鉴定及加固方面的规范进行了汇编。

本书收录的国家及行业规范共52个，其中通用类检测规范3个、地基基础检测规范2个、钢筋混凝土结构检测规范10个、砌体结构检测规范4个、钢结构检测规范14个、装饰、防护类检测规范5个、鉴定类规范5个、加固类规范9个，并附有条文说明，供从事建筑工程检测、鉴定、加固相关技术人员参考使用，也希望本书能够为震后的建筑物检测、鉴定、加固工作提供依据。

中国建筑工业出版社
2008年5月

目 录

第一篇 检 测 类 规 范

1 通用类检测规范
 《建筑工程施工质量验收统一标准》GB 50300—2001 ………… 2
 《建筑结构检测技术标准》GB/T 50344—2004 …………………… 3
 《建筑变形测量规范》JGJ 8—2007 ………………………………… 25

2 地基基础检测规范 …………………………………………………… 93
 《建筑地基基础工程施工质量验收规范》GB 50202—2002 …… 183
 《建筑基桩检测技术规范》JGJ 106—2003 ……………………… 184

3 钢筋混凝土结构检测规范 ………………………………………… 232
 《混凝土强度检验评定标准》GBJ 107—87 ……………………… 320
 《钢筋混凝土用钢 第 2 部分：热轧带肋钢筋》GB 1499.2—2007 …… 321
 《钢筋混凝土用热轧光圆钢筋》GB 13013—91 ………………… 340
 《混凝土结构工程施工质量验收规范》GB 50204—2002 ……… 354
 《混凝土结构试验方法标准》GB 50152—92 …………………… 359
 《回弹法检测混凝土抗压强度技术规程》JGJ/T 23—2001 …… 400
 《超声回弹综合法检测混凝土强度技术规程》CECS 02：2005 …… 464
 《钻芯法检测混凝土强度技术规程》CECS 03：2007 ………… 495
 《超声法检测混凝土缺陷技术规程》CECS 21：2000 ………… 539
 《后装拔出法检测混凝土强度技术规程》CECS 69：94 ……… 556

4 砌体结构检测规范 ………………………………………………… 595
 《烧结普通砖》GB 5101—2003 …………………………………… 615
 《砌体工程施工质量验收规范》GB 50203—2002 ……………… 616
 《砌体工程现场检测技术标准》GB/T 50315—2000 …………… 625
 《贯入法检测砌筑砂浆抗压强度技术规程》JGJ/T 136—2001 …… 665

5 钢结构检测规范 …………………………………………………… 713
 《碳素结构钢》GB/T 700—2006 ………………………………… 736

737

4

《低合金高强度结构钢》GB/T 1591—94 ……………………………………… 745
《钢及钢产品力学性能试验取样位置及试样制备》GB/T 2975—1998 …………… 751
《钢的成品化学成分允许偏差》GB/T 222—2006 ………………………………… 766
《钢和铁 化学成分测定用试样的取样和制样方法》GB/T 20066—2006 ……… 774
《钢结构工程施工质量验收规范》GB 50205—2001 ……………………………… 811
《建筑钢结构焊接技术规程》JGJ 81—2002 ……………………………………… 903
《钢焊缝手工超声波探伤方法和探伤结果分级》GB 11345—89 ………………… 1021
《无损检测 磁粉检测 第2部分：检测介质》GB/T 15822.2—2005 ………… 1046
《无损检测 磁粉检测 第3部分：设备》GB/T 15822.3—2005 ……………… 1064
《钢结构超声波探伤及质量分级法》JG/T 203—2007 …………………………… 1077
《铸钢件渗透检测》GB/T 9443—2007 …………………………………………… 1106
《建筑安装工程金属熔化焊焊缝射线照相检测标准》CECS 70：94 …………… 1118
《工程建设施工现场焊接目视检验规范》CECS 71：94 ………………………… 1154

6 装饰、防护类检测规范 ……………………………………………………… 1166
《建筑装饰装修工程质量验收规范》GB 50210—2001 …………………………… 1167
《建筑工程饰面砖粘结强度检验标准》JGJ 110—2008 …………………………… 1234
《外墙饰面砖工程施工及验收规程》JGJ 126—2000 ……………………………… 1251
《玻璃幕墙工程质量检验标准》JGJ/T 139—2001 ………………………………… 1270
《钢结构防火涂料应用技术规范》CECS 24：90 ………………………………… 1303

第二篇 鉴定类规范

《建筑抗震鉴定标准》GB 50023—95 ……………………………………………… 1328
《民用建筑可靠性鉴定标准》GB 50292—1999 …………………………………… 1396
《工业构筑物抗震鉴定标准》GBJ 117—88 ……………………………………… 1475
《工业厂房可靠性鉴定标准》GBJ 144—90 ……………………………………… 1535
《危险房屋鉴定标准》JGJ 125—99（2004 年版） ……………………………… 1557

第三篇 加固类规范

《混凝土结构加固设计规范》GB 50367—2006 …………………………………… 1580
《既有建筑地基基础加固技术规范》JGJ 123—2000 ……………………………… 1734
《建筑抗震加固技术规程》JGJ 116—98 …………………………………………… 1785
《民用房屋修缮工程施工规程》CJJ/T 53—93 …………………………………… 1837
《民用建筑修缮工程查勘与设计规程》JGJ 117—98 ……………………………… 1894
《混凝土结构后锚固技术规程》JGJ 145—2004 …………………………………… 1980
《钢结构加固技术规范》CECS 77：96 …………………………………………… 2040
《砖混结构房屋加层技术规范》CECS 78：96 …………………………………… 2082
《碳纤维片材加固混凝土结构技术规程》CECS 146：2003（2007 年版） ……… 2115

第一篇
检测类规范

1 通用类检测规范

中华人民共和国国家标准

建筑工程施工质量验收统一标准

Unified standard for constructional quality
acceptance of building engineering

GB 50300—2001

主编部门：中华人民共和国建设部
批准部门：中华人民共和国建设部
施行日期：２００２年１月１日

关于发布国家标准《建筑工程施工质量验收统一标准》的通知

建标［2001］157号

国务院各有关部门，各省、自治区建设厅，直辖市建委，计划单列市建委，新疆生产建设兵团，各有关协会：

根据我部《关于印发一九九八年工程建设国家标准制订、修订计划（第二批）的通知》（建标［1998］244号）的要求，由建设部会同有关部门共同修订的《建筑工程施工质量验收统一标准》，经有关部门会审，批准为国家标准，编号为GB 50300—2001，自2002年1月1日起施行。其中，3.0.3、5.0.4、5.0.7、6.0.3、6.0.4、6.0.7为强制性条文，必须严格执行。原《建筑安装工程质量检验评定统一标准》GBJ 300—88同时废止。

本标准由建设部负责管理，中国建筑科学研究院负责具体解释工作，建设部标准定额研究所组织中国建筑工业出版社出版发行。

中华人民共和国建设部

2001年7月20日

前　言

本标准是根据我部《关于印发一九九八年工程建设国家标准制订、修订计划（第二批）的通知》（建标［1998］244号）的通知，由中国建筑科学研究院会同中国建筑业协会工程建设质量监督分会等有关单位共同编制完成的。

本标准在编制过程中，编制组进行了广泛的调查研究，总结了我国建筑工程施工质量验收的实践经验，坚持了"验评分离、强化验收、完善手段、过程控制"的指导思想，并广泛征求了有关单位的意见，由我部于2000年10月进行审查定稿。

本标准的修订是将有关建筑工程的施工及验收规范和工程质量检验评定标准合并，组成新的工程质量验收规范体系，以统一建筑工程施工质量的验收方法、质量标准和程序。本标准规定了建筑工程各专业工程施工验收规范编制的统一准则和单位工程验收质量标准、内容和程序等；增加了建筑工程施工现场质量管理和质量控制要求；提出了检验批质量检验的抽样方案要求；规定了建筑工程施工质量验收中子单位和子分部工程的划分、涉及建筑工程安全和主要使用功能的见证取样及抽样检测。建筑工程各专业工程施工质量验收规范必须与本标准配合使用。

本标准将来可能需要进行局部修订，有关局部修订的信息和条文内容将刊登在《工程建设标准化》杂志上。

本标准以黑体字标志的条文为强制性条文，必须严格执行。

为了提高标准质量，请各单位在执行本标准过程中，注意积累资料、总结经验，如发现需要修改和补充之处，请将意见和有关资料寄交中国建筑科学研究院国家建筑工程质量监督检验中心（北京市北三环东路30号，邮政编码100013），以供今后修订时参考。

主 编 单 位：中国建筑科学研究院
参 加 单 位：中国建筑业协会工程建设质量监督分会
　　　　　　　国家建筑工程质量监督检验中心
　　　　　　　北京市建筑工程质量监督总站
　　　　　　　北京市城建集团有限责任公司
　　　　　　　天津市建筑工程质量监督管理总站
　　　　　　　上海市建设工程质量监督总站
　　　　　　　深圳市建设工程质量监督检验总站
　　　　　　　四川省华西集团总公司
　　　　　　　陕西省建筑工程总公司
　　　　　　　中国人民解放军工程质量监督总站
主要起草人：吴松勤　高小旺　何星华　白生翔　徐有邻　葛恒岳　刘国琦
　　　　　　王惠明　朱明德　杨南方　李子新　张鸿勋　刘　俭

建设部
2001年7月

目　次

1 总则 ·· 7
2 术语 ·· 7
3 基本规定 ·· 8
4 建筑工程质量验收的划分 ····································· 9
5 建筑工程质量验收 ·· 9
6 建筑工程质量验收程序和组织 ······························ 10
附录 A　施工现场质量管理检查记录 ······················· 11
附录 B　建筑工程分部（子分部）工程、分项工程划分 ········ 12
附录 C　室外工程划分 ·· 15
附录 D　检验批质量验收记录 ································· 15
附录 E　分项工程质量验收记录 ······························ 17
附录 F　分部（子分部）工程质量验收记录 ············· 18
附录 G　单位（子单位）工程质量竣工验收记录 ······ 18
本标准用词说明 ·· 23

1 总 则

1.0.1 为了加强建筑工程质量管理，统一建筑工程施工质量的验收，保证工程质量，制订本标准。

1.0.2 本标准适用于建筑工程施工质量的验收，并作为建筑工程各专业工程施工质量验收规范编制的统一准则。

1.0.3 本标准依据现行国家有关工程质量的法律、法规、管理标准和有关技术标准编制。建筑工程各专业工程施工质量验收规范必须与本标准配合使用。

2 术 语

2.0.1 建筑工程 building engineering

为新建、改建或扩建房屋建筑物和附属构筑物设施所进行的规划、勘察、设计和施工、竣工等各项技术工作和完成的工程实体。

2.0.2 建筑工程质量 quality of building engineering

反映建筑工程满足相关标准规定或合同约定的要求，包括其在安全、使用功能及其在耐久性能、环境保护等方面所有明显和隐含能力的特性总和。

2.0.3 验收 acceptance

建筑工程在施工单位自行质量检查评定的基础上，参与建设活动的有关单位共同对检验批、分项、分部、单位工程的质量进行抽样复验，根据相关标准以书面形式对工程质量达到合格与否做出确认。

2.0.4 进场验收 site acceptance

对进入施工现场的材料、构配件、设备等按相关标准规定要求进行检验，对产品达到合格与否做出确认。

2.0.5 检验批 inspection lot

按同一的生产条件或按规定的方式汇总起来供检验用的，由一定数量样本组成的检验体。

2.0.6 检验 inspection

对检验项目中的性能进行量测、检查、试验等，并将结果与标准规定要求进行比较，以确定每项性能是否合格所进行的活动。

2.0.7 见证取样检测 evidential testing

在监理单位或建设单位监督下，由施工单位有关人员现场取样，并送至具备相应资质的检测单位所进行的检测。

2.0.8 交接检验 handing over inspection

由施工的承接方与完成方经双方检查并对可否继续施工做出确认的活动。

2.0.9 主控项目 dominant item

建筑工程中的对安全、卫生、环境保护和公众利益起决定性作用的检验项目。

2.0.10 一般项目 general item

除主控项目以外的检验项目。

2.0.11 抽样检验 sampling inspection

按照规定的抽样方案，随机地从进场的材料、构配件、设备或建筑工程检验项目中，按检验批抽取一定数量的样本所进行的检验。

2.0.12 抽样方案 sampling scheme

根据检验项目的特性所确定的抽样数量和方法。

2.0.13 计数检验 counting inspection

在抽样的样本中，记录每一个体有某种属性或计算每一个体中的缺陷数目的检查方法。

2.0.14 计量检验 quantitative inspection

在抽样检验的样本中，对每一个体测量其某个定量特性的检查方法。

2.0.15 观感质量 quality of appearance

通过观察和必要的量测所反映的工程外在质量。

2.0.16 返修 repair

对工程不符合标准规定的部位采取整修等措施。

2.0.17 返工 rework

对不合格的工程部位采取的重新制作、重新施工等措施。

3 基本规定

3.0.1 施工现场质量管理应有相应的施工技术标准，健全的质量管理体系、施工质量检验制度和综合施工质量水平评定考核制度。

施工现场质量管理可按本标准附录 A 的要求进行检查记录。

3.0.2 建筑工程应按下列规定进行施工质量控制：

1. 建筑工程采用的主要材料、半成品、成品、建筑构配件、器具和设备应进行现场验收。凡涉及安全、功能的有关产品，应按各专业工程质量验收规范规定进行复验，并应经监理工程师（建设单位技术负责人）检查认可。

2. 各工序应按施工技术标准进行质量控制，每道工序完成后，应进行检查。

3. 相关各专业工种之间，应进行交接检验，并形成记录。未经监理工程师（建设单位技术负责人）检查认可，不得进行下道工序施工。

3.0.3 建筑工程施工质量应按下列要求进行验收：

1. 建筑工程施工质量应符合本标准和相关专业验收规范的规定。
2. 建筑工程施工应符合工程勘察、设计文件的要求。
3. 参加工程施工质量验收的各方人员应具备规定的资格。
4. 工程质量的验收均应在施工单位自行检查评定的基础上进行。
5. 隐蔽工程在隐蔽前应由施工单位通知有关单位进行验收，并应形成验收文件。
6. 涉及结构安全的试块、试件以及有关材料，应按规定进行见证取样检测。
7. 检验批的质量应按主控项目和一般项目验收。
8. 对涉及结构安全和使用功能的重要分部工程应进行抽样检测。

9．承担见证取样检测及有关结构安全检测的单位应具有相应资质。
10．工程的观感质量应由验收人员通过现场检查，并应共同确认。

3.0.4 检验批的质量检验，应根据检验项目的特点在下列抽样方案中进行选择：
 1．计量、计数或计量-计数等抽样方案。
 2．一次、二次或多次抽样方案。
 3．根据生产连续性和生产控制稳定性情况，尚可采用调整型抽样方案。
 4．对重要的检验项目当可采用简易快速的检验方法时，可选用全数检验方案。
 5．经实践检验有效的抽样方案。

3.0.5 在制定检验批的抽样方案时，对生产方风险（或错判概率 α）和使用方风险（或漏判概率 β）可按下列规定采取：
 1．主控项目：对应于合格质量水平的 α 和 β 均不宜超过5%。
 2．一般项目：对应于合格质量水平的 α 不宜超过5%，β 不宜超过10%。

4 建筑工程质量验收的划分

4.0.1 建筑工程质量验收应划分为单位（子单位）工程、分部（子分部）工程、分项工程和检验批。

4.0.2 单位工程的划分应按下列原则确定：
 1．具备独立施工条件并能形成独立使用功能的建筑物及构筑物为一个单位工程。
 2．建筑规模较大的单位工程，可将其能形成独立使用功能的部分为一个子单位工程。

4.0.3 分部工程的划分应按下列原则确定：
 1．分部工程的划分应按专业性质、建筑部位确定。
 2．当分部工程较大或较复杂时，可按材料种类、施工特点、施工程序、专业系统及类别等划分为若干子分部工程。

4.0.4 分项工程应按主要工种、材料、施工工艺、设备类别等进行划分。
 建筑工程的分部（子分部）、分项工程可按本标准附录B采用。

4.0.5 分项工程可由一个或若干检验批组成，检验批可根据施工及质量控制和专业验收需要按楼层、施工段、变形缝等进行划分。

4.0.6 室外工程可根据专业类别和工程规模划分单位（子单位）工程。
 室外单位（子单位）工程、分部工程可按本标准附录C采用。

5 建筑工程质量验收

5.0.1 检验批合格质量应符合下列规定：
 1．主控项目和一般项目的质量经抽样检验合格。
 2．具有完整的施工操作依据、质量检查记录。

5.0.2 分项工程质量验收合格应符合下列规定：
 1．分项工程所含的检验批均应符合合格质量的规定。
 2．分项工程所含的检验批的质量验收记录应完整。

5.0.3 分部（子分部）工程质量验收合格应符合下列规定：
　　1. 分部（子分部）工程所含分项工程的质量均应验收合格。
　　2. 质量控制资料应完整。
　　3. 地基与基础、主体结构和设备安装等分部工程有关安全及功能的检验和抽样检测结果应符合有关规定。
　　4. 观感质量验收应符合要求。
5.0.4 单位（子单位）工程质量验收合格应符合下列规定：
　　1. 单位（子单位）工程所含分部（子分部）工程的质量均应验收合格。
　　2. 质量控制资料应完整。
　　3. 单位（子单位）工程所含分部工程有关安全和功能的检测资料应完整。
　　4. 主要功能项目的抽查结果应符合相关专业质量验收规范的规定。
　　5. 观感质量验收应符合要求。
5.0.5 建筑工程质量验收记录应符合下列规定：
　　1. 检验批质量验收可按本标准附录D进行。
　　2. 分项工程质量验收可按本标准附录E进行。
　　3. 分部（子分部）工程质量验收应按本标准附录F进行。
　　4. 单位（子单位）工程验收，质量控制资料核查，安全和功能检验资料核查及主要功能抽查记录，观感质量检查应按本标准附录G进行。
5.0.6 当建筑工程质量不符合要求时，应按下列规定进行处理：
　　1. 经返工重做或更换器具、设备的检验批，应重新进行验收。
　　2. 经有资质的检测单位检测鉴定能够达到设计要求的检验批，应予以验收。
　　3. 经有资质的检测单位检测鉴定达不到设计要求、但经原设计单位核算认可能够满足结构安全和使用功能的检验批，可予以验收。
　　4. 经返修或加固处理的分项、分部工程，虽然改变外形尺寸但仍能满足安全使用要求，可按技术处理方案和协商文件进行验收。
5.0.7 通过返修或加固处理仍不能满足安全使用要求的分部工程、单位（子单位）工程，严禁验收。

6 建筑工程质量验收程序和组织

6.0.1 检验批及分项工程应由监理工程师（建设单位项目技术负责人）组织施工单位项目专业质量（技术）负责人等进行验收。
6.0.2 分部工程应由总监理工程师（建设单位项目负责人）组织施工单位项目负责人和技术、质量负责人等进行验收；地基与基础、主体结构分部工程的勘察、设计单位工程项目负责人和施工单位技术、质量部门负责人也应参加相关分部工程验收。
6.0.3 单位工程完工后，施工单位应自行组织有关人员进行检查评定，并向建设单位提交工程验收报告。
6.0.4 建设单位收到工程验收报告后，应由建设单位（项目）负责人组织施工（含分包单位）、设计、监理等单位（项目）负责人进行单位（子单位）工程验收。

6.0.5 单位工程有分包单位施工时，分包单位对所承包的工程项目应按本标准规定的程序检查评定，总包单位应派人参加。分包工程完成后，应将工程有关资料交总包单位。

6.0.6 当参加验收各方对工程质量验收意见不一致时，可请当地建设行政主管部门或工程质量监督机构协调处理。

6.0.7 单位工程质量验收合格后，建设单位应在规定时间内将工程竣工验收报告和有关文件，报建设行政管理部门备案。

附录 A 施工现场质量管理检查记录

A.0.1 施工现场质量管理检查记录应由施工单位按表 A.0.1 填写，总监理工程师（建设单位项目负责人）进行检查，并做出检查结论。

表 A.0.1 施工现场质量管理检查记录　　开工日期：

工程名称		施工许可证（开工证）	
建设单位		项目负责人	
设计单位		项目负责人	
监理单位		总监理工程师	
施工单位		项目经理	项目技术负责人
序号	项　　目	内　　容	
1	现场质量管理制度		
2	质量责任制		
3	主要专业工种操作上岗证书		
4	分包方资质与对分包单位的管理制度		
5	施工图审查情况		
6	地质勘察资料		
7	施工组织设计、施工方案及审批		
8	施工技术标准		
9	工程质量检验制度		
10	搅拌站及计量设置		
11	现场材料、设备存放与管理		
12			

检查结论：

　　　　　总监理工程师
　　　（建设单位项目负责人）　　　　　　　　　　　　　　　　　　年　月　日

附录B 建筑工程分部（子分部）工程、分项工程划分

B.0.1 建筑工程的分部（子分部）工程、分项工程可按表B.0.1划分。

表B.0.1 建筑工程分部工程、分项工程划分

序号	分部工程	子分部工程	分项工程
1	地基与基础	无支护土方	土方开挖、土方回填
		有支护土方	排桩，降水、排水，地下连续墙，锚杆，土钉墙，水泥土桩，沉井与沉箱，钢及混凝土支撑
		地基处理	灰土地基、砂和砂石地基、碎砖三合土地基，土工合成材料地基，粉煤灰地基，重锤夯实地基，强夯地基，振冲地基，砂桩地基，预压地基，高压喷射注浆地基，土和灰土挤密桩地基，注浆地基，水泥粉煤灰碎石桩地基，夯实水泥土桩地基
		桩基	锚杆静压桩及静力压桩，预应力离心管桩，钢筋混凝土预制桩，钢桩，混凝土灌注桩（成孔、钢筋笼、清孔、水下混凝土灌注）
		地下防水	防水混凝土，水泥砂浆防水层，卷材防水层，涂料防水层，金属板防水层，塑料板防水层，细部构造，喷锚支护，复合式衬砌，地下连续墙，盾构法隧道，渗排水、盲沟排水，隧道、坑道排水；预注浆、后注浆，衬砌裂缝注浆
		混凝土基础	模板、钢筋、混凝土，后浇带混凝土，混凝土结构缝处理
		砌体基础	砖砌体，混凝土砌块砌体，配筋砌体，石砌体
		劲钢（管）混凝土	劲钢（管）焊接，劲钢（管）与钢筋的连接，混凝土
		钢结构	焊接钢结构、栓接钢结构，钢结构制作，钢结构安装，钢结构涂装
2	主体结构	混凝土结构	模板，钢筋，混凝土，预应力，现浇结构，装配式结构
		劲钢（管）混凝土结构	劲钢（管）焊接，螺栓连接，劲钢（管）与钢筋的连接，劲钢（管）制作、安装，混凝土
		砌体结构	砖砌体，混凝土小型空心砌块砌体，石砌体，填充墙砌体，配筋砖砌体
		钢结构	钢结构焊接，紧固件连接，钢零部件加工，单层钢结构安装，多层及高层钢结构安装，钢结构涂装，钢构件组装，钢构件预拼装，钢网架结构安装，压型金属板
		木结构	方木和原木结构，胶合木结构，轻型木结构，木构件防护
		网架和索膜结构	网架制作，网架安装，索膜安装，网架防火，防腐涂料
3	建筑装饰装修	地面	整体面层：基层，水泥混凝土面层，水泥砂浆面层，水磨石面层，防油渗面层，水泥钢（铁）屑面层，不发火（防爆的）面层；板块面层：基层，砖面层（陶瓷锦砖、缸砖、陶瓷地砖和水泥花砖面层），大理石面层和花岗岩面层，预制板块面层（预制水泥混凝土、水磨石板块面层），料石面层（条石、块石面层），塑料板面层，活动地板面层，地毯面层；木竹面层：基层、实木地板面层（条材、块材面层），实木复合地板面层（条材、块材面层），中密度（强化）复合地板面层（条材面层），竹地板面层

续表 B.0.1

序号	分部工程	子分部工程	分项工程
3	建筑装饰装修	抹灰	一般抹灰，装饰抹灰，清水砌体勾缝
		门窗	木门窗制作与安装，金属门窗安装，塑料门窗安装，特种门安装，门窗玻璃安装
		吊顶	暗龙骨吊顶，明龙骨吊顶
		轻质隔墙	板材隔墙，骨架隔墙，活动隔墙，玻璃隔墙
		饰面板（砖）	饰面板安装，饰面砖粘贴
		幕墙	玻璃幕墙，金属幕墙，石材幕墙
		涂饰	水性涂料涂饰，溶剂型涂料涂饰，美术涂饰
		裱糊与软包	裱糊，软包
		细部	橱柜制作与安装，窗帘盒、窗台板和暖气罩制作与安装，门窗套制作与安装，护栏和扶手制作与安装，花饰制作与安装
4	建筑屋面	卷材防水屋面	保温层，找平层，卷材防水层，细部构造
		涂膜防水屋面	保温层，找平层，涂膜防水层，细部构造
		刚性防水屋面	细石混凝土防水层，密封材料嵌缝，细部构造
		瓦屋面	平瓦屋面，油毡瓦屋面，金属板屋面，细部构造
		隔热屋面	架空屋面，蓄水屋面，种植屋面
5	建筑给水、排水及采暖	室内给水系统	给水管道及配件安装，室内消火栓系统安装，给水设备安装，管道防腐，绝热
		室内排水系统	排水管道及配件安装，雨水管道及配件安装
		室内热水供应系统	管道及配件安装，辅助设备安装，防腐，绝热
		卫生器具安装	卫生器具安装，卫生器具给水配件安装，卫生器具排水管道安装
		室内采暖系统	管道及配件安装，辅助设备及散热器安装，金属辐射板安装，低温热水地板辐射采暖系统安装，系统水压试验及调试，防腐，绝热
		室外给水管网	给水管道安装，消防水泵接合器及室外消火栓安装，管沟及井室
		室外排水管网	排水管道安装，排水管沟与井池
		室外供热管网	管道及配件安装，系统水压试验及调试、防腐，绝热
		建筑中水系统及游泳池系统	建筑中水系统管道及辅助设备安装，游泳池水系统安装
		供热锅炉及辅助设备安装	锅炉安装，辅助设备及管道安装，安全附件安装，烘炉、煮炉和试运行，换热站安装，防腐，绝热
6	建筑电气	室外电气	架空线路及杆上电气设备安装，变压器、箱式变电所安装，成套配电柜、控制柜(屏、台)和动力、照明配电箱(盘)及控制柜安装，电线、电缆导管和线槽敷设，电线、电缆穿管和线槽敷线，电缆头制作、导线连接和线路电气试验，建筑物外部装饰灯具、航空障碍标志灯和庭院路灯安装，建筑照明通电试运行，接地装置安装
		变配电室	变压器、箱式变电所安装，成套配电柜、控制柜(屏、台)和动力、照明配电箱(盘)安装，裸母线、封闭母线、插接式母线安装，电缆沟内和电缆竖井内电缆敷设，电缆头制作、导线连接和线路电气试验，接地装置安装，避雷引下线和变配电室接地干线敷设
		供电干线	裸母线、封闭母线、插接式母线安装，桥架安装和桥架内电缆敷设，电缆沟内和电缆竖井内电缆敷设，电线、电缆导管和线槽敷设，电线、电缆穿管和线槽敷线，电缆头制作、导线连接和线路电气试验

续表 B.0.1

序号	分部工程	子分部工程	分项工程
6	建筑电气	电气动力	成套配电柜、控制柜（屏、台）和动力、照明配电箱（盘）及控制柜安装，低压电动机、电加热器及电动执行机构检查、接线，低压电气动力设备检测、试验和空载试运行，桥架安装和桥架内电缆敷设，电线、电缆导管和线槽敷设，电线、电缆穿管和线槽敷线，电缆头制作、导线连接和线路电气试验，插座、开关、风扇安装
		电气照明安装	成套配电柜、控制柜（屏、台）和动力、照明配电箱（盘）安装，电线、电缆导管和线槽敷设，电线、电缆导管和线槽敷线，槽板配线，钢索配线，电缆头制作、导线连接和线路电气试验，普通灯具安装，专用灯具安装，插座、开关、风扇安装，建筑照明通电试运行
		备用和不间断电源安装	成套配电柜、控制柜（屏、台）和动力、照明配电箱（盘）安装，柴油发电机组安装，不间断电源的其他功能单元安装，裸母线、封闭母线、插接式母线安装，电线、电缆导管和线槽敷设，电线、电缆导管和线槽敷线，电缆头制作、导线连接和线路电气试验，接地装置安装
		防雷及接地安装	接地装置安装，避雷引下线和变配电室接地干线敷设，建筑物等电位连接，接闪器安装
7	智能建筑	通信网络系统	通信系统，卫星及有线电视系统，公共广播系统
		办公自动化系统	计算机网络系统，信息平台及办公自动化应用软件，网络安全系统
		建筑设备监控系统	空调与通风系统，变配电系统，照明系统，给排水系统，热源和热交换系统，冷冻和冷却系统，电梯和自动扶梯系统，中央管理工作站与操作分站，子系统通信接口
		火灾报警及消防联动系统	火灾和可燃气体探测系统，火灾报警控制系统，消防联动系统
		安全防范系统	电视监控系统，入侵报警系统，巡更系统，出入口控制（门禁）系统，停车管理系统
		综合布线系统	缆线敷设和终接，机柜、机架、配线架的安装，信息插座和光缆芯线终端的安装
		智能化集成系统	集成系统网络，实时数据库，信息安全，功能接口
		电源与接地	智能建筑电源，防雷及接地
		环境	空间环境，室内空调环境，视觉照明环境，电磁环境
		住宅（小区）智能化系统	火灾自动报警及消防联动系统，安全防范系统（含电视监控系统、入侵报警系统、巡更系统、门禁系统、楼宇对讲系统、住户对讲呼救系统、停车管理系统），物业管理系统（多表现场计量及与远程传输系统、建筑设备监控系统、公共广播系统、小区网络及信息服务系统、物业办公自动化系统），智能家庭信息平台
8	通风与空调	送排风系统	风管与配件制作，部件制作，风管系统安装，空气处理设备安装，消声设备制作与安装，风管与设备防腐，风机安装，系统调试
		防排烟系统	风管与配件制作，部件制作，风管系统安装，防排烟风口、常闭正压风口与设备安装，风管与设备防腐，风机安装，系统调试
		除尘系统	风管与配件制作，部件制作，风管系统安装，除尘器与排污设备安装，风管与设备防腐，风机安装，系统调试
		空调风系统	风管与配件制作，部件制作，风管系统安装，空气处理设备安装，消声设备制作与安装，风管与设备防腐，风机安装，风管与设备绝热，系统调试

续表 B.0.1

序号	分部工程	子分部工程	分项工程
8	通风与空调	净化空调系统	风管与配件制作，部件制作，风管系统安装，空气处理设备安装，消声设备制作与安装，风管与设备防腐，风机安装，风管与设备绝热，高效过滤器安装，系统调试
		制冷设备系统	制冷机组安装，制冷剂管道及配件安装，制冷附属设备安装，管道及设备的防腐与绝热，系统调试
		空调水系统	管道冷热（媒）水系统安装，冷却水系统安装，冷凝水系统安装，阀门及部件安装，冷却塔安装，水泵及附属设备安装，管道与设备的防腐与绝热，系统调试
9	电梯	电力驱动的曳引式或强制式电梯安装	设备进场验收，土建交接检验，驱动主机，导轨，门系统，轿厢，对重（平衡重），安全部件，悬挂装置，随行电缆，补偿装置，电气装置，整机安装验收
		液压电梯安装	设备进场验收，土建交接检验，液压系统，导轨，门系统，轿厢，对重（平衡重），安全部件，悬挂装置，随行电缆，电气装置，整机安装验收
		自动扶梯、自动人行道安装	设备进场验收，土建交接检验，整机安装验收

附录 C 室外工程划分

C.0.1 室外单位（子单位）工程和分部工程可按表 C.0.1 划分。

表 C.0.1 室外工程划分

单位工程	子单位工程	分部（子分部）工程
室外建筑环境	附属建筑	车棚，围墙，大门，挡土墙，垃圾收集站
	室外环境	建筑小品，道路，亭台，连廊，花坛，场坪绿化
室外安装	给排水与采暖	室外给水系统，室外排水系统，室外供热系统
	电气	室外供电系统，室外照明系统

附录 D 检验批质量验收记录

D.0.1 检验批的质量验收记录由施工项目专业质量检查员填写，监理工程师（建设单位项目专业技术负责人）组织项目专业质量检查员等进行验收，并按表 D.0.1 记录。

表 D.0.1 检验批质量验收记录

工程名称		分项工程名称		验收部位	
施工单位		专业工长		项目经理	
施工执行标准名称及编号					
分包单位		分包项目经理		施工班组长	

		质量验收规范的规定	施工单位检查评定记录	监理（建设）单位验收记录
主控项目	1			
	2			
	3			
	4			
	5			
	6			
	7			
	8			
	9			
一般项目	1			
	2			
	3			
	4			

施工单位检查评定结果	项目专业质量检查员： 年 月 日
监理（建设）单位验收结论	监理工程师 （建设单位项目专业技术负责人） 年 月 日

附录 E 分项工程质量验收记录

E.0.1 分项工程质量应由监理工程师（建设单位项目专业技术负责人）组织项目专业技术负责人等进行验收，并按表 E.0.1 记录。

表 E.0.1 _____ 分项工程质量验收记录

工程名称			结构类型		检验批数	
施工单位			项目经理		项目技术负责人	
分包单位			分包单位负责人		分包项目经理	
序号	检验批部位、区段		施工单位检查评定结果	监理（建设）单位验收结论		
1						
2						
3						
4						
5						
6						
7						
8						
9						
10						
11						
12						
13						
14						
15						
16						
17						
检查结论	项目专业技术负责人： 年 月 日			验收结论	监理工程师 （建设单位项目专业技术负责人） 年 月 日	

附录 F 分部（子分部）工程质量验收记录

F.0.1 分部（子分部）工程质量应由总监理工程师（建设单位项目专业负责人）组织施工项目经理和有关勘察、设计单位项目负责人进行验收，并按表 F.0.1 记录。

表 F.0.1 _____ 分部（子分部）工程验收记录

工程名称		结构类型		层数	
施工单位		技术部门负责人		质量部门负责人	
分包单位		分包单位负责人		分包技术负责人	
序号	分项工程名称	检验批数	施工单位检查评定	验 收 意 见	
1					
2					
3					
4					
5					
6					
质量控制资料					
安全和功能检验(检测)报告					
观感质量验收					
验收单位	分包单位			项目经理　年　月　日	
	施工单位			项目经理　年　月　日	
	勘察单位			项目负责人　年　月　日	
	设计单位			项目负责人　年　月　日	
	监理(建设)单位	总监理工程师 （建设单位项目专业负责人）　年　月　日			

附录 G 单位(子单位)工程质量竣工验收记录

G.0.1 单位（子单位）工程质量验收应按表 G.0.1-1 记录，表 G.0.1-1 为单位工程质量验收的汇总表与附录 F 的表 F.0.1 和表 G.0.1-2～表 G.0.1-4 配合使用。表 G.0.1-2 为单位（子单位）工程质量控制资料核查记录，表 G.0.1-3 为单位（子单位）工程安全和功能检验资料核查及主要功能抽查记录，表 G.0.1-4 为单位（子单位）工程观感质量检查记录。

表 G.0.1-1 验收记录由施工单位填写，验收结论由监理（建设）单位填写。综合验收结论由参加验收各方共同商定，建设单位填写，应对工程质量是否符合设计和规范要求及总体质量水平做出评价。

表 G.0.1-1 单位（子单位）工程质量竣工验收记录

工程名称		结构类型		层数/建筑面积	/
施工单位		技术负责人		开工日期	
项目经理		项目技术负责人		竣工日期	

序号	项目	验收记录	验收结论
1	分部工程	共　　分部,经查　　分部 符合标准及设计要求　　分部	
2	质量控制资料核查	共　　项,经审查符合要求　　项, 经核定符合规范要求　　项	
3	安全和主要使用功能核查及抽查结果	共核查　　项,符合要求　　项, 共抽查　　项,符合要求　　项, 经返工处理符合要求　　项	
4	观感质量验收	共抽查　　项,符合要求　　项, 不符合要求　　项	
5	综合验收结论		

参加验收单位	建设单位	监理单位	施工单位	设计单位
	（公章）	（公章）	（公章）	（公章）
	单位(项目)负责人 年　月　日	总监理工程师 年　月　日	单位负责人 年　月　日	单位(项目)负责人 年　月　日

表 G.0.1-2 单位（子单位）工程质量控制资料核查记录

工程名称			施工单位		
序号	项目	资料名称	份数	核查意见	核查人
1	建筑与结构	图纸会审、设计变更、洽商记录			
2		工程定位测量、放线记录			
3		原材料出厂合格证书及进场检（试）验报告			
4		施工试验报告及见证检测报告			
5		隐蔽工程验收记录			
6		施工记录			
7		预制构件、预拌混凝土合格证			
8		地基基础、主体结构检验及抽样检测资料			
9		分项、分部工程质量验收记录			
10		工程质量事故及事故调查处理资料			
11		新材料、新工艺施工记录			
12					

续表 G.0.1-2

工程名称			施工单位			
序号	项目	资料名称		份数	核查意见	核查人
1	给排水与采暖	图纸会审、设计变更、洽商记录				
2		材料、配件出厂合格证书及进场检(试)验报告				
3		管道、设备强度试验、严密性试验记录				
4		隐蔽工程验收记录				
5		系统清洗、灌水、通水、通球试验记录				
6		施工记录				
7		分项、分部工程质量验收记录				
8						
1	建筑电气	图纸会审、设计变更、洽商记录				
2		材料、设备出厂合格证书及进场检(试)验报告				
3		设备调试记录				
4		接地、绝缘电阻测试记录				
5		隐蔽工程验收记录				
6		施工记录				
7		分项、分部工程质量验收记录				
8						
1	通风与空调	图纸会审、设计变更、洽商记录				
2		材料、设备出厂合格证书及进场检(试)验报告				
3		制冷、空调、水管道强度试验、严密性试验记录				
4		隐蔽工程验收记录				
5		制冷设备运行调试记录				
6		通风、空调系统调试记录				
7		施工记录				
8		分项、分部工程质量验收记录				
9						
1	电梯	土建布置图纸会审、设计变更、洽商记录				
2		设备出厂合格证书及开箱检验记录				
3		隐蔽工程验收记录				
4		施工记录				
5		接地、绝缘电阻测试记录				
6		负荷试验、安全装置检查记录				
7		分项、分部工程质量验收记录				
8						

续表 G.0.1-2

工程名称			施工单位			
序号	项目	资料名称		份数	核查意见	核查人
1	建筑智能化	图纸会审、设计变更、洽商记录、竣工图及设计说明				
2		材料、设备出厂合格证及技术文件及进场检（试）验报告				
3		隐蔽工程验收记录				
4		系统功能测定及设备调试记录				
5		系统技术、操作和维护手册				
6		系统管理、操作人员培训记录				
7		系统检测报告				
8		分项、分部工程质量验收报告				

结论：

施工单位项目经理　　　　　　　总监理工程师
　　　　　　　　　　　　　　　（建设单位项目负责人）

　　年　月　日　　　　　　　　　　　　　　　　　年　月　日

表 G.0.1-3　单位（子单位）工程安全和功能检验资料核查及主要功能抽查记录

工程名称			施工单位			
序号	项目	安全和功能检查项目	份数	核查意见	抽查结果	核查（抽查）人
1	建筑与结构	屋面淋水试验记录				
2		地下室防水效果检查记录				
3		有防水要求的地面蓄水试验记录				
4		建筑物垂直度、标高、全高测量记录				
5		抽气（风）道检查记录				
6		幕墙及外窗气密性、水密性、耐风压检测报告				
7		建筑物沉降观测测量记录				
8		节能、保温测试记录				
9		室内环境检测报告				
10						
1	给排水与采暖	给水管道通水试验记录				
2		暖气管道、散热器压力试验记录				
3		卫生器具满水试验记录				
4		消防管道、燃气管道压力试验记录				
5		排水干管通球试验记录				
6						

21

续表 G.0.1-3

工程名称			施工单位				
序号	项目	安全和功能检查项目	份数	核查意见	抽查结果	核查（抽查）人	
1	电气	照明全负荷试验记录					
2		大型灯具牢固性试验记录					
3		避雷接地电阻测试记录					
4		线路、插座、开关接地检验记录					
5							
1	通风与空调	通风、空调系统试运行记录					
2		风量、温度测试记录					
3		洁净室洁净度测试记录					
4		制冷机组试运行调试记录					
5							
1	电梯	电梯运行记录					
2		电梯安全装置检测报告					
1	智能建筑	系统试运行记录					
2		系统电源及接地检测报告					
3							

结论：

施工单位项目经理　　　　　　　　总监理工程师
　　　　　　　　　　　　　　　（建设单位项目负责人）

　　年　月　日　　　　　　　　　　　　　年　月　日

注：抽查项目由验收组协商确定。

表 G.0.1-4　单位（子单位）工程观感质量检查记录

工程名称		施工单位							质量评价		
序号	项　目		抽查质量状况						好	一般	差
1	建筑与结构	室外墙面									
2		变形缝									
3		水落管，屋面									
4		室内墙面									
5		室内顶棚									
6		室内地面									
7		楼梯、踏步、护栏									
8		门窗									

续表 G.0.1-4

工程名称			施工单位										
序号	项	目	抽查质量状况								质量评价		
											好	一般	差
1	给排水与采暖	管道接口、坡度、支架											
2		卫生器具、支架、阀门											
3		检查口、扫除口、地漏											
4		散热器、支架											
1	建筑电气	配电箱、盘、板、接线盒											
2		设备器具、开关、插座											
3		防雷、接地											
1	通风与空调	风管、支架											
2		风口、风阀											
3		风机、空调设备											
4		阀门、支架											
5		水泵、冷却塔											
6		绝热											
1	电梯	运行、平层、开关门											
2		层门、信号系统											
3		机房											
1	智能建筑	机房设备安装及布局											
2		现场设备安装											
3													
观感质量综合评价													
检查结论		施工单位项目经理 年 月 日			总监理工程师 (建设单位项目负责人) 年 月 日									

注：质量评价为差的项目，应进行返修。

本标准用词说明

一、执行本标准条文时，要求严格程度不同的用词说明如下，以便在执行中区别对待。

1．表示很严格，非这样做不可的：
正面词采用"必须"，反面词采用"严禁"。

2．表示严格，在正常情况下均应这样做的：
正面词采用"应"，反面词采用"不应"或"不得"。

3．表示允许稍有选择，在条件许可时首先这样做的：

正面词采用"宜"或"可",反面词采用"不宜"。

表示有选择,在一定条件下可以这样做的,采用"可"。

二、条文中必须按指定的标准、规范或其他有关规定执行时,写法为"应按……执行"或"应符合……要求"。

中华人民共和国国家标准

建筑结构检测技术标准

Technical standard for inspection of building structure

GB/T 50344—2004

主编部门：中华人民共和国建设部
批准部门：中华人民共和国建设部
施行日期：2004年12月1日

中华人民共和国建设部
公 告

第 265 号

建设部关于发布国家标准
《建筑结构检测技术标准》的公告

现批准《建筑结构检测技术标准》为国家标准,编号为 GB/T 50344—2004,自 2004 年 12 月 1 日起实施。

本标准由建设部标准定额研究所组织中国建筑工业出版社出版发行。

中华人民共和国建设部
2004 年 9 月 2 日

前　言

根据建设部建标〔2002〕第 59 号文的要求，由中国建筑科学研究院会同有关研究、检测单位共同编制了《建筑结构检测技术标准》GB/T 50344。

在编制的过程中，编制组开展了专题研究、试验研究和广泛的调查研究，总结了我国建筑结构检测工作中的经验和教训，参考采纳了国际建筑结构检测的先进经验，并在全国范围内广泛征求了有关设计、科研、教学、施工等单位的意见，经反复讨论、修改、充实，最后经审查定稿。本标准在建筑结构工程质量检测方面，与新修订的《建筑工程施工质量验收统一标准》GB 50300 和相关的结构工程施工质量验收规范相协调；在已有建筑结构检测方面，与相关的可靠性鉴定标准相协调。

本标准共有 8 章和 9 个附录，规定了应该进行建筑结构工程质量检测和建筑结构性能检测所对应的情况，建筑结构检测的基本程序和要求，建筑结构的检测项目和所采用的方法，提出了适合于建筑结构检测项目的抽样方案和抽样检测结果的评定准则。同时，本标准提出了既有建筑正常检查和常规检测的要求。

本标准将来可能需要进行局部修订，有关局部修订的信息和条文内容将刊登在《工程建设标准化》杂志上。

本标准由建设部负责管理，由中国建筑科学研究院负责具体内容解释。为了提高《建筑结构检测技术标准》的编制质量和水平，请在执行本标准的过程中，注意总结经验，积累资料，并将意见和建议寄至：北京市北三环东路 30 号，中国建筑科学研究院国家建筑工程质量监督检验中心国家标准《建筑结构检测技术标准》管理组（邮编：100013；E-mail：zjc@cabr.com.cn）。

本标准的主编单位：中国建筑科学研究院

参 加 单 位：四川省建筑科学研究院
　　　　　　　冶金部建筑研究总院
　　　　　　　河北省建筑科学研究院
　　　　　　　上海建筑科学研究院
　　　　　　　北京市建设工程质量检测中心
　　　　　　　陕西省建筑科学研究院
　　　　　　　山东省建筑科学研究院
　　　　　　　黑龙江省寒地建筑科学研究院
　　　　　　　江苏省建筑科学研究院
　　　　　　　西安交通大学
　　　　　　　国家建筑工程质量监督检验中心

主要起草人：何星华　邸小坛　高小旺（以下按姓氏笔画排列）
　　　　　　王永维　马建勋　朱宾　关淑君　李乃平　杨建平　周燕　张元发
　　　　　　张元勃　张国堂　侯汝欣　袁海军　夏贲　顾瑞南　崔士起　路彦兴
　　　　　　鲍德力

目　次

1 总则 ·· 30
2 术语和符号 ·· 30
　2.1 术语 ·· 30
　2.2 符号 ·· 33
3 基本规定 ··· 34
　3.1 建筑结构检测范围和分类 ··· 34
　3.2 检测工作程序与基本要求 ··· 34
　3.3 检测方法和抽样方案 ··· 35
　3.4 既有建筑的检测 ··· 40
　3.5 检测报告 ·· 41
　3.6 检测单位和检测人员 ··· 41
4 混凝土结构 ·· 42
　4.1 一般规定 ·· 42
　4.2 原材料性能 ··· 42
　4.3 混凝土强度 ··· 42
　4.4 混凝土构件外观质量与缺陷 ·· 44
　4.5 尺寸与偏差 ··· 44
　4.6 变形与损伤 ··· 45
　4.7 钢筋的配置与锈蚀 ·· 45
　4.8 构件性能实荷检验与结构动测 ··· 46
5 砌体结构 ··· 46
　5.1 一般规定 ·· 46
　5.2 砌筑块材 ·· 46
　5.3 砌筑砂浆 ·· 48
　5.4 砌体强度 ·· 48
　5.5 砌筑质量与构造 ··· 49
　5.6 变形与损伤 ··· 50
6 钢结构 ·· 50
　6.1 一般规定 ·· 50
　6.2 材料 ·· 50
　6.3 连接 ·· 51
　6.4 尺寸与偏差 ··· 52
　6.5 缺陷、损伤与变形 ·· 53
　6.6 构造 ·· 53

  6.7 涂装 ·· 53
  6.8 钢网架 ·· 54
  6.9 结构性能实荷检验与动测 ··· 54
7 钢管混凝土结构 ·· 55
  7.1 一般规定 ·· 55
  7.2 原材料 ·· 55
  7.3 钢管焊接质量与构件连接 ··· 55
  7.4 钢管中混凝土强度与缺陷 ··· 55
  7.5 尺寸与偏差 ··· 56
8 木结构 ··· 56
  8.1 一般规定 ·· 56
  8.2 木材性能 ·· 56
  8.3 木材缺陷 ·· 57
  8.4 尺寸与偏差 ··· 58
  8.5 连接 ·· 58
  8.6 变形损伤与防护措施 ·· 60
附录 A 结构混凝土冻伤的检测方法 ··· 60
附录 B f-CaO 对混凝土质量影响的检测 ·· 61
附录 C 混凝土中氯离子含量测定 ·· 62
附录 D 混凝土中钢筋锈蚀状况的检测 ··· 63
附录 E 结构动力测试方法和要求 ·· 65
附录 F 回弹检测烧结普通砖抗压强度 ··· 66
附录 G 表面硬度法推断钢材强度 ·· 66
附录 H 钢结构性能的静力荷载检验 ·· 67
附录 J 超声法检测钢管中混凝土抗压强度 ··· 68
本标准用词用语说明 ··· 69
条文说明 ·· 70

1 总　　则

1.0.1 为了统一建筑结构检测和检测结果的评价方法，使其技术先进，数据可靠，提高检测结果的可比性，保证检测结果的可靠性，制订本标准。

1.0.2 本标准适用于建筑工程中各类结构工程质量的检测和既有建筑结构性能的检测。

1.0.3 古建筑和受到特殊腐蚀影响的结构或构件，可参照本标准的基本原则进行检测。

1.0.4 建筑结构的检测，除应符合本标准的规定外，尚应符合国家现行有关强制性标准的规定。

1.0.5 对于不符合基本建设程序的建筑，应得到建设行政主管部门的批准后方可进行检测。

2 术语和符号

2.1 术　　语

2.1.1 建筑结构检测

1 建筑结构检测　inspection of building structure

为评定建筑结构工程的质量或鉴定既有建筑结构的性能等所实施的检测工作。

2 检测批　inspection lot

检测项目相同、质量要求和生产工艺等基本相同，由一定数量构件等构成的检测对象。

3 抽样检测　sampling inspection

从检测批中抽取样本，通过对样本的测试确定检测批质量的检测方法。

4 测区　testing zone

按检测方法要求布置的，有一个或若干个测点的区域。

5 测点　testing point

在测区内，取得检测数据的检测点

2.1.2 结构构件材料强度与缺陷检测方法

1 非破损检测方法　method of non-destructive test

在检测过程中，对结构的既有性能没有影响的检测方法。

2 局部破损检测方法　method of part-destructive test

在检测过程中，对结构既有性能有局部和暂时的影响，但可修复的检测方法。

3 回弹法　rebound method

通过测定回弹值及有关参数检测材料抗压强度和强度匀质性的方法。

4 超声回弹综合法　ultrasonic-rebound combined method

通过测定混凝土的超声波声速值和回弹值检测混凝土抗压强度的方法。

5 钻芯法　drilled core method

通过从结构或构件中钻取圆柱状试件检测材料强度的方法。

6 超声法　ultrasonic method

通过测定超声脉冲波的有关声学参数检测非金属材料缺陷和抗压强度的方法。

7 后装拔出法 post-install pull-out method

在已硬化的混凝土表层安装拔出仪进行拔出力的测试，检测混凝土抗压强度的方法。

8 贯入法 penetration method

通过测定钢钉贯入深度值检测构件材料抗压强度的方法。

9 原位轴压法 the method of axial compression in situ on brick wall

用原位压力机在烧结普通砖墙体上进行抗压测试，检测砌体抗压强度的方法。

10 扁式液压顶法 the method of flat jack

用扁式液压千斤顶在烧结普通砖墙体上进行抗压测试，检测砌体的压应力、弹性模量、抗压强度的方法。

11 原位单剪法 the method of single shear

在烧结普通砖墙体上沿单个水平灰缝进行抗剪测试，检测砌体抗剪强度的方法。

12 双剪法 the method of double shear

在烧结普通砖墙体上对单块顺砖进行双面抗剪测试，检测砌体抗剪强度的方法。

13 砂浆片剪切法 the method of mortar flake

用砂浆测强仪测定砂浆片的抗剪承载力，检测砌筑砂浆抗压强度的方法。

14 推出法 the method of push out

用推出仪从烧结普通砖墙体上水平推出单块丁砖，根据测得的水平推力及推出砖下的砂浆饱满度来检测砌筑砂浆抗压强度的方法。

15 点荷法 the method of point load

对试样施加点荷载检测砌筑砂浆抗压强度的方法。

16 筒压法 the method of column

将取样砂浆破碎、烘干并筛分成一定级配要求的颗粒，装入承压筒并施加筒压荷载后，测定其破碎程度，用筒压比来检测砌筑砂浆抗压强度的方法。

17 射钉法 the method of powder actuated shot

用射钉枪将射钉射入墙体的水平灰缝中，依据射钉的射入量检测砌筑砂浆抗压强度的方法。

18 超声波探伤 ultrasonic inspection

采用超声波探伤仪检测金属材料或焊缝缺陷的方法。

19 射线探伤 radiographic inspection

用X射线或γ射线透照钢工件，从荧光屏或所得底片上检测钢材或焊缝缺陷的方法。

20 磁粉探伤 magnetic partide inspection

根据磁粉在试件表面所形成的磁痕检测钢材表面和近表面裂纹等缺陷的方法。

21 渗透探伤 penetrant inspection

用渗透剂检测材料表面裂纹的方法。

2.1.3 结构、构件几何尺寸

1 标高 normal height

建筑物某一确定位置相对于±0.000的垂直高度。

2 轴线位移 displacement of axies

结构或构件轴线实际位置与设计要求的偏差。

3 垂直度 degree of gravity vertical
在规定高度范围内，构件表面偏离重力线的程度。

4 平整度 degree of plainness
结构构件表面凹凸的程度。

5 尺寸偏差 dimensional errors
实际几何尺寸与设计几何尺寸之间的差值。

6 挠度 deflection
在荷载等作用下，结构构件轴线或中性面上某点由挠曲引起垂直于原轴线或中性面方向上的线位移。

7 变形 deformation
作用引起的结构或构件中两点间的相对位移。

2.1.4 结构构件缺陷与损伤

1 蜂窝 honey comb
构件的混凝土表面因缺浆而形成的石子外露酥松等缺陷。

2 麻面 pockmark
混凝土表面因缺浆而呈现麻点、凹坑和气泡等缺陷。

3 孔洞 cavitation
混凝土中超过钢筋保护层厚度的孔穴。

4 露筋 reveal of reinforcement
构件内的钢筋未被混凝土包裹而外露的缺陷。

5 龟裂 map cracking
构件表面呈现的网状裂缝。

6 裂缝 crack
从建筑结构构件表面伸入构件内的缝隙。

7 疏松 loose
混凝土中局部不密实的缺陷。

8 混凝土夹渣 concrete slag inclusion
混凝土中夹有杂物且深度超过保护层厚度的缺陷。

9 焊缝夹渣 weld slag inclusion
焊接后残留在焊缝中的熔渣。

10 焊缝缺陷 weld defects
焊缝中的裂纹、夹渣、气孔等。

11 腐蚀 corrosion
建筑构件直接与环境介质接触而产生物理和化学的变化，导致材料的劣化。

12 锈蚀 rust
金属材料由于水分和氧气等的电化学作用而产生的腐蚀现象。

13 损伤 damage
由于荷载、环境侵蚀、灾害和人为因素等造成的构件非正常的位移、变形、开裂以及材料的破损和劣化等。

2.1.5 检测数据统计

1 均值 mean

随机变量取值的平均水平，本标准中也称之为0.5分位值。

2 方差 variance

随机变量取值与其均值之差的二次方的平均值。

3 标准差 standard deviation

随机变量方差的正平方根。

4 样本均值 sample mean

样本 X_1，……X_N 的算术平均值。

5 样本方差 sample variance

样本分量与样本均值之差的平方和为分子，分母为样本容量减1。

6 样本标准差 sample standard deviation

样本方差的正平方根。

7 样本 sample

按一定程序从总体（检测批）中抽取的一组（一个或多个）个体。

8 个体 item, individaul

可以单独取得一个检验或检测数据代表值的区域或构件。

9 样本容量 sample size

样本中所包含的个体的数目。

10 标准值 characteristic value

与随机变量分布函数0.05概率（具有95%保证率）相应的值，本标准也称之为0.05分位值。

2.2 符 号

2.2.1 材料强度

f_1——砌筑块材强度

$f_{1,m}$——砌筑块材抗压强度样本均值

f_{cu}^c——混凝土抗压强度的换算值

$f_{cu,e}$——混凝土强度的推定值

f_{cor}——芯样试件换算抗压强度

2.2.2 统计参数

s——样本标准差

m——样本均值

σ——检测批标准差

μ——均值或检测批均值

2.2.3 计算参数

Δ——修正量

η——修正系数

3 基本规定

3.1 建筑结构检测范围和分类

3.1.1 建筑结构的检测可分为建筑结构工程质量的检测和既有建筑结构性能的检测。

3.1.2 当遇到下列情况之一时，应进行建筑结构工程质量的检测：

1 涉及结构安全的试块、试件以及有关材料检验数量不足；
2 对施工质量的抽样检测结果达不到设计要求；
3 对施工质量有怀疑或争议，需要通过检测进一步分析结构的可靠性；
4 发生工程事故，需要通过检测分析事故的原因及对结构可靠性的影响。

3.1.3 当遇到下列情况之一时，应对既有建筑结构现状缺陷和损伤、结构构件承载力、结构变形等涉及结构性能的项目进行检测：

1 建筑结构安全鉴定；
2 建筑结构抗震鉴定；
3 建筑大修前的可靠性鉴定；
4 建筑改变用途、改造、加层或扩建前的鉴定；
5 建筑结构达到设计使用年限要继续使用的鉴定；
6 受到灾害、环境侵蚀等影响建筑的鉴定；
7 对既有建筑结构的工程质量有怀疑或争议。

3.1.4 建筑结构的检测应为建筑结构工程质量的评定或建筑结构性能的鉴定提供真实、可靠、有效的检测数据和检测结论。

3.1.5 建筑结构的检测应根据本标准的要求和建筑结构工程质量评定或既有建筑结构性能鉴定的需要合理确定检测项目和检测方案。

3.1.6 对于重要和大型公共建筑宜进行结构动力测试和结构安全性监测。

3.2 检测工作程序与基本要求

3.2.1 建筑结构检测工作程序，宜按图 3.2.1 的框图进行。

3.2.2 现场和有关资料的调查，应包括下列工作内容：

1 收集被检测建筑结构的设计图纸、设计变更、施工记录、施工验收和工程地质勘察等资料；
2 调查被检测建筑结构现状缺陷，环境条件，使用期间的加固与维修情况和用途与荷载等变更情况；
3 向有关人员进行调查；
4 进一步明确委托方的检测目的和具体要求，并了解是否已进行过检测。

3.2.3 建筑结构的检测应有完备的检测方案，检测方案应征求委托方的意见，并应经过审定。

3.2.4 建筑结构的检测方案宜包括下列主要内容：

1 概况，主要包括结构类型、建筑面积、总层数、设计、施工及监理单位，建造年代等；

2 检测目的或委托方的检测要求；

3 检测依据，主要包括检测所依据的标准及有关的技术资料等；

4 检测项目和选用的检测方法以及检测的数量；

5 检测人员和仪器设备情况；

6 检测工作进度计划；

7 所需要的配合工作；

8 检测中的安全措施；

9 检测中的环保措施。

3.2.5 检测时应确保所使用的仪器设备在检定或校准周期内，并处于正常状态。仪器设备的精度应满足检测项目的要求。

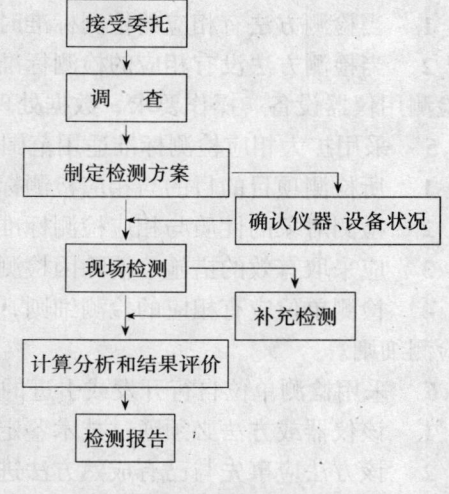

图 3.2.1 建筑结构检测工作程序框图

3.2.6 检测的原始记录，应记录在专用记录纸上，数据准确、字迹清晰、信息完整，不得追记、涂改，如有笔误，应进行杠改。当采用自动记录时，应符合有关要求。原始记录必须由检测及记录人员签字。

3.2.7 现场取样的试件或试样应予以标识并妥善保存。

3.2.8 当发现检测数据数量不足或检测数据出现异常情况时，应补充检测。

3.2.9 建筑结构现场检测工作结束后，应及时修补因检测造成的结构或构件局部的损伤。修补后的结构构件，应满足承载力的要求。

3.2.10 建筑结构的检测数据计算分析工作完成后，应及时提出相应的检测报告。

3.3 检测方法和抽样方案

3.3.1 建筑结构的检测，应根据检测项目、检测目的、建筑结构状况和现场条件选择适宜的检测方法。

3.3.2 建筑结构的检测，可选用下列检测方法：

1 有相应标准的检测方法；

2 有关规范、标准规定或建议的检测方法；

3 参照本条第 1 款的检测标准，扩大其适用范围的检测方法；

4 检测单位自行开发或引进的检测方法。

3.3.3 选用有相应标准的检测方法时，应遵守下列规定：

1 对于通用的检测项目，应选用国家标准或行业标准；

2 对于有地区特点的检测项目，可选用地方标准；

3 对同一种方法，地方标准与国家标准或行业标准不一致时，有地区特点的部分宜按地方标准执行，检测的基本原则和基本操作要求应按国家标准或行业标准执行；

4 当国家标准、行业标准或地方标准的规定与实际情况确有差异或存在明显不适用问题时，可对相应规定做适当调整或修正，但调整与修正应有充分的依据；调整与修正的内容应在检测方案中予以说明，必要时应向委托方提供调整与修正的检测细则。

3.3.4 采用有关规范、标准规定或建议的检测方法时，应遵守下列规定：

  1 当检测方法有相应的检测标准时，应按本章第 3.3.3 条的规定执行；

  2 当检测方法没有相应的检测标准时，检测单位应有相应的检测细则；检测细则应对检测用仪器设备、操作要求、数据处理等作出规定。

3.3.5 采用扩大相应检测标准适用范围的检测方法时，应遵守下列规定：

  1 所检测项目的目的与相应检测标准相同；

  2 检测对象的性质与相应检测标准检测对象的性质相近；

  3 应采取有效的措施，消除因检测对象性质差异而存在的检测误差；

  4 检测单位应有相应的检测细则，在检测方案中应予以说明，必要时应向委托方提供检测细则。

3.3.6 采用检测单位自行开发或引进的检测仪器及检测方法时，应遵守下列规定：

  1 该仪器或方法必须通过技术鉴定，并具有一定的工程检测实践经验；

  2 该方法应事先与已有成熟方法进行比对试验；

  3 检测单位应有相应的检测细则；

  4 在检测方案中应予以说明，必要时应向委托方提供检测细则。

3.3.7 现场检测宜选用对结构或构件无损伤的检测方法。当选用局部破损的取样检测方法或原位检测方法时，宜选择结构构件受力较小的部位，并不得损害结构的安全性。

3.3.8 当对古建筑和有纪念性的既有建筑结构进行检测时，应避免对建筑结构造成损伤。

3.3.9 重要和大型公共建筑的结构动力测试，应根据结构的特点和检测的目的，分别采用环境振动和激振等方法。

3.3.10 重要大型工程和新型结构体系的安全性监测，应根据结构的受力特点制定监测方案，并应对监测方案进行论证。

3.3.11 建筑结构检测的抽样方案，可根据检测项目的特点按下列原则选择：

  1 外部缺陷的检测，宜选用全数检测方案。

  2 几何尺寸与尺寸偏差的检测，宜选用一次或二次计数抽样方案。

  3 结构连接构造的检测，应选择对结构安全影响大的部位进行抽样。

  4 构件结构性能的实荷检验，应选择同类构件中荷载效应相对较大和施工质量相对较差构件或受到灾害影响、环境侵蚀影响构件中有代表性的构件。

  5 按检测批检测的项目，应进行随机抽样，且最小样本容量宜符合本标准第 3.3.13 条的规定。

  6 《建筑工程施工质量验收统一标准》GB 50300 或相应专业工程施工质量验收规范规定的抽样方案。

3.3.12 当为下列情况时，检测对象可以是单个构件或部分构件；但检测结论不得扩大到未检测的构件或范围。

  1 委托方指定检测对象或范围；

  2 因环境侵蚀或火灾、爆炸、高温以及人为因素等造成部分构件损伤时。

3.3.13 建筑结构检测中，检测批的最小样本容量不宜小于表 3.3.13 的限定值。

3.3.14 计数抽样检测时，检测批的合格判定，应符合下列规定：

表 3.3.13 建筑结构抽样检测的最小样本容量

检测批的容量	检测类别和样本最小容量			检测批的容量	检测类别和样本最小容量		
	A	B	C		A	B	C
2~8	2	2	3	501~1200	32	80	125
9~15	2	3	5	1201~3200	50	125	200
16~25	3	5	8	3201~10000	80	200	315
26~50	5	8	13	10001~35000	125	315	500
51~90	5	13	20	35001~150000	200	500	800
91~150	8	20	32	150001~500000	315	800	1250
151~280	13	32	50	>500000	500	1250	2000
281~500	20	50	80	—	—	—	—

注：检测类别 A 适用于一般施工质量的检测，检测类别 B 适用于结构质量或性能的检测，检测类别 C 适用于结构质量或性能的严格检测或复检。

1 计数抽样检测的对象为主控项目时，正常一次抽样应按表 3.3.14-1 判定，正常二次抽样应按表 3.3.14-2 判定；

2 计数抽样检测的对象为一般项目时，正常一次抽样应按表 3.3.14-3 判定，正常二次抽样应按表 3.3.14-4 判定。

表 3.3.14-1 主控项目正常一次性抽样的判定

样本容量	合格判定数	不合格判定数	样本容量	合格判定数	不合格判定数
2~5	0	1	80	7	8
8~13	1	2	125	10	11
20	2	3	200	14	15
32	3	4	>315	21	22
50	5	6			

表 3.3.14-2 主控项目正常二次性抽样的判定

抽样次数与样本容量	合格判定数	不合格判定数	抽样次数与样本容量	合格判定数	不合格判定数
(1) 2-6	0	1	(1) -50 (2) -100	3 9	6 10
(1) -5 (2) -10	0 1	2 2	(1) -80 (2) -160	5 12	9 13
(1) -8 (2) -16	0 1	2 2	(1) -125 (2) -250	7 18	11 19
(1) -13 (2) -26	0 3	3 4	(1) -200 (2) -400	11 26	16 27
(1) -20 (2) -40	1 3	3 4	(1) -315 (2) -630	11 26	16 27
(1) -32 (2) -64	2 6	5 7			

注：(1) 和 (2) 表示抽样批次，(2) 对应的样本容量为二次抽样的累计数量。

表 3.3.14-3 一般项目正常一次性抽样的判定

样本容量	合格判定数	不合格判定数	样本容量	合格判定数	不合格判定数
2～5	1	2	32	7	9
8	2	3	50	10	11
13	3	4	80	14	15
20	5	6	≥125	21	22

表 3.3.14-4 一般项目正常二次性抽样的判定

抽样次数与样本容量	合格判定数	不合格判定数	抽样次数与样本容量	合格判定数	不合格判定数
(1)－2 (2)－4	0 1	2 2	(1)－80 (2)－160	9 23	14 24
(1)－3 (2)－6	0 1	2 2	(1)－125 (2)－250	9 23	14 24
(1)－5 (2)－10	0 1	2 2	(1)－200 (2)－400	9 23	14 24
(1)－8 (2)－16	0 3	3 4	(1)－315 (2)－630	9 23	14 24
(1)－13 (2)－26	1 3	3 5	(1)－500 (2)－1000	9 23	14 24
(1)－20 (2)－40	2 6	5 7	(1)－800 (2)－1600	9 23	14 24
(1)－32 (2)－64	4 10	7 11	(1)－1250 (2)－2500	9 23	14 24
(1)－50 (2)－100	6 15	10 16	(1)－2000 (2)－4000	9 23	14 24

注：(1) 和 (2) 表示抽样次数，(2) 对应的样本容量为二次抽样的累计数量。

3.3.15 计量抽样检测批的检测结果，宜提供推定区间。推定区间的置信度宜为 0.90，并使错判概率和漏判概率均为 0.05。特殊情况下，推定区间的置信度可为 0.85，使漏判概率为 0.10，错判概率仍为 0.05。

3.3.16 结构材料强度计量抽样的检测结果，推定区间的上限值与下限值之差值应予以限制，不宜大于材料相邻强度等级的差值和推定区间上限值与下限值算术平均值的 10% 两者中的较大值。

3.3.17 当检测批的检测结果不能满足第 3.3.15 条和第 3.3.16 条的要求时，可提供单个构件的检测结果，单个构件的检测结果的推定应符合相应检测标准的规定。

3.3.18 检测批中的异常数据，可予以舍弃；异常数据的舍弃应符合《正态样本异常值的判断和处理》GB 4883 或其他标准的规定。

3.3.19 检测批的标准差 σ 为未知时，计量抽样检测批均值 μ（0.5 分位值）的推定区间上限值和下限值可按式（3.3.19）计算：

$$\mu_1 = m + ks$$
$$\mu_2 = m - ks$$
(3.3.19)

式中 μ_1——均值（0.5 分位值）μ 推定区间的上限值；

μ_2——均值（0.5 分位值）μ 推定区间的下限值；

m——样本均值;

s——样本标准差;

k——推定系数,取值见表3.3.19。

表3.3.19 标准差未知时推定区间上限值与下限值系数

样本容量	标准差未知时推定区间上限值与下限值系数					
	0.5分位值		0.05分位值			
	k (0.05)	k (0.1)	k_1 (0.05)	k_2 (0.05)	k_1 (0.1)	k_2 (0.1)
5	0.95339	0.68567	0.81778	4.20268	0.98218	3.39983
6	0.82264	0.60253	0.87477	3.70768	1.02822	3.09188
7	0.73445	0.54418	0.92037	3.39947	1.06516	2.89380
8	0.66983	0.50025	0.95803	3.18729	1.09570	2.75428
9	0.61985	0.46561	0.98987	3.03124	1.12153	2.64990
10	0.57968	0.43735	1.01730	2.91096	1.14378	2.56837
11	0.54648	0.41373	1.04127	2.81499	1.16322	2.50262
12	0.51843	0.39359	1.06247	2.73634	1.18041	2.44825
13	0.49432	0.37615	1.08141	2.67050	1.19576	2.40240
14	0.47330	0.36085	1.09848	2.61443	1.20958	2.36311
15	0.45477	0.34729	1.11397	2.56600	1.22213	2.32898
16	0.43826	0.33515	1.12812	2.52366	1.23358	2.29900
17	0.42344	0.32421	1.14112	2.48626	1.24409	2.27240
18	0.41003	0.31428	1.15311	2.45295	1.25379	2.24862
19	0.39782	0.30521	1.16423	2.42304	1.26277	2.22720
20	0.38665	0.29689	1.17458	2.39600	1.27113	2.20778
21	0.37636	0.28921	1.18425	2.37142	1.27893	2.19007
22	0.36686	0.28210	1.19330	2.34896	1.28624	2.17385
23	0.35805	0.27550	1.20181	2.32832	1.29310	2.15891
24	0.34984	0.26933	1.20982	2.30929	1.29956	2.14510
25	0.34218	0.26357	1.21739	2.29167	1.30566	2.13229
26	0.33499	0.25816	1.22455	2.27530	1.31143	2.12037
27	0.32825	0.25307	1.23135	2.26005	1.31690	2.10924
28	0.32189	0.24827	1.23780	2.24578	1.32209	2.09881
29	0.31589	0.24373	1.24395	2.23241	1.32704	2.08903
30	0.31022	0.23943	1.24981	2.21984	1.33175	2.07982
31	0.30484	0.23536	1.25540	2.20800	1.33625	2.07113
32	0.29973	0.23148	1.26075	2.19682	1.34055	2.06292
33	0.29487	0.22779	1.26588	2.18625	1.34467	2.05514
34	0.29024	0.22428	1.27079	2.17623	1.34862	2.04776
35	0.28582	0.22092	1.27551	2.16672	1.35241	2.04075
36	0.28160	0.21770	1.28004	2.15768	1.35605	2.03407
37	0.27755	0.21463	1.28441	2.14906	1.35955	2.02771
38	0.27368	0.21168	1.28861	2.14085	1.36292	2.02164
39	0.26997	0.20884	1.29266	2.13300	1.36617	2.01583
40	0.26640	0.20612	1.29657	2.12549	1.36931	2.01027

续表 3.3.19

样本容量	标准差未知时推定区间上限值与下限值系数					
	0.5 分位值		0.05 分位值			
	k (0.05)	k (0.1)	k_1 (0.05)	k_2 (0.05)	k_1 (0.1)	k_2 (0.1)
41	0.26297	0.20351	1.30035	2.11831	1.37233	2.00494
42	0.25967	0.20099	1.30399	2.11142	1.37526	1.99983
43	0.25650	0.19856	1.30752	2.10481	1.37809	1.99493
44	0.25343	0.19622	1.31094	2.09846	1.38083	1.99021
45	0.25047	0.19396	1.31425	2.09235	1.38348	1.98567
46	0.24762	0.19177	1.31746	2.08648	1.38605	1.98130
47	0.24486	0.18966	1.32058	2.08081	1.38854	1.97708
48	0.24219	0.18761	1.32360	2.07535	1.39096	1.97302
49	0.23960	0.18563	1.32653	2.07008	1.39331	1.96909
50	0.23710	0.18372	1.32939	2.06499	1.39559	1.96529
60	0.21574	0.16732	1.35412	2.02216	1.41536	1.93327
70	0.19927	0.15466	1.37364	1.98987	1.43095	1.90903
80	0.18608	0.14449	1.38959	1.96444	1.44366	1.88988
90	0.17521	0.13610	1.40294	1.94376	1.45429	1.87428
100	0.16604	0.12902	1.41433	1.92654	1.46335	1.86125
110	0.15818	0.12294	1.42421	1.91191	1.47121	1.85017
120	0.15133	0.11764	1.43289	1.89929	1.47810	1.84059

3.3.20 检测批的标准差 σ 为未知时，计量抽样检测批具有95%保证率的标准值（0.05分位值）x_k 的推定区间上限值和下限值可按式（3.3.20）计算：

$$x_{k,1} = m - k_1 s$$
$$x_{k,2} = m - k_2 s$$
(3.3.20)

式中 $x_{k,1}$——标准值（0.05分位值）推定区间的上限值；

$x_{k,2}$——标准值（0.05分位值）推定区间的下限值；

m——样本均值；

s——样本标准差；

k_1 和 k_2——推定系数，取值见表3.3.19。

3.3.21 计量抽样检测批的判定，当设计要求相应数值小于或等于推定上限值时，可判定为符合设计要求；当设计要求相应数值大于推定上限值时，可判定为低于设计要求。

3.4 既有建筑的检测

3.4.1 既有建筑除了在遇到本标准第3.1.3条规定的情况下应进行建筑结构的检测外，宜有正常的检查制度和在设计使用年限内建筑结构的常规检测。

3.4.2 既有建筑正常检查的对象可为建筑构件表面的裂缝、损伤、过大的位移或变形，建筑物内外装饰层是否出现脱落空鼓，栏杆扶手是否松动失效等；既有工业建筑的正常检查工作可结合生产设备的年检进行。

3.4.3 当年检发现存在影响既有建筑正常使用的问题时，应及时维修；当发现影响结构安全的问题时,应委托有资质的检测单位进行建筑结构的检测。

3.4.4 建筑结构在其设计使用年限内的常规检测,应委托具有资质的检测单位进行检测,检测时间应根据建筑结构的具体情况确定。

3.4.5 建筑结构的常规检测应根据既有建筑结构的设计质量、施工质量、使用环境类别等确定检测重点、检测项目和检测方法。

3.4.6 建筑结构的常规检测宜以下列部位为检测重点:
1 出现渗水漏水部位的构件;
2 受到较大反复荷载或动力荷载作用的构件;
3 暴露在室外的构件;
4 受到腐蚀性介质侵蚀的构件;
5 受到污染影响的构件;
6 与侵蚀性土壤直接接触的构件;
7 受到冻融影响的构件;
8 委托方年检怀疑有安全隐患的构件;
9 容易受到磨损、冲撞损伤的构件。

3.4.7 实施建筑结构常规检测的单位应向委托方提供有关结构安全性、使用安全性及结构耐久性等方面的有效检测数据和检测结论。

3.5 检测报告

3.5.1 建筑结构工程质量的检测报告应做出所检测项目是否符合设计文件要求或相应验收规范规定的评定。既有建筑结构性能的检测报告应给出所检测项目的评定结论,并能为建筑结构的鉴定提供可靠的依据。

3.5.2 检测报告应结论准确、用词规范、文字简练,对于当事方容易混淆的术语和概念可书面予以解释。

3.5.3 检测报告至少应包括以下内容:
1 委托单位名称;
2 建筑工程概况,包括工程名称、结构类型、规模、施工日期及现状等;
3 设计单位、施工单位及监理单位名称;
4 检测原因、检测目的,以往检测情况概述;
5 检测项目、检测方法及依据的标准;
6 抽样方案及数量;
7 检测日期,报告完成日期;
8 检测项目的主要分类检测数据和汇总结果;检测结果、检测结论;
9 主检、审核和批准人员的签名。

3.6 检测单位和检测人员

3.6.1 承接建筑结构检测工作的检测机构,应符合国家规定的有关资质条件要求。

3.6.2 检测单位应有固定的工作场所、健全的质量管理体系和相应的技术能力。

3.6.3 建筑结构检测所用的仪器和设备应有产品合格证、计量检定机构的有效检定(校准）证书或自校证书。
3.6.4 检测人员必须经过培训取得上岗资格，对特殊的检测项目，检测人员应有相应的检测资格证书。
3.6.5 现场检测工作应由两名或两名以上检测人员承担。

4 混凝土结构

4.1 一般规定

4.1.1 本章适用于现浇混凝土及预制混凝土结构与构件质量或性能的检测。
4.1.2 混凝土结构的检测可分为原材料性能、混凝土强度、混凝土构件外观质量与缺陷、尺寸与偏差、变形与损伤和钢筋配置等项工作，必要时，可进行结构构件性能的实荷检验或结构的动力测试。

4.2 原材料性能

4.2.1 混凝土原材料的质量或性能，可按下列方法检测：
 1 当工程尚有与结构中同批、同等级的剩余原材料时，可按有关产品标准和相应检测标准的规定对与结构工程质量问题有关联的原材料进行检验；
 2 当工程没有与结构中同批、同等级的剩余原材料时，可从结构中取样，检测混凝土的相关质量或性能。
4.2.2 钢筋的质量或性能，可按下列方法检测：
 1 当工程尚有与结构中同批的钢筋时，可按有关产品标准的规定进行钢筋力学性能检验或化学成分分析；
 2 需要检测结构中的钢筋时，可在构件中截取钢筋进行力学性能检验或化学成分分析；进行钢筋力学性能的检验时，同一规格钢筋的抽检数量应不少于一组；
 3 钢筋力学性能和化学成分的评定指标，应按有关钢筋产品标准确定。
4.2.3 既有结构钢筋抗拉强度的检测，可采用钢筋表面硬度等非破损检测与取样检验相结合的方法。
4.2.4 需要检测锈蚀钢筋、受火灾影响等钢筋的性能时，可在构件中截取钢筋进行力学性能检测。在检测报告中应对测试方法与标准方法的不符合程度和检测结果的适用范围等予以说明。

4.3 混凝土强度

4.3.1 结构或构件混凝土抗压强度的检测，可采用回弹法、超声回弹综合法、后装拔出法或钻芯法等方法，检测操作应分别遵守相应技术规程的规定。
4.3.2 除了有特殊的检测目的之外，混凝土抗压强度的检测应符合下列规定：
 1 采用回弹法时，被检测混凝土的表层质量应具有代表性，且混凝土的抗压强度和龄期不应超过相应技术规程限定的范围；
 2 采用超声回弹综合法时，被检测混凝土的内外质量应无明显差异，且混凝土的抗压强度不应超过相应技术规程限定的范围；

　　3 采用后装拔出法时，被检测混凝土的表层质量应具有代表性，且混凝土的抗压强度和混凝土粗骨料的最大粒径不应超过相应技术规程限定的范围；

　　4 当被检测混凝土的表层质量不具有代表性时，应采用钻芯法；当被检测混凝土的龄期或抗压强度超过回弹法、超声回弹综合法或后装拔出法等相应技术规程限定的范围时，可采用钻芯法或钻芯修正法。

　　5 在回弹法、超声回弹综合法或后装拔出法适用的条件下，宜进行钻芯修正或利用同条件养护立方体试块的抗压强度进行修正。

4.3.3 采用钻芯修正法时，宜选用总体修正量的方法。总体修正量方法中的芯样试件换算抗压强度样本的均值 $f_{cor,m}$，应按本标准第 3.3.19 条的规定确定推定区间，推定区间应满足本标准第 3.3.15 条和第 3.3.16 条的要求；总体修正量 Δ_{tot} 和相应的修正可按式（4.3.3）计算：

$$\Delta_{tot} = f_{cor,m} - f^c_{cu,m0}$$
$$f^c_{cu,i} = f^c_{cu,i0} + \Delta_{tot} \tag{4.3.3}$$

式中　$f_{cor,m}$——芯样试件换算抗压强度样本的均值；

　　　$f^c_{cu,m0}$——被修正方法检测得到的换算抗压强度样本的均值；

　　　$f^c_{cu,i}$——修正后测区混凝土换算抗压强度；

　　　$f^c_{cu,i0}$——修正前测区混凝土换算抗压强度。

4.3.4 当钻芯修正法不能满足第 4.3.3 条的要求时，可采用对应样本修正量、对应样本修正系数或一一对应修正系数的修正方法；此时直径 100mm 混凝土芯样试件的数量不应少于 6 个；现场钻取直径 100mm 的混凝土芯样确有困难时，也可采用直径不小于 70mm 的混凝土芯样，但芯样试件的数量不应少于 9 个。一一对应的修正系数，可按相关技术规程的规定计算。对应样本的修正量 Δ_{loc} 和修正系数 η_{loc}，可按式（4.3.4-1）计算：

$$\Delta_{loc} = f_{cor,m} - f^c_{cu,m0,loc} \tag{4.3.4-1a}$$
$$\eta_{loc} = f_{cor,m}/f^c_{cu,m0,loc} \tag{4.3.4-1b}$$

式中　$f_{cor,m}$——芯样试件换算抗压强度样本的均值；

　　　$f^c_{cu,m0,loc}$——被修正方法检测得到的与芯样试件对应测区的换算抗压强度样本的均值。

　　相应的修正可按式（4.3.4-2）计算：

$$f^c_{cu,i} = f^c_{cu,i0} + \Delta_{loc} \tag{4.3.4-2a}$$
$$f^c_{cu,i} = \eta_{loc} f^c_{cu,i0} \tag{4.3.4-2b}$$

式中　$f^c_{cu,i}$——修正后测区混凝土换算抗压强度；

　　　$f^c_{cu,i0}$——修正前测区混凝土换算抗压强度。

4.3.5 检测批混凝土抗压强度的推定，宜按本标准第 3.3.20 条的规定确定推定区间，推定区间应满足本标准第 3.3.15 条和第 3.3.16 条的要求，可按本标准第 3.3.21 条的规定进行评定。单个构件混凝土抗压强度的推定，可按相应技术规程的规定执行。

4.3.6 混凝土的抗拉强度，可采用对直径 100mm 的芯样试件施加劈裂荷载或直拉荷载的方法检测；劈裂荷载的施加方法可参照《普通混凝土力学性能试验方法标准》GB/T 50081 的规定执行，直拉荷载的施加方法可按《钻芯法检测混凝土强度技术规程》CECS 03 的规定执行。

4.3.7 受到环境侵蚀或遭受火灾、高温等影响，构件中未受到影响部分混凝土的强度，可采用下列方法检测：

1 采用钻芯法检测，在加工芯样试件时，应将芯样上混凝土受影响层切除；混凝土受影响层的厚度可依据具体情况分别按最大碳化深度、混凝土颜色产生变化的最大厚度、明显损伤层的最大厚度确定，也可按芯样侧表面硬度测试情况确定；

2 混凝土受影响层能剔除时，可采用回弹法或回弹加钻芯修正的方法检测，但回弹测区的质量应符合相应技术规程的要求。

4.4 混凝土构件外观质量与缺陷

4.4.1 混凝土构件外观质量与缺陷的检测可分为蜂窝、麻面、孔洞、夹渣、露筋、裂缝、疏松区和不同时间浇筑的混凝土结合面质量等项目。

4.4.2 混凝土构件外观缺陷，可采用目测与尺量的方法检测；检测数量，对于建筑结构工程质量检测时宜为全部构件。混凝土构件外观缺陷的评定方法，可按《混凝土结构工程施工质量验收规范》GB 50204 确定。

4.4.3 结构或构件裂缝的检测，应遵守下列规定：

1 检测项目，应包括裂缝的位置、长度、宽度、深度、形态和数量；裂缝的记录可采用表格或图形的形式；

2 裂缝深度，可采用超声法检测，必要时可钻取芯样予以验证；

3 对于仍在发展的裂缝应进行定期观测，提供裂缝发展速度的数据；

4 裂缝的观测，应按《建筑变形测量规程》JGJ/T 8 的有关规定进行。

4.4.4 混凝土内部缺陷的检测，可采用超声法、冲击反射法等非破损方法；必要时可采用局部破损方法对非破损的检测结果进行验证。采用超声法检测混凝土内部缺陷时，可参照《超声法检测混凝土缺陷技术规程》CECS 21 的规定执行。

4.5 尺寸与偏差

4.5.1 混凝土结构构件的尺寸与偏差的检测可分为下列项目：

1 构件截面尺寸；

2 标高；

3 轴线尺寸；

4 预埋件位置；

5 构件垂直度；

6 表面平整度。

4.5.2 现浇混凝土结构及预制构件的尺寸，应以设计图纸规定的尺寸为基准确定尺寸的偏差，尺寸的检测方法和尺寸偏差的允许值应按《混凝土结构工程施工质量验收规范》GB 50204 确定。

4.5.3 对于受到环境侵蚀和灾害影响的构件，其截面尺寸应在损伤最严重部位量测，在检测报告中应提供量测的位置和必要的说明。

4.6 变形与损伤

4.6.1 混凝土结构或构件变形的检测可分为构件的挠度、结构的倾斜和基础不均匀沉降等项目；混凝土结构损伤的检测可分为环境侵蚀损伤、灾害损伤、人为损伤、混凝土有害元素造成的损伤以及预应力锚夹具的损伤等项目。

4.6.2 混凝土构件的挠度，可采用激光测距仪、水准仪或拉线等方法检测。

4.6.3 混凝土构件或结构的倾斜，可采用经纬仪、激光定位仪、三轴定位仪或吊锤的方法检测，宜区分倾斜中施工偏差造成的倾斜、变形造成的倾斜、灾害造成的倾斜等。

4.6.4 混凝土结构的基础不均匀沉降，可用水准仪检测；当需要确定基础沉降发展的情况时，应在混凝土结构上布置测点进行观测，观测操作应遵守《建筑变形测量规程》JGJ/T 8 的规定；混凝土结构的基础累计沉降差，可参照首层的基准线推算。

4.6.5 混凝土结构受到的损伤时，可按下列规定进行检测：

1 对环境侵蚀，应确定侵蚀源、侵蚀程度和侵蚀速度；

2 对混凝土的冻伤，可按本标准附录 A 的规定进行检测，并测定冻融损伤深度、面积；

3 对火灾等造成的损伤，应确定灾害影响区域和受灾害影响的构件，确定影响程度；

4 对于人为的损伤，应确定损伤程度；

5 宜确定损伤对混凝土结构的安全性及耐久性影响的程度。

4.6.6 当怀疑水泥中游离氧化钙（f-CaO）对混凝土质量构成影响时，可按本标准附录 B 进行检测。

4.6.7 混凝土存在碱骨料反应隐患时，可从混凝土中取样，按《普通混凝土用碎石或卵石质量标准及检验方法》JGJ 53 检测骨料的碱活性，按相关标准的规定检测混凝土中的碱含量。

4.6.8 混凝土中性化（碳化或酸性物质的影响）的深度，可用浓度为 1% 的酚酞酒精溶液（含 20% 的蒸馏水）测定，将酚酞酒精溶液滴在新暴露的混凝土面上，以混凝土变色与未变色的交接处作为混凝土中性化的界面。

4.6.9 混凝土中氯离子的含量，可按本标准附录 C 进行检测。

4.6.10 对于未封闭在混凝土内的预应力锚夹具的损伤，可用卡尺、钢尺直接量测。

4.7 钢筋的配置与锈蚀

4.7.1 钢筋配置的检测可分为钢筋位置、保护层厚度、直径、数量等项目。

4.7.2 钢筋位置、保护层厚度和钢筋数量，宜采用非破损的雷达法或电磁感应法进行检测，必要时可凿开混凝土进行钢筋直径或保护层厚度的验证。

4.7.3 有相应检测要求时，可对钢筋的锚固与搭接、框架节点及柱加密区箍筋和框架柱与墙体的拉结筋进行检测。

4.7.4 钢筋的锈蚀情况，可按本标准附录 D 进行检测。

4.8 构件性能实荷检验与结构动测

4.8.1 需要确定混凝土构件的承载力、刚度或抗裂等性能时，可进行构件性能的实荷检验。

4.8.2 构件性能检验的加载与测试方法，应根据设计要求以及构件的实际情况确定。

4.8.3 构件性能的实荷检验应符合下列规定：

    1 独立构件的实荷检验，按《混凝土结构工程施工质量验收规范》GB 50204 的规定进行；

    2 构件性能实荷检验的荷载布置、检验方法和量测方法，按照《混凝土结构试验方法标准》GB 50152 的要求确定；

    3 实荷检验应确保安全。

4.8.4 当仅对结构的一部分做实荷检验时，应使有问题部分或可能的薄弱部位得到充分的检验。

4.8.5 重要和大型公共建筑中混凝土结构的动力测试方法，可按本标准附录 E 确定。

5 砌 体 结 构

5.1 一 般 规 定

5.1.1 本章适用于砖砌体、砌块砌体和石砌体结构与构件的质量或性能的检测。

5.1.2 砌体结构的检测可分为砌筑块材、砌筑砂浆、砌体强度、砌筑质量与构造以及损伤与变形等项工作。具体实施的检测工作和检测项目应根据施工质量验收或鉴定工作的需要和现场的检测条件等具体情况确定。

5.2 砌 筑 块 材

5.2.1 砌筑块材的检测可分为砌筑块材的强度及强度等级、尺寸偏差、外观质量、抗冻性能、块材品种等检测项目。

5.2.2 砌筑块材的强度，可采用取样法、回弹法、取样结合回弹的方法或钻芯的方法检测。

5.2.3 砌筑块材强度的检测，应将块材品种相同、强度等级相同、质量相近、环境相似的砌筑构件划为一个检测批，每个检测批砌体的体积不宜超过 $250m^3$。

5.2.4 鉴定工作需要依据砌筑块材强度和砌筑砂浆强度确定砌体强度时，砌筑块材强度的检测位置宜与砌筑砂浆强度的检测位置对应。

5.2.5 除了有特殊的检测目的之外，砌筑块材强度的检测应遵守下列规定：

    1 取样检测的块材试样和块材的回弹测区，外观质量应符合相应产品标准的合格要求，不应选择受到灾害影响或环境侵蚀作用的块材作为试样或回弹测区；

    2 块材的芯样试件，不得有明显的缺陷。

5.2.6 砌筑块材强度等级的评定指标可按相应产品标准确定。

5.2.7 砖和砌块的取样检测，检测批试样的数量应符合相应产品标准的规定，当对检测批进行推定时，块材试样的数量尚应满足本标准第 3.3.15 条和第 3.3.16 条对推定区间的要求；块材试样强度的测试方法应符合相应产品标准的规定。当符合本章第5.2.3条和第5.2.5条的要求时，建筑工程剩余的砌筑块材可作为块材试样使用。

5.2.8 采用回弹法检测烧结普通砖的抗压强度时，检测操作可按本标准附录F的规定执行。烧结普通砖的回弹值与换算抗压强度之间换算关系应通过专门的试验确定，当采用附录F的换算关系时，应进行验证。

5.2.9 采用取样结合回弹的方法检测烧结普通砖的抗压强度时，检测操作应符合下列规定：

  1 按本标准附录F布置回弹测区、确定检测的砖样、进行回弹测试并计算换算抗压强度值 $f_{1,i}$；

  2 在进行了回弹测试的砖样中选择10块砖取样作为块材试样，按本章第5.2.7条进行块材试样抗压强度的测试，并计算抗压强度平均值 $f_{1,m}^*$；

  3 参照本标准式（4.3.4-1）确定对应样本的修正量 Δ_{loc} 或对应样本的修正系数 η_{loc}；

  4 参照本标准式（4.3.4-2）进行修正计算，得到修正后的回弹换算抗压强度值，按本标准第3.3.19条或第3.3.20条确定推定区间。

5.2.10 当条件具备时，其他块材的抗压强度也可采用取样结合回弹的方法检测，检测操作可参照本章第5.2.9条的规定进行。

5.2.11 石材强度，可采用钻芯法或切割成立方体试块的方法检测；其中钻芯法检测操作宜符合下列规定：

  1 芯样试件的直径可为70mm，高径比为1.0±0.05；

  2 芯样的端面应磨平，加工质量宜符合《钻芯法检测混凝土强度技术规程》CECS 03的要求；

  3 按相关规定测试芯样试件的抗压强度；可将直径70mm芯样试件抗压强度乘以1.15的系数，换算成70mm立方体试块抗压强度；

  4 石材强度的推定，可按本标准第3.3.19条确定石材强度的推定区间。

5.2.12 鉴定工作需要确定环境侵蚀、火灾或高温等对砌筑块材强度的影响时，可采取取样的检测方法，块材试样强度的测试方法和评定方法可按相应产品标准确定。在检测报告中应明确说明检测结果的适用范围。

5.2.13 砖和砌块尺寸及外观质量检测可采用取样检测或现场检测的方法，检测操作宜符合下列规定：

  1 砖和砌块尺寸的检测，每个检测批可随机抽检20块块材，现场检测可仅抽检外露面。单个块材尺寸的评定指标可按现行相应产品标准确定。检测批的判定，应按本标准表3.3.14-3或表3.3.14-4的规定进行检测批的合格判定。

  2 砖和砌块外观质量的检查可分为缺棱掉角、裂纹、弯曲等。现场检查，可检查砖或块材的外露面。检查方法和评定指标应按现行相应产品标准确定。检测批的判定，应按本标准表3.3.14-3或表3.3.14-4进行检测批的合格判定。第一次的抽样数可为50块砖或砌块。

5.2.14 砌筑块材外观质量不符合要求时，可根据不符合要求的程度降低砌筑块材的抗压强度；砌筑块材的尺寸为负偏差时，应以实测构件的截面尺寸作为构件安全性验算和构造评定的参数。

5.2.15 工程质量评定或鉴定工作有要求时，应核查结构特殊部位块材的品种及其质量指标。

5.2.16 砌筑块材其他性能的检测，可参照有关产品标准的规定进行。

5.3 砌筑砂浆

5.3.1 砌筑砂浆的检测可分为砂浆强度及砂浆强度等级、品种、抗冻性和有害元素含量等项目。

5.3.2 砌筑砂浆强度的检测应遵守下列规定：

  1 砌筑砂浆的强度，宜采用取样的方法检测，如推出法、筒压法、砂浆片剪切法、点荷法等。

  2 砌筑砂浆强度的匀质性，可采用非破损的方法检测，如回弹法、射钉法、贯入法、超声法、超声回弹综合法等。当这些方法用于检测既有建筑砌筑砂浆强度时，宜配合有取样的检测方法。

  3 推出法、筒压法、砂浆片剪切法、点荷法、回弹法和射钉法的检测操作应遵守《砌体工程现场检测技术标准》GB/T 50315的规定；采用其他方法时，应遵守《砌体工程现场检测技术标准》GB/T 50315的原则，检测操作应遵守相应检测方法标准的规定。

5.3.3 当遇到下列情况之一时，采用取样法中的点荷法、剪切法、冲击法检测砌筑砂浆强度时，除提供砌筑砂浆强度必要的测试参数外，还应提供受影响层的深度：

  1 砌筑砂浆表层受到侵蚀、风化、剥凿、冻害影响的构件；

  2 遭受火灾影响的构件；

  3 使用年数较长的结构。

5.3.4 工程质量评定或鉴定工作有要求时，应核查结构特殊部位砌筑砂浆的品种及其质量指标。

5.3.5 砌筑砂浆的抗冻性能，当具备砂浆立方体试块时，应按《建筑砂浆基本性能试验方法》JGJ 70的规定进行测定，当不具备立方体试块或既有结构需要测定砌筑砂浆的抗冻性能时，可按下列方法进行检测：

  1 采用取样检测方法；

  2 将砂浆试件分为两组，一组做抗冻试件，一组做比对试件；

  3 抗冻组试件按《建筑砂浆基本性能试验方法》JGJ 70的规定进行抗冻试验，测定试验后砂浆的强度；

  4 比对组试件砂浆强度与抗冻组试件同时测定；

  5 取两组砂浆试件强度值的比值评定砂浆的抗冻性能。

5.3.6 砌筑砂浆中氯离子的含量，可参照本标准第4.6.9条提出的方法测定。

5.4 砌体强度

5.4.1 砌体的强度，可采用取样的方法或现场原位的方法检测。

5.4.2 砌体强度的取样检测应遵守下列规定：

  1 取样检测不得构成结构或构件的安全问题；

  2 试件的尺寸和强度测试方法应符合《砌体基本力学性能试验方法标准》GBJ 129

的规定；

 3 取样操作宜采用无振动的切割方法，试件数量应根据检测目的确定；

 4 测试前应对试件局部的损伤予以修复，严重损伤的样品不得作为试件；

 5 砌体强度的推定，可按本标准第3.3.19条确定砌体强度均值的推定区间或按本标准第3.3.20条确定砌体强度标准值的推定区间；推定区间应符合本标准第3.3.15条和第3.3.16条的要求；

 6 当砌体强度标准值的推定区间不满足本条第5款的要求时，也可按试件测试强度的最小值确定砌体强度的标准值，此时试件的数量不得少于3件，也不宜大于6件，且不应进行数据的舍弃。

5.4.3 烧结普通砖砌体的抗压强度，可采用扁式液压顶法或原位轴压法检测；烧结普通砖砌体的抗剪强度，可采用双剪法或原位单剪法检测；检测操作应遵守《砌体工程现场检测技术标准》GB/T 50315的规定。砌体强度的推定，宜按本标准第3.3.20条确定砌体强度标准值的推定区间，推定区间应符合本标准第3.3.15条和第3.3.16条的要求；当该要求不能满足时，也可按《砌体工程现场检测技术标准》GB/T 50315进行评定。

5.4.4 遭受环境侵蚀和火灾等灾害影响砌体的强度，可根据具体情况分别按第5.4.2条和第5.4.3条规定的方法进行检测，在检测报告中应明确说明试件状态与相应检测标准要求的不符合程度和检测结果的适用范围。

5.5 砌筑质量与构造

5.5.1 砌筑构件的砌筑质量检测可分为砌筑方法、灰缝质量、砌体偏差和留槎及洞口等项目。砌体结构的构造检测可分为砌筑构件的高厚比、梁垫、壁柱、预制构件的搁置长度、大型构件端部的锚固措施、圈梁、构造柱或芯柱、砌体局部尺寸及钢筋网片和拉结筋等项目。

5.5.2 既有砌筑构件砌筑方法、留槎、砌筑偏差和灰缝质量等，可采取剔凿表面抹灰的方法检测。当构件砌筑质量存在问题时，可降低该构件的砌体强度。

5.5.3 砌筑方法的检测，应检测上、下错缝，内外搭砌等是否符合要求。

5.5.4 灰缝质量检测可分为灰缝厚度、灰缝饱满程度和平直程度等项目。其中灰缝厚度的代表值应按10皮砖砌体高度折算。灰缝的饱满程度和平直程度，可按《砌体工程施工质量验收规范》GB 50203规定的方法进行检测。

5.5.5 砌体偏差的检测可分为砌筑偏差和放线偏差。砌筑偏差中的构件轴线位移和构件垂直度的检测方法和评定标准，可按《砌体工程施工质量验收规范》GB 50203的规定执行。对于无法准确测定构件轴线绝对位移和放线偏差的既有结构，可测定构件轴线的相对位移或相对放线偏差。

5.5.6 砌体中的钢筋，可按本标准第4章提出的方法检测。砌体中拉结筋的间距，应取2~3个连续间距的平均间距作为代表值。

5.5.7 砌筑构件的高厚比，其厚度值应取构件厚度的实测值。

5.5.8 跨度较大的屋架和梁支承面下的垫块和锚固措施，可采取剔除表面抹灰的方法检测。

5.5.9 预制钢筋混凝土板的支承长度，可采用剔凿楼面面层及垫层的方法检测。

5.5.10 跨度较大门窗洞口的混凝土过梁的设置状况，可通过测定过梁钢筋状况判定，也可采取剔凿表面抹灰的方法检测。

5.5.11 砌体墙梁的构造，可采取剔凿表面抹灰和用尺量测的方法检测。

5.5.12 圈梁、构造柱或芯柱的设置，可通过测定钢筋状况判定；圈梁、构造柱或芯柱的混凝土施工质量，可按本标准第4章的相关规定进行检测。

5.6 变形与损伤

5.6.1 砌体结构的变形与损伤的检测可分为裂缝、倾斜、基础不均匀沉降、环境侵蚀损伤、灾害损伤及人为损伤等项目。

5.6.2 砌体结构裂缝的检测应遵守下列规定：

　　1 对于结构或构件上的裂缝，应测定裂缝的位置、裂缝长度、裂缝宽度和裂缝的数量；

　　2 必要时应剔除构件抹灰确定砌筑方法、留槎、洞口、线管及预制构件对裂缝的影响；

　　3 对于仍在发展的裂缝应进行定期的观测，提供裂缝发展速度的数据。

5.6.3 砌筑构件或砌体结构的倾斜，可按本标准第4.6.3条提供的方法检测，宜区分倾斜中砌筑偏差造成的倾斜、变形造成的倾斜、灾害造成的倾斜等。

5.6.4 基础的不均匀沉降，可按本标准第4.6.4条提供的方法检测。

5.6.5 对砌体结构受到的损伤进行检测时，应确定损伤对砌体结构安全性的影响。对于不同原因造成的损伤可按下列规定进行检测：

　　1 对环境侵蚀，应确定侵蚀源、侵蚀程度和侵蚀速度；

　　2 对冻融损伤，应测定冻融损伤深度、面积，检测部位宜为檐口、房屋的勒脚、散水附近和出现渗漏的部位；

　　3 对火灾等造成的损伤，应确定灾害影响区域和受灾害影响的构件，确定影响程度；

　　4 对于人为的损伤，应确定损伤程度。

6 钢 结 构

6.1 一 般 规 定

6.1.1 本章适用于钢结构与钢构件质量或性能的检测。

6.1.2 钢结构的检测可分为钢结构材料性能、连接、构件的尺寸与偏差、变形与损伤、构造以及涂装等项工作，必要时，可进行结构或构件性能的实荷检验或结构的动力测试。

6.2 材 料

6.2.1 对结构构件钢材的力学性能检验可分为屈服点、抗拉强度、伸长率、冷弯和冲击功等项目。

6.2.2 当工程尚有与结构同批的钢材时，可以将其加工成试件，进行钢材力学性能检验；当工程没有与结构同批的钢材时，可在构件上截取试样，但应确保结构构件的安全。

钢材力学性能检验试件的取样数量、取样方法、试验方法和评定标准应符合表 6.2.2 的规定。

表 6.2.2 材料力学性能检验项目和方法

检验项目	取样数量（个/批）	取样方法	试验方法	评定标准
屈服点、抗拉强度、伸长率	1	《钢材力学及工艺性能试验取样规定》GB 2975	《金属拉伸试验试样》GB 6397；《金属拉伸试验方法》GB 228	《碳素结构钢》GB 700；《低合金高强度结构钢》GB/T 1591；其他钢材产品标准
冷弯	1		《金属弯曲试验方法》GB 232	
冲击功	3		《金属夏比缺口冲击试验方法》GB/T 229	

6.2.3 当被检验钢材的屈服点或抗拉强度不满足要求时，应补充取样进行拉伸试验。补充试验应将同类构件同一规格的钢材划为一批，每批抽样 3 个。

6.2.4 钢材化学成分的分析，可根据需要进行全成分分析或主要成分分析。钢材化学成分的分析每批钢材可取一个试样，取样和试验应分别按《钢的化学分析用试样取样法及成品化学成分允许偏差》GB 222 和《钢铁及合金化学分析方法》GB 223 执行，并应按相应产品标准进行评定。

6.2.5 既有钢结构钢材的抗拉强度，可采用表面硬度的方法检测，检测操作可按本标准附录 G 的规定进行。应用表面硬度法检测钢结构钢材抗拉强度时，应有取样检验钢材抗拉强度的验证。

6.2.6 锈蚀钢材或受到火灾等影响钢材的力学性能，可采用取样的方法检测；对试样的测试操作和评定，可按相应钢材产品标准的规定进行，在检测报告中应明确说明检测结果的适用范围。

6.3 连 接

6.3.1 钢结构的连接质量与性能的检测可分为焊接连接、焊钉（栓钉）连接、螺栓连接、高强螺栓连接等项目。

6.3.2 对设计上要求全焊透的一、二级焊缝和设计上没有要求的钢材等强对焊拼接焊缝的质量，可采用超声波探伤的方法检测，检测应符合下列规定：

1 对钢结构工程质量，应按《钢结构工程施工质量验收规范》GB 50205 的规定进行检测；

2 对既有钢结构性能，可采取抽样超声波探伤检测；抽样数量不应少于本标准表 3.3.13 的样本最小容量；

3 焊缝缺陷分级，应按《钢焊缝手工超声波探伤方法及质量分级法》GB 11345 确定。

6.3.3 对钢结构工程的所有焊缝都应进行外观检查；对既有钢结构检测时，可采取抽样检测焊缝外观质量的方法，也可采取按委托方指定范围抽查的方法。焊缝的外形尺寸和外观缺陷检测方法和评定标准，应按《钢结构工程施工质量验收规范》GB 50205 确定。

6.3.4 焊接接头的力学性能，可采取截取试样的方法检验，但应采取措施确保安全。焊接接头力学性能的检验分为拉伸、面弯和背弯等项目，每个检验项目可各取两个试样。焊接接头的取样和检验方法应按《焊接接头机械性能试验取样方法》GB 2649、《焊接接头拉伸试验方法》GB 2651 和《焊接接头弯曲及压扁试验方法》GB 2653 等确定。

焊接接头焊缝的强度不应低于母材强度的最低保证值。

6.3.5 当对钢结构工程质量进行检测时，可抽样进行焊钉焊接后的弯曲检测，抽样数量不应少于本标准表 3.3.13 中 A 类检测的要求；检测方法与评定标准，锤击焊钉头使其弯曲至 30°，焊缝和热影响区没有肉眼可见的裂纹可判为合格；应按本标准表 3.3.14-3 进行检测批的合格判定。

6.3.6 高强度大六角头螺栓连接副的材料性能和扭矩系数，检验方法和检验规则应按《钢结构用高强度大六角头螺栓、大六角螺母、垫圈技术条件》GB/T 1231、《钢结构工程施工质量验收规范》GB 50205 和《钢结构高强度螺栓连接的设计、施工及验收规范》JGJ 82 确定。

6.3.7 扭剪型高强度螺栓连接副的材料性能和预拉力的检验，检验方法和检验规则应按《钢结构用扭剪型高强度螺栓连接副技术条件》GB/T 3633 和《钢结构工程施工质量验收规范》GB 50205 确定。

6.3.8 对扭剪型高强度螺栓连接质量，可检查螺栓端部的梅花头是否已拧掉，除因构造原因无法使用专用扳手拧掉梅花头者外，未在终拧中拧掉梅花头的螺栓数不应大于该节点螺栓数的 5%。抽样检验时，应按本标准表 3.3.14-1 或表 3.3.14-2 进行检测批的合格判定。

6.3.9 对高强度螺栓连接质量的检测，可检查外露丝扣，丝扣外露应为 2 至 3 扣。允许有 10% 的螺栓丝扣外露 1 扣或 4 扣。抽样检验时，应按本标准表 3.3.14-3 或表 3.3.14-4 进行检测批的合格判定。

6.4 尺寸与偏差

6.4.1 钢构件尺寸的检测应符合下列规定：

1 抽样检测构件的数量，可根据具体情况确定，但不应少于本标准表 3.3.13 规定的相应检测类别的最小样本容量；

2 尺寸检测的范围，应检测所抽样构件的全部尺寸，每个尺寸在构件的 3 个部位量测，取 3 处测试值的平均值作为该尺寸的代表值；

3 尺寸量测的方法，可按相关产品标准的规定量测，其中钢材的厚度可用超声测厚仪测定；

4 构件尺寸偏差的评定指标，应按相应的产品标准确定；

5 对检测批构件的重要尺寸，应按本标准表 3.3.14-1 或表 3.3.14-2 进行检测批的合格判定；对检测批构件一般尺寸的判定，应按本标准按本标准表 3.3.14-3 或表 3.3.14-4 进行检测批的合格判定；

6 特殊部位或特殊情况下，应选择对构件安全性影响较大的部位或损伤有代表性的部位进行检测。

6.4.2 钢构件的尺寸偏差，应以设计图纸规定的尺寸为基准计算尺寸偏差；偏差的允许值，应按《钢结构工程施工质量验收规范》GB 50205 确定。

6.4.3 钢构件安装偏差的检测项目和检测方法，应按《钢结构工程施工质量验收规范》GB 50205确定。

6.5 缺陷、损伤与变形

6.5.1 钢材外观质量的检测可分为均匀性、是否有夹层、裂纹、非金属夹杂和明显的偏析等项目。当对钢材的质量有怀疑时，应对钢材原材料进行力学性能检验或化学成分分析。

6.5.2 对钢结构损伤的检测可分为裂纹、局部变形、锈蚀等项目。

6.5.3 钢材裂纹，可采用观察的方法和渗透法检测。采用渗透法检测时，应用砂轮和砂纸将检测部位的表面及其周围20mm范围内打磨光滑，不得有氧化皮、焊渣、飞溅、污垢等；用清洗剂将打磨表面清洗干净，干燥后喷涂渗透剂，渗透时间不应少于10min；然后再用清洗剂将表面多余的渗透剂清除；最后喷涂显示剂，停留10～30min后，观察是否有裂纹显示。

6.5.4 杆件的弯曲变形和板件凹凸等变形情况，可用观察和尺量的方法检测，量测出变形的程度；变形评定，应按现行《钢结构工程施工质量验收规范》GB 50205的规定执行。

6.5.5 螺栓和铆钉的松动或断裂，可采用观察或锤击的方法检测。

6.5.6 结构构件的锈蚀，可按《涂装前钢材表面锈蚀等级和除锈等级》GB 8923确定锈蚀等级，对D级锈蚀，还应量测钢板厚度的削弱程度。

6.5.7 钢结构构件的挠度、倾斜等变形与位移和基础沉降等，可分别参照本标准第4.6.2条、第4.6.3条和第4.6.4条的提出方法和相应标准规定的方法进行检测。

6.6 构 造

6.6.1 钢结构杆件长细比的检测与核算，可按本章第6.4节的规定测定杆件尺寸，应以实际尺寸等核算杆件的长细比。

6.6.2 钢结构支撑体系的连接，可按本章第6.3节的规定检测；支撑体系构件的尺寸，可按本章第6.4节的规定进行测定；应按设计图纸或相应设计规范进行核实或评定。

6.6.3 钢结构构件截面的宽厚比，可按本章第6.4节的规定测定构件截面相关尺寸，并进行核算，应按设计图纸和相关规范进行评定。

6.7 涂 装

6.7.1 钢结构防护涂料的质量，应按国家现行相关产品标准对涂料质量的规定进行检测。

6.7.2 钢材表面的除锈等级，可用现行国家标准《涂装前钢材表面锈蚀等级和除锈等级》GB 8923规定的图片对照观察来确定。

6.7.3 不同类型涂料的涂层厚度，应分别采用下列方法检测：

1 漆膜厚度，可用漆膜测厚仪检测，抽检构件的数量不应少于本标准表3.3.13中A类检测样本的最小容量，也不应少于3件；每件测5处，每处的数值为3个相距50mm的测点干漆膜厚度的平均值。

2 对薄型防火涂料涂层厚度，可采用涂层厚度测定仪检测，量测方法应符合《钢结构防火涂料应用技术规程》CECS 24 的规定。

3 对厚型防火涂料涂层厚度，应采用测针和钢尺检测，量测方法应符合《钢结构防火涂料应用技术规程》CECS 24 的规定。

涂层的厚度值和偏差值应按《钢结构工程施工质量验收规范》GB 50205 的规定进行评定。

6.7.4 涂装的外观质量，可根据不同材料按《钢结构工程施工质量验收规范》GB 50205 的规定进行检测和评定。

6.8 钢 网 架

6.8.1 钢网架的检测可分为节点的承载力、焊缝、尺寸与偏差、杆件的不平直度和钢网架的挠度等项目。

6.8.2 钢网架焊接球节点和螺栓球节点的承载力的检验，应按《网架结构工程质量检验评定标准》JGJ 78 的要求进行。对既有的螺栓球节点网架，可从结构中取出节点来进行节点的极限承载力检验。在截取螺栓球节点时，应采取措施确保结构安全。

6.8.3 钢网架中焊缝，可采用超声波探伤的方法检测，检测操作与评定应按《焊接球节点钢网架焊缝超声波探伤及质量分级法》JG/T 3034.1 或《螺栓球节点钢网架焊缝超声波探伤及质量分级法》JG/T 3034.2 的要求进行。

6.8.4 钢网架中焊缝的外观质量，应按《钢结构工程施工质量验收规范》GB 50205 的要求进行检测。

6.8.5 焊接球、螺栓球、高强度螺栓和杆件偏差的检测，检测方法和偏差允许值应按《网架结构工程质量检验评定标准》JGJ 78 的规定执行。

6.8.6 钢网架钢管杆件的壁厚，可采用超声测厚仪检测，检测前应清除饰面层。

6.8.7 钢网架中杆件轴线的不平直度，可用拉线的方法检测，其不平直度不得超过杆件长度的千分之一。

6.8.8 钢网架的挠度，可采用激光测距仪或水准仪检测，每半跨范围内测点数不宜小于3个，且跨中应有1个测点，端部测点距端支座不应大于1m。

6.9 结构性能实荷检验与动测

6.9.1 对于大型复杂钢结构体系可进行原位非破坏性实荷检验，直接检验结构性能。结构性能的实荷检验可按本标准附录 H 的规定进行。加荷系数和判定原则可按附录 H.2 的规定确定，也可根据具体情况进行适当调整。

6.9.2 对结构或构件的承载力有疑义时，可进行原型或足尺模型荷载试验。试验应委托具有足够设备能力的专门机构进行。试验前应制定详细的试验方案，包括试验目的、试件的选取或制作、加载装置、测点布置和测试仪器、加载步骤以及试验结果的评定方法等。试验方案可按附录 H 制定，并应在试验前经过有关各方的同意。

6.9.3 对于大型重要和新型钢结构体系，宜进行实际结构动力测试，确定结构自振周期等动力参数，结构动力测试宜符合本标准附录 E 的规定。

6.9.4 钢结构杆件的应力，可根据实际条件选用电阻应变仪或其他有效的方法进行检测。

7 钢管混凝土结构

7.1 一般规定

7.1.1 本章适用于钢管混凝土结构与构件质量或性能的检测。

7.1.2 钢管混凝土结构的检测可分为原材料、钢管焊接质量与构件的连接、钢管中混凝土的强度与缺陷以及尺寸与偏差等项工作。具体实施的检测工作或检测项目应根据钢管混凝土结构的实际情况确定。

7.2 原材料

7.2.1 钢管钢材力学性能的检验和化学成分分析，可按本标准第6.2节的规定执行。

7.2.2 钢管中混凝土原材料的质量与性能的检验，可按本标准第4.2.1条的规定执行。

7.3 钢管焊接质量与构件连接

7.3.1 钢管焊缝外观缺陷，检测方法和质量评定指标应按现行《钢结构工程施工质量验收规范》GB 50205 确定。

7.3.2 钢管混凝土结构的焊接质量与性能，可根据情况分别按本标准第6.3.2条、第6.3.3条和第6.3.4条进行检测。

7.3.3 当钢管为施工单位自行卷制时，焊缝坡口质量评定指标应按《钢管混凝土结构设计与施工规程》CECS 28 确定。

7.3.4 钢管混凝土构件之间的连接等，应根据连接的形式和连接构件的材料特性分别按本标准第4章和第6章的相关规定进行检测。

7.4 钢管中混凝土强度与缺陷

7.4.1 钢管中混凝土抗压强度，可采用超声法结合同条件立方体试块或钻取混凝土芯样的方法进行检测。

7.4.2 超声法检测钢管中混凝土抗压强度的操作可参见本标准附录 I。

7.4.3 抗压强度修正试件采用边长150mm同条件混凝土立方体试块或从结构构件测区钻取的直径100mm（高径比1:1）混凝土芯样试件，试块或试件的数量不得少于6个；可取得对应样本的修正量或修正系数，也可采用——对应修正系数。对应样本的修正量和修正系数可按本标准第4.3.4条的方法确定，——对应的修正系数可按相应技术规程的方法确定。

7.4.4 构件或结构的混凝土强度的推定，宜按本标准第3.3.15条、第3.3.16条和第3.3.20条的规定给出推定区间；可按本标准第3.3.21条的规定进行评定。单个构件混凝土抗压强度的推定，当构件的测区数量少于10个时，以修正后换算强度的最小值作为构件混凝土抗压强度的推定值，当构件测区数为10个时，可按式（7.4.4）计算混凝土强度的推定值：

$$f_{cu,e} = f_{cu,m}^{c*} - 1.645s \tag{7.4.4}$$

式中 $f_{cu,m}^{c*}$ ——10个测区修正后换算强度的平均值；
s ——样本标准差。

7.4.5 钢管中混凝土的缺陷，可采用超声法检测，检测操作可按《超声法检测混凝土缺陷技术规程》CECS 21 的规定执行。

7.5 尺寸与偏差

7.5.1 钢管混凝土构件尺寸的检测可分为钢管、缀条、加强环、牛腿和连接腹板尺寸等项目，偏差的检测可分为钢管柱的安装偏差和拼接组装偏差等项目。

7.5.2 构件钢管和缀材钢管尺寸的检测可分为钢管的外径、壁厚和长度等项目。钢管的外径，可用专用卡具或尺量测；钢管的壁厚，可用超声测厚仪测定；钢管的长度，可用尺量或激光测距仪测定。

7.5.3 钢管混凝土构件最小尺寸的评定、外径与壁厚比值的限制和构件容许长细比应按《钢管混凝土结构设计与施工规程》CECS 28 的规定评定。

7.5.4 格构柱缀条尺寸的检测可分为缀条的长度、宽度、厚度及缀条与柱肢轴线的偏心等项目；缀条的尺寸，可用尺量的方法检测。

7.5.5 梁柱节点的牛腿、连接腹板和加强环的尺寸，可用钢尺检测，其中加强环的设置与尺寸应按《钢管混凝土结构设计与施工规程》CECS 28 的规定评定。

7.5.6 钢管拼接组装的偏差的检测可分为纵向弯曲、椭圆度、管端不平整度、管肢组合误差和缀件组合误差等项目。其检测方法和评定指标可按《钢管混凝土结构设计与施工规程》CECS 28 的规定执行。

7.5.7 钢管柱的安装偏差检测分为立柱轴线与基础轴线偏差、柱的垂直度等项目，其检测方法和评定指标按《钢管混凝土结构设计与施工规程》CECS 28 确定。

8 木 结 构

8.1 一 般 规 定

8.1.1 本章适用于木结构与木构件质量或性能的检测。

8.1.2 木结构的检测可分为木材性能、木材缺陷、尺寸与偏差、连接与构造、变形与损伤和防护措施等项工作。

8.2 木 材 性 能

8.2.1 木材性能的检测可分为木材的力学性能、含水率、密度和干缩率等项目。

8.2.2 当木材的材质或外观与同类木材有显著差异时或树种和产地判别不清时，可取样检测木材的力学性能，确定木材的强度等级。

8.2.3 木结构工程质量检测涉及到的木材力学性能可分为抗弯强度、抗弯弹性模量、顺纹抗剪强度、顺纹抗压强度等检测项目。

8.2.4 木材的强度等级，应按木材的弦向抗弯强度试验情况确定；木材弦向抗弯强度取样检测及木材强度等级的评定，应遵守下列规定：

1 抽取 3 根木材，在每根木材上截取 3 个试样；

2 除了有特殊检测目的之外，木材试样应没有缺陷或损伤；

3 木材试样应取自木材髓心以外的部分；取样方式和试样的尺寸应符合《木材抗弯强度试验方法》GB 1936.1 的要求；

4 抗弯强度的测试，应按《木材抗弯强度试验方法》GB 1936.1 的规定进行，并应将测试结果折算成含水率为 12% 的数值；木材含水率的检测方法，可参见本节第 8.2.5 条～第 8.2.7 条；

5 以同一构件 3 个试样换算抗弯强度的平均值作为代表值，取 3 个代表值中的最小代表值按表 8.2.4 评定木材的强度等级；

表 8.2.4 木材强度检验标准

木材种类	针叶材				阔叶材				
强度等级	TC11	TC13	TC15	TC17	TB11	TB13	TB15	TB17	TB20
检验结果的最低强度值（N/mm²）不得低于	44	51	58	72	58	68	78	88	98

6 当评定的强度等级高于现行国家标准《木结构设计规范》GB 50005 所规定的同种木材的强度等级时，取《木结构设计规范》GB 50005 所规定的同种木材的强度等级为最终评定等级；

7 对于树种不详的木材，可按检测结果确定等级，但应采用该等级 B 组的设计指标；

8 木材强度的设计指标，可依据评定的强度等级按《木结构设计规范》GB 50005 的规定确定。

8.2.5 木材的含水率，可采用取样的重量法测定，规格材可用电测法测定。

8.2.6 木材含水率的重量法测定，应从成批木材中或结构构件的木材的检测批中随机抽取 5 根，在端头 200mm 处截取 20mm 厚的片材，再加工成 20mm×20mm×20mm 的 5 个试件；应按《木材含水率测定方法》GB 1931 的规定进行测定。以每根构件 5 个试件含水率的平均值作为这根木材含水率的代表值。5 根木材的含水率测定值的最大值应符合下列要求：

1 原木或方木结构不应大于 25%；

2 板材和规格材不应大于 20%；

3 胶合木不应大于 15%。

8.2.7 木材含水率的电测法使用电测仪测定，可随机抽取 5 根构件，每根构件取 3 个截面，在每个截面的 4 个周边进行测定。每根构件 3 个截面 4 个周边的所测含水率的平均值，作为这根木材含水率的测定值，5 根构件的含水率代表值中的最大值应符合规格材含水率不应大于 20% 的要求。

8.3 木 材 缺 陷

8.3.1 木材缺陷，对于圆木和方木结构可分为木节、斜纹、扭纹、裂缝和髓心等项目；对胶合木结构，尚有翘曲、顺弯、扭曲和脱胶等检测项目；对于轻型木结构尚有扭曲、横弯和顺弯等检测项目。

8.3.2 对承重用的木材或结构构件的缺陷应逐根进行检测。

8.3.3 木材木节的尺寸，可用精度为 1mm 的卷尺量测，对于不同木材木节尺寸的量测应符合下列规定：

1 方木、板材、规格材的木节尺寸，按垂直于构件长度方向量测。木节表现为条状时，可量测较长方向的尺寸，直径小于 10mm 的活节可不量测。

2 原木的木节尺寸，按垂直于构件长度方向量测，直径小于 10mm 的活节可不量测。

8.3.4 木节的评定，应按《木结构工程施工质量验收规范》GB 50206 的规定执行。

8.3.5 斜纹的检测，在方木和板材两端各选 1m 材长量测 3 次，计算其平均倾斜高度，以最大的平均倾斜高度作为其木材的斜纹的检测值。

8.3.6 对原木扭纹的检测，在原木小头 1m 材上量测 3 次，以其平均倾斜高度作为扭纹检测值。

8.3.7 胶合木结构和轻型木结构的翘曲、扭曲、横弯和顺弯，可采用拉线与尺量的方法或用靠尺与尺量的方法检测；检测结果的评定可按《木结构工程施工质量验收规范》GB 50206 的相关规定进行。

8.3.8 木结构的裂缝和胶合木结构的脱胶，可用探针检测裂缝的深度，用裂缝塞尺检测裂缝的宽度，用钢尺量测裂缝的长度。

8.4 尺寸与偏差

8.4.1 木结构的尺寸与偏差可分为构件制作尺寸与偏差和构件的安装偏差等。

8.4.2 木结构构件尺寸与偏差的检测数量，当为木结构工程质量检测时，应按《木结构工程施工质量验收规范》GB 50206 的规定执行；当为既有木结构性能检测时，应根据实际情况确定，抽样检测时，抽样数量可按本标准表 3.3.13 确定。

8.4.3 木结构构件尺寸与偏差，包括桁架、梁（含檩条）及柱的制作尺寸，屋面木基层的尺寸、桁架、梁、柱等的安装的偏差等，可按《木结构工程施工质量验收规范》GB 50206 建议的方法进行检测。

8.4.4 木构件的尺寸应以设计图纸要求为准，偏差应为实际尺寸与设计尺寸的偏差，尺寸偏差的评定标准，可按《木结构工程施工质量验收规范》GB 50206 的规定执行。

8.5 连 接

8.5.1 木结构的连接可分为胶合、齿连接、螺栓连接和钉连接等检测项目。

8.5.2 当对胶合木结构的胶合能力有疑义时，应对胶合能力进行检测；胶合能力可通过对试样木材胶缝顺纹抗剪强度确定。

8.5.3 当工程尚有与结构中同批的胶时，可检测胶的胶合能力，其检测应符合下列要求：

1 被检验的胶在保质期之内；

2 用与结构中相同的木材制备胶合试样，制备工艺应符合《木结构设计规范》GB 50005 胶合工艺的要求；

3 检验一批胶至少用 2 个试条，制成 8 个试件，每一试条各取 2 个试件做干态试验，2 个做湿态试验；

4 试验方法，应按现行《木结构设计规范》GB 50005 的规定进行；

5 承重结构用胶的胶缝抗剪强度不应低于表 8.5.3 的数值；

表 8.5.3 对承重结构用胶的胶合能力最低要求

试件状态	胶缝顺纹抗剪强度值（N/mm²）	
	红松等软木松	栎木或水曲柳
干 态	5.9	7.8
湿 态	3.9	5.4

6 若试验结果符合表 8.5.3 的要求，即认为该试件合格，若试件强度低于表 8.5.3 所列数值，但其中木材部分剪坏的面积不少于试件剪面的 75%，则仍可认为该试件合格。若有一个试件不合格，须以加倍数量的试件重新试验，若仍有试件不合格，则该批胶被判为不能用于承重结构。

8.5.4 当需要对胶合构件的胶合质量进行检测时，可采取取样的方法，也可采取替换构件的方法；但取样要保证结构或构件的安全，替换构件的胶合质量应具有代表性。胶合质量的取样检测宜符合下列规定：

1 当可加工成符合第 8.5.3 条要求的试样时，试样数量、试验方法和胶合质量评定，可按第 8.5.3 条的规定执行；

2 当不能加工成符合第 8.5.3 条要求的试样时，可结合构件胶合面在构件中的受力形式按相应的木材性能试验方法进行胶合质量检测，试样数量和试样加工形式宜符合相应木材性能试验方法标准的规定。当测试得到的破坏形式是木材破坏时，可判定胶合质量符合要求，当测试得到的破坏形态为胶合面破坏时，宜取胶合面破坏的平均值作为胶合能力的检测结果。但在检测报告中，应对测试方法、测试结果的适用范围予以说明；

3 必要时，可核查胶合构件木材的品种和是否存在树脂溢出的现象。

8.5.5 齿连接的检测项目和检测方法，可按下列规定执行：

1 压杆端面和齿槽承压面加工平整程度，用直尺检测；压杆轴线与齿槽承压面垂直度，用直角尺量测；

2 齿槽深度，用尺量测，允许偏差 ±2mm；偏差为实测深度与设计图纸要求深度的差值；

3 支座节点齿的受剪面长度和受剪面裂缝，对照设计图纸用尺量，长度负偏差不应超过 10mm；当受剪面存在裂缝时，应对其承载力进行核算；

4 抵承面缝隙，用尺量或裂缝塞尺量测，抵承面局部缝隙的宽度不应大于 1mm 且不应有穿透构件截面宽度的缝隙；当局部缝隙不满自要求时，应核查齿槽承压面和压杆端部是否存在局部破损现象；当齿槽承压面与压杆端部完全脱开（全截面存在缝隙），应进行结构杆件受力状态的检测与分析；

5 保险螺栓或其他措施的设置，螺栓孔等附近是否存在裂缝；

6 压杆轴线与承压构件轴线的偏差，用尺量。

8.5.6 螺栓连接或钉连接的检测项目和检测方法，可按下列规定执行：

1 螺栓和钉的数量与直径；直径可用游标卡尺量测；

2 被连接构件的厚度，用尺量测；

3 螺栓或钉的间距，用尺量测；

4 螺栓孔处木材的裂缝、虫蛀和腐朽情况，裂缝用塞尺、裂缝探针和尺量测；

5 螺栓、变形、松动、锈蚀情况，观察或用卡尺量测。

8.6 变形损伤与防护措施

8.6.1 木结构构件损伤的检测可分为木材腐朽、虫蛀、裂缝、灾害影响和金属件的锈蚀等项目；木结构的变形可分为节点位移、连接松弛变形、构件挠度、侧向弯曲矢高、屋架出平面变形、屋架支撑系统的稳定状态和木楼面系统的振动等。

8.6.2 木结构构件虫蛀的检测，可根据构件附近是否有木屑等进行初步判定，可通过锤击的方法确定虫蛀的范围，可用电钻打孔用内窥镜或探针测定虫蛀的深度。

8.6.3 当发现木结构构件出现虫蛀现象时，宜对构件的防虫措施进行检测。

8.6.4 木材腐朽的检测，可用尺量测腐朽的范围，腐朽深度可用除去腐朽层的方法量测。

8.6.5 当发现木材有腐朽现象时，宜对木材的含水率、结构的通风设施、排水构造和防腐措施进行核查或检测。

8.6.6 火灾或侵蚀性物质影响范围和影响层厚度的检测，可参照本章第8.6.2条的方法测定。

8.6.7 当需要确定受腐朽、灾害影响木材强度时，可按本章第2节的相关规定取样测定，木材强度降低的幅度，可通过与未受影响区域试样强度的比较确定。在检测报告中应对试验方法及适用范围予以必要的说明。

8.6.8 木结构和构件变形及基础沉降等项目，可分别用本标准第4.6.2条、第4.6.3条和第4.6.4条提供的方法进行检测。

8.6.9 木楼面系统的振动，可按本标准附录E中提出的相应方法检测振动幅度。

8.6.10 必要时可，可按《木结构工程施工质量验收规范》GB 50206、《木结构设计规范》GB 50005和《建筑设计防火规范》GBJ 16等标准的要求和设计图纸的要求检测木结构的防虫、防腐和防火措施。

附录 A 结构混凝土冻伤的检测方法

A.0.1 结构混凝土冻伤情况的分类、各类冻伤的定义、特点、检验项目和检测方法见表A.0.1。

表 A.0.1 结构混凝土冻伤类型及检测项目与检测方法

混凝土冻伤类型		定义	特点	检验项目	采用方法
混凝土早期冻伤	立即冻伤	新拌制的混凝土，若入模温度较低且接近于混凝土冻结温度时则导致立即冻伤	内外混凝土冻伤基本一致	受冻混凝土强度	取芯法或超声回弹综合法
	预养冻伤	新拌制的混凝土，若入模温度较高，而混凝土预养时间不足，当环境温度降到混凝土冻结温度时则导致预养冻伤	内外混凝土冻伤不一致，内部轻微，外部较严重	1.外部损伤较重的混凝土厚度及强度；2.内部损伤轻微的混凝土强度	外部损伤较重的混凝土厚度可通过钻出芯样的湿度变化来检测，也可采用超声法
混凝土冻融损伤		成熟龄期后的混凝土，在含水的情况下，由于环境正负温度的交替变化导致混凝土损伤			

A.0.2 结构混凝土冻伤类型的判别可根据其定义并结合施工现场情况进行判别。必要时，也可从结构上取样，通过分析冻伤和未冻伤混凝土的吸水量、湿度变化等试验来判别。

A.0.3 混凝土冻伤检测的操作，应分别参照钻芯法、超声回弹综合法和超声法检测混凝土强度方法标准进行。

附录 B f-CaO 对混凝土质量影响的检测

B.0.1 本检测方法适用于判定 f-CaO 对混凝土质量的影响。

B.0.2 f-CaO 对混凝土质量影响的检测可分为现场检查、薄片沸煮检测和芯样试件检测等。

B.0.3 现场检查：可通过调查和检查混凝土外观质量（有无开裂、疏松、崩溃等严重破坏症状）初步确定 f-CaO 对混凝土质量有影响的部位和范围。

B.0.4 在初步确定有 f-CaO 对混凝土质量有影响的部位上钻取混凝土芯样，芯样的直径可为 70~100mm，在同一部位钻取的芯样数量不应少于 2 个，同一批受检混凝土至少应取得上述混凝土芯样 3 组。

B.0.5 在每个芯样上截取 1 个无外观缺陷的 10mm 厚的薄片试件，同时将芯样加工成高径比为 1.0 的芯样试件，芯样试件的加工质量应符合《钻芯法检测混凝土强度技术规程》CECS 03 的要求。

B.0.6 试件的检测应遵守下列规定：

　1 薄片沸煮检测：将薄片试件放入沸煮箱的试架上进行沸煮，沸煮制度应符合 B.0.7 条的规定。对沸煮过的薄片试件进行外观检查；

　2 芯样试件检测：将同一部位钻取的 2 个芯样试件中的 1 个放入沸煮箱的试架上进行沸煮，沸煮制度应符合 B.0.7 条的规定。对沸煮过的芯样试件进行外观检查。将沸煮过的芯样试件晾置 3d，并与未沸煮的芯样试件同时进行抗压强度测试。芯样试件抗压强度测试应符合《钻芯法检测混凝土强度技术规程》CECS 03 的规定。按式（B.0.6）计算每组芯样试件强度变化的百分率 ξ_{cor}，并计算全部芯样试件抗压强度变换百分率的平均值 $\xi_{cor,m}$。

$$\xi_{cor} = [(f_{cor} - f_{cor}^*)/f_{cor}] \times 100 \quad (B.0.6)$$

式中　ξ_{cor}——芯样试件强度变化的百分率；

　　　f_{cor}——未沸煮芯样试件抗压强度；

　　　f_{cor}^*——同组沸煮芯样试件抗压强度。

B.0.7 当出现下列情况之一时，可判定 f-CaO 对混凝土质量有影响：

　1 有 2 个或 2 个以上沸煮试件（包括薄片试件和芯样试件）出现开裂、疏松或崩溃等现象；

　2 芯样试件强度变化百分率平均值 $\xi_{cor,m} > 30\%$；

　3 仅有一个薄片试件出现开裂、疏松或崩溃等现象，并有一个 $\xi_{cor} > 30\%$。

B.0.8 沸煮制度，调整好沸煮箱内的水位，使能保证在整个沸煮过程中都超过试件，不需中途添补试验用水，同时又能保证在(30±5)min 内升至沸腾。将试样放在沸煮箱的试架上，在(30±5)min 内加热至沸，恒沸 6h，关闭沸煮箱自然降至室温。

附录 C 混凝土中氯离子含量测定

C.0.1 本方法适用于混凝土中氯离子含量的测定。

C.0.2 试样制备应符合下列要求：
    1 将混凝土试样（芯样）破碎，剔除石子；
    2 将试样缩分至 30g，研磨至全部通过 0.08mm 的筛；
    3 用磁铁吸出试样中的金属铁屑；
    4 试样置烘箱中于 105~110℃烘至恒重，取出后放入干燥器中冷却至室温。

C.0.3 混凝土中氯离子含量测定所需仪器如下：
    1 酸度计或电位计：应具有 0.1pH 单位或 10mV 的精确度；精确的实验应采用具有 0.02pH 单位或 2mV 精确度；
    2 216 型银电极；
    3 217 型双盐桥饱和甘汞电极；
    4 电磁搅拌器；
    5 电震荡器；
    6 滴定管（25mL）；
    7 移液管（10mL）。

C.0.4 混凝土中氯离子含量测定所需试剂如下：
    1 硝酸溶液（1+3）；
    2 酚酞指示剂（10g/L）；
    3 硝酸银标准溶液；
    4 淀粉溶液。

C.0.5 硝酸银标准溶液的配制：称取 1.7g 硝酸银（称准至 0.0001g），用不含 Cl^- 的水溶解后稀释至 1L，混匀，贮于棕色瓶中。

C.0.6 硝酸银标准溶液按下述方法标定：
    1 称取于 500~600℃烧至恒重的氯化钠基准试剂 0.6g（称准至 0.0001g），置于烧杯中，用不含 Cl^- 的水熔解，移入 1000mL 容量瓶中，稀释至刻度，摇匀；
    2 用移液管吸取 25mL 氯化钠溶液于烧杯中，加水稀释至 50mL，加 10mL 淀粉溶液（10g/L），以 216 型银电极作指示电极，217 型双盐桥饱和甘汞电极作参比电极，用配制好的硝酸银溶液滴定，按 GB/T 9725—1988 中 6.2.2 条的规定，以二极微商法确定硝酸银溶液所用体积；
    3 同时进行空白试验；
    4 硝酸银溶液的浓度按下式计算：

$$C_{(AgNO_3)} = \frac{m_{(NaCl)} \times 25.00/1000.00}{(V_1 - V_2)0.05844} \tag{C.0.6}$$

式中 $C_{(AgNO_3)}$——硝酸银标准溶液之物质的量浓度，mol/L

$m_{(NaCl)}$——氯化钠的质量，g；

V_1——硝酸银标准溶液之用量，mL；

V_2——空白试验硝酸银标准溶液之用量，mL；

0.05844——氯化钠的毫摩尔质量，g/mmoL。

C.0.7 混凝土中氯离子含量按下述方法测定：

1 称取 5g 试样（称准至 0.0001g），置于具塞磨口锥形瓶中，加入 250.0mL 水，密塞后剧烈振摇 3～4min，置于电震荡器上震荡浸泡 6h，以快速定量滤纸过滤；

2 用移液管吸取 50mL 滤液于烧杯中，滴加酚酞指示剂 2 滴，以硝酸溶液（1+3）滴至红色刚好褪去，再加 10mL 淀粉溶液（10g/L），以 216 型银电极作指示电极，217 型双盐桥饱和甘汞电极作参比电极，用标准硝酸溶液滴定，并按 GB/T 9725—1988 中 6.2.2 条的规定，以二级微商法确定硝酸银溶液所用体积；

3 同时进行空白试验；

4 氯离子含量按下式计算：

$$W_{Cl^-} = \frac{C_{(AgNO_3)}(V_1 - V_2) \times 0.03545}{m_s \times 50.00/250.0} \times 100 \quad (C.0.7)$$

式中　$W_{(Cl^-)}$——混凝土中氯离子之质量百分数；

$C_{(AgNO_3)}$——硝酸银标准溶液之物质的量浓度，mol/L；

V_1——硝酸银标准溶液之用量，mL；

V_2——空白试验硝酸银标准溶液之用量，mL；

0.03545——氯离子的毫摩尔质量，g/mmoL；

m_s——混凝土试样的质量，g。

附录 D　混凝土中钢筋锈蚀状况的检测

D.0.1 钢筋锈蚀状况的检测可根据测试条件和测试要求选择剔凿检测方法、电化学测定方法或综合分析判定方法。

D.0.2 钢筋锈蚀状况的剔凿检测方法，剔凿出钢筋直接测定钢筋的剩余直径。

D.0.3 钢筋锈蚀状况的电化学测定方法和综合分析判定方法宜配合剔凿检测方法的验证。

D.0.4 钢筋锈蚀状况的电化学测定可采用极化电极原理的检测方法，测定钢筋锈蚀电流和测定混凝土的电阻率，也可采用半电池原理的检测方法，测定钢筋的电位。

D.0.5 电化学测定方法的测区及测点布置应符合下列要求：

1 应根据构件的环境差异及外观检查的结果来确定测区，测区应能代表不同环境条件和不同的锈蚀外观表征，每种条件的测区数量不宜少于 3 个；

2 在测区上布置测试网格，网格节点为测点，网格间距可为 200mm×200mm、300mm×300mm 或 200mm×100mm 等，根据构件尺寸和仪器功能而定。测区中的测点数不宜少于 20 个。测点与构件边缘的距离应大于 50mm；

3 测区应统一编号，注明位置，并描述其外观情况。

D.0.6 电化学检测操作应遵守所使用检测仪器的操作规定，并应注意：

1 电极铜棒应清洁、无明显缺陷；

2 混凝土表面应清洁，无涂料、浮浆、污物或尘土等，测点处混凝土应湿润；

3 保证仪器连接点钢筋与测点钢筋连通；

4 测点读数应稳定，电位读数变动不超过2mV；同一测点同一枝参考电极重复读数差异不得超过10mV，同一测点不同参考电极重复读数差异不得超过20mV；

5 应避免各种电磁场的干扰；

6 应注意环境温度对测试结果的影响，必要时应进行修正。

D.0.7 电化学测试结果的表达应符合下列要求：

1 按一定的比例绘出测区平面图，标出相应测点位置的钢筋锈蚀电位，得到数据阵列；

2 绘出电位等值线图，通过数值相等各点或内插各等值点绘出等值线，等值线差值宜为100mV。

D.0.8 电化学测试结果的判定可参考下列建议。

1 钢筋电位与钢筋锈蚀状况的判别见表D.0.8-1。

表D.0.8-1 钢筋电位与钢筋锈蚀状况判别

序号	钢筋电位状况（mV）	钢筋锈蚀状况判别
1	－350～－500	钢筋发生锈蚀的概率为95%
2	－200～－350	钢筋发生锈蚀的概率为50%，可能存在坑蚀现象
3	－200或高于－200	无锈蚀活动性或锈蚀活动性不确定，锈蚀概率5%

2 钢筋锈蚀电流与钢筋锈蚀速率及构件损伤年限的判别见表D.0.8-2。

表D.0.8-2 钢筋锈蚀电流与钢筋锈蚀速率和构件损伤年限判别

序号	锈蚀电流 I_{corr}（$\mu A/cm^2$）	锈蚀速率	保护层出现损伤年限
1	<0.2	钝化状态	—
2	0.2～0.5	低锈蚀速率	>15年
3	0.5～1.0	中等锈蚀速率	10～15年
4	1.0～10	高锈蚀速率	2～10年
5	>10	极高锈蚀速率	不足2年

3 混凝土电阻率与钢筋锈蚀状况判别见表D.0.8-3。

表D.0.8-3 混凝土电阻率与钢筋锈蚀状态判别

序号	混凝土电阻率（$k\Omega \cdot cm$）	钢筋锈蚀状态判别
1	>100	钢筋不会锈蚀
2	50～100	低锈蚀速率
3	10～50	钢筋活化时，可出现中高锈蚀速率
4	<10	电阻率不是锈蚀的控制因素

D.0.9 综合分析判定方法，检测的参数可包括裂缝宽度、混凝土保护层厚度、混凝土强

度、混凝土碳化深度、混凝土中有害物质含量以及混凝土含水率等，根据综合情况判定钢筋的锈蚀状况。

附录 E 结构动力测试方法和要求

E.0.1 建筑结构的动力测试，可根据测试的目的选择下列方法：

1 测试结构的基本振型时，宜选用环境振动法，在满足测试要求的前提下也可选用初位移等其他方法；

2 测试结构平面内多个振型时，宜选用稳态正弦波激振法；

3 测试结构空间振型或扭转振型时，宜选用多振源相位控制同步的稳态正弦波激振法或初速度法；

4 评估结构的抗震性能时，可选用随机激振法或人工爆破模拟地震法。

E.0.2 结构动力测试设备和测试仪器应符合下列要求：

1 当采用稳态正弦激振的方法进行测试时，宜采用旋转惯性机械起振机，也可采用液压伺服激振器，使用频率范围宜在 0.5~30Hz，频率分辨率应高于 0.01Hz；

2 可根据需要测试的动参数和振型阶数等具体情况，选择加速度仪、速度仪或位移仪，必要时尚可选择相应的配套仪表；

3 应根据需要测试的最低和最高阶频率选择仪器的频率范围；

4 测试仪器的最大可测范围应根据被测试结构振动的强烈程度来选定；

5 测试仪器的分辨率应根据被测试结构的最小振动幅值来选定；

6 传感器的横向灵敏度应小于 0.05；

7 进行瞬态过程测试时，测试仪器的可使用频率范围应比稳态测试时大一个数量级；

8 传感器应具备机械强度高，安装调节方便，体积重量小而便于携带，防水，防电磁干扰等性能；

9 记录仪器或数据采集分析系统、电平输入及频率范围，应与测试仪器的输出相匹配。

E.0.3 结构动力测试，应满足下列要求：

1 脉动测试应满足下列要求：避免环境及系统干扰；测试记录时间，在测量振型和频率时不应少于 5min，在测试阻尼时不应小于 30min；当因测试仪器数量不足而做多次测试时，每次测试中应至少保留一个共同的参考点；

2 机械激振振动测试应满足下列要求：应正确选择激振器的位置，合理选择激振力，防止引起被测试结构的振型畸变；当激振器安装在楼板上时，应避免楼板的竖向自振频率和刚度的影响，激振力应具有传递途径；激振测试中宜采用扫频方式寻找共振频率，在共振频率附近进行测试时，应保证半功率带宽内有不少于 5 个频率的测点；

3 施加初位移的自由振动测试应符合下列要求：应根据测试的目的布置拉线点；拉线与被测试结构的连结部分应具有能够整体传力到被测试结构受力构件上；每次测试时应记录拉力数值和拉力与结构轴线间的夹角；量取波值时，不得取用突断衰减的最初 2 个波；测试时不应使被测试结构出现裂缝。

E.0.4 结构动力测试的数据处理，应符合下列规定：

1 时域数据处理：对记录的测试数据应进行零点漂移、记录波形和记录长度的检验；被测试结构的自振周期，可在记录曲线上比较规则的波形段内取有限个周期的平均值；被测试结构的阻尼比，可按自由衰减曲线求取，在采用稳态正弦波激振时，可根据实测的共振曲线采用半功率点法求取；被测试结构各测点的幅值，应用记录信号幅值除以测试系统的增益，并按此求得振型；

2 频域数据处理：采样间隔应符合采样定理的要求；对频域中的数据应采用滤波、零均值化方法进行处理；被测试结构的自振频率，可采用自谱分析或傅里叶谱分析方法求取；被测试结构的阻尼比，宜采用自相关函数分析、曲线拟合法或半功率点法确定。被测试结构的振型，宜采用自谱分析、互谱分析或传递函数分析方法确定；对于复杂结构的测试数据，宜采用谱分析、相关分析或传递函数分析等方法进行分析；

3 测试数据处理后应根据需要提供被测试结构的自振频率、阻尼比和振型，以及动力反应最大幅值、时程曲线、频谱曲线等分析结果。

附录 F 回弹检测烧结普通砖抗压强度

F.0.1 本方法适用于用回弹法检测烧结普通砖的抗压强度。按本方法检测时，应使用 HT75 型回弹仪。

F.0.2 对检测批的检测，每个检验批中可布置 5～10 个检测单元，共抽取 50～100 块砖进行检测，检测块材的数量尚应满足本标准第 3.3.13 条 A 类检测样本容量的要求和本标准第 3.3.15 条与第 3.3.16 条对推定区间的要求。

F.0.3 回弹测点布置在外观质量合格砖的条面上，每块砖的条面布置 5 个回弹测点，测点应避开气孔等且测点之间应留有一定的间距。

F.0.4 以每块砖的回弹测试平均值 R_m 为计算参数，按相应的测强曲线计算单块砖的抗压强度换算值；当没有相应的换算强度曲线时，经过试验验证后，可按式（F.0.4）计算单块砖的抗压强度换算值：

黏土砖： $f_{1,i} = 1.08 R_{m,i} - 32.5$；

页岩砖： $f_{1,i} = 1.06 R_{m,i} - 31.4$；（精确至小数点后 1 位）

煤矸石砖： $f_{1,i} = 1.05 R_{m,i} - 27.0$； (F.0.4)

式中 $R_{m,i}$ ——第 i 块砖回弹测试平均值；

$f_{1,i}$ ——第 i 块砖抗压强度换算值。

F.0.5 抗压强度的推定，以每块砖的抗压强度换算值为代表值，按本标准第 3.3.19 条或第 3.3.20 条的规定确定推定区间。

F.0.6 回弹法检测烧结普通砖的抗压强度宜配合取样检验的验证。

附录 G 表面硬度法推断钢材强度

G.0.1 本检测方法适用于估算结构中钢材抗拉强度的范围，不能准确推定钢材的强度。

G.0.2 构件测试部位的处理，可用钢锉打磨构件表面，除去表面锈斑、油漆，然后应分别用粗、细砂纸打磨构件表面，直至露出金属光泽。

G.0.3 按所用仪器的操作要求测定钢材表面的硬度。

G.0.4 在测试时，构件及测试面不得有明显的颤动。

G.0.5 按所建立的专用测强曲线换算钢材的强度。

G.0.6 可参考《黑色金属硬度及相关强度换算值》GB/T 1172 等标准的规定确定钢材的换算抗拉强度，但测试仪器和检测操作应符合相应标准的规定，并应对标准提供的换算关系进行验证。

附录 H 钢结构性能的静力荷载检验

H.1 一般规定

H.1.1 本附录适用于普通钢结构性能的静力荷载检验，不适用用冷弯型钢和压型钢板以及钢-混组合结构性能和普通钢结构疲劳性能的检验。

H.1.2 钢结构性能的静力荷载检验可分为使用性能检验、承载力检验和破坏性检验；使用性能检验和承载力检验的对象可以是实际的结构或构件，也可以是足尺寸的模型；破坏性检验的对象可以是不再使用的结构或构件，也可以是足尺寸的模型。

H.1.3 检验装置和设置，应能模拟结构实际荷载的大小和分布，应能反映结构或构件实际工作状态，加荷点和支座处不得出现不正常的偏心，同时应保证构件的变形和破坏不影响测试数据的准确性和不造成检验设备的损坏和人身伤亡事故。

H.1.4 检验的荷载，应分级加载，每级荷载不宜超过最大荷载的 20%，在每级加载后应保持足够的静止时间，并检查构件是否存在断裂、屈服、屈曲的迹象。

H.1.5 变形的测试，应考虑支座的沉降变形的影响，正式检验前应施加一定的初试荷载，然后卸荷，使构件贴紧检验装置。加载过程中应记录荷载变形曲线，当这条曲线表现出明显非线性时，应减小荷载增量。

H.1.6 达到使用性能或承载力检验的最大荷载后，应持荷至少 1h，每隔 15min 测取一次荷载和变形值，直到变形值在 15min 内不再明显增加为止。然后应分级卸载，在每一级荷载和卸载全部完成后测取变形值。

H.1.7 当检验用模型的材料与所模拟结构或构件的材料性能有差别时，应进行材料性能的检验。

H.2 使用性能检验

H.2.1 使用性能检验以证实结构或构件在规定荷载的作用下不出现过大的变形和损伤，经过检验且满足要求的结构或构件应能正常使用。

H.2.2 在规定荷载作用下，某些结构或构件可能会出现局部永久性变形，但这些变形的出现应是事先确定的且不表明结构或构件受到损伤。

H.2.3 检验的荷载，应取下列荷载之和：

实际自重×1.0；

其他恒载×1.15；

可变荷载×1.25。

H.2.4 经检验的结构或构件应满足下列要求：
1 荷载-变形曲线宜基本为线性关系；
2 卸载后残余变形不应超过所记录到最大变形值的20%。

H.2.5 当第H.2.4条的要求不满足时，可重新进行检验。第二次检验中的荷载-变形应基本上呈现线性关系，新的残余变形不得超过第二次检验中所记录到最大变形的10%。

H.3 承载力检验

H.3.1 承载力检验用于证实结构或构件的设计承载力。

H.3.2 在进行承载力检验前，宜先进行H.2节所述使用性能检验且检验结果满足相应的要求。

H.3.3 承载力检验的荷载，应采用永久和可变荷载适当组合的承载力极限状态的设计荷载。

H.3.4 承载力检验结果的评定，检验荷载作用下，结构或构件的任何部分不应出现屈曲破坏或断裂破坏；卸载后结构或构件的变形应至少减少20%。

H.4 破坏性检验

H.4.1 破坏性检验用于确定结构或模型的实际承载力。

H.4.2 进行破坏性检验前，宜先进行设计承载力的检验，并根据检验情况估算被检验结构的实际承载力。

H.4.3 破坏性检验的加载，应先分级加到设计承载力的检验荷载，根据荷载变形曲线确定随后的加载增量，然后加载到不能继续加载为止，此时的承载力即为结构的实际承载力。

附录J 超声法检测钢管中混凝土抗压强度

J.0.1 本附录适用于超声法检测钢管中混凝土的强度，按本附录得到的混凝土强度换算值应进行同条件立方体试块或芯样试件抗压强度的修正。

J.0.2 超声法检测钢管中混凝土的强度，圆钢管的外径不宜小于300mm，方钢管的最小边长不宜小于275mm。

J.0.3 超声法的测区布置和抽样数量应符合下列要求：
1 按检测批检测时，抽样检测构件的数量不应少于本标准表3.3.13中样本最小容量的规定，测区数量尚应满足本标准对计量抽样推定区间的要求；
2 每个构件上应布置10个测区（每个测区应有2个相对的测面）；小构件可布置5个测区；
3 每个测面的尺寸不宜小于200mm×200mm。

J.0.4 超声法的测区，钢管的外表面应光洁，无严重锈蚀，并应能保证换能器与钢管表面耦合良好。

J.0.5 在每个测区内的相对测试面上，应各布置3个测点，发射和接收换能器的轴线应在同一轴线上，对于圆钢管该轴线应通过钢管的圆心。如图 J.0.5 所示。

J.0.6 测区的声速应按下列公式计算：
$$V = d/t_m \quad (J.0.6\text{-}1)$$
$$t_m = (t_1 + t_2 + t_3)/2 \quad (J.0.6\text{-}2)$$

式中 V——测区声速值，（精确到 0.01km/s）；
  d——超声测距，即钢管外径，精确到毫米；
  t_m——测区平均声时值，精确到 $0.1\mu s$；
  t_1、t_2、t_3——分别为测区中 3 个测点的声时值，精确到 $0.1\mu s$。

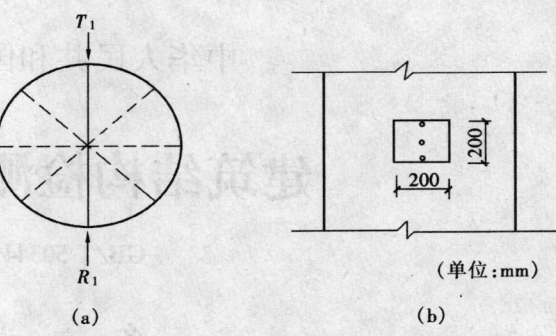

图 J.0.5　钢管中混凝土强度检测示意图
(a) 平面图；(b) 立面图

J.0.7 构件第 i 个测区的混凝土强度换算值 $f^c_{cu,i}$，应依据测区声速值 V 按专用测强曲线或地区测强曲线确定。

本标准用词用语说明

1 为了便于在执行本标准条文时区别对待，对要求严格程度不同的用词说明如下：
1）表示很严格，非这样做不可的用词：
正面词采用"必须"；反面词采用"严禁"。
2）表示严格，在正常情况下均应这样做的用词：
正面词采用"应"；反面词采用"不应"或"不得"。
3）表示允许稍有选择，在条件许可时首先这样做的用词：
正面词采用"宜"；反面词采用"不宜"；
表示有选择，在一定条件下可以这样做的，采用"可"。

2 标准中指定应按其他有关标准、规范执行时，写法为："应符合……的规定"或"应按……执行"。

中华人民共和国国家标准

建筑结构检测技术标准

GB/T 50344—2004

条 文 说 明

目 次

1 总则 ·· 73
2 术语和符号 ··· 73
   2.1 术语 ··· 73
   2.2 符号 ··· 73
3 基本规定 ·· 74
   3.1 建筑结构检测范围和分类 ··· 74
   3.2 检测工作程序与基本要求 ··· 75
   3.3 检测方法和抽样方案 ··· 75
   3.4 既有建筑的检测 ··· 78
   3.5 检测报告 ··· 79
   3.6 检测单位和检测人员 ··· 79
4 混凝土结构 ··· 79
   4.1 一般规定 ··· 79
   4.2 原材料性能 ·· 79
   4.3 混凝土强度 ·· 80
   4.4 混凝土构件外观质量与缺陷 ··· 81
   4.5 尺寸与偏差 ·· 81
   4.6 变形与损伤 ·· 82
   4.7 钢筋的配置与锈蚀 ·· 82
   4.8 构件性能实荷检验与结构动测 ······································· 82
5 砌体结构 ·· 82
   5.1 一般规定 ··· 82
   5.2 砌筑块材 ··· 83
   5.3 砌筑砂浆 ··· 84
   5.4 砌体强度 ··· 84
   5.5 砌筑质量与构造 ··· 85
   5.6 变形与损伤 ·· 85
6 钢结构 ·· 86
   6.1 一般规定 ··· 86
   6.2 材料 ··· 86
   6.3 连接 ··· 86
   6.4 尺寸与偏差 ·· 87
   6.5 缺陷、损伤与变形 ·· 87
   6.6 构造 ··· 87

6.7 涂装 ………………………………………………………………… 88
6.8 钢网架 ……………………………………………………………… 88
6.9 结构性能实荷检验与动测 ………………………………………… 88
7 钢管混凝土结构 ………………………………………………………… 89
　7.1 一般规定 …………………………………………………………… 89
　7.2 原材料 ……………………………………………………………… 89
　7.3 钢管焊接质量与构件连接 ………………………………………… 89
　7.4 钢管中混凝土强度与缺陷 ………………………………………… 89
　7.5 尺寸与偏差 ………………………………………………………… 90
8 木结构 …………………………………………………………………… 90
　8.1 一般规定 …………………………………………………………… 90
　8.2 木材性能 …………………………………………………………… 90
　8.3 木材缺陷 …………………………………………………………… 91
　8.4 尺寸与偏差 ………………………………………………………… 91
　8.5 连接 ………………………………………………………………… 91
　8.6 变形损伤与防护措施 ……………………………………………… 92

1 总　　则

1.0.1 本条是编制本标准的宗旨。建筑结构检测得到的数据与结论是评定有争议建筑结构工程质量的依据，也是鉴定已有建筑结构性能等的依据。

近年来，建筑结构的检测技术取得了很大的发展，目前已经制订了一些结构材料强度及构件质量的检测标准。但是，建筑结构的检测不仅仅是材料强度的检测，特别是目前这些规范的检测内容尚未与各类结构工程的施工质量验收规范或已有建筑结构的鉴定标准相衔接，已有结构材料强度现场检测的抽样方案和检测结果的评定也存在不一致的问题。因此需要制定一本建筑结构检测技术标准，为建筑结构工程质量的评定和已有建筑结构性能的鉴定提供可靠的检测数据和检测结论。

1.0.2 本条规定了本标准的适用范围。建筑结构工程质量检测的对象一般是对工程质量有怀疑、有争议或出现工程质量问题的结构工程，参见本标准第3.1.2条的规定和相应的条文说明。已有建筑结构检测的对象一般为正在使用的建筑结构，参见本标准第3.1.3条的规定和相应的条文说明。

1.0.3 古建筑的检测有其特殊的要求，古建筑的结构材料与现代建筑结构的材料有差异，本标准规定的一些取样检测方法在一些古建筑的检测中无法使用；受到特殊腐蚀性物质影响的结构构件也有一些特殊的检测项目。因此在对古建筑和受到特殊腐蚀性物质影响的结构构件进行检测时，可参考本标准的基本原则，根据具体情况选择合适的检测方法。

1.0.4 本条表明在建筑结构的检测工作中，除执行本标准的规定外，尚应执行国家现行的有关标准、规范的规定。这些国家现行的有关标准、规范主要是《建筑工程施工质量验收统一标准》GB 50300，混凝土结构、钢结构、木结构工程与砌体工程施工质量验收规范和工业厂房、民用建筑可靠性鉴定标准、建筑抗震鉴定标准以及相应的结构材料强度现场检测标准等。

1.0.5 本条强调建筑结构的检测工作不能对建筑市场的管理起负面的作用。

2 术语和符号

2.1 术　　语

本章所给出的术语可分为两类；一类为建筑结构方面，这类术语与有关标准一致；另一类为本标准检测用的专用术语，除了与有关结构材料强度现场检测标准协调外，多数仅从本标准的角度赋予其涵义，但涵义不一定是术语的定义。同时还分别给出了相应的推荐性英文术语，该英文术语不一定是国际上的标准术语，仅供参考。

2.2 符　　号

本节的符号符合《建筑结构设计术语和符号标准》GB/T 50083—1997的规定。

3 基本规定

3.1 建筑结构检测范围和分类

3.1.1 本条明确规定了建筑结构的检测分为建筑结构工程质量的检测和已有建筑结构性能的检测两种类型。建筑结构工程质量的检测与已有建筑结构性能的检测项目、检测方法和抽样数量等大致相同，只是已有建筑结构性能的检测可能面对的结构损伤与材料老化等问题要多一些，现场检测遇到问题的难度要大一些。本标准虽然有关于"建筑结构工程"和"已有建筑结构"的术语，但两者之间没有绝对准确的界限。

3.1.2 本条给出了建筑结构工程的质量应进行检测的情况。一般情况下，建筑结构工程的质量应按《建筑工程施工质量验收统一标准》GB 50300 和相应的工程施工质量验收规范进行验收。建筑工程施工质量验收与建筑结构工程质量检测有共同之处也有明显的区别。两项工作最大的区别在于实施主体，建筑结构工程质量检测工作的实施主体是有检测资质的独立的第三方；建筑结构工程质量的检测结果和评定结论可作为建筑结构工程施工质量验收的依据之一。两项工作的共同之处在于建筑工程施工质量验收所采取的一些具体检测方法可为建筑结构工程质量检测所采用，建筑结构工程质量检测所采用的检测方法和抽样方案等可供建筑结构施工质量验收参考，特别是为建筑结构工程施工质量验收所实施的工程质量实体检验工作可以参考本标准的规定。

3.1.3 本条规定了已有建筑结构应进行检测的情况。已有建筑结构在使用过程中，不仅需要经常性的管理与维护，而且还需要进行必要的检测、检查与维修，才能全面完成设计所预期的功能。此外，有一定数量的已有建筑结构或因设计、施工、使用不当而需要加固，或因用途变更而需要改造，或因当地抗震设防烈度改变而需要抗震鉴定或因受到灾害、环境侵蚀影响需要鉴定等等；有的建筑结构已经达到设计使用年限还需继续使用，还有些建筑结构，虽然使用多年，但影响其可靠性的根本问题还是施工质量问题。对于这些已有建筑结构应进行结构性能的鉴定。要做好这些鉴定工作，首先必须对涉及结构性能的现状缺陷和损伤、结构构件材料强度及结构变形等进行检测，以便了解已有建筑结构的可靠性等方面的实际情况，为鉴定提供事实、可靠和有效的依据。

3.1.4 本条是对建筑结构检测工作的基本要求。

3.1.5 本条为确定建筑结构检测项目和检测方案的基本原则。

3.1.6 大型公共建筑为人员较为集中的场所，重要建筑对于政治、国民经济影响比较大。这两类建筑的面积相对比较大，结构体型又往往比较复杂。对于这两类建筑在使用过程中应定期检查和进行必要的检测，以保证使用安全。由于结构构件开裂等损伤能使结构动力测试的基本周期增大，在振型反应中也能反映出来，这种动力测试结果有助于确定是否进行下一步的仔细检测。同时结构动力测试也不会对结构造成损伤。所以，对于大型公共建筑和重要建筑宜在建筑工程竣工验收完成后，使用前和使用后，分别进行一次动力测试。并宜在每隔 10 年左右再进行一次动力测试，对使用 30 年以上的建筑物宜 7 年左右进行一次动力测试。这些测试应与工程竣工验收完成使用后的动力测试相比较，以确定建筑结构是否存在损伤及其损伤的范围，为是否需要进行详细检测提供依据。

随着光纤和激光等检测技术的应用，能够较准确地量测结构构件施工阶段和使用阶段的内力、变形状况，这种安全性监测有助于保证施工安全和使用阶段的安全。

3.2 检测工作程序与基本要求

3.2.1 建筑结构检测工作程序是对检测工作全过程和几个主要阶段的阐述。程序框图中描述了一般建筑结构检测从接受委托到检测报告的各个阶段都是必不可少的。对于特殊情况的检测，则应根据建筑结构检测的目的确定其检测程序框图和相应的内容。

3.2.2 建筑结构检测工作中的现场调查和有关资料的调查是非常重要的。了解建筑结构的状况和收集有关资料，不仅有利于较好地制定检测方案，而且有助于确定检测的内容和重点。现场调查主要是了解被检测建筑结构的现状缺陷或使用期间的加固维修及用途和荷载等变更情况，同时应与委托方探讨确定检测的目的、内容和重点。

有关的资料主要是指建筑结构的设计图、设计变更、施工记录和验收资料、加固图和维修记录等。当缺乏有关资料时，应向有关人员进行调查。当建筑结构受到灾害或邻近工程施工的影响时，尚应调查建筑结构受到损伤前的情况。

3.2.3～3.2.4 建筑结构的检测方案应根据检测的目的、建筑结构现状的调查结果来制定，宜包括概况、检测的目的、检测依据、检测项目、选用的检测方法和检测数量等以及所需要的配合、安全和环保措施等。

3.2.5 对建筑结构检测中所使用的仪器、设备提出了要求。

3.2.6 本条对建筑结构现场检测的原始记录提出要求，这些要求是根据原始记录的重要性和为了规范检测人员的行为而提出的。

3.2.7 对建筑结构现场检测取样运回到试验室测试的样品，应满足样品标识、传递、安全储存等规定。

3.2.9 在建筑结构检测中，当采用局部破损方法检测时，在检测工作完成后应进行结构构件受损部位的修补工作，在修补中宜采用高于构件原设计强度等级的材料。

3.2.10 本条规定了检测工作完成后应及时进行计算分析和提出相应检测报告，以便使建筑结构所存在的问题能得到及时的处理。

3.3 检测方法和抽样方案

3.3.1 本条规定了选取检测方法的基本原则，主要强调检测方法的适用性问题。

3.3.2 规定可用于建筑结构检测的四类检测方法，其目的是鼓励采用先进的检测方法、开发新的检测技术和使检测方法标准化。

3.3.3 有相应标准的检测方法，如回弹法检测混凝土抗压强度有相应的行业标准和地方标准。当采用这类方法时应注意标准的适用性问题。

3.3.4 规范标准规定的检测方法，如工程施工质量验收规范等对一些检测项目规定或建议了检测方法。在这些方法中，有些是有相应的标准的，有些是没有相应的标准的，对于没有相应标准的检测方法，检测单位应有相应的检测细则。制定检测细则的目的是规范检测的操作和其他行为，保证检测的公正、公平和公开性。

3.3.5 目前有检测标准的检测方法较少，因此鼓励开发和引进新的检测方法。在已有的检测方法基础之上扩大该方法的适用范围是开发新的检测方法的一种途径。但是扩大了适用范围必然会带来检测结果的系统偏差，因此必须对可能产生的系统偏差予以修正。

3.3.6 本条的目的是鼓励检测单位开发和引进新的检测方法。新开发和引进的检测方法和仪器应通过技术鉴定，并应与已有的检测方法和仪器进行比对试验和验证。此外，新开发和引进的检测方法应有相应的检测细则。

3.3.7 采用局部破损的取样方法和原位检测方法时，应注意不应构成结构或构件的安全问题。

3.3.8 古建筑和保护性建筑一旦受到损伤很难按原样修复，因此应避免造成损伤。

3.3.9 建筑结构的动力检测，可分为环境振动和激振等方法。对了解结构的动力特性和结构是否存在抗侧力构件开裂等，可采用环境振动的方法；对于了解结构抗震性能，则应采用激振等方法。

3.3.10 我国重大工程事故，一般多发生在施工阶段和建成后的一段时间内，然后才是超载和维护跟不上造成的损伤。在正常设计情况下，由于施工偏差以及新型结构体系施工方案不一定完全符合这种结构的受力特点等，可能造成少量构件截面应力和变形过大。近些年国内外光纤和激光等应变传感器已进入实用阶段，为重大工程和新型结构体系进行施工阶段构件应力的监测提供了条件。在进行施工监测中应优化监测方案，即选择可能受力较大的构件（部位）或较薄弱的构件（部位）。

3.3.11 本条提出了建筑结构检测抽样方案选择的原则要求。对于比较简单易行，又以数量多少评判的检测项目，如外部缺陷等宜选用全数检测方案；对于结构、构件尺寸偏差的检测，宜选用一次或两次计数抽样方案，但应遵守计数抽样检测的规则；结构连接构造影响结构的变形性能，因此对连接构造的检测应选择对结构安全影响大的部位；结构构件实荷检验的目的是检验构件的结构性能，因此，应选择同类构件中承受荷载相对较大和构件施工质量相对较差的构件；对按检测批评定的结构构件材料强度，应进行随机抽样。

对于建筑结构工程质量的检测，也可选择《建筑工程施工质量验收统一标准》和相应专业验收规范规定的抽样方案等。

3.3.12 检测数量与检测对象的确定可以有两类，一类指定检测对象和范围，另一类是抽样的方法。对于建筑结构的检测两类情况都可能遇到。当指定检测对象和范围时，其检测结果不能反映其他构件的情况，因此检测结果的适用范围不能随意扩大。

3.3.13 本条规定了建筑结构按检测批检测时抽样的最小样本容量，其目的是要保证抽样检测结果具有代表性。最小样本容量不是最佳的样本容量，实际检测时可根据具体情况和相应技术规程的规定确定样本容量，但样本容量不应少于表 3.3.13 的限定量。

对于计量抽样检测的检测批来说，表 3.3.13 的限制值可以是构件也可以是取得测试数据代表值的测区。例如对于混凝土构件强度检测来说，可以以构件总数作为检测批的容量，抽检构件的数量满足表 3.3.13 中最小样本容量的要求；在每个构件上布置若干个测区，取得测区测试数据的代表值。用所有测区测试数据代表值构成数据样本，按本标准第 3.3.15 条和第 3.3.16 条的规定确定推定区间。例如，砌筑块材强度的检测，可以以墙体的数量作为检测批的容量，抽样墙体数量满足表 3.3.13 中样本最小容量的要求，在每道抽检墙体上进行若干块砌筑块材强度的检测，取每个块材的测试数据作为代表值，形成数据样本，确定推定区间；也可以以砌筑块材总数作为检测批的容量，使抽样检测块材的总数满足表 3.3.13 样本最要容量的要求。

3.3.14 依据《逐批检查计数抽样程序及抽样表》GB 2828 给出了建筑结构检测的计数

抽样的样本容量和正常一次抽样、正常二次抽样结果的判定方法。以表 3.3.14-3 和表 3.3.14-4 为例说明使用方法。当为一般项目正常一次性抽样时，样本容量为 13，在 13 个试样中有 3 个或 3 个以下的试样被判为不合格时，检测批可判为合格；当 13 个试样中有 4 个或 4 个以上的试样被判为不合格时则该检测批可判为不合格。对于一般项目正常二次抽样，样本容量为 13，当 13 个试样中有 1 个被判为不合格时，该检测批可判为合格；当有 3 个或 3 个以上的试样被判为不合格时，该检测批可判为不合格；当 2 个试样被判为不合格时进行第二次抽样，样本容量也为 13 个，两次抽样的样本容量为 26，当第一次的不合格试样与第二次的不合格试样之和为 4 或小于 4 时，该检测批可判为合格，当第一次的不合格试样与第二次的不合格试样之和为 5 或大于 5 时，该检测批可判为不合格。一般项目的允许不合格率为 10%，主控项目的允许不合格率为 5%。主控项目和一般项目应按相应工程施工质量验收规范确定。当其他检测项目按计数方法进行评定时，可参照上述方法实施。

3.3.15 根据计量抽样检测的理论，随机抽样不能得到被推定参数的准确数值，只能得到被推定参数的估计值，因此推定结果应该是一个区间。以图 1 和图 2 关于检测批均值 μ 的推定来说明这个问题。

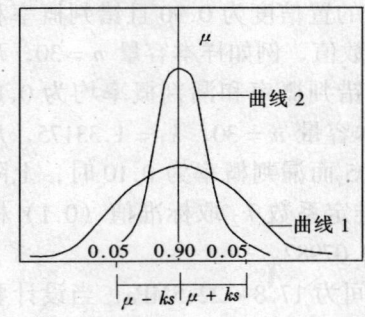 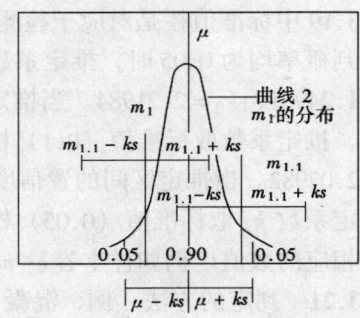

图 1　置信区间示意图　　　　　　　　　　图 2　推定区间示意图

曲线 1 为检测批的随机变量分布，μ 为其均值，曲线 2 为样本容量为 n_1 时样本均值 m_1 的分布，图中所示的 m_1 的分布表明，m_1 是随机变量，用 m_1 估计检测批均值 μ 时，虽然可以得到样本均值 $m_{1,i}$ 的确定的数值，但是不能确定样本均值 $m_{1,i}$ 落在 m_1 分布曲线的确定的位置，存在着检测结果的不确定性的问题。根据统计学的原理，可以知道随机变量 m_1 落在某一区间的概率，并可以使随机变量落在某个区间的概率为 0.90，如图示的区间 $\mu - ks$，$\mu + ks$ 示。

对于一次性的检测，可以得到随机变量 m_1 的一个确定的值 $m_{1,1}$。由于 $m_{1,1}$ 落在区间 $\mu - ks$，$\mu + ks$ 之内的概率为 0.90，所以区间 $m_{1,1} - ks$，$m_{1,1} + ks$ 包含检测批均值 μ 的概率为 0.90。0.90 为推定区间的置信度。推定区间的置信度表明被推定参数落在推定区间内的概率。错判概率表示被推定值大于推定区间上限的概率（生产方风险），漏判概率为被推定值小于推定区间下限的概率（使用方风险）。本条的规定与《建筑工程施工质量验收统一标准》GB 50300 的规定是一致的。推定区间实际上是被推定参数的接收区间。

3.3.16 本条对计量抽样检测批检测结果的推定区间进行了限制，在置信度相同的前提下，推定区间越小，推定结果的不确定性越小。样本的标准差 s 和样本容量 n 决定了推定区间的大小。因此减小样本的标准差 s 或增加样本的容量是减小检测结果不确定性的措施。对于无损检测方法来说，增加样本容量相对容易实现，对于局部破损的取样检测方法和原位检测方法来说，增加样本容量相对难于实现。对于后者来说，减小测试误差可能更为重要。

3.3.17 本条对推定区间不能满足要求的情况作出规定。

3.3.18 异常数据的舍弃应有一定的规则，本条提供了异常数据舍弃的标准。

3.3.19 被推定值为检测批均值 μ 时的推定区间计算方法。表 3.3.19 选自《正态分布完全样本可靠度单侧置信下限》GB/T 4885—1985。表中均值栏是对应于检测批均值 μ 的系数。当推定区间的置信度为 0.90 且错判概率和漏判概率均为 0.05 时，推定系数取 k (0.05) 栏中的数值；例如样本容量 $n = 10$，$k = 0.57968$。当推定区间的置信度为 0.80 且错判概率和漏判概率均为 0.10 时，推定系数取 k (0.1) 栏中的数值。例如，样本容量 $n = 10$，$k = 0.43735$。当推定区间的置信度为 0.85 且错判概率为 0.05，漏判概率为 0.10 时，上限推定系数取 k (0.05) 栏中的数值，下限推定系数取 k (0.1) 栏中的数值。例如样本容量 $n = 10$，$k = 0.57968$ ($m + ks$)，$k = 0.43735$ ($m - ks$)。

3.3.20 被推定值为具有 95% 保证率的标准值（特征值）x_k 时的推定区间计算方法。表 3.3.19 中标准值栏是对应于检测批标准值 x_k。当推定区间的置信度为 0.90 且错判概率和漏判概率均为 0.05 时，推定系数取标准值 (0.05) 栏中的数值，例如样本容量 $n = 30$，$k_1 = 1.24981$，$k_2 = 2.21984$。当推定区间的置信度为 0.80 且错判概率和漏判概率均为 0.10 时，推定系数取标准值 (0.1) 栏中的相应数值。例如样本容量 $n = 30$，$k_1 = 1.33175$，$k_2 = 2.07982$。当推定区间的置信度为 0.85 且错判概率为 0.05 而漏判概率为 0.10 时，上限推定系数 k_1 取标准值 (0.05) 栏中的相应的数值，下限推定系数 k_2 取标准值 (0.1) 栏中相应的数值。例如样本容量 $n = 30$，$k_1 = 1.24981$，$k_2 = 2.07982$。

3.3.21 判定的方法。例，混凝土立方体抗压强度推定区间为 17.8～22.5MPa，当设计要求的 $f_{cu,k}$ 为 20MPa 混凝土时，可判为立方体抗压强度满足设计要求，当设计要求的 $f_{cu,k}$ 为 25MPa 时，可判为低于设计要求。

3.4 既有建筑的检测

3.4.1 本条提出了对既有建筑进行正常检查与建筑结构的常规检测要求。没有正常检查制度和常规检测制度是我国建筑管理方面的一大缺憾。正常检查制度和常规检测制度是避免发生恶性事故的必要措施，是及时采取防范和维修措施、避免重大经济损失的先决条件。

3.4.2～3.4.3 既有建筑正常检查的重点，正常检查可侧重于使用的安全。本条所指出的检查重点都是近年来出现事故造成人员伤亡和相应经济损失的部位。既有建筑是否存在使用安全问题的检查不是一项专业技术要求很高的工作。当正常检查中发现难于解决的问题时，可委托有资质的检测单位进行检测。

3.4.4 一般工业与民用的建筑结构设计使用年限内进行常规检测。有腐蚀性介质侵蚀的工业建筑、受到污染影响的建筑或构筑物、处于严重冻融影响环境的建筑物或构筑物、土质较差地基上的建筑物或构筑物等的结构，常规检测的时间可适当缩短。

建筑结构的常规检测不能只是构件外观质量及损伤的检查，需要相应的科学的检测方法、检测仪器和定量的检测数据，属结构检测范围。因此需要由有资质的检测单位进行检测。常规检测的目的是确定建筑结构是否存在隐患。一般工业与民用建筑在使用10~15年，结构耐久性问题、结构设计失误问题、隐藏的结构施工质量问题以及由于不正当的使用造成的问题都会有所显露。此时进行常规检测可以及早发现事故的隐患，采取积极的处理措施，减少经济损失。对于存在严重隐患的建筑结构，可避免出现坍塌等恶性事故。对于恶劣环境中的建筑结构，缩短正常检测的年限是合理的。

3.4.5 建筑结构常规检测有其特殊的问题，要尽量发现问题又不能对建筑物的正常使用构成影响。因此，应选择适当的检测方法。

3.4.6 本条提示了常规检测的重点部位，这些部位容易出现损伤。

3.4.7 第一次常规检测后，依据检测数据和鉴定结果可判定下次常规检测的时间。

3.5 检 测 报 告

3.5.1 本标准对建筑结构检测结果及评定提出了具体的要求，此外，其他标准也有相应的要求。

由于建筑结构工程质量的检测是为了确定所检测的建筑结构的质量是否满足设计文件和验收的要求，因此，检测报告中应做出检测项目是否满足这些要求的结论。对已有建筑结构的检测应能满足相应鉴定的要求。

3.5.2 为了使检测报告表达清楚和规范，本条强调了检测报告结论的准确性。

3.5.3 本条规定了检测报告应包括的主要内容。

3.6 检测单位和检测人员

3.6.1 对承担建筑结构检测工作的检测单位提出了资质要求，实施建筑结构的检测单位应经过国家或省级建设行政主管部门批准，并通过国家或省级技术监督部门的计量认证。

3.6.2~3.6.3 提出检测单位应有健全的质量管理体系要求以及仪器设备定期检定的要求。

3.6.4~3.6.5 对实施建筑结构检测的人员提出了资格方面的要求。如实施钢结构构件焊接质量检测的人员应具有相应的检测资格证书等。同时，提出了现场检测工作至少应由两名或两名以上检测人员承担的要求。

4 混 凝 土 结 构

4.1 一 般 规 定

4.1.1 规定了本章的适用范围。其他结构中混凝土构件的检测应按本章的规定进行。

4.1.2 本条提出了混凝土结构的主要检测工作项目。具体实施的检测工作和检测项目应根据委托方的要求、混凝土结构的实际情况等确定。

4.2 原 材 料 性 能

4.2.1 混凝土的原材料是指砂子、水泥、粗骨料、掺合料和外加剂等。由于检验硬化混凝土中原材料的质量或性能难度较大，因此允许对建筑工程中剩余的同批材料进行检验。

本标准根据研究成果和实践经验，在第4.6节中给出了硬化混凝土材料性能的部分检测方法。

4.2.2 现场取样检验钢筋的力学性能应注意结构或构件的安全，一般应在受力较小的构件上截取钢筋试样。钢筋化学成分分析试样可为进行过力学性能检验的试件。

4.2.3 目前已经有一些钢筋抗拉强度的无损检测方法，如测试钢筋的表面硬度换算钢筋抗拉强度，分析钢筋中主要化学成分含量推断钢筋抗拉强度等方法。但是这些非破损的检测方法都不能准确推定钢筋的抗拉强度，应与取样检验方法配合使用。关于钢材表面硬度与抗拉强度之间的换算关系，可参见本标准的附录G和本标准第6.2.5条的条文说明。

4.2.4 锈蚀钢筋和火灾后钢筋的力学性能的检测没有统一的标准，钢材试样与标准试验方法要求的试样有差别，因此在检测报告中应该予以说明，以便委托方做出正确的判断。

4.3 混凝土强度

4.3.1 采用非破损或局部破损的方法进行结构或构件混凝土抗压强度的检测，是为了避免或减少给结构带来不利的影响。

4.3.2 特殊的检测目的，如检测受侵蚀层混凝土强度、火灾影响层混凝土强度等。目前非破损的检测方法不适用于这些情况的检测。

选用回弹法、综合法、拔出法及钻芯法等，应注意各种方法的适用条件：

1 混凝土的龄期：回弹法一般应在相应规程规定的混凝土龄期内使用，超声回弹综合法也宜在一定的龄期内使用。当采用回弹法或回弹超声综合法检测龄期较长混凝土抗压强度时，应配合使用钻芯法。钻芯法受混凝土龄期影响相对较小。

2 表层质量具有代表性：采用回弹法、综合法和拔出法时，构件表层和内部混凝土质量差异较大时（如表层混凝土受到火灾、腐蚀性物质侵蚀等影响）会带来较大的测试误差。对于超声回弹综合法，如内外混凝土质量差异不明显也可以采用，钻芯法则受表层混凝土质量的影响较小。

3 混凝土强度：被测混凝土强度不得超过相应规程规定的范围，否则也会带来较大的误差。

4 特殊情况下，可以采取钻芯法或钻芯修正法检测结构混凝土的抗压强度，但应注意骨料的粒径问题。

5 实践证明，回弹法、超声回弹综合法和拔出法与钻芯法相结合，可提高混凝土抗压强度检测结果的可靠性。

4.3.3 钻芯修正时可采取修正量的方法也可采取修正系数的方法。修正量的方法是在非破损检测方法推定值的基础上加修正量，修正系数的方法是在非破损检测方法推定值的基础上乘以修正系数。两者的差别在于，修正量法对被修正样本的标准差 s 没有影响，修正系数法不仅对被修正样本的均值予以修正，也对样本的标准差 s 予以了修正。

总体修正量的方法是用被修正样本全部推定数值的均值与修正用样本（芯样试件换算抗压强度）均值与进行比较确定修正量。当采取总体修正量法时，对芯样试件换算立方体抗压强度的样本均值提出相应的要求，这一规定与《钻芯法检测混凝土强度技术规程》CECS 03的要求是一致的。其他材料强度的检测也可采用总体修正量的方法。

4.3.4 对应样本修正量用两个对应样本均值之差值作为修正量，两个样本的容量相同，测试位置对应。对应样本修正系数是用两个样本均值的比值作为修正系数，对于样本的要求与对应样本修正量的要求相同。——对应修正系数的方法可参见《回弹法检测混凝土抗压强度技术规程》的相关规定。

当采用小直径芯样试件时，由于其抗压强度样本的标准差增大，芯样试件的数量宜相应增加。

4.3.5 对结构混凝土抗压强度的推定提出了要求，对于检测批来说，其根本在于对推定区间的限制（见本标准第3章条文说明）。本标准要求的推定区间为低限要求，对于回弹法、超声回弹综合法来说，由于其检测样本容量较大，容易满足要求。对于钻芯法等取样方法来说，由于样本容量的问题，一般不容易满足要求。因此取样的方法最好配合有非破损的检测方法。

本条所指的技术规程包括《钻芯法检测混凝土强度技术规程》、《回弹法检测混凝土抗压强度技术规程》、《超声回弹综合法检测混凝土强度技术规程》等。

4.3.6 本条提出了混凝土抗拉强度的检测方法。《混凝土结构设计规范》GB 50010中给出的混凝土抗压强度与抗拉强度的关系是宏观的统计关系，对于具体结构的混凝土来说，该关系不一定适用，在特定情况下应该检测结构混凝土的抗拉强度。

4.3.7 提出受到侵蚀和火灾等影响构件混凝土强度的检测方法。

4.4 混凝土构件外观质量与缺陷

4.4.1 本条列举了常见的混凝土构件外观质量与缺陷的检测项目。

4.4.3 本条规定了混凝土结构及构件裂缝检查所包括的内容及记录形式。混凝土结构或构件上的裂缝按其活动性质可分为稳定裂缝、准稳定裂缝和不稳定裂缝。为判定结构可靠性或制定修补方案，需全面考虑与之相关的各种因素。其中包括裂缝成因、裂缝的稳定状态等，必要时应对裂缝进行观测。

裂缝也可归为结构构件的损伤，如钢筋锈蚀造成的裂缝、火灾造成的裂缝、基础不均匀沉降造成的裂缝等。对于建筑结构的检测来说，无论是施工过程中造成的裂缝（缺陷）还是使用过程中造成的裂缝（损伤），检测方法基本上是一致的。

4.5 尺寸与偏差

4.5.1 本条提出了构件尺寸与偏差的检测项目。

4.5.2 混凝土结构及构件的尺寸偏差的检测方法与《混凝土结构工程施工质量验收规范》GB 50204保持一致性。检测时，应注意以下几点：

1 对结构性能影响较大的尺寸偏差，应去除装饰层（抹灰砂浆），直接测量混凝土结构本身的尺寸偏差。

2 对于横截面为圆形或环形的结构或构件，其截面尺寸应在测量处相互垂直的方向上各测量一次，取两次测量的平均值。

3 对于现浇混凝土结构，应注意梁柱连接处断面尺寸的测量，该位置是容易出现尺寸偏差过大的地方。

4 需用吊线检查尺寸偏差时，应根据构件的品种、所在部位和高度选择线坠的大小、种类，使线坠易于旋转和摆动为宜；线坠用线宜采用0.6~1.2mm不锈钢丝。稳定线坠的容器中应装有黏性小、不结冻的液体（绑线、线坠与容器任何部位不能接触）。

5 检测混凝土柱轴线位移时，若采用钢卷尺按其长度拉通尺，必须拉紧；当距离较长时，应采用拉力计或弹簧秤，其拉力不小于30N，并将尺拉直。

4.6 变形与损伤

4.6.1 本条提出了变形与损伤的检测项目。造成建筑结构的变形与损伤不限于重力荷载还有环境侵蚀、火灾、邻近工程的施工、地震的影响等。

4.6.2 本条规定了混凝土结构或构件变形的检测方法。变形包括混凝土梁、板等的挠度及混凝土建筑物主体或墙、柱位移等。对于墙、柱、梁、板等正在形成的变形，可采用挠度计、位移计、位移传感器等设备直接测定。

4.6.3 通常一次性的检测是不易区分倾斜中的砌筑偏差、变形倾斜与灾害造成的倾斜等。但这项工作对于鉴定分析工作是有益的。

4.6.4 准确的基础不均匀沉降数值应该从结构施工阶段开始测定。通常在发现问题后再提出基础沉降问题时，已经无法得到基础沉降的准确数值。当有必要进行基础沉降观测时，应在结构上布置观测点，进行后期基础沉降观测。评估临近工程施工对已有结构的影响时也可照此办理。利用首层的基准线的高差可以估计结构完工后基础的沉降差。砌体结构的基础沉降观测与混凝土结构基础沉降观测相同。

4.6.5 本条列举了混凝土损伤的种类与相应的检测方法。

4.6.6~4.6.8 这几条推荐了 f-CaO 对混凝土质量影响的检测方法、骨料碱活性的测定方法和混凝土中性化（碳化）深度的测定方法。

4.6.9 混凝土中氯离子总含量的测定方法在本标准附录 C 中给出。一般认为水泥的水化物有结合氯离子的能力，一些标准都是限制氯离子占水泥质量的百分率。由于混凝土中氯离子含量测定时不易准确确定试样中水泥的质量，因此可根据鉴定工作的需要提供氯离子占试样质量的百分率、氯离子占水泥质量的百分率或氯离子占混凝土质量的百分率。

4.7 钢筋的配置与锈蚀

4.7.1 本条提出了钢筋配置情况的检测项目。

4.7.2 本条提出钢筋位置、保护层厚度、直径和数量的检测方法。

4.7.4 本条提出了钢筋锈蚀情况的检测方法。

4.8 构件性能实荷检验与结构动测

4.8.1~4.8.4 对构件结构性能实荷检验提出相应要求。

4.8.5 本条提出了对重大公共钢筋混凝土建筑宜进行动力测试建议。

5 砌 体 结 构

5.1 一 般 规 定

5.1.1 本条规定了本章的适用范围。其他结构中的砌筑构件的质量和性能，应按本章的规定进行检测。

5.1.2 将砌体结构的检测分成五个方面的工作项目；对砌体工程施工质量的检测主要为：砌筑块材、砌筑砂浆和砌筑质量与构造；对已有砌体结构的检测，还应根据情况检测砌体强度和损伤与变形等。

5.2 砌 筑 块 材

5.2.1 本条提出了砌筑块材质量与性能的主要检测项目。

5.2.2 目前关于砌筑块材强度的检测主要有取样法、回弹法和钻芯法。取样法和钻芯法的检测结果直观，但会给构件带来损伤，检测数量受到限制。回弹法可基本反映块材的强度，测试限制少，测试数量相对较多，但有时会有系统的偏差。回弹结合取样的检测方法可提高检测结果的准确性和代表性。

5.2.3 对砌筑块材强度的检测批提出要求。当对结构中个别构件砌筑块材强度检测时，可将这些构件视为独立的检测单元。

5.2.4 由于砌体的强度与砌筑块材强度和砌筑砂浆强度有密切关系，当鉴定有这类要求时，砌筑块材强度的检测位置宜与砌筑砂浆强度的检测位置对应。

5.2.5 有特殊的检测目的时可考虑砌筑块材缺陷或损伤对其强度的影响。特殊情况包括：外观质量、内部缺陷、灾害及环境侵蚀作用等对块材强度的影响等。

5.2.6 砌筑块材的产品标准有：《烧结普通砖》、《烧结多孔砖》、《蒸压灰砂砖》、《粉煤灰砖》和《混凝土小型空心砌块》等。

5.2.7 对每个检测单元块材试样的数量和块材试样的强度试验方法作出规定。

5.2.8 回弹法检测烧结普通砖抗压强度的检测方法在附录F中给出。回弹值与砖抗压强度的换算关系可能会有地区差异，因此应建立专用测强曲线或对附录F提供的换算关系进行验证。

5.2.9 对烧结普通砖强度的取样结合回弹法作出了规定。本方法是为了增大检测结果的代表性和消除系统偏差。本条提出的对应样本修正量和对应样本修正系数方法也可作为混凝土强度检测中的钻芯修正法使用。

5.2.10 当其他块材强度的回弹检测有相应标准时，也可采用取样结合回弹检测的方法。

5.2.11 对石材强度的钻芯法检测做出规定，基本按《钻芯法检测混凝土强度技术规程》的规定执行。经过试验验证，直径70mm花岗岩芯样试件的抗压强度约为70mm立方体试样的抗压强度的85%。当采用立方体试块测定石材强度时，其测试结果应乘以换算系数，换算系数见表1。

表1 石材强度的换算系数

立方体边长（mm）	200	150	100	70	50
换算系数	1.43	1.28	1.14	1.00	0.86

5.2.12 对受到损伤的块材强度的检测，块材的状态已经不符合相关产品标准的要求，因此应该予以说明。有缺陷块材强度的检测情况与之类似。

5.2.13 对砌筑块材尺寸和外观质量检测作出了规定。由于条件所限，现场检测可检查块材的外露面。单个砌筑块材尺寸和外观质量的合格评定按相应产品标准的规定进行。检测批的合格判定应按本标准表 3.3.14-3 或表 3.3.14-4 确定。

5.2.14 砌筑块材尺寸负偏差使构件截面尺寸减小，此时应测定构件的实际尺寸，并以实际尺寸作为验算的参数。外观质量不符合要求时，砌筑块材的强度可能偏低或砌体结构的耐久性能受到影响。

5.2.15 对特殊部位的砌筑块材品种的规定有：

1 5 层及 5 层以上砌体结构的外露构件、潮湿部位的构件，受振动或层高大于 6m 的墙、柱所用材料的最低强度等级（砖 MU10，砌块采用 MU7.5）；

2 地面以下或防潮层以下的砌体；

3 基础工程和水池、水箱等不应为多孔砖砌筑；

4 灰砂砖不宜与黏土砖或其他品种的砖同层混砌；

5 蒸压灰砂砖和粉煤灰砖，不得用于温度长期在 200℃ 以上、急冷及热或酸性介质侵蚀环境；

6 烧结空心砖和空心砌块，限于非承重墙。

5.2.16 砌筑块材其他项目（如石灰爆裂、吸水率等）的检测可参见相关产品标准。

5.3 砌 筑 砂 浆

5.3.1 提出了砌筑砂浆的检测项目。

5.3.2 砌筑砂浆强度的检测基本按《砌体工程现场检测技术标准》的规定进行。考虑到已有建筑砌筑砂浆强度的回弹法、射钉法、贯入法、超声法、超声回弹综合法等方法的检测结果会受到面层剔凿的影响，当这些方法用于测定砂浆强度时，宜配合有取样检测的方法。

由砌体抗压强度推定砌筑砂浆强度有时会有较大的系统误差，不宜作为砂浆强度的检测方法。

5.3.3 当表层的砌筑砂浆受到影响时的检测规定。

5.3.4 结构中特殊部位及相应的要求有：基础墙的防潮层、含水饱和情况基础、蒸压（养）砖防潮层以上的砌体（应采用水泥混合砂浆砌筑或高粘结性能的专用砂浆）、烧结黏土砖空斗墙（应采用水泥混合砂浆）和有内衬的烟囱（其内衬应为黏土砂浆或耐火泥砌筑）等。

5.3.5 提供了砌筑砂浆抗冻性检测的方法。

5.3.6 砌筑砂浆中氯离子含量的测定结果可折合成水泥用量的百分率或砂浆质量的百分率，具体测定方法参见本标准附录 C。

5.4 砌 体 强 度

5.4.1 本节对砌体强度的检测方法作出了规定，目前对于砌体强度的检测方法有两类：其一为取样法，其二为现场原位检测方法。取样法是从砌体中截取试件，在试验室测定试件的强度。原位法在现场测试砌体的强度。

5.4.2 本条对砌体强度的取样检测作出了规定：首先要保证安全，其次试件要符合《砌体基本力学性能试验方法标准》的要求，第三避免损伤试件和保证取样数量。本处所说的损伤是指取样过程中造成的损伤。有损伤试件的强度明显降低，因此要对损伤进行修复。由于砌体强度取样检测的试件数量一般较少，因次可以按最小值推定砌体强度的标准值，但推定结果的不确定度问题不易控制。

5.4.3 《砌体工程现场检测技术标准》对烧结普通砖砌体的抗压强度的扁式液压顶法和原位轴压法作出规定,同时也对烧结普通砖砌体的抗剪强度的双剪法或原位单剪法作出规定。由于这几种砌体强度的检测方法的测试数据量一般较小,因此可以按《砌体工程现场检测技术标准》规定的方法进行砌体强度的推定。

5.4.4 对于遭受环境侵蚀和灾害影响的砌体强度的检测提出了要求,由于这种损伤使得砌体的状况与相关标准规定的试件状况不同,因此应予以说明。

5.5 砌筑质量与构造

5.5.1 本条提出了砌筑质量与构造的检测项目。

5.5.2 对于已有建筑一般要剔除构件面层检查砌筑方法、灰缝质量、砌筑偏差和留槎等问题;当砌筑质量存在问题时,砌体的承载能力会受到影响。

5.5.3 上、下错缝,内外搭砌是砌筑的基本要求,此外,各类砌体还有相应砌筑要求。

5.5.4 灰缝质量包括灰缝厚度、灰缝饱满程度和平直程度等。灰缝厚度过大砌体强度明显降低,灰缝饱满程度差砌体强度也要降低。

5.5.5 砌体偏差有放线偏差和砌筑偏差,砌筑偏差包括构件轴线位移和构件垂直度。《砌体工程施工质量验收规范》规定了测试方法和评定指标。对于已有结构轴线位移无法测定时,可测定轴线相对位移。轴线相对位移是指相邻构件设计轴线距离与实际轴线距离之差。

5.5.6 砌体中的钢筋指墙体间的拉结筋、构造柱与墙体的间的拉结筋、骨架房屋的填充墙与骨架的柱和横梁拉结筋以及配筋砌体的钢筋。

5.5.8 《砌体结构设计规范》对于跨度较大的屋架和梁的支承有专门的规定,当鉴定有要求时,应进行核查。

5.5.9 预制钢筋混凝土板的支承长度要剔凿楼面面层检测。

5.5.10 《砌体结构设计规范》和《建筑抗震设计规范》对于砖砌过梁和钢筋砖过梁的使用和跨度有限制,钢筋砖过梁跨度为不大于 2(1.5)m;砖砌平拱为 1.8(1.2)m。对有较大振动荷载或可能产生不均匀沉降的房屋,门窗洞口应设钢筋混凝土过梁。

5.5.11 构造和尺寸是确定构件能否按墙梁计算的重要参数,当有必要时,应核查墙梁的构造和尺寸是否符合《砌体结构设计规范》的要求。

5.5.12 圈梁、构造柱或芯柱是多层砌体结构抵抗抗震作用重要的构造措施。对其的检测可分为是否设置和质量两种。对于判定是否设置圈梁、构造柱或芯柱的检测,可采取测定钢筋的方法,也可采用剔除抹灰层的核查方法。圈梁和构造柱混凝土强度和钢筋配置的检测等应遵守本标准第 4 章的规定。

5.6 变形与损伤

5.6.1 本条提出了变形与损伤的检测项目。

5.6.2 裂缝是砌体结构最常见的损伤,是鉴定工作重要的依据。裂缝可反映出砌筑方法、留槎、洞口处理、预制构件的安装等的质量,也可反映基础不均匀沉降、屋面保温层质量问题以及灾害程度和范围。裂缝的位置、长度、宽度、深度和数量是判定裂缝原因的重要依据。在裂缝处剔凿抹灰检查，可排除一些影响因素。裂缝处于发展期则结构的安全性处于不确定期，确定发展速度和新产生裂缝的部位，对于鉴定裂缝产生的原因、采取处理措施是非常重要的。

5.6.3 参见本标准第 4.6.3 条的条文说明。

5.6.4 参见本标准第 4.6.4 条的条文说明。

5.6.5 环境侵蚀、冻融、灾害都可造成结构或构件的损伤。损伤的程度和侵蚀速度是结构的安全评定和剩余使用年数评估的重要参数。人为的损伤，除了包括车辆、重物碰撞外，还应包括不恰当的改造、临近工程施工的影响等。

6 钢 结 构

6.1 一 般 规 定

6.1.1 本条规定了本章的适用范围。

6.1.2 本条提出了钢结构检测的工作项目。对某一具体钢结构的检测可根据实际情况确定工作内容和检测项目。

6.2 材 料

6.2.1～6.2.4 钢材力学性能主要有屈服点、抗拉强度、伸长率、冷弯和冲击功这几个项目，化学成分主要有碳、锰、硅、磷、硫这几个项目。钢材的取样方法、试验方法都有相应的国家标准，具体操作应按这些标准执行。我国现在的结构钢材主要是《碳素结构钢》GB 700—88 中的 Q235 钢和《低合金高强度结构钢》GB/T 1591 中的 Q345 钢，以前的结构钢材主要是 3 号钢和 16 锰钢，虽然 Q235 钢与 3 号钢、Q345 钢与 16 锰钢的强度级别相同，但保证项目却有较大差别。因此应根据设计要求确定检测项目并按当时的产品标准进行评定。对有特殊要求的其他钢材，应按其产品标准的规定进行取样、试验和评定。

6.2.5 本标准附录 G 提供了表面硬度法推断钢材强度的钢材抗拉强度非破损检测方法，并提供了换算钢材抗拉强度的相应标准，《黑色金属硬度及相关强度换算值》GB/T 1172，此外，目前尚有国际标准 Steel-Conversion of Hardness Values to Tensile Strength Values ISO/TR 10108 等标准可以参考。根据本标准编制组进行的试验研究，钢材的抗拉强度与其表面硬度之间的换算关系与构件的测试条件、钢材的轧制工艺等多种因素有关，因此，在参考上述标准的换算关系时，应事先进行试验验证。在使用表面硬度法对具体结构钢材强度进行检测时，应有取样实测钢材抗拉强度的验证。

6.2.6 锈蚀钢材和受到灾害影响构件钢材的状况与产品标准规定的钢材状态已经存在差异，参照相应产品标准规定的方法进行这些钢材力学性能的检测时应说明试验方法和试验结果的适用范围。

6.3 连 接

6.3.1 本条提出了钢结构连接的检测项目。

6.3.4 影响焊缝力学性能的因素有很多，除了内部缺陷和外观质量外，还有母材和焊接材料的力学性能和化学成分、坡口形状和尺寸偏差、焊接工艺等。即使焊缝质量检验合格，也有可能出现诸如母材和焊接材料不匹配、不同钢种母材的焊接以及对坡口形状有怀疑等问题。另一方面，由于焊缝金属特有的优良性能，即使有一些焊接缺陷，焊接接头的力学性能仍有可能满足要求。在这种情况下，可以在结构上抽取试样进行焊接接头的力学性能试验来解决这些问题。焊接接头的力学性能试验以拉伸和冷弯（面弯和背弯）为主，每种焊接接头的拉伸、面弯和背弯试验各取2个试样，取样和试验方法按《焊接接头机械性能试验取样方法》GB 2649、《焊接接头拉伸试验方法》GB 2651和《焊接接头弯曲及压扁试验方法》GB 2653执行。需要进行冲击试验和焊缝及熔敷金属拉伸试验时，应分别按《焊接接头冲击试验方法》GB 2650和《焊缝及熔敷金属拉伸试验方法》GB 2652进行。

6.3.6~6.3.8 高强度螺栓有两类，分别是大六角头螺栓和扭剪型螺栓。大六角头螺栓通过扭矩系数和外加扭矩、扭剪型螺栓通过专用扳手将螺栓端部的梅花头拧掉来控制螺栓预拉力，从而保证连接的摩擦力。按《钢结构工程施工质量验收规范》的规定，高强度螺栓进场验收应检验大六角头螺栓的扭矩系数和扭剪型螺栓拧掉梅花头时的预拉力，如缺少检验报告或对检验报告有怀疑，且有剩余螺栓时，可按现行《钢结构用高强度大六角头螺栓、大六角螺母、垫圈技术条件》GB/T 1231、《钢结构用扭剪型高强度螺栓连接副技术条件》GB/T 3633和现行《钢结构工程施工质量验收规范》的规定进行复验。扭剪型螺栓也可作为大六角头螺栓使用，在这种情况下，应检验其扭矩系数，梅花头可以保留。

6.4 尺寸与偏差

6.4.1~6.4.3 构件尺寸和外形尺寸偏差按相应产品标准进行检测评定，制作、安装偏差限值应符合《钢结构工程施工及验收规范》的要求。

6.5 缺陷、损伤与变形

6.5.1 结构在使用过程中往往会出现损伤，如母材和焊缝的裂缝、螺栓和铆钉的松动或断裂、构件永久性变形、锈蚀等，此外还会有人为的损伤，不合理的加固改造、结构上随意焊接、随意拆除一些零构件等，直接影响到结构安全。在现场检查中应根据不同结构的特点，重点检查容易出现损伤的部位，一般来说节点连接处最容易出现损伤，裂缝一般发生在焊缝附近。根据钢结构的特点，主要以观测检查为主，宜粗不宜细，不放过影响较大的隐患。钢材有缺陷的部位容易出现损伤。

6.5.5 采用锤击的方法检查螺栓或铆钉是否松动时，用手指紧按住螺母或铆钉头的一侧，尽量靠近垫圈或母材，用0.3~0.5kg重的小锤敲击螺母或铆钉头的相对的另一侧，如手指感到颤动较大时，说明是松动的。

6.6 构　造

6.6.1 钢结构构件由于材料强度高，截面尺寸相对较小，容易产生失稳破坏，因此，在钢结构中应保证各类杆件的长细比满足要求。

6.6.2 在钢结构中，支撑体系是保证结构整体刚度的重要组成部分，它不仅抵抗水平荷载，而且会直接影响结构的正常使用。譬如有吊车梁的工业厂房，当整体刚度较弱时，在吊车运行过程中会产生振动和摇晃。

6.7 涂 装

6.7.1 当工程中有剩余的与结构同批的涂料时，可对剩余涂料的质量进行检验。

6.7.2 本条根据现行国家标准《钢结构工程施工及验收规范》和《钢结构工程质量检验评定标准》编写的。

6.7.3~6.7.4 这两条根据现行国家标准《钢结构工程质量检验评定标准》编写。

6.8 钢 网 架

6.8.2 对已有的螺栓球网架，在从结构取出节点来进行节点的极限承载力试验时，应采取支顶和加强措施，保证其结构的安全和变形在允许范围之内。

6.8.3 目前，国家有相应标准的无损检测方法有射线检测、超声检测、磁粉检测、渗透检测、涡流检测5种。

6.8.6 已建钢网架钢管杆件的壁厚不能用游标卡尺对其进行检测，只能用金属测厚仪检测，测厚仪在检测前需将测试材料设定为钢材。

6.8.7 钢网架杆件轴线的不平直度是一项很重要的指标。杆件在安装时，因其尺寸偏差或安装误差而引起其杆件不平直。另外也会因结构计算有误，由原设计的拉杆变成压杆而引起杆件压曲，因此，必须重视对钢网架中杆件轴线不平直度的检测。

6.8.8 采用激光测距仪对钢网架的挠度检测时，应考虑杆件和节点的尺寸，使其能以相对可比较的高度来计算钢网架的挠度。

6.9 结构性能实荷检验与动测

6.9.1 大型复杂钢结构体系可进行原位非破坏性荷载试验，目的主要是检验结构的性能。荷载值控制在正常使用状态下，结构处于弹性阶段。具体做法可参见附录H和第6.9.2条的条文说明。

6.9.2 结构检测的根本目的在于保证结构有足够的承载能力，当进行其他项目的检测不足以确定结构承载能力时，可以通过实荷检验解决这个问题。此外，对于一些已经发现问题的结构，通过实荷检验确认其承载能力，只进行少量加固甚至不加固处理，就可以保证有足够的承载能力，使其得以继续使用，从而避免浪费、保证工期。因此规定，对结构或构件承载能力有疑义时，可进行原型或足尺模型的实荷检验，从根本上解决问题。

荷载试验是一项专业性很强的工作，检验单位需要有足够的相关知识、检验技术人员和设备能力的，一般应由专门机构进行。检验对象、测试内容、要解决的问题都会有很大的不同，因此，试验前应制定详细的试验方案，包括试验目的、试件的选取或制作、加载装置、测点布置和测试仪器、加载步骤以及检验结果的评定方法等，并应在试验前经过有关各方的同意，防止事后出现意见分歧，有些试验本来就是要解决争议的，事前经过有关各方的同意是很必要的。附录H的主要内容来源于 Eurocode 3: Design of steel structures, ENV 1993-1-1: 1992，制定试验方案可以参考。

6.9.3 本条参照行业标准《建筑抗震试验方法规程》编写。

6.9.4 钢结构杆件应力是钢结构反应的一个重要内容，温度应力、特别是装配应力在钢结构中有时占有一定的比例，而且只能通过检测来确定。本条提出了进行钢结构应力测试的建议。

7 钢管混凝土结构

7.1 一般规定

7.1.1~7.1.2 规定了本章的适用范围和钢管混凝土结构的检测工作和检测项目。对某一具体结构的检测项目可根据实际情况确定。

7.2 原材料

7.2.1 本标准第6.2节中对钢材强度检验和化学成分的分析有相应规定。

7.2.2 本标准第4.2.1条对混凝土原材料性能与质量的检验有相应规定。

7.3 钢管焊接质量与构件连接

7.3.1 规定了钢管焊缝外观缺陷的检验方法和质量标准。

7.3.2 除了钢管管材的焊缝外，钢管混凝土结构的焊缝还有缀条焊缝、连接腹板焊缝、钢管对接焊缝、加强环焊缝等。对于钢管混凝土结构工程质量的检测，应对全焊透的一、二级焊缝和设计上没有要求的钢材等强度对焊拼接焊缝进行全数超声波探伤。对于钢管混凝土结构性能的检测，由于检测条件所限，可采取抽样探伤的方法。抽样方法应根据结构的情况确定。钢管焊缝和其他焊缝的超声波探伤可参照现行国家标准《钢焊缝手工超声波探伤方法及质量分级法》执行，检验等级和对内部缺陷等级可参照现行国家标准《钢结构工程施工质量验收规范》GB 50205 的规定执行。

7.3.3 《钢管混凝土结构设计与施工规程》CECS 28 对施工单位自行卷制的钢管有特殊的规定，焊缝坡口的质量标准尚应遵守该规程的规定。

7.3.4 钢管混凝土构件之间的连接，当被连接构件为钢构件时，检测项目及检测方法按本标准第6章相应的规定执行；当被连接构件为混凝土构件时，检测项目及检测方法按本标准第4章相应的规定执行。

7.4 钢管中混凝土强度与缺陷

7.4.1 当对钢管中的混凝土强度有怀疑时或需要确定钢管中混凝土抗压强度时，可按本节规定的方法进行检测。

从国内外的资料来看，用单一的超声法检测混凝土抗压强度，检测结果不仅受粗骨料品种、粒径和用量的影响，还受水灰比及水泥用量的影响，其测试精度较低。在国内，尚无用超声法检测混凝土强度的建筑行业技术标准。因此规定，用超声法检测钢管中的混凝土强度必须用同条件立方体试块或混凝土芯样试件抗压强度进行修正，以减小用单一的超声法测试的误差。

7.4.2 本标准附录J提供了超声检测钢管中混凝土强度检测操作的方法。

7.4.3 对立方体试块修正方法和芯样试件修正方法作出规定。当用同条件养护立方体试块抗压强度修正时，超声波声速与混凝土立方体抗压强度之间的关系可以在立方体试块上同时得到。也就是在立方体试块上测定声速，得到换算抗压强度，将该值与试块实际的抗压强度比较得到修正系数。

当用芯样试件抗压强度修正时，用芯样试件的抗压强度与测区混凝土换算强度进行比较获得修正系数或修正量。需要指出的是，在用芯样修正时，不可以将较长芯样沿长度方向截取为几个芯样。芯样的钻取、加工、计算可参照现行标准《钻芯法检测混凝土强度技术规程》执行，芯样试件的直径宜为100mm，高径比为1:1。

关于修正量和修正系数，两种修正方法对样本均值的修正效果是一致的。两种方法各有利弊，可根据实际情况选用。

7.4.4 规定了钢管中混凝土抗压强度的推定方法。

7.4.5 钢管中混凝土缺陷的检测方法。

7.5 尺寸与偏差

7.5.1 本条提出了主要构件及构造的尺寸的检测项目和钢管混凝土柱偏差的检测项目。

7.5.2 本条给出了管材尺寸的检查方法。

7.5.3 《钢管混凝土结构设计与施工规程》CECS 28 的规定，钢管的外径不宜小于100mm，壁厚不宜小于4mm，并对钢管外径 d 与壁厚 t 的比值有限制，此外还对主要构件的长细比有相应的规定。

7.5.4 本条给出了格构柱缀条尺寸的检查方法。

7.5.5 本条给出了对梁柱节点的牛腿、连接腹板和加强环的尺寸的检查要求。

7.5.6 钢管拼接组装的偏差和钢管柱的安装偏差都是钢管混凝土结构特殊的要求，其评定指标按《钢管混凝土结构设计与施工规程》CECS 28 的规定确定。

8 木 结 构

8.1 一 般 规 定

8.1.1 本条规定了本章的适用范围。

8.1.2 本条将木结构的检测分成若干项工作。

8.2 木 材 性 能

8.2.1 本条提出了木材性能的检测项目，除了力学性能、含水率、密度和干缩性外，木材还有吸水性、湿胀性等性能。

8.2.2 根据《木结构设计规范》GB 50005 的规定，只要弄清木材树种名称和产地，就可按该规范的规定确定其强度等级和弹性模量，该规范还在附录中列出我国主要建筑用材归类情况以及常用木材的主要特性。

当发现木材的材质或外观与同类木材有显著差异，如容重过小、年轮过宽、灰色、缺陷严重时，由于运输堆放原因，无法判别树种名称时或已有木结构木材树种名称和产地不清楚时，可测定木材的力学性能，确定其强度等级。

8.2.3 本条列举了木材的力学性能的检测项目。

8.2.4 本条给出了木材强度等级的判定规则,与《木结构设计规范》的规定一致。木材抗弯强度比较稳定,并最能全面反映木材力学性能,所以木材强度主要以受弯强度进行分等。故检验时,亦以木材抗弯强度进行检验。其试验是用清材小试样进行,故采用《木材抗弯强度试验方法》GB 1936.1。

木材其他力学性能指标的检测,可参见《木材物理力学试验方法总则》GB 1928、《木材顺纹抗拉强度试验方法》GB 1938 等标准。

8.2.5 木材的含水率与木材的强度、防腐、防虫蛀等都有关系,本条提出了木材含水率的检测方法。规格材是必须经过干燥的木材,故含水率可用电测法测定。

8.2.6 本条规定要在各端头 200mm 处截取试件,是为了避免端头效应,以保证所测含水率的准确。

8.2.7 本条给出了木材含水率电测法的要求,这里还要指出的是电测仪在使用前应经过校准。

8.3 木 材 缺 陷

8.3.1 本条列举了木材的主要缺陷。承重结构用木材,其材质分为三级,每一级对木材疵病均有严格要求。属于需要现场检测有:木节、斜纹、扭纹、裂缝。

8.3.2 已有木结构的木材一般是经过缺陷检测的,所以可以采取抽样检测的方法,当抽样检测发现木材存在较多的缺陷,超出相应规范的限制值时,可逐根进行检测。

8.3.4 木节的检测方法,也是国际上通用的检测方法。

8.3.5~8.3.7 这 3 条给出了木材斜纹等的检测方法。

8.3.8 本条给出了木结构裂缝的检测方法。木结构的裂缝分成杆件上的裂缝,支座剪切面上的裂缝、螺栓连接处和钉连接处的裂缝等。支座与连接处的裂缝对结构的安全影响相对较大。

8.4 尺 寸 与 偏 差

8.4.1 本条提出了木结构的尺寸与偏差的检测项目。

8.4.3 本条给出了构件制作尺寸的检测项目和检测方法。

8.4.4 本条给出了尺寸偏差的评定方法。

8.5 连 接

8.5.1 本条提出了木结构连接的检测项目。

8.5.2 本条给出了木结构的胶合能力有专门的试验方法——木材胶缝顺纹抗剪强度试验。

8.5.3 本条给出了胶的检验方法。

8.5.4 对已有结构胶合能力进行检测的方法。当胶合能力大于木材的强度时,破坏发生在木材上。

8.5.5 《木结构设计规范》GB 50005 对胶合木材的种类有限制,因此可核查胶合构件木材的品种。当木材有油脂溢出时胶合质量不易保证。

8.5.6 本条提出对于齿连接的检测项目与检测方法。承压面加工平整程;压杆轴线与齿槽承压面垂直度,是保证压力均匀传递的关键。支座节点齿的受剪面裂缝,使抗剪承载力降低,应该采取措施处理;抵承面缝隙,局部缝隙使得压杆端部和齿槽承压面局部受力过大,当存在承压全截面缝隙时,表明该压杆根本没有承受压力,因此应该通知鉴定单位或设计单位进行结构构件受力状态的计算复核或进行应力状态的测试。

8.5.7 本条给出了螺栓连接或钉连接的检测项目和检测方法。

8.6 变形损伤与防护措施

8.6.1 本条给出了木结构构件变形、损伤的检测项目。

8.6.2~8.6.3 这2条给出了虫蛀的检测方法，提出了防虫措施的检测要求。

8.6.4~8.6.5 这2条给出了腐朽的检测方法，提出了防腐措施的检测要求。

8.6.6~8.6.7 这2条给出了其他损伤的检测方法。

8.6.8 本条给出了变形的检测方法。

8.6.9 木结构的防虫、防腐、防火措施检测。

中华人民共和国行业标准

建筑变形测量规范

Code for deformation measurement
of building and structure

JGJ 8—2007
J 719—2007

批准部门：中华人民共和国建设部
施行日期：2 0 0 8 年 3 月 1 日

中华人民共和国建设部
公告

第 710 号

建设部关于发布行业标准《建筑变形测量规范》的公告

现批准《建筑变形测量规范》为行业标准，编号为 JGJ 8-2007，自 2008 年 3 月 1 日起实施。其中，第 3.0.1、3.0.11 条为强制性条文，必须严格执行。原行业标准《建筑变形测量规程》JGJ/T 8-97 同时废止。

本规范由建设部标准定额研究所组织中国建筑工业出版社出版发行。

中华人民共和国建设部
2007 年 9 月 4 日

前 言

根据建设部建标［2004］66号文的要求，标准编制组经广泛调查研究，认真总结实践经验，参考有关国外先进标准，在广泛征求意见的基础上，对原《建筑变形测量规程》JGJ/T 8‑97进行了修订。

本规范的主要技术内容是：1. 总则；2. 术语、符号和代号；3. 基本规定；4. 变形控制测量；5. 沉降观测；6. 位移观测；7. 特殊变形观测；8. 数据处理分析；9. 成果整理与质量检查验收。

修订的内容是：1. 将标准的名称修订为《建筑变形测量规范》；2. 增加了第2、7、9章和第4.5、4.8、6.4节及附录C；3. 将原第2章作较大的修改后成为目前的第3章；4. 将原第3、4章修改并合并为目前的第4章；5. 在第4、5、6章中分别增加"一般规定"一节；6. 将原第6章中的日照变形观测、风振观测和裂缝观测放入第7章；7. 对原第7章作了较大的修改和扩充后成为目前的第8章；8. 对有关技术要求和作业方法等作了较为全面的修订；9. 设置了强制性条文。

本规范以黑体字标志的条文为强制性条文，必须严格执行。

本规范由建设部负责管理和对强制性条文进行解释，由主编单位负责具体技术内容的解释。

本规范主编单位：建设综合勘察研究设计院（北京东直门内大街177号，邮政编码：100007）

本规范参编单位：上海岩土工程勘察设计研究院有限公司
　　　　　　　　西北综合勘察设计研究院
　　　　　　　　南京工业大学
　　　　　　　　深圳市勘察测绘院有限公司
　　　　　　　　中国有色金属工业西安勘察设计研究院
　　　　　　　　北京市测绘设计研究院
　　　　　　　　武汉市勘测设计研究院
　　　　　　　　广州市城市规划勘测设计研究院
　　　　　　　　长沙市勘测设计研究院
　　　　　　　　重庆市勘测院
　　　　　　　　北京威远图数据开发有限公司

本规范主要起草人：王　丹　陆学智　张肇基　潘庆林　王双龙　王百发　刘广盈
　　　　　　　　张凤录　严小平　欧海平　戴建清　谢征海　陈宜金　孙　焰

目 次

1 总则 ·· 98
2 术语、符号和代号 ···································· 98
   2.1 术语 ·· 98
   2.2 符号 ·· 99
   2.3 代号 ·· 101
3 基本规定 ·· 101
4 变形控制测量 ·· 104
   4.1 一般规定 ·· 104
   4.2 高程基准点的布设与测量 ·························· 104
   4.3 平面基准点的布设与测量 ·························· 105
   4.4 水准测量 ·· 107
   4.5 电磁波测距三角高程测量 ·························· 110
   4.6 水平角观测 ······································ 111
   4.7 距离测量 ·· 113
   4.8 GPS 测量 ·· 115
5 沉降观测 ·· 116
   5.1 一般规定 ·· 116
   5.2 建筑场地沉降观测 ································ 116
   5.3 基坑回弹观测 ···································· 117
   5.4 地基土分层沉降观测 ······························ 118
   5.5 建筑沉降观测 ···································· 119
6 位移观测 ·· 121
   6.1 一般规定 ·· 121
   6.2 建筑主体倾斜观测 ································ 121
   6.3 建筑水平位移观测 ································ 123
   6.4 基坑壁侧向位移观测 ······························ 124
   6.5 建筑场地滑坡观测 ································ 125
   6.6 挠度观测 ·· 127
7 特殊变形观测 ·· 128
   7.1 动态变形测量 ···································· 128
   7.2 日照变形观测 ···································· 129
   7.3 风振观测 ·· 130
   7.4 裂缝观测 ·· 130
8 数据处理分析 ·· 131

8.1	平差计算	131
8.2	变形几何分析	132
8.3	变形建模与预报	132
9	成果整理与质量检查验收	133
9.1	成果整理	133
9.2	质量检查验收	134
附录 A	高程控制点标石、标志	135
附录 B	水平位移观测墩及重力平衡球式照准标志	138
附录 C	三角高程测量专用觇牌及配件	139
附录 D	沉降观测点标志	140
附录 E	沉降观测成果图	143
附录 F	位移与特殊变形观测成果图	145
本规范用词说明		147
条文说明		148

1 总　　则

1.0.1 为了在建筑变形测量中贯彻执行国家有关技术经济政策，做到技术先进、经济合理、安全适用、确保质量，制定本规范。

1.0.2 本规范适用于工业与民用建筑的地基、基础、上部结构及场地的沉降测量、位移测量和特殊变形测量。

1.0.3 建筑变形测量应能确切地反映建筑地基、基础、上部结构及其场地在静荷载或动荷载及环境等因素影响下的变形程度或变形趋势。

1.0.4 建筑变形测量所用仪器设备必须经检定合格。仪器设备的检定、检验及维护，应符合本规范和国家现行有关标准的规定。

1.0.5 建筑变形测量除使用本规范规定的各种方法外，亦可采用能满足本规范规定的技术质量要求的其他方法。

1.0.6 建筑变形测量除应符合本规范外，尚应符合国家现行有关标准的规定。

2　术语、符号和代号

2.1　术　　语

2.1.1　建筑变形　deformation of building and structure
建筑的地基、基础、上部结构及其场地受各种作用力而产生的形状或位置变化现象。

2.1.2　建筑变形测量　deformation measurement of building and structure
对建筑的地基、基础、上部结构及其场地受各种作用力而产生的形状或位置变化进行观测，并对观测结果进行处理和分析的工作。

2.1.3　地基　foundation soils, subgrade
支承基础的土体或岩体。

2.1.4　基础　foundation
将结构所承受的各种作用力传递到地基上的结构组成部分。

2.1.5　基坑　foundation pit
为进行建筑基础与地下室的施工所开挖的地面以下空间。

2.1.6　基坑回弹　rebound of foundation pit
基坑开挖时由于卸除土的自重而引起坑底土隆起的现象。

2.1.7　沉降　settlement, subsidence
建筑地基、基础及地面在荷载作用下产生的竖向移动，包括下沉和上升。其下沉或上升值称为沉降量。

2.1.8　沉降差　differential settlement
同一建筑的不同部位在同一时间段的沉降量差值，亦称差异沉降。

2.1.9　相邻地基沉降　adjacent subgrade subsidence
由于毗邻建筑间的荷载差异引起的相邻地基土应力重新分布而产生的附加沉降。

2.1.10　场地地面沉降　field ground subsidence

由于长期降雨、管道漏水、地下水位大幅度变化、大面积堆载、地裂缝、大面积潜蚀、砂土液化以及地下采空等原因引起的一定范围内的地面沉降。

2.1.11　位移　displacement

本规范特指建筑产生的非竖向变形。

2.1.12　倾斜　inclination

建筑中心线或其墙、柱等，在不同高度的点对其相应底部点的偏移现象。

2.1.13　挠度　deflection

建筑的基础、上部结构或构件等在弯矩作用下因挠曲引起的垂直于轴线的线位移。

2.1.14　动态变形　dynamic deformation

建筑在动荷载作用下产生的变形。

2.1.15　风振变形　wind loading deformation

由于受强风作用而产生的变形。

2.1.16　日照变形　sunshine deformation

由于受阳光照射受热不均而产生的变形。

2.1.17　变形允许值　allowable deformation value

建筑能承受而不至于产生损害或影响正常使用所允许的变形值。

2.1.18　基准点　benchmark, reference point

为进行变形测量而布设的稳定的、需长期保存的测量控制点。

2.1.19　工作基点　working reference point

为直接观测变形点而在现场布设的相对稳定的测量控制点。

2.1.20　观测点　observation point

布设在建筑地基、基础、场地及上部结构的敏感位置上能反映其变形特征的测量点，亦称变形点。

2.1.21　变形速率　rate of deformation

单位时间的变形量。

2.1.22　观测周期　time interval of measurement

前后两次变形观测的时间间隔。

2.1.23　变形因子　deformation factor

引起建筑变形的因素，如荷载、时间等。

2.2　符　号

2.2.1　变形量

　　A——风力振幅

　　d——位移分量；偏离值

　　d_d——动态位移

　　d_m——平均位移值

　　d_s——静态位移

　　f_c——基础相对弯曲度

f_d——挠度值

f_{dc}——跨中挠度值

s——沉降量

α——基础或构件倾斜度

β——风振系数

Δ——观测点两周期之间的变形量

Δd——位移分量差

Δs——沉降差

2.2.2 观测量

D——距离；边长

h——高差

I——仪器高

L——附合路线、环线或视准线长度

n——测回数；测站数；高差个数

r——水准观测同一路线的观测次数

S——视线长度

α_v——垂直角

v——觇牌高

2.2.3 中误差

m_d——位移分量或偏离值测定中误差

$m_{\Delta d}$——位移分量差测定中误差

m_h——测站高差中误差

m_0——水准测量单程观测每测站高差中误差

m_s——沉降量测定中误差

$m_{\Delta s}$——沉降差测定中误差

m_α——方向中误差

m_β——测角中误差

μ——单位权中误差；观测点测站高差中误差；观测点坐标中误差

2.2.4 误差估算参数

C_1、C_2——导线类别系数

Q——观测点变形量的协因数

Q_H——最弱观测点高程的协因数

Q_h——待求观测点间高差的协因数

Q_X——最弱观测点坐标的协因数

$Q_{\Delta X}$——待求观测点间坐标差的协因数

λ——系统误差影响系数

2.2.5 仪器特征参数

a——电磁波测距仪标称的固定误差

b——电磁波测距仪标称的比例误差系数

i——水准仪视准轴与水准管轴的夹角

$2C$——经纬仪两倍视准误差

2.2.6 其他符号

H_g——自室外地面起算的建筑物高度

K——大气垂直折光系数

R——地球平均曲率半径

2.3 代 号

DJ——经纬仪型号代码,主要有DJ05、DJ1、DJ2等型号

DS——水准仪型号代码,主要有DS05、DS1、DS3等型号

DSZ——自动安平水准仪型号代码,主要有DSZ05、DSZ1、DSZ3等型号

GPS——全球定位系统 global positioning system

PDOP——GPS的空间位置精度因子 position dilution of precision

3 基 本 规 定

3.0.1 下列建筑在施工和使用期间应进行变形测量:

1 地基基础设计等级为甲级的建筑;

2 复合地基或软弱地基上的设计等级为乙级的建筑;

3 加层、扩建建筑;

4 受邻近深基坑开挖施工影响或受场地地下水等环境因素变化影响的建筑;

5 需要积累经验或进行设计反分析的建筑。

3.0.2 建筑变形测量的平面坐标系统和高程系统宜采用国家平面坐标系统和高程系统或所在地方使用的平面坐标系统和高程系统,也可采用独立系统。当采用独立系统时,必须在技术设计书和技术报告书中明确说明。

3.0.3 建筑变形测量工作开始前,应根据建筑地基基础设计的等级和要求、变形类型、测量目的、任务要求以及测区条件进行施测方案设计,确定变形测量的内容、精度级别、基准点与变形点布设方案、观测周期、仪器设备及检定要求、观测与数据处理方法、提交成果内容等,编写技术设计书或施测方案。

3.0.4 建筑变形测量的级别、精度指标及其适用范围应符合表3.0.4的规定。

表3.0.4 建筑变形测量的级别、精度指标及其适用范围

变形测量级别	沉降观测 观测点测站高差中误差(mm)	位移观测 观测点坐标中误差(mm)	主要适用范围
特级	±0.05	±0.3	特高精度要求的特种精密工程的变形测量
一级	±0.15	±1.0	地基基础设计为甲级的建筑的变形测量;重要的古建筑和特大型市政桥梁等变形测量等

续表3.0.4

变形测量级别	沉降观测 观测点测站高差中误差（mm）	位移观测 观测点坐标中误差（mm）	主要适用范围
二级	±0.5	±3.0	地基基础设计为甲、乙级的建筑的变形测量；场地滑坡测量；重要管线的变形测量；地下工程施工及运营中变形测量；大型市政桥梁变形测量等
三级	±1.5	±10.0	地基基础设计为乙、丙级的建筑的变形测量；地表、道路及一般管线的变形测量；中小型市政桥梁变形测量等

注：1 观测点测站高差中误差，系指水准测量的测站高差中误差或静力水准测量、电磁波测距三角高程测量中相邻观测点相应测段间等价的相对高差中误差；
   2 观测点坐标中误差，系指观测点相对测站点（如工作基点）的坐标中误差、坐标差中误差以及等价的观测点相对基准线的偏差值中误差、建筑或构件相对底部固定点的水平位移分量中误差；
   3 观测点点位中误差为观测点坐标中误差的$\sqrt{2}$倍；
   4 本规范以中误差作为衡量精度的标准，并以二倍中误差作为极限误差。

3.0.5 建筑变形测量精度级别的确定应符合下列规定：

1 地基基础设计为甲级的建筑及有特殊要求的建筑变形测量工程，应根据现行国家标准《建筑地基基础设计规范》GB 50007 规定的建筑地基变形允许值，分别按本规范第3.0.6条和第3.0.7条的规定进行精度估算后，按下列原则确定精度级别：

  1）当仅给定单一变形允许值时，应按所估算的观测点精度选择相应的精度级别；
  2）当给定多个同类型变形允许值时，应分别估算观测点精度，根据其中最高精度选择相应的精度级别；
  3）当估算出的观测点精度低于本规范表3.0.4中三级精度的要求时，应采用三级精度。

2 其他建筑变形测量工程，可根据设计、施工的要求，按照本规范表3.0.4的规定，选取适宜的精度级别；

3 当需要采用特级精度时，应对作业过程和方法作出专门的设计与论证后实施。

3.0.6 沉降观测点测站高差中误差应按下列规定进行估算：

1 按照设计的沉降观测网，计算网中最弱观测点高程的协因数 Q_H、待求观测点间高差的协因数 Q_h；

2 单位权中误差即观测点测站高差中误差 μ 应按公式（3.0.6-1）或公式（3.0.6-2）估算：

$$\mu = m_s / \sqrt{2Q_H} \quad (3.0.6-1)$$

$$\mu = m_{\Delta s} / \sqrt{2Q_h} \quad (3.0.6-2)$$

式中 m_s——沉降量 s 的测定中误差（mm）；
    $m_{\Delta s}$——沉降差 Δs 的测定中误差（mm）。

3 公式（3.0.6-1）、（3.0.6-2）中的 m_s 和 $m_{\Delta s}$ 应按下列规定确定：

  1）沉降量、平均沉降量等绝对沉降的测定中误差 m_s，对于特高精度要求的工程可按地基条件，结合经验具体分析确定；对于其他精度要求的工程，可按低、中、高压缩性地基土或微风化、中风化、强风化地基岩石的类别及建筑对沉降的敏感程度的大小分别选±0.5mm、±1.0mm、±2.5mm；

2) 基坑回弹、地基土分层沉降等局部地基沉降以及膨胀土地基沉降等的测定中误差 m_s，不应超过其变形允许值的1/20；

3) 平置构件挠度等变形的测定中误差，不应超过变形允许值的1/6；

4) 沉降差、基础倾斜、局部倾斜等相对沉降的测定中误差，不应超过其变形允许值的1/20；

5) 对于具有科研及特殊目的的沉降量或沉降差的测定中误差，可根据需要将上述各项中误差乘以1/5～1/2系数后采用。

3.0.7 位移观测点坐标中误差应按下列规定进行估算：

1 应按照设计的位移观测网，计算网中最弱观测点坐标的协因数 Q_X、待求观测点间坐标差的协因数 $Q_{\Delta X}$；

2 单位权中误差即观测点坐标中误差 μ 应按公式（3.0.7-1）或公式（3.0.7-2）估算：

$$\mu = m_d / \sqrt{2Q_X} \tag{3.0.7-1}$$

$$\mu = m_{\Delta d} / \sqrt{2Q_{\Delta X}} \tag{3.0.7-2}$$

式中 m_d——位移分量 d 的测定中误差（mm）；

$m_{\Delta d}$——位移分量差 Δd 的测定中误差（mm）。

3 式（3.0.7-1）、式（3.0.7-2）中的 m_d 和 $m_{\Delta d}$ 应按下列规定确定：

1) 对建筑基础水平位移、滑坡位移等绝对位移，可按本规范表3.0.4选取精度级别；

2) 受基础施工影响的位移、挡土设施位移等局部地基位移的测定中误差，不应超过其变形允许值分量的1/20。变形允许值分量应按变形允许值的$1/\sqrt{2}$采用；

3) 建筑的顶部水平位移、工程设施的整体垂直挠曲、全高垂直度偏差、工程设施水平轴线偏差等建筑整体变形的测定中误差，不应超过其变形允许值分量的1/10；

4) 高层建筑层间相对位移、竖直构件的挠度、垂直偏差等结构段变形的测定中误差，不应超过其变形允许值分量的1/6；

5) 基础的位移差、转动挠曲等相对位移的测定中误差，不应超过其变形允许值分量的1/20；

6) 对于科研及特殊目的的变形量测定中误差，可根据需要将上述各项中误差乘以1/5～1/2系数后采用。

3.0.8 建筑变形测量应按确定的观测周期与总次数进行观测。变形观测周期的确定应以能系统地反映所测建筑变形的变化过程、且不遗漏其变化时刻为原则，并综合考虑单位时间内变形量的大小、变形特征、观测精度要求及外界因素影响情况。

3.0.9 建筑变形测量的首次（即零周期）观测应连续进行两次独立观测，并取观测结果的中数作为变形测量初始值。

3.0.10 一个周期的观测应在短的时间内完成。不同周期观测时，宜采用相同的观测网形、观测路线和观测方法，并使用同一测量仪器和设备。对于特级和一级变形观测，宜固定观测人员、选择最佳观测时段、在相同的环境和条件下观测。

3.0.11 当建筑变形观测过程中发生下列情况之一时，必须立即报告委托方，同时应及时增加观测次数或调整变形测量方案：

    1 变形量或变形速率出现异常变化；
    2 变形量达到或超出预警值；
    3 周边或开挖面出现塌陷、滑坡；
    4 建筑本身、周边建筑及地表出现异常；
    5 由于地震、暴雨、冻融等自然灾害引起的其他变形异常情况。

4 变形控制测量

4.1 一般规定

4.1.1 建筑变形测量基准点和工作基点的设置应符合下列规定：

    1 建筑沉降观测应设置高程基准点；
    2 建筑位移和特殊变形观测应设置平面基准点，必要时应设置高程基准点；
    3 当基准点离所测建筑距离较远致使变形测量作业不方便时，宜设置工作基点。

4.1.2 变形测量的基准点应设置在变形区域以外、位置稳定、易于长期保存的地方，并应定期复测。复测周期应视基准点所在位置的稳定情况确定，在建筑施工过程中宜1～2月复测一次，点位稳定后宜每季度或每半年复测一次。当观测点变形测量成果出现异常，或当测区受到地震、洪水、爆破等外界因素影响时，应及时进行复测，并按本规范第8.2节的规定对其稳定性进行分析。

4.1.3 变形测量基准点的标石、标志埋设后，应达到稳定后方可开始观测。稳定期应根据观测要求与地质条件确定，不宜少于15d。

4.1.4 当有工作基点时，每期变形观测时均应将其与基准点进行联测，然后再对观测点进行观测。

4.1.5 变形控制测量的精度级别应不低于沉降或位移观测的精度级别。

4.2 高程基准点的布设与测量

4.2.1 特级沉降观测的高程基准点数不应少于4个；其他级别沉降观测的高程基准点数不应少于3个。高程工作基点可根据需要设置。基准点和工作基点应形成闭合环或形成由附合路线构成的结点网。

4.2.2 高程基准点和工作基点位置的选择应符合下列规定：

    1 高程基准点和工作基点应避开交通干道主路、地下管线、仓库堆栈、水源地、河岸、松软填土、滑坡地段、机器振动区以及其他可能使标石、标志易遭腐蚀和破坏的地方；
    2 高程基准点应选设在变形影响范围以外且稳定、易于长期保存的地方。在建筑区内，其点位与邻近建筑的距离应大于建筑基础最大宽度的2倍，其标石埋深应大于邻近建筑基础的深度。高程基准点也可选择在基础深且稳定的建筑上；

3 高程基准点、工作基点之间宜便于进行水准测量。当使用电磁波测距三角高程测量方法进行观测时，宜使各点周围的地形条件一致。当使用静力水准测量方法进行沉降观测时，用于联测观测点的工作基点宜与沉降观测点设在同一高程面上，偏差不应超过±1cm。当不能满足这一要求时，应设置上下高程不同但位置垂直对应的辅助点传递高程。

4.2.3 高程基准点和工作基点标石、标志的选型及埋设应符合下列规定：

1 高程基准点的标石应埋设在基岩层或原状土层中，可根据点位所在处的不同地质条件，选埋基岩水准基点标石、深埋双金属管水准基点标石、深埋钢管水准基点标石、混凝土基本水准标石。在基岩壁或稳固的建筑上也可埋设墙上水准标志；

2 高程工作基点的标石可按点位的不同要求，选用浅埋钢管水准标石、混凝土普通水准标石或墙上水准标志等；

3 标石、标志的形式可按本规范附录A的规定执行。特殊土地区和有特殊要求的标石、标志规格及埋设，应另行设计。

4.2.4 高程控制测量宜使用水准测量方法。对于二、三级沉降观测的高程控制测量，当不便使用水准测量时，可使用电磁波测距三角高程测量方法。

4.3 平面基准点的布设与测量

4.3.1 平面基准点、工作基点的布设应符合下列规定：

1 各级别位移观测的基准点（含方位定向点）不应少于3个，工作基点可根据需要设置；

2 基准点、工作基点应便于检核校验；

3 当使用GPS测量方法进行平面或三维控制测量时，基准点位置还应满足下列要求：

  1）应便于安置接收设备和操作；
  2）视场内障碍物的高度角不宜超过15°；
  3）离电视台、电台、微波站等大功率无线电发射源的距离不应小于200m；离高压输电线和微波无线电信号传输通道的距离不应小于50m；附近不应有强烈反射卫星信号的大面积水域、大型建筑以及热源等；
  4）通视条件好，应方便后续采用常规测量手段进行联测。

4.3.2 平面基准点、工作基点标志的形式及埋设应符合下列规定：

1 对特级、一级位移观测的平面基准点、工作基点，应建造具有强制对中装置的观测墩或埋设专门观测标石，强制对中装置的对中误差不应超过±0.1mm；

2 照准标志应具有明显的几何中心或轴线，并应符合图像反差大、图案对称、相位差小和本身不变形等要求。根据点位不同情况，可选用重力平衡球式标、旋入式杆状标、直插式觇牌、屋顶标和墙上标等形式的标志。观测墩及重力平衡球式照准标志的形式，可按本规范附录B的规定执行；

3 对用作平面基准点的深埋式标志、兼作高程基准的标石和标志以及特殊土地区或有特殊要求的标石、标志及其埋设应另行设计。

4.3.3 平面控制测量可采用边角测量、导线测量、GPS测量及三角测量、三边测量等形式。三维控制测量可使用 GPS 测量及边角测量、导线测量、水准测量和电磁波测距三角高程测量的组合方法。

4.3.4 平面控制测量的精度应符合下列规定：

1 测角网、测边网、边角网、导线网或 GPS 网的最弱边边长中误差，不应大于所选级别的观测点坐标中误差；

2 工作基点相对于邻近基准点的点位中误差，不应大于相应级别的观测点点位中误差；

3 用基准线法测定偏差值的中误差，不应大于所选级别的观测点坐标中误差。

4.3.5 除特级控制网和其他大型、复杂工程以及有特殊要求的控制网应专门设计外，对于一、二、三级平面控制网，其技术要求应符合下列规定：

1 测角网、测边网、边角网、GPS 网应符合表 4.3.5-1 的规定：

表 4.3.5-1 平面控制网技术要求

级别	平均边长 (m)	角度中误差 (″)	边长中误差 (mm)	最弱边边长相对中误差
一级	200	±1.0	±1.0	1:200000
二级	300	±1.5	±3.0	1:100000
三级	500	±2.5	±10.0	1:50000

注：1 最弱边边长相对中误差中未计及基线边长误差影响；
    2 有下列情况之一时，不宜按本规定，应另行设计：
        1) 最弱边边长中误差不同于表列规定时；
        2) 实际平均边长与表列数值相差大时；
        3) 采用边角组合网时。

2 各级测角、测边控制网宜布设为近似等边三角形网，其三角形内角不宜小于 30°；当受地形或其他条件限制时，个别角可放宽，但不应小于 25°。宜优先使用边角网，在边角网中应以测边为主，加测部分角度，并合理配置测角和测边的精度；

3 导线测量的技术要求应符合表 4.3.5-2 的规定：

表 4.3.5-2 导线测量技术要求

级别	导线最弱点点位中误差 (mm)	导线总长 (m)	平均边长 (m)	测边中误差 (mm)	测角中误差 (″)	导线全长相对闭合差
一级	±1.4	750C_1	150	±0.6C_2	±1.0	1:100000
二级	±4.2	1000C_1	200	±2.0C_2	±2.0	1:45000
三级	±14.0	1250C_1	250	±6.0C_2	±5.0	1:17000

注：1 C_1、C_2 为导线类别系数。对附合导线，$C_1 = C_2 = 1$；对独立单一导线，$C_1 = 1.2$，$C_2 = 2$；对导线网，导线总长系指附合点与结点或结点间的导线长度，取 $C_1 \leq 0.7$，$C_2 = 1$；
    2 有下列情况之一时，不宜按本规定，应另行设计：
        1) 导线最弱点点位中误差不同于表列规定时；
        2) 实际导线的平均边长和总长与表列数值相差大时。

4.3.6 对于三维控制测量，其平面位置和高程应分别符合平面基准点和高程基准点的布设和测量规定。

4.4 水 准 测 量

4.4.1 采用水准测量方法进行各级高程控制测量或沉降观测，应符合下列规定：

1 各等级水准测量使用的仪器型号和标尺类型应符合表4.4.1-1的规定：

表4.4.1-1 水准测量的仪器型号和标尺类型

级别	使用的仪器型号			标尺类型		
	DS05、DSZ05型	DS1、DSZ1型	DS3、DSZ3型	因瓦尺	条码尺	区格式木制标尺
特级	✓	×	×	✓	✓	×
一级	✓	×	×	✓	✓	×
二级	✓	✓	×	✓	✓	×
三级	✓	✓	✓	✓	✓	✓

注：表中"✓"表示允许使用；"×"表示不允许使用。

2 使用光学水准仪和数字水准仪进行水准测量作业的基本方法应符合现行国家标准《国家一、二等水准测量规范》GB 12897和《国家三、四等水准测量规范》GB 12898的相应规定；

3 一、二、三级水准测量的观测方式应符合表4.4.1-2的规定：

表4.4.1-2 一、二、三级水准测量观测方式

级别	高程控制测量、工作基点联测及首次沉降观测			其他各次沉降观测		
	DS05、DSZ05型	DS1、DSZ1型	DS3、DSZ3型	DS05、DSZ05型	DS1、DSZ1型	DS3、DSZ3型
一级	往返测	—	—	往返测或单程双测站	—	—
二级	往返测或单程双测站	往返测或单程双测站	—	单程观测	单程双测站	—
三级	单程双测站	单程双测站	往返测或单程双测站	单程观测	单程观测	单程双测站

4 特级水准观测的观测次数 r 可根据所选精度和使用的仪器类型，按公式（4.4.1-1）估算并作调整后确定：

$$r = (m_0/m_h)^2 \quad (4.4.1\text{-}1)$$

式中 m_h——测站高差中误差；

m_0——水准仪单程观测每测站高差中误差估值（mm）。对DS05和DSZ05型仪器，m_0可按公式(4.4.1-2)计算：

$$m_0 = 0.025 + 0.0029 \times S \quad (4.4.1\text{-}2)$$

式中 S——最长视线长度（m）。

对按公式（4.4.1-1）估算的结果，应按下列规定执行：

1）当 $1 < r \leq 2$ 时，应采用往返观测或单程双测站观测；

2）当 $2 < r < 4$ 时，应采用两次往返观测或正反向各按单程双测站观测；

3）当 $r≤1$ 时，对高程控制网的首次观测、复测、各周期观测中的工作基点稳定性检测及首次沉降观测应进行往返测或单程双测站观测。从第二次沉降观测开始，可进行单程观测。

4.4.2 水准观测的有关技术要求应符合下列规定：

1 水准观测的视线长度、前后视距差和视线高度应符合表 4.4.2-1 的规定：

表 4.4.2-1 水准观测的视线长度、前后视距差和视线高（m）

级别	视线长度	前后视距差	前后视距差累积	视线高度
特级	≤10	≤0.3	≤0.5	≥0.8
一级	≤30	≤0.7	≤1.0	≥0.5
二级	≤50	≤2.0	≤3.0	≥0.3
三级	≤75	≤5.0	≤8.0	≥0.2

注：1 表中的视线高度为下丝读数；
  2 当采用数字水准仪观测时，最短视线长度不宜小于 3m，最低水平视线高度不应低于 0.6m。

2 水准观测的限差应符合表 4.4.2-2 的规定：

表 4.4.2-2 水准观测的限差（mm）

级别		基辅分划读数之差	基辅分划所测高差之差	往返较差及附合或环线闭合差	单程双测站所测高差较差	检测已测测段高差之差
特级		0.15	0.2	$≤0.1\sqrt{n}$	$≤0.07\sqrt{n}$	$≤0.15\sqrt{n}$
一级		0.3	0.5	$≤0.3\sqrt{n}$	$≤0.2\sqrt{n}$	$≤0.45\sqrt{n}$
二级		0.5	0.7	$≤1.0\sqrt{n}$	$≤0.7\sqrt{n}$	$≤1.5\sqrt{n}$
三级	光学测微法	1.0	1.5	$≤3.0\sqrt{n}$	$≤2.0\sqrt{n}$	$≤4.5\sqrt{n}$
	中丝读数法	2.0	3.0			

注：1 当采用数字水准仪观测时，对同一尺面的两次读数差不设限差，两次读数所测高差之差的限差执行基辅分划所测高差之差的限差；
  2 表中 n 为测站数。

4.4.3 使用的水准仪、水准标尺在项目开始前和结束后应进行检验，项目进行中也应定期检验。当观测成果出现异常，经分析与仪器有关时，应及时对仪器进行检验与校正。检验和校正应按现行国家标准《国家一、二等水准测量规范》GB 12897 和《国家三、四等水准测量规范》GB 12898 的规定执行。检验后应符合下列要求：

1 对用于特级水准观测的仪器，i 角不得大于 10″；对用于一、二级水准观测的仪器，i 角不得大于 15″；对用于三级水准观测的仪器，i 角不得大于 20″。补偿式自动安平水准仪的补偿误差绝对值不得大于 0.2″；

2 水准标尺分划线的分米分划线误差和米分划间隔真长与名义长度之差，对线条式因瓦合金标尺不应大于 0.1mm，对区格式木质标尺不应大于 0.5mm。

4.4.4 水准观测作业应符合下列要求：

1 应在标尺分划线成像清晰和稳定的条件下进行观测。不得在日出后或日落前约半小时、太阳中天前后、风力大于四级、气温突变时以及标尺分划线的成像跳动而难以照准时进行观测。阴天可全天观测；

  2 观测前半小时，应将仪器置于露天阴影下，使仪器与外界气温趋于一致。设站时，应用测伞遮蔽阳光。使用数字水准仪前，还应进行预热；

  3 使用数字水准仪，应避免望远镜直接对着太阳，并避免视线被遮挡。仪器应在其生产厂家规定的温度范围内工作。振动源造成的振动消失后，才能启动测量键。当地面振动较大时，应随时增加重复测量次数；

  4 每测段往测与返测的测站数均应为偶数，否则应加入标尺零点差改正。由往测转向返测时，两标尺应互换位置，并应重新整置仪器。在同一测站上观测时，不得两次调焦。转动仪器的倾斜螺旋和测微鼓时，其最后旋转方向，均应为旋进；

  5 对各周期观测过程中发现的相邻观测点高差变动迹象、地质地貌异常、附近建筑基础和墙体裂缝等情况，应做好记录，并画草图。

4.4.5 凡超出本规范表4.4.2-2规定限差的成果，均应先分析原因再进行重测。当测站观测限差超限时，应立即重测；当迁站后发现超限时，应从稳固可靠的固定点开始重测。

4.4.6 静力水准测量的技术要求应符合表4.4.6的规定：

表4.4.6 静力水准观测技术要求

级别	特级	一级	二级	三级
仪器类型	封闭式	封闭式 敞口式	敞口式	敞口式
读数方式	接触式	接触式	目视式	目视式
两次观测高差较差（mm）	±0.1	±0.3	±1.0	±3.0
环线及附合路线闭合差（mm）	$±0.1\sqrt{n}$	$±0.3\sqrt{n}$	$±1.0\sqrt{n}$	$±3.0\sqrt{n}$

  注：n 为高差个数。

4.4.7 静力水准测量作业应符合下列规定：

  1 观测前向连通管内充水时，不得将空气带入，可采用自然压力排气充水法或人工排气充水法进行充水；

  2 连通管应平放在地面上，当通过障碍物时，应防止连通管在竖向出现Ω形而形成滞气"死角"。连通管任何一段的高度都应低于蓄水罐底部，但最低不宜低于20cm；

  3 观测时间应选在气温最稳定的时段，观测读数应在液体完全呈静态下进行；

  4 测站上安置仪器的接触面应清洁、无灰尘杂物。仪器对中误差不应大于±2mm，倾斜度不应大于10′。使用固定式仪器时，应有校验安装面的装置，校验误差不应大于±0.05mm；

  5 宜采用两台仪器对向观测。条件不具备时，亦可采用一台仪器往返观测。每次观测，可取2～3个读数的中数作为一次观测值。根据读数设备的精度和沉降观测级别，读数较差限值宜为0.02～0.04mm。

4.4.8 使用自动静力水准设备进行水准测量时，应根据变形测量的精度级别和所用设备的性能，参照本规范的有关规定，制定相应的作业规程。作业中，应定期对所用设备进行检校。

4.5 电磁波测距三角高程测量

4.5.1 对水准测量确有困难的二、三级高程控制测量,可采用电磁波测距三角高程测量,并按附录 C 的规定使用专用觇牌和配件。对于更高精度或特殊的高程控制测量确需采用三角高程测量时,应进行详细设计和论证。

4.5.2 电磁波测距三角高程测量的视线长度不宜大于 300m,最长不得超过 500m,视线垂直角不得超过 10°,视线高度和离开障碍物的距离不得小于 1.3m。

4.5.3 电磁波测距三角高程测量应优先采用中间设站观测方式,也可采用每点设站、往返观测方式。当采用中间设站观测方式时,每站的前后视线长度之差,对于二级不得超过 15m,三级不得超过视线长度的 1/10;前后视距差累积,对于二级不得超过 30m,三级不得超过 100m。

4.5.4 电磁波测距三角高程测量施测的主要技术要求应符合下列规定:

1 三角高程测量边长的测定,应采用符合本规范表 4.7.1 规定的相应精度等级的电磁波测距仪往返观测各 2 测回。当采取中间设站观测方式时,前、后视各观测 2 测回。测距的各项限差和要求应符合本规范第 4.7 节的要求;

2 垂直角观测应采用觇牌为照准目标,按表 4.5.4 的要求采用中丝双照准法观测。当采用中间设站观测方式分两组观测时,垂直角观测的顺序宜为:

第一组:后视—前视—前视—后视(照准上目标);

第二组:前视—后视—后视—前视(照准下目标)。

表 4.5.4 垂直角观测的测回数与限差

级 别	二 级		三 级	
仪器类型	DJ05	DJ1	DJ1	DJ2
测回数	4	6	4	6
两次照准目标读数差(″)	1.5	4	4	6
垂直角测回差(″)	2	5	5	7
指标差较差(″)	3			

每次照准后视或前视时,一次正倒镜完成该分组测回数的 1/2。中间设站观测方式的垂直角总测回数应等于每点设站、往返观测方式的垂直角总测回数;

3 垂直角观测宜在日出后 2h 至日落前 2h 的期间内目标成像清晰稳定时进行。阴天和多云天气可全天观测;

4 仪器高、觇标高应在观测前后用经过检验的量杆或钢尺各量测一次,精确读至 0.5mm,当较差不大于 1mm 时取用中数。采用中间设站观测方式时可不量测仪器高;

5 测定边长和垂直角时,当测距仪光轴和经纬仪照准轴不共轴,或在不同觇牌高度上分两组观测垂直角时,必须进行边长和垂直角归算后才能计算和比较两组高差。

4.5.5 电磁波测距三角高程测量高差的计算及其限差应符合下列规定:

1 每点设站、往返观测时,单向观测高差应按公式(4.5.5-1)计算:

$$h = D\tan\alpha_V + \frac{1-K}{2R}D^2 + I - v \tag{4.5.5-1}$$

式中 D——三角高程测量边的水平距离（m）；
h——三角高程测量边两端点的高差（m）；
α_V——垂直角；
K——为大气垂直折光系数；
R——地球平均曲率半径（m）；
I——仪器高（m）；
v——觇牌高（m）。

2 中间设站观测时应按公式（4.5.5-2）计算高差：

$$h_{12} = (D_2\tan\alpha_2 - D_1\tan\alpha_1) + \left(\frac{D_2^2 - D_1^2}{2R}\right) - \left(\frac{D_2^2}{2R}K_2 - \frac{D_1^2}{2R}K_1\right) - (v_2 - v_1) \quad (4.5.5-2)$$

式中 h_{12}——后视点与前视点之间的高差（m）；
α_1、α_2——后视、前视垂直角；
D_1、D_2——后视、前视水平距离（m）；
K_1、K_2——后视、前视大气垂直折光系数；
R——地球平均曲率半径（m）；
v_1、v_2——后视、前视觇牌高（m）。

3 电磁波测距三角高程测量观测的限差应符合表4.5.5的要求。

表4.5.5 三角高程测量的限差（mm）

级 别	附合线路或环线闭合差	检测已测边高差之差
二 级	$\leq \pm 4\sqrt{L}$	$\leq \pm 6\sqrt{D}$
三 级	$\leq \pm 12\sqrt{L}$	$\leq \pm 18\sqrt{D}$

注：D为测距边边长，以km为单位；L为附合路线或环线长度，以km为单位。

4.6 水平角观测

4.6.1 各级水平角观测的技术要求应符合下列规定：

1 水平角观测宜采用方向观测法，当方向数不多于3个时，可不归零；特级、一级网点亦可采用全组合测角法。导线测量中，当导线点上只有两个方向时，应按左、右角观测；当导线点上多于两个方向时，应按方向法观测；

2 一、二、三级水平角观测的测回数，可按表4.6.1的规定执行：

表4.6.1 水平角观测测回数

级 别	一 级	二 级	三 级
DJ05	6	4	2
DJ1	9	6	3
DJ2	—	9	6

3 对于特级水平角观测及当有可靠的光学经纬仪、电子经纬仪或全站仪精度实测数

据时，可按公式（4.6.1）估算测回数：

$$n = 1\bigg/\left[\left(\frac{m_\beta}{m_\alpha}\right)^2 - \lambda^2\right] \tag{4.6.1}$$

式中 n——测回数，对全组合测角法取方向权 nm 之 1/2 为测回数（此处 m 为测站上的方向数）；

m_β——按闭合差计算的测角中误差（″）；

m_α——各测站平差后一测回方向中误差的平均值（″），该值可根据仪器类型、读数和照准设备、外界条件以及操作的严格与熟练程度，在下列数值范围内选取：

DJ05 型仪器 0.4″~0.5″；
DJ1 型仪器 0.8″~1.0″；
DJ2 型仪器 1.4″~1.8″；

λ——系统误差影响系数，宜为 0.5~0.9。

按公式（4.6.1）估算结果凑整取值时，对方向观测法与全组合测角法，应考虑光学经纬仪、电子经纬仪和全站仪观测度盘位置编制的要求；对动态式测角系统的电子经纬仪和全站仪，不需进行度盘配置；对导线观测应取偶数，当估算结果 n 小于 2 时，应取 n 等于 2。

4.6.2 各级别水平角观测的限差应符合下列要求：

1 方向观测法观测的限差应符合表 4.6.2-1 的规定：

表 4.6.2-1 方向观测法限差（″）

仪器类型	两次照准目标读数差	半测回归零差	一测回内2C互差	同一方向值各测回互差
DJ05	2	3	5	3
DJ1	4	5	9	5
DJ2	6	8	13	8

注：当照准方向的垂直角超过±3°时，该方向的2C互差可按同一观测时间段内相邻测回进行比较，其差值仍按表中规定。

2 全组合测角法观测的限差应符合表 4.6.2-2 的规定：

表 4.6.2-2 全组合测角法限差（″）

仪器类型	两次照准目标读数差	上下半测回角值互差	同一角度各测回角值互差
DJ05	2	3	3
DJ1	4	6	5
DJ2	6	10	8

3 测角网的三角形最大闭合差，不应大于 $2\sqrt{3}m_\beta$；导线测量每测站左、右角闭合差，不应大于 $2m_\beta$；导线的方位角闭合差，不应大于 $2\sqrt{n}m_\beta$（n 为测站数）。

4.6.3 各级水平角观测作业应符合下列要求：

1 使用的仪器设备在项目开始前应进行检验，项目进行中也应定期检验；

2 观测应在通视良好、成像清晰稳定时进行。晴天的日出、日落前后和太阳中天前后不宜观测。作业中仪器不得受阳光直接照射，当气泡偏离超过一格时，应在测回间重新整置仪器。当视线靠近吸热或放热强烈的地形地物时，应选择阴天或有风但不影响仪器稳定的时间进行观测。当需削减时间性水平折光影响时，应按不同时间段观测；

3 控制网观测宜采用双照准法，在半测回中每个方向连续照准两次，并各读数一次。每站观测中，应避免二次调焦，当观测方向的边长悬殊较大、有关方向应调焦时，宜采用正倒镜同时观测法，并可不考虑2C变动范围。对于大倾斜方向的观测，应严格控制水平气泡偏移，当垂直角超过3°时，应进行仪器竖轴倾斜改正。

4.6.4 当观测成果超出限差时，应按下列规定进行重测：

1 当2C互差或各测回互差超限时，应重测超限方向，并联测零方向；

2 当归零差或零方向的2C互差超限时，应重测该测回；

3 在方向观测法一测回中，当重测方向数超过所测方向总数的1/3时，应重测该测回；

4 在一个测站上，对于采用方向观测法，当基本测回重测的方向测回数超过全部方向测回总数的1/3时，应重测该测站；对于采用全组合测角法，当重测的测回数超过全部基本测回数的1/3时，应重测该测站；

5 基本测回成果和重测成果均应记入手簿。重测成果与基本测回结果之间不得取中数，每一测回只应取用一个符合限差的结果；

6 全组合测角法，当直接角与间接角互差超限时，在满足本条第4款要求，即不超过全部基本测回数1/3的前提下，可重测单角；

7 当三角形闭合差超限需要重测时，应进行分析，选择有关测站进行重测。

4.7 距 离 测 量

4.7.1 电磁波测距仪测距的技术要求，除特级和其他有特殊要求的边长须专门设计外，对一、二、三级位移观测应符合表4.7.1的要求，并应按下列规定执行：

表4.7.1 电磁波测距技术要求

级别	仪器精度等级 (mm)	每边测回数		一测回读数间较差限值 (mm)	单程测回间较差限值 (mm)	气象数据测定的最小读数		往返或时段间较差限值
		往	返			温度 (℃)	气压 (mmHg)	
一级	≤1	4	4	1	1.4	0.1	0.1	$\sqrt{2}(a+b\cdot D\cdot 10^{-6})$
二级	≤3	4	4	3	5.0	0.2	0.5	
三级	≤5	2	2	5	7.0	0.2	0.5	
	≤10	4	4	10	15.0	0.2	0.5	

注：1 仪器精度等级系根据仪器标称精度$(a+b\cdot D\cdot 10^{-6})$，以相应级别的平均边长$D$代入计算的测距中误差划分；

2 一测回是指照准目标一次、读数4次的过程；

3 时段是指测边的时间段，如上午、下午和不同的白天。可采用不同时段观测代替往返观测。

1 往返测或不同时间段观测值较差，应将斜距化算到同一水平面上方可进行比较；

2 测距时应使用经检定合格的温度计和气压计；

3 气象数据应在每边观测始末时在两端进行测定，取其平均值；

4 测距边两端点的高差，对一、二级边可采用三级水准测量方法测定；对三级边可采用三角高程测量方法测定，并应考虑大气折光和地球曲率对垂直角观测值的影响；

5 测距边归算到水平距离时，应在观测的斜距中加入气象改正和加常数、乘常数、周期误差改正后，化算至测距仪与反光镜的平均高程面上。

4.7.2 电磁波测距作业应符合下列要求：

1 项目开始前，应对使用的测距仪进行检验；项目进行中，应对其定期检验；

2 测距应在成像清晰、气象条件稳定时进行。阴天、有微风时可全天观测；晴天最佳观测时间宜为日出后 1h 和日落前 1h；雷雨前后、大雾、大风、雨、雪天和大气透明度很差时，不应进行观测；

3 晴天作业时，应对测距仪和反光镜打伞遮阳，严禁将仪器照准头对准太阳，不宜顺、逆光观测；

4 视线离地面或障碍物宜在 1.3m 以上，测站不应设在电磁场影响范围之内；

5 当一测回中读数较差超限时，应重测整测回。当测回间较差超限时，可重测 2 个测回，然后去掉其中最大、最小两个观测值后取平均。如重测后测回差仍超限，应重测该测距边的所有测回。当往返测或不同时段较差超限时，应分析原因，重测单方向的距离。如重测后仍超限，应重测往、返两方向或不同时段的距离。

4.7.3 因瓦尺和钢尺丈量距离的技术要求，除特级和其他有特殊要求的边长须专门设计外，对一、二、三级位移观测的边长丈量，应符合表 4.7.3 的要求，并应按下列规定执行：

表 4.7.3 因瓦尺及钢尺距离丈量技术要求

级别	尺子类型	尺数	丈量总次数	定线最大偏差（mm）	尺段高差较差（mm）	读数次数	最小估读值（mm）	最小温度读数（℃）	同尺各次或同尺段各尺的较差（mm）	经各项改正后的各次或各尺全长较差（mm）
一级	因瓦尺	2	4	20	3	3	0.1	0.5	0.3	$2.5\sqrt{D}$
二级	因瓦尺	1	4	30	5	3	0.1	0.5	0.5	$3.0\sqrt{D}$
	钢尺	2	8	50	5	3	0.5	0.5	1.0	
三级	钢尺	2	6	50	5	3	0.5	0.5	2.0	$5.0\sqrt{D}$

注：1 表中 D 是以 100m 为单位计的长度；
　　2 表列规定所适应的边长丈量相对中误差为：一级 1/200000，二级 1/100000，三级 1/50000。

1 因瓦尺、钢尺在使用前应按规定进行检定，并在有效期内使用；

2 各级边长测量应采用往返悬空丈量方法。使用的重锤、弹簧秤和温度计，均应进行检定。丈量时，引张拉力值应与检定时相同；

3 当下雨、尺的横向有二级以上风或作业时的温度超过尺子膨胀系数检定时的温度范围时，不应进行丈量；

4 网的起算边或基线宜选成尺长的整倍数。用零尺段时，应改变拉力或进行拉力改正；

5 量距时，应在尺子的附近测定温度；

6 安置轴杆架或引张架时应使用经纬仪定线。尺段高差可采用水准仪中丝法往返测或单程双测站观测；

7 丈量结果应加入尺长、温度、倾斜改正，因瓦尺还应加入悬链线不对称、分划尺倾斜等改正。

4.8 GPS 测量

4.8.1 选用 GPS 接收机，应根据需要并符合表 4.8.1 的规定。

表 4.8.1 GPS 接收机的选用

级 别	一、二级	三 级
接收机类型	双频或单频	双频或单频
标称精度	$\leqslant (3mm + D \times 10^{-6})$	$\leqslant (5mm + D \times 10^{-6})$

4.8.2 GPS 接收机必须经检定合格后方可用于变形测量作业。接收机在使用过程中应进行必要的检验。

4.8.3 GPS 测量的基本技术要求应符合表 4.8.3 的规定。

表 4.8.3 GPS 测量基本技术要求

级 别		一 级	二 级	三 级
卫星截止高度角（°）		$\geqslant 15$	$\geqslant 15$	$\geqslant 15$
有效观测卫星数		$\geqslant 6$	$\geqslant 5$	$\geqslant 4$
观测时段长度（min）	静态	30～90	20～60	15～45
	快速静态	—	—	$\geqslant 15$
数据采样间隔（s）	静态	10～30	10～30	10～30
	快速静态	—	—	5～15
PDOP		$\leqslant 5$	$\leqslant 6$	$\leqslant 6$

4.8.4 GPS 观测作业应符合下列规定：

1 对于一、二级 GPS 测量，应使用零相位天线和强制对中器安置 GPS 接收机天线，对中精度应高于 ±0.5mm，天线应统一指向北方；

2 作业中应严格按规定的时间计划进行观测；

3 经检查接收机电源电缆和天线等各项连结无误，方可开机；

4 开机后经检验有关指示灯与仪表显示正常后，方可进行自测试，输入测站名和时段等控制信息；

5 接收机启动前与作业过程中，应填写测量手簿中的记录项目；

6 每时段应进行一次气象观测；

7 每时段开始、结束时，应分别量测一次天线高，并取其平均值作为天线高；

8 观测期间应防止接收设备振动，并防止人员和其他物体碰动天线或阻挡信号；

9 观测期间，不得在天线附近使用电台、对讲机和手机等无线电通信设备；

10 天气太冷时，接收机应适当保暖。天气很热时，接收机应避免阳光直接照晒，确保接收机正常工作。雷电、风暴天气不宜进行测量；

11 同一时段观测过程中，不得进行下列操作：
　　1）接收机关闭又重新启动；
　　2）进行自测试；
　　3）改变卫星截止高度角；
　　4）改变数据采样间隔；
　　5）改变天线位置；
　　6）按动关闭文件和删除文件功能键。

12 在GPS快速静态定位测量中，整个作业时间段内，参考站观测不得中断，参考站和流动站采样间隔应相同；

13 GPS测量数据的处理应按现行国家标准《全球定位系统（GPS）测量规范》GB/T 18314的相应规定执行，数据采用率宜大于95%。对于一、二级变形测量，宜使用精密星历。

5 沉 降 观 测

5.1 一 般 规 定

5.1.1 建筑沉降观测可根据需要，分别或组合测定建筑场地沉降、基坑回弹、地基土分层沉降以及基础和上部结构沉降。对于深基础建筑或高层、超高层建筑，沉降观测应从基础施工时开始。

5.1.2 各类沉降观测的级别和精度要求，应视工程的规模、性质及沉降量的大小及速度确定。

5.1.3 布设沉降观测点时，应结合建筑结构、形状和场地工程地质条件，并应顾及施工和建成后的使用方便。同时，点位应易于保存，标志应稳固美观。

5.1.4 各类沉降观测应根据本规范第9.1节的规定及时提交相应的阶段性成果和综合成果。

5.2 建筑场地沉降观测

5.2.1 建筑场地沉降观测应分别测定建筑相邻影响范围之内的相邻地基沉降与建筑相邻影响范围之外的场地地面沉降。

5.2.2 建筑场地沉降点位的选择应符合下列规定：
　　1 相邻地基沉降观测点可选在建筑纵横轴线或边线的延长线上，亦可选在通过建筑重心的轴线延长线上。其点位间距应视基础类型、荷载大小及地质条件，与设计人员共同确定或征求设计人员意见后确定。点位可在建筑基础深度1.5~2.0倍的距离范围内，由外墙向外由密到疏布设，但距基础最远的观测点应设置在沉降量为零的沉降临界点以外；
　　2 场地地面沉降观测点应在相邻地基沉降观测点布设线路之外的地面上均匀布设。根据地质地形条件，可选择使用平行轴线方格网法、沿建筑四角辐射网法或散点法布设。

5.2.3 建筑场地沉降点标志的类型及埋设应符合下列规定：

1 相邻地基沉降观测点标志可分为用于监测安全的浅埋标和用于结合科研的深埋标两种。浅埋标可采用普通水准标石或用直径25cm的水泥管现场浇灌，埋深宜为1～2m，并使标石底部埋在冰冻线以下。深埋标可采用内管外加保护管的标石形式，埋深应与建筑基础深度相适应，标石顶部须埋入地面下20～30cm，并砌筑带盖的窨井加以保护；

2 场地地面沉降观测点的标志与埋设，应根据观测要求确定，可采用浅埋标志。

5.2.4 建筑场地沉降观测的路线布设、观测精度及其他技术要求可按照本规范第5.5节的有关规定执行。

5.2.5 建筑场地沉降观测的周期，应根据不同任务要求、产生沉降的不同情况以及沉降速度等因素具体分析确定，并符合下列规定：

1 基础施工的相邻地基沉降观测，在基坑降水时和基坑土开挖过程中应每天观测一次。混凝土底板浇完10d以后，可每2～3d观测一次，直至地下室顶板完工和水位恢复。此后可每周观测一次至回填土完工；

2 主体施工的相邻地基沉降观测和场地地面沉降观测的周期可按照本规范第5.5节的有关规定确定。

5.2.6 建筑场地沉降观测应提交下列图表：

1 场地沉降观测点平面布置图；

2 场地沉降观测成果表；

3 相邻地基沉降的距离-沉降曲线图；

4 场地地面等沉降曲线图。

5.3 基坑回弹观测

5.3.1 基坑回弹观测应测定建筑基础在基坑开挖后，由于卸除基坑土自重而引起的基坑内外影响范围内相对于开挖前的回弹量。

5.3.2 回弹观测点位的布设，应根据基坑形状、大小、深度及地质条件确定，用适当的点数测出所需纵横断面的回弹量。可利用回弹变形的近似对称特性，按下列规定布点：

1 对于矩形基坑，应在基坑中央及纵（长边）横（短边）轴线上布设，纵向每8～10m布一点，横向每3～4m布一点。对其他形状不规则的基坑，可与设计人员商定；

2 对基坑外的观测点，应埋设常用的普通水准点标石。观测点应在所选坑内方向线的延长线上距基坑深度1.5～2.0倍距离内布置。当所选点位遇到地下管道或其他物体时，可将观测点移至与之对应方向线的空位置上；

3 应在基坑外相对稳定且不受施工影响的地点选设工作基点及为寻找标志用的定位点。

5.3.3 回弹标志应埋入基坑底面以下20～30cm，根据开挖深度和地层土质情况，可采用钻孔法或探井法埋设。根据埋设与观测方法，可采用辅助杆压入式、钻杆送入式或直埋式标志。回弹标志的埋设可按本规范附录D第D.0.2条的规定执行。

5.3.4 回弹观测的精度可按本规范第3.0.5条的规定以给定或预估的最大回弹量为变形允许值进行估算后确定，但最弱观测点相对邻近工作基点的高程中误差不得大于±1.0mm。

5.3.5 回弹观测路线应组成起迄于工作基点的闭合或附合路线。

5.3.6 回弹观测不应少于3次，其中第一次应在基坑开挖之前，第二次应在基坑挖好之后，第三次应在浇筑基础混凝土之前。当基坑挖完至基础施工的间隔时间较长时，应适当增加观测次数。

5.3.7 基坑开挖前的回弹观测，宜采用水准测量配以铅垂钢尺读数的钢尺法。较浅基坑的观测，可采用水准测量配辅助杆垫高水准尺读数的辅助杆法。观测结束后，应在观测孔底充填厚度约为1m的白灰。

5.3.8 回弹观测的设备及作业方法应符合下列规定：

1 钢尺在地面的一端，应使用三脚架、滑轮、重锤或拉力计牵拉。在孔内的一端，应配以能在读数时准确接触回弹标志头的装置。观测时可配挂磁锤。当基坑较深、地质条件复杂时，可用电磁探头装置观测。当基坑较浅时，可用挂钩法，此时标志顶端应加工成弯钩状；

2 辅助杆宜用空心两头封口的金属管制成，顶部应加工成半球状，并在顶部侧面安置圆水准器，杆长以放入孔内后露出地面20～40cm为宜；

3 测前与测后应对钢尺和辅助杆的长度进行检定。长度检定中误差不应大于回弹观测站高差中误差的1/2；

4 每一测站的观测可按先后视水准点上标尺、再前视孔内标尺的顺序进行，每组读数3次，反复进行两组作为一测回。每站不应少于两测回，并应同时测记孔内温度。观测结果应加入尺长和温度改正。

5.3.9 基坑开挖后的回弹观测，应利用传递到坑底的临时工作点，按所需观测精度，用水准测量方法及时测出每一观测点的标高。当全部点挖见后，再统一观测一次。

5.3.10 基坑回弹观测应提交的主要图表为：

1 回弹观测点位布置平面图；

2 回弹观测成果表；

3 回弹纵、横断面图（本规范附录E）。

5.4 地基土分层沉降观测

5.4.1 分层沉降观测应测定建筑地基内部各分层土的沉降量、沉降速度以及有效压缩层的厚度。

5.4.2 分层沉降观测点应在建筑地基中心附近2m×2m或各点间距不大于50cm的范围内，沿铅垂线方向上的各层土内布置。点位数量与深度应根据分层土的分布情况确定，每一土层应设一点，最浅的点位应在基础底面下不小于50cm处，最深的点位应在超过压缩层理论厚度处或设在压缩性低的砾石或岩石层上。

5.4.3 分层沉降观测标志的埋设应采用钻孔法，埋设要求可按本规范第D.0.3条的规定执行。

5.4.4 分层沉降观测精度可按分层沉降观测点相对于邻近工作基点或基准点的高程中误差不大于±1.0mm的要求设计确定。

5.4.5 分层沉降观测应按周期用精密水准仪或自动分层沉降仪测出各标顶的高程，计算出沉降量。

5.4.6 分层沉降观测应从基坑开挖后基础施工前开始，直至建筑竣工后沉降稳定时为止。

观测周期可按照本规范第5.5节的有关规定确定。首次观测至少应在标志埋好5d后进行。

5.4.7 地基土分层沉降观测应提交下列图表：

1 地基土分层标点位置图；

2 地基土分层沉降观测成果表；

3 各土层荷载-沉降-深度曲线图（本规范附录E）。

5.5 建筑沉降观测

5.5.1 建筑沉降观测应测定建筑及地基的沉降量、沉降差及沉降速度，并根据需要计算基础倾斜、局部倾斜、相对弯曲及构件倾斜。

5.5.2 沉降观测点的布设应能全面反映建筑及地基变形特征，并顾及地质情况及建筑结构特点。点位宜选设在下列位置：

1 建筑的四角、核心筒四角、大转角处及沿外墙每10～20m处或每隔2～3根柱基上；

2 高低层建筑、新旧建筑、纵横墙等交接处的两侧；

3 建筑裂缝、后浇带和沉降缝两侧、基础埋深相差悬殊处、人工地基与天然地基接壤处、不同结构的分界处及填挖方分界处；

4 对于宽度大于等于15m或小于15m而地质复杂以及膨胀土地区的建筑，应在承重内隔墙中部设内墙点，并在室内地面中心及四周设地面点；

5 邻近堆置重物处、受振动有显著影响的部位及基础下的暗浜（沟）处；

6 框架结构建筑的每个或部分柱基上或沿纵横轴线上；

7 筏形基础、箱形基础底板或接近基础的结构部分之四角处及其中部位置；

8 重型设备基础和动力设备基础的四角、基础形式或埋深改变处以及地质条件变化处两侧；

9 对于电视塔、烟囱、水塔、油罐、炼油塔、高炉等高耸建筑，应设在沿周边与基础轴线相交的对称位置上，点数不少于4个。

5.5.3 沉降观测的标志可根据不同的建筑结构类型和建筑材料，采用墙（柱）标志、基础标志和隐蔽式标志等形式，并符合下列规定：

1 各类标志的立尺部位应加工成半球形或有明显的突出点，并涂上防腐剂；

2 标志的埋设位置应避开雨水管、窗台线、散热器、暖水管、电气开关等有碍设标与观测的障碍物，并应视立尺需要离开墙（柱）面和地面一定距离；

3 隐蔽式沉降观测点标志的形式可按本规范第D.0.1条的规定执行；

4 当应用静力水准测量方法进行沉降观测时，观测标志的形式及其埋设，应根据采用的静力水准仪的型号、结构、读数方式以及现场条件确定。标志的规格尺寸设计，应符合仪器安置的要求。

5.5.4 沉降观测点的施测精度应按本规范第3.0.5条的规定确定。

5.5.5 沉降观测的周期和观测时间应按下列要求并结合实际情况确定：

1 建筑施工阶段的观测应符合下列规定：

　　1）普通建筑可在基础完工后或地下室砌完后开始观测，大型、高层建筑可在基础垫层或基础底部完成后开始观测；

  2）观测次数与间隔时间应视地基与加荷情况而定。民用高层建筑可每加高1～5层观测一次，工业建筑可按回填基坑、安装柱子和屋架、砌筑墙体、设备安装等不同施工阶段分别进行观测。若建筑施工均匀增高，应至少在增加荷载的25%、50%、75%和100%时各测一次；

  3）施工过程中若暂停工，在停工时及重新开工时应各观测一次。停工期间可每隔2～3个月观测一次；

  2 建筑使用阶段的观测次数，应视地基土类型和沉降速率大小而定。除有特殊要求外，可在第一年观测3～4次，第二年观测2～3次，第三年后每年观测1次，直至稳定为止；

  3 在观测过程中，若有基础附近地面荷载突然增减、基础四周大量积水、长时间连续降雨等情况，均应及时增加观测次数。当建筑突然发生大量沉降、不均匀沉降或严重裂缝时，应立即进行逐日或2～3d一次的连续观测；

  4 建筑沉降是否进入稳定阶段，应由沉降量与时间关系曲线判定。当最后100d的沉降速率小于0.01～0.04mm/d时可认为已进入稳定阶段。具体取值宜根据各地区地基土的压缩性能确定。

5.5.6 沉降观测的作业方法和技术要求应符合下列规定：

  1 对特级、一级沉降观测，应按本规范第4.4节的规定执行；

  2 对二级、三级沉降观测，除建筑转角点、交接点、分界点等主要变形特征点外，允许使用间视法进行观测，但视线长度不得大于相应等级规定的长度；

  3 观测时，仪器应避免安置在有空压机、搅拌机、卷扬机、起重机等振动影响的范围内；

  4 每次观测应记载施工进度、荷载量变动、建筑倾斜裂缝等各种影响沉降变化和异常的情况。

5.5.7 每周期观测后，应及时对观测资料进行整理，计算观测点的沉降量、沉降差以及本周期平均沉降量、沉降速率和累计沉降量。根据需要，可按式（5.5.7-1）、式（5.5.7-2）计算基础或构件的倾斜或弯曲量：

  1 基础或构件倾斜度 α：

$$\alpha = (s_A - s_B)/L \tag{5.5.7-1}$$

式中　s_A、s_B——基础或构件倾斜方向上 A、B 两点的沉降量（mm）；

    L——A、B 两点间的距离（mm）。

  2 基础相对弯曲度 f_c：

$$f_c = [2s_0 - (s_1 + s_2)]/L \tag{5.5.7-2}$$

式中　s_0——基础中点的沉降量（mm）；

    s_1、s_2——基础两个端点的沉降量（mm）；

    L——基础两个端点间的距离（mm）。

  注：弯曲量以向上凸起为正，反之为负。

5.5.8 沉降观测应提交下列图表：

  1 工程平面位置图及基准点分布图；

  2 沉降观测点位分布图；

3 沉降观测成果表；
4 时间-荷载-沉降量曲线图（本规范附录 E）；
5 等沉降曲线图（本规范附录 E）。

6 位 移 观 测

6.1 一 般 规 定

6.1.1 建筑位移观测可根据需要，分别或组合测定建筑主体倾斜、水平位移、挠度和基坑壁侧向位移，并对建筑场地滑坡进行监测。

6.1.2 位移观测应根据建筑的特点和施测要求做好观测方案的设计和技术准备工作，并取得委托方及有关人员的配合。

6.1.3 位移观测的标志应根据不同建筑的特点进行设计。标志应牢固、适用、美观。若受条件限制或对于高耸建筑，也可选定变形体上特征明显的塔尖、避雷针、圆柱（球）体边缘等作为观测点。对于基坑等临时性结构或岩土体，标志应坚固、耐用、便于保护。

6.1.4 位移观测可根据现场作业条件和经济因素选用视准线法、测角交会法或方向差交会法、极坐标法、激光准直法、投点法、测小角法、测斜法、正倒垂线法、激光位移计自动测记法、GPS 法、激光扫描法或近景摄影测量法等。

6.1.5 各类建筑位移观测应根据本规范第 9.1 节的规定及时提交相应的阶段性成果和综合成果。

6.2 建筑主体倾斜观测

6.2.1 建筑主体倾斜观测应测定建筑顶部观测点相对于底部固定点或上层相对于下层观测点的倾斜度、倾斜方向及倾斜速率。刚性建筑的整体倾斜，可通过测量顶面或基础的差异沉降来间接确定。

6.2.2 主体倾斜观测点和测站点的布设应符合下列要求：

1 当从建筑外部观测时，测站点的点位应选在与倾斜方向成正交的方向线上距照准目标 1.5~2.0 倍目标高度的固定位置。当利用建筑内部竖向通道观测时，可将通道底部中心点作为测站点；

2 对于整体倾斜，观测点及底部固定点应沿着对应测站点的建筑主体竖直线，在顶部和底部上下对应布设；对于分层倾斜，应按分层部位上下对应布设；

3 按前方交会法布设的测站点，基线端点的选设应顾及测距或长度丈量的要求。按方向线水平角法布设的测站点，应设置好定向点。

6.2.3 主体倾斜观测点位的标志设置应符合下列要求：

1 建筑顶部和墙体上的观测点标志可采用埋入式照准标志。当有特殊要求时，应专门设计；

2 不便埋设标志的塔形、圆形建筑以及竖直构件，可以照准视线所切同高边缘确定的位置或用高度角控制的位置作为观测点位；

3 位于地面的测站点和定向点，可根据不同的观测要求，使用带有强制对中装置的观测墩或混凝土标石；

4 对于一次性倾斜观测项目，观测点标志可采用标记形式或直接利用符合位置与照准要求的建筑特征部位，测站点可采用小标石或临时性标志。

6.2.4 主体倾斜观测的精度可根据给定的倾斜量允许值，按本规范第3.0.5条的规定确定。当由基础倾斜间接确定建筑整体倾斜时，基础差异沉降的观测精度应按本规范第3.0.5条的规定确定。

6.2.5 主体倾斜观测的周期可视倾斜速度每1~3个月观测一次。当遇基础附近因大量堆载或卸载、场地降雨长期积水等而导致倾斜速度加快时，应及时增加观测次数。施工期间的观测周期，可根据要求按照本规范第5.5.5条的规定确定。倾斜观测应避开强日照和风荷载影响大的时间段。

6.2.6 当从建筑或构件的外部观测主体倾斜时，宜选用下列经纬仪观测法：

1 投点法。观测时，应在底部观测点位置安置水平读数尺等量测设施。在每测站安置经纬仪投影时，应按正倒镜法测出每对上下观测点标志间的水平位移分量，再按矢量相加法求得水平位移值（倾斜量）和位移方向（倾斜方向）；

2 测水平角法。对塔形、圆形建筑或构件，每测站的观测应以定向点作为零方向，测出各观测点的方向值和至底部中心的距离，计算顶部中心相对底部中心的水平位移分量。对矩形建筑，可在每测站直接观测顶部观测点与底部观测点之间的夹角或上层观测点与下层观测点之间的夹角，以所测角值与距离值计算整体的或分层的水平位移分量和位移方向；

3 前方交会法。所选基线应与观测点组成最佳构形，交会角宜在60°~120°之间。水平位移计算，可采用直接由两周期观测方向值之差解算坐标变化量的方向差交会法，亦可采用按每周期计算观测点坐标值，再以坐标差计算水平位移的方法。

6.2.7 当利用建筑或构件的顶部与底部之间的竖向通视条件进行主体倾斜观测时，宜选用下列观测方法：

1 激光铅直仪观测法。应在顶部适当位置安置接收靶，在其垂线下的地面或地板上安置激光铅直仪或激光经纬仪，按一定周期观测，在接收靶上直接读取或量出顶部的水平位移量和位移方向。作业中仪器应严格置平、对中，应旋转180°观测两次取其中数。对超高层建筑，当仪器设在楼体内部时，应考虑大气湍流影响；

2 激光位移计自动记录法。位移计宜安置在建筑底层或地下室地板上，接收装置可设在顶层或需要观测的楼层，激光通道可利用未使用的电梯井或楼梯间隔，测试室宜选在靠近顶部的楼层内。当位移计发射激光时，从测试室的光线示波器上可直接获取位移图像及有关参数，并自动记录成果；

3 正、倒垂线法。垂线宜选用直径0.6~1.2mm的不锈钢丝或因瓦丝，并采用无缝钢管保护。采用正垂线法时，垂线上端可锚固在通道顶部或所需高度处设置的支点上。采用倒垂线法时，垂线下端可固定在锚块上，上端设浮筒。用来稳定重锤、浮子的油箱中应装有阻尼液。观测时，由观测墩上安置的坐标仪、光学垂线仪、电感式垂线仪等量测设备，按一定周期测出各测点的水平位移量；

4 吊垂球法。应在顶部或所需高度处的观测点位置上，直接或支出一点悬挂适当重量的垂球，在垂线下的底部固定毫米格网读数板等读数设备，直接读取或量出上部观测点相对底部观测点的水平位移量和位移方向。

6.2.8 当利用相对沉降量间接确定建筑整体倾斜时，可选用下列方法：

1 倾斜仪测记法。可采用水管式倾斜仪、水平摆倾斜仪、气泡倾斜仪或电子倾斜仪进行观测。倾斜仪应具有连续读数、自动记录和数字传输的功能。监测建筑上部层面倾斜时，仪器可安置在建筑顶层或需要观测的楼层的楼板上。监测基础倾斜时，仪器可安置在基础面上，以所测楼层或基础面的水平倾角变化值反映和分析建筑倾斜的变化程度；

2 测定基础沉降差法。可按本规范第5.5节有关规定，在基础上选设观测点，采用水准测量方法，以所测各周期基础的沉降差换算求得建筑整体倾斜度及倾斜方向。

6.2.9 当建筑立面上观测点数量多或倾斜变形量大时，可采用激光扫描或数字近景摄影测量方法，具体技术要求应另行设计。

6.2.10 倾斜观测应提交下列图表：

1 倾斜观测点位布置图；

2 倾斜观测成果表；

3 主体倾斜曲线图。

6.3 建筑水平位移观测

6.3.1 建筑水平位移观测点的位置应选在墙角、柱基及裂缝两边等处。标志可采用墙上标志，具体形式及其埋设应根据点位条件和观测要求确定。

6.3.2 水平位移观测的精度可根据本规范第3.0.5条的规定确定。

6.3.3 水平位移观测的周期，对于不良地基土地区的观测，可与一并进行的沉降观测协调确定；对于受基础施工影响的有关观测，应按施工进度的需要确定，可逐日或隔2~3d观测一次，直至施工结束。

6.3.4 当测量地面观测点在特定方向的位移时，可使用视准线、激光准直、测边角等方法。

6.3.5 当采用视准线法测定位移时，应符合下列规定：

1 在视准线两端各自向外的延长线上，宜埋设检核点。在观测成果的处理中，应顾及视准线端点的偏差改正；

2 采用活动觇牌法进行视准线测量时，观测点偏离视准线的距离不应超过活动觇牌读数尺的读数范围。应在视准线一端安置经纬仪或视准仪，瞄准安置在另一端的固定觇牌进行定向，待活动觇牌的照准标志正好移至方向线上时读数。每个观测点应按确定的测回数进行往测与返测；

3 采用小角法进行视准线测量时，视准线应按平行于待测建筑边线布置，观测点偏离视准线的偏角不应超过30″。偏离值 d（见图6.3.5）可按公式（6.3.5）计算：

$$d = \alpha/\rho \cdot D \tag{6.3.5}$$

式中 α——偏角（″）；

D——从观测端点到观测点的距离（m）；

ρ——常数，其值为206265。

6.3.6 当采用激光准直法测定位移时，应符合下列规定：

1 使用激光经纬仪准直法时，当要求具有 10^{-5} ~ 10^{-4} 量级准直精度时，可采用DJ2

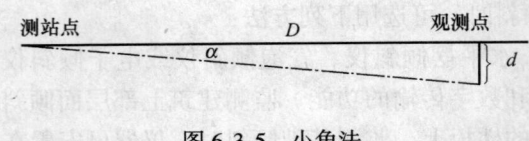

图 6.3.5 小角法

型仪器配置氦—氖激光器或半导体激光器的激光经纬仪及光电探测器或目测有机玻璃方格网板；当要求达 10^{-6} 量级精度时，可采用 DJ1 型仪器配置高稳定性氦—氖激光器或半导体激光器的激光经纬仪及高精度光电探测系统；

2 对于较长距离的高精度准直，可采用三点式激光衍射准直系统或衍射频谱成像及投影成像激光准直系统。对短距离的高精度准直，可采用衍射式激光准直仪或连续成像衍射板准直仪；

3 激光仪器在使用前必须进行检校，仪器射出的激光束轴线、发射系统轴线和望远镜照准轴应三者重合，观测目标与最小激光斑应重合；

4 观测点位的布设和作业方法应按照本规范第6.3.5条第2款的规定执行。

6.3.7 当采用测边角法测定位移时，对主要观测点，可以该点为测站测出对应视准线端点的边长和角度，求得偏差值。对其他观测点，可选适宜的主要观测点为测站，测出对应其他观测点的距离与方向值，按坐标法求得偏差值。角度观测测回数与长度的丈量精度要求，应根据要求的偏差值观测中误差确定。

6.3.8 测量观测点任意方向位移时，可视观测点的分布情况，采用前方交会或方向差交会及极坐标等方法。单个建筑亦可采用直接量测位移分量的方向线法，在建筑纵、横轴线的相邻延长线上设置固定方向线，定期测出基础的纵向和横向位移。

6.3.9 对于观测内容较多的大测区或观测点远离稳定地区的测区，宜采用测角、测边、边角及 GPS 与基准线法相结合的综合测量方法。

6.3.10 水平位移观测应提交下列图表：

1 水平位移观测点位布置图；

2 水平位移观测成果表；

3 水平位移曲线图。

6.4 基坑壁侧向位移观测

6.4.1 基坑壁侧向位移观测应测定基坑围护结构桩墙顶水平位移和桩墙深层挠曲。

6.4.2 基坑壁侧向位移观测的精度应根据基坑支护结构类型、基坑形状、大小和深度、周边建筑及设施的重要程度、工程地质与水文地质条件和设计变形报警预估值等因素综合确定。

6.4.3 基坑壁侧向位移观测可根据现场条件使用视准线法、测小角法、前方交会法或极坐标法，并宜同时使用测斜仪或钢筋计、轴力计等进行观测。

6.4.4 当使用视准线法、测小角法、前方交会法或极坐标法测定基坑壁侧向位移时，应符合下列规定：

1 基坑壁侧向位移观测点应沿基坑周边桩墙顶每隔 10~15m 布设一点；

2 侧向位移观测点宜布置在冠梁上，可采用铆钉枪射入铝钉，亦可钻孔埋设膨胀螺栓或用环氧树脂胶粘标志；

3 测站点宜布置在基坑围护结构的直角上。

6.4.5 当采用测斜仪测定基坑壁侧向位移时，应符合下列规定：

1 测斜仪宜采用能连续进行多点测量的滑动式仪器；

2 测斜管应布设在基坑每边中部及关键部位，并埋设在围护结构桩墙内或其外侧的土体内，其埋设深度应与围护结构入土深度一致；

3 将测斜管吊入孔或槽内时，应使十字形槽口对准观测的水平位移方向。连接测斜管时应对准导槽，使之保持在一直线上。管底端应装底盖，每个接头及底盖处应密封；

4 埋设于基坑围护结构中的测斜管，应将测斜管绑扎在钢筋笼上，同步放入成孔或槽内，通过浇筑混凝土后固定在桩墙中或外侧；

5 埋设于土体中的测斜管，应先用地质钻机成孔，将分段测斜管连接放入孔内，测斜管连接部分应密封处理，测斜管与钻孔壁之间空隙宜回填细砂或水泥与膨润土拌合的灰浆，其配合比应根据土层的物理力学性能和水文地质情况确定。测斜管的埋设深度应与围护结构入土深度一致；

6 测斜管埋好后，应停留一段时间，使测斜管与土体或结构固连为一整体；

7 观测时，可由管底开始向上提升测头至待测位置，或沿导槽全长每隔500mm（轮距）测读一次，将测头旋转180°再测一次。两次观测位置（深度）应一致，依此作为一测回。每周期观测可测两测回，每个测斜导管的初测值，应测四测回，观测成果取中数。

6.4.6 当应用钢筋计、轴力计等物理测量仪表测定基坑主要结构的轴力、钢筋内力及监测基坑四周土体内土体压力、孔隙水压力时，应能反映基坑围护结构的变形特征。对变形大的区域，应适当加密观测点位和增设相应仪表。

6.4.7 基坑壁侧向位移观测的周期应符合下列规定：

1 基坑开挖期间应2～3d观测一次，位移速率或位移量大时应每天1～2次；

2 当基坑壁的位移速率或位移量迅速增大或出现其他异常时，应在做好观测本身安全的同时，增加观测次数，并立即将观测结果报告委托方。

6.4.8 基坑壁侧向位移观测应提交下列图表：

1 基坑壁位移观测点布置图；

2 基坑壁位移观测成果表；

3 基坑壁位移曲线图。

6.5 建筑场地滑坡观测

6.5.1 建筑场地滑坡观测应测定滑坡的周界、面积、滑动量、滑移方向、主滑线以及滑动速度，并视需要进行滑坡预报。

6.5.2 滑坡观测点位的布设应符合下列要求：

1 滑坡面上的观测点应均匀布设。滑动量较大和滑动速度较快的部位，应适当增加布点；

2 滑坡周界外稳定的部位和周界内稳定的部位，均应布设观测点；

3 主滑方向和滑动范围已明确时，可根据滑坡规模选取十字形或格网形平面布点方式；主滑方向和滑动范围不明确时，可根据现场条件，采用放射形平面布点方式；

4 需要测定滑坡体深部位移时，应将观测点钻孔位置布设在主滑轴线上，并可对滑坡体上局部滑动和可能具有的多层滑动面进行观测；

5 对已加固的滑坡，应在其支挡锚固结构的主要受力构件上布设应力计和观测点；

6 采用GPS观测滑坡位移时，观测点的布设还应符合本规范第4.8节的有关规定。

6.5.3 滑坡观测点位的标石、标志及其埋设应符合下列要求：

1 土体上的观测点可埋设预制混凝土标石。根据观测精度要求，顶部的标志可采用具有强制对中装置的活动标志或嵌入加工成半球状的钢筋标志。标石埋深不宜小于1m，在冻土地区应埋至当地冻土线以下0.5m。标石顶部应露出地面20～30cm；

2 岩体上的观测点可采用砂浆现场浇固的钢筋标志。凿孔深度不宜小于10cm。标志埋好后，其顶部应露出岩体面5cm；

3 必要的临时性或过渡性观测点以及观测周期短、次数少的小型滑坡观测点，可埋设硬质大木桩，但顶部应安置照准标志，底部应埋至当地冻土线以下；

4 滑坡体深部位移观测钻孔应穿过潜在滑动面进入稳定的基岩面以下不小于1m。观测钻孔应铅直，孔径应不小于110mm。测斜管与孔壁之间的孔隙应按本规范第6.4.5条第5款的规定回填。

6.5.4 滑坡观测点的测定精度可选本规范表3.0.4中所列的二、三级精度。有特殊要求的，应另行确定。

6.5.5 滑坡观测的周期应视滑坡的活跃程度及季节变化等情况而定，并应符合下列规定：

1 在雨季，宜每半月或一月测一次；干旱季节，可每季度测一次；

2 当发现滑速增快，或遇暴雨、地震、解冻等情况时，应增加观测次数；

3 当发现有大的滑动可能或有其他异常时，应在做好观测本身安全的同时，及时增加观测次数，并立即将观测结果报告委托方。

6.5.6 滑坡观测点的位移观测方法，可根据现场条件，按下列要求选用：

1 当建筑数量多、地形复杂时，宜采用以三方向交会为主的测角前方交会法，交会角宜在50°～110°之间，长短边不宜悬殊。也可采用测距交会法、测距导线法以及极坐标法；

2 对于视野开阔的场地，当面积小时，可采用放射线观测网法，从两个测站点上按放射状布设交会角在30°～150°之间的若干条观测线，两条观测线的交点即为观测点。每次观测时，应以解析法或图解法测出观测点偏离两测线交点的位移量。当场地面积大时，可采用任意方格网法，其布设与观测方法应与放射线观测网相同，但应需增加测站点与定向点；

3 对于带状滑坡，当通视较好时，可采用测线支距法，在与滑动轴线的垂直方向，布设若干条测线，沿测线选定测站点、定向点与观测点。每次观测时，应按支距法测出观测点的位移量与位移方向。当滑坡体窄而长时，可采用十字交叉观测网法；

4 对于抗滑墙（桩）和要求高的单独测线，可选用本规范第6.3.5条规定的视准线法；

5 对于可能有大滑动的滑坡，除采用测角前方交会等方法外，亦可采用数字近景摄影测量方法同时测定观测点的水平和垂直位移；

6 滑坡体内深部测点的位移观测，可采用测斜仪观测方法，作业要求可按本规范第6.4.5条的规定执行；

7 当符合GPS观测条件和满足观测精度要求时，可采用单机多天线GPS观测方法观测。

6.5.7 滑坡观测点的高程测量可采用水准测量方法，对困难点位可采用电磁波测距三角高程测量方法。观测路线均应组成闭合或附合网形。

6.5.8 滑坡预报应采用现场严密监视和资料综合分析相结合的方法进行。每次观测后，应及时整理绘制出各观测点的滑动曲线。当利用回归方程发现有异常观测值，或利用位移对数和时间关系曲线判断有拐点时，应在加强观测的同时，密切注意观察滑前征兆，并结合工程地质、水文地质、地震和气象等方面资料，全面分析，作出滑坡预报，及时预警以采取应急措施。

6.5.9 滑坡观测应提交下列图表：
1 滑坡观测点位布置图；
2 观测成果表；
3 观测点位移与沉降综合曲线图（本规范附录 F）。

6.6 挠 度 观 测

6.6.1 建筑基础和建筑主体以及墙、柱等独立构筑物的挠度观测，应按一定周期测定其挠度值。

6.6.2 挠度观测的周期应根据荷载情况并考虑设计、施工要求确定。观测的精度可按本规范第 3.0.5 条的有关规定确定。

6.6.3 建筑基础挠度观测可与建筑沉降观测同时进行。观测点应沿基础的轴线或边线布设，每一轴线或边线上不得少于 3 点。标志设置、观测方法应符合本规范第 5.5 节的规定。

6.6.4 建筑主体挠度观测，除观测点应按建筑结构类型在各不同高度或各层处沿一定垂直方向布设外，其标志设置、观测方法应按本规范第 6.2 节的有关规定执行。挠度值应由建筑上不同高度点相对于底部固定点的水平位移值确定。

6.6.5 独立构筑物的挠度观测，除可采用建筑主体挠度观测要求外，当观测条件允许时，亦可用挠度计、位移传感器等设备直接测定挠度值。

6.6.6 挠度值及跨中挠度值应按下列公式计算：

1 挠度值 f_d 应按下列公式计算（图 6.6.6）：

$$f_d = \Delta s_{AE} - \frac{L_{AE}}{L_{AE} + L_{EB}} \Delta s_{AB} \quad (6.6.6-1)$$

$$\Delta s_{AE} = s_E - s_A \quad (6.6.6-2)$$

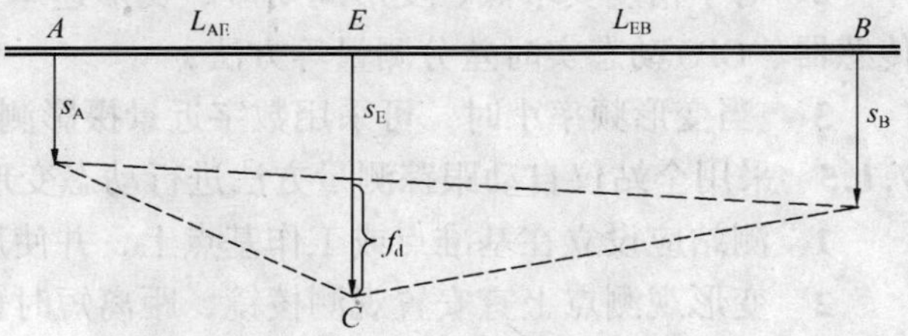

$$\Delta s_{AB} = s_B - s_A \quad (6.6.6-3)$$

图 6.6.6 挠度

式中 s_A、s_B——为基础上 A、B 点的沉降量或位移量（mm）；
s_E——基础上 E 点的沉降量或位移量（mm），E 点位于 A、B 两点之间；
L_{AE}——A、E 之间的距离（m）；
L_{EB}——E、B 之间的距离（m）。

2 跨中挠度值 f_{dc} 应按下列公式计算：

$$f_{dc} = \Delta s_{10} - \frac{1}{2}\Delta s_{12} \qquad (6.6.6-4)$$

$$\Delta s_{10} = s_0 - s_1 \qquad (6.6.6-5)$$

$$\Delta s_{12} = s_2 - s_1 \qquad (6.6.6-6)$$

式中 s_0——基础中点的沉降量或位移量（mm）；

s_1、s_2——基础两个端点的沉降量或位移量（mm）。

6.6.7 挠度观测应提交下列图表：

　　1 挠度观测点布置图；

　　2 观测成果表；

　　3 挠度曲线图。

7 特殊变形观测

7.1 动态变形测量

7.1.1 对于建筑在动荷载作用下而产生的动态变形，应测定其一定时间段内的瞬时变形量，计算变形特征参数，分析变形规律。

7.1.2 动态变形的观测点应选在变形体受动荷载作用最敏感并能稳定牢固地安置传感器、接收靶和反光镜等照准目标的位置上。

7.1.3 动态变形测量的精度应根据变形速率、变形幅度、测量要求和经济因素来确定。

7.1.4 动态变形测量方法的选择可根据变形体的类型、变形速率、变形周期特征和测定精度要求等确定，并符合下列规定：

　　1 对于精度要求高、变形周期长、变形速率小的动态变形测量，可采用全站仪自动跟踪测量或激光测量等方法；

　　2 对于精度要求低、变形周期短、变形速率大的建筑，可采用位移传感器、加速度传感器、GPS 动态实时差分测量等方法；

　　3 当变形频率小时，可采用数字近景摄影测量或经纬仪测角前方交会等方法。

7.1.5 采用全站仪自动跟踪测量方法进行动态变形观测时，应符合下列规定：

　　1 测站应设立在基准点或工作基点上，并使用有强制对中装置的观测台或观测墩；

　　2 变形观测点上宜安置观测棱镜，距离短时也可采用反射片；

　　3 数据通信电缆宜采用光纤或专用数据电缆，并应安全敷设。连接处应采取绝缘和防水措施；

　　4 测站和数据终端设备应备有不间断电源；

　　5 数据处理软件应具有观测数据自动检核、超限数据自动处理、不合格数据自动重测、观测目标被遮挡时可自动延时观测以及变形数据自动处理、分析、预报和预警等功能。

7.1.6 采用激光测量方法进行动态变形观测时，应符合下列规定：

　　1 激光经纬仪、激光导向仪、激光准直仪等激光器宜安置在变形区影响之外或受变形影响小的区域。激光器应采取防尘、防水措施；

2 安置激光器后，应同时在激光器附近的激光光路上，设立固定的光路检核标志；

3 整个光路上应无障碍物，光路附近应设立安全警示标志；

4 目标板或感应器应稳固设立在变形比较敏感的部位并与光路垂直；目标板的刻划应均匀、合理。观测时，应将接收到的激光光斑调至最小、最清晰。

7.1.7 采用 GPS 动态实时差分测量方法进行动态变形观测时，应符合下列规定：

1 应在变形区之外或受变形影响小的地势高处设立 GPS 参考站。参考站上部应无高度角超过 10°的障碍物，且周围无大面积水域、大型建筑等 GPS 信号反射物及高压线、电视台、无线电发射源、热源、微波通道等干扰源；

2 变形观测点宜设置在建筑顶部变形敏感的部位，变形观测点的数目应依建筑结构和要求布设，接收天线的安置应稳固，并采取保护措施，周围无高度角超过 10°的障碍物。卫星接收数量不应少于 5 颗，并应采用固定解成果；

3 长期的变形观测宜采用光缆或专用数据电缆进行数据通信，短期的也可采用无线电数据链；

4 卫星实时定位测量的其他技术要求，应满足本规范第 4.8 节的相关规定。

7.1.8 采用数字近景摄影测量方法进行动态变形观测时，应满足下列要求：

1 应根据观测体的变形特点、观测规模和精度要求，合理选用作业方法，可采用时间基线视差法、立体摄影测量方法或多摄站摄影测量方法；

2 像控点可采用独立坐标系。像控点应布设在建筑的四周，并应在景深范围内均匀布设。像控点测定中误差不宜大于变形观测点中误差的 1/3。当采用直接线性变换法解算待定点时，一个像对宜布设 6~9 个控制点；当采用时间基线视差法时，一个像对宜至少布设 4 个控制点；

3 变形观测点的点位中误差宜为 ±1~10mm，相对中误差宜为 1/5000~1/20000。观测标志，可采用十字形或同心圆形，标志的颜色可采用与被摄建筑色调有明显反差的黑、白两色相间；

4 摄影站应设置固定观测墩。对于长方形的建筑，摄影站宜布设在与其长轴线相平行的一条直线上，并使摄影主光轴垂直于被摄物体的主立面；对于圆柱形外表的建筑，摄影站可均匀布设在与物体中轴线等距的四周；

5 多像对摄影时，应布设像对间起连接作用的标志点；

6 近景摄影测量的其他技术要求，应满足现行国家标准《工程摄影测量规范》GB 50167 的有关规定。

7.1.9 各类动态变形观测应根据本规范第 9.1 节的要求及时提交相应的阶段性成果和综合成果。

7.2 日照变形观测

7.2.1 日照变形观测应在高耸建筑或单柱受强阳光照射或辐射的过程中进行，应测定建筑或单柱上部由于向阳面与背阳面温差引起的偏移量及其变化规律。

7.2.2 日照变形观测点的选设应符合下列要求：

1 当利用建筑内部竖向通道观测时，应以通道底部中心位置作为测站点，以通道顶部正垂直对应于测站点的位置作为观测点；

2 当从建筑或单柱外部观测时，观测点应选在受热面的顶部或受热面上部的不同高度处与底部（视观测方法需要布置）适中位置，并设置照准标志，单柱亦可直接照准顶部与底部中心线位置；测站点应选在与观测点连线呈正交或近于正交的两条方向线上，其中一条宜与受热面垂直。测站点宜设在距观测点的距离为照准目标高度1.5倍以外的固定位置处，并埋设标石。

7.2.3 日照变形的观测时间，宜选在夏季的高温天进行。观测可在白天时间段进行，从日出前开始，日落后停止，宜每隔1h观测一次。在每次观测的同时，应测出建筑向阳面与背阳面的温度，并测定风速与风向。

7.2.4 日照变形观测的精度，可根据观测对象和观测方法的不同，具体分析确定。

7.2.5 日照变形观测可根据不同观测条件与要求选用本规范第7.1节规定的方法。

7.2.6 日照变形观测应提交下列图表：
　　1 日照变形观测点位布置图；
　　2 日照变形观测成果表；
　　3 日照变形曲线图（本规范附录F）。

7.3 风振观测

7.3.1 风振观测应在高层、超高层建筑受强风作用的时间段内同步测定建筑的顶部风速、风向和墙面风压以及顶部水平位移。

7.3.2 风速、风向观测，宜在建筑顶部天面的专设桅杆上安置两台风速仪，分别记录脉动风速、平均风速及风向，并在距建筑100~200m距离内10~20m高度处安置风速仪记录平均风速。

7.3.3 应在建筑不同高度的迎风面与背风面外墙上，对应设置适当数量的风压盒，或采用激光光纤压力计和自动记录系统，测定风压分布和风压系数。

7.3.4 当用自动测记法时，风振位移的观测精度应根据所用仪器设备的性能和精度要求具体确定。当采用经纬仪观测时，观测点相对测站点的点位中误差不应大于±15mm。

7.3.5 顶部动态位移观测可根据要求和现场情况选用本规范7.1节规定的方法。

7.3.6 由实测位移值计算风振系数 β 时，可采用式（7.3.6-1）或式（7.3.6-2）：

$$\beta = (d_m + 0.5A)/d_m \quad (7.3.6\text{-}1)$$

$$\beta = (d_s + d_d)/d_s \quad (7.3.6\text{-}2)$$

式中　A——风力振幅（mm）；
　　　d_m——平均位移值（mm）；
　　　d_s——静态位移（mm）；
　　　d_d——动态位移（mm）。

7.3.7 风振观测应提交下列图表：
　　1 风速、风压、位移的观测位置布置图；
　　2 风振观测成果表；
　　3 风速、风压、位移及振幅等曲线图。

7.4 裂缝观测

7.4.1 裂缝观测应测定建筑上的裂缝分布位置和裂缝的走向、长度、宽度及其变化情况。

7.4.2 对需要观测的裂缝应统一进行编号。每条裂缝应至少布设两组观测标志，其中一组应在裂缝的最宽处，另一组应在裂缝的末端。每组应使用两个对应的标志，分别设在裂缝的两侧。

7.4.3 裂缝观测标志应具有可供量测的明晰端面或中心。长期观测时，可采用镶嵌或埋入墙面的金属标志、金属杆标志或楔形板标志；短期观测时，可采用油漆平行线标志或用建筑胶粘贴的金属片标志。当需要测出裂缝纵横向变化值时，可采用坐标方格网板标志。使用专用仪器设备观测的标志，可按具体要求另行设计。

7.4.4 对于数量少、量测方便的裂缝，可根据标志形式的不同分别采用比例尺、小钢尺或游标卡尺等工具定期量出标志间距离求得裂缝变化值，或用方格网板定期读取"坐标差"计算裂缝变化值；对于大面积且不便于人工量测的众多裂缝宜采用交会测量或近景摄影测量方法；需要连续监测裂缝变化时，可采用测缝计或传感器自动测记方法观测。

7.4.5 裂缝观测的周期应根据其裂缝变化速度而定。开始时可半月测一次，以后一月测一次。当发现裂缝加大时，应及时增加观测次数。

7.4.6 裂缝观测中，裂缝宽度数据应量至 0.1mm，每次观测应绘出裂缝的位置、形态和尺寸，注明日期，并拍摄裂缝照片。

7.4.7 裂缝观测应提交下列图表：
　　1 裂缝位置分布图；
　　2 裂缝观测成果表；
　　3 裂缝变化曲线图。

8 数据处理分析

8.1 平差计算

8.1.1 每期建筑变形观测结束后，应依据测量误差理论和统计检验原理对获得的观测数据及时进行平差计算和处理，并计算各种变形量。

8.1.2 变形观测数据的平差计算，应符合下列规定：
　　1 应利用稳定的基准点作为起算点；
　　2 应使用严密的平差方法和可靠的软件系统；
　　3 应确保平差计算所用的观测数据、起算数据准确无误；
　　4 应剔除含有粗差的观测数据；
　　5 对于特级、一级变形测量平差计算，应对可能含有系统误差的观测值进行系统误差改正；
　　6 对于特级、一级变形测量平差计算，当涉及边长、方向等不同类型观测值时，应使用验后方差估计方法确定这些观测值的权；
　　7 平差计算除给出变形参数值外，还应评定这些变形参数的精度。

8.1.3 对各类变形控制网和变形测量成果，平差计算的单位权中误差及变形参数的精度应符合本规范第3章、第4章规定的相应级别变形测量的精度要求。

8.1.4 建筑变形测量平差计算和分析中的数据取位应符合表8.1.4的规定。

表 8.1.4　变形测量平差计算和分析中的数据取位要求

级别	高差(mm)	角度(″)	边长(mm)	坐标(mm)	高程(mm)	沉降值(mm)	位移值(mm)
特级	0.01	0.01	0.01	0.01	0.01	0.01	0.01
一级	0.01	0.01	0.1	0.1	0.01	0.01	0.1
二、三级	0.1	0.1	0.1	0.1	0.1	0.1	0.1

8.2　变形几何分析

8.2.1　变形测量几何分析应对基准点的稳定性进行检验和分析，并判断观测点是否变动。

8.2.2　当基准点按本规范第4章的相关规定设置在稳定地点时，基准点的稳定性可使用下列方法进行分析判断：

　　1　当基准点单独构网时，每次基准网复测后，应根据本次复测数据与上次数据之间的差值，通过组合比较的方式对基准点的稳定性进行分析判断；

　　2　当基准点与观测点共同构网时，每期变形观测后，应根据本期基准点观测数据与上期观测数据之间的差值，通过组合比较的方式对基准点的稳定性进行分析判断。

8.2.3　当基准点可能不稳定或可能发生变动但使用本规范第8.2.2条方法不能判定时，可以通过统计检验的方法对其稳定性进行检验，并找出变动的基准点。

8.2.4　在变形观测过程中，当某期观测点变形量出现异常变化时，应分析原因，在排除观测本身错误的前提下，应及时对基准点的稳定性进行检测分析。

8.2.5　观测点的变动分析应符合下列规定：

　　1　观测点的变动分析应基于以稳定的基准点作为起始点而进行的平差计算成果；

　　2　二、三级及部分一级变形测量，相邻两期观测点的变动分析可通过比较观测点相邻两期的变形量与最大测量误差（取两倍中误差）来进行。当变形量小于最大误差时，可认为该观测点在这两个周期间没有变动或变动不显著；

　　3　特级及有特殊要求的一级变形测量，当观测点两期间的变形量 Δ 符合公式（8.2.5）时，可认为该观测点在这两个周期间没有变动或变动不显著：

$$\Delta < 2\mu\sqrt{Q} \tag{8.2.5}$$

式中　μ——单位权中误差，可取两个周期平差单位权中误差的平均值；

　　　　Q——观测点变形量的协因数；

　　4　对多期变形观测成果，当相邻周期变形量小，但多期呈现出明显的变化趋势时，应视为有变动。

8.3　变形建模与预报

8.3.1　对于多期建筑变形观测成果，根据需要，应建立反映变形量与变形因子关系的数学模型，对引起变形的原因作出分析和解释，必要时还应对变形的发展趋势进行预报。

8.3.2　当一个变形体上所有观测点或部分观测点的变形状况总体一致时，可利用这些观测点的平均变形量建立相应的数学模型。当各观测点变形状况差异大或某些观测点变形状况特殊时，应对各观测点或特殊的观测点分别建立数学模型。对于特级和某些一级变形观测成果，根据需要，可以利用地理信息系统技术实现多点变形状态的可视化表达。

8.3.3 建立变形量与变形因子关系数学模型可使用回归分析方法，并应符合下列规定：

 1 应以不少于 10 个周期的观测数据为依据，通过分析各期所测的变形量与相应荷载、时间之间的相关性，建立荷载或时间-变形量数学模型；

 2 变形量与变形因子之间的回归模型应简单，包含的变形因子数不宜超过 2 个。回归模型可采用线性回归模型和指数回归模型、多项式回归模型等非线性回归模型。对非线性回归模型，应进行线性化；

 3 当只有一个变形因子时，可采用一元回归分析方法；

 4 当考虑多个变形因子时，宜采用逐步回归分析方法，确定影响显著的因子。

8.3.4 对于沉降观测，当观测值近似呈等时间间隔时，可采用灰色建模方法，建立沉降量与时间之间的灰色模型。

8.3.5 对于动态变形观测获得的时序数据，可使用时间序列分析方法建模并加以分析。

8.3.6 建立变形量与变形因子关系模型后，应对模型的有效性进行检验和分析。用于后续分析的数学模型应是有效的。

8.3.7 需要利用变形量与变形因子关系模型进行变形趋势预报时，应给出预报结果的误差范围和适用条件。

9 成果整理与质量检查验收

9.1 成果整理

9.1.1 建筑变形测量在完成记录检查、平差计算和处理分析后，应按下列规定进行成果的整理：

 1 观测记录手簿的内容应完整、齐全；

 2 平差计算过程及成果、图表和各种检验、分析资料应完整、清晰；

 3 使用的图式符号应规格统一、注记清楚。

9.1.2 建筑变形测量的观测记录、计算资料及技术成果均应有有关责任人签字，技术成果应加盖成果章。

9.1.3 根据建筑变形测量任务委托方的要求，可按周期或变形发展情况提交下列阶段性成果：

 1 本次或前 1~2 次观测结果；

 2 与前一次观测间的变形量；

 3 本次观测后的累计变形量；

 4 简要说明及分析、建议等。

9.1.4 当建筑变形测量任务全部完成后或委托方需要时，应提交下列综合成果：

 1 技术设计书或施测方案；

 2 变形测量工程的平面位置图；

 3 基准点与观测点分布平面图；

 4 标石、标志规格及埋设图；

 5 仪器检验与校正资料；

 6 平差计算、成果质量评定资料及成果表；

7　反映变形过程的图表；

　　8　技术报告书。

9.1.5　建筑变形测量技术报告书内容应真实、完整，重点应突出，结构应清晰，文理应通顺，结论应明确。技术报告书应包括下列内容：

　　1　项目概况。应包括项目来源、观测目的和要求，测区地理位置及周边环境，项目完成的起止时间，实际布设和测定的基准点、工作基点、变形观测点点数和观测次数，项目测量单位，项目负责人、审核审定人等；

　　2　作业过程及技术方法。应包括变形测量作业依据的技术标准，项目技术设计或施测方案的技术变更情况，采用的仪器设备及其检校情况，基准点及观测点的标志及其布设情况，变形测量精度级别，作业方法及数据处理方法，变形测量各周期观测时间等；

　　3　成果精度统计及质量检验结果；

　　4　变形测量过程中出现的变形异常和作业中发生的特殊情况等；

　　5　变形分析的基本结论与建议；

　　6　提交的成果清单；

　　7　附图附表等。

9.1.6　建筑变形测量的观测记录、计算资料和技术成果应进行归档。

9.1.7　建筑变形测量的各项观测、计算数据及成果的组织、管理和分析宜使用专门的变形测量数据处理与信息管理系统进行。该系统宜具备下列功能：

　　1　对变形测量的各项起始数据、各次观测记录和计算数据以及各种中间及最终成果建立相应的数据库；

　　2　各种数据的输入、输出和格式转换；

　　3　变形测量基准点和观测点点之记信息管理；

　　4　变形测量控制网数据管理、平差计算、精度分析；

　　5　各次原始观测记录和计算数据管理；

　　6　必要的变形分析；

　　7　各种报表和分析图表的生成及变形测量成果可视化；

　　8　用户管理及安全管理等。

9.2　质量检查验收

9.2.1　测量单位应对建筑变形测量项目实行两级检查、一级验收制度，并应符合下列规定：

　　1　对于所有变形观测记录和计算、分析结果，应进行两级检查；

　　2　对于需要提交委托方的变形测量阶段性成果和综合成果，应在两级检查的基础上进行验收。提交的成果应为验收合格的成果；

　　3　检查验收情况应形成记录，并进行归档。

9.2.2　质量检查验收应依据下列规定进行：

　　1　项目委托书或合同书及委托方与测量方达成的其他文件；

　　2　技术设计书或施测方案；

　　3　依据的技术标准和国家政策法规；

 4 测量单位质量管理文件。

9.2.3 质量检查验收应对项目实施情况进行准确全面的评价，应包括下列主要方面：

 1 执行技术设计书或施测方案及技术标准、政策法规情况；
 2 使用仪器设备及其检定情况；
 3 记录和计算所用软件系统情况；
 4 基准点和变形观测点的布设及标石、标志情况；
 5 实际观测情况，包括观测周期、观测方法和操作程序的正确性等；
 6 基准点稳定性检测与分析情况；
 7 观测限差和精度统计情况；
 8 记录的完整准确性及记录项目的齐全性；
 9 观测数据的各项改正情况；
 10 计算过程的正确性、资料整理的完整性、精度统计和质量评定的合理性；
 11 变形测量成果分析的合理性；
 12 提交成果的正确性、可靠性、完整性及数据的符合性情况；
 13 技术报告书内容的完整性、统计数据的准确性、结论的可靠性及体例的规范性；
 14 成果签署的完整性和符合性情况等。

9.2.4 当质量检查验收中发现不符合项时，应立即提出处理意见，返回作业部门进行纠正。纠正后的成果应重新进行检查验收。

附录 A 高程控制点标石、标志

A.0.1 基岩水准基点标石应按图 A.0.1 的形式埋设。

A.0.2 深埋双金属管水准基点标石应按图 A.0.2 的规格埋设。

A.0.3 深埋钢管水准基点标石应按图 A.0.3 的规格埋设。

A.0.4 混凝土基本水准标石应按图 A.0.4 的规格埋设。

A.0.5 浅埋钢管水准标石应按图 A.0.5 的规格埋设。

A.0.6 混凝土普通水准标石应按图 A.0.6 的规格埋设。

A.0.7 混凝土三角高程点墩标标石应按图 A.0.7 的规格埋设。

A.0.8 铸铁或不锈钢墙水准标志应按图 A.0.8 的规格埋设。

A.0.9 混凝土三角高程点建筑顶标石应按图 A.0.9 的规格埋设。

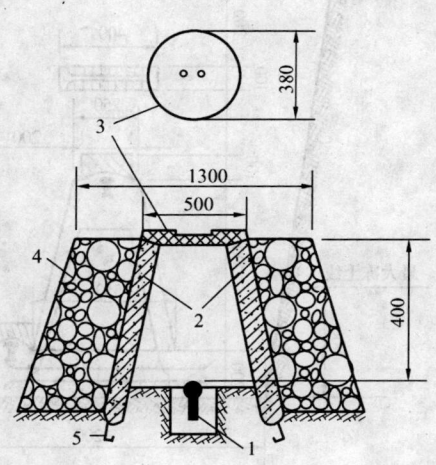

图 A.0.1 岩层水准基点标石（单位：mm）
1—抗蚀的金属标志；2—钢筋混凝土井圈；
3—井盖；4—砌石土丘；5—井圈保护层

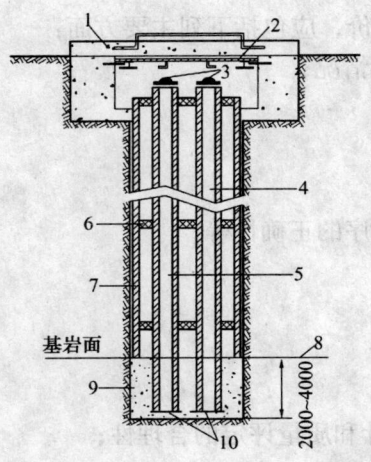

图 A.0.2 深埋双金属管
水准基点标石（单位：mm）

1—钢筋混凝土标盖；2—钢板标盖；
3—标心；4—钢心管；5—铝心管；
6—橡胶环；7—钻孔保护钢管；8—新
鲜基岩面；9—M20水泥砂浆；10—钢
心管底板与根络

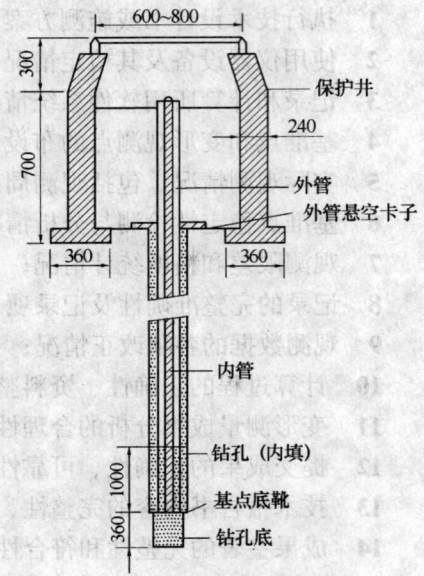

图 A.0.3 深埋钢管水准
基点标石（单位：mm）

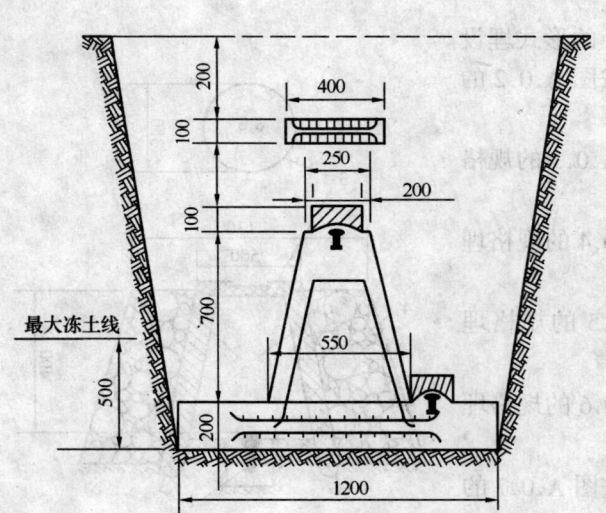

图 A.0.4 混凝土基本水准
标石（单位：mm）

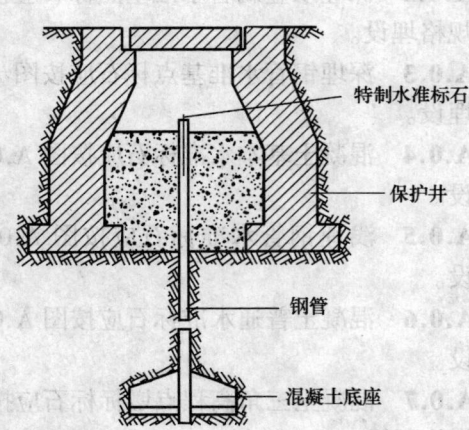

图 A.0.5 浅埋钢管水准标石

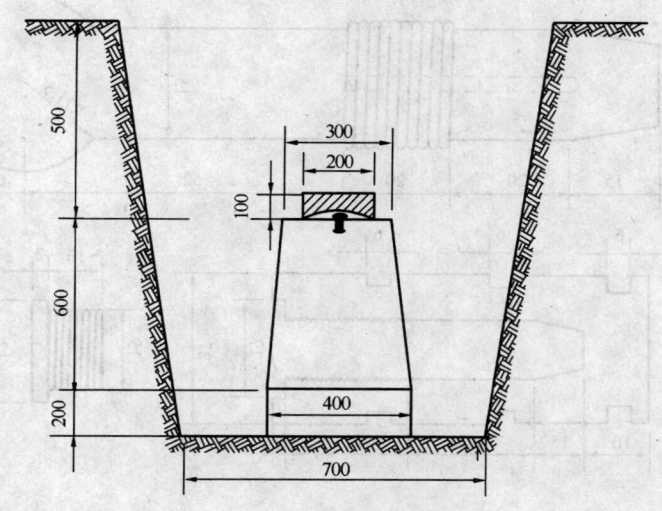

图 A.0.6 混凝土普通水准标石（单位：mm）

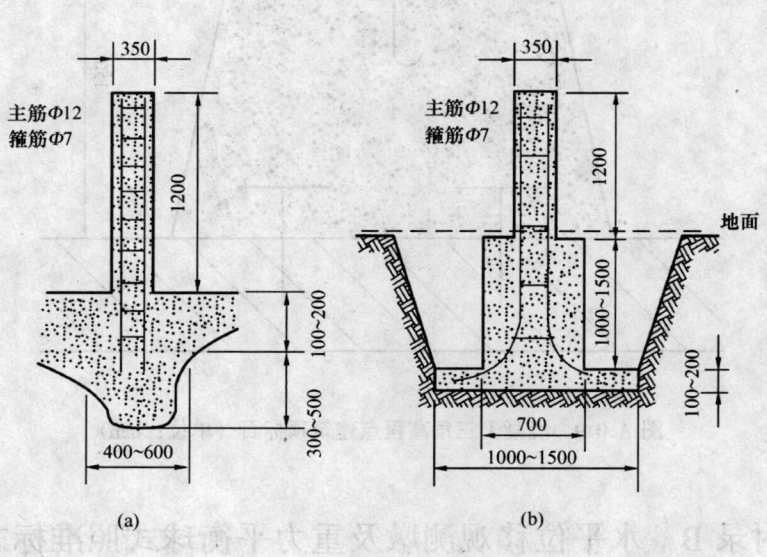

图 A.0.7 混凝土三角高程点墩标标石（单位：mm）
(a) 岩层点墩标；(b) 土层点墩标

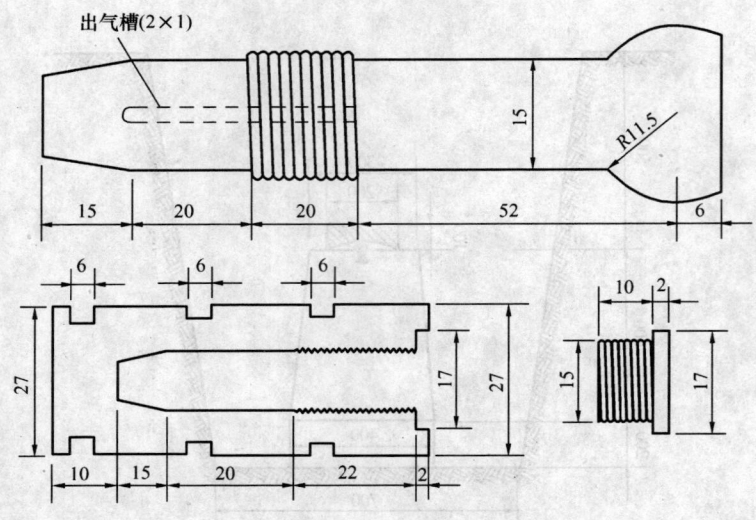

图 A.0.8 铸铁或不锈钢墙水准标志（单位：mm）

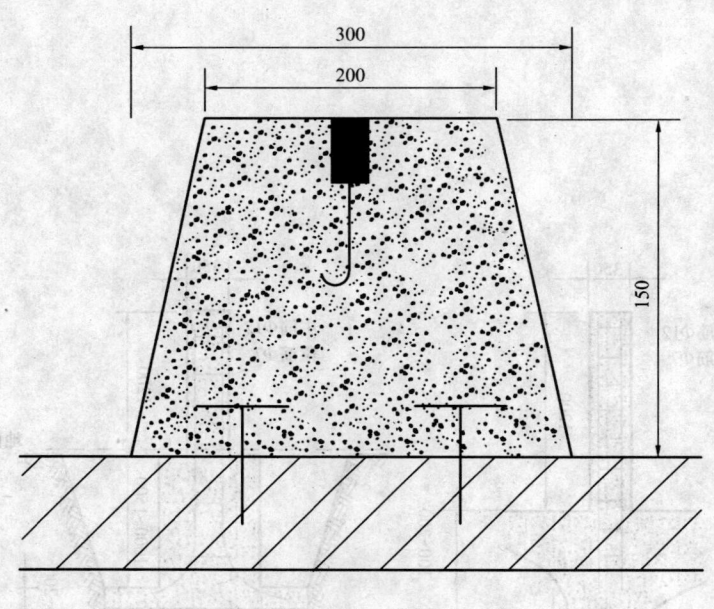

图 A.0.9 混凝土三角高程点建筑顶标石（单位：mm）

附录 B 水平位移观测墩及重力平衡球式照准标志

B.0.1 水平位移观测墩应按图 B.0.1 的规格埋设。
B.0.2 重力平衡球式照准标志应按图 B.0.2 规格埋设。

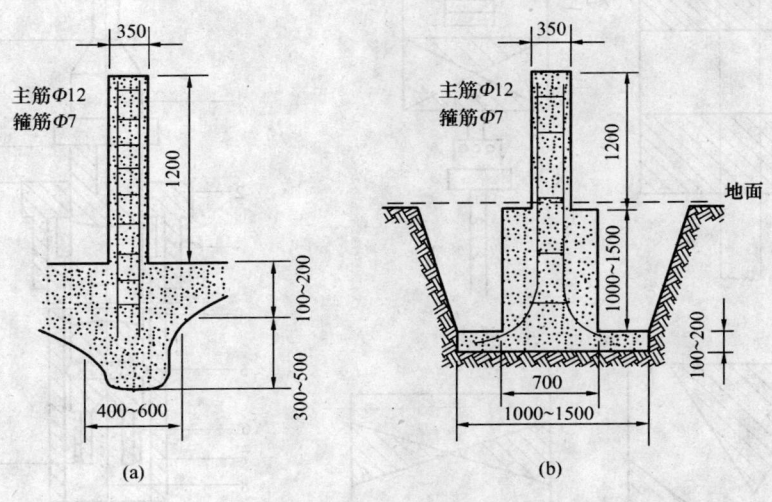

图 B.0.1 水平位移观测墩（单位：mm）
（a）岩层点观测墩；（b）土层点观测墩

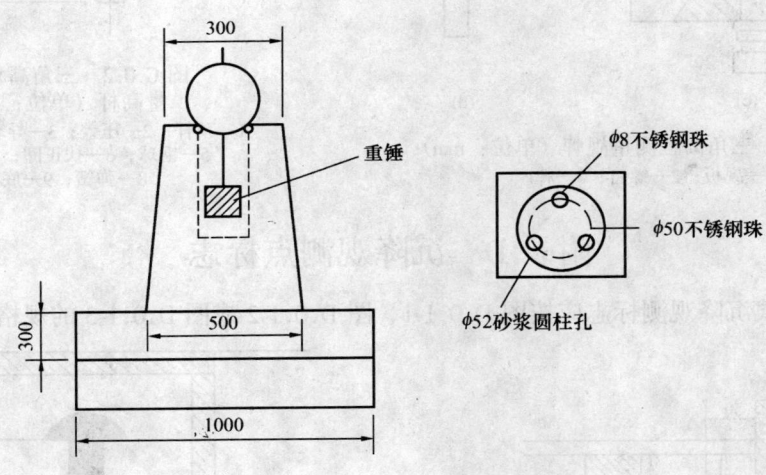

图 B.0.2 重力平衡球式照准标志（单位：mm）

附录 C 三角高程测量专用觇牌及配件

C.0.1 三角高程测量觇牌可按图 C.0.1 的形式制作。
C.0.2 三角高程测量量高杆见图 C.0.2 所示。

139

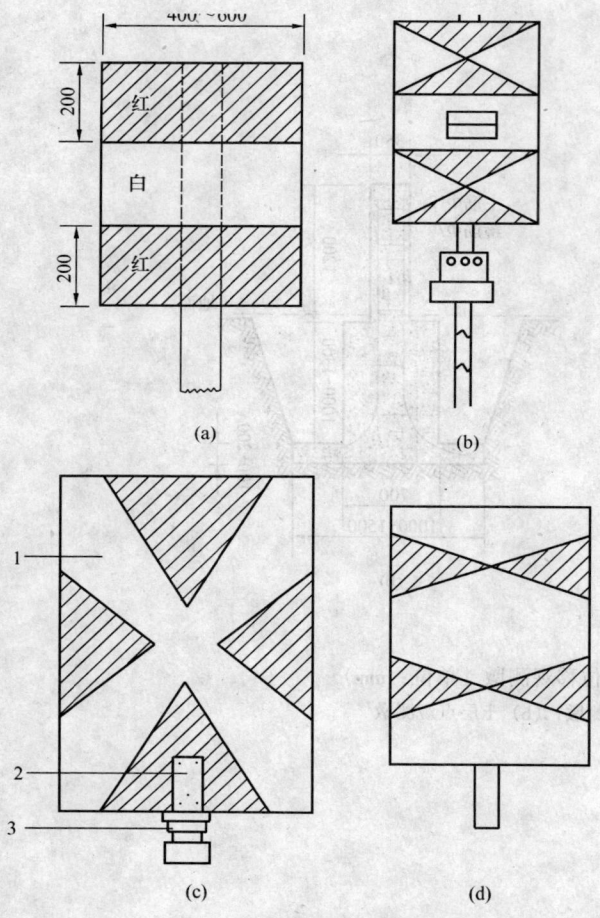

图 C.0.1 三角高程测量觇牌（单位：mm）
1—觇板；2—螺钉；3—牌座

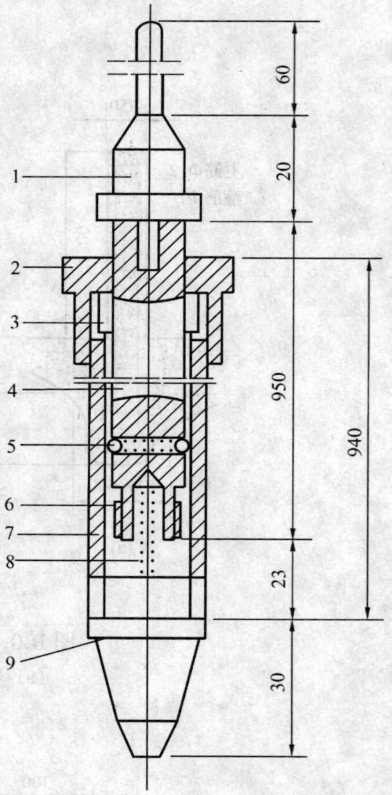

图 C.0.2 三角高程测量量高杆（单位：mm）
1—顶杆；2—压盖；3—导套；4—尺杆；
5—钢球；6—扶正圈；7—外管；
8—弹簧；9—底座

附录 D 沉降观测点标志

D.0.1 隐蔽式沉降观测标志应按图 D.0.1-1、图 D.0.1-2 或图 D.0.1-3 的规格埋设。

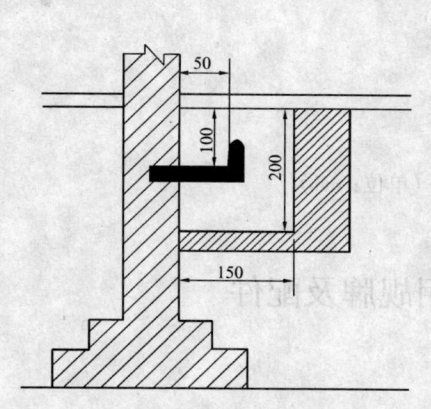

图 D.0.1-1 窨井式标志
（适用于建筑内部埋设，单位：mm）

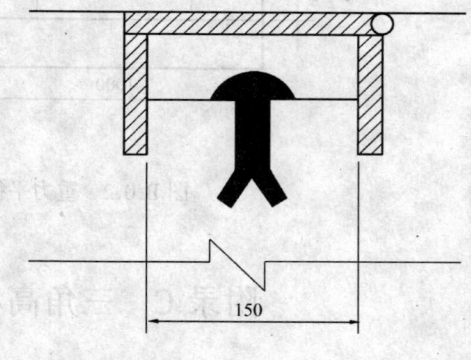

图 D.0.1-2 盒式标志
（适用于设备基础上埋设，单位：mm）

140

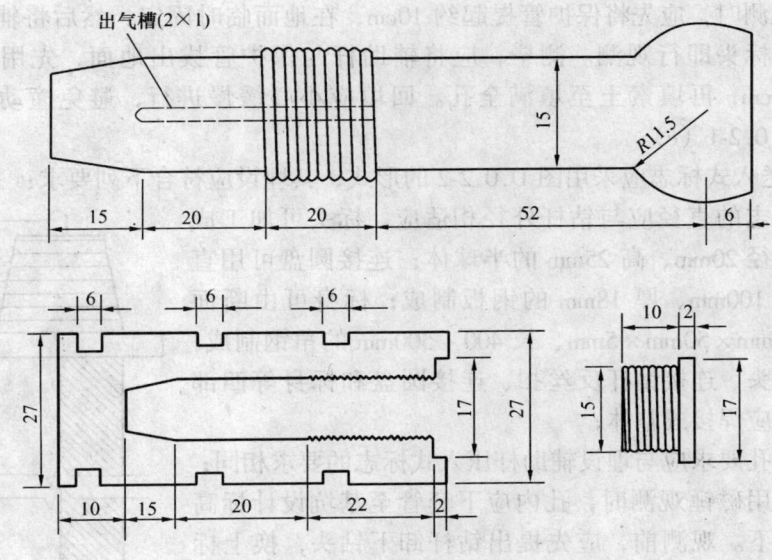

图 D.0.1-3 螺栓式标志
（适用于墙体上埋设，单位：mm）

D.0.2 基坑回弹标志的埋设，可按下列步骤与要求进行：

1 辅助杆压入式标志应按图 D.0.2-1 埋设，其步骤应符合下列要求：

   1）回弹标志的直径应与保护管内径相适应，可采用长 20cm 的圆钢，其一端中心应加工成半径宜为 15~20mm 的半球状，另一端应加工成楔形；

   2）钻孔可用小口径（如 127mm）工程地质钻机，孔深应达孔底设计平面以下 20~30cm。孔口与孔底中心偏差不宜大于 3/1000，并应将孔底清除干净；

   3）应将回弹标套在保护管下端顺孔口放入孔底，见图 D.0.2-1（a）；

   4）不得有孔壁土或地面杂物掉入，应保证观测时辅助杆与标头严密接触，见图 D.0.2-1（b）；

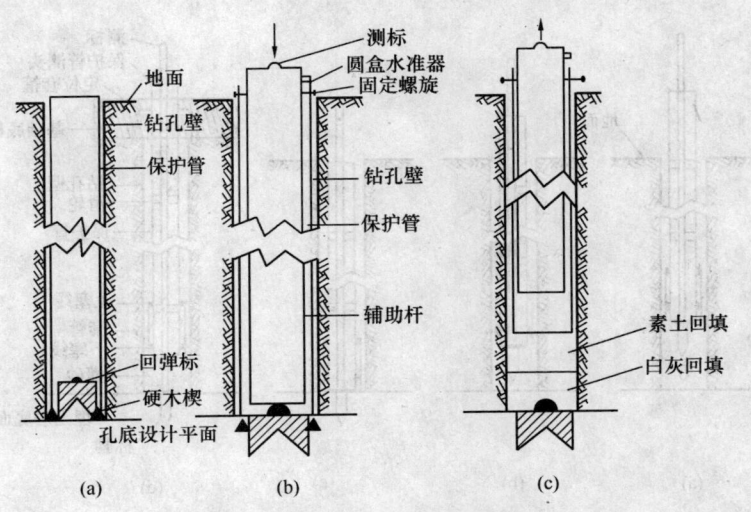

图 D.0.2-1 辅助杆压入式标志埋设步骤

5）观测时，应先将保护管提起约 10cm，在地面临时固定，然后将辅助杆立于回弹标头即行观测。测毕，应将辅助杆与保护管拔出地面，先用白灰回填厚 50cm，再填素土至填满全孔。回填应小心缓慢进行，避免撞动标志，见图 D.0.2-1（c）。

2 钻杆送入式标志应采用图 D.0.2-2 的形式，其埋设应符合下列要求：

1）标志的直径应与钻杆外径相适应。标头可加工成直径 20mm、高 25mm 的半球体；连接圆盘可用直径 100mm、厚 18mm 的钢板制成；标身可由断面 50mm×50mm×5mm、长 400～500mm 的角钢制成；标头、连接钻杆反丝扣、连接圆盘和标身等四部分应焊接成整体；

2）钻孔要求应与埋设辅助杆压入式标志的要求相同；

3）当用磁锤观测时，孔内应下套管至基坑设计标高以下。观测前，应先提出钻杆卸下钻头，换上标志打入土中，使标头进至低于坑底面 20～30cm 防止开挖基坑时被铲坏。然后，拧动钻杆使与标志自然脱开，提出钻杆后即可进行观测；

4）当用电磁探头观测时，在上述埋标过程中可免除下套管工序，直接将电磁探头放入钻杆内进行观测。

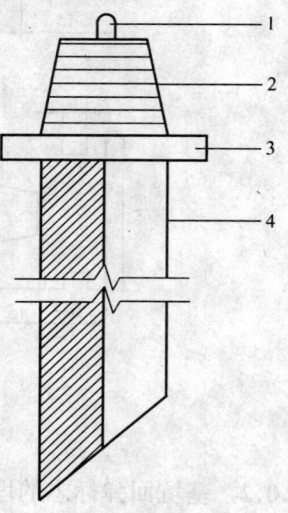

图 D.0.2-2　钻杆送入式标志

1—标头；2—连接钻杆反丝扣；3—连接圆盘；4—标身

3 直埋式标志可用于深度不大于 10m 的浅基坑配合探井成孔使用。标志可用直径 20～24mm、长 40cm 的圆钢或螺纹钢制成，其一端应加工成半球状，另一端应锻尖。探井口直径不应大于 1m，挖深应至基坑底部设计标高以下 10cm 处，标志可直接打入至其顶部低于坑底设计标高 3～5cm 为止。

D.0.3 地基土分层沉降观测可使用测标式标志按图 D.0.3 所示步骤埋设，并应符合下列要求：

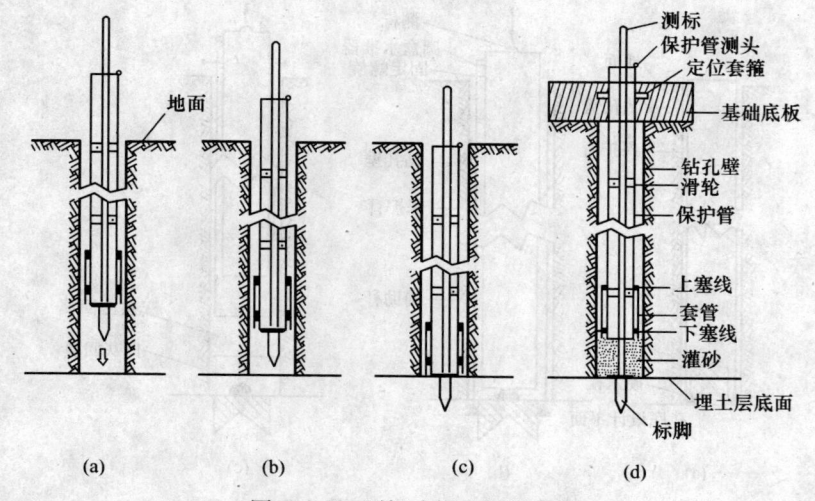

图 D.0.3　测标式标志埋设步骤

1 测标长度应与点位深度相适应,顶端应加工成半球形并露出地面,下端应为焊接的标脚,应埋设于预定的观测点位置;

2 钻孔时,孔径大小应符合设计要求,并应保持孔壁铅垂;

3 下标志时,应用活塞将长50mm的套管和保护管挤紧,见图D.0.3(a);

4 测标、保护管与套管三者应整体徐徐放入孔底,若测杆较长、钻孔较深,应在测标与保护管之间加入固定滑轮,避免测标在保护管内摆动,见图D.0.3(b);

5 整个标脚应压入孔底面以下,当孔底土质坚硬时,可用钻机钻一小孔后再压入标脚,见图D.0.3(c);

6 标志埋好后,应用钻机卡住保护管提起30~50cm,然后在提起部分和保护管与孔壁之间的空隙内灌沙,提高标志随所在土层活动的灵敏性。最后,应用定位套箍将保护管固定在基础底板上,并以保护管测头随时检查保护管在观测过程中有无脱落情况,见图D.0.3(d)。

附录 E 沉降观测成果图

E.0.1 建筑沉降观测的时间-荷载-沉降量曲线图宜按图E.0.1的样式表示。

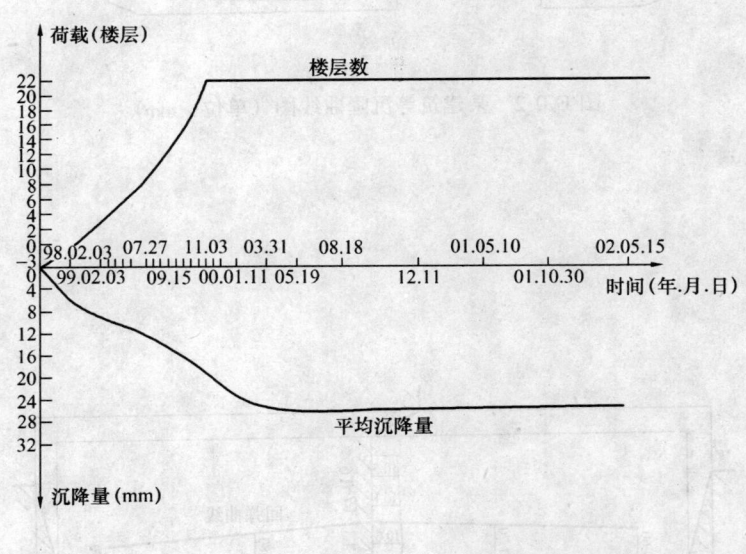

图E.0.1 某建筑时间-荷载-沉降量曲线图

E.0.2 建筑沉降观测的等沉降曲线图宜按图E.0.2的样式表示。

E.0.3 基坑回弹量纵、横断面图宜按图E.0.3的样式表示。

E.0.4 地基土分层沉降观测的各土层荷载-沉降量-深度曲线图宜按图E.0.4的形式表示。

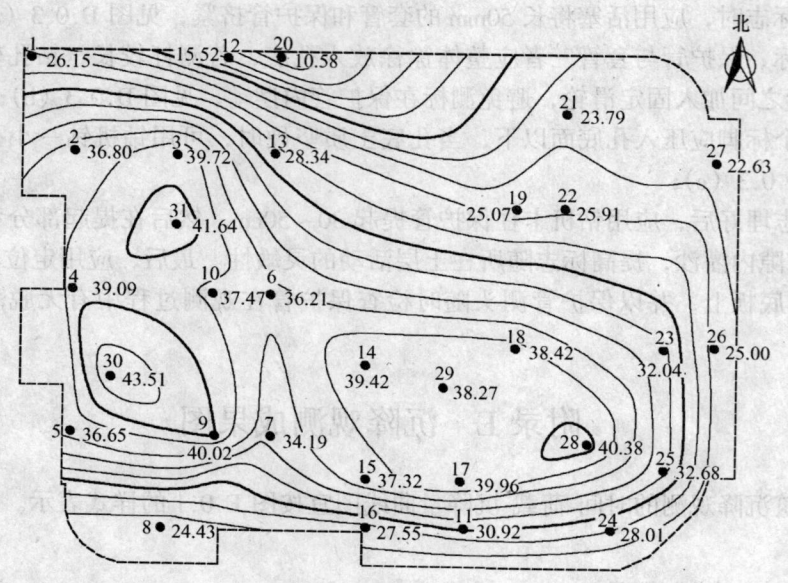

图 E.0.2 某建筑等沉降曲线图（单位：mm）

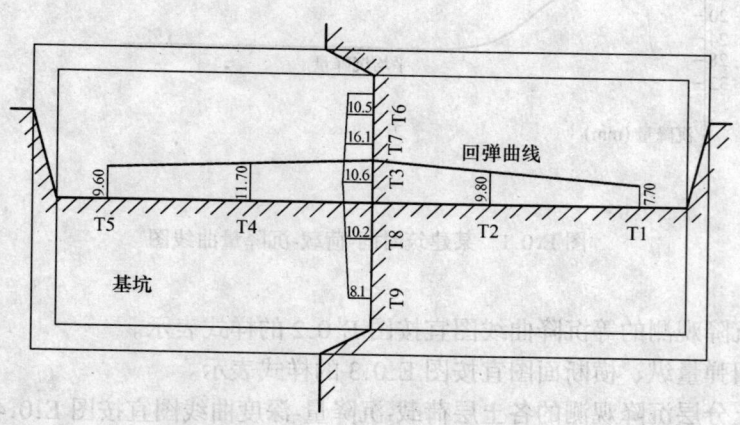

图 E.0.3 某建筑基坑回弹量纵、横断面图

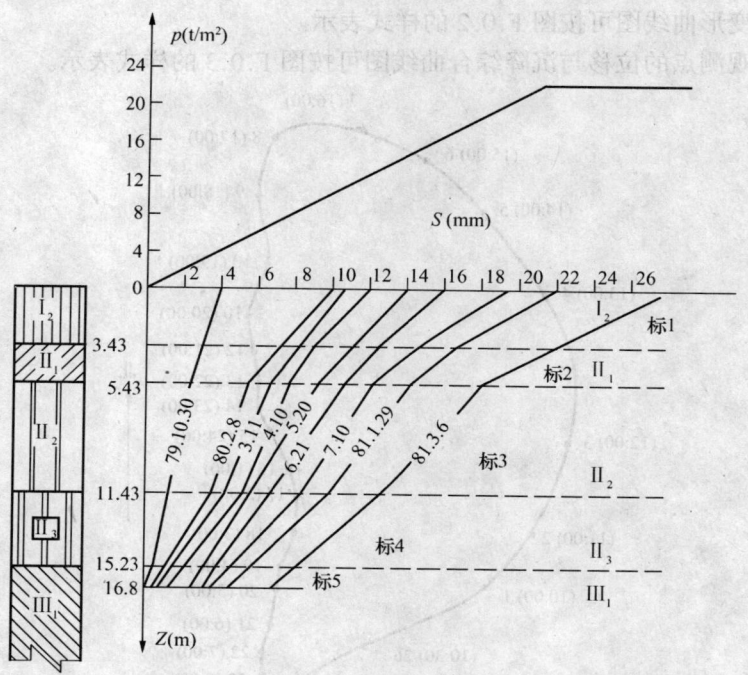

图 E.0.4 某建筑地基各土层荷载-沉降量-深度曲线图

附录 F 位移与特殊变形观测成果图

F.0.1 地基土深层侧向位移图宜按图 F.0.1-1、图 F.0.1-2 表示。

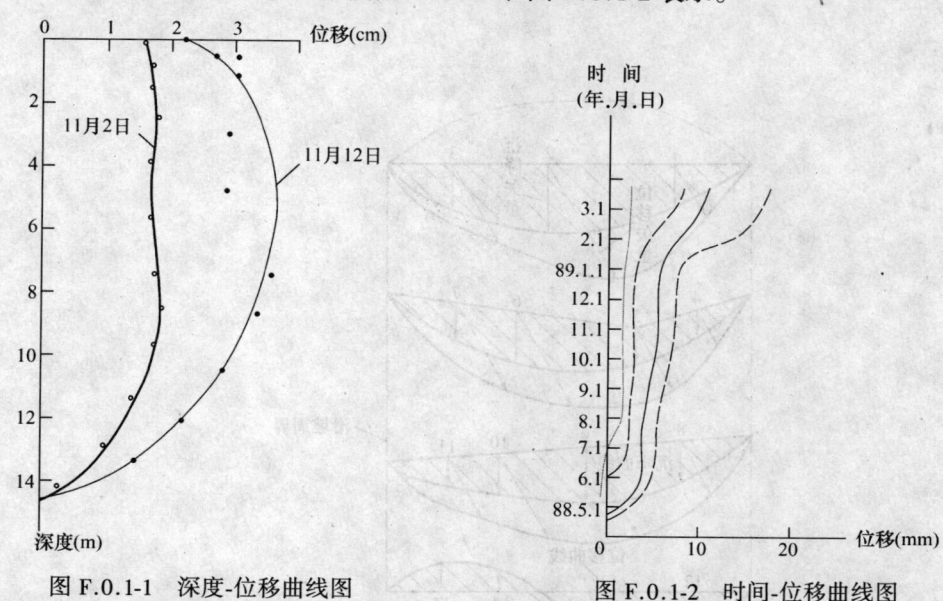

图 F.0.1-1 深度-位移曲线图　　　图 F.0.1-2 时间-位移曲线图

注：1 图 F.0.1-1 为某一工程实测的大面积加荷引起的水平位移沿深度分布线；
　　2 图 F.0.1-2 为某一高层建筑基坑四周地下钢筋混凝土连续墙上一个测斜导管，在不同深度处，从基坑开挖前开始，直至基础底板混凝土浇筑完毕止，所测得的时间-位移曲线。

F.0.2 日照变形曲线图可按图 F.0.2 的样式表示。

F.0.3 滑坡观测点的位移与沉降综合曲线图可按图 F.0.3 的样式表示。

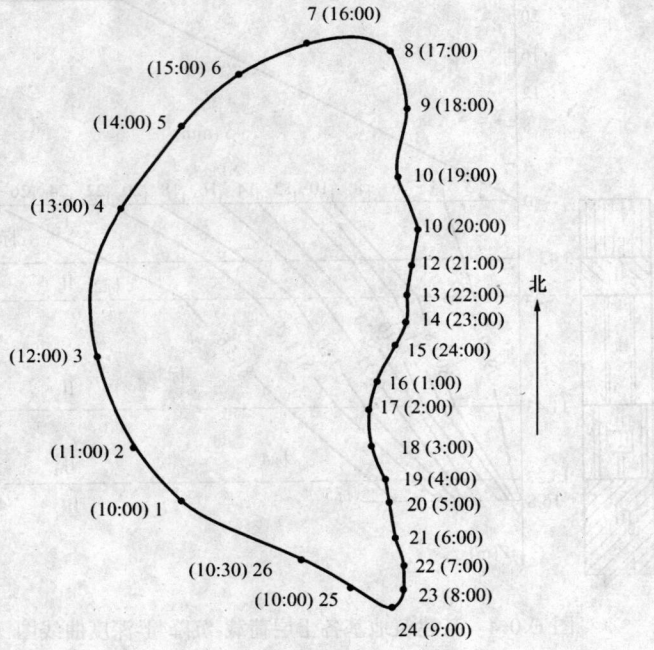

图 F.0.2 某电视塔顶部日照变形曲线图

注：1. 图中顺序号为观测次数编号，括号内数字为时间；
　　2. 曲线图由激光铅直仪直接测出的激光中心轨迹反转而成。

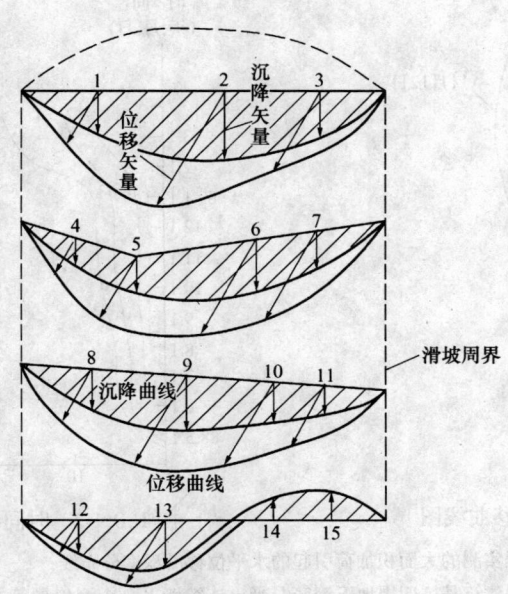

图 F.0.3 某滑坡观测点位移与沉降综合曲线图

本规范用词说明

1 为便于在执行本规范条文时区别对待，对要求严格程度不同的用词说明如下：

　　1）表示很严格，非这样做不可的：
　　　正面词采用"必须"，反面词采用"严禁"；
　　2）表示严格，在正常情况下均应这样做的：
　　　正面词采用"应"，反面词采用"不应"或"不得"；
　　3）表示允许稍可选择，在条件许可时首先应这样做的：
　　　正面词采用"宜"，反面词采用"不宜"；
　　　表示有选择，在一定条件下可以这样做的，采用"可"。

2 条文中指明应按其他有关标准执行的写法为："应符合……的规定"或"应按……执行"。

中华人民共和国行业标准

建筑变形测量规范

JGJ 8 - 2007

条 文 说 明

前 言

《建筑变形测量规范》JGJ 8-2007，经建设部 2007 年 9 月 4 日以第 710 号公告批准发布。

本规范第一版的主编单位是建设部综合勘察研究设计院，参加单位是陕西省综合勘察设计院、中南勘察设计院、南京建筑工程学院、上海市民用建筑设计院、中国有色金属工业西安勘察院。

为便于广大勘测、设计、施工及科研教学等人员在使用本规范时能正确理解和执行条文规定，《建筑变形测量规范》编制组按章、节、条顺序编制了本规范的条文说明。在使用中，如发现条文说明中有欠妥之处，请将意见函寄建设综合勘察研究设计院科技质量处（北京东直门内大街 177 号，邮编：100007）。

目　次

1 总则 ………………………………………………… 151
2 术语、符号和代号 ……………………………… 152
3 基本规定 ………………………………………… 152
4 变形控制测量 …………………………………… 161
5 沉降观测 ………………………………………… 173
6 位移观测 ………………………………………… 176
7 特殊变形观测 …………………………………… 178
8 数据处理分析 …………………………………… 179
9 成果整理与质量检查验收 ……………………… 181

1 总 则

1.0.1 本规范采用"建筑变形测量"一词，主要基于如下考虑：

    1 本规范规定的变形测量不仅针对建筑物，也适用于构筑物，因此使用"建筑"作为建筑物、构筑物的通称。而"建筑变形"除包括建筑物、构筑物基础与上部结构的变形外，还包括建筑地基及场地的变形；

    2 "变形测量"比"变形观测"更便于概括除获得变形信息的观测作业之外的变形分析、预报等数据处理的内容；

    3 建筑变形测量属于工程测量范畴，但在技术方法、精度要求等方面与工程控制测量、地形测量及施工测量等有诸多不同之处，目前已发展成一种具有较完善技术体系的专业测量。

1.0.2 本规范主要适用于工业与民用建筑的地基、基础、上部结构及场地的沉降、位移和特殊变形测量。将建筑变形测量分为沉降、位移和特殊变形测量三类，是以观测项目的主要变形性质为依据并顾及建筑设计、施工习惯用语而确定的。这里的沉降测量包括建筑场地沉降、基坑回弹、地基土分层沉降、建筑沉降等观测；位移测量包括建筑主体倾斜、建筑水平位移、基坑壁侧向位移、场地滑坡及挠度等观测；特殊变形测量包括日照变形、风振、裂缝及其他动态变形测量等。

《建筑变形测量规程》JGJ/T 8-97 将建筑变形分为沉降和位移两类。考虑到日照、风振及裂缝变形的性质与一般的建筑位移是有区别的，本次修订时将这三种变形列为特殊变形测量。同时，由于测量技术的进步，使得人们能够用更先进的仪器捕捉到建筑受风荷载、日照及其他外力作用下的实时变形，根据需要本规范增加了动态变形测量内容，并列入特殊变形测量一章中。

1.0.3 将"确切地反映建筑地基、基础、上部结构及其场地在静荷载或动荷载及环境等因素影响下的变形程度或变形趋势"作为建筑变形测量的基本要求，是由变形测量性质所决定的，应体现在变形测量全过程中。

    从测量目的考虑，只有使变形测量成果资料符合上述基本要求，才能做到：

        1）有效监视新建建筑在施工及运营使用期间的安全，以利及时采取预防措施；

        2）有效监测已建建筑以及建筑场地的稳定性，为建筑维修、保护、特殊性土地区选址以及场地整治提供依据；

        3）为验证有关建筑地基基础、工程结构设计的理论及设计参数提供可靠的基础数据；

        4）在结合典型工程、典型地质条件开展的建筑变形规律与预报以及变形理论与测量方法的研究工作中，依据对系统、可信的观测资料的综合分析，获得有价值的结论。

    由于建筑变形测量属于测绘学科与土木工程学科的边缘，人员的技术素质与工作方法也要与之相适应。变形测量工作者除了努力提高有关现代测量理论与技术水平外，还应学习必要的土力学和土木工程基础知识，并在工作中重视与建筑设计、施工及建设单位的密切配合。比如，在编制施测方案时，应与有关设计、施工、岩土工程人员协商，合理解决诸如点位选设、观测周期等问题；在施测过程中，对于发现的变形异常情况，应及时通报项目委托单位，以采取必要措施。

1.0.4 测量仪器的检验检定对于保障建筑变形测量成果的质量具有十分重要的意义。仪器设备应经国家认可机构检定并在检定有效期内使用。大地测量仪器的检验检定在现行有关国家测量规范中已有详细规定，本规范除结合建筑变形测量特点规定其必要的检验技术要求外，对于光学和数字水准仪、光学和电子经纬仪、全站仪、测距仪、GPS接收机及相关配件的检验项目、方法及维护要求，均应按照现行有关国家规范的规定执行。这些规范主要有：《国家一、二等水准测量规范》GB 12897、《国家三、四等水准测量规范》GB 12898、《国家三角测量规范》GB/T 17942、《中、短程光电测距规范》GB/T 16818、《全球定位系统（GPS）测量规范》GB/T 18314、《精密工程测量规范》GB/T 15314 等。此外，关于测量仪器检定还有一些行业标准可供借鉴，如：《水准仪检定规程》JJG 425、《水准标尺检定规程》JJG 8、《光学经纬仪检定规程》JJG 414、《全站型电子速测仪检定规程》JJG 100、《光电测距仪检定规程》JJG 703、《全球定位系统（GPS）接收机（测地型和导航型）校准规范》JJF 1118 等。使用中应依据这些标准的最新版本。

1.0.5 现代测量技术发展迅速，本规范规定：在建筑变形测量实践中，除使用本规范中规定的各种方法外，也可采用其他测量方法，但这些方法应能满足本规范规定的技术质量要求。

2 术语、符号和代号

本章主要对规范中使用的术语、代号和符号作出说明，以便于理解和使用。

对一些术语主要是按照建筑变形测量的特点和实际工作中的习惯来定义的，如"观测周期"、"沉降差"等。在本规范中，"沉降差"是指同一建筑的不同部位在同一时间段的沉降量差值。

"地基"、"基础"、"基坑回弹"等主要参考了《岩土工程基本术语标准》GB/T 50279-98。"倾斜"、"日照"等主要参考了《工程测量基本术语标准》GB/T 50228-96。

3 基 本 规 定

3.0.1 为监视建筑及其周围环境在施工和使用期间的安全，了解其变形特征，并为工程设计、管理及科研提供资料，在参考国家标准《建筑地基基础设计规范》GB 50007-2002 规定的地基基础设计等级和第 10.2.9 条（强制性条文）及国家标准《岩土工程勘察规范》GB 50021-2001 第 13.2.5 条规定的基础上，本规范提出 5 类建筑在施工及使用期间应进行变形观测，并将该条作为强制性条文。其中的地基基础设计等级主要使用了 GB 50007-2002 中表 3.0.1 的规定。为了方便使用，我们将该表列在这里（见表 3-1）。

3.0.2 建筑变形测量的平面坐标系统与高程系统通常应优先采用国家或所在地方的平面坐标系统和高程系统。当观测条件困难，难以与国家或地方使用的系统联测时，采用独立系统也可以满足要求，这是因为变形测量主要以测定变形体的变形量为目的。为了便于变形测量成果的进一步使用和管理，当采用独立平面坐标或高程系统时，必须在技术设计书和技术报告书中作出明确说明。

表 3-1 建筑地基基础设计等级

设计等级	建筑和地基类型
甲级	重要的工业与民用建筑 30层以上的高层建筑 体型复杂，层数相差超过10层的高低层连成一体的建筑 大面积的多层地下建筑物（如地下车库、商场、运动场等） 对地基变形有特殊要求的建筑物 复杂地质条件下的坡上建筑物（包括高边坡） 对原有工程影响较大的新建建筑物 场地和地基条件复杂的一般建筑物 位于复杂地质条件及软土地区的二层及二层以上地下室的基坑工程
乙级	除甲级、丙级以外的工业与民用建筑物
丙级	场地和地基条件简单、荷载分布均匀的七层及七层以下民用建筑及一般工业建筑物；次要的轻型建筑物

3.0.3 建筑变形测量的基本要求是以确切反映建筑及其场地在静荷载或动荷载及环境等影响下的变形程度或变形趋势，这一要求应体现在变形测量的全过程。变形测量的成果质量取决于各个测量环节，而技术设计尤为重要。因此，应在建筑变形测量开始前，认真做好技术设计，形成书面的技术设计书或施测方案。技术设计书或施测方案的编写要求可参照现行行业标准《测绘技术设计规定》CH/T 1004 的相关规定进行。

3.0.4 本次修订中，有关建筑变形测量的级别名称、级别划分及精度要求沿用了原《建筑变形测量规程》JGJ/T 8‐97 的规定。原规程发布后，有一些用户对规程使用"级"而不是"等"有不同的看法。经过分析研究，我们认为，对于建筑变形测量，使用"级"而不是"等"能更好地体现变形测量的精度特征，也便于实际应用的延续性。

建筑变形测量的级别划分及其精度要求系根据原规程的下述分析来进行确定的（本次修订中补充了有关标准当前版本的规定）。

1 沉降测量的级别划分及其精度要求

    1）级别划分。采用特级、一级、二级、三级，并分别代表特高精度、高精度、中等精度、低精度等 4 个级别精度档次。级别精度是按照与我国国家水准测量等级精度指标相靠拢，并能概括国内有关标准对沉降水准测量精度规定综合确定的。

国内外有关标准的规定等级及其精度要求参见表 3-2。

表 3-2 有关标准规定的等级及其精度要求

标准名称	等级划分及其精度指标		m_0(mm)
德国工业标准《建筑物沉降观测》（DIN 4107）	分四档,规定观测高差中误差(mm)为：		
	特高精度	±0.1	±0.1
		±0.3	±0.3
	（指相邻观测点间高差中误差）		
	高精度	±0.5	±0.5/$\sqrt{Q}$
	中等精度	±3.0	±3.0/$\sqrt{Q}$
	低精度	沉降终值的 10%	
	（指观测点相对于控制点的高差中误差）		

续表 3-2

标准名称	等级划分及其精度指标			m_0(mm)
前苏联建筑物沉降观测规定（载于《大型工程建筑物的变形观测》,1974 年）	分五等,规定每公里高差中数偶然中误差(mm)为:			
	—	±0.28	($S=5m, r=2$)	±0.04
	Ⅰ等	±0.50	($S=50m, r=4$)	±0.32
	Ⅱ等	±0.84	($S=65m, r=2$)	±0.43
	Ⅲ等	±1.67	($S=75m, r=2$)	±0.92
	Ⅳ等	±6.68	($S=100m, r=1$)	±3.00
《国家一、二等水准测量规范》（GB 12897）《国家三、四水准测量规范》（GB 12898）	分四等,规定每公里往返测高差中数的偶然中误差(mm)分别为:			
	一等	±0.45	($S\leqslant 30m$)	±0.16
	二等	±1.0	($S\leqslant 50m$)	±0.45
	三等	±3.0	($S\leqslant 75m$)	±1.64
	四等	±5.0	($S\leqslant 100m$)	±3.16
《工程测量规范》GB 50026-93	分四等,规定变形点的高程中误差、相邻变形点高差中误差(mm)分别为:			
	一等	±0.3, ±0.1	($S\leqslant 15m$)	±0.10
	二等	±0.5, ±0.3	($S\leqslant 35m$)	±0.30
	三等	±1.0, ±0.5	($S\leqslant 50m$)	±0.50
	四等	±2.0, ±1.0	($S\leqslant 100m$)	±1.00
《地下铁道、轻轨交通工程测量规范》（GB 50308-99）	分三等,规定变形点的高程中误差、相邻变形点的高差中误差(mm)分别为:			
	一等	±0.3, ±0.1	($S\leqslant 15m$)	±0.10
	二等	±0.5, ±0.3	($S\leqslant 35m$)	±0.30
	三等	±1.0, ±0.5	($S\leqslant 50m$)	±0.50

注：1. 表中 S 为视线长度, r 为观测路线条数, n 为测站数, Q 为协因数, m_0 为按各个标准规定精度指标换算的测站高差中误差；
2. 表中等级和精度指标用词,均为原标准使用的原词。

2) 精度指标。考虑到沉降测量的自身特点及其小范围测量的环境,同时为了便于使用和数据处理,宜以观测点测站高差中误差作为精度指标。从表 3-2 可见,一些沉降测量规范也是采用测站高差中误差作为规定测量精度的依据。

3) 一、二、三级沉降观测精度指标。以国家水准测量规范规定的一、二、三等水准测量每公里往返测高差中数的偶然中误差 M_Δ 为依据,由下列换算式计算出单程观测测站高差中误差 m_0 (mm),则可得沉降水准测量精度指标,如表 3-3。

$$m_0 = M_\Delta \sqrt{\frac{S}{250}} \tag{3-1}$$

式中 S——本规范规定的各级别水准视线长度（m）。

表 3-3 一、二、三级沉降观测精度指标计算

等级	M_Δ (mm)	S (m)	换算的 m_0 值 (mm)	取用值 (mm)
一级	0.45	30	±0.16	±0.15
二级	1.0	50	±0.45	±0.5
三级	3.0	75	±1.64	±1.5

4) 特级精度指标。我国国家水准测量规范没有这个级别的精度指标，现依据表3-2所列的国内外的有关标准的规定，分析确定如下：

①根据表3-2所列前苏联建筑物沉降观测标准的特高精度等级 $M_\Delta = \pm 0.28$mm（$S = 5$m，$r = 2$），按（3-1）式换算为本规范的特级 m_0 值为 ± 0.056mm；

②按国内所使用的最高精度水准仪 DS05 型的观测精度，取用本规范第4.4.1条中计算 DS05 单程观测每测站高差中误差 m_0（mm）的经验公式为：

$$m_0 = 0.025 + 0.0029S \tag{3-2}$$

式中 S——视线长度，且 $S \leqslant 10$m。

按（3-2）式为 $m_0 \leqslant \pm 0.054$mm；

③按表3-2所列《工程测量规范》规定一测站变形点高程中误差 ± 0.30mm，顾及等影响原则，其测站高差中误差为 ± 0.30mm$/\sqrt{2} = \pm 0.21$mm，当 $S \leqslant 15$m 时，按（3-1）式可换算为本规范特级 m_0 值小于或等于 ± 0.051mm。

综合上述三种情况，取 ± 0.05mm 作为特级精度指标是合理的。同时，这样取值也使相邻级别沉降观测的精度比例约为1:3，体现了精度系列的系统性。

5) 按实测的沉降测量工程项目精度统计，检验本规范规定的精度指标的可行性与合理性。我们统计了近二十年完成的68项大型工程项目，其中水准测量64项、静力水准测量4项，涉及精密工程、科研工程、高层建筑、工业民用建筑、古建筑及场地沉降等，现列于表3-4。

表3-4 68项工程的实测测站高差中误差统计

级别	特级	一级	二级	三级
精度（mm）	±0.05	±0.15	±0.50	±1.50
项目数	7	17	37	7
%	10	25	54	11

注：1. 一项工程中计算多个中误差值时，取其中最大者统计；
2. 达到特级精度指标的项目，包括特种精密工程项目3项、工业与民用建筑4项。

由表3-4可见，用水准测量方法进行沉降观测所得成果精度均在规定的精度范围以内，其分布属一、二级者最多，三级者较少，特级也较少，符合正常规律。同时通过原规程发布后多年的实践和应用，也表明本规范采用的精度级别与精度指标的规定是先进合理、实用的。

2 位移测量的级别划分及其精度指标

1) 级别划分。按照与沉降测量的规定相配套考虑，分为特、一、二、三级。

2) 精度指标。从有利于概括不同位移的向量性质和使用直观、方便来考虑，本规范采用变形观测点坐标中误差作为精度指标。目前，位移观测中，绝大多数是使用测定坐标的方法（如全站仪、GPS、测斜仪测量等），规定用坐标中误差作为观测点相对于测站点（工作基点）的测定精度较为方便。对于有些非直接测定观测点坐标的方法（如基准线法、铅垂仪法），可按"与坐标等价"的原则考虑，如基准线法规定为观测点相对基准线的偏差值中误差，铅垂仪法规定为建筑物（或构件）上部观测点相对于底部定点的水平位移分量中误差。另外，有些建筑位移观测规定以点位中误差表示精度时，则可按坐标中误差的$\sqrt{2}$倍计算。从原规程发布后多年的工程实践表明，采用观测点坐标中误差作为精度指标是合适的。

3) 各级别的精度指标取值。本规范各级别的精度指标取值仍采用原规程的规定。首先确定特级和三级的精度指标值，再以适当比例定出一、二级的精度指标，构成较为合理的精度系列。

①特级的精度指标，以适应特种精密工程变形观测要求为原则，综合考虑表 3-5 所列几项代表性工程项目的观测精度要求和表 3-6 所列国内近年来完成的几项典型工程项目实测精度来确定。

表 3-5　几项特种精密工程项目的观测精度要求

工程项目	观测精度要求（mm）	相当的坐标中误差（mm）
高能粒子加速器工程	漂移管横向精度 ±0.05～±0.3	±0.05～±0.30
人造卫星与导弹发射轨道	几百米以内的横向中误差 ±0.1～±0.3	±0.10～±0.30
抛光与磨光工艺玻璃传送带		
大型核电厂汽轮发电机组	水平位移监测精度 ±0.2～±0.5	±0.14～±0.35

表 3-6　几种特种精密工程项目的实测精度要求

工程项目	观测精度要求（mm）	相当的坐标中误差（mm）
北京正负电子对撞机工程	地面测边控制网点位中误差	±0.30	±0.20
	输运线平面控制网相对点位中误差	±0.20	±0.14
	贮存环平面控制网相对点位中误差	±0.15	±0.10
	各种磁铁及其他束流部件安装定位横向精度	±0.1～±0.2	±0.10～±0.20
武汉船模实验水池工程	控制点横向点位中误差	±0.3	±0.3
	池壁横向变形测量误差	≤±0.2	≤±0.2
	轨道精调实测最大不直度中误差	±0.179	±0.2
某雷达标准基线	天线控制点之间的距离误差	±0.28	±0.28

综合表 3-5、表 3-6 所列精度，取特级的观测点坐标中误差为 ±0.3mm。

②三级的精度指标，以满足具有最大位移允许值的高耸建筑顶部水平位移观测精度要求为原则，综合考虑表 3-7 所列的几项项目的精度估算结果和表 3-8 所列几项工程的实测精度确定。

表 3-7　几个观测项目的观测精度要求

项　目	规范及给定的估算参数（取最大值）	估算的观测点坐标中误差（mm）
风荷载作用下的高层建筑顶部水平位移	《钢筋混凝土高层建筑结构设计与施工规程》JGJ 3-91　$\Delta/H = 1/500$　H 取值 130m	±13

续表 3-7

项 目	规范及给定的估算参数（取最大值）	估算的观测点坐标中误差（mm）
电视塔中心线垂直度	原国家广电部规定，130m以上高度的允许偏差为 $H/1500$，取 $H=300m$	±10
钢筋混凝土烟囱中心线垂直度	《烟囱工程施工及验收规范》$H=300m$ 允许偏差为 165mm	±8

注：1　表中 Δ 为建筑物顶部水平位移允许值，H 为建筑高度；
　　2　精度估算，按本规范第 3.0.7 条规定，取坐标中误差=允许值/20。

表 3-8　几项工程的实测精度

项 目	观测方法	实测点位中误差（mm）	换算的观测点坐标中误差（mm）
北京 380m 高中央电视塔倾斜观测	三方向交会法比值解析法	±13.0	±9.2
南宁 75.76m 高砖瓦厂烟囱倾斜观测	交会法	±12.5	±8.8
德国 360m 高电视塔摆动观测	地面摄影法	±11.0（250m 处） ±13.0（305m 处） ±15.0（360m 处）	±7.8 ±9.2 ±10.6
前苏联 316m 高电视塔倾斜观测	三方向交会法	±8.5（200m 处）	±6

综合表 3-7、表 3-8 的精度，并考虑到《工程测量规范》GB 50026－93 最低一级水平位移变形点点位中误差为 ±12mm（换算为坐标中误差为 ±8.5mm），本规范三级的观测点坐标中误差定为 ±10mm。

③一、二级的精度指标，按与沉降观测各级别之间精度指标比例相同考虑（即1:3），取一级为 ±1.0mm、二级为 ±3.0mm。

④按实测的位移测量工程项目精度统计，验证本规范规定的级别精度指标是可行、实用的。现统计 20 世纪 80 年代以来国内完成的 57 个工程 72 个观测项目，其中控制网 22 个、倾斜观测项目 19 个、滑坡观测项目 8 个、其他位移观测项目 23 个。将这 72 个观测项目实测精度均换算为坐标中误差形式，归纳列于表 3-9。

表 3-9　57 个工程的 72 个观测项目实测精度统计

级　　别		特级	一级	二级	三级	级外
精度指标（mm）		±0.3	±1.0	±3.0	±10.0	> ±10.0
控制网个数		5	5	10	2	—
观测项目个数	建筑物倾斜	—	2	4	12	1
	场地滑坡	—	—	1	7	—
	其他位移	6	1	10	6	—
合计个数		11	8	25	27	1
%		15	11	35	38	1

注：表列特级均为特种精密工程，共 5 个工程，其中 2 个工程包括 2 个控制网 5 个观测项目；其余等级的统计量中，除少数工程占 2 个项目（包括控制网与观测项目）外，均为一个工程一个项目。

从表 3-9 统计看出，实测成果精度除个别项目外，均在本规范规定的精度范围以内，且分布符合正常情况。本规范表 3.0.4 中的适用范围，也是参照表 3-9 中所列各项目实际达到的精度及其在各级别中的一般分布特征来确定的。原规程位移观测精度规定经过多年的工程实践和应用，表明级别精度规定是合适的。

3.0.5 这里涉及的建筑地基变形允许值采用了国家标准《建筑地基基础设计规范》GB 50007–2002 表 5.3.4 的规定。关于变形允许值的确定可参见该规范相应的条文说明。为了方便使用，我们将该表列在这里（见表 3-10）。

表 3-10 建筑物的地基变形允许值

变形特征		地基土类别	
		中、低压缩性土	高压缩性土
砌体承重结构基础的局部倾斜		0.002	0.003
工业与民用建筑相邻柱基的沉降差			
（1）框架结构		$0.002l$	$0.003l$
（2）砌体墙填充的边排柱		$0.0007l$	$0.001l$
（3）当基础不均匀沉降时不产生附加应力的结构		$0.005l$	$0.005l$
单层排架结构（柱距为6m）柱基的沉降量（mm）		(120)	200
桥式吊车轨面的倾斜（按不调整轨道考虑）			
纵向		0.004	
横向		0.003	
多层和高层建筑物的整体倾斜	$H_g \leqslant 24$	0.004	
	$24 < H_g \leqslant 60$	0.003	
	$60 < H_g \leqslant 100$	0.0025	
	$H_g > 100$	0.002	
体形简单的高层建筑基础的平均沉降量（mm）		200	
高耸结构基础的倾斜	$H_g \leqslant 20$	0.008	
	$20 < H_g \leqslant 50$	0.006	
	$50 < H_g \leqslant 100$	0.005	
	$100 < H_g \leqslant 150$	0.004	
	$150 < H_g \leqslant 200$	0.003	
	$200 < H_g \leqslant 250$	0.002	
高耸结构基础的沉降量（mm）	$H_g \leqslant 100$	400	
	$100 < H_g \leqslant 200$	300	
	$200 < H_g \leqslant 250$	200	

注：1 本表数值为建筑物地基实际最终变形允许值；
    2 有括号者仅适用于中压缩性土；
    3 l 为相邻柱基的中心距离（mm），H_g 为自室外地面起算的建筑物高度（m）；
    4 倾斜指基础倾斜方向两端点的沉降差与其距离的比值；
    5 局部倾斜指砌体承重结构沿纵向 6~10m 内基础两点的沉降差与其距离的比值。

3.0.6 高程控制网和观测点精度设计中的最终沉降量观测中误差是按照下列对变形值观测中误差的分析与估计确定的。

1 对已有变形值观测中误差取值方法的分析

国内外有关变形值观测中误差取值方法有很多种，但使用较广泛的是以变形允许值为依据给以一定比例系数确定或直接给出观测中误差值。对一般变形测量，观测值中误差不应超过变形允许值的 1/20～1/10，或者 ±（1～2）mm；而对一些具有科研目的的变形监测，应分别为 1/100～1/20，或者 ±0.2mm。另外，也有少数是以一定小的变形特征值（如，达到稳定指标时的变形量、建筑阶段平均变形量等）为依据给以一定比例系数的取值方法。因此，本规范结合建筑变形特点及测量要求，归纳出以下确定变形值观测精度的基本思路。

1) 区分实用目的与科研目的。以前者的取值为依据，视不同要求，取其1/2～1/5作为科研和特殊目的的变形值观测中误差；

2) 绝对变形允许值，在建筑设计、施工中通常不作为主要控制指标，其变形值因地质环境影响复杂变化较大，给出的允许值也带有较大概略性，因此绝对变形值的观测精度以按综合分析方法考虑不同地质条件直接确定为宜。除绝对变形允许值之外的各种变形允许值，在建筑设计、施工中通常作为主要控制指标，其数值比较稳定，可信赖性强，对于这类变形的观测精度，宜以允许值为依据给以适当比例系数估算确定；

3) 从便于使用考虑，宜对不同变形观测项目类别分别给出比例系数。在按其变形性质所选取的一定概率下，以可忽略的测量误差作为变形值观测误差来估算出比例系数。

2 推导为实用目的变形值观测中误差估算公式

按上款确定比例系数的思路，取变形值与测量误差的关系式为：

$$\Delta_0^2 = \Delta_1^2 + \Delta_2^2 \tag{3-3}$$

式中 Δ_0——用测量方法测得的变形值；

Δ_1——在一定概率下可忽略的测量误差；

Δ_2——在测量误差小到可忽略程度时，所反映的近似纯变形值。

当 Δ_1 可忽略时，即

$$\Delta_0 = \sqrt{\Delta_1^2 + \Delta_2^2} \approx \Delta_2 \tag{3-4}$$

为求 Δ_1 应比 Δ_2 小到多少才可以忽略，令

$$\Delta_1 = \Delta_2/\lambda \tag{3-5}$$

将公式（3-5）代入公式（3-3），可得

$$\lambda = \frac{1}{\sqrt{\left(\frac{\Delta_0}{\Delta_2}\right)^2 - 1}} \tag{3-6}$$

以 m 表示 Δ_1 的中误差并作为变形值观测中误差，以 Δ 表示 Δ_0 的限差即变形允许值，令按变形性质与类型选取的概率为 $P = \Delta_2/\Delta_0$，顾及公式（3-4），则由公式（3-5）、（3-6）可得实用估算式为：

$$m = \frac{\Delta}{t\lambda} \tag{3-7}$$

$$\lambda = \frac{1}{\sqrt{\left(\frac{1}{P}\right)^2 - 1}} \quad (3\text{-}8)$$

式中 t——置信区间内允许误差与中误差之比值，取 $t = 2$；
      $1/t\lambda$——比例系数。

    3 绝对沉降（值）的观测中误差取值，系综合下列估算和已有规定确定。

    1) 按原《建筑地基基础设计规范》GBJ 7－89 对一般多层建筑物在施工期间完成的沉降量所占最终沉降量之比例规定，取该规范条文说明中根据 64 幢建筑物完工时的沉降观测资料所绘经验曲线，可知完工时对于低、中、高压缩性土的沉降量分别为 ≤ 20mm、≥ 40mm、≥ 120mm。按公式 (3-7)、(3-8)，取 Δ 为 20mm、40mm、120mm，$P = 0.999$，可得 $1/t\lambda = 1/44$，则估算得变形值观测中误差，对低、中、高压缩性土分别为 ± 0.45mm、± 0.91mm 与 ± 2.7mm；

    2) 国内有些单位实测中，按不同沉降情况，采用的沉降量观测中误差为 ± 0.5mm、± 1.0mm 与 ± 2.0mm；

    3) 前苏联的沉降观测规范规定，对岩石和半岩石，沙土、黏土及其他压缩性土，填土、湿陷土、泥炭土及其他高压缩性土等三类地基土，分别规定测定沉降的允许误差为不大于 1mm、2mm 与 5mm，即相应的沉降观测中误差为 ± 0.5mm、± 1.0mm、± 2.5mm。

    上述三种取值基本接近，综合考虑国内外经验，作出规定：对低、中、高压缩性土的绝对沉降观测中误差分别为 ± 0.5mm、± 1.0mm 与 ± 2.5mm。

    4 绝对沉降之外的各种变形的观测中误差。按公式 (3-7)、(3-8) 估算确定，其采用的概率 P 与比例系数 $1/t\lambda$ 分别为：

    1) 对于相对沉降（如沉降差、基础倾斜、局部倾斜）和具有相对变形性质的局部地基沉降（如基坑回弹、地基土分层沉降）、膨胀土地基沉降，取 $P = 0.995$，则 $1/t\lambda \leq 1/20$；

    2) 结构段变形（如平置构件挠度），取 $P = 0.950$，则 $1/t\lambda \leq 1/6$。

3.0.7 平面控制网和观测点精度设计中的变形值观测中误差取值，按本规范第 3.0.6 条条文说明中提出的基本思路和估算方法确定。需要注意的是采用的变形值应在向量意义上与作为级别精度指标的坐标中误差相协调，即所估算的变形值观测中误差应是位移分量的观测中误差；对应的变形允许值应是变形允许值的分量值，并约定以允许值的 $1/\sqrt{2}$ 作为允许值分量。

    1 对于绝对位移（如建筑基础水平位移、滑坡位移等）的允许值，现行的建筑规范中未有规定，也难以给定，因此可不估算其位移值的观测中误差，根据经验或结合分析，直接按照本规范表 3.0.4 的规定选取适宜的精度等级。

    2 对于绝对位移之外各项位移分量的观测中误差，则可按本规范第 3.0.6 条条文说明中的公式 (3-7)、(3-8) 估算确定，其取用的概率 P 与比例系数 $1/t\lambda$ 为：

    1) 对相对位移（如基础的位移差、转动、挠曲等）和具有相对变形性质的局部地基位移（如受基础施工影响的建筑物或地下管线位移，挡土墙等设施的位移）的观测中误差，可取 $P = 0.995$，即 $1/t\lambda \leq 1/20$；

2) 对建筑整体性位移(如建筑顶部水平位移、建筑全高垂直度偏差、桥梁等工程设施水平轴线偏差)的观测中误差,可取 $P=0.980$,即 $1/t\lambda \leqslant 1/10$;

3) 对结构段变形(如高层建筑层间相对位移、竖直构件的挠度、垂直偏差等)的观测中误差,可取 $P=0.950$,即 $1/t\lambda \leqslant 1/6$;

4) 对于科研及特殊项目的位移分量观测中误差,取与沉降观测中误差的规定相同,即将上列各项变形值观测中误差,再乘以 $1/5\sim1/2$ 的适当系数采用。

3.0.8 建筑变形测量中观测点与控制点应按照变形观测周期进行观测,其观测周期应根据变形体的特征、变形速率和变形观测精度要求及外界因素影响等综合确定。当有多种原因使某一变形体产生变形时,可分别以各种因素确定观测周期后,以其最短周期作为观测周期。

3.0.9 变形测量的时间性很强,它反映某一时刻变形体相对于基点的变形程度或变形趋势,因此首次观测值(初始值)是整个变形观测的基础数据,应认真观测,仔细复核,增加观测量,进行两次同精度独立观测,以保证首次观测成果有足够的精度和可靠性。

3.0.10 一个周期的观测应在尽可能短的时间内完成,以保证同一周期的变形观测数据在时态上基本一致。对于不同周期的变形测量,采用相同的观测网形(路线)和观测方法,并使用同一仪器和设备等观测措施,其目的是为了尽可能减弱系统误差影响,提高观测精度,保证成果质量。

3.0.11 为了保证建筑及周围环境在施工或运营期间的安全,当变形测量过程中出现各种异常或有异常趋势时,必须立即报告委托方以便采取必要的安全措施。同时,应及时增加观测次数或调整变形测量方案,以获取更准确全面的变形信息。本条第2款中的预警值通常取允许变形值的60%。本条作为强制性条文,必须严格执行。

4 变形控制测量

4.1 一般规定

4.1.1~4.1.4 变形测量基准点的基本要求是应在整个变形观测阶段保持稳定可靠,因此除了对其位置有要求外,还应定期对其进行复测和稳定性分析。

设置工作基点的主要目的是为方便较大规模变形测量工程的每期变形观测作业。由于工作基点一般距待测目标较近,因此在每期变形观测时,应将其与基准点进行联测。

需要说明的是,原规程中将高程控制和平面控制分别列为两章,本次修订将其合并为一章,并作了较多的补充、修改和顺序调整。

4.2 高程基准点的布设与测量

4.2.1 本规范规定"特级沉降观测的高程基准点数不应少于4个、其他级别沉降观测的高程基准点数不应少于3个"是为了保证有足够数量的基准点可用于检测其稳定性,从而保证沉降观测成果的可靠性。高程控制网不能布设成附合路线,只能独立布设成闭合环或布设成由附合路线构成的结点网,这主要是为了便于检核校验。

4.2.2 根据地基基础设计的规定和经验总结,规定高程基准点和工作基点位置选择的要求，以便保证高程基准点的稳定和长期保存以及工作基点的适用性。关于基准点位置的进一步分析还可参见本规范第5.2.2条的条文说明。

4.2.3 高程基准点标石、标志的形式有多种，本规范附录A仅给出了一些常用的形式。

4.2.4 在建立沉降观测高程控制网的方法中增加电磁波测距三角高程测量，主要是考虑到在一些二、三级沉降观测高程控制测量中，可能难以进行高效率的水准测量作业。为减少垂线偏差和折光影响，对电磁波测距三角高程测量观测视线的路径要高度重视，尽可能使两个端点周围的地形相互对称，并提高视线高度，使视线通过类似的地貌和植被。

4.3 平面基准点的布设与测量

4.3.2 平面基准点标石、标志的形式有多种，本规范附录B仅给出了几种常用的形式。

4.3.5 一般测区的一、二、三级平面控制网技术要求，系按下列思路分析确定：

1 主要思路：

　　1) 取一般建筑场地的规模、按一个层次布设控制网点，以常用网形和观测精度考虑；

　　2) 测角、测边网的最弱边边长中误差，按相邻点间边长中误差与点的坐标中误差近似相等的关系，取与相应等级精度指标的观测点坐标中误差等值，导线（网）的最弱点点位中误差取与相应级别观测点坐标中误差的$\sqrt{2}$倍等值；

　　3) 控制网精度设计，主要考虑测角、测距精度及网的构形，未计及起始数据误差影响。

2 本规范表4.3.5-1中的技术要求（按三角网进行估算）：

　　1) 精度估算按下列公式：

$$m_{\lg D} = m_\beta \sqrt{\frac{1}{P_{\lg D}}} \tag{4-1}$$

$$\frac{1}{T} = \frac{m_D}{D} = \frac{m_{\lg D}}{\mu \cdot 10^6} \tag{4-2}$$

$$m_\beta = \frac{\mu \cdot 10^6}{T\sqrt{\frac{1}{P_{\lg D}}}} \tag{4-3}$$

$$\frac{1}{P_{\lg D}} = K\Sigma R \tag{4-4}$$

式中　D——最弱边边长（mm）；

　　　m_D——边长中误差（mm）；

　　　$m_{\lg D}$——边长对数中误差，以对数第六位为单位；

　　　m_β——测角中误差（″）；

　　　T——最弱边边长相对中误差的分母；

　　　$1/P_{\lg D}$——边长对数权倒数；

　　　R——为图形强度因子；

　　　K——图形系数。

　　μ 取 0.4343；

2）各项技术要求的确定

取实际布网中常遇三角形（三个角度分别为45°、60°、75°）作为推算路线的图形，平均的 R 值为5.7。

一级网，主要用于建筑或场地的高精度水平位移观测。一般控制面积不大，边长较短，取平均边长 $D=200\text{m}$。按三角网，布设两条起算边，传算三角形个数为3，因 $K=1/3$，则 $1/P_{\lg D}=5.7$；按四边形网，布设一条起算边，传算三角形个数为2，因 $K=0.4$，则 $1/P_{\lg D}=4.6$；按五边中点多边形网，布设一条起算边，传算三角形个数为3，因 $K=0.35$，则 $1/P_{\lg D}=6.0$。取 $m_D=\pm1.0\text{mm}$，即 $T=200000$，由公式（4-3）可得出上述三种网形的 m_β 值分别为：三角网±0.9″，四边形网±1.0″，五边中点多边形网±0.9″，取用±1.0″。

二级网，主要用于中等精度要求的建筑水平位移观测和重要场地滑坡观测。一般控制面积较大，边长较长，取平均边长 $D=300\text{m}$。按三角网，布设两条起算边，传算三角形个数为4，即 $1/P_{\lg D}=7.6$；按四边形网，布设一条起算边，传算三角形个数为2，即 $1/P_{\lg D}=4.6$；按六边中点多边形网，布设一条起算边，传算三角形个数为3，因 $K=0.45$，则 $1/P_{\lg D}=7.7$。取 $m_D=3.0\text{mm}$，即 $T=100000$，由公式（4-3）可得上述三种网形的 m_β 分别为：三角网±1.6″，四边形网±2.0″，六边中点多边形网±1.6″，取用±1.5″。

三级网，主要用于低精度要求的建筑水平位移观测和一般场地滑坡观测。一般控制面积大，边长长，取平均边长为500m。按三角网，布设两条起算边，传算三角形个数为6，即 $1/P_{\lg D}=11.4$；如布设一条起算边，传算三角形个数为3，因 $K=2/3$，则 $1/P_{\lg D}=11.4$；按七边中点多边形，布设一条起算边，传算三角形个数为4，因 $K=0.52$，则 $1/P_{\lg D}=11.8$。取 $m_D=\pm10.0\text{mm}$，即 $T=50000$，由公式（4-3）可得出上述三种网形的 m_β 分别为±2.6″、±2.6″、±2.5″，取用±2.5″。

需要说明的是，目前由于高精度全站仪的普及应用，三角网更多地使用边角网。边角网具有测角和测边精度的互补特性，受网形影响小，布设灵活，精度也高，应优先采用。在边角网中应以测边为主，加测部分角度。测角和测边精度匹配的原则是使 $m_\alpha/\rho \approx m_D/D$。本规范表4.3.5-1的技术要求宜分别采用准确度为Ⅰ、Ⅱ、Ⅲ等级的全站仪，从其相应的出厂标称准确度来看，其测角和测边精度完全可以满足上述技术要求。

3 本规范表4.3.5-2中的导线测量技术要求：

1）确定技术要求的主要思路为：

导线设计，以直伸等边的单一导线分析为基础，再用等权代替法、模拟计算法等推广到导线网。单一导线包括附合导线和独立单一导线，本规范表4.3.5-2中的规定是以附合导线的技术要求为依据，在有关参数上给以乘系数即可又用于独立单一导线和导线网。考虑点位布设条件与要求的不同，导线边长取比测角网为短，边长测量以电磁波测距为主，视需要亦可采用直接钢尺丈量；

2）精度估算按下列公式进行：

①附合导线。根据导线起算数据误差对导线中点（最弱点）的横向影响与纵向影响相等、导线中点的横向测量误差与纵向测量误差相等的原则，可推导出如下估算式：

$$m_D = \frac{1}{\sqrt{n}} M_Z \tag{4-5}$$

$$m_\beta = \frac{4\sqrt{3}}{L\sqrt{n+3}}\rho M_Z \tag{4-6}$$

$$\frac{1}{T} = \frac{2\sqrt{7}}{L}M_Z \tag{4-7}$$

式中 M_Z——导线中点顾及起算数据误差影响的点位中误差（mm）；

m_D——导线平均边长的边长中误差（mm）；

n——导线边数；

m_β——导线测角中误差（″）；

L——导线全长（mm）；

$1/T$——导线全长相对闭合差。

②独立单一导线。按不顾及起算数据误差影响的中点横向测量误差与纵向测量误差相等为原则，可推导出如下估算式：

$$m_D = \sqrt{\frac{2}{n}}M_Z \tag{4-8}$$

$$m_\beta = \frac{4\sqrt{6}}{L\sqrt{n+3}}\rho M_Z \tag{4-9}$$

$$\frac{1}{T} = \frac{2\sqrt{10}}{L}M_Z \tag{4-10}$$

式中 M_Z——不顾及起算数据误差影响的导线中点点位中误差（mm）。

3）各项技术要求的确定：

取 M_Z 为等级精度指标观测点坐标中误差的 $\sqrt{2}$ 倍值；导线平均边长，对一级为 150m，二级为 200m，三级为 250m；导线边数 n，对附合导线取 5，对独立单一导线取 6。将这些估算参数代入公式（4-5）~式（4-10），可得估算结果如表 4-1：

表 4-1 单一导线测量主要技术要求指标的估算

	附合导线						独立单一导线					
	一级		二级		三级		一级		二级		三级	
	估算	取用	估算	取用	估算	取用	估算	取用	估算	取用	估算	取用
M_Z (mm)		±1.4		±4.2		±14.0		±1.4		±4.2		±14.0
m_D (mm)	±0.6	±0.6	±1.9	±2.0	±6.3	±6.0	±0.8	±0.8	±2.4	±2.5	±8.1	±8.0
m_β (″)	±0.9	±1.0	±2.1	±2.0	±5.6	±5.0	±1.0	±1.0	±2.4	±2.0	±6.3	±5.0
T	101200	100000	45000	45000	16900	17000	101600	100000	45200	45000	16900	17000

从表 4-1 估算结果可知：

①两种导线，在要求的 M_Z 与平均边长 D 相同条件下，m_β 与 $1/T$ 也基本相同。在各自的边数相差不大时，独立单一导线的 m_D 可比附合导线的 m_D 放宽约 $\sqrt{2}$ 倍；

②对于导线网，亦可采用附合导线的技术要求，只是需将附合点与结点间或结点与结点间的长度，按附合导线长度乘以小于或等于 0.7 的系数采用。

4 在执行本规范表 4.3.5-1、表 4.3.5-2 的规定时，需注意表列技术要求系以一般测量项目采用的级别精度下限指标值和一般场地条件选取的网点方案为依据来确定的。当实际平均边长、导线总长均与规定相差较大时以及对于复杂的布网方案，应当另行估算确定适宜的技术要求。

4.4 水 准 测 量

4.4.1 本条中 DS05、DSZ05 型仪器的 m_0 值估算经验公式（4.4.1-2）系根据有关测量规范（原《国家水准测量规范》、《大地形变测量规范（水准测量）》）说明中给出的实例数据以及华北电力设计院、中南勘测设计研究院、北京市测绘设计研究院等 8 个单位的实测统计资料，经统计分析求出的。一些数据检验表明，该 m_0 估算式较为合理、可靠。

4.4.2 各级别几何水准观测的视线要求和各项观测限差的规定依据，说明如下：

1 水准观测的视线要求：

1）视线长度规定为特级≤10m、一级≤30m、二级≤50m、三级≤75m，系综合考虑实际作业经验和现行有关标准规定而确定。其中一、二、三级的视线长度与现行《国家一、二等水准测量规范》及《国家三、四等水准测量规范》规定的一、二、三等水准测量一致，二、三级的视线长度也与现行《工程测量规范》的相关规定一致；

2）视线高度规定为特级≥0.8m、一级≥0.5m、二级≥0.3m、三级≥0.2m，是根据确定的视线长度并考虑变形观测条件，参照现行《国家一、二等水准测量规范》、《国家三、四等水准测量规范》与《工程测量规范》的相关规定确定的；

3）前后视距差 Δ_d 系按下式关系确定：

$$\Delta_d \leq \delta_d \rho / i \tag{4-11}$$

式中 i——视准轴不平行于水准管轴的误差（"）；

δ_d——要求对测站高差中误差 m_0 的影响小到在 $P=0.950$ 下可忽略不计的由于 Δ_d 而产生的高差误差（mm），$\delta_d = m_0/\lambda$（取 $\lambda = 3$）。

将规定的 m_0 与 i 值代入公式（4-11），则得：

特级（$m_0 \leq 0.05$mm，$i=10''$）：$\Delta_d \leq 0.3$m，取 $\Delta_d \leq 0.3$m；

一级（$m_0 \leq 0.15$mm，$i=15''$）：$\Delta_d \leq 0.7$m，取 $\Delta_d \leq 0.7$m；

二级（$m_0 \leq 0.50$mm，$i=15''$）：$\Delta_d \leq 2.3$m，取 $\Delta_d \leq 2.0$m；

三级（$m_0 \leq 1.50$mm，$i=20''$）：$\Delta_d \leq 5.0$m，取 $\Delta_d \leq 5.0$m。

4）前后视距差累积

从水准测段或环线一般只有几百米的长度情况考虑，取前后视距差累积为前后视距差的 1.5 倍计，则可得：

特级：≤0.45m，取≤0.5m；

一级：≤1.05m，取≤1.0m；

二级：≤3.0m，取≤3.0m；

三级：≤7.5m，取≤8.0m。

2　各项观测限差：

1）基、辅分划（黑红面）读数之差 $\Delta_{基辅}$

同一标尺基、辅分划的观测条件相同，则可得：

$$\Delta_{基辅} = 2\sqrt{2}m_d \tag{4-12}$$

各级别测站观测的 $\Delta_{基辅}$ 估算结果见表 4-2：

表 4-2　$\Delta_{基辅}$ 与 $\Delta h_{基辅}$ 的估算

级别	仪器类型	最长视距（m）	m_d（mm）	$\Delta_{基辅}$ 估算值	$\Delta_{基辅}$ 取用值	$\Delta h_{基辅}$ 估算值	$\Delta h_{基辅}$ 取用值
特级	DS05	10	0.05	0.14	0.15	0.22	0.2
一级	DS05	30	0.11	0.31	0.3	0.45	0.5
二级	DS05	50	0.17	0.48	0.5	0.68	0.7
二级	DS1	50	0.20	0.56	0.5	0.79	0.7
三级	DS05	75	0.24	0.68	1.0	0.96	1.5
三级	DS1	75	0.29	0.82	1.0	1.16	1.5
三级	DS3	75	0.77	2.17	2.0	3.08	3.0

注：公式（4-12）的 m_d 及表 4-2 中相应的数值为根据《建筑变形测量规程》JGJ/T 8-97 中给出几种类型水准仪单程观测每测站高差中误差经验公式求得的。

2）基、辅分划（黑红面）所测高差之差 $\Delta h_{基辅}$

高差之差是读数之差的和差函数，则可得

$$\Delta h_{基辅} = \sqrt{2}\Delta_{基辅} \tag{4-13}$$

各级别测站观测的 $\Delta h_{基辅}$ 估算结果见表 4-2。

表列一、二、三级的 $\Delta_{基辅}$ 与 $\Delta h_{基辅}$ 取用值与《国家一、二等水准测量规范》和《国家三、四等水准测量规范》的规定一致。

3）往返较差、附合或环线闭合差 $\Delta_{限}$

往返测高差不符值实质为单程往测与返测构成的闭合差，附合路线与环线的线路长度较短，可只考虑偶然误差影响，则三者以测站为单位的限差均为：

$$\Delta_{限} \leq 2\mu\sqrt{n} \tag{4-14}$$

式中　μ——单程观测测站高差中误差（mm）；

n——测站数。

各级别 $\Delta_{限}$ 的估算结果取值见表 4-3。

4）单程双测站所测高差较差 $\Delta_{双}$

单程双测站观测所测高差较差中基本不反映系统性误差影响，取双测站较差为往返测较差的 $1/\sqrt{2}$，则可得：

$$\Delta_{双} \leq \sqrt{2}\mu\sqrt{n} \tag{4-15}$$

各级别 $\Delta_{双}$ 的估算结果取值见表 4-3。

5）检测已测测段高差之差 $\Delta_{检}$

检测与已测的时间间隔不长，且均按相同精度要求观测，则可得：

$$\Delta_{检} \leq 2\sqrt{2}\mu\sqrt{n} \tag{4-16}$$

表 4-3　$\Delta_限$、$\Delta_双$、$\Delta_检$的估算（mm）

级别	μ	$\Delta_限$		$\Delta_双$		$\Delta_检$	
		估算	取用	估算	取用	估算	取用
特级	±0.05	$\leq 0.1\sqrt{n}$	$\leq 0.1\sqrt{n}$	$\leq 0.07\sqrt{n}$	$\leq 0.07\sqrt{n}$	$\leq 0.14\sqrt{n}$	$\leq 0.15\sqrt{n}$
一级	±0.15	$\leq 0.3\sqrt{n}$	$\leq 0.3\sqrt{n}$	$\leq 0.21\sqrt{n}$	$\leq 0.2\sqrt{n}$	$\leq 0.42\sqrt{n}$	$\leq 0.45\sqrt{n}$
二级	±0.5	$\leq 1.0\sqrt{n}$	$\leq 1.0\sqrt{n}$	$\leq 0.7\sqrt{n}$	$\leq 0.7\sqrt{n}$	$\leq 1.4\sqrt{n}$	$\leq 1.5\sqrt{n}$
三级	±1.5	$\leq 3.0\sqrt{n}$	$\leq 3.0\sqrt{n}$	$\leq 2.1\sqrt{n}$	$\leq 2.0\sqrt{n}$	$\leq 4.2\sqrt{n}$	$\leq 4.5\sqrt{n}$

注：μ值取各等级精度指标下限值。

各级别 $\Delta_检$ 的估算结果取值见表 4-3。

4.4.6 ~ 4.4.7 在一些场合中，静力水准测量具有相对优越性，是沉降观测的有效作业方法之一。这里根据静力水准测量的作业经验，对其技术和作业要求进行了规定。

4.4.8 由于自动静力水准设备的类型、规格和性能都有很大的不同，因此，对于不同的设备应分别制定相应的作业规程，以保证满足本规范规定的精度要求。

4.5　电磁波测距三角高程测量

4.5.1 最近 20 多年来的大量实践表明，电磁波测距三角高程测量在一定条件下可以代替一定等级的水准测量。就建筑变形测量而言，对于某些使用水准测量作业困难、效率低的场合，可以使用电磁波测距三角高程测量方法进行二、三级高程控制测量。本节有关技术指标和要求是在认真总结相关应用案例并考虑变形测量特点的基础上给定的。对于更高精度或特殊要求下的电磁波测距三角高程测量，应进行专门的技术设计和论证。

4.5.3 电磁波测距三角高程测量作业可分别采用中间设站观测方式（即在两照准点中间安置仪器）或每点设站、往返观测方式（即在每一照准点上安置仪器并进行对向往返观测）。这两种方式可同时或交替使用。实际作业中，应优先使用中间设站方式，因为这种方式作业迅速方便、不需量测仪器高。规定中间设站方式下的前后视线长度差及累积差限差是为了有效地消减地球曲率与大气垂直折光影响。

4.5.4 边长和垂直角的观测顺序对不同观测方式分别为：

1 当按单点设站、对向往返观测方式时，边长和垂直角应独立测量，观测顺序为：

往测时：观测边长—观测垂直角；

返测时：观测垂直角—观测边长。

2 当按中间设站观测方式时，垂直角应采用单程双测法，在特制觇牌的两个照准目标高度上独立地分两组观测，以避免粗差并消减垂直度盘和测微器的分划系统性误差，同时可评定每公里偶然中误差。如采用本规范附录 C 图 C.0.1（b）、（d）所示觇牌，观测顺序为：

第一组：观测边长—观测垂直角（此处 n 为规程规定的垂直角观测测回数）

　1）照准后视点反射镜，观测边长 2 测回（结束后安置觇牌）；

　2）照准前视点反射镜，观测边长 2 测回（结束后安置觇牌）；

　3）照准后视觇牌上目标，正倒镜观测垂直角 $n/2$ 测回；

4）照准前视觇牌上目标，正倒镜观测垂直角 $n/2$ 测回；

5）照准前视觇牌上目标，正倒镜观测垂直角 $n/2$ 测回；

6）照准后视觇牌上目标，正倒镜观测垂直角 $n/2$ 测回。

第二组：观测垂直角—观测边长

1）照准前视觇牌下目标，正倒镜观测垂直角 $n/2$ 测回；

2）照准后视觇牌下目标，正倒镜观测垂直角 $n/2$ 测回；

3）照准后视觇牌下目标，正倒镜观测垂直角 $n/2$ 测回（结束后安置反射镜）；

4）照准前视觇牌下目标，正倒镜观测垂直角 $n/2$ 测回（结束后安置反射镜）；

5）照准后视点反射镜，观测边长 2 测回；

6）照准前视点反射镜，观测边长 2 测回。

3 应该注意到，电子经纬仪和全站仪的垂直角观测精度比光学经纬仪要高。按照国家计量检定规程《全站型电子速测仪检定规程》JJG 100－1994 和《光学经纬仪检定规程》JJG 414－1994 规定的一测回垂直角中误差：1″级全站仪和电子经纬仪为 1″，而 DJ1 型光学经纬仪为 2″；2″级全站仪和电子经纬仪为 2″，而 DJ2 型光学经纬仪为 6″；6″级全站仪和电子经纬仪为 6″，而 DJ6 型光学经纬仪为 10″。因此，有条件时，应尽可能使用电子经纬仪和全站仪以提高观测精度和速度。作业时，应避免在折光系数急剧变化的时间段内观测，尽量缩短观测时间，观测顺序要对称。

4.5.5 电磁波测距三角高程测量的验算项目包括：

1）每点设站对向观测时，可根据在一测站同一方向两个不同目标高度上观测的两组垂直角观测值，按公式（4-17）计算每公里高差中数的偶然中误差 $m_{\Delta 1}$：

$$m_{\Delta 1} = \pm \frac{1}{4} \sqrt{\frac{1}{N_1} \left[\frac{\Delta \Delta}{S} \right]} \tag{4-17}$$

式中 Δ_i——往测（或返测）时用观测的斜距和两组垂直角计算的两组高差之差（mm）；

N_1——对向观测的边数；

S——观测的边长（km）。

2）中间设站时，两组高差中数的每公里偶然中误差 $m_{\Delta 2}$ 按公式（4-18）计算：

$$m_{\Delta 2} = \pm \sqrt{\frac{1}{4N_2} \left[\frac{\Delta \Delta}{L} \right]} \tag{4-18}$$

式中 Δ_i——每一测站计算的两组高差之差（mm）；

N_2——中间设站数；

L——每站前后视距之和（km）。

4.6 水平角观测

4.6.1 水平角观测的测回数估算系根据以下分析确定：

1 对于特级水平角观测和当有可靠的实测精度数据时，采用估算方法确定测回数，可以适应水平角观测的多样性需要（如不同精度要求的测角网点和导线点的观测、独立测站点上的观测等）。

2 估算公式主要根据长江流域规划办公室勘测处对 23 个高精度短边三角网观测成果的统计结果（见《中国测绘学会第二届综合学术年会论文选编（第四卷）》，测绘出版社，

1981)。采用导入系统误差影响系数 λ 和各测站平差后一测回方向中误差的平均值 m_α 值的方法，推导得出测角中误差 m_β 与 m_α 和测回数 n 之间的相关函数数学表达式为：

$$m_\beta = \pm\sqrt{(\lambda \cdot m_\alpha)^2 + m_\alpha^2/n} \qquad (4\text{-}19)$$

即

$$n = 1\Big/\left[\left(\frac{m_\beta}{m_\alpha}\right)^2 - \lambda^2\right] \qquad (4\text{-}20)$$

关于该公式的推导、验算以及采用不同的 λ 值（0.5、0.7 和 0.9）、从 2 到 24 测回数的观测精度计算结果和最适宜的测回数等的研究见《经纬仪水平角观测精度的研究》（《工程勘察》，2005 年第 3 期）。

这里利用的 23 个三角网分布在重庆、四川、湖北、贵州、河南、陕西等省市，为包括三峡、葛洲坝和丹江口在内的坝址、坝区三角网，边长为 0.2～3.0km，三角点上均建有混凝土观测墩，配备强制对中装置和照准标志，用 DJ1 型仪器观测。这些观测条件与要求与本规范的规定基本相同。

3 m_α 的取值规定

《光学经纬仪检定规程》JJG 414-1994 规定室内检定时，一测回水平方向中误差不应超过表 4-4 的规定。

表 4-4 JJG 414-1994 规定的光学经纬仪一测回水平方向中误差

仪器型号	DJ07	DJ1	DJ2	DJ6
一测回水平方向中误差（室内）	0.6″	0.8″	1.6″	4.0″

《全站型电子速测仪检定规程》JJG 100-1994 规定室内检定时，一测回水平方向中误差应满足仪器出厂的标称准确度。各等级全站仪及电子经纬仪的限差见表 4-5。

表 4-5 JJG 100-1994 规定的全站仪和
电子经纬仪一测回水平方向中误差

仪器等级	Ⅰ	Ⅱ			Ⅲ		
出厂标称准确度值	±0.5″	±1″	±1.5″	±2.0″	±3″	±5″	±6″
一测回水平方向中误差	≤0.5″	≤0.7″	≤1.1″	≤1.4″	≤2.1″	≤3.6″	≤3.6″

部分实测精度统计见表 4-6。

表 4-6 部分实测 m_α 值统计

仪器类型	观测方法	m_α (″)	依据的资料及统计的数据量
DJ1	全组合测角法	±0.82	长办测短边三角网，测站数 181 个
		±0.94	长办测一、二、三、四、五等三角网，测站数 397 个
	方向观测法	±0.86	长办测短边三角网，测站数 472 个
		±0.90	长办测一、二、三、四、五等三角网，测站数 2698 个
DJ2	方向观测法	±1.41	长办测一、二、三、四、五等三角网，测站数 1150 个

综合表 4-4、表 4-5 和表 4-6，m_α 值可根据仪器类型、读数和照准设备、外界条件以及操作的严格与熟练程度，在下列数值范围内选取：

DJ05 型仪器：0.4~0.5″；
DJ1 型仪器：0.8~1.0″；
DJ2 型仪器：1.4~1.8″。

考虑到变形测量角度观测具有多次重复观测的特点，为此，本规范规定，允许根据各类仪器的实测精度数据按照公式(4-20)调整测回数。

4 按公式（4-20）估算测回数 n 时，需注意以下两个问题：
  1）估算结果凑整取值时，对方向观测法与全组合测角法，应顾及观测度盘位置编制要求，使各测回均匀地分配在度盘和测微器的不同位置上。对于导线观测，当按左、右角观测时，总测回数应成偶数，当估算后 $n<2$ 时，取 $n=2$；
  2）由于一测回角度观测值是由上、下半测回各两个方向观测值之差的平均值组成，按误差传播原理可知，$m_角$ 等于半测回（正镜或倒镜）每方向的观测中误差 $m_方$，这种等值关系在精度估算中经常使用。

4.6.2 水平角观测限差系根据以下分析确定：
1 方向观测法观测的限差
  1）二次照准目标读数差的限值 $\Delta_{照准}$
    二次照准目标读数之差的中误差为 $\sqrt{2}m_方$，取 2 倍中误差为限差，并顾及 $m_方 = m_角$，则

$$\Delta_{照准} = 2\sqrt{2}m_角 \tag{4-21}$$

  2）半测回归零差的限值 $\Delta_{归零}$
    半测回归零差的中误差，如仅考虑偶然误差，其中误差即为 $\sqrt{2}m_方$，但尚有仪器基座扭转、外界条件变化等误差影响，取这些误差影响为偶然误差的 $\sqrt{2}$ 倍，则

$$\Delta_{归零} = 2\sqrt{2} \times \sqrt{2}m_方 = 4m_角 \tag{4-22}$$

  3）一测回内 2C 互差的限值 Δ_{2C}
    一测回内 2C 互差之中误差如仅考虑偶然误差，其中误差即为 $\sqrt{4}m_方$，但在 2C 互差中尚包含仪器基座扭转、仪器视准轴和水平轴倾斜等误差影响，设这些误差影响为偶然误差的 $\sqrt{3}$ 倍，则

$$\Delta_{2C} = 2\sqrt{4} \times \sqrt{3}m_方 = 4\sqrt{3}m_角 \tag{4-23}$$

  4）同一方向值各测回互差的限值 $\Delta_{测回}$
    同一方向各测回互差之中误差，如仅考虑偶然误差，其中误差即为 $\sqrt{2}m_方$，但在测回互差中尚包括仪器水平度盘分划和测微器的系统误差、以旁折光为主的外界条件变化等误差影响，设这些误差影响为偶然误差的 $\sqrt{2}$ 倍，则

$$\Delta_{测回} = 2\sqrt{2} \times \sqrt{2}m_方 = 4m_角 \tag{4-24}$$

  5）在公式(4-21)、(4-22)、(4-23)、(4-24)中，将第 4.6.1 条文说明中确定的 m_α 值代入，则可得各项观测限值，见表 4-7。

2 全组合观测法观测的限差主要参照《精密工程测量规范》GB/T 15314-94 第 7.3.6 条表 5 的规定。

表 4-7　方向观测法各项观测限值估算（″）

仪器类型	m_a	$m_角$	$\Delta_{照准}$		$\Delta_{归零}$		Δ_{2C}		$\Delta_{测回}$	
			估算	取用	估算	取用	估算	取用	估算	取用
DJ05	±0.5	±0.7	2.0	2	2.8	3	4.8	5	2.8	3
DJ1	±0.9	±1.3	3.7	4	5.2	5	8.9	9	5.2	5
DJ2	±1.4	±2.0	5.6	6	8.0	8	13.8	13	8.0	8

4.7 距 离 测 量

4.7.1 一般地区一、二、三级边长的电磁波测距技术要求，系按下列考虑与分析确定：

1 建筑变形测量的边长较短（一般在 1km 之内），测距精度要求高（从小于 1mm 到 10mm）。本规范将测距仪精度分为 $m_D ≤ 1mm$、$m_D ≤ 3mm$、$m_D ≤ 5mm$ 与 $m_D ≤ 10mm$ 四个等级。m_D 值以采用的边长 D（测边网取平均边长）代入具体仪器标称精度表达式（$m_D = a + b·10^{-6}D$）计算。

2 规定各级别边长均应采用往、返观测或以不同时段代替往、返测，是从尽可能减弱由气象等因素引起的系统误差影响和使观测成果具有必要检核来考虑的，这样也与现行有关规范规定相协调。

3 测距的各项限差是依据原《城市测量规范》编制说明中提供的仪器内部符合精度 $m_内$ 较仪器外部符合精度（仪器标称精度）m_D 缩小 1/3 的关系以及其分析各项限差的思路来确定的。

　　1） 一测回读数间较差的限值 $\Delta_{读数}$

　　　　读数间较差主要反映仪器内部符合精度，取 2 倍中误差为规定限值，则

$$\Delta_{读数} = 2\sqrt{2}m_内 = 2\sqrt{2} × 1/3 × m_D ≈ m_D \quad (4-25)$$

　　取 $m_D = 1mm、3mm、5mm、10mm$，则相应的 $\Delta_{读数} = 1mm、3mm、5mm、10mm$。

　　2） 单程测回间较差的限值 $\Delta_{测回}$

　　　　以一测回内最少读数次数为 2 来考虑，即一测回读数中误差为 $m_内/\sqrt{2}$。取测回间较差中的照准误差、大气瞬间变化影响等因素的综合影响为一测回读数中误差之 2 倍，则

$$\Delta_{测回} = 2\sqrt{2} × 2 × 1/\sqrt{2}m_内 = 4/3 m_D ≈ \sqrt{2}m_D \quad (4-26)$$

　　对应 $m_D = 1mm、3mm、5mm、10mm$ 的 $\Delta_{测回}$ 分别为 1.4mm、4mm、7mm、14mm，实际分别取 1.5mm、5mm、7mm 和 15mm。

　　3） 往返或时间段较差的限值 $\Delta_{往返}$

　　　　往返或时间段间较差，除受 $m_内$ 的影响外，更主要的是受大气条件变化影响以及仪器对中误差、倾斜改正误差等的影响，因此，可以认为该较差之大小主要反映的是仪器外部符合精度的高低。取一测回测距中误差 $≤(a + b·10^{-6}D)$，往返或不同时段各测 4 测回，则

$$\Delta_{往返} = 2\sqrt{2} × 1/\sqrt{4}(a + b·10^{-6}D) = \sqrt{2}(a + b·10^{-6}D) \quad (4-27)$$

4.7.3 本规范表4.7.3中规定的丈量边长（距离）技术要求，是以适应各等级边长相对中误差：一级1/200000、二级1/100000、三级1/50000并参照现行《城市测量规范》和《工程测量规范》中相应这一精度要求的规定来确定的。本规范除对个别指标作调整外，从便于衡量短边的精度考虑，还将"经各项改正后各次或各尺全长较差"一项的限值，由按 L（以km为单位）表达的公式，改为按 D（以100m为单位）表达的公式，即

对一级，原为 $8\sqrt{L}$，换算为 $2.5\sqrt{D}$，取用 $2.5\sqrt{D}$；

对二级，原为 $10\sqrt{L}$，换算为 $3.2\sqrt{D}$，取用 $3.0\sqrt{D}$；

对三级，原为 $15\sqrt{L}$，换算为 $4.7\sqrt{D}$，取用 $5.0\sqrt{D}$。

4.8 GPS 测量

4.8.1 应用GPS进行建筑变形测量时，应根据变形测量的精度要求，尽可能选用高精度、高性能的GPS接收机。

4.8.2 GPS接收机的检验、检定应符合以下规定：

1 新购置的GPS接收机应按规定进行全面检验后使用。GPS接收机的全面检验应包括以下内容：

1) 一般检视：
   —GPS接收机及天线的外观良好，型号正确；
   —各种部件及其附件应匹配、齐全和完好；
   —需紧固的部件不得松动和脱落；
   —设备使用手册和后处理软件操作手册及磁（光）盘应齐全；

2) 通电检验：
   —有关信号灯工作应正常；
   —按键和显示系统工作应正常；
   —利用自测试命令进行测试；
   —检验接收机锁定卫星时间的快慢，接收信号强弱及信号失锁情况；

3) 试测检验前，还应检验：
   —天线或基座圆水准器和光学对中器是否正确；
   —天线高量尺是否完好，尺长精度是否正确；
   —数据传录设备及软件是否齐全，数据传输性能是否完好；
   —通过实例计算，测试和评估数据后处理软件。

2 GPS接收机在完成一般检视和通电检验后，应在不同长度的标准基线上进行以下测试：

1) 接收机内部噪声水平测试；
2) 接收机天线相位中心稳定性测试；
3) 接收机野外作业性能及不同测程精度指标测试；
4) 接收机频标稳定性检验和数据质量的评价；
5) 接收机高低温性能测试；
6) 接收机综合性能评价等。

3 GPS接收机或天线受到强烈撞击后，或更新接收机部件及更新天线与接收机的匹

配关系后,应按新购买仪器做全面检验。

  4 GPS接收机应定期送专门检定机构进行检定。

  5 GPS接收机的所有检验、检定项目和方法应符合相关技术标准的规定。

4.8.4 GPS测量的基本要求、作业规定及数据处理等尚应参照《全球定位系统(GPS)测量规范》GB/T 18413等相应规定。

5 沉 降 观 测

5.1 一 般 规 定

5.1.1 对于深基础或高层、超高层建筑,基础的荷载不可漏测,观测点需从基础底板开始布设并观测。据某设计院提供的资料,如仅在建筑底层布设观测点,将漏掉$5t/m^2$的荷载(约等于三层楼),从而将影响变形的整体分析。因此,对这类建筑的沉降观测,应从基础施工时就开始,以获取基础和上部结构的沉降量。

5.1.2 同一测区或同一建筑物随着沉降量和沉降速度的变化,原则上可以采用不同的沉降观测等级和精度,因为有的工程由于沉降观测初期沉降量较大或非常明显,采用较高精度不仅费时、费工造成浪费,而且也无必要。而在观测后期或经过治理以后沉降量较小,采用较低精度观测则不能正确反映其沉降量。同一测区也有沉降量大的区域和小的区域,采用不同的观测等级和精度较为经济,也符合要求。但一般情况下,如果变形量差别不是很大,还是采用一种观测精度较为方便。

5.1.4 本规范第9.1节对建筑变形测量阶段性成果和综合成果的内容进行了较详细的规定。对于不同类型的变形测量,应提交的图表可能有所不同。因此本规范对各类变形测量提出了应提交的主要图表类型,分别列在有关章节中。

5.2 建筑场地沉降观测

5.2.1 将建筑场地沉降观测分为相邻地基沉降观测与场地地面沉降观测,是根据建筑设计、施工的实际需要特别是软土地区密集房屋之间的建筑施工需要来确定的。这两种沉降的定义见本规范第2.1节术语。

  毗邻的高层与低层建筑或新建与已建的建筑,由于荷载的差异,引起相邻地基土的应力重新分布,而产生差异沉降,致使毗邻建筑物遭到不同程度的危害。差异沉降越大,建筑刚度越差,危害愈烈,轻者房屋粉刷层坠落、门窗变形,重则地坪与墙面开裂、地下管道断裂,甚至房屋倒塌。因此建筑场地沉降观测的首要任务是监视已有建筑安全,开展相邻地基沉降观测。

  在相邻地基变形范围之外的地面,由于降雨、地下水等自然因素与堆卸、采掘等人为因素的影响,也产生一定沉降,并且有时相邻地基沉降与场地地面沉降还会交错重叠。但两者的变形性质与程度毕竟不同,分别提供观测成果便于区分建筑沉降与场地地面沉降,对于研究场地与建筑共同沉降的程度、进行整体变形分析和有效验证设计参数是有益的。

5.2.2 对相邻地基沉降观测点的布设,规定可在以建筑基础深度1.5~2.0倍的距离为半径的范围内,以外墙附近向外由密到疏进行布置,这是根据软土地基上建筑相邻影响距离的有关规定和研究成果分析确定的。

1 取《上海地基基础设计规范》编制说明介绍的沉桩影响距离（见表5-1）和《建筑地基基础设计规范》GB 50007－2002表7.3.3相邻建筑基础间的净距（见表5-2）作为分析的依据。

表 5-1 沉桩影响距离（m）

被影响建筑物类型	影响距离
结构差的三层以下房屋	$(1.0\sim1.5)L$
结构较好的三至五层楼房	$1.0L$
采用箱基、桩基六层以上楼房	$0.5L$

注：L 为桩基长度（m）。

2 从表5-1、表5-2可知，影响距离与沉降量、建筑结构形式有着复杂的相关关系，从测量工作预期的相邻没有建筑的影响范围和使用方便考虑，取表5-1中的最大影响距离 $(1.0\sim1.5)L$ 再乘以 $\sqrt{2}$ 系数作为选设观测点的范围半径，亦即以建筑基础深度的 $1.5\sim2.0$ 倍之距离为半径，是比较合理、安全和可行的。另外，补充说明的是，本规范第4.2.2条中规定的基准点应选设在离开邻近建筑的基础深度2倍之外的稳固位置，也是以上述分析为依据的。

表 5-2 相邻建筑基础间的净距（m）

影响建筑的预估平均沉降量 S（mm）	被影响建筑的长高比	
	$2.0\leqslant L/H_f<3.0$	$3.0\leqslant L/H_f<5.0$
70~150	2~3	3~6
160~250	3~6	6~9
260~400	6~9	9~12
>400	9~12	≥12

注：1 表中 L 为建筑长度或沉降缝分隔的单元长度（m），H_f 为自基础底面标高算起的建筑高度（m）；
  2 当被影响建筑的长高比为 $1.5<L/H_f<2.0$ 时，其间净距可适当缩小。

3 产生影响建筑的沉降量随其离开距离增大而减小，因此对观测点也规定应从其建筑外墙附近开始向外由密到疏来布置。

5.3 基坑回弹观测

5.3.2 基坑回弹观测比较复杂，需要建筑设计、施工和测量人员密切配合才能完成。回弹观测点的埋设也十分费时、费工，在基坑开挖时保护也相当困难，因此在选定点位时要与设计人员讨论，原则上以较少数量的点位能测出基坑必要的回弹量为出发点。据调查，国内只有北京、西安、上海、山东等地做过这个项目。表5-3分别给出几个示例供参考。

表 5-3 3个观测项目情况

序号	基坑下土质	基坑长×宽×高（m）	回弹量（cm）	
			最大	最小
1	第四纪冲击砂卵石层	30.0×10.0×8.9	1.45	0.72
2	第四纪 Q_3	57.5×18.5×7.0	1.5	0.8
3	粉质黏土、中砂	50.4×43.2×8.7	3.6	1.8

5.3.4 规定回弹观测最弱观测点相对邻近工作基点的高程中误差不应大于±1.0mm,是根据以下考虑和估算确定的。

1 基坑的回弹量,在地基设计中可根据基坑形状(形状系数)、深度、隆起或回弹系数、杨氏模量等参数进行预估。经调查,基坑回弹量占最终沉降量的比例,在沿海地区为1/4~1/5,北京地区为1/2~1/3,西安地区为1/3以上。统计一般高层建筑,基坑深度为5~10m的回弹量,黄土地区为10~20mm,软土地区为10~30mm,这与设计预估的回弹量基本一致。

2 按本规范第3.0.5条和第3.0.6条对估算局部地基沉降的变形观测值中误差 m_s 和公式(3.0.6-1)的规定,可求出最弱观测点高程中误差。取最大回弹量为30mm,则得:

$$m_s = 30/20 = \pm 1.5\text{mm};$$

$$m_H = m_s/\sqrt{2} = \pm 1.0\text{mm}。$$

此处的 m_H 即为相对于邻近工作基点的高程中误差。

5.3.7 基坑开挖前的回弹观测结束后,为了防止点位被破坏和便于寻找点位,应在观测孔底充填厚度约为1m左右的白灰。如果开挖后仍找不到点位,可用本规范第5.3.2条第3款设置的坑外定位点通过交会来确定。

5.4 地基土分层沉降观测

5.4.2 分层沉降观测点的布设,限定在地基中心附近约2m见方范围内,间隔约50cm最好在同一垂直面内,一方面是为了方便观测和管理,另一方面制图较为准确。因为分层沉降观测从基础施工开始直到建筑沉降稳定为止,时间较长,且在建筑底面上加砌窨井与护盖,标志不再取出。

5.4.4 规定分层沉降观测点相对于邻近工作基点或基准点的高程中误差不应大于±1.0mm,是依据以下考虑提出的:地基土的分层及其沉降情况比较复杂,不仅各地区的地质分层不一,而且同一基础各分层的沉降量相差也比较悬殊,例如最浅层的沉降量可能和建筑的沉降量相同,而最深层(超过理论压缩层)的沉降量可能等于零,因此就难以预估分层沉降量,也不能按估算的方法确定分层观测精度要求。

5.5 建筑沉降观测

5.5.5 本条关于建筑沉降观测周期与观测时间的规定,是在综合有关标准规定和工程实践经验基础上进行的。由于观测目的不同,荷载和地基土类型各异,执行中还应结合实际情况灵活运用。对于从施工开始直至沉降稳定为止的系统(长期)观测项目,应将施工期间与竣工后的观测周期、次数与观测时间统一考虑确定。对于已建建筑和因某些原因从基础浇筑后才开始观测的项目,在分析最终沉降量时,应注意到所漏测的基础沉降问题。

对于沉降稳定控制指标,本规范使用最后100d的沉降速率小于0.01~0.04mm/d作为稳定指标。这一指标来源于对几个主要城市有关设计、勘测单位的调查(见表5-4)。

表 5-4 几个城市采用的稳定指标

城市	接近稳定时的周期容许沉降量	稳定控制指标
北京	1mm/100d	0.01mm/d
天津	3mm/半年，1mm/100d	0.017~0.01mm/d
济南	1mm/100d	0.01mm/d
西安	1~2mm/50d	0.02~0.04mm/d
上海	2mm/半年	0.01mm/d

实际应用中，稳定指标的具体取值应根据不同地区地基土的压缩性能来综合考虑确定。

6 位 移 观 测

6.2 建筑主体倾斜观测

6.2.4 在建筑主体倾斜观测精度估算中，应注意以下问题：

1 当以给定的主体倾斜允许值，按本规范第 3.0.5 条的有关规定进行估算时，应注意允许值的向量性质，取如下估算参数：

1）对整体倾斜，令给定的建筑顶部水平位移限值或垂直度偏差限值为 Δ，则

$$m_S = \Delta/(10\sqrt{2}), m_X \leq m_S/\sqrt{2} = \Delta/20 \tag{6-1}$$

2）对分层倾斜，令给定的建筑层间相对位移限值为 Δ，则

$$m_S = \Delta/(6\sqrt{2}), m_X \leq m_S/\sqrt{2} = \Delta/12 \tag{6-2}$$

3）对竖直构件倾斜，令给定的构件垂直度偏差限值为 Δ，则

$$m_S = \Delta/(6\sqrt{2}), m_X \leq m_S/\sqrt{2} = \Delta/12 \tag{6-3}$$

2 当由基础倾斜间接确定建筑整体倾斜时，该建筑应具有足够的整体结构刚度。

6.2.9 近年来，随着技术的进步，激光扫描仪和基于数码相机的数字近景摄影测量方法有了进一步的发展，并在建筑变形测量及相关领域得到应用，值得关注。由于这两种技术的特殊性，实际用于建筑变形测量时，应根据精度要求、现场作业条件和仪器性能等，进行专门的技术设计，必要时还应进行技术论证。

6.4 基坑壁侧向位移观测

6.4.1 随着城市建设的发展，高层建筑、大型市政设施及地下空间的开发建设方兴未艾，出现了大量的基坑工程。基坑工程尽管是临时性的，但其技术复杂，并对建筑基础的施工安全起到非常重要的保障作用，因此将有关基坑变形观测的内容纳入本规范是非常必要的。

基坑的观测内容比较多，涉及范围较广，既有属于基坑本身的，也有属于邻近环境（如建筑物、管线和地表等）的，还有属于自然环境（雨水、洪水、气温、水位等）的。通过对现行国家标准《建筑地基基础设计规范》GB 50007-2002 和现行行业标准《建筑基坑支护技术规程》JGJ 120-99 以及一些地方标准（如上海、广东）有关观测内容的比较

分析，可以发现它们实际上是大同小异的，可归纳为表 6-1 的观测内容。

表 6-1 基坑观测内容

观测内容 \ 基坑安全等级	一级	二级	三级
基坑周围地面超载状况	应测	应测	应测
自然环境（雨水、洪水、气温等）	应测	应测	应测
基坑渗、漏水状况	应测	应测	应测
土方分层开挖标高	应测	应测	应测
支护结构位移	应测	应测	应测
周围建筑物、地下管线变形	应测	应测	宜测
地下水位	应测	应测	宜测
桩墙内力	应测	宜测	可测
锚杆拉力	应测	宜测	可测
支撑轴力	应测	宜测	可测
支柱变形	应测	宜测	可测
基坑隆起	应测	宜测	可测
孔隙水压力	宜测	可测	可测
支护结构界面上侧向压力	宜测	可测	可测

本规范内容侧重于位移观测，由于有关章节已经对有关位移观测项目作了规定，因此本节仅对基坑壁侧向位移观测进行规定。基坑工程分为无支护开挖和支护开挖，无支护开挖就是放坡，说明土体稳定性较好；需要支护的开挖，说明土体稳定性较差，土体侧向位移直接作用于围护结构，所以基坑围护结构的变形是非常重要的观测内容。

按照《建筑基坑支护技术规程》JGJ 120－99 和国家标准《建筑地基基础工程施工质量验收规范》GB 50202－2002 的规定，将建筑基坑安全等级划分为一级、二级和三级，以利于工程类比分析和工程监控。对比这两本标准的分级标准，我们认为 GB 50202－2002 表 7.1.7 的分级标准更容易操作，现将其罗列出来以供使用参考：

1 符合下列情况之一，为一级基坑：

　　1）重要工程或支护结构做主体结构的一部分；

　　2）开挖深度大于 10m；

　　3）与邻近建筑物、重要设施的距离在开挖深度内的基坑；

　　4）基坑范围内有历史文物、近代优秀建筑、重要管线等需要严加保护的基坑。

2 三级基坑为开挖深度小于 7m，且周围环境无特别要求的基坑。

3 除一级和三级外的基坑属二级基坑。

4 当周围已有的设施有特殊要求时，尚应符合这些要求。

6.4.2 本条的规定在实际工程应用中可参考以下意见：

1 有设计指标时，可根据设计变形预估值结合基坑安全级别（参照第 6.4.1 条说明确定），按预估值的 1/10～1/20 作为观测精度，并按本规范第 3.0.5 条确定观测精度。

2 当没有设计指标时，可根据《建筑地基基础工程施工质量验收规范》GB 50202－2002 表 7.1.7 规定的基坑变形监控值（见表 6-2，监控值约为允许值的 60%），按允许值的 1/20 确定观测精度，并按第 3.0.5 条确定观测精度。经计算分析认为，安全等级为一、二级的基坑可选择本规范规定的建筑变形测量级别为二级的精度要求进行观测；三级基坑可选择变形测量二级或三级。

表 6-2 基坑变形的监控值（cm）

基坑类别	围护结构墙顶位移监控值	围护结构墙体最大位移监控值	地面最大沉降监控值
一级基坑	3	5	3
二级基坑	6	8	6
三级基坑	8	10	10

6.4.7 位移速率的大小应根据具体工程情况和工程类比经验分析确定。当无法确定时，可将 5~10mm/d 作为位移速率大的参考标准。位移量大，是指与监控值比较的结果。为了保证基坑安全，当出现异常或特殊情况（如位移速率或位移量突变、出现较大的裂缝等）时应随时进行观测，并将结果及时报告有关部门。由于基坑壁侧向位移观测的特殊性，紧急情况下进行观测前，必须采取有效措施保护好观测人员和设备的安全。

6.5 建筑场地滑坡观测

6.5.1 滑坡对工程建设和自然环境危害极大，所以必须重视滑坡问题。滑坡观测是保证工程、自然环境、人员和财产安全的重要手段之一，其主要目的是了解滑坡发生演变过程，及时捕捉临滑特征信息，为滑坡稳定性分析和预测预报提供准确可靠的数据，并检验防治工程的效果。为了实现滑坡观测的目的，结合具体滑坡工程，需要对滑坡的变形场、渗流场、气象水文、波动力场等进行观测。建筑场地滑坡观测重点应放在变形场和渗流场的观测，现行国家标准《岩土工程勘察规范》GB 50021-2001 第 13.3.4 条规定滑坡观测的内容应包括：滑坡体的位移；滑坡位置及错动；滑坡裂缝的发生发展；滑坡体内外地下水位、流向、泉水流量和滑带孔隙水压力；支挡结构及其他工程设施的位移、变形、裂缝的发生和发展。本规范侧重于变形场的观测。

6.5.3 本条对滑坡土体上的观测点的规定埋深不宜小于 1m，在冻土地区则应埋至当地冰冻线以下 0.5m。这里取 1m 的限值，主要参考了有关实践经验，如西北综合勘察设计研究院在陕西、甘肃等省多项场地滑坡观测中，对埋深 1m 左右的观测点标石，经两年多重复观测均未发现标石有异常现象，观测成果比较规律，反映了场地滑坡的实际情况。深部位移观测孔应进入稳定基岩才可能保证观测质量，即滑动面上下岩体的相对位移观测的可靠性；钻孔进入稳定基岩多深才合适，综合考虑其可靠性和经济性，认为取 1m 作为限制较为合适，能保证在稳定基岩层起码读数两次（一般 0.5m 读数一次）。

6.5.5 滑坡观测中，当出现异常时，应立即增加观测次数，并将结果及时报告有关部门。由于滑坡观测的特殊性，紧急情况下进行观测前，必须采取有效措施保护好观测人员和设备的安全。

7 特殊变形观测

7.1 动态变形测量

7.1.3 变形观测的精度，应依据设计部门提出的最大允许位移量和可变荷载的分布、大小等因素，按本规范第 3.0.5 条的规定确定观测中误差。

7.1.4 可变荷载作用下的变形属于弹性变形，其特点是变形具有周期性。这类变形观测一般采用实时的连续观测、自动记录、自动处理数据方法。

　　观测方法的选择，应根据变形周期的长短和建筑的外部结构和观测的精度要求选择适合的方法，条文中所罗列的方法都是比较常用的方法。作业时，不一定只选一种方法，应根据不同的精度要求和观测目的，采用多种方法的综合，也可以进行相互的检验以便获得更高的可靠性。

7.3 风振观测

7.3.1 测定高层、超高层建筑的顶部风速、风向和墙面风压以及顶部水平位移的目的是获取建筑的风压分布、风压系数及风振系数等参数。

7.3.2 在距建筑 100～200m 距离内 10～20m 高度处安置风速仪记录平均风速的目的是与建筑顶部测定的风速进行比较，以观测风力沿高度的变化。

8 数据处理分析

8.1 平差计算

8.1.1 建筑变形测量的计算和分析是决定最终成果可靠性的重要环节，必须高度重视。

8.1.2 建筑变形测量平差计算应利用稳定的基准点作为起算点。某期平差计算和分析中，如果发现有基准点变动，不得使用该点作为起算点。当经多次复测或某期观测发现基准点变动，应重新选择参考系并使用原观测数据重新平差计算以前的各次成果。

　　变形观测数据的平差计算和处理的方法很多，目前已有许多成熟的平差计算软件实现了严密的平差计算。这些软件一般都具有粗差探测、系统误差补偿、验后方差估计和精度评定等功能。平差计算中，需要特别注意的是要确保输入的原始观测数据和起算数据正确无误。

8.2 变形几何分析

8.2.2 基准点稳定性检验虽提出了许多方法，但都有其局限性。对于建筑变形测量，一般均按本规范第 4 章的相关规定设置了稳定的基准点，且基准点的数量一般不会超过 3～4 个，所以可以采用较为简单的方法对其稳定性进行分析判断。

8.2.3 一种较为典型的基准点稳定性统计检验方法称之为"平均间隙法"。该方法由德国 Pelzer 教授提出。其基本思想是：

　　1 对两期观测成果，按秩亏自由网方法分别进行平差；

　　2 使用 F 检验法进行两周期图形一致性检验（或称"整体检验"），如果检验通过，则确认所有基准点是稳定的；

　　3 如果检验不通过，使用"尝试法"，依次去掉每一点，计算图形不一致性减少的程度，使得图形不一致性减少最大的那一点是不稳定的点。排除不稳定点后再重复上述过程，直至去掉不稳定点后的图形一致性通过检验为止。

关于该方法的详细介绍可参见有关文献，如陈永奇等《变形监测分析与预报》（测绘出版社，1998）和黄声享等《变形监测数据处理》（武汉大学出版社，2003）。

8.2.5 观测点的变动分析一般可直接通过比较观测点相邻两期的变形量与最大测量误差（取两倍中误差）来进行。要求较高时，可通过比较变形量与该变形测量的测定精度来进行。公式（8.3.5）中的 $\mu\sqrt{Q}$ 实际上就是该变形量的测定精度。对多期变形观测成果，还应综合分析多周期的变形特征，尽管相邻周期变形量可能很小，但多期呈现出较明显的变化趋势时，应视为有变动。

8.3 变形建模与预报

8.3.1 建筑变形分析与预报的目的是，对多期变形观测成果，通过分析变形量与变形因子之间的相关性，建立变形量与变形因子之间的数学模型，并根据需要对变形的发展趋势进行预报。这是建筑变形测量的任务之一，但也是一个较困难的环节。近20多年来，有关变形分析与预报的研究成果较多，许多方法尚处在探索中。本节主要吸收和采纳了其中一些相对成熟和便于使用的方法。

8.3.2 由于一个变形体上各观测点的变形状况不可能完全一致，因此对一个变形观测项目，可能需要建立多个反映变形量与变形因子之间关系的数学模型。具体建多少个模型应根据实际变形状况及应用的要求来确定。一般可利用平均变形量对整个变形体建立一个数学模型。如果需要，可选择几个变形量较大的或特殊的点建立相应于单个点或一组点的模型。当有多个变形数学模型时，则可以利用地理信息系统的空间分析技术实现多点变形状态的可视化和形象化表达。

8.3.3 回归分析是建立变形量与变形因子关系数学模型最常用的方法。该方法简单，使用也较方便。在使用中需要注意：

1 回归模型应尽可能简单，包含的变形因子数不宜过多，对于建筑变形而言，一般没有必要超过2个。

2 常用的回归模型是线性回归模型、指数回归模型和多项式回归模型。后两种非线性回归模型可以通过变量变换的方法转化成线性回归模型来处理。变量变换方法在各种回归分析教材中均有详细介绍。

3 当有多个变形因子时，有必要采用逐步回归分析方法，确定影响最显著的几个关键因子。逐步回归分析方法可参见有关教材的介绍。

8.3.4 灰色建模方法目前已经成为变形观测建模的一种较常用的方法。该方法只要求有4个以上周期的观测数据即可建模，建模过程也比较简单。灰色建模方法认为，变形体的变形可看成是一个复杂的动态过程，这一过程每一时刻的变形量可以视为变形体内部状态的过去变化与外部所有因素的共同作用的结果。基于这一思想，可以通过关联分析提取建模所需变量，对离散数据建立微分方程的动态模型，即灰色模型。

灰色模型有多种，变形分析中最常用的为 GM（1，1）模型，它只包括一个变量（时间）。应用灰色建模方法的前提是，变形量的取得应呈等时间间隔，即应为时间序列数据（时序数据）。实际中，当不完全满足这一要求时，可通过插值的方式进行插补。有关灰色建模的原理、方法及其在变形测量中的应用方式等，可参见有关文献，如条文说明第8.2.3条给出的两种文献。

8.3.5 动态变形观测获得的是大量的时序数据，对这些数据可使用时间序列分析方法建模并作分析。

动态变形分析通常以变形的频率和变形的幅度为主要参数进行，可采用时域法和频域法两种时间序列分析方法。当变形周期很长时，变形值常呈现出密切的相关性，对于这类序列宜采用时域法分析。该方法是以时间序列的自相关函数作为拟合的基础。当变形周期较短时，宜采用频域法。该方法是对时间序列的谱分布进行统计分析作为主要的诊断工具。当预报精度要求高时，还应对拟合后的残差序列进行分析计算或进一步拟合。

有关时序分析及其在变形测量中应用的详细介绍可参见条文说明第 8.2.3 条给出的两种文献。

8.3.6 模型的有效性检验对于不同类型的数学模型方法不同。对于一元线性回归，主要是通过计算相关系数来判定。对于灰色模型 GM（1，1），则是通过计算后验差比值和小误差概率来判定。具体方法可参阅介绍这些建模方法的文献。需要注意的是，只有有效的数字模型，才能用于进一步的分析，如变形预报等。

8.3.7 当利用变形量与变形因子模型进行变形趋势预报时，为了提高预报精度，应尽可能对该模型生成的残差序列作进一步的时序分析，以精化预报模型。具体方法可参见介绍这些建模方法的文献。为了全面、合理地掌握预报结果，变形预报除给出某一时刻变形量的预报值外，还应同时给出预报值的误差范围和该预报值有效的边界条件。

9 成果整理与质量检查验收

9.1 成果整理

9.1.1 每次变形观测结束后，均应及时进行测量资料的整理，保证各项资料完整性。整个项目完成后，应对资料分类合并，整理装订。自动记录器记录的数据应注意观测时间和变形点号等的正确性。

9.1.2 为了保证变形测量成果的质量和可靠性，有关观测记录、计算资料和技术成果必须有有关责任人签字，并加盖成果章。这里的技术成果包括本规范第 9.1.3 条和第 9.1.4 条中的阶段性成果和综合成果。

9.1.3～9.1.4 建筑变形测量周期一般较长，很多情况下需要向委托方提交阶段性成果。变形测量任务全部完成后，或委托方需要时，则应提交综合成果。需要说明的是，变形测量过程中提交的阶段性成果实际上是综合成果的重要组成部分，必须切实保证阶段性成果的质量以及与综合成果之间的一致性。

9.1.5 建筑变形测量技术报告书是变形测量的主要成果，编写时可参考现行行业标准《测绘技术总结编写规定》CH/T 1001 的相关要求，其内容应涵盖本条所列的各个方面。

9.1.6 建筑变形测量的各项记录、计算资料以及阶段性成果和综合成果应按照档案管理的规定及时进行完整的归档。

9.1.7 建筑变形测量手段和处理方法的自动化程度正在不断提高。在条件允许的情况下，建立变形测量数据处理和信息管理系统，实现变形观测、记录、处理、分析和管理的一体化，方便资源共享，是非常必要的。

9.2 质量检查验收

9.2.1 建筑变形测量成果资料的正确无误,要依靠完善的质量保证体系来实现,两级检查、一级验收制度是多年来形成的行之有效的质量保证制度,检查验收人员应具备建筑变形测量的有关知识和经验,具有必要的数据处理分析能力。需要特别强调的是,变形测量的阶段性成果和综合成果一样重要,都需要经过严格的检查验收才能提交给委托方。

9.2.2 质量检查验收主要依据项目委托书、合同书及技术设计书等进行,因一般建筑变形测量周期较长,且对成果的时效性要求高,观测条件变化不可预计,对于成果的录用标准可能发生变化,所以对在作业中形成的文字记录可能变成成果录用的标准,从而成为检查验收的依据。

9.2.3 本条按变形测量的过程列出了质量检验的有关内容,在检查验收过程中某项内容可能不宜进行事后验证,要依靠作业员的诚信素质在作业过程中严格掌握。阶段性成果的检查应根据实际情况进行,以保证提交成果的正确无误。

9.2.4 变形测量时效性决定了测量过程的不可完全重复性的特点,因此,应保证现场检验的及时性和正确性,后续检查验收的时间要缩短。当质量检查不合格时,反馈渠道要畅通,应在分析造成不合格的原因后,立即进行必要的现场复测和纠正。纠正后的成果应重新进行质量检查验收。

2　地基基础检测规范

中华人民共和国国家标准

建筑地基基础工程施工质量验收规范

Code for acceptance of construction quality
of building foundation

GB 50202—2002

主编部门：上海市建设和管理委员会
批准部门：中华人民共和国建设部
施行日期：2002年5月1日

关于发布国家标准《建筑地基基础工程施工质量验收规范》的通知

建标〔2002〕79号

根据建设部《关于印发〈一九九七年工程建设标准制订、修订计划〉的通知》（建标〔1997〕108号）的要求，上海市建设和管理委员会会同有关部门共同修订了《建筑地基基础工程施工质量验收规范》。我部组织有关部门对该规范进行了审查，现批准为国家标准，编号为 GB 50202—2002，自 2002 年 5 月 1 日起施行。其中，4.1.5、4.1.6、5.1.3、5.1.4、5.1.5、7.1.3、7.1.7 为强制性条文，必须严格执行。原《地基与基础工程施工及验收规范》GBJ 202—83 和《土方与爆破工程施工及验收规范》GBJ 201—83 中有关"土方工程"部分同时废止。

本规范由建设部负责管理和对强制性条文的解释，上海市基础工程公司负责具体技术内容的解释，建设部标准定额研究所组织中国计划出版社出版发行。

中华人民共和国建设部
二〇〇二年四月一日

前 言

本规范是根据建设部《关于印发〈一九九七年工程建设标准制订、修订计划〉的通知》[建标（1997）108号]的要求，由上海建工集团总公司所属上海市基础工程公司会同有关单位共同对原国家标准《地基与基础工程施工及验收规范》GBJ 202—83修订而成的。

在修订过程中，规范编制组开展了专题研究，进行了比较广泛的调查研究，总结了多年的地基与基础工程设计、施工的经验，适当考虑了近几年已成熟应用的新技术，按照"验评分离、强化验收、完善手段、过程控制"的方针，进行全面修改，形成了初稿，又以多种方式广泛征求了全国有关单位的意见，对主要问题进行了反复修改，最后经审定定稿。

本规范主要内容分8章，包括总则、术语、基本规定、地基、桩基础、土方工程、基坑工程及工程验收等内容。其中土方工程是将原《土方与爆破工程施工及验收规范》GBJ 201—83中的土方工程内容予以修改后放入了本规范，基坑工程是为适应新的形势而增添的内容。

本规范将来可能需要进行局部修订，有关局部修订的信息和条文内容将刊登在《工程建设标准化》杂志上。

本规范以黑体字标志的条文为强制性条文，必须严格执行。

为了提高规范质量，请各单位在执行本标准的过程中，注意总结经验，积累资料，随时将有关的意见和建议反馈给上海市基础工程公司（上海市江西中路406号、邮编：200002、E-mail：zgs@sfec.sh.cn），以供今后修订时参考。

本规范主编单位、参编单位和主要起草人：

主 编 单 位：上海市基础工程公司
参 编 单 位：中国建筑科学研究院地基所
中港三航设计研究院
建设部综合勘察研究设计院
同济大学
主要起草人：桂业琨　叶柏荣　吴春林　李耀刚　李耀良
陈希泉　高宏兴　郭书泰　缪俊发　李康俊
邱式中　钱建敏　刘德林

目 次

1 总则 …………………………………………………………… 189
2 术语 …………………………………………………………… 189
3 基本规定 ……………………………………………………… 190
4 地基 …………………………………………………………… 190
   4.1 一般规定 ………………………………………………… 190
   4.2 灰土地基 ………………………………………………… 191
   4.3 砂和砂石地基 …………………………………………… 191
   4.4 土工合成材料地基 ……………………………………… 192
   4.5 粉煤灰地基 ……………………………………………… 192
   4.6 强夯地基 ………………………………………………… 193
   4.7 注浆地基 ………………………………………………… 193
   4.8 预压地基 ………………………………………………… 194
   4.9 振冲地基 ………………………………………………… 195
   4.10 高压喷射注浆地基 ……………………………………… 195
   4.11 水泥土搅拌桩地基 ……………………………………… 196
   4.12 土和灰土挤密桩复合地基 ……………………………… 196
   4.13 水泥粉煤灰碎石桩复合地基 …………………………… 197
   4.14 夯实水泥土桩复合地基 ………………………………… 197
   4.15 砂桩地基 ………………………………………………… 198
5 桩基础 ………………………………………………………… 198
   5.1 一般规定 ………………………………………………… 198
   5.2 静力压桩 ………………………………………………… 200
   5.3 先张法预应力管桩 ……………………………………… 200
   5.4 混凝土预制桩 …………………………………………… 201
   5.5 钢桩 ……………………………………………………… 202
   5.6 混凝土灌注桩 …………………………………………… 203
6 土方工程 ……………………………………………………… 204
   6.1 一般规定 ………………………………………………… 204
   6.2 土方开挖 ………………………………………………… 205
   6.3 土方回填 ………………………………………………… 206
7 基坑工程 ……………………………………………………… 206
   7.1 一般规定 ………………………………………………… 206
   7.2 排桩墙支护工程 ………………………………………… 207
   7.3 水泥土桩墙支护工程 …………………………………… 208

7.4	锚杆及土钉墙支护工程	208
7.5	钢或混凝土支撑系统	209
7.6	地下连续墙	210
7.7	沉井与沉箱	211
7.8	降水与排水	212

8 分部（子分部）工程质量验收 ……………………… 213
附录 A 地基与基础施工勘察要点 ……………………… 214
附录 B 塑料排水带的性能 ……………………………… 215
本规范用词说明 …………………………………………… 216
条文说明 …………………………………………………… 217

1 总　　则

1.0.1 为加强工程质量监督管理，统一地基基础工程施工质量的验收，保证工程质量，制定本规范。

1.0.2 本规范适用于建筑工程的地基基础工程施工质量验收。

1.0.3 地基基础工程施工中采用的工程技术文件、承包合同文件对施工质量验收的要求不得低于本规范的规定。

1.0.4 本规范应与现行国家标准《建筑工程施工质量验收统一标准》GB 50300 配套使用。

1.0.5 地基基础工程施工质量的验收除应执行本规范外，尚应符合国家现行有关标准规范的规定。

2 术　　语

2.0.1 土工合成材料地基　geosynthetics foundation

在土工合成材料上填以土（砂土料）构成建筑物的地基，土工合成材料可以是单层，也可以是多层。一般为浅层地基。

2.0.2 重锤夯实地基　heavy tamping foundation

利用重锤自由下落时的冲击能来夯实浅层填土地基，使表面形成一层较为均匀的硬层来承受上部载荷。强夯的锤击与落距要远大于重锤夯实地基。

2.0.3 强夯地基　dynamic consolidation foundation

工艺与重锤夯实地基类同，但锤重与落距要远大于重锤夯实地基。

2.0.4 注浆地基　grouting foundation

将配置好的化学浆液或水泥浆液，通过导管注入土体孔隙中，与土体结合，发生物化反应，从而提高土体强度，减小其压缩性和渗透性。

2.0.5 预压地基　preloading foundation

在原状土上加载，使土中水排出，以实现土的预先固结，减少建筑物地基后期沉降和提高地基承载力。按加载方法的不同，分为堆载预压、真空预压、降水预压三种不同方法的预压地基。

2.0.6 高压喷射注浆地基　jet grouting foundation

利用钻机把带有喷嘴的注浆管钻至土层的预定位置或先钻孔后将注浆管放至预定位置，以高压使浆液或水从喷嘴中射出，边旋转边喷射的浆液，使土体与浆液搅拌混合形成一固结体。施工采用单独喷出水泥浆的工艺，称为单管法；施工采用同时喷出高压空气与水泥浆的工艺，称为二管法；施工采用同时喷出高压水、高压空气及水泥浆的工艺，称为三管法。

2.0.7 水泥土搅拌桩地基　soil-cement mixed pile foundation

利用水泥作为固化剂，通过搅拌机械将其与地基土强制搅拌，硬化后构成的地基。

2.0.8 土与灰土挤密桩地基　soil-lime compacted column

在原土中成孔后分层填以素土或灰土，并夯实，使填土压密，同时挤密周围土体，构成坚实的地基。

2.0.9 水泥粉煤灰、碎石桩 cement flyash gravel pile

用长螺旋钻机钻孔或沉管桩机成孔后，将水泥、粉煤灰及碎石混合搅拌后，泵压或经下料斗投入孔内，构成密实的桩体。

2.0.10 锚杆静压桩 pressed pile by anchor rod

利用锚杆将桩分节压入土层中的沉桩工艺。锚杆可用垂直土锚或临时锚在混凝土底板、承台中的地锚。

3 基 本 规 定

3.0.1 地基基础工程施工前，必须具备完备的地质勘察资料及工程附近管线、建筑物、构筑物和其他公共设施的构造情况，必要时应作施工勘察和调查以确保工程质量及临近建筑的安全。施工勘察要点详见附录A。

3.0.2 施工单位必须具备相应专业资质，并应建立完善的质量管理体系和质量检验制度。

3.0.3 从事地基基础工程检测及见证试验的单位，必须具备省级以上（含省、自治区、直辖市）建设行政主管部门颁发的资质证书和计量行政主管部门颁发的计量认证合格证书。

3.0.4 地基基础工程是分部工程，如有必要，根据现行国家标准《建筑工程施工质量验收统一标准》GB 50300规定，可再划分若干个子分部工程。

3.0.5 施工过程中出现异常情况时，应停止施工，由监理或建设单位组织勘察、设计、施工等有关单位共同分析情况，解决问题，消除质量隐患，并应形成文件资料。

4 地 基

4.1 一 般 规 定

4.1.1 建筑物地基的施工应具备下述资料：

1 岩土工程勘察资料。
2 临近建筑物和地下设施类型、分布及结构质量情况。
3 工程设计图纸、设计要求及需达到的标准，检验手段。

4.1.2 砂、石子、水泥、钢材、石灰、粉煤灰等原材料的质量、检验项目、批量和检验方法，应符合国家现行标准的规定。

4.1.3 地基施工结束，宜在一个间歇期后，进行质量验收，间歇期由设计确定。

4.1.4 地基加固工程，应在正式施工前进行试验段施工，论证设定的施工参数及加固效果。为验证加固效果所进行的载荷试验，其施加载荷应不低于设计载荷的2倍。

4.1.5 对灰土地基、砂和砂石地基、土工合成材料地基、粉煤灰地基、强夯地基、注浆地基、预压地基，其竣工后的结果（地基强度或承载力）必须达到设计要求的标准。检验数量，每单位工程不应少于3点，1000m^2以上工程，每100m^2至少应有1点，3000m^2以上工程，每300m^2至少应有1点。每一独立基础下至少应有1点，基槽每20延米应有1点。

4.1.6 对水泥土搅拌桩复合地基、高压喷射注浆桩复合地基、砂桩地基、振冲桩复合地基、土和灰土挤密桩复合地基、水泥粉煤灰碎石桩复合地基及夯实水泥土桩复合地基,其承载力检验,数量为总数的0.5%~1%,但不应少于3处。有单桩强度检验要求时,数量为总数的0.5%~1%,但不应少于3根。

4.1.7 除本规范第4.1.5、4.1.6条指定的主控项目外,其他主控项目及一般项目可随意抽查,但复合地基中的水泥土搅拌桩、高压喷射注浆桩、振冲桩、土和灰土挤密桩、水泥粉煤灰碎石桩及夯实水泥土桩至少应抽查20%。

4.2 灰土地基

4.2.1 灰土土料、石灰或水泥(当水泥替代灰土中的石灰时)等材料及配合比应符合设计要求,灰土应搅拌均匀。

4.2.2 施工过程中应检查分层铺设的厚度、分段施工时上下两层的搭接长度、夯实时加水量、夯压遍数、压实系数。

4.2.3 施工结束后,应检验灰土地基的承载力。

4.2.4 灰土地基的质量验收标准应符合表4.2.4的规定。

表4.2.4 灰土地基质量检验标准

项	序	检查项目	允许偏差或允许值		检查方法
			单位	数值	
主控项目	1	地基承载力	设计要求		按规定方法
	2	配合比	设计要求		按拌和时的体积比
	3	压实系数	设计要求		现场实测
一般项目	1	石灰粒径	mm	≤5	筛分法
	2	土料有机质含量	%	≤5	试验室焙烧法
	3	土颗粒粒径	mm	≤15	筛分法
	4	含水量(与要求的最优含水量比较)	%	±2	烘干法
	5	分层厚度偏差(与设计要求比较)	mm	±50	水准仪

4.3 砂和砂石地基

4.3.1 砂、石等原材料质量、配合比应符合设计要求,砂、石应搅拌均匀。

4.3.2 施工过程中必须检查分层厚度、分段施工时搭接部分的压实情况、加水量、压实遍数、压实系数。

4.3.3 施工结束后,应检验砂石地基的承载力。

4.3.4 砂和砂石地基的质量验收标准应符合表4.3.4的规定。

表4.3.4 砂及砂石地基质量检验标准

项	序	检查项目	允许偏差或允许值		检查方法
			单位	数值	
主控项目	1	地基承载力	设计要求		按规定方法
	2	配合比	设计要求		检查拌和时的体积比或重量比
	3	压实系数	设计要求		现场实测

续表4.3.4

项	序	检查项目	允许偏差或允许值		检查方法
			单位	数值	
一般项目	1	砂石料有机质含量	%	≤5	焙烧法
	2	砂石料含泥量	%	≤5	水洗法
	3	石料粒径	mm	≤100	筛分法
	4	含水量（与最优含水量比较）	%	±2	烘干法
	5	分层厚度（与设计要求比较）	mm	±50	水准仪

4.4 土工合成材料地基

4.4.1 施工前应对土工合成材料的物理性能（单位面积的质量、厚度、比重）、强度、延伸率以及土、砂石料等做检验。土工合成材料以100m² 为一批，每批应抽查5%。

4.4.2 施工过程中应检查清基、回填料铺设厚度及平整度、土工合成材料的铺设方向、接缝搭接长度或缝接状况、土工合成材料与结构的连接状况等。

4.4.3 施工结束后，应进行承载力检验。

4.4.4 土工合成材料地基质量检验标准应符合表4.4.4的规定。

表4.4.4 土工合成材料地基质量检验标准

项	序	检查项目	允许偏差或允许值		检查方法
			单位	数值	
主控项目	1	土工合成材料强度	%	≤5	置于夹具上做拉伸试验（结果与设计标准相比）
	2	土工合成材料延伸率	%	≤3	置于夹具上做拉伸试验（结果与设计标准相比）
	3	地基承载力	设计要求		按规定方法
一般项目	1	土工合成材料搭接长度	mm	≥300	用钢尺量
	2	土石料有机质含量	%	≤5	焙烧法
	3	层面平整度	mm	≤20	用2m靠尺
	4	每层铺设厚度	mm	±25	水准仪

4.5 粉煤灰地基

4.5.1 施工前应检查粉煤灰材料，并对基槽清底状况、地质条件予以检验。

4.5.2 施工过程中应检查铺筑厚度、碾压遍数、施工含水量控制、搭接区碾压程度、压实系数等。

4.5.3 施工结束后，应检验地基的承载力。

4.5.4 粉煤灰地基质量检验标准应符合表4.5.4的规定。

表4.5.4 粉煤灰地基质量检验标准

项	序	检查项目	允许偏差或允许值		检查方法
			单位	数值	
主控项目	1	压实系数	设计要求		现场实测
	2	地基承载力	设计要求		按规定方法

续表 4.5.4

项	序	检查项目	允许偏差或允许值 单位	允许偏差或允许值 数值	检查方法
一般项目	1	粉煤灰粒径	mm	0.001~2.000	过筛
	2	氧化铝及二氧化硅含量	%	≥70	试验室化学分析
	3	烧失量	%	≤12	试验室烧结法
	4	每层铺筑厚度	mm	±50	水准仪
	5	含水量（与最优含水量比较）	%	±2	取样后试验室确定

4.6 强夯地基

4.6.1 施工前应检查夯锤重量、尺寸，落距控制手段，排水设施及被夯地基的土质。

4.6.2 施工中应检查落距、夯击遍数、夯点位置、夯击范围。

4.6.3 施工结束后，检查被夯地基的强度并进行承载力检验。

4.6.4 强夯地基质量检验标准应符合表 4.6.4 的规定。

表 4.6.4 强夯地基质量检验标准

项	序	检查项目	允许偏差或允许值 单位	允许偏差或允许值 数值	检查方法
主控项目	1	地基强度		设计要求	按规定方法
	2	地基承载力		设计要求	按规定方法
一般项目	1	夯锤落距	mm	±300	钢索设标志
	2	锤重	kg	±100	称重
	3	夯击遍数及顺序		设计要求	计数法
	4	夯点间距	mm	±500	用钢尺量
	5	夯击范围（超出基础范围距离）		设计要求	用钢尺量
	6	前后两遍间歇时间		设计要求	

4.7 注浆地基

4.7.1 施工前应掌握有关技术文件（注浆点位置、浆液配比、注浆施工技术参数、检测要求等）。浆液组成材料的性能应符合设计要求，注浆设备应确保正常运转。

4.7.2 施工中应经常抽查浆液的配比及主要性能指标，注浆的顺序、注浆过程中的压力控制等。

4.7.3 施工结束后，应检查注浆体强度、承载力等。检查孔数为总量的 2%~5%，不合格率大于或等于 20% 时应进行二次注浆。检验应在注浆后 15d（砂土、黄土）或 60d（粘性土）进行。

4.7.4 注浆地基的质量检验标准应符合表 4.7.4 的规定。

表 4.7.4 注浆地基质量检验标准

项	序	检查项目		允许偏差或允许值		检查方法
				单位	数值	
主控项目	1	原材料检验	水泥	设计要求		查产品合格证书或抽样送检
			注浆用砂：粒径 　　　　　细度模数 　　　　　含泥量及有机物含量	mm %	<2.5 <2.0 <3	试验室试验
			注浆用黏土：塑性指数 　　　　　　粘粒含量 　　　　　　含砂量 　　　　　　有机物含量	 % % %	>14 >25 <5 <3	试验室试验
			粉煤灰：细度 　　　　烧失量	不粗于同时使用的水泥 %	 <3	试验室试验
			水玻璃：模数	2.5~3.3		抽样送检
			其他化学浆液	设计要求		查产品合格证书或抽样送检
	2	注浆体强度		设计要求		取样检验
	3	地基承载力		设计要求		按规定方法
一般项目	1	各种注浆材料称量误差		%	<3	抽查
	2	注浆孔位		mm	±20	用钢尺量
	3	注浆孔深		mm	±100	量测注浆管长度
	4	注浆压力（与设计参数比）		%	±10	检查压力表读数

4.8 预压地基

4.8.1 施工前应检查施工监测措施，沉降、孔隙水压力等原始数据，排水设施，砂井（包括袋装砂井）、塑料排水带等位置。塑料排水带的质量标准应符合本规范附录 B 的规定。

4.8.2 堆载施工应检查堆载高度、沉降速率。真空预压施工应检查密封膜的密封性能、真空表读数等。

4.8.3 施工结束后，应检查地基土的强度及要求达到的其他物理力学指标，重要建筑物地基应做承载力检验。

4.8.4 预压地基和塑料排水带质量检验标准应符合表 4.8.4 的规定。

表 4.8.4 预压地基和塑料排水带质量检验标准

项	序	检查项目	允许偏差或允许值		检查方法
			单位	数值	
主控项目	1	预压载荷	%	≤2	水准仪
	2	固结度（与设计要求比）	%	≤2	根据设计要求采用不同的方法
	3	承载力或其他性能指标	设计要求		按规定方法
一般项目	1	沉降速率（与控制值比）	%	±10	水准仪
	2	砂井或塑料排水带位置	mm	±100	用钢尺量
	3	砂井或塑料排水带插入深度	mm	±200	插入时用经纬仪检查
	4	插入塑料排水带时的回带长度	mm	≤500	用钢尺量
	5	塑料排水带或砂井高出砂垫层距离	mm	≥200	用钢尺量
	6	插入塑料排水带的回带根数	%	<5	目测

注：如真空预压，主控项目中预压载荷的检查为真空度降低值<2%。

4.9 振冲地基

4.9.1 施工前应检查振冲器的性能，电流表、电压表的准确度及填料的性能。

4.9.2 施工中应检查密实电流、供水压力、供水量、填料量、孔底留振时间、振冲点位置、振冲器施工参数等（施工参数由振冲试验或设计确定）。

4.9.3 施工结束后，应在有代表性的地段做地基强度或地基承载力检验。

4.9.4 振冲地基质量检验标准应符合表4.9.4的规定。

表4.9.4 振冲地基质量检验标准

项	序	检查项目	允许偏差或允许值 单位	允许偏差或允许值 数值	检查方法
主控项目	1	填料粒径	设计要求		抽样检查
	2	密实电流（粘性土）	A	50~55	电流表读数
		密实电流（砂性土或粉土）	A	40~50	
		（以上为功率30kW振冲器）			电流表读数，A_0为空振电流
		密实电流（其他类型振冲器）	A	$(1.5\sim2.0)A_0$	
	3	地基承载力	设计要求		按规定方法
一般项目	1	填料含泥量	%	<5	抽样检查
	2	振冲器喷水中心与孔径中心偏差	mm	≤50	用钢尺量
	3	成孔中心与设计孔位中心偏差	mm	≤100	用钢尺量
	4	桩体直径	mm	<50	用钢尺量
	5	孔深	mm	±200	量钻杆或重锤测

4.10 高压喷射注浆地基

4.10.1 施工前应检查水泥、外掺剂等的质量，桩位，压力表、流量表的精度和灵敏度，高压喷射设备的性能等。

4.10.2 施工中应检查施工参数（压力、水泥浆量、提升速度、旋转速度等）及施工程序。

4.10.3 施工结束后，应检验桩体强度、平均直径、桩身中心位置、桩体质量及承载力等。桩体质量及承载力检验应在施工结束后28d进行。

4.10.4 高压喷射注浆地基质量检验标准应符合表4.10.4的规定。

表4.10.4 高压喷射注浆地基质量检验标准

项	序	检查项目	允许偏差或允许值 单位	允许偏差或允许值 数值	检查方法
主控项目	1	水泥及外掺剂质量	符合出厂要求		查产品合格证书或抽样送检
	2	水泥用量	设计要求		查看流量表及水泥浆水灰比
	3	桩体强度或完整性检验	设计要求		按规定方法
	4	地基承载力	设计要求		按规定方法
一般项目	1	钻孔位置	mm	≤50	用钢尺量
	2	钻孔垂直度	%	≤1.5	经纬仪测钻杆或实测
	3	孔深	mm	±200	用钢尺量
	4	注浆压力	按设定参数指标		查看压力表
	5	桩体搭接	mm	>200	用钢尺量
	6	桩体直径	mm	≤50	开挖后用钢尺量
	7	桩身中心允许偏差		≤0.2D	开挖后桩顶下500mm处用钢尺量，D为桩径

4.11 水泥土搅拌桩地基

4.11.1 施工前应检查水泥及外掺剂的质量、桩位、搅拌机工作性能及各种计量设备完好程度（主要是水泥浆流量计及其他计量装置）。

4.11.2 施工中应检查机头提升速度、水泥浆或水泥注入量、搅拌桩的长度及标高。

4.11.3 施工结束后，应检查桩体强度、桩体直径及地基承载力。

4.11.4 进行强度检验时，对承重水泥土搅拌桩应取90d后的试件；对支护水泥土搅拌桩应取28d后的试件。

4.11.5 水泥土搅拌桩地基质量检验标准应符合表4.11.5的规定。

表 4.11.5 水泥土搅拌桩地基质量检验标准

项	序	检查项目	允许偏差或允许值 单位	允许偏差或允许值 数值	检查方法
主控项目	1	水泥及外掺剂质量	设计要求		查产品合格证书或抽样送检
	2	水泥用量	参数指标		查看流量计
	3	桩体强度	设计要求		按规定办法
	4	地基承载力	设计要求		按规定办法
一般项目	1	机头提升速度	m/min	≤0.5	量机头上升距离及时间
	2	桩底标高	mm	±200	测机头深度
	3	桩顶标高	mm	+100 -50	水准仪（最上部500mm不计入）
	4	桩位偏差	mm	<50	用钢尺量
	5	桩径		<0.04D	用钢尺量，D为桩径
	6	垂直度	%	≤1.5	经纬仪
	7	搭接	mm	>200	用钢尺量

4.12 土和灰土挤密桩复合地基

4.12.1 施工前应对土及灰土的质量、桩孔放样位置等做检查。

4.12.2 施工中应对桩孔直径、桩孔深度、夯击次数、填料的含水量等做检查。

4.12.3 施工结束后，应检验成桩的质量及地基承载力。

4.12.4 土和灰土挤密桩地基质量检验标准应符合表4.12.4的规定。

表 4.12.4 土和灰土挤密桩地基质量检验标准

项	序	检查项目	允许偏差或允许值 单位	允许偏差或允许值 数值	检查方法
主控项目	1	桩体及桩间土干密度	设计要求		现场取样检查
	2	桩长	mm	+500	测桩管长度或垂球测孔深
	3	地基承载力	设计要求		按规定的方法
	4	桩径	mm	-20	用钢尺量
一般项目	1	土料有机质含量	%	≤5	试验室焙烧法
	2	石灰粒径	mm	≤5	筛分法
	3	桩位偏差		满堂布桩≤0.40D 条基布桩≤0.25D	用钢尺量，D为桩径
	4	垂直度	%	≤1.5	用经纬仪测桩管
	5	桩径	mm	-20	用钢尺量

注：桩径允许偏差负值是指个别断面。

4.13 水泥粉煤灰碎石桩复合地基

4.13.1 水泥、粉煤灰、砂及碎石等原材料应符合设计要求。

4.13.2 施工中应检查桩身混合料的配合比、坍落度和提拔钻杆速度（或提拔套管速度）、成孔深度、混合料灌入量等。

4.13.3 施工结束后，应对桩顶标高、桩位、桩体质量、地基承载力以及褥垫层的质量做检查。

4.13.4 水泥粉煤灰碎石桩复合地基的质量检验标准应符合表4.13.4的规定。

表4.13.4 水泥粉煤灰碎石桩复合地基质量检验标准

项	序	检查项目	允许偏差或允许值		检查方法
			单位	数值	
主控项目	1	原材料		设计要求	查产品合格证书或抽样送检
	2	桩径	mm	−20	用钢尺量或计算填料量
	3	桩身强度		设计要求	查28d试块强度
	4	地基承载力		设计要求	按规定的办法
一般项目	1	桩身完整性		按桩基检测技术规范	按桩基检测技术规范
	2	桩位偏差		满堂布桩≤0.40D 条基布桩≤0.25D	用钢尺量，D为桩径
	3	桩垂直度	%	≤1.5	用经纬仪测桩管
	4	桩长	mm	+100	测桩管长度或垂球测孔深
	5	褥垫层夯填度		≤0.9	用钢尺量

注：1 夯填度指夯实后的褥垫层厚度与虚体厚度的比值。
　　2 桩径允许偏差负值是指个别断面。

4.14 夯实水泥土桩复合地基

4.14.1 水泥及夯实用土料的质量应符合设计要求。

4.14.2 施工中应检查孔位、孔深、孔径、水泥和土的配比、混合料含水量等。

4.14.3 施工结束后，应对桩体质量及复合地基承载力做检验，褥垫层应检查其夯填度。

4.14.4 夯实水泥土桩的质量检验标准应符合表4.14.4的规定。

4.14.5 夯扩桩的质量检验标准可按本节执行。

表4.14.4 夯实水泥土桩复合地基质量检验标准

项	序	检查项目	允许偏差或允许值		检查方法
			单位	数值	
主控项目	1	桩径	mm	−20	用钢尺量
	2	桩长	mm	+500	测桩孔深度
	3	桩体干密度		设计要求	现场取样检查
	4	地基承载力		设计要求	按规定的方法

续表 4.14.4

项	序	检查项目	允许偏差或允许值 单位	允许偏差或允许值 数值	检查方法
一般项目	1	土料有机质含量	%	≤5	焙烧法
一般项目	2	含水量（与最优含水量比）	%	±2	烘干法
一般项目	3	土料粒径	mm	≤20	筛分法
一般项目	4	水泥质量	设计要求		查产品质量合格证书或抽样送检
一般项目	5	桩位偏差	满堂布桩≤0.40D 条基布桩≤0.25D		用钢尺量，D 为桩径
一般项目	6	桩孔垂直度	%	≤1.5	用经纬仪测桩管
一般项目	7	褥垫层夯填度	≤0.9		用钢尺量

注：见表 4.13.4。

4.15 砂 桩 地 基

4.15.1 施工前应检查砂料的含泥量及有机质含量、样桩的位置等。

4.15.2 施工中检查每根砂桩的桩位、灌砂量、标高、垂直度等。

4.15.3 施工结束后，应检验被加固地基的强度或承载力。

4.15.4 砂桩地基的质量检验标准应符合表 4.15.4 的规定。

表 4.15.4 砂桩地基的质量检验标准

项	序	检查项目	允许偏差或允许值 单位	允许偏差或允许值 数值	检查方法
主控项目	1	灌砂量	%	≥95	实际用砂量与计算体积比
主控项目	2	地基强度	设计要求		按规定方法
主控项目	3	地基承载力	设计要求		按规定方法
一般项目	1	砂料的含泥量	%	≤3	试验室测定
一般项目	2	砂料的有机质含量	%	≤5	焙烧法
一般项目	3	桩位	mm	≤50	用钢尺量
一般项目	4	砂桩标高	mm	±150	水准仪
一般项目	5	垂直度	%	≤1.5	经纬仪检查桩管垂直度

5 桩 基 础

5.1 一 般 规 定

5.1.1 桩位的放样允许偏差如下：
　　群桩　　　20mm；
　　单排桩　　10mm。

5.1.2 桩基工程的桩位验收，除设计有规定外，应按下述要求进行：

　　1 当桩顶设计标高与施工场地标高相同时，或桩基施工结束后，有可能对桩位进行检查时，桩基工程的验收应在施工结束后进行。

2 当桩顶设计标高低于施工场地标高，送桩后无法对桩位进行检查时，对打入桩可在每根桩桩顶沉至场地标高时，进行中间验收，待全部桩施工结束，承台或底板开挖到设计标高后，再做最终验收。对灌注桩可对护筒位置做中间验收。

5.1.3 打（压）入桩（预制混凝土方桩、先张法预应力管桩、钢桩）的桩位偏差，必须符合表5.1.3的规定。斜桩倾斜度的偏差不得大于倾斜角正切值的15%（倾斜角系桩的纵向中心线与铅垂线间夹角）。

表 5.1.3 预制桩（钢桩）桩位的允许偏差（mm）

项	项 目	允许偏差
1	盖有基础梁的桩： (1) 垂直基础梁的中心线 (2) 沿基础梁的中心线	$100+0.01H$ $150+0.01H$
2	桩数为1~3根桩基中的桩	100
3	桩数为4~16根桩基中的桩	1/2桩径或边长
4	桩数大于16根桩基中的桩： (1) 最外边的桩 (2) 中间桩	1/3桩径或边长 1/2桩径或边长

注：H为施工现场地面标高与桩顶设计标高的距离。

5.1.4 灌注桩的桩位偏差必须符合表5.1.4的规定，桩顶标高至少要比设计标高高出0.5m，桩底清孔质量按不同的成桩工艺有不同的要求，应按本章的各节要求执行。每浇注50m³必须有1组试件，小于50m³的桩，每根桩必须有1组试件。

表 5.1.4 灌注桩的平面位置和垂直度的允许偏差

序号	成孔方法		桩径允许偏差（mm）	垂直度允许偏差（%）	桩位允许偏差（mm）	
					1~3根、单排桩基垂直于中心线方向和群桩基础的边桩	条形桩基沿中心线方向和群桩基础的中间桩
1	泥浆护壁灌注桩	$D \leqslant 1000mm$	±50	<1	$D/6$，且不大于100	$D/4$，且不大于150
		$D > 1000mm$	±50	<1	$100+0.01H$	$150+0.01H$
2	套管成孔灌注桩	$D \leqslant 500mm$	−20	<1	70	150
		$D > 500mm$	−20	<1	100	150
3	干成孔灌注桩		−20	<1	70	150
4	人工挖孔桩	混凝土护壁	+50	<0.5	50	150
		钢套管护壁	+50	<1	100	200

注：1 桩径允许偏差的负值是指个别断面。
　　2 采用复打、反插法施工的桩，其桩径允许偏差不受上表限制。
　　3 H为施工现场地面标高与桩顶设计标高的距离，D为设计桩径。

5.1.5 工程桩应进行承载力检验。对于地基基础设计等级为甲级或地质条件复杂，成桩质量可靠性低的灌注桩，应采用静载荷试验的方法进行检验，检验桩数不应少于总数的1%，且不应少于3根，当总桩数少于50根时，不应少于2根。

5.1.6 桩身质量应进行检验。对设计等级为甲级或地质条件复杂，成检质量可靠性低的灌注桩，抽检数量不应少于总数的30%，且不应少于20根；其他桩基工程的抽检数量不应少于总数的20%，且不应少于10根；对混凝土预制桩及地下水位以上且终孔后经过核验的灌注桩，检验数量不应少于总桩数的10%，且不得少于10根。每个柱子承台下不得少于1根。

5.1.7 对砂、石子、钢材、水泥等原材料的质量、检验项目、批量和检验方法，应符合国家现行标准的规定。

5.1.8 除本规范第5.1.5、5.1.6条规定的主控项目外，其他主控项目应全部检查，对一般项目，除已明确规定外，其他可按20%抽查，但混凝土灌注桩应全部检查。

5.2 静 力 压 桩

5.2.1 静力压桩包括锚杆静压桩及其他各种非冲击力沉桩。

5.2.2 施工前应对成品桩（锚杆静压成品桩一般均由工厂制造，运至现场堆放）做外观及强度检验，接桩用焊条或半成品硫磺胶泥应有产品合格证书，或送有关部门检验，压桩用压力表、锚杆规格及质量也应进行检查。硫磺胶泥半成品应每100kg做一组试件（3件）。

5.2.3 压桩过程中应检查压力、桩垂直度、接桩间歇时间、桩的连接质量及压入深度。重要工程应对电焊接桩的接头做10%的探伤检查。对承受反力的结构应加强观测。

5.2.4 施工结束后，应做桩的承载力及桩体质量检验。

5.2.5 锚杆静压桩质量检验标准应符合表5.2.5的规定。

表5.2.5 静力压桩质量检验标准

项目	序	检查项目		允许偏差或允许值		检查方法
				单位	数值	
主控项目	1	桩体质量检验		按基桩检测技术规范		按基桩检测技术规范
	2	桩位偏差		见本规范表5.1.3		用钢尺量
	3	承载力		按基桩检测技术规范		按基桩检测技术规范
一般项目	1	成品桩质量：外观		表面平整，颜色均匀，掉角深度<10mm，蜂窝面积小于总面积0.5%		直观
		外形尺寸		见本规范表5.4.5		见本规范表5.4.5
		强度		满足设计要求		查产品合格证书或钻芯试压
	2	硫磺胶泥质量（半成品）		设计要求		查产品合格证书或抽样送检
	3	接桩	电焊接桩：焊缝质量	见本规范表5.5.4-2		见本规范表5.5.4-2
			电焊结束后停歇时间	min	>1.0	秒表测定
			硫磺胶泥接桩：胶泥浇注时间	min	<2	秒表测定
			浇注后停歇时间	min	>7	秒表测定
	4	电焊条质量		设计要求		查产品合格证书
	5	压桩压力（设计有要求时）		%	±5	查压力表读数
	6	接桩时上下节平面偏差接桩时节点弯曲矢高		mm	<10 <1/1000l	用钢尺量 用钢尺量，l为两节桩长
	7	桩顶标高		mm	±50	水准仪

5.3 先张法预应力管桩

5.3.1 施工前应检查进入现场的成品桩，接桩用电焊条等产品质量。

5.3.2 施工过程中应检查桩的贯入情况、桩顶完整状况、电焊接桩质量、桩体垂直度、电焊后的停歇时间。重要工程应对电焊接头做10%的焊缝探伤检查。

5.3.3 施工结束后，应做承载力检验及桩体质量检验。

5.3.4 先张法预应力管桩的质量检验应符合表5.3.4的规定。

表5.3.4 先张法预应力管桩质量检验标准

项	序	检查项目		允许偏差或允许值		检查方法
				单位	数值	
主控项目	1	桩体质量检验		按基桩检测技术规范		按基桩检测技术规范
	2	桩位偏差		见本规范表5.1.3		用钢尺量
	3	承载力		按基桩检测技术规范		按基桩检测技术规范
一般项目	1	成品桩质量	外观	无蜂窝、露筋、裂缝、色感均匀、桩顶处无孔隙		直观
			桩径	mm	±5	用钢尺量
			管壁厚度	mm	±5	用钢尺量
			桩尖中心线	mm	<2	用钢尺量
			顶面平整度	mm	10	用水平尺量
			桩体弯曲		<1/1000l	用钢尺量，l为桩长
	2	接桩：焊缝质量		见本规范表5.5.4-2		见本规范表5.5.4-2
		电焊结束后停歇时间		min	>1.0	秒表测定
		上下节平面偏差		mm	<10	用钢尺量
		节点弯曲矢高			<1/1000l	用钢尺量，l为两节桩长
	3	停锤标准		设计要求		现场实测或查沉桩记录
	4	桩顶标高		mm	±50	水准仪

5.4 混凝土预制桩

5.4.1 桩在现场预制时，应对原材料、钢筋骨架（见表5.4.1）、混凝土强度进行检查；采用工厂生产的成品桩时，桩进场后应进行外观及尺寸检查。

5.4.2 施工中应对桩体垂直度、沉桩情况、桩顶完整状况、接桩质量等进行检查，对电焊接桩，重要工程应做10%的焊缝探伤检查。

5.4.3 施工结束后，应对承载力及桩体质量做检验。

5.4.4 对长桩或总锤击数超过500击的锤击桩，应符合桩体强度及28d龄期的两项条件才能锤击。

5.4.5 钢筋混凝土预制桩的质量检验标准应符合表5.4.5的规定。

表5.4.1 预制桩钢筋骨架质量检验标准（mm）

项	序	检查项目	允许偏差或允许值	检查方法
主控项目	1	主筋距桩顶距离	±5	用钢尺量
	2	多节桩锚固钢筋位置	5	用钢尺量
	3	多节桩预埋铁件	±3	用钢尺量
	4	主筋保护层厚度	±5	用钢尺量

续表 5.4.1

项	序	检查项目	允许偏差或允许值	检查方法
一般项目	1	主筋间距	±5	用钢尺量
	2	桩尖中心线	10	用钢尺量
	3	箍筋间距	±20	用钢尺量
	4	桩顶钢筋网片	±10	用钢尺量
	5	多节桩锚固钢筋长度	±10	用钢尺量

表 5.4.5 钢筋混凝土预制桩的质量检验标准

项	序	检查项目	允许偏差或允许值 单位	允许偏差或允许值 数值	检查方法
主控项目	1	桩体质量检验	按基桩检测技术规范		按基桩检测技术规范
	2	桩位偏差	见本规范表5.1.3		用钢尺量
	3	承载力	按基桩检测技术规范		按基桩检测技术规范
一般项目	1	砂、石、水泥、钢材等原材料（现场预制时）	符合设计要求		查出厂质保文件或抽样送检
	2	混凝土配合比及强度（现场预制时）	符合设计要求		检查称量及查试块记录
	3	成品桩外形	表面平整，颜色均匀，掉角深度＜10mm，蜂窝面积小于总面积0.5%		直观
	4	成品桩裂缝（收缩裂缝或起吊、装运、堆放引起的裂缝）	深度＜20mm，宽度＜0.25mm，横向裂缝不超过边长的一半		裂缝测定仪，该项在地下水有侵蚀地区及锤击数超过500击的长桩不适用
	5	成品桩尺寸：横截面边长	mm	±5	用钢尺量
		桩顶对角线差	mm	＜10	用钢尺量
		桩尖中心线	mm	＜10	用钢尺量
		桩身弯曲矢高		＜1/1000l	用钢尺量，l为桩长
		桩顶平整度	mm	＜2	用水平尺量
	6	电焊接桩：焊缝质量	见本规范表5.5.4-2		见本规范表5.5.4-2
		电焊结束后停歇时间	min	＞1.0	秒表测定
		上下节平面偏差	mm	＜10	用钢尺量
		节点弯曲矢高		＜1/1000l	用钢尺量，l为两节桩长
	7	硫磺胶泥接桩：胶泥浇注时间	min	＜2	秒表测定
		浇注后停歇时间	min	＞7	秒表测定
	8	桩顶标高	mm	±50	水准仪
	9	停锤标准	设计要求		现场实测或查沉桩记录

5.5 钢 桩

5.5.1 施工前应检查进入现场的成品钢桩，成品桩的质量标准应符合本规范表5.5.4-1的规定。

5.5.2 施工中应检查钢桩的垂直度、沉入过程、电焊连接质量、电焊后的停歇时间、桩顶锤击后的完整状况。电焊质量除常规检查外，应做10%的焊缝探伤检查。

5.5.3 施工结束后应做承载力检验。

5.5.4 钢桩施工质量检验标准应符合表 5.5.4-1 及表 5.5.4-2 的规定。

表 5.5.4-1 成品钢桩质量检验标准

项目	序	检查项目	允许偏差或允许值 单位	允许偏差或允许值 数值	检查方法
主控项目	1	钢桩外径或断面尺寸：桩端桩身		±0.5%D ±1D	用钢尺量，D 为外径或边长
主控项目	2	矢高		<1/1000l	用钢尺量，l 为桩长
一般项目	1	长度	mm	+10	用钢尺量
一般项目	2	端部平整度	mm	≤2	用水平尺量
一般项目	3	H 钢桩的方正度 $h>300$ $h<300$	mm mm	$T+T'≤8$ $T+T'≤6$	用钢尺量，h、T、T' 见图示
一般项目	4	端部平面与桩中心线的倾斜值	mm	≤2	用水平尺量

表 5.5.4-2 钢桩施工质量检验标准

项目	序	检查项目	允许偏差或允许值 单位	允许偏差或允许值 数值	检查方法
主控项目	1	桩位偏差		见本规范表 5.1.3	用钢尺量
主控项目	2	承载力		按基桩检测技术规范	按基桩检测技术规范
一般项目	1	电焊接桩焊缝： (1) 上下节端部错口 　（外径≥700mm） 　（外径<700mm） (2) 焊缝咬边深度 (3) 焊缝加强层高度 (4) 焊缝加强层宽度 (5) 焊缝电焊质量外观 (6) 焊缝探伤检验	mm mm mm mm mm	≤3 ≤2 ≤0.5 2 2 无气孔，无焊瘤，无裂缝 满足设计要求	用钢尺量 用钢尺量 焊缝检查仪 焊缝检查仪 焊缝检查仪 直观 按设计要求
一般项目	2	电焊结束后停歇时间	min	>1.0	秒表测定
一般项目	3	节点弯曲矢高		<1/1000l	用钢尺量，l 为两节桩长
一般项目	4	桩顶标高	mm	±50	水准仪
一般项目	5	停锤标准		设计要求	用钢尺量或沉桩记录

5.6 混凝土灌注桩

5.6.1 施工前应对水泥、砂、石子（如现场搅拌）、钢材等原材料进行检查，对施工组织设计中制定的施工顺序、监测手段（包括仪器、方法）也应检查。

5.6.2 施工中应对成孔、清渣、放置钢筋笼、灌注混凝土等进行全过程检查，人工挖孔桩尚应复验孔底持力层土（岩）性。嵌岩桩必须有桩端持力层的岩性报告。

5.6.3 施工结束后，应检查混凝土强度，并应做桩体质量及承载力的检验。

5.6.4 混凝土灌注桩的质量检验标准应符合表5.6.4-1、表5.6.4-2的规定。

表5.6.4-1 混凝土灌注桩钢筋笼质量检验标准（mm）

项	序	检查项目	允许偏差或允许值	检查方法
主控项目	1	主筋间距	±10	用钢尺量
	2	长度	±100	用钢尺量
一般项目	1	钢筋材质检验	设计要求	抽样送检
	2	箍筋间距	±20	用钢尺量
	3	直径	±10	用钢尺量

表5.6.4-2 混凝土灌注桩质量检验标准

项	序	检查项目	允许偏差或允许值		检查方法
			单位	数值	
主控项目	1	桩位	见本规范表5.1.4		基坑开挖前量护筒，开挖后量桩中心
	2	孔深	mm	+300	只深不浅，用重锤测，或测钻杆、套管长度，嵌岩桩应确保进入设计要求的嵌岩深度
	3	桩体质量检验	按基桩检测技术规范。如钻芯取样，大直径嵌岩桩应钻至桩尖下50cm		按基桩检测技术规范
	4	混凝土强度	设计要求		试件报告或钻芯取样送检
	5	承载力	按基桩检测技术规范		按基桩检测技术规范
一般项目	1	垂直度	见本规范表5.1.4		测套管或钻杆，或用超声波探测，干施工时吊垂球
	2	桩径	见本规范表5.1.4		井径仪或超声波检测，干施工时用钢尺量，人工挖孔桩不包括内衬厚度
	3	泥浆比重（黏土或砂性土中）		1.15~1.20	用比重计测，清孔后在距孔底50cm处取样
	4	泥浆面标高（高于地下水位）	m	0.5~1.0	目测
	5	沉渣厚度：端承桩	mm	≤50	用沉渣仪或重锤测量
		摩擦桩	mm	≤150	
	6	混凝土坍落度：水下灌注	mm	160~220	坍落度仪
		干施工	mm	70~100	
	7	钢筋笼安装深度	mm	±100	用钢尺量
	8	混凝土充盈系数		>1	检查每根桩的实际灌注量
	9	桩顶标高	mm	+30 -50	水准仪，需扣除桩顶浮浆层及劣质桩体

5.6.5 人工挖孔桩、嵌岩桩的质量检验应按本节执行。

6 土方工程

6.1 一般规定

6.1.1 土方工程施工前应进行挖、填方的平衡计算，综合考虑土方运距最短、运程合理和各个工程项目的合理施工程序等,做好土方平衡调配,减少重复挖运。

土方平衡调配应尽可能与城市规划和农田水利相结合将余土一次性运到指定弃土场,做到文明施工。

6.1.2 当土方工程挖方较深时,施工单位应采取措施,防止基坑底部土的隆起并避免危害周边环境。

6.1.3 在挖方前,应做好地面排水和降低地下水位工作。

6.1.4 平整场地的表面坡度应符合设计要求,如设计无要求时,排水沟方向的坡度不应小于2‰。平整后的场地表面应逐点检查。检查点为每100~400m^{2}取1点,但不应少于10点;长度、宽度和边坡均为每20m取1点,每边不应少于1点。

6.1.5 土方工程施工,应经常测量和校核其平面位置、水平标高和边坡坡度。平面控制桩和水准控制点应采取可靠的保护措施,定期复测和检查。土方不应堆在基坑边缘。

6.1.6 对雨季和冬季施工还应遵守国家现行有关标准。

6.2 土方开挖

6.2.1 土方开挖前应检查定位放线、排水和降低地下水位系统,合理安排土方运输车的行走路线及弃土场。

6.2.2 施工过程中应检查平面位置、水平标高、边坡坡度、压实度、排水、降低地下水位系统,并随时观测周围的环境变化。

6.2.3 临时性挖方的边坡值应符合表6.2.3的规定。

表6.2.3 临时性挖方边坡值

土的类别		边坡值(高:宽)
砂土(不包括细砂、粉砂)		1:1.25~1:1.50
一般性黏土	硬	1:0.75~1:1.00
	硬、塑	1:1.00~1:1.25
	软	1:1.50 或更缓
碎石类土	充填坚硬、硬塑粘性土	1:0.50~1:1.00
	充填砂土	1:1.00~1:1.50

注:1 设计有要求时,应符合设计标准。
　　2 如采用降水或其他加固措施,可不受本表限制,但应计算复核。
　　3 开挖深度,对软土不应超过4m,对硬土不应超过8m。

6.2.4 土方开挖工程的质量检验标准应符合表6.2.4的规定。

表6.2.4 土方开挖工程质量检验标准(mm)

项	序	项目	允许偏差或允许值					检验方法
			柱基基坑基槽	挖方场地平整		管沟	地(路)面基层	
				人工	机械			
主控项目	1	标高	−50	±30	±50	−50	−50	水准仪
	2	长度、宽度(由设计中心线向两边量)	+200 −50	+300 −100	+500 −150	+100	—	经纬仪,用钢尺量
	3	边坡	设计要求			观察或用坡度尺检查		

续表6.2.4

项	序	项目	允许偏差或允许值					检验方法
			柱基基坑基槽	挖方场地平整		管沟	地（路）面基层	
				人工	机械			
一般项目	1	表面平整度	20	20	50	20	20	用2m靠尺和楔形塞尺检查
	2	基底土性	设计要求					观察或土样分析

注：地（路）面基层的偏差只适用于直接在挖、填方上做地（路）面的基层。

6.3 土方回填

6.3.1 土方回填前应清除基底的垃圾、树根等杂物，抽除坑穴积水、淤泥，验收基底标高。如在耕植土或松土上填方，应在基底压实后再进行。

6.3.2 对填方土料应按设计要求验收后方可填入。

6.3.3 填方施工过程中应检查排水措施，每层填筑厚度、含水量控制、压实程度。填筑厚度及压实遍数应根据土质，压实系数及所用机具确定。如无试验依据，应符合表6.3.3的规定。

表6.3.3 填土施工时的分层厚度及压实遍数

压实机具	分层厚度（mm）	每层压实遍数
平碾	250~300	6~8
振动压实机	250~350	3~4
柴油打夯机	200~250	3~4
人工打夯	<200	3~4

6.3.4 填方施工结束后，应检查标高、边坡坡度、压实程度等，检验标准应符合表6.3.4的规定。

表6.3.4 填土工程质量检验标准（mm）

项	序	检查项目	允许偏差或允许值					检查方法
			桩基基坑基槽	场地平整		管沟	地（路）面基础层	
				人工	机械			
主控项目	1	标高	-50	±30	±50	-50	-50	水准仪
	2	分层压实系数	设计要求					按规定方法
一般项目	1	回填土料	设计要求					取样检查或直观鉴别
	2	分层厚度及含水量	设计要求					水准仪及抽样检查
	3	表面平整度	20	20	30	20	20	用靠尺或水准仪

7 基 坑 工 程

7.1 一 般 规 定

7.1.1 在基坑（槽）或管沟工程等开挖施工中，现场不宜进行放坡开挖，当可能对邻近建（构）筑物、地下管线、永久性道路产生危害时，应对基坑（槽）、管沟进行支护后再开挖。

7.1.2 基坑（槽）、管沟开挖前应做好下述工作：

1 基坑（槽）、管沟开挖前，应根据支护结构形式、挖深、地质条件、施工方法、周围环境、工期、气候和地面载荷等资料制定施工方案、环境保护措施、监测方案，经审批后方可施工。

2 土方工程施工前，应对降水、排水措施进行设计，系统应经检查和试运转，一切正常时方可开始施工。

3 有关围护结构的施工质量验收可按本规范第4章、第5章及本章7.2、7.3、7.4、7.6、7.7的规定执行，验收合格后方可进行土方开挖。

7.1.3 土方开挖的顺序、方法必须与设计工况相一致，并遵循"开槽支撑，先撑后挖，分层开挖，严禁超挖"的原则。

7.1.4 基坑（槽）、管沟的挖土应分层进行。在施工过程中基坑（槽）、管沟边堆置土方不应超过设计荷载，挖方时不应碰撞或损伤支护结构、降水设施。

7.1.5 基坑（槽）、管沟土方施工中应对支护结构、周围环境进行观察和监测，如出现异常情况应及时处理，待恢复正常后方可继续施工。

7.1.6 基坑（槽）、管沟开挖至设计标高后，应对坑底进行保护，经验槽合格后，方可进行垫层施工。对特大型基坑，宜分区分块挖至设计标高，分区分块及时浇筑垫层。必要时，可加强垫层。

7.1.7 基坑（槽）、管沟土方工程验收必须确保支护结构安全和周围环境安全为前提。当设计有指标时，以设计要求为依据，如无设计指标时应按表7.1.7的规定执行。

表7.1.7 基坑变形的监控值（cm）

基坑类别	围护结构墙顶位移监控值	围护结构墙体最大位移监控值	地面最大沉降监控值
一级基坑	3	5	3
二级基坑	6	8	6
三级基坑	8	10	10

注：1. 符合下列情况之一，为一级基坑：
　　1) 重要工程或支护结构做主体结构的一部分；
　　2) 开挖深度大于10m；
　　3) 与临近建筑物，重要设施的距离在开挖深度以内的基坑；
　　4) 基坑范围内有历史文物、近代优秀建筑、重要管线等需严加保护的基坑。
2. 三级基坑为开挖深度小于7m，且周围环境无特别要求时的基坑。
3. 除一级和三级外的基坑属二级基坑。
4. 当周围已有的设施有特殊要求时，尚应符合这些要求。

7.2 排桩墙支护工程

7.2.1 排桩墙支护结构包括灌注桩、预制桩、板桩等类型桩构成的支护结构。

7.2.2 灌注桩、预制桩的检验标准应符合本规范第5章的规定。钢板桩均为工厂成品，新桩可按出厂标准检验，重复使用的钢板桩应符合表7.2.2-1的规定，混凝土板桩应符合表7.2.2-2的规定。

表7.2.2-1 重复使用的钢板桩检验标准

序	检查项目	允许偏差或允许值		检查方法
		单位	数值	
1	桩垂直度	%	<1	用钢尺量
2	桩身弯曲度		<2%l	用钢尺量，l为桩长
3	齿槽平直度及光滑度	无电焊渣或毛刺		用1m长的桩段做通过试验
4	桩长度	不小于设计长度		用钢尺量

表7.2.2-2 混凝土板桩制作标准

项	序	检查项目	允许偏差或允许值		检查方法
			单位	数值	
主控项目	1	桩长度	mm	+10 0	用钢尺量
	2	桩身弯曲度		<0.1%l	用钢尺量，l为桩长
一般项目	1	保护层厚度	mm	±5	用钢尺量
	2	模截面相对两面之差	mm	5	用钢尺量
	3	桩尖对桩轴线的位移	mm	10	用钢尺量
	4	桩厚度	mm	+10 0	用钢尺量
	5	凹凸槽尺寸	mm	±3	用钢尺量

7.2.3 排桩墙支护的基坑，开挖后应及时支护，每一道支撑施工应确保基坑变形在设计要求的控制范围内。

7.2.4 在含水地层范围内的排桩墙支护基坑，应有确实可靠的止水措施，确保基坑施工及邻近构筑物的安全。

7.3 水泥土桩墙支护工程

7.3.1 水泥土墙支护结构指水泥土搅拌桩（包括加筋水泥土搅拌桩）、高压喷射注浆桩所构成的围护结构。

7.3.2 水泥土搅拌桩及高压喷射注浆桩的质量检验应满足本规范第4章4.10、4.11的规定。

7.3.3 加筋水泥土桩应符合表7.3.3的规定。

表7.3.3 加筋水泥土桩质量检验标准

序	检查项目	允许偏差或允许值		检查方法
		单位	数值	
1	型钢长度	mm	±10	用钢尺量
2	型钢垂直度	%	<1	经纬仪
3	型钢插入标高	mm	±30	水准仪
4	型钢插入平面位置	mm	10	用钢尺量

7.4 锚杆及土钉墙支护工程

7.4.1 锚杆及土钉墙支护工程施工前应熟悉地质资料、设计图纸及周围环境，降水系统应确保正常工作，必须的施工设备如挖掘机、钻机、压浆泵、搅拌机等应能正常运转。

7.4.2 一般情况下，应遵循分段开挖、分段支护的原则，不宜按一次挖就再行支护的方式施工。

7.4.3 施工中应对锚杆或土钉位置，钻孔直径、深度及角度，锚杆或土钉插入长度，注浆配比、压力及注浆量，喷锚墙面厚度及强度、锚杆或土钉应力等进行检查。

7.4.4 每段支护体施工完后，应检查坡顶或坡面位移，坡顶沉降及周围环境变化，如有异常情况应采取措施，恢复正常后方可继续施工。

7.4.5 锚杆及土钉墙支护工程质量检验应符合表7.4.5的规定。

表7.4.5 锚杆及土钉墙支护工程质量检验标准

项	序	检查项目	允许偏差或允许值		检查方法
			单位	数值	
主控项目	1	锚杆土钉长度	mm	±30	用钢尺量
	2	锚杆锁定力	设计要求		现场实测
一般项目	1	锚杆或土钉位置	mm	±100	用钢尺量
	2	钻孔倾斜度	°	±1	测钻机倾角
	3	浆体强度	设计要求		试样送检
	4	注浆量	大于理论计算浆量		检查计量数据
	5	土钉墙面厚度	mm	±10	用钢尺量
	6	墙体强度	设计要求		试样送检

7.5 钢或混凝土支撑系统

7.5.1 支撑系统包括围囹及支撑，当支撑较长时（一般超过15m），还包括支撑下的立柱及相应的立柱桩。

7.5.2 施工前应熟悉支撑系统的图纸及各种计算工况，掌握开挖及支撑设置的方式、预顶力及周围环境保护的要求。

7.5.3 施工过程中应严格控制开挖和支撑的程序及时间，对支撑的位置（包括立柱及立柱桩的位置）、每层开挖深度、预加顶力（如需要时）、钢围囹与围护体或支撑与围囹的密贴度应做周密检查。

7.5.4 全部支撑安装结束后，仍应维持整个系统的正常运转直至支撑全部拆除。

7.5.5 作为永久性结构的支撑系统尚应符合现行国家标准《混凝土结构工程施工质量验收规范》GB 50204的要求。

7.5.6 钢或混凝土支撑系统工程质量检验标准应符合表7.5.6的规定。

表7.5.6 钢及混凝土支撑系统工程质量检验标准

项	序	检查项目	允许偏差或允许值		检查方法
			单位	数量	
主控项目	1	支撑位置：标高 平面	mm mm	30 100	水准仪 用钢尺量
	2	预加顶力	kN	±50	油泵读数或传感器
一般项目	1	围囹标高	mm	30	水准仪
	2	立柱桩	参见本规范第5章		参见本规范第5章
	3	立柱位置：标高 平面	mm mm	30 50	水准仪 用钢尺量
	4	开挖超深（开槽放支撑不在此范围）	mm	<200	水准仪
	5	支撑安装时间	设计要求		用钟表估测

7.6 地下连续墙

7.6.1 地下连续墙均应设置导墙，导墙形式有预制及现浇两种，现浇导墙形状有"L"型或倒"L"型，可根据不同土质选用。

7.6.2 地下墙施工前宜先试成槽，以检验泥浆的配比、成槽机的选型并可复核地质资料。

7.6.3 作为永久结构的地下连续墙，其抗渗质量标准可按现行国家标准《地下防水工程施工质量验收规范》GB 50208 执行。

7.6.4 地下墙槽段间的连接接头形式，应根据地下墙的使用要求选用，且应考虑施工单位的经验，无论选用何种接头，在浇注混凝土前，接头处必须刷洗干净，不留任何泥砂或污物。

7.6.5 地下墙与地下室结构顶板、楼板、底板及梁之间连接可预埋钢筋或接驳器（锥螺纹或直螺纹），对接驳器也应按原材料检验要求，抽样复验。数量每 500 套为一个检验批，每批应抽查 3 件，复验内容为外观、尺寸、抗拉试验等。

7.6.6 施工前应检验进场的钢材、电焊条。已完工的导墙应检查其净空尺寸，墙面平整度与垂直度。检查泥浆用的仪器、泥浆循环系统应完好。地下连续墙应用商品混凝土。

7.6.7 施工中应检查成槽的垂直度、槽底的淤积物厚度、泥浆比重、钢筋笼尺寸、浇注导管位置、混凝土上升速度、浇注面标高、地下墙连接面的清洗程度、商品混凝土的坍落度、锁口管或接头箱的拔出时间及速度等。

7.6.8 成槽结束后应对成槽的宽度、深度及倾斜度进行检验，重要结构每段槽段都应检查，一般结构可抽查总槽段数的 20%，每槽段应抽查 1 个段面。

7.6.9 永久性结构的地下墙，在钢筋笼沉放后，应做二次清孔，沉渣厚度应符合要求。

7.6.10 每 50m³ 地下墙应做 1 组试件，每幅槽段不得少于 1 组，在强度满足设计要求后方可开挖土方。

7.6.11 作为永久性结构的地下连续墙，土方开挖后应进行逐段检查，钢筋混凝土底板也应符合现行国家标准《混凝土结构工程施工质量验收规范》GB 50204 的规定。

7.6.12 地下墙的钢筋笼检验标准应符合本规范表 5.6.4-1 的规定。其他标准应符合表 7.6.12 的规定。

表 7.6.12 地下墙质量检验标准

项	序	检查项目		允许偏差或允许值		检查方法
				单位	数值	
主控项目	1	墙体强度		设计要求		查试件记录或取芯试压
	2	垂直度：永久结构 临时结构			1/300 1/150	测声波测槽仪或成槽机上的监测系统
一般项目	1	导墙尺寸	宽度	mm	W+40	用钢尺量，W 为地下墙设计厚度
			墙面平整度	mm	<5	用钢尺量
			导墙平面位置	mm	±10	用钢尺量
	2	沉渣厚度：永久结构 临时结构		mm mm	≤100 ≤200	重锤测或沉积物测定仪测
	3	槽深		mm	+100	重锤测

续表 7.6.12

项	序	检查项目		允许偏差或允许值		检查方法
				单位	数值	
一般项目	4	混凝土坍落度		mm	180～220	坍落度测定器
	5	钢筋笼尺寸		见本规范表 5.6.4-1		见本规范表 5.6.4-1
	6	地下墙表面平整度	永久结构	mm	<100	此为均匀黏土层，松散及易坍土层由设计决定
			临时结构	mm	<150	
			插入式结构	mm	<20	
	7	永久结构时的预埋件位置	水平向	mm	≤10	用钢尺量
			垂直向	mm	≤20	水准仪

7.7 沉井与沉箱

7.7.1 沉井是下沉结构，必须掌握确凿的地质资料，钻孔可按下述要求进行：

1 面积在 200m² 以下（包括 200m²）的沉井（箱），应有一个钻孔（可布置在中心位置）。

2 面积在 200m² 以上的沉井（箱），在四角（圆形为相互垂直的两直径端点）应各布置一个钻孔。

3 特大沉井（箱）可根据具体情况增加钻孔。

4 钻孔底标高应深于沉井的终沉标高。

5 每座沉井（箱）应有一个钻孔提供土的各项物理力学指标、地下水位和地下水含量资料。

7.7.2 沉井（箱）的施工应由具有专业施工经验的单位承担。

7.7.3 沉井制作时，承垫木或砂垫层的采用，与沉井的结构情况、地质条件、制作高度等有关。无论采用何种型式，均应有沉井制作时的稳定计算及措施。

7.7.4 多次制作和下沉的沉井（箱），在每次制作接高时，应对下卧层作稳定复核计算，并确定确保沉井接高的稳定措施。

7.7.5 沉井采用排水封底，应确保终沉时，井内不发生管涌、涌土及沉井止沉稳定。如不能保证时，应采用水下封底。

7.7.6 沉井施工除应符合本规范规定外，尚应符合现行国家标准《混凝土结构工程施工质量验收规范》GB 50204 及《地下防水工程施工质量验收规范》GB 50208 的规定。

7.7.7 沉井（箱）在施工前应对钢筋、电焊条及焊接成形的钢筋半成品进行检验。如不用商品混凝土，则应对现场的水泥、骨料做检验。

7.7.8 混凝土浇注前，应对模板尺寸、预埋件位置、模板的密封性进行检验。拆模后应检查浇注质量（外观及强度），符合要求后方可下沉。浮运沉井尚需做起浮可能性检查。下沉过程中应对下沉偏差做过程控制检查。下沉后的接高应对地基强度、沉井的稳定做检查。封底结束后，应对底板的结构（有无裂缝）及渗漏做检查。有关渗漏验收标准应符合现行国家标准《地下防水工程施工质量验收规范》GB 50208 的规定。

7.7.9 沉井（箱）竣工后的验收应包括沉井（箱）的平面位置、终端标高、结构完整性、渗水等进行综合检查。

7.7.10 沉井（箱）的质量检验标准应符合表 7.7.10 的要求。

表 7.7.10 沉井（箱）的质量检验标准

项	序	检查项目	允许偏差或允许值		检查方法
			单位	数值	
主控项目	1	混凝土强度	满足设计要求（下沉前必须达到70%设计强度）		查试件记录或抽样送检
	2	封底前，沉井（箱）的下沉稳定	mm/8h	<10	水准仪
	3	封底结束后的位置：刃脚平均标高（与设计标高比）	mm	<100	水准仪
		刃脚平面中心线位移		<1%H	经纬仪，H 为下沉总深度，$H<10m$ 时，控制在100mm之内
		四角中任何两角的底面高差		<1%l	水准仪，l 为两角的距离，但不超过300mm，$l<10m$ 时，控制在100mm之内
一般项目	1	钢材、对接钢筋、水泥、骨料等原材料检查	符合设计要求		查出厂质保书或抽样送检
	2	结构体外观	无裂缝，无风窝、空洞，不露筋		直观
	3	平面尺寸：长与宽	%	±0.5	用钢尺量，最大控制在100mm之内
		曲线部分半径	%	±0.5	用钢尺量，最大控制在50mm之内
		两对角线差	%	1.0	用钢尺量
		预埋件	mm	20	用钢尺量
	4	下沉过程中的偏差 高差	%	1.5~2.0	水准仪，但最大不超过1m
		平面轴线		<1.5%H	经纬仪，H 为下沉深度，最大应控制在300mm之内，此数值不包括高差引起的中线位移
	5	封底混凝土坍落度	cm	18~22	坍落度测定器

注：主控项目3的三项偏差可同时存在，下沉总深度，系指下沉前后刃脚之高差。

7.8 降水与排水

7.8.1 降水与排水是配合基坑开挖的安全措施，施工前应有降水与排水设计。当在基坑外降水时，应有降水范围的估算，对重要建筑物或公共设施在降水过程中应监测。

7.8.2 对不同的土质应用不同的降水形式，表7.8.2为常用的降水形式。

表 7.8.2 降水类型及适用条件

降水类型 \ 适用条件	渗透系数（cm/s）	可能降低的水位深度（m）
轻型井点多级轻型井点	$10^{-2} \sim 10^{-5}$	3~6 6~12
喷射井点	$10^{-3} \sim 10^{-6}$	8~20
电渗井点	$<10^{-6}$	宜配合其他形式降水使用
深井井管	$\geq 10^{-5}$	>10

7.8.3 降水系统施工完后，应试运转，如发现井管失效，应采取措施使其恢复正常，如无可能恢复则应报废，另行设置新的井管。

7.8.4 降水系统运转过程中应随时检查观测孔中的水位。

7.8.5 基坑内明排水应设置排水沟及集水井，排水沟纵坡宜控制在 1‰ ~ 2‰。

7.8.6 降水与排水施工的质量检验标准应符合表 7.8.6 的规定。

表 7.8.6 降水与排水施工质量检验标准

序	检查项目	允许值或允许偏差		检查方法
		单位	数值	
1	排水沟坡度	‰	1~2	目测：坑内不积水，沟内排水畅通
2	井管（点）垂直度	%	1	插管时目测
3	井管（点）间距（与设计相比）	%	≤150	用钢尺量
4	井管（点）插入深度（与设计相比）	mm	≤200	水准仪
5	过滤砂砾料填灌（与计算值相比）	mm	≤5	检查回填料用量
6	井点真空度：轻型井点	kPa	>60	真空度表
	喷射井点	kPa	>93	真空度表
7	电渗井点阴阳极距离：轻型井点	mm	80~100	用钢尺量
	喷射井点	mm	120~150	用钢尺量

8 分部（子分部）工程质量验收

8.0.1 分项工程、分部（子分部）工程质量的验收，均应在施工单位自检合格的基础上进行。施工单位确认自检合格后提出工程验收申请，工程验收时应提供下列技术文件和记录：

 1 原材料的质量合格证和质量鉴定文件；
 2 半成品如预制桩、钢桩、钢筋笼等产品合格证书；
 3 施工记录及隐蔽工程验收文件；
 4 检测试验及见证取样文件；
 5 其他必须提供的文件或记录。

8.0.2 对隐蔽工程应进行中间验收。

8.0.3 分部（子分部）工程验收应由总监理工程师或建设单位项目负责人组织勘察、设计单位及施工单位的项目负责人、技术质量负责人，共同按设计要求和本规范及其他有关规定进行。

8.0.4 验收工作应按下列规定进行：

 1 分项工程的质量验收应分别按主控项目和一般项目验收；
 2 隐蔽工程应在施工单位自检合格后，于隐蔽前通知有关人员检查验收，并形成中间验收文件；
 3 分部（子分部）工程的验收，应在分项工程通过验收的基础上，对必要的部位进行见证检验。

8.0.5 主控项目必须符合验收标准规定，发现问题应立即处理直至符合要求，一般项目应有 80% 合格。混凝土试件强度评定不合格或对试件的代表性有怀疑时，应采用钻芯取样，检测结果符合设计要求可按合格验收。

附录 A 地基与基础施工勘察要点

A.1 一般规定

A.1.1 所有建（构）筑物均应进行施工验槽。遇到下列情况之一时，应进行专门的施工勘察。

1 工程地质条件复杂，详勘阶段难以查清时；
2 开挖基槽发现土质、土层结构与勘察资料不符时；
3 施工中边坡失稳，需查明原因，进行观察处理时；
4 施工中，地基土受扰动，需查明其性状及工程性质时；
5 为地基处理，需进一步提供勘察资料时；
6 建（构）筑物有特殊要求，或在施工时出现新的岩土工程地质问题时。

A.1.2 施工勘察应针对需要解决的岩土工程问题布置工作量，勘察方法可根据具体情况选用施工验槽、钻探取样和原位测试等。

A.2 天然地基基础基槽检验要点

A.2.1 基槽开挖后，应检验下列内容：

1 核对基坑的位置、平面尺寸、坑底标高；
2 核对基坑土质和地下水情况；
3 空穴、古墓、古井、防空掩体及地下埋设物的位置、深度、性状。

A.2.2 在进行直接观察时，可用袖珍式贯入仪作为辅助手段。

A.2.3 遇到下列情况之一时，应在基坑底普遍进行轻型动力触探：

1 持力层明显不均匀；
2 浅部有软弱下卧层；
3 有浅埋的坑穴、古墓、古井等，直接观察难以发现时；
4 勘察报告或设计文件规定应进行轻型动力触探时。

A.2.4 采用轻型动力触探进行基槽检验时，检验深度及间距按表 A.2.4 执行：

表 A.2.4 轻型动力触探检验深度及间距表 (m)

排列方式	基槽宽度	检验深度	检验间距
中心一排	<0.8	1.2	1.0~1.5m 视地层复杂情况定
两排错开	0.8~2.0	1.5	
梅花形	>2.0	2.1	

A.2.5 遇下列情况之一时，可不进行轻型动力触探：

1 基坑不深处有承压水层，触探可造成冒水涌砂时；
2 持力层为砾石层或卵石层，且其厚度符合设计要求时；

A.2.6 基槽检验应填写验槽记录或检验报告。

A.3 深基础施工勘察要点

A.3.1 当预制打入桩、静力压桩或锤击沉管灌注桩的入土深度与勘察资料不符或对桩端下卧层有怀疑时，应核查桩端下主要受力层范围内的标准贯入击数和岩土工程性质。

A.3.2 在单柱单桩的大直径桩施工中，如发现地层变化异常或怀疑持力层可能存在破碎带或溶洞等情况时，应对其分布、性质、程度进行核查，评价其对工程安全的影响程度。

A.3.3 人工挖孔混凝土灌注桩应逐孔进行持力层岩土性质的描述及鉴别，当发现与勘察资料不符时，应对异常之处进行施工勘察，重新评价，并提供处理的技术措施。

A.4 地基处理工程施工勘察要点

A.4.1 根据地基处理方案，对勘察资料中场地工程地质及水文地质条件进行核查和补充；对详勘阶段遗留问题或地基处理设计中的特殊要求进行有针对性的勘察，提供地基处理所需的岩土工程设计参数，评价现场施工条件及施工对环境的影响。

A.4.2 当地基处理施工中发生异常情况时，进行施工勘察，查明原因，为调整、变更设计方案提供岩土工程设计参数，并提供处理的技术措施。

A.5 施工勘察报告

A.5.1 施工勘察报告应包括下列主要内容：
 1 工程概况；
 2 目的和要求；
 3 原因分析；
 4 工程安全性评价；
 5 处理措施及建议。

附录 B 塑料排水带的性能

B.0.1 不同型号塑料排水带的厚度应符合表 B.0.1。

表 B.0.1 不同型号塑料排水带的厚度（mm）

型 号	A	B	C	D
厚度	>3.5	>4.0	>4.5	>6

B.0.2 塑料排水带的性能应符合表 B.0.2。

表 B.0.2 塑料排水带的性能

项 目	单位	A 型	B 型	C 型	条 件
纵向通水量	cm³/s	≥15	≥25	≥40	侧压力
滤膜渗透系数	cm/s	≥5×10⁻⁴			试件在水中浸泡 24h
滤膜等效孔径	μm	<75			以 D_{98} 计，D 为孔径

续表 B.0.2

项　　目		单位	A 型	B 型	C 型	条　　件
复合体抗拉强度（干态）		kN/10cm	≥1.0	≥1.3	≥1.5	延伸率 10%时
滤膜抗拉强度	干态	N/cm	≥15	≥25	≥30	延伸率 10%时
	湿态		≥10	≥20	≥25	延伸率 15%时，试件在水中浸泡 24h
滤膜重度		N/m²	—	0.8	—	

注：1. A 型排水带适用于插入深度小于 15m。
　　2. B 型排水带适用于插入深度小于 25m。
　　3. C 型排水带适用于插入深度小于 35m。

本规范用词说明

1　为便于在执行本规范条文时区别对待，对要求严格程度不同的用词，说明如下：
1）表示很严格，非这样做不可的用词：
正面词采用"必须"，反面词采用"严禁"。
2）表示严格，在正常情况下均应这样做的用词：
正面词采用"应"，反面词采用"不应"或"不得"。
3）表示允许稍有选择，在条件许可时，首先应这样做的用词：
正面词采用"宜"，反面词采用"不宜"。
表示有选择，在一定条件下可以这样做的用词，采用"可"。

2　本规范中指明应按其他有关标准、规范执行的写法为"应符合……要求或规定"或"应按……执行"。

中华人民共和国国家标准

建筑地基基础工程施工质量验收规范

GB 50202—2002

条 文 说 明

目次

1 总则 ·· 220
3 基本规定 ·· 220
4 地基 ·· 221
 4.1 一般规定 ·· 221
 4.2 灰土地基 ·· 221
 4.3 砂和砂石地基 ··· 222
 4.4 土工合成材料地基 ··· 222
 4.5 粉煤灰地基 ··· 222
 4.6 强夯地基 ·· 223
 4.7 注浆地基 ·· 223
 4.8 预压地基 ·· 223
 4.9 振冲地基 ·· 224
 4.10 高压喷射注浆地基 ·· 224
 4.11 水泥土搅拌桩地基 ·· 224
 4.12 土和灰土挤密桩复合地基 ·· 225
 4.13 水泥粉煤灰碎石桩复合地基 ····································· 225
 4.14 夯实水泥土桩复合地基 ··· 225
 4.15 砂桩地基 ··· 225
5 桩基础 ·· 225
 5.1 一般规定 ·· 225
 5.2 静力压桩 ·· 226
 5.3 先张法预应力管桩 ··· 226
 5.4 混凝土预制桩 ··· 227
 5.5 钢桩 ··· 227
 5.6 混凝土灌注桩 ··· 227
6 土方工程 ·· 227
 6.1 一般规定 ·· 227
 6.2 土方开挖 ·· 228
 6.3 土方回填 ·· 228
7 基坑工程 ·· 228
 7.1 一般规定 ·· 228
 7.2 排桩墙支护工程 ·· 229
 7.3 水泥土桩墙支护工程 ··· 229

7.4 锚杆及土钉墙支护工程 …………………………………………… 229
7.5 钢或混凝土支撑系统 ……………………………………………… 229
7.6 地下连续墙 ………………………………………………………… 230
7.7 沉井与沉箱 ………………………………………………………… 230
7.8 降水与排水 ………………………………………………………… 231
8 分部（子分部）工程质量验收 ………………………………………… 231

1 总 则

1.0.1 根据统一布置,现行国家标准《土方与爆破工程施工及验收规范》GBJ 201 中的"土方工程"列入本规范中。因此,本规范包括了"土方工程"的内容。

1.0.2 铁路、公路、航运、水利和矿井巷道工程,对地基基础工程均有特殊要求,本规范偏重于建筑工程,对这些有特殊要求的地基基础工程,验收应按专业规范执行。

1.0.3 本规范部分条文是强制性的,设计文件或合同条款可以有高于本规范规定的标准要求,但不得低于本规范规定的标准。

1.0.4 现行国家标准《建筑工程施工质量验收统一标准》GB 50300 对各个规范的编制起了指导性的作用,在具体执行本规范时,应同 GB 50300 标准结合起来使用。

1.0.5 地基基础工程内容涉及到砌体、混凝土、钢结构、地下防水工程以及桩基检测等有关内容,验收时除应符合本规范的规定外,尚应符合相关规范的规定。与本规范相关的国家现行规范有:

1 《砌体工程施工质量验收规范》GB 50203—2001
2 《混凝土结构工程施工质量验收规范》GB 50204—2001
3 《钢结构工程施工质量验收规范》GB 50205—2001
4 《地下防水工程施工质量验收规范》GB 50208—2001
5 《建筑基桩检测技术规范》JGJ 106—2003
6 《建筑地基处理技术规范》JGJ 79—2002
7 《建筑地基基础设计规范》GB 50007—2002

3 基 本 规 定

3.0.1 地基与基础工程的施工,均与地下土层接触,地质资料极为重要。基础工程的施工又影响临近房屋和其他公共设施,对这些设施的结构状况的掌握,有利于基础工程施工的安全与质量,同时又可使这些设施得到保护。近几年由于地质资料不详或对临近建筑物和设施没有充分重视而造成的基础工程质量事故或临近建筑物、公共设施的破坏事故,屡有发生。施工前掌握必要的资料,做到心中有数是有必要的。

3.0.2 国家基本建设的发展,促成了大批施工企业应运而生,但这些企业良莠不齐,施工质量得不到保证。尤其是地基基础工程,专业性较强,没有足够的施工经验,应付不了复杂的地质情况,多变的环境条件,较高的专业标准。为此,必须强调施工企业的资质。对重要的、复杂的地基基础工程应有相应资质的施工单位。资质指企业的信誉,人员的素质,设备的性能及施工实绩。

3.0.3 基础工程为隐蔽工程,工程检测与质量见证试验的结果具有重要的影响,必须有权威性。只有具有一定资质水平的单位才能保证其结果的可靠与准确。

3.0.4 有些地基与基础工程规模较大,内容较多,既有桩基又有地基处理,甚至基坑开挖等,可按工程管理的需要,根据《建筑工程施工质量验收统一标准》所划分的范围,确定子分部工程。

3.0.5 地基基础工程大量都是地下工程，虽有勘探资料，但常有与地质资料不符或没有掌握到的情况发生，致使工程不能顺利进行。为避免不必要的重大事故或损失，遇到施工异常情况出现应停止施工，待妥善解决后再恢复施工。

4 地 基

4.1 一 般 规 定

4.1.3 地基施工考虑间歇期是因为地基土的密实，孔隙水压力的消散，水泥或化学浆液的固结等均需有一个期限，施工结束即进行验收有不符实际的可能。至于间歇多长时间在各类地基规范中有所考虑，但仅是参照数字。具体可由设计人员根据要求确定。有些大工程施工周期较长，一部分已达到间歇要求，另一部分仍在施工，就不一定待全部工程施工结束后再进行取样检查，可先在已完工程部位进行，但是否有代表性就应由设计方确定。

4.1.4 试验工程目的在于取得数据，以指导施工。对无经验可查的工程更应强调，这样做的目的，能使施工质量更容易满足设计要求，即不造成浪费也不会造成大面积返工。对试验荷载考虑稍大一些，有利于分析比较，以取得可靠的施工参数。

4.1.5 本条所列的地基均不是复合地基，由于各地各设计单位的习惯、经验等，对地基处理后的质量检验指标均不一样，有的用标贯、静力触探，有的用十字板剪切强度等，有的就用承载力检验。对此，本条用何指标不予规定，按设计要求而定。地基处理的质量好坏，最终体现在这些指标中。为此，将本条列为强制性条文。各种指标的检验方法可按国家现行行业标准《建筑地基处理技术规范》JGJ 79 的规定执行。

4.1.6 水泥土搅拌桩地基，高压喷射注浆桩地基，砂桩地基，振冲桩地基、土和灰土挤密桩地基、水泥粉煤灰碎石桩地基及夯实水泥土桩地基为复合地基，桩是主要施工对象，首先应检验桩的质量，检查方法可按国家现行行业标准《建筑工程基桩检测技术规范》JGJ 106 的规定执行。

4.1.7 本规范第 4.1.5、4.1.6 条规定的各类地基的主控项目及数量是至少应达到的，其他主控项目及检验数量由设计确定，一般项目可根据实际情况，随时抽查，做好记录。复合地基中的桩的施工是主要的，应保证 20% 的抽查量。

4.2 灰 土 地 基

4.2.1 灰土的土料宜用黏土、粉质黏土。严禁采用冻土、膨胀土和盐渍土等活动性较强的土料。

4.2.2 验槽发现有软弱土层或孔穴时，应挖除并用素土或灰土分层填实。最优含水量可通过击实试验确定。分层厚度可参考表 1 所示数值。

表 1 灰土最大虚铺厚度

序	夯实机具	质 量（t）	厚 度（mm）	备 注
1	石夯、木夯	0.04~0.08	200~250	人力送夯，落距 400~500mm，每夯搭接半夯
2	轻型夯实机械	—	200~250	蛙式或柴油打夯机
3	压路机	机重 6~10	200~300	双轮

4.3 砂和砂石地基

4.3.1 原材料宜用中砂、粗砂、砾砂、碎石（卵石）、石屑。细砂应同时掺入25%～35%碎石或卵石。

4.3.2 砂和砂石地基每层铺筑厚度及最优含水量可参考表2所示数值。

表2 砂和砂石地基每层铺筑厚度及最优含水量

序	压实方法	每层铺筑厚度（mm）	施工时的最优含水量（%）	施工说明	备注
1	平振法	200～250	15～20	用平板式振捣器往复振捣	不宜使用干细砂或含泥量较大的砂所铺筑的砂地基
2	插振法	振捣器插入深度	饱和	(1) 用插入式振捣器 (2) 插入点间距可根据机械振幅大小决定 (3) 不应插至下卧粘性土层 (4) 插入振捣完毕后，所留的孔洞，应用砂填实	不宜使用细砂或含泥量较大的砂所铺筑的砂地基
3	水撼法	250	饱和	(1) 注水高度应超过每次铺筑面层 (2) 用钢叉摇撼捣实插入点间距为100mm (3) 钢叉分四齿，齿的间距80mm，长300mm，木柄长90mm	
4	夯实法	150～200	8～12	(1) 用木夯或机械夯 (2) 木夯重40kg，落距400～500mm (3) 一夯压半夯全面夯实	
5	碾压法	250～350	8～12	6～12t压路机往复碾压	适用于大面积施工的砂和砂石地基

注：在地下水位以下的地基其最下层的铺筑厚度可比上表增加50mm。

4.4 土工合成材料地基

4.4.1 所用土工合成材料的品种与性能和填料土类，应根据工程特性和地基土条件，通过现场试验确定，垫层材料宜用粘性土、中砂、粗砂、砾砂、碎石等内摩阻力高的材料。如工程要求垫层排水，垫层材料应具有良好的透水性。

4.4.2 土工合成材料如用缝接法或胶接法连接，应保证主要受力方向的连接强度不低于所采用材料的抗拉强度。

4.5 粉煤灰地基

4.5.1 粉煤灰材料可用电厂排放的硅铝型低钙粉煤灰。$SiO_2 + Al_2O_3$ 总含量不低于70%（或 $SiO_2 + Al_2O_3 + Fe_2O_3$ 总含量），烧失量不大于12%。

4.5.2 粉煤灰填筑的施工参数宜试验后确定。每摊铺一层后，先用履带式机具或轻型压路机初压1～2遍，然后用中、重型振动压路机振碾3～4遍，速度为2.0～2.5km/h，再静碾1~2遍，碾压轮迹应相互搭接，后轮必须超过两施工段的接缝。

4.6 强夯地基

4.6.1 为避免强夯振动对周边设施的影响，施工前必须对附近建筑物进行调查，必要时采取相应的防振或隔振措施，影响范围约 10~15m。施工时应由邻近建筑物开始夯击逐渐向远处移动。

4.6.2 如无经验，宜先试夯取得各类施工参数后再正式施工。对透水性差、含水量高的土层，前后两遍夯击应有一定间歇期，一般2~4周。夯点超出需加固的范围为加固深度的1/2~1/3，且不小于3m。施工时要有排水措施。

4.6.4 质量检验应在夯后一定的间歇期之后进行，一般为两星期。

4.7 注浆地基

4.7.1 为确保注浆加固地基的效果，施工前应进行室内浆液配比试验及现场注浆试验，以确定浆液配方及施工参数。常用浆液类型见表3。

表3 常用浆液类型

浆　　液	浆　液　类　型	
粒状浆液（悬液）	不稳定粒状浆液	水泥浆
		水泥砂浆
	稳定粒状浆液	黏土浆
		水泥黏土浆
化学浆液（溶液）	无机浆液	硅酸盐
	有机浆液	环氧树脂类
		甲基丙烯酸脂类
		丙烯酰胺类
		木质素类
		其他

4.7.2 对化学注浆加固的施工顺序宜按以下规定进行：

1 加固渗透系数相同的土层应自上而下进行。

2 如土的渗透系数随深度而增大，应自下而上进行。

3 如相邻土层的土质不同，应首先加固渗透系数大的土层。

检查时，如发现施工顺序与此有异，应及时制止，以确保工程质量。

4.8 预压地基

4.8.1 软土的固结系数较小，当土层较厚时，达到工作要求的固结度需时较长，为此，对软土预压应设置排水通道，其长度及间距宜通过试压确定。

4.8.2 堆载预压，必须分级堆载，以确保预压效果并避免坍滑事故。一般每天沉降速率控制在10~15mm，边桩位移速率控制在4~7mm。孔隙水压力增量不超过预压荷载增量60%，以这些参考指标控制堆载速率。

真空预压的真空度可一次抽气至最大，当连续5d实测沉降小于每天2mm或固结度≥80%，或符合设计要求时，可停止抽气，降水预压可参考本条。

4.8.3 一般工程在预压结束后，做十字板剪切强度或标贯、静力触探试验即可，但重要建筑物地基应做承载力检验。如设计有明确规定应按设计要求进行检验。

4.9 振冲地基

4.9.1 为确切掌握好填料量、密实电流和留振时间，使各段桩体都符合规定的要求，应通过现场试成桩确定这些施工参数。填料应选择不溶于地下水，或不受侵蚀影响且本身无侵蚀性和性能稳定的硬粒料。对粒径控制的目的，确保振冲效果及效率。粒径过大，在边振边填过程中难以落入孔内；粒径过细小，在孔中沉入速度太慢，不易振密。

4.9.2 振冲置换造孔的方法有排孔法，即由一端开始到另一端结束；跳打法，即每排孔施工时隔一孔造一孔，反复进行；帷幕法，即先造外围2～3圈孔，再造内圈孔，此时可隔一圈造一圈或依次向中心区推进。振冲施工必须防止漏孔，因此要做好孔位编号并施工复查工作。

4.9.3 振冲施工对原土结构造成扰动，强度降低。因此，质量检验应在施工结束后间歇一定时间，对砂土地基间隔1～2周，粘性土地基间隔3～4周，对粉土、杂填土地基间隔2～3周。桩顶部位由于周围约束力小，密实度较难达到要求，检验取样应考虑此因素。对振冲密实法加固的砂土地基，如不加填料，质量检验主要是地基的密实度，可用标准贯入、动力触探等方面进行，但选点应有代表性。为此，本条提出了应在有代表性的地段做质量检验。在具体操作时，宜由设计、施工、监理（或业主方）共同确定位置后，再进行检验。

4.10 高压喷射注浆地基

4.10.1 高压喷射注浆工艺宜用普遍硅酸盐工艺，强度等级不得低于32.5，水泥用量，压力宜通过试验确定，如无条件可参考下表：

表4 1m桩长喷射桩水泥用量表

桩径（mm）	桩长（m）	强度为32.5普硅水泥单位用量	喷射施工方法		
			单管	二重管	三管
φ600	1	kg/m	200～250	200～250	—
φ800	1	kg/m	300～350	300～350	—
φ900	1	kg/m	350～400（新）	350～400	—
φ1000	1	kg/m	400～450（新）	400～450	700～800
φ1200	1	kg/m	—	500～600（新）	800～900
φ1400	1	kg/m	—	700～800（新）	900～1000

注："新"系指采用高压水泥浆泵，压力为36～40MPa，流量80～110L/min的新单管法和二重管法。

水压比为0.7～1.0较妥，为确保施工质量，施工机具必须配置准确的计量仪表。

4.10.2 由于喷射压力较大，容易发生窜浆，影响邻孔的质量，应采用间隔跳打法施工，一般二孔间距大于1.5m。

4.10.3 如不做承载力或强度检验，则间歇期可适当缩短。

4.11 水泥土搅拌桩地基

4.11.1 水泥土搅拌桩对水泥压入量要求较高，必须在施工机械上配置流量控制仪表，以保证一定的水泥用量。

4.11.2 水泥土搅拌桩施工过程中，为确保搅拌充分，桩体质量均匀，搅拌机头提速不宜过快，否则会使搅拌桩体局部水泥量不足或水泥不能均匀地拌和在土中，导致桩体强度不一，因此规定了机头提升速度。

4.11.4 强度检验取90d的试样是根据水泥土的特性而定，如工程需要（如作为围护结构用的水泥土搅拌桩）可根据设计要求，以28d强度为准。由于水泥土搅拌桩施工的影响因素较多，故检查数量略多于一般桩基。

4.11.5 本规范表4.11.5中桩体强度的检查方法，各地有其他成熟的方法，只要可靠都行。如用轻便触探器检查均匀程度、用对比法判断桩身强度等，可参照国家现行行业标准《建筑地基处理技术规范》JGJ 79。

4.12 土和灰土挤密桩复合地基

4.12.1 施工前应在现场进行成孔、夯填工艺和挤密效果试验，以确定填料厚度、最优含水量、夯击次数及干密度等施工参数及质量标准。成孔顺序应先外后内，同排桩应间隔施工。填料含水量如过大，宜预干或预湿处理后再填入。

4.13 水泥粉煤灰碎石桩复合地基

4.13.2 提拔钻杆（或套管）的速度必须与泵入混合料的速度相配，否则容易产生缩颈或断桩，而且不同土层中提拔的速度不一样，砂性土、砂质黏土、黏土中提拔的速度为1.2～1.5m/min，在淤泥质土中应适当放慢。桩顶标高应高出设计标高0.5m。由沉管方法成孔时，应注意新施工桩对已成桩的影响，避免挤桩。

4.13.3 复合地基检验应在桩体强度符合试验荷载条件时进行，一般宜在施工结束后2～4周后进行。

4.14 夯实水泥土桩复合地基

4.14.3 承载力检验一般为单桩的载荷试验，对重要、大型工程应进行复合地基载荷试验。

4.14.5 夯扩桩的施工工艺与夯实水泥土桩相似，质量标准参照夯实水泥土桩是合适的。

4.15 砂桩地基

4.15.2 砂桩施工应从外围或两则向中间进行，成孔宜用振动沉管工艺。

4.15.3 砂桩施工的间歇期为7d，在间歇期后才能进行质量检验。

5 桩 基 础

5.1 一 般 规 定

5.1.2 桩顶标高低于施工场地标高时，如不做中间验收，在土方开挖后如有桩顶位移发生不易明确责任，究竟是土方开挖不妥，还是本身桩位不准（打入桩施工不慎，会造成挤土，导致桩体位移），加一次中间验收有利于责任区分，引起打桩及土方承包商的重视。

5.1.3 本规范表 5.1.3 中的数值未计及由于降水和基坑开挖等造成的位移，但由于打桩顺序不当，造成挤土而影响已入土桩的位移，是包括在表列数值中。为此，必须在施工中考虑合适的顺序及打桩速率。布桩密集的基础工程应有必要的措施来减少沉桩的挤土影响。

5.1.5 对重要工程（甲级）应采用静载荷试验本检验桩的垂直承载力。工程的分类按现行国家标准《建筑地基基础设计规范》GB 50007 第 3.0.1 条的规定。关于静载荷试验桩的数量，如果施工区域地质条件单一，当地又有足够的实践经验，数量可根据实际情况，由设计确定。承载力检验不仅是检验施工的质量而且也能检验设计是否达到工程的要求。因此，施工前的试桩如没有破坏又用于实际工程中应可作为验收的依据。非静载荷试验桩的数量，可按国家现行行业标准《建筑工程基桩检测技术规范》JGJ 106 的规定执行。

5.1.6 桩身质量的检验方法很多，可按国家现行行业标准《建筑基桩检测技术规范》JGJ 106 所规定的方法执行。打入桩制桩的质量容易控制，问题也较易发现，抽查数可较灌注桩少。

5.2 静力压桩

5.2.1 静力压桩的方法较多，有锚杆静压、液压千斤顶加压、绳索系统加压等，凡非冲击力沉桩均按静力压桩考虑。

5.2.2 用硫磺胶泥接桩，在大城市因污染空气已较少使用，但考虑到有些地区仍在使用，因此本规范仍放入硫磺胶泥接桩内容。半成品硫磺胶泥必须在进场后做检验。压桩用压力表必须标定合格方能使用，压桩时的压力数值是判断承载力的依据，也是指导压桩施工的一项重要参数。

5.2.3 施工中检查压力目的在于检查压桩是否正常。按桩间歇时间对硫磺胶泥必须控制，间歇过短，硫磺胶泥强度未达到，容易被压坏，接头处存在薄弱环节，甚至断桩。浇注硫磺胶泥时间必须快，慢了硫磺胶泥在容器内结硬，浇注入连接孔内不易均匀流淌，质量也不易保证。

5.2.4 压桩的承载力试验，在有经验地区将最终压入力作为承载力估算的依据，如果有足够的经验是可行的，但最终应由设计确定。

5.3 先张法预应力管桩

5.3.1 先张法预应力管桩均为工厂生产后运到现场施打，工厂生产时的质量检验应由生产的单位负责，但运入工地后，打桩单位有必要对外观及尺寸进行检验并检查产品合格证书。

5.3.2 先张法预应力管桩，强度较高，锤击性能比一般混凝土预制桩好，抗裂性强。因此，总的锤击数较高，相应的电焊接桩质量要求也高，尤其是电焊后有一定间歇时间，不能焊完即锤击，这样容易使接头损伤。为此，对重要工程应对接头做 X 光拍片检查。

5.3.3 由于锤击次数多，对桩体质量进行检验是有必要的，可检查桩体，是否被打裂，电焊接头是否完整。

5.4 混凝土预制桩

5.4.1 混凝土预制桩可在工厂生产，也可在现场支模预制，为此，本规范列出了钢筋骨架的质量检验标准。对工厂的成品桩虽有产品合格证书，但在运输过程中容易碰坏，为此，进场后应再做检查。

5.4.2 经常发生接桩时电焊质量较差，从而接头在锤击过程中断开，尤其接头对接的两端面不平整，电焊更不容易保证质量，对重要工程做 X 光拍片检查是完全必要的。

5.4.4 混凝土桩的龄期，对抗裂性有影响，这是经过长期试验得出的结果，不到龄期的桩就像不足月出生的婴儿，有先天不足的弊端。经长时期锤击或锤击拉应力稍大一些便会产生裂缝。故有强度龄期双控的要求，但对短桩，锤击数又不多，满足强度要求一项应是可行的。有些工程进度较急，桩又不是长桩，可以采用蒸养以求短期内达到强度，即可开始沉桩。

5.5 钢 桩

5.5.1 钢桩包括钢管桩、型钢桩等。成品桩也是在工厂生产，应有一套质检标准，但也会因运输堆放造成桩的变形，因此，进场后需再做检验。

5.5.2 钢桩的锤击性能较混凝土桩好，因而锤击次数要高得多，相应对电焊质量要求较高，故对电焊后的停歇时间，桩顶有否局部损坏均应做检查。

5.6 混凝土灌注桩

5.6.1 混凝土灌注桩的质量检验应较其他桩种严格，这是工艺本身要求，再则工程事故也较多，因此，对监测手段要事先落实。

5.6.2 沉渣厚度应在钢筋笼放入后，混凝土浇注前测定，成孔结束后，放钢筋笼、混凝土导管都会造成土体跌落，增加沉渣厚度，因此，沉渣厚度应是二次清孔后的结果。沉渣厚度的检查目前均用重锤，但因人为因素影响很大，应专人负责，用专一的重锤，有些地方用较先进的沉渣仪，这种仪器应预先做标定。人工挖孔桩一般对持力层有要求，而且到孔底察看土性是有条件的。

5.6.4 灌注桩的钢筋笼有时在现场加工，不是在工厂加工完后运到现场，为此，列出了钢筋笼的质量检验标准。

6 土 方 工 程

6.1 一 般 规 定

6.1.1 土方的平衡与调配是土方工程施工的一项重要工作。一般先由设计单位提出基本平衡数据，然后由施工单位根据实际情况进行平衡计算。如工程量较大，在施工过程中还应进行多次平衡调整，在平衡计算中，应综合考虑土的松散率、压缩率、沉陷量等影响土方量变化的各种因素。

为了配合城乡建设的发展，土方平衡调配应尽可能与当地市、镇规划和农田水利等结合，将余土一次性运到指定弃土场，做到文明施工。

6.1.2 基底土隆起往往伴随着对周边环境的影响，尤其当周边有地下管线、建（构）筑物、永久性道路时应密切注意。

6.1.3 有不少施工现场由于缺乏排水和降低地下水位的措施，而对施工产生影响，土方施工应尽快完成，以避免造成集水、坑底隆起及对环境影响增大。

6.1.4 平整场地表面坡度本应由设计规定，但鉴于现行国家标准《建筑地基基础设计规范》GB 50007中均无此项规定，故条文中规定，如设计无要求时，一般应向排水沟方面做成不小于2‰的坡度。

6.1.5 在土方工程施工测量中，除开工前的复测放线外，还应配合施工对平面位置（包括控制边界线、分界线、边坡的上口线和底口线等），边坡坡度（包括放坡线、变坡等）和标高（包括各个地段的标高）等经常进行测量，校核是否符合设计要求。上述施工测量的基准——平面控制桩和水准控制点，也应定期进行复测和检查。

6.1.6 雨季和冬季施工可参照相应地方标准执行。

6.2 土方开挖

6.2.2 土方工程在施工中应检查平面位置、水平标高、边坡坡度、排水、降水系统及周围环境的影响，对回填土方还应检查回填土料、含水量、分层厚度、压实度，对分层挖方，也应检查开挖深度等。

6.2.4 本规范表6.2.4所列数值适用于附近无重要建筑物或重要公共设施，且基坑暴露时间不长的条件。

6.3 土方回填

6.3.3 填方工程的施工参数如每层填筑厚度、压实遍数及压实系数对重要工程均应做现场试验后确定，或由设计提供。

7 基坑工程

7.1 一般规定

7.1.1 在基础工程施工中，如挖方较深，土质较差或有地下水渗流等，可能对邻近建（构）筑物、地下管线、永久性道路等产生危害，或构成边坡不稳定。在这种情况下，不宜进行大开挖施工，应对基坑（槽）管沟壁进行支护。

7.1.2 基坑的支护与开挖方案，各地均有严格的规定，应按当地的要求，对方案进行申报，经批准后才能施工。降水、排水系统对维护基坑的安全极为重要，必须在基坑开挖施工期间安全运转，应时刻检查其工作状况。临近有建筑物或有公共设施，在降水过程中要予以观测，不得因降水而危及这些建筑物或设施的安全。许多围护结构由水泥土搅拌桩、钻孔灌注桩、高压水泥喷射桩等构成，因在本规范第4章、第5章中这类桩的验收已提及，可按相应的规定标准验收，其他结构在本章内均有标准可查。

7.1.3 重要的基坑工程，支撑安装的及时性极为重要，根据工程实践，基坑变形与施工时间有很大关系，因此，施工过程应尽量缩短工期，特别是在支撑体系未形成情况下的基坑暴露时间应予以减少，要重视基坑变形的时空效应。"十六字原则"对确保基坑开挖的安全是必须的。

7.1.4 基坑（槽）、管沟挖土要分层进行，分层厚度应根据工程具体情况（包括土质、环境等）决定，开挖本身是一种卸荷过程，防止局部区域挖土过深、卸载过速，引起土体失稳，降低土体抗剪性能，同时在施工中应不损伤支护结构，以保证基坑的安全。

7.1.7 本规范表 7.1.7 适用于软土地区的基坑工程，对硬土区应执行设计规定。

7.2 排桩墙支护工程

7.2.2 本规范表 7.2.2-1 中检查齿槽平直度不能用目测，有时看来较直，但施工时仍会产生很大的阻力，甚至将桩带入土层中，如用一根短样桩，沿着板桩的齿口，全长拉一次，如能顺利通过，则将来施工时不会产生大的阻力。

7.2.4 含水地层内的支护结构常因止水措施不当而造成地下水从坑外向坑内渗漏，大量抽排造成土颗粒流失，致使坑外土体沉降，危及坑外的设施。因此，必须有可靠的止水措施。这些措施有深层搅拌桩帷幕、高压喷射注浆止水帷幕、注浆帷幕，或者降水井（点）等，根据不同的条件选用。

7.3 水泥土桩墙支护工程

7.3.1 加筋水泥土桩是在水泥土搅拌桩内插入筋性材料如型钢、钢板桩、混凝土板桩、混凝土工字梁等。这些筋性材可以拔出，也可不拔，视具体条件而定。如要拔出，应考虑相应的填充措施，而且应同拔出的时间同步，以减少周围的土体变形。

7.4 锚杆及土钉墙支护工程

7.4.1 土钉墙一般适用于开挖深度不超过 5m 的基坑，如措施得当也可再加深，但设计与施工均应有足够的经验。

7.4.2 尽管有了分段开挖、分段支护，仍要考虑土钉与锚杆均有一段养护时间，不能为抢进度而不顾及养护期。

7.5 钢或混凝土支撑系统

7.5.1 工程中常用的支撑系统有混凝土围图、钢围图、混凝土支撑、钢支撑、格构式立柱、钢管立柱、型钢立柱等，立柱往往埋入灌注桩内，也有直接打入一根钢管桩或型钢桩，使桩柱合为一体。甚至有钢支撑与混凝土支撑混合使用的实例。

7.5.2 预顶力应由设计规定，所用的支撑应能施加预顶力。

7.5.3 一般支撑系统不宜承受垂直荷载，因此不能在支撑上堆放钢材，甚至做脚手用。只有采取可靠的措施，并经复核后方可做他用。

7.5.4 支撑安装结束，即已投入使用，应对整个使用期做观测，尤其一些过大的变形应尽可能防止。

7.5.5 有些工程采用逆做法施工，地下室的楼板、梁结构做支撑系统用，此时应按现行国家标准《混凝土结构工程施工质量验收规范》GB 50204 的要求验收。

7.6 地 下 连 续 墙

7.6.1 导墙施工是确保地下墙的轴线位置及成槽质量的关键工序。土层性质较好时，可选用倒"L"型，甚至预制钢导墙，采用"L"型导墙，应加强导墙背后的回填夯实工作。

7.6.2 泥浆配方及成槽机选型与地质条件有关，常发生配方或成槽机选型不当而产生槽段坍方的事例，因此一般情况下应试成槽，以确保工程的顺利进行。仅对专业施工经验丰富，熟悉土层性质的施工单位可不进行试成槽。

7.6.4 目前地下墙的接头型式多种多样，从结构性能来分有刚性、柔性、刚柔结合型，从材质来分有钢接头、预制混凝土接头等，但无论选用何种型式，从抗渗要求着眼，接头部位常是薄弱环节，严格这部分的质量要求实有必要。

7.6.5 地下墙作为永久结构，必然与楼板、顶盖等构成整体，工程中采用接驳器（锥螺纹或直螺纹）已较普遍，但生产接驳器厂商较多，使用部位又是重要结点，必须对接驳器的外形及力学性能复验以符合设计要求。

7.6.6 泥浆护壁在地下墙施工时是确保槽壁不坍的重要措施，必须有完整的仪器，经常地检验泥浆指标，随着泥浆的循环使用，泥浆指标将会劣化，只有通过检验，方可把好此关。地下连续墙需连续浇注，以在初凝期内完成一个槽段为好，商品混凝土可保证短期内的浇灌量。

7.6.7 检查混凝土上升速度与浇注面标高均为确保槽段混凝土顺利浇注及浇注质量的监测措施。锁口管（或称槽段浇注混凝土时的临时封堵管）拔得过快，入槽的混凝土将流淌到相邻槽段中给该槽段成槽造成极大困难，影响质量，拔管过慢又会导致锁口管拔不出或拔断，使地下墙构成隐患。

7.6.8 检查槽段的宽度及倾斜度宜用超声测槽仪，机械式的不能保证精度。

7.6.9 沉渣过多，施工后的地下墙沉降加大，往往造成楼板、梁系统开裂，这是不允许的。

7.7 沉 井 与 沉 箱

7.7.1 为保证沉井顺利下沉，对钻孔应有特殊的要求。

7.7.2 这也是确保沉井（箱）工程成功的必要条件，常发生由于施工单位无任何经验而使沉井（箱）沉偏或半路搁置的事例。

7.7.3 承垫木或砂垫层的采用，影响到沉井的结构，应征得设计的认同。

7.7.4 沉井（箱）在接高时，一次性加了一节混凝土重量，对沉井（箱）的刃脚踏面增加了载荷。如果踏面下土的承载力不足以承担该部分荷载，会造成沉井（箱）在浇注过程中，产生大的沉降，甚至突然下沉，荷载不均匀时还会产生大的倾斜。工程中往往在沉井（箱）接高之前，在井内回填部分黄砂，以增加接触面，减少沉井（箱）的沉降。

7.7.5 排水封底，操作人员可下井施工，质量容易控制。但当井外水位较高，井内抽水后，大量地下水涌入井内，或者井内土体的抗剪强度不足以抵挡井外较高的土体重量，产生剪切破坏而使大量土体涌入，沉井（箱）不能稳定，则必须井内灌水，进行不排水封底。

7.7.8 下沉过程中的偏差情况，虽然不作为验收依据，但是偏差太大影响到终沉标高，尤当刚开始下沉时，应严格控制偏差不要过大，否则终沉标高不易控制在要求范围内。下沉过程中的控制，一般可控制四个角，当发生过大的纠偏动作后，要注意检查中心线的偏移。封底结束后，常发生底板与井墙交接处的渗水，地下水丰富地区，混凝土底板未达到一定强度时，还会发生地下水穿孔，造成渗水，渗漏验收要求可参照现行国家标准《地下防水工程施工质量验收规范》GB 50208。

7.8 降 水 与 排 水

7.8.1 降水会影响周边环境，应有降水范围估算以估计对环境的影响，必要时需有回灌措施，尽可能减少对周边环境的影响。降水运转过程中要设水位观测井及沉降观测点，以估计降水的影响。

7.8.2 电渗作为单独的降水措施已不多，在渗透系数不大的地区，为改善降水效果，可用电渗作为辅助手段。

7.8.3 常在降水系统施工后，发现抽出的是混水或无抽水量的情况，这是降水系统的失效，应重新施工直至达到效果为止。

8 分部（子分部）工程质量验收

8.0.4 质量验收的程序与组织应按现行国家标准《建筑工程施工质量验收统一标准》GB 50300 的规定执行。作为合格标准主控项目应全部合格，一般项目合格数应不低于 80%。

中华人民共和国行业标准

建筑基桩检测技术规范

Technical code for testing of building
foundation piles

JGJ 106—2003
J 256—2003

批准部门：中华人民共和国建设部
施行日期：2003年7月1日

中华人民共和国建设部
公 告

第 133 号

建设部关于发布行业标准
《建筑基桩检测技术规范》的公告

现批准《建筑基桩检测技术规范》为行业标准，编号为 JGJ 106—2003，自 2003 年 7 月 1 日起实施。其中，第 3.1.1、4.3.5、4.4.4、6.4.6、8.4.7、9.2.3、9.2.4、9.4.2、9.4.5、9.4.15 条为强制性条文，必须严格执行。原行业标准《基桩高应变动力检测规程》JGJ 106—97 同时废止。

本规程由建设部标准定额研究所组织中国建筑工业出版社出版发行。

中华人民共和国建设部
2003 年 3 月 21 日

前　言

根据建设部建标［2000］284号文的要求，规范编制组经过广泛调查研究，认真总结国内外桩基工程基桩检测的实践经验和科研成果，并在广泛征求意见的基础上，制定了本规范。

本规范的主要技术内容是：总则、术语和符号、基本规定、单桩竖向抗压静载试验、单桩竖向抗拔静载试验、单桩水平静载试验、钻芯法、低应变法、高应变法、声波透射法等。

本规范由建设部负责管理和对强制性条文的解释，由主编单位负责具体技术内容的解释。

本规范主编单位：中国建筑科学研究院（地址：北京市北三环东路30号；邮编：100013）

本规范参加编写单位：广东省建筑科学研究院
　　　　　　　　　　上海港湾工程设计研究院
　　　　　　　　　　冶金工业工程质量监督总站检测中心
　　　　　　　　　　中国科学院武汉岩土力学研究所
　　　　　　　　　　深圳市勘察研究院
　　　　　　　　　　辽宁省建设科学研究院
　　　　　　　　　　河南省建筑工程质量检验测试中心站
　　　　　　　　　　福建省建筑科学研究院
　　　　　　　　　　上海市建筑科学研究院

本规范主要起草人：陈　凡　徐天平　朱光裕　钟冬波
　　　　　　　　　刘明贵　刘金砺　叶万灵　滕延京
　　　　　　　　　李大展　刘艳玲　关立军　李荣强
　　　　　　　　　王敏权　陈久照　赵海生　柳　春
　　　　　　　　　季沧江

目　次

1 总则 …………………………………………………………………………… 237
2 术语、符号 …………………………………………………………………… 237
　2.1 术语 ……………………………………………………………………… 237
　2.2 符号 ……………………………………………………………………… 238
3 基本规定 ……………………………………………………………………… 239
　3.1 检测方法和内容 ………………………………………………………… 239
　3.2 检测工作程序 …………………………………………………………… 240
　3.3 检测数量 ………………………………………………………………… 241
　3.4 验证与扩大检测 ………………………………………………………… 243
　3.5 检测结果评价和检测报告 ……………………………………………… 243
　3.6 检测机构和检测人员 …………………………………………………… 243
4 单桩竖向抗压静载试验 ……………………………………………………… 244
　4.1 适用范围 ………………………………………………………………… 244
　4.2 设备仪器及其安装 ……………………………………………………… 244
　4.3 现场检测 ………………………………………………………………… 245
　4.4 检测数据的分析与判定 ………………………………………………… 246
5 单桩竖向抗拔静载试验 ……………………………………………………… 247
　5.1 适用范围 ………………………………………………………………… 247
　5.2 设备仪器及其安装 ……………………………………………………… 247
　5.3 现场检测 ………………………………………………………………… 247
　5.4 检测数据的分析与判定 ………………………………………………… 248
6 单桩水平静载试验 …………………………………………………………… 248
　6.1 适用范围 ………………………………………………………………… 248
　6.2 设备仪器及其安装 ……………………………………………………… 249
　6.3 现场检测 ………………………………………………………………… 249
　6.4 检测数据的分析与判定 ………………………………………………… 250
7 钻芯法 ………………………………………………………………………… 251
　7.1 适用范围 ………………………………………………………………… 251
　7.2 设备 ……………………………………………………………………… 251
　7.3 现场操作 ………………………………………………………………… 252
　7.4 芯样试件截取与加工 …………………………………………………… 252
　7.5 芯样试件抗压强度试验 ………………………………………………… 253
　7.6 检测数据的分析与判定 ………………………………………………… 253
8 低应变法 ……………………………………………………………………… 254

  8.1 适用范围 254
  8.2 仪器设备 254
  8.3 现场检测 255
  8.4 检测数据的分析与判定 255
9 高应变法 257
  9.1 适用范围 257
  9.2 仪器设备 257
  9.3 现场检测 257
  9.4 检测数据的分析与判定 258
10 声波透射法 262
  10.1 适用范围 262
  10.2 仪器设备 262
  10.3 现场检测 262
  10.4 检测数据的分析与判定 263
附录A 桩身内力测试 266
附录B 混凝土桩桩头处理 269
附录C 静载试验记录表 269
附录D 钻芯法检测记录表 270
附录E 芯样试件加工和测量 271
附录F 高应变法传感器安装 271
附录G 试打桩与打桩监控 272
  G.1 试打桩 272
  G.2 桩身锤击应力监测 273
  G.3 锤击能量监测 273
附录H 声测管埋设要点 274
本规范用词说明 274
条文说明 276

1 总　则

1.0.1 为了确保基桩检测工作质量，统一基桩检测方法，为设计和施工验收提供可靠依据，使基桩质量检测工作符合安全适用、技术先进、数据准确、正确评价的要求，制定本规范。

1.0.2 本规范适用于建筑工程基桩的承载力和桩身完整性的检测与评价。

1.0.3 基桩检测方法应根据各种检测方法的特点和适用范围，考虑地质条件、桩型及施工质量可靠性、使用要求等因素进行合理选择搭配。基桩检测结果应结合上述因素进行分析判定。

1.0.4 建筑工程基桩的质量检测除应执行本规范外，尚应符合国家现行有关强制性标准的规定。

2 术语、符号

2.1 术　语

2.1.1 基桩 foundation pile

桩基础中的单桩。

2.1.2 桩身完整性 pile integrity

反映桩身截面尺寸相对变化、桩身材料密实性和连续性的综合定性指标。

2.1.3 桩身缺陷 pile defects

使桩身完整性恶化，在一定程度上引起桩身结构强度和耐久性降低的桩身断裂、裂缝、缩颈、夹泥（杂物）、空洞、蜂窝、松散等现象的统称。

2.1.4 静载试验 static loading test

在桩顶部逐级施加竖向压力、竖向上拔力或水平推力，观测桩顶部随时间产生的沉降、上拔位移或水平位移，以确定相应的单桩竖向抗压承载力、单桩竖向抗拔承载力或单桩水平承载力的试验方法。

2.1.5 钻芯法 core drilling method

用钻机钻取芯样以检测桩长、桩身缺陷、桩底沉渣厚度以及桩身混凝土的强度、密实性和连续性，判定桩端岩土性状的方法。

2.1.6 低应变法 low strain integrity testing

采用低能量瞬态或稳态激振方式在桩顶激振，实测桩顶部的速度时程曲线或速度导纳曲线，通过波动理论分析或频域分析，对桩身完整性进行判定的检测方法。

2.1.7 高应变法 high strain dynamic testing

用重锤冲击桩顶，实测桩顶部的速度和力时程曲线，通过波动理论分析，对单桩竖向抗压承载力和桩身完整性进行判定的检测方法。

2.1.8 声波透射法 crosshole sonic logging

在预埋声测管之间发射并接收声波，通过实测声波在混凝土介质中传播的声时、频率和波幅衰减等声学参数的相对变化，对桩身完整性进行检测的方法。

2.2 符 号

2.2.1 抗力和材料性能

c——桩身一维纵向应力波传播速度（简称桩身波速）；
E——桩身材料弹性模量；
f_{cu}——混凝土芯样试件抗压强度；
m——地基土水平抗力系数的比例系数；
Q_u——单桩竖向抗压极限承载力；
R_a——单桩竖向抗压承载力特征值；
R_c——由凯司法判定的单桩竖向抗压承载力；
R_x——缺陷以上部位土阻力的估计值；
v——桩身混凝土声速；
Z——桩身截面力学阻抗；
ρ——桩身材料质量密度。

2.2.2 作用与作用效应

F——锤击力；
H——单桩水平静载试验中作用于地面的水平力；
P——芯样抗压试验测得的破坏荷载；
Q——单桩竖向抗压静载试验中施加的竖向荷载、桩身轴力；
s——桩顶竖向沉降、桩身竖向位移；
U——单桩竖向抗拔静载试验中施加的上拔荷载；
V——质点运动速度；
Y_0——水平力作用点的水平位移；
δ——桩顶上拔量；
σ_s——钢筋应力。

2.2.3 几何参数

A——桩身截面面积；
B——矩形桩的边宽；
b_0——桩身计算宽度；
D——桩身直径（外径）；
d——芯样试件的平均直径；
I——桩身换算截面惯性矩；
l'——每检测剖面相应两声测管的外壁间净距离；
L——测点下桩长；
x——传感器安装点至桩身缺陷的距离；
z——测点深度。

2.2.4 计算系数

J_c——凯司法阻尼系数；
α——桩的水平变形系数；
β——高应变法桩身完整性系数；
λ——样本中不同统计个数对应的系数；
ν_y——桩顶水平位移系数；
ξ——混凝土芯样试件抗压强度折算系数。

2.2.5 其他

A_m——声波波幅平均值；
A_p——声波波幅值；
a——信号首波峰值电压；
a_0——零分贝信号峰值电压；
c_m——桩身波速的平均值；
f——频率、声波信号主频；
n——数目、样本数量；
s_x——标准差；
T——信号周期；
t'——声测管及耦合水层声时修正值；
t_0——仪器系统延迟时间；
t_1——速度第一峰对应的时刻；
t_c——声时；
t_i——时间、声时测量值；
t_r——锤击力上升时间；
t_x——缺陷反射峰对应的时刻；
v_0——声速的异常判断值；
v_c——声速的异常判断临界值；
v_L——声速低限值；
v_m——声速平均值；
Δf——幅频曲线上桩底相邻谐振峰间的频差；
$\Delta f'$——幅频曲线上缺陷相邻谐振峰间的频差；
ΔT——速度波第一峰与桩底反射波峰间的时间差；
Δt_x——速度波第一峰与缺陷反射波峰间的时间差。

3 基本规定

3.1 检测方法和内容

3.1.1 工程桩应进行单桩承载力和桩身完整性抽样检测。

3.1.2 基桩检测方法应根据检测目的按表3.1.2选择。

表3.1.2 检测方法及检测目的

检测方法	检测目的
单桩竖向抗压静载试验	确定单桩竖向抗压极限承载力； 判定竖向抗压承载力是否满足设计要求； 通过桩身内力及变形测试，测定桩侧、桩端阻力； 验证高应变法的单桩竖向抗压承载力检测结果
单桩竖向抗拔静载试验	确定单桩竖向抗拔极限承载力； 判定竖向抗拔承载力是否满足设计要求； 通过桩身内力及变形测试，测定桩的抗拔摩阻力
单桩水平静载试验	确定单桩水平临界和极限承载力，推定土抗力参数； 判定水平承载力是否满足设计要求； 通过桩身内力及变形测试，测定桩身弯矩
钻芯法	检测灌注桩桩长、桩身混凝土强度、桩底沉渣厚度，判定或鉴别桩端岩土性状，判定桩身完整性类别
低应变法	检测桩身缺陷及其位置，判定桩身完整性类别
高应变法	判定单桩竖向抗压承载力是否满足设计要求； 检测桩身缺陷及其位置，判定桩身完整性类别； 分析桩侧和桩端土阻力
声波透射法	检测灌注桩桩身缺陷及其位置，判定桩身完整性类别

3.1.3 桩身完整性检测宜采用两种或多种合适的检测方法进行。

3.1.4 基桩检测除应在施工前和施工后进行外，尚应采取符合本规范规定的检测方法或专业验收规范规定的其他检测方法，进行桩基施工过程中的检测，加强施工过程质量控制。

3.2 检测工作程序

3.2.1 检测工作的程序，应按图3.2.1进行：

3.2.2 调查、资料收集阶段宜包括下列内容：

　　1 收集被检测工程的岩土工程勘察资料、桩基设计图纸、施工记录；了解施工工艺和施工中出现的异常情况。

　　2 进一步明确委托方的具体要求。

　　3 检测项目现场实施的可行性。

3.2.3 应根据调查结果和确定的检测目的，选择检测方法，制定检测方案。检测方案宜包含以下内容：工程概况，检测方法及其依据的标准，抽样方案，所需的机械或人工配合，试验周期。

3.2.4 检测前应对仪器设备检查调试。

3.2.5 检测用计量器具必须在计量检定周期的有效期内。

3.2.6 检测开始时间应符合下列规定：

1 当采用低应变法或声波透射法检测时，受检桩混凝土强度至少达到设计强度的70%，且不小于15MPa。

2 当采用钻芯法检测时，受检桩的混凝土龄期达到28d或预留同条件养护试块强度达到设计强度。

3 承载力检测前的休止时间除应达到本条第2款规定的混凝土强度外，当无成熟的地区经验时，尚不应少于表3.2.6规定的时间。

表3.2.6 休止时间

土的类别		休止时间（d）
砂土		7
粉土		10
黏性土	非饱和	15
	饱和	25

注：对于泥浆护壁灌注桩，宜适当延长休止时间。

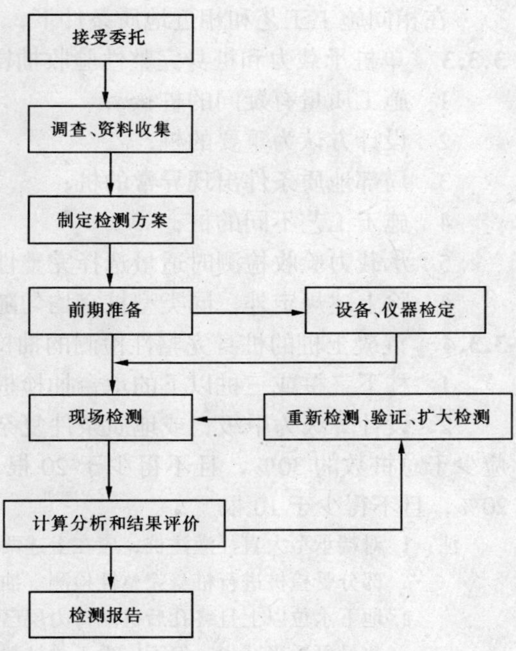

图3.2.1 检测工作程序框图

3.2.7 施工后，宜先进行工程桩的桩身完整性检测，后进行承载力检测。当基础埋深较大时，桩身完整性检测应在基坑开挖至基底标高后进行。

3.2.8 现场检测期间，除应执行本规范的有关规定外，还应遵守国家有关安全生产的规定。当现场操作环境不符合仪器设备使用要求时，应采取有效的防护措施。

3.2.9 当发现检测数据异常时，应查找原因，重新检测。

3.2.10 当需要进行验证或扩大检测时，应得到有关各方的确认，并按本规范第3.4.1～3.4.7条的有关规定执行。

3.3 检测数量

3.3.1 当设计有要求或满足下列条件之一时，施工前应采用静载试验确定单桩竖向抗压承载力特征值：

1 设计等级为甲级、乙级的桩基；
2 地质条件复杂、桩施工质量可靠性低；
3 本地区采用的新桩型或新工艺。

检测数量在同一条件下不应少于3根，且不宜少于总桩数的1%；当工程桩总数在50根以内时，不应少于2根。

3.3.2 打入式预制桩有下列条件要求之一时，应采用高应变法进行试打桩的打桩过程监测：

1 控制打桩过程中的桩身应力；
2 选择沉桩设备和确定工艺参数；
3 选择桩端持力层。

在相同施工工艺和相近地质条件下,试打桩数量不应少于3根。

3.3.3 单桩承载力和桩身完整性验收抽样检测的受检桩选择宜符合下列规定:
1 施工质量有疑问的桩;
2 设计方认为重要的桩;
3 局部地质条件出现异常的桩;
4 施工工艺不同的桩;
5 承载力验收检测时适量选择完整性检测中判定的Ⅲ类桩;
6 除上述规定外,同类型桩宜均匀随机分布。

3.3.4 混凝土桩的桩身完整性检测的抽检数量应符合下列规定:
1 柱下三桩或三桩以下的承台抽检桩数不得少于1根。
2 设计等级为甲级,或地质条件复杂、成桩质量可靠性较低的灌注桩,抽检数量不应少于总桩数的30%,且不得少于20根;其他桩基工程的抽检数量不应少于总桩数的20%,且不得少于10根。

注:1. 对端承型大直径灌注桩,应在上述两款规定的抽检桩数范围内,选用钻芯法或声波透射法对部分受检桩进行桩身完整性检测。抽检数量不应少于总桩数的10%。
2. 地下水位以上且终孔后桩端持力层已通过核验的人工挖孔桩,以及单节混凝土预制桩,抽检数量可适当减少,但不应少于总桩数的10%,且不应少于10根。

3 当符合第3.3.3条第1~4款规定的桩数较多,或为了全面了解整个工程基桩的桩身完整性情况时,应适当增加抽检数量。

3.3.5 对单位工程内且在同一条件下的工程桩,当符合下列条件之一时,应采用单桩竖向抗压承载力静载试验进行验收检测:
1 设计等级为甲级的桩基;
2 地质条件复杂、桩施工质量可靠性低;
3 本地区采用的新桩型或新工艺;
4 挤土群桩施工产生挤土效应。

抽检数量不应少于总桩数的1%,且不少于3根;当总桩数在50根以内时,不应少于2根。

注:对上述第1~4款规定条件外的工程桩,当采用竖向抗压静载试验进行验收承载力检测时,抽检数量宜按本条规定执行。

3.3.6 对第3.3.5条规定条件外的预制桩和满足高应变法适用检测范围的灌注桩,可采用高应变法进行单桩竖向抗压承载力验收检测。当有本地区相近条件的对比验证资料时,高应变法也可作为第3.3.5条规定条件下单桩竖向抗压承载力验收检测的补充。抽检数量不宜少于总桩数的5%,且不得少于5根。

3.3.7 对于端承型大直径灌注桩,当受设备或现场条件限制无法检测单桩竖向抗压承载力时,可采用钻芯法测定桩底沉渣厚度并钻取桩端持力层岩土芯样检验桩端持力层。抽检数量不应少于总桩数的10%,且不应少于10根。

3.3.8 对于承受拔力和水平力较大的桩基,应进行单桩竖向抗拔、水平承载力检测。检测数量不应少于总桩数的1%,且不应少于3根。

3.4 验证与扩大检测

3.4.1 当出现本规范第 8.4.5~8.4.6 条和第 9.4.7 条中所列情况时，应进行验证检测。验证方法宜采用单桩竖向抗压静载试验；对于嵌岩灌注桩，可采用钻芯法验证。

3.4.2 桩身浅部缺陷可采用开挖验证。

3.4.3 桩身或接头存在裂隙的预制桩可采用高应变法验证。

3.4.4 单孔钻芯检测发现桩身混凝土质量问题时，宜在同一基桩增加钻孔验证。

3.4.5 对低应变法检测中不能明确完整性类别的桩或Ⅲ类桩，可根据实际情况采用静载法、钻芯法、高应变法、开挖等适宜的方法验证检测。

3.4.6 当单桩承载力或钻芯法抽检结果不满足设计要求时，应分析原因，并经确认后扩大抽检。

3.4.7 当采用低应变法、高应变法和声波透射法抽检桩身完整性所发现的Ⅲ、Ⅳ类桩之和大于抽检桩数的20%时，宜采用原检测方法（声波透射法可改用钻芯法），在未检桩中继续扩大抽检。

3.5 检测结果评价和检测报告

3.5.1 桩身完整性检测结果评价，应给出每根受检桩的桩身完整性类别。桩身完整性分类应符合表 3.5.1 的规定，并按本规范第 7~10 章分别规定的技术内容划分。

表 3.5.1 桩身完整性分类表

桩身完整性类别	分 类 原 则
Ⅰ类桩	桩身完整
Ⅱ类桩	桩身有轻微缺陷，不会影响桩身结构承载力的正常发挥
Ⅲ类桩	桩身有明显缺陷，对桩身结构承载力有影响
Ⅳ类桩	桩身存在严重缺陷

3.5.2 Ⅳ类桩应进行工程处理。

3.5.3 工程桩承载力检测结果的评价，应给出每根受检桩的承载力检测值，并据此给出单位工程同一条件下的单桩承载力特征值是否满足设计要求的结论。

3.5.4 检测报告应结论准确、用词规范。

3.5.5 检测报告应包含以下内容：

1 委托方名称，工程名称、地点，建设、勘察、设计、监理和施工单位，基础、结构型式，层数，设计要求，检测目的，检测依据，检测数量，检测日期；

2 地质条件描述；

3 受检桩的桩号、桩位和相关施工记录；

4 检测方法，检测仪器设备，检测过程叙述；

5 受检桩的检测数据，实测与计算分析曲线、表格和汇总结果；

6 与检测内容相应的检测结论。

3.6 检测机构和检测人员

3.6.1 检测机构应通过计量认证，并具有基桩检测的资质。

3.6.2 检测人员应经过培训合格，并具有相应的资质。

4 单桩竖向抗压静载试验

4.1 适用范围

4.1.1 本方法适用于检测单桩的竖向抗压承载力。
4.1.2 当埋设有测量桩身应力、应变、桩底反力的传感器或位移杆时，可测定桩的分层侧阻力和端阻力或桩身截面的位移量。
4.1.3 为设计提供依据的试验桩，应加载至破坏；当桩的承载力以桩身强度控制时，可按设计要求的加载量进行。
4.1.4 对工程桩抽样检测时，加载量不应小于设计要求的单桩承载力特征值的2.0倍。

4.2 设备仪器及其安装

4.2.1 试验加载宜采用油压千斤顶。当采用两台及两台以上千斤顶加载时应并联同步工作，且应符合下列规定：
    1 采用的千斤顶型号、规格应相同。
    2 千斤顶的合力中心应与桩轴线重合。
4.2.2 加载反力装置可根据现场条件选择锚桩横梁反力装置、压重平台反力装置、锚桩压重联合反力装置、地锚反力装置，并应符合下列规定：
    1 加载反力装置能提供的反力不得小于最大加载量的1.2倍。
    2 应对加载反力装置的全部构件进行强度和变形验算。
    3 应对锚桩抗拔力（地基土、抗拔钢筋、桩的接头）进行验算；采用工程桩作锚桩时，锚桩数量不应少于4根，并应监测锚桩上拔量。
    4 压重宜在检测前一次加足，并均匀稳固地放置于平台上。
    5 压重施加于地基的压应力不宜大于地基承载力特征值的1.5倍，有条件时宜利用工程桩作为堆载支点。
4.2.3 荷载测量可用放置在千斤顶上的荷重传感器直接测定；或采用并联于千斤顶油路的压力表或压力传感器测定油压，根据千斤顶率定曲线换算荷载。传感器的测量误差不应大于1%，压力表精度应优于或等于0.4级。试验用压力表、油泵、油管在最大加载时的压力不应超过规定工作压力的80%。
4.2.4 沉降测量宜采用位移传感器或大量程百分表，并应符合下列规定：
    1 测量误差不大于0.1%FS，分辨力优于或等于0.01mm。
    2 直径或边宽大于500mm的桩，应在其两个方向对称安置4个位移测试仪表，直径或边宽小于等于500mm的桩可对称安置2个位移测试仪表。
    3 沉降测定平面宜在桩顶200mm以下位置，测点应牢固地固定于桩身。
    4 基准梁应具有一定的刚度，梁的一端应固定在基准桩上，另一端应简支于基准桩上。
    5 固定和支撑位移计（百分表）的夹具及基准梁应避免气温、振动及其他外界因素的影响。

4.2.5 试桩、锚桩（压重平台支墩边）和基准桩之间的中心距离应符合表4.2.5规定。

表4.2.5 试桩、锚桩（或压重平台支墩边）和基准桩之间的中心距离

反力装置 \ 距离	试桩中心与锚桩中心（或压重平台支墩边）	试桩中心与基准桩中心	基准桩中心与锚桩中心（或压重平台支墩边）
锚桩横梁	≥4(3)D 且 >2.0m	≥4(3)D 且 >2.0m	≥4(3)D 且 >2.0m
压重平台	≥4D 且 >2.0m	≥4(3)D 且 >2.0m	≥4D 且 >2.0m
地锚装置	≥4D 且 >2.0m	≥4(3)D 且 >2.0m	≥4D 且 >2.0m

注：1. D 为试桩、锚桩或地锚的设计直径或边宽，取其较大者。
2. 如试桩或锚桩为扩底桩或多支盘桩时，试桩与锚桩的中心距尚不应小于2倍扩大端直径。
3. 括号内数值可用于工程桩验收检测时多排桩设计桩中心距小于4D的情况。
4. 软土场地堆载重量较大时，宜增加支墩边与基准桩中心和试桩中心之间的距离，并在试验过程中观测基准桩的竖向位移。

4.2.6 当需要测试桩侧阻力和桩端阻力时，桩身内埋设传感器应按本规范附录A执行。

4.3 现场检测

4.3.1 试桩的成桩工艺和质量控制标准应与工程桩一致。

4.3.2 桩顶部宜高出试坑底面，试坑底面宜与桩承台底标高一致。混凝土桩头加固可按本规范附录B执行。

4.3.3 对作为锚桩用的灌注桩和有接头的混凝土预制桩，检测前宜对其桩身完整性进行检测。

4.3.4 试验加卸载方式应符合下列规定：
  1 加载应分级进行，采用逐级等量加载；分级荷载宜为最大加载量或预估极限承载力的1/10，其中第一级可取分级荷载的2倍。
  2 卸载应分级进行，每级卸载量取加载时分级荷载的2倍，逐级等量卸载。
  3 加、卸载时应使荷载传递均匀、连续、无冲击，每级荷载在维持过程中的变化幅度不得超过分级荷载的±10%。

4.3.5 为设计提供依据的竖向抗压静载试验应采用慢速维持荷载法。

4.3.6 慢速维持荷载法试验步骤应符合下列规定：
  1 每级荷载施加后按第5、15、30、45、60min测读桩顶沉降量，以后每隔30min测读一次。
  2 试桩沉降相对稳定标准：每一小时内的桩顶沉降量不超过0.1mm，并连续出现两次（从分级荷载施加后第30min开始，按1.5h连续三次每30min的沉降观测值计算）。
  3 当桩顶沉降速率达到相对稳定标准时，再施加下一级荷载。
  4 卸载时，每级荷载维持1h，按第15、30、60min测读桩顶沉降量后，即可卸下一级荷载。卸载至零后，应测读桩顶残余沉降量，维持时间为3h，测读时间为第15、30min，以后每隔30min测读一次。

4.3.7 施工后的工程桩验收检测宜采用慢速维持荷载法。当有成熟的地区经验时，也可采用快速维持荷载法。

快速维持荷载法的每级荷载维持时间至少为1h，是否延长维持荷载时间应根据桩顶沉降收敛情况确定。

4.3.8 当出现下列情况之一时，可终止加载：

1 某级荷载作用下，桩顶沉降量大于前一级荷载作用下沉降量的5倍。

注：当桩顶沉降能相对稳定且总沉降量小于40mm时，宜加载至桩顶总沉降量超过40mm。

2 某级荷载作用下，桩顶沉降量大于前一级荷载作用下沉降量的2倍，且经24h尚未达到相对稳定标准。

3 已达到设计要求的最大加载量。

4 当工程桩作锚桩时，锚桩上拔量已达到允许值。

5 当荷载-沉降曲线呈缓变型时，可加载至桩顶总沉降量60～80mm；在特殊情况下，可根据具体要求加载至桩顶累计沉降量超过80mm。

4.3.9 检测数据宜按本规范附录C附表C.0.1的格式记录。

4.3.10 测试桩侧阻力和桩端阻力时，测试数据的测读时间宜符合第4.3.6条的规定。

4.4 检测数据的分析与判定

4.4.1 检测数据的整理应符合下列规定：

1 确定单桩竖向抗压承载力时，应绘制竖向荷载-沉降（$Q\text{-}s$）、沉降-时间对数（$s\text{-}\lg t$）曲线，需要时也可绘制其他辅助分析所需曲线。

2 当进行桩身应力、应变和桩底反力测定时，应整理出有关数据的记录表，并按本规范附录A绘制桩身轴力分布图、计算不同土层的分层侧摩阻力和端阻力值。

4.4.2 单桩竖向抗压极限承载力 Q_u 可按下列方法综合分析确定：

1 根据沉降随荷载变化的特征确定：对于陡降型 $Q\text{-}s$ 曲线，取其发生明显陡降的起始点对应的荷载值。

2 根据沉降随时间变化的特征确定：取 $s\text{-}\lg t$ 曲线尾部出现明显向下弯曲的前一级荷载值。

3 出现第4.3.8条第2款情况，取前一级荷载值。

4 对于缓变型 $Q\text{-}s$ 曲线可根据沉降量确定，宜取 $s=40$mm 对应的荷载值；当桩长大于40m时，宜考虑桩身弹性压缩量；对直径大于或等于800mm的桩，可取 $s=0.05D$（D 为桩端直径）对应的荷载值。

注：当按上述四款判定桩的竖向抗压承载力未达到极限时，桩的竖向抗压极限承载力应取最大试验荷载值。

4.4.3 单桩竖向抗压极限承载力统计值的确定应符合下列规定：

1 参加统计的试桩结果，当满足其极差不超过平均值的30%时，取其平均值为单桩竖向抗压极限承载力。

2 当极差超过平均值的30%时，应分析极差过大的原因，结合工程具体情况综合确定，必要时可增加试桩数量。

3 对桩数为3根或3根以下的柱下承台，或工程桩抽检数量少于3根时，应取低值。

4.4.4 单位工程同一条件下的单桩竖向抗压承载力特征值 R_a 应按单桩竖向抗压极限承载力统计值的一半取值。

4.4.5 检测报告除应包括本规范第3.5.5条内容外，还应包括：

1 受检桩桩位对应的地质柱状图；

    2 受检桩及锚桩的尺寸、材料强度、锚桩数量、配筋情况；

    3 加载反力种类，堆载法应指明堆载重量，锚桩法应有反力梁布置平面图；

    4 加卸载方法，荷载分级；

    5 本规范第4.4.1条要求绘制的曲线及对应的数据表；与承载力判定有关的曲线及数据；

    6 承载力判定依据；

    7 当进行分层摩阻力测试时，还应有传感器类型、安装位置，轴力计算方法，各级荷载下桩身轴力变化曲线，各土层的桩侧极限摩阻力和桩端阻力。

5 单桩竖向抗拔静载试验

5.1 适用范围

5.1.1 本方法适用于检测单桩的竖向抗拔承载力。

5.1.2 当埋设有桩身应力、应变测量传感器时，或桩端埋设有位移测量杆时，可直接测量桩侧抗拔摩阻力，或桩端上拔量。

5.1.3 为设计提供依据的试验桩应加载至桩侧土破坏或桩身材料达到设计强度；对工程桩抽样检测时，可按设计要求确定最大加载量。

5.2 设备仪器及其安装

5.2.1 抗拔桩试验加载装置宜采用油压千斤顶，加载方式应符合本规范第4.2.1条规定。

5.2.2 试验反力装置宜采用反力桩（或工程桩）提供支座反力，也可根据现场情况采用天然地基提供支座反力。反力架系统应具有1.2倍的安全系数并符合下列规定：

    1 采用反力桩（或工程桩）提供支座反力时，反力桩顶面应平整并具有一定的强度。

    2 采用天然地基提供反力时，施加于地基的压应力不宜超过地基承载力特征值的1.5倍；反力梁的支点重心应与支座中心重合。

5.2.3 荷载测量及其仪器的技术要求应符合本规范第4.2.3条的规定。

5.2.4 桩顶上拔量测量及其仪器的技术要求应符合本规范4.2.4条的有关规定。

    注：桩顶上拔量观测点可固定在桩顶面的桩身混凝土上。

5.2.5 试桩、支座和基准桩之间的中心距离应符合表4.2.5的规定。

5.2.6 当需要测试桩侧抗拔摩阻力分布或桩端上拔位移时，桩身内埋设传感器或桩端埋设位移杆应按本规范附录A执行。

5.3 现场检测

5.3.1 对混凝土灌注桩、有接头的预制桩，宜在拔桩试验前采用低应变法检测受检桩的桩身完整性。为设计提供依据的抗拔灌注桩施工时应进行成孔质量检测，发现桩身中、下部位有明显扩径的桩不宜作为抗拔试验桩；对有接头的预制桩，应验算接头强度。

5.3.2 单桩竖向抗拔静载试验宜采用慢速维持荷载法。需要时，也可采用多循环加、卸载方法。慢速维持荷载法的加卸载分级、试验方法及稳定标准应按本规范第4.3.4条和

4.3.6条有关规定执行，并仔细观察桩身混凝土开裂情况。

5.3.3 当出现下列情况之一时，可终止加载：
1 在某级荷载作用下，桩顶上拔量大于前一级上拔荷载作用下的上拔量5倍。
2 按桩顶上拔量控制，当累计桩顶上拔量超过100mm时。
3 按钢筋抗拉强度控制，桩顶上拔荷载达到钢筋强度标准值的0.9倍。
4 对于验收抽样检测的工程桩，达到设计要求的最大上拔荷载值。

5.3.4 检测数据可按本规范附录C附表C.0.1的格式记录。

5.3.5 测试桩侧抗拔摩阻力或桩端上拔位移时，测试数据的测读时间宜符合本规范第4.3.6条的规定。

5.4 检测数据的分析与判定

5.4.1 数据整理应绘制上拔荷载-桩顶上拔量（U-δ）关系曲线和桩顶上拔量-时间对数（δ-$\lg t$）关系曲线。

5.4.2 单桩竖向抗拔极限承载力可按下列方法综合判定：
1 根据上拔量随荷载变化的特征确定：对陡变型U-δ曲线，取陡升起始点对应的荷载值；
2 根据上拔量随时间变化的特征确定：取δ-$\lg t$曲线斜率明显变陡或曲线尾部明显弯曲的前一级荷载值。
3 当在某级荷载下抗拔钢筋断裂时，取其前一级荷载值。

5.4.3 单桩竖向抗拔极限承载力统计值的确定应符合本规范第4.4.3条的规定。

5.4.4 当作为验收抽样检测的受检桩在最大上拔荷载作用下，未出现本规范第5.4.2条所列三款情况时，可按设计要求判定。

5.4.5 单位工程同一条件下的单桩竖向抗拔承载力特征值应按单桩竖向抗拔极限承载力统计值的一半取值。

注：当工程桩不允许带裂缝工作时，取桩身开裂的前一级荷载作为单桩竖向抗拔承载力特征值，并与按极限荷载一半取值确定的承载力特征值相比取小值。

5.4.6 检测报告除应包括本规范第3.5.5条内容外，还应包括：
1 受检桩桩位对应的地质柱状图；
2 受检桩尺寸（灌注桩宜标明孔径曲线）及配筋情况；
3 加卸载方法，荷载分级；
4 第5.4.1条要求绘制的曲线及对应的数据表；
5 承载力判定依据；
6 当进行抗拔摩阻力测试时，应有传感器类型、安装位置、轴力计算方法，各级荷载下桩身轴力变化曲线，各土层中的抗拔极限摩阻力。

6 单桩水平静载试验

6.1 适用范围

6.1.1 本方法适用于桩顶自由时的单桩水平静载试验；其他形式的水平静载试验可参照

使用。

6.1.2 本方法适用于检测单桩的水平承载力，推定地基土抗力系数的比例系数。

6.1.3 当埋设有桩身应变测量传感器时，可测量相应水平荷载作用下的桩身应力，并由此计算桩身弯矩。

6.1.4 为设计提供依据的试验桩宜加载至桩顶出现较大水平位移或桩身结构破坏；对工程桩抽样检测，可按设计要求的水平位移允许值控制加载。

6.2 设备仪器及其安装

6.2.1 水平推力加载装置宜采用油压千斤顶，加载能力不得小于最大试验荷载的1.2倍。

6.2.2 水平推力的反力可由相邻桩提供；当专门设置反力结构时，其承载能力和刚度应大于试验桩的1.2倍。

6.2.3 荷载测量及其仪器的技术要求应符合本规范第4.2.3条的规定；水平力作用点宜与实际工程的桩基承台底面标高一致；千斤顶和试验桩接触处应安置球形支座，千斤顶作用力应水平通过桩身轴线；千斤顶与试桩的接触处宜适当补强。

6.2.4 桩的水平位移测量及其仪器的技术要求应符合本规范第4.2.4条的有关规定。在水平力作用平面的受检桩两侧应对称安装两个位移计；当需要测量桩顶转角时，尚应在水平力作用平面以上50cm的受检桩两侧对称安装两个位移计。

6.2.5 位移测量的基准点设置不应受试验和其他因素的影响，基准点应设置在与作用力方向垂直且与位移方向相反的试桩侧面，基准点与试桩净距不应小于1倍桩径。

6.2.6 测量桩身应力或应变时，各测试断面的测量传感器应沿受力方向对称布置在远离中性轴的受拉和受压主筋上；埋设传感器的纵剖面与受力方向之间的夹角不得大于10°。在地面下10倍桩径（桩宽）的主要受力部分应加密测试断面，断面间距不宜超过1倍桩径；超过此深度，测试断面间距可适当加大。桩身内埋设传感器应按本规范附录A执行。

6.3 现场检测

6.3.1 加载方法宜根据工程桩实际受力特性选用单向多循环加载法或本规范第4章规定的慢速维持荷载法，也可按设计要求采用其他加载方法。需要测量桩身应力或应变的试桩宜采用维持荷载法。

6.3.2 试验加卸载方式和水平位移测量应符合下列规定：

1 单向多循环加载法的分级荷载应小于预估水平极限承载力或最大试验荷载的1/10。每级荷载施加后，恒载4min后可测读水平位移，然后卸载至零，停2min测读残余水平位移，至此完成一个加卸载循环。如此循环5次，完成一级荷载的位移观测。试验不得中间停顿。

2 慢速维持荷载法的加卸载分级、试验方法及稳定标准应按本规范第4.3.4条和4.3.6条有关规定执行。

6.3.3 当出现下列情况之一时，可终止加载：

1 桩身折断；

2 水平位移超过30～40mm（软土取40mm）；

3 水平位移达到设计要求的水平位移允许值。

6.3.4 检测数据可按本规范附录 C 附表 C.0.2 的格式记录。

6.3.5 测量桩身应力或应变时，测试数据的测读宜与水平位移测量同步。

6.4 检测数据的分析与判定

6.4.1 检测数据应按下列要求整理：

1 采用单向多循环加载法时应绘制水平力-时间-作用点位移（H-t-Y_0）关系曲线和水平力-位移梯度（H-$\Delta Y_0/\Delta H$）关系曲线。

2 采用慢速维持荷载法时应绘制水平力-力作用点位移（H-Y_0）关系曲线、水平力-位移梯度（H-$\Delta Y_0/\Delta H$）关系曲线、力作用点位移－时间对数（Y_0-$\lg t$）关系曲线和水平力-力作用点位移双对数（$\lg H$-$\lg Y_0$）关系曲线。

3 绘制水平力、水平力作用点水平位移-地基土水平抗力系数的比例系数的关系曲线（H-m、Y_0-m）。

当桩顶自由且水平力作用位置位于地面处时，m 值可按下列公式确定：

$$m = \frac{(\nu_y \cdot H)^{\frac{5}{3}}}{b_0 Y_0^{\frac{5}{3}} (EI)^{\frac{2}{3}}} \tag{6.4.1-1}$$

$$\alpha = \left(\frac{mb_0}{EI}\right)^{\frac{1}{5}} \tag{6.4.1-2}$$

式中 m——地基土水平抗力系数的比例系数（kN/m^4）；

　　　α——桩的水平变形系数（m^{-1}）；

　　　ν_y——桩顶水平位移系数，由式（6.4.1-2）试算 α，当 $\alpha h \geqslant 4.0$ 时（h 为桩的入土深度），$\nu_y = 2.441$；

　　　H——作用于地面的水平力（kN）；

　　　Y_0——水平力作用点的水平位移（m）；

　　　EI——桩身抗弯刚度（$kN \cdot m^2$）；其中 E 为桩身材料弹性模量，I 为桩身换算截面惯性矩；

　　　b_0——桩身计算宽度(m)；对于圆形桩：当桩径 $D \leqslant 1m$ 时，$b_0 = 0.9(1.5D + 0.5)$；当桩径 $D > 1m$ 时，$b_0 = 0.9(D + 1)$。对于矩形桩：当边宽 $B \leqslant 1m$ 时，$b_0 = 1.5B + 0.5$；当边宽 $B > 1m$ 时，$b_0 = B + 1$。

6.4.2 对埋设有应力或应变测量传感器的试验应绘制下列曲线，并列表给出相应的数据：

1 各级水平力作用下的桩身弯矩分布图；

2 水平力-最大弯矩截面钢筋拉应力（H-σ_s）曲线。

6.4.3 单桩的水平临界荷载可按下列方法综合确定：

1 取单向多循环加载法时的 H-t-Y_0 曲线或慢速维持荷载法时的 H-Y_0 曲线出现拐点的前一级水平荷载值。

2 取 H-$\Delta Y_0/\Delta H$ 曲线或 $\lg H$-$\lg Y_0$ 曲线上第一拐点对应的水平荷载值。

3 取 H-σ_s 曲线第一拐点对应的水平荷载值。

6.4.4 单桩的水平极限承载力可按下列方法综合确定：
  1 取单向多循环加载法时的 H-t-Y_0 曲线产生明显陡降的前一级、或慢速维持荷载法时的 H-Y_0 曲线发生明显陡降的起始点对应的水平荷载值。
  2 取慢速维持荷载法时的 Y_0-$\lg t$ 曲线尾部出现明显弯曲的前一级水平荷载值。
  3 取 H-$\Delta Y_0/\Delta H$ 曲线或 $\lg H$-$\lg Y_0$ 曲线上第二拐点对应的水平荷载值。
  4 取桩身折断或受拉钢筋屈服时的前一级水平荷载值。

6.4.5 单桩水平极限承载力和水平临界荷载统计值的确定应符合本规范第4.4.3条的规定。

6.4.6 单位工程同一条件下的单桩水平承载力特征值的确定应符合下列规定：
  1 当水平承载力按桩身强度控制时，取水平临界荷载统计值为单桩水平承载力特征值。
  2 当桩受长期水平荷载作用且桩不允许开裂时，取水平临界荷载统计值的0.8倍作为单桩水平承载力特征值。

6.4.7 除本规范第6.4.6条规定外，当水平承载力按设计要求的水平允许位移控制时，可取设计要求的水平允许位移对应的水平荷载作为单桩水平承载力特征值，但应满足有关规范抗裂设计的要求。

6.4.8 检测报告除应包括本规范第3.5.5条内容外，还应包括：
  1 受检桩桩位对应的地质柱状图；
  2 受检桩的截面尺寸及配筋情况；
  3 加卸载方法，荷载分级；
  4 第6.4.1条要求绘制的曲线及对应的数据表；
  5 承载力判定依据；
  6 当进行钢筋应力测试并由此计算桩身弯矩时，应有传感器类型、安装位置、内力计算方法和第6.4.2条要求绘制的曲线及其对应的数据表。

7 钻芯法

7.1 适用范围

7.1.1 本方法适用于检测混凝土灌注桩的桩长、桩身混凝土强度、桩底沉渣厚度和桩身完整性，判定或鉴别桩端持力层岩土性状。

7.2 设备

7.2.1 钻取芯样宜采用液压操纵的钻机。钻机设备参数应符合以下规定：
  1 额定最高转速不低于790r/min。
  2 转速调节范围不少于4档。
  3 额定配用压力不低于1.5MPa。

7.2.2 钻机应配备单动双管钻具以及相应的孔口管、扩孔器、卡簧、扶正稳定器和可捞取松软渣样的钻具。钻杆应顺直，直径宜为50mm。

7.2.3 钻头应根据混凝土设计强度等级选用合适粒度、浓度、胎体硬度的金刚石钻头，且外径不宜小于100mm。钻头胎体不得有肉眼可见的裂纹、缺边、少角、倾斜及喇叭口变形。

7.2.4 水泵的排水量应为50~160L/min，泵压应为1.0~2.0MPa。

7.2.5 锯切芯样试件用的锯切机应具有冷却系统和牢固夹紧芯样的装置，配套使用的金刚石圆锯片应有足够刚度。

7.2.6 芯样试件端面的补平器和磨平机应满足芯样制作的要求。

7.3 现场操作

7.3.1 每根受检桩的钻芯孔数和钻孔位置宜符合下列规定：

1 桩径小于1.2m的桩钻1孔，桩径为1.2~1.6m的桩钻2孔，桩径大于1.6m的桩钻3孔。

2 当钻芯孔为一个时，宜在距桩中心10~15cm的位置开孔；当钻芯孔为两个或两个以上时，开孔位置宜在距桩中心0.15~0.25D内均匀对称布置。

3 对桩端持力层的钻探，每根受检桩不应少于一孔，且钻探深度应满足设计要求。

7.3.2 钻机设备安装必须周正、稳固、底座水平。钻机立轴中心、天轮中心（天车前沿切点）与孔口中心必须在同一铅垂线上。应确保钻机在钻芯过程中不发生倾斜、移位，钻芯孔垂直度偏差不大于0.5%。

7.3.3 当桩顶面与钻机底座的距离较大时，应安装孔口管，孔口管应垂直且牢固。

7.3.4 钻进过程中，钻孔内循环水流不得中断，应根据回水含砂量及颜色调整钻进速度。

7.3.5 提钻卸取芯样时，应拧卸钻头和扩孔器，严禁敲打卸芯。

7.3.6 每回次进尺宜控制在1.5m内；钻至桩底时，宜采取适宜的钻芯方法和工艺钻取沉渣并测定沉渣厚度，并采用适宜的方法对桩端持力层岩土性状进行鉴别。

7.3.7 钻取的芯样应由上而下按回次顺序放进芯样箱中，芯样侧面上应清晰标明回次数、块号、本回次总块数，并应按本规范附录D附表D.0.1-1的格式及时记录钻进情况和钻进异常情况，对芯样质量进行初步描述。

7.3.8 钻芯过程中，应按本规范附录D附表D.0.1-2的格式对芯样混凝土、桩底沉渣以及桩端持力层详细编录。

7.3.9 钻芯结束后，应对芯样和标有工程名称、桩号、钻芯孔号、芯样试件采取位置、桩长、孔深、检测单位名称的标示牌的全貌进行拍照。

7.3.10 当单桩质量评价满足设计要求时，应采用0.5~1.0MPa压力，从钻芯孔孔底往上用水泥浆回灌封闭；否则应封存钻芯孔，留待处理。

7.4 芯样试件截取与加工

7.4.1 截取混凝土抗压芯样试件应符合下列规定：

1 当桩长为10~30m时，每孔截取3组芯样；当桩长小于10m时，可取2组，当桩长大于30m时，不少于4组。

2 上部芯样位置距桩顶设计标高不宜大于1倍桩径或1m，下部芯样位置距桩底不宜大于1倍桩径或1m，中间芯样宜等间距截取。

3 缺陷位置能取样时，应截取一组芯样进行混凝土抗压试验。

4 当同一基桩的钻芯孔数大于一个，其中一孔在某深度存在缺陷时，应在其他孔的该深度处截取芯样进行混凝土抗压试验。

7.4.2 当桩端持力层为中、微风化岩层且岩芯可制作成试件时，应在接近桩底部位截取一组岩石芯样；遇分层岩性时宜在各层取样。

7.4.3 每组芯样应制作三个芯样抗压试件。芯样试件应按本规范附录E进行加工和测量。

7.5 芯样试件抗压强度试验

7.5.1 芯样试件制作完毕可立即进行抗压强度试验。

7.5.2 混凝土芯样试件的抗压强度试验应按现行国家标准《普通混凝土力学性能试验方法》GB/T 50081—2002 的有关规定执行。

7.5.3 抗压强度试验后，当发现芯样试件平均直径小于2倍试件内混凝土粗骨料最大粒径，且强度值异常时，该试件的强度值不得参与统计平均。

7.5.4 混凝土芯样试件抗压强度应按下列公式计算：

$$f_{cu} = \xi \cdot \frac{4P}{\pi d^2} \tag{7.5.4}$$

式中 f_{cu}——混凝土芯样试件抗压强度(MPa)，精确至0.1MPa；

P——芯样试件抗压试验测得的破坏荷载（N）；

d——芯样试件的平均直径（mm）；

ξ——混凝土芯样试件抗压强度折算系数，应考虑芯样尺寸效应、钻芯机械对芯样扰动和混凝土成型条件的影响，通过试验统计确定；当无试验统计资料时，宜取为1.0。

7.5.5 桩底岩芯单轴抗压强度试验可按现行国家标准《建筑地基基础设计规范》GB 50007—2002 附录J执行。

7.6 检测数据的分析与判定

7.6.1 混凝土芯样试件抗压强度代表值应按一组三块试件强度值的平均值确定。同一受检桩同一深度部位有两组或两组以上混凝土芯样试件抗压强度代表值时，取其平均值为该桩该深度处混凝土芯样试件抗压强度代表值。

7.6.2 受检桩中不同深度位置的混凝土芯样试件抗压强度代表值中的最小值为该桩混凝土芯样试件抗压强度代表值。

7.6.3 桩端持力层性状应根据芯样特征、岩石芯样单轴抗压强度试验、动力触探或标准贯入试验结果，综合判定桩端持力层岩土性状。

7.6.4 桩身完整性类别应结合钻芯孔数、现场混凝土芯样特征、芯样单轴抗压强度试验结果，按本规范表3.5.1的规定和表7.6.4的特征进行综合判定。

7.6.5 成桩质量评价应按单桩进行。当出现下列情况之一时，应判定该受检桩不满足设计要求：

1 桩身完整性类别为Ⅳ类的桩。
2 受检桩混凝土芯样试件抗压强度代表值小于混凝土设计强度等级的桩。
3 桩长、桩底沉渣厚度不满足设计或规范要求的桩。
4 桩端持力层岩土性状（强度）或厚度未达到设计或规范要求的桩。

表7.6.4 桩身完整性判定

类别	特征
Ⅰ	混凝土芯样连续、完整、表面光滑、胶结好、骨料分布均匀、呈长柱状、断口吻合，芯样侧面仅见少量气孔
Ⅱ	混凝土芯样连续、完整、胶结较好、骨料分布基本均匀、呈柱状、断口基本吻合，芯样侧面局部见蜂窝麻面、沟槽
Ⅲ	大部分混凝土芯样胶结较好，无松散、夹泥或分层现象，但有下列情况之一： 芯样局部破碎且破碎长度不大于10cm； 芯样骨料分布不均匀； 芯样多呈短柱状或块状； 芯样侧面蜂窝麻面、沟槽连续
Ⅳ	有下列情况之一： 钻进很困难； 芯样任一段松散、夹泥或分层； 芯样局部破碎且破碎长度大于10cm

7.6.6 钻芯孔偏出桩外时，仅对钻取芯样部分进行评价。
7.6.7 检测报告除应包括本规范第3.5.5条内容外，还应包括：
 1 钻芯设备情况；
 2 检测桩数、钻孔数量，架空、混凝土芯进尺、岩芯进尺、总进尺，混凝土试件组数、岩石试件组数、动力触探或标准贯入试验结果；
 3 按本规范附录D附表D.0.1-3的格式编制每孔的柱状图；
 4 芯样单轴抗压强度试验结果；
 5 芯样彩色照片；
 6 异常情况说明。

8 低应变法

8.1 适用范围

8.1.1 本方法适用于检测混凝土桩的桩身完整性，判定桩身缺陷的程度及位置。
8.1.2 本方法的有效检测桩长范围应通过现场试验确定。

8.2 仪器设备

8.2.1 检测仪器的主要技术性能指标应符合现行行业标准《基桩动测仪》JG/T 3055的有关规定，且应具有信号显示、储存和处理分析功能。
8.2.2 瞬态激振设备应包括能激发宽脉冲和窄脉冲的力锤和锤垫；力锤可装有力传感器；稳态激振设备应包括激振力可调、扫频范围为10~2000Hz的电磁式稳态激振器。

8.3 现场检测

8.3.1 受检桩应符合下列规定：

1 桩身强度应符合本规范第3.2.6条第1款的规定。
2 桩头的材质、强度、截面尺寸应与桩身基本等同。
3 桩顶面应平整、密实，并与桩轴线基本垂直。

8.3.2 测试参数设定应符合下列规定：

1 时域信号记录的时间段长度应在$2L/c$时刻后延续不少于5ms；幅频信号分析的频率范围上限不应小于2000Hz。
2 设定桩长应为桩顶测点至桩底的施工桩长，设定桩身截面积应为施工截面积。
3 桩身波速可根据本地区同类型桩的测试值初步设定。
4 采样时间间隔或采样频率应根据桩长、桩身波速和频域分辨率合理选择；时域信号采样点数不宜少于1024点。
5 传感器的设定值应按计量检定结果设定。

8.3.3 测量传感器安装和激振操作应符合下列规定：

1 传感器安装应与桩顶面垂直；用耦合剂粘结时，应具有足够的粘结强度。
2 实心桩的激振点位置应选择在桩中心，测量传感器安装位置宜为距桩中心2/3半径处；空心桩的激振点与测量传感器安装位置宜在同一水平面上，且与桩中心连线形成的夹角宜为90°，激振点和测量传感器安装位置宜为桩壁厚的1/2处。
3 激振点与测量传感器安装位置应避开钢筋笼的主筋影响。
4 激振方向应沿桩轴线方向。
5 瞬态激振应通过现场敲击试验，选择合适重量的激振力锤和锤垫，宜用宽脉冲获取桩底或桩身下部缺陷反射信号，宜用窄脉冲获取桩身上部缺陷反射信号。
6 稳态激振应在每一个设定频率下获得稳定响应信号，并应根据桩径、桩长及桩周土约束情况调整激振力大小。

8.3.4 信号采集和筛选应符合下列规定：

1 根据桩径大小，桩心对称布置2～4个检测点；每个检测点记录的有效信号数不宜少于3个。
2 检查判断实测信号是否反映桩身完整性特征。
3 不同检测点及多次实测时域信号一致性较差，应分析原因，增加检测点数量。
4 信号不应失真和产生零漂，信号幅值不应超过测量系统的量程。

8.4 检测数据的分析与判定

8.4.1 桩身波速平均值的确定应符合下列规定：

1 当桩长已知、桩底反射信号明确时，在地质条件、设计桩型、成桩工艺相同的基桩中，选取不少于5根Ⅰ类桩的桩身波速值按下式计算其平均值：

$$c_m = \frac{1}{n}\sum_{i=1}^{n} c_i \tag{8.4.1-1}$$

$$c_i = \frac{2000L}{\Delta T} \tag{8.4.1-2}$$

$$c_i = 2L \cdot \Delta f \tag{8.4.1-3}$$

式中　c_m——桩身波速的平均值（m/s）；

　　　c_i——第 i 根受检桩的桩身波速值（m/s），且 $|c_i - c_m|/c_m \leqslant 5\%$；

　　　L——测点下桩长（m）；

　　　ΔT——速度波第一峰与桩底反射波峰间的时间差（ms）；

　　　Δf——幅频曲线上桩底相邻谐振峰间的频差（Hz）；

　　　n——参加波速平均值计算的基桩数量（$n \geqslant 5$）。

　　2　当无法按上款确定时，波速平均值可根据本地区相同桩型及成桩工艺的其他桩基工程的实测值，结合桩身混凝土的骨料品种和强度等级综合确定。

8.4.2　桩身缺陷位置应按下列公式计算：

$$x = \frac{1}{2000} \cdot \Delta t_x \cdot c \tag{8.4.2-1}$$

$$x = \frac{1}{2} \cdot \frac{c}{\Delta f'} \tag{8.4.2-2}$$

式中　x——桩身缺陷至传感器安装点的距离（m）；

　　　Δt_x——速度波第一峰与缺陷反射波峰间的时间差（ms）；

　　　c——受检桩的桩身波速（m/s），无法确定时用 c_m 值替代；

　　　$\Delta f'$——幅频信号曲线上缺陷相邻谐振峰间的频差（Hz）。

8.4.3　桩身完整性类别应结合缺陷出现的深度、测试信号衰减特性以及设计桩型、成桩工艺、地质条件、施工情况，按本规范表 3.5.1 的规定和表 8.4.3 所列实测时域或幅频信号特征进行综合分析判定。

表 8.4.3　桩身完整性判定

类别	时域信号特征	幅频信号特征
Ⅰ	$2L/c$ 时刻前无缺陷反射波，有桩底反射波	桩底谐振峰排列基本等间距，其相邻频差 $\Delta f \approx c/2L$
Ⅱ	$2L/c$ 时刻前出现轻微缺陷反射波，有桩底反射波	桩底谐振峰排列基本等间距，其相邻频差 $\Delta f \approx c/2L$，轻微缺陷产生的谐振峰与桩底谐振峰之间的频差 $\Delta f' > c/2L$
Ⅲ	有明显缺陷反射波，其他特征介于Ⅱ类和Ⅳ类之间	
Ⅳ	$2L/c$ 时刻前出现严重缺陷反射波或周期性反射波，无桩底反射波； 或因桩身浅部严重缺陷使波形呈现低频大振幅衰减振动，无桩底反射波	缺陷谐振峰排列基本等间距，相邻频差 $\Delta f' > c/2L$，无桩底谐振峰； 或因桩身浅部严重缺陷只出现单一谐振峰，无桩底谐振峰
注：对同一场地、地质条件相近、桩型和成桩工艺相同的基桩，因桩端部分桩身阻抗与持力层阻抗相匹配导致实测信号无桩底反射波时，可按本场地同条件下有桩底反射波的其他桩实测信号判定桩身完整性类别。		

8.4.4　对于混凝土灌注桩，采用时域信号分析时应区分桩身截面渐变后恢复至原桩径并在该阻抗突变处的一次反射，或扩径突变处的二次反射，结合成桩工艺和地质条件综合分

析判定受检桩的完整性类别。必要时，可采用实测曲线拟合法辅助判定桩身完整性或借助实测导纳值、动刚度的相对高低辅助判定桩身完整性。

8.4.5 对于嵌岩桩，桩底时域反射信号为单一反射波且与锤击脉冲信号同向时，应采取其他方法核验桩端嵌岩情况。

8.4.6 出现下列情况之一，桩身完整性判定宜结合其他检测方法进行：
   1 实测信号复杂，无规律，无法对其进行准确评价。
   2 桩身截面渐变或多变，且变化幅度较大的混凝土灌注桩。

8.4.7 低应变检测报告应给出桩身完整性检测的实测信号曲线。

8.4.8 检测报告除应包括本规范第3.5.5条内容外，还应包括下列内容：
   1 桩身波速取值；
   2 桩身完整性描述、缺陷的位置及桩身完整性类别；
   3 时域信号时段所对应的桩身长度标尺、指数或线性放大的范围及倍数；或幅频信号曲线分析的频率范围、桩底或桩身缺陷对应的相邻谐振峰间的频差。

9 高 应 变 法

9.1 适 用 范 围

9.1.1 本方法适用于检测基桩的竖向抗压承载力和桩身完整性；监测预制桩打入时的桩身应力和锤击能量传递比，为沉桩工艺参数及桩长选择提供依据。

9.1.2 进行灌注桩的竖向抗压承载力检测时，应具有现场实测经验和本地区相近条件下的可靠对比验证资料。

9.1.3 对于大直径扩底桩和 $Q\text{-}s$ 曲线具有缓变型特征的大直径灌注桩，不宜采用本方法进行竖向抗压承载力检测。

9.2 仪 器 设 备

9.2.1 检测仪器的主要技术性能指标不应低于现行行业标准《基桩动测仪》JG/T 3055中表1规定的2级标准，且应具有保存、显示实测力与速度信号和信号处理与分析的功能。

9.2.2 锤击设备宜具有稳固的导向装置；打桩机械或类似的装置（导杆式柴油锤除外）都可作为锤击设备。

9.2.3 高应变检测用重锤应材质均匀、形状对称、锤底平整，高径（宽）比不得小于1，并采用铸铁或铸钢制作。当采取自由落锤安装加速度传感器的方式实测锤击力时，重锤应整体铸造，且高径（宽）比应在1.0~1.5范围内。

9.2.4 进行高应变承载力检测时，锤的重量应大于预估单桩极限承载力的1.0%~1.5%，混凝土桩的桩径大于600mm或桩长大于30m时取高值。

9.2.5 桩的贯入度可采用精密水准仪等仪器测定。

9.3 现 场 检 测

9.3.1 检测前的准备工作应符合下列规定：

  1 预制桩承载力的时间效应应通过复打确定。
  2 桩顶面应平整，桩顶高度应满足锤击装置的要求，桩锤重心应与桩顶对中，锤击装置架立应垂直。
  3 对不能承受锤击的桩头应加固处理，混凝土桩的桩头处理按本规范附录B执行。
  4 传感器的安装应符合本规范附录F的规定。
  5 桩头顶部应设置桩垫，桩垫可采用10～30mm厚的木板或胶合板等材料。
9.3.2 参数设定和计算应符合下列规定：
  1 采样时间间隔宜为50～200μs，信号采样点数不宜少于1024点。
  2 传感器的设定值应按计量检定结果设定。
  3 自由落锤安装加速度传感器测力时，力的设定值由加速度传感器设定值与重锤质量的乘积确定。
  4 测点处的桩截面尺寸应按实际测量确定，波速、质量密度和弹性模量应按实际情况设定。
  5 测点以下桩长和截面积可采用设计文件或施工记录提供的数据作为设定值。
  6 桩身材料质量密度应按表9.3.2取值。

表9.3.2 桩身材料质量密度（t/m^3）

钢 桩	混凝土预制桩	离心管桩	混凝土灌注桩
7.85	2.45～2.50	2.55～2.60	2.40

  7 桩身波速可结合本地经验或按同场地同类型已检桩的平均波速初步设定，现场检测完成后应按第9.4.3条调整。
  8 桩身材料弹性模量应按下式计算：

$$E = \rho \cdot c^2 \tag{9.3.2}$$

式中 E——桩身材料弹性模量（kPa）；
    c——桩身应力波传播速度（m/s）；
    ρ——桩身材料质量密度（t/m^3）。
9.3.3 现场检测应符合下列要求：
  1 交流供电的测试系统应良好接地；检测时测试系统应处于正常状态。
  2 采用自由落锤为锤击设备时，应重锤低击，最大锤击落距不宜大于2.5m。
  3 试验目的为确定预制桩打桩过程中的桩身应力、沉桩设备匹配能力和选择桩长时，应按本规范附录G执行。
  4 检测时应及时检查采集数据的质量；每根受检桩记录的有效锤击信号应根据桩顶最大动位移、贯入度以及桩身最大拉、压应力和缺陷程度及其发展情况综合确定。
  5 发现测试波形紊乱，应分析原因；桩身有明显缺陷或缺陷程度加剧，应停止检测。
9.3.4 承载力检测时宜实测桩的贯入度，单击贯入度宜在2～6mm之间。

9.4 检测数据的分析与判定

9.4.1 检测承载力时选取锤击信号，宜取锤击能量较大的击次。
9.4.2 当出现下列情况之一时，高应变锤击信号不得作为承载力分析计算的依据：

1 传感器安装处混凝土开裂或出现严重塑性变形使力曲线最终未归零；
2 严重锤击偏心，两侧力信号幅值相差超过1倍；
3 触变效应的影响，预制桩在多次锤击下承载力下降；
4 四通道测试数据不全。

9.4.3 桩身波速可根据下行波波形起升沿的起点到上行波下降沿的起点之间的时差与已知桩长值确定（图9.4.3）；桩底反射信号不明显时，可根据桩长、混凝土波速的合理取值范围以及邻近桩的桩身波速值综合确定。

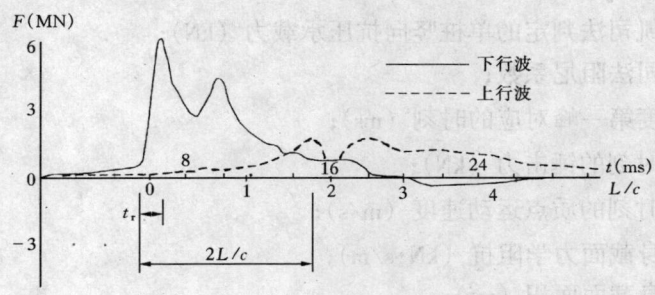

图9.4.3 桩身波速的确定

9.4.4 当测点处原设定波速随调整后的桩身波速改变时，桩身材料弹性模量和锤击力信号幅值的调整应符合下列规定：
1 桩身材料弹性模量应按本规范式（9.3.2）重新计算。
2 当采用应变式传感器测力时，应同时对原实测力值校正。

9.4.5 高应变实测的力和速度信号第一峰起始比例失调时，不得进行比例调整。

9.4.6 承载力分析计算前，应结合地质条件、设计参数，对实测波形特征进行定性检查：
1 实测曲线特征反映出的桩承载性状。
2 观察桩身缺陷程度和位置，连续锤击时缺陷的扩大或逐步闭合情况。

9.4.7 以下四种情况应采用静载法进一步验证：
1 桩身存在缺陷，无法判定桩的竖向承载力。
2 桩身缺陷对水平承载力有影响。
3 单击贯入度大，桩底同向反射强烈且反射峰较宽，侧阻力波、端阻力波反射弱，即波形表现出竖向承载性状明显与勘察报告中的地质条件不符合。
4 嵌岩桩桩底同向反射强烈，且在时间$2L/c$后无明显端阻力反射；也可采用钻芯法核验。

9.4.8 采用凯司法判定桩承载力，应符合下列规定：
1 只限于中、小直径桩。
2 桩身材质、截面应基本均匀。
3 阻尼系数J_c宜根据同条件下静载试验结果校核，或应在已取得相近条件下可靠对比资料后，采用实测曲线拟合法确定J_c值，拟合计算的桩数不应少于检测总桩数的30%，且不应少于3根。
4 在同一场地、地质条件相近和桩型及其截面积相同情况下，J_c值的极差不宜大于平均值的30%。

9.4.9 凯司法判定单桩承载力可按下列公式计算：

$$R_c = \frac{1}{2}(1 - J_c) \cdot [F(t_1) + Z \cdot V(t_1)] + \frac{1}{2}(1 + J_c)$$
$$\cdot \left[F\left(t_1 + \frac{2L}{c}\right) - Z \cdot V\left(t_1 + \frac{2L}{c}\right) \right] \quad (9.4.9\text{-}1)$$

$$Z = \frac{E \cdot A}{c} \quad (9.4.9\text{-}2)$$

式中 R_c——由凯司法判定的单桩竖向抗压承载力（kN）；
J_c——凯司法阻尼系数；
t_1——速度第一峰对应的时刻（ms）；
$F(t_1)$——t_1时刻的锤击力（kN）；
$V(t_1)$——t_1时刻的质点运动速度（m/s）；
Z——桩身截面力学阻抗（kN·s/m）；
A——桩身截面面积（m²）；
L——测点下桩长（m）。

注：公式（9.4.9-1）适用于$t_1 + 2L/c$时刻桩侧和桩端土阻力均已充分发挥的摩擦型桩。

对于土阻力滞后于$t_1 + 2L/c$时刻明显发挥或先于$t_1 + 2L/c$时刻发挥并造成桩中上部强烈反弹这两种情况，宜分别采用以下两种方法对R_c值进行提高修正：

1 适当将t_1延时，确定R_c的最大值。
2 考虑卸载回弹部分土阻力对R_c值进行修正。

9.4.10 采用实测曲线拟合法判定桩承载力，应符合下列规定：

1 所采用的力学模型应明确合理，桩和土的力学模型应能分别反映桩和土的实际力学性状，模型参数的取值范围应能限定。
2 拟合分析选用的参数应在岩土工程的合理范围内。
3 曲线拟合时间段长度在$t_1 + 2L/c$时刻后延续时间不应小于20ms；对于柴油锤打桩信号，在$t_1 + 2L/c$时刻后延续时间不应小于30ms。
4 各单元所选用的土的最大弹性位移值不应超过相应桩单元的最大计算位移值。
5 拟合完成时，土阻力响应区段的计算曲线与实测曲线应吻合，其他区段的曲线应基本吻合。
6 贯入度的计算值应与实测值接近。

9.4.11 本方法对单桩承载力的统计和单桩竖向抗压承载力特征值的确定应符合下列规定：

1 参加统计的试桩结果，当满足其极差不超过平均值的30%时，取其平均值为单桩承载力统计值。
2 当极差超过30%时，应分析极差过大的原因，结合工程具体情况综合确定。必要时可增加试桩数量。
3 单位工程同一条件下的单桩竖向抗压承载力特征值R_a应按本方法得到的单桩承载力统计值的一半取值。

9.4.12 桩身完整性判定可采用以下方法进行：

1 采用实测曲线拟合法判定时，拟合所选用的桩土参数应符合本规范第9.4.10条第1~2款的规定；根据桩的成桩工艺，拟合时可采用桩身阻抗拟合或桩身裂隙（包括混凝土预制桩的接桩缝隙）拟合。

2 对于等截面桩，可按表9.4.12并结合经验判定；桩身完整性系数 β 和桩身缺陷位置 x 应分别按下列公式计算：

$$\beta = \frac{[F(t_1) + Z \cdot V(t_1)] - 2R_x + [F(t_x) - Z \cdot V(t_x)]}{[F(t_1) + Z \cdot V(t_1)] - [F(t_x) - Z \cdot V(t_x)]} \quad (9.4.12\text{-}1)$$

$$x = c \cdot \frac{t_x - t_1}{2000} \quad (9.4.12\text{-}2)$$

式中 β——桩身完整性系数；

t_x——缺陷反射峰对应的时刻（ms）；

x——桩身缺陷至传感器安装点的距离（m）；

R_x——缺陷以上部位土阻力的估计值，等于缺陷反射波起始点的力与速度乘以桩身截面力学阻抗之差值，取值方法见图9.4.12。

表9.4.12　桩身完整性判定

类别	β 值	类别	β 值
Ⅰ	$\beta = 1.0$	Ⅲ	$0.6 \leqslant \beta < 0.8$
Ⅱ	$0.8 \leqslant \beta < 1.0$	Ⅳ	$\beta < 0.6$

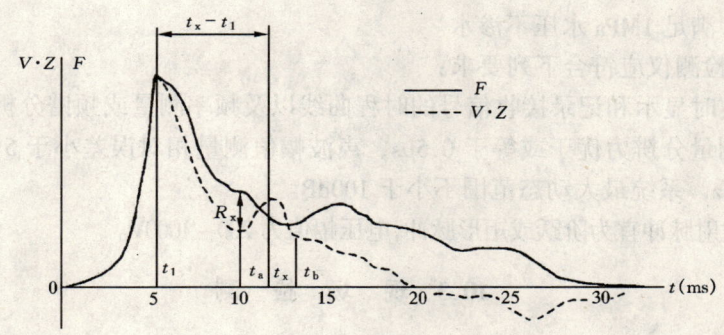

图9.4.12　桩身完整性系数计算

9.4.13 出现下列情况之一时，桩身完整性判定宜按工程地质条件和施工工艺，结合实测曲线拟合法或其他检测方法综合进行：

1 桩身有扩径的桩。

2 桩身截面渐变或多变的混凝土灌注桩。

3 力和速度曲线在峰值附近比例失调，桩身浅部有缺陷的桩。

4 锤击力波上升缓慢，力与速度曲线比例失调的桩。

9.4.14 桩身最大锤击拉、压应力和桩锤实际传递给桩的能量应分别按本规范附录G相应公式计算。

9.4.15 高应变检测报告应给出实测的力与速度信号曲线。

9.4.16 检测报告除应包括本规范第 3.5.5 条内容外，还应包括下列内容：
 1 计算中实际采用的桩身波速值和 J_c 值；
 2 实测曲线拟合法所选用的各单元桩土模型参数、拟合曲线、土阻力沿桩身分布图；
 3 实测贯入度；
 4 试打桩和打桩监控所采用的桩锤型号、锤垫类型，以及监测得到的锤击数、桩侧和桩端静阻力、桩身锤击拉应力和压应力、桩身完整性以及能量传递比随入土深度的变化。

10 声 波 透 射 法

10.1 适 用 范 围

10.1.1 本方法适用于已预埋声测管的混凝土灌注桩桩身完整性检测，判定桩身缺陷的程度并确定其位置。

10.2 仪 器 设 备

10.2.1 声波发射与接收换能器应符合下列要求：
 1 圆柱状径向振动，沿径向无指向性；
 2 外径小于声测管内径，有效工作面轴向长度不大于 150mm；
 3 谐振频率宜为 30～50kHz；
 4 水密性满足 1MPa 水压不渗水。

10.2.2 声波检测仪应符合下列要求：
 1 具有实时显示和记录接收信号的时程曲线以及频率测量或频谱分析功能。
 2 声时测量分辨力优于或等于 0.5μs，声波幅值测量相对误差小于 5%，系统频带宽度为 1～200kHz，系统最大动态范围不小于 100dB。
 3 声波发射脉冲宜为阶跃或矩形脉冲，电压幅值为 200～1000V。

10.3 现 场 检 测

10.3.1 声测管埋设应按本规范附录 H 的规定执行。

10.3.2 现场检测前准备工作应符合下列规定：
 1 采用标定法确定仪器系统延迟时间。
 2 计算声测管及耦合水层声时修正值。
 3 在桩顶测量相应声测管外壁间净距离。
 4 将各声测管内注满清水，检查声测管畅通情况；换能器应能在全程范围内升降顺畅。

10.3.3 现场检测步骤应符合下列规定：
 1 将发射与接收声波换能器通过深度标志分别置于两根声测管中的测点处。
 2 发射与接收声波换能器应以相同标高(图 10.3.3a)或保持固定高差(图 10.3.3b)同步升降，测点间距不宜大于 250mm。

3 实时显示和记录接收信号的时程曲线,读取声时、首波峰值和周期值,宜同时显示频谱曲线及主频值。

4 将多根声测管以两根为一个检测剖面进行全组合,分别对所有检测剖面完成检测。

5 在桩身质量可疑的测点周围,应采用加密测点,或采用斜测(图10.3.3b)、扇形扫测(图10.3.3c)进行复测,进一步确定桩身缺陷的位置和范围。

6 在同一根桩的各检测剖面的检测过程中,声波发射电压和仪器设置参数应保持不变。

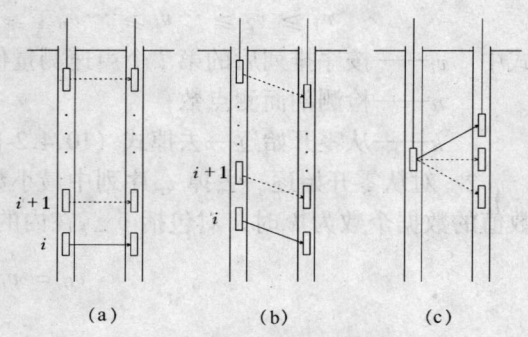

图 10.3.3 平测、斜测和扇形扫测示意图
(a) 平测;(b) 斜测;(c) 扇形扫测

10.4 检测数据的分析与判定

10.4.1 各测点的声时 t_c、声速 v、波幅 A_p 及主频 f 应根据现场检测数据,按下列各式计算,并绘制声速-深度(v-z)曲线和波幅-深度(A_p-z)曲线,需要时可绘制辅助的主频-深度(f-z)曲线:

$$t_{ci} = t_i - t_0 - t' \tag{10.4.1-1}$$

$$v_i = \frac{l'}{t_{ci}} \tag{10.4.1-2}$$

$$A_{pi} = 20\lg\frac{a_i}{a_0} \tag{10.4.1-3}$$

$$f_i = \frac{1000}{T_i} \tag{10.4.1-4}$$

式中 t_{ci}——第 i 测点声时(μs);
　　t_i——第 i 测点声时测量值(μs);
　　t_0——仪器系统延迟时间(μs);
　　t'——声测管及耦合水层声时修正值(μs);
　　l'——每检测剖面相应两声测管的外壁间净距离(mm);
　　v_i——第 i 测点声速(km/s);
　　A_{pi}——第 i 测点波幅值(dB);
　　a_i——第 i 测点信号首波峰值(V);
　　a_0——零分贝信号幅值(V);
　　f_i——第 i 测点信号主频值(kHz),也可由信号频谱的主频求得;
　　T_i——第 i 测点信号周期(μs)。

10.4.2 声速临界值应按下列步骤计算:
1 将同一检测剖面各测点的声速值 v_i 由大到小依次排序,即

$$v_1 \geq v_2 \geq \cdots v_i \geq \cdots v_{n-k} \geq \cdots v_{n-1} \geq v_n (k = 0,1,2,\cdots) \quad (10.4.2\text{-}1)$$

式中 v_i——按序排列后的第 i 个声速测量值；

n——检测剖面测点数；

k——从零开始逐一去掉式（10.4.2-1）v_i 序列尾部最小数值的数据个数。

2 对从零开始逐一去掉 v_i 序列中最小数值后余下的数据进行统计计算。当去掉最小数值的数据个数为 k 时，对包括 v_{n-k} 在内的余下数据 $v_1 \sim v_{n-k}$ 按下列公式进行统计计算：

$$v_0 = v_m - \lambda \cdot s_x \quad (10.4.2\text{-}2)$$

$$v_m = \frac{1}{n-k} \sum_{i=1}^{n-k} v_i \quad (10.4.2\text{-}3)$$

$$s_x = \sqrt{\frac{1}{n-k-1} \sum_{i=1}^{n-k} (v_i - v_m)^2} \quad (10.4.2\text{-}4)$$

式中 v_0——异常判断值；

v_m——$(n-k)$ 个数据的平均值；

s_x——$(n-k)$ 个数据的标准差；

λ——由表 10.4.2 查得的与 $(n-k)$ 相对应的系数。

表 10.4.2 统计数据个数 $(n\text{-}k)$ 与对应的 λ 值

$n\text{-}k$	20	22	24	26	28	30	32	34	36	38
λ	1.64	1.69	1.73	1.77	1.80	1.83	1.86	1.89	1.91	1.94
$n\text{-}k$	40	42	44	46	48	50	52	54	56	58
λ	1.96	1.98	2.00	2.02	2.04	2.05	2.07	2.09	2.10	2.11
$n\text{-}k$	60	62	64	66	68	70	72	74	76	78
λ	2.13	2.14	2.15	2.17	2.18	2.19	2.20	2.21	2.22	2.23
$n\text{-}k$	80	82	84	86	88	90	92	94	96	98
λ	2.24	2.25	2.26	2.27	2.28	2.29	2.29	2.30	2.31	2.32
$n\text{-}k$	100	105	110	115	120	125	130	135	140	145
λ	2.33	2.34	2.36	2.38	2.39	2.41	2.42	2.43	2.45	2.46
$n\text{-}k$	150	160	170	180	190	200	220	240	260	280
λ	2.47	2.50	2.52	2.54	2.56	2.58	2.61	2.64	2.67	2.69

3 将 v_{n-k} 与异常判断值 v_0 进行比较，当 $v_{n-k} \leq v_0$ 时，v_{n-k} 及其以后的数据均为异常，去掉 v_{n-k} 及其以后的异常数据；再用数据 $v_1 \sim v_{n-k-1}$ 并重复式（10.4.2-2）~式（10.4.2-4）的计算步骤，直到 v_i 序列中余下的全部数据满足：

$$v_i > v_0 \quad (10.4.2\text{-}5)$$

此时，v_0 为声速的异常判断临界值 v_c。

4 声速异常时的临界值判据为:

$$v_i \leqslant v_c \tag{10.4.2-6}$$

当式(10.4.2-6)成立时,声速可判定为异常。

10.4.3 当检测剖面 n 个测点的声速值普遍偏低且离散性很小时,宜采用声速低限值判据:

$$v_i < v_L \tag{10.4.3}$$

式中 v_i——第 i 测点声速(km/s);
v_L——声速低限值(km/s),由预留同条件混凝土试件的抗压强度与声速对比试验结果,结合本地区实际经验确定。

当式(10.4.3)成立时,可直接判定为声速低于低限值异常。

10.4.4 波幅异常时的临界值判据应按下列公式计算:

$$A_m = \frac{1}{n}\sum_{i=1}^{n} A_{pi} \tag{10.4.4-1}$$

$$A_{pi} < A_m - 6 \tag{10.4.4-2}$$

式中 A_m——波幅平均值(dB);
n——检测剖面测点数。

当式(10.4.4-2)成立时,波幅可判定为异常。

10.4.5 当采用斜率法的 PSD 值作为辅助异常点判据时,PSD 值应按下列公式计算:

$$PSD = K \cdot \Delta t \tag{10.4.5-1}$$

$$K = \frac{t_{ci} - t_{ci-1}}{z_i - z_{i-1}} \tag{10.4.5-2}$$

$$\Delta t = t_{ci} - t_{ci-1} \tag{10.4.5-3}$$

式中 t_{ci}——第 i 测点声时(μs);
t_{ci-1}——第 $i-1$ 测点声时(μs);
z_i——第 i 测点深度(m);
z_{i-1}——第 $i-1$ 测点深度(m)。

根据 PSD 值在某深度处的突变,结合波幅变化情况,进行异常点判定。

10.4.6 当采用信号主频值作为辅助异常点判据时,主频-深度曲线上主频值明显降低可判定为异常。

10.4.7 桩身完整性类别应结合桩身混凝土各声学参数临界值、PSD 判据、混凝土声速低限值以及桩身质量可疑点加密测试(包括斜测或扇形扫测)后确定的缺陷范围,按本规范表3.5.1的规定和表10.4.7的特征进行综合判定。

10.4.8 检测报告除应包括规范第3.5.5条内容外,还应包括:

1 声测管布置图;
2 受检桩每个检测剖面声速-深度曲线、波幅-深度曲线,并将相应判据临界值所对应的标志线绘制于同一个座标系;
3 当采用主频值或 PSD 值进行辅助分析判定时,绘制主频-深度曲线或 PSD 曲线;
4 缺陷分布图示。

表 10.4.7 桩身完整性判定

类别	特征
Ⅰ	各检测剖面的声学参数均无异常，无声速低于低限值异常
Ⅱ	某一检测剖面个别测点的声学参数出现异常，无声速低于低限值异常
Ⅲ	某一检测剖面连续多个测点的声学参数出现异常； 两个或两个以上检测剖面在同一深度测点的声学参数出现异常； 局部混凝土声速出现低于低限值异常
Ⅳ	某一检测剖面连续多个测点的声学参数出现明显异常； 两个或两个以上检测剖面在同一深度测点的声学参数出现明显异常； 桩身混凝土声速出现普遍低于低限值异常或无法检测首波或声波接收信号严重畸变

附录 A 桩身内力测试

A.0.1 基桩内力测试适用于混凝土预制桩、钢桩、组合型桩，也可用于桩身断面尺寸基本恒定或已知的混凝土灌注桩。

A.0.2 对竖向抗压静载试验桩，可得到桩侧各土层的分层抗压摩阻力和桩端支承力；对竖向抗拔静荷载试验桩，可得到桩侧土的分层抗拔摩阻力；对水平静荷载试验桩，可求得桩身弯矩分布，最大弯矩位置等；对打入式预制混凝土桩和钢桩，可得到打桩过程中桩身各部位的锤击压应力、锤击拉应力。

A.0.3 基桩内力测试宜采用应变式传感器或钢弦式传感器。根据测试目的及要求，宜按表 A.0.3 中的传感器技术、环境特性，选择适合的传感器；也可采用滑动测微计。需要检测桩身某断面或桩端位移时，可在需检测断面设置沉降杆。

表 A.0.3 传感器技术、环境特性一览表

特性＼类型	钢弦式传感器	应变式传感器
传感器体积	大	较小
蠕变	较小，适宜于长期观测	较大，需提高制作技术、工艺解决
测量灵敏度	较低	较高
温度变化的影响	温度变化范围较大时需要修正	可以实现温度变化的自补偿
长导线影响	不影响测试结果	需进行长导线电阻影响的修正
自身补偿能力	补偿能力弱	对自身的弯曲、扭曲可以自补偿
对绝缘的要求	要求不高	要求高
动态响应	差	好

A.0.4 传感器设置位置及数量宜符合下列规定：

1 传感器宜放在两种不同性质土层的界面处，以测量桩在不同土层中的分层摩阻力。在地面处（或以上）应设置一个测量断面作为传感器标定断面。传感器埋设断面距桩顶和桩底的距离不宜小于 1 倍桩径。

2 在同一断面处可对称设置 2~4 个传感器，当桩径较大或试验要求较高时取高值。

A.0.5 应变式传感器可视以下情况采用不同制作方法：

1 对钢桩可采用以下两种方法之一：

1）将应变计用特殊的粘贴剂直接贴在钢桩的桩身，应变计宜采用标距 3~6mm 的

350Ω胶基箔式应变计，不得使用纸基应变计。粘贴前应将贴片区表面除锈磨平，用有机溶剂去污清洗，待干燥后粘贴应变计。粘贴好的应变计应采取可靠的防水防潮密封防护措施。

2）将应变式传感器直接固定在测量位置。

2 对混凝土预制桩和灌注桩，应变传感器的制作和埋设可视具体情况采用以下三种方法之一：

1）在600~1000mm长的钢筋上，轴向、横向粘贴四个（二个）应变计组成全桥（半桥），经防水绝缘处理后，到材料试验机上进行应力-应变关系标定。标定时的最大拉力宜控制在钢筋抗拉强度设计值的60%以内，经三次重复标定，应力-应变曲线的线性、滞后和重复性满足要求后，方可采用。传感器应在浇筑混凝土前按指定位置焊接或绑扎（泥浆护壁灌注桩应焊接）在主筋上，并满足规范对钢筋锚固长度的要求。固定后带应变计的钢筋不得弯曲变形或有附加应力产生。

2）直接将电阻应变计粘贴在桩身指定断面的主筋上，其制作方法及要求同本条第1款钢桩上粘贴应变计的方法及要求。

3）将应变砖或埋入式混凝土应变测量传感器按产品使用要求预埋在预制桩的桩身指定位置。

A.0.6 应变式传感器可按全桥或半桥方式制作，宜优先采用全桥方式。传感器的测量片和补偿片应选用同一规格同一批号的产品，按轴向、横向准确地粘贴在钢筋同一断面上。测点的连接应采用屏蔽电缆，导线的对地绝缘电阻值应在500MΩ以上；使用前应将整卷电缆除两端外全部浸入水中1h，测量芯线与水的绝缘；电缆屏蔽线应与钢筋绝缘；测量和补偿所用连接电缆的长度和线径应相同。

A.0.7 电阻应变计及其连接电缆均应有可靠的防潮绝缘防护措施；正式试验前电阻应变计及电缆的系统绝缘电阻不应低于200MΩ。

A.0.8 不同材质的电阻应变计粘贴时应使用不同的粘贴剂。在选用电阻应变计、粘贴剂和导线时，应充分考虑试验桩在制作、养护和施工过程中的环境条件。对采用蒸汽养护或高压养护的混凝土预制桩，应选用耐高温的电阻应变计、粘贴剂和导线。

A.0.9 电阻应变测量所用的电阻应变仪宜具有多点自动测量功能，仪器的分辨力应优于或等于$1\mu\varepsilon$，并有存储和打印功能。

A.0.10 弦式钢筋计应按主筋直径大小选择。仪器的可测频率范围应大于桩在最大加载时的频率的1.2倍。使用前应对钢筋计逐个标定，得出压力（拉力）与频率之间的关系。

A.0.11 带有接长杆弦式钢筋计可焊接在主筋上；不宜采用螺纹连接。

A.0.12 弦式钢筋计通过与之匹配的频率仪进行测量，频率仪的分辨力应优于或等于1Hz。

A.0.13 当同时进行桩身位移测量时，桩身内力和位移测试应同步。

A.0.14 测试数据整理应符合下列规定：

1 采用应变式传感器测量时，按下列公式对实测应变值进行导线电阻修正：

采用半桥测量时：
$$\varepsilon = \varepsilon' \cdot \left(1 + \frac{r}{R}\right) \tag{A.0.14-1}$$

采用全桥测量时：
$$\varepsilon = \varepsilon' \cdot \left(1 + \frac{2r}{R}\right) \quad (A.0.14-2)$$

式中 ε——修正后的应变值；
ε'——修正前的应变值；
r——导线电阻（Ω）；
R——应变计电阻（Ω）。

2 采用弦式传感器测量时，将钢筋计实测频率通过率定系数换算成力，再计算成与钢筋计断面处的混凝土应变相等的钢筋应变量。

3 在数据整理过程中，应将零漂大、变化无规律的测点删除，求出同一断面有效测点的应变平均值，并按下式计算该断面处桩身轴力：

$$Q_i = \overline{\varepsilon}_i \cdot E_i \cdot A_i \quad (A.0.14-3)$$

式中 Q_i——桩身第 i 断面处轴力（kN）；
$\overline{\varepsilon}_i$——第 i 断面处应变平均值；
E_i——第 i 断面处桩身材料弹性模量（kPa）；当桩身断面、配筋一致时，宜按标定断面处的应力与应变的比值确定；
A_i——第 i 断面处桩身截面面积（m²）。

4 按每级试验荷载下桩身不同断面处的轴力值制成表格，并绘制轴力分布图。再由桩顶极限荷载下对应的各断面轴力值计算桩侧土的分层极限摩阻力和极限端阻力：

$$q_{si} = \frac{Q_i - Q_{i+1}}{u \cdot l_i} \quad (A.0.14-4)$$

$$q_p = \frac{Q_n}{A_0} \quad (A.0.14-5)$$

式中 q_{si}——桩第 i 断面与 $i+1$ 断面间侧摩阻力（kPa）；
q_p——桩的端阻力（kPa）；
i——桩检测断面顺序号，$i = 1, 2, \cdots\cdots, n$，并自桩顶以下从小到大排列；
u——桩身周长（m）；
l_i——第 i 断面与第 $i+1$ 断面之间的桩长（m）；
Q_n——桩端的轴力（kN）；
A_0——桩端面积（m²）。

5 桩身第 i 断面处的钢筋应力可按下式计算：

$$\sigma_{si} = E_s \cdot \varepsilon_{si} \quad (A.0.14-6)$$

式中 σ_{si}——桩身第 i 断面处的钢筋应力（kPa）；
E_s——钢筋弹性模量（kPa）；
ε_{si}——桩身第 i 断面处的钢筋应变。

A.0.15 沉降杆宜采用内外管形式：外管固定在桩身，内管下端固定在需测试断面，顶端高出外管 100～200mm，并能与固定断面同步位移。

A.0.16 沉降杆应具有一定的刚度；沉降杆外径与外管内径之差不宜小于 10mm，沉降杆接头处应光滑。

A.0.17 测量沉降杆位移的检测仪器应符合本规范第4.2.4条的技术要求。数据的测读应与桩顶位移测量同步。

A.0.18 当沉降杆底端固定断面处桩身埋设有内力测试传感器时,可得到该断面处桩身轴力 Q_i 和位移 s_i。

附录 B 混凝土桩桩头处理

B.0.1 混凝土桩应先凿掉桩顶部的破碎层和软弱混凝土。

B.0.2 桩头顶面应平整,桩头中轴线与桩身上部的中轴线应重合。

B.0.3 桩头主筋应全部直通至桩顶混凝土保护层之下,各主筋应在同一高度上。

B.0.4 距桩顶1倍桩径范围内,宜用厚度为3~5mm的钢板围裹或距桩顶1.5倍桩径范围内设置箍筋,间距不宜大于100mm。桩顶应设置钢筋网片2~3层,间距60~100mm。

B.0.5 桩头混凝土强度等级宜比桩身混凝土提高1~2级,且不得低于C30。

B.0.6 高应变法检测的桩头测点处截面尺寸应与原桩身截面尺寸相同。

附录 C 静载试验记录表

C.0.1 单桩竖向抗压静载试验的现场检测数据宜按附表C.0.1的格式记录。

C.0.2 单桩水平静载试验的现场检测数据宜按附表C.0.2的格式记录。

附表 C.0.1 单桩竖向抗压静载试验记录表

工程名称				桩号			日期		
加载级	油压(MPa)	荷载(kN)	测读时间	位移计(百分表)读数				本级沉降(mm)	累计沉降(mm)	备注
				1号	2号	3号	4号			

检测单位:　　　　　　校核:　　　　　　记录:

附表 C.0.2 单桩水平静载试验记录表

工程名称						桩号		日期	上下表距		
油压(MPa)	荷载(kN)	观测时间	循环数	加载		卸载		水平位移(mm)		加载上下表读数差	转角	备注
				上表	下表	上表	下表	加载	卸载			

检测单位:　　　　　　校核:　　　　　　记录:

附录 D 钻芯法检测记录表

D.0.1 钻芯法检测的现场操作记录和芯样编录应分别按附表 D.0.1-1、表 D.0.1-2 的格式记录；检测芯样综合柱状图应按附表 D.0.1-3 的格式记录和描述。

附表 D.0.1-1 钻芯法检测现场操作记录表

桩号		孔号			工程名称			
时间		钻进（m）			芯样编号	芯样长度（m）	残留芯样	芯样初步描述及异常情况记录
自	至	自	至	计				
检测日期					机长：	记录：		页次：

附表 D.0.1-2 钻芯法检测芯样编录表

工程名称			日期		
桩号/钻芯孔号		桩径		混凝土设计强度等级	
项目	分段（层）深度（m）	芯样描述		取样编号取样深度	备注
桩身混凝土		混凝土钻进深度，芯样连续性、完整性、胶结情况、表面光滑情况、断口吻合程度、混凝土芯是否为柱状、骨料大小分布情况，以及气孔、空洞、蜂窝麻面、沟槽、破碎、夹泥、松散的情况			
桩底沉渣		桩端混凝土与持力层接触情况、沉渣厚度			
持力层		持力层钻进深度，岩土名称、芯样颜色、结构构造、裂隙发育程度、坚硬及风化程度；分层岩层应分层描述		（强风化或土层时的动力触探或标贯结果）	
检测单位：		记录员：		检测人员：	

附表 D.0.1-3 钻芯法检测芯样综合柱状图

桩号/孔号		混凝土设计强度等级		桩顶标高		开孔时间	
施工桩长		设计桩径		钻孔深度		终孔时间	
层序号	层底标高（m）	层底深度（m）	分层厚度（m）	混凝土/岩土芯柱状图（比例尺）	桩身混凝土、持力层描述	序号 芯样强度 深度（m）	备注
				☐			
				☐			
				☐			
编制：			校核：				
注：☐代表芯样试件取样位置。							

附录 E 芯样试件加工和测量

E.0.1 应采用双面锯切机加工芯样试件。加工时应将芯样固定，锯切平面垂直于芯样轴线。锯切过程中应淋水冷却金刚石圆锯片。

E.0.2 锯切后的芯样试件，当试件不能满足平整度及垂直度要求时，应选用以下方法进行端面加工：

　　1 在磨平机上磨平。

　　2 用水泥砂浆（或水泥净浆）或硫磺胶泥（或硫磺）等材料在专用补平装置上补平。水泥砂浆（或水泥净浆）补平厚度不宜大于5mm，硫磺胶泥（或硫磺）补平厚度不宜大于1.5mm。

　　补平层应与芯样结合牢固，受压时补平层与芯样的结合面不得提前破坏。

E.0.3 试验前，应对芯样试件的几何尺寸做下列测量：

　　1 平均直径：用游标卡尺测量芯样中部，在相互垂直的两个位置上，取其两次测量的算术平均值，精确至0.5mm。

　　2 芯样高度：用钢卷尺或钢板尺进行测量，精确至1mm。

　　3 垂直度：用游标量角器测量两个端面与母线的夹角，精确至0.1°。

　　4 平整度：用钢板尺或角尺紧靠在芯样端面上，一面转动钢板尺，一面用塞尺测量与芯样端面之间的缝隙。

E.0.4 试件有裂缝或有其他较大缺陷、芯样试件内含有钢筋以及试件尺寸偏差超过下列数值时，不得用作抗压强度试验：

　　1 芯样试件高度小于$0.95d$或大于$1.05d$时（d为芯样试件平均直径）。

　　2 沿试件高度任一直径与平均直径相差达2mm以上时。

　　3 试件端面的不平整度在100mm长度内超过0.1mm时。

　　4 试件端面与轴线的不垂直度超过2°时。

　　5 芯样试件平均直径小于2倍表观混凝土粗骨料最大粒径时。

附录 F 高应变法传感器安装

F.0.1 检测时至少应对称安装冲击力和冲击响应（质点运动速度）测量传感器各两个（传感器安装见图F.0.1）。冲击力和响应测量可采取以下方式：

　　1 在桩顶下的桩侧表面分别对称安装加速度传感器和应变式力传感器，直接测量桩身测点处的响应和应变，并将应变换算成冲击力。

　　2 在桩顶下的桩侧表面对称安装加速传感器直接测量响应，在自由落锤锤体$0.5H_r$处（H_r为锤体高度）对称安装加速度传感器直接测量冲击力。

F.0.2 在第F.0.1条第1款条件下，传感器宜分别对称安装在距桩顶不小于$2D$的桩侧表面处（D为试桩的直径或边宽）；对于大直径桩，传感器与桩顶之间的距离可适当减小，但不得小于$1D$。安装面处的材质和截面尺寸应与原桩身相同，传感器不得安装在截面突变处附近。

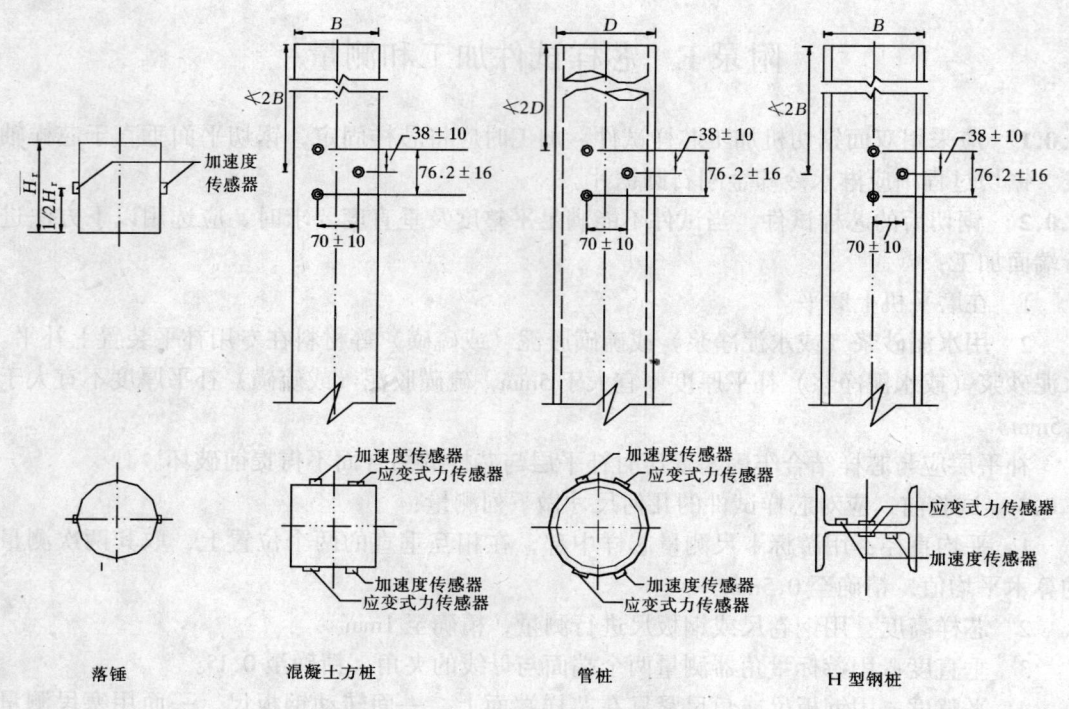

图 F.0.1 传感器安装示意图（单位：mm）

在第 F.0.1 条第 2 款条件下，对称安装在桩侧表面的加速度传感器距桩顶的距离不得小于 $0.4H_r$ 或 $1D$，并取两者高值。

F.0.3 在第 F.0.1 条第 1 款条件下，传感器安装尚应符合下列规定：

1 应变传感器与加速度传感器的中心应位于同一水平线上；同侧的应变传感器和加速度传感器间的水平距离不宜大于 80mm。安装完毕后，传感器的中心轴应与桩中心轴保持平行。

2 各传感器的安装面材质应均匀、密实、平整，并与桩轴线平行，否则应采用磨光机将其磨平。

3 安装螺栓的钻孔应与桩侧表面垂直；安装完毕后的传感器应紧贴桩身表面，锤击时传感器不得产生滑动。安装应变式传感器时应对其初始应变值进行监视，安装后的传感器初始应变值应能保证锤击时的可测轴向变形余量为：

1）混凝土桩应大于 $\pm 1000\mu\varepsilon$；

2）钢桩应大于 $\pm 1500\mu\varepsilon$。

F.0.4 当连续锤击监测时，应将传感器连接电缆有效固定。

附录 G 试打桩与打桩监控

G.1 试 打 桩

G.1.1 选择工程桩的桩型、桩长和桩端持力层进行试打桩时，应符合下列规定：

1 试打桩位置的工程地质条件应具有代表性。

2 试打桩过程中,应按桩端进入的土层逐一进行测试;当持力层较厚时,应在同一土层中进行多次测试。

G.1.2 桩端持力层应根据试打桩结果的承载力与贯入度关系,结合场地岩土工程勘察报告综合判定。

G.1.3 采用试打桩判定桩的承载力时,应符合下列规定:

1 判定的承载力值应小于或等于试打桩时测得的桩侧和桩端静土阻力值之和与桩在地基土中的时间效应系数的乘积,并应进行复打校核。

2 复打至初打的休止时间应符合本规范表 3.2.6 的规定。

G.2 桩身锤击应力监测

G.2.1 桩身锤击应力监测应符合下列规定:

1 被监测桩的桩型、材质应与工程桩相同;施打机械的锤型、落距和垫层材料及状况应与工程桩施工时相同。

2 应包括桩身锤击拉应力和锤击压应力两部分。

G.2.2 为测得桩身锤击应力最大值,监测时应符合下列规定:

1 桩身锤击拉应力宜在预计桩端进入软土层或桩端穿过硬土层进入软夹层时测试。

2 桩身锤击压应力宜在桩端进入硬土层或桩周土阻力较大时测试。

G.2.3 最大桩身锤击拉应力可按下式计算:

$$\sigma_t = \frac{1}{2A}\left[Z \cdot V\left(t_1 + \frac{2L}{c}\right) - F\left(t_1 + \frac{2L}{c}\right) - Z \cdot V\left(t_1 + \frac{2L-2x}{c}\right) \right.$$
$$\left. - F\left(t_1 + \frac{2L-2x}{c}\right)\right] \tag{G.2.3}$$

式中 σ_t——最大桩身锤击拉应力(kPa);

x——传感器安装点至计算点的距离(m);

A——桩身截面面积(m²)。

G.2.4 最大桩身锤击压应力可按下式计算:

$$\sigma_p = \frac{F_{max}}{A} \tag{G.2.4}$$

式中 σ_P——最大桩身锤击压应力(kPa);

F_{max}——实测的最大锤击力(kN)。

当打桩过程中突然出现贯入度骤减甚至拒锤时,应考虑与桩端接触的硬层对桩身锤击压应力的放大作用。

G.2.5 桩身最大锤击应力控制值应符合《建筑桩基技术规范》JGJ 94 的有关规定。

G.3 锤击能量监测

G.3.1 桩锤实际传递给桩的能量应按下式计算:

$$E_n = \int_0^{t_e} E \cdot V \cdot dt \qquad (G.3.1)$$

式中 E_n——桩锤实际传递给桩的能量（kJ）；
t_e——采样结束的时刻（s）。

G.3.2 桩锤最大动能宜通过测定锤芯最大运动速度确定。

G.3.3 桩锤传递比应按桩锤实际传递给桩的能量与桩锤额定能量的比值确定；桩锤效率应按实测的桩锤最大动能与桩锤的额定能量的比值确定。

附录 H 声测管埋设要点

H.0.1 声测管内径宜为 50~60mm。

H.0.2 声测管应下端封闭、上端加盖、管内无异物；声测管连接处应光滑过渡，管口应高出桩顶 100mm 以上，且各声测管管口高度宜一致。

H.0.3 应采取适宜方法固定声测管，使之成桩后相互平行。

H.0.4 声测管埋设数量应符合下列要求：

1 $D \leqslant 800$mm，2 根管。
2 800mm $< D \leqslant 2000$mm，不少于 3 根管。
3 $D > 2000$mm，不少于 4 根管。

式中 D——受检桩设计桩径。

H.0.5 声测管应沿桩截面外侧呈对称形状布置，按图 H.0.5 所示的箭头方向顺时针旋转依次编号。

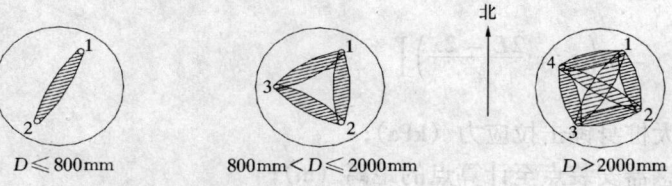

H.0.5 声测管布置图

检测剖面编组分别为：1-2；
　　　　　　　　　1-2，1-3，2-3；
　　　　　　　　　1-2，1-3，1-4，2-3，2-4，3-4。

本规范用词说明

1 为便于在执行本规范条文时区别对待，对要求严格程度不同的用词，说明如下：
   1）表示很严格，非这样做不可的：
      正面词采用"必须"；反面词采用"严禁"。
   2）表示严格，在正常情况均应这样做的：
      正面词采用"应"；反面词采用"不应"或"不得"。

3）表示允许稍有选择，在条件许可时首先应这样做的：

正面词采用"宜"；反面词采用"不宜"。

表示有选择，在一定条件下可以这样做的，采用"可"。

2　条文中指定应按其他有关标准、规范执行的写法为"应按……执行"或"应符合……的要求（或规定）"。

中华人民共和国行业标准

建筑基桩检测技术规范

JGJ 106—2003

条 文 说 明

前　言

《建筑基桩检测技术规范》JGJ 106—2003，经建设部 2003 年 3 月 27 日以第 133 号公告批准、发布。

为便于广大检测、设计、施工、科研、学校等单位的有关人员在使用本标准时能正确理解和执行条文规定，《建筑基桩检测技术规范》编制组按章、节、条顺序编制了本规范的条文说明，供国内使用者参考。在使用中如发现本条文说明有不妥之处，请将意见函寄中国建筑科学研究院（地址：北京市北三环东路 30 号；邮编：100013）。

目　次

1 总则 …………………………………………………………………… 280
2 术语、符号 …………………………………………………………… 281
　2.1 术语 ……………………………………………………………… 281
3 基本规定 ……………………………………………………………… 282
　3.1 检测方法和内容 ………………………………………………… 282
　3.2 检测工作程序 …………………………………………………… 283
　3.3 检测数量 ………………………………………………………… 285
　3.4 验证与扩大检测 ………………………………………………… 286
　3.5 检测结果评价和检测报告 ……………………………………… 287
　3.6 检测机构和检测人员 …………………………………………… 288
4 单桩竖向抗压静载试验 ……………………………………………… 289
　4.1 适用范围 ………………………………………………………… 289
　4.2 设备仪器及其安装 ……………………………………………… 289
　4.3 现场检测 ………………………………………………………… 291
　4.4 检测数据的分析与判定 ………………………………………… 292
5 单桩竖向抗拔静载试验 ……………………………………………… 293
　5.1 适用范围 ………………………………………………………… 293
　5.2 设备仪器及其安装 ……………………………………………… 293
　5.3 现场检测 ………………………………………………………… 294
　5.4 检测数据的分析与判定 ………………………………………… 294
6 单桩水平静载试验 …………………………………………………… 295
　6.1 适用范围 ………………………………………………………… 295
　6.2 设备仪器及其安装 ……………………………………………… 295
　6.3 现场检测 ………………………………………………………… 295
　6.4 检测数据的分析与判定 ………………………………………… 296
7 钻芯法 ………………………………………………………………… 297
　7.1 适用范围 ………………………………………………………… 297
　7.2 设备 ……………………………………………………………… 297
　7.3 现场检测 ………………………………………………………… 298
　7.4 芯样试件截取与加工 …………………………………………… 299
　7.5 芯样试件抗压强度试验 ………………………………………… 301
　7.6 检测数据的分析与判定 ………………………………………… 301
8 低应变法 ……………………………………………………………… 302
　8.1 适用范围 ………………………………………………………… 302

8.2 仪器设备 ··· 303
8.3 现场检测 ··· 304
8.4 检测数据的分析与判定 ··· 306
9 高应变法 ·· 310
9.1 适用范围 ··· 310
9.2 仪器设备 ··· 310
9.3 现场检测 ··· 312
9.4 检测数据的分析与判定 ··· 313
10 声波透射法 ··· 317
10.1 适用范围 ·· 317
10.2 仪器设备 ·· 318
10.3 现场检测 ·· 318
10.4 检测数据的分析与判定 ··· 318

1 总 则

1.0.1 工业与民用建筑中的质量问题和重大质量事故多与基础工程质量有关，其中有不少是由于桩基工程的质量问题，而直接危及主体结构的正常使用与安全。我国每年的用桩量超过 300 万根，其中沿海地区和长江中下游软土地区占 70%～80%。如此大的用桩量，如何保证质量，一直倍受建设、施工、设计、勘察、监理各方以及建设行政主管部门的关注。桩基工程除因受岩土工程条件、基础与结构设计、桩土体系相互作用、施工以及专业技术水平和经验等关联因素的影响而具有复杂性外，桩的施工还具有高度的隐蔽性，发现质量问题难，事故处理更难。因此，基桩检测工作是整个桩基工程中不可缺少的重要环节，只有提高基桩检测工作的质量和检测评定结果的可靠性，才能真正做到确保桩基工程质量与安全。

20 世纪 80 年代以来，我国基桩检测技术、特别是基桩动测技术得到了飞速发展。从国内外基桩检测实践看，如果不将动测法作为质量普查和承载力判定的补充手段，很难在人力和物力上对桩基工程质量进行有效的检测和评价。因此，利用理论和实践渐趋成熟的动测技术势在必行。但同时应注意，与常规的直接法（静载法、钻芯法）相比，动测法对检测人员的经验与理论水平要求高。况且，动测法在国内起步近三十年，但推广应用才十年，仍属发展中的技术，经验和理论有待进一步积累和完善。

目前，国内有关基桩检测的标准虽已形成初步系列，但这些标准只针对一类检测方法单独制定，有关设计规范对基桩检测的规定比较原则，主要侧重于为桩基设计提供依据。这些标准施行后暴露出的问题可归纳为：

1　各方法之间在某些方面（如抽检数量、桩身完整性类别划分及判据、测试仪器主要性能指标、复检规则等）缺乏统一的标准（至少是能被共同接受的一个低限原则），使检测人员在方法应用、检测数据采用及评判时显得无所适从，容易造成桩基工程验收工作的混乱。

2　由于技术上的原因，各检测方法都有其一定的适用范围。若将检测能力和适用范围不适宜的扩大，容易引起误判。

3　基桩检测通常是直接法与半直接法配合，多种方法并用。当需要对整个桩基质量进行评定时，单独的方法无法覆盖，各个标准（包括地方标准）并用时又出现主次不分或不一致。

因此，统一基桩检测方法，使基桩检测技术标准化、规范化，才能促进基桩检测技术进步，提高检测工作质量，为设计和施工验收提供可靠依据，确保工程质量。

1.0.2 本规范所指的基桩是混凝土灌注桩、混凝土预制桩（包括预应力管桩）和钢桩。基桩的承载力和桩身完整性检测是基桩质量检测中的两项重要内容，除此之外，质量检测的其他内容与要求已在相关的设计和施工质量验收规范中做了明确规定。本规范的适用范围是根据《建筑地基基础设计规范》GB 50007 和《建筑地基基础工程施工质量验收规范》GB 50202 的有关规定制定的，交通、铁路、港口等工程的基桩检测可参照使用。但应注意：建筑工程的基桩绝大多数以竖向受压混凝土桩为主，某些交通、铁路、港工以及上部竖向荷载较小的构筑物等基础桩的承载力并非单纯以竖向抗压承载力控制，而是以上拔或水平荷载控制，也可能是抗压与水平荷载或上拔与水平荷载的双重控制。此外，对于复合地基增强体设计强度等级不小于 C15 的高粘结强度桩（类似于素混凝土桩，如水泥粉煤灰碎石桩），其桩身完整性检测的原理、方法与本规范桩基的桩身完整性检测无异，同样可按本规范执行。

1.0.3 本条是本规范编制的基本原则。桩基工程的安全与单桩本身的质量直接相关，而设计条件（地质条件、桩的承载性状、桩的使用功能、桩型、基础和上部结构的型式等）和施工因素（成桩工艺、施工过程的质量控制、施工质量的均匀性、施工方法的可靠性等）不仅对单桩质量而且对整个桩基的正常使用均有影响。另外，检测得到的数据和信号也包含了诸如地质条件、桩身材料、不同桩型及其成桩可靠性、桩的休止时间等设计和施工因素的作用和影响，这些也直接决定了与检测方法相应的检测结果判定是否可靠，及所选择的受检桩是否具有代表性等。如果基桩检测及其结果判定时抛开这些影响因素，就会造成不必要的浪费或隐患。同时，由于各种检测方法在可靠性或经济性方面存在不同程度的局限性，多种方法配合时又具有一定的灵活性。因此，应根据检测目的、检测方法的适用范围和特点，考虑上述各种因素合理选择检测方法，实现各种方法合理搭配、优势互补，使各种检测方法尽量能互为补充或验证，即在达到"正确评价"目的同时，又要体现经济合理性。

2 术语、符号

2.1 术 语

2.1.2 桩身完整性是一个综合定性指标，而非严格的定量指标。其类别是按缺陷对桩身结构承载力的影响程度划分的。这里有两点需要说明：

1 连续性包涵了桩长不够的情况。因动测法只能估算桩长，桩长明显偏短时，给出断桩的结论是正常的。而钻芯法则不同，可准确测定桩长。

2 作为完整性定性指标之一的桩身截面尺寸，由于定义为"相对变化"，所以先要确定一个相对衡量尺度。但检测时，桩径是否减小可能会参照以下条件之一：

——按设计桩径；

——根据设计桩径，并针对不同成桩工艺的桩型按施工验收规范考虑桩径的允许负偏差；

——考虑充盈系数后的平均施工桩径。

所以，灌注桩是否缩颈必需有一个参考基准。过去，在动测法检测并采用开挖验证时，说明动测结论与开挖验证结果是否符合通常是按第一种条件。但严格地讲，应按施工验收规范，即第二个条件才是合理的，但因为动测法不能对缩颈严格定量，于是才定义为"相对变化"。

2.1.3 桩身缺陷有三个指标，即位置、类型（性质）和程度。动测法检测时，不论缺陷的类型如何，其综合表现均为桩的阻抗变小，即完整性动力检测中分析的仅是阻抗变化，阻抗的变小可能是任何一种或多种缺陷类型及其程度大小的表现。因此，仅根据阻抗的变小不能判断缺陷的具体类型，如有必要，应结合地质资料、桩型、成桩工艺和施工记录等进行综合判断。对于扩径而表现出的阻抗变大，应在分析判定时予以说明，因扩径对桩的承载力有利，不应作为缺陷考虑。

2.1.6～2.1.7 基桩动力检测方法按动荷载作用产生的桩顶位移和桩身应变大小可分为高应变法和低应变法。前者的桩顶位移量与竖向抗压静载试验接近，桩周岩土全部或大部进入塑性变形状态，桩身应变量通常在 0.1‰～1.0‰ 范围内；后者桩-土系统变形完全在弹性范围内，桩身应变量一般小于 0.01‰。对于普通钢桩，超过 1.0‰ 的桩身应变量已接近其屈服台阶所对应的变形；对于混凝土桩，视混凝土强度等级的不同，其出现明显塑性变形对应的应变量约为 0.5‰～1.0‰。

3 基 本 规 定

3.1 检测方法和内容

3.1.1 工程桩应进行承载力检验是现行《建筑地基基础工程施工质量验收规范》GB 50202 和《建筑地基基础设计规范》GB 50007 以强制性条文的形式规定的；混凝土桩的桩身完整性检测是 GB 50202 质量检验标准中的主控项目。因工程桩的预期使用功能要通过单桩承载力实现，完整性检测的目的是发现某些可能影响单桩承载力的缺陷，最终仍是为减少安全隐患、可靠判定工程桩承载力服务。所以，基桩质量检测时，承载力和完整性两项内容密不可分，往往是通过低应变完整性普查找出基桩施工质量问题并得到对整体施工质量的大致估计。

3.1.2 表 3.1.2 所列 7 种方法是基桩检测中最常用的检测方法。对于冲钻孔、挖孔和沉管灌注桩以及预制桩等桩型，可采用其中多种甚至全部方法进行检测；但对异型桩、组合型桩，表 3.1.2 中的 7 种方法就不能完全适用（如高、低应变动测法和声透法）。因此在具体选择检测方法时，应根据检测目的、内容和要求，结合各检测方法的适用范围和检测能力，考虑设计、地质条件、施工因素和工程重要性等情况确定，不允许超适用范围滥用。同时也要兼顾实施中的经济合理性，即在满足正确评价的前提下，做到快速经济。

3.1.3 本条是 1.0.3 条中"各种检测方法合理选择搭配"这一原则的具体体现，目的是提高检测结果的可靠性。除中小直径灌注桩外，大直径灌注桩完整性检测一般可同时选用两种或多种的方法检测，使各种方法能相互补充印证，优势互补。另外，对设计等级高、地质条件复杂、施工质量变异性大的桩基，或低应变完整性判定可能有技术困难时，提倡采用直接法（静载试验、钻芯和开挖）进行验证。

3.1.4 鉴于目前对施工过程中的检测重视不够，本条强调了施工过程中的检测，以便加强施工过程的质量控制，做到信息化施工。如：冲钻孔灌注桩施工中应提倡或明确规定采用一些成熟的技术和常规的方法进行孔径、孔斜、孔深、沉渣厚度和桩端岩性鉴别等项目的检验；对于打入式预制桩，提倡沉桩过程中的动力监测等。

桩基施工过程中可能出现以下情况：设计变更、局部地质条件与勘察报告不符、工程桩施工参数与施工前为设计提供依据的试验桩不同、原材料发生变化、施工单位更换等，都可能造成质量隐患。除施工前为设计提供依据的检测外，仅在施工后进行验收检测，即使发现质量问题，也只是事后补救，造成不必要的浪费。因此，基桩检测除在施工前和施工后进行外，尚应加强桩基施工过程中的检测，以便及时发现并解决问题，做到防患于未然，提高效益。

3.2 检测工作程序

3.2.1 框图3.2.1是检测机构应遵循的检测工作程序。实际执行检测程序中，由于不可预知的原因，如委托要求的变化、现场调查情况与委托方介绍的不符，或在现场检测尚未全部完成就已发现质量问题而需要进一步排查，都可能使原检测方案中的抽检数量、受检桩桩位、检测方法发生变化。如首先用低应变法普测（或扩检），再根据低应变法检测结果，采用钻芯法、高应变法或静载试验，对有缺陷的桩重点抽测。总之，检测方案并非一成不变，可根据实际情况动态调整。

3.2.2 根据1.0.3条的原则及基桩检测工作的特殊性，本条对调查阶段工作提出了具体要求。为了正确地对基桩质量进行检测和评价，提高基桩检测工作的质量，做到有的放矢，应尽可能详细地了解和搜集有关的技术资料，并按表1填写受检桩设计施工记录表。另外，有时委托方的介绍和提出的要求是笼统的、非技术性的，也需要通过调查来进一步明确委托方的具体要求和现场实施的可行性；有些情况下还需要检测技术人员到现场了解和搜集。

表1 受检桩设计施工资料表

桩号	桩横截面尺寸	混凝土设计强度等级（MPa）	设计桩顶标高（m）	检测时桩顶标高（m）	施工桩底标高（m）	施工桩长（m）	成桩日期	设计桩端持力层	单桩承载力特征值（kN）	其他
工程名称					地点				桩型	
提供资料人员：				日期：					第　页	

3.2.3 本条提出的检测方案内容为一般情况下包含的内容，某些情况下还需要包括桩头加固、处理方案以及场地开挖、道路、供电、照明等要求。有时检测方案还需要与委托方或设计方共同研究制定。

3.2.5 检测所用计量器具必须送至法定计量检定单位进行定期检定，且使用时必须在计量检定的有效期之内，这是我国《计量法》的要求，以保证基桩检测数据的准确可靠性和可追溯性。虽然计量器具在有效计量检定周期之内，但由于基桩检测工作的环境较差，使用期间仍可能由于使用不当或环境恶劣等造成计量器具的受损或计量参数发生变化。因此，检测前还应加强对计量器具、配套设备的检查或模拟测试；有条件时可建立校准装置进行自校，发现问题后应重新检定。

3.2.6 混凝土是一种与龄期相关的材料，其强度随时间的增加而增加。在最初几天内强度快速增加，随后逐渐变缓，其物理力学、声学参数变化趋势亦大体如此。桩基工程受季节气候、周边环境或工期紧的影响，往往不允许等到全部工程桩施工完并都达到28d龄期强度后再开始检测。为做到信息化施工，尽早发现桩的施工质量问题并及时处理，同时考虑到低应变法和声波透射法检测内容是桩身完整性，对混凝土强度的要求可适当放宽。但如果混凝土龄期过短或强度过低，应力波或声波在其中的传播衰减加剧，或同一场地由于桩的龄期相差大，声速的变异性增大。因此，对于低应变法或声波透射法的测试，规定桩身混凝土强度应大于设计强度的 70%，并不得低于 15MPa。钻芯法检测的内容之一即是桩身混凝土强度，显然受检桩应达到 28d 龄期或同条件养护试块达到设计强度，如果不是以检测混凝土强度为目的的验证检测，也可根据实际情况适当缩短混凝土龄期。高应变法和静载试验在桩身产生的应力水平高，若桩身混凝土强度低，有可能引起桩身损伤或破坏。为分清责任，桩身混凝土应达到 28d 龄期或设计强度。另外，桩身混凝土强度过低，也可能出现桩身材料应力-应变关系的严重非线性，使高应变测试信号失真。

桩在施工过程中不可避免地扰动桩周土，降低土体强度，引起桩的承载力下降，以高灵敏度饱和粘性土中的摩擦桩最明显。随着休止时间的增加，土体重新固结，土体强度逐渐恢复提高，桩的承载力也逐渐增加。成桩后桩的承载力随时间而变化的现象称为桩的承载力时间（或歇后）效应，我国软土地区这种效应尤为突出。研究资料表明，时间效应可使桩的承载力比初始值增长 40%～400%。其变化规律一般是初期增长速度较快，随后渐慢，待达到一定时间后趋于相对稳定，其增长的快慢和幅度与土性和类别有关。除非在特定的土质条件和成桩工艺下积累大量的对比数据，否则很难得到承载力的时间效应关系。另外，桩的承载力包括两层涵义，即桩身结构承载力和支撑桩结构的地基岩土承载力，桩的破坏可能是桩身结构破坏或支撑桩结构的地基岩土承载力达到了极限状态，多数情况下桩的承载力受后者制约。如果混凝土强度过低，桩可能产生桩身结构破坏而地基土承载力尚未完全发挥，桩身产生的压缩量较大，检测结果不能真正反映设计条件下桩的承载力与桩的变形情况。因此，对于承载力检测，应同时满足地基土休止时间和桩身混凝土龄期（或设计强度）双重规定，若验收检测工期紧无法满足休止时间规定时，应在检测报告中注明。

3.2.7 相对于静载试验而言，本规范规定的完整性检测（除钻芯法外）方法作为普查手段，具有速度快、费用较低和抽检数量大的特点，容易发现桩基的整体施工质量问题，至少能为有针对性的选择静载试验提供依据。所以，完整性检测安排在静载试验之前是合理的。当基础埋深较大时，基坑开挖产生土体侧移将桩推断或机械开挖将桩碰断的现象时有发生，此时完整性检测应等到开挖至基底标高后进行。

3.2.8 操作环境要求是按测量仪器设备对使用温湿度、电压波动、电磁干扰、振动冲击等现场环境条件的适应性规定的。

3.2.9 测试数据异常通常是因测试人员误操作、仪器设备故障及现场准备不足造成的。用不正确的测试数据进行分析得出的结果必然是不正确的。对此，应及时分析原因，组织重新检测。

3.2.10 按检测方法的准确可靠程度和直观性高低，用"高"的检测方法来弥补"低"的检测方法的不确定性或复核"低"的结论，称为验证检测。本条所指情况主要是针对动测法而言的。

通常，因初次抽样检测数量有限，当抽样检测中发现承载力不满足设计要求或完整性检测中Ⅲ、Ⅳ类桩比例较大时，应会同有关各方分析和判断桩基整体的质量情况，如果不能得出准确判断，为补强或设计变更方案提供可靠依据时，应扩大检测。倘若初次检测已基本查明质量问题的原因所在，则不应盲目扩大检测。

3.3 检 测 数 量

3.3.1 施工前进行单桩竖向抗压静载试验，目的是为设计提供依据。对设计等级高且缺乏地区经验的地区，为获得既经济又可靠的设计施工参数，减少盲目性，前期试桩尤为重要。本条规定的试桩数量和第1～2款条件，与《建筑地基基础设计规范》GB 50007、《建筑桩基技术规范》JGJ 94基本一致。考虑到桩基础选型、成桩工艺选择与地区条件、桩型和工法的成熟性密切相关，为在推广应用新桩型或新工艺过程中不断积累经验，使其能达到预期的质量和效益目标，增加了本地区采用新桩型或新工艺时也应进行施工前静载试验的规定。对于大型工程，"同条件下"可能包含若干个子单位工程（子分部工程）。本条规定的试桩数量仅仅是下限，若实际中由于某些原因不足以为设计提供可靠依据或设计另有要求时，可根据实际情况增加试桩数量。另外，如果施工时桩参数发生了较大变动或施工工艺发生了变化，应重新试桩。

对于端承型大直径灌注桩，当受设备或现场条件限制无法做静载试验时，可按《建筑地基基础设计规范》GB 50007进行深层平板载荷试验、岩基载荷试验，或在同条件下的小直径桩的静载试验中，通过桩身内力测试，确定端承力参数。

3.3.2 本条的要求恰好是在打入式预制桩（特别是长桩、超长桩）情况下的高应变法技术优势所在。进行打桩过程监控可减少桩的破损率和选择合理的入土深度，进而提高沉桩效率。

3.3.3 由于检测成本和周期问题，很难做到对桩基工程全部基桩进行检测。施工后验收检测的最终目的是查明隐患、确保安全。为了在有限的抽检数量中更能充分暴露桩基存在的质量问题，宜优先抽检本条第1～5款所列的桩，其次再考虑抽样的随机性。

3.3.4 "三桩或三桩以下的柱下承台抽检桩数不得少于1根"的规定涵盖了单桩单柱应全数检测之意。按设计等级、地质情况和成桩质量可靠性确定灌注桩抽检比例大小，符合惯例，是合理的。端承型大直径灌注桩一般设计承载力高，桩身质量是控制承载力的主要因素；随着桩径的增大，尺寸效应对低应变法的影响加剧，而钻芯法、声透法恰好适合于大直径桩的检测（对于嵌岩桩，采用钻芯法可同时钻取桩端持力层岩芯和检测沉渣厚度）。同时，对大直径桩采用联合检测方式，多种方法并举，可以实现低应变法与钻芯法、声透法之间的相互补充或验证，提高完整性检测的可靠性。

常见的干作业灌注桩是人工挖孔桩。当在地下水位以上施工时，终孔后可派人下孔核验桩端持力层；因能保证清底干净和混凝土灌注质量，成桩质量比水下灌注桩可靠；同样，混凝土预制桩由于工厂化生产，桩身质量较有保证，缺陷类型远不如灌注桩复杂，且单节桩不存在接头质量问题，主要是桩身开裂，因此抽检数量可适当减少。对多节预制桩，接头质量缺陷是较常见的问题。在无可靠验证对比资料和经验时，低应变法对不同形式的接头质量判定尺度较难掌握。所以，当对预制桩的接头质量有怀疑时，宜采用低应变法与高应变法相结合的方式检测。当对复合地基中类似于素混凝土桩的增强体进行检测时，抽检数量应按《建筑地基处理技术规范》JGJ 79规定执行。

3.3.5 桩基工程属于一个单位工程的分部（子分部）工程中的分项工程，一般以分项工程单独验收。所以本规范限定的工程桩承载力验收检测范围是在一个单位工程内。本条同时规定了在何种条件下工程桩应进行单桩竖向抗压静载试验及抽检数量低限。与第3.3.1

条规定条件相比，现对第 4 款增加条件说明如下：

挤土群桩施工时，由于土体的侧挤和隆起，质量问题（桩被挤断、拉断、上浮等）时有发生，尤其是大面积密集群桩施工，加上施打顺序不合理或打桩速率过快等不利因素，常引发严重的质量事故。有时施工前虽做过静载试验并以此作为设计依据，但因前期施工的试桩数量毕竟有限，挤土效应并未充分显现，施工后的单桩承载力与施工前的试桩结果相差甚远，对此应给予足够的重视。

3.3.6 高应变法在我国的应用不到二十年，目前仍处于发展和完善阶段。作为一种以检测承载力为主的试验方法，尚不能完全取代静载试验。该方法的可靠性的提高，在很大程度上取决于检测人员的技术水平和经验，绝非仅通过一定量的静动对比就能解决。由于检测人员水平、设备匹配能力、桩土相互作用复杂性等原因，超出高应变法适用范围后，静动对比在机理上就不具备可比性。如果说"静动对比"是衡量高应变法是否可靠的唯一"硬"指标的话，那么对比结果就不能只是与静载承载力数值的比较，还应比较动测得到的桩的沉降和土参数取值是否合理。同时，在不受第 3.3.5 条规定条件限制时，尽管允许采用高应变法进行验收检测，但仍需不断积累验证资料、提高分析判断能力和现场检测技术水平。尤其针对灌注桩检测中，实测信号质量有时不易保证、分析中不确定因素多的情况，本规范第 9.1.2～9.1.3 条对此已做了相应规定。

3.3.7 端承型大直径灌注桩（事实上对所有高承载力的桩），往往不允许任何一根桩承载力失效，否则后果不堪设想。由于试桩荷载大或场地限制，有时很难、甚至无法进行单桩竖向抗压承载力静载检测。对此，本条规定实际是对第 3.3.5 条的补充，体现了"多种方法合理搭配，优势互补"的原则，如深层平板载荷试验、岩基载荷试验，终孔后混凝土灌注前的桩端持力层鉴别，成桩后的钻芯法沉渣厚度测定、桩端持力层钻芯鉴别（包括动力触探，标贯试验、岩芯试件抗压强度试验），有条件时可预埋荷载箱进行桩端载荷试验等。

当单位工程的钻芯法抽检数量不少于总桩数的 10%，且不少于 10 根时，可认为既满足了本条的要求，也满足了第 3.3.4 条注 1 的要求。

3.3.8 对于上覆竖向荷载不大的构筑物，如烟囱、埋深及水浮力大的地下结构、送电线路塔等基础中的桩，荷载最不利组合为拔力或推力，承载力静载试验以竖向拔桩或水平推桩为主，并非所有的工程桩承载力检验都要做竖向抗压试验。

3.4 验证与扩大检测

3.4.1～3.4.5 这五条内容针对检测中出现的缺乏依据、无法或难于定论的情况，提出了可用的验证检测原则。应该指出：桩身完整性不符合要求和单桩承载力不满足设计要求是两个独立概念。完整性为Ⅰ类或Ⅱ类而承载力不满足设计要求显然存在结构安全隐患；竖向抗压承载力满足设计要求而完整性为Ⅲ类或Ⅳ类也可能存在安全和耐久性方面的隐患。如桩身出现水平整合型裂缝（灌注桩因挤土、开挖等原因也常出现）或断裂，低应变完整性为Ⅲ类或Ⅳ类，但高应变完整性可能为Ⅱ类，且竖向抗压承载力可能满足设计要求，但存在水平承载力和耐久性方面的隐患。

3.4.6～3.4.7 扩大检测数量宜根据地质条件、桩基设计等级、桩型、施工质量变异性等因素合理确定，并应经过有关各方确认。

3.5 检测结果评价和检测报告

3.5.1 桩身完整性类别划分过去在国内一直未统一，其表现为划分的依据、类（级）别及名称三个方面。在划分依据上，根据信号反映的桩的缺陷程度划分者居多；部分是在考虑缺陷程度和整桩波速的基础上，以信号"反映的缺陷性质"划分；极少数是根据波速"得出的桩身混凝土强度"划分。在类别及名称上，有的分为"优质（优良）、良好（较好）、合格、可疑（较差）、不合格（很差、报废）"等五类；有的分为"完整（优质）、基本完整（尚可、合格、轻微缺陷）、可疑（较差）、不合格（报废）"等四类；或分为"优质、良好、不合格"等三类；甚至有的仅给出"合格、不合格"两类。表 3.5.1 统一了桩身完整性类别划分标准，有利于对完整性检测结果的判定和采用。需要特别指出：分项工程施工质量验收时的检查项目很多，桩身完整性仅是主控检查项目之一（承载力也如此），通常所有的检查项目都满足规定要求时才给出是否合格的结论，况且经设计复核或补强处理还允许通过验收。

  桩基整体施工质量问题可由桩身完整性普测发现，如果不能就提供的完整性检测结果估计对桩承载力的影响程度，进而估计是否危及上部结构安全，那么在很大程度上就减少了桩身完整性检测的实际意义。桩的承载功能是通过桩身结构承载力实现的。完整性类别划分主要是根据缺陷程度，但这种划分不能机械地理解为不需考虑桩的设计条件和施工因素。综合判定能力对检测人员极为重要。

  检测时实测桩长小于施工记录桩长，有两种情况：一种是桩端未进入设计要求的持力层或进入持力层的深度不满足设计要求，直接影响桩的承载力；另一种情况是桩端按设计要求进入了持力层，基本不影响桩的承载力。不论哪种情况，按桩身完整性定义中连续性的涵义，显然均应判为Ⅳ类桩。

3.5.2 本条所指的"工程处理"包括以下内容：补强、补桩、设计变更或由原设计单位复核是否可满足结构安全和使用功能要求。

3.5.3 承载力特征值是根据一个单位工程内同条件下的单桩承载力检测结果的统计、考虑一定的安全储备得到的。所以，本条所指的工程桩承载力检测结果评价——"给出承载力特征值是否满足设计要求的结论"，相当于用小样本推断大母体。这和过去常说的"仅对来样负责"不同，这里详细解释如下：

  桩的设计要求通常包含承载力、混凝土强度以及施工质量验收规范规定的各项要求内容，而施工后基桩检测结果的评价包含了承载力和完整性两个相对独立的评价内容。设计文件中一般不提出完整性检测中Ⅲ类和Ⅳ类桩数的具体要求，但只要存在缺陷桩，尽管承载力满足设计要求，除非采取可靠的补救措施或设计上有很大的安全储备，否则该批桩不能被认为是合格批。所以，工程基桩整体评价满足设计要求的必要条件应理解为：包括补强处理后复检在内的承载力和完整性应全部符合要求；而其充分条件是结合设计施工等因素，确定有限的抽检数量（特别是静载和钻芯检测）具有代表性，能推断整体。若评价依据不充分，应增加抽检数量。

  一种合适的检测评定标准，应该能保证施工和使用双方的风险均很小，但对基桩的承载力检测，要同时使二者的风险都比较小是不可能的，除非增大随机抽检数量。基桩承载力检测与评价与药品质量检测既有类似之处：生产方的风险一般大于使用方的风险，即有

"不合格"桩存在就判为不满足设计要求，虽然从确保安全的角度说是合理的，但会造成很多合格桩也被否定掉；也有不同之处：通过设计复核或补强处理，只要不影响安全和正常使用功能，桩基工程可予以验收。

更为重要的是，同一批药品的生产条件相对稳定，其质量的抽样检测评定标准是严格建立在科学的概率统计学基础上。根据一定的抽样规则，通过样本检测推断整批质量的错判率（生产方风险）和漏判率（使用方风险）在概率统计学上是已知的。然而，在基桩抽样检测评定中，同一批桩的施工中隐蔽影响因素多，很难保持条件恒定；传统的抽样规则，并未建立在概率统计学基础上。显然，倘要使工程基桩的整体评价（推断）有很高的置信度，势必要打破过去沿袭下来的"抽检1%且不少于3根"的做法，从而大幅度增加静载试桩数量，造成不经济。

根据桩基工程特点，应强调在出具检测结论时，需结合设计条件（基础和上部结构型式、地质条件、桩的承载性状、沉降控制要求等）和施工质量可靠性，在充分考虑受检桩数量及代表性的基础上进行；但桩基工程事故，绝大部分表现为沉降过大而不均匀，其中有些是因桩身存在严重缺陷造成的。而完整性检测带有普查性，故整体评价不能仅根据少数桩的承载力检测结果，尚应结合完整性检测结果。

还应注意到，对整个工程基桩的承载力评价，不是检测规范和检测人员能完全解决的。因为：

1 检测人员并非都具有较宽的知识面，也较难详细了解施工全过程以及设计条件。

2 基桩检测制定抽样方案的要求与《建筑工程施工质量验收统一标准》GB 50300有所不同：既然是通过小样本检测进行推断，就存在犯错判和漏判两类错误的可能性，但基桩检测目前却不能确定犯两类错误的概率各是多少。如按本规范第3.3.3条关于抽样的规定，少量静载试桩往往不具随机性（可能仅抽检完整性较差的桩，增加了施工方风险）。

所以，为使工程桩承载力主控项目验收结论明确，便于采用，规定用"单桩承载力特征值满足设计要求"的结论书面形式，并无全部基桩承载力均满足设计要求的涵义。

最后还需说明两点：（1）承载力检测因时间短暂，其结果仅代表试桩那一时刻的承载力，更不能包含日后自然或人为因素（如桩周土湿陷、膨胀、冻胀、侧移、基础上浮、地面堆载等）对承载力的影响。（2）承载力评价可能出现矛盾的情况，即承载力不满足设计要求而满足有关规范要求。因为规范一般给出满足安全储备和正常使用功能的最低要求，而设计时常在此基础上留有一定余量。考虑到责权划分，可以作为问题或建议提出，但仍需设计方复核和有关各责任主体方表态确认。

3.5.4~3.5.5 检测报告应根据所采用的检测方法和相应的检测内容出具检测结论。为使报告内容完整和具有较强的可读性，报告中应包括常规内容的叙述。还需特别强调：检测报告应包含各受检桩的原始检测数据和曲线，并附有相关的计算分析数据和曲线。检测报告仅有检测结果而无任何检测数据和曲线的现象必须杜绝。

3.6 检测机构和检测人员

3.6.1 建工行业的基桩检测机构只有经国务院、省级建设行政主管部门检测资质认可和计量行政主管部门的计量认证考核合格后，才能合法地进入检测市场开展相应的检测业务。实行这种考核办法旨在确认检测机构的计量检定、测试设备能力、人员技术水平、符合相关检测标准的情况、检测数据可靠性和质量管理体系的有效性，以保证出具的检测结果客观、公正、可靠。

3.6.2 由于基桩检测时需综合考虑地质、设计、施工等因素的影响，这就要求从事基桩检测工作的技术人员应经过学习、培训，具有必要的基桩检测方面的理论基础和实践，并对岩土工程尤其是桩基工程方面的知识有充分了解。

在各种基桩检测方法中，动力检测技术涉及的学科较多，且仍处于发展中，对检测人员的素质、技术水平和实践经验要求都很高。因此，持有工程桩动测资质证书的单位，还需要该单位的检测人员持有经考核合格后颁发的上岗证书。

4 单桩竖向抗压静载试验

4.1 适用范围

4.1.1 单桩抗压静载试验是公认的检测基桩竖向抗压承载力最直观、最可靠的传统方法。本规范主要是针对我国建筑工程中惯用的维持荷载法进行了技术规定。根据桩的使用环境、荷载条件及大量工程检测实践，在国内其他行业或国外，尚有循环荷载、等变形速率及终级荷载长时间维持等方法。

4.1.2 桩身内力测试按附录 A 规定的方法执行。

4.1.3 本条明确规定为设计提供依据的静载试验应加载至破坏，即试验应进行到能判定单桩极限承载力为止。对于以桩身强度控制承载力的端承型桩，当设计另有规定时，应从其规定。

4.1.4 在对工程桩抽样验收检测时，规定了加载量不应小于单桩承载力特征值的 2.0 倍，以保证足够的安全储备。实际检测中，有时出现这样的情况：3 根工程桩静载试验，分十级加载，其中一根桩第十级破坏，另两根桩满足设计要求，按第 3.5.3 条，单位工程的单桩竖向抗压承载力特征值不满足设计要求。此时若有一根满足设计要求的桩的最大加载量取为单桩承载力特征值的 2.2 倍，且试验证实竖向抗压承载力不低于单桩承载力特征值的 2.2 倍，则单位工程的单桩竖向抗压承载力特征值满足设计要求。显然，若抽检的 3 根桩有代表性，就可避免不必要的工程处理。

4.2 设备仪器及其安装

4.2.1 为防止加载偏心，千斤顶的合力中心应与反力装置的重心、桩轴线重合，并保证合力方向垂直。

4.2.2 加载反力装置的形式在《建筑桩基技术规范》基础上增加了地锚反力装置，对单桩极限承载力较小的摩擦桩可用土锚作反力；对岩面浅的嵌岩桩，可利用岩锚提供反力。

4.2.3 用荷重传感器（直接方式）和油压表（间接方式）两种荷载测量方式的区别在于：前者采用荷重传感器测力，不需考虑千斤顶活塞摩擦对出力的影响；后者需通过率定换算千斤顶出力。同型号千斤顶在保养正常状态下，相同油压时的出力相对误差约为 1%～2%，非正常时可高达 5%。采用传感器测量荷重或油压，容易实现加卸荷与稳压自动化控制，且测量精度较高。采用压力表测定油压时，为保证测量精度，其精度等级应优于或等于0.4级，不得使用1.5级压力表控制加载。当油路工作压力较高时，有时出现油管爆裂、接头漏油、油泵加压不足造成千斤顶出力受限、压力表线性度变差等情况，所以应选用耐压高、工作压力大和量程大的油管、油泵和压力表。

4.2.4 对于机械式大量程（50mm）百分表，《大量程百分表》JJG379规定的1级标准为：全程示值误差和回程误差分别不超过40μm和8μm，相当于满量程测量误差不大于0.1%FS。沉降测定平面应在千斤顶底座承压板以下的桩身位置，即不得在承压板上或千斤顶上设置沉降观测点，避免因承压板变形导致沉降观测数据失实。基准桩应打入地面以下足够的深度，一般不小于1m。基准梁应一端固定，另一端简支，这是为减少温度变化引起的基准梁挠曲变形。在满足表4.2.5的规定条件下，基准梁不宜过长，并应采取有效遮挡措施，以减少温度变化和刮风下雨的影响，尤其在昼夜温差较大且白天有阳光照射时更应注意。

4.2.5 在试桩加卸载过程中，荷载将通过锚桩（地锚）、压重平台支墩传至试桩、基准桩周围地基土并使之变形。随着试桩、基准桩和锚桩（或压重平台支墩）三者间相互距离缩小，地基土变形对试桩、基准桩的附加应力和变位影响加剧。

1985年，国际土力学与基础工程协会（ISSMFE）根据世界各国对有关静载试验的规定，提出了静载试验的建议方法并指出：试桩中心到锚桩（或压重平台支墩边）和到基准桩各自间的距离应分别"不小于2.5m或3D"，这和我国现行规范规定的"大于等于4D且不小于2.0m"相比更容易满足（小直径桩按3D控制，大直径桩按2.5m控制）。高重建筑物下的大直径桩试验荷载大、桩间净距小（最小中心距为3D），往往受设备能力制约，采用锚桩法检测时，三者间的距离有时很难满足"大小等于4D"的要求，加长基准梁又难避免气候环境影响。考虑到现场验收试验中的困难，且加载过程中，锚桩上拔对基准桩、试桩的影响小于压重平台对它们的影响，故本规范中对部分间距的规定放宽为"不小于3D"。

关于压重平台支墩边与基准桩和试桩之间的最小间距问题，应区别两种情况对待。在场地土较硬时，堆载引起的支墩及其周边地面沉降和试验加载引起的地面回弹均很小。如ϕ1200灌注桩采用10×10m^{2}平台堆载11550kN，土层自上而下为凝灰岩残积土、强风化和中风化凝灰岩，堆载和试验加载过程中，距支墩边1m、2m处观测到的地面沉降及回弹量几乎为零。但在软土场地，大吨位堆载由于支墩影响范围大而应引起足够的重视。以某一场地ϕ500管桩用7×7m^{2}平台堆载4000kN为例：在距支墩边0.95m、1.95m、2.55m和3.5m设四个观测点，平台堆载至4000kN时观测点下沉量分别为13.4mm、6.7mm、3.0mm和0.1mm；试验加载至4000kN时观测点回弹量分别为2.1mm、0.8mm、0.5mm和0.4mm。但也有报导管桩堆载6000kN，支墩产生明显下沉，试验加载至6000kN时，距支墩边2.9m处的观测点回弹近8mm。这里出现两个问题：其一，当支墩边距试桩较近时，大吨位堆载地面下沉将对桩产生负摩阻力，特别对摩擦型桩将明显影响其承载力；其二，桩加载（地面卸载）时地基土回弹对基准桩产生影响。支墩对试桩、基准桩的影响程度与荷载水平及土质条件等有关。对于软土场地超过10000kN的特大吨位堆载（目前国内压重平台法堆载已超过30000kN），为减少对试桩产生附加影响，应考虑对支墩下2~3倍宽影响范围内的地基进行加固；对大吨位堆载支墩出现明显下沉的情况，尚需进一步积累资料和研究可靠的沉降测量方法，简易的办法是在远离支墩处用水准仪或张紧的钢丝观测基准桩的竖向位移。

4.3 现 场 检 测

4.3.1 本条是为使试桩具有代表性而提出的。

4.3.2 为便于沉降测量仪表安装，试桩顶部宜高出试坑地面；为使试验桩受力条件与设计条件相同，试坑地面宜与承台底标高一致。对于工程桩验收检测，当桩身荷载水平较低时，允许采用水泥砂浆将桩顶抹平的简单桩头处理方法。

4.3.3 本条主要是考虑在实际工程桩检测中，因锚桩质量问题而导致试桩失败或中途停顿的情况时有发生，为此建议在试桩前对灌注桩及有接头的混凝土预制桩进行完整性检测，大致确定其能否作锚桩使用。

4.3.4 本条是按我国的传统做法，对维持荷载法进行的原则性规定。

4.3.5 慢速维持荷载法是我国公认，且已沿用多年的标准试验方法，也是其他工程桩竖向抗压承载力验收检测方法的唯一比较标准。

4.3.6～4.3.7 按4.3.6条第2款，慢速维持荷载法每级荷载持载时间最少为2h。对绝大多数桩基而言，为保证上部结构正常使用，控制桩基绝对沉降是第一位重要的，这是地基基础按变形控制设计的基本原则。在工程桩验收检测中，国内某些行业或地方标准允许采用快速维持荷载法。国外许多国家的维持荷载法相当于我国的快速维持荷载法，最少持载时间为1h，但规定了较为宽松的沉降相对稳定标准，与我国快速法的差别就在于此。1985年ISSMFE根据世界各国的静载试验有关规定，在推荐的试验方法中，建议"维持荷载法加载为每小时一级，稳定标准为0.1mm/20min"。当桩端嵌入基岩时，个别国家还允许缩短时间；也有些国家为测定桩的蠕变沉降速率建议采用终级荷载长时间维持法。

快速维持荷载法在国内从20世纪70年代就开始应用，我国港口工程规范从1983年（JTJ 2202—83）、上海地基设计规范从1989年（DBJ-08-11-89）起就将这一方法列入，与慢速法一起并列为静载试验方法。快速法由于每级荷载维持时间为1h，各级荷载下的桩顶沉降相对慢速法确实要小一些。表2列出了上海市23根摩擦桩慢速维持荷载法试验实测桩顶稳定时的沉降量和1h时沉降量的对比结果。从中可见，在1/2极限荷载点，快速法1h时的桩顶沉降量与慢速法相差很小（0.5mm以内），平均相差0.2mm；在极限荷载点相差要大些，为0.6～6.1mm，平均2.9mm。相对而言，"慢速法"的加荷速率比建筑物建造过程中的施工加载速率要快得多，慢速法试桩得到的使用荷载对应的桩顶沉降与建筑物桩基在长期荷载作用下的实际沉降相比，要小几倍到十几倍。所以，规范中的快慢速试桩沉降差异是可以忽略的。

关于快慢速法极限承载力比较，根据上海市统计的71根试验桩资料（桩端在粘性土中47根，在砂土中24根），这些对比是在同一根桩或桩土条件相同的相邻桩上进行的，得出的结果见表3。

表2 稳定时的沉降量 s_w 和1h时的沉降量 s_{1h} 的对比

荷载点	s_w 与 s_{1h} 之差（mm）		s_{1h}/s_w (%)	
	幅度	平均	幅度	平均
极限荷载	0.57～6.07	2.89	71～96	86
1/2极限荷载	0.01～0.51	0.20	95～100	98

表3 快速法与慢速法极限承载力比较

桩端土类别	快速法比慢速法极限荷载提高幅度
粘性土	0～9.6%，平均4.5%
砂 土	－2.5%～9.6%，平均2.3%

从中可以看出快速法试验得出的极限承载力较慢速法略高一些，其中桩端在粘性土中平均提高约1/2级荷载，桩端在砂土中平均提高约1/4级荷载。

在我国，如有些软土中的摩擦桩，按慢速法加载，在2倍设计荷载的前几级，就已出现沉降稳定时间逐渐延长，即在2h甚至更长时间内不收敛。此时，采用快速法是不适宜的。而也有很多地方的工程桩验收试验，在每级荷载施加不久，沉降迅速稳定，缩短持载时间不会明显影响试桩结果；且因试验周期的缩短，又可减少昼夜温差等环境影响引起的沉降观测误差。在此，建议快速维持荷载法按下列步骤进行：

1 每级荷载施加后维持1h，按第5、15、30min测读桩顶沉降量，以后每隔15min测读一次。

2 测读时间累计为1h时，若最后15min时间间隔的桩顶沉降增量与相邻15min时间间隔的桩顶沉降增量相比未明显收敛时，应延长维持荷载时间，直至最后15min的沉降增量小于相邻15min的沉降增量为止。

3 终止加荷条件可按本规范第4.3.8条第1、3、4、5款执行。

4 卸载时，每级荷载维持15min，按第5、15min测读桩顶沉降量后，即可卸下一级荷载。卸载至零后，应测读桩顶残余沉降量，维持时间为2h，测读时间为第5、15、30min，以后每隔30min测读一次。

各地在采用快速法时，应总结积累经验，并可结合当地条件提出适宜的沉降相对稳定控制标准。

4.3.8 当桩身存在水平整合型缝隙、桩端有沉渣或吊脚时，在较低竖向荷载时常出现本级荷载沉降超过上一级荷载对应沉降5倍的陡降，当缝隙闭合或桩端与硬持力层接触后，随着持载时间或荷载增加，变形梯度逐渐变缓；当桩身强度不足桩被压断时，也会出现陡降，但与前相反，随着沉降增加，荷载不能维持甚至大幅降低。所以，出现陡降后不宜立即卸荷，而应使桩下沉量超过40mm，以大致判断造成陡降的原因。

非嵌岩的长（超长）桩和大直径（扩底）桩的Q-s曲线一般呈缓变型，在桩顶沉降达到40mm时，桩端阻力一般不能充分发挥。前者由于长细比大、桩身较柔，弹性压缩量大，桩顶沉降较大时，桩端位移还很小；后者虽桩端位移较大，但尚不足以使端阻力充分发挥。因此，放宽桩顶总沉降量控制标准是合理的。

4.4 检测数据的分析与判定

4.4.1 除Q-s、s-lg$t$曲线外，还有s-lg$Q$曲线。同一工程的一批试桩曲线应按相同的沉降纵座标比例绘制，满刻度沉降值不宜小于40mm，使结果直观、便于比较。

4.4.2 大量实践经验表明：当沉降量达到桩径的10%时，才可能出现极限荷载（太沙基和ISSMFE）；粘性土中端阻充分发挥所需的桩端位移为桩径的4%～5%，而砂土中至少达到15%。故本条第4款对缓变型Q-s曲线，按$s=0.05D$确定直径大于等于800mm桩的极限承载力大体上是保守的；且因 $D \geqslant 800mm$ 时定义为大直径桩，当 $D = 800mm$ 时，$0.05D = 40mm$，正好与中、小直径桩的取值标准衔接。应该注意，世界各国按桩顶总沉降确定极限承载力的规定差别较大，这和各国安全系数的取值大小、特别是上部结构对桩基沉降的要求有关。因此当按本规范建议的桩顶沉降量确定极限承载力时，尚应考虑上部结构对桩基沉降的具体要求。

4.4.3 本规范单桩竖向抗压承载力的统计按《建筑地基基础设计规范》GB 50007 的规定执行。也有根据统计承载力标准差大于15%时，采用极限承载力标准值折减系数的修正方法。实际操作中对桩数大于等于4根时，折减系数的计算比较繁琐，且静载检测本身是通过小样本来推断总体，样本容量愈小，可靠度愈低，而影响单桩承载力的因素复杂多变。当一批受检桩中有一根桩承载力过低，若恰好不是偶然原因造成，则该验收批一旦被接受，就会增加使用方的风险。因此规定极差超过平均值的30%时，首先应分析、查明原因，结合工程实际综合确定。例如一组5根试桩的承载力值依次为800、950、1000、1100、1150kN，平均值为1000kN，单桩承载力最低值和最高值的极差为350kN，超过平均值的30%，则不得将最低值800kN去掉将后面4个值取平均，或将最低和最高值都去掉取中间3个值的平均值。应查明是否出现桩的质量问题或场地条件变异。若低值承载力出现的原因并非偶然的施工质量造成，则按本例依次去掉高值后取平均，直至满足极差不超过30%的条件。此外，对桩数小于或等于3根的柱下承台，或试桩数量仅为2根时，应采用低值，以确保安全。对于仅通过少量试桩无法判明极差大的原因时，可增加试桩数量。

4.4.4 《建筑地基基础设计规范》GB 50007 规定的单桩竖向抗压承载力特征值是按单桩竖向抗压极限承载力统计值除以安全系数2得到的，综合反映了桩侧、桩端极限阻力控制承载力特征值的低限要求。

4.4.5 本条规定了检测报告中应包含的一些内容，避免检测报告过于简单，也有利于委托方、设计及检测部门对报告的审查和分析。

5 单桩竖向抗拔静载试验

5.1 适用范围

5.1.1 单桩竖向抗拔静载试验是检测单桩竖向抗拔承载力最直观、可靠的方法。与本规范中抗压静载试验一样，拔桩试验也是采用了国内外惯用的维持荷载法，并规定应采用慢速维持荷载法。

5.1.2 当需要检测桩侧抗拔极限摩阻力或了解桩端上拔量时，可按本规范附录A中有关方法执行。

5.1.3 当为设计提供依据时，应加载到能判别单桩抗拔极限承载力为止，或加载到桩身材料强度控制值。在对工程桩抽样验收检测时，可按设计要求控制最大上拔荷载，但应有足够的安全储备。

5.2 设备仪器及其安装

5.2.1 本条的要求基本同第4.2.1条。因拔桩试验时千斤顶安放在反力架上面，当采用二台以上千斤顶加载时，应采取一定的安全措施，防止千斤顶倾倒或其他意外事故发生。

5.2.2 当采用天然地基作反力时，两边支座处的地基强度应相近，且两边支座与地面的接触面积宜相同，避免加载过程中两边沉降不均造成试桩偏心受拉。为保证反力梁的稳定性，应注意反力桩顶面直径（或边长）不小于反力架的梁宽。

5.2.3～5.2.5 这三条基本参照本规范第4.2.3～4.2.5条执行，但应注意以下两点：

1 桩顶上拔量测量平面必须在桩身位置，严禁在混凝土桩的受拉钢筋上设置位移观测点，避免因钢筋变形导致上拔量观测数据失实。

2 在采用天然地基提供支座反力时，拔桩试验加载相当于给支座处地面加载。支座附近的地面也因此会出现不同程度的沉降。荷载越大，这种变形越明显。为防止支座处地基沉降对基准梁的影响，一是应使基准桩与支座、试桩各自之间的间距满足表4.2.5的规定，二是基准桩需打入试坑地面以下一定深度（一般不小于1m）。

5.3 现 场 检 测

5.3.1 本条包含以下三个方面内容：

1 在拔桩试验前，对混凝土灌注桩及有接头的预制桩采用低应变法检查桩身质量，目的是防止因试验桩自身质量问题而影响抗拔试验成果。

2 对抗拔试验的钻孔灌注桩在浇注混凝土前进行成孔检测，目的是查明桩身有无明显扩径现象或出现扩大头，因这类桩的抗拔承载力缺乏代表性，特别是扩大头桩及桩身中下部有明显扩径的桩，其抗拔极限承载力远远高于长度和桩径相同的非扩径桩，且相同荷载下的上拔量也有明显差别。

3 对有接头的PHC、PTC和PC管桩应进行接头抗拉强度验算。对电焊接头的管桩除验算其主筋强度外，还要考虑主筋墩头的折减系数以及管节端板偏心受拉时的强度及稳定性。墩头折减系数可按有关规范取0.92，而端板强度的验算则比较复杂，可按经验取一个较为安全的系数。

5.3.2 本条规定拔桩试验应采用慢速维持荷载法，其荷载分级、试验方法及稳定标准均同第4.3.4条和4.3.6条有关规定。

5.3.3 本条规定出现所列四种情况之一时，可终止加载。但若在较小荷载下出现某级荷载的桩顶上拔量大于前一级荷载下的5倍时，应综合分析原因。若是试验桩，必要时可继续加载，因混凝土桩当桩身出现多条环向裂缝后，其桩顶位移可能会出现小的突变，而此时并非达到桩侧土的极限抗拔力。

5.4 检测数据的分析与判定

5.4.1 拔桩试验与压桩试验一样，一般应绘制 $U\text{-}\delta$ 曲线和 $\delta\text{-}\lg t$ 曲线，但上述二种曲线难以判别时，也可以辅以 $\delta\text{-}\lg U$ 曲线或 $\lg U\text{-}\lg\delta$ 曲线，以确定拐点位置。

5.4.2 本条前两款确定的抗拔极限承载力是土的极限抗拔阻力与桩（包括桩向上运动所带动的土体）的自重标准值两部分之和。第3款所指的"断裂"是因钢筋强度不够情况下的断裂。如果因抗拔钢筋受力不均匀，部分钢筋因受力太大而断裂，应视该桩试验无效并进行补充试验。不能将钢筋断裂前一级荷载作为极限荷载。

5.4.4 工程桩验收检测时，混凝土桩抗拔承载力可能受抗裂或钢筋强度制约，而土的抗拔阻力尚未发挥到极限，一般取最大荷载或取上拔量控制值对应的荷载作为极限荷载，不能轻易外推。

5.4.5 按统计的试桩竖向抗拔极限承载力确定单桩竖向抗拔承载力特征值 U_a 时取安全系数为 2，显然只与极限抗拔承载力按土的极限抗拔阻力控制的情况对应。有关抗裂控制要求的解释可参见第 6.4.6~6.4.7 条的条文说明。

6 单桩水平静载试验

6.1 适 用 范 围

6.1.1 桩的水平承载力静载试验除了桩顶自由的单桩试验外，还有带承台桩的水平静载试验（考虑承台的底面阻力和侧面抗力，以便充分反映桩基在水平力作用下的实际工作状况）、桩顶不能自由转动的不同约束条件及桩顶施加垂直荷载等试验方法，也有循环荷载的加载方法。这一切都可根据设计的特殊要求给予满足，并参考本方法进行。

6.1.2 桩的抗弯能力取决于桩和土的力学性能、桩的自由长度、抗弯刚度、桩宽、桩顶约束等因素。试验条件应尽可能和实际工作条件接近，将各种影响降低到最小的程度，使试验成果能尽量反映工程桩的实际情况。通常情况下，试验条件很难做到和工程桩的情况完全一致，此时应通过试验桩测得桩周土的地基反力特性，即地基土的水平抗力系数。它反映了桩在不同深度处桩侧土抗力和水平位移之间的关系，可视为土的固有特性。根据实际工程桩的情况（如不同桩顶约束、不同自由长度），用它确定土抗力大小，进而计算单桩的水平承载力和弯矩。因此，通过试验求得地基土的水平抗力系数具有更实际、更普遍的意义。

6.2 设备仪器及其安装

6.2.3 水平力作用点位置高于基桩承台底标高，试验时在相对承台底面处产生附加弯矩，影响测试结果，也不利于将试验成果根据实际桩顶的约束予以修正。球形支座的作用是在试验过程中，保持作用力的方向始终水平和通过桩轴线，不随桩的倾斜或扭转而改变。

6.2.6 为保证各测试断面的应力最大值及相应弯矩的测量精度，试桩设置时应严格控制测点的纵剖面与力作用方向之间的偏差。对承受水平荷载的桩而言，桩的破坏是由于桩身弯矩引起的结构破坏。因此对中长桩而言，浅层土的性质起了重要作用，在这段范围内的弯矩变化也最大。为找出最大弯矩及其位置，应加密测试断面。

6.3 现 场 检 测

6.3.1 单向多循环加载法，主要是为了模拟实际结构的受力形式。由于结构物承受的实际荷载异常复杂，所以当需考虑长期水平荷载作用影响时，宜采用第 4 章规定的慢速维持荷载法。由于单向多循环荷载的施加会给内力测试带来不稳定因素，为方便测试，建议采用第 4 章规定的慢速或快速维持荷载法；此外水平试验桩通常以结构破坏为主，为缩短试验时间，也可采用更短时间的快速维持荷载法。例如《港口工程桩基规范》（桩的水平承载力设计）JTJ 254—98 规定每级荷载维持 20min。

6.3.3 对抗弯性能较差的长桩或中长桩而言，承受水平荷载桩的破坏特征是弯曲破坏，即桩身发生折断，此时试验自然终止。本条对终止加荷的水平位移限制要求是根据《建筑桩基技术规范》提出的；在工程桩水平承载力验收检测中，终止加荷条件可按设计要求或规范规定的水平位移允许值控制。

6.4 检测数据的分析与判定

6.4.1 本条中的地基土水平抗力系数随深度增长的比例系数 m 值的计算公式仅适用于水平力作用点至试坑地面的桩自由长度为零时的情况。按桩、土相对刚度不同，水平荷载作用下的桩-土体系有两种工作状态和破坏机理，一种是"刚性短桩"，因转动或平移而破坏，相当于 $\alpha h < 2.5$ 时的情况；另一种是工程中常见的"弹性长桩"，桩身产生挠曲变形，桩下段嵌固于土中不能转动，即本条中 $\alpha h \geq 4.0$ 的情况。在 $2.5 \leq \alpha h < 4.0$ 范围内，称为"有限长度的中长桩"。《建筑桩基技术规范》对中长桩的 ν_y 变化给出了具体数值（见表4）。因此，在按式（6.4.1-1）计算 m 值时，应先试算 αh 值，以确定 αh 是否大于或等于4.0，若在 2.5~4.0 范围以内，应调整 ν_y 值重新计算 m 值（有些行业标准不考虑）。当 $\alpha h < 2.5$ 时，式（6.4.1-1）不适用。

表 4 桩顶水平位移系数 ν_y

桩的换算埋深 αh	4.0	3.5	3.0	2.8	2.6	2.4
桩顶自由或铰接时的 ν_y 值	2.441	2.502	2.727	2.905	3.163	3.526

注：当 $\alpha h > 4.0$ 时取 $\alpha h = 4.0$。

试验得到的地基土水平抗力系数的比例系数 m 不是一个常量，而是随地面水平位移及荷载而变化的曲线。

6.4.3 对于混凝土长桩或中长桩，随着水平荷载的增加，桩侧土体的塑性区自上而下逐渐开展扩大，最大弯矩断面下移，最后形成桩身结构的破坏。所测水平临界荷载 H_{cr} 为桩身产生开裂前所对应的水平荷载。因为只有混凝土桩才会产生开裂，故只有混凝土桩才有临界荷载。

6.4.4 单桩水平极限承载力是对应于桩身折断或桩身钢筋应力达到屈服时的前一级水平荷载。

6.4.6~6.4.7 单桩水平承载力特征值除与桩的材料强度、截面刚度、入土深度、土质条件、桩顶水平位移允许值有关外，还与桩顶边界条件（嵌固情况和桩顶竖向荷载大小）有关。由于建筑工程的基桩桩顶嵌入承台长度通常较短，其与承台连接的实际约束条件介于固接与铰接之间，这种连接相对于桩顶完全自由时可减少桩顶位移，相对于桩顶完全固接时可降低桩顶约束弯矩并重新分配桩身弯矩。如果桩顶完全固接，水平承载力按位移控制时，是桩顶自由时的2.60倍；对较低配筋率的灌注桩按桩身强度（开裂）控制时，由于桩顶弯矩的增加，水平临界承载力是桩顶自由时的0.83倍。如果考虑桩顶竖向荷载作用，混凝土桩的水平承载力将会产生变化，桩顶荷载是压力，其水平承载力增加，反之减小。

桩顶自由的单桩水平试验得到的承载力和弯矩仅代表试桩条件的情况，要得到符合实际工程桩嵌固条件的受力特性，需将试桩结果转化，而求得地基土水平抗力系数是实现这一转化的关键。考虑到水平荷载-位移关系的非线性且 m 值随荷载或位移增加而减小，有

必要给出 H-m 和 Y_0-m 曲线并按以下考虑确定 m 值：

1 可按设计给出的实际荷载或桩顶位移确定 m 值。

2 设计未做具体规定的，可取 6.4.6 条或 6.4.7 条确定的水平承载力特征值对应的 m 值；对低配筋率灌注桩，水平承载力多由桩身强度控制，则应按试验得到的 H-m 曲线取水平临界荷载所对应的 m 值；对于高配筋率混凝土桩或钢桩，水平承载力按允许位移控制时，可按设计要求的水平允许位移选取 m 值。

与竖向抗压、抗拔桩不同，混凝土桩在水平荷载作用下的破坏模式一般为弯曲破坏，极限承载力由桩身强度控制。所以，6.4.6 条在确定单桩水平承载力特征值 H_a 时，未采用按试桩水平极限承载力除以安全系数的方法，而按照桩身强度、开裂或允许位移等控制因素来确定 H_a。不过，也正是因为水平承载桩的承载能力极限状态主要受桩身强度制约，通过试验给出极限承载力和极限弯矩对强度控制设计是非常必要的。抗裂要求不仅涉及桩身强度，也涉及桩的耐久性。6.4.7 条虽允许按设计要求的水平位移确定水平承载力，但根据《混凝土结构设计规范》GB 50010，只有裂缝控制等级为三级的构件，才允许出现裂缝，且桩所处的环境类别至少是二级以上（含二级），裂缝宽度限值为 0.2mm。因此，当裂缝控制等级为一、二级时，按 6.4.7 条确定的水平承载力特征值就不应超过水平临界荷载。

7 钻 芯 法

7.1 适 用 范 围

7.1.1 钻芯法是检测钻（冲）孔、人工挖孔等现浇混凝土灌注桩的成桩质量的一种有效手段，不受场地条件的限制，特别适用于大直径混凝土灌注桩的成桩质量检测。钻芯法检测的主要目的有四个：

1 检测桩身混凝土质量情况，如桩身混凝土胶结状况、有无气孔、松散或断桩等，桩身混凝土强度是否符合设计要求。

2 桩底沉渣是否符合设计或规范的要求。

3 桩端持力层的岩土性状（强度）和厚度是否符合设计或规范要求。

4 施工记录桩长是否真实。

受检桩长径比较大时，成孔的垂直度和钻芯孔的垂直度很难控制，钻芯孔容易偏离桩身，故要求受检桩桩径不宜小于 800mm、长径比不宜大于 30。

7.2 设 备

7.2.1～7.2.3 应采用带有产品合格证的钻芯设备。钻机宜采用岩芯钻探的液压钻机，并配有相应的钻塔和牢固的底座，机械技术性能良好，不得使用立轴旷动过大的钻机。

孔口管、扶正稳定器（又称导向器）及可捞取松软渣样的钻具应根据需要选用。桩较长时，应使用扶正稳定器确保钻芯孔的垂直度。

目前钻芯取样方法分三大类：钢粒钻进、硬质合金钻进和金刚石钻进。钢粒钻进能通过坚硬岩石，但钻头与切削具是分开的，破碎孔底环状面积大、芯样直径小、芯样易破碎、磨损大、采取率低，不适用于基桩钻芯法检测。硬质合金钻进虽然切削具破坏岩石比较平稳、破碎孔底环状间隙相对较小、孔壁与钻具间隙小、芯样直径大、采取率较好，但是硬质合金钻只适用于小于七级的岩石（岩石有十二级分类），不适用于基桩钻芯法检测。金刚石钻头切削刀细、破碎岩石平稳、钻具孔壁间隙小、破碎孔底环状面积小，且由于金刚石较硬、研磨性较强，高速钻进时芯样受钻具磨损时间短，容易获得比较真实的芯样。因此钻芯法检测应采用金刚石钻头钻进。

芯样试件直径不宜小于骨料最大粒径的3倍，在任何情况下不得小于骨料最大粒径的2倍，否则试件强度的离散性较大。目前，钻头外径有76mm、91mm、101mm、110mm、130mm几种规格，从经济合理的角度综合考虑，应选用外径为101mm和110mm的钻头；当受检桩采用商品混凝土、骨料最大粒径小于30mm时，可选用外径为91mm的钻头；如果不检测混凝土强度，可选用外径为76mm的钻头。

7.3 现 场 检 测

7.3.1 当钻芯孔为一个时，规定宜在距桩中心10～15cm的位置开孔，是考虑导管附近的混凝土质量相对较差、不具有代表性；同时也方便第二个孔的位置布置。

为准确确定桩的中心点，桩头宜开挖裸露；来不及开挖或不便开挖的桩，应由经纬仪测出桩位中心。

桩端持力层岩土性状的准确判断直接关系到受检桩的使用安全。《建筑地基基础设计规范》GB 50007规定：嵌岩灌注桩要求按端承桩设计，桩端以下三倍桩径范围内无软弱夹层、断裂破碎带和洞隙分布，在桩底应力扩散范围内无岩体临空面。虽然施工前已进行岩土工程勘察，但有时钻孔数量有限，对较复杂的地质条件，很难全面弄清岩石、土层的分布情况。因此，应对桩端持力层进行足够深度的钻探。

7.3.2～7.3.5 钻芯设备应精心安装、认真检查。钻进过程中应经常对钻机立轴进行校正，及时纠正立轴偏差，确保钻芯过程不发生倾斜、移位。设备安装后，应进行试运转，在确认正常后方能开钻。

桩顶面与钻机塔座距离大于2m时，宜安装孔口管。开孔宜采用合金钻头、开孔深为0.3～0.5m后安装孔口管，孔口管下入时应严格测量垂直度，然后固定。

当出现钻芯孔与桩体偏离时，应立即停机记录，分析原因。当有争议时，可进行钻孔测斜，以判断是受检桩倾斜超过规范要求还是钻芯孔倾斜超过规定要求。

金刚石钻头、扩孔器与卡簧的配合和使用要求：金刚石钻头与岩芯管之间必须安有扩孔器，用以修正孔壁；扩孔器外径应比钻头外径大0.3～0.5mm，卡簧内径应比钻头内径小0.3mm左右；金刚石钻头和扩孔器应按外径先大后小的排列顺序使用，同时考虑钻头内径小的先用，内径大的后用。

金刚石钻进技术参数：

1 钻头压力：钻芯法的钻头压力应根据混凝土芯样的强度与胶结好坏而定，胶结好、强度高的钻头压力可大，相反的压力应小；一般情况初压力为0.2MPa，正常压力1MPa。

2 转速：回次初转速宜为100r/min左右；正常钻进时可以采用高转速，但芯样胶结强度低的混凝土应采用低转速。

3 冲洗液量：钻芯法宜采用清水钻进，冲洗液量一般按钻头大小而定。钻头直径为

101mm 时，冲洗液流量应为 60～120L/min。

金刚石钻进应注意的事项：

1 金刚石钻进前，应将孔底硬质合金捞取干净并磨灭，然后磨平孔底。

2 提钻卸取芯样时，应使用专门的自由钳拧卸钻头和扩孔器。

3 提放钻具时，钻头不得在地下拖拉；下钻时金刚石钻头不得碰撞孔口或孔口管上；发生墩钻或跑钻事故，应提钻检查钻头，不得盲目钻进。

4 当孔内有掉块、混凝土芯脱落或残留混凝土芯超过 200mm 时，不得使用新金刚石钻头扫孔，应使用旧的金刚石钻头或针状合金钻头套扫。

5 下钻前金刚石钻头不得下至孔底，应下至距孔底 200mm 处，采用轻压慢转扫到孔底，待钻进正常后再逐步增加压力和转速至正常范围。

6 正常钻进时不得随意提动钻具，以防止混凝土芯堵塞，发现混凝土芯堵塞时应立刻提钻，不得继续钻进。

7 钻进过程中要随时观察冲洗液量和泵压的变化，正常泵压应为 0.5～1MPa，发现异常应查明原因，立即处理。

7.3.6 钻至桩底时，为检测桩底沉渣或虚土厚度，应采用减压、慢速钻进。若遇钻具突降，应即停钻，及时测量机上余尺，准确记录孔深及有关情况。

当持力层为中、微风化岩石时，可将桩底 0.5m 左右的混凝土芯样、0.5m 左右的持力层以及沉渣纳入同一回次。当持力层为强风化岩层或土层时，可采用合金钢钻头干钻等适宜的钻芯方法和工艺钻取沉渣并测定沉渣厚度。

对中、微风化岩的桩端持力层，可直接钻取岩芯鉴别；对强风化岩层或土层，可采用动力触探、标准贯入试验等方法鉴别。试验宜在距桩底 50cm 内进行。

7.3.7 芯样取出后，应由上而下按回次顺序放进芯样箱中，芯样侧面上应清晰标明回次数、块号、本回次总块数（宜写成带分数的形式，如 $2\frac{3}{5}$ 表示第 2 回次共有 5 块芯样，本块芯样为第 3 块）。及时记录孔号、回次数、起至深度、块数、总块数、芯样质量的初步描述及钻进异常情况。

有条件时，可采用钻孔电视辅助判断混凝土质量。

7.3.8 对桩身混凝土芯样的描述包括桩身混凝土钻进深度，芯样连续性、完整性、胶结情况、表面光滑情况、断口吻合程度、混凝土芯是否为柱状、骨料大小分布情况，气孔、蜂窝麻面、沟槽、破碎、夹泥、松散的情况，以及取样编号和取样位置。

对持力层的描述包括持力层钻进深度，岩土名称、芯样颜色、结构构造、裂隙发育程度、坚硬及风化程度，以及取样编号和取样位置，或动力触探、标准贯入试验位置和结果。分层岩层应分别描述。

7.3.9 应先拍彩色照片，后截取芯样试件。取样完毕剩余的芯样宜移交委托单位妥善保存。

7.4 芯样试件截取与加工

7.4.1 以概率论为基础，用可靠性指标度量桩基的可靠度是比较科学的评价基桩强度的方法，即在钻芯法受检桩的芯样中截取一批芯样试件进行抗压强度试验，采用统计的方法判断混凝土强度是否满足设计要求。但在应用上存在以下一些困难：

1 由于基桩施工的特殊性，评价单根受检桩的混凝土强度比评价整个桩基工程的混凝土强度更合理。

2 《混凝土强度检验评定标准》GBJ 107—87 定义立方体抗压强度标准值采用了概率论和可靠度概念，但是在判断一个验收批的混凝土强度是否合格时采用了两个不等式：

$$m_{fcu} - \lambda_1 \cdot s_{fcu} \geqslant 0.9 f_{cu,k} \tag{1}$$

$$f_{cu,min}^c \geqslant \lambda_2 \cdot f_{cu,k} \tag{2}$$

如果说第一个不等式沿用了概率论和可靠度概念，那么，第二个不等式是考虑评定对象是结构受力构件，不允许出现过低的小值。同时，该标准指出一组试件的强度代表值应由三个试件的强度值确定，而钻芯法增加3倍的芯样试件数量有困难。

3 混凝土桩应作为受力构件考虑，薄弱部位的强度（结构承载能力）能否满足使用要求，直接关系到结构安全。

综合多种因素考虑，规定按上、中、下截取芯样试件的原则，同时对缺陷和多孔取样做了规定。

一般来说，蜂窝麻面、沟槽等缺陷部位的强度较正常胶结的混凝土芯样强度低，无论是严把质量关，尽可能查明质量隐患，还是便于设计人员进行结构承载力验算，都有必要对缺陷部位的芯样进行取样试验。因此，缺陷位置能取样试验时，应截取一组芯样进行混凝土抗压试验。

如果同一基桩的钻芯孔数大于一个，其中一孔在某深度存在蜂窝麻面、沟槽、空洞等缺陷，芯样试件强度可能不满足设计要求，按第7.6.1条的多孔强度计算原则，在其他孔的相同深度部位取样进行抗压试验是非常必要的，在保证结构承载能力的前提下，减少加固处理费用。

7.4.2 为便于设计人员对端承力的验算，提供分层岩性的各层强度值是必要的。为保证岩石原始性状，选取的岩石芯样应及时包装并浸泡在水中。

7.4.3 对于基桩混凝土芯样来说，芯样试件可选择的余地较大，因此，不仅要求芯样试件不能有裂缝或有其他较大缺陷，而且要求芯样试件内不能含有钢筋；同时，为了避免试件强度的离散性较大，在选取芯样试件时，应观察芯样侧面的表观混凝土粗骨料粒径，确保芯样试件平均直径不小于2倍表观混凝土粗骨料最大粒径。

为了避免再对芯样试件高径比进行修正，规定有效芯样试件的高度不得小于 $0.95d$ 且不得大于 $1.05d$ 时（d 为芯样试件平均直径）。

附录 E 规定平均直径测量精确至 0.5mm；沿试件高度任一直径与平均直径相差达 2mm 以上时不得用作抗压强度试验。这里做以下几点说明：

1 一方面要求直径测量误差小于 1mm，另一方面允许不同高度处的直径相差大于 1mm，增大了芯样试件强度的不确定度。考虑到钻芯过程对芯样直径的影响是强度低的地方直径偏小，而抗压试验时直径偏小的地方容易破坏，因此，在测量芯样平均直径时宜选择表观直径偏小的芯样中部部位。

2 允许沿试件高度任一直径与平均直径相差达 2mm，极端情况下，芯样试件的最大直径与最小直径相差可达 4 mm，此时固然满足规范规定，但是，当芯样侧面有明显波浪状时，应检查钻机的性能，钻头、扩孔器、卡簧是否合理配置，机座是否安装稳固，钻机立轴是否摆动过大，提高钻机操作人员的技术水平。

3 在诸多因素中，芯样试件端面的平整度是一个重要的因素，容易被检测人员忽视，应引起足够的重视。

7.5 芯样试件抗压强度试验

7.5.1 根据桩的工作环境状态，试件宜在 20±5℃ 的清水中浸泡一段时间后进行抗压强度试验。本条规定芯样试件加工完毕后，即可进行抗压强度试验，一方面考虑到钻芯过程中诸因素影响均使芯样试件强度降低，另一方面是出于方便考虑。

7.5.2 芯样试件抗压破坏时的最大压力值与混凝土标准试件明显不同，芯样试件抗压强度试验时应合理选择压力机的量程和加荷速率，保证试验精度。

7.5.3 当出现截取芯样未能制作成试件、芯样试件平均直径小于 2 倍试件内混凝土粗骨料最大粒径时，应重新截取芯样试件进行抗压强度试验。条件不具备时，可将另外两个强度的平均值作为该组混凝土芯样试件抗压强度值。在报告中应对有关情况予以说明。

7.5.4 混凝土芯样试件的强度值不等于在施工现场取样、成型、同条件养护试块的抗压强度，也不等于标准养护 28 天的试块抗压强度。广东有 137 组数据表明在桩身混凝土中的钻芯强度与立方体强度的比值的统计平均值为 0.749。为考察小芯样取芯的离散性（如尺寸效应、机械扰动等），广东、福建、河南等地 6 家单位在标准立方体试块中钻取芯样进行抗压强度试验（强度等级 C15～C50，芯样直径 68～100mm，共 184 组），目的是排除龄期、振捣和养护条件的差异。结果表明：芯样试件强度与立方体强度的比值分别为 0.689、0.848、0.895、0.915、1.106、1.106，平均为 0.943，其中有两单位得出了 $\phi68$、$\phi80$ 芯样强度与 $\phi100$ 芯样强度相比均接近于 1.0 的结论。当排除龄期和养护条件（温度、湿度）差异时，尽管普遍认同芯样强度低于立方体强度，尤其是在桩身混凝土中钻芯更是如此，但上述结果说明：尚不能采用一个统一的折算系数来反映芯样强度与立方体强度的差异。作为行业标准，为了安全起见，本规范暂不推荐采用 1/0.88（国内一些地方标准采用的折算系数）对芯样强度进行提高修正，留待各地根据试验结果进行调整。

7.5.5 岩石芯样试件数量按本规范 7.4.3 条每组芯样制作三个芯样抗压试件的规定。当岩石芯样抗压强度试验仅仅是配合判断桩端持力层岩性时，检测报告中可不给出岩石饱和单轴抗压强度标准值，只给出平均值；当需要确定岩石饱和单轴抗压强度标准值时，宜按《建筑地基基础设计规范》GB 50007 附录 J 执行。

7.6 检测数据的分析与判定

7.6.1 由于混凝土芯样试件抗压强度的离散性比混凝土标准试件大得多，采用《混凝土强度检验评定标准》GBJ 107 来计算混凝土芯样试件抗压强度代表值有时会出现无法确定代表值的情况。为了避免这种情况，对数千组数据进行验算，证实取平均值的方法是可行的。

同一根桩有两个或两个以上钻芯孔时，应综合考虑各孔芯样强度来评定桩身承载力。取同一深度部位各孔芯样试件抗压强度的平均值作为该深度的混凝土芯样试件抗压强度代表值，是一种简便实用方法。

7.6.2 虽然桩身轴力上大下小，但从设计角度考虑，桩身承载力受最薄弱部位的混凝土强度控制。

7.6.3 桩端持力层岩土性状的描述、判定应有工程地质专业人员参与，并应符合《岩土工程勘察规范》GB 50021 的有关规定。

7.6.4～7.6.5 通过芯样特征对桩身完整性分类，有比低应变法更直观的一面，也有一孔之见代表性差的一面。同一根桩有两个或两个以上钻芯孔时，桩身完整性分类应综合考虑各钻芯孔的芯样质量情况，不同钻芯孔的芯样在同一深度部位均存在缺陷时，该位置存在安全隐患的可能性大，桩身缺陷类别应判重些。

在本规范中，虽然按芯样特征判定完整性和通过芯样试件抗压试验判定桩身强度是否满足设计要求在内容上相对独立，且表 3.5.1 中的桩身完整性分类是针对缺陷是否影响结构承载力的原则性规定。但是，除桩身裂隙外，根据芯样特征描述，不论缺陷属于哪种类型，都指明或相对表明桩身混凝土质量差，即存在低强度区这一共性。因此对于钻芯法，完整性分类尚应结合芯样强度值综合判定。例如：

1 蜂窝麻面、沟槽、空洞等缺陷程度应根据其芯样强度试验结果判断。若无法取样或不能加工成试件，缺陷程度应判重些。

2 芯样连续、完整、胶结好或较好、骨料分布均匀或基本均匀、断口吻合或基本吻合；芯样侧面无表观缺陷，或虽有气孔、蜂窝麻面、沟槽，但能够截取芯样制作成试件；芯样试件抗压强度代表值不小于混凝土设计强度等级。则应判为Ⅱ类桩。

3 芯样任一段松散、夹泥或分层，钻进困难甚至无法钻进，则判定基桩的混凝土质量不满足设计要求；若仅在一个孔中出现前述缺陷，而在其他孔同深度部位未出现，为确保质量，仍应进行工程处理。

4 局部混凝土破碎、无法取样或虽能取样但无法加工成试件，一般判定为Ⅲ类桩。但是，当钻芯孔数为 3 个时，若同一深度部位芯样质量均如此，宜判为Ⅳ类桩；如果仅一孔的芯样质量如此，且长度小于 10cm，另两孔同深度部位的芯样试件抗压强度较高，宜判为Ⅱ类桩。

除桩身完整性和芯样试件抗压强度代表值外，当设计有要求时，应判断桩底的沉渣厚度、持力层岩土性状（强度）或厚度是否满足或达到设计要求；否则，应判断是否满足或达到规范要求。

8 低 应 变 法

8.1 适 用 范 围

8.1.1 目前国内外普遍采用瞬态冲击方式，通过实测桩顶加速度或速度响应时域曲线，籍一维波动理论分析来判定基桩的桩身完整性，这种方法称之为反射波法（或瞬态时域分析法）。据建设部所发工程桩动测单位资质证书的数量统计，绝大多数的单位采用上述方法，所用动测仪器一般都具有傅立叶变换功能，可通过速度幅频曲线辅助分析判定桩身完整性，即所谓瞬态频域分析法；也有些动测仪器还具备实测锤击力并对其进行傅立叶变换的功能，进而得到导纳曲线，这称之为瞬态机械阻抗法。当然，采用稳态激振方式直接测得导纳曲线，则称之为稳态机械阻抗法。无论瞬态激振的时域分析还是瞬态或稳态激振的频域分析，只是习惯上从波动理论或振动理论两个不同角度去分析，数学上忽略截断和泄漏误差时，时域信号和频域信号可通过傅立叶变换建立对应关系。所以，当桩的边界和初始条件相同时，时域和频域分析结果应殊途同归。综上所述，考虑到目前国内外使用方法的普遍程度和可操作性，本规范将上述方法合并编写并统称为低应变（动测）法。

一维线弹性杆件型是低应变法的理论基础。因此受检桩的长细比、瞬态激励脉冲有效高频分量的波长与桩的横向尺寸之比均宜大于 5，设计桩身截面宜基本规则。另外，一维理论要求应力波在桩身中传播时平截面假设成立，所以，对薄壁钢管桩和类似于 H 型钢桩的异型桩，本方法不适用。

本方法对桩身缺陷程度只做定性判定，尽管利用实测曲线拟合法分析能给出定量的结果，但由于桩的尺寸效应、测试系统的幅频相频响应、高频波的弥散、滤波等造成的实测波形畸变，以及桩侧土阻尼、土阻力和桩身阻尼的耦合影响，曲线拟合法还不能达到精确定量的程度。

对于桩身不同类型的缺陷，低应变测试信号中主要反映出桩身阻抗减小的信息，缺陷性质往往较难区分。例如，混凝土灌注桩出现的缩颈与局部松散、夹泥、空洞等，只凭测试信号就很难区分。因此，对缺陷类型进行判定，应结合地质、施工情况综合分析，或采取钻芯、声波透射等其他方法。

8.1.2 由于受桩周土约束、激振能量、桩身材料阻尼和桩身截面阻抗变化等因素的影响，应力波从桩顶传至桩底再从桩底反射回桩顶的传播为一能量和幅值逐渐衰减过程。若桩过长（或长径比较大）或桩身截面阻抗多变或变幅较大，往往应力波尚未反射回桩顶甚至尚未传到桩底，其能量已完全衰减或提前反射，致使仪器测不到桩底反射信号，而无法评定整根桩的完整性。在我国，若排除其他条件差异而只考虑各地区地质条件差异时，桩的有效检测长度主要受桩土刚度比大小的制约。因各地提出的有效检测范围变化很大，如长径比 30~50、桩长 30~50m 不等，故本条未规定有效检测长度的控制范围。具体工程的有效检测桩长，应通过现场试验，依据能否识别桩底反射信号，确定该方法是否适用。

对于最大有效检测深度小于实际桩长的超长桩检测，尽管测不到桩底反射信号，但若有效检测长度范围内存在缺陷，则实测信号中必有缺陷反射信号。因此，低应变方法仍可用于查明有效检测长度范围内是否存在缺陷。

8.2 仪 器 设 备

8.2.1 低应变动力检测采用的测量响应传感器主要是压电式加速度传感器（国内多数厂家生产的仪器尚能兼容磁电式速度传感器测试），根据其结构特点和动态性能，当压电式传感器的可用上限频率在其安装谐振频率的 1/5 以下时，可保证较高的冲击测量精度，且在此范围内，相位误差几乎可以忽略。所以应尽量选用自振频率较高的加速度传感器。

对于桩顶瞬态响应测量，习惯上是将加速度计的实测信号积分成速度曲线，并据此进行判读。实践表明：除采用小锤硬碰硬敲击外，速度信号中的有效高频成分一般在 2000Hz 以内。但这并不等于说，加速度计的频响线性段达到 2000Hz 就足够了。这是因为，加速度原始信号比积分后的速度波形中要包含更多和更尖的毛刺，高频尖峰毛刺的宽窄和多寡决定了它们在频谱上占据的频带宽窄和能量大小。事实上，对加速度信号的积分相当于低通滤波，这种滤波作用对尖峰毛刺特别明显。当加速度计的频响线性段较窄时，就会造成信号失真。所以，在±10%幅频误差内，加速度计幅频线性段的高限不宜小于5000Hz，同时也应避免在桩顶敲击处表面凹凸不平时用硬质材料锤（或不加锤垫）直接敲击。

高阻尼磁电式速度传感器固有频率接近20Hz时，幅频线性范围（误差±10%时）约在20~1000Hz内，若要拓宽使用频带，理论上可通过提高阻尼比来实现。但从传感器的结构设计、制作以及可用性看却又难于做到。因此，若要提高高频测量上限，必须提高固有频率，势必造成低频段幅频特性恶化，反之亦然。同时，速度传感器在接近固有频率时使用，还存在因相位越迁引起的相频非线性问题。此外由于速度传感器的体积和质量均较大，其安装谐振频率受安装条件影响很大，安装不良时会大幅下降并产生自身振荡，虽然可通过低通滤波将自振信号滤除，但在安装谐振频率附近的有用信息也将随之滤除。综上述，高频窄脉冲冲击响应测量不宜使用速度传感器。

8.2.2 瞬态激振操作应通过现场试验选择不同材质的锤头或锤垫，以获得低频宽脉冲或高频窄脉冲。除大直径桩外，冲击脉冲中的有效高频分量可选择不超过2000Hz（钟形力脉冲宽度为1ms，对应的高频截止分量约为2000Hz）。目前激振设备普遍使用的是力锤、力棒，其锤头或锤垫多选用工程塑料、高强尼龙、铝、铜、铁、橡皮垫等材料，锤的质量为几百克至几十千克不等。

稳态激振设备可包括扫频信号发生器、功率放大器及电磁式激振器。由扫频信号发生器输出等幅值、频率可调的正弦信号，通过功率放大器放大至电磁激振器输出同频率正弦激振力作用于桩顶。

8.3 现 场 检 测

8.3.1 桩顶条件和桩头处理好坏直接影响测试信号的质量。因此，要求受检桩桩顶的混凝土质量、截面尺寸应与桩身设计条件基本等同。灌注桩应凿去桩顶浮浆或松散、破损部分，并露出坚硬的混凝土表面；桩顶表面应平整干净且无积水；妨碍正常测试的桩顶外露主筋应割掉。对于预应力管桩，当法兰盘与桩身混凝土之间结合紧密时，可不进行处理，否则，应采用电锯将桩头锯平。

当桩头与承台或垫层相连时，相当于桩头处存在很大的截面阻抗变化，对测试信号会产生影响。因此，测试时桩头应与混凝土承台断开；当桩头侧面与垫层相连时，除非对测试信号没有影响，否则应断开。

8.3.2 从时域波形中找到桩底反射位置，仅仅是确定了桩底反射的时间，根据$\Delta T=2L/c$，只有已知桩长L才能计算波速c，或已知波速c计算桩长L。因此，桩长参数应以实际记录的施工桩长为依据，按测点至桩底的距离设定。测试前桩身波速可根据本地区同类桩型的测试值初步设定，实际分析过程中应按由桩长计算的波速重新设定或按8.4.1条确定的波速平均值c_m设定。

对于时域信号，采样频率越高，则采集的数字信号越接近模拟信号，越有利于缺陷位置的准确判断。一般应在保证测得完整信号（时段$2L/c+5ms$，1024个采样点）的前提下，选用较高的采样频率或较小的采样时间间隔。但是，若要兼顾频域分辨率，则应按采样定理适当降低采样频率或增加采样点数。

稳态激振是按一定频率间隔逐个频率激振，并持续一段时间。频率间隔的选择决定于速度幅频曲线和导纳曲线的频率分辨率，它影响桩身缺陷位置的判定精度；间隔越小，精度越高，但检测时间很长，降低工作效率。一般频率间隔设置为3Hz、5Hz和10Hz。每一频率下激振持续时间的选择，理论上越长越好，这样有利于消除信号中的随机噪声。实际测试过程中，为提高工作效率，只要保证获得稳定的激振力和响应信号即可。

8.3.3 本条是为保证获得高质量响应信号而提出的措施：

1 传感器用耦合剂粘结时，粘结层应尽可能薄；必要时可采用冲击钻打孔安装方式，但传感器底安装面应与桩顶面紧密接触。

2 相对桩顶横截面尺寸而言，激振点处为集中力作用，在桩顶部位可能出现与桩的横向振型相应的高频干扰。当锤击脉冲变窄或桩径增加时，这种由三维尺寸效应引起的干扰加剧。传感器安装点与激振点距离和位置不同，所受干扰的程度各异。初步研究表明：实心桩安装点在距桩中心约 2/3 半径 R 时，所受干扰相对较小；空心桩安装点与激振点平面夹角等于或略大于90°时也有类似效果，该处相当于横向耦合低阶振型的驻点。另应注意加大安装与激振两点距离或平面夹角将增大锤击点与安装点响应信号时间差，造成波速或缺陷定位误差。传感器安装点、锤击点布置见图1。

当预制桩、预应力管桩等桩顶高于地面很多，或灌注桩桩顶部分桩身截面很不规则，或桩顶与承台等其他结构相连而不具备传感器安装条件时，可将两支测量响应传感器对称安装在桩顶以下的桩侧表面，且宜远离桩顶。

3 激振点与传感器安装点应远离钢筋笼的主筋，其目的是减少外露主筋对测试产生干扰信号。若外露主筋过长而影响正常测试时，应将其割短。

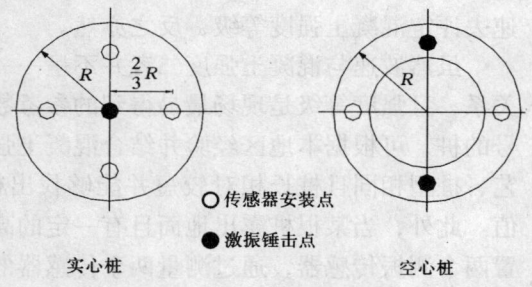

图 1 传感器安装点、锤击点布置示意图

4 瞬态激振通过改变锤的重量及锤头材料，可改变冲击入射波的脉冲宽度及频率成分。锤头质量较大或刚度较小时，冲击入射波脉冲较宽，低频成分为主；当冲击力大小相同时，其能量较大，应力波衰减较慢，适合于获得长桩桩底信号或下部缺陷的识别。锤头较轻或刚度较大时，冲击入射波脉冲较窄，含高频成分较多；冲击力大小相同时，虽其能量较小并加剧大直径桩的尺寸效应影响，但较适宜于桩身浅部缺陷的识别及定位。

5 稳态激振在每个设定的频率下激振时，为避免频率变换过程产生失真信号，应具有足够的稳定激振时间，以获得稳定的激振力和响应信号，并根据桩径、桩长及桩周土约束情况调整激振力。稳态激振器的安装方式及好坏对测试结果起着很大的作用。为保证激振系统本身在测试频率范围内不至于出现谐振，激振器的安装宜采用柔性悬挂装置，同时在测试过程中应避免激振器出现横向振动。

8.3.4 桩径增大时，桩截面各部位的运动不均匀性也会增加，桩浅部的阻抗变化往往表现出明显的方向性。故应增加检测点数量，使检测结果能全面反映桩身结构完整性情况。每个检测点有效信号数不宜少于3个，通过叠加平均提高信噪比。

应合理选择测试系统量程范围，特别是传感器的量程范围，避免信号波峰削波。

8.4 检测数据的分析与判定

8.4.1 为分析不同时段或频段信号所反映的桩身阻抗信息、核验桩底信号并确定桩身缺陷位置，需要确定桩身波速及其平均值 c_m。波速除与桩身混凝土强度有关外，还与混凝土的骨料品种、粒径级配、密度、水灰比、成桩工艺（导管灌注、振捣、离心）等因素有关。波速与桩身混凝土强度整体趋势上呈正相关关系，即强度高波速高，但二者并不为一一对应关系。在影响混凝土波速的诸多因素中，强度对波速的影响并非首位。中国建筑科学研究院的试验资料表明：采用普硅水泥，粗骨料相同，不同试配强度及龄期强度相差1倍时，声速变化仅为10%左右；根据辽宁省建设科学研究院的试验结果：采用矿渣水泥，28天强度为3天强度的4~5倍，一维波速增加20%~30%；分别采用碎石和卵石并按相同强度等级试配，发现以碎石为粗骨料的混凝土一维波速比卵石高约13%。天津市政研究院也得到类似辽宁院的规律，但有一定离散性，即同一组（粗骨料相同）混凝土试配强度不同的杆件或试块，同龄期强度低约10%~15%，但波速或声速略有提高。也有资料报导正好相反，例如福建省建筑科学研究院的试验资料表明：采用普硅水泥，按相同强度等级试配，骨料为卵石的混凝土声速略高于骨料为碎石的混凝土声速。因此，不能依据波速去评定混凝土强度等级，反之亦然。

虽然波速与混凝土强度二者并不呈一一对应关系，但考虑到二者整体趋势上呈正相关关系，且强度等级是现场最易得到的参考数据，故对于超长桩或无法明确找出桩底反射信号的桩，可根据本地区经验并结合混凝土强度等级，综合确定波速平均值，或利用成桩工艺、桩型相同且桩长相对较短并能够找出桩底反射信号的桩确定的波速，作为波速平均值。此外，当某根桩露出地面且有一定的高度时，可沿桩长方向间隔一可测量的距离段安置两个测振传感器，通过测量两个传感器的响应时差，计算该桩段的波速值，以该值代表整根桩的波速值。

8.4.2 本方法确定桩身缺陷的位置是有误差的，原因是：缺陷位置处 Δt_x 和 Δf 存在读数误差；采样点数不变时，提高采样频率降低了频域分辨率；波速确定的方式及用抽样所得平均值 c_m 替代某具体桩身段波速带来的误差。其中，波速带来的缺陷位置误差 $\Delta x = x \cdot \Delta c/c$（$\Delta c/c$ 为波速相对误差）影响最大，如波速相对误差为5%，缺陷位置为10m时，则误差有0.5m；缺陷位置为20m时，则误差有1.0m。

对瞬态激振还存在另一种误差，即锤击后应力波主要以纵波形式直接沿桩身向下传播，同时在桩顶又主要以表面波和剪切波的形式沿径向传播。因锤击点与传感器安装点有一定的距离，接收点测到的入射峰总比锤击点处滞后，考虑到表面波或剪切波的传播速度比纵波低得多，特别对大直径桩或直径较大的管桩，这种从锤击点起由近及远的时间线性滞后将明显增加。而波从缺陷或桩底以一维平面应力波反射回桩顶时，引起的桩顶面径向各点的质点运动却在同一时刻都是相同的，即不存在由近及远的时间滞后问题。所以严格地讲，按入射峰-桩底反射峰确定的波速将比实际的高，若按"正确"的桩身波速确定缺陷位置将比实际的浅，若能测到 $4L/c$ 的二次桩底反射，则由 $2L/c$ 至 $4L/c$ 时段确定的波速是正确的。

8.4.3 表8.4.3列出了根据实测时域或幅频信号特征、所划分的桩身完整性类别。完整桩典型的时域信号和速度幅频信号见图2和图3，缺陷桩典型的时域信号和速度幅频信号

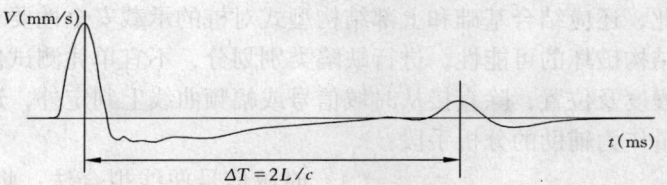

图 2　完整桩典型时域信号特征

见图 4 和图 5。

完整桩分析判定，从时域信号或频域曲线特征表现的信息判定相对来说较简单直观，而分析缺陷桩信号则复杂些，有的信号的确是因施工质量缺陷产生的，但也有是因设计构造或成桩工艺本身局限导致的不连续断面产生的，例如预制打入桩的接缝，灌注桩的逐渐扩径再缩回原桩径的变截面，地层硬夹层影响等。因此，在分析测试信号时，应仔细分清哪些是缺陷波或缺陷谐振峰，哪些是因桩身构造、成桩工艺、土层影响造成的类似缺陷信号特征。另外，根据测试信号幅值大小判定缺陷程度，除受缺陷程度影响外，还受桩周土阻尼

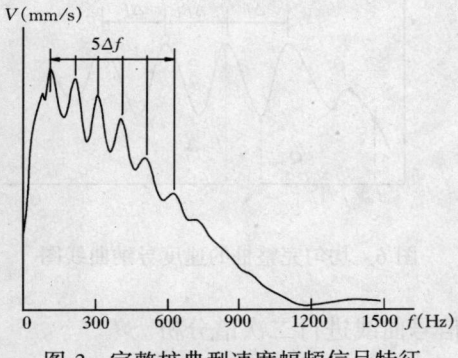

图 3　完整桩典型速度幅频信号特征

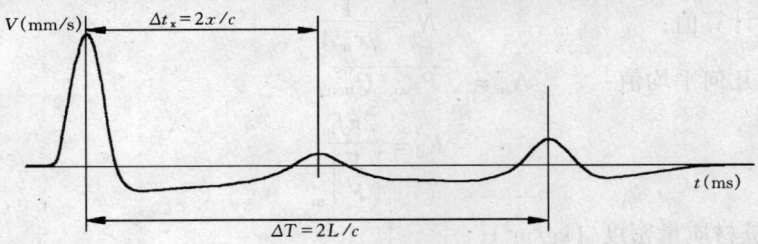

图 4　缺陷桩典型时域信号特征

大小及缺陷所处的深度位置影响。相同程度的缺陷因桩周土岩性不同或缺陷埋深不同，在测试信号中其幅值大小各异。因此，如何正确判定缺陷程度，特别是缺陷十分明显时，如何区分是Ⅲ类桩还是Ⅳ类桩，应仔细对照桩型、地质条件、施工情况结合当地经验综合分

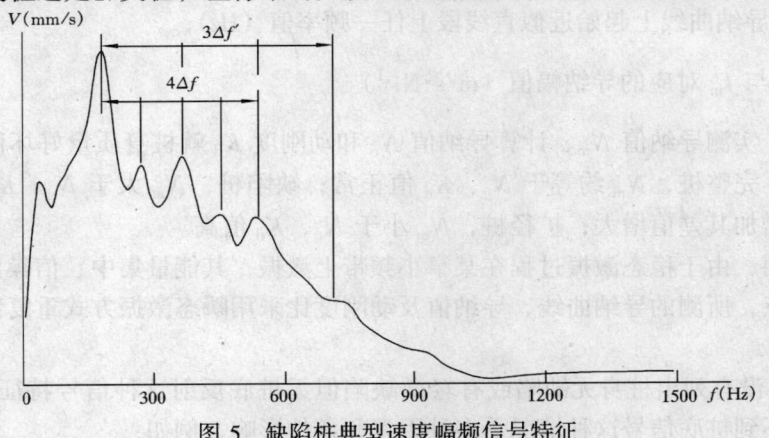

图 5　缺陷桩典型速度幅频信号特征

析判断；不仅如此，还应结合基础和上部结构型式对桩的承载安全性要求，考虑桩身承载力不足引发桩身结构破坏的可能性，进行缺陷类别划分，不宜单凭测试信号定论。

桩身缺陷的程度及位置，除直接从时域信号或幅频曲线上判定外，还可借助其他计算方式及相关测试量作为辅助的分析手段：

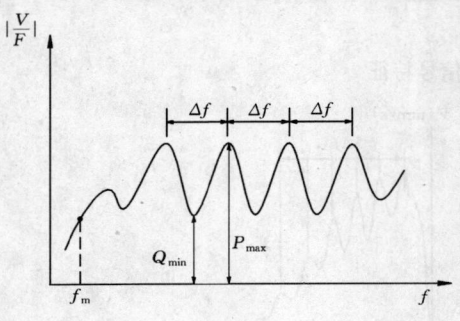

图 6 均匀完整桩的速度导纳曲线图

1 时域信号曲线拟合法：将桩划分为若干单元，以实测或模拟的力信号作为已知条件，设定并调整桩身阻抗及土参数，通过一维波动方程数值计算，计算出速度时域波形并与实测的波形进行反复比较，直到两者吻合程度达到满意为止，从而得出桩身阻抗的变化位置及变化量大小。该计算方法类似于高应变的曲线拟合法。

2 根据速度幅频曲线或导纳曲线中基频位置，利用实测导纳值与计算导纳值相对高低、实测动刚度的相对高低，进行判断。此外，还可对速度幅频信号曲线进行二次谱分析。

图 6 为完整桩的速度导纳曲线。计算导纳值 N_c、实测导纳值 N_m 和动刚度 K_d 分别按下列公式计算：

导纳理论计算值： $$N_c = \frac{1}{\rho c_m A} \tag{3}$$

实测导纳几何平均值： $$N_m = \sqrt{P_{max} \cdot Q_{min}} \tag{4}$$

动刚度： $$K_d = \frac{2\pi f_m}{\left|\frac{V}{F}\right|_m} \tag{5}$$

式中 ρ——桩材质量密度（kg/m³）；

c_m——桩身波速平均值（m/s）；

A——设计桩身截面积（m²）；

P_{max}——导纳曲线上谐振波峰的最大值（m/s·N⁻¹）；

Q_{min}——导纳曲线上谐振波谷的最小值（m/s·N⁻¹）；

f_m——导纳曲线上起始近似直线段上任一频率值（Hz）；

$\left|\frac{V}{F}\right|_m$——与 f_m 对应的导纳幅值（m/s·N⁻¹）。

理论上，实测导纳值 N_m、计算导纳值 N_c 和动刚度 K_d 就桩身质量好坏而言存在一定的相对关系：完整桩，N_m 约等于 N_c、K_d 值正常；缺陷桩，N_m 大于 N_c、K_d 值低，且随缺陷程度的增加其差值增大；扩径桩，N_m 小于 N_c、K_d 值高。

值得说明，由于稳态激振过程在某窄小频带上激振，其能量集中、信噪比高、抗干扰能力强等特点，所测的导纳曲线、导纳值及动刚度比采用瞬态激振方式重复性好、可信度较高。

表 8.4.3 没有列出桩身无缺陷或有轻微缺陷但无桩底反射这种信号特征的类别划分。事实上，测不到桩底信号这种情况受多种因素和条件影响，例如：

——软土地区的超长桩,长径比很大;
——桩周土约束很大,应力波衰减很快;
——桩身阻抗与持力层阻抗匹配良好;
——桩身截面阻抗显著突变或沿桩长渐变;
——预制桩接头缝隙影响。

其实,当桩侧和桩端阻力很强时,高应变法同样也测不出桩底反射。所以,上述原因造成无桩底反射也属正常。此时的桩身完整性判定,只能结合经验、参照本场地和本地区的同类型桩综合分析或采用其他方法进一步检测。

对设计条件有利的扩径灌注桩,不应判定为缺陷桩。

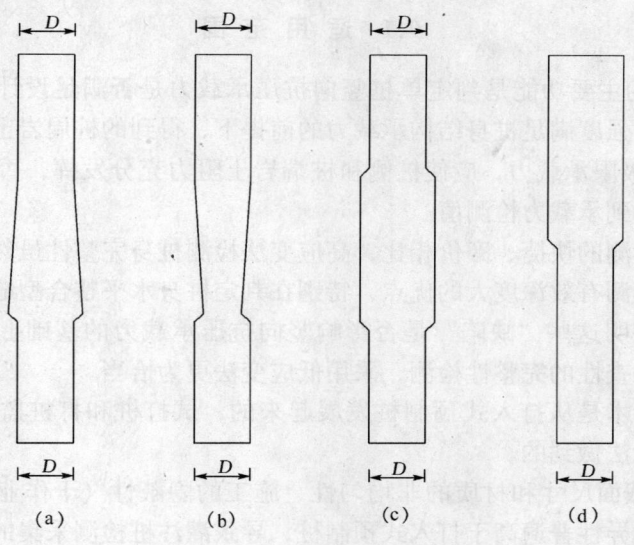

图 7 混凝土灌注桩截面(阻抗)变化示意图
(a) 逐渐扩径;(b) 逐渐缩颈;(c) 中部扩径;(d) 上部扩径

8.4.4 当灌注桩桩截面形态呈现如图 7 情况时,桩身截面(阻抗)渐变或突变,在阻抗突变处的一次或二次反射常表现为类似明显扩径、严重缺陷或断桩的相反情形,从而造成误判。因此,可结合施工、地层情况综合分析加以区分;无法区分时,应结合其他检测方法综合判定。当桩身存在不止一个阻抗变化截面(包括上述桩身某一范围阻抗渐变的情况)时,由于各阻抗变化截面的一次和多次反射波相互迭加,除距桩顶第一阻抗变化截面的一次反射能辨认外,其后的反射信号可能变得十分复杂,难于分析判断。此时,宜按下列规定采用实测曲线拟合法进行辅助分析:

1 信号不得因尺寸效应、测试系统频响等影响产生畸变。
2 桩顶横截面尺寸应按现场实际测量结果确定。
3 通过同条件下、截面基本均匀的相邻桩曲线拟合,确定引起应力波衰减的桩土参数取值。
4 宜采用实测力波形作为边界条件输入。

8.4.5 对嵌岩桩,桩底沉渣和桩端持力层是否为软弱层、溶洞等是直接关系到该桩能否安全使用的关键因素。虽然本方法不能确定桩底情况，但理论上可以将嵌岩桩桩端视为杆件的固定端，并根据桩底反射波的方向判断桩端端承效果，也可通过导纳值、动刚度的相对高低提供辅助分析。采用本方法判定桩端嵌固效果差时，应采用静载试验或钻芯法等其他检测方法核验桩端嵌岩情况，确保基桩使用安全。

8.4.7 人员水平低、测试过程和测量系统各环节出现异常、人为信号再处理影响信号真实性等，均直接影响结论判断的正确性，只有根据原始信号曲线才能鉴别。

9 高 应 变 法

9.1 适 用 范 围

9.1.1 高应变法的主要功能是判定单桩竖向抗压承载力是否满足设计要求。这里所说的承载力是指在桩身强度满足桩身结构承载力的前提下，得到的桩周岩土对桩的抗力（静阻力）。所以要得到极限承载力，应使桩侧和桩端岩土阻力充分发挥，否则不能得到承载力的极限值，只能得到承载力检测值。

与低应变法检测的快捷、廉价相比，高应变法检测桩身完整性虽然是附带性的，但由于其激励能量和检测有效深度大的优点，特别在判定桩身水平整合型缝隙、预制桩接头等缺陷时，能够在查明这些"缺陷"是否影响竖向抗压承载力的基础上，合理判定缺陷程度。当然，带有普查性的完整性检测，采用低应变法更为恰当。

高应变检测技术是从打入式预制桩发展起来的，试打桩和打桩监控属于其特有的功能，是静载试验无法做到的。

9.1.2 灌注桩的截面尺寸和材质的非均匀性、施工的隐蔽性（干作业成孔桩除外）及由此引起的承载力变异性普遍高于打入式预制桩，导致灌注桩检测采集的波形质量低于预制桩，波形分析中的不确定性和复杂性又明显高于预制桩。与静载试验结果对比，灌注桩高应变检测判定的承载力误差也如此。因此，积累灌注桩现场测试、分析经验和相近条件下的可靠对比验证资料，对确保检测质量尤其重要。

9.1.3 除嵌入基岩的大直径桩和纯摩擦型大直径桩外，大直径灌注桩、扩底桩（墩）由于尺寸效应，通常其静载 $Q\text{-}s$ 曲线表现为缓变型，端阻力发挥所需的位移很大。另外，在土阻力相同条件下，桩身直径的增加使桩身截面阻抗（或桩的惯性）与直径成平方的关系增加，锤与桩的匹配能力下降。而多数情况下高应变检测所用锤的重量有限，很难在桩顶产生较长持续时间的作用荷载，达不到使土阻力充分发挥所需的位移量。另一原因如第9.1.2 条条文说明所述。

9.2 仪 器 设 备

9.2.1 本条对仪器的主要技术性能指标要求是按建筑工业行业标准《基桩动测仪》提出的，比较适中，大部分型号的国产和进口仪器能满足。由于动测仪器的使用环境恶劣，所以仪器的环境性能指标和可靠性也很重要。本条对加速度计的量程未做具体规定，原因是对不同类型的桩，各种因素影响使最大冲击加速度变化很大。建议根据实测经验来合理选择，宜使选择的量程大于预估最大冲击加速度值的一倍以上。如对钢桩，宜选择 20000～

$30000m/s^2$ 量程的加速度计。

9.2.2 导杆式柴油锤荷载上升时间过于缓慢，容易造成速度响应信号失真。

9.2.3 分片组装式锤的单片或强夯锤，下落时平稳性差且不易导向，更易造成严重锤击偏心并影响测试质量。因此规定锤体的高径（宽）比不得小于1。

自由落锤安装加速度计测量桩顶锤击力的依据是牛顿第二和第三定律。其成立条件是同一时刻锤体内各质点的运动和受力无差异，也就是说，虽然锤为弹性体，只要锤体内部不存在波传播的不均匀性，就可视锤为一刚体或具有一定质量的质点。波动理论分析结果表明：当沿正弦波传播方向的介质尺寸小于正弦波波长的1/10时，可认为在该尺寸范围内无波传播效应，即同一时刻锤的受力和运动状态均匀。除钢桩外，较重的自由落锤在桩身产生的力信号中有效频率分量（占能量的90%以上）在200Hz以内，超过300Hz后可忽略不计。按最不利估计，对力信号有贡献的高频分量波长也超过15m。所以，在大多数采用自由落锤的场合，牛顿第二定律能较严格地成立。规定锤体需整体铸造且高径（宽）比不大于1.5正是为了避免分片锤体在内部相互碰撞和波传播效应造成的锤内部运动状态不均匀。这种方式与在桩头附近的桩侧表面安装应变式传感器的测力方式相比，优缺点是：

  1 避免了桩头损伤和安装部位混凝土差导致的测力失败以及应变式传感器的经常损坏。

  2 避免了因混凝土非线性造成的力信号失真（混凝土受压时，理论上讲是对实测力值放大，是不安全的）。

  3 直接测定锤击力，即使混凝土波速、弹性模量改变，也无需修正。

  4 测量响应的加速度计只能安装在距桩顶较近的桩侧表面，尤其不能安装在桩头变阻抗截面以下的桩身上。

  5 桩顶只能放置薄层桩垫，不能放置尺寸和质量较大的桩帽（替打）。

  6 需采用重锤或软锤垫以减少锤上的高频分量。但因锤高度一般不大于1.5m，则最大适宜锤重可能受到限制，如直径1.0m、高1.5m的圆柱形锤仅为92kN。

  7 由于基线修正方式的不同，锤体加速度测量可能有1g（g为重力加速度）的误差。大锤上的测试效果可能比小锤差。

9.2.4 本条对锤重选择与原《基桩高应变动力检测规程》不同，给出的是一个范围。主要理由如下：

  1 桩较长或桩径较大时，一般使侧阻、端阻充分发挥所需位移大。

  2 桩是否容易被"打动"取决于桩身"广义阻抗"的大小。广义阻抗与桩周土阻力大小和桩身截面波阻抗大小两个因素有关。随着桩直径增加，波阻抗的增加通常快于土阻力，仍按预估极限承载力的1%选取锤重，将使锤对桩的匹配能力下降。因此，不仅从土阻力，而从多方面考虑提高锤重的措施是更科学的做法。本条规定的锤重选择为最低限值。

9.2.5 重锤对桩冲击使桩周土产生振动，在受检桩附近架设的基准梁也将受影响，导致桩的贯入度测量结果不可靠。也有采用加速度信号两次积分得到的最终位移作为实测贯入度，虽然最方便，但可能存在下列问题：

  1 由于信号采集时段短，信号采集结束时桩的运动尚未停止，以柴油锤打长桩时为甚。

  2 加速度计的质量优劣影响积分精度，零漂大和低频响应差（时间常数小）时极为明显。

所以，对贯入度测量精度要求较高时，宜采用精密水准仪等光学仪器测定。

9.3 现 场 检 测

9.3.1 承载力时间效应因地而异，以沿海软土地区最显著。成桩后，若桩周岩土无隆起、侧挤、沉陷、软化等影响，承载力随时间增长。工期紧休止时间不够时，除非承载力检测值已满足设计要求，否则应休止到满足表3.2.6规定的时间为止。

锤击装置垂直、锤击平稳对中、桩头加固和加设桩垫，是为了减小锤击偏心和避免击碎桩头；在距桩顶规定的距离下的合适部位对称安装传感器，是为了减小锤击在桩顶产生的应力集中和对偏心进行补偿。所有这些措施都是为保证测试信号质量提出的。

9.3.2 采样时间间隔为100μs，对常见的工业与民用建筑的桩是合适的。但对于超长桩，例如桩长超过60m，采样时间间隔可放宽为200μs，当然也可增加采样点数。

应变式传感器直接测到的是其安装面上的应变，并按下式换算成锤击力：

$$F = A \cdot E \cdot \varepsilon \tag{6}$$

式中　F——锤击力；

　　　A——测点处桩截面积；

　　　E——桩材弹性模量；

　　　ε——实测应变值。

显然，锤击力的正确换算依赖于测点处设定的桩参数是否符合实际。另一需注意的问题是：计算测点以下原桩身的阻抗变化、包括计算的桩身运动及受力大小，都是以测点处桩头单元为相对"基准"的。

测点下桩长是指桩头传感器安装点至桩底的距离，一般不包括桩尖部分。

对于普通钢桩，桩身波速可直接设定为5120m/s。对于混凝土桩，桩身波速取决于混凝土的骨料品种、粒径级配、成桩工艺（导管灌注、振捣、离心）及龄期，其值变化范围大多为3000~4500m/s。混凝土预制桩可在沉桩前实测无缺陷桩的桩身平均波速作为设定值；混凝土灌注桩应结合本地区混凝土波速的经验值或同场地已知值初步设定，但在计算分析前，应根据实测信号进行修正。

9.3.3 本条说明如下：

1 传感器外壳与仪器外壳共地，测试现场潮湿，传感器对地未绝缘，交流供电时常出现50Hz干扰，解决办法是良好接地或改用直流供电。

2 根据波动理论分析：若视锤为一刚体，则桩顶的最大锤击应力只与锤冲击桩顶时的初速度有关，落距越高，锤击应力和偏心越大，越容易击碎桩头。轻锤高击并不能有效提高桩锤传递给桩的能量和增大桩顶位移，因为力脉冲作用持续时间不仅与锤垫有关，还主要与锤重有关；锤击脉冲越窄，波传播的不均匀性，即桩身受力和运动的不均匀性（惯性效应）越明显，实测波形中土的动阻力影响加剧，而与位移相关的静土阻力呈明显的分段发挥态势，使承载力的测试分析误差增加。事实上，若将锤重增加到预估单桩极限承载力的5%~10%以上，则可得到与静动法（STATNAMIC法）相似的长持续力脉冲作用。此时，由于桩身中的波传播效应大大减弱，桩侧、桩端岩土阻力的发挥更接近静载作用时桩的荷载传递性状。因此，"重锤低击"是保障高应变法检测承载力准确性的基本原则，这与低应变法充分利用波传播效应（窄脉冲）准确探测缺陷位置有着概念上的区别。

3 打桩全过程监测是指预制桩施打开始后，从桩锤正常爆发起跳直到收锤为止的全部过程测试。

4 高应变试验成功的关键是信号质量以及信号中的信息是否充分。所以应根据每锤信号质量以及动位移、贯入度和大致的土阻力发挥情况，初步判别采集到的信号是否满足检测目的的要求。同时，也要检查混凝土桩锤击拉、压应力和缺陷程度大小，以决定是否进一步锤击，以免桩头或桩身受损。自由落锤锤击时，锤的落距应由低到高；打入式预制桩则按每次采集一阵（10击）的波形进行判别。

5 检测工作现场情况复杂，经常产生各种不利影响。为确保采集到可靠的数据，检测人员应能正确判断波形质量，熟练地诊断测量系统的各类故障，排除干扰因素。

9.3.4 贯入度的大小与桩尖刺入或桩端压密塑性变形量相对应，是反映桩侧、桩端土阻力是否充分发挥的一个重要信息。贯入度小，即通常所说的"打不动"，使检测得到的承载力低于极限值。本条是从保证承载力分析计算结果的可靠性出发，给出的贯入度合适范围，不能片面理解成在检测中应减小锤重使单击贯入度不超过6mm。贯入度大且桩身无缺陷的波形特征是$2L/c$处桩底反射强烈，其后的土阻力反射或桩的回弹不明显。贯入度过大造成的桩周土扰动大，高应变承载力分析所用的土的力学模型，对真实的桩-土相互作用的模拟接近程度变差。据国内发现的一些实例和国外的统计资料：贯入度较大时，采用常规的理想弹塑性土阻力模型进行实测曲线拟合分析，不少情况下预示的承载力明显低于静载试验结果，统计结果离散性很大！而贯入度较小，甚至桩几乎未被打动时，静动对比的误差相对较小，且统计结果的离散性也不大。若采用考虑桩端土附加质量的能量耗散机制模型修正，与贯入度小时的承载力提高幅度相比，会出现难以预料的承载力成倍提高。原因是：桩底反射强意味着桩端的运动加速度和速度强烈，附加土质量产生的惯性力和动阻力恰好分别与加速度和速度成正比。可以想见，对于长细比较大、摩阻力较强的摩擦型桩，上述效应就不会明显。此外，6mm贯入度只是一个统计参考值，本章第9.4.7条第3款已针对此情况做了具体规定。

9.4 检测数据的分析与判定

9.4.1 从一阵锤击信号中选取分析用信号时，除要考虑有足够的锤击能量使桩周岩土阻力充分发挥外，还应注意下列问题：

1 连续打桩时桩周土的扰动及残余应力。
2 锤击使缺陷进一步发展或拉应力使桩身混凝土产生裂隙。
3 在桩易打或难打以及长桩情况下，速度基线修正带来的误差。
4 对桩垫过厚和柴油锤冷锤信号，加速度测量系统的低频特性所造成的速度信号误差或严重失真。

9.4.2 可靠的信号是得出正确分析计算结果的基础。除柴油锤施打的长桩信号外，力的时程曲线应最终归零。对于混凝土桩，高应变测试信号质量不但受传感器安装好坏、锤击偏心程度和传感器安装面处混凝土是否开裂的影响，也受混凝土的不均匀性和非线性的影响。这种影响对应变式传感器测得的力信号尤其敏感。混凝土的非线性一般表现为：随应变的增加，弹性模量减小，并出现塑性变形，使根据应变换算到的力值偏大且力曲线尾部不归零。本规范所指的锤击偏心相当于两侧力信号之一与力平均值之差的绝对值超过平均值的33%。通常锤击偏心很难避免,因此严禁用单侧力信号代替平均力信号。

9.4.3 桩底反射明显时,桩身平均波速也可根据速度波形第一峰起升沿的起点和桩底反射峰的起点之间的时差与已知桩长值确定。对桩底反射峰变宽或有水平裂缝的桩,不应根据峰与峰间的时差来确定平均波速。桩较短且锤击力波上升缓慢时,可采用低应变法确定平均波速。

9.4.4 通常,当平均波速按实测波形改变后,测点处的原设定波速也按比例线性改变,模量则应按平方的比例关系改变。当采用应变式传感器测力时,多数仪器并非直接保存实测应变值,如有些是以速度($V = c \cdot \varepsilon$)的单位存储。若模量随波速改变后,仪器不能自动修正以速度为单位存储的力值,则应对原始实测力值校正。

9.4.5 在多数情况下,正常施打的预制桩,力和速度信号第一峰应基本成比例。但在以下几种情况下比例失调属于正常:
1 桩浅部阻抗变化和土阻力影响。
2 采用应变式传感器测力时,测点处混凝土的非线性造成力值明显偏高。
3 锤击力波上升缓慢或桩很短时,土阻力波或桩底反射波的影响。

除第2种情况减小力值,可避免计算的承载力过高外,其他情况的随意比例调整均是对实测信号的歪曲,并产生虚假的结果。因此,禁止将实测力或速度信号重新标定。这一点必须引起重视,因为有些仪器具有比例自动调整功能。

9.4.6 高应变分析计算结果的可靠性高低取决于动测仪器、分析软件和人员素质三个要素。其中起决定作用的是具有坚实理论基础和丰富实践经验的高素质检测人员。高应变法之所以有生命力,表现在高应变信号不同于随机信号的可解释性——即使不采用复杂的数学计算和提炼,只要检测波形质量有保证,就能定性地反映桩的承载性状及其他相关的动力学问题。在建设部工程桩动测资质复查换证过程中,发现不少检测报告中,对波形的解释与分析计算已达到盲目甚至是滥用的地步。对此,如果不从提高人员素质入手加以解决,这种状况的改观显然仅靠技术规范以及仪器和软件功能的增强是无法做到的。因此,承载力分析计算前,应有高素质的检测人员对信号进行定性检查和正确判断。

9.4.7 当出现本条所述四款情况时,因高应变法难于分析判定承载力和预示桩身结构破坏的可能性,建议采取验证检测。本条第3、4款反映的代表性波形见图8。原因解释参见第9.3.4条的条文说明。由图9可见,静载验证试验尚未压至破坏,但高应变测试的锤重、贯入度却"符合"要求。当采用波形拟合法分析承载力时,由于承载力比按地质报告估算的低很多,除采用直接法验证外,不能主观臆断或采用能使拟合的承载力大幅提高的桩-土模型及其参数。

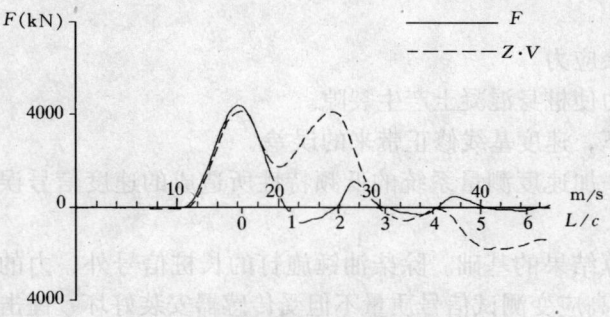

图8 灌注桩高应变实测波形

注:φ800mm钻孔灌注桩,桩端持力层为全风化花岗片麻岩,测点下桩长16m。采用60kN重锤,先做高应变检测,后做静载验证检测。

9.4.8 凯司法与实测曲线拟合法在计算承载力上的本质区别是:前者

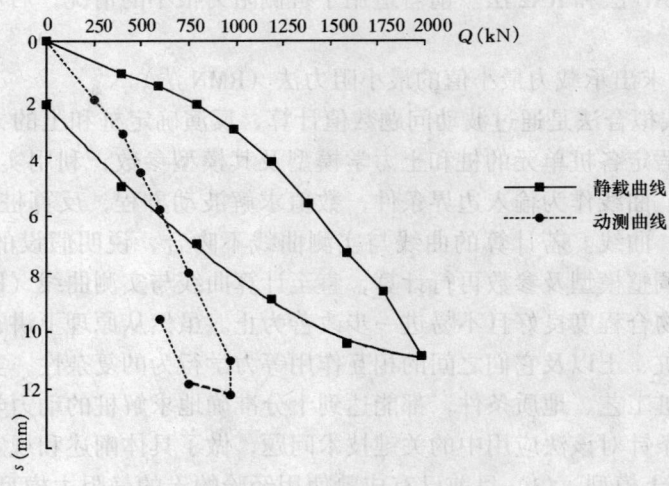

图9 静载和动载模拟的 Q-s 曲线

在计算极限承载力时，单击贯入度与最大位移是参考值，计算过程与它们无关。另外，凯司法承载力计算公式是基于以下三个假定推导出的：

1 桩身阻抗基本恒定。
2 动阻力只与桩底质点运动速度成正比，即全部动阻力集中于桩端。
3 土阻力在时刻 $t_2 = t_1 + 2L/c$ 已充分发挥。

显然，它较适用于摩擦型的中、小直径预制桩和截面较均匀的灌注桩。

公式中的唯一未知数——凯司法无量纲阻尼系数 J_c 定义为仅与桩端土性有关，一般遵循随土中细粒含量增加阻尼系数增大的规律。J_c 的取值是否合理在很大程度上决定了计算承载力的准确性。所以，缺乏同条件下的静动对比校核，或大量相近条件下的对比资料时，将使其使用范围受到限制。当贯入度达不到规定值或不满足上述三个假定时，J_c 值实际上变成了一个无明确意义的综合调整系数。特别值得一提的是灌注桩，也会在同一工程、相同桩型及持力层时，可能出现 J_c 取值变异过大的情况。为防止凯司法的不合理应用，规定应采用静动对比或实测曲线拟合法校核 J_c 值。

9.4.9 由于式（9.4.9-1）给出的 R_c 值与位移无关，仅包含 $t_2 = t_1 + 2L/c$ 时刻之前所发挥的土阻力信息，通常除桩长较短的摩擦型桩外，土阻力在 $2L/c$ 时刻不会充分发挥，尤以端承型桩显著。所以，需要采用将 t_1 延时求出承载力最大值的最大阻力法（RMX法），对与位移相关的土阻力滞后 $2L/c$ 发挥的情况进行提高修正。

桩身在 $2L/c$ 之前产生较强的向上回弹，使桩身从顶部逐渐向下产生土阻力卸载（此时桩的中下部土阻力属于加载）。这对于桩较长、摩阻力较大而荷载作用持续时间相对较短的桩较为明显。因此，需要采用将桩中上部卸载的土阻力进行补偿提高修正的卸载法（RSU法）。

RMX法和RSU法判定承载力，体现了高应变法波形分析的基本概念——应充分考虑与位移相关的土阻力发挥状况和波传播效应，这也是实测曲线拟合法的精髓所在。另外，还有几种凯司法的子方法可在积累了成熟经验后采用。它们是：

1 在桩尖质点运动速度为零时，动阻力也为零，此时有两种与 J_c 无关的计算承载力

"自动"法，即 RAU 法和 RA2 法。前者适用于桩侧阻力很小的情况，后者适用于桩侧阻力适中的场合。

2 通过延时求出承载力最小值的最小阻力法（RMN 法）。

9.4.10 实测曲线拟合法是通过波动问题数值计算，反演确定桩和土的力学模型及其参数值。其过程为：假定各桩单元的桩和土力学模型及其模型参数，利用实测的速度（或力、上行波、下行波）曲线作为输入边界条件，数值求解波动方程，反算桩顶的力（或速度、下行波、上行波）曲线。若计算的曲线与实测曲线不吻合，说明假设的模型及参数不合理，有针对性地调整模型及参数再行计算，直至计算曲线与实测曲线（以及贯入度的计算值与实测值）的吻合程度良好且不易进一步改善为止。虽然从原理上讲，这种方法是客观唯一的，但由于桩、土以及它们之间的相互作用等力学行为的复杂性，实际运用时还不能对各种桩型、成桩工艺、地质条件，都能达到十分准确地求解桩的动力学和承载力问题的效果。所以，本条针对该法应用中的关键技术问题，做了具体阐述和规定：

1 关于桩与土模型：(1) 目前已有成熟使用经验的土的静阻力模型为理想弹-塑性或考虑土体硬化或软化的双线性模型；模型中有两个重要参数——土的极限静阻力 R_u 和土的最大弹性位移 s_q，可以通过静载试验（包括桩身内力测试）来验证。在加载阶段，土体变形小于或等于 s_q 时，土体在弹性范围工作；变形超过 s_q 后，进入塑性变形阶段（理想弹-塑性时，静阻力达到 R_u 后不再随位移增加而变化）。对于卸载阶段，同样要规定卸载路径的斜率和弹性位移限。(2) 土的动阻力模型一般习惯采用与桩身运动速度成正比的线性粘滞阻尼，带有一定的经验性，且不易直接验证。(3) 桩的力学模型一般为一维杆模型，单元划分应采用等时单元（实际为连续模型或特征线法求解的单元划分模式），即应力波通过每个桩单元的时间相等，由于没有高阶项的影响，计算精度高。(4) 桩单元除考虑 A、E、c 等参数外，也可考虑桩身阻尼和裂隙。另外，也可考虑桩底的缝隙、开口桩或异形桩的土塞、残余应力影响和其他阻尼形式。(5) 所用模型的物理力学概念应明确，参数取值应能限定；避免采用可使承载力计算结果产生较大变异的桩-土模型及参数。

2 拟合时应根据波形特征，结合施工和地质条件合理确定桩土参数取值。因为拟合所用的桩土参数的数量和类型繁多，参数各自和相互间耦合的影响非常复杂，而拟合结果并非唯一解，需通过综合比较判断进行取舍。正确判断取舍条件的要点是参数取值应在岩土工程的合理范围内。

3 本款考虑两点原因：一是自由落锤产生的力脉冲持续时间通常不超过 20ms（除非采用很重的落锤），但柴油锤信号在主峰过后的尾部仍能产生较长的低幅值延续；二是与位移相关的总静阻力一般会不同程度地滞后于 $2L/c$ 发挥，当端承型桩的端阻力发挥所需位移很大时，土阻力发挥将产生严重滞后，因此规定 $2L/c$ 后延时足够的时间，使曲线拟合能包含土阻力响应区段的全部土阻力信息。

4 为防止土阻力未充分发挥时的承载力外推，设定的 s_q 值不应超过对应单元的最大计算位移值。若桩、土间相对位移不足以使桩周岩土阻力充分发挥，则给出的承载力结果只能验证岩土阻力发挥的最低程度。

5 土阻力响应区是指波形上呈现的静土阻力信息较为突出的时间段。所以本条特别强调此区段的拟合质量，避免只重波形头尾，忽视中间土阻力响应区段拟合质量的错误做法，并通过合理的加权方式计算总的拟合质量系数，突出其影响。

6 贯入度的计算值与实测值是否接近,是判断拟合选用参数、特别是 s_q 值是否合理的辅助指标。

9.4.11 高应变法动测承载力检测值多数情况下不会与静载试验桩的明显破坏特征或产生较大的桩顶沉降相对应,总趋势是沉降量偏小。为了与静载的极限承载力相区别,称为"本方法得到的承载力或动测承载力"。这里需要强调指出:验收检测中,单桩静载试验常因加荷量或设备能力限制,而做不出真正的试桩极限承载力。于是一组试桩往往因某一根桩的极限承载力达不到设计要求的特征值 2 倍,使一组试桩的承载力统计平均值不满足设计要求。动测承载力则不同,可能出现部分桩的承载力远高于承载力特征值的 2 倍。所以,即使个别桩的承载力不满足设计要求,但"高"和"低"取平均后仍能满足设计要求。为了避免可能高估承载力的危险,不得将极差超过 30%的"高值"参与统计平均。

9.4.12 高应变法检测桩身完整性具有锤击能量大,可对缺陷程度定量计算,连续锤击可观察缺陷的扩大和逐步闭合情况等优点。但和低应变法一样,检测的仍是桩身阻抗变化,一般不宜判定缺陷性质。在桩身情况复杂或存在多处阻抗变化时,可优先考虑用实测曲线拟合法判定桩身完整性。

式(9.4.12-1)适用于截面基本均匀桩的桩顶下第一个缺陷的程度定量计算。当有轻微缺陷,并确认为水平裂缝(如预制桩的接头缝隙)时,裂缝宽度 δ_w 可按下式计算:

$$\delta_w = \frac{1}{2} \int_{t_a}^{t_b} \left(V - \frac{F - R_x}{Z} \right) \cdot dt \tag{7}$$

9.4.13 采用实测曲线拟合法分析桩身扩径、桩身截面渐变或多变的情况,应注意合理选择土参数。

高应变法锤击的荷载上升时间一般不小于 2ms,因此对桩身浅部缺陷位置的判定存在盲区,也无法根据式(9.4.12-1)来判定缺陷程度。只能根据力和速度曲线的比例失调程度来估计浅部缺陷程度,不能定量给出缺陷的具体部位,尤其是锤击力波上升非常缓慢时,还大量耦合有土阻力的影响。对浅部缺陷桩,宜用低应变法检测并进行缺陷定位。

9.4.14 桩身锤击拉应力是混凝土预制桩施打抗裂控制的重要指标。在深厚软土地区,打桩时侧阻和端阻虽小,但桩很长,桩锤能正常爆发起跳,桩底反射回来的上行拉力波的头部(拉应力幅值最大)与下行传播的锤击压力波尾部迭加,在桩身某一部位产生净的拉应力。当拉应力强度超过混凝土抗拉强度时,引起桩身拉裂。开裂部位一般发生在桩的中上部,且桩愈长或锤击力持续时间愈短,最大拉应力部位就愈往下移。

有时,打桩过程中会突然出现贯入度骤减或拒锤,一般是碰上硬层(基岩,孤石,漂石、卵石等碎石土层)。继续施打会造成桩身压应力过大而破坏。此时,最大压应力部位不一定出现在桩顶,而是接近桩端的部位。

9.4.15 本条解释同 8.4.7 条。

10 声 波 透 射 法

10.1 适 用 范 围

10.1.1 声波透射法是利用声波的透射原理对桩身混凝土介质状况进行检测,因此仅适用于在灌注成型过程中已经预埋了两根或两根以上声测管的基桩。

10.2 仪器设备

10.2.1 声波换能器有效工作面长度指起到换能作用的部分的实际轴向尺寸，该长度过大将夸大缺陷实际尺寸并影响测试结果。

提高换能器谐振频率，可使其外径减少到30mm以下，利于换能器在声测管中升降顺畅或减小声测管直径。但因声波发射频率的提高，使长距离声波穿透能力下降。所以，本规范仍推荐目前普遍采用的30～50kHz的谐振频率范围。

10.3 现场检测

10.3.2 标定法测定仪器系统延迟时间的方法是将发射、接收换能器平行悬于清水中，逐次改变点源距离并测量相应声时，记录若干点的声时数据并作线性回归的时距曲线：

$$t = t_0 + b \cdot l \tag{8}$$

式中 b——直线斜率（μs/mm）；
l——换能器表面净距离（mm）；
t——声时（μs）；
t_0——仪器系统延迟时间（μs）。

按下式计算声测管及耦合水层声时修正值：

$$t' = \frac{d_1 - d_2}{v_t} + \frac{d_2 - d'}{v_w} \tag{9}$$

式中 d_1——声测管外径（mm）；
d_2——声测管内径（mm）；
d'——换能器外径（mm）；
v_t——声测管材料声速（km/s）；
v_w——水的声速（km/s）；
t'——声测管及耦合水层声时修正值（μs）。

10.3.3 同一根桩检测时，强调各检测剖面的声波发射电压和仪器设置参数保持不变，目的是使各检测剖面的检测结果具有可比性，便于综合判定。

10.4 检测数据的分析与判定

10.4.2 声速、波幅和主频都是反映桩身质量的声学参数测量值。大量实测经验表明：声速的变化规律性较强，在一定程度上反映了桩身混凝土的均匀性，而波幅的变化较灵敏，主频在保持测试条件一致的前提下也有一定规律。因此本规范在确定测点声学参数测量值的判据时，采用了三种不同的方法。

声速异常临界值判据中的临界值 v_c 是参考数理统计学判断异常值的方法，经过多次试算而得出的。其基本原理如下：

在 n 次测量所得的数据中，去掉 k 个较小值，得到容量为 $(n-k)$ 的样本，取异常测点数据不可能出现的次数为 1，则对于标准正态分布假设，可得异常测点数据不可能出现的概率为：

$$P(X \leqslant -\lambda) = \frac{1}{\sqrt{2\pi}} \int_{-\infty}^{-\lambda} e^{-\frac{x^2}{2}} \cdot dx = \frac{1}{n-k} \quad (10)$$

由 $\phi(\lambda) = 1/(n-k)$，在标准正态分布表可得与不同的 $(n-k)$ 相对应的 λ 值，从而得到表 10.4.2。

每次去掉样本中的最小数据，计算剩余数据的平均值、标准差，由表 10.4.2 查得对应的 λ 值。由式 $v_0 = v_m - \lambda \cdot s_x$ 计算异常判断值并将样本中当时的最小值与之比较；当 v_{n-k} 仍为异常值时，继续去掉最小值重复计算和比较，直至剩余数据中不存在异常值为止。此时，v_0 则为异常判断的临界值 v_c。

桩身混凝土均匀性可采用离差系数 $C_v = s_x/v_m$ 评价，其中 s_x 和 v_m 分别为 n 个测点的声速标准差和 n 个测点的声速平均值。

10.4.3 当桩身混凝土的质量普遍较差时，可能同时出现下面两种情况：
1 检测剖面的 n 个测点声速平均值 v_m 明显偏低。
2 n 个测点的声速标准差 s_x 很小。

则由统计计算公式 $v_0 = v_m - \lambda \cdot s_x$ 得出的判断结果可能失效。此时可将各测点声速 v_i 与声速低限值 v_L 比较得出判断结果。

10.4.4 波幅临界值判据式为 $A_{pi} < A_m - 6$，即选择当信号首波幅值衰减量为其平均值的一半时的波幅分贝数为临界值，在具体应用中应注意下面几点：
1 因波幅的衰减受桩材不均匀性、声波传播路径和点源距离的影响，故应考虑声测管间距较大时波幅分散性而采取适当的调整。
2 因波幅的分贝数受仪器、传感器灵敏度及发射能量的影响，故应在考虑这些影响的基础上再采用波幅临界值判据。
3 当波幅差异性较大时，应与声速变化及主频变化情况相结合进行综合分析。

10.4.6 实测信号的主频值与诸多影响因素有关，因此仅作辅助声学参数选用。在使用中应保持声波换能器具有单峰的幅频特性和良好的耦合一致性；若采用 FFT 方法计算主频值，还应保证足够的频率分辨率。

10.4.7 桩身完整性判定与分类除依据声速、波幅等变化规律和借助其他辅助方法外，还与诸多复杂因素有关，故在使用中应注意以下几点：
1 可结合钻芯法将其结果进行对比，从而得出更符合实际情况的分类。
2 可将实测时程曲线的畸变及频谱、PSD 值的变化相结合，进行综合判定与分类。
3 可结合施工工艺和施工记录等有关资料具体分析。

3 钢筋混凝土结构检测规范

中华人民共和国国家标准

混凝土强度检验评定标准

GBJ 107—87

主编部门：中华人民共和国城乡建设环境保护部
批准部门：中华人民共和国国家计划委员会
施行日期：1 9 8 8 年 3 月 1 日

关于发布《混凝土强度检验评定标准》的通知

计标 [1987] 1140 号

根据国家计委计综[1984]305号文的要求，由城乡建设环境保护部会同有关部门共同制订的《混凝土强度检验评定标准》已经有关部门会审。现批准《混凝土强度检验评定标准》（GBJ 107—87）为国家标准，自一九八八年三月一日起施行。本标准施行后，现行《钢筋混凝土工程施工及验收规范》（GBJ 204—83）中有关检验评定混凝土强度和选择混凝土配制强度的有关条文自行废止。

该标准由城乡建设环境保护部管理，其具体解释等工作由中国建筑科学研究院负责。出版发行由我委基本建设标准定额研究所负责组织。

国家计划委员会
一九八七年七月九日

编 制 说 明

本标准是根据国家计委计综〔1984〕305号文的要求，由中国建筑科学研究院会同北京市建筑工程总公司等十二个单位共同编制的。

在编制过程中，对全国混凝土的质量状况和有关混凝土强度检验评定的问题进行了广泛的调查及系统的试验研究，吸取了行之有效的科研成果，并借鉴了国外的有关标准。在征求全国有关单位的意见和进行试点应用后，经全国审查会议审查定稿。

本标准共分为四章和五个附录。主要内容包括：总则，一般规定，混凝土的取样，试件的制作、养护和试验，混凝土强度的检验评定等。

在实施本标准过程中，请各单位注意积累资料，总结经验。如发现需要修改或补充之处，请将意见和有关资料寄交中国建筑科学研究院结构所，以供今后修订时参考。

城乡建设环境保护部
1987年5月

目 录

第一章 总则 ·· 325
第二章 一般规定 ·· 325
第三章 混凝土的取样，试件的制作、养护和试验 ································ 325
第四章 混凝土强度的检验评定 ··· 326
　第一节 统计方法评定 ··· 326
　第二节 非统计方法评定 ·· 327
　第三节 混凝土强度的合格性判断 ··· 327
附录一 混凝土标号与混凝土强度等级的换算关系 ································ 328
附录二 混凝土施工配制强度 ·· 328
附录三 混凝土生产质量水平 ·· 329
附录四 习用的非法定计量单位与法定计量单位的换算关系表 ················ 330
附录五 本标准用词说明 ·· 330
附加说明 ·· 331
条文说明 ·· 332

第一章 总 则

第1.0.1条 为了统一混凝土强度的检验评定方法，促进企业提高管理水平，确保混凝土强度的质量，特制定本标准。

第1.0.2条 本标准适用于普通混凝土和轻骨料混凝土抗压强度的检验评定。

有特殊要求的混凝土，其强度的检验评定尚应符合现行国家标准的有关规定。

第1.0.3条 混凝土强度的检验评定，除应遵守本标准的规定外，尚应符合现行国家标准的有关规定。

注：对按《钢筋混凝土结构设计规范》（TJ 10—74）设计的工程，使用本标准进行混凝土强度检验评定时，应按本标准附录一的规定，将设计采用的混凝土标号换算为混凝土强度等级，施工时的配制强度也应按同样原则进行换算。

第二章 一般规定

第2.0.1条 混凝土的强度等级应按立方体抗压强度标准值划分。混凝土强度等级采用符号C与立方体抗压强度标准值（以 N/mm^2 计）表示。

第2.0.2条 立方体抗压强度标准值系指对按标准方法制作和养护的边长为150mm的立方体试件，在28d龄期，用标准试验方法测得的抗压强度总体分布中的一个值，强度低于该值的百分率不超过5%。

第2.0.3条 混凝土强度应分批进行检验评定。一个验收批的混凝土应由强度等级相同、龄期相同以及生产工艺条件和配合比基本相同的混凝土组成。对施工现场的现浇混凝土，应按单位工程的验收项目划分验收批，每个验收项目应按照现行国家标准《建筑安装工程质量检验评定标准》确定。

第2.0.4条 预拌混凝土厂、预制混凝土构件厂和采用现场集中搅拌混凝土的施工单位，应按本标准规定的统计方法评定混凝土强度。对零星生产的预制构件的混凝土或现场搅拌的批量不大的混凝土，可按本标准规定的非统计方法评定。

第2.0.5条 为满足混凝土强度等级和混凝土强度评定的要求，应根据原材料、混凝土生产工艺及生产质量水平等具体条件，选择适当的混凝土施工配制强度。混凝土的施工配制强度可按照本标准附录二的规定，结合本单位的具体情况确定。

第2.0.6条 预拌混凝土厂、预制混凝土构件厂和采用现场集中搅拌混凝土的施工单位，应定期对混凝土强度进行统计分析，控制混凝土质量。可按本标准附录三的规定，确定混凝土的生产质量水平。

第三章 混凝土的取样，试件的制作、养护和试验

第3.0.1条 混凝土试样应在混凝土浇筑地点随机抽取，取样频率应符合下列规定：

一、每100盘，但不超过100m³的同配合比的混凝土，取样次数不得少于一次；

二、每一工作班拌制的同配合比的混凝土不足100盘时其取样次数不得少于一次。

注：预拌混凝土应在预拌混凝土厂内按上述规定取样。混凝土运到施工现场后，尚应按本条的规定抽样检验。

第3.0.2条 每组三个试件应在同一盘混凝土中取样制作。其强度代表值的确定，应符合下列规定：

一、取三个试件强度的算术平均值作为每组试件的强度代表值；

二、当一组试件中强度的最大值或最小值与中间值之差超过中间值的15%时，取中间值作为该组试件的强度代表值；

三、当一组试件中强度的最大值和最小值与中间值之差均超过中间值的15%时，该组试件的强度不应作为评定的依据。

第3.0.3条 当采用非标准尺寸试件时，应将其抗压强度折算为标准试件抗压强度。折算系数按下列规定采用：

一、对边长为100mm的立方体试件取0.95；

二、对边长为200mm的立方体试件取1.05。

第3.0.4条 每批混凝土试样应制作的试件总组数，除应考虑本标准第四章规定的混凝土强度评定所必需的组数外，还应考虑为检验结构或构件施工阶段混凝土强度所必需的试件组数。

第3.0.5条 检验评定混凝土强度用的混凝土试件，其标准成型方法、标准养护条件及强度试验方法均应符合现行国家标准《普通混凝土力学性能试验方法》的规定。

第3.0.6条 当检验结构或构件拆模、出池、出厂、吊装、预应力筋张拉或放张，以及施工期间需短暂负荷的混凝土强度时，其试件的成型方法和养护条件应与施工中采用的成型方法和养护条件相同。

第四章 混凝土强度的检验评定

第一节 统计方法评定

第4.1.1条 当混凝土的生产条件在较长时间内能保持一致，且同一品种混凝土的强度变异性能保持稳定时，应由连续的三组试件组成一个验收批，其强度应同时满足下列要求：

$$m_{f_{cu}} \geq f_{cu,k} + 0.7\sigma_0 \quad (4.1.1\text{-}1)$$

$$f_{cu,min} \geq f_{cu,k} - 0.7\sigma_0 \quad (4.1.1\text{-}2)$$

当混凝土强度等级不高于C20时，其强度的最小值尚应满足下式要求：

$$f_{cu,min} \geq 0.85 f_{cu,k} \quad (4.1.1\text{-}3)$$

当混凝土强度等级高于C20时，其强度的最小值尚应满足下式要求：

$$f_{cu,min} \geq 0.90 f_{cu,k} \quad (4.1.1\text{-}4)$$

式中 $m_{f_{cu}}$——同一验收批混凝土立方体抗压强度的平均值（N/mm²）；

$f_{cu,k}$——混凝土立方体抗压强度标准值（N/mm²）；

σ_0——验收批混凝土立方体抗压强度的标准差（N/mm²）；

$f_{cu,min}$——同一验收批混凝土立方体抗压强度的最小值（N/mm²）。

第4.1.2条 验收批混凝土立方体抗压强度的标准差,应根据前一个检验期内同一品种混凝土试件的强度数据,按下列公式确定:

$$\sigma_0 = \frac{0.59}{m} \sum_{i=1}^{m} \Delta_{f_{cu,i}} \tag{4.1.2}$$

式中 $\Delta_{f_{cu,i}}$——第 i 批试件立方体抗压强度中最大值与最小值之差;

m——用以确定验收批混凝土立方体抗压强度标准差的数据总批数。

注:上述检验期不应超过三个月,且在该期间内强度数据的总批数不得少于15。

第4.1.3条 当混凝土的生产条件在较长时间内不能保持一致,且混凝土强度变异性不能保持稳定时,或在前一个检验期内的同一品种混凝土没有足够的数据用以确定验收批混凝土立方体抗压强度的标准差时,应由不少于10组的试件组成一个验收批,其强度应同时满足下列公式的要求:

$$m_{f_{cu}} - \lambda_1 s_{f_{cu}} \geq 0.9 f_{cu,k} \tag{4.1.3-1}$$

$$f_{cu,min} \geq \lambda_2 f_{cu,k} \tag{4.1.3-2}$$

式中 $s_{f_{cu}}$——同一验收批混凝土立方体抗压强度的标准差(N/mm²)。当 $s_{f_{cu}}$ 的计算值小于 $0.06 f_{cu,k}$ 时,取 $s_{f_{cu}} = 0.06 f_{cu,k}$;

λ_1,λ_2——合格判定系数,按表4.1.3取用。

表4.1.3 混凝土强度的合格判定系数

试件组数	10~14	15~24	≥25
λ_1	1.70	1.65	1.60
λ_2	0.90	0.85	

第4.1.4条 混凝土立方体抗压强度的标准差 $s_{f_{cu}}$ 可按下列公式计算:

$$s_{f_{cu}} = \sqrt{\frac{\sum_{i=1}^{n} f_{cu,i}^2 - n m_{f_{cu}}^2}{n-1}} \tag{4.1.4}$$

式中 $f_{cu,i}$——第 i 组混凝土试件的立方体抗压强度值(N/mm²);

n——一个验收批混凝土试件的组数。

第二节 非统计方法评定

第4.2.1条 按非统计方法评定混凝土强度时,其所保留强度应同时满足下列要求:

$$m_{f_{cu}} \geq 1.15 f_{cu,k} \tag{4.2.1-1}$$

$$f_{cu,min} \geq 0.95 f_{cu,k} \tag{4.2.1-2}$$

第三节 混凝土强度的合格性判断

第4.3.1条 当检验结果能满足第4.1.1条或第4.1.3条或第4.2.1条的规定时,则该批混凝土强度判为合格;当不能满足上述规定时,该批混凝土强度判为不合格。

第4.3.2条 由不合格批混凝土制成的结构或构件,应进行鉴定。对不合格的结构或构件必须及时处理。

第4.3.3条 当对混凝土试件强度的代表性有怀疑时,可采用从结构或构件中钻取试件的方法或采用非破损检验方法,按有关标准的规定对结构或构件中混凝土的强度进行推定。

第4.3.4条 结构或构件拆模、出池、出厂、吊装、预应力筋张拉或放张,以及施工期间需短暂负荷时的混凝土强度,应满足设计要求或现行国家标准的有关规定。

附录一 混凝土标号与混凝土强度等级的换算关系

(一)《钢筋混凝土结构设计规范》(TJ 10—74)的混凝土标号可按附表1.1换算为混凝土强度等级。

附表1.1 混凝土标号与强度等级的换算

混凝土标号	100	150	200	250	300	400	500	600
混凝土强度等级	C8	C13	C18	C23	C28	C38	C48	C58

(二)当按 TJ 10—74 规范设计,在施工中按本标准进行混凝土强度检验评定时,应先将设计规定的混凝土标号按附表1.1换算为混凝土强度等级,并以其相应的混凝土立方体抗压强度标准值 $f_{cu,k}$(N/mm^2)按本标准第四章的规定进行混凝土强度的检验评定。混凝土的配制强度可按换算后的混凝土强度等级和强度标准差采用插值法由附表2.1确定。

附录二 混凝土施工配制强度

附表2.1 混凝土施工配制强度(N/mm^2)

强度等级 \ 强度标准差 σ(N/mm^2)	2.0	2.5	3.0	4.0	5.0	6.0
C7.5	10.8	11.6	12.4	14.1	15.7	17.4
C10	13.3	14.1	14.9	16.6	18.2	19.9
C15	18.3	19.1	19.9	21.6	23.2	24.9
C20	24.1	24.1	24.9	26.6	28.2	29.9
C25	29.1	29.1	29.9	31.6	33.2	34.9
C30	34.9	34.9	34.9	36.6	38.2	39.9
C35	39.9	39.9	39.9	41.6	43.2	44.9
C40	44.9	44.9	44.9	46.6	48.2	49.9
C45	49.9	49.9	49.9	51.6	53.2	54.9
C50	54.9	54.9	54.9	56.6	58.2	59.9
C55	59.9	59.9	59.9	61.6	63.2	64.9
C60	64.9	64.9	64.9	66.6	68.2	69.9

注:混凝土强度标准差应按本标准附录三的规定确定。

附录三 混凝土生产质量水平

（一）混凝土的生产质量水平，可根据统计周期内混凝土强度标准差和试件强度不低于要求强度等级的百分率，按附表3.1划分。

对预拌混凝土厂和预制混凝土构件厂，其统计周期可取一个月；对在现场集中搅拌混凝土的施工单位，其统计周期可根据实际情况确定。

附表3.1 混凝土生产质量水平

评定标准	生产单位	优良 低于C20	优良 不低于C20	一般 低于C20	一般 不低于C20	差 低于C20	差 不低于C20
混凝土强度标准差 σ（N/mm²）	预拌混凝土厂和预制混凝土构件厂	≤3.0	≤3.5	≤4.0	≤5.0	>4.0	>5.0
	集中搅拌混凝土的施工现场	≤3.5	≤4.0	≤4.5	≤5.5	>4.5	>5.5
强度不低于要求强度等级的百分率 p（%）	预拌混凝土厂和预制混凝土构件厂及集中搅拌混凝土的施工现场	≥95		>85		≤85	

（二）在统计周期内混凝土强度标准差和不低于规定强度等级的百分率，可按下列公式计算：

$$\sigma = \sqrt{\frac{\sum_{i=1}^{N} f_{cu,i}^2 - N\mu_{f_{cu}}^2}{N-1}} \qquad (附3.2\text{-}1)$$

$$p = \frac{N_0}{N} \times 100\% \qquad (附3.2\text{-}2)$$

式中 $f_{cu,i}$——统计周期内第 i 组混凝土试件的立方体抗压强度值（N/mm²）；

N——统计周期内相同强度等级的混凝土试件组数，$N \geq 25$；

$\mu_{f_{cu}}$——统计周期内 N 组混凝土试件立方体抗压强度的平均值；

N_0——统计周期内试件强度不低于要求强度等级的组数。

（三）盘内混凝土强度的变异系数不宜大于5%，其值可按下列公式确定：

$$\delta_b = \frac{\sigma_b}{\mu_{f_{cu}}} \times 100\% \qquad (附3.3)$$

式中 δ_b——盘内混凝土强度的变异系数；

σ_b——盘内混凝土强度的标准差（N/mm²）。

（四）盘内混凝土强度的标准差可按下列规定确定：

1. 在混凝土搅拌地点连续地从 15 盘混凝土中分别取样，每盘混凝土试样各成型一组试件，根据试件强度按下列公式计算：

$$\delta_b = 0.05 \sum_{i=1}^{15} \Delta_{f_{cu,i}} \qquad (附 3.4\text{-}1)$$

式中 $\Delta_{f_{cu,i}}$ ——第 i 组三个试件强度中最大值与最小值之差（N/mm²）。

2. 当不能连续从 15 盘混凝土中取样时，盘内混凝土强度标准差可利用正常生产连续积累的强度资料进行统计，但试件组数不应少于 30 组，其值可按下列公式计算：

$$\delta_b = \frac{0.59}{n} \sum_{i=1}^{n} \Delta_{f_{cu,i}} \qquad (附 3.4\text{-}2)$$

式中 n ——试件组数。

附录四　习用的非法定计量单位与法定计量单位的换算关系表

附表 4.1　习用的非法定计量单位与法定计量单位的换算关系表

序号	量的名称	非法定量单位		法定计量单位		单位换算关系
		名　称	符　号	名　称	符　号	
1	力、重力	千克力	kgf	牛顿	N	1kgf = 9.80665N
		吨力	tf	千牛顿	kN	1tf = 9.80665kN
2	应力、材料强度	千克力每平方毫米	kgf/mm²	牛顿每平方毫米（兆帕斯卡）	N/mm²（MPa）	1kgf/mm² = 9.80665N/mm²（MPa）
		千克力每平方厘米	kgf/cm²	牛顿每平方毫米（兆帕斯卡）	N/mm²（MPa）	1kgf/cm² = 0.0980665 N/mm²（MPa）
		吨力每平方米	tf/m²	千牛顿每平方米（千帕斯卡）	kN/m²（kPa）	1tf/m² = 9.80665kN/m²（kPa）

注：本标准中，混凝土强度的计量单位系按 1kgf/cm² ≈ 0.1N/mm² 换算。

附录五　本标准用词说明

（一）为便于在执行本标准条文时区别对待，对要求严格程度的用词说明如下：

1. 表示很严格，非这样作不可的用词：

正面词采用"必须"，反面词采用"严禁"。

2. 表示严格，在正常情况下均应这样作的用词：

正面词采用"应"，反面词采用"不应"或"不得"。

3. 对表示允许稍有选择，在条件许可时首先应这样作的用词：

正面词采用"宜"或"可"，反面词采用"不宜"。

（二）条文中指定应按其他有关标准、规范执行时，写法为"应符合……的规定"或"应按……执行"。

附加说明

本标准主编单位、参加单位和主要起草人名单

主 编 单 位：中国建筑科学研究院
参 加 单 位：北京市建筑工程总公司
　　　　　　　无锡市住宅设计室
　　　　　　　中国建筑第四工程局科研所
　　　　　　　西安冶金建筑学院
　　　　　　　北京市第一建筑构件厂
　　　　　　　上海市混凝土制品一厂
　　　　　　　中国建筑第三工程局科研所
　　　　　　　广西壮族自治区第五建筑工程公司
　　　　　　　山西省第一建筑工程公司综合加工厂
　　　　　　　沈阳市建筑工程研究所
　　　　　　　上海铁路局第一工程段
主要起草人：韩素芳　陈基发　杜益彦　耿维恕　钟炯垣
　　　　　　　尚世贤　熊宗铭　李学义　胡企才　张国民
　　　　　　　韩春根　徐栋厚　沈国桢　马玉英　许玉坤
　　　　　　　刘天贵　史志华　张桂芬

中华人民共和国国家标准

混凝土强度检验评定标准

GBJ 107—87

条 文 说 明

前　言

根据国家计委计综〔1984〕305号文的要求，由城乡建设环境保护部负责主编；具体由中国建筑科学研究院会同有关单位共同编制的《混凝土强度检验评定标准》GBJ 107—87，经国家计委一九八七年七月九日以计标〔1987〕1140号文批准发布，自一九八八年三月一日起施行。

为便于广大设计、施工、科研、学校等有关单位人员在使用本标准时能正确理解和执行条文规定，根据国家计委关于编制标准、规范条文说明的统一要求，按《混凝土强度检验评定标准》的章、节、条顺序，编制了《混凝土强度检验评定标准条文说明》，供各有关单位人员参考。在使用中如发现本条文说明有不妥之处，请将意见直接寄中国建筑科学研究院结构研究所（北京小黄庄）。

1987年5月

目 录

第一章　总则 …………………………………………………………… 335
第二章　一般规定 ……………………………………………………… 335
第三章　混凝土的取样，试件的制作、养护和试验 ………………… 336
第四章　混凝土强度的检验评定 ……………………………………… 337
　第一节　统计方法评定 ……………………………………………… 337
附录二　混凝土施工配制强度 ………………………………………… 338
附录三　混凝土生产质量水平 ………………………………………… 339

第一章 总 则

混凝土质量是影响钢筋混凝土结构可靠性的一个重要因素，为保证结构的可靠性，必须进行混凝土的生产控制和合格性控制。本标准是关于混凝土抗压强度合格性控制的具体规定。为与即将修订完成的混凝土结构设计规范相配套，同时借鉴国外同类标准的实施经验。本标准规定凡有条件的混凝土生产单位均应采用统计法进行混凝土强度的检验评定。它对保证混凝土工程质量，提高混凝土生产的质量管理水平，以及提高企业经济效益等都有重大作用。

本标准施行后，按《钢筋混凝土结构设计规范》（TJ 10—74）设计的图纸将会在相当长一段时期内继续使用。此时，按本标准检验评定混凝土强度或选择混凝土配制强度，要先将图纸中采用的混凝土标号按附录一的要求换算为相应的混凝土强度等级。现行《钢筋混凝土工程施工及验收规范》（GBJ 204—83）中有关检验评定混凝土强度和选择混凝土配制强度的条文，按下表进行代换：

GBJ 204—83 有关条文	本标准的相应条文
第 4.2.2 条公式（4.2.2）	附录二
第 4.6.4 条	第 3.0.1 条
第 4.6.6 条	第 4.1.1～4.1.4 条和第 4.2.1 条
第 4.6.7 条	第 3.0.2 条

第二章 一 般 规 定

第 2.0.1 条、第 2.0.2 条 本标准对混凝土强度的分级作了重大的修改；用混凝土强度等级代替混凝土标号；并对强度等级给出了明确的统计定义；在计量单位上采用了全国统一的法定计量单位代替以往习用的非法定计量单位。

为避免应用上的混淆，现将以往有关规范的规定摘引如下：

1974 年颁布的《钢筋混凝土结构设计规范》（TJ 10—74）规定，混凝土标号系指按标准方法制作和养护的边长为 20 厘米的立方体试件，经 28 天龄期用标准试验方法测得的抗压强度。在编制说明中明确说明，该强度对标号而言具有不低于 85% 的保证率。

1983 年颁布的《钢筋混凝土工程施工及验收规范》（GBJ 204—83）将决定混凝土标号的标准试件尺寸由边长 20 厘米立方体改为边长为 15 厘米的立方体，但对混凝土标号的强度未给出明确的统计定义。

1984 年颁布的《建筑结构设计统一标准》（GBJ 68—84）规定，材料强度的标准值可取其概率分布的 0.05 分位数确定，它等价于材料强度的标准值具有不低于 95% 的保证率。

在编制本标准时，注意到了以上规范的不统一问题，并注意到国际标准化组织（ISO）于 1977 年颁布的《混凝土——按抗压强度的分级标准》（ISO 3893）和近年来一些国家修订有关规范的动向，以及我国混凝土结构设计规范即将修订完成，经多次讨论和审议，认为对混凝土设计标号的解释有必要与国际标准取得一致，因而作了上述修改。

本标准采用混凝土强度分级的新规定，并以法定计量单位表示。强度等级 C20 指立方体抗压强度标准值为20N/mm²。考虑到标准试件尺寸和关于强度等级的统计定义的两项修改，《钢筋混凝土结构设计规范》(TJ 10—74)的混凝土标号可用过渡的混凝土强度等级表示，并按下表近似取用：

混凝土标号	100	150	200	250	300	400	500	600
过渡性的强度等级	C8	C13	C18	C23	C28	C38	C48	C58

在推行新强度等级的初期，过渡性的强度等级可与正式的强度等级 C7.5、C10、C15、C20、C25、C30、C35、C40、C45、C50、C55、C60 并用，而后逐步予以取消。

修改后的混凝土强度分级及其定义不仅与国际标准一致，而且与其他建筑材料（如钢材、木材等）的分级也一致。同时，也有利于新旧规范之间在概念上加以区别，避免混淆。

第2.0.3条 混凝土强度的分布规律及其参数，不但与统计对象的生产周期和生产工艺有关，而且与统计总体的混凝土配制强度和试验龄期有关。大量的统计分析和试验研究表明：同一等级的混凝土，在龄期、生产工艺和配合比基本一致的条件下，其强度分布可用正态分布来描述。因此，本条规定验收混凝土批应由强度等级和龄期相同，以及生产工艺条件和配合比基本相同的混凝土组成，使所评定的批量混凝土的强度基本符合正态分布。

第2.0.4条 混凝土的质量水平，一般可用其强度均值和标准差描述。评定一批混凝土的强度质量时，不可能采用全数的破坏性试验，只能从检验批的总体中，随机抽取若干组试件进行破坏性试验，并以此试验结果来推断总体的质量状况。根据抽样统计理论，试样的统计参数与总体的统计参数之间的关系，有一定的规律可循。因此，在合格性控制上采用统计方法能较好地反映验收批的质量状况，是实行质量管理的一个组成内容。工业先进国家对混凝土质量合格性的控制均制定相应的检验评定标准。本标准借鉴了国际标准化组织（ISO）的有关建议，并依据我国国情，规定了方差已知和方差未知抽检方案的两种统计方法的检验评定规则，供混凝土生产单位根据实际条件和工程对象选用。考虑到当前我国各地相当普遍地存在着小批量零星混凝土的生产方式，其试件数量有限，不具备按统计方法评定混凝土强度的条件，因此，本标准规定了非统计方法。但应指出，当试件数量较少时，非统计方法的检验效率较差，即存在着将合格品误判为不合格品（生产方风险）或将不合格品误判为合格品（用户方风险）的较大可能性。

第2.0.6条 由于预拌混凝土厂、预制混凝土构件厂和现场集中搅拌混凝土的施工单位，一般都有较好的条件施行混凝土质量控制，为确保混凝土构件质量，本标准要求这些单位定期统计混凝土强度的变异状况，对混凝土质量适时地进行控制。附录三给出的混凝土生产质量水平的划分指标，是依据我国1979~1980年混凝土强度统计资料确定的。附录三仅作为考核混凝土生产单位在一个统计周期内混凝土生产的质量水平（包括质量管理水平）以及试验室操作水平之用。

第三章 混凝土的取样，试件的制作、养护和试验

第3.0.1条 对混凝土强度进行合格评定时，坚持混凝土取样的随机性，是使所抽取的试样具有代表性的重要条件。此外考虑到搅拌机口的混凝土拌合物，经运输到达浇筑地点后，其混凝土的质量与离析程度有关，因此规定试样应在浇筑地点抽取。

应用统计方法对混凝土强度进行检验评定时，取样频率是保证预期检验效率的重要因素，为此规定了抽取试样的频率。在制定取样频率的要求时，考虑了各种类型混凝土生产单位的生产条件及工程性质的特点，取样频率既与搅拌机的搅拌盘（罐）数和混凝土总量有关，也与工作班的划分有关。这样规定，对不同规模的混凝土生产单位和施工现场都有较好的适应性。

对预拌混凝土厂，混凝土就是其产品，当然应对其产品质量负责，在出厂前按规定进行取样检验，并向混凝土使用单位提供产品质量的合格证书。但考虑到混凝土在运输过程中出现离析，或在二次搅拌中增加用水量等因素都会造成混凝土强度的波动，所以规定混凝土使用单位还应在浇筑地点取样检验。

第3.0.2条 每组混凝土试件数，各个国家规定不一。有的国家规定，每组采用二个试件，也有的规定每组一个试件。本标准考虑到当前的实际条件和习惯，规定每组混凝土试件数由三个组成。一组三个试件的强度并不相同，这主要是由试验误差造成的。试验误差可用盘内变异系数来衡量。国内外试验研究结果表明，盘内变异系数一般在5%左右。本条文规定，当组内三个试件强度的最大值或最小值与中间值之差，超过中间值的15%时，也即三倍的盘内变异系数时，同时舍弃最大值和最小值，而取中间值为该组试件强度的代表值。这种规定造成的检验误差，与取组平均值方案造成的检验误差比较，两者差别不大，但取中间值应用方便。

第3.0.4条 每批混凝土应制作的试件数量，应满足评定混凝土强度的需要和检查混凝土在施工（生产）过程中强度的需要。评定混凝土强度所需的试件组数，应依据选用的评定方法确定，并在事先作出安排。用以检查混凝土在施工（生产）过程中强度的试件，其养护条件应与结构或构件相同，它的强度只作为评定结构或构件能否继续施工的依据，两类试件不能混同。

第3.0.5条、第3.0.6条 混凝土试件的成型和养护方法，应考虑其代表性。对用以合格评定混凝土强度的试件，应采用标准方法成型，之后置于标准养护条件下养护，直到设计要求的龄期。但对于采用蒸汽养护的构件，考虑到混凝土经蒸汽养护后，对其后期强度增长（指设计规定龄期）存在不利的影响，因此规定在评定蒸养构件的混凝土强度时，其试件应先随构件同条件养护，然后置入标养室继续养护，两段养护时间的总和等于设计规定龄期。

第四章 混凝土强度的检验评定

第一节 统计方法评定

第4.1.1条～第4.1.3条

1. 根据混凝土强度的稳定性，本标准将评定混凝土强度的统计法分为两种：

一种是指同一品种的混凝土生产，有可能在较长的时期内，通过质量管理，维持基本相同的生产条件，即维持原材料、设备、工艺以及人员配备的稳定性，即使有所变化，也能很快地予以调整而恢复正常。由于这类生产状况，能使每批混凝土强度的变异性基本稳定，每批的强度标准差 σ_0 可按常数考虑，而且其数值可以根据前一时期生产累计的强度数据加以确定。符合以上情况时，采用方差已知的统计法。

方差已知方案的 σ_0 由近期同类混凝土，在生产周期不大于三个月，且不少于15个连续批的强度数据计算确定。此外假定其值延续在一个检验期（三个月）内保持不变。三个月后，重新按上一个检验期的强度数据计算 σ_0 值。

另一种是指生产连续性较差，即在生产中无法维持基本相同的生产条件，或生产期较短，无法积累强度数据以资计算可靠的标准差参数，此时检验评定只能直接根据每一验收批抽样的强度数据确定。为了提高检验效率，本标准要求每批组数不少于10组。这种方案为方差未知的统计法。

2. 合格评定条件是根据下述原则确定的：规定合格质量水平（AQL）的总体均值 $\mu_{f_{cu}} = f_{cu,k} + 1.645\sigma$，又规定设计能接受的最低质量水平，即极限质量（LQ）的总体均值 $\mu_{1,f_{cu}} = f_{cu,k} 1.645\sigma - 1.645\sigma_a$，其中 σ_a 为中等质量管理水平的标准差。

当生产连续性较强，方差可以认为是已知值时，所给条件式（4.1.1-1）、（4.1.1-2）能保证合格质量水平的混凝土，经检验评定为合格的概率为93.8%，即"生产方风险" α 为6.2%。而对中等质量管理水平的单位，当质量下降到LQ水平时，经检验评定为合格的概率约为10%，即能保持"用户方风险" β 为10%左右。

当生产连续性较差，标准差根据每一验收批的强度数据确定时，所给条件式（4.1.3-1）和（4.1.3-2），一般都能保持具有较小的生产方和用户方风险。

3. 式（4.1.1-2）及式（4.1.3-2）是关于最小值的限制条件，其作用旨在防止出现实际的标准差过大情况，或避免出现混凝土强度过低的情况。

4. 关于采用早期推定混凝土强度进行合格性检验评定问题，目前还处于试点阶段，故本标准暂未列入。

鉴于部标《早期推定混凝土强度试验方法》颁布以后，许多单位采用早期推定强度控制混凝土质量取得了良好的效果，并积累了一定的使用经验，因此在有条件的地区或单位，可进一步结合本地区或单位的实际情况，积极慎重地进行利用早期推定强度评定混凝土强度的试点。

附录二 混凝土施工配制强度

本附录提供的混凝土施工配制强度值，各企业可根据本企业的具体条件选用。考虑到确定混凝土的施工配制强度，是各企业为了使混凝土能以某种程度得以通过合格评定所采取的技术措施，对配制强度的确定，除了要考虑满足强度等级要求与合格评定条件外，还应考虑其他因素，如不合格的后果对企业在社会上和经济上的影响等。

附表2.1中给出的混凝土配制强度是按 $f_{cu,k} + 1.645\sigma$ 计算而得的。σ 为强度标准差，它由强度等级相同、混凝土配合比和工艺条件基本相同的混凝土28天强度统计求得；对预拌混凝土厂和预制混凝土构件厂的统计期可取为一个月，现场集中搅拌混凝土的施工单位，其统计期可视具体情况确定；用于选择混凝土配制强度的标准差应取对本单位比较有代表性的数值。

根据强度等级和强度标准差计算混凝土配制强度时，考虑了目前混凝土生产单位的质量管理水平，还规定了强度标准差的下限值，对 C20、C25 级的混凝土，其强度标准差下限值取 2.5N/mm²，对大于或等于 C30 级的混凝土，其强度标准差下限值取 3.0N/mm²。若标准差估计得不准确，特别是偏低，将会造成在验收评定时出现过多的不合格批，而且还会降低结构的实际可靠度。

附录三 混凝土生产质量水平

（一）钢筋混凝土的结构可靠度与混凝土强度的变异程度有关。混凝土强度变异程度能综合地反映混凝土生产单位的质量管理水平。对全国混凝土强度的调查结果表明，质量管理水平越高，反映强度变异的强度标准差越小。附表 3.1 中划分了三个不同的质量水平；质量水平属"优良"者，一般需要对混凝土生产过程实行有效的质量控制，具有较健全的管理制度；质量水平属"一般"者，一般是虽有质量管理制度，但对混凝土生产过程质量控制时紧时松，不能持之以恒，全面质量管理制度未能很好推行；质量水平属"差"者，多是各项管理制度不健全，或不切实执行管理制度，不能推行全面质量管理。

（二）混凝土强度的标准差与混凝土强度均值的关系，根据全国混凝土强度统计调查资料，分析结果表明，当均值小于 30N/mm² 时，标准差与均值有明显的关系，即随均值的增大，标准差按对数关系递增。当均值大于等于 30N/mm² 时，标准差随均值增大而递增的关系已不明显。综合考虑目前实际情况，附表 3.1 将衡量质量水平的标准差指标，按混凝土强度等级 C20 为界，分为两类情况规定。

混凝土强度等于和大于规定强度等级的百分率，是按强度的分布规律而确定的，并考虑了样本和总体之间存在的理论关系。

（三）国内外研究结果表明，混凝土强度的试验操作误差，可以采用同盘混凝土试件强度的变异系数来衡量。盘内变异系数对于不同强度等级的混凝土，其值基本稳定。因此，混凝土强度的盘内变异系数可作为考查试验室试验管理水平的综合指标。根据对国内典型的混凝土生产企业的调查和专门试验，在一般情况下，盘内变异系数不大于 5%。

中华人民共和国国家标准

钢筋混凝土用钢
第 2 部分：热轧带肋钢筋

Steel for the reinforcement of concrete—
Part 2: Hot rolled ribbed bars

GB 1499.2—2007
代替 GB 1499—1998

(ISO 6935-2：1991，Steel for the reinforcement of concrete—
Part 2：Ribbed bars，NEQ)

中华人民共和国国家质量监督检验检疫总局　　2007-08-14 发布
中国国家标准化管理委员会
2008-03-01 实施

前 言

GB 1499 分为三个部分：
——第 1 部分：热轧光圆钢筋；
——第 2 部分：热轧带肋钢筋；
——第 3 部分：钢筋焊接网。

本部分为 GB 1499 的第 2 部分，对应国际标准 ISO 6935—2：1991《钢筋混凝土用钢第 2 部分：带肋钢筋》，与 ISO 6935—2：1991 的一致性程度为非等效，本部分同时参考了国际标准的修订稿"ISO/DIS 6935—2（2005）"。

本部分代替 GB 1499—1998《钢筋混凝土用热轧带肋钢筋》。

本部分与 GB 1499—1998 相比，主要变化如下：
——适用范围增加细晶粒热轧钢筋；
——增加细晶粒热轧钢筋 HRBF335、HRBF400、HRBF500 三个牌号；
——增加 3.1 普通热轧钢筋、3.2 细晶粒热轧钢筋、3.11 特征值三条定义；
——增加第 5 章订货内容；
——增加 7.5 疲劳性能、7.6 焊接性能、7.7 晶粒度三项技术要求；
——对"表面质量"、"重量偏差的测量"等条款作修改；
——修改钢筋牌号标志：HRB335、HRB400、HRB500 分别以 3、4、5 表示，HRBF335、HRBF400、HRBF500 分别以 C3、C4、C5 表示；
——取消原附录 B"热轧带肋钢筋参考成分"；
——增加现附录 B"特征值检验规则"；
——增加附录 C"钢筋相对肋面积的计算公式"。

本标准为条文强制性标准，其中 6.4.1 条、7.3.5 条、7.4.2 条、7.5 条、表 3 的尺寸 a、b 和附录 C 为非强制条款，其余均为强制条款。

本部分附录 A、附录 B 为规范性附录，附录 C 为资料性附录。

本部分由中国钢铁工业协会提出。

本部分由全国钢标准化技术委员会归口。

本部分起草单位：中冶集团建筑研究总院、首钢总公司、莱芜钢铁集团有限公司、冶金工业信息标准研究院、湖南华菱涟源钢铁有限公司、济南钢铁股份有限公司、昆明钢铁股份有限公司。

本部分参加起草单位：宝钢集团—钢有限公司、邢台钢铁有限责任公司。

本部分主要起草人：何成杰、王丽敏、张炳成、柳泽燕、高建忠、王丽萍、杜传治、刘光穆、高玲、冯超、李志敏、朱建国。

本部分参加起草人：王军、张少博。

本部分 1979 年 2 月首次发布，1984 年 6 月第一次修订，1991 年 6 月第二次修订，1998 年 10 月第三次修订。

1 范围

本部分规定了钢筋混凝土用热轧带肋钢筋的定义、分类、牌号、订货内容、尺寸、外形、重量及允许偏差、技术要求、试验方法、检验规则、包装、标志和质量证明书。

本部分适用于钢筋混凝土用普通热轧带肋钢筋和细晶粒热轧带肋钢筋。

本部分不适用于由成品钢材再次轧制成的再生钢筋及余热处理钢筋。

2 规范性引用文件

下列文件中的条款通过本部分的引用而成为本标准的条款。凡是注日期的引用文件，其随后所有的修改单（不包括勘误的内容）或修订版均不适用于本标准，然而，鼓励根据本标准达成协议的各方研究是否可使用这些文件的最新版本。凡是不注日期的引用文件，其最新版本适用于本标准。

GB/T 222　　　钢的成品化学成分允许偏差
GB/T 223.5　　钢铁及合金化学分析方法　还原型硅钼酸盐光度法测定酸溶硅含量
GB/T 223.11　 钢铁及合金化学分析方法　过硫酸铵氧化容量法测定铬量
GB/T 223.12　 钢铁及合金化学分析方法　碳酸钠分离　二苯碳酰二肼光度法测定铬量
GB/T 223.14　 钢铁及合金化学分析方法　钽试剂萃取光度法测定钒含量
GB/T 223.17　 钢铁及合金化学分析方法　二安替吡啉甲烷光度法测定钛量
GB/T 223.19　 钢铁及合金化学分析方法　新亚铜灵　三氯甲烷萃取光度法测定铜量
GB/T 223.23　 钢铁及合金化学分析方法　丁二酮肟分光光度法测定镍量
GB/T 223.26　 钢铁及合金化学分析方法　硫氰酸盐直接光度法测定钼量
GB/T 223.27　 钢铁及合金化学分析方法　硫氰酸盐　乙酸丁酯萃取分光光度法测定钼量
GB/T 223.37　 钢铁及合金化学分析方法　蒸馏分离　靛酚蓝光度法测定氮量
GB/T 223.40　 钢铁及合金化学分析方法　离子交换分离　氯磺酚 S 光度法测定铌量
GB/T 223.59　 钢铁及合金化学分析方法　锑磷钼蓝光度法测定磷量
GB/T 223.63　 钢铁及合金化学分析方法　高碘酸钠（钾）光度法测定锰量
GB/T 223.68　 钢铁及合金化学分析方法　管式炉内燃烧后碘酸钾滴定法测定硫含量
GB/T 223.69　 钢铁及合金化学分析方法　管式炉内燃烧后气体容量法测定碳含量
GB/T 228　　　金属材料　室温拉伸试验方法（GB/T 228—2002，eqv ISO 6892：1998(E)）
GB/T 232　　　金属材料　弯曲试验方法（GB/T 232—1999，eqv ISO 7438：1985（E））
GB/T 2101　　 型钢验收、包装、标志及质量证明书的一般规定
GB/T 4336　　 碳素钢和中低合金钢火花源原子发射光谱分析方法（常规法）
GB/T 6394　　 金属平均晶粒度测定法
GB/T 17505　　钢及钢产品交货一般技术要求（GB/T 17505—1998，eqv ISO 404：1992）
GB/T 20066　　钢和铁化学成分测定用试样的取样和制样方法（GB/T 20066—2006/ISO 14284：1998，IDT）
YB/T 081　　　冶金技术标准的数值修约与检测数值的判定原则
YB/T 5126　　 钢筋混凝土用钢筋　弯曲和反向弯曲试验方法（YB/T 5126—2003/ISO

10065：1990，MOD）

3 定　义

下列定义适用于本部分。

3.1

普通热轧钢筋 hot rolled bars

按热轧状态交货的钢筋。其金相组织主要是铁素体加珠光体，不得有影响使用性能的其他组织存在。

3.2

细晶粒热轧钢筋 hot rolled bars of fine grains

在热轧过程中，通过控轧和控冷工艺形成的细晶粒钢筋。其金相组织主要是铁素体加珠光体，不得有影响使用性能的其他组织存在，晶粒度不粗于9级。

3.3

带肋钢筋 ribbed bars

横截面通常为圆形，且表面带肋的混凝土结构用钢材。

3.4

纵肋 longitudinal rib

平行于钢筋轴线的均匀连续肋。

3.5

横肋 transverse rib

与钢筋轴线不平行的其他肋。

3.6

月牙肋钢筋 crescent ribbed bars

横肋的纵截面呈月牙形，且与纵肋不相交的钢筋。

3.7

公称直径 nominal diameter

与钢筋的公称横截面积相等的圆的直径。

3.8

相对肋面积 specific projected rib area

横肋在与钢筋轴线垂直平面上的投影面积与钢筋公称周长和横肋间距的乘积之比。

3.9

肋高 rib height

测量从肋的最高点到芯部表面垂直于钢筋轴线的距离。

3.10

肋间距 rib spacing

平行钢筋轴线测量的两相邻横肋中心间的距离。

3.11

特征值 characteristic value

在无限多次的检验中，与某一规定概率所对应的分位值。

343

4 分类、牌号

4.1 钢筋按屈服强度特征值分为335、400、500级。

4.2 钢筋牌号的构成及其含义见表1。

表1

类别	牌号	牌号构成	英文字母含义
普通热轧钢筋	HRB335 HRB400 HRB500	由HRB+屈服强度特征值构成	HRB—热轧带肋钢筋的英文（Hot rolled Ribbed Bars）缩写。
细晶粒热轧钢筋	HRBF335 HRBF400 HRBF500	由HRBF+屈服强度特征值构成	HRBF—在热轧带肋钢筋的英文缩写后加"细"的英文（Fine）首位字母。

5 订货内容

按本部分订货的合同至少应包括下列内容：
a) 本部分编号；
b) 产品名称；
c) 钢筋牌号；
d) 钢筋公称直径、长度（或盘径）及重量（或数量、或盘重）；
e) 特殊要求。

6 尺寸、外形、重量及允许偏差

6.1 公称直径范围及推荐直径

钢筋的公称直径范围为6~50mm，本标准推荐的钢筋公称直径为6mm、8mm、10mm、12mm、16mm、20mm、25mm、32mm、40mm、50mm。

6.2 公称横截面面积与理论重量

钢筋的公称横截面面积与理论重量列于表2。

表2

公称直径/mm	公称横截面面积/mm²	理论重量/（kg/m）
6	28.27	0.222
8	50.27	0.395
10	78.54	0.617
12	113.1	0.888
14	153.9	1.21
16	201.1	1.58
18	254.5	2.00
20	314.2	2.47
22	380.1	2.98
25	490.9	3.85
28	615.8	4.83
32	804.2	6.31
36	1018	7.99
40	1257	9.87
50	1964	15.42

注：表2中理论重量按密度为7.85g/cm³计算。

6.3 带肋钢筋的表面形状及尺寸允许偏差

6.3.1 带肋钢筋横肋设计原则应符合下列规定。

6.3.1.1 横肋与钢筋轴线的夹角 β 不应小于 45°，当该夹角不大于 70°时，钢筋相对两面上横肋的方向应相反。

6.3.1.2 横肋公称间距不得大于钢筋公称直径的 0.7 倍。

6.3.1.3 横肋侧面与钢筋表面的夹角 α 不得小于 45°。

6.3.1.4 钢筋相邻两面上横肋末端之间的间隙（包括纵肋宽度）总和不应大于钢筋公称周长的 20%。

6.3.1.5 当钢筋公称直径不大于 12mm 时，相对肋面积不应小于 0.055；公称直径为 14mm 和 16mm 时，相对肋面积不应小于 0.060；公称直径大于 16mm 时，相对肋面积不应小于 0.065。相对肋面积的计算可参考附录 C。

6.3.2 带肋钢筋通常带有纵肋，也可不带纵肋。

6.3.3 带有纵肋的月牙肋钢筋，其外形如图 1 所示，尺寸及允许偏差应符合表 3 的规定。钢筋实际重量与理论重量的偏差符合表 4 规定时，钢筋内径偏差不作交货条件。

表 3　　　　　　　　　　　　　　　　　　　　　　　　　　　　　　mm

公称直径 d	内径 d_1		横肋高 h		纵肋高 h_1（不大于）	横肋宽 b	纵肋宽 a	间距 l		横肋末端最大间隙（公称周长的 10%弦长）
	公称尺寸	允许偏差	公称尺寸	允许偏差				公称尺寸	允许偏差	
6	5.8	±0.3	0.6	±0.3	0.8	0.4	1.0	4.0		1.8
8	7.7		0.8	+0.4 −0.3	1.1	0.5	1.5	5.5		2.5
10	9.6		1.0	±0.4	1.3	0.6	1.5	7.0	±0.5	3.1
12	11.5	±0.4	1.2		1.6	0.7	1.5	8.0		3.7
14	13.4		1.4	+0.4 −0.5	1.8	0.8	1.8	9.0		4.3
16	15.4		1.5		1.9	0.9	1.8	10.0		5.0
18	17.3		1.6	±0.5	2.0	1.0	2.0	10.0		5.6
20	19.3		1.7		2.1	1.2	2.0	10.0		6.2
22	21.3	±0.5	1.9		2.4	1.3	2.5	10.5	±0.8	6.8
25	24.2		2.1	±0.6	2.6	1.5	2.5	12.5		7.7
28	27.2		2.2		2.7	1.7	3.0	12.5		8.6
32	31.0	±0.6	2.4	+0.8 −0.7	3.0	1.9	3.0	14.0		9.9
36	35.0		2.6	+1.0 −0.8	3.2	2.1	3.5	15.0	±1.0	11.1
40	38.7	±0.7	2.9	±1.1	3.5	2.2	3.5	15.0		12.4
50	48.5	±0.8	3.2	±1.2	3.8	2.5	4.0	16.0		15.5

注：1. 纵肋斜角 θ 为 0°~30°。
　　2. 尺寸 a、b 为参考数据。

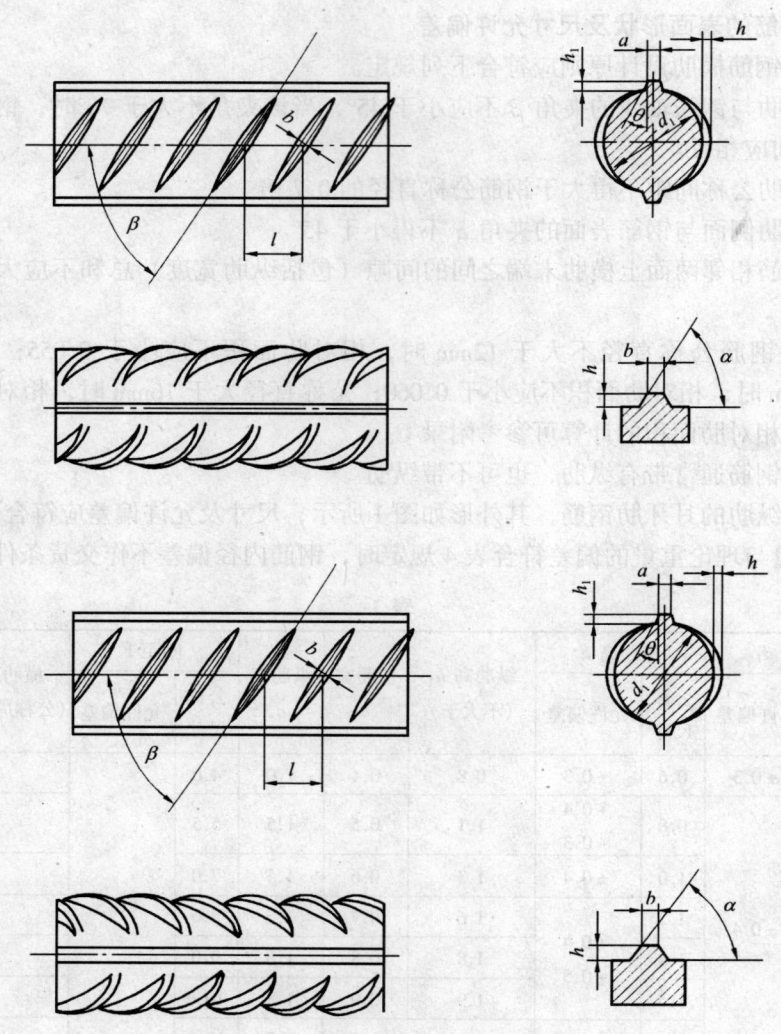

图1 月牙肋钢筋（带纵肋）表面及截面形状

d_1—钢筋内径；α—横肋斜角；h—横肋高度；β—横肋与轴线夹角；h_1—纵肋高度；
θ—纵肋斜角；a—纵肋顶宽；l—横肋间距；b—横肋顶宽

6.3.4 不带纵肋的月牙肋钢筋，其内径尺寸可按表3的规定作适当调整，但重量允许偏差仍应符合表4的规定。

6.4 长度及允许偏差

6.4.1 长度

6.4.1.1 钢筋通常按定尺长度交货，具体交货长度应在合同中注明。

6.4.1.2 钢筋可以盘卷交货，每盘应是一条钢筋，允许每批有5%的盘数（不足两盘时可有两盘）由两条钢筋组成。其盘重及盘径由供需双方协商确定。

6.4.2 长度允许偏差

钢筋按定尺交货时的长度允许偏差为±25mm。

当要求最小长度时，其偏差为+50mm。

当要求最大长度时,其偏差为 -50mm。

6.5 弯曲度和端部
直条钢筋的弯曲度应不影响正常使用,总弯曲度不大于钢筋总长度的0.4%。
钢筋端部应剪切正直,局部变形应不影响使用。

6.6 重量及允许偏差
6.6.1 钢筋可按理论重量交货,也可按实际重量交货。按理论重量交货时,理论重量为钢筋长度乘以表2中钢筋的每米理论重量。

6.6.2 钢筋实际重量与理论重量的允许偏差应符合表4的规定。

表4

公称直径/mm	实际重量与理论重量的偏差/%
6～12	±7
14～20	±5
22～50	±4

7 技 术 要 求

7.1 牌号和化学成分
7.1.1 钢筋牌号及化学成分和碳当量(熔炼分析)应符合表5的规定。根据需要,钢中还可加入 V、Nb、Ti 等元素。

表5

牌 号	化学成分(质量分数)/%,不大于					
	C	Si	Mn	P	S	Ceq
HRB335 HRBF335	0.25	0.80	1.60	0.045	0.045	0.52
HRB400 HRBF400						0.54
HRB500 HRBF500						0.55

7.1.2 碳当量 Ceq(百分比)值可按公式(1)计算:

$$Ceq = C + Mn/6 + (Cr + V + Mo)/5 + (Cu + Ni)/15 \tag{1}$$

7.1.3 钢的氮含量应不大于0.012%。供方如能保证可不作分析。钢中如有足够数量的氮结合元素,含氮量的限制可适当放宽。

7.1.4 钢筋的成品化学成分允许偏差应符合 GB/T 222 的规定,碳当量 Ceq 的允许偏差为 +0.03%。

7.2 交货型式
钢筋通常按直条交货,直径不大于12mm的钢筋也可按盘卷交货。

7.3 力学性能
7.3.1 钢筋的屈服强度 R_{eL}、抗拉强度 R_m、断后伸长率 A、最大力总伸长率 A_{gt} 等力学性能特征值应符合表6的规定。表6所列各力学性能特征值,可作为交货检验的最小保证值。

表6

牌号	R_{eL}/MPa	R_m/MPa	A/%	A_{gt}/%
	不小于			
HRB335 HRBF335	335	455	17	7.5
HRB400 HRBF400	400	540	16	
HRB500 HRBF500	500	630	15	

7.3.2 直径28~40mm各牌号钢筋的断后伸长率A可降低1%；直径大于40mm各牌号钢筋的断后伸长率A可降低2%。

7.3.3 有较高要求的抗震结构适用牌号为：在表1中已有牌号后加E（例如：HRB400E、HRBF400E）的钢筋。该类钢筋除应满足以下a)、b)、c)的要求外，其他要求与相对应的已有牌号钢筋相同。

a) 钢筋实测抗拉强度与实测屈服强度之比 $R°_m/R°_{eL}$ 不小于1.25。

b) 钢筋实测屈服强度与表6规定的屈服强度特征值之比 $R°_{eL}/R_{eL}$ 不大于1.30。

c) 钢筋的最大力总伸长率 A_{gt} 不小于9%。

注：$R°_m$为钢筋实测抗拉强度；$R°_{eL}$为钢筋实测屈服强度。

7.3.4 对于没有明显屈服强度的钢，屈服强度特征值 R_{eL} 应采用规定非比例延伸强度 $R_{p0.2}$。

7.3.5 根据供需双方协议，伸长率类型可从A或A_{gt}中选定。如伸长率类型未经协议确定，则伸长率采用A，仲裁检验时采用A_{gt}。

7.4 工艺性能

7.4.1 弯曲性能

按表7规定的弯芯直径弯曲180°后，钢筋受弯曲部位表面不得产生裂纹。

表7 mm

牌号	公称直径d	弯芯直径
HRB335 HRBF335	6~25	3d
	28~40	4d
	>40~50	5d
HRB400 HRBF400	6~25	4d
	28~40	5d
	>40~50	6d
HRB500 HRBF500	6~25	6d
	28~40	7d
	>40~50	8d

7.4.2 反向弯曲性能

根据需方要求，钢筋可进行反向弯曲性能试验。

7.4.2.1 反向弯曲试验的弯芯直径比弯曲试验相应增加一个钢筋公称直径。

7.4.2.2 反向弯曲试验：先正向弯曲90°后再反向弯曲20°。两个弯曲角度均应在去载之前测量。经反向弯曲试验后，钢筋受弯曲部位表面不得产生裂纹。

7.5 疲劳性能

如需方要求，经供需双方协议，可进行疲劳性能试验。疲劳试验的技术要求和试验方法由供需双方协商确定。

7.6 焊接性能

7.6.1 钢筋的焊接工艺及接头的质量检验与验收应符合相关行业标准的规定。

7.6.2 普通热轧钢筋在生产工艺、设备有重大变化及新产品生产时进行型式检验。

7.6.3 细晶粒热轧钢筋的焊接工艺应经试验确定。

7.7 晶粒度

细晶粒热轧钢筋应做晶粒度检验，其晶粒度不粗于9级，如供方能保证可不做晶粒度检验。

7.8 表面质量

7.8.1 钢筋应无有害的表面缺陷。

7.8.2 只要经钢丝刷刷过的试样的重量、尺寸、横截面积和拉伸性能不低于本部分的要求，锈皮、表面不平整或氧化铁皮不作为拒收的理由。

7.8.3 当带有7.8.2条规定的缺陷以外的表面缺陷的试样不符合拉伸性能或弯曲性能要求时，则认为这些缺陷是有害的。

8 试验方法

8.1 检验项目

每批钢筋的检验项目，取样方法和试验方法应符合表8的规定。

表8

序号	检验项目	取样数量	取样方法	试验方法
1	化学成分（熔炼分析）	1	GB/T 20066	GB/T 223 GB/T 4336
2	拉伸	2	任选两根钢筋切取	GB/T 228、本部分8.2
3	弯曲	2	任选两根钢筋切取	GB/T 232、本部分8.2
4	反向弯曲	1		YB/T 5126、本部分8.2
5	疲劳试验	供需双方协议		
6	尺寸	逐支		本部分8.3
7	表面	逐支		目视
8	重量偏差	本部分8.4		本部分8.4
9	晶粒度	2	任选两根钢筋切取	GB/T 6394
注：对化学分析和拉伸试验结果有争议时，仲裁试验分别按GB/T 223、GB/T 228进行。				

8.2 拉伸、弯曲、反向弯曲试验

8.2.1 拉伸、弯曲、反向弯曲试验试样不允许进行车削加工。

8.2.2 计算钢筋强度用截面面积采用表2所列公称横截面面积。

8.2.3 最大力总伸长率 A_{gt} 的检验，除按表8规定采用 GB/T 228 的有关试验方法外，也可采用附录 A 的方法。

8.2.4 反向弯曲试验时，经正向弯曲后的试样，应在100℃温度下保温不少于30 min，经自然冷却后再反向弯曲。当供方能保证钢筋经人工时效后的反向弯曲性能时，正向弯曲后的试样亦可在室温下直接进行反向弯曲。

8.3 尺寸测量

8.3.1 带肋钢筋内径的测量应精确到 0.1mm。

8.3.2 带肋钢筋纵肋、横肋高度的测量采用测量同一截面两侧横肋中心高度平均值的方法，即测取钢筋最大外径，减去该处内径，所得数值的一半为该处肋高，应精确到 0.1mm。

8.3.3 带肋钢筋横肋间距采用测量平均肋距的方法进行测量。即测取钢筋一面上第1个与第11个横肋的中心距离，该数值除以10即为横肋间距，应精确到 0.1mm。

8.4 重量偏差的测量

8.4.1 测量钢筋重量偏差时，试样应从不同根钢筋上截取，数量不少于5支，每支试样长度不小于500mm。长度应逐支测量，应精确到1mm。测量试样总重量时，应精确到不大于总重量的1%。

8.4.2 钢筋实际重量与理论重量的偏差（%）按公式（2）计算：

$$重量偏差 = \frac{试样实际总重量-(试样总长度\times 理论重量)}{试样总长度\times 理论重量}\times 100 \qquad (2)$$

8.5 检验结果的数值修约与判定应符合 YB/T 081 的规定。

9 检验规则

钢筋的检验分为特征值检验和交货检验。

9.1 特征值检验

9.1.1 特征值检验适用于下列情况
  a) 供方对产品质量控制的检验；
  b) 需方提出要求，经供需双方协议一致的检验；
  c) 第三方产品认证及仲裁检验。

9.1.2 特征值检验应按附录 B 规则进行。

9.2 交货检验

9.2.1 交货检验适用于钢筋验收批的检验。

9.2.2 组批规则

9.2.2.1 钢筋应按批进行检查和验收，每批由同一牌号、同一炉罐号、同一规格的钢筋组成。每批重量通常不大于60t。超过60t的部分，每增加40t（或不足40t的余数），增加一个拉伸试验试样和一个弯曲试验试样。

9.2.2.2 允许由同一牌号、同一冶炼方法、同一浇注方法的不同炉罐号组成混合批，但各炉罐号含碳量之差不大于0.02%，含锰量之差不大于0.15%。混合批的重量不大于60t。

9.2.3 检验项目和取样数量

钢筋检验项目和取样数量应符合表8及9.2.2.1的规定。

9.2.4 检验结果
各检验项目的检验结果应符合第 6 章和第 7 章的有关规定。
9.2.5 复验与判定
钢筋的复验与判定应符合 GB/T 17505 的规定。

10 包装、标志和质量证明书

10.1 带肋钢筋的表面标志应符合下列规定。

10.1.1 带肋钢筋应在其表面轧上牌号标志,还可依次轧上经注册的厂名(或商标)和公称直径毫米数字。

10.1.2 钢筋牌号以阿拉伯数字或阿拉伯数字加英文字母表示,HRB335、HRB400、HRB500 分别以 3、4、5 表示,HRBF335、HRBF400、HRBF500 分别以 C3、C4、C5 表示。厂名以汉语拼音字头表示。公称直径毫米数以阿拉伯数字表示。

10.1.3 公称直径不大于 10mm 的钢筋,可不轧制标志,可采用挂标牌方法。

10.1.4 标志应清晰明了,标志的尺寸由供方按钢筋直径大小作适当规定,与标志相交的横肋可以取消。

10.2 牌号带 E(例如 HRB400E、HRBF400E 等)的钢筋,应在标牌及质量证明书上明示。

10.3 除上述规定外,钢筋的包装、标志和质量证明书应符合 GB/T 2101 的有关规定。

附 录 A
(规范性附录)
钢筋在最大力下总伸长率的测定方法

A.1 试样
A.1.1 长度
试样夹具之间的最小自由长度应符合表 A.1 要求:

表 A.1   mm

钢筋公称直径	试样夹具之间的最小自由长度
$d \leqslant 25$	350
$25 < d \leqslant 32$	400
$32 < d \leqslant 50$	500

A.1.2 原始标距的标记和测量
在试样自由长度范围内,均匀划分为 10mm 或 5mm 的等间距标记,标记的划分和测量应符合 GB/T 228 的有关要求。

A.2 拉伸试验
按 GB/T 228 规定进行拉伸试验,直至试样断裂。

A.3 断裂后的测量
选择 Y 和 V 两个标记,这两个标记之间的距离在拉伸试验之前至少应为 100mm。两个标记都应当位于夹具离断裂点最远的一侧。两个标记离开夹具的距离都应不小于20mm或钢筋公称直径 d（取二者之较大者）；两个标记与断裂点之间的距离应不小于50mm或 $2d$（取二者之较大者）。见图 A.1。

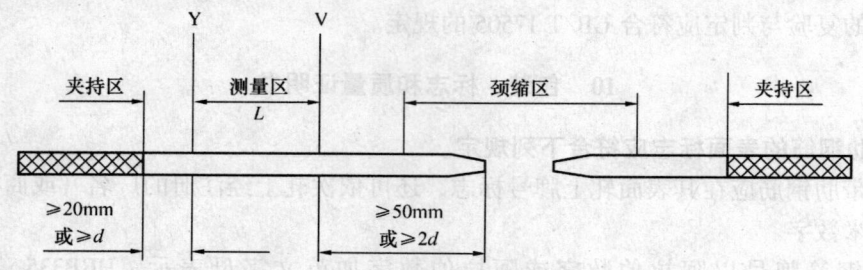

图 A.1 断裂后的测量

在最大力作用下试样总伸长率 A_{gt}（%）可按公式 A.1 计算：

$$A_{gt} = \left[\frac{L - L_0}{L} + \frac{R^\circ_m}{E}\right] \times 100 \tag{A.1}$$

式中 L——图 A.1 所示断裂后的距离，单位为毫米（mm）；

L_0——试验前同样标记间的距离，单位为毫米（mm）；

R°_m——抗拉强度实测值，单位为兆帕（MPa）；

E——弹性模量，其值可取为 2×10^5，单位为兆帕（MPa）。

附 录 B
（规范性附录）
特征值检验规则

B.1 试验组批

为了试验，交货应细分为试验批。组批规则应符合本部分9.2.2的规定。

B.2 每批取样数量

B.2.1 化学成分（成品分析），应从不同根钢筋取两个试样。

B.2.2 本部分规定的所有其他性能试验，应从不同钢筋取 15 个试样（如果适用 60 个试样时，见 B.3.1 规定）。

B.3 试验结果的评定

B.3.1 参数检验

为检验规定的性能，如特性参数 R_{eL}、R_m、A_{gt} 或 A，应确定以下参数：

a) 15 个试样的所有单个值 X_i（$n = 15$）；

b) 平均值 m_{15}（$n = 15$）；

c) 标准偏差 S_{15}（$n = 15$）。

如果所有性能满足公式（B.1）给定的条件，则该试验批符合要求。

$$m_{15} - 2.33 \times S_{15} \geq f_K \tag{B.1}$$

式中 f_K——要求的特征值；

2.33——当 $n = 15$，90% 置信水平（$1 - \alpha = 0.90$），不合格率 5%（$P = 0.95$）时验收

系数 K 的值。

如果上述条件不能满足，系数 $K' = \dfrac{m_{15} - f_K}{S_{15}}$ 由试验结果确定。式中 $K' \geqslant 2$ 时，试验可继续进行。在此情况下，应从该试验批的不同根钢筋上切取 45 个试样进行试验，这样可得到总计 60 个试验结果（$n = 60$）。

如果所有性能满足公式（B.2）条件，则应认为该试验批符合要求。

$$m_{60} - 1.93 \times S_{60} > f_K \tag{B.2}$$

式中 1.93——当 $n = 60$，90% 置信水平（$1 - \alpha = 0.90$），不合格率 5%（$P = 0.95$）时验收系数 K 的值。

B.3.2 属性检验

当试验性能规定为最大或最小值时，15 个试样测定的所有结果应符合本部分的要求，此时，应认为该试验批符合要求。

当最多有两个试验结果不符合条件时，应继续进行试验，此时，应从该试验批的不同根钢筋上，另取 45 个试样进行试验，这样可得到总计 60 个试验结果，如果 60 个试验结果中最多有 2 个不符合条件，该试验批符合要求。

B.3.3 化学成分

两个试样均应符合本部分要求。

附　录　C
（资料性附录）
钢筋相对肋面积的计算公式

钢筋相对肋面积 f_r 可按公式（C.1）或公式（C.2）计算：

$$f_r = \frac{K \times F_R \times \sin\beta}{\pi \times d \times l} \tag{C.1}$$

式中　K——横肋排数，（如两面肋，$K = 2$）；
　　　F_R——一个肋的纵向截面积，单位为平方毫米（mm^2）；
　　　β——横肋与钢筋轴线的夹角，单位为度（°）；
　　　d——钢筋公称直径，单位为毫米（mm）；
　　　l——横肋间距，单位为毫米（mm）。

已知钢筋的几何参数，相对肋面积也可用近似公式（C.2）计算：

$$f_r = \frac{(d \times \pi - \Sigma f_i) \times (h + 4h_{1/4})}{6 \times d \times \pi \times l} \tag{C.2}$$

式中　Σf_i——钢筋相邻两面上横肋末端之间的间隙(包括纵肋宽度)总和，单位为毫米(mm)；
　　　h——横肋中点高，单位为毫米（mm）；
　　　$h_{1/4}$——横肋长度四分之一处高，单位为毫米（mm）。

中华人民共和国国家标准

钢筋混凝土用热轧光圆钢筋

Hot rolled plain steel bars for the reinforcement of concrete

GB 13013—91

国家技术监督局　1991-06-22 发布

1992-03-01 实施

1 主题内容与适用范围

1.1 主题内容
本标准规定了钢筋混凝土用热轧直条光圆钢筋的级别、代号、尺寸、外形、重量、技术要求、试验方法、检验规则、包装、标志和质量证明书等。

1.2 适用范围
本标准适用于钢筋混凝土用热轧直条光圆钢筋。
本标准不适用于由成品钢材再次轧制成的再生钢筋。

2 引用标准

GB 222 钢的化学分析用试样取样法及成品化学成分允许偏差
GB 223 钢铁及合金化学分析方法
GB 228 金属拉伸试验方法
GB 232 金属弯曲试验方法
GB 2101 型钢验收、包装、标志及质量证明书的一般规定

3 术语、级别、代号

3.1 术语

3.1.1 光圆钢筋
横截面通常为圆形,且表面为光滑的钢筋混凝土配筋用钢材。

3.1.2 热轧光圆钢筋
经热轧成型并自然冷却的成品光圆钢筋。

3.2 级别、代号
热轧直条光圆钢筋级别为Ⅰ级,强度等级代号为 R235。

4 尺寸、外形、重量及允许偏差

4.1 公称直径范围及推荐直径
钢筋的公称直径范围为 8～20mm,本标准推荐的钢筋公称直径为 8、10、12、16、20mm。

4.2 公称截面积与公称重量
钢筋的公称横截面积与公称重量列于表1。

表1

公称直径(mm)	公称截面面积(mm^2)	公称重量(kg/m)
8	50.27	0.395
10	78.54	0.617
12	113.1	0.888
14	153.9	1.21
16	201.1	1.58
18	254.5	2.00
20	314.2	2.47

注:表中公称重量密度按 $7.85g/cm^3$ 计算。

4.3 光圆钢筋的截面形状及尺寸允许偏差

4.3.1 光圆钢筋的截面形状如图1所示。

4.3.2 光圆钢筋的直径允许偏差和不圆度应符合表2的规定。

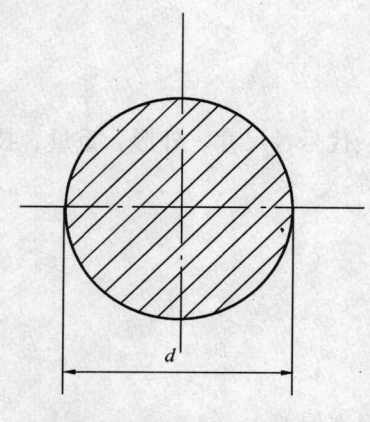

图1 光圆钢筋截面形状
d—钢筋直径

表2   mm

公称直径	直径允许偏差	不圆度 不大于
≤20	±0.40	0.40

4.3.3 长度及允许偏差

4.3.3.1 通常长度

钢筋按直条交货时，其通常长度为3.5～12m，其中长度为3.5m至小于6m之间的钢筋不得超过每批重量的3%。

4.3.3.2 定尺、倍尺长度

钢筋按定尺或倍尺长度交货时，应在合同中注明。其长度允许偏差不得大于+50mm。

4.3.4 弯曲度

钢筋每米弯曲度应不大于4mm，总弯曲度不大于钢筋总长度的0.4%。

4.4 重量及允许偏差

4.4.1 交货重量

钢筋可按公称重量或实际重量交货。

4.4.2 重量允许偏差

根据需方要求，钢筋按重量偏差交货时，其实际重量与公称重量的允许偏差应符合表3的规定。

表3

公称直径（mm）	实际重量与公称重量的偏差（%）
8～12	±7
14～20	±5

5 技 术 要 求

5.1 牌号及化学成分

5.1.1 钢的牌号及化学成分（熔炼分析）应符合表4的规定。

表4

表面形状	钢筋级别	强度代号	牌 号	化学成分（%）				
				C	Si	Mn	P	S
							不大于	
光圆	I	R235	Q235	0.14～0.22	0.12～0.30	0.30～0.65	0.045	0.050

5.1.2 钢中残余元素铬、镍、铜含量应各不大于0.30%，氧化转炉钢的氮含量不应大于

0.008%。经需方同意，铜的残余含量可不大于0.35%。供方如能保证可不作分析。

5.1.3 钢中砷的残余含量不应大于0.080%。用含砷矿冶炼生铁所冶炼的钢，砷含量由供需双方协议规定。如原料中没有含砷，对钢中的砷含量可以不作分析。

5.1.4 钢筋的化学成分允许偏差应符合GB 222的有关规定。

5.1.5 在保证钢筋性能合格的条件下，钢的成分下限不作交货条件。

5.2 冶炼方法

钢以氧气转炉、平炉或电炉冶炼。

5.3 交货状态

钢筋以热轧状态交货。

5.4 力学性能、工艺性能

钢筋的力学性能、工艺性能应符合表5的规定。冷弯试验时受弯曲部位外表面不得产生裂纹。

表5

表面形状	钢筋级别	强度等级代号	公称直径（mm）	屈服点 σ_s（MPa）	抗拉强度 σ_b（MPa）	伸长率 δ（%）	冷弯 d—弯芯直径 a—钢筋公称直径
				不小于			
光圆	I	R235	8～20	235	370	25	180° $d=a$

5.5 表面质量

钢筋表面不得有裂纹、结疤和折叠。

钢筋表面凸块和其他缺陷的深度和高度不得大于所在部位尺寸的允许偏差。

6 试验方法

6.1 检验项目

每批钢筋的检验项目，取样方法和试验方法应符合表6的规定。

表6

序号	检验项目	取样数量	取样方法	试验方法
1	化学成分	1	GB 222	GB 223
2	拉伸	2	任选两根钢筋切取	GB 228 本标准6.2
3	冷弯	2	任选两根钢筋切取	GB 232 本标准6.2
4	尺寸	逐支		本标准6.3
5	表面	逐支		肉眼
6	重量偏差	本标准6.4	本标准6.4	本标准6.4

6.2 力学性能、工艺性能试验

6.2.1 拉伸、冷弯试验试样不允许进行车削加工。

6.2.2 计算钢筋强度用截面面积采用表1所列公称横截面积。

6.3 尺寸测量
钢筋直径的测量精确到 0.1mm。

6.4 重量偏差的测量
6.4.1 测量钢筋重量偏差时，试样数量不少于 10 支，试样总长度不小于 60m，长度应逐支测量，精确到 10mm。试样总重量不大于 100kg 时，精确到 0.5kg，试样总重量大于 100kg 时，精确到 1kg。

当供方能保证钢筋重量偏差符合规定时，试样的数量和长度可不受上述限制。

6.4.2 钢筋实际重量与公称重量的偏差按下式计算：

$$重量偏差(\%) = \frac{试样实际总重量 - (试样总长度 \times 公称重量)}{试样总长度 \times 公称重量} \times 100$$

7 检验规则

7.1 检查和验收
钢筋的检查和验收按 GB 2101 的规定进行。

7.2 组批规则
钢筋应按批进行检查和验收，每批重量不大于 60t。

每批应由同一牌号、同一炉罐号、同一规格、同一交货状态的钢筋组成。

公称容量不大于 30t 的冶炼炉冶炼的钢坯和连铸坯轧成的钢筋，允许由同一牌号、同一冶炼方法、同一浇注方法的不同炉罐号组成混合批，但每批不应多于 6 个炉罐号。各炉罐号含碳量之差不得大于 0.02%，含锰量之差不得大于 0.15%。

7.3 取样数量
钢筋各检查项目的取样数量应符合表 6 的规定。

7.4 复验与判定
钢筋的复验与判定应符合 GB 2101 的规定。

8 包装、标志和质量证明书
钢筋的包装，标志和质量证明书应符合 GB 2101 的有关规定。

附加说明

本标准由中华人民共和国冶金工业部提出。
本标准由冶金工业部情报标准研究总所归口。
本标准由冶金部建筑研究总院、上海第三钢铁厂、冶金部情报标准研究总所负责起草。
本标准主要起草人张克球、何成杰、王汉升、胡国苹。
本标准代替 GB 1499—84 有关部分。
本标准水平等级标记　GB 13013—91　Ⅰ

中华人民共和国国家标准

混凝土结构试验方法标准

GB 50152—92

主编部门：中华人民共和国原城乡建设环境保护部
批准部门：中华人民共和国建设部
施行日期：1992年7月1日

关于发布国家标准《混凝土结构试验方法标准》的通知

建标〔1992〕29号

根据原国家计委计综〔1986〕2630号文的要求，由中国建筑科学研究院会同有关单位共同编制的《混凝土结构试验方法标准》，已经有关部门会审。现批准《混凝土结构试验方法标准》GB 50152—92为国家标准，自1992年7月1日起施行。

本标准由建设部负责管理，由中国建筑科学研究院负责解释。出版发行由建设部标准定额研究所负责组织。

中华人民共和国建设部

1992年1月7日

编 制 说 明

本标准是根据原国家计委计综〔1986〕2630 号文的要求,由中国建筑科学研究院会同有关单位共同编制而成。

在本标准的编制过程中,标准编制组进行了广泛的调查研究,认真总结我国建国以来的科研成果和试验工作的实践经验,参考了有关国际标准和国外先进标准,针对主要试验技术问题开展了科学研究与试验验证工作,并广泛征求了全国有关单位的意见,最后,由我部会同有关部门审查定稿。

鉴于本标准系初次编制,在执行过程中,希望各单位结合混凝土结构试验工作实践和科学研究,认真总结经验,注意积累资料,如发现需要修改和补充之处,请将意见和有关资料寄交我部中国建筑科学研究院结构所(北京安外小黄庄),以供今后修订时参考。

中华人民共和国建设部
1991 年 10 月

目　录

第一章　总则 ·· 363
第二章　试验结构构件的制作及材料基本力学性能 ··· 363
第三章　量测仪表、加载设备及试验装置 ·· 364
　第一节　量测仪表 ·· 364
　第二节　加载设备 ·· 365
　第三节　试验装置 ·· 366
第四章　试验荷载和加载方法 ·· 370
　第一节　加载图式和加载方案 ··· 370
　第二节　试验荷载的确定 ··· 370
　第三节　加载程序 ·· 372
第五章　试验前的准备工作 ··· 373
第六章　变形的量测 ·· 374
　第一节　试验结构构件的整体变形 ··· 374
　第二节　试验结构构件的局部变形 ··· 376
　第三节　试验结构构件变形的量测时间 ··· 377
第七章　抗裂试验与裂缝量测 ·· 378
　第一节　试验结构构件的抗裂试验 ··· 378
　第二节　试验结构构件裂缝的量测 ··· 379
第八章　承载力的确定 ··· 379
第九章　试验资料的整理分析 ·· 380
　第一节　试验原始资料整理 ·· 380
　第二节　变形量测的试验结果整理 ··· 380
　第三节　抗裂试验与裂缝量测的试验结果整理 ··· 383
　第四节　承载力试验结果整理 ··· 383
　第五节　试验结果的误差及统计分析 ·· 384
第十章　专门试验 ··· 385
　第一节　低周反复荷载作用下混凝土结构构件力学性能试验 ······································· 385
　第二节　混凝土受弯构件等幅疲劳试验 ··· 388
　第三节　钢筋和混凝土粘结强度对比试验 ·· 390
第十一章　安全与防护措施 ··· 392
附录一　加载装置 ··· 393
附录二　常用试验记录表格 ··· 397
附录三　本标准用词说明 ·· 399
附加说明 ·· 399

第一章 总 则

第1.0.1条 为确保混凝土结构试验的质量，正确评价混凝土结构的基本性能，统一混凝土结构的试验方法，特制定本标准。

第1.0.2条 本标准适用于工业与民用建筑和一般构筑物的钢筋混凝土结构、预应力混凝土结构的荷载试验。不适用于有特殊要求的研究性试验，以及处于高温、负温、侵蚀性介质等环境条件下的结构试验。

第1.0.3条 在执行本标准时，还应符合现行国家标准《混凝土结构设计规范》GBJ 10—89、《建筑结构荷载规范》GBJ 9—87以及其他有关标准、规范的规定。

第二章 试验结构构件的制作及材料基本力学性能

第2.0.1条 试验结构构件的材料、截面几何尺寸和施工质量应符合现行国家标准《混凝土结构工程施工及验收规范》、《预制混凝土构件质量检验评定标准》及有关标准、规范的要求。

制作研究性试验结构构件时，应保证量测仪表用预埋件和预留孔洞的正确位置和减少截面的削弱，并应采取措施防止施工中损坏预埋传感元件。在构件承受较大集中荷载的部位应采取钢筋网片或钢板等局部加强。

第2.0.2条 试验结构构件的钢筋应取试件作屈服强度、抗拉强度、伸长率和冷弯等力学性能试验。钢筋试件的拉力试验应符合现行国家标准《金属拉力试验法》的要求。

当需要确定构件的钢筋应力时，应测定钢筋的弹性模量，并绘制应力—应变曲线。

第2.0.3条 对研究性试验，在制作试验结构构件时应采用同批拌合物制作混凝土立方体试件，并与试验结构构件同条件养护。

当需要测定混凝土的应力、弹性模量或轴心抗压强度时，应制作棱柱体试件，并宜绘制混凝土的应力—应变曲线。

当进行抗裂性试验研究时，应同时制作用来测定抗拉强度的混凝土立方体试件。

立方体试件和棱柱体试件的制作、养护和试验应符合现行国家标准《普通混凝土力学性能试验方法》的要求。

第2.0.4条 当采用新品种的钢筋或水泥制作试验结构构件时，材料的质量应符合国家现行有关标准、规范的要求。

第2.0.5条 对成批生产的预制构件的抽样检验，其试验构件的钢筋和混凝土的力学性能指标，试验前应由送检单位提供。

第2.0.6条 当需要进一步确定试验结构构件的材料实际强度时，可在构件试验完成后，从构件受力较小部位截取试件进行材料力学性能试验。

第三章 量测仪表、加载设备及试验装置

第一节 量测仪表

第3.1.1条 混凝土结构试验用的量测仪表，应符合本节精度等级的规定，并应有主管计量部门定期检验的合格证书。

第3.1.2条 各种位移量测仪表的精度、误差等应符合下列规定：

一、钢直尺、千分表、百分表和大量程百分表的误差允许值应符合表3.1.2的规定；

表3.1.2 钢直尺、千分表、百分表、大量程百分表误差允许值

名称		任意段示值误差（μm）				示值总误差值（μm）				回程误差（μm）			示值变动性（μm）
		分段（mm）				量程（mm）				量程（mm）			
		0.1	0.2	1.0	10.0	1.5×10^n	3×10^n	5×10^n	10×10^n	3×10^n	5×10^n	10×10^n	
钢直尺				±50	±80	±100	±100	±150	±200				
千分表	新制的	3						5		2			0.3
	已使用的	4						6		2.5			0.5
百分表	新制的	9	12			15	18	22		5			3
	已使用的	—	18			20	25	30		—			
大量程百分表			15			30	40	50		7	8	10	5

注：1. 表中n系指数，千分表$n=-1$，百分表$n=0$，大量程百分表$n=1$，钢直尺$n=2$；
2. 表中所列百分表的误差允许值是百分表的准确度等级为1级时的误差允许值。

二、水准仪和经纬仪的精度分别不应低于3级精度（DS3）和2级精度（DS2）；

三、位移传感器的准确度不应低于1.0级；位移传感器的指示仪表的最小分度值不宜大于所测总位移的1.0%，示值误差应为±1.0%F.S.；

四、倾角仪的最小分度值不宜大于5″；电子倾角计的示值误差应为±1.0%F.S.。

注：F.S. 表示量测仪表的满量程。

第3.1.3条 各种应变量测仪表的精度、误差等应分别满足下列规定：

一、由符合本标准第3.1.2条规定的千分表、百分表和位移传感器等构成的应变量测装置，其标距误差应为±1.0%，最小分度值不宜大于被测总应变的1.0%；

二、双杠杆应变计的示值误差和标距误差均应为±1.0%，最小分度值不宜大于被测总应变的2.0%；

三、静态电阻应变仪的精度不应低于B级，最小分度值不宜大于10×10^{-6}；

动态电阻应变仪的精度不应低于B级，基准量程不宜小于200×10^{-4}，输出灵敏度不宜低于$0.1mA/10^{-6}$或$0.1mV/10^{-6}$，载波频率不宜低于10倍被测应变的频率；

电阻应变计的精度不应低于C级；对于疲劳试验精度不应低于B级。

第3.1.4条 观测裂缝宽度的仪表，其最小分度值不宜大于0.05mm。

第3.1.5条 各种力值量测仪表的精度、误差等应分别满足下列规定：

一、弹簧式拉力、压力测力计的最小分度值不应大于2.0%F.S.，示值误差应为±1.5%；

二、负荷传感器的精度不应低于C级，对于长期试验，精度不应低于B级，负荷传感器的指示仪表的最小分度值不宜大于被测力值总量的1.0%，示值误差应为±1.0%F.S.。

第3.1.6条 各种记录仪表精度、误差等应分别满足下列规定：

一、X-Y函数记录仪的准确度不应低于1.0级；

二、光线示波器应符合现行标准《光线示波器》的规定；

三、笔式记录器的准确度不应低于1.0级；

四、磁带记录器的信噪比不应小于35dB，带速误差应为±0.7%，线性误差不应大于0.5%。

第二节 加 载 设 备

第3.2.1条 混凝土结构试验用的各种试验机应满足本标准第3.2.7条规定的精度等级要求，并应有主管计量部门定期检验的合格证书。经修理的试验机应重新检验，领取新的合格证书。当使用其他加载设备对试验结构构件施加荷载时，加载量误差应为±3.0%，对于现场试验的误差应为±5.0%。

第3.2.2条 采用各种重物产生的重力作试验荷载时，称量重物的衡器示值误差应为±1.0%，重物应满足下列规定：

一、对于吸水性重物，使用过程中应有防止这些重物含水量变化的措施，并应在试验结束后立即抽样复查加载量的准确性；

二、铁块、混凝土块等块状重物应逐块或逐级分堆称量，最大块重应满足加载分级的需要，并不宜大于25kg；

三、红砖等小型块状材料，宜逐级分堆称量；对于块体大小均匀，含水量一致又经抽样核实块重确系均匀的小型块材，可按平均块重计算加载量；

四、散粒状材料应装袋或装入放在试验构件表面上的无底箱中，并逐级称量。

第3.2.3条 采用静水压力作均布试验荷载时，水中不应含有泥砂等杂物，可采用水柱高度或精度不低于1.0级水表计算加载量。

第3.2.4条 采用气压作均布试验荷载时，充气胶囊不宜伸出试验结构构件的外边缘。确定加载量时，应考虑充气囊与结构表面接触的实际作用面积，按气囊中的气压值计算确定。

第3.2.5条 采用千斤顶加载，宜按本标准第3.1.5条规定的力值量测仪表直接测定它的加载量。

当条件受到限制而需用油压表测定油压千斤顶的加载量时，油压表精度不应低于1.5级，并应对配套的千斤顶进行标定，绘出标定曲线，曲线的重复性误差应为±5%。

当采用相互并联的数个同规格液压加载器施加静荷载时，可只在一个加载器上测定作用力，并计算总的加载量。此时，各加载器的实测摩阻系数与平均值的偏差应为±2.0%，各加载器间的高差不应大于5m。

第3.2.6条 采用卷扬机、倒链等机具加载时，应采用串联在绳索中的力值量测仪表直接测定加载量，当绳索需通过导向轮或滑轮组对结构加载时，力值量测仪表宜串联在靠近试验结构一端的绳索中。

第3.2.7条 加载用的各种试验机精度、误差等应分别满足下列规定：

一、万能试验机、拉力试验机、压力试验机的精度不应低于2级；
二、结构疲劳试验机静态测力误差应为±2%。
三、电液伺服结构试验系统的荷载、位移量测误差应为±1.5%F.S.。

第三节 试 验 装 置

第3.3.1条 试验装置的设计和配置应满足下列要求：

一、试验结构构件的跨度、支承方式、支撑等条件和受力状态应符合设计计算简图，且在整个试验过程中保持不变；

二、试验装置不应分担试验结构构件承受的试验荷载，且不应阻碍结构构件的变形自由发展；

三、试验装置应有足够刚度，最大试验荷载作用下应有足够承载力（包括疲劳强度）和稳定性。

第3.3.2条 试验结构构件的支座应分别按下列规定设置：

一、单跨简支结构构件和连续梁的支座除一端支座应为固定铰支座外，其他支座应为滚动铰支座；安装时，各支座轴线应彼此平行并垂直于试验结构构件的纵轴线，各支座轴线间的距离取为结构构件的试验跨度；

滚动铰支座和固定铰支座的构造分别如图3.3.2-1和图3.3.2-2所示；铰支座的长度

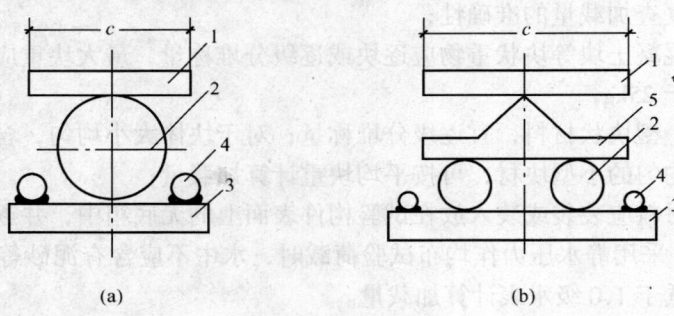

图3.3.2-1 滚动铰支座
(a) 滚轴式；(b) 刀口式
1—上垫板；2—钢滚轴；3—下垫板；4—限位钢筋；5—刀口式垫板

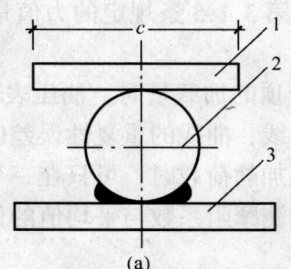 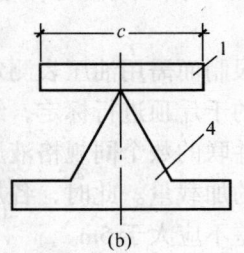

图3.3.2-2 固定铰支座
(a) 滚轴式；(b) 刀口式
1—上垫板；2—钢滚轴；3—下垫板；4—刀口式垫板

不应小于试验结构构件在支承处的宽度，上垫板宽度 c 宜与试验结构构件的设计支承长度一致，厚度不应小于 $c/6$。钢滚轴直径宜按表3.3.2取用；

表 3.3.2　钢滚轴直径表

滚轴荷载（kN/mm）	钢滚轴直径（mm）
<2.0	50
2.0~4.0	60~80
4.0~6.0	80~100

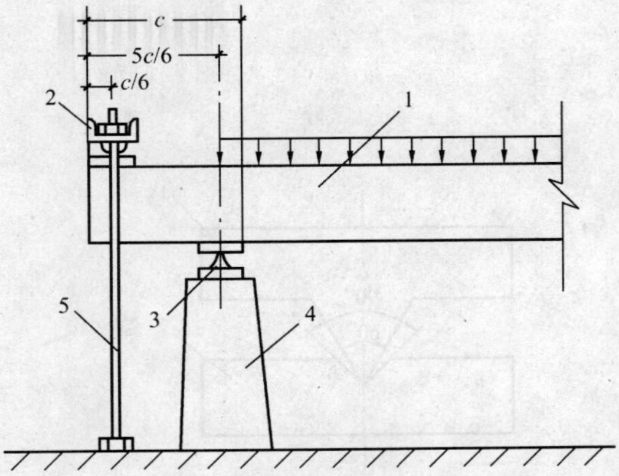

二、悬臂梁的嵌固端支座宜按图3.3.2-3设置。上支座中心线和下支座中心线至梁端的距离应分别为设计嵌固长度 c 的1/6和5/6，拉杆应有足够强度和刚度；

图 3.3.2-3　嵌固端支座设置
1—试验构件；2—上支座刀口；3—下支座刀口；
4—支墩；5—拉杆

三、四角支承和四边简支支承双向板的支座应分别按图3.3.2-4和图3.3.2-5的形式设置。四边支承板的滚珠间距宜取板在支承处厚度 h 的3~5倍；

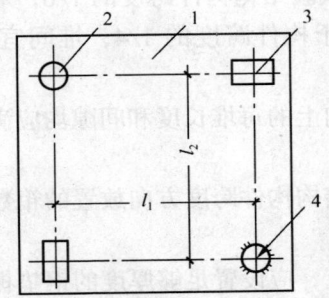

图 3.3.2-4　四角支承板支座设置
1—试验板；2—滚珠；
3—滚轴；4—固定滚珠

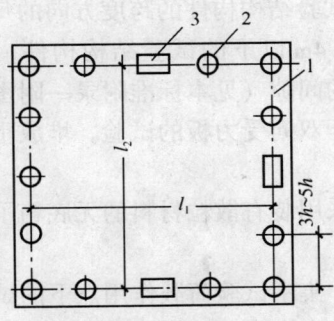

图 3.3.2-5　四边支承板支座设置
1—试验板；2—滚珠；3—滚轴

四、轴心受压和偏心受压试验结构构件两端应分别设置刀口式支座（图3.3.2-6），刀口的长度不应小于试验结构构件截面宽度；安装时上下刀口应在同一平面内，刀口的中心线应垂直于试验结构构件发生纵向弯曲的所在平面，并应与试验机或荷载架的中心线重合；刀口中心线与试验结构构件截面形心间的距离应取为加载偏心距 e_0；

当在压力试验机上作短柱轴心受压强度试验时，若试验机上、下压板之一已有球铰，短柱两端可不再设置刀口式支座；

对于双向偏心受压试验结构构件，两端应分别设置球型支座或双层正交刀口；球铰中心应与加载点重合，双层刀口的交点应落在加载点上；

五、当采用偏心距加载方法进行受扭结构构件试验时，试验结构构件应架设在两个自由转动的支座上，转动支座的转动中心应与试验结构构件的转动中心重合（图3.3.2-7）；安装时，两支座的转动平面应彼此平行，并应垂直于试验结构构件的扭转轴。

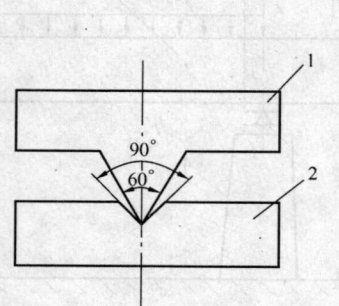

图3.3.2-6 受压构件的刀口式支座
1—刀口；2—刀口座

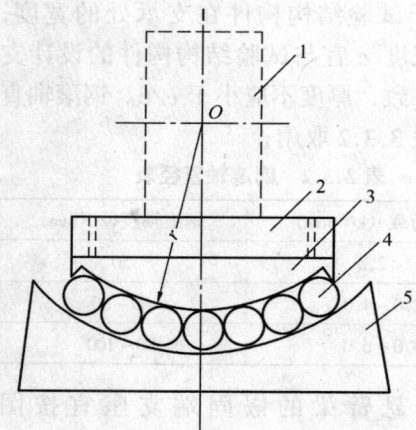

图3.3.2-7 受扭试验转动支座
1—受扭试验构件；2—垫板；3—转动支座盖板；4—滚轴；5—转动支座

第3.3.3条 各种传递试验荷载的方法和装置应分别遵守下列规定：

一、采用重物的重力作均布试验荷载时，重物在单向试验结构构件受荷面上应分堆堆放，沿试验结构构件的跨度方向的每堆长度不应大于试验结构构件跨度的1/6；对于跨度为4m和4m以下的试验结构构件，每堆长度不应大于构件跨度的1/4；堆间宜留50～150mm的间隙（见本标准附录一附图1.1）；

对于双向受力板的试验，堆放重物在两个跨度方向上的每堆长度和间隙均应满足上述要求；

当采用装有散粒材料的无底箱子加载时，沿试验结构构件跨度方向放置的箱数不应少于两个；

二、集中试验荷载作用点下的试验结构构件表面上，应设置足够厚度的钢垫板，钢垫板的面积应由混凝土局部受压承载力验算决定；对于柱等试验构件，必要时还可增设钢柱帽，防止柱端局部压坏；

三、对于梁、桁架等简支试验结构构件，当采用千斤顶等施加集中荷载时，加载设备不应影响试验结构构件跨度方向的自由变形（见本标准附录一附图1.4）；

四、采用分配梁传递试验荷载时，分配比例不宜大于4:1；分配梁应为单跨简支，其支座构造应和简支试验结构构件的支座构造相同；

五、当采用卧梁将集中力分散为沿混凝土墙板的端截面长度方向的均布线荷载时，卧梁应有足够刚度。对于混凝土强度等级为C20或C20以下的试验结构构件，工字形或箱形截面的钢制卧梁，截面高度不应小于$1.2a$；当在同一个卧梁上作用一个以上相同的集中力时，集中力间距宜取$3a$，且不宜大于2m；当需要几种不同的线荷载时，卧梁应分段设置；

六、采用杠杆施加试验荷载时，杠杆的三支点应明确，并应在一直线上，杠杆的放大比不宜大于5。

注：a为最外边一个集中力作用点距试件端部的距离。
（见本标准附录一附图1.9）。

第3.3.4条 当试验V形折板等开口薄壁构件时,应设置专门的卡具。

第3.3.5条 在试验平面外稳定性较差的屋架、桁架、薄腹梁等结构时,应按结构的实际工作条件设置平面外支撑(图3.3.5)。平面外支撑应有足够的刚度和承载力,且应可靠地锚固,并不应阻碍试验结构构件在平面内的变形发展。

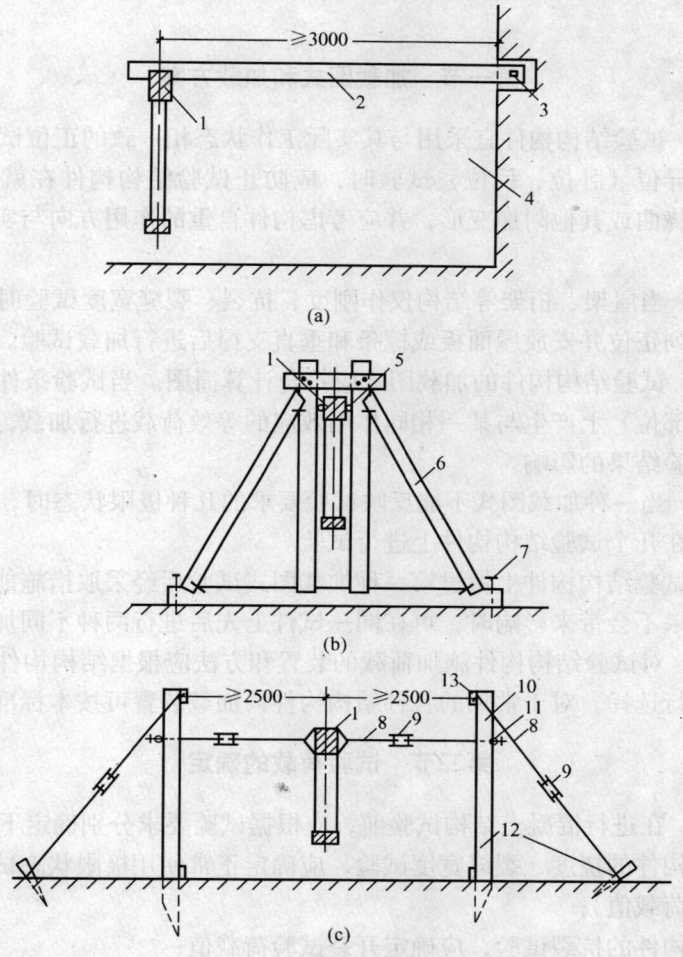

图3.3.5 平面外支撑的设置
(a)利用已建结构物作支撑;(b)利用支撑作支撑;(c)利用地锚作支撑
1—试验结构;2—横杆;3—稍联结;4—已建结构物;5—滚轴;6—支撑架;7—与地锚固件;8—钢铰线或钢筋;9—花兰螺丝;10—立柱;11—可调高度的柱结点;12—地锚;13—立柱间的纵向支撑

第3.3.6条 试验结构构件支座下的支墩和地基应分别符合下列规定:

一、支墩和地基应有足够刚度,在试验荷载作用下的总压缩变形不宜超过试验结构构件挠度的1/10;对于连续梁,四角支承和四边支承双向板等结构试验需要两个以上支墩时,各支墩的刚度应相同;

二、单向简支试验结构构件的两个铰支座的高差应符合结构构件支座设计高差的要求,其偏差不宜大于试验结构构件跨度的1/200;双向板支墩在两个跨度方向的高差和偏差均应满足上述要求；连续梁各中间支墩应采用可调式支墩，并宜安装力值量测仪表，按支座反力的大小调节支墩高度。

第四章 试验荷载和加载方法

第一节 加载图式和加载方案

第 4.1.1 条 试验结构构件宜采用与其实际工作状态相一致的正位试验。

当需要采用异位（卧位、反位）试验时，应防止试验结构构件在就位过程中产生裂缝，不可恢复的挠曲或其他附加变形，并应考虑构件自重的作用方向与实际作用方向不一致的影响。

第 4.1.2 条 当屋架、桁架等结构仅作刚度、抗裂、裂缝宽度试验时，可采用两榀结构卧位对顶或平列正位并安放屋面板或檩条和垂直支撑后进行加载试验。

第 4.1.3 条 试验结构构件的加载图式应符合计算简图。当试验条件受限制时，可采用控制截面（或部位）上产生与某一相同作用效应的等效荷载进行加载，但应考虑等效荷载对结构构件试验结果的影响。

第 4.1.4 条 当一种加载图式不能反映试验要求的几种极限状态时，应采用几种不同的加载图式分别在几个试验结构构件上进行试验。

如果在一种试验结构构件上做过第一种加载图式试验后经采取措施能确保对第二种加载图式的试验结果不会带来影响时，可在同一试件上先后进行两种不同加载图式的试验。

第 4.1.5 条 对试验结构构件施加荷载的装置和方法应根据结构构件的类型、加载图式及设备条件进行选择。对于常见的各种结构构件，加载装置可按本标准附录一采用。

第二节 试验荷载的确定

第 4.2.1 条 在进行混凝土结构试验前，应根据试验要求分别确定下列试验荷载值：

一、对结构构件的挠度、裂缝宽度试验，应确定正常使用极限状态试验荷载值（简称为使用状态试验荷载值）；

二、对结构构件的抗裂试验，应确定开裂试验荷载值；

三、对结构构件的承载力试验，应确定承载能力极限状态试验荷载值，简称为承载力试验荷载值。

第 4.2.2 条 试验结构构件的使用状态短期试验荷载值应按下列方法确定：

一、检验性试验

结构构件使用状态短期试验荷载值应根据结构构件控制截面上的荷载短期效应组合的设计值 S_s 和试验加载图式经换算确定。

荷载短期效应组合的设计值 S_s 应按国家标准《建筑结构荷载规范》GBJ9—87 计算确定，或由设计文件提供。

二、研究性试验

结构构件的使用状态短期试验荷载值应根据结构构件控制截面上的正常使用极限状态短期内力计算值 S_s^c 和试验加载图式经换算确定。

正常使用极限状态短期内力计算值可根据材料的实测强度和结构构件的几何参数实测值、结构构件的重要性系数、荷载分项系数、承载力检验系数允许值综合分析确定。

第4.2.3条 试验结构构件的开裂试验荷载计算值应根据结构构件的开裂内力计算值和试验加载图式经换算确定。

开裂内力计算值应按下列方法计算：

一、检验性试验

正截面抗裂检验的开裂内力计算值应按下式计算：

$$S_{cr}^c = [\nu_{cr}] S_s \tag{4.2.3-1}$$

$$[\nu_{cr}] = 0.95 \frac{\sigma_{pc} + \gamma f_{tk}}{\sigma_{sc}} \tag{4.2.3-2}$$

式中 S_{cr}^c——正截面抗裂检验的开裂内力计算值；

$[\nu_{cr}]$——构件抗裂检验系数允许值；

σ_{sc}——荷载的短期效应组合下抗裂验算边缘的混凝土法向应力（N/mm²）；

γ——受拉区混凝土塑性影响系数，应按现行国家标准《混凝土结构设计规范》的有关规定取用；

f_{tk}——试验时的混凝土抗拉强度标准值（N/mm²），应根据设计的混凝土立方体抗压强度值，按现行国家标准《混凝土结构设计规范》规定的指标取用；

σ_{pc}——试验时在抗裂验算边缘的混凝土预压应力计算值（N/mm²），应按现行国家标准《混凝土结构设计规范》的有关规定确定；计算预压应力值时，混凝土的收缩、徐变引起的预应力损失值应考虑时间因素的影响；

S_s——荷载短期效应组合的设计值。

二、研究性试验

正截面抗裂试验的开裂内力计算值应按下列公式计算：

（一）轴心受拉构件

$$N_{cr}^c = (f_t^o + \sigma_{pc}) A_o^o \tag{4.2.3-3}$$

（二）受弯构件

$$M_{cr}^c = (\nu f_t^o + \sigma_{pc}) W_o^o \tag{4.2.3-4}$$

（三）偏心受拉和偏心受压构件

$$N_{cr}^c = \frac{\nu f_t^o + \sigma_{pc}}{\dfrac{e_o}{W_o^o} \pm \dfrac{1}{A_o^o}} \tag{4.2.3-5}$$

式中 N_{cr}^c——轴心受拉、偏心受拉和偏心受压构件正截面开裂轴向力计算值；

M_{cr}^c——受弯构件正截面开裂弯矩计算值；

A_o^o——由实际几何尺寸计算的构件换算截面面积；

W_o^o——由实际几何尺寸计算的换算截面受拉边缘的弹性抵抗矩；

e_o——轴向力对截面重心的偏心矩；

f_t^o——混凝土的抗拉强度实测值。

注：公式（4.2.3-5）右边项中，当轴向力为拉力时取正号；为压力时取负号。

第4.2.4条 试验结构构件的承载力试验荷载计算值应根据构件达到承载能力极限状态时的内力计算值和试验加载图式经换算确定。

结构构件达到承载能力极限状态时的内力计算值应按下列方法计算：

一、检验性试验

（一）当按设计规范规定进行检验时，应按下式计算：

$$S_{u1}^c = \gamma_o [\nu_u] S \tag{4.2.4-1}$$

式中 S_{u1}^c——当按设计规范规定进行检验时，结构构件达到承载力极限状态时的内力计算值，也可称为承载力检验值（包括自重产生的内力）；

γ_o——结构构件的重要性系数；

$[\nu_u]$——结构构件承载力检验系数允许值，按现行国家标准《预制混凝土构件质量检验评定标准》GBJ 321—90 取用；

S——荷载效应组合的设计值（内力组合设计值）

（二）当设计要求按实配钢筋的构件承载力进行检验时应按下式计算：

$$S_{u2}^c = \gamma_o \eta [\gamma_u] S \tag{4.2.4-2}$$

$$\eta = \frac{R(f_c, f_s, A_s^a \cdots)}{\gamma_o S} \tag{4.2.4-3}$$

式中 S_{u2}^c——当设计要求按实配钢筋的构件承载力进行检验时，结构构件达到承载力极限状态时的内力计算值，也可称为承载力检验值（包括自重产生的内力）；

$R(\cdot)$——按实配钢筋面积 A_s^a 确定的构件承载力计算值；

η——构件承载力检验的修正系数。

二、研究性试验

结构构件达到承载能力极限状态时的内力计算值应根据材料的实测强度、构件的实测几何参数按下式进行计算：

$$S_{u3}^c = R(f_c^o, f_s^o, a^o \cdots) \tag{4.2.4-4}$$

第4.2.5条 试验结构构件的自重应按实际尺寸与材料的自重确定或直接测定。常用材料的自重应按现行国家标准《建筑结构荷载规范》GBJ 9—87 的规定取用。

第三节 加 载 程 序

第4.3.1条 结构试验宜进行预加载，预加载值不宜超过结构构件开裂试验荷载计算值的70%。

第4.3.2条 试验荷载应按下列规定分级加载和卸载：

一、在达到使用状态短期试验荷载值以前，每级加载值不宜大于使用状态短期试验荷载值的20%；超过使用状态短期试验荷载值后，每级加载值不宜大于使用状态短期试验荷载值的10%；

二、对于研究性试验，加载到达开裂试验荷载计算值的90%后，每级加载值不宜大于使用状态短期试验荷载值的5%；

对于检验性试验，荷载接近抗裂检验荷载时，每级荷载不宜大于该荷载值的5%；

当试件开裂以后，每级加载值应恢复本条第一款正常加载的有关规定；

三、对于研究性试验，加载到达承载力试验荷载计算值的90%以后，每级加载值不宜大于使用状态短期试验荷载值的5%；

对于检验性试验，加载接近承载力检验荷载时，每级荷载不宜大于承载力检验荷载设计值的5%；

当采用液压加载时，可连续慢速加载直至构件破坏；

四、每级卸载值可取为使用状态短期试验荷载值的20%～50%；每级卸载后在构件上的试验荷载剩余值宜与加载时的某一荷载值相对应。

第4.3.3条 每级加载或卸载后的荷载持续时间应符合下列规定：

一、每级荷载加载或卸载后的持续时间不应少于10min，且宜相等；

二、对变形和裂缝宽度的结构构件试验，在使用状态短期试验荷载作用下的持续时间不应少于30min；

三、对使用阶段不允许出现裂缝的结构构件的抗裂研究性试验，在开裂试验荷载计算值作用下的持续时间应为30min；对检验性试验，在抗裂检验荷载作用下宜持续10～15min；

如荷载达到开裂试验荷载计算值时试验结构构件已经出现裂缝，可不按上述规定持续作用；

四、对新结构构件、跨度较大的屋架、桁架及薄腹梁等试验，在使用状态短期试验荷载作用下的持续时间不宜少于12h。

第4.3.4条 残余变形的量测应在经过下列加载或卸载程序和变形恢复持续时间后进行：

一、按本标准第4.3.2条第一款和第4.3.3条第一款逐级加载至使用状态短期试验荷载值，并按第4.3.3条第二款或第四款的规定持续一定时间，然后根据第4.3.2条第四款和第4.3.3条第一款的规定卸载，全部卸载后还应经过变形恢复持续时间；

二、变形恢复持续时间，对于一般结构构件为45min，对于新结构构件和跨度较大的结构构件为18h。

第4.3.5条 当试验要求获得结构构件的承载力实测值和破坏特征时，应加载至试验结构构件破坏。

第4.3.6条 试验结构构件的自重和作用在其上的加载设备的重力，应作为试验荷载的一部分。加载设备产生的重力应经实测，且不宜大于使用状态试验荷载的20%。

第4.3.7条 施加于试验结构构件各个加载部位上的每级荷载，应按同一个比例加载和卸载。

第4.3.8条 当试验要求在结构构件上按规定比例施加竖向和水平荷载时，试验开始施加水平荷载应考虑自重的影响，以保持要求的比例。

第五章 试验前的准备工作

第5.0.1条 结构构件试验前应制订试验计划。试验计划宜包括下列内容：

一、概述；

二、试验目的和要求；

三、试验结构构件的设计和制作，检验构件的抽样；

四、试验对象的考察和检查；

五、试验结构构件的安装就位和试验装置；

六、试验荷载、加载方法和加载设备；

七、试验量测的内容、方法和测点仪表布置图；

八、辅助试验的内容；

九、安全与防护措施；

十、试验进度计划；

十一、试验的组织；

十二、试验资料整理和数据分析的要求。

第 5.0.2 条 结构构件应在气温较稳定的环境下进行试验，不宜在 0℃ 以下气温进行试验。对于在 0℃ 以下气温存放的结构构件，试验前应先移入具有 0℃ 以上气温的室内，直至与室温相同为止。

第 5.0.3 条 对研究性试验的结构构件，其混凝土立方体抗压强度值与设计要求值的允许偏值宜为 ±10%。

第 5.0.4 条 试验对象的考察与检查宜包括下列内容：

一、收集试验对象的原始设计资料、设计图纸和计算书；施工与试件制作记录；原材料的物理力学性能试验报告等文件资料。对预应力混凝土构件，应有施工阶段预应力张拉的全部详细数据与资料；

二、对已经生产或使用中的结构构件，应调查收集生产和使用条件下试验对象的实际工作情况；

三、对结构构件的跨度、截面、钢筋的位置、保护层厚度等实际尺寸及初始挠曲、变形、原始裂缝、包括预应力混凝土结构在预应力传递区段或预拉区的裂缝和缺陷等应作详细量测，作出书面记录，绘制详图。需要时宜摄影或录像记录。对钢筋的位置、实际规格、尺寸和保护层厚度也可在试验结束后进行量测。

第 5.0.5 条 试验前宜将试件表面刷白，并分格画线，分格大小可按构件尺寸确定。

第 5.0.6 条 结构试验用的各类量测仪表的量程应满足结构构件最大测值的要求，最大测值不宜大于选用仪表最大量程的 80%。

第 5.0.7 条 试验结构构件、设备及量测仪表均应有防风、防雨、防晒和防摔等保护设施。

第六章 变形的量测

第一节 试验结构构件的整体变形

第 6.1.1 条 需要控制变形的结构构件，应量测其整体变形。

第 6.1.2 条 量测结构构件整体变形时，测点布置应符合下列要求：

一、对受弯或偏心受压构件的挠度测点应布置在构件跨中或挠度最大的部位截面的中轴线上（图 6.1.2-1）；

二、对宽度大于 600mm 的受弯或偏心受压构件，挠度测点应沿构件两侧对称布置；对具有边肋的单向板，除应量测构件边肋挠度外，还宜量测板宽中央的最大挠度（图 6.1.2-2）；

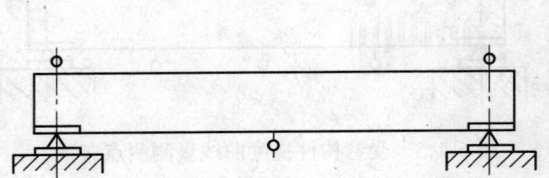

图 6.1.2-1 受弯构件挠度量测测点布置

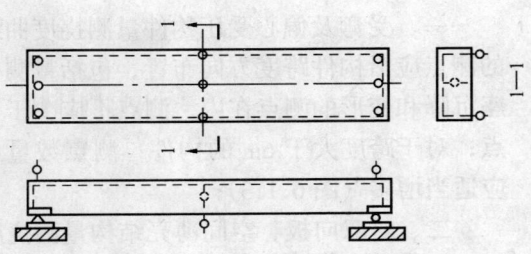

图 6.1.2-2 宽度大于 600mm 受弯构件挠度量测测点布置

三、对双向板、空间薄壳结构等双向受力结构，挠度测点应沿两个跨度方向或主曲率方向的跨中或挠度最大的部位布置（图 6.1.2-3）；

四、对屋架、桁架挠度测点应布置在下弦杆跨中或最大挠度的节点位置上，需要时亦宜在上弦杆节点处布置测点（图 6.1.2-4）；

五、在量测结构构件挠度时，还应在结构构件支座处布置测点；

六、对于屋架、桁架和具有侧向推力的结构构件，还应在跨度方向的支座两端布置水平测点，量测结构在荷载作用下沿跨度方向的水平位移（图 6.1.2-4，图 6.1.2-5）；

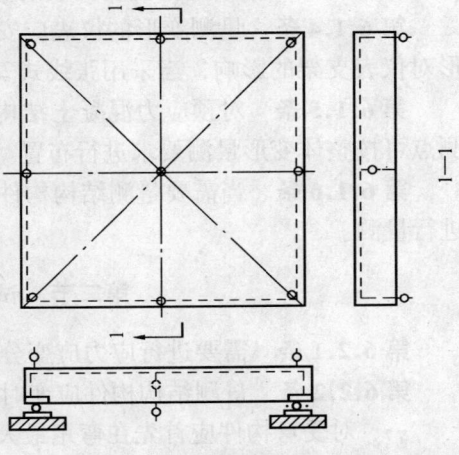

图 6.1.2-3 双向板挠度量测测点布置

七、对具有固端联结的悬臂式结构构件，应量测结构构件自由端的位移和支座沉降及支座处截面转动所产生的角变位；量测支座沉降及转动的测点宜布置在支座截面的位置（图 6.1.2-6）。

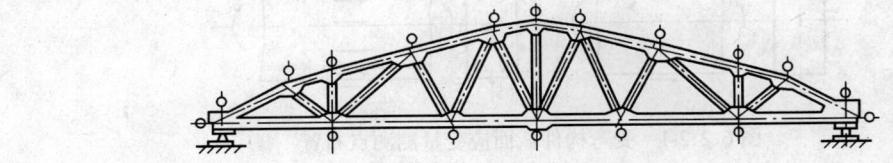

图 6.1.2-4 屋架挠度量测测点布置

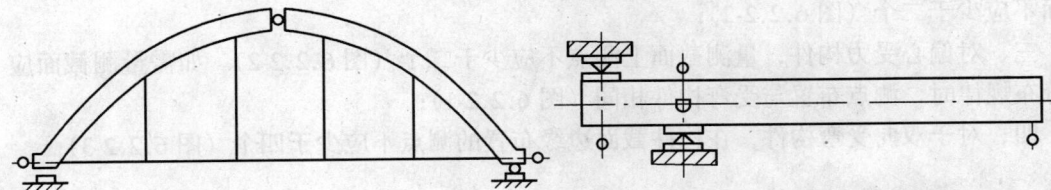

图 6.1.2-5 量测有侧向推力结构水平位移的测点布置

图 6.1.2-6 具有固端联结的悬臂式结构整体变形量测的测点布置

○—挠度计；▯—倾角仪

第 6.1.3 条 量测结构构件挠度曲线的测点布置应符合下列要求：

一、受弯及偏心受压构件量测挠度曲线的测点应沿构件跨度方向布置，包括量测支座沉降和变形的测点在内，测点不应少于五点；对于跨度大于 6m 的构件，测点数量还应适当增多（图 6.1.3）；

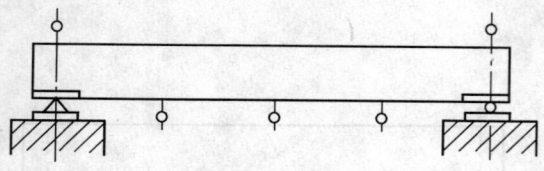

图 6.1.3 受弯构件挠度曲线量测测点布置

二、对双向板、空间薄壳结构量测挠度曲线的测点应沿二个跨度或主曲率方向布置，且任一方向的测点数包括量测支座沉降和变形的测点在内不应少于五点；

三、屋架、桁架量测挠度曲线的测点应沿跨度方向各下弦节点处布置（图 6.1.2-4）。

第 6.1.4 条 量测变形的仪表应安装在独立不动的仪表架上，现场试验应考虑地基变形对仪表支架的影响，当采用张线式安装时，应有消除张线温度影响的措施。

第 6.1.5 条 对预应力混凝土结构构件，应量测结构构件在预应力作用下的反拱值，测点可按整体变形量测要求进行布置。

第 6.1.6 条 当需要量测结构构件的极限变形时，宜采用位移传感器和自动记录仪器进行量测。

第二节 试验结构构件的局部变形

第 6.2.1 条 需要进行应力应变分析的结构构件，应量测其控制截面的应变。

第 6.2.2 条 量测结构构件应变时，测点布置应符合下列要求：

一、对受弯构件应首先在弯矩最大的截面上沿截面高度布置测点，每个截面不宜少于二个（图 6.2.2-1a）；当需要量测沿截面高度的应变分布规律时，布置测点数不宜少于五个；在同一截面的受拉区主筋上应布置应变测点（图 6.2.2-1b）；

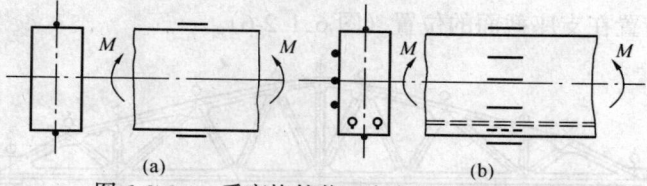

图 6.2.2-1 受弯构件截面应变量测测点布置

二、对轴心受力构件，应在构件量测截面两侧或四侧沿轴线方向相对布置测点，每个截面不应少于二个（图 6.2.2-2）；

三、对偏心受力构件，量测截面上测点不应少于二个（图 6.2.2-2）。如需量测截面应变分布规律时，测点布置与受弯构件相同（图 6.2.2-1）；

四、对于双向受弯构件，在构件截面边缘布置的测点不应少于四个（图 6.2.2-3）；

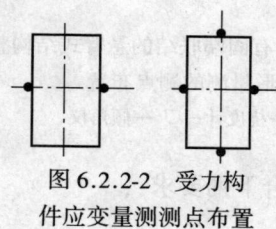

图 6.2.2-2 受力构件应变量测测点布置

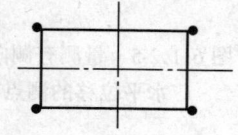

图 6.2.2-3 双向受弯构件应变量测测点布置

五、对同时受剪力和弯矩作用的构件,当需要量测主应力大小和方向及剪应力时,应布置45°或60°的平面三向应变测点（图6.2.2-4）；

六、对受扭构件,应在构件量测截面的两长边方向的侧面对应部位上布置与扭转轴线成45°方向的测点（图6.2.2-5）；测点数量应根据研究目的确定。

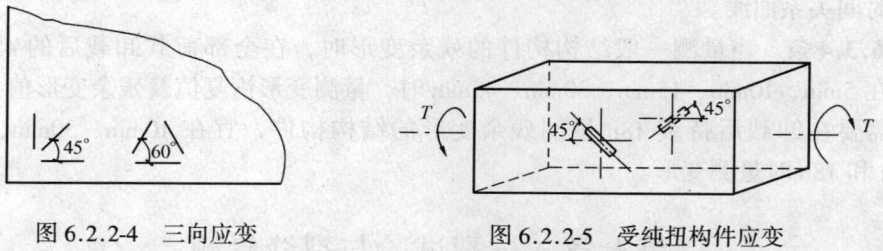

图6.2.2-4 三向应变量测测点布置　　图6.2.2-5 受纯扭构件应变量测测点布置

第6.2.3条 量测结构构件局部变形可采用千分表、杠杆应变仪、手持式应变仪或电阻应变计等各种量测应变的仪表或传感元件；

量测混凝土应变时,应变计的标距应大于混凝土粗骨料最大粒径的3倍。

第6.2.4条 当采用电阻应变计量测构件内部钢筋应变时,宜事先进行贴片,并作可靠的防护处理。

对于采用机械式应变仪量测构件内部钢筋应变时,则应在测点位置处的混凝土保护层部位预留孔洞或预埋测点；也可在预留孔洞的钢筋上粘贴电阻应变计进行量测。

第6.2.5条 当采用电阻应变计量测构件应变时,应有可靠的温度补偿措施。在温度变化较大的地方采用机械式应变仪量测应变时,应考虑温度影响进行修正。

第6.2.6条 当量测结构构件中钢筋相对于混凝土的滑移时,应在试验结构构件端部安装最小分度值为0.001mm的位移量测仪表进行量测（图6.2.6）。

第6.2.7条 对于预应力混凝土结构构件,当要求结构构件的有效预应力值时,应量测钢筋张拉和放张时的应力和结构构件控制截面上的混凝土实际预压应变值,在存放阶段,还应继续跟踪量测混凝土收缩和徐变变形；量测钢筋张拉应力值宜采用电阻应变计,对于结构构件控制截面上的混凝土预压应变值,宜采用机械式应变仪进行量测；对于混凝土收缩和徐变值应采用适于长期量测的机械式仪表量测,测点应布置在受拉预应力钢筋重心的水平位置上；对于松弛引起的预应力损失值应用力值量测仪表量测。

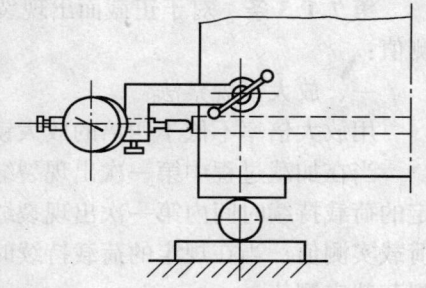

图6.2.6 构件端部钢筋滑移量测方法

第三节　试验结构构件变形的量测时间

第6.3.1条 结构构件在试验加载前,应在没有外加荷载的条件下测读仪表的初始读数。

第6.3.2条 试验时在每级荷载作用下,应在规定的荷载持续时间结束时量测结构构件的变形。结构构件各部位测点的测读程序在整个试验过程中宜保持一致,各测点间读数时间间隔不宜过长。

第 6.3.3 条 对于结构构件的刚度试验,在使用状态试验荷载作用下 30min 的持续时间内,宜在 5min、10min、15min、30min 时量测结构构件的变形。

对在使用状态试验荷载作用下需要持续时间不少于 12h 的结构构件,在整个荷载持续时间内,宜在 10min、30min、60min、2h、6h 和 12h 时分六次测读,并宜绘制结构构件的变形—时间关系曲线。

第 6.3.4 条 当量测一般结构构件的残余变形时,在全部荷载卸载后的 45min 时间内,宜在 5min、10min、15min、30min、45min 时,量测变形恢复值及残余变形值。

对需要在卸载后持续 18h 量测残余变形的结构构件,宜在 10min、30min、1h、2h、6h、12h 和 18h 时量测变形。

第七章 抗裂试验与裂缝量测

第一节 试验结构构件的抗裂试验

第 7.1.1 条 结构构件进行抗裂试验时,应在加载过程中仔细观察和判别试验结构构件中第一次出现的垂直裂缝或斜裂缝,并在构件上绘出裂缝位置,标出相应的荷载值。

当需要时,除应确定开裂荷载的实测值外,还应量测试验结构构件拉应力最大处的混凝土应变值以确定相应荷载下混凝土的应力状态。

第 7.1.2 条 垂直裂缝的观测位置应在结构构件的拉应力最大区段及薄弱环节,斜裂缝的观测位置应在弯矩和剪力均较大的区段及截面的宽度、高度等外形尺寸改变处。

对预应力混凝土构件,还应观测预拉区和端部锚固区的裂缝出现和开展。

第 7.1.3 条 对于正截面出现裂缝的试验结构构件,可采用下列方法确定开裂荷载实测值:

一、放大镜观察法

用放大倍率不低于四倍的放大镜观察裂缝的出现;

当在加载过程中第一次出现裂缝时,应取前一级荷载值作为开裂荷载实测值;当在规定的荷载持续时间内第一次出现裂缝时,应取本级荷载值与前一级荷载的平均值作为开裂荷载实测值;当在规定的荷载持续时间结束后第一次出现裂缝时,应取本级荷载值作为开裂荷载实测值。

二、荷载-挠度曲线判别法

测定试验结构构件的最大挠度,取其荷载-挠度曲线上斜率首次发生突变时的荷载值作为开裂荷载实测值;

三、连续布置应变计法

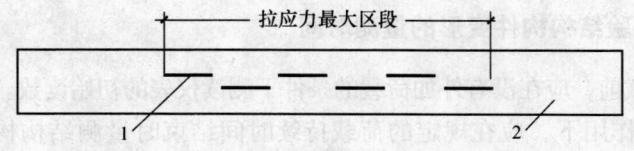

图 7.1.3 监测垂直裂缝出现的应变计布置
1—应变计;2—试件的受拉面

在截面受拉区最外层表面,沿受力主筋方向在拉应力最大区段的全长范围内连续搭接布置应变计(图 7.1.3)监测应变值的发展,取任一应变计的应变增量有突变时的荷载值作为开裂荷载实测值。

第7.1.4条 对斜截面出现裂缝的构件,可采用放大倍率不低于四倍的放大镜观察裂缝的出现;开裂荷载实测值的取值方法与第7.1.3条相同。

也可在垂直于主要斜裂缝的方向布置数个应变计监测斜裂缝的出现(图7.1.4),取任一应变计应变增量有突变时的荷载值作为开裂荷载实测值。

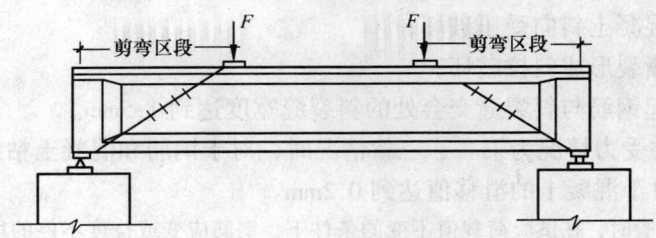

图7.1.4 监测斜裂缝出现的应变计布置示意

第7.1.5条 应记录结构构件抗裂试验的实际日期和混凝土的实际强度,以确定混凝土的预压应力值。

混凝土的预压应力值可用消压试验法确定。

第二节 试验结构构件裂缝的量测

第7.2.1条 试验结构构件开裂后应立即对裂缝的发生发展情况进行详细观测,并应量测使用状态试验荷载值作用下的最大裂缝宽度及各级荷载作用下的主要裂缝宽度、长度及裂缝间距,并应在试件上标出,绘制裂缝展开图。

第7.2.2条 垂直裂缝的宽度应在结构构件的侧面相应于受拉主筋高度处量测;斜裂缝的宽度应在斜裂缝与箍筋交汇处或斜裂缝与弯起钢筋交汇处量测。

对无腹筋的结构构件应在裂缝最宽处量测斜裂缝宽度。

第7.2.3条 在各级荷载持续时间结束时,应选三条或三条以上较大裂缝宽度进行量测,取其中的最大值为最大裂缝宽度。

第7.2.4条 最大裂缝宽度应在使用状态短期试验荷载值持续作用30min结束时进行量测。

第八章 承载力的确定

第8.0.1条 对试验结构构件进行承载力试验时,在加载或持载过程中出现下列标志之一即认为该结构构件已达到或超过承载能力极限状态:

一、结构构件受力情况为轴心受拉、偏心受拉、受弯、大偏心受压时,其标志如下:

1. 对有明显物理流限的热轧钢筋,其受拉主钢筋应力达到屈服强度,受拉应变达到0.01;

对无明显物理流限的钢筋,其受拉主钢筋的受拉应变达到0.01;

2. 受拉主钢筋拉断;

3. 受拉主钢筋处最大垂直裂缝宽度达到1.5mm;

4. 挠度达到跨度的1/50;对悬臂结构,挠度达到悬臂长的1/25;

5. 受压区混凝土压坏。

二、结构构件受力情况为轴心受压或小偏心受压时，其标志是混凝土受压破坏。

三、结构构件受力情况为受剪时，其标志如下：

1. 斜裂缝端部受压区混凝土剪压破坏；
2. 沿斜截面混凝土斜向受压破坏；
3. 沿斜截面撕裂形成斜拉破坏；
4. 箍筋或弯起钢筋与斜裂缝交会处的斜裂缝宽度达到1.5mm。

四、结构构件受力情况为第一、三款情况时，对于钢筋和混凝土粘结锚固，其标志如下：钢筋末端相对于混凝土的滑移值达到0.2mm。

注：进行加载试验时，在试验荷载值不变的条件下，钢筋应变或挠度不停的增加表示钢筋已经屈服。

第8.0.2条 进行承载力试验时，应取首先达到本标准第8.0.1条所列的标志之一时的荷载值，包括自重和加载设备重力来确定结构构件的承载力实测值。

第8.0.3条 当在规定的荷载持续时间结束后出现本标准第8.0.1条所列的标志之一时，应以此时的荷载值作为试验结构构件极限荷载的实测值；当在加载过程中出现上述标志之一时，应取前一级荷载值作为结构构件的极限荷载实测值；当在规定的荷载持续时间内出现上述标志之一时，应取本级荷载值与前一级荷载的平均值作为极限荷载实测值。

注：当采用试验机或配有液压千斤顶的设备对受压构件加荷载时，应取整个破坏试验过程中所达到的最大荷载值作为极限荷载实测值。

第九章 试验资料的整理分析

第一节 试验原始资料整理

第9.1.1条 试验原始资料应包括下列内容：

一、试验对象的考察与检查；
二、材料的力学性能试验结果；
三、试验计划与方案及实施过程中的一切变动情况记录；
四、测读数据记录及裂缝图；
五、描述试验异常情况的记录；
六、破坏形态的说明及图例照片。

注：常用试验记录表格可按本标准附录二采用。

第9.1.2条 对测读数据应进行必要的运算、换算，统一计量单位，并应严格核对。试验结构构件控制部位上安装的关键性仪表的测读数据，在试验进行过程中应及时整理、校核。

第二节 变形量测的试验结果整理

第9.2.1条 确定简支梁、板、屋架、桁架等在各级荷载作用下的短期挠度实测值，支座沉降、自重、加载设备重力加和载图式改变的影响按下列公式计算：

$$a_{s,i}^o = (a_{q,i}^o + a_g^c)\varphi \tag{9.2.1-1}$$

$$a_{q,i}^o = v_{m,i}^o - \frac{1}{2}(v_{l,i}^o + v_{r,i}^o) \tag{9.2.1-2}$$

$$a_g^c = \frac{M_g}{M_b} \cdot a_b^o \tag{9.2.1-3}$$

式中 $a_{s,i}^o$——经修正后的第 i 级试验荷载作用下的构件跨中短期挠度实测值（mm）；

$a_{q,i}^o$——消除支座沉降后在第 i 级外加试验荷载作用下的构件跨中短期挠度实测值（mm）；

a_g^c——梁、板等构件自重和加载设备重力产生的跨中挠度值（mm）；

φ——用等效集中荷载代替实际的均布荷载进行试验时的加载图式修正系数，按表 9.2.1 取用；

$v_{m,i}^o$——第 i 级外加试验荷载作用下构件跨中位移实测值（包括支座沉降）（mm）；

$v_{l,i}^o$, $v_{r,i}^o$——第 i 级外加试验荷载作用下构件左、右端支座沉降位移实测值（mm）；

M_g——构件自重和加载设备重力产生的跨中弯矩值（kN·m）；

M_b——从外加试验荷载开始至构件出现裂缝的前一级荷载为止的加载值产生的跨中弯矩值（kN·m）；

a_b^o——从外加试验荷载开始至构件出现裂缝的前一级荷载为止的加载值产生的跨中挠度实测值（mm）。

注：1. 当量测的构件挠度试验值不是跨中挠度值时，支座沉降的影响应按距离的比例或图解法修正；
2. 屋架、桁架自重产生的挠度可按荷载-挠度曲线作图法求解。

表 9.2.1 加载图式修正系数 φ

名 称	加 载 图 式	修正系数 φ
均布荷载		1.0
二集中力四分点等效荷载		0.91
二集中力三分点等效荷载		0.98
四集中力八分点等效荷载		0.97
八集中力十六分点等效荷载		1.0

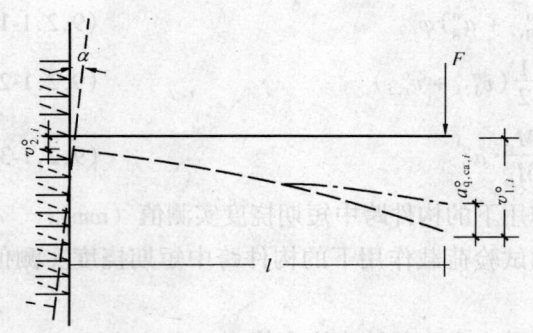

第9.2.2条 确定悬臂构件自由端在各级试验荷载作用下的短期挠度实测值，应考虑支座转角、支座沉降、自重、加载设备重力的影响，按下列公式计算（图9.2.2）：

$$a_{s,ca,i}^o = (a_{q,ca,i}^o + a_{g,ca}^c)\varphi_{ca} \quad (9.2.2\text{-}1)$$

$$a_{q,ca,i}^o = v_{1,i}^o - v_{2,i}^o - l \cdot \text{tg}\alpha \quad (9.2.2\text{-}2)$$

$$a_{g,ca}^o = \frac{M_{g,ca}}{M_{b,ca}} a_{b,ca}^o \quad (9.2.2\text{-}3)$$

图9.2.2 悬臂构件的挠度、位移和转角

式中 $a_{s,ca,i}^o$——经修正后的第 i 级试验荷载作用下悬臂构件自由端的短期挠度实测值(mm)；

$a_{q,ca,i}^o$——消除支座转角和支座沉降影响后在第 i 级外加试验荷载作用下悬臂构件自由端短期挠度实测值 (mm)；

$v_{1,i}^o$——外加试验荷载作用下悬臂构件自由端位移实测值（包括转角产生的位移和支座沉降）(mm)；

$v_{2,i}^o$——外加试验荷载作用下悬臂构件固定端支座沉降实测值 (mm)；

α——悬臂构件固定端的截面转角；

l——悬臂构件的外伸长度 (mm)；

$a_{g,ca}^c$——悬臂构件自重和加载设备重力产生的挠度值 (mm)；

$M_{g,ca}$——悬臂构件自重和加载设备重力产生的固端弯矩 (kN·m)；

$M_{b,ca}$——从外加试验荷载开始至悬臂构件出现裂缝前一级荷载为止的加载值产生的固定端弯矩值 (kN·m)；

$a_{b,ca}^o$——从外加试验荷载开始至悬臂构件出现裂缝前一级荷载为止的加载值产生的自由端挠度实测值 (mm)；

φ_{ca}——悬臂构件的加载图式修正系数；对于承受均布荷载的悬臂构件，当在自由端用一个集中力作为等效荷载时，可取为0.75。

第9.2.3条 构件长期挠度值可按下式计算：

$$a_l^c = \frac{M_l(\theta-1) + M_s}{M_s} a_s^c \quad (9.2.3)$$

式中 a_l^c——构件长期挠度值 (mm)；

a_s^c——在正常使用试验荷载下构件短期挠度实测值 (mm)；

M_l——按荷载长期效应组合计算的弯矩值 (kN·m)；

M_s——按荷载短期效应组合计算的弯矩值 (kN·m)；

θ——考虑荷载长期效应组合对挠度增大的影响系数，按《混凝土结构设计规范》（GBJ 10—89）的规定采用。

第9.2.4条 对于研究性试验，当要求将理论计算结果与试验结果进行比较时，应计算出在各级试验荷载下的结构构件短期挠度计算值与在该级试验荷载下构件短期挠度实测值的比值，及这些比值的平均值、标准差或变异系数。

第9.2.5条 下列各种变形曲线可根据试验目的绘制，并作必要说明：

一、荷载-挠度曲线；

二、各级试验荷载作用下结构构件的挠度曲线；

三、使用状态试验荷载作用下的挠度-时间关系曲线；

四、截面或支座的荷载-转角曲线；

五、其他。

第三节 抗裂试验与裂缝量测的试验结果整理

第9.3.1条 对检验性试验，抗裂检验系数实测值应按下列公式计算：

一、在荷载短期效应组合下结构构件的抗裂检验系数实测值

$$\nu_{cr,s}^o = \frac{S_{cr}^o}{S_s} \tag{9.3.1-1}$$

式中 $\nu_{cr,s}^o$——在荷载的短期效应组合下构件的抗裂检验系数实测值；

S_{cr}^o——构件的开裂内力实测值，根据构件开裂荷载实测值（包括自重）确定；

S_s——按荷载的短期效应组合的设计值（包括自重）。

二、对裂缝控制等级为二级的结构构件，在荷载长期效应组合下的抗裂检验系数实测值

$$\gamma_{cr,1}^o = \frac{S_{cr}^o}{S_1} \tag{9.3.1-2}$$

式中 $\nu_{cr,1}^o$——荷载的长期效应组合下，结构构件的抗裂检验系数实测值；

S_1——按荷载的长期效应组合的设计值（包括自重）。

第9.3.2条 对研究性试验，当要求将理论计算结果与试验结果进行比较时，应计算出结构构件开裂内力计算值与开裂内力实测值的比值，及这些比值的平均值、标准差或变异系数。

第9.3.3条 对需要作裂缝宽度检验的结构构件，应给出使用状态短期试验荷载下的最大裂缝宽度 w_{max} 和最大裂缝所在位置及裂缝展开图。

第9.3.4条 裂缝试验资料可根据试验目的按下列要求整理：

一、各级试验荷载下的最大裂缝宽度和最大裂缝所在位置，并说明裂缝的种类；

二、绘制各级试验荷载作用下的裂缝发生、发展的展开图；

三、统计出各级试验荷载作用下的裂缝宽度平均值、裂缝间距平均值。

第9.3.5条 对预应力混凝土结构构件，在确定预应力钢筋的有效预应力实测值时应从预应力钢筋张拉控制应力实测值中扣除各项预应力损失实测值。在先张法构件中还应扣除混凝土弹性回缩引起的预应力损失实测值。

在确定由预加应力产生的混凝土法向应力实测值时，应从放松或张拉预应力钢筋时产生的混凝土法向应力实测值中扣除第二批预应力损失引起的混凝土法向应力降低值。

第四节 承载力试验结果整理

第9.4.1条 对检验性试验，结构构件的承载力检验系数实测值应按下式计算：

$$\nu_u^o = \frac{S_u^o}{S} \tag{9.4.1}$$

式中 ν_u^o——结构构件的承载力检验系数实测值;
S_u^o——结构构件达到本标准第 8.0.1 条所列标志之一时的内力实测值(包括自重);
S——荷载效应组合的设计值。

第 9.4.2 条 对研究性试验,当要求将理论计算结果与试验结果进行比较时,应计算出按材料强度实测值和结构构件几何参数实测值确定的构件承载力计算值与结构构件达到本标准第 8.0.1 条所列标志之一时的内力实测值的比值,及这些比值的平均值、标准差或变异系数。

第 9.4.3 条 结构构件的应力、应变可根据下列要求分析整理:
一、各级试验荷载作用下结构构件控制截面上的应力、应变分布;
二、结构构件控制截面上最大应力(应变)-荷载关系曲线;
三、结构构件的混凝土极限应变、钢筋的极限应变;
四、结构构件复杂应力区的剪应力、主应力和主应力方向。

第 9.4.4 条 对结构构件的破坏过程及其特征,应根据本标准第 8.0.1 条对结构构件标志的规定进行分析和描述,并辅以图示或照片。

第五节 试验结果的误差及统计分析

第 9.5.1 条 对试验结果应进行误差分析。试验数据的末位数字所代表的计量单位应与所用仪表的最小分度值相一致。

第 9.5.2 条 对单次量测的直接量测结果的误差,可取所用量测仪表的精度作为基本的试验误差;对于间接量测结果的误差,应按误差传递法则进行间接量测值的误差分析。

第 9.5.3 条 对有一定数量的同一类结构构件的直接量测试验结果,其统计特征值应按下列公式计算:

平均值

$$m_x = \frac{1}{n}\sum_{i=1}^{n} x_i \tag{9.5.3-1}$$

标准差

$$s = \sqrt{\frac{\sum_{i=1}^{n}(x_i - m_x)^2}{n-1}} \tag{9.5.3-2}$$

变异系数(以百分率计)

$$\delta = \frac{s}{m_x} 100\% \tag{9.5.3-3}$$

式中 x_i——各个试验结构构件的实测值;
n——试验结构构件的数量。

第 9.5.4 条 对试验结果作回归分析时,宜采用最小二乘法拟合试验曲线,求出经验公式，并应进行相关分析和方差分析，确定经验公式的误差范围。

第十章 专门试验

第一节 低周反复荷载作用下混凝土结构构件力学性能试验

第10.1.1条 本节适用于混凝土结构构件在低周反复荷载作用下的力学性能试验。

第10.1.2条 加载设备和试验装置应符合下列要求：

一、加载设备和试验装置应根据构件的最大荷载和要求的变形来配置；

二、抗侧力装置（如反力墙）应有足够的抗弯、抗剪刚度；

三、推拉千斤顶应有足够的冲程，两端应设铰座；

四、对以剪切变形为主的试验构件，当构件顶端截面不允许产生转角时，可采用图10.1.2-1的试验装置；千斤顶宜安装在试件的1/2高度上，平行联杆机构的杆件和L形杠杆均应有足够的刚度，连接铰应作精密加工，且应减小间隙；

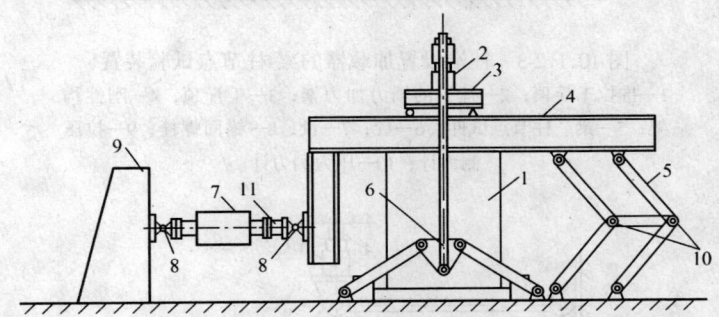

图 10.1.2-1 以剪切变形为主的结构构件的低周反复试验装置
1—试件；2—竖向荷载千斤顶；3—分配梁；4—L形杠杆；5—平行联杆机构；6—仿重力荷载架；7—推拉千斤顶；8—铰；9—反力墙；10—连结铰；11—测力计

五、对以弯剪受力为主的试验构件，可采用图10.1.2-2的试验装置，其中，垂直荷

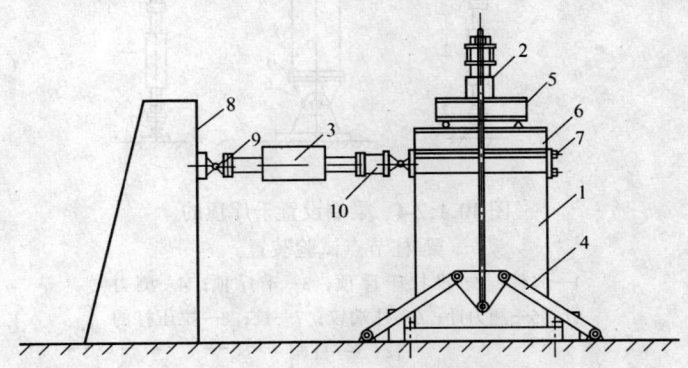

图 10.1.2-2 以弯剪受力为主的结构构件的低周反复试验装置
1—试件；2—竖向荷载千斤顶；3—推拉千斤顶；4—仿重力荷载架；5—分配梁；6—卧架；7—螺栓；8—反力架；9—铰；10—测力计

载的施加宜采用仿重力荷载架装置，尽可能减小滚动摩擦力对推力的抵消作用；

六、对于梁-柱节点试验，当需要考虑柱本身的荷载-变形（$F-u$）效应时，可采用图 10.1.2-3 所示的试验装置；试验装置各杆应有足够的抗弯刚度，并应减小各铰联结的摩阻力；梁-柱节点试验也可采用图 10.1.2-4 所示的试验装置。

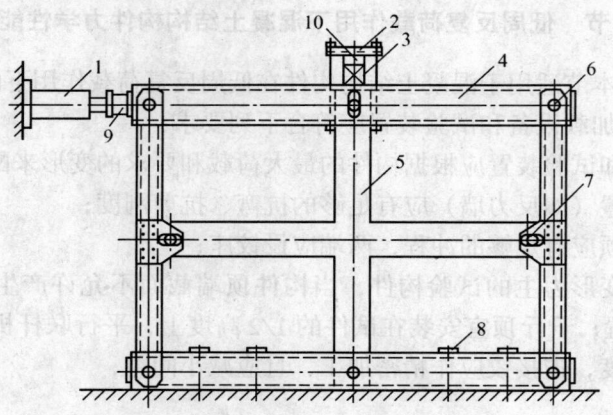

图 10.1.2-3 柱端设置加载器的梁-柱节点试验装置
1—推拉千斤顶；2—柱子的轴力加力架；3—千斤顶；4—刚性构架；5—梁、柱节点试件；6—铰；7—铰；8—锚固螺栓；9—拉压测力计；10—压力测力计

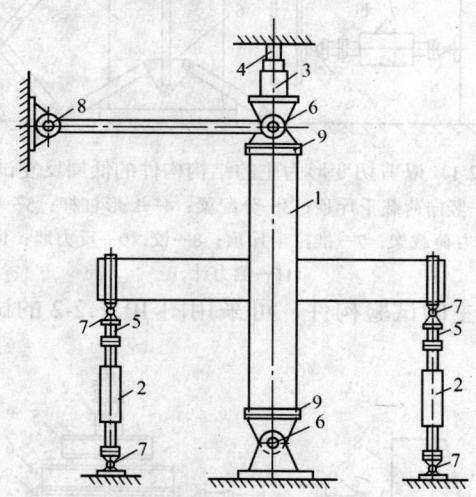

图 10.1.2-4 梁端设置千斤顶的
梁-柱节点试验装置
1—试件；2—推拉千斤顶；3—千斤顶；4—测力计；5—测力计；6—柱端铰；7—铰；8—拉压杆的铰；9—柱帽

第 10.1.3 条 加载方法和加载程序应根据结构构件特点和试验研究目的确定，并应符合下列规定：

一、试验时应首先施加轴向荷载,并应在施加反复试验荷载时保持轴向荷载值稳定;

反复试验荷载的加载程序宜采用荷载－变形混合控制方法;在结构构件达到屈服荷载前,宜采用荷载(或应力)控制;在结构构件达到屈服荷载后,宜采用变形(应变)控制;

二、在结构构件的荷载达到屈服荷载前,宜取屈服荷载值的0.5倍、0.75倍和1.0倍作为回载控制点;在结构构件的荷载达到屈服荷载后,宜取屈服变形的倍数点作为回载控制点;

三、反复加载次数应根据试验目的确定。一般情况下每一级控制荷载或控制变形下的反复加载次数宜取为三次。若在某一级控制荷载下结构构件的残余变形很小,则可在该级控制荷载下进行一次反复加载;

当研究承载力退化率时,在相应于某一位移延性系数下进行反复加载次数不宜少于五次;

当研究刚度退化率时,在选定的荷载作用下进行反复加载次数不宜少于五次;

试验中应保证反复加载过程的连续性,每次循环时间宜一致。

第10.1.4条 量测仪表的基本性能应满足本标准第三章有关规定要求,并宜采用可连续量测和自动记录试验全过程的仪表;

第10.1.5条 试验量测内容应根据试验目的确定,宜包括以下项目:

一、荷载值及支座反力值;

二、结构构件受拉和受压主钢筋的应变;

三、结构构件受力箍筋的应变;

四、各级荷载下构件的变形(包括挠度、截面转角、支座转动、曲率、剪切变形等);

五、结构构件主钢筋在锚固区的粘结滑移;

六、裂缝的出现及裂缝宽度。

第10.1.6条 试验数据的整理分析宜包括以下项目:

一、开裂荷载的取值方法与本标准第七章相同;

二、屈服荷载和屈服变形应取试验结构构件的受拉主钢筋应力达到屈服强度时的试验荷载作为屈服荷载,其相应的变形作为屈服变形;

三、极限荷载应取试验结构构件所能承受的最大荷载作为极限荷载(图10.1.6);

四、破损荷载和极限变形宜取极限荷载下降15%时所对应的荷载作为破损荷载,其

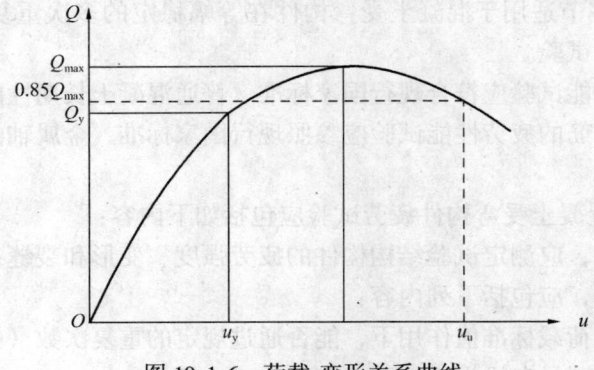

图10.1.6 荷载-变形关系曲线

相应的变形为极限变形（图 10.1.6）；

五、在低周反复荷载试验中，应取荷载-变形关系曲线各级的第一循环的峰点（回载顶点）连接的包络线作为骨架曲线；对非对称配筋结构构件的骨架曲线，应分别在第一象限和第三象限表示；

六、试验结构构件的延性系数应按下式计算：

$$\mu = \frac{u_u}{u_y} \tag{10.1.6-1}$$

式中　μ——试验结构构件的延性系数；
　　　u_u——在荷载下降段相应于破损荷载的变形；
　　　u_y——相应于屈服荷载的变形。

七、试验结构构件的承载力退化可用承载力降低系数表示，承载力降低系数应按下式计算：

$$\lambda_i = \frac{Q^1_{j,\min}}{Q^1_{j,\max}} \tag{10.1.6-2}$$

式中　$Q^1_{j,\min}$——位移延性系数为 j 时，第 i 次加载循环的峰点荷载值；
　　　$Q^1_{j,\max}$——位移延性系数为 j 时，第一次加载循环的峰点荷载值。

八、试验结构构件的刚度退化可用环线刚度表示，环线刚度应按下式计算：

$$K_1 = \frac{\sum_{i=1}^{n} Q_j^i}{\sum_{i=1}^{n} u_j^i} \tag{10.1.6-3}$$

式中　K_1——环线刚度；
　　　Q_j^i——位移延性系数为 j 时，第 i 次循环的峰点荷载值；
　　　u_j^i——位移延性系数为 j 时，第 i 次循环的峰点变形值；
　　　n——循环次数。

九、应画出滞回环的形状并求出面积，再根据此形状和面积对试验结构构件的破坏机制作出判断。

第二节　混凝土受弯构件等幅疲劳试验

第 10.2.1 条　本节适用于混凝土受弯构件在等幅稳定的多次重复荷载作用下正截面和斜截面的疲劳性能试验。

混凝土的疲劳性能试验应符合现行国家标准《普通混凝土长期性能和耐久性能试验方法》的有关规定。钢筋的疲劳性能试验应参照现行国家标准《金属轴向疲劳试验方法》的有关规定。

第 10.2.2 条　混凝土受弯构件疲劳试验应包括如下内容：

对于研究性试验，应测定试验结构构件的疲劳强度、变形和裂缝；

对于检验性试验，应包括下列内容：

一、检验在吊车荷载标准值作用下，能否通过规定的重复次数（中级工作制吊车梁为 2×10^6 次，重级工作制吊车梁为 4×10^6 次）；

二、量测构件的挠度、抗裂和裂缝宽度等。

第10.2.3条 疲劳试验的加载设备及量测仪表应符合下列要求：

一、疲劳试验宜采用结构疲劳试验机脉动千斤顶等设备，并应符合以下要求：

1．荷载精度应满足本标准第三章的要求；

2．荷载量程 应同时满足最大荷载及最小荷载值的要求；

3．脉冲量 应大于脉动千斤顶活塞面积与振幅的乘积。

二、荷载架在荷载平面内及侧向均应有足够的刚度和疲劳强度。疲劳试验台座必须满足强度的要求。

三、疲劳试验支座，除满足计算简图及本标准第三章试验支座的要求外，还应具有防止疲劳试验过程中试件滑移、脱落的功能（图10.2.3）；

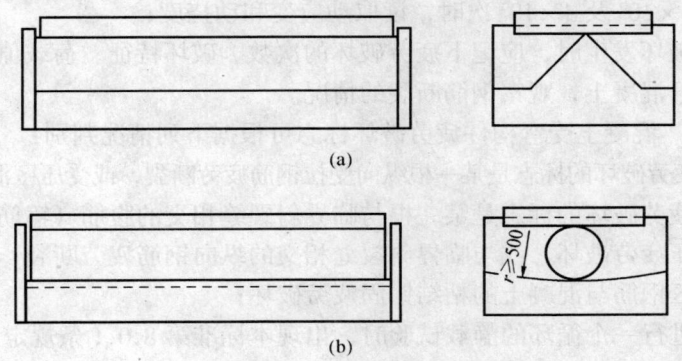

图10.2.3 混凝土受弯构件疲劳试验支座
(a) 固定铰支座；(b) 滚动铰支座

四、为防止疲劳试验过程中和破坏时试验结构构件侧向移动或倾覆，应设置侧向支撑。

五、试验中用的量测仪表，应符合本标准第三章的要求，并在疲劳试验过程中应与试验结构构件脱离接触。在疲劳试验过程中的动态量测，应采用动态量测仪器。

第10.2.4条 制定试验方案应包括下列内容：

一、对于检验性的正截面、斜截面疲劳试验，应分别根据设计文件中吊车荷载最不利作用位置时的吊车荷载标准值产生的效应值，分别确定试验时的加载位置、最大荷载值和最小荷载值。选择规格合适的脉动千斤顶；

二、确定重复加载的次数、加载程序和加载频率。加载频率不应大于试验结构构件或荷载架自振频率的80%，同时不应小于其自振频率的130%；

三、根据试验目的，拟定仪表布置方案（见本标准第三章和第六章的有关条款）；

四、制定疲劳试验过程中的安全防护措施，除按本标准第十章的要求外，应设置可靠的自动停车装置。

第10.2.5条 疲劳试验应按下述程序进行：

一、疲劳试验前，应对钢筋、混凝土进行所需的材料力学性能试验；

二、先作2次或3次加载卸载循环的静载试验。荷载分级可采取最大荷载值 Q_{max} 的20%为一级。加载时宜分五级加到最大荷载，但在经过荷载最小值时应增加一级；卸载时宜分五级卸载到零，但在经过最小荷载值时应增加一级；对于允许出现裂缝的试验结构构件，在第一循环加载过程中，裂缝出现前，应适当加密荷载等级；

在每级加载或卸载时，读取仪表读数，观测裂缝等；

三、疲劳试验宜按下列次序加载：

调节计数器→开动试验机（待机器达到正常状态）→加最小荷载→调节加载频率→加最大荷载→反复调节最大、最小荷载至规定值；

疲劳试验过程中应保持荷载的稳定性，其误差不应超过最大荷载的±3%；

四、根据试验要求宜在重复加载到 $10×10^3$、$100×10^3$、$500×10^3$、$1×10^6$、$2×10^6$ 及 $4×10^6$ 次时，停机进行一个循环的静载试验，读仪表读数和观测裂缝等；加卸载方法同前述；

宜在加载到 $10×10^3$、$20×10^3$、$50×10^3$、$100×10^3$、$200×10^3$、$500×10^3$、$1×10^6$、$1.5×10^5$、$2×10^6$、$3×10^6$ 及 $4×10^6$ 次时，读取动应变和动挠度；

五、当疲劳破坏发生时，应记下疲劳破坏的次数、破坏特征、荷载值等。钢筋发生疲劳断裂时，应打开混凝土，观察钢筋断裂的情况。

第10.2.6条 混凝土受弯构件疲劳破坏标志可根据下列情况判别：

一、正截面疲劳破坏的标志是某一根纵向受拉钢筋疲劳断裂，或受压区混凝土疲劳破坏；

二、斜截面疲劳破坏的标志是某一根与临界斜裂缝相交的腹筋（箍筋或弯筋）疲劳断裂，或混凝土剪压疲劳破坏，或与临界斜裂缝相交的纵向钢筋疲劳断裂；

三、在锚固区钢筋与混凝土的粘结锚固疲劳破坏；

四、在停机进行一个循环的静载试验时，出现本标准第8.0.1条规定的标志之一。

第三节 钢筋和混凝土粘结强度对比试验

第10.3.1条 本节适用于直径大于10mm的各类非预应力钢筋的粘结强度对比试验，并根据对比试验结果评价钢筋和混凝土粘结性能。

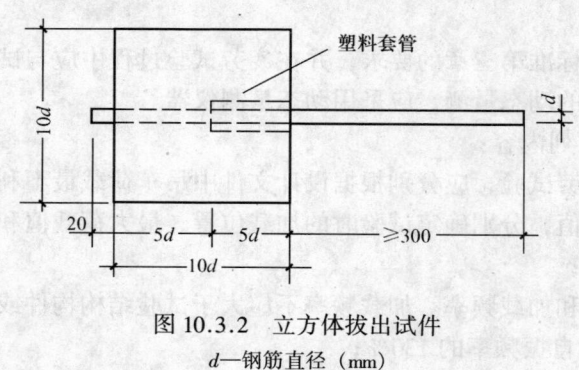

图10.3.2 立方体拔出试件
d—钢筋直径（mm）

第10.3.2条 钢筋和混凝土的粘结强度应采用无横向钢筋的立方体中心拔出试件（简称拔出试件）确定。拔出试件应符合下列要求：

一、拔出试件应采用边长为10倍钢筋直径的混凝土立方体试件（图10.3.2）。钢筋放置在立方体的中轴线上，埋入部分长度和无粘结部分长度各为 $5d$。钢筋伸出混凝土试件表面的长度：自由端为20mm，加载端应根据垫板厚度、穿孔球铰高度及加载装置的夹具长度确定，但不宜小于300mm；

二、钢筋表面不应有锈蚀、油污及不正常的横肋轧制标记，安装百分表的钢筋端面应加工成垂直于钢筋轴的平滑表面；

在混凝土中无粘结部分的钢筋应套上硬质的光滑塑料套管，套管末端与钢筋之间空隙应封闭；

三、试件的混凝土应采用普通骨料，粗骨料最大颗粒粒径不得大于1.25倍钢筋直径；

试件的混凝土强度等级为 C30，混凝土立方体抗压强度允许偏差应为 ±3MPa。

四、拔出试件数量每组应制作六个。应同时制作混凝土立方体试件，每组三个，其振捣方法与养护条件应与拔出试件一致；

五、试件应在钢模或不变形的试模中成型。模板上应预留钢筋位置孔。宜用振动台振捣；

试件的浇注面应与钢筋纵轴平行。钢筋应与混凝土承压面垂直，并水平设置在模板内。钢筋的两纵肋平面应放置在水平面上；

六、试件应在标准养护室内进行养护。在试件龄期为 28d 时进行试验。

第 10.3.3 条 试验装置承压垫板的边长不应小于拔出试件的边长，其厚度不应小于 15mm。垫板中心孔径应为 2 倍钢筋直径（图 10.3.3）。

第 10.3.4 条 加载速度应根据各种钢筋的直径确定，每种钢筋施加荷载的速度应按下式计算：

$$V_F = 0.03 d^2 \quad (10.3.4)$$

式中 V_F——加载速度（kN/min）；
d——钢筋直径（mm）。

加载速度应均匀，不应施加冲击荷载。

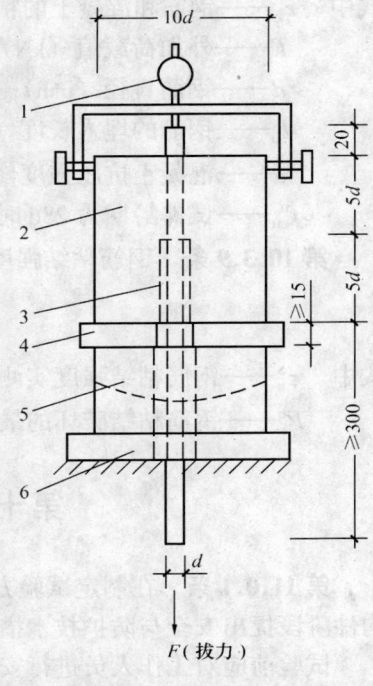

图 10.3.3 立方体拔出试验装置
1—百分表或位移传感器；2—试件；3—塑料套管；4—承压垫板；5—穿孔球铰；6—试验机垫板

第 10.3.5 条 粘结强度试验的试验机精度不应低于 2 级，最小分度值不应大于粘结破坏时的最大荷载值的 2%。

试验机的最大荷载值不应小于钢筋试件的破坏荷载值。

第 10.3.6 条 拔出试验量测的项目应包括下列内容：

一、钢筋自由端开始滑移时的荷载值 F_{so}；
二、与各级荷载值相应的钢筋自由端的滑移值 S；
三、钢筋粘结破坏时的最大荷载值 F_u；
四、粘结破坏时钢筋自由端的最大滑移值 S_u。

第 10.3.7 条 凡出现以下情况之一的试件，其试验结果不能作为确定钢筋粘结强度的依据：

一、试件的混凝土强度不符合本标准要求；
二、钢筋与混凝土承压面不垂直，偏斜较大，致使试件提前劈裂破坏。

第 10.3.8 条 各级荷载作用下的粘结应力可按下列公式计算：

$$\tau_F = \frac{F}{\pi d l_a} \cdot \alpha \quad (10.3.8\text{-}1)$$

$$\alpha = \frac{30}{f_{cu}'} \quad (10.3.8\text{-}2)$$

$$l_a = 5d \quad (10.3.8\text{-}3)$$

式中　τ_F——钢筋和混凝土的粘结应力（kN/mm²）；
　　　F——外加荷载值（kN）；
　　　d——钢筋直径（mm）；
　　　l_a——钢筋的埋入长度（mm）；
　　　α——混凝土抗压强度修正系数；
　　　f^c_{cu}——试件龄期为28d时混凝土立方体抗压强度实测值（kN/mm²）。

第10.3.9条　钢筋粘结强度实测值可按下式计算：

$$\tau^o_u = \frac{F^o_u}{\pi d l_a} \cdot \alpha \tag{10.3.9}$$

式中　τ^o_u——钢筋粘结强度实测值（kN/mm²）；
　　　F^o_u——钢筋粘结破坏的最大荷载实测值（kN）。

第十一章　安全与防护措施

第11.0.1条　在制定试验方案时应对试验的准备阶段、试验进行阶段和试验后拆除构件阶段提出安全与防护技术措施。

试验前应对工作人员进行安全交底。

结构试验应设安全员负责检查安全工作，安全员应由熟悉试验工作的人员担任。

第11.0.2条　在试验准备工作中有关试验结构构件、加载设备、荷载架等的吊装，电气设备、电气线路等的安装以及试验后拆除构件和试验装置的操作均应符合有关建筑安装工程的安全技术规程的规定。

第11.0.3条　试验使用的设备应有操作规程，并应严格遵守。

第11.0.4条　试验用的加载设备、荷载架、支座、支墩等应有足够的安全储备，现场试验的地基应有足够的承载力和刚度。

第11.0.5条　试验屋架、桁架等大型结构构件时，必须根据安全要求设置侧向安全架，侧向安全架不应妨碍试验结构构件的正常工作。

在试验中，工作人员测读仪表、观察裂缝和进行加载等操作均应有安全可靠的工作台或脚手架。工作台和脚手架不应妨碍试验结构构件的正常工作。

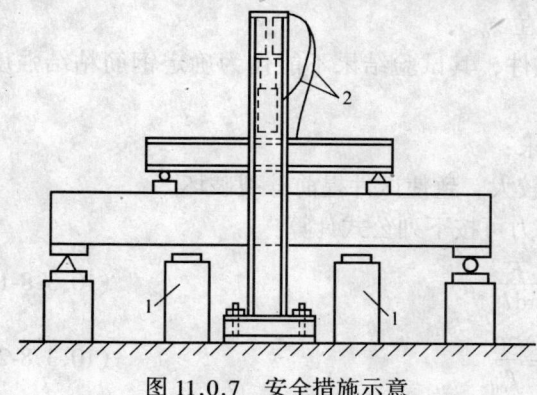

图11.0.7　安全措施示意
1—安全支墩；2—保护索

第11.0.6条　在试验过程中应注意人身和仪表的安全。试验地区宜设置明显标志。

当荷载达到承载力试验荷载计算值的85%时，宜拆除可能损坏的仪表。对于需要保留下来量测结构破坏阶段的结构反应的仪表，应采取有效的保护措施。

第11.0.7条　试验时应防止试验结构构件和设备的倒塌，并应设置安全托架或支墩。安全托架或支墩和试验结构构件宜保持尽可能小的距离，但不应妨碍试验结构构件的变形。试验用的千斤顶、分配梁和仪表等应吊在支架上（图 11.0.7）。

对可能发生突然破坏的试验结构构件进行试验时应采取特别防护措施以防止物体飞出危及人身、仪表和设备的安全。

附录一 加 载 装 置

常见的结构构件加载装置示意图如下：

（一）简支板用重物加载装置（附图 1.1）

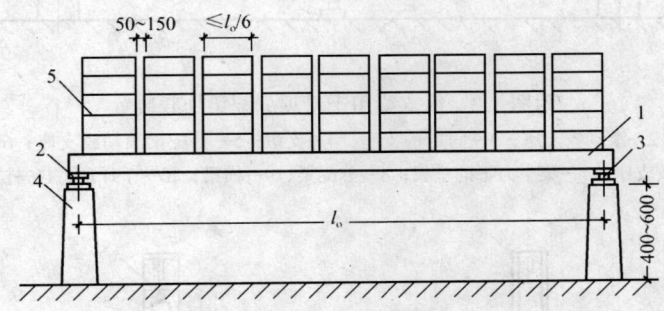

附图 1.1 简支板用重物加载装置

1—试验板；2—滚动铰支座；3—固定铰支座；4—支墩；5—重物

（二）杠杆加载装置（附图 1.2）

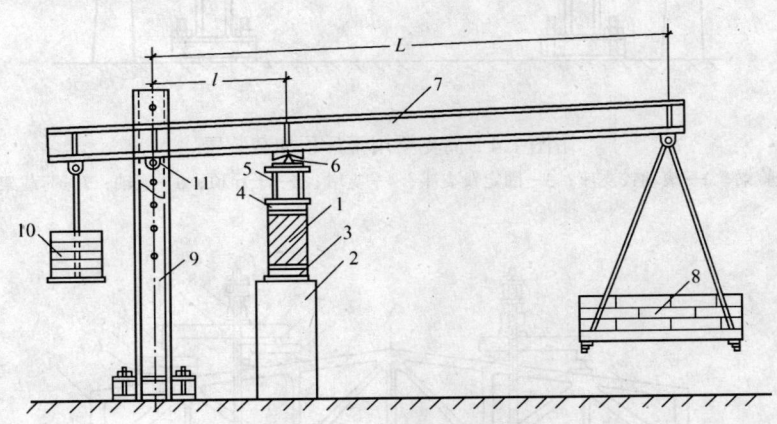

附图 1.2 杠杆加载装置

1—试件；2—支墩；3—试件铰支座；4—分配梁铰支座；5—分配梁；6—刀口支点；7—杠杆；
8—加载重物；9—杠杆拉杆；10—平衡杠杆自重的平衡重；11—钢梢（支点）

（三）简支梁用千斤顶分配梁加载装置（附图 1.3）

（四）简支梁用千斤顶加载装置（附图 1.4）

（五）桁架用千斤顶加载装置（附图 1.5）；

（六）柱用试验机加载装置（附图 1.6）；

（七）柱用荷载架加载装置（附图 1.7）；

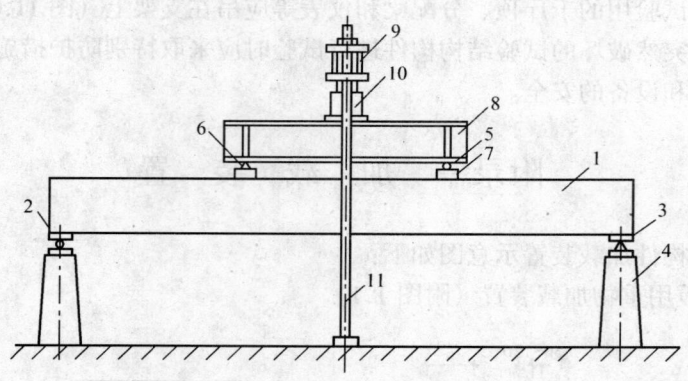

附图 1.3　简支梁用千斤顶分配梁加载装置

1—试验梁；2—滚动铰支座；3—固定铰支座；4—支墩；5—分配梁滚动铰支座；6—分配梁固定铰支座；7—集中力下的垫板；8—分配梁；9—横梁；10—千斤顶；11—拉杆

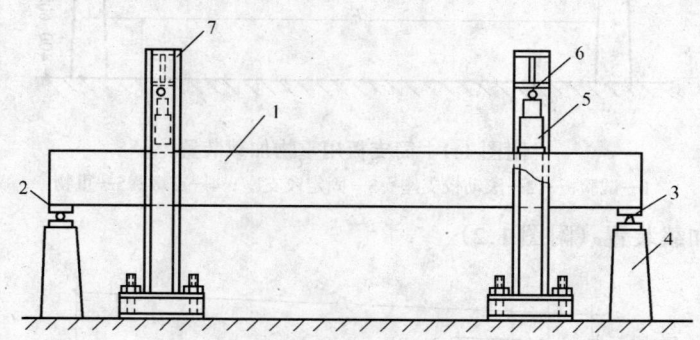

附图 1.4　简支梁用千斤顶加载装置

1—试验梁；2—滚动铰支座；3—固定铰支座；4—支墩；5—千斤顶；6—滚轴；7—荷载架

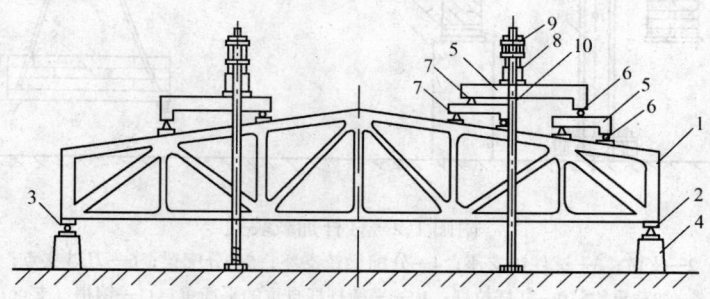

附图 1.5　桁架用千斤顶加载装置

1—试验桁架；2—固定铰支座；3—滚动铰支座；4—支墩；5—分配梁；6—分配梁滚动铰支座；7—分配梁固定铰支座；8—千斤顶；9—横梁；10—千斤顶

（八）柱卧位试验加载装置（附图 1.8）；

（九）墙板轴向加载装置（附图 1.9）；

（十）受扭构件加载装置（附图 1.10）。

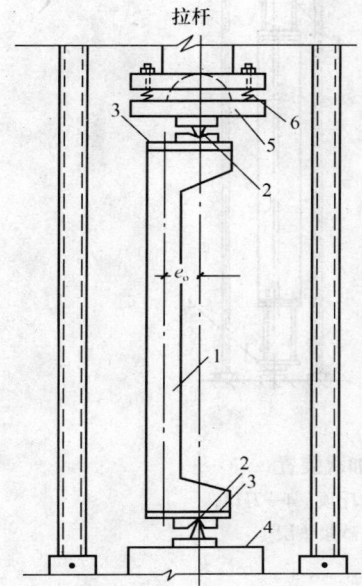

附图1.6 柱用试验机加载装置
1—试验柱；2—刀口；3—垫板；4—试验机下压板；5—试验机上压板；6—调节试验机压板的弹簧

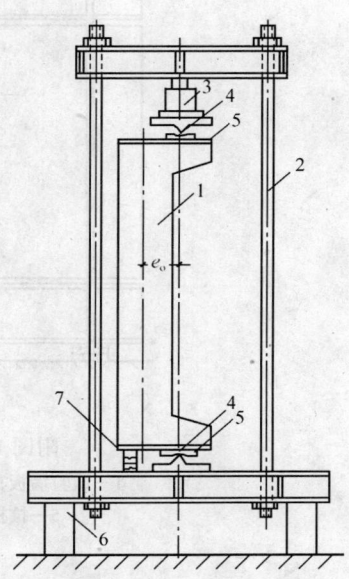

附图1.7 柱用荷载架加载装置
1—试验柱；2—荷载架；3—千斤顶；4—刀口；5—垫板；6—支墩；7—临时垫木

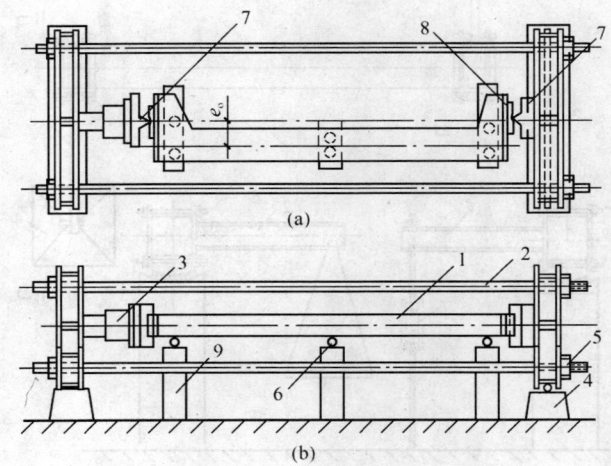

附图1.8 柱卧位试验加载装置
(a) 俯视图；(b) 侧视图
1—试验柱；2—荷载架；3—千斤顶；4—荷载架支墩；5—滚轴；6—滚珠；7—刀口；8—垫板；9—试件支墩

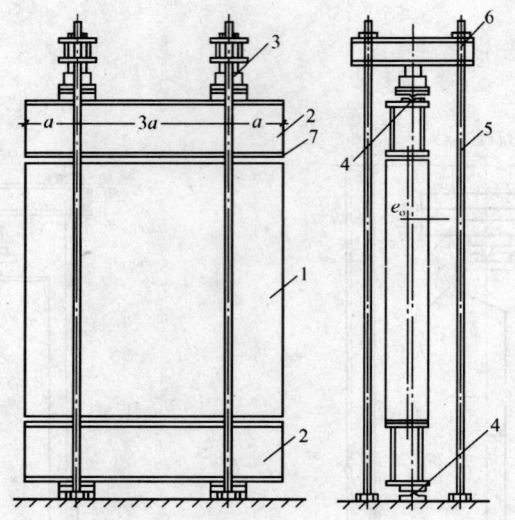

附图1.9 墙板轴向加载装置
1—试验墙板；2—卧梁；3—千斤顶；4—刀口；
5—拉杆；6—横梁；7—砂浆垫层

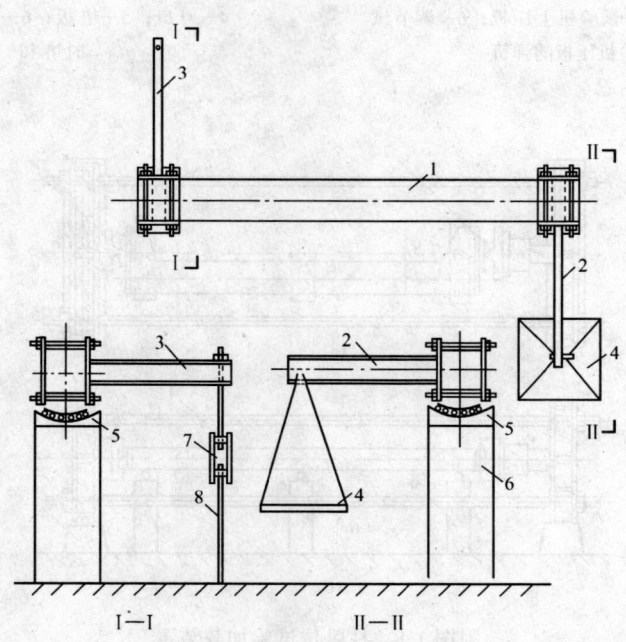

附图1.10 受扭构件加载装置
1—受扭构件；2—加载臂；3—平衡臂；4—吊盘；5—自由转动支座；6—支墩；7—花兰螺丝；8—拉杆

附录二 常用试验记录表格

附表 2.1 试验_____仪表测读数据记录表

试验日期_____ 气候_____ 温度_____ 试件名称_____ 试件编号_____

荷载级数	荷载		测读时间	温度		测点号： 仪器号： 特 性：				测点号： 仪器号： 特 性：				测点号： 仪器号： 特 性：				测点号： 仪器号： 特 性：				测点号： 仪器号： 特 性：				备注
	加载时间	加载值			累计值	读数	读数差	累计	换算	读数	读数差	累计	换算	读数	读数差	累计	换算	读数	读数差	累计	换算	读数	读数差	累计	换算	

加载示意图及仪表布置图

测读_____ 记录_____ 整理_____ 校核_____ 负责_____

附表 2.2 裂 缝 记 录 表

试件名称 _____　　　　　　　　　　　　　　　　　　　　年　月　日
试件编号 _____　　　　　　　　　　　　　　　　　　　　第　页　共　页

时间	裂缝编号	分级	累计高度	宽度	高度	宽度	高度	宽度	高度	宽度	高度	宽度	编号	间距	距离	备注

裂缝草图

测读 _____　记录 _____　整理 _____　校核 _____　负责人 _____

附录三 本标准用词说明

一、为便于在执行本标准条文时区别对待，对要求严格程度不同的用词说明如下：

1. 表示很严格，非这样作不可的：

正面词采用"必须"，

反面词采用"严禁"。

2. 表示严格，在正常情况均应这样作的：

正面词采用"应"，

反面词采用"不应"或"不得"。

3. 表示允许稍有选择，在条件许可时首先应这样作的：

正面词采用"宜"或"可"，

反面词采用"不宜"。

二、条文中指定应按其他有关标准、规范执行时，写法为"应符合……的规定"或"应按……执行"。

附加说明

本标准主编单位、参加单位和主要起草人名单

主 编 单 位：中国建筑科学研究院。

参 加 单 位：哈尔滨建筑工程学院、同济大学、清华大学、湖南大学、太原工业大学。

主要起草人：沈在康　潘景龙

（以下按姓氏笔划为序）

王娴明　王济川　王晋生　金英俊　姚振纲　洪婉儿　姚剑平

中华人民共和国国家标准

混凝土结构工程施工质量验收规范

Code for acceptance of constructional quality of concrete structures

GB 50204—2002

主编部门：中国建筑科学研究院
批准部门：中华人民共和国建设部
实施日期：２００２年４月１日

关于发布国家标准《混凝土结构工程施工质量验收规范》的通知

建标〔2002〕63号

根据建设部《关于印发一九九八年工程建设国家标准制定、修订计划（第二批）的通知》（建标〔1998〕244号）的要求，中国建筑科学研究院会同有关单位共同修订了《混凝土结构工程施工质量验收规范》。我部组织有关部门对该规范进行了审查，现批准为国家标准，编号为GB 50204—2002，自2002年4月1日起施行。其中，4.1.1、4.1.3、5.1.1、5.2.1、5.2.2、5.5.1、6.2.1、6.3.1、6.4.4、7.2.1、7.2.2、7.4.1、8.2.1、8.3.1、9.1.1为强制性条文，必须严格执行。原《混凝土结构工程施工及验收规范》GB 50204—92和《预制混凝土构件质量检验评定标准》GBJ 321—90同时废止。

本规范由建设部负责管理和对强制性条文的解释，中国建筑科学研究院负责具体技术内容的解释，建设部标准定额研究所组织中国建筑工业出版社出版发行。

中华人民共和国建设部
2002年3月15日

前 言

本规范是根据建设部《关于印发一九九八年工程建设国家标准制订、修订计划（第二批）的通知》（建标 [1998] 244 号）的要求，由中国建筑科学研究院会同有关单位对《建筑工程质量检验评定标准》GBJ 301—88 中第五章、《预制混凝土构件质量检验评定标准》GBJ 321—90 和《混凝土结构工程施工及验收规范》GB 50204—92 修订而成的。

在修订过程中，编制组开展了专题研究和工程试点应用，进行了比较广泛的调查研究，总结了我国混凝土结构工程施工质量验收的实践经验，坚持了"验评分离、强化验收、完善手段、过程控制"的指导原则，并以多种方式广泛征求了有关单位的意见，最后经审查定稿。

本规范规定的主要内容有：混凝土结构工程及其分项工程施工质量验收标准、内容和程序；施工现场质量管理和质量控制要求；涉及结构安全的见证及抽样检测。

本规范将来可能需要进行局部修订，有关局部修订的信息和条文内容将刊登在《工程建设标准化》杂志上。

本规范以黑体字标志的条文为强制性条文，必须严格执行。

为了提高规范质量，请各单位在执行本规范过程中，注意总结经验，积累资料，随时将有关的意见和建议反馈给中国建筑科学研究院（通讯地址：北京市北三环东路 30 号；邮政编码：100013；E-mail：code_ibs_cabr@263.net.cn），以供今后修订时参考。

本规范主编单位、参编单位和主要起草人：

主 编 单 位：中国建筑科学研究院
参 编 单 位：北京建工集团有限责任公司
　　　　　　　北京城建集团有限责任公司混凝土分公司
　　　　　　　北京市建设工程质量监督总站
　　　　　　　上海市第一建筑有限公司
　　　　　　　中国建筑第一工程局第五建筑公司
　　　　　　　国家建筑工程质量监督检验中心
　　　　　　　中国人民解放军工程质量监督总站
　　　　　　　北京市建委开发办公室
主要起草人：徐有邻　程志军　白生翔　韩素芳　艾永祥
　　　　　　李东彬　张元勃　路来军　马兴宝　高小旺
　　　　　　马洪晔　蒋　寅　彭尚银　周磊坚　翟传明

目 次

1 总则 ·· 405
2 术语 ·· 405
3 基本规定 ·· 405
4 模板分项工程 ··· 406
　4.1 一般规定 ··· 406
　4.2 模板安装 ··· 407
　4.3 模板拆除 ··· 409
5 钢筋分项工程 ··· 410
　5.1 一般规定 ··· 410
　5.2 原材料 ·· 410
　5.3 钢筋加工 ··· 411
　5.4 钢筋连接 ··· 412
　5.5 钢筋安装 ··· 414
6 预应力分项工程 ··· 415
　6.1 一般规定 ··· 415
　6.2 原材料 ·· 415
　6.3 制作与安装 ··· 417
　6.4 张拉和放张 ··· 418
　6.5 灌浆及封锚 ··· 420
7 混凝土分项工程 ··· 420
　7.1 一般规定 ··· 420
　7.2 原材料 ·· 421
　7.3 配合比设计 ··· 422
　7.4 混凝土施工 ··· 422
8 现浇结构分项工程 ··· 424
　8.1 一般规定 ··· 424
　8.2 外观质量 ··· 425
　8.3 尺寸偏差 ··· 425
9 装配式结构分项工程 ··· 427
　9.1 一般规定 ··· 427
　9.2 预制构件 ··· 427
　9.3 结构性能检验 ·· 429
　9.4 装配式结构施工 ·· 432
10 混凝土结构子分部工程 ··· 433
　10.1 结构实体检验 ·· 433
　10.2 混凝土结构子分部工程验收 ··· 434

附录 A　质量验收记录 ·· 434
附录 B　纵向受力钢筋的最小搭接长度 ······························ 438
附录 C　预制构件结构性能检验方法 ·································· 438
附录 D　结构实体检验用同条件养护试件强度检验 ················ 441
附录 E　结构实体钢筋保护层厚度检验 ······························ 442
本规范用词用语说明 ··· 442
条文说明 ··· 443

1 总　　则

1.0.1 为了加强建筑工程质量管理，统一混凝土结构工程施工质量的验收，保证工程质量，制定本规范。

1.0.2 本规范适用于建筑工程混凝土结构施工质量的验收，不适用于特种混凝土结构施工质量的验收。

1.0.3 混凝土结构工程的承包合同和工程技术文件对施工质量的要求不得低于本规范的规定。

1.0.4 本规范应与国家标准《建筑工程施工质量验收统一标准》GB 50300—2001 配套使用。

1.0.5 混凝土结构工程施工质量的验收除应执行本规范外，尚应符合国家现行有关标准的规定。

2 术　　语

2.0.1 混凝土结构　concrete structure
　　以混凝土为主制成的结构，包括素混凝土结构、钢筋混凝土结构和预应力混凝土结构等。

2.0.2 现浇结构　cast-in-situ concrete structure
　　系现浇混凝土结构的简称，是在现场支模并整体浇筑而成的混凝土结构。

2.0.3 装配式结构　prefabricated concrete structure
　　系装配式混凝土结构的简称，是以预制构件为主要受力构件经装配、连接而成的混凝土结构。

2.0.4 缺陷　defect
　　建筑工程施工质量中不符合规定要求的检验项或检验点，按其程度可分为严重缺陷和一般缺陷。

2.0.5 严重缺陷　serious defect
　　对结构构件的受力性能或安装使用性能有决定性影响的缺陷。

2.0.6 一般缺陷　common defect
　　对结构构件的受力性能或安装使用性能无决定性影响的缺陷。

2.0.7 施工缝　construction joint
　　在混凝土浇筑过程中，因设计要求或施工需要分段浇筑而在先、后浇筑的混凝土之间所形成的接缝。

2.0.8 结构性能检验　inspection of structural performance
　　针对结构构件的承载力、挠度、裂缝控制性能等各项指标所进行的检验。

3 基 本 规 定

3.0.1 混凝土结构施工现场质量管理应有相应的施工技术标准、健全的质量管理体系、施工质量控制和质量检验制度。

混凝土结构施工项目应有施工组织设计和施工技术方案，并经审查批准。

3.0.2 混凝土结构子分部工程可根据结构的施工方法分为两类：现浇混凝土结构子分部工程和装配式混凝土结构子分部工程；根据结构的分类，还可分为钢筋混凝土结构子分部工程和预应力混凝土结构子分部工程等。

混凝土结构子分部工程可划分为模板、钢筋、预应力、混凝土、现浇结构和装配式结构等分项工程。

各分项工程可根据与施工方式相一致且便于控制施工质量的原则，按工作班、楼层、结构缝或施工段划分为若干检验批。

3.0.3 对混凝土结构子分部工程的质量验收，应在钢筋、预应力、混凝土、现浇结构或装配式结构等相关分项工程验收合格的基础上，进行质量控制资料检查及观感质量验收，并应对涉及结构安全的材料、试件、施工工艺和结构的重要部位进行见证检测或结构实体检验。

3.0.4 分项工程的质量验收应在所含检验批验收合格的基础上，进行质量验收记录检查。

3.0.5 检验批的质量验收应包括如下内容：

 1 实物检查，按下列方式进行：

  1） 对原材料、构配件和器具等产品的进场复验，应按进场的批次和产品的抽样检验方案执行；

  2） 对混凝土强度、预制构件结构性能等，应按国家现行有关标准和本规范规定的抽样检验方案执行；

  3） 对本规范中采用计数检验的项目，应按抽查总点数的合格点率进行检查。

 2 资料检查，包括原材料、构配件和器具等的产品合格证（中文质量合格证明文件、规格、型号及性能检测报告等）及进场复验报告、施工过程中重要工序的自检和交接检记录、抽样检验报告、见证检测报告、隐蔽工程验收记录等。

3.0.6 检验批合格质量应符合下列规定：

 1 主控项目的质量经抽样检验合格；

 2 一般项目的质量经抽样检验合格；当采用计数检验时，除有专门要求外，一般项目的合格点率应达到80%及以上，且不得有严重缺陷；

 3 具有完整的施工操作依据和质量验收记录。

对验收合格的检验批，宜作出合格标志。

3.0.7 检验批、分项工程、混凝土结构子分部工程的质量验收可按本规范附录A记录，质量验收程序和组织应符合国家标准《建筑工程施工质量验收统一标准》GB 50300—2001的规定。

4 模板分项工程

4.1 一般规定

4.1.1 模板及其支架应根据工程结构形式、荷载大小、地基土类别、施工设备和材料供应等条件进行设计。模板及其支架应具有足够的承载能力、刚度和稳定性，能可靠地承受浇筑混凝土的重量、侧压力以及施工荷载。

4.1.2 在浇筑混凝土之前，应对模板工程进行验收。

模板安装和浇筑混凝土时，应对模板及其支架进行观察和维护。发生异常情况时，应按施工技术方案及时进行处理。

4.1.3 模板及其支架拆除的顺序及安全措施应按施工技术方案执行。

4.2 模 板 安 装

主 控 项 目

4.2.1 安装现浇结构的上层模板及其支架时，下层楼板应具有承受上层荷载的承载能力，或加设支架；上、下层支架的立柱应对准，并铺设垫板。

检查数量：全数检查。

检验方法：对照模板设计文件和施工技术方案观察。

4.2.2 在涂刷模板隔离剂时，不得沾污钢筋和混凝土接槎处。

检查数量：全数检查。

检验方法：观察。

一 般 项 目

4.2.3 模板安装应满足下列要求：

1 模板的接缝不应漏浆；在浇筑混凝土前，木模板应浇水湿润，但模板内不应有积水；

2 模板与混凝土的接触面应清理干净并涂刷隔离剂，但不得采用影响结构性能或妨碍装饰工程施工的隔离剂；

3 浇筑混凝土前，模板内的杂物应清理干净；

4 对清水混凝土工程及装饰混凝土工程，应使用能达到设计效果的模板。

检查数量：全数检查。

检验方法：观察。

4.2.4 用作模板的地坪、胎模等应平整光洁，不得产生影响构件质量的下沉、裂缝、起砂或起鼓。

检查数量：全数检查。

检验方法：观察。

4.2.5 对跨度不小于4m的现浇钢筋混凝土梁、板，其模板应按设计要求起拱；当设计无具体要求时，起拱高度宜为跨度的 1/1000～3/1000。

检查数量：在同一检验批内，对梁，应抽查构件数量的 10%，且不少于 3 件；对板，应按有代表性的自然间抽查 10%，且不少于 3 间；对大空间结构，板可按纵、横轴线划分检查面，抽查 10%，且不少于 3 面。

检验方法：水准仪或拉线、钢尺检查。

4.2.6 固定在模板上的预埋件、预留孔和预留洞均不得遗漏，且应安装牢固，其偏差应符合表4.2.6的规定。

检查数量：在同一检验批内，对梁、柱和独立基础，应抽查构件数量的10%，且不少于3件；对墙和板，应按有代表性的自然间抽查10%，且不少于3间；对大空间结构，墙可按相邻轴线间高度5m左右划分检查面，板可按纵横轴线划分检查面，抽查10%，且均不少于3面。

检验方法：钢尺检查。

表4.2.6 预埋件和预留孔洞的允许偏差

项 目		允许偏差（mm）
预埋钢板中心线位置		3
预埋管、预留孔中心线位置		3
插 筋	中心线位置	5
	外露长度	+10, 0
预埋螺栓	中心线位置	2
	外露长度	+10, 0
预留洞	中心线位置	10
	尺 寸	+10, 0

注：检查中心线位置时，应沿纵、横两个方向量测，并取其中的较大值。

4.2.7 现浇结构模板安装的偏差应符合表4.2.7的规定。

检查数量：在同一检验批内，对梁、柱和独立基础，应抽查构件数量的10%，且不少于3件；对墙和板，应按有代表性的自然间抽查10%，且不少于3间；对大空间结构，墙可按相邻轴线间高度5m左右划分检查面，板可按纵、横轴线划分检查面，抽查10%，且均不少于3面。

表4.2.7 现浇结构模板安装的允许偏差及检验方法

项 目		允许偏差（mm）	检验方法
轴线位置		5	钢尺检查
底模上表面标高		±5	水准仪或拉线、钢尺检查
截面内部尺寸	基 础	±10	钢尺检查
	柱、墙、梁	+4, −5	钢尺检查
层高垂直度	不大于5m	6	经纬仪或吊线、钢尺检查
	大于5m	8	经纬仪或吊线、钢尺检查
相邻两板表面高低差		2	钢尺检查
表面平整度		5	2m靠尺和塞尺检查

注：检查轴线位置时，应沿纵、横两个方向量测，并取其中的较大值。

4.2.8 预制构件模板安装的偏差应符合表4.2.8的规定。

检查数量：首次使用及大修后的模板应全数检查；使用中的模板应定期检查，并根据使用情况不定期抽查。

表 4.2.8 预制构件模板安装的允许偏差及检验方法

项目		允许偏差(mm)	检验方法
长度	板、梁	±5	钢尺量两角边,取其中较大值
	薄腹梁、桁架	±10	
	柱	0,-10	
	墙板	0,-5	
宽度	板、墙板	0,-5	钢尺量一端及中部,取其中较大值
	梁、薄腹梁、桁架、柱	+2,-5	
高(厚)度	板	+2,-3	钢尺量一端及中部,取其中较大值
	墙板	0,-5	
	梁、薄腹梁、桁架、柱	+2,-5	
侧向弯曲	梁、板、柱	$l/1000$ 且 ≤15	拉线、钢尺量最大弯曲处
	墙板、薄腹梁、桁架	$l/1500$ 且 ≤15	
板的表面平整度		3	2m靠尺和塞尺检查
相邻两板表面高低差		1	钢尺检查
对角线差	板	7	钢尺量两个对角线
	墙板	5	
翘曲	板、墙板	$l/1500$	调平尺在两端量测
设计起拱	薄腹梁、桁架、梁	±3	拉线、钢尺量跨中

注:l 为构件长度(mm)。

4.3 模板拆除

主控项目

4.3.1 底模及其支架拆除时的混凝土强度应符合设计要求;当设计无具体要求时,混凝土强度应符合表 4.3.1 的规定。

检查数量:全数检查。

检验方法:检查同条件养护试件强度试验报告。

表 4.3.1 底模拆除时的混凝土强度要求

构件类型	构件跨度(m)	达到设计的混凝土立方体抗压强度标准值的百分率(%)
板	≤2	≥50
	>2,≤8	≥75
	>8	≥100
梁、拱、壳	≤8	≥75
	>8	≥100
悬臂构件	—	≥100

4.3.2 对后张法预应力混凝土结构构件，侧模宜在预应力张拉前拆除；底模支架的拆除应按施工技术方案执行，当无具体要求时，不应在结构构件建立预应力前拆除。

检查数量：全数检查。
检验方法：观察。

4.3.3 后浇带模板的拆除和支顶应按施工技术方案执行。

检查数量：全数检查。
检验方法：观察。

一 般 项 目

4.3.4 侧模拆除时的混凝土强度应能保证其表面及棱角不受损伤。

检查数量：全数检查。
检验方法：观察。

4.3.5 模板拆除时，不应对楼层形成冲击荷载。拆除的模板和支架宜分散堆放并及时清运。

检查数量：全数检查。
检验方法：观察。

5 钢筋分项工程

5.1 一 般 规 定

5.1.1 当钢筋的品种、级别或规格需作变更时，应办理设计变更文件。
5.1.2 在浇筑混凝土之前，应进行钢筋隐蔽工程验收，其内容包括：
   1 纵向受力钢筋的品种、规格、数量、位置等；
   2 钢筋的连接方式、接头位置、接头数量、接头面积百分率等；
   3 箍筋、横向钢筋的品种、规格、数量、间距等；
   4 预埋件的规格、数量、位置等。

5.2 原 材 料

主 控 项 目

5.2.1 钢筋进场时，应按现行国家标准《钢筋混凝土用热轧带肋钢筋》GB 1499等的规定抽取试件作力学性能检验，其质量必须符合有关标准的规定。

检查数量：按进场的批次和产品的抽样检验方案确定。
检验方法：检查产品合格证、出厂检验报告和进场复验报告。

5.2.2 对有抗震设防要求的框架结构，其纵向受力钢筋的强度应满足设计要求；当设计无具体要求时，对一、二级抗震等级，检验所得的强度实测值应符合下列规定：
   1 钢筋的抗拉强度实测值与屈服强度实测值的比值不应小于1.25；
   2 钢筋的屈服强度实测值与强度标准值的比值不应大于1.3。

检查数量：按进场的批次和产品的抽样检验方案确定。

检验方法：检查进场复验报告。

5.2.3 当发现钢筋脆断、焊接性能不良或力学性能显著不正常等现象时，应对该批钢筋进行化学成分检验或其他专项检验。

检验方法：检查化学成分等专项检验报告。

一 般 项 目

5.2.4 钢筋应平直、无损伤，表面不得有裂纹、油污、颗粒状或片状老锈。

检查数量：进场时和使用前全数检查。

检验方法：观察。

5.3 钢 筋 加 工

主 控 项 目

5.3.1 受力钢筋的弯钩和弯折应符合下列规定：
1 HPB235级钢筋末端应作180°弯钩，其弯弧内直径不应小于钢筋直径的2.5倍，弯钩的弯后平直部分长度不应小于钢筋直径的3倍；
2 当设计要求钢筋末端需作135°弯钩时，HRB335级、HRB400级钢筋的弯弧内直径不应小于钢筋直径的4倍，弯钩的弯后平直部分长度应符合设计要求；
3 钢筋作不大于90°的弯折时，弯折处的弯弧内直径不应小于钢筋直径的5倍。

检查数量：按每工作班同一类型钢筋、同一加工设备抽查不应少于3件。

检验方法：钢尺检查。

5.3.2 除焊接封闭环式箍筋外，箍筋的末端应作弯钩，弯钩形式应符合设计要求；当设计无具体要求时，应符合下列规定：
1 箍筋弯钩的弯弧内直径除应满足本规范第5.3.1条的规定外，尚应不小于受力钢筋直径；
2 箍筋弯钩的弯折角度：对一般结构，不应小于90°；对有抗震等要求的结构，应为135°；
3 箍筋弯后平直部分长度：对一般结构，不宜小于箍筋直径的5倍；对有抗震等要求的结构，不应小于箍筋直径的10倍。

检查数量：按每工作班同一类型钢筋、同一加工设备抽查不应少于3件。

检验方法：钢尺检查。

一 般 项 目

5.3.3 钢筋调直宜采用机械方法，也可采用冷拉方法。当采用冷拉方法调直钢筋时，HPB235级钢筋的冷拉率不宜大于4%，HRB335级、HRB400级和RRB400级钢筋的冷拉率不宜大于1%。

检查数量：按每工作班同一类型钢筋、同一加工设备抽查不应少于3件。

检验方法：观察，钢尺检查。

5.3.4 钢筋加工的形状、尺寸应符合设计要求，其偏差应符合表 5.3.4 的规定。

　　检查数量：按每工作班同一类型钢筋、同一加工设备抽查不应少于 3 件。

　　检验方法：钢尺检查。

表 5.3.4　钢筋加工的允许偏差

项　　目	允许偏差（mm）
受力钢筋顺长度方向全长的净尺寸	±10
弯起钢筋的弯折位置	±20
箍筋内净尺寸	±5

5.4　钢筋连接

主控项目

5.4.1 纵向受力钢筋的连接方式应符合设计要求。

　　检查数量：全数检查。

　　检验方法：观察。

5.4.2 在施工现场，应按国家现行标准《钢筋机械连接通用技术规程》JGJ 107、《钢筋焊接及验收规程》JGJ 18 的规定抽取钢筋机械连接接头、焊接接头试件作力学性能检验，其质量应符合有关规程的规定。

　　检查数量：按有关规程确定。

　　检验方法：检查产品合格证、接头力学性能试验报告。

一般项目

5.4.3 钢筋的接头宜设置在受力较小处。同一纵向受力钢筋不宜设置两个或两个以上接头。接头末端至钢筋弯起点的距离不应小于钢筋直径的 10 倍。

　　检查数量：全数检查。

　　检验方法：观察，钢尺检查。

5.4.4 在施工现场，应按国家现行标准《钢筋机械连接通用技术规程》JGJ 107、《钢筋焊接及验收规程》JGJ 18 的规定对钢筋机械连接接头、焊接接头的外观进行检查，其质量应符合有关规程的规定。

　　检查数量：全数检查。

　　检验方法：观察。

5.4.5 当受力钢筋采用机械连接接头或焊接接头时，设置在同一构件内的接头宜相互错开。

　　纵向受力钢筋机械连接接头及焊接接头连接区段的长度为 35 倍 d（d 为纵向受力钢筋的较大直径）且不小于 500mm，凡接头中点位于该连接区段长度内的接头均属于同一连接区段。同一连接区段内，纵向受力钢筋机械连接及焊接的接头面积百分率为该区段内有接头的纵向受力钢筋截面面积与全部纵向受力钢筋截面面积的比值。

　　同一连接区段内，纵向受力钢筋的接头面积百分率应符合设计要求；当设计无具体要求时，应符合下列规定：

1 在受拉区不宜大于50%；
2 接头不宜设置在有抗震设防要求的框架梁端、柱端的箍筋加密区；当无法避开时，对等强度高质量机械连接接头，不应大于50%；
3 直接承受动力荷载的结构构件中，不宜采用焊接接头；当采用机械连接接头时，不应大于50%。

检查数量：在同一检验批内，对梁、柱和独立基础，应抽查构件数量的10%，且不少于3件；对墙和板，应按有代表性的自然间抽查10%，且不少于3间；对大空间结构，墙可按相邻轴线间高度5m左右划分检查面，板可按纵横轴线划分检查面，抽查10%，且均不少于3面。

检验方法：观察，钢尺检查。

5.4.6 同一构件中相邻纵向受力钢筋的绑扎搭接接头宜相互错开。绑扎搭接接头中钢筋的横向净距不应小于钢筋直径，且不应小于25mm。

钢筋绑扎搭接接头连接区段的长度为$1.3l_l$（l_l为搭接长度），凡搭接接头中点位于该连接区段长度内的搭接接头均属于同一连接区段。同一连接区段内，纵向钢筋搭接接头面积百分率为该区段内有搭接接头的纵向受力钢筋截面面积与全部纵向受力钢筋截面面积的比值（图5.4.6）。

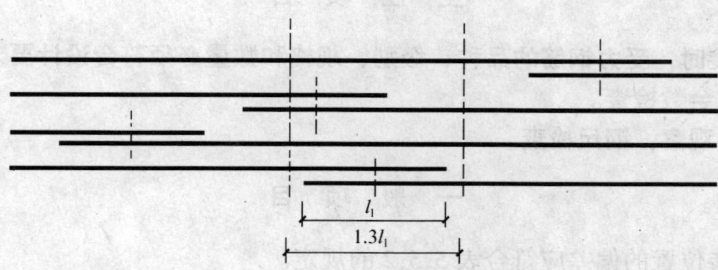

图5.4.6 钢筋绑扎搭接接头连接区段及接头面积百分率

注：图中所示搭接接头同一连接区段内的搭接钢筋为两根，当各钢筋直径相同时，接头面积百分率为50%。

同一连接区段内，纵向受拉钢筋搭接接头面积百分率应符合设计要求；当设计无具体要求时，应符合下列规定：

1 对梁类、板类及墙类构件，不宜大于25%；
2 对柱类构件，不宜大于50%；
3 当工程中确有必要增大接头面积百分率时，对梁类构件，不应大于50%；对其他构件，可根据实际情况放宽。

纵向受力钢筋绑扎搭接接头的最小搭接长度应符合本规范附录B的规定。

检查数量：在同一检验批内，对梁、柱和独立基础，应抽查构件数量的10%，且不少于3件；对墙和板，应按有代表性的自然间抽查10%，且不少于3间；对大空间结构，墙可按相邻轴线间高度5m左右划分检查面，板可按纵、横轴线划分检查面，抽查10%，且均不少于3面。

检验方法：观察，钢尺检查。

5.4.7 在梁、柱类构件的纵向受力钢筋搭接长度范围内，应按设计要求配置箍筋。当设计无具体要求时，应符合下列规定：

  1 箍筋直径不应小于搭接钢筋较大直径的 0.25 倍；

  2 受拉搭接区段的箍筋间距不应大于搭接钢筋较小直径的 5 倍，且不应大于 100mm；

  3 受压搭接区段的箍筋间距不应大于搭接钢筋较小直径的 10 倍，且不应大于 200mm；

  4 当柱中纵向受力钢筋直径大于 25mm 时，应在搭接接头两个端面外 100mm 范围内各设置两个箍筋，其间距宜为 50mm。

  检查数量：在同一检验批内，对梁、柱和独立基础，应抽查构件数量的 10%，且不少于 3 件；对墙和板，应按有代表性的自然间抽查 10%，且不少于 3 间；对大空间结构，墙可按相邻轴线间高度 5m 左右划分检查面，板可按纵、横轴线划分检查面，抽查 10%，且均不少于 3 面。

  检验方法：钢尺检查。

5.5 钢 筋 安 装

主 控 项 目

5.5.1 钢筋安装时，受力钢筋的品种、级别、规格和数量必须符合设计要求。

  检查数量：全数检查。

  检验方法：观察，钢尺检查。

一 般 项 目

5.5.2 钢筋安装位置的偏差应符合表 5.5.2 的规定。

表 5.5.2 钢筋安装位置的允许偏差和检验方法

项 目			允许偏差（mm）	检验方法
绑扎钢筋网		长、宽	±10	钢尺检查
		网眼尺寸	±20	钢尺量连续三档，取最大值
绑扎钢筋骨架		长	±10	钢尺检查
		宽、高	±5	钢尺检查
受力钢筋		间距	±10	钢尺量两端、中间各一点，取最大值
		排距	±5	
	保护层厚度	基础	±10	钢尺检查
		柱、梁	±5	钢尺检查
		板、墙、壳	±3	钢尺检查

续表 5.5.2

项　　目		允许偏差（mm）	检验方法
绑扎箍筋、横向钢筋间距		±20	钢尺量连续三档,取最大值
钢筋弯起点位置		20	钢尺检查
预埋件	中心线位置	5	钢尺检查
	水平高差	+3,0	钢尺和塞尺检查

注：1. 检查预埋件中心线位置时，应沿纵、横两个方向量测，并取其中的较大值；
　　2. 表中梁类、板类构件上部纵向受力钢筋保护层厚度的合格点率应达到90%及以上，且不得有超过表中数值1.5倍的尺寸偏差。

检查数量：在同一检验批内，对梁、柱和独立基础，应抽查构件数量的10%，且不少于3件；对墙和板，应按有代表性的自然间抽查10%，且不少于3间；对大空间结构，墙可按相邻轴线间高度5m左右划分检查面，板可按纵、横轴线划分检查面，抽查10%，且均不少于3面。

6 预应力分项工程

6.1 一般规定

6.1.1 后张法预应力工程的施工应由具有相应资质等级的预应力专业施工单位承担。

6.1.2 预应力筋张拉机具设备及仪表，应定期维护和校验。张拉设备应配套标定，并配套使用。张拉设备的标定期限不应超过半年。当在使用过程中出现反常现象时或在千斤顶检修后，应重新标定。

注：1. 张拉设备标定时，千斤顶活塞的运行方向应与实际张拉工作状态一致；
　　2. 压力表的精度不应低于1.5级，标定张拉设备用的试验机或测力计精度不应低于±2%。

6.1.3 在浇筑混凝土之前，应进行预应力隐蔽工程验收，其内容包括：
1 预应力筋的品种、规格、数量、位置等；
2 预应力筋锚具和连接器的品种、规格、数量、位置等；
3 预留孔道的规格、数量、位置、形状及灌浆孔、排气兼泌水管等；
4 锚固区局部加强构造等。

6.2 原材料

主控项目

6.2.1 预应力筋进场时，应按现行国家标准《预应力混凝土用钢绞线》GB/T 5224等的规定抽取试件作力学性能检验，其质量必须符合有关标准的规定。

检查数量：按进场的批次和产品的抽样检验方案确定。
检验方法：检查产品合格证、出厂检验报告和进场复验报告。

6.2.2 无粘结预应力筋的涂包质量应符合无粘结预应力钢绞线标准的规定。

检查数量：每60t为一批，每批抽取一组试件。

检验方法：观察，检查产品合格证、出厂检验报告和进场复验报告。

注：当有工程经验，并经观察认为质量有保证时，可不作油脂用量和护套厚度的进场复验。

6.2.3 预应力筋用锚具、夹具和连接器应按设计要求采用，其性能应符合现行国家标准《预应力筋用锚具、夹具和连接器》GB/T 14370等的规定。

检查数量：按进场批次和产品的抽样检验方案确定。

检验方法：检查产品合格证、出厂检验报告和进场复验报告。

注：对锚具用量较少的一般工程，如供货方提供有效的试验报告，可不作静载锚固性能试验。

6.2.4 孔道灌浆用水泥应采用普通硅酸盐水泥，其质量应符合本规范第7.2.1条的规定。孔道灌浆用外加剂的质量应符合本规范第7.2.2条的规定。

检查数量：按进场批次和产品的抽样检验方案确定。

检验方法：检查产品合格证、出厂检验报告和进场复验报告。

注：对孔道灌浆用水泥和外加剂用量较少的一般工程，当有可靠依据时，可不作材料性能的进场复验。

一 般 项 目

6.2.5 预应力筋使用前应进行外观检查，其质量应符合下列要求：

1 有粘结预应力筋展开后应平顺，不得有弯折，表面不应有裂纹、小刺、机械损伤、氧化铁皮和油污等；
2 无粘结预应力筋护套应光滑、无裂缝，无明显褶皱。

检查数量：全数检查。

检验方法：观察。

注：无粘结预应力筋护套轻微破损者应外包防水塑料胶带修补，严重破损者不得使用。

6.2.6 预应力筋用锚具、夹具和连接器使用前应进行外观检查，其表面应无污物、锈蚀、机械损伤和裂纹。

检查数量：全数检查。

检验方法：观察。

6.2.7 预应力混凝土用金属螺旋管的尺寸和性能应符合国家现行标准《预应力混凝土用金属螺旋管》JG/T 3013的规定。

检查数量：按进场批次和产品的抽样检验方案确定。

检验方法：检查产品合格证、出厂检验报告和进场复验报告。

注：对金属螺旋管用量较少的一般工程，当有可靠依据时，可不作径向刚度、抗渗漏性能的进场复验。

6.2.8 预应力混凝土用金属螺旋管在使用前应进行外观检查，其内外表面应清洁，无锈蚀，不应有油污、孔洞和不规则的褶皱，咬口不应有开裂或脱扣。

检查数量：全数检查。

检验方法：观察。

6.3 制作与安装

主 控 项 目

6.3.1 预应力筋安装时，其品种、级别、规格、数量必须符合设计要求。
　　检查数量：全数检查。
　　检验方法：观察，钢尺检查。

6.3.2 先张法预应力施工时应选用非油质类模板隔离剂，并应避免沾污预应力筋。
　　检查数量：全数检查。
　　检验方法：观察。

6.3.3 施工过程中应避免电火花损伤预应力筋；受损伤的预应力筋应予以更换。
　　检查数量：全数检查。
　　检验方法：观察。

一 般 项 目

6.3.4 预应力筋下料应符合下列要求：
1. 预应力筋应采用砂轮锯或切断机切断，不得采用电弧切割；
2. 当钢丝束两端采用镦头锚具时，同一束中各根钢丝长度的极差不应大于钢丝长度的 1/5000，且不应大于 5mm。当成组张拉长度不大于 10m 的钢丝时，同组钢丝长度的极差不得大于 2mm。

　　检查数量：每工作班抽查预应力筋总数的 3%，且不少于 3 束。
　　检验方法：观察，钢尺检查。

6.3.5 预应力筋端部锚具的制作质量应符合下列要求：
1. 挤压锚具制作时压力表油压应符合操作说明书的规定，挤压后预应力筋外端应露出挤压套筒 1~5mm；
2. 钢绞线压花锚成形时，表面应清洁、无油污，梨形头尺寸和直线段长度应符合设计要求；
3. 钢丝镦头的强度不得低于钢丝强度标准值的 98%。

　　检查数量：对挤压锚，每工作班抽查 5%，且不应少于 5 件；对压花锚，每工作班抽查 3 件；对钢丝镦头强度，每批钢丝检查 6 个镦头试件。
　　检验方法：观察，钢尺检查，检查镦头强度试验报告。

6.3.6 后张法有粘结预应力筋预留孔道的规格、数量、位置和形状除应符合设计要求外，尚应符合下列规定：
1. 预留孔道的定位应牢固，浇筑混凝土时不应出现移位和变形；
2. 孔道应平顺，端部的预埋锚垫板应垂直于孔道中心线；
3. 成孔用管道应密封良好，接头应严密且不得漏浆；
4. 灌浆孔的间距：对预埋金属螺旋管不宜大于 30m；对抽芯成形孔道不宜大于 12m；
5. 在曲线孔道的曲线波峰部位应设置排气兼泌水管，必要时可在最低点设置排水孔；
6. 灌浆孔及泌水管的孔径应能保证浆液畅通。

检查数量：全数检查。

检验方法：观察，钢尺检查。

6.3.7 预应力筋束形控制点的竖向位置偏差应符合表 6.3.7 的规定。

表 6.3.7 束形控制点的竖向位置允许偏差

截面高（厚）度（mm）	$h \leqslant 300$	$300 < h \leqslant 1500$	$h > 1500$
允许偏差（mm）	±5	±10	±15

检查数量：在同一检验批内，抽查各类型构件中预应力筋总数的 5%，且对各类型构件均不少于 5 束，每束不应少于 5 处。

检验方法：钢尺检查。

注：束形控制点的竖向位置偏差合格点率应达到 90% 及以上，且不得有超过表中数值 1.5 倍的尺寸偏差。

6.3.8 无粘结预应力筋的铺设除应符合本规范第 6.3.7 条的规定外，尚应符合下列要求：

1 无粘结预应力筋的定位应牢固，浇筑混凝土时不应出现移位和变形；

2 端部的预埋锚垫板应垂直于预应力筋；

3 内埋式固定端垫板不应重叠，锚具与垫板应贴紧；

4 无粘结预应力筋成束布置时应能保证混凝土密实并能裹住预应力筋；

5 无粘结预应力筋的护套应完整，局部破损处应采用防水胶带缠绕紧密。

检查数量：全数检查。

检验方法：观察。

6.3.9 浇筑混凝土前穿入孔道的后张法有粘结预应力筋，宜采取防止锈蚀的措施。

检查数量：全数检查。

检验方法：观察。

6.4 张 拉 和 放 张

主 控 项 目

6.4.1 预应力筋张拉或放张时，混凝土强度应符合设计要求；当设计无具体要求时，不应低于设计的混凝土立方体抗压强度标准值的 75%。

检查数量：全数检查。

检验方法：检查同条件养护试件试验报告。

6.4.2 预应力筋的张拉力、张拉或放张顺序及张拉工艺应符合设计及施工技术方案的要求，并应符合下列规定：

1 当施工需要超张拉时，最大张拉应力不应大于国家现行标准《混凝土结构设计规范》GB 50010 的规定；

2 张拉工艺应能保证同一束中各根预应力筋的应力均匀一致；

3 后张法施工中，当预应力筋是逐根或逐束张拉时，应保证各阶段不出现对结构不利的应力状态；同时宜考虑后批张拉预应力筋所产生的结构构件的弹性压缩对先批张拉预应力筋的影响，确定张拉力；

  4 先张法预应力筋放张时，宜缓慢放松锚固装置，使各根预应力筋同时缓慢放松；

  5 当采用应力控制方法张拉时，应校核预应力筋的伸长值。实际伸长值与设计计算理论伸长值的相对允许偏差为±6%。

  检查数量：全数检查。

  检验方法：检查张拉记录。

6.4.3 预应力筋张拉锚固后实际建立的预应力值与工程设计规定检验值的相对允许偏差为±5%。

  检查数量：对先张法施工，每工作班抽查预应力筋总数的1%，且不少于3根；对后张法施工，在同一检验批内，抽查预应力筋总数的3%，且不少于5束。

  检验方法：对先张法施工，检查预应力筋应力检测记录；对后张法施工，检查见证张拉记录。

6.4.4 张拉过程中应避免预应力筋断裂或滑脱；当发生断裂或滑脱时，必须符合下列规定：

  1 对后张法预应力结构构件，断裂或滑脱的数量严禁超过同一截面预应力筋总根数的3%，且每束钢丝不得超过一根；对多跨双向连续板，其同一截面应按每跨计算；

  2 对先张法预应力构件，在浇筑混凝土前发生断裂或滑脱的预应力筋必须予以更换。

  检查数量：全数检查。

  检验方法：观察，检查张拉记录。

一　般　项　目

6.4.5 锚固阶段张拉端预应力筋的内缩量应符合设计要求；当设计无具体要求时，应符合表6.4.5的规定。

  检查数量：每工作班抽查预应力筋总数的3%，且不少于3束。

  检验方法：钢尺检查。

表6.4.5 张拉端预应力筋的内缩量限值

锚具类别		内缩量限值（mm）
支承式锚具（镦头锚具等）	螺帽缝隙	1
	每块后加垫板的缝隙	1
锥塞式锚具		5
夹片式锚具	有顶压	5
	无顶压	6~8

6.4.6 先张法预应力筋张拉后与设计位置的偏差不得大于5mm，且不得大于构件截面短边边长的4%。

  检查数量：每工作班抽查预应力筋总数的3%，且不少于3束。

  检验方法：钢尺检查。

6.5 灌 浆 及 封 锚

主 控 项 目

6.5.1 后张法有粘结预应力筋张拉后应尽早进行孔道灌浆，孔道内水泥浆应饱满、密实。

检查数量：全数检查。

检验方法：观察，检查灌浆记录。

6.5.2 锚具的封闭保护应符合设计要求；当设计无具体要求时，应符合下列规定：

1 应采取防止锚具腐蚀和遭受机械损伤的有效措施；

2 凸出式锚固端锚具的保护层厚度不应小于 50mm；

3 外露预应力筋的保护层厚度：处于正常环境时，不应小于 20mm；处于易受腐蚀的环境时，不应小于 50mm。

检查数量：在同一检验批内，抽查预应力筋总数的 5%，且不少于 5 处。

检验方法：观察，钢尺检查。

一 般 项 目

6.5.3 后张法预应力筋锚固后的外露部分宜采用机械方法切割，其外露长度不宜小于预应力筋直径的 1.5 倍，且不宜小于 30mm。

检查数量：在同一检验批内，抽查预应力筋总数的 3%，且不少于 5 束。

检验方法：观察，钢尺检查。

6.5.4 灌浆用水泥浆的水灰比不应大于 0.45，搅拌后 3h 泌水率不宜大于 2%，且不应大于 3%。泌水应能在 24h 内全部重新被水泥浆吸收。

检查数量：同一配合比检查一次。

检验方法：检查水泥浆性能试验报告。

6.5.5 灌浆用水泥浆的抗压强度不应小于 $30N/mm^2$。

检查数量：每工作班留置一组边长为 70.7mm 的立方体试件。

检验方法：检查水泥浆试件强度试验报告。

注：1. 一组试件由 6 个试件组成，试件应标准养护 28d；

2. 抗压强度为一组试件的平均值，当一组试件中抗压强度最大值或最小值与平均值相差超过 20%时，应取中间 4 个试件强度的平均值。

7 混凝土分项工程

7.1 一 般 规 定

7.1.1 结构构件的混凝土强度应按现行国家标准《混凝土强度检验评定标准》GBJ 107 的规定分批检验评定。

对采用蒸汽法养护的混凝土结构构件，其混凝土试件应先随同结构构件同条件蒸汽养护，再转入标准条件养护共 28d。

当混凝土中掺用矿物掺合料时,确定混凝土强度时的龄期可按现行国家标准《粉煤灰混凝土应用技术规范》GBJ 146 等的规定取值。

7.1.2 检验评定混凝土强度用的混凝土试件的尺寸及强度的尺寸换算系数应按表 7.1.2 取用;其标准成型方法、标准养护条件及强度试验方法应符合普通混凝土力学性能试验方法标准的规定。

表 7.1.2 混凝土试件尺寸及强度的尺寸换算系数

骨料最大粒径(mm)	试件尺寸(mm)	强度的尺寸换算系数
≤31.5	100×100×100	0.95
≤40	150×150×150	1.00
≤63	200×200×200	1.05

注:对强度等级为 C60 及以上的混凝土试件,其强度的尺寸换算系数可通过试验确定。

7.1.3 结构构件拆模、出池、出厂、吊装、张拉、放张及施工期间临时负荷时的混凝土强度,应根据同条件养护的标准尺寸试件的混凝土强度确定。

7.1.4 当混凝土试件强度评定不合格时,可采用非破损或局部破损的检测方法,按国家现行有关标准的规定对结构构件中的混凝土强度进行推定,并作为处理的依据。

7.1.5 混凝土的冬期施工应符合国家现行标准《建筑工程冬期施工规程》JGJ 104 和施工技术方案的规定。

7.2 原 材 料

主 控 项 目

7.2.1 水泥进场时应对其品种、级别、包装或散装仓号、出厂日期等进行检查,并应对其强度、安定性及其他必要的性能指标进行复验,其质量必须符合现行国家标准《硅酸盐水泥、普通硅酸盐水泥》GB 175 等的规定。

当在使用中对水泥质量有怀疑或水泥出厂超过三个月(快硬硅酸盐水泥超过一个月)时,应进行复验,并按复验结果使用。

钢筋混凝土结构、预应力混凝土结构中,严禁使用含氯化物的水泥。

检查数量:按同一生产厂家、同一等级、同一品种、同一批号且连续进场的水泥,袋装不超过 200t 为一批,散装不超过 500t 为一批,每批抽样不少于一次。

检验方法:检查产品合格证、出厂检验报告和进场复验报告。

7.2.2 混凝土中掺用外加剂的质量及应用技术应符合现行国家标准《混凝土外加剂》GB 8076、《混凝土外加剂应用技术规范》GB 50119 等和有关环境保护的规定。

预应力混凝土结构中,严禁使用含氯化物的外加剂。钢筋混凝土结构中,当使用含氯化物的外加剂时,混凝土中氯化物的总含量应符合现行国家标准《混凝土质量控制标准》GB 50164 的规定。

检查数量:按进场的批次和产品的抽样检验方案确定。

检验方法:检查产品合格证、出厂检验报告和进场复验报告。

7.2.3 混凝土中氯化物和碱的总含量应符合现行国家标准《混凝土结构设计规范》GB

50010和设计的要求。

检验方法：检查原材料试验报告和氯化物、碱的总含量计算书。

一 般 项 目

7.2.4 混凝土中掺用矿物掺合料的质量应符合现行国家标准《用于水泥和混凝土中的粉煤灰》GB 1596等的规定。矿物掺合料的掺量应通过试验确定。

检查数量：按进场的批次和产品的抽样检验方案确定。

检验方法：检查出厂合格证和进场复验报告。

7.2.5 普通混凝土所用的粗、细骨料的质量应符合国家现行标准《普通混凝土用碎石或卵石质量标准及检验方法》JGJ 53、《普通混凝土用砂质量标准及检验方法》JGJ 52的规定。

检查数量：按进场的批次和产品的抽样检验方案确定。

检验方法：检查进场复验报告。

注：1. 混凝土用的粗骨料，其最大颗粒粒径不得超过构件截面最小尺寸的1/4，且不得超过钢筋最小净间距的3/4。
2. 对混凝土实心板，骨料的最大粒径不宜超过板厚的1/3，且不得超过40mm。

7.2.6 拌制混凝土宜采用饮用水；当采用其他水源时，水质应符合国家现行标准《混凝土拌合用水标准》JGJ 63的规定。

检查数量：同一水源检查不应少于一次。

检验方法：检查水质试验报告。

7.3 配 合 比 设 计

主 控 项 目

7.3.1 混凝土应按国家现行标准《普通混凝土配合比设计规程》JGJ 55的有关规定，根据混凝土强度等级、耐久性和工作性等要求进行配合比设计。

对有特殊要求的混凝土，其配合比设计尚应符合国家现行有关标准的专门规定。

检验方法：检查配合比设计资料。

一 般 项 目

7.3.2 首次使用的混凝土配合比应进行开盘鉴定，其工作性应满足设计配合比的要求。开始生产时应至少留置一组标准养护试件，作为验证配合比的依据。

检验方法：检查开盘鉴定资料和试件强度试验报告。

7.3.3 混凝土拌制前，应测定砂、石含水率并根据测试结果调整材料用量，提出施工配合比。

检查数量：每工作班检查一次。

检验方法：检查含水率测试结果和施工配合比通知单。

7.4 混 凝 土 施 工

主 控 项 目

7.4.1 结构混凝土的强度等级必须符合设计要求。用于检查结构构件混凝土强度的试件，应在混凝土的浇筑地点随机抽取。取样与试件留置应符合下列规定：
1. 每拌制100盘且不超过100m³的同配合比的混凝土，取样不得少于一次；
2. 每工作班拌制的同一配合比的混凝土不足100盘时，取样不得少于一次；
3. 当一次连续浇筑超过1000m³时，同一配合比的混凝土每200m³取样不得少于一次；
4. 每一楼层、同一配合比的混凝土，取样不得少于一次；
5. 每次取样应至少留置一组标准养护试件，同条件养护试件的留置组数应根据实际需要确定。

检验方法：检查施工记录及试件强度试验报告。

7.4.2 对有抗渗要求的混凝土结构，其混凝土试件应在浇筑地点随机取样。同一工程、同一配合比的混凝土，取样不应少于一次，留置组数可根据实际需要确定。

检验方法：检查试件抗渗试验报告。

7.4.3 混凝土原材料每盘称量的偏差应符合表7.4.3的规定。

表7.4.3 原材料每盘称量的允许偏差

材 料 名 称	允 许 偏 差
水泥、掺合料	±2%
粗、细骨料	±3%
水、外加剂	±2%

注：1. 各种衡器应定期校验，每次使用前应进行零点校核，保持计量准确；
2. 当遇雨天或含水率有显著变化时，应增加含水率检测次数，并及时调整水和骨料的用量。

检查数量：每工作班抽查不应少于一次。
检验方法：复称。

7.4.4 混凝土运输、浇筑及间歇的全部时间不应超过混凝土的初凝时间。同一施工段的混凝土应连续浇筑，并应在底层混凝土初凝之前将上一层混凝土浇筑完毕。

当底层混凝土初凝后浇筑上一层混凝土时，应按施工技术方案中对施工缝的要求进行处理。

检查数量：全数检查。
检验方法：观察，检查施工记录。

一 般 项 目

7.4.5 施工缝的位置应在混凝土浇筑前按设计要求和施工技术方案确定。施工缝的处理应按施工技术方案执行。

检查数量：全数检查。
检验方法：观察，检查施工记录。

7.4.6 后浇带的留置位置应按设计要求和施工技术方案确定。后浇带混凝土浇筑应按施工技术方案进行。

检查数量：全数检查。
检验方法：观察，检查施工记录。

7.4.7 混凝土浇筑完毕后，应按施工技术方案及时采取有效的养护措施，并应符合下列规定：

1. 应在浇筑完毕后的12h以内对混凝土加以覆盖并保湿养护；
2. 混凝土浇水养护的时间：对采用硅酸盐水泥、普通硅酸盐水泥或矿渣硅酸盐水泥拌制的混凝土，不得少于7d；对掺用缓凝型外加剂或有抗渗要求的混凝土，不得少于14d；
3. 浇水次数应能保持混凝土处于湿润状态；混凝土养护用水应与拌制用水相同；
4. 采用塑料布覆盖养护的混凝土，其敞露的全部表面应覆盖严密，并应保持塑料布内有凝结水；
5. 混凝土强度达到1.2N/mm^{2}前，不得在其上踩踏或安装模板及支架。

注：1. 当日平均气温低于5℃时，不得浇水；
　　2. 当采用其他品种水泥时，混凝土的养护时间应根据所采用水泥的技术性能确定；
　　3. 混凝土表面不便浇水或使用塑料布时，宜涂刷养护剂；
　　4. 对大体积混凝土的养护，应根据气候条件按施工技术方案采取控温措施。

检查数量：全数检查。
检验方法：观察，检查施工记录。

8 现浇结构分项工程

8.1 一般规定

8.1.1 现浇结构的外观质量缺陷，应由监理（建设）单位、施工单位等各方根据其对结构性能和使用功能影响的严重程度，按表8.1.1确定。

表8.1.1 现浇结构外观质量缺陷

名 称	现 象	严重缺陷	一般缺陷
露筋	构件内钢筋未被混凝土包裹而外露	纵向受力钢筋有露筋	其他钢筋有少量露筋
蜂窝	混凝土表面缺少水泥砂浆而形成石子外露	构件主要受力部位有蜂窝	其他部位有少量蜂窝
孔洞	混凝土中孔穴深度和长度均超过保护层厚度	构件主要受力部位有孔洞	其他部位有少量孔洞
夹渣	混凝土中夹有杂物且深度超过保护层厚度	构件主要受力部位有夹渣	其他部位有少量夹渣
疏松	混凝土中局部不密实	构件主要受力部位有疏松	其他部位有少量疏松
裂缝	缝隙从混凝土表面延伸至混凝土内部	构件主要受力部位有影响结构性能或使用功能的裂缝	其他部位有少量不影响结构性能或使用功能的裂缝

续表 8.8.1

名 称	现　象	严 重 缺 陷	一 般 缺 陷
连接部位缺陷	构件连接处混凝土缺陷及连接钢筋、连接件松动	连接部位有影响结构传力性能的缺陷	连接部位有基本不影响结构传力性能的缺陷
外形缺陷	缺棱掉角、棱角不直、翘曲不平、飞边凸肋等	清水混凝土构件有影响使用功能或装饰效果的外形缺陷	其他混凝土构件有不影响使用功能的外形缺陷
外表缺陷	构件表面麻面、掉皮、起砂、沾污等	具有重要装饰效果的清水混凝土构件有外表缺陷	其他混凝土构件有不影响使用功能的外表缺陷

8.1.2 现浇结构拆模后，应由监理（建设）单位、施工单位对外观质量和尺寸偏差进行检查，作出记录，并应及时按施工技术方案对缺陷进行处理。

8.2 外 观 质 量

主 控 项 目

8.2.1 现浇结构的外观质量不应有严重缺陷。

对已经出现的严重缺陷，应由施工单位提出技术处理方案，并经监理（建设）单位认可后进行处理。对经处理的部位，应重新检查验收。

检查数量：全数检查。

检验方法：观察，检查技术处理方案。

一 般 项 目

8.2.2 现浇结构的外观质量不宜有一般缺陷。

对已经出现的一般缺陷，应由施工单位按技术处理方案进行处理，并重新检查验收。

检查数量：全数检查。

检验方法：观察，检查技术处理方案。

8.3 尺 寸 偏 差

主 控 项 目

8.3.1 现浇结构不应有影响结构性能和使用功能的尺寸偏差。混凝土设备基础不应有影响结构性能和设备安装的尺寸偏差。

对超过尺寸允许偏差且影响结构性能和安装、使用功能的部位，应由施工单位提出技术处理方案，并经监理（建设）单位认可后进行处理。对经处理的部位，应重新检查验收。

检查数量：全数检查。

检验方法：量测，检查技术处理方案。

一 般 项 目

8.3.2 现浇结构和混凝土设备基础拆模后的尺寸偏差应符合表 8.3.2-1、表 8.3.2-2 的规定。

检查数量：按楼层、结构缝或施工段划分检验批。在同一检验批内，对梁、柱和独立基础，应抽查构件数量的 10%，且不少于 3 件；对墙和板，应按有代表性的自然间抽查 10%，且不少于 3 间；对大空间结构，墙可按相邻轴线间高度 5m 左右划分检查面，板可按纵、横轴线划分检查面，抽查 10%，且均不少于 3 面；对电梯井，应全数检查。对设备基础，应全数检查。

表 8.3.2-1 现浇结构尺寸允许偏差和检验方法

项　目			允许偏差（mm）	检 验 方 法
轴线位置	基础		15	钢尺检查
	独立基础		10	
	墙、柱、梁		8	
	剪力墙		5	
垂直度	层高	≤5m	8	经纬仪或吊线、钢尺检查
		>5m	10	经纬仪或吊线、钢尺检查
	全高（H）		$H/1000$ 且 ≤30	经纬仪、钢尺检查
标 高	层 高		±10	水准仪或拉线、钢尺检查
	全 高		±30	
截面尺寸			+8，−5	钢尺检查
电梯井	井筒长、宽对定位中心线		+25，0	钢尺检查
	井筒全高（H）垂直度		$H/1000$ 且 ≤30	经纬仪、钢尺检查
表面平整度			8	2m 靠尺和塞尺检查
预埋设施中心线位置	预埋件		10	钢尺检查
	预埋螺栓		5	
	预埋管		5	
预留洞中心线位置			15	钢尺检查

注：检查轴线、中心线位置时，应沿纵、横两个方向量测，并取其中的较大值。

表 8.3.2-2 混凝土设备基础尺寸允许偏差和检验方法

项　目	允许偏差（mm）	检 验 方 法
坐标位置	20	钢尺检查
不同平面的标高	0，−20	水准仪或拉线、钢尺检查
平面外形尺寸	±20	钢尺检查

续表 8.3.2-2

项 目		允许偏差（mm）	检 验 方 法
凸台上平面外形尺寸		0，-20	钢尺检查
凹穴尺寸		+20，0	钢尺检查
平面水平度	每 米	5	水平尺、塞尺检查
	全 长	10	水准仪或拉线、钢尺检查
垂直度	每 米	5	经纬仪或吊线、钢尺检查
	全 高	10	
预埋地脚螺栓	标高（顶部）	+20，0	水准仪或拉线、钢尺检查
	中心距	±2	钢尺检查
预埋地脚螺栓孔	中心线位置	10	钢尺检查
	深 度	+20，0	钢尺检查
	孔垂直度	10	吊线、钢尺检查
预埋活动地脚螺栓锚板	标 高	+20，0	水准仪或拉线、钢尺检查
	中心线位置	5	钢尺检查
	带槽锚板平整度	5	钢尺、塞尺检查
	带螺纹孔锚板平整度	2	钢尺、塞尺检查

注：检查坐标、中心线位置时，应沿纵、横两个方向量测，并取其中的较大值。

9 装配式结构分项工程

9.1 一 般 规 定

9.1.1 预制构件应进行结构性能检验。结构性能检验不合格的预制构件不得用于混凝土结构。

9.1.2 叠合结构中预制构件的叠合面应符合设计要求。

9.1.3 装配式结构外观质量、尺寸偏差的验收及对缺陷的处理应按本规范第 8 章的相应规定执行。

9.2 预 制 构 件

主 控 项 目

9.2.1 预制构件应在明显部位标明生产单位、构件型号、生产日期和质量验收标志。构件上的预埋件、插筋和预留孔洞的规格、位置和数量应符合标准图或设计的要求。

检查数量：全数检查。

检验方法：观察。

9.2.2 预制构件的外观质量不应有严重缺陷。对已经出现的严重缺陷，应按技术处理方案进行处理，并重新检查验收。

检查数量：全数检查。

检验方法：观察，检查技术处理方案。

9.2.3 预制构件不应有影响结构性能和安装、使用功能的尺寸偏差。对超过尺寸允许偏差且影响结构性能和安装、使用功能的部位，应按技术处理方案进行处理，并重新检查验收。

检查数量：全数检查。

检验方法：量测，检查技术处理方案。

一 般 项 目

9.2.4 预制构件的外观质量不宜有一般缺陷。对已经出现的一般缺陷，应按技术处理方案进行处理，并重新检查验收。

检查数量：全数检查。

检验方法：观察，检查技术处理方案。

9.2.5 预制构件的尺寸偏差应符合表9.2.5的规定。

表9.2.5 预制构件尺寸的允许偏差及检验方法

项 目		允许偏差（mm）	检验方法
长 度	板、梁	+10，-5	钢尺检查
	柱	+5，-10	
	墙板	±5	
	薄腹梁、桁架	+15，-10	
宽度、高(厚)度	板、梁、柱、墙板、薄腹梁、桁架	±5	钢尺量一端及中部，取其中较大值
侧向弯曲	梁、柱、板	$l/750$ 且 $\leqslant 20$	拉线、钢尺量最大侧向弯曲处
	墙板、薄腹梁、桁架	$l/1000$ 且 $\leqslant 20$	
预埋件	中心线位置	10	钢尺检查
	螺栓位置	5	
	螺栓外露长度	+10，-5	
预留孔	中心线位置	5	钢尺检查
预留洞	中心线位置	15	钢尺检查
主筋保护层厚度	板	+5，-3	钢尺或保护层厚度测定仪量测
	梁、柱、墙板、薄腹梁、桁架	+10，-5	

续表9.2.5

项 目		允许偏差（mm）	检 验 方 法
对角线差	板、墙板	10	钢尺量两个对角线
表面平整度	板、墙板、柱、梁	5	2m靠尺和塞尺检查
预应力构件预留孔道位置	梁、墙板、薄腹梁、桁架	3	钢尺检查
翘 曲	板	l/750	调平尺在两端量测
	墙板	l/1000	

注：1. l 为构件长度（mm）；
　　2. 检查中心线、螺栓和孔道位置时，应沿纵、横两个方向量测，并取其中的较大值；
　　3. 对形状复杂或有特殊要求的构件，其尺寸偏差应符合标准图或设计的要求。

检查数量：同一工作班生产的同类型构件，抽查5%且不少于3件。

9.3 结构性能检验

9.3.1 预制构件应按标准图或设计要求的试验参数及检验指标进行结构性能检验。

检验内容：钢筋混凝土构件和允许出现裂缝的预应力混凝土构件进行承载力、挠度和裂缝宽度检验；不允许出现裂缝的预应力混凝土构件进行承载力、挠度和抗裂检验；预应力混凝土构件中的非预应力杆件按钢筋混凝土构件的要求进行检验。对设计成熟、生产数量较少的大型构件，当采取加强材料和制作质量检验的措施时，可仅作挠度、抗裂或裂缝宽度检验；当采取上述措施并有可靠的实践经验时，可不作结构性能检验。

检验数量：对成批生产的构件，应按同一工艺正常生产的不超过1000件且不超过3个月的同类型产品为一批。当连续检验10批且每批的结构性能检验结果均符合本规范规定的要求时，对同一工艺正常生产的构件，可改为不超过2000件且不超过3个月的同类型产品为一批。在每批中应随机抽取一个构件作为试件进行检验。

检验方法：按本标准附录C规定的方法采用短期静力加载检验。

注：1."加强材料和制作质量检验的措施"包括下列内容：
　　1）钢筋进场检验合格后，在使用前再对用作构件受力主筋的同批钢筋按不超过5t抽取一组试件，并经检验合格；对经逐盘检验的预应力钢丝，可不再抽样检查；
　　2）受力主筋焊接接头的力学性能，应按国家现行标准《钢筋焊接及验收规程》JGJ 18检验合格后，再抽取一组试件，并经检验合格；
　　3）混凝土按5m³且不超过半个工作班生产的相同配合比的混凝土，留置一组试件，并经检验合格；
　　4）受力主筋焊接接头的外观质量、入模后的主筋保护层厚度、张拉预应力总值和构件的截面尺寸等，应逐件检验合格。
　　2."同类型产品"是指同一钢种、同一混凝土强度等级、同一生产工艺和同一结构形式的构件。对同类型产品进行抽样检验时，试件宜从设计荷载最大、受力最不利或生产数量最多的构件中抽取。对同类型的其他产品，也应定期进行抽样检验。

9.3.2 预制构件承载力应按下列规定进行检验：

1 当按现行国家标准《混凝土结构设计规范》GB 50010的规定进行检验时，应符合下列公式的要求：

$$\gamma_u^0 \geqslant \gamma_0 [\gamma_u] \quad (9.3.2-1)$$

式中 γ_u^0——构件的承载力检验系数实测值，即试件的荷载实测值与荷载设计值（均包括自重）的比值；

γ_0——结构重要性系数，按设计要求确定，当无专门要求时取 1.0；

$[\gamma_u]$——构件的承载力检验系数允许值，按表 9.3.2 取用。

2 当按构件实配钢筋进行承载力检验时，应符合下列公式的要求：

$$\gamma_u^0 \geqslant \gamma_0 \eta [\gamma_u] \quad (9.3.2-2)$$

式中 η——构件承载力检验修正系数，根据现行国家标准《混凝土结构设计规范》GB 50010 按实配钢筋的承载力计算确定。

承载力检验的荷载设计值是指承载能力极限状态下，根据构件设计控制截面上的内力设计值与构件检验的加载方式，经换算后确定的荷载值（包括自重）。

表 9.3.2 构件的承载力检验系数允许值

受力情况	达到承载能力极限状态的检验标志		$[\gamma_u]$
轴心受拉、偏心受拉、受弯、大偏心受压	受拉主筋处的最大裂缝宽度达到 1.5mm，或挠度达到跨度的 1/50	热轧钢筋	1.20
		钢丝、钢绞线、热处理钢筋	1.35
	受压区混凝土破坏	热轧钢筋	1.30
		钢丝、钢绞线、热处理钢筋	1.45
	受拉主筋拉断		1.50
受弯构件的受剪	腹部斜裂缝达到 1.5mm，或斜裂缝末端受压混凝土剪压破坏		1.40
	沿斜截面混凝土斜压破坏，受拉主筋在端部滑脱或其他锚固破坏		1.55
轴心受压、小偏心受压	混凝土受压破坏		1.50

注：热轧钢筋系指 HPB235 级、HRB335 级、HRB400 级和 RRB400 级钢筋。

9.3.3 预制构件的挠度应按下列规定进行检验：

1 当按现行国家标准《混凝土结构设计规范》GB 50010 规定的挠度允许值进行检验时，应符合下列公式的要求：

$$a_s^0 \leqslant [a_s] \quad (9.3.3-1)$$

$$[a_s] = \frac{M_k}{M_q(\theta - 1) + M_k} [a_f] \quad (9.3.3-2)$$

式中 a_s^0——在荷载标准值下的构件挠度实测值；

$[a_s]$——挠度检验允许值；

$[a_f]$——受弯构件的挠度限值，按现行国家标准《混凝土结构设计规范》GB 50010 确定；

M_k——按荷载标准组合计算的弯矩值；

M_q——按荷载准永久组合计算的弯矩值；

θ——考虑荷载长期作用对挠度增大的影响系数，按现行国家标准《混凝土结构设计规范》GB 50010 确定。

2 当按构件实配钢筋进行挠度检验或仅检验构件的挠度、抗裂或裂缝宽度时，应符合下列公式的要求：

$$a_s^0 \leqslant 1.2 a_s^c \tag{9.3.3-3}$$

同时，还应符合公式（9.3.3-1）的要求。

式中 a_s^c——在荷载标准值下按实配钢筋确定的构件挠度计算值，按现行国家标准《混凝土结构设计规范》GB 50010 确定。

正常使用极限状态检验的荷载标准值是指正常使用极限状态下，根据构件设计控制截面上的荷载标准组合效应与构件检验的加载方式，经换算后确定的荷载值。

注：直接承受重复荷载的混凝土受弯构件，当进行短期静力加荷试验时，a_s^c 值应按正常使用极限状态下静力荷载标准组合相应的刚度值确定。

9.3.4 预制构件的抗裂检验应符合下列公式的要求：

$$\gamma_{cr}^0 \geqslant [\gamma_{cr}] \tag{9.3.4-1}$$

$$[\gamma_{cr}] = 0.95 \frac{\sigma_{pc} + \gamma f_{tk}}{\sigma_{ck}} \tag{9.3.4-2}$$

式中 γ_{cr}^0——构件的抗裂检验系数实测值，即试件的开裂荷载实测值与荷载标准值（均包括自重）的比值；

$[\gamma_{cr}]$——构件的抗裂检验系数允许值；

σ_{pc}——由预加力产生的构件抗拉边缘混凝土法向应力值，按现行国家标准《混凝土结构设计规范》GB 50010 确定；

γ——混凝土构件截面抵抗矩塑性影响系数，按现行国家标准《混凝土结构设计规范》GB 50010 计算确定；

f_{tk}——混凝土抗拉强度标准值；

σ_{ck}——由荷载标准值产生的构件抗拉边缘混凝土法向应力值，按现行国家标准《混凝土结构设计规范》GB 50010 确定。

9.3.5 预制构件的裂缝宽度检验应符合下列公式的要求：

$$w_{s,max}^0 \leqslant [w_{max}] \tag{9.3.5}$$

式中 $w_{s,max}^0$——在荷载标准值下，受拉主筋处的最大裂缝宽度实测值（mm）；

$[w_{max}]$——构件检验的最大裂缝宽度允许值，按表 9.3.5 取用。

表 9.3.5 构件检验的最大裂缝宽度允许值（mm）

设计要求的最大裂缝宽度限值	0.2	0.3	0.4
$[w_{max}]$	0.15	0.20	0.25

9.3.6 预制构件结构性能的检验结果应按下列规定验收：

1 当试件结构性能的全部检验结果均符合本标准第 9.3.2～9.3.5 条的检验要求时，该批构件的结构性能应通过验收。

2 当第一个试件的检验结果不能全部符合上述要求，但又能符合第二次检验的要求时，可再抽两个试件进行检验。第二次检验的指标，对承载力及抗裂检验系数的允许值应取本规范第 9.3.2 条和第 9.3.4 条规定的允许值减 0.05；对挠度的允许值应取本规范第 9.3.3 条规定允许值的 1.10 倍。当第二次抽取的两个试件的全部检验结果均符合第二次检验的要求时，该批构件的结构性能可通过验收。

3 当第二次抽取的第一个试件的全部检验结果均已符合本规范第 9.3.2～9.3.5 条的要求时，该批构件的结构性能可通过验收。

9.4 装配式结构施工

主 控 项 目

9.4.1 进入现场的预制构件，其外观质量、尺寸偏差及结构性能应符合标准图或设计的要求。

检查数量：按批检查。

检验方法：检查构件合格证。

9.4.2 预制构件与结构之间的连接应符合设计要求。

连接处钢筋或埋件采用焊接或机械连接时，接头质量应符合国家现行标准《钢筋焊接及验收规程》JGJ 18、《钢筋机械连接通用技术规程》JGJ 107 的要求。

检查数量：全数检查。

检验方法：观察，检查施工记录。

9.4.3 承受内力的接头和拼缝，当其混凝土强度未达到设计要求时，不得吊装上一层结构构件；当设计无具体要求时，应在混凝土强度不小于 $10N/mm^2$ 或具有足够的支承时方可吊装上一层结构构件。

已安装完毕的装配式结构，应在混凝土强度到达设计要求后，方可承受全部设计荷载。

检查数量：全数检查。

检验方法：检查施工记录及试件强度试验报告。

一 般 项 目

9.4.4 预制构件码放和运输时的支承位置和方法应符合标准图或设计的要求。

检查数量：全数检查。

检验方法：观察检查。

9.4.5 预制构件吊装前，应按设计要求在构件和相应的支承结构上标志中心线、标高等控制尺寸，按标准图或设计文件校核预埋件及连接钢筋等，并作出标志。

检查数量：全数检查。

检验方法：观察，钢尺检查。

9.4.6 预制构件应按标准图或设计的要求吊装。起吊时绳索与构件水平面的夹角不宜小于45°，否则应采用吊架或经验算确定。

检查数量：全数检查。

检验方法：观察检查。

9.4.7 预制构件安装就位后，应采取保证构件稳定的临时固定措施，并应根据水准点和轴线校正位置。

检查数量：全数检查。

检验方法：观察，钢尺检查。

9.4.8 装配式结构中的接头和拼缝应符合设计要求；当设计无具体要求时，应符合下列规定：

  1 对承受内力的接头和拼缝应采用混凝土浇筑，其强度等级应比构件混凝土强度等级提高一级；

  2 对不承受内力的接头和拼缝应采用混凝土或砂浆浇筑，其强度等级不应低于C15或M15；

  3 用于接头和拼缝的混凝土或砂浆，宜采取微膨胀措施和快硬措施，在浇筑过程中应振捣密实，并应采取必要的养护措施。

检查数量：全数检查。

检验方法：检查施工记录及试件强度试验报告。

10 混凝土结构子分部工程

10.1 结构实体检验

10.1.1 对涉及混凝土结构安全的重要部位应进行结构实体检验。结构实体检验应在监理工程师（建设单位项目专业技术负责人）见证下，由施工项目技术负责人组织实施。承担结构实体检验的试验室应具有相应的资质。

10.1.2 结构实体检验的内容应包括混凝土强度、钢筋保护层厚度以及工程合同约定的项目；必要时可检验其他项目。

10.1.3 对混凝土强度的检验，应以在混凝土浇筑地点制备并与结构实体同条件养护的试件强度为依据。混凝土强度检验用同条件养护试件的留置、养护和强度代表值应符合本规范附录D的规定。

  对混凝土强度的检验，也可根据合同的约定，采用非破损或局部破损的检测方法，按国家现行有关标准的规定进行。

10.1.4 当同条件养护试件强度的检验结果符合现行国家标准《混凝土强度检验评定标

准》GBJ 107 的有关规定时，混凝土强度应判为合格。

10.1.5 对钢筋保护层厚度的检验，抽样数量、检验方法、允许偏差和合格条件应符合本规范附录 E 的规定。

10.1.6 当未能取得同条件养护试件强度、同条件养护试件强度被判为不合格或钢筋保护层厚度不满足要求时，应委托具有相应资质等级的检测机构按国家有关标准的规定进行检测。

10.2 混凝土结构子分部工程验收

10.2.1 混凝土结构子分部工程施工质量验收时，应提供下列文件和记录：
 1 设计变更文件；
 2 原材料出厂合格证和进场复验报告；
 3 钢筋接头的试验报告；
 4 混凝土工程施工记录；
 5 混凝土试件的性能试验报告；
 6 装配式结构预制构件的合格证和安装验收记录；
 7 预应力筋用锚具、连接器的合格证和进场复验报告；
 8 预应力筋安装、张拉及灌浆记录；
 9 隐蔽工程验收记录；
 10 分项工程验收记录；
 11 混凝土结构实体检验记录；
 12 工程的重大质量问题的处理方案和验收记录；
 13 其他必要的文件和记录。

10.2.2 混凝土结构子分部工程施工质量验收合格应符合下列规定：
 1 有关分项工程施工质量验收合格；
 2 应有完整的质量控制资料；
 3 观感质量验收合格；
 4 结构实体检验结果满足本规范的要求。

10.2.3 当混凝土结构施工质量不符合要求时，应按下列规定进行处理：
 1 经返工、返修或更换构件、部件的检验批，应重新进行验收；
 2 经有资质的检测单位检测鉴定达到设计要求的检验批，应予以验收；
 3 经有资质的检测单位检测鉴定达不到设计要求，但经原设计单位核算并确认仍可满足结构安全和使用功能的检验批，可予以验收；
 4 经返修或加固处理能够满足结构安全使用要求的分项工程，可根据技术处理方案和协商文件进行验收。

10.2.4 混凝土结构工程子分部工程施工质量验收合格后，应将所有的验收文件存档备案。

附录 A 质量验收记录

A.0.1 检验批质量验收可按表 A.0.1 记录。

表 A.0.1 检验批质量验收记录

工程名称		分项工程名称		验收部位	
施工单位		专业工长		项目经理	
分包单位		分包项目经理		施工班组长	
施工执行标准名称及编号					
检查项目		质量验收规范的规定	施工单位检查评定记录		监理（建设）单位验收记录
主控项目	1				
	2				
	3				
	4				
	5				
一般项目	1				
	2				
	3				
	4				
	5				
施工单位检查评定结果		项目专业质量检查员 年 月 日			
监理（建设）单位验收结论		监理工程师（建设单位项目专业技术负责人） 年 月 日			

A.0.2 分项工程质量验收可按表 A.0.2 记录。

表 A.0.2 分项工程质量验收记录

工程名称		结构类型		检验批数	
施工单位		项目经理		项目技术负责人	
分包单位		分包单位负责人		分包项目经理	

序号	检验批部位、区段	施工单位检查评定结果	监理（建设）单位验收结论
1			
2			
3			
4			
5			
6			
7			
8			

检查结论	验收结论
项目专业技术负责人 年　月　日	监理工程师 （建设单位项目专业技术负责人） 年　月　日

A.0.3 混凝土结构子分部工程质量验收可按表 A.0.3 记录。

表 A.0.3 混凝土结构子分部工程质量验收记录

工程名称			结构类型		层 数	
施工单位			技术部门负责人		质量部门负责人	
分包单位			分包单位负责人		分包技术负责人	

序号	分项工程名称	检验批数	施工单位检查评定	验收意见
1	钢筋分项工程			
2	预应力分项工程			
3	混凝土分项工程			
4	现浇结构分项工程			
5	装配式结构分项工程			
质量控制资料				
结构实体检验报告				
观感质量验收				

验收单位	分包单位	项目经理 　　　　　　　　　　　年　月　日
	施工单位	项目经理 　　　　　　　　　　　年　月　日
	勘察单位	项目负责人 　　　　　　　　　　　年　月　日
	设计单位	项目负责人 　　　　　　　　　　　年　月　日
	监理（建设）单位	总监理工程师 （建设单位项目专业负责人） 　　　　　　　　　　　年　月　日

附录 B 纵向受力钢筋的最小搭接长度

B.0.1 当纵向受拉钢筋的绑扎搭接接头面积百分率不大于 25% 时，其最小搭接长度应符合表 B.0.1 的规定。

表 B.0.1 纵向受拉钢筋的最小搭接长度

钢筋类型		混凝土强度等级			
		C15	C20～C25	C30～C35	≥C40
光圆钢筋	HPB235 级	45d	35d	30d	25d
带肋钢筋	HRB335 级	55d	45d	35d	30d
	HRB400 级、RRB400 级	—	55d	40d	35d

注：两根直径不同钢筋的搭接长度，以较细钢筋的直径计算。

B.0.2 当纵向受拉钢筋搭接接头面积百分率大于 25%，但不大于 50% 时，其最小搭接长度应按本附录表 B.0.1 中的数值乘以系数 1.2 取用；当接头面积百分率大于 50% 时，应按本附录表 B.0.1 中的数值乘以系数 1.35 取用。

B.0.3 当符合下列条件时，纵向受拉钢筋的最小搭接长度应根据本附录 B.0.1 条至 B.0.2 条确定后，按下列规定进行修正：

1. 当带肋钢筋的直径大于 25mm 时，其最小搭接长度应按相应数值乘以系数 1.1 取用；
2. 对环氧树脂涂层的带肋钢筋，其最小搭接长度应按相应数值乘以系数 1.25 取用；
3. 当在混凝土凝固过程中受力钢筋易受扰动时（如滑模施工），其最小搭接长度应按相应数值乘以系数 1.1 取用；
4. 对末端采用机械锚固措施的带肋钢筋，其最小搭接长度可按相应数值乘以系数 0.7 取用；
5. 当带肋钢筋的混凝土保护层厚度大于搭接钢筋直径的 3 倍且配有箍筋时，其最小搭接长度可按相应数值乘以系数 0.8 取用；
6. 对有抗震设防要求的结构构件，其受力钢筋的最小搭接长度对一、二级抗震等级应按相应数值乘以系数 1.15 采用；对三级抗震等级应按相应数值乘以系数 1.05 采用。

在任何情况下，受拉钢筋的搭接长度不应小于 300mm。

B.0.4 纵向受压钢筋搭接时，其最小搭接长度应根据本附录 B.0.1 条至 B.0.3 条的规定确定相应数值后，乘以系数 0.7 取用。在任何情况下，受压钢筋的搭接长度不应小于 200mm。

附录 C 预制构件结构性能检验方法

C.0.1 预制构件结构性能试验条件应满足下列要求：

1. 构件应在 0℃ 以上的温度中进行试验；
2. 蒸汽养护后的构件应在冷却至常温后进行试验；

  3 构件在试验前应量测其实际尺寸，并检查构件表面，所有的缺陷和裂缝应在构件上标出；
  4 试验用的加荷设备及量测仪表应预先进行标定或校准。
C.0.2 试验构件的支承方式应符合下列规定：
  1 板、梁和桁架等简支构件，试验时应一端采用铰支承，另一端采用滚动支承。铰支承可采用角钢、半圆型钢或焊于钢板上的圆钢，滚动支承可采用圆钢；
  2 四边简支或四角简支的双向板，其支承方式应保证支承处构件能自由转动，支承面可以相对水平移动；
  3 当试验的构件承受较大集中力或支座反力时，应对支承部分进行局部受压承载力验算；
  4 构件与支承面应紧密接触；钢垫板与构件、钢垫板与支墩间，宜铺砂浆垫平；
  5 构件支承的中心线位置应符合标准图或设计的要求。
C.0.3 试验构件的荷载布置应符合下列规定：
  1 构件的试验荷载布置应符合标准图或设计的要求；
  2 当试验荷载布置不能完全与标准图或设计的要求相符时，应按荷载效应等效的原则换算，即使构件试验的内力图形与设计的内力图形相似，并使控制截面上的内力值相等，但应考虑荷载布置改变后对构件其他部位的不利影响。
C.0.4 加载方法应根据标准图或设计的加载要求、构件类型及设备条件等进行选择。当按不同形式荷载组合进行加载试验（包括均布荷载、集中荷载、水平荷载和竖向荷载等）时，各种荷载应按比例增加。
  1 荷重块加载
  荷重块加载适用于均布加载试验。荷重块应按区格成垛堆放，垛与垛之间间隙不宜小于50mm。
  2 千斤顶加载
  千斤顶加载适用于集中加载试验。千斤顶加载时，可采用分配梁系统实现多点集中加载。千斤顶的加载值宜采用荷载传感器量测，也可采用油压表量测。
  3 梁或桁架可采用水平对顶加载方法，此时构件应垫平且不应妨碍构件在水平方向的位移。梁也可采用竖直对顶的加载方法。
  4 当屋架仅作挠度、抗裂或裂缝宽度检验时，可将两榀屋架并列，安放屋面板后进行加载试验。
C.0.5 构件应分级加载。当荷载小于荷载标准值时，每级荷载不应大于荷载标准值的20%；当荷载大于荷载标准值时，每级荷载不应大于荷载标准值的10%；当荷载接近抗裂检验荷载值时，每级荷载不应大于荷载标准值的5%；当荷载接近承载力检验荷载值时，每级荷载不应大于承载力检验荷载设计值的5%。
  对仅作挠度、抗裂或裂缝宽度检验的构件应分级卸载。
  作用在构件上的试验设备重量及构件自重应作为第一次加载的一部分。
  注：构件在试验前，宜进行预压，以检查试验装置的工作是否正常，同时应防止构件因预压而产生裂缝。
C.0.6 每级加载完成后，应持续10~15min；在荷载标准值作用下，应持续30min。在持

续时间内，应观察裂缝的出现和开展，以及钢筋有无滑移等；在持续时间结束时，应观察并记录各项读数。

C.0.7 对构件进行承载力检验时，应加载至构件出现本规范表9.3.2所列承载能力极限状态的检验标志。当在规定的荷载持续时间内出现上述检验标志之一时，应取本级荷载值与前一级荷载值的平均值作为其承载力检验荷载实测值；当在规定的荷载持续时间结束后出现上述检验标志之一时，应取本级荷载值作为其承载力检验荷载实测值。

注：当受压构件采用试验机或千斤顶加载时，承载力检验荷载实测值应取构件直至破坏的整个试验过程中所达到的最大荷载值。

C.0.8 构件挠度可用百分表、位移传感器、水平仪等进行观测。接近破坏阶段的挠度，可用水平仪或拉线、钢尺等测量。

试验时，应量测构件跨中位移和支座沉陷。对宽度较大的构件，应在每一量测截面的两边或两肋布置测点，并取其量测结果的平均值作为该处的位移。

当试验荷载竖直向下作用时，对水平放置的试件，在各级荷载下的跨中挠度实测值应按下列公式计算：

$$a_t^o = a_q^o + a_g^o \tag{C.0.8-1}$$

$$a_q^o = \nu_m^o - \frac{1}{2}(\nu_l^o + \nu_r^o) \tag{C.0.8-2}$$

$$a_g^o = \frac{M_g}{M_b} a_b^o \tag{C.0.8-3}$$

式中 a_t^o——全部荷载作用下构件跨中的挠度实测值（mm）；

a_q^o——外加试验荷载作用下构件跨中的挠度实测值（mm）；

a_g^o——构件自重及加荷设备重产生的跨中挠度值（mm）；

ν_m^o——外加试验荷载作用下构件跨中的位移实测值（mm）；

ν_l^o、ν_r^o——外加试验荷载作用下构件左、右端支座沉陷位移的实测值（mm）；

M_g——构件自重和加荷设备重产生的跨中弯矩值（kN·m）；

M_b——从外加试验荷载开始至构件出现裂缝的前一级荷载为止的外加荷载产生的跨中弯矩值（kN·m）；

a_b^o——从外加试验荷载开始至构件出现裂缝的前一级荷载为止的外加荷载产生的跨中挠度实测值（mm）。

C.0.9 当采用等效集中力加载模拟均布荷载进行试验时，挠度实测值应乘以修正系数 ψ。当采用三分点加载时 ψ 可取为0.98；当采用其他形式集中力加载时，ψ 应经计算确定。

C.0.10 试验中裂缝的观测应符合下列规定：

1 观察裂缝出现可采用放大镜。若试验中未能及时观察到正截面裂缝的出现，可取荷载—挠度曲线上的转折点（曲线第一弯转段两端点切线的交点）的荷载值作为构件的开裂荷载实测值；

2 构件抗裂检验中，当在规定的荷载持续时间内出现裂缝时，应取本级荷载值与前一级荷载值的平均值作为其开裂荷载实测值；当在规定的荷载持续时间结束后出现裂缝时，应取本级荷载值作为其开裂荷载实测值；

3 裂缝宽度可采用精度为 0.05mm 的刻度放大镜等仪器进行观测；

4 对正截面裂缝，应量测受拉主筋处的最大裂缝宽度；对斜截面裂缝，应量测腹部斜裂缝的最大裂缝宽度。确定受弯构件受拉主筋处的裂缝宽度时，应在构件侧面量测。

C.0.11 试验时必须注意下列安全事项：

1 试验的加荷设备、支架、支墩等，应有足够的承载力安全储备；

2 对屋架等大型构件进行加载试验时，必须根据设计要求设置侧向支承，以防止构件受力后产生侧向弯曲和倾倒；侧向支承应不妨碍构件在其平面内的位移；

3 试验过程中应注意人身和仪表安全；为了防止构件破坏时试验设备及构件坍落，应采取安全措施（如在试验构件下面设置防护支承等）。

C.0.12 构件试验报告应符合下列要求：

1 试验报告应包括试验背景、试验方案、试验记录、检验结论等内容，不得漏项缺检；

2 试验报告中的原始数据和观察记录必须真实、准确，不得任意涂抹篡改；

3 试验报告宜在试验现场完成，及时审核、签字、盖章，并登记归档。

附录 D 结构实体检验用同条件养护试件强度检验

D.0.1 同条件养护试件的留置方式和取样数量，应符合下列要求：

1 同条件养护试件所对应的结构构件或结构部位，应由监理（建设）、施工等各方共同选定；

2 对混凝土结构工程中的各混凝土强度等级，均应留置同条件养护试件；

3 同一强度等级的同条件养护试件，其留置的数量应根据混凝土工程量和重要性确定，不宜少于 10 组，且不应少于 3 组；

4 同条件养护试件拆模后，应放置在靠近相应结构构件或结构部位的适当位置，并应采取相同的养护方法。

D.0.2 同条件养护试件应在达到等效养护龄期时进行强度试验。

等效养护龄期应根据同条件养护试件强度与在标准养护条件下 28d 龄期试件强度相等的原则确定。

D.0.3 同条件自然养护试件的等效养护龄期及相应的试件强度代表值，宜根据当地的气温和养护条件，按下列规定确定：

1 等效养护龄期可取按日平均温度逐日累计达到 600℃·d 时所对应的龄期，0℃及以下的龄期不计入；等效养护龄期不应小于 14d，也不宜大于 60d；

2 同条件养护试件的强度代表值应根据强度试验结果按现行国家标准《混凝土强度检验评定标准》GBJ 107 的规定确定后，乘折算系数取用；折算系数宜取为 1.10，也可根据当地的试验统计结果作适当调整。

D.0.4 冬期施工、人工加热养护的结构构件，其同条件养护试件的等效养护龄期可按结构构件的实际养护条件，由监理（建设）、施工等各方根据本附录第 D.0.2 条的规定共同确定。

附录 E 结构实体钢筋保护层厚度检验

E.0.1 钢筋保护层厚度检验的结构部位和构件数量，应符合下列要求：
  1 钢筋保护层厚度检验的结构部位，应由监理（建设）、施工等各方根据结构构件的重要性共同选定；
  2 对梁类、板类构件，应各抽取构件数量的 2% 且不少于 5 个构件进行检验；当有悬挑构件时，抽取的构件中悬挑梁类、板类构件所占比例均不宜小于 50%。

E.0.2 对选定的梁类构件，应对全部纵向受力钢筋的保护层厚度进行检验；对选定的板类构件，应抽取不少于 6 根纵向受力钢筋的保护层厚度进行检验。对每根钢筋，应在有代表性的部位测量 1 点。

E.0.3 钢筋保护层厚度的检验，可采用非破损或局部破损的方法，也可采用非破损方法并用局部破损方法进行校准。当采用非破损方法检验时，所使用的检测仪器应经过计量检验，检测操作应符合相应规程的规定。
  钢筋保护层厚度检验的检测误差不应大于 1mm。

E.0.4 钢筋保护层厚度检验时，纵向受力钢筋保护层厚度的允许偏差，对梁类构件为 +10mm，-7mm；对板类构件为 +8mm，-5mm。

E.0.5 对梁类、板类构件纵向受力钢筋的保护层厚度应分别进行验收。
  结构实体钢筋保护层厚度验收合格应符合下列规定：
  1 当全部钢筋保护层厚度检验的合格点率为 90% 及以上时，钢筋保护层厚度的检验结果应判为合格；
  2 当全部钢筋保护层厚度检验的合格点率小于 90% 但不小于 80%，可再抽取相同数量的构件进行检验；当按两次抽样总和计算的合格点率为 90% 及以上时，钢筋保护层厚度的检验结果仍应判为合格；
  3 每次抽样检验结果中不合格点的最大偏差均不应大于本附录 E.0.4 条规定允许偏差的 1.5 倍。

本规范用词用语说明

1 为了便于在执行本规范条文时区别对待，对要求严格程度不同的用词说明如下：
（1）表示很严格，非这样做不可的用词：
  正面词采用"必须"；反面词采用"严禁"。
（2）表示严格，在正常情况下均应这样做的用词：
  正面词采用"应"；反面词采用"不应"或"不得"。
（3）表示允许稍有选择，在条件许可时首先这样做的用词：
  正面词采用"宜"；反面词采用"不宜"。
  表示有选择，在一定条件下可以这样做的，采用"可"。

2 规范中指定应按其他有关标准、规范执行时，写法为："应符合……的规定"或"应按……执行"。

中华人民共和国国家标准

混凝土结构工程施工质量验收规范

GB 50204—2002

条 文 说 明

目 次

1 总则 ··· 445
2 术语 ··· 445
3 基本规定 ··· 446
4 模板分项工程 ·· 447
5 钢筋分项工程 ·· 448
6 预应力分项工程 ··· 451
7 混凝土分项工程 ··· 454
8 现浇结构分项工程 ··· 457
9 装配式结构分项工程 ·· 458
10 混凝土结构子分部工程 ··· 459
附录 A 质量验收记录 ··· 461
附录 B 纵向受力钢筋的最小搭接长度 ······································ 461
附录 C 预制构件结构性能检验方法 ·· 461
附录 D 结构实体检验用同条件养护试件强度检验 ······················ 462
附录 E 结构实体钢筋保护层厚度检验 ······································ 463

1 总　　则

1.0.1 编制本规范的目的是为了统一和加强混凝土结构工程施工质量的验收，保证工程质量。本规范不包括混凝土结构设计、使用和维护等方面的内容。

1.0.2 本规范的适用范围为工业与民用房屋和一般构筑物的混凝土结构工程，包括现浇结构和装配式结构。本规范所指混凝土结构包括素混凝土结构、钢筋混凝土结构和预应力混凝土结构，与现行国家标准《混凝土结构设计规范》GB 50010 的范围一致。

本规范的主要内容是在《建筑工程质量检验评定标准》GBJ 301—88 中第五章、《预制混凝土构件质量检验评定标准》GBJ 321—90 和《混凝土结构工程施工及验收规范》GB 50204—92 的基础上修订而成的。

1.0.3 本规范是对混凝土结构工程施工质量的最低要求，应严格遵守。因此，承包合同（如质量要求等）和工程技术文件（如设计文件、企业标准、施工技术方案等）对工程质量的要求不得低于本规范的规定。

当承包合同和设计文件对施工质量的要求高于本规范的规定时，验收时应以承包合同和设计文件为准。

1.0.4 国家标准《建筑工程施工质量验收统一标准》GB 50300—2001 规定了房屋建筑各专业工程施工质量验收规范编制的统一准则。本规范是根据该标准规定的原则编写的，适用于该标准"主体结构"分部工程中"混凝土结构"子分部工程的验收。执行本规范时，尚应遵守该标准的相关规定。

1.0.5 混凝土结构工程的施工质量应满足现行国家标准《混凝土结构设计规范》GB 50010 和施工项目设计文件提出的各项要求。

混凝土结构施工质量的验收综合性强、牵涉面广，不仅有原材料方面的内容（如水泥、钢筋等），尚有半成品、成品方面的内容（如构配件、预应力锚具等），也与其他施工技术和质量评定方面的标准密切相关。因此，凡本规范有规定者，应遵照执行；凡本规范无规定者，尚应按照有关现行标准的规定执行。

2 术　　语

本章给出了本规范有关章节中引用的 8 个术语。由于本规范应与《建筑工程施工质量验收统一标准》GB 50300—2001 配套使用，在该标准中出现的与本规范相关的术语不再列出。

在编写本章术语时，主要参考了《建筑结构设计术语和符号标准》GB/T 50083—97、《工程结构设计基本术语和通用符号》GBJ 132—90 等国家标准中的相关术语。

本规范的术语是从混凝土结构工程施工质量验收的角度赋予其涵义的，但涵义不一定是术语的定义。同时，还给出了相应的推荐性英文术语，该英文术语不一定是国际上通用的标准术语，仅供参考。

3 基 本 规 定

3.0.1 根据国家标准《建筑工程施工质量验收统一标准》GB 50300—2001的有关规定，本条对混凝土结构施工现场和施工项目的质量管理体系和质量保证体系提出了要求。施工单位应推行生产控制和合格控制的全过程质量控制。对施工现场质量管理，要求有相应的施工技术标准、健全的质量管理体系、施工质量控制和质量检验制度；对具体的施工项目，要求有经审查批准的施工组织设计和施工技术方案。上述要求应能在施工过程中有效运行。

施工组织设计和施工技术方案应按程序审批，对涉及结构安全和人身安全的内容，应有明确的规定和相应的措施。

3.0.2 根据不同的施工方法和结构分类，列举了混凝土结构子分部工程的具体名称。子分部工程验收前，应根据具体的施工方法和结构分类确定应验收的分项工程。

在建筑工程施工质量验收体系中，混凝土结构子分部工程划分为六个分项工程：模板、钢筋、预应力、混凝土、现浇结构和装配式结构。

本规范中"结构缝"系指为避免温度胀缩、地基沉降和地震碰撞等而在相邻两建筑物或建筑物的两部分之间设置的伸缩缝、沉降缝和防震缝等的总称。

检验批是工程质量验收的基本单元。检验批通常按下列原则划分：

1 检验批内质量均匀一致，抽样应符合随机性和真实性的原则；

2 贯彻过程控制的原则，按施工次序、便于质量验收和控制关键工序质量的需要划分检验批。

3.0.3 子分部工程验收时，除所含分项均应验收合格外，尚应对涉及结构安全的材料、试件、施工工艺和结构的重要部位进行见证检测或结构实体检验，以确保混凝土结构的安全。对施工工艺的见证检测，系指根据工程质量控制的需要，在施工期间由参与验收的各方在现场对施工工艺进行的检测。有关施工工艺的见证检测内容在本规范中有明确规定，如预应力筋张拉时实际预应力值的检测。本条规定的子分部工程验收内容中，见证检测和结构实体检验可以在检验批或分项工程验收的相应阶段内进行。

3.0.4 分项工程验收时，除所含检验批均应验收合格外，尚应有完整的质量验收记录。

3.0.5 检验批验收的内容包括按规定的抽样方案进行的实物检查和资料检查。本条列出了实物检查的方式和资料检查的内容。

3.0.6 本条给出了检验批质量验收合格的条件：主控项目和一般项目检验均应合格，且资料完整。检验批验收合格后，在形成验收文件的同时宜作出合格标志，以利于施工现场管理和作为后续工序施工的条件。检验批的合格质量主要取决于主控项目和一般项目的检验结果。主控项目是对检验批的基本质量起决定性影响的检验项目，这种项目的检验结果具有否决权。由于主控项目对工程质量起重要作用，从严要求是必需的。

对采用计数检验的一般项目，以前要求的合格点率为70%及以上，本规范提高了相应要求，通常为80%及以上，且在允许存在的20%以下的不合格点中不得有严重缺陷。本规范中少量采用计数检验的一般项目，合格点率要求为90%及以上，同时也不得有严重缺陷，这在本规范有关章节中有具体规定。根据《建筑工程施工质量验收统一标准》GB 50300—2001的规定，检验批质量验收时可选择经实践检验有效的抽样方案。本规范的一般项目所采用的计数检验，基本上采用了原规范的方案。对于这种计数抽样方案，尚可根据质量验收的需要和抽样检验理论作进一步完善。

3.0.7 本条规定了检验批、分项工程、混凝土结构子分部工程的质量验收记录和施工质量验收程序、组织。其中，检验批的检查层次为：生产班组的自检、交接检；施工单位质量检验部门的专业检查和评定；监理单位（建设单位）组织的检验批验收。

在施工过程中，前一工序的质量未得到监理单位（建设单位）的检查认可，不应进行后续工序的施工，以免质量缺陷累积，造成更大损失。

根据有关规定和工程合同的约定，对工程质量起重要作用或有争议的检验项目，应由各方参与进行见证检测，以确保施工过程中的关键质量得到控制。

4 模板分项工程

模板分项工程是为混凝土浇筑成型用的模板及其支架的设计、安装、拆除等一系列技术工作和完成实体的总称。由于模板可以连续周转使用，模板分项工程所含检验批通常根据模板安装和拆除的数量确定。

4.1 一般规定

4.1.1 本条提出了对模板及其支架的基本要求，这是保证模板及其支架的安全并对混凝土成型质量起重要作用的项目。多年的工程实践证明，这些要求对保证混凝土结构的施工质量是必需的。本条为强制性条文，应严格执行。

4.1.2 浇筑混凝土时，模板及支架在混凝土重力、侧压力及施工荷载等作用下胀模（变形）、跑模（位移）甚至坍塌的情况时有发生。为避免事故，保证工程质量和施工安全，提出了对模板及其支架进行观察、维护和发生异常情况时及时进行处理的要求。

4.1.3 模板及其支架拆除的顺序及相应的施工安全措施对避免重大工程事故非常重要，在制订施工技术方案时应考虑周全。模板及其支架拆除时，混凝土结构可能尚未形成设计要求的受力体系，必要时应加设临时支撑。后浇带模板的拆除及支顶易被忽视而造成结构缺陷，应特别注意。本条为强制性条文，应严格执行。

4.2 模板安装

4.2.1 现浇多层房屋和构筑物的模板及其支架安装时，上、下层支架的立柱应对准，以利于混凝土重力及施工荷载的传递，这是保证施工安全和质量的有效措施。

本规范中，凡规定全数检查的项目，通常均采用观察检查的方法，但对观察难以判定的部位，应辅以量测检查。

4.2.2 隔离剂沾污钢筋和混凝土接槎处可能对混凝土结构受力性能造成明显的不利影响，故应避免。

4.2.3 无论是采用何种材料制作的模板，其接缝都应保证不漏浆。木模板浇水湿润有利于接缝闭合而不致漏浆，但因浇水湿润后膨胀，木模板安装时的接缝不宜过于严密。模板内部和与混凝土的接触面应清理干净，以避免夹渣等缺陷。本条还对清水混凝土工程及装饰混凝土工程所使用的模板提出了要求，以适应混凝土结构施工技术发展的要求。

4.2.4 本条对用作模板的地坪、胎模等提出了应平整光洁的要求，这是为了保证预制构件的成型质量。

4.2.5 对跨度较大的现浇混凝土梁、板，考虑到自重的影响，适度起拱有利于保证构件的形状和尺寸。执行时应注意本条的起拱高度未包括设计起拱值，而只考虑模板本身在荷载下的下垂，因此对钢模板可取偏小值，对木模板可取偏大值。

本规范中，凡规定抽样检查的项目，应在全数观察的基础上，对重要部位和观察难以判定的部位进行抽样检查。抽样检查的数量通常采用"双控"的方法，即在按比例抽样的同时，还限定了检查的最小数量。

4.2.6 对预埋件的外露长度，只允许有正偏差，不允许有负偏差；对预留洞内部尺寸，只允许大，不允许小。在允许偏差表中，不允许的偏差都以"0"来表示。

本规范中，尺寸偏差的检验除可采用条文中给出的方法外，也可采用其他方法和相应的检测工具。

4.2.7～4.2.8 规定了现浇混凝土结构模板及预制混凝土构件模板安装尺寸的检查数量、允许偏差及检验方法。还应指出，按本规范第 3.0.7 条的规定，对一般项目，在不超过 20% 的不合格检查点中不得有影响结构安全和使用功能的过大尺寸偏差。对有特殊要求的结构中的某些项目，当有专门标准规定或设计要求时，尚应符合相应的要求。

由于模板对保证构件质量非常重要，且不合格模板容易返修成合格品，故允许模板进行修理，合格后方可投入使用。施工单位应根据构件质量检验得到的模板质量反馈信息，对连续周转使用的模板定期检查并不定期抽查。

4.3 模板拆除

4.3.1 由于过早拆模、混凝土强度不足而造成混凝土结构构件沉降变形、缺棱掉角、开裂、甚至塌陷的情况时有发生。为保证结构的安全和使用功能，提出了拆模时混凝土强度的要求。该强度通常反映为同条件养护混凝土试件的强度。考虑到悬臂构件更容易因混凝土强度不足而引发事故，对其拆模时的混凝土强度应从严要求。

4.3.2 对后张法预应力施工，模板及其支架的拆除时间和顺序应根据施工方式的特点和需要事先在施工技术方案中确定。当施工技术方案中无明确规定时，应遵照本条的规定执行。

4.3.3 由于施工方式的不同，后浇带模板的拆除及支顶方法也各有不同，但都应能保证结构的安全和质量。由于后浇带较易出现安全和质量问题，故施工技术方案应对此作出明确的规定。

4.3.4 由于侧模拆除时混凝土强度不足可能造成结构构件缺棱掉角和表面损伤，故应避免。

4.3.5 拆模时重量较大的模板倾砸楼面或模板及支架集中堆放可能造成楼板或其他构件的裂缝等损伤，故应避免。

5 钢筋分项工程

钢筋分项工程是普通钢筋进场检验、钢筋加工、钢筋连接、钢筋安装等一系列技术工作和完成实体的总称。钢筋分项工程所含的检验批可根据施工工序和验收的需要确定。

5.1 一 般 规 定

5.1.1 在施工过程中，当施工单位缺乏设计所要求的钢筋品种、级别或规格时，可进行钢筋代换。为了保证对设计意图的理解不产生偏差，规定当需要作钢筋代换时应办理设计变更文件，以确保满足原结构设计的要求，并明确钢筋代换由设计单位负责。本条为强制性条文，应严格执行。

5.1.2 钢筋隐蔽工程反映钢筋分项工程施工的综合质量，在浇筑混凝土之前验收是为了确保受力钢筋等的加工、连接和安装满足设计要求，并在结构中发挥其应有的作用。

5.2 原 材 料

5.2.1 钢筋对混凝土结构构件的承载力至关重要，对其质量应从严要求。普通钢筋应符合现行国家标准《钢筋混凝土用热轧带肋钢筋》GB 1499、《钢筋混凝土用热轧光圆钢筋》GB 13013 和《钢筋混凝土用余热处理钢筋》GB 13014 的要求。钢筋进场时，应检查产品合格证和出厂检验报告，并按规定进行抽样检验。本条为强制性条文，应严格执行。

由于工程量、运输条件和各种钢筋的用量等的差异，很难对各种钢筋的进场检查数量作出统一规定。实际检查时，若有关标准中对进场检验数量作了具体规定，应遵照执行；若有关标准中只有对产品出厂检验数量的规定，则在进场检验时，检查数量可按下列情况确定：

1 当一次进场的数量大于该产品的出厂检验批量时，应划分为若干个出厂检验批量，然后按出厂检验的抽样方案执行；

2 当一次进场的数量小于或等于该产品的出厂检验批量时，应作为一个检验批量，然后按出厂检验的抽样方案执行；

3 对连续进场的同批钢筋，当有可靠依据时，可按一次进场的钢筋处理。

本条的检验方法中，产品合格证、出厂检验报告是对产品质量的证明资料，通常应列出产品的主要性能指标；当用户有特别要求时，还应列出某些专门检验数据。有时，产品合格证、出厂检验报告可以合并。进场复验报告是进场抽样检验的结果，并作为判断材料能否在工程中应用的依据。

本规范中，涉及原材料进场检查数量和检验方法时，除有明确规定外，都应按以上叙述理解、执行。

5.2.2 根据现行国家标准《混凝土结构设计规范》GB 50010 的规定，按一、二级抗震等级设计的框架结构中的纵向受力钢筋，其强度实测值应满足本条的要求，其目的是为了保证在地震作用下，结构某些部位出现塑性铰以后，钢筋具有足够的变形能力。本条为强制性条文，应严格执行。

5.2.3 在钢筋分项工程施工过程中，若发现钢筋性能异常，应立即停止使用，并对同批钢筋进行专项检验。

5.2.4 为了加强对钢筋外观质量的控制，钢筋进场时和使用前均应对外观质量进行检查。弯折钢筋不得敲直后作为受力钢筋使用。钢筋表面不应有颗粒状或片状老锈，以免影响钢筋强度和锚固性能。本条也适用于加工以后较长时期未使用而可能造成外观质量达不到要求的钢筋半成品的检查。

5.3 钢筋加工

5.3.1~5.3.2 对各种级别普通钢筋弯钩、弯折和箍筋的弯弧内直径、弯折角度、弯后平直部分长度分别提出了要求。受力钢筋弯钩、弯折的形状和尺寸，对于保证钢筋与混凝土协同受力非常重要。根据构件受力性能的不同要求，合理配置箍筋有利于保证混凝土构件的承载力，特别是对配筋率较高的柱、受扭的梁和有抗震设防要求的结构构件更为重要。

对规定抽样检查的项目，应在全数观察的基础上，对重要部位和观察难以判定的部位进行抽样检查。抽样检查的数量通常采用"双控"的方法。这与本规范第4.2.5条的说明是一致的。

5.3.3 盘条供应的钢筋使用前需要调直。调直宜优先采用机械方法，以有效控制调直钢筋的质量；也可采用冷拉方法，但应控制冷拉伸长率，以免影响钢筋的力学性能。

5.3.4 本条提出了钢筋加工形状、尺寸偏差的要求。其中，箍筋内净尺寸是新增项目，对保证受力钢筋和箍筋本身的受力性能都较为重要。

5.4 钢筋连接

5.4.1 本条提出了纵向受力钢筋连接方式的基本要求，这是保证受力钢筋应力传递及结构构件的受力性能所必需的。目前，钢筋的连接方式已有多种，应按设计要求采用。

5.4.2 近年来，钢筋机械连接和焊接的技术发展较快，国家现行标准《钢筋机械连接通用技术规程》JGJ 107、《钢筋焊接及验收规程》JGJ 18对其应用、质量验收等都有明确的规定，验收时应遵照执行。对钢筋机械连接和焊接，除应按相应规定进行型式、工艺检验外，还应从结构中抽取试件进行力学性能检验。

5.4.3 受力钢筋的连接接头宜设置在受力较小处，同一钢筋在同一受力区段内不宜多次连接，以保证钢筋的承载、传力性能。本条还对接头距钢筋弯起点的距离作出了规定。

5.4.4 本条对施工现场的机械连接接头和焊接接头提出了外观质量要求。对全数检查的项目，通常均采用观察检查的方法，但对观察难以判定的部位，可辅以量测检查。

5.4.5 本条给出了受力钢筋机械连接和焊接的应用范围、连接区段的定义以及接头面积百分率的限制。

5.4.6 为了保证受力钢筋绑扎搭接接头的传力性能，本条给出了受力钢筋搭接接头连接区段的定义、接头面积百分率的限制以及最小搭接长度的要求。在本规范附录B中给出了各种条件下确定受力钢筋最小搭接长度的方法。

5.4.7 搭接区域的箍筋对于约束搭接传力区域的混凝土、保证搭接钢筋传力至关重要。根据现行国家标准《混凝土结构设计规范》GB 50010的规定，给出了搭接长度范围内的箍筋直径、间距等构造要求。

5.5 钢筋安装

5.5.1 受力钢筋的品种、级别、规格和数量对结构构件的受力性能有重要影响，必须符合设计要求。本条为强制性条文，应严格执行。

5.5.2 本条规定了钢筋安装位置的允许偏差。梁、板类构件上部纵向受力钢筋的位置对结构构件的承载能力和抗裂性能等有重要影响。由于上部纵向受力钢筋移位而引发的事故通常较为严重，应加以避免。本条通过对保护层厚度偏差的要求，对上部纵向受力钢筋的位置加以控制，并单独将梁、板类构件上部纵向受力钢筋保护层厚度偏差的合格点率要求规定为90%及以上。对其他部位，表中所列保护层厚度的允许偏差的合格点率要求仍为80%及以上。

6 预应力分项工程

预应力分项工程是预应力筋、锚具、夹具、连接器等材料的进场检验、后张法预留管道设置或预应力筋布置、预应力筋张拉、放张、灌浆直至封锚保护等一系列技术工作和完成实体的总称。由于预应力施工工艺复杂，专业性较强，质量要求较高，故预应力分项工程所含检验项目较多，且规定较为具体。根据具体情况，预应力分项工程可与混凝土结构一同验收，也可单独验收。

6.1 一般规定

6.1.1 后张法预应力施工是一项专业性强、技术含量高、操作要求严的作业，故应由获得有关部门批准的预应力专项施工资质的施工单位承担。预应力混凝土结构施工前，专业施工单位应根据设计图纸，编制预应力施工方案。当设计图纸深度不具备施工条件时，预应力施工单位应予以完善，并经设计单位审核后实施。

6.1.2 本条规定了预应力张拉设备的校验和标定要求。张拉设备（千斤顶、油泵及压力表等）应配套标定，以确定压力表读数与千斤顶输出力之间的关系曲线。这种关系曲线对应于特定的一套张拉设备，故配套标定后应配套使用。由于千斤顶主动工作和被动工作时，压力表读数与千斤顶输出力之间的关系是不一致的，故要求标定时千斤顶活塞的运行方向应与实际张拉工作状态一致。

6.1.3 预应力隐蔽工程反映预应力分项工程施工的综合质量，在浇筑混凝土之前验收是为了确保预应力筋等的安装符合设计要求并在混凝土结构中发挥其应有的作用。本条对预应力隐蔽工程验收的内容作出了具体规定。

6.2 原 材 料

6.2.1 常用的预应力筋有钢丝、钢绞线、热处理钢筋等，其质量应符合相应的现行国家标准《预应力混凝土用钢丝》GB/T 5223、《预应力混凝土用钢绞线》GB/T 5224、《预应力混凝土用热处理钢筋》GB 4463 等的要求。预应力筋是预应力分项工程中最重要的原材料，进场时应根据进场批次和产品的抽样检验方案确定检验批，进行进场复验。由于各厂家提供的预应力筋产品合格证内容与格式不尽相同，为统一及明确有关内容，要求厂家除了提供产品合格证外，还应提供反映预应力筋主要性能的出厂检验报告，两者也可合并提供。进场复验可仅作主要的力学性能试验。本章中，涉及原材料进场检查数量和检验方法时，除有明确规定外，都应按本规范第5.2.1条的说明理解、执行。本条为强制性条文，应严格执行。

6.2.2 无粘结预应力筋的涂包质量对保证预应力筋防腐及准确地建立预应力非常重要。

涂包质量的检验内容主要有涂包层油脂用量、护套厚度及外观。当有工程经验，并经观察确认质量有保证时，可仅作外观检查。

6.2.3 目前国内锚具生产厂家较多，各自形成配套产品，产品结构尺寸及构造也不尽相同。为确保实现设计意图，要求锚具、夹具和连接器按设计规定采用，其性能和应用应分别符合国家现行标准《预应力筋用锚具、夹具和连接器》GB/T 14370 和《预应力筋用锚具、夹具和连接器应用技术规程》JGJ 85 的规定。锚具、夹具和连接器的进场检验主要作锚具（夹具、连接器）的静载试验，材质、机加工尺寸等只需按出厂检验报告中所列指标进行核对。

6.2.4 孔道灌浆一般采用素水泥浆。由于普通硅酸盐水泥浆的泌水率较小，故规定应采用普通硅酸盐水泥配制水泥浆。水泥浆中掺入外加剂可改善其稠度、泌水率、膨胀率、初凝时间、强度等特性，但预应力筋对应力腐蚀较为敏感，故水泥和外加剂中均不能含有对预应力筋有害的化学成分。

孔道灌浆所采用水泥和外加剂数量较少的一般工程，如果由使用单位提供近期采用的相同品牌和型号的水泥及外加剂的检验报告，也可不作水泥和外加剂性能的进场复验。

6.2.5 预应力筋进场后可能由于保管不当引起锈蚀、污染等，故使用前应进行外观质量检查。对有粘结预应力筋，可按各相关标准进行检查。对无粘结预应力筋，若出现护套破损，不仅影响密封性，而且增加预应力摩擦损失，故应根据不同情况进行处理。

6.2.6 当锚具、夹具及连接器进场入库时间较长时，可能造成锈蚀、污染等，影响其使用性能，故使用前应重新对其外观进行检查。

6.2.7~6.2.8 目前，后张预应力工程中多采用金属螺旋管预留孔道。金属螺旋管的刚度和抗渗性能是很重要的质量指标，但试验较为复杂。当使用单位能提供近期采用的相同品牌和型号金属螺旋管的检验报告或有可靠工程经验时，也不作这两项检验。由于金属螺旋管经运输、存放可能出现伤痕、变形、锈蚀、污染等，故使用前应进行外观质量检查。

6.3 制作与安装

6.3.1 预应力筋的品种、级别、规格和数量对保证预应力结构构件的抗裂性能及承载力至关重要，故必须符合设计要求。本条为强制性条文，应严格执行。

6.3.2 先张法预应力施工时，油质类隔离剂可能沾污预应力筋，严重影响粘结力，并且会污染混凝土表面，影响装修工程质量，故应避免。

6.3.3 预应力筋若遇电火花损伤，容易在张拉阶段脆断，故应避免。施工时应避免将预应力筋作为电焊的一极。受电火花损伤的预应力筋应予以更换。

6.3.4 预应力筋常采用无齿锯或机械切断机切割。当采用电弧切割时，电弧可能损伤高强度钢丝、钢绞线，引起预应力筋拉断，故应禁止采用。对同一束中各根钢丝下料长度的极差（最大值与最小值之差）的规定，仅适用于钢丝束两端均采用镦头锚具的情况，目的是为了保证同一束中各根钢丝的预加力均匀一致。本章中，对规定抽样检查的项目，应在全数观察的基础上，对重要部位和观察难以判定的部位进行抽样检查。

6.3.5 预应力筋的端部锚具制作质量对可靠地建立预应力非常重要。本条规定了挤压锚、压花锚、镦头锚的制作质量要求。本条对镦头锚制作质量的要求，主要是为了检测钢丝的可镦性，故规定按钢丝的进场批量检查。

6.3.6 浇筑混凝土时，预留孔道定位不牢固会发生移位，影响建立预应力的效果。为确保孔道成型质量，除应符合设计要求外，还应符合本条对预留孔道安装质量作出的相应规定。对后张法预应力混凝土结构中预留孔道的灌浆孔及泌水管等的间距和位置要求，是为了保证灌浆质量。

6.3.7 预应力筋束形直接影响建立预应力的效果，并影响结构构件的承载力和抗裂性能，故对束形控制点的竖向位置允许偏差提出了较高要求。本条按截面高度设定束形控制点的竖向位置允许偏差，以便于实际控制。

6.3.8 实际工程中常将无粘结预应力筋成束布置，以便于施工控制，但其数量及排列形状应能保证混凝土能够握裹预应力筋。此外，内埋式挤压锚具在使用中常出现垫板重叠、垫板与锚具脱离等现象，故本条作出了相应规定。

6.3.9 后张法施工中，当浇筑混凝土前将预应力筋穿入孔道时，预应力筋需经合模、混凝土浇筑、养护并达到设计要求的强度后才能张拉。在此期间，孔道内可能会有浇筑混凝土时渗进的水或从喇叭管口流入的养护水、雨水等，若时间过长，可能引起预应力筋锈蚀，故应根据工程具体情况采取必要的防锈措施。

6.4 张拉和放张

6.4.1 过早地对混凝土施加预应力，会引起较大的收缩和徐变预应力损失，同时可能因局部承压过大而引起混凝土损伤。本条规定的预应力筋张拉及放张时混凝土强度，是根据现行国家标准《混凝土结构设计规范》GB 50010 的规定确定的。若设计对此有明确要求，则应按设计要求执行。

6.4.2 预应力筋张拉应使各根预应力筋的预加力均匀一致，主要是指有粘结预应力筋张拉时应整束张拉，以使各根预应力筋同步受力，应力均匀；而无粘结预应力筋和扁锚预应力筋通常是单根张拉的。预应力筋的张拉顺序、张拉力及设计计算伸长值均应由设计确定，施工时应遵照执行。实际施工时，为了部分抵消预应力损失等，可采取超张拉方法，但最大张拉应力不应大于现行国家标准《混凝土结构设计规范》GB 50010 的规定。后张法施工中，梁或板中的预应力筋一般是逐根或逐束张拉的，后批张拉的预应力筋所产生的混凝土结构构件的弹性压缩对先批张拉预应力筋的预应力损失的影响与梁、板的截面，预应力筋配筋量及束长等因数有关，一般影响较小时可不计。如果影响较大，可将张拉力统一增加一定值。实际张拉时通常采用张拉力控制方法，但为了确保张拉质量，还应对实际伸长值进行校核，相对允许偏差±6%是基于工程实践提出的，有利于保证张拉质量。

6.4.3 预应力筋张拉锚固后，实际建立的预应力值与量测时间有关。相隔时间越长，预应力损失值越大，故检验值应由设计通过计算确定。

预应力筋张拉后实际建立的预应力值对结构受力性能影响很大，必须予以保证。先张法施工中可以用应力测定仪器直接测定张拉锚固后预应力筋的应力值；后张法施工中预应力筋的实际应力值较难测定，故可用见证张拉代替预加力值测定。见证张拉系指监理工程师或建设单位代表现场见证下的张拉。

6.4.4 由于预应力筋断裂或滑脱对结构构件的受力性能影响极大，故施加预应力过程中，应采取措施加以避免。先张法预应力构件中的预应力筋不允许出现断裂或滑脱，若在浇筑混凝土前出现断裂或滑脱，相应的预应力筋应予以更换。后张法预应力结构构件中预应力筋断裂或滑脱的数量，不应超过本条的规定。本条为强制性条文，应严格执行。

6.4.5 实际工程中，由于锚具种类、张拉锚固工艺及放张速度等各种因素的影响，内缩量可能有较大波动，导致实际建立的预应力值出现较大偏差。因此，应控制锚固阶段张拉端预应力筋的内缩量。当设计对张拉端预应力筋的内缩量有具体要求时，应按设计要求执行。

6.4.6 对先张法构件，施工时应采取措施减小张拉后预应力筋位置与设计位置的偏差。本条对最大偏移值作出了规定。

6.5 灌浆及封锚

6.5.1 预应力筋张拉后处于高应力状态，对腐蚀非常敏感，所以应尽早进行孔道灌浆。灌浆是对预应力筋的永久性保护措施，故要求水泥浆饱满、密实，完全裹住预应力筋。灌浆质量的检验应着重于现场观察检查，必要时采用无损检查或凿孔检查。

6.5.2 封闭保护应遵照设计要求执行，并在施工技术方案中作出具体规定。后张预应力筋的锚具多配置在结构的端面，所以常处于易受外力冲击和雨水浸入的状态；此外，预应力筋张拉锚固后，锚具及预应力筋处于高应力状态，为确保暴露于结构外的锚具能够永久性地正常工作，不致受外力冲击和雨水浸入而造成破损或腐蚀，应采取防止锚具锈蚀和遭受机械损伤的有效措施。

6.5.3 锚具外多余预应力筋常采用无齿锯或机械切断机切断。实际工程中，也可采用氧-乙炔焰切割方法切断多余预应力筋，但为了确保锚具正常工作及考虑切断时热影响可能波及锚具部位，应采取锚具降温等措施。考虑到锚具正常工作及可能的热影响，本条对预应力筋外露部分长度作出了规定。切割位置不宜距离锚具太近，同时也不应影响构件安装。

6.5.4 本条规定灌浆用水泥浆水灰比的限值，其目的是为了在满足必要的水泥浆稠度的同时，尽量减小泌水率，以获得饱满、密实的灌浆效果。水泥浆中水的泌出往往造成孔道内的空腔，并引起预应力筋腐蚀。2%左右的泌水一般可被水泥浆吸收，因此应按本条的规定控制泌水率。如果有可靠的工程经验，也可以提供以往工程中相同配合比的水泥浆性能试验报告。

6.5.5 对灌浆质量，首先应强调其密实性，因为密实的水泥浆能为预应力筋提供可靠的防腐保护。同时，水泥浆与预应力筋之间的粘结力也是预应力筋与混凝土共同工作的前提。本条参考国外的有关规定并考虑目前预应力筋的实际应用强度，规定了标准尺寸水泥浆试件的抗压强度不应小于30MPa。

7 混凝土分项工程

混凝土分项工程是从水泥、砂、石、水、外加剂、矿物掺合料等原材料进场检验、混凝土配合比设计及称量、拌制、运输、浇筑、养护、试件制作直至混凝土达到预定强度等一系列技术工作和完成实体的总称。混凝土分项工程所含的检验批可根据施工工序和验收的需要确定。

7.1 一 般 规 定

7.1.1 混凝土强度的评定应符合现行国家标准《混凝土强度检验评定标准》GBJ 107 的规

定。但应指出，对掺用矿物掺合料的混凝土，由于其强度增长较慢，以28d为验收龄期可能不合适，此时可按国家现行标准《粉煤灰混凝土应用技术规范》GBJ 146、《粉煤灰在混凝土和砂浆中应用技术规程》JGJ 28等的规定确定验收龄期。

7.1.2 混凝土试件强度的试验方法应符合普通混凝土力学性能试验方法标准的规定。混凝土试件的尺寸应根据骨料的最大粒径确定。当采用非标准尺寸的试件时，其抗压强度应乘以相应的尺寸换算系数。

7.1.3 由于同条件养护试件具有与结构混凝土相同的原材料、配合比和养护条件，能有效代表结构混凝土的实际质量。在施工过程中，根据同条件养护试件的强度来确定结构构件拆模、出池、出厂、吊装、张拉、放张及施工期间临时负荷时的混凝土强度，是行之有效的方法。

7.1.4 当混凝土试件强度评定不合格时，可根据国家现行有关标准采用回弹法超声回弹综合法、钻芯法、后装拔出法等推定结构的混凝土强度。应指出，通过检测得到的推定强度可作为判断结构是否需要处理的依据。

7.1.5 室外日平均气温连续5d稳定低于5℃时，混凝土分项工程应采取冬期施工措施，具体要求应符合国家现行标准《建筑工程冬期施工规程》JGJ 104的有关规定。

7.2 原 材 料

7.2.1 水泥进场时，应根据产品合格证检查其品种、级别等，并有序存放，以免造成混料错批。强度、安定性等是水泥的重要性能指标，进场时应作复验，其质量应符合现行国家标准《硅酸盐水泥、普通硅酸盐水泥》GB 175、《矿渣硅酸盐水泥、火山灰质硅酸盐水泥及粉煤灰硅酸盐水泥》GB 1344、《复合硅酸盐水泥》GB 12958等的要求。水泥是混凝土的重要组成成分，若其中含有氯化物，可能引起混凝土结构中钢筋的锈蚀，故应严格控制。本条为强制性条文，应严格执行。

7.2.2 混凝土外加剂种类较多，且均有相应的质量标准，使用时其质量及应用技术应符合国家现行标准《混凝土外加剂》GB 8076、《混凝土外加剂应用技术规范》GBJ 50119、《混凝土速凝剂》JC 472、《混凝土泵送剂》JC 473、《混凝土防水剂》JC 474、《混凝土防冻剂》JC 475、《混凝土膨胀剂》JC 476等的规定。外加剂的检验项目、方法和批量应符合相应标准的规定。若外加剂中含有氯化物，同样可能引起混凝土结构中钢筋的锈蚀，故应严格控制。本章中，涉及原材料进场检查数量和检验方法时，除有明确规定外，都应按本规范第5.2.1条的说明理解、执行。本条为强制性条文，应严格执行。

7.2.3 混凝土中氯化物、碱的总含量过高，可能引起钢筋锈蚀和碱骨料反应，严重影响结构构件受力性能和耐久性。现行国家标准《混凝土结构设计规范》GB 50010中对此有明确规定，应遵照执行。

7.2.4 混凝土掺合料的种类主要有粉煤灰、粒化高炉矿渣粉、沸石粉、硅灰和复合掺合料等，有些目前尚没有产品质量标准。对各种掺合料，均应提出相应的质量要求，并通过试验确定其掺量。工程应用时，尚应符合国家现行标准《粉煤灰混凝土应用技术规范》GBJ 146、《粉煤灰在混凝土和砂浆中应用技术规程》JGJ 28、《用于水泥与混凝土中粒化高炉矿渣粉》GB/T 18046等的规定。

7.2.5 普通混凝土所用的砂子、石子应分别符合《普通混凝土用砂质量标准及检验方法》

JGJ52、《普通混凝土用碎石或卵石质量标准及检验方法》JGJ 53 的质量要求，其检验项目、检验批量和检验方法应遵照标准的规定执行。

7.2.6 考虑到今后生产中利用工业处理水的发展趋势，除采用饮用水外，也可采用其他水源，但其质量应符合国家现行标准《混凝土拌合用水标准》JGJ 63 的要求。

7.3 配合比设计

7.3.1 混凝土应根据实际采用的原材料进行配合比设计并按普通混凝土拌合物性能试验方法等标准进行试验、试配，以满足混凝土强度、耐久性和工作性（坍落度等）的要求，不得采用经验配合比。同时，应符合经济、合理的原则。

7.3.2 实际生产时，对首次使用的混凝土配合比应进行开盘鉴定，并至少留置一组 28d 标准养护试件，以验证混凝土的实际质量与设计要求的一致性。施工单位应注意积累相关资料，以利于提高配合比设计水平。

7.3.3 混凝土生产时，砂、石的实际含水率可能与配合比设计时存在差异，故规定应测定实际含水率并相应地调整材料用量。

7.4 混凝土施工

7.4.1 本条针对不同的混凝土生产量，规定了用于检查结构构件混凝土强度试件的取样与留置要求。本条为强制性条文，应严格执行。

应指出的是，同条件养护试件的留置组数除应考虑用于确定施工期间结构构件的混凝土强度外，还应根据本规范第 10 章及附录 D 的规定，考虑用于结构实体混凝土强度的检验。

7.4.2 由于相同配合比的抗渗混凝土因施工造成的差异不大，故规定了对有抗渗要求的混凝土结构应按同一工程、同一配合比取样不少于一次。由于影响试验结果的因素较多，需要时可多留置几组试件。抗渗试验应符合现行国家标准《普通混凝土长期性能和耐久性能试验方法》GBJ 82 的规定。

7.4.3 本条提出了对混凝土原材料计量偏差的要求。各种衡器应定期校验，以保持计量准确。生产过程中应定期测定骨料的含水率，当遇雨天施工或其他原因致使含水率发生显著变化时，应增加测定次数，以便及时调整用水量和骨料用量，使其符合设计配合比的要求。

7.4.4 混凝土的初凝时间与水泥品种、凝结条件、掺用外加剂的品种和数量等因素有关，应由试验确定。当施工环境气温较高时，还应考虑气温对混凝土初凝时间的影响。规定混凝土应连续浇筑并在底层初凝之前将上一层浇筑完毕，主要是为了防止扰动已初凝的混凝土而出现质量缺陷。当因停电等意外原因造成底层混凝土已初凝时，则应在继续浇筑混凝土之前，按照施工技术方案对混凝土接槎的要求进行处理，使新旧混凝土结合紧密，保证混凝土结构的整体性。

7.4.5 混凝土施工缝不应随意留置，其位置应事先在施工技术方案中确定。确定施工缝位置的原则为：尽可能留置在受剪力较小的部位；留置部位应便于施工。承受动力作用的设备基础，原则上不应留置施工缝；当必须留置时，应符合设计要求并按施工技术方案执行。

7.4.6 混凝土后浇带对避免混凝土结构的温度收缩裂缝等有较大作用。混凝土后浇带位置应按设计要求留置，后浇带混凝土的浇筑时间、处理方法等也应事先在施工技术方案中确定。

7.4.7 养护条件对于混凝土强度的增长有重要影响。在施工过程中，应根据原材料、配合比、浇筑部位和季节等具体情况，制订合理的施工技术方案，采取有效的养护措施，保证混凝土强度正常增长。

8 现浇结构分项工程

现浇结构分项工程以模板、钢筋、预应力、混凝土四个分项工程为依托，是拆除模板后的混凝土结构实物外观质量、几何尺寸检验等一系列技术工作的总称。现浇结构分项工程可按楼层、结构缝或施工段划分检验批。

8.1 一 般 规 定

8.1.1 对现浇结构外观质量的验收，采用检查缺陷，并对缺陷的性质和数量加以限制的方法进行。本条给出了确定现浇结构外观质量严重缺陷、一般缺陷的一般原则。各种缺陷的数量限制可由各地根据实际情况作出具体规定。当外观质量缺陷的严重程度超过本条规定的一般缺陷时，可按严重缺陷处理。在具体实施中，外观质量缺陷对结构性能和使用功能等的影响程度，应由监理（建设）单位、施工单位等各方共同确定。对于具有重要装饰效果的清水混凝土，考虑到其装饰效果属于主要使用功能，故将其表面外形缺陷、外表缺陷确定为严重缺陷。

8.1.2 现浇结构拆模后，施工单位应及时会同监理（建设）单位对混凝土外观质量和尺寸偏差进行检查，并作出记录。不论何种缺陷都应及时进行处理，并重新检查验收。

8.2 外 观 质 量

8.2.1 外观质量的严重缺陷通常会影响到结构性能、使用功能或耐久性。对已经出现的严重缺陷，应由施工单位根据缺陷的具体情况提出技术处理方案，经监理（建设）单位认可后进行处理，并重新检查验收。本条为强制性条文，应严格执行。

8.2.2 外观质量的一般缺陷通常不会影响到结构性能、使用功能，但有碍观瞻。故对已经出现的一般缺陷，也应及时处理，并重新检查验收。

8.3 尺 寸 偏 差

8.3.1 过大的尺寸偏差可能影响结构构件的受力性能、使用功能，也可能影响设备在基础上的安装、使用。验收时，应根据现浇结构、混凝土设备基础尺寸偏差的具体情况，由监理（建设）单位、施工单位等各方共同确定尺寸偏差对结构性能和安装使用功能的影响程度。对超过尺寸允许偏差且影响结构性能和安装、使用功能的部位，应由施工单位根据尺寸偏差的具体情况提出技术处理方案，经监理（建设）单位认可后进行处理，并重新检查验收。本条为强制性条文，应严格执行。

8.3.2 本条给出了现浇结构和设备基础尺寸的允许偏差及检验方法。在实际应用时，尺寸偏差除应符合本条规定外，还应满足设计或设备安装提出的要求。尺寸偏差的检验方法可采用表8.3.2-1和表8.3.2-2中的方法，也可采用其他方法和相应的检测工具。

9 装配式结构分项工程

装配式结构分项工程以模板、钢筋、预应力、混凝土四个分项工程为依托，是预制构件产品质量检验、结构性能检验、预制构件的安装等一系列技术工作和完成结构实体的总称。本章所指预制构件包括在预制构件厂和施工现场制作的构件。装配式结构分项工程可按楼层、结构缝或施工段划分检验批。

9.1 一般规定

9.1.1 装配式结构的结构性能主要取决于预制构件的结构性能和连接质量。因此，应按本规范第9.2节及附录C的规定对预制构件进行结构性能检验，合格后方能用于工程。本条为强制性条文，应严格执行。

9.1.2 预制底部构件与后浇混凝土层的连接质量对叠合结构的受力性能有重要影响，叠合面应按设计要求进行处理。

9.1.3 预制构件经装配施工后，形成的装配式结构与现浇结构在外观质量、尺寸偏差等方面的质量要求一致，故可按本规范第8章的相应规定进行检查验收。

9.2 预制构件

9.2.1 本条提出了对构件标志和构件上的预埋件、插筋和预留孔洞的规格、位置和数量的要求，这些要求是构件出厂、事故处理以及对构件质量进行验收所必需的。

9.2.2~9.2.4 预制构件制作完成后，施工单位应对构件外观质量和尺寸偏差进行检查，并作出记录。不论何种缺陷都应及时按技术处理方案进行处理，并重新检查验收。

9.2.5 本条给出了预制构件尺寸的允许偏差及检验方法。对形状复杂的预制构件，其细部尺寸的允许偏差可参考表9.2.5中的数值确定。尺寸偏差的检验方法可采用表9.2.5中的方法，也可采用其他方法和相应的检测工具。

9.3 结构性能检验

9.3.1 本条对预制构件结构性能检验的检验批、检验数量、检验内容和检验方法作出了规定，明确指出了试验参数及检验指标应符合标准图或设计的要求。本条还给出了简化或免作结构性能检验的条件。

9.3.2 本条为预制构件承载力检验的要求。根据混凝土结构设计规范对混凝土结构用钢筋的选择，考虑到配置钢丝、钢绞线及热处理钢筋的预应力构件具有较好的延性，故对此类构件受力主筋处的最大裂缝宽度达到1.5mm或挠度达到跨度的1/50时的承载力检验系数允许值调整为1.35。根据混凝土结构设计规范对混凝土材料分项系数的调整，混凝土强度设计值降低，因此与混凝土破坏相关的承载力检验系数允许值均增加了0.05。

在加载试验过程中，应取首先达到的标志所对应的检验系数允许值进行检验。

9.3.3 本条为预制构件挠度检验的要求。挠度检验公式（9.3.3-1）和（9.3.3-3）分别为根据混凝土结构设计规范规定的使用要求和按实际构件配筋情况确定的挠度检验要求。

9.3.4 本条为预应力预制构件抗裂检验的要求。检验指标的计算公式是根据预应力混凝土构件的受力原理，并按留有一定检验余量的原则而确定的。

9.3.5 本条为预制构件裂缝宽度检验的要求。混凝土结构设计规范中将允许出现裂缝的构件最大裂缝宽度限值规定为：0.2、0.3 和 0.4mm。在构件检验时，考虑标准荷载与准永久荷载的关系，换算为最大裂缝宽度的检验允许值。

9.3.6 本条给出了预制构件结构性能检验结果的验收合格条件。根据我国的实际情况，结构性能检验尚难于增加抽检数量。为了提高检验效率，结构性能检验的三项指标均采用了复式抽样检验方案。由于量测精度所限，故不再对裂缝宽度检验作二次抽检的要求。

当第一次检验的构件有某些项检验实测值不满足相应的检验指标要求，但能满足第二次检验指标要求时，可进行第二次抽样检验。

本次修订调整了承载力及抗裂检验二次抽检的条件，原为检验系数的 0.95 倍，现改为检验系数的允许值减 0.05。这样可与附录 C 中的加载程序实现同步，明确并简化了加载检验。

应该指出的是，抽检的每一个试件，必须完整地取得三项检验结果，不得因某一项检验项目达到二次抽样检验指标要求就中途停止试验而不再对其余项目进行检验，以免漏判。

9.4 装配式结构施工

9.4.1 预制构件作为产品，进入装配式结构的施工现场时，应按批检查合格证件，以保证其外观质量、尺寸偏差和结构性能符合要求。

9.4.2 预制构件与结构之间的钢筋连接对装配式结构的受力性能有重要影响。本条提出了对接头质量的要求。

9.4.3 装配式结构施工时，尚未形成完整的结构受力体系。本条提出了对接头混凝土尚未达到设计强度时，施工中应该注意的事项。

9.4.4 预制构件往往因码放或运输时支垫不当而引起非设计状态下的裂缝或其他缺陷，实际操作时应根据标准图或设计的要求进行支垫。

9.4.5 为了保证预制构件安装就位准确，吊装前应在预制构件和相应的安装位置上作出必要的控制标志。

9.4.6 预制构件吊装时，绳索夹角过小容易引起非设计状态下的裂缝或其他缺陷。本条规定了预制构件吊装时应该注意的事项。

9.4.7 预制构件安装就位后，应有一定的临时固定措施，否则容易发生倾倒、移位等事故。

9.4.8 本条对装配式结构接头、拼缝的填充材料及其浇筑、养护提出了要求。

10 混凝土结构子分部工程

10.1 结构实体检验

10.1.1 根据国家标准《建筑工程施工质量验收统一标准》GB 50300—2001 规定的原则，

在混凝土结构子分部工程验收前应进行结构实体检验。结构实体检验的范围仅限于涉及安全的柱、墙、梁等结构构件的重要部位。结构实体检验采用由各方参与的见证抽样形式，以保证检验结果的公正性。

对结构实体进行检验，并不是在子分部工程验收前的重新检验，而是在相应分项工程验收合格、过程控制使质量得到保证的基础上，对重要项目进行的验证性检查，其目的是为了加强混凝土结构的施工质量验收，真实地反映混凝土强度及受力钢筋位置等质量指标，确保结构安全。

10.1.2 考虑到目前的检测手段，并为了控制检验工作量，结构实体检验主要对混凝土强度、重要结构构件的钢筋保护层厚度两个项目进行。当工程合同有约定时，可根据合同确定其他检验项目和相应的检验方法、检验数量、合格条件，但其要求不得低于本规范的规定。当有专门要求时，也可以进行其他项目的检验，但应由合同作出相应的规定。

10.1.3～10.1.4 试验研究和工程调查表明，与结构实体混凝土组成成分、养护条件相同的同条件养护试件，其强度可作为检验结构实体混凝土强度的依据。本规范给出了利用同条件养护试件强度判定结构实体混凝土强度合格与否的一般方法。同条件养护试件强度的判定，仍按现行国家标准《混凝土强度检验评定标准》GBJ 107 的有关规定执行。这里所指的混凝土强度检验，除应对现浇结构进行之外，还应包括装配式结构中的现浇部分。

10.1.5 钢筋的混凝土保护层厚度关系到结构的承载力、耐久性、防火等性能，故除在施工过程中应进行尺寸偏差检查外，还应对结构实体中钢筋的保护层厚度进行检验。钢筋保护层厚度的检验，应按本规范附录 E 的规定执行。这种检验既针对现浇结构，也针对装配式结构。

10.1.6 随着检测技术的发展，已有相当多的方法可以检测混凝土强度和钢筋保护层厚度。实际应用时，可根据国家现行有关标准采用回弹法、超声回弹综合法、钻芯法、后装拔出法等检测混凝土强度，可优先选择非破损检测方法，以减少检测工作量，必要时可辅以局部破损检测方法。当采用局部破损检测方法时，检测完成后应及时修补，以免影响结构性能及使用功能。

必要时，可根据实际情况和合同的规定，进行实体的结构性能检验。

10.2 混凝土结构子分部工程验收

10.2.1 本条列出了混凝土结构子分部工程施工质量验收时应提供的主要文件和记录，反映了从基本的检验批开始，贯彻于整个施工过程的质量控制结果，落实了过程控制的基本原则，是确保工程质量的重要证据。

10.2.2 根据国家标准《建筑工程施工质量验收统一标准》GB 50300—2001的规定，给出了混凝土结构子分部工程质量的合格条件。其中，观感质量验收应按本规范第 8 章、第 9 章的有关混凝土结构外观质量的规定检查。

10.2.3 根据国家标准《建筑工程施工质量验收统一标准》GB 50300—2001的规定，给出了当施工质量不符合要求时的处理方法。这些不同的验收处理方式是为了适应我国目前的经济技术发展水平，在保证结构安全和基本使用功能的条件下，避免造成不必要的经济损失和资源浪费。

10.2.4 本条提出了对验收文件存档的要求。这不仅是为了落实在设计使用年限内的责任，而且在有必要进行维护、修理、检测、加固或改变使用功能时，可以提供有效的依据。

附录 A 质量验收记录

A.0.1 检验批的质量验收记录应由施工项目专业质量检查员填写，监理工程师（建设单位项目专业技术负责人）组织项目专业质量检查员等进行验收。

本条给出的检验批质量验收记录表也可作为施工单位自行检查评定的记录表格。

A.0.2 各分项工程质量应由监理工程师（建设单位项目专业技术负责人）组织项目专业技术负责人等进行验收。

分项工程的质量验收在检验批验收合格的基础上进行。一般情况下，两者具有相同或相近的性质，只是批量大小可能存在差异，因此，分项工程质量验收记录是各检验批质量验收记录的汇总。

A.0.3 混凝土结构子分部工程质量应由总监理工程师（建设单位项目专业负责人）组织施工项目经理和有关勘察、设计单位项目负责人进行验收。

由于模板在子分部工程验收时已不在结构中，且结构实体外观质量、尺寸偏差等项目的检验反应了模板工程的质量，因此，模板分项工程可不参与混凝土结构子分部工程质量的验收。

附录 B 纵向受力钢筋的最小搭接长度

B.0.1～B.0.3 根据现行国家标准《混凝土结构设计规范》GB 50010 的规定，绑扎搭接受力钢筋的最小搭接长度应根据钢筋强度、外形、直径及混凝土强度等指标经计算确定，并根据钢筋搭接接头面积百分率等进行修正。为了方便施工及验收，给出了确定纵向受拉钢筋最小搭接长度的方法以及受拉钢筋搭接长度的最低限值。

B.0.4 本条给出了确定纵向受压钢筋最小搭接长度的方法以及受压钢筋搭接长度的最低限值。

附录 C 预制构件结构性能检验方法

C.0.1 考虑到低温对混凝土性能的影响，明确规定构件应在 0℃以上的温度中进行试验。蒸汽养护后出池的构件，因混凝土性能尚未处于稳定状态，故不能立即进行试验，而应冷却至常温后方可进行。

C.0.2 承受较大集中力或支座反力的构件，为避免可能引起的局部受压破坏，应对试验可能达到的最大荷载值作充分的估计，并按混凝土结构设计规范进行局部受压承载力验算。预制构件局部受压处配筋构造应予加强，以保证安全。

C.0.3 本条给出了荷载布置的一般要求和荷载等效布置的原则。

C.0.4 当进行不同形式荷载的组合加载（包括均布荷载、集中荷载、水平荷载、竖向荷载等）试验时，各种荷载应按比例增加，以符合设计要求。

C.0.5 在正常使用极限状态检验时，每级加载值不应大于荷载标准值的 20%或 10%；当接近抗裂荷载检验值时，每级加载值不宜大于荷载标准值的 5%。当进入承载力极限状态检验时，每级加载值不宜大于荷载设计值的 5%。这给加载等级设计以更大的灵活性，可适应检验指标调整带来的影响，并可与复式抽样检验实现同步加载检验。

C.0.6 为了反映混凝土材料的塑性特征，规定了加载后的持荷时间。

C.0.7 本条明确规定了承载力检验荷载实测值的取值方法。此处"规定的荷载持续时间结束后"，系指本级荷载持续时间结束后至下一级荷载加荷完成前的一段时间。

C.0.8 公式（C.0.8-1）中，a_q^0 为外加试验荷载作用下构件跨中的挠度实测值，其取值应避免混入构件自重和加荷设备重产生的挠度。公式（C.0.8-3）中，M_b 和 a_b^0 均为开裂前一级的外加试验荷载产生的相应值，计算时应避免任意取值。此时，近似认为挠度随荷载增加仍呈线性变化。

C.0.9 本条对挠度实测值的修正作出了规定。等效集中力加载时，虽控制截面上的主要内力值相等，但变形及其他内力值仍有差异，因此应考虑加载形式不同引起的变化。

C.0.10 本条给出了预制构件裂缝观测的要求和开裂荷载实测值的确定方法。

C.0.11 构件加载试验时，应采取可靠措施保证试验人员和仪表设备的安全。本条给出了试验时的安全注意事项。

C.0.12 结构性能检验试验报告的原则要求是真实、准确、完整。本条给出了对试验报告的具体要求，应遵照执行。

附录 D 结构实体检验用同条件养护试件强度检验

D.0.1 本附录规定的结构实体检验，可采用对同条件养护试件强度进行检验的方法进行。这是根据试验研究和工程调查确定的。

本条根据对结构性能的影响及检验结果的代表性，规定了结构实体检验用同条件养护试件的留置方式和取样数量。同条件养护试件应由各方在混凝土浇筑入模处见证取样。同一强度等级的同条件养护试件的留置数量不宜少于 10 组，以构成按统计方法评定混凝土强度的基本条件；留置数量不应少于 3 组，是为了按非统计方法评定混凝土强度时，有足够的代表性。

D.0.2 本条规定在达到等效养护龄期时，方可对同条件养护试件进行强度试验，并给出了结构实体检验用同条件养护试件龄期的确定原则：同条件养护试件达到等效养护龄期时，其强度与标准养护条件下 28d 龄期的试件强度相等。

同条件养护混凝土试件与结构混凝土的组成成分、养护条件等相同，可较好地反映结构混凝土的强度。由于同条件养护的温度、湿度与标准养护条件存在差异，故等效养护龄期并不等于 28d，具体龄期可由试验研究确定。

D.0.3 试验研究表明，通常条件下，当逐日累计养护温度达到 600℃·d 时，由于基本反映了养护温度对混凝土强度增长的影响，同条件养护试件强度与标准养护条件下 28d 龄期的试件强度之间有较好的对应关系。当气温为 0℃及以下时，不考虑混凝土强度的增长，与此对应的养护时间不计入等效养护龄期。当养护龄期小于 14d 时，混凝土强度尚处于增长期；当养护龄期超过60d时，混凝土强度增长缓慢，故等效养护龄期的范围宜取为14d~60d。

结构实体混凝土强度通常低于标准养护条件下的混凝土强度，这主要是由于同条件养护试件养护条件与标准养护条件的差异，包括温度、湿度等条件的差异。同条件养护试件检验时，可将同组试件的强度代表值乘以折算系数1.10后，按现行国家标准《混凝土强度检验评定标准》GBJ 107评定。折算系数1.10主要是考虑到实际混凝土结构及同条件养护试件可能失水等不利于强度增长的因素，经试验研究及工程调查而确定的。各地区也可根据当地的试验统计结果对折算系数作适当的调整，但需增大折算系数时应持谨慎态度。

D.0.4 在冬期施工条件下，或出于缩短养护期的需要，可对结构构件采取人工加热养护。此时，同条件养护试件的留置方式和取样数量仍应按本附录第D.0.1条的规定确定，其等效养护龄期可根据结构构件的实际养护条件和当地实践经验（包括试验研究结果），由监理（建设）、施工等各方根据第D.0.2条的规定共同确定。

附录 E 结构实体钢筋保护层厚度检验

E.0.1~E.0.2 对结构实体钢筋保护层厚度的检验，其检验范围主要是钢筋位置可能显著影响结构构件承载力和耐久性的构件和部位，如梁、板类构件的纵向受力钢筋。由于悬臂构件上部受力钢筋移位可能严重削弱结构构件的承载力，故更应重视对悬臂构件受力钢筋保护层厚度的检验。

"有代表性的部位"是指该处钢筋保护层厚度可能对构件承载力或耐久性有显著影响的部位。对梁柱节点等钢筋密集的部位，检验存在困难，在抽取钢筋进行检测时可避开这种部位。

对板类构件，应按有代表性的自然间抽查。对大空间结构的板，可先按纵、横轴线划分检查面，然后抽查。

E.0.3 保护层厚度的检测，可根据具体情况，采用保护层厚度测定仪器量测，或局部开槽钻孔测定，但应及时修补。

E.0.4 考虑施工扰动等不利因素的影响，结构实体钢筋保护层厚度检验时，其允许偏差在钢筋安装允许偏差的基础上作了适当调整。

E.0.5 本条明确规定了结构实体检验中钢筋保护层厚度的合格点率应达到90%及以上。考虑到实际工程中钢筋保护层厚度可能在某些部位出现较大偏差，以及抽样检验的偶然性，当一次检测结果的合格点率小于90%但不小于80%时，可再次抽样，并按两次抽样总和的检验结果进行判定。本条还对抽样检验不合格点最大偏差值作出了限制。

中华人民共和国行业标准

回弹法检测混凝土抗压
强度技术规程

Technical specification for inspection of concrete
compressive strength by rebound method

JGJ/T 23—2001
J 115—2001

批准部门：中华人民共和国建设部
施行日期：２００１年１０月１日

关于发布行业标准《回弹法检测混凝土抗压强度技术规程》的通知

建标［2001］134 号

根据建设部《关于印发〈一九九九年工程建设城建、建工行业标准制订、修订计划〉的通知》（建标［1999］309 号）的要求，由陕西省建筑科学研究设计院主编的《回弹法检测混凝土抗压强度技术规程》，经审查，批准为行业标准，该标准编号为 JGJ/T 23—2001，自 2001 年 10 月 1 日起施行。原行业标准《回弹法检测混凝土抗压强度技术规程》（JGJ/T 23—92）同时废止。

本标准由建设部建筑工程标准技术归口单位中国建筑科学研究院负责管理，陕西省建筑科学研究设计院负责具体解释，建设部标准定额研究所组织中国建筑工业出版社出版。

中华人民共和国建设部

2001 年 6 月 29 日

前 言

根据建设部建标〔1999〕309号文的要求，规程编制组经广泛调查研究，认真总结实践经验，并在广泛征求意见的基础上，修订了本规程。

本规程的主要技术内容是：1 总则；2 术语、符号；3 回弹仪；4 检测技术；5 回弹值计算；6 测强曲线；7 混凝土强度的计算。

本规程修订的主要技术内容是：1. 规定了混凝土回弹仪的检定方法应按照国家现行标准《混凝土回弹仪》JJG817执行；2. 检测泵送混凝土制作的构件强度时应予修正；3. 扩大了统一测强曲线的适用范围；4. 改变了构件强度推定值的方法。

本规程由建设部建筑工程标准技术归口单位中国建筑科学研究院归口管理，授权由主编单位负责具体解释。

本规程主编单位是：陕西省建筑科学研究设计院（地址：西安市环城西路北段272号 邮政编码：710082）

本规程参加单位是：

陕西省建设工程质量安全监督总站

浙江省建筑科学设计研究院

中国建筑科学研究院

山东省乐陵市回弹仪厂

四川省建筑科学研究院

江苏省建筑科学研究院

本规程主要起草人是：陈丽霞、文恒武、李玉林、徐国孝、邱平、王明堂、彭泽杨、魏超琪、刘敬思。

目　次

1 总则 …………………………………………………………………………………… 468
2 术语、符号 …………………………………………………………………………… 468
　2.1 术语 ……………………………………………………………………………… 468
　2.2 符号 ……………………………………………………………………………… 468
3 回弹仪 ………………………………………………………………………………… 469
　3.1 技术要求 ………………………………………………………………………… 469
　3.2 检定 ……………………………………………………………………………… 469
　3.3 保养 ……………………………………………………………………………… 469
4 检测技术 ……………………………………………………………………………… 470
　4.1 一般规定 ………………………………………………………………………… 470
　4.2 回弹值测量 ……………………………………………………………………… 471
　4.3 碳化深度值测量 ………………………………………………………………… 471
5 回弹值计算 …………………………………………………………………………… 472
6 测强曲线 ……………………………………………………………………………… 472
　6.1 一般规定 ………………………………………………………………………… 472
　6.2 统一测强曲线 …………………………………………………………………… 473
　6.3 地区和专用测强曲线 …………………………………………………………… 473
7 混凝土强度的计算 …………………………………………………………………… 474
附录 A　测区混凝土强度换算表 ……………………………………………………… 475
附录 B　泵送混凝土测区混凝土强度换算值的修正值 ……………………………… 480
附录 C　非水平状态检测时的回弹值修正值 ………………………………………… 481
附录 D　不同浇筑面的回弹值修正值 ………………………………………………… 482
附录 E　专用测强曲线的制定方法 …………………………………………………… 482
附录 F　回弹法检测混凝土抗压强度报告 …………………………………………… 483
本规程用词说明 ………………………………………………………………………… 484
条文说明 ………………………………………………………………………………… 485

1 总则

1.0.1 为统一使用回弹仪检测普通混凝土抗压强度的方法，保证检测精度，制定本规程。

1.0.2 本规程适用于工程结构普通混凝土抗压强度（以下简称混凝土强度）的检测。

当对结构的混凝土强度有检测要求时，可按本规程进行检测，检测结果可作为处理混凝土质量问题的一个依据。

本规程不适用于表层与内部质量有明显差异或内部存在缺陷的混凝土结构或构件的检测。

1.0.3 使用回弹仪进行工程检测的人员，应通过主管部门认可的专业培训，并应持有相应的资格证书。

1.0.4 使用回弹法检测及推定混凝土强度，除应遵守本规程外，尚应符合国家现行的有关强制性标准的规定。

2 术语、符号

2.1 术语

2.1.1 测区 test area

检测结构或构件混凝土抗压强度时的一个检测单元。

2.1.2 测点 test point

在测区内进行的一个检测点。

2.1.3 测区混凝土强度换算值 conversion value of concrete compressive strength of test area

由测区的平均回弹值和碳化深度值通过测强曲线计算得到的该检测单元的现龄期混凝土抗压强度值。

2.2 符号

R_i——第 i 个测点的回弹值。

R_m——测区或试件的平均回弹值。

$R_{m\alpha}$——回弹仪非水平状态检测时，测区的平均回弹值。

R_m^t——回弹仪在水平方向检测混凝土浇筑表面时，测区的平均回弹值。

R_m^b——回弹仪在水平方向检测混凝土浇筑底面时，测区的平均回弹值。

R_a^t——回弹仪检测混凝土浇筑表面时，回弹值的修正值。

R_a^b——回弹仪检测混凝土浇筑底面时，回弹值的修正值。

$R_{a\alpha}$——非水平状态检测时，回弹值的修正值。

d_i——第 i 次测量的碳化深度值。

d_m——测区的平均碳化深度值。

$f_{cu,i}^c$——测区混凝土强度换算值。

$f_{cu,i}^c$——泵送混凝土测区混凝土强度换算值。

$m_{f_{cu}^c}$——测区混凝土强度换算值的平均值。
$f_{cu,min}^c$——构件中最小的测区混凝土强度换算值。
$s_{f_{cu}^c}$——同批构件测区混凝土强度换算值的标准差。
$f_{cu,e}$——构件混凝土强度推定值。
η——修正系数。
K——泵送混凝土测区混凝土强度换算值的修正值。

3 回 弹 仪

3.1 技 术 要 求

3.1.1 测定回弹值的仪器，宜采用示值系统为指针直读式的混凝土回弹仪。

3.1.2 回弹仪必须具有制造厂的产品合格证及检定单位的检定合格证，并应在回弹仪的明显位置上具有下列标志：名称、型号、制造厂名（或商标）、出厂编号、出厂日期和中国计量器具制造许可证标志 CMC 及许可证证号等。

3.1.3 回弹仪应符合下列标准状态的要求：
  1 水平弹击时，弹击锤脱钩的瞬间，回弹仪的标准能量应为 2.207J；
  2 弹击锤与弹击杆碰撞的瞬间，弹击拉簧应处于自由状态，此时弹击锤起跳点应相应于指针指示刻度尺上"0"处；
  3 在洛氏硬度 HRC 为 60±2 的钢砧上，回弹仪的率定值应为 80±2。

3.1.4 回弹仪使用时的环境温度应为 -4~40℃。

3.2 检 定

3.2.1 回弹仪具有下列情况之一时应送检定单位检定：
  1 新回弹仪启用前；
  2 超过检定有效期限（有效期为半年）；
  3 累计弹击次数超过 6000 次；
  4 经常规保养后钢砧率定值不合格；
  5 遭受严重撞击或其他损害。

3.2.2 回弹仪应由法定部门并按照国家现行标准《混凝土回弹仪》JJG 817 对回弹仪进行检定。

3.2.3 回弹仪在工程检测前后，应在钢砧上作率定试验，并应符合本规程第 3.1.3 条的规定。

3.2.4 回弹仪率定试验宜在干燥、室温为 5~35℃ 的条件下进行。率定时，钢砧应稳固地平放在刚度大的物体上。测定回弹值时，取连续向下弹击三次的稳定回弹平均值。弹击杆应分四次旋转，每次旋转宜为 90°。弹击杆每旋转一次的率定平均值应为 80±2。

3.3 保 养

3.3.1 回弹仪具有下列情况之一时应进行常规保养：

    1 弹击超过2000次；
    2 对检测值有怀疑时；
    3 在钢砧上的率定值不合格。
3.3.2 常规保养应符合下列规定：
    1 使弹击锤脱钩后取出机芯，然后卸下弹击杆，取出里面的缓冲压簧，并取出弹击锤、弹击拉簧和拉簧座；
    2 机芯各零部件应进行清洗，重点清洗中心导杆、弹击锤和弹击杆的内孔和冲击面。清洗后应在中心导杆上薄薄涂抹钟表油，其他零部件均不得抹油；
    3 应清理机壳内壁，卸下刻度尺，并应检查指针，其摩擦力应为0.5~0.8N；
    4 不得旋转尾盖上已定位紧固的调零螺丝；
    5 不得自制或更换零部件；
    6 保养后应按本规程第3.2.4条的要求进行率定试验。
3.3.3 回弹仪使用完毕后应使弹击杆伸出机壳，清除弹击杆、杆前端球面、以及刻度尺表面和外壳上的污垢、尘土。回弹仪不用时，应将弹击杆压入仪器内，经弹击后方可按下按钮锁住机芯，将回弹仪装入仪器箱，平放在干燥阴凉处。

4 检 测 技 术

4.1 一 般 规 定

4.1.1 结构或构件混凝土强度检测宜具有下列资料：
    1 工程名称及设计、施工、监理（或监督）和建设单位名称；
    2 结构或构件名称、外形尺寸、数量及混凝土强度等级；
    3 水泥品种、强度等级、安定性、厂名；砂、石种类、粒径；外加剂或掺合料品种、掺量；混凝土配合比等；
    4 施工时材料计量情况，模板、浇筑、养护情况及成型日期等；
    5 必要的设计图纸和施工记录；
    6 检测原因。
4.1.2 结构或构件混凝土强度检测可采用下列两种方式，其适用范围及结构或构件数量应符合下列规定：
    1 单个检测：适用于单个结构或构件的检测；
    2 批量检测：适用于在相同的生产工艺条件下，混凝土强度等级相同，原材料、配合比、成型工艺、养护条件基本一致且龄期相近的同类结构或构件。按批进行检测的构件，抽检数量不得少于同批构件总数的30%且构件数量不得少于10件。抽检构件时，应随机抽取并使所选构件具有代表性。
4.1.3 每一结构或构件的测区应符合下列规定：
    1 每一结构或构件测区数不应少于10个，对某一方向尺寸小于4.5m且另一方向尺寸小于0.3m的构件，其测区数量可适当减少，但不应少于5个；
    2 相邻两测区的间距应控制在2m以内，测区离构件端部或施工缝边缘的距离不宜大于 0.5m，且不宜小于 0.2m；

　　3 测区应选在使回弹仪处于水平方向检测混凝土浇筑侧面。当不能满足这一要求时，可使回弹仪处于非水平方向检测混凝土浇筑侧面、表面或底面；

　　4 测区宜选在构件的两个对称可测面上，也可选在一个可测面上，且应均匀分布。在构件的重要部位及薄弱部位必须布置测区，并应避开预埋件；

　　5 测区的面积不宜大于 $0.04m^2$；

　　6 检测面应为混凝土表面，并应清洁、平整，不应有疏松层、浮浆、油垢、涂层以及蜂窝、麻面，必要时可用砂轮清除疏松层和杂物，且不应有残留的粉末或碎屑；

　　7 对弹击时产生颤动的薄壁、小型构件应进行固定。

4.1.4 结构或构件的测区应标有清晰的编号，必要时应在记录纸上描述测区布置示意图和外观质量情况。

4.1.5 当检测条件与测强曲线的适用条件有较大差异时，可采用同条件试件或钻取混凝土芯样进行修正，试件或钻取芯样数量不应少于 6 个。钻取芯样时每个部位应钻取一个芯样，计算时，测区混凝土强度换算值应乘以修正系数。

　　修正系数应按下列公式计算：

$$\eta = \frac{1}{n} \sum_{i=1}^{n} f_{cu,i} / f_{cu,i}^c \qquad (4.1.5\text{-}1)$$

或

$$\eta = \frac{1}{n} \sum_{i=1}^{n} f_{cor,i} / f_{cu,i}^c \qquad (4.1.5\text{-}2)$$

式中　η——修正系数，精确到 0.01；

　　　$f_{cu,i}$——第 i 个混凝土立方体试件（边长为 150mm）的抗压强度值，精确到 0.1MPa；

　　　$f_{cor,i}$——第 i 个混凝土芯样试件的抗压强度值，精确到 0.1MPa；

　　　$f_{cu,i}^c$——对应于第 i 个试件或芯样部位回弹值和碳化深度值的混凝土强度换算值，可按本规程附录 A 采用；

　　　n——试件数。

4.1.6 泵送混凝土制作的结构或构件的混凝土强度的检测应符合下列规定：

　　1 当碳化深度值不大于 2.0mm 时，每一测区混凝土强度换算值应按本规程附录 B 修正。

　　2 当碳化深度值大于 2.0mm 时，可按本规程第 4.1.5 条的规定进行检测。

4.2　回弹值测量

4.2.1 检测时，回弹仪的轴线应始终垂直于结构或构件的混凝土检测面，缓慢施压，准确读数，快速复位。

4.2.2 测点宜在测区范围内均匀分布，相邻两测点的净距不宜小于 20mm；测点距外露钢筋、预埋件的距离不宜小于 30mm。测点不应在气孔或外露石子上，同一测点只应弹击一次。每一测区应记取 16 个回弹值，每一测点的回弹值读数估读至 1。

4.3　碳化深度值测量

4.3.1 回弹值测量完毕后，应在有代表性的位置上测量碳化深度值，测点表不应少于构件测区数的 30%，取其平均值为该构件每测区的碳化深度值。当碳化深度值极差大于 2.0mm 时，应在每一测区测量碳化深度值。

4.3.2 碳化深度值测量，可采用适当的工具在测区表面形成直径约 15mm 的孔洞，其深度应大于混凝土的碳化深度。孔洞中的粉末和碎屑应除净，并不得用水擦洗。同时，应采用浓度为 1% 的酚酞酒精溶液滴在孔洞内壁的边缘处，当已碳化与未碳化界线清楚时，再用深度测量工具测量已碳化与未碳化混凝土交界面到混凝土表面的垂直距离，测量不应少于 3 次，取其平均值。每次读数精确至 0.5mm。

5 回弹值计算

5.0.1 计算测区平均回弹值，应从该测区的 16 个回弹值中剔除 3 个最大值和 3 个最小值，余下的 10 个回弹值应按下式计算：

$$R_m = \frac{\sum_{i=1}^{10} R_i}{10} \tag{5.0.1}$$

式中 R_m——测区平均回弹值，精确至 0.1；
　　　R_i——第 i 个测点的回弹值。

5.0.2 非水平方向检测混凝土浇筑侧面时，应按下式修正：

$$R_m = R_{m\alpha} + R_{a\alpha} \tag{5.0.2}$$

式中 $R_{m\alpha}$——非水平状态检测时测区的平均回弹值，精确至 0.1；
　　　$R_{a\alpha}$——非水平状态检测时回弹值修正值，可按本规程附录 C 采用。

5.0.3 水平方向检测混凝土浇筑顶面或底面时，应按下列公式修正：

$$R_m = R_m^t + R_a^t \tag{5.0.3-1}$$
$$R_m = R_m^b + R_a^b \tag{5.0.3-2}$$

式中 R_m^t、R_m^b——水平方向检测混凝土浇筑表面、底面时，测区的平均回弹值，精确至 0.1；
　　　R_a^t、R_a^b——混凝土浇筑表面、底面回弹值的修正值，应按本规程附录 D 采用。

5.0.4 当检测时回弹仪为非水平方向且测试面为非混凝土的浇筑侧面时，应先按本规程附录 C 对回弹值进行角度修正，再按本规程附录 D 对修正后的值进行浇筑面修正。

6 测强曲线

6.1 一般规定

6.1.1 混凝土强度换算值可采用以下三类测强曲线计算：

1 统一测强曲线：由全国有代表性的材料、成型养护工艺配制的混凝土试件，通过试验所建立的曲线；

2 地区测强曲线：由本地区常用的材料、成型养护工艺配制的混凝土试件，通过试验所建立的曲线；

3 专用测强曲线：由与结构或构件混凝土相同的材料、成型养护工艺配制的混凝土试件，通过试验所建立的曲线。

6.1.2 对有条件的地区和部门，应制定本地区的测强曲线或专用测强曲线，经上级主管部门组织审定和批准后实施。各检测单位应按专用测强曲线、地区测强曲线、统一测强曲线的次序选用测强曲线。

6.2 统一测强曲线

6.2.1 符合下列条件的混凝土应采用本规程附录 A 进行测区混凝土强度换算：
1 普通混凝土采用的材料、拌和用水符合现行国家有关标准；
2 不掺外加剂或仅掺非引气型外加剂；
3 采用普通成型工艺；
4 采用符合现行国家标准《混凝土结构工程施工及验收规范》GB 50204 规定的钢模、木模及其他材料制作的模板；
5 自然养护或蒸气养护出池后经自然养护 7d 以上，且混凝土表层为干燥状态；
6 龄期为 14~1000d；
7 抗压强度为 10~60MPa。

6.2.2 制订测区混凝土强度换算表所依据的统一测强曲线，其强度误差值应符合下列规定：
1 平均相对误差（δ）不应大于 ±15.0%；
2 相对标准差（e_r）不应大于 18.0%。

6.2.3 当有下列情况之一时，测区混凝土强度值不得按本规程附录 A 换算，但可制定专用测强曲线或通过试验进行修正，专用测强曲线的制定方法宜符合附录 E 的有关规定：
1 粗集料最大粒径大于 60mm；
2 特种成型工艺制作的混凝土；
3 检测部位曲率半径小于 250mm；
4 潮湿或浸水混凝土。

6.2.4 当构件混凝土抗压强度大于 60MPa 时，可采用标准能量大于 2.207J 的混凝土回弹仪，并应另行制订检测方法及专用测强曲线进行检测。

6.3 地区和专用测强曲线

6.3.1 地区和专用测强曲线的强度误差值应符合下列规定：
1 地区测强曲线：平均相对误差（δ）不应大于 ±14.0%；
　　　　　　　　相对标准差（e_r）不应大于 17.0%；
2 专用测强曲线：平均相对误差（δ）不应大于 ±12.0%；
　　　　　　　　相对标准差（e_r）不应大于 14.0%；
3 平均相对误差（δ）和相对标准差（e_r）的计算应符合本规程附录 E 的规定。

6.3.2 地区和专用测强曲线应与制定该类测强曲线条件相同的混凝土相适应，不得超出该类测强曲线的适用范围。应经常抽取一定数量的同条件试件进行校核，当发现有显著差异时，应及时查找原因，并不得继续使用。

7 混凝土强度的计算

7.0.1 结构或构件第 i 个测区混凝土强度换算值，可按本规程第5章所求得的平均回弹值（R_m）及按本规程第4.3.2条所求得的平均碳化深度值（d_m）由本规程附录A查表得出，泵送混凝土还应按本规程第4.1.6条计算。当有地区测强曲线或专用测强曲线时，混凝土强度换算值应按地区测强曲线或专用测强曲线换算得出。

7.0.2 结构或构件的测区混凝土强度平均值可根据各测区的混凝土强度换算值计算。当测区数为10个及以上时，应计算强度标准差。平均值及标准差应按下列公式计算：

$$m_{f_{cu}^c} = \frac{\sum_{i=1}^{n} f_{cu,i}^c}{n} \quad (7.0.2\text{-}1)$$

$$s_{f_{cu}^c} = \sqrt{\frac{\sum_{i=1}^{n}(f_{cu,i}^c)^2 - n(m_{f_{cu}^c})^2}{n-1}} \quad (7.0.2\text{-}2)$$

式中 $m_{f_{cu}^c}$——结构或构件测区混凝土强度换算值的平均值（MPa），精确至0.1MPa；

n——对于单个检测的构件，取一个构件的测区数；对批量检测的构件，取被抽检构件测区数之和；

$s_{f_{cu}^c}$——结构或构件测区混凝土强度换算值的标准差（MPa），精确至0.01MPa。

7.0.3 结构或构件的混凝土强度推定值（$f_{cu,e}$）应按下列公式确定：

1 当该结构或构件测区数少于10个时：

$$f_{cu,e} = f_{cu,min}^c \quad (7.0.3\text{-}1)$$

式中 $f_{cu,min}^c$——构件中最小的测区混凝土强度换算值。

2 当该结构或构件的测区强度值中出现小于10.0MPa时：

$$f_{cu,e} < 10.0\text{MPa} \quad (7.0.3\text{-}2)$$

3 当该结构或构件测区数不少于10个或按批量检测时，应按下列公式计算：

$$f_{cu,e} = m_{f_{cu}^c} - 1.645 s_{f_{cu}^c} \quad (7.0.3\text{-}3)$$

注：结构或构件的混凝土强度推定值是指相应于强度换算值总体分布中保证率不低于95%的结构或构件中的混凝土抗压强度值。

7.0.4 对按批量检测的构件，当该批构件混凝土强度标准差出现下列情况之一时，则该批构件应全部按单个构件检测：

1 当该批构件混凝土强度平均值小于25MPa时：

$$s_{f_{cu}^c} > 4.5\text{MPa}$$

2 当该批构件混凝土强度平均值不小于25MPa时：

$$s_{f_{cu}^c} > 5.5\text{MPa}$$

7.0.5 检测后应填写检测报告，并应符合本规程附录F的规定。

附录 A 测区混凝土强度换算表

平均回弹值 R_m	测区混凝土强度换算值 $f^c_{cu,i}$ (MPa) 平均碳化深度值 d_m (mm)												
	0	0.5	1.0	1.5	2.0	2.5	3.0	3.5	4.0	4.5	5.0	5.5	≥6.0
20.0	10.3	10.1	—	—	—	—	—	—	—	—	—	—	—
20.2	10.5	10.3	10.0	—	—	—	—	—	—	—	—	—	—
20.4	10.7	10.5	10.2	—	—	—	—	—	—	—	—	—	—
20.6	11.0	10.8	10.4	10.1	—	—	—	—	—	—	—	—	—
20.8	11.2	11.0	10.6	10.3	—	—	—	—	—	—	—	—	—
21.0	11.4	11.2	10.8	10.5	10.0	—	—	—	—	—	—	—	—
21.2	11.6	11.4	11.0	10.7	10.2	—	—	—	—	—	—	—	—
21.4	11.8	11.6	11.2	10.9	10.4	10.0	—	—	—	—	—	—	—
21.6	12.0	11.8	11.4	11.0	10.6	10.2	—	—	—	—	—	—	—
21.8	12.3	12.1	11.7	11.3	10.8	10.5	10.1	—	—	—	—	—	—
22.0	12.5	12.2	11.9	11.5	11.0	10.6	10.2	—	—	—	—	—	—
22.2	12.7	12.4	12.1	11.7	11.2	10.8	10.4	10.0	—	—	—	—	—
22.4	13.0	12.7	12.4	12.0	11.4	11.0	10.7	10.3	10.0	—	—	—	—
22.6	13.2	12.9	12.5	12.1	11.6	11.2	10.8	10.4	10.2	—	—	—	—
22.8	13.4	13.1	12.7	12.3	11.8	11.4	11.0	10.6	10.3	—	—	—	—
23.0	13.7	13.4	13.0	12.6	12.1	11.6	11.2	10.8	10.5	10.1	—	—	—
23.2	13.9	13.6	13.2	12.8	12.2	11.8	11.4	11.0	10.7	10.3	10.0	—	—
23.4	14.1	13.8	13.4	13.0	12.4	12.0	11.6	11.2	10.9	10.4	10.2	—	—
23.6	14.4	14.1	13.7	13.2	12.7	12.2	11.8	11.4	11.1	10.7	10.4	10.1	—
23.8	14.6	14.3	13.9	13.4	12.8	12.4	12.0	11.5	11.2	10.8	10.5	10.2	—
24.0	14.9	14.6	14.2	13.7	13.1	12.7	12.2	11.8	11.5	11.0	10.7	10.4	10.1
24.2	15.1	14.8	14.3	13.9	13.3	12.8	12.4	11.9	11.6	11.2	10.9	10.6	10.3
24.4	15.4	15.1	14.6	14.2	13.6	13.1	12.6	12.2	11.9	11.4	11.1	10.8	10.4
24.6	15.6	15.3	14.8	14.4	13.7	13.3	12.8	12.3	12.0	11.5	11.2	10.9	10.6
24.8	15.9	15.6	15.1	14.6	14.0	13.5	13.0	12.6	12.2	11.8	11.4	11.1	10.7
25.0	16.2	15.9	15.4	14.9	14.3	13.8	13.3	12.8	12.5	12.0	11.7	11.3	10.9
25.2	16.4	16.1	15.6	15.1	14.4	13.9	13.4	13.0	12.6	12.1	11.8	11.5	11.0
25.4	16.7	16.4	15.9	15.4	14.7	14.2	13.7	13.2	12.9	12.4	12.0	11.7	11.2
25.6	16.9	16.6	16.1	15.7	14.9	14.4	13.9	13.4	13.0	12.5	12.2	11.8	11.3
25.8	17.2	16.9	16.3	15.8	15.1	14.6	14.1	13.6	13.2	12.7	12.4	12.0	11.5
26.0	17.5	17.2	16.6	16.1	15.4	14.9	14.4	13.8	13.5	13.0	12.6	12.2	11.6
26.2	17.8	17.4	16.9	16.4	15.7	15.1	14.6	14.0	13.7	13.2	12.8	12.4	11.8
26.4	18.0	17.6	17.1	16.6	15.8	15.3	14.8	14.2	13.9	13.3	13.0	12.6	12.0
26.6	18.3	17.9	17.4	16.8	16.1	15.6	15.0	14.4	14.1	13.5	13.2	12.8	12.1
26.8	18.6	18.2	17.7	17.1	16.4	15.8	15.3	14.6	14.3	13.8	13.4	12.9	12.3
27.0	18.9	18.5	18.0	17.4	16.6	16.1	15.5	14.8	14.6	14.0	13.6	13.1	12.4
27.2	19.1	18.7	18.1	17.6	16.8	16.2	15.7	15.0	14.7	14.1	13.8	13.3	12.6
27.4	19.4	19.0	18.4	17.8	17.0	16.4	15.9	15.2	14.9	14.3	14.0	13.4	12.7
27.6	19.7	19.3	18.7	18.0	17.2	16.6	16.1	15.4	15.1	14.5	14.1	13.6	12.9
27.8	20.0	19.6	19.0	18.2	17.4	16.8	16.3	15.6	15.3	14.7	14.2	13.7	13.0
28.0	20.3	19.7	19.2	18.4	17.6	17.0	16.5	15.8	15.4	14.8	14.4	13.9	13.2

续表

平均回弹值 R_m	测区混凝土强度换算值 $f_{cu,i}^c$ (MPa)												
	平均碳化深度值 d_m (mm)												
	0	0.5	1.0	1.5	2.0	2.5	3.0	3.5	4.0	4.5	5.0	5.5	≥6.0
28.2	20.6	20.0	19.5	18.6	17.8	17.2	16.7	16.0	15.6	15.0	14.6	14.0	13.3
28.4	20.9	20.3	19.7	18.8	18.0	17.4	16.9	16.2	15.8	15.2	14.8	14.2	13.5
28.6	21.2	20.6	20.0	19.1	18.2	17.6	17.1	16.4	16.0	15.4	15.0	14.3	13.6
28.8	21.5	20.9	20.2	19.4	18.5	17.8	17.3	16.6	16.2	15.6	15.2	14.5	13.8
29.0	21.8	21.1	20.5	19.6	18.7	18.1	17.5	16.8	16.4	15.8	15.4	14.6	13.9
29.2	22.1	21.4	20.8	19.9	19.0	18.3	17.7	17.0	16.6	16.0	15.6	14.8	14.1
29.4	22.4	21.7	21.1	20.2	19.3	18.6	17.9	17.2	16.8	16.2	15.8	15.0	14.2
29.6	22.7	22.0	21.3	20.4	19.5	18.8	18.2	17.5	17.0	16.4	16.0	15.1	14.4
29.8	23.0	22.3	21.6	20.7	19.8	19.1	18.4	17.7	17.2	16.6	16.2	15.3	14.5
30.0	23.3	22.6	21.9	21.0	20.0	19.3	18.6	17.9	17.4	16.8	16.4	15.4	14.7
30.2	23.6	22.9	22.2	21.2	20.3	19.6	18.9	18.2	17.6	17.0	16.6	15.6	14.9
30.4	23.9	23.2	22.5	21.5	20.6	19.8	19.1	18.4	17.8	17.2	16.8	15.8	15.1
30.6	24.3	23.6	22.8	21.9	20.9	20.2	19.4	18.7	18.0	17.5	17.0	16.0	15.2
30.8	24.6	23.9	23.1	22.1	21.2	20.4	19.7	18.9	18.2	17.7	17.2	16.2	15.4
31.0	24.9	24.2	23.4	22.4	21.4	20.7	19.9	19.2	18.4	17.9	17.4	16.4	15.5
31.2	25.2	24.4	23.7	22.7	21.7	20.9	20.2	19.4	18.6	18.1	17.6	16.6	15.7
31.4	25.6	24.8	24.1	23.0	22.0	21.2	20.5	19.7	18.9	18.4	17.8	16.9	15.8
31.6	25.9	25.1	24.3	23.3	22.3	21.5	20.7	19.9	19.2	18.6	18.0	17.1	16.0
31.8	26.2	25.4	24.6	23.6	22.5	21.7	21.0	20.2	19.4	18.9	18.2	17.3	16.2
32.0	26.5	25.7	24.9	23.9	22.8	22.0	21.2	20.4	19.6	19.1	18.4	17.5	16.4
32.2	26.9	26.1	25.3	24.2	23.1	22.3	21.5	20.7	19.9	19.4	18.6	17.7	16.6
32.4	27.2	26.4	25.6	24.5	23.4	22.6	21.8	20.9	20.1	19.6	18.8	17.9	16.8
32.6	27.6	26.8	25.9	24.8	23.7	22.9	22.1	21.3	20.4	19.9	19.0	18.1	17.0
32.8	27.9	27.1	26.2	25.1	24.0	23.2	22.3	21.5	20.6	20.1	19.2	18.3	17.2
33.0	28.2	27.4	26.5	25.4	24.3	23.4	22.6	21.7	20.9	20.3	19.4	18.5	17.4
33.2	28.6	27.7	26.8	25.7	24.6	23.7	22.9	22.0	21.2	20.5	19.6	18.7	17.6
33.4	28.9	28.0	27.1	26.0	24.9	24.0	23.1	22.3	21.4	20.7	19.8	18.9	17.8
33.6	29.3	28.4	27.4	26.4	25.2	24.2	23.3	22.6	21.7	20.9	20.0	19.1	18.0
33.8	29.6	28.7	27.7	26.6	25.4	24.4	23.5	22.8	21.9	21.1	20.2	19.3	18.2
34.0	30.0	29.1	28.0	26.8	25.6	24.6	23.7	23.0	22.1	21.3	20.4	19.5	18.3
34.2	30.3	29.4	28.3	27.0	25.8	24.8	23.9	23.2	22.3	21.5	20.6	19.7	18.4
34.4	30.7	29.8	28.6	27.2	26.0	25.0	24.1	23.4	22.5	21.7	20.8	19.8	18.6
34.6	31.1	30.2	28.9	27.4	26.2	25.2	24.3	23.6	22.7	21.9	21.0	20.0	18.8
34.8	31.4	30.5	29.2	27.6	26.4	25.4	24.5	23.8	22.9	22.1	21.2	20.2	19.0

续表

平均回弹值 R_m	测区混凝土强度换算值 $f_{cu,i}^c$ (MPa)												
	平均碳化深度值 d_m (mm)												
	0	0.5	1.0	1.5	2.0	2.5	3.0	3.5	4.0	4.5	5.0	5.5	≥6.0
35.0	31.8	30.8	29.6	28.0	26.7	25.8	24.8	24.0	23.2	22.3	21.4	20.4	19.2
35.2	32.1	31.1	29.9	28.2	27.0	26.0	25.0	24.2	23.4	22.5	21.6	20.6	19.4
35.4	32.5	31.5	30.2	28.6	27.3	26.3	25.4	24.4	23.7	22.8	21.8	20.8	19.6
35.6	32.9	31.9	30.6	29.0	27.6	26.6	25.7	24.7	24.0	23.0	22.0	21.0	19.8
35.8	33.3	32.3	31.0	29.3	28.0	27.0	26.0	25.0	24.3	23.3	22.2	21.2	20.0
36.0	33.6	32.6	31.2	29.6	28.2	27.2	26.2	25.2	24.5	23.5	22.4	21.4	20.2
36.2	34.0	33.0	31.6	29.9	28.6	27.5	26.5	25.5	24.8	23.8	22.6	21.6	20.4
36.4	34.4	33.4	32.0	30.3	28.9	27.9	26.8	25.8	25.1	24.1	22.8	21.8	20.6
36.6	34.8	33.8	32.4	30.6	29.2	28.2	27.1	26.1	25.4	24.4	23.0	22.0	20.9
36.8	35.2	34.1	32.7	31.0	29.6	28.5	27.5	26.4	25.7	24.6	23.2	22.2	21.1
37.0	35.5	34.4	33.0	31.2	29.8	28.8	27.7	26.6	25.9	24.8	23.4	22.4	21.3
37.2	35.9	34.8	33.4	31.6	30.2	29.1	28.0	26.9	26.2	25.1	23.7	22.6	21.5
37.4	36.3	35.2	33.8	31.9	30.5	29.4	28.3	27.2	26.5	25.4	24.0	22.9	21.8
37.6	36.7	35.6	34.1	32.3	30.8	29.7	28.6	27.5	26.8	25.7	24.2	23.1	22.0
37.8	37.1	36.0	34.5	32.6	31.2	30.0	28.9	27.8	27.1	26.0	24.5	23.4	22.3
38.0	37.5	36.4	34.9	33.0	31.5	30.3	29.2	28.1	27.4	26.2	24.8	23.6	22.5
38.2	37.9	36.8	35.2	33.4	31.8	30.6	29.5	28.4	27.7	26.5	25.0	23.9	22.7
38.4	38.3	37.2	35.6	33.7	32.1	30.9	29.8	28.7	28.0	26.8	25.3	24.1	23.0
38.6	38.7	37.5	36.0	34.1	32.4	31.2	30.1	29.0	28.3	27.0	25.5	24.4	23.2
38.8	39.1	37.9	36.4	34.4	32.7	31.5	30.4	29.3	28.5	27.2	25.8	24.6	23.5
39.0	39.5	38.2	36.7	34.7	33.0	31.8	30.6	29.6	28.8	27.4	26.0	24.8	23.7
39.2	39.9	38.5	37.0	35.0	33.3	32.1	30.8	29.8	29.0	27.6	26.2	25.0	24.0
39.4	40.3	38.8	37.3	35.3	33.6	32.4	31.0	30.0	29.2	27.8	26.4	25.2	24.2
39.6	40.7	39.1	37.6	35.6	33.9	32.7	31.2	30.2	29.4	28.0	26.6	25.4	24.4
39.8	41.2	39.6	38.0	35.9	34.2	33.0	31.4	30.5	29.7	28.2	26.8	25.6	24.7
40.0	41.6	39.9	38.3	36.2	34.5	33.3	31.7	30.0	28.4	27.0	25.8	25.0	
40.2	42.0	40.3	38.6	36.5	34.8	33.6	32.0	31.1	30.2	28.6	27.3	26.0	25.2
40.4	42.4	40.7	39.0	36.9	35.1	33.9	32.3	31.4	30.5	28.8	27.6	26.2	25.4
40.6	42.8	41.1	39.4	37.2	35.4	34.2	32.6	31.7	30.8	29.1	27.8	26.5	25.7
40.8	43.3	41.6	39.8	37.7	35.7	34.5	32.9	32.0	31.2	29.4	28.1	26.8	26.0
41.0	43.7	42.0	40.2	38.0	36.0	34.8	33.2	32.3	31.5	29.7	28.4	27.1	26.2
41.2	44.1	42.3	40.6	38.4	36.3	35.1	33.5	32.6	31.8	30.0	28.7	27.3	26.5
41.4	44.5	42.7	40.9	38.7	36.6	35.4	33.8	32.9	32.0	30.3	28.9	27.6	26.7
41.6	45.0	43.2	41.4	39.2	36.9	35.7	34.2	33.3	32.4	30.6	29.2	27.9	27.0

续表

平均回弹值 R_m	测区混凝土强度换算值 $f_{cu,i}^c$ (MPa)												
	平均碳化深度值 d_m (mm)												
	0	0.5	1.0	1.5	2.0	2.5	3.0	3.5	4.0	4.5	5.0	5.5	≥6.0
41.8	45.4	43.6	41.8	39.5	37.2	36.0	34.5	33.6	32.7	30.9	29.5	28.1	27.2
42.0	45.9	44.1	42.2	39.9	37.6	36.3	34.9	34.0	33.0	31.2	29.8	28.5	27.5
42.2	46.3	44.4	42.6	40.3	38.0	36.6	35.2	34.3	33.3	31.5	30.1	28.7	27.8
42.4	46.7	44.8	43.0	40.6	38.3	36.9	35.5	34.6	33.6	31.8	30.4	29.0	28.0
42.6	47.2	45.3	43.4	41.1	38.7	37.3	35.9	34.9	34.0	32.1	30.7	29.3	28.3
42.8	47.6	45.7	43.8	41.4	39.0	37.6	36.2	35.2	34.3	32.4	30.9	29.5	28.6
43.0	48.1	46.2	44.2	41.8	39.4	38.0	36.6	35.6	34.6	32.7	31.3	29.8	28.9
43.2	48.5	46.6	44.6	42.2	39.8	38.3	36.9	35.9	34.9	33.0	31.5	30.1	29.1
43.4	49.0	47.0	45.1	42.6	40.2	38.7	37.2	36.3	35.3	33.3	31.8	30.4	29.4
43.6	49.4	47.4	45.4	43.0	40.5	39.0	37.5	36.6	35.6	33.6	32.1	30.6	29.6
43.8	49.9	47.9	45.9	43.4	40.9	39.4	37.9	36.9	35.9	33.9	32.4	30.9	29.9
44.0	50.4	48.4	46.4	43.8	41.3	39.8	38.3	37.3	36.3	34.3	32.8	31.2	30.2
44.2	50.8	48.8	46.7	44.2	41.7	40.1	38.6	37.6	36.6	34.5	33.0	31.5	30.5
44.4	51.3	49.2	47.2	44.6	42.1	40.5	39.0	38.0	36.9	34.9	33.3	31.8	30.8
44.6	51.7	49.6	47.6	45.0	42.4	40.8	39.3	38.3	37.2	35.2	33.6	32.1	31.0
44.8	52.2	50.1	48.0	45.4	42.8	41.2	39.7	38.6	37.6	35.5	33.9	32.4	31.3
45.0	52.7	50.6	48.5	45.8	43.2	41.6	40.1	39.0	37.9	35.8	34.3	32.7	31.6
45.2	53.2	51.1	48.9	46.3	43.6	42.0	40.4	39.4	38.3	36.2	34.6	33.0	31.9
45.4	53.6	51.5	49.4	46.6	44.0	42.3	40.7	39.7	38.6	36.4	34.8	33.2	32.2
45.6	54.1	51.9	49.8	47.1	44.4	42.7	41.1	40.0	39.0	36.8	35.2	33.5	32.5
45.8	54.6	52.4	50.2	47.5	44.8	43.1	41.5	40.4	39.3	37.1	35.5	33.9	32.8
46.0	55.0	52.8	50.6	47.9	45.2	43.5	41.9	40.8	39.7	37.5	35.8	34.2	33.1
46.2	55.5	53.3	51.1	48.3	45.5	43.8	42.2	41.1	40.0	37.7	36.1	34.4	33.3
46.4	56.0	53.8	51.5	48.7	45.9	44.2	42.6	41.4	40.3	38.1	36.4	34.7	33.6
46.6	56.5	54.2	52.0	49.2	46.3	44.6	42.9	41.8	40.7	38.4	36.7	35.0	33.9
46.8	57.0	54.7	52.4	49.6	46.7	45.0	43.3	42.2	41.0	38.8	37.0	35.3	34.2
47.0	57.5	55.2	52.9	50.0	47.2	45.2	43.7	42.6	41.4	39.1	37.4	35.6	34.5
47.2	58.0	55.7	53.4	50.5	47.6	45.8	44.1	42.9	41.8	39.4	37.7	36.0	34.8
47.4	58.5	56.2	53.8	50.9	48.0	46.2	44.5	43.3	42.1	39.8	38.0	36.3	35.1
47.6	59.0	56.6	54.3	51.3	48.4	46.6	44.8	43.7	42.5	40.1	38.4	36.6	35.4
47.8	59.5	57.1	54.7	51.8	48.8	47.0	45.2	44.0	42.8	40.5	38.7	36.9	35.7
48.0	60.0	57.6	55.2	52.2	49.2	47.4	45.6	44.4	43.2	40.8	39.0	37.2	36.0
48.2	—	58.0	55.7	52.6	49.6	47.8	46.0	44.8	43.6	41.1	39.3	37.5	36.3
48.4	—	58.6	56.1	53.1	50.0	48.2	46.4	45.1	43.9	41.5	39.6	37.8	36.6

续表

平均回弹值 R_m	测区混凝土强度换算值 $f_{cu,i}^c$ (MPa)											
	平均碳化深度值 d_m (mm)											
	0	0.5	1.0	1.5	2.0	2.5	3.0	3.5	4.0	4.5	5.0	5.5	≥6.0
48.6	—	59.0	56.6	53.5	50.4	48.6	46.7	45.5	44.3	41.8	40.0	38.1	36.9
48.8	—	59.5	57.1	54.0	50.9	49.0	47.1	45.9	44.6	42.2	40.3	38.4	37.2
49.0	—	60.0	57.5	54.4	51.3	49.4	47.5	46.2	45.0	42.5	40.6	38.8	37.5
49.2	—	—	58.0	54.8	51.7	49.8	47.9	46.6	45.4	42.8	41.0	39.1	37.8
49.4	—	—	58.5	55.3	52.1	50.2	48.3	47.1	45.8	43.2	41.3	39.4	38.2
49.6	—	—	58.9	55.7	52.5	50.6	48.7	47.4	46.2	43.6	41.7	39.7	38.5
49.8	—	—	59.4	56.2	53.0	51.0	49.1	47.8	46.5	43.9	42.0	40.1	38.8
50.0	—	—	59.9	56.7	53.4	51.4	49.5	48.2	46.9	44.3	42.3	40.4	39.1
50.2	—	—	—	57.1	53.8	51.9	49.9	48.5	47.2	44.6	42.6	40.7	39.4
50.4	—	—	—	57.6	54.3	52.3	50.3	49.0	47.7	45.0	43.0	41.0	39.7
50.6	—	—	—	58.0	54.7	52.7	50.7	49.4	48.0	45.4	43.4	41.4	40.0
50.8	—	—	—	58.5	55.1	53.1	51.1	49.8	48.4	45.7	43.7	41.7	40.3
51.0	—	—	—	59.0	55.6	53.5	51.5	50.1	48.8	46.1	44.1	42.0	40.7
51.2	—	—	—	59.4	56.0	54.0	51.9	50.5	49.2	46.4	44.4	42.3	41.0
51.4	—	—	—	59.9	56.4	54.4	52.3	50.9	49.6	46.8	44.7	42.7	41.3
51.6	—	—	—	—	56.9	54.8	52.7	51.3	50.0	47.2	45.1	43.0	41.6
51.8	—	—	—	—	57.3	55.2	53.1	51.7	50.3	47.5	45.4	43.3	41.8
52.0	—	—	—	—	57.8	55.7	53.6	52.1	50.7	47.9	45.8	43.7	42.3
52.2	—	—	—	—	58.2	56.1	54.0	52.5	51.1	48.3	46.2	44.0	42.6
52.4	—	—	—	—	58.7	56.5	54.4	53.0	51.5	48.7	46.5	44.4	43.0
52.6	—	—	—	—	59.1	57.0	54.8	53.4	51.9	49.0	46.9	44.7	43.3
52.8	—	—	—	—	59.6	57.4	55.2	53.8	52.3	49.4	47.3	45.1	43.6
53.0	—	—	—	—	60.0	57.8	55.6	54.2	52.7	49.8	47.6	45.4	43.9
53.2	—	—	—	—	—	58.3	56.1	54.6	53.1	50.2	48.0	45.8	44.3
53.4	—	—	—	—	—	58.7	56.5	55.0	53.5	50.5	48.3	46.1	44.6
53.6	—	—	—	—	—	59.2	56.9	55.4	53.9	50.9	48.7	46.4	44.9
53.8	—	—	—	—	—	59.6	57.3	55.8	54.3	51.3	49.0	46.8	45.3
54.0	—	—	—	—	—	—	57.8	56.3	54.7	51.7	49.4	47.1	45.6
54.2	—	—	—	—	—	—	58.2	56.7	55.1	52.1	49.8	47.5	46.0
54.4	—	—	—	—	—	—	58.6	57.1	55.6	52.5	50.2	47.9	46.3
54.6	—	—	—	—	—	—	59.1	57.5	56.0	52.9	50.5	48.2	46.6
54.8	—	—	—	—	—	—	59.5	57.9	56.4	53.2	50.9	48.5	47.0
55.0	—	—	—	—	—	—	59.9	58.4	56.8	53.6	51.3	48.9	47.3
55.2	—	—	—	—	—	—	—	58.8	57.2	54.0	51.6	49.3	47.7

续表

平均回弹值 R_m	测区混凝土强度换算值 $f^c_{cu,i}$ (MPa)											
	平均碳化深度值 d_m (mm)											
	0	0.5	1.0	1.5	2.0	2.5	3.0	3.5	4.0	4.5	5.0	5.5	≥6.0
55.4	—	—	—	—	—	—	—	59.2	57.6	54.4	52.0	49.6	48.0
55.6	—	—	—	—	—	—	—	59.7	58.0	54.8	52.4	50.0	48.4
55.8	—	—	—	—	—	—	—	—	58.5	55.2	52.8	50.3	48.7
56.0	—	—	—	—	—	—	—	—	58.9	55.6	53.2	50.7	49.1
56.2	—	—	—	—	—	—	—	—	59.3	56.0	53.5	51.1	49.4
56.4	—	—	—	—	—	—	—	—	59.7	56.4	53.9	51.4	49.8
56.6	—	—	—	—	—	—	—	—	—	56.8	54.3	51.8	50.1
56.8	—	—	—	—	—	—	—	—	—	57.2	54.7	52.2	50.5
57.0	—	—	—	—	—	—	—	—	—	57.6	55.1	52.5	50.8
57.2	—	—	—	—	—	—	—	—	—	58.0	55.5	52.9	51.2
57.4	—	—	—	—	—	—	—	—	—	58.4	55.9	53.3	51.6
57.6	—	—	—	—	—	—	—	—	—	58.9	56.3	53.7	51.9
57.8	—	—	—	—	—	—	—	—	—	59.3	56.7	54.0	52.3
58.0	—	—	—	—	—	—	—	—	—	59.7	57.0	54.4	52.7
58.2	—	—	—	—	—	—	—	—	—	—	57.4	54.8	53.0
58.4	—	—	—	—	—	—	—	—	—	—	57.8	55.2	53.4
58.6	—	—	—	—	—	—	—	—	—	—	58.2	55.6	53.8
58.8	—	—	—	—	—	—	—	—	—	—	58.6	55.9	54.1
59.0	—	—	—	—	—	—	—	—	—	—	59.0	56.3	54.5
59.2	—	—	—	—	—	—	—	—	—	—	59.4	56.7	54.9
59.4	—	—	—	—	—	—	—	—	—	—	59.8	57.1	55.2
59.6	—	—	—	—	—	—	—	—	—	—	—	57.5	55.6
59.8	—	—	—	—	—	—	—	—	—	—	—	57.9	56.0
60.0	—	—	—	—	—	—	—	—	—	—	—	58.3	56.4

注：本表系按全国统一曲线制定。

附录 B 泵送混凝土测区混凝土强度换算值的修正值

碳化深度值 (mm)	抗压强度值 (MPa)				
0.0；0.5；1.0	f^c_{cu} (MPa)	≤40.0	45.0	50.0	55.0~60.0
	K (MPa)	+4.5	+3.0	+1.5	0.0
1.5；2.0	f^c_{cu} (MPa)	≤30.0	35.0	40.0~60.0	
	K (MPa)	+3.0	+1.5	0.0	

注：表中未列入的 $f^c_{cu,i}$ 值可用内插法求得其修正值，精确至 0.1MPa。

附录C 非水平状态检测时的回弹值修正值

$R_{mα}$	检测角度							
	向上				向下			
	90°	60°	45°	30°	-30°	-45°	-60°	-90°
20	-6.0	-5.0	-4.0	-3.0	+2.5	+3.0	+3.5	+4.0
21	-5.9	-4.9	-4.0	-3.0	+2.5	+3.0	+3.5	+4.0
22	-5.8	-4.8	-3.9	-2.9	+2.4	+2.9	+3.4	+3.9
23	-5.7	-4.7	-3.9	-2.9	+2.4	+2.9	+3.4	+3.9
24	-5.6	-4.6	-3.8	-2.8	+2.3	+2.8	+3.3	+3.8
25	-5.5	-4.5	-3.8	-2.8	+2.3	+2.8	+3.3	+3.8
26	-5.4	-4.4	-3.7	-2.7	+2.2	+2.7	+3.2	+3.7
27	-5.3	-4.3	-3.7	-2.7	+2.2	+2.7	+3.2	+3.7
28	-5.2	-4.2	-3.6	-2.6	+2.1	+2.6	+3.1	+3.6
29	-5.1	-4.1	-3.6	-2.6	+2.1	+2.6	+3.1	+3.6
30	-5.0	-4.0	-3.5	-2.5	+2.0	+2.5	+3.0	+3.5
31	-4.9	-4.0	-3.5	-2.5	+2.0	+2.5	+3.0	+3.5
32	-4.8	-3.9	-3.4	-2.4	+1.9	+2.4	+2.9	+3.4
33	-4.7	-3.9	-3.4	-2.4	+1.9	+2.4	+2.9	+3.4
34	-4.6	-3.8	-3.3	-2.3	+1.8	+2.3	+2.8	+3.3
35	-4.5	-3.8	-3.3	-2.3	+1.8	+2.3	+2.8	+3.3
36	-4.4	-3.7	-3.2	-2.2	+1.7	+2.2	+2.7	+3.2
37	-4.3	-3.7	-3.2	-2.2	+1.7	+2.2	+2.7	+3.2
38	-4.2	-3.6	-3.1	-2.1	+1.6	+2.1	+2.6	+3.1
39	-4.1	-3.6	-3.1	-2.1	+1.6	+2.1	+2.6	+3.1
40	-4.0	-3.5	-3.0	-2.0	+1.5	+2.0	+2.5	+3.0
41	-4.0	-3.5	-3.0	-2.0	+1.5	+2.0	+2.5	+3.0
42	-3.9	-3.4	-2.9	-1.9	+1.4	+1.9	+2.4	+2.9
43	-3.9	-3.4	-2.9	-1.9	+1.4	+1.9	+2.4	+2.9
44	-3.8	-3.3	-2.8	-1.8	+1.3	+1.8	+2.3	+2.8
45	-3.8	-3.3	-2.8	-1.8	+1.3	+1.8	+2.3	+2.8
46	-3.7	-3.2	-2.7	-1.7	+1.2	+1.7	+2.2	+2.7
47	-3.7	-3.2	-2.7	-1.7	+1.2	+1.7	+2.2	+2.7
48	-3.6	-3.1	-2.6	-1.6	+1.1	+1.6	+2.1	+2.6
49	-3.6	-3.1	-2.6	-1.6	+1.1	+1.6	+2.1	+2.6
50	-3.5	-3.0	-2.5	-1.5	+1.0	+1.5	+2.0	+2.5

注：1. $R_{mα}$小于20或大于50时，均分别按20或50查表；
 2. 表中未列入的相应于$R_{mα}$的修正值$R_{mα}$，可用内插法求得，精确至0.1。

附录 D 不同浇筑面的回弹值修正值

R_m^t 或 R_m^b	表面修正值 (R_a^t)	底面修正值 (R_a^b)	R_m^t 或 R_m^b	表面修正值 (R_a^t)	底面修正值 (R_a^b)
20	+2.5	-3.0	36	+0.9	-1.4
21	+2.4	-2.9	37	+0.8	-1.3
22	+2.3	-2.8	38	+0.7	-1.2
23	+2.2	-2.7	39	+0.6	-1.1
24	+2.1	-2.6	40	+0.5	-1.0
25	+2.0	-2.5	41	+0.4	-0.9
26	+1.9	-2.4	42	+0.3	-0.8
27	+1.8	-2.3	43	+0.2	-0.7
28	+1.7	-2.2	44	+0.1	-0.6
29	+1.6	-2.1	45	0	-0.5
30	+1.5	-2.0	46	0	-0.4
31	+1.4	-1.9	47	0	-0.3
32	+1.3	-1.8	48	0	-0.2
33	+1.2	-1.7	49	0	-0.1
34	+1.1	-1.6	50	0	0
35	+1.0	-1.5			

注：1. R_m^t 或 R_m^b 小于 20 或大于 50 时，均分别按 20 或 50 查表；
2. 表中有关混凝土浇筑表面的修正系数，是指一般原浆抹面的修正值；
3. 表中有关混凝土浇筑底面的修正系数，是指构件底面与侧面采用同一类模板在正常浇筑情况下的修正值；
4. 表中未列入的相应于 R_m^t 或 R_m^b 的 R_a^t 和 R_a^b 值，可用内插法求得，精确至 0.1。

附录 E 专用测强曲线的制定方法

E.0.1 制定专用测强曲线的试件应与欲测结构或构件在原材料（含品种、规格）的成型工艺与养护方法等方面条件相同。

E.0.2 试件的制作、养护应符合下列规定：
1 按最佳配合比设计 5 个强度等级，每一强度等级每一龄期制作 6 个 150mm 立方体试件，同一龄期试件宜在同一天内成型完毕。
2 在成型后的第二天，应将试件移至与被测结构或构件相同的条件下养护，试件拆模日期宜与结构或构件的拆模日期相同。

E.0.3 试件的测试应符合下列规定：
1 到达龄期的试件表面应擦净，以浇筑侧面的两个相对面置于压力机的上下承压板之间，加压 30~80kN（低强度试件取低值加压）。
2 在试件保持 30~80kN 的压力下，用符合本规程第 2.1.3 条规定的标准状态的回弹仪和本规程第 3.2.1 条规定的操作方法，在试件的另外两个相对侧面上分别选择均匀分布的 8 个点按本规程第 3.2.2 条的要求进行弹击。

　　3　从每一试件的 16 个回弹值分别剔除其中 3 个最大值和 3 个最小值，然后再求余下的 10 个回弹值的平均值，计算精确至 0.1，即得该试件的平均回弹值 R_m。

　　4　将试件加荷直至破坏，然后计算试件的抗压强度度值 f_{cu}（MPa），精确至 0.1MPa。

E.0.4　专用测强曲线的计算应符合下列规定：

　　1　专用测强曲线的回归方程式，应按每一试件求得的 R_m 和 f_{cu}（MPa）数据，采用最小二乘法原理计算。

　　2　回归方程宜采用下式：

$$f_{cu} = A R_m^B \tag{E.0.4-1}$$

　　3　用下式计算回归方程式的强度平均相对误差 δ 和强度相对标准差 e_r，当 δ 和 e_r 均符合第 5.3.1 条规定时，即可报请上级主管部门审批。

$$\delta = \pm \frac{1}{n} \sum_{i=1}^{n} \left| \frac{f_{cu,i}}{f_{cu,i}^c} - 1 \right| \times 100 \tag{E.0.4-2}$$

$$e_r = \sqrt{\frac{1}{n-1} \sum_{i=1}^{n} \left(\frac{f_{cu,i}}{f_{cu,i}^c} - 1 \right)^2} \times 100 \tag{E.0.4-3}$$

式中　δ——回归方程式的强度平均相对误差（％），精确至 0.1；
　　　e_r——回归方程式的强度相对标准差（％），精确至 0.1；
　　　$f_{cu,i}$——由第 i 个试件抗压试验得出的混凝土抗压强度值（MPa），精确至 0.1MPa；
　　　$f_{cu,i}^c$——由同一试件的平均回弹值 R_m 按回归方程式算出的混凝土的强度换算值（MPa），精确至 0.1MPa；
　　　n——制定回归方程式的试件数。

E.0.5　当需制定具有较宽龄期范围的专用测强曲线时，应在试验及回归分析时引入碳化深度变量，并求得碳化深度修正系数。

附录 F　回弹法检测混凝土抗压强度报告

编号（　　）第_____号　　　　　　　　　　　　　　　　第_____页　共_____页

混凝土生产单位_____　　　　　　委　托　单　位_____
输　送　方　式_____　　　　　　设　计　单　位_____
监　理　单　位_____　　　　　　监　督　单　位_____
工　程　名　称_____　　　　　　结构或构件名称_____
施　工　日　期_____　　　　　　检　测　原　因_____
检　测　环　境_____　　　　　　检　测　依　据_____
回弹仪生产厂_____　　　　　　　回弹仪编号_____
检　测　日　期_____　　　　　　回弹仪检定证号_____

检 测 结 果

构 件		混凝土抗压强度换算值（MPa）			现龄期混凝土强度推定值（MPa）	备 注
名 称	编 号	平均值	标准差	最小值		

（有需要说明的问题或表格不够请续页）

批准：_____ 审核：_____
主检_____ 上岗证书号_____ 主检_____ 上岗证书号_____
出具报告日期_____年_____月_____日 单位公章_____

本规程用词说明

1 为便于在执行本规程条文时区别对待，对于要求严格程度不同的用词说明如下：
1）表示很严格，非这样做不可的：
   正面词采用"必须"；
   反面词采用"严禁"。
2）表示严格，在正常情况下均应这样做的：
   正面词采用"应"；
   反面词采用"不应"或"不得"。
3）表示允许稍有选择，在条件许可时首先应这样做的：
   正面词采用"宜"；
   反面词采用"不宜"。
   表示有选择，在一定条件下可以这样做的，采用"可"。
2 条文中指明应按其他有关标准执行的写法为："应按……执行"或"应符合……规定（或要求）"。

中华人民共和国行业标准

回弹法检测混凝土抗压强度技术规程

JGJ/T 23—2001

条 文 说 明

前　言

《回弹法检测混凝土抗压强度技术规程》（JGJ/T 23—2001），经建设部 2001 年 6 月 29 日以建标［2001］134 号文批准，业已发布。

本规程第一版的主编单位是陕西省建筑科学研究设计院，参加单位是中国建筑科学研究院、浙江省建筑科学设计研究院、四川省建筑科学研究院、贵州中建建筑科学研究设计院、重庆市建筑科学研究院、天津建筑仪器试验机公司。

为便于广大设计、施工、科研、学校等单位的有关人员在使用本规程时能正确理解和执行条文规定，本规程修订组按章、节、条顺序编制了本规程的条文说明，供使用者参考。

在使用中如发现本条文说明有不妥之处，请将意见函寄陕西省建筑科学研究设计院《回弹法检测混凝土抗压强度技术规程》修订组。

目　次

1 总则 ……………………………………………………… 488
3 回弹仪 …………………………………………………… 488
　3.1 技术要求 …………………………………………… 488
　3.2 检定 ………………………………………………… 490
　3.3 保养 ………………………………………………… 490
4 检测技术 ………………………………………………… 490
　4.1 一般规定 …………………………………………… 490
　4.2 回弹值测量 ………………………………………… 492
　4.3 碳化深度值测量 …………………………………… 492
5 回弹值计算 ……………………………………………… 492
6 测强曲线 ………………………………………………… 493
　6.1 一般规定 …………………………………………… 493
　6.2 统一测强曲线 ……………………………………… 493
　6.3 地区和专用测强曲线 ……………………………… 493
7 混凝土强度的计算 ……………………………………… 494

1 总 则

1.0.1 统一回弹仪检测方法，保证检测精度是本规程制定的目的。回弹法在我国使用已达四十余年，国外在使用回弹法时精度并不高，有的只能定性判断混凝土质量，不能定量给出具体的强度数值。但回弹法在我国却越用越广泛，这不仅是因为回弹法简便、灵活、符合国情，更是由于我国已解决了回弹法使用精度不高和不能普遍推广的关键问题，为了解决使用回弹法时出现的混乱状况，如有的按照国外进口仪器使用说明书使用，有的不知回弹仪要检定成标准状态，有的不测量碳化深度值等等。因此有必要统一检测方法，保证检测精度，使其在监督、检验结构工程和混凝土质量中发挥应有的作用。

此外，本条所指的普通混凝土系指现行国家标准《混凝土结构工程施工及验收规范》中第 4.1.1 条规定的由水泥、普通碎（卵）石、砂和水配制的质量密度为 1950～2500kg/m³ 的普通混凝土。

1.0.2 在正常情况下，混凝土强度的检验与评定应按现行国家标准《混凝土结构工程施工及验收规范》及《混凝土强度检验评定标准》执行。不允许因为有了本规程而不按上述《规范》、《标准》制作规定数量的试件供常规检验之用。但是，当出现标准养护试件或同条件试件数量不足或未按规定制作试件时；当所制作的标准试件或同条件试件与所成型的构件在材料用量、配合比、水灰比等方面有较大差异，已不能代表构件的混凝土质量时；当标准试件或同条件试件的试压结果，不符合现行标准、规范规定的对结构或构件的强度合格要求，并且对该结果持有怀疑时。总之，当对结构中混凝土实际强度有检测要求时，可按本规程进行检测，检测结果可作为处理混凝土质量的一个依据。

由于回弹法是通过回弹仪检测混凝土表面硬度从而推算出混凝土强度的方法，因此不适用于表层与内部质量有明显差异或内部存在缺陷的混凝土结构或构件的检测。当混凝土表面遭受了火灾、冻伤、受化学物质侵蚀或内部有缺陷时，就不能直接采用回弹法检测。

1.0.3 由于本规程规定的方法与国外传统方法显著不同，若不进行统一培训，则会对同一结构或构件混凝土强度的推定结果存在着因人而异的混乱现象，因此本条规定凡从事本项检测的人员均应培训并持有相应的资格证书，且培训、宣贯应通过主管部门认可。

1.0.4 凡本规程涉及的其他有关方面，例如钻芯取样，高空、深坑作业时的安全技术和劳动保护等，均应遵守相应的标准、规范或规程。

3 回 弹 仪

3.1 技 术 要 求

3.1.1 目前国内常用于检测混凝土抗压强度的回弹仪，其标准状态下的冲击能量为 2.207J、示值系统为指针直读式。对原规程中"采用其他示值系统（例如数显式、自动记录式、信息遥记式和微机式等）的同类冲击能量的回弹仪，经鉴定认可，如性能稳定并有可靠的检验示值准确性的方法，亦允许使用"的内容予以删除。原因是：一、检定混凝土回弹仪已制订了国家计量检定规程，属于计量仪器范畴。而在已批准执行的回弹仪计量检定规程中并无上述（除直读式外）几种示值系统回弹仪的检定方法。二、目前只有极少数数字式回弹仪规定了检验非直读式回弹仪的示值准确性的方法，但是大部分使用非指针直读式仪器却无法按计量检定规程检定，从而影响了回弹法检测结果。本规程要求在条件许可的前提下，首先应使用指针直读式，若使用其他示值系统的仪器，要符合国家计量检定规程JJG817的要求。亦即该类型仪器能将回弹仪主体（指针直读式仪器）部分与其他功能（如自动记录、打印、计算）部分分开，将主体部分按计量规程检定，并要检定直读式仪器的示值与自记式、数显示值一致。有计算功能的还要检查其计算过程是否符合本规程的相关规定。

3.1.2 由于回弹仪为计量仪器，因此在回弹仪明显的位置上要标明名称、型号、制造厂名、生产编号及生产日期，尤其要有中国计量器具制造许可证标志CMC及许可证证号等。

3.1.3 回弹仪的质量及测试性能直接影响混凝土强度推定结果的准确性。例如，国际标准化组织制订的"硬化后的混凝土——用回弹仪测定回弹值"（国际标准草案）指出"同一型号的各个回弹仪会得出不同的回弹值，因此为了比较结果，应该使用同一回弹仪进行试验，如果混凝土用同一回弹仪，则应该在有代表性的混凝土表面或标准钢砧上进行相当数量的试验，以便定出预期差值的大小"。

根据多年对回弹仪的测试性能试验研究，认为：回弹仪的标准状态是统一仪器性能的基础，是使回弹法广泛应用于现场的关键所在；只有采用质量统一，性能一致的回弹仪，才能保证测试结果的可靠性，并能在同一水平上进行比较。在此基础上，提出了下列回弹仪标准状态的各项具体指标：

1 水平弹击时，弹击锤脱钩的瞬间，回弹仪的标准能量E，即弹击拉簧恢复原始状态所作的功为：

$$E = \frac{1}{2}KL^2 = \frac{1}{2} \times 784.532 \times 0.075^2 = 2.207J$$

式中 K——弹击拉簧的刚度（N/m）；

L——弹击拉簧工作时拉伸长度（m）。

2 弹击锤与弹击杆碰撞瞬间，弹击拉簧应处于自由状态，此时弹击锤起跳点应相应于刻度尺上的"0"处。要满足这两个要求，必须使弹击拉簧的工作长度为0.0615m；弹击拉簧的冲击长度（即拉伸长度）为0.075m。此时，弹击锤应相应于刻度尺上的"100"处脱钩，也即在"0"处起跳。

试验表明，当弹击拉簧的工作长度、拉伸长度及弹击锤的起跳点不符合以上规定的要求，即不符合回弹仪工作的标准状态时，则各仪器在同一试块上测得的回弹值的极差高达7.82分度值，经调为标准状态后，极差为1.72分度值。

3 检验回弹仪的率定值是否符合80±2的作用是：检验回弹仪的标准能量是否为2.207J；回弹仪的测试性能是否稳定；机芯的滑动部分是否有污垢等。

当钢砧率定值达不到80±2时，不允许沿用国外的方法，即将混凝土试块上的回弹值予以修正；更不允许旋转调零螺丝人为地使其达到80±2值。试验表明上述方法不符合回弹仪测试性能，并破坏了零点起跳亦即使回弹仪处于非标准状态。此时，可按本规程3.3节要求进行常规保养，若保养后仍不合格，可送检定单位检修。

3.1.4 环境温度异常时，对回弹仪的性能有影响，故规定了其使用时的环境温度。

3.2 检　定

3.2.1 目前国内外回弹仪生产不能保证每台新回弹仪均为标准状态，特别是一些国外进口仪器不按我国有关标准生产及检定，因此新回弹仪在使用前必须检定。

回弹仪送检定单位检定的有限期限为半年或累计弹击6000次为限，这样规定比较符合我国目前使用回弹仪的情况。其中6000次的规定，是参照国内外现有试验资料而定的，一般如不超过这一界限，正常质量的弹击拉簧不会产生显著的塑性变形而影响其工作性能。

3.2.2 本条明确指出，检定混凝土回弹仪的单位应由当地技术监督部门授权，并按照国家计量检定规程《混凝土回弹仪》JJG817进行。开展检定工作要备有回弹仪检定器、拉簧刚度测量仪等设备。目前有的地区或部门不具备检定回弹仪的资格及条件，甚至不懂得回弹仪的标准状态，沿用国外调整调零螺丝以使其钢砧率定值达到 $80±2$ 的错误方法；有的没有检定设备也开展检定工作，以至影响了回弹法的正确推广应用。因此，有必要强调检定单位的资格和统一检定回弹仪的方法。

3.2.3 本条是为了保证在使用过程中及时发现和纠正回弹仪的非标准状态。

3.2.4 本条对回弹仪率定试验环境增加了干燥的要求，并将室温要求的规定与计量规程《混凝土回弹仪》JJG 817 一致。

3.3 保　养

3.3.1 本条主要规定了回弹仪常规保养的步骤及要求。

3.3.2 进行常规保养时，必须先使弹击锤脱钩后再取出机芯，否则会使弹击杆突然伸出造成伤害。取机芯时要将指针轴向上轻轻抽出，以免造成指针片折断。此外各零部件清洗完后，不能在指针轴上抹油。否则，使用中由于指针轴的污垢，将使指针摩擦力变化，直接影响了检测结果。

3.3.3 回弹仪每次使用完毕后，应及时清除表面污垢。不用时，应将弹击杆压入仪器内，必须经弹击后方可按下按钮锁住机芯，如果未经弹击而锁住机芯，将使弹击拉簧在不工作时仍处于受拉状态，极易因疲劳而损坏。存放时回弹仪应平放在干燥阴凉处。如存放地点潮湿将会使仪器锈蚀。

4 检 测 技 术

4.1 一 般 规 定

4.1.1 本条列举的1~5项资料，是为了对被检测的构件有全面、系统的了解。此处对水泥安定性必须了解合格与否。如水泥安定性不合格则不能检测，如不能确切提供水泥安定性合格与否则应在检测报告上说明，以免产生由于后期混凝土强度因水泥安定性不合格而降低或丧失所引起的事故责任不清的问题。另外，混凝土成型日期也应了解清楚，这样可以推算出检测时构件混凝土的龄期。

4.1.2 由于回弹法测试具有快速、简便的特点，能在短期内进行较多数量的检测，以取得代表性较高的总体混凝土强度质量，故作此规定。原规定按批进行检测的构件，抽检数量不得少于同批构件总数的30%且测区数量不得少于100个。但是对于较小的构件，只需布置5个测区如果强调不少于100个测区的话，则被测构件数量过大。因此将其改为构件数量不得少于10件。

此外，抽取试样应严格遵守"随机"的原则，并宜由建设单位、监理单位、施工单位会同检测单位共同商定抽样的范围、数量和方法。

4.1.3 原规程对长度不小于3m的构件，规定其测区数不少于10个，对长度小于3m且高度低于0.6m的构件，规定其测区数可适当减少，但不应少于5个。现将"长度"、"高度"分别改为构件"某一方向尺寸"、"另一方向尺寸"这样的表述更为确切，例如柱子就应按高度决定其测区数。此外经多年实践，认为长度不小于3m的构件其测区数不允许少于10个测区数的规定过于严格，加大了检测工作量。一般民用建筑，尤其是砖混住宅，梁、柱尺寸不大，不必拘于原规定测区数。因此改作某一方向尺寸小于4.5m，另一方向尺寸小于0.3m时，作为是否需要10个测区数的界线。

检测构件布置测区时，相邻两测区的间距及测区离构件端部或施工缝的距离应遵守本条规定。测区布置时，要选在构件两个对称的可测面上，但不强调一个测区要在构件的两相对检测面上布置基本对称的检测面。可以一个测区布置在构件的一个检测面上。

检测时必须为混凝土原浆面，已经粉刷的需将粉刷层除净，注意不可误将砂浆粉刷层当作混凝土原浆面进行检测。如果养护不当混凝土表面会产生疏松层，尤其在气候干燥地区更应注意，应将疏松层清除后方可检测，否则会造成误判。

对于薄壁小型构件，如果约束力不够回弹时产生颤动，会造成回弹能量损失，使检测结果偏低。因此必须加以可靠支撑使之有足够的约束力方可检测。

4.1.4 在记录纸上描述测区在构件上的位置和外观质量（例如有无裂缝），目的是备推定和分析处理结构或构件混凝土强度时参考。

4.1.5 原规定当检测条件与测强曲线的适用条件有较大差异时，例如龄期、湿度、成型工艺的差异；有的地区在混凝土表面涂养护剂，以致造成混凝土内外差异等等，可以采用同条件试件或钻取混凝土芯样进行修正，试件数量应不少于6个。实践表明，作为取得修正系数的试件或芯样数量取3个太少了。尤其是芯样强度离散性较大，数量太少的话代表性不够，但由于取芯工作量大，又不宜在构件上取过多数量以致影响其结构安全性，因此规定数量不少于6个。需要指出的是，此处每一个芯样表面均需有构件混凝土原浆面，以便读取回弹值、碳化深度值后再制作芯样试件。不可以将较长芯样沿长度方向截取为几个芯样来计算修正系数。芯样的钻取、加工、计算可参照《钻芯法检测混凝土强度技术规程》规定执行。

4.1.6 近年来，随着大中城市泵送混凝土使用的普及，发现采用回弹法按附录A推定的测区混凝土强度值低于其实际强度值。这是因为泵送混凝土流动性大，粗骨料粒径较小，砂率增加，混凝土的砂浆包裹层偏厚，表面硬度较低所致。现根据浙江、四川、陕西、北京等地泵送混凝土自然养护的试件共530组进行分析对比，求出本规程附录B的修正值。经实测工程取芯验证表明，修正后的测区混凝土强度换算值符合实际强度。

本规程附录B的修正值，只适用于碳化深度值为0.0~2.0mm。当碳化深度值大于2.0mm时，是否需要修正，尚待进一步研究。但是，由于泵送混凝土需满足预拌混凝土

(GB 14902) 各项技术指标要求，混凝土质量比较均匀。而且工程中一旦出现混凝土试块抗压强度不合格，一般都会立即用回弹法检测，此时，混凝土龄期较短，碳化深度值相对较小，一般不超过 2.0mm。当出现超过 2.0mm 碳化深度值的情况时，可按 4.1.5 条进行检测。

4.2 回弹值测量

4.2.1 检测时应注意回弹仪的轴线应始终垂直于混凝土检测面，并且缓慢施压不能冲击，否则回弹值读数不准确。

4.2.2 本条规定每一测区记取 16 点回弹值，它不包含弹击隐藏在薄薄一层水泥浆下的气孔或石子上的数值，这两种数值与该测区的正常回弹值偏差很大，很好判断。同一测点只允许弹击一次，若重复弹击则后者回弹值高于前者，这是因为经弹击后该局部位置较密实，再弹击时吸收的能量较小从而使回弹值偏高，这种作法不允许存在。

4.3 碳化深度值测量

4.3.1 本规程附录 A 中测区混凝土强度换算值由回弹值及碳化深度值两个因素确定，因此需要具体确定每一个测区的碳化深度值，故增加了条文中的方法。当出现测区间碳化深度值极差大于 2.0mm 情况时，可能预示该结构或构件混凝土强度不均匀，因此要求每一测区需测量碳化深度值。

4.3.2 由于现在所用水泥掺合料品种繁多，有些水泥水化后不能立即呈现碳化与未碳化的界线，需等待一段时间方显现。因此本条规定了量测碳化深度时，需待碳化与未碳化界线清楚时再进行量测的内容。碳化深度值的测量准确与否与回弹值一样，直接影响推定混凝土强度的精度，因此在测量碳化深度值时应为垂直距离，并非孔洞中显现的非垂直距离。测量碳化深度值时最好用专用测量仪器。

5 回弹值计算

5.0.1 本条规定的测区平均回弹值计算方法与瑞士、匈牙利、罗马尼亚、保加利亚、波兰、前苏联、日本、美国、英国、德国等国方法不同，虽然其舍弃值的统计依据稍差，但经计算对比，本方法标准差较小，测试和计算过程十分简捷，不必立即在现场计算和补点，而且和建立测强曲线时的取舍方法一致，不会引进新的误差。

5.0.2～5.0.3 由于现场检测条件的限制，有时不能满足水平方向检测混凝土浇筑侧面的要求，需按照规定修正。附录 C 及附录 D 系参考国外有关标准和国内试验资料而制定的。

5.0.4 当检测时回弹仪为非水平方向且测试面为非混凝土的浇筑侧面时，应先按附录 C 对回弹值进行角度修正，然后用上述按角度修正后的回弹值查附录 D 再行修正，两次修正后的值可理解为水平方向检测混凝土浇筑侧面的回弹值。这种先后修正的顺序不能颠倒，更不允许用分别修正后的值直接与原始回弹值相加（减）。

6 测强曲线

6.1 一般规定

6.1.1 我国地域辽阔,气候悬殊,混凝土材料品种繁多,工程分散,施工条件和水平不一。欲在全国城乡建设工程中推广采用回弹法,除统一仪器标准,统一测试技术,统一数据处理,统一强度推定方法外,还应尽力提高测强公式的精度,发挥各地区技术的作用。各地除可使用统一测强曲线外,也可以因地制宜结合具体条件和工程对象,制定和采用专用测强曲线和地区测强曲线。

6.1.2 对有条件的地区如能建立本地区测强曲线或专用测强曲线,这两类曲线在经过上级主管部门组织专业技术人员不少于三分之二的鉴定委员会审查和批准后,方可实施。并按专用测强曲线、地区测强曲线、统一测强曲线的次序选用。

6.2 统一测强曲线

6.2.1 统一测强曲线已经过 15 年试用,效果较好。为了进一步扩大使用范围和提高精度,本规程修编组对较高强度的适用性进行了验证。原规程所列测区混凝土强度换算表中抗压强度,适用于 10～50MPa,经西安、杭州、广州、中山、四川等省市共 164 个试件验证 50～60MPa 的适用性后,其验证平均相对误差为 ±7.73%,相对标准差 11.13%。因此抗压强度适用范围可以延至 10～60MPa。

6.2.2 本条明确指出了全国统一测强曲线的误差值。

6.2.3 试验表明,粗骨料的粒径和级配对回弹法测强的影响不大,虽然根据目前国内回弹法的资料粗骨料的最大粒径为 40mm,但为了与一般混凝土工程用的粗骨料最大粒径相适应,参考国外资料,将粗骨料最大粒径放宽至 60mm 外;构件生产中,有的并非一般机械成型工艺可以完成,例如混凝土轨枕,上、下管道等,就需采用加压振动或离心法成型工艺,超出了制订统一测强曲线的使用范围;对于测试面为非平面的结构或构件上测得的回弹值与在平面上测得的回弹值关系,国内目前尚无试验资料,现参照国外资料,对于测试部位的曲率半径小于 250mm 的结构或构件不能采用统一测强曲线;混凝土表面湿度对回弹法测强影响很大,经研究已得出混凝土表面湿度与回弹值之间的相关关系,由于此项研究工作较为复杂牵涉面较广,目前尚未找出精度符合要求的不同湿度修正系数。因此建议制定专用测强曲线或通过试验进行修正。

6.2.4 高层建筑的日益增多,使得高强混凝土的使用亦日益增多。对现场结构或构件高强混凝土的检测,能量为 2.207J 的中型回弹仪已不适用。目前我国已有几个单位分别研制出了能量大于 2.207J 的高强混凝土回弹仪,但尚无统一的检测高强混凝土的方法及相应的标准等,只能各自制定使用方法及专用测强曲线。

6.3 地区和专用测强曲线

6.3.1 地区和专用测强曲线的强度误差值均小于全国统一测强曲线,具体误差值见本规定。

6.3.2 地区和专用测强曲线制定并批准实施使用后,应注意其使用范围只能在制定该曲线时的试件条件范围内,例如龄期、原材料、外加剂、强度区间等等,不允许超出该使用范围。这些测强曲线均为经验公式制定,因此决不能仅仅根据测强公式而任意外推,以免得出错误的计算结果。此外,尚应经常抽取一定数量的同条件试件进行校核,如发现误差较大时,应停止使用并应及时查找原因。

7 混凝土强度的计算

7.0.1 构件的每一测区的混凝土强度换算值,是由每一测区的平均回弹值及平均碳化深度值按统一测强曲线查出。如有地区测强曲线或专用测强曲线则应按相应测强曲线使用。对于泵送混凝土,按上述规定查出测区强度值后还应注意要按本规程第4.1.6条计算。

7.0.2 此处应注意计算测区混凝土强度平均值及标准差时,不要用手工计算,可采用带有方差统计运算功能的计算器或其他计算工具计算。

7.0.3 原规程规定单个构件取最小值为强度推定值。批量检测时取两公式中较大值为推定值。实际上,以最小值为结构或构件强度推定值的保证率并不是恒定的95%,而是浮动的,有的较95%高,有的低于95%保证率但基本在85%以上。当构件测区数≥10个时,从数理统计角度来看,欲满足95%保证率取最小值亦不合适。为此对构件测区数≥10个时将公式改为现在完全按数理统计公式求得95%保证率的方法,对构件测区数小于10个时,因样本太少,仍取最小值。此外,当构件中出现测区强度无法查出(即f_{cu}^c<10.0或f_{cu}^c>60.0)情况时,因无法计算平均值及方差值,也只能以最小值作为该构件强度推定值,当出现f_{cu}^c<10.0MPa情况时,该构件强度推定值为<10.0MPa。经近年实际检测331个构件统计计算表明:最小值与95%保证率换算值的比值约为0.986。按95%保证率换算的强度值略低于最小值。

一般情况下,结构或构件由于制作、养护等方面原因,其强度值要低于同条件试件强度值。本规程定义强度推定值为结构或构件本身的强度值,而实际应用时,多数错误的将该值直接与标准养护150mm立方体试件强度对比,造成回弹法检测的强度值偏低的印象。这里除了前述原因外,尚有不同保证率的差异。因此工程建设单位、施工单位、设计单位、监督、监理单位应注意这一差别:按本规程给出的强度值为结构或构件中的混凝土强度且具有95%保证率,在处理混凝土质量问题时予以考虑。

7.0.4 当测区间的标准差过大时,说明已有某些偶然因素起作用,例如构件不是同一强度等级,龄期差异较大等,不属于同一母体,因此不能按批进行推定。

7.0.5 检测报告是工程测试的最后结果,是处理混凝土质量的依据,鉴于以往使用中检测报告格式较为混乱,因此要求按统一格式出具。本检测结果为构件混凝土强度,该强度与标准养护或同条件养护试件强度存有差异,因此不能据此结果对构件的设计强度等级给出合格与否的结论。此外,为加强管理,凡进行回弹法检测的人员均应有上岗证,使用的回弹仪应有检定合格证,在检测报告中应逐项填写。

中国工程建设标准化协会标准

超声回弹综合法检测混凝土强度技术规程

Technical specification for detecting strength of
concrete by ultrasonic-rebound combined method

CECS 02：2005

主编单位：中国建筑科学研究院
批准单位：中国工程建设标准化协会
施行日期：２００５年１２月１日

前 言

根据中国工程建设标准化协会（2000）建标协字第 15 号文《关于印发中国工程建设标准化协会 2000 年第一批推荐性标准制、修订计划的通知》的要求，对原规程进行了修订。

本规程在《超声回弹综合法检测混凝土强度技术规程》CECS 02:88 的基础上，吸收了国内外超声检测仪器的最新成果和超声检测技术的新经验，结合我国工程建设中混凝土质量检测的实际需要进行了修订。

本规程的主要内容是：1 总则，2 术语、符号，3 回弹仪，4 混凝土超声波检测仪器，5 测区回弹值和声速值的测量及计算，6 结构混凝土强度推定。

本规程主要修订的内容是：规定了混凝土回弹仪的检定方法；增加了超声波角测、平测及其声速计算方法；扩大了测强曲线的适用范围；改变了结构混凝土强度的推定方法。

根据国家计委计标〔1986〕1649 号文《关于请中国工程建设标准化委员会负责组织推荐性工程建设标准试点工作的通知》的要求，现批准发布协会标准《超声回弹综合法检测混凝土强度技术规程》，编号为 CECS 02:2005，推荐给工程建设设计、施工和使用单位采用。自本规程施行之日起，原规程 CECS 02:88 废止。

本规程由中国工程建设标准化协会混凝土结构专业委员会 CECS/TC5 归口管理，由中国建筑科学研究院结构研究所（北京北三环东路 30 号，邮政编码：100013）负责解释。在使用中，如发现需要修改或补充之处，请将意见和资料寄解释单位。

主编单位：中国建筑科学研究院
参编单位：陕西省建筑科学研究设计院
广西区建筑科学研究设计院
湖南大学土木工程学院
贵州中建建筑科研设计院
浙江省建筑科学设计研究院
山东省乐陵市回弹仪厂
主要起草人：邱　平　张治泰　张荣成　李杰成　黄政宇
袁海军　张　晓　徐国孝　王明堂

中国工程建设标准化协会
2005 年 11 月 1 日

目 次

1 总则 …………………………………………………………… 498
2 术语、符号 …………………………………………………… 498
　2.1 术语 ………………………………………………………… 498
　2.2 主要符号 …………………………………………………… 499
3 回弹仪 ………………………………………………………… 499
　3.1 一般规定 …………………………………………………… 499
　3.2 检定要求 …………………………………………………… 500
　3.3 维护保养 …………………………………………………… 500
4 混凝土超声波检测仪器 ……………………………………… 501
　4.1 一般规定 …………………………………………………… 501
　4.2 换能器技术要求 …………………………………………… 501
　4.3 校准和保养 ………………………………………………… 501
5 测区回弹值和声速值的测量及计算 ………………………… 502
　5.1 一般规定 …………………………………………………… 502
　5.2 回弹测试及回弹值计算 …………………………………… 503
　5.3 超声测试及声速值计算 …………………………………… 504
6 结构混凝土强度推定 ………………………………………… 505
附录 A 建立专用或地区混凝土强度曲线的基本要求 ……… 507
附录 B 超声波角测、平测和声速计算方法 ………………… 508
附录 C 测区混凝土抗压强度换算表 ………………………… 510
附录 D 综合法测定混凝土强度曲线的验证方法 …………… 522
附录 E 用实测空气声速法校准超声仪 ……………………… 523
附录 F 超声回弹综合法检测记录表 ………………………… 524
附录 G 结构混凝土抗压强度计算表 ………………………… 524
本规程用词说明 ………………………………………………… 525
条文说明 ………………………………………………………… 526

1 总 则

1.0.1 为了统一采用中型回弹仪、混凝土超声波检测仪综合检测并推断混凝土结构中普通混凝土抗压强度的方法，做到技术先进、安全可靠、经济合理、方便使用，制定本规程。

1.0.2 在正常情况下，混凝土强度的验收和评定应按现行有关国家标准执行。当对结构中的混凝土有强度检测要求时，可按本规程进行检测，并推定结构混凝土的强度，作为混凝土结构处理的一个依据。

1.0.3 本规程不适用于检测因冻害、化学侵蚀、火灾、高温等已造成表面疏松、剥落的混凝土。

1.0.4 按本规程进行工程检测的人员，应通过专业培训并持有相应的资格证书。

1.0.5 采用超声回弹综合法检测及推定混凝土强度，除应遵守本规程外，尚应符合国家现行有关强制性标准的规定。

2 术语、符号

2.1 术 语

2.1.1 检测单元 detective element
按照检测要求确定的混凝土结构的组成单元。

2.1.2 测区 detecting region
在进行结构或构件混凝土强度检测时确定的检测区域。

2.1.3 测点 detecting point
测区内的检测点。

2.1.4 超声回弹综合法 ultrasonic-rebound combined method
根据实测声速值和回弹值综合推定混凝土强度的方法。本方法采用带波形显示器的低频超声检测仪，并配置频率为 50～100kHz 的换能器，测量混凝土中的超声波声速值，以及采用弹击锤冲击能量为 2.207J 的混凝土回弹仪，测量回弹值。

2.1.5 超声波速度 velocity of ultrasonic wave
在混凝土中，超声脉冲波单位时间内的传播距离。

2.1.6 波幅 amplitude of wave
超声脉冲波通过混凝土被换能器接收后，由超声波检测仪显示的首波信号的幅度。

2.1.7 测区混凝土抗压强度换算值 conversion value for the compression strength of concrete at detecting region
根据测区混凝土中的声速代表值和回弹仪代表值，通过测强曲线换算所得的该测区现龄期混凝土的抗压强度值。

2.1.8 混凝土抗压强度推定值 inferable value for compression strength of concrete
根据测区混凝土抗压强度换算值推定的结构或构件中现龄期混凝土的抗压强度值。

2.2 主 要 符 号

e_r——相对误差;

$f^c_{cu,i}$——结构或构件第 i 个测区的混凝土抗压强度换算值;

$f_{cu,e}$——结构混凝土抗压强度推定值;

$f^c_{cu,min}$——结构或构件最小的测区混凝土抗压强度换算值;

f_{cu}——混凝土立方体试件的抗压强度实测值;

f_{cor}——混凝土芯样试件的抗压强度实测值;

l_i——第 i 个测点的超声测距;

$m_{f^c_{cu}}$——结构或构件测区混凝土抗压强度换算值的平均值;

n——测区数,测点数,立方体试件数,芯样试件数;

R_i——第 i 个测点的有效回弹值;

R——测区回弹代表值;

R_a——修正后的测区回弹代表值;

$R_{a\alpha}$——测试角度为 α 时的测区回弹修正值;

R^t_a、R^b_a——测量混凝土浇筑顶面或底面时的测区回弹修正值;

$s_{f^c_{cu}}$——结构或构件测区混凝土抗压强度换算值的标准差;

T_k——空气的摄氏温度;

t_i——第 i 个测点的声时读数;

t_0——声时初读数;

v——测区混凝土中声速代表值;

v_a——修正后的测区混凝土中声速代表值;

v_k——空气中声速计算值;

v^o——空气中声速实测值;

v_i——第 i 个测点的混凝土中声速值;

α——回弹仪测试角度;

β——超声测试面的声速修正系数;

η——修正系数;

λ——平测声速修正系数。

3 回 弹 仪

3.1 一 般 规 定

3.1.1 所采用的回弹仪应符合国家计量检定规程《混凝土回弹仪》JJG 817 的要求,并通过技术鉴定,必须具有产品合格证和检定证,并应具有中国计量器具制造 CMC 许可证标志。

3.1.2 所采用的回弹仪应符合下列标准状态的要求:

1 水平弹击时,在弹击锤脱钩的瞬间,回弹仪弹击锤的冲击能量应为2.207J;

2 弹击锤与弹击杆碰撞的瞬间,弹击拉簧应处于自由状态,检定器上指针滑块刻线应置于"0"处;

3 在洛氏硬度HRC为60±2的钢砧上,回弹仪的率定值为80±2。

3.1.3 回弹仪使用时,环境温度应为-4~40℃。

3.2 检定要求

3.2.1 回弹仪有下列情况之一时,应经检定单位检定后方可使用:

1 新回弹仪启用前。

2 超过检定有效期。

3 累计弹击次数超过6000次。

4 经常规保养后,钢砧率定值不合格。

5 遭受严重撞击或其他损害。

3.2.2 回弹仪应由有资格的检定单位按照现行国家计量检定规程《混凝土回弹仪》JJG 817的规定进行检定。

3.2.3 在下列情况之一时,回弹仪应在钢砧上进行率定试验:

1 回弹仪当天使用前、后。

2 测试过程中对回弹仪性能有怀疑时。

当回弹仪率定值不在80±2范围内时,应按本规程3.3节的要求,对回弹仪进行常规保养后再进行率定。若再次率定仍达不到要求,则应送检定单位检定。

3.2.4 回弹仪率定试验宜在干燥、室温5~35℃条件下进行。率定时,钢砧应稳固地平放在刚度大的物体上。测定回弹值时,取连续向下弹击三次的稳定回弹值计算平均值。弹击杆应分三次旋转,每次宜旋转90°。每旋转一次弹击杆,率定平均值应为80±2。

3.3 维护保养

3.3.1 回弹仪有下列情况之一时,应进行常规保养:

1 弹击超过2000次。

2 对检测值有怀疑时。

3 钢砧上的率定值不符合要求。

3.3.2 回弹仪的常规保养应符合下列规定:

1 使弹击锤脱钩后取出机芯,卸下弹击杆,取出缓冲压簧,并取出弹击拉簧和拉簧座;

2 清洗机芯各零部件,重点清洗中心导杆、弹击锤和弹击杆的内孔和冲击面。清洗后在中心导杆上薄薄涂抹钟表油,其他零部件均不得抹油;

3 清理机壳内壁,卸下刻度尺,并检查指针,其摩擦力应为0.5~0.8N;

4 不得旋转尾盖上已定位紧固的调零螺丝;

5 不得自制或更换零部件;

6 保养后按本规程3.2.4条的要求进行率定试验。

3.3.3 回弹仪使用完毕后,应使弹击杆伸出机壳,清除弹击杆、杆前端球面、刻度尺表面和外壳上的污垢、尘土。回弹仪不使用时，应将弹击杆压入仪器内，经弹击后用按钮锁住机芯，将回弹仪装入仪器箱，平放在干燥阴凉处。

4 混凝土超声波检测仪器

4.1 一般规定

4.1.1 所采用的混凝土超声检测仪应通过技术鉴定，必须具有产品合格证和检定证。

4.1.2 用于混凝土的超声波检测仪可分为下列两类：

  1 模拟式：接收的信号为连续模拟量，可由时域波形信号测读声学参数；

  2 数字式：接收的信号转化为离散数字量，具有采集、储存数字信号、测读声学参数和对数字信号处理的智能化功能。

4.1.3 所采用的超声波检测仪应符合现行行业标准《混凝土超声波检测仪》JG/T 5004 的要求，并在计量检定有效期内使用。

4.1.4 超声波检测仪应满足下列要求：

  1 具有波形清晰、显示稳定的示波装置；

  2 声时最小分度值为 $0.1\mu s$；

  3 具有最小分度值为 1dB 的信号幅度调整系统；

  4 接收放大器频响范围 10～500kHz，总增益不小于 80dB，接收灵敏度（信噪比 3：1 时）不大于 $50\mu V$；

  5 电源电压波动范围在标称值 ±10% 情况下能正常工作；

  6 连续正常工作时间不少于 4h。

4.1.5 模拟式超声波检测仪还应满足下列要求：

  1 具有手动游标和自动整形两种声时测读功能；

  2 数字显示稳定，声时调节在 $20～30\mu s$ 范围内，连续静置 1h 数字变化不超过 $±0.2\mu s$。

4.1.6 数字式超声波检测仪还应满足下列要求：

  1 具有采集、储存数字信号并进行数据处理的功能；

  2 具有手动游标测读和自动测读两种方式。当自动测读时，在同一测试条件下，在 1h 内每 5min 测读一次声时值的差异不超过 $±0.2\mu s$；

  3 自动测读时，在显示器的接收波形上，有光标指示声时的测读位置。

4.1.7 超声波检测仪器使用时，环境温度应为 0～40℃。

4.2 换能器技术要求

4.2.1 换能器的工作频率宜在 50～100kHz 范围内。

4.2.2 换能器的实测主频与标称频率相差不应超过 ±10%。

4.3 校准和保养

4.3.1 超声波检测仪的声时计量检验，应按"时-距"法测量空气中声速实测值 v^0（附录

E），并与按下列公式计算的空气中声速计算值 v_k 相比较，二者的相对误差不应超过 ±0.5%。

$$v_k = 331.4\sqrt{1 + 0.00367 T_k} \quad (4.3.1)$$

式中　331.4——0℃时空气中的声速值（m/s）；

　　　v_k——温度为 T_k 时空气中的声速计算值（m/s）；

　　　T_k——测试时空气的温度（℃）。

4.3.2　检测时，应根据测试需要在仪器上配置合适的换能器和高频电缆线，并测定声时初读数 t_0。检测过程中如更换换能器或高频电缆线，应重新测定 t_0。

4.3.3　超声波检测仪应定期保养。

5　测区回弹值和声速值的测量及计算

5.1　一般规定

5.1.1　测试前宜具备下列资料：
　　1　工程名称和设计、施工、建设、委托单位名称；
　　2　结构或构件名称、施工图纸和混凝土设计强度等级；
　　3　水泥的品种、强度等级和用量，砂石的品种、粒径，外加剂或掺合料的品种、掺量和混凝土配合比等；
　　4　模板类型，混凝土浇筑、养护情况和成型日期；
　　5　结构或构件检测原因的说明。

5.1.2　检测数量应符合下列规定：
　　1　按单个构件检测时，应在构件上均匀布置测区，每个构件上测区数量不应少于10个；
　　2　同批构件按批抽样检测时，构件抽样数不应少于同批构件的30%，且不应少于10件；对一般施工质量的检测和结构性能的检测，可按照现行国家标准《建筑结构检测技术标准》GB/T 50344 的规定抽样。
　　3　对某一方向尺寸不大于4.5m且另一方向尺寸不大于0.3m的构件，其测区数量可适当减少，但不应少于5个。

5.1.3　按批抽样检测时，符合下列条件的构件可作为同批构件：
　　1　混凝土设计强度等级相同；
　　2　混凝土原材料、配合比、成型工艺、养护条件和龄期基本相同；
　　3　构件种类相同；
　　4　施工阶段所处状态基本相同。

5.1.4　构件的测区布置宜满足下列规定：
　　1　在条件允许时，测区宜优先布置在构件混凝土浇筑方向的侧面；
　　2　测区可在构件的两个对应面、相邻面或同一面上布置；
　　3　测区宜均匀布置，相邻两测区的间距不宜大于2m；
　　4　测区应避开钢筋密集区和预埋件；

5 测区尺寸宜为 200mm×200mm；采用平测时宜为 400mm×400mm；

　　6 测试面应清洁、平整、干燥，不应有接缝、施工缝、饰面层、浮浆和油垢，并应避开蜂窝、麻面部位。必要时，可用砂轮片清除杂物和磨平不平整处，并擦净残留粉尘。

5.1.5 结构或构件上的测区应编号，并记录测区位置和外观质量情况。

5.1.6 对结构或构件的每一测区，应先进行回弹测试，后进行超声测试。

5.1.7 计算混凝土抗压强度换算值时，非同一测区内的回弹值和声速值不得混用。

5.2 回弹测试及回弹值计算

5.2.1 回弹测试时，应始终保持回弹仪的轴线垂直于混凝土测试面。宜首先选择混凝土浇筑方向的侧面进行水平方向测试。如不具备浇筑方向侧面水平测试的条件，可采用非水平状态测试，或测试混凝土浇筑的顶面或底面。

5.2.2 测量回弹值应在构件测区内超声波的发射和接收面各弹击8点；超声波单面平测时，可在超声波的发射和接收测点之间弹击16点。每一测点的回弹值，测读精确度至1。

5.2.3 测点在测区范围内宜均匀布置，但不得布置在气孔或外露石子上。相邻两测点的间距不宜小于30mm；测点距构件边缘或外露钢筋、铁件的距离不应小于50mm，同一测点只允许弹击一次。

5.2.4 测区回弹代表值应从该测区的16个回弹值中剔除3个较大值和3个较小值，根据其余10个有效回弹值按下列公式计算：

$$R = \frac{1}{10}\sum_{i=1}^{10} 10 R_i \tag{5.2.4}$$

式中　R——测区回弹代表值，取有效测试数据的平均值，精确至0.1；

　　　R_i——第 i 个测点的有效回弹值。

5.2.5 非水平状态下测得的回弹值，应按下列公式修正：

$$R_a = R + R_{a\alpha} \tag{5.2.5}$$

式中　R_a——修正后的测区回弹代表值；

　　　$R_{a\alpha}$——测试角度为 α 时的测区回弹修正值，按表5.2.5的规定采用。

表5.2.5　非水平状态下测试时的回弹修正值 $R_{a\alpha}$

测试角度 $R_{a\alpha}$ / R	回弹仪向上				回弹仪向下			
	+90°	+60°	+45°	+30°	−30°	−45°	−60°	−90°
20	−6.0	−5.0	−4.0	−3.0	+2.5	+3.0	+3.5	+4.0
25	−5.5	−4.5	−3.8	−2.8	+2.3	+2.8	+3.3	+3.8
30	−5.0	−4.0	−3.5	−2.5	+2.0	+2.5	+3.0	+3.5
35	−4.5	−3.8	−3.3	−2.3	+1.8	+2.3	+2.8	+3.3
40	−4.0	−3.5	−3.0	−2.0	+1.5	+2.0	+2.5	+3.0
45	−3.8	−3.3	−2.8	−1.8	+1.3	+1.8	+2.3	+2.8
50	−3.5	−3.0	−2.5	−1.5	+1.0	+1.5	+2.0	+2.5

注：1. 当测试角度等于0时，修正值为0；R 小于20或大于50时，分别按20或50查表；
　　2. 表中未列数值，可采用内插法求得，精确至0.1。

5.2.6 在混凝土浇筑的顶面或底面测得的回弹值，应按下列公式修正：

$$R_a = R + (R_a^t + R_a^b) \tag{5.2.6}$$

式中 R_a^t——测量混凝土浇筑顶面时的回弹修正值，按表5.2.6的规定采用；

R_a^b——测量混凝土浇筑底面时的回弹修正值，按表5.2.6的规定采用。

表 5.2.6 测试混凝土浇筑顶面或底面时的回弹修正值 R_a^t、R_a^b

R 或 R_a \ 测试面	顶面 R_a^t	底面 R_a^b
20	+2.5	-3.0
25	+2.0	-2.5
30	+1.5	-2.0
35	+1.0	-1.5
40	+0.5	-1.0
45	0	-0.5
50	0	0

注：1. 当测试角度等于0时，修正值为0；R 小于20或大于50时，分别按20或50查表；
2. 当先进行角度修正时，采用修正后的回弹代表值 R_a；
3. 表中未列数值，可采用内插法求得，精确至0.1。

5.2.7 测试时回弹仪处于非水平状态，同时测试面又非混凝土浇筑方向的侧面，则应对测得的回弹值先进行角度修正，然后对角度修正后的值再进行顶面或底面修正。

5.3 超声测试及声速值计算

5.3.1 超声测点应布置在回弹测试的同一测区内，每一测区布置3个测点。超声测试宜优先采用对测或角测，当被测构件不具备对测或角测条件时，可采用单面平测（附录B）。

5.3.2 超声测试时，换能器辐射面应通过耦合剂与混凝土测试面良好耦合。

5.3.3 声时测量应精确至 $0.1\mu s$，超声测距测量应精确至1.0mm，且测量误差不应超过 ±1%。声速计算应精确至0.01km/s。

5.3.4 当在混凝土浇筑方向的侧面对测时，测区混凝土中声速代表值应根据该测区中3个测点的混凝土中声速值，按下列公式计算：

$$v = \frac{1}{3}\sum_{i=1}^{3}\frac{l_i}{t_i - t_0} \tag{5.3.4}$$

式中 v——测区混凝土中声速代表值（km/s）；

l_i——第 i 个测点的超声测距（mm）。角测时测距按本规程附录B第B.1节计算；

t_i——第 i 个测点的声时读数（μs）；

t_0——声时初读数（μs）。

5.3.5 当在混凝土浇筑的顶面或底面测试时，测区声速代表值应按下列公式修正：

$$v_a = \beta \cdot v \tag{5.3.5}$$

式中 v_a——修正后的测区混凝土中声速代表值（km/s）；

β——超声测试面的声速修正系数，在混凝土浇筑的顶面和底面对测或斜测时，β

=1.034；在混凝土浇筑的顶面或底面平测时，测区混凝土中声速代表值应按本规程附录B第B.2节计算和修正。

6 结构混凝土强度推定

6.0.1 本规程规定的强度换算方法适用于符合下列条件的普通混凝土：

1 混凝土用水泥应符合现行国家标准《硅酸盐水泥、普通硅酸盐水泥》GB 175、《矿渣硅酸盐水泥、火山灰质硅酸盐水泥及粉煤灰硅酸盐水泥》GB 1344 和《复合硅酸盐水泥》GB 12958 的要求；

2 混凝土用砂、石骨料应符合现行行业标准《普通混凝土用砂石质量标准及检验方法》JGJ 52 的要求；

3 可掺或不掺矿物掺合料、外加剂、粉煤灰、泵送剂；

4 人工或一般机械搅拌的混凝土或泵送混凝土；

5 自然养护；

6 龄期 7～2000d；

7 混凝土强度 10～70MPa。

6.0.2 结构或构件中第 i 个测区的混凝土抗压强度换算值，可按本规程第5.2节和第5.3节的规定求得修正后的测区回弹代表值 R_{ai} 和声速代表值 v_{ai} 后，优先采用专用测强曲线或地区测强曲线换算而得。

6.0.3 当无专用和地区测强曲线时，按本规程附录D通过验证后，可按附录C规定的全国统一测区混凝土抗压强度换算表换算，也可按下列全国统一测区混凝土抗压强度换算公式计算：

1 当粗骨料为卵石时

$$f_{cu,i}^c = 0.0056 v_{ai}^{1.439} R_{ai}^{1.769} \tag{6.0.3-1}$$

2 当粗骨料为碎石时

$$f_{cu,i}^c = 0.0162 v_{ai}^{1.656} R_{ai}^{1.410} \tag{6.0.3-2}$$

式中 $f_{cu,i}^c$ ——结构或构件第 i 个测区混凝土抗压强度换算值（MPa），精确至0.1MPa。

6.0.4 专用测强曲线或地区测强曲线应按本规程附录A的规定制定，并经工程质量监督主管部门组织审定和批准实施，专用或地区测强曲线的抗压强度相对误差 e_r 应符合下列规定：

专用测强曲线相对误差 $e_r \leqslant 12\%$；

地区测强曲线相对误差 $e_r \leqslant 14\%$；

其中，相对误差 e_r 应按式（A.0.8-2）计算。

6.0.5 当结构或构件中的测区数不少于10个时，各测区混凝土抗压强度换算值的平均值和标准差应按下列公式计算：

$$m_{f_{cu}^c} = \frac{1}{n} \sum_{i=1}^{n} f_{cu,i}^c \tag{6.0.5-1}$$

$$s_{f_{cu}^c} = \sqrt{\frac{\sum_{i=1}^{n} (f_{cu,i}^c)^2 - n(m_{f_{cu}^c})^2}{n-1}} \tag{6.0.5-2}$$

式中 $f_{cu,i}$——结构或构件第 i 个测区的混凝土抗压强度换算值（MPa）；

$m_{f_{cu}^c}$——结构或构件测区混凝土抗压强度换算值的平均值（MPa），精确至0.1MPa；

$s_{f_{cu}^c}$——结构或构件测区混凝土抗压强度换算值的标准差（MPa），精确至0.01MPa；

n——测区数。对单个检测的构件，取一个构件的测区数；对批量检测的构件，取被抽检构件测区数的总和。

6.0.6 当结构或构件所采用的材料及其龄期与制定测强曲线所采用的材料及其龄期有较大差异时，应采用同条件立方体试件或从结构或构件测区中钻取的混凝土芯样试件的抗压强度进行修正。试件数量不应少于4个。此时，采用式（6.0.3）计算测区混凝土抗压强度换算值应乘以下列修正系数 η。

1 采用同条件立方体试件修正时：

$$\eta = \frac{1}{n}\sum_{i=1}^{n} f_{cu,i}/f_{cu,i}^c \qquad (6.0.6-1)$$

2 采用混凝土芯样试件修正时：

$$\eta = \frac{1}{n}\sum_{i=1}^{n} f_{cor,i}^c/f_{cu,i}^c \qquad (6.0.6-2)$$

式中 η——修正系数，精确至小数点后两位；

$f_{cu,i}^c$——对应于第 i 个立方体试件或芯样试件的混凝土抗压强度换算值（MPa），精确至0.1MPa；

$f_{cu,i}$——第 i 个混凝土立方体（边长150mm）试件的抗压强度实测值（MPa），精确至0.1MPa；

$f_{cor,i}^c$——第 i 个混凝土芯样（$\phi 100 \times 100$mm）试件的抗压强度实测值（MPa），精确至0.1MPa；

n——试件数。

6.0.7 结构或构件混凝土抗压强度推定值 $f_{cu,e}$，应按下列规定确定：

1 当结构或构件的测区抗压强度换算值中出现小于10.0MPa的值时，该构件的混凝土抗压强度推定值 $f_{cu,e}$ 取小于10MPa。

2 当结构或构件中测区少于10个时：

$$f_{cu,e} = f_{cu,min}^c \qquad (6.0.7-1)$$

式中 $f_{cu,min}^c$——结构或构件最小的测区混凝土抗压强度换算值（MPa），精确至0.1MPa。

3 当结构或构件中测区数不少于10个或按批量检测时：

$$f_{cu,e} = m_{f_{cu}^c} - 1.645 s_{f_{cu}^c} \qquad (6.0.7-2)$$

6.0.8 对按批量检测的构件，当一批构件的测区混凝土抗压强度标准差出现下列情况之一时，该批构件应全部按单个构件进行强度推定：

1 一批构件的混凝土抗压强度平均值 $m_{f_{cu}^c} < 25.0$MPa，标准差 $s_{f_{cu}^c} > 4.50$MPa；

2 一批构件的混凝土抗压强度平均值 $m_{f_{cu}^c} = 25.0 \sim 50.0$MPa，标准差 $s_{f_{cu}^c} > 5.50$MPa；

3 一批构件的混凝土抗压强度平均值 $m_{f_{cu}^c} > 50.0$MPa，标准差 $s_{f_{cu}^c} > 6.50$MPa。

附录 A 建立专用或地区混凝土强度曲线的基本要求

A.0.1 采用中型回弹仪，并应符合本规程第 3.1 节的各项要求。

A.0.2 采用低频超声波检测仪，并应符合本规程第 4.1 节的各项要求。

A.0.3 选用的换能器应符合本规程第 4.2 节的各项要求。

A.0.4 混凝土用水泥应符合现行国家标准《硅酸盐水泥、普通硅酸盐水泥》GB 175、《矿渣硅酸盐水泥、火山灰质硅酸盐水泥及粉煤灰硅酸盐水泥》GB 1344 和《复合硅酸盐水泥》GB 12958 的要求，混凝土用砂、石应符合现行行业标准《普通混凝土用砂石质量标准及检验方法》JGJ 52 的要求。

A.0.5 选用本地区常用水泥、粗骨料、细骨料，按常用配合比制作混凝土强度等级为 C10～C60 的、边长 150m 的立方体试件。

A.0.6 试件准备应按下列步骤进行：

 1 试模应采用符合相关标准要求的钢模；

 2 每一混凝土强度等级的试件数宜为 21 块，采用同一盘混凝土均匀装模振动成型；

 3 试件拆模后如采用自然养护，宜先放置在水池或湿砂堆中养护 7d，然后按"品"字形堆放在不受日晒雨淋处，以备在各龄期测试用；如采用蒸气养护，则试件的养护制度应与构件预设的养护制度相同；

 4 试件的测试龄期宜分为 7d、14d、28d、60d、90d、180d 和 365d；

 5 对同一强度等级的混凝土，在每个测试龄期测 3 个试件（一组）。

A.0.7 试件的测试应按下列步骤进行：

 1 整理条件。将被测试件 4 个浇筑侧面上的尘土、污物等擦拭干净，以同一强度等级混凝土的 3 个试件作为一组，依次编号；

 2 在试件测试面上标示超声测点。取试件浇筑方向的侧面为测试面，在两个相对测试面上分别画出相对应的 3 个测点（图 A.0.7）；

 3 测量试件的超声测距。采用钢卷尺或钢板尺，在两个超声测试面的两侧边缘处逐点测量两测试面的垂直距离，取两边缘对应垂直距离的平均值作为测点的超声测距值 l_1、l_2、l_3；

 4 测量试件的声时值。在试件两个测试面的对应测点位置涂抹耦合剂，将一对发射和接收换能器耦合在对应测点上，并始终保持两个换能器的轴线在同一直线上。逐点测读声时读数 t_1、t_2、t_3，精确至 0.1μs；

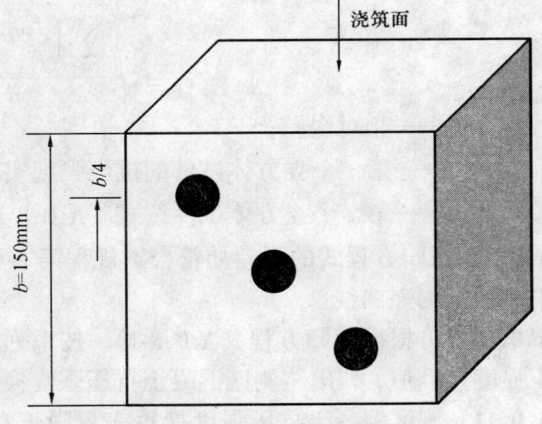

图 A.0.7 声时测量测点布置示意

 5 计算声速值。分别计算 3 个测点的声速值 v_i。取 3 个测点声速的平均值作为该试件的混凝土中声速代表值 v，即

$$v = \frac{1}{3}\sum_{i=1}^{3}\frac{l_i}{t_i - t_0} \tag{A.0.7}$$

式中　v——试件混凝土中声速值（km/s），精确至0.01km/s；
　　　l_i——第i个测点的超声测距（mm），精确至1mm；
　　　t_i——第i个测点混凝土中声时读数（μs），精确至0.1μs；
　　　t_0——声时初读数（μs）。

6 测量回弹值。应先将试件超声测试面的耦合剂擦拭干净，再置于压力机上下承压板之间，使另外一对侧面朝向便于回弹测试的方向，然后加压至30～50kN并保持此压力。分别在试件两个相对侧面上按本规程第5.2.1条规定的水平测试方法各测8点回弹值，精确至1。剔除3个较大值和3个较小值，取余下10个有效回弹值的平均值作为该试件的回弹代表值R，计算精确至0.1。

7 抗压强度试验。回弹值测试完毕后，卸荷将回弹测试面放置在压力机承压板正中，按现行国家标准《普通混凝土力学性能试验方法标准》GB/T 50081的规定速度连续均匀加荷至破坏。计算抗压强度实测值f_{cu}^c，精确至0.1MPa。

A.0.8 测强曲线应按下列步骤进行计算：

1 数据整理汇总。将各试件测试所得的声速值v、回弹值R和试件抗压强度实测值f_{cu}^c汇总；

2 回归分析。宜采用下列形式的回归方程式计算：

$$f_{cu}^c = \alpha v^b R^c \tag{A.0.8-1}$$

式中　α——常数项；
　　　b、c——回归系数；
　　　f_{cu}^c——混凝土试件抗压强度换算值（MPa）。

3 误差计算。测强曲线的相对误差e_r应按下列公式计算：

$$e_r = \sqrt{\frac{\sum_{i=1}^{n}\left(\frac{f_{cu,i}^c}{f_{cu,i}^c} - 1\right)^2}{n}} \times 100\% \tag{A.0.8-2}$$

式中　e_r——相对误差；
　　　$f_{cu,i}^c$——第i个立方体试件的抗压强度实测值（MPa）；
　　　$f_{cu,i}^c$——第i个立方体试件按式（A.0.8-1）计算的抗压强度换算值（MPa）。

A.0.9 回归方程式的误差如符合本规程第6.0.4的要求，则经有关部门批准后，可作为专用或地区测强曲线。

A.0.10 可根据回归方程（A.0.8-1），按系列回弹仪代表值和声速代表值计算出混凝土抗压强度换算值，列出"测区混凝土抗压强度换算表（$f_{uc}^c - v_a - R_a$）"，供速查用。

A.0.11 测区混凝土抗压强度换算表只限于在建立测强曲线的立方体试件强度范围内使用，不得外延。

附录B　超声波角测、平测和声速计算方法

B.1　超声波角测方法

B.1.1 当结构或构件被测部位只有两个相邻表面可供检测时，可采用角测方法测量混凝

土中声速。每个测区布置3个测点，换能器布置如图B.1.1所示。

B.1.2 布置超声角测点时，换能器中心与构件边缘的距离 l_1、l_2 不宜小于200mm。

B.1.3 角测时超声测距应按下列公式计算：

$$l_i = \sqrt{l_{1i}^2 + l_{2i}^2} \quad (B.1.3)$$

式中　l_i——角测第 i 个测点换能器的超声测距(mm)；
　　　l_{1i}、l_{2i}——角测第 i 个测点换能器与构件边缘的距离（mm）。

B.1.4 角测时，混凝土中声速代表值应按下列公式计算：

$$v = \frac{1}{3}\sum_{i=1}^{3}\frac{l_i}{t_i - t_0} \quad (B.1.4)$$

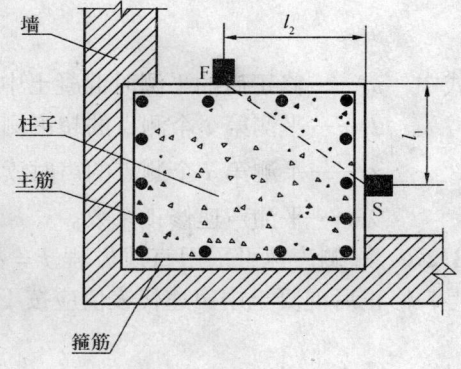

图 B.1.1　超声波角测示意

式中　v——角测时混凝土中声速代表值（km/s）；
　　　t_i——角测第 i 个测点的声时读数（μs）；
　　　t_0——声时初读数（μs）。

B.2　超声波平测方法

B.2.1 当结构或构件被测部位只有一个表面可供检测时，可采用平测方法测量混凝土中声速。每个测区布置3个测点。换能器布置如图B.2.1所示。

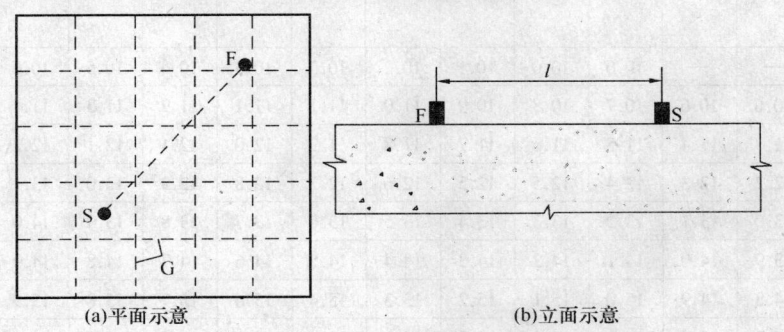

图 B.2.1　超声波平测示意
F—发射换能器；S—接收换能器；G—钢筋轴线

B.2.2 布置超声平测点时，宜使发射和接收换能器的连线与附近钢筋轴线成40°~50°，超声测距 l 宜采用350~450mm。

B.2.3 宜采用同一构件的对测声速 v_d 与平测声速 v_p 之比求得修正系数 λ（$\lambda = v_d/v_p$），对平测声速进行修正。

B.2.4 当被测结构或构件不具备对测与平测的对比条件时，宜选取有代表性的部位，以测距 l=200mm、250mm、300mm、350mm、400mm、450mm、500mm，逐点测读相应声时值 t，用回归分析方法求出直线方程 $l = a + bt$。以回归系数 b 代替对测声速 v_d，再按本规程第B.2.3条的规定对各平测声速进行修正。

B.2.5 平测时，修正后的混凝土中声速代表值应按下列公式计算：

$$v_a = \frac{\lambda}{3} \sum_{i=1}^{3} \frac{l_i}{t_i - t_0} \quad \text{(B.2.5)}$$

式中 v_a——修正后的平测时混凝土中声速代表值（km/s）；
　　　l_i——平测第 i 个测点的超声测距（mm）；
　　　t_i——平测第 i 个测点的声时读数（μs）；
　　　λ——平测声速修正系数。

B.2.6 平测声速可采用直线方程 $l = a + bt$，根据混凝土浇筑的顶面或底面平测数据求得，修正后混凝土中声速代表值应按下列公式计算：

$$v = \frac{\lambda \beta}{3} \sum_{i=1}^{3} \frac{l_i}{t_i - t_0} \quad \text{(B.2.6)}$$

式中 β——超声测试面的声速修正系数，顶面平测 $\beta = 1.05$，底面平测 $\beta = 0.95$。

附录 C 测区混凝土抗压强度换算表

C.0.1 采用卵石的测区混凝土抗压强度换算（见表 C.0.1）。

表 C.0.1 测区混凝土抗压强度换算表（卵石）

f_{cu}^c \ v_a / R_a	3.80	3.82	3.84	3.86	3.88	3.90	3.92	3.94	3.96	3.98	4.00	4.02	4.04
23.0	—	—	10.0	10.0	10.1	10.2	10.3	10.3	10.4	10.5	10.6	10.6	10.7
24.0	10.6	10.6	10.7	10.8	10.9	11.0	11.1	11.1	11.2	11.3	11.4	11.5	11.5
25.0	11.4	11.4	11.5	11.6	11.7	11.8	11.9	12.0	12.1	12.1	12.2	12.3	12.4
26.0	12.2	12.3	12.4	12.5	12.5	12.6	12.7	12.8	12.9	13.0	13.1	13.2	13.3
27.0	13.0	13.1	13.2	13.3	13.4	13.5	13.6	13.7	13.8	13.9	14.0	14.1	14.2
28.0	13.9	14.0	14.1	14.2	14.3	14.4	14.5	14.6	14.7	14.8	14.9	15.1	15.2
29.0	14.8	14.9	15.0	15.1	15.2	15.3	15.4	15.6	15.7	15.8	15.9	16.0	16.1
30.0	15.7	15.8	15.9	16.0	16.2	16.3	16.4	16.5	16.6	16.8	16.9	17.0	17.1
31.0	16.6	16.7	16.9	17.0	17.1	17.3	17.4	17.5	17.6	17.8	17.9	18.0	18.2
32.0	17.6	17.7	17.8	18.0	18.1	18.2	18.4	18.5	18.7	18.8	18.9	19.1	19.2
33.0	18.6	18.7	18.8	19.0	19.1	19.3	19.4	19.6	19.7	19.8	20.0	20.1	20.3
34.0	19.6	19.7	19.9	20.0	20.2	20.3	20.5	20.6	20.8	20.9	21.1	21.2	21.4
35.0	20.6	20.8	20.9	21.1	21.2	21.4	21.5	21.7	21.9	22.0	22.2	22.3	22.5
36.0	21.7	21.8	22.0	22.1	22.3	22.5	22.6	22.8	23.0	23.1	23.3	23.5	23.6
37.0	22.7	22.9	23.1	23.2	23.4	23.6	23.8	23.9	24.1	24.3	24.5	24.6	24.8
38.0	23.8	24.0	24.2	24.4	24.6	24.7	24.9	25.1	25.3	25.5	25.7	25.8	26.0
39.0	24.9	25.1	25.3	25.5	25.7	25.9	26.1	26.3	26.5	26.7	26.9	27.1	27.2
40.0	26.1	26.3	26.5	26.7	26.9	27.1	27.3	27.5	27.7	27.9	28.1	28.3	28.5
41.0	27.3	27.5	27.7	27.9	28.1	28.3	28.5	28.7	28.9	29.1	29.3	29.6	29.8

续表 C.0.1

R_a \ v_a \ f_{cu}^c	3.80	3.82	3.84	3.86	3.88	3.90	3.92	3.94	3.96	3.98	4.00	4.02	4.04
42.0	28.4	28.7	28.9	29.1	29.3	29.5	29.7	30.0	30.2	30.4	30.6	30.8	31.1
43.0	29.7	29.9	30.1	30.3	30.6	30.8	31.0	31.2	31.5	31.7	31.9	32.2	32.4
44.0	30.9	31.1	31.3	31.6	31.8	32.1	32.3	32.5	32.8	33.0	33.2	33.5	33.7
45.0	32.1	32.4	32.6	32.9	33.1	33.4	33.6	33.9	34.1	34.3	34.6	34.8	35.1
46.0	33.4	33.7	33.9	34.2	34.4	34.7	34.9	35.2	35.4	35.7	36.0	36.2	36.5
47.0	34.7	35.0	35.2	35.5	35.8	36.0	36.3	36.6	36.8	37.1	37.4	37.6	37.9
48.0	36.0	36.3	36.6	36.8	37.1	37.4	37.7	37.9	38.2	38.5	38.8	39.1	39.3
49.0	37.4	37.6	37.9	38.2	38.5	38.8	39.1	39.4	39.6	39.9	40.2	40.5	40.8
50.0	38.7	39.0	39.3	39.6	39.9	40.2	40.5	40.8	41.1	41.4	41.7	42.0	42.3
51.0	40.1	40.4	40.7	41.0	41.3	41.6	41.9	42.2	42.5	42.9	43.2	43.5	43.8
52.0	41.5	41.8	42.1	42.4	42.8	43.1	43.4	43.7	44.0	44.4	44.7	45.0	45.3
53.0	42.9	43.2	43.6	43.9	44.2	44.6	44.9	45.2	45.5	45.9	46.2	46.5	46.9
54.0	44.4	44.7	45.0	45.4	45.7	46.1	46.4	46.7	47.1	47.4	47.8	48.1	48.5
55.0	45.8	46.2	46.5	46.9	47.2	47.6	47.9	48.3	48.6	49.0	49.3	49.7	50.0

注：1. 表中未列数值可采用内插法求得，精确至 0.1MPa；
2. 表中 v_a (km/s) 为修正后的测区声速代表值，R_a 为修正后的测区回弹代表值；
3. 采用对测和角测时，表中 v_a 用 v 代替；当在侧面水平回弹时，表中 R_a 用 R 代替；
4. f_{cu}^c 为测区混凝土抗压强度换算值，也可按公式（6.0.3-1）计算。

续表 C.0.1

R_a \ v_a \ f_{cu}^c	4.06	4.08	4.10	4.12	4.14	4.16	4.18	4.20	4.22	4.24	4.26	4.28	4.30
21.0	—	—	—	—	—	—	—	—	—	—	—	—	10.0
22.0	10.0	10.0	10.1	10.2	10.2	10.3	10.4	10.5	10.5	10.6	10.7	10.8	10.8
23.0	10.8	10.9	10.9	11.0	11.1	11.2	11.2	11.3	11.4	11.5	11.6	11.6	11.7
24.0	11.6	11.7	11.8	11.9	12.0	12.0	12.1	12.2	12.3	12.4	12.5	12.5	12.6
25.0	12.5	12.6	12.7	12.8	12.9	12.9	13.0	13.1	13.2	13.3	13.4	13.5	13.6
26.0	13.4	13.5	13.6	13.7	13.8	13.9	14.0	14.1	14.2	14.3	14.4	14.4	14.5
27.0	14.3	14.4	14.5	14.6	14.7	14.8	14.9	15.0	15.1	15.2	15.3	15.4	15.6
28.0	15.3	15.4	15.5	15.6	15.7	15.8	15.9	16.0	16.1	16.3	16.4	16.5	16.6
29.0	16.2	16.4	16.5	16.6	16.7	16.8	16.9	17.1	17.2	17.3	17.4	17.5	17.6
30.0	17.3	17.4	17.5	17.6	17.7	17.9	18.0	18.1	18.2	18.4	18.5	18.6	18.7
31.0	18.3	18.4	18.5	18.7	18.8	18.9	19.1	19.2	19.3	19.5	19.6	19.7	19.9
32.0	19.3	19.5	19.6	19.7	19.9	20.0	20.2	20.3	20.4	20.6	20.7	20.9	21.0

续表 C.0.1

f_{cu}^c \ v_a \ R_a	4.06	4.08	4.10	4.12	4.14	4.16	4.18	4.20	4.22	4.24	4.26	4.28	4.30
33.0	20.4	20.6	20.7	20.9	21.0	21.1	21.3	21.4	21.6	21.7	21.9	22.0	22.2
34.0	21.5	21.7	21.8	22.0	22.1	22.3	22.4	22.6	22.8	22.9	23.1	23.2	23.4
35.0	22.7	22.8	23.0	23.1	23.3	23.5	23.6	23.8	24.0	24.1	24.3	24.4	24.6
36.0	23.8	24.0	24.2	24.3	24.5	24.7	24.8	25.0	25.2	25.4	25.5	25.7	25.9
37.0	25.0	25.2	25.4	25.5	25.7	25.9	26.1	26.2	26.4	26.6	26.8	27.0	27.2
38.0	26.2	26.4	26.6	26.8	27.0	27.1	27.3	27.5	27.7	27.9	28.1	28.3	28.5
39.0	27.4	27.6	27.8	28.0	28.2	28.4	28.6	28.8	29.0	29.2	29.4	29.6	29.8
40.0	28.7	28.9	29.1	29.3	29.5	29.7	29.9	30.1	30.3	30.5	30.8	31.0	31.2
41.0	30.0	30.2	30.4	30.6	30.8	31.0	31.3	31.5	31.7	31.9	32.1	32.3	32.6
42.0	31.3	31.5	31.7	32.0	32.2	32.4	32.6	32.8	33.1	33.3	33.5	33.8	34.0
43.0	32.6	32.8	33.1	33.3	33.5	33.8	34.0	34.2	34.5	34.7	34.9	35.2	35.4
44.0	34.0	34.2	34.4	34.7	34.9	35.2	35.4	35.7	35.9	36.2	36.4	36.6	36.9
45.0	35.3	35.6	35.8	36.1	36.4	36.6	36.9	37.1	37.4	37.6	37.9	38.1	38.4
46.0	36.7	37.0	37.3	37.5	37.8	38.1	38.3	38.6	38.8	39.1	39.4	39.6	39.9
47.0	38.2	38.4	38.7	39.0	39.3	39.5	39.8	40.1	40.4	40.6	40.9	41.2	41.5
48.0	39.6	39.9	40.2	40.5	40.7	41.0	41.3	41.6	41.9	42.2	42.5	42.7	43.0
49.0	41.1	41.4	41.7	42.0	42.3	42.6	42.8	43.1	43.4	43.7	44.0	44.3	44.6
50.0	42.6	42.9	43.2	43.5	43.8	44.1	44.4	44.7	45.0	45.3	45.6	45.9	46.3
51.0	44.1	44.4	44.7	45.0	45.4	45.7	46.0	46.3	46.6	46.9	47.3	47.6	47.9
52.0	45.6	46.0	46.3	46.6	46.9	47.3	47.6	47.9	48.3	48.6	48.9	49.2	49.6
53.0	47.2	47.5	47.9	48.2	48.6	48.9	49.2	49.6	49.9	50.2	50.6	50.9	51.3
54.0	48.8	49.1	49.5	49.8	50.2	50.5	50.9	51.2	51.6	51.9	52.3	52.6	53.0
55.0	50.4	50.8	51.1	51.5	51.8	52.2	52.6	52.9	53.3	53.7	54.0	54.4	54.7

续表 C.0.1

f_{cu}^c \ v_a \ R_a	4.32	4.34	4.36	4.38	4.40	4.42	4.44	4.46	4.48	4.50	4.52	4.54	4.56
20.0	—	—	—	—	—	—	—	—	—	—	10.0		
21.0	10.0	10.1	10.2	10.2	10.3	10.4	10.4	10.5	10.6	10.6	10.7	10.8	10.8
22.0	10.9	11.0	11.0	11.1	11.2	11.3	11.3	11.4	11.5	11.6	11.6	11.7	11.8
23.0	11.8	11.9	11.9	12.0	12.1	12.2	12.3	12.3	12.4	12.5	12.6	12.7	12.7
24.0	12.7	12.8	12.9	13.0	13.1	13.1	13.2	13.3	13.4	13.5	13.6	13.7	13.7
25.0	13.7	13.8	13.8	13.9	14.0	14.1	14.2	14.3	14.4	14.5	14.6	14.7	14.8
26.0	14.6	14.7	14.8	14.9	15.0	15.1	15.2	15.3	15.4	15.5	15.6	15.7	15.8

续表 C.0.1

f_{cu}^c v_a / R_a	4.32	4.34	4.36	4.38	4.40	4.42	4.44	4.46	4.48	4.50	4.52	4.54	4.56
27.0	15.7	15.8	15.9	16.0	16.1	16.2	16.3	16.4	16.5	16.6	16.7	16.8	16.9
28.0	16.7	16.8	16.9	17.0	17.1	17.3	17.4	17.5	17.6	17.7	17.8	17.9	18.0
29.0	17.8	17.9	18.0	18.1	18.2	18.4	18.5	18.6	18.7	18.8	19.0	19.1	19.2
30.0	18.9	19.0	19.1	19.2	19.4	19.5	19.6	19.7	19.9	20.0	20.1	20.3	20.4
31.0	20.0	20.1	20.3	20.4	20.5	20.7	20.8	20.9	21.1	21.2	21.3	21.5	21.6
32.0	21.1	21.3	21.4	21.6	21.7	21.9	22.0	22.1	22.3	22.4	22.6	22.7	22.9
33.0	22.3	22.5	22.6	22.8	22.9	23.1	23.2	23.4	23.5	23.7	23.8	24.0	24.1
34.0	23.5	23.7	23.9	24.0	24.2	24.3	24.5	24.6	24.8	25.0	25.1	25.3	25.4
35.0	24.8	24.9	25.1	25.3	25.4	25.6	25.8	25.9	26.1	26.3	26.4	26.6	26.8
36.0	26.0	26.2	26.4	26.6	26.7	26.9	27.1	27.3	27.4	27.6	27.8	28.0	28.1
37.0	27.3	27.5	27.7	27.9	28.1	28.3	28.4	28.6	28.8	29.0	29.2	29.4	29.5
38.0	28.7	28.8	29.0	29.2	29.4	29.6	29.8	30.0	30.2	30.4	30.6	30.8	31.0
39.0	30.0	30.2	30.4	30.6	30.8	31.0	31.2	31.4	31.6	31.8	32.0	32.2	32.4
40.0	31.4	31.6	31.8	32.0	32.2	32.4	32.6	32.9	33.1	33.3	33.5	33.7	33.9
41.0	32.8	33.0	33.2	33.4	33.7	33.9	34.1	34.3	34.5	34.8	35.0	35.2	35.4
42.0	34.2	34.4	34.7	34.9	35.1	35.4	35.6	35.8	36.0	36.3	36.5	36.7	37.0
43.0	35.7	35.9	36.1	36.4	36.6	36.9	37.1	37.3	37.6	37.8	38.1	38.3	38.5
44.0	37.1	37.4	37.6	37.9	38.1	38.4	38.6	38.9	39.1	39.4	39.6	39.9	40.1
45.0	38.6	38.9	39.2	39.4	39.7	39.9	40.2	40.5	40.7	41.0	41.2	41.5	41.8
46.0	40.2	40.4	40.7	41.0	41.3	41.5	41.8	42.1	42.3	42.6	42.9	43.2	43.4
47.0	41.7	42.0	42.3	42.6	42.9	43.1	43.4	43.7	44.0	44.3	44.5	44.8	45.1
48.0	43.3	43.6	43.9	44.2	44.5	44.8	45.1	45.4	45.6	45.9	46.2	46.5	46.8
49.0	44.9	45.2	45.5	45.8	46.1	46.4	46.7	47.0	47.3	47.6	48.0	48.3	48.6
50.0	46.6	46.9	47.2	47.5	47.8	48.1	48.4	48.8	49.1	49.4	49.7	50.0	50.3
51.0	48.2	48.5	48.9	49.2	49.5	49.8	50.2	50.5	50.8	51.1	51.5	51.8	52.1
52.0	49.9	50.2	50.6	50.9	51.2	51.6	51.9	52.3	52.6	52.9	53.3	53.6	53.9
53.0	51.6	52.0	52.3	52.7	53.0	53.3	53.7	54.0	54.4	54.7	55.1	55.4	55.8
54.0	53.4	53.7	54.1	54.4	54.8	55.1	55.5	55.9	56.2	56.6	56.9	57.3	57.7
55.0	55.1	55.5	55.9	56.2	56.6	57.0	57.3	57.7	58.1	58.5	58.8	59.2	59.6

续表 C.0.1

f_{cu}^c v_a / R_a	4.58	4.60	4.62	4.64	4.66	4.68	4.70	4.72	4.74	4.76	4.78	4.80	4.82
20.0	10.0	10.1	10.1	10.2	10.3	10.3	10.4	10.5	10.5	10.6	10.6	10.7	10.8

续表 C.0.1

f_{cu}^c \ v_a \ R_a	4.58	4.60	4.62	4.64	4.66	4.68	4.70	4.72	4.74	4.76	4.78	4.80	4.82
21.0	10.9	11.0	11.1	11.1	11.2	11.3	11.3	11.4	11.5	11.5	11.6	11.7	11.7
22.0	11.9	11.9	12.0	12.1	12.2	12.2	12.3	12.4	12.5	12.5	12.6	12.7	12.8
23.0	12.8	12.9	13.0	13.1	13.1	13.2	13.3	13.4	13.5	13.6	13.6	13.7	13.8
24.0	13.8	13.9	14.0	14.1	14.2	14.3	14.4	14.4	14.5	14.6	14.7	14.8	14.9
25.0	14.9	15.0	15.0	15.1	15.2	15.3	15.4	15.5	15.6	15.7	15.8	15.9	16.0
26.0	15.9	16.0	16.1	16.2	16.3	16.4	16.5	16.6	16.7	16.8	16.9	17.0	17.1
27.0	17.0	17.1	17.2	17.4	17.5	17.6	17.7	17.8	17.9	18.0	18.1	18.2	18.3
28.0	18.2	18.3	18.4	18.5	18.6	18.7	18.8	19.0	19.1	19.2	19.3	19.4	19.5
29.0	19.3	19.4	19.6	19.7	19.8	19.9	20.1	20.2	20.3	20.4	20.5	20.7	20.8
30.0	20.5	20.6	20.8	20.9	21.0	21.2	21.3	21.4	21.6	21.7	21.8	22.0	22.1
31.0	21.7	21.9	22.0	22.2	22.3	22.4	22.6	22.7	22.8	23.0	23.1	23.3	23.4
32.0	23.0	23.1	23.3	23.4	23.6	23.7	23.9	24.0	24.2	24.3	24.5	24.6	24.8
33.0	24.3	24.4	24.6	24.7	24.9	25.1	25.2	25.4	25.5	25.7	25.8	26.0	26.1
34.0	25.6	25.8	25.9	26.1	26.2	26.4	26.6	26.7	26.9	27.1	27.2	27.4	27.6
35.0	26.9	27.1	27.3	27.5	27.6	27.8	28.0	28.1	28.3	28.5	28.7	28.8	29.0
36.0	28.3	28.5	28.7	28.9	29.0	29.2	29.4	29.6	29.8	29.9	30.1	30.3	30.5
37.0	29.7	29.9	30.1	30.3	30.5	30.7	30.9	31.1	31.2	31.4	31.6	31.8	32.0
38.0	31.2	31.4	31.6	31.8	32.0	32.2	32.4	32.5	32.7	32.9	33.1	33.3	33.5
39.0	32.6	32.8	33.0	33.3	33.5	33.7	33.9	34.1	34.3	34.5	34.7	34.9	35.1
40.0	34.1	34.3	34.6	34.8	35.0	35.2	35.4	35.6	35.9	36.1	36.3	36.5	36.7
41.0	35.7	35.9	36.1	36.3	36.6	36.8	37.0	37.2	37.5	37.7	37.9	38.1	38.4
42.0	37.2	37.4	37.7	37.9	38.1	38.4	38.6	38.9	39.1	39.3	39.6	39.8	40.0
43.0	38.8	39.0	39.3	39.5	39.8	40.0	40.3	40.5	40.8	41.0	41.2	41.5	41.7
44.0	40.4	40.7	40.9	41.2	41.4	41.7	41.9	42.2	42.4	42.7	43.0	43.2	43.5
45.0	42.0	42.3	42.6	42.8	43.1	43.4	43.6	43.9	44.2	44.4	44.7	45.0	45.2
46.0	43.7	44.0	44.3	44.5	44.8	45.1	45.4	45.6	45.9	46.2	46.5	46.8	47.0
47.0	45.4	45.7	46.0	46.3	46.5	46.8	47.1	47.4	47.7	48.0	48.3	48.6	48.9
48.0	47.1	47.4	47.7	48.0	48.3	48.6	48.9	49.2	49.5	49.8	50.1	50.4	50.7
49.0	48.9	49.2	49.5	49.8	50.1	50.4	50.7	51.0	51.3	51.7	52.0	52.3	52.6
50.0	50.6	51.0	51.3	51.6	51.9	52.2	52.6	52.9	53.2	53.5	53.9	54.2	54.5
51.0	52.5	52.8	53.1	53.4	53.8	54.1	54.4	54.8	55.1	55.4	55.8	56.1	56.5
52.0	54.3	54.6	55.0	55.3	55.7	56.0	56.3	56.7	57.0	57.4	57.7	58.1	58.4
53.0	56.1	56.5	56.9	57.2	57.6	57.9	58.3	58.6	59.0	59.4	59.7	60.1	60.4
54.0	58.0	58.4	58.8	59.1	59.5	59.9	60.2	60.6	61.0	61.3	61.7	62.1	62.5
55.0	60.0	60.3	60.7	61.1	61.5	61.8	62.2	62.6	63.0	63.4	63.8	64.1	64.5

续表 C.0.1

f_{cu}^c \ v_a \ R_a	4.84	4.86	4.88	4.90	4.92	4.94	4.96	4.98	5.00	5.02	5.04	5.06	5.08
20.0	10.8	10.9	11.0	11.0	11.1	11.2	11.2	11.3	11.4	11.4	11.5	11.6	11.6
21.0	11.8	11.9	12.0	12.0	12.1	12.2	12.2	12.3	12.4	12.5	12.5	12.6	12.7
22.0	12.8	12.9	13.0	13.1	13.1	13.2	13.3	13.4	13.4	13.5	13.6	13.7	13.8
23.0	13.9	14.0	14.0	14.1	14.2	14.3	14.4	14.5	14.5	14.6	14.7	14.8	14.9
24.0	15.0	15.1	15.1	15.2	15.3	15.4	15.5	15.6	15.7	15.8	15.9	16.0	16.0
25.0	16.1	16.2	16.3	16.4	16.5	16.6	16.7	16.8	16.9	17.0	17.1	17.2	17.3
26.0	17.2	17.3	17.5	17.6	17.7	17.8	17.9	18.0	18.1	18.2	18.3	18.4	18.5
27.0	18.4	18.5	18.7	18.8	18.9	19.0	19.1	19.2	19.3	19.4	19.5	19.7	19.8
28.0	19.7	19.8	19.9	20.0	20.1	20.2	20.4	20.5	20.6	20.7	20.8	21.0	21.1
29.0	20.9	21.0	21.2	21.3	21.4	21.5	21.7	21.8	21.9	22.0	22.2	22.3	22.4
30.0	22.2	22.3	22.5	22.6	22.7	22.9	23.0	23.1	23.3	23.4	23.5	23.7	23.8
31.0	23.5	23.7	23.8	24.0	24.1	24.2	24.4	24.5	24.7	24.8	25.0	25.1	25.2
32.0	24.9	25.0	25.2	25.3	25.5	25.6	25.8	25.9	26.1	26.2	26.4	26.5	26.7
33.0	26.3	26.5	26.6	26.8	26.9	27.1	27.2	27.4	27.6	27.7	27.9	28.0	282
34.0	27.7	27.9	28.0	28.2	28.4	28.5	28.7	28.9	29.0	29.2	29.4	29.6	29.7
35.0	29.2	29.4	29.5	29.7	29.9	30.0	30.2	30.4	30.6	30.8	30.9	31.1	31.3
36.0	30.7	30.9	31.0	31.2	31.4	31.6	31.8	32.0	32.1	32.3	32.5	32.7	32.9
37.0	32.2	32.4	32.6	32.8	33.0	33.2	33.3	33.5	33.7	33.9	34.1	34.3	34.5
38.0	33.7	33.9	34.1	34.4	34.6	34.8	35.0	35.2	35.4	35.6	35.8	36.0	36.2
39.0	35.3	35.5	35.8	36.0	36.2	36.4	36.6	36.8	37.0	37.2	37.5	37.7	37.9
40.0	37.0	37.2	37.4	37.6	37.8	38.1	38.3	38.5	38.7	38.9	39.2	39.4	39.6
41.0	38.6	38.8	39.1	39.3	39.5	39.8	40.0	40.2	40.5	40.7	40.9	41.2	41.4
42.0	40.3	40.5	40.8	41.0	41.2	41.5	41.7	42.0	42.2	42.5	42.7	42.9	43.2
43.0	42.0	42.2	42.5	42.7	43.0	43.3	43.5	43.8	44.0	44.3	44.5	44.8	45.0
44.0	43.7	44.0	44.3	44.5	44.8	45.0	45.3	45.6	45.8	46.1	46.4	46.6	46.9
45.0	45.5	45.8	46.1	46.3	46.6	46.9	47.1	47.4	47.7	48.0	48.2	48.5	48.8
46.0	47.3	47.6	47.9	48.2	48.4	48.7	49.0	49.3	49.6	49.9	50.2	50.4	50.7
47.0	49.2	49.4	49.7	50.0	50.3	50.6	50.9	51.2	51.5	51.8	52.1	52.4	52.7
48.0	51.0	51.3	51.6	51.9	52.2	52.5	52.8	53.2	53.5	53.8	54.1	54.4	54.7
49.0	52.9	53.2	53.5	53.9	54.2	54.5	54.8	55.1	55.4	55.8	56.1	56.4	56.7
50.0	54.8	55.2	55.5	55.8	56.1	56.5	56.8	57.1	57.5	57.8	58.1	58.5	58.8
51.0	56.8	57.1	57.5	57.8	58.1	58.5	58.8	59.2	59.5	59.9	60.2	60.5	60.9
52.0	58.8	59.1	59.5	59.8	60.2	60.5	60.9	61.2	61.6	61.9	62.3	62.7	63.0
53.0	60.8	61.2	61.5	61.9	62.2	62.6	63.0	63.3	63.7	64.1	64.4	64.8	65.2
54.0	62.8	63.2	63.6	64.0	64.3	64.7	65.1	65.5	65.8	66.2	66.6	67.0	67.4
55.0	64.9	65.3	65.7	66.1	66.5	66.8	67.2	67.6	68.0	68.4	68.8	69.2	69.6

续表 C.0.1

f_{cu}^c \ v_a / R_a	5.10	5.12	5.14	5.16	5.18	5.20	5.22	5.24	5.26	5.28	5.30	5.32	5.34
20.0	11.7	11.8	11.8	11.9	12.0	12.0	12.1	12.2	12.2	12.3	12.4	12.4	12.5
21.0	12.7	12.8	12.9	13.0	13.0	13.1	13.2	13.3	13.3	13.4	13.5	13.5	13.6
22.0	13.8	13.9	14.0	14.1	14.2	14.2	14.3	14.4	14.5	14.5	14.6	14.7	14.8
23.0	15.0	15.1	15.1	15.2	15.3	15.4	15.5	15.6	15.6	15.7	15.8	15.9	16.0
24.0	16.1	16.2	16.3	16.4	16.5	16.6	16.7	16.8	16.9	17.0	17.1	17.2	17.2
25.0	17.3	17.4	17.5	17.6	17.7	17.8	17.9	18.0	18.1	18.2	18.3	18.4	18.5
26.0	18.6	18.7	18.8	18.9	19.0	19.1	19.2	19.3	19.4	19.5	19.7	19.8	19.9
27.0	19.9	20.0	20.1	20.2	20.3	20.4	20.6	20.7	20.8	20.9	21.0	21.1	21.2
28.0	21.2	21.3	21.4	21.6	21.7	21.8	21.9	22.0	22.2	22.3	22.4	22.5	22.6
29.0	22.6	22.7	22.8	22.9	23.1	23.2	23.3	23.5	23.6	23.7	23.8	24.0	24.1
30.0	24.0	24.1	24.2	24.4	24.5	24.6	24.8	24.9	25.0	25.2	25.3	25.5	25.6
31.0	25.4	25.5	25.7	25.8	26.0	26.1	26.2	26.4	26.5	26.7	26.8	27.0	27.1
32.0	26.8	27.0	27.2	27.3	27.5	27.6	27.8	27.9	28.1	28.2	28.4	28.5	28.7
33.0	28.4	28.5	28.7	28.8	29.0	29.2	29.3	29.5	29.6	29.8	30.0	30.1	30.3
34.0	29.9	30.1	30.2	30.4	30.6	30.7	30.9	31.1	31.2	31.4	31.6	31.8	31.9
35.0	31.5	31.6	31.8	32.0	32.2	32.4	32.5	32.7	32.9	33.1	33.3	33.4	33.6
36.0	33.1	33.3	33.4	33.6	33.8	34.0	34.2	34.4	34.6	34.8	34.9	35.1	35.3
37.0	34.7	34.9	35.1	35.3	35.5	35.7	35.9	36.1	36.3	36.5	36.7	36.9	37.1
38.0	36.4	36.6	36.8	37.0	37.2	37.4	37.6	37.8	38.0	38.2	38.5	38.7	38.9
39.0	38.1	38.3	38.5	38.7	39.0	39.2	39.4	39.6	39.8	40.0	40.3	40.5	40.7
40.0	39.8	40.1	40.3	40.5	40.7	41.0	41.2	41.4	41.7	41.9	42.1	42.3	42.6
41.0	41.6	41.9	42.1	42.3	42.6	42.8	43.0	43.3	43.5	43.8	44.0	44.2	44.5
42.0	43.4	43.7	43.9	44.2	44.4	44.7	44.9	45.2	45.4	45.7	45.9	46.2	46.4
43.0	45.3	45.5	45.8	46.0	46.3	46.6	46.8	47.1	47.3	47.6	47.9	48.1	48.4
44.0	47.2	47.4	47.7	48.0	48.2	48.5	48.8	49.0	49.3	49.6	49.8	50.1	50.4
45.0	49.1	49.3	49.6	49.9	50.2	50.5	50.7	51.0	51.3	51.6	51.9	52.1	52.4
46.0	51.0	51.3	51.6	51.9	52.2	52.5	52.8	53.0	53.3	53.6	53.9	54.2	54.5
47.0	53.0	53.3	53.6	53.9	54.2	54.5	54.8	55.1	55.4	55.7	56.0	56.3	56.6
48.0	55.0	55.3	55.6	55.9	56.3	56.6	56.9	57.2	57.5	57.8	58.1	58.5	58.8
49.0	57.1	57.4	57.7	58.0	58.3	58.7	59.0	59.3	59.6	60.0	60.3	60.6	61.0
50.0	59.1	59.5	59.8	60.1	60.5	60.8	61.1	61.5	61.8	62.2	62.5	62.8	63.2
51.0	61.2	61.6	61.9	62.3	62.6	63.0	63.3	63.7	64.0	64.4	64.7	65.1	65.4
52.0	63.4	63.7	64.1	64.5	64.8	65.2	65.5	65.9	66.3	66.6	67.0	67.3	67.7
53.0	65.5	65.9	66.3	66.7	67.0	67.4	67.8	68.2	68.5	68.9	69.3	69.7	70.0
54.0	67.7	68.1	68.5	68.9	69.3	69.7	—	—	—	—	—	—	—
55.0	70.0	—	—	—	—	—	—	—	—	—	—	—	—

C.0.2 采用碎石的测区混凝土抗压强度换算（见表C.0.2）。

表 C.0.2 测区混凝土抗压强度换算表（碎石）

f_{cu}^c \ v_a \ R_a	3.80	3.82	3.84	3.86	3.88	3.90	3.92	3.94	3.96	3.98	4.00	4.02	4.04
20.0	10.1	10.2	10.3	10.3	10.4	10.5	10.6	10.7	10.8	10.9	11.0	11.1	11.2
21.0	10.8	10.9	11.0	11.1	11.2	11.3	11.4	11.5	11.6	11.7	11.8	11.9	12.0
22.0	11.5	11.6	11.7	11.8	11.9	12.0	12.1	12.2	12.3	12.5	12.6	12.7	12.8
23.0	12.3	12.4	12.5	12.6	12.7	12.8	12.9	13.0	13.1	13.3	13.4	13.5	13.6
24.0	13.0	13.2	13.3	13.4	13.5	13.6	13.7	13.8	14.0	14.1	14.2	14.3	14.4
25.0	13.8	13.9	14.1	14.2	14.3	14.4	14.5	14.7	14.8	14.9	15.0	15.2	15.3
26.0	14.6	14.7	14.9	15.0	15.1	15.2	15.4	15.5	15.6	15.8	15.9	16.0	16.2
27.0	15.4	15.5	15.7	15.8	15.9	16.1	16.2	16.3	16.5	16.6	16.8	16.9	17.0
28.0	16.2	16.3	16.5	16.6	16.8	16.9	17.1	17.2	17.4	17.5	17.6	17.8	17.9
29.0	17.0	17.2	17.3	17.5	17.6	17.8	17.9	18.1	18.2	18.4	18.5	18.7	18.8
30.0	17.9	18.0	18.2	18.3	18.5	18.6	18.8	19.0	19.1	19.3	19.4	19.6	19.8
31.0	18.7	18.9	19.0	19.2	19.4	19.5	19.7	19.9	20.0	20.2	20.4	20.5	20.7
32.0	19.6	19.7	19.9	20.1	20.3	20.4	20.6	20.8	20.9	21.1	21.3	21.5	21.7
33.0	20.4	20.6	20.8	21.0	21.1	21.3	21.5	21.7	21.9	22.1	22.2	22.4	22.6
34.0	21.3	21.5	21.7	21.9	22.1	22.2	22.4	22.6	22.8	23.0	23.2	23.4	23.6
35.0	22.2	22.4	22.6	22.8	23.0	23.2	23.4	23.6	23.8	24.0	24.2	24.4	24.6
36.0	23.1	23.3	23.5	23.7	23.9	24.1	24.3	24.5	24.7	24.9	25.1	25.4	25.6
37.0	24.0	24.2	24.4	24.6	24.9	25.1	25.3	25.5	25.7	25.9	26.1	26.4	26.6
38.0	24.9	25.1	25.4	25.6	25.8	26.0	26.2	26.5	26.7	26.9	27.1	27.4	27.6
39.0	25.9	26.1	26.3	26.5	26.8	27.0	27.2	27.5	27.7	27.9	28.1	28.4	28.6
40.0	26.8	27.0	27.3	27.5	27.7	28.0	28.2	28.5	28.7	28.9	29.2	29.4	29.7
41.0	27.7	28.0	28.2	28.5	28.7	29.0	29.2	29.5	29.7	30.0	30.2	30.5	30.7
42.0	28.7	29.0	29.2	29.5	29.7	30.0	30.2	30.5	30.7	31.0	31.3	31.5	31.8
43.0	29.7	29.9	30.2	30.5	30.7	31.0	31.2	31.5	31.8	32.0	32.3	32.6	32.8
44.0	30.7	30.9	31.2	31.5	31.7	32.0	32.3	32.5	32.8	33.1	33.4	33.6	33.9
45.0	31.6	31.9	32.2	32.5	32.7	33.0	33.3	33.6	33.9	34.2	34.4	34.7	35.0
46.0	32.6	32.9	33.2	33.5	33.8	34.1	34.4	34.6	34.9	35.2	35.5	35.8	36.1
47.0	33.6	33.9	34.2	34.5	34.8	35.1	35.4	35.7	36.0	36.3	36.6	36.9	37.2
48.0	34.7	35.0	35.3	35.6	35.9	36.2	36.5	36.8	37.1	37.4	37.7	38.0	38.4
49.0	35.7	36.0	36.3	36.6	36.9	37.2	37.6	37.9	38.2	38.5	38.8	39.2	39.5
50.0	36.7	37.0	37.3	37.7	38.0	38.3	38.6	39.0	39.3	39.6	40.0	40.3	40.6
51.0	37.7	38.1	38.4	38.7	39.1	39.4	39.7	40.1	40.4	40.8	41.1	41.4	41.8
52.0	38.8	39.1	39.5	39.8	40.2	40.5	40.8	41.2	41.5	41.9	42.2	42.6	42.9
53.0	39.8	40.2	40.5	40.9	41.2	41.6	42.0	42.3	42.7	43.0	43.4	43.7	44.1
54.0	40.9	41.3	41.6	42.0	42.3	42.7	43.1	43.4	43.8	44.2	44.5	44.9	45.3
55.0	42.0	42.4	42.7	43.1	43.5	43.8	44.2	44.6	45.0	45.3	45.7	46.1	46.5

注：1. 表内未列数值可采用内插法求得，精确至0.1MPa；
2. 表中 v_a（km/s）为修正后的测区声速代表值，R_a 为修正后的测区回弹代表值；
3. 采用对测和角测时，表中 v_a 用 v 代替；当在侧面水平回弹时，表中 R_a 用 R 代替；
4. f_{cu}^c（MPa）为测区混凝土抗压强度换算值，也可按公式（6.0.3-2）计算。

续表 C.0.2

f_{cu}^c \ v_a \ R_a	4.06	4.08	4.10	4.12	4.14	4.16	4.18	4.20	4.22	4.24	4.26	4.28	4.30
20.0	11.3	11.3	11.4	11.5	11.6	11.7	11.8	11.9	12.0	12.1	12.2	12.3	12.4
21.0	12.1	12.2	12.3	12.3	12.4	12.5	12.6	12.7	12.9	13.0	13.1	13.2	13.3
22.0	12.9	13.0	13.1	13.2	13.3	13.4	13.5	13.6	13.7	13.8	13.9	14.0	14.2
23.0	13.7	13.8	13.9	14.0	14.2	14.3	14.4	14.5	14.6	14.7	14.8	15.0	15.1
24.0	14.6	14.7	14.8	14.9	15.0	15.1	15.3	15.4	15.5	15.6	15.8	15.9	16.0
25.0	15.4	15.5	15.7	15.8	15.9	16.0	16.2	16.3	16.4	16.6	16.7	16.8	17.0
26.0	16.3	16.4	16.6	16.7	16.8	17.0	17.1	17.2	17.4	17.5	17.6	17.8	17.9
27.0	17.2	17.3	17.5	17.6	17.7	17.9	18.0	18.2	18.3	18.5	18.6	18.7	18.9
28.0	18.1	18.2	18.4	18.5	18.7	18.8	19.0	19.1	19.3	19.4	19.6	19.7	19.9
29.0	19.0	19.2	19.3	19.5	19.6	19.8	19.9	20.1	20.3	20.4	20.6	20.7	20.9
30.0	19.9	20.1	20.3	20.4	20.6	20.8	20.9	21.1	21.2	21.4	21.6	21.8	21.9
31.0	20.9	21.0	21.2	21.4	21.6	21.7	21.9	22.1	22.3	22.4	22.6	22.8	23.0
32.0	21.8	22.0	22.2	22.4	22.5	22.7	22.9	23.1	23.3	23.5	23.6	23.8	24.0
33.0	22.8	23.0	23.2	23.4	23.5	23.7	23.9	24.1	24.3	24.5	24.7	24.9	25.1
34.0	23.8	24.0	24.2	24.4	24.6	24.8	25.0	25.2	25.3	25.5	25.7	25.9	26.1
35.0	24.8	25.0	25.2	25.4	25.6	25.8	26.0	26.2	26.4	26.6	26.8	27.0	27.2
36.0	25.8	26.0	26.2	26.4	26.6	26.8	27.0	27.3	27.5	27.7	27.9	28.1	28.3
37.0	26.8	27.0	27.2	27.4	27.7	27.9	28.1	28.3	28.6	28.8	29.0	29.2	29.5
38.0	27.8	28.0	28.3	28.5	28.7	29.0	29.2	29.4	29.7	29.9	30.1	30.4	30.6
39.0	28.9	29.1	29.3	29.6	29.8	30.0	30.3	30.5	30.8	31.0	31.2	31.5	31.7
40.0	29.9	30.1	30.4	30.6	30.9	31.1	31.4	31.6	31.9	32.1	32.4	32.6	32.9
41.0	31.0	31.2	31.5	31.7	32.0	32.2	32.5	32.7	33.0	33.3	33.5	33.8	34.0
42.0	32.0	32.3	32.6	32.8	33.1	33.3	33.6	33.9	34.1	34.4	34.7	35.0	35.2
43.0	33.1	33.4	33.7	33.9	34.2	34.5	34.7	35.0	35.3	35.6	35.9	36.1	36.4
44.0	34.2	34.5	34.8	35.0	35.3	35.6	35.9	36.2	36.5	36.7	37.0	37.3	37.6
45.0	35.3	35.6	35.9	36.2	36.5	36.8	37.0	37.3	37.6	37.9	38.2	38.5	38.8
46.0	36.4	36.7	37.0	37.3	37.6	37.9	38.2	38.5	38.8	39.1	39.4	39.7	40.0
47.0	37.5	37.8	38.1	38.5	38.8	39.1	39.4	39.7	40.0	40.3	40.6	41.0	41.3
48.0	38.7	39.0	39.3	39.6	39.9	40.3	40.6	40.9	41.2	41.5	41.9	42.2	42.5
49.0	39.8	40.1	40.5	40.8	41.1	41.4	41.8	42.1	42.4	42.8	43.1	43.4	43.8
50.0	41.0	41.3	41.6	42.0	42.3	42.6	43.0	43.3	43.7	44.0	44.4	44.7	45.0
51.0	42.1	42.5	42.8	43.2	43.5	43.8	44.2	44.5	44.9	45.3	45.6	46.0	46.3
52.0	43.3	43.6	44.0	44.3	44.7	45.1	45.4	45.8	46.1	46.5	46.9	47.2	47.6
53.0	44.5	44.8	45.2	45.6	45.9	46.3	46.7	47.0	47.4	47.8	48.1	48.5	48.9
54.0	45.7	46.0	46.4	46.8	47.2	47.5	47.9	48.3	48.7	49.1	49.4	49.8	50.2
55.0	46.8	47.2	47.6	48.0	48.4	48.8	49.2	49.6	49.9	50.3	50.7	51.1	51.5

续表 C.0.2

f_{cu}^c \ v_a R_a	4.32	4.34	4.36	4.38	4.40	4.42	4.44	4.46	4.48	4.50	4.52	4.54	4.56
20.0	12.5	12.6	12.7	12.8	12.9	13.0	13.0	13.1	13.2	13.3	13.4	13.5	13.6
21.0	13.4	13.5	13.6	13.7	13.8	13.9	14.0	14.1	14.2	14.3	14.4	14.5	14.6
22.0	14.3	14.4	14.5	14.6	14.7	14.8	14.9	15.0	15.1	15.3	15.4	15.5	15.6
23.0	15.2	15.3	15.4	15.5	15.7	15.8	15.9	16.0	16.1	16.2	16.4	16.5	16.6
24.0	16.1	16.2	16.4	16.5	16.6	16.7	16.9	17.0	17.1	17.3	17.4	17.5	17.6
25.0	17.1	17.2	17.3	17.5	17.6	17.7	17.9	18.0	18.1	18.3	18.4	18.5	18.7
26.0	18.1	18.2	18.3	18.5	18.6	18.7	18.9	19.0	19.2	19.3	19.5	19.6	19.7
27.0	19.0	19.2	19.3	19.5	19.6	19.8	19.9	20.1	20.2	20.4	20.5	20.7	20.8
28.0	20.0	20.2	20.3	20.5	20.7	20.8	21.0	21.1	21.3	21.4	21.6	21.8	21.9
29.0	21.1	21.2	21.4	21.5	21.7	21.9	22.0	22.2	22.4	22.5	22.7	22.9	23.0
30.0	22.1	22.3	22.4	22.6	22.8	22.9	23.1	23.3	23.5	23.6	23.8	24.0	24.2
31.0	23.1	23.3	23.5	23.7	23.8	24.0	24.2	24.4	24.6	24.8	24.9	25.1	25.3
32.0	24.2	24.4	24.6	24.8	24.9	25.1	25.3	25.5	25.7	25.9	26.1	26.3	26.5
33.0	25.3	25.5	25.7	25.8	26.0	26.2	26.4	26.6	26.8	27.0	27.2	27.4	27.6
34.0	26.4	26.6	26.8	27.0	27.2	27.4	27.6	27.8	28.0	28.2	28.4	28.6	28.8
35.0	27.5	27.7	27.9	28.1	28.3	28.5	28.7	28.9	29.2	29.4	29.6	29.8	30.0
36.0	28.6	28.8	29.0	29.2	29.4	29.7	29.9	30.1	30.3	30.6	30.8	31.0	31.2
37.0	29.7	29.9	30.1	30.4	30.6	30.8	31.1	31.3	31.5	31.8	32.0	32.2	32.5
38.0	30.8	31.1	31.3	31.5	31.8	32.0	32.3	32.5	32.7	33.0	33.2	33.5	33.7
39.0	32.0	32.2	32.5	32.7	33.0	33.2	33.5	33.7	34.0	34.2	34.5	34.7	35.0
40.0	33.1	33.4	33.6	33.9	34.2	34.4	34.7	34.9	35.2	35.5	35.7	36.0	36.2
41.0	34.3	34.6	34.8	35.1	35.4	35.6	35.9	36.2	36.4	36.7	37.0	37.3	37.5
42.0	35.5	35.8	36.0	36.3	36.6	36.9	37.1	37.4	37.7	38.0	38.3	38.5	38.8
43.0	36.7	37.0	37.3	37.5	37.8	38.1	38.4	38.7	39.0	39.3	39.6	39.8	40.1
44.0	37.9	38.2	38.5	38.8	39.1	39.4	39.7	40.0	40.3	40.6	40.9	41.2	41.5
45.0	39.1	39.4	39.7	40.0	40.3	40.6	40.9	41.2	41.6	41.9	42.2	42.5	42.8
46.0	40.4	40.7	41.0	41.3	41.6	41.9	42.2	42.5	42.9	43.2	43.5	43.8	44.1
47.0	41.6	41.9	42.2	42.6	42.9	43.2	43.5	43.9	44.2	44.5	44.8	45.2	45.5
48.0	42.9	43.2	43.5	43.8	44.2	44.5	44.8	45.2	45.5	45.8	46.2	46.5	46.9
49.0	44.1	44.5	44.8	45.1	45.5	45.8	46.2	46.5	46.9	47.2	47.5	47.9	48.2
50.0	45.4	45.7	46.1	46.4	46.8	47.1	47.5	47.9	48.2	48.6	48.9	49.3	49.6
51.0	46.7	47.0	47.4	47.8	48.1	48.5	48.8	49.2	49.6	49.9	50.3	50.7	51.0
52.0	48.0	48.3	48.7	49.1	49.5	49.8	50.2	50.6	50.9	51.3	51.7	52.1	52.5
53.0	49.3	49.7	50.0	50.4	50.8	51.2	51.6	52.0	52.3	52.7	53.1	53.5	53.9
54.0	50.6	51.0	51.4	51.8	52.2	52.5	52.9	53.3	53.7	54.1	54.5	54.9	55.3
55.0	51.9	52.3	52.7	53.1	53.5	53.9	54.3	54.7	55.1	55.6	56.0	56.4	56.8

续表 C.0.2

f_{cu}^c \ v_a \ R_a	4.58	4.60	4.62	4.64	4.66	4.68	4.70	4.72	4.74	4.76	4.78	4.80	4.82
20.0	13.7	13.8	13.9	14.0	14.1	14.2	14.3	14.4	14.5	14.6	14.7	14.8	14.9
21.0	14.7	14.8	14.9	15.0	15.1	15.3	15.4	15.5	15.6	15.7	15.8	15.9	16.0
22.0	15.7	15.8	15.9	16.1	16.2	16.3	16.4	16.5	16.6	16.7	16.9	17.0	17.1
23.0	16.7	16.9	17.0	17.1	17.2	17.3	17.5	17.6	17.7	17.8	18.0	18.1	18.2
24.0	17.8	17.9	18.0	18.2	18.3	18.4	18.5	18.7	18.8	18.9	19.1	19.2	19.3
25.0	18.8	19.0	19.1	19.2	19.4	19.5	19.6	19.8	19.9	20.1	20.2	20.3	20.5
26.0	19.9	20.0	20.2	20.3	20.5	20.6	20.8	20.9	21.1	21.2	21.3	21.5	21.6
27.0	21.0	21.1	21.3	21.4	21.6	21.7	21.9	22.0	22.2	22.4	22.5	22.7	22.8
28.0	22.1	22.2	22.4	22.6	22.7	22.9	23.0	23.2	23.4	23.5	23.7	23.9	24.0
29.0	23.2	23.4	23.5	23.7	23.9	24.0	24.2	24.4	24.6	24.7	24.9	25.1	25.2
30.0	24.3	24.5	24.7	24.9	25.0	25.2	25.4	25.6	25.8	25.9	26.1	26.3	26.5
31.0	25.5	25.7	25.9	26.0	26.2	26.4	26.6	26.8	27.0	27.2	27.4	27.5	27.7
32.0	26.7	26.8	27.0	27.2	27.4	27.6	27.8	28.0	28.2	28.4	28.6	28.8	29.0
33.0	27.8	28.0	28.2	28.4	28.6	28.8	29.1	29.3	29.5	29.7	29.9	30.1	30.3
34.0	29.0	29.2	29.5	29.7	29.9	30.1	30.3	30.5	30.7	30.9	31.2	31.4	31.6
35.0	30.2	30.5	30.7	30.9	31.1	31.3	31.6	31.8	32.0	32.2	32.5	32.7	32.9
36.0	31.5	31.7	31.9	32.2	32.4	32.6	32.8	33.1	33.3	33.5	33.8	34.0	34.2
37.0	32.7	32.9	33.2	33.4	33.7	33.9	34.1	34.4	34.6	34.9	35.1	35.3	35.6
38.0	34.0	34.2	34.5	34.7	34.9	35.2	35.4	35.7	35.9	36.2	36.4	36.7	37.0
39.0	35.2	35.5	35.7	36.0	36.2	36.5	36.8	37.0	37.3	37.5	37.8	38.1	38.3
40.0	36.5	36.8	37.0	37.3	37.6	37.8	38.1	38.4	38.6	38.9	39.2	39.5	39.7
41.0	37.8	38.1	38.3	38.6	38.9	39.2	39.5	39.7	40.0	40.3	40.6	40.9	41.1
42.0	39.1	39.4	39.7	40.0	40.2	40.5	40.8	41.1	41.4	41.7	42.0	42.3	42.6
43.0	40.4	40.7	41.0	41.3	41.6	41.9	42.2	42.5	42.8	43.1	43.4	43.7	44.0
44.0	41.8	42.1	42.4	42.7	43.0	43.3	43.6	43.9	44.2	44.5	44.8	45.1	45.4
45.0	43.1	43.4	43.7	44.0	44.4	44.7	45.0	45.3	45.6	45.9	46.3	46.6	46.9
46.0	44.5	44.8	45.1	45.4	45.8	46.1	46.4	46.7	47.1	47.4	47.7	48.0	48.4
47.0	45.8	46.2	46.5	46.8	47.2	47.5	47.8	48.2	48.5	48.8	49.2	49.5	49.9
48.0	47.2	47.5	47.9	48.2	48.6	48.9	49.3	49.6	50.0	50.3	50.7	51.0	51.4
49.0	48.6	49.0	49.3	49.7	50.0	50.4	50.7	51.1	51.4	51.8	52.2	52.5	52.9
50.0	50.0	50.4	50.7	51.1	51.5	51.8	52.2	52.6	52.9	53.3	53.7	54.0	54.4
51.0	51.4	51.8	52.2	52.5	52.9	53.3	53.7	54.0	54.4	54.8	55.2	55.6	56.0
52.0	52.8	53.2	53.6	54.0	54.4	54.8	55.2	55.5	55.9	56.3	56.7	57.1	57.5
53.0	54.3	54.7	55.1	55.5	55.9	56.3	56.7	57.1	57.5	57.9	58.3	58.7	59.1
54.0	55.7	56.1	56.5	56.9	57.4	57.8	58.2	58.6	59.0	59.4	59.8	60.2	60.7
55.0	57.2	57.6	58.0	58.4	58.9	59.3	59.7	60.1	60.5	61.0	61.4	61.8	62.2

续表 C.0.2

f_{cu}^c \ v_a \ R_a	4.84	4.86	4.88	4.90	4.92	4.94	4.96	4.98	5.00	5.02	5.04	5.06	5.08
20.0	15.1	15.2	15.3	15.4	15.5	15.6	15.7	15.8	15.9	16.0	16.1	16.2	16.3
21.0	16.1	16.2	16.3	16.5	16.6	16.7	16.8	16.9	17.0	17.1	17.2	17.4	17.5
22.0	17.2	17.3	17.5	17.6	17.7	17.8	17.9	18.1	18.2	18.3	18.4	18.5	18.7
23.0	18.3	18.5	18.6	18.7	18.8	19.0	19.1	19.2	19.3	19.5	19.6	19.7	19.9
24.0	19.5	19.6	19.7	19.9	20.0	20.1	20.3	20.4	20.5	20.7	20.8	21.0	21.1
25.0	20.6	20.8	20.9	21.0	21.2	21.3	21.5	21.6	21.8	21.9	22.0	22.2	22.3
26.0	21.8	21.9	22.1	22.2	22.4	22.5	22.7	22.8	23.0	23.1	23.3	23.5	23.6
27.0	23.0	23.1	23.3	23.5	23.6	23.8	23.9	24.1	24.3	24.4	24.6	24.7	24.9
28.0	24.2	24.4	24.5	24.7	24.9	25.0	25.2	25.4	25.5	25.7	25.9	26.0	26.2
29.0	25.4	25.6	25.8	25.9	26.1	26.3	26.5	26.6	26.8	27.0	27.2	27.4	27.5
30.0	26.7	26.8	27.0	27.2	27.4	27.6	27.8	28.0	28.1	28.3	28.5	28.7	28.9
31.0	27.9	28.1	28.3	28.5	28.7	28.9	29.1	29.3	29.5	29.7	29.9	30.1	30.3
32.0	29.2	29.4	29.6	29.8	30.0	30.2	30.4	30.6	30.8	31.0	31.2	31.4	31.6
33.0	30.5	30.7	30.9	31.1	31.3	31.5	31.8	32.0	32.2	32.4	32.6	32.8	33.0
34.0	31.8	32.0	32.2	32.5	32.7	32.9	33.1	33.3	33.6	33.8	34.0	34.2	34.5
35.0	33.1	33.4	33.6	33.8	34.0	34.3	34.5	34.7	35.0	35.2	35.4	35.7	35.9
36.0	34.5	34.7	35.0	35.2	35.4	35.7	35.9	36.1	36.4	36.6	36.9	37.1	37.4
37.0	35.8	36.1	36.3	36.6	36.8	37.1	37.3	37.6	37.8	38.1	38.3	38.6	38.8
38.0	37.2	37.5	37.7	38.0	38.2	38.5	38.7	39.0	39.3	39.5	39.8	40.1	40.3
39.0	38.6	38.9	39.1	39.4	39.7	39.9	40.2	40.5	40.7	41.0	41.3	41.5	41.8
40.0	40.0	40.3	40.5	40.8	41.1	41.4	41.7	41.9	42.2	42.5	42.8	43.1	43.3
41.0	41.4	41.7	42.0	42.3	42.6	42.8	43.1	43.4	43.7	44.0	44.3	44.6	44.9
42.0	42.8	43.1	43.4	43.7	44.0	44.3	44.6	44.9	45.2	45.5	45.8	46.1	46.4
43.0	44.3	44.6	44.9	45.2	45.5	45.8	46.1	46.4	46.7	47.1	47.4	47.7	48.0
44.0	45.8	46.1	46.4	46.7	47.0	47.3	47.6	48.0	48.3	48.6	48.9	49.2	49.6
45.0	47.2	47.6	47.9	48.2	48.5	48.9	49.2	49.5	49.8	50.2	50.5	50.8	51.2
46.0	48.7	49.0	49.4	49.7	50.1	50.4	50.7	51.1	51.4	51.8	52.1	52.4	52.8
47.0	50.2	50.6	50.9	51.2	51.6	51.9	52.3	52.6	53.0	53.3	53.7	54.0	54.4
48.0	51.7	52.1	52.4	52.8	53.2	53.5	53.9	54.2	54.6	55.0	55.3	55.7	56.0
49.0	53.3	53.6	54.0	54.4	54.7	55.1	55.5	55.8	56.2	56.6	56.9	57.3	57.7
50.0	54.8	55.2	55.5	55.9	56.3	56.7	57.1	57.4	57.8	58.2	58.6	59.0	59.4
51.0	56.3	56.7	57.1	57.5	57.9	58.3	58.7	59.1	59.5	59.9	60.3	60.6	61.0
52.0	57.9	58.3	58.7	59.1	59.5	59.9	60.3	60.7	61.1	61.5	61.9	62.3	62.7
53.0	59.5	59.9	60.3	60.7	61.1	61.5	61.9	62.4	62.8	63.2	63.6	64.0	64.4
54.0	61.1	61.5	61.9	62.3	62.8	63.2	63.6	64.0	64.5	64.9	65.3	65.7	66.2
55.0	62.7	63.1	63.5	64.0	64.4	64.8	65.3	65.7	66.1	66.6	67.0	67.5	67.9

续表 C.0.2

f_{cu}^c \ v_a / R_a	5.10	5.12	5.14	5.16	5.18	5.20	5.22	5.24	5.26	5.28	5.30	5.32	5.34
20.0	16.4	16.5	16.6	16.7	16.8	17.0	17.1	17.2	17.3	17.4	17.5	17.6	17.7
21.0	17.6	17.7	17.8	17.9	18.0	18.2	18.3	18.4	18.5	18.6	18.7	18.9	19.0
22.0	18.8	18.9	19.0	19.1	19.3	19.4	19.5	19.6	19.8	19.9	20.0	20.1	20.3
23.0	20.0	20.1	20.3	20.4	20.5	20.6	20.8	20.9	21.0	21.2	21.3	21.4	21.6
24.0	21.2	21.4	21.5	21.6	21.8	21.9	22.1	22.2	22.3	22.5	22.6	22.8	22.9
25.0	22.5	22.6	22.8	22.9	23.1	23.2	23.4	23.5	23.7	23.8	24.0	24.1	24.3
26.0	23.8	23.9	24.1	24.2	24.4	24.5	24.7	24.9	25.0	25.2	25.3	25.5	25.6
27.0	25.1	25.2	25.4	25.6	25.7	25.9	26.0	26.2	26.4	26.5	26.7	26.9	27.0
28.0	26.4	26.6	26.7	26.9	27.1	27.2	27.4	27.6	27.8	27.9	28.1	28.3	28.5
29.0	27.7	27.9	28.1	28.3	28.4	28.6	28.8	29.0	29.2	29.4	29.5	29.7	29.9
30.0	29.1	29.3	29.5	29.6	29.8	30.0	30.2	30.4	30.6	30.8	31.0	31.2	31.4
31.0	30.5	30.6	30.8	31.0	31.2	31.4	31.6	31.8	32.1	32.3	32.5	32.7	32.9
32.0	31.8	32.1	32.3	32.5	32.7	32.9	33.1	33.3	33.5	33.7	33.9	34.2	34.4
33.0	33.3	33.5	33.7	33.9	34.1	34.3	34.6	34.8	35.0	35.2	35.4	35.7	35.9
34.0	34.7	34.9	35.1	35.4	35.6	35.8	36.1	36.3	36.5	36.7	37.0	37.2	37.4
35.0	36.1	36.4	36.6	36.8	37.1	37.3	37.6	37.8	38.0	38.3	38.5	38.8	39.0
36.0	37.6	37.8	38.1	38.3	38.6	38.8	39.1	39.3	39.6	39.8	40.1	40.3	40.6
37.0	39.1	39.3	39.6	39.8	40.1	40.4	40.6	40.9	41.1	41.4	41.7	41.9	42.2
38.0	40.6	40.8	41.1	41.4	41.6	41.9	42.2	42.4	42.7	43.0	43.2	43.5	43.8
39.0	42.1	42.4	42.6	42.9	43.2	43.5	43.7	44.0	44.3	44.6	44.9	45.1	45.4
40.0	43.6	43.9	44.2	44.5	44.8	45.0	45.3	45.6	45.9	46.2	46.5	46.8	47.1
41.0	45.2	45.5	45.8	46.1	46.3	46.6	46.9	47.2	47.5	47.8	48.1	48.4	48.7
42.0	46.7	47.0	47.3	47.6	47.9	48.3	48.6	48.9	49.2	49.5	49.8	50.1	50.4
43.0	48.3	48.6	48.9	49.2	49.6	49.9	50.2	50.5	50.8	51.2	51.5	51.8	52.1
44.0	49.9	50.2	50.5	50.9	51.2	51.5	51.9	52.2	52.5	52.8	53.2	53.5	53.8
45.0	51.5	51.8	52.2	52.5	52.8	53.2	53.5	53.9	54.2	54.5	54.9	55.2	55.6
46.0	53.1	53.5	53.8	54.2	54.5	54.9	55.2	55.6	55.9	56.3	56.6	57.0	57.3
47.0	54.8	55.1	55.5	55.8	56.2	56.5	56.9	57.3	57.6	58.0	58.4	58.7	59.1
48.0	56.4	56.8	57.1	57.5	57.9	58.3	58.6	59.0	59.4	59.7	60.1	60.5	60.9
49.0	58.1	58.5	58.8	59.2	59.6	60.0	60.4	60.7	61.1	61.5	61.9	62.3	62.7
50.0	59.8	60.1	60.5	60.9	61.3	61.7	62.1	62.5	62.9	63.3	63.7	64.1	64.5
51.0	61.4	61.8	62.2	62.6	63.0	63.5	63.9	64.3	64.7	65.1	65.5	65.9	66.3
52.0	63.1	63.6	64.0	64.4	64.8	65.2	65.6	66.0	66.5	66.9	67.3	67.7	68.1
53.0	64.9	65.3	65.7	66.1	66.6	67.0	67.4	67.8	68.3	68.7	69.1	69.6	70.0
54.0	66.6	67.0	67.5	67.9	68.3	68.8	69.2	69.7	—	—	—	—	—
55.0	68.3	68.8	69.2	69.7	—	—	—	—	—	—	—	—	—

附录 D 综合法测定混凝土强度曲线的验证方法

D.0.1 当缺少专用或地区测强曲线时，可采用本规程规定的全国统一测强曲线，但使用前应进行验证。

D.0.2 测强曲线可按下列方法进行验证：

1 选用本地区常用的混凝土原材料，按最佳配合比配制强度等级为C15、C20、C30、C40、C50、C60的混凝土，制作边长为150mm的立方体试件各3组（共18组），7d潮湿养护后再用自然养护；

2 采用符合本规程第3.1节各项要求的回弹仪和符合本规程第4.1节各项要求的超声波检测仪；

3 按龄期为28d、60d和90d进行综合法测试和试件抗压试验；

4 根据每个试件测得的回弹值R_a、声速值v_a，由附录C表C.0.1或表C.0.2查出该试件的抗压的抗压强度换算值f^c_{cu}；

5 将试件抗压试验所得的抗压强度实测值f^c_{cu}和按附录C和表C.0.1或表C.0.2查得的相应抗压强度换算值$f^c_{cu,i}$，代入式（A.0.8-2）进行计算，如所得相对误差$e_r \leqslant 15\%$，则可使用本规程规定的全国统一测强曲线；如所得相对误差$e_r > 15\%$，则应另行建立专用或地区测强曲线。

附录E 用实测空气声速法校准超声仪

E.0.1 空气中声速的测试步骤如下：

取常用平面换能器一对，接于超声波仪器上，开机预热10min。在空气中将两个换能器的辐射面对准，依次改变两个换能器辐射面之间的距离l（如50、60、70、80、90、100、110、120mm……），在保持首波幅度一致的条件下，读取各间距所对应的声时值t_1、t_2、t_3、……t_n。同时测量空气温度T_k，精确至0.5℃。

测量时应注意下列事项：

1 两个换能器辐射面的轴线始终保持在同一直线上；

2 换能器辐射面间距的测量误差不应超过±1%，且测量精度为0.5mm；

3 换能器辐射面宜悬空相对放置；若置于地板或桌面上，必须在换能器下面垫以吸声材料。

E.0.2 实测空气中声速可采用下列两种方法之一计算：

1 以换能器辐射面间距为纵坐标，声时读数为横坐标，将各组数据点绘在直角坐标图上。穿越各点形成一直线，算出该直线的斜率，即为空气中声速实测值v^o。

2 以各测点的测距l和对应的声时t求回归直线方程$l = a + bt$。回归系数b便是空气中声速实测值v^o。

E.0.3 空气中声速计算值v_k可按式（4.3.1）求得。

E.0.4 误差计算

空气中声速计算值v_k与空气中声速实测值v^o之间的相对误差e_r，可按下列公式计算：

$$e_r = (v_k - v^o)/v_k \times 100\% \quad (E.0.4)$$

按式（E.0.4）计算所得的e_r值不应超过±0.5%。否则，应检查仪器各部位的连接后重测，或更换超声波检测仪。

附录 F 超声回弹综合法检测记录表

工程名称：_____ 构件名称：_____
设　　备：回弹仪_____；率定值：_____；超声仪_____；换能器_____ kHz；t_0 _____；环境温度_____ ℃；
　　　　　回弹测试面_____；测试角度_____°；超声测试方式：对测(侧，顶-底)；平测(侧，顶，底)；角测_____

共　页　第　页

构件编号	测区	测点回弹值 R_i								测区回弹代表值 R	测点测距 l_i/声时 t_i			测区声速代表值 v (km/s)	备注
		1	2	3	4	5	6	7	8		1	2	3		
	1														
	2														
	3														
	4														
	5														
	6														
	7														
	8														
	9														
	10														

复核：　　　　　计算：　　　　　记录：　　　　　检验：　　　　　测试日期：　　　年　月　日

附录 G 结构混凝土抗压强度计算表

构件名称和编号：

共　页　第　页

计算项目		测区									
		1	2	3	4	5	6	7	8	9	10
回弹值	测区代表值										
	角度修正值										
	角度修正后										
	浇筑面修正值										
	浇筑面修正后										
声速值 (km/s)	测区代表值										
	修正系数 β、λ										
	修正后的值										
强度修正系数值 η											
测区强度换算值（MPa）											
强度推定值（MPa） $n=$		$m_{f_{cu}^c}=$　　MPa				$s_{f_{cu}^c}=$　　MPa				$f_{cu,e}=$　　MPa		
使用的测区强度换算表		规程，地区，专用				备　　注						

复核：　　　　　计算：　　　　　　　　　　　　　　　　　计算日期：　　　年　月　日

本规程用词说明

1 为便于在执行本规程条文时区别对待，对要求严格程度不同的用词说明如下：
1) 表示很严格，非这样做不可的：
 正面词采用"必须"；
 反面词采用"严禁"。
2) 表示严格，在正常情况下均应这样做的：
 正面词采用"应"；
 反面词采用"不应"或"不得"。
3) 表示允许稍有选择，在条件许可时首先应这样做的：
 正面词采用"宜"；
 反面词采用"不宜"；
4) 表示有选择，在一定条件下可以这样做的：
 正面词采用"可"；
 反面词采用"不可"。

2 条文中指明应按其他有关标准执行时，写法为："应按……执行"或"应符合……的要求（或规定）"。非必须按所指定标准执行时，写法为"可参照……执行"。

中国工程建设标准化协会标准

超声回弹综合法检测混凝土强度技术规程

CECS 02:2005

条 文 说 明

目　次

1 总则 …………………………………………………………………………… 528
2 术语、符号 …………………………………………………………………… 528
3 回弹仪 ………………………………………………………………………… 528
　3.1 一般规定 ………………………………………………………………… 528
　3.2 检定要求 ………………………………………………………………… 529
　3.3 维护保养 ………………………………………………………………… 529
4 混凝土超声波检测仪器 ……………………………………………………… 529
　4.1 一般规定 ………………………………………………………………… 529
　4.2 换能器技术要求 ………………………………………………………… 530
　4.3 校准和保养 ……………………………………………………………… 530
5 测区回弹值和声速值的测量及计算 ………………………………………… 531
　5.1 一般规定 ………………………………………………………………… 531
　5.2 回弹测试及回弹值计算 ………………………………………………… 532
　5.3 超声测试及声速值计算 ………………………………………………… 532
6 结构混凝土强度推定 ………………………………………………………… 533
附录 A　建立专用或地区混凝土强度曲线的基本要求 ……………………… 535
附录 B　超声波角测、平测和声速计算方法 ………………………………… 535
附录 C　测区混凝土抗压强度换算 …………………………………………… 537
附录 D　综合法测定混凝土强度曲线的验证方法 …………………………… 537
附录 E　用实测空气声速法校准超声仪 ……………………………………… 537
附录 F　超声回弹综合法检测记录表 ………………………………………… 538
附录 G　结构混凝土抗压强度计算表 ………………………………………… 538

1 总 则

1.0.1 本条所指回弹仪系标准状态下弹击锤冲击能量为2.207J，示值系统为指针直读式或数字显示与指针直读一致的数字式回弹仪。低频超声波检测仪系指工作频率范围为10~500kHz的模拟式、数字式低频超声仪。普通混凝土系指密度为2400kg/m³左右的混凝土。

超声回弹综合法（以下简称综合法）是20世纪60年代研究开发出来的一种无损检测方法。由于测试精度较高，已在我国建工、市政、铁路、公路系统已广泛应用。实践证明，以超声波穿透试件内部的声速值和反映试件表面硬度的回弹值来综合检测结构混凝土的抗压强度，与单一方法比较，其精度高，适应范围广。

1.0.2 在正常情况下，混凝土质量检查应按现行国家标准《混凝土结构工程施工质量验收规范》GB 50204和《混凝土强度检验评定标准》GBJ 107的规定，采用标准试件的抗压强度来检验混凝土的强度质量，不允许采用本规程的方法取代国家标准的要求。

但是，由于种种原因导致试件与结构的混凝土质量不一致，或混凝土试件强度评定不合格，以及对使用中的结构需要检测届时的混凝土强度时，可按本规程的规定对结构或构件的混凝土强度进行检测推定，并作为判断结构是否需要处理的一个依据。

1.0.3 本规程适用于密度为2400kg/m³左右的结构混凝土。不适用于下列情况的结构混凝土：混凝土在硬化期间遭受冻害，或结构遭受化学侵蚀、火灾、高温损伤，这些情况不符合结构混凝土性能表里基本一致的前提。此时，直接按本规程方法检测已不适用，但可采用从结构中钻取混凝土芯样的方法来检测。

1.0.4 按本规程进行测试操作、数据处理及强度推定，都是技术性较强的工作，操作人员如未经专门的技术培训，将严重影响混凝土强度检测结果的可靠性。因此，采用综合法进行工程检测的人员，应通过专门的技术培训，并持有相应的资质证书。

1.0.5 凡本规程涉及的其他有关方面问题，如施工现场测试、高空作业、现场用电等，均应遵守国家现行有关强制性标准的规定。

2 术语、符号

编写本章术语时，主要参考了现行国家标准《工程结构设计基本术语和通用符号》GBJ 132等规定。

关于检测单元，对于房屋建筑结构，是指按各层轴线间或同层平面内轴线间的混凝土梁、板、柱、墙等结构单元。对于铁路、公路的桥梁、桥墩，可将整榀桥梁（墩）视为一个检测单元。布置测区时，需要考虑分段浇筑的龄期，均匀布置，且每个单元设10个以上测区。对于大体积混凝土结构，可按混凝土体积、混凝土龄期等，均匀布置测区，且每个单元设10个以上测区。

3 回 弹 仪

3.1 一般规定

3.1.1~3.1.3 与现行行业标准《回弹法检测混凝土抗压强度技术规程》JGJ/T 23第3章

第3.1节一致。

3.1.4 综合法采用的回弹仪系由机械零部件组成，检测环境和测试条件不满足检测要求将会带来测试偏差。当环境温度低于－4℃时，混凝土中的自由水结冰，体积增大，将导致回弹值偏高而产生较大的测试误差。

3.2 检定要求

3.2.1～3.2.3 与现行行业标准《回弹法检测混凝土抗压强度技术规程》JGJ/T 23 第3章第2节一致。

3.3 维护保养

3.3.1～3.3.3 与现行行业标准《回弹法检测混凝土抗压强度技术规程》JGJ/T 23 第3章第3节一致。

4 混凝土超声波检测仪器

4.1 一般规定

4.1.1 当前，用于混凝土检测的超声波检测仪有多种型号，其技术性能应符合现行行业标准《混凝土超声波检测仪》JG/T 5004 的规定。为了确保测试数据的可靠性，无论使用哪种型号的超声波检测仪器，都必须通过正式技术鉴定，并具有产品合格证和仪器检定证。超声波检测仪送计量单位进行检定后，有效期为一年。

4.1.2 原规程编制过程中，我国尚无数字式混凝土超声波检测仪，有关超声检测设备的技术要求是按当时模拟式非金属超声仪的技术性能提出的。近年来，国内先后研制生产了性能好、功能多的数字式非金属超声波检测仪。为了使本规程能适应这两类混凝土超声波检测仪的使用，在修订时，除了保留两类仪器的共性要求外，还分别对模拟式和数字式超声波检测仪的技术性能提出了要求。这两类混凝土超声波检测仪的特点是：

1 模拟式仪器的接收信号为连续模拟量，通过时域波形由人工读取声学参数。其中，声时采用游标或整形关门信号关断计数电路来测读脉冲波从发射到计数电路被关断所经历的时间，并经译码器和数码管显示出来。波幅读数是通过人工调节，读取衰减器的"dB"数或首波高度"格"数。

2 数字式仪器是将所接收的信号经高速 A/D 转换为离散的数字量并直接输入计算机，通过相关软件进行分析处理，自动读取声时、波幅和主频值并显示于仪器屏幕上。具有对数字信号采集、处理、存储等高度智能化的功能。

4.1.3 超声波检测仪应按现行行业标准《混凝土超声波检测仪》JG/T 5004 的要求进行质量检定，每项指标均应满足规定的要求，并在规定的检定有效期内使用。

4.1.4 两类超声波检测仪应满足下列通用技术要求：

1 混凝土强度检测主要利用超声波传播速度，获得可靠的声速值是靠准确测量声时和声传播路程。因此，为了准确测量声时，超声仪需具有稳定、清晰的波形显示系统。

2 声时最小分度是声时测量精度的决定因素，因此超声检测仪应满足这个要求。

3 由于不同首波高度下测量的声时值存在一定差异，因此在声时测量中宜采用衰减器先将首波调至一定高度后再进行测读。超声波检测仪应具有最小分度为1dB的衰减器。

　　4 仪器接收放大器的频响范围应与混凝土超声检测中所采用的换能器的频率相适应。检测混凝土所采用的换能器一般为20~250kHz（混凝土强度检测为50~100kHz），所以接收放大器在此频响范围内可以满足电气性能要求。对仪器不能单纯追求接收放大器的增益，应同时考虑其噪声水平，采用信噪比达到3:1时的接收灵敏度较为适当，可以直观地反映出仪器的真实测试灵敏度。

　　5 仪器对电源电压有一个适应范围，当电压在此范围内波动时，仪器的技术指标仍能满足规定的要求。

4.1.5 对于模拟式超声波检测仪，除了满足上述要求外还应满足下列技术要求：

　　1 模拟式超声波检测仪必须具备手动游标读数功能，以便准确判读首波声时。自动整形声时读数功能一般仅能适应强信号、弱噪声条件。当信号较弱或信噪比较低时，自动整形读取的声时偏大甚至丢波，会造成很大的测试误差，应谨慎使用。

　　2 模拟式仪器数码显示的稳定性是准确测量声时的基础。现场测试时一般要求仪器连续工作4h以上，在此工作期间，仪器性能必须保持一定的稳定性。

4.1.6 对数字式超声波检测仪还应满足以下技术要求：

　　1 采集、存储数字信号并按检测要求对数据进行计算处理，是数字式超声波检测仪应具有的基本功能。

　　2 数字式仪器以采用自动判读为主，在大距离测试或信噪比极低的情况下，需要用手动游标读数。不管手动还是自动判读声时，在同一测试条件下，测读数值都应具有一定的重复性。重复性越好，说明声时读数越准确可靠，故应建立一个声时测量重复性的检查方法。在重复测试中，首波起始点的样本偏差点数乘以样本时间间隔，即为声时读数的差异。

　　3 在自动判读声时的过程中，仪器屏幕上应显示判读的位置，这样可及时检查自动读数是否有误。

4.1.7 综合法采用的超声仪由电子元器件组成，检测环境和测试条件如不满足检测要求，就会带来测试偏差。当环境温度低于0℃时，混凝土中的自由水结冰，体积增大，可导致声速值偏高而产生较大测试误差。当环境温度高于40℃时，超过了仪器例行的使用温度，因电子元件性能改变，也会产生测试误差。

4.2 换能器技术要求

4.2.1 大量模拟试验表明，由于超声脉冲波的频散效应，采用不同频率换能器测量的混凝土中声速有所不同，且声速有随换能器频率增高而增大的趋势。当换能器工作频率为50~100kHz时，所测声速偏差较小，所以本规程对换能器的工作频率作了限制。

4.2.2 换能器的实际频率与标称频率应尽量一致。若实际频率与标称频率差异过大，则测读的声时值会产生较大误差，以致测出的声速值难以反映混凝土的真实强度值。

4.3 校准和保养

4.3.1 由物理学可知，在常温下空气中的声速值除了随温度变化而有一定变化外，受其他因素的影响很小。因此,用测量空气中声速的方法定期检验仪器性能,是一种简单易行的方法。此方法不仅可检验仪器的计时机构是否可靠,还验证了仪器操作者的声时读取方法是否正确。

4.3.2 在声时测量过程中有一个声时初读数 t_0,而 t_0 除了与仪器的传输电路有关外还与换能器的构造和高频电缆长度有关。因此,每次检测时,应先对所用仪器和按需要配置的换能器、电缆线进行 t_0 测量。

4.3.3 为确保仪器处于正常状态,应定期对超声仪进行保养。仪器工作时应注意防尘、防震;仪器应存放在阴凉、干燥的环境中;对较长时间不用的仪器,应定期通电排除潮气。

5 测区回弹值和声速值的测量及计算

5.1 一 般 规 定

5.1.1 本条第1、2、5款资料系检测结构或构件混凝土强度时应具有的必要资料。如需对结构进行鉴定计算,委托方还应提供设计(建筑、结构)图纸。

5.1.2 单个构件是指各层轴线间或同层平面内轴线间的混凝土梁、板、柱、墙等构件,检测时随混凝土龄期和混凝土设计强度等级不同而划分检测批。采用超声回弹综合法检测混凝土构件的强度时,检测构件的编号为框架柱(A—1)、框架梁(A—3—4)、混凝土板(A—B—3—4),以轴线间对应的构件为检测构件。本条规定了超声回弹综合法检测结构或构件测区布置的基本原则。所谓测区是指在结构或构件上同时进行超声、回弹测试的一个检测单元。

本规程规定,构件抽样数不应少于同批构件的30%,此规定严于现行国家标准《建筑结构检测技术标准》GB/T 50344 的规定。当用于一般施工质量检测和结构性能检测时,可按照《建筑结构检测技术标准》GB/T 50344—2004 规定的 A、B 检测类型抽样,见表1。

表1 建筑结构抽样检验的最小样本容量

检测批容量	检测类别和样本最小容量			检测批容量	检测类别和样本最小容量		
	A	B	C		A	B	C
2~8	2	2	3	501~1200	32	80	125
9~15	2	3	5	1201~3200	50	125	200
16~25	3	5	8	3201~10000	80	200	315
26~50	5	8	13	10001~35000	125	315	500
51~90	5	13	20	35001~150000	200	500	800
91~150	8	20	32	150001~500000	315	800	1250
151~280	13	32	50	>500000	500	1250	2000
281~500	20	50	80				

5.1.3 按批抽样检测时,符合1~4款条件的构件才可作为同批构件。

5.1.4~5.1.5 规定了在被测构件或结构上布置测区的具体要求。

5.1.6~5.1.7 提出了对综合法测试顺序和测区混凝土强度计算的规定。

5.2 回弹测试及回弹值计算

5.2.1 因建立测强曲线时是将回弹仪置于水平方向测试混凝土试件的成型侧面，所以在一般情况下，均应按此要求进行现场回弹测试。当结构或构件不能满足这一要求时，也可将回弹仪置于非水平方面（如测试屋架复杆、基础坡面等），或混凝土成型的表面、底面（如测试混凝土顶板，或已安装好的预制构件）进行测试，但测试时回弹仪的轴线方向应始终与结构或构件的测试面垂直。回弹值按本规程第5.2.5条和5.2.6条的规定进行修正。

5.2.2~5.2.3 规定了测区的测点数量和位置。

5.2.4 本条规定了测区回弹代表值的计算方法。从16个回弹值中剔除3个较大值和3个较小值，取余下10个回弹值的平均值作为测区回弹代表值。此种计算方法与其他国家有所不同，本方法的测试和计算十分简捷，不必在测试现场计算和补点，且标准差较小。按此法计算，与建立测强曲线时的计算方法一致，不会引入新的误差。

5.2.5~5.2.6 由于现场检测条件的限制，有时只能沿非水平方向检测混凝土浇筑方向的侧面，或者沿水平方向检测构件浇灌的表面或底面，此时对所测得的回弹值需按不同测试角度或不同测试面进行修正。

5.2.7 当回弹仪测试采用非水平方向且测试面为非混凝土浇筑方向的侧面时，回弹值应先进行角度修正，再对按角度修正后的回弹值进行测试面修正。测区回弹值取最后的修正结果。

5.3 超声测试及声速值计算

5.3.1 3个超声测点应布置在回弹测试的同一测区内。超声测试应采用对测或角测，当被测构件不具备对测或角测条件时（如地下室外墙、底板），可采用单面平测法。平测时两个换能器的连线应与附近钢筋的轴线保持40°~50°夹角，以避免钢筋的影响。大量实践证明，平测时测距宜采用350~450mm，以使接收信号首波清晰易辨认。角测和平测的具体测试方法见附录B。

5.3.2 使用耦合剂是为了保证换能器辐射面与混凝土测试面达到完全面接触，排除其间的空气和杂物。同时，每一测点均应使耦合层达到最薄，以保持耦合状态一致，这样才能保证声时测量条件的一致性。

5.3.3 本条对声时读数和测距量测的精度提出了严格要求。因为声速值准确与否，完全取决于声时和测距量测是否准确可靠。

5.3.4~5.3.5 规定了测区混凝土中声速代表值的计算和修正方法。测区混凝土中声速代表值是取超声测距除以测区内3个测点混凝土中声时平均值。当超声测点在浇筑方向的侧面对测或斜测时，声速不做修正。如只能沿构件浇筑的表面和底面对测时，测得的声速偏低，试验表明，沿此方向测得的声速需要乘以修正系数1.034。当只能在构件浇筑的表面或底面平测时，由于混凝土浇筑表面浮浆多，相对于侧面来说砂浆含量多石子含量小，因此测得的声速偏低；由于混凝土浇筑、振捣过程中石子下沉而导致底面层石子含量增多，因此测得的声速偏高。对比试验表明，与在侧面平测的声速相比较，在浇筑表面平测的声速约偏低5%左右,在浇筑底面平测的声速约偏高5%左右。

6 结构混凝土强度推定

6.0.1 本规程的强度换算适用于符合本条规定的普通混凝土。当与本条的规定有差异时,可从被测构件上钻取不少于4个$\phi 100 \times 100$mm混凝土芯样进行修正。

6.0.2 结构或构件的测区混凝土抗压强度换算值,是由相应测区修正后的回弹代表值和声速代表值按测强曲线计算得出的。为提高混凝土强度换算值的准确性和可靠性,应优先采用专用或地区测强曲线进行计算。当无专用或地区测强曲线时,通过验证试验后可按本规程附录C进行抗压强度换算值的计算。

本规程修订后的全国统一测强曲线收集补充了一批泵送混凝土、长龄期和高强混凝土等方面的测试数据。数据来源有:

1 原综合法规程的测强数据

根据查阅到的原测强曲线的数据资料,当时是按不同水泥(矿渣硅酸盐、普通硅酸盐)、粗骨料(卵石、碎石)和超声仪器(JC-2型、CTS-25型、SC-2型、英国PUNDIT型)测试的数据计算处理的,且对原数据强度进行了5%的调整。

2 收集了北京泵送混凝土数据

从北京市70多个站中选择了在近郊东、南、北区分布的20个商品混凝土供应站,为制定北京地区泵送混凝土测强曲线提供了2363组数据(北京地区的泵送混凝土地方标准已发布实施)。

3 收集了长龄期和高强混凝土数据

陕西省建科院提供了17、52年的长龄期混凝土数据;贵州中建院提供了16、18、22年的长龄期混凝土数据;浙江院提供了高强和泵送混凝土数据;中国建研院收集了高强和泵送混凝土数据;广西区建科院和安徽省建研院提供了综合法测强数据等。

4000多组数据的综合分析计算表明,本规程中卵石和碎石的测强曲线适用于:掺或不掺外加剂、粉煤灰、泵送剂;人工或一般机械搅拌、成型的混凝土、泵送混凝土;龄期为7~2000d的混凝土;强度为10~70MPa的结构或构件混凝土的强度检测推定。综合法测强曲线的系数值和统计分析指标见表2。

表2 综合法测强曲线的系数值和统计分析指标

序号	骨料种类	试件数量	回归系数			相关系数 r	标准差 s	相对误差(%)	平均相对误差(%)
			a	b	c				
1	卵石	4157	0.005599	1.438657	1.768646	0.9148	5.51	15.7	13.1
2	碎石	4390	0.016183	1.655800	1.406373	0.9122	5.33	15.3	12.5

6.0.3 试验表明,由于卵石和碎石的表面状态完全不同,混凝土内部界面的粘结状况也不相同。在相同的配合比时,碎石因表面粗糙,与砂浆界面粘结较好,因而混凝土的强度较高;卵石因表面光滑影响粘结,混凝土强度低。不同石子品种中超声波声速不相同,即使是同一石子品种而产地不同,声速也有差别。许多科研单位进行了大量的试验结果表

明，当石子品种不同时，应分别建立测强曲线。本规程按不同品种的粗骨料，分别建立了强度换算公式。

6.0.4 由于我国幅员辽阔，材料分散，混凝土品种繁多，生产工艺又不断改进，所建立的全国统一曲线很难适应全国各地的情况。因此，凡有条件的省、自治区、直辖市，可采用本地区常用的有代表性的材料、成型养护工艺和龄期为基本条件，制作一定数量的混凝土立方体试件，进行超声、回弹和抗压试验，建立本地区测强曲线或大型工程专用测强曲线。这种测强曲线，对于本地区或本工程来说，它的适应性和强度推定误差均优于全国统一曲线。本规程规定，专用测强曲线相对误差 $e_r \leqslant 12\%$；地区测强曲线相对误差 $e_r \leqslant 14\%$。

6.0.5 结构或构件混凝土强度的平均值和标准差是用各测区的混凝土强度换算值来计算。当按批推定混凝土强度时，如测区混凝土强度标准差超过本规程6.0.6条规定，说明该批构件的混凝土制作条件不尽相同，混凝土强度质量均匀性差，不能按批推定混凝土强度。

6.0.6 当现场检测条件与测强曲线的适用条件有较大差异时，需用同条件立方体试件或在测区钻取的混凝土芯样试件进行修正。修正的方法有修正系数法和修正量法，本规程采用修正系数法。在确定修正系数时，试件数量不应少于4个。工程实践和理论分析表明，修正系数估计的准确程度与确定修正系数的试件数量 n 有关，修正系数的标准差与试件数量的平方根 $\sqrt{n}$ 成反比。作为确定修正系数的试件取3个太少，但由于取芯工作量大，且不宜在结构上钻取过多数量的芯样，因此，综合考虑修正系数估计的准确度和取芯工作量，规定取样数量不少于4个。然后按公式（6.0.6-1）或（6.0.6-2）计算修正系数。

如从被测构件中钻取的混凝土芯样尺寸不符合本条的规定，则采用式（6.0.6-2）计算 η 时尚应按现行协会标准《钻芯法检测混凝土强度技术规程》CECS 03的规定考虑芯样强度与立方体试件强度的换算关系。

6.0.7 按本规程检测推定的混凝土抗压强度不等于施工现场取样成型并标准养护28d所得的试件抗压强度。因此，在正常情况下混凝土强度的验收与评定，应按现行国家标准执行。

当构件测区数少于10个小时，应按式（6.0.7-1）计算推定抗压强度。当构件测区数不少于10个时，应按式（6.0.7-2）计算推定抗压强度。当按批推定构件混凝土抗压强度时，也应按式（6.0.7-2）计算，但此时的强度平均值和标准差应采用该检验批中所有抽检构件的测区强度来计算。

当结构或构件的测区抗压强度换算值中出现小于10.0MPa的值时，该构件混凝土抗压强度推定值 $f_{cu,e}$ 应取小于10MPa。

如测区换算值小于10.0MPa或大于70.0MPa，因超出了本规程强度换算方法的适用范围，故该测区的混凝土抗压强度应表述为"<10.0MPa"，或">70.0MPa"。如构件测区中有小于10.0MPa的测区，因不能计算构件混凝土的强度标准差，则该构件混凝土的推定强度应表述为"10.0MPa"；如构件测区中有大于70.0MPa的测区，也不能计算构件混凝土的强度标准差，此时，构件混凝土抗压强度的推定值取该构件各测区中最小的测区混凝土抗压强度换算值。

6.0.8 对按批量检测的构件，如该批构件的混凝土质量不均匀，测区混凝土强度标准差大于规定的范围，则该批构件应全部按单个构件进行强度推定。

本条中，混凝土抗压强度平均值 $m_{f_{cu}^c} \leqslant 50MPa$ 时标准差 $s_{f_{cu}^c}$ 的限值，系按原规程的规定。$m_{f_{cu}^c} > 50MPa$ 时 $s_{f_{cu}^c}$ 的限值，是参考北京地区四个大型商品混凝土搅拌站生产的 C50～C60 混凝土的标养抗压强度统计数据确定的，见表 3。

表 3　C50～C60 混凝土标养抗压强度统计数据

序	单位名称	试件组数	平均值（MPa）	标准差（MPa）
1	中思成			
2	科实恒	1340	63.8	6.32
3	城建四公司			
4	建工六建公司			

注：每组三个试件取其平均值。

由表可见，C50～C60 混凝土的抗压强度标准差为 6.32MPa。所以，当结构或构件混凝土抗压强度平均值大于 50.0MPa 时，限制 $s_{f_{cu}^c}$ 不大于 6.50MPa 是合适的。

附录 A　建立专用或地区混凝土强度曲线的基本要求

建立专用或地区测强曲线的目的，是为了使测强曲线的使用条件尽可能地符合本地区或某一专项工程的实际情况，以减少工程检测中的验证和修正工作量，同时也可避免因修正不当带入新的误差因素，从而提高综合法检测混凝土强度的准确性和可靠性。因此，建立专用或地区测强曲线时，除了采用专项工程的混凝土原材料或本地区常用原材料，以及混凝土配合比外，还应严格控制试件的制作、养护及超声、回弹和抗压强度试验等每一操作环节，并注意观察、记录试验过程中的异常现象（如试件测试面是否平整、试件是否为标准立方体、测试时试件表面干湿状态、抗压破坏是否有偏心受压、混凝土中的石子含量偏多或偏少及分布是否均匀等），对明显异常的数据，应认真分析其原因再确定取舍。根据声速代表值、回弹代表值和试件抗压强度实测值进行回归分析、相关分析和误差分析，可得到混凝土强度曲线。根据回归方程的误差分析结果，也可针对误差特别大的个别数据进行分析判断，若系试验过程中带进的较大误差，可以剔除该数据后再进行回归分析。总之，建立测强曲线是一个技术性很强的工作，必须认真仔细、严肃对待。

除本规程附录 A 中式（A.0.8-1）推荐的回归方程形式外，如有其他更好的形式，只要满足第 6.0.4 条的要求都可以采用。

附录 B　超声波角测、平测和声速计算方法

B.1　超声波角测方法

B.1.1　有时被测构件旁边存在墙体、管道等障碍物，只有两个相邻表面可供检测，此时仍然可以进行综合测强，即在两个相邻表面的对应位置布置超声测点，采用丁角方法测量混凝土声速。

B.1.2　为使超声波能充分反映构件内部混凝土的质量，同时还要尽可能避开钢筋的影响，

布置超声测点时最好使换能器尽量离开构件边缘远一些（图 B.1.1）。计算分析表明，换能器中心点与构件边缘的距离只要不小于 200mm，即使混凝土声速小到 3.50～3.80km/s 也不会受钢筋的影响。在检测中可能会遇到一个表面较窄，另一表面较宽的构件，所以布置测点时不要求 l_1 与 l_2 相等，但二者相差不宜大于 2 倍。

B.1.3、B.1.4 大量对比试验表明，可采用 F、S 换能器中心点与构件边缘的距离 l_1、l_2，按几何学原理计算超声测距 l；用此测距 l 与角测的声时值计算所得的声速值，与对测的声速值没有明显差异，不需作任何修正。

B.2 超声波平测方法

B.2.1 原规程没有规定平测方法，但在实际工程检测中有时遇到被测构件只能提供一个测试表面（如道路、机场跑道、楼板、隧道、挡土墙等）。为了使本规程能适应各种类型构件的测试需要，这次修订增加了平测方法。所谓超声波平测法，就是将发射和接收换能器耦合于被测构件的同一表面上进行声时测量。因平测法只能反映浅层混凝土的质量，所以厚度较大的板式结构（如混凝土承台、筏板等）不宜用平测法，可沿结构表面每隔一定距离钻一个 $\phi 40mm \sim \phi 50mm$ 的超声测试孔，采用径向振动式换能器进行声速测量。

B.2.2 因为板式结构或构件的表面内侧常分布有钢筋网片，为了避开钢筋的影响，布置超声测点时应使发射和接收换能器的连线与测点附近钢筋的轴线保持一定夹角，一般可取 40°～50°。大量实践证明，平测时测距过小或过大，超声接收信号的首波起始点难以辨认，测读的声时误差较大。一般将发射、接收换能器中对中距离保持在 350～450mm，首波起始点较易辨认，便于进行声时测量。

B.2.3 模拟试验和在工程检测中所做的平测与对测比较表明，平测声速 v_p 与对测声速 v_d 之间存在差异，且差异并非固定值。平测声速受测试表面质量好坏的影响较大。当测试部位混凝土质量表里一致（表面光洁、平整且未受任何损伤）时，平测与对测的声速值差异不大，一般 $v_d/v_p = 1.00 \sim 1.03$；如果混凝土测试表面粗糙、疏松或存在微裂缝，则 v_p 与 v_d 之间的差异较大，一般 $v_d/v_p = 1.04 \sim 1.15$。在工程检测中，如有条件在同一测试部位（如剪力墙门洞附近）做平测和对测比较，则可求出实测修正系数 λ，可按 λ 对平测声速进行修正。

B.2.4 当无条件做对比测试时，可选取结构或构件有代表性的部位，改变发射和接收换能器之间的测距，逐点读取相应声时值，然后以测距 l_i 与对应的 t_i 求回归直线 $l = a + bt$，其中回归系数 b 相当于对测时的混凝土声速 v_d，然后以 v_d 与各测点平测声速 v_p 的平均值进行比较，即可求出该状态下的平测声速修正系数 λ。

下面是几个平测实例的回归分析结果（表 4）：

表 4　几个平测实例的回归分析结果

测点	测距（mm）	200	250	300	350	400	450	500	平均值
1	声时（μs）	54.6	63.4	72.2	85.0	97.8	109.8	113.8	
	平测声速（km/s）	3.66	3.94	4.16	4.12	4.09	4.10	4.39	4.07
	回归方程				$l = -48.85 + 4.68t$　　$r = 0.9947$　　$\lambda = 4.68/4.07 = 1.151$				

续表4

测点	测距（mm）	200	250	300	350	400	450	500	平均值
2	声时（μs）	54.6	71.8	82.6	97.8	114.6	120.6	126.0	
	平测声速（km/s）	3.66	3.48	3.63	3.58	3.49	3.73	3.97	3.65
	回归方程	\multicolumn{7}{c	}{$l = -28.74 + 3.97t$ $r = 0.9872$ $\lambda = 3.97/3.65 = 1.088$}	
3	声时（μs）	73.8	91.4	105.8	127.4	129.8	139.4	157.0	
	平测声速（km/s）	2.71	2.74	2.84	2.75	3.08	3.23	3.18	2.93
	回归方程	\multicolumn{7}{c	}{$l = 83.97 + 3.68t$ $r = 0.9862$ $\lambda = 3.68/2.93 = 1.257$}	
4	声时（μs）	48.2	64.6	80.6	87.4	98.6	111.4	125.0	
	平测声速（km/s）	4.15	3.87	3.72	4.00	4.06	4.04	4.00	3.98
	回归方程	\multicolumn{7}{c	}{$l = -6.84 + 4.06t$ $r = 0.9954$ $\lambda = 4.06/3.98 = 1.020$}	

注：测点 2 表面较好，修正系数 $\lambda = 1.02$；测点 1 表面较差，$\lambda = 1.151$；测点 3 表面较疏松，且有不规则微裂缝，$\lambda = 1.257$。

B.2.5 平测时混凝土声速的计算，应根据所测构件测试面的实际情况求出修正系数 λ 并对声速进行修正，然后进行混凝土抗压强度计算。

附录 C　测区混凝土抗压强度换算

本规程测强曲线中新增加了长龄期混凝土、高强混凝土和泵送混凝土的数据，故适用于符合第 6.0.2 条规定条件的普通混凝土。大量研究表明，混凝土粗骨料的品种和材质对综合法测强有较大影响，但全国不同地区的粗骨料岩石种类和材质差异很大，不可能逐一建立测强曲线，因此本规程提供的全国统一综合法测强曲线，只有卵石和碎石两个品种。当该两种测强曲线能适应某些地区的材质条件时，混凝土强度的测试误差较小，当与某些地区的材质条件不能适应时，混凝土强度的测试误差将很大，因此，使用该曲线前必须选通过验证的，不得盲目套用。

测区混凝土的抗压强度换算，可根据同一测区的声速修正代表值和回弹修正代表值直接从强度换算表中查得，也可采用强度换算曲线公式计算。如出现测区换算强度值小于 10.0MPa 或大于 70.0MPa，即超出换算曲线的适应范围时，该测区的抗压强度应表述为"<10.0MPa"或">70.0MPa"。

附录 D　综合法测定混凝土强度曲线的验证方法

当缺乏专用或地区测强曲线而需采用本规程规定的全国统一测强曲线时，应先按本附录的规定进行验证。

附录 E　用实测空气声速法校准超声仪

由物理学可知，空气中的声速除了随温度而变化外，受其他因素的影响很小。所以，采用测量空气中声速的方法定期检验仪器的性能,是一种简单易行的方法。该方法不仅检验仪器的计时机构是否可靠,还检验了仪器操作者的声时读取方法是否正确。一般说来,只要超声仪正常,操作人员的测试操作也准确无误,测试结果的相对误差 e_r 不应超过 $\pm 0.5\%$。如果出现 e_r 超过 $\pm 0.5\%$ 的情况,应首先复核测试操作是否正确,否则属于仪器计时系统不正常。

附录 F 超声回弹综合法检测记录表

附录 G 结构混凝土抗压强度计算表

两种表格供现场检测和数据汇总,以及留档存查之用。

附录 F 中,测区回弹代表值 R 应取 10 个测点有效回弹值 R_i 的平均值;测区声速代表值 v 应取 3 个测点声速值 $\left(v_i = \dfrac{l_i}{t_i - t_0}\right)$ 的平均值。

对测区数多于 10 个的构件,仍可利用附录 F、附录 G 中的表,只需在测区栏的序号上加一个"十"位数字而成为 11,12,……20 等即可。

中国工程建设标准化协会标准

钻芯法检测混凝土强度技术规程

Technical specification for
testing concrete strength with drilled core

CECS 03：2007

主编单位：中国建筑科学研究院
批准单位：中国工程建设标准化协会
施行日期：２００８年１月１日

前　言

根据中国工程建设标准化协会（2000）建标协字第 15 号文《关于印发中国工程建设标准化协会 2000 年第一批推荐性标准制、修订计划的通知》的要求，由中国建筑科学研究院会同有关科研单位对协会标准原《钻芯法检测混凝土强度技术规程》CECS 03：88 进行修订。

修订后本规程分为 7 章：1 总则；2 术语、符号；3 强度检测；4 主要设备；5 芯样的钻取；6 芯样的加工和试件的技术要求；7 芯样试件的试验和抗压强度值的计算。

本规程修订的主要技术内容是：1. 将钻芯检测混凝土强度技术的应用范围扩大到抗压强度不大于 80MPa；2. 增加了检测批混凝土强度的检验；3. 增加小直径芯样试件的应用；4. 在钻芯修正中提出了修正量的概念；5. 在抽样检测结构混凝土强度中引入了一定置信度条件下强度区间的概念。

根据国家计委计标 [1986] 1649 号文《关于请中国工程建设标准化委员会负责组织推荐性工程建设标准试点工作的通知》的要求，现批准发布协会标准《钻芯法检测混凝土强度技术规程》，编号为 CECS 03：2007，推荐给工程建设设计、施工和使用单位采用。自本规程施行之日起，原标准 CECS 03：88 废止。

本规程由中国工程建设标准化协会混凝土结构专业委员会 CECS/TC 5 归口管理，由中国建筑科学研究院建筑工程检测中心（北京市北三环东路 30 号，邮编 100013，传真：010—84288515）负责解释。在使用中如发现需要修改或补充之处，请将意见和资料径寄解释单位。

主 编 单 位：中国建筑科学研究院
参 编 单 位：国家建筑工程质量监督检验中心
　　　　　　　山东省建筑科学研究院
　　　　　　　河北省建筑科学研究院
　　　　　　　江苏省建筑科学研究院
　　　　　　　重庆市建筑科学研究院
　　　　　　　上海市建筑科学研究院
　　　　　　　贵州中建建筑科学研究院
　　　　　　　北京市建设工程质量监督总站
主要起草人：邸小坛　徐　骋　崔士起　路彦兴　刘敬思
　　　　　　　林文修　林力勋　韩跃红　沈云秀　周　燕
　　　　　　　缪　群　孔旭文　杨梅祥

中国工程建设标准化协会
2007 年 4 月 16 日

目　次

1 总则 …………………………………………………………… 542
2 术语、符号 …………………………………………………… 542
　2.1 术语 ……………………………………………………… 542
　2.2 符号 ……………………………………………………… 542
3 强度检测 ……………………………………………………… 543
　3.1 一般规定 ………………………………………………… 543
　3.2 钻芯确定混凝土强度推定值 …………………………… 543
　3.3 钻芯修正方法 …………………………………………… 544
4 主要设备 ……………………………………………………… 544
5 芯样的钻取 …………………………………………………… 545
6 芯样的加工和试件的技术要求 ……………………………… 546
7 芯样试件的试验和抗压强度值的计算 ……………………… 546
附录 A 混凝土抗拉强度测试方法 …………………………… 547
附录 B 推定区间系数表 ……………………………………… 548
本规程用词说明 ………………………………………………… 548
条文说明 ………………………………………………………… 550

1 总　则

1.0.1 为促进钻芯检测混凝土强度技术的发展和提高检测结果的可靠性，制定本规程。

1.0.2 本规程适用于钻芯方法检测结构中强度不大于80MPa的普通混凝土强度。

1.0.3 钻芯检测混凝土强度除应执行本规程的规定外，尚应符合国家现行有关标准的规定。

2 术语、符号

2.1 术　语

2.1.1 混凝土抗压强度值　compressive strength of concrete
由芯样试件得到的结构混凝土在检测龄期相当于边长为150mm立方体试块的抗压强度。

2.1.2 混凝土强度推定值　estimated strength of concrete
结构混凝土在检测龄期相当于边长为150mm立方体试块抗压强度分布中的0.05分位值的估计值。

2.1.3 置信度　confidence level
被测试量的真值落在某一区间的概率。

2.1.4 推定区间　estimate interval
被测试量的真值落在指定置信度的范围。该范围由用于强度推定的上限值和下限值界定。

2.1.5 标准芯样试件　standard core specimen
取芯质量符合要求且芯样公称直径为100mm、高径比为1:1的混凝土圆柱体试件。

2.1.6 检测批　inspection lot
在相同的混凝土强度等级、生产工艺、原材料、配合比、成型工艺、养护条件下生产并提交检测的一定数量构件。

2.1.7 随机抽取　draw an item at random
在检测批中随机地、等概率地抽取任一个个体。

2.2 符　号

A——芯样试件截面面积；

F——芯样试件试验得到的最大测试力；

H——抗压芯样试件的高度；

S_{cor}——芯样试件强度样本的标准差；

D——芯样试件的平均直径；

f_{cu}——间接方法得到的混凝土抗压强度换算值；

$f_{cu,e}$——混凝土强度推定值；

$f_{cu,cor}$——芯样试件的混凝土抗压强度值；
$f_{cu,e1}$——混凝土抗压强度的推定上限值；
$f_{cu,e2}$——混凝土抗压强度的推定下限值；
k_1，k_2——推定区间上限值系数和下限值系数；
Δf——修正量。

3 强 度 检 测

3.1 一 般 规 定

3.1.1 从结构中钻取的混凝土芯样应加工成符合规定的芯样试件。

3.1.2 芯样试件混凝土的强度应通过对芯样试件施加作用力的试验方法确定。

3.1.3 抗压试验的芯样试件宜使用标准芯样试件，其公称直径不宜小于骨料最大粒径的3倍；也可采用小直径芯样试件，但其公称直径不应小于70mm且不得小于骨料最大粒径的2倍。

3.1.4 钻芯法可用于确定检测批或单个构件的混凝土强度推定值；也可用于钻芯修正方法修正间接强度检测方法得到的混凝土抗压强度换算值。

3.1.5 芯样试件的混凝土抗拉强度可按附录A测定。

3.2 钻芯确定混凝土强度推定值

3.2.1 钻芯法确定检测批的混凝土强度推定值时，取样应遵守下列规定：

　　1 芯样试件的数量应根据检测批的容量确定。标准芯样试件的最小样本量不宜少于15个，小直径芯样试件的最小样本量应适当增加。

　　2 芯样应从检测批的结构构件中随机抽取，每个芯样应取自一个构件或结构的局部部位，且取芯位置应符合本规程第5.0.2条的要求。

3.2.2 检测批混凝土强度的推定值应按下列方法确定：

　　1 检测批的混凝土强度推定值应计算推定区间，推定区间的上限值和下限值按下列公式计算：

$$上限值 \quad f_{cu,e1} = f_{cu,cor,m} - k_1 S_{cor} \tag{3.2.2-1}$$

$$下限值 \quad f_{cu,e2} = f_{cu,cor,m} - k_2 S_{cor} \tag{3.2.2-2}$$

$$平均值 \quad f_{cu,cor,m} = \frac{\sum_{i=1}^{n} f_{cu,cor,i}}{n} \tag{3.2.2-3}$$

$$标准差 \quad S_{cor} = \sqrt{\frac{\sum_{i=1}^{n}(f_{cu,cor,i} - f_{cu,cor,m})^2}{n-1}} \tag{3.2.2-4}$$

式中　$f_{cu,cor,m}$——芯样试件的混凝土抗压强度平均值（MPa），精确至0.1MPa；
　　　　$f_{cu,cor,i}$——单个芯样试件的混凝土抗压强度值（MPa），精确至0.1MPa；

$f_{cu,e1}$——混凝土抗压强度推定上限值（MPa），精确至0.1MPa；
$f_{cu,e2}$——混凝土抗压强度推定下限值（MPa），精确至0.1MPa；
k_1，k_2——推定区间上限值系数和下限值系数，按附录B查得；
S_{cor}——芯样试件抗压强度样本的标准差（MPa），精确至0.1 MPa。

2 $f_{cu,e1}$和$f_{cu,e2}$所构成推定区间的置信度宜为0.85，$f_{cu,e1}$与$f_{cu,e2}$之间的差值不宜大于5.0MPa和$0.10 f_{cu,cor,m}$两者的较大值；

3 宜以$f_{cu,e1}$作为检测批混凝土强度的推定值。

3.2.3 钻芯确定检测批混凝土强度推定值时，可剔除芯样试件抗压强度样本中的异常值。剔除规则应按现行国家标准《数据的统计处理和解释 正态样本异常值的判断和处理》GB/T 4883的规定执行。当确有试验依据时，可对芯样试件抗压强度样本的标准差S_{cor}进行符合实际情况的修正或调整。

3.2.4 钻芯确定单个构件的混凝土强度推定值时，有效芯样试件的数量不应少于3个；对于较小构件，有效芯样试件的数量不得少于2个。

3.2.5 单个构件的混凝土强度推定值不再进行数据的舍弃，而应按有效芯样试件混凝土抗压强度值中的最小值确定。

3.3 钻芯修正方法

3.3.1 对间接测强方法进行钻芯修正时，宜采用修正量的方法，也可采用其他形式的修正方法。

3.3.2 当采用修正量的方法时，芯样试件的数量和取芯位置应符合下列要求：

1 标准芯样试件的数量不应少于6个，小直径芯样试件数量宜适当增加；

2 芯样应从采用间接检测方法的结构构件中随机抽取，取芯位置应符合本规程第5.0.2条的规定；

3 当采用的间接检测方法为无损检测方法时，钻芯位置应与间接检测方法相应的测区重合；

4 当采用的间接检测方法对结构构件有损伤时，钻芯位置应布置在相应测区的附近。

3.3.3 钻芯修正后的换算强度可按下列公式计算：

$$f_{cu,i0} = f_{cu,i} + \Delta f \qquad (3.3.3-1)$$

$$\Delta f = f_{cu,cor,m} - f^c_{cu,mj} \qquad (3.3.3-2)$$

式中 $f_{cu,i0}$——修正后的换算强度；

$f_{cu,i}$——修正前的换算强度；

Δf——修正量；

$f_{cu,mj}$——所用间接检测方法对应芯样测区的换算强度的算术平均值。

3.3.4 由钻芯修正方法确定检测批的混凝土强度推定值时，应采用修正后的样本算术平均值和标准差，并按本规程第3.2.2条、第3.2.3条规定的方法确定。

4 主 要 设 备

4.0.1 钻取芯样及芯样加工、测量的主要设备与仪器均应有产品合格证，计量器具应有检定证书并在有效使用期内。

4.0.2 钻芯机应具有足够的刚度、操作灵活、固定和移动方便，并应有水冷却系统。

4.0.3 钻取芯样时宜采用人造金刚石薄壁钻头。钻头胎体不得有肉眼可见的裂缝、缺边、少角、倾斜及喇叭口变形。

4.0.4 锯切芯样时使用的锯切机和磨平芯样的磨平机，应具有冷却系统和牢固夹紧芯样的装置；配套使用的人造金刚石圆锯片应有足够的刚度。

4.0.5 芯样宜采用补平装置（或研磨机）进行芯样端面加工。补平装置除应保证芯样的端面平整外，尚应保证芯样端面与芯样轴线垂直。

4.0.6 探测钢筋位置的定位仪，应适用于现场操作，最大探测深度不应小于60mm，探测位置偏差不宜大于±5mm。

5 芯样的钻取

5.0.1 采用钻芯法检测结构混凝土强度前，宜具备下列资料：
   1 工程名称（或代号）及设计、施工、监理、建设单位名称；
   2 结构或构件种类、外形尺寸及数量；
   3 设计混凝土强度等级；
   4 检测龄期，原材料（水泥品种、粗骨料粒径等）和抗压强度试验报告；
   5 结构或构件质量状况和施工中存在问题的记录；
   6 有关的结构设计施工图等。

5.0.2 芯样宜在结构或构件的下列部位钻取：
   1 结构或构件受力较小的部位；
   2 混凝土强度具有代表性的部位；
   3 便于钻芯机安放与操作的部位；
   4 避开主筋、预埋件和管线的位置。

5.0.3 钻芯机就位并安放平稳后，应将钻芯机固定。固定的方法应根据钻芯机的构造和施工现场的具体情况确定。

5.0.4 钻芯机在未安装钻头之前，应先通电检查主轴旋转方向（三相电动机）。

5.0.5 钻芯时用于冷却钻头和排除混凝土碎屑的冷却水的流量，宜为3～5L/min。

5.0.6 钻取芯样时应控制进钻的速度。

5.0.7 芯样应进行标记。当所取芯样高度和质量不能满足要求时，则应重新钻取芯样。

5.0.8 芯样应采取保护措施，避免在运输和贮存中损坏。

5.0.9 钻芯后留下的孔洞应及时进行修补。

5.0.10 在钻芯工作完毕后，应对钻芯机和芯样加工设备进行维修保养。

5.0.11 钻芯操作应遵守国家有关安全生产和劳动保护的规定，并应遵守钻芯现场安全生产的有关规定。

6 芯样的加工和试件的技术要求

6.0.1 抗压芯样试件的高度与直径之比（H/d）宜为1.00。

6.0.2 芯样试件内不宜含有钢筋。当不能满足此项要求时，抗压试件应符合下列要求：

  1 标准芯样试件，每个试件内最多只允许有2根直径小于10mm的钢筋；

  2 公称直径小于100mm的芯样试件，每个试件内最多只允许有一根直径小于10mm的钢筋；

  3 芯样内的钢筋应与芯样试件的轴线基本垂直并离开端面10mm以上。

6.0.3 锯切后的芯样应进行端面处理，宜采取在磨平机上磨平端面的处理方法。承受轴向压力芯样试件的端面，也可采取下列处理方法：

  1 用环氧胶泥或聚合物水泥砂浆补平；

  2 抗压强度低于40MPa的芯样试件，可采用水泥砂浆、水泥净浆或聚合物水泥砂浆补平，补平层厚度不宜大于5mm；也可采用硫磺胶泥补平，补平层厚度不宜大于1.5mm。

6.0.4 在试验前应按下列规定测量芯样试件的尺寸：

  1 平均直径用游标卡尺在芯样试件中部相互垂直的两个位置上测量，取测量的算术平均值作为芯样试件的直径，精确至0.5mm；

  2 芯样试件高度用钢卷尺或钢板尺进行测量，精确至1mm；

  3 垂直度用游标量角器测量芯样试件两个端面与母线的夹角，精确至0.1°；

  4 平整度用钢板尺或角尺紧靠在芯样试件端面上，一面转动钢板尺，一面用塞尺测量钢板尺与芯样试件端面之间的缝隙；也可采用其他专用设备量测。

6.0.5 芯样试件尺寸偏差及外观质量超过下列数值时，相应的测试数据无效：

  1 芯样试件的实际高径比（H/d）小于要求高径比的0.95或大于1.05；

  2 沿芯样试件高度的任一直径与平均直径相差大于2mm；

  3 抗压芯样试件端面的不平整度在100mm长度内大于0.1mm；

  4 芯样试件端面与轴线的不垂直度大于1°；

  5 芯样有裂缝或有其他较大缺陷。

7 芯样试件的试验和抗压强度值的计算

7.0.1 芯样试件应在自然干燥状态下进行抗压试验。

7.0.2 当结构工作条件比较潮湿，需要确定潮湿状态下混凝土的强度时，芯样试件宜在20±5℃的清水中浸泡40~48h，从水中取出后立即进行试验。

7.0.3 芯样试件抗压试验的操作应符合现行国家标准《普通混凝土力学性能试验方法标准》GB/T 50081中对立方体试块抗压试验的规定。

7.0.4 混凝土的抗压强度值，应根据混凝土原材料和施工工艺通过试验确定，也可按本规程第7.0.5条的规定确定。

7.0.5 芯样试件的混凝土抗压强度值可按下式计算：

$$f_{\text{cu,cor}} = F_c/A \tag{7.0.5}$$

式中 $f_{cu,cor}$——芯样试件的混凝土抗压强度值（MPa）；
F_c——芯样试件的抗压试验测得的最大压力（N）；
A——芯样试件抗压截面面积（mm²）。

附录 A 混凝土抗拉强度测试方法

A.1 轴心抗拉强度

A.1.1 承受轴向拉力的芯样试件，可用建筑结构胶在试件两个端面粘贴特制的钢卡具，两个钢卡具的平面板部分应平行，拉杆轴线应与芯样试件的轴线重合。

A.1.2 芯样试件的轴心抗拉强度试验应符合下列规定：

1 拉杆与抗拉垫板之间宜为铰接或采取其他措施，消除拉杆轴线与试件轴线不重合带来的影响；

2 拉杆轴线与芯样试件轴线重合度的偏差不应大于1mm；

3 加荷速度可参照现行国家标准《普通混凝土力学性能试验方法标准》GB/T 50081中其他试验方法的相关规定，加载方式如图 A.1.2 所示。

A.1.3 承受轴向拉力芯样试件的混凝土轴心抗拉强度可按下式计算：

$$f_{t,cor} = F_t/A_t \tag{A.1.3}$$

式中 F_t——芯样试件抗拉试验测得的最大拉力（N）；
A_t——芯样试件抗拉破坏截面面积（mm²）。

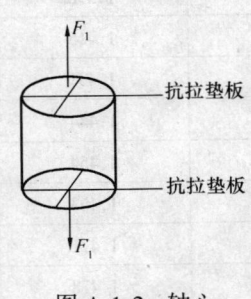 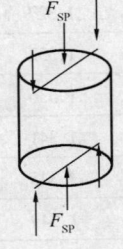

图 A.1.2 轴心抗拉试验　　　　图 A.2.1 劈裂抗拉试验

A.2 劈裂抗拉强度

A.2.1 芯样试件劈裂抗拉强度试验的操作应符合现行国家标准《普通混凝土力学性能试验方法标准》GB/T 50081中对立方体试块劈裂试验的规定，劈裂荷载可按图 A.2.1 所示的方式施加。

A.2.2 芯样试件混凝土的劈裂抗拉强度可按下式计算：

$$f_{cts} = 0.637 F_{spl,cor}/A_{ts} \tag{A.2.2}$$

式中 $F_{spl,cor}$——芯样试件劈裂抗拉试验测得的最大劈裂力（N）；
A_{ts}——芯样试件劈裂抗拉破坏截面面积（mm²）。

附录 B 推定区间系数表

B.0.1 在置信度 0.85 条件下，试件数与上限值系数、下限值系数的关系（表 B.0.1）。

表 B.0.1 上、下限值系数

试件数 n	k_1 (0.10)	k_2 (0.05)	试件数 n	k_1 (0.10)	k_2 (0.05)
15	1.222	2.566	37	1.360	2.149
16	1.234	2.524	38	1.363	2.141
17	1.244	2.486	39	1.366	2.133
18	1.254	2.453	40	1.369	2.125
19	1.263	2.423	41	1.372	2.118
20	1.271	2.396	42	1.375	2.111
21	1.279	2.371	43	1.378	2.105
22	1.286	2.349	44	1.381	2.098
23	1.293	2.328	45	1.383	2.092
24	1.300	2.309	46	1.386	2.086
25	1.306	2.292	47	1.389	2.081
26	1.311	2.275	48	1.391	2.075
27	1.317	2.260	49	1.393	2.070
28	1.322	2.246	50	1.396	2.065
29	1.327	2.232	60	1.415	2.022
30	1.332	2.220	70	1.431	1.990
31	1.336	2.208	80	1.444	1.964
32	1.341	2.197	90	1.454	1.944
33	1.345	2.186	100	1.463	1.927
34	1.349	2.176	110	1.471	1.912
35	1.352	2.167	120	1.478	1.899
36	1.356	2.158	—	—	—

本规程用词说明

1 为便于在执行本规程条文时区别对待，对要求严格程度不同的用词说明如下：
1）表示很严格，非这样做不可的：
正面词采用"必须"；
反面词采用"严禁"。
2）表示严格，在正常情况下均应这样做的：
正面词采用"应"；
反面词采用"不应"或"不得"。

3）表示允许稍有选择，在条件许可时首先应这样做的：
正面词采用"宜"；
反面词采用"不宜"。
4）表示有选择，在一定条件下可以这样做的：
正面词采用"可"；
反面词采用"不可"。

2 条文中指定应按其他有关标准执行时，写法为"应按……执行"或"应符合……的要求（或规定）"。非必须按所指定的标准执行时，写法为"可参照……执行"。

中国工程建设标准化协会标准

钻芯法检测混凝土强度技术规程

CECS 03:2007

条 文 说 明

目 次

1 总则 ………………………………………………………………… 552
3 强度检测 …………………………………………………………… 552
   3.1 一般规定 ……………………………………………………… 552
   3.2 钻芯确定混凝土强度推定值 ………………………………… 552
   3.3 钻芯修正方法 ………………………………………………… 553
4 主要设备 …………………………………………………………… 554
5 芯样的钻取 ………………………………………………………… 554
6 芯样的加工和试件的技术要求 …………………………………… 554
7 芯样试件的试验和抗压强度值的计算 …………………………… 555

1 总 则

1.0.1 本规程修订的宗旨是扩大钻芯检测混凝土强度技术的应用范围，提高检测结果的可信程度，本规程引入了 ISO 等国际组织提出的测量结果不确定度的概念，体现了检测结果的可信程度。

1.0.2 本规程编制组进行了立方体抗压强度 f_{cu} 为 10～100MPa 普通混凝土芯样试件的试验研究，考虑到与其他规范的衔接，本规程将钻芯法检测普通混凝土强度技术的适用范围扩大至立方体抗压强度为 80MPa。当钻芯法与回弹、超声、超声-回弹或后装拔出法等混凝土强度间接测试方法配合使用时，可用芯样抗压强度值对其他间接测试方法的结果进行修正。

1.0.3 本条指出混凝土强度的检验与评定应按现行国家标准《混凝土强度检验评定标准》GBJ 107 的规定执行。

3 强度检测

3.1 一般规定

3.1.1 混凝土芯样加工后的平整度、垂直度、端面处理情况等均会对芯样强度构成影响，故本条强调了混凝土芯样的加工应符合本规程要求。

3.1.2 钻芯检测混凝土强度是一种直接测定混凝土强度的检测技术。直接对芯样试件施加作用力得到混凝土强度的检测方法。

3.1.3 根据编制组的大量试验研究和国内其他试验研究数据，在抗压试验中，使用标准芯样试件样本的标准差相对较小，使用小直径芯样试件可能会造成样本的标准差增大，因此宜使用标准芯样试件确定混凝土抗压强度值。在一定条件下，公称直径 70～75mm 芯样试件抗压强度值的平均值与标准试件抗压强度值的平均值基本相当。因此，允许有条件地使用小直径芯样试件。

3.1.4 检测结果的不确定性（偏差）源于系统、随机和检测操作三个方面。钻芯法检测混凝土强度的系统偏差较小，而强度样本的标准差相对较大（随机性偏差与样本的容量少有关）。间接检测方法可以获得较多检测数据，样本的标准差可能与检测批混凝土强度的实际情况比较接近。钻芯法与间接检测方法结合使用，可扬长避短，减少检测工作中的不确定性。

3.1.5 结构工程检测有时需要确定混凝土的抗拉强度，对芯样试件施加劈裂力和轴向拉力的方法可以测试混凝土的抗拉强度。

3.2 钻芯确定混凝土强度推定值

3.2.1 根据编制组的大量试验研究并结合工程实例，提出了标准芯样试件的最小样本容量，这与欧洲有关标准的规定相一致。合适的芯样试件数量宜满足第 3.2.2 条关于推定区间的要求。

3.2.2 本条对检测批混凝土强度推定值的确定进行了规定：

1 检测批混凝土强度推定区间的确定方法。由于抽样检测必然存在着抽样不确定性，给出确定的推定值必然与检测批混凝土强度值的真值存在偏差，因此给出一个推定区间更为合理。推定区间是对检测批混凝土相应强度真值的估计区间。按此规定给出的推定区间符合现行国家标准《建筑工程施工质量验收统一标准》GB 50300 的相关规定，错判概率小于 0.05，漏判概率小于 0.10。

例如：芯样试件抗压强度平均值 $f_{cu,cor,m}$ = 30.4MPa，S_{cor} = 3.64MPa，样本容量 n = 20；由附录 B 得到 k_1 = 1.271，k_2 = 2.396；推定区间上限：$f_{cu,e1}$ = 30.4 − 1.271 × 3.64 = 25.8MPa；推定区间下限：$f_{cu,e2}$ = 30.4 − 2.396 × 3.64 = 21.7MPa。

2 对推定区间进行控制，包括推定区间的置信度、上限值与下限值之差值 ΔK，$\Delta K = (k_2 - k_1) S_{cor}$。减小样本的标准差，合理确定芯样试件的数量是满足推定区间要求的两个因素。表 1 给出样本容量 n 与 S_{cor} 和 ΔK 之间的关系，推定区间的置信度为 0.85。

表1 样本容量 n 与 S_{cor} 和 ΔK 之间关系

样本容量 n	15	20	25	30	35
样本标准差 S_{cor}（MPa）	3.7	4.4	5.0	5.6	6.1
区间控制 ΔK（MPa）	4.97	4.95	4.93	4.97	4.97

从表 1 中可以看出：当样本容量 n = 15，样本标准差 s_{cor} = 3.7MPa 时，可以满足推定区间置信度为 0.85，$\Delta K \leqslant 50$MPa 的要求。

$f_{cu,cor,m}$、S_{cor} 和 ΔK 与样本容量 n 之间的关系（表2），推定区间的置信度为 0.85。

表2 $f_{cu,cor,m}$、S_{cor} 和 ΔK 与 n 之间关系

$f_{cu,cor,m}$ (MPa)	ΔK (MPa)	S_{cor}（MPa）				
		5.0	6.0	7.0	8.0	9.0
		样本容量 n				
60	6.0	18	25	32	41	大于50
70	7.0	/	19	25	31	38
80	8.0	/	16	20	25	30

从表 2 中可以看出，当 ΔK = 7.0MPa，S_{cor} = 6.0MPa 时，样本容量不应少于 19 个。

以检测批混凝土强度推定区间的上限值作为混凝土工程施工质量的评定界限，符合现行国家标准《建筑工程施工质量验收统一标准》GB 50300 关于错判概率不大于 0.05 的规定；芯样试件抗压强度值一般不会高出结构混凝土的实际强度，一般略低于实际强度。

3.2.3 异常数据的舍弃应有一定的规则，本条提供了异常数据的舍弃标准。经大量试验研究的结果表明：芯样试件抗压强度样本的标准差一般大于立方体试块的标准差，小直径芯样试件抗压强度样本的标准差更大。因此，允许根据实际情况适当调整芯样试件抗压强度样本的标准差。但是，调整要有试验依据，而且要事先将调整方法告知委托方。

3.3 钻芯修正方法

3.3.1 本条建议钻芯修正采用修正量的方法。修正实际上是对成对观测的两个均值进行

比较，修正量的概念与现行国家标准《数据的统计处理和解释 在成对观测值情形下两个均值的比较》GB/T 3361 的概念相符。欧洲标准《Assessment of concrete compressive strength in structures or in structural elements》EN 13791 也采取修正量的方法。修正量方法只对间接方法测得的混凝土强度的平均值进行修正，不修正标准差。因此，可能更适合钻芯法的特点。

3.3.2 本条提出钻芯修正所需标准芯样试件的数量要求与现行国家标准《建筑结构检测技术标准》GB/T 50344 的要求一致，并对芯样钻取原则和部位提出要求。应指出的是，随机抽样与目前常用的随意抽样存在着本质上的区别。

3.3.3 本条对钻芯修正和修正量的计算进行了规定。

3.3.4 关于推定区间及其要求参见第 3.2.2 条的条文说明。

4 主 要 设 备

4.0.1~4.0.5 钻芯机、锯切机等主要设备的技术性能直接影响到芯样的质量，影响到芯样试件抗压强度样本的标准差。因此，每台设备均应有产品合格证并满足相应的要求。

4.0.6 本条提出了对定位仪的技术要求。

5 芯样的钻取

5.0.1 本条提出了需要了解的一些关于结构混凝土质量的主要内容。

5.0.2 合理选择钻芯位置可减小测试误差、避免出现意外事故。

5.0.3 在钻芯过程中，如固定不稳，钻芯机容易发生晃动和位移，不仅影响钻芯机和钻头的使用寿命，而且很容易发生卡钻或芯样折断事故。

5.0.4 在没有安装钻头之间，应先通电检查主轴旋转方向是否正确。如果先安钻头后通电试验，一旦方向相反则主轴与连接头变成退扣旋转，容易把钻头甩掉而造成事故。

5.0.5 钻芯机必须通冷却水才能达到冷却钻头和排出混凝土碎屑的目的。在高温下会使金刚石钻头烧损，混凝土碎屑不能及时排除不仅加速钻头的磨损，还会影响进钻速度和芯样表面质量。

5.0.6 采用较高的进钻速度会加大芯样的损伤。因此，应控制进钻速度。

5.0.7 本条强调对芯样应进行标记，防止芯样位置出现混乱，对结构构件混凝土强度的评定造成影响。

5.0.9 钻取芯样后的构件应及时对孔洞进行修补，以保证结构的工作性能。

6 芯样的加工和试件的技术要求

6.0.1 由于目前芯样锯切机使用比较普遍，因此只规定高径比为 1.00 的芯样试件。

6.0.2 对芯样试件中的钢筋作出规定。

6.0.3 对芯样试件端面加工提出要求。锯切后芯样的端面感观上比较平整，但一般不能符合抗压试件的要求。山东省建筑科学研究院的试验研究表明，锯切芯样的抗压强度比端面加工后芯样试件的抗压强度降低10%～30%。

6.0.5 对芯样试件提出相应要求，目的是减小测试偏差和样本的标准差。

7 芯样试件的试验和抗压强度值的计算

7.0.1 芯样试件一般应在自然干燥的状态下进行试验。

7.0.2 芯样试件的含水量对强度有一定影响，含水愈多则强度愈低。一般来说，强度等级高的混凝土强度降低较少，强度等级低的混凝土强度降低较多。因此建议自然干燥状态与潮湿状态两种试验情况。

7.0.3 芯样试件进行抗压试验时，对于压力机及压板的精度要求和试验步骤，与立方体试块是一样的，应按现行国家标准《普通混凝土力学性能试验方法》GB/T 50081中的立方体试块抗压试验方法进行。

7.0.4 本条对芯样试件混凝土抗压强度值的计算提出要求。我国地域辽阔，混凝土品种较多，各检测单位芯样试件加工水平不同，因此按照同一规律从芯样试件抗压强度值得出结构混凝土强度必然会出现系统不确定性较大的问题。因此，本规程要求检测单位进行相应的试验研究，得出适合本地区材料特性且反映检验机构芯样试件加工水平的关系。

但是，在承担检测任务时，必须事先向委托方明确所要使用的计算关系。

7.0.5 根据本规程编制组中国建筑科学研究院、山东省建筑科学研究院、重庆市建筑科学研究院和河北省建筑科学研究院的试验研究，标准芯样试件的抗压强度与同条件养护同龄期150mm立方体试块的抗压强度基本相当。而江苏省建筑科学研究院的试验表明，有时立方体试块的抗压强度略高，有时芯样试件的抗压强度略高。关于小直径芯样试件，中国建筑科学研究院、山东省建筑科学研究院、重庆市建筑科学研究院和河北省建筑科学研究院的试验研究，高径比为1:1时，公称直径为70～75mm芯样试件的抗压强度与标准芯样试件的抗压强度基本相当。因此本规程提出（7.0.5）的强度计算公式。原规程强度换算公式中有个高径比换算系数 β，由于近几年芯样加工水平的大幅提高，已完全能满足高径比1:1的要求，故将系数 β 取消。

国内也有一些单位的研究表明：有的小直径芯样的抗压强度高，有的小直径芯样的抗压强度低。芯样试件的抗压强度与芯样钻取时混凝土的龄期和强度、混凝土的种类、原材料的种类、进钻速度、试件加工的质量等多种因素有关。这类问题可按本规程第7.0.4条的规定采取相应的处理方法。

有些检测机构提出：将计算强度除以0.88的系数得到标养立方体试块的抗压强度。试验研究表明：同品种混凝土的标准养护立方体试块抗压强度与自然养护构件中钻取的标准芯样试件的抗压强度之间没有固定的换算关系，有时前者略高，有时后者略高。

中国工程建设标准化协会标准

超声法检测混凝土缺陷技术规程

Technical specification for inspection of
concrete defects by ultrasonic method

CECS 21:2000

主编单位：陕西省建筑科学研究设计院 上海同济大学
批准单位：中国工程建设标准化协会
实施日期：2001年1月1日

前　言

根据中国工程建设标准化协会（98）建标协字第 08 号《关于下达 1998 年第一批推荐性标准编制计划的函》的要求，制订本标准。

本规程是在《超声法检测混凝土缺陷技术规程》CECS 21：90 的基础上，吸收国内外超声检测仪器最新成果和超声检测技术的新经验，结合我国建设工程中混凝土质量控制与检测的实际需要进行修订的。

本规程的主要内容包括超声法检测混凝土缺陷的适用范围，检测设备技术要求，声学参数测量方法，混凝土裂缝深度、混凝土不密实区、新老混凝土结合质量、灌注桩和钢管混凝土缺陷等的检测及判断方法。

本规程主要对"超声波检测设备"及"声学参数测量"两章作了全面修订；将原"浅裂缝检测"和"深裂缝检测"两章合并成"裂缝深度检测"一章；删除了"匀质性检测"一章；对平测裂缝深度的判定、混凝土密实性检测的异常数据判断和表面损伤层检测的数据处理等方法做了补充和完善；增加了灌注桩和钢管混凝土缺陷检测。

现批准协会标准《超声法检测混凝土缺陷技术规程》，编号为 CECS 21：2000，推荐给工程建设设计、施工、使用单位采用。本规程由中国工程建设标准化协会混凝土结构委员会归口管理，由陕西省建筑科学研究设计院（陕西省西安市环城西路北段 272 号，邮编：710082）负责解释。在使用中如发现需要修改和补充之处，请将意见和资料寄解释单位。

主编单位：陕西省建筑科学研究设计院
　　　　　　上海同济大学
参编单位：中国建筑科学研究院结构研究所
　　　　　　水利电力部南京水利科学研究院
　　　　　　北京市建筑工程质检中心第三检测所
　　　　　　重庆市建筑科学研究院
主要起草人：张治泰　李乃平　李为杜　林维正
　　　　　　　张仁瑜　罗骐先　濮存亭　林文修

中国工程建设标准化协会
2000 年 11 月 10 日

目　次

1 总则 …………………………………………………………………… 560
2 术语、符号 …………………………………………………………… 560
　2.1 术语 ……………………………………………………………… 560
　2.2 主要符号 ………………………………………………………… 560
3 超声波检测设备 ……………………………………………………… 561
　3.1 超声波检测仪的技术要求 ……………………………………… 561
　3.2 换能器的技术要求 ……………………………………………… 562
　3.3 超声波检测仪的检定 …………………………………………… 562
4 声学参数测量 ………………………………………………………… 562
　4.1 一般规定 ………………………………………………………… 562
　4.2 声学参数测量 …………………………………………………… 563
5 裂缝深度检测 ………………………………………………………… 564
　5.1 一般规定 ………………………………………………………… 564
　5.2 单面平测法 ……………………………………………………… 564
　5.3 双面斜测法 ……………………………………………………… 565
　5.4 钻孔对测法 ……………………………………………………… 566
6 不密实区和空洞检测 ………………………………………………… 567
　6.1 一般规定 ………………………………………………………… 567
　6.2 测试方法 ………………………………………………………… 567
　6.3 数据处理及判断 ………………………………………………… 568
7 混凝土结合面质量检测 ……………………………………………… 569
　7.1 一般规定 ………………………………………………………… 569
　7.2 测试方法 ………………………………………………………… 569
　7.3 数据处理及判断 ………………………………………………… 570
8 表面损伤层检测 ……………………………………………………… 570
　8.1 一般规定 ………………………………………………………… 570
　8.2 测试方法 ………………………………………………………… 570
　8.3 数据处理及判断 ………………………………………………… 571
9 灌注桩混凝土缺陷检测 ……………………………………………… 571
　9.1 一般规定 ………………………………………………………… 571
　9.2 埋设超声检测管 ………………………………………………… 571
　9.3 检测前的准备 …………………………………………………… 572
　9.4 检测方法 ………………………………………………………… 572
　9.5 数据处理与判断 ………………………………………………… 573

10 钢管混凝土缺陷检测 …… 574
　10.1 一般规定 …… 574
　10.2 检测方法 …… 574
　10.3 数据处理与判断 …… 574
附录A 测量空气声速进行声时计量校验 …… 575
附录B 径向振动式换能器声时初读数（t_{00}）的测量 …… 576
附录C 空洞尺寸估算方法 …… 576
本规程用词说明 …… 577
条文说明 …… 578

1 总 则

1.0.1 为了统一超声法检测混凝土缺陷的检测程序和测试判定方法，提高检测结果的可靠性，制定本规程。

1.0.2 本规程适用于超声法检测混凝土的缺陷。

1.0.3 缺陷检测系指对混凝土内部空洞和不密实区的位置和范围、裂缝深度、表面损伤层厚度、不同时间浇筑的混凝土结合面质量、灌注桩和钢管混凝土中的缺陷进行检测。

1.0.4 超声法（超声脉冲法）系指采用带波形显示功能的超声波检测仪，测量超声脉冲波在混凝土中的传播速度（简称声速）、首波幅度（简称波幅）和接收信号主频率（简称主频）等声学参数，并根据这些参数及其相对变化，判定混凝土中的缺陷情况。

1.0.5 按本规程进行缺陷检测时，尚应符合国家现行有关强制性标准的规定。

2 术语、符号

2.1 术 语

2.1.1 超声法 Ultrasonic method

本规程所指的超声法，系采用带波形显示的低频超声波检测仪和频率为 20～250kHz 的声波换能器，测量混凝土的声速、波幅和主频等声学参数，并根据这些参数及其相对变化分析判断混凝土缺陷的方法。

2.1.2 混凝土缺陷 Concrete defects

破坏混凝土的连续性和完整性，并在一定程度上降低混凝土的强度和耐久性的不密实区、空洞、裂缝或夹杂泥砂、杂物等。

2.1.3 声速 Velocity of sound

超声脉冲波在混凝土中单位时间内传播的距离。

2.1.4 波幅 Amplitude

超声脉冲波通过混凝土后，由接收换能器接收，并由超声仪显示的首波信号幅度。

2.1.5 衰减 Attenuation

超声脉冲波在混凝土中传播时，随着传播距离的增大，由于散射、吸收和声束扩散等因素引起的声压减弱。

2.1.6 主频 Main frequency

在被接收的超声脉冲波各频率成分的幅度分布中，幅度最大的频率值。

2.2 主 要 符 号

A_i——测点 i 接收信号的首波幅度值；

h_c——混凝土裂缝深度；

h_f——混凝土损伤层厚度；

d——径向振动式换能器直径；

d_1——钻出的声测孔直径或预埋声测管的内径；
d_2——预埋声测管的外径；
f_i——测点 i 的接收信号主频率；
l_i——测点 i 的超声测试距离；
l'——平测时发射和接收换能器内边缘之间的距离；
m_x、s_x——分别为混凝土某一声学参数 x 的平均值和标准差；
m_v、s_v——分别为混凝土声速的平均值和标准差；
T_k——空气的摄氏温度；
T_i——测点 i 的首波周期；
t_i——测点 i 的测读声时值；
t_{ci}——测点 i 的混凝土声时值；
t_o——声时初读数；
t_i^o——跨缝平测时测点 i 的测读声时值；
t_∞——在钻孔或预埋管中测试的声时初读数；
t_h——绕过空洞传播的声时值；
v^c——空气声速标准值；
v^s——空气声速实测值；
v_f——损伤层混凝土的声速；
v_a——未损伤混凝土的声速；
v_w——被测水中的声速；
X_i——测点 i 的某一声学参数值；
X_o——声学参数异常情况的判断值。

3 超声波检测设备

3.1 超声波检测仪的技术要求

3.1.1 用于混凝土的超声波检测仪分为下列两类：
  1 模拟式：接收信号为连续模拟量，可由时域波形信号测读声学参数；
  2 数字式：接收信号转化为离散数字量，具有采集、储存数字信号、测读声学参数和对数字信号处理的智能化功能。

3.1.2 超声波检测仪应符合国家现行有关标准的要求，并在法定计量检定有效期限内使用。

3.1.3 超声波检测仪应满足下列要求：
  1 具有波形清晰、显示稳定的示波装置；
  2 声时最小分度为 $0.1\mu s$；
  3 具有最小分度为 1dB 的衰减系统；

4 接收放大器频响范围 10～500kHz，总增益不小于 80dB，接收灵敏度（在信噪比为 3∶1 时）不大于 50μV；

5 电源电压波动范围在标称值 ±10% 的情况下能正常工作；

6 连续正常工作时间不少于 4h。

3.1.4 对于模拟式超声波检测仪还应满足下列要求：

1 具有手动游标和自动整形两种声时读数功能；

2 数字显示稳定。声时调节在 20～30μs 范围，连续 1h，数字变化不大于 ±0.2μs。

3.1.5 对于数字式超声波检测仪还应满足下列要求：

1 具有手动游标测读和自动测读方式。当自动测读时，在同一测试条件下，1h 内每隔 5min 测读一次声时的差异应不大于 ±2 个采样点；

2 波形显示幅度分辨率应不低于 1/256，并具有可显示、存储和输出打印数字化波形的功能，波形最大存储长度不宜小于 4k bytes；

3 自动测读方式下，在显示的波形上应有光标指示声时、波幅的测读位置；

4 宜具有幅度谱分析功能（FFT 功能）。

3.2 换能器的技术要求

3.2.1 常用换能器具有厚度振动方式和径向振动方式两种类型，可根据不同测试需要选用。

3.2.2 厚度振动式换能器的频率宜采用 20～250kHz。径向振动式换能器的频率宜采用 20～60kHz，直径不宜大于 32mm。当接收信号较弱时，宜采用带前置放大器的接收换能器。

3.2.3 换能器的实测主频与标称频率相差应不大于 ±10%。对用于水中的换能器，其水密性应在 1MPa 水压下不渗漏。

3.3 超声波检测仪的检定

3.3.1 超声仪声时计量检验应按"时—距"法测量空气声速的实测值 v^s（见附录 A），并与按公式（3.3.1）计算的空气声速标准值 v^c 相比较，二者的相对误差应不大于 ±0.5%。

$$v^c = 331.4\sqrt{1 + 0.00367 \cdot T_k} \tag{3.3.1}$$

式中　331.4——0℃时空气的声速（m/s）；

　　　v^c——温度为 T_k 度的空气声速（m/s）；

　　　T_k——被测空气的温度（℃）。

3.3.2 超声仪波幅计量检验。可将屏幕显示的首波幅度调至一定高度，然后把仪器衰减系统的衰减量增加或减少 6dB，此时屏幕波幅高度应降低一半或升高一倍。

4 声学参数测量

4.1 一般规定

4.1.1 检测前应取得下列有关资料：

1 工程名称；
   2 检测目的与要求；
   3 混凝土原材料品种和规格；
   4 混凝土浇筑和养护情况；
   5 构件尺寸和配筋施工图或钢筋隐蔽图；
   6 构件外观质量及存在的问题。
4.1.2 根据检测要求和测试操作条件，确定缺陷测试的部位（简称测位）。
4.1.3 测位混凝土表面应清洁、平整，必要时可用砂轮磨平或用高强度的快凝砂浆抹平。抹平砂浆必须与混凝土粘结良好。
4.1.4 在满足首波幅度测读精度的条件下，应选用较高频率的换能器。
4.1.5 换能器应通过耦合剂与混凝土测试表面保持紧密结合，耦合层不得夹杂泥砂或空气。
4.1.6 检测时应避免超声传播路径与附近钢筋轴线平行，如无法避免，应使两个换能器连线与该钢筋的最短距离不小于超声测距的 1/6。
4.1.7 检测中出现可疑数据时应及时查找原因，必要时进行复测校核或加密测点补测。

4.2 声学参数测量

4.2.1 采用模拟式超声检测仪测量应按下列方法操作：
   1 检测之前应根据测距大小将仪器的发射电压调在某一档，并以扫描基线不产生明显噪音干扰为前提，将仪器"增益"调至较大位置保持不动；
   2 声时测量。应将发射换能器（简称 T 换能器）和接收换能器（简称 R 换能器）分别耦合在测区中的对应测点上。当首波幅度过低时可用"衰减器"调节至便于测读，再调节游标脉冲或扫描延时，使首波前沿基线弯曲的起始点对准游标脉冲前沿，读取声时值 t_i（读至 $0.1\mu s$）；
   3 波幅测量。应在保持换能器良好耦合状态下采用下列两种方法之一进行读取：
   1）刻度法：将衰减器固定在某一衰减位置，在仪器荧光屏上读取首波幅度的格数。
   2）衰减值法：采用衰减器将首波调至一定高度，读取衰减器上的 dB 值。
   4 主频测量。应先将游标脉冲调至首波前半个周期的波谷（或波峰），读取声时值 t_1（μs），再将游标脉冲调至相邻的波谷（或波峰），读取声值 t_2（μs），按 (4.2.1) 式计算出该点（第 i 点）第一个周期波的主频 f_i（精确至 0.1kHz）。

$$f_i = 1000/(t_2 - t_1) \quad (4.2.1)$$

   5 在进行声学参数测量的同时，应注意观察接收信号的波形或包络线的形状，必要时进行描绘或拍照。
4.2.2 采用数字式超声检测仪测量应按下列方法操作：
   1 检测之前根据测距大小和混凝土外观质量情况，将仪器的发射电压、采样频率等参数设置在某一档并保持不变。换能器与混凝土测试表面应始终保持良好的耦合状态；
   2 声学参数自动测读：停止采样后即可自动读取声时、波幅、主频值。当声时自动测读光标所对应的位置与首波前沿基线弯曲的起始点有差异或者波幅自动测读光标所对应的位置与首波峰顶（或谷底）有差异时，应重新采样或改为手动游标读数；

3 声学参数手动测量：先将仪器设置为手动判读状态，停止采样后调节手动声时游标至首波前沿基线弯曲的起始位置，同时调节幅度游标使其与首波峰顶（或谷底）相切，读取声时和波幅值；再将声时光标分别调至首波及其相邻波的波谷（或波峰），读取声时差值 Δt（μs），取 $1000/\Delta t$ 即为首波的主频（kHz）；

4 波形记录：对于有分析价值的波形，应予以存储。

4.2.3 混凝土声时值应按下式计算：

$$t_{ci} = t_i - t_0 \text{ 或 } t_{ci} = t_i - t_{00} \tag{4.2.3}$$

式中　t_{ci}——第 i 点混凝土声时值（μs）；
　　　t_i——第 i 点测读声时值（μs）；
　　　t_0、t_{00}——声时初读数（μs）。

当采用厚度振动式换能器时，t_0 应参照仪器使用说明书的方法测得；当采用径向振动式换能器时，t_{00} 应按附录B规定的"时—距"法测得。

4.2.4 超声传播距离（简称测距）测量：

1 当采用厚度振动式换能器对测时，宜用钢卷尺测量T、R换能器辐射面之间的距离；

2 当采用厚度振动式换能器平测时，宜用钢卷尺测量T、R换能器内边缘之间的距离；

3 当采用径向振动式换能器在钻孔或预埋管中检测时，宜用钢卷尺测量放置T、R换能器的钻孔或预埋管内边缘之间的距离；

4 测距的测量误差应不大于±1%。

5 裂缝深度检测

5.1 一般规定

5.1.1 本章适用于超声法检测混凝土裂缝的深度。

5.1.2 被测裂缝中不得有积水或泥浆等。

5.2 单面平测法

5.2.1 当结构的裂缝部位只有一个可测表面，估计裂缝深度又不大于500mm时，可采用单面平测法。平测时应在裂缝的被测部位，以不同的测距，按跨缝和不跨缝布置测点（布置测点时应避开钢筋的影响）进行测量，其检测步骤为：

1 不跨缝的声时测量：将T和R换能器置于裂缝附近同一侧，以两个换能器内边缘间距（l'）等于100、150、200、250mm……分别读取声时值（t_i），绘制"时—距"坐标图（图5.2.1-1）或用回归分析的方法求出声时与测距之间的回归直线方程：

$$l_i = a + bt_i$$

每测点超声波实际传播距离 l_i 为：

$$l_i = l' + |a| \tag{5.2.1-1}$$

式中 l_i——第 i 点的超声波实际传播距离（mm）；
　　　l'_i——第 i 点的 R、T 换能器内边缘间距（mm）；
　　　a——"时—距"图中 l' 轴的截距或回归直线方程的常数项（mm）。

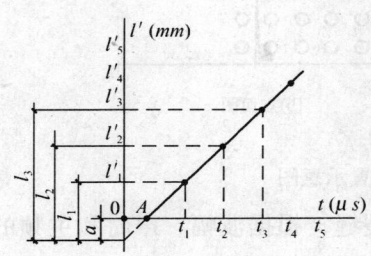 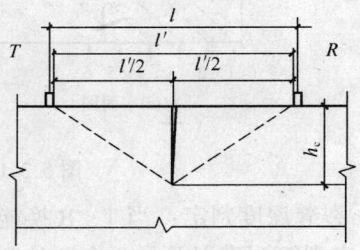

图 5.2.1-1　平测"时—距"图　　　　　图 5.2.1-2　绕过裂缝示意图

不跨缝平测的混凝土声速值为：

$$v = (l'_n - l'_1)/(t_n - t_1) \quad (km/s) \tag{5.1.1-2}$$

$$或\ v = b \quad (km/s)$$

式中 l'_n、l'_1——第 n 点和第 1 点的测距（mm）；
　　　t_n、t_1——第 n 点和第 1 点读取的声时值（μs）；
　　　b——回归系数。

2 跨缝的声时测量：如图（5.2.1-2）所示，将 T、R 换能器分别置于以裂缝为对称的两侧，l' 取 100、150、200mm、……分别读取声时值 t_i^0，同时观察首波相位的变化。

5.2.2 平测法检测，裂缝深度应按下式计算：

$$h_{ci} = l_i/2 \cdot \sqrt{(t_i^0 v/l_i)^2 - 1} \tag{5.2.1-1}$$

$$m_{hc} = 1/n \cdot \sum_{i=1}^{n} h_{ci} \tag{5.2.2-2}$$

式中 l_i——不跨缝平测时第 i 点的超声波实际传播距离（mm）；
　　　h_{ci}——第 i 点计算的裂缝深度值（mm）；
　　　t_i^0——第 i 点跨缝平测的声时值（μs）；
　　　m_{hc}——各测点计算裂缝深度的平均值（mm）；
　　　n——测点数。

5.2.3 裂缝深度的确定方法如下：

1 跨缝测量中，当在某测距发现首波反相时，可用该测距及两个相邻测距的测量值按（5.2.2-1）式计算 h_{ci} 值，取此三点 h_{ci} 的平均值作为该裂缝的深度值（h_c）；

2 跨缝测量中如难于发现首波反相，则以不同测距按（5.2.2-1）式、（5.2.2-2）式计算 h_{ci} 及其平均值（m_{hc}）。将各测距 l'_i 与 m_{hc} 相比较，凡测距 l'_i 小于 m_{hc} 和大于 $3m_{hc}$，应剔除该组数据，然后取余下 h_{ci} 的平均值，作为该裂缝的深度值（h_c）。

5.3 双面斜测法

5.3.1 当结构的裂缝部位具有两个相互平行的测试表面时，可采用双面穿透斜测法检测。测点布置如图 5.3.1 所示，将 T、R 换能器分别置于两测试表面对应测点 1、2、3……的位置，读取相应声时值 t_i、波幅值 A_i 及主频率 f_i。

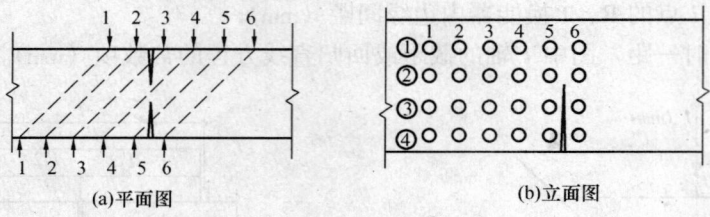

图 5.3.1　斜测裂缝测点布置示意图

5.3.2 裂缝深度判定：当 T、R 换能器的连线通过裂缝，根据波幅、声时和主频的突变，可以判定裂缝深度以及是否在所处断面内贯通。

5.4　钻 孔 对 测 法

5.4.1　钻孔对测法适用于大体积混凝土，预计深度在 500mm 以上的裂缝检测。

5.4.2　被检测混凝土应允许在裂缝两侧钻测试孔。

5.4.3　所钻测试孔应满足下列要求：

 1　孔径应比所用换能器直径大 5～10mm；

 2　孔深应不小于比裂缝预计深度深 700mm。经测试如浅于裂缝深度，则应加深钻孔；

 3　对应的两个测试孔（A、B），必须始终位于裂缝两侧，其轴线应保持平行；

 4　两个对应测试孔的间距宜为 2000mm，同一检测对象各对测孔间距应保持相同；

 5　孔中粉末碎屑应清理干净；

 6　如图 5.4.3（a）所示，宜在裂缝一侧多钻一个孔距相同但较浅的孔（C），通过 B、C 两孔测试无裂缝混凝土的声学参数。

5.4.4　裂缝深度检测应选用频率为 20～60kHz 的径向振动式换能器。

5.4.5　测试前应先向测试孔中注满清水，然后将 T、R 换能器分别置于裂缝两侧的对应孔中，以相同高程等间距（100～400mm）从上到下同步移动，逐点读取声时、波幅和换能器所处的深度，如图 5.4.3（b）所示。

5.4.6　以换能器所处深度（h）与对应的波幅值（A）绘制 h-A 坐标图（如图 5.4.6 所示）。随换能器位置的下移，波幅逐渐增大，当换能器下移至某一位置后，波幅达到最大并基本稳定，该位置所对应的深度便是裂缝深度值 h_c。

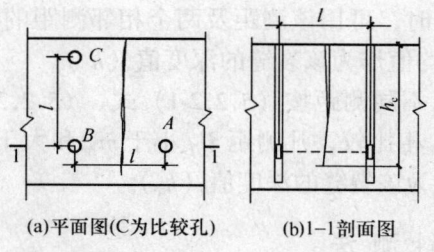

图 5.4.3　钻孔测裂缝深度示意图

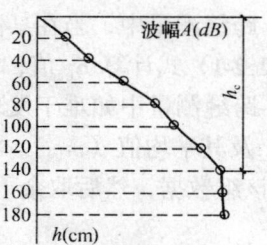

图 5.4.6　h-A 坐标图

6 不密实区和空洞检测

6.1 一 般 规 定

6.1.1 本章适用于超声法检测混凝土内部不密实区、空洞的位置和范围。

6.1.2 检测不密实区和空洞时构件的被测部位应满足下列要求：

　　1 被测部位应具有一对（或两对）相互平行的测试面；

　　2 测试范围除应大于有怀疑的区域外，还应有同条件的正常混凝土进行对比，且对比测点数不应少于20。

6.2 测 试 方 法

6.2.1 根据被测构件实际情况，选择下列方法之一布置换能器：

　　1 当构件具有两对相互平行的测试面时，可采用对测法。如图6.2.1-1所示，在测试部位两对相互平行的测试面上，分别画出等间距的网格（网格间距：工业与民用建筑为100～300mm，其他大型结构物可适当放宽），并编号确定对应的测点位置；

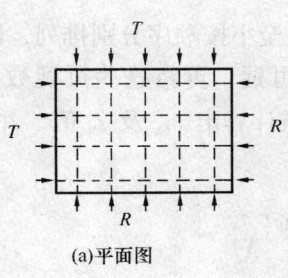 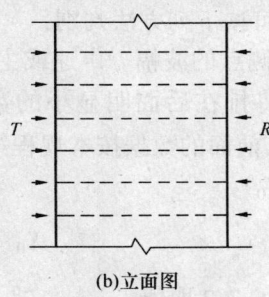

(a)平面图　　　　　　　　　　(b)立面图

图6.2.1-1 对测法示意图

　　2 当构件只有一对相互平行的测试面时，可采用对测和斜测相结合的方法。如图6.2.1-2所示，在测位两个相互平行的测试面上分别画出网格线，可在对测的基础上进行交叉斜测；

　　3 当测距较大时，可采用钻孔或预埋管测法。如图6.2.1-3所示，在测位预埋声测管或钻出竖向测试孔，预埋管内径或钻孔直径宜比换能器直径大5～10mm，预埋管或钻孔间距宜为2～3m，其深度可根据测试需要确定。检测时可用两个径向振动式换能器分别置于两测孔中进行测试，或用一个径向振动式与一个厚度振动式换能器，分别置于测孔中和平行于测孔的侧面进行测试。

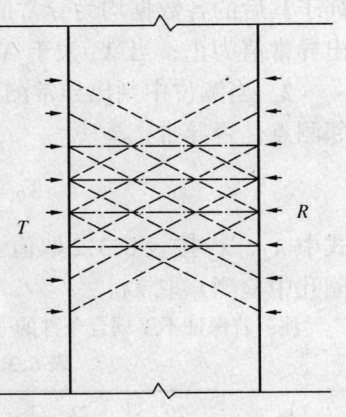

图6.2.1-2 斜测法立面图

6.2.2 每一测点的声时、波幅、主频和测距，应按本规程第4.2节进行测量。

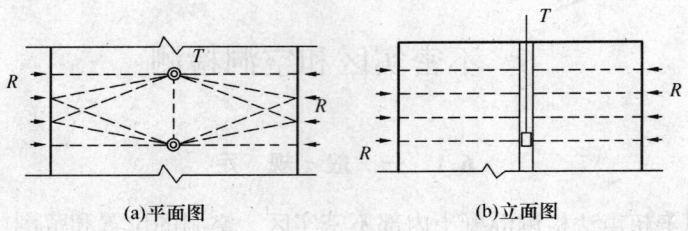

图 6.2.1-3 钻孔法示意图

6.3 数据处理及判断

6.3.1 测位混凝土声学参数的平均值（m_x）和标准差（s_x）应按下式计算：

$$m_x = \sum X_i / n \tag{6.3.1-1}$$

$$s_x = \sqrt{(\sum X_i^2 - n \cdot m_x^2)/(n-1)} \tag{6.3.1-2}$$

式中　X_i——第 i 点的声学参数测量值；
　　　n——参与统计的测点数。

6.3.2 异常数据可按下列方法判别：

1 将测位各测点的波幅、声速或主频值由大至小按顺序分别排列，即 $X_1 \geqslant X_2 \geqslant \cdots \geqslant X_n \geqslant X_{n+1} \cdots \cdots$，将排在后面明显小的数据视为可疑，再将这些可疑数据中最大的一个（假定 X_n）连同其前面的数据按本规程第 6.3.1 条计算出 m_x 及 s_x 值，并按下式计算异常情况的判断值（X_0）：

$$X_0 = m_x - \lambda_1 \cdot s_x \tag{6.3.2-1}$$

式中 λ_1 按表 6.3.2 取值。

将判断值（X_0）与可疑数据的最大值（X_n）相比较，若 X_n 不大于 X_0 时，则 X_n 及排列于其后的各数据均为异常值；并且去掉 X_n，再用 $X_1 \sim X_{n-1}$ 进行计算和判别，直至判不出异常值为止；当 X_n 大于 X_0 时，应再将 X_{n+1} 放进去重新进行计算和判别；

2 当测位中判出异常测点时，可根据异常测点的分布情况，按下式进一步判别其相邻测点是否异常：

$$X_0 = m_x - \lambda_2 \cdot s_x \text{ 或 } X_0 = m_x - \lambda_3 \cdot s_x \tag{6.3.2-2}$$

式中 λ_2、λ_3 按表 6.3.2 取值。当测点布置为网格状时取 λ_2；当单排布置测点时（如在声测孔中检测）取 λ_3。

注：若保证不了耦合条件的一致性，则波幅值不能作为统计法的判据。

表 6.3.2　统计数的个数 n 与对应的 λ_1、λ_2、λ_3 值

n	20	22	24	26	28	30	32	34	36	38
λ_1	1.65	1.69	1.73	1.77	1.80	1.83	1.86	1.89	1.92	1.94
λ_2	1.25	1.27	1.29	1.31	1.33	1.34	1.36	1.37	1.38	1.39
λ_3	1.05	1.07	1.09	1.11	1.12	1.14	1.16	1.17	1.18	1.19

续表 6.3.2

n	40	42	44	46	48	50	52	54	56	58
λ_1	1.96	1.98	2.00	2.02	2.04	2.05	2.07	2.09	2.10	2.12
λ_2	1.41	1.42	1.43	1.44	1.45	1.46	1.47	1.48	1.49	1.49
λ_3	1.20	1.22	1.23	1.25	1.26	1.27	1.28	1.29	1.30	1.31
n	60	62	64	66	68	70	72	74	76	78
λ_1	2.13	2.14	2.15	2.17	2.18	2.19	2.20	2.21	2.22	2.23
λ_2	1.50	1.51	1.52	1.53	1.53	1.54	1.55	1.56	1.56	1.57
λ_3	1.31	1.32	1.33	1.34	1.35	1.36	1.36	1.37	1.38	1.39
n	80	82	84	86	88	90	92	94	96	98
λ_1	2.24	2.25	2.26	2.27	2.28	2.29	2.30	2.30	2.31	2.31
λ_2	1.58	1.58	1.59	1.60	1.61	1.61	1.62	1.62	1.63	1.63
λ_3	1.39	1.40	1.41	1.42	1.42	1.43	1.44	1.45	1.45	1.45
n	100	105	110	115	120	125	130	140	150	160
λ_1	2.32	2.35	2.36	2.38	2.40	2.41	2.43	2.45	2.48	2.50
λ_2	1.64	1.65	1.66	1.67	1.68	1.69	1.71	1.73	1.75	1.77
λ_3	1.46	1.47	1.48	1.49	1.51	1.53	1.54	1.56	1.58	1.59

6.3.3 当测位中某些测点的声学参数被判为异常值时，可结合异常测点的分布及波形状况确定混凝土内部存在不密实区和空洞的位置及范围。

当判定缺陷是空洞，可按附录 C 估算空洞的当量尺寸。

7 混凝土结合面质量检测

7.1 一 般 规 定

7.1.1 本章适用于前后两次浇筑的混凝土之间接触面的结合质量检测。
7.1.2 检测混凝土结合面时，被测部位及测点的确定应满足下列要求：
    1 测试前应查明结合面的位置及走向，明确被测部位及范围；
    2 构件的被测部位应具有使声波垂直或斜穿结合面的测试条件。

7.2 测 试 方 法

7.2.1 混凝土结合面质量检测可采用对测法和斜测法，如图 7.2.2 所示。布置测点时应注意下列几点：
    1 使测试范围覆盖全部结合面或有怀疑的部位；
    2 各对 T—R_1（声波传播不经过结合面）和 T—R_2（声波传播经过结合面）换能器连线的倾斜角测距应相等；
    3 测点的间距视构件尺寸和结合面外观质量情况而定，宜为 100~300mm。
7.2.2 按布置好的测点分别测出各点的声时、波幅和主频值。

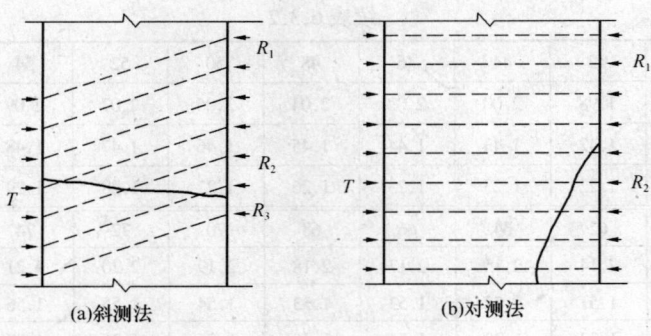

图 7.2.2 混凝土结合面质量检测示意图

7.3 数据处理及判断

7.3.1 将同一测位各测点声速、波幅和主频值分别按本规程第 6.3.1 和 6.3.2 条进行统计和判断。

7.3.2 当测点数无法满足统计法判断时，可将 T—R_2 的声速、波幅等声学参数与 T—R_1 进行比较，若 T—R_2 的声学参数比 T—R_1 显著低时，则该点可判为异常测点。

7.3.3 当通过结合面的某些测点的数据被判为异常，并查明无其他因素影响时，可判定混凝土结合面在该部位结合不良。

8 表面损伤层检测

8.1 一 般 规 定

8.1.1 本章适用于因冻害、高温或化学腐蚀等引起的混凝土表面损伤层厚度的检测。

8.1.2 检测表面损伤层厚度时，被测部位和测点的确定应满足下列要求：
  1 根据构件的损伤情况和外观质量选取有代表性的部位布置测位；
  2 构件被测表面应平整并处于自然干燥状态，且无接缝和饰面层。

8.1.3 本方法测试结果宜作局部破损验证。

8.2 测 试 方 法

8.2.1 表面损伤层检测宜选用频率较低的厚度振动式换能器。

8.2.2 测试时 T 换能器应耦合好，并保持不动，然后将 R 换能器依次耦合在间距为 30mm 的测点 1、2、3、……位置上，如图 8.2.2 所示，读取相应的声时值 t_1、t_2、t_3……，并测量每次 T、R 换能器内边缘之间的距离 l_1、l_2、l_3、……。每一测位的测点数不得少于 6 个，当损伤层较厚时，应适当增加测点数。

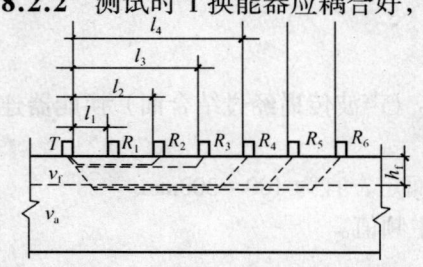

图 8.2.2 检测损伤层厚度示意图

8.2.3 当构件的损伤层厚度不均匀时，应适当增加测位数量。

8.3 数据处理及判断

8.3.1 求损伤和未损伤混凝土的回归直线方程：

用各测点的声时值 t_i 和相应测距值 l_i 绘制"时—距"坐标图，如图8.3.1所示。由图可得到声速改变所形成的转折点，该点前、后分别表示损伤和未损伤混凝土的 l 与 t 相关直线。用回归分析方法分别求出损伤、未损伤混凝土 l 与 t 的回归直线方程：

损伤混凝土　　$l_f = a_1 + b_1 \cdot t_f$ 　　　　(8.3.1-1)

未损伤混凝土　$l_a = a_2 + b_2 \cdot t_a$ 　　　　(8.3.1-2)

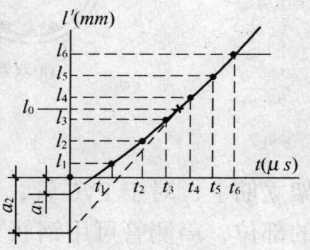

图 8.3.1　损伤层检测"时—距"图

式中　l_f——拐点前各测点的测距（mm），对应于图8.3.1中的 l_1、l_2、l_3；

　　　t_f——对应于图8.3.1中 l_1、l_2、l_3 的声时（μs）t_1、t_2、t_3；

　　　l_a——拐点后各测点的测距（mm），对应于图8.3.1中的 l_4、l_5、l_6；

　　　t_a——对应于测距 l_4、l_5、l_6 的声时（μs）t_4、t_5、t_6；

a_1、b_1、a_2、b_2——回归系数，即图8.3.1中损伤和未损伤混凝土直线的截距和斜率。

8.3.2 损伤层厚度应按下式计算：

$$l_0 = (a_1 b_2 - a_2 b_1)/(b_2 - b_1) \quad (8.3.2\text{-}1)$$

$$h_f = l_0/2 \cdot \sqrt{(b_2 - b_1)/(b_2 + b_1)} \quad (8.3.2\text{-}2)$$

式中　h_f——损伤层厚度（mm）。

9 灌注桩混凝土缺陷检测

9.1 一般规定

9.1.1 本章适用于桩径（或边长）不小于0.6m的灌注桩桩身混凝土缺陷检测。

9.2 埋设超声检测管

9.2.1 根据桩径大小预埋超声检测管（简称声测管），桩径为0.6～1.0m时宜埋二根管；桩径为1.0～2.5m时宜埋三根管，按等边三角形布置；桩径为2.5m以上时宜埋四根管，按正方形布置，如图9.2.1所示。声测管之间应保持平行。

9.2.2 声测管宜采用钢管，对于桩身长度小于15m的短桩，可用硬质PVC塑料管。管的内径宜为35～50mm，各段声测管宜用外加套管连接并保持通直，管的下端应封闭，上端应加塞子。

9.2.3 声测管的埋设深度应与灌注桩的底部齐平，管的上端应高于桩顶表面300～500mm，同一根桩的声测管外露高度宜相同。

9.2.4 声测管应牢靠固定在钢筋笼内侧。对于钢管，每2m间距设一个固定点，直接焊在

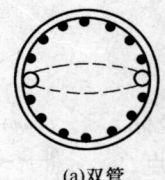 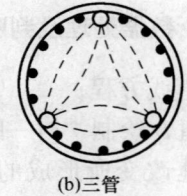 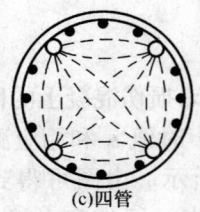

(a)双管　　　　(b)三管　　　　(c)四管

图 9.2.1　声测管埋设示意图

架立筋上；对于 PVC 管，每 1m 间距设一固定点，应牢固绑扎在架立筋上。对于无钢筋笼的部位，声测管可用钢筋支架固定。

9.3　检测前的准备

9.3.1　了解有关技术资料及施工情况。

9.3.2　向管内注满清水。

9.3.3　采用一段直径略大于换能器的圆钢作疏通吊锤，逐根检查声测管的畅通情况及实际深度。

9.3.4　用钢卷尺测量同根桩顶各声测管之间的净距离。

9.4　检测方法

9.4.1　现场检测步骤

　　1　根据桩径大小选择合适频率的换能器和仪器参数，一经选定，在同批桩的检测过程中不得随意改变；

　　2　将 T、R 换能器分别置于两个声测孔的顶部或底部，以同一高度或相差一定高度等距离同步移动，逐点测读声学参数并记录换能器所处深度，检测过程中应经常校核换能器所处高度。

9.4.2　测点间距宜为 200～500mm。在普测的基础上，对数据可疑的部位应进行复测或加密检测。采用如图 9.4.2 所示的对测、斜测、交叉斜测及扇形扫测等方法，确定缺陷的位置和范围。

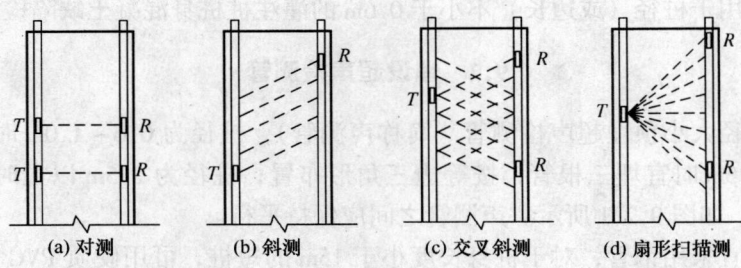

(a)对测　　　(b)斜测　　　(c)交叉斜测　　　(d)扇形扫描测

图 9.4.2　灌注桩超声测试方法剖面示意图

9.4.3　当同一桩中埋有三根或三根以上声测管时，应以每两管为一个测试剖面，分别对所有剖面进行检测。

9.5 数据处理与判断

9.5.1 数据处理：

1 桩身混凝土的声时（t_{ci}）、声速（v_i）分别按下列公式计算：

$$t_{ci} = t_i - t_{oo}(\mu s) \quad (9.5.1\text{-}1)$$

$$v_i = l_i/t_{ci}(km/s) \quad (9.5.1\text{-}2)$$

式中 t_{oo}——声时初读数（μs），按附录 B 测量；
t_i——测点 i 的测读声时值（μs）；
l_i——测点 i 处二根声测管内边缘之间的距离（mm）。

2 主频（f_i）：数字式超声仪直接读取；模拟式超声仪应根据首波周期按（9.5.1-3）式计算。

$$f_i = 1000/T_{bi}(kHz) \quad (9.5.1\text{-}3)$$

式中 T_{bi}——测点 i 的首波周期（μs）。

9.5.2 桩身混凝土缺陷可疑点判断方法：

1 概率法：将同一桩同一剖面的声速、波幅、主频按本规程第 6.3.1 和 6.3.2 条进行计算和异常值判别。当某一测点的一个或多个声学参数被判为异常值时，即为存在缺陷的可疑点；

2 斜率法：用声时（t_c）—深度（h）曲线相邻测点的斜率 K 和相邻两点声时差值 Δt 的乘积 Z，绘制 Z-h 曲线，根据 Z-h 曲线的突变位置，并结合波幅值的变化情况可判定存在缺陷的可疑点或可疑区域的边界。

$$K = (t_i - t_{i-1})/(d_i - d_{i-1}) \quad (9.5.2\text{-}1)$$

$$Z = K \cdot \Delta t = (t_i - t_{i-1})^2/(d_i - d_{i-1}) \quad (9.5.2\text{-}2)$$

式中 $t_i - t_{i-1}$、$d_i - d_{i-1}$——分别代表相邻两测点的声时差和深度差。

9.5.3 结合判断方法绘制相应声学参数—深度曲线。

9.5.4 根据可疑测点的分布及其数值大小综合分析，判断缺陷的位置和范围。

9.5.5 当需用声速评价一个桩的混凝土质量匀质性时，可分别按（9.5.5）各式计算测点混凝土声速值（v_i）和声速的平均值（m_v）、标准差（S_v）及离差系数（C_v）。根据声速的离差系数可评价灌注桩混凝土匀质性的优劣。

$$v_i = l_i/t_{ci} \quad (9.5.5\text{-}1)$$

$$m_v = (\sum v_i)/n \quad (9.5.5\text{-}2)$$

$$s_v = \sqrt{(\sum v_i^2 - n \times m_v^2)/(n-1)} \quad (9.5.5\text{-}3)$$

$$C_v = s_v/m_v \quad (9.5.5\text{-}4)$$

式中 v_i——第 i 点混凝土声速值（km/s）；
l_i——第 i 点测距值（mm）；
t_{ci}——第 i 点的混凝土声时值（μs）；
n——测点数。

9.5.6 缺陷的性质应根据各声学参数的变化情况及缺陷的位置和范围进行综合判断。可按表9.5.6评价被测桩完整性的类别。

表9.5.6 桩身完整性评价

类别	缺陷特征	完整性评定结果
Ⅰ	无缺陷	完整。合格
Ⅱ	局部小缺陷	基本完整。合格
Ⅲ	局部严重缺陷	局部不完整。不合格。经工程处理后可使用
Ⅳ	断桩等严重缺陷	严重不完整。不合格。报废或通过验证确定是否加固使用

10 钢管混凝土缺陷检测

10.1 一般规定

10.1.1 本检测方法仅适用于管壁与混凝土胶结良好的钢管混凝土缺陷检测。
10.1.2 检测过程中应注意防止首波信号经由钢管壁传播。
10.1.3 所用钢管的外表面应光洁，无严重锈蚀。

10.2 检测方法

10.2.1 钢管混凝土检测应采用径向对测的方法，如图10.2.1所示。

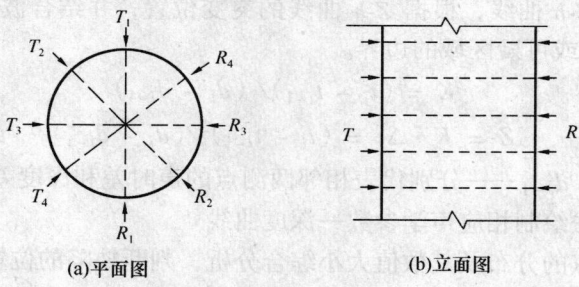

图10.2.1 钢管混凝土检测示意图

10.2.2 应选择钢管与混凝土胶结良好的部位布置测点。
10.2.3 布置测点时，可先测量钢管实际周长，再将圆周等分，在钢管测试部位画出若干根母线和等间距的环向线，线间距宜为150~300mm。
10.2.4 检测时可先作径向对测，在钢管混凝土每一环线上保持T、R换能器连线通过圆心，沿环向测试，逐点读取声时、波幅和主频。
10.2.5 对于直径较大的钢管混凝土，也可采用预埋声测管的方法检测，按本规程第9章的规定执行。

10.3 数据处理与判断

10.3.1 同一测距的声时、波幅和频率的统计计算及异常值判别应按本规程第6.3.1和6.3.2条规定进行。

10.3.2 当同一测位的测试数据离散性较大或数据较少时，可将怀疑部位的声速、波幅、主频与相同直径钢管混凝土的质量正常部位的声学参数相比较，综合分析判断所测部位的内部质量。

附录 A 测量空气声速进行声时计量校验

A.0.1 测试步骤

取常用的厚度振动式换能器一对，接于超声仪器上，将两个换能器的辐射面相互对准，以间距为 50、100、150、200mm……依次放置在空气中，在保持首波幅度一致的条件下，读取各间距所对应的声时值 t_1、t_2、t_3……t_n。同时测量空气的温度 T_k（读至 0.5℃）。

测量时应注意下列事项：

1 两换能器间距的测量误差应不大于 ±0.5%。

2 换能器宜悬空相对放置（如图 A.0.1 所示）。若置于地板或桌面时，应在换能器下面垫以海绵或泡沫塑料并保持两个换能器的轴线重合及辐射面相互平行；

3 测点数应不少于 10 个。

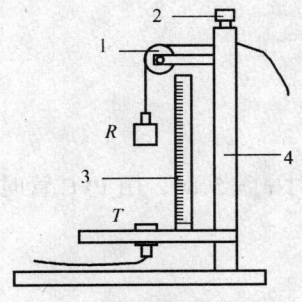

图 A.0.1 换能器悬挂装置示意图
1—定滑轮；2—螺栓；
3—刻度尺；4—支架

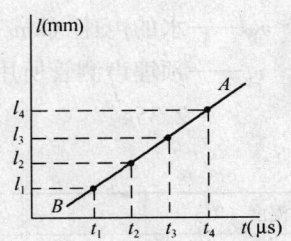

图 A.0.2 测空气声速的"时—距"图

A.0.2 空气声速测量值计算：以测距 l 为纵坐标，以声时读数 t 为横坐标，绘制"时—距"坐标图（如图 A.0.2 所示），或用回归分析方法求出 l 与 t 之间的回归直线方程：

$$l = a + bt \tag{A.0.2}$$

式中 a、b——为待求的回归系数。

坐标图中直线 AB 的斜率"$\Delta l/\Delta t$"或回归直线方程的回归系数"b"即为空气声速的实测值 v^s（精确至 0.1m/s）。

A.0.3 空气声速的标准值应按下式计算：

$$v^c = 331.4 \cdot \sqrt{1 + 0.00367 \cdot T_k} \tag{A.0.3}$$

式中 v^c——空气声速的标准值（m/s）；

T_k——空气的温度（℃）。

A.0.4 空气声速实测值 v^s 与空气声速标准值 v^c 之间的相对误差 e_r 应按下式计算：

$$e_r = (v^c - v^s)/v_c \times 100\% \tag{A.0.4}$$

通过（A.0.4）式计算的相对误差 e_r 应不大于 $\pm 0.5\%$，否则仪器计时系统不正常。

附录 B 径向振动式换能器声时初读数（t_{00}）的测量

将两个径向振动式换能器保持其轴线相互平行，置于清水中同一水平高度，两个换能器内边缘间距先后调节在 l_1（如 200mm），l_2（如 100mm），分别读取相应声时值 t_1、t_2。由仪器、换能器及其高频电缆所产生的声时初读数 t_0 应按下式计算。

$$t_0 = (l_1 \times t_2 - l_2 \times t_1)/(l_1 - l_2) \tag{B.0.1}$$

用径向振动式换能器在钻孔中进行对测时，声时初读数应按下式计算：

$$t_{00} = t_0 + (d_1 - d)/v_w \tag{B.0.2}$$

当用径向振动式换能器在预埋声测管中检测时，声时初读数应按下式计算：

$$t_{00} = t_0 + (d_2 - d_1)/v_g + (d_1 - d)/v_w \tag{B.0.3}$$

式中 t_{00}——钻孔或声测管中测试的声时初读数（μs）；

t_0——仪器设备的声时初读数（μs）；

d——径向振动式换能器直径（mm）；

d_1——钻的声测孔直径或预埋声测管的内径（mm）；

d_2——声测管的外径（mm）；

v_W——水的声速（km/s）；按表 B.0.1 取值；

v_g——预埋声测管所用材料的声速（km/s）。用钢管时 $v_g = 5.80$，用 PVC 管时 $v_g = 2.35$。

表 B.0.1

水温度（℃）	5	10	15	20	25	30
水声速（km/s）	1.45	1.46	1.47	1.48	1.49	1.50

当采用一只厚度振动式换能器和一只径向振动式换能器进行检测时，声时初读数可取该二对换能器初读数之和的一半。

附录 C 空洞尺寸估算方法

如图 C.0.1 所示，设检测距离为 l，空洞中心（在另一对测试面上声时最长的测点位置）距一个测试面的垂直距离为 l_h，声波在空洞附近无缺陷混凝土中传播的时间平均值为 m_{ta}，绕空洞传播的时间（空洞处的最大声时）为 t_h，空洞半径为 r，设 $X = (t_h - m_{ta})/m_{ta} \times 100\%$；

$Y = l_h/l$；$Z = r/l$。根据 X、Y 值，可由表 C.0.1 查得空洞半径 r 与测距 l 的比值 Z，再计算空洞的大致半径 r。

当被测部位只有一对可供测试的表面时，只能按空洞位于测距中心考虑，空洞尺寸可

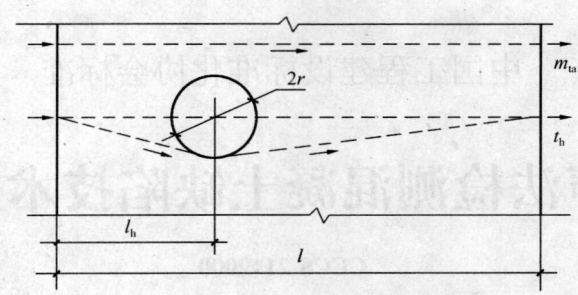

图 C.0.1 空洞尺寸估算原理图

按下式计算：

$$r = l/2 \cdot \sqrt{(t_h/m_{ta})^2 - 1} \qquad (C.0.1)$$

式中 r——空洞半径（mm）；

l——T、R 换能器之间的距离（mm）；

t_h——缺陷处的最大声时值（μs）；

m_{ta}——无缺陷区的平均声时值（μs）。

表 C.0.1

X \ Z \ Y	0.05	0.08	0.10	0.12	0.14	0.16	0.18	0.20	0.22	0.24	0.26	0.28	0.30
0.10 (0.90)	1.42	3.77	6.26										
0.15 (0.85)	1.00	2.56	4.06	5.97	8.39								
0.20 (0.80)	0.78	2.02	3.18	4.62	6.36	8.44	10.9	13.9					
0.25 (0.75)	0.67	1.72	2.69	3.90	5.34	7.03	8.98	11.2	13.8	16.8			
0.30 (0.70)	0.60	1.53	2.40	3.46	4.73	6.21	7.91	9.38	12.0	14.4	17.1	20.1	23.6
0.35 (0.65)	0.55	1.41	2.21	3.19	4.35	5.70	7.25	9.00	10.9	13.1	15.5	18.1	21.0
0.40 (0.60)	0.52	1.34	2.09	3.02	4.12	5.39	6.84	8.48	10.3	12.3	14.5	16.9	19.6
0.45 (0.55)	0.50	1.30	2.03	2.92	3.99	5.22	6.62	8.20	9.95	11.9	14.0	16.3	18.8
0.50	0.50	1.28	2.00	2.89	3.94	5.16	6.55	8.11	9.84	11.8	13.3	16.1	18.6

本规程用词说明

为便于在执行本规程条文时区别对待，对要求严格程度不同的用词说明如下：

1 表示很严格，非这样做不可的：
  正面词采用"必须"；反面词采用"严禁"。
2 表示严格，在正常情况均应这样做的：
  正面词采用"应"；反面词采用"不应"或"不得"。
3 表示允许稍有选择，在条件许可时首先应这样做的：
  正面词采用"宜"；反面词采用"不宜"。
4 表示有选择，在一定条件下可以这样做的，采用"可"。

中国工程建设标准化协会标准

超声法检测混凝土缺陷技术规程

CECS 21:2000

条文说明

目 次

1 总则 …… 581
3 超声波检测设备 …… 581
　3.1 超声波检测仪的技术要求 …… 581
　3.2 换能器的技术要求 …… 582
　3.3 超声波检测仪的检定 …… 583
4 声学参数测量 …… 583
　4.1 一般规定 …… 583
　4.2 声学参数测量 …… 583
5 裂缝深度检测 …… 585
　5.1 一般规定 …… 585
　5.2 单面平测法 …… 585
　5.3 双面斜测法 …… 586
　5.4 钻孔对测法 …… 586
6 不密实区和空洞检测 …… 587
　6.1 一般规定 …… 587
　6.2 测试方法 …… 587
　6.3 数据处理及判断 …… 587
7 混凝土结合面质量检测 …… 588
　7.1 一般规定 …… 588
　7.2 测试方法 …… 588
　7.3 数据处理及判断 …… 589
8 表面损伤层检测 …… 589
　8.1 一般规定 …… 589
　8.2 测试方法 …… 589
　8.3 数据处理及判断 …… 589
9 灌注桩混凝土缺陷检测 …… 590
　9.1 一般规定 …… 590
　9.2 埋设超声检测管 …… 591
　9.3 检测前的准备 …… 591
　9.4 检测方法 …… 591
　9.5 数据处理与判断 …… 591
10 钢管混凝土缺陷检测 …… 592
　10.1 一般规定 …… 592
　10.2 检测方法 …… 592

10.3	数据处理与判断 ………………………………………………………………	592
附录 A	测量空气声速进行声时计量校验 ………………………………………	593
附录 B	径向振动式换能器声时初读数（t_{00}）的测量 …………………………	593
附录 C	空洞尺寸估算方法 ………………………………………………………	593

1 总　　则

1.0.2、1.0.3 本规程适用于各种混凝土和钢筋混凝土的缺陷检测。根据我国工程质量检测的实际需要，增添了灌注桩和钢管混凝土缺陷检测。本规程的修订，反映了混凝土超声检测技术不断成熟以及用于混凝土检测的超声仪器已发展到一个新水平。

1.0.4 由于混凝土是非均质的弹粘塑性材料，对超声脉冲波的吸收、散射衰减较大，其中高频成份更易衰减。因此，超声波检测混凝土缺陷一般采用较低的发射频率。当混凝土的组成材料、工艺条件、内部质量及测试距离一定时，其超声传播速度、首波幅度和接收信号主频等声学参数一般无明显差异。如果某部分混凝土存在空洞、不密实或裂缝等缺陷，破坏了混凝土的整体性，与无缺陷混凝土相比较声时值偏大，波幅和频率值降低。超声波检测混凝土缺陷，正是根据这一基本原理，对同条件下的混凝土进行声速、波幅和主频测量值的相对比较，从而判定混凝土的缺陷情况。

1.0.5 在进行混凝土缺陷检测时，还应遵守现行的安全技术和劳动保护等有关规定。

3 超声波检测设备

3.1 超声波检测仪的技术要求

3.1.1 原规程编制过程中，我国尚未生产数字式混凝土超声检测仪，超声检测设备的技术要求是按当时模拟式非金属超声仪的技术性能提出的。近年来国内先后研制生产了性能好、功能多的数字式非金属超声检测仪，为了适应这两类混凝土超声检测仪的使用，修订中除了保留两类仪器的共性要求外，还分别对模拟式和数字式超声波检测仪的技术性能提出了要求。两类混凝土超声波检测仪的含义是：

1 模拟式仪器用游标读取首波声时，并由数码管显示，也可由接收信号首波波幅起跳达到一定电平后，关断声时计数电路并自动显示声时值，但当信号较弱时声时读数的误差较大；波幅的读数，采取固定屏幕波幅，调节衰减器衰减值读取，或者保持衰减器不动，直接在屏幕上读取首波高度的刻度数。

2 数字式仪器是将接收信号按一定时序转换成二进制数字量存入计算机内存。可通过软件程序判读首波声时，其判读精度由数字波形样品时间间隔和软件功能决定，应能在低信噪比情况下准确判读，而波幅值由软件判读计算直接读取，并显示于仪器屏幕上。

3.1.2 超声波检测仪应按现行国家有关标准要求进行严格的质量检定，每项指标应达到规定的质量要求，方可使用。

3.1.3 超声波检测仪应满足下列技术要求：

1 结构混凝土存在缺陷时，会使声时、波幅、主频和波形发生变化，因此测量这些声学参数都须使用波形稳定、清晰的波形显示系统。

2 声时最小分度是声时测量精度的决定因素，因此，超声检测仪应满足这个要求。

3 在测距一定且测线平行的条件下，接收信号首波的大小可以反映混凝土缺陷的存在与否。模拟仪器一般采用衰减器测量波幅值，因此，超声仪应具有最小分度为 1dB 的衰减器。数字式仪器的波幅判读由软件计算其波幅的 dB 值或直接读取波幅的电压值，其精度均已超过 1dB。

4 仪器接收放大器的主频响应与混凝土超声检测中一般使用 20～250kHz 的换能器相适应，所以接收放大器在此频响范围可以满足电气性能要求。

单纯考虑接收放大器的增益是不全面的，应同时考虑其噪声水平，所以用信噪比达到 3:1 时的接收灵敏度要更为实际，它可以直观的反映出仪器与超声波穿透距离有关的重要技术因素。

5 仪器对电源电压的适应范围，系指当电源在此范围内波动时，其全部技术指标仍能达到额定值。

3.1.4 对模拟式超声波检测仪还应满足下列技术要求：

1 模拟式超声波检测仪必须具备手动游标读数功能，以便准确判读首波声时。自动整形声时读数功能一般仅适应于强信号、弱噪声条件，信噪比降低会导致自动整形声时读数的大误差，甚至丢波，要谨慎使用。

2 模拟仪器数码显示的稳定性是准确测量的基础。现场测试一般要求仪器连续工作 4h 以上，在工作期间，仪器性能必须保持一定的稳定性。

3.1.5 对数字式超声波检测仪还应满足的技术要求：

1 数字式仪器以自动判读方式为主，在大距离测试或信噪比极低的情况下，需要用手动游标读数。手动或自动判读声时，在同一测试条件下，测量数值的重复性是准确测量的基础，故应建立一定的检查声时测量重复性的方法，在重复测试中，判定首波起始点的样本偏差点数乘以样本时间间隔即声时读数的差异。

2 数字化超声波检测仪波幅读数的精度取决于数字信号采样的精度和屏幕波形幅度，在采样精度一定的条件下，加大屏幕幅度可提高波幅读数的精度，直接读取波幅电压值其读数精度应达到 mV 级并取小数点后有效位数两位。

在混凝土缺陷检测中，结合波形畸变现象有利于缺陷判别，因此，要具备显示、存储和打印数字化波形的功能。波形最大存储长度由最大探测距离所决定。

3 自动判读声时及波幅时，在屏幕上应显示其判读的位置，这样可及时检查自动读数是否存在错误。

4 数字化超声波检测仪一般都具有幅度谱功能。

3.2 换能器的技术要求

3.2.1 混凝土缺陷超声检测中，根据需要可采用平面测试（单面测试和通过两个平面对穿测试）或孔中测试（单孔和双孔测试）。平面测试所用的换能器是厚度振动方式，孔中测试用径向振动式换能器（圆管式换能器径向指向性一致）。

3.2.2 混凝土缺陷检测，一般选用频率为 20～250kHz 的换能器（径向振动式换能器目前最高频率有 60kHz），可根据测距大小和混凝土质量好坏选用合适频率的换能器。一般在保证具有一定接收信号幅度的前提下，尽量选用较高频率的换能器，以提高对小缺陷反映的灵敏性。

3.2.3 换能器的实测频率与标称频率应尽量一致，实际频率差异过大，易使信号鉴别和数据对比造成混乱。

在水中检测一般水深不大于100m，换能器水密性在1MPa时不漏水是可以满足要求的。

3.3 超声波检测仪的检定

3.3.1 这项检验方法为定期检验仪器综合性能提供一种声时理论值的标准，不仅检验了仪器的计时机构是否可靠，还验证了仪器操作者的声时读取方法是否准确。

3.3.2 波幅值一般按分贝（dB）计量表示，波幅值被增加（或减少）6dB，对应的屏幕波幅高度应升高（或降低）一倍，如果波幅变化高度不符，表示仪器衰减系数不正确或者波幅计量系统有误差，但要注意波幅变化中应始终不超屏。

4 声学参数测量

4.1 一般规定

4.1.1 了解、收集被测结构的有关资料和情况，为综合分析产生质量问题的原因和拟定检测方案提供依据，同时也是综合分析测试结果和存档必不可少的技术资料。

4.1.2 质量有怀疑的部位是大家关注的目标，结合测试操作条件的可能性，检测应突出重点，选取对混凝土质量有争议或根据施工情况易产生质量事故的部位进行检测，以求迅速而准确的判定质量问题。

4.1.3 超声"测缺"的基本目的是寻找隐蔽于结构混凝土内部的缺陷和不均匀性，但反映混凝土质量的声学参数容易受混凝土表面状态影响。为了使检测数据具有真实性和良好的可比性，必须避免表面状况对检测的影响。因此，应保持混凝土测试面平整、清洁无泥砂、灰尘。

4.1.4 因为超声波在混凝土中的衰减大小除了与混凝土质量有关外还与发射的超声波主频有关，较高主频的超声波在混凝土中声能衰减更快，首波幅度变化更明显，判别缺陷的灵敏度高。但选用的主频过高，首波很微弱，无法辨别波幅的变化，也不能有效判别混凝土缺陷。因此，在工程检测中，应视当时的测距大小，选用较高主频换能器。使用模拟式仪器时，宜以无缺陷混凝土的首波幅度不小于30mm为前提。

4.1.5 换能器辐射应通过耦合剂与混凝土测试表面接触以保证良好的声耦合。当耦合层中夹杂泥沙或者存在空气，使声时延长、波幅降低，检测结果就不能真实反映混凝土内部质量情况。

4.1.6 由于钢筋声速比一般混凝土声速高，当声传播路径与钢筋轴线平行且比较靠近时，大部分路径沿钢筋轴向传播的声波，比沿混凝土直接传播的声波早到达接收点，即钢筋使声信号"短路"，因此，使测得的声时、波幅不能反映混凝土的实际质量情况。通过理论计算，当T、R换能器的连线与钢筋的最小距离大于测距的1/6时，可避免上述影响。

4.2 声学参数测量

4.2.1 采用模拟式超声检测仪测量应按下列方法操作：

  1 由于超声"测缺"技术是在相同技术条件（混凝土的原材料、配合比、浇筑工艺及构件类型、配筋情况、测试距离、耦合状态等）下进行声学参数的测量和比较，所以检测一个工程时，测试技术条件应始终保持一致，保证测得的数据具有可比性。因此，在测量前应视结构的测距大小和混凝土外观质量情况，将仪器的发射电压固定在某一合适位置。为便于观察和测读缺陷区的较弱信号，应以扫描基线不产生明显噪声干扰为前提，将仪器"增益"尽量调到最大位置。

2 声时测读值往往随着首波幅度的变化而有所波动。为了减少人为误差，规定每次读取声时值时，应将首波幅度调至一定高度。

3 波幅测量的目的是比较超声波在相同的混凝土内传播时能量的变化情况。有缺陷的混凝土，超声波在"缺陷体"界面发生散射、绕射及折射反射，造成声能不同程度的损失，首波幅度必须下降。测量前，应使换能器与测试面耦合良好（测试面平整，耦合层中不得夹杂泥砂）。1)、2) 两种方法均为相对比较，方法 1) 适用于测距长或强度等级低的混凝土，方法 2) 适用于测距小、接收信号强的情况。

4 主频测量是测量接收信号第一个波的周期，再按主频值是周期的倒数的关系计算而得。如果波形发生畸变，测得主频的误差较大。

5 观察、描绘或拍摄波形可作为缺陷判别的参考，因为质量完好与存在缺陷的混凝土相比较，接收信号的波形或包络线的形状总是有差别的，一般说来有缺陷的混凝土，其波形必然产生"畸变"，但波形出现畸变并不一定是缺陷。随着研究工作的深入和频谱分析技术的发展，有可能找出混凝土不同缺陷的某些特征波形。

4.2.2 采用数字式超声检测仪测量应按下列方法操作：

1 超声仪的发射电压决定了换能器的发射能量，即与接收信号的波幅有关，采样主频与声时测读精度有关，为使声时、波幅、波形等声参量有相互可比性，应根据测距大小和混凝土外观质量情况固定仪器的发射电压，采样主频等参数。

2 数字式超声波检测仪在自动测读声时及波幅时，当操作不当或噪声很强时会发生误判，应在自动判读后及时观察自动判读是否正确，否则应重新采样再次自动判读或改用手动游标读数。主频测量采用一定长度波形样品进行线性 FFT 运算并自动判读，在做频谱分析计算时，参与分析计算的波形段的各波峰有可能因过份放大而削顶（称削波），由于出现削波时频谱分析将出现误差，故参与频谱分析的波形段不应削波。

3 数字式仪器声时、波幅的手动测量使用手动游标读数，主频的手动测量是通过游标读取相邻波峰（或波谷）的时间值，即为超声波在此瞬时的周期 T，周期的倒数即为主频。

4 在缺陷检测过程中，应将完整混凝土的超声接收波形与有缺陷部位的波形按已设定的采样记录长度存入计算机硬盘（或软盘），以便在数据分析或提交检测报告时为缺陷判断提供辅助信息。

4.2.3 读取的声时值中还包括一个叫声时初读数的 t_0 值，因此被测混凝土的超声传播时间应该是测读值减去声时初读数。声时初读数主要包括换能器外壳与耦合层的声延时，仪器电路传输过程和高频电缆的电延时以及接收信号前沿起点的延时。其值可按仪器说明书或附录 B 进行测定。

4.2.4 不同测距的声时值无可比性，须由测距换算成声速，方可判别混凝土的质量。现场一般采用钢卷尺测量测距；有条件时可用专门工具测量，要求测量误差不大于 ±1%，才能保证声速计算值不超过允许误差。

5 裂缝深度检测

5.1 一般规定

5.1.1 原规程中裂缝检测分为"第四章 浅裂缝检测"和"第五章 深裂缝检测"。现合并为"5 裂缝深度检测"。因为在实际检测中事先很难估计裂缝的深浅,一般都是根据裂缝所处部位的具体情况,确定测试方法。所以无论浅裂缝还是深裂缝检测,只是测试和判断方法有些不同,但目的都是测量裂缝的深度,合并成一章便于使用。

5.1.2 若被测裂缝中有积水或泥浆,则声波经水介质耦合穿裂缝而过,则通过与不通过裂缝的超声首波信号无明显差异,给裂缝深度判断造成很大困难。

5.2 单面平测法

5.2.1 由于采用的是平测法,声传播距离有限,以目前常用的超声仪器及换能器而言,检测 500mm 深度的裂缝时首波信号很微弱,若再增大裂缝深度的检测范围则难以识别首波信号而误读后续波,导致检测错误。平测时如果 T、R 换能器的连线与附近钢筋轴线相一致,钢筋将使声信号"短路",读取的声时不能反映混凝土的声速,更不能反映超声波绕过裂缝末端传播的声时。因此,布置测点时应使 T、R 换能器的连线避免与附近钢筋轴线平行,如能保持 45°左右的夹角为最好。

1 平测中测距以换能器内边缘为准,是为了提高测距的准确性,而以"时—距"法来求得声波的实际传播距离,可消除仪器初始读数及声波传播路径误差的影响。

2 跨缝进行声时测量时,在读取首波声时的同时,应注意观察首波相位的变化,因为首波出现反相对的测距与被测裂缝深度存在一定关系,记录了反相对的测距,有助于裂缝深度的分析判断。

5.2.2 裂缝深度计算式(5.2.2),原规程为 $h_{ci} = l_i/2 \cdot \sqrt{(t_i^0/t_i)^2 - 1}$,修改中考虑到该计算式是根据跨缝与不跨缝测试的混凝土声速基本一致,在同一测距下,跨缝测试的声波绕过裂缝末端所形成折线传播,不跨缝测试的声波是直线传播到接收换能器的原理推导而来,而跨缝测试出现首波反相对的测距,不一定对应于不跨缝测试的测距,而且不跨缝各测距测得的声速值多存在一定差距。因此,修订稿先将不跨缝测试的混凝土声速 v 计算出来,再以 $t_i = l_i/v$ 代入原(5.2.2)式得到修订稿中的(5.2.2-1)式,同时求出各测距计算的裂缝深度平均值 m_{hc}。

5.2.3 在跨缝测量中,经常出现首波反相现象,经模拟试验和工程实测的验证结果看出,首波出现反相时的测距 l' 与被测裂缝深度存在一定关系,但有时由于受过缝钢筋或裂缝中局部"连通"的影响而难以发现反相首波,因此,修订稿提出两条确定裂缝深度的方法。关于舍弃 $l'_i < m_{hc}$ 和 $l'_i > 3m_{hc}$ 的数据问题,从许多测试资料和模拟试验看出,当 l'_i 与裂缝深度相近时,测得的裂缝深度较为准确;实践表明,T、R 换能器测距过小或远大于裂缝深度,声时测试误差较大,t_i、t_i^0 对计算裂缝深度影响较大,所以对两个换能器的测距作了限制。

5.3 双面斜测法

5.3.1 在工业与民用建筑中常遇见梁的跨中或梁与柱结合部位出现裂缝，需要检测其深度及其在水平方向是否贯通，这种结构一般至少具有一对相互平行的测试面，可采用等测距的过缝与不过缝的斜测法检测。这种方法较直观，检测结果较为可靠。

5.3.2 当发射和接收换能器的连接线通过裂缝时，由于裂缝破坏了混凝土的连续性，声能在裂缝处产生很大衰减，穿过裂缝传播到接收换能器的首波信号很微弱，其波幅或主频与等测距的无缝混凝土比较，存在显著差异，据此可以判定裂缝深度及它在水平方向是否贯通。

5.4 钻孔对测法

5.4.1 大体积结构的裂缝深度在 500mm 以上时，用平测法难以测量，又不具备斜测法所需要的一对相互平行的测试面，则可应用本测试方法进行检测。

5.4.2 本方法是在裂缝两侧的钻孔中作超声跨缝检测，所以在裂缝两侧必须钻声测孔。

5.4.3 对钻孔的要求：

  1 应根据所用换能器的直径确定钻孔的直径，为使换能器在孔中移动顺畅，孔径应比换能器直径大 5～10mm。

  2 由于该测试方法的基础是以有无缝的混凝土声学参数相对比较而判别裂缝的所在范围，因此钻孔须深入到裂缝末端的完好混凝土中去，其深入深度应保证通过无缝混凝土的测点不少于 3 个。故规定钻孔深度大于裂缝深度 700mm 以上。

  3 对应的二个测孔其轴线应保持平行，以免因钻孔不平行造成 T、R 换能器间距变化，干扰各深度处测试结果的相互比较。

  4 对应测孔的间距宜为 2m，这是按目前一般超声仪和径向换能器灵敏度而言。测孔间距太大则接收信号太弱，不利于测试数据的分析判断；测孔间距过小，延伸的裂缝则可能超出测距范围。

  5 孔中若有粉末碎屑，充水后便形成悬浮液，将使声波剧烈衰减，影响测试结果，故应清理干净。

  6 在裂缝一侧多钻一个较浅的孔，作为测试相同测距下无缝混凝土的声学参数，以利于对裂缝部位进行判别。

5.4.4 为保证径向换能器有一定的穿透能力，使接收信号有一定幅度，所以只能用较低主频。原规程为 20～40kHz，因目前市场上已有 60kHz 径向换能器，并有足够的灵敏度，而且直径更小，所以现改为 20～60kHz。

5.4.5 向测孔中灌水是作耦合剂用，必须用清水，无悬浮泥沙。测点间距以 200mm 左右为宜，深度大的裂缝测间距可适当大一些。为使换能器始终处于钻孔中心，宜在换能器上套两个橡皮圈。

5.4.6 结构物的裂缝宽度是从表面至内部逐渐变窄，直至闭合。裂缝越宽，对超声波的反射程度越大，波幅值越小。随着孔深增加，波幅值越来越大。当波幅达到最大并随着再往深处测量也基本稳定时，表示 T、R 换能器之间的混凝土是完好的，则可以判定波幅达到最大值（相对于有裂缝部位）所对应的钻孔深度即是裂缝深度值。

6 不密实区和空洞检测

6.1 一 般 规 定

6.1.1 本章适用于混凝土内部不密实区和空洞的检测。所谓不密实区，系指因振捣不够、漏浆或石子架空等造成的蜂窝状或因缺少水泥而形成的松散状以及遭受意外损伤所产生的疏松状混凝土区域。

6.1.2 检测混凝土内部的不密实区或空洞一般采用穿透法，依据各测点的声速、波幅和主频的相对变化，寻找异常测点的坐标位置，从而判定缺陷范围。因此，测试部位最好具有两对相互平行的测试面，如受条件限制，至少也应有一对相互平行的测试面。怀疑混凝土内部是否存在空洞和不密实，一般是根据施工记录和外观质量情况，或者结构在使用过程中局部发生质量问题，其位置都是大致的。因此，为了避免缺陷漏检，测试范围除应大于所怀疑的区域外，还应确保在正常混凝土上有足够测试数据，以满足统计分析的需要。

6.2 测 试 方 法

6.2.1 测试方法应根据被测构件或结构的外观形状来考虑，为便于判明混凝土内部缺陷的空间位置，构件被测部位最好具有两对相互平行的测试面，并尽可能采用两个方向对测。当被测部位只有一对可供测试的平行表面时，可在该对测试面上分别画出对应网格线，在对测的基础上对数据异常的测点部位，再进行交叉斜测，以确定缺陷的位置和范围。一般水坝、桥墩、大型设备基础等结构，断面尺寸较大，为提高测试灵敏度，可在适当位置钻竖向测试孔或预埋声测管进行测试。

6.2.2 该条说明同 4.2 节。

6.3 数据处理及判断

6.3.1 同一测试部位各测点的声学参数测量值的平均值和标准差，分别按（6.3.1-1）式和（6.3.1-2）式计算。

6.3.2 原规程规定"当同一测试部位各点的测距相同时，可直接用声时判别"，修订中考虑到声时判断值的计算式与其他几个声学参数判断值的计算通式不一致，为简化计算过程，修订稿中删除了直接用声时判断的内容，都用声速、波幅和主频进行异常值判断。原规程判出 x_n 为异常值后就停止了判断，实际上排列在 x_n 之前的数据中可能还包含有异常值。因此，修订稿中增加了 x_n 被判为异常值后再继续对 $x_1 \sim x_{n-1}$ 进行统计判断，直至判不出异常值为止。

异常值的判断值"x_0"是参考数理统计学判别异常值方法确定的。基本原理如下：在 n 次测量中，取异常测点（含粗大误差的测量值）不可能出现数为 1，对于正态分布，异常测点不可能出现的概率为：

$$P(u \geqslant \lambda_1) = 1/\sqrt{2\pi} \int_{\lambda 1 \exp}^{\infty} (-x^2/2) \mathrm{d}x = 1/n$$

表6.3.2中的λ_1值，根据统计数据的个数"n"，由$\Phi(\lambda_1)=1/n$在正态分布表中查得。

原规程只考虑了单个测点的判断。但是，当混凝土内部存在缺陷时，往往不是孤立的一个点，其相邻测点很有可能处于缺陷的边缘而被漏判。为了提高缺陷范围判定的准确性，现增加了对异常测点相邻点的判断。根据概率统计原理，在n次测试中相邻二点不可能出现的概率是：$P_2=1/2\sqrt{1/n}$；当用径向振动式换能器在钻孔或预埋管中测试时，相邻二点不可能出现的概率是：$P_3=$在钻孔或预埋管中测试时，相邻二点不可能出现的概率是：$P_3=\sqrt{1/2n}$。表6.3.2中的λ_2、λ_3值，是根据统计数据的个数"n"，分别由$\Phi(\lambda_2)=1/2\sqrt{1/n}$、$\Phi(\lambda_3)=\sqrt{1/2n}$在正态分布表中查得。

6.3.3 一般情况下混凝土内部的不密实区和空洞，并非孤立的一小块，由声学参数测量值反映到测点也不是孤立一个点。因此，可根据异常测点在二维平面或三维空间的分布情况，并结合波形特征综合判断不密实区域和空洞等缺陷的位置和范围。

有时因构件整体质量较差，各测点的声速、波幅测量值的标准差较大，按上述方法判断缺陷易产生漏判。此时，可利用另外一个同条件（构件类型、混凝土的龄期、材料品种及用量相同，测试距离一致）正常混凝土声学参数的平均值和标准差进行异常数据判断。

7 混凝土结合面质量检测

7.1 一般规定

7.1.1 混凝土前后两次浇筑时间间隔原规程是根据《混凝土结构工程施工及验收规范》有关规定大于3h，修订中考虑到当前混凝土外加剂的品种繁多，导致混凝土的终凝时间波动范围很宽，所以修订稿中未规定具体间隔时间。如果前面浇筑的混凝土已达到了终凝，形成一定早期强度，此时接着往上浇筑混凝土，如不严格按施工缝处理前面浇筑混凝土的表面，则结合面的质量很难得到保证，所以有时人们担心结合面的结合不良，需要通过检测来确定结合面的质量。

7.1.2 在检测时，应首先查明结合面的位置及走向，以保证所布置的测点能使声波垂直或斜穿结合面。若结合面走向与声波传播方向平行或近似平行，则声波传播将不会穿过结合面，所测数据不能反映结合面的质量情况。

7.2 测试方法

7.2.1、7.2.2 利用超声波检测两次浇筑的混凝土结合面质量，主要是采用对比的方法。因此，测点的布置应包括有结合面和无结合面的两部分混凝土，为保证各测点具有一定的可比性，每一对测点都应保持倾斜角度一致，测距相等。

测点间距应根据结构尺寸和结合面质量情况确定，但一般不宜大于300mm，因间距过大，可能使缺陷漏检。

换能器耦合状态不同将影响检测结果，向换能器施以恒压，可以使每一测点的耦合状态保持一致，提高测试数据的可比性。当发现某些测点声学参数异常时，应检查异常点测试表面是否平整、干净，并作必要的处理后再进行复测和细测。

7.3 数据处理及判断

7.3.1～7.3.3 如果所测混凝土的结合面结合良好,则超声波穿过有无结合面的混凝土时,声学参效应无明显差异。当结合面局部地方存在疏松、孔隙或填进杂物时,该部分混凝土与邻近正常混凝土相比,其声学参数值存在明显差异。但有时因耦合不良、测距发生变化或对应测点锗位等因素的影响,导致检测数据异常。因此,对于数据异常的测点,只有在查明无其他非混凝土自身因素影响时,方可判定该部位混凝土结合不良。

8 表面损伤层检测

8.1 一般规定

8.1.1 当混凝土遭受冻害、高温作用或化学物质侵蚀,其表层会受到程度不同的损伤,产生裂缝或疏松降低对钢筋的保护作用,影响结构的承载能力和耐久性。用超声波检测表面损伤层厚度,既能反映混凝土被损害的程度,又为结构加固补强提供技术依据。

8.1.2 选取有代表性的部位进行检测,既可减少测试工作量,又使测试结果更符合混凝土实际情况。

由于水的声速比空气的声速大4倍多,如果受损伤而较疏松的表层混凝土很潮湿,则其声速测值偏高,与未损伤的内部混凝土声速差异减小,使检测结果产生较大误差。测试部位表面有接缝或饰面层,也会使声速测值不能反映损伤层混凝土实际情况。

8.1.3 为了提高检测结果的准确性和可靠性,可根据测试数据选取有代表性的部位,局部凿开或钻芯取样进行验证。

8.2 测试方法

8.2.1 混凝土表面损伤层检测,一般是将换能器放在同一测试面上进行单面平测,这种测试方法接收信号较弱,换能器主频频主愈高,接收信号愈弱。因此,为便于测读,确保接收信号具有一定首波幅度,宜选用较低主频的换能器。

8.2.2～8.2.3 检测时T换能器与被测混凝土表面必须耦合良好,且固定不动。依次移动R换能器(原规程定为每次移动50mm),为便于检测较薄的损伤层,R换能器每次移动的距离不宜太大,所以修改为30mm。为便于绘制"时—距"坐标图,每一测位的测点数应不少于6点。

发现损伤层厚度不均匀时,应适当增加测位的数量,使检测结果更具有真实性。

8.3 数据处理及判断

8.3.1、8.3.2 原规程单纯用作图法求得 v_f、v_a 和 l_0 值,由于该方法的数据处理过程十分繁杂,而且往往因坐标图的声时轴比例较粗,求得的数值误差较大,因此修改成用回归分析的方法分别求出损伤、未损伤混凝土的回归直线方程,再根据两个回归直线的交点在轴上,对应的距离为 l_0,回归系数 $b_1 = v_f$,$b_2 = v_a$ 按公式(8.3.2)计算损伤层厚度。(8.3.2)式是依据以下原理推导而得:如图8.3.2所示,当T、R换能器距离较近时,超声波沿损伤层直接传播到接收换能器（R），随着 T、R 换能器间距增大，部分声波穿过损伤层沿未损伤混凝土传播一定距离后，再穿过损伤层到达接收换能器，当 T、R 换能器间距增大到一定距离时，穿过损伤层经未损伤混凝土传播到 R 换能器的声波，比沿损伤层直接传播的声波早到达或同时到达 R 换能器，即 $t_2 \leqslant t_1$。

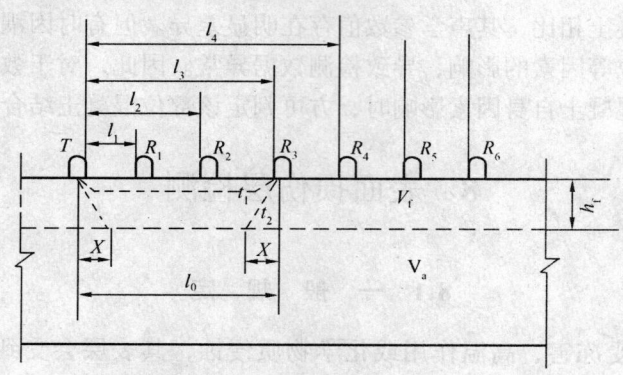

图 8.3.2　检测损伤层厚度示意图

由图可以看出　　$t_1 = l_0/v_f$

$$t_2 = 2 \cdot \sqrt{h_f^2 + x^2}/v_f + (l_0 - 2x)/v_a$$

则
$$l_0/v_f = 2/v_f \cdot \sqrt{h_f^2 + x^2} + (l_0 - 2x)/v_a \tag{1}$$

因为　　$l_0 = t_1 v_f$

所以 $t_1 = 2/v_f \sqrt{h_f^2 + x^2} - (l_0 - 2x)/v_a$，为使 x 值最小，可取 t_1 对 x 的导数等于 0，

则
$$dt_1/dx = 2/v_f \cdot 2x/(2\sqrt{h_f^2 + x^2}) - 2/v_a$$
$$= 2x/(v_f \sqrt{h_f^2 + x^2}) - 2/v_a = 0 \tag{2}$$
$$x/(v_f \sqrt{h_f^2 + x^2}) = 1/v_a$$

将（2）式整理后得 $x = h_f v_f/\sqrt{v_a^2 - v_f^2}$

将 x 代入（1）式得

$$l_0/v_f = 2/v_f \cdot \sqrt{h_f^2 + v_f^2 h_f^2/(v_a^2 - v_f^2)} + l_0/v_a$$
$$- 2h_f v_f/(v_a \cdot \sqrt{v_a^2 - v_f^2}) \tag{3}$$

将（3）式整理后得　$h_f = l_0/2 \cdot \sqrt{(v_a - v_f)/(v_a + v_f)}$ 　　(4)

因为　$v_f = b_1$；$v_a = b_2$

所以　　　　　$h_f = l_0/2 \cdot \sqrt{(b_2 - b_1)/(b_2 + b_1)}$

9　灌注桩混凝土缺陷检测

9.1　一　般　规　定

9.1.1　一般灌注桩的直径（或边长）多在 0.6m 以上，由于灌注桩的特定施工条件，在混

凝土灌注过程中，易产生夹泥、颈缩、空洞等缺陷。从一些模拟实验和大量工程实测结果来看，采用超声法检测灌注桩混凝土缺陷是较为有效的方法。

9.2 埋设超声检测管

9.2.1 声测管的埋设数量应能保证沿灌注桩横断面有足够的检测范围，同时还要保证超声仪能够接收到清晰的信号。

9.2.2 限制 PVC 塑料管的使用范围，是因为 PVC 塑料管的刚度小且容易损坏。采用外加套管连接是为了保持通直且可避免接头处内壁存在突出物。管的上下端封闭是为了避免在施工时水泥浆和砂土等杂物堵塞声测管。

9.2.3 管的上端高于桩顶表面且同一根桩的声测管外露高度相同，是为了检测方便和易于控制换能器在声测管中的位置。

9.2.4 为确保浇筑混凝土过程中声测管不变形不移位，声测管应做牢靠地固定，一般采用绑扎的方法进行固定，不宜将钢管直接焊在固定点上，这样容易烧穿钢管，在钢管内壁形成焊瘤，影响钢管的通直。

9.3 检测前的准备

9.3.1～9.3.4 检测的应做好充分准备工作。了解有关资料，便于检测数据的分析。向管内注清水作为耦合剂，以保证换能器与管壁之间的良好耦合。在放入换能器之前，应先检查各声测管是否通畅，以免测试过程中换能器被卡在管内。

9.4 检测方法

9.4.1 灌注桩直径较大时，宜选择主频较低的换能器，仪器发射电压调到较高档，以保证有较强的接收信号。将 T、R 换能器分别放入两个声测管的顶部或底部，以一定高程等距离同步向下或向上移动，逐点检测。当相邻测点的检测数据存在明显差异时，应及时校核换能器的高度，避免发生差错。必要时可以取出换能器检验仪器系统工作是否正常。

9.4.2 对数据可疑的部位进行复测，是为了检查测试操作是否有错误，当确认测试操作无误时，便可以通过对测、交叉斜测及扇形扫测的方法找出存在异常数据的范围。

9.5 数据处理与判断

9.5.1 数据处理

接收信号主频的计算：用模拟式仪器检测时，可按（9.5.1-3）式计算；如果用数字式仪器检测，则由仪器经 FTT 计算后直接显示出来。

首波幅度：模拟式仪器，用衰减器读出；数字式仪器，自动判读后直接显示出来。

9.5.2～9.5.4 根据检测数据绘制相应的声时（或声速）-深度曲线；波幅-深度曲线或主频-深度曲线以及 Z-H 曲线，结合异常测点判断，综合分析判定缺陷的位置和范围。对于较大的缺陷，可以采用工程钻机对灌注桩进行钻芯取样，以验证检测结果，同时还可以对缺陷部位进行压浆处理。

9.5.5 以混凝土声速的离差系数评价桩身混凝土质量的匀质性，只能反映施工过程中混凝土的匀质性，并不能反映混凝土强度的高低。

9.5.6 根据各声学参数的综合分析，判定单个桩身混凝土是否存在缺陷或存在缺陷的位置、范围，并根据缺陷性质、大小及其对桩身危害程度，可对桩身完整性作出定性的评价。一般说来，Ⅰ、Ⅳ类桩容易划分，对无或基本无缺陷的桩，桩身完整性好，则划为Ⅰ类桩，对完全断或接近断开的桩则划为Ⅳ类桩。但对于Ⅱ、Ⅲ类桩的划分难度较大，局部小缺陷与局部严重缺陷的区分，宜从以下三个方面来综合分析：①桩身同一横截面上缺陷所占面积；②整个桩身存在缺陷的数量及其分散情况；③缺陷沿桩身高度方向的分布位置。结合桩的受力状态，分析缺陷对桩身完整性的损害程度进行划分。

10 钢管混凝土缺陷检测

10.1 一般规定

10.1.1 对于胶结不良的钢管混凝土，由于管壁与混凝土之间存在空气介质，声波在此处产生反射或绕钢管壁传播，导致检测数据和缺陷判断的错误。

10.1.2 由于钢的声速远快于混凝土的声速，如果测点布置不合理或钢管内混凝土声速较低，仪器接收到的首波信号很可能是沿钢管壁传播的，此时便不能反映钢管内混凝土的质量情况。

10.1.3 规定钢管的表面光洁、无严重锈蚀，旨在保证检测时换能器与钢管外壁之间声耦合良好，减少声能的意外损失，以增强检测数据的可比性。

10.2 检测方法

10.2.1 钢管混凝土检测示意图说明测点的布置方式，无论在同一横截面对测还是保持一个较小的倾斜角度进行斜测，每对测点的连线都必须通过钢管混凝土中心。

10.2.2 选择钢管与混凝土胶结良好的部位布置测点，是为了保证发射声波能较充分地沿径向穿透钢管混凝土，从而反映核心混凝土的质量情况。因此，在检测前应采用简易方法先检查钢管与核心混凝土的胶结情况，以确定测点的位置。

10.2.3 在钢管圆周和母线方向等分、等距画线布置测点，其目的是为了保证每一对测点的直达声波都通过钢管混凝土中心，并使测点布置均匀。

10.2.4 通过圆心逐断面径向对测，是钢管混凝土最基本的检测方法，可直接用钢管标称外径作为测距计算声速，便于检测数据的分析比较。

10.2.5 对于大直径的钢管混凝土，为了提高测试灵敏度，可按照本规程第9章，预埋声测管进行检测。

10.3 数据处理与判断

10.3.1 与6.3.1和6.3.2条文说明同。

10.3.2 当测点较少，无法用统计方法判别异常值时，可用每个测点的声速、波幅、主频等参数与相同混凝土、相同直径的正常钢管混凝土声学参数进行比较，综合分析判别所测部位的核心混凝土是否存在缺陷。

附录 A 测量空气声速进行声时计量校验

在超声测试中,仪器的计时系统是否正常,操作者的测读方法是否正确,都直接影响声时读数的可靠性。由于空气的声速除受温度影响外,受其他因素的影响很小,因此用测量空气声速的办法来检验仪器的计时性能和操作者的测读方法是行之有效的。实践证明,只要仪器正常,操作人员测读正确,空气声速的测量值就十分接近标准值,其相对误差小于±0.5%。如果相对误差较大,应首先检查测距和声时的测量是否有误,然后再检查仪器有关电路。

附录 B 径向振动式换能器声时初读数(t_{00})的测量

由于两个径向振动式换能器不能相互直接耦合,也不能耦合于标准棒上测其声时初读数,只能置于水中的同一水平高度,以两个换能器之间两次不同距离测得的声时值按式(B.0.1)计算,如利用钻孔测量混凝土声时,声时初读数就按(B.0.2)式计算,如果利用预埋声测管测量混凝土声时,初读数中还包含声测管所用材料的2倍壁厚的声延时,即按(B.0.3)式计算。

表 B.0.1 的数据是根据《物理手册》中水的声速(V_w)与其温度(T_w)之间的相关直线式:$V_w = 1.433 + 0.0252 T_w$ 计算而得。

附录 C 空洞尺寸估算方法

在混凝土缺陷检测中,有时需要对内部空洞尺寸进行估算。为便于计算,将混凝土中的空洞理想化为"球形"或者是其轴线垂直于声波传播方向的"圆柱体",并且视空洞周围为正常混凝土,这与实际情况存在较大差异,所以计算结果只能是大致尺寸。不过经模拟试验和工程实测表明,用该方法粗略估算空洞尺寸是可行的。

表 C.0.1 中的数据是根据图 C.0.1 的原理推导计算而得:

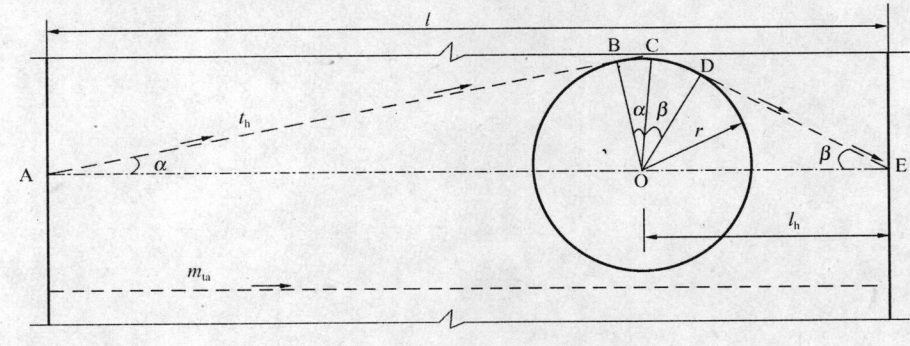

图 C.0.1

$$t_h - m_{ta} = \Delta t = [(AB + \overset{\frown}{BC} + \overset{\frown}{CD} + DE) - l]/V_c$$

因为 $V_c = l/m_{ta}$

$$AB = \sqrt{(l-l_h)^2 - r^2}\sqrt{l^2 - 2ll_h + l_h^2 - r^2}$$

$$\overset{\frown}{BC} = a \times \alpha(\text{弧度}) = r \times 0.01745\sin^{-1}[\alpha/(l-l_h)]$$

$$\overset{\frown}{CD} = a \times \beta(\text{弧度}) = r \times 0.01745\sin^{-1}(r/l_h)$$

$$DE = \sqrt{l_h^2 - r^2}$$

$$\Delta t/m_{ta} = \sqrt{1 - 2l_h/l + (l_h/l)^2 - (r/l)^2} + r/l$$
$$\times 0.01745[\sin^{-1}(l/r - l_h/r)^{-1} + \sin^{-1}(r/l_h)]$$
$$+ \sqrt{(l_h/l)^2 - (r/l)^2 - 1}$$

设 $\Delta t/m_{ta} = X; l_h/l = Y; r/l = Z; r/l_h = l \cdot Z/l \cdot y = Z/Y$

则
$$X = \sqrt{(1-y)^2 - Z^2} + \sqrt{y^2 - Z^2} + Z \cdot 0.01745$$
$$\times [\sin^{-1}(Z/(1-y)) + \sin^{-1}(Z/y)] - 1$$

当结构的被测部位只有一对可供测试的表面时，因为 l_h 无法确定，此时可采用 C.0.1 式计算空洞尺寸。此式是假设空洞位于超声检测路径的正中央推导出来的，实践证明，用此式估算的空洞尺寸，比由表 C.0.1 估算的结果略大一些。

中国工程建设标准化协会标准

后装拔出法检测混凝土强度技术规程

Technical specification for inspection of concrete
strength by pull-out post-insert method

CECS 69:94

主编单位：哈尔滨建筑大学
批准部门：中国工程建设标准化协会
批准日期：1994年12月22日

前 言

后装拔出法是在硬化混凝土上钻孔、磨槽、安装锚固件后用拔出仪做拔出试验,根据测定的抗拔力检测混凝土抗压强度的微破损方法,它具有测试结果可靠,适用范围广等特点。本规程作者在参照国外标准及总结国内实践经验的基础上,结合国情制定了这本用圆环式或三点式拔出仪检测混凝土抗压强度的技术规程。

现批准《后装拔出法检测混凝土强度技术规程》CECS 69:94 为中国工程建设标准化协会标准,推荐给各有关单位检测混凝土强度时使用。在使用过程中,请将意见及有关资料寄交北京市北三环东路 30 号中国建筑科学研究院中国工程建设标准化协会混凝土结构委员会(邮政编码:100013),以便修订时参考。

中国工程建设标准化协会
1994 年 12 月 22 日

目 次

1 总则 …………………………………………………… 598
2 主要符号 ……………………………………………… 598
3 拔出试验装置 ………………………………………… 599
  3.1 技术要求 ………………………………………… 599
  3.2 拔出仪 …………………………………………… 600
  3.3 钻孔机 …………………………………………… 600
  3.4 磨槽机 …………………………………………… 600
  3.5 锚固件 …………………………………………… 601
4 拔出试验 ……………………………………………… 601
  4.1 一般规定 ………………………………………… 601
  4.2 钻孔与磨槽 ……………………………………… 602
  4.3 拔出试验 ………………………………………… 602
5 混凝土强度换算及推定 ……………………………… 602
  5.1 混凝土强度换算 ………………………………… 602
  5.2 单个构件的混凝土强度推定 …………………… 603
  5.3 批抽检构件的混凝土强度推定 ………………… 603
附录 A 建立测强曲线的基本要求 …………………… 604
附录 B 本规程用词说明 ……………………………… 605
附加说明 ………………………………………………… 605
条文说明 ………………………………………………… 606

1 总则

1.0.1 为检测结构混凝土强度，正确评价混凝土质量，统一后装拔出法的试验方法，特制定本规程。

1.0.2 后装拔出法检测混凝土强度，系指在已硬化的混凝土表面钻孔、磨槽、嵌入锚固件并安装拔出仪进行拔出试验，测定极限拔出力，根据预先建立的拔出力与混凝土强度之间的相关关系检测混凝土强度。被检测混凝土的强度不应低于 10.0MPa。

1.0.3 本规程适用于结构工程中的混凝土抗压强度的检测。

混凝土强度的检测与评定应按现行国家标准《混凝土结构工程施工及验收规范》及《混凝土强度检验评定标准》执行。当对结构或构件的混凝土强度有怀疑时，或旧结构混凝土强度需要检测时，可按本规程进行检测，检测结果可作为评价混凝土质量的一个主要依据。

1.0.4 检测部位混凝土表层与内部质量应一致。当混凝土表层与内部质量有明显差异时，应将薄弱表层清除干净后方可进行检测。

1.0.5 按本规程检测所得的混凝土强度换算值 f_{cu}^c 相当于被测结构或构件测试部位在所处条件及龄期下，边长为 150mm 立方体试块的抗压强度值。

混凝土强度推定值 $f_{cu,e}$ 相当于强度换算值总体分布中保证率不低于 95% 的强度值。

1.0.6 应用拔出法前，应通过专门试验建立测强曲线（见附录A），并需经工程质量主管部门审定。测强曲线允许相对标准差不大于 12%。

1.0.7 从事拔出法检测、拔出仪标定和维修人员，均应经过主管部门认可的单位专门培训与考核，并持有培训单位颁发的合格证书。

1.0.8 用后装拔出法检测混凝土强度，除应符合本规程外，尚应符合国家现行有关标准的规定。

2 主要符号

序 号	代 号	涵 义
2.0.1	h	锚固件的锚固深度
2.0.2	h_1	钻孔深度
2.0.3	d_1	钻孔直径
2.0.4	d_2	胀簧锚固台阶外径
2.0.5	d_3	反力支承内径
2.0.6	b	胀簧锚固台阶宽度
2.0.7	c	环形槽深度
2.0.8	F	拔出力
2.0.9	f_{cu}^c	混凝土强度换算值
2.0.10	$f_{cu,e}$	混凝土强度推定值
2.0.11	$S_{f_{cu}^c}$	批抽检构件混凝土强度换算值的标准差

续表

序号	代号	涵义
2.0.12	$m_{f_{cu}^c}$	批抽检构件混凝土强度换算值的平均值
2.0.13	$f_{cu,min}^c$	批抽检每个构件混凝土强度换算值中的最小值
2.0.14	$m_{f_{cu,min}^c}$	批抽检每个构件混凝土强度换算值中最小值的平均值
2.0.15	n	批抽检构件的测点总数或芯样试件数
2.0.16	m	批抽检的构件数
2.0.17	f_{cor}	芯样试件抗压强度值
2.0.18	η	修正系数
2.0.19	e_r	相对标准差

3 拔出试验装置

3.1 技术要求

3.1.1 拔出试验装置由钻孔机、磨槽机、锚固件及拔出仪等组成。

3.1.2 钻孔机、磨槽机、锚固件及拔出仪必须具有制造工厂的产品合格证,拔出仪的计量仪表必须具有法定计量单位的检定合格证。

3.1.3 拔出试验装置可采用圆环式或三点式。

3.1.3.1 圆环式拔出试验装置的反力支承内径 $d_3 = 55$mm,锚固件的锚固深度 $h = 25$mm,钻孔直径 $d_1 = 18$mm(见图 3.1.3-1)。

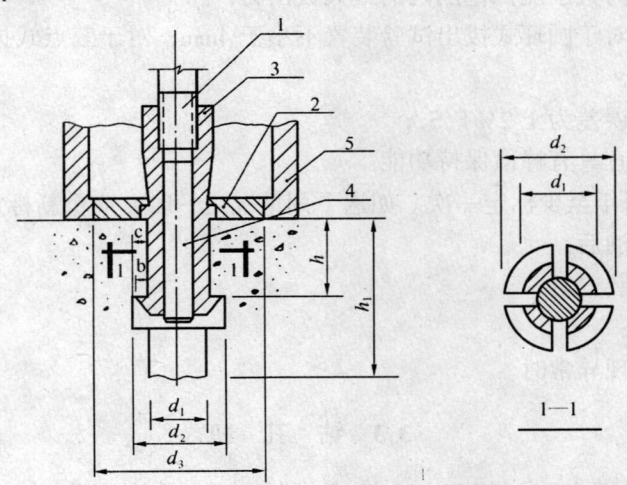

图 3.1.3-1 圆环式拔出试验装置示意图
1—拉杆;2—对中圆盘;3—胀簧;4—胀杆;5—反力支承

3.1.3.2 三点式拔出试验装置的反力支承内径 $d_3 = 120$mm,锚固件的锚固深度 $h = 35$mm,钻孔直径 $d_1 = 22$mm(见图 3.1.3-2)。

3.1.4 圆环式及三点式拔出试验装置的适用范围:

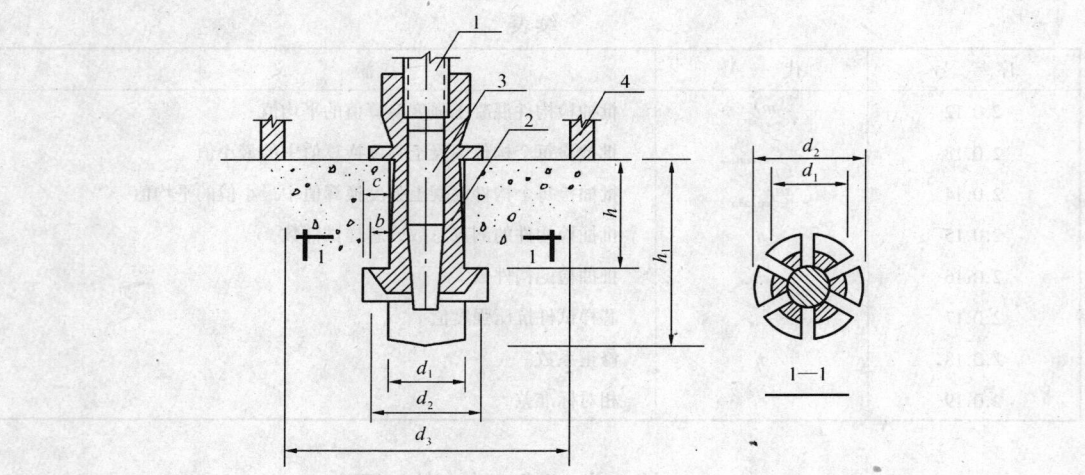

图 3.1.3-2 三点式拔出试验装置示意图
1—拉杆；2—胀簧；3—胀杆；4—反力支承

（1）圆环式拔出试验装置，宜用于粗骨料最大粒径不大于 40mm 的混凝土；
（2）三点式拔出试验装置，宜用于粗骨料最大粒径不大于 60mm 的混凝土。

3.2 拔 出 仪

3.2.1 拔出仪由加荷装置、测力装置及反力支承三部分组成。

3.2.2 拔出仪应具备以下技术性能：
（1）额定拔出力大于测试范围内的最大拔出力；
（2）工作行程对于圆环式拔出试验装置不小于 4mm；对于三点式拔出试验装置不小于 6mm；
（3）允许示值误差为 ±2%F.S.；
（4）测力装置宜具有峰值保持功能。

3.2.3 拔出仪应每年至少标定一次。如遇下列情况之一时，应重新标定：
（1）更换液压油后；
（2）更换测力装置后；
（3）经维修后；
（4）拔出仪出现异常时。

3.3 钻 孔 机

3.3.1 钻孔机可采用金刚石薄壁空心钻或冲击电锤。金刚石薄壁空心钻应带有冷却水装置。

3.3.2 钻孔机宜带有控制垂直度及深度的装置。

3.4 磨 槽 机

3.4.1 磨槽机由电钻、金刚石磨头、定位圆盘及冷却水装置组成。

3.5 锚 固 件

3.5.1 锚固件由胀簧和胀杆组成。胀簧锚固台阶宽度 $b = 3.5$mm，见图 3.1.3-1 或图 3.1.3-2。

4 拔 出 试 验

4.1 一 般 规 定

4.1.1 试验前宜具备下列有关资料：
（1）工程名称及设计、施工、建设单位名称；
（2）结构或构件名称、设计图纸及图纸要求的混凝土强度等级；
（3）粗骨料品种、最大粒径及混凝土配合比；
（4）混凝土浇筑和养护情况以及混凝土的龄期；
（5）结构或构件存在的质量问题等。

4.1.2 拔出试验前，对钻孔机、磨槽机、拔出仪的工作状态是否正常及钻头、磨头、锚固件的规格、尺寸是否满足成孔尺寸要求，均应检查。

4.1.3 结构或构件的混凝土强度可按单个构件检测或同批构件按批抽样检测。

4.1.4 符合下列条件的构件可作为同批构件：
（1）混凝土强度等级相同；
（2）混凝土原材料、配合比、施工工艺、养护条件及龄期基本相同；
（3）构件种类相同；
（4）构件所处环境相同。

4.1.5 测点布置应符合下列规定：
（1）按单个构件检测时，应在构件上均匀布置 3 个测点。当 3 个拔出力中的最大拔出力和最小拔出力与中间值之差均小于中间值的 15% 时，仅布置 3 个测点即可；当最大拔出力或最小拔出力与中间值之差大于中间值的 15%（包括两者均大于中间值的 15%）时，应在最小拔出力测点附近再加测 2 个测点；
（2）当同批构件按批抽样检测时，抽检数量应不少于同批构件总数的 30%，且不少于 10 件，每个构件不应少于 3 个测点；
（3）测点宜布置在构件混凝土成型的侧面，如不能满足这一要求时，可布置在混凝土成型的表面或底面；
（4）在构件的受力较大及薄弱部位应布置测点，相邻两测点的间距不应小于 $10h$，测点距构件边缘不应小于 $4h$；
（5）测点应避开接缝、蜂窝、麻面部位和混凝土表层的钢筋、预埋件。

4.1.6 测试面应平整、清洁、干燥，对饰面层、浮浆等应予清除，必要时进行磨平处理。

4.1.7 结构或构件的测点应标有编号，并应描绘测点布置的示意图。

4.2 钻孔与磨槽

4.2.1 在钻孔过程中,钻头应始终与混凝土表面保持垂直,垂直度偏差不应大于3°。

4.2.2 在混凝土孔壁磨环形槽时,磨槽机的定位圆盘应始终紧靠混凝土表面回转,磨出的环形槽形状应规整。

4.2.3 成孔尺寸应满足下列要求:
(1) 钻孔直径 d_1 应比3.1.3条的规定值大0.1mm,且不宜大于1.0mm;
(2) 钻孔深度 h_1 应比锚固深度 h 深20~30mm;
(3) 锚固深度 h 应符合3.1.3条规定,允许误差为±0.8mm;
(4) 环形槽深度 c 应为3.6~4.5mm。

4.3 拔出试验

4.3.1 将胀簧插入成型孔内,通过胀杆使胀簧锚固台阶完全嵌入环形槽内,保证锚固可靠。

4.3.2 拔出仪与锚固件用拉杆连接对中,并与混凝土表面垂直。

4.3.3 施加拔出力应连续均匀,其速度控制在0.5~1.0kN/s。

4.3.4 施加拔出力至混凝土开裂破坏、测力显示器读数不再增加为止,记录极限拔出力值精确至0.1kN。

4.3.5 对结构或构件进行检测时,应采取有效措施防止拔出仪及机具脱落摔坏或伤人。

4.3.6 当拔出试验出现异常时,应作详细记录,并将该值舍去,在其附近补测一个测点。

4.3.7 拔出试验后,应对拔出试验造成的混凝土破损部位进行修补。

5 混凝土强度换算及推定

5.1 混凝土强度换算

5.1.1 混凝土强度换算值应按下式计算:

$$f_{cu}^c = A \cdot F + B \tag{5.1.1}$$

式中 f_{cu}^c ——混凝土强度换算值(MPa),精确至0.1MPa;
F ——拔出力(kN),精确至0.1kN;
A、B ——测强公式回归系数。

5.1.2 当被测结构所用混凝土的材料与制定测强曲线所用材料有较大差异时,可在被测结构上钻取混凝土芯样,根据芯样强度对混凝土强度换算值进行修正。芯样数量应不少于3个,在每个钻取芯样附近做3个测点的拔出试验,取3个拔出力的平均值代入5.1.1式计算每个芯样对应的混凝土强度换算值。修正系数可按下式计算:

$$\eta = \frac{1}{n} \sum_{i=1}^{n} (f_{cor,i}/f_{cu,i}^c) \tag{5.1.2}$$

式中 η ——修正系数,精确至0.01;
$f_{cor,i}$ ——第 i 个混凝土芯样试件抗压强度值,精确至0.1MPa;

$f^c_{cu,i}$——对应于第 i 个混凝土芯样试件的 3 个拔出力平均值的混凝土强度换算值（MPa），精确至 0.1MPa；

n——芯样试件数。

5.2 单个构件的混凝土强度推定

5.2.1 单个构件的拔出力计算值，应按下列规定取值：

（1）当构件 3 个拔出力中的最大和最小拔出力与中间值之差均小于中间值的 15% 时，取最小值作为该构件拔出力计算值；

（2）当按 4.1.5（1）条加测时，加测的 2 个拔出力值和最小拔出力值一起取平均值，再与前一次的拔出力中间值比较，取小值作为该构件拔出力计算值。

5.2.2 将单个构件的拔出力计算值代入 5.1.1 式计算强度换算值（或用 5.1.2 式得到的修正系数 η 乘以强度换算值）作为单个构件混凝土强度推定值 $f_{cu,e}$。

$$f_{cu,e} = f^c_{cu} \tag{5.2.2}$$

5.3 批抽检构件的混凝土强度推定

5.3.1 将同批构件抽样检测的每个拔出力代入 5.1.1 式计算强度换算值（或用 5.1.2 式得到的修正系数 η 乘以强度换算值）。

5.3.2 混凝土强度的推定值 $f_{cu,e}$ 按下列公式计算：

$$f_{cu,e1} = m_{f^c_{cu}} - 1.645 S_{f^c_{cu}} \tag{5.3.2-1}$$

$$f_{cu,e2} = m_{f^c_{cu,min}} = \frac{1}{m}\sum_{j=1}^{m} f^c_{cu,min,j} \tag{5.3.2-2}$$

式中 $m_{f^c_{cu}}$——批抽检构件混凝土强度换算值的平均值（MPa），精确至 0.1MPa，按下式计算：

$$m_{f^c_{cu}} = \frac{1}{n}\sum_{i=1}^{n} f^c_{cu,i}$$

式中 $f^c_{cu,i}$——第 i 个测点混凝土强度换算值；

$S_{f^c_{cu}}$——批抽检构件混凝土强度换算值的标准差（MPa），精确至 0.1MPa，按下式计算：

$$S_{f^c_{cu}} = \sqrt{\frac{\sum_{i=1}^{n}(f^c_{cu,i})^2 - n(m_{f^c_{cu}})^2}{n-1}}$$

$m_{f^c_{cu,min}}$——批抽检每个构件混凝土强度换算值中最小值的平均值（MPa），精确至 0.1MPa；

$f^c_{cu,min,j}$——第 j 个构件混凝土强度换算值中的最小值（MPa），精确至 0.1MPa；

n——批抽检构件的测点总数；

m——批抽检的构件数。

取 5.3.2-1、5.3.2-2 式中的较大值作为该批构件的混凝土强度推定值。

5.3.3 对于按批抽样检测的构件，当全部测点的强度标准差出现下列情况时，则该批构件应全部按单个构件检测：

(1) 当混凝土强度换算值的平均值小于或等于 25MPa 时，$S_{f_{cu}^c} > 4.5$MPa；

(2) 当混凝土强度换算值的平均值大于 25MPa 时，$S_{f_{cu}^c} > 5.5$MPa。

附录 A 建立测强曲线的基本要求

A.0.1 拔出试验装置应符合本规程的有关规定。

A.0.2 混凝土所用水泥应符合现行国家标准《硅酸盐水泥、普通硅酸盐水泥》和《矿渣硅酸盐水泥、火山灰质硅酸盐水泥及粉煤灰硅酸盐水泥》的规定；混凝土所用的砂、石应符合行业标准《普通混凝土用碎石或卵石质量标准及检验方法》和《普通混凝土用砂质量标准及检验方法》的规定。

A.0.3 建立测强曲线试验用混凝土，不宜少于 6 个强度等级，每一强度等级混凝土不应少于 6 组，每组由 1 个至少可布置 3 个测点的拔出试件和相应的 3 个立方体试块组成。

A.0.4 每组拔出试件和立方体试块，应采用同盘混凝土，在同一振动台上同时振捣成型，同条件自然养护。

A.0.5 拔出试验应按下列规定进行：

(1) 拔出试验的测点应布置在试件混凝土成型侧面；

(2) 在每一拔出试件上，应进行不少于 3 个测点的拔出试验，取平均值为该试件的拔出力计算值 F（kN），精确至 0.1kN。

(3) 3 个立方体试块的抗压强度代表值，应按现行国家标准《混凝土强度检验评定标准》确定。

A.0.6 测强曲线应按下述步骤进行计算：

A.0.6.1 将每组试件的拔出力计算值及立方体试块的抗压强度代表值汇总，按最小二乘法原理进行回归分析。

A.0.6.2 推荐采用的回归方程式如下：

$$f_{cu}^c = A \cdot F + B \tag{A.0.6-1}$$

式中 f_{cu}^c——混凝土强度换算值（MPa），精确至 0.1MPa；

F——拔出力（kN），精确至 0.1kN；

A、B——测强公式回归系数。

A.0.6.3 回归方程的相对标准差 e_r 可按下式计算：

$$e_r = \sqrt{\frac{\sum_{i=1}^{n}(f_{cu,i}/f_{cu,i}^c - 1)^2}{n-1}} \times 100\% \tag{A.0.6-2}$$

式中 e_r——相对标准差；

$f_{cu,i}$——第 i 组立方体试块抗压强度代表值（MPa），精确至 0.1MPa；

$f_{cu,i}^c$——由第 i 个拔出试件的拔出力计算值 F_i 按 A.0.6-1 式计算的强度换算值（MPa），精确至 0.1MPa；

n——建立回归方程式的试块（试件）组数。

A.0.7 经上述计算，如回归方程式的相对标准差符合 1.0.6 的规定时，可报请当地主管部门审定后实施。

A.0.8 测强曲线的使用，仅限于在建立回归方程所试验的混凝土强度范围内，不得外推。

附录 B 本规程用词说明

B.0.1 为便于在执行本规程条文时区别对待，对要求严格程度不同的用词说明如下：
（1）表示很严格，非这样做不可的：
正面词采用"必须"，反面词采用"严禁"。
（2）表示严格，在正常情况下均应这样做的：
正面词采用"应"，反面词采用"不应"或"不得"。
（3）表示允许稍有选择，在条件许可时首先应这样做的：
正面词采用"宜"或"可"，反面词采用"不宜"。

B.0.2 条文中指定应按其他有关标准、规范执行时，写法为"应符合……的规定"。

附加说明

本标准主编单位、参加单位和主要起草人名单

主 编 单 位：哈尔滨建筑大学
参 加 单 位：中国建筑科学研究院建筑结构研究所
　　　　　　　铁道部铁道科学研究院铁道建筑研究所
　　　　　　　北京市建筑工程研究院
　　　　　　　北京中建建筑设计院
主要起草人：金英俊　张仁瑜　吴淑华　王怀彬
　　　　　　　陈圣奎　原长庆

中国工程建设标准化协会标准

后装拔出法检测混凝土强度技术规程

CECS 69:94

条 文 说 明

目　次

1 总则 …………………………………………………………………… 608
3 拔出试验装置 ………………………………………………………… 609
　3.1 技术要求 ………………………………………………………… 609
　3.2 拔出仪 …………………………………………………………… 609
　3.3 钻孔机 …………………………………………………………… 610
　3.4 磨槽机 …………………………………………………………… 610
　3.5 锚固件 …………………………………………………………… 610
4 拔出试验 ……………………………………………………………… 610
　4.1 一般规定 ………………………………………………………… 610
　4.2 钻孔与磨槽 ……………………………………………………… 611
　4.3 拔出试验 ………………………………………………………… 611
5 混凝土强度换算及推定 ……………………………………………… 612
　5.1 混凝土强度换算 ………………………………………………… 612
　5.2 单个构件的混凝土强度推定 …………………………………… 612
　5.3 批抽检构件的混凝土强度推定 ………………………………… 612
附录 A 建立测强曲线的基本要求 …………………………………… 613

1 总　则

1.0.1～1.0.2 拔出法是检测混凝土强度的一种微破损试验方法。它具有检测精度高、破损程度小、使用方便、适用范围广等特点。

拔出法分为两种。一种是浇灌混凝土时在测试部位预先埋入锚固件，待混凝土硬化后做拔出试验，称为预埋拔出法。这种方法早在30年代国外已开始研究，主要适用于测定混凝土的早期强度，如确定脱模时间、供热养护时间及施加预应力时间。由于它需要事先埋入锚固件，在使用上有很大的局限性。另一种是在硬化混凝土的测试部位上钻孔、磨槽、嵌入锚固件后做拔出试验，称为后装拔出法。这种方法，在硬化的新、旧混凝土的各种结构或构件上都可以使用，且检测结果比较可靠，因此，许多国家在这个领域进行了深入的研究，各种专利的试验体系被发展起来。国际标准化组织、美国、北欧、前苏联等国家和组织已将拔出法列为标准试验方法。由此可见，拔出法作为现场混凝土强度检测的主要方法之一，已获得了广泛的承认和使用。

我国在1980年开始研究拔出法并取得了一系列研究成果，研制出各种类型的拔出仪，并已在工程质量检测中开始使用。其中，圆环支承拔出仪（TYL型）、三点支承拔出仪已分别由中铁科学技术开发公司和哈尔滨建筑大学一系研制出成型产品。

1.0.3 在正常情况下，混凝土质量的检验与评定应按现行国家标准《混凝土结构工程施工及验收规范》和《混凝土强度检验评定标准》的规定采用标准试块的抗压强度。但在下列情况时，可按本规程进行检测及推定混凝土强度，并作为评价混凝土质量的一个主要依据。

（1）混凝土试块与结构的混凝土质量不一致或对试块检验结果有怀疑时；
（2）供试验用的混凝土试块数量不足时；
（3）有待改建或扩建的旧结构物需要了解其混凝土强度时。

1.0.4 拔出法检测混凝土强度的前提，是要求被测结构或构件的混凝土表层与内部质量一致。当混凝土表层与内部质量有明显差异时，根据情况采取措施后可进行检测。例如，遭受冻害、化学腐蚀、火灾及高温等损伤属于表层范围内时，由于拔出法检测部位面积不大，测点不多，所以将薄弱的表层混凝土清除干净后可进行检测。

1.0.5 本规程的混凝土强度换算值f_{cu}^c不同于标准养护条件下的试块抗压强度值，主要是因为二者的混凝土试件养护条件和试验龄期并不完全相同。为了使二者之间具有一定的联系，在建立测强曲线时，采用以标准方法制作的、边长为150mm的立方体试块，在与被测构件养护条件基本相同的条件下养护，并用标准试验方法测得的抗压强度值为基准。因而，通过测强曲线得到的混凝土强度换算值f_{cu}^c，相当于被测结构或构件在所处条件及龄期下，边长为150mm立方体试块的抗压强度值。

1.0.6 影响混凝土抗压强度的因素很多，很难在实验室条件下模拟现场施工混凝土的所有情况，总是存在一定的差异，这种差异包括原材料、配合比、成型工艺、养护条件等。所以，在建立测强曲线时可根据本地区常用原材料和施工工艺建立地区测强曲线，如有条件，最好是对具体工程建立专用测强曲线，并由工程质量主管部门对测强曲线进行审定。

国内几个部门的研究资料表明，测强曲线相对标准差e_r均小于12%，因此本规程规定的允许相对标准差为12%。

1.0.7 为了更好地推广拔出法检测混凝土强度技术，保证测试精度，要求从事拔出法检测、拔出仪标定和维修的技术人员均应经过专门培训与考核。

1.0.8 本条中所指有关标准，包括现场检测时用电、高空或深坑作业的安全技术和劳动保护等标准。

3 拔出试验装置

3.1 技术要求

3.1.1 国内外的拔出试验装置，在构造形式和规格等方面不尽相同，但其工作原理基本一致。

3.1.2 钻孔机、磨槽机、锚固件及拔出仪等试验装置的制造质量及拔出仪的计量精度直接关系到拔出试验的测试精度，因此规定了拔出试验装置必须具有制造工厂的产品合格证，计量仪表必须具有法定计量单位的检定合格证。

3.1.3～3.1.4 锚固件的锚固深度 h、锚固台阶外径 d_2、反力支承形式（两点、三点、圆环）及反力支承内径 d_3，称为拔出试验的基本参数。大量试验证明，测试精度随 h 和 d_3 的增大而提高，随粗骨料粒径的增大而降低。

原苏联标准所采用的锚固件为膨胀螺栓，有两种规格，其安装深度有30mm、35mm和48mm三种。拔出仪的反力支承为两点，其间距190mm。标准规定当混凝土粗骨料粒径大于50mm时，强度应予修正。

国际标准化组织、西欧、北美及日本等，锚固件采用胀圈，其锚固深度 h 为25mm，拔出仪的反力支承为圆环，其内径55mm。日本标准规定，在粗骨料最大粒径不大于20mm的混凝土上适用。

我国在土木、建筑工程中采用的混凝土粗骨料粒径偏大，最大粒径一般为40mm，许多工程达到60mm。为了使拔出法在我国大部分混凝土工程上普遍适用，且保证测试精度，本规程给出圆环式和三点式两种拔出试验装置，并规定了各自的基本参数（h、d_1、d_2、d_3）。圆环式拔出试验装置对混凝土的损伤小，但试验时要求测试部位的混凝土表面必须平整，适用于石子粒径较小（≤40mm）的混凝土；三点式拔出试验装置可用于石子粒径较大（≤60mm）的混凝土，对混凝土测试部位的表面平糙度要求不高，但对混凝土的损伤较大。

3.2 拔出仪

3.2.1 拔出仪的加荷装置一般采用油压系统，由手动式油泵的油压使油缸的活塞产生很大的拔力。

测力显示装置可采用数显式或指针式。

国内采用的拔出仪反力支承有圆环式和三点式两种。

3.2.2 拔出仪的额定拔出力一般在50～80kN，能检测的混凝土最高强度为50～70MPa。

在拔出试验过程中，混凝土的挤压、压缩变形及开裂分离的变形之总和对圆环式拔出试验装置约为4mm，对三点式拔出试验装置约为6mm，故规程分别规定活塞的工作行程不少于4mm和6mm。

在试验过程中，为便于准确测读极限拔出力值，测力装置最好具备峰值保持功能。

3.2.3 拔出仪是用来产生和量测拔出力的仪器。一般量测拔出力大小是通过量测油压系统的油压大小来实现的，由于油缸和活塞之间存在摩擦力，而且摩擦力大小随着仪器的使用次数、油的粘度及更换零件等因素会有变化，并将影响拔出力的量测精度。为此，本规程规定了定期标定、更换油及零件，以及经维修后需进行标定。

3.3 钻 孔 机

3.3.1~3.3.2 钻孔机目前常用的有金刚石薄壁空心钻和冲击电锤。薄壁空心钻钻出的孔形规整，它需要冷却钻头的供水装置。冲击电锤钻孔速度快，不需要冷却水装置。为了便于保证钻出的孔与混凝土表面垂直，并且钻孔深度一次到位，钻孔机宜带有控制垂直度及深度的装置。

3.4 磨 槽 机

3.4.1 磨槽机有定位圆盘，它是用来控制环形槽的深度及保证环形槽与混凝土孔垂直度的。

3.5 锚 固 件

3.5.1 锚固件目前国内都采用胀簧，它具有安装方便、锚固可靠、可重复使用等优点。国外许多国家采用丹麦CAPO拔出试验设备的胀圈，前苏联采用膨胀螺栓。

4 拔 出 试 验

4.1 一 般 规 定

4.1.1 本条是为全面了解有关混凝土质量的情况，拟订合理的试验计划，有效地进行检测及出具检测报告所需的资料。

4.1.2 为了保证本规程规定的成孔尺寸，两种拔出试验装置（圆环式和三点式）的钻头直径、磨头和磨杆尺寸及其允许误差，将由制造工厂或产品标准中给出。

试验前应对钻头、磨头的磨损程度及锚固件是否有损伤、变形等进行检查，如有不符合要求时应予更换。

4.1.3~4.1.4 单个构件主要指柱、梁、板、墙、基础，对于大型构件或结构可划分为若干个区域按单个构件进行检测。

按批抽样检测，主要指在同一批验收结构或构件中，抽取部分试样（子样），经过检测，对该批（母体）结构或构件的混凝土强度进行总体推定。

4.1.5 拔出试验给构件测点部位造成局部损伤，所以在构件上不宜布置较多的测点。

按单个构件检测时，在一个构件上先布置3个测点，然后根据3个测点拔出力的离散程度决定是否增加测点，如离散较大，则加测2个测点。这种复式布点可减少一些测点数量，且检测结果偏于安全。

按批抽样检测的构件和测点数量，是统计计算需要的最小量。

试验证明，不同测试面检测的结果有所差异，混凝土成型的表面拔出力小，底面大，侧面介于中间。由于建立测强曲线中规定拔出试验在混凝土试件成型的侧面上进行，所以在结构或构件上检测时，宜在成型侧面上做拔出试验，如不能满足这一要求时，可在混凝土成型的表面或底面上做试验，试验结果不作修正。

4.1.6 本条规定测试面应平整，但平整度的要求，对于圆环支承拔出仪和三点支承拔出仪有所不同。

圆环支承，其底环面应与混凝土面完全接触，不能有空隙，当测试面不平整时，就会出现空隙，反力支承边界约束条件不能保证圆环，必然引起测试误差较大。因此圆环支承的测试面应平整，如平整度较差时应进行磨平处理。

三点支承，由于是点接触，对测试面的平整度要求并不高，只要大致平整就可以。

4.1.7 在结构或构件上标记测点编号的目的是：便于观察和分析不同构件、不同部位混凝土质量状况；查找最小拔出力测点部位，以便在其附近增加测点；当试验出现异常时便于分析其原因。

4.2 钻孔与磨槽

4.2.1 钻孔垂直度偏差是影响测试精度的主要因素之一，因此本条对垂直度偏差提出了限值。尤其是采用冲击电锤时，在冲击振动作用下，不易保证垂直度，操作时应予以注意。

4.2.2 磨槽时将磨槽机的定位圆盘紧靠混凝土表面回转，目的是保证以混凝土表面为基准面的锚固深度在同一平面内。

4.2.3 为锚固可靠以及保证测试精度，本条规定了成孔尺寸要求。

4.3 拔 出 试 验

4.3.1 胀簧的锚固台阶应全部嵌入环形槽内以保证锚固可靠。如锚固台阶未完全嵌入环形槽内时，在拔出试验中会出现锚固件滑移，或者锚固台阶断裂现象，使拔出试验不能正常进行或带来很大的测试误差。

4.3.2 拔出仪与锚固件对中连接，并与混凝土表面垂直，是为了防止拔出力偏心过大。

4.3.3 施加拔出力的速度大小对极限拔出力有影响，如果速度快或者施加冲击力，将导致极限拔出力偏高。为了避免这一影响，本条规定了施加拔出力的速度范围。

4.3.4 施加拔出力至混凝土开裂破坏、测力显示器读数不再增加时的最大值称为极限拔出力。

在拔出试验后期混凝土变形增长较快而拔出力的增长较慢，容易误认为拔出力达到极限，使读取的极限拔出力值偏低。为得到准确的极限拔出力值，应将拔出力施加至显示器读值不再增加而下降一段或拔出混凝土块为止。

4.3.5 在试验过程中要始终用手扶住或用绳索等系住拔出仪及机具，以防脱落摔坏或伤人。

4.3.6 在拔出试验中出现下列情况，可视为异常现象：

（1）锚固件在混凝土孔内滑移或断裂；
（2）被测构件在拔出试验时出现断裂；
（3）反力支承内的混凝土仅有小部分破损或被拔出，而大部分无损伤；
（4）在拔出混凝土的破坏面上，有超过3.1.4条规定的粗骨料；有蜂窝、孔洞、疏松等缺陷；有泥土、砖块、煤块、钢筋、铁件等异物；
（5）当采用圆环式拔出试验装置时，试验后在混凝土表面上见不到完整的环形压痕；在支承环外出现混凝土裂缝。

4.3.7 拔出试验后，对混凝土破损部位，应用高于构件混凝土强度的细石混凝土或水泥砂浆等进行修补。

5 混凝土强度换算及推定

5.1 混凝土强度换算

5.1.1 在结构或构件上所测得的拔出力，按公式5.1.1计算混凝土的强度换算值。公式5.1.1的回归系数A、B是根据附录A的有关规定确定的，实例可见附录A的条文说明。系数A、B是有量纲的定值系数，在正文中未将A、B的量纲给出，使5.1.1式表面上看起来量纲不等。

5.1.2 当建立测强曲线的试件所用混凝土材料与被测结构所用材料有较大差异时，将会导致试验误差，尤其是粗骨料的品种变化影响较大。依据芯样强度对拔出试验的强度换算值进行修正是一种提高测试精度的有效方法。

5.2 单个构件的混凝土强度推定

5.2.1 当单个构件3个拔出力中最大或最小拔出力与中间值之差小于中间值的15%时，说明构件混凝土强度的均匀性较好，且测试误差较小，不必加测。为提高保证率，将最小值作为该构件拔出力计算值。

当单个构件3个拔出力中最大或最小拔出力与中间值之差大于中间值的15%时，说明混凝土强度均匀性较差或测试误差较大，为证实最小拔出力的真实性，消除试验误差，故在最小拔出力测点附近加测2个测点，此时拔出力计算值的取值方法仍然是本着提高保证率的原则确定的。

5.3 批抽检构件的混凝土强度推定

5.3.2 国家现行标准《混凝土强度检验评定标准》规定，混凝土强度等级应按立方体试块抗压强度标准值$f_{cu,k}$确定。立方体试块抗压强度标准值系指按照标准方法制作和养护的边长为150mm的立方体试块，在28天龄期，用标准试验方法测得的抗压强度总体分布中的一个值，强度低于该值的百分率不超过5%。拔出法检测的对象是已建结构的混凝土，龄期往往超过规定的28天，况且养护条件也不是标准养护条件，因此，按本条计算得到的混凝土强度推定值相当于被测结构在所处条件及龄期下，边长为150mm立方体试块的抗压强度总体分布中具有95%保证率的强度值，与抗压强度标准值是有区别的。国外一些资料中将非破损检测的强度称为参考强度（Reference Strength）或现场强度（In-Site Strength）。

混凝土强度换算值的标准差 S_{f_cu} 包括混凝土自身的标准差和仪器及试验误差带来的标准差，为避免非混凝土自身原因造成的标准差 S_{f_cu} 过大而导致混凝土强度推定值偏低，在式5.3.2-1和5.3.2-2中取较大值为该批构件的混凝土强度推定值。

5.3.3 按批抽样检测的构件，当其全部测点混凝土强度换算值的标准差 S_{f_cu} 过大时，全部测点不能视为同一母体，因此不能按同批构件进行推定。

附录A 建立测强曲线的基本要求

A.0.3～A.0.5 目前，国内外在建立测强曲线时，拔出力所对应的混凝土强度的确定方法有三种：

（1）同条件试块；

（2）在拔出试验的测点部位钻取芯样；

（3）在立方体试块（边长可按拔出试验的尺寸需要和压力试验机的容量确定）上做拔出试验，然后对试验损伤部位进行修补后做抗压强度试验，拔出试验造成损伤的影响应予考虑。

为试验方便，本规程采用同条件试块确定混凝土强度。

建立测强曲线所用混凝土强度等级，要求不少于6个，主要是根据目前工程中常用的混凝土强度等级一般在C10～C60级范围，如果在工程中需要检测更高的混凝土强度等级，拔出仪的额定拔出力又能满足要求时，可增加混凝土强度等级及数量，以扩大测强曲线的使用范围。

规定每个混凝土强度等级不少于6组数据，主要是考虑便于建立测强曲线，若有条件建议增加组数。

A.0.6 根据试验数据回归测强曲线时，可优先采用直线方程，因为直线方程使用方便，回归简单，相关性较好。如果非直线方程的回归效果更好，则允许采用非直线方程。

建立测强曲线的实例：

（1）本实例采用圆环式拔出试验装置。圆环内径 d_3 = 55mm、锚固件的锚固深度 h = 25mm、钻孔直径 d_1 = 18mm。

（2）混凝土强度等级为C10、C20、C30、C40、C50、C60。

（3）所用材料：水泥为425、525号硅酸盐水泥；中砂；石子粒径为5～40mm的碎卵石；减水剂为NF、FND高效减水剂。

（4）每组试件和试块的数量：150×150×150（mm）立方体试块3块（测定混凝土抗压强度用）。200×200×200（mm）立方体试件1件（拔出试验用）。

（5）成型工艺：

1）每组试件和试块采用同盘混凝土制作；

2）每组试件和试块在同一振动台同时振捣成型，并同条件自然养护；

3）每批的强度等级从C10～C60共6组，分6批成型，共计36组试件和试块。

（6）拔出试验：

1) 在边长200mm立方体试件3个侧面中心上，用薄壁钻钻孔；
 2) 用磨槽机在混凝土孔壁内磨出环形槽；
 3) 检查成孔尺寸是否满足要求；
 4) 安装锚固件；
 5) 安装拔出仪，施加拔出力，记录极限拔出力值 F；
 6) 拔出试验后检查混凝土的破坏情况，当出现异常现象（条文说明4.3.6条）时，将该值舍去，在剩下的一个侧面上补测。

（7）将试块用标准的试验方法加荷直至破坏，3个立方体试块的抗压强度代表值，按现行国家标准《混凝土强度检验评定标准》确定。

（8）按 A.0.6 条计算测强曲线的回归方程如下：

$$f_{cu}^c = 1.59F - 5.8$$

相对标准差 $e_r = 7.3\%$，满足本规程的规定。

4 砌体结构检测规范

中华人民共和国国家标准

烧 结 普 通 砖

Fired common bricks

GB 5101—2003
代替 GB/T 5101—1998

中华人民共和国国家质量监督检验检疫总局　2003-04-29 发布
2004-04-01　实施

前　言

本标准的第 5 章为强制性的，其余为推荐性的。

本标准是在 GB/T 5101—1998《烧结普通砖》的基础上，总结近年我国烧结普通砖生产使用的实际情况和发展趋势，参考美、英、德、俄、意等发达国家同类产品标准，经过调查、研究与验证后修订的。

本标准修订的主要内容如下：

——对产品的尺寸偏差、外观质量、抗风化性能中的吸水率等指标进行了修改，较大幅度地提高了优等品质量指标。

——对烧结普通砖的放射性物质镭$_{-226}$、钍$_{-232}$、钾$_{-40}$提出了限制要求，保证产品安全使用。

本标准的附录 A 为规范性附录、附录 B 为资料性附录。

本标准由中国建筑材料工业协会提出。

本标准负责起草单位：西安墙体材料研究设计院。

本标准参加单位：江苏省南京市建筑材料研究所、浙江省建筑材料科学研究所、南京市江宁县淳化镇砖瓦厂。

本标准主要起草人：王保财、周皖宁、蔡小兵、倪有军、陈新利、周炫。

本标准所代替标准的历次版本发布情况为：

——GB 5101—1992、GB/T 5101—1998

本标准委托西安墙体材料研究设计院解释。

烧 结 普 通 砖

1 范围

本标准规定了烧结普通砖的产品分类、技术要求、试验方法、检验规则、标志、包装、运输和贮存等。

本标准适用于以黏土、页岩、煤矸石、粉煤灰为主要原料经焙烧而成的普通砖（以下简称砖）。

2 规范性引用文件

下列文件中的条款通过本标准的引用而成为本标准的条款。凡是注日期的引用文件，其随后所有的修改单（不包括勘误的内容）或修订版均不适用于本标准，然而，鼓励根据本标准达成协议的各方研究是否可使用这些文件的最新版本。凡是不注日期的引用文件，其最新版本适用于本标准。

GB/T 2542　砌墙砖试验方法
GB 6566　建筑材料放射性核素限量
JC/T 466　砌墙砖检验规则
JC/T 790　砖和砌块名词术语

3 术语和定义

JC/T 790 和 JC/T 466 确立的以及下列术语和定义适用于本标准。

烧结装饰砖　fired facing bricks
经烧结而成用于清水墙或带有装饰面的砖（以下简称装饰砖）。

4 分类

4.1 类别

按主要原料分为黏土砖（N）、页岩砖（Y）、煤矸石砖（M）和粉煤灰砖（F）。

4.2 等级

4.2.1 根据抗压强度分为 MU30、MU25、MU20、MU15、MU10 五个强度等级。

4.2.2 强度、抗风化性能和放射性物质合格的砖，根据尺寸偏差、外观质量、泛霜和石灰爆裂分为优等品（A）、一等品（B）、合格品（C）三个质量等级。

优等品适用于清水墙和装饰墙，一等品、合格品可用于混水墙。中等泛霜的砖不能用于潮湿部位。

4.3 规格

砖的外形为直角六面体，其公称尺寸为：长 240mm、宽 115mm、高 53mm。配砖和装饰砖规格见附录 A。

4.4 产品标记

砖的产品标记按产品名称、类别、强度等级、质量等级和标准编号顺序编写。

示例：烧结普通砖，强度等级 MU15，一等品的黏土砖，其标记为：烧结普通砖 N MU15　B　GB 5101。

5 要求

5.1 尺寸偏差

尺寸允许偏差应符合表1规定。

表1　尺寸允许偏差　　　　　　　　　　　　　　mm

公称尺寸	优等品		一等品		合格品	
	样本平均偏差	样本极差≤	样本平均偏差	样本极差≤	样本平均偏差	样本极差≤
240	±2.0	6	±2.5	7	±3.0	8
115	±1.5	5	±2.0	6	±2.5	7
53	±1.5	4	±1.6	5	±2.0	6

5.2 外观质量

砖的外观质量应符合表2的规定。

表2　外观质量　　　　　　　　　　　　　　mm

项　目		优等品	一等品	合格品
两条面高度差 ≤		2	3	4
弯曲 ≤		2	3	4
杂质凸出高度 ≤		2	3	4
缺棱掉角的三个破坏尺寸　不得同时大于		5	20	30
裂纹长度 ≤	a. 大面上宽度方向及其延伸至条面的长度	32	60	80
	b. 大面上长度方向及其延伸至顶面的长度或条顶面上水平裂纹的长度	50	80	100
完整面[a]　不得少于		三条面和二顶面	一条面和一顶面	—
颜色		基本一致	—	—
注：为装饰而施加的色差、凹凸纹、拉毛、压花等不算作缺陷。				
a. 凡有下列缺陷之一者，不得称为完整面。　a) 缺损在条面或顶面上造成的破坏面尺寸同时大于 10mm×10mm。　b) 条面或顶面上裂纹宽度大于 1mm，其长度超过 30mm。　c) 压陷、粘底、焦花在条面或顶面上的凹陷或凸出超过 2mm，区域尺寸同时大于 10mm×10mm。				

5.3 强度

强度应符合表3规定。

表3 强度　　　　　　　　　　　　　　　　　　　　　　　　单位为兆帕

强度等级	抗压强度平均值 $\bar{f} \geq$	变异系数 $\delta \leq 0.21$ 强度标准值 $f_k \geq$	变异系数 $\delta > 0.21$ 单块最小抗压强度值 $f_{min} \geq$
MU30	30.0	22.0	25.0
MU25	25.0	18.0	22.0
MU20	20.0	14.0	16.0
MU15	15.0	10.0	12.0
MU10	10.0	6.5	7.5

5.4 抗风化性能

5.4.1 风化区的划分见附录B。

5.4.2 严重风化区中的1、2、3、4、5地区的砖必须进行冻融试验，其他地区砖的抗风化性能符合表4规定时可不做冻融试验，否则，必须进行冻融试验。

表4 抗风化性能

砖种类	严重风化区				非严重风化区			
	5h沸煮吸水率/% ≤		饱和系数 ≤		5h沸煮吸水率/% ≤		饱和系数 ≤	
	平均值	单块最大值	平均值	单块最大值	平均值	单块最大值	平均值	单块最大值
黏土砖	18	20	0.85	0.87	19	20	0.88	0.90
粉煤灰砖[a]	21	23			23	25		
页岩砖	16	18	0.74	0.77	18	20	0.78	0.80
煤矸石砖								

注[a]：粉煤灰掺入量（体积比）小于30%时，按黏土砖规定判定。

5.4.3 冻融试验后，每块砖样不允许出现裂纹、分层、掉皮、缺棱、掉角等冻坏现象；质量损失不得大于2%。

5.5 泛霜

每块砖样应符合下列规定。

优等品：无泛霜；

一等品：不允许出现中等泛霜；

合格品：不允许出现严重泛霜。

5.6 石灰爆裂

优等品：不允许出现最大破坏尺寸大于2mm的爆裂区域。

一等品：

a) 最大破坏尺寸大于2mm且小于等于10mm的爆裂区域，每组砖样不得多于15处。

b) 不允许出现最大破坏尺寸大于10mm的爆裂区域。

合格品：

a) 最大破坏尺寸大于2mm且小于等于15mm的爆裂区域，每组砖样不得多于15处。其中大于10mm的不得多于7处。

b) 不允许出现最大破坏尺寸大于15mm的爆裂区域。

5.7 欠火砖、酥砖和螺旋纹砖

产品中不允许有欠火砖、酥砖和螺旋纹砖。

5.8 配砖和装饰砖

配砖和装饰砖技术要求应符合附录 A 的规定。

5.9 放射性物质

砖的放射性物质应符合 GB 6566 的规定。

6 试验方法

6.1 尺寸偏差

检验样品数为 20 块，按 GB/T 2542 规定的检验方法进行。其中每一尺寸测量不足 0.5mm 按 0.5mm 计，每一方向尺寸以两个测量值的算术平均值表示。

样本平均偏差是 20 块试样同一方向 40 个测量尺寸的算术平均值减去其公称尺寸的差值，样本极差是抽检的 20 块试样中同一方向 40 个测量尺寸中最大测量值与最小测量值之差值。

6.2 外观质量

按 GB/T 2542 规定的检验方法进行。颜色的检验：抽试样 20 块，装饰面朝上随机分两排并列，在自然光下距离试样 2m 处目测。

6.3 强度

6.3.1 强度试验

按 GB/T 2542 规定的方法进行。其中试样数量为 10 块，加荷速度为 (5±0.5) kN/s。试验后按式（1）、式（2）分别计算出强度变异系数 δ、标准差 s。

$$\delta = \frac{s}{\bar{f}} \tag{1}$$

$$s = \sqrt{\frac{1}{9}\sum_{i=1}^{10}(f_i - \bar{f})^2} \tag{2}$$

式中：δ——砖强度变异系数，精确至 0.01；

s——10 块试样的抗压强度标准差，单位为兆帕（MPa），精确至 0.01；

$\bar{f}$——10 块试样的抗压强度平均值，单位为兆帕（MPa），精确至 0.01；

f_i——单块试样抗压强度测定值，单位为兆帕（MPa），精确至 0.01。

6.3.2 结果计算与评定

6.3.2.1 平均值—标准值方法评定

变异系数 $\delta \leqslant 0.21$ 时，按表 3 中抗压强度平均值 $\bar{f}$、强度标准值 f_k 评定砖的强度等级。

样本量 $n=10$ 时的强度标准值按式（3）计算。

$$f_k = \bar{f} - 1.8s \tag{3}$$

式中：f_k——强度标准值，单位为兆帕（MPa），精确至 0.1。

6.3.2.2 平均值—最小值方法评定

变异系数 $\delta > 0.21$ 时，按表 3 中抗压强度平均值 $\bar{f}$、单块最小抗压强度值 f_{min} 评定砖的强度等级，单块最小抗压强度值精确至 0.1MPa。

6.4 冻融试验

试样数量为5块，按 GB/T 2542 规定的试验方法进行。

6.5 石灰爆裂、泛霜、吸水率和饱和系数试验

按 GB/T 2542 规定的试验方法进行。

6.6 放射性物质

按 GB 6566 规定的试验方法进行。

7 检验规则

7.1 检验分类

产品检验分出厂检验和型式检验。

7.1.1 出厂检验

出厂检验项目为：尺寸偏差、外观质量和强度等级。每批出厂产品必须进行出厂检验，外观质量检验在生产厂内进行。

7.1.2 型式检验

型式检验项目包括本标准技术要求的全部项目。有下列之一情况者，应进行型式检验。
a) 新厂生产试制定型检验；
b) 正式生产后，原材料、工艺等发生较大的改变，可能影响产品性能时；
c) 正常生产时，每半年进行一次（放射性物质一年进行一次）；
d) 出厂检验结果与上次型式检验结果有较大差异时；
e) 国家质量监督机构提出进行型式检验时。

7.2 批量

检验批的构成原则和批量大小按 JC/T 466 规定。3.5万～15万块为一批，不足3.5万块按一批计。

7.3 抽样

7.3.1 外观质量检验的试样采用随机抽样法，在每一检验批的产品堆垛中抽取。
7.3.2 尺寸偏差检验和其他检验项目的样品用随机抽样法从外观质量检验后的样品中抽取。
7.3.3 抽样数量按表5进行。

表5 抽 样 数 量   单位为块

序 号	检验项目	抽样数量
1	外观质量	50（$n_1 = n_2 = 50$）
2	尺寸偏差	20
3	强度等级	10
4	泛霜	5
5	石灰爆裂	5
6	吸水率和饱和系数	5
7	冻融	5
8	放射性	4

7.4 判定规则

7.4.1 尺寸偏差

尺寸偏差符合表1相应等级规定，判尺寸偏差为该等级。否则，判不合格。

7.4.2 外观质量

外观质量采用JC/T 466二次抽样方案，根据表2规定的质量指标，检查出其中不合格品数 d_1，按下列规则判定：

$d_1 \leq 7$ 时，外观质量合格；

$d_1 \geq 11$ 时，外观质量不合格；

$d_1 > 7$，且 $d_1 < 11$ 时，需再次从该产品批中抽样50块检验，检查出不合格品数 d_2，按下列规则判定：

$(d_1 + d_2) \leq 18$ 时，外观质量合格；

$(d_1 + d_2) \geq 19$ 时，外观质量不合格。

7.4.3 强度

强度的试验结果应符合表3的规定。低于MU10判不合格。

7.4.4 抗风化性能

抗风化性能应符合5.4的规定。否则，判不合格。

7.4.5 石灰爆裂和泛霜

石灰爆裂和泛霜试验结果应分别符合5.5和5.6相应等级的规定。否则，判不合格。

7.4.6 放射性物质

放射性物质应符合5.9的规定。否则，判不合格，并停止该产品的生产和销售。

7.4.7 总判定

7.4.7.1 出厂检验质量等级的判定按出厂检验项目和在时效范围内最近一次型式检验中的抗风化性能、石灰爆裂及泛霜项目中最低质量等级进行判定。其中有一项不合格，则判为不合格。

7.4.7.2 型式检验质量等级的判定中，强度、抗风化性能和放射性物质合格，按尺寸偏差、外观质量、泛霜、石灰爆裂检验中最低质量等级判定。其中有一项不合格则判该批产品质量不合格。

7.4.7.3 外观检验中有欠火砖、酥砖和螺旋纹砖则判该批产品不合格。

8 标志、包装、运输和贮存

8.1 标志

产品出厂时，必须提供产品质量合格证。产品质量合格证主要内容包括：生产厂名、产品标记、批量及编号、证书编号、本批产品实测技术性能和生产日期等，并由检验员和承检单位签章。

8.2 包装

根据用户需求按品种、强度、质量等级、颜色分别包装，包装应牢固，保证运输时不会摇晃碰坏。

8.3 运输

产品装卸时要轻拿轻放，避免碰撞摔打。

8.4 贮存

产品应按品种、强度等级、质量等级分别整齐堆放，不得混杂。

附 录 A
（规范性附录）
配砖和装饰砖规格及技术要求

A.1 规格

常用配砖规格：175mm×115mm×53mm，装饰砖的主规格同烧结普通砖，配砖、装饰砖的其他规格由供需双方协商确定。

A.2 技术要求

A.2.1 与烧结普通砖规格相同的装饰砖要求必须符合本标准第 5 章的规定。

A.2.2 配砖和其他规格的装饰砖的尺寸偏差、强度由供需双方协商确定。但抗风化性能、泛霜、石灰爆裂性能、放射性物质必须符合标准 5.4、5.5、5.6、5.9 的规定。外观质量可参照表 2 执行。

A.3 为增强装饰效果，装饰砖可制成本色、一色或多色，装饰面也可具有砂面、光面、压花等起墙面装饰作用的图案。

附 录 B
（规范性附录）
风化区的划分

B.1 风化区用风化指数进行划分。

B.2 风化指数是指日气温从正温降至负温或负温升至正温的每年平均天数与每年从霜冻之日起至消失霜冻之日止这一期间降雨总量（以 mm 计）的平均值的乘积。

B.3 风化指数大于等于 12700 为严重风化区，风化指数小于 12700 为非严重风化区。全国风化区划分见表 B.3。

B.4 各地如有可靠数据，也可按计算的风化指数划分本地区的风化区。

表 B.3 风 化 区 划 分

严重风化区		非严重风化区	
1. 黑龙江省 2. 吉林省 3. 辽宁省 4. 内蒙古自治区 5. 新疆维吾尔自治区 6. 宁夏回族自治区 7. 甘肃省	8. 青海省 9. 陕西省 10. 山西省 11. 河北省 12. 北京市 13. 天津市	1. 山东省 2. 河南省 3. 安徽省 4. 江苏省 5. 湖北省 6. 江西省 7. 浙江省 8. 四川省 9. 贵州省 10. 湖南省	11. 福建省 12. 台湾省 13. 广东省 14. 广西壮族自治区 15. 海南省 16. 云南省 17. 西藏自治区 18. 上海市 19. 重庆市

中华人民共和国国家标准

砌体工程施工质量验收规范

Code for acceptance of construction quality
of masonry engineering

GB 50203—2002

主编部门：陕西省发展计划委员会
批准部门：中华人民共和国建设部
施行日期：２００２年４月１日

关于发布国家标准
《砌体工程施工质量验收规范》的通知

建标〔2002〕59号

根据建设部《关于印发〈二○○○至二○○一年度工程建设国家标准制定、修订计划〉的通知》（建标〔2001〕87号）的要求，陕西省发展计划委员会会同有关部门共同修订了《砌体工程施工质量验收规范》。我部组织有关部门对该规范进行了审查，现批准为国家标准，编号为 GB 50203—2002，自2002年4月1日起施行。其中，4.0.1、4.0.8、5.2.1、5.2.3、6.1.2、6.1.7、6.1.9、6.2.1、6.2.3、7.1.9、7.2.1、8.2.1、8.2.2、10.0.4为强制性条文，必须严格执行。原《砌体工程施工及验收规范》GB 50203—98 同时废止。

本规范由建设部负责管理和对强制性条文的解释，陕西省建筑科学研究设计院负责具体技术内容的解释，建设部标准定额研究所组织中国建筑工业出版社出版发行。

中华人民共和国建设部
2002年3月15日

前　言

工程建设国家标准《砌体工程施工质量验收规范》GB 50203—2002 是根据国家建设部建标标［2001］87 号文"关于印发'二〇〇〇年至二〇〇一年度工程建设国家标准制定、修订计划'的通知"的要求，由陕西省发展计划委员会负责，陕西省建筑科学研究设计院会同有关单位共同编制而成的。

本规范在编制过程中，编制组进行了广泛、深入的调查研究，总结了我国建筑工程施工质量验收的实践经验，坚持了"验评分离、强化验收、完善手段、过程控制"的指导思想，以《建筑工程施工质量验收统一标准》GB 50300—2001 为准则，并广泛征求了有关单位的意见，由我部于 2001 年 9 月进行审查定稿。

本规范的编制是将有关砌体工程施工及验收规范和工程质量检验评定标准合并，吸收和补充相关内容，删除有关施工工艺、评优内容，构成新的砌体工程施工质量验收规范，以统一砌体工程施工质量的验收方法、质量标准和程序。

本规范共分 11 章。砖砌体工程、混凝土小型空心砌块工程、石砌体工程、配筋砌体工程、填充墙砌体工程等分项工程单独成章。在该 5 章第 1 节"一般规定"中，主要是对原材料及施工过程质量控制的要求，在第 2 节"主控项目"及第 3 节"一般项目"中，规定了验收项目的质量要求、抽检数量、检验方法。

本规范黑体字标明的条文为强制性条文。

为了提高规范质量，请各单位在执行本规范过程中，注意积累资料、总结经验，如发现需要修改和补充之处，请将意见和有关资料寄交陕西省建筑科学研究设计院（西安市环城西路北段 272 号，邮政编码 710082），以供今后修订时参考。

主 编 单 位：陕西省建筑科学研究设计院
参 加 单 位：陕西省建筑工程总公司
　　　　　　四川省建筑科学研究院
　　　　　　天津建工集团总公司
　　　　　　辽宁省建设科学研究院
　　　　　　山东省潍坊市建筑工程质量监督站
主要起草人：张昌叙　张鸿勋　侯汝欣　佟贵森
　　　　　　张书禹　赵　瑞

目 次

1 总则 ··· 629
2 术语 ··· 629
3 基本规定 ·· 629
4 砌筑砂浆 ·· 631
5 砖砌体工程 ·· 632
　5.1 一般规定 ··· 632
　5.2 主控项目 ··· 633
　5.3 一般项目 ··· 634
6 混凝土小型空心砌块砌体工程 ······································ 635
　6.1 一般规定 ··· 635
　6.2 主控项目 ··· 636
　6.3 一般项目 ··· 636
7 石砌体工程 ·· 636
　7.1 一般规定 ··· 636
　7.2 主控项目 ··· 637
　7.3 一般项目 ··· 638
8 配筋砌体工程 ··· 638
　8.1 一般规定 ··· 638
　8.2 主控项目 ··· 639
　8.3 一般项目 ··· 639
9 填充墙砌体工程 ·· 640
　9.1 一般规定 ··· 640
　9.2 主控项目 ··· 640
　9.3 一般项目 ··· 641
10 冬期施工 ·· 642
11 子分部工程验收 ·· 643
附录 A 砌体工程检验批质量验收记录 ······························ 643
附录 B 本规范用词说明 ·· 649
条文说明 ··· 650

1 总则

1.0.1 为加强建筑工程的质量管理，统一砌体工程施工质量的验收，保证工程质量，制定本规范。

1.0.2 本规范适用于建筑工程的砖、石、混凝土小型空心砌块、蒸压加气混凝土砌块等砌体的施工质量控制和验收。

1.0.3 本规范与国家标准《建筑工程施工质量验收统一标准》GB 50300—2001 配套使用。

1.0.4 砌体工程施工中采用的工程技术文件、承包合同文件对施工质量验收的要求不得低于本规范的规定。

1.0.5 砌体工程施工质量的验收除应执行本规范外，尚应符合国家现行有关标准的规定。

2 术语

2.0.1 施工质量控制等级 control grade of construction quality
按质量控制和质量保证若干要素对施工技术水平所作的分级。

2.0.2 型式检验 type inspection
确认产品或过程应用结果适用性所进行的检验。

2.0.3 通缝 continuous seam
砌体中，上下皮块材搭接长度小于规定数值的竖向灰缝。

2.0.4 假缝 supposititious seam
为掩盖砌体竖向灰缝内在质量缺陷，砌筑砌体时仅在表面作灰缝处理的灰缝。

2.0.5 配筋砌体 reinforced masonry
网状配筋砌体柱、水平配筋砌体墙、砖砌体和钢筋混凝土面层或钢筋砂浆面层组合砌体柱（墙）、砖砌体和钢筋混凝土构造柱组合墙以及配筋砌块砌体剪力墙的统称。

2.0.6 芯柱 core column
在砌块内部空腔中插入竖向钢筋并浇灌混凝土后形成的砌体内部的钢筋混凝土小柱。

2.0.7 原位检测 inspection at original space
采用标准的检验方法，在现场砌体中选样进行非破损或微破损检测，以判定砌筑砂浆和砌体实体强度的检测。

3 基本规定

3.0.1 砌体工程所用的材料应有产品的合格证书、产品性能检测报告。块材、水泥、钢筋、外加剂等尚应有材料主要性能的进场复验报告。严禁使用国家明令淘汰的材料。

3.0.2 砌筑基础前，应校核放线尺寸，允许偏差应符合表 3.0.2 的规定。

表3.0.2 放线尺寸的允许偏差

长度L、宽度B（m）	允许偏差（mm）	长度L、宽度B（m）	允许偏差（mm）
L（或B）≤30	±5	60<L（或B）≤90	±15
30<L（或B）≤60	±10	L（或B）>90	±20

3.0.3 砌筑顺序应符合下列规定：
    1 基底标高不同时，应从低处砌起，并应由高处向低处搭砌。当设计无要求时，搭接长度不应小于基础扩大部分的高度。
    2 砌体的转角处和交接处应同时砌筑。当不能同时砌筑时，应按规定留槎、接槎。

3.0.4 在墙上留置临时施工洞口，其侧边离交接处墙面不应小于500mm，洞口净宽度不应超过1m。
    抗震设防烈度为9度的地区建筑物的临时施工洞口位置，应会同设计单位确定。
    临时施工洞口应做好补砌。

3.0.5 不得在下列墙体或部位设置脚手眼：
    1 120mm厚墙、料石清水墙和独立柱；
    2 过梁上与过梁成60°角的三角形范围及过梁净跨度1/2的高度范围内；
    3 宽度小于1m的窗间墙；
    4 砌体门窗洞口两侧200mm（石砌体为300mm）和转角处450mm（石砌体为600mm）范围内；
    5 梁或梁垫下及其左右500mm范围内；
    6 设计不允许设置脚手眼的部位。

3.0.6 施工脚手眼补砌时，灰缝应填满砂浆，不得用干砖填塞。

3.0.7 设计要求的洞口、管道、沟槽应于砌筑时正确留出或预埋，未经设计同意，不得打凿墙体和在墙体上开凿水平沟槽。宽度超过300mm的洞口上部，应设置过梁。

3.0.8 尚未施工楼板或屋面的墙或柱，当可能遇到大风时，其允许自由高度不得超过表3.0.8的规定。如超过表中限值时，必须采用临时支撑等有效措施。

表3.0.8 墙和柱的允许自由高度（m）

墙(柱)厚(mm)	砌体密度>1600(kg/m³)			砌体密度1300~1600(kg/m³)		
	风载(kN/m²)			风载(kN/m²)		
	0.3(约7级风)	0.4(约8级风)	0.5(约9级风)	0.3(约7级风)	0.4(约8级风)	0.5(约9级风)
190	—	—	—	1.4	1.1	0.7
240	2.8	2.1	1.4	2.2	1.7	1.1
370	5.2	3.9	2.6	4.2	3.2	2.1
490	8.6	6.5	4.3	7.0	5.2	3.5
620	14.0	10.5	7.0	11.4	8.6	5.7

注：1. 本表适用于施工处相对标高（H）在10m范围内的情况。如10m<H≤15m，15m<H≤20m时，表中的允许自由高度应分别乘以0.9、0.8的系数；如H>20m时，应通过抗倾覆验算确定其允许自由高度。
    2. 当所砌筑的墙有横墙或其他结构与其连接，而且间距小于表列限值的2倍时，砌筑高度可不受本表的限制。

3.0.9 搁置预制梁、板的砌体顶面应找平,安装时应坐浆。当设计无具体要求时,应采用1:2.5的水泥砂浆。

3.0.10 砌体施工质量控制等级应分为三级,并应符合表3.0.10的规定。

表 3.0.10 砌体施工质量控制等级

项目	施工质量控制等级		
	A	B	C
现场质量管理	制度健全,并严格执行;非施工方质量监督人员经常到现场,或现场设有常驻代表;施工方有在岗专业技术管理人员,人员齐全,并持证上岗	制度基本健全,并能执行;非施工方质量监督人员间断地到现场进行质量控制;施工方有在岗专业技术管理人员,并持证上岗	有制度;非施工方质量监督人员很少作现场质量控制;施工方有在岗专业技术管理人员
砂浆、混凝土强度	试块按规定制作,强度满足验收规定,离散性小	试块按规定制作,强度满足验收规定,离散性较小	试块强度满足验收规定,离散性大
砂浆拌合方式	机械拌合;配合比计量控制严格	机械拌合;配合比计量控制一般	机械或人工拌合;配合比计量控制较差
砌筑工人	中级工以上,其中高级工不少于20%	高、中级工不少于70%	初级工以上

3.0.11 设置在潮湿环境或有化学侵蚀性介质的环境中的砌体灰缝内的钢筋应采取防腐措施。

3.0.12 砌体施工时,楼面和屋面堆载不得超过楼板的允许荷载值。施工层进料口楼板下,宜采取临时加撑措施。

3.0.13 分项工程的验收应在检验批验收合格的基础上进行。检验批的确定可根据施工段划分。

3.0.14 砌体工程检验批验收时,其主控项目应全部符合本规范的规定;一般项目应有80%及以上的抽检处符合本规范的规定,或偏差值在允许偏差范围以内。

4 砌筑砂浆

4.0.1 水泥进场使用前,应分批对其强度、安定性进行复验。检验批应以同一生产厂家、同一编号为一批。

当在使用中对水泥质量有怀疑或水泥出厂超过三个月(快硬硅酸盐水泥超过一个月)时,应复查试验,并按其结果使用。

不同品种的水泥,不得混合使用。

4.0.2 砂浆用砂不得含有有害杂物。砂浆用砂的含泥量应满足下列要求:
1 对水泥砂浆和强度等级不小于M5的水泥混合砂浆,不应超过5%;
2 对强度等级小于M5的水泥混合砂浆,不应超过10%;

3 人工砂、山砂及特细砂，应经试配能满足砌筑砂浆技术条件要求。

4.0.3 配制水泥石灰砂浆时，不得采用脱水硬化的石灰膏。

4.0.4 消石灰粉不得直接使用于砌筑砂浆中。

4.0.5 拌制砂浆用水，水质应符合国家现行标准《混凝土拌合用水标准》JGJ63的规定。

4.0.6 砌筑砂浆应通过试配确定配合比。当砌筑砂浆的组成材料有变更时，其配合比应重新确定。

4.0.7 施工中当采用水泥砂浆代替水泥混合砂浆时，应重新确定砂浆强度等级。

4.0.8 凡在砂浆中掺入有机塑化剂、早强剂、缓凝剂、防冻剂等，应经检验和试配符合要求后，方可使用。有机塑化剂应有砌体强度的型式检验报告。

4.0.9 砂浆现场拌制时，各组分材料应采用重量计量。

4.0.10 砌筑砂浆应采用机械搅拌，自投料完算起，搅拌时间应符合下列规定：
　　1 水泥砂浆和水泥混合砂浆不得少于2min；
　　2 水泥粉煤灰砂浆和掺用外加剂的砂浆不得少于3min；
　　3 掺用有机塑化剂的砂浆，应为3～5min。

4.0.11 砂浆应随拌随用，水泥砂浆和水泥混合砂浆应分别在3h和4h内使用完毕；当施工期间最高气温超过30℃时，应分别在拌成后2h和3h内使用完毕。

　　注：对掺用缓凝剂的砂浆，其使用时间可根据具体情况延长。

4.0.12 砌筑砂浆试块强度验收时其强度合格标准必须符合以下规定：

　　同一验收批砂浆试块抗压强度平均值必须大于或等于设计强度等级所对应的立方体抗压强度；同一验收批砂浆试块抗压强度的最小一组平均值必须大于或等于设计强度等级所对应的立方体抗压强度的0.75倍。

　　注：1. 砌筑砂浆的验收批，同一类型、强度等级的砂浆试块应不少于3组。当同一验收批只有一组试块时，该组试块抗压强度的平均值必须大于或等于设计强度等级所对应的立方体抗压强度。

　　　　2. 砂浆强度应以标准养护，龄期为28d的试块抗压试验结果为准。

　　抽检数量：每一检验批且不超过250m³砌体的各种类型及强度等级的砌筑砂浆，每台搅拌机应至少抽检一次。

　　检验方法：在砂浆搅拌机出料口随机取样制作砂浆试块（同盘砂浆只应制作一组试块），最后检查试块强度试验报告单。

4.0.13 当施工中或验收时出现下列情况，可采用现场检验方法对砂浆和砌体强度进行原位检测或取样检测，并判定其强度：
　　1 砂浆试块缺乏代表性或试块数量不足；
　　2 对砂浆试块的试验结果有怀疑或有争议；
　　3 砂浆试块的试验结果，不能满足设计要求。

5 砖砌体工程

5.1 一般规定

5.1.1 本章适用于烧结普通砖、烧结多孔砖、蒸压灰砂砖、粉煤灰砖等砌体工程。

5.1.2 用于清水墙、柱表面的砖，应边角整齐，色泽均匀。

5.1.3 有冻胀环境和条件的地区，地面以下或防潮层以下的砌体，不宜采用多孔砖。

5.1.4 砌筑砖砌体时，砖应提前1~2d浇水湿润。

5.1.5 砌砖工程当采用铺浆法砌筑时，铺浆长度不得超过750mm；施工期间气温超过30℃时，铺浆长度不得超过500mm。

5.1.6 240mm厚承重墙的每层墙的最上一皮砖，砖砌体的阶台水平面上及挑出层，应整砖丁砌。

5.1.7 砖砌平拱过梁的灰缝应砌成楔形缝。灰缝的宽度，在过梁的底面不应小于5mm；在过梁的顶面不应大于15mm。

拱脚下面应伸入墙内不小于20mm，拱底应有1%的起拱。

5.1.8 砖过梁底部的模板，应在灰缝砂浆强度不低于设计强度的50%时，方可拆除。

5.1.9 多孔砖的孔洞应垂直于受压面砌筑。

5.1.10 施工时施砌的蒸压（养）砖的产品龄期不应小于28d。

5.1.11 竖向灰缝不得出现透明缝、瞎缝和假缝。

5.1.12 砖砌体施工临时间断处补砌时，必须将接槎处表面清理干净，浇水湿润，并填实砂浆，保持灰缝平直。

5.2 主控项目

5.2.1 砖和砂浆的强度等级必须符合设计要求。

抽检数量：每一生产厂家的砖到现场后，按烧结砖15万块、多孔砖5万块、灰砂砖及粉煤灰砖10万块各为一验收批，抽检数量为1组。砂浆试块的抽检数量执行本规范第4.0.12条的有关规定。

检验方法：查砖和砂浆试块试验报告。

5.2.2 砌体水平灰缝的砂浆饱满度不得小于80%。

抽检数量：每检验批抽查不应少于5处。

检验方法：用百格网检查砖底面与砂浆的粘结痕迹面积。每处检测3块砖，取其平均值。

5.2.3 砖砌体的转角处和交接处应同时砌筑，严禁无可靠措施的内外墙分砌施工。对不能同时砌筑而又必须留置的临时间断处应砌成斜槎，斜槎水平投影长度不应小于高度的2/3。

抽检数量：每检验批抽20%接槎，且不应少于5处。

检验方法：观察检查。

5.2.4 非抗震设防及抗震设防烈度为6度、7度地区的临时间断处，当不能留斜槎时，除转角处外，可留直槎，但直槎必须做成凸槎。留直槎处应加设拉结钢筋，拉结钢筋的数量为每120mm墙厚放置1ϕ6拉结钢筋（120mm厚墙放置2ϕ6拉结钢筋），间距沿墙高不应超过500mm；埋入长度从留槎处算起每边均不应小于500mm，对抗震设防烈度6度、7度的地区，不应小于1000mm；末端应有90°弯钩（图5.2.4）。

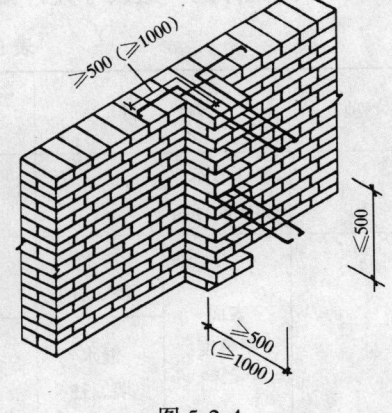

图5.2.4

抽检数量：每检验批抽20%接槎，且不应少于5处。

检验方法：观察和尺量检查。

合格标准：留槎正确，拉结钢筋设置数量、直径正确，竖向间距偏差不超过100mm，留置长度基本符合规定。

5.2.5 砖砌体的位置及垂直度允许偏差应符合表5.2.5的规定。

表5.2.5 砖砌体的位置及垂直度允许偏差

项次	项 目		允许偏差（mm）	检 验 方 法
1	轴线位置偏移		10	用经纬仪和尺检查或用其他测量仪器检查
2	垂直度	每 层	5	用2m托线板检查
		全高 ≤10m	10	用经纬仪、吊线和尺检查，或用其他测量仪器检查
		>10m	20	

抽检数量：轴线查全部承重墙柱；外墙垂直度全高查阳角，不应少于4处，每层每20m查一处；内墙按有代表性的自然间抽10%，但不应少于3间，每间不应少于2处，柱不少于5根。

5.3 一 般 项 目

5.3.1 砖砌体组砌方法应正确，上、下错缝，内外搭砌，砖柱不得采用包心砌法。

抽检数量：外墙每20m抽查一处，每处3~5m，且不应少于3处；内墙按有代表性的自然间抽10%，且不应少于3间。

检验方法：观察检查。

合格标准：除符合本条要求外，清水墙、窗间墙无通缝；混水墙中长度大于或等于300mm的通缝每间不超过3处，且不得位于同一面墙体上。

5.3.2 砖砌体的灰缝应横平竖直，厚薄均匀。水平灰缝厚度宜为10mm，但不应小于8mm，也不应大于12mm。

抽检数量：每步脚手架施工的砌体，每20m抽查1处。

检验方法：用尺量10皮砖砌体高度折算。

5.3.3 砖砌体的一般尺寸允许偏差应符合表5.3.3的规定。

表5.3.3 砖砌体一般尺寸允许偏差

项次	项 目		允许偏差（mm）	检 验 方 法	抽 检 数 量
1	基础顶面和楼面标高		±15	用水平仪和尺检查	不应少于5处
2	表面平整度	清水墙、柱	5	用2m靠尺和楔形塞尺检查	有代表性自然间10%，但不应少于3间，每间不应少于2处
		混水墙、柱	8		

续表 5.3.3

项次	项 目		允许偏差（mm）	检 验 方 法	抽 检 数 量
3	门窗洞口高、宽（后塞口）		±5	用尺检查	检验批洞口的10%，且不应少于5处
4	外墙上下窗口偏移		20	以底层窗口为准，用经纬仪或吊线检查	检验批的10%，且不应少于5处
5	水平灰缝平直度	清水墙	7	拉10m线和尺检查	有代表性自然间10%，但不应少于3间，每间不应少于2处
		混水墙	10		
6	清水墙游丁走缝		20	吊线和尺检查，以每层第一皮砖为准	有代表性自然间10%，但不应少于3间，每间不应少于2处

6 混凝土小型空心砌块砌体工程

6.1 一 般 规 定

6.1.1 本章适用于普通混凝土小型空心砌块和轻骨料混凝土小型空心砌块（以下简称小砌块）工程的施工质量验收。

6.1.2 施工时所用的小砌块的产品龄期不应小于28d。

6.1.3 砌筑小砌块时，应清除表面污物和芯柱用小砌块孔洞底部的毛边，剔除外观质量不合格的小砌块。

6.1.4 施工时所用的砂浆，宜选用专用的小砌块砌筑砂浆。

6.1.5 底层室内地面以下或防潮层以下的砌体，应采用强度等级不低于C20的混凝土灌实小砌块的孔洞。

6.1.6 小砌块砌筑时，在天气干燥炎热的情况下，可提前洒水湿润小砌块；对轻骨料混凝土小砌块，可提前浇水湿润。小砌块表面有浮水时，不得施工。

6.1.7 承重墙体严禁使用断裂小砌块。

6.1.8 小砌块墙体应对孔错缝搭砌，搭接长度不应小于90mm。墙体的个别部位不能满足上述要求时，应在灰缝中设置拉结钢筋或钢筋网片，但竖向通缝仍不得超过两皮小砌块。

6.1.9 小砌块应底面朝上反砌于墙上。

6.1.10 浇灌芯柱的混凝土，宜选用专用的小砌块灌孔混凝土，当采用普通混凝土时，其坍落度不应小于90mm。

6.1.11 浇灌芯柱混凝土，应遵守下列规定：

1 清除孔洞内的砂浆等杂物，并用水冲洗；

2 砌筑砂浆强度大于1MPa时，方可浇灌芯柱混凝土；

3 在浇灌芯柱混凝土前应先注入适量与芯柱混凝土相同的去石水泥砂浆，再浇灌混凝土。

6.1.12 需要移动砌体中的小砌块或小砌块被撞动时，应重新铺砌。

6.2 主控项目

6.2.1 小砌块和砂浆的强度等级必须符合设计要求。

抽检数量：每一生产厂家，每1万块小砌块至少应抽检一组。用于多层以上建筑基础和底层的小砌块抽检数量不应少于2组。砂浆试块的抽检数量执行本规范第4.0.12条的有关规定。

检验方法：查小砌块和砂浆试块试验报告。

6.2.2 砌体水平灰缝的砂浆饱满度，应按净面积计算不得低于90%；竖向灰缝饱满度不得小于80%，竖缝凹槽部位应用砌筑砂浆填实；不得出现瞎缝、透明缝。

抽检数量：每检验批不应少于3处。

检验方法：用专用百格网检测小砌块与砂浆粘结痕迹，每处检测3块小砌块，取其平均值。

6.2.3 墙体转角处和纵横墙交接处应同时砌筑。临时间断处应砌成斜槎，斜槎水平投影长度不应小于高度的2/3。

抽检数量：每检验批抽20%接槎，且不应少于5处。

检验方法：观察检查。

6.2.4 砌体的轴线偏移和垂直度偏差应按本规范第5.2.5条的规定执行。

6.3 一般项目

6.3.1 墙体的水平灰缝厚度和竖向灰缝宽度宜为10mm，但不应大于12mm，也不应小于8mm。

抽检数量：每层楼的检测点不应少于3处。

抽检方法：用尺量5皮小砌块的高度和2m砌体长度折算。

6.3.2 小砌块墙体的一般尺寸允许偏差应按本规范第5.3.3条表5.3.3中1～5项的规定执行。

7 石砌体工程

7.1 一般规定

7.1.1 石砌体采用的石材应质地坚实，无风化剥落和裂纹。用于清水墙、柱表面的石材，尚应色泽均匀。

7.1.2 石材表面的泥垢、水锈等杂质，砌筑前应清除干净。

7.1.3 石砌体的灰缝厚度：毛料石和粗料石砌体不宜大于20mm；细料石砌体不宜大于5mm。

7.1.4 砂浆初凝后，如移动已砌筑的石块，应将原砂浆清理干净，重新铺浆砌筑。

7.1.5 砌筑毛石基础的第一皮石块应坐浆，并将大面向下；砌筑料石基础的第一皮石块应用丁砌层坐浆砌筑。

7.1.6 毛石砌体的第一皮及转角处、交接处和洞口处，应用较大的平毛石砌筑。每个楼层（包括基础）砌体的最上一皮，宜选用较大的毛石砌筑。

7.1.7 砌筑毛石挡土墙应符合下列规定：

 1 每砌 3~4 皮为一个分层高度，每个分层高度应找平一次；

 2 外露面的灰缝厚度不得大于 40mm，两个分层高度间分层处的错缝不得小于 80mm。

7.1.8 料石挡土墙，当中间部分用毛石砌时，丁砌料石伸入毛石部分的长度不应小于 200mm。

7.1.9 挡土墙的泄水孔当设计无规定时，施工应符合下列规定：

 1 泄水孔应均匀设置，在每米高度上间隔 2m 左右设置一个泄水孔；

 2 泄水孔与土体间铺设长宽各为 300mm、厚 200mm 的卵石或碎石作疏水层。

7.1.10 挡土墙内侧回填土必须分层夯填，分层松土厚度应为 300mm。墙顶土面应有适当坡度使流水流向挡土墙外侧面。

7.2 主 控 项 目

7.2.1 石材及砂浆强度等级必须符合设计要求。

 抽检数量：同一产地的石材至少应抽检一组。砂浆试块的抽检数量执行本规范第 4.0.12 条的有关规定。

 检验方法：料石检查产品质量证明书，石材、砂浆检查试块试验报告。

7.2.2 砂浆饱满度不应小于 80%。

 抽检数量：每步架抽查不应少于 1 处。

 检验方法：观察检查。

7.2.3 石砌体的轴线位置及垂直度允许偏差应符合表 7.2.3 的规定。

表 7.2.3 石砌体的轴线位置及垂直度允许偏差

项次	项目		允许偏差（mm）						检验方法
			毛石砌体		料石砌体				
					毛料石		粗料石		细料石	
			基础	墙	基础	墙	基础	墙	墙、柱	
1	轴线位置		20	15	20	15	15	10	10	用经纬仪和尺检查，或用其他测量仪器检查
2	墙面垂直度	每层		20		20		10	7	用经纬仪、吊线和尺检查或用其他测量仪器检查
		全高		30		30		25	20	

 抽检数量：外墙，按楼层（或 4m 高以内）每 20m 抽查 1 处，每处 3 延长米，但不应少于 3 处；内墙，按有代表性的自然间抽查 10%，但不应少于 3 间，每间不应少于 2 处，柱子不应少于 5 根。

7.3 一 般 项 目

7.3.1 石砌体的一般尺寸允许偏差应符合表 7.3.1 的规定。

抽检数量：外墙，按楼层（4m 高以内）每 20m 抽查 1 处，每处 3 延长米，但不应少于 3 处；内墙，按有代表性的自然间抽查 10%，但不应少于 3 间，每间不应少于 2 处，柱子不应少于 5 根。

表 7.3.1 石砌体的一般尺寸允许偏差

项次	项目		允许偏差 (mm)					检验方法
			毛石砌体		料石砌体			
			基础	墙	基础	墙	墙、柱	
1	基础和墙砌体顶面标高		±25	±15	±25	±15	±15	±15	±10	用水准仪和尺检查
2	砌体厚度		+30	+20 -10	+30	+20 -10	+15	+10 -5	+10 -5	用尺检查
3	表面平整度	清水墙、柱	—	20	—	20	10	5	细料石用 2m 靠尺和楔形塞尺检查，其他用两直尺垂直于灰缝拉 2m 线和尺检查
		混水墙、柱	—	20	—	20	15	—	
4	清水墙水平灰缝平直度		—	—	—	—	10	5	拉 10m 线和尺检查

7.3.2 石砌体的组砌形式应符合下列规定：
 1 内外搭砌，上下错缝，拉结石、丁砌石交错设置；
 2 毛石墙拉结石每 0.7m² 墙面不应少于 1 块。

检查数量：外墙，按楼层（或 4m 高以内）每 20m 抽查 1 处，每处 3 延长米，但不应少于 3 处；内墙，按有代表性的自然间抽查 10%，但不应少于 3 间。

检验方法：观察检查。

8 配筋砌体工程

8.1 一 般 规 定

8.1.1 配筋砌体工程除应满足本章要求外，尚应符合本规范第 5、6 章的规定。

8.1.2 构造柱浇灌混凝土前，必须将砌体留槎部位和模板浇水湿润，将模板内的落地灰、砖渣和其他杂物清理干净，并在结合面处注入适量与构造柱混凝土相同的去石水泥砂浆。振捣时，应避免触碰墙体，严禁通过墙体传震。

8.1.3 设置在砌体水平灰缝中钢筋的锚固长度不宜小于 $50d$，且其水平或垂直弯折段的长度不宜小于 $20d$ 和 150mm；钢筋的搭接长度不应小于 $55d$。

8.1.4 配筋砌块砌体剪力墙，应采用专用的小砌块砌筑砂浆和专用的小砌块灌孔混凝土。

8.2 主 控 项 目

8.2.1 钢筋的品种、规格和数量应符合设计要求。

检验方法：检查钢筋的合格证书、钢筋性能试验报告、隐蔽工程记录。

8.2.2 构造柱、芯柱、组合砌体构件、配筋砌体剪力墙构件的混凝土或砂浆的强度等级应符合设计要求。

抽检数量：各类构件每一检验批砌体至少应做一组试块。

检验方法：检查混凝土或砂浆试块试验报告。

8.2.3 构造柱与墙体的连接处应砌成马牙槎，马牙槎应先退后进，预留的拉结钢筋应位置正确，施工中不得任意弯折。

抽检数量：每检验批抽20%构造柱，且不少于3处。

检验方法：观察检查。

合格标准：钢筋竖向移位不应超过100mm，每一马牙槎沿高度方向尺寸不应超过300mm。钢筋竖向位移和马牙槎尺寸偏差每一构造柱不应超过2处。

8.2.4 构造柱位置及垂直度的允许偏差应符合表8.2.4的规定。

表8.2.4 构造柱尺寸允许偏差

项次	项 目		允许偏差(mm)	抽检方法
1	柱中心线位置		10	用经纬仪和尺检查或用其他测量仪器检查
2	柱层间错位		8	用经纬仪和尺检查或用其他测量仪器检查
3	柱垂直度	每层	10	用2m托线板检查
		全高 ≤10m	15	用经纬仪、吊线和尺检查，或用其他测量仪器检查
		全高 >10m	20	

抽检数量：每检验批抽10%，且不应少于5处。

8.2.5 对配筋混凝土小型空心砌块砌体，芯柱混凝土应在装配式楼盖处贯通，不得削弱芯柱截面尺寸。

抽检数量：每检验批抽10%，且不应少于5处。

检验方法：观察检查。

8.3 一 般 项 目

8.3.1 设置在砌体水平灰缝内的钢筋，应居中置于灰缝中。水平灰缝厚度应大于钢筋直径4mm以上。砌体外露面砂浆保护层的厚度不应小于15mm。

抽检数量：每检验批抽检3个构件，每个构件检查3处。

检验方法：观察检查，辅以钢尺检测。

8.3.2 设置在砌体灰缝内的钢筋的防腐保护应符合本规范第3.0.11条的规定。

抽检数量：每检验批抽检10%的钢筋。

检验方法：观察检查。

合格标准：防腐涂料无漏刷（喷浸），无起皮脱落现象。

8.3.3 网状配筋砌体中，钢筋网及放置间距应符合设计规定。

抽检数量：每检验批抽10%，且不应少于5处。

检验方法：钢筋规格检查钢筋网成品，钢筋网放置间距局部剔缝观察，或用探针刺入灰缝内检查，或用钢筋位置测定仪测定。

合格标准：钢筋网沿砌体高度位置超过设计规定一皮砖厚不得多于1处。

8.3.4 组合砖砌体构件，竖向受力钢筋保护层应符合设计要求，距砖砌体表面距离不应小于5mm；拉结筋两端应设弯钩，拉结筋及箍筋的位置应正确。

抽检数量：每检验批抽检10%，且不应少于5处。

检验方法：支模前观察与尺量检查。

合格标准：钢筋保护层符合设计要求；拉结筋位置及弯钩设置80%及以上符合要求，箍筋间距超过规定者，每件不得多于2处，且每处不得超过一皮砖。

8.3.5 配筋砌块砌体剪力墙中，采用搭接接头的受力钢筋搭接长度不应小于$35d$，且不应少于300mm。

抽检数量：每检验批每类构件抽20%（墙、柱、连梁），且不应少于3件。

检验方法：尺量检查。

9 填充墙砌体工程

9.1 一般规定

9.1.1 本章适用于房屋建筑采用空心砖、蒸压加气混凝土砌块、轻骨料混凝土小型空心砌块等砌筑填充墙砌体的施工质量验收。

9.1.2 蒸压加气混凝土砌块、轻骨料混凝土小型空心砌块砌筑时，其产品龄期应超过28d。

9.1.3 空心砖、蒸压加气混凝土砌块、轻骨料混凝土小型空心砌块等的运输、装卸过程中，严禁抛掷和倾倒。进场后应按品种、规格分别堆放整齐，堆置高度不宜超过2m。加气混凝土砌块应防止雨淋。

9.1.4 填充墙砌体砌筑前块材应提前2d浇水湿润。蒸压加气混凝土砌块砌筑时，应向砌筑面适量浇水。

9.1.5 用轻骨料混凝土小型空心砌块或蒸压加气混凝土砌块砌筑墙体时，墙底部应砌烧结普通砖或多孔砖，或普通混凝土小型空心砌块，或现浇混凝土坎台等，其高度不宜小于200mm。

9.2 主控项目

9.2.1 砖、砌块和砌筑砂浆的强度等级应符合设计要求。

检验方法：检查砖或砌块的产品合格证书、产品性能检测报告和砂浆试块试验报告。

9.3 一 般 项 目

9.3.1 填充墙砌体一般尺寸的允许偏差应符合表9.3.1的规定。

抽检数量：

（1）对表中1、2项，在检验批的标准间中随机抽查10%，但不应少于3间；大面积房间和楼道按两个轴线或每10延长米按一标准间计数。每间检验不应少于3处。

（2）对表中3、4项，在检验批中抽检10%，且不应少于5处。

表9.3.1 填充墙砌体一般尺寸允许偏差

项次	项 目		允许偏差（mm）	检 验 方 法
1	轴线位移		10	用尺检查
	垂直度	小于或等于3m	5	用2m托线板或吊线、尺检查
		大于3m	10	
2	表面平整度		8	用2m靠尺和楔形塞尺检查
3	门窗洞口高、宽（后塞口）		±5	用尺检查
4	外墙上、下窗口偏移		20	用经纬仪或吊线检查

9.3.2 蒸压加气混凝土砌块砌体和轻骨料混凝土小型空心砌块砌体不应与其他块材混砌。

抽检数量：在检验批中抽检20%，且不应少于5处。

检验方法：外观检查。

9.3.3 填充墙砌体的砂浆饱满度及检验方法应符合表9.3.3的规定。

抽检数量：每步架子不少于3处，且每处不应少于3块。

表9.3.3 填充墙砌体的砂浆饱满度及检验方法

砌体分类	灰缝	饱满度及要求	检 验 方 法
空心砖砌体	水平	≥80%	采用百格网检查块材底面砂浆的粘结痕迹面积
	垂直	填满砂浆，不得有透明缝、瞎缝、假缝	
加气混凝土砌块和轻骨料混凝土小砌块砌体	水平	≥80%	
	垂直	≥80%	

9.3.4 填充墙砌体留置的拉结钢筋或网片的位置应与块体皮数相符合。拉结钢筋或网片应置于灰缝中，埋置长度应符合设计要求，竖向位置偏差不应超过一皮高度。

抽检数量：在检验批中抽检20%，且不应少于5处。

检验方法：观察和用尺量检查。

9.3.5 填充墙砌筑时应错缝搭砌，蒸压加气混凝土砌块搭砌长度不应小于砌块长度的1/3；轻骨料混凝土小型空心砌块搭砌长度不应小于90mm；竖向通缝不应大于2皮。

抽检数量：在检验批的标准间中抽查10%，且不应少于3间。

检查方法：观察和用尺检查。

9.3.6 填充墙砌体的灰缝厚度和宽度应正确。空心砖、轻骨料混凝土小型空心砌块的砌体灰缝应为8～12mm。蒸压加气混凝土砌块砌体的水平灰缝厚度及竖向灰缝宽度分别宜为15mm和20mm。

抽检数量：在检验批的标准间中抽查10%，且不应少于3间。

检查方法：用尺量5皮空心砖或小砌块的高度和2m砌体长度折算。

9.3.7 填充墙砌至接近梁、板底时，应留一定空隙，待填充墙砌筑完并应至少间隔7d后，再将其补砌挤紧。

抽检数量：每验收批抽10%填充墙片（每两柱间的填充墙为一墙片），且不应少于3片墙。

检验方法：观察检查。

10 冬期施工

10.0.1 当室外日平均气温连续5d稳定低于5℃时，砌体工程应采取冬期施工措施。

注：1. 气温根据当地气象资料确定。
  2. 冬期施工期限以外，当日最低气温低于0℃时，也应按本章的规定执行。

10.0.2 冬期施工的砌体工程质量验收除应符合本章要求外，尚应符合本规范前面各章的要求及国家现行标准《建筑工程冬期施工规程》JGJ 104的规定。

10.0.3 砌体工程冬期施工应有完整的冬期施工方案。

10.0.4 冬期施工所用材料应符合下列规定：

 1 石灰膏、电石膏等应防止受冻，如遭冻结，应经融化后使用；

 2 拌制砂浆用砂，不得含有冰块和大于10mm的冻结块；

 3 砌体用砖或其他块材不得遭水浸冻。

10.0.5 冬期施工砂浆试块的留置，除应按常温规定要求外，尚应增留不少于1组与砌体同条件养护的试块，测试检验28d强度。

10.0.6 基土无冻胀性时，基础可在冻结的地基上砌筑；基土有冻胀性时，应在未冻的地基上砌筑。在施工期间和回填土前，均应防止地基遭受冻结。

10.0.7 普通砖、多孔砖和空心砖在气温高于0℃条件下砌筑时，应浇水湿润。在气温低于、等于0℃条件下砌筑时，可不浇水，但必须增大砂浆稠度。抗震设防烈度为9度的建筑物，普通砖、多孔砖和空心砖无法浇水湿润时，如无特殊措施，不得砌筑。

10.0.8 拌合砂浆宜采用两步投料法。水的温度不得超过80℃；砂的温度不得超过40℃。

10.0.9 砂浆使用温度应符合下列规定。

 1 采用掺外加剂法时，不应低于+5℃；

 2 采用氯盐砂浆法时，不应低于+5℃；

 3 采用暖棚法时，不应低于+5℃；

 4 采用冻结法当室外空气温度分别为0～-10℃、-11～-25℃、-25℃以下时，砂浆使用最低温度分别为10℃、15℃、20℃。

10.0.10 采用暖棚法施工，块材在砌筑时的温度不应低于+5℃,距离所砌的结构底面

0.5m处的棚内温度也不应低于+5℃。

10.0.11 在暖棚内的砌体养护时间，应根据暖棚内温度，按表10.0.11确定。

表10.0.11 暖棚法砌体的养护时间（d）

暖棚的温度（℃）	5	10	15	20
养护时间（d）	≥6	≥5	≥4	≥3

10.0.12 在冻结法施工的解冻期间，应经常对砌体进行观测和检查，如发现裂缝、不均匀下沉等情况，应立即采取加固措施。

10.0.13 当采用掺盐砂浆法施工时，宜将砂浆强度等级按常温施工的强度等级提高一级。

10.0.14 配筋砌体不得采用掺盐砂浆法施工。

11 子分部工程验收

11.0.1 砌体工程验收前，应提供下列文件和记录：
1 施工执行的技术标准；
2 原材料的合格证书、产品性能检测报告；
3 混凝土及砂浆配合比通知单；
4 混凝土及砂浆试件抗压强度试验报告单；
5 施工记录；
6 各检验批的主控项目、一般项目验收记录；
7 施工质量控制资料；
8 重大技术问题的处理或修改设计的技术文件；
9 其他必须提供的资料。

11.0.2 砌体子分部工程验收时，应对砌体工程的观感质量作出总体评价。

11.0.3 当砌体工程质量不符合要求时，应按现行国家标准《建筑工程施工质量统一验收标准》GB 50300规定执行。

11.0.4 对有裂缝的砌体应按下列情况进行验收：
1 对有可能影响结构安全性的砌体裂缝，应由有资质的检测单位检测鉴定，需返修或加固处理的，待返修或加固满足使用要求后进行二次验收；
2 对不影响结构安全性的砌体裂缝，应予以验收，对明显影响使用功能和观感质量的裂缝，应进行处理。

附录A 砌体工程检验批质量验收记录

A.0.1 为统一砌体工程检验批质量验收记录用表，特列出表A.0.1-1～表A.0.1-5，以供质量验收采用。

A.0.2 对配筋砌体工程检验批质量验收记录，除应采用表A.0.1-4外，尚应配合采用表A.0.1-1或表A.0.1-2。

表 A.0.1-1 砖砌体工程检验批质量验收记录

工程名称		分项工程名称		验收部位	
施工单位				项目经理	
施工执行标准名称及编号				专业工长	
分包单位				施工班组组长	

	质量验收规范的规定		施工单位检查评定记录	监理（建设）单位验收记录
主控项目	1. 砖强度等级	设计要求 MU		
	2. 砂浆强度等级	设计要求 M		
	3. 斜槎留置	5.2.3 条		
	4. 直槎拉结钢筋及接槎处理	5.2.4 条		
	5. 砂浆饱满度	≥80%		
	6. 轴线位移	≤10mm		
	7. 垂直度（每层）	≤5mm		
一般项目	1. 组砌方法	5.3.1 条		
	2. 水平灰缝厚度	5.3.2 条		
	3. 顶（楼）面标高	±15mm 以内		
	4. 表面平整度	清水 5mm 混水 8mm		
	5. 门窗洞口	±5mm 以内		
	6. 窗口偏移	20mm		
	7. 水平灰缝平直度	清水 7mm 混水 10mm		
	8. 清水墙游丁走缝	20mm		

施工单位检查评定结果	项目专业质量检查员：　　　　　　项目专业质量（技术）负责人： 　　　　　　　　　　　　　　　　　　　　　　　　　　年　月　日
监理（建设）单位验收结论	监理工程师（建设单位项目技术负责人）： 　　　　　　　　　　　　　　　　　　　　　　　　　　年　月　日

注：本表由施工项目专业质量检查员填写，监理工程师（建设单位项目技术负责人）组织项目专业质量（技术）负责人等进行验收。

表 A.0.1-2 混凝土小型空心砌块砌体工程检验批质量验收记录

工程名称		分项工程名称		验收部位	
施工单位				项目经理	
施工执行标准名称及编号				专业工长	
分包单位				施工班组组长	

	质量验收规范的规定		施工单位检查评定记录	监理(建设)单位验收记录
主控项目	1. 小砌块强度等级	设计要求 MU		
	2. 砂浆强度等级	设计要求 M		
	3. 砌筑留槎	6.2.3条		
	4.			
	5.			
	6.			
	7. 水平灰缝饱满度	≥90%		
	8. 竖向灰缝饱满度	≥80%		
	9. 轴线位移	≤10mm		
	10. 垂直度(每层)	≤5mm		
一般项目	1. 灰缝厚度宽度	8～12mm		
	2. 顶面标高	±15mm		
	3. 表面平整度	清水 5mm 混水 8mm		
	4. 门窗洞口	±5mm 以内		
	5. 窗口偏移	20mm 以内		
	6. 水平灰缝平直度	清水 7mm 混水 10mm		

施工单位检查评定结果	项目专业质量检查员：　　　　　项目专业质量(技术)负责人： 年　月　日
监理(建设)单位验收结论	监理工程师(建设单位项目技术负责人)： 年　月　日

注：本表由施工项目专业质量检查员填写，监理工程师（建设单位项目技术负责人）组织项目专业质量（技术）负责人等进行验收。

表 A.0.1-3 石砌体工程检验批质量验收记录

工程名称		分项工程名称		验收部位	
施工单位				项目经理	
施工执行标准名称及编号				专业工长	
分包单位				施工班组组长	

	质量验收规范的规定		施工单位检查评定记录	监理(建设)单位验收记录
主控项目	1. 石材强度等级	设计要求 MU		
	2. 砂浆强度等级	设计要求 M		
	3.			
	4.			
	5.			
	6.			
	7. 砂浆饱满度	≥80%		
	8. 轴线位移	7.2.3 条		
	9. 垂直度(每层)	7.2.3 条		
一般项目	1. 顶面标高	7.3.1 条		
	2. 砌体厚度	7.3.1 条		
	3. 表面平整度	7.3.1 条		
	4. 灰缝平直度	7.3.1 条		
	5. 组砌形式	7.3.2 条		

施工单位检查评定结果	项目专业质量检查员：　　　　　项目专业质量(技术)负责人： 年 月 日
监理(建设)单位验收结论	监理工程师(建设单位项目技术负责人)： 年 月 日

注：本表由施工项目专业质量检查员填写，监理工程师（建设单位项目技术负责人）组织项目专业质量（技术）负责人等进行验收。

表 A.0.1-4 配筋砌体工程检验批质量验收记录

工程名称		分项工程名称		验收部位	
施工单位				项目经理	
施工执行标准名称及编号				专业工长	
分包单位				施工班组组长	

	质量验收规范的规定		施工单位检查评定记录	监理(建设)单位验收记录
主控项目	1. 钢筋品种规格数量			
	2. 混凝土强度等级	设计要求 C		
	3. 马牙槎拉结筋	8.2.3 条		
	4. 芯柱	贯通截面不削弱		
	5.			
	6.			
	7. 柱中心线位置	≤10mm		
	8. 柱层间错位	≤8mm		
	9. 柱垂直度	每层 ≤10mm		
		全高(≤10m) ≤15mm		
		全高(>10m) ≤20mm		
一般项目	1. 水平灰缝钢筋	8.3.1 条		
	2. 钢筋防锈	8.3.2 条		
	3. 网状配筋及位置	8.3.3 条		
	4. 组合砌体拉结筋	8.3.4 条		
	5. 砌块砌体钢筋搭接	8.3.5 条		

施工单位检查评定结果	项目专业质量检查员：　　　　项目专业质量(技术)负责人： 　　　　　　　　　　　　　　　　　　　　　　年　月　日
监理(建设)单位验收结论	监理工程师(建设单位项目技术负责人)： 　　　　　　　　　　　　　　　　　　　　　　年　月　日

注：本表由施工项目专业质量检查员填写，监理工程师（建设单位项目技术负责人）组织项目专业质量（技术）负责人等进行验收。

表 A.0.1-5 填充墙砌体工程检验批质量验收记录

工程名称		分项工程名称		验收部位	
施工单位				项目经理	
施工执行标准名称及编号				专业工长	
分包单位				施工班组组长	

	质量验收规范的规定		施工单位检查评定记录	监理(建设)单位验收记录
主控项目	1. 块材强度等级	设计要求 MU		
	2. 砂浆强度等级	设计要求 M		
一般项目	1. 轴线位移	≤10mm		
	2. 垂直度(每层)	≤5mm		
	3. 砂浆饱满度	≥80%		
	4. 表面平整度	≤8mm		
	5. 门窗洞口	±5mm		
	6. 窗口偏移	20mm		
	7. 无混砌现象	9.3.2条		
	8. 拉结钢筋	9.3.4条		
	9. 搭砌长度	9.3.5条		
	10. 灰缝厚度、宽度	9.3.6条		
	11. 梁底砌法	9.3.7条		

施工单位检查评定结果	项目专业质量检查员： 项目专业质量(技术)负责人： 年 月 日
监理(建设)单位验收结论	监理工程师(建设单位项目技术负责人)： 年 月 日

注：本表由施工项目专业质量检查员填写，监理工程师（建设单位项目技术负责人）组织项目专业质量（技术）负责人等进行验收。

附录 B 本规范用词说明

B.0.1 为便于在执行本规范条文时区别对待，对要求严格程度不同的用词说明如下：
  1 表示很严格，非这样做不可的用词：
    正面词采用"必须"，反面词采用"严禁"。
  2 表示严格，在正常情况下均应这样做的用词：
    正面词采用"应"，反面词采用"不应"或"不得"。
  3 表示允许稍有选择，在条件许可时，首先应这样做的用词：
    正面词采用"宜"或"可"，反面词采用"不宜"。
B.0.2 条文中指明必须按其他有关标准、规范执行时，采用"应按……执行"或"应符合……要求或者规定"。

中华人民共和国国家标准

砌体工程施工质量验收规范

GB 50203—2002

条 文 说 明

目 次

1 总则 …………………………………………………………… 652
3 基本规定 ……………………………………………………… 652
4 砌筑砂浆 ……………………………………………………… 655
5 砖砌体工程 …………………………………………………… 656
　5.1 一般规定 ………………………………………………… 656
　5.2 主控项目 ………………………………………………… 657
　5.3 一般项目 ………………………………………………… 658
6 混凝土小型空心砌块砌体工程 ……………………………… 658
　6.1 一般规定 ………………………………………………… 658
　6.2 主控项目 ………………………………………………… 659
　6.3 一般项目 ………………………………………………… 659
7 石砌体工程 …………………………………………………… 659
　7.1 一般规定 ………………………………………………… 659
　7.2 主控项目 ………………………………………………… 660
　7.3 一般项目 ………………………………………………… 660
8 配筋砌体工程 ………………………………………………… 660
　8.1 一般规定 ………………………………………………… 660
　8.2 主控项目 ………………………………………………… 661
　8.3 一般项目 ………………………………………………… 661
9 填充墙砌体工程 ……………………………………………… 661
　9.1 一般规定 ………………………………………………… 661
　9.2 主控项目 ………………………………………………… 662
　9.3 一般项目 ………………………………………………… 662
10 冬期施工 ……………………………………………………… 662
11 子分部工程验收 ……………………………………………… 664

1 总则

1.0.1 制订本规范的目的，是为了统一砌体工程施工质量的验收，保证安全使用。

1.0.2 本规范对砌体施工质量控制和验收的适用范围做了规定。

1.0.5 为了保证砌体工程的施工质量，必须全面执行国家现行有关标准，如以下标准：

1 《砌体结构设计规范》GB 50003；
2 《建筑结构荷载规范》GB 50009；
3 《建筑抗震设计规范》GB 50011；
4 《建筑地基基础工程施工质量验收规范》GB 50201；
5 《混凝土结构工程施工质量验收规范》GB 50204；
6 《设置钢筋混凝土构造柱多层砖房抗震技术规范》JGJ/T 13；
7 《混凝土小型空心砌块建筑技术规程》JGJ/T 14；
8 《建筑工程冬期施工规程》JGJ/T 104；
9 《砌筑砂浆配合比设计规程》JGJ 98；
10 《砌体工程现场检测技术标准》GB/T 50315；
11 《建筑砂浆基本性能试验方法》JGJ 70；
12 《粉煤灰在混凝土及砂浆中应用技术规程》JGJ 28；
13 《混凝土外加剂应用技术规范》GBJ 119；
14 《烧结普通砖》GB 5101；
15 《烧结多孔砖》GB 13544；
16 《蒸压灰砂砖》GB 11945；
17 《粉煤灰砖》JC 239；
18 《烧结空心砖和空心砌块》GB 13545；
19 《普通混凝土小型空心砌块》GB 8239；
20 《轻集料混凝土小型空心砌块》GB 15229；
21 《蒸压加气混凝土砌块》GB 11968；
22 《建筑生石灰》JC/T 479；
23 《建筑生石灰粉》JC/T 480；
24 《混凝土拌合用水》JGJ 63；
25 《混凝土小型空心砌块砌筑砂浆》JC 860；
26 《混凝土小型空心砌块灌孔混凝土》JC 861。

3 基本规定

3.0.1 在砌体工程中，应用合格的材料才可能砌筑出符合质量要求的工程。材料的产品合格证书和产品性能检测报告是工程质量评定中必备的质量保证资料之一，因此特提出了要求。此外，对砌体质量有显著影响的块材、水泥、钢筋、外加剂等主要材料应进行性能的复试，合格后方可使用。

3.0.2 基础砌筑放线是确定建筑平面的基础工作，砌筑基础前校核放线尺寸、控制放线精度，在建筑施工中具有重要意义。

3.0.3 基础高低台的合理搭接，对保证基础砌体的整体性至关重要。从受力角度考虑，基础扩大部分的高度与荷载、地耐力等有关。故本条规定，对有高低台的基础，应从低处砌起，在设计无要求时，也对高低台的搭接长度做了规定。

砌体的转角处和交接处同时砌筑可以保证墙体的整体性，从而大大提高砌体结构的抗震性能。从震害调查看到，不少多层砖混结构建筑，由于砌体的转角处和交接处接槎不良而导致外墙甩出和砌体倒塌。因此，必须重视砌体的转角处和交接处应同时砌筑。当不能同时砌筑时，应按本规范规定留槎并做好接槎处理。

3.0.4 在墙上留置临时洞口，限于施工条件，有时确实难免，但洞口位置不当或洞口过大，虽经补砌，也必然削弱墙体的整体性。为此，本条对在墙上留置临时施工洞口作了具体的规定。

3.0.5 经补砌的脚手眼，对砌体的整体性或多或少会带来不利影响。因此，对一些受力不太有利的砌体部分留置脚手眼做了相应规定。

3.0.6 脚手眼的补砌，不仅涉及到砌体结构的整体性，而且还会影响建筑物的使用功能，故施工时应予注意。

3.0.7 建筑工程施工中，常存在各工种之间配合不好的问题。例如水电安装中应在砌体上开的洞口、埋设的管道等往往在砌好的砌体上打凿，对砌体的破坏较大。因此本条在洞口、管道、沟槽设置上做了相应的规定。

3.0.8 表3.0.8的数值系根据1956年《建筑安装工程施工及验收暂行技术规范》第二篇中表一规定推算而得。验算时，为偏安全计，略去了墙或柱底部砂浆与楼板（或下部墙体）间的粘结作用，只考虑墙体的自重和风荷载，进行倾覆验算。经验算，原表一的安全系数在1.1至1.5之间。

为了比较切合实际和方便查对，将原表一中的风压值改为0.3、0.4、0.6kN/m^{2}三种，并列出风的相应级数。

施工处标高可按下式计算：

$$H = H_0 + \frac{h}{2}$$

式中 H——施工处的标高（m）；

H_0——起始计算自由高度处的标高（m）；

h——表3.0.8内相应的允许自由高度值（m）。

对于设置钢筋混凝土圈梁的墙或柱，其砌筑高度在未达圈梁位置时，h应从地面（或楼面）算起；超过圈梁时，h则可从最近的一道圈梁处算起，但此时圈梁混凝土的抗压强度应达到5N/mm^{2}以上。

3.0.9 预制梁、板与砌体顶面接触不紧密不仅对梁、板、砌体受力不利，而且还对房顶抹灰和地面施工带来不利影响。目前施工中，搁置预制梁、板时，往往忽略了在砌体顶面找平和坐浆，致使梁、板与砌体受力不均匀；安装的预制板不平整和不平稳，而出现板缝处的裂纹，加大找平层的厚度。对此，必须加以纠正。

3.0.10 由于砌体的施工存在较大量的人工操作过程，所以，砌体结构的质量也在很大程度上取决于人的因素。施工过程对砌体结构质量的影响直接表现在砌体的强度上。在采用以概率理论为基础的极限状态设计方法中,材料的强度设计值系由材料标准值除以材料性能分项系数确定,而材料性能分项系数与材料质量和施工水平相关。在国际标准中,施工水平按质量监督人员、砂浆强度试验及搅拌、砌筑工人技术熟练程度等情况分为三级,材料性能分项系数也相应取为不同的三个数值。

为逐步和国际标准接轨,参照国际标准的有关规定及其控制实质,根据我国工程建设的实际,在《砌体工程施工及验收规范》GB 50203—98中,已将本条的内容纳入规范中。

去年完成修订工作并即将发布实施的《砌体结构设计规范》GB 50003—2001,对砌体强度设计值的规定中,也考虑了砌体施工质量控制等级而取不同的数值。这样,砌体结构的设计规范与施工规范将协调一致,配套使用。

关于砂浆和混凝土的施工质量,可分为"优良"、"一般"和"差"三个等级,强度离散性分别对应为"离散性小"、"离散性较小"和"离散性大",其划分情况参见下表。

砌筑砂浆质量水平

强度标准差σ(MPa) \ 强度等级 \ 质量水平	M2.5	M5	M7.5	M10	M15	M20
优良	0.5	1.00	1.50	2.00	3.00	4.00
一般	0.62	1.25	1.88	2.50	3.75	5.00
差	0.75	1.50	2.25	3.00	4.50	6.00

混凝土质量水平

评定指标		质量水平	优良		一般		差	
		强度等级 生产单位	<C20	≥C20	<C20	≥C20	<C20	≥C20
强度标准差(MPa)	预拌混凝土厂		≤3.0	≤3.5	≤4.0	≤5.0	>4.0	>5.0
	集中搅拌混凝土的施工现场		≤3.5	≤4.0	≤4.5	≤5.5	>4.5	>5.5
强度等于或大于混凝土强度等级值的百分率(%)	预拌混凝土厂、集中搅拌混凝土的施工现场		≥95		>85		≤85	

3.0.11 根据国际标准《配筋砌体结构设计规范》ISO 9652—3的规定,从建筑物的耐久性考虑,应对砌体灰缝内设置的钢筋采取防腐措施,并且规定了不同使用环境下的方法。但鉴于我国尚未在砌体结构的设计规范中有这方面的规定,本规范对此只做了一般的要求。

3.0.12 在楼面上砌筑施工时,常发现以下几种超载现象:一是集中卸料造成超载;二是抢进度或遇停电时,提前集中备料造成超载;三是采用井架或门架上料时,吊篮停置位置偏高,接料平台倾斜有坎,运料车出吊篮后对进料口房间楼面产生较大的冲击荷载。这些超载现象常使楼板板底产生裂缝，严重者会导致安全事故。因此，为防止上述质量和安全事故发生，做了本条规定。

3.0.13 分项工程可由一个或若干检验批组成，检验批可根据施工及质量控制和专业验收需要按楼层、施工段、变形缝等进行划分。

3.0.14 在《建筑工程施工质量验收统一标准》GB 50300—2001 中，在制定检验批抽样方案时，对生产方和使用方风险概率提出了明确的规定。本规范结合砌体工程的实际情况，对主控项目即对建筑工程的质量起决定性作用的检验项目，应全部符合合格标准的规定，严于上述标准；而对一般项目即对建筑工程的质量，特别是涉及安全性方面的施工质量不起决定性作用的检验项目，允许有 20% 以内的抽查处超出验收条文合格标准的规定，较之原《建筑安装工程质量检验评定统一标准》GBJ 300—88 中合格质量标准应有 70% 及其以上的实测值在允许偏差范围内的规定严，比优良质量标准 90% 的规定宽，这是比较合适的，体现了对一般项目既从严要求又不苛求的原则。

4 砌 筑 砂 浆

4.0.1 水泥的强度及安定性是判定水泥是否合格的两项技术要求，因此在水泥使用前应进行复检。本规范检验批的规定中与以往的砌体施工验收规范不同之处在于"同一编号"。

由于各种水泥成分不一，当不同水泥混合使用后往往会发生材性变化或强度降低现象，引起工程质量问题，故规定不同品种的水泥，不得混合使用。

4.0.2 砂中含泥量过大，不但会增加砌筑砂浆的水泥用量，还可能使砂浆的收缩值增大，耐久性降低，影响砌体质量。对于水泥砂浆，事实上已成为水泥黏土砂浆，但又与一般使用黏土膏配制的水泥黏土砂浆在其性质上有一定差异，难以满足某些条件下的使用要求。M5 以上的水泥混合砂浆，如砂子含泥量过大，有可能导致塑化剂掺量过多，造成砂浆强度降低。因而对砂子中的含泥量做了相应规定。

对人工砂、山砂及特细砂，由于其中的含泥量一般较大，如按上述规定执行，则一些地区施工用砂要外地运去，不仅影响施工，又增加工程成本，故规定经试配能满足砌筑砂浆技术条件时，含泥量可适当放宽。

4.0.3~4.0.4 脱水硬化的石灰膏和消石灰粉不能起塑化作用又影响砂浆强度，故不应使用。

4.0.5 考虑到目前水源污染比较普遍，当水中含有有害物质时，将会影响水泥的正常凝结，并可能对钢筋产生锈蚀作用。因此，本条对拌制砂浆用水做出了规定。

4.0.6 砌筑砂浆通过试配确定配合比，是使施工中砂浆达到设计强度等级和减少砂浆强度离散性大的重要保证。

4.0.7 《砌体结构设计规范》GB 50003 3.2.3 条规定，当砌体用水泥砂浆砌筑时，砌体抗压强度值应对 3.2.1 条各表中的数值乘以 0.9 的调整系数；砌体轴心抗拉、弯曲抗拉、抗剪强度设计值应对 3.2.2 条表 3.2.2 中数值乘以 0.8 的调整系数。

4.0.8 目前，在砂浆中掺用的有机塑化剂、早强剂、缓凝剂、防冻剂等产品很多，但同种产品的性能存在差异，为保证施工质量，应对这些外加剂进行检验和试配符合要求后再使用。对有机塑化剂，尚应有针对砌体强度的型式检验，根据其结果确定砌体强度。例如，对微沫剂替代石灰膏制作水泥混合砂浆，砌体抗压强度较同强度等级的混合砂浆砌筑的砌体的抗压强度降低10%；而砌体的抗剪强度无不良影响。

4.0.9 砂浆材料配合比不准确，是砂浆达不到设计强度等级和砂浆强度离散性大的主要原因。按体积计量，水泥因操作方法不同其密度变化范围为980～1200kg/m³；砂因含水量不同其密度变化幅度可达20%以上。甘肃省第五建筑公司曾在试验室对砂浆采用重量计量和体积计量的强度进行过对比试验，其强度变异系数分别为0.86%～15.8%和2.51%～27.9%。如在施工现场，这种差异将更大。因此，砂浆现场拌制时，各组分材料应采用重量计量，以确保砂浆的强度和均匀性。

4.0.10 为了降低劳动强度和克服人工拌制砂浆不易搅拌均匀的缺点，规定砂浆应采用机械搅拌。同时，为使物料充分拌合，保证砂浆拌合质量，对不同砂浆品种分别规定了搅拌时间的要求。

4.0.11 根据湖南、山东、广东、四川、陕西等地的试验结果表明，在一般气温情况下，水泥砂浆和水泥混合砂浆在2h和3h内使用完，砂浆强度降低一般不超过20%，符合砌体强度指标的确定原则。

4.0.12 《砌体结构设计规范》GB 50003对砂浆强度等级是按试块的抗压强度平均值定义的，并在此基础上考虑砂浆抗压强度降低25%的条件下确定砌体强度。并且《建筑工程质量检验评定标准》GBJ301将此评定条件已应用多年，实践证明，满足结构可靠性的要求，故本规范采用以往的方法来评定砂浆强度的施工质量。

4.0.13 鉴于《砌体工程现场检测技术标准》GB/T 50315已发布并实施，本条指出了对砂浆和砌体强度进行原位检测的规定。

5 砖砌体工程

5.1 一 般 规 定

5.1.2 用于清水墙、柱表面的砖，根据砌体外观质量的需要，应采用边角整齐、色泽均匀的块材。

5.1.3 地面以下或防潮层以下的砌体，常处于潮湿的环境中，有的处于水位以下，在冻胀作用下，对多孔砖砌体的耐久性能影响较大，故在有受冻环境和条件的地区不宜在地面以下或防潮层以下采用多孔砖。

5.1.4 砖砌筑前浇水是砖砌体施工工艺的一个部分，砖的湿润程度对砌体的施工质量影响较大。对比试验证明，适宜的含水率不仅可以提高砖与砂浆之间的粘结力，提高砌体的抗剪强度，也可以使砂浆强度保持正常增长，提高砌体的抗压强度。同时，适宜的含水率还可以使砂浆在操作面上保持一定的摊铺流动性能，便于施工操作，有利于保证砂浆的饱满度。这些对确保砌体施工质量和力学性能都是十分有利的。

适宜含水率的数值是根据有关科研单位的对比试验和施工企业的实践经验提出的，对烧结普通砖、多孔砖含水率宜为10%～15%；对灰砂砖、粉煤灰砖含水率宜为8%～12%。现场检验砖含水率的简易方法采用断砖法，当砖截面四周融水深度为15～20mm时，视为符合要求的适宜含水率。

5.1.5 砖砌体砌筑宜随铺砂浆随砌筑。采用铺浆法砌筑时，铺浆长度对砌体的抗剪强度影响明显，陕西省建筑科学研究设计院的试验表明，在气温15℃时，铺浆后立即砌砖和铺浆后3min再砌砖，砌体的抗剪强度相差30%。施工气温高时，影响程度更大。

5.1.6 从有利于保证砌体的完整性、整体性和受力的合理性出发，强调本条所述部位应采用整砖丁砌。

5.1.7 砖平拱过梁是砖砌拱体结构的一个特例，是矢高极小的一种拱体结构。从其受力特点及施工工艺考虑，必须保证拱脚下面伸入墙内的长度和拱底应有的起拱量，保持楔形灰缝形态。

5.1.8 过梁底部模板是砌筑过程中的承重结构，只有砂浆达到一定强度后，过梁部位砌体方能承受荷载作用，才能拆除底模。砂浆强度一般以实际强度为准。

5.1.9 多孔砖的孔洞垂直于受压面，能使砌体有较大的有效受压面积，有利于砂浆结合层进入上下砖块的孔洞中产生"销键"作用，提高砌体的抗剪强度和砌体的整体性。

5.1.10 灰砂砖、粉煤灰砖出釜后早期收缩值大，如果这时用于墙体上，将很容易出现明显的收缩裂缝。因而要求出釜后停放时间不应小于28d，使其早期收缩值在此期间内完成大部分，这是预防墙体早期开裂的一个重要技术措施。

5.1.11 竖向灰缝砂浆的饱满度一般对砌体的抗压强度影响不大，但是对砌体的抗剪强度影响明显。根据四川省建筑科学研究院、南京新宁砖瓦厂等单位的试验结果得到：当竖缝砂浆很不饱满甚至完全无砂浆时，其砌体的抗剪强度将降低40%～50%。此外，透明缝、瞎缝和假缝对房屋的使用功能也会产生不良影响。因此，对砌体施工时的竖向灰缝的质量要求作出了相应的规定。

5.1.12 砖砌体的施工临时间断处的接槎部位本身就是受力的薄弱点，为保证砌体的整体性，必须强调补砌时的要求。

5.2 主 控 项 目

5.2.1 砖和砂浆的强度等级符合设计要求是保证砌体受力性能的基础，因此必须合格。

烧结普通砖检验批数量的确定，应参考砌体检验批划分的基本数量（250m³砌体）；多孔砖、灰砂砖、粉煤灰砖检验批数量的确定均按产品标准决定。

5.2.2 水平灰缝砂浆饱满度不小于80%的规定沿用已久，根据四川省建筑科学研究院试验结果，当水泥混合砂浆水平灰缝饱满度达到73.6%时，则可满足设计规范所规定的砌体抗压强度值。有特殊要求的砌体，指设计中对砂浆饱满度提出明确要求的砌体。

5.2.3～5.2.4 砖砌体转角处和交接处的砌筑和接槎质量，是保证砖砌体结构整体性能和抗震性能的关键之一，唐山等地区震害教训充分证明了这一点。根据陕西省建筑科学研究设计院对交接处同时砌筑和不同留槎形式接槎部位连接性能的试验分析，证明同时砌筑的连接性能最佳；留踏步槎（斜槎）的次之；留直槎并按规定加拉结钢筋的再次之；仅留直槎不加设拉结钢筋的最差。上述不同砌筑和留槎形式连接性能之比为1.00∶0.93∶0.85∶0.72。

对抗震设计烈度为6度、7度地区的临时间断处，允许留直槎并按规定加设拉结钢筋，这与原《砌体工程施工及验收规范》GB50203—98相对照做了一点放松。这主要是从实际出发，在保证施工质量的前提下，留直槎加设拉结钢筋时，其连接性能较留斜槎时降低有限，对抗震设计烈度不高的地区允许采用留直槎加设拉结钢筋是可行的。

多孔砖砌体根据砖规格尺寸，留置斜槎的长高比一般为1:2。

5.2.5 砖砌体的轴线位置偏移和垂直度是影响结构受力性能和结构安全的关键检测项目，因此，将其列入主控项目。允许偏差值和抽检数量仍沿用原施工验收规范及检验评定标准的规定。

5.3 一 般 项 目

5.3.1 本条是从确保砌体结构整体性和有利于结构承载出发，对组砌方法提出的基本要求，施工中应予满足。"通缝"指上下二皮砖搭接长度小于25mm的部位。

5.3.2 灰缝横平竖直、厚薄均匀，既是对砌体表面美观的要求，尤其是清水墙，又有利于砌体均匀传力。此外，试验表明，灰缝厚度还影响砌体的抗压强度。例如对普通砖砌体而言，与标准水平灰缝厚度10mm相比较，12mm水平灰缝厚度砌体的抗压强度降低5%；8mm水平灰缝厚度砌体的抗压强度提高6%。对多孔砖砌体，其变化幅度还要大些。因此规定，水平灰缝的厚度不应小于8mm，也不应大于12mm，这也是一直沿用的数据。

5.3.3 本条所列砖砌体一般尺寸偏差，虽对结构的受力性能和结构安全性不会产生重要影响，但对整个建筑物的施工质量、经济性、简便性、建筑美观和确保有效使用面积产生影响，故施工中对其偏差也应予以控制。

6 混凝土小型空心砌块砌体工程

6.1 一 般 规 定

6.1.2 小砌块龄期达到28d之前，自身收缩速度较快，其后收缩速度减慢，且强度趋于稳定。为有效控制砌体收缩裂缝和保证砌体强度，规定砌体施工时所用的小砌块，龄期不应小于28d。

6.1.4 专用的小砌块砌筑砂浆是指符合国家现行标准《混凝土小型空心砌块砌筑砂浆》JC860的砌筑砂浆，该砂浆可提高小砌块与砂浆间的粘结力，且施工性能好。

6.1.5 填实室内地面以下或防潮层以下砌体小砌块的孔洞，属于构造措施。主要目的是提高砌体的耐久性，预防或延缓冻害，以及减轻地下水中有害物质对砌体的侵蚀。

6.1.6 普通混凝土小砌块具有饱和吸水率低和吸水速度迟缓的特点，一般情况下砌墙时可不浇水。轻骨料混凝土小砌块的吸水率较大，有些品种的轻骨料小砌块的饱和含水率可达15%左右，对这类小砌块宜提前浇水湿润。控制小砌块含水率的目的，一是避免砌筑时产生砂浆流淌，二是保证砂浆不至失水过快。在此前提下，施工单位可自行控制小砌块的含水率，并应与砌筑砂浆稠度相适应。

6.1.7 依据产品标准，断裂小砌块属于废品，对砌体抗压强度将产生不利影响，所以在承重墙体中严禁使用这类小砌块。

6.1.8～6.1.9 确保小砌块砌体的砌筑质量，可简单归纳为六个字：对孔、错缝、反砌。所谓对孔，即上皮小砌块的孔洞对准下皮小砌块的孔洞，上、下皮小砌块的壁、肋可较好传递竖向荷载，保证砌体的整体性及强度。所谓错缝，即上、下皮小砌块错开砌筑（搭砌），以增强砌体的整体性，这属于砌筑工艺的基本要求。所谓反砌，即小砌块生产时的底面朝上砌筑于墙体上，易于铺放砂浆和保证水平灰缝砂浆的饱满度，这也是确定砌体强度指标的试件的基本砌法。

6.1.10 小砌块孔洞的设计尺寸为120mm×120mm，由于产品生产误差和施工误差，墙体上的孔洞截面还要小些，因此，芯柱用混凝土的坍落度应尽量大一点，避免出现"卡颈"和振捣不密实。本条要求的坍落度90mm是最低控制指标。专用的小砌块灌孔混凝土坍落度不小于180mm，拌合物不离析、不泌水、施工性能好，故宜采用。专用的小砌块灌孔混凝土是指符合国家现行标准《混凝土小型空心砌块灌孔混凝土》JC861的混凝土。

6.1.11 振捣芯柱时的振动力和施工过程中难以避免的冲撞，都可能对墙体的整体性带来不利影响，为此规定了砌筑砂浆大于1MPa时方可浇灌芯柱混凝土。对于素混凝土芯柱，可在砌筑砌块的同时浇灌芯柱混凝土，此时混凝土振捣十分方便且振动力很小。

6.1.12 小砌块块体较大，单个块体对墙、柱的影响大于单块砖对墙体的影响，故作出此条规定。

6.2 主 控 项 目

6.2.1 小砌块砌体工程中，小砌块和砌筑砂浆强度等级是砌体力学性能能否满足设计要求最基本的条件。因此，小砌块和砂浆的强度等级必须符合设计要求。

6.2.2 小砌块砌体施工时对砂浆饱满度的要求，严于砖砌体的规定。究其原因，一是由于小砌块壁较薄肋较窄，应提出更高的要求；二是砂浆饱满度对砌体强度及墙体整体性影响较大，其中抗剪强度较低又是小砌块砌体的一个弱点；三是考虑了建筑物使用功能（如防渗漏）的需要。

6.2.3 参照本规范对砖砌体工程的要求和小砌块的特点，编制本条条文。

6.3 一 般 项 目

6.3.1 小砌块水平灰缝厚度和竖向灰缝宽度的规定，与砖砌体一致，这样也便于施工检查。多年施工经验表明，此规定是合适的。

7 石 砌 体 工 程

7.1 一 般 规 定

7.1.1 本条对石砌体所用石材的质量作出了一些规定，以满足砌体强度和耐久性的要求。为达到美观效果，要求用于清水墙、柱表面的石材，应色泽均匀。

7.1.2 本条规定是为了保证石材与砂浆的粘结质量，避免了泥垢、水锈等杂质对粘结的隔离作用。

7.1.3 根据调研，石砌体的灰缝厚度控制，毛料石和粗料石砌体不宜大于20mm、细料石砌体不宜大于5mm的规定，经多年实践是可行的，既便于施工操作，又能满足砌体强度和稳定性要求。

7.1.4 砂浆初凝后，如果再移动已砌筑的石块，砂浆的内部及砂浆与石块的粘结面的粘结力会被破坏，使砌体产生内伤，降低砌体强度及整体性。因此应将原砂浆清理干净，重新铺浆砌筑。

7.1.5 为使毛石基础和料石基础与地基或基础垫层粘结紧密，保证传力均匀和石块平稳，故要求砌筑毛石基础时的第一皮石块应坐浆并将大面向下，砌筑料石基础时的第一皮石块应用丁砌层坐浆砌筑。

7.1.6 砌体中一些容易受到影响的重要受力部位用较大的平毛石砌筑，是为了加强该部位砌体的拉结强度和整体性。同时，为使砌体传力均匀及搁置的楼板（或屋面板）平稳牢固，要求在每个楼层（包括基础）砌体的顶面，选用较大的毛石砌筑。

7.1.7 规定砌筑毛石挡土墙时，每砌3~4皮石块为一个分层高度，并应找平一次，这是为了能及时发现并纠正砌筑中的偏差，以保证工程质量。

7.1.8 从挡土墙的整体性和稳定性考虑，对料石挡土墙，当设计未作具体要求时，从经济出发，中间部分可填砌毛石，但应使丁砌料石伸入毛石部分的长度不小于200mm。

7.1.9 为了防止地面水渗入而造成挡土墙基础沉陷或墙体受水压作用倒塌，因此要求挡土墙设置泄水孔。同时给出了泄水孔的疏水层尺寸要求。

7.1.10 挡土墙内侧的回填土的质量是保证挡土墙可靠性的重要因素之一，应控制其质量，并在顶面应有适当坡度使流水流向挡土墙外侧面，以保证挡土墙内土含水量和墙的侧向土压力无明显变化，从而确保挡土墙的安全性。

7.2 主 控 项 目

7.2.1 石砌体是由石材和砂浆砌筑而成，其力学性能能否满足设计要求，石材和砂浆的强度等级将起到决定性作用。因此，石材及砂浆强度等级必须符合设计要求。

7.2.2 砂浆饱满度的大小，将直接影响石砌体的力学性能、整体性能和耐久性能的好坏。因此，对石砌体的砂浆饱满度进行了规定。

7.2.3 石砌体的轴线位置及垂直度偏差将直接影响结构的安全性，因此把这两项允许偏差列入主控项目验收是必要的。

7.3 一 般 项 目

7.3.1 根据多年的工程实践及调研结果，石砌体的一般尺寸允许偏差保留项在原规范的基础上作了文字上的适当变动。如检查项目"基础和墙砌体顶面标高"提法比原"基础和楼面标高"提法所含内容更广一些。检验方法"用水准仪和尺检查"要求具体明确，便于工程质量验收。砌体厚度项目中的毛石基础、毛料石基础和粗料石基础增加了下限为"0"的控制，即不允许出现负偏差，这一规定将大大增加了基础工程的安全可靠性。

7.3.2 本条规定是为了保证砌体的整体性及砌体内部的拉结作用。

8 配筋砌体工程

8.1 一 般 规 定

8.1.1 为避免重复，本章在"一般规定"、"主控项目"、"一般项目"的条文内容上，尚应符合本规范第5、6章的规定。

8.1.2 本条这些施工规定，是为了保证混凝土的强度和两次浇捣时结合面的密实和整体性。

8.1.3 配置在砌体水平灰缝中的受力钢筋，其握裹力较混凝土中的钢筋要差一些，因此在保证足够的砂浆保护层的条件下，其锚固长度和搭接长度要加大。

8.1.4 小砌块砌筑砂浆和小砌块灌孔混凝土性能好，对保证配筋砌块砌体剪力墙的结构受力性能十分有利，其性能应分别符合国家现行标准《混凝土小型空心砌块砌筑砂浆》JC860和《混凝土小型空心砌块灌孔混凝土》JC 861的要求。

8.2 主 控 项 目

8.2.1～8.2.2 构造柱、芯柱、组合砌体构件、配筋砌体剪力墙构件等配筋砌体中的钢筋的品种、规格、数量和混凝土或砂浆的强度直接影响砌体的结构性能，因此应符合设计要求。

8.2.3 构造柱是房屋抗震设防的重要构造措施。为保证构造柱与墙体可靠的连接，使构造柱能充分发挥其作用而提出了施工要求。外露的拉结筋有时会妨碍施工，必要时进行弯折是可以的，但不允许随意弯折。在弯折和平直复位时，应仔细操作，避免使埋入部分的钢筋产生松动。

8.2.4 构造柱位置及垂直度的允许偏差系根据《设置钢筋混凝土构造柱多层砖房抗震技术规范》JGJ/T13的规定而确定的，经多年工程实践，证明其尺寸允许偏差是适宜的。

8.2.5 芯柱与预制楼盖相交处，应使芯柱上下连续，否则芯柱的抗震作用将受到不利影响，但又必须保证楼板的支承长度。两者虽有矛盾，但从设计和施工两方面采取灵活的处置措施是可以满足上述规定的。

8.3 一 般 项 目

8.3.1 砌体水平灰缝中钢筋居中放置有两个目的：一是对钢筋有较好的保护；二是使砂浆层能与块体较好地粘结。要避免钢筋偏上或偏下而与块体直接接触的情况出现，因此规定水平灰缝厚度应大于钢筋直径4mm以上，但灰缝过厚又会降低砌体的强度，因此，施工中应予注意。

8.3.4 组合砖砌体中，为了保证钢筋的握裹力和耐久性，钢筋保护层厚度距砌体表面的距离应符合设计规定；拉结筋及箍筋为充分发挥其作用，也做了相应的规定。

8.3.5 对于钢筋在小砌块砌体灌孔混凝土中锚固的可靠性，砌体设计规范修订组曾安排做了专门的锚固试验，表明，位于灌孔混凝土中的钢筋，不论位置是否对中，均能在远小于规定的锚固长度内达到屈服。这是因为灌孔混凝土中的钢筋处在周边有砌块壁形成约束条件下的混凝土所至，这比钢筋在一般混凝土中锚固条件要好。

9 填充墙砌体工程

9.1 一 般 规 定

9.1.2 加气混凝土砌块、轻骨料混凝土小砌块为水泥胶凝增强的块材，以28d强度为标准设计强度，且龄期达到28d之前，自身收缩较快。为有效控制砌体收缩裂缝和保证砌体强度，对砌筑时的龄期进行了规定。

9.1.3 考虑到空心砖、加气混凝土砌块、轻骨料混凝土小砌块强度不太高，碰撞易碎，吸湿性相对较大，特做此规定。

9.1.4 块材砌筑前浇水湿润是为了使其与砌筑砂浆有较好的粘结。根据空心砖、轻骨料混凝土小砌块的吸水、失水特性合适的含水率分别为：空心砖宜为 10%～15%；轻骨料混凝土小砌块宜为 5%～8%。加气混凝土砌块出釜时的含水率约为 35% 左右，以后砌块逐渐干燥，施工时的含水率宜控制在小于 15%（对粉煤灰加气混凝土砌块宜小于 20%）。加气混凝土砌块砌筑时在砌筑面适量浇水是为了保证砌筑砂浆的强度及砌体的整体性。

9.1.5 考虑到轻骨料混凝土小砌块和加气混凝土砌块的强度及耐久性，又不宜承受剧烈碰撞，以及吸湿性大等因素而作此规定。

9.2 主控项目

9.2.1 砖、砌块和砌筑砂浆的强度等级合格是砌体力学性能的重要保证，故做此规定。

9.3 一般项目

9.3.1 根据填充墙砌体的非结构受力特点出发，将轴线位移和垂直度允许偏差纳入一般项目验收。

9.3.2 加气混凝土砌块砌体和轻骨料混凝土小砌块砌体的干缩较大，为防止或控制砌体干缩裂缝的产生，做出"不应混砌"的规定。但对于因构造需要的墙底部、墙顶部、局部门、窗洞口处，可酌情采用其他块材补砌。

9.3.3 填充墙砌体的砂浆饱满度虽直接影响砌体的质量，但不涉及结构的重大安全，故将其检查列入一般项目验收。砂浆饱满度的具体规定是参照本规范第 4 章、第 5 章的规定确定的。

9.3.4 此条规定是为了保证填充墙砌体与相邻的承重结构（墙或柱）有可靠的连接。

9.3.5 错缝，即上、下皮块体错开摆放，此种砌法为搭砌，以增强砌体的整体性。

9.3.6 加气混凝土砌块尺寸比空心砖、轻骨料混凝土小砌块大，故对其砌体水平灰缝厚度和竖向灰缝宽度的规定稍大一些。灰缝过厚和过宽，不仅浪费砌筑砂浆，而且砌体灰缝的收缩也将加大，不利砌体裂缝的控制。

9.3.7 填充墙砌完后，砌体还将产生一定变形，施工不当，不仅会影响砌体与梁或板底的紧密结合，还会产生结合部位的水平裂缝。

10 冬 期 施 工

10.0.1 经过多年的实践证明，室外日平均气温连续 5d 稳定低于 5℃时，作为划定冬期施工的界限，基本上是符合我国国情的，其技术效果和经济效果均比较好。若冬期施工期规定得太短，或者应采取冬期施工措施时没有采取，都会导致技术上的失误，造成工程质量事故；若冬期施工期规定得太长，到了没有必要时还采取冬期施工措施，将影响到冬期施工费用问题，增加工程造价，并给施工带来不必要的麻烦。

10.0.2 砌体工程冬期施工，由于气温低给施工带来诸多不便，必须采取一些必要的冬期施工技术措施来确保工程质量,同时又要保证常温施工情况下的一些工程质量要求。因此,质量验收除应符合本章规定外,尚应符合本规范前面各章的要求以及国家现行标准《建筑工程冬期施工规程》JGJ 104 的规定。

10.0.3 砌体工程在冬期施工过程中,只有加强管理和采取必要的技术措施才能保证工程质量符合要求。因此,砌体工程冬期施工应有完整的冬期施工方案。

10.0.4 石灰膏、电石膏等若受冻使用,将直接影响砂浆的强度,因此石灰膏、电石膏等如遭受冻结,应经融化后方可使用。

砂中含有冰块和大于 10mm 的冻结块,也将影响砂浆强度的增长和砌体灰缝厚度的控制,因此对拌制砂浆用砂质量提出要求。

遭水浸冻后的砖或其他块材,使用时将降低它们与砂浆的粘结强度并因它们温度较低的而影响砂浆强度的增长,因此规定砌体用砖或其他块材不得遭水浸冻。

10.0.5 增加本条款是考虑到冬期低温施工对砂浆强度影响较大,为了获得砌体中砂浆在自然养护期间的强度,确保砌体工程结构安全可靠,因此有必要增留与砌体同条件养护的砂浆试块。

10.0.6 实际证明,在冻胀基土上砌筑基础,待基土解冻时会因不均匀沉降造成基础和上部结构破坏;施工期间和回填土前如地基受冻,会因地基冻胀造成砌体胀裂或因地基解冻造成砌体损坏。

10.0.7 普通砖、多孔砖和空心砖的湿润程度对砌体强度的影响较大,特别对抗剪强度的影响更为明显,故规定在气温高于 0℃ 条件下砌筑时,仍应对砖进行浇水湿润。但在气温低于、等于 0℃ 条件下砌筑时,不宜对砖浇水,这是因为水在材料表面有可能立即结成冰薄膜,反而会降低和砂浆的粘结强度,同时也给施工操作带来诸多不便。此时,可不浇水但必须适当增大砂浆的稠度。

抗震设计烈度为 9 度的地区虽为少数,但尚有冬期施工,因此保留原《砌体工程施工及验收规范》GB 50203—98 对砖浇水湿润的要求,即"无法浇水湿润时,如无特殊措施,不得砌筑"。

10.0.8 这是为了避免砂浆拌合时因砂和水过热造成水泥假凝现象。

10.0.9 本条规定主要是考虑在砌筑过程中砂浆能保持良好的流动性,从而可保证较好的砂浆饱满度和粘结强度。冻结法施工中砂浆使用最低温度的规定是参照《建筑工程冬期施工规程》JGJ 104—97 而确定的。

10.0.10 主要目的是保证砌体中砂浆具有一定温度以利其强度增长。

10.0.11 砌体暖棚法施工,近似于常温下施工与养护,为有利于砌体强度的增长,暖棚内尚应保持一定的温度。表中给出的最少养护期是根据砂浆等级和养护温度与强度增长之间的关系确定的。砂浆强度达到设计强度的 30%,即达到了砂浆允许受冻临界强度值,再拆除暖棚时,遇到负温度也不会引起强度损失。表中数值是最少养护期限,并限于未掺盐的砂浆,如果施工要求强度有较快增长,可以延长养护时间或提高棚内养护温度以满足施工进度要求。

10.0.12 在解冻期间,砌体中砂浆基本无强度或强度较低,又可能产生不均匀沉降,造成砌体裂缝,为保证建筑物安全,在发现裂缝、不均匀下沉时应立即采取加固措施。

10.0.13 增加本条是为了和砌体设计规范相统一。若掺盐砂浆的强度等级按常温施工的强度等级高一级时，砌体强度及稳定性可不验算。

10.0.14 这是为了避免氯盐对砌体中钢筋的腐蚀。

11 子分部工程验收

11.0.3 现行国家标准《建筑工程施工质量统一验收标准》GB 50300中5.0.6条规定，当建筑工程质量不合要求时，应按下列规定进行处理：
1. 经返工重做或更换器具、设备的检验批，应重新进行验收；
2. 经有资质的检测单位检测鉴定能够达到设计要求的检验批，应予以验收；
3. 经有资质的检测单位检测鉴定达不到设计要求，但经原设计单位核算认可能够满足结构安全和使用功能的验收批，可予以验收；
4. 经返修或加固处理的分项、分部工程，虽然改变外形尺寸但仍能满足安全使用要求，可按处理技术方案和协商文件进行二次验收；
5. 通过返修或加固处理仍不能满足安全使用要求的，应不予验收。

11.0.4 砌体中的裂缝现象常有发生，且又常常影响工程质量验收工作。因此，对有裂缝的砌体怎样进行验收应予以规定。本条分为两种情况，即是否影响结构安全性做了不同的规定。

中华人民共和国国家标准

砌体工程现场检测技术标准

Technical standard for site testing of engineering

GB/T 50315—2000

主编部门：四川省建设委员会
批准部门：中华人民共和国建设部
施行日期：2000年10月1日

关于发布国家标准
《砌体工程现场检测技术标准》的通知

建标〔2000〕154 号

根据国家计委《一九九二年工程建设标准制订修订计划》(计综合〔1992〕490 号附件二)的要求,由四川省建设委员会会同有关部门共同制订的《砌体工程现场检测技术标准》,经有关部门会审,批准为推荐性国家标准,编号为 GB/T 50315—2000,自 2000 年 10 月 1 日起施行。

本标准由四川省建设委员会负责管理,四川省建筑科学研究院负责具体解释,建设部标准定额研究所组织中国建筑工业出版社出版发行。

中华人民共和国建设部
2000 年 7 月 6 日

前 言

工程建设国家标准《砌体工程现场检测技术标准》是根据国家计委计综合〔1992〕490号文的要求，由四川省建设委员会负责主编，具体由四川省建筑科学研究院会同有关单位共同编制而成。本标准经有关部门会审，建设部以建标〔2000〕154号文批准，并会同国家质量技术监督局联合发布。

本标准在编制过程中，编制组进行了广泛、深入的调查研究，认真总结了我国开展砌体工程检测技术的实践经验和理论研究成果，广泛征求了全国有关单位、专家和实际工作者的意见，同时收集、分析、研究、参考了国外标准和国际标准。

本标准由四川省建设委员会负责管理，具体解释工作由四川省建筑科学研究院负责。在砌体现场检测领域中，制订这类标准在国内外尚属首次，必定会有许多不足之处。为了进一步提高本标准水平，请各单位在执行过程中，注意总结经验，积累资料，并随时将问题和意见寄交四川省建筑科学研究院（成都一环路北三段55号，邮政编码610081），以供修订时参考。

本标准主编单位、参加单位和主要起草人名单

主 编 单 位：四川省建筑科学研究院
参 编 单 位：西安建筑科技大学
　　　　　　　陕西省建筑科学研究院
　　　　　　　河南省建筑科学研究院
　　　　　　　宁夏回族自治区建筑工程研究所
　　　　　　　湖南大学
主要起草人：王永维　侯汝欣　王秀逸　雷　波
　　　　　　李双珠　周国民　施楚贤　王庆霖
　　　　　　梁　爽　杨亚青　郭起坤

目　次

1 总则 … 670
2 术语、符号 … 670
　2.1 术语 … 670
　2.2 符号 … 671
3 基本规定 … 672
　3.1 检测程序及工作内容 … 672
　3.2 检测单元、测区和测点 … 673
　3.3 检测方法分类及其选用原则 … 673
4 原位轴压法 … 675
　4.1 一般规定 … 675
　4.2 测试设备的技术指标 … 675
　4.3 试验步骤 … 676
　4.4 数据分析 … 676
5 扁顶法 … 677
　5.1 一般规定 … 677
　5.2 测试设备的技术指标 … 677
　5.3 试验步骤 … 678
　5.4 数据分析 … 679
6 原位单剪法 … 679
　6.1 一般规定 … 679
　6.2 测试设备的技术指标 … 679
　6.3 试验步骤 … 680
　6.4 数据分析 … 680
7 原位单砖双剪法 … 680
　7.1 一般规定 … 680
　7.2 测试设备的技术指标 … 681
　7.3 试验步骤 … 681
　7.4 数据分析 … 682
8 推出法 … 682
　8.1 一般规定 … 682
　8.2 测试设备的技术指标 … 683
　8.3 试验步骤 … 683
　8.4 数据分析 … 683
9 筒压法 … 684

9.1 一般规定	684
9.2 测试设备的技术指标	684
9.3 试验步骤	685
9.4 数据分析	685

10 砂浆片剪切法

10.1 一般规定	686
10.2 测试设备的技术指标	686
10.3 试验步骤	687
10.4 数据分析	687

11 回弹法

11.1 一般规定	688
11.2 测试设备的技术指标	688
11.3 试验步骤	688
11.4 数据分析	689

12 点荷法

12.1 一般规定	689
12.2 测试设备的技术指标	689
12.3 试验步骤	690
12.4 数据分析	690

13 射钉法

13.1 一般规定	690
13.2 测试设备的技术指标	691
13.3 试验步骤	691
13.4 数据分析	691

14 强度推定 ······ 692

附录 A 标准射入量的测定与校验方法 ······ 693

附录 B 本标准用词说明 ······ 694

条文说明 ······ 695

1 总　　则

1.0.1 为了在砌体工程现场检测中，贯彻执行国家技术政策，做到技术先进、数据准确、安全可靠，制定本标准。

1.0.2 本标准适用于下列砌体工程中砖砌体和砂浆的现场检测和强度推定：

1 新建工程，检测和评定砂浆或砖砌体的强度，应按国家现行标准《砌体工程施工及验收规范》GB 50203、《建筑工程质量检验评定标准》GBJ 301、《砌体基本力学性能试验方法标准》GBJ 129 等执行；当遇到下列情况之一时，应按本标准检测和推定砂浆或砖砌体的强度：

  1）砂浆试块缺乏代表性或试件数量不足；
  2）对砂浆试块的试验结果有怀疑或争议，需要确定实际的砌体抗压、抗剪强度；
  3）发生工程事故，或对施工质量有怀疑和争议，需要进一步分析砖、砂浆和砌体的强度。

注：砖的强度等级，按现行产品标准抽样检测。

2 已建砌体工程，在进行下列可靠性鉴定时，应按本标准检测和推定砂浆的强度或砖砌体的工作应力、弹性模量和强度：

  1）静力安全鉴定及危房鉴定或其他应急鉴定；
  2）抗震鉴定；
  3）大修前的可靠性鉴定；
  4）房屋改变用途、改建、加层或扩建前的专门鉴定。

1.0.3 砖砌体现场检测除执行本标准外，尚应符合国家现行的有关标准的规定。

2　术语、符号

2.1　术　语

2.1.1 检测单元　Testing element

每一楼层且总量不大于 250m³ 的材料品种和设计强度等级均相同的砌体。

2.1.2 测区　Testing zone

在一个检测单元内，按检测方法的要求，随机布置的一个或若干个检测区域，可按一个构件（单片墙体、柱）作为一个测区。

2.1.3 测点　Testing point

在一个测区内，按检测方法的要求，随机布置的一个或若干个检测点。

2.1.4 原位轴压法　The method of axial compression in situ on brickword wall

采用原位压力机在墙体上进行抗压试验，检测砌体抗压强度的方法，亦简称轴压法。

2.1.5 扁式液压顶法　The method of flat jack

采用扁式液压千斤顶在墙体上进行抗压试验，检测砌体的受压应力、弹性模量、抗压强度的方法，亦简称扁顶法。

2.1.6 原位砌体通缝单剪法 The method of single shear along horizontal mortar joint on brickword wall

在墙体上沿单个水平灰缝进行抗剪试验，检测砌体抗剪强度的方法，亦简称原位单剪法。

2.1.7 原位单砖双剪法 The method of double shear for a single brick along horizontal mortar joint on brickword wall

采用原位剪切仪在墙体上对单块顺砖进行双面受剪试验，检测砌体抗剪强度的方法。

2.1.8 推出法 The method of push out

采用推出仪从墙体上水平推出单块丁砖，测得水平推力及推出砖下的砂浆饱满度，以此推定砌筑砂浆抗压强度的方法。

2.1.9 筒压法 The method of column compression

将取样砂浆破碎、烘干并筛分成符合一定级配要求的颗粒，装入承压筒并施加筒压荷载后，检测其破损程度，用筒压比表示，以此推定其抗压强度的方法。

2.1.10 砂浆片剪切法 The method of mortar flake

采用砂浆测强仪检测砂浆片的抗剪强度，以此推定砌筑砂浆抗压强度的方法。

2.1.11 回弹法 The method of mortar echo

采用砂浆回弹仪检测墙体中砂浆的表面硬度，根据回弹值和碳化深度推定其强度的方法。

2.1.12 点荷法 The method of point load

在砂浆片的大面上施加点荷载，以此推定砌筑砂浆抗压强度的方法。

2.1.13 射钉法 The method of powder actuated shot

采用射钉枪将射钉射入墙体的水平灰缝中，依据成组射钉的射入量推定砌筑砂浆抗压强度的方法。

2.1.14 槽间砌体 Masonry between two channels

采用原位轴压法和扁顶法在砖墙上检测砌体的抗压强度时，开凿的两个水平槽之间的砌体。

2.1.15 筒压比 Cylindrical compressive values

采用筒压法检测砂浆强度时，砂浆试样经筒压试验并筛分后，留在孔径 5mm 筛以上的累计筛余量与该试样总量的比值，简称筒压比。

2.2 符　号

2.2.1 几何参数

　　A——构件或试件的截面面积；

　　b——宽度；试件截面边长；

　　h——高度；试件截面高度；

　　l——长度；射钉法的射钉射入量；

　　d——砂浆碳化深度；

　　r——半径；点荷法的作用半径；

　　t——厚度；试件厚度。

2.2.2 作用、效应与抗力、计算指标

- N——实测破坏荷载值；
- f_m——砌体抗压强度平均值；
- $f_{v,m}$——砌体抗剪强度平均值；
- τ_v——砂浆抗剪强度；
- f_1——砖的抗压强度值；
- f_2——砂浆的抗压强度值；
- σ_o——测点上部墙体的平均压应力。

2.2.3 系数

- ξ_1——原位轴压法测定砌体抗压强度的换算系数；
- ξ_2——扁顶法测定砌体抗压强度的换算系数；
- ξ_3——推出法的砖品种修正系数；
- ξ_4——推出法的砂浆饱满度修正系数；
- ξ_5——点荷法的荷载作用半径修正系数；
- ξ_6——点荷法的试件厚度修正系数。

2.2.4 其他

- B——水平灰缝的砂浆饱满度；
- T——筒压法中的筒压比；
- R——砂浆回弹值；
- n——数目、样本容量。

3 基 本 规 定

3.1 检测程序及工作内容

3.1.1 现场检测工作的程序，应按下列框图进行：

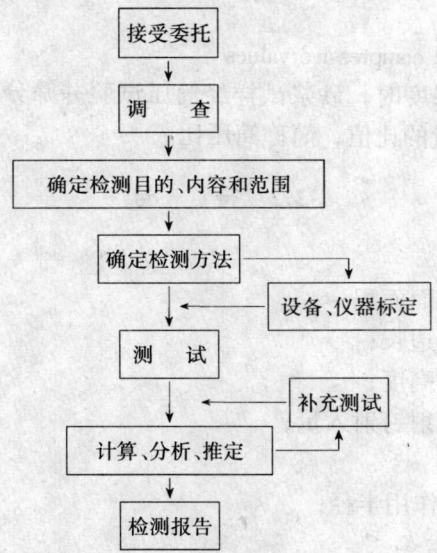

3.1.2 调查阶段包括下列工作内容：
   1 收集被检测工程的原设计图纸、施工验收资料、砖与砂浆的品种及有关原材料的试验资料。
   2 现场调查工程的结构形式、环境条件、使用期间的变更情况、砌体质量及其存在问题。
   3 进一步明确检测原因和委托方的具体要求。

3.1.3 应根据调查结果和确定的检测目的、内容和范围，选择一种或数种检测方法。对被检测工程划分检测单元，并确定测区和测点数。

3.1.4 测试前应检查设备、仪器，并应进行标定。

3.1.5 计算分析过程中，若发现测试数据不足或出现异常情况，应组织补充测试。

3.1.6 检测工作完毕，应及时提出符合检测目的的检测报告。

3.1.7 现场测试结束时，应立即修补因检测造成的砌体局部损伤部位。修补后的砌体，应满足原构件承载能力的要求。

3.1.8 从事测试和强度推定的人员，应经专门培训，合格者方能参加测试和撰写报告。

3.2 检测单元、测区和测点

3.2.1 当检测对象为整栋建筑物或建筑物的一部分时，应将其划分为一个或若干个可以独立进行分析的结构单元，每一结构单元划分为若干个检测单元。

3.2.2 每一检测单元内，应随机选择6个构件（单片墙体、柱），作为6个测区。当一个检测单元不足6个构件时，应将每个构件作为一个测区。

3.2.3 每一测区应随机布置若干测点。各种检测方法的测点数，应符合下列要求：
   1 原位轴压法、扁顶法、原位单剪法、筒压法：测点数不应少于1个。
   2 原位单砖双剪法、推出法、砂浆片剪切法、回弹法、点荷法、射钉法：测点数不应少于5个。

   注：回弹法的测位，相当于其他检测方法的测点。

3.3 检测方法分类及其选用原则

3.3.1 砌体工程的现场检测方法，按对墙体损伤程度，可分为以下两类：
   1 非破损检测方法，在检测过程中，对砌体结构的既有性能没有影响。
   2 局部破损检测方法，在检测过程中，对砌体结构的既有性能有局部的、暂时的影响，但可修复。

3.3.2 砌体工程的现场检测方法，按测试内容可分为下列几类：
   1 检测砌体抗压强度：原位轴压法、扁顶法；
   2 检测砌体工作应力、弹性模量：扁顶法；
   3 检测砌体抗剪强度：原位单剪法、原位单砖双剪法；
   4 检测砌筑砂浆强度：推出法、筒压法、砂浆片剪切法、回弹法、点荷法、射钉法。

3.3.3 根据检测目的、设备及环境条件，可按照表3.3.3选择检测方法。

表 3.3.3　检测方法一览表

序号	检测方法	特　点	用　途	限制条件
1	轴压法	1. 属原位检测，直接在墙体上测试，测试结果综合反映了材料质量和施工质量； 2. 直观性、可比性强； 3. 设备较重； 4. 检测部位局部破损	检测普通砖砌体的抗压强度	1. 槽间砌体每侧的墙体宽度应不小于1.5m； 2. 同一墙体上的测点数量不宜多于1个；测点数量不宜太多； 3. 限用于240mm砖墙
2	扁顶法	1. 属原位检测，直接在墙体上测试，测试结果综合反映了材料质量和施工质量； 2. 直观性、可比性较强； 3. 扁顶重复使用率较低； 4. 砌体强度较高或轴向变形较大时，难以测出抗压强度； 5. 设备较轻； 6. 检测部位局部破损	1. 检测普通砖砌体的抗压强度； 2. 测试古建筑和重要建筑的实际应力； 3. 测试具体工程的砌体弹性模量	1. 槽间砌体每侧的墙体宽度不应小于1.5m； 2. 同一墙体上的测点数量不宜多于1个；测点数量不宜太多
3	原位单剪法	1. 属原位检测，直接在墙体上测试，测试结果综合反映了施工质量和砂浆质量； 2. 直观性强； 3. 检测部位局部破损	检测各种砌体的抗剪强度	1. 测点选在窗下墙部位，且承受反作用力的墙体应有足够长度； 2. 测点数量不宜太多
4	原位单砖双剪法	1. 属原位检测，直接在墙体上测试，测试结果综合反映了施工质量和砂浆质量； 2. 直观性较强； 3. 设备较轻便； 4. 检测部位局部破损	检测烧结普通砖砌体的抗剪强度，其他墙体应经试验确定有关换算系数	当砂浆强度低于5MPa时，误差较大
5	推出法	1. 属原位检测，直接在墙体上测试，测试结果综合反映了施工质量和砂浆质量； 2. 设备较轻便； 3. 检测部位局部破损	检测普通砖墙体的砂浆强度	当水平灰缝的砂浆饱满度低于65%时，不宜选用
6	筒压法	1. 属取样检测； 2. 仅需利用一般混凝土试验室的常用设备； 3. 取样部位局部损伤	检测烧结普通砖墙体中的砂浆强度	测点数量不宜太多
7	砂浆片剪切法	1. 属取样检测； 2. 专用的砂浆测强仪和其标定仪，较为轻便； 3. 试验工作较简便； 4. 取样部位局部损伤	检测烧结普通砖墙体中的砂浆强度	
8	回弹法	1. 属原位无损检测，测区选择不受限制； 2. 回弹仪有定型产品，性能较稳定，操作简便； 3. 检测部位的装修面层仅局部损伤	1. 检测烧结普通砖墙体中的砂浆强度； 2. 适宜于砂浆强度均质性普查	砂浆强度不应小于2MPa

续表3.3.3

序号	检测方法	特点	用途	限制条件
9	点荷法	1. 属取样检测； 2. 试验工作较简便； 3. 取样部位局部损伤	检测烧结普通砖墙体中的砂浆强度	砂浆强度不应小于2MPa
10	射钉法	1. 属原位无损检测，测区选择不受限制； 2. 射钉枪、子弹、射钉有配套定型产品，设备较轻便； 3. 墙体装修面层仅局部损伤	烧结普通砖和多孔砖砌体中，砂浆强度均质性普查	1. 定量推定砂浆强度，宜与其他检测方法配合使用； 2. 砂浆强度不应小于2MPa； 3. 检测前，需要用标准靶检校

3.3.4 砖柱和宽度小于2.5m的墙体，不宜选用有局部破损的检测方法。

4 原 位 轴 压 法

4.1 一 般 规 定

4.1.1 本方法适用于推定240mm厚普通砖砌体的抗压强度。检测时，在墙体上开凿两条水平槽孔，安放原位压力机。原位压力机由手动油泵、扁式千斤顶、反力平衡架等组成，其工作状况如图4.1.1所示。

4.1.2 测试部位应具有代表性，并应符合下列规定：

1 测试部位宜选在墙体中部距楼、地面1m左右的高度处；槽间砌体每侧的墙体宽度不应小于1.5m。

2 同一墙体上，测点不宜多于1个，且宜选在沿墙体长度的中间部位；多于1个时，其水平净距不得小于2.0m。

3 测试部位不得选在挑梁下、应力集中部位以及墙梁的墙体计算高度范围内。

4.2 测试设备的技术指标

4.2.1 原位压力机主要技术指标，应符合表4.2.1的要求：

表4.2.1 原位压力机主要技术指标

项 目	指 标	
	450型	600型
额定压力（kN）	400	500
极限压力（kN）	450	600
额定行程（mm）	15	15
极限行程（mm）	20	20
示值相对误差（%）	±3	±3

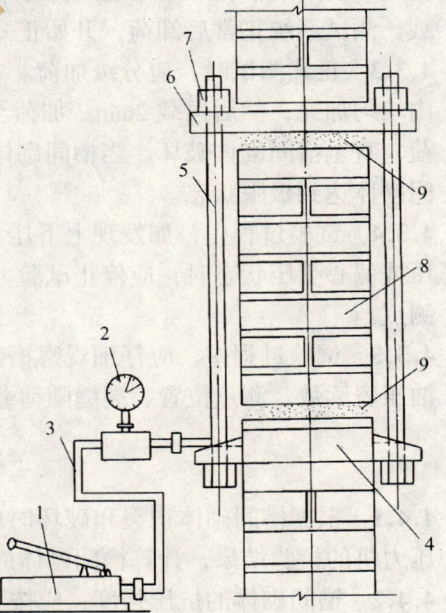

图4.1.1 原位压力机测试工作状况

1—手动油泵；2—压力表；3—高压油管；4—扁式千斤顶；5—拉杆（共4根）；6—反力板；7—螺母；8—槽间砌体；9—砂垫层

4.2.2 原位压力机的力值,每半年应校验一次。

4.3 试验步骤

4.3.1 在测点上开凿水平槽孔时,应遵守下列规定:
    1 上、下水平槽的尺寸应符合表4.3.1的要求。

表4.3.1 水平槽尺寸

名 称	长度(mm)	厚度(mm)	高度(mm)	适用机型
上水平槽	250	240	70	
下水平槽	250	240	70	450
	250	240	140	600

    2 上下水平槽孔应对齐,两槽之间应相距7皮砖。
    3 开槽时,应避免扰动四周的砌体;槽间砌体的承压面应修平整。

4.3.2 在槽孔间安放原位压力机(图4.1.1)时,应符合下列规定:
    1 在上槽内的下表面和扁式千斤顶的顶面,应分别均匀铺设湿细砂或石膏等材料的垫层,垫层厚度可取10mm。
    2 将反力板置于上槽孔,扁式千斤顶置于下槽孔,安放四根钢拉杆,使两个承压板上下对齐后,拧紧螺母并调整其平行度;四根钢拉杆的上下螺母间的净距误差不应大于2mm。
    3 正式测试前,应进行试加荷载试验,试加荷载值可取预估破坏荷载的10%。检查测试系统的灵活性和可靠性,以及上下压板和砌体受压面接触是否均匀密实。经试加荷载,测试系统正常后卸荷,开始正式测试。

4.3.3 正式测试时,应分级加荷。每级荷载可取预估破坏荷载的10%,并应在1~1.5min内均匀加完,然后恒载2min。加荷至预估破坏荷载的80%后,应按原定加荷速度连续加荷,直至槽间砌体破坏。当槽间砌体裂缝急剧扩展和增多,油压表的指针明显回退时,槽间砌体达到极限状态。

4.3.4 试验过程中,如发现上下压板与砌体承压面因接触不良,致使槽间砌体呈局部受压或偏心受压状态时,应停止试验。此时应调整试验装置,重新试验,无法调整时应更换测点。

4.3.5 试验过程中,应仔细观察槽间砌体初裂裂缝与裂缝开展情况,记录逐级荷载下的油压表读数、测点位置、裂缝随荷载变化情况简图等。

4.4 数据分析

4.4.1 根据槽间砌体初裂和破坏时的油压表读数,分别减去油压表的初始读数,按原位压力机的校验结果,计算槽间砌体的初裂荷载值和破坏荷载值。

4.4.2 槽间砌体的抗压强度,应按下式计算:

$$f_{uij} = N_{uij}/A_{ij} \tag{4.4.2}$$

式中 f_{uij}——第 i 个测区第 j 个测点槽间砌体的抗压强度(MPa);
        N_{uij}——第 i 个测区第 j 个测点槽间砌体的受压破坏荷载值(N);
        A_{ij}——第 i 个测区第 j 个测点槽间砌体的受压面积(mm²)。

4.4.3 槽间砌体抗压强度换算为标准砌体的抗压强度，应按下列公式计算：

$$f_{mij} = f_{uij} / \xi_{1ij} \tag{4.4.3-1}$$
$$\xi_{1ij} = 1.36 + 0.54\sigma_{oij} \tag{4.3.3-2}$$

式中 f_{mij}——第 i 个测区第 j 个测点的标准砌体抗压强度换算值，（MPa）；
ξ_{1ij}——原位轴压法的无量纲的强度换算系数；
σ_{oij}——该测点上部墙体的压应力（MPa），其值可按墙体实际所承受的荷载标准值计算。

4.4.4 测区的砌体抗压强度平均值，应按下式计算：

$$f_{mi} = \frac{1}{n_1}\sum_{j=1}^{n_1} f_{mij} \tag{4.4.4}$$

式中 f_{mi}——第 i 个测区的砌体抗压强度平均值（MPa）；
n_1——测区的测点数。

5 扁 顶 法

5.1 一 般 规 定

5.1.1 本方法适用于推定普通砖砌体的受压工作应力、弹性模量和抗压强度。检测时，在墙体的水平灰缝处开凿两条槽孔，安放扁顶。加荷设备由手动油泵、扁顶等组成，其工作状况如图 5.1.1 所示。

5.1.2 测试部位应按本标准第4.1.2条确定。

5.2 测试设备的技术指标

5.2.1 扁顶由1mm厚合金钢板焊接而成，总厚度为5～7mm，大面尺寸分别为250mm×250mm、250mm×380mm、380mm×380mm 和 380mm×500mm，对240mm厚墙体可选用前两种扁顶，对370mm厚墙体可选用后两种扁顶。

5.2.2 扁顶的主要技术指标，应符合表5.2.2的要求。

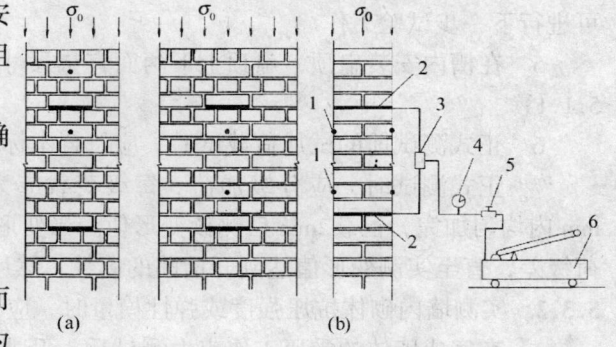

图 5.1.1 扁顶法测试装置与变形测点布置
(a) 测试受压工作应力；
(b) 测试弹性模量、抗压强度
1—变形测量脚标（两对）；2—扁顶液压千斤顶；
3—三通接头；4—压力表；5—溢流阀；
6—手动油泵

表 5.2.2 扁顶主要技术指标

项 目	指 标	项 目	指 标
额定压力（kN）	400	极限行程（mm）	15
极限压力（kN）	480	示值相对误差（%）	±3
额定行程（mm）	10		

5.2.3 每次使用前，应校验扁顶的力值。
5.2.4 手持式应变仪和千分表的主要技术指标应符合表5.2.4的要求。

表 5.2.4 手持式应变仪和千分表的主要技术指标

项 目	指 标
行 程（mm）	1～3
分辨率（mm）	0.001

5.3 试 验 步 骤

5.3.1 实测墙体的受压工作应力时，应符合下列要求：
  1 在选定的墙体上，标出水平槽的位置并应牢固粘贴两对变形测量的脚标。脚标应位于水平槽正中并跨越该槽；脚标之间的标距应相隔四皮砖，宜取250mm。试验前应记录标距值，精确至0.1mm。
  2 使用手持应变仪或千分表在脚标上测量砌体变形的初读数，应测量3次，并取其平均值。
  3 在标出水平槽位置处，剔除水平灰缝内的砂浆。水平槽的尺寸应略大于扁顶尺寸。开凿时不应损伤测点部位的墙体及变形测量脚标。应清理平整槽的四周，除去灰渣。
  4 使用手持式应变仪或千分表在脚标上测量开槽后的砌体变形值，待读数稳定后方可进行下一步试验工作。
  5 在槽内安装扁顶，扁顶上下两面宜垫尺寸相同的钢垫板，并应连接试验油路（图5.1.1）。
  6 正式测试前的试加荷载试验，应符合本标准第4.3.2条第3款的要求。
  7 正式测试时，应分级加荷。每级荷载应为预估破坏荷载值的5%，并应在1.5～2min内均匀加完，恒载2min后测读变形值。当变形值接近开槽前的读数时，应适当减小加荷级差，直至实测变形值达到开槽前的读数，然后卸荷。

5.3.2 实测墙内砌体抗压强度或弹性模量时，应符合下列要求：
  1 在完成墙体的受压工作应力测试后，开凿第二条水平槽，上下槽应互相平行、对齐。当选用250mm×250mm扁顶时，两槽之间相隔7皮砖，净距宜取430mm；当选用其他尺寸的扁顶时，两槽之间相隔8皮砖，净距宜取490mm。遇有灰缝不规则或砂浆强度较高而难以凿槽的情况，可以在槽孔处取出一皮砖，安装扁顶时应采用钢制楔形垫块调整其间隙。
  2 应按第5.3.1条第5款要求在上下槽内安装扁顶。
  3 试加荷载，应符合本标准第4.3.2条第3款的要求。
  4 正式测试时，加荷方法应符合本标准第4.3.3条的要求。
  当需要测定砌体受压弹性模量时，应在槽间砌体两侧各粘贴一对变形测量脚标，脚标应位于槽间砌体的中部，脚标之间相隔4条水平灰缝，净距宜取250mm（图5.1.1b）。试验前应记录标距值，精确至0.1mm。按上述加荷方法进行试验，测记逐级荷载下的变形值。加荷的应力上限不宜大于槽间砌体极限抗压强度的50%。

5 当槽间砌体上部压应力小于0.2MPa时，应加设反力平衡架，方可进行试验。反力平衡架可由两块反力板和四根钢拉杆组成（图4.1.1之5、6）。

5.3.3 当仅需要测定砌体抗压强度时，应同时开凿两条水平槽，按第5.3.2条的要求进行试验。

5.3.4 试验记录内容应包括描绘测点布置图、墙体砌筑方式、扁顶位置、脚标位置、轴向变形值、逐级荷载下的油压表读数、裂缝随荷载变化情况简图等。

5.4 数据分析

5.4.1 根据扁顶的校验结果，应将油压表读数换算为试验荷载值。

5.4.2 根据试验结果，应按现行国家标准《砌体基本力学性能试验方法标准》的方法，计算砌体在有侧向约束情况下的弹性模量；当换算为标准砌体的弹性模量时，计算结果应乘以换算系数0.85。

　　墙体的受压工作应力，等于实测变形值达到开凿前的读数时所对应的应力值。

5.4.3 槽间砌体的抗压强度，应按本标准式（4.4.2）计算。

5.4.4 槽间砌体抗压强度换算为标准砌体的抗压强度，应按下列公式计算：

$$f_{mij} = f_{uij}/\xi_{2ij} \tag{5.4.4-1}$$

$$\xi_{2ij} = 1.18 + 4\frac{\sigma_{oij}}{f_{uij}} - 4.18\left(\frac{\sigma_{oij}}{f_{uij}}\right)^2 \tag{5.4.4-2}$$

式中　ξ_{2ij}——扁顶法的强度换算系数。

5.4.5 测区的砌体抗压强度平均值，应按本标准式（4.4.4）计算。

6 原位单剪法

6.1 一般规定

6.1.1 本方法适用于推定砖砌体沿通缝截面的抗剪强度。检测时，测试部位宜选在窗洞口或其他洞口下三皮砖范围内，试件具体尺寸应符合图6.1.1的规定。

6.1.2 试件的加工过程中，应避免扰动被测灰缝。

6.2 测试设备的技术指标

6.2.1 测试设备包括螺旋千斤顶或卧式液压千斤顶、荷载传感器及数字荷载表等。试件的预估破坏荷载值应在千斤顶、传感器最大测量值的20%~80%之间。

6.2.2 检测前，应标定荷载传感器及数字荷载表，其示值相对误差不应大于3%。

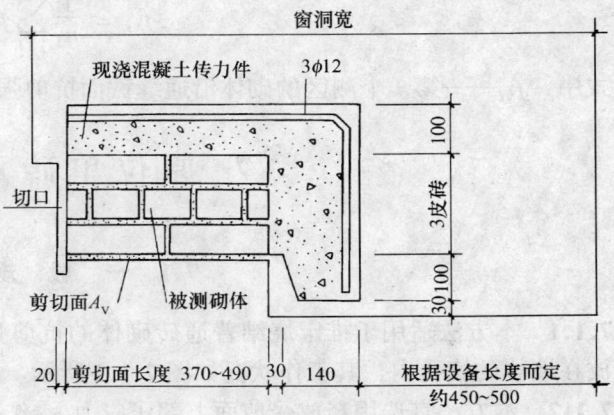

图6.1.1　试件大样

6.3 试验步骤

6.3.1 在选定的墙体上,应采用振动较小的工具加工切口,现浇钢筋混凝土传力件(图6.3.1)。

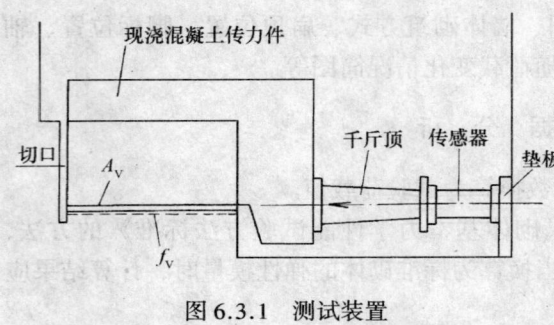

图 6.3.1 测试装置

6.3.2 测量被测灰缝的受剪面尺寸,精确至1mm。

6.3.3 安装千斤顶及测试仪表,千斤顶的加力轴线与被测灰缝顶面应对齐(图6.3.1)。

6.3.4 应匀速施加水平荷载,并控制试件在2~5min内破坏。当试件沿受剪面滑动、千斤顶开始卸荷时,即判定试件达到破坏状态。记录破坏荷载值,结束试验。在预定剪切面(灰缝)破坏,此次试验有效。

6.3.5 加荷试验结束后,翻转已破坏的试件,检查剪切面破坏特征及砌体砌筑质量,并详细记录。

6.4 数据分析

6.4.1 根据测试仪表的校验结果,进行荷载换算,精确至10N。

6.4.2 根据试件的破坏荷载和受剪面积,应按下式计算砌体的沿通缝截面抗剪强度:

$$f_{vij} = \frac{N_{vij}}{A_{vij}} \tag{6.4.2}$$

式中 f_{vij}——第 i 个测区第 j 个测点的砌体沿通缝截面抗剪强度(MPa);
N_{vij}——第 i 个测区第 j 个测点的抗剪破坏荷载(N);
A_{vij}——第 i 个测区第 j 个测点的受剪面积(mm²)。

6.4.3 测区的砌体沿通缝截面抗剪强度平均值,应按下式计算:

$$f_{vi} = \frac{1}{n_1}\sum_{j=1}^{n_1} f_{vij} \tag{6.4.3}$$

式中 f_{vi}——第 i 个测区的砌体沿通缝截面抗剪强度平均值(MPa)。

7 原位单砖双剪法

7.1 一般规定

7.1.1 本方法适用于推定烧结普通砖砌体的抗剪强度。检测时,将原位剪切仪的主机安放在墙体的槽孔内,其工作状况如图7.1.1所示。

7.1.2 本方法宜选用释放受剪面上部压应力 σ_0 作用下的试验方案;当能准确计算上部压应力 σ_0 时,也可选用在上部压应力 σ_0 作用下的试验方案。

7.1.3 在测区内选择测点，应符合下列规定：

1 每个测区随机布置的 n_1 个测点，在墙体两面的数量宜接近或相等。以一块完整的顺砖及其上下两条水平灰缝作为一个测点（试件）。

2 试件两个受剪面的水平灰缝厚度应为 8～12mm。

3 下列部位不应布设测点：门、窗洞口侧边 120mm 范围内；后补的施工洞口和经修补的砌体；独立砖柱和窗间墙。

4 同一墙体的各测点之间，水平方向净距不应小于 0.62m，垂直方向净距不应小于 0.5m。

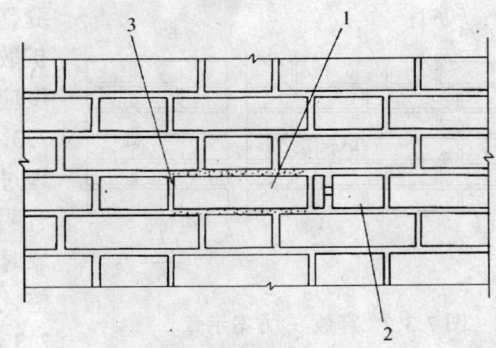

图 7.1.1 原位单砖双剪试验示意
1—剪切试件；2—剪切仪主机；
3—掏空的竖缝

7.2 测试设备的技术指标

7.2.1 原位剪切仪的主机为一个附有活动承压钢板的小型千斤顶。其成套设备如图 7.2.1 所示。

7.2.2 原位剪切仪的主要技术指标应符合表 7.2.2 的规定。

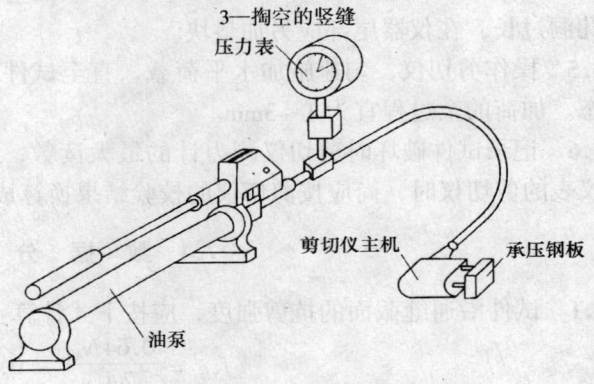

图 7.2.1 原位剪切仪示意图

表 7.2.2 原位剪切仪主要技术指标

项 目	指 标	
	75 型	150 型
额定推力（kN）	75	150
相对测量范围（%）	20～80	
额定行程（mm）	>20	
示值相对误差（%）	±3	

7.2.3 原位剪切仪的力值应每半年校验一次。

7.3 试 验 步 骤

7.3.1 当采用带有上部压应力 σ_0 作用的试验方案时，应按图 7.1.1 的要求，将剪切试件相邻一端的一块砖掏出，清除四周的灰缝，制备出安放主机的孔洞，其截面尺寸不得小于 115mm×65mm，掏空、清除剪切试件另一端的竖缝。

7.3.2 当采用释放试件上部压应力 σ_0 的试验方案时，尚应按图 7.3.2 所示，掏空水平灰

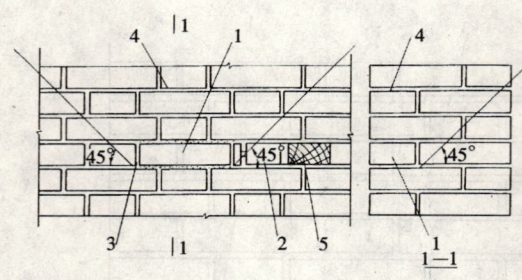

图 7.3.2 释放 σ_o 方案示意
1—试样；2—剪切仪主机；3—掏空竖缝；
4—掏空水平缝；5—垫块

缝，掏空范围由剪切试件的两端向上按45°角扩散至灰缝4，掏空长度应大于620mm，深度应大于240mm。

7.3.3 试件两端的灰缝应清理干净。开凿清理过程中，严禁扰动试件；如发现被推砖块有明显缺棱掉角或上、下灰缝有明显松动现象时，应舍去该试件。被推砖的承压面应平整，如不平时应用扁砂轮等工具磨平。

7.3.4 将剪切仪主机（图7.3.2）放入开凿好的孔洞中，使仪器的承压板与试件的砖块顶面重合，仪器轴线与砖块轴线吻合。若开凿孔洞过长，在仪器尾部应另加垫块。

7.3.5 操作剪切仪，匀速施加水平荷载，直至试件和砌体之间相对位移，试件达到破坏状态。加荷的全过程宜为1~3min。

7.3.6 记录试件破坏时剪切仪测力计的最大读数，精确至0.1个分度值。采用无量纲指示仪表的剪切仪时，尚应按剪切仪的校验结果换算成以N为单位的破坏荷载。

7.4 数 据 分 析

7.4.1 试件沿通缝截面的抗剪强度，应按下式计算：

$$f_{vij} = \frac{0.64 N_{vij}}{2 A_{vij}} - 0.7\sigma_{oij} \tag{7.4.1}$$

式中 A_{vij}——第i个测区第j个测点单个受剪截面的面积（mm^2）。

7.4.2 测区的砌体沿通缝截面抗剪强度平均值，应按本标准式（6.4.3）计算。

8 推 出 法

8.1 一 般 规 定

8.1.1 本方法适用于推定240mm厚普通砖墙中的砌筑砂浆强度，所测砂浆的强度等级宜为M1~M15。检测时，将推出仪安放在墙体的孔洞内。推出仪由钢制部件、传感器、推出力峰值测定仪等组成，其工作状况如图8.1.1所示。

8.1.2 选择测点应符合下列要求：
1 测点宜均匀布置在墙上，并应避开施工中的预留洞口。
2 被推丁砖的承压面可采用砂轮磨平，并应清理干净。
3 被推丁砖下的水平灰缝厚度应为8~

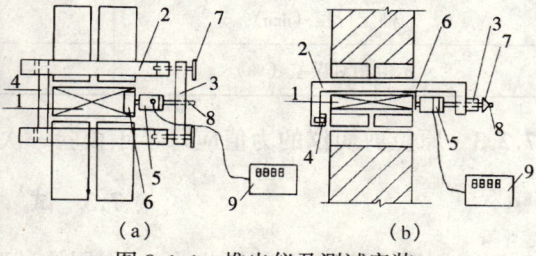

图 8.1.1 推出仪及测试安装
(a) 平剖面；(b) 纵剖面
1—被推出丁砖；2—支架；3—前梁；
4—后梁；5—传感器；6—垫片；7—调平螺丝；
8—传力螺杆；9—推出力峰值测定仪

12mm。

4 测试前,被推丁砖应编号,并详细记录墙体的外观情况。

8.2 测试设备的技术指标

8.2.1 推出仪的主要技术指标应符合表8.2.1的要求。

表 8.2.1 推出仪的主要技术指标

项 目	指 标	项 目	指 标
额定推力（kN）	30	额定行程（mm）	80
相对测量范围（%）	20~80	示值相对误差（%）	±3

8.2.2 力值显示仪器（或仪表）应符合下列要求：
1 最小分辨值为0.05kN,力值范围为0~30kN。
2 具有测力峰值保持功能。
3 仪器读数显示稳定,在4h内的读数漂移应小于0.05kN。

8.2.3 推出仪的力值应每年校验一次。

8.3 试 验 步 骤

8.3.1 取出被推丁砖上部的两块顺砖（图8.3.1）,应遵守下列规定：
1 使用冲击钻在图 8.3.1 所示 A 点打出约 40mm 的孔洞。
2 用锯条自 A 至 B 点锯开灰缝。
3 将扁铲打入上一层灰缝,取出两块顺砖。
4 用锯条锯切被推丁砖两侧的竖向灰缝,直至下皮砖顶面。
5 开洞及清缝时,不得扰动被推丁砖。

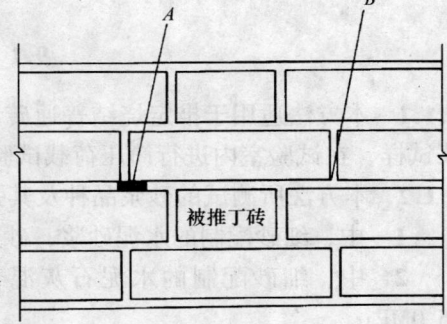

图 8.3.1 试件加工步骤示意

8.3.2 安装推出仪（图8.1.1）,用尺测量前梁两端与墙面距离,使其误差小于3mm。传感器的作用点,在水平方向应位于被推丁砖中间,铅垂方向应距被推丁砖下表面之上 15mm 处。

8.3.3 旋转加荷螺杆对试件施加荷载,加荷速度宜控制在5kN/min。当被推丁砖和砌体之间发生相对位移,试件达到破坏状态。记录推出力 N_{ij}。

8.3.4 取下被推丁砖,用百格网测试砂浆饱满度 B_{ij}。

8.4 数 据 分 析

8.4.1 单个测区的推出力平均值,应按下式计算：

$$N_i = \xi_{3i} \frac{1}{n_1} \sum_{j=1}^{n_1} N_{ij} \tag{8.4.1}$$

式中 N_i——第 i 个测区的推出力平均值(kN),精确至 0.01kN;

N_{ij}——第 i 个测区第 j 块测试砖的推出力峰值（kN）;

ξ_{3i}——砖品种的修正系数,对烧结普通砖,取1.00,对蒸压(养)灰砂砖,取1.14。

8.4.2 测区的砂浆饱满度平均值,应按下式计算:

$$B_i = \frac{1}{n_1}\sum_{j=1}^{n_1} B_{ij} \qquad (8.4.2)$$

式中 B_i——第i个测区的砂浆饱满度平均值,以小数计;

B_{ij}——第i个测区第j块测试砖下的砂浆饱满度实测值,以小数计。

8.4.3 测区的砂浆强度平均值,应按下列公式计算:

$$f_{2i} = 0.3(N_i/\xi_{4i})^{1.19} \qquad (8.4.3\text{-}1)$$

$$\xi_{4i} = 0.45B_i^2 + 0.9B_i \qquad (8.4.3\text{-}2)$$

式中 f_{2i}——第i个测区的砂浆强度平均值(MPa);

ξ_{4i}——推出法的砂浆强度饱满度修正系数,以小数计。

当测区的砂浆饱满度平均值小于0.65时,不宜按上述公式计算砂浆强度;宜选用其他方法推定砂浆强度。

注:对蒸压(养)灰砂砖墙体,f_{2i}相当于以蒸压(养)灰砂砖为底模的砂浆试块强度。

9 筒 压 法

9.1 一 般 规 定

9.1.1 本方法适用于推定烧结普通砖墙中的砌筑砂浆强度。检测时,应从砖墙中抽取砂浆试样,在试验室内进行筒压荷载试验,测试筒压比,然后换算为砂浆强度。

9.1.2 本方法所测试的砂浆品种及其强度范围,应符合下列要求:

1 中、细砂配制的水泥砂浆,砂浆强度为2.5~20MPa;

2 中、细砂配制的水泥石灰混合砂浆(以下简称混合砂浆),砂浆强度为2.5~15.0MPa;

3 中、细砂配制的水泥粉煤灰砂浆(以下简称粉煤灰砂浆),砂浆强度为2.5~20MPa;

4 石灰质石粉砂与中、细砂混合配制的水泥石灰混合砂浆和水泥砂浆(以下简称石粉砂浆),砂浆强度为2.5~20MPa。

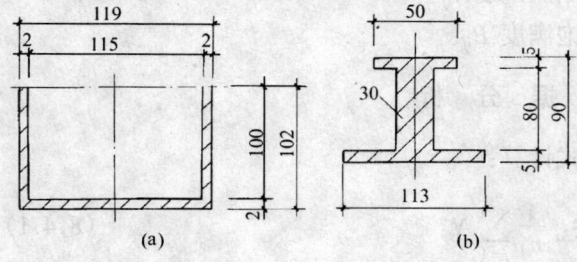

图9.2.1 承压筒构造
(a)承压筒剖面;(b)承压盖剖面

9.1.3 本方法不适用于推定遭受火灾、化学侵蚀等砌筑砂浆的强度。

9.2 测试设备的技术指标

9.2.1 承压筒(图9.2.1)可用普通碳素钢或合金钢自行制作,也可用测定轻骨料筒压强度的承压筒代替。

9.2.2 其他设备和仪器包括:50~

100kN压力试验机或万能试验机；砂摇筛机；干燥箱；孔径为5mm、10mm、15mm的标准砂石筛（包括筛盖和底盘）；水泥跳桌；称量为1000g、感量为0.1g的托盘天平。

9.3 试验步骤

9.3.1 在每一测区，从距墙表面20mm以内的水平灰缝中凿取砂浆约4000g，砂浆片（块）的最小厚度不得小于5mm。各个测区的砂浆样品应分别放置并编号，不得混淆。

9.3.2 使用手锤击碎样品，筛取5~15mm的砂浆颗粒约3000g，在105±5℃的温度下烘干至恒重，待冷却至室温后备用。

9.3.3 每次取烘干样品约1000g，置于孔径5mm、10mm、15mm标准筛所组成的套筛中，机械摇筛2min或手工摇筛1.5min。称取粒级5~10mm和10~15mm的砂浆颗粒各250g，混合均匀后即为一个试样。共制备三个试样。

9.3.4 每个试样应分两次装入承压筒。每次约装1/2，在水泥跳桌上跳振5次。第二次装料并跳振后，整平表面，安上承压盖。

如无水泥跳桌，可按照砂、石紧密体积密度的试验方法颠击密实。

9.3.5 将装料的承压筒置于试验机上，盖上承压盖，开动压力试验机，应于20~40s内均匀加荷至规定的筒压荷载值后，立即卸荷。不同品种砂浆的筒压荷载值分别为：

水泥砂浆、石粉砂浆为20kN；

水泥石灰混合砂浆、粉煤灰砂浆为10kN。

9.3.6 将施压后的试样倒入由孔径5mm和10mm标准筛组成的套筛中，装入摇筛机摇筛2min或人工摇筛1.5min，筛至每隔5s的筛出量基本相等。

9.3.7 称量各筛筛余试样的重量（精确至0.1g），各筛的分计筛余量和底盘剩余量的总和，与筛分前的试样重量相比，相对差值不得超过试样重量的0.5%；当超过时，应重新进行试验。

9.4 数据分析

9.4.1 标准试样的筒压比，应按下式计算：

$$T_{ij} = \frac{t_1 + t_2}{t_1 + t_2 + t_3} \tag{9.4.1}$$

式中 T_{ij}——第i个测区中第j个试样的筒压比，以小数计；

t_1、t_2、t_3——分别为孔径5mm、10mm筛的分计筛余量和底盘中剩余量。

9.4.2 测区的砂浆筒压比，应按下式计算：

$$T_i = 1/3(T_{i1} + T_{i2} + T_{i3}) \tag{9.4.2}$$

式中 T_i——第i个测区的砂浆筒压比平均值，以小数计，精确至0.01；

T_{i1}、T_{i2}、T_{i3}——分别为第i个测区三个标准砂浆试样的筒压比。

9.4.3 根据筒压比，测区的砂浆强度平均值应按下列公式计算：

水泥砂浆：

$$f_{2i} = 34.58(T_i)^{2.06} \tag{9.4.3-1}$$

水泥石灰混合砂浆：

$$f_{2,i} = 6.1(T_i) + 11(T_i)^2 \tag{9.4.3-2}$$

粉煤灰砂浆：

$$f_{2,i} = 2.52 - 9.4(T_i) + 32.8(T_i)^2 \tag{9.4.3-3}$$

石粉砂浆：

$$f_{2,i} = 2.7 - 13.9(T_i) + 44.9(T_i)^2 \tag{9.4.3-4}$$

10 砂浆片剪切法

10.1 一般规定

10.1.1 本方法适用推定烧结普通砖砌体中的砌筑砂浆强度。检测时，应从砖墙中抽取砂浆片试样，采用砂浆测强仪测试其抗剪强度，然后换算为砂浆强度。砂浆测强仪的工作状况如图10.1.1所示。

10.1.2 从每个测点处，宜取出两个砂浆片，一片用于检测，一片备用。

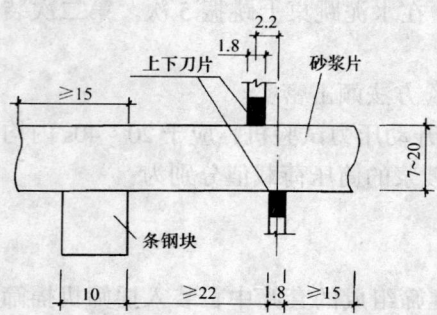

图 10.1.1 砂浆测强仪工作原理

10.2 测试设备的技术指标

10.2.1 砂浆测强仪的主要技术指标应符合表10.2.1的要求。

表 10.2.1 砂浆测强仪主要技术指标

项　目		指　标
上下刀片刃口厚度（mm）		1.8 ± 0.02
上下刀片中心间距（mm）		2.2 ± 0.05
试验荷载 N_v 范围（N）		40 ~ 1400
示值相对误差（%）		± 3
刀片行程	上刀片（mm）	> 30
	下刀片（mm）	> 3
刀片刃口面平面度（mm）		0.02
刀片刃口面棱角线直线度（mm）		0.02
刀片刃口棱角垂直度（mm）		0.02
刀片刃口硬度（HRC）		55 ~ 58

10.2.2 砂浆测强标定仪的主要技术指标应符合表10.2.2的要求。

表 10.2.2 砂浆测强标定仪主要技术指标

项　目	指　标
标定荷载 N_b 范围（N）	40 ~ 1400
示值相对误差（%）	± 1
N_b 作用点偏离下刀片中心面距离（mm）	± 0.2

10.2.3 砂浆测强仪的力值应每半年校验一次。

10.3 试 验 步 骤

10.3.1 制备砂浆片试件，应遵守下列规定：
　　1 从测点处的单块砖大面上取下的原状砂浆大片，应编号，分别放入密封袋（如塑料袋）内。
　　2 同一个测区的砂浆片，应加工成尺寸接近的片状体，大面、条面均匀平整，单个试件的各向尺寸宜为：厚度 7～15mm，宽度 15～50mm，长度按净跨度不小于 22mm 确定（图 10.1.1）。
　　3 试件加工完毕，应放入密封袋内。

10.3.2 砂浆试件含水率，应与砌体正常工作时的含水率基本一致。如试件呈冻结状态，应缓慢升温解冻，并在与砌体含水率接近的条件下试验。

10.3.3 砂浆试件的剪切试验，应遵守下列程序：
　　1 调平砂浆测强仪、使水准泡居中；
　　2 将砂浆试件置于砂浆测强仪内（图 10.1.1），并用上刀片压紧；
　　3 开动砂浆测强仪，对试件匀速连续施加荷载，加荷速度不宜大于 10N/s，直至试件破坏。

10.3.4 试件未沿刀片刃口破坏时，此次试验作废，应取备用试件补测。

10.3.5 试件破坏后，应记读压力表指针读数，并根据砂浆测强仪的校验结果换算成剪切荷载值。

10.3.6 用游标卡尺或最小刻度为 0.5mm 的钢板尺量测试件破坏截面尺寸，每个方向量测两次，分别取平均值。

10.4 数 据 分 析

10.4.1 砂浆试件的抗剪强度，应按下式计算：

$$\tau_{ij} = 0.95 \frac{V_{ij}}{A_{ij}} \tag{10.4.1}$$

式中　τ_{ij}——第 i 个测区第 j 个砂浆试件的抗剪强度（MPa）；
　　　V_{ij}——试件的抗剪荷载值（N）；
　　　A_{ij}——试件破坏截面面积（mm²）。

10.4.2 测区的砂浆抗剪强度平均值，应按下式计算：

$$\tau_i = \frac{1}{n_1} \sum_{j=1}^{n_1} \tau_{ij} \tag{10.4.2}$$

式中　τ_i——第 i 个测区的抗剪强度平均值（MPa）。

10.4.3 测区的砂浆抗压强度平均值，应按下式计算：

$$f_{2i} = 7.17 \tau_i \tag{10.4.3}$$

10.4.4 当测区的砂浆抗剪强度低于 0.3MPa 时，应对式（10.4.3）的计算结果乘以表

10.4.4 的修正系数。

表 10.4.4 低强砂浆的修正系数表

τ_i（MPa）	>0.30	0.25	0.20	<0.15
修正系数	1.00	0.86	0.75	0.35

11 回 弹 法

11.1 一 般 规 定

11.1.1 本方法适用于推定烧结普通砖砌体中的砌筑砂浆强度。检测时，应用回弹仪测试砂浆表面硬度，用酚酞试剂测试砂浆碳化深度，以此两项指标换算为砂浆强度。

11.1.2 测位宜选在承重墙的可测面上，并避开门窗洞口及预埋件等附近的墙体。墙面上每个测位的面积宜大于 $0.3m^2$。

11.1.3 本方法不适用于推定高温、长期浸水、化学侵蚀、火灾等情况下的砂浆抗压强度。

11.2 测试设备的技术指标

11.2.1 砂浆回弹仪的主要技术性能指标应符合表 11.2.1 的要求，其示值系统为指针直读式。

表 11.2.1 砂浆回弹仪技术性能指标

项 目	指 标
冲击动能（J）	0.196
弹击锤冲程（mm）	75
指针滑块的静摩擦力（N）	0.5±0.1
弹击球面曲率半径（mm）	25
在钢砧上率定平均回弹值（R）	74±2
外形尺寸（mm）	$\phi 60 \times 280$

11.2.2 砂浆回弹仪应每半年校验一次。

11.2.3 在工程检测前后，均应对回弹仪在钢砧上做率定试验。

11.3 试 验 步 骤

11.3.1 测位处的粉刷层、勾缝砂浆、污物等应清除干净；弹击点处的砂浆表面，应仔细打磨平整，并除去浮灰。

11.3.2 每个测位内均匀布置12个弹击点。选定弹击点应避开砖的边缘、气孔或松动的砂浆。相邻两弹击点的间距不应小于20mm。

11.3.3 在每个弹击点上，使用回弹仪连续弹击3次，第1、2次不读数，仅记读第3次回弹值，精确至1个刻度。测试过程中，回弹仪应始终处于水平状态，其轴线应垂直于砂浆表面，且不得移位。

11.3.4 在每一测位内，选择1~3处灰缝，用游标尺和1%的酚酞试剂测量砂浆碳化深度，读数应精确至0.5mm。

11.4 数据分析

11.4.1 从每个测位的12个回弹值中，分别剔除最大值、最小值，将余下的10个回弹值计算算术平均值，以 R 表示。

11.4.2 每个测位的平均碳化深度，应取该测位各次测量值的算术平均值，以 d 表示，精确至0.5mm。

平均碳化深度大于3mm时，取3.0mm。

11.4.3 第 i 个测区第 j 个测位的砂浆强度换算值，应根据该测位的平均回弹值和平均碳化深度值，分别按下列公式计算：

1　$d \leqslant 1.0$mm 时：

$$f_{2ij} = 13.97 \times 10^{-5} R^{2.57} \tag{11.4.3-1}$$

2　$1.0\text{mm} < d < 3.0\text{m}$ 时：

$$f_{2ij} = 4.85 \times 10^{-4} R^{3.04} \tag{11.4.3-2}$$

3　$d \geqslant 3.0$mm 时：

$$f_{2ij} = 6.34 \times 10^{-5} R^{3.60} \tag{11.4.3-3}$$

式中　f_{2ij}——第 i 个测区第 j 个测位的砂浆强度值（MPa）；

d——第 i 个测区第 j 个测位的平均碳化深度（mm）；

R——第 i 个测区第 j 个测位的平均回弹值。

11.4.4 测区的砂浆抗压强度平均值，应按下式计算：

$$f_{2i} = \frac{1}{n_1} \sum_{j=1}^{n_1} f_{2ij} \tag{11.4.4}$$

12 点 荷 法

12.1 一般规定

12.1.1 本方法适用于推定烧结普通砖砌体中的砌筑砂浆强度。检测时，应从砖墙中抽取砂浆片试样，采用试验机测试其点荷载值，然后换算为砂浆强度。

12.1.2 从每个测点处，宜取出两个砂浆大片，一片用于检测，一片备用。

12.2 测试设备的技术指标

12.2.1 小吨位压力试验机（最小读数盘宜为50kN以内）。

12.2.2 自制加荷装置作为试验机的附件，应符合下列要求：

1　钢质加荷头是内角为60°的圆锥体，锥底直径为 $\phi 40$，锥体高度为30mm；锥体的

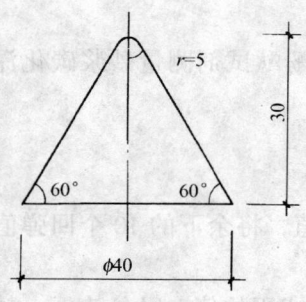

图12.2.2 加荷头端部
尺寸示意

头部是半径为5mm的截球体，锥球高度为3mm（图12.2.2）；其他尺寸可自定。加荷头需2个。

2 加荷头与试验机的连接方法，可根据试验机的具体情况确定，宜将连接件与加荷头设计为一个整体附件；在满足上款要求的前提下，也可制作其他专用加荷附件。

12.3 试 验 步 骤

12.3.1 制备试件，应遵守下列规定：

1 从每个测点处剥离出砂浆大片。

2 加工或选取的砂浆试件应符合下列要求：厚度为5～12mm，预估荷载作用半径为15～25mm，大面应平整，但其边缘不要求非常规则。

3 在砂浆试件上画出作用点，量测其厚度，精确至0.1mm。

12.3.2 在小吨位压力试验机上、下压板上分别安装上、下加荷头，两个加荷头应对齐。

12.3.3 将砂浆试件水平放置在下加荷头上，上、下加荷头对准预先画好的作用点，并使上加荷头轻轻压紧试件，然后缓慢匀速施加荷载至试件破坏。试件可能破坏成数个小块。记录荷载值，精确至0.1kN。

12.3.4 将破坏后的试件拼接成原样，测量荷载实际作用点中心到试件破坏线边缘的最短距离即荷载作用半径，精确至0.1mm。

12.4 数 据 分 析

12.4.1 砂浆试件的抗压强度换算值，应按下列公式计算：

$$f_{2ij} = (33.3\xi_{5ij}\xi_{6ij}N_{ij} - 1.1)^{1.09} \quad (12.4.1\text{-}1)$$

$$\xi_{5ij} = 1/(0.05r_{ij} + 1) \quad (12.4.1\text{-}2)$$

$$\xi_{6ij} = 1/[0.03t_{ij}(0.1t_{ij} + 1) + 0.4] \quad (12.4.1\text{-}3)$$

式中 N_{ij}——点荷载值（kN）；

ξ_{5ij}——荷载作用半径修正系数；

ξ_{6ij}——试件厚度修正系数；

r_{ij}——荷载作用半径（mm）；

t_{ij}——试件厚度（mm）。

12.4.2 测区的砂浆抗压强度平均值，应按本标准式（11.4.4）计算。

13 射 钉 法

13.1 一 般 规 定

13.1.1 本方法适用于推定烧结普通砖和多孔砖砌体中M2.5～M15范围内的砌体砂浆强度。检测时，采用射钉枪将射钉射入墙体的水平灰缝中，根据射钉的射入量推定砂浆强度。

13.1.2 每个测区的测点，在墙体两面的数量宜各半。

13.2 测试设备的技术指标

13.2.1 测试设备包括射钉、射钉器、射钉弹和游标卡尺。

13.2.2 射钉、射钉器和射钉弹的计量性能可按附录 A 的规定配套校验。其校验结果应符合下列各项指标的规定：

　　在标准靶上的平均射入量为 29.1mm；

　　平均射入量的允许偏差为 ±5%；

　　平均射入量的变异系数不大于 5%。

13.2.3 射钉、射钉器和射钉弹每使用 1000 发或半年，应作一次计量校验。

13.2.4 经配套校验的射钉、射钉器和射钉弹，必须配套使用。

13.3 试验步骤

13.3.1 在各测区的水平灰缝上，应按第13.1.2条的规定标出测点位置。测点处的灰缝厚度不应小于10mm；在门窗洞口附近和经修补的砌体上不应布置测点。

13.3.2 清除测点表面的覆盖层和疏松层，将砂浆表面修理平整。

13.3.3 应事先量测射钉的全长 l_1；将射钉射入测点砂浆中，并量测射钉外露部分的长度 l_2。射钉的射入量应按下式计算：

$$l = l_1 - l_2 \tag{13.3.3}$$

　　对长度指标 l、l_1、l_2 的取值应精确至 0.1mm。

13.3.4 射入砂浆中的射钉，应垂直于砌筑面且无擦靠块材的现象，否则应舍去和重新补测。

13.4 数据分析

13.4.1 测区的射钉平均射入量，应按下式计算：

$$l_i = \frac{1}{n_1} \sum_{j=1}^{n_1} l_{ij} \tag{13.4.1}$$

式中　l_i——第 i 个测区的射钉平均射入量（mm）；

　　　l_{ij}——第 i 个测区的第 j 个测点的射入量（mm）。

13.4.2 测区的砂浆抗压强度，应按下式计算：

$$f_{2i} = a l_i^{-b} \tag{13.4.2}$$

式中　a，b——射钉常数，按表 13.4.2 取值。

表 13.4.2 射钉常数

砖品种	a	b
烧结普通砖	47000	2.52
烧结多孔砖	50000	2.40

14 强度推定

14.0.1 按现行国家标准《数据的统计处理和解释 正态样本异常值的判断和处理》GB4883中格拉布斯检验法或狄克逊检验法，检出和剔除检测数据中的异常值和高度异常值。检出水平 α 取 0.05，剔除水平 α 取 0.01。不得随意舍去异常值，应检查是否系材料或施工质量变化等原因导致出现异常值。

14.0.2 本标准的各种检测方法，应给出每个测点的检测强度值 f_{ij}，每一测区的强度平均值，并以测区强度平均值作为代表值。

14.0.3 每一检测单元的强度平均值、标准差和变异系数，应分别按下列公式计算：

$$\mu_f = \frac{1}{n_2}\sum_{j=1}^{n_2} f_i \tag{14.0.3-1}$$

$$s = \sqrt{\frac{\sum_{i=1}^{n_2}(\mu_f - f_i)^2}{n_2 - 1}} \tag{14.0.3-2}$$

$$\delta = \frac{s}{\mu_f} \tag{14.0.3-3}$$

式中 μ_f——同一检测单元的强度平均值（MPa）。当检测砂浆抗压强度时，μ_f 即为 $f_{2,m}$；当检测砌体抗压强度时，μ_f 即为 f_m；当检测砌体抗剪强度时，μ_f 即为 $f_{v,m}$；

n_2——同一检测单元的测区数；

f_i——测区的强度代表值（MPa）。当检测砂浆抗压强度时，f_2 即为 f_{2i}；当检测砌体抗压强度时，f_i 即为 f_{mi}；当检测砌体抗剪强度时；f_i 即为 f_{vi}；

s——同一检测单元，按 n_2 个测区计算的强度标准差（MPa）；

δ——同一检测单元的强度变异系数。

14.0.4 每一检测单元的砌筑砂浆抗压强度等级，应分别按下列规定进行推定：

1 当测区数 n_2 不小于6时：

$$f_{2,m} \geq f_2 \tag{14.0.4-1}$$

$$f_{2,\min} \geq 0.75 f_2 \tag{14.0.4-2}$$

式中 $f_{2,m}$——同一检测单元，按测区统计的砂浆抗压强度平均值（MPa）；

f_2——砂浆推定强度等级所对应的立方体抗压强度值（MPa）；

$f_{2,\min}$——同一检测单元，测区砂浆抗压强度的最小值（MPa）。

2 当测区数 n_2 小于6时：

$$f_{2,\min} \geq f_2 \tag{14.0.4-3}$$

3 当检测结果的变异系数 δ 大于0.35时，应检查检测结果离散性较大的原因，若系检测单元划分不当，宜重新划分，并可增加测区数进行补测，然后重新推定。

14.0.5 每一检测单元的砌体抗压强度标准值或砌体沿通缝截面的抗剪强度标准值，应分别按下列规定进行推定：

1 当测区数 n_2 不小于6时：

$$f_k = f_m - k \cdot s \quad (14.0.5\text{-}1)$$

$$f_{v,k} = f_{v,m} - k \cdot s \quad (14.0.5\text{-}2)$$

式中　f_k——砌体抗压强度标准值（MPa）；
　　　f_m——同一检测单元的砌体抗压强度平均值（MPa）；
　　　$f_{v,k}$——砌体抗剪强度标准值（MPa）；
　　　$f_{v,m}$——同一检测单元的砌体沿通缝截面的抗剪强度平均值（MPa）；
　　　k——与 α、C、n_2 有关的强度标准值计算系数，见表 14.0.5；
　　　α——确定强度标准值所取的概率分布下分位数，本标准取 $\alpha = 0.05$；
　　　C——置信水平，本标准取：$C = 0.60$。

表 14.0.5 计 算 系 数

n_2	5	6	7	8	9	10	12	15	18	20	25	30	35	40	45	50
k	2.005	1.947	1.908	1.880	1.858	1.841	1.816	1.790	1.773	1.764	1.748	1.736	1.728	1.721	1.716	1.712

注：$C = 0.60$，$\alpha = 0.05$。

2 当测区数 n_2 小于6时：

$$f_k = f_{mi,\min} \quad (14.0.5\text{-}3)$$

$$f_{vk} = f_{vi,\min} \quad (14.0.5\text{-}4)$$

式中　$f_{mi,\min}$——同一检测单元中，测区砌体抗压强度的最小值（MPa）；
　　　$f_{vi,\min}$——同一检测单元中，测区砌体抗剪强度的最小值（MPa）。

3 每一检测单元的砌体抗压强度或抗剪强度，当检测结果的变异系数 δ 分别大于 0.2 或 0.25 时，不宜直接按式（14.0.5-1）或（14.0.5-2）计算。此时应检查检测结果离散性较大的原因，若查明系混入不同总体的样本所致，宜分别进行统计，并分别按式（14.0.5-1）至式（14.0.5-4）确定标准值。

14.0.6 各种检测强度的最终计算或推定结果，均应精确至 0.01MPa。

附录 A　标准射入量的测定与校验方法

A.0.1 凡遇有下列情况之一时，应进行标准射入量的测定或校验：
　1 制订新的射钉测强方程时；
　2 使用射钉 1000 枚后；
　3 射钉器、射钉弹和射钉的配套性能发生变化后；
　4 对射钉器、射钉弹或射钉的计量性能产生疑问时。

A.0.2 测定或校验使用的铅制标准靶，为直径约 100mm、厚度不小于 60mm 的铅制铸件，其材质应符合 $GBP_bS_b10-0.2-0.5$ 的规定。

A.0.3 射钉器、射钉弹和射钉应配套校验，配套使用。

A.0.4 测定或校验方法：
　1 从配套的同批购入的 1000 发射钉弹和 1000 枚射钉中，各抽 10 发（枚）作为测定或校验样品；

2 将抽出的样品（射钉弹和射钉）随机组合，用配套的射钉器将射钉射入铅靶中，并用游标卡尺测定出每一枚射钉的射入量。

3 计算平均射入量及其变异系数。

4 对校验性测试，应按下式计算射入量相对偏差：

$$\lambda = \frac{l - l_k}{l_k} \times 100\% \quad (A.0.4.4)$$

式中 l_k——射钉测强方程的标准射入量；

l——校验测得的平均射入量；

λ——射入量偏差。

A.0.5 校验结果符合本标准第 13.2.2 条规定时，判为合格，可在砂浆测强中使用。

A.0.6 校验结果不符合本标准第 13.2.2 条规定时，判为不合格，不应在砂浆测强中使用。

附录 B 本标准用词说明

1 表示很严格，非这样做不可的用词：

正面词采用"必须"，反面词采用"严禁"。

2 表示严格，在正常情况下均应这样做的用词：

正面词采用"应"，反面词采用"不应"或"不得"。

3 表示允许稍有选择，在条件许可时首先应这样做的用词：

正面词采用"宜"或"可"，反面词采用"不宜"。

中华人民共和国国家标准

砌体工程现场检测技术标准

GB/T 50315—2000

条 文 说 明

目 次

1 总则 ·· 698
3 基本规定 ·· 698
   3.1 检测程序及工作内容 ·· 698
   3.2 检测单元、测区和测点 ·· 698
   3.3 检测方法分类及其选用原则 ·· 699
4 原位轴压法 ·· 699
   4.1 一般规定 ··· 699
   4.2 测试设备的技术指标 ·· 700
   4.3 试验步骤 ··· 700
   4.4 数据分析 ··· 700
5 扁顶法 ··· 701
   5.1 一般规定 ··· 701
   5.2 测试设备的技术指标 ·· 702
   5.3 试验步骤 ··· 702
   5.4 数据分析 ··· 702
6 原位单剪法 ·· 703
   6.1 一般规定 ··· 703
   6.2 测试设备的技术指标 ·· 703
   6.3 试验步骤 ··· 703
   6.4 数据分析 ··· 703
7 原位单砖双剪法 ··· 703
   7.1 一般规定 ··· 703
   7.2 测试设备的技术指标 ·· 704
   7.3 试验步骤 ··· 704
   7.4 数据分析 ··· 704
8 推出法 ··· 705
   8.1 一般规定 ··· 705
   8.2 测试设备的技术指标 ·· 705
   8.3 试验步骤 ··· 705
   8.4 数据分析 ··· 706
9 筒压法 ··· 706
   9.1 一般规定 ··· 706
   9.2 测试设备的技术指标 ·· 706
   9.3 试验步骤 ··· 706

9.4	数据分析	707
10	砂浆片剪切法	707
10.1	一般规定	707
10.2	测试设备的技术指标	707
10.3	试验步骤	708
10.4	数据分析	708
11	回弹法	708
11.1	一般规定	708
11.2	测试设备的技术指标	708
11.3	试验步骤	709
11.4	数据分析	709
12	点荷法	709
12.1	一般规定	709
12.2	测试设备的技术指标	710
12.3	试验步骤	710
12.4	数据分析	710
13	射钉法	710
13.1	一般规定	710
13.2	测试设备的技术指标	711
13.3	试验步骤	711
13.4	数据分析	711
14	强度推定	711

1 总 则

1.0.1 我国城镇数十亿平方米的公共建筑、工业厂房和住宅，由于种种原因（有的进入中、老年期，有的本身先天不足，有的后天管理不善或遭受灾害损坏，有的为适应新的使用要求，需进行改造等）使其中近一半的建筑物需要分期分批进行可靠性鉴定和维修，其中约20%急待鉴定和加固。对结构技术状况的调查和检测是进行可靠性鉴定的基础，其中砌体工程的现场检测又是最重要的部分。我国从60年代开始不断地进行广泛研究，积累了丰硕的成果，为了筛选出其中技术先进、数据可靠、经济合理的检测方法来满足量大面广的建筑物鉴定加固的需要，国家计委和建设部下达了制订本标准的任务。

1.0.2 本标准所列方法主要是为已有建筑物和一般构筑物进行可靠性鉴定时，采集现场砌体强度参数而制定的方法，有时亦用于建筑物施工验收阶段。本标准明确规定，本标准所列各方法均不能代替施工和验收阶段已有明确规定的各种材料和衡量施工质量的检测方法，即在施工和验收阶段应执行《砌体工程施工及验收规范》GB 50203 等的规定。仅是在出现本条所述情况时，可用本标准所列方法进行现场检测，综合考虑砂浆、砖和砌筑质量对砌体各项强度的影响，作为工程是否验收还是应作处理的依据。

3 基 本 规 定

3.1 检测程序及工作内容

3.1.1 本条给出一般检测程序的框图，当有特殊需要时，亦可按鉴定需要进行检测。有些方法的复合使用，本标准亦未作详细规定（如有的先用一种非破损方法大面积普查，根据普查结果再用其他方法在重点部位和发现问题处重点检测），由检测人员综合各方法特点调整检测程序。

3.1.2 调查阶段是重要的阶段，应尽可能了解和搜集有关资料，不少情况下委托方提不出足够的原始资料，还需要检测人员到现场收集；对重要的检测，可先行初检，根据初检分析，进一步收集资料。

3.1.3 见第3.3节说明。

3.1.4 设备仪器的校验非常重要，有的方法还有特殊的规定，如射钉法。每次试验时，试验人员应对设备的可用性作出判定并记录在案。

3.2 检测单元、测区和测点

3.2.1 明确提出了检测单元的概念及确定方法，检测单元是根据下列几项因素规定的：(1) 检测是为鉴定采集基础数据，对建筑物鉴定时，首先应根据被鉴定建筑物的构造特点和承重体系的种类，将该建筑物划分为一个或若干个可以独立进行分析（鉴定）的结构单元，故检测时应根据鉴定要求，将建筑物划分成同样的结构单元；(2) 在每一个结构单元，采用对新施工建筑同样的规定，将同一材料品种、同一等级 250m³ 砌体作为一个母体，进行测区和测点的布置，我们将此母体称作为"检测单元"；故一个结构单元可以划分为一个或数个检测单元；（3）当仅仅对单个构件（墙片、柱）或不超过250m³的同一材料、同一等级的砌体进行检测时，亦将此作为一个检测单元。

3.2.2~3.2.3 测区和测点的数量，主要依据砌体工程质量的检测需要，检测成本（工作量），与现有检验与验收标准的衔接，各检测方法以及科研工作基础，运用数理统计理论，作出的统一规定。

3.3 检测方法分类及其选用原则

3.3.1 现场检测一般都是在建筑物建成后，根据第1.0.2条所述原因进行检测，大量还是在建筑物使用过程中的检测，砌体均进入了工作状态。一个好的现场检测方法是既能取得所需的信息，而且在检测过程中和检测后对砌体既有性能不造成负影响。但这两者有一定矛盾，有时一些局部破损方法能提供更多更准确的信息，提高检测精度。鉴于砌体结构的特点，一般情况下局部的破损易于修复，修复后对砌体的既有性能无影响或影响甚微。故本标准除纳入非破损检测方法外，还纳入了局部破损检测法，供使用者根据构件允许的暂时破损程度进行选择。

3.3.2 现在的现场检测，主要是根据不同目的想获得砌体抗压强度、砌体抗剪强度、砌筑砂浆强度，本标准分别推荐了几种方法。有时还需要砖的抗压强度，本标准未考虑砖强度的测试方法，因为可直接从墙上取数量不多的砖，按现行标准在试验室内进行试验，可直接获得更为准确的结果。

3.3.3 本标准的检测方法大部分进行过专门的研究，研究成果通过鉴定并取得试用经验，有的还制订了地方标准。在本标准编制过程中，专门进行了较大规模的验证性考核试验，编制组全体成员参加和监督了考核全过程，通过这些材料和实践的认真分析，编制组讨论了各种方法的特点，适用范围和应用的局限性，并汇总于本条的表中。各使用单位可根据自己检测的目的，分别选用一种或数种检测方法。

3.3.4 本条是从构件安全考虑，对局部破损方法的一个限制，这些墙体最好用非破损方法检测，在宏观检测或经验判断基础上，在相邻部位具体检测，综合推定其强度。

4 原位轴压法

4.1 一般规定

4.1.1 原位轴压法是西安建筑科技大学在扁顶法基础上提出的，具有设备使用周期长、变形适应能力强、操作简便的优点，对砂浆强度低，变形很大或砌体强度较高的砌体均可适用。其缺点是原位压力机较重，其中油缸式液压扁顶重约25kg，搬运比较费力。重庆市建筑科学研究院对原位轴压法进行了较多的试验和试点应用工作，并主编了四川省地方标准《原位轴压法测定砌体抗压强度技术规程》DB 51/5007—94。在上述工作基础上，本标准编制组又组织了两次验证性考核，决定纳入本标准。

原位轴压法属原位测试砌体抗压强度方法，与测试砖及砂浆的强度间接推算砌体抗压强度相比，更为直观和可靠。测试结果除能反映砖和砂浆的强度外，还反映了砌筑质量对砌体抗压强度的影响。砌体的原材料指标相同，仅砌筑质量不同，砌体抗压强度可相差一倍以上。因而这是原位轴压法的优点。由于目前对比试验是以240mm厚的普通砖（包括黏土砖、灰砂砖、页岩砖等）砌体进行的；暂时仅适用于测试普通砖砌体的抗压强度。

4.1.2 本条对测试部位作了规定，均是在试验和使用经验的基础上为满足测试数据可靠、操作简便、保证房屋安全等要求而规定的。

测试部位离楼地面1m高度处，是考虑压力机和手动泵之间的连接高压油管一般长约2m，这样在试验过程中，手动泵、油压表放在楼、地面上即可。同时，此高度对人工搬运压力机较为省力。两侧约束墙体的宽度不小于1.5m；同一墙体上多于一个测点时，水平净距不小于2.0m。这两项规定都是为了保证槽间砌体两侧有足够的约束墙体，防止因约束不足出现的约束墙体剪切破坏，从而准确地测定砌体抗压强度。一般在横墙上试验时，建议试验点取在横墙中间。

4.2 测试设备的技术指标

4.2.1～4.2.2 原位压力机是1987年由西安建筑科技大学研制的，在研制过程中，必须解决两个关键的问题：一个是在扁顶高度尺寸受限制的条件下，当扁顶工作压力达20MPa以上时保证严格的密封和防尘措施；另一个是当油缸遇到偏心荷载作用时，防止油缸内腔和柱塞之间的同心受到破坏而造成油缸泄漏和缩短寿命。对此采用了内腔特殊油路、柱塞上加设球铰调正偏心等方法，合理解决了两者之间相互制约的矛盾。近年来，有的单位研制了更大吨位的原位压力机，使用时亦应遵守本标准规定。

4.3 试 验 步 骤

4.3.1 试验时，上水平槽内放置反力板，下水平槽内放置液压扁顶。450型和600型压力机的扁顶高度不同，因而下水平槽的净空高度要求也不相同。

试验表明，对240mm厚的墙体，两槽之间相隔7皮砖（约430mm）是最佳距离，两槽相隔较大时，槽间砌体强度将趋近砌体的局压强度；两槽间距过小时，水平灰缝过少，砌体强度将接近块体强度。一般情况下，相隔7皮砖时，可获得槽间砌体的最低强度。

4.3.2 考虑到目前国内砌体砌筑水平和砖块大面的平整度，为保证压力机使槽间砌体均匀受压，在接触面上需要加设垫层，最好加石膏，也可用湿细砂均匀铺设。为了保证槽间砌体轴心受压，使两个承压板上下对齐后，首先用四根钢拉杆的螺母调整其平行度。实践证明，当其四根拉杆控制长度误差不大于2mm时，此误差可由设备上的球铰调正，以此即能保证均匀轴心受压。

4.3.3～4.3.5 参照现行国家标准《砌体基本力学性能试验方法标准》GBJ 129作出这三条的规定。

由于试验人员对原位压力机操作熟练程度存在差异等原因，试验过程中，槽间砌体可能出现局部受压或偏心受压的情况，导致试验结果偏低。出现这些情况时，应中止试验，调整试验装置或垫平压板与砌体的接触面。

4.4 数 据 分 析

4.4.1～4.4.4 槽间砌体抗压强度值，是在有侧向约束条件下测得的，其值高于现行国家标准《砌体基本力学性能试验方法标准》GBJ 129规定的在无侧向约束条件下测得的标准试件的抗压强度。为了便于与现行国家标准《砌体结构设计规范》GBJ 3 对比和使用，应将槽间砌体的抗压强度换算为标准的砌体抗压强度，即将槽间砌体抗压强度除以强度换算系数 ξ_{1ij}，该系数是通过墙体中约束砌体抗压强度和同条件下标准试件抗压强度对比试验确定的。有限元分析和试验均表明，槽间砌体两侧的约束墙肢宽度和约束墙肢上的压应力 σ_{oij} 是影响其大小的主要因素，当约束墙肢宽度达到 1.0m 以上时，即可提供足够的约束而不再考虑约束墙肢宽度的影响。因此本方法规定，测点两侧均应有 1.5m 宽的墙体。在确定 ξ_{1ij} 时，仅考虑 σ_{oij} 的影响，σ_{oij} 越大，槽间砌体强度越高，ξ_{1ij} 也越大。根据西安建筑科技大学和重庆建筑科研院进行的 73 片墙 37 组对比试验结果，进行回归统计：

$$\xi_{1ij} = 1.364 + 0.54\sigma_{oij}$$

平均比值 $\mu = 1.000$，变异系数 $\delta = 0.073$，相关系数 $r = 0.876$。试验表明，当 σ_{oij} 过大时（$\sigma_{oij}/f_m > 0.4$，此处 f_m 为砌体极限抗压强度），ξ_{1ij} 将不再随 σ_{oij} 线性增长；当 $\sigma_{oij}/f_m = 1$ 时，$\xi_{1ij} = 1$。考虑到实际工作中 σ_{oij} 一般均在 $0.4f_m$ 以下，故采用了运算简便的线性表达式，偏于安全。本方法建议按下式计算：

$$\xi_{1ij} = 1.36 + 0.54\sigma_{oij}$$

可按两种方法取用 σ_{oij}：第一，一般情况下，用理论方法计算，即计算传至该槽间砌体以上的所有墙体及楼屋盖荷载标准值，楼层上的可变荷载标准值可根据实际情况确定，然后换算为压应力值。第二，对于重要的鉴定性试验，宜采用实测压应力值。

5 扁 顶 法

5.1 一 般 规 定

5.1.1 扁式液压顶法（简称扁顶法）是湖南大学研究的检测原位砌体承载力和砌体受压性能的新技术。在砖墙内开凿水平灰缝槽，此时应力释放，在槽内装入扁式液压千斤顶（简称扁顶）后进行应力恢复，从而直接测得墙体的受压工作应力，并通过测定槽间砌体的抗压强度和轴向变形值确定其标准砌体抗压强度和弹性模量。

本方法设备轻便、易于操作、直观可靠，并可使墙体受压工作应力、砌体弹性模量和砌体抗压强度等测定一次完成。

扁顶法是在试验墙体上部所承受的均匀压应力为 0～1.37MPa，标准砌体抗压强度最大为 3.04MPa 的情况下，为试验结果和理论分析所证实。对于 8 层及 8 层以下的民用房屋，采用本方法确定砖墙中砌体抗压强度有足够的准确性。

因墙体所承受的主应力方向已定，且垂直方向的主压应力是主要控制应力，当沿水平灰缝开凿一条应力解除槽（正文图 5.1.1a），槽周围的墙体应力得到部分解除，应力重新分布。在槽的上下设置变形测量点，可直接观测到因开槽而带来的相对变形变化，即因应力解除而产生的变形释放。将扁顶装入恢复槽内，向其供油压，当扁顶内压力平衡了预先存在的垂直于灰缝槽口面的静态应力时，即应力状态完全恢复，所求墙体受压工作应力即可由扁顶内的压力表显示。分析表明，当扁顶施压面积与开槽面积之比等于或大于 0.8 时，用变形恢复来控制应力恢复相当准确。

在墙体内开凿两条水平灰缝槽（正文图 5.1.1b）并装入扁顶，则扁顶间所限定的砌体

(槽间砌体)，相当于试验一个原位标准砌体试件。对上下两个扁顶供油压，便可测得砌体的变形特征（如砌体弹性模量）和砌体的极限抗压强度。

5.1.2 本条对测试部位的规定，同本标准4.1.2条。

5.2 测试设备的技术指标

5.2.1~5.2.3 在扁顶法中，扁式液压千斤顶既是出力元件又是测力元件，要求扁顶的厚度小于水平灰缝厚度，且具有较大的垂直变形能力，一般需采用1Cr18Ni9Ti等优质合金钢薄板制成。当扁顶的顶升变形大于10mm，或取出一皮砖安设扁顶试验时，应增设钢制可调楔形垫块，以确保扁顶可靠的工作。扁顶的定型尺寸有250mm×250mm×5mm和250mm×380mm×5mm等，可视被测墙体的厚度加以选用。

5.3 试 验 步 骤

5.3.1~5.3.3 应用扁顶法，须根据测试目的采用不同的试验步骤，主要应注意下列三点：

1. 仅测定墙体的受压工作应力，在测点只开凿一条水平灰缝槽，使用1个扁顶。
2. 测定墙体受压工作应力和砌体抗压强度：在测点先开凿一条水平槽，使用一个扁顶测定墙体受压工作应力；然后开凿第二条水平槽，使用两个扁顶测定砌体弹性模量和砌体抗压强度。
3. 仅测定墙内砌体抗压强度，同时开凿两条水平槽，使用两个扁顶。

5.4 数 据 分 析

5.4.1~5.4.5 槽间砌体的受力状态与标准砌体的受力状态有较大的差异，为了研究槽间砌体的上部垂直压应力(σ_{oij})和两侧墙肢约束的影响，运用四结点平面矩形单元，对墙体应力进行了有限元分析。在此基础上，考虑到砌体的塑性变形性能，建立了两槽间砌体的计算受力图形。根据 Alexander 垂直于扁顶的岩石应力公式，推导得到槽间砌体的极限状态方程为

$$(a + k\sigma_{oij})f_{uij} = (b + m\sigma_{oij})f_{m,ij}$$

根据试验结果，当 $\sigma_{oij}=0$ 时，参数 $a=1$，$b=1.18$，它是两侧墙体对槽间砌体约束作用的结果；在 σ_{oij} 作用下，上述侧向约束还与 f_{uij} 和 $f_{m,ij}$ 等因素有关，

$$k = 4.18\frac{\sigma_{oij}}{f_{uij}} \cdot \frac{f_{m,ij}}{f_{uij}^2}, m = 4/f_{uij}$$

从而得

$$f_{uij} = \left[1.18 + \frac{4\sigma_{oij}}{f_{uij}} - 4.18\left(\frac{\sigma_{oij}}{f_{uij}}\right)^2\right]f_{m,ij}$$

故槽间砌体的抗压强度换算为标准砌体的抗压强度，应按条文中式（5.4.4-1）和式（5.4.4-2）确定。

根据湖南大学所做试验和实测，按上式的计算值与14片墙体试件的试验结果比较，其平均比值为1.011，变异系数为0.134；与五幢5~8层的住宅和办公楼房屋中的实测（实测部位16处）结果比较，其平均比值为1.038，变异系数为0.151。

自1985年至今，仅湖南大学土木系采用扁顶法已在百余幢房屋的测定中应用，其中新建房屋墙体承载力测定占80%，工程事故原因分析试验占8%，旧房加层或改造对旧房的可靠性测定占12%。

6 原位单剪法

6.1 一般规定

6.1.1 原位砌体通缝单剪法主要是依据国内以往砖砌体单剪试验方法并参照原苏联的砌体抗剪试验方法编制的。现行国家标准《砌体基本力学性能试验方法标准》GBJ 129 自颁布施行以来，将砌体单剪试验方法改为双剪试验方法，但单剪、双剪两种方法的对比试验结果通过 t 检验，没有显著性差异，只是前者的变异系数略大，作为一种长期使用过的经验方法，仍有其实用性。

测点选在窗洞口下部，对墙体损伤较小，便于安放检测设备，且没有上部压应力等因素的影响，测试结果直接、准确。

6.1.3 加工、制备试件过程中，被测灰缝如发生明显的扰动，应舍去此试件。

6.2 测试设备的技术指标

6.2.1 试件的预估破坏荷载值，可按试探性试验确定，也可按现行国家标准《砌体结构设计规范》GBJ 3 的公式计算。

6.2.2 本方法所用检测仪表，使用频率往往较低，经常是放置一段较长时间后再次使用，故要求每次进行工程检测前，应进行标定。

6.3 试验步骤

6.3.1 如使用手提切片砂轮或木工锯在墙体上开凿切口，对墙体扰动很小，可不考虑其不利影响。

6.3.2~6.3.3 谨慎地做好施加荷载前的各项工作，尤其是正确地安装加荷系统及测试仪表，是获得准确测试结果的必要保证。千斤顶加力轴线严格对准被测灰缝的上表面，可减小附加弯矩和撕拉应力，或避免灰缝处于压应力状态。

6.3.4 编写本条系参照现行国家标准《砌体基本力学性能试验方法标准》GBJ 129 第 4.0.3 条的规定。

6.3.5 检查剪切面破坏特征及砌体砌筑质量，有利于对试验结果进行分析。

6.4 数据分析

6.4.1~6.4.3 根据试验结果所进行的抗剪强度计算属常规计算。

7 原位单砖双剪法

7.1 一般规定

7.1.1 原位单砖双剪法是陕西省建筑科学研究院研究的砌体抗剪强度检测方法，目前在烧结普通砖砌体上已经取得较好的效果；对于其他各种规格块材的砌体，有待补充一些基本试验数据，尚可应用，但就其原理而言，它也是适用的。

7.1.2 应用原位单砖双剪法时，如条件允许，宜优先采用释放上部压应力 σ_0 的试验方案，该试验方案可避免由于 σ_0 引起的附加误差，但对砌体损伤稍大。当采用有上部压力 σ_0 作用下的试验方案时，可按理论计算 σ_0 值。

7.1.3 墙体的正、反手砌筑面，施工质量多有差异，故规定正反手砌筑面的测点数量宜接近或相等。

为保证墙体能够提供足够的反力和约束，故对洞口边试件的布设做了限制。为确保结构安全，严禁在独立砖柱和窗间墙上设置测点。后补的施工洞口和经修补的砌体无代表性，故规定不应在其上设点测试。

7.2 测试设备的技术指标

7.2.1 原位剪切仪的主机是一个便携式千斤顶，其他（如油泵、压力表、油管）则为商品部件，易于拆卸和组装，便于运输、保管和使用。

7.2.2 对于现场检测仪器，示值相对误差不大于3%是一个比较实用的指标。砌体结构工程的砌体抗剪强度变异系数一般较大，在这种情况下，仪器的测量能力指数有时可达10:1，富余量偏大，但考虑到测量过程中的其他因素（如块材尺寸、上部垂直压力等）这个富余也是必要的。

7.2.3 原位剪切仪已由陕西省建筑科学研究院研制成功并开始批量生产，但其应有的计量校准周期尚无确切资料。因此，参考一般同类仪器，暂定半年为其检验周期。

7.3 试 验 步 骤

7.3.1 本条要求置放主机的孔洞应开在离砌体边缘远端，其目的是要保证墙体提供足够的反力和约束。

7.3.2 掏空的灰缝4（见正文图7.3.2），必须满足完全释放上部压应力的需要，以确保测试精度。

7.3.3 试件块材的完整性及上、下灰缝质量是影响测试结果的主要因素，为了减小测试附加误差，必须严加控制这两个因素。

7.3.4 原位剪切仪主机轴线与被推砖轴线的吻合程度，对试验结果将产生较大影响，故要求两者的轴线重合。

7.3.5 原位单砖双剪法的加荷速度，是引自现行国家标准《砌体基本力学性能试验方法标准》GBJ 129 中的砌体通缝抗剪强度试验方法。

7.4 数 据 分 析

7.4.1～7.4.2 按照原位单砖双剪法的试验模式，当进行试验的砌体厚度大于砖宽时，参加工作的剪切面除试件的上、下水平灰缝外，尚有：沿砌体厚度方向相邻竖向灰缝作为第三个剪切面参加工作；在不释放试件上部垂直压应力时，上部垂直压应力对测试结果的影响；原位单砖双剪法试件尺寸为《砌体基本力学性能试验方法标准》GBJ 129 试件的1/3，因此其结果含有尺寸效应的影响，且其受力模式与标准试件也有所不同。对此，试验研究工作中确定了它们各自的修正系数 α、β、γ，最后综合分析，确定为正文中的式（7.4.1）。

8 推 出 法

8.1 一 般 规 定

8.1.1 本条所定义的推出法,主要测定推出力和砂浆饱满度两项参数,据此推定砌筑砂浆抗压强度,它综合反映了砌筑砂浆的质量状况和施工质量水平,与我国现行的施工规范及工程质量评定标准相结合,较为适合我国国情。该方法是河南省建筑科学研究院研究的,并编制了河南省地方标准,在此基础上,纳入了本标准。

建立推出法测强曲线时,选用了烧结普通砖和灰砂砖,故对其他砖尚需通过试验验证。本条规定砂浆测强范围为M1.0~M15,当砂浆强度等级低于M1.0或高于M15时,绝对误差较大。

8.1.2 在建立测强曲线时,灰缝厚度按现行国家标准《砌体工程施工及验收规范》GB 50203的规定,控制在8~12mm之间进行对比试验。据有关资料介绍,不同灰缝厚度对推出力有影响。因此本条规定,现场测试时,所选推出砖下的灰缝厚度应在8~12mm之间。

8.2 测试设备的技术指标

8.2.1 砂浆强度等级在M15以下时,最大推出力一般均小于30kN,研制该套测试设备时,按极限推力为35kN进行设计;为安全起见,规定加载螺杆施加的额定推力为30kN。

推出被测丁砖时,位移是很小的,规定螺杆行程不小于80mm,主要是考虑测试时,现场安装方便。

8.2.2~8.2.3 仪器的峰值保持功能,可使抗剪破坏时的最大推力保持下来,从而提高测试精度,减少人为读数误差。

仪器性能稳定性是准确测量数据的基础,一般要求能连续工作4h以上。校验推出力峰值测定仪时,在4h内读数漂移小于0.05kN,即可认为仪器的稳定性能良好。

8.3 试 验 步 骤

8.3.1 推出法推定砌筑砂浆抗压强度是一种在墙上直接测试的原位检测技术,本条对加力测试前的准备工作步骤作了较详细而明确的规定。

8.3.2 传感器作用点的位置直接影响被推出砖下灰缝的受力状况,本方法在试验研究时,均是使传感器的作用点水平方向位于被推出砖中间,铅垂方向位于被推出砖下表面之上15mm处进行推出试验,故在现场测试时应与此要求保持一致,横梁两端和墙之间的距离可通过挂钩上的调整螺栓进行调整。

8.3.3 试验表明,加荷速度过快会使试验数据偏高,因此规定加荷速度控制在5kN/min左右,以提高测试数据的准确性。

8.3.4 本条规定的推出砖下砂浆饱满度的测试方法及所用的工具,按现行国家标准《建筑工程质量检验评定标准》GBJ 301的有关规定执行。

8.4 数 据 分 析

8.4.1~8.4.2 在建立推出法测强曲线时,是以测区的推出力均值 N_i 及砂浆饱满度均值 B_i 进行统计分析的,这两条的规定主要是为了和建立曲线时的试验协调一致。

目前我国建筑工程所用的普通砖主要为烧结砖和蒸压砖两大类,常见的烧结砖为机制黏土砖,蒸压砖为灰砂砖。对比试验结果表明,灰砂砖的"f_2-N"曲线和黏土砖"f_2-N"曲线存在显著差异,第 8.4.3 条中的计算公式是以黏土砖为基准建立起来的,对灰砂砖 N_i 值尚应乘以修正系数后,方可代入式(8.4.3-1)进行计算。

8.4.3 在测试技术和数据处理方法基本一致的条件下,通过试验室对比试验及现场对比试验,共计 198 组试验数据,经统计分析而得出曲线,最后归纳为式(8.4.3-1),该式的相对标准差 $s_r=20.9\%$,平均相对误差 $s_r=16.7\%$。

9 筒 压 法

9.1 一 般 规 定

9.1.1 筒压法是由山西省第四建筑工程公司等十个单位试验研究成功的测试砂浆强度的方法,并编制了山西省地方标准。在此基础上,经过验证性考核试验,纳入了本标准。

9.1.2 本条明确划定了筒压法的适用范围,应用本方法时,使用范围不得外延。

9.1.3 本方法对遭受火灾、化学侵蚀的砌筑砂浆未进行试验研究,故规定不得在这些条件下应用。

9.2 测试设备的技术指标

9.2.1~9.2.2 本方法所用的设备、仪器、工具,一般建材试验室均已具备。其中的承压筒,可参照正文中的图 9.2.1,自行加工。

9.3 试 验 步 骤

9.3.1 为保证所取砂浆试样的质量较为稳定,避免外部环境及碳化等因素的影响,提高制备粒径大于 5mm 试样的成品率,规定只取距墙面 20mm 以内的水平灰缝的砂浆,且砂浆片厚度不得小于 5mm。取样的具体数量,可视砂浆强度而定,高者可少取,低者宜多取,以足够制备 3 个标准试样并略有富余为准。

9.3.2 对样品进行烘干,是为消除砂浆湿度对强度的影响,亦利于筛分。

9.3.3 为便于筛分,每次取烘干试样 1kg。筛分分为:本条中的筒压试验前的分级筛分和第 9.3.6 条筒压试验后的分级筛分。每次筛分的时间对测定筒压比值均有影响。筛分时间应取不同品种、不同强度的砂浆筛分时,均能较快稳定下来的时间。经测定,用 YS-2 型摇摆式筛分机需 120s,人工摇筛需 90s。为简化操作,增强可比性,将上述两类筛分时间予以统一,取同一值,但人工筛分,人为影响因素较大,尤其对低强砂浆,应注意摇筛强度保持一致。具备摇筛机的试验室,应选用机械摇筛。

承压筒内装入的试样数量,对测试筒压比值有一定影响,经对比试验分析,确定每个标准试样数量500g。

每个测区取3个有效标准试样，可避免测试值的单向偏移，并减小抽样总体的变异系数。

9.3.4 为减小装料和施压前的搬运对装料密实程度的影响，制定了两次装料，两次振动的程序，使承压前的筒内试样的紧密程度基本一致。

9.3.5 筒压荷载较低时，砂浆强度越高则筒压比值越拉不开档次；筒压荷载较高时，砂浆强度越低，则筒压比值越拉不开档次。经对试验值的统计分析，对不同品种砂浆分别选用了不同的筒压荷载值。本条所定的筒压荷载值，在常用砂浆强度范围内，是合适的。

关于加荷速度，经检测，在20～70s内加荷至规定的筒压荷载时，对筒压比值的影响并不显著；恒荷时间，在0～60s范围内，对筒压比值亦无显著性影响。本条关于加荷制度的规定，是基于这两方面的试验结果。

9.3.6 人工摇筛的人为影响因素较大，亦如前述，对低强砂浆，在筛分过程中，由于颗粒之间及颗粒与筛具之间的摩擦碰撞，不断产生粒径小于5mm的颗粒，不能像砂石筛分那样精确定量。

9.3.7 筛分前后，试样量的相对差值若超过0.5%，则试验工作可能有误，对检测结果（筒压比）有影响。

9.4 数 据 分 析

9.4.1～9.4.2 筒压比以5mm筛的累计筛余比值表示，可较为准确地反映砂浆颗粒的破损程度，据此推定砂浆强度。破损程度大，砂浆强度低；破损程度小，砂浆强度高。

9.4.3 本条所列公式，系根据试验结果，经1861个不同条件组合的回归优选中确定的，相关指数均在0.85以上。

10 砂 浆 片 剪 切 法

10.1 一 般 规 定

10.1.1～10.1.2 砂浆片剪切法是宁夏回族自治区建筑工程研究所研究的一种取样测试方法，通过测试砂浆片的抗剪强度，换算为相当于标准砂浆试块的抗压强度。

试验研究表明，砂浆品种、砂子粒径、龄期等因素对本方法的测试无显著影响。据此规定了本方法的适用范围。

10.2 测试设备的技术指标

10.2.1～10.2.3 砂浆片属小试件，破坏荷载较小，对力值精度、刀片定位精度要求较高，为此宁夏回族自治区建筑工程研究所研制了定型仪器。

砌筑砂浆测强仪采用液压系统施加试验荷载，示值系统为量程0～0.16MPa、0～1MPa的带有被动针的0.4级压力表，该仪器重量轻、体积小，测强范围广，测试方便，可携带至现场检测，使砂浆片剪切法具有现场检测与取样检测两方面的优点。

砌筑砂浆测强标定仪系砌筑砂浆测强仪出厂标定、使用中定期校验的专用仪器；其计量标准器系三等标准测力计（压力环），需经计量部门定期校验。

10.3 试验步骤

10.3.1～10.3.2 将砂浆片的大面、条面加工成规则形状，有利于试件正常受力，且便于在条形钢块与下刀片刃口面上平稳放置，以及试件与上下刀片刃口面良好的接触。

建筑物基础与上部结构两部分比较，砌体内砂浆的含水率往往有较大差异。中、低强度的砂浆，软化系数较大且非定值。为厂准确测试砂浆在结构部位受力时的实际强度，应考虑含水率这一影响因素。砂浆试件存于密封袋内，避免水分散失，使其含水率接近工程实际情况。

砂浆片试件尺寸在本条规定的范围内，其宽度和厚度（即受剪面积）对试验结果没有不良的影响。

10.3.3～10.3.4 加荷速度过快，可能造成试件被冲击破坏，测试结果失真。低强砂浆可选用较小的加荷速度，高强砂浆的加荷速度亦不宜大于10N/s。

10.4 数据分析

10.4.1 一次连续砌墙高度对灰缝中的砂浆紧密程度有影响，即初始压应力对砂浆片强度有影响。但在工程的检测工作中，多数情况无法准确判定压砖皮数 n 值。这时，施工时砌体的初始压力修正系数值可取 0.95。该值大体对应砂浆试件在砌体中承受 6 皮砖的初始压力。工程中的多数灰缝如此。

10.4.2～10.4.4 按照本方法所限定的试验条件，对比试验表明，砂浆试块强度与砂浆片抗剪值之间具有较好的线性相关关系，经回归分析并简化后，即为式（10.4.2）。

11 回 弹 法

11.1 一 般 规 定

11.1.1 回弹法是四川省建筑科学研究院研究的砂浆强度无损检测方法，并编制了四川省地方标准。通过试验研究和验证性考核试验，证明砂浆回弹值同砂浆强度及碳化深度有较好的相关性，故将此方法纳入本标准。

11.1.2 测位是回弹测强中的最小测量单位，相当于其他检测方法中的测点，类似于现行行业标准《回弹法检测混凝土抗压强度技术规程》JGJ/T 23 的测区。

墙面上的部分灰缝，由于灰缝较薄或不够饱满等原因，不适宜于布置弹击点，因此一个测位的墙面面积宜大于 $0.3m^2$。

11.1.3 本方法对经受高温、长期浸水、冰冻、化学侵蚀、火灾等情况的砖砌体，以及其他块材的砌体，未进行专门研究，故不适用。

11.2 测试设备的技术指标

11.2.1～11.2.3 四川省建筑科学研究院与有关建筑仪器生产厂合作，研制出适宜于砂浆测强用的专用回弹仪，其结构合理，性能稳定可靠，符合现行国家标准《回弹仪》GB 9138 的规定，已经批量生产，投放市场。

回弹仪的技术性能是否稳定可靠，是影响砂浆回弹测强准确性的关键因素之一，因此，回弹仪必须符合产品质量要求，并获得专业质检机构检验合格后方可使用；使用过程中，应定期检验、维修与保养。

11.3 试验步骤

11.3.1 砌体灰缝被测处平整与否，对回弹值有较大的影响，故要求用扁砂轮或其他工具进行仔细打磨至平整。

11.3.2 经对比试验，每个测位分别使用回弹仪弹击 10 点、12 点、16 点，回弹均值的波动性小，变异系数均小于 0.15。为便于计算和排除测试中视觉、听觉等人为误差，经异常数据分析后，决定每一测位弹击 12 点，计算时采用稳健统计，去掉一个最大值，一个最小值，以 10 个弹击点的算术平均值作为该测位的有效回弹测试值。

11.3.3 在常用砂浆的强度范围内，每个弹击点的回弹值随着连续弹击次数的增加而逐步提高，经第三次弹击后，其提高幅度趋于稳定。如果仅弹击一次，读数不稳，且对低强砂浆，回弹仪往往不起跳；弹击 3 次与 5 次相比，回弹值约低 5%。由此选定：每个弹击点连续弹击 3 次，仅读记第 3 次的回弹值。测强回归公式亦按此确定。

正确地操作回弹仪，可获得准确而稳定的回弹值，故要求操作回弹仪时，使之始终处于水平状态，其轴线垂直于砂浆表面，且不得移位。

11.3.4 同混凝土相比，砂浆的强度低，密实度较差，又因掺加了混合材料，所以碳化速度较快。碳化增加了砂浆表面硬度，从而使回弹值增大。砂浆的碳化深度和速度，同龄期、密实性、强度等级、品种及砌体所处环境条件均有关系，因而碳化值的离散性较大。为保证推定砂浆强度值的准确性，要求对每一测位都要准确地测量碳化深度值。

11.4 数据分析

11.4.1～11.4.2 详见第 3 节"试验步骤"说明。

11.4.3～11.4.4 本方法研究过程中，曾根据原材料、砂浆品种、碳化深度、干湿程度等建立了 16 条测强曲线，经化简合并，剔除次要因素，按碳化深度整理而成本条中的三个计算公式。公式的相关系数均在 0.85 以上，满足精度要求。由于现场情况的复杂性和人为操作误差，回弹强度与标准立方体砂浆试块抗压强度比较，有时相对误差略大。

12 点 荷 法

12.1 一 般 规 定

12.1.1～12.1.2 点荷法属取样测试方法，由中国建筑科学研究院研究成功并提供给本标准。经本标准编制组统一组织的验证性考核试验，其测试结果与标准砂浆试块强度吻合性较好。

对于其他块材砌体中的砂浆强度，本方法未进行专门试验，所以仅限于推定烧结普通砖砌体中的砌筑砂浆强度。

12.2 测试设备的技术指标

12.2.1 试样的点荷值较低,为保证测试精度,规定选用读数精度较高的小吨位压力试验机。

12.2.2 制作加荷头的关键是确保其端部截球体的尺寸。截球体尺寸与一般试验机上的布式硬度测头一致。

12.3 试 验 步 骤

12.3.1 从砖砌体中取出砂浆薄片的方法,可采用手工方法,也可采用机械取样方法,如可用混凝土取芯机钻取带灰缝的芯样,用小锤敲击芯样,剥离出砂浆片。后者适用于砂浆强度较高的砖砌体,且备有钻机的单位。

砂浆薄片过厚或过薄,将增大测试值的离散性,最大厚度波动范围不应超过 5~20mm,宜为 10~15mm。现行国家标准《砌体工程施工及验收规范》GB 50203 规定灰缝厚度为 10±2mm,所以选取适宜厚度的砂浆薄片并不困难。作用半径即荷载作用点至试样破坏线边缘的最小距离,其波动范围应取 15~25mm。

12.3.2~12.3.4 试验过程中,应使上、下加荷头对准,两轴线,重合并处于铅垂线方向;砂浆试样保持水平。否则,将增大测试误差。

一个试样破坏后,可能分成几个小块。应将试样拼合成原样,以荷载作用点的中心为起点,量测最小破坏线直线的长度即作用半径,以及实际厚度。

12.4 数 据 分 析

12.4.1~12.4.2 式(12.4.1-1)~式(12.4.4-3)是中国建研院在经验回归公式的基础上略作简化处理而得到的。经在实际工程中应用的效果检验,和本标准编制组统一组织的验证试验,准确性较好。

13 射 钉 法

13.1 一 般 规 定

13.1.1~13.1.2 射钉法是陕西省建筑科学研究院研究的砂浆强度无损检测方法。射钉在砂浆中的射入量与砂浆立方体抗压强度之间,在检验概率 $\alpha=0.05$ 条件下,具有显著的幂函数相关性;射钉在砂浆立方体试块上射入量的变异系数约为 0.09(与试验机上抗压强度试验结果相当),在砌体灰缝中射入量的变异系数约为 0.16。在陕西省,射钉法测定砂浆强度已取得了一定的试用经验,证明了它简便易行的实用性,其测试精度也在编制组的 1993 年验证试验中得到证实。

射钉法的原理可适用于任何砌体中各种砂浆的测强工作,但目前的研究工作仅建立了在烧结普通砖和多孔砖砌体上测定 M2.5~M15 级水泥石灰混合砂浆强度的测强方程。因此在新的研究工作完成之前,尚不能扩大其应用范围。

13.2 测试设备的技术指标

13.2.1~13.2.2 射钉法属动测法，但在使用中无法以动能控制其计量性能，因此提出了附录A的控制标准射入量的方法。关于射钉枪应有的主要指标，说明如下：

（1）本标准使用的测强方程的依据是国营南山机器厂DDA87S8型射钉的射入量，因此在实用中仍须使用与之相同的射钉作为本标准的射钉。

（2）允许误差和重复性误差是依据本标准编制组对动测仪器的规定而确定的。

（3）标准射入量依据本方法提供单位的资料取值。

13.2.3~13.2.4 在射钉法中，射钉和射钉弹是消耗品。不同批号的射钉和射钉弹，因使用磨损后的射钉器，它们都可能对测量结果产生影响，因此必须定时定批配套校准和配套使用。半年或1000发的校准周期是本标准的暂行规定，在有充分资料依据的情况下允许适当调整。

13.3 试验步骤

13.3.1 通常，砌体工程的洞口附近和经修补的砌体，其灰缝或是已被扰动，或是有强度较高的不同批号的砂浆，因此不应在其上布置测点。

13.3.2 当测点表面有粉刷、勾缝等覆盖层或有较疏松的砂浆时，或灰缝存在倾斜的表面时，均影响测试结果，因此必须予以清除和修理平整。

13.3.3~13.3.4 射钉擦靠块材或明显倾斜将影响测试结果。凡有这类情况的射钉，其射入量都应被剔除。

13.4 数据分析

13.4.1~13.4.2 本条的射钉方程和表13.4.2中的射钉常数。均引自陕西省建筑科学研究院的科研成果。但原成果用于低强度等级砂浆的测强工作时，存在较大的正误差，使其结果偏于不安全，为此经验证试验后对常数 a 作了调整。调整后的低端相对误差为14%，高端相对误差为12.4%。验证性试验结果，按原回归公式，高强砂浆相对误差为8%，低强砂浆为37%，对系数 a 作了调整后，相对误差则分别为17%和24%。

14 强度推定

14.0.1 异常值的检出和剔除，可以测区为单位，对其中的 n_1 个测点的检测值进行统计分析。一般情况下，n_1 值较小，也可以检测单元为单位，以单元的所测点为对象，合并进行统计分析。

当检出异常值后（特别是对砌体抗压或抗剪强度进行分析时），需首先检查产生异常值的技术上的或物理上的原因，如砌体所用材料和施工质量可能与其他测点的墙片不同，检测人员读数和记录是否有错等。当这些物理因素一一排除后，方可进行是否剔除的计算，即判断是否为高度异常值。

对于一项具体工程，其某项强度值的总体标准差是未知的，格拉布斯检验法和狄克逊检验法适用于这种情况；这两种检验法也是土木工程技术人员常用的方法。所以，本标准决定采用这两种方法。

14.0.2~14.0.3 各种方法每个测点的检验强度值,是根据检测结果按相应公式计算后得出的。其中,推出法、筒压法、射钉法仅需给出测区的检测强度值。

14.0.4 本条中的式(14.0.4-1)和式(14.0.4-2),与现行国家标准《建筑工程质量检验评定标准》GBJ 301一致。当测区数少于6个时,本标准从严控制,规定最小的测区检测值不应低于砂浆推定强度等级所对应的立方体抗压强度,即式(14.0.4-3)。

当被测建筑物的砂浆设计强度等级未知时,或检测结果低于设计强度等级时,可参照上述3个公式所体现的原则,对检测结果推定出强度等级或强度值。

14.0.5 本条提出了根据砌体抗压强度或抗剪强度的检测平均值分别计算强度标准值的4个公式。它们不同于现行国标《砌体结构设计规范》GBJ 3确定标准值的方法。砌体规范是依据全国范围内众多试验资料确定标准值;本标准的检测对象是具体的单项工程,两者是有区别的。本标准采用了现行国家标准《民用建筑可靠性鉴定标准》确定强度标准值的方法,即式(14.0.5-1)~式(14.0.5-4)。

中华人民共和国行业标准

贯入法检测砌筑砂浆抗压强度技术规程

Technical specification for testing
compressive strength of masonry mortar
by penetration resistance method

JGJ/T 136—2001

批准部门：中华人民共和国建设部
施行日期：２００２年１月１日

关于发布行业标准《贯入法检测砌筑砂浆抗压强度技术规程》的通知

建标 [2001] 219 号

根据建设部《关于印发〈一九九九年工程建设城建、建工行业标准制订、修订计划〉的通知》(建标 [1999] 309 号) 的要求,由中国建筑科学研究院主编的《贯入法检测砌筑砂浆抗压强度技术规程》,经审查,批准为行业标准,该标准编号为 JGJ/T 136—2001,自 2002 年 1 月 1 日起施行。

本标准由建设部建筑工程标准技术归口单位中国建筑科学研究院负责管理,中国建筑科学研究院负责具体解释,建设部标准定额研究所组织中国建筑工业出版社出版。

中华人民共和国建设部
2001 年 10 月 31 日

前　言

根据建设部建标〔1999〕309 号文的要求，规程编制组经广泛调查研究，认真总结实践经验，参考有关国际标准和国外先进标准，并在广泛征求意见的基础上，制定了本规程。

本规程的主要技术内容是：1　总则；2　术语、符号；3　检测仪器；4　检测技术；5　砂浆抗压强度计算；6　检测报告；附录 A　贯入仪校准；附录 B　贯入深度测量表校准；附录 C　砂浆抗压强度贯入检测记录表；附录 D　砂浆抗压强度换算表；附录 E　专用测强曲线制定方法等。

本规程由建设部建筑工程标准技术归口单位中国建筑科学研究院归口管理，授权由主编单位负责具体解释。

本规程主编单位是：中国建筑科学研究院
（地址：北京市北三环东路 30 号，邮政编码：100013）。

本规程参加单位是：福建省建筑科学研究院、安徽省建筑科学研究设计院、河北省建筑科学研究院。

本规程主要起草人员是：张仁瑜、叶　健、邹道金、路彦兴、陈　松。

目　次

1 总则 ··· 717
2 术语、符号 ·· 717
　2.1 术语 ·· 717
　2.2 符号 ·· 717
3 检测仪器 ·· 718
　3.1 仪器及性能 ··· 718
　3.2 校准基本要求 ·· 719
　3.3 其他要求 ··· 719
4 检测技术 ·· 719
　4.1 基本要求 ··· 719
　4.2 测点布置 ··· 719
　4.3 贯入检测 ··· 720
5 砂浆抗压强度计算 ··· 720
6 检测报告 ·· 722
附录 A 贯入仪校准 ·· 722
　A.1 贯入力校准 ·· 722
　A.2 工作行程校准 ·· 723
附录 B 贯入深度测量表校准 ······································· 723
附录 C 砂浆抗压强度贯入检测记录表 ·························· 724
附录 D 砂浆抗压强度换算表 ······································ 725
附录 E 专用测强曲线制定方法 ··································· 727
本规程用词说明 ·· 728
条文说明 ··· 729

1 总　　则

1.0.1 为了规范贯入法检测砌筑砂浆抗压强度技术，保证砌体工程现场检测的质量，制定本规程。

1.0.2 本规程适用于工业与民用建筑砌体工程中砌筑砂浆抗压强度的现场检测，并作为推定抗压强度的依据。本规程不适用于遭受高温、冻害、化学侵蚀、火灾等表面损伤的砂浆检测，以及冻结法施工的砂浆在强度回升期阶段的检测。

1.0.3 对砌筑砂浆抗压强度进行检测时，除应执行本规程外，尚应符合国家现行的有关强制性标准的规定。

2 术语、符号

2.1 术　　语

2.1.1 贯入法检测　test of penetration resistance method

根据测钉贯入砂浆的深度和砂浆抗压强度间的相关关系，采用压缩工作弹簧加荷，把一测钉贯入砂浆中，由测钉的贯入深度通过测强曲线来换算砂浆抗压强度的检测方法。

2.1.2 测孔　pin hole

贯入试验时，贯入测钉在灰缝上所形成的孔。

2.1.3 砂浆抗压强度换算值　calculating compressive strength of masonry mortar

由构件的贯入深度平均值通过测强曲线计算得到的砌筑砂浆抗压强度值。相当于被测构件在该龄期下同条件养护的边长为70.7mm一组立方体试块的抗压强度平均值。

2.2 符　　号

d_i^0——第 i 个测点的贯入深度测量表的不平整度读数；

d'_i——第 i 个测点的贯入深度测量表读数；

d_i——第 i 个测点的贯入深度值；

$f_{2,j}^c$——第 j 个构件的砂浆抗压强度换算值；

$f_{2,\min}^c$——同批构件中砂浆抗压强度换算值的最小值；

$f_{2,e}^c$——砂浆抗压强度推定值；

$f_{2,e1}^c$——砂浆抗压强度推定值之一；

$f_{2,e2}^c$——砂浆抗压强度推定值之二；

m_{d_j}——第 j 个构件的贯入深度平均值；

$m_{f_2^c}$——同批构件砂浆抗压强度换算值的平均值；

$s_{f_2^c}$——同批构件砂浆抗压强度换算值的标准差；

$\delta_{f_2^c}$——同批构件砂浆抗压强度换算值的变异系数。

3 检 测 仪 器

3.1 仪器及性能

3.1.1 贯入法检测使用的仪器应包括贯入式砂浆强度检测仪（简称贯入仪，图3.1.1）、贯入深度测量表。

3.1.2 贯入仪及贯入深度测量表必须具有制造厂家的产品合格证、中国计量器具制造许可证及法定计量部门的校准合格证，并应在贯入仪的明显位置具有下列标志：名称、型号、制造厂名、商标、出厂日期和中国计量器具制造许可证标志CMC等。

3.1.3 贯入仪应满足下列技术要求：
——贯入力应为 $800±8N$；
——工作行程应为 $20±0.10mm$。

3.1.4 贯入深度测量表（图3.1.4）应满足下列技术要求：
——最大量程应为 $20±0.02mm$；
——分度值应为 $0.01mm$。

3.1.5 测钉长度应为 $40±0.10mm$，直径应为 $3.5mm$，尖端锥度应为 $45°$。测钉量规的量规槽长度应为 $39.5^{+0.10}_{0}mm$。

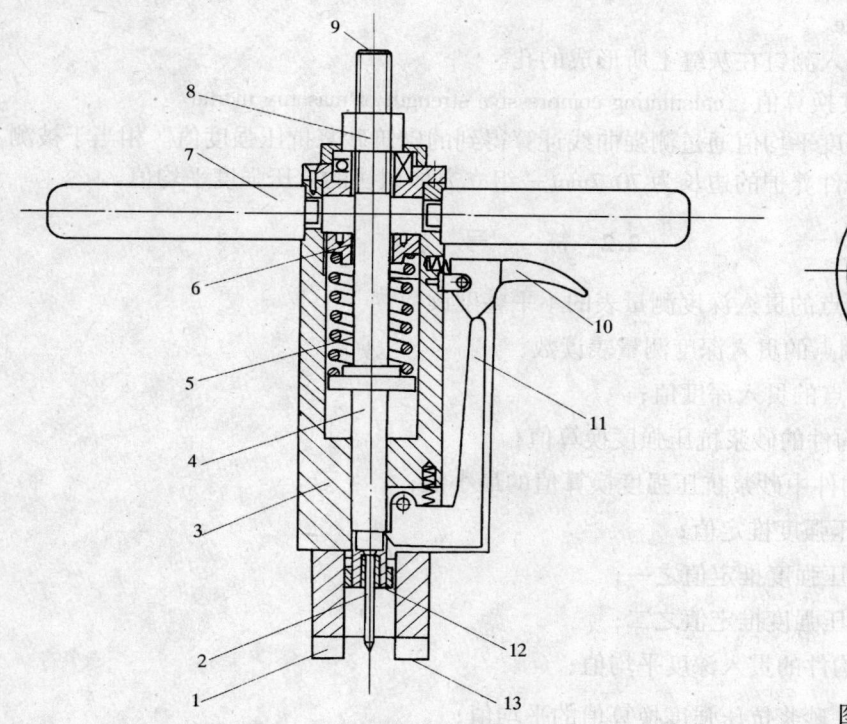

图3.1.1 贯入仪构造示意图

1—扁头；2—测钉；3—主体；4—贯入杆；5—工作弹簧；6—调整螺母；7—把手；
8—螺母；9—贯入杆外端；10—扳机；11—挂钩；12—贯入杆端面；13—扁头端面

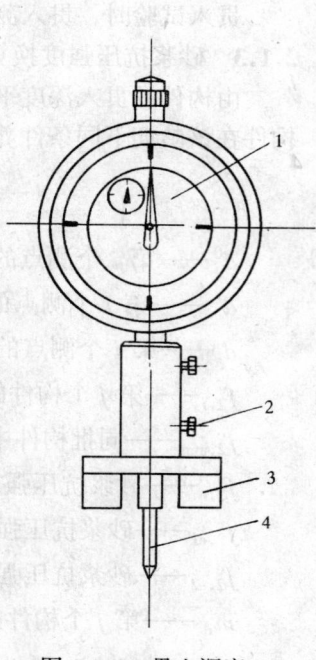

图3.1.4 贯入深度测量表示意图

1—百分表；2—锁紧螺钉；
3—扁头；4—测头

3.1.6 贯入仪使用时的环境温度应为 −4 ~ 40℃。

3.2 校准基本要求

3.2.1 正常使用过程中，贯入仪、贯入深度测量表（通称为仪器）应由法定计量部门每年至少校准一次。校准应符合本规程附录 A、附录 B 的规定。

3.2.2 当遇到下列情况之一时，仪器应送法定计量部门进行校准：
——新仪器启用前；
——超过校准有效期；
——更换主要零件或对仪器进行过调整；
——检测数据异常；
——零部件松动；
——遭遇撞击或其他损坏；
——累计贯入次数为 10000 次。

3.3 其他要求

3.3.1 贯入仪在闲置和保存时，工作弹簧应处于自由状态。
3.3.2 贯入仪不得随意拆装。

4 检测技术

4.1 基本要求

4.1.1 检测人员应通过相应专业培训。检测过程中应做到正确和安全操作。
4.1.2 用贯入法检测的砌筑砂浆应符合下列要求：
——自然养护；
——龄期为 28d 或 28d 以上；
——自然风干状态；
——强度为 0.4 ~ 16.0MPa。
4.1.3 检测砌筑砂浆抗压强度时，委托单位应提供下列资料：
——建设单位、设计单位、监理单位、施工单位和委托单位名称；
——工程名称、结构类型、有关图纸；
——原材料试验资料、砂浆品种、设计强度等级和配合比；
——砌筑日期、施工及养护情况；
——检测原因。

4.2 测点布置

4.2.1 检测砌筑砂浆抗压强度时，应以面积不大于 25m² 的砌体构件或构筑物为一个构件。
4.2.2 按批抽样检测时，应取龄期相近的同楼层、同品种、同强度等级砌筑砂浆且不大于 250m³ 砌体为一批，抽检数量不应少于砌体总构件数的 30%，且不应少于 6 个构件。基础砌体可按一个楼层计。

4.2.3 被检测灰缝应饱满，其厚度不应小于7mm，并应避开竖缝位置、门窗洞口、后砌洞口和预埋件的边缘。

4.2.4 多孔砖砌体和空斗墙砌体的水平灰缝深度应大于30mm。

4.2.5 检测范围内的饰面层、粉刷层、勾缝砂浆、浮浆以及表面损伤层等，应清除干净；应使待测灰缝砂浆暴露并经打磨平整后再进行检测。

4.2.6 每一构件应测试16点。测点应均匀分布在构件的水平灰缝上，相邻测点水平间距不宜小于240mm，每条灰缝测点不宜多于2点。

4.3 贯入检测

4.3.1 贯入检测应按下列程序操作：
   1 将测钉插入贯入杆的测钉座中，测钉尖端朝外，固定好测钉；
   2 用摇柄旋紧螺母，直至挂钩挂上为止，然后将螺母退至贯入杆顶端；
   3 将贯入仪扁头对准灰缝中间，并垂直贴在被测砌体灰缝砂浆的表面，握住贯入仪把手，扳动扳机，将测钉贯入被测砂浆中。

4.3.2 每次试验前，应清除测钉上附着的水泥灰渣等杂物，同时用测钉量规检验测钉的长度；测钉能够通过测钉量规槽时，应重新选用新的测钉。

4.3.3 操作过程中，当测点处的灰缝砂浆存在空洞或测孔周围砂浆不完整时，该测点应作废，另选测点补测。

4.3.4 贯入深度的测量应按下列程序操作：
   1 将测钉拔出，用吹风器将测孔中的粉尘吹干净；
   2 将贯入深度测量表扁头对准灰缝，同时将测头插入测孔中，并保持测量表垂直于被测砌体灰缝砂浆的表面，从表盘中直接读取测量表显示值d_i'并记录在本规程附录C的记录表中，贯入深度应按下式计算：

$$d_i = 20.00 - d_i' \tag{4.3.4}$$

式中 d_i'——第 i 个测点贯入深度测量表读数，精确至0.01mm；
d_i——第 i 个测点贯入深度值，精确至0.01mm。

   3 直接读数不方便时，可用锁紧螺钉锁定测头，然后取下贯入深度测量表读数。

4.3.5 当砌体的灰缝经打磨仍难以达到平整时，可在测点处标记，贯入检测前用贯入深度测量表测读测点处的砂浆表面不平整度读数 d_i^0，然后再在测点处进行贯入检测，读取 d_i'，则贯入深度应按下式计算：

$$d_i = d_i^0 - d_i' \tag{4.3.5}$$

式中 d_i——第 i 个测点贯入深度值，精确至0.01mm；
d_i^0——第 i 个测点贯入深度测量表的不平整度读数，精确至0.01mm；
d_i'——第 i 个测点贯入深度测量表读数，精确至0.01mm。

5 砂浆抗压强度计算

5.0.1 检测数值中，应将16个贯入深度值中的3个较大值和3个较小值剔除，余下的10

个贯入深度值可按下式取平均值：

$$m_{d_j} = \frac{1}{10}\sum_{i=1}^{10} d_i \tag{5.0.1}$$

式中 m_{d_j}——第 j 个构件的砂浆贯入深度平均值，精确至 0.01mm；

d_i——第 i 个测点的贯入深度值，精确至 0.01mm。

5.0.2 根据计算所得的构件贯入深度平均值 m_{d_j}，可按不同的砂浆品种由本规程附录 D 查得其砂浆抗压强度换算值 $f_{2,j}^c$。其他品种的砂浆可按本规程附录 E 的要求建立专用测强曲线进行检测。有专用测强曲线时，砂浆抗压强度换算值的计算应优先采用专用测强曲线。

5.0.3 在采用本规程附录 D 的砂浆抗压强度换算表时，应首先进行检测误差验证试验，试验方法可按本规程附录 E 的要求进行，试验数量和范围应按检测的对象确定，其检测误差应满足本规程第 E.0.10 条的规定，否则应按本规程附录 E 的要求建立专用测强曲线。

5.0.4 按批抽检时，同批构件砂浆应按下列公式计算其平均值和变异系数：

$$m_{f_2^c} = \frac{1}{n}\sum_{j=1}^{n} f_{2,j}^c \tag{5.0.4-1}$$

$$s_{f_2^c} = \sqrt{\frac{\sum_{j=1}^{n}(m_{f_2^c} - f_{2,j}^c)^2}{n-1}} \tag{5.0.4-2}$$

$$\delta_{f_2^c} = s_{f_2^c}/m_{f_2^c} \tag{5.0.4-3}$$

式中 $m_{f_2^c}$——同批构件砂浆抗压强度换算值的平均值，精确至 0.1MPa；

$f_{2,j}^c$——第 j 个构件的砂浆抗压强度换算值，精确至 0.1MPa；

$s_{f_2^c}$——同批构件砂浆抗压强度换算值的标准差，精确至 0.1MPa；

$\delta_{f_2^c}$——同批构件砂浆抗压强度换算值的变异系数，精确至 0.1。

5.0.5 砌体砌筑砂浆抗压强度推定值 $f_{2,e}^c$ 应按下列规定确定：

1 当按单个构件检测时，该构件的砌筑砂浆抗压强度推定值应按下式计算：

$$f_{2,e}^c = f_{2,j}^c \tag{5.0.5-1}$$

式中 $f_{2,e}^c$——砂浆抗压强度推定值，精确至 0.1MPa；

$f_{2,j}^c$——第 j 个构件的砂浆抗压强度换算值，精确至 0.1MPa。

2 当按批抽检时，应按下列公式计算：

$$f_{2,e1}^c = m_{f_2^c} \tag{5.0.5-2}$$

$$f_{2,e2}^c = \frac{f_{2,\min}^c}{0.75} \tag{5.0.5-3}$$

式中 $f_{2,e1}^c$——砂浆抗压强度推定值之一，精确至 0.1MPa；

$f_{2,e2}^c$——砂浆抗压强度推定值之二，精确至 0.1MPa；

$m_{f_2^c}$——同批构件砂浆抗压强度换算值的平均值，精确至 0.1MPa；

$f_{2,\min}^c$——同批构件中砂浆抗压强度换算值的最小值，精确至 0.1MPa。

应取公式（5.0.5-2）和（5.0.5-3）中的较小值作为该批构件的砌筑砂浆抗压强度推定值 $f_{2,e}^c$。

5.0.6 对于按批抽检的砌体,当该批构件砌筑砂浆抗压强度换算值变异系数不小于0.3时,则该批构件应全部按单个构件检测。

6 检测报告

6.0.1 砌筑砂浆抗压强度的检测报告,应包括下列主要内容:
——建设单位名称;
——委托单位名称;
——设计单位名称;
——施工单位名称;
——监理单位名称;
——工程名称和结构类型或构件名称;
——施工日期;
——检测原因;
——检测环境;
——检测依据(所用标准名称及编号);
——仪器名称、型号、编号及校准证号;
——所测砌筑砂浆的强度设计等级和抗压强度推定值;
——出具报告的单位名称(盖章),有关检测人员签字;
——检测及出具报告的日期;
——其他需要说明的事项,对于无法用文字表达清楚的内容,应附简图。

附录 A 贯入仪校准

A.1 贯入力校准

A.1.1 贯入力的校准应在弹簧拉压试验机上进行,校准时贯入仪的工作弹簧应处于自由状态(图 A.1.1)。

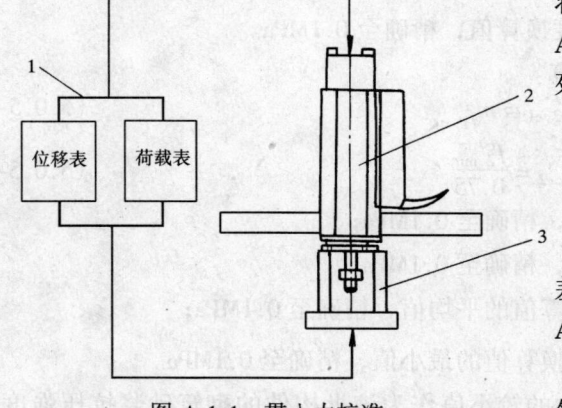

图 A.1.1 贯入力校准
1—弹簧拉压试验机;2—贯入仪;3—U形架

A.1.2 弹簧拉压试验机的性能应符合下列规定:
——位移分度值应为 0.01mm;
——负荷分度值应为 0.1N;
——位移误差应为 ±0.01mm;
——负荷误差应小于 0.5%(示值误差)。

A.1.3 贯入力的校准应按下列步骤进行:
1 将U形架平放在试验机工作台上,然后将贯入仪的贯入杆外端置于U形架的U形槽中;

2 将弹簧拉压试验机压头与贯入杆端面接触;
3 下压 20 ± 0.10mm,弹簧拉压试验机读数应为 800 ± 8N。

A.2 工作行程校准

A.2.1 贯入仪贯入杆外端应先放在 U 形架的 U 形槽中,并用深度游标卡尺测量贯入仪在工作弹簧处于自由状态时的贯入杆端面至扁头端面的距离 l_0。

A.2.2 给贯入仪工作弹簧加荷,直至挂钩挂上为止,并应将螺母退至贯入杆外端。

A.2.3 应再将贯入仪贯入杆外端放在 U 形架的 U 形槽中,并用深度游标卡尺测量贯入仪在挂钩状态时的贯入杆端面至扁头端面的距离 l_1。

A.2.4 两个距离的差 ($l_1 - l_0$) 即为工作行程,并应满足 20 ± 0.10mm。

附录 B 贯入深度测量表校准

B.0.1 贯入深度测量表上的百分表应经法定计量部门检定。

B.0.2 在百分表检定合格后,应再校准贯入深度测量表的测头外露长度。

注:测头外露长度是指贯入深度测量表处于自由状态时,百分表指针对零位时的测头外露长度。

B.0.3 将测头外露部分压在钢制长方体量块上,直至扁头端面和量块表面重合(图 B.0.3)。此时贯入深度测量表的读数应为 20 ± 0.02mm。

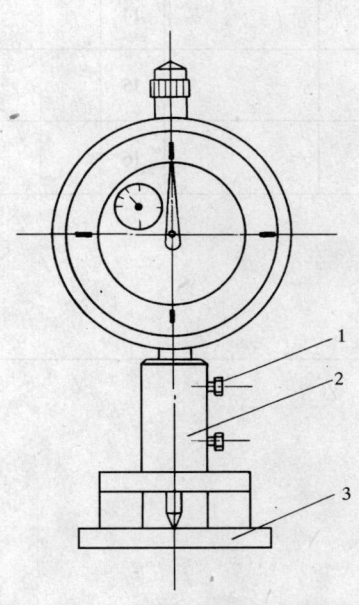

图 B.0.3 贯入深度测量表校准
1—校准调整螺母;2—贯入深度测量表
3—钢制长方体量块

附录C 砂浆抗压强度贯入检测记录表

工程名称：　　　　　　　　构件名称及编号：
贯入仪：型号及编号
砂浆品种：　　　　　　　　检测环境：

共　页　第　页

序号	不平整度读数 d_i^0 (mm)	贯入深度测量表读数 d_i' (mm)	贯入深度 d_i (mm)	序号	不平整度读数 d_i^0 (mm)	贯入深度测量表读数 d_i' (mm)	贯入深度 d_i (mm)
1				9			
2				10			
3				11			
4				12			
5				13			
6				14			
7				15			
8				16			

备注	

贯入深度平均值 $m_{d_j} = \dfrac{1}{10}\sum\limits_{i=1}^{10} d_i =$

砂浆抗压强度换算值 $f_{2,j}^c =$

复核：　　　　　检测：

　　　　　　　　　　　　　　　　　　　　　　　检测日期：　年　月　日

附录 D 砂浆抗压强度换算表

表 D 砂浆抗压强度换算表（MPa）

贯入深度 d_i (mm)	砂浆抗压强度换算值 $f^c_{2,j}$ (MPa)		贯入深度 d_i (mm)	砂浆抗压强度换算值 $f^c_{2,j}$ (MPa)	
	水泥混合砂浆	水泥砂浆		水泥混合砂浆	水泥砂浆
2.90	15.6	—	6.00	3.2	3.7
3.00	14.5	—	6.10	3.1	3.6
3.10	13.5	15.5	6.20	3.0	3.4
3.20	12.6	14.5	6.30	2.9	3.3
3.30	11.8	13.5	6.40	2.8	3.2
3.40	11.1	12.7	6.50	2.7	3.1
3.50	10.4	11.9	6.60	2.6	3.0
3.60	9.8	11.2	6.70	2.5	2.9
3.70	9.2	10.5	6.80	2.4	2.8
3.80	8.7	10.0	6.90	2.4	2.7
3.90	8.2	9.4	7.00	2.3	2.6
4.00	7.8	8.9	7.10	2.2	2.6
4.10	7.3	8.4	7.20	2.2	2.5
4.20	7.0	8.0	7.30	2.1	2.4
4.30	6.6	7.6	7.40	2.0	2.3
4.40	6.3	7.2	7.50	2.0	2.3
4.50	6.0	6.9	7.60	1.9	2.2
4.60	5.7	6.6	7.70	1.9	2.1
4.70	5.5	6.3	7.80	1.8	2.1
4.80	5.2	6.0	7.90	1.8	2.0
4.90	5.0	5.7	8.00	1.7	2.0
5.00	4.8	5.5	8.10	1.7	1.9
5.10	4.6	5.3	8.20	1.6	1.9
5.20	4.4	5.0	8.30	1.6	1.8
5.30	4.2	4.8	8.40	1.5	1.8
5.40	4.0	4.6	8.50	1.5	1.7
5.50	3.9	4.5	8.60	1.5	1.7
5.60	3.7	4.3	8.70	1.4	1.6
5.70	3.6	4.1	8.80	1.4	1.6
5.80	3.4	4.0	8.90	1.4	1.6
5.90	3.3	3.8	9.00	1.3	1.5

续表 D

贯入深度 d_i (mm)	砂浆抗压强度换算值 $f_{2,j}$ (MPa)		贯入深度 d_i (mm)	砂浆抗压强度换算值 $f_{2,j}$ (MPa)	
	水泥混合砂浆	水泥砂浆		水泥混合砂浆	水泥砂浆
9.10	1.3	1.5	12.50	0.7	0.8
9.20	1.3	1.5	12.60	0.6	0.7
9.30	1.2	1.4	12.70	0.6	0.7
9.40	1.2	1.4	12.80	0.6	0.7
9.50	1.2	1.4	12.90	0.6	0.7
9.60	1.2	1.3	13.00	0.6	0.7
9.70	1.1	1.3	13.10	0.6	0.7
9.80	1.1	1.3	13.20	0.6	0.7
9.90	1.1	1.2	13.30	0.6	0.7
10.00	1.1	1.2	13.40	0.6	0.6
10.10	1.0	1.2	13.50	0.6	0.6
10.20	1.0	1.2	13.60	0.5	0.6
10.30	1.0	1.1	13.70	0.5	0.6
10.40	1.0	1.1	13.80	0.5	0.6
10.50	1.0	1.1	13.90	0.5	0.6
10.60	0.9	1.1	14.00	0.5	0.6
10.70	0.9	1.1	14.10	0.5	0.6
10.80	0.9	1.0	14.20	0.5	0.6
10.90	0.9	1.0	14.30	0.5	0.6
11.00	0.9	1.0	14.40	0.5	0.6
11.10	0.8	1.0	14.50	0.5	0.5
11.20	0.8	1.0	14.60	0.5	0.5
11.30	0.8	0.9	14.70	0.5	0.5
11.40	0.8	0.9	14.80	0.5	0.5
11.50	0.8	0.9	14.90	0.4	0.5
11.60	0.8	0.9	15.00	0.4	0.5
11.70	0.8	0.9	15.10	0.4	0.5
11.80	0.7	0.9	15.20	0.4	0.5
11.90	0.7	0.8	15.30	0.4	0.5
12.00	0.7	0.8	15.40	0.4	0.5
12.10	0.7	0.8	15.50	0.4	0.5
12.20	0.7	0.8	15.60	0.4	0.5
12.30	0.7	0.8	15.70	0.4	0.5
12.40	0.7	0.8	15.80	0.4	0.5

续表 D

贯入深度 d_i (mm)	砂浆抗压强度换算值 $f_{2,j}$ (MPa)		贯入深度 d_i (mm)	砂浆抗压强度换算值 $f_{2,j}$ (MPa)	
	水泥混合砂浆	水泥砂浆		水泥混合砂浆	水泥砂浆
15.90	0.4	0.4	16.90	—	0.4
16.00	0.4	0.4	17.00	—	0.4
16.10	0.4	0.4	17.10	—	0.4
16.20	0.4	0.4	17.20	—	0.4
16.30	0.4	0.4	17.30	—	0.4
16.40	0.4	0.4	17.40	—	0.4
16.50	0.4	0.4	17.50	—	0.4
16.60	0.4	0.4	17.60	—	0.4
16.70	—	0.4	17.70	—	0.4
16.80	—	0.4			

注：1. 表内数据在应用时不得外推；
2. 表中未列数据，可用内插法求得，精确至 0.1MPa。

附录 E 专用测强曲线制定方法

E.0.1 制定专用测强曲线的试件应与检测砌体在原材料、成型工艺与养护方法等方面相同。

E.0.2 可按常用配合比设计 7 个强度等级，强度等级为 M0.4、M1、M2.5、M5、M7.5、M10、M15，也可按实际需要确定强度等级的数量，但实测抗压强度范围不得超出 0.4～16.0MPa。

E.0.3 每一强度等级制作不应少于 72 个尺寸为 70.7mm×70.7mm×70.7mm 的立方体试块，并应用同盘砂浆制作。采用普通黏土砖作底砖时，应按现行行业标准《建筑砂浆基本性能试验方法》(JGJ 70) 的规定制作试块。

E.0.4 拆模后，试块应摊开进行自然养护，并应保证各个试块的养护条件相同。

E.0.5 同龄期同强度等级且同盘制作的试块表面应擦净，以六块试块进行抗压强度试验，同时以六块试块进行贯入深度试验。

E.0.6 应按现行行业标准《建筑砂浆基本性能试验方法》(JGJ 70) 的规定进行砂浆试块的抗压强度试验，并应取六块试块的抗压强度平均值为代表值 f_2 (MPa)，精确至 0.1MPa。

E.0.7 贯入试验时，应先将砂浆试块固定，按照本规程第 4 章的规定在砂浆试块的成型侧面进行贯入试验，每块试块应进行一次贯入试验，取六块试块的贯入深度平均值为代表值 m_d (mm)，精确至 0.01mm。

E.0.8 也可采用同盘砂浆砌筑砌体，同时制作试块进行同条件养护，在砌体灰缝上进行贯入试验，用同条件养护砂浆试块进行抗压强度试验。

E.0.9 专用测强曲线的计算应符合下列规定：

1 专用测强曲线的回归方程式,应按每一组试块的 f_2 和对应一组的 m_d 数据,采用最小二乘法进行计算。

2 回归方程式宜采用下式:

$$f_2^c = \alpha \cdot m_d^\beta \quad (E.0.9)$$

式中 α、β——测强曲线回归系数;

m_d——贯入深度平均值;

f_2^c——砂浆抗压强度换算值。

E.0.10 建立的测强曲线尚应进行一定数量的误差验证试验,其平均相对误差不应大于18%,相对标准差不应大于20%。

本规程用词说明

1 为便于在执行本规程条文时区别对待,对要求严格程度不同的用词说明如下:

(1) 表示很严格,非这样做不可的

正面词采用"必须",反面词采用"严禁";

(2) 表示严格,在正常情况下均应这样做的

正面词采用"应",反面词采用"不应"或"不得";

(3) 表示允许稍有选择,在条件许可时首先应这样做的

正面词采用"宜",反面词采用"不宜"。

表示有选择,在一定条件下可以这样做的,采用"可"。

2 条文中指明应按其他有关标准执行的写法为,"应按……执行"或"应符合……要求(或规定)"。

中华人民共和国行业标准

贯入法检测砌筑砂浆抗压强度技术规程

JGJ/T 136—2001

条 文 说 明

前 言

《贯入法检测砌筑砂浆抗压强度技术规程》(JGJ/T 136—2001)，经建设部 2001 年 10 月 31 日以建标 [2001] 219 号文批准，业已发布。

为便于广大设计、施工、科研、质检、学校等单位的有关人员在使用本规程时能正确理解和执行条文规定，《贯入法检测砌筑砂浆抗压强度技术规程》编制组按章、节、条顺序编制了本规程的条文说明，供使用者参考。在使用中如发现本条文说明有不妥之处，请将意见函寄中国建筑科学研究院（地址：北京市北三环东路 30 号，邮政编码：100013）。

目 次

1 总则 …………………………………………………………………… 732
3 检测仪器 ……………………………………………………………… 732
   3.1 仪器及性能 ……………………………………………………… 732
   3.2 校准基本要求 …………………………………………………… 732
   3.3 其他要求 ………………………………………………………… 733
4 检测技术 ……………………………………………………………… 733
   4.1 基本要求 ………………………………………………………… 733
   4.2 测点布置 ………………………………………………………… 733
   4.3 贯入检测 ………………………………………………………… 733
5 砂浆抗压强度计算 …………………………………………………… 734
附录 D 砂浆抗压强度换算表 ………………………………………… 734

1 总 则

1.0.1 砌体中砌筑砂浆的抗压强度检测，一直没有较好的原位无损检测方法。在进行新建工程质量事故处理和既有建筑物鉴定时，往往缺乏必要的手段和依据。贯入法检测砌筑砂浆抗压强度技术在全国各地得到了广泛的应用，解决了许多工程质量问题，取得了良好的社会效益和经济效益。为了保证砌体工程现场检测的质量，迫切需要制定一本行业规程来规范和指导检测工作。

1.0.2 贯入法检测技术适用于工业与民用建筑砌体工程中的砌筑砂浆抗压强度检测。当砂浆遭受高温、冻害、化学侵蚀、表面粉蚀、火灾等时，将与建立测强曲线的砂浆在性能上有差异，且砂浆的内外质量可能存在较大不同，因而不再适用。

1.0.3 在正常情况下，砌筑砂浆强度的检验和评定应按国家现行标准《砌体工程施工及验收规范》(GB 50203)、《建筑工程质量检验评定标准》(GBJ 301)、《建筑砂浆基本性能试验方法》(JGJ 70)、《砌体基本力学性能试验方法标准》(GBJ 129)等执行。不允许用本规程取代制作试块的规定。但是，当砌筑砂浆的强度不符合有关标准规范要求或对其有怀疑时，可按本规程进行检测，并作为抗压强度检测的依据。

3 检 测 仪 器

3.1 仪 器 及 性 能

3.1.1 贯入式砂浆强度检测仪是针对砌体中灰缝砂浆检测的特殊要求，并通过试验研究而设计的。贯入深度测量表是用机械式百分表改制而成，机械式百分表精度高且可靠耐用。为了砌体灰缝检测的需要，贯入仪专门设计了扁头。

3.1.2 保证检测仪器的性能指标满足本规程的要求，限制粗制滥造和假冒伪劣仪器的使用。

3.1.3 贯入仪的基本性能是通过试验确定的。试验证明，选用贯入力为800N是比较合适的，可以保证在检测较高和较低强度的砂浆时都有很好的精度，同时能够满足砂浆强度为0.4~16.0MPa的检测要求。

3.2 校准基本要求

3.2.1~3.2.2 仪器的校准是为了保证仪器在标准状态下进行检测，仪器的标准状态是统一仪器性能的基础，是贯入法广泛应用的关键所在，只有采用质量统一、性能一致的仪器，才能保证检测结果的可靠性，并能在同一水平上进行比较。才能使一台仪器建立的测强曲线适用于所有同类仪器。由于仪器在使用过程中，因检修、零件松动、工作弹簧松弛等都可能改变其标准状态，因而应按本节的要求由法定计量部门对仪器进行校准。以确保仪器的检测精度。

3.3 其他要求

3.3.1 贯入仪在使用后，应将工作弹簧释放，使其处于自由状态时闲置和保管。若长时间使工作弹簧处于压缩状态时，将有可能改变工作弹簧的性能，使检测结果产生误差。

4 检 测 技 术

4.1 基本要求

4.1.2 砂浆的含水量对检测结果有一定的影响，规定砂浆为自然风干状态可以避免含水量不同造成的影响。

4.2 测点布置

4.2.1～4.2.2 规定贯入法检测时构件的划分原则和取样原则。现场检测往往是工程质量事故的鉴定，取样数量应比正常抽检数量多。

4.2.3～4.2.6 在《砌体工程施工及验收规范》(GB 50203—98)第4.2.3条中规定，砖砌体的水平灰缝厚度和竖向灰缝宽度一般为10mm，但不应小于8mm，也不应大于12mm。贯入仪的扁头厚度便是依据上述规定而设计为6mm。当灰缝厚度小于7mm时，扁头便有可能伸不进灰缝而导致无法检测。为了检测方便，一般应选用灰缝较厚的部位进行检测。

贯入法是用来检测砌筑砂浆强度的，故测区内的灰缝砂浆应该外露。如外露灰缝不够整齐，还应该进行打磨至平整后才能进行检测，否则将对贯入深度的测量带来误差，且主要是负偏差。对于砂浆表面粉蚀，遭受高温、冻害、化学侵蚀、火灾等的砂浆，可以将损伤层磨去后再进行检测。

为了全面准确地反映构件中砌筑砂浆的强度，在一个构件内的测点应均匀分布。

4.3 贯入检测

4.3.2 测钉在试验中会受到磨损而变短，测钉的使用次数视所测砂浆的强度而定。测钉是否废弃，可用随贯入仪所附的测钉量规来测量，当测钉能够通过测钉量规槽时便应废弃。

4.3.4 贯入试验后的测孔内，由于贯入试验会积有一些粉尘，要用吹风器将测孔内的粉尘吹干净。否则将导致贯入深度测量结果偏浅。

贯入深度测量表直接测量的并不是贯入深度，而是相当于20.00mm长测钉的外露长度，故测钉的实际贯入深度 $d_i = 20.00\text{mm} - d'_i$。例如：贯入深度测量表的读数为15.89mm，则贯入深度为 20.00 - 15.89 = 4.11mm。

4.3.5 在砌体灰缝表面不平整时进行检测，将可能导致强度检测结果偏低。在检测时先测量测点处的不平整度并进行扣除，将较大幅度提高检测精度。公式 $d_i = d_i^0 - d'_i$ 是由 $d_i = (20.00 - d'_i) - (20.00 - d_i^0)$ 简化得出的。

5 砂浆抗压强度计算

5.0.1 在一个测区内检测 16 个测点，在数据处理时将 3 个较大值和 3 个较小值剔除，是为了减少试验的粗大误差，在贯入试验时由于操作不正确、测试面状态不好和碰上砂浆内的孔洞或小石子等都会影响贯入深度，通过数据直接剔除基本上可以消除这些误差，比二倍标准差或三倍标准差剔除方法简单实用。

5.0.2~5.0.3 由于测强曲线是根据试验结果建立的，砂浆强度换算表中未列的数据表示未曾进行过试验，故在查表换算砂浆的抗压强度时，其强度范围不得超出表中所列数据范围。否则，可能带来较大的误差。本规程所建立的测强曲线的试验数据，取自北京、安徽、河北、浙江、山东等。当砂浆在材料、养护等方面存在差异时，可能导致较大的检测误差，故在使用时应先进行检测误差验证，检测误差满足要求时才能使用附录 D 的砂浆抗压强度换算表。专用测强曲线往往是针对某一地区、甚至是某一工程所用材料和施工条件所建立的测强曲线，具有针对性强，检测精度高，因而应优先使用。

随着建筑技术的发展，许多砂浆新品种不断出现，如干拌砂浆、掺加各种塑化剂的砂浆等，对于这些砂浆品种可单独建立专用测强曲线，若满足附录 E 的要求便可以使用。

5.0.5 主要参考《砌体工程施工及验收规范》（GB 50203—98）第 3.4.4 条推导得出的。砌筑砂浆抗压强度推定值因龄期、养护条件等与标准试块不同，两者的结果并不完全相同。故称为"推定值"。

5.0.6 同批砌筑砂浆的抗压强度换算值的变异系数不小于 0.3 时，按照《砌筑砂浆配合比设计规程》（JGJ 98—2000）第 5.1.3 条的规定，变异系数超过 0.3 时，已属较差施工水平，可以认为它们已不属于同一母体，不能构成为同批砂浆，故应按单个构件检测。

砌筑砂浆抗压强度推定值相当于被测构件在该龄期下的同条件养护试块所对应的砂浆强度等级。

附录 D 砂浆抗压强度换算表

附录 D 中所列砂浆抗压强度换算表，是在大量试验的基础上，通过对试验结果进行回归分析建立的测强曲线，根据测强曲线计算的砂浆抗压强度换算表，试验数据来自北京、安徽、河北、浙江、山东等省市，测强曲线的回归效果见表 1。

表 1 测强曲线的回归结果

砂浆品种	测强曲线	相关系数	平均相对误差（%）	相对标准差（%）
水泥混合砂浆	$f_{2,j}^c = 159.2906 m_{d_j}^{-2.1801}$	-0.97	17.0	21.7

续表 1

砂浆品种	测强曲线	相关系数	平均相对误差（%）	相对标准差（%）
水泥砂浆	$f_{2,j}^c = 181.0213\, m_{d_j}^{-2.1730}$	－0.97	19.9	24.9

上述测强曲线在检验概率 $\alpha = 0.95$ 的条件下，均具有显著的相关性。

建立测强曲线时采用试块—试块方式，即同条件试块中，一组进行抗压强度试验，对应的另一组进行贯入试验。

5　钢结构检测规范

中华人民共和国国家标准

碳 素 结 构 钢

Carbon structural steels
(ISO 630:1995, Structural steels—
Plates, wide flats, bars, sections and profiles, NEQ)

GB/T 700—2006
代替 GB/T 700—1988

中华人民共和国国家质量监督检验检疫总局
中国国家标准化管理委员会

2006-11-01 发布

2007-02-01 实施

前 言

本标准与 ISO 630：1995《结构钢》的一致性程度为非等效，主要差别如下：
——不设屈服强度 185N/mm² 级和 355N/mm² 级的牌号；
——设 195N/mm² 级、215N/mm² 级的牌号 Q195、Q215；
——Q235 和 Q275 的 A 级钢磷含量降低 0.005%；
——Q235B 级钢按脱氧方法将厚度分两档，且碳含量均为 0.20%；
——厚度小于 25mm 的 Q235B 级钢材，如供方能保证冲击吸收功值合格，经需方同意，可不作检验；
——大于 80mm～100mm 厚的 Q275 钢材，屈服强度提高 10N/mm²；
——增加冷弯试验；
——根据国内情况规定具体的组批规则。

本标准代替 GB/T 700—1988《碳素结构钢》，与 GB/T 700—1988 相比主要变化如下：
——"脱氧方法"取消半镇静钢；
——取消 GB/T 700—1988 中 Q255、Q275 牌号；
——新增 ISO 630：1995 中 E275 牌号，改为新的 Q275 牌号；
——取消各牌号的碳、锰含量下限，并提高锰含量上限；
——取消沸腾钢、镇静钢硅含量的界限；
——硅含量由 0.30% 修改为 0.35%（Q195 除外）；
——Q195 牌号的磷、硫含量分别由 0.045% 和 0.050% 降低为 0.035% 和 0.040%；
——取消厚度（或直径）不大于 16mm 一档的断后伸长率的规定；
——表 2 脚注增加"宽带钢（包括剪切钢板）抗拉强度上限不作交货条件"和"厚度小于 25mm 的 Q235B 级钢材，如供方能保证冲击吸收功值合格，经需方同意，可不作检验"；
——修改对钢中氮含量的规定；
——修改对冲击试验的规定，并增加宽度 5mm～10mm 试样最小冲击吸收功图；
——组批按"同一炉罐号"修改为"同一炉号"，并取消混合批对炉号数量的限制。

本标准的附录 A 为规范性附录。
本标准由中国钢铁工业协会提出。
本标准由全国钢标准化技术委员会归口。
本标准起草单位：冶金工业信息标准研究院、首钢总公司、邯郸钢铁集团有限责任公司、本溪钢铁（集团）有限责任公司。
本标准主要起草人：唐一凡、栾燕、王丽萍、孙萍、张险峰、戴强。
本标准于 1965 年 1 月首次发布，1979 年 10 月第一次修订，1988 年 6 月第二次修订。

1 范围

本标准规定了碳素结构钢的牌号、尺寸、外形、重量及允许偏差、技术要求、试验方法、检验规则、包装、标志和质量证明书。

本标准适用于一般以交货状态使用，通常用于焊接、铆接、栓接工程结构用热轧钢板、钢带、型钢和钢棒。

本标准规定的化学成分也适用于钢锭、连铸坯、钢坯及其制品。

2 规范性引用文件

下列文件中的条款通过本标准的引用而成为本标准的条款。凡是注日期的引用文件，其随后所有的修改单（不包括勘误的内容）或修订版均不适用于本标准，然而，鼓励根据本标准达成协议的各方研究是否可使用这些文件的最新版本。凡是不注日期的引用文件，其最新版本适用于本标准。

GB/T 222—2006　钢的成品化学成分允许偏差

GB/T 223.3　钢铁及合金化学分析方法　二安替比林甲烷磷钼酸重量法测定磷量

GB/T 223.10　钢铁及合金化学分析方法　铜铁试剂分离-铬天青 S 光度法测定铝含量

GB/T 223.11　钢铁及合金化学分析方法　过硫酸铵氧化容量法测定铬量

GB/T 223.18　钢铁及合金化学分析方法　硫代硫酸钠分离-碘量法测定铜量

GB/T 223.19　钢铁及合金化学分析方法　新亚铜灵-三氯甲烷萃取光度法测定铜量

GB/T 223.24　钢铁及合金化学分析方法　萃取分离-丁二酮肟分光光度法测定镍量

GB/T 223.32　钢铁及合金化学分析方法　次磷酸纳还原-碘量法测定砷含量

GB/T 223.37　钢铁及合金化学分析方法　蒸馏分离-靛酚蓝光度法测定氮量

GB/T 223.58　钢铁及合金化学分析方法　亚砷酸钠-亚硝酸钠滴定法测定锰量

GB/T 223.59　钢铁及合金化学分析方法　锑磷钼蓝光度法测定磷量

GB/T 223.60　钢铁及合金化学分析方法　高氯酸脱水重量法测定硅含量

GB/T 223.63　钢铁及合金化学分析方法　高碘酸钠（钾）光度法测定锰量

GB/T 223.64　钢铁及合金化学分析方法　火焰原子吸收光谱法测定锰量

GB/T 223.68　钢铁及合金化学分析方法　管式炉内燃烧后碘酸钾滴定法测定硫含量

GB/T 223.71　钢铁及合金化学分析方法　管式炉内燃烧后重量法测定碳含量

GB/T 223.72　钢铁及合金化学分析方法　氧化铝色层分离-硫酸钡重量法测定硫量

GB/T 228　金属材料　室温拉伸试验方法　(GB/T 228—2002，eqv ISO 6892：1998)

GB/T 229　金属夏比缺口冲击试验方法(GB/T 229—1994，eqv ISO 83：1976，eqv ISO 148：1983)

GB/T 232　金属材料　弯曲试验方法(GB/T 232—1999，eqv ISO 7438：1985)

GB/T 247　钢板和钢带检验、包装、标志及质量证明书的一般规定

GB/T 2101　型钢验收、包装、标志及质量证明书的一般规定

GB/T 2975　钢及钢产品　力学性能试验取样位置及试样制备(GB/T 2975—1998，eqv ISO 377—1997)

GB/T 4336　碳素钢和中低合金钢　火花源原子发射光谱分析方法（常规法）

GB/T 20066 钢和铁 化学成分测定用试样的取样和制样方法（GB/T 20066—2006，ISO 14284：1996，IDT）

3 牌号表示方法和符号

3.1 牌号表示方法

钢的牌号由代表屈服强度的字母、屈服强度数值、质量等级符号、脱氧方法符号等4个部分按顺序组成。例如：Q235AF。

3.2 符号

Q——钢材屈服强度"屈"字汉语拼音首位字母；

A、B、C、D——分别为质量等级；

F——沸腾钢"沸"字汉语拼音首位字母；

Z——镇静钢"镇"字汉语拼音首位字母；

TZ——特殊镇静钢"特镇"两字汉语拼音首位字母。

在牌号组成表示方法中，"Z"与"TZ"符号可以省略。

4 尺寸、外形、重量及允许偏差

钢板、钢带、型钢和钢棒的尺寸、外形、重量及允许偏差应分别符合相应标准的规定。

5 技术要求

5.1 牌号和化学成分

5.1.1 钢的牌号和化学成分（熔炼分析）应符合表1的规定。

5.1.1.1 D级钢应有足够细化晶粒的元素，并在质量证明书中注明细化晶粒元素的含量。当采用铝脱氧时，钢中酸溶铝含量应不小于0.015%，或总铝含量应不小于0.020%。

5.1.1.2 钢中残余元素铬、镍、铜含量应各不大于0.30%，氮含量应不大于0.008%。如供方能保证，均可不做分析。

5.1.1.2.1 氮含量允许超过5.1.1.2的规定值，但氮含量每增加0.001%，磷的最大含量应减少0.005%，熔炼分析氮的最大含量应不大于0.012%；如果钢中的酸溶铝含量不小于0.015%或总铝含量不小于0.020%，氮含量的上限值可以不受限制。固定氮的元素应在质量证明书中注明。

5.1.1.2.2 经需方同意，A级钢的铜含量可不大于0.35%。此时，供方应做铜含量的分析，并在质量证明书中注明其含量。

5.1.1.3 钢中砷的含量应不大于0.080%。用含砷矿冶炼生铁所冶炼的钢，砷含量由供需双方协议规定。如原料中不含砷，可不做砷的分析。

5.1.1.4 在保证钢材力学性能符合本标准规定的情况下，各牌号A级钢的碳、锰、硅含量可以不作为交货条件，但其含量应在质量证明书中注明。

5.1.1.5 在供应商品连铸坯、钢锭和钢坯时，为了保证轧制钢材各项性能达到本标准要求，可以根据需方要求规定各牌号的碳、锰含量下限。

5.1.2 成品钢材、连铸坯、钢坯的化学成分允许偏差应符合GB/T 222—2006中表1的规定。

表 1

牌号	统一数字代号[a]	等级	厚度(或直径)/mm	脱氧方法	化学成分(质量分数)/%,不大于				
					C	Si	Mn	P	S
Q195	U11952	—	—	F、Z	0.12	0.30	0.50	0.035	0.040
Q215	U12152	A	—	F、Z	0.15	0.35	1.20	0.045	0.050
	U12155	B							0.045
Q235	U12352	A	—	F、Z	0.22	0.35	1.40	0.045	0.050
	U12355	B			0.20[b]				0.045
	U12358	C		Z	0.17			0.040	0.040
	U12359	D		TZ				0.035	0.35
Q275	U12752	A	—	F、Z	0.24	0.35	1.50	0.045	0.050
	U12755	B	≤40	Z	0.21			0.045	0.045
			>40		0.22				
	U12758	C	—	Z	0.20			0.040	0.040
	U12759	D		TZ				0.035	0.035

a 表中为镇静钢、特殊镇静钢牌号的统一数字,沸腾钢牌号的统一数字代号如下:
  Q195F——U11950;
  Q215AF——U12150, Q215BF——U12153;
  Q235AF——U12350, Q235BF——U12353;
  Q275AF——U12750。
b 经需方同意,Q235B 的碳含量可不大于 0.22%。

氮含量允许超过规定值,但必须符合 5.1.1.2.1 条的要求,成品分析氮含量的最大值应不大于 0.014%;如果钢中的铝含量达到 5.1.1.2.1 规定的含量,并在质量证明书中注明,氮含量上限值可不受限制。

沸腾钢成品钢材和钢坯的化学成分偏差不作保证。

5.2 冶炼方法

钢由氧气转炉或电炉冶炼。除非需方有特殊要求并在合同中注明,冶炼方法一般由供方自行选择。

5.3 交货状态

钢材一般以热轧、控轧或正火状态交货。

5.4 力学性能

5.4.1 钢材的拉伸和冲击试验结果应符合表 2 的规定,弯曲试验结果应符合表 3 的规定。

5.4.2 用 Q195 和 Q235B 级沸腾钢轧制的钢材,其厚度(或直径)不大于 25mm。

5.4.3 做拉伸和冷弯试验时,型钢和钢棒取纵向试样;钢板、钢带取横向试样,断后伸长率允许比表 2 降低 2%(绝对值)。窄钢带取横向试样如果受宽度限制时,可以取纵向试样。

5.4.4 如供方能保证冷弯试验符合表 3 的规定,可不作检验。A 级钢冷弯试验合格时,抗拉强度上限可以不作为交货条件。

5.4.5 厚度不小于 12mm 或直径不小于 16mm 的钢材应做冲击试验,试样尺寸为 10mm×

10mm×55mm。经供需双方协议，厚度为 6mm～12mm 或直径为 12mm～16mm 的钢材可以做冲击试验，试样尺寸为 10mm×7.5mm×55mm 或 10mm×5mm×55mm 或 10mm×产品厚度×55mm。在附录 A 中给出规定的冲击吸收功值，如：当采用 10mm×5mm×55mm 试样时，其试验结果应不小于规定值的 50%。

5.4.6 夏比（V 形缺口）冲击吸收功值按一组 3 个试样单值的算术平均值计算，允许其中 1 个试样的单个值低于规定值，但不得低于规定值的 70%。

如果没有满足上述条件，可从同一抽样产品上再取 3 个试样进行试验，先后 6 个试样的平均值不得低于规定值，允许有 2 个试样低于规定值，但其中低于规定值 70% 的试样只允许 1 个。

表 2

牌号	等级	屈服强度[a] R_{eH}/(N/mm²)，不小于						抗拉强度[b] R_m/(N/mm²)	断后伸长率 A/%，不小于					冲击试验（V 形缺口）	
		厚度（或直径）/mm							厚度（或直径）/mm					温度/℃	冲击吸收功（纵向）/J 不小于
		≤16	>16~40	>40~60	>60~100	>100~150	>150~200		≤40	>40~60	>60~100	>100~150	>150~200		
Q195	—	195	185	—	—	—	—	315~430	33	—	—	—	—	—	—
Q215	A	215	205	195	185	175	165	335~450	31	30	29	27	26	—	—
	B													+20	27
Q235	A	235	225	215	215	195	185	370~500	26	25	24	22	21	—	—
	B													+20	27[c]
	C													0	
	D													−20	
Q275	A	275	265	255	245	225	215	410~540	22	21	20	18	17	—	—
	B													+20	27
	C													0	
	D													−20	

a　Q195 的屈服强度值仅供参考，不作交货条件。
b　厚度大于 100mm 的钢材，抗拉强度下限允许降低 20N/mm²。宽带钢（包括剪切钢板）抗拉强度上限不作交货条件。
c　厚度小于 25mm 的 Q235B 级钢材，如供方能保证冲击吸收功值合格，经需方同意，可不作检验。

表 3

牌号	试样方向	冷弯试验 180° B = 2a[a]	
		钢材厚度（或直径）[b]/mm	
		≤60	>60~100
		弯心直径 d	
Q195	纵	0	—
	横	0.5a	
Q215	纵	0.5a	1.50a
	横	a	2a

续表3

牌号	试样方向	冷弯试验180° $B=2a$ [a]	
		钢材厚度(或直径)[b]/mm	
		≤60	>60~100
		弯心直径 d	
Q235	纵	a	$2a$
	横	$1.5a$	$2.5a$
Q275	纵	$1.5a$	$2.5a$
	横	$2a$	$3a$

[a] B 为试样宽度，a 为试样厚度(或直径)。
[b] 钢材厚度(或直径)大于100mm时，弯曲试验由双方协商确定。

5.5 表面质量

钢材的表面质量应分别符合钢板、钢带、型钢和钢棒等有关产品标准的规定。

6 试验方法

6.1 每批钢材的检验项目、取样数量、取样方法和试验方法应符合表4的规定。

表4

序号	检验项目	取样数量/个	取样方法	试验方法
1	化学分析	1(每炉)	GB/T 20066	第2章中GB/T 223系列标准、GB/T 4336
2	拉伸	1	GB/T 2975	GB/T 228
3	冷弯			GB/T 232
4	冲击	3		GB/T 229

6.2 拉伸和冷弯试验，钢板、钢带试样的纵向轴线应垂直于轧制方向；型钢、钢棒和受宽度限制的窄钢带试样的纵向轴线应平行于轧制方向。

6.3 冲击试样的纵向轴线应平行轧制方向。冲击试样可以保留一个轧制面。

7 检验规则

7.1 钢材的检查和验收由供方技术监督部门进行，需方有权对本标准或合同所规定的任一检验项目进行检查和验收。

7.2 钢材应成批验收，每批由同一牌号、同一炉号、同一质量等级、同一品种、同一尺寸、同一交货状态的钢材组成。每批重量应不大于60t。

公称容量比较小的炼钢炉冶炼的钢轧成的钢材，同一冶炼、浇注和脱氧方法、不同炉号、同一牌号的A级钢或B级钢，允许组成混合批，但每批各炉号含碳量之差不得大于0.02%，含锰量之差不得大于0.15%。

7.3 钢材的夏比(V形缺口)冲击试验结果不符合5.4.6规定时，抽样产品应报废，再从该检验批的剩余部分取两个抽样产品，在每个抽样产品上各选取新的一组3个试样，这两组试样的复验结果均应合格，否则该批产品不得交货。

7.4 钢材其他检验项目的复验和检验规则应符合 GB/T 247 和 GB/T 2101 的规定。

8 包装、标志、质量证明书

钢材的包装、标志和质量证明书应符合 GB/T 247 和 GB/T 2101 的规定。

附 录 A
（规范性附录）
小尺寸冲击试样的冲击吸收功值

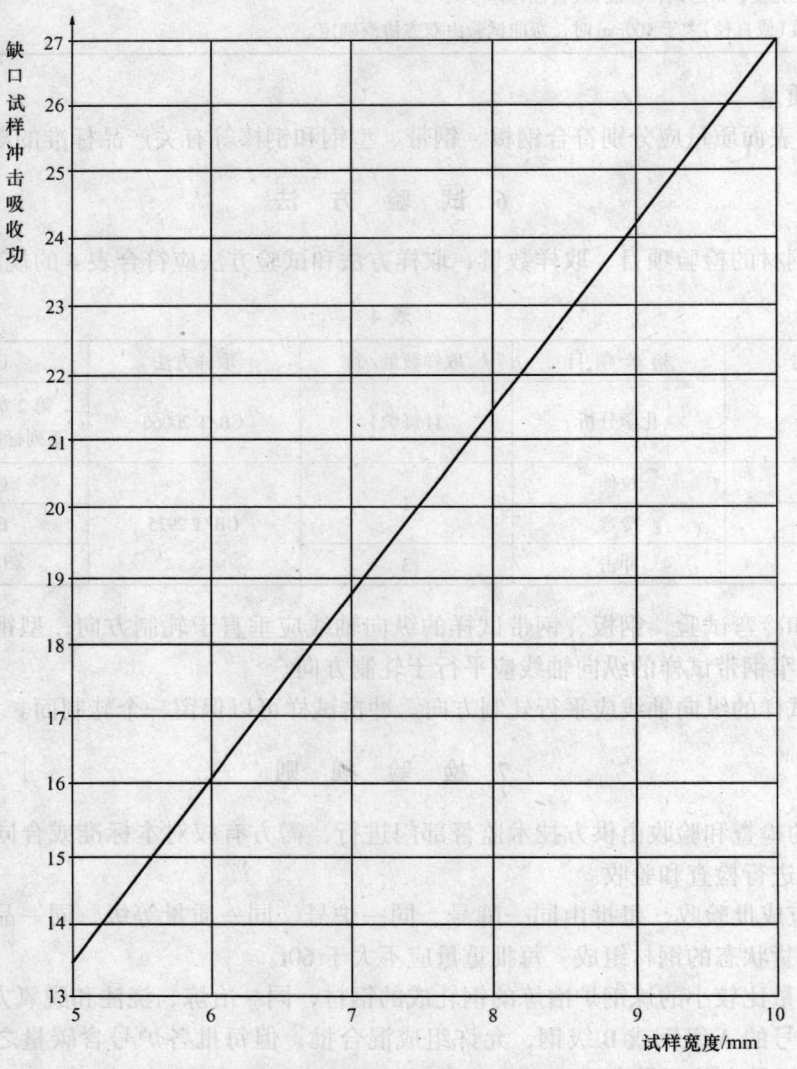

图 A.1 宽度 5mm~10mm 试样的最小冲击吸收功值

中华人民共和国国家标准

低合金高强度结构钢

High strength low alloy structural steels

GB/T 1591—94

国家技术监督局　1994-06-13 发布

1995-01-01 实施

本标准参照采用 ISO 4950：1981《高屈服强度扁平钢材》和 ISO 4951：1979《高屈服强度钢棒材和型材》。

1 主题内容与适用范围

本标准规定了低合金高强度结构钢的牌号和技术要求、试验方法、检验规则、包装、标志及质量证明书等。

本标准适用于热轧、控轧、正火，正火加回火及淬火加回火状态供应的工程用钢和一般结构用厚度不小于 3mm 的钢板、钢带及型钢、钢棒，一般在供应状态下使用。

本标准规定低合金高强度结构钢的化学成分也适用于钢锭、连铸坯、钢坯及其制品。

2 引用标准

GB 222　钢的化学分析用试样取样法及成品化学成分允许偏差
GB 223　钢铁及合金化学分析方法
GB 228　金属拉伸试验方法
GB 232　金属弯曲试验方法
GB 247　钢板和钢带验收、包装、标志及质量证明书的一般规定
GB 2101　型钢验收、包装、标志及质量证明书的一般规定
GB 2106　金属夏比(V形缺口)冲击试验方法
GB 2975　钢材力学及工艺性能试验取样规定
GB 4159　金属低温夏比冲击试验方法
GB 6397　金属拉伸试验试样
GB/T 13304　钢分类

3 牌号表示方法

钢的牌号由代表屈服点的汉语拼音字母(Q)、屈服点数值、质量等级符号(A、B、C、D、E)三个部分按顺序排列。

例如：Q390A

其中：　　　Q——钢材屈服点的"屈"字汉语拼音的首位字母；
　　　　　　390——屈服点数值，单位 MPa；
A、B、C、D、E——分别为质量等级符号。

4 尺寸、外形、重量等要求

尺寸、外形、重量及允许偏差应符合相应标准的规定。

5 技术要求

5.1 牌号和化学成分

5.1.1 钢的牌号和化学成分(熔炼分析)应符合表 1 规定。合金元素含量应符合 GB/T 13304 对低合金钢的规定。

表1

牌号	质量等级	化学成分，%										
		C ≤	Mn	Si ≤	P ≤	S ≤	V	Nb	Ti	Al ≥	Cr ≤	Ni ≤
Q295	A	0.16	0.80~1.50	0.55	0.045	0.045	0.02~0.15	0.015~0.060	0.02~0.20	—		
	B	0.16	0.80~1.50	0.55	0.040	0.040	0.02~0.15	0.015~0.060	0.02~0.20	—		
Q345	A	0.20	1.00~1.60	0.55	0.045	0.045	0.02~0.15	0.015~0.060	0.02~0.20			
	B	0.20	1.00~1.60	0.55	0.040	0.040	0.02~0.15	0.015~0.060	0.02~0.20			
	C	0.20	1.00~1.60	0.55	0.035	0.035	0.02~0.15	0.015~0.060	0.02~0.20	0.015		
	D	0.18	1.00~1.60	0.55	0.030	0.030	0.02~0.15	0.015~0.060	0.02~0.20	0.015		
	E	0.18	1.00~1.60	0.55	0.025	0.025	0.02~0.15	0.015~0.060	0.02~0.20	0.015		
Q390	A	0.20	1.00~1.60	0.55	0.045	0.045	0.02~0.20	0.015~0.060	0.02~0.20		0.30	0.70
	B	0.20	1.00~1.60	0.55	0.040	0.040	0.02~0.20	0.015~0.060	0.02~0.20		0.30	0.70
	C	0.20	1.00~1.60	0.55	0.035	0.035	0.02~0.20	0.015~0.060	0.02~0.20	0.015	0.30	0.70
	D	0.20	1.00~1.60	0.55	0.030	0.030	0.02~0.20	0.015~0.060	0.02~0.20	0.015	0.30	0.70
	E	0.20	1.00~1.60	0.55	0.025	0.025	0.02~0.20	0.015~0.060	0.02~0.20	0.015	0.30	0.70
Q420	A	0.20	1.00~1.70	0.55	0.045	0.045	0.02~0.20	0.015~0.060	0.02~0.20	—	0.40	0.70
	B	0.20	1.00~1.70	0.55	0.040	0.040	0.02~0.20	0.015~0.060	0.02~0.20	—	0.40	0.70
	C	0.20	1.00~1.70	0.55	0.035	0.035	0.02~0.20	0.015~0.060	0.02~0.20	0.015	0.40	0.70
	D	0.20	1.00~1.70	0.55	0.030	0.030	0.02~0.20	0.015~0.060	0.02~0.20	0.015	0.40	0.70
	E	0.20	1.00~1.70	0.55	0.025	0.025	0.02~0.20	0.015~0.060	0.02~0.20	0.015	0.40	0.70
Q460	C	0.20	1.00~1.70	0.55	0.035	0.035	0.02~0.20	0.015~0.060	0.02~0.20	0.015	0.70	0.70
	D	0.20	1.00~1.70	0.55	0.030	0.030	0.02~0.20	0.015~0.060	0.02~0.20	0.015	0.70	0.70
	E	0.20	1.00~1.70	0.55	0.025	0.025	0.02~0.20	0.015~0.060	0.02~0.20	0.015	0.70	0.70

注：表中的 Al 为全铝含量。如化验酸溶铝时，其含量应不小于0.010%。

5.1.1.1 Q 295 的碳含量到 0.18% 也可交货。

5.1.1.2 不加 V、Nb、Ti 的 Q 295 级钢，当 $C \leq 0.12\%$ 时，Mn 含量上限可提高到 1.80%。

5.1.1.3 Q 345 级钢的 Mn 含量上限可提高到 1.70%。

5.1.1.4 厚度≤6mm 的钢板、钢带和厚度≤16mm 的热连轧钢板、钢带的 Mn 含量下限可降低 0.20%。

5.1.1.5 在保证钢材力学性能符合本标准规定的情况下，用 Nb 作为细化晶粒元素时，其 Q 345、Q 390 级钢的 Mn 含量下限可低于表1的下限含量。

5.1.1.6 除各牌号 A、B 级钢外，表1中的细化晶粒元素（V、Nb、Ti、Al），钢中应至少含有其中的一种；如这些元素同时使用则至少应有一种元素的含量不低于规定的最小值。

5.1.1.7 为改善钢的性能，各牌号 A、B 级钢可加入 V 或 Nb 或 Ti 等细化晶粒元素，其含量应符合表1规定。如不作为合金元素加入时，其下限含量不受限制。

5.1.1.8 当钢中不加入细化晶粒元素时，不进行该元素含量的分析，也不予保证。

5.1.1.9 型钢和钢棒的 Nb 含量下限为 0.005%。

5.1.1.10 各牌号钢的 Cr、Ni、Cu 残余元素含量各不大于 0.30%，供方如能保证可不作分析。

5.1.1.11 为改善钢的性能，Q390、Q420、Q460 级钢可加入少量 Mo 元素。

5.1.1.12 为改善钢的性能，各牌号钢可加入 RE 元素，其加入量按 0.02%~0.20% 计算。

5.1.1.13 经供需双方协商，Q420 级钢可加入 N 元素，其熔炼分析含量为 0.010%~0.020%。

5.1.2 供应商品钢锭、连铸坯、钢坯时，为保证钢材力学性能符合本标准规定，其C、Si元素含量的下限可根据需方要求另订协议。

5.1.3 钢材、钢坯、连铸坯的化学成分允许偏差应符合GB 222的规定。

5.2 冶炼方法

钢应由氧气转炉、平炉或电炉冶炼。除非需方有特殊要求，冶炼方法一般由供方选择。

5.3 交货状态

5.3.1 钢一般应以热轧、控轧、正火及正火加回火状态交货。Q 420、Q 460的C、D、E级钢也可按淬火加回火状态交货。

5.3.2 交货状态应在合同中注明，否则由供方选择。

5.4 力学性能和工艺性能

5.4.1 钢材的拉伸、冲击和弯曲试验结果应符合表2的规定。

表2

牌号	质量等级	屈服点 σ_s, MPa ≤16	厚度(直径,边长),mm >16~35	>35~50	>50~100	抗拉强度 σ_b MPa	伸长率 δ_5, %	冲击功, AkV,(纵向), J +20℃	0℃	-20℃	-40℃	180°弯曲试验 d=弯心直径; a=试样厚度(直径) 钢材厚度(直径),mm ≤16	>16~100
		不小于						不小于					
Q295	A	295	275	255	235	390~570	23					$d=2a$	$d=3a$
	B	295	275	255	235	390~570	23	34				$d=2a$	$d=3a$
Q345	A	345	325	295	275	470~630	21					$d=2a$	$d=3a$
	B	345	325	295	275	470~630	21	34				$d=2a$	$d=3a$
	C	345	325	295	275	470~630	22		34			$d=2a$	$d=3a$
	D	345	325	295	275	470~630	22			34		$d=2a$	$d=3a$
	E	345	325	295	275	470~630	22				27	$d=2a$	$d=3a$
Q390	A	390	370	350	330	490~650	19					$d=2a$	$d=3a$
	B	390	370	350	330	490~650	19	34				$d=2a$	$d=3a$
	C	390	370	350	330	490~650	20		34			$d=2a$	$d=3a$
	D	390	370	350	330	490~650	20			34		$d=2a$	$d=3a$
	E	390	370	350	330	490~650	20				27	$d=2a$	$d=3a$
Q420	A	420	400	380	360	520~680	18					$d=2a$	$d=3a$
	B	420	400	380	360	520~680	18	34				$d=2a$	$d=3a$
	C	420	400	380	360	520~680	19		34			$d=2a$	$d=3a$
	D	420	400	380	360	520~680	19			34		$d=2a$	$d=3a$
	E	420	400	380	360	520~680	19				27	$d=2a$	$d=3a$
Q460	C	460	440	420	400	550~720	17		34			$d=2a$	$d=3a$
	D	460	440	420	400	550~720	17			34		$d=2a$	$d=3a$
	E	460	440	420	400	550~720	17				27	$d=2a$	$d=3a$

5.4.1.1 进行拉伸和弯曲试验时，钢板、钢带应取横向试样；宽度小于600mm的钢带、型钢和钢棒应取纵向试样。

5.4.1.2 钢板和钢带的伸长率值允许比表2降低1%（绝对值）。

5.4.1.3 Q345级钢其厚度大于35mm的钢板的伸长率值可降低1%（绝对值）。

5.4.1.4 边长或直径大于50～100mm的方、圆钢，其伸长率可比表2规定值降低1%（绝对值）。

5.4.1.5 宽钢带（卷状）的抗拉强度上限值不作交货条件。

5.4.1.6 A级钢应进行弯曲试验。其他质量级别钢，如供方能保证弯曲试验结果符合表2规定要求，可不作检验。

5.4.1.7 夏比（V形缺口）冲击试验的冲击功和试验温度应符合表2规定。冲击功值按一组三个试样算术平均值计算，允许其中一个试样单值低于表2规定值，但不得低于规定值的70%。

5.4.1.8 当采用5mm×10mm×55mm小尺寸试样做冲击试验时，其试验结果应不小于规定值的50%。

5.4.2 Q460和各牌号D、E级钢一般不供应型钢、钢棒。

5.4.3 表2所列规格以外钢材的性能，由供需双方协商确定。

5.5 表面质量

钢材的表面质量应按有关产品标准规定。

6 试 验 方 法

6.1 每批钢材的检验项目，取样数量，取样部位和试验方法应符合表3规定。

表3

序号	检验项目	取样数量,个	取样方法	试验方法
1	化学分析	1（每炉罐号）	GB 222	GB 223
2	拉伸	1	GB 2975	GB 228 GB 6397
3	弯曲	1	GB 2975	GB 232
4	常温冲击	3	GB 2975	GB 2106
5	低温冲击	3	GB 2975	GB 4159

6.2 钢板、钢带及型钢厚度≥12mm或直径≥16mm的钢棒做冲击试验时，应采用10mm×10mm×55mm试样；厚度为6mm～<12mm的钢板、钢带及型钢或直径为12mm～<16mm的钢棒做冲击试验时，应采用5mm×10mm×55mm小尺寸试样。冲击试样可保留一个轧制面。冲击试样的纵向轴线应平行于轧制方向。

6.3 当做厚度或直径大于20mm钢材的弯曲试验时，试样经单面刨削使其厚度达到20mm，弯心直径按表2规定。进行试验时，未加工面应位于弯曲外侧。如试样未经刨削，弯心直径应比表2所列数值增加1个试样厚度 a。

7 检 验 规 则

7.1 钢材应由供方技术监督部门检查和验收。

7.2 钢材应成批验收，每批由同一牌号、同一质量等级、同一炉罐号、同一品种、同一尺寸、同一热处理制度（指按热处理状态供应）的钢材组成。

A级钢或B级钢允许同一牌号、同一质量等级、同一冶炼和浇注方法、不同炉罐号组成混合批。但每批不得多于6个炉罐号，且各炉罐号C含量之差不得大于0.02%，Mn含量之差不得大于0.15%。

每批钢材重量不得大于60t。

7.3 钢材的夏比（V形缺口）冲击试验结果不符合规定时，应从同一批钢材上再取一组三个试样进行试验。前后六个试样的平均值不得低于表2规定值，允许其中两个试样低于规定值，但低于规定值70%的试样只允许一个。

7.4 钢材的检验项目的复验和验收规则应符合GB 247和GB 2101的规定。

8 包装、标志及质量证明书

钢材的包装、标志及质量证明书应符合GB 247或GB 2101的规定。

附 录 A
新旧低合金结构钢标准牌号对照
（参考件）

A1 GB/T 1591—94的牌号与GB 1591—88标准中的对应牌号对照如下：

GB/T 1591—94	GB 1591—88
Q295	09MnV、09MnNb、09Mn2、12Mn
Q345	12MnV、14MnNb、16Mn、16MnRE、18Nb
Q390	15MnV、15MnTi、16MnNb
Q420	15MnVN、14MnVTiRE
Q460	

附加说明

本标准由中华人民共和国冶金工业部提出。

本标准由冶金工业部信息标准研究院归口。

本标准由鞍山钢铁公司和冶金工业部信息标准研究院负责起草。

本标准主要起草人兰士良、唐一凡、陈健、王家启。

本标准水平等级标记　　GB/T 1591—94 I

自本标准实施之日起，原标准GB 1591—88《低合金结构钢》作废。

中华人民共和国国家标准

钢及钢产品
力学性能试验取样位置及试样制备

Steel and steel products—Location and preparation
of test pieces for mechanical testing

GB/T 2975—1998
eqv ISO 377:1997

国家质量技术监督局　1998-10-16 发布
1999-08-01 实施

前 言

本标准等效采用国际标准 ISO 377：1997《钢及钢产品—力学性能试验的取样位置及试样制备》。

本标准主要技术内容，如应用范围、试样制备、取样位置等均与 ISO 377 相同。根据我国具体情况，对于切取样坯时所留加工余量的规定较为详细，对于纵轧钢板横向取样作了明确规定。

本标准在 GB 2975—82《钢材力学及工艺性能试验取样规定》的基础上，增加了术语及符号、试料的状态、产品厚度方向取样位置及方形钢管取样规定。为与国际标准规定一致，对圆钢、六角钢、钢管的一些取样位置作了修改。

本标准自实施之日起代替 GB 2975—82《钢材力学及工艺性能试验取样规定》。

本标准的附录 A 是标准的附录；

本标准的附录 B 是提示的附录。

本标准由中华人民共和国原冶金工业部提出。

本标准由全国钢标准化技术委员会归口。

本标准主要起草单位：原冶金工业部钢铁研究总院、原冶金工业部信息标准研究院。

本标准主要起草人：李久林、梁新邦、高振英、姜清梅。

本标准 1982 年 3 月首次发布。

ISO 前言

ISO（国际标准化组织）是由各国标准化团体（ISO 成员团体）组成的世界性的联合会。制定国际标准的工作通常由 ISO 的技术委员会完成，各成员团体若对某技术委员会确立的项目感兴趣，均有权参加该委员会的工作。与 ISO 保持联系的各国际组织（官方的或非官方的）也可参加有关工作。在电工技术标准化方面，ISO 与国际电工委员会（IEC）保持密切合作关系。

由技术委员会通过的国际标准草案提交各成员团体表决，需取得至少 75% 参加表决的成员团体的同意，才能作为国际标准正式发布。

国际标准 ISO 377 由 ISO/TC 17 钢技术委员会下属的 SC20 钢一般技术条件、取样和力学试验方法分技术委员会制定。

经技术上的修订后，本标准第二版本取代第一版本（ISO 377：1989）。

附录 A 是本标准的一部分。

1 范 围

本标准规定了 GB/T 15574 中定义的型钢、条钢、钢板和钢管的力学性能试验、取样位置和试样制备要求。经供需双方协商，本标准也可用于其他金属产品的取样。

如产品标准或供需双方协议对取样另有规定，应按其规定执行。

2 引用标准

下列标准所包含的条文，通过在本标准中引用而构成为本标准的条文。本标准出版时，所示版本均为有效。所有标准都会被修订，使用本标准的各方应探讨使用下列标准最新版本的可能性。

GB/T 15574—1995 钢产品分类

3 定义及符号

本标准采用下列定义及符号：

3.1 定义

3.1.1 试验单元 test unit

根据产品标准或合同的要求，以在抽样产品上所进行的试验为依据，一次接收或拒收产品的件数或吨数，称为试验单元（见图1）。

3.1.2 抽样产品 sample product

检验、试验时，在试验单元中抽取的部分（例如：一块板），称为抽样产品（见图1）。

3.1.3 试料 sample

为了制备一个或几个试样，从抽样产品中切取足够量的材料，称为试料（见图1）。

注：在某些情况下，试料就是抽样产品。

3.1.4 样坯 rough specimen

为了制备试样，经过机械处理或所需热处理后的试料，称为样坯（见图1）。

3.1.5 试样 test piece

经机加工或未经机加工后，具有合格尺寸且满足试验要求的状态的样坯，称为试样（见图1）。

注：在某些状态下，试样可以是试料，也可以是样坯。

3.1.6 标准状态 reference condition

试料、样坯或试样经热处理后以代表最终产品的状态。

3.2 符号

W——产品的宽度；

t——产品的厚度（对型钢为腿部厚度，对钢管为管壁厚度）；

d——产品的直径（对多边形条钢为内切圆直径）；

L——纵向试样（试样纵向轴线与主加工方向平行）；

T——横向试样（试样纵向轴线与主加工方向垂直）。

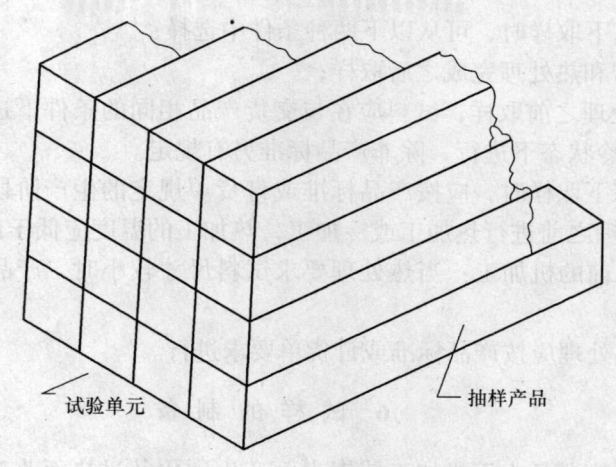

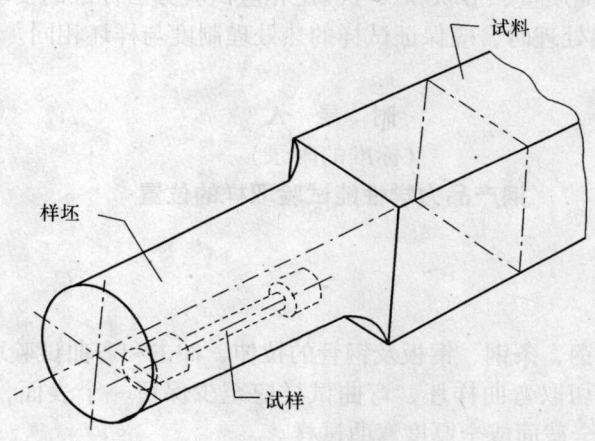

图1 第3章规定的定义示例

4 一般要求

4.1 在产品不同位置取样时,力学性能会有差异。当按本标准附录 A 规定的位置取样时,则认为具有代表性。

4.2 应在外观及尺寸合格的钢产品上取样。试料应有足够的尺寸以保证机加工出足够的试样进行规定的试验及复验。

4.3 取样时,应对抽样产品、试料、样坯和试样作出标记,以保证始终能识别取样的位置及方向。

4.4 取样时,应防止过热、加工硬化而影响力学性能。用烧割法和冷剪法取样所留加工余量可参考附录 B。

4.5 取样的方向应由产品标准或供需双方协议规定。

5 试料的状态

5.1 按照产品标准规定,取样的状态分为交货状态和标准状态。

5.2 在交货状态下取样时，可从以下两种条件中选择：
　　a）产品成型和热处理完成之后取样；
　　b）如在热处理之前取样，试料应在与交货产品相同的条件下进行热处理。当需要矫直试料时，应在冷状态下进行，除非产品标准另有规定。

5.3 在标准状态下取样时，应按产品标准或订货单规定的生产阶段取样。如必须对试料矫直，可在热处理之前进行热加工或冷加工，热加工的温度应低于最终热处理温度。

5.3.1 热处理之前的机加工：当热处理要求试料尺寸较小时，产品标准应规定样坯的尺寸及加工方法。

5.3.2 样坯的热处理应按产品标准或订货单要求进行。

6 试样的制备

6.1 制备试样时应避免由于机加工使钢表面产生硬化及过热而改变其力学性能。机加工最终工序应使试样的表面质量、形状和尺寸满足相应试验方法标准的要求。

6.2 当要求标准状态热处理时，应保证试样的热处理制度与样坯相同。

附 录 A
（标准的附录）
钢产品力学性能试验取样的位置

A1 一般要求

A1.1 本附录给出了型钢、条钢、钢板及钢管的拉伸、冲击和弯曲试验取样位置。

A1.2 应在钢产品表面切取弯曲样坯，弯曲试样应至少保留一个表面，当机加工和试验机能力允许时，应制备全截面或全厚度弯曲试样。

A1.3 当要求取一个以上试样时，可在规定位置相邻处取样。

A2 型钢

A2.1 按图 A1 在型钢腿部切取拉伸、弯曲和冲击样坯。如型钢尺寸不能满足要求，可将取样位置向中部位移。
注：
　1. 对于腿部有斜度的型钢，可在腰部 1/4 处取样［见图 A1b）和 d)］，经协商也可从腿部取样进行机加工。
　2. 对于腿部长度不相等的角钢，可从任一腿部取样。

A2.2 对于腿部厚度不大于 50mm 的型钢，当机加工和试验机能力允许时，应按图 A2a）切取拉伸样坯；当切取圆形横截面拉伸样坯时，按图 A2b）规定。对于腿部厚度大于 50mm 的型钢，当切取圆形横截面样坯时，按图 A2c）规定。

A2.3 按图 A3 在型钢腿部厚度方向切取冲击样坯。

A3 条钢

A3.1 按图 A4 在圆钢上选取拉伸样坯位置，当机加工和试验机能力允许时，按图 A4a）

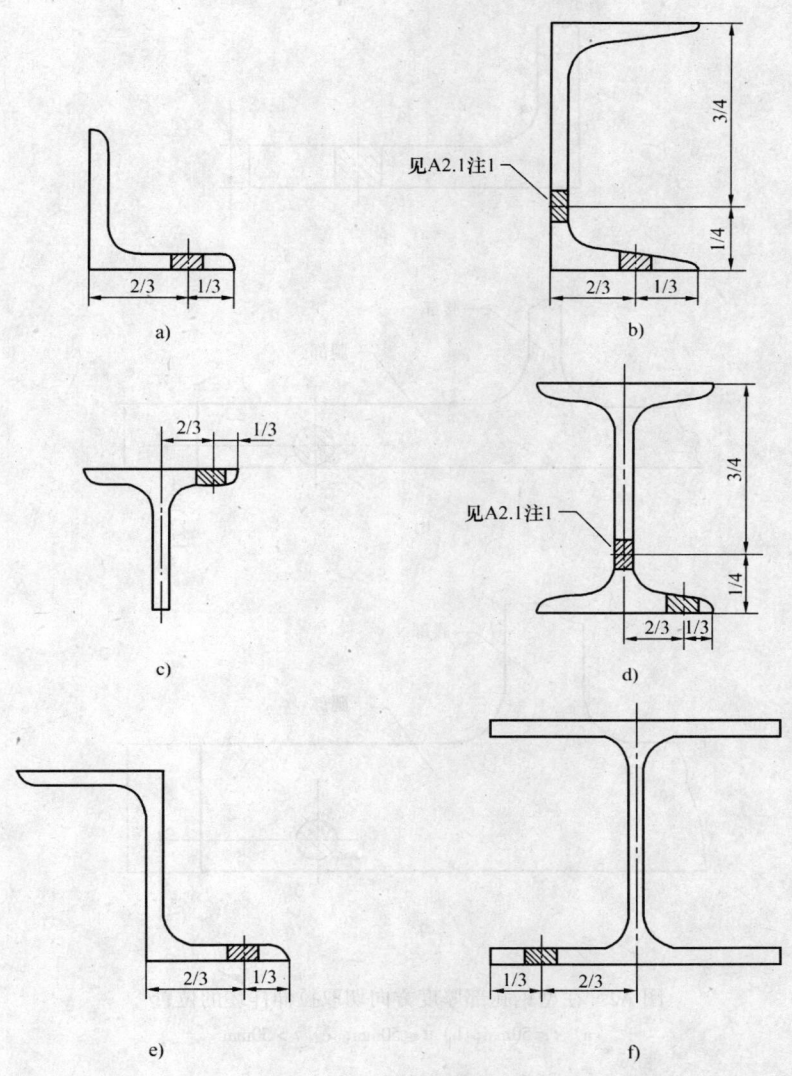

图 A1 在型钢腿部宽度方向切取样坯的位置

取样。

A3.2 按图 A5 在圆钢上选取冲击样坯位置。

A3.3 按图 A6 在六角钢上选取拉伸样坯位置,当机加工和试验机能力允许时,按图 A6a)取样。

A3.4 按图 A7 在六角钢上选取冲击样坯位置。

A3.5 按图 A8 在矩形截面条钢上切取拉伸样坯,当机加工和试验机能力允许时,按图 A8a)取样。

A3.6 按图 A9 在矩形截面条钢上切取冲击样坯。

A4 钢板

A4.1 应在钢板宽度 1/4 处切取拉伸、弯曲或冲击样坯,如图 A10 和图 A11 所示。

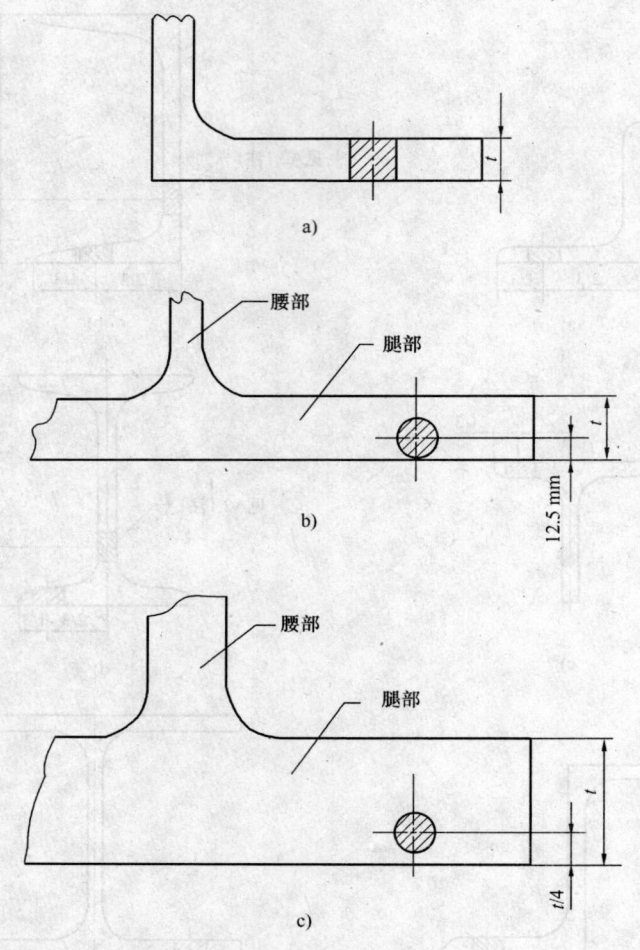

图 A2 在型钢腿部厚度方向切取拉伸样坯的位置
a) $t \leqslant 50mm$; b) $t \leqslant 50mm$; c) $t > 50mm$

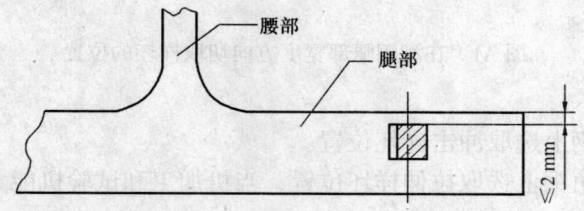

图 A3 在型钢腿部厚度方向切取冲击样坯的位置

A4.2 对于纵轧钢板，当产品标准没有规定取样方向时，应在钢板宽度 1/4 处切取横向样坯，如钢板宽度不足，样坯中心可以内移。

A4.3 应按图 A10 在钢板厚度方向切取拉伸样坯。当机加工和试验机能力允许时，应按图 A10a）取样。

A4.4 在钢板厚度方向切取冲击样坯时，根据产品标准或供需双方协议选择图 A11 规定的取样位置。

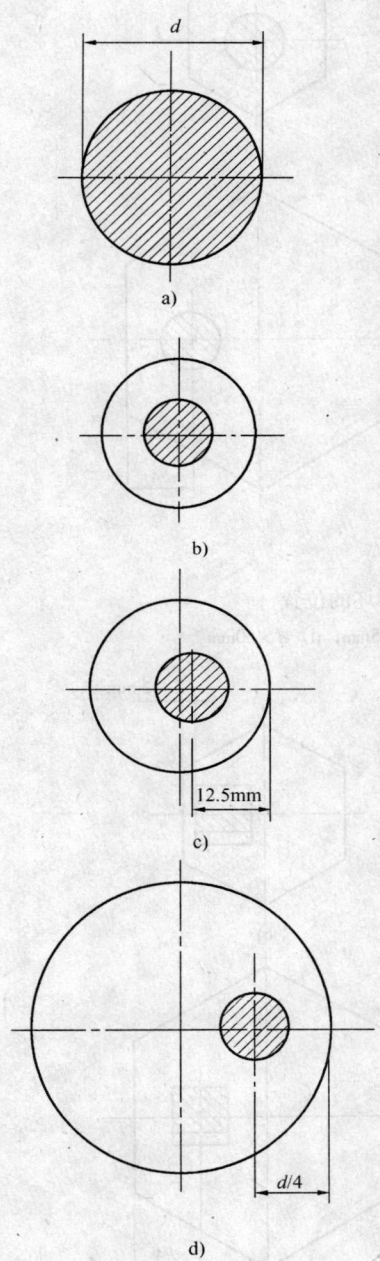

图 A4 在圆钢上切取
拉伸样坯的位置

a) 全横截面试样；b) $d \leqslant 25mm$；
c) $d > 25mm$；d) $d > 50mm$

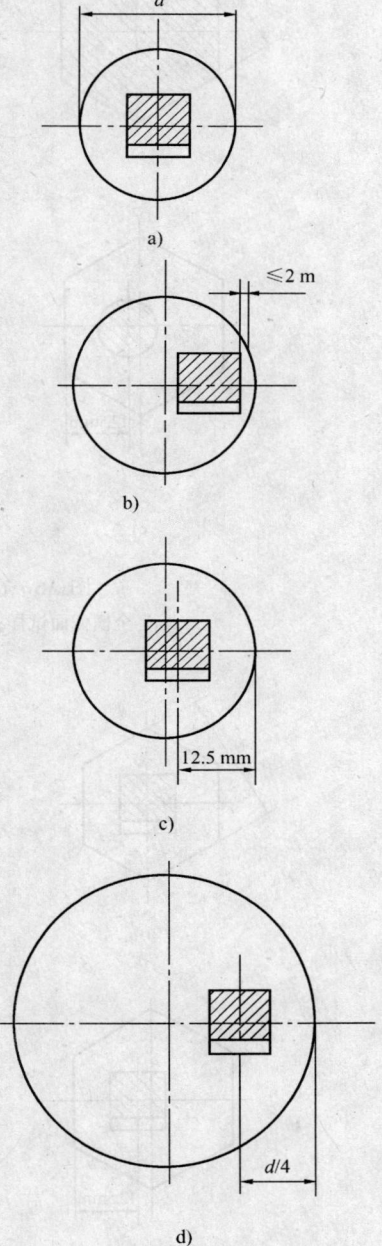

图 A5 在圆钢上切取
冲击样坯的位置

a) $d \leqslant 25mm$；b) $25mm < d \leqslant 50mm$；
c) $d > 25mm$；d) $d > 50mm$

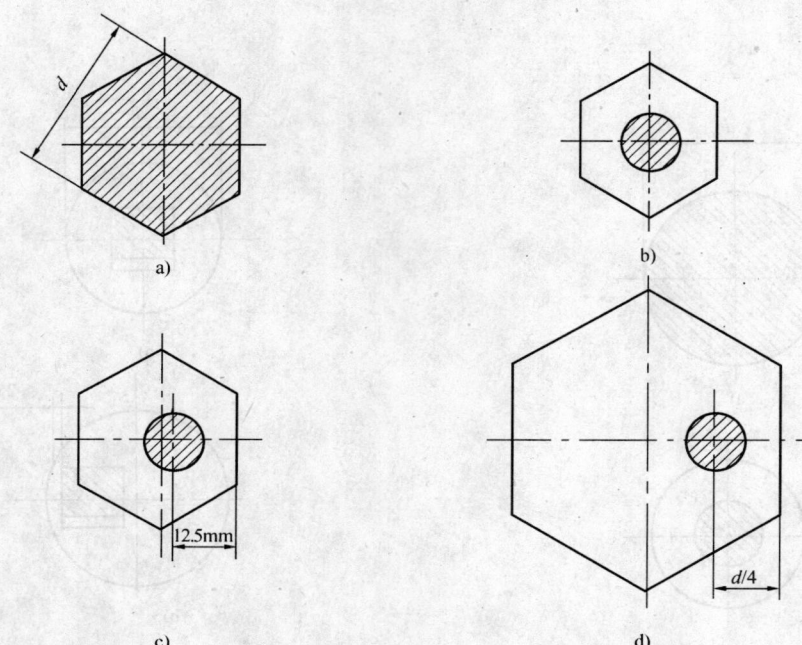

图 A6 在六角钢上切取拉伸样坯的位置
a) 全横截面试样；b) $d \leqslant 25mm$；c) $d > 25mm$；d) $d > 50mm$

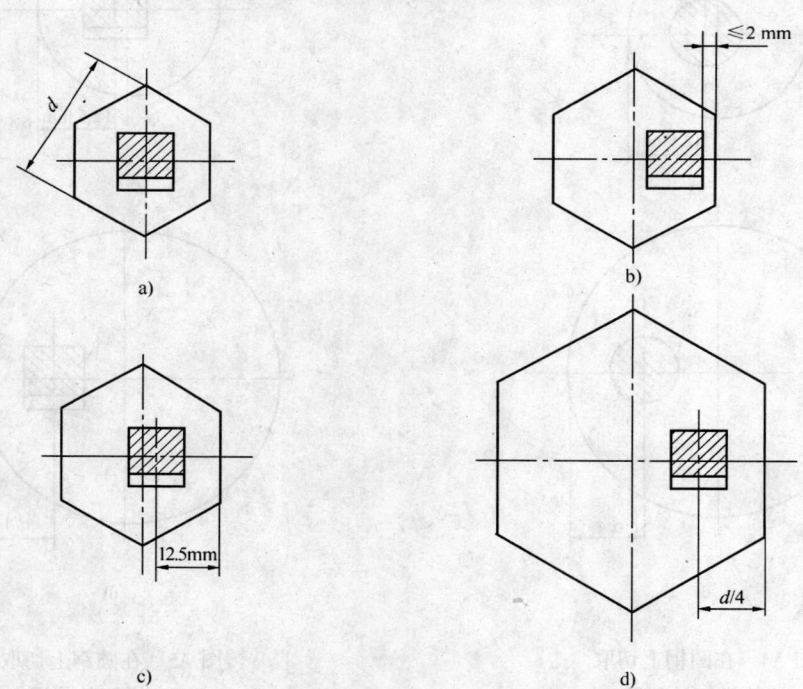

图 A7 在六角钢上切取冲击样坯的位置
a) $d \leqslant 25mm$；b) $25mm < d \leqslant 50mm$；c) $d > 25mm$；d) $d > 50mm$

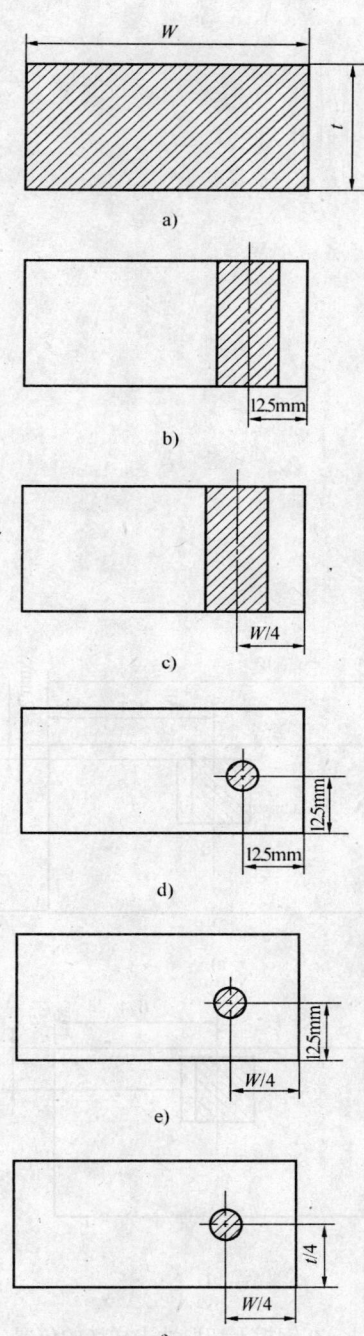

图 A8 在矩形截面条钢上
切取拉伸样坯的位置
a) 全横截面试样；b) $W \leqslant 50mm$；
c) $W > 50mm$；d) $W \leqslant 50mm$ 和 $t \leqslant 50mm$；e) $W > 50mm$ 和 $t \leqslant 50mm$；
f) $W > 50mm$ 和 $t > 50mm$

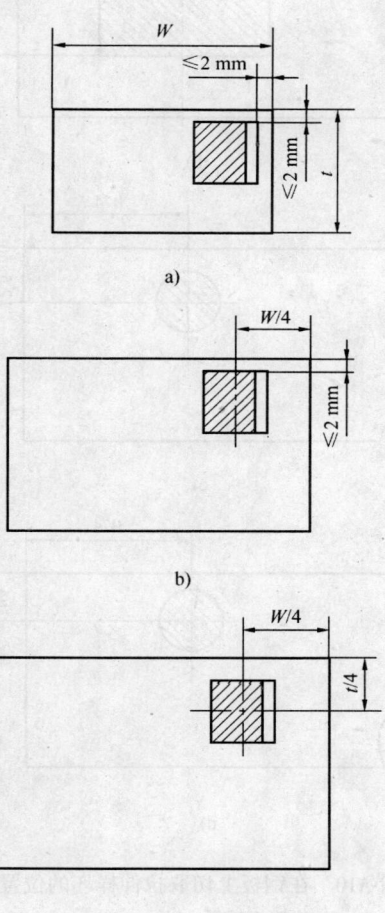

图 A9 在矩形截面条钢上
切取冲击样坯的位置
a) $12mm \leqslant W \leqslant 50mm$ 和 $t \leqslant 50mm$；
b) $W > 50mm$ 和 $t \leqslant 50mm$；
c) $W > 50mm$ 和 $t > 50mm$

761

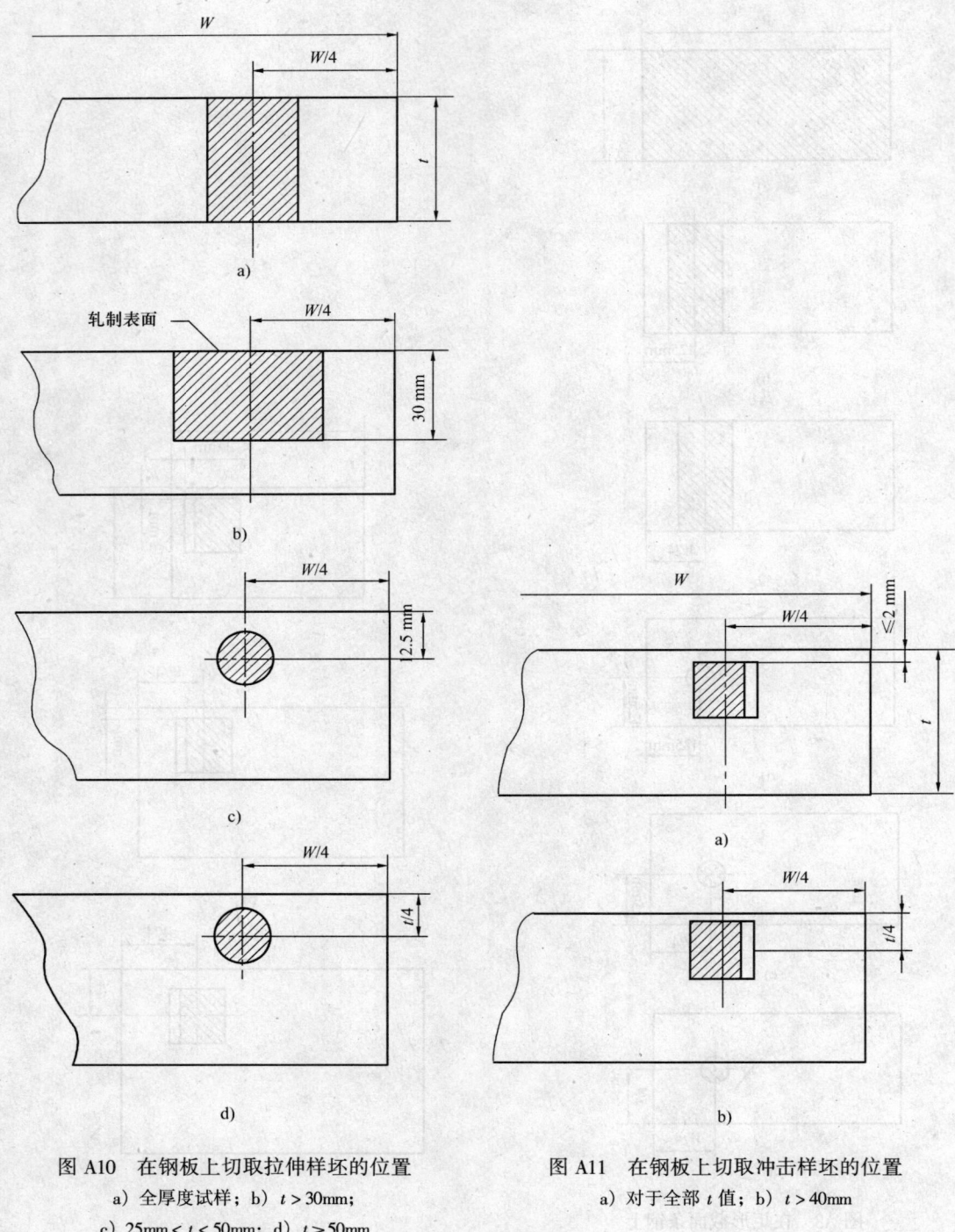

图 A10　在钢板上切取拉伸样坯的位置
a) 全厚度试样；b) $t>30\mathrm{mm}$；
c) $25\mathrm{mm}<t<50\mathrm{mm}$；d) $t\geqslant 50\mathrm{mm}$

图 A11　在钢板上切取冲击样坯的位置
a) 对于全部 t 值；b) $t>40\mathrm{mm}$

A5　钢管

A5.1　应按图 A12 切取拉伸样坯，当机加工和试验机能力允许时，应按图 A12a) 取样。

对于图 A12c），如钢管尺寸不能满足要求，可将取样位置向中部位移。

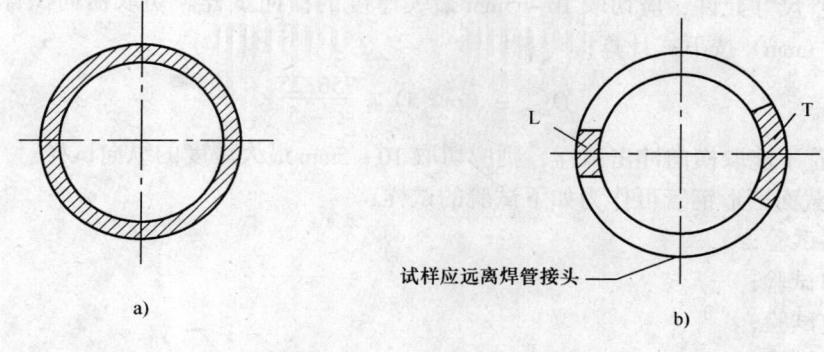

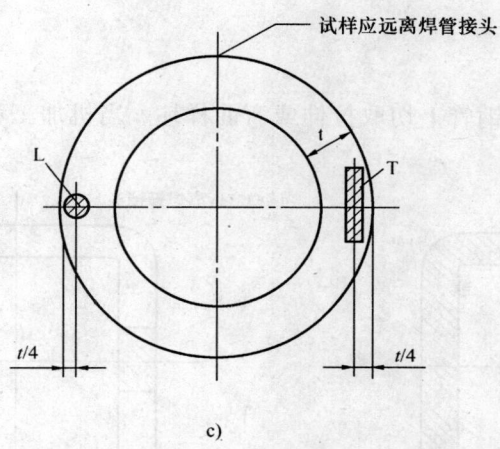

图 A12　在钢管上切取拉伸及弯曲样坯的位置
a）全横截面试样；b）矩形横截面试样；c）圆形横截面试样

A5.2　对于焊管，当取横向试样检验焊接性能时，焊缝应在试样中部。

A5.3　应按图 A13 切取冲击样坯。

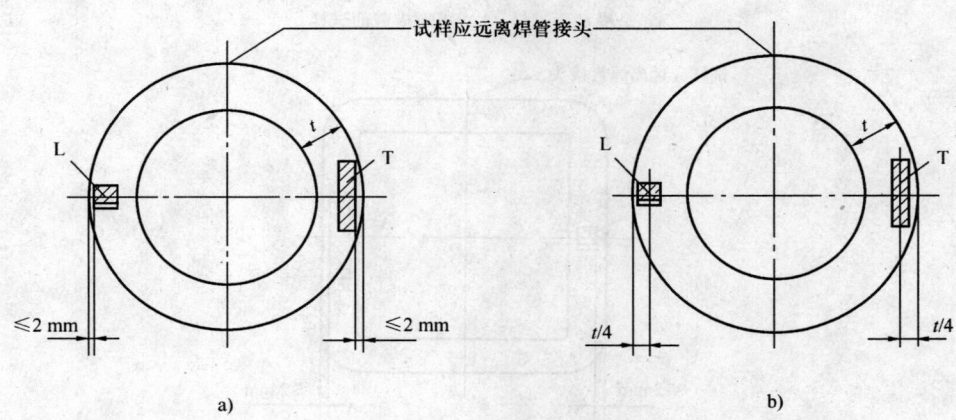

图 A13　在钢管上切取冲击样坯的位置
a）冲击试样；b）$t>40$mm 冲击试样

如果产品标准没有规定取样位置，应由生产厂提供。

如果钢管尺寸允许，应切取 10～5mm 最大厚度的横向试样。切取横向试样的钢管最小外径 D_{min}（mm）按下式计算：

$$D_{min} = (t - 5) + \frac{756.25}{t - 5}$$

如果钢管不能取横向冲击试样，则应切取 10～5mm 最大厚度的纵向试样。

A5.4 用全截面圆形钢管可作为如下试验的试样：

    a）压扁试验；

    b）扩口试验；

    c）卷边试验；

    d）环扩试验；

    e）管环拉伸试验；

    f）弯曲试验。

A5.5 应按图 A14 在方形钢管上切取拉伸或弯曲样坯。当机加工和试验机能力允许时，按图 A14a）取样。

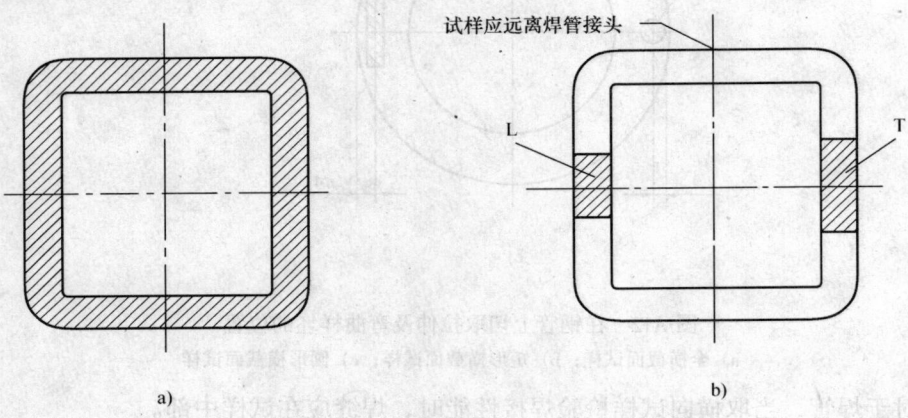

图 A14　在方形钢管上切取拉伸及弯曲样坯的位置
a）全横截面试样；b）矩形横截面试样

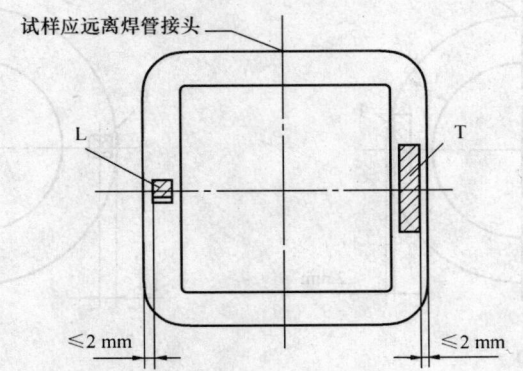

图 A15　在方形钢管上切取冲击样坯的位置

A5.6 应按图 A15 在方形钢管上切取冲击样坯。

附 录 B
(提示的附录)
样坯加工余量的选择

B1 用烧割法切取样坯时,从样坯切割线至试样边缘必须留有足够的加工余量。一般应不小于钢产品的厚度或直径,但最小不得少于 20mm。对于厚度或直径大于 60mm 的钢产品,其加工余量可根据供需双方协议适当减少。

B2 冷剪样坯所留的加工余量按表 B1 选取:

表 B1   mm

直径或厚度	加工余量
≤4	4
>4~10	厚度或直径
>10~20	10
>20~35	15
>35	20

中华人民共和国国家标准

钢的成品化学成分允许偏差

Permissible tolerances for chemical composition of steel products

GB/T 222—2006
部分代替 GB/T 222—1984

中华人民共和国国家质量监督检验检疫总局　　2006-02-05 发布
中国国家标准化管理委员会
2006-08-01 实施

前　言

本标准是以 GB/T 222—1984《钢的化学分析用试样取样法及成品化学成分允许偏差》中成品化学成分允许偏差的相关部分为基础修订而成。

本标准代替 GB/T 222—1984 标准中"钢的成品化学成分允许偏差"的相关部分，有关"钢的化学分析用试样取样法"将另外制定单独标准。

本标准与 GB/T 222—1984 标准中成品化学成分允许偏差的主要变化如下：

——表 1 的适用范围由普通碳素钢和低合金钢改为非合金钢和低合金钢；表 2 的适用范围改为合金钢（1984 年版的 6.1，本版的 5.1）；

——明确表 1、表 2 中的偏差值适用于横截面积不大于 65000mm^2 的钢材（本版的 5.1）；

——增加成品分析代替熔炼分析的规定（本版的 5.4）；

——调整了表 1、表 2 中碳、锰等元素的偏差数值，增加了铝、钴、氮、钙等元素的规定。

本标准由原国家冶金工业局提出。

本标准由全国钢标准化技术委员会归口。

本标准起草单位：冶金工业信息标准研究院。

本标准主要起草人：伍千思、栾燕、刘宝石、戴强。

本标准于 1984 年 8 月首次发布。

钢的成品化学成分允许偏差

1 范围

本标准规定了非合金钢（沸腾钢除外）、低合金钢、合金钢的成品钢材（包括钢坯）的化学成分相对于规定熔炼化学成分界限值的允许偏差，并给出了相关术语的定义。

本标准适用于钢的产品标准、技术规范对成品化学成分允许偏差的规定。

2 术语和定义

下列术语和定义适用于本标准。

2.1
熔炼分析 heat（or cast/ladle）analysis

熔炼分析是指在钢液浇铸过程中采取样锭，然后进一步制成试样并对其进行的化学分析。分析结果表示同一炉（罐）钢液的平均化学成分。

2.2
成品分析 product analysis

成品分析是指在经过加工的成品钢材（包括钢坯）上采取试样，然后对其进行的化学分析。成品分析主要用于验证化学成分，又称验证分析。由于钢液在结晶过程中产生元素的不均匀性分布（偏析），成品分析的成分值有时与熔炼分析的成分值不同。

2.3
成品化学成分允许偏差 permissible tolerances for product analysis

成品化学成分允许偏差是指熔炼分析的成分值虽在标准规定的范围内，但由于钢中元素偏析，成品分析的成分值可能超出标准规定的成分界限值。对超出界限值的大小规定一个允许的数值，就是成品化学成分允许偏差。

3 成品分析用试样取样及制样方法

测定钢的成品化学成分用的试样取样和制样应按相应的现行国家标准、行业标准规定的方法或供需双方协商规定的其他方法进行。

4 化学分析方法

4.1 钢的化学分析按相应的现行国家标准、行业标准规定的方法或能保证标准规定准确度的其他方法进行。

4.2 仲裁分析应按相应的国家标准或行业标准规定的方法进行。

5 成品化学成分允许偏差

5.1 成品化学成分允许偏差值如表1、表2、表3所示。表1适用于非合金钢和低合金钢，表2适用于合金钢（不包括不锈钢、耐热钢），表3适用于不锈钢和耐热钢。

表1、表2中的偏差值适用于横截面积不大于65000mm^{2}的钢材（或钢坯），大于该横截面积的钢材（或钢坯）的化学成分允许偏差值可适当加大，其具体数值由供需双方协商确定。

5.1.1 产品标准中规定的残余元素不适用于表1、表2、表3中规定的成品化学成分允许偏差。

5.1.2 如果对成品化学成分的某种或某几种元素的允许偏差与表1、表2或表3的规定有不同要求（缩小或加大）时，由供需双方协商确定。

5.2 产品标准在规定成品化学成分允许偏差时，应写明本标准号及5.1条所述表号。一种钢的成品化学成分允许偏差，只能使用一个表，不能两个表同时混用。

5.3 成品分析所得的值，不能超过标准规定化学成分界限值的上限加上偏差，或不能超过标准规定化学成分界限值的下限减下偏差。同一熔炼号的成品分析，同一元素只允许有单项偏差，不能同时出现上偏差和下偏差。

举例：优质碳素结构钢20号钢，其熔炼化学成分的碳含量，标准规定界限值为：上限0.23%，下限0.17%，在作成品钢材化学分析时，假如有一熔炼号的钢材出现碳含量为0.25%，说明超出标准规定上限值0.02%，按本标准表1规定，钢材的碳含量是合格的；假如另一熔炼号的钢材出现碳含量为0.15%。说明超出标准规定下限值0.02%，按本标准表1规定，钢材的碳含量也是合格的。

5.4 因故未能取得熔炼分析试样，或因熔炼分析试样不正确而得不到熔炼成分的可靠结果，可采用成品分析来代替熔炼分析，此时成品分析的成分值应符合熔炼成分的规定，不得采用本标准表1、表2或表3中规定的成品成分允许偏差。

表1 非合金钢和低合金钢成品化学成分允许偏差　　单位为质量分数

元素	规定化学成分上限值	允许偏差 上偏差	允许偏差 下偏差
C	≤0.25	0.02	0.02
C	>0.25~0.55	0.03	0.3
C	>0.55	0.04	0.04
Mn	≤0.80	0.03	0.03
Mn	>0.80~1.70	0.06	0.06
Si	≤0.37	0.03	0.03
Si	>0.37	0.05	0.05
S	≤0.050	0.005	—
S	>0.05~0.35	0.02	0.01
P	≤0.060	0.005	—
P	>0.06~0.015	0.01	0.01
V	≤0.20	0.02	0.01
Ti	≤0.20	0.02	0.01
Nb	0.015~0.060	0.005	0.005
Cu	≤0.55	0.05	0.05

续表 1

元 素	规定化学成分上限值	允许偏差	
		上 偏 差	下 偏 差
Cr	≤1.50	0.05	0.05
Ni	≤1.00	0.05	0.05
Pb	0.15~0.35	0.03	0.03
Al	≥0.015	0.003	0.003
N	0.010~0.020	0.005	0.005
Ca	0.002~0.006	0.002	0.0005

表 2　合金钢成品化学成分允许偏差　　　　单位为质量分数

元 素	规定化学成分上限值	允许偏差	
		上 偏 差	下 偏 差
C	≤0.30	0.01	0.01
	>0.30~0.75	0.02	0.02
	>0.75	0.03	0.03
Mn	≤1.00	0.03	0.03
	>1.00~2.00	0.04	0.04
	>2.00~3.00	0.05	0.05
	>3.00	0.10	0.10
Si	≤0.37	0.02	0.02
	>0.37~1.50	0.04	0.04
	>1.50	0.05	0.05
Ni	≤1.00	0.03	0.03
	>1.00~2.00	0.05	0.05
	>2.00~5.00	0.07	0.07
	>5.00	0.10	0.10
Cr	≤0.90	0.03	0.03
	>0.90~2.10	0.05	0.05
	>2.10~5.00	0.10	0.10
	>5.00	0.15	0.15
Mo	≤0.30	0.01	0.01
	>0.30~0.60	0.02	0.02
	>0.60~1.40	0.03	0.03
	>1.40~6.00	0.05	0.05
	>6.00	0.10	0.10
V	≤0.10	0.01	—
	>0.10~0.90	0.03	0.03
	>0.90	0.05	0.05

续表2

元 素	规定化学成分上限值	允 许 偏 差	
		上 偏 差	下 偏 差
W	≤1.00	0.04	0.04
	>1.00~4.00	0.08	0.08
	>4.00~10.00	0.10	0.10
	>10.00	0.20	0.20
Al	≤0.10	0.01	—
	>0.10~0.70	0.03	0.03
	>0.70~1.50	0.05	0.05
	>1.50	0.10	0.10
Cu	≤1.00	0.03	0.03
	>1.00	0.05	0.05
Ti	≤0.20	0.02	—
B	0.0005~0.005	0.0005	0.0001
Co	≤4.00	0.10	0.10
	>4.00	0.15	0.15
Pb	0.15~0.35	0.03	0.03
Nb	0.20~0.35	0.02	0.01
S	≤0.050	0.005	—
P	≤0.050	0.005	—

表3 不锈钢和耐热钢成品化学成分允许偏差 单位为质量分数

元 素	规定化学成分上限值	允 许 偏 差	
		上 偏 差	下 偏 差
C	≤0.010	0.002	0.002
	>0.010~0.030	0.005	0.005
	>0.030~0.20	0.01	0.01
	>0.20~0.60	0.02	0.02
	>0.60~1.20	0.03	0.03
Mn	≤1.00	0.03	0.03
	>1.00~3.00	0.04	0.04
	>3.00~6.00	0.05	0.05
	>6.00~10.00	0.06	0.06
	>10.00~15.00	0.10	0.10
	>15.00~20.00	0.15	0.15
P	≤0.040	0.005	—
	>0.040~0.20	0.01	0.01

续表 3

元 素	规定化学成分上限值	允 许 偏 差	
		上 偏 差	下 偏 差
S	≤0.040	0.005	—
	>0.040~0.20	0.010	0.01
	>0.20~0.50	0.02	0.02
Si	≤1.00	0.05	0.05
	>1.00	0.10	0.10
Cr	>3.00~10.00	0.10	0.10
	>10.00~15.00	0.15	0.15
	>15.00~20.00	0.20	0.20
	>20.00~30.00	0.25	0.25
Ni	≤1.00	0.03	0.03
	>1.00~5.00	0.07	0.07
	>5.00~10.00	0.10	0.10
	>10.00~20.00	0.15	0.15
	>20.00~30.00	0.20	0.20
	>30.00~40.00	0.25	0.25
	>40.00	0.30	0.30
Mo	>0.20~0.60	0.03	0.03
	>0.60~2.00	0.05	0.05
	>2.00~7.00	0.10	0.10
	>7.00~15.00	0.15	0.15
	>15.00	0.20	0.20
Ti	≤1.00	0.05	0.05
	>1.00~3.00	0.07	0.07
	>3.00	0.10	0.10
Co	>0.05~0.50	0.01	0.01
	>0.50~2.00	0.02	0.02
	>2.00~5.00	0.05	0.05
	>5.00~10.00	0.10	0.10
	>10.00~15.00	0.15	0.15
	>15.00~22.00	0.20	0.20
	>22.00~30.00	0.25	0.25
Nb+Ta	≤1.50	0.05	0.05
	>1.50~5.00	0.10	0.10
	>5.00	0.15	0.15
Ta	≤0.10	0.02	0.02

续表3

元 素	规定化学成分上限值	允 许 偏 差	
		上 偏 差	下 偏 差
Cu	≤0.50	0.03	0.03
	>0.50~1.00	0.05	0.05
	>1.00~3.00	0.10	0.10
	>3.00~5.00	0.15	0.15
	>5.00~10.00	0.20	0.20
Al	≤0.15	0.01	0.005
	>0.15~0.50	0.05	0.05
	>0.05~2.00	0.10	0.10
	>2.00~5.00	0.20	0.20
	>5.00~10.00	0.35	0.35
N	≤0.02	0.005	0.005
	>0.02~0.19	0.01	0.01
	>0.19~0.25	0.02	0.02
	>0.25~0.35	0.03	0.03
	>0.35	0.04	0.04
W	≤1.00	0.03	0.03
	>1.00~2.00	0.05	0.05
	>2.00~5.00	0.07	0.07
	>5.00~10.0	0.10	0.010
	>10.00~20.00	0.15	0.15
V	≤0.50	0.03	0.03
	>0.50~≤1.50	0.05	0.05
	>1.50	0.07	0.07
Se	全部	0.03	0.03

中华人民共和国国家标准

钢和铁 化学成分测定用试样的取样和制样方法

Steel and iron—Sampling and preparation of samples for the determination of chemical composition

GB/T 20066—2006/ISO 14284：1996
代替 GB/T 719—1984
部分代替 GB/T 222—1984

中华人民共和国国家质量监督检验检疫总局
中国国家标准化管理委员会

2006-02-05 发布

2006-08-01 实施

目　次

前言 ····· 777
1　范围 ····· 778
2　规范性引用文件 ····· 778
3　定义 ····· 778
4　取样和制样的技术条件 ····· 780
　4.1　一般要求 ····· 780
　4.2　样品 ····· 780
　4.3　取样 ····· 781
　4.4　制样 ····· 783
　4.5　安全注意事项 ····· 785
5　炼钢及生铁生产中的铁水 ····· 785
　5.1　一般要求 ····· 785
　5.2　勺式取样 ····· 785
　5.3　管式取样 ····· 786
　5.4　分析试样的制备 ····· 787
6　铸铁产品用铁水 ····· 787
　6.1　一般要求 ····· 787
　6.2　勺式取样 ····· 788
　6.3　管式取样 ····· 789
　6.4　分析试样的制备 ····· 789
　6.5　测定氧、氮、氢用试样的取样及制样 ····· 790
7　钢产品用钢水 ····· 791
　7.1　一般要求 ····· 791
　7.2　勺式取样 ····· 791
　7.3　管式取样 ····· 791
　7.4　分析试样的制备 ····· 792
　7.5　氧的测定用试样的取样和制样 ····· 793
　7.6　氢的测定用试样的取样和制样 ····· 793
8　生铁 ····· 794
　8.1　一般要求 ····· 794
　8.2　份样 ····· 794
　8.3　分析试样的制备 ····· 795
9　铸铁产品 ····· 797
　9.1　一般要求 ····· 797

9.2 取样和制样 ……797
10 钢产品 ……798
　10.1 一般要求 ……798
　10.2 从铸态产品中取得原始样品与分析试样 ……799
　10.3 从压延产品中取得原始样品与分析试样 ……799
　10.4 分析试样的制备 ……800
　10.5 含铅钢的取样 ……801
　10.6 测定氧用分析试样的取样和制样 ……801
　10.7 测定氢用分析试样的取样和制样 ……802
附录A （资料性附录）铁水和钢水用取样管 ……803
　A.1 一般要求 ……803
　A.2 浸入式取样管 ……805
　A.3 流体取样用取样管 ……806
　A.4 吸入式取样用取样管 ……806
　A.5 取样管的脱氧系统 ……807
　A.6 样品品质 ……807
附录B （资料性附录）测定钢水中氢用取样管 ……808
　B.1 一般要求 ……808
　B.2 浸入式取样管 ……808
　B.3 吸入式取样管 ……808

前 言

钢和铁化学成分测定用试样的取样和制样方法不仅是准确、客观、全面地反映钢铁产品质量的关键环节,也是企业生产过程中质量控制的重要环节。

本标准等同采用 ISO14284:1996《钢和铁 化学成分测定用试样的取样和制样方法》(英文版)。

本标准代替 GB/T 222—1984《钢的化学分析用试样取样法及成品化学成分允许偏差》中对钢的化学分析用试样的取样方法部分和 GB/T 719—1984《生铁化学分析用试样取制样方法》。

本标准与 GB/T 222—1984 中相关部分和 GB/T 719—1984 比较,有很大的不同,原标准中关于钢铁化学成分测定用分析试样取样制样方法,只是在试样的代表性、取样时机、部位、样品数量、大小及清洁要求等方面作了原则或简单的规定,特别是对钢的化学成分测定用分析试样的制样方法基本未作规定。而本标准除在这些方面有明确详细规定外,在取样设备、操作程序(包括流程图示)和操作条件、样品储存、标识、安全卫生,以及对化学分析、热分析和物理分析试样的不同要求,对测定氢、氧、氮等不同元素试样的不同要求等方面,均作了详细具体的规定。

本标准附录 A 和附录 B 为资料性附录。

本标准由全国钢标准化技术委员会提出。

本标准由全国钢标准化技术委员会归口。

本标准起草单位:冶金工业信息标准研究院。

本标准主要起草人:陈自斌、伍千思。

本标准所代替标准的历次版本发布情况为:

GB/T 719—1984、GB/T 222—1984、GB/T 222—1963。

钢和铁 化学成分测定用试样的取样和制样方法

1 范围

本标准规定了生铁、铸铁和钢化学成分测定用试样的取样和制样方法。这些方法分别适应于其液态和固态。

2 规范性引用文件

下列文件中的条款通过本标准的引用而成为本标准的条款。凡是注日期的引用文件，其随后所有的修改单（不包括勘误的内容）或修订版均不适用于本标准，然而，鼓励根据本标准达成协议的各方研究是否可使用这些文件的最新版本。凡是不注日期的引用文件，其最新版本适用于本标准。

GB/T 2975 钢及钢产品 力学性能试验取样位置及试样制备（eqv ISO 377：1997）
ISO 9147 生铁—定义和分类

3 定义

本标准应用下列定义。

3.1
化学分析方法 chemical method of analysis
通过对试样进行化学处理来测定试样中化学成分的分析方法。

3.2
物理分析方法 physical method of analysis
不是通过对试样进行化学处理来测定试样中化学成分的分析方法，例如：光电发射光谱法、X荧光光谱法。

3.3
热分析方法 theramal method of analysis
通过对试样进行加热、燃烧或熔融处理来测定试样中化学成分的分析方法。

3.4
熔体 melt
取样时的液态金属。

3.5
勺式取样 spoon sampling
用一长柄勺从熔体中取样，或在熔体的浇注过程中取样，并铸成模块的取样方法。

3.6
勺式样品 spoon sample
从熔体中用取样勺取样，并浇铸成模块的试样。

3.7

管式取样　probe sampling

用取样管插入到熔体中取样的取样方法。

3.8

浸入式取样　immersion sampling

管式取样方法的一种。取样管浸入到熔体中，由于铁水（钢水）静压或重力的作用，使熔体充满取样管中的样品仓的取样方法。

3.9

吸入式取样　suction sampling

管式取样方法的一种。取样管浸入到熔体中，由于抽吸作用，使熔体充满取样管中的样品仓的取样方法。

3.10

流动式取样　sutream sampling

管式取样方法的一种。取样管插入到流动的液态金属中，由于金属流体的力的作用，使其充满取样管的样品仓的取样方法。

3.11

管式样品　probe sample

用取样管从熔体中取得的试样。

3.12

铸态产品　cast product

未受形变的铁或钢产品，如铸件、连铸中的半成品、成形的铸件。

3.13

压延产品　wrought product

用轧制、拉拔、锻造或其他方法加工产生形变而获得的钢产品，如：钢棒、钢坯、钢板、钢带、钢管、线材。

3.14

抽样产品　sample product

为取样而从一定数量的铁或钢产品中确定的取样产品。

3.15

原始样品　preliminary sample

为了制取一个或多个分析试样而从抽样产品中取得的足量的样品。

3.16

分析试样　sample for analysis

按照分析所需的要求而制得的试样，它可从抽样产品中取得，或从原始样品中取得，或从熔体中取得。

分析试样包括抽样产品本身和从熔体中取得的样品。

注1：下面是几种不同的分析试样：

　　——块状试样；

　　——已重熔试样；

——机械加工制得的屑状试样；
——粉碎加工制得的碎粒状试样；
——粉碎加工制得的粉末状试样。

3.17
试料　test portion

用于进行分析的试样，它是分析试样的一部分，或者是从熔体中取得样品的一部分。在某些情况下，试料可以直接从抽样产品中制得。

注2：以下是从取样管中取得的几种特殊形状的块状试料：
——小圆盘状试料，通常描述为块状样品，由冲锻制取；
——小块附属试料，通常描述为小块样品；
——小直径棒状试料，通常描述为小棒样品，由切割制取。

注3：当分析试样是屑状或粉末状，或者用于热分析的块状试料，其试料是通过称量取得的。对于物理分析方法，实际用于分析的试料是分析试样中很少量的一部分。光电发射光谱分析方法消耗的试样量大约在 0.5～1mg；X-射线荧光光谱分析方法中的特征辐射仅仅源于样品中非常薄的一个表层。

3.18
研磨　grinding

用砂轮或砂带处理分析试样的表面，以制备物理分析方法用试样。

3.19
抛光　linishing

用软转盘或连续运行的涂有耐磨材料的磨带对分析试样表面进行处理，以制备物理分析方法用试样。

3.20
切（铣）削　milling

用一种机械转动多刀切割工具加工分析试样的表面，以制备屑状试样或加工物理分析方法用试样的表面。

3.21
交货批　consignment

一次交货的产品的数量。

3.22
份样　increment

从交货批中一次取样的产品的数量。

4　取样和制样的技术条件

4.1　一般要求

本章规定了钢和铁取样和制样方法的一般要求。取样和制样的具体要求在后面的相应章节中作了规定。

液态铁和钢、铸态铁和钢产品的取样和制样流程见图1。生铁的取样和制样要求见第8章。

4.2　样品

4.2.1 品质

所采用的取样方法应保证分析试样能代表熔体或抽样产品的化学成分平均值。

分析试样在化学成分方面应具有良好的均匀性，其不均匀性应不对分析产生显著偏差。然而，对于熔体的取样，分析方法和分析试样二者有可能存在偏差，这种偏差将用分析方法的重现性和再现性表示。

分析试样应去除表面涂层、除湿、除尘以及除去其他形式的污染。

分析试样应尽可能避开孔隙、裂纹、疏松、毛刺、折叠或其他表面缺陷。

在对熔体进行取样时，如果预测到样品的不均匀或可能的污染，应采取措施。

从熔体中取得的样品在冷却时，应保持其化学成分和金相组织前后一致。

值得注意的是，样品的金相组织可能影响到某些物理分析方法的准确性，特别是铁的白口组织与灰口组织，钢的铸态组织与锻态组织。

4.2.2 大小

块状的原始样品的尺寸应足够大，以便进行复验或必要时使用其他的分析方法进行分析。

制备的分析试样的质量应足够大，以便可能进行必要的复验。对屑状或粉末状样品，其质量一般为100g。

块状的分析试样的尺寸要求取决于所选定的分析方法，对于光电发射光谱分析和X射线荧光光谱分析，其分析试样的形状与大小由分析仪器决定。本标准中给出的分析试样的尺寸外形仅供参考。

4.2.3 标识

分析试样应给定唯一的标识，以便能识别出抽样产品所取自的熔体，必要时，记录下熔体的样品处理条件和从抽样产品中取得的原始样品或分析试样的取样位置。

生铁的分析试样应给定唯一的标识，以便能识别出交货批或部分交货批以及取自交货批的份样。

使用的标识或其他相似的标识方法应确保给定标识的剩余试样与分析试样相关联。

记录样品状态和条件的标识应确保不与有关的分析记录等项目的标识相混淆。

4.2.4 保存

应该有适当的贮存设备用于单独保存分析试样。在分析试样的制备过程中和制备后，分析试样应该防止污染和化学变化。

原始样品允许以块状形式保存，需要时再制取分析试样。

分析试样或块状的原始样品要保存足够长的时间，以保证分析实验室管理的完整性。

4.2.5 仲裁

样品用于仲裁时，分析试样的制备应该由供需双方或他们的代表共同完成。制备分析试样时所使用的方法应该有记录。

用于贮存仲裁分析试样的容器应该由双方或他们的代表一起密封。除非有不同意见，该容器由对样品制备负责任的任何一方的代表保存。

4.3 取样

4.3.1 从熔体中取样

为了监控生产过程，需要在整个生产过程的不同阶段从熔体中取样。根据铸态产品标

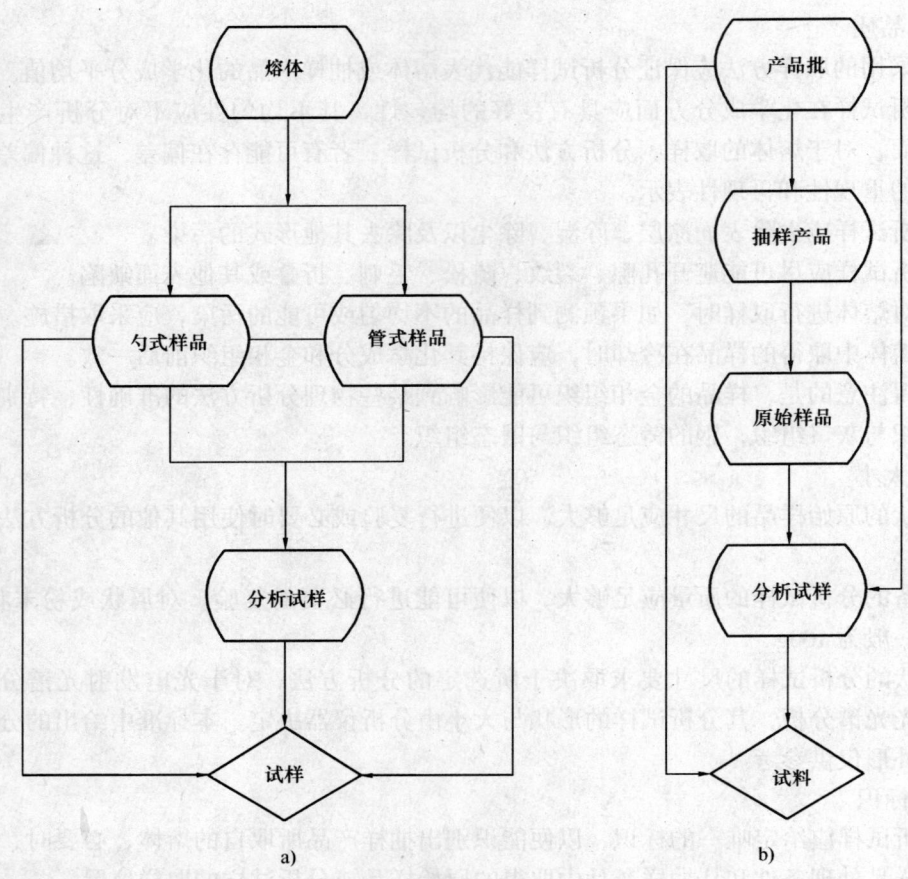

图1 取样和制样程序示意图
a) 铁水与钢水；b) 铸铁产品和钢产品

准的要求，可以在熔体浇注的过程中进行取样来测定化学成分。对用于生产铸态产品的液体金属的取样，分析试样也可以按照产品标准要求从出自同一熔体、用作力学性能试验的棒状或块状试样上制取。

熔体的取样过程是根据对样品品质（见图1）的要求而进行的一个独立的处理过程。从熔体中取得的样品常常有如下形状：小铸锭、圆柱、矩形块、冷铸圆盘或附带有一个或多个小棒样品的组合圆盘，有时是一些附带小块样品的圆盘。

注4：用于铁水和钢水的取样管可从供应商处购买；不同类型的取样管的主要特征的不同见附录A和附录B，图中的尺寸仅供参考。

4.3.2 从成品中取样

在可能的情况下，原始样品或分析样品可以从按照产品标准中规定的取样位置取样，也可以从抽样产品中取得的用作力学性能试验的材料上取样。

对于铸铁产品，分析试样可以从铸态产品的棒或块中取样。

对于锻造产品，分析试样可以从未锻造的原始产品中，或从锻后了的产品中，或从额外锻造的产品中取样。

当产品标准中没有作相应规定时，或者在产品订货中已注明时，分析试样的取样可由供需双方协商确定，即可从力学性能试验的试样上取样，也可从抽样产品中直接取样。

原始样品或分析试样可用机械切削或用切割器从抽样产品中取得。对有些元素的取样应考虑有一些特殊的措施。

4.4 制样

4.4.1 样品的前处理

如果样品中的某一部分的化学成分有可能不具有代表性，例如氧化，首先要研究样品的特性和化学成分的变动范围，然后除去样品中已发生了成分变化的部分。接下来应该对样品采取保护措施防止化学成分发生变化。

必要时，应采用合适的方法去除在样品制备过程中使用的涂层，使要被切削的金属表面完全外露。金属表面要使用适当的溶剂除油，但应保证除油的方法对分析结果的正确性不产生影响。

4.4.2 屑状分析试样

分析试样是由有一定的形状和大小的屑状试样组成。它是通过钻、切、车、冲等方法制取的。屑状试样不应从受切割火焰的热影响的部位取得。

制样过程中所使用的工具、机械、容器应该预先进行清洗，以防止对分析试样产生污染。

机械加工试样时，切下的屑状物不应该过热，这可从它的颜色变化来判断（发蓝或发黑）。对于合金钢的某些钢种的屑状物会不可避免的出现变色，例如锰钢和奥氏体钢，应通过选择合适的工具和切削速度来尽量减小影响。

必要时，对加工的样品进行热处理来软化样品。

只有当屑状物能用适当的不残留溶剂清洗时，才能在机械加工过程中使用冷却剂。

称取试料前，屑状试样应该充分混合。一般情况下，使用在平面上滚动的容器或使用翻转容器进行混合，其效果较好。

4.4.3 粉末或碎粒状分析试样

不能用钻取方法制备屑状样品时，样品应该切小或破碎。然后用破碎机或振动磨粉碎。振动磨有盘磨和环磨。制取的粉末分析试样应该全部通过规定孔径的筛。

在用热分析方法测定碳的情况下，用破碎机破碎制成的分析试样的碎块颗粒尺寸范围大约在 1～2mm。

用于粉碎的设备的所使用到的材料应该不影响样品的成分。应该进行适当的试验以证实使用该设备不会影响到分析试样的成分。

粉碎方法不能用于含有石墨的铁的制样。

进行过筛操作时，应该注意避免样品的污染和损失。过筛硬材料时，应该注意避免损坏筛的筛丝。

称取试料前应对分析试样进行均匀化处理。通过搅拌能使粉末样品均匀化。

注意：当金属颗粒小到约 150μm 时，可能有着火的危险。在粉碎的过程中要确保通风。

4.4.4 块状分析试样

4.4.4.1 分析试样的选择

分析试样是通过切割从抽样产品或原始样品中制取的，其尺寸大小及形状要适合分析方法的需要。样品可用锯切、砂轮切、剪切或冲切方法进行切割。

产品标准中没有明确规定时，如果材料有足够的厚度，物理分析方法用样品应该在产品的横截面上制取。

4.4.4.2 分析试样的表面制备

分析试样的表面制备应该制备到露出适合于分析方法使用的表面。已受切割火焰热影响的样品的任何部分不能用于制备分析表面。用于制备样品的设备应该设计成尽可能减小样品的过热，其中要有相应的冷却系统。

用于表面制备的四种主要设备如下：

a) 通过铣床反复操作使金属铣到预定的深度，它适用于硬度范围适合于铣削的样品。需要时，该设备具有能够加工从熔体中取得，且仍热的样块；

b) 磨床有固定式、转动式或往复式，它通过反复操作使金属样品可以磨到预定的深度；

c) 平板抛光机有磨盘式、连续磨带式，它用于对分析试样表面研磨到一定的抛光级别；

d) 带有喷砂、喷磨砂、或金属丸的喷丸机用来清洁分析试样或试料的表面。

制备后，分析试样的表面应该平整且没有对分析结果准确度产生影响的缺陷。

切割及表面制备可以手动也可自动完成。商业上出售的系统装置，可以完成从熔体中取样到自动完成各阶段的处理。有两种厚度的管式样品［见附录A中A.2.3c)］的表面自动制备系统装置和冲压加工试料的系统装置，可带有对样品的喷丸处理设备以及冲压前对样品热处理软化的设备。

应该根据分析方法所测定元素的要求，用于制备分析试样的最后阶段的磨料应选择避免污染表面的材料。磨料的粒度应该与分析方法所需的表面光洁度要求一致。

对于光电发射光谱分析方法，使用的磨料的粒度在60级到120级较合适。对于X-射线荧光光谱分析方法，其选择的表面制备方法应该确保样品与样品间的表面抛光级别具有较好的再现性。另外，不得污染表面。

磨料的影响取决于所使用的分析方法。当使用光电发射光谱分析方法时，一般预激发能清除分析试样表面的由于研磨产生的污染。使用新砂轮时，要特别注意避免表面污染。

使用X-射线荧光光谱分析方法时，应该检查是否存在潜在表面污染等缺陷。

制备以后，分析试样应进行目视检查，表面应该没有颗粒异物，没有表面缺陷。如果存在缺陷，应该重新处理表面或放弃使用。分析试样应该干燥，并且应防止制备好的试样表面被污染。

4.4.5 用重熔方法制备分析试样

小块或屑状样品，或者抽样产品本身的一部分可以使用有氩气保护的熔融设备重熔。样品重熔成直径为30~40mm厚度为6mm的圆盘，它适合于用物理分析方法。有些型号的重熔设备带有离心浇铸装置。

在重熔过程中可能出现某些元素的部分损失。因此有必要保证选择性挥发或离析，或者在化学成分上的任何变化是定量已知的，或者对分析结果没有显著性的影响。应该进行适当的试验，以证实成分的任何变化较小且再现性较好。

使用的设备和所采用的重熔方法应该设计成防止或减小成分的变化，并确保任何变化有较好再现性。重熔过程中应该使用抗氧剂，例如0.1%（质量分数）锆。用于分析测量的校正方法应该考虑到已经存在的变化。

并非所有的黑色金属都能用这种方式重熔。下面的情况不能使用本方法来制备样品：被测某一重要元素重熔时其成分变化且再现性不好。

4.5 安全注意事项

4.5.1 个人保护

要提供个人防护装备，以保证减小取样及制样过程中人员受伤的危险。对液态金属取样时，防护应该包括防护服、保护手套、面晕以防止溅伤。固体金属的取样与制备时，防护应包括防护服，手、眼和听觉保护，必要时还要进行呼吸保护。

4.5.2 机械

机械取样和制样应该按照相应的国家标准进行。用于表面制备的磨样操作安全遵守国家有关法规规定。

4.5.3 有害物质

对样品和试料进行清洗和干燥处理时，会使用到溶剂，对于溶剂的使用要参照国家相应的规定进行。

5 炼钢及生铁生产中的铁水

5.1 一般要求

这些方法可用于炼钢或者铸态生铁的高炉铁水的取样，这种铁水常称作热金属。铁水取样通常是在当熔体注入到铁水罐时的高炉铁水沟、或者从铁水罐取样，或者在对铁水罐的前处理过程中取样，或者是在熔体铸成生铁的过程中取样。

从高炉出铁的过程中，铁的化学成分可能有波动。应该在规定的时间间隔内取两个或两个以上的样品进行测定，取其平均值。

使用物理分析方法时，取样方法应该设计成能使液体金属以一种确保样品的金相组织适合于所选择的分析方法要求的方式进行冷却。

5.2 勺式取样

5.2.1 取样方法

对于从熔体中取样，将经过预热处理的钢勺浸入到熔体中，使铁水充满钢勺。拉回钢勺，去掉勺中铁水表面上的炉渣。

对于从流体中取样，将经过预热处理的钢勺导入到铁水罐的流体中，使铁水充满钢勺。

很快地将取样勺中的铁水倒入到金属模中，并尽可能使铁水迅速冷却。然后脱模，样品去掉冒口。

铁水应该倒入冷模中以保证适当的冷却。在有必要时，模子应该在使用前进行空气冷却。模子应该没有湿气。

盘状样品通常被称为硬币状样品，可用两瓣钢模取得，一般其样品直径为35~40mm、厚度为6~12mm。模子由两瓣构成，用时合在一起，一瓣为平的冷盘，另一瓣为一块模腔。模腔的边缘是楔形的，例如从38mm到32mm，这样以利于样品脱模。硬币状样品在模中铸造时呈水平或垂直状。

用组合模取得的硬币状样品带有一处或多处附带小块样品。如果需要时，可取下这些小块样品来用作热分析方法的分析试样（用作铸铁生产过程中的铁水取样组合模示意图如图2所示）。

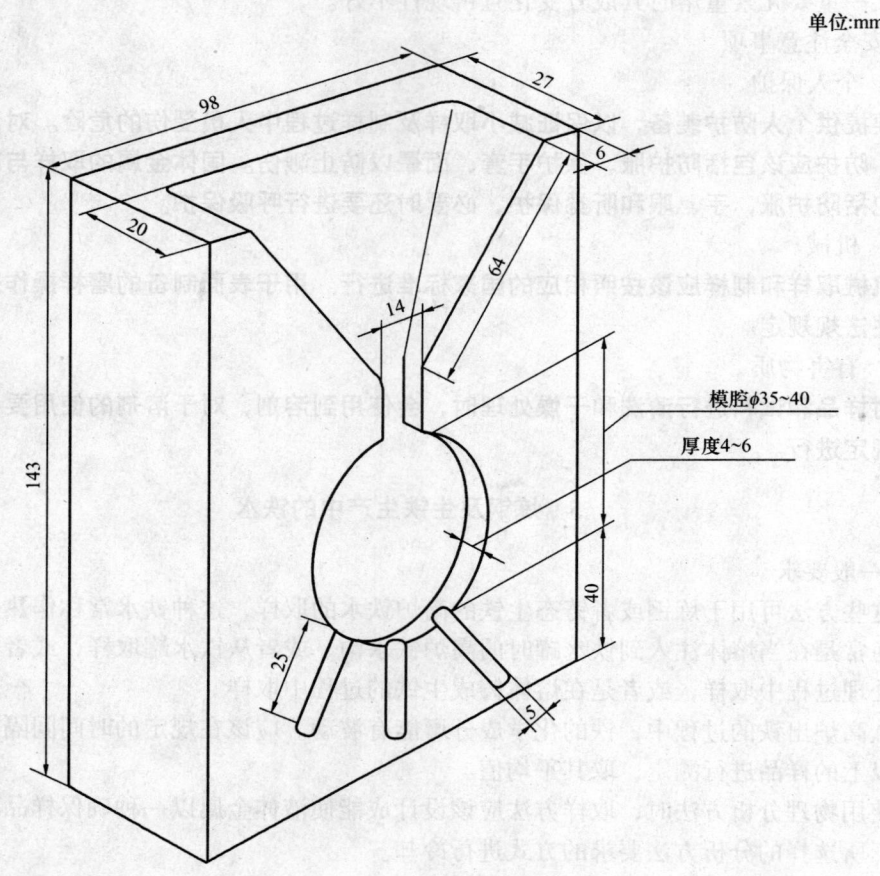

注：图中没有表示的急冷板的尺寸与图所示一致。
图2 铸铁产品的铁水取样用垂直型组合模

用铸铁或钢的组合分模取得的薄板状样品的边缘为圆弧形，一般其样品尺寸为70mm×35mm、厚度为4mm。组合模的两部分的冒口的顶部处为锥形，使用时两部分相互夹紧。此种型号的组合模适用于较高碳含量的铁水取样。

5.2.2 设备的维护

取样勺和金属模要保持洁净和干燥。使用后，要除去炉渣和结壳，且用钢丝刷清洁模子表面。

如果模子内表面有损伤，应该进行机械再加工。这样可避免在样品进行表面制备时需要另外的机械加工处理。

5.3 管式取样

5.3.1 一般要求

附录 A 描述了不同类型的用于高炉铁水的取样管。取样管应该设计成能制备出盘状样品的白口铁的模式，样品要有足够的厚度以满足选择物理分析方法的需要。

管式取样受如下因素的影响：取样器插入熔体的角度、深度以及浸入铁水的时间引起铁水温度的变化。对于一个炼铁过程，应该考虑这些影响因素，严格控制以保证分析试样的品质。

5.3.2 取样方法

从熔体中取样，要将一个合适的浸入式管式取样器以尽可能垂直的角度插入到熔体中。

从高炉铁水沟中取样，要选择合适的浸入位置以保证所用的管式取样器插入液体金属中有足够的深度。对大多数型号的取样管而言，其深度大约是 200mm。

从铁水流中取样，要将合适的吸入式管式取样器从铁水包导入流动金属中，其导入角度与垂直方向约为 45°，导入位置尽量靠近铁水包注口。

经过预先确定的时间后，从熔体中拉回管式取样器，打碎管子，允许样品在空气中冷却。

5.4 分析试样的制备

5.4.1 原始样品

除去从熔体中取得的样品的表面氧化物，以避免在后面的制备过程中可能污染分析试样。

5.4.2 化学分析方法用分析试样

用破碎机或振动研磨机粉碎样品，制备足够量的分析试样，其粒度最好小于 150μm。

另一方法是用按 8.3.1 所述的低速钻床制备屑状样品。

5.4.3 热分析方法用分析试样

将盘状样品附带的小棒样品或管式样品的小块样品加工成一定量的试料。测定次数要有代表性，取其平均值。

另一方法是用破碎机破碎这些小棒样品或小块样品制取足够量的分析试样，其粒度大约为 1~2mm。粉碎过程中要避免产生细粉料。用类似的方式破碎片状样品。

5.4.4 物理分析方法用分析试样

对于盘状样品，必要时除去所有小棒样品或小块样品，磨光样品表面直到露出白口组织，此处为样品有代表性的部位。用这种方法要除去的量应该由取样条件和该铁产品的化学成分来确定，一般除去的厚度为 0.5~1mm（见 A.6）。

对于片状样品，制成两片，以获得适合于分析要求的样品。

通过研磨和抛光制备样品的表面时，研磨应该用湿法，以避免样品过热，但是，最后要进行样品表面干燥抛光。另一方法是进行研磨后将样品浸入水中冷却，然后进行干燥抛光。

制备薄片样品的表面时要特别小心。要设计一个特制的夹具以较好地固定住样品，确保进行磨样和抛光操作。

6 铸铁产品用铁水

6.1 一般要求

以下方法适用于从冲天炉、电炉、双炼法混合炉，以及铁水包和前处理容器中的铁水中取样。

铁水在浇注生产过程中可能不均匀。应采用必要的措施使取样方法适合于特定的生产过程的需要。例如混合炉中的铁水有分层，取样时要确保分析能代表整个熔体。

对于分批生产时，应该从熔炉中取二个或更多的样品，最好在出炉近三分之一和三分之二时取样，进行测定，取平均值。对于连续生产时，取样应保持有规律的时间间隔。

取样方法一般要将取样勺中的铁水迅速浇注后，尽可能快地冷却样品以得到白口铁组织、防止石墨化。通过急冷铸造获得的白口铁组织一般用于物理分析方法。

非急冷却的样品也可以使用。对于这种情况，样品是从取样勺中的特别铸态中取样或从用于力学性能试验的试样棒或试样锭中取样，试样棒或试样锭是从用于生产铸体或铸件的同一金属中分别铸造的。

在生产大型或大量铸件时在征得用户同意后，应该取二个或二个以上的样品。

用于测定氧、氮、氢的铁水样品的取样和制样方法要采取特殊的方法（见6.5）。

6.2 勺式取样
6.2.1 一般要求

取样应该在往熔体中加入任何添加剂之前进行。

另外，在取样前要充分搅拌熔体，为减少加入添加剂的直接影响，要留有足够的时间进行取样。在取样前没有足够的准备时间将会严重地减小取样的代表性。

由于生产过程中可能受铁渣污染，球墨铸铁的取样特别困难。在这种情况下，可用一个陶瓷盘对铁水过滤后再进行取样。

注5：注意在加入添加剂之前取得的样品不能代表铸件的化学成分。

6.2.2 取样方法

涂有一层耐火材料（如硅石）的石墨勺或钢勺适用于下列方法之一：

a) 扒去熔体表面上的炉渣，将预热过的取样勺浸入熔体中并装满铁水；
b) 在浇注过程中，将预热过的取样勺导入铁水流中并装满铁水。

6.2.3 急冷样品

迅速将取样勺中的铁水倒入石墨制、赤铁制或铜制的分模中，制成小平盘状样品，其厚度为4～8mm。铁水凝固后，尽快使样品脱模以避免模子过热和样品破碎，然后去掉冒口。

通常，硬币状样品有直径为35～40mm的圆形、50mm×27mm矩形或50mm×50mm正方形。一般圆形样品垂直铸成，矩形或正方形样品水平铸成。

模由两块组成，使用时夹在一起。一块为急冷的平板，另一块带有模腔。模腔做成边缘渐小结构以利于脱模。

带有一个或多个小棒样品的硬币状样品可由组合模制得。需要时，用这些小棒样品作热分析方法用试料。这种类型的垂直模常常被描述成书本模，它由低磷高碳的灰口铁、石墨、铜或水冷铜制成，见图2。制成的盘式样品，其直径为35～40mm、厚度为4～6mm，并附带有3个直径为5mm的小棒样品。

取样勺中铁水的温度应尽可能的高，但要与模材料的承受能力（如热容量）一致。重要的是要保证快速急冷，以便制备白口铁组织的分析试样。有必要时模子在使用前应空气冷却。模子要求避免湿气。

在需要进行反复取样的情况下，应该准备有多个模子替换，以使模子得到充分冷却。应该避免由于模子过热产生的热应力可能引起硬币状样品的破裂。

6.2.4 非急冷样品

迅速将取样勺中铁水浇注到沙模中，得到直径为约50mm、长度为40~50mm圆柱状样品。

另一种方法是从力学性能试验的试样棒或试样锭上取得分析试样。试样棒或试样锭可用浇注勺从铁水包中取得的铁水进行浇注而成，在使用小型手工浇注容器时，则也可直接从铁水包中浇注而成。通常试样棒直径为30mm长度为150mm，用沙模垂直或水平浇注方式浇注。

样品脱模前，要完全冷却。

6.2.5 设备的维护

浇注勺和金属模要保持洁净和干燥。使用后，要除去炉渣和结壳，且用钢丝刷清洁模子表面。

如果模子内表面有损伤，应该进行机械再加工。这样可避免在样品进行表面制备时需要另外的机械加工处理。

6.3 管式取样

管式取样的应用范围很有限，仅在铸铁产品的生产过程中使用。需要时，取样管从熔体中取得的样品应该能保证满足分析方法要求的金相组织和分析品质。

6.4 分析试样的制备

6.4.1 前处理

用钢丝刷或喷砂清理掉砂铸样品表面粘附的砂子。磨去表面氧化层。

根据所选用的分析方法，按6.4.2、6.4.3或6.4.4要求制备试样。

6.4.2 化学分析方法用试样

6.4.2.1 一般要求

用机械加工方法制备屑状样品，应该用低速（100r/min到150r/min）碳化钨刀具钻取或车取。调节加工速度使制备出的屑状样品均匀，避免产生粉细颗粒。注意要避免加工过程中刀具和样品过热。

屑状样品应尽可能成整块，每块约10mg（每克100块）以避免石墨的粉化和损失。因为金属与石墨的分布可能出现变化，屑状样品不能用溶剂洗或磁选。直径为10mm的工具适合于钻取屑状样品。

测定全碳用的屑状样品的尺寸范围是1~2mm。

当样品不适合于机械加工时，样品可以用破碎机或振动研磨机破碎来制得屑状样品，以此制取足够量的分析试样，其粒度小于150μm。使用这种方法应保证不要造成样品污染。

6.4.2.2 制样方法

当通过钻取制取样品时，急冷样品应弃去表面部分的屑状样品。

对于柱形块状的非急冷样品，在块的长度方向的三分之一处横向钻取，然后从其对面位置再次钻取。弃去两面径向小于三分之一深度处的样品，继续钻取其中心部分作为分析试样。

对于试样棒，使用下面方法之一制取：

a）磨平试样棒的两面，从长度方向三分之一处的一面钻到另一面；

b）用车床加工试样棒时，在不使用车液或冷却剂的情况下其最大进刀量为 0.25mm。沿径向切割时从表面切至中心，或者切取试样棒一个横截面，不能只切试样棒的表面。弃去从表面切取的样品。

不能采用机械加工的样品，则破碎制备样品，或者在试样棒近底部（三分之一处）的横截面切取 3mm 厚的圆盘破碎来制备样品。用破碎机或振动研磨机破碎来制得足够量的分析试样，其粒度小于 150μm。

6.4.3　热分析方法用块状试样

从急冷样品上取下附着的小棒样品，经破碎或切割加工成小块试样作为试料。

另一种方法是用破碎机破碎小棒样品来制备分析试样，其粒度约 1~2mm。在破碎时要避免产生太细的样品。

对于非急冷样品，从柱形块或试样棒的截面处用锯切取 3mm 的圆盘或薄块，破碎制取适当质量的样品作为试料。

测定次数要有足够的代表性，取平均值。每块试料的质量应该不小于约 0.3g。

6.4.4　物理分析方法用试样

对于急冷样品，除去附带的小棒样品，然后用固定头研磨机磨至表面露出样品有代表性的白口组织。用这种方式除去的材料的量取决于特定的铁的化学成分和取样状态；除去层的厚度一般至少 1mm。

样品研磨时推荐使用空气冷却。可用湿磨以防止样品过热，但最后处理时应该干磨或干抛光。如果过度磨到超过急冷区域时，会引起分析误差，要有常规的方法跟踪考察急冷样品，确保其金相组织适合于该分析方法用试样的制备。

对于非急冷样品，用打磨或抛光机械除去样品表面近 1mm 的厚度。样品研磨时推荐使用空气冷却，而不能用液体冷却剂冷却。

对于受偏析影响的铁，例如工程用高磷铁、高硅球墨铸铁或铸造生铁，应该在分析试样的两个表面制备，并取其平均值。

在表面制备的过程中应该避免样品过热。因为这有可能产生表面裂纹而影响分析结果的准确度。

薄的硬币状样品的表面制备时需要仔细。要设计一种特殊的钳子在打磨操作时使用。

注 6：对于分析试样表面的制备，固定头磨比摆动头磨更合适，摆动头磨可能磨不出平坦的表面。

6.5　测定氧、氮、氢用试样的取样及制样

6.5.1　一般要求

仅当浇注生产中需要控制其一定限量时，才进行氧、氮和氢的测定。取样和制样方法应该减少氢的损失，并且要避免氧、氮和氢污染样品（见 7.5 和 7.6）。

6.5.2　方法

用于测定氢的样品要迅速冷却。当样品固化后立即脱模，迅速急冷。丙酮和二氧化碳干冰的混合物膏剂适合于急冷。样品应该浸入到冷却剂中贮存，冷却剂可以使用液氮或者丙酮和二氧化碳干冰的混合物膏剂。

急冷铸态样品的小棒样品适合于进行氧和氮的测定。这种样品可用勺式取样取得，如

需按6.2浇注铁水到组合模中并得到直径6～8mm的小棒状样品,则需要修改组合模的结构,按如图2所示加三个小空腔以制得所需直径的小棒状样品。

6.5.3 试料的制备

用带碳化钨刀具的车床除去所有氧化痕迹的表面。用分离工具横向切开样品得到合适质量的用于分析的试料。在制备用于测定氢的试料时,样品要不断用粉碎的二氧化碳干冰冷却,避免过热。

要确保制备试料与进行分析之间不要延误时间。

7 钢产品用钢水

7.1 一般要求

以下方法适用于在钢的熔炼、二次处理及浇注期间从炉子、钢包或其他容器的钢水中进行取样和从中间包及结晶器中进行取样。

对于氧(7.5)和氢(7.6)的测定,钢水的取样及制样应该有特殊的要求。

7.2 勺式取样

7.2.1 方法

从熔体中取样是将取样勺穿过炉渣插入熔体中使钢水注满取样勺的过程。取样勺首先浸入到炉渣层中,由于急冷而覆盖上一层炉渣,这样可防止样品粘附在取样勺上。拉回取样勺,用扒渣法除去取样勺中钢水表面的炉渣。

从流体中取样是将取样勺导入从钢包流出的钢流,使钢水充满取样勺,然后抽回样勺。

应当注意,当将取样勺导入钢流时,由于从炉口流出的钢水会产生冲击力,取样时有必要减小钢水的流速。

必要时,向取样勺内的钢水中加入已知量的脱氧剂。当钢水静止(10s后),立即将其注入到有一定锥度的圆柱钢模中。样品顶部直径约25～40mm,底部直径约20～35mm,长40～70mm。

将样品脱模,并让样品以设计好的能避免裂纹的方式进行冷却。冷却样品要足够慢,以保证样品容易进行机械加工。

对于不锈钢的取样,可以用耐火材料杯替代铸铁盘来作模具,其杯壁厚度在10～12mm。击碎耐火材料杯从而使样品脱模。

注7:在取样勺中经常使用铝线作为脱氧剂,应保证铝不会对化学分析产生干扰,或者对测定熔体中铝的含量没有要求。铝的加入量通常为0.1%(质量分数)～0.2%(质量分数)。其他脱氧剂,如钛或锆,其加入量与此规定范围相当。

7.2.2 设备的维护

取样勺和金属模要保持洁净和干燥。使用后,要除去炉渣和结壳,且用钢丝刷清洁模子表面。

如果模子内表面有损伤,应该进行机械再加工。这样可避免在样品表面制备时需要另外进行机械加工处理。

7.3 管式取样

7.3.1 一般要求

附录 A 列出了钢水用主要几种不同型号的取样管。

取样管取样受这样一些因素的影响：炉渣、取样管浸入熔体的深度和浸入熔体的时间。对于特定的成分范围，要确定这些因素的影响程度，以及钢的温度的影响，然后严格控制确保分析达到所要求的质量标准。

应采取必要的措施保证取样管取样时不污染钢水样品，尤其是要求对低含量元素的测定时的取样。取样管组成材料的选择、样腔的设计和进样系统，以及脱氧方法，这些都应该将污染减到最小（脱氧剂的污染除外）。

7.3.2 取样方法

在熔炼炉和钢包这类较深的熔体中的取样，应将合适的取样管迅速浸入熔体，穿过炉渣层，尽量达到熔体的中心，并尽可能成 90°角。

在中间包这类较浅的熔体中的取样，从钢锭模或结晶器的顶部，导入合适的吸入式取样管，穿过炉渣层或粉末覆盖层，达到熔体，使取样管局部真空时间约 2s，让钢水充满模子。

有些中间包的钢水有足够的深度，这种情况也可以使用浸入式取样管。

对于流体的取样，导入合适的流体取样管到钢包的金属流体中，成 45°角度，并尽可能靠近钢包的排出口。

在向流体中导入取样管时要小心，必要时要减小金属流体的流速。

在预定的时间间隔之后，拉回取样管，砸碎之后，使之在空气中缓慢冷却至暗红色，然后以不会导致裂纹的方法用水淬火。

在有些情况下，管式样品在运到实验室时仍是热的。

7.4 分析试样的制备

7.4.1 前处理

从熔体中取来的样品，去掉其可能对后面制备分析试样产生污染的表面氧化物。

7.4.2 化学分析方法用分析试样

对于圆柱形样品，在圆柱形样品距底部三分之一高度处的位置钻取，并通过样品的中心，弃去从样品表面层得到的屑片。

另一方法是用切割机去掉圆柱形样品底部的三分之一，将剩下部分露出的整个表面进行机械加工。必要时进行热处理使样品足够软化。

对于管式样品，从圆盘样品中按 10.4.2 的要求进行钻取或研磨制得屑状样品。

7.4.3 热分析方法用分析试样

对于管式样品附带有数个小块样品，取其一小块样品用来制备试料。

对于双厚度的管式样品，从圆盘薄的部分取一小块样品用来制备试料。如果样品的洛氏硬度大于 25HRC 时，应进行必要的热处理使样品足够软化，以便易于进行冲床加工。

对于圆盘附带小棒的管式样品，从小棒样品上切取合适质量的样品用于制备分析用的试料。

对于圆柱形样品可用钻取或研磨来制备样品。

低碳钢中碳的测定样品加工需要特别小心，在制备试料的过程中要防止污染，所有操作都要使用镊子。

7.4.4 物理分析方法用分析试样

对于附带有小棒状圆柱形样品，用砂轮切割机或其他切割工具切下样品底部用于制备分析试样，通常厚度为 20~30mm。由砂轮切割机切下的样品表面要抛光（或研磨）后才能用于分析，由其他切割工具切下的样品表面在分析前也可以进行抛光（或研磨）。

管式样品要除去所有附着的小块样品和小棒样品，然后对圆盘样品表面进行打磨或抛光，直至露出能具有样品代表性的表面。其去掉的样品厚度通常在 1~2mm（见附录 A 中 A.6），用这种方式除去材料的量取决于特定的钢的化学成分和取样状态。对于有两种厚度的管式样品，用盘状样品的厚层部分进行制备。

对于含铅钢样品，其样品的表面制备设备应该安装在封闭的环境中，并装有除尘设备。

注意：含铅钢进行表面制备时产生的废弃物，以及除尘过滤系统中收集的粉尘应该依照有关含铅废料的法规规定妥善处理。

7.5 氧的测定用试样的取样和制样
7.5.1 取样方法

根据取样管的型号决定测定氧的钢水的取样方法，不同型号取样管的主要特性在附录 A 中进行了描述。所使用的取样方法应该保证取样操作不会影响熔体中碳氧平衡。应注意避免污染样品，除去样品制备各阶段的所有表面氧化物。

管式样品的小附着物样品，如直径小于 5mm 小棒样品或者小块样品，一般不适合于制备无表面氧化物的试样。但从有两种厚度的管式样品中冲取的小块样品有可能是合适的。在有些情况下，需要使用取样管靠重力作用取得较大质量的样品。

7.5.2 试样的制备

用打磨的方法除去管式样品表面的氧化物，应注意避免过热。

从管式样品的圆盘上切下一片，然后将其加工成适合于分析用量的试样。

将试样块置于不锈钢的抓柄或其他装置中固定住，用细砂打磨每一表面。所有操作都要使用镊子。

将试样块浸入丙酮或乙醇中，在空气中干燥或暴露在低真空中干燥。立即进行分析，试块制备与进行分析之间不应该有时间延误。

7.6 氢的测定用试样的取样和制样
7.6.1 一般要求

测定氢的钢水的取样方法是用取样管。附录 B 描述了几种主要不同型号的取样管。所使用的取样方法应该设计成控制和减小氢从管式样品中的快速渗出，在进行取样、样品的贮存以及试料的制备过程中都会发生这种渗出。渗出的损失在环境温度高时会很大，尤其是小直径样品。

管式样品应该无裂纹和表面气孔，没有湿气，尤其是没有俘获水。试料的状态对测量结果影响很大，由于样品中水的存在，分析方法会有不同的灵敏度。如果使用的是吸入式取样管，其操作方法应该避免样品中混入湿气。

取样方法的选择取决于熔体的温度、分析方法和对分析精度的要求。要研究这些关系确定能满足炼钢实际需要的合适的方法，从而取得符合品质要求的样品。要附有严密的详细操作步骤，以保证分析质量。

在取样的各阶段，以及样品的贮存和制备过程中要保持管式样品和试料处于尽可能低的温度。样品应该在冷藏剂中贮存，液态氮或丙酮与二氧化碳干冰的混合物软膏较为合适。

> 注8：铁素体钢应该用这种方式贮存。奥氏体钢中氢的渗出较慢，但无论哪种材料都没有实验证明，因此建议也应该用冷藏剂贮存。

在样品进行切割和试料的制备过程中，应该保持管式样品和试料处于低温状态。浸入冰水中冷却或者浸入冷却剂中冷却要更好些。冷却后应除去试料表面的湿气，浸入丙酮中，然后用在低真空中暴露数秒钟进行干燥。

应弃去不合适于冷却和贮存的样品。

通过研磨进行试料的表面加工时，应该保持用时最少，能满足去除所有表面氧化物和缺陷即可。试料制备完成后应该立即进行分析。

7.6.2 取样方法

取样管有不同直径的片型和铅笔型（见附录B）。根据制造商的说明选择取样管。

管式样品应该在冷水中淬火，淬火过程中要不断用力地进行搅拌。淬火应该在取样后10s内完成，不允许超时。样品模具中的硅质样品套管应该迅速除去以便样品迅速冷却。

样品充分冷却后，浸入冷却剂中贮存并送往实验室。

当取样管设计成可以俘获渗出氢时，为了进行加工处理也应该淬火以充分冷却。

7.6.3 试料的制备

从管式样品的中心截面上切取适当量的样品作为分析用试料。切取时应该尽量减小对样品产生过热。切取过程中应该使用大量流动的冷却液体，或频繁地将样品冷却，或同时使用两种方法冷却。

用锉平、喷砂或轻磨方法来制备试料表面。锉平时，应使用细齿锉。喷砂时，喷砂机器应避免使用污染试料表面的砂。磨平时，应经常冷却。

将试块浸入丙酮中除油，暴露在低真空中干燥后立即进行分析。另一方法是将试料浸入2-丙醇（异丙醇）中，然后用乙醚干燥后进行分析。

8 生 铁

8.1 一般要求

以下方法适用于高炉生铁的取样，这类产品一般铸成简单的形状，例如双菱形或其他类似的形状。生铁的各种型号按照ISO 9147进行分类。其他型号的铁也可用作铸铁生产，例如，冲天炉或电炉生产的铁。

特别注意要取得具有代表性的生铁样品。

8.2 份样

8.2.1 份样数量

抽取生铁份样的数量要能代表该生产批或交货批。在大批量供货时，如果供需双方没有其他协议，从交货批中抽取的最小生铁样品的数量按照ISO 9147（见表1）规定进行。

表1 从生铁交货批中抽取份样的最小个数

交货批质量/t	生铁样品个数
<10	9
10~20	11

续表1

交货批质量/t	生铁样品个数
>20~40	12
>40~80	14
>80~160	16
>160~300	18
>300~600	21
>600	24

8.2.2 取样方法

在交货批装卸或其他转移作业过程中，用大致相等的时间间隔或质量间隔来抽取生铁份样。

交货批用运输工具供货时，取样点应该遵守一定的规则。例如五点法就是在车中心设一点，车的对角线上距车角六分之一处各一点。

料堆上取样则是在绳子上布一定数量的结点，将绳子跨过料堆，在绳子点与料堆接触处取样，重复操作直到取得足够数量的生铁样品。

如果不能接触到整个料堆表面，或接触料堆不安全时，取样点应该在料堆的表面遵守一定的规则。

另一种方法是用铲车在料堆上随机抽取一定数量的子样，然后在每个子样中随机抽取一个生铁样品。

8.2.3 生铁混合交货批

生铁交货批可能包括不同批次生产的或不同来源的生铁。在交货批中，如果根据不同形状和尺寸可以进行区别，则应该根据见到的估计出每种型号生铁的比例。

在交货批中选定的每种型号的生铁中取得子样，再从子样中取得份样，从而获得交货批的加权平均分析结果。

8.3 分析试样的制备

8.3.1 一般要求

如果由于使用了磁抓而使份样具有残余磁性，应该用去磁线圈进行去磁处理，以防止粗细颗粒在钻取时分离。

用机械加工方法制备屑状样品时，应该用低速（100~150r/min 新磨的刀具进行钻取。调节加工速度使制备出的屑状样品均匀，尽量减少细颗粒的产生。宜采用直径为 12~14mm 的钻头钻取屑状样品。钻头要经常磨制，同时要注意避免样品和刀具过热。

某些类型的铁，例如，海绵铁，有必要时可以使用碳化钨钻头。

屑状样品应该尽可能压紧，以避免石墨的粉化和损失。用于测定碳的屑状样品颗粒直径大约为 1~2mm。

由于会产生高比例的细粉，不应使用铣取。

因为有可能改变金属与石墨的分布，制备好的样品不能用溶剂清洗或进行磁选处理。

8.3.2 化学分析方法用分析试样

按照下列方法之一制备份样：

a) 对于机械加工的样品,在中部位置沿长度和宽度方向打磨出一暴露的金属表面,其直径不小于50mm。从穿过截面的方向开始钻取,钻至距对面近5mm处。如果有必要,可与第一个洞平行的方向再钻一孔［见图3a)、图3b)、图3c) 和图3d)］;

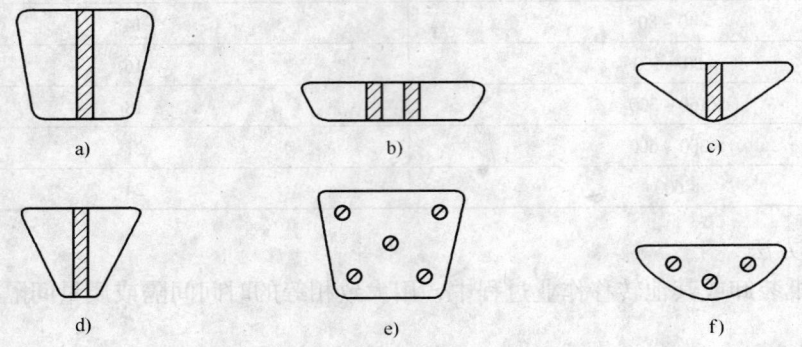

图3 生铁的取样位置

b) 对于不用机械加工的样品,在中部沿长度方向破碎样品。再取断口面块(不含表面)破碎成约5mm的小块,然后用振动研磨机将其磨至小于150μm。

将从每块生铁制得的样品进行等量混合。从混合物中用对角四分法取得足量的分析用样品。

另一方法是从每一独立生铁样品中取样进行分析,从而获得交货批的测定平均值。

8.3.3 热分析方法用分析试样

8.3.3.1 一般要求

按照8.3.3.2或者8.3.3.3的方法进行份样的制备,所选用的制样方法取决于生铁的本身要求和所采用的分析方法对样品的要求。

8.3.3.2 屑状或碎块状样品

对于进行机械加工的样品,在样品中部位置的相对两个表面钻一直径为12～14mm的孔。除去孔周围表面的氧化铁皮及其他杂质。与原孔同轴再钻一直径为20～24mm的孔,从而制得尺寸大约为1～2mm的屑状样品。

对于不进行机械加工的样品,则按照8.3.2b)制得小碎块状样品,然后将其粉碎成颗粒直径为1～2mm的粒状样品。

等量混合从每块生铁产品上取得的样品,用锥形四分法取得分析试样。

另一方法是分别对每块生铁样品进行分析,从而计算出交货批的平均值。

8.3.3.3 块状样品

在长度方向的中部截取近3mm厚的整个横截面,磨去棱角。在切下样品上按如图3e)和3f)所示的位置制取碎块,从而制得适合于分析用量的试料。

另一种方法是在长度方向的中部锯断或砸碎。用套孔刀,在按如图3e)和3f)所示的位置的三个或五个点上钻取,制得直径约3mm的碎片。破碎这些碎片,从而制得适合于分析用量的试料。

分析有代表性的一定数量的试料,从而获得每批生铁样品的平均值。

8.3.4 物理分析方法用分析试样

生铁样品一般不使用物理分析方法进行分析。如果要使用物理分析方法进行分析，那么所采用的制样方法应该考虑到铁的结构以及具有代表性的分析表面。

另一种方法是重熔小碎块样品（见4.4.5）来制备出合适的样品。

9 铸铁产品

9.1 一般要求

从铸铁产品中取分析试样与原始样品的取样方法和取样位置，应该由供需双方根据9.2.2，9.2.3或9.2.4所述的方法达成一致。

分析试样可从用于力学性能试验的铸态试样棒或试样块上选择取得。

要特别注意确保从铸铁产品中取得的分析试样具有代表性。在取得的样品和铸态或铸件整体间可能会存在着化学成分的差异，特别是碳、硫、磷、锰、镁的含量。偏析元素集中在铸件上部表面和下部中心；在取原始样品或取分析试样时，应该避开这些部位。要特别注意不同的加热和冷却处理过的截面尺寸和大小。对高磷含量的工程铁、可锻铸铁和球墨铸铁的取样方案必须仔细研究。灰口铁可能有偏析，应特别注意灰口铁的取样，以确保分析试样对产品化学成分的代表性。

9.2 取样和制样

9.2.1 一般要求

取样和制样方法的选择取决于铁产品等级、铸态型号以及所选用的分析方法。

抽样产品或原始样品应用刷、磨或喷砂法除去表面吸附物并露出金属表面。应确保空心铸件内外表面的清洁。

9.2.2 化学分析方法用分析试样

9.2.2.1 一般要求

用机械加工方法制备屑状样品时，要使用碳化钨刀具低速（100~150r/min）钻取或车取，控制给样速度以使制备出的屑状样品尺寸一致，且产生的细粉量最小。注意避免样品和刀具过热。在钻取样品的过程中，刀具折断时的屑状样品应该弃去。

由于产生细颗粒的比例较高，故不使用铣切加工。

屑状样品应该尽可能压紧，每块约10mg（每克约100块），以避免石墨粉化。不能用溶剂洗涤样品或用磁处理样品，因为这样会出现改变金属与石墨的分配状态的危险。

用于测定碳和氮的屑状样品的尺寸范围应该在约1~2mm。

用机械加工方法不合适时，样品应该破碎成碎片状，然后用破碎机或振动研磨机进行研磨，以制得足够量的分析试样，其粒度小于150μm。这种方法只能在粉碎时不会导致样品污染的情况下方可使用。

9.2.2.2 方法

下面是几种类型铸铁的取样及制样方法：

a) 灰口铁在铸件中央取样，此铸件取自整块铸件截面的约三分之一。不得使用铸态表面的屑状样品用于分析。如果可能的话，根据铸件的形状，从几个部位钻取屑状试样。用混合取得的试样制成分析试样。

对较大型的铸件，不能钻穿整个铸件时，在这种情况下，应钻至铸件的二分之一处。

管状类的空心铸件，从管的两端和中间位置分别钻穿管壁，三个取样孔的中心轴互成

120°夹角。

对大型铸件，先用套料工具取直径为 3~5mm 的原始样品，然后用破碎机或振动研磨机将原始样品破碎成小片或碎块，从而制得足量的分析试样，其粒度小于 150μm。

b) 可锻铸铁分析试样先应该进行退火处理。

退火会引起偏析，所取得样品在退火后要能代表整个铸件的截面。当制得样品厚度不同时要特别引起注意。

对退火后的材料进行分析时，用机械加工的方法清理表面后，用破碎机或盘式研磨机破碎成碎片或小块，用 150μm 的筛进行筛分，测定其每一组分的质量。分别充分混合各组分，称取适当量的具有代表性的样品作为分析试样。

c) 白口铁及合金铸铁可以按 a) 的方法钻取分析试样。

当不能钻取时，从抽样产品或原始样品上用锯（或有必要时用砂轮机）切取一薄片。如果用砂轮机切割时，要除去受热影响的区域。

用破碎机或振动研磨机将薄片破碎成小片或碎块，从而制得足量的分析试样，其粒度小于 150μm。

注9：铸造生铁产品，当硫化锰的锰硫比超过 2:1 时，特别容易形成硫化锰偏析。

9.2.3 热分析方法用块状样品

按 9.2.2.2c) 从原始样品或产品样品上切取一块薄片。

对大型铸件，先用套料工具取直径为 3~5mm 的分析试样。将此分析试样破碎（或用锯切割）成分析用适当质量的试料。分析有代表性的一定数量的试料，取其平均值。作为试料的每一片样品的质量应该不小于约 0.3g。

9.2.4 物理分析方法用分析试样

用锯或砂轮切割盘从抽样产品或原始样品上切取合适尺寸的分析试样。

用固定头研磨机或抛光机，或同时使用两种方法，打磨制备样品的表面。建议用空气冷却以避免样品过热，但不能使用冷却液。

另一种方法是：样品可以重熔 (4.4.5) 来制备分析试样。将原始样品的全部截面破碎成碎片，取有代表性的一定量的样品重熔来制备分析试样。

所选用的重熔方法应该制备出急冷态白口组织的样品。要特别注意在 4.4.5 中提到的有部分损失的元素。

注10：样品表面制备时，固定头研磨机优于摆动头研磨机。摆动头研磨机不能制备出平坦的分析试样表面。

注11：对于从含有游离石墨碳的铸铁产品中取得的样品不适合于用诸如光电发射光谱分析方法或X-射线荧光光谱分析方法进行高质量的分析。这时应该按 9.2.2 和 9.2.3 选用其他的分析方法。

10 钢产品

10.1 一般要求

从钢产品中选择制取原始样品或分析试样的方法和取样位置，应该根据 10.2 或 10.3 的方法之一由供需双方达成一致。

原始样品或分析试样可以按产品标准中规定的位置，从用于力学性能试验所选用的抽样产品中取得，或按照 GB/T 2975 规定进行，也可参见 4.3.2。

含铅钢(10.5)、测定氧(10.6)和氢(10.7)的钢产品的取样和制样要采取特别的措施。

10.2 从铸态产品中取得原始样品与分析试样

对于大型的铸态产品，从截面的外边和中心之间的中间部位的位置，沿平行于轴向钻取屑状分析试样。如果这种方法不可行，则从边上开始钻取，并收集从外边到中心的中间位置并具有代表性的屑状样品作为分析试样。

另一方法是：需要制备块状试样时，则在截面的一半或四分之一处用机械加工或用气割工具切割原始样品。

10.3 从压延产品中取得原始样品与分析试样

10.3.1 一般要求

对于轧制产品，应该在产品的一端沿轧制方向的垂直面上取得原始样品。

按 10.3.2 在产品的不同截面上制取块状或屑状分析试样。

10.3.2 型材

从抽样产品上切取原始样品，其形状为片状。

制备块状的分析试样，应按照分析方法需要的尺寸从原始样品上切取。

制备屑状的分析试样，应在原始样品的整个横截面区域铣取。当样品不适合于铣取时，可用钻取，但对沸腾钢不推荐用钻取。最合适的钻取位置取决于截面的形状，如下所述。

a) 对称形状的型材，例如，方坯、圆坯和扁坯，在横截面上平行于纵向的轴线方向钻取，位置在边缘到中心的中间部位［见图 4a)和图 4b)］。

b) 复杂形状的型材，如角钢、T 字钢、槽钢和钢梁，按如图 4c)、图 4d)、图 4e)、图 4f) 和图 4g) 所示位置钻取，钻孔周围至少留有 1mm。

c) 钢轨的取样是在轨头的边缘和中心线的中间位置钻一 20～25mm 的孔来制取屑状样品［见图 4h)和图 4i)］。

在钻取端部或切取截面不合适的情况下，可在垂直于主轴线的平面上钻取来制取屑状样品。

10.3.3 板材或板坯

在板材或板坯的中心线与外部边缘的中间位置，切取原始样品来制备合适尺寸的块状分析试样或屑状分析试样（在图 4j 所列示例中的原始样品宽度为 50mm）。如果这种取样方法不合适时，可由供需双方商定能代表板材成分的取样位置进行取样。

10.3.4 轻型材、棒材、盘条、薄板、钢带和钢丝

当抽样产品的横截面积足够充分时，横向切取一片作原始样品，再按 10.3.2 制备分析试样。

当抽样产品的横截面积不够充分时，例如薄板、钢带、钢丝，通过将材料捆绑或折叠后切取适当长度，铣切全部折叠后的横截面来制备样品。

当薄板或钢带薄但有足够的宽度时，可在薄板或钢带的中心线和外部边缘之间的中央位置铣取全部折叠后的纵向或横向截面［例如图 4j) 所示］来制备样品。

如果不知板材或带材的轧制方向，按直角的两个方向切取一定长度的样品，折叠后制取样品。

10.3.5 管材

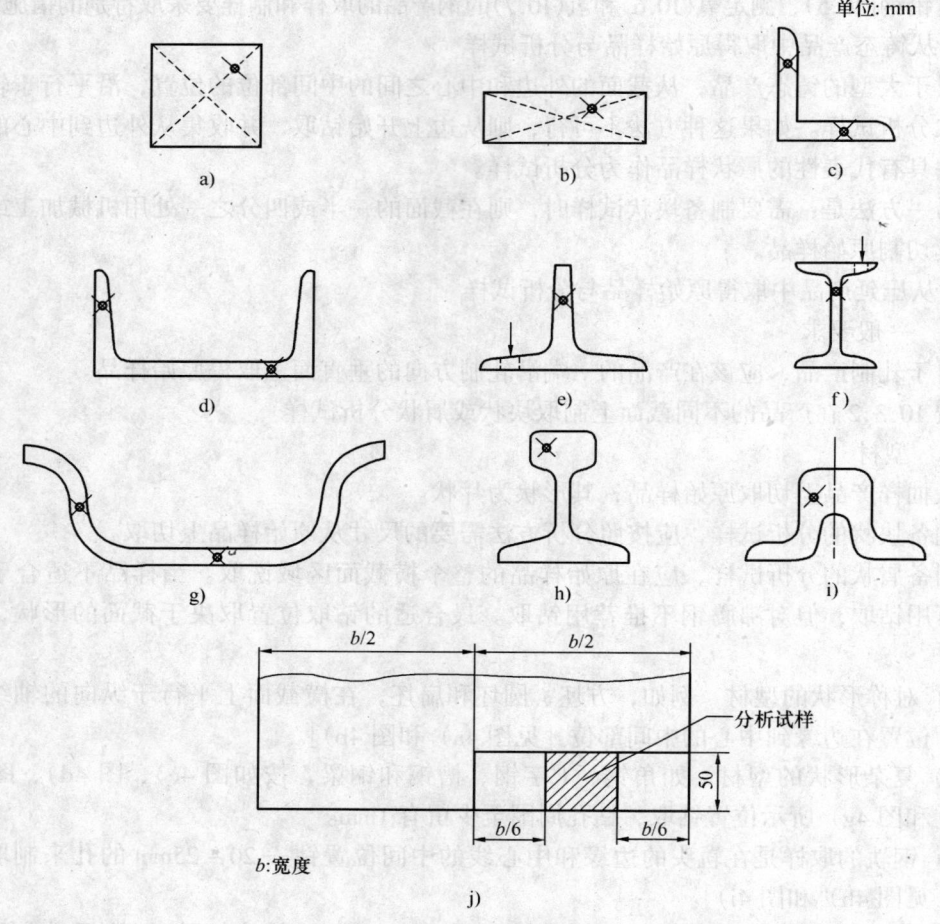

图4 型钢的取样位置

按下列方法之一进行取样:
a) 焊管在与焊缝成90°的位置取得原始样品;
b) 横切管材,车铣横切面来制备屑状分析试样。当管材截面小时,铣切之前压扁管材;
c) 在管材圆周围的数个位置钻穿管壁,来制取屑状分析试样。

10.4 分析试样的制备

10.4.1 一般要求

钢产品的样品制备方法应该遵守4.4中规定的一般要求。特殊的要求如下所述。

10.4.2 屑状分析试样

机械加工出的屑状样品颗粒应该足够小,以避免或减小在制备分析试样时需要的再加工。对于非合金钢和低合金钢,屑状样品每块的质量约为10mg(每克100块),高合金钢则约为2.5mg(每克400块)。

进行分析时,当屑状样品不足够细时可进行破碎。

机械加工时,应该用一种不至于产生太细颗粒的方法进行。含有颗粒小于约50μm的分析试样（分析石墨碳、硫及其他受屑样粒度影响而产生偏析的元素时，则分析试样粒度应为 500μm）应该进行筛分，将粗细分离并确定每一粒度的比例，按比例称取一定量的每一粒度部分来制取有代表性的分析试样。

对于测定氮的分析试样，在机械加工的过程中，较细的颗粒有可能在空气中氮化而引起污染。用机械加工原始样品制备分析试样时，应该尽可能避免产生粒度小于约 50μm 的颗粒，最好在氩气保护下进行。该屑状样品贮存在气密容器中。

对于测定碳的分析试样，当碳量很低时，例如无间隙钢，其屑状样品易受空气中存在的含碳物质或其他来源的碳的污染。屑状样品应该贮存在气密容器中，最好在惰性气氛中贮存。最好在测定前除去表面碳，例如通过测定前的预热，或者分别测定表面碳和内部碳，例如用解析信号法。另一种方法是选择块状试料，例如冲制取的小棒样品。

10.4.3 块状分析试样

对于像薄板或带钢这样的薄的产品，其热分析方法用的试料可从产品的边上一点一点地冲切下小片来制备。另一方法是冲切厚度为 4~6mm 的小棒样品。

对于厚度约 1.5mm 或更薄的产品样品，当使用光电发射光谱分析方法时，有必要减小放电时产生的局部过热。例如将分析试样在侧边电气焊接小钢块或者将分析试样嵌入导热材料，如锡中，只暴露出一个表面。

10.5 含铅钢的取样

在取样和制样的所有操作过程中，要注意减小粉尘的产生。

从抽样产品中用锯锯取得原始样品。

用低速铣削来制取屑状样品，要避免样品过热和产生粉尘。

物理分析方法用分析试样的表面制备用的设备应该封闭并装有除尘设备。

注意：含铅钢进行表面制备时产生的废弃物，以及除尘过滤系统中收集的粉尘，应该依照有关含铅废料的法规规定妥善处理。

10.6 测定氧用分析试样的取样和制样

10.6.1 一般要求

在取样和制样的各阶段要避免样品污染，并除去任何表面氧化物。

操作过程中要使用镊子，不允许手指接触试料。对于氧含量很低的样品，要在惰气保护下进行试料的机械加工。

10.6.2 取样方法

按如下方法之一进行取样：

a) 用机械锯切取适当形状的原始样品。例如：小板或小圆盘形状的样品。用手锯从这种样品上切取适合于分析的试料。

b) 从原始样品切取厚度为 3~4mm 的片状样品。先用 60 级的碳化硅砂纸打磨样品表面，然后用研磨机打磨，这种研磨机械是一种旋转的带齿的工具，其转速约 30000 r/min。

制备后的样品的表面应该平滑，有金属光泽且无缺陷。

使用直径为 4~6mm 冲头，从样品上冲取一合适的小棒样品来制取试料。冲取试料时，冲出的试料要正好落在一个充满氩气或氮气且备有密封盖的玻璃容器中。

c) 切取一块宽 10mm、长 100mm 的矩形原始样品。用车床以约 1000r/min 的转速将样品车到直径约为7mm，继续车并控制进刀量为每次约0.1~0.15mm，其转速调节在800~1000r/min，加工到样品直径为6mm。制备后的样品表面应该平滑，有金属光泽且无缺陷。机械加工的最后阶段不应该使用冷却润滑剂。

使用手锯，从车制的样品来制备适合于分析用量的试料。

10.6.3 试料的制备

对于10.6.2b)的情形，如果试料和原始样品表面没有氧化，冲制加工后制取的试料（在玻璃瓶中贮存限定的时间内）可直接用于分析。对于10.6.2a)和10.6.2c)的情形，将试料置于不锈钢的固定装置或其他装置中固定试料，用细齿锉或圆锉打磨表面［见10.6.2.b)］。

按照10.6.2c)的方法制备出的试料，其柱状表面应该非常光滑，而不再需要锉平。但两个端面可以使用锉进行加工。将试料浸入丙酮中，并在空气中干燥或暴露在低真空下干燥后，立即进行分析。

试料制备与进行分析之间不应耽误时间。

10.7 测定氢用分析试样的取样和制样

10.7.1 一般要求

在进行样品的取样、贮存以及试料的制备过程中，所使用的方法应该尽量减小并控制样品中氢的迅速扩散。样品应该无裂纹、无表面疏松、无湿气。试料的状态对分析测定的影响很大，不同的分析方法对由于水分的存在的灵敏度不尽相同。

为了获得一致的高品质的分析结果，对各操作的详细步骤应该有严格规定。

在室温下，由于扩散而导致样品中氢的损失会很大，尤其是当样品很薄时。因此，在样品的取样、贮存及制备过程中的所有阶段，要保持原始样品、分析试样和试料在尽可能低的温度。分析试样应该贮存在冷冻剂中，较为合适的是用液态氮，或者使用丙酮与二氧化碳干冰混合膏剂。

在试料制备的过程中，以及对样品进行切割时，样品和试料应保持冷却状态。在所有机械加工操作过程中，使用大量流动的冷却液体，或者反复每加工一次冷却一下样品或试料。或同时使用这两种冷却方法。冷却可以是浸入冰水中或冷却剂中。大型截面的样品应该包上二氧化碳干冰以保温。在机械加工时，粗坯应该放回冷却剂中贮存。

在冷却后，在试料表面存在的任何湿气都应该除去。试料应该浸入丙酮中，然后通过暴露在低真空中几秒钟来进行干燥。

冷却或贮存不当的样品应该弃去。

试料表面制备，需要进行打磨时，在满足除去表面氧化物或表面缺陷要求的前提下，应该尽可能少打磨。制备后的试料应该立即进行分析。

10.7.2 取样方法

根据样品或产品的几何形状，使用适当的机械加工工具来制备原始样品，如可使用车、铣、锯、切和套料加工等方法。

从铸态产品或锻件上制取分析试样时，应该在中心部位取，此处的氢较为密集。

从长锻件上取样时，应该先用锯或切割砂轮在产品的中心线到边缘的中央位置，且在距截面端点至少一半处切取原始样品。再从原始样品上切取一块适合于用车床加工的样品来制备分析试样。

分析试样应贮存在冷冻剂中。

10.7.3 试料的制备

从分析试样上用尽可能减小样品过热的方式切取合适质量的样品来制备试料,并经常冷却样品。

用锉、喷砂或轻磨的方法制备试料表面。如果用锉,则应使用细齿锉用手进行加工。如果用喷砂,则应该有专门的防污措施以避免砂子污染试料。如果用打磨,则应该反复冷却试料。

试料浸入丙酮中除油,在低真空下暴露数秒钟进行干燥后,立即进行分析。另一种方法是将分析用试料浸入二丙醇(异丙醇)中,然后用乙醚干燥。

附 录 A
(资料性附录)
铁水和钢水用取样管

A.1 一般要求

用于铁水和钢水取样的一次性取样管包括由压制钢、陶瓷材料或硅管制成的小模腔,且这些材料固定了保护用的厚壁管。

A.2~A.4中图A.1~图A.6描述了不同系列型号取样管的主要特征。

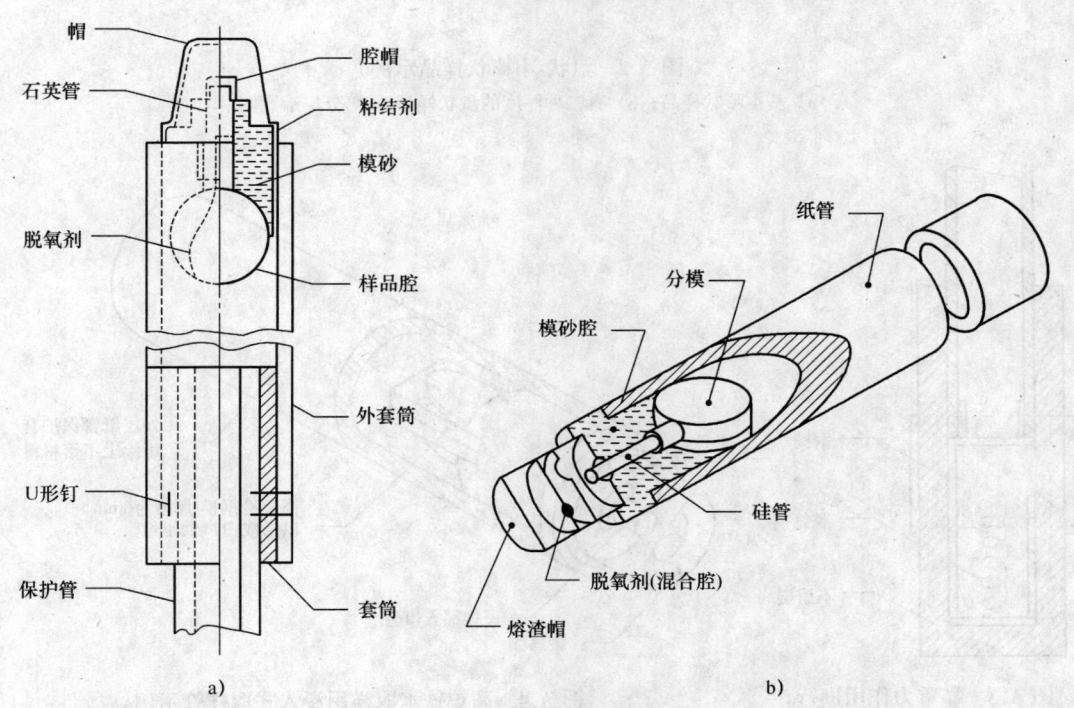

图 A.1 铁水静压浸入式取样管示例
a) 样品腔中脱氧;b) 单独混合腔中脱氧

单位：mm

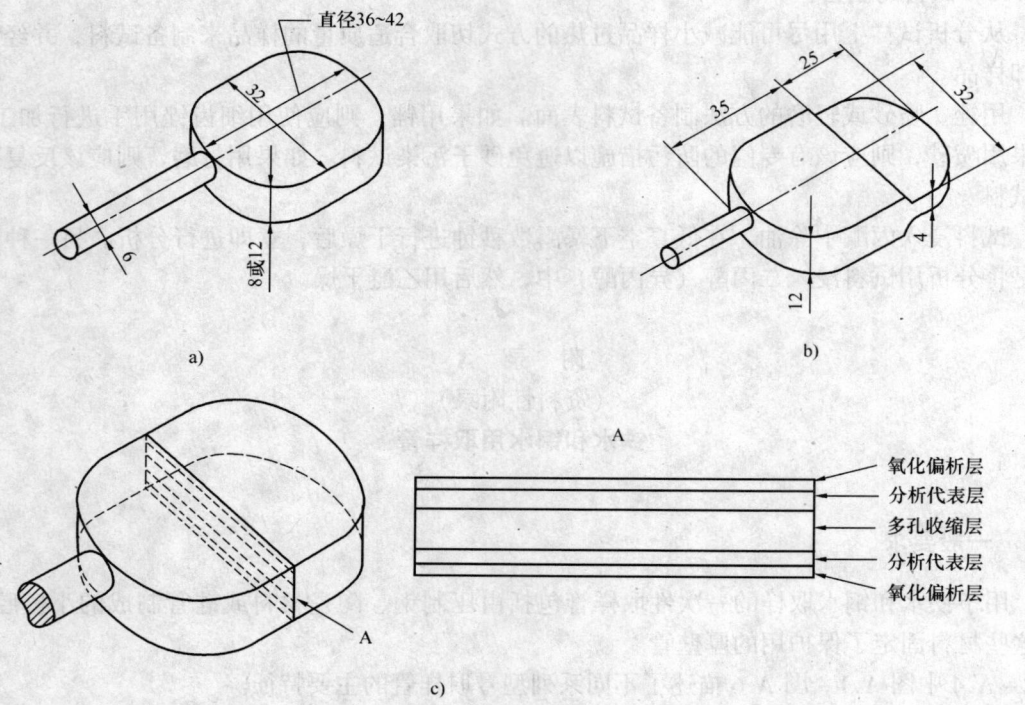

图 A.2 盘状-小棒状样品示例
a) 基本形状样品；b) 有二种厚度的盘状样品；c) 分层示意图

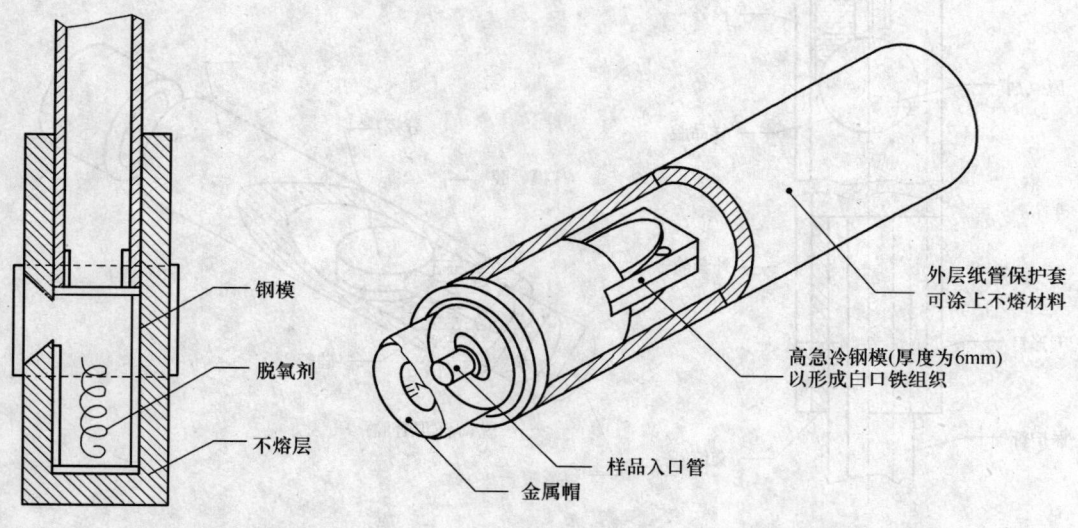

图 A.3 靠重力作用进行取样的浸入式取样管示例

图 A.4 高炉铁水取样用浸入式取样管示例

在本附录中仅提供了其尺寸大小。

A.2 浸入式取样管

A.2.1 将浸入式取样管插入熔体有二种方式：一是人工方法，二是用适合于保护管的钢制枪或直接与取样管相配的机械方法。浸入的时间长短取决于取样管的形状和取样条件，特别是熔体的温度，通常为3~8s。

枪的结构要设计成方便模腔中的空气以及保护纸管燃烧时产生的气体容易外逸。用操纵手柄控制枪的浸入和取回。

当从中间包或二次精炼包中取样时，可以使用枪的升降机械系统。

许多型号的取样管在靠近样品腔的硅管里安装有热电偶以测量温度。可用于底吹氧转炉副氧枪的温度的测量，在副氧枪安装有温度测量传感器，配合模具使用，以获得实验室分析用样品。

A.2.2 通过铁水（钢水）静态压力使铁水（钢水）充满样品腔，这种取样管的钢分模由耐火材料包住的保护纸管所保护。模子的底部有一硅管入口，并带有一小的钢保护帽，以防止炉渣和其他杂物进入。保护纸管长度为200~1500mm不等，或者更长，可以部分地涂上耐火材料，以尽量减少浸入时产生的飞溅。

这种型号的取样管主要用于炉子或铁水罐中的铁水的取样。在图A.1中列出了两种不同的示例。

A.2.3 通过铁水（钢水）静压使铁水（钢水）充满样品腔从而进行取样，这种取样管在外形上有下列三种主要不同型号。

a) 图A.2a）所示的盘状-小棒状管式样品，盘状样品部分用于进行物理分析方法，如果需要进行热分析时，则小棒状样品部分用于进行热分析方法。盘状样品可以是椭圆形、圆形或其他类似的形状。

b) 盘状与小棒状管式样品，并在盘状样品部分带有数个小块样品，这些小块样品质量为0.5g或1g，且容易与盘状样品部分分离，如果需要，小块样品可作为热分析方法用试料。

c) 图A.2b）所示的双厚度盘状管式样品，薄的部分用于冲压成直径为4~6mm的小块样品，作为热分析方法用试料。厚的部分用于进行物理分析方法。当管式样品的洛氏硬度值大于约25HRC时，在冲压前需要进行热处理。

A.2.4 图A.3所示型号的取样管，它是由于重力的作用使铁水（钢水）充满样品腔，它由二片或四片圆柱形钢模组成，钢模外有耐火材料层和保护纸管。

模子侧面有一入口，可以防止炉渣进入。安装有耐火材料衬套，以尽量减少浸入时产生的飞溅。组件和保护纸管的总长度为400~800mm。浸入时间通常为2s或3s。

当使用这种型号的取样管所取得的盘状-小棒状样品有可能出现分析结果不满意的情形。这种取样习惯于对铁水罐中铁水或钢水的取样，以及对铸模或连铸中间包中钢水的取样。这种样品一般直径为30mm、长度为70mm。

A.2.5 从高炉出铁沟、铁水罐和中间包中的铁水（钢水）取样时则使用特殊的取样管。这种取样管安装有不同厚度的冷却板，以确保铁水（钢水）样品能快速冷却。下面a）和b）是两种不同型号的取样管：

a）通过铁水（钢水）静态压力来取样的各种取样管（A.2.2）是基于厚壁、钢分模或钢冷却板，所取得的样品为盘状-小棒状样品，并在盘上附带有一定数量的小块样品。

这种型号的取样管示意图见图 A.4。这种样品的盘状部分的厚度为 8～12mm，小棒状部分的直径一般为 4mm。浸入时间由于其应用的不同从 5～9s 不等。

b）在对流动性好的液态熔体取样时，这种取样管消除了铁水（钢水）流出的危险。边上入口的模子有一个或多个钢冷却板，且用砂子包围并安装有保护纸管。

这种取样管可以带有一个独立的或相连的小棒状模子。样品的直径一般为 35mm，厚度根据金相组织的要求在 4～12mm 不等。物理分析用的小棒状样品的直径为 6mm 长度为 45mm。

A.2.6 对真空感应电炉钢水的取样，使用特殊设计的取样管。

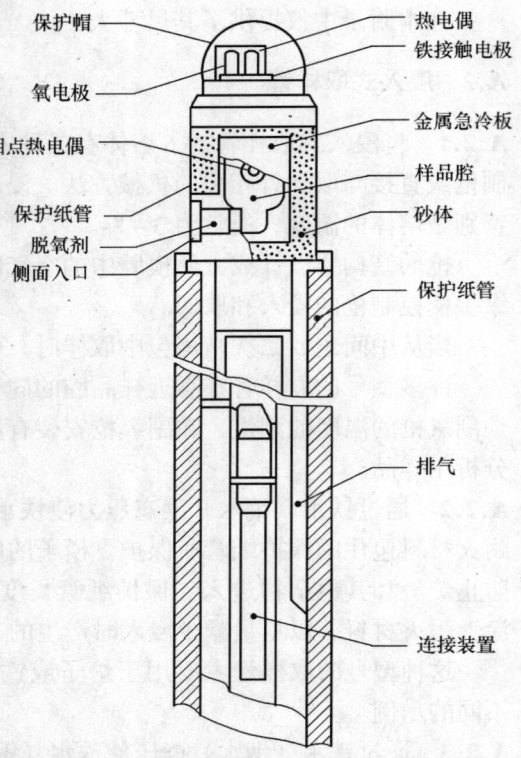

图 A.5　与副氧枪取样管配套的样品腔示例

例如，用耐火材料制成的管子保护的取样机械安装在炉子的进料系统，用钢丝绳悬挂，以便利用重力能垂直进入熔体。样品为圆柱形，其直径为 35mm。

A.2.7　在氧气顶吹转炼钢过程中，副氧枪上装配的测量传感器可以包括一个从液态钢水中取样的模子。模子型号在 A.2.2 中描述，可以在副氧枪吹氧（吹氧操作）的情况下和未吹氧（吹氧操作结束）的情况下使用。在吹氧操作的情况下，可以使用不同设计的模子取样，模子横截面积为长方形，其尺寸为 40mm×30mm，厚度为 20mm。

图 A.5 是一种较为典型的装配，包括有：测量液相线变相点、温度、氧气量的测量传感器，并包括一个有侧开口的长方形模子，用于在测量过程中进行取样。

A.3　流体取样用取样管

图 A.6a）所示的取样管包括一钢分模，它上面带有一个外暴露的硅管入口，并由长度为 100～225mm 的保护纸管套住。此种样品为盘状-小棒状样品。

对于铁水（钢水）的取样可以使用不同设计要求的样模。

流体取样用的取样管的枪应保证取样管与金属流体方向成 45°角，有的可以提供支撑样枪的装置。取样的时间一般为 2s。

这种型号的取样管适应于中间包液态铁和钢流体的取样。

A.4　吸入式取样用取样管

图 A.6b）所示的取样管包括一钢分模，由长度约为 125mm 的保护纸管套住，模子上带有一个外暴露的硅管入口，硅管上有一个保护帽以防止炉渣和浇注粉剂进入。通过手工泵或空气压缩泵将模子里的空气排空，并形成部分真空。取样时间一般为2s。

这种型号的取样管适用于小型炉、铸模、连铸结晶器和中间包中的钢水的取样。此种样品为盘状-小棒状样品。

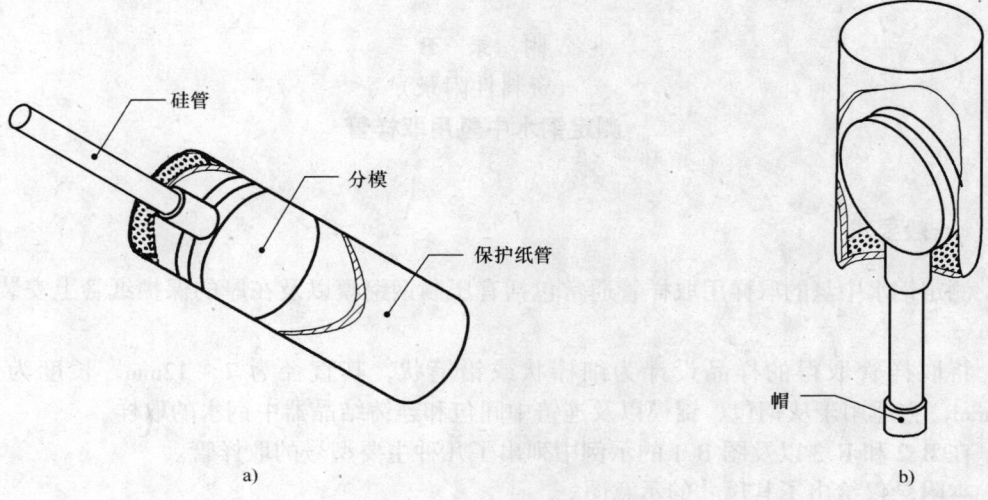

图 A.6　流体取样用与吸入式取样用取样管示例
a) 流体取样用取样管；b) 吸入式取样用取样管

A.5　取样管的脱氧系统

取样管中钢水用脱氧剂进行脱氧，一般是将金属丝或球化剂插入到取样管中进行，用这种方法脱氧时钢水比较均匀。下面例出了几种不同的脱氧方法：

——脱氧剂置于样品腔中，如图 A.1a) 和图 A.3；
——脱氧剂置于样品腔的入口管处；
——脱氧剂置于一单独的腔中，在钢水进入样品腔之前，脱氧剂与钢水在此充分混合，如图 A.1b)，有的取样管还有一个用来混合用的腔。

一般根据熔体的品种以及分析方面的要求，来选择使用铝、锆或钛作脱氧剂。

A.6　样品品质

A.6.1　如图 A.2c) 的盘状样品除了表面存在缺陷和表面氧化外，表面层还可能存在偏析，中间部分可能出现多孔和收缩，或者存在其他热影响效应。用物理分析方法进行分析时，在制备样品表面过程中有必要采取措施保证金属表面层能代表样品的化学成分。

从钢水中取得的盘状样品的表面一般要去掉 1～2mm 的一层，以使其样品表面部分适合于所选择的物理分析方法。

A.6.2　从铁水中取得的急冷样品的表面所去掉部分的总量取决于不同厚度的盘状样品的金相组织。根据分析方法的要求，所选用的取样管型号以及样品的制备方法应能制备出白口铁或灰口铁的表面组织。

从铁水中取得的盘状样品，通常有必要从其表面去掉厚度约为0.5~1mm的一层。

A.6.3 在常规操作中，取样管要进行定期检查，以保证制备的样品适合于分析方法的要求。

附 录 B
（资料性附录）
测定钢水中氢用取样管

B.1 一般要求

测定钢水中氢的取样用取样管通常包括有压制钢钢模以及在厚的保护纸管上安装有硅管。

将取样管取得的样品设计为细棒状或铅笔状，其直径为7~12mm，长度为75~150mm，它适用于从钢包、锭模以及连铸中间包和连铸结晶器中钢水的取样。

在B.2和B.3以及图B.1的示例中列出了几种主要型号的取样管。

本附录仅给出了其尺寸的示意图。

B.2 浸入式取样管

下面是两种不同型号的浸入式取样管：

a) 图B.1a)所示的取样管包括有一内径为7~9mm的硅管，并置于保护纸管中。在管的顶部是敞开着的，底部用铝泊封住以阻止杂质进入。根据实际应用，保护纸管长度为250~400mm，包括有耐火材料涂层。

此种型号的取样管适应于温度接近钢的液态点的钢水的取样。

b) 图B.1b)所示的取样管包括有一内径为10~12mm外露的硅管，并置于保护纸管中。在管的顶部是敞开着的，或者用铝泊封住。在管的侧面入口处也用铝泊封住。其中可以放置铝线作为脱氧剂，其质量一般为0.1g。

这种型号的取样管广泛用于从钢水中进行取样。

B.3 吸入式取样管

下面是两种不同型号的吸入式取样管：

a) 图B.1c)所示的真空取样管包括有一钢外套和一由高纯铁制成的内径为4mm的样品腔。取样管上安装有保护纸管、阻热材料保护套以及可能有的保护渣帽。

取样管浸入到熔体中，保护渣帽被熔化，钢水被吸入到真空样品腔中，由于金属的凝固而封住取样管。样品中的氢扩散后，并收集到外面的真空样品腔中，插入特殊设计的分析装置到取样管中进行测定，然后戳穿。

残留在样品中的氢可在样品随同样品腔取下后，单独进行测定。

图B.1c)所示型号的取样管包括一个派列克斯硬质玻璃真空管 [<1.33Pa（10^{-2} torr）]。这种型号的取样管的优点是直到样品填满之前可避免出现污染。

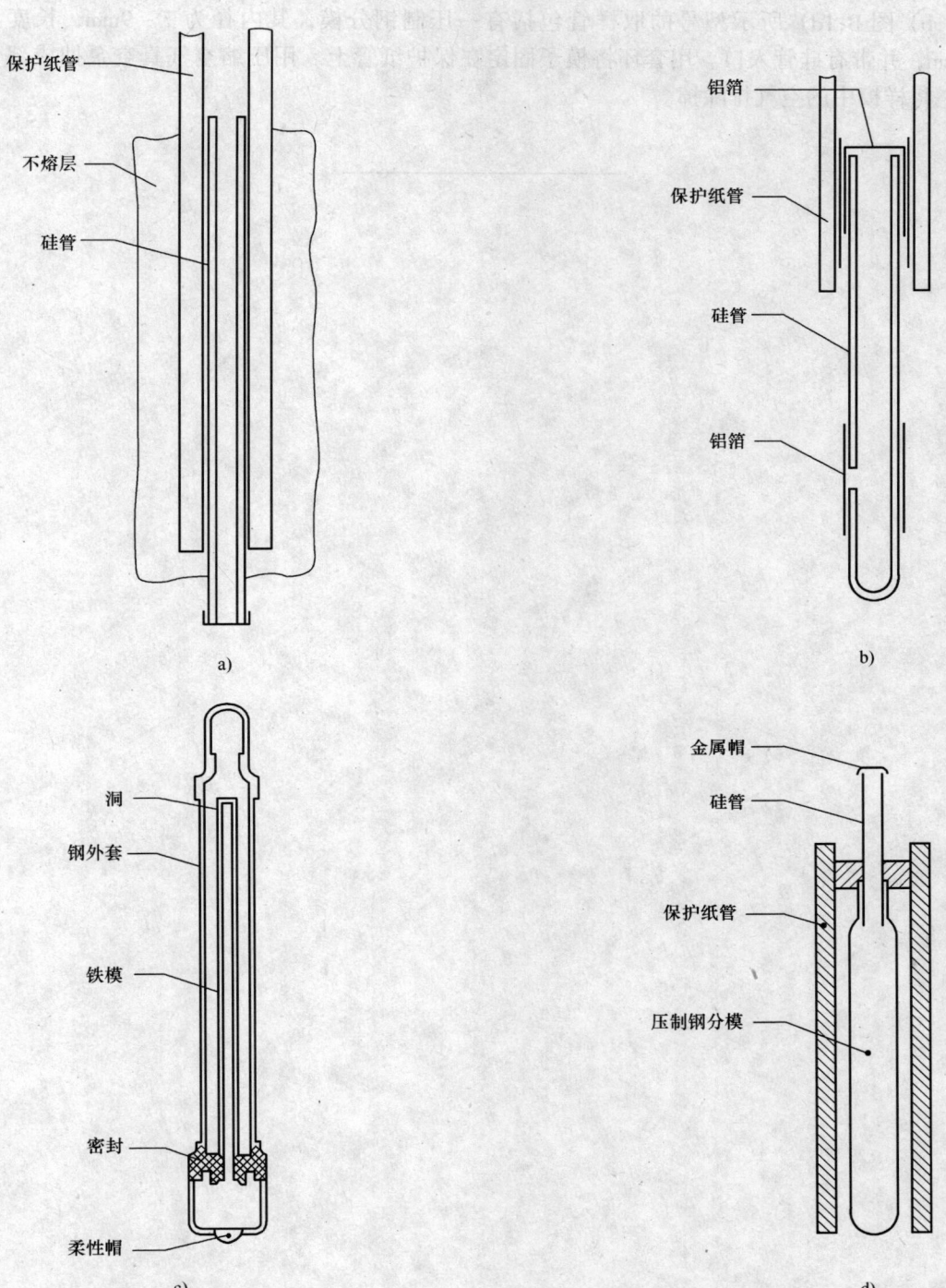

图 B.1 钢水中氢的测定用取样管示例
a) 浸入式取样用取样管；b) 浸入式取样用取样管；c) 抽空式取样用取样管；
d) 吸入式取样用取样管

b) 图 B.1d) 所示型号的取样管包括有一压制钢分模，其内径为 7～9mm，长度为 75mm，并带有硅管入口。用套环将模子固定在保护纸管上。用压缩空气真空泵抽成部分真空将样模中的空气排除掉。

中华人民共和国国家标准

钢结构工程施工质量验收规范

Code for acceptance of construction
quality of steel structures

GB 50205—2001

主编部门：中华人民共和国建设部
批准部门：中华人民共和国建设部
施实日期：２００２年３月１日

关于发布国家标准
《钢结构工程施工质量验收规范》的通知

建标〔2002〕11 号

根据我部"关于印发《二〇〇〇至二〇〇一年度工程建设国家标准制订、修订计划》的通知"(建标〔2001〕87号)的要求,由冶金工业部建筑研究总院会同有关单位共同修订的《钢结构工程施工质量验收规范》,经有关部门会审,批准为国家标准,编号为GB 50205—2001,自 2002 年 3 月 1 日起施行。其中,4.2.1、4.3.1、4.4.1、5.2.2、5.2.4、6.3.1、8.3.1、10.3.4、11.3.5、12.3.4、14.2.2、14.3.3 为强制性条文,必须严格执行。原《钢结构工程施工及验收规范》GB 50205—95 和《钢结构工程质量检验评定标准》GB 50221—95同时废止。

本规范由建设部负责管理和对强制性条文的解释,冶金工业部建筑研究总院负责具体技术内容的解释,建设部标准定额研究所组织中国计划出版社出版发行。

中华人民共和国建设部
二〇〇二年一月十日

前　言

本规范是根据中华人民共和国建设部建标［2001］87号文"关于印发《二〇〇〇至二〇〇一年度工程建设国家标准制定、修订计划》的通知"的要求，由冶金工业部建筑研究总院会同有关单位共同对原《钢结构工程施工及验收规范》GB 50205—95和《钢结构工程质量检验评定标准》GB 50221—95修订而成的。

在修订过程中，编制组进行了广泛的调查研究，总结了我国钢结构工程施工质量验收的实践经验，按照"验评分离，强化验收，完善手段，过程控制"的指导方针，以现行国家标准《建筑工程施工质量验收统一标准》GB 50300为基础，进行全面修改，并以多种方式广泛征求了有关单位和专家的意见，对主要问题进行了反复修改，最后经审查定稿。

本规范共分15章，包括总则、术语、符号、基本规定、原材料及成品进场、焊接工程、紧固件连接工程、钢零件及钢部件加工工程、钢构件组装工程、钢构件预拼装工程、单层钢结构安装工程、多层及高层钢结构安装工程、钢网架结构安装工程、压型金属板工程、钢结构涂装工程、钢结构分部工程竣工验收以及9个附录。将钢结构工程原则上分成10个分项工程，每一个分项工程单独成章。"原材料及成品进场"虽不是分项工程，但将其单独列章是为了强调和强化原材料及成品进场准入，从源头上把好质量关。"钢结构分部工程竣工验收"单独列章是为了更好地便于质量验收工作的操作。

本规范将来可能需要进行局部修订，有关局部修订的信息和条文内容将刊登在《工程建设标准化》杂志上。

本规范以黑体字标志的条文为强制性条文。

为了提高规范质量，请各单位在执行本规范的过程中，注意总结经验，积累资料，随时将有关的意见和建议反馈给冶金工业部建筑研究总院（北京市海淀区西土城路33号，邮政编码100088），以供今后修订时参考。

本规范主编单位、参编单位和主要起草人：

主 编 单 位：冶金工业部建筑研究总院
参 编 单 位：武钢金属结构有限责任公司
　　　　　　　　北京钢铁设计研究总院
　　　　　　　　中国京冶建设工程承包公司
　　　　　　　　北京市远达建设监理有限责任公司
　　　　　　　　中建三局深圳建升和钢结构建筑安装工程有限公司
　　　　　　　　北京市机械施工公司
　　　　　　　　浙江杭萧钢构股份有限公司
　　　　　　　　中建一局钢结构工程有限公司
　　　　　　　　山东诸城高强度紧固件股份有限公司
　　　　　　　　浙江精工钢结构有限公司
　　　　　　　　喜利得（中国）有限公司
主要起草人：侯兆欣　何奋韬　于之绰　王文涛　何乔生　贺贤娟　路克宽　刘景凤
　　　　　　　史　进　鲍广鎣　陈国津　尹敏达　马乃广　李海峰　钱卫军

目 次

1 总则 ········· 816
2 术语、符号 ········· 816
  2.1 术语 ········· 816
  2.2 符号 ········· 817
3 基本规定 ········· 817
4 原材料及成品进场 ········· 818
  4.1 一般规定 ········· 818
  4.2 钢材 ········· 818
  4.3 焊接材料 ········· 819
  4.4 连接用紧固标准件 ········· 820
  4.5 焊接球 ········· 821
  4.6 螺栓球 ········· 821
  4.7 封板、锥头和套筒 ········· 822
  4.8 金属压型板 ········· 822
  4.9 涂装材料 ········· 822
  4.10 其他 ········· 823
5 钢结构焊接工程 ········· 823
  5.1 一般规定 ········· 823
  5.2 钢构件焊接工程 ········· 823
  5.3 焊钉（栓钉）焊接工程 ········· 826
6 紧固件连接工程 ········· 826
  6.1 一般规定 ········· 826
  6.2 普通紧固件连接 ········· 826
  6.3 高强度螺栓连接 ········· 827
7 钢零件及钢部件加工工程 ········· 828
  7.1 一般规定 ········· 828
  7.2 切割 ········· 828
  7.3 矫正和成型 ········· 829
  7.4 边缘加工 ········· 831
  7.5 管、球加工 ········· 831
  7.6 制孔 ········· 833
8 钢构件组装工程 ········· 834
  8.1 一般规定 ········· 834
  8.2 焊接H型钢 ········· 834
  8.3 组装 ········· 834
  8.4 端部铣平及安装焊缝坡口 ········· 835

         8.5 钢构件外形尺寸 ……………………………………………… 835
9 钢构件预拼装工程 ……………………………………………………… 836
    9.1 一般规定 …………………………………………………………… 836
    9.2 预拼装 ……………………………………………………………… 836
10 单层钢结构安装工程 …………………………………………………… 837
    10.1 一般规定 ………………………………………………………… 837
    10.2 基础和支承面 …………………………………………………… 837
    10.3 安装和校正 ……………………………………………………… 839
11 多层及高层钢结构安装工程 …………………………………………… 841
    11.1 一般规定 ………………………………………………………… 841
    11.2 基础和支承面 …………………………………………………… 841
    11.3 安装和校正 ……………………………………………………… 843
12 钢网架结构安装工程 …………………………………………………… 845
    12.1 一般规定 ………………………………………………………… 845
    12.2 支承面顶板和支承垫块 ………………………………………… 845
    12.3 总拼与安装 ……………………………………………………… 846
13 压型金属板工程 ………………………………………………………… 848
    13.1 一般规定 ………………………………………………………… 848
    13.2 压型金属板制作 ………………………………………………… 848
    13.3 压型金属板安装 ………………………………………………… 849
14 钢结构涂装工程 ………………………………………………………… 850
    14.1 一般规定 ………………………………………………………… 850
    14.2 钢结构防腐涂料涂装 …………………………………………… 851
    14.3 钢结构防火涂料涂装 …………………………………………… 852
15 钢结构分部工程竣工验收 ……………………………………………… 853
附录 A 焊缝外观质量标准及尺寸允许偏差 ……………………………… 854
附录 B 紧固件连接工程检验项目 ………………………………………… 855
附录 C 钢构件组装的允许偏差 …………………………………………… 859
附录 D 钢构件预拼装的允许偏差 ………………………………………… 866
附录 E 钢结构安装的允许偏差 …………………………………………… 866
附录 F 钢结构防火涂料涂层厚度测定方法 ……………………………… 870
附录 G 钢结构工程有关安全及功能的检验和见证检测项目 …………… 871
附录 H 钢结构工程有关观感质量检查项目 ……………………………… 872
附录 J 钢结构分项工程检验批质量验收记录表 ………………………… 872
本规范用词说明 ……………………………………………………………… 886
条文说明 ……………………………………………………………………… 887

1 总则

1.0.1 为加强建筑工程质量管理，统一钢结构工程施工质量的验收，保证钢结构工程质量，制定本规范。

1.0.2 本规范适用于建筑工程的单层、多层、高层以及网架、压型金属板等钢结构工程施工质量的验收。

1.0.3 钢结构工程施工中采用的工程技术文件、承包合同文件对施工质量验收的要求不得低于本规范的规定。

1.0.4 本规范应与现行国家标准《建筑工程施工质量验收统一标准》GB 50300 配套使用。

1.0.5 钢结构工程施工质量的验收除应执行本规范的规定外，尚应符合国家现行有关标准的规定。

2 术语、符号

2.1 术语

2.1.1 零件　part
  组成部件或构件的最小单元，如节点板、翼缘板等。

2.1.2 部件　component
  由若干零件组成的单元，如焊接 H 型钢、牛腿等。

2.1.3 构件　element
  由零件或由零件和部件组成的钢结构基本单元，如梁、柱、支撑等。

2.1.4 小拼单元　the smallest assembled rigid unit
  钢网架结构安装工程中，除散件之外的最小安装单元，一般分平面桁架和锥体两种类型。

2.1.5 中拼单元　intermediate assembled structure
  钢网架结构安装工程中，由散件和小拼单元组成的安装单元，一般分条状和块状两种类型。

2.1.6 高强度螺栓连接副　set of high strength bolt
  高强度螺栓和与之配套的螺母、垫圈的总称。

2.1.7 抗滑移系数　slip coefficent of faying surface
  高强度螺栓连接中，使连接件摩擦面产生滑动时的外力与垂直于摩擦面的高强度螺栓预拉力之和的比值。

2.1.8 预拼装　test assembling
  为检验构件是否满足安装质量要求而进行的拼装。

2.1.9 空间刚度单元　space rigid unit
  由构件构成的基本的稳定空间体系。

2.1.10 焊钉（栓钉）焊接　stud welding

将焊钉（栓钉）一端与板件（或管件）表面接触通电引弧，待接触面熔化后，给焊钉（栓钉）一定压力完成焊接的方法。

2.1.11 环境温度 ambient temperature

制作或安装时现场的温度。

2.2 符 号

2.2.1 作用及作用效应

P——高强度螺栓设计预拉力

$\triangle P$——高强度螺栓预拉力的损失值

T——高强度螺栓检查扭矩

T_c——高强度螺栓终拧扭矩

T_o——高强度螺栓初拧扭矩

2.2.2 几何参数

a——间距

b——宽度或板的自由外伸宽度

d——直径

e——偏心距

f——挠度、弯曲矢高

H——柱高度

H_i——各楼层高度

h——截面高度

h_e——角焊缝计算厚度

l——长度、跨度

R_a——轮廓算术平均偏差（表面粗糙度参数）

r——半径

t——板、壁的厚度

$\triangle$——增量

2.2.3 其他

K——系数

3 基 本 规 定

3.0.1 钢结构工程施工单位应具备相应的钢结构工程施工资质，施工现场质量管理应有相应的施工技术标准、质量管理体系、质量控制及检验制度，施工现场应有经项目技术负责人审批的施工组织设计、施工方案等技术文件。

3.0.2 钢结构工程施工质量的验收，必须采用经计量检定、校准合格的计量器具。

3.0.3 钢结构工程应按下列规定进行施工质量控制：

1 采用的原材料及成品应进行进场验收。凡涉及安全、功能的原材料及成品应按本规范规定进行复验，并应经监理工程师（建设单位技术负责人）见证取样、送样；

  2 各工序应按施工技术标准进行质量控制，每道工序完成后，应进行检查；

  3 相关各专业工种之间，应进行交接检验，并经监理工程师（建设单位技术负责人）检查认可。

3.0.4 钢结构工程施工质量验收应在施工单位自检基础上，按照检验批、分项工程、分部（子分部）工程进行。钢结构分部（子分部）工程中分项工程划分应按照现行国家标准《建筑工程施工质量验收统一标准》GB 50300 的规定执行。钢结构分项工程应由一个或若干检验批组成，各分项工程检验批应按本规范的规定进行划分。

3.0.5 分项工程检验批合格质量标准应符合下列规定：

  1 主控项目必须符合本规范合格质量标准的要求；

  2 一般项目其检验结果应有 80% 及以上的检查点（值）符合本规范合格质量标准的要求，且最大值不应超过其允许偏差值的 1.2 倍。

  3 质量检查记录、质量证明文件等资料应完整。

3.0.6 分项工程合格质量标准应符合下列规定：

  1 分项工程所含的各检验批均应符合本规范合格质量标准；

  2 分项工程所含的各检验批质量验收记录应完整。

3.0.7 当钢结构工程施工质量不符合本规范要求时，应按下列规定进行处理：

  1 经返工重做或更换构（配）件的检验批，应重新进行验收；

  2 经有资质的检测单位检测鉴定能够达到设计要求的检验批，应予以验收；

  3 经有资质的检测单位检测鉴定达不到设计要求，但经原设计单位核算认可能够满足结构安全和使用功能的检验批，可予以验收；

  4 经返修或加固处理的分项、分部工程，虽然改变外形尺寸但仍能满足安全使用要求，可按处理技术方案和协商文件进行验收。

3.0.8 通过返修或加固处理仍不能满足安全使用要求的钢结构分部工程，严禁验收。

4 原材料及成品进场

4.1 一般规定

4.1.1 本章适用于进入钢结构各分项工程实施现场的主要材料、零（部）件、成品件、标准件等产品的进场验收。

4.1.2 进场验收的检验批原则上应与各分项工程检验批一致，也可以根据工程规模及进料实际情况划分检验批。

4.2 钢 材

Ⅰ 主控项目

4.2.1 钢材、钢铸件的品种、规格、性能等应符合现行国家产品标准和设计要求。进口钢材产品的质量应符合设计和合同规定标准的要求。

检查数量：全数检查。

检验方法：检查质量合格证明文件、中文标志及检验报告等。

4.2.2 对属于下列情况之一的钢材，应进行抽样复验，其复验结果应符合现行国家产品标准和设计要求。

  1 国外进口钢材；

  2 钢材混批；

  3 板厚等于或大于 40mm，且设计有 Z 向性能要求的厚板；

  4 建筑结构安全等级为一级，大跨度钢结构中主要受力构件所采用的钢材；

  5 设计有复验要求的钢材；

  6 对质量有疑义的钢材。

检查数量：全数检查。

检验方法：检查复验报告。

Ⅱ 一 般 项 目

4.2.3 钢板厚度及允许偏差应符合其产品标准的要求。

检查数量：每一品种、规格的钢板抽查 5 处。

检验方法：用游标卡尺量测。

4.2.4 型钢的规格尺寸及允许偏差应符合其产品标准的要求。

检查数量：每一品种、规格的型钢抽查 5 处。

检验方法：用钢尺和游标卡尺量测。

4.2.5 钢材的表面外观质量除应符合国家现行有关标准的规定外，尚应符合下列规定：

  1 当钢材的表面有锈蚀、麻点或划痕等缺陷时，其深度不得大于该钢材厚度负允许偏差值的 1/2；

  2 钢材表面的锈蚀等级应符合现行国家标准《涂装前钢材表面锈蚀等级和除锈等级》GB 8923 规定的 C 级及 C 级以上；

  3 钢材端边或断口处不应有分层、夹渣等缺陷。

检查数量：全数检查。

检验方法：观察检查。

4.3 焊 接 材 料

Ⅰ 主 控 项 目

4.3.1 焊接材料的品种、规格、性能等应符合现行国家产品标准和设计要求。

检查数量：全数检查。

检验方法：检查焊接材料的质量合格证明文件、中文标志及检验报告等。

4.3.2 重要钢结构采用的焊接材料应进行抽样复验，复验结果应符合现行国家产品标准和设计要求。

检查数量：全数检查。

检验方法：检查复验报告。

Ⅱ 一 般 项 目

4.3.3 焊钉及焊接瓷环的规格、尺寸及偏差应符合现行国家标准《圆柱头焊钉》GB 10433 中的规定。

检查数量：按量抽查 1%，且不应少于 10 套。

检验方法：用钢尺和游标卡尺量测。

4.3.4 焊条外观不应有药皮脱落、焊芯生锈等缺陷；焊剂不应受潮结块。

检查数量：按量抽查 1%，且不应少于 10 包。

检验方法：观察检查。

4.4 连接用紧固标准件

Ⅰ 主 控 项 目

4.4.1 钢结构连接用高强度大六角头螺栓连接副、扭剪型高强度螺栓连接副、钢网架用高强度螺栓、普通螺栓、铆钉、自攻钉、拉铆钉、射钉、锚栓（机械型和化学试剂型）、地脚锚栓等紧固标准件及螺母、垫圈等标准配件，其品种、规格、性能等应符合现行国家产品标准和设计要求。高强度大六角头螺栓连接副和扭剪型高强度螺栓连接副出厂时应分别随箱带有扭矩系数和紧固轴力（预拉力）的检验报告。

检查数量：全数检查。

检验方法：检查产品的质量合格证明文件、中文标志及检验报告等。

4.4.2 高强度大六角头螺栓连接副应按本规范附录 B 的规定检验其扭矩系数，其检验结果应符合本规范附录 B 的规定。

检查数量：见本规范附录 B。

检验方法：检查复验报告。

4.4.3 扭剪型高强度螺栓连接副应按本规范附录 B 的规定检验预拉力，其检验结果应符合本规范附录 B 的规定。

检查数量：见本规范附录 B。

检验方法：检查复验报告。

Ⅱ 一 般 项 目

4.4.4 高强度螺栓连接副，应按包装箱配套供货，包装箱上应标明批号、规格、数量及生产日期。螺栓、螺母、垫圈外观表面应涂油保护，不应出现生锈和沾染赃物，螺纹不应损伤。

检查数量：按包装箱数抽查 5%，且不应少于 3 箱。

检验方法：观察检查。

4.4.5 对建筑结构安全等级为一级，跨度 40m 及以上的螺栓球节点钢网架结构，其连接高强度螺栓应进行表面硬度试验，对 8.8 级的高强度螺栓其硬度应为 HRC21～29；10.9 级高强度螺栓其硬度应为 HRC32～36，且不得有裂纹或损伤。

检查数量：按规格抽查 8 只。

检验方法：硬度计、10倍放大镜或磁粉探伤。

4.5 焊 接 球

Ⅰ 主 控 项 目

4.5.1 焊接球及制造焊接球所采用的原材料，其品种、规格、性能等应符合现行国家产品标准和设计要求。

检查数量：全数检查。

检验方法：检查产品的质量合格证明文件、中文标志及检验报告等。

4.5.2 焊接球焊缝应进行无损检验，其质量应符合设计要求，当设计无要求时应符合本规范中规定的二级质量标准。

检查数量：每一规格按数量抽查5%，且不应少于3件。

检验方法：超声波探伤或检查检验报告。

Ⅱ 一 般 项 目

4.5.3 焊接球直径、圆度、壁厚减薄量等尺寸及允许偏差应符合本规范的规定。

检查数量：每一规格按数量抽查5%，且不应少于3个。

检验方法：用卡尺和测厚仪检查。

4.5.4 焊接球表面应无明显波纹及局部凹凸不平不大于1.5mm。

检查数量：每一规格按数量抽查5%，且不应少于3个。

检验方法：用弧形套模、卡尺和观察检查。

4.6 螺 栓 球

Ⅰ 主 控 项 目

4.6.1 螺栓球及制造螺栓球节点所采用的原材料，其品种、规格、性能等应符合现行国家产品标准和设计要求。

检查数量：全数检查。

检验方法：检查产品的质量合格证明文件、中文标志及检验报告等。

4.6.2 螺栓球不得有过烧、裂纹及褶皱。

检查数量：每种规格抽查5%，且不应少于5只。

检验方法：用10倍放大镜观察和表面探伤。

Ⅱ 一 般 项 目

4.6.3 螺栓球螺纹尺寸应符合现行国家标准《普通螺纹基本尺寸》GB 196中粗牙螺纹的规定，螺纹公差必须符合现行国家标准《普通螺纹公差与配合》GB 197中6H级精度的规定。

检查数量：每种规格抽查5%，且不应少于5只。

检验方法：用标准螺纹规。

4.6.4 螺栓球直径、圆度、相邻两螺栓孔中心线夹角等尺寸及允许偏差应符合本规范的规定。

检查数量：每一规格按数量抽查5%，且不应少于3个。

检验方法：用卡尺和分度头仪检查。

4.7 封板、锥头和套筒

Ⅰ 主控项目

4.7.1 封板、锥头和套筒及制造封板、锥头和套筒所采用的原材料，其品种、规格、性能等应符合现行国家产品标准和设计要求。

检查数量：全数检查。

检验方法：检查产品的质量合格证明文件、中文标志及检验报告等。

4.7.2 封板、锥头、套筒外观不得有裂纹、过烧及氧化皮。

检查数量：每种抽查5%，且不应少于10只。

检验方法：用放大镜观察检查和表面探伤。

4.8 金属压型板

Ⅰ 主控项目

4.8.1 金属压型板及制造金属压型板所采用的原材料，其品种、规格、性能等应符合现行国家产品标准和设计要求。

检查数量：全数检查。

检验方法：检查产品的质量合格证明文件、中文标志及检验报告等。

4.8.2 压型金属泛水板、包角板和零配件的品种、规格以及防水密封材料的性能应符合现行国家产品标准和设计要求。

检查数量：全数检查。

检验方法：检查产品的质量合格证明文件、中文标志及检验报告等。

Ⅱ 一般项目

4.8.3 压型金属板的规格尺寸及允许偏差、表面质量、涂层质量等应符合设计要求和本规范的规定。

检查数量：每种规格抽查5%，且不应少于3件。

检验方法：观察和用10倍放大镜检查及尺量。

4.9 涂装材料

Ⅰ 主控项目

4.9.1 钢结构防腐涂料、稀释剂和固化剂等材料的品种、规格、性能等应符合现行国家产品标准和设计要求。

检查数量：全数检查。

检验方法：检查产品的质量合格证明文件、中文标志及检验报告等。

4.9.2 钢结构防火涂料的品种和技术性能应符合设计要求，并应经过具有资质的检测机构检测符合国家现行有关标准的规定。

检查数量：全数检查。

检验方法：检查产品的质量合格证明文件、中文标志及检验报告等。

Ⅱ 一 般 项 目

4.9.3 防腐涂料和防火涂料的型号、名称、颜色及有效期应与其质量证明文件相符。开启后，不应存在结皮、结块、凝胶等现象。

检查数量：按桶数抽查5%，且不应少于3桶。

检验方法：观察检查。

4.10 其 他

Ⅰ 主 控 项 目

4.10.1 钢结构用橡胶垫的品种、规格、性能等应符合现行国家产品标准和设计要求。

检查数量：全数检查。

检验方法：检查产品的质量合格证明文件、中文标志及检验报告等。

4.10.2 钢结构工程所涉及到的其他特殊材料，其品种、规格、性能等应符合现行国家产品标准和设计要求。

检查数量：全数检查。

检验方法：检查产品的质量合格证明文件、中文标志及检验报告等。

5 钢结构焊接工程

5.1 一 般 规 定

5.1.1 本章适用于钢结构制作和安装中的钢构件焊接和焊钉焊接的工程质量验收。

5.1.2 钢结构焊接工程可按相应的钢结构制作或安装工程检验批的划分原则划分为一个或若干个检验批。

5.1.3 碳素结构钢应在焊缝冷却到环境温度、低合金结构钢应在完成焊接24h以后，进行焊缝探伤检验。

5.1.4 焊缝施焊后应在工艺规定的焊缝及部位打上焊工钢印。

5.2 钢构件焊接工程

Ⅰ 主 控 项 目

5.2.1 焊条、焊丝、焊剂、电渣焊熔嘴等焊接材料与母材的匹配应符合设计要求及国家现行行业标准《建筑钢结构焊接技术规程》JGJ 81的规定。焊条、焊剂、药芯焊丝、熔嘴等在使用前，应按其产品说明书及焊接工艺文件的规定进行烘焙和存放。

检查数量：全数检查。

检验方法：检查质量证明书和烘焙记录。

5.2.2 焊工必须经考试合格并取得合格证书。持证焊工必须在其考试合格项目及其认可范围内施焊。

检查数量：全数检查。

检验方法：检查焊工合格证及其认可范围、有效期。

5.2.3 施工单位对其首次采用的钢材、焊接材料、焊接方法、焊后热处理等，应进行焊接工艺评定，并应根据评定报告确定焊接工艺。

检查数量：全数检查。

检验方法：检查焊接工艺评定报告。

5.2.4 设计要求全焊透的一、二级焊缝应采用超声波探伤进行内部缺陷的检验，超声波探伤不能对缺陷作出判断时，应采用射线探伤，其内部缺陷分级及探伤方法应符合现行国家标准《钢焊缝手工超声波探伤方法和探伤结果分级》GB 11345 或《钢熔化焊对接接头射线照相和质量分级》GB 3323 的规定。

焊接球节点网架焊缝、螺栓球节点网架焊缝及圆管T、K、Y形节点相贯线焊缝，其内部缺陷分级及探伤方法应分别符合国家现行标准《焊接球节点钢网架焊缝超声波探伤方法及质量分级法》JG/T 3034.1、《螺栓球节点钢网架焊缝超声波探伤方法及质量分级法》JG/T 3034.2、《建筑钢结构焊接技术规程》JGJ 81 的规定。

一级、二级焊缝的质量等级及缺陷分级应符合表5.2.4的规定。

检查数量：全数检查。

检验方法：检查超声波或射线探伤记录。

表5.2.4 一、二级焊缝质量等级及缺陷分级

焊缝质量等级		一级	二级
内部缺陷 超声波探伤	评定等级	Ⅱ	Ⅲ
	检验等级	B级	B级
	探伤比例	100%	20%
内部缺陷 射线探伤	评定等级	Ⅱ	Ⅲ
	检验等级	AB级	AB级
	探伤比例	100%	20%

注：探伤比例的计数方法应按以下原则确定：(1) 对工厂制作焊缝，应按每条焊缝计算百分比，且探伤长度应不小于200mm，当焊缝长度不足200mm时，应对整条焊缝进行探伤；(2) 对现场安装焊缝，应按同一类型、同一施焊条件的焊缝条数计算百分比，探伤长度应不小于200mm，并应不少于1条焊缝。

5.2.5 T形接头、十字接头、角接接头等要求熔透的对接和角对接组合焊缝，其焊脚尺寸不应小于$t/4$（图5.2.5a、b、c）；设计有疲劳验算要求的吊车梁或类似构件的腹板与上翼缘连接焊缝的焊脚尺寸为$t/2$（图5.2.5d），且不应大于10mm。焊脚尺寸的允许偏差为0～4mm。

检查数量：资料全数检查；同类焊缝抽查10%，且不应少于3条。

检验方法：观察检查，用焊缝量规抽查测量。

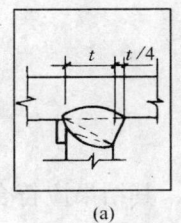 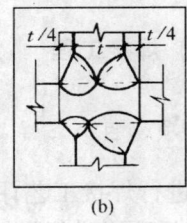 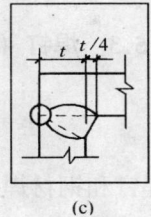 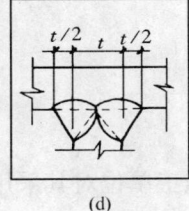

(a)　　　　　　(b)　　　　　　(c)　　　　　　(d)

图 5.2.5　焊脚尺寸

5.2.6　焊缝表面不得有裂纹、焊瘤等缺陷。一级、二级焊缝不得有表面气孔、夹渣、弧坑裂纹、电弧擦伤等缺陷。且一级焊缝不得有咬边、未焊满、根部收缩等缺陷。

检查数量：每批同类构件抽查10%，且不应少于3件；被抽查构件中，每一类型焊缝按条数抽查5%，且不应少于1条；每条检查1处，总抽查数不应少于10处。

检验方法：观察检查或使用放大镜、焊缝量规和钢尺检查，当存在疑义时，采用渗透或磁粉探伤检查。

Ⅱ　一 般 项 目

5.2.7　对于需要进行焊前预热或焊后热处理的焊缝，其预热温度或后热温度应符合国家现行有关标准的规定或通过工艺试验确定。预热区在焊道两侧，每侧宽度均应大于焊件厚度的1.5倍以上，且不应小于100mm；后热处理应在焊后立即进行，保温时间应根据板厚按每25mm板厚1h确定。

检查数量：全数检查。

检验方法：检查预、后热施工记录和工艺试验报告。

5.2.8　二级、三级焊缝外观质量标准应符合本规范附录A中表A.0.1的规定。三级对接焊缝应按二级焊缝标准进行外观质量检验。

检查数量：每批同类构件抽查10%，且不应少于3件；被抽查构件中，每一类型焊缝按条数抽查5%，且不应少于1条；每条检查1处，总抽查数不应少于10处。

检验方法：观察检查或使用放大镜、焊缝量规和钢尺检查。

5.2.9　焊缝尺寸允许偏差应符合本规范附录A中表A.0.2的规定。

检查数量：每批同类构件抽查10%，且不应少于3件；被抽查构件中，每种焊缝按条数各抽查5%，但不应少于1条；每条检查1处，总抽查数不应少于10处。

检验方法：用焊缝量规检查。

5.2.10　焊成凹形的角焊缝，焊缝金属与母材间应平缓过渡；加工成凹形的角焊缝，不得在其表面留下切痕。

检查数量：每批同类构件抽查10%，且不应少于3件。

检验方法：观察检查。

5.2.11　焊缝感观应达到：外形均匀、成型较好，焊道与焊道、焊道与基本金属间过渡较平滑，焊渣和飞溅物基本清除干净。

检查数量：每批同类构件抽查10%，且不应少于3件；被抽查构件中，每种焊缝按数量各抽查5%，总抽查处不应少于5处。
　　检验方法：观察检查。

5.3 焊钉（栓钉）焊接工程

Ⅰ 主控项目

5.3.1 施工单位对其采用的焊钉和钢材焊接应进行焊接工艺评定，其结果应符合设计要求和国家现行有关标准的规定。瓷环应按其产品说明书进行烘焙。
　　检查数量：全数检查。
　　检验方法：检查焊接工艺评定报告和烘焙记录。

5.3.2 焊钉焊接后应进行弯曲试验检查，其焊缝和热影响区不应有肉眼可见的裂纹。
　　检查数量：每批同类构件抽查10%，且不应少于10件；被抽查构件中，每件检查焊钉数量的1%，但不应少于1个。
　　检验方法：焊钉弯曲30°后用角尺检查和观察检查。

Ⅱ 一般项目

5.3.3 焊钉根部焊脚应均匀，焊脚立面的局部未熔合或不足360°的焊脚应进行修补。
　　检查数量：按总焊钉数量抽查1%，且不应少于10个。
　　检验方法：观察检查。

6 紧固件连接工程

6.1 一般规定

6.1.1 本章适用于钢结构制作和安装中的普通螺栓、扭剪型高强度螺栓、高强度大六角头螺栓、钢网架螺栓球节点用高强度螺栓及射钉、自攻钉、拉铆钉等连接工程的质量验收。

6.1.2 紧固件连接工程可按相应的钢结构制作或安装工程检验批的划分原则划分为一个或若干个检验批。

6.2 普通紧固件连接

Ⅰ 主控项目

6.2.1 普通螺栓作为永久性连接螺栓时，当设计有要求或对其质量有疑义时，应进行螺栓实物最小拉力载荷复验，试验方法见本规范附录B，其结果应符合现行国家标准《紧固件机械性能螺栓、螺钉和螺柱》GB 3098 的规定。
　　检查数量：每一规格螺栓抽查8个。
　　检验方法：检查螺栓实物复验报告。

6.2.2 连接薄钢板采用的自攻钉、拉铆钉、射钉等其规格尺寸应与被连接钢板相匹配，其间距、边距等应符合设计要求。

　　检查数量：按连接节点数抽查1%，且不应少于3个。

　　检验方法：观察和尺量检查。

Ⅱ　一　般　项　目

6.2.3 永久性普通螺栓紧固应牢固、可靠，外露丝扣不应少于2扣。

　　检查数量：按连接节点数抽查10%，且不应少于3个。

　　检验方法：观察和用小锤敲击检查。

6.2.4 自攻螺钉、钢拉铆钉、射钉等与连接钢板应紧固密贴，外观排列整齐。

　　检查数量：按连接节点数抽查10%，且不应少于3个。

　　检验方法：观察或用小锤敲击检查。

6.3 高强度螺栓连接

Ⅰ　主　控　项　目

6.3.1 钢结构制作和安装单位应按本规范附录B的规定分别进行高强度螺栓连接摩擦面的抗滑移系数试验和复验，现场处理的构件摩擦面应单独进行摩擦面抗滑移系数试验，其结果应符合设计要求。

　　检查数量：见本规范附录B。

　　检验方法：检查摩擦面抗滑移系数试验报告和复验报告。

6.3.2 高强度大六角头螺栓连接副终拧完成1h后、48h内应进行终拧扭矩检查，检查结果应符合本规范附录B的规定。

　　检查数量：按节点数抽查10%，且不应少于10个；每个被抽查节点按螺栓数抽查10%，且不应少于2个。

　　检验方法：见本规范附录B。

6.3.3 扭剪型高强度螺栓连接副终拧后，除因构造原因无法使用专用扳手终拧掉梅花头者外，未在终拧中拧掉梅花头的螺栓数不应大于该节点螺栓数的5%。对所有梅花头未拧掉的扭剪型高强度螺栓连接副应采用扭矩法或转角法进行终拧并作标记，且按本规范第6.3.2条的规定进行终拧扭矩检查。

　　检查数量：按节点数抽查10%，但不应少于10个节点，被抽查节点中梅花头未拧掉的扭剪型高强度螺栓连接副全数进行终拧扭矩检查。

　　检验方法：观察检查及本规范附录B。

Ⅱ　一　般　项　目

6.3.4 高强度螺栓连接副的施拧顺序和初拧、复拧扭矩应符合设计要求和国家现行行业标准《钢结构高强度螺栓连接的设计施工及验收规程》JGJ 82的规定。

　　检查数量：全数检查资料。

　　检验方法：检查扭矩扳手标定记录和螺栓施工记录。

6.3.5 高强度螺栓连接副终拧后，螺栓丝扣外露应为 2~3 扣，其中允许有 10% 的螺栓丝扣外露 1 扣或 4 扣。

　　检查数量：按节点数抽查 5%，且不应少于 10 个。

　　检验方法：观察检查。

6.3.6 高强度螺栓连接摩擦面应保持干燥、整洁，不应有飞边、毛刺、焊接飞溅物、焊疤、氧化铁皮、污垢等，除设计要求外摩擦面不应涂漆。

　　检查数量：全数检查。

　　检验方法：观察检查。

6.3.7 高强度螺栓应自由穿入螺栓孔。高强度螺栓孔不应采用气割扩孔，扩孔数量应征得设计同意，扩孔后的孔径不应超过 1.2d（d 为螺栓直径）。

　　检查数量：被扩螺栓孔全数检查。

　　检验方法：观察检查及用卡尺检查。

6.3.8 螺栓球节点网架总拼完成后，高强度螺栓与球节点应紧固连接，高强度螺栓拧入螺栓球内的螺纹长度不应小于 1.0d（d 为螺栓直径），连接处不应出现有间隙、松动等未拧紧情况。

　　检查数量：按节点数抽查 5%，且不应少于 10 个。

　　检验方法：普通扳手及尺量检查。

7 钢零件及钢部件加工工程

7.1 一般规定

7.1.1 本章适用于钢结构制作及安装中钢零件及钢部件加工的质量验收。

7.1.2 钢零件及钢部件加工工程，可按相应的钢结构制作工程或钢结构安装工程检验批的划分原则划分为一个或若干个检验批。

7.2 切　割

Ⅰ 主控项目

7.2.1 钢材切割面或剪切面应无裂纹、夹渣、分层和大于 1mm 的缺棱。

　　检查数量：全数检查。

　　检验方法：观察或用放大镜及百分尺检查，有疑义时作渗透、磁粉或超声波探伤检查。

Ⅱ 一般项目

7.2.2 气割的允许偏差应符合表 7.2.2 的规定。

表 7.2.2 气割的允许偏差（mm）

项　目	允　许　偏　差
零件宽度、长度	±3.0

续表 7.2.2

项 目	允 许 偏 差
切割面平面度	0.05t，且不应大于 2.0
割纹深度	0.3
局部缺口深度	1.0

注：t 为切割面厚度。

检查数量：按切割面数抽查 10%，且不应少于 3 个。
检验方法：观察检查或用钢尺、塞尺检查。

7.2.3 机械剪切的允许偏差应符合表 7.2.3 的规定。
检查数量：按切割面数抽查 10%，且不应少于 3 个。
检验方法：观察检查或用钢尺、塞尺检查。

表 7.2.3　机械剪切的允许偏差（mm）

项 目	允 许 偏 差
零件宽度、长度	±3.0
边缘缺棱	1.0
型钢端部垂直度	2.0

7.3 矫 正 和 成 型

Ⅰ 主 控 项 目

7.3.1 碳素结构钢在环境温度低于 -16℃、低合金结构钢在环境温度低于 -12℃时，不应进行冷矫正和冷弯曲。碳素结构钢和低合金结构钢在加热矫正时，加热温度不应超过 900℃。低合金结构钢在加热矫正后应自然冷却。
检查数量：全数检查。
检验方法：检查制作工艺报告和施工记录。

7.3.2 当零件采用热加工成型时，加热温度应控制在 900~1000℃；碳素结构钢和低合金结构钢在温度分别下降到 700℃和 800℃之前，应结束加工；低合金结构钢应自然冷却。
检查数量：全数检查。
检验方法：检查制作工艺报告和施工记录。

Ⅱ 一 般 项 目

7.3.3 矫正后的钢材表面，不应有明显的凹面或损伤，划痕深度不得大于 0.5mm，且不应大于该钢材厚度负允许偏差的 1/2。
检查数量：全数检查。
检验方法：观察检查和实测检查。

7.3.4 冷矫正和冷弯曲的最小曲率半径和最大弯曲矢高应符合表 7.3.4 的规定。
检查数量：按冷矫正和冷弯曲的件数抽查 10%，且不应少于 3 个。

检验方法：观察检查和实测检查。

表 7.3.4 冷矫正和冷弯曲的最小曲率半径和最大弯曲矢高（mm）

钢材类别	图例	对应轴	矫正 r	矫正 f	弯曲 r	弯曲 f
钢板扁钢		$x-x$	$50t$	$\dfrac{l^2}{400t}$	$25t$	$\dfrac{l^2}{200t}$
		$y-y$（仅对扁钢轴线）	$100b$	$\dfrac{l^2}{800b}$	$50b$	$\dfrac{l^2}{400b}$
角钢		$x-x$	$90b$	$\dfrac{l^2}{720b}$	$45b$	$\dfrac{l^2}{360b}$
槽钢		$x-x$	$50h$	$\dfrac{l^2}{400h}$	$25h$	$\dfrac{l^2}{200h}$
		$y-y$	$90b$	$\dfrac{l^2}{720b}$	$45b$	$\dfrac{l^2}{360b}$
工字钢		$x-x$	$50h$	$\dfrac{l^2}{400h}$	$25h$	$\dfrac{l^2}{200h}$
		$y-y$	$50b$	$\dfrac{l^2}{400b}$	$25b$	$\dfrac{l^2}{200b}$

注：r 为曲率半径；f 为弯曲矢高；l 为弯曲弦长；t 为钢板厚度。

7.3.5 钢材矫正后的允许偏差，应符合表 7.3.5 的规定。

检查数量：按矫正件数抽查 10%，且不应少于 3 件。

检验方法：观察检查和实测检查。

表 7.3.5 钢材矫正后的允许偏差（mm）

项目		允许偏差	图例
钢板的局部平面度	$t \leqslant 14$	1.5	
	$t > 14$	1.0	
型钢弯曲矢高		$l/1000$ 且不应大于 5.0	
角钢肢的垂直度		$b/100$ 双肢栓接角钢的角度不得大于 90°	

续表 7.3.5

项 目	允许偏差	图 例
槽钢翼缘对腹板的垂直度	$b/80$	
工字钢、H型钢翼缘对腹板的垂直度	$b/100$ 且不大于 2.0	

7.4 边 缘 加 工

Ⅰ 主控项目

7.4.1 气割或机械剪切的零件,需要进行边缘加工时,其刨削量不应小于 2.0mm。

检查数量:全数检查。

检验方法:检查工艺报告和施工记录。

Ⅱ 一般项目

7.4.2 边缘加工允许偏差应符合表 7.4.2 的规定。

检查数量:按加工面数抽查 10%,且不应少于 3 件。

检验方法:观察检查和实测检查。

表 7.4.2 边缘加工的允许偏差(mm)

项 目	允许偏差
零件宽度、长度	±1.0
加工边直线度	$l/3000$,且不应大于 2.0
相邻两边夹角	±6′
加工面垂直度	$0.025t$,且不应大于 0.5
加工面表面粗糙度	▽50

7.5 管、球加工

Ⅰ 主控项目

7.5.1 螺栓球成型后,不应有裂纹、褶皱、过烧。

检查数量：每种规格抽查10%，且不应少于5个。
　　检验方法：10倍放大镜观察检查或表面探伤。
7.5.2　钢板压成半圆球后，表面不应有裂纹、褶皱；焊接球其对接坡口应采用机械加工，对接焊缝表面应打磨平整。
　　检查数量：每种规格抽查10%，且不应少于5个。
　　检验方法：10倍放大镜观察检查或表面探伤。

Ⅱ　一　般　项　目

7.5.3　螺栓球加工的允许偏差应符合表7.5.3的规定。
　　检查数量：每种规格抽查10%，且不应少于5个。
　　检验方法：见表7.5.3。

7.5.4　焊接球加工的允许偏差应符合表7.5.4的规定。
　　检查数量：每种规格抽查10%，且不应少于5个。
　　检验方法：见表7.5.4。

表7.5.3　螺栓球加工的允许偏差（mm）

项　目		允许偏差	检验方法
圆度	$d \leqslant 120$	1.5	用卡尺和游标卡尺检查
	$d > 120$	2.5	
同一轴线上两铣平面平行度	$d \leqslant 120$	0.2	用百分表V形块检查
	$d > 120$	0.3	
铣平面距球中心距离		±0.2	用游标卡尺检查
相邻两螺栓孔中心线夹角		±30′	用分度头检查
两铣平面与螺栓孔轴线垂直度		0.005r	用百分表检查
球毛坯直径	$d \leqslant 120$	+2.0 −1.0	用卡尺和游标卡尺检查
	$d > 120$	+3.0 −1.5	

表7.5.4　焊接球加工的允许偏差（mm）

项　目	允许偏差	检验方法
直径	±0.005d ±2.5	用卡尺和游标卡尺检查
圆度	2.5	用卡尺和游标卡尺检查
壁厚减薄量	0.13t，且不应大于1.5	用卡尺和测厚仪检查
两半球对口错边	1.0	用套模和游标卡尺检查

7.5.5　钢网架（桁架）用钢管杆件加工的允许偏差应符合表7.5.5的规定。
　　检查数量：每种规格抽查10%，且不应少于5根。
　　检验方法：见表7.5.5。

表 7.5.5 钢网架（桁架）用钢管杆件加工的允许偏差（mm）

项 目	允许偏差	检验方法
长 度	±1.0	用钢尺和百分表检查
端面对管轴的垂直度	0.005r	用百分表V形块检查
管口曲线	1.0	用套模和游标卡尺检查

7.6 制 孔

Ⅰ 主控项目

7.6.1 A、B级螺栓孔（Ⅰ类孔）应具有H12的精度，孔壁表面粗糙度 R_a 不应大于 $12.5\mu m$。其孔径的允许偏差应符合表7.6.1-1的规定。

C级螺栓孔（Ⅱ类孔），孔壁表面粗糙度 R_a 不应大于 $25\mu m$，其允许偏差应符合表7.6.1-2的规定。

检查数量：按钢构件数量抽查10%，且不应少于3件。

检验方法：用游标卡尺或孔径量规检查。

表 7.6.1-1 A、B级螺栓孔径的允许偏差（mm）

序 号	螺栓公称直径、螺栓孔直径	螺栓公称直径允许偏差	螺栓孔直径允许偏差
1	10~18	0.00 -0.18	+0.18 0.00
2	18~30	0.00 -0.21	+0.21 0.00
3	30~50	0.00 -0.25	+0.25 0.00

表 7.6.1-2 C级螺栓孔的允许偏差（mm）

项 目	允许偏差
直 径	+1.0 0.0
圆 度	2.0
垂直度	0.03t，且不应大于2.0

Ⅱ 一般项目

7.6.2 螺栓孔孔距的允许偏差应符合表7.6.2的规定。

检查数量：按钢构件数量抽查10%，且不应少于3件。

检验方法：用钢尺检查。

表 7.6.2 螺栓孔孔距允许偏差（mm）

螺栓孔孔距范围	≤500	501~1200	1201~3000	>3000
同一组内任意两孔间距离	±1.0	±1.5	—	—

续表 7.6.2

相邻两组的端孔间距离	±1.5	±2.0	±2.5	±3.0
注：1. 在节点中连接板与一根杆件相连的所有螺栓孔为一组；				
2. 对接接头在拼接板一侧的螺栓孔为一组；				
3. 在两相邻节点或接头间的螺栓孔为一组，但不包括上述两款所规定的螺栓孔；				
4. 受弯构件翼缘上的连接螺栓孔，每米长度范围内的螺栓孔为一组。				

7.6.3 螺栓孔孔距的允许偏差超过本规范表 7.6.2 规定的允许偏差时，应采用与母材材质相匹配的焊条补焊后重新制孔。

检查数量：全数检查。

检验方法：观察检查。

8 钢构件组装工程

8.1 一般规定

8.1.1 本章适用于钢结构制作中构件组装的质量验收。

8.1.2 钢构件组装工程可按钢结构制作工程检验批的划分原则划分为一个或若干个检验批。

8.2 焊接 H 型钢

Ⅰ 一般项目

8.2.1 焊接 H 型钢的翼缘板拼接缝和腹板拼接缝的间距不应小于 200mm。翼缘板拼接长度不应小于 2 倍板宽；腹板拼接宽度不应小于 300mm，长度不应小于 600mm。

检查数量：全数检查。

检验方法：观察和用钢尺检查。

8.2.2 焊接 H 型钢的允许偏差应符合本规范附录 C 中表 C.0.1 的规定。

检查数量：按钢构件数抽查 10%，宜不应少于 3 件。

检验方法：用钢尺、角尺、塞尺等检查。

8.3 组 装

Ⅰ 主控项目

8.3.1 吊车梁和吊车桁架不应下挠。

检查数量：全数检查。

检验方法：构件直立，在两端支承后，用水准仪和钢尺检查。

Ⅱ 一般项目

8.3.2 焊接连接组装的允许偏差应符合本规范附录 C 中表 C.0.2 的规定。

检查数量：按构件数抽查10%，且不应少于3件。
检验方法：用钢尺检验。

8.3.3 顶紧接触面应有75%以上的面积紧贴。
检查数量：按接触面的数量抽查10%，且不应少于10个。
检验方法：用0.3mm塞尺检查，其塞入面积应小于25%，边缘间隙不应大于0.8mm。

8.3.4 桁架结构杆件轴线交点错位的允许偏差不得大于3.0mm。
检查数量：按构件数抽查10%，且不应少于3个，每个抽查构件按节点数抽查10%，且不应少于3个节点。
检验方法：尺量检查。

8.4 端部铣平及安装焊缝坡口

Ⅰ 主 控 项 目

8.4.1 端部铣平的允许偏差应符合表8.4.1的规定。
检查数量：按铣平面数量抽查10%，且不应少于3个。
检验方法：用钢尺、角尺、塞尺等检查。

表 8.4.1 端部铣平的允许偏差（mm）

项 目	允许偏差
两端铣平时构件长度	±2.0
两端铣平时零件长度	±0.5
铣平面的平面度	0.3
铣平面对轴线的垂直度	$l/1500$

Ⅱ 一 般 项 目

8.4.2 安装焊缝坡口的允许偏差应符合表8.4.2的规定。
检查数量：按坡口数量抽查10%，且不应少于3条。
检验方法：用焊缝量规检查。

表 8.4.2 安装焊缝坡口的允许偏差

项 目	允许偏差
坡口角度	±5°
钝 边	±1.0mm

8.4.3 外露铣平面应防锈保护。
检查数量：全数检查。
检验方法：观察检查。

8.5 钢构件外形尺寸

Ⅰ 主 控 项 目

8.5.1 钢构件外形尺寸主控项目的允许偏差应符合表8.5.1的规定。

检查数量：全数检查。
检验方法：用钢尺检查。

表 8.5.1 钢构件外形尺寸主控项目的允许偏差（mm）

项 目	允许偏差
单层柱、梁、桁架受力支托（支承面）表面至第一个安装孔距离	±1.0
多节柱铣平面至第一个安装孔距离	±1.0
实腹梁两端最外侧安装孔距离	±3.0
构件连接处的截面几何尺寸	±3.0
柱、梁连接处的腹板中心线偏移	2.0
受压构件（杆件）弯曲矢高	$l/1000$，且不应大于 10.0

Ⅱ 一 般 项 目

8.5.2 钢构件外形尺寸一般项目的允许偏差应符合本规范附录 C 中表 C.0.3～表 C.0.9 的规定。

检查数量：按构件数量抽查 10%，且不应少于 3 件。
检验方法：见本规范附录 C 中表 C.0.3～表 C.0.9。

9 钢构件预拼装工程

9.1 一 般 规 定

9.1.1 本章适用于钢构件预拼装工程的质量验收。

9.1.2 钢构件预拼装工程可按钢结构制作工程检验批的划分原则划分为一个或若干个检验批。

9.1.3 预拼装所用的支承凳或平台应测量找平，检查时应拆除全部临时固定和拉紧装置。

9.1.4 进行预拼装的钢构件，其质量应符合设计要求和本规范合格质量标准的规定。

9.2 预 拼 装

Ⅰ 主 控 项 目

9.2.1 高强度螺栓和普通螺栓连接的多层板叠，应采用试孔器进行检查，并应符合下列规定：

1 当采用比孔公称直径小 1.0mm 的试孔器检查时，每组孔的通过率不应小于 85%；

2 当采用比螺栓公称直径大 0.3mm 的试孔器检查时，通过率应为 100%。

检查数量：按预拼装单元全数检查。

检验方法：采用试孔器检查。

Ⅱ 一 般 项 目

9.2.2 预拼装的允许偏差应符合本规范附录 D 表 D 的规定。

检查数量：按预拼装单元全数检查。

检验方法：见本规范附录 D 表 D。

10 单层钢结构安装工程

10.1 一 般 规 定

10.1.1 本章适用于单层钢结构的主体结构、地下钢结构、檩条及墙架等次要构件、钢平台、钢梯、防护栏杆等安装工程的质量验收。

10.1.2 单层钢结构安装工程可按变形缝或空间刚度单元等划分成一个或若干个检验批。地下钢结构可按不同地下层划分检验批。

10.1.3 钢结构安装检验批应在进场验收和焊接连接、紧固件连接、制作等分项工程验收合格的基础上进行验收。

10.1.4 安装的测量校正、高强度螺栓安装、负温度下施工及焊接工艺等，应在安装前进行工艺试验或评定，并应在此基础上制定相应的施工工艺或方案。

10.1.5 安装偏差的检测，应在结构形成空间刚度单元并连接固定后进行。

10.1.6 安装时，必须控制屋面、楼面、平台等的施工荷载，施工荷载和冰雪荷载等严禁超过梁、桁架、楼面板、屋面板、平台铺板等的承载能力。

10.1.7 在形成空间刚度单元后，应及时对柱底板和基础顶面的空隙进行细石混凝土、灌浆料等二次浇灌。

10.1.8 吊车梁或直接承受动力荷载的梁其受拉翼缘、吊车桁架或直接承受动力荷载的桁架其受拉弦杆上不得焊接悬挂物和卡具等。

10.2 基础和支承面

Ⅰ 主 控 项 目

10.2.1 建筑物的定位轴线、基础轴线和标高、地脚螺栓的规格及其紧固应符合设计要求。

检查数量：按柱基数抽查 10%，且不应少于 3 个。

检验方法：用经纬仪、水准仪、全站仪和钢尺现场实测。

10.2.2 基础顶面直接作为柱的支承面和基础顶面预埋钢板或支座作为柱的支承面时，其支承面、地脚螺栓（锚栓）位置的允许偏差应符合表 10.2.2 的规定。

检查数量：按柱基数抽查 10%，且不应少于 3 个。

检验方法：用经纬仪、水准仪、全站仪、水平尺和钢尺实测。

表 10.2.2 支承面、地脚螺栓（锚栓）位置的允许偏差（mm）

项 目		允许偏差
支承面	标高	±3.0
	水平度	$l/1000$
地脚螺栓（锚栓）	螺栓中心偏移	5.0
预留孔中心偏移		10.0

10.2.3 采用坐浆垫板时，坐浆垫板的允许偏差应符合表10.2.3的规定。

检查数量：资料全数检查。按柱基数抽查10%，且不应少于3个。

检验方法：用水准仪、全站仪、水平尺和钢尺现场实测。

表 10.2.3 坐浆垫板的允许偏差（mm）

项 目	允 许 偏 差
顶面标高	0.0 −3.0
水平度	$l/1000$
位置	20.0

10.2.4 采用杯口基础时，杯口尺寸的允许偏差应符合表10.2.4的规定。

检查数量：按基础数抽查10%，且不应少于4处。

检验方法：观察及尺量检查。

表 10.2.4 杯口尺寸的允许偏差（mm）

项 目	允 许 偏 差
底面标高	0.0 −5.0
杯口深度 H	±5.0
杯口垂直度	$H/100$，且不应大于10.0
位置	10.0

Ⅱ 一 般 项 目

10.2.5 地脚螺栓（锚栓）尺寸的偏差应符合表10.2.5的规定。地脚螺栓（锚栓）的螺纹应受到保护。

检查数量：按柱基数抽查10%，且不应少于3个。

检验方法：用钢尺现场实测。

表 10.2.5 地脚螺栓（锚栓）尺寸的允许偏差（mm）

项 目	允 许 偏 差
螺栓（锚栓）露出长度	+30.0 0.0
螺纹长度	+30.0 0.0

10.3 安 装 和 校 正

Ⅰ 主 控 项 目

10.3.1 钢构件应符合设计要求和本规范的规定。运输、堆放和吊装等造成的钢构件变形及涂层脱落,应进行矫正和修补。

检查数量:按构件数抽查10%,且不应少于3件。

检验方法:用拉线、钢尺现场实测或观察。

10.3.2 设计要求顶紧的节点,接触面不应少于70%紧贴,且边缘最大间隙不应大于0.8mm。

检查数量:按节点数抽查10%,且不应少于3个。

检验方法:用钢尺及0.3mm和0.8mm厚的塞尺现场实测。

10.3.3 钢屋(托)架、桁架、梁及受压杆件的垂直度和侧向弯曲矢高的允许偏差应符合表10.3.3的规定。

检查数量:按同类构件数抽查10%,且不应少于3件。

检验方法:用吊线、拉线、经纬仪和钢尺现场实测。

表 10.3.3 钢屋(托)架、桁架、梁及受压杆件
垂直度和侧向弯曲矢高的允许偏差(mm)

项目		允 许 偏 差	图 例
跨中的垂直度		$h/250$,且不应大于15.0	1-1
侧向弯曲矢高 f	$l \leqslant 30\text{m}$	$l/1000$,且不应大于10.0	
	$30\text{m} < l \leqslant 60\text{m}$	$l/1000$,且不应大于30.0	
	$l > 60\text{m}$	$l/1000$,且不应大于50.0	

10.3.4 单层钢结构主体结构的整体垂直度和整体平面弯曲的允许偏差应符合表10.3.4的规定。

检查数量:对主要立面全部检查。对每个所检查的立面,除两列角柱外,尚应至少选

取一列中间柱。

检验方法：采用经纬仪、全站仪等测量。

表 10.3.4 整体垂直度和整体平面弯曲的允许偏差（mm）

项　目	允　许　偏　差	图　例
主体结构的整体垂直度	$H/1000$，且不应大于 25.0	
主体结构的整体平面弯曲	$L/1500$，且不应大于 25.0	

Ⅱ　一　般　项　目

10.3.5 钢柱等主要构件的中心线及标高基准点等标记应齐全。

检查数量：按同类构件数抽查 10%，且不应少于 3 件。

检验方法：观察检查。

10.3.6 当钢桁架（或梁）安装在混凝土柱上时，其支座中心对定位轴线的偏差不应大于 10mm；当采用大型混凝土屋面板时，钢桁架（或梁）间距的偏差不应大于 10mm。

检查数量：按同类构件数抽查 10%，且不应少于 3 榀。

检验方法：用拉线和钢尺现场实测。

10.3.7 钢柱安装的允许偏差应符合本规范附录 E 中表 E.0.1 的规定。

检查数量：按钢柱数抽查 10%，且不应少于 3 件。

检验方法：见本规范附录 E 中表 E.0.1。

10.3.8 钢吊车梁或直接承受动力荷载的类似构件，其安装的允许偏差应符合本规范附录 E 中表 E.0.2 的规定。

检查数量：按钢吊车梁数抽查 10%，且不应少于 3 榀。

检验方法：见本规范附录 E 中表 E.0.2。

10.3.9 檩条、墙架等次要构件安装的允许偏差应符合本规范附录 E 中表 E.0.3 的规定。

检查数量：按同类构件数抽查 10%，且不应少于 3 件。

检验方法：见本规范附录 E 中表 E.0.3。

10.3.10 钢平台、钢梯、栏杆安装应符合现行国家标准《固定式钢直梯》GB 4053.1、《固定式钢斜梯》GB 4053.2、《固定式防护栏杆》GB 4053.3 和《固定式钢平台》GB 4053.4 的规定。钢平台、钢梯和防护栏杆安装的允许偏差应符合本规范附录 E 中表 E.0.4 的规定。

检查数量：按钢平台总数抽查10%，栏杆、钢梯按总长度各抽查10%，但钢平台不应少于1个，栏杆不应少于5m，钢梯不应少于1跑。

检验方法：见本规范附录E中表E.0.4。

10.3.11 现场焊缝组对间隙的允许偏差应符合表10.3.11的规定。

检查数量：按同类节点数抽查10%，且不应少于3个。

检验方法：尺量检查。

表10.3.11 现场焊缝组对间隙的允许偏差（mm）

项 目	允 许 偏 差
无垫板间隙	+3.0 0
有垫板间隙	+3.0 −2.0

10.3.12 钢结构表面应干净，结构主要表面不应有疤痕、泥沙等污垢。

检查数量：按同类构件数抽查10%，且不应少于3件。

检验方法：观察检查。

11 多层及高层钢结构安装工程

11.1 一般规定

11.1.1 本章适用于多层及高层钢结构的主体结构、地下钢结构、檩条及墙架等次要构件、钢平台、钢梯、防护栏杆等安装工程的质量验收。

11.1.2 多层及高层钢结构安装工程可按楼层或施工段等划分为一个或若干个检验批。地下钢结构可按不同地下层划分检验批。

11.1.3 柱、梁、支撑等构件的长度尺寸应包括焊接收缩余量等变形值。

11.1.4 安装柱时，每节柱的定位轴线应从地面控制轴线直接引上，不得从下层柱的轴线引上。

11.1.5 结构的楼层标高可按相对标高或设计标高进行控制。

11.1.6 钢结构安装检验批应在进场验收和焊接连接、紧固件连接、制作等分项工程验收合格的基础上进行验收。

11.1.7 多层及高层钢结构安装应遵照本规范第10.1.4、10.1.5、10.1.6、10.1.7、10.1.8条的规定。

11.2 基础和支承面

Ⅰ 主控项目

11.2.1 建筑物的定位轴线、基础上柱的定位轴线和标高、地脚螺栓（锚栓）的规格和位置、地脚螺栓（锚栓）紧固应符合设计要求。当设计无要求时，应符合表11.2.1的规定。

检查数量：按柱基数抽查10%，且不应少于3个。

检验方法：采用经纬仪、水准仪、全站仪和钢尺实测。

表11.2.1 建筑物定位轴线、基础上柱的定位轴线和标高、地脚螺栓（锚栓）的允许偏差（mm）

项　目	允许偏差	图　例
建筑物定位轴线	$L/20000$，且不应大于3.0	
基础上柱的定位轴线	1.0	
基础上柱底标高	±2.0	
地脚螺栓（锚栓）位移	2.0	

11.2.2 多层建筑以基础顶面直接作为柱的支承面，或以基础顶面预埋钢板或支座作为柱的支承面时，其支承面、地脚螺栓（锚栓）位置的允许偏差应符合本规范表10.2.2的规定。

检查数量：按柱基数抽查10%，且不应少于3个。

检验方法：用经纬仪、水准仪、全站仪、水平尺和钢尺实测。

11.2.3 多层建筑采用坐浆垫板时，坐浆垫板的允许偏差应符合本规范表10.2.3的规定。

检查数量：资料全数检查。按柱基数抽查10%，且不应少于3个。

检验方法：用水准仪、全站仪、水平尺和钢尺实测。

11.2.4 当采用杯口基础时，杯口尺寸的允许偏差应符合本规范表10.2.4的规定。

检查数量：按基础数抽查10%，且不应少于4处。

检验方法：观察及尺量检查。

Ⅱ 一般项目

11.2.5 地脚螺栓（锚栓）尺寸的允许偏差应符合本规范表10.2.5的规定。地脚螺栓（锚栓）的螺纹应受到保护。

检查数量：按柱基数抽查10%，且不应少于3个。

检验方法：用钢尺现场实测。

11.3 安装和校正

Ⅰ 主控项目

11.3.1 钢构件应符合设计要求和本规范的规定。运输、堆放和吊装等造成的钢构件变形及涂层脱落，应进行矫正和修补。

检查数量：按构件数抽查10%，且不应少于3个。

检验方法：用拉线、钢尺现场实测或观察。

11.3.2 柱子安装的允许偏差应符合表11.3.2的规定。

检查数量：标准柱全部检查；非标准柱抽查10%，且不应少于3件。

检验方法：用全站仪或激光经纬仪和钢尺实测。

表11.3.2 柱子安装的允许偏差（mm）

项 目	允许偏差	图 例
底层柱柱底轴线对定位轴线偏移	3.0	
柱子定位轴线	1.0	
单节柱的垂直度	$h/1000$，且不应大于10.0	

11.3.3 设计要求顶紧的节点，接触面不应少于70%紧贴，且边缘最大间隙不应大于0.8mm。

检查数量：按节点数抽查10%，且不应少于3个。

检验方法：用钢尺及0.3mm和0.8mm厚的塞尺现场实测。

11.3.4 钢主梁、次梁及受压杆件的垂直度和侧向弯曲矢高的允许偏差应符合本规范表10.3.3中有关钢屋（托）架允许偏差的规定。

检查数量：按同类构件数抽查10%，且不应少于3件。

检验方法：用吊线、拉线、经纬仪和钢尺现场实测。

11.3.5 多层及高层钢结构主体结构的整体垂直度和整体平面弯曲的允许偏差应符合表11.3.5的规定。

检查数量：对主要立面全部检查。对每个所检查的立面，除两列角柱外，尚应至少选取一列中间柱。

检验方法：对于整体垂直度，可采用激光经纬仪、全站仪测量，也可根据各节柱的垂直度允许偏差累计（代数和）计算。对于整体平面弯曲，可按产生的允许偏差累计（代数和）计算。

表 11.3.5 整体垂直度和整体平面弯曲的允许偏差（mm）

项 目	允许偏差	图 例
主体结构的整体垂直度	$(H/2500+10.0)$，且不应大于 50.0	
主体结构的整体平面弯曲	$L/1500$，且不应大于 25.0	

Ⅱ 一 般 项 目

11.3.6 钢结构表面应干净，结构主要表面不应有疤痕、泥沙等污垢。

检查数量：按同类构件数抽查 10%，且不应少于 3 件。

检验方法：观察检查。

11.3.7 钢柱等主要构件的中心线及标高基准点等标记应齐全。

检查数量：按同类构件数抽查 10%，且不应少于 3 件。

检验方法：观察检查。

11.3.8 钢构件安装的允许偏差应符合本规范附录 E 中表 E.0.5 的规定。

检查数量：按同类构件或节点数抽查 10%。其中柱和梁各不应少于 3 件，主梁与次梁连接节点不应少于 3 个，支承压型金属板的钢梁长度不应少于 5m。

检验方法：见本规范附录 E 中表 E.0.5。

11.3.9 主体结构总高度的允许偏差应符合本规范附录 E 中表 E.0.6 的规定。

检查数量：按标准柱列数抽查 10%，且不应少于 4 列。

检验方法：采用全站仪、水准仪和钢尺实测。

11.3.10 当钢构件安装在混凝土柱上时，其支座中心对定位轴线的偏差不应大于 10mm；当采用大型混凝土屋面板时，钢梁（或桁架）间距的偏差不应大于 10mm。

检查数量：按同类构件数抽查 10%，且不应少于 3 榀。

检验方法：用拉线和钢尺现场实测。

11.3.11 多层及高层钢结构中钢吊车梁或直接承受动力荷载的类似构件，其安装的允许偏差应符合本规范附录 E 中表 E.0.2 的规定。

　　检查数量：按钢吊车梁数抽查 10%，且不应少于 3 件。

　　检验方法：见本规范附录 E 中表 E.0.2。

11.3.12 多层及高层钢结构中檩条、墙架等次要构件安装的允许偏差应符合本规范附录 E 中表 E.0.3 的规定。

　　检查数量：按同类构件数抽查 10%，且不应少于 3 件。

　　检验方法：见本规范附录 E 中表 E.0.3。

11.3.13 多层及高层钢结构中钢平台、钢梯、栏杆安装应符合现行国家标准《固定式钢直梯》GB 4053.1、《固定式钢斜梯》GB 4053.2、《固定式防护栏杆》GB 4053.3 和《固定式钢平台》GB 4053.4 的规定。钢平台、钢梯和防护栏杆安装的允许偏差应符合本规范附录 E 中表 E.0.4 的规定。

　　检查数量：按钢平台总数抽查 10%，栏杆、钢梯按总长度各抽查 10%，但钢平台不应少于 1 个，栏杆不应少于 5m，钢梯不应少于 1 跑。

　　检验方法：见本规范附录 E 中表 E.0.4。

11.3.14 多层及高层钢结构中现场焊缝组对间隙的允许偏差应符合本规范表 10.3.11 的规定。

　　检查数量：按同类节点数抽查 10%，且不应少于 3 个。

　　检验方法：尺量检查。

12 钢网架结构安装工程

12.1 一般规定

12.1.1 本章适用于建筑工程中的平板型钢网格结构（简称钢网架结构）安装工程的质量验收。

12.1.2 钢网架结构安装工程可按变形缝、施工段或空间刚度单元划分成一个或若干检验批。

12.1.3 钢网架结构安装检验批应在进场验收和焊接连接、紧固件连接、制作等分项工程验收合格的基础上进行验收。

12.1.4 钢网架结构安装应遵照本规范第 10.1.4、10.1.5、10.1.6 条的规定。

12.2 支承面顶板和支承垫块

Ⅰ 主控项目

12.2.1 钢网架结构支座定位轴线的位置、支座锚栓的规格应符合设计要求。

　　检查数量：按支座数抽查 10%，且不应少于 4 处。

　　检验方法：用经纬仪和钢尺实测。

12.2.2 支承面顶板的位置、标高、水平度以及支座锚栓位置的允许偏差应符合表 12.2.2

的规定。

检查数量：按支座数抽查10%，且不应少于4处。

检验方法：用经纬仪、水准仪、水平尺和钢尺实测。

表12.2.2 支承面顶板、支座锚栓位置的允许偏差（mm）

项 目		允许偏差
支承面顶板	位置	15.0
	顶面标高	0 −3.0
	顶面水平度	$l/1000$
支座锚栓	中心偏移	±5.0

12.2.3 支承垫块的种类、规格、摆放位置和朝向，必须符合设计要求和国家现行有关标准的规定。橡胶垫块与刚性垫块之间或不同类型刚性垫块之间不得互换使用。

检查数量：按支座数抽查10%，且不应少于4处。

检验方法：观察和用钢尺实测。

12.2.4 网架支座锚栓的紧固应符合设计要求。

检查数量：按支座数抽查10%，且不应少于4处。

检验方法：观察检查。

Ⅱ 一 般 项 目

12.2.5 支座锚栓尺寸的允许偏差应符合本规范表10.2.5的规定。支座锚栓的螺纹应受到保护。

检查数量：按支座数抽查10%，且不应少于4处。

检验方法：用钢尺实测。

12.3 总 拼 与 安 装

Ⅰ 主 控 项 目

12.3.1 小拼单元的允许偏差应符合表12.3.1的规定。

检查数量：按单元数抽查5%，且不应少于5个。

检验方法：用钢尺和拉线等辅助量具实测。

表12.3.1 小拼单元的允许偏差（mm）

项 目		允许偏差
节点中心偏移		2.0
焊接球节点与钢管中心的偏移		1.0
杆件轴线的弯曲矢高		$L_1/1000$，且不应大于5.0
锥体型小拼单元	弦杆长度	±2.0
	锥体高度	±2.0
	上弦杆对角线长度	±3.0

续表 12.3.1

项 目			允许偏差
平面桁架型小拼单元	跨长	≤24m	+3.0 −7.0
		>24m	+5.0 −10.0
	跨中高度		±3.0
	跨中拱度	设计要求起拱	±L/5000
		设计未要求起拱	+10.0

注：1. L_1 为杆件长度；
2. L 为跨长。

12.3.2 中拼单元的允许偏差应符合表 12.3.2 的规定。
　　检查数量：全数检查。
　　检验方法：用钢尺和辅助量具实测。

表 12.3.2　中拼单元的允许偏差（mm）

项 目		允许偏差
单元长度≤20m，拼接长度	单跨	±10.0
	多跨连续	±5.0
单元长度>20m，拼接长度	单跨	±20.0
	多跨连续	±10.0

12.3.3 对建筑结构安全等级为一级，跨度 40m 及以上的公共建筑钢网架结构，且设计有要求时，应按下列项目进行节点承载力试验，其结果应符合以下规定：
　1 焊接球节点应按设计指定规格的球及其匹配的钢管焊接成试件，进行轴心拉、压承载力试验，其试验破坏荷载值大于或等于 1.6 倍设计承载力为合格。
　2 螺栓球节点应按设计指定规格的球最大螺栓孔螺纹进行抗拉强度保证荷载试验，当达到螺栓的设计承载力时，螺孔、螺纹及封板仍完好无损为合格。
　　检查数量：每项试验做 3 个试件。
　　检验方法：在万能试验机上进行检验，检查试验报告。

12.3.4 钢网架结构总拼完成后及屋面工程完成后应分别测量其挠度值，且所测的挠度值不应超过相应设计值的 1.15 倍。
　　检查数量：跨度 24m 及以下钢网架结构测量下弦中央一点；跨度 24m 以上钢网架结构测量下弦中央一点及各向下弦跨度的四等分点。
　　检验方法：用钢尺和水准仪实测。

Ⅱ　一　般　项　目

12.3.5 钢网架结构安装完成后，其节点及杆件表面应干净，不应有明显的疤痕、泥沙和污垢。螺栓球节点应将所有接缝用油腻子填嵌严密，并应将多余螺孔封口。
　　检查数量：按节点及杆件数抽查 5%，且不应少于 10 个节点。
　　检验方法：观察检查。

12.3.6 钢网架结构安装完成后,其安装的允许偏差应符合表12.3.6的规定。
检查数量:全数检查。
检验方法:见表12.3.6。

表12.3.6 钢网架结构安装的允许偏差(mm)

项 目	允 许 偏 差	检验方法
纵向、横向长度	$L/2000$,且不应大于30.0 $-L/2000$,且不应小于-30.0	用钢尺实测
支座中心偏移	$L/3000$,且不应大于30.0	用钢尺和经纬仪实测
周边支承网架相邻支座高差	$L/400$,且不应大于15.0	用钢尺和水准仪实测
支座最大高差	30.0	用钢尺和水准仪实测
多点支承网架相邻支座高差	$L_1/800$,且不应大于30.0	

注:1. L 为纵向、横向长度;
  2. L_1 为相邻支座间距。

13 压型金属板工程

13.1 一 般 规 定

13.1.1 本章适用于压型金属板的施工现场制作和安装工程质量验收。
13.1.2 压型金属板的制作和安装工程可按变形缝、楼层、施工段或屋面、墙面、楼面等划分为一个或若干个检验批。
13.1.3 压型金属板安装应在钢结构安装工程检验批质量验收合格后进行。

13.2 压型金属板制作

Ⅰ 主控项目

13.2.1 压型金属板成型后,其基板不应有裂纹。
检查数量:按计件数抽查5%,且不应少于10件。
检验方法:观察和用10倍放大镜检查。
13.2.2 有涂层、镀层压型金属板成型后,涂、镀层不应有肉眼可见的裂纹、剥落和擦痕等缺陷。
检查数量:按计件数抽查5%,且不应少于10件。
检验方法:观察检查。

Ⅱ 一 般 项 目

13.2.3 压型金属板的尺寸允许偏差应符合表13.2.3的规定。
检查数量:按计件数抽查5%,且不应少于10件。
检验方法:用拉线和钢尺检查。

13.2.4 压型金属板成型后,表面应干净,不应有明显凹凸和皱褶。
　　检查数量:按计件数抽查5%,且不应少于10件。
　　检验方法:观察检查。

表13.2.3　压型金属板的尺寸允许偏差(mm)

项　目			允许偏差
波　距			±2.0
波高	压型钢板	截面高度≤70	±1.5
		截面高度>70	±2.0
侧向弯曲	在测量长度l_1的范围内		20.0

注:l_1为测量长度,指板长扣除两端各0.5m后的实际长度(小于10m)或扣除后任选的10m长度。

13.2.5 压型金属板施工现场制作的允许偏差应符合表13.2.5的规定。
　　检查数量:按计件数抽查5%,且不应少于10件。
　　检验方法:用钢尺、角尺检查。

表13.2.5　压型金属板施工现场制作的允许偏差(mm)

项　目		允许偏差
压型金属板的覆盖宽度	截面高度≤70	+10.0,-2.0
	截面高度>70	+6.0,-2.0
板　长		±9.0
横向剪切偏差		6.0
泛水板、包角板尺寸	板　长	±6.0
	折弯面宽度	±3.0
	折弯面夹角	2°

13.3　压型金属板安装

Ⅰ　主控项目

13.3.1 压型金属板、泛水板和包角板等应固定可靠、牢固,防腐涂料涂刷和密封材料敷设应完好,连接件数量、间距应符合设计要求和国家现行有关标准规定。
　　检查数量:全数检查。
　　检验方法:观察检查及尺量。

13.3.2 压型金属板应在支承构件上可靠搭接,搭接长度应符合设计要求,且不应小于表13.3.2所规定的数值。
　　检查数量:按搭接部位总长度抽查10%,且不应少于10m。
　　检验方法:观察和用钢尺检查。

表 13.3.2 压型金属板在支承构件上的搭接长度（mm）

项 目		搭接长度
截面高度 > 70		375
截面高度 ≤ 70	屋面坡度 < 1/10	250
	屋面坡度 ≥ 1/10	200
墙 面		120

13.3.3 组合楼板中压型钢板与主体结构（梁）的锚固支承长度应符合设计要求，且不应小于50mm，端部锚固件连接应可靠，设置位置应符合设计要求。

检查数量：沿连接纵向长度抽查10%，且不应少于10m。

检验方法：观察和用钢尺检查。

Ⅱ 一 般 项 目

13.3.4 压型金属板安装应平整、顺直，板面不应有施工残留物和污物。檐口和墙面下端应呈直线，不应有未经处理的错钻孔洞。

检查数量：按面积抽查10%，且不应少于10m²。

检验方法：观察检查。

13.3.5 压型金属板安装的允许偏差应符合表13.3.5的规定。

检查数量：檐口与屋脊的平行度：按长度抽查10%，且不应少于10m。其他项目：每20m长度应抽查1处，不应少于2处。

检验方法：用拉线、吊线和钢尺检查。

表 13.3.5 压型金属板安装的允许偏差（mm）

项 目		允许偏差
屋面	檐口与屋脊的平行度	12.0
	压型金属板波纹线对屋脊的垂直度	$L/800$，且不应大于25.0
	檐口相邻两块压型金属板端部错位	6.0
	压型金属板卷边板件最大波浪高	4.0
墙面	墙板波纹线的垂直度	$H/800$，且不应大于25.0
	墙板包角板的垂直度	$H/800$，且不应大于25.0
	相邻两块压型金属板的下端错位	6.0

注：1. L 为屋面半坡或单坡长度；
2. H 为墙面高度。

14 钢结构涂装工程

14.1 一 般 规 定

14.1.1 本章适用于钢结构的防腐涂料（油漆类）涂装和防火涂料涂装工程的施工质量

验收。

14.1.2 钢结构涂装工程可按钢结构制作或钢结构安装工程检验批的划分原则划分成一个或若干个检验批。

14.1.3 钢结构普通涂料涂装工程应在钢结构构件组装、预拼装或钢结构安装工程检验批的施工质量验收合格后进行。钢结构防火涂料涂装工程应在钢结构安装工程检验批和钢结构普通涂料涂装检验批的施工质量验收合格后进行。

14.1.4 涂装时的环境温度和相对湿度应符合涂料产品说明书的要求，当产品说明书无要求时，环境温度宜在 5～38℃之间，相对湿度不应大于 85%。涂装时构件表面不应有结露；涂装后 4h 内应保护免受雨淋。

14.2 钢结构防腐涂料涂装

Ⅰ 主 控 项 目

14.2.1 涂装前钢材表面除锈应符合设计要求和国家现行有关标准的规定。处理后的钢材表面不应有焊渣、焊疤、灰尘、油污、水和毛刺等。当设计无要求时，钢材表面除锈等级应符合表 14.2.1 的规定。

　　检查数量：按构件数抽查 10%，且同类构件不应少于 3 件。

　　检验方法：用铲刀检查和用现行国家标准《涂装前钢材表面锈蚀等级和除锈等级》GB 8923 规定的图片对照观察检查。

表 14.2.1　各种底漆或防锈漆要求最低的除锈等级

涂料品种	除锈等级
油性酚醛、醇酸等底漆或防锈漆	St2
高氯化聚乙烯、氯化橡胶、氯磺化聚乙烯、环氧树脂、聚氨酯等底漆或防锈漆	Sa2
无机富锌、有机硅、过氯乙烯等底漆	Sa2$\frac{1}{2}$

14.2.2 涂料、涂装遍数、涂层厚度均应符合设计要求。当设计对涂层厚度无要求时，涂层干漆膜总厚度：室外应为 **150μm**，室内应为 **125μm**，其允许偏差为 –25μm。每遍涂层干漆膜厚度的允许偏差为 –5μm。

　　检查数量：按构件数抽查 10%，且同类构件不应少于 3 件。

　　检验方法：用干漆膜测厚仪检查。每个构件检测 5 处，每处的数值为 3 个相距 50mm 测点涂层干漆膜厚度的平均值。

Ⅱ 一 般 项 目

14.2.3 构件表面不应误涂、漏涂，涂层不应脱皮和返锈等。涂层应均匀、无明显皱皮、流坠、针眼和气泡等。

　　检查数量：全数检查。

　　检验方法：观察检查。

14.2.4 当钢结构处在有腐蚀介质环境或外露且设计有要求时，应进行涂层附着力测试，在检测处范围内，当涂层完整程度达到70%以上时，涂层附着力达到合格质量标准的要求。

　　检查数量：按构件数抽查1%，且不应少于3件，每件测3处。

　　检验方法：按照现行国家标准《漆膜附着力测定法》GB 1720 或《色漆和清漆、漆膜的划格试验》GB 9286 执行。

14.2.5　涂装完成后，构件的标志、标记和编号应清晰完整。

　　检查数量：全数检查。

　　检验方法：观察检查。

14.3　钢结构防火涂料涂装

Ⅰ　主控项目

14.3.1　防火涂料涂装前钢材表面除锈及防锈底漆涂装应符合设计要求和国家现行有关标准的规定。

　　检查数量：按构件数抽查10%，且同类构件不应少于3件。

　　检验方法：表面除锈用铲刀检查和用现行国家标准《涂装前钢材表面锈蚀等级和除锈等级》GB 8923 规定的图片对照观察检查。底漆涂装用干漆膜测厚仪检查，每个构件检测5处，每处的数值为3个相距50mm测点涂层干漆膜厚度的平均值。

14.3.2　钢结构防火涂料的粘结强度、抗压强度应符合国家现行标准《钢结构防火涂料应用技术规程》CECS 24:90 的规定。检验方法应符合现行国家标准《建筑构件防火喷涂材料性能试验方法》GB 9978 的规定。

　　检查数量：每使用100t或不足100t薄涂型防火涂料应抽检一次粘结强度；每使用500t或不足500t厚涂型防火涂料应抽检一次粘结强度和抗压强度。

　　检验方法：检查复检报告。

14.3.3　薄涂型防火涂料的涂层厚度应符合有关耐火极限的设计要求。厚涂型防火涂料涂层的厚度，80%及以上面积应符合有关耐火极限的设计要求，且最薄处厚度不应低于设计要求的85%。

　　检查数量：按同类构件数抽查10%，且均不应少于3件。

　　检验方法：用涂层厚度测量仪、测针和钢尺检查。测量方法应符合国家现行标准《钢结构防火涂料应用技术规程》CECS 24:90 的规定及本规范附录F。

14.3.4　薄涂型防火涂料涂层表面裂纹宽度不应大于0.5mm；厚涂型防火涂料涂层表面裂纹宽度不应大于1mm。

　　检查数量：按同类构件数抽查10%，且均不应少于3件。

　　检验方法：观察和用尺量检查。

Ⅱ　一般项目

14.3.5　防火涂料涂装基层不应有油污、灰尘和泥砂等污垢。

　　检查数量：全数检查。

　　检验方法：观察检查。

14.3.6 防火涂料不应有误涂、漏涂，涂层应闭合无脱层、空鼓、明显凹陷、粉化松散和浮浆等外观缺陷，乳突已剔除。
　　检查数量：全数检查。
　　检验方法：观察检查。

15 钢结构分部工程竣工验收

15.0.1 根据现行国家标准《建筑工程施工质量验收统一标准》GB 50300 的规定，钢结构作为主体结构之一应按子分部工程竣工验收；当主体结构均为钢结构时应按分部工程竣工验收。大型钢结构工程可划分成若干个子分部工程进行竣工验收。

15.0.2 钢结构分部工程有关安全及功能的检验和见证检测项目见本规范附录 G，检验应在其分项工程验收合格后进行。

15.0.3 钢结构分部工程有关观感质量检验应按本规范附录 H 执行。

15.0.4 钢结构分部工程合格质量标准应符合下列规定：
　　1 各分项工程质量均应符合合格质量标准；
　　2 质量控制资料和文件应完整；
　　3 有关安全及功能的检验和见证检测结果应符合本规范相应合格质量标准的要求；
　　4 有关观感质量应符合本规范相应合格质量标准的要求。

15.0.5 钢结构分部工程竣工验收时，应提供下列文件和记录：
　　1 钢结构工程竣工图纸及相关设计文件；
　　2 施工现场质量管理检查记录；
　　3 有关安全及功能的检验和见证检测项目检查记录；
　　4 有关观感质量检验项目检查记录；
　　5 分部工程所含各分项工程质量验收记录；
　　6 分项工程所含各检验批质量验收记录；
　　7 强制性条文检验项目检查记录及证明文件；
　　8 隐蔽工程检验项目检查验收记录；
　　9 原材料、成品质量合格证明文件、中文标志及性能检测报告；
　　10 不合格项的处理记录及验收记录；
　　11 重大质量、技术问题实施方案及验收记录；
　　12 其他有关文件和记录。

15.0.6 钢结构工程质量验收记录应符合下列规定：
　　1 施工现场质量管理检查记录可按现行国家标准《建筑工程施工质量验收统一标准》GB 50300 中附录 A 进行；
　　2 分项工程检验批验收记录可按本规范附录 J 中表 J.0.1～表 J.0.13 进行；
　　3 分项工程验收记录可按现行国家标准《建筑工程施工质量验收统一标准》GB 50300 中附录 E 进行；
　　4 分部（子分部）工程验收记录可按现行国家标准《建筑工程施工质量验收统一标准》GB 50300 中附录 F 进行。

附录 A 焊缝外观质量标准及尺寸允许偏差

A.0.1 二级、三级焊缝外观质量标准应符合表 A.0.1 的规定。

表 A.0.1 二级、三级焊缝外观质量标准（mm）

项目	允许偏差	
缺陷类型	二级	三级
未焊满（指不足设计要求）	$\leq 0.2+0.02t$，且 ≤ 1.0	$\leq 0.2+0.04t$，且 ≤ 2.0
	每 100.0 焊缝内缺陷总长 ≤ 25.0	
根部收缩	$\leq 0.2+0.02t$，且 ≤ 1.0	$\leq 0.2+0.04t$，且 ≤ 2.0
	长度不限	
咬边	$\leq 0.05t$，且 ≤ 0.5；连续长度 ≤ 100.0，且焊缝两侧咬边总长 $\leq 10\%$ 焊缝全长	$\leq 0.1t$ 且 ≤ 1.0，长度不限
弧坑裂纹	—	允许存在个别长度 ≤ 5.0 的弧坑裂纹
电弧擦伤	—	允许存在个别电弧擦伤
接头不良	缺口深度 $0.05t$，且 ≤ 0.5	缺口深度 $0.1t$，且 ≤ 1.0
	每 1000.0 焊缝不应超过 1 处	
表面夹渣	—	深 $\leq 0.2t$ 长 $\leq 0.5t$，且 ≤ 20.0
表面气孔	—	每 50.0 焊缝长度内允许直径 $\leq 0.4t$，且 ≤ 3.0 的气孔 2 个，孔距 ≥ 6 倍孔径

注：表内 t 为连接处较薄的板厚。

A.0.2 对接焊缝及完全熔透组合焊缝尺寸允许偏差应符合表 A.0.2 的规定。

表 A.0.2 对接焊缝及完全熔透组合焊缝尺寸允许偏差（mm）

序号	项目	图例	允许偏差	
			一、二级	三级
1	对接焊缝余高 C		$B<20$：$0\sim3.0$ $B\geq 20$：$0\sim4.0$	$B<20$：$0\sim4.0$ $B\geq 20$：$0\sim5.0$
2	对接焊缝错边 d		$d<0.15t$，且 ≤ 2.0	$d<0.15t$，且 ≤ 3.0

A.0.3 部分焊透组合焊缝和角焊缝外形尺寸允许偏差应符合表 A.0.3 的规定。

表 A.0.3 部分焊透组合焊缝和角焊缝外形尺寸允许偏差（mm）

序号	项目	图例	允许偏差
1	焊脚尺寸 h_f		$h_f \leqslant 6$: $0\sim1.5$ $h_f > 6$: $0\sim3.0$
2	角焊缝余高 C		$h_f \leqslant 6$: $0\sim1.5$ $h_f > 6$: $0\sim3.0$

注：1. $h_f > 8.0$mm 的角焊缝其局部焊脚尺寸允许低于设计要求值 1.0mm，但总长度不得超过焊缝长度 10%；
2. 焊接 H 形梁腹板与翼缘板的焊缝两端在其两倍翼缘板宽度范围内，焊缝的焊脚尺寸不得低于设计值。

附录 B 紧固件连接工程检验项目

B.0.1 螺栓实物最小载荷检验。

目的：测定螺栓实物的抗拉强度是否满足现行国家标准《紧固件机械性能螺栓、螺钉和螺柱》GB 3098.1 的要求。

检验方法：用专用卡具将螺栓实物置于拉力试验机上进行拉力试验，为避免试件承受横向载荷，试验机的夹具应能自动调正中心，试验时夹头张拉的移动速度不应超过 25 mm/min。

螺栓实物的抗拉强度应根据螺纹应力截面积（A_S）计算确定，其取值应按现行国家标准《紧固件机械性能螺栓、螺钉和螺柱》GB 3098.1 的规定取值。

进行试验时，承受拉力载荷的未旋合的螺纹长度应为 6 倍以上螺距；当试验拉力达到现行国家标准《紧固件机械性能螺栓、螺钉和螺柱》GB 3098.1 中规定的最小拉力载荷（$A_S \cdot \sigma_b$）时不得断裂。当超过最小拉力载荷直至拉断时，断裂应发生在杆部或螺纹部分，而不应发生在螺头与杆部的交接处。

B.0.2 扭剪型高强度螺栓连接副预拉力复验。

复验用的螺栓应在施工现场待安装的螺栓批中随机抽取，每批应抽取 8 套连接副进行复验。

连接副预拉力可采用经计量检定、校准合格的轴力计进行测试。

试验用的电测轴力计、油压轴力计、电阻应变仪、扭矩扳手等计量器具，应在试验前进行标定，其误差不得超过 2%。

采用轴力计方法复验连接副预拉力时，应将螺栓直接插入轴力计。紧固螺栓分初拧、终拧两次进行，初拧应采用手动扭矩扳手或专用定扭电动扳手；初拧值应为预拉力标准值的 50% 左右。终拧应采用专用电动扳手，至尾部梅花头拧掉，读出预拉力值。

每套连接副只应做一次试验，不得重复使用。在紧固中垫圈发生转动时，应更换连接副，重新试验。

复验螺栓连接副的预拉力平均值和标准偏差应符合表 B.0.2 的规定。

表 B.0.2 扭剪型高强度螺栓紧固预拉力和标准偏差（kN）

螺栓直径（mm）	16	20	(22)	24
紧固预拉力的平均值 $\overline{P}$	99～120	154～186	191～231	222～270
标准偏差 σ_P	10.1	15.7	19.5	22.7

B.0.3 高强度螺栓连接副施工扭矩检验。

高强度螺栓连接副扭矩检验含初拧、复拧、终拧扭矩的现场无损检验。检验所用的扭矩扳手其扭矩精度误差应不大于3%。

高强度螺栓连接副扭矩检验分扭矩法检验和转角法检验两种，原则上检验法与施工法应相同。扭矩检验应在施拧1h后，48h内完成。

1 扭矩法检验。

检验方法：在螺尾端头和螺母相对位置划线，将螺母退回60°左右，用扭矩扳手测定拧回至原来位置时的扭矩值。该扭矩值与施工扭矩值的偏差在10%以内为合格。

高强度螺栓连接副终拧扭矩值按下式计算：

$$T_c = K \cdot P_c \cdot d \tag{B.0.3-1}$$

式中 T_c——终拧扭矩值（N·m）；

P_c——施工预拉力值标准值（kN），见表 B.0.3；

d——螺栓公称直径（mm）；

K——扭矩系数，按附录 B.0.4 的规定试验确定。

高强度大六角头螺栓连接副初拧扭矩值 T_0 可按 $0.5T_c$ 取值。

扭剪型高强度螺栓连接副初拧扭矩值 T_0 可按下式计算：

$$T_0 = 0.065 P_c \cdot d \tag{B.0.3-2}$$

式中 T_0——初拧扭矩值（N·m）；

P_c——施工预拉力标准值（kN），见表 B.0.3；

d——螺栓公称直径（mm）。

2 转角法检验。

检验方法：1）检查初拧后在螺母与相对位置所画的终拧起始线和终止线所夹的角度是否达到规定值。2）在螺尾端头和螺母相对位置画线，然后全部卸松螺母，在按规定的初拧扭矩和终拧角度重新拧紧螺栓，观察与原画线是否重合。终拧转角偏差在10°以内为合格。

终拧转角与螺栓的直径、长度等因素有关，应由试验确定。

3 扭剪型高强度螺栓施工扭矩检验。

检验方法：观察尾部梅花头拧掉情况。尾部梅花头被拧掉者视同其终拧扭矩达到合格质量标准；尾部梅花头未被拧掉者应按上述扭矩法或转角法检验。

表 B.0.3 高强度螺栓连接副施工预拉力标准值（kN）

螺栓的性能等级	螺栓公称直径（mm）					
	M16	M20	M22	M24	M27	M30
8.8s	75	120	150	170	225	275
10.9s	110	170	210	250	320	390

B.0.4 高强度大六角头螺栓连接副扭矩系数复验。

复验用螺栓应在施工现场待安装的螺栓批中随机抽取，每批应抽取 8 套连接副进行复验。

连接副扭矩系数复验用的计量器具应在试验前进行标定，误差不得超过 2%。

每套连接副只应做一次试验，不得重复使用。在紧固中垫圈发生转动时，应更换连接副，重新试验。

连接副扭矩系数的复验应将螺栓穿入轴力计，在测出螺栓预拉力 P 的同时，应测定施加于螺母上的施拧扭矩值 T，并应按下式计算扭矩系数 K。

$$K = \frac{T}{P \cdot d} \quad (B.0.4)$$

式中 T——施拧扭矩（N·m）；
  d——高强度螺栓的公称直径（mm）；
  P——螺栓预拉力（kN）。

进行连接副扭矩系数试验时，螺栓预拉力值应符合表 B.0.4 的规定。

表 B.0.4 螺栓预拉力值范围（kN）

螺栓规格（mm）		M16	M20	M22	M24	M27	M30
预拉力值 P	10.9s	93～113	142～177	175～215	206～250	265～324	325～390
	8.8s	62～78	100～120	125～150	140～170	185～225	230～275

每组 8 套连接副扭矩系数的平均值应为 0.110～0.150，标准偏差小于或等于 0.010。

扭剪型高强度螺栓连接副当采用扭矩法施工时，其扭矩系数亦按本附录的规定确定。

B.0.5 高强度螺栓连接摩擦面的抗滑移系数检验。

1 基本要求。

制造厂和安装单位应分别以钢结构制造批为单位进行抗滑移系数试验。制造批可按分部（子分部）工程划分规定的工程量每 2000t 为一批，不足 2000t 的可视为一批。选用两种及两种以上表面处理工艺时，每种处理工艺应单独检验。每批三组试件。

抗滑移系数试验应采用双摩擦面的二栓拼接的拉力试件（图 B.0.5）。

抗滑移系数试验用的试件应由制造厂加工，试件与所代表的钢结构构件应为同一材质、同批制作、采用同一摩擦面处理工艺和具有相同的表面状态，并应用同批同一性能等级的高强度螺栓连

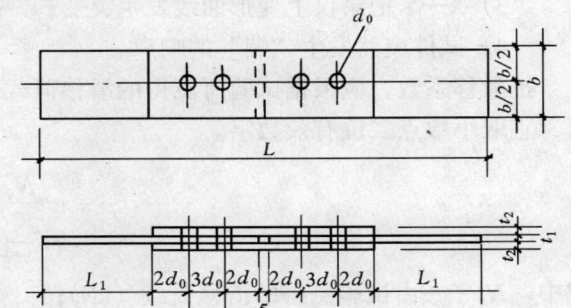

图 B.0.5 抗滑移系数拼接试件的形式和尺寸

接副，在同一环境条件下存放。

试件钢板的厚度 t_1、t_2 应根据钢结构工程中有代表性的板材厚度来确定，同时应考虑在摩擦面滑移之前，试件钢板的净截面始终处于弹性状态；宽度 b 可参照表 B.0.5 规定取值。L_1 应根据试验机夹具的要求确定。

表 B.0.5　试件板的宽度（mm）

螺栓直径 d	16	20	22	24	27	30
板宽 b	100	100	105	110	120	120

试件板面应平整，无油污，孔和板的边缘无飞边、毛刺。

2　试验方法。

试验用的试验机误差应在 1% 以内。

试验用的贴有电阻片的高强度螺栓、压力传感器和电阻应变仪应在试验前用试验机进行标定，其误差应在 2% 以内。

试件的组装顺序应符合下列规定：

先将冲钉打入试件孔定位，然后逐个换成装有压力传感器或贴有电阻片的高强度螺栓，或换成同批经预拉力复验的扭剪型高强度螺栓。

紧固高强度螺栓应分初拧、终拧。初拧应达到螺栓预拉力标准值的 50% 左右。终拧后，螺栓预拉力应符合下列规定：

　　1）对装有压力传感器或贴有电阻片的高强度螺栓，采用电阻应变仪实测控制试件每个螺栓的预拉力值应在 $0.95P \sim 1.05P$（P 为高强度螺栓设计预拉力值）之间；

　　2）不进行实测时，扭剪型高强度螺栓的预拉力（紧固轴力）可按同批复验预拉力的平均值取用。

试件应在其侧面画出观察滑移的直线。

将组装好的试件置于拉力试验机上，试件的轴线应与试验机夹具中心严格对中。

加荷时，应先加 10% 的抗滑移设计荷载值，停 1min 后，再平稳加荷，加荷速度为 3~5kN/s。直拉至滑动破坏，测得滑移荷载 N_v。

在试验中当发生以下情况之一时，所对应的荷载可定为试件的滑移荷载：

　　1）试验机发生回针现象；

　　2）试件侧面画线发生错动；

　　3）X—Y 记录仪上变形曲线发生突变；

　　4）试件突然发生"嘣"的响声。

抗滑移系数，应根据试验所测得的滑移荷载 N_v 和螺栓预拉力 P 的实测值，按下式计算，宜取小数点二位有效数字。

$$\mu = \frac{N_v}{n_f \cdot \sum_{i=1}^{m} P_i} \tag{B.0.5}$$

式中　N_v——由试验测得的滑移荷载（kN）；

　　　n_f——摩擦面面数，取 $n_f = 2$；

$\sum_{i=1}^{m} P_i$——试件滑移一侧高强度螺栓预拉力实测值（或同批螺栓连接副的预拉力平均值）之和（取三位有效数字）(kN)；

m——试件一侧螺栓数量，取 $m=2$。

附录 C 钢构件组装的允许偏差

C.0.1 焊接 H 型钢的允许偏差应符合表 C.0.1 的规定。

表 C.0.1 焊接 H 型钢的允许偏差（mm）

项 目		允许偏差	图 例
截面高度 h	$h<500$	±2.0	
	$500<h<1000$	±3.0	
	$h>1000$	±4.0	
截面宽度 b		±3.0	
腹板中心偏移		2.0	
翼缘板垂直度 Δ		$b/100$，且不应大于 3.0	
弯曲矢高（受压构件除外）		$l/1000$，且不应大于 10.0	
扭曲		$h/250$，且不应大于 5.0	
腹板局部平面度 f	$t<14$	3.0	
	$t \geq 14$	2.0	

C.0.2 焊接连接制作组装的允许偏差应符合表 C.0.2 的规定。

表 C.0.2 焊接连接制作组装的允许偏差（mm）

项 目		允许偏差	图 例
对口错边 △		$t/10$，且不应大于 3.0	
间隙 a		±1.0	
搭接长度 a		±5.0	
缝隙 △		1.5	
高度 h		±2.0	
垂直度 △		$b/100$，且不应大于 3.0	
中心偏移 e		±2.0	
型钢错位	连接处	1.0	
	其他处	2.0	
箱形截面高度 h		±2.0	
宽度 b		±2.0	
垂直度 △		$b/200$，且不应大于 3.0	

C.0.3 单层钢柱外形尺寸的允许偏差应符合表 C.0.3 的规定。

表 C.0.3　单层钢柱外形尺寸的允许偏差（mm）

项　目		允许偏差	检验方法
柱底面到柱端与桁架连接的最上一个安装孔距离 l		± l/1500 ±15.0	用钢尺检查
柱底面到牛腿支承面距离 l_1		± l_1/2000 ±8.0	
牛腿面的翘曲 Δ		2.0	用拉线、直角尺和钢尺检查
柱身弯曲矢高		H/1200，且不应大于 12.0	
柱身扭曲	牛腿处	3.0	用拉线、吊线和钢尺检查
	其他处	8.0	
柱截面几何尺寸	连接处	±3.0	用钢尺检查
	非连接处	±4.0	
翼缘对腹板的垂直度	连接处	1.5	用直角尺和钢尺检查
	其他处	b/100，且不应大于 5.0	
柱脚底板平面度		5.0	用1m直尺和塞尺检查
柱脚螺栓孔中心对柱轴线的距离		3.0	用钢尺检查

C.0.4　多节钢柱外形尺寸的允许偏差应符合表 C.0.4 的规定。

表 C.0.4　多节钢柱外形尺寸的允许偏差（mm）

项　目		允许偏差	检验方法	图　例
一节柱高度 H		±3.0	用钢尺检查	
两端最外侧安装孔距离 l_3		±2.0	用钢尺检查	
铣平面到第一个安装孔距离 a		±1.0		
柱身弯曲矢高 f		$H/1500$，且不应大于 5.0	用拉线和钢尺检查	
一节柱的柱身扭曲		$h/250$，且不应大于 5.0	用拉线、吊线和钢尺检查	
牛腿端孔到柱轴线距离 l_2		±3.0	用钢尺检查	
牛腿的翘曲或扭曲 Δ	$l_2 \leq 1000$	2.0	用拉线、直角尺和钢尺检查	
	$l_2 > 1000$	3.0		
柱截面尺寸	连接处	±3.0	用钢尺检查	
	非连接处	±4.0		
柱脚底板平面度		5.0	用直尺和塞尺检查	
翼缘板对腹板的垂直度	连接处	1.5	用直角尺和钢尺检查	
	其他处	$b/100$，且不应大于 5.0		
脚螺栓孔对柱轴线的距离 a		3.0	用钢尺检查	
箱形截面连接处对角线差		3.0		
箱形柱身板垂直度		$h(b)/150$，且不应大于 5.0	用直角尺和钢尺检查	

C.0.5 焊接实腹钢梁外形尺寸的允许偏差应符合表 C.0.5 的规定。

表 C.0.5 焊接实腹钢梁外形尺寸的允许偏差（mm）

项 目		允许偏差	检验方法
梁长度 l	端部有凸缘支座板	0 −5.0	用钢尺检查
	其他形式	±l/2500 ±10.0	
端部高度 h	$h \leq 2000$	±2.0	用钢尺检查
	$h > 2000$	±3.0	
拱度	设计要求起拱	±l/5000	用拉线和钢尺检查
	设计未要求起拱	10.0 −5.0	
侧弯矢高		l/2000，且不应大于 10.0	
扭曲		h/250，且不应大于 10.0	用拉线、吊线和钢尺检查
腹板局部平面度	$t \leq 14$	5.0	用 1m 直尺和塞尺检查
	$t > 14$	4.0	
翼缘板对腹板的垂直度		b/100，且不应大于 3.0	用直角尺和钢尺检查
吊车梁上翼缘与轨道接触面平面度		1.0	用 200mm、1m 直尺和塞尺检查
箱形截面对角线差		5.0	用钢尺检查
箱形截面两腹板至翼缘板中心线距离 a	连接处	1.0	
	其他处	1.5	
梁端板的平面度（只允许凹进）		h/500，且不应大于 2.0	用直角尺和钢尺检查
梁端板与腹板的垂直度		h/500，且不应大于 2.0	用直角尺和钢尺检查

C.0.6 钢桁架外形尺寸的允许偏差应符合表 C.0.6 的规定。

表 C.0.6 钢桁架外形尺寸的允许偏差（mm）

项 目		允许偏差	检验方法	图 例
桁架最外端两个孔或两端支承面最外侧距离	$l \leq 24m$	+3.0 -7.0	用钢尺检查	
	$l > 24m$	+5.0 -10.0		
桁架跨中高度		±10.0		
桁架跨中拱度	设计要求起拱	$\pm l/5000$		
	设计未要求起拱	10.0 -5.0		
相邻节间弦杆弯曲（受压除外）		$l_1/1000$		
支承面到第一个安装孔距离 a		±1.0	用钢尺检查	
檩条连接支座间距		±5.0		

C.0.7 钢管构件外形尺寸的允许偏差应符合表 C.0.7 的规定。

表 C.0.7 钢管构件外形尺寸的允许偏差（mm）

项 目	允许偏差	检验方法	图 例
直径 d	$\pm d/500$ ±5.0	用钢尺检查	
构件长度 l	±3.0		
管口圆度	$d/500$， 且不应大于 5.0		
管面对管轴的垂直度	$d/500$， 且不应大于 3.0	用焊缝量规检查	
弯曲矢高	$l/1500$， 且不应大于 5.0	用拉线、吊线和钢尺检查	
对口错边	$t/10$， 且不应大于 3.0	用拉线和钢尺检查	

注：对方矩形管，d 为长边尺寸。

C.0.8 墙架、檩条、支撑系统钢构件外形尺寸的允许偏差应符合表 C.0.8 的规定。

表 C.0.8 墙架、檩条、支撑系统钢构件外形尺寸的允许偏差（mm）

项　目	允许偏差	检验方法
构件长度 l	±4.0	用钢尺检查
构件两端最外侧安装孔距离 l_1	±3.0	
构件弯曲矢高	$l/1000$，且不应大于 10.0	用拉线和钢尺检查
截面尺寸	+5.0 -2.0	用钢尺检查

C.0.9 钢平台、钢梯和防护钢栏杆外形尺寸的允许偏差应符合表 C.0.9 的规定。

表 C.0.9 钢平台、钢梯和防护钢栏杆外形尺寸的允许偏差（mm）

项　目	允许偏差	检验方法
平台长度和宽度	±5.0	用钢尺检查
平台两对角线差 $\|l_1 - l_2\|$	6.0	用钢尺检查
平台支柱高度	±3.0	用钢尺检查
平台支柱弯曲矢高	5.0	用拉线和钢尺检查
平台表面平面度（1m 范围内）	6.0	用 1m 直尺和塞尺检查
梯梁长度 l	±5.0	用钢尺检查
钢梯宽度 b	±5.0	用钢尺检查
钢梯安装孔距离 a	±3.0	用钢尺检查
钢梯纵向挠曲矢高	$l/1000$	用拉线和钢尺检查
踏步（棍）间距	±5.0	用钢尺检查
栏杆高度	±5.0	用钢尺检查
栏杆立柱间距	±10.0	用钢尺检查

附录 D 钢构件预拼装的允许偏差

D.0.1 钢构件预拼装的允许偏差应符合表 D 的规定。

表 D 钢构件预拼装的允许偏差（mm）

构件类型	项目		允许偏差	检验方法
多节柱	预拼装单元总长		±5.0	用钢尺检查
	预拼装单元弯曲矢高		$l/1500$，且不应大于 10.0	用拉线和钢尺检查
	接口错边		2.0	用焊缝量规检查
	预拼装单元柱身扭曲		$h/200$，且不应大于 5.0	用拉线、吊线和钢尺检查
	顶紧面至任一牛腿距离		±2.0	用钢尺检查
梁、桁架	跨度最外两端安装孔或两端支承面最外侧距离		+5.0 -10.0	用钢尺检查
	接口截面错位		2.0	用焊缝量规检查
	拱度	设计要求起拱	±$l/5000$	用拉线和钢尺检查
		设计未要求起拱	$l/2000$ 0	
	节点处杆件轴线错位		4.0	划线后用钢尺检查
管构件	预拼装单元总长		±5.0	用钢尺检查
	预拼装单元弯曲矢高		$l/1500$，且不应大于 10.0	用拉线和钢尺检查
	对口错边		$t/10$，且不应大于 3.0	用焊缝量规检查
	坡口间隙		+2.0 -1.0	
构件平面总体预拼装	各楼层柱距		±4.0	用钢尺检查
	相邻楼层梁与梁之间距离		±3.0	
	各层间框架两对角线之差		$H/2000$，且不应大于 5.0	
	任意两对角线之差		$\Sigma H/2000$，且不应大于 8.0	

附录 E 钢结构安装的允许偏差

E.0.1 单层钢结构中柱子安装的允许偏差应符合表 E.0.1 的规定。

表 E.0.1 单层钢结构中柱子安装的允许偏差（mm）

项目	允许偏差	图例	检验方法
柱脚底座中心线对定位轴线的偏移	5.0		用吊线和钢尺检查

续表 E.0.1

项 目		允许偏差	图 例	检验方法
柱基准点标高	有吊车梁的柱	+3.0 -5.0		用水准仪检查
	无吊车梁的柱	+5.0 -8.0		
弯曲矢高		$H/1200$, 且不应大于 15.0		用经纬仪或拉线和钢尺检查
柱轴线垂直度	单层柱 $H \leqslant 10\text{m}$	$H/1000$		用经纬仪或吊线和钢尺检查
	单层柱 $H > 10\text{m}$	$H/1000$, 且不应大于 25.0		
	多节柱 单节柱	$H/1000$, 且不应大于 10.0		
	多节柱 柱全高	35.0		

E.0.2 钢吊车梁安装的允许偏差应符合表 E.0.2 的规定。

表 E.0.2 钢吊车梁安装的允许偏差（mm）

项 目		允许偏差	图 例	检验方法
梁的跨中垂直度 Δ		$h/500$		用吊线和钢尺检查
侧向弯曲矢高		$l/1500$, 且不应大于 10.0		
垂直上拱矢高		10.0		
两端支座中心位移 Δ	安装在钢柱上时，对牛腿中心的偏移	5.0		用拉线和钢尺检查
	安装在混凝土柱上时，对定位轴线的偏移	5.0		
吊车梁支座加劲板中心与柱子承压加劲板中心的偏移 Δ_1		$t/2$		用吊线和钢尺检查

续表 E.0.2

项目		允许偏差	图例	检验方法
同跨间内同一横截面吊车梁顶面高差 △	支座处	10.0		用经纬仪、水准仪和钢尺检查
	其他处	15.0		
同跨间内同一横截面下挂式吊车梁底面高差 △		10.0		
同列相邻两柱间吊车梁顶面高差 △		$l/1500$，且不应大于 10.0		用水准仪和钢尺检查
相邻两吊车梁接头部位 △	中心错位	3.0		用钢尺检查
	上承式顶面高差	1.0		
	下承式底面高差	1.0		
同跨间任一截面的吊车梁中心跨距 △		±10.0		用经纬仪和光电测距仪检查；跨度小时可用钢尺检查
轨道中心对吊车梁腹板轴线的偏移 △		$t/2$		用吊线和钢尺检查

E.0.3 墙架、檩条等次要构件安装的允许偏差应符合表 E.0.3 的规定。

表 E.0.3 墙架、檩条等次要构件安装的允许偏差（mm）

项目		允许偏差	检验方法
墙架立柱	中心线对定位轴线的偏移	10.0	用钢尺检查
	垂直度	$H/1000$，且不应大于 10.0	用经纬仪或吊线和钢尺检查
	弯曲矢高	$H/1000$，且不应大于 15.0	用经纬仪或吊线和钢尺检查
抗风桁架的垂直度		$h/250$，且不应大于 15.0	用吊线和钢尺检查
檩条、墙梁的间距		±5.0	用钢尺检查

续表 E.0.3

项　目	允许偏差	检验方法
檩条的弯曲矢高	$L/750$，且不应大于 12.0	用拉线和钢尺检查
墙梁的弯曲矢高	$L/750$，且不应大于 10.0	用拉线和钢尺检查

注：1. H 为墙架立柱的高度；
　　2. h 为抗风桁架的高度；
　　3. L 为檩条或墙梁的长度。

E.0.4 钢平台、钢梯和防护栏杆安装的允许偏差应符合表 E.0.4 的规定。

表 E.0.4　钢平台、钢梯和防护栏杆安装的允许偏差（mm）

项　目	允许偏差	检验方法
平台高度	±15.0	用水准仪检查
平台梁水平度	$l/1000$，且不应大于 20.0	用水准仪检查
平台支柱垂直度	$H/1000$，且不应大于 15.0	用经纬仪或吊线和钢尺检查
承重平台梁侧向弯曲	$l/1000$，且不应大于 10.0	用拉线和钢尺检查
承重平台梁垂直度	$h/250$，且不应大于 15.0	用吊线和钢尺检查
直梯垂直度	$l/1000$，且不应大于 15.0	用吊线和钢尺检查
栏杆高度	±15.0	用钢尺检查
栏杆立柱间距	±15.0	用钢尺检查

E.0.5 多层及高层钢结构中构件安装的允许偏差应符合表 E.0.5 的规定。

表 E.0.5　多层及高层钢结构中构件安装的允许偏差（mm）

项　目	允许偏差	图　例	检验方法
上、下柱连接处的错口 Δ	3.0		用钢尺检查
同一层柱的各柱顶高度差 Δ	5.0		用水准仪检查
同一根梁两端顶面的高差 Δ	$l/1000$，且不应大于 10.0		用水准仪检查

续表 E.0.5

项 目	允许偏差	图 例	检验方法
主梁与次梁表面的高差 Δ	±2.0		用直尺和钢尺检查
压型金属板在钢梁上相邻列的错位 Δ	15.00		用直尺和钢尺检查

E.0.6 多层及高层钢结构主体结构总高度的允许偏差应符合表 E.0.6 的规定。

表 E.0.6 多层及高层钢结构主体结构总高度的允许偏差（mm）

项 目	允许偏差	图 例
用相对标高控制安装	$\pm \sum(\Delta_h + \Delta_z + \Delta_w)$	
用设计标高控制安装	$H/1000$，且不应大于 30.0 − $H/1000$，且不应小于 −30.0	

注：1. Δ_h 为每节柱子长度的制造允许偏差；
　　2. Δ_z 为每节柱子长度受荷载后的压缩值；
　　3. Δ_w 为每节柱子接头焊缝的收缩值。

附录 F 钢结构防火涂料涂层厚度测定方法

F.0.1 测针：

测针（厚度测量仪），由针杆和可滑动的圆盘组成，圆盘始终保持与针杆垂直，并在其上装有固定装置，圆盘直径不大于 30mm，以保证完全接触被测试件的表面。如果厚度测量仪不易插入被插材料中，也可使用其他适宜的方法测试。

测试时，将测厚探针（见图 F.0.1）垂直插入防火涂层直至钢基材表面上，记录标尺读数。

F.0.2 测点选定：

1 楼板和防火墙的防火涂层厚度测定，可选两相邻纵、横轴线相交中的面积为一个单元，在其对角线上，按每米长度选一点进行测试。

2 全钢框架结构的梁和柱的防火涂层厚度测定，在构件长度内每隔3m取一截面，按图F.0.2所示位置测试。

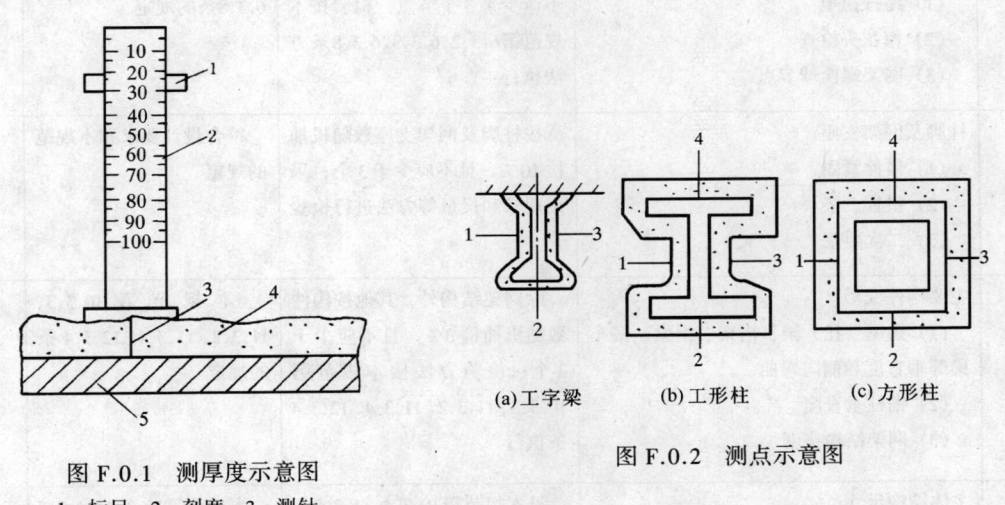

图 F.0.1　测厚度示意图
1—标尺；2—刻度；3—测针；
4—防火涂层；5—钢基材

图 F.0.2　测点示意图
(a)工字梁　(b)工形柱　(c)方形柱

3 桁架结构，上弦和下弦按第2款的规定每隔3m取一截面检测，其他腹杆每根取一截面检测。

F.0.3 测量结果：对于楼板和墙面，在所选择的面积中，至少测出5个点；对于梁和柱在所选择的位置中，分别测出6个和8个点。分别计算出它们的平均值，精确到0.5mm。

附录 G　钢结构工程有关安全及功能的检验和见证检测项目

G.0.1 钢结构分部（子分部）工程有关安全及功能的检验和见证检测项目按表G规定进行。

表 G　钢结构分部（子分部）工程有关安全及功能的检验和见证检测项目

项次	项目	抽检数量及检验方法	合格质量标准	备注
1	见证取样送样试验项目 (1) 钢材及焊接材料复验 (2) 高强度螺栓预拉力、扭矩系数复验 (3) 摩擦面抗滑移系数复验 (4) 网架节点承载力试验	见本规范第4.2.2、4.3.2、4.4.2、4.4.3、6.3.1、12.3.3条规定	符合设计要求和国家现行有关产品标准的规定	
2	焊缝质量 (1) 内部缺陷 (2) 外观缺陷 (3) 焊缝尺寸	一、二级焊缝按焊缝处数随机抽检3%，且不应少于3处；检验采用超声波或射线探伤及本规范第5.2.6、5.2.8、5.2.9条方法	本规范第5.2.4、5.2.6、5.2.8、5.2.9条规定	

续表 G

项次	项 目	抽检数量及检验方法	合格质量标准	备注
3	高强度螺栓施工质量 (1) 终拧扭矩 (2) 梅花头检查 (3) 网架螺栓球节点	按节点数随机抽检3%，且不应少于3个节点，检验按本规范第6.3.2、6.3.3、6.3.8条方法执行	本规范第6.3.2、6.3.3、6.3.8条的规定	
4	柱脚及网架支座 (1) 锚栓紧固 (2) 垫板、垫块 (3) 二次灌浆	按柱脚及网架支座数随机抽检10%，且不应少于3个；采用观察和尺量等方法进行检验	符合设计要求和本规范的规定	
5	主要构件变形 (1) 钢屋(托)架、桁架、钢梁、吊车梁等垂直度和侧向弯曲 (2) 钢柱垂直度 (3) 网架结构挠度	除网架结构外，其他按构件数随机抽检3%，且不应少于3个；检验方法按本规范第10.3.3、11.3.2、11.3.4、12.3.4条执行	本规范第10.3.3、11.3.2、11.3.4、12.3.4条的规定	
6	主体结构尺寸 (1) 整体垂直度 (2) 整体平面弯曲	见本规范第10.3.4、11.3.5条的规定	本规范第10.3.4、11.3.5条的规定	

附录 H 钢结构工程有关观感质量检查项目

H.0.1 钢结构分部（子分部）工程观感质量检查项目按表 H 规定进行。

表 H 钢结构分部（子分部）工程观感质量检查项目

项次	项 目	抽检数量	合格质量标准	备注
1	普通涂层表面	随机抽查3个轴线结构构件	本规范第14.2.3条的要求	
2	防火涂层表面	随机抽查3个轴线结构构件	本规范第14.3.4、14.3.5、14.3.6条的要求	
3	压型金属板表面	随机抽查3个轴线间压型金属板表面	本规范第13.3.4条的要求	
4	钢平台、钢梯、钢栏杆	随机抽查10%	连接牢固，无明显外观缺陷	

附录 J 钢结构分项工程检验批质量验收记录表

J.0.1 钢结构（钢构件焊接）分项工程检验批质量验收应按表 J.0.1 进行记录。

表 J.0.1 钢结构（钢构件焊接）分项工程检验批质量验收记录

工程名称			检验批部位		
施工单位			项目经理		
监理单位			总监理工程师		
施工依据标准			分包单位负责人		
主控项目	合格质量标准（按本规范）	施工单位检验评定记录或结果	监理（建设）单位验收记录或结果	备 注	
1 焊接材料进场	第 4.3.1 条				
2 焊接材料复验	第 4.3.2 条				
3 材料匹配	第 5.2.1 条				
4 焊工证书	第 5.2.2 条				
5 焊接工艺评定	第 5.2.3 条				
6 内部缺陷	第 5.2.4 条				
7 组合焊缝尺寸	第 5.2.5 条				
8 焊缝表面缺陷	第 5.2.6 条				
一般项目	合格质量标准（按本规范）	施工单位检验评定记录或结果	监理（建设）单位验收记录或结果	备注	
1 焊接材料进场	第 4.3.4 条				
2 预热和后热处理	第 5.2.7 条				
3 焊缝外观质量	第 5.2.8 条				
4 焊缝尺寸偏差	第 5.2.9 条				
5 凹形角焊缝	第 5.2.10 条				
6 焊缝感观	第 5.2.11 条				

施工单位检验评定结果	班 组 长： 或专业工长： 　　　　　　年 月 日	质 检 员： 或项目技术负责人： 　　　　　　年 月 日
监理(建设)单位验收结论	监理工程师(建设单位项目技术人员)： 　　　　　　　　　　　　　　　　　年 月 日	

J.0.2 钢结构（焊钉焊接）分项工程检验批质量验收应按表J.0.2进行记录。

表 J.0.2 钢结构（焊钉焊接）分项工程检验批质量验收记录

工程名称			检验批部位	
施工单位			项目经理	
监理单位			总监理工程师	
施工依据标准			分包单位负责人	
主控项目	合格质量标准（按本规范）	施工单位检验评定记录或结果	监理（建设）单位验收记录或结果	备注
1 焊接材料进场	第4.3.1条			
2 焊接材料复验	第4.3.2条			
3 焊接工艺评定	第5.3.1条			
4 焊后弯曲试验	第5.3.2条			
一般项目	合格质量标准（按本规范）	施工单位检验评定记录或结果	监理（建设）单位验收记录或结果	备注
1 焊钉和瓷环尺寸	第4.3.3条			
2 焊缝外观质量	第5.3.3条			
施工单位检验评定结果	班组长： 或专业工长： 年 月 日		质 检 员： 或项目技术负责人： 年 月 日	
监理(建设)单位验收结论	监理工程师(建设单位项目技术人员)： 年 月 日			

J.0.3 钢结构（普通紧固件连接）分项工程检验批质量验收应按表 J.0.3 进行记录。

表 J.0.3 钢结构（普通紧固件连接）分项工程检验批质量验收记录

	工程名称			检验批部位	
	施工单位			项目经理	
	监理单位			总监理工程师	
	施工依据标准			分包单位负责人	
	主控项目	合格质量标准（按本规范）	施工单位检验评定记录或结果	监理（建设）单位验收记录或结果	备注
1	成品进场	第4.4.1条			
2	螺栓实物复验	第6.2.1条			
3	匹配及间距	第6.2.2条			
	一般项目	合格质量标准（按本规范）	施工单位检验评定记录或结果	监理（建设）单位验收记录或结果	备注
1	螺栓紧固	第6.2.3条			
2	外观质量	第6.2.4条			
施工单位检验评定结果	班组长： 或专业工长： 　　　　　　　年 月 日			质　检　员： 或项目技术负责人： 　　　　　　　年 月 日	
监理（建设）单位验收结论	监理工程师（建设单位项目技术人员）： 　　　　　　　　　　　　　　　年 月 日				

J.0.4 钢结构（高强度螺栓连接）分项工程检验批质量验收应按表 J.0.4 进行记录。

表 J.0.4 钢结构（高强度螺栓连接）分项工程检验批质量验收记录

工程名称			检验批部位		
施工单位			项目经理		
监理单位			总监理工程师		
施工依据标准			分包单位负责人		
主控项目	合格质量标准（按本规范）	施工单位检验评定记录或结果	监理（建设）单位验收记录或结果	备注	
1 成品进场	第 4.4.1 条				
2 扭矩系数或预拉力复验	第 4.4.2 条或第 4.4.3 条				
3 抗滑移系数试验	第 6.3.1 条				
4 终拧扭矩	第 6.3.2 条或第 6.3.3 条				
一般项目	合格质量标准（按本规范）	施工单位检验评定记录或结果	监理（建设）单位验收记录或结果	备注	
1 成品包装	第 4.4.4 条				
2 表面硬度试验	第 4.4.5 条				
3 初拧、复拧扭矩	第 6.3.4 条				
4 连接外观质量	第 6.3.5 条				
5 摩擦面外观	第 6.3.6 条				
6 扩 孔	第 6.3.7 条				
7 网架螺栓紧固	第 6.3.8 条				
施工单位检验评定结果	班 组 长： 或专业工长： 　　　　　　　年 月 日		质 检 员： 或项目技术负责人： 　　　　　　　年 月 日		
监理（建设）单位验收结论	监理工程师（建设单位项目技术人员）： 　　　　　　　　　　　　　　　年 月 日				

J.0.5 钢结构（零件及部件加工）分项工程检验批质量验收应按表 J.0.5 进行记录。

表 J.0.5 钢结构（零件及部件加工）分项工程检验批质量验收记录

工程名称		检验批部位	
施工单位		项目经理	
监理单位		总监理工程师	
施工依据标准		分包单位负责人	

	主控项目	合格质量标准（按本规范）	施工单位检验评定记录或结果	监理(建设)单位验收记录或结果	备注
1	材料进场	第4.2.1条			
2	钢材复验	第4.2.2条			
3	切面质量	第7.2.1条			
4	矫正和成型	第7.3.1条和第7.3.2条			
5	边缘加工	第7.4.1条			
6	螺栓球、焊接球加工	第7.5.1条和第7.5.2条			
7	制孔	第7.6.1条			

	一般项目	合格质量标准（按本规范）	施工单位检验评定记录或结果	监理(建设)单位验收记录或结果	备注
1	材料规格尺寸	第4.2.3条和第4.2.4条			
2	钢材表面质量	第4.2.5条			
3	切割精度	第7.2.2条或第7.2.3条			
4	矫正质量	第7.3.3条、第7.3.4条和第7.3.5条			
5	边缘加工精度	第7.4.2条			
6	螺栓球、焊接球加工精度	第7.5.3条和第7.5.4条			
7	管件加工精度	第7.5.5条			
8	制孔精度	第7.6.2条和第7.6.3条			

施工单位检验评定结果	班组长： 或专业工长： 年 月 日	质检员： 或项目技术负责人： 年 月 日
监理(建设)单位验收结论	监理工程师(建设单位项目技术人员)： 年 月 日	

J.0.6 钢结构（构件组装）分项工程检验批质量验收应按表J.0.6进行记录。

表 J.0.6 钢结构(构件组装)分项工程检验批质量验收记录

工程名称			检验批部位		
施工单位			项目经理		
监理单位			总监理工程师		
施工依据标准			分包单位负责人		
主控项目	合格质量标准（按本规范）	施工单位检验评定记录或结果	监理(建设)单位验收记录或结果	备注	
1 吊车梁(桁架)	第8.3.1条				
2 端部铣平精度	第8.4.1条				
3 外形尺寸	第8.5.1条				
一般项目	合格质量标准（按本规范）	施工单位检验评定记录或结果	监理(建设)单位验收记录或结果	备注	
1 焊接H型钢接缝	第8.2.1条				
2 焊接H型钢精度	第8.2.2条				
3 焊接组装精度	第8.3.2条				
4 顶紧接触面	第8.3.3条				
5 轴线交点错位	第8.3.4条				
6 焊缝坡口精度	第8.4.2条				
7 铣平面保护	第8.4.3条				
8 外形尺寸	第8.5.2条				
施工单位检验评定结果	班 组 长： 或专业工长： 年 月 日		质 检 员： 或项目技术负责人： 年 月 日		
监理(建设)单位验收结论	监理工程师(建设单位项目技术人员)： 年 月 日				

J.0.7 钢结构（预拼装）分项工程检验批质量验收应按表 J.0.7 进行记录。

表 J.0.7 钢结构（预拼装）分项工程检验批质量验收记录

工程名称				检验批部位		
施工单位				项目经理		
监理单位				总监理工程师		
施工依据标准				分包单位负责人		
	主控项目	合格质量标准（按本规范）	施工单位检验评定记录或结果	监理(建设)单位验收记录或结果	备注	
1	多层板叠螺栓孔	第9.2.1条				
	一般项目	合格质量标准（按本规范）	施工单位检验评定记录或结果	监理(建设)单位验收记录或结果	备注	
1	预拼装精度	第9.2.2条				
施工单位检验评定结果	班 组 长： 或专业工长： 年 月 日			质 检 员： 或项目技术负责人： 年 月 日		
监理(建设)单位验收结论	监理工程师(建设单位项目技术人员)： 年 月 日					

J.0.8 钢结构（单层结构安装）分项工程检验批质量验收应按表J.0.8进行记录。

表 J.0.8 钢结构(单层结构安装)分项工程检验批质量验收记录

工程名称				检验批部位		
施工单位				项目经理		
监理单位				总监理工程师		
施工依据标准				分包单位负责人		
	主控项目	合格质量标准 （按本规范）	施工单位检验评定 记录或结果		监理(建设)单位验收 记录或结果	备注
1	基础验收	第10.2.1条、 第10.2.2条、 第10.2.3条、 第10.2.4条				
2	构件验收	第10.3.1条				
3	顶紧接触面	第10.3.2条				
4	垂直度和侧弯曲	第10.3.3条				
5	主体结构尺寸	第10.3.4条				
	一般项目	合格质量标准 （按本规范）	施工单位检验评定 记录或结果		监理(建设)单位验收 记录或结果	备注
1	地脚螺栓精度	第10.2.5条				
2	标记	第10.3.5条				
3	桁架、梁安装精度	第10.3.6条				
4	钢柱安装精度	第10.3.7条				
5	吊车梁安装精度	第10.3.8条				
6	檩条等安装精度	第10.3.9条				
7	平台等安装精度	第10.3.10条				
8	现场组对精度	第10.3.11条				
9	结构表面	第10.3.12条				
施工单位检验 评定结果	班 组 长： 或专业工长： 　　　　　　　年 月 日			质 检 员： 或项目技术负责人： 　　　　　　　年 月 日		
监理(建设)单位 验收结论	监理工程师(建设单位项目技术人员)： 　　　　　　　年 月 日					

J.0.9 钢结构（多层及高层结构安装）分项工程检验批质量验收应按表 J.0.9 进行记录。

表 J.0.9 钢结构(多层及高层结构安装)分项工程检验批质量验收记录

工程名称				检验批部位		
施工单位				项目经理		
监理单位				总监理工程师		
施工依据标准				分包单位负责人		
	主控项目	合格质量标准（按本规范）	施工单位检验评定记录或结果	监理(建设)单位验收记录或结果		备注
1	基础验收	第11.2.1条、第11.2.2条、第11.2.3条、第11.2.4条				
2	构件验收	第11.3.1条				
3	钢柱安装精度	第11.3.2条				
4	顶紧接触面	第11.3.3条				
5	垂直度和侧弯曲	第11.3.4条				
6	主体结构尺寸	第11.3.5条				
	一般项目	合格质量标准（按本规范）	施工单位检验评定记录或结果	监理(建设)单位验收记录或结果		备注
1	地脚螺栓精度	第11.2.5条				
2	标记	第11.3.7条				
3	构件安装精度	第11.3.8条、第11.3.10条				
4	主体结构高度	第11.3.9条				
5	吊车梁安装精度	第11.3.11条				
6	檩条等安装精度	第11.3.12条				
7	平台等安装精度	第11.3.13条				
8	现场组对精度	第11.3.14条				
9	结构表面	第11.3.6条				
施工单位检验评定结果		班 组 长：或专业工长： 年 月 日			质 检 员：或项目技术负责人： 年 月 日	
监理(建设)单位验收结论		监理工程师(建设单位项目技术人员)： 年 月 日				

J.0.10 钢结构（网架结构安装）分项工程检验批质量验收应按表 J.0.10 进行记录。

表 J.0.10　　钢结构（网架结构安装）分项工程检验批质量验收记录

工程名称			检验批部位	
施工单位			项目经理	
监理单位			总监理工程师	
施工依据标准			分包单位负责人	

	主控项目	合格质量标准 （按本规范）	施工单位检验评定 记录或结果	监理（建设）单位验 收记录或结果	备注
1	焊接球	第4.5.1条、 第4.5.2条			
2	螺栓球	第4.6.1条、 第4.6.2条			
3	封板、锥头、套筒	第4.7.1条、 第4.7.2条			
4	橡胶垫	第4.10.1条			
5	基础验收	第12.2.1条、 第12.2.2条			
6	支座	第12.2.3条、 第12.2.4条			
7	拼装精度	第12.3.1条、 第12.3.2条			
8	节点承载力试验	第12.3.3条			
9	结构挠度	第12.3.4条			
	一般项目	合格质量标准 （按本规范）	施工单位检验评定 记录或结果	监理（建设）单位验 收记录或结果	备注
1	焊接球精度	第4.5.3条、 第4.5.4条			
2	螺栓球精度	第4.6.4条			
3	螺栓球螺纹精度	第4.6.3条			
4	锚栓精度	第12.2.5条			
5	结构表面	第12.3.5条			
6	安装精度	第12.3.6条			

施工单位检验 评定结果	班组长： 或专业工长： 年　月　日	质　检　员： 或项目技术负责人： 年　月　日
监理（建设）单位 验收结论	监理工程师（建设单位项目技术人员）： 年　月　日	

J.0.11 钢结构（压型金属板）分项工程检验批质量验收应按表J.0.11进行记录。

表 J.0.11 钢结构(压型金属板)分项工程检验批质量验收记录

工程名称			检验批部位	
施工单位			项目经理	
监理单位			总监理工程师	
施工依据标准			分包单位负责人	

	主控项目	合格质量标准（按本规范）	施工单位检验评定记录或结果	监理(建设)单位验收记录或结果	备注
1	压型金属板进场	第4.8.1条 第4.8.2条			
2	基板裂纹	第13.2.1条			
3	涂层缺陷	第13.2.2条			
4	现场安装	第13.3.1条			
5	搭接	第13.3.2条			
6	端部锚固	第13.3.3条			

	一般项目	合格质量标准（按本规范）	施工单位检验评定记录或结果	监理(建设)单位验收记录或结果	备注
1	压型金属板精度	第4.8.3条			
2	轧制精度	第13.2.3条 第13.2.5条			
3	表面质量	第13.2.4条			
4	安装质量	第13.3.4条			
5	安装精度	第13.3.5条			

施工单位检验评定结果	班组长： 或专业工长： 年 月 日	质 检 员： 或项目技术负责人： 年 月 日

监理(建设)单位验收结论	监理工程师(建设单位项目技术人员)： 年 月 日

J.0.12 钢结构（防腐涂料涂装）分项工程检验批质量验收应按表 J.0.12 进行记录。

表 J.0.12　钢结构(防腐涂料涂装)分项工程检验批质量验收记录

工程名称			检验批部位		
施工单位			项目经理		
监理单位			总监理工程师		
施工依据标准			分包单位负责人		
主控项目		合格质量标准 （按本规范）	施工单位检验评定 记录或结果	监理(建设)单位验收 记录或结果	备注
1	产品进场	第 4.9.1 条			
2	表面处理	第 14.2.1 条			
3	涂层厚度	第 14.2.2 条			
一般项目		合格质量标准 （按本规范）	施工单位检验评定 记录或结果	监理(建设)单位验收 记录或结果	备注
1	产品进场	第 4.9.3 条			
2	表面质量	第 14.2.3 条			
3	附着力测试	第 14.2.4 条			
4	标志	第 14.2.5 条			
施工单位检验 评定结果	班　组　长： 或专业工长： 　　　　　　年　月　日		质　检　员： 或项目技术负责人： 　　　　　　年　月　日		
监理(建设) 单位验收 结论	监理工程师(建设单位项目技术人员)： 　　　　　　年　月　日				

J.0.13 钢结构(防火涂料涂装)分项工程检验批质量验收应按表 J.0.13 进行记录。

表 J.0.13 钢结构(防火涂料涂装)分项工程检验批质量验收记录

工程名称			检验批部位		
施工单位			项目经理		
监理单位			总监理工程师		
施工依据标准			分包单位负责人		
主控项目	合格质量标准（按本规范）	施工单位检验评定记录或结果	监理(建设)单位验收记录或结果		备注
1 产品进场	第4.9.2条				
2 涂装基层验收	第14.3.1条				
3 强度试验	第14.3.2条				
4 涂层厚度	第14.3.3条				
5 表面裂纹	第14.3.4条				
一般项目	合格质量标准（按本规范）	施工单位检验评定记录或结果	监理(建设)单位验收记录或结果		备注
1 产品进场	第4.9.3条				
2 基层表面	第14.3.5条				
3 涂层表面质量	第14.3.6条				

施工单位检验评定结果	班 组 长： 或专业工长： 　　　　　　年 月 日	质 检 员： 或项目技术负责人： 　　　　　　年 月 日
监理(建设)单位验收结论	监理工程师(建设单位项目技术人员)： 　　　　　　　　　　　　　　　　　　　年 月 日	

本规范用词说明

1 为便于在执行本规范条文时区别对待，对要求严格程度不同的用词，说明如下：

1）表示很严格，非这样做不可的用词：

正面词采用"必须"，反面词采用"严禁"。

2）表示严格，在正常情况下均应这样做的用词：

正面词采用"应"，反面词采用"不应"或"不得"。

3）表示允许稍有选择，在条件许可时，首先应这样做的用词：

正面词采用"宜"，反面词采用"不宜"。

表示有选择，在一定条件下可以这样做的用词，采用"可"。

2 本规范中指明应按其他有关标准、规范执行的写法为"应符合……要求或规定"或"应按……执行"。

中华人民共和国国家标准

钢结构工程施工质量验收规范

GB 50205—2001

条文说明

目次

1 总则 ·· 890
2 术语、符号 ·· 890
  2.1 术语 ··· 890
  2.2 符号 ··· 890
3 基本规定 ·· 890
4 原材料及成品进场 ··· 892
  4.1 一般规定 ·· 892
  4.2 钢材 ··· 892
  4.3 焊接材料 ·· 893
  4.4 连接用紧固标准件 ·· 893
  4.5 焊接球 ·· 894
  4.6 螺栓球 ·· 894
  4.7 封板、锥头和套筒 ·· 894
  4.8 金属压型板 ··· 894
  4.9 涂装材料 ·· 894
  4.10 其他 ·· 894
5 钢结构焊接工程 ··· 894
  5.1 一般规定 ·· 894
  5.2 钢构件焊接工程 ··· 895
  5.3 焊钉（栓钉）焊接工程 ·· 896
6 紧固件连接工程 ··· 897
  6.2 普通紧固件连接 ··· 897
  6.3 高强度螺栓连接 ··· 897
7 钢零件及钢部件加工工程 ·· 898
  7.2 切割 ··· 898
  7.3 矫正和成型 ··· 898
  7.4 边缘加工 ·· 898
  7.5 管、球加工 ··· 898
  7.6 制孔 ··· 899
8 钢构件组装工程 ··· 899
  8.2 焊接 H 型钢 ·· 899
  8.3 组装 ··· 899
  8.5 钢构件外形尺寸 ··· 899
9 钢构件预拼装工程 ··· 900
  9.1 一般规定 ·· 900
  9.2 预拼装 ·· 900

10	单层钢结构安装工程	900
	10.2 基础和支承面	900
	10.3 安装和校正	900
11	多层及高层钢结构安装工程	901
	11.1 一般规定	901
12	钢网架结构安装工程	901
	12.2 支承面顶板和支承垫块	901
	12.3 总拼与安装	901
13	压型金属板工程	901
	13.2 压型金属板制作	901
	13.3 压型金属板安装	902
14	钢结构涂装工程	902
	14.1 一般规定	902
	14.2 钢结构防腐涂料涂装	902

1 总 则

1.0.1 本条是依据编制《建筑工程施工质量验收统一标准》GB 50300和建筑工程质量验收规范系列标准的宗旨，贯彻"验评分离，强化验收，完善手段，过程控制"十六字改革方针，将原来的《钢结构工程施工及验收规范》GB 50205—95 与《钢结构工程质量检验评定标准》GB 50221—95 修改合并成新的《钢结构工程施工质量验收规范》，以此统一钢结构工程施工质量的验收方法、程序和指标。

1.0.2 本规范的适用范围含建筑工程中的单层、多层、高层钢结构及钢网架、金属压型板等钢结构工程施工质量验收。组合结构、地下结构中的钢结构可参照本规范进行施工质量验收。对于其他行业标准没有包括的钢结构构筑物，如通廊、照明塔架、管道支架、跨线过桥等也可参照本规范进行施工质量验收。

1.0.3 钢结构图纸是钢结构工程施工的重要文件，是钢结构工程施工质量验收的基本依据；在市场经济中，工程承包合同中有关工程质量的要求具有法律效应，因此合同文件中有关工程质量的约定也是验收的依据之一，但合同文件的规定只能高于本规范的规定，本规范的规定是对施工质量最低和最基本的要求。

1.0.4 现行国家标准《建筑工程施工质量验收统一标准》GB 50300对工程质量验收的划分、验收的方法、验收的程序及组织都提出了原则性的规定，本规范对此不再重复，因此本规范强调在执行时必须与现行国家标准《建筑工程施工质量验收统一标准》GB 50300配套使用。

1.0.5 根据标准编写及标准间关系的有关规定，本规范总则中应反映其他相关标准、规范的作用。

2 术语、符号

2.1 术 语

本规范给出了11个有关钢结构工程施工质量验收方面的特定术语，再加上现行国家标准《建筑工程施工质量验收统一标准》GB 50300 中给出了18个术语，以上术语都是从钢结构工程施工质量验收的角度赋予其涵义的，但涵义不一定是术语的定义。本规范给出了相应的推荐性英文术语，该英文术语不一定是国际上的标准术语，仅供参考。

2.2 符 号

本规范给出了20个符号，并对每一个符号给出了定义，这些符号都是本规范各章节中所引用的。

3 基 本 规 定

3.0.1 本条是对从事钢结构工程的施工企业进行资质和质量管理内容进行检查验收，强调市场准入制度，属于新增加的管理方面的要求。

现行国家标准《建筑工程施工质量验收统一标准》GB 50300 中表 A.0.1 的检查内容比较细，针对钢结构工程可以进行简化，特别是对已通过 ISO—9000 族论证的企业，检查项目可以减少。对常规钢结构工程来讲，GB 50300 表 A.0.1 中检查内容主要含：质量管理制度和质量检验制度、施工技术企业标准、专业技术管理和专业工种岗位证书、施工资质和分包方资质、施工组织设计（施工方案）、检验仪器设备及计量设备等。

3.0.2 钢结构工程施工质量验收所使用的计量器具必须是根据计量法规定的、定期计量检验意义上的合格，且保证在检定有效期内使用。

不同计量器具有不同的使用要求，同一计量器具在不同使用状况下，测量精度不同，因此，本规范要求严格按有关规定正确操作计量器具。

3.0.4 根据现行国家标准《建筑工程施工质量验收统一标准》GB 50300 的规定，钢结构工程施工质量的验收，是在施工单位自检合格的基础上，按照检验批、分项工程、分部（子分部）工程进行。一般来说，钢结构作为主体结构，属于分部工程，对大型钢结构工程可按空间刚度单元划分为若干个子分部工程；当主体结构中同时含钢筋混凝土结构、砌体结构等时，钢结构就属于子分部工程；钢结构分项工程是按照主要工种、材料、施工工艺等进行划分，本规范将钢结构工程划分为 10 个分项工程，每个分项工程单独成章；将分项工程划分成检验批进行验收，有助于及时纠正施工中出现的质量问题，确保工程质量，也符合施工实际需要。钢结构分项工程检验批划分遵循以下原则：

1 单层钢结构按变形缝划分；

2 多层及高层钢结构按楼层或施工段划分；

3 压型金属板工程可按屋面、墙板、楼面等划分；

4 对于原材料及成品进场时的验收，可以根据工程规模及进料实际情况合并或分解检验批；

本规范强调检验批的验收是最小的验收单元，也是最重要和基本的验收工作内容，分项工程、（子）分部工程乃至于单位工程的验收，都是建立在检验批验收合格的基础之上的。

3.0.5 检验批的合格质量主要取决于对主控项目和一般项目的检验结果。主控项目是对检验批的基本质量起决定性影响的检验项目，因此必须全部符合本规范的规定，这意味着主控项目不允许有不符合要求的检验结果，即这种项目的检查具有否决权。一般项目是指对施工质量不起决定性作用的检验项目。本条中 80% 的规定是参照原验评标准及工程实际情况确定的。考虑到钢结构对缺陷的敏感性，本条对一般偏差项目设定了一个 1.2 倍偏差限值的门槛值。

3.0.6 分项工程的验收在检验批的基础上进行，一般情况下，两者具有相同或相近的性质，只是批量的大小不同而已，因此将有关的检验批汇集便构成分项工程的验收。分项工程合格质量的条件相对简单，只要构成分项工程的各检验批的验收资料文件完整，并且均已验收合格，则分项工程验收合格。

3.0.7 本条给出了当质量不符合要求时的处理办法。一般情况下，不符合要求的现象在最基层的验收单元——检验批时就应发现并及时处理，否则将影响后续检验批和相关的分项工程、（子）分部工程的验收。因此，所有质量隐患必须尽快消灭在萌芽状态，这也是本规范以强化验收促进过程控制原则的体现。非正常情况的处理分以下四种情况：

第一种情况：在检验批验收时，其主控项目或一般项目不能满足本规范的规定时，应及时进行处理。其中，严重的缺陷应返工重做或更换构件；一般的缺陷通过翻修、返工予以解决。应允许施工单位在采取相应的措施后重新验收，如能够符合本规范的规定，则应认为该检验批合格。

第二种情况：当个别检验批发现试件强度、原材料质量等不能满足要求或发生裂纹、变形等问题，且缺陷程度比较严重或验收各方对质量看法有较大分歧而难以通过协商解决时，应请具有资质的法定检测单位检测，并给出检测结论。当检测结果能够达到设计要求时，该检验批可通过验收。

第三种情况：如经检测鉴定达不到设计要求，但经原设计单位核算，仍能满足结构安全和使用功能的情况，该检验批可予验收。一般情况下，规范标准给出的是满足安全和功能的最低限度要求，而设计一般在此基础上留有一些裕量。不满足设计要求和符合相应规范标准的要求，两者并不矛盾。

第四种情况：更为严重的缺陷或者超过检验批的更大范围内的缺陷，可能影响结构的安全性和使用功能。在经法定检测单位检测鉴定以后，仍达不到规范标准的相应要求，即不能满足最低限度的安全储备和使用功能，则必须按一定的技术方案进行加固处理，使之能保证其满足安全使用的基本要求，但已造成了一些永久性的缺陷，如改变了结构外形尺寸，影响了一些次要的使用功能等。为避免更大的损失，在基本上不影响安全和主要使用功能条件下可采取按处理技术方案和协商文件再进行验收，降级使用。但不能作为轻视质量而回避责任的一种出路，这是应该特别注意的。

3.0.8 本条针对的是钢结构分部（子分部）工程的竣工验收。

4 原材料及成品进场

4.1 一 般 规 定

4.1.1 给出本章的适用范围，并首次提出"进入钢结构各分项工程实施现场的"这样的前提，从而明确对主要材料、零件和部件、成品件和标准件等产品进行层层把关的指导思想。

4.1.2 对适用于进场验收的验收批作出统一的划分规定，理论上可行，但实际操作上确有困难，故本条只说"原则上"。这样就为具体实施单位赋予了较大的自由度，他们可以根据不同的实际情况，灵活处理。

4.2 钢 材

4.2.1 近些年，钢铸件在钢结构（特别是大跨度空间钢结构）中的应用逐渐增加，故对其规格和质量提出明确规定是完全必要的。另外，各国进口钢材标准不尽相同，所以规定对进口钢材应按设计和合同规定的标准验收。本条为强制性条文。

4.2.2 在工程实际中，对于哪些钢材需要复验，不是太明确，本条规定了 6 种情况应进行复验，且应是见证取样、送样的试验项目。

1 对国外进口的钢材,应进行抽样复验;当具有国家进出口质量检验部门的复验商检报告时,可以不再进行复验。

2 由于钢材经过转运、调剂等方式供应到用户后容易产生混炉号,而钢材是按炉号和批号发材质合格证,因此对于混批的钢材应进行复验。

3 厚钢板存在各向异性(X、Y、Z三个方向的屈服点、抗拉强度、伸长率、冷弯、冲击值等各指标,以Z向试验最差,尤其是塑料和冲击功值),因此当板厚等于或大于40mm,且承受沿板厚方向拉力时,应进行复验。

4 对大跨度钢结构来说,弦杆或梁用钢板为主要受力构件,应进行复验。

5 当设计提出对钢材的复验要求时,应进行复验。

6 对质量有疑义主要是指:
　　1) 对质量证明文件有疑义时的钢材;
　　2) 质量证明文件不全的钢材;
　　3) 质量证明书中的项目少于设计要求的钢材。

4.2.3~4.2.4 钢板的厚度、型钢的规格尺寸是影响承载力的主要因素,进场验收时重点抽查钢板厚度和型钢规格尺寸是必要的。

4.2.5 由于许多钢材基本上是露天堆放,受风吹雨淋和污染空气的侵蚀,钢材表面会出现麻点和片状锈蚀,严重者不得使用,因此对钢材表面缺陷作了本条的规定。

4.3 焊 接 材 料

4.3.1 焊接材料对焊接质量的影响重大,因此,钢结构工程中所采用的焊接材料应按设计要求选用,同时产品应符合相应的国家现行标准要求。本条为强制性条文。

4.3.2 由于不同的生产批号质量往往存在一定的差异,本条对用于重要的钢结构工程的焊接材料的复验作出了明确规定。该复验应为见证取样、送样检验项目。本条中"重要"是指:

1 建筑结构安全等级为一级的一、二级焊缝。

2 建筑结构安全等级为二级的一级焊缝。

3 大跨度结构中一级焊缝。

4 重级工作制吊车梁结构中一级焊缝。

5 设计要求。

4.3.4 焊条、焊剂保管不当,容易受潮,不仅影响操作的工艺性能,而且会对接头的理化性能造成不利影响。对于外观不符合要求的焊接材料,不应在工程中采用。

4.4 连接用紧固标准件

4.4.1~4.4.3 高强度大六角头螺栓连接副的扭矩系数和扭剪型高强度螺栓连接副的紧固轴力(预拉力)是影响高强度螺栓连接质量最主要的因素,也是施工的重要依据,因此要求生产厂家在出厂前要进行检验,且出具检验报告,施工单位应在使用前及产品质量保证期内及时复验,该复验应为见证取样、送样检验项目。4.4.1条为强制性条文。

4.4.4 高强度螺栓连接副的生产厂家是按出厂批号包装供货和提供产品质量证明书的,在储存、运输、施工过程中,应严格按批号存放、使用。不同批号的螺栓、螺母、垫圈不得混杂使用。高强度螺栓连接副的表面经特殊处理。在使用前尽可能地保持其出厂状态，以免扭矩系数或紧固轴力（预拉力）发生变化。

4.4.5 螺栓球节点钢网架结构中高强度螺栓，其抗拉强度是影响节点承载力的主要因素，表面硬度与其强度存在着一定的内在关系，是通过控制硬度，来保证螺栓的质量。

4.5 焊 接 球

4.5.1～4.5.4 本节是指将焊接空心球作为产品看待，在进场时所进行的验收项目。焊接球焊缝检验应按照国家现行标准《焊接球节点钢网架焊缝超声波探伤方法及质量分级法》JBJ/T 3034.1 执行。

4.6 螺 栓 球

4.6.1～4.6.4 本节是指将螺栓球节点作为产品看待，在进场时所进行的验收项目。在实际工程中，螺栓球节点本身的质量问题比较严重，特别是表面裂纹比较普遍，因此检查螺栓球表面裂纹是本节的重点。

4.7 封板、锥头和套筒

4.7.1、4.7.2 本节将螺栓球节点钢网架中的封板、锥头、套筒视为产品，在进场时所进行的验收项目。

4.8 金属压型板

4.8.1～4.8.3 本节将金属压型板系列产品看作成品，金属压型板包括单层压型金属板、保温板、扣板等屋面、墙面围护板材及零配件。这些产品在进场时，均应按本节要求进行验收。

4.9 涂 装 材 料

4.9.1～4.9.3 涂料的进场验收除检查资料文件外，还要开桶抽查。开桶抽查除检查涂料结皮、结块、凝胶等现象外，还要与质量证明文件对照涂料的型号、名称、颜色及有效期等。

4.10 其 他

钢结构工程所涉及到的其他材料原则上都要通过进场验收检验。

5 钢结构焊接工程

5.1 一 般 规 定

5.1.2 钢结构焊接工程检验批的划分应符合钢结构施工检验批的检验要求。考虑不同的钢结构工程验收批其焊缝数量有较大差异，为了便于检验，可将焊接工程划分为一个或几个检验批。

5.1.3 在焊接过程中、焊缝冷却过程及以后的相当长的一段时间可能产生裂纹。普通碳素钢产生延迟裂纹的可能性很小，因此规定在焊缝冷却到环境温度后即可进行外观检查。低合金结构钢焊缝的延迟裂纹延迟时间较长，考虑到工厂存放条件、现场安装进度、工序衔接的限制以及随着时间延长，产生延迟裂纹的几率逐渐减小等因素，本规范以焊接完成24h后外观检查的结果作为验收的依据。

5.1.4 本条规定的目的是为了加强焊工施焊质量的动态管理，同时使钢结构工程焊接质量的现场管理更加直观。

5.2 钢构件焊接工程

5.2.1 焊接材料对钢结构焊接工程的质量有重大影响。其选用必须符合设计文件和国家现行标准的要求。对于进场时经验收合格的焊接材料，产品的生产日期、保存状态、使用烘焙等也直接影响焊接质量。本条即规定了焊条的选用和使用要求，尤其强调了烘焙状态，这是保证焊接质量的必要手段。

5.2.2 在国家经济建设中，特殊技能操作人员发挥着重要的作用。在钢结构工程施工焊接中，焊工是特殊工种，焊工的操作技能和资格对工程质量起到保证作用，必须充分予以重视。本条所指的焊工包括手工操作焊工、机械操作焊工。从事钢结构工程焊接施工的焊工，应根据所从事钢结构焊接工程的具体类型，按国家现行行业标准《建筑钢结构焊接技术规程》JGJ 81等技术规程的要求对施焊焊工进行考试并取得相应证书。

5.2.3 由于钢结构工程中的焊接节点和焊接接头不可能进行现场实物取样检验，而探伤仅能确定焊缝的几何缺陷，无法确定接头的理化性能。为保证工程焊接质量，必须在构件制作和结构安装施工焊接前进行焊接工艺评定，并根据焊接工艺评定的结果制定相应的施工焊接工艺规范。本条规定了施工企业必须进行工艺评定的条件，施工单位应根据所承担钢结构的类型，按国家现行行业标准《建筑钢结构焊接技术规程》JGJ 81等技术规程中的具体规定进行相应的工艺评定。

5.2.4 根据结构的承载情况不同，现行国家标准《钢结构设计规范》GBJ 17中将焊缝的质量为分三个质量等级。内部缺陷的检测一般可用超声波探伤和射线探伤。射线探伤具有直观性、一致性好的优点，过去人们觉得射线探伤可靠、客观。但是射线探伤成本高、操作程序复杂、检测周期长，尤其是钢结构中大多为T形接头和角接头，射线检测的效果差，且射线探伤对裂纹、未熔合等危害性缺陷的检出率低。超声波探伤则正好相反，操作程序简单、快速，对各种接头形式的适应性好，对裂纹、未熔合的检测灵敏度高，因此世界上很多国家对钢结构内部质量的控制采用超声波探伤，一般已不采用射线探伤。

随着大型空间结构应用的不断增加，对于薄壁大曲率T、K、Y形相贯接头焊缝探伤，国家现行行业标准《建筑钢结构焊接技术规程》JGJ 81中给出了相应的超声波探伤方法和缺陷分级。网架结构焊缝探伤应按现行国家标准《焊接球节点钢网架焊缝超声波探伤方法及质量分级法》JBJ/T 3034.1和《螺栓球节点钢网架焊缝超声波探伤方法及质量分级法》JBJ/T 3034.2的规定执行。

本规范规定要求全焊透的一级焊缝100%检验，二级焊缝的局部检验定为抽样检验。钢结构制作一般较长，对每条焊缝按规定的百分比进行探伤，且每处不小于200mm的规定，对保证每条焊缝质量是有利的。但钢结构安装焊缝一般都不长，大部分焊缝为梁—柱连接焊缝，每条焊缝的长度大多在250～300mm之间，采用焊缝条数计数抽样检测是可行的。

5.2.5 对T形、十字形、角接接头等要求焊透的对接与角接组合焊缝，为减小应力集中，同时避免过大的焊脚尺寸，参照国内外相关规范的规定，确定了对静载结构和动载结构的不同焊脚尺寸的要求。

5.2.6 考虑不同质量等级的焊缝承载要求不同，凡是严重影响焊缝承载能力的缺陷都是严禁的，本条对严重影响焊缝承载能力的外观质量要求列入主控项目，并给出了外观合格质量要求。由于一、二级焊缝的重要性，对表面气孔、夹渣、弧坑裂纹、电弧擦伤应有特定不允许存在的要求，咬边、未焊满、根部收缩等缺陷对动载影响很大，故一级焊缝不得存在该类缺陷。

5.2.7 焊接预热可降低热影响区冷却速度，对防止焊接延迟裂纹的产生有重要作用，是各国施工焊接规范关注的重点。由于我国有关钢材焊接性试验基础工作不够系统，还没有条件就焊接预热温度的确定方法提出相应的计算公式或图表，目前大多通过工艺试验确定预热温度。必须与预热温度同时规定的是该温度区距离施焊部分各方向的范围，该温度范围越大，焊接热影响区冷却速度越小，反之则冷却速度越大。同样的预热温度要求，如果温度范围不确定，其预热的效果相差很大。

焊缝后热处理主要是对焊缝进行脱氢处理，以防止冷裂纹的产生，后热处理的时机和保温时间直接影响后热处理的效果，因此应在焊后立即进行，并按板厚适当增加处理时间。

5.2.8、5.2.9 焊接时容易出现的如未焊满、咬边、电弧擦伤等缺陷对动载结构是严禁的，在二、三级焊缝中应限制在一定范围内。对接焊缝的余高、错边，部分焊透的对接与角接组合焊缝及角焊缝的焊脚尺寸、余高等外形尺寸偏差也会影响钢结构的承载能力，必须加以限制。

5.2.10 为了减少应力集中，提高接头承受疲劳载荷的能力，部分角焊缝将焊缝表面焊接或加工为凹型。这类接头必须注意焊缝与母材之间的圆滑过渡。同时，在确定焊缝计算厚度时，应考虑焊缝外形尺寸的影响。

5.3 焊钉（栓钉）焊接工程

5.3.1 由于钢材的成分和焊钉的焊接质量有直接影响，因此必须按实际施工采用的钢材与焊钉匹配进行焊接工艺评定试验。瓷环在受潮或产品要求烘干时应按要求进行烘干，以保证焊接接头的质量。

5.3.2 焊钉焊后弯曲检验可用打弯的方法进行。焊钉可采用专用的栓钉焊接或其他电弧焊方法进行焊接。不同的焊接方法接头的外观质量要求不同。本条规定是针对采用专用的栓钉焊机所焊接头的外观质量要求。对采用其他电弧焊所焊的焊钉接头，可按角焊缝的外观质量和外形尺寸要求进行检查。

6 紧固件连接工程

6.2 普通紧固件连接

6.2.1 本条是对进场螺栓实物进行复验。其中有疑义是指不满足本规范4.4.1条的规定，没有质量证明书（出厂合格证）等质量证明文件。

6.2.5 射钉宜采用观察检查。若用小锤敲击时，应从射钉侧面或正面敲击。

6.3 高强度螺栓连接

6.3.1 抗滑移系数是高强度螺栓连接的主要设计参数之一，直接影响构件的承载力，因此构件摩擦面无论由制造厂处理还是由现场处理，均应对抗滑移系数进行测试，测得的抗滑移系数最小值应符合设计要求。本条是强制性条文。

在安装现场局部采用砂轮打磨摩擦面时，打磨范围不小于螺栓孔径的4倍，打磨方向应与构件受力方向垂直。

除设计上采用摩擦系数小于等于0.3，并明确提出可不进行抗滑移系数试验者外，其余情况在制作时为确定摩擦面的处理方法，必须按本规范附录B要求的批量用3套同材质、同处理方法的试件，进行复验。同时并附有3套同材质、同处理方法的试件，供安装前复验。

6.3.2 高强度螺栓终拧1h时，螺栓预拉力的损失已大部分完成，在随后一两天内，损失趋于平稳，当超过一个月后，损失就会停止，但在外界环境影响下，螺栓扭矩系数将会发生变化，影响检查结果的准确性。为了统一和便于操作，本条规定检查时间同一定在1h后48h之内完成。

6.3.3 本条的构造原因是指设计原因造成空间太小无法使用专用扳手进行终拧的情况。在扭剪型高强度螺栓施工中，因安装顺序、安装方向考虑不周，或终拧时因对电动扳手使用掌握不熟练，致使终拧时尾部梅花头上的棱端部滑牙（即打滑），无法拧掉梅花头，造成终拧扭矩是未知数，对此类螺栓应控制一定比例。

6.3.4 高强度螺栓初拧、复拧的目的是为了使摩擦面能密贴，且螺栓受力均匀，对大型节点强调安装顺序是防止节点中螺栓预拉力损失不均，影响连接的刚度。

6.3.7 强行穿入螺栓会损伤丝扣，改变高强度螺栓连接副的扭矩系数，甚至连螺母都拧不上，因此强调自由穿入螺栓孔。气割扩孔很不规则，既削弱了构件的有效载面，减少了压力传力面积，还会使扩孔处钢材造成缺陷，故规定不得气割扩孔。最大扩孔量的限制也是基于构件有效载面和摩擦传力面积的考虑。

6.3.8 对于螺栓球节点网架，其刚度（挠度）往往比设计值要弱，主要原因是因为螺栓球与钢管连接的高强度螺栓紧固不牢，出现间隙、松动等未拧紧情况，当下部支撑系统拆除后，由于连接间隙、松动等原因，挠度明显加大，超过规范规定的限值。

7 钢零件及钢部件加工工程

7.2 切割

7.2.1 钢材切割面或剪切面应无裂纹、夹渣、分层和大于1mm的缺棱。这些缺陷在气割后都能较明显地暴露出来，一般观察（用放大镜）检查即可；但有特殊要求的气割面或剪切时则不然，除观察外，必要时应采用渗透、磁粉或超声波探伤检查。

7.2.2 切割中气割偏差值是根据热切割的专业标准，并结合有关截面尺寸及缺口深度的限制，提出了气割允许偏差。

7.3 矫正和成型

7.3.1 对冷矫正和冷弯曲的最低环境温度进行限制，是为了保证钢材在低温情况下受到外力时不致产出冷脆断裂。在低温下钢材受外力而脆断要比冲孔和剪切加工时而断裂更敏感，故环境温度限制较严。

7.3.3 钢材和零件在矫正过程中，矫正设备和吊运都有可能对表面产生影响。按照钢材表面缺陷的允许程度规定了划痕深度不得大于0.5mm，且深度不得大于该钢材厚度负偏差值的1/2，以保证表面质量。

7.3.4 冷矫正和冷弯曲的最小曲率半径和最大弯曲矢高的规定是根据钢材的特性、工艺的可行性以及成形后外观质量的限制而作出的。

7.3.5 对钢材矫正成型后偏差值作出了规定，除钢板的局部平面度外，其他指标在合格质量偏差和允许偏差之间有所区别，作了较严格规定。

7.4 边缘加工

7.4.1 为消除切割对主体钢材造成的冷作硬化和热影响的不利影响，使加工边缘加工达到设计规范中关于加工边缘应力取值和压杆曲线的有关要求，规定边缘加工的最小刨削量不应小于2.0mm。

7.4.2 保留了相邻两夹角和加工面垂直度的质量指标，以控制零件外形满足组装、拼装和受力的要求，加工边直线度的偏差不得与尺寸偏差叠加。

7.5 管、球加工

7.5.1 螺栓球是网架杆件互相连接的受力部件，采取热锻成型，质量容易得到保证。对锻造球，应着重检查是否有裂纹、叠痕、过烧。

7.5.2 焊接球体要求表面光滑。光面不得有裂纹、褶皱。焊缝余高在符合焊缝表面质量后，在接管处应打磨平整。

7.5.4 焊接球的质量指标，规定了直径、圆度、壁厚减薄量和两半球对口错边量。偏差值基本同国家现行行业标准《网架结构设计与施工规程》JGJ 7 的规定，但直径一项在 $\phi 300mm$ 至 $\phi 500mm$ 范围内时稍有提高，而圆度一项有所降低，这是避免控制指标突变和考虑错边量能达到的程度，并相对于大直径焊接球又控制较严，以保证接管间隙和焊接质量。

7.5.5 钢管杆件的长度、端面垂直度和管口曲线，其偏差的规定值是按照组装、焊接和网架杆件受力的要求而提出的，杆件直线度的允许偏差应符合型钢矫正弯曲矢高的规定。管口曲线用样板靠紧检查，其间隙不应大于1.0mm。

7.6 制 孔

7.6.1 为了与现行国家标准《钢结构设计规范》GBJ 17一致，保证加工质量，对A、B级螺栓孔的质量作了规定，根据现行国家标准《紧固件公差螺栓、螺钉和螺母》GB/T 3103.1规定产品等级为A、B、C三级，为了便于操作和严格控制，对螺栓孔直径10～18、18～30和30～50三个级别的偏差值直接作为条文。

条文中R_a是根据现行国家标准《表面粗糙度参数及其数值》确定的。

A、B级螺栓孔的精度偏差和孔壁表面粗糙度是指先钻小孔、组装后绞孔或铣孔应达到的质量标准。

C级螺栓孔，包括普通螺栓孔和高强度螺栓孔。

现行国家标准《钢结构设计规范》GBJ 17规定摩擦型高强度螺栓孔径比杆径大1.5～2.0mm，承压型高强度螺栓孔径比杆径大1.0～1.5mm并包括普通螺栓。

7.6.3 本条规定超差孔的处理方法。注意补焊后孔部位应修磨平整。

8 钢构件组装工程

8.2 焊接 H 型钢

8.2.1 钢板的长度和宽度有限，大多需要进行拼接，由于翼缘板与腹板相连有两条角焊缝，因此翼缘板不应再设纵向拼接缝，只允许长度拼接；而腹板则长度、宽度均可拼接，拼接缝可为"十"字形或"T"字形；翼缘板或腹板接缝应错开200mm以上，以避免焊缝交叉和焊缝缺陷的集中。

8.3 组 装

8.3.1 起拱度或下挠度均指吊车梁安装就位后的状况，因此吊车梁在工厂制作完后，要检验其起拱度或下挠与否，应与安装就位的支承状况基本相同，即将吊车梁立放并在支承点处将梁垫高一点，以便检测或消除梁自重对拱度或挠度的影响。

8.5 钢构件外形尺寸

8.5.1 根据多年工程实践，综合考虑钢结构工程施工中钢构件部分外形尺寸的质量指标，将对工程质量有决定性影响的指标，如"单层柱、梁、桁架受力支托（支承面）表面至第一个安装孔距离"等6项作为主控项目，其余指标作为一般项目。

9 钢构件预拼装工程

9.1 一般规定

9.1.3 由于受运输、起吊等条件限制，构件为了检验其制作的整体性，由设计规定或合同要求在出厂前进行工厂拼装。预拼装均在工厂支凳（平台）进行，因此对所用的支承凳或平台应测量找平，且预拼装时不应使用大锤锤击，检查时应拆除全部临时固定和拉紧装置。

9.2 预拼装

9.2.1 分段构件预拼装或构件与构件的总体预拼装，如为螺栓连接，在预拼装时，所有节点连接板均应装上，除检查各部尺寸外，还应采用试孔器检查板叠孔的通过率。本条规定了预拼装的偏差值和检验方法。

9.2.2 除壳体结构为立体预拼装，并可设卡、夹具外，其他结构一般均为平面预拼装，预拼装的构件应处于自由状态，不得强行固定；预拼装数量可按设计或合同要求执行。

10 单层钢结构安装工程

10.2 基础和支承面

10.2.1 建筑物的定位轴线与基础的标高等直接影响到钢结构的安装质量，故应给予高度重视。

10.2.3 考虑到坐浆垫板设置后不可调节的特性，所以规定其顶面标高 $0 \sim -3.0mm$。

10.3 安装和校正

10.3.1 依照全面质量管理中全过程进行质量管理的原则，钢结构安装工程质量应从原材料质量和构件质量抓起，不但要严格控制构件制作质量，而且要控制构件运输、堆放和吊装质量。采取切实可靠措施，防止构件在上述过程中变形或脱漆。如不慎构件产生变形或脱漆，应矫正或补漆后再安装。

10.3.2 顶紧面紧贴与否直接影响节点荷载传递，是非常重要的。

10.3.5 钢构件的定位标记（中心线和标高等标记），对工程竣工后正确地进行定期观测，积累工程档案资料和工程的改、扩建至关重要。

10.3.9 将立柱垂直度和弯曲矢高的允许偏差均加严到 $H/1000$，以期与现行国家标准《钢结构设计规范》GBJ 17 中柱子的计算假定吻合。

10.3.12 在钢结构安装工程中，由于构件堆放和施工现场都是露天，风吹雨淋，构件表面极易粘结泥沙、油污等脏物，不仅影响建筑物美观，而且时间长还会侵蚀涂层，造成结构锈蚀。因此，本条提出要求。

焊疤系在构件上固定工卡具的临时焊缝未清除干净以及焊工在焊缝接头处外引弧所造

成的焊疤。构件的焊疤影响美观且易积存灰尘和粘结泥沙。

11 多层及高层钢结构安装工程

11.1 一 般 规 定

11.1.3 多层及高层钢结构的柱与柱、主梁与柱的接头，一般用焊接方法连接，焊缝的收缩值以及荷载对柱的压缩变形，对建筑物的外形尺寸有一定的影响。因此，柱和主梁的制作长度要作如下考虑：柱要考虑荷载对柱的压缩变形值和接头焊缝的收缩变形值；梁要考虑焊缝的收缩变形值。

11.1.4 多层及高层钢结构每节柱的定位轴线，一定要从地面的控制轴线直接引上来。这是因为下面一节柱的柱顶位置有安装偏差，所以不得用下节柱的柱顶位置线作上节柱的定位轴线。

11.1.5 多层及高层钢结构安装中，建筑物的高度可以按相对标高控制，也可按设计标高控制，在安装前要先决定选用哪一种方法。

12 钢网架结构安装工程

12.2 支承面顶板和支承垫块

12.2.3 在对网架结构进行分析时，其杆件内力和节点变形都是根据支座节点在一定约束条件下进行计算的。而支承垫块的种类、规格、摆放位置和朝向的改变，都会对网架支座节点的约束条件产生直接的影响。

12.3 总 拼 与 安 装

12.3.4 网架结构理论计算挠度与网架结构安装后的实际挠度有一定的出入，这除了网架结构的计算模型与其实际的情况存在差异之外，还与网架结构的连接节点实际零件的加工精度、安装精度等有着极为密切的联系。对实际工程进行的试验表明，网架安装完毕后实测的数据都比理论计算值大，约5%~11%。所以，本条允许比设计值大15%是适宜的。

13 压型金属板工程

13.2 压型金属板制作

13.2.1 压型金属板的成型过程，实际上也是对基板加工性能的再次评定，必须在成型后，用肉眼和10倍放大镜检查。

13.2.2 压型金属板主要用于建筑物的维护结构，兼结构功能与建筑功能于一体，尤其对于表面有涂层时，涂层的完整与否直接影响压型金属板的使用寿命。

13.2.5 泛水板、包角板等配件，大多数处于建筑物边角部位，比较显眼，其良好的造型将加强建筑物立面效果，检查其折弯面宽度和折弯角度是保证建筑物外观质量的重要指标。

13.3 压型金属板安装

13.3.1 压型金属板与支承构件（主体结构或支架）之间，以及压型金属板相互之间的连接是通过不同类型连接件来实现的，固定可靠与否直接与连接件数量、间距、连接质量有关。需设置防水密封材料处，敷设良好才能保证板间不发生渗漏水现象。

13.3.2 压型金属板在支承构件上的可靠搭接是指压型金属板通过一定的长度与支承构件接触，且在该接触范围内有足够数量的紧固件将压型金属板与支承构件连接成为一体。

13.3.3 组合楼盖中的压型钢板是楼板的基层，在高层钢结构设计与施工规程中明确规定了支承长度和端部锚固连接要求。

14 钢结构涂装工程

14.1 一般规定

14.1.4 本条规定涂装时的温度以 5~38℃ 为宜，但这个规定只适合在室内无阳光直接照射的情况，一般来说钢材表面温度要比气温高 2~3℃。如果在阳光直接照射下，钢材表面温度能比气温高 8~12℃，涂装时漆膜的耐热性只能在 40℃ 以下，当超过 43℃ 时，钢材表面上涂装的漆膜就容易产生气泡而局部鼓起，使附着力降低。

低于 0℃ 时，在室外钢材表面涂装容易使漆膜冻结而不易固化；湿度超过 85% 时，钢材表面有露点凝结，漆膜附着力差。最佳涂装时间是当日出 3h 之后，这时附在钢材表面的露点基本干燥，日落后 3h 之内停止（室内作业不限），此时空气中的相对湿度尚未回升，钢材表面尚存的温度不会导致露点形成。

涂层在 4h 之内，漆膜表面尚未固化，容易被雨水冲坏，故规定在 4h 之内不得淋雨。

14.2 钢结构防腐涂料涂装

14.2.1 目前国内各大、中型钢结构加工企业一般都具备喷射除锈的能力，所以应将喷射除锈作为首选的除锈方法，而手工和动力工具除锈仅作为喷射除锈的补充手段。

14.2.3 实验证明，在涂装后的钢材表面施焊，焊缝的根部会出现密集气孔，影响焊缝质量。误涂后，用火焰吹烧或用焊条引弧吹烧都不能彻底清除油漆，焊缝根部仍然会有气孔产生。

14.2.4 涂层附着力是反映涂装质量的综合性指标，其测试方法简单易行，故增加该项检查以便综合评价整个涂装工程质量。

14.2.5 对于安装单位来说，构件的标志、标记和编号（对于重大构件应标注重量和起吊位置）是构件安装的重要依据，故要求全数检查。

中华人民共和国行业标准

建筑钢结构焊接技术规程

Technical specification for Welding of steel
structure of building

JGJ 81—2002

批准部门：中华人民共和国建设部
施行日期：2003年1月1日

中华人民共和国建设部
公　　告

第 62 号

建设部关于发布行业标准
《建筑钢结构焊接技术规程》的公告

现批准《建筑钢结构焊接技术规程》为行业标准，编号为 JGJ 81—2002，自 2003 年 1 月 1 日起实施。其中，第 3.0.1、4.4.2、5.1.1、7.1.5、7.3.3（1）（2）条（款）为强制性条文，必须严格执行；原行业标准《建筑钢结构焊接规程》（JGJ 81—91）同时废止。

本规程由建设部标准定额研究所组织中国建筑工业出版社出版发行。

中华人民共和国建设部
2002 年 9 月 27 日

前 言

根据建设部建标〔1999〕309号文的要求，规程编制组经广泛调查研究，认真总结实践经验，参考有关国际标准和国外先进标准，并在广泛征求意见的基础上，对《建筑钢结构焊接规程》（JGJ 81—91）进行了全面修订，制定了本规程。

本规程的主要技术内容是：1 总则；2 基本规定；3 材料；4 焊接节点构造；5 焊接工艺评定；6 焊接工艺；7 焊接质量检查；8 焊接补强与加固；9 焊工考试。

本次修订的主要技术内容是：

第一章总则，扩充了适用范围，明确了建筑钢结构板厚下限、类型和适用的焊接方法。

第二章基本规定，是新增加的内容。明确规定了建筑钢结构焊接施工难易程度区分原则、制作与安装单位资质要求、有关人员资格职责和质量保证体系等。

第三章材料，取消了常用钢材及焊条、焊丝、焊剂选配表和钢材碳当量限制，增加了钢材和焊材复验要求、焊材及气体应符合的国家标准、钢板厚度方向性能要求等。

第四章焊接节点构造，增加了不同焊接方法焊接坡口的形状和尺寸、管结构各种接头形式与坡口要求、防止板材产生层状撕裂的节点形式、构件制作与工地安装焊接节点形式、承受动载与抗震焊接节点形式以及组焊构件焊接节点的一般规定，并对焊缝的计算厚度作了修订。

第五章焊接工艺评定，对焊接工艺评定规则、试件试样的制备、试验与检验等内容进行了全面扩充，增加了焊接工艺评定的一般规定和重新进行焊接工艺评定的规定。

第六章焊接工艺，取消了各种焊接方法工艺参数参照表，增加了焊接工艺的一般规定、各种焊接方法选配焊接材料示例、焊接预热、后热及焊后消除应力要求、防止层状撕裂和控制焊接变形的工艺措施。

第七章焊接质量检查，对焊缝外观质量合格标准、不同形式焊缝外形尺寸允许偏差及无损检测要求进行了修订，增加了焊接检验批的划分规定、圆管T、K、Y节点的焊缝超声波探伤方法和缺陷分级标准以及箱形构件隔板电渣焊焊缝焊透宽度的超声波检测方法。

第八章焊接补强与加固，对钢结构的焊接与补强加固方法作了修订和补充，增加了钢结构受气相腐蚀作用时其钢材强度计算方法、负荷状态下焊缝补强与加固的规定、承受动荷载构件名义应力与钢材强度设计值之比β的规定、考虑焊接瞬时受热造成构件局部力学性能降低及采取相应安全措施的规定和焊缝强度折减系数等内容。

第九章焊工考试，修订了考试内容和分类，在焊工手工操作技能考试方面，增加了附加考试和定位焊考试。

本规程由建设部负责管理和对强制性条文的解释，由主编单位负责具体技术内容的解释。

本规程主编单位是：中冶集团建筑研究总院（地址：北京市海淀区西土城路33号，邮政编码：100088）

本规程参加单位是：中建一局钢结构工程有限公司
　　　　　　　　　宝钢股份有限公司
　　　　　　　　　重庆钢铁设计研究总院
　　　　　　　　　北京钢铁设计研究总院
　　　　　　　　　武汉钢铁集团金属结构有限责任公司
　　　　　　　　　江南重工集团有限公司
　　　　　　　　　大连重工集团有限公司
　　　　　　　　　深圳建升和钢结构建筑安装工程有限公司
　　　　　　　　　上海宝钢冶金建设公司
　　　　　　　　　中国第二十冶金建设公司钢结构制造总厂
　　　　　　　　　武钢集团武汉冶金设备制造公司
　　　　　　　　　北京双园咨询监理公司
本规程主要起草人是：周文瑛　苏　平　刘景凤　李　忠　赵熙元　吴佑明
　　　　　　　　　舒新阁　戴同钧　马天鹏　王　晖　鲍广鑑　刘绍义
　　　　　　　　　刘兴亚　王占文　戴为志　朱承业　倪富生　高校良

目 次

1 总则 ······ 909
2 基本规定 ······ 909
3 材料 ······ 910
4 焊接节点构造 ······ 911
  4.1 一般规定 ······ 911
  4.2 焊接坡口的形状和尺寸 ······ 912
  4.3 焊缝的计算厚度 ······ 925
  4.4 组焊构件焊接节点 ······ 932
  4.5 防止板材产生层状撕裂的节点形式 ······ 935
  4.6 构件制作与工地安装焊接节点形式 ······ 936
  4.7 承受动载与抗震的焊接节点形式 ······ 940
5 焊接工艺评定 ······ 941
  5.1 一般规定 ······ 941
  5.2 焊接工艺评定规则 ······ 944
  5.3 重新进行工艺评定的规定 ······ 945
  5.4 试件和检验试样的制备 ······ 946
  5.5 试件和试样的试验与检验 ······ 951
6 焊接工艺 ······ 953
  6.1 一般规定 ······ 953
  6.2 焊接预热及后热 ······ 959
  6.3 防止层状撕裂的工艺措施 ······ 960
  6.4 控制焊接变形的工艺措施 ······ 960
  6.5 焊后消除应力处理 ······ 961
  6.6 熔化焊缝缺陷返修 ······ 961
7 焊接质量检查 ······ 962
  7.1 一般规定 ······ 962
  7.2 外观检验 ······ 963
  7.3 无损检测 ······ 965
8 焊接补强与加固 ······ 965
9 焊工考试 ······ 968
  9.1 一般规定 ······ 968
  9.2 考试内容及分类 ······ 969
  9.3 手工操作技能基本考试 ······ 970
  9.4 手工操作技能附加考试 ······ 975

  9.5 手工操作技能定位焊考试 ………………………………… 978
  9.6 机械操作技能考试 ………………………………………… 979
  9.7 考试记录、复试、补考、重考、免试和证书 …………… 983
附录 A 钢板厚度方向性能级别及其含硫量、断面收缩率值 …… 984
附录 B 建筑钢结构焊接工艺评定报告格式 …………………… 984
附录 C 箱形柱(梁)内隔板电渣焊焊缝焊透宽度的测量 ……… 993
附录 D 圆管 T、K、Y 节点焊缝的超声波探伤方法及缺陷分级 …… 993
附录 E 工程建设焊工考试结果登记表、合格证格式 ………… 996
本规程用词说明 ……………………………………………………… 998
条文说明 …………………………………………………………… 1000

1 总 则

1.0.1 为在建筑钢结构焊接中贯彻执行国家的技术经济政策，做到技术先进、经济合理、安全适用、确保质量，制定本规程。

1.0.2 本规程适用于桁架或网架（壳）结构、多层和高层梁-柱框架结构等工业与民用建筑和一般构筑物的钢结构工程中，钢材厚度大于或等于3mm的碳素结构钢和低合金高强度结构钢的焊接。适用的焊接方法包括手工电弧焊、气体保护焊、自保护焊、埋弧焊、电渣焊、气电立焊、栓钉焊及相应焊接方法的组合。

1.0.3 钢结构的焊接必须遵守国家现行的安全技术和劳动保护等有关规定。

1.0.4 钢结构的焊接除应执行本规程外，尚应符合国家现行有关强制性标准的规定。

2 基 本 规 定

2.0.1 建筑钢结构工程焊接难度可分为一般、较难和难三种情况。施工单位在承担钢结构焊接工程时应具备与焊接难度相适应的技术条件。建筑钢结构工程的焊接难度可按下表区分。

表 2.0.1 建筑钢结构工程的焊接难度区分原则

焊接难度＼影响因素＼焊接难度	节点复杂程度和拘束度	板厚（mm）	受力状态	钢材碳当量[①] C_{eq}（%）
一般	简单对接、角接，焊缝能自由收缩	$t<30$	一般静载拉、压	<0.38
较难	复杂节点或已施加限制收缩变形的措施	$30\leqslant t \leqslant 80$	静载且板厚方向受拉或间接动载	0.38～0.45
难	复杂节点或局部返修条件而使焊缝不能自由收缩	$t>80$	直接动载、抗震设防烈度大于8度	>0.45

注：① 按国际焊接学会（IIW）计算公式，$C_{eq}(\%) = C + \dfrac{Mn}{6} + \dfrac{Cr+Mo+V}{5} + \dfrac{Cu+Ni}{15}$ （%）（适用于非调质钢）

2.0.2 施工图中应标明下列焊接技术要求：

1 应明确规定结构构件使用钢材和焊接材料的类型和焊缝质量等级，有特殊要求时，应标明无损探伤的类别和抽查百分比；

2 应标明钢材和焊接材料的品种、性能及相应的国家现行标准，并应对焊接方法、焊缝坡口形式和尺寸、焊后热处理要求等作出明确规定。对于重型、大型钢结构，应明确规定工厂制作单元和工地拼装焊接的位置，标注工厂制作或工地安装焊缝符号。

2.0.3 制作与安装单位承担钢结构焊接工程施工图设计时，应具有与工程结构类型相适应的设计资质等级或由原设计单位认可。

2.0.4 钢结构工程焊接制作与安装单位应具备下列条件：

1　应具有国家认可的企业资质和焊接质量管理体系；
　　2　应具有2.0.5条规定资格的焊接技术责任人员、焊接质检人员、无损探伤人员、焊工、焊接预热和后热处理人员；
　　3　对焊接技术难或较难的大型及重型钢结构、特殊钢结构工程，施工单位的焊接技术责任人员应由中、高级焊接技术人员担任；
　　4　应具备与所承担工程的焊接技术难易程度相适应的焊接方法、焊接设备、检验和试验设备；
　　5　属计量器具的仪器、仪表应在计量检定有效期内；
　　6　应具有与所承担工程的结构类型相适应的企业钢结构焊接规程、焊接作业指导书、焊接工艺评定文件等技术软件；
　　7　特殊结构或采用屈服强度等级超过390MPa的钢材、新钢种、特厚材料及焊接新工艺的钢结构工程的焊接制作与安装企业应具备焊接工艺试验室和相应的试验人员。

2.0.5　建筑钢结构焊接有关人员的资格应符合下列规定：
　　1　焊接技术责任人员应接受过专门的焊接技术培训，取得中级以上技术职称并有一年以上焊接生产或施工实践经验；
　　2　焊接质检人员应接受过专门的技术培训，有一定的焊接实践经验和技术水平，并具有质检人员上岗资质证；
　　3　无损探伤人员必须由国家授权的专业考核机构考核合格，其相应等级证书应在有效期内；并应按考核合格项目及权限从事焊缝无损检测和审核工作；
　　4　焊工应按本规程第9章的规定考试合格并取得资格证书，其施焊范围不得超越资格证书的规定；
　　5　气体火焰加热或切割操作人员应具有气割、气焊操作上岗证；
　　6　焊接预热、后热处理人员应具备相应的专业技术。用电加热设备加热时，其操作人员应经过专业培训。

2.0.6　建筑钢结构焊接有关人员的职责应符合下列规定：
　　1　焊接技术责任人员负责组织进行焊接工艺评定，编制焊接工艺方案及技术措施和焊接作业指导书或焊接工艺卡，处理施工过程中的焊接技术问题；
　　2　焊接质检人员负责对焊接作业进行全过程的检查和控制，根据设计文件要求确定焊缝检测部位、填报签发检测报告；
　　3　无损探伤人员应按设计文件或相应规范规定的探伤方法及标准，对受检部位进行探伤，填报签发检测报告；
　　4　焊工应按焊接作业指导书或工艺卡规定的工艺方法、参数和措施进行焊接，当遇到焊接准备条件、环境条件及焊接技术措施不符合焊接作业指导书要求时，应要求焊接技术责任人员采取相应整改措施，必要时应拒绝施焊；
　　5　焊接预热、后热处理人员应按焊接作业指导书及相应的操作规程进行作业。

3　材　料

3.0.1　建筑钢结构用钢材及焊接填充材料的选用应符合设计图的要求，并应具有钢厂和焊接材料厂出具的质量证明书或检验报告；其化学成分、力学性能和其他质量要求必须符合国家现行标准规定。当采用其他钢材和焊接材料替代设计选用的材料时，必须经原设计单位同意。

3.0.2 钢材的成分、性能复验应符合国家现行有关工程质量验收标准的规定；大型、重型及特殊钢结构的主要焊缝采用的焊接填充材料应按生产批号进行复验。复验应由国家技术质量监督部门认可的质量监督检测机构进行。

3.0.3 钢结构工程中选用的新材料必须经过新产品鉴定。钢材应由生产厂提供焊接性资料、指导性焊接工艺、热加工和热处理工艺参数、相应钢材的焊接接头性能数据等资料；焊接材料应由生产厂提供贮存及焊前烘焙参数规定、熔敷金属成分、性能鉴定资料及指导性施焊参数，经专家论证、评审和焊接工艺评定合格后，方可在工程中采用。

3.0.4 焊接T形、十字形、角接接头，当其翼缘板厚度等于或大于40mm时，设计宜采用抗层状撕裂的钢板。钢材的厚度方向性能级别应根据工程的结构类型、节点形式及板厚和受力状态的不同情况选择。

钢板厚度方向性能级别Z15、Z25、Z35相应的含硫量、断面收缩率应符合附录A的规定。

3.0.5 焊条应符合现行国家标准《碳钢焊条》（GB/T 5117）、《低合金钢焊条》（GB/T 5118）的规定。

3.0.6 焊丝应符合现行国家标准《熔化焊用钢丝》（GB/T 14957）、《气体保护电弧焊用碳钢、低合金钢焊丝》（GB/T 8110）及《碳钢药芯焊丝》（GB/T 10045）、《低合金钢药芯焊丝》（GB/T 17493）的规定。

3.0.7 埋弧焊用焊丝和焊剂应符合现行国家标准《埋弧焊用碳钢焊丝和焊剂》（GB/T 5293）、《低合金钢埋弧焊用焊剂》（GB/T 12470）的规定。

3.0.8 气体保护焊使用的氩气应符合现行国家标准《氩气》（GB/T 4842）的规定，其纯度不应低于99.95%。

3.0.9 气体保护焊使用的二氧化碳气体应符合国家现行标准《焊接用二氧化碳》（HG/T 2537）的规定，大型、重型及特殊钢结构工程中主要构件的重要焊接节点采用的二氧化碳气体质量应符合该标准中优等品的要求，即其二氧化碳含量（V/V）不得低于99.9%，水蒸气与乙醇总含量（m/m）不得高于0.005%，并不得检出液态水。

4 焊接节点构造

4.1 一般规定

4.1.1 钢结构焊接节点构造，应符合下列要求：
1 尽量减少焊缝的数量和尺寸；
2 焊缝的布置对称于构件截面的中和轴；
3 便于焊接操作，避免仰焊位置施焊；
4 采用刚性较小的节点形式，避免焊缝密集和双向、三向相交；
5 焊缝位置避开高应力区；
6 根据不同焊接工艺方法合理选用坡口形状和尺寸。

4.1.2 管材可采用T、K、Y及X形连接接头（图4.1.2）。

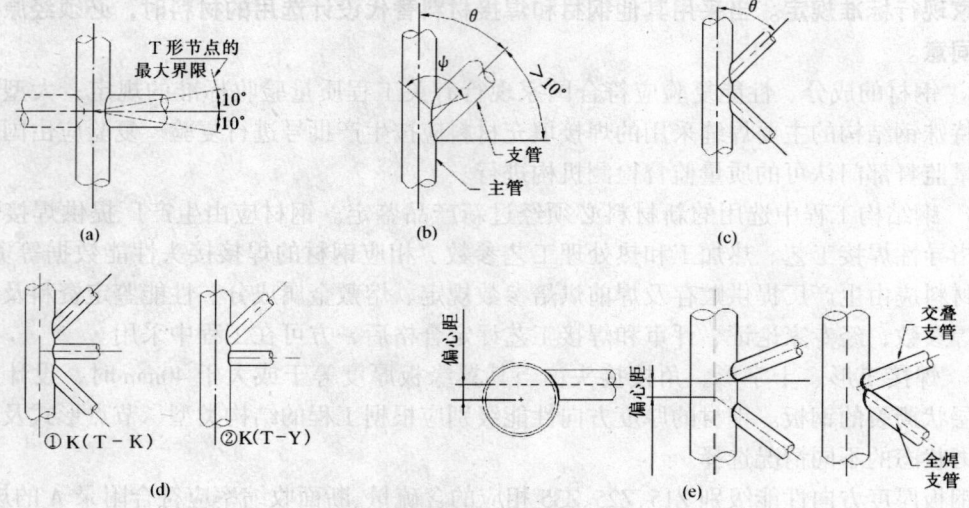

图4.1.2 管材连接接头形式示意
(a) T(X)形节点；(b) Y形节点；(c) K形节点；(d) K形复合节点；
(e) 偏离中心的连接

4.1.3 施工图中采用的焊缝符号应符合现行国家标准《焊缝符号表示方法》(GB 324)和《建筑结构制图标准》(GBJ 105)的规定，并应标明工厂车间施焊和工地安装施焊的焊缝及所有焊缝的部位、类型、长度、焊接坡口形式和尺寸、焊脚尺寸、部分焊透接头的焊透深度。

4.2 焊接坡口的形状和尺寸

4.2.1 各种焊接方法及接头坡口形状尺寸代号和标记应符合下列规定：
1. 焊接方法及焊透种类代号应符合表4.2.1-1规定；
2. 接头形式及坡口形状代号应符合表4.2.1-2规定；
3. 焊接面及垫板种类代号应符合表4.2.1-3规定；
4. 焊接位置代号应符合表4.2.1-4规定；
5. 坡口各部分尺寸代号应符合表4.2.1-5规定；

表4.2.1-1 焊接方法及焊透种类的代号

代号	焊接方法	焊透种类
MC	手工电弧焊接	完全焊透焊接
MP		部分焊透焊接
GC	气体保护电弧焊接	完全焊透焊接
GP	自保护电弧焊接	部分焊透焊接
SC	埋弧焊接	完全焊透焊接
SP		部分焊透焊接

表 4.2.1-2 接头形式及坡口形状的代号

接头形式		坡口形状	
代号	名称	代号	名　称
B	对接接头	I	I形坡口
		V	V形坡口
		X	X形坡口
U	U型坡口	L	单边V形坡口
		K	K形坡口
T	T形接头	U[①]	U形坡口
		J[①]	单边U形坡口
C	角接头	注：①—当钢板厚度≥50mm时，可采用U形或J形坡口。	

表 4.2.1-3 焊接面及垫板种类的代号

反面垫板种类		焊　接　面	
代号	使用材料	代号	焊接面规定
B_S	钢衬垫	1	单面焊接
B_F	其他材料的衬垫	2	双面焊接

表 4.2.1-4 焊接位置的代号

代号	焊接位置	代号	焊接位置
F	平焊	V	立焊
H	横焊	O	仰焊

表 4.2.1-5 坡口各部分的尺寸代号

代号	坡口各部分的尺寸
t	接缝部位的板厚（mm）
b	坡口根部间隙或部件间隙（mm）
H	坡口深度（mm）
p	坡口钝边（mm）
a	坡口角度（°）

6　焊接接头坡口形状和尺寸标记应符合下列规定：

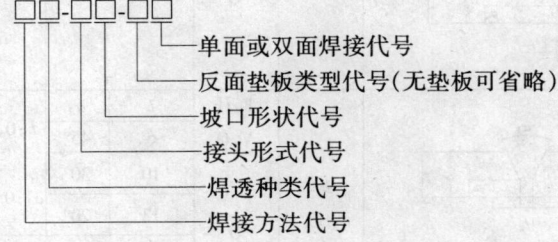

标记示例：

手工电弧焊、完全焊透、对接、I形坡口、背面加钢衬垫的单面焊接接头表示为 MC-BI-B_S1。

4.2.2 焊条手工电弧焊全焊透坡口形状和尺寸宜符合表 4.2.2 的要求。

4.2.3 气体保护焊、自保护焊全焊透坡口形状和尺寸宜符合表 4.2.3 的要求。

4.2.4 埋弧焊全焊透坡口形状和尺寸宜符合表 4.2.4 的要求。

4.2.5 焊条手工电弧焊部分焊透坡口形状和尺寸宜符合表4.2.5的要求。

4.2.6 气体保护焊、自保护焊部分焊透坡口形状和尺寸宜符合表4.2.6的要求。

4.2.7 埋弧焊部分焊透坡口形状和尺寸宜符合表4.2.7的要求。

表 4.2.2 焊条手工电弧焊全焊透坡口形状和尺寸

序号	标记	坡口形状示意图	板厚(mm)	焊接位置	坡口尺寸(mm)	允许偏差(mm) 施工图	允许偏差(mm) 实际装配	备注
1	MC-BI-2 MC-TI-2 MC-CI-2		3~6	F H V O	$b = \dfrac{t}{2}$	0, +1.5	-3, +1.5	清根
2	MC-BI-B1 MC-CI-B1		3~6	F H V O	$b = t$	0, +1.5	-1.5, +6	
3	MC-BV-2 MC-CV-2		≥6	F H V O	$b = 0 \sim 3$ $p = 0 \sim 3$ $\alpha_1 = 60°$	0, +1.5 0, +1.5 0°, +10°	-3, +1.5 不限制 -5°, +10°	清根
4	MC-BV-B1		≥6	F,H V,O	b α_1 6 45° 10 30° 13 20° $p = 0 \sim 2$	b:0, +1.5 α_1:0°, +10° 0, +1.5	-1.5, +6 -5°, +10° 0, +2	
4	MC-CV-B1		≥12	F,H V,O F,V O	b α_1 6 45° 10 30° 13 20° $p = 0 \sim 2$	b:0, +1.5 α_1:0°, +10° 0, +1.5	-1.5, +6 -5°, +10° 0, +2	

续表 4.2.2

序号	标记	坡口形状示意图	板厚(mm)	焊接位置	坡口尺寸(mm)	允许偏差(mm) 施工图	允许偏差(mm) 实际装配	备注
5	MC-BL-2		≥ 6	F H V O	$b = 0 \sim 3$	0, +1.5	-3, +1.5	清根
	MC-TL-2				$p = 0 \sim 3$	0, +1.5	0, +2	
	MC-CL-2				$\alpha_1 = 45°$	0°, +10°	-5°, +10°	
6	MC-BL-B1		≥ 6	F H V O				
	MC-TL-B1			F,H V,O (F,V,O)	b | α_1 6 | 45° (10) | (30°)	b: 0, +1.5 α_1: 0°, +10° p: 0, +1.5	-1.5, +6 -5°, +10° 0, +2	
	MC-CL-B1			F,H V,O (F,V,O)	$p = 0 \sim 2$			
7	MC-BX-2		≥ 16	F H V O	$b = 0 \sim 3$ $H_1 = \frac{2}{3}(t-p)$ $p = 0 \sim 3$ $H_2 = \frac{1}{3}(t-p)$ $\alpha_1 = 60°$ $\alpha_2 = 60°$	0, +1.5 0, +3 0, +1.5 0, +3 0°, +10° 0°, +10°	-3, +1.5 0, +3 0, +2 0, +3 -5°, +10° -5°, +10°	清根
8	MC-BK-2		≥ 16	F H V O	$b = 0 \sim 3$ $H_1 = \frac{2}{3}(t-p)$ $p = 0 \sim 3$ $H_2 = \frac{1}{3}(t-p)$ $\alpha_1 = 45°$ $\alpha_2 = 60°$	0, +1.5 0, +3 0, +1.5 0, +3 0°, +10° 0°, +10°	-3, +1.5 0, +3 0, +2 0, +3 -5°, +10° -5°, +10°	清根
	MC-TK-2							
	MC-CK-2							

表 4.2.3 气体保护焊、自保护焊全焊透坡口形状和尺寸

序号	标记	坡口形状示意图	板厚 (mm)	焊接位置	坡口尺寸 (mm)		允许偏差(mm)		备注
							施工图	实际装配	
1	GC-BI-2 GC-TI-2 GC-CI-2		3~8	F H V O	$b = 0~3$		0, +1.5	−3, +1.5	清根
2	GC-BI-B1 GC-CI-B1		6~10	F H V O	$b = t$		0, +1.5	−1.5, +6	
3	GC-BV-2 GC-CV-2		≥6	F H V O	$b = 0~3$ $p = 0~3$ $\alpha_1 = 60°$		0, +1.5 0, +1.5 0°, +10°	−3, +1.5 0, +2 −5°, +10°	清根
4	GC-BV-B1 GC-CV-B1		≥6 ≥12	F V O	b 6 10 $p = 0~2$	α_1 45° 30°	b: 0, +1.5 α_1: 0°, +10° p: 0, +1.5	−1.5, +6 −5°, +10° 0, +2	

续表 4.2.3

序号	标记	坡口形状示意图	板厚 (mm)	焊接位置	坡口尺寸 (mm)	允许偏差(mm) 施工图	允许偏差(mm) 实际装配	备注
5	GC-BL-2		≥6	F H V O	$b = 0 \sim 3$	$0, +1.5$	$-3, +1.5$	清根
	GC-TL-2				$p = 0 \sim 3$	$0, +1.5$	不限制	
	GC-CL-2				$\alpha_1 = 45°$	$0°, +10°$	$-5°, +10°$	
6	GC-BL-B1		≥6	F,H V,O (F)	b: 6 (10), α_1: 45° (30°); $p = 0 \sim 2$	$b: 0, +1.5$ $\alpha_1: 0°, +10°$ $p: 0, +1.5$	$-1.5, +6$ $-5°, +10°$ $0, +2$	
	GC-TL-B1							
	GC-CL-B1							
7	GC-BX-2		≥16	F H V O	$b = 0 \sim 3$ $H_1 = \frac{2}{3}(t-p)$ $p = 0 \sim 3$ $H_2 = \frac{1}{3}(t-p)$ $\alpha_1 = 60°$ $\alpha_2 = 60°$	$0, +1.5$ $0, +3$ $0, +1.5$ $0, +3$ $0°, +10°$ $0°, +10°$	$-3, +1.5$ $0, +3$ $0, +2$ $0, +3$ $-5°, +10°$ $-5°, +10°$	清根

续表 4.2.3

序号	标记	坡口形状示意图	板厚(mm)	焊接位置	坡口尺寸(mm)	允许偏差(mm) 施工图	允许偏差(mm) 实际装配	备注
8	GC-BK-2 GC-TK-2 GC-CK-2		≥16	F H V O	$b = 0 \sim 3$ $H_1 = \frac{2}{3}(t-p)$ $p = 0 \sim 3$ $H_2 = \frac{1}{3}(t-p)$ $\alpha_1 = 45°$ $\alpha_2 = 60°$	0, +1.5 0, +3 0, +1.5 0, +3 0°, +10° 0°, +10°	-3, +1.5 0, +3 0, +2 0, +3 -5°, +10° -5°, +10°	清根

表 4.2.4 埋弧焊全焊透坡口形状和尺寸

序号	标记	坡口形状示意图	板厚(mm)	焊接位置	坡口尺寸(mm)	允许偏差(mm) 施工图	允许偏差(mm) 实际装配	备注
1	SC-BI-2		6~12	F	$b = 0$	±0	0, +1.5	清根
	SC-TI-2							
	SC-CI-2		6~10	F				
2	SC-BI-B1				$b = t$	0, +1.5	-1.5, +6	
	SC-CI-B1		6~10	F				
3	SC-BV-2		≥12	F	$b = 0$ $H_1 = t - p$ $p = 6$ $\alpha_1 = 60°$	±0 -3, +0 0°, +10°	0, +1.5 ±1.5 -5°, +10°	清根
	SC-CV-2		≥10	F	$b = 0$ $p = 6$ $\alpha_1 = 60°$	±0 -3, +0 0°, +10°	0, +1.5 ±1.5 -5°, +10°	清根

续表 4.2.4

序号	标记	坡口形状示意图	板厚（mm）	焊接位置	坡口尺寸（mm）	允许偏差(mm) 施工图	允许偏差(mm) 实际装配	备注
4	SC-BV-B1		≥10	F	$b=8$ $H_1 = t - p$ $p = 2$ $\alpha_1 = 30°$	0, +1.5 0, +1.5 0°, +10°	-1.5, +6 ±1.5 -5°, +10°	
	SC-CV-B1							
5	SC-BL-2		≥12	F	$b=0$ $H_1 = t - p$ $p = 6$ $\alpha_1 = 55°$	±0 -3, +0 0°, +10°	0, +2 ±1.5 -5°, +10°	清根
			≥10	H				
	SC-TL-2		≥8	F	$b=0$ $H_1 = t - p$ $p = 6$ $\alpha_1 = 60°$	0 -3, +0 0°, +10°	0, +1.5 ±1.5 -5°, +10°	
	SC-CL-2		≥8	F	$b=0$ $H_1 = t - p$ $p = 6$ $\alpha_1 = 55°$	±0 -3, +0 0°, +10°	0, +2 ±1.5 -5°, +10°	清根
6	SC-BL-B1 SC-TL-B1 SC-CL-B1		≥10	F	b　　α_1 6　　45° 10　　30° $p = 2$	b:0, +1.5 α_1:0°, +10° -2, +1	-1.5, +6 -5°, +10° -2, +2	
7	SC-BX-2		≥20	F	$b = 0$ $H_1 = \frac{2}{3}(t-p)$ $p = 6$ $H_2 = \frac{1}{3}(t-p)$ $\alpha_1 = 60°$ $\alpha_2 = 60°$	0, +1.5 0, +6 0°, +10° 0°, +10°	0, +1.5 0, +6 -5°, +10° -5°, +10°	清根

续表 4.2.4

序号	标记	坡口形状示意图	板厚(mm)	焊接位置	坡口尺寸(mm)	允许偏差(mm) 施工图	允许偏差(mm) 实际装配	备注
8	SC-BK-2		≥20	F	$b=0$ $H_1=\frac{2}{3}(t-p)$ $p=5$ $H_2=\frac{1}{3}(t-p)$ $\alpha_1=55°$ $\alpha_2=60°$	±0 −3, +0 0°, +10° 0°, +10°	0, +1.5 −2, +3 −5°, +10° −5°, +10°	清根
			≥12	H				
	SC-TK-2		≥20	F	$b=0$ $H_1=\frac{2}{3}(t-p)$ $p=5$ $H_2=\frac{1}{3}(t-p)$ $\alpha_1=60°$ $\alpha_2=60°$	±0 −3, +0 0°, +10° 0°, +10°	0, +1.5 ±1.5 −5°, +10° −5°, +10°	清根
	SC-CK-2		≥20	F	$b=0$ $H_1=\frac{2}{3}(t-p)$ $p=5$ $H_2=\frac{1}{3}(t-p)$ $\alpha_1=55°$ $\alpha_2=60°$	±0 −3, +0 0°, +10° 0°, +10°	0, +1.5 −2, +2 −5°, +10° −5°, +10°	清根

表 4.2.5 焊条手工电弧焊部分焊透坡口形状和尺寸

序号	标记	坡口形状示意图	板厚(mm)	焊接位置	坡口尺寸(mm)	允许偏差(mm) 详图	允许偏差(mm) 装配	备注
1	MP-BI-1 MP-CI-1		3~6	F H V O	$b=0$	0, +1.5	0, +1.5	
2	MP-BI-2		3~6	F H V O	$b=0$	0, +1.5	0, +1.5	
	MP-CI-2		6~10	F H V O	$b=0$	0, +1.5	0, +3	

续表 4.2.5

序号	标记	坡口形状示意图	板厚 (mm)	焊接位置	坡口尺寸 (mm)	允许偏差(mm) 详图	允许偏差(mm) 装配	备注
3	MP-BV-1		≥6	F H V O	$b = 0$ $H_1 \geq 2\sqrt{t}$ $p = t - H_1$ $\alpha_1 = 60°$	0, +1.5 0, +3 0°, +10°	0, +3 0, +3 −5°, +10°	
	MP-BV-2							
	MP-CV-1							
	MP-CV-2							
4	MP-BL-1		≥6	F H V O	$b = 0$ $H_1 \geq 2\sqrt{t}$ $p = t - H_1$ $\alpha_1 = 45°$	0, +1.5 0, +3 0°, +10°	0, +3 0, +3 −5°, +10°	
	MP-BL-2							
	MP-CL-1							
	MP-CL-2							
5	MP-TL-1		≥10	F H V O	$b = 0$ $H_1 \geq 2\sqrt{t}$ $p = t - H_1$ $\alpha_1 = 45°$	0, +1.5 0, +3 0°, +10°	0, +3 0, +3 −5°, +10°	
	MP-TL-2							
6	MP-BX-2		≥25	F H V O	$b = 0$ $H_1 \geq 2\sqrt{t}$ $p = t - H_1 - H_2$ $H_2 \geq 2\sqrt{t}$ $\alpha_1 = 60°$ $\alpha_2 = 60°$	0, +1.5 0, +3 0, +3 0°, +10° 0°, +10°	0, +3 0, +3 0, +3 −5°, +10° −5°, +10°	

续表 4.2.5

序号	标记	坡口形状示意图	板厚(mm)	焊接位置	坡口尺寸(mm)	允许偏差(mm) 详图	允许偏差(mm) 装配	备注
7	MP-BK-2 MP-TK-2 MP-CK-2		≥25	F H V O	$b = 0$ $H_1 \geq 2\sqrt{t}$ $p = t - H_1 - H_2$ $H_2 \geq 2\sqrt{t}$ $\alpha_1 = 45°$ $\alpha_2 = 45°$	0, +1.5 0, +3 0, +1.5 0, +3 0°, +10° 0°, +10°	0, +3 0, +3 0, +2 0, +3 -5°, +10° -5°, +10°	

表 4.2.6 气体保护焊、自保护焊部分焊透坡口形状和尺寸

序号	标记	坡口形状示意图	板厚(mm)	焊接位置	坡口尺寸(mm)	允许偏差(mm) 详图	允许偏差(mm) 装配	备注
1	GP-BI-1 GP-CI-1		3~10	F H V O	$b = 0$	0, +1.5	0, +1.5	
2	GP-BI-2 GP-CI-2		3~10 10~12	F H V O	$b = 0$	0, +1.5	0, +1.5	
3	GP-BV-1 GP-BV-2 GP-CV-1 GP-CV-2		≥6	F H V O	$b = 0$ $H_1 \geq 2\sqrt{t}$ $p = t - H_1$ $\alpha_1 = 60°$	0, +1.5 0, +3 0, +3 0°, +10°	0, +3 0, +3 0, +3 -5°, +10°	

续表 4.2.6

序号	标记	坡口形状示意图	板厚(mm)	焊接位置	坡口尺寸(mm)	允许偏差(mm) 详图	允许偏差(mm) 装配	备注
4	GP-BL-1 GP-BL-2 GP-CL-1 GP-CL-2		≥6 6~24	F H V O	$b=0$ $H_1 \geqslant 2\sqrt{t}$ $p = t - H_1$ $\alpha_1 = 45°$	0, +1.5 0, +3 0°, +10°	0, +3 0, +3 -5°, +10°	
5	GP-TL-1 GP-TL-2		≥10	F H V O	$b=0$ $H_1 \geqslant 2\sqrt{t}$ $p = t - H_1$ $\alpha_1 = 45°$	0, +1.5 0, +3 0°, +10°	0, +3 0, +3 -5°, +10°	
6	GP-BX-2		≥25	F H V O	$b=0$ $H_1 \geqslant 2\sqrt{t}$ $p = t - H_1 - H_2$ $H_2 \geqslant 2\sqrt{t}$ $\alpha_1 = 60°$ $\alpha_2 = 60°$	0, +1.5 0, +3 0, +3 0°, +10° 0°, +10°	0, +3 0, +3 0, +3 -5°, +10° -5°, +10°	
7	GP-BK-2 GP-TK-2 GP-CL-2		≥25	F H V O	$b=0$ $H_1 \geqslant 2\sqrt{t}$ $p = t - H_1$ $H_2 \geqslant 2\sqrt{t}$ $\alpha_1 = 45°$ $\alpha_2 = 45°$	0, +1.5 0, +3 0, +3 0°, +10° 0°, +10°	0, +3 0, +3 0, +3 -5°, +10° -5°, +10°	

表4.2.7 埋弧焊部分焊透坡口形状和尺寸

序号	标记	坡口形状示意图	板厚(mm)	焊接位置	坡口尺寸(mm)	允许偏差(mm) 施工图	允许偏差(mm) 安装装配	备注
1	SP-BI-1 SP-CI-1		6~12	F	$b=0$	0, +1	0, +1	
2	SP-BI-2 SP-CI-2		6~20	F	$b=0$	0, +1	0, +1	
3	SP-BV-1 SP-BV-2 SP-CV-1 SP-CV-2		≥14	F	$b=0$ $H_1 \geq 2\sqrt{t}$ $p = t - H_1$ $\alpha_1 = 60°$	0, +1 0, +3 0°, +10°	0, +1.5 0, +3 −5°, +10°	
4	SP-BL-1 SP-BL-2 SP-CL-1 SP-CL-2		≥14	F H	$b=0$ $H_1 \geq 2\sqrt{t}$ $p = t - H$ $\alpha_1 = 60°$	±0 0, +3 0°, +10°	0, +1.5 0, +3 −5°, +10°	

续表 4.2.7

序号	标记	坡口形状示意图	板厚(mm)	焊接位置	坡口尺寸(mm)	允许偏差(mm) 施工图	允许偏差(mm) 安装装配	备注
5	SP-TL-1 SP-TL-2		≥14	F H	$b=0$ $H_1 \geq 2\sqrt{t}$ $p = t - H_1$ $\alpha_1 = 60°$	0, +1 0, +3 0°, +10°	0, +1.5 0, +3 -5°, +10°	
6	SP-BX-2		≥25	F	$b=0$ $H_1 \geq 2\sqrt{t}$ $p = t - H_1 - H_2$ $H_2 \geq 2\sqrt{t}$ $\alpha_1 = 60°$ $\alpha_2 = 60°$	0, +1 0, +3 0, +3 0°, +10° 0°, +10°	0, +1.5 0, +3 0, +3 -5°, +10° -5°, +10°	
7	SP-BK-2 SP-TK-2 SP-CK-2		≥25	F H	$b=0$ $H_1 \geq 2\sqrt{t}$ $p = t - H_1 - H_2$ $H_2 \geq 2\sqrt{t}$ $\alpha_1 = 60°$ $\alpha_2 = 60°$	0, +1 0, +3 0, +3 0°, +10° 0°, +10°	0, +1.5 0, +3 0, +3 -5°, +10° -5°, +10°	

4.3 焊缝的计算厚度

4.3.1 全焊透的对接焊缝及对接与角接组合焊缝，双面焊时反面应清根后焊接，加垫板单面焊当坡口形状、尺寸符合本规程表 4.2.2～表 4.2.4 的要求时，可按全焊透计算。其计算厚度 h_e 应为坡口根部至焊缝表面（不计余高）的最短距离。

4.3.2 开坡口的部分焊透对接焊缝及对接与角接组合焊缝，其焊缝计算厚度 h_e（见图 4.3.2）应根据焊接方法、坡口形状及尺寸、焊接位置不同，分别对坡口深度 H 进行折减。各种类型部分焊透焊缝的计算厚度 h_e 应符合表 4.3.2 的规定。

V 形坡口 $\alpha \geq 60°$ 及 U、J 形坡口，当坡口尺寸符合表 4.2.5～表 4.2.7 的规定时，焊缝计算厚度 h_e 应为坡口深度 H。

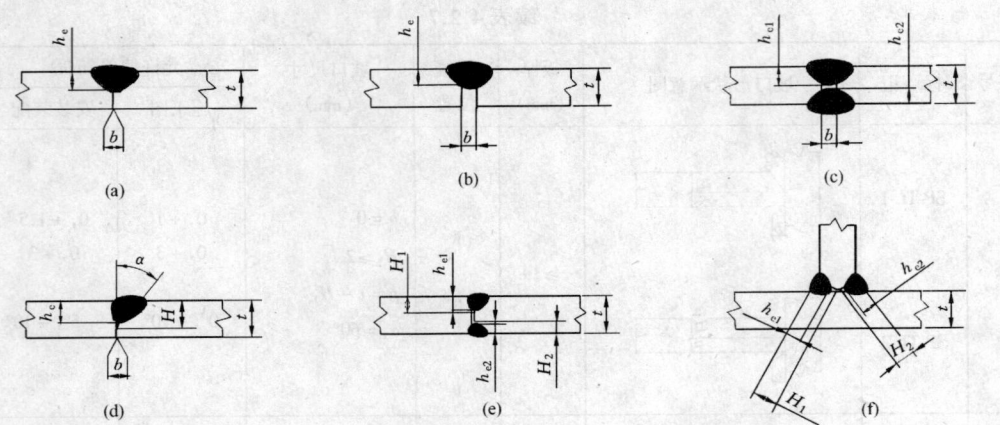

图 4.3.2 部分焊透的对接焊缝及对接与角接组合焊缝计算厚度示意

表 4.3.2 部分焊透的对接焊缝及对接与角接组合焊缝计算厚度

示意图号	坡口形式	焊接方法	t (mm)	α (°)	b (mm)	p (mm)	焊接位置	焊缝计算厚度 h_e (mm)
4.3.2 (a)	I形坡口单面焊	手工电弧焊	3		1~1.5		全部	$t-1$
4.3.2 (b)	I形坡口单面焊	手工电弧焊	>3, ≤6		$\frac{t}{2}$		全部	$\frac{t}{2}$
4.3.2 (c)	I形坡口双面焊	手工电弧焊	>3, ≤6		$\frac{t}{2}$		全部	$\frac{3}{4}t$
4.3.2 (d)	L形坡口	手工电弧焊	≥6	45°	0	3	全部	$H-3$
4.3.2 (d)	L形坡口	气体保护焊	≥6	45°	0	3	F, H	H
							V, O	$H-3$
4.3.2 (d)	L形坡口	埋弧焊	≥12	60°	0	6	F	H
							H	$H-3$
4.3.2 (e)、(f)	K形坡口	手工电弧焊	≥8	45°	0	3	全部	H_1+H_2-6
4.3.2 (e)、(f)	K形坡口	气体保护焊	≥12	45°	0	3	F, H	H_1+H_2
							V, O	H_1+H_2-6
4.3.2 (e)、(f)	K形坡口	埋弧焊	≥20	60°	0	6	F	H_1+H_2

4.3.3 搭接角焊缝及直角角焊缝的计算厚度 h_e（见图 4.3.3）应分别按下列公式计算：

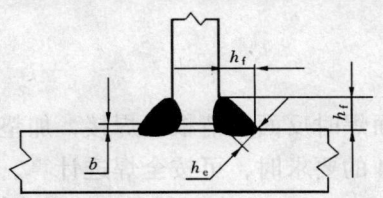

图 4.3.3 直角角焊缝及搭接角焊缝计算厚度示意

1 当间隙 $b \leq 1.5$ 时，$h_e = 0.7h_f$ (4.3.3-1)

2 当间隙 $1.5 < b \leq 5$ 时，$h_e = 0.7(h_f - b)$ (4.3.3-2)

塞焊和槽焊焊缝的计算厚度可按角焊缝的计算方法确定。

4.3.4 斜角角焊缝的计算厚度 h_e，应根据两面夹角 ψ 按下列公式计算：

1 $\psi = 60° \sim 135°$ [图 4.3.4 (a)、(b)、(c)]：

当间隙 $b \leq 1.5$ 时，$h_e = \dfrac{h_f}{2\sin\dfrac{\psi}{2}}$ (4.3.4-1)

当间隙 $1.5 < b \leqslant 5$ 时，$h_e = \dfrac{h_f - b}{2\sin\dfrac{\psi}{2}}$ (4.3.4-2)

式中 ψ——两面夹角（°）；
 h_f——焊脚尺寸（mm）；
 b——接头根部间隙（mm）。

2 $30° \leqslant \psi < 60°$ [图 4.3.4 (d)]：应将公式（4.3.4-1）、公式（4.3.4-2）所计算的焊缝计算厚度 h_e 减去相应的折减值 Z。不同焊接条件的折减值 Z 应符合表 4.3.4 的规定；

3 $\psi < 30°$：必须进行焊接工艺评定，确定焊缝计算厚度。

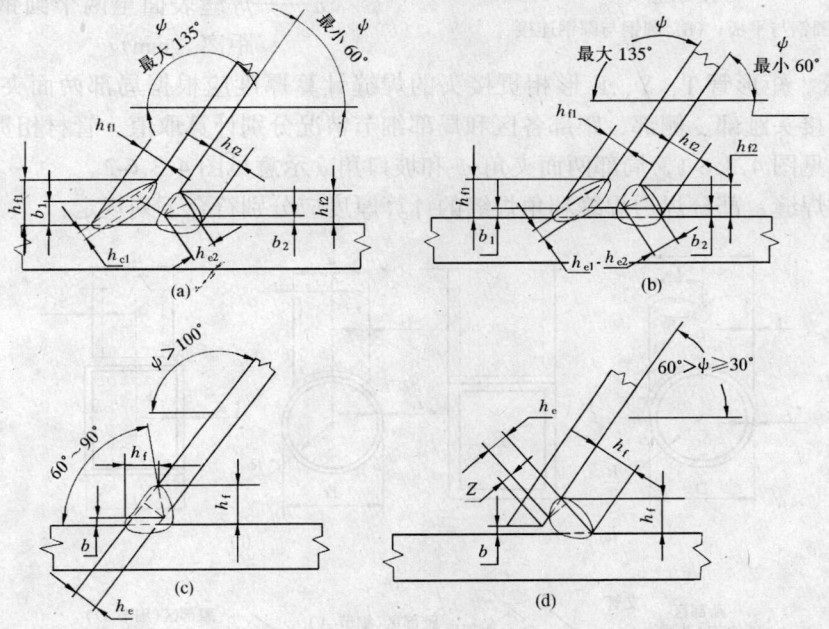

图 4.3.4 斜角角焊缝计算厚度示意

ψ—两面夹角；b—根部间隙；h_f—焊脚尺寸；
h_e—焊缝计算厚度；z—焊缝计算厚度折减值

表 4.3.4 斜角角焊缝 $30° \leqslant \psi \leqslant 60°$ 时的焊缝计算厚度折减值

两面夹角 ψ	焊接方法	折减值 Z (mm)	
		焊接位置 V 或 O	焊接位置 F 或 H
60°>ψ≥45°	手工电弧焊	3	3
	药芯焊丝自保护焊	3	0
	药芯焊丝气体保护焊	3	0
	实芯焊丝气体保护焊	—	0
45°>ψ≥30°	手工电弧焊	6	6
	药芯焊丝自保护焊	6	3
	药芯焊丝气体保护焊	10	6
	实芯焊丝气体保护焊	—	6

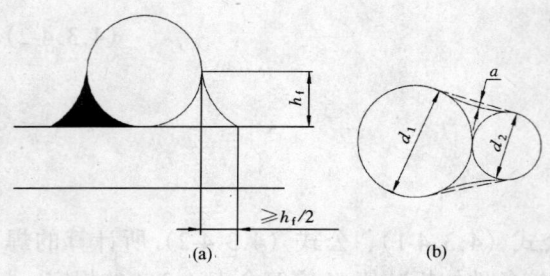

4.3.5 圆钢与平板、圆钢与圆钢之间的焊缝计算厚度 h_e 应分别按下列公式计算：

    1 圆钢与平板连接（图4.3.5a）：
$$h_e = 0.7 h_f \quad (4.3.5\text{-}1)$$

    2 圆钢与圆钢连接（图4.3.5b）：
$$h_e = 0.1(d_1 + 2d_2) - a \quad (4.3.5\text{-}2)$$

式中　d_1——大圆钢直径（mm）；

        d_2——小圆钢直径（mm）；

        a——焊缝表面至两个圆钢公切线的距离（mm）。

图4.3.5　圆钢与平板、圆钢与圆钢焊缝计算厚度示意

(a) 圆钢与平板；(b) 圆钢与圆钢连接

4.3.6 圆管、矩形管T、Y、K形相贯接头的焊缝计算厚度应根据局部两面夹角 ψ 的大小，按相贯接头趾部、侧部、跟部各区和局部细节情况分别计算取值。管材相贯接头的焊缝分区示意见图4.3.6-1，局部两面夹角 ψ 和坡口角 α 示意见图4.3.6-2。

全焊透焊缝、部分焊透焊缝和角焊缝的计算厚度应分别符合下列规定：

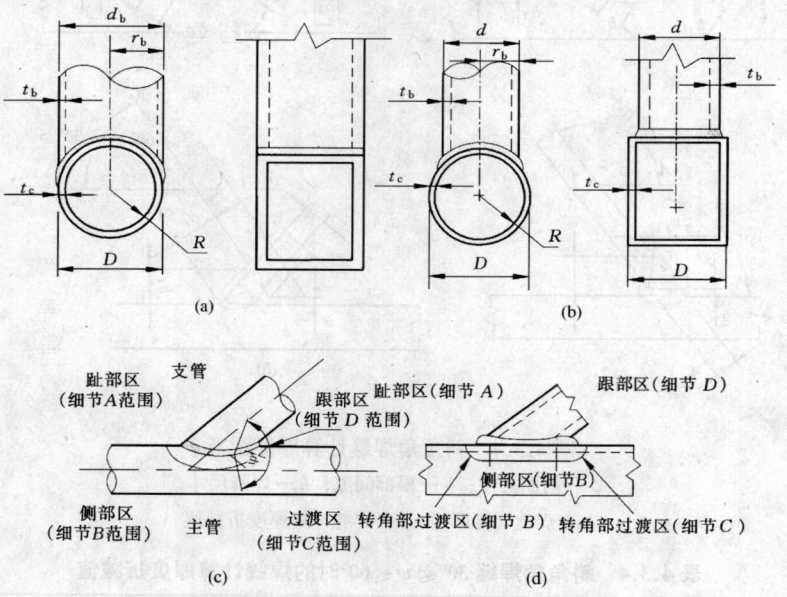

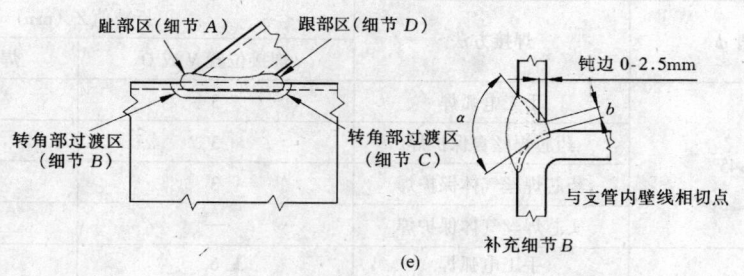

图4.3.6-1　圆管、矩形管相贯接头焊缝分区形式示意

(a) 圆管及方管的相配连接；(b) 圆管及方管的台阶状连接；
(c) 圆管接头分区；(d) 台阶状矩形管接头分区；(e) 相配的方管接头分区

1 全焊透焊缝的计算厚度

管材相贯接头全焊透焊缝各区的形状及尺寸细节应符合图4.3.6-3要求，焊缝计算厚度应符合表4.3.6-1规定。

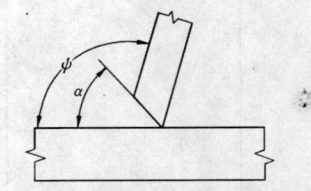

图4.3.6-2 局部两面夹角(ψ)和坡口角(α)示意

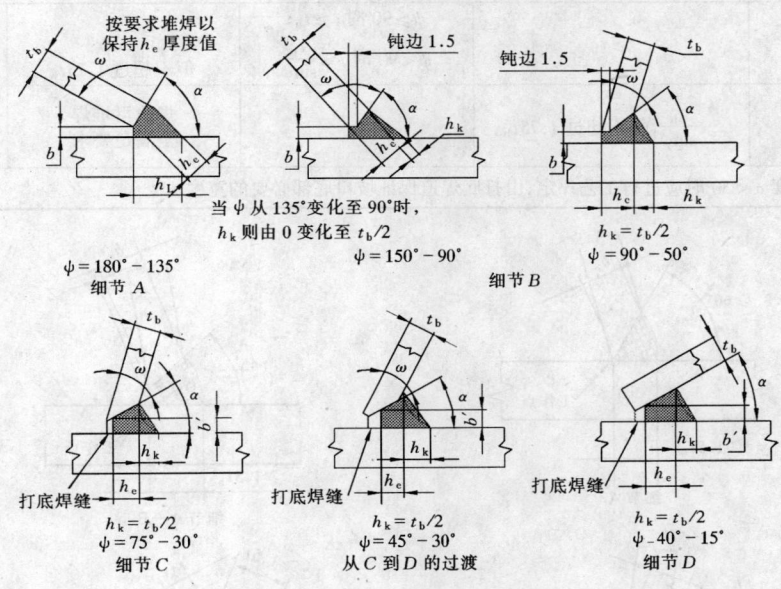

图4.3.6-3 管材相贯接头完全焊透焊缝的各区坡口形状与尺寸示意
（焊缝为标准平直状剖面形状）

1—尺寸 h_e、h_L、b、b'、ψ、ω、α 见表4.3.6-1；2—最小标准平直状焊缝剖面形状如实线所示；3—可采用虚线所示的下凹状剖面形状；
4—支管厚度 $t_b < 16mm$；5—h_k：加强焊脚尺寸

表4.3.6-1 圆管T、K、Y形相贯接头全焊透焊缝坡口尺寸及焊缝计算厚度

坡口尺寸		趾部 $\psi=180°\sim135°$	侧部 $\psi=150°\sim50°$	过渡部分 $\psi=75°\sim30°$	跟部 $\psi=40°\sim15°$
坡口角度 α	最大	90°	$\psi\leq105°$时60°	40°	
	最小	45°	37.5°；ψ较小时 $1/2\psi$	ψ较大时 $1/2\psi$	
支管端部斜削角度 ω	最大		根据所需的 α 值确定		
	最小		10°或 $\psi>105°$时45°	10°	
根部间隙 b	最大	四种焊接方法均为5mm	气保护焊(短路过渡)、药芯焊丝气保护焊：$\alpha>45°$时6mm；$\alpha\leq45°$时8mm；手工电弧焊和药芯焊丝自保护焊时6mm		
	最小	1.5mm			

续表 4.3.6-1

坡口尺寸		趾部 $\psi=180°\sim135°$	侧部 $\psi=150°\sim50°$	过渡部分 $\psi=75°\sim30°$	跟部 $\psi=40°\sim15°$
打底焊后坡口底部宽度 b'	最大			手工电弧焊和药芯焊丝自保护焊： α 为 $25°\sim40°$ 时 3mm； α 为 $15°\sim25°$ 时 5mm 气保护焊（短路过渡）和药芯焊丝气保护焊： α 为 $30°\sim40°$ 时 3mm； α 为 $25°\sim30°$ 时 6mm； α 为 $20°\sim25°$ 时 10mm； α 为 $15°\sim20°$ 时 13mm	
焊缝计算厚度 h_e		$\geq t_b$	$\psi \geq 90°$ 时，$\geq t_b$； $\psi < 90°$ 时，$\geq \dfrac{t_b}{\sin\psi}$	$\geq \dfrac{t_b}{\sin\psi}$，但不超过 $1.75t_b$	$\geq 2t_b$
h_L		$\geq \dfrac{t_b}{\sin\psi}$，但不超过 $1.75t_b$		焊缝可堆焊至满足要求	

注：坡口角度 $\alpha < 30°$ 时应进行工艺评定；由打底焊道保证坡口底部必要的宽度 b'。

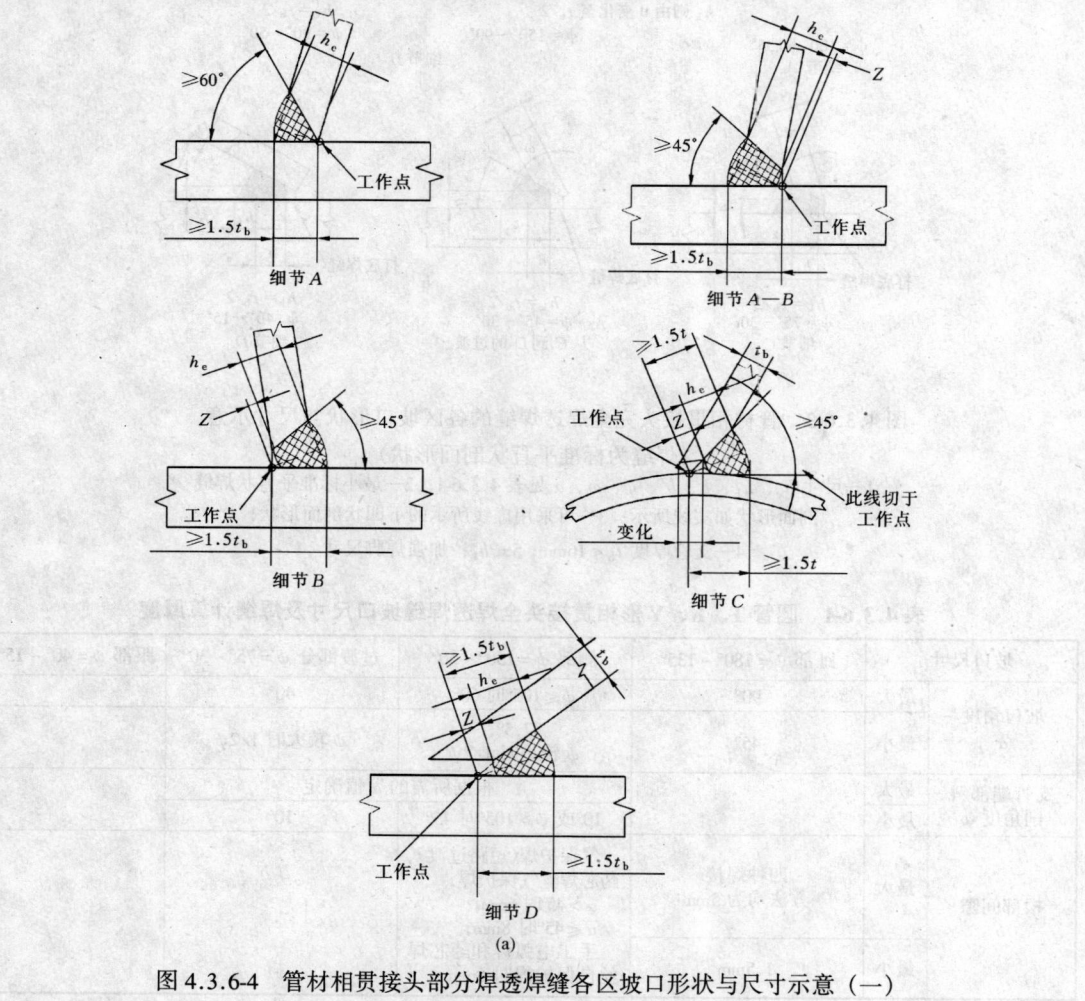

(a)

图 4.3.6-4 管材相贯接头部分焊透焊缝各区坡口形状与尺寸示意（一）

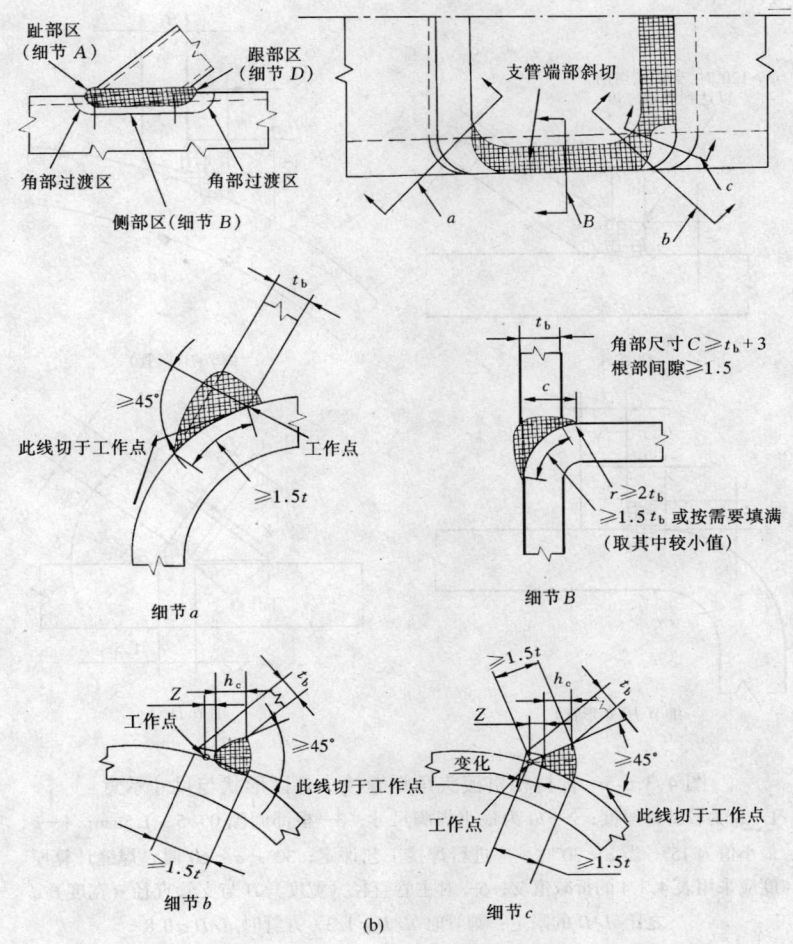

图 4.3.6-4 管材相贯接头部分焊透焊缝各区坡口形状与尺寸示意（二）
(a) 台阶状相贯接头；(b) 矩形管材相配的相贯接头
1—t 为 t_b、t_c 中较薄截面厚度；2—除过渡区域或跟部区外，其余部位削斜到边缘；3—根部间隙 0～5mm；4—坡口角度 30°以下时必须进行工艺评定；5—焊缝计算厚度 $h > t_b$，Z 折减尺寸见表 4.3.4；6—方管截面角部过渡区的接头应制作成从一细部圆滑过渡到另一细部，焊接的起点与终点都应在方管的平直部位，转角部位应连续焊接，转角处焊缝应饱满

2 部分焊透焊缝的计算厚度

管材台阶状相贯接头部分焊透焊缝各区坡口形状与尺寸细节应符合图 4.3.6-4（a）要求；矩形管材相配的相贯接头部分焊透焊缝各区坡口形状与尺寸细节应符合图 4.3.6-4（b）的要求。焊缝计算厚度的折减值 Z 应符合表 4.3.4 规定。

3 角焊缝的焊缝计算厚度

管材相贯接头各区细节应符合图 4.3.6-5 要求。其焊缝计算厚度 h_e 应符合表 4.3.6-2 规定。

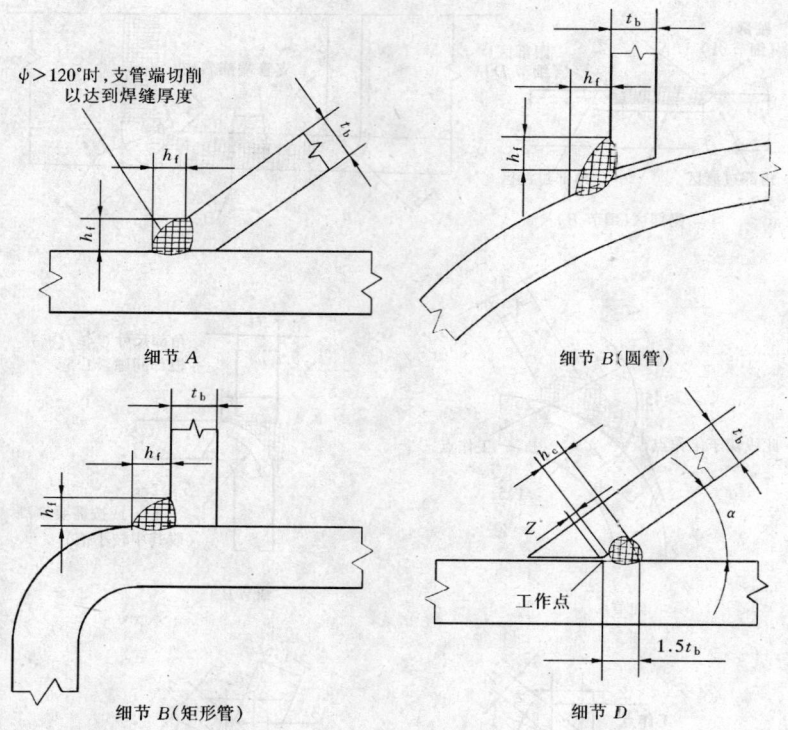

图 4.3.6-5 管材相贯接头角焊缝接头各区形状与尺寸示意

1—t_b 为较薄件厚度;2—h_f 为最小焊脚尺寸;3—根部间隙 0~5±1.5mm;4—α 最小值为 15°。当 $\alpha < 30°$ 时,应进行焊接工艺评定;30°≤α<60° 时,焊缝计算厚度应采用表 4.3.4 的折减值 Z;5—对主管直径(宽度)D 与支管直径(宽度)d 之比 d/D 的限定:圆管时 d/D≤1/3,方管时 d/D≤0.8

表 4.3.6-2 管材 T、Y、K 形相贯接头角焊缝的计算厚度

ψ		趾部 > 120°	侧部 110°~120°	侧部 100°~110°	跟部 ≤100°	跟部 <60°	焊缝计算厚度 (h_e)
最小 h_f	支管端部切斜 t_b		1.2t_b	1.1t_b	t_b	1.5t_b	0.7t_b
	支管端部切斜 1.4t_b		1.8t_b	1.6t_b	1.4t_b	1.5t_b	t_b
	支管端部整个切斜 60°~90°坡口		2.0t_b	1.75t_b	1.5t_b	1.5t_b 或 1.4t_b+Z 取较大值	1.07t_b

注:1. 低碳钢(σ_s≤280MPa)圆管,要求焊缝与管材超强匹配的弹性工作应力设计时 $h_e=0.7t_b$;要求焊缝与管材等强匹配的极限强度设计时 $h_e=1.0t_b$;
2. 其他各种情况 $h_e=t_c$ 或 $h_e=1.07t_b$ 中较小值(t_c 为主管壁厚)

4.4 组焊构件焊接节点

4.4.1 塞焊和槽焊焊缝的尺寸、间距、填焊高度应符合下列规定:

1 塞焊缝和槽焊缝的有效面积应为贴合面上圆孔或长槽孔的标称面积;
2 塞焊焊缝的最小中心间隔应为孔径的 4 倍,槽焊焊缝的纵向最小间距应为槽孔长

度的2倍，垂直于槽孔长度方向的两排槽孔的最小间距应为槽孔宽度的4倍；

3 塞焊孔的最小直径不得小于开孔板厚度加8mm，最大直径应为最小直径值加3mm，或为开孔件厚度的2.25倍，并取两值中较大者。槽孔长度不应超过开孔件厚度的10倍，最小及最大槽宽规定与塞焊孔的最小及最大孔径规定相同；

4 塞焊和槽焊的填焊高度：当母材厚度等于或小于16mm时，应等于母材的厚度；当母材厚度大于16mm时，不得小于母材厚度的一半，并不得小于16mm；

5 塞焊焊缝和槽焊焊缝的尺寸应根据贴合面上承受的剪力计算确定。

4.4.2 严禁在调质钢上采用塞焊和槽焊焊缝。

4.4.3 角焊缝的尺寸应符合下列规定：

1 角焊缝的最小计算长度应为其焊脚尺寸（h_f）的8倍，且不得小于40mm；焊缝计算长度应为焊缝长度扣除引弧、收弧长度；

2 角焊缝的有效面积应为焊缝计算长度与计算厚度（h_e）的乘积。对任何方向的荷载，角焊缝上的应力应视为作用在这一有效面积上；

3 断续角焊缝焊段的最小长度应不小于最小计算长度；

4 单层角焊缝最小焊脚尺寸宜按表4.4.3取值，同时应符合设计要求；

表4.4.3 单层焊角焊缝的最小尺寸（mm）

母材厚度 t	角焊缝的最小焊脚尺寸 h_f	母材厚度 t	角焊缝的最小焊脚尺寸 h_f
≤4	3	16、18	6
6、8	4	20～25	7
10、12、14	5		

注：用低氢焊接材料时，t应取较薄件厚度；非低氢焊接材料时，t应取较厚件厚度

5 当被焊构件较薄板厚度≥25mm时，宜采用局部开坡口的角焊缝；

6 角焊缝十字接头，不宜将厚板焊接到较薄板上。

4.4.4 搭接接头角焊缝的尺寸及布置应符合下列规定：

1 传递轴向力的部件，其搭接接头最小搭接长度应为较薄件厚度的5倍，但不小于25mm（图4.4.4-1）。并应施焊纵向或横向双角焊缝；

2 单独用纵向角焊缝连接型钢杆件端部时，型钢杆件的宽度W应不大于200mm（图4.4.4-2），当宽度W大于200mm时，需加横向角焊或中间塞焊。型钢杆件每一侧纵向角焊缝的长度L应不小于W；

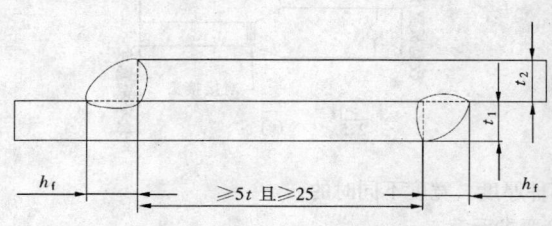

图4.4.4-1 双角焊缝搭接要求示意
t—t_1和t_2中较小者；h_f—焊脚尺寸，按设计要求

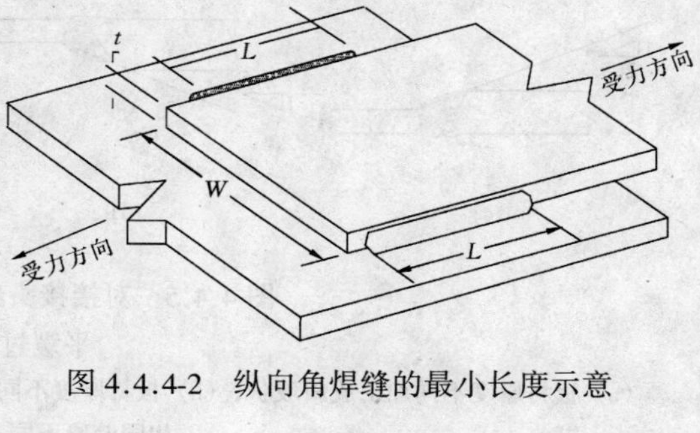

图4.4.4-2 纵向角焊缝的最小长度示意

3 型钢杆件搭接接头采用围焊时,在转角处应连续施焊。杆件端部搭接角焊缝作绕焊时,绕焊长度应不小于二倍焊脚尺寸,并连续施焊;

4 搭接焊缝沿材料棱边的最大焊脚尺寸,当板厚小于等于6mm时,应为母材厚度,当板厚大于6mm时,应为母材厚度减去1～2mm(图4.4.4-3);

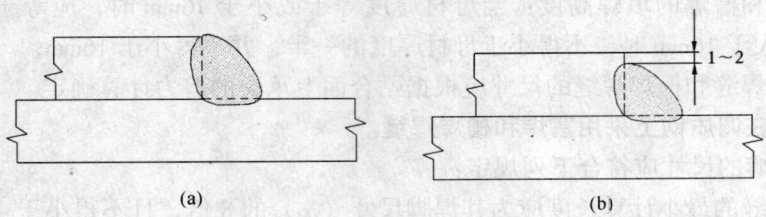

图4.4.4-3 搭接角焊缝沿母材棱边的最大焊脚尺寸示意
(a) 母材厚度小于等于6mm;(b) 母材厚度大于6mm

5 用搭接焊缝传递荷载的套管接头可以只焊一条角焊缝,其管材搭接长度 L 应不小于 $5(t_1+t_2)$,且不得小于25mm。搭接焊缝焊脚尺寸应符合设计要求(图4.4.4-4)。

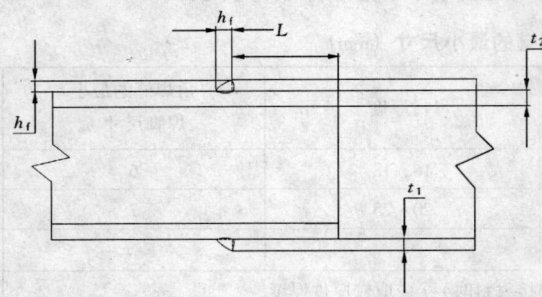

图4.4.4-4 管材套管连接的搭接焊缝最小长度示意

4.4.5 不同厚度及宽度的材料对接时,应作平缓过渡并符合下列规定:

1 不同厚度的板材或管材对接接头受拉时,其允许厚度差值(t_1-t_2)应符合表4.4.5的规定。当超过表4.4.5的规定时应将焊缝焊成斜坡状,其坡度最大允许值应为1:2.5;或将较厚板的一面或两面及管材的内壁或外壁在焊前加工成斜坡,其坡度最大允许值应为1:2.5(图4.4.5);

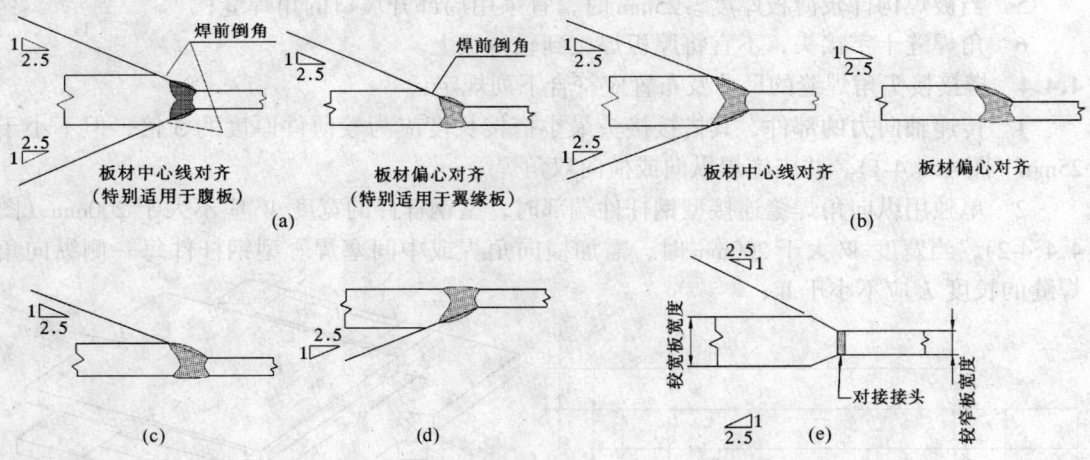

图4.4.5 对接接头部件厚度、宽度不同时的平缓过渡要求示意
(a) 板材厚度不同加工成斜坡状;(b) 板材厚度不同焊成斜坡状;(c) 管材内径相同壁厚不同;(d) 管材外径相同壁厚不同;(e) 板材宽度不同

表4.4.5 不同厚度钢材对接的允许厚度差（mm）

较薄钢材厚度 t_2	≥5~9	10~12	>12
允许厚度差 t_1-t_2	2	3	4

2 不同宽度的板材对接时，应根据工厂及工地条件采用热切割、机械加工或砂轮打磨的方法使之平缓过渡，其连接处最大允许坡度值应为1:2.5（图4.4.5e）。

4.5 防止板材产生层状撕裂的节点形式

4.5.1 在T形、十字形及角接接头中，当翼缘板厚度等于、大于20mm时，为防止翼缘板产生层状撕裂，宜采取下列节点构造设计：

1 采用较小的焊接坡口角度及间隙（图4.5.1a），并满足焊透深度要求；
2 在角接接头中，采用对称坡口或偏向于侧板的坡口（图4.5.1b）；
3 采用对称坡口（图4.5.1c）；
4 在T形或角接接头中，板厚方向承受焊接拉应力的板材端头伸出接头焊缝区（图4.5.1d）；
5 在T形、十字形接头中，采用过渡段，以对接接头取代T形、十字形接头（图4.5.1e、f)。

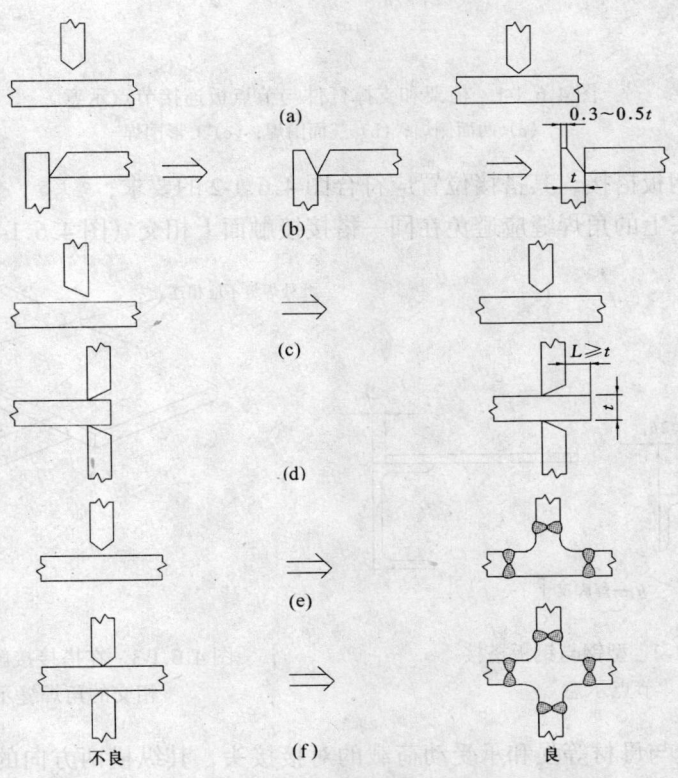

图4.5.1 T形、十字形、角接接头防止层状撕裂的
节点构造设计示意

4.6 构件制作与工地安装焊接节点形式

4.6.1 构件制作焊接节点形式应符合下列要求：

1 桁架和支撑的杆件与节点板的连接节点宜采用图 4.6.1-1 的形式；当杆件承受拉应力时，焊缝应在搭接杆件节点板的外边缘处提前终止，间距 a 应不小于 h_f；

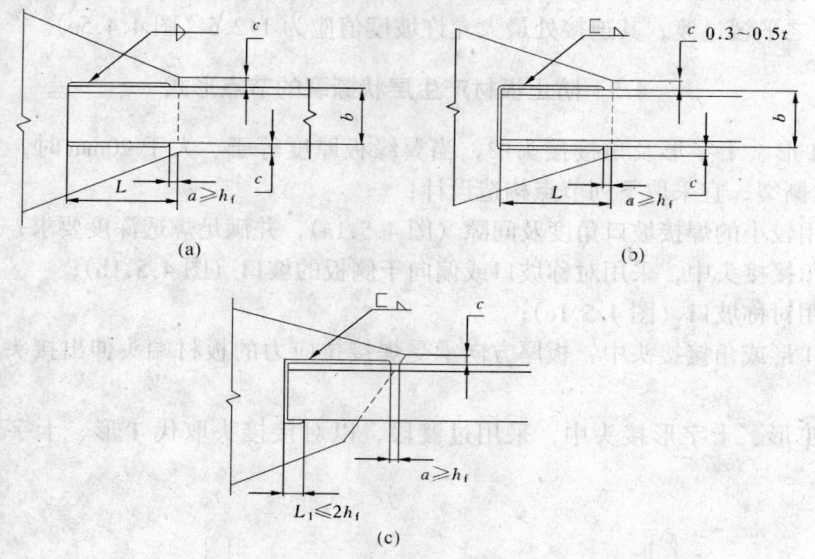

图 4.6.1-1 桁架和支撑杆件与节点板连接节点示意
（a）两面侧焊；（b）三面围焊；（c）L形围焊

2 型钢与钢板搭接，其搭接位置应符合图 4.6.1-2 的要求；

3 搭接接头上的角焊缝应避免在同一搭接接触面上相交（图 4.6.1-3）；

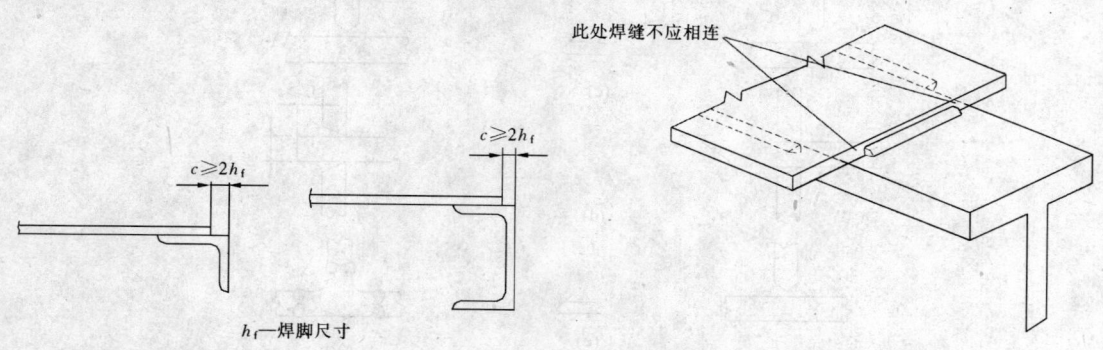

h_f—焊脚尺寸

图 4.6.1-2 型钢与钢板搭接节点示意

图 4.6.1-3 在搭接接触面上避免相交的角焊缝示意

4 要求焊缝与母材等强和承受动荷载的对接接头，其纵横两方向的对接焊缝，宜采用T形交叉。交叉点的距离宜不小于200mm，且拼接料的长度和宽度宜不小于300mm（图 4.6.1-4）。如有特殊要求，施工图应注明焊缝的位置；

5 以角焊缝作纵向连接组焊的部件，如在局部荷载作用区采用一定长度的对接与角接组合焊缝来传递载荷，在此长度以外坡口深度应逐步过渡至零，且过渡长度应不小于坡口深度的4倍；

6 焊接组合箱形梁、柱的纵向角焊缝，宜采用全焊透或部分焊透的对接与角接组合焊缝（图4.6.1-5）。要求全焊透时，应采用垫板单面焊（图4.6.1-5b）；

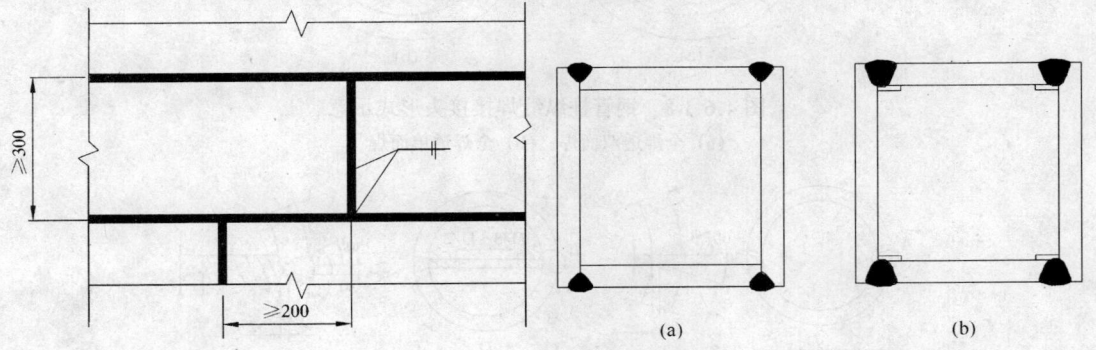

图4.6.1-4 对接接头T形交叉示意　　图4.6.1-5 箱形组合柱的纵向组装角焊缝示意

7 焊接组合H形梁、柱的纵向连接角焊缝，当腹板厚度大于20mm时，宜采用全焊透或部分焊透对接与角接组合焊缝（图4.6.1-6）；

8 箱形柱与隔板的焊接，应采用全焊透焊缝（图4.6.1-7a）；对无法进行手工焊接的焊缝，宜采用熔嘴电渣焊焊接，且焊缝应对称布置（图4.6.1-7b）。

9 焊接钢管混凝土组合柱的纵向和横向焊缝，应采用双面或单面全焊透接头形式（图4.6.1-8）；

10 管—球结构中，对由两个半球焊接而成的空心球，其焊接接头可采用不加肋和加肋两种形式（图4.6.1-9）。

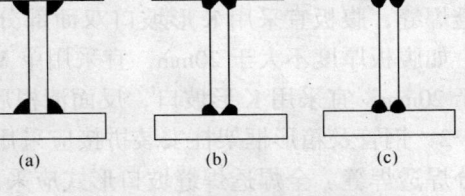

图4.6.1-6 角焊缝、全焊透及部分
焊透对接与角接组合焊缝示意
(a)角焊缝；(b)全焊透对接与角接组合焊缝；
(c)部分焊透对接与角接组合焊缝

4.6.2 工地安装焊接节点形式应符合下列要求：

1 H形框架柱安装拼接接头宜采用螺栓和焊接组合节点或全焊节点（图4.6.2-1a、b）。采用螺栓和焊接组合节点时，腹板应采用螺栓连接，翼缘板应采用单V形坡口加垫板全焊透焊缝连接（图4.6.2-1c）。采用全焊节点时，翼缘板应采用单V形坡口加垫板全

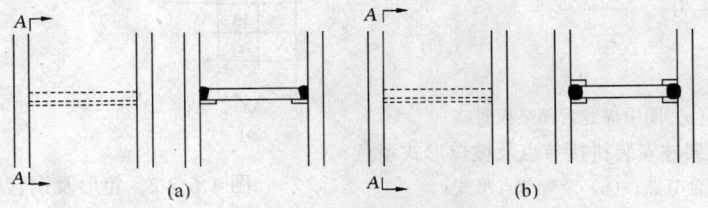

图4.6.1-7 箱形柱与隔板的焊接接头形式示意
(a) 手工电弧焊；(b) 熔嘴电渣焊

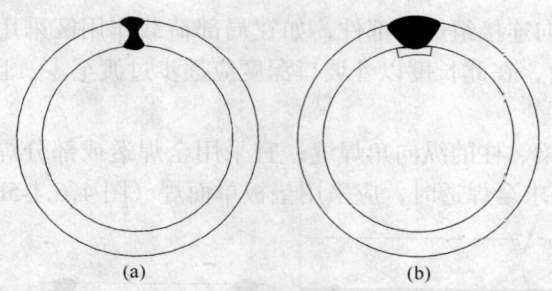

图 4.6.1-8 钢管柱纵缝焊接接头形式示意
(a) 全焊透双面焊;(b) 全焊透单面焊

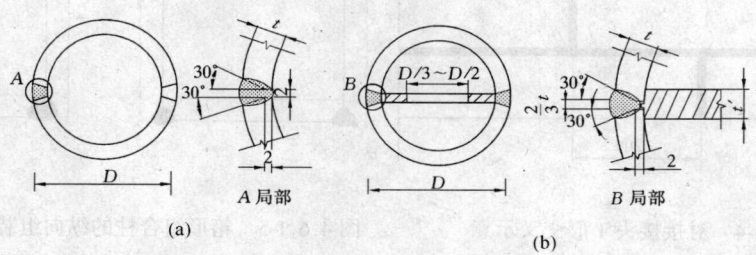

图 4.6.1-9 空心球制作焊接接头形式示意
(a) 不加肋的空心球;(b) 加肋的空心球

焊透焊缝,腹板宜采用 K 形坡口双面部分焊透焊缝,反面不清根;设计要求腹板全焊透时,如腹板厚度不大于 20mm,宜采用单 V 形坡口加垫板焊接(图 4.6.2-1e),如腹板厚度大于 20mm,宜采用 K 形坡口,反面清根后焊接(图 4.6.2-1d);

2 钢管及箱形框架柱安装拼接应采用全焊接头,并根据设计要求采用全焊透焊缝或部分焊透焊缝。全焊透焊缝坡口形式应采用单 V 形坡口加垫板;

3 桁架或框架梁中,焊接组合 H 形、T 形或箱形钢梁的安装拼接采用全焊连接时,宜采用翼缘板与腹板拼接截面错位的形式。H 形及 T 形截面组焊型钢错开距离宜不小于 200mm。翼缘板与腹板之间的纵向连接焊缝应留下一段焊缝最后焊接,其与翼缘板对接焊

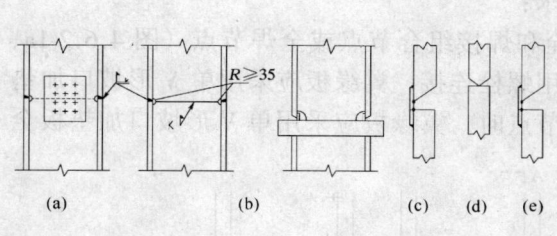

注:(a)、(b) 图中焊缝背面垫板省略

图 4.6.2-1 H 形框架柱安装拼接节点及坡口形式示意
(a) 栓焊组合节点;(b) 全焊节点形式;
(c) 翼板焊接坡口;(d) 腹板 K 形焊接
坡口;(e) 腹板单 V 形焊接坡口

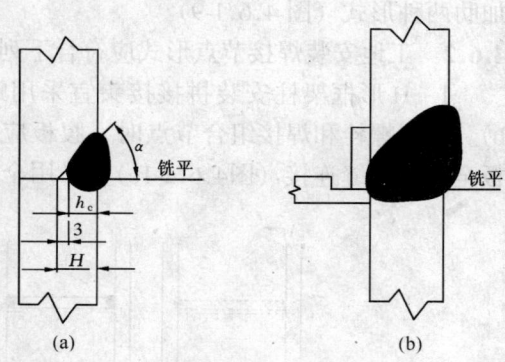

图 4.6.2-2 箱形及钢管框架柱安装
拼接接头坡口示意
(a) 部分焊透焊缝;(b) 全焊透焊缝

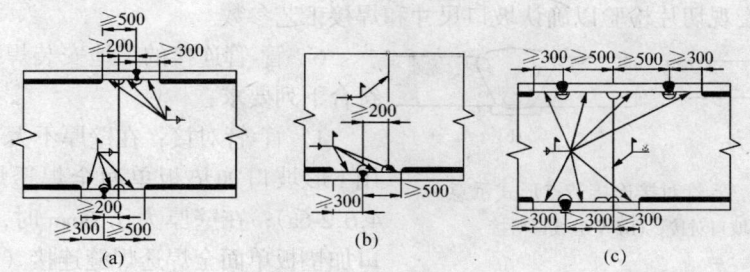

图 4.6.2-3 桁架或框架梁安装焊接节点形式示意
(a) H形梁；(b) T形梁；(c) 箱形梁

缝的距离应不小于 300mm（图 4.6.2-3）。腹板厚度大于 20mm 时，宜采用 X 形坡口反面清根双面焊；腹板厚度不大于 20mm 时，宜根据焊接位置采用 V 形坡口单面焊并反面清根后封焊，或采用 V 形坡口加垫板单面焊；

箱形截面构件翼缘板与腹板接口错开距离宜大于 500mm，其上、下翼缘板焊接宜采用 V 形坡口加垫板单面焊。其他要求与 H 形截面相同；

4 框架柱与梁刚性连接时，应采用下列连接节点形式：

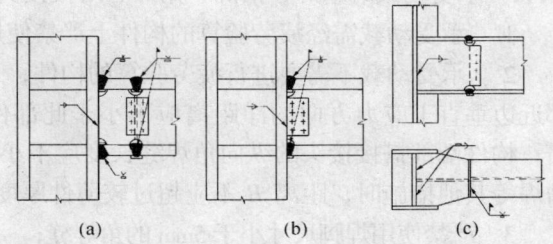

图 4.6.2-4 框架柱与梁刚性连接节点形式示意

1）柱上有悬臂梁时，梁的腹板与悬臂梁腹板宜采用高强螺栓连接。梁翼缘板与悬臂梁翼缘板应用 V 形坡口加垫板单面全焊透焊缝连接（图4.6.2-4a）；

2）柱上无悬臂梁时，梁的腹板与柱上已焊好的承剪板宜用高强螺栓连接，梁翼缘板应直接与柱身用单边 V 形坡口加垫板单面全焊透焊缝连接（图 4.6.2-4b）；

3）梁与 H 型柱弱轴方向刚性连接时，梁的腹板与柱的纵筋板宜用高强螺栓连接。梁的翼缘板与柱的横隔板应用 V 形坡口加垫板单面全焊透焊缝连接（图 4.6.2-4c）。

5 管材与空心球工地安装焊接节点应采用下列形式：

1）钢管内壁加套管作为单面焊接坡口的垫板时，坡口角度、间隙及焊缝外形要求应符合图 4.6.2-5b 要求；

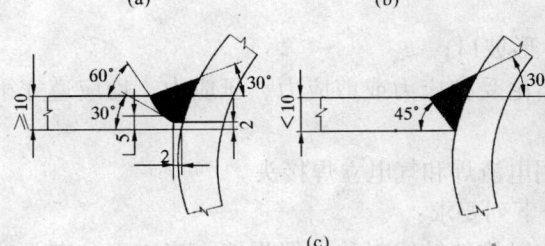

图 4.6.2-5 管-球节点形式及坡口形式与尺寸示意
(a) 空心球节点示意；(b) 加套管连接；
(c) 不加套管连接

2）钢管内壁不用套管时，宜将管端加工成 30°～60°折线形坡口，预装配后根据间隙尺寸要求，进行管端二次加工（图 4.6.2-5c）。要求全焊透时，应进行专项工艺评定试验和宏观切片检验以确认坡口尺寸和焊接工艺参数。

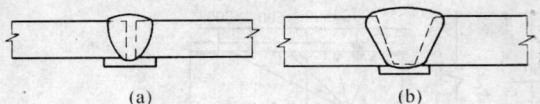

图 4.6.2-6 管-管对接连接节点形式示意
(a) I 形坡口对接；(b) V 形坡口对接

6 管-管连接的工地安装焊接节点形式应符合下列要求：

1）管-管对接：在壁厚不大于 6mm 时，可用 I 形坡口加垫板单面全焊透焊缝连接（图4.6.2-6a）；在壁厚大于 6mm 时，可用 V 形坡口加垫板单面全焊透焊缝连接（图 4.6.2-6b）；

2）管-管 T、Y、K 形相贯接头：应按第 4.3.6 条的要求在节点各区分别采用全焊透焊缝和部分焊透焊缝，其坡口形状及尺寸应符合图 4.3.6-3、图 4.3.6-4 要求；设计要求采用角焊缝连接时，其坡口形状及尺寸应符合图 4.3.6-5 的要求。

4.7 承受动载与抗震的焊接节点形式

4.7.1 承受动载时塞焊、槽焊、角焊、对接接头应符合下列规定：

1 承受动载需经疲劳验算的构件上严禁使用塞焊和槽焊；

2 承受动载不需要进行疲劳验算的构件，采用塞焊、槽焊时，孔或槽的边缘到开孔件邻近边垂直于应力方向的净距离应不小于此部件厚度的 5 倍，且应不小于孔或槽宽度的 2 倍；构件端部搭接接头的纵向角焊缝长度应不小于两侧焊缝间的垂直距离 B，且在无塞焊、槽焊等其他措施时，距离 B 不应超过较薄件厚度 t 的 16 倍（图 4.7.1）；

3 严禁使用焊脚尺寸小于 5mm 的角焊缝；

4 严禁使用断续坡口焊缝和断续角焊缝；

5 对接与角接组合焊缝和 T 形接头的全焊透坡口焊缝应用角焊缝加强，加强焊脚尺寸应大于或等于接头较薄件厚度的 $\frac{1}{2}$，但可不超过 10mm；

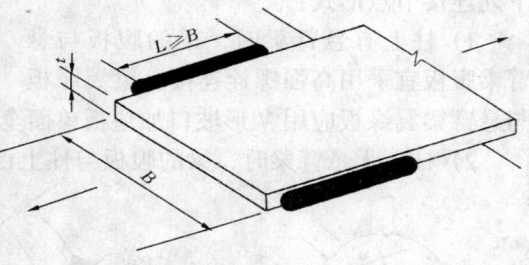

图 4.7.1 承受动载不需进行疲劳验算时构件端部纵向角焊缝长度及距离要求示意
B—应不大于 $16t$（中间有塞焊焊缝或槽焊焊缝时除外）

6 承受动载需经疲劳验算的接头，当拉应力与焊缝轴线垂直时，严禁采用部分焊透对接焊缝、背面不清根的无衬垫或未经评定认可的非钢衬垫单面焊缝及角焊缝；

7 除横焊位置以外，不得使用 L 形和 J 形坡口；

8 不同板厚的对接接头承受动载时，不论受拉应力或剪应力、压应力，均应遵守第 4.4.5 条的要求做成斜坡过渡。

4.7.2 承受动载需经疲劳验算时，严禁使用电渣焊和气电立焊接头。

4.7.3 承受动载构件的组焊节点形式应符合下列要求：

1 有对称横截面的部件组合焊接时，应以构件轴线对称布置焊缝，当应力分布不对称时应作相应修正；

2 用多个部件组叠成构件时，应用连续焊缝沿构件纵向将其连接；

3 承受动载荷需经疲劳验算的桁架，其弦杆和腹杆与节点板的搭接焊缝应采用围焊，杆件焊缝之间间隔应不小于50mm。节点板轮廓及局部尺寸应符合图4.7.3-1的要求；

4 实腹吊车梁横向加劲板与翼缘板之间的焊缝应避免与吊车梁纵向主焊缝交叉，其焊接节点构造宜采用图4.7.3-2的形式。

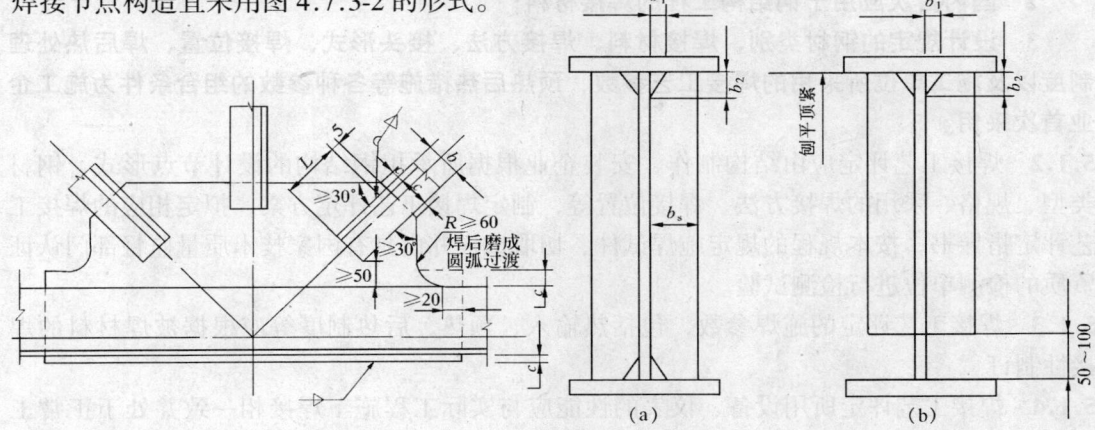

图4.7.3-1 桁架弦杆、腹杆与节点
板连接形式示意
$L > b$；$c \geq 2h_f$

图4.7.3-2 实腹吊车梁横向加劲肋板连接构造示意
$b_1 \approx \dfrac{b_s}{3}$ 且 $\leq 40mm$；$b_2 \approx \dfrac{b_s}{2}$ 且 $\leq 60mm$。
(a) 支座加劲肋；(b) 中间加劲肋

4.7.4 抗震结构框架柱与梁的刚性连接节点焊接时，应符合下列要求：

1 梁的翼缘板与柱之间的对接与角接组合焊缝的加强焊脚尺寸应大于或等于翼缘板厚的$\dfrac{1}{4}$，但可不大于10mm；

2 梁的下翼缘板与柱之间宜采用J形坡口单面全焊透焊缝，并应在反面清根后封底焊成平缓过渡形状；采用L形坡口加垫板单面全焊透焊缝时，焊接完成后应割除全部长度的垫板及引弧板、引出板，打磨清除未熔合或夹渣等缺陷后，再封底焊成平缓过渡形状；

3 引弧板、引出板、垫板割除时，应沿柱-梁交接拐角处切割成圆弧过渡，且切割表面不得有深沟、不得伤及母材；

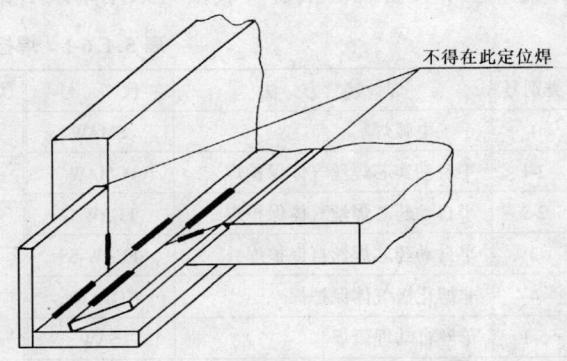

图4.7.4 引弧板、引出板和垫板的
固定焊缝位置示意

4 引弧板、引出板、垫板的固定焊缝应焊在接头焊接坡口内和垫板上，不应在焊缝以外的母材上焊接定位焊缝（图4.7.4）。

5 焊接工艺评定

5.1 一般规定

5.1.1 凡符合以下情况之一者，应在钢结构构件制作及安装施工之前进行焊接工艺评定：

1 国内首次应用于钢结构工程的钢材（包括钢材牌号与标准相符但微合金强化元素的类别不同和供货状态不同，或国外钢号国内生产）；

2 国内首次应用于钢结构工程的焊接材料；

3 设计规定的钢材类别、焊接材料、焊接方法、接头形式、焊接位置、焊后热处理制度以及施工单位所采用的焊接工艺参数、预热后热措施等各种参数的组合条件为施工企业首次采用。

5.1.2 焊接工艺评定应由结构制作、安装企业根据所承担钢结构的设计节点形式、钢材类型、规格、采用的焊接方法、焊接位置等，制定焊接工艺评定方案，拟定相应的焊接工艺评定指导书，按本规程的规定施焊试件、切取试样并由具有国家技术质量监督部门认证资质的检测单位进行检测试验。

5.1.3 焊接工艺评定的施焊参数，包括热输入、预热、后热制度等应根据被焊材料的焊接性制订。

5.1.4 焊接工艺评定所用设备、仪表的性能应与实际工程施工焊接相一致并处于正常工作状态。焊接工艺评定所用的钢材、焊钉、焊接材料必须与实际工程所用材料一致并符合相应标准要求，具有生产厂出具的质量证明文件。

5.1.5 焊接工艺评定试件应由该工程施工企业中技能熟练的焊接人员施焊。

5.1.6 焊接工艺评定所用的焊接方法、钢材类别、试件接头形式、施焊位置分类代号应符合表5.1.6-1～表5.1.6-4及图5.1.6-1～图5.1.6-4规定。

5.1.7 焊接工艺评定试验完成后，应由评定单位根据检测结果提出焊接工艺评定报告，连同焊接工艺评定指导书、评定记录、评定试样检验结果一起报工程质量监督验收部门和有关单位审查备案。报告及表格可采用附录B的格式。

表 5.1.6-1　焊接方法分类

类别号	焊接方法	代号	类别号	焊接方法	代号
1	手工电弧焊	SMAW	6-3	板极电渣焊	ESW-BE
2-1	半自动实芯焊丝气体保护焊	GMAW	7-1	单丝气电立焊	EGW
2-2	半自动药芯焊丝气体保护焊	FCAW-G	7-2	多丝气电立焊	EGW-D
3	半自动药芯焊丝自保护焊	FCAW-SS	8-1	自动实芯焊丝气体保护焊	GMAW-A
4	非熔化极气体保护焊	GTAW	8-2	自动药芯焊丝气体保护焊	FCAW-GA
5-1	单丝自动埋弧焊	SAW	8-3	自动药芯焊丝气体保护焊	FCAW-SA
5-2	多丝自动埋弧焊	SAW-D			
6-1	熔嘴电渣焊	ESW-MN	9-1	穿透栓钉焊	SW-P
6-2	丝极电渣焊	ESW-WE	9-2	非穿透栓钉焊	SW

表 5.1.6-2　常用钢材分类

类别号	钢材强度级别	类别号	钢材强度级别
Ⅰ	Q215、Q235	Ⅲ	Q390、Q420
Ⅱ	Q295、Q345	Ⅳ	Q460

注：国内新材料和国外钢材按其化学成分、力学性能和焊接性能归入相应级别。

表 5.1.6-3 接头形式分类

接头形式	代号
对接接头	B
T形接头	T
十字接头	X

表 5.1.6-4 施焊位置分类

焊接位置		代号	焊接位置		代号
板材	平	F	管材	水平转动平焊	1G
	横	H		竖立固定横焊	2G
	立	V		水平固定全位置焊	5G
	仰	O		倾斜固定全位置焊	6G
				倾斜固定加挡板全位置焊	6GR

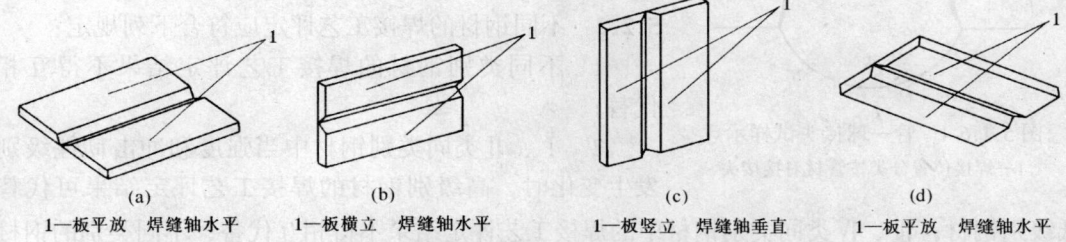

图 5.1.6-1 板材对接接头焊接位置示意
(a) 平焊位置 F；(b) 横焊位置 H；(c) 立焊位置 V；(d) 仰焊位置 O

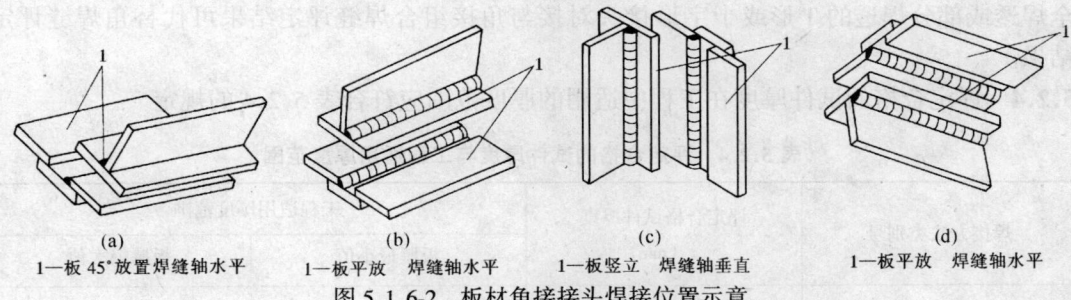

图 5.1.6-2 板材角接接头焊接位置示意
(a) 平焊位置 F；(b) 横焊位置 H；(c) 立焊位置 V；(d) 仰焊位置 O

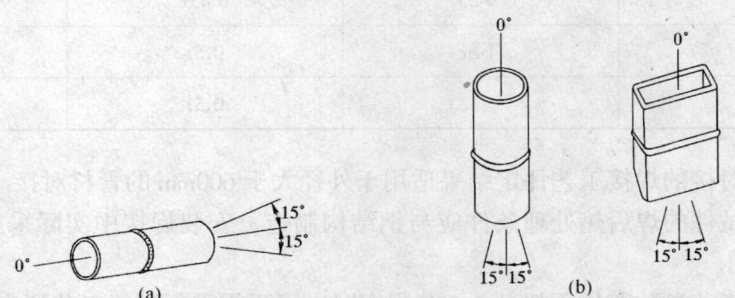

管平放(±15°),焊接时转动,在顶部及附近平焊　　管竖立(±15°),焊接时不转动,焊缝横焊

图 5.1.6-3 管材对接接头位置示意（一）
(a) 焊接位置 1G（转动）；(b) 焊接位置 2G

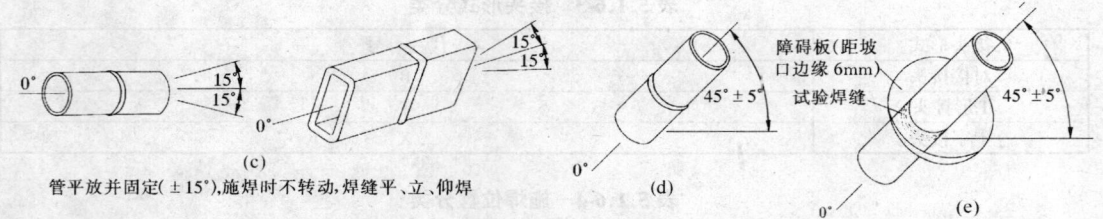

图 5.1.6-3 管材对接接头位置示意（二）
(c) 焊接位置 5G；(d) 焊接位置 6G；(e) 焊接位置 6GR（T、K 或 Y 形连接）

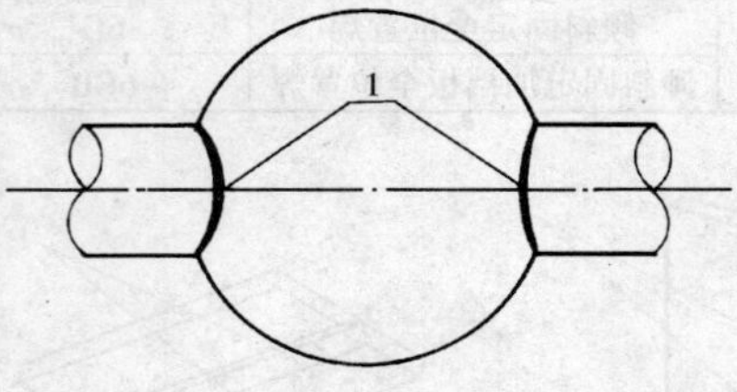

图 5.1.6-4 管—球接头试样示意
1—焊接位置分类按管材对接接头

5.2 焊接工艺评定规则

5.2.1 不同焊接方法的评定结果不得互相代替。

5.2.2 不同钢材的焊接工艺评定应符合下列规定：

1 不同类别钢材的焊接工艺评定结果不得互相代替；

2 Ⅰ、Ⅱ类同类别钢材中当强度和冲击韧性级别发生变化时，高级别钢材的焊接工艺评定结果可代替低级别钢材；Ⅲ、Ⅳ类同类别钢材中的焊接工艺评定结果不得相互代替；不同类别的钢材组合焊接时应重新评定，不得用单类钢材的评定结果代替。

5.2.3 接头形式变化时应重新评定，但十字形接头评定结果可代替 T 形接头评定结果，全焊透或部分焊透的 T 形或十字形接头对接与角接组合焊缝评定结果可代替角焊缝评定结果。

5.2.4 评定合格的试件厚度在工程中适用的厚度范围应符合表 5.2.4 的规定。

表 5.2.4 评定合格的试件厚度与工程适用厚度范围

焊接方法类别号	评定合格试件厚度 t (mm)	工程适用厚度范围	
		板厚最小值	板厚最大值
1、2、3、4、5、8	≤25	0.75t	2t
	>25	0.75t	1.5t
6、7	不限	0.5t	1.1t
9	≥12	0.5t	2t

5.2.5 板材对接的焊接工艺评定结果适用于外径大于 600mm 的管材对接。

5.2.6 评定试件的焊后热处理条件应与钢结构制造、安装焊接中实际采用的焊后热处理条件基本相同。

5.2.7 焊接工艺参数变化不超过 5.3 节规定时，可不需重新进行工艺评定。

5.2.8 焊接工艺评定结果不合格时，应分析原因，制订新的评定方案，按原步骤重新评定，直到合格为止。

5.2.9 施工企业已具有同等条件焊接工艺评定资料时，可不必重新进行相应项目的焊接工艺评定试验。

5.3 重新进行工艺评定的规定

5.3.1 焊条手工电弧焊时，下列条件之一发生变化，应重新进行工艺评定：
　　1　焊条熔敷金属抗拉强度级别变化；
　　2　由低氢型焊条改为非低氢型焊条；
　　3　焊条直径增大1mm以上。

5.3.2 熔化极气体保护焊时，下列条件之一发生变化，应重新进行工艺评定：
　　1　实芯焊丝与药芯焊丝的相互变换；药芯焊丝气保护与自保护的变换；
　　2　单一保护气体类别的变化；混合保护气体的混合种类和比例的变化；
　　3　保护气体流量增加25%以上或减少10%以上的变化；
　　4　焊炬手动与机械行走的变换；
　　5　按焊丝直径规定的电流值、电压值和焊接速度的变化分别超过评定合格值的10%、7%和10%。

5.3.3 非熔化极气体保护焊时，下列条件之一发生变化，应重新进行工艺评定：
　　1　保护气体种类的变换；
　　2　保护气体流量增加25%以上或减少10%以上的变化；
　　3　添加焊丝或不添加焊丝的变换；冷态送丝和热态送丝的变换；
　　4　焊炬手动与机械行走的变换；
　　5　按电极直径规定的电流值、电压值和焊接速度的变化分别超过评定合格值的25%、7%和10%。

5.3.4 埋弧焊时，下列条件之一发生变化，应重新进行工艺评定：
　　1　焊丝钢号变化；焊剂型号变换；
　　2　多丝焊与单丝焊的变化；
　　3　添加与不添加冷丝的变化；
　　4　电流种类和极性的变换；
　　5　按焊丝直径规定的电流值、电压值和焊接速度变化分别超过评定合格值的10%、7%和15%。

5.3.5 电渣焊时，下列条件之一发生变化，应重新进行工艺评定：
　　1　板极与丝极的变换，有、无熔嘴的变换；
　　2　熔嘴截面积变化大于30%，熔嘴牌号的变换，焊丝直径的变化，焊剂型号的变换；
　　3　单侧坡口与双侧坡口焊接的变化；
　　4　焊接电流种类和极性变换；
　　5　焊接电源伏安特性为恒压或恒流的变换；
　　6　焊接电流值变化超过20%或送丝速度变化超过40%，垂直行进速度变化超过20%；
　　7　焊接电压值变化超过10%；

8　偏离垂直位置超过10°；
　　9　成形水冷滑块与挡板的变换；
　　10　焊剂装入量变化超过30%。

5.3.6　气电立焊时，下列条件之一发生变化，应重新进行工艺评定：
　　1　焊丝钢号与直径的变化；
　　2　气保护与自保护药芯焊丝的变换；
　　3　保护气类别或混合比例的变化；
　　4　保护气流量增加25%以上或减少10%以上的变化；
　　5　焊丝极性的变换；
　　6　焊接电流变化超过15%或送丝速度变化超过30%，焊接电压变化超过10%；
　　7　偏离垂直位置超过10°的变化；
　　8　成形水冷滑块与挡板的变换。

5.3.7　栓钉焊时，下列条件之一发生变化，应重新进行工艺评定：
　　1　焊钉直径或焊钉端头镶嵌（或喷涂）稳弧脱氧剂的变换；
　　2　瓷环材料与规格的变换；
　　3　栓焊机与配套栓焊枪形式、型号与规格的变换；
　　4　被焊钢材种类为Ⅰ、Ⅱ类以外的变换；
　　5　非穿透焊（被焊钢材上无压型板直接焊接）与穿透焊（被焊钢材上有压型板焊接）的变换；
　　6　穿透焊中被穿透板材厚度、镀层厚度与种类的变换；
　　7　焊接电流变化超过10%，焊接时间为1s以上时变化超过0.2s或1s以下时变化超过0.1s；
　　8　焊钉伸出长度和提升高度的变化分别超过1mm；
　　9　焊钉焊接位置偏离平焊位置15°以上的变化或立焊、仰焊位置的变换。

5.3.8　各种焊接方法时，下列条件之一发生变化，应重新进行工艺评定：
　　1　坡口形状的变化超出规程规定和坡口尺寸变化超出规定允许偏差；
　　2　板厚变化超过表5.2.4规定的适用范围；
　　3　有衬垫改为无衬垫；清焊根改为不清焊根；
　　4　规定的最低预热温度下降15℃以上或最高层间温度增高50℃以上；
　　5　当热输入有限制时，热输入增加值超过10%；
　　6　改变施焊位置；
　　7　焊后热处理的条件发生变化。

5.4　试件和检验试样的制备

5.4.1　试件制备应符合下列要求：
　　1　选择试件厚度应符合评定试件厚度对工程构件厚度的有效适用范围；
　　2　母材材质、焊接材料、坡口形状和尺寸应与工程设计图的要求一致；试件的焊接必须符合焊接工艺评定指导书的要求。
　　3　试件的尺寸应满足所制备试样的取样要求。各种接头形式的试件尺寸、试样取样位置应符合图 5.4.1-1～图 5.4.1-8 的要求。

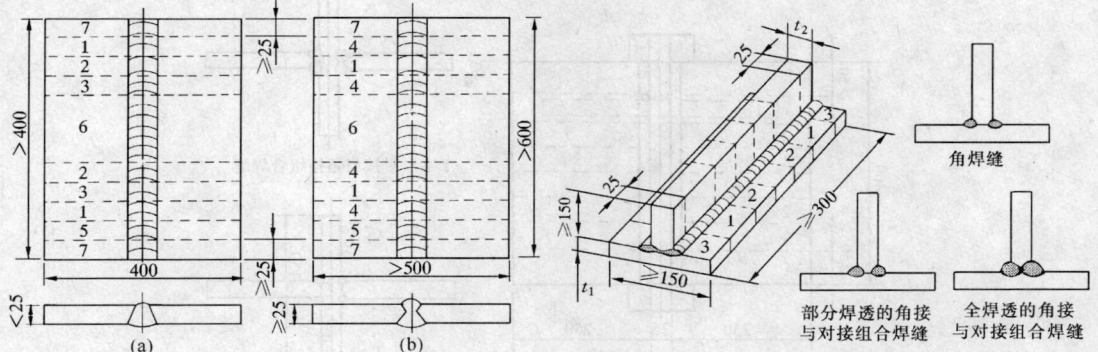

图 5.4.1-1　板材对接接头试件及试样示意
(a) 不取侧弯试样时；(b) 取侧弯试样时
1—拉力试件；2—背弯试件；3—面弯试件；
4—侧弯试件；5—冲击试件；6—备用；7—舍弃

图 5.4.1-2　板材角焊缝和 T 形对接与角接组合
焊缝接头试件及宏观、弯曲试样示意
1—宏观酸蚀试样；2—弯曲试样；3—舍弃

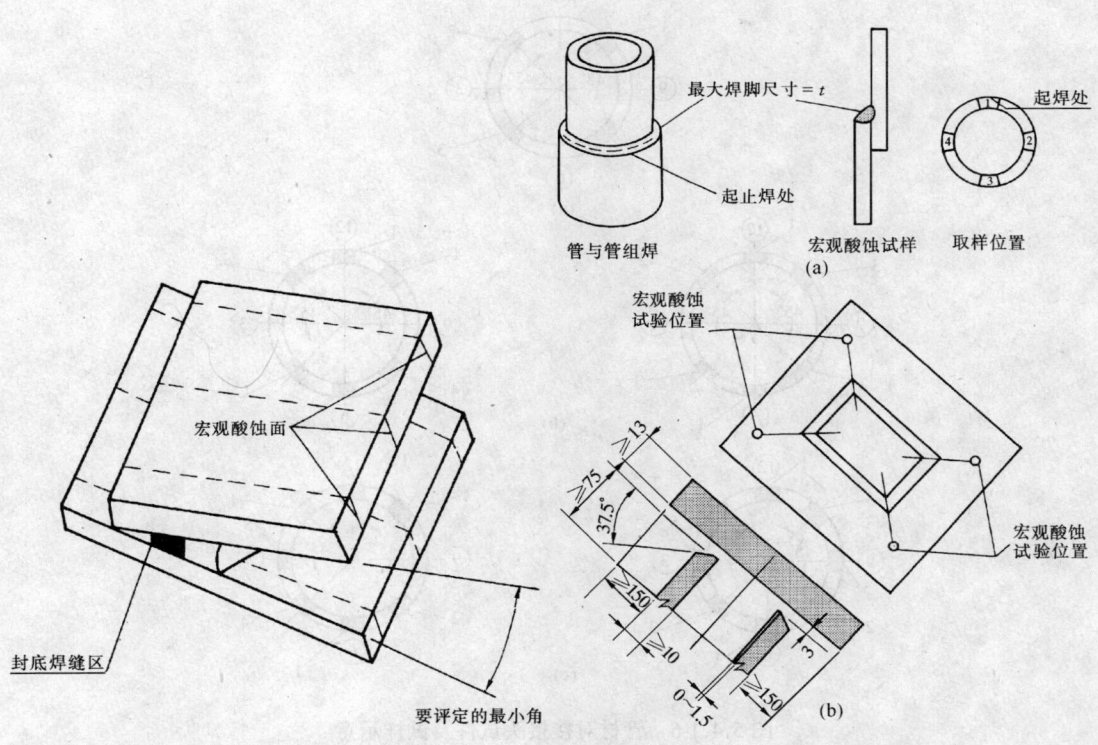

图 5.4.1-3　斜 T 形接头示意（锐角跟部）

图 5.4.1-4　管材角焊缝致密性
检验取样位置示意
(a) 圆管套管接头与宏观试样；(b) 矩形管 T 形角接
和对接与角接组合焊缝接头及宏观试样

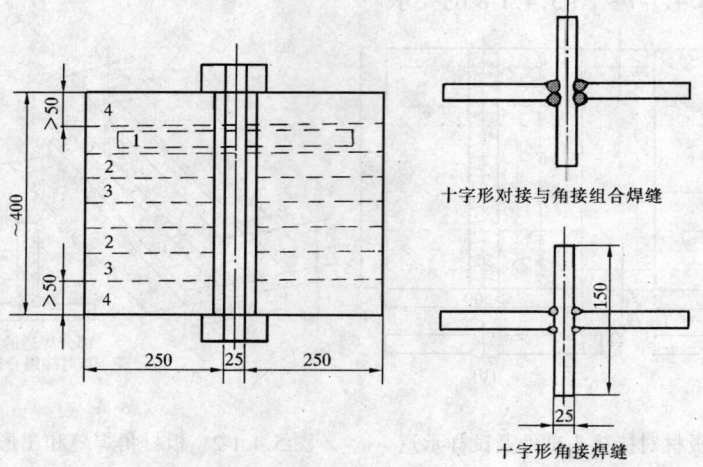

图 5.4.1-5 板材十字形角接（斜角接）及对接与
角接组合焊缝接头试件及试样示意
1—宏观酸蚀试样；2—拉伸试样；3—弯曲试样；4—舍弃

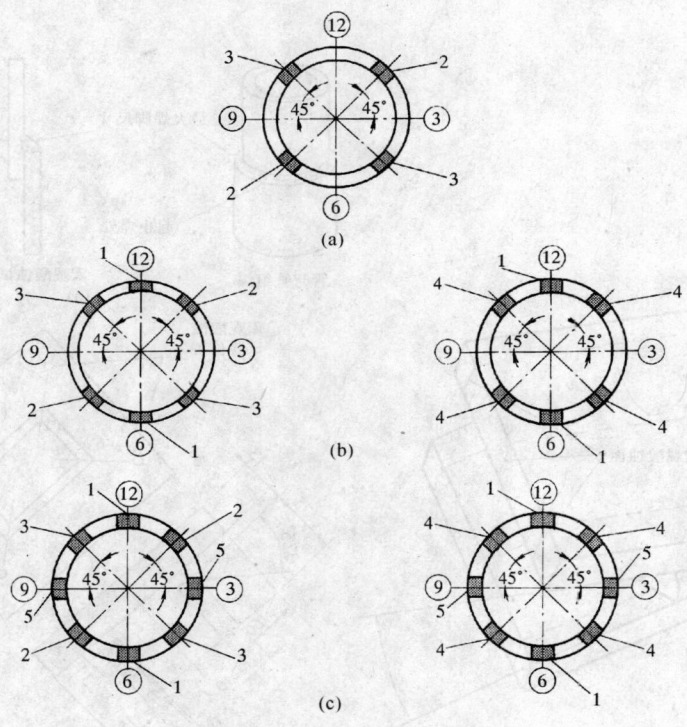

图 5.4.1-6 管材对接接头试件及试样示意
（a）拉力试样为整管时弯曲试样位置；（b）不要求冲击试验时；
（c）要求冲击试验时
③、⑥、⑨、⑫—钟点记号，为水平固定位置焊接时的定位
1—拉伸试样；2—面弯试样；3—背弯试样；4—侧弯试样；5—冲击试样

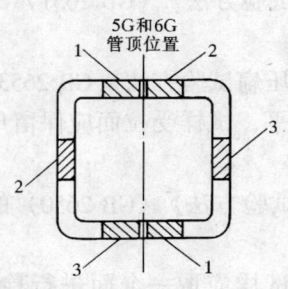
图 5.4.1-7 矩形管材对
接接头试样位置示意
1—拉伸试样；2—面弯或侧
弯试样；3—背弯或侧弯试样

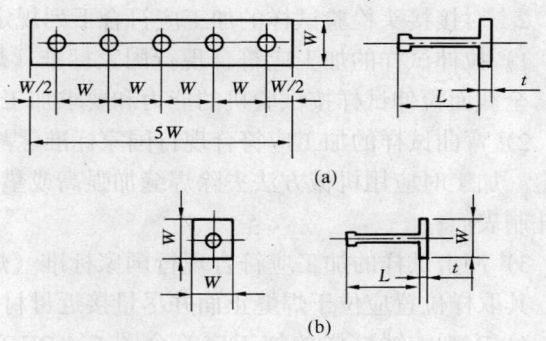
图 5.4.1-8 栓钉焊焊接试件及试样示意
（a）栓钉焊焊接试件；（b）试件的形状及尺寸
L—焊钉长度；$t \geq 12mm$；$W \geq 80mm$

5.4.2 检验试样种类及加工应符合下列要求：

1 不同焊接接头形式和板厚检验试样的取样种类和数量应符合表 5.4.2 的规定；

表 5.4.2 检验类别和试样数量

母材形式	试件形式	试件厚度(mm)	无损探伤	全断面拉伸	试样数量					冲击[3]		宏观酸蚀及硬度[4][5]
					拉伸	面弯	背弯	侧弯	T形与十字形接头弯曲	焊缝	热影响区粗晶区	
板、管	对接接头	<14	要	管2[1]	2	2	2	—	—	3	3	—
		≥14	要	—	2	—	—	4	—	3	3	—
板、管	板T形、斜T形和管T、K、Y形角接接头	任意	要	—	—	—	—	—	板2	—	—	板2[6]、管4
板	十字形接头	≥25	要	—	2	—	—	—	2	3	3	2
管-管	十字形接头	任意	要	2[2]	—	—	—	—	—	—	—	4
管-球					—	—	—	—	—	—	—	2
板-焊钉	栓钉焊接头	底板≥12	—	5	—	—	—	—	5	—	—	—

注：① 管材对接全截面拉伸试样适用于外径小于或等于 76mm 的圆管对接试件，当管径超过该规定时，应按图 5.4.1-6 或图 5.4.1-7 截取拉伸试件；
② 管-管、管-球接头全截面拉伸试样适用的管径和壁厚由试验机的能力决定；
③ 冲击试验温度按设计选用钢材质量等级的要求进行；
④ 硬度试验根据工程实际需要进行；
⑤ 圆管 T、K、Y 形和十字形相贯接头试件的宏观酸蚀试样应在接头的趾部、侧面及跟部各取一件；矩形管接头全焊透 T、K、Y 形接头试件的宏观酸蚀应在接头的角部各取一个，详见图 5.4.1-4；
⑥ 斜 T 形接头（锐角根部）按图 5.4.1-3 进行宏观酸蚀检验。

2 对接接头检验试样的加工应符合下列规定：

1）拉伸试样的加工应符合现行国家标准《焊接接头拉伸试验方法》（GB 2651）的规定，全截面拉伸试样按试验机的能力和要求加工；

2）弯曲试样的加工应符合现行国家标准《焊接接头弯曲及压扁试验方法》（GB 2653）的规定。加工时应用机械方法去除焊缝加强高或垫板至与母材齐平，试样受拉面应保留母材原轧制表面；

3）冲击试样的加工应符合现行国家标准《焊接接头冲击试验方法》（GB 2650）的规定。其取样位置应位于焊缝正面并尽量接近母材原表面；

4）宏观酸蚀试样的加工应符合图 5.4.2-1 的要求。每块试样应取一个面进行检验，任意两检验面不得为同一切口的两侧面。

3 T形角接接头宏观酸蚀试样的加工应符合图 5.4.2-2 的要求；

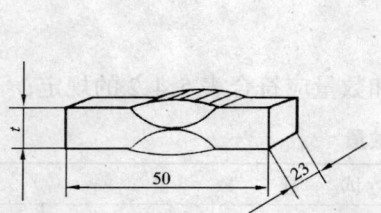

图 5.4.2-1 对接接头宏观酸蚀试样尺寸示意

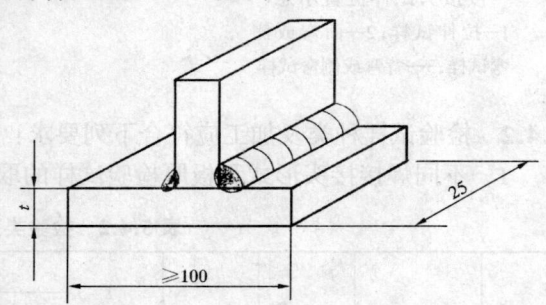

图 5.4.2-2 角接接头宏观酸蚀试样示意

4 十字形角接接头检验试样的加工应符合下列要求：

1）接头拉伸试样的加工应符合图 5.4.2-3 的要求；

2）接头弯曲试样的加工应符合图 5.4.2-4 的要求；

3）接头冲击试样的加工应符合图 5.4.2-5 的要求；

4）接头宏观酸蚀试样的加工应符合图 5.4.2-6 的要求，检验面的选取应符合本条第 2 款的要求。

5 斜T形角接接头、管-球接头、管-管相贯接头的宏观酸蚀试样的加工宜符合图 5.4.2-2 的要求。检验面的选取应符合本条第 2 款的有关规定。

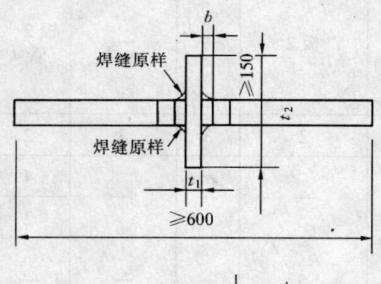

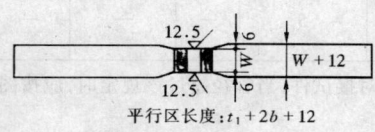

图 5.4.2-3 十字形接头拉伸试样示意

t_2—试验材料厚度；b—根部间隙；$t_2 < 36mm$ 时 $W = 35mm$，$t_2 \geq 36$ 时 $W = 25mm$；

平行区长度：$t_1 + 2b + 12$

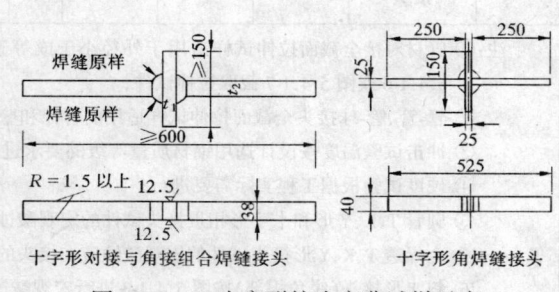

图 5.4.2-4 十字形接头弯曲试样示意

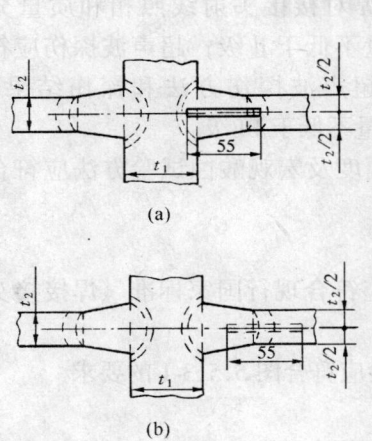
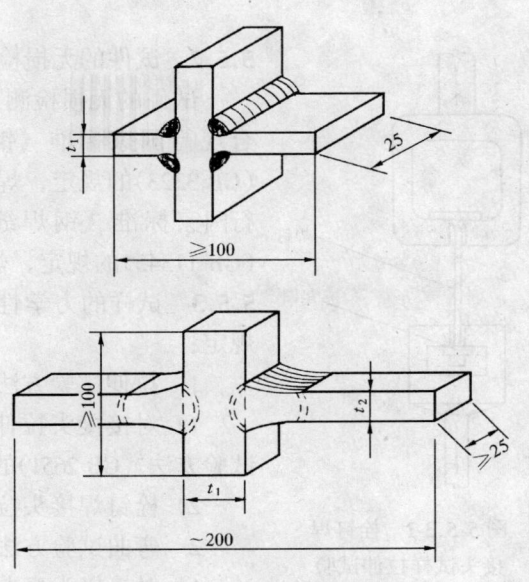

图 5.4.2-5 十字形接头冲击试验的
取样位置示意
（a）焊缝金属区；（b）热影响区

图 5.4.2-6 十字形接头宏观
酸蚀试样示意

5.5 试件和试样的试验与检验

5.5.1 试件的外观检验应符合下列要求：

1 对接、角接及 T 形接头；

1) 用不小于 5 倍放大镜检查试件表面，不得有裂纹、未焊透、未熔合、焊瘤、气孔、夹渣等缺陷；

2) 焊缝咬边总长度不得超过焊缝两侧长度的 15%，咬边深度不得超过 0.5mm；

3) 焊缝外形尺寸应符合表 5.5.1-1 的要求。

表 5.5.1-1 对接、角接及 T 形接头焊缝外形尺寸允许偏差 (mm)

焊缝余高偏差			焊缝宽度比坡口每侧增宽	角焊缝焊脚尺寸偏差		焊缝表面凹凸高低差	焊缝表面宽度差
不同宽度（B）的对接焊缝	角焊缝	对接与角接组合焊缝		差值	不对称	在 25mm 焊缝长度内	在 150mm 焊缝长度内
$B<15$ 时为 $0\sim3$，$15\leq B\leq25$ 时为 $0\sim4$，$25<B$ 时为 $0\sim5$	$0\sim3$	$0\sim5$	$1\sim3$	$0\sim3$	$0\sim1+0.1$ 倍焊脚尺寸	≤2.5	≤5

2 栓钉焊接头外观检验应符合表 5.5.1-2 的要求。当采用手工电弧焊进行焊钉焊接时，其焊缝外观检验应符合第 5.5.1 条中角焊缝的要求。

表 5.5.1-2 栓钉焊接头外观检验合格标准

外观检验项目	合格标准
焊缝外形尺寸	360°范围内：焊缝高>1mm；焊缝宽>0.5mm
焊缝缺陷	无气孔、无夹渣
焊缝咬肉	咬肉深度<0.5mm
焊钉焊后高度	高度允许偏差±2mm

5.5.2 试件的无损检测

试件的无损检测可用射线或超声波方法进行。射线探伤应符合现行国家标准《钢熔化焊对接接头射线照相和质量分级》(GB 3323)的规定,焊缝质量不低于Ⅱ级;超声波探伤应符合现行国家标准《钢焊缝手工超声波探伤方法和探伤结果分级》(GB 11345)的规定,焊缝质量不低于 BI 级。

5.5.3 试样的力学性能、硬度及宏观酸蚀试验方法应符合下列规定:

1 拉伸试验方法

1) 对接接头拉伸试验应符合现行国家标准《焊接接头拉伸试验方法》(GB 2651)的规定;

2) 栓钉焊接头拉伸试验应符合图 5.5.3-1 的要求。

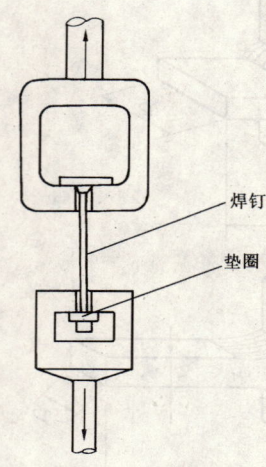

图 5.5.3-1 栓钉焊接头试样拉伸试验方法示意

2 弯曲试验方法

1) 对接接头弯曲试验应符合现行国家标准《焊接接头弯曲及压扁试验方法》(GB 2653)的规定。弯芯直径和冷弯角度应符合母材标准对冷弯的要求。面弯、背弯时试样厚度应为试件全厚度;侧弯时试样厚度应为 10mm,试样宽度应为试件的全厚度,试件厚度超过 38mm 时应按 20~38mm 分层取样;

2) T 形接头弯曲试验应符合现行国家标准《T 形角焊接头弯曲试验方法》(GB 7032)的规定,弯芯直径应为 4 倍试件厚度;

3) 十字形接头弯曲试验应符合图 5.5.3-2 的要求;

4) 栓钉焊接头弯曲试验应符合图 5.5.3-3 的要求。

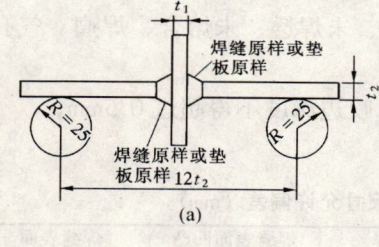

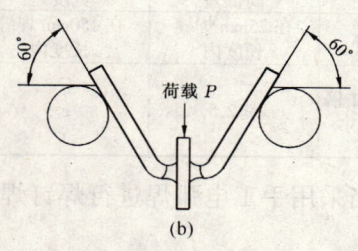

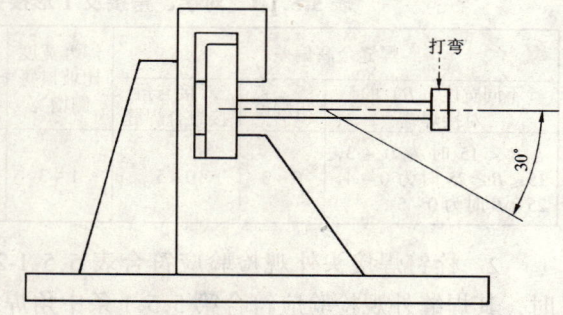

图 5.5.3-2 十字形接头弯曲试验方法示意
(a) 原始弯辊间距及弯辊尺寸;
(b) 加载方式及弯曲角度

图 5.5.3-3 栓钉焊接头试样弯曲试验方法示意

3 冲击试验应符合现行国家标准《焊接接头冲击试验方法》(GB 2650)的规定;

4 宏观酸蚀试验应符合现行国家标准《钢的低倍组织及缺陷酸蚀检验法》(GB 226)

的规定；

5 硬度试验应符合现行国家标准《焊接接头及堆焊金属硬度试验方法》（GB 2654）的规定。

5.5.4 试样检验应符合下列规定：

1 接头拉伸试验

1）对接接头母材为同钢号时，每个试样的抗拉强度值应不小于该母材标准中相应规格规定的下限值。对接接头母材为两种钢号组合时，每个试样的抗拉强度应不小于两种母材标准相应规定下限值的较低者；

2）十字接头拉伸时，应不断于焊缝；

3）栓钉焊接头拉伸时，应不断于焊缝。

2 接头弯曲试验

1）对接接头弯曲试验：试样弯至180°后应符合下列规定：

各试样任何方向裂纹及其他缺陷单个长度不大于3mm；

各试样任何方向不大于3mm的裂纹及其他缺陷的总长不大于7mm；

四个试样各种缺陷总长不大于24mm（边角处非熔渣引起的裂纹不计）；

2）T形及十字形接头弯曲试验：弯至左右侧各60°时应无裂纹及明显缺陷；

3）栓钉焊接头弯曲试验：试样弯曲至30°后焊接部位无裂纹。

3 冲击试验

焊缝中心及热影响区粗晶区各三个试样的冲击功平均值应分别达到母材标准规定或设计要求的最低值，并允许一个试样低于以上规定值，但不得低于规定值的70%。

4 宏观酸蚀试验

试样接头焊缝及热影响区表面不应有肉眼可见的裂纹、未熔合等缺陷。

5 硬度试验

Ⅰ、Ⅱ类钢材焊缝及热影响区最高硬度不宜超过HV350；Ⅲ、Ⅳ类钢材焊缝及热影响区硬度应根据工程实际要求进行评定。

6 焊 接 工 艺

6.1 一 般 规 定

6.1.1 钢材除应符合本规程第3章的相应规定外，尚应符合下列要求：

1 清除待焊处表面的水、氧化皮、锈、油污；

2 焊接坡口边缘上钢材的夹层缺陷长度超过25mm时，应采用无损探伤检测其深度，如深度不大于6mm，应用机械方法清除；如深度大于6mm，应用机械方法清除后焊接填满；若缺陷深度大于25mm时，应采用超声波探伤测定其尺寸，当单个缺陷面积（$a \times d$）或聚集缺陷的总面积不超过被切割钢材总面积（$B \times L$）的4%时为合格，否则该板不宜使用；

3 钢材内部的夹层缺陷，其尺寸不超过第2款的规定且位置离母材坡口表面距离（b）大于或等于25mm时不需要修理；如该距离小于25mm则应进行修补，其修补方法应

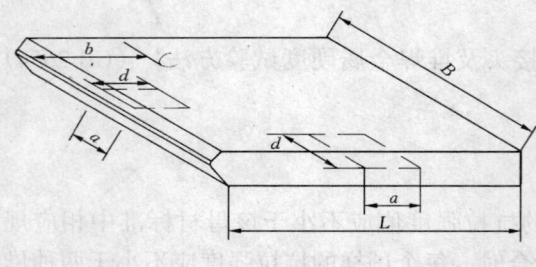

图 6.1.1 夹层缺陷示意

符合 6.6 节的规定;

4 夹层缺陷是裂纹时(见图 6.1.1),如裂纹长度(a)和深度(d)均不大于 50mm,其修补方法应符合第 6.6 节的规定;如裂纹深度超过 50mm 或累计长度超过板宽的 20% 时,该钢板不宜使用。

6.1.2 焊接材料除应符合本规程第 3 章的有关规定外,尚应符合下列规定:

1 焊条、焊丝、焊剂和熔嘴应储存在干燥、通风良好的地方,由专人保管;

2 焊条、熔嘴、焊剂和药芯焊丝在使用前,必须按产品说明书及有关工艺文件的规定进行烘干。

3 低氢型焊条烘干温度应为 350~380℃,保温时间应为 1.5~2h,烘干后应缓冷放置于 110~120℃ 的保温箱中存放、待用;使用时应置于保温筒中;烘干后的低氢型焊条在大气中放置时间超过 4h 应重新烘干;焊条重复烘干次数不宜超过 2 次;受潮的焊条不应使用;

4 实芯焊丝及熔嘴导管应无油污、锈蚀,镀铜层应完好无损;

5 焊钉的外观质量和力学性能及焊接瓷环尺寸应符合现行国家标准《圆柱头焊钉》(GB 10433)的规定,并应由制造厂提供焊钉性能检验及其焊接端的鉴定资料。焊钉保存时应有防潮措施;焊钉及母材焊接区如有水、氧化皮、锈、漆、油污、水泥灰渣等杂质,应清除干净方可施焊。受潮的焊接瓷环使用前应经 120℃ 烘干 2h。

6 焊条、焊剂烘干装置及保温装置的加热、测温、控温性能应符合使用要求;二氧化碳气体保护电弧焊所用的二氧化碳气瓶必须装有预热干燥器。

6.1.3 焊接不同类别钢材时,焊接材料的匹配应符合设计要求。常用结构钢材采用手工电弧焊、CO_2 气体保护焊和埋弧焊进行焊接时,焊接材料可按表 6.1.3-1~表 6.1.3-3 的规定选配。

表 6.1.3-1 常用结构钢材手工电弧焊接材料的选配

钢材							手工电弧焊焊条				
牌号	等级	抗拉强度[3] σ_b (MPa)	屈服强度[3] σ_s (MPa)		冲击功[3]		型号示例	熔敷金属性能[3]			
			$\delta \leq 16$ (mm)	$\delta > 50 \sim 100$ (mm)	T (℃)	A_{kv} (J)		抗拉强度 σ_b (MPa)	屈服强度 σ_s (MPa)	延伸率 δ_5 (%)	冲击功≥ 27J 时试验温度 (℃)
Q235	A	375~460	235	205[④]	—	—	E4303[①]	420	330	22	0
	B				20	27	E4303[①]、E4328、E4315、E4316				0
	C				0	27					-20
	D				-20	27					-30
Q295	A	390~570	295	235	—	—	E4303[①]	420	330	22	0
	B				20	34	E4315、E4316、E4328				-30 -20

续表 6.1.3-1

钢材						手工电弧焊焊条				
牌号	等级	抗拉强度[3] σ_b (MPa)	屈服强度[3] σ_s(MPa)		冲击功[3]		型号示例	熔敷金属性能[3]			
			$\delta \leq 16$ (mm)	$\delta > 50 \sim 100$ (mm)	T (℃)	A_{kv} (J)		抗拉强度 σ_b (MPa)	屈服强度 σ_s (MPa)	延伸率 δ_5 (%)	冲击功≥ 27J时试验温度 (℃)
Q345	A	470~630	345	275			E5003[①]	490	390	20	0
	B				20	34	E5003[①]、E5015、E5016、E5018			22	−30
	C				0	34	E5015、E5016、E5018				
	D				−20	34					
	E				−40	27	[②]				[②]
Q390	A	490~650	390	330	—	—	E5015、E5016、E5515-D3、-G、E5516-D3、-G	490	390	22	−30
	B				20	34					
	C				0	34					
	D				−20	34		540	440	17	
	E				−40	27	[②]				[②]
Q420	A	520~680	420	360	—	—	E5515-D3、-G、E5516-D3、-G	540	440	17	−30
	B				20	34					
	C				0	34					
	D				−20	34					
	E				−40	27	[②]				[②]
Q460	C	550~720	460	400	0	34	E6015-D1、-G、E5516-D1、-G	590	490	15	−30
	D				−20	34					
	E				−40	27	[②]				[②]

注：①用于一般结构；②由供需双方协议；③表中钢材及焊材熔敷金属力学性能的单值均为最小值；④为板厚 $\delta >$ 60~100mm 时的 σ_s 值。

表 6.1.3-2 常用结构钢材 CO_2[①] 气体保护焊实芯焊丝的选配

钢材		焊丝型号示例	熔敷金属性能[①]				
牌号	等级		抗拉强度 σ_b (MPa)	屈服强度 σ_s (MPa)	延伸率 δ_5 (%)	冲击功	
						T (℃)	A_{kv} (J)
Q235	A	ER49-1[②]	490	372	20	常温	47
	B						
	C	ER50-6	500	420	22	−29	27
	D					−18	
Q295	A	ER49-1[②] ER49-6	490	372	20	常温	47
	B	ER50-3 ER50-6	500	420	22	−18	27

续表 6.1.3-2

钢材		焊丝型号示例	熔敷金属性能④				
牌号	等级		抗拉强度 σ_b (MPa)	屈服强度 σ_s (MPa)	延伸率 δ_5 (%)	冲击功	
						T (℃)	A_{kv} (J)
Q345	A	ER49-1②	490	372	20	常温	47
	B	ER50-3	500	420	22	-20	27
	C	ER50-2	500	420	22	-29	27
	D						
	E	③	③			③	
Q390	A	ER50-3	500	420	22	-18	27
	B						
	C						
	D	ER50-2	500	420	22	-29	27
	E	③	③			③	
Q420	A	ER55-D2	550	470	17	-29	27
	B						
	C						
	D						
	E	③	③			③	
Q460	C	ER55-D2	550	470	17	-29	27
	D						
	E	③	③			③	

注：① 含 $Ar-CO_2$ 混合气体保护焊；
② 用于一般结构，其他用于重大结构；
③ 按供需协议；
④ 表中焊材熔敷金属力学性能的单值均为最小值。

表 6.1.3-3　常用结构钢埋弧焊焊接材料的选配

钢材		焊剂型号-焊丝牌号示例
牌号	等级	
Q235	A、B、C	F4A0-H08A
	D	F4A2-H08A
Q295	A	F5004-H08A①、F5004-H08MnA②
	B	F5014-H08A①、F5014-H08MnA②
Q345	A	F5004-H08A①、F5004-H08MnA②、F5004-H10Mn2②
	B	F5014-H08A①、F5014-H08MnA②、F5014-H10Mn2② F5011-H08A①、F5011-H08MnA②、F5011-H10Mn2②
	C	F5024-H08A①、F5024-H08MnA②、F5024-H10Mn2② F5021-H08A①、F5021-H08MnA②、F5021-H10Mn2②
	D	F5034-H08A①、F5034-H08MnA②、F5034-H10Mn2② F5031-H08A①、F5031-H08MnA②、F5031-H10Mn2②
	E	F5041③
Q390	A、B	F5011-H08MnA①、F5011-H10Mn2②、F5011-H08MnMoA②
	C	F5021-H08MnA①、F5021-H10Mn2②、F5021-H08MnMoA②
	D	F5031-H08MnA①、F5031-H10Mn2②、F5031-H08MnMoA②
	E	F5041③

续表 6.1.3-3

钢 材		焊剂型号-焊丝牌号示例
牌号	等级	
Q420	A、B	F6011-H10Mn2[②]、F6011-H08MnMoA[②]
	C	F6021-H10Mn2[②]、F6021-H08MnMoA[②]
	D	F6031-H10Mn2[②]、F6031-H08MnMoA[②]
	E	F6041[③]
Q460	C	F6021-H08MnMoA[②]
	D	F6031-H08Mn2MoVA[②]
	E	F6041[③]

注：①薄板Ⅰ形坡口对接；②中、厚板坡口对接；③供需双方协议。

6.1.4 焊缝坡口表面及组装质量应符合下列要求：

1 焊接坡口可用火焰切割或机械方法加工。当采用火焰切割时，切割面质量应符合国家现行标准《热切割、气割质量和尺寸偏差》（ZBJ 59002.3）的相应规定。缺棱为 1～3mm 时，应修磨平整；缺棱超过 3mm 时，应用直径不超过 3.2mm 的低氢型焊条补焊，并修磨平整。当采用机械方法加工坡口时，加工表面不应有台阶；

2 施焊前，焊工应检查焊接部位的组装和表面清理的质量，如不符合要求，应修磨补焊合格后方能施焊。各种焊接方法焊接坡口组装允许偏差值应符合表 4.2.2～表 4.2.7 的规定。坡口组装间隙超过允许偏差规定时，可在坡口单侧或两侧堆焊、修磨使其符合要求，但当坡口组装间隙超过较薄板厚度 2 倍或大于 20mm 时，不应用堆焊方法增加构件长度和减小组装间隙；

3 搭接接头及T形角接接头组装间隙超过 1mm 或管材T、K、Y形接头组装间隙超过 1.5mm 时，施焊的焊脚尺寸应比设计要求值增大并应符合第 4.3 节的规定。但T形角接接头组装间隙超过 5mm 时，应事先在板端堆焊并修磨平整或在间隙内堆焊填补后施焊；

4 严禁在接头间隙中填塞焊条头、铁块等杂物。

6.1.5 焊接工艺文件应符合下列要求：

1 施工前应由焊接技术责任人员根据焊接工艺评定结果编制焊接工艺文件，并向有关操作人员进行技术交底，施工中应严格遵守工艺文件的规定；

2 焊接工艺文件应包括下列内容：

1）焊接方法或焊接方法的组合；
2）母材的牌号、厚度及其他相关尺寸；
3）焊接材料型号、规格；
4）焊接接头形式、坡口形状及尺寸允许偏差；
5）夹具、定位焊、衬垫的要求；
6）焊接电流、焊接电压、焊接速度、焊接层次、清根要求、焊接顺序等焊接工艺参数规定；
7）预热温度及层间温度范围；
8）后热、焊后消除应力处理工艺；

9）检验方法及合格标准；
10）其他必要的规定。

6.1.6 焊接作业环境应符合以下要求：

1 焊接作业区风速当手工电弧焊超过8m/s、气体保护电弧焊及药芯焊丝电弧焊超过2m/s时，应设防风棚或采取其他防风措施。制作车间内焊接作业区有穿堂风或鼓风机时，也应按以上规定设挡风装置；

2 焊接作业区的相对湿度不得大于90%；

3 当焊件表面潮湿或有冰雪覆盖时，应采取加热去湿除潮措施；

4 焊接作业区环境温度低于0℃时，应将构件焊接区各方向大于或等于两倍钢板厚度且不小于100mm范围内的母材，加热到20℃以上后方可施焊，且在焊接过程中均不应低于这一温度。实际加热温度应根据构件构造特点、钢材类别及质量等级和焊接性、焊接材料熔敷金属扩散氢含量、焊接方法和焊接热输入等因素确定，其加热温度应高于常温下的焊接预热温度，并由焊接技术责任人员制订出作业方案经认可后方可实施。作业方案应保证焊工操作技能不受环境低温的影响，同时对构件采取必要的保温措施；

5 焊接作业区环境超出本条第1、4款规定但必须焊接时，应对焊接作业区设置防护棚并由施工企业制订出具体方案，连同低温焊接工艺参数、措施报监理工程师确认后方可实施。

6.1.7 引弧板、引出板、垫板应符合下列要求：

1 严禁在承受动荷载且需经疲劳验算构件焊缝以外的母材上打火、引弧或装焊夹具；

2 不应在焊缝以外的母材上打火、引弧；

3 T形接头、十字形接头、角接接头和对接接头主焊缝两端，必须配置引弧板和引出板，其材质应和被焊母材相同，坡口形式应与被焊焊缝相同，禁止使用其他材质的材料充当引弧板和引出板；

4 手工电弧焊和气体保护电弧焊焊缝引出长度应大于25mm。其引弧板和引出板宽度应大于50mm，长度宜为板厚的1.5倍且不小于30mm，厚度应不小于6mm；

非手工电弧焊焊缝引出长度应大于80mm。其引弧板和引出板宽度应大于80mm，长度宜为板厚的2倍且不小于100mm，厚度应不小于10mm；

5 焊接完成后，应用火焰切割去除引弧板和引出板，并修磨平整。不得用锤击落引弧板和引出板。

6.1.8 定位焊必须由持相应合格证的焊工施焊，所用焊接材料应与正式施焊相当。定位焊焊缝应与最终焊缝有相同的质量要求。钢衬垫的定位焊宜在接头坡口内焊接，定位焊焊缝厚度不宜超过设计焊缝厚度的2/3，定位焊焊缝长度宜大于40mm，间距宜为500～600mm，并应填满弧坑。定位焊预热温度应高于正式施焊预热温度。当定位焊焊缝上有气孔或裂纹时，必须清除后重焊。

6.1.9 多层焊的施焊应符合下列要求：

1 厚板多层焊时应连续施焊，每一焊道焊接完成后应及时清理焊渣及表面飞溅物，发现影响焊接质量的缺陷时，应清除后方可再焊。在连续焊接过程中应控制焊接区母材温度，使层间温度的上、下限符合工艺文件要求。遇有中断施焊的情况，应采取适当的后热、保温措施，再次焊接时重新预热温度应高于初始预热温度；

2 坡口底层焊道采用焊条手工电弧焊时宜使用不大于 $\phi 4mm$ 的焊条施焊，底层根部焊道的最小尺寸应适宜，但最大厚度不应超过 6mm。

6.1.10 栓钉焊施焊环境温度低于 0℃时，打弯试验的数量应增加 1%；当焊钉采用手工电弧焊和气体保护电弧焊焊接时，其预热温度应符合相应工艺的要求。

6.1.11 塞焊和槽焊可采用手工电弧焊、气体保护电弧焊及自保护电弧焊等焊接方法。平焊时，应分层熔敷焊缝，每层熔渣冷却凝固后，必须清除方可重新焊接；立焊和仰焊时，每道焊缝焊完后，应待熔渣冷却并清除后方可施焊后续焊道。

6.1.12 电渣焊和气电立焊不得用于焊接调质钢。

6.2 焊接预热及后热

6.2.1 除电渣焊、气电立焊外，Ⅰ、Ⅱ类钢材匹配相应强度级别的低氢型焊接材料并采用中等热输入进行焊接时，板厚与最低预热温度要求宜符合表 6.2.1 的规定。

表 6.2.1 常用结构钢材最低预热温度要求

钢材牌号	接头最厚部件的板厚 t (mm)				
	$t<25$	$25 \leq t \leq 40$	$40<t \leq 60$	$60<t \leq 80$	$t>80$
Q235	—	—	60℃	80℃	100℃
Q295、Q345	—	60℃	80℃	100℃	140℃

注：本表适应条件：
1 接头形式为坡口对接，根部焊道，一般拘束度；
2 热输入约为 15～25kJ/cm；
3 采用低氢型焊条，熔敷金属扩散氢含量（甘油法）：
    E4315、4316 不大于 8ml/100g；
    E5015、E5016、E5515、E5516 不大于 6ml/100g；
    E6015、E6016 不大于 4ml/100g；
4 一般拘束度，指一般角焊缝和坡口焊缝的接头未施加限制收缩变形的刚性固定，也未处于结构最终封闭安装或局部返修焊接条件下而具有一定自由度；
5 环境温度为常温；
6 焊接接头板厚不同时，应按厚板确定预热温度；焊接接头材质不同时，按高强度、高碳当量的钢材确定预热温度。

实际工程结构施焊时的预热温度，尚应满足下列规定：

1 根据焊接接头的坡口形式和实际尺寸、板厚及构件拘束条件确定预热温度。焊接坡口角度及间隙增大时，应相应提高预热温度；

2 根据熔敷金属的扩散氢含量确定预热温度。扩散氢含量高时应适当提高预热温度。当其他条件不变时，使用超低氢型焊条打底预热温度可降低 25～50℃。二氧化碳气体保护焊当气体含水量符合本规程 3.0.8 条的要求或使用富氩混合气体保护焊时，其熔敷金属扩散氢可视同低氢型焊条；

3 根据焊接时热输入的大小确定预热温度。当其他条件不变时，热输入增大 5kJ/cm，预热温度可降低 25～50℃。电渣焊和气电立焊在环境温度为 0℃以上施焊时可不进行预热；

4　根据接头热传导条件选择预热温度。在其他条件不变时，T形接头应比对接接头的预热温度高25～50℃。但T形接头两侧角焊缝同时施焊时应按对接接头确定预热温度。
　　5　根据施焊环境温度确定预热温度。操作地点环境温度低于常温时（高于0℃），应提高预热温度15～25℃。

6.2.2　预热方法及层间温度控制方法应符合下列规定：
　　1　焊前预热及层间温度的保持宜采用电加热器、火焰加热器等加热，并采用专用的测温仪器测量；
　　2　预热的加热区域应在焊接坡口两侧，宽度应各为焊件施焊处厚度的1.5倍以上，且不小于100mm；预热温度宜在焊件反面测量，测温点应在离电弧经过前的焊接点各方向不小于75mm处；当用火焰加热器预热时正面测温应在加热停止后进行。

6.2.3　当要求进行焊后消氢处理时，应符合下列规定：
　　1　消氢处理的加热温度应为200～250℃，保温时间应依据工件板厚按每25mm板厚不小于0.5h、且总保温时间不得小于1h确定。达到保温时间后应缓冷至常温；
　　2　消氢处理的加热和测温方法按6.2.2条的规定执行。

6.2.4　Ⅲ、Ⅳ类钢材的预热温度、层间温度及后热处理应遵守钢厂提供的指导性参数要求，或3.0.3条的规定执行。

6.3　防止层状撕裂的工艺措施

6.3.1　T形接头、十字接头、角接接头焊接时，宜采用以下防止板材层状撕裂的焊接工艺措施：
　　1　采用双面坡口对称焊接代替单面坡口非对称焊接；
　　2　采用低强度焊条在坡口内母材板面上先堆焊塑性过渡层；
　　3　Ⅱ类及Ⅱ类以上钢材箱形柱角接接头当板厚大于、等于80mm时，板边火焰切割面宜用机械方法去除淬硬层（见图6.3.1）；
　　4　采用低氢型、超低氢型焊条或气体保护电弧焊施焊；
　　5　提高预热温度施焊。

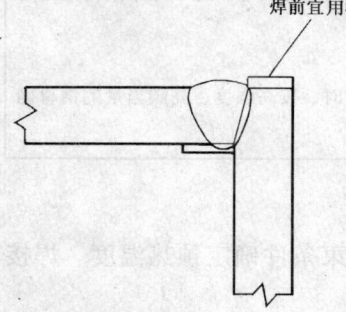

图6.3.1　特厚板角接接头防止层状撕裂的工艺措施示意

6.4　控制焊接变形的工艺措施

6.4.1　宜按下列要求采用合理的焊接顺序控制变形：
　　1　对于对接接头、T形接头和十字接头坡口焊接，在工件放置条件允许或易于翻身的情况下，宜采用双面坡口对称顺序焊接；对于有对称截面的构件，宜采用对称于构件中和轴的顺序焊接；
　　2　对双面非对称坡口焊接，宜采用先焊深坡口侧部分焊缝、后焊浅坡口侧、最后焊完深坡口侧焊缝的顺序；
　　3　对长焊缝宜采用分段退焊法或与多人对称焊接法同时运用；
　　4　宜采用跳焊法，避免工件局部加热集中。

6.4.2 在节点形式、焊缝布置、焊接顺序确定的情况下，宜采用熔化极气体保护电弧焊或药芯焊丝自保护电弧焊等能量密度相对较高的焊接方法，并采用较小的热输入。

6.4.3 宜采用反变形法控制角变形。

6.4.4 对一般构件可用定位焊固定同时限制变形；对大型、厚板构件宜用刚性固定法增加结构焊接时的刚性。

6.4.5 对于大型结构宜采取分部组装焊接、分别矫正变形后再进行总装焊接或连接的施工方法。

6.5 焊后消除应力处理

6.5.1 设计文件对焊后消除应力有要求时，根据构件的尺寸，工厂制作宜采用加热炉整体退火或电加热器局部退火对焊件消除应力，仅为稳定结构尺寸时可采用振动法消除应力；工地安装焊缝宜采用锤击法消除应力。

6.5.2 焊后热处理应符合现行国家标准《碳钢、低合金钢焊接构件焊后热处理方法》（GB/T 6046）的规定。当采用电加热器对焊接构件进行局部消除应力热处理时，尚应符合下列要求：
1 使用配有温度自动控制仪的加热设备，其加热、测温、控温性能应符合使用要求；
2 构件焊缝每侧面加热板（带）的宽度至少为钢板厚度的3倍，且应不小于200mm；
3 加热板（带）以外构件两侧尚宜用保温材料适当覆盖。

6.5.3 用锤击法消除中间焊层应力时，应使用圆头手锤或小型振动工具进行，不应对根部焊缝、盖面焊缝或焊缝坡口边缘的母材进行锤击。

6.5.4 用振动法消除应力时，应符合国家现行标准《振动时效工艺参数选择及技术要求》（JB/T 5926）的规定。

6.6 熔化焊缝缺陷返修

6.6.1 焊缝表面缺陷超过相应的质量验收标准时，对气孔、夹渣、焊瘤、余高过大等缺陷应用砂轮打磨、铲凿、钻、铣等方法去除，必要时应进行焊补；对焊缝尺寸不足、咬边、弧坑未填满等缺陷应进行焊补。

6.6.2 经无损检测确定焊缝内部存在超标缺陷时应进行返修，返修应符合下列规定：
1 返修前应由施工企业编写返修方案；
2 应根据无损检测确定的缺陷位置、深度，用砂轮打磨或碳弧气刨清除缺陷。缺陷为裂纹时，碳弧气刨前应在裂纹两端钻止裂孔并清除裂纹及其两端各50mm长的焊缝或母材；
3 清除缺陷时应将刨槽加工成四侧边斜面角大于10°的坡口，并应修整表面、磨除气刨渗碳层，必要时应用渗透探伤或磁粉探伤方法确定裂纹是否彻底清除；
4 焊补时应在坡口内引弧，熄弧时应填满弧坑；多层焊的焊层之间接头应错开，焊缝长度应不小于100mm；当焊缝长度超过500mm时，应采用分段退焊法；
5 返修部位应连续焊成。如中断焊接时，应采取后热、保温措施，防止产生裂纹。再次焊接前宜用磁粉或渗透探伤方法检查，确认无裂纹后方可继续补焊；
6 焊接修补的预热温度应比相同条件下正常焊接的预热温度高，并应根据工程节点的实际情况确定是否需用采用超低氢型焊条焊接或进行焊后消氢处理；

　　7 焊缝正、反面各作为一个部位，同一部位返修不宜超过两次；

　　8 对两次返修后仍不合格的部位应重新制订返修方案，经工程技术负责人审批并报监理工程师认可后方可执行；

　　9 返修焊接应填报返修施工记录及返修前后的无损检测报告，作为工程验收及存档资料。

6.6.3 碳弧气刨应符合下列规定：

　　1 碳弧气刨工必须经过培训合格后方可上岗操作；

　　2 如发现"夹碳"，应在夹碳边缘 5～10mm 处重新起刨，所刨深度应比夹碳处深 2～3mm；发生"粘渣"时可用砂轮打磨。Q420、Q460 及调质钢在碳弧气刨后，不论有无"夹碳"或"粘渣"，均应用砂轮打磨刨槽表面，去除淬硬层后方可进行焊接。

7 焊 接 质 量 检 查

7.1 一 般 规 定

7.1.1 质量检查人员应按本规程及施工图纸和技术文件要求，对焊接质量进行监督和检查。

7.1.2 质量检查人员的主要职责应为：

　　1 对所用钢材及焊接材料的规格、型号、材质以及外观进行检查，均应符合图纸和相关规程、标准的要求；

　　2 监督检查焊工合格证及认可施焊范围；

　　3 监督检查焊工是否严格按焊接工艺技术文件要求及操作规程施焊；

　　4 对焊缝质量按照设计图纸、技术文件及本规程要求进行验收检验。

7.1.3 检查前应根据施工图及说明文件规定的焊缝质量等级要求编制检查方案，由技术负责人批准并报监理工程师备案。检查方案应包括检查批的划分、抽样检查的抽样方法、检查项目、检查方法、检查时机及相应的验收标准等内容。

7.1.4 抽样检查时，应符合下列要求：

　　1 焊缝处数的计数方法：工厂制作焊缝长度小于等于 1000mm 时，每条焊缝为 1 处；长度大于 1000mm 时，将其划分为每 300mm 为 1 处；现场安装焊缝每条焊缝为 1 处；

　　2 可按下列方法确定检查批：

　　　　1）按焊接部位或接头形式分别组成批；

　　　　2）工厂制作焊缝可以同一工区（车间）按一定的焊缝数量组成批；多层框架结构可以每节柱的所有构件组成批；

　　　　3）现场安装焊缝可以区段组成批；多层框架结构可以每层（节）的焊缝组成批。

　　3 批的大小宜为 300～600 处；

　　4 抽样检查除设计指定焊缝外应采用随机取样方式取样。

7.1.5 抽样检查的焊缝数如不合格率小于 2% 时，该批验收应定为合格；不合格率大于 5% 时，该批验收应定为不合格；不合格率为 2%～5% 时，应加倍抽检，且必须在原不合格部位两侧的焊缝延长线各增加一处，如在所有抽检焊缝中不合格率不大于3%时，该批验收应定为合格，大于3%时，该批验收应定为不合格。当批量验收不合格时，应对该批余下焊缝的全数进行检查。当检查出一处裂纹缺陷时，应加倍抽查，如在加倍抽检焊缝中未检查出其他裂纹缺陷时，该批验收应定为合格，当检查出多处裂纹缺陷或加倍抽查又发现裂纹缺陷时，应对该批余下焊缝的全数进行检查。

7.1.6 所有查出的不合格焊接部位应按6.6节的规定予以补修至检查合格。

7.2 外观检验

7.2.1 所有焊缝应冷却到环境温度后进行外观检查，Ⅱ、Ⅲ类钢材的焊缝应以焊接完成24h后检查结果作为验收依据，Ⅳ类钢应以焊接完成48h后的检查结果作为验收依据。

7.2.2 外观检查一般用目测，裂纹的检查应辅以5倍放大镜并在合适的光照条件下进行，必要时可采用磁粉探伤或渗透探伤，尺寸的测量应用量具、卡规。

7.2.3 焊缝外观质量应符合下列规定：
    1 一级焊缝不得存在未焊满、根部收缩、咬边和接头不良等缺陷，一级焊缝和二级焊缝不得存在表面气孔、夹渣、裂纹和电弧擦伤等缺陷；
    2 二级焊缝的外观质量除应符合本条第一款的要求外，尚应满足表7.2.3的有关规定；
    3 三级焊缝的外观质量应符合表7.2.3的有关规定。

表7.2.3 焊缝外观质量允许偏差

检验项目	二 级	三 级
未焊满	≤0.2+0.02t 且 ≤1mm，每100mm长度焊缝内未焊满累积长度≤25mm	≤0.2+0.04t 且 ≤2mm，每100mm长度焊缝内未焊满累积长度≤25mm
根部收缩	≤0.2+0.02t 且 ≤1mm，长度不限	≤0.2+0.04t 且 ≤2mm，长度不限
咬边	≤0.05t 且 ≤0.5mm，连续长度≤100mm，且焊缝两侧咬边总长≤10%焊缝全长	≤0.1t 且 ≤1mm，长度不限
裂纹	不允许	允许存在长度≤5mm的弧坑裂纹
电弧擦伤	不允许	允许存在个别电弧擦伤
接头不良	缺口深度≤0.05t 且 ≤0.5mm，每1000mm长度焊缝内不得超过1处	缺口深度≤0.1t 且 ≤1mm，每1000mm长度焊缝内不得超过1处
表面气孔	不允许	每50mm长度焊缝内允许存在直径<0.4t 且 ≤3mm的气孔2个；孔距应≥6倍孔径
表面夹渣	不允许	深≤0.2t，长≤0.5t 且 ≤20mm

7.2.4 焊缝尺寸应符合下列规定：
    1 焊缝焊脚尺寸应符合表7.2.4-1的规定；
    2 焊缝余高及错边应符合表7.2.4-2的规定。

表 7.2.4-1 焊缝焊脚尺寸允许偏差

序号	项目	示意图	允许偏差（mm）
1	一般全焊透的角接与对接组合焊缝		$h_f \geq \left(\dfrac{t}{4}\right)_0^{+4}$ 且 ≤ 10
2	需经疲劳验算的全焊透角接与对接组合焊缝		$h_f \geq \left(\dfrac{t}{2}\right)_0^{+4}$ 且 ≤ 10
3	角焊缝及部分焊透的角接与对接组合焊缝		$h_f \leq 6$ 时 $0 \sim 1.5$ ； $h_f > 6$ 时 $0 \sim 3.0$

注： 1 $h_f > 8.0$mm 的角焊缝其局部焊脚尺寸允许低于设计要求值 1.0mm，但总长度不得超过焊缝长度的 10%；
2 焊接 H 形梁腹板与翼缘板的焊缝两端在其两倍翼缘板宽度范围内，焊缝的焊脚尺寸不得低于设计要求值。

表 7.2.4-2 焊缝余高和错边允许偏差

序号	项目	示意图	允许偏差(mm) 一、二级	三级
1	对接焊缝余高（C）		$B < 20$ 时，C 为 $0 \sim 3$；$B \geq 20$ 时，C 为 $0 \sim 4$	$B < 20$ 时，C 为 $0 \sim 3.5$；$B \geq 20$ 时，C 为 $0 \sim 5$
2	对接焊缝错边（d）		$d < 0.1t$ 且 ≤ 2.0	$d < 0.15t$ 且 ≤ 3.0
3	角焊缝余高（C）		$h_f \leq 6$ 时 C 为 $0 \sim 1.5$；$h_f > 6$ 时 C 为 $0 \sim 3.0$	

7.2.5 栓钉焊焊后应进行打弯检查。合格标准：当焊钉打弯至 30°时，焊缝和热影响区不得有肉眼可见的裂纹，检查数量应不小于焊钉总数的 1%。

7.2.6 电渣焊、气电立焊接头的焊缝外观成形应光滑，不得有未熔合、裂纹等缺陷；当板厚小于 30mm 时，压痕、咬边深度不得大于 0.5mm；板厚大于或等于 30mm 时，压痕、咬边深度不得大于 1.0mm。

7.3 无损检测

7.3.1 无损检测应在外观检查合格后进行。

7.3.2 焊缝无损检测报告签发人员必须持有相应探伤方法的Ⅱ级或Ⅱ级以上资格证书。

7.3.3 设计要求全焊透的焊缝,其内部缺陷的检验应符合下列要求:

    1 一级焊缝应进行100%的检验,其合格等级应为现行国家标准《钢焊缝手工超声波探伤方法及质量分级法》(GB 11345)B级检验的Ⅱ级及Ⅱ级以上;

    2 二级焊缝应进行抽检,抽检比例应不小于20%,其合格等级应为现行国家标准《钢焊缝手工超声波探伤方法及质量分级法》(GB 11345)B级检验的Ⅲ级及Ⅲ级以上;

    3 全焊透的三级焊缝可不进行无损检测。

7.3.4 焊接球节点网架焊缝的超声波探伤方法及缺陷分级应符合国家现行标准《焊接球节点钢网架焊缝超声波探伤及质量分级法》(JG/T 3034.1)的规定。

7.3.5 螺栓球节点网架焊缝的超声波探伤方法及缺陷分级应符合国家现行标准《螺栓球节点钢网架焊缝超声波探伤及质量分级法》(JG/T 3034.2)的规定。

7.3.6 箱形构件隔板电渣焊焊缝无损检测结果除应符合第7.3.3条的有关规定外,还应按附录C进行焊缝熔透宽度、焊缝偏移检测。

7.3.7 圆管T、K、Y节点焊缝的超声波探伤方法及缺陷分级应符合附录D的规定。

7.3.8 设计文件指定进行射线探伤或超声波探伤不能对缺陷性质作出判断时,可采用射线探伤进行检测、验证。

7.3.9 射线探伤应符合现行国家标准《钢熔化焊对接接头射线照相和质量分级》(GB 3323)的规定,射线照相的质量等级应符合AB级的要求。一级焊缝评定合格等级应为《钢熔化焊对接接头射线照相和质量分级》(GB 3323)的Ⅱ级及Ⅱ级以上,二级焊缝评定合格等级应为《钢熔化焊对接接头射线照相和质量分级》(GB 3323)的Ⅲ级及Ⅲ级以上。

7.3.10 下列情况之一应进行表面检测:

    1 外观检查发现裂纹时,应对该批中同类焊缝进行100%的表面检测;

    2 外观检查怀疑有裂纹时,应对怀疑的部位进行表面探伤;

    3 设计图纸规定进行表面探伤时;

    4 检查员认为有必要时。

7.3.11 铁磁性材料应采用磁粉探伤进行表面缺陷检测。确因结构原因或材料原因不能使用磁粉探伤时,方可采用渗透探伤。

7.3.12 磁粉探伤应符合国家现行标准《焊缝磁粉检验方法和缺陷磁痕的分级》(JB/T 6061)的规定,渗透探伤应符合国家现行标准《焊缝渗透检验方法和缺陷迹痕的分级》(JB/T 6062)的规定。

7.3.13 磁粉探伤和渗透探伤的合格标准应符合本章中外观检验的有关规定。

8 焊接补强与加固

8.0.1 建筑钢结构的补强和加固设计应符合现行有关钢结构加固技术标准的规定。补强与加固的方案应由设计、施工和业主等共同确定。

8.0.2 编制补强或加固设计方案时，必须具备下列技术资料：
   1 原结构的设计计算书和竣工图，当缺少竣工图时，应测绘结构的现状图；
   2 原结构的施工技术档案资料，包括钢材的力学性能、化学成分和有关的焊接性能试验资料，必要时应在原结构构件上截取试件进行试验；
   3 原结构的损坏变形和锈蚀检查记录及其原因分析，并根据损坏及锈蚀情况确定杆件（或零件）的实际有效截面；
   4 现有结构的实际荷载资料。

8.0.3 钢结构的补强或加固设计，应考虑时效对钢材塑性的不利影响，不应考虑时效后钢材屈服强度的提高值。在确认原结构钢材具有良好焊接性能后方可采用焊接方法。

8.0.4 补强与加固宜不影响生产，尽可能做到施工方便并应满足安全可靠的要求。对于受气相腐蚀介质作用的钢结构构件，当腐蚀削弱平均量超过构件厚度的25%时，应根据所处腐蚀环境按现行国家标准《工业建筑防腐蚀设计规范》（GB 50046）进行分类，并对钢材的强度设计值乘以下列降低系数：

   弱腐蚀   0.95；
   中等腐蚀   0.9；
   强腐蚀   0.85。

8.0.5 钢结构的补强或加固，可采用下列两种方法：
   1 卸荷补强或加固：在原位置使构件完全卸荷，或将构件拆下进行补强或加固；
   2 负荷状态下的补强或加固：在原位置上未经卸荷或仅部分卸荷状态下进行补强或加固。

8.0.6 负荷状态下进行补强与加固时，应符合下列规定：
   1 卸除作用于结构上的活荷载；
   2 根据加固时的实际荷载（包括必要的施工荷载），对构件和连接进行承载力验算，尽量卸除结构上的荷载。当原有构件中实际有效截面的名义应力与其所用钢材的强度设计值之间的比值 $\beta \leqslant 0.8$（对承受静态荷载或间接承受动态荷载的构件），或 $\beta \leqslant 0.4$（承受动态荷载的构件）时方可进行补强或加固；
   3 在受拉构件中，加固焊缝的方向应与构件中拉应力方向基本一致；
   4 用圆钢、小角钢组成的轻型桁架钢结构不宜在负荷状态下进行焊接补强和加固；
   5 轻钢结构中的受拉构件严禁在负荷状态下进行焊接补强和加固。

8.0.7 在负荷状态下用焊接方法补强或加固时，必须考虑焊接过程中因瞬时受热造成局部范围内钢材力学性能降低的因素。除结构应尽可能卸荷外，尚应根据具体情况采取下列安全措施：
   1 做好临时支护；
   2 采用合理的焊接工艺。

8.0.8 对有缺损的钢构件应按钢结构加固技术标准对其承载能力进行评估，并采取相应措施进行修补。当缺损性质严重、影响结构的安全时，应立即采取卸荷加固措施。对一般缺损，可按下列方法进行焊接修复或补强：
   1 当缺损为裂纹时，应精确查明裂纹的起止点，在起止点钻直径为 12～16 mm 的止裂孔，并根据具体情况采用下列方法修补：

1）补焊法：用碳弧气刨或其他方法清除裂纹并加工成侧边大于10°的坡口，当采用碳弧气刨加工坡口时，应磨掉渗碳层。应采用低氢型焊条按全焊透对接焊缝的要求进行补焊。补焊前宜按本规程第6.2.2条的规定将焊接处预热至100～150℃。对承受动荷载的结构尚应将补焊焊缝的表面磨平；

　　2）双面盖板补强法：补强盖板及其连接焊缝应与构件的开裂截面等强，并应采取适当的焊接顺序，以减少焊接残余应力和焊接变形。

　2 对孔洞类缺损的修补：应将孔边修整后采用两面加盖板的方法补强；

　3 当构件的变形不影响其承载能力或正常使用时，可不进行处理；否则应根据变形的大小采用下列方法处理：

　　1）当变形不大时，应先处理构件的其他缺陷，然后在部分卸载的情况下，宜采用冷加工法矫正；若采用热加工矫正时，其加热温度对调质钢应不大于590℃，对其他钢种应不大于650℃。钢材的加热温度高于315℃时，应在空气中自然冷却，禁止用浇水等方法加速冷却；

　　2）当变形较大，且难以矫正时，应采取加固措施或更换构件。

8.0.9 焊缝的补强与加固应符合下列要求：

　1 当焊缝缺陷超出容许值时，应按本规程第6.6节的规定进行返修。在处理原有结构的焊缝缺陷时，应根据处理方案对结构安全影响的程度，分别采取卸荷补焊或负荷状态下补焊；

　2 角焊缝补强宜采用增加原有焊缝长度（包括增加端焊缝）或增加焊缝计算厚度的方法。

　　1）当负荷状态下采用加大焊缝厚度的方法补强时，被补强焊缝的长度应不小于50mm，同时原有焊缝在加固时的应力尚应符合下式要求：

$$\sqrt{\sigma_f^2 + \tau_f^2} \leq \eta \cdot f_f^w \tag{8.0.9}$$

式中　σ_f、τ_f——分别为角焊缝按有效截面（$h_e \cdot l_w$）计算垂直于焊缝长度方向的名义应力和沿焊缝长度方向的名义剪应力；

　　　　η——焊缝强度折减系数，可按表8.0.9采用；

　　　　f_f^w——角焊缝的抗剪强度设计值。

表8.0.9　焊缝强度折减系数

被加固焊缝的长度(mm)	≥600	300	200	100	50
η	1.0	0.9	0.8	0.65	0.25

　　2）补强或加固后的焊缝，其长度与厚度均应符合现行国家标准《钢结构设计规范》（GB 50017）的规定。

8.0.10 用于补强或加固的零件及焊缝宜对称布置。加固焊缝不宜密集、交叉布置，不宜与受力方向垂直。在高应力区和应力集中处，不宜布置加固焊缝。

8.0.11 用焊接方法补强铆接或普通螺栓连接时，补强后接头的全部荷载应由焊缝承担。

8.0.12 高强度螺栓连接的构件用焊接方法加固时，高强度螺栓摩擦型连接的抗滑力可与焊缝共同工作，但两种连接各自的计算承载力的比值应在1.0～1.5范围内。

8.0.13 补强与加固施焊前应清除待焊区域两侧各 50mm 范围内的灰尘、铁锈、油漆和其他杂物。

8.0.14 负荷状态下焊接补强或加固施工应符合下列要求：

1 施工工艺的制定原则应符合下列要求：
　　1) 对结构最薄弱的部位或构件应先进行补强或加固；
　　2) 对能立即起到补强或加固作用，且对原结构影响较小的部位或杆件先施焊；
　　3) 加大焊缝厚度时，必须从原焊缝受力较小部位开始施焊。每次熔敷的焊缝厚度不宜大于 2mm；当需要多道施焊时，层间温度应不高于预热温度；
　　4) 应根据结构钢材材质，选择相应的低氢型焊条，焊条直径不宜大于 4.0mm；
　　5) 焊接电流不宜大于 200A；
　　6) 应制订合理的焊接工艺，采取有效控制焊接变形的措施。施焊顺序应尽可能使输入热量对构件的中和轴平衡。

2 施工单位应对施工荷载进行核算，并应严格控制，实际施工时的荷载值不得超过加固设计时所取的施工荷载值；

3 焊接补强或加固的施工环境温度不宜低于 10℃。

9 焊 工 考 试

9.1 一 般 规 定

9.1.1 凡从事建筑钢结构制作和安装施工的焊工，应进行理论知识考试和操作技能考试，并应符合本章的各项规定。

9.1.2 操作技能考试包括熔化焊手工操作技能基本考试、附加考试、定位焊考试和机械操作技能考试；取得熔化焊手工操作技能基本考试和附加考试资格的焊工，均应认定为具备相应的定位焊操作资格。

9.1.3 进行资格考试的焊工应根据已经评定合格的焊接工艺参数进行焊接。

9.1.4 焊工资格考试的焊接工艺方法分类宜符合下列规定：

1 手工操作技能

手工电弧焊；熔化极气体保护焊（包括实芯焊丝及药芯焊丝）；药芯焊丝自保护焊；非熔化极气体保护焊；

2 机械操作技能

埋弧焊；熔化极气体保护焊；电渣焊（包括丝极、板极和熔嘴电渣焊）；气电立焊；栓钉焊。

9.1.5 焊工考试应由施工企业的焊工技术考试委员会组织和管理，其组成及职责应符合下列要求：

1 企业焊工技术考试委员会应由企业主管经理、技术负责人和技术管理、安全、教育、劳资等部门的代表、焊接主管工程师、中高级检验人员、考试监督人员等组成，实际操作技能考试监督人员应由熟练焊工或焊接技师担任。考试委员会可设办事机构主持日常工作；

  2 企业焊工技术考试委员会应报经国家主管部门授权的上级管理机构认证、审批；
  3 企业焊工技术考试委员会的职责应为：确定报考项目及试题；监督考试过程；评定考试结果；核实免试及延长有效期资格；提供试件焊接工艺；建立健全焊工考试档案管理制度；监督、记录焊工生产合格率并纳入焊工档案管理。

9.1.6 焊工应经理论知识考试合格后方可参加操作技能考试。

9.1.7 除另有要求外，考试用试板在焊前、焊后均不得进行包括热处理、锤击、预热、后热在内的任何处理。试板坡口应光洁平整并清除其表面的水、油污、锈蚀等。

9.1.8 焊前试板应打上焊工代码钢印和考试项目标识。水平固定或45°固定的管子还应参照时钟位置打上焊接位置的钟点标识。

9.1.9 除机械操作技能考试外，考试试板不得加引弧板、引出板；考试试板必须按考试规定的位置放置且不应刚性固定。

9.1.10 考试焊工应独立进行各项操作。焊接开始后不得随意更换试板，不得改变焊接方向和焊接位置。

9.1.11 考试用的焊条、焊剂应按规定烘干，随用随取。焊丝必须清除油污、锈蚀等污物。采用手工电弧焊进行定位焊时应使用直径为3.2mm的焊条，其他考试项目焊接材料的规格应符合工艺评定的要求。

9.1.12 单面坡口或双面坡口且要求全焊透的焊缝，可清根和清根后打磨。

9.1.13 考试过程中，不得对层间和表面焊缝进行打磨或修补，但焊后应将焊渣、飞溅等清除干净。

9.2 考试内容及分类

9.2.1 焊工资格考试包括理论知识考试和操作技能考试两部分。

9.2.2 理论知识考试应以焊工必须掌握的基础知识及安全知识为主要内容，并应按申报焊接方法、类别对应出题，内容范围应符合下列规定：
  1 焊接安全知识[《焊接与切割安全》(GB 9448)]；
  2 焊缝符号识别能力[《焊缝符号表示法》(GB 324)、《气焊、手工电弧焊及气体保护焊焊缝坡口的基本形式和尺寸》(GB 985)]；
  3 焊缝外形尺寸要求[《钢结构外形尺寸》(GB 10854)]；
  4 焊接方法表示代号[《金属焊接及钎焊方法在图样上的表示代号》(GB 5185)]；
  5 所报考试焊接方法的特点：焊接工艺参数、操作方法、焊接顺序及其对焊接质量的影响；
  6 焊接质量保证、缺陷分级[《焊接质量保证 钢熔化焊接头的要求和缺陷分级》(GB/T 12469)]；
  7 建筑钢结构的焊接质量要求。应符合有关钢结构施工验收规程、规范的要求；
  8 与报考类别相适应的焊接材料型号、牌号及使用、保管要求[《碳钢焊条》(GB/T 5117)、《低合金钢焊条》(GB/T 5118)、《熔化焊用钢丝》(GB/T 14957)、《气体保护焊用碳钢、低合金钢焊丝》(GB/T 8110)、《碳钢药芯焊丝》(GB 10045)及《低合金钢药芯焊丝》(GB/T 17493)、《埋弧焊用碳钢焊丝和焊剂》(GB/T 5293)、《低合金钢埋弧焊用焊剂》(GB/T 12470)]；

9 报考类别的钢材型号、牌号标志和主要合金成分、力学性能及焊接性能;
10 焊接设备、装备名称、类别、使用及维护要求。应符合一般常规型号;
11 焊接缺陷分类及定义、形成原因及防止措施的一般知识[《金属熔化焊焊缝缺陷分类》GB 6417)];
12 焊接热输入与焊接规范参数的换算及热输入对性能影响的一般关系;
13 焊接应力、变形产生原因、防止措施及热处理的一般知识。

9.2.3 操作技能考试应以检验焊工的操作技能为原则,以检验焊工遵循工艺指令能力及完成致密焊缝能力为主。其分类及适应认可范围应符合表9.2.3规定。

表 9.2.3 操作技能考试分类及适应认可范围

考试分类	焊接方法分类	代号	类别号	认可范围
焊工手工操作技能基本考试 焊工手工操作技能附加考试 焊工手工操作技能定位焊考试	药皮焊条手工电弧焊	SMAW	1	1
	实芯焊丝气体保护焊	GMAW	2-1	2-1、2-2
	药芯焊丝气体保护焊	FCAW-G	2-2	2-1
	药芯焊丝自保护焊	FCAW-SS	3	3
	非熔化极气体保护焊	GTAW	4	4
机械操作技能考试	埋弧焊	SAW	5	5
	管状熔嘴电渣焊	ESW-MN	6-1	6-1
	丝极电渣焊	ESW-WE	6-2	6-2
	板极电渣焊	ESW-BE	6-3	6-3
	气电立焊	EGW	7	7
	实芯焊丝气体保护焊	GMAW-A	8-1	8-1、8-2、8-3
	药芯焊丝气体保护焊	FCAW-A	8-2	8-2、8-3
	药芯焊丝自保护焊	FCAW-SA	8-3	8-3
	一般栓钉焊	SW	9-1	9-1、9-2
	穿透栓钉焊	SW-P	9-2	9-2

注:多极焊考试合格可代替单极焊考试,反之不可。

9.3 手工操作技能基本考试

9.3.1 考试试件钢材分类及认可范围应符合表9.3.1规定。

表 9.3.1 常用试件钢材分类及认可范围

类别代号	试件钢材分类	认可范围
Ⅰ	碳素结构钢 Q215、Q235	Ⅰ
Ⅱ	低合金高强度结构钢 Q295、Q345	Ⅰ、Ⅱ
Ⅲ	低合金高强度结构钢 Q390、Q420	Ⅰ、Ⅱ、Ⅲ
Ⅳ	低合金高强度结构钢 Q460	Ⅰ、Ⅱ、Ⅲ、Ⅳ

9.3.2 焊接材料分类及认可范围应符合下列规定:
1 药皮焊条及认可范围应符合表9.3.2的规定;

2 专用焊条如打底专用焊条、向下立焊焊条应单独进行考试；
3 气体保护焊气体介质及非熔化极气体保护焊钨极种类不作考试分类。

表 9.3.2 焊条分类及认可范围

考试用焊条类别（代号）	认可范围（代号）			
	(a)	(b)	(c)	(d)
	E××20 E××22 E××27	E××12 E××13 E××14 E××03 E××01	E××15 E××16 E××28 E××48	E××01 E××11
(a) E××20 类氧化铁型焊条	○	—	—	—
(b) E××12 类钛型焊条	✓	○	—	—
(c) E××15 类低氢型焊条	✓	✓	○	—
(d) E××10 类纤维素型焊条	—	—	—	○

注：○为考试焊条类别；✓为认可焊条类型。

9.3.3 考试试件板材厚度、管材外径的分类及认可范围，应符合表 9.3.3-1 和表 9.3.3-2 的规定。

表 9.3.3-1 试件板（壁）厚度与认可范围（mm）

试件板（壁）厚度 t	认可厚度范围
$3 \leq t < 10$	$3 \sim 1.5t$
$10 \leq t < 25$	$3 \sim 3t$
$t \geq 25$	≥ 3

表 9.3.3-2 试件管外径与认可范围（mm）

试件管外径 D	认可外径范围
$D \leq 60$	不限
$D > 60$	$\geq D$

9.3.4 焊缝类型和焊接位置的分类及认可范围应符合表 9.3.4 的规定。
9.3.5 各种焊接位置加垫板的试件可用不加垫板的坡口全焊透焊缝考试来代替，但不能反之。背面加垫板的考试试件代号应为 D，不加垫板可省略。

表 9.3.4 焊缝类型和焊接位置认可范围

资格考试		认可焊缝类型和焊接位置			
焊缝类型[③]	板[①]或管位置[②]	板坡口焊缝[④]	板角焊缝	管坡口焊缝[④]	管角焊缝
板坡口焊缝	F	F	F	1G[⑤⑥]	1G,2G
	H	F,H	F,H	(1G,2G)[⑤⑥]	1G,2G
	V	F,H,V	F,H,V	(1G,2G)[⑤⑥]	1G,2G
	O	F,O	F,O	1G	1G
	V 和 O	所有位置	所有位置	所有位置[⑤⑥]以及部分焊透圆形、矩形管 T、Y 及 K 形节点	所有位置

续表9.3.4

资格考试		认可焊缝类型和焊接位置			
焊缝类型③	板①或管位置②	板坡口焊缝④	板角焊缝	管坡口焊缝④	管角焊缝
管坡口焊缝	1G	F	F,H	1G⑥	1G,2G
	2G	F,H	F,H	(1G,2G)⑥	1G,2G
	5G	F,V,O	F,V,O	(1G,2G,5G)⑥	1G,2G,5G
	6G	所有位置	所有位置	所有位置⑥	所有位置
	2G和5G	所有位置	所有位置	所有位置⑥	所有位置
	6GR	所有位置	所有位置	所有位置⑦以及圆形、矩形管T、Y及K形相贯接头焊缝	所有位置

注：①—见图5.1.7-1；
②—见图5.1.7-2；
③—坡口焊焊缝的考试也可作为相应位置角焊缝的考试；
④—全焊透坡口焊缝的考试也认可部分焊透坡口焊缝的考试；
⑤—对管材时只作为认可直径大于600mm并带有垫板或清根的管坡口焊缝的考试；
⑥—不得作为T、Y及K形节点相贯接头焊缝的认可；
⑦—不得作为单面焊而又无垫板对接焊的全焊透接头的认可。

9.3.6 手工操作技能基本考试代号省略，附加考试代号为建附。

9.3.7 手工操作技能基本考试和附加考试试件标记应符合下列规定：

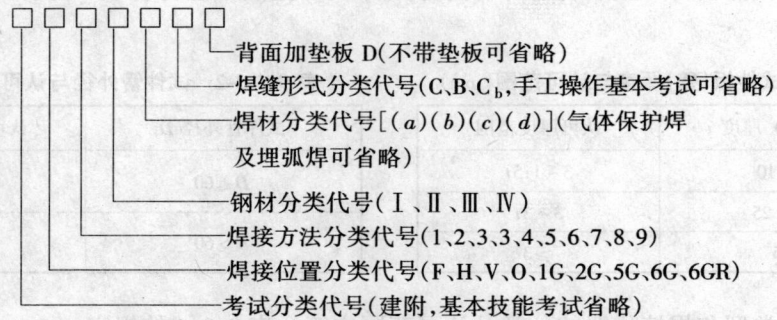

标记示例：管材水平滚动对接、手工电弧焊、Ⅰ类钢材、(a)类焊材、不带垫板的手工操作技能基本考试表示为 1GⅠ(a)。

9.3.8 试板试管尺寸及坡口形式应符合下列规定：

1 试板尺寸及坡口形式应符合图9.3.8-1和表9.3.8-1要求；
2 试管对接尺寸及坡口形式应符合图9.3.8-2和表9.3.8-2要求。

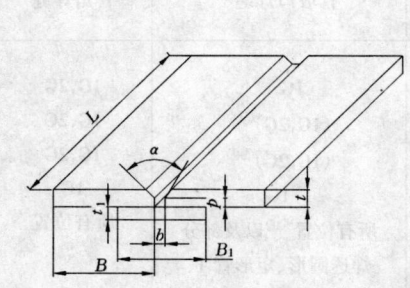

图 9.3.8-1 板材对接试件形式示意

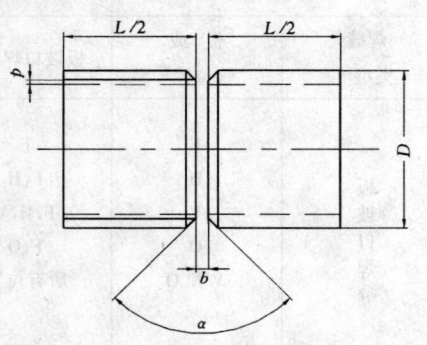

图 9.3.8-2 管材对接试件形式示意

表 9.3.8-1 板材对接试件和坡口尺寸

试件厚度 t(mm)	试件长度 L(mm)	试件宽度 B(mm)	垫板尺寸 $B_1 \times t_1$ (mm)	坡口尺寸					
				角度 α(°)		间隙 b(mm)		钝边 p(mm)	
				不带垫板	带垫板	不带垫板	带垫板	不带垫板	带垫板
$8 \leq t < 25$	≥ 200	≥ 110	50×6	60 ± 2.5	45 ± 2.5	$1 \sim 2$	6 ± 1	≤ 2	≤ 1
≥ 25	≥ 250	≥ 120		60 ± 2.5	45 ± 2.5	$1 \sim 2$	6 ± 1	≤ 2	≤ 1

表 9.3.8-2 管材对接试件和坡口尺寸（不加垫板单面焊）

管径 D (mm)	壁厚 t (mm)	试件长度 L(mm)	V形坡口角度 α(°)	间隙 b (mm)	钝边 p (mm)
≤ 60	$3 \sim 6$	≥ 240	≤ 70	$2 \sim 3$	≤ 2
≥ 108	< 10	≥ 240	≤ 70	$2 \sim 3$	≤ 2

9.3.9 取样数量、位置及试样制备应符合下列规定：

1 取样数量应符合表 9.3.9-1 的规定：

表 9.3.9-1 板材、管材考试试件检验项目、试板（管）尺寸

考试焊缝种类	考试试件位置代号	试板厚度或试管外径（t 或 D）(mm)	考试检验项目					试板（管）尺寸 长×宽×块数 （长×壁厚×段数）(mm)
			外观	面弯	背弯	侧弯	射线或超声波	
板材坡口焊缝	F	$8 \leq t < 25$	要	$t \leq 14$ 1	$t \leq 14$ 1	$t > 14$ 2	要	$8 \leq t < 25$ 时 200×110×2 $t \geq 25$ 时 250×120×2
		$t \geq 25$	要	—	—	2	要	
	H	$8 \leq t < 25$	要	$t \leq 14$ 1	$t \leq 14$ 1	$t > 14$ 2	要	
		$t \geq 25$	要	—	—	2	要	
	V	$8 \leq t < 25$	要	$t \leq 14$ 1	$t \leq 14$ 1	$t > 14$ 2	要	
		$t \geq 25$	要	—	—	2	要	
	O	$8 \leq t < 25$	要	$t \leq 14$ 1	$t \leq 14$ 1	$t > 14$ 2	要	
		$t \geq 25$	要	—	—	2	要	
	V+O	$8 \leq t < 25$	要	$t \leq 14$ 1	$t \leq 14$ 1	$t > 14$ 2	要	
		$t \geq 25$	要	—	—	2	要	

续表 9.3.9-1

考试焊缝种类	考试试件位置代号	试板厚度或试管外径（t 或 D）(mm)	考试检验项目 外观	面弯	背弯	侧弯	射线或超声波	试板(管)尺寸 长×宽×块数 (长×壁厚×段数)(mm)
管材坡口焊缝	1G	D≤60	要	1	1	—	要	120×(4~6)×2
		D≥108	要	1	1	或 2	要	120×(8~10)×2
	2G	D≤60	要	1	1	—	要	120×(4~6)×2
		D≥108	要	1	1	或 2	要	120×(8~10)×2
	5G	D≤60	要	2	2	或 4	要	120×(4~6)×2
		D≥108	要	2	2	或 4	要	120×(8~10)×2
	6G	D≤60	要	2	2	或 4	要	120×(4~6)×2
		D≥108	要	2	2	或 4	要	120×(8~10)×2
	6GR	D≤60	要	2	2	或 4	要	120×(4~6)×2
		D≥108	要	2	2	或 4	要	120×(8~10)×2
	2G+5G	D≤60	要	2G 为 1 5G 为 2	2G 为 1 5G 为 2	2G 为 2 5G 为 4	要	120×(4~6)×2
		D≥108	要	2G 为 1 5G 为 2	2G 为 1 5G 为 1	2G 为 2 5G 为 4	要	120×(8~10)×2

注：对 D≤60mm 的管试件，可按《焊接接头弯曲及压扁试验法》（GB 2653）要求进行压扁试验。

2 板材试件、管材试件的取样位置应符合图 9.3.9-1、图 9.3.9-2 的要求；

3 冷弯试样制备应符合现行国家标准《焊接接头机械性能试验取样法》（GB 2649）中的有关规定。

9.3.10 检验方法及合格标准

1 焊缝外观检查宜用 5 倍放大镜目测，表面质量合格后方可进行其他项目的检验。其表面质量应符合下列要求：

   1）焊缝外观尺寸应符合表 9.3.10 的规定；

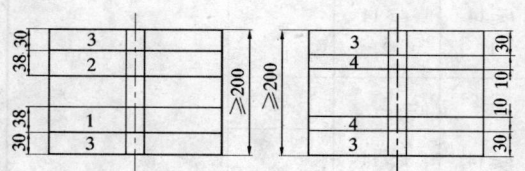

图 9.3.9-1 板材试件取样位置示意
1—面弯；2—背弯；3—舍弃；4—侧弯

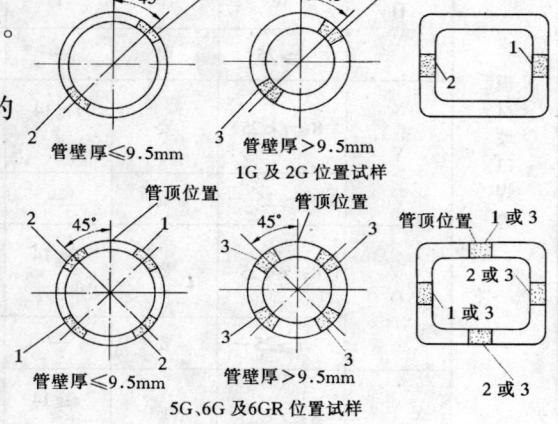

图 9.3.9-2 各种焊接位置管材试件取样位置示意
1—面弯；2—背弯；3—侧弯

表 9.3.10 焊缝外观尺寸要求（mm）

试件种类	焊缝余高		焊缝高低差①		焊缝宽度	
	F、1G 位置	其他位置	F、1G 位置	其他位置	比坡口增宽	每侧增宽
板材	0~3	0~4	≤2	≤3	2~4	1~2
管材	0~2	0~3	≤1.5	≤2.5	2~3	1~2

注：①在焊缝 25mm 长度范围内。

  2）焊缝边缘应圆滑平缓过渡到母材；焊缝表面不得有裂纹、夹渣、气孔、未熔合和焊瘤；咬边和表面凹陷深度应不大于 0.5mm。对接焊缝两侧咬边总长应不大于焊缝全长的 10% 且不大于 25mm；

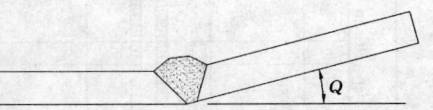

图 9.3.10 试板的角变形示意

  3）焊后试板的角变形 Q 应不大于 3°（图 9.3.10）；
  4）焊缝错边量应不大于 10% 板厚且不大于 2mm。
 2 射线及超声波探伤：射线探伤应不低于现行国家标准《钢熔化焊对接接头射线照相和质量分级》（GB 3323）规定的Ⅱ级要求；超声波探伤应符合现行国家标准《钢焊缝手工超声波探伤方法和探伤结果分级》（GB 11345）规定的 B1 级要求；
 3 冷弯检验
  1）弯曲条件：弯芯直径应符合母材标准的弯曲试验要求；
  2）试验方法：应符合现行国家标准《焊接接头弯曲及压扁试验方法》（GB 2653）的规定；对直径不大于 60mm 的管材试件，可进行压扁试验；
  3）合格标准：试件拉伸面任意方向上不得有长度大于 3mm 的裂纹或其他缺陷，且单个试件裂纹及其他缺陷总长不得大于 7mm。

9.4 手工操作技能附加考试

9.4.1 手工操作技能附加考试应符合下列一般规定：
 1 凡从事高层、超高层钢结构及其他大型钢结构构件制作及安装焊接的焊工，应根据钢结构的焊接节点形式、采用的焊接方法和焊工所承担的焊接工作范围及操作位置要求，由工程承包企业决定附加考试类别，并报监理工程师认可；
 2 凡申报参加附加考试的焊工必须已取得相应的手工操作基本技能资格证书。
9.4.2 附加考试的焊接方法和内容应符合下列规定：
 1 焊接方法分类及考试合格后的认可范围应符合表 9.2.3 的规定；

表 9.4.2-1 焊缝形式分类

焊缝形式	焊缝形式代号	认可范围
角 接	C	C
对 接	B	B、C
对接与角接组合焊缝	C_b	C_b、B、C

2 试件形式及尺寸应符合图 9.4.2-1 ~ 图 9.4.2-4 的要求，其认可范围只限于本类；

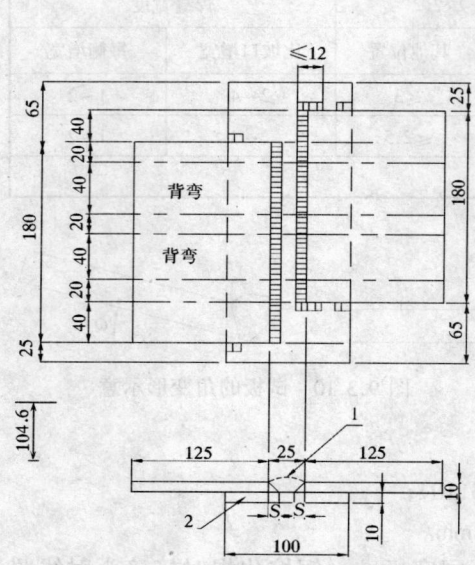

图 9.4.2-1 搭接角焊缝试件形式、尺寸和试样取样位置示意

1—角焊缝中间部分可以任意位置焊接，加工弯曲试样前应将中间焊缝余高用机械方法加工至与母材平齐，垫板应刨去但不得低于母材表面；
2—垫板应与母材完全贴紧；3—5.5≤S≤9mm

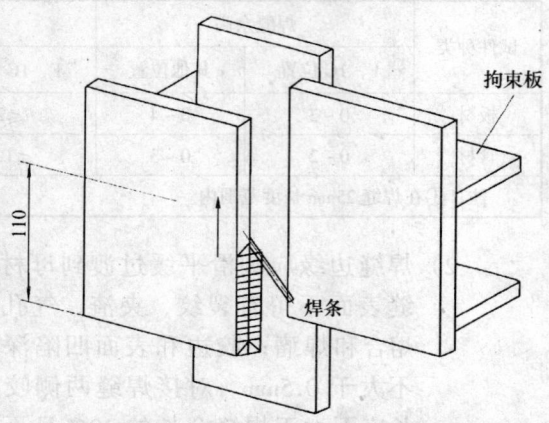

立焊位置(V)：焊接操作在距地50cm左右的高度处固定焊接

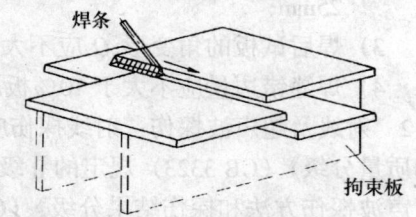

横焊（水平）位置(H)：焊接操作在地面进行

图 9.4.2-2 搭接角焊缝焊接操作位置示意

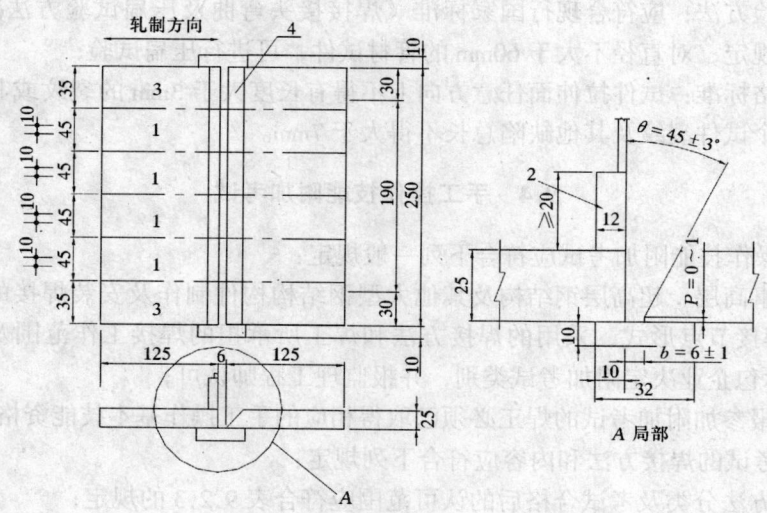

图 9.4.2-3 对接与角接组合焊缝试件形式、尺寸及试样取样位置示意

1—侧弯试样，板厚大于40mm时应分层取样；2—加高板，左侧母材也可用厚度不小于36mm的整板代替，焊前用机械方法加工成凸台状并且在焊后将凸台机械加工至与右侧母材齐平；3—舍弃；4—焊接坡口内的定位焊缝焊后磨平

3 焊缝形式分类、代号及认可范围应符合表 9.4.2-1 的规定；
4 焊接位置分类、代号及认可范围应符合表 9.4.2-2 的规定；

表 9.4.2-2 焊接位置分类

焊接位置	位置代号	认可范围
平 焊	F	F
横 焊	H	F、H
立 焊	V	F、H、V
仰 焊	O	F、O
立焊和仰焊	V 和 O	F、H、V、O

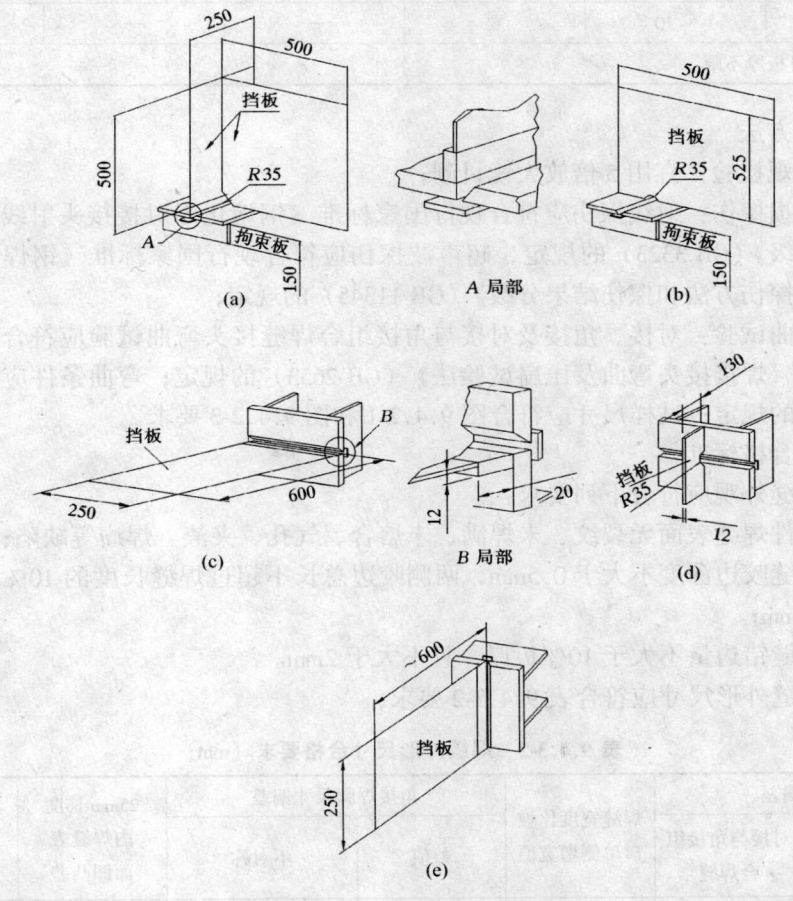

图 9.4.2-4 焊接操作加障碍要求示意（对接焊情况）

(a)—F 位置情况（适应于工地安装柱-梁翼缘焊接或制造厂中柱-牛腿翼缘焊接）；(b)—F 位置情况（适应于工地或制造厂中梁-梁翼缘焊接）；(c)—H 位置情况（适应于工地或制造厂中柱-牛腿翼缘焊接）；(d)—H 位置情况（适应于工地安装柱-柱焊接）；(e)—V 位置情况（适应于制造厂中柱-牛腿翼缘焊接）

5 试件用材料分类：钢材及焊条的分类、代号和认可范围应符合表 9.3.1、表 9.3.2 的规定；气体保护焊的焊丝和保护气体不分类，代号省略；

6 各种试件标记应符合第 9.3.7 条的规定。

标记示例：横向焊接位置、手工电弧焊、Ⅱ类钢材、(c) 类焊材、对接与角接组合焊缝、加垫板的手工操作技能附加考试表示为 建附 H1Ⅱ（c）C_bD。

9.4.3 检验项目、方法及合格标准应符合下列规定：

1 考试试件的检验项目应符合表9.4.3-1的规定。

表 9.4.3-1 试件检验项目

试件形式	试件厚度（mm）	外观检验	无损探伤	侧弯	背弯
对接焊	≥25①	要	射线或超声波	4个	—
搭接角焊	~10	要	—	—	2个

注：①认可板厚不限。

2 检验方法

1）外观检验：宜用5倍放大镜目测；

2）无损探伤：射线探伤应符合现行国家标准《钢熔化焊对接接头射线照相和质量分级》（GB 3323）的规定，超声波探伤应符合现行国家标准《钢焊缝手工超声波探伤方法和探伤结果分级》（GB 11345）的规定；

3）弯曲试验：对接、角接及对接与角接组合焊缝接头弯曲试验应符合现行国家标准《焊接接头弯曲及压扁试验法》（GB 2653）的规定；弯曲条件应符合母材标准的规定；试样尺寸应符合图9.4.2-1和图9.4.2-3要求。

3 焊缝合格标准

1）焊缝外观应符合下列要求：

试件焊缝表面无裂纹、未焊满、未熔合、气孔、夹渣、焊瘤等缺陷；

焊缝咬边深度不大于0.5mm，两侧咬边总长不超过焊缝长度的10%，且不大于25mm；

焊缝错边量不大于10%板厚，且不大于2mm。

2）焊缝外形尺寸应符合表9.4.3-2要求；

表 9.4.3-2 焊缝外形尺寸合格要求（mm）

余高偏差		焊缝宽度比坡口单侧增宽值	角接焊脚尺寸偏差		25mm长度内焊缝表面凹凸差	150mm长度内焊缝表面宽度差
对接、角接	对接与角接组合焊缝		差值	不对称		
0~3	0~5	1~3	0~3	(0~1) +0.1× 焊脚尺寸	≤2.5	≤3

3）焊缝内部缺陷合格标准：射线探伤应符合Ⅱ级及Ⅱ级以上的规定；超声波探伤应符合BI级的规定；

4）冷弯试验合格标准：对接与角接接头每个冷弯试样表面任意方向裂纹及其他缺陷单个长度不得大于3mm；每个试样中长度不大于3mm的缺陷总长不得大于7mm；4个试样中所有缺陷总长不得大于24mm；以上各项检验应全部合格。

9.5 手工操作技能定位焊考试

9.5.1 定位焊只进行手工电弧焊考试，考试分类与认可范围应符合第9.3节中的有关规定。试件代号及排列方法应符合下列规定：

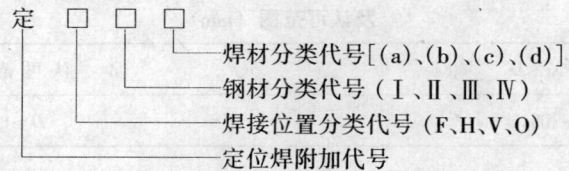

标记示例：横焊位置、Ⅱ类钢材、(b)类焊材定位焊考试表示为定HⅡ(b)。

9.5.2 试件形式和考试方法应符合下列规定：

1 试件形式应符合图9.5.2-1要求；
2 检验方法应符合图9.5.2-2要求，可采用任意的简便方法加载至试件断裂；

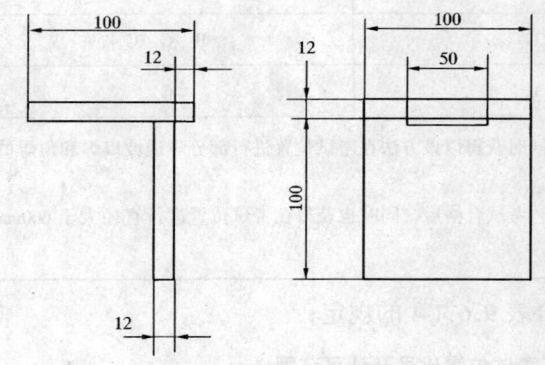

图9.5.2-1 定位焊考试试件形式示意

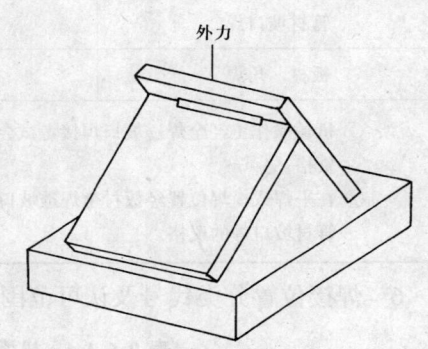

图9.5.2-2 定位焊考试试件断裂试验方法示意

3 试验结果合格标准
　　1) 定位焊焊缝外观检验：表面应均匀，无裂纹、未熔合、气孔、夹渣、焊瘤等缺陷；焊缝咬边深度应不大于0.5mm，且两侧咬边总长应不超过焊缝长度的10%；
　　2) 断面检验：焊缝应焊透至根部，不得有未熔合和直径大于1mm的气孔、夹渣。

9.6 机械操作技能考试

9.6.1 考试分类与认可范围应符合下列规定：

1 钢材分类代号与认可范围应符合表9.3.1的规定；
2 焊接材料分类及认可范围：机械操作技能考试所用焊接材料、保护介质应根据被焊钢材种类按焊接工艺文件选配，焊工考试不做规定；
3 焊接方法分类及认可范围应符合表9.2.3的规定；
4 钢材厚度、管材外径的分类及认可范围应符合表9.6.1-1和9.6.1-2的规定；

表9.6.1-1 机械操作技能考试试件厚度及认可范围（mm）

试 件 厚 度 t			认可范围
坡口焊	埋弧焊	$t \geqslant 25$	厚度不限
	电渣焊 气电立焊	$t \geqslant 38$	厚度不限
角 焊		$t \geqslant 12$	厚度不限
栓钉焊		$t \geqslant 12$	厚度不限

表 9.6.1-2　机械操作技能考试管材外径分类及认可范围（mm）

试件外径 D	认可范围
$D \geqslant 108$	$D \geqslant 89$

5　焊缝类型及认可范围应符合表9.6.1-3的规定；

表 9.6.1-3　机械操作技能考试焊缝类型分类代号及认可范围

焊缝类型	焊缝类型代号	认可范围[①]
板材坡口焊	B	B G[②] C
管材坡口焊	G	B G C
板材 角焊	C	C

注：① 机械操作工经全焊透坡口焊接考试合格后，同时获得以该方法在考试位置进行部分焊透坡口焊和角焊的资格。
　　② 在平焊或横焊位置经板材全焊透坡口焊接工艺考试合格后，同时也获得在考试位置进行直径大于600mm管材坡口焊的资格。

6　焊接位置分类代号及认可范围应符合表9.6.1-4的规定；

表 9.6.1-4　机械操作工考试位置代号及认可范围

考试位置		位置代号		认可范围	
板材	管材	板材	管材	板材	管材
坡口平焊、船形焊	管子水平滚动	F	1G	F	1G
坡口横焊、平角焊	管子垂直固定焊	H	2G	H	2G
立焊	管子水平固定焊	V	5G	V	5G

注：1. 本规程中自动焊不进行仰焊位置考试。
　　2. 立焊位置可考电渣焊、气电立焊。

7　考试试件标记应符合第9.3.7条规定。
标记示例：平焊位置、埋弧焊、Ⅱ类钢材、板材对接、试件背面加垫板试件表示为F5ⅡBD。

9.6.2　考试试件尺寸及坡口形式应符合下列规定：

1　埋弧焊及熔化极气体保护焊操作技能考试试件尺寸应符合图9.6.2-1要求；对于管径小于600mm管材的考试试件尺寸可根据产品形式和焊接工艺指导书要求由考试单位自行确定；

2　电渣焊、气电立焊操作技能考试试板尺寸及试样取样位置应符合图9.6.2-2要求。焊接试件应根据焊接工艺要求加引弧板、收弧板；

3　栓钉焊考试试件及试样尺寸应符合图9.6.2-3要求。

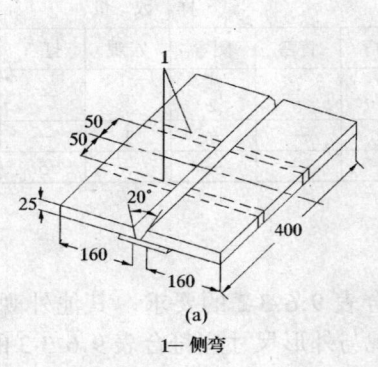

1—侧弯

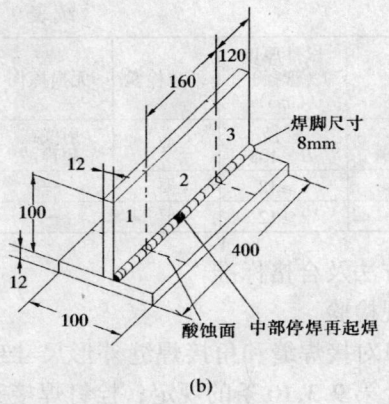

1—宏观酸蚀试样，应腐蚀内侧面；
2—弯曲试样；3—舍弃

图 9.6.2-1 埋弧焊及熔化极气体保护焊考试试
件尺寸及试样取样位置示意

（a）坡口焊；（b）角焊

1—如采用射线探伤，探伤区内不得有定位焊缝；2—垫板厚度 10～12mm，
当不去掉垫板做射线探伤时，宽度应不小于 80mm，否则为 40mm

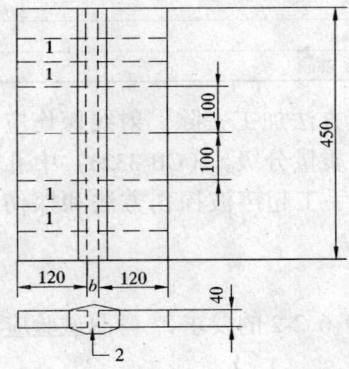

图 9.6.2-2 电渣焊、气电立焊考
试试件尺寸及试样取样位置示意

1—侧弯试样；2—间隙 b 根据
工艺要求确定

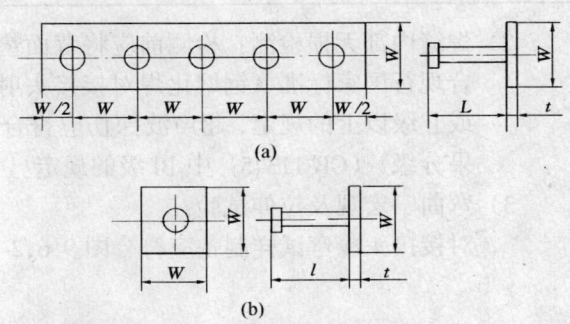

图 9.6.2-3 栓钉焊试件和试样示意

（a）试件的形状及尺寸；（b）试样的形状及尺寸

9.6.3 检验项目、方法与合格标准应符合下列规定：

1 考试试板的检验项目应符合表 9.6.3-1 规定；

表 9.6.3-1 机械操作技能考试试件的检验项目及试样数量

试件形式		试件厚度（管径）(mm)	外观检验	无损探伤	试 样 数 量					
					面弯	背弯	侧弯	宏观	打弯	拉伸
板材对接	埋弧焊	$t \geq 25$	要	射线或超声波	—	—	2	—	—	—
	电渣焊气电立焊	$t \geq 38$	要	射线或超声波	—	—	4	—	—	—

续表 9.6.3-1

试件形式	试件厚度（管径）（mm）	外观检验	无损探伤	试样数量 面弯	背弯	侧弯	宏观	打弯	拉伸
管材对接	管径 $D \geq 108$	要	射线或超声波	1	1	或2	—	—	—
板材角接	$t \geq 12$	要	—	1	—	—	1	—	—
栓钉焊	$t \geq 12$	要	—	—	—	—	—	5	5

2 检验方法及合格标准

　　1）外观检验

　　　　坡口对接焊缝和角接焊缝外形尺寸应符合表 9.6.3-2 的要求，其他外观质量应符合第 9.3.10 条的规定；栓钉焊接头外观与外形尺寸应符合表 9.6.3-3 的要求。

表 9.6.3-2　焊缝外形尺寸允许偏差（mm）

对接焊缝余高	焊缝宽度比坡口宽度每侧增宽值	角接焊缝焊脚尺寸（h_f）	
		差　值	不　对　称
0～4	1～3	$\Delta h_f \leq 3$	$\leq 1 + 0.1 \times h_f$

表 9.6.3-3　栓钉焊接头外观质量合格标准与外形尺寸允许偏差

外观检验项目	合格标准或允许偏差
焊缝形状	360°范围内，焊缝高 >1mm，焊缝宽 >0.5mm
焊缝缺陷	无气孔、无夹渣
焊缝咬边	咬边深度 <0.5mm
焊钉焊后高度	焊后高度允许偏差 ±2mm

　　2）焊缝内部无损检测：检测前应将背面垫板用机械方法加工去除。射线探伤应符合现行国家标准《钢熔化焊对接接头射线照相和质量分级》（GB 3323）中Ⅱ级或Ⅱ级以上的规定，超声波探伤应符合《钢焊缝手工超声波探伤方法和探伤结果分级》（GB 11345）中 BI 级的规定。

　　3）弯曲、宏观及拉伸试验

　　　　对接接头冷弯试样制备应符合图 9.6.2-1(a)、图 9.6.2-2 的要求，弯曲试验应符

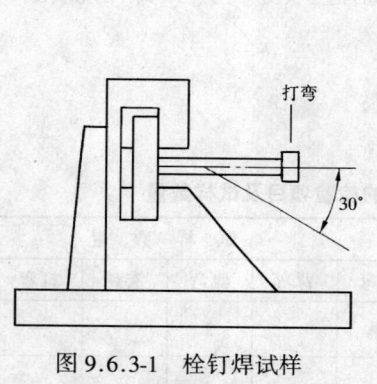

图 9.6.3-1　栓钉焊试样弯曲试验方法示意

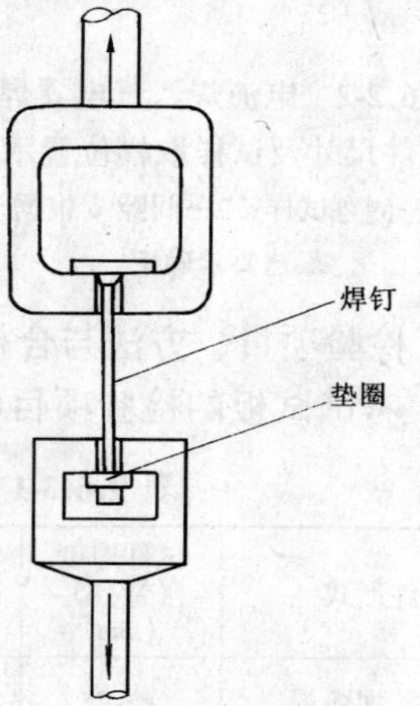

图 9.6.3-2　栓钉焊试样拉伸试验方法示意

合现行国家标准《焊接接头弯曲及压扁试验法》(GB 2653)的规定,试样冷弯至规定角度后,试样表面任意方向的裂纹及其他缺陷单个长度应不大于3mm,且单个试样裂纹及其他缺陷总长应不大于7mm;角接焊缝弯曲试样的制备应符合图9.6.2-1(b)的要求,弯曲试验可以简便的方法持续加载或重复加载,使焊缝根部受力,直至试样断裂或压弯到两板平贴。

宏观试验应符合现行国家标准《钢的低倍组织及缺陷腐蚀试验法》(GB 226)的规定;

栓钉焊接头弯曲试样、拉伸试样制取应符合图9.6.2-3(b)的要求。试样打弯到30°后,焊接区应无裂纹(图9.6.3-1);试样拉伸至破坏后,不应在焊缝处断裂(图9.6.3-2)。

9.7 考试记录、复试、补考、重考、免试和证书

9.7.1 焊工考试宜按附录 E-1 记录考试结果。

9.7.2 每一考试项目中仅有一个试样不合格时,可进行复试。复试时,应重新焊接一块试板进行全部试验,试样检验应全部合格该项目方为合格,否则为不合格。同一焊工每次考试复试次数应不超过一次。

9.7.3 按本章规定进行考试的焊工,应由企业焊工技术考试委员会审核其合格项目,并报上级管理机构审批颁发焊工合格证书。焊工合格证有效期为3年,样式和内容宜符合附录 E-2 的要求。

9.7.4 焊工资格认可的合格证有效期终止前应重新进行考试、换证。重考应符合下列规定:

　　1 重考应进行理论知识及操作技能考试。应对合格证认可资格科目中最难的科目进行操作技能重新考试;

　　2 重考合格后应由企业焊工技术考试委员会审核并持原合格证上报,由原发证的上级管理机构核发新的焊工合格证;

　　3 重考时持有合格证的焊工亦可申请参加比原认可资格更难的资格考试,考试合格后上报、核发新的资格合格证,考试不合格则该焊工必须参加原合格证中最难科目的重考;

　　4 持续中断焊接操作时间超过半年的原合格焊工重新参加焊接工作时,必须进行原认可资格科目的重新考试。该重考可免去理论知识考试,考试试件可不进行冷弯项目检验。

9.7.5 合格证有效期满后免试应遵守下列规定:

　　持证焊工在规定的认可范围内工作并在合格证的有效期内,焊接质量一贯优良,探伤合格率保持在射线探伤不小于90%、超声波探伤不小于98%时,可经焊工所在企业的技术管理、质量检验两个部门的主管签字认可,由企业焊工技术考试委员会核准后报原发证的上级管理机构予以免试,准予免试的焊工资格证书有效期延长不得超过3年,且不得连续免试。

9.7.6 合格证注销应符合下列规定:

　　1 焊工在生产过程中施焊焊缝质量一贯低劣,经质量检查部门提出,由企业焊工技术考试委员会核准可注销其合格证,同时应报上级管理机构备案。被注销合格证的焊工可重新申请参加焊工考试,合格后方可允许在规定的认可范围进行焊接工作;

　　2 有伪造经历、弄虚作假、涂改合格证或超越合格证认可范围施焊者,企业焊工技术考试委员会可取消其考试资格或注销其资格证书,并应报上级管理机构备案。

附录 A 钢板厚度方向性能级别及其含硫量、断面收缩率值

级别	含硫量≤（%）	断面收缩率（Ψ_2%）	
		三个试样平均值不小于	单个试样值不小于
Z15	0.01	15	10
Z25	0.007	25	15
Z35	0.005	35	25

附录 B 建筑钢结构焊接工艺评定报告格式

建筑钢结构焊接工艺评定报告

编　　　号：＿＿＿＿＿＿＿＿＿＿

编　　　制：＿＿＿＿＿＿＿＿＿＿

焊接责任
技术人员：＿＿＿＿＿＿＿＿＿＿

批　　　准：＿＿＿＿＿＿＿＿＿＿

单　　　位：＿＿＿＿＿＿＿＿＿＿

日　　　期：＿＿＿＿年＿＿＿月＿＿＿日

表 B-1　焊接工艺评定报告目录

序号	报 告 名 称	报告编号	页　数
1			
2			
3			
4			
5			
6			
7			
8			
9			
10			
11			
12			
13			
14			
15			
16			
17			
18			
19			
20			

表 B-2 焊接工艺评定报告

共　　页　第　　页

工程(产品)名称						评定报告编号				
委托单位						工艺指导书编号				
项目负责人						依据标准		《建筑钢结构焊接技术规程》(JGJ 81)		
试样焊接单位						施焊日期				
焊工		资格代号				级别				
母材钢号			规格			供货状态			生产厂	

化 学 成 分 和 力 学 性 能										
	C (%)	Mn (%)	Si (%)	S (%)	P (%)	σ_s (MPa)	σ_b (MPa)	δ_5 (%)	ψ (%)	A_{kv} (J)
标准										
合格证										
复验										
碳当量					公式					

焊接材料	生产厂	牌号	类型	直径(mm)	烘干制度(℃×h)	备注
焊条						
焊丝						
焊剂或气体						

焊接方法		焊接位置		接头形式	
焊接工艺参数	见焊接工艺评定指导书	清根工艺			
焊接设备型号		电源及极性			
预热温度(℃)		层间温度(℃)		后热温度(℃)及时间(min)	
焊后热处理					

评定结论:本评定按《建筑钢结构焊接技术规程》(JGJ 81)规定,根据工程情况编制工艺评定指导书、焊接试件、制取并检验试样、测定性能,确认试验记录正确,评定结果为:____。焊接条件及工艺参数适用范围按本评定指导书规定执行

评定	年　月　日	评定单位:
审核	年　月　日	(签章)
技术负责	年　月　日	年　月　日

表 B-3 焊接工艺评定指导书

共　　页　第　　页

工程名称				指导书编号			
母材钢号		规格		供货状态		生产厂	
焊接材料	生产厂		牌　号	类　型		烘干制度(℃×h)	备注
焊　条							
焊　丝							
焊剂或气体							
焊接方法				焊接位置			
焊接设备型号				电源及极性			
预热温度(℃)		层间温度			后热温度(℃)及时间(min)		
焊后热处理							

接头及坡口尺寸图	焊接顺序图

焊接工艺参数	道次	焊接方法	焊条或焊丝		焊剂或保护气	保护气流量(l/min)	电流(A)	电压(V)	焊接速度(cm/min)	热输入(kJ/cm)	备注
			牌号	φ(mm)							

技术措施	焊前清理		层间清理	
	背面清根			
	其他：			

编制		日期	年　月　日	审核		日期	年　月　日

表 B-4 焊接工艺评定记录表

共 页 第 页

工程名称				指导书编号			
焊接方法		焊接位置		设备型号		电源及极性	
母材钢号		类别		生产厂			
母材规格				供货状态			

接头尺寸及施焊道次顺序	焊接材料				
	焊条	牌号		类型	
		生产厂		批号	
		烘干温度(℃)		时间(min)	
	焊丝	牌号		规格(mm)	
		生产厂		批号	
	焊剂或气体	牌号		规格(mm)	
		生产厂			
		烘干温度(℃)		时间(min)	

施 焊 工 艺 参 数 记 录

道次	焊接方法	焊条(焊丝)直径(mm)	保护气体流量(l/min)	电流(A)	电压(V)	焊接速度(cm/min)	热输入(kJ/cm)	备注

施焊环境		室内/室外		环境温度(℃)		相对湿度	%
预热温度(℃)			层间温度(℃)		后热温度		时间(min)
后热处理							
技术措施	焊前清理			层间清理			
	背面清根						
	其他						
焊工姓名		资格代号		级别		施焊日期	年 月 日
记录		日期	年 月 日	审核		日期	年 月 日

表 B-5 焊接工艺评定检验结果

共 页 第 页

非 破 坏 检 验					
试验项目	合格标准	评定结果		报告编号	备 注
外 观					
X 光					
超声波					
磁 粉					

拉伸试验	报告编号				弯曲试验	报告编号			
试样编号	σ_s（MPa）	σ_b（MPa）	断口位置	评定结果	试样编号	试验类型	弯心直径 D(mm)	弯曲角度	评定结果
							$D=$ α		
							$D=$ α		
							$D=$ α		
							$D=$ α		

冲击试验	报告编号			宏观金相	报告编号
试样编号	缺口位置	试验温度(℃)	冲击功 A_{kv}(J)	评定结果：	
				硬度试验	报告编号
				评定结果：	

其他检验：

检 验		日期	年 月 日	审核		日期	年 月 日

表 B-6 栓钉焊焊接工艺评定报告

共 页 第 页

工程(产品)名称			评定报告编号		
委托单位			工艺指导书编号		
项目负责人			依据标准		
试样焊接单位			施焊日期		
焊 工		资格代号		级 别	
施焊材料		牌 号	规 格	热处理或表面状态	备 注
母材钢号					
穿透焊板材					
焊钉钢号					
瓷环牌号			烘干制度(℃×h)		
焊接方法		焊接位置		接头形式	
焊接工艺参数	见焊接工艺评定指导书				
焊接设备型号			电源及极性		

备 注：

评定结论：
  本评定按　　　　　规定，根据工程情况编制工艺评定指导书、焊接试件、制取并检验试样、测定性能，确认试验记录正确，评定结果为：
  焊接条件及工艺参数适用范围应按本评定指导书规定执行

评 定		年 月 日	检测评定单位：
审 核		年 月 日	(签章)
技术负责		年 月 日	年 月 日

表 B-7 栓钉焊焊接工艺评定指导书

共　页　第　页

工程名称				指导书编号			
焊接方法				焊接位置			
设备型号				电源及极性			
母材钢号		类别		厚度(mm)		生产厂	

接头及试件形式		施 焊 材 料					
		穿透焊钢材	牌　号				
			生产厂				
			表面镀层				
			规格(mm)				
		焊钉	牌　号		规格(mm)		
			生产厂				
		瓷环	牌　号		规格(mm)		
			生产厂				
			烘干温度℃及时间(min)				

焊接工艺参数	序　号	电流(A)	电压(V)	时间(s)	伸出长度(mm)	提升高度(mm)	备　注

技术措施	焊前母材清理	
	其他:	

编制		日期	年 月 日	审核		日期	年 月 日

表 B-8　栓钉焊焊接工艺评定记录表

共　　页　第　　页

工程名称				指导书编号		
焊接方法				焊接位置		
设备型号				电源及极性		
母材钢号		类别		厚度(mm)		生产厂

接头及试件形式	施焊材料			
	穿透焊钢材	牌号		
		生产厂		
		表面镀层		
		规格(mm)		
	焊钉	牌号		规格(mm)
		生产厂		
	瓷环	牌号		规格(mm)
		生产厂		
		烘干温度℃及时间(min)		

施 焊 工 艺 参 数 记 录

序号	电流(A)	电压(V)	时间(s)	伸出长度(mm)	提升高度(mm)	环境温度(℃)	相对湿度(%)	备注

技术措施	焊前母材清理	
	其他：	

焊工姓名		资格代号		级别		施焊日期	年 月 日
编　制		日期	年 月 日	审核		日期	年 月 日

表 B-9 栓钉焊焊接工艺评定试样检验结果

共　页　第　页

焊 缝 外 观 检 查						
检验项目	实测值(mm)				规定值（mm）	检验结果
	0°	90°	180°	270°		
焊缝高					>1	
焊缝宽					>0.5	
咬边深度					<0.5	
气孔					无	
夹渣					无	
拉伸试验	报告编号					
试样编号	抗拉强度 σ_b(MPa)		断口位置	断裂特征		检验结果
弯曲试验	报告编号					
试样编号	试验类型	弯曲角度	检验结果			备　注
	锤击	30°				
	锤击	30°				
	锤击	30°				
其他检验：						

检验		日期	年月日	审核		日期	年月日

附录 C 箱形柱（梁）内隔板电渣焊焊缝焊透宽度的测量

C.0.1 应采用垂直探伤法以使用的最大声程作为探测范围调整时间轴，在被探工件无缺陷的部位将钢板的第一次底面反射回波调至满幅的 80% 高度作为探测灵敏度基准，垂直于焊缝方向从焊缝的终端开始以 100mm 间隔进行扫查，并对两端各 $50+t_1$ 范围进行全面扫查（图 C.0.1）。

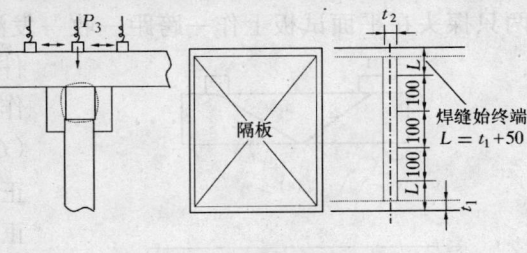

图 C.0.1 扫查方法示意

C.0.2 焊接前必须在面板外侧标记上焊接预定线，探伤时应以该预定线为基准线。

C.0.3 应把探头从焊缝一侧移动至另一侧，底波高度达到 40% 时的探头中心位置作为焊透宽度的边界点，两侧边界点间距即为焊透宽度。

C.0.4 缺陷指示长度的测定应符合下列规定：

1 焊透指示宽度不足

将按第 C.0.3 条规定扫查求出的焊透指示宽度小于隔板尺寸的沿焊缝长度方向的范围作为缺陷指示长度；

2 焊透宽度的边界点错移

将焊透宽度边界点向焊接预定线内侧沿焊缝长度方向错位超过 3mm 的范围作为缺陷指示长度；

3 缺陷在焊缝长度方向的位置以缺陷的起点表示。

附录 D 圆管 T、K、Y 节点焊缝的超声波探伤方法及缺陷分级

D.0.1 本附录适用于支管管径不小于 150mm、壁厚不小于 6mm、板厚外径之比在 13% 以下的圆钢管分支节点焊缝的超声波探伤。

D.0.2 本附录未述及的内容应符合现行国家标准《钢焊缝手工超声波探伤方法及质量分级》（GB 11345）的规定。

D.0.3 本附录所用术语应符合下列规定：

（图 D.0.3）交叉角 θ——主管和支管相交的角度；

相贯角 ψ——从主管轴与支管轴组成的平面与支管母线形成的沿支管圆周方向的角度；

偏角 θ_B——支管表面母线和焊缝纵截面的法线或和探伤方向所成的角度。

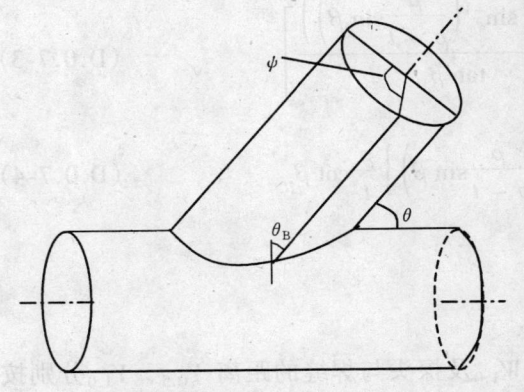

图 D.0.3 管分支节点

D.0.4 探头应采选用小芯片（如 6mm×6mm）、

短前沿、高频率（5~6MHz）及尽可能大的折射角（或 K 值），且应能完成 1 跨距范围内整个焊缝截面的检测。

D.0.5 应选用声阻抗较大、粘度较大且易清理的耦合剂，如甘油。

D.0.6 灵敏度修正量的确定应遵守图 D.0.6 的要求，用与探伤所用探头规格相同的两只探头在平面试板上作一跨距一收一发测试，读取增益（或衰减）值 G_1，然后在工件表面上沿轴向和实际探伤最大偏角方向分别作一跨距一收一发测试，读取 G_2、G_3。$TG = (G_2 + G_3)/2 - G_1$；当 $TG < 2dB$ 时，可不作修正；当 $|G_2 - G_3| \leq 4dB$ 时，应按 TG 进行耦合修正；当 $|G_2 - G_3| > 4dB$ 时，应进一步分区测试，取合适的区间分别进行修正。

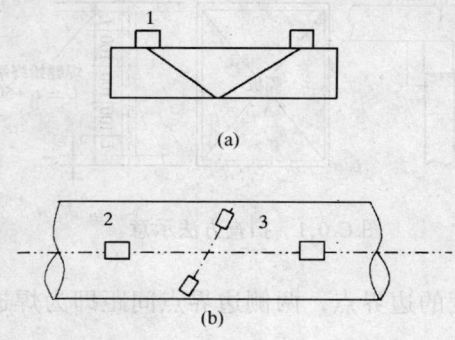

图 D.0.6 灵敏度修正量的确定
(a) 试板与 RB 试块有相同的粗糙度；
(b) 工件探测面

D.0.7 探伤面及探伤方法应符合下列规定：

1 T、K、Y 焊缝探伤应以支管表面作为探伤面，扫查时探头应与焊缝垂直；

2 可采用实测或计算机辅助计算求出探伤部位的偏角 θ_B，并按公式 D.0.7-1 求出该部位探测方向的曲率半径 ρ：

$$\rho = \frac{D}{2\sin^2\theta_B} \tag{D.0.7-1}$$

3 应按公称折射角 45°、60°、70°或 K 值（K1、K2、K3）各自能探测的范围，将焊缝划分为若干检测区，每一检测区应选用相应折射角（或 K 值）的探头。对应于某一曲率半径的可用的最大折射角应按公式 D.0.7-2 计算：

$$\beta\max = \sin^{-1}\left(1 - \frac{t}{p}\right) \tag{D.0.7-2}$$

4 应按公式 D.0.7-3 计算半跨距声程修正系数 K，按公式 D.0.7-4 计算水平距离修正系数 m：

$$k = \left(\frac{\rho}{t} - 1\right)\left[\frac{\sin\left(\beta + \sin^{-1}\left(\frac{\rho}{\rho-t}\sin\beta\right)\right)}{\tan\beta}\right] \tag{D.0.7-3}$$

$$m = \left[\pi - \beta - \sin^{-1}\left(\frac{\rho}{\rho-t}\sin\beta\right)\right]\frac{\rho}{t}\cot\beta \tag{D.0.7-4}$$

式中 β——探头折射角；
$\quad\quad t$——管壁厚。

5 缺陷位置的判定方法应符合下列要求：

1）半跨距点和 1 跨距点的声程 $W_{0.5}$、$W_{1.0}$ 及探头与焊缝的距离 $Y_{0.5}$、$Y_{1.0}$ 分别按下式计算：

$$W_{0.5} = (t/\cos\beta)k \qquad (D.0.7\text{-}5)$$

$$W_{1.0} = 2W_{0.5} \qquad (D.0.7\text{-}6)$$

$$Y_{0.5} = (t/\tan\beta)m \qquad (D.0.7\text{-}7)$$

$$Y_{1.0} = 2Y_{0.5} \qquad (D.0.7\text{-}8)$$

2) 探头与缺陷的距离 Y 及缺陷深度 d 根据读取的声程 W 按比例由下式近似求出：

当 $W < W_{0.5}$ 时，

$$Y = Y_{0.5} \times W/W_{0.5} \qquad (D.0.7\text{-}9)$$

$$d = t \times W/W_{0.5} \qquad (D.0.7\text{-}10)$$

当 $W_{0.5} < W < W_{1.0}$ 时，

$$Y = Y_{0.5} \times W/W_{0.5} \qquad (D.0.7\text{-}11)$$

$$d = 2t - t \times W/W_{0.5} \qquad (D.0.7\text{-}12)$$

6 缺陷评定与分级应符合下列规定：

对于中上部体积性缺陷，应根据缺陷的指示长度按表 D.0.7-1 予以评定，对于根部缺陷的评定应符合表 D.0.7-2 的规定。

表 D.0.7-1 全焊透焊缝中上部缺陷的评定

级别	允许的最大缺陷指示长度
Ⅰ	$\leq \frac{1}{3}t$，最小为 10mm 的 Ⅱ 区缺陷
Ⅱ	$\leq \frac{2}{3}t$，最小为 15mm 的 Ⅱ 区缺陷，点状的 Ⅲ 区缺陷
Ⅲ	$\leq t$，最小为 20mm 的 Ⅱ 区缺陷，$\leq$10mm 的 Ⅲ 区缺陷
Ⅳ	超过 Ⅲ 级者

表 D.0.7-2 全焊透焊缝根部缺陷的评定

级别	允许的最大缺陷指示长度	
	波高为 Ⅱ 区的缺陷	波高为 Ⅲ 区的缺陷
Ⅰ	$\leq \frac{1}{3}t$，最小可为 10mm	$\leq$10mm
Ⅱ	$\leq$10%周长	$\leq \frac{2}{3}t$，最小可为 15mm
Ⅲ	$\leq$20%周长	$\leq t$，最小可为 20mm
Ⅳ	超过 Ⅲ 级者	超过 Ⅲ 级者

附录 E 工程建设焊工考试结果登记表、合格证格式

表 E-1 焊工考试结果登记表

姓名		性别		出生日期		技术等级	
单位					编号		照片
理论知识考试	试题来源				课时数		
	审核监考单位				考试负责人		
	考试编号			成绩		日期	
操作技能考试	基本情况	焊接方法		试件型式		位置	
		钢材类别		钢材牌号		厚度（管径）	
		焊接材料		焊丝直径		焊剂（保护气）	
	工艺参数	电流		电压		热输入	
		预热制度		层间温度		后热制度	
		叠道层数		道次		清根（垫板）	
	试板检验	外观检查	角变形	错边量	焊缝余高	咬边	表面缺陷	评定结果
		破坏检验	无损检测方法		执行标准		评定等级	
					件数		评定结果	
			冷弯项目	面弯				
				背弯				
				侧弯				
			断面			宏观		
	监考人员			检验		考试负责人	

结论	按建筑钢结构焊接技术规程考核，该焊工_____项考试合格。该焊工允许焊接工作范围如下：			
	焊接方法		钢材类别		企业焊工技术考试委员会（签章）
	焊材类别		厚度范围		
	焊接位置		构件型式		
	技术负责人（签字）		焊接工程师（签字）		年 月 日

表 E-2　工程建设焊工合格证

封1

工程建设焊工合格证

_____焊工技术考试委员会

封2

姓　　名：_____
性　　别：_____
年　　龄：_____
编　　号：_____
工作单位：_____
_____

照片左下侧盖工作单位钢印

_____焊工技术考试委员会（公章）
焊工钢印号_____
发证日期_____年_____月_____日
有 效 期_____年_____月_____日

首页　　　　　　　　　　　　　　　　　　　　2页

理论知识考试			
方法类别	考试日期	成　绩	签发人

操作技能考试					
焊接方法	试件代号	厚度管径	日期	结果	签发人

3页

本证书授予操作范围

焊接方法＿＿＿＿＿＿＿＿＿＿＿＿＿＿＿＿＿

接头类别（板对接、角接、管件）＿＿＿＿＿

钢材类别＿＿＿＿＿＿＿＿＿＿＿＿＿＿＿＿＿

焊材类别＿＿＿＿＿＿＿＿＿＿＿＿＿＿＿＿＿

厚度管径范围＿＿＿＿＿＿＿＿＿＿＿＿＿＿＿

焊接位置＿＿＿＿＿＿＿＿＿＿＿＿＿＿＿＿＿

单（双）面焊＿＿＿＿＿＿＿＿＿＿＿＿＿＿＿

＿＿＿＿＿＿焊工技术考委会

4页

日常工作质量记录*

年 月 至 年 月

产品或工程名称＿＿＿＿＿＿＿＿＿＿＿＿＿

焊接方法＿＿＿＿＿＿＿＿＿＿＿＿＿＿＿＿

接头类型＿＿＿＿＿＿＿＿＿＿＿＿＿＿＿＿

焊接位置＿＿＿＿＿＿＿＿＿＿＿＿＿＿＿＿

焊材型（牌）号＿＿＿＿＿＿＿＿＿＿＿＿＿

检验记录档案号＿＿＿＿＿＿＿＿＿＿＿＿＿

合格率＿＿＿＿＿＿＿＿＿＿＿＿＿＿＿＿＿

* 也可由企业另作记载备查，至少每半年记载一次。

5页

免试证明

该焊工在 年 月至 年 月期间从事上述认可类别产品或工程的焊接，其施焊质量符合本规程免试条件，准予延长有效期至 年 月 日

＿＿＿＿＿焊工技术考试委员会

（封底里）

注意事项

1 本证仅限证明焊工技术能力用。

2 此证应妥为保存，不得转借他人。

3 此证记载各项，不得私自涂改。

4 超过有效期限，本证无效。

本规程用词说明

一、为便于在执行本规程条文时区别对待，对要求严格程度不同的用词说明如下：

1 表示很严格，非这样做不可的：

正面词采用"必须"，反面词采用"严禁"；

2 表示严格，在正常情况均应这样做的：

正面词采用"应",反面词采用"不应"或"不得";
3 表示允许稍有选择,在条件许可时首先这样做的:
正面词采用"宜",反面词采用"不宜";
表示有选择,在一定条件下可这样做的,采用"可"。
二、条文中指明应按其他有关标准执行的写法,为"应符合……的规定"或"应按照……执行"。

中华人民共和国国家标准

建筑钢结构焊接技术规程

JGJ 81—2002

条 文 说 明

前 言

《建筑钢结构焊接技术规程》JGJ 81—2002，经建设部 2002 年 9 月 27 日以建标［JGJ 81—2002］62 号文批准，业已发布。

本规程第一版的主编单位是湖北省建筑工程总公司，参加单位是北京钢铁设计研究总院、冶金工业部建筑研究总院、宝山钢铁总厂工程指挥部、重庆钢铁设计研究总院、武汉钢铁公司金属结构厂、武汉冶金设备制造公司。

为便于广大设计、施工、科研、学校等单位的有关人员在使用本标准时能正确理解和执行条文规定，《建筑钢结构焊接技术规程》编制组按章、节、条顺序编制了本规程的条文说明，供使用者参考。在使用中如发现本条文说明有不妥之处，请将意见函寄给主编单位中冶集团建筑研究总院。

目　次

1 总则 …………………………………………………………… 1003
2 基本规定 ……………………………………………………… 1003
3 材料 …………………………………………………………… 1004
4 焊接节点构造 ………………………………………………… 1005
　4.1 一般规定 ………………………………………………… 1005
　4.2 焊接坡口的形状和尺寸 ………………………………… 1006
　4.3 焊缝的计算厚度 ………………………………………… 1007
　4.4 组焊构件焊接节点 ……………………………………… 1007
　4.5 防止板材产生层状撕裂的节点形式 …………………… 1008
　4.6 构件制作与工地安装焊接节点形式 …………………… 1008
　4.7 承受动载与抗震的焊接节点形式 ……………………… 1008
5 焊接工艺评定 ………………………………………………… 1009
　5.1 一般规定 ………………………………………………… 1009
　5.2 焊接工艺评定规则 ……………………………………… 1010
　5.3 重新进行工艺评定的规定 ……………………………… 1010
6 焊接工艺 ……………………………………………………… 1010
　6.1 一般规定 ………………………………………………… 1010
　6.2 焊接预热及后热 ………………………………………… 1012
　6.3 防止层状撕裂的工艺措施 ……………………………… 1013
　6.4 控制焊接变形的工艺措施 ……………………………… 1013
　6.6 熔化焊缝缺陷返修 ……………………………………… 1013
7 焊接质量检查 ………………………………………………… 1014
　7.1 一般规定 ………………………………………………… 1014
　7.2 外观检验 ………………………………………………… 1015
　7.3 无损检测 ………………………………………………… 1015
8 焊接补强与加固 ……………………………………………… 1016
9 焊工考试 ……………………………………………………… 1018
　9.1 一般规定 ………………………………………………… 1018
　9.2 考试内容及分类 ………………………………………… 1019
　9.3 手工操作技能基本考试 ………………………………… 1019
　9.4 手工操作技能附加考试 ………………………………… 1019
　9.5 手工操作技能定位焊考试 ……………………………… 1020

1 总 则

1.0.1 制定本规程的目的是为了保证建筑钢结构工程的质量。技术先进是钢结构经济合理、安全适用、确保质量的前提条件。技术规程的制订必须根据结构的种类、重要程度提出适度的质量要求，才能做到既保证安全、又经济合理。

1.0.2 钢材厚度适用范围在原规程中未规定。修订后规定的厚度下限是依据本规程适用的焊接工艺方法的一般限制而确定的，实际上对轻钢结构尚可适用。

该条明确了本规程适用的结构类型，说明本规程修订后在适用范围上有实质性的变化，填补了原规程在高层框架钢结构、焊接球—管网架结构、管—管桁架结构方面的空缺。近十年来国内建造了许多幢高层、超高层钢结构大厦和网架及桁架式大型体育场、航站楼、会展中心等公共设施。这些结构对焊接技术均有特殊的、严格的要求，由于原规程空缺相关技术内容，多年以来只能采用美国、日本等国的焊接施工规程。经过多年的实践，国内的设计、施工企业已积累了丰富的经验，技术已比较成熟且其水平已与国外先进水平相当，应当并有条件把该类结构的焊接技术及相应质量要求等技术内容纳入规程，以提高本规程的通用性和技术先进性。

本条规定的一般构筑物是指与建筑钢结构有关及其他行业标准不包括的各种设备钢构架、工业炉窑罐壳体、照明塔架、通廊、工业管道支架、厂区或城市过街桥等。

对于不属于上述范围的钢结构，根据设计要求和专门标准的规定补充特殊规定后，仍可适用。

本条所列的焊接方法包括了目前我国建筑钢结构制作、安装中广泛应用的全部焊接方法，充分反映了我国建筑钢结构的发展和焊接技术的进步。

1.0.3 焊接过程是钢材的热加工过程，焊接过程中产生的火花、热量、飞溅物等往往是建筑工地火灾事故的起因，而且如果安全措施不当，会对焊工的身体造成伤害。因此，焊接施工必须遵守国家现行安全技术和劳动保护的有关规定。

1.0.4 本规程是有关建筑钢结构制作和安装工程对焊接技术要求的专业性规程，是对钢结构相关规范的补充和深化。因此，在工程施工焊接中，除应按本规程的规定执行外，尚应符合国家现行有关强制性标准、规范的规定。

2 基 本 规 定

本章是修订时新增加的内容，主要针对钢结构工程的设计文件、施工企业的资质及质量保证体系、施工机具、检测装备、焊接及检测专业技术人员资质、职责、焊工资质及焊接作业环境要求而着重提出。

2.0.1 本规程适用的钢材类别、结构类型比较广泛，基本上涵盖了目前建筑钢结构焊接施工的实际需要。为了提高建筑钢结构工程焊接质量，保证结构使用安全，本条表2.0.1将影响施工焊接难易程度的各种基本因素分为三个等级，以此为原则将建筑钢结构工程焊接区分为一般、较难和难三种情况。针对不同情况，施工企业在承担钢结构工程时应具备与焊接难度相适应的技术条件，如施工企业的资质、焊接施工装备能力、施工技术和人员水平能力、焊接工艺技术措施、检验与试验手段、质保体系和技术文件等。

表2.0.1中钢材碳当量的分级是依据国内钢材产品实际情况，$C_{eq}<0.38\%$基本上包含了易焊的Q345及强度等级更低的钢号。$C_{eq}=0.38\%\sim0.45\%$包含了强度等级比Q345更高的较难焊钢号。$C_{eq}>0.45\%$则为难焊的特殊钢号。节点拘束度分级是依据生产施工实际情况并与美国《钢结构焊接规范》AWS D1.1的区分方法一致。板厚的区分原则上按照目前国内建筑钢结构中、厚板的使用普遍程度，将$t<30mm$定为易焊的一般结构，将$t=30\sim80mm$定为较难焊的，将$t>80mm$定为难焊的结构。受力状态的区分原则上参照有关设计规程。

2.0.2 原规程中未提出对设计文件的要求。本条是根据目前建筑钢结构设计现状而提出的。设计文件应当对焊接质量等要求做出全面而合理的规定，施工企业则应当按设计文件的规定组织焊接施工，从而确保钢结构施工质量满足设计要求。

2.0.3及2.0.4 鉴于目前国内建筑钢结构工程承包的实际情况，结合近十年来的实际施工经验和教训，要求承担钢结构工程制作安装的企业必须具有相应的资质等级、设备条件、焊接技术质量保证体系，并配备具有金属材料、焊接结构学、焊接工艺及设备等方面专业知识的焊接技术责任人员，强调对施工企业焊接相关从业人员的资质要求，明确其职责，是非常必要的。

随着大中城市现代化的进程，在民用建筑的设计中越来越多地采用一些超高、超大新型钢结构。这些结构中焊接节点设计复杂，接头拘束度较大，一旦发生质量问题，尤其是裂纹，往往对工程的安全、工期和投资造成很大损失。目前，重大工程中经常采用一些进口钢材或新型国产钢材，这样就要求施工企业全面了解其冶炼、铸造、轧制上的特点，掌握钢材的焊接性，进而制订正确的焊接工艺措施，确保焊接施工质量。因此本条中特别规定特殊结构或采用高强度钢材、特厚材料及焊接新工艺的钢结构工程，其制作、安装单位应具备相应的焊接工艺试验室和基本的焊接试验开发技术人员是很必要的。

3 材 料

3.0.1 原规程第2.0.1条规定钢材及焊接材料按施工图的要求选用。因近年来钢结构设计图日趋复杂，设计对钢材及焊接材料的要求一般在设计总说明中加以规定，以便控制性能要求和及时采购，而不是待施工详图设计时才作规定。因此有必要把条文中的施工图改为设计图。对材料的代用规定是原规程内容，未修改。

修订规程取消了原规程碳当量C_{eq}小于或等于0.45%的其他钢号可以按本规程各项规定施焊的条文，因GB 700及GB/T 1591中各种牌号屈服强度由195～460MPa，但并未规定各牌号钢材碳当量上限值。钢材的碳当量上限值因其冶炼、轧钢工艺不同而异，就日本国家标准而言，同为建筑结构钢材，SM 490钢规定的碳当量上限当厚度50mm以下为0.38%，厚度50～100mm时为0.40%；而SN 490钢规定的碳当量当厚度40mm以下时为0.44%，厚度40～100mm时为0.46%。原则上，不论对于GB 700和GB/T 1591规定以内或以外的国产钢材或国外钢材，其焊接均应按本规程第5章的要求经过工艺评定试验后，制订出相应的焊接工艺文件或指导书方可在工程中施焊。钢材的碳当量，只是作为制订焊接工艺评定方案时必须考虑的重要因素，而非惟一因素。

3.0.2 由于钢材的化学成分决定了钢材的碳当量数值，是影响钢材的焊接性和焊接接头安全性的重要因素之一，直接影响焊接工艺参数和工艺措施的制订。对于钢结构焊接施工企业不仅要保证焊接接头的力学性能符合设计要求，而且在工程前期准备阶段就应确切地了解所用钢材的实际成分和有关性能，以作为焊接性试验、焊接工艺评定以及制作、安装焊接工艺参数及措施制订的依据，因而应按国家现行有关工程质量验收规范要求对钢材的成分、性能进行必要的复验。焊接材料对焊接质量的影响重大，由于不同的生产批号质量往往存在一定的差异，因此本条对用于大型、重型及特殊钢结构工程的焊接填充材料的复验作出了明确规定。

3.0.3 对使用新材料，原规程中没有规定。鉴于目前国内新材料技术开发工作发展迅速，新产品的性能、质量良莠不齐，其使用必须有严格的规定。工程中结构用钢材或焊材超出国家现行标准的规定时，应有充分的有关成分、力学性能和切割、焊接性试验数据作为依据，由业主、设计、施工、监理各方或必要时由相关专业专家论证、确认并经焊接工艺评定后方可在工程中应用。

3.0.4 T形及类似T形的十字形、角接节点，当翼缘板较厚、节点形式复杂、焊缝集中时，由于焊接收缩应力较大，而且节点拘束度大，而使板材在近缝区或近板厚中心区沿轧制带状组织晶间产生台阶状层状撕裂。这种现象在国内外工程中屡有发生。焊接工艺技术人员虽然针对这一问题研究出一些改善、克服层状撕裂的工艺措施，取得了一定的实践经验。但要从根本上解决问题，必须提高钢材自身厚度方向即 Z 向性能。因此在设计选材阶段开始就采取必要的控制措施，对钢材的硫含量作出规定，从提高材料本身厚度方向抗拉性能着手（以 $\Psi\%$ 值表征）防止层状撕裂的产生。本条规定是根据焊接基本理论和国内外工程实践经验而制订的，附录 A 列出了现行国家标准《厚度方向性能钢板》（GB/T 5313）对 Z 向质量等级的具体要求。

3.0.5 及 3.0.6 补充列出焊接填充材料应符合的现行国家标准。焊接填充材料的选配根据设计要求除保证焊接接头强度、塑性不低于钢材标准规定的下限值以外，还应保证接头的冲击韧性不低于母材标准规定的冲击韧性下限值。

因本规程修订后适用的焊接方法增多，焊接材料与钢材的合理匹配选择内容繁多，在本条文中不便概括。因而，将原规程中第 2.0.2 条中常用钢材焊接材料选配表取消，其有关内容列在第 6 章焊接工艺的有关条文中，按焊接方法不同分别予以规定。

3.0.7 埋弧焊时应按现行国家标准并根据钢材的强度级别、质量等级和牌号适当选择焊剂，同时尽可能有良好的脱渣性等焊接工艺性能。

3.0.9 本条依据国家现行标准《焊接用二氧化碳》（HG/T2537）中纯度的等级规定，对重大工程中主要结构的重要焊接节点二氧化碳气体保护焊用气体的纯度要求符合其优等品的要求，其他节点如较薄板加筋节点焊接或一般工程中，可适当降低二氧化碳质量等级要求。这样在保证焊接质量的前提下做到经济合理。

4 焊接节点构造

4.1 一般规定

4.1.1 钢结构焊接节点的设计原则，主要应考虑便于焊工操作以得到致密的优质焊缝，尽量减少构件变形、降低焊接收缩应力的数值及其分布不均匀性，尤其是要避免局部应力集中。

现代建筑钢结构类型日趋复杂，施工中会遇到各种焊接位置。现在无论是工厂制作还是工地安装施工中立焊位置已广泛应用，焊工技术水平也已提高，因此修订时仅把仰焊列为应避免的焊接操作位置。

对于截面对称的构件，焊缝布置对称于构件截面中和轴的规定是减少构件整体变形的根本措施。但对于桁架中角钢类非对称型材构件端部与节点板的搭接角焊缝，并不需要把焊缝对称布置，因其对构件变形影响不大，也不能提高其承载力。

为了满足建筑艺术的要求，钢结构体形的日益多样化，这往往使节点复杂、焊缝密集甚至于立体交叉，而且板厚大、拘束度大使焊缝不能自由收缩，导致双向、三向焊接应力产生，这种焊接残余应力一般能达到钢材的屈服限数值。这对焊接延迟裂纹以及板材层状撕裂的产生是极重要的影响因素之一。一般在选材上采取控制碳当量，控制焊缝扩散氢含量，工艺上采取预热甚至于后热消氢处理，但即使不产生裂纹，施焊后节点区在焊接收缩应力作用下，由于晶格畸变产生的微观应变，将使材料塑性下降，相应强度及硬度增高，使结构在工作荷载作用下产生脆性断裂的可能性增大。因此，要求节点设计时尽可能避免焊缝密集、交叉并使焊缝布置避开高应力区是很必要的。

此外，为了结构安全而对焊缝要求宁大勿小这种做法是不正确的，不论设计、施工或监理各方都要走出这一概念上的误区。

4.1.2 在原规程规定及工程实际应用的基础上，增加管材 T、K、Y 及 X 形连接接头形式。

4.1.3 施工图中采用统一的标准符号标注如焊缝计算厚度、焊接坡口形式等焊接有关要求，可以避免在工程实际中因理解偏差而产生质量问题。由于构件的分段制作或安装焊缝位置对结构的承载性能有重要影响，同时考虑运输、吊装和施工的方便，特别强调应在施工图中明确规定工厂制作和现场安装焊缝，以便施工企业遵照执行，保证工程焊接质量。

4.2 焊接坡口的形状和尺寸

4.2.1～4.2.7 现行国家标准《气焊、手工电弧焊及气体保护焊焊缝坡口基本形式与尺寸》(GB 985) 和《埋弧焊焊缝坡口的基本形式和尺寸》(GB 986) 中规定了坡口的通用形式，其中坡口各部分尺寸均给出了一个范围，并无确切的组合尺寸；GB 985 中板厚 40mm 以上、GB 986 中板厚 60mm 以上均规定采用 U 形坡口，并且没有焊接位置规定及坡口尺寸及装配允差规定。总的来说上述两个国家标准比较适合于可以使用焊接变位器等工装设备及坡口加工、组装精度较高的条件，如机械行业中的焊接加工，对建筑钢结构制作的焊接施工则不太适合，尤其不适合于建筑钢结构工地安装中各种钢材厚度和焊接位置的需要。原规程附录一、二根据当时国内钢结构制作、安装企业经验所列的手工电弧焊和埋弧焊焊接接头的基本型式与尺寸，在早期的建筑钢结构的制作与安装焊接中起了一定的指导作用。

目前大型、大跨度、超高层建筑钢结构大部分已由国内进行施工图设计，在本规程修订中，将坡口形状和尺寸的规定与国际先进国家标准接轨是十分必要的。美国与日本国家标准中全焊透焊接坡口差异不大，部分焊透焊接坡口的规定有些差异。美国《钢结构焊接规范》（AWS D1.1）中对部分焊透焊接坡口的最小焊缝尺寸规定值较小，工程中很少应用。日本建筑施工标准规范《钢结构工程》（JASS 6）（96年版）所列的日本钢结构协会《焊接坡口标准》（JSSI 03）（92年底版）中，规定部分焊透焊缝的最小坡口深度为$2\sqrt{t}$（t为板厚）。实际上日本和美国的焊接坡口形式标准在国际和国内均已广泛应用。本规程在修订时参考了日本标准的分类排列方式，综合选用美、日两国标准的内容，制订了新的三种常用焊接方法的标准焊接坡口形式、尺寸。

4.3 焊缝的计算厚度

4.3.1～4.3.6 焊缝的计算厚度是结构设计中构件焊缝承载应力计算的依据，不论是角焊缝、对接焊缝或角接与对接组合焊缝中的全焊透焊缝或部分焊透焊缝，还是管材T、K、Y形相贯接头中的全焊透焊缝、部分焊透焊缝、角焊缝，均存在焊缝计算厚度的问题。设计者应对此明确要求，以免在施工过程中引起混淆，影响结构安全。本修订规程在第4.3.2条中，对接及角接与对接组合焊缝接头部分焊透的焊缝计算厚度折减值已有了明确规定（表4.3.2）。其依据主要参照美国《钢结构焊接规范》（AWS D1.1）。如果设计者应用表中折减值对焊缝承载应力进行计算，即可允许采用不加垫板的全焊透坡口形式，反面不清根焊接，作为部分焊透坡口焊缝使用。施工中可不使用碳弧气刨清根，这对提高施工效率和保障施工安全等有很大好处。目前国内某些由日本企业设计的钢结构工程中也采用了此类美国焊接规范规定的坡口形式，如北京国贸二期超高层钢结构工程。

同样参照AWS D1.1，在第4.3.4条中对斜角焊缝不同两面角（Ψ）时的焊缝计算厚度计算公式及折减值、在第4.3.6条中对管材T、K、Y形相贯接头全焊透、部分焊透及角焊缝的各区焊缝计算厚度或折减值以及相应的坡口尺寸作了明确规定，以供施工图设计时使用。

4.4 组焊构件焊接节点

4.4.1 塞焊和槽焊的最小间隔及最大直径规定主要为防止母材过热。最小直径规定与板厚关系的规定则为保证焊缝致密、无气孔、无夹渣所需的填焊空间。其填焊深度和焊缝尺寸均为传递剪力所需。

4.4.2 由于塞焊及槽焊均为大热输入焊接，在调质钢上采用会使母材热影响区退火，从而导致接头力学性能下降而可能达不到钢材标准及设计要求。

4.4.3 角焊缝最小长度、断续角焊缝焊段最小长度及角焊缝的最小焊脚尺寸规定均为防止因热输入量过小而使母材热影响区冷却速度过快而形成硬化组织，用低氢焊条时由于减少了氢脆的影响，最小角焊缝尺寸可比非低氢焊条时小一些。

4.4.4 搭接接头角焊缝在传递部件受轴向力时，应采用双角焊缝，该规定是为防止接头在荷载作用下张开。

搭接接头最小搭接长度的规定是为防止接头受轴向力时发生偏转。

搭接接头纵向角焊缝连接构件端部时，最小焊缝长度的规定及必要时增加横向角焊或塞焊的规定是为防止构件因翘曲而使贴合不好。

断续搭接角焊缝最大纵向间距的规定在构件受拉力时是为有效传递荷载；在受压力时是为保持构件的稳定。

搭接焊缝与材料棱边的最小距离要求是为防止焊接时材料棱边熔蹋。本条各款内容均与 AWS D1.1 中规定一致。

4.4.5 不同厚度及宽度材料对接时的坡度过渡要求参照了现行美国《钢结构焊接规范》AWS D1.1 及日本建筑施工标准规范《钢结构工程》JASS 6 的规定对原规程作了修订，即承受的拉应力超过设计容许拉应力的三分之一时，其坡度最大允许值为 1:2.5，此款规定比原规程的规定有所放松。

不同宽度材料对接时的坡度过渡与板厚不同时的处理方法相似，都是为了减小材料因截面及外形突变造成的局部应力集中，提高结构使用安全性。

4.5 防止板材产生层状撕裂的节点形式

4.5.1 在 T 形、十字形及角接接头焊接时，易由于焊接收缩应力作用于板厚方向（即垂直于板材纤维的方向）而使板材产生沿轧制带状组织晶间的台阶状层状撕裂。这一现象在国外钢结构焊接工程实践中早已发现，并经多年试验研究，总结出一系列防止层状撕裂的措施，在本规程第 3.0.4 条中已规定了对材料厚度方向性能的要求。本条主要从焊接节点形式的优化设计方面提出要求，其考虑出发点均为减小焊缝截面、减少焊接收缩应力、使焊接收缩力尽可能作用于板材的轧制纤维方向。我国建筑钢结构正处于蓬勃发展的阶段，近年来在重大工程项目中已发生过多起由层状撕裂而引起的工程质量问题，有必要加以重视。本修订规程第 6 章焊接工艺中还将对层状撕裂的预防措施给予相应的规定。

4.6 构件制作与工地安装焊接节点形式

4.6.1 本条各款规定的节点形式中，第 1、2、4 款为原规程的内容；第 6、7、8、9 款为生产实践中常用，但原规程未涉及而需要补充的；第 3、5 款引自美国《钢结构焊接规范》（AWS D1.1）；其中第 5 款适用于部分焊透坡口角接与对接组合焊缝焊接的部件中，为传递局部载荷而采用一定长度的全焊透坡口角接与对接组合焊缝的情况；第 10 款为国家现行标准《网架结构设计与施工规程》（JGJ 7）所规定，修订时认为有必要列入的。其设计原则均为避免焊缝交叉、减小应力集中程度、防止三向应力，以防止焊接裂纹产生，提高结构使用安全性。

4.6.2 本条各款中规定的安装节点形式中，第 1、2、4 款均与国家有关现行标准一致；第 3 款桁架或框架梁安装焊接节点为国内一些施工企业常用的节点形式，不仅考虑了避免焊缝立体交叉，还考虑了预留一段纵向焊缝最后施焊，以减小横向焊缝的拘束度，已在国内一些大跨度钢结构中成熟应用；第 5 款中图 4.6.2-5（c）为不加衬套的球—管安装节点形式，管端在现场二次加工调整钢管长度和坡口间隙，以保证单面焊透。这种节点坡口形状可以避免衬套固定焊接后管长及安装间隙不易调整的缺点，在首都机场四机位大跨度网架工程中已成功应用。

4.7 承受动载与抗震的焊接节点形式

4.7.1 本条中各款内容涉及到承受动载时焊接节点的一般规定。如承受动载需经疲劳验算时塞、槽焊的禁用规定，间接承受动载时塞焊、槽焊孔与板边垂直于应力方向的净距离、角焊缝的最小尺寸、部分焊透焊缝、单边 V 形和单边 U 形坡口的禁用规定以及不同板厚、板宽对接焊接接头的过渡坡度的规定均引自美国《钢结构焊接规范》（AWS D1.1）；角接与对接组合焊缝和T形接头坡口焊缝的加强焊角尺寸要求则给出了最小和最大的限制。应该注意到：部分焊透焊缝、无衬垫单面焊、未经鉴定的非钢衬垫单面焊的禁用条件均为承受与焊缝轴线垂直的动载拉应力；不同板厚对接接头在承受各种动载应力（拉、压、剪）时均对接头斜坡过渡有不大于1:2.5的要求。可以看出各款规定比静载时高。

4.7.3 本条中第1、2两款引自AWS D1.1；第3、4两款为原规程内容，系根据钢结构设计规范中有关要求而制定，其目的是便于制作施工中注意焊缝的设置，更好地保证构件的制作质量。

4.7.4 本条为抗震结构框架柱与梁的刚性节点焊接要求，其内容引自AWS D1.1及JASS 6（钢结构工程）。经历了美国洛杉矶大地震和日本坂神大地震后，国外钢结构专家在对震害后柱-梁节点断裂位置及破坏形式进行了统计并分析其原因，据此对有关规范作了修订，即对引弧、引出板、垫板的定位焊缝布置、割除方式提出了较高的要求。这些新规定在修订时有必要编入本规程，作为工程施工的指导。

5 焊接工艺评定

5.1 一般规定

5.1.1 由于钢结构工程中的焊接节点和焊接接头不可能进行现场实物取样检验，为保证工程焊接质量，必须在构件制作和结构安装施工焊接前进行焊接工艺评定。我国现行标准《钢结构工程施工及验收规范》（GB 50205）对此有明确的要求并已将焊接工艺评定报告列入竣工资料必备文件之一。但我国缺乏适合于建筑钢结构的焊接工艺评定规程，过去由国外设计、施工总承包的工程一般根据国外的相应规程进行工艺评定，而国内独立设计、施工的工程则按GB 50205规定采用锅炉压力容器的工艺评定规程。由于各种高层（超高层）建筑钢结构，大容量锅炉钢架结构，工业炉、窑壳体和工艺设备钢结构，各种大跨度场馆建筑中的管—管、管—球空间网架、桁架等钢结构中，采用的钢材厚度大、强度高、节点形式复杂、焊接工艺方法多样、技术难度大，锅炉压力容器焊接工艺评定规程的内容和检验方法已不能适应这些结构类型的焊接工艺评定要求。

本规程修订中参照国家现行行业标准《钢制件熔化焊工艺评定》（JB/T 6963）、美国《钢结构焊接规范》（AWS D1.1）及日本建筑学会标准《钢结构工程》（JASS 6）中的相应规定，结合上述结构的特点，对原规程第二章焊接工艺试验进行了全面的修改，制订了适合我国实际情况并适用于建筑钢结构的焊接工艺评定相关条文。

在美国焊接规范中把符合规范、标准规定的钢材种类、焊接方法、焊接坡口形状和尺寸、焊接位置、匹配焊接材料的组合进行规范化，称之为已通过评定（或预评定合格）的工艺。凡施工企业使用规范化的、预评定合格的工艺进行施工焊接，则可以不进行或不重新进行焊接工艺评定。鉴于我国目前上述工艺参数条件的规范化执行程度和产品质量标准的贯彻严格程度不够，有些产品还缺乏重大工程项目长期应用实践考核；许多钢结构制作、安装企业建立伊始，缺乏焊接专业技术和实践经验，质保体系运行不够健全。以上种种情况，如完全套用美国焊接规范中免于焊接工艺评定的规定，虽然可节省了一些焊接工艺评定的钢材和费用，但不利于焊接工程质量的控制，至少在现阶段不符合我国国情。现实工程中确实有过采用具有质量证明文件的钢材、焊材，采用通用的工艺参数，最终工艺评定结果不合格的实例。本条中对于两种情况下应进行焊接工艺评定的具体规定，是根据上述情况而制订的，施工单位必须予以充分重视。

5.1.2~5.1.7 焊接工艺评定所用的焊接参数，原则上是根据被焊钢材的焊接性试验结果制订，尤其是热输入、预热温度及后热制度。对于焊接性已经被充分了解，有明确的指导性焊接工艺参数，并已经实践中长期使用的国内、外生产的成熟钢种，一般不需要由施工企业进行焊接性试验。对于国内新开发生产的钢种，或者由国外进口未经使用过的钢种，应由钢厂提供焊接性试验评定资料。否则施工企业应进行焊接性试验，以作为制订焊接工艺评定参数的依据。施工企业进行焊接工艺评定还必须根据施工工程的特点和企业自身的设备、人员条件确定具体焊接工艺，如实记录并与实际施工相一致，以保证施工中得以实施。

5.2 焊接工艺评定规则

5.2.2 由于本规程中的Ⅰ类钢材包括Q215和Q235，Ⅱ类钢材包括Q294和Q345，其同类别钢材主要合金成分相似，焊接工艺要求也比较接近，当高强度、高韧性的钢材工艺评定试验合格后，必然适用于同类的低级别钢材。而Ⅲ、Ⅳ类钢材同类别钢材主要合金成分或交货状态往往差异较大，为了保证钢结构的焊接质量，要求每一种钢材必须单独进行焊接工艺评定。

5.3 重新进行工艺评定的规定

5.3.1~5.3.8 不同的焊接工艺方法中，各种焊接工艺参数对焊接接头质量产生影响的程度不同。为了保证钢结构的焊接施工质量，根据大量的试验结果和实践经验，参照美国《钢结构焊接规范》(AWS D1.1)的有关内容，5.3.1~5.3.8各条分别规定了不同焊接工艺方法中各种参数的最大允许变化范围。

6 焊 接 工 艺

本章是对原规程第四章调整后修订的。删除了有关一般工艺方法的说明及部分企业惯用的焊接工艺参数表和氧、乙炔及氧、丙烷切割参数表，代以一般工艺规定。

6.1 一 般 规 定

6.1.1~6.1.2 各条所述的一般规定为各种焊接方法所通用的规定，钢材、焊材的性能、质量是保证焊接工程质量的基本条件。

焊接材料的保管要求主要是防止焊丝和焊条钢芯锈蚀，防止焊条药皮受潮、变质，甚至于脱落，影响正常使用。正常保管的焊条、熔嘴、焊剂和药芯焊丝使用前的烘干有重要的作用，是焊接质量管理中的一个重要环节，特别是低氢型焊条要求更为严格，焊前必须经高温烘烤，去除焊条药皮中的结晶水和吸附水，主要为了防止焊条药皮中的水分在施焊过程中经电弧热分解而给焊缝金属中带入氢，而氢是焊接延迟裂纹产生的主要因素之一。

非低氢型焊条的烘干主要为防止焊缝产生气孔，并使电弧稳定、柔和，减少飞溅。

6.1.3 表6.1.3-1～表6.1.3-3中列出了常用结构钢材对手工电弧焊、二氧化碳气体保护焊（实芯焊丝）和埋弧焊三种焊接方法的焊接材料选配示例。

焊接材料牌号的选择，主要是考虑使焊缝金属的强度和韧性与母材金属相匹配，同时考虑到低合金高强度钢对冷裂纹的敏感性而应选择低氢型焊条。在碳素钢厚板焊接的重要结构中也宜用低氢型焊条。

6.1.4 接头坡口的表面质量和装配精度同样是保证焊接质量的重要条件，如果坡口表面不洁净，焊接时带入各种杂质及碳、氢，是产生焊接热裂纹和冷裂纹的原因。如果坡口角度及间隙太大，使焊接收缩应力过大，易于产生延迟裂纹。

原规程表4.1.7焊接接头组装偏差允许值的规定在接头形式种类上也不能满足要求，本修订规程在表4.2.2～表4.2.7中已全面补充和修改，并针对实际施工接头组对误差规定了修补的方法和允许修补的极限误差。

6.1.5 根据钢结构工程质量管理和企业技术管理体系的需要，增加本条以完善质保体系，确保工程质量。

6.1.6 焊接作业环境不符合要求时，会对焊接施工质量造成不利影响。工件潮湿或雨、雪天操作对任何焊接方法都应避免，因水分是氢的来源，而氢是导致焊接延迟裂纹产生的重要因素之一。

由于低温使钢材脆化。也使焊接过程中母材热影响区的冷却速度加快，易于产生脆硬组织，对于碳当量相对较高的低合金高强钢的焊接是很不利的，尤其是在厚板、接头拘束度大的情况下影响更大，即使是低碳钢也存在冷裂纹的可能性。为此原规程表4.1.9对不同的钢材、不同接头形式、不同焊接方法及材料、不同板厚时，允许的最低施焊温度作了详细规定。该表中对埋弧焊及气体保护焊允许施焊温度较低（-5～10℃），且薄板的碱性焊条手工焊最低施焊温度也低于0℃。这一规定虽与美国《钢结构焊接规范》（AWS D1.1）中对工件温度-18℃以下不应施焊的规定基本一致，但AWS D1.1同时规定了0℃以下焊接时工件必须加热到20℃以上，并在焊接过程中保持常温的要求。实际上过去埋弧焊及气体保护焊多数在车间内施焊，基本上不会出现需要0℃以下焊接的情况。近年来工地安装焊接采用二氧化碳气体保护焊较多，但与手工电弧焊一样，施焊环境温度不仅对焊接热循环过程本身有重大影响，对操作工人的安全与技能发挥也有影响，尤其是大跨度空间桁架高层框架钢结构高空安装焊接时，焊接节点分散，即使最低施焊温度能满足规定要求，操作工人防滑、防冻的条件也难以满足。日本建筑学会《钢结构工程》（JASS 6）规定的最低施焊温度为-5℃，但同时要求环境温度在5～-5℃时，应对构件接头100mm范围内适当加热。英国BSI 5135则规定0℃以下必须对构件接头100mm范围内加热。综上所述，尽管各国规范对最低施焊温度的规定有所不同，但实质上是一样的，即构件应在开始焊接时与焊接过程中保持常温状态。因此本规程修订时，根据工程施工环境条件及实际需要，把最低施焊温度定为0℃，与各国规程保持一致。如工程需要在0℃以下施工时应根据结构使用的钢材、焊材种类及焊接工艺方法，制订适当的预热、后热、保温措施，通过低温试验确认焊接接头的安全性。

焊接作业环境对钢结构的焊接质量具有举足轻重的影响，施工单位应给予充分的重视。原规程中有一些相应规定，但不够明确。随着近年来国内城市现代化的进程，建筑钢结构工程逐渐由我国南方向北方地区推广，必然会有更多的实践经验积累，有可能也有必要在修订时把施焊环境的要求和施焊参数加以明确和补充。

6.1.7 不应在母材上打火、引弧是为防止因焊接热输入太小使焊接热影响区冷却速度太快而出现淬硬组织从而导致冷裂的产生。

因为焊缝引弧和收弧处易于产生未熔合、夹渣、气孔、裂纹等缺陷，在多层焊时焊缝两端缺陷堆积，问题更加突出。如要求构件全部截面上焊缝强度能达到母材强度标准值的下限，必须把引弧及收弧处引至焊缝两端以外。由于引弧、引出板端部焊缝堆高时熔化金属易于流淌而形成斜坡，所以板材增厚时引出板需要加长。引弧、引出板的引出部分切除时，禁止用锤击落，是为了避免撕裂母材，造成局部应力集中。

6.1.8 定位焊缝因位于坡口底部且成为底层焊缝的一部分，其焊接质量对整体焊缝质量有直接影响，应从焊前预热要求、焊条选用和焊工资格方面及施焊要求等方面都给予充分重视。

6.1.9 多层焊时，焊接区层间温度范围的控制是很重要的。层间温度下限应与预热温度一致，以防止焊缝出现冷裂纹，其上限温度对焊缝及热影响区的性能也有影响，层间温度上限过高的主要危害是过热造成晶粒粗大，致使韧性及塑性下降。中、薄板焊接如因追求施焊速度甚至于使焊缝母材热影响区达到了红热状态，接头性能不能保证，造成结构不安全的潜在危险。仅以无损检验未发现超标缺陷作为焊缝质量合格标准，不重视过程控制的做法应予以改变。

6.1.10 栓钉焊的施焊环境对接头质量有一定影响。当环境温度较低时，增加打弯数量以加强质量监督、控制是很有必要的。

6.1.12 由于电渣焊、气电立焊焊接热输入大，对调质钢的接头热影响区和焊缝中心的力学性能有较大影响，故增加本条电渣焊、气电立焊对调质钢的禁用规定。

6.2 焊接预热及后热

6.2.1 焊接预热与增大热输入的作用一样，均可降低热影响区冷却速度，对防止焊接延迟裂纹的产生有重要作用，是各国施工焊接规范关注的重点。美、德、英、日各国规范均提出了预热温度的确定方法。根据钢材碳当量、板厚、焊缝扩散氢含量、焊接热输入、接头拘束度等各因素对焊接延迟裂纹产生的影响作用程度，建立预热温度的计算公式。或者把上述各因素分成等级，按各参数间关系制成曲线便于查找确定预热温度。上述方法在实用中均各有合理之处和优点，也各有一定的问题，不适于等效采用。原规程中对预热温度的确定是个空缺，修订时必须加以补充。但由于我国建筑钢材的发展近几年才逐步与国际接轨，还有很多发展空间，有关钢材焊接性试验基础工作不够系统，还没有条件就焊接预热温度的确定方法提出相应的计算公式或图表。经再三分析、讨论决定根据国内多年行之有效的实践经验，对常用牌号（强度级别）的钢材坡口对接、一般拘束度时，采用普通低氢焊条、常用热输入量及环境温度为常温的条件下，对必需预热的板厚值及最低预热温度作出规定。同时，针对各种影响因素变化时对冷裂敏感性的影响程度，提出确定预热温度的原则方法。施工企业在编制焊接工艺规程时应遵循该原则，有针对性地选择预热温度。层间温度范围的下限值与预热温度相同，其上限值应满足母材热影响区不过热的要求。

对Q420、Q460以及碳当量或裂纹敏感指数很高的特殊钢种，应遵守钢厂提供的焊接工艺规定，并根据焊接性试验确定预热及后热温度要求。

6.2.2～6.2.3 必须与最低预热温度同时规定的是该温度区距离施焊部分各方向的范围，该温度范围越大，焊接热影响区冷却速度越小，反之则冷却速度越大。同样的最低预热温度要求，如果温度范围不确定其预热的效果相差很大。目前只有美国《钢结构焊接规范》（AWS D1.1）对此有明确要求，为了方便对照使用起见，参照了美国规范的规定与其取得一致。为了保持达到此温度范围，相应的加热范围自然也应适当扩大，测温点的布置也随之而确定。

焊后消氢处理要求参照美国《钢结构焊接规范》（AWS D1.1）。

6.2.4 Ⅲ、Ⅳ类钢受回火温度影响时易使接头母材热影响区软化，力学性能可能达不到设计或钢材标准要求，因此确定预热及后热条件时应慎重对待。

6.3 防止层状撕裂的工艺措施

6.3.0 防止层状撕裂的措施，从钢材的选用上控制含硫量、从节点构造上采取多种优化设计方法均已在第3章及第4章中阐述，在本章中就工艺措施方面，根据理论和生产实践经验提出多项行之有效的方法。另有些工艺措施虽然有效但在大型工程施工中大范围实施有困难，因而未在正文中列入、如图6.3.0（a）、图6.3.0（b）分别是采用双面坡口对称焊代替单面坡口非对称焊和采用低强焊条在坡口内母材板面上先堆焊塑性过渡层的防层状撕裂焊接工艺措施，可以在个别施工场合中采用。

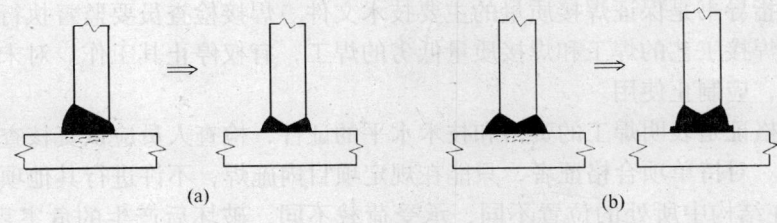

图6.3.0 防止板材层状撕裂的焊接工艺措施示意

6.4 控制焊接变形的工艺措施

6.4.1～6.4.5 焊接变形的控制主要目的是保证构件或结构要求的尺寸，但有时焊接变形控制的同时会使焊接应力和裂纹倾向随之增大，如刚性固定法即是如此。一般宜优先采用对称坡口、对称焊接顺序或反变形法控制焊接变形。

6.6 熔化焊缝缺陷返修

6.6.1～6.6.2 焊缝缺陷产生后的修补，就工艺本身而言并不困难，重要的是要分析缺陷性质种类和产生原因。如不属于焊工操作或执行工艺规范不严的原因，则要从工艺方案上充分考虑，予以改进，以保证修补焊接一次成功。因多次在同一部位加热施焊促使母材热影响区的热应变脆化，对结构安全有不利影响。

6.6.3 作为修补焊接必需的碳弧气刨工艺，其对修补焊接的质量有相当大的影响，本条就气刨时避免夹碳、夹渣等缺陷产生应采取的工艺方法等提出了要求。

7 焊接质量检查

7.1 一般规定

7.1.1 焊接检查是钢结构质量保证体系中的一个重要环节，涉及焊接作业全过程，包括焊接前检查、焊接中间的检查及焊接后的检查。一般焊接前的检查和焊接中间的检查是在焊接质量检查员的监督下由焊工班进行的。检查的内容已在本规程相关章节中予以规定，本章只对焊后检查作出规定。

施工图纸和技术文件是检查部门的工作依据。根据调查许多检查部门在没有施工图纸和技术文件下开展工作，难免出现非严即宽的可能性，因此对质量和效益都是不利的。为克服这种现象，故规定检查部门在工程未开始之前应详细了解图纸和技术文件，使其更好地按设计要求控制重点，防范一般。

7.1.2 本条对质量检查人员的主要职责和工作内容作出明确规定，使质检员的职责权利统一起来。企业的领导应支持检查员认真履行其职责，促进产品质量的提高。

在进行钢结构制造和安装前，检查人员首先要对所采购的材料进行验收，核对钢材规格、型号、力学性能以及化学成分，对焊接材料除检查产品合格证外，还要按本规程的规定检查质量证明文件的可靠性，凡是不合格的材料不能验收。

焊接工艺指导书是保证焊接质量的主要技术文件。焊接检查员要监督执行工艺的全过程，对不遵守焊接工艺的焊工和焊接质量低劣的焊工，有权停止其工作。对未经过评定认可的焊接工艺，应制止使用。

焊工的合格证是表明焊工的资格和技术水平的证件，检查人员应认真核查。无证焊工严禁上岗施焊。对持单项合格证者，只能在规定项目内施焊，不许进行其他项目。

7.1.3 焊缝在结构中所处的位置不同，承受荷载不同，破坏后产生的危害程度也不同，因此对焊缝质量的要求也不一样。如果一味提高焊缝的质量要求将造成不必要的浪费。一般将焊缝分成不同的等级，对不同等级的焊缝提出不同的质量要求。如美国《钢结构焊接规范》（AWS D1.1）将焊缝分为动载和静载结构，日本建筑学会标准《建筑钢结构焊缝超声波探伤》根据作用于焊缝上应力的种类分为三类：即受拉伸应力作用的焊缝、不受拉伸应力的焊缝和考虑疲劳表面加工的焊缝。《高层民用建筑钢结构技术规程》将焊缝分为受拉和受压焊缝两类。目前由于现行钢结构相关规范中，对焊接质量的检验规定不够具体，实际检查时，一般由检查员根据图纸的原则要求随意进行，特别是抽检时，往往是哪里方便好检就检哪里，更有甚者，将合格的焊缝凑齐要求的检查比例了事。为了防止此类事情的发生，本修订规程要求按设计图及说明文件规定的焊缝等级，在检查前按照科学的方法编制检查方案，并由质量工程师批准后实施。设计文件对焊缝等级要求不明确的应依据现行国家标准《钢结构设计规范》（GB 50017）的相关规定执行，并须经原设计单位签认。

7.1.4 在《钢结构工程施工及验收规范》（GB 50205）中部分探伤的要求是对每条焊缝按规定的百分比进行探伤，且每处不小于 200mm。这样规定虽然对保证每条焊缝质量是有利的，但检查工作量大，检查成本高，特别是结构安装焊缝都不长，大部分焊缝为梁-柱连接焊缝，每条焊缝的长度大多在 250～300mm 之间。以概率论为基础的抽样理论表明，制定合理的抽样方案（包括批的构成、采样规定、统计方法），抽样检查的结果完全可以代表该批的质量，这也是与钢结构设计以概率论为基础相一致的。

  1 为了组成抽样检查中的检查批，首先必须知道焊缝个体的数量。一般情况下，作为检查对象的建筑钢结构的安装焊缝长度大多较短，通常将一条焊缝作为一个焊缝个体。在工厂制作构件时，箱形钢柱（梁）的纵焊缝、H形钢柱（梁）的腹板-翼板组合焊缝较长，此时可将一条焊缝划分为每300mm为一个检查个体。

  2 检查批的构成原则上以同一条件的焊缝个体为对象，检查批的构成一方面要使检查结果具有代表性，另一方面有利于统计分析缺陷产生的原因，便于质量管理。

  3 取样原则上按随机取样方式，随机取样方法有多种，例如将焊缝个体编号，使用随机数表来规定取样部位等。

7.1.5 本条实际上是引入允许不合格率的概念，事实上，在一批检查个数中要达到100%合格往往是不切实际的，规定小于抽样数的2%为允许不合格率是根据近几年来检验钢结构焊缝的经验适当提高要求确定的，反映了目前我国钢结构焊接施工水平。

7.1.6 对所有查出不合格缺陷的部位，包括已验收合格批中的不合格部位均须进行补修。

7.2 外 观 检 验

7.2.1 在焊接过程中、焊缝冷却过程及以后的相当长的一段时间可能产生裂纹。普通碳素钢产生延迟裂纹的可能性很小，因此规定在焊缝冷却后即可进行外观检查。低合金结构钢焊缝的延迟裂纹延迟时间较长，有的国外规范规定某些低合金钢焊接裂纹的检查应在焊后48小时进行。考虑到工厂存放条件、现场安装进度、工序衔接的限制以及随着时间延长，产生延迟裂纹的几率逐渐减小等因素，本规程对Ⅱ、Ⅲ钢材延用原规程的规定以24h后外观检查的结果作为验收的依据，对Ⅳ类钢材，考虑产生延迟裂纹的可能性更大，故规定以焊后48h的外观检验结果作为验收依据。

7.2.2 外观检查包括焊缝外观缺陷的检查和焊缝几何尺寸的测量。由于裂纹是很难用肉眼直接观察得到的，因此应用放大镜观察，并注意应有充足的光线。

7.3 无 损 检 测

7.3.1 如果未进行外观检测而经无损检测合格的焊缝，当焊缝外观质量不合格时，必然要按规定进行返修，而此时还需进行外观检验和无损检测。按本条规定，则可避免不必要的重复。

7.3.2 无损检测是技术性较强的专业技术，按照我国各行业无损检测人员资格考核管理的规定，Ⅰ级人员只能在Ⅱ级或Ⅲ级人员的指导下从事检测工作。因此，规定Ⅰ级人员不能独立签发检测报告。

7.3.3 内部缺陷的检测一般可用超声波探伤和射线探伤。射线探伤具有直观性、一致性好的优点，过去人们觉得射线探伤可靠、客观。但是射线探伤成本高、操作程序复杂、检测周期长，尤其是钢结构中大多为T形接头和角接头，射线检测的效果差，且射线探伤对裂纹、未熔合等危害性缺陷的检出率低。超声波探伤则正好相反，操作程序简单、快速，对各种接头形式的适应性好，对裂纹、未熔合的检测灵敏度高，因此世界上很多国家对钢结构内部质量的控制采用超声波探伤,一般已不采用射线探伤。本规程原则规定钢结构焊缝内部缺陷的检测只采用超声波探伤,其探伤方法和缺陷分级执行现行国家标准GB/T 11345的规定。如有特殊要求,可在设计图纸或订货合同中另行规定。

本规程焊缝将二级焊缝的局部检验定为抽样检验。这一方面是基于钢结构焊缝的特殊性;另一方面,目前我国推行全面质量管理已有多年的经验,采用抽样检测是可行的,在某种程度上更有利于提高产品质量。

7.3.4～7.3.7 目前,我国还没有一个包括各种节点焊缝形式的建筑钢结构超声波探伤专业标准。随着钢结构的快速发展,结构种类、焊接节点形式越来越多,GB 11345—89已不能满足需要。近几年来,国内有关单位做了大量工作,编制了《焊接球节点钢网架焊缝超声波探伤及质量分级法》(JG/T 3034.1—1996)和《螺栓球节点钢网架焊缝超声波探伤及质量分级法》(JG/T 3034.2—1996),本规程予以采用。对于目前在高层钢结构、大跨度桁架结构箱形柱(梁)制造中广泛用到的隔板电渣焊的检验,本规程参照日本《建筑钢结构焊缝超声波探伤》标准以附录的形式给出了探伤方法。近年来,大跨度屋盖结构中越来越多地采用圆管T、K、Y形相贯节点,这种节点焊缝内部缺陷的检测只能采用超声波探伤,且难度大,国内目前尚无相应的标准。从1996年起,一些单位开始进行这方面研究,制定了检测方法,并在上海八万人体育场、深圳机场新航站楼、北京首都机场新航站楼等国家重点工程上应用。本规范参照日本标准《钢焊缝超声波探伤方法及探伤结果等级分类法》(JIS Z3060),结合我国一些单位的研究和应用成果,制定了"圆管T、K、Y节点焊缝的超声波探伤方法及缺陷分级",也以附录的形式给出。

7.3.8 射线探伤作为钢结构内部缺陷检验的一种补充手段,在特殊情况采用。

7.3.9 射线探伤主要用于对接焊缝的检测,按GB 3323标准的有关规定执行。

7.3.10～7.3.13 表面检测主要是作为外观检查的一种补充手段,其目的主要是为了检查焊接裂纹,检测结果的评定按外观检验的有关要求验收。一般来说,磁粉探伤的灵敏度要比渗透检测高,特别是在钢结构中,要求作磁粉探伤的焊缝大部分为角焊缝,其中立焊缝的表面不规则,清理困难,渗透探伤效果差,且渗透探伤难度较大,费用高。因此,为了提高表面缺陷检出率,规定铁磁性材料制作的工件应尽可能采用磁粉检测方法进行检测。只有在因结构形状的原因(如探伤空间狭小)或材料的原因(如材质为奥氏体不锈钢)不能采用磁粉探伤时,宜采用渗透探伤。

8 焊接补强与加固

8.0.1 我国现有的有关钢结构加固的技术标准为《钢结构检测评定及加固技术规程》(YB 9257—96)和《钢结构加固技术规范》(CECS77:96)。为使原有钢结构焊接补强加固安全可靠,经济合理,施工方便,切合实际,加固方案应由设计、施工、业主等三结合共同研究决定,以便于实践。

8.0.2 原始资料是加固设计必不可少的,是进行设计计算的重要依据。资料越完整,补强加固就越能做到经济合理,安全可靠。

8.0.3～8.0.4 钢材的时效性能系指随时间的推移,钢材的屈服强度增高塑性降低的现象。在对原结构钢材进行试验时应考虑这一影响。在加固设计时,不考虑由于时效硬化而提高的屈服强度，仍按原有钢材的强度进行计算。当塑性显著降低，其延伸率低于许可值时，其加固计算应按弹性阶段进行，即不考虑内力重分布。对于有气相腐蚀介质作用的钢构件，当腐蚀较严重时，除应考虑腐蚀对原有截面的削弱外，根据已有资料，尚应考虑钢材强度的降低，降低幅度与腐蚀介质的强弱有关。腐蚀介质的强弱程度按现行国家标准《工业建筑防腐蚀设计规范》（GB 50046）确定。

8.0.6 在负荷状态下进行加固补强时，除必要的施工荷载和难于移动的固定设备或装置外，其他活动荷载都必须卸除。用圆钢、小角钢制成的轻钢结构因杆件截面较小，焊接加固时易使原有构件因焊接加热而丧失承载能力，所以不宜在负荷状态下采用焊接加固。特别是圆钢拉杆，更应严禁在负荷状态下焊接加固，这在过去曾因此而发生事故。对原有结构构件中的应力限制主要参考前苏联的有关经验和国内的几个试验，同时还吸收了国内的钢结构加固工程经验。前苏联于1987年在《改建企业钢结构加固计算建议》中认为所有构件（不论承受静力荷载或是动力荷载）都可按内力重分布原则进行计算，仅对加固时原有构件的名义应力 σ°（即不考虑次应力和残余应力，按弹性阶段计算的应力）与钢材强度设计值 f 的比值 β 限制如下：

$\beta = \dfrac{\sigma^\circ}{f} \leqslant 0.2$　特重级动力荷载作用下的结构

$\beta = \dfrac{\sigma^\circ}{f} \leqslant 0.4$　对承受动力荷载，其极限塑性应变值为0.001的结构

$\beta = \dfrac{\sigma^\circ}{f} \leqslant 0.8$　对承受静力荷载，其极限塑性应变值为0.002~0.004的结构

国内关于在负荷状态下焊接加固的资料不多，但这些资料都提出了加固时原有构件中的应力极限值可以达到 $(0.6 \sim 0.8)f$。而且在静态荷载下，都可按内力重分布原则进行计算。本章对在负荷状态下采用焊接加固时，规定对承受静态荷载的构件，原有构件中的名义应力不大于钢材强度设计值的80%，承受动态荷载时，原有构件中的名义应力不大于强度设计值的40%。其理由是：

1　前苏联的资料和我国的一些试验和加固工程实践都证明对承受静态荷载的构件取 $\beta \leqslant 0.8$ 是可行的。对承受动态荷载的构件，因本规程不考虑内力重分布，故参考前苏联的经验，适当扩大应用范围，取 $\beta \leqslant 0.4$。

2　在工程实际中要完全卸荷或大量卸荷一般都是难以实现的。在钢结构中，钢屋架是长期在高应力状态下工作的，因为大部分屋架所承受的荷载中，恒载大都占屋面总荷载的80%左右，要卸掉这部分荷载（扒掉油毡、拆除大型屋面板）是比较困难的。若应力限制值取强度设计值的80%，则大多数焊接加固工程都可以在负荷状态下进行。

8.0.7 $\beta \leqslant 0.8$ 这一限制值虽然安全可靠，但仍然比较高，而且还需要考虑在焊接过程中，焊接产生的高温会使一部分母材的强度和弹性模量在短时间内降低，故在施工过程中仍应根据具体情况采取必要的安全措施，以防万一。

8.0.8 对有缺损的钢构件承载能力的评估可根据国家现行标准《钢结构检测评定及加固技术规程》（YB 9257）进行。关于缺损的修补方法是总结国内外的经验而得的。其中裂纹的修补是根据前苏联及国内的实践经验；用热加工矫正变形的温度限制值是参照美国AWS D1.1（1998）的规定。

8.0.9 焊缝缺陷的修补方法是根据国内实践经验提出的。采用加大焊缝厚度和加长焊缝

长度两种方法来加固角焊缝都是行之有效的。国外资料介绍加长角焊缝长度时，对原有焊缝中的应力限值是不超过焊缝的计算强度。但加大角焊缝厚度时，由于焊接时的热影响会使部分焊缝暂时退出工作，从而降低了原有角焊缝的承载能力。所以对在负荷状态下加大角焊缝厚度时，必须对原有角焊缝中的应力加以限制。

我国有关单位的试验资料指出，焊缝加厚时，原有焊缝中的应力应限制在 $0.8f_f^w$ 以内。据前苏联 60 年代通过试验得出的结论是：加厚焊缝时，焊接接头的最大强度损失一般为 $10\% \sim 20\%$。

根据近年来国内的试验研究，在负荷状态下加厚焊缝时，由于施焊时的热作用，在温度 $T \geq 600\,℃$ 区域内的焊缝将退出工作，致使焊缝的平均强度降低。经计算分析并简化后引入了原焊缝在加固时的强度降低系数 η，详见《钢结构加固技术规范》(CECS77：96)。本规程引用了这条规定。

8.0.10 对称布置主要是使用来补强或加固的零件及焊缝受力均匀，新旧杆件易于共同工作。其他要求是为了避免加固焊缝对原有构件产生不利影响。

8.0.11 考虑铆钉或普通螺栓经焊接补强加固后不能与焊缝共同工作，因此规定全部荷载应由焊缝承受，保证补强安全可靠。

8.0.12 先栓后焊的高强度螺栓摩擦型连接是可以和焊缝共同工作的，日本、美国、挪威等国以及 ISO 的钢结构设计规范均允许它们共同受力。这种共同工作也为我国的试验研究所证实。虽然我国钢结构设计规范还未纳入这一内容，但我们考虑在加固这一特定情况下是可以允许的。所以本条作出了可共同工作的原则规定。另外，根据国内的试验研究，加固后两种连接承载力的比例应在 1.0～1.5 范围内。否则荷载将主要由强的连接承担，弱的连接基本不起作用。

8.0.13 执行焊接工艺的一般要求，确保补强焊缝的质量可靠。

8.0.14 负荷状态下实施焊接补强和加固是一项很艰巨而复杂的工作。由于外部环境和条件差，影响因素多，比新建工程的困难更大，必须认真地进行施工组织设计。本条规定的各项要求是施工中应遵循的最基本事项，是国内外实践经验的总结。按照要求执行，方能做到安全可靠，经济合理。

9 焊 工 考 试

9.1 一 般 规 定

9.1.1～9.1.2 在国家经济建设中，特殊技能操作人员发挥着重要的作用。在钢结构工程施工焊接中，焊工是特殊工种，焊工的操作技能和资格对工程质量起到保证作用，必须充分予以重视。原规程焊工考试这一章，只包括手工操作及机械操作的简要原则规定，限于当时建筑钢结构施工企业焊工的实际水平，原规程对焊工考试的技术要求不明确。根据目前建筑钢结构的发展水平，对焊工技能的要求与压力容器相比不是低而是各有难点和特殊要求。事实上，一些持有压力容器焊工合格证的焊工，在从事大型、高层建筑钢结构安装工程中，因不适应其节点施焊特点，而出现较高的返修率。为了适应今后建筑钢结构工程施工对焊工资质培训的需要，修订规程时针对高层、超高层建筑钢结构节点形式复杂、板厚大、焊接操作时有各种障碍等特点及现行国家施工规范对焊缝质量的要求，增加了手工操作技能附加考试。并根据定位焊对坡口根部焊缝缺陷影响较大，而有一些建筑钢结构制作企业对定位焊不够重视，往往由铆工或其他工种人员担任定位焊这一情况，增加了定位焊考试。

鉴于我国焊工资格管理的现状，锅炉压力容器、冶金、船舶、水利、电力等行业的焊工资格可与本规程相应项目的基本考试资格互认。

9.1.3 焊工考试是为了考核焊工在采用适合的焊接工艺参数条件下施焊出合格焊缝的能力，故制定本条规定。

9.1.4 本规程修订后，焊工考试这一章所包括的焊接方法种类包括了目前建筑钢结构焊接所需的全部方法，是专用于建筑钢结构施工的焊工考试规程。

9.1.5 关于焊工考试委员会的审核，在原规程中，均要求上报省、市或有关主管部门批准。鉴于目前我国行政管理体制的改革，修订后的本规程明确规定，建筑钢结构施工企业焊工技术考试委员会必须由国家主管部门授权的上级管理机构认证、审核。

9.2 考试内容及分类

9.2.1 理论考试及操作技能考试内容在修订规程时参照了国家现行相关规程，作了详尽的规定，增加了规程的可操作性。

9.3 手工操作技能基本考试

9.3.1~9.3.9 参照国家现行通用标准《钢熔化焊手焊工资格考试方法》（GB/T 15169），美国《钢结构焊接规范》（AWS D1.1），日本工业标准《手工焊的考核方法及评定标准》（JIS Z3801）及《半自动焊的考核方法及评定标准》（JIS Z3841），对焊工手工操作技能基本考试的各项分类、适应认可范围、考试方法、检验方法作了全面、详尽的规定。考虑到工程实际需要和焊工现有水平，在手工操作技能基本考试中，焊缝类型均采用坡口焊缝，将一般角焊缝只放在定位焊考试中，而角对接形式则放到手工操作技能附加考试中。

9.3.10 本条在考试检验的合格标准方面（主要是焊缝外形尺寸，冷弯试验和焊缝无损检验结果要求），通过对我国现行通用标准和美、日先进国家标准的有关规定进行分析、对比，根据建筑钢结构特点及质量要求，制订了合理的规定。例如冷弯弯芯直径和弯曲角度的规定，根据设计及施工规范要求，焊接接头机械性能不应低于母材，并参照 JIS Z3801 和 JIS Z3841 后确定为：Ⅰ、Ⅱ类钢材时 $d=3a$，弯曲 180°；Ⅲ、Ⅳ类钢材时，与母材的要求相同，冷弯试样合格标准与原规程相比，除了对每个试样单个裂纹及其他缺陷的长度限制以外，还增加了对每个试样不大于 3mm 长的缺陷总长的限制。在无损检测方面，允许根据板厚及设备能力，选择射线或超声波探伤方法。

9.4 手工操作技能附加考试

9.4.1 高层、超高层钢结构及其他大型钢结构具有焊接节点复杂、操作难度大等特点，我国多年的施工经验证明，一些持有基本考试合格证书的焊工，在从事上述工程的焊接时，往往出现较高的不合格率。为了保证焊接质量，参照日本建筑钢结构焊工的资格考试规定，制定本条规定。

考虑我国焊工资格管理的现状，分别有冶金、电力、船舶、锅炉压力容器等行业有相对独立且比较完善的焊工考试规程和管理体系，对于已经取得基本考试资格的焊工，可免于相应项目的基本考试。

9.4.2 本条的试件形式及尺寸、焊接位置、加障碍方式等，均针对大跨度、高层及超高层钢结构的专用节点形式和厚板或管材焊接特点而确定，是焊工手工操作技能基本考试的补充。

9.4.3 本条对附加考试试件的检验方法和合格作了明确规定，与基本考试相比，弯曲检验增加了4个试样任意缺陷总长的限制，其检验合格标准比基本考试稍高一些。

9.5 手工操作技能定位焊考试

9.5.1～9.5.2 定位焊对钢结构的焊接质量有重要影响。本条系参照美国《钢结构焊接规范》（AWS D1.1）的有关内容制定。

中华人民共和国国家标准

钢焊缝手工超声波探伤方法和
探伤结果分级

Method for manual ultrasonic testing and classification of
testing results for ferritic steel welds

GB 11345—89

国家技术监督局　1989—05—08 发布
1990—01—01 实施

目　次

1　主题内容与适用范围 …………………………………………………………………… 1023
2　引用标准 ………………………………………………………………………………… 1023
3　术语 ……………………………………………………………………………………… 1023
4　检验人员 ………………………………………………………………………………… 1025
5　探伤仪、探头及系统性能 ……………………………………………………………… 1025
6　试块 ……………………………………………………………………………………… 1026
7　检验等级 ………………………………………………………………………………… 1026
8　检验准备 ………………………………………………………………………………… 1027
9　仪器调整和校验 ………………………………………………………………………… 1029
10　初始检验 ………………………………………………………………………………… 1030
11　规定检验 ………………………………………………………………………………… 1034
12　缺陷评定 ………………………………………………………………………………… 1035
13　检验结果的等级分类 …………………………………………………………………… 1035
14　记录与报告 ……………………………………………………………………………… 1036
附录A　标准试块的形状和尺寸（补充件）……………………………………………… 1036
附录B　对比试块的形状和尺寸（补充件）……………………………………………… 1037
附录C　串列扫查探伤方法（补充件）…………………………………………………… 1039
附录D　距离-波幅（DAC）曲线的制作（补充件）…………………………………… 1040
附录E　声能传输损耗差的测定（补充件）……………………………………………… 1042
附录F　焊缝超声波探伤报告和记录（参考件）………………………………………… 1044

1 主题内容与适用范围

本标准规定了检验焊缝及热影响区缺陷,确定缺陷位置、尺寸和缺陷评定的一般方法及探伤结果的分级方法。

本标准适用于母材厚度不小于8mm的铁素体类钢全焊透熔化焊对接焊缝脉冲反射法手工超声波检验。

本标准不适用于铸钢及奥氏体不锈钢焊缝;外径小于159mm的钢管对接焊缝;内径小于等于200mm的管座角焊缝及外径小于250mm和内外径之比小于80%的纵向焊缝。

2 引用标准

ZB Y 344 超声探伤用探头型号命名方法
ZB Y 231 超声探伤用探头性能测试方法
ZB Y 232 超声探伤用1号标准试块技术条件
ZB J 04 001 A型脉冲反射式超声探伤系统工作性能测试方法

3 术语

3.1 简化水平距离 l'

从探头前沿到缺陷在探伤面上测量的水平距离。

3.2 缺陷指示长度 Δl

焊缝超声检验中,按规定的测量方法以探头移动距离测得的缺陷长度。

3.3 探头接触面宽度 W

环缝检验时为探头宽度,纵缝检验为探头长度,见图1。

3.4 纵向缺陷

大致上平行于焊缝走向的缺陷。

3.5 横向缺陷

大致上垂直于焊缝走向的缺陷。

3.6 几何临界角 β'

筒形工件检验,折射声束轴线与内壁相切时的折射角。

3.7 平行扫查

在斜角探伤中,将探头置于焊缝及热影响区表面,使声束指向焊缝方向,并沿焊缝方向移动的扫查方法。

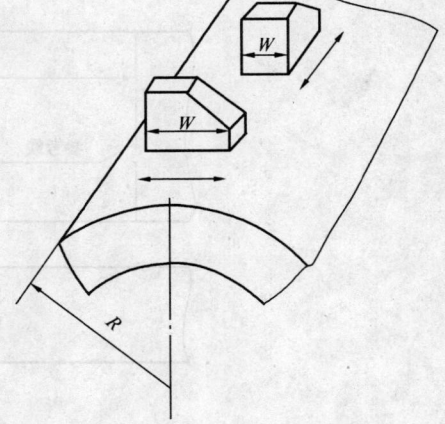

图1 探头接触面宽度

3.8 斜平行扫查

在斜角探伤中,使探头与焊缝中心线成一角度,平行于焊缝方向移动的扫查方法。

3.9 探伤截面

串列扫查探伤时,作为探伤对象的截面,一般以焊缝坡口面为探伤截面,见图2。

3.10 串列基准线

串列扫查时，作为一发一收两探头等间隔移动基准的线。一般设在离探伤截面距离为 0.5 跨距的位置，见图 2。

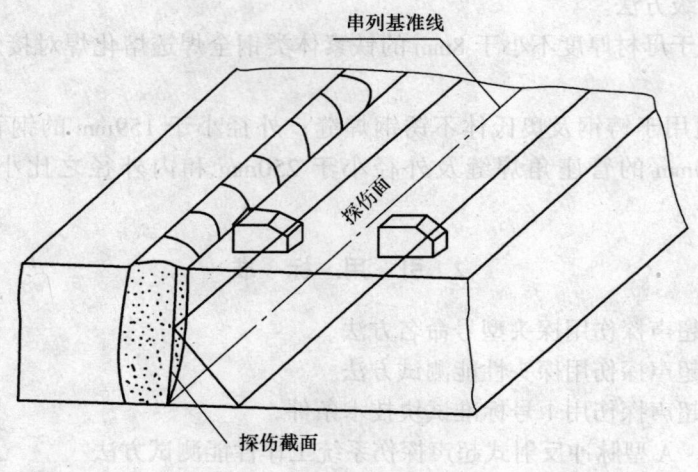

图 2 探伤截面及串列基准线

3.11 参考线

探伤截面的位置焊后已被盖住，所以施焊前应予先在探伤面上，离焊缝坡口一定距离画出一标记线，该线即为参考线，将作为确定串列基准线的依据，见图 3。

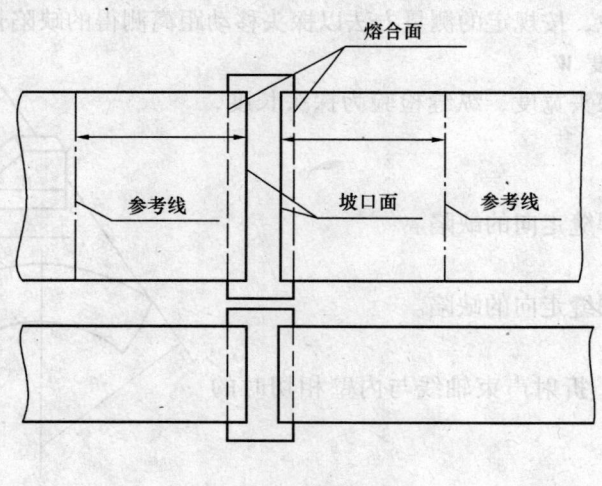

图 3 参考线

3.12 横方形串列扫查

将发、收一组探头，使其入射点对串列基准线经常保持等距离平行于焊缝移动的扫查方法，见图 4。

3.13 纵方形串列扫查

将发、收一组探头使其入射点对串列基准线经常保持等距离，垂直于焊缝移动的扫查方法，见图 4。

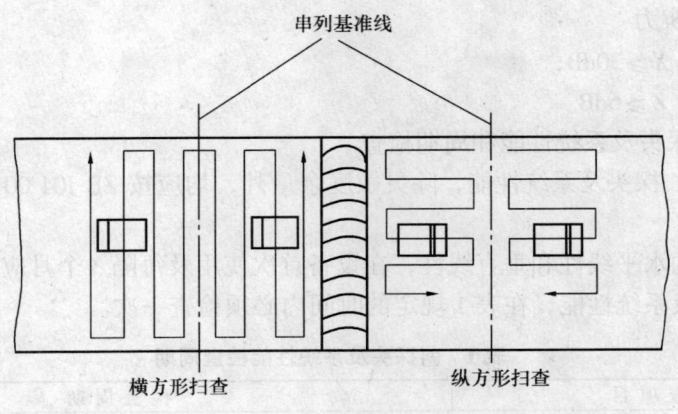

图4 横方形扫查及纵方形扫查

4 检验人员

4.1 从事焊缝探伤的检验人员必须掌握超声波探伤的基础技术,具有足够的焊缝超声波探伤经验,并掌握一定的材料、焊接基础知识。

4.2 焊缝超声检验人员应按有关规程或技术条件的规定经严格的培训和考核,并持有相应考核组织颁发的等级资格证书,从事相对应考核项目的检验工作。

注:一般焊接检验专业考核项目分为板对接焊缝;管件对接焊缝;管座角焊缝;节点焊缝等四种。

4.3 超声检验人员的视力应每年检查一次,校正视力不得低于1.0。

5 探伤仪、探头及系统性能

5.1 探伤仪

使用A型显示脉冲反射式探伤仪,其工作频率范围至少为1~5MHz,探伤仪应配备衰减器或增益控制器,其精度为任意相邻12dB误差在±1dB内。步进级每档不大于2dB,总调节量应大于60dB,水平线性误差不大于1%,垂直线性误差不大于5%。

5.2 探头

5.2.1 探头应按ZB Y 344标准的规定作出标志。

5.2.2 晶片的有效面积不应超过500mm^2,且任一边长不应大于25mm。

5.2.3 声束轴线水平偏离角应不大于2°。

5.2.4 探头主声束垂直方向的偏离,不应有明显的双峰,其测试方法见ZB Y 231。

5.2.5 斜探头的公称折射角β为45°、60°、70°或K值为1.0、1.5、2.0、2.5,折射角的实测值与公称值的偏差应不大于2°(K值偏差不应超过±0.1),前沿距离的偏差应不大于1mm。如受工件几何形状或探伤面曲率等限制也可选用其他小角度的探头。

5.2.6 当证明确能提高探测结果的准确性和可靠性,或能够较好地解决一般检验时的困难而又确保结果的正确,推荐采用聚焦等特种探头。

5.3 系统性能

5.3.1 灵敏度余量

系统有效灵敏度必须大于评定灵敏度10dB以上。

5.3.2 远场分辨力
　　a. 直探头：$X \geq 30\text{dB}$；
　　b. 斜探头：$Z \geq 6\text{dB}$。

5.4 探伤仪、探头及系统性能和周期检查

5.4.1 探伤仪、探头及系统性能，除灵敏度余量外，均应按 ZB J04 001 的规定方法进行测试。

5.4.2 探伤仪的水平线性和垂直线性，在设备首次使用及每隔3个月应检查一次。

5.4.3 斜探头及系统性能，在表1规定的时间内必须检查一次。

表1 斜探头及系统性能检查周期

检查项目	检查周期
前沿距离折射角或 K 值偏离角	开始使用及每隔6个工作日
灵敏度余量分辨力	开始使用、修补后及每隔1个月

6 试 块

6.1 标准试块的形状和尺寸见附录A，试块制造的技术要求应符合 ZB Y 232 的规定，该试块主要用于测定探伤仪、探头及系统性能。

6.2 对比试块的形状和尺寸见附录B。

6.2.1 对比试块采用与被检验材料相同或声学性能相近的钢材制成。试块的探测面及侧面，在以 2.5MHz 以上频率及高灵敏条件下进行检验时，不得出现大于距探测面 20mm 处的 ϕ2mm 平底孔反射回来的回波幅度 1/4 的缺陷回波。

6.2.2 试块上的标准孔，根据探伤需要，可以采取其他形式布置或添加标准孔，但应注意不应与试块端角和相邻标准孔的反射发生混淆。

6.2.3 检验曲面工件时，如探伤面曲率半径 R 小于等于 $\frac{W^2}{4}$ 时，应采用与探伤面曲率相同的对比试块。反射体的布置可参照对比试块确定，试块宽度应满足式（1）：

$$b \geq 2\lambda \frac{S}{D_e} \tag{1}$$

式中　b——试块宽度，mm；
　　　λ——波长，mm；
　　　S——声程，m；
　　　D_e——声源有效直径，mm。

6.3 现场检验，为校验灵敏度和时基线，可以采用其他型式的等效试块。

7 检 验 等 级

7.1 检验等级的分级

　　根据质量要求检验等级分为 A、B、C 三级，检验的完善程度 A 级最低，B 级一般，C 级最高，检验工作的难度系数按 A、B、C 顺序逐级增高。应按照工件的材质、结构、焊接方法、使用条件及承受载荷的不同，合理的选用检验级别。检验等级应按产品技术条件和有关规定选择或经合同双方协商选定。

注：A级难度系数为1；B级为5~6；C级为10~12。

本标准给出了三个检验等级的检验条件，为避免焊件的几何形状限制相应等级检验的有效性，设计、工艺人员应在考虑超声检验可行性的基础上进行结构设计和工艺安排。

7.2 检验等级的检验范围

7.2.1 A级检验采用一种角度的探头在焊缝的单面单侧进行检验，只对允许扫查到的焊缝截面进行探测。一般不要求作横向缺陷的检验。母材厚度大于50mm时，不得采用A级检验。

7.2.2 B级检验原则上采用一种角度探头在焊缝的单面双侧进行检验，对整个焊缝截面进行探测。母材厚度大于100mm时，采用双面双侧检验。受几何条件的限制，可在焊缝的双面单侧采用两种角度探头进行探伤。条件允许时应作横向缺陷的检验。

7.2.3 C级检验至少要采用两种角度探头在焊缝的单面双侧进行检验。同时要作两个扫查方向和两种探头角度的横向缺陷检验。母材厚度大于100mm时，采用双面双侧检验。其他附加要求是：

  a．对接焊缝余高要磨平，以便探头在焊缝上作平行扫查；

  b．焊缝两侧斜探头扫查经过的母材部分要用直探头作检查；

  c．焊缝母材厚度大于等于100mm，窄间隙焊缝母材厚度大于等于40mm时，一般要增加串列式扫查，扫查方法见附录C。

8 检 验 准 备

8.1 探伤面

8.1.1 按不同检验等级要求选择探伤面。推荐的探伤面如图5和表2所示。

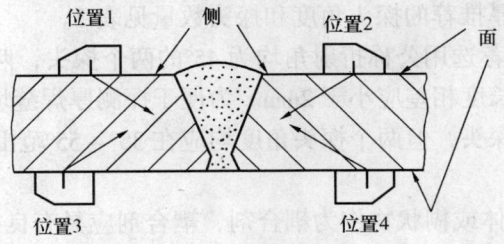

图5 侧和面

表2 探伤面及使用折射角

板厚,mm	探伤面 A	探伤面 B	探伤面 C	探伤法	使用折射角或K值
≤25	单面单侧	单面双侧（1和2或3和4）或双面单侧（1和3或2和4）		直射法及一次反射法	70°（K2.5, K2.0）
>25~50					70°或60°（K2.5, K2.0, K1.5）
>50~100				直射法	45°和60°；45°和60°；45°和70°并用（K1或K1.5；K1和K1.5，K1和K2.0并用）
>100		双面双侧			45°和60°并用（K1和K1.5或K2）

8.1.2 检验区域的宽度应是焊缝本身再加上焊缝两侧各相当于母材厚度30%的一段区域，

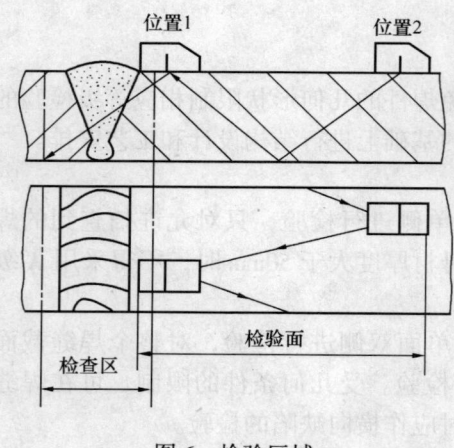

图6 检验区域

这个区域最小10mm，最大20mm见图6。

8.1.3 探头移动区应清除焊接飞溅、铁屑、油垢及其他外部杂质。探伤表面应平整光滑，便于探头的自由扫查，其表面粗糙度不应超过6.3μm，必要时应进行打磨。

　　a. 采用一次反射法或串列式扫查探伤时，探头移动区应大于1.25P：

$$P = 2\delta \mathrm{tg}\beta \quad (2)$$
$$或 \quad P = 2\delta K \quad (3)$$

式中 P——跨距，mm；
　　　δ——母材厚度，mm。

　　b. 采用直射法探伤时，探头移动区应大于0.75P。

8.1.4 去除余高的焊缝，应将余高打磨到与邻近母材平齐。保留余高的焊缝，如焊缝表面有咬边，较大的降起和凹陷等也应进行适当的修磨，并作圆滑过渡以免影响检验结果的评定。

8.1.5 焊缝检验前，应划好检验区段，标记出检验区段编号。

8.2 检验频率

检验频率f一般在2～5MHz范围内选择，推荐选用2～2.5MHz公称频率检验。特殊情况下，可选用低于2MHz或高于2.5MHz的检验频率，但必须保证系统灵敏度的要求。

8.3 探头角度

8.3.1 斜探头的折射角β或K值应依据材料厚度，焊缝坡口型式及预期探测的主要缺陷种类来选择。对不同板厚推荐的探头角度和探头数量见表2。

8.3.2 串列式扫查，推荐选用公称折射角均为45°的两个探头，两个探头实际折射角相差不应超过2°，探头前沿长度相差应小于2mm。为便于探测厚焊缝坡口边缘未熔合缺陷，亦可选用两个不同角度的探头，但两个探头角度均应在35°～55°范围内。

8.4 耦合剂

8.4.1 应选用适当的液体或糊状物作为耦合剂，耦合剂应具有良好透声性和适宜流动性，不应对材料和人体有损伤作用，同时应便于检验后清理。

8.4.2 典型的耦合剂为水、机油、甘油和浆糊，耦合剂中可加入适量的"润湿剂"或活性剂以便改善耦合性能。

8.4.3 在试块上调节仪器和产品检验应采用相同的耦合剂。

8.5 母材的检查

采用C级检验时，斜探头扫查声束通过的母材区域应用直探头作检查，以便探测是否有影响斜角探伤结果解释的分层性或其他种类缺陷存在。该项检查仅作记录，不属于对母材的验收检验。母材检查的规程要点如下：

　　a. 方法：接触式脉冲反射法，采用频率2～5MHz的直探头，晶片直径10～25mm；
　　b. 灵敏度：将无缺陷处二次底波调节为荧光屏满幅的100％；
　　c. 记录：凡缺陷信号幅度超过荧光屏满幅20％的部位，应在工件表面作出标记，并予以记录。

9 仪器调整和校验

9.1 时基线扫描的调节

荧光屏时基线刻度可按比例调节为代表缺陷的水平距离 l（简化水平距离 l'）；深度 h；或声程 S 见图7。

9.1.1 探伤面为平面时，可在对比试块上进行时基线扫描调节，扫描比例依据工件厚度和选用的探头角度来确定，最大检验范围应调至荧光屏时基线满刻度的 2/3 以上。

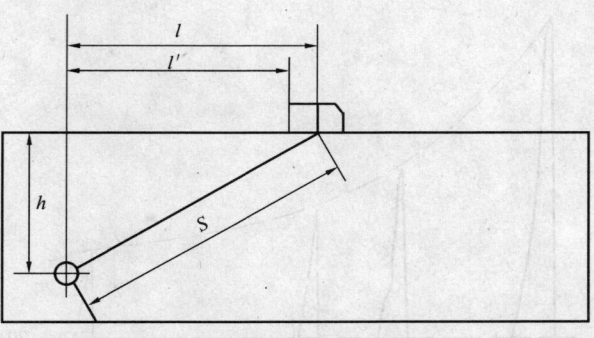

图7 时基线扫描调节示意图

9.1.2 探伤面曲率半径 R 大于 $\frac{W^2}{4}$ 时，可在平面对比试块上或与探伤面曲率相近的曲面对比试块上，进行时基线扫描调节。

9.1.3 探伤面曲率半径 R 小于等于 $\frac{W^2}{4}$ 时，探头楔块应磨成与工件曲面相吻合，在 6.2.3 条规定的对比试块上作时基线扫描调节。

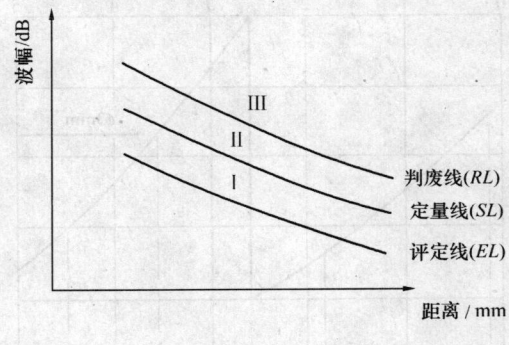

图8 距离-波幅曲线示意图

9.2 距离-波幅（DAC）曲线的绘制

9.2.1 距离-波幅曲线由选用的仪器、探头系统在对比试块上的实测数据绘制见图8，其绘制方法见附录D，曲线由判废线 RL，定量线 SL 和评定线 EL 组成，不同验收级别的各线灵敏度见表3。表中的 DAC 是以 $\phi 3mm$ 标准反射体绘制的距离-波幅曲线——即 DAC 基准线。评定线以上至定量线以下为Ⅰ区（弱信号评定区）；定量线至判废线以下为Ⅱ区（长度评定区）；判废线及以上区域为Ⅲ区（判废区）。

表3 距离-波幅曲线的灵敏度

级别 板厚, mm DAC	A	B	C
	8～50	8～300	8～300
判废线	DAC	DAC-4dB	DAC-2dB
定量线	DAC-10dB	DAC-10dB	DAC-8dB
评定线	DAC-16dB	DAC-16dB	DAC-14dB

9.2.2 探测横向缺陷时，应将各线灵敏度均提高 6dB。

9.2.3 探伤面曲率半径 R 小于等于 $\frac{W^2}{4}$ 时，距离-波幅曲线的绘制应在曲面对比试块上进行。

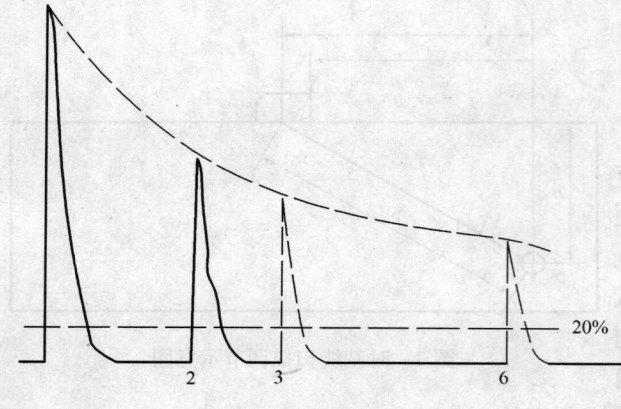

图 9 距离-波幅曲线板的范围

9.2.4 受检工件的表面耦合损失及材质衰减应与试块相同，否则应进行传输损失修整见附录 E，在一跨距声程内最大传输损失差在 2dB 以内可不进行修整。

9.2.5 距离-波幅曲线可绘制在坐标纸上也可直接绘制在荧光屏刻度板上，但在整个检验范围内，曲线应处于荧光屏满幅度的 20% 以上，见图 9，如果作不到，可采用分段绘制的方法见图 10。

9.3 仪器调整的校验

9.3.1 每次检验前应在对比试块上，对时基线扫描比例和距离-波幅曲线（灵敏度）进行调节或校验。校验点不少于两点。

9.3.2 检验过程中每4h之内或检验工作结束后应对时基线扫描和灵敏度进行校验，校验可在对比试块或其他等效试块上进行。

9.3.3 扫描调节校验时，如发现校验点反射波在扫描线上偏移超过原校验点刻度读数的 10% 或满刻度的 5%（两者取较小值），则扫描比例应重新调整，前次校验后已经记录的缺陷，位置参数应重新测定，并予以更正。

9.3.4 灵敏度校验时，如校验点的反射波幅比距离-波幅曲线降低 20% 或 2dB 以上，则仪器灵敏度应重新调整，并对前次校验后检查的全部焊缝应重新检验。如校验点的反射波幅比距离-波幅曲线增加 20% 或 2dB 以上，仪器灵敏度应重新调整，而前次校验后，已经记录的缺陷，应对缺陷尺寸参数重新测定并予以评定。

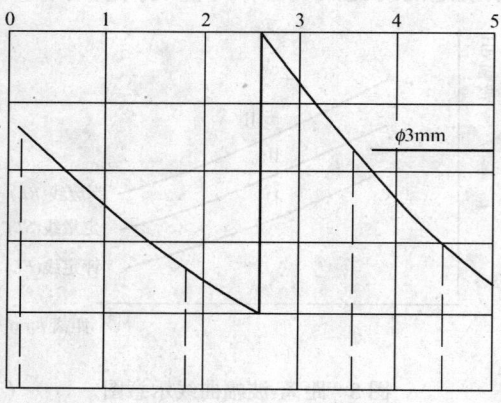

图 10 分段距离-波幅曲线

10 初始检验

10.1 一般要求

10.1.1 超声检验应在焊缝及探伤表面经外观检查合格并满足8.1.3条的要求后进行。

10.1.2 检验前，探伤人员应了解受检工件的材质、结构、曲率、厚度、焊接方法、焊缝种类、坡口形式、焊缝余高及背面衬垫、沟槽等情况。

10.1.3 探伤灵敏度应不低于评定线灵敏度。

10.1.4 扫查速度不应大于150mm/s，相邻两次探头移动间隔保证至少有探头宽度10%的重叠。

10.1.5 对波幅超过评定线的反射波，应根据探头位置、方向、反射波的位置及10.1.2条了解的焊缝情况,判断其是否为缺陷。判断为缺陷的部位应在焊缝表面作出标记。

10.2 平板对接焊缝的检验

10.2.1 为探测纵向缺陷,斜探头垂直于焊缝中心线放置在探伤面上,作锯齿型扫查见图11。探头前后移动的范围应保证扫查到全部焊缝截面及热影响区。在保持探头垂直焊缝作前后移动的同时,还应作10°~15°的左右转动。

10.2.2 为探测焊缝及热影响区的横向缺陷应进行平行和斜平行扫查。

　　a. B级检验时,可在焊缝两侧边缘使探头与焊缝中心线成10°~20°作斜平行扫查(图12)。

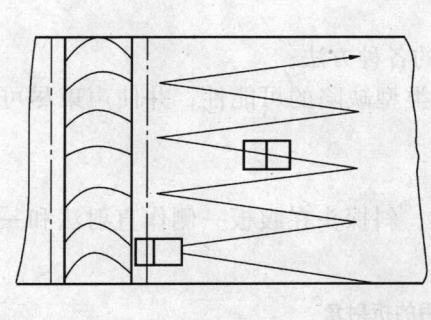　　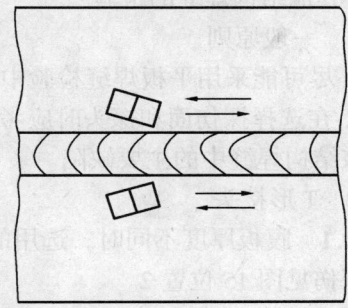

　　图11　锯齿形扫查　　　　　　　　图12　斜平行扫查

　　b. C级检验时,可将探头放在焊缝及热影响区上作两个方向的平行扫查(图13),焊缝母材厚度超过100mm时,应在焊缝的两面作平行扫查或者采用两种角度探头(45°和60°或45°和70°并用)作单面两个方向的平行扫查;亦可用两个45°探头作串列式平行扫查;

　　c. 对电渣焊缝还应增加与焊缝中心线成45°的斜向扫查。

10.2.3 为确定缺陷的位置、方向、形状、观察缺陷动态波形或区分缺陷讯号与伪讯号,可采用前后、左右、转角、环绕等四种探头基本扫查方式(图14)。

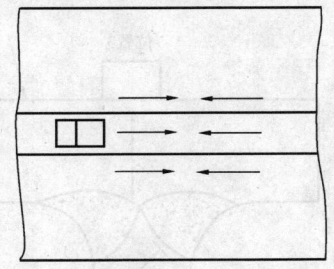　　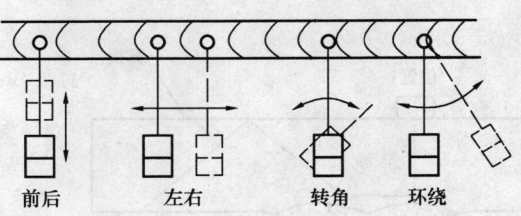

　　图13　平行扫查　　　　　　　　图14　四种基本扫查方法

10.3 曲面工件对接焊缝的检验

10.3.1 探伤面为曲面时,应按6.2.3和9.1.3条的规定选用对比试块,并采用10.2条的方法进行检验,C级检验时,受工件几何形状限制,横向缺陷探测无法实施时,应在检验记录中予以注明。

10.3.2 环缝检验时,对比试块的曲率半径为探伤面曲率半径0.9~1.5倍的对比试块均可采用。探测横向缺陷时按10.3.3条的方法进行。

10.3.3 纵缝检验时,对比试块的曲率半径与探伤面曲率半径之差应小于10%。

10.3.3.1 根据工件的曲率和材料厚度选择探头角度,并考虑几何临界角的限制,确保声束能扫查到整个焊缝厚度。条件允许时,声束在曲底面的入射角度不应超过70°。

10.3.3.2 探头接触面修磨后,应注意探头入射点和折射角或 K 值的变化,并用曲面试块作实际测定。

10.3.3.3 当 R 大于 $\dfrac{W^2}{4}$ 采用平面对比试块调节仪器时,检验中应注意到荧光屏指示的缺陷深度或水平距离与缺陷实际的径向埋藏深度或水平距离弧长的差异,必要时应进行修正。

10.4 其他结构焊缝的检验

10.4.1 一般原则

　　a. 尽可能采用平板焊缝检验中已经行之有效的各种方法;

　　b. 在选择探伤面和探头时应考虑到检测各种类型缺陷的可能性,并使声束尽可能垂直于该结构焊缝中的主要缺陷。

10.4.2 T形接头

10.4.2.1 腹板厚度不同时,选用的折射角见表4,斜探头在腹板一侧作直射法和一次反射法探伤见图15位置2。

表4 腹板厚度与选用的折射角

腹板厚度 mm	折射角 (°)	腹板厚度 mm	折射角 (°)
<25	70° ($K2.5$)	>50	45° ($K1$, $K1.5$)
25~50	60° ($K2.5$, $K2.0$)		

10.4.2.2 采用折射角45°($K1$)探头在腹板一侧作直射法和一次反射法探测焊缝及腹板测热影响区的裂纹(图16)。

10.4.2.3 为探测腹板和翼板间未焊透或翼板侧焊缝下层状撕裂等缺陷,可采用直探头(图15位置1)或斜探头(图16位置3)在翼板外侧探伤或采用折射角45°($K1$)探头在翼板内侧作一次反射法探伤(图15位置3)。

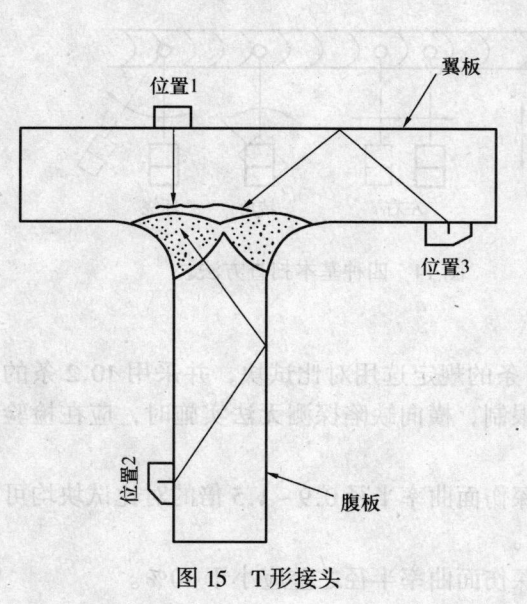

图15 T形接头

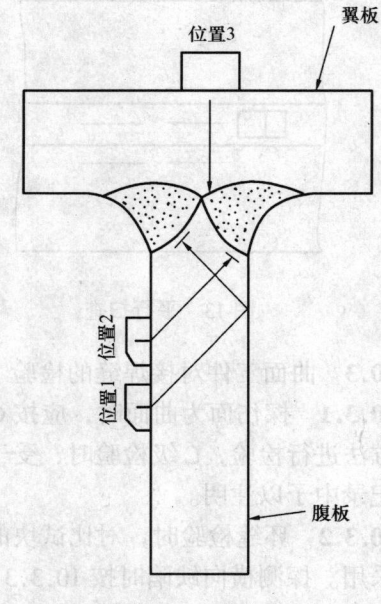

图16 T形接头

10.4.3 角接接头

角接接头探伤面及折射角一般按图17和表4选择。

10.4.4 管座角焊缝

10.4.4.1 根据焊缝结构形式,管座角焊缝的检验有如下五种探测方式,可选择其中一种或几种方式组合实施检验。探测方式的选择应由合同双方商定,并重点考虑主要探测对象和几何条件的限制(图18、图19)。

 a. 在接管内壁表面采用直探头探伤(图18位置1);
 b. 在容器内表面用直探头探伤(图19位置1);
 c. 在接管外表面采用斜探头探伤(图19位置2);
 d. 在接管内表面采用斜探头探伤(图18位置3,图19位置3);
 e. 在容器外表面采用斜探头探伤(图18位置2)。

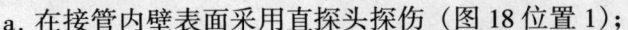

图17 角接接头

10.4.4.2 管座角焊缝以直探头检验为主,对直探头扫查不到的区域或结构,缺陷方向性不适于采用直探头检验时,可采用斜探头检验,斜探头检验应符合10.4.1条的规定。

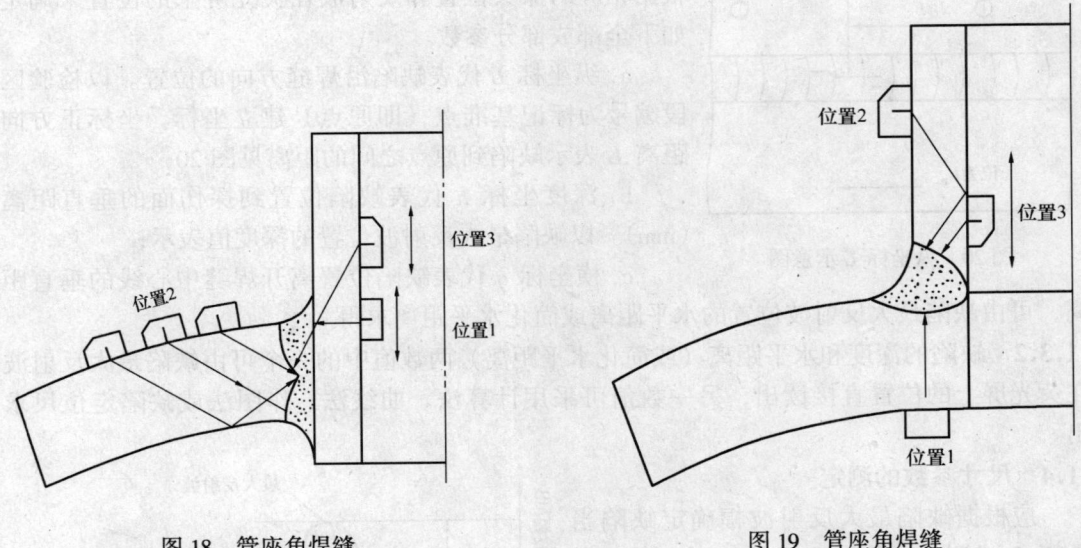

图18 管座角焊缝　　　　　图19 管座角焊缝

10.4.5 直探头检验的规程

 a. 推荐采用频率2.5MHz直探头或双晶直探头,探头与工件接触面的尺寸 W 应小于 $2\sqrt{R}$;
 b. 灵敏度可在与工件同曲率的试块上调节,也可采用计算法或DGS曲线法,以工件底面回波调节。其检验等级评定见表5。

表5 直探头检验等级评定(mm)

灵敏度 \ 检验等级	A	B	C
评定灵敏度	Φ3	Φ2	Φ2
定量灵敏度	Φ4	Φ3	Φ3
判废灵敏度	Φ6	Φ6	Φ4

11 规定检验

11.1 一般要求

11.1.1 规定检验只对初始检验中被标记的部位进行检验。

11.1.2 探伤灵敏度应调节到评定灵敏度。

11.1.3 对所有反射波幅超过定量线的缺陷，均应确定其位置，最大反射波幅所在区域和缺陷指示长度。

11.2 最大反射波幅的测定

11.2.1 对判定为缺陷的部位，采取10.2.3条的探头扫查方式、增加探伤面、改变探头折射角度进行探测，测出最大反射波幅并与距离-波幅曲线作比较，确定波幅所在区域。波幅测定的允许误差为2dB。

11.2.2 最大反射波幅 A 与定量线 SL 的 dB 差值记为 $SL \pm \underline{\quad} dB$。

11.3 位置参数的测定

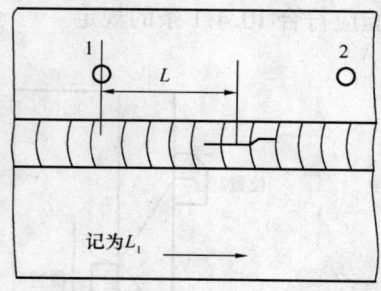

图20 纵坐标 L 示意图

11.3.1 缺陷位置以获得缺陷最大反射波的位置来表示，根据相应的探头位置和反射波在荧光屏上的位置来确定如下全部或部分参数。

　　a. 纵坐标 L 代表缺陷沿焊缝方向的位置。以检验区段编号为标记基准点（即原点）建立坐标。坐标正方向距离 L 表示缺陷到原点之间的距离见图20；

　　b. 深度坐标 h 代表缺陷位置到探伤面的垂直距离（mm）。以缺陷最大反射波位置的深度值表示；

　　c. 横坐标 q 代表缺陷位置离开焊缝中心线的垂直距离，可由缺陷最大反射波位置的水平距离或简化水平距离求得。

11.3.2 缺陷的深度和水平距离（或简化水平距离）两数值中的一个可由缺陷最大反射波在荧光屏上的位置直接读出，另一数值可采用计算法、曲线法、作图法或缺陷定位尺求出。

11.4 尺寸参数的测定

应根据缺陷最大反射波幅确定缺陷当量值 Φ 或测定缺陷指示长度 Δl。

11.4.1 缺陷当量 Φ，用当量平底孔直径表示，主要用于直探头检验，可采用公式计算，DGS曲线，试块对比或当量计算尺确定缺陷当量尺寸。

11.4.2 缺陷指示长度 Δl 的测定推荐采用如下两种方法。

　　a. 当缺陷反射波只有一个高点时，用降低6dB相对灵敏度法测长见图21；

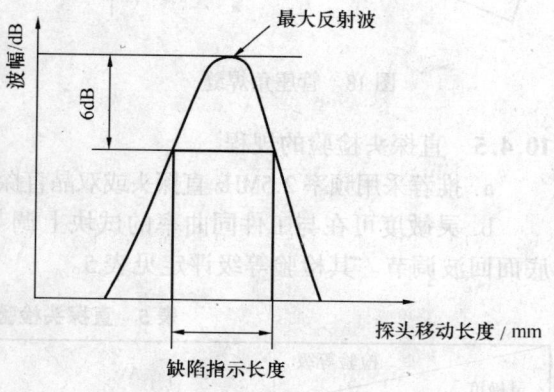

图21 相对灵敏度测长法

　　b. 在测长扫查过程中，如发现缺陷反射波峰值起伏变化，有多个高点，则以缺陷两端反射波极大值之间探头的移动长度确定为缺陷指示长度，即端点峰值法见图22。

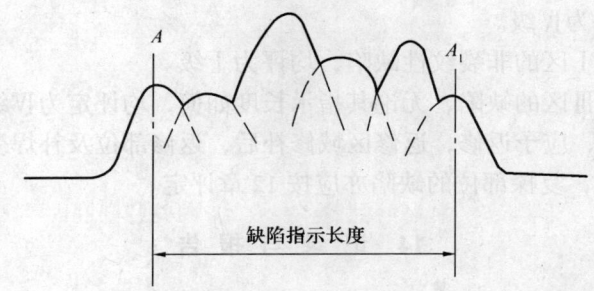

图22 端点峰值测长法

12 缺陷评定

12.1 超过评定线的信号应注意其是否具有裂纹等危害性缺陷特征,如有怀疑时应采取改变探头角度、增加探伤面、观察动态波型、结合结构工艺特征作判定,如对波型不能准确判断时,应辅以其他检验作综合判定。

12.2 最大反射波幅位于Ⅱ区的缺陷,其指示长度小于10mm时按5mm计。

12.3 相邻两缺陷各向间距小于8mm时,两缺陷指示长度之和作为单个缺陷的指示长度。

13 检验结果的等级分类

13.1 最大反射波幅位于Ⅱ区的缺陷,根据缺陷指示长度按表6的规定予以评级。

表6 缺陷的等级分类

评定等级	检验等级 板厚,mm	A 8~50	B 8~300	C 8~300
Ⅰ		$\frac{2}{3}\delta$;最小12	$\frac{\delta}{3}$;最小10,最大30	$\frac{\delta}{3}$;最小10,最大20
Ⅱ		$\frac{3}{4}\delta$;最小12	$\frac{2}{3}\delta$;最小12,最大50	$\frac{\delta}{2}$;最小10,最大30
Ⅲ		$<\delta$;最小20	$\frac{3}{4}\delta$;最小16,最大75	$\frac{2}{3}\delta$;最小12,最大50
Ⅳ		超过三级者		

注:1. δ为坡口加工侧母材板厚,母材板厚不同时,以较薄侧板厚为准。
   2. 管座角焊缝δ为焊缝截面中心线高度。

13.2 最大反射波幅不超过评定线的缺陷,均评为Ⅰ级。

13.3 最大反射波幅超过评定线的缺陷,检验者判定为裂纹等危害性缺陷时,无论其波幅和尺寸如何，均评定为Ⅳ级。

13.4 反射波幅位于Ⅰ区的非裂纹性缺陷，均评为Ⅰ级。

13.5 反射波幅位于Ⅲ区的缺陷，无论其指示长度如何，均评定为Ⅳ级。

13.6 不合格的缺陷，应予返修，返修区域修补后，返修部位及补焊受影响的区域，应按原探伤条件进行复验，复探部位的缺陷亦应按12章评定。

14 记录与报告

14.1 检验记录主要内容：工件名称、编号、焊缝编号、坡口形式、焊缝种类、母材材质、规格、表面情况、探伤方法、检验规程、验收标准、所使用的仪器、探头、耦合剂、试块、扫描比例、探伤灵敏度。所发现的超标缺陷及评定记录，检验人员及检验日期等。反射波幅位于Ⅱ区，其指示长度小于表6的缺陷也应予记录。

14.2 检验报告主要内容：工件名称、合同号、编号、探伤方法、探伤部位示意图、检验范围、探伤比例验收标准、缺陷情况、返修情况、探伤结论、检验人员及审核人员签字等。

14.3 检验记录和报告应至少保存7年。

14.4 检验记录和报告的推荐格式见附录F。

附 录 A
标准试块的形状和尺寸
（补充件）

A.1 标准试块的形状和尺寸见图A1、表A1及表A2。

表A1

折射角值	60°	62°	64°	66°	68°	70°	72°	73°	74°	75°	76°
尺寸值	87.0	91.4	96.5	102.4	109.3	117.4	127.3	133.1	139.6	147.0	155.3

表A2

折射角值	40°	41°	42°	43°	44°	45°	46°	47°	48°	49°	50°	51°	52°
尺寸值	93.7	95.9	98.0	100.3	102.6	105.0	107.5	110.1	112.7	115.5	118.4	121.4	124.6
折射角值	53°	54°	55°	56°	57°	58°	59°	60°	61°	62°	63°	64°	65°	66°
尺寸值	127.9	131.3	135.0	138.8	142.8	147.0	151.5	156.2	161.2	166.7	172.4	178.5	185.1	192

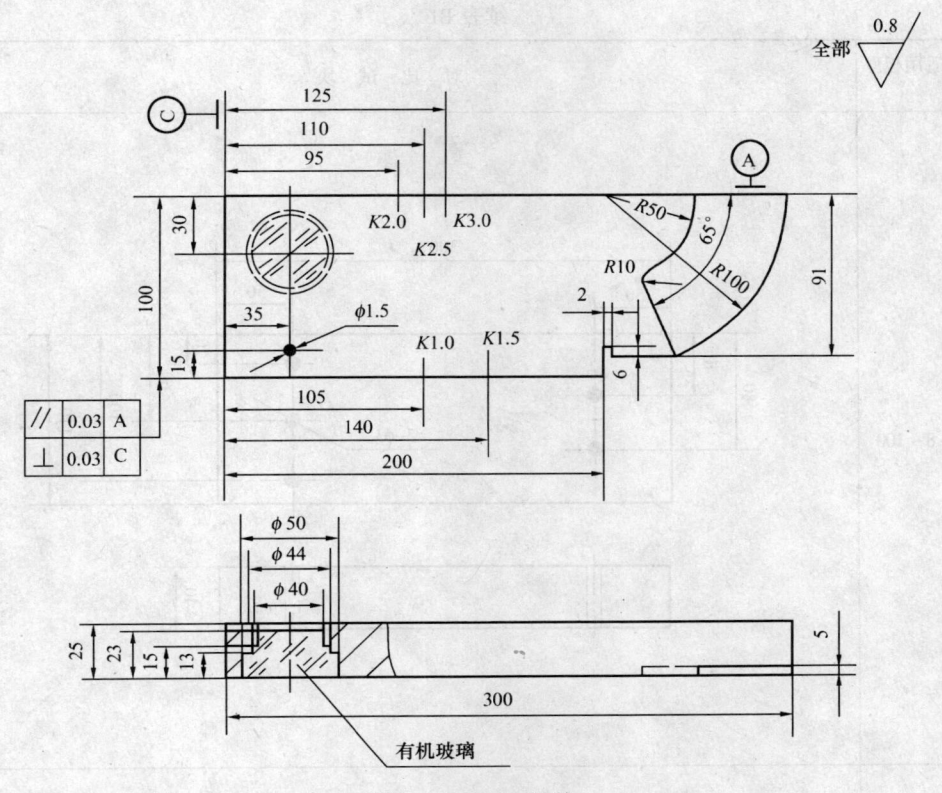

图 A1　CSK-ZB 试块

注：尺寸公差 ±0.1；
　　各边垂直度不大于 0.05；
　　C 面为尺寸基准面，上部各折射角刻度尺寸值见表 A1，下部见表 A2。

附 录 B
对比试块的形状和尺寸
（补充件）

B.1 对比试块的形状和尺寸见表 B1。

表B1　对 比 试 块　　　　　　　　　　（mm）

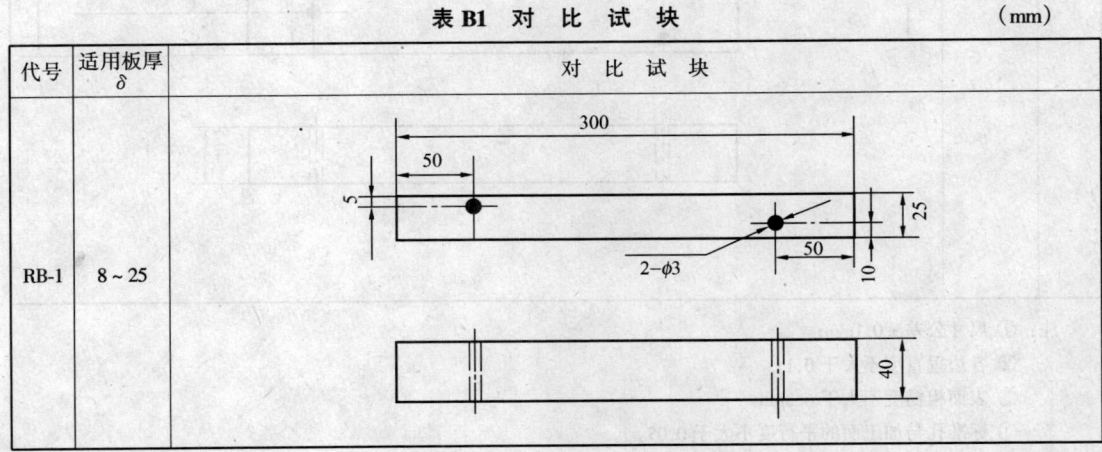

代号	适用板厚 δ	对 比 试 块
RB-1	8～25	

续表 B1

代号	适用板厚 δ	对 比 试 块
RB-2	8~100	
RB-3	8~150	

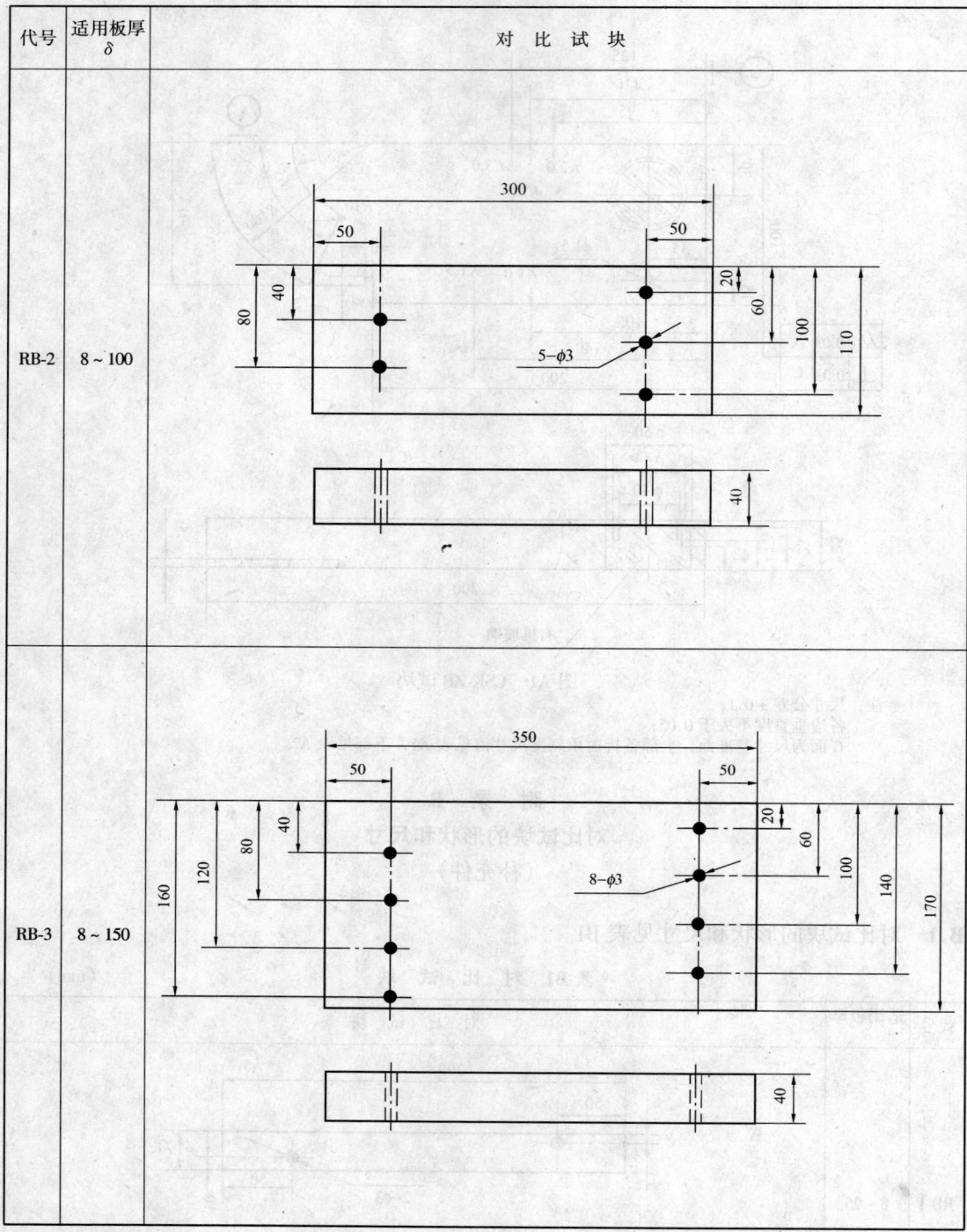

注：① 尺寸公差 ±0.1mm；
② 各边垂直度不大于 0.1；
③ 表面粗糙度不大于 6.3μm；
④ 标准孔与加工面的平行度不大于 0.05。

附 录 C
串列扫查探伤方法
（补充件）

C.1 探伤设备
C.1.1 超声波探伤仪的工作方式必须具备一发一收工作状态。

C.1.2 为保证一发一收探头相对于串列基准线经常保持等距离移动，应配备适宜的探头夹具，并适用于横方型及纵方型两种扫查方式。

C.1.3 推荐采用，频率2～2.5MHz，公称折射角45°探头，两探头入射点间最短间距应小于20mm。

C.2 仪器调整
C.2.1 时基线扫描的调节采用单探头按标准正文第9.1条的方法调节，最大探测范围应大于1跨距声程。

C.2.2 灵敏度调整

在工件无缺陷部位、将发、收两探头对向放置，间距为1跨距，找到底面最大反射波见图C1及式C1，调节增益使反射波幅为荧光屏满幅高度的40%，并以此为基准波高。灵敏度分别提高8dB、14dB和20dB代表判废灵敏度、定量灵敏度和评定灵敏度。

C.3 检验程序
C.3.1 检验准备

a. 探伤面对接焊缝的单面双侧；

b. 串列基准线如发、收两探头实测折射角的平均值为$\overline{\beta}$或K值平均为$\overline{K}$。在离参考线（参考线至探伤截面的距离$L' - 0.5P$）的位置标记串列基准线，见图C2及式C2。

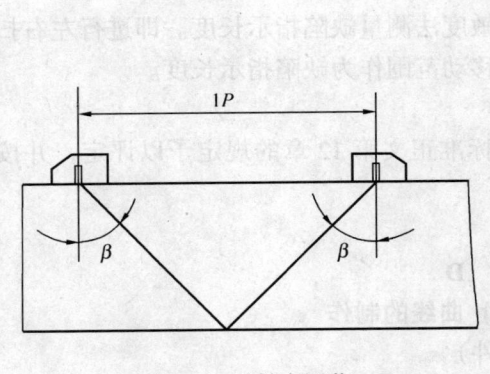
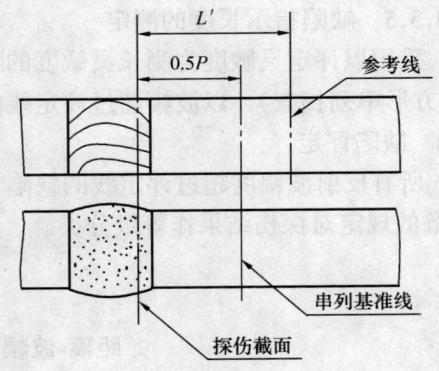

图C1 灵敏度调节　　　　图C2 串列基准线的标记

$$0.5P = \delta \cdot \mathrm{tg}\overline{\beta} \tag{C1}$$

$$或\ 0.5P = \delta \cdot \overline{K} \tag{C2}$$

C.3.2 初始探伤

C.3.2.1 探伤灵敏度不低于评定灵敏度。

C.3.2.2 扫查方式采用横方形或纵方形串列扫查,扫查范围以串列基准线为中心尽可能扫查到整个探伤截面,每个探伤截面应扫查一遍。

C.3.2.3 标记超过评定线的反射波,被判定为缺陷时,应在焊缝的相应位置作出标记。

C.3.3 规定探伤

C.3.3.1 对象只对初始检验标记部位进行探伤。

C.3.3.2 探伤灵敏度为评定灵敏度。

C.3.3.3 缺陷位置不同深度的缺陷,其反射波均出现在相当于半跨距声程位置见图C3。缺陷的水平距离和深度分别为:

$$l = \delta \cdot \text{tg}\beta - \frac{Y}{2} \tag{C3}$$

$$h = \delta - \frac{Y}{2\text{tg}\beta} \tag{C4}$$

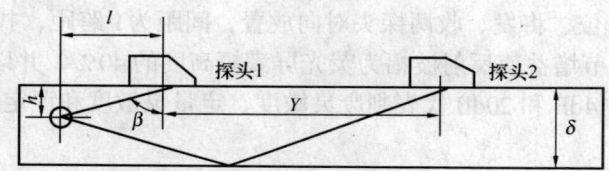

图 C 3 串列扫查缺陷定位

C.3.3.4 缺陷反射波幅在最大反射波探头位置,以40%线为基准波高测出缺陷反射波的dB数作为缺陷的相对波幅,记为 $SL \pm \text{———} dB$。

C.3.3.5 缺陷指示长度的测定

采用以评定灵敏度为测长灵敏度的绝对灵敏度法测量缺陷指示长度。即进行左右扫查(横方形串列扫查),以波幅超过评定线的探头移动范围作为缺陷指示长度。

C.4 缺陷评定

所有反射波幅度超过评定线的缺陷均应按标准正文第12章的规定予以评定,并按第13章的规定对探伤结果作等级分类。

附 录 D
距离-波幅(DAC)曲线的制作
(补充件)

D.1 试块

D.1.1 采用标准附录B对比试块或其他等效形式试块绘制DAC曲线。

D.1.2 R 小于等于 $\frac{W^2}{4}$ 时,应采用探伤面曲率与工件探伤面曲率相同或相近的对比试块。

D.2 绘制步骤

DAC 曲线可绘制在坐标纸上（称 DAC 曲线），亦可直接绘制在荧光屏前透明的刻度板上（称 DAC 曲线板）。

D.2.1 DAC 曲线的绘制步骤如下：

a. 将测试范围调整到探伤使用的最大探测范围，并按深度、水平或声程法调整时基线扫描比例；

b. 根据工件厚度和曲率选择合适的对比试块，选取试块上孔深与探伤深度相同或接近的横孔为第一基准孔，将探头置于试块探伤面声束指向该孔，调节探头位置找到横孔的最高反射波；

c. 调节"增益"或"衰减器"使该反射波幅为荧光屏上某一高度（例如满幅的 40%）该波高即为"基准波高"，此时，探伤系统的有效灵敏度应比评定灵敏度高 10dB；

d. 调节衰减器，依次探测其他横孔，并找到最大反射波高，分别记录各反射波的相对波幅值（dB）；

e. 以波幅（dB）为纵坐标，以探测距离（声程、深度或水平距离）为横坐标，将 c、d 记录数值描绘在坐标纸上；

f. 将标记各点连成圆滑曲线，并延长到整个探测范围，最近探测点到探测距离 O 点间画水平线，该曲线即为 $\phi 3mm$ 横孔 DAC 曲线的基准线；

g. 依据标准正文表 3 规定的各线灵敏度，在基准线下分别绘出判废线、定量线、评定线，并标记波幅的分区；

h. 为便于现场探伤校验灵敏度，在测试上述数据的同时，可对现场使用的便携试块上的某一参考反射体进行同样测量，记录其反射波位置和反射波幅（dB）并标记在 DAC 曲线图上。

D.2.2 DAC 曲线板的绘制步骤如下：

a. 同 D2.1a；

b. 依据工件厚度和曲率选择合适的对比试块，在试块上所有孔深小于等于探测深度的孔中，选取能产生最大反射波幅的横孔为第一基准孔；

c. 调节"增益"使该孔的反射波为荧光屏满幅高度的 80%，将其峰值标记在荧光屏前辅助面板上。依次探测其他横孔，并找到最大反射波高，分别将峰值点标记在辅助面板上，如果做分段绘制，可调节衰减器分段绘制曲线；

d. 将各标记点连成圆滑曲线，并延伸到整个探测范围，该曲线即为 $\phi 3mm$ 横孔 DAC 曲线基准线；

e. 将灵敏度提高（8~50mm 提高到 10dB，50~300mm 提高 10dB 或 8dB），该线表示定量线。在定量灵敏度下，如分别将灵敏度提高或降低 6dB，该线将分别代表评定或判废线（A 级检验 DAC 基准线即为判废线）；

f. 在作上述测试的同时，可对现场使用的便携式试块上的某一参考反射体作同样测量，并将其反射波位置和峰值标记在曲线板上，以便现场进行灵敏度校验。

附 录 E
声能传输损耗差的测定
（补充件）

工件本身反射波幅度有影响的两个主要因素是材料的材质衰减和工件表面粗糙度及耦合情况造成的表面声能损失。

超声波的材质衰减对普通碳钢或低合金钢板材，在频率低于 3MHz 声程不超过 200mm 时，可以忽略不记，或者一般来说衰减系数小于 0.01dB/mm 时，材质衰减可以不予考虑，标准试块和对比试块均应满足这一要求。

受检工件探伤时，如声程较大，或材质衰减系数超过上述范围，在确定缺陷反射波幅时，应考虑作材料衰减修整，如被检工件表面比较粗糙还应考虑表面声能损失问题。

E.1 横波超声材质衰减的测量

E.1.1 制作与受检工件材质相同或相近，厚度约 40mm 表面粗糙度与对比试块 RB 相同的平面型试块图 E1。

E.1.2 采用工件检验中使用的斜探头按深度 1:1 调节仪器时基扫描。

E.1.3 另选用一只与该探头尺寸、频率、角度相同的斜探头，两探头按图 E1 所示方向置于半板试块上，两探头入射点间距离为 $1P$，仪器调为一发一收状态，找到接收波最大反射波幅，记录其波幅值 H_1（dB）。

E.1.4 将两探头拉开到距离为 $2P$，找到最大反射波幅，记录其波幅值 H_2（dB）。

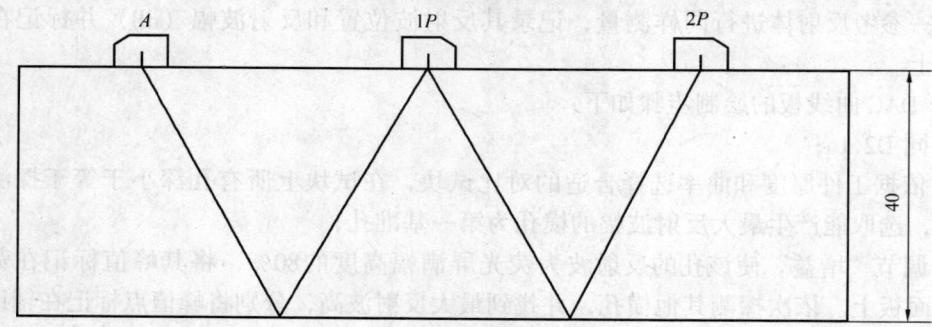

图 E1 超声衰减的测定

E.1.5 实际探伤中超声波总是往返的，故双程的衰减系数 α_H 可用下式计算：

$$\alpha_H = \frac{H_1 - H_2 - \Delta}{S_2 - S_1} \tag{E1}$$

$$S_1 = 40/\cos\beta + l'_0 \tag{E2}$$

$$S_2 = 80/\cos\beta + l'_0 \tag{E3}$$

$$l'_0 = l_0 \frac{\mathrm{tg}\alpha}{\mathrm{tg}\beta} \tag{E4}$$

式中 l_0——晶片到入射点的距离，作为简化处理亦可取 $l'_0 = l_0$，mm；

Δ——声程 S_1，S_2 不考虑材质衰减时大平面的反射波幅 dB 差。可用公式 $20\lg\dfrac{S_2}{S_1}$ 计

算或从该探头的 D·G·S 曲线上查得，dB。

由于 S_2 近似为 S_1 的 2 倍，在声程大于 3 倍近场长度 N 时，Δ 约为 6dB。

E.1.6 如果在图 E1 试块和 RB 对比试块的侧面测得波幅 Hz，相差不超过 1dB，则可不考虑工件的材质衰减。

E2 传输损失差的测定

E.2.1 采用工件检验中使用的斜探头，按深度比例调节仪器时基扫描。

E.2.2 选用另一只与该探头尺寸、频率、角度相同的斜探头，两探头按图 E2 所示方向置于对比试块侧面上，两探头入射点间距离为 $1P$，仪器调为一发一收状态。

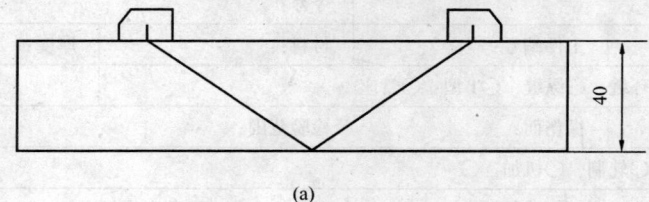

(a)

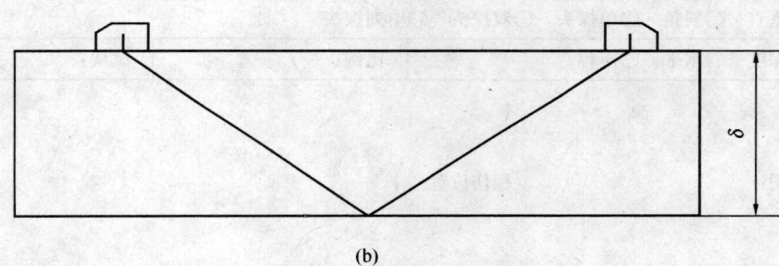

(b)

图 E2 传输损失差的测定
(a) 对比试块；(b) 工件板材

E.2.3 在对比试块上，找到接收波最大反射波幅，记录其波幅值 H_1 (dB)。

E.2.4 在受检工件板材上（不通过焊缝）同样测出接收波最大反射波幅，记录其波幅值 H_2 (dB)。

E.2.5 传输损失差 ΔV 为：

$$\Delta V = H_1 - H_2 - \Delta_1 - \Delta_2 \tag{E5}$$

式中 Δ_1——声程 S_1、S_2 不考虑材质衰减时大平面的反射波幅 dB 差，可用公式 $20\lg\dfrac{S_2}{S_1}$ 计算或从探头的 D、G、S 曲线上查得，dB；

S_1——在对比试块中的声程，mm；

S_2——在工件板材中的声程，mm；

Δ_2——试块中声程 S_1 时与工件中声程 S_2 时的超声材质衰减差值，dB。

如试块图 E_1 按 E_1 测量材质衰减系数小于 0.01dB/mm，此项可以不予考虑。

附 录 F
焊缝超声波探伤报告和记录
（参考件）

焊缝超声波探伤报告

报告编号
报告日期　年　月　日

产品名称：			令号：		
工件名称：		工件编号：	材料：	厚度：	mm
焊缝种类：○平板　○环缝　○纵缝　○T型　○管座				焊接方法：	
焊缝数量：		探伤面：	检验范围：		%
探伤面状态：○修整　○轧制　○机加　○					
检验规程：		验收标准：		工艺卡编号：	
探伤时机：○焊后　○热处理后　○水压试验后　○					
仪器型号：		耦合剂：○机油　○甘油　○浆糊　○			
探伤方式：○垂直　○斜角　○单探头　○双探头　○串列探头					
扫描调节：○深度　○水平　○声程			比例：	试块：	

探伤部位示意图：　　　探伤位置：↓

	焊缝编号	检验长度	显 示 情 况	一次返修缺陷编号	二次返修缺陷编号	说明： NI：无应记录缺陷 RI：有应记录缺陷 UI：有应返修缺陷
探伤结果及返修情况			○NI　○RI　○UI			
			○NI　○RI　○UI			
			○NI　○RI　○UI			
			○NI　○RI　○UI			
			○NI　○RI　○UI			
			○NI　○RI　○UI			
	检验焊缝总长　　　　mm，一次返修总长　　　　mm， 二次返修总长　　　　mm，同一部位经　次返修后合格 附：检验及复验探伤记录＿＿＿＿页					

备注：	
结论：　　○合格　　　　　　　○不合格	
检验：　　UT＿＿级　　审核：　　UT＿＿级	

焊缝超声波探伤记录

工件名称：				工件编号：			检验次序：○首次检验　○一次复验　○二次复验				
探测条件：											
	探　头			反　射　体			基准波高满幅 %	反射体波幅 dB	传输修正 dB	探伤灵敏度 dB	探测深度 mm
序号	角度 (βK)	频率 MHz	尺寸	形　状 (Φ、ϕ、B)	深度 mm	试块					
1											
2											
3											
4											

焊缝编号	检验区段号	探头序号	缺陷编号	缺陷位置 mm	深度 mm	指示长度 mm	波幅 dB	评定 记录返修	检验人	备注
				→						
				→						

附加说明

本标准由中华人民共和国机械电子工业部提出。

本标准由全国无损检测标准化技术委员会归口。

本标准由哈尔滨焊接研究所负责起草，主要参加单位：哈尔滨锅炉厂、劳动人事部锅炉压力容器检测研究中心。

本标准主要起草人李生田、李家鳌、康纪黔、张泽丰、王梅屏。

中华人民共和国国家标准

无损检测 磁粉检测
第2部分：检测介质

Non-destructive testing—Magnetic particle testing—
Part 2: Detection media

GB/T 15822.2—2005/ISO 9934-2:2002

中华人民共和国国家质量监督检验检疫总局
中国国家标准化管理委员会

2005-09-19 发布

2006-04-01 实施

目　次

前言 ·· 1048
1　范围 ··· 1049
2　规范性引用文件 ·· 1049
3　术语和定义 ·· 1050
4　安全预防 ·· 1050
5　分类 ··· 1050
　5.1　概述 ··· 1050
　5.2　磁悬液 ·· 1050
　5.3　干磁粉 ·· 1050
6　检验和检验证书 ·· 1050
　6.1　型式检验和批量检验 ··· 1050
　6.2　在役检验 ··· 1050
7　检验方法和要求 ·· 1050
　7.1　性能 ··· 1050
　7.2　颜色 ··· 1051
　7.3　磁粉尺寸 ··· 1051
　7.4　耐热性 ·· 1051
　7.5　荧光系数和荧光稳定性 ·· 1051
　7.6　载液的荧光 ·· 1052
　7.7　闪光 ··· 1053
　7.8　检测介质引起的腐蚀 ··· 1053
　7.9　载液的黏度 ·· 1053
　7.10　机械稳定性 ··· 1053
　7.11　起泡 ·· 1053
　7.12　pH值 ·· 1055
　7.13　贮存稳定性 ··· 1055
　7.14　固体含量 ·· 1055
　7.15　硫及卤素含量 ·· 1055
8　检验要求 ·· 1055
9　检验报告 ·· 1056
10　包装和标签 ·· 1056
附录A（规范性附录）　型式、批量和在役检验规程 ·· 1056
附录B（规范性附录）　参考试块 ·· 1057
附录C（规范性附录）　钢腐蚀检验 ··· 1060
参考文献 ·· 1063

前　言

GB/T 15822《无损检测　磁粉检测》分为3个部分：
——第1部分：总则；
——第2部分：检测介质；
——第3部分：设备。

本部分为 GB/T 15822 的第2部分，等同采用 ISO 9934-2：2002《无损检测　磁粉检测　第2部分：检测介质》（英文版）。

本部分等同翻译 ISO 9934-2：2002。

为便于使用，本部分做了下列编辑性修改：
a)"本欧洲标准"一词改为"本部分"或"GB/T 15822 的本部分"；
b) 用小数点"."代替作为小数点的逗号","；
c) 删除国际标准的前言；
d) 使用 GB/T 1.1—2000 规定的引导语；
e) 在参考文献中增加了正文页下注中提到的我国标准。

本部分的附录A、附录B和附录C为规范性附录。

本部分由中国机械工业联合会提出。

本部分由全国无损检测标准化技术委员会（SAC/TC 56）归口。

本部分起草单位：上海锅炉厂有限公司、上海材料研究所、苏州美柯达探伤器材有限公司。

本部分主要起草人：张佩铭、阎建芳、金宇飞、宓中玉。

1 范围

GB/T 15822 的本部分规定了磁粉检测产品（包括磁悬液、干磁粉、载液、反差增强剂）的有效特性及其检验方法。

2 规范性引用文件

下列文件中的条款通过 GB/T 15822 的本部分的引用而成为本部分的条款。凡是注日期的引用文件，其随后所有的修改单（不包括勘误的内容）或修订版均不适用于本部分，然而，鼓励根据本部分达成协议的各方研究是否可使用这些文件的最新版本。凡是不注日期的引用文件，其最新版本适用于本部分。

GB/T 5097 无损检测 渗透检测和磁粉检测 观察条件（GB/T 5097—2005，ISO 3059：2001，IDT)

GB/T 12604.5 无损检测术语 磁粉检测[1]

GB/T 15822.1 无损检测 磁粉检测 第1部分：总则（GB/T 15822.1—2005，ISO 9934-1：2001，IDT)

GB/T 15822.3 无损检测 磁粉检测 第3部分：设备（GB/T 15822.3—2005，ISO 9934-3：2002，IDT)

ISO 2160 石油制品 铜腐蚀 铜条试验（Petroleum products—Corrosiveness to copper—Copper strip test)[2]

ISO 2591-1 筛分试验 第1部分：金属丝网和金属孔板筛分试验方法（Test sieving—Part 1：Methods using test sieves of woven wire cloth and perforated metal plate)[3]

ISO 3104 石油制品 透明与不透明液体 运动黏度测定法和动力黏度计算法（Petroleum products—Transparent and opaque liquids—Determination of kinematic viscosity and calculation of dymamic viscosity)[4]

ISO 4316 表面活性剂 水溶液 pH 值的测定 电位法（Surface active agents—Determination of pH of aqueous solutions—Potentiometric method)[5]

EN 1330-1 无损检测 术语 第1部分：通用术语表（Non-destructive testing—Terminology—Part 1：List of general terms)

EN 1330-2 无损检测 术语 第2部分：无损检测方法专用术语（Non-destructive testing—Terminology—Part 2：Terms common to non-destructive testing methods)

EN 10083-1 调质钢 第1部分：特种钢交货技术条件（Quenched and tempered steels—Part 1：Technical delivery conditions for special steels)

EN 10204 金属产品 检验文件的格式（Metallic products—Types of inspection docu-

---

[1] 该标准将在修订 GB/T 12604.5—1990 的基础上发布。GB/T 15822 的本部分所引用的 GB/T 12604.5 中的术语和定义与 ISO/DIS 12707：2000（prEN ISO 12707）中的术语和定义是相同的。
[2] 与该标准相当的我国标准为 GB/T 8034。
[3] 与该标准相当的我国标准为 GB/T 2007.7。
[4] 与该标准相当的我国标准为 GB/T 265。
[5] 与该标准相当的我国标准为 GB/T 6368。

ments)

EN 12157 旋转泵 机床冷却液泵 标称流率、尺寸（Rotodynamic pumps—Coolant pumps units for machine tools—Nominal flow rate, dimensions）

3 术语和定义

GB/T 12604.5、EN 1330-1 和 EN 1330-2 确立的以及下列术语和定义适用于 GB/T 15822 的本部分。

批 batch
一次投产的全部具有相同性能和用同一标记的材料的量。

4 安全预防

磁粉检测用材料及其检验用的化学制品，可能是有害的、易燃的和（或）易挥发的，因此宜遵守各项规定的预防措施。应遵守国家和地方颁布的所有关于安全卫生、环保要求的法规。

5 分类

5.1 概述
GB/T 15822 的本部分所覆盖的磁粉检测材料应按如下分类。

5.2 磁悬液
磁悬液应由彩色磁粉或荧光磁粉加入适宜的载液构成，搅拌时应呈均匀的悬浮状。
磁悬液可由所购的浓缩状产品（包括磁膏和干磁粉）配制，或是直接可使用的。

5.3 干磁粉
干法所用的干磁粉应细分为彩色和（或）荧光磁粉。

6 检验和检验证书

6.1 型式检验和批量检验
磁粉材料的型式检验和批量检验应按 GB/T 15822.1、GB/T 15822.3 和本标准的要求进行。

进行型式检验是为了表明产品对于预期用途的适用性。进行批量检验是为了表明该批特性与特定的型式产品的一致性。

供应商应提供检验证书，以表明按 GB/T 15822 的本部分使用了哪些方法。证书应包括所得结果和允许偏差。

如果所生产的检测介质发生变化，应重新进行型式检验。

6.2 在役检验
进行在役检验是为了表明检测介质的持续性能。

7 检验方法和要求

7.1 性能

7.1.1 型式检验和批量检验
型式检验和批量检验应采用附录 B 所述的 1 型或 2 型参考试块，按附录 A 进行。

7.1.2 在役检验

在役检验应采用附录 B 所述的 1 型或 2 型参考试块，或采用一块含有与正常发现的典型被检工件上相类似不连续的试块，按附录 A 进行。

7.1.3 反差增强剂

型式检验和批量检验应采用经型式检验认可的、相容的磁悬液，并按制造商的说明书施加反差剂后，按 7.1.1 进行。

7.2 颜色

供应商应说明在工作状态下磁粉检测介质的颜色。

目视比较时，批量检验样品的颜色不应与型式检验样品有差异。

7.3 磁粉尺寸

7.3.1 方法

磁粉尺寸的测定方法取决于磁粉尺寸的分布范围。

注：磁悬液磁粉尺寸分布能用 Coulter 法或其他等效方法测定（见参考文献）。

7.3.2 磁粉尺寸定义

磁粉尺寸的范围应按如下：

——下限直径 d_1：小于 d_1 的磁粉不应多于 10%。

——平均直径 d_2：50% 的磁粉应大于 d_a，50% 小于 d_a。

——上限直径 d_u：大于 d_u 的磁粉不应多于 10%。

7.3.3 要求

d_1、d_a 和 d_u 应出具报告。对于磁悬液，尺寸应在 $d_1 \geq 1.5 \mu m$ 和 $d_u \leq 40 \mu m$ 范围内。

注：干磁粉通常为 $d_1 \geq 40 \mu m$。

7.4 耐热性

产品在供应商规定的最高温度下加热 5min 后应没有性能退化。这应通过重做 7.1.1 规定的性能检验来验证。

7.5 荧光系数和荧光稳定性

进行这些检验必须使用干的磁粉。对于磁悬液，应使用内含的固体。

7.5.1 型式检验

7.5.1.1 方法

荧光系数 β（cd/W）定义如下：

$$\beta = L/E_e$$

式中 L——磁粉表面的亮度（cd/m²）；

E_e——磁粉表面的 UV 辐照度水平（W/m²）。

所用仪器的布置如图 1 所示。

磁粉表面应采用 45°（±5°）角的 UV（A）均匀照射。照度应采用准确度在 ±10% 内的适当仪表来测量。应测量磁粉表面上未受目标区外区域影响的照度。辐照度水平应使用符合 GB/T 5097 要求的仪表，将 UV 传感器放在磁粉表面位置处进行测量。

7.5.1.2 要求

荧光系数（β）应大于 1.5cd/W。

7.5.1.3 荧光稳定性

样品首先应按 7.5.1.1 的方法进行检验。

然后，样品应在辐照度为 $20W/m^2$（至少）的 UV-A 下辐照 30min 后，按 7.5.1.1 进行重新检验。荧光系数不应降低 5%。

7.5.2 批量检验

批量检验应按 7.5.1.1 进行。荧光系数不应低于型式检验值的 90%。[6]

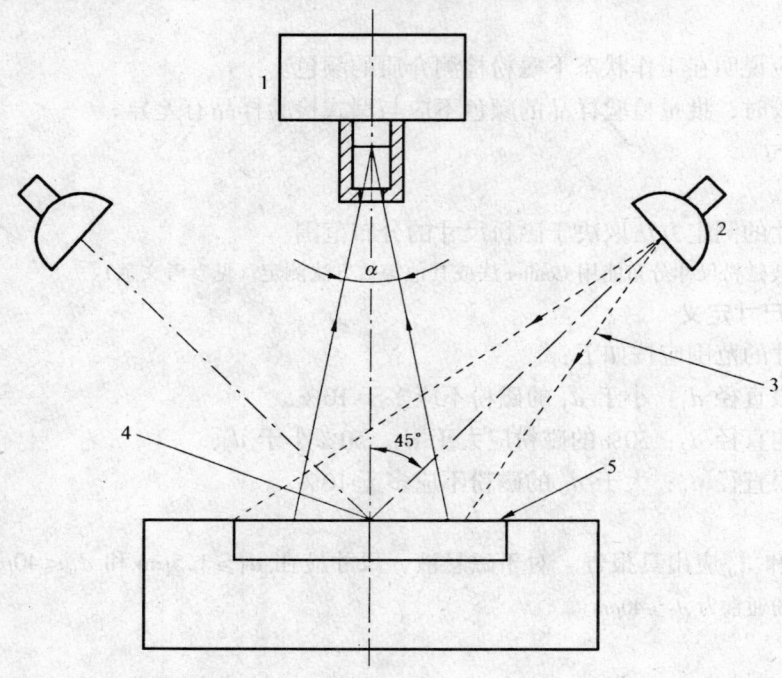

1——照度测量；
2——灯；
3——UV 辐射；
4——辐照度测量点；
5——磁粉表面。

注：推荐的布置是将一个量程为 $200cd/m^2$、视角（α）为 20°的照度计，放在直径为 40mm 的磁粉表面上方 80mm 处。UV（A）灯放在能使磁粉表面上的辐照度 E_e 恰好在 $10W/m^2 \sim 15W/m^2$ 之间的位置。

图 1 磁粉荧光系数 β 的测定

7.6 载液的荧光

载液的荧光应在至少 $10W/m^2$ 的 UV-A 辐照下，通过与硫酸奎宁溶液的目视比较进行检查。

硫酸奎宁溶液的浓度应为 $7 \times 10^{-9}M$ (5.5×10^{-6}) $/0.1N\ H_2SO_4$。

被检载液的荧光不应大于硫酸奎宁。

---

[6] 此条款在 ISO 9934-2：2002 的英文版中的所述为"荧光系数应在型式检验值的 10% 以内"，疑有误。

7.7 闪点

对于磁悬液（水基除外），载液的闪点（开口法）应出具报告。

7.8 检测介质引起的腐蚀

7.8.1 钢腐蚀检验

钢的腐蚀效应应按附录C进行检验和出具报告。

7.8.2 铜腐蚀检验

铜的腐蚀效应应按ISO 2160进行检验。

7.9 载液的黏度

黏度应按ISO 3104进行检验。

动力黏度在20℃（±2℃）时不应高于5mPa·s。

7.10 机械稳定性

7.10.1 长期检验（耐久性检验）

制造商应表明其检测介质在典型的磁粉检测床上工作超过120h而无影响。

这可以在磁粉检测床上或使用类似布置来证实，推荐装置如下：

应将40L的检测介质样品装入一个带离心泵的适宜的防腐储液箱内。检测介质应能循环和通过阀门断流。

技术数据：

水仓泵类型　　　EN 12157-T160-270-1

回流管直径　　　R11号NB管

循环时间

——开阀　　5s

——关阀　　5s

在使用前及120h后，检测介质应采用参考试块（见7.1.1）进行检验。

显示的质量若有任何可辨别变化的应拒收。

7.10.2 短期检验

7.10.2.1 设备

应采用类似于图2的搅拌装置。

1）搅拌桨速度：(3000_{-300}^{0}) rpm；
2）搅拌杯容量为2L；
3）附录B所述的1型和2型参考试块；
4）符合GB/T 5097要求的辐照度为10W/m² 的UV-A源。

7.10.2.2 步骤

将1L样品搅拌2h，然后比较1型和2型参考试块上由搅拌探头和参考探头所产生的显示。

7.10.2.3 要求

显示的质量若有任何可辨别变化的应拒收。

7.11 起泡

在7.10.1或7.10.2机械稳定性检验中应检查起泡情况，明显起泡的应拒收。

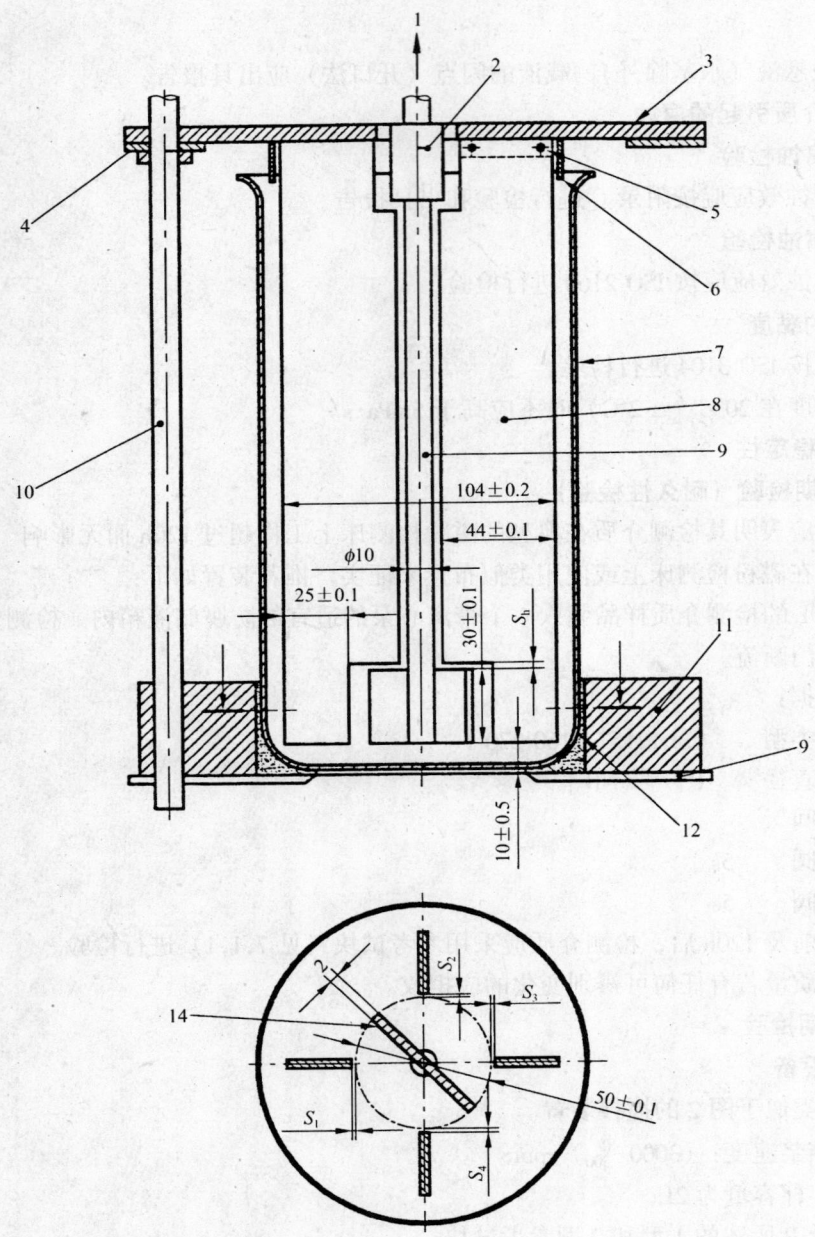

材料：抗腐蚀的非铁磁性钢。
缝隙尺寸：
$s_h = 2 \pm 0.5$;
$s_1, \cdots, s_4 = 2 \pm 0.5$ $(s_1+s_3)/2 = 2 \pm 0.2$ $(s_2+s_4)/2 = 2 \pm 0.2$
允许公差是为了确保4个桨片的位置。

1——马达；
2——离合器；
3——马达板；
4——支撑环调距装置/距底部10mm；
5——采用角铁固定；
6——喷淋板；
7——杯子（ISO 3819-HF 2000）；
8——4个固定板，厚2mm/支撑高度～170mm；
9——轴；
10——3个支撑；
11——导向环；
12——毡；
13——基板；
14——桨。

图2　7.10.2的搅拌布置结构

7.12 pH 值

水基载液的 pH 值应按 ISO 4316 进行测定，其值应出具报告。

7.13 贮存稳定性

制造商应给出有效期，并应在每个原包装上标明。

7.14 固体含量

供应商应给出磁悬液中磁粉含量的推荐值 g/L。

7.15 硫及卤素含量

当产品被标明为低硫和低卤素时，硫和卤素的含量应采用准确度为 $\pm 10 \times 10^{-6}$（硫/卤为 200×10^{-6} 时）的适当方法测定。

——硫含量应小于 200×10^{-6}（±10）；

——卤素含量应小于 200×10^{-6}（±10），（氯+氟应认作卤素）。

8 检验要求

检验应按表 1 的要求进行。

型式检验（Q）和批量检验（B）应是供应商或制造商的职责。在役检验（P）是用户的职责。

表 1 检验要求

特性	反差增强剂	干检测介质	有机载液	水基磁悬液	有机基磁悬液	方法 条号	标准/备注
性能	Q/B	Q/B/P		Q/B/P	Q/B/P	7.1	
颜色	Q/B/P	Q/B/P	Q	Q/B/P	Q/B/P	7.2	采用比较法
尺寸		Q/B		Q/B	Q/B	7.3	
耐热性	Q	Q	Q	Q	Q	7.4	
荧光系数		Q/B		Q/B	Q/B	7.5	
荧光稳定性		Q		Q	Q	7.5.1.3	
闪点	Q/B		Q/B		Q/B	7.7	
载液的荧光		Q/B	Q/B	Q/B		7.6	采用比较法
钢腐蚀性	Q			Q		7.8.1	
钢腐蚀性			Q	Q		7.8.2	ISO 2160
黏度			Q	Q/B	Q/B	7.9	ISO 3104
机械稳定性							
短期检验				Q/B	Q/B	7.10	
长期检验				Q	Q	7.10	
起泡			Q	Q/B	Q/B	7.11	
pH（水基产品）				Q		7.12	ISO 4316
贮存稳定性	Q	Q/B	Q/B	Q/B	Q/B	7.13	
硫及卤素含量	B		B	B	B	7.15	仅对标明为低硫/卤素的产品

注：Q——型式检验；B——批量检验；P——在役检验。

9 检验报告

如果在订货时达成一致，磁粉检测材料的制造商或供应商应提供符合 EN 10204 的证书。表 1 要求的所有检验结果应出具报告。

10 包装和标签

包装和标签应符合所有适用的国家和地方法规。容器应与检测介质相容。容器上应标明下列内容：
——产品标识；
——检测介质类型；
——批号；
——生产日期；
——有效期。

附 录 A
（规范性附录）
型式、批量和在役检验规程

A.1 检测介质的准备

检测介质应按制造商的说明书进行准备。

A.2 参考试块的清洗

参考试块应采用适当的方法进行清洗，以确保其无荧光材料、氧化物、脏物和油脂，并有一个水可润湿的表面。

A.3 检测介质的施加

检测介质应按 GB/T 15822.1，施加在附录 B 所述的 1 型和 2 型参考试块上。
喷射：3s~5s。
样品倾角：45°±10°。
喷射方向：与被检表面成 90°±10°。

A.4 检验与解释

A.4.1 检验

试件应在 GB/T 5097 所要求的观察条件下进行检验。

A.4.2 解释

A.4.2.1 型式和批量检验

检验应进行 3 次，并应取这些结果的平均值。应采用目视或等效的测量方法来评定显示。

A.4.2.1.1　1型参考试块

显示应与参考检测介质所产生的显示进行比较（如采用照片）。
结果应出具报告。

A.4.2.1.2　2型参考试块

显示的累积长度应出具报告。

A.4.2.2　在役检验

使用1型或2型试块，产生的显示应与已知结果进行比较。

A.5　反差增强剂

反差增强剂应按制造商的说明书施加在清洗过的参考试块上（见A.2），然后应按A.1～A.4.2.1来检验反差增强剂。

附　录　B
（规范性附录）
参　考　试　块

B.1　1型参考试块

B.1.1　简述

该参考试块是表面带有2种自然裂纹的圆块，如图B.1所示。它应包含由磨削和应力腐蚀所产生的粗线条裂纹和细微裂纹。试块采用穿孔中心导体永久磁化。用目视或其他适当方法进行显示比较，从而来评定检测介质[7]。

B.1.2　制造

材料准备：所用的钢（90MnCrV8）表面应磨平至9.80mm±0.05mm，然后在860℃±10℃下硬化2h，再进行油淬，使表面硬度为63 HRC～70 HRC。

加工：以35m/s的速度打磨，所用砂粒尺寸为46J7，每表面的递进量为0.05mm，移位2.0mm。在145℃～150℃温度下黑化1.5h。

磁化：磁化应采用1000A（峰值）直流电的中心导体来实现。

B.1.3　验证

初始评价：应采用荧光检测介质并且记录结果。

标识：每件参考试块应有唯一的标识。随参考试块一起提供的还有声明符合GB/T 15822.2的证书。

B.2　2型参考试块

B.2.1　简述

2型参考试块是一个不需外部磁场感应的自磁化体。它包括2块钢条和2块永久磁体，如图B.2所示，它应通过校准，并以+4刻槽表示+100A/m和-4刻槽表示

---

[7] 1型试块在德国专利G01N27/84 Auslegeschrift 2357220中有介绍。该专利已于1990年到期。

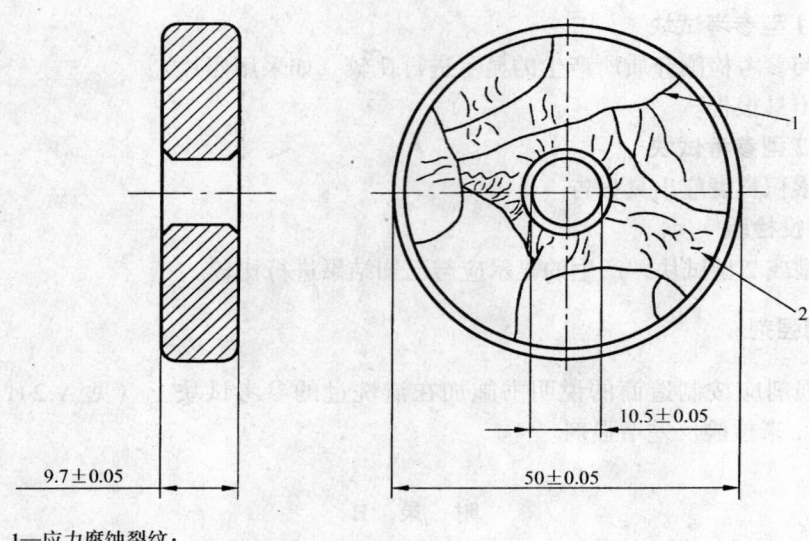

1—应力腐蚀裂纹；
2—磨削裂纹[8]

图 B.1　典型的 1 型参考试块

— 100A/m。

显示长度给出测量性能。显示从端部开始并向中间逐步减弱。长度增加表示性能更好。应以左右侧显示的累积长度作为结果。

B.2.2　制造

B.2.2.1　机加工 2 块 10mm 见方和 100.5mm ± 0.5mm 长的 C15[9]（按 EN 10083-1[10]）方形钢条。机加工一个钢条支架和两个保护垫片（均为非磁性材料），以夹持和保护磁体（见图 B.2）。

B.2.2.2　每个钢条上各磨削一个 $Ra \approx 1.6 \mu m$ 和平整度 $< 5 \mu m$ 的面。

警告：钢条温度不宜超过 50℃。

B.2.2.3　将两钢条退磁。

B.2.2.4　将厚度为 $15 \mu m$ 的铝膜插入两块钢条的磨削面之间，然后将它们一起放入钢条支架。

B.2.2.5　将钢条夹持住。

B.2.2.6　固定磁体的保护垫片。

B.2.2.7　将该组件的上表面打磨至 $Ra \approx 1.6 \mu m$。

B.2.2.8　移去磁体的保护垫片。

B.2.2.9　按示意图（图 B.3）所示插入磁体（小门钩型：如 CF 12-6N[11]）。用厚度为 0.2mm 的钢质分流器来调节磁场大小。

B.2.2.10　组装磁体的保护垫片。

---

8) 此图注在 ISO 9934-2：2002 的英文版中的所述为"1—磨削裂纹；2—应力腐蚀裂纹"，疑有误。

9) C15 钢相当于我国的 15 号钢（参见 GB/T 699—1999）。

10) ISO 9934-2：2002 英文版中的原文为 EN 10082-2，疑为打印错误。

11) 由 ARELEC 公司生产的 CF 12-6N 磁体是一个合适的产品例子，这一说明是为本标准用户提供方便。

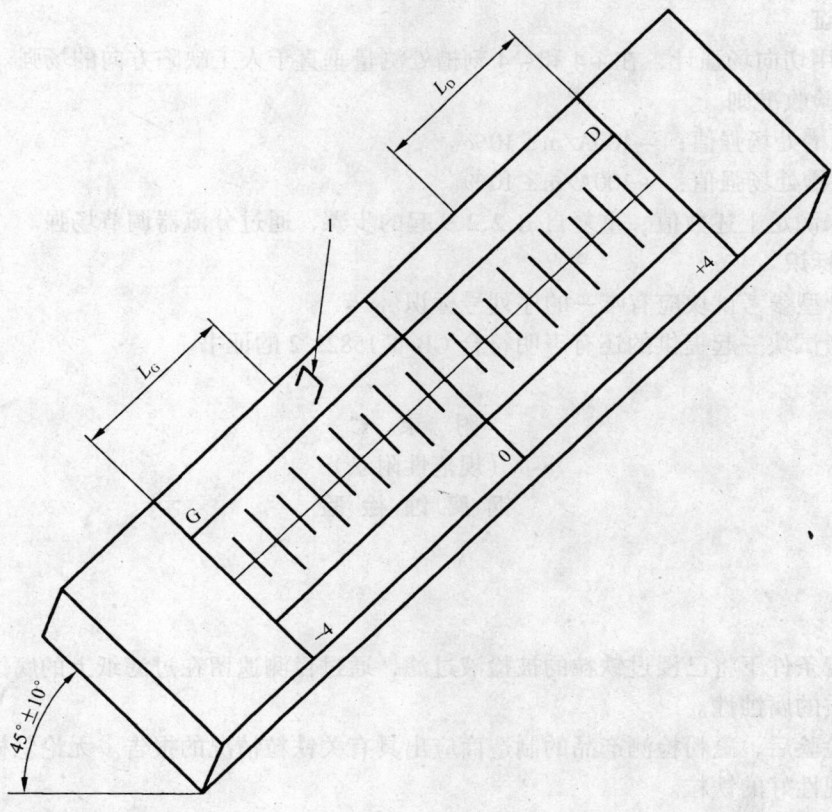

1—喷射方向

注：在中心处有 2 块钢条：(10×10×100) mm，间隙为 0.015mm。

图 B.2　2 型参考试块

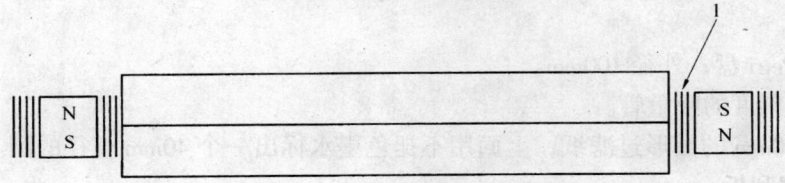

1—分流器。

图 B.3　插入磁体的示意图

B.2.2.11　按图 B.4 所示在上表面上刻槽。刻槽距间隙不应小于 2mm。

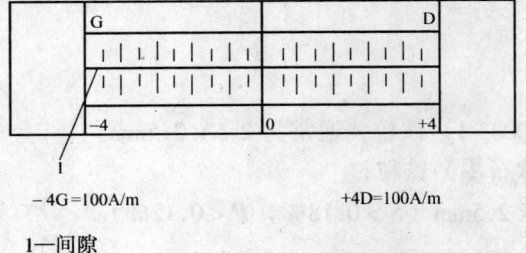

−4G=100A/m　　　　+4D=100A/m

1—间隙

图 B.4　2 型试块的刻槽

B.2.3 验证

B.2.3.1 用切向场强计，在 +4 和 -4 刻槽处测量垂直于人工缺陷方向的场强。

B.2.3.2 验收准则

-4 刻槽处场强值：-100A/m ± 10%。

+4 刻槽处场强值：+100A/m ± 10%。

如果未满足上述数值，重复自 B.2.2.9 起的步骤，通过分流器调节场强。

B.2.3.3 标识

每件 2 型参考试块应有唯一的序列号标识。

随参考试块一起提供的还有声明符合 GB/T 15822.2 的证书。

附 录 C
（规范性附录）

钢 腐 蚀 检 验

C.1 原则

在特定条件下将已浸过铁粒的被检液过滤，通过目测遗留在过滤纸上的腐蚀痕迹来测定检测介质的腐蚀性。

腐蚀检验后，磁粉检测产品的制造商应出具有关铁粒情况的报告。无论怎样，推荐使用检验再现性好的铁粒。

如果双方同意，制造商用于磁粉检测产品腐蚀性检验的特定铁粒可由用户提供。

如果上述情况不适用或出现争议，应采用 C.3 定义的铁粒。

C.2 装置

C.2.1 玻璃 Petri 盘，外径 100mm。

C.2.2 有 mL 刻度的吸量管。

C.2.3 直径 90mm 的圆形过滤纸，上面用不褪色墨水标出一个 40mm 直径的圆。

C.2.4 不锈钢刮板。

C.2.5 符合 ISO 2591-1 的 5 目筛。

C.2.6 准确度为 0.1g 的天平。

C.3 试剂和材料

C.3.1 丙酮。

C.3.2 二甲苯。

C.3.3 2C40 钢[12]（按 EN 10083-1）铁粒，通常为 2.5×2.5mm。

C.3.4 常用的灰铸铁（片状石墨）铁粒；

干法机加工，大约 2.5×2.5mm（$S > 0.18\%$，$P < 0.12\%$）。

---

12) 2C40 钢相当于我国的 40 号钢（参见 GB/T 699—1999）。

铁粒应在适当的设备中用二甲苯彻底脱脂。

C.3.5 硬水。

C.3.6 应准备下列几种溶液：

溶液 A：将 40g $CaCl_2·6H_2O$ 溶于蒸馏水中再加满至 1L。

溶液 B：将 44g $MgSO_4·7H_2O$ 溶于蒸馏水中再加满至 1L。

C.3.7 用上述两种溶液稀释制备以下三种溶液：

a) 将 2.90mL 溶液 A 与 0.5mL 溶液 B 加入至 1L 蒸馏水中；

b) 将 10.7mL 溶液 A 与 1.7mL 溶液 B 加入至 1L 蒸馏水中；

c) 将 19mL 溶液 A 与 3mL 溶液 B 加入至 1L 蒸馏水中。

C.4 检验步骤

C.4.1 溶液制备（100mL）

将检验量相同的被检产品分别倒入 3 个 100mL 容量的烧瓶中。用不同硬度的水（C.3.7 制备的溶液 a、b、c），将每份检验量稀释至刻度线。另两种浓度的溶液采用类似操作。

C.4.2 铁粒与过滤纸的制备

应首先目测脱脂处理后的铸铁和钢的铁粒是否有铁锈沉淀。

准备一刀过滤纸，用油墨笔在纸上标记一个 40mm 直径的同心圆。

每份被检磁粉检测产品的检验要求如下：

——9 张用于钢铁粒检验的过滤纸（用三种不同硬度的水制备的三种不同浓度的溶液）；

——9 张用于铸铁铁粒检验的过滤纸。

筛选铁粒以去除任何小尺寸颗粒和脏物。

将制备好的过滤纸放入 Petri 盘中，将 2g ± 0.1g 的铁粒分撒在每张过滤纸上标记的范围内。

C.4.3 腐蚀检验

用 2mL 实际使用的相关溶液润湿每个盘内的铁粒。

每种含有钢和铸铁铁粒的溶液均重复这一相同操作。

检查确保过滤纸与盘之间没有气泡。

将这些盘放置在室内温度为 (23 ± 1)℃ 的无气流和光照处 2h ± 10min。

当上述时间段结束，用手反转过滤纸以去除铁粒。

再用冲洗瓶中的蒸馏水冲洗，以彻底去除附在过滤纸上的铁粒。

在丙酮中浸两次，然后在室温下干燥。

C.5 结果解释

冲洗干燥后留在过滤纸上的腐蚀痕迹，应立即进行目视检验而不是用光学设备。图 C.1 有助于判读。

注：表面污染的定量评定能用透明方格纸（1mm 见方）。

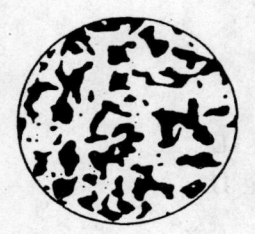 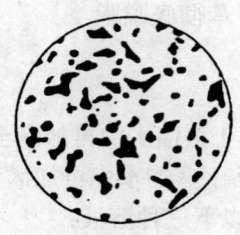 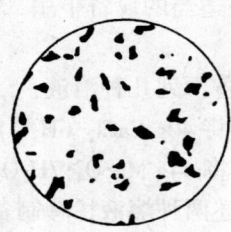

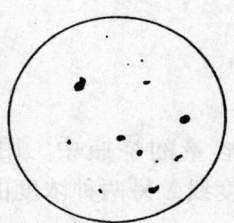 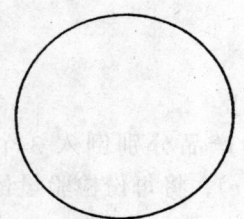

图 C.1　腐蚀痕迹的评价

表 C.1　过滤纸上腐蚀污染分级

等　级	含　　义	表面状况
0	无腐蚀	无污染
1	轻微腐蚀	最多 3 个小于 1mm 直径的污染
2	弱腐蚀	小于表面的 1%
3	中等腐蚀	大于表面的 1% 和小于 5%
4	强腐蚀	大于表面的 5%

C.6　结果表述

若难以确定等级，则取较高的等级数。

结果应与下列内容一起记录：

——检验样品的标识；

——产品浓度和水的硬度；

——所有要求检验的注解；

——日期。

C.7　不确定性

检验结果的适用性应通过如下检验来评估：

——可重复性：

一个操作人员在相同条件下进行两次检验，其两个成对测量的 4 个值没有因采用一个以上的度量单位而受影响，则可认为是可接受的和有效的。

——再现性和精度；

在两个不同实验室里的再现模拟条件下进行两次检验，相同测量的读数没有因采用一个以上的度量单位而受影响，则可认为是可接受的和有效的。

参 考 文 献

GB/T 699　优质碳素结构钢（GB/T 699—1999）

GB/T 2007.7　散装矿产品取样、制样通则　粒度测定方法　手工筛分法（GB/T 2007.7—1987，NEQ ISO 2591：1982）

GB/T 5157　金属粉末粒度分布的测定　沉降天平法（GB/T 5157—1985，NEQ DIN 66111）

GB/T 6524　金属粉末　粒度分布的测量　重力沉降光透法（GB/T 6524—2003）

GB/T 6368　表面活性剂　水溶液pH值的测定　电位法（GB/T 6368—1993，EQV ISO 4316：1977）

GB/T 8034　焦化苯类产品铜片腐蚀的测定方法（GB/T 8034—1987，EQV ISO 2160：1972）

GB/T 265　石油产品运动黏度测定法和动力黏度计算法（GB/T 265—1988）

GB/T 19077.1　粒度分析　激光衍射法（GB/T 19077.1—2003）

ISO 3819　Laboratory glassware（beaker）

BS 3406-5　Methods for determination of particle size distribution．Recommendations for electrical sensing zonemethod（the Coulter principle）

NFX 11-666　Particle size analysis of powders—Diffraction method．

中华人民共和国国家标准

无损检测　磁粉检测
第3部分：设备

Non-destructive testing—Magnetic particle testing—
Part 3: Equipment

GB/T 15822.3—2005/ISO 9934-3：2002

中华人民共和国国家质量监督检验检疫总局　　2005-09-19 发布
中国国家标准化管理委员会
2006-04-01 实施

目　次

前言 ·· 1066
1　范围 ··· 1067
2　规范性引用文件 ·· 1067
3　安全要求 ··· 1067
4　设备类型 ··· 1067
　4.1　便携式电磁体（AC） ··· 1067
　4.2　电流发生器 ··· 1069
　4.3　磁化床 ··· 1070
　4.4　专用检测系统 ·· 1071
5　UV-A 源 ··· 1072
　5.1　概述 ·· 1072
　5.2　技术数据 ·· 1072
　5.3　最低要求 ·· 1073
6　检测介质系统 ··· 1073
　6.1　概述 ·· 1073
　6.2　技术数据 ·· 1073
　6.3　最低要求 ·· 1073
7　检测室 ··· 1073
　7.1　概述 ·· 1073
　7.2　技术数据 ·· 1074
　7.3　最低要求 ·· 1074
8　退磁 ·· 1074
　8.1　概述 ·· 1074
　8.2　技术数据 ·· 1074
　8.3　最低要求 ·· 1074
9　测量 ·· 1074
　9.1　概述 ·· 1074
　9.2　电流测量 ·· 1075
　9.3　磁场测量 ·· 1075
　9.4　可见光测量 ··· 1075
　9.5　UV-A 辐射测量 ·· 1075
　9.6　仪器验证与校准 ··· 1075
参考文献 ·· 1076

前　言

本部分是首次制定。

GB/T 15822《无损检测　磁粉检测》分为3个部分：
——第1部分：总则；
——第2部分：检测介质；
——第3部分：设备。

本部分为 GB/T 15822 的第3部分，等同采用 ISO 9934-3：2002《无损检测　磁粉检测 第3部分：设备》(英文版)。

本部分等同翻译 ISO 9934-3：2002。

为便于使用，本部分做了下列编辑性修改：

a) "本欧洲标准"一词改为"本部分"或"GB/T 15822 的本部分"；
b) 用小数点"."代替作为小数点的逗号","；
c) 删除国际标准的前言；
d) 使用 GB/T 1.1—2000 规定的引导语；
e) 删除国际标准的规范性附录 ZZ (疑为资料性附录之误，其内容可参见正文中的页下脚注2))；
f) 在参考文献中增加了正文页下注中提到的我国标准。

本部分由中国机械工业联合会提出。

本部分由全国无损检测标准化技术委员会（SAC/TC 56）归口。

本部分起草单位：上海材料研究所、上海锅炉厂有限公司、苏州美柯达探伤器材有限公司、上海宇光无损检测设备制造有限公司、射阳县兴捷特无损检测设备有限公司。

本部分主要起草人：金宇飞、阎建芳、张佩铭、宓中玉、郭猛、郭雨生。

无损检测 磁粉检测
第3部分：设备

1 范围

GB/T 15822 的本部分描述了3种类型的磁粉检测设备：
——便携式或移动式设备；
——固定设备；
——用于连续检测工件的专用检测系统，该系统由一系列操作工位依次排列组成的流水线。
本部分还描述了磁化、退磁、照明、测量和监控用设备。
本部分规定了设备供应商所提供的性能、实用性方面的最低要求和测量特定参数的方法。此外，还规定了测量和校准要求以及在役检查。

2 规范性引用文件

下列文件中的条款通过 GB/T 15822 的本部分的引用而成为本部分的条款。凡是注日期的引用文件，其随后所有的修改单（不包括勘误的内容）或修订版均不适用于本部分，然而，鼓励根据本部分达成协议的各方研究是否可使用这些文件的最新版本。凡是不注日期的引用文件，其最新版本适用于本部分。

GB/T 5097 无损检测 渗透检测和磁粉检测 观察条件（GB/T 5097—2005，ISO 3059：2001，IDT）

GB/T 15822.1 无损检测 磁粉检测 第1部分：总则（GB/T 15822.1—2005，ISO 9934-1：2001，IDT）

IEC 60529 外壳防护等级（IP 代码）（Degrees of protection provides by enclosures (IP Code)）（1EC 60529：1989）[1]

EN 10084 表面硬化钢 交货技术条件（Case hardening steels—Technical delivery conditions）[2]

3 安全要求

设备的设计应考虑所有涉及健康、安全、电气和环境要求等国际、国家和地方的法规。

4 设备类型

4.1 便携式电磁体（AC[3]）
4.1.1 概述

手持便携式电磁体（磁轭）在两极间产生一个磁场（当按 GB/T 15822.1 进行检测时，

---

1) 与该标准相当的我国标准为 GB/T 4208。
2) 按 ISO 9934-3：2002 的英文版中的附录 ZZ 所述，EN 10084 与 ISO 683-11 是相互等效的。
3) AC = 交流电，DC = 整流电。

DC电磁体只有在询价或订货阶段达成协议时才宜使用)。

磁化应通过测量磁极加长块（如果使用的话）极面中心连线上的切向场强 H_t 来测定。将电磁体放在钢板上，极间距为 s，如图1所示。钢板应是符合 C 224[4]（EN 10084）的钢材，其规格为（50±25）mm×（250±13）mm×（10±0.5）mm。

定期功能检查可用上述方法或进行提升试验。当磁极调至推荐间距时，电磁体应能提起符合 C 22（EN 10084）且质量至少为 4.5kg 的钢板或矩形钢条[5]。钢板或钢条的主要尺寸应大于电磁体的极间距 s。

注：提起质量为4.5kg钢板的提升力为44N。

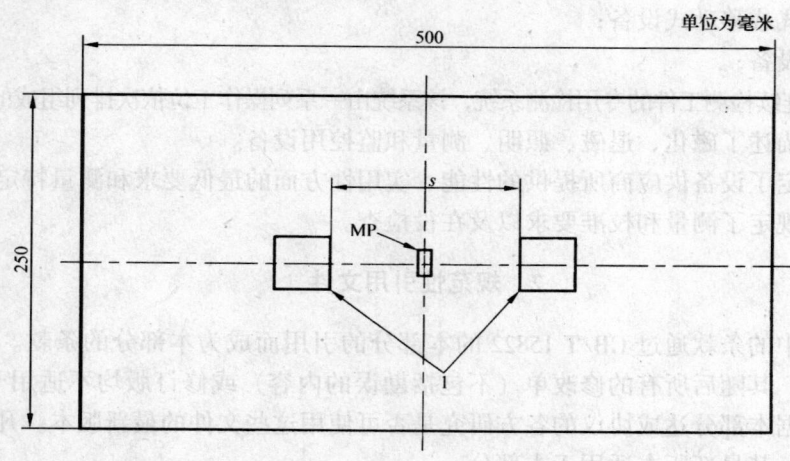

MP—切向场强测量点；
s—极间距；
1—极。

图1 便携式电磁体性能的测定

4.1.2 技术数据

设备供应商应提供下列数据：
——推荐的极间距（最大和最小极间距）（s_{max}、s_{min}）；
——极接触面尺寸；
——电源（电压、电流和频率）；
——可供的电流波形；
——电流控制与影响波形的方法（如可控硅）；
——最大输出时的暂载率（通电时间与总时间之比，以百分比表示）；
——最大电流通电时间；
——分别在 s_{max} 和 s_{min} 时的切向场强（按4.1）；
——设备外形尺寸；
——设备质量，单位为千克；
——规定的电气防护等级（IP），见 IEC 60529。

---

[4] C 22钢相当于我国的20号钢（参见 GB/T 699—1999）。
[5] 对于交叉磁轭则为9kg（相当于提升力为88N）。

4.1.3 最低要求

在环境温度为30℃和最大输出时，应满足下列要求：
——暂载率≥10%；
——通电时间≥5s；
——手柄表面温度≤40℃；
——s_{max}时的切向场强（见4.1）≥2kA/m（有效值）；
——提升力≥44N。

4.1.4 附加要求

电磁体应最好在手柄上安装电源开关。

通常，电磁体宜可单手使用。

4.2 电流发生器

电流发生器用来为磁化设备提供电流，电流发生器通过开路电压 U_0、短路电流 I_k 和额定电流 I_r（有效值）来表征。

若无其他规定，额定电流 I_r 被定义为电源暂载率为10%且通电时间为5s时的最大电流。

开路电压 U_0 和短路电流 I_k 由电流发生器在最大功率（无任何反馈控制连接）时的负载特性导出。电流发生器的负载线可通过依次连接两个差异很大的负载（诸如不同长度的电缆）而得出。对于第一条电缆，测出电缆中电流 I_1 和输出端电压 U_1，并且在图2上标出点 P_1。重复上述过程标出第二条负载的 P_2。用直线连接 P_1 和 P_2 就构成了负载线，此线与坐标轴的交点就给出了开路电压 U_0 和短路电流 I_k，如图2所示。

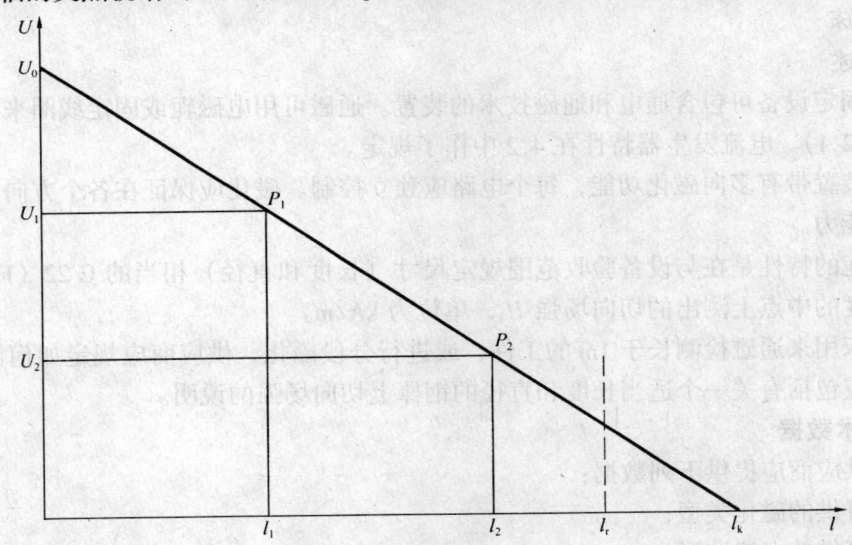

P_1、P_2—负载特性测量点。

图2 电流发生器的负载特性

4.2.1 技术数据

设备供应商应提供下列数据：
——开路电压 U_0（有效值）；

——短路电流 I_k（有效值）；
——额定电流 I_r（有效值）；
——最大输出的暂载率（如果与 4.2 规定不同）；
——最大电流通电时间（如果与 4.2 规定不同）；
——可供的电流波形；
——电流调节与影响波形的方法；
——工作范围和增量调节步进量；
——恒电流控制方法（若可供时）；
——仪表类型（数字、模拟）；
——输出电流表的分辨力和准确度；
——最大电流输出时的电源要求（电压、相位、频率和电流）；
——规定的电气防护等级（IP），见 IEC 60529；
——设备外形尺寸；
——设备质量，单位为千克；
——退磁类型（若可供时）（见第 8 章）。

4.2.2 最低要求

在环境温度为 30℃ 和额定电流为 I_r 时，应满足下列最低要求：
——暂载率 ≥ 10%；
——通电时间 ≥ 5s。

注：高检测率要求较高的暂载率。

4.3 磁化床

4.3.1 概述

床式固定设备可包含通电和通磁技术的装置。通磁可用电磁轭或固定线圈来达到（见 GB/T 15822.1）。电流发生器特性在 4.2 中作了规定。

如果装置带有多向磁化功能，每个电路应独立控制。磁化应保证在各个方向上达到要求的检测能力。

电磁轭的特性是在与设备验收范围规定尺寸（长度和直径）相当的 C 22（EN 10084）圆钢棒长度的中点上测出的切向场强 H_t，单位为 kA/m。

如果床用来通磁检测长于 1m 的工件，或进行分段磁化，供应商应规定如何测定磁化能力。这应包括有关一个适当长度和直径的钢棒上切向场强的说明。

4.3.2 技术数据

设备供应商应提供下列数据：
——可供的磁化类型；
——可供的电流波形；
——电流控制与影响波形的方法；
——工作范围和增量调节步进量；
——恒电流控制方法（若可供时）；
——磁化电流的监控；
——磁化持续时间范围；

— 自动化特征；
— 最大输出时的暂载率；
— 最大电流通电时间（如果与4.2规定不同）；
— 切向场强 H_t（见4.3）；
— 开路电压 U_0（有效值）；
— 短路电流 I_k（有效值）；
— 额定电流 I_r（有效值）；
— 极的横截面尺寸；
— 最大夹持长度；
— 夹持方式；
— 压缩空气压力；
— 头架与床之间的最大尺寸；
— 最大试件直径；
— 最大试件质量（有支撑和无支撑）；
— 可使用的检测介质类型（水基/油基）；
— 设备布置图（电流发生器、控制面板、检测介质储液箱位置）；
— 仪表类型（数字、模拟）；
— 仪表分辨力和准确度；
— 最大电流输出时的电源要求（电压、相位、频率和电流）；
— 设备外形尺寸；
— 设备质量，单位为千克；
— 线圈特性：
  - 匝数；
  - 可达到的最大安匝数；
  - 线圈长度；
  - 线圈内径或矩形线圈边长；
  - 线圈中心场强。

4.3.3 最低要求

在30℃时，应满足下列最低要求：
— 最大输出时的暂载率≥10%；
— 通电时间≥5s；
— 切向场强（见4.3）≥2kA/m；
— 检测能力（有要求时）。

4.3.4 附加要求

对于特定的工件，设备供应商应验证其检测能力。

4.4 专用检测系统

此类系统通常是自动化的并被设计用于特定工作。复杂的工件可能要求使用多向磁化。电路个数及磁化值取决于被检不连续的位置和方向。因此在很多场合，检测能力只能用在相应部位和方向上有自然或人工不连续的试件进行验证。

4.4.1 技术数据

设备供应商应提供下列数据：
a) 磁化电路个数及类型；
b) 磁化电路特性；
c) 可供的电流波形；
d) 电流控制与影响波形的方法；
e) 工作范围及增量调节步进量；
f) 恒电流控制方法（若可供时）；
g) 磁化电流的监控；
h) 系统循环时间；
i) 预喷淋和喷淋时间；
j) 磁化时间；
k) 后磁化时间；
l) 仪表类型（数字、模拟）；
m) 仪表准确度和分辨力；
n) 最大输出时的暂载率；
o) 最大电流通电时间（如果与4.2规定不同）；
p) 最大电流输出时的电源要求（电压、相位、频率和电流）；
q) 退磁类型；
r) 可使用的检测介质类型（水基/油基）；
s) 设备布置图（电流发生器、控制面板、检测介质储液箱位置）；
t) 压缩空气压力；
u) 设备外形尺寸；
v) 设备质量，单位为千克。

4.4.2 最低要求

在30℃时，应满足下列最低要求：
——符合约定的检测能力；
——符合约定的循环时间；
——各回路独立控制。

5 UV-A源

5.1 概述

UV-A源应按GB/T 5097进行设计和使用。

5.2 技术数据

设备供应商应提供下列数据：
a) 工作1h后的UV-A源外壳表面温度；
b) 冷却方式（例如热交换器）；
c) 电源要求（电压、相位、频率和电流）；
d) 设备外形尺寸；

e) 设备质量，单位为千克；

在标称电压下，距 UV-A 源 400mm 处的；

f) 辐照区域（在最大表面辐照度一半处测得的直径或长×宽）；
g) 工作 15min 后的辐照度；
h) 连续工作 200h 后的辐照度（典型值）；
i) 工作 15min 后的照度（见 9.4[6]）；
j) 连续工作 200h 后的照度（典型值）。

5.3 最低要求

在 30℃时，应满足下列最低要求：
——滤光片防检测介质泼溅的能力；
——手持工件放置处的防护；
——距源 400mm 处的 UV-A 辐照度 $\geq 10W/m^2$；
——距源 400mm 处的照度 $\leq 20lx$；
——手柄表面温度 $\leq 40℃$。

6 检测介质系统

6.1 概述

通常在磁化床和专用检测系统中，检测介质通过储液箱、喷淋单元和排液槽等形成循环。

6.2 技术数据

设备供应商应提供下列数据：

a) 搅拌方式；
b) 储液箱、喷淋单元和排液槽的材料；
c) 腐蚀防护；
d) 可使用的检测介质类型（水基/油基）；
e) 系统传输率；
f) 储液箱容量；
g) 泵的电源要求（如果是与设备分开的）；
h) 人工/自动喷淋；
i) 固定/移动式喷淋单元；
j) 手持软管。

6.3 最低要求

应满足下列最低要求：
——检测介质循环所用的防腐材料；
——传输率的调节。

7 检 测 室

7.1 概述

当使用荧光检测介质时，检测应在较低的环境可见光下进行，以确保不连续显示与背

---

[6] 此条款在 ISO 9934-3：2002 的英文版中的所述为"见 9.3"，疑有误。

景之间有良好的反差（见 GB/T 5097）。

符合此要求的检测室可以与磁化设备（床）连成整体，也可以是另外分开的和活动式的。

7.2 技术数据

设备供应商应提供下列数据：
a) 无 UV-A 辐射时的可见光；
b) 可燃等级；
c) 结构件材料；
d) 通风类型；
e) 尺寸和通道。

7.3 最低要求

应满足下列最低要求：
——可见光 < 20lx；
——阻燃的材料；
——在操作者视野内无刺眼的可见光和（或）紫外辐射。

8 退 磁

8.1 概述

退磁装置可以包含在磁化设备中，也可用分开的设备进行退磁。

如果是在退磁后观察显示，则应采用适当的方法保存显示。

8.2 技术数据

设备供应商应提供下列数据：
a) 退磁方法；
b) 电流调节类型；
c) 场强（若用线圈时则在空心线圈中心）；
d) 特定工件的剩磁场；
e) 最大电流输出时的电源要求（电压、相位、频率和电流）（如果是与总设备分开的）；
f) 设备外形尺寸（如果是与总设备分开的）；
g) 设备质量，单位为千克（如果是与总设备分开的）。

8.3 最低要求

若无其他协议，设备的退磁能力应达到规定水平（通常为 0.4kA/m ~ 1.0kA/m）。

9 测 量

9.1 概述

本部分所要求的测量为：
——设备性能测定；
——校验检测参数。

宜用有效值（实际值）来规定和测量所有电和磁的值。对于单向波形，有效值测量应考虑直流分量。如果某有效值测量不大可能，该值的测量方法应作声明。

9.2 电流测量

交流电（正弦波形）能用钳形表（测量误差＜10%）或用普通并联万用电表（测量误差＜10%）测量。用于测量相电流（phased currents）的表，其峰值因子应＞6（峰值与有效值的比值）。

9.3 磁场测量

磁化可通过用霍尔探头测量切向场强来测定。为获得所要求的场强，针对不同的磁化方法和测量部位，宜考虑3个因素：

a) 磁场感应元件的指向性

磁场感应元件的面宜与表面保持垂直。如果存在有法向场分量，倾斜可能导致显著错误。

b) 磁场感应元件的表面接近性

如果磁场在表面上随高度明显改变，则有必要在不同的高度上进行两次测量，以便推测出表面上的值。

c) 磁场方向

为了测定磁场的方向和大小，应转动探头以便给出最大读数。

9.3.1 技术数据

供应商应提供下列数据：

a) 测量值；
b) 探头类型和尺寸；
c) 传感器距探头表面的距离；
d) 感应元件的几何形状；
e) 仪器类型；
f) 仪器尺寸；
g) 电源（电池、主网电源）。

9.3.2 最低要求

应满足下列最低要求：

——测量准确度优于10%。

9.4 可见光测量

见 GB/T 5097—2005。

当测量来自 UV 源的可见光时，照度计不应对 UV 和红外辐射敏感，应采用适当的滤光片。

9.5 UV-A 辐射测量

见 GB/T 5097—2005。

9.6 仪器验证与校准

应执行仪器验证与校准规程，以便使仪器在校准周期内的测量误差保持在 GB/T 15822 的本部分给出的允许限值内。该项工作应按用户的质量保证体系和仪器制造商的推荐来进行。

参 考 文 献

GB/T 699　优质碳素结构钢（GB/T 699—1999）

GB 4208　外壳防护等级（IP 代码）（GB 4208—1993，eqv IEC 60529：1989）

GB/T 9445　无损检测　人员资格鉴定与认证（GB/T 9445—2005，ISO 9712：1999，IDT）

GB/T 12604.5　无损检测术语　磁粉检测

GB/T 15822.2　无损检测　磁粉检测　第 2 部分：检测介质（GB/T 15822.2—2005，ISO 9934-2：2002，IDT）

EN 473 Qualification and Certfication of NDT Personnel—General pdnciples

EN 1330-1　Non destructive testing—Terminology—Part 1：General terms

EN 1330-2　Non destructive testing—Terminology—Part 2：Terms common to non destructive methods

prEN ISO 9934-2：2001　Non destructive testing—Magnetic particle testing—Part 2：Detection media

prEN ISO 12707：2000 Non destructive testing—Terminology—Terms used in magnetic particle testing

中华人民共和国建筑工业行业标准

钢结构超声波探伤及质量分级法

Method for ultrasonic testing and classification for steel structures

JG/T 203—2007
代替 JG/T 3034.1—1996，JG/T 3034.2—1996

中华人民共和国建设部　2007-04-18 发布
2007-11-01 实施

目　次

前言 ·· 1079
1　范围 ··· 1080
2　规范性引用文件 ··· 1080
3　术语和定义 ··· 1080
4　一般要求 ·· 1081
5　试块 ··· 1082
6　焊接检验 ·· 1083
7　圆管相贯节点及其缺陷位置的判定方法 ·· 1089
8　直探头检测 ··· 1090
9　检测结果的质量分级 ··· 1092
10　焊接接头返修检测 ·· 1096
11　技术档案 ·· 1096
附录 A（规范性附录）　CSK-I Cj 型试块的形状和尺寸 ·· 1097
附录 B（规范性附录）　RBJ-1 型对比试块的形状和尺寸 ·· 1097
附录 C（规范性附录）　CSK-I Dj 型试块的形状和尺寸 ·· 1098
附录 D（规范性附录）　传输损失差的测定 ·· 1099
附录 E（规范性附录）　圆管相贯节点焊缝超声波探伤几何临界角和
　　　　　　　　　　　修正系数的确定方法 ·· 1100
附录 F（规范性附录）　T形和角接接头未焊透指示深度检测 ····································· 1100
附录 G（规范性附录）　超声波探伤报告、探伤结果和探伤记录 ·································· 1102

前 言

本标准 JG/T 203—2007（《钢结构超声波探伤及质量分级法》）包括网格钢结构（圆管）焊接接头和建筑钢（平板）结构两大类节点型式的超声波探伤及质量分级法。

本标准自实施之日起代替 JG/T 3034.1—1996《焊接球节点钢网架焊缝超声探伤及质量分级法》和 JG/T 3034.2—1996《螺栓球节点钢网架焊缝超声探伤及质量分级法》。与 JG/T 3034.1—1996 和 JG/T 3034.2—1996 相比，本版主要修订以下内容：

——本标准表 11～表 19 为修订版新增补的内容（本标准的 9.5～9.9）；

——增加了圆管 T（X）、K、Y 相贯节点焊接接头缺陷评定和质量分级（本标准的 7、9.5）；

——依据 GB/T 11345—1989《钢焊缝手工超声波探伤方法和探伤结果的分级》，扩充了检测板厚下限适用范围；增加了钢板、锻件、铸钢件的评定和质量分级（本标准的 6.4～6.7、8、9.6～9.9）；

——补充了焊接接头检测比例，遵循 GB 50205《钢结构工程施工质量验收规范》强制性条文和 GB 50202《建筑地基基础工程施工质量验收规范》，以确保探伤的检测质量（本标准的 6.4.2、6.4.15）；

——根据国际惯例，只用探头在钢中折射角，取消了 K 值的提法（本标准的 4.4、6.2；原标准 4.2）；

——关于 DAC 曲线，补充了壁厚 8mm 以下，画一直线的方法，便于现场使用（本标准的 6.3.3）；

——在检测技术监督方面，规定了关于建立健全技术档案的内容（本标准的 11.1～11.4）。

本标准的附录 A、附录 B、附录 C、附录 D、附录 E、附录 F 是规范性附录，附录 G 是资料性附录。

本标准由建设部标准定额研究所提出。

本标准由建设部建筑制品与构配件产品标准化技术委员会归口。

本标准主要起草单位：苏州热工研究院有限公司。

本标准参加起草单位：中冶集团建筑研究总院、南京航空航天大学、浙江省建筑科学设计研究院、山东省建院钢结构工程技术中心、中国兵器工业第 52 所烟台分所、浙江东南网架股份有限公司、汾阳市建筑金属结构有限公司、浙江杭萧钢结构股份有限公司、天津市建筑工程质量检测中心、广州建设工程质量安全检测中心、深圳市生富检测技术有限公司、徐州飞虹网架集团有限公司、苏州市建设工程质量检测中心有限公司。

本标准主要起草人：周在杞、刘金宏、马德志、周克印、张永信、夏樑、赵风兰、罗旭辉、张桂法、杨清平、胡砚平、王汉武、申献辉、许青阳、梁玉梅、祝雄。

本标准所代替标准的历次版本发布情况为：

——JG/T 3034.1—1996、JG/T 3034.2—1996。

1 范围

本标准规定了检测网格钢结构及其圆管相贯节点焊接接头和钢管对接焊缝即管节点用斜探头接触法超声波探伤及评定质量的分级方法。同时还规定了建筑钢结构，包括钢屋架、格构柱（梁）钢构件、钢刚架、吊车梁、焊接H型钢、箱形钢框架柱、梁，桁架或框架梁中焊接组合构件和钢建筑构筑物等即板节点用超声波探伤，以及根据超声探伤的结果进行质量分级的方法。

本标准适用于母材壁厚不小于4mm，球径不小于120mm，管径不小于60mm焊接空心球及球管焊接接头；母材壁厚不小于3.5mm，管径不小于48mm螺栓球节点杆件与锥头或封板焊接接头；支管管径不小于89mm、壁厚不小于6mm、局部二面角不小于30°，支管壁厚外径比在13%以下的圆管相贯节点碳素结构钢和低合金高强度结构钢焊接接头的超声波探伤及质量分级。也适用于铸钢件、奥氏体球管和相贯节点焊接接头以及圆管对接或焊管焊缝的检测。

本标准还适用于母材厚度不小于4mm碳素结构钢和低合金高强度结构钢的钢板对接全焊透接头、箱形构件的电渣焊接头、T形接头、搭接角接接头等焊接接头以及钢结构用板材、锻件、铸钢件的超声波检测。也适用于方形矩形管节点、地下建筑结构钢管桩、先张法预应力管桩端板的焊接接头以及板壳结构曲率半径不小于1000mm的环缝和曲率半径不小于1500mm的纵缝的检测。桥梁工程、水工金属结构的焊接接头超声探伤及其结果质量分级也可参照执行。

2 规范性引用文件

下列文件中的条款通过本标准的引用而成为本标准的条款。凡是注日期的引用文件，其随后所有的修改单（不包括勘误的内容）或修订版均不适用于本标准，然而，鼓励根据本标准达成协议的各方研究是否可使用这些文件的最新版本。凡是不注日期的引用文件，其最新版本适用于本标准。

GB/T 7233—1987 铸钢件超声探伤及质量评级方法
GB/T 11345—1989 钢焊缝手工超声波探伤方法和探伤结果分级
GB/T 12604.1 无损检测 术语 超声检测
GB 50202 建筑地基基础工程施工质量验收规范
GB 50205 钢结构工程施工质量验收规范
JB/T 9214 A型脉冲反射式超声探伤系统工作性能测试方法
JB/T 10062 超声探伤用探头性能测试方法
JB/T 10063 超声探伤用1号标准试块技术条件
JGJ 81—2002 建筑钢结构焊接技术规程

3 术语和定义

GB/T 12604.1确立的术语以及下列定义适用于本标准。

3.1

实际采样频率 fact sampling frequency

未经软件及其他技术处理的采样频率。

3.2

纵向缺陷 reflectors oriented parallel to the weld

沿平行于焊缝走向的缺陷。

3.3

横向缺陷 reflectors oriented transverse to the weld

沿垂直于焊缝走向的缺陷。

3.4

平面型缺陷 planar discontinuity

用规定的方法检测一个缺陷，若只能测出它的两维尺寸，则称为平面型缺陷。属于此类缺陷的有裂纹、未熔合等（危害性缺陷）。

3.5

非平面型缺陷 Non-planar discontinuity

用规定的方法检测一个缺陷，若能测出它的三维尺寸，则称为非平面型缺陷，或体积型缺陷。属于此类缺陷的有气孔、疏松、缩孔、夹渣、夹杂等。

3.6

焊接接头 welding joint

用焊接方法连接的接头（简称接头）。焊接接头包括焊缝、熔合区和热影响区。

4 一般要求

4.1 检测人员

从事钢结构焊接接头超声波探伤的检测人员，应掌握超声波探伤的基础知识和基本技能以及此类结构焊接方面的知识，对网格钢结构则应具有曲面焊缝的探伤经验，并按照有关规定经过培训和考核。检测人员的视力应每年检查一次，校正视力不应低于5.0。

4.2 安全规定

现场超声波探伤工作必须遵守有关安全规程，当探伤条件不符合探伤工艺要求或不具备安全作业条件时，检测人员有权停止探伤，待条件改善符合要求后再进行工作。

4.3 探伤仪

4.3.1 超声波探伤使用A型显示脉冲反射式超声探伤仪，水平线性误差不应大于1%，垂直线性误差不应大于5%。也可使用数字式超声探伤仪，应至少能存储四幅DAC曲线。

4.3.2 模拟式超声探伤仪工作频率范围不应小于0.5MHz～10MHz；数字式超声探伤仪频率范围为0.5MHz～10MHz，且实时采样频率不应小于40MHz。对于超声衰减大的工件，可选用低于2.5MHz的频率。

4.4 探头

4.4.1 检测网格钢结构焊接接头宜选横波斜探头。在满足探测灵敏度的前提下，以使用频率5MHz、短前沿、小晶片的斜探头为主。为保证覆盖整个焊缝截面并尽可能使用直射波法进行探伤，应根据焊缝不同区域选择不同角度的探头，在可能范围内尽量选用大角度的斜探头，斜探头规格应符合表1的规定。

除检测板材、锻件、铸钢件和部分翼板侧T形接头，宜选用直径14mm、直径20mm

直探头和聚焦直探头外，检测母材板厚不小于 4mm 的对接或 T 型接头角接接头，则宜选用横波斜探头。对于串列式检测的斜探头前沿尺寸，当频率为 5MHz，$\beta = 45°$ 时，不应大于 20mm；当频率为 5MHz，$\beta = 70°$ 时，不应大于 27mm；当频率为 2.5MHz，$\beta = 45°$ 时，应大于 25mm。串列式扫查适用于检测坡口面或根部面与检测面垂直且板厚不小于 20mm 的全焊透焊接接头，主要检测焊缝坡口面的未熔合和根部未焊透。中心频率允许偏差不应大于标称值的 ±10%。用于钢板中非夹层性缺陷检测的探头，原则上选折射角 $\beta = 45°$ 的斜探头，晶片面积不应小于 200mm^2。如有特殊需要也可选用其他尺寸和折射角的探头。

表 1 斜探头规格

频率/MHz	晶片尺寸/mm^2	钢中折射角 $\beta/(°)$	前沿尺寸/mm
5	6×6	70~73	<6
2.5 或 5	8×8	63~70	<10
2.5 或 5	10×10	45~60	<20

4.4.2 单斜探头的主声束偏离，垂直方向应没有明显的双峰，水平方向偏离角不应大于 ±2°，折射角偏差不应大于 ±2°，前沿尺寸误差不应大于 ±1mm；远场分辨力应小于 6dB。对于串列式扫查，板厚大于等于 20mm，且小于 40mm 时，折射角为 70°；板厚不小于 40mm 时，折射角为 45°。收发两个探头的折射角偏差也应在 2° 以内。

4.5 周期检查

4.5.1 探伤仪和探头工作性能的周期检查项目及时间，应符合表 2 的规定。

4.5.2 探伤仪和探头的系统性能的测试方法应按 JB/T 9214 和 JB/T 10062 的规定进行测试。

4.6 耦合剂

4.6.1 选用的耦合剂应具有良好透声性和适当流动性的液体或糊状物，并对材料和人体没有损伤作用，又便于检测后的清除，如机油、甘油、化学浆糊等，还可以在耦合剂中加入适量的表面活性剂，以提高其润湿性能。

4.6.2 标定和校核各项参数时，使用的耦合剂应与检测节点焊接接头的耦合剂相同。

表 2 探伤仪和探头工作性能的周期检查项目及时间

检查项目	前沿尺寸、折射角主声束偏离	灵敏度余量分辨力	水平线性垂直线性
检查时间	(1) 开始使用 (2) 每隔 6 个工作日	(1) 开始使用 (2) 探头修补后 (3) 探伤仪修理后 (4) 每隔 1 个月	(1) 开始使用 (2) 探伤仪修理后 (3) 每隔 3 个月

5 试 块

5.1 标准试块

采用 CSK-IB 型标准试块，主要用于测定探伤仪、接触面未经研磨的新探头和系统性能，制造技术应符合 JB/T 10063 的规定，形状和尺寸见 GB/T 11345—1989 附录 A。

5.2 对比试块

5.2.1 CSK-I Cj 型试块由三块试块组成一套，各种曲率半径的试块可用于检测探伤面曲率半径为其 0.9 倍～1.5 倍的工件。允许使用其他与 CSK-IB 型和 CSK-I Cj 型有同等作用的等效试块。

5.2.2 CSK-I Cj 型试块用于管节点现场标定和校核探测灵敏度与时基线，绘制距离-波幅曲线，测定系统性能等，其形状和尺寸见本标准附录 A。

5.2.3 RBJ-1 型试块用于评定焊缝根部未焊透程度。形状与尺寸见本标准附录 B。对于壁厚小于 5mm 的杆件焊缝探伤，使用 RBJ-1 型试块的柱孔部分，它用于时基线调节、标定和校核灵敏度等。

5.2.4 圆管相贯节点焊缝探伤也可采用 CSK-I Cj 型试块进行耦合补偿灵敏度修正，见本标准 6.2.7。

5.2.5 CSK-I Dj 型试块用于板节点现场标定和校核探伤灵敏度与时基线，绘制距离-波幅曲线，测定系统性能等，试块 1mm、2mm 深线切割槽用于评定焊缝根部未焊透程度，其形状和尺寸见本标准附录 C。

5.2.6 锻件和铸钢件所用材料应使用与被检材料相同，且不允许存在等于或大于同声程直径 2mm 平底孔当量的自然缺陷，其超声衰减系数与被检材料相同或相近。用于钢板的对比试块，人工缺陷反射体为 V 形槽，角度为 60°，槽深为板厚的 3%，槽长至少 25mm。槽的两端距试块钢板两端至少为 50mm；对于厚度超过 50mm 的钢板，应在钢板的底面加工第二个 V 形校准槽。

5.2.7 现场检验，为校验灵敏度和时基线，也可以采用其他型式的等效试块。如必要或对中厚板探伤时，可使用 GB/T 11345—1989 附录 B 的对比试块（RB）调节灵敏度。质量评级用本标准。

6 焊接检验

6.1 检验等级

6.1.1 检验等级中检测的完善程度 A 级最低，B 级一般，C 级最高。检验工作的难度系数按 A、B、C 顺序逐级增高。检验等级类别作如下规定：

a) A 级检验，采用一种角度的探头在焊缝的单面单侧进行检测，一般不要求作横向缺陷检测。母材厚度大于 50mm，不宜采用 A 级检验。

b) B 级检验，采用一种角度探头单面双侧检测。母材厚度大于 100mm 时，双面双侧检测。条件许可应作横向缺陷检测。

c) C 级检验，至少采用两种角度探头单面双侧检测。同时要作两个扫查方向和两种探头角度的横向缺陷检测。母材厚度大于 100mm 时，采用双面双侧检测。并且要求对接焊缝余高应磨平，以便探头在焊缝上作平行扫查；母材扫查部分应用直探头检查；焊缝母材厚度不小于 100mm，窄间隙焊缝母材厚度不小于 40mm 时，一般要增加串列式扫查。将探头放在焊缝及热影响区上作两个方向的平行扫查，母材厚度超过 100mm 时，应在焊缝的两面作平行扫查或者采用两种角度探头（45°和 60°或 45°和 70°并用）作单面两个方向的平行扫查；亦可用两个 45°探头作串列式平行扫查。

6.1.2 受检区宽度和探头扫查区宽度应符合表 3 的规定。探头移动区应清除焊接飞溅、氧化物、铁屑、锈蚀、油垢、外部杂质以及影响透声效果的涂层。探伤表面应平整光滑，其表面粗糙度应小于6.3μm。

a) 采用一次反射法探伤时，探头移动区不应小于1.25P，其中P按式（1）进行计算：

$$P = 2\delta\tan\beta \tag{1}$$

式中　P——斜探头的探伤跨距，单位为毫米（mm）；
　　　δ——扫查侧的钢管壁厚，单位为毫米（mm）；
　　　β——斜探头在钢中折射角，单位为度（°）。

b) 采用直射法探伤时，探头移动区不应小于0.75P。

表3　受检区宽度和探头扫查区宽度

受检对象	受检区宽度	探头扫查区宽度
空心球焊缝或钢板对接焊缝	焊缝自身宽度再加上焊缝两侧各相当于球壁或钢板母材厚度30%的一段区域，最大约10mm	在焊缝两侧，分别大于1.25P
钢管对接焊缝	焊缝自身宽度再加上焊缝两侧各相当于钢管壁厚30%的一段区域，最大为10mm	在焊缝两侧，分别大于1.25P
球管焊缝	焊缝自身宽度再加上管材一侧相当于管壁厚度30%的一段区域，最大为10mm	在管材一侧，大于0.75P（直射法）或大于1.25P（一次反射法）
杆件与锥头或封板焊缝	焊缝自身宽度再加上管材一侧相当于管壁厚度30%的一段区域，最大为10mm	在焊缝杆件一侧，大于1.25P
圆管相贯节点焊缝	焊缝自身宽度再加上支管一侧相当于管壁厚度30%的一段区域，最大为10mm	在焊缝支管一侧，大于1.25P

6.1.3 采用A级检验等级，在管材外表面上检查球管焊接接头（组合焊缝）、钢管与封板、锥头连接的焊接接头，以及在支管一侧检查圆管相贯节点焊接接头；采用B级检验等级，在空心球外表面的焊接接头两侧以及钢管对接焊缝两侧进行探伤检查。

6.2 检测准备

6.2.1 超声波探伤应在焊缝外观检查合格后进行，对于管节点，按面向焊接接头顺时针方向划分1～12个区域排列统一编号。对于板节点，则根据实际情况进行编号。

6.2.2 探伤前必须对探伤面进行清理，必要时应打磨出金属光泽，以保证良好的声学接触。当探伤面的粗糙度大于试块的粗糙度时，应进行表面补偿，以实际测量值为准。

6.2.3 检测人员探伤前应了解受检焊接接头的材质、曲率、钢管壁厚、球径或主支管直径、交叉角度、焊接工艺、坡口型式、余高和背面衬垫等情况。

6.2.4 根据壁厚、坡口型式、主支管实际情况及预期发现的主要缺陷选择探头。在满足探伤灵敏度的前提下，应尽可能选用6mm×6mm小晶片、不大于5mm的短前沿及大折射角的斜探头。

根据板厚、坡口型式及预期发现的板节点主要缺陷选择探头。探头频率的选定，除声衰减大的工件外，原则上母材厚度不大于50mm，标称频率5MHz或2.5MHz；厚度大于50mm，标称频率为2.5MHz。声衰减传输损失差的测定见本标准附录D。为防止倾斜缺陷的漏检，超声波束最少应从两个方向进行探测。按不同检验等级要求选择探伤面，探伤面及推荐使用探头折射角应符合表4的规定。

表4 探伤面及推荐使用探头折射角

板厚/mm	探伤面 A	探伤面 B	探伤面 C	探伤法	使用探头的折射角 β
4~25	单面单侧	单面双侧双面单侧	单面双侧和焊缝表面或双面单侧	直射法及多次反射法	70°或63°
>25~50					70°或56°
>50~100				直射法及一次反射法	45°或60°；45°和60°；45°和70°并用
>100~300		双面双侧			45°和60°并用或45°和70°并用

6.2.5 在检测空心球焊缝时，为确保声束能有效地对焊缝底部进行检查，还应根据声束在空心球底曲面入射角不大于70°的要求选择探头折射角。

6.2.6 当空心球、圆管焊接接头探伤时，探头楔块底面应磨成与探伤面相吻合的曲面，并且在磨成曲面后测定前沿距离和折射角、标定时基线扫描比例、绘制距离—波幅曲线和调节探测灵敏度。

6.2.7 圆管相贯节点曲面探测灵敏度修正量的确定，应遵守图1的要求，用规格相同的两只探头在平面试板上作一跨距一收一发测试，读取增益（或衰减）值 G_1，然后在工件表面上（支管外壁）沿轴向和实际探伤最大偏角方向分别作一跨距一收一发测试，读取 G_2、G_3。当 TG 小于2dB时，可不作修正；当 $|G_2-G_3|$ 不大于4dB时，应按 TG 进行耦合修正；当 $|G_2-G_3|$ 大于4dB时，应进一步分区测试，取合适的区间分别进行修正。TG 值按式（2）计算：

$$TG = \frac{(G_2+G_3)}{2} - G_1 \tag{2}$$

实际探伤以支管表面作为探伤面，扫查时探头应与焊缝垂直。

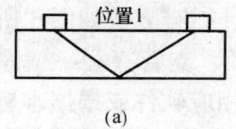
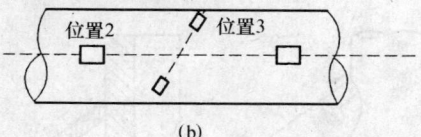

图1 曲面探测灵敏度修正量的确定
(a) 试板与RB试块有相同的粗糙度；(b) 工件探测面

6.3 距离-波幅曲线（DAC）的绘制

6.3.1 对于管节点，采用在CSK-ICj试块上实测的直径3mm的横孔反射波幅数据及表面补偿和曲面探测灵敏度修正数据，按表5灵敏度要求绘制DAC曲线；对于板节点，则采用在CSK-IDj型试块实测的直径3mm横孔反射波幅数据及表面补偿数据，按表5灵敏度要求绘制DAC曲线。

6.3.2 DAC曲线由判废线RL、定量线SL和评定线EL组成，见图2。EL与SL之间（包括EL）称为Ⅰ区，即弱信号评定区；SL与RL之间（包括SL）称为Ⅱ区，即长度评定区；RL及以上称为Ⅲ区，即判废

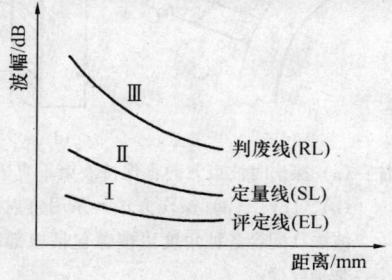

图2 距离-波幅曲线图

区。三条曲线的灵敏度值应符合表5的规定。

表5 DAC曲线灵敏度　　　　　　　　　　单位为分贝

曲线名称	A级（4~50）	B级（4~300）	C级（4~300）
判废线（RL）	DAC	DAC－4dB	DAC－2dB
定量线（SL）	DAC－10dB	DAC－10dB	DAC－8dB
评定线（EL）	DAC－16dB	DAC－16dB	DAC－14dB

6.3.3 若被检杆件壁厚小于8mm时，按下列方法测绘DAC曲线：将深5mm的直径3mm的通孔回波高度调节到垂直刻度的80%，画一条直线（RL线），用于直射波探伤；然后下降4dB再画一条直线（RL线），用于一次反射波探伤。

6.4 检测方法

6.4.1 焊接接头外观质量及外形尺寸检查合格后进行超声波探伤。检测工作应在探伤面经过清理、探伤仪的时基线和探测灵敏度经过标定、DAC曲线绘制完毕后进行。

6.4.2 焊缝的全面检测或抽查比例，应根据GB 50205和GB 50202的规定执行。

6.4.3 探头扫查速度不应大于150mm/s，相邻的两次扫查之间至少应有探头晶片宽度10%的重叠。

6.4.4 以搜索缺陷为目标的手工探头扫查，其探头行走方式应呈"W"形，并有10°~15°的摆动。为确定缺陷的位置、方向、形状，观察缺陷的动态波形，区别回波信号的需要，应增加前后、左右、转角、环绕等各种扫查方式。

6.4.5 圆管相贯节点应根据要求确定检测区域。各种重合杆件隐蔽焊缝，应在上一道焊接工序检测完毕后才允许进行下一道工序的焊接和检测。

6.4.6 圆管相贯节点探伤面及探伤方法应符合下列规定：

a) 圆管相贯节点焊接接头探伤应以支管表面作为探伤面，扫查时探头在①②③位置时，均应与焊缝垂直，扫查方法如图3所示；

b) 根据主管直径、支管直径、壁厚及主支管的交叉角，利用相应软件或根据本标准附录E圆管相贯节点焊缝超声波探伤几何临界角和修正系数的确定方法提供的计算方法，绘制"相贯角与几何临界角的关系曲线"图，用曲线将焊缝划分为若干检测区域，每一检测区选用相应折射角的探头；

c) 根据工程中管节点的主、支管直径D_1、D_2，壁厚δ_1、δ_2，主、支管交叉角θ，采用探头的折射角β等参数，利用相应软件或根据本标准附录E提供的计算方法绘制出本次探伤的"相贯角与距离修正系数关系曲线"等，以备探伤时使用。

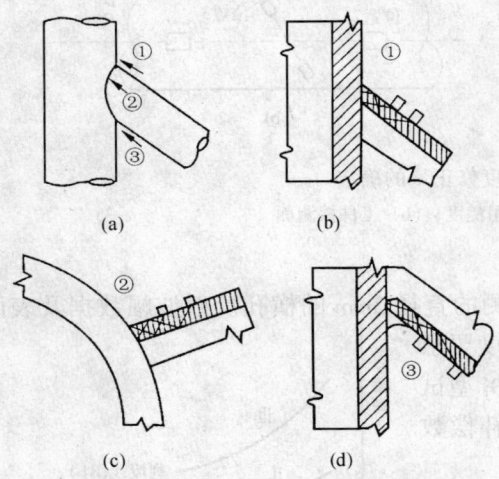

注：(a) 探伤时波束方向：保持波束垂直于焊缝；
(b)、(c)、(d) 探伤方法：采用直射波法或一次波法且配合各种角度以覆盖包括根部区域在内的整个焊缝。

图3 圆管相贯节点焊缝超声波探伤扫查技术

6.4.7 焊缝探伤应首先进行初始检测。初始检测采用的探测灵敏度不低于评定线。在检测中应根据波幅超过评定线的各个回波的特征判断焊缝中有无缺陷以及缺陷性质。危害性大的非体积缺陷，如裂纹、未熔合；危害性小的体积性缺陷，如气孔、夹渣等。

6.4.8 在初始检测中判断有缺陷的部位，应在焊缝表面作标记，进一步做规定检测，确定缺陷的实际位置和当量，并对回波幅度在评定线以上危害性大的焊缝中上部非体积性缺陷以及包括根部未焊透、回波幅度在定量线以上危害性小的缺陷，测定指示长度。

6.4.9 测定缺陷指示长度。当缺陷回波只有一个波高点时，采用6dB测长法；当缺陷回波有多个波高点时，采用端点波高法。

6.4.10 在检测中，当遇到不能准确判断的回波即对检测结果难于判定，或对焊接接头质量有怀疑时，应辅以其他探伤方法检测，再作出综合判断。

6.4.11 对管节点根部未焊透缺陷，除按6.4.8的规定外，还应测定缺陷回波幅度与RBJ-1试块上人工槽回波幅度（UF）之间的分贝差值，记作 UF ± dB。

6.4.12 当检测空心球焊缝时，应在曲面对比试块上绘制距离-波幅曲线。若用平面试块，应充分注意到空心球曲率对缺陷定位的影响，必要时应进行定位修正。

6.4.13 RBJ-1试块柱孔的使用，按下列方法：

　　a）仪器水平线性调节方法。把探头分别置于试块上，使探头前端距试块端面20mm，距直径3mm的柱孔中心线10mm，将两者反射波的前沿分别调节在仪器荧光屏横坐标四格和二格处，再把探头向试块端面移动，避开直径3mm的柱孔，距端面5mm，端面反射波的前沿应位于荧光屏横坐标一格处。否则应予校正；

　　b）仪器探测灵敏度调节方法。把探头置于试块上，使探头前端距试块直径3mm的柱孔中心线20mm，反射波幅度调到满幅度的80%。判废灵敏度为柱孔直径3mm反射波高，定量灵敏度为柱孔直径3mm反射波高减6dB，探测灵敏度由检测人员根据需要自定。

6.4.14 对于板节点不同焊接接头，对接、搭接、角接、T接选用探头折射角应符合表6的规定。

表6 对接、搭接、角接、T接选用探头折射角

板厚/mm	β/(°)	
	对　接	搭接、角接、T接
4～10	68～71.5	45
10～25	63.5～68	45～56
25～50	56～63.5	45～63.5

6.4.15 GB 50202规定的钢管接桩焊缝及先张法预应力管桩端板焊接接头，宜选用合适的探头；对较特殊焊缝温度，采取专用技术进行快速超声波探伤检测。按表13中B级进行接桩焊接接头缺陷评定。

6.4.16 为探测焊缝及热影响区的横向缺陷应进行平行和斜平行扫查；对电渣焊缝应增加与焊缝中心线成45°的斜向扫查。

6.5 T型和角接接头探伤

6.5.1 按腹板厚度不同选用探头折射角，腹板厚度与选用的折射角应符合表7的规定。翼板厚度不小于10mm时，折射角为45°～60°。

表7 腹板厚度与选用的折射角

腹板厚度/mm	折射角/(°)
<25	70
25~50	60
>50	45

6.5.2 斜探头在腹板一侧作直射法和一次反射法探测焊缝及腹板侧热影响区的裂纹时，探头位置见 GB/T 11345—1989 的 10.4.2 图 15 位置 2 和图 16 位置 1、位置 2。探测腹板和翼板间未焊透或翼板侧焊缝下层撕裂状缺陷，可采用直探头（图 15 位置 1）或斜探头（图 16 位置 3）在翼板外侧探伤或采用折射角 45°探头在翼板内侧（图 16 位置 3）作一次反射法探伤。

6.6 未焊透指示深度检测

T 型和角接接头的双面焊组合焊缝可采用双面焊翼板探伤法和腹板横波探伤法，其单面焊组合焊缝，可采用直射波法和一次反射波法。T 形和角接接头未焊透指示深度检测，见本标准附录 F。

6.7 箱形柱（梁）内隔板电渣焊焊缝焊透宽度的测量

6.7.1 采用直探头法以使用的最大声程作为探测范围调整时间轴，在被探工件无缺陷的部位将钢板的第一次底面发射回波调制满幅的 80% 高度作为探测灵敏度基准，垂直于焊缝方向从焊缝的终端开始以 100mm 间隔进行扫查，并对两端各板厚加 50mm 范围进行全面扫查。

6.7.2 焊接前必须在面板外侧标记上焊接预定线，探伤时应以该预定线为基准线。

6.7.3 应把探头从焊缝一侧移动至另一侧。底波高度达到 40% 时的探头中心位置作为焊透宽度的边界点，两侧边界点间距即为焊透宽度。

6.7.4 缺陷指示长度的测定应符合下列规定：

　　a）焊透指示宽度不足。将按本标准第 6.7.3 条规定扫查求出的焊透指示宽度小于隔板尺寸的沿焊缝长度方向的范围作为缺陷指示长度；

　　b）焊透宽度的边界点错移。将焊透宽度边界点向焊接预定线内侧沿焊缝长度方向错位超过 3mm 的范围作为缺陷指示长度；

　　c）缺陷在焊缝长度方向的位置以缺陷的起点表示。

6.8 检测中的仪器校验

6.8.1 至少每隔 4h 及检测结束后校验一次。检测项目为时基线、探测灵敏度和 DAC 曲线。

6.8.2 校验时基线和 DAC 曲线时，校验点不应少于两个。

6.8.3 校验时基线。若校验点回波位置超过规定位置的 10% 或水平方向满刻度的 5%，则时基线应重新标定，并对上一次标定后测出的缺陷位置和当量重新测试。

6.8.4 校验探测灵敏度。若校验点上的波幅比 DAC 曲线降低或增加了 20%，即 2dB 以上，则探测灵敏度应重新标定。必要时还应重新绘制 DAC 曲线，并对上一次标定后测出的缺陷当量重新测试。

7 圆管相贯节点及其缺陷位置的判定方法

7.1 圆管相贯节点常见的形式（图4）
7.1.1 T（X）节点

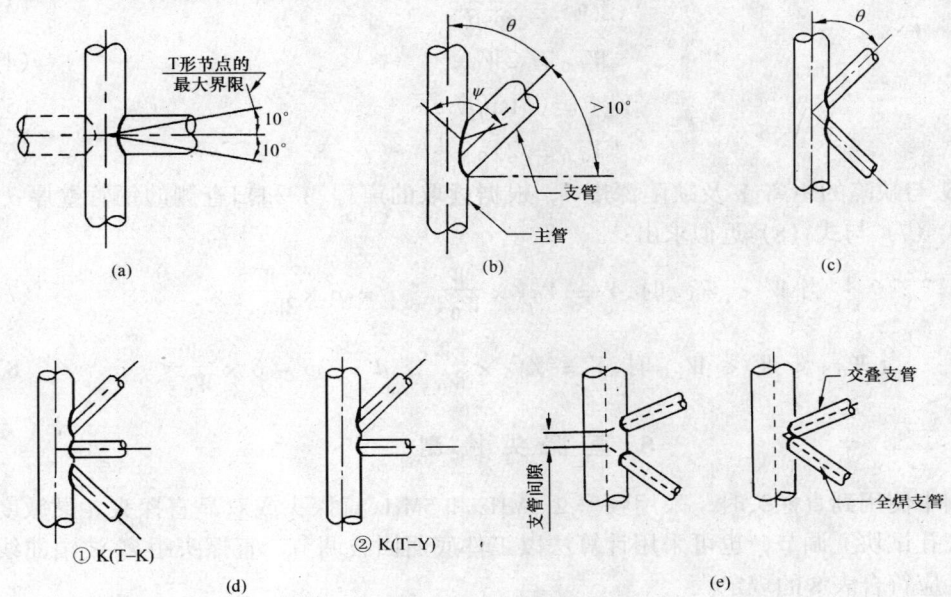

图4 圆管相贯节点形式

(a) T（X）形节点；(b) Y形节点；(c) K形节点；(d) K形复合节点；(e) 偏离中心的连接

主管轴线和支管轴线相交为90°的圆管焊接接头。

7.1.2 Y节点
主管轴线和一根相交为大于90°支管轴线的圆管焊接接头。

7.1.3 K节点
主管轴线和两根相交为大于90°支管轴线的圆管焊接接头。

7.2 圆管相贯节点焊接接头（图5）夹角

7.2.1 交叉角 θ
主管轴线和支管轴线的夹角。

7.2.2 相贯角 Φ
主、支管轴线组成的平面与支管母线形成的沿支管圆周方向的角度。

7.2.3 局部二面角 ψ
在与主、支管相贯线垂直的平面内，过相贯线上一点，主、支管切线之间的夹角。

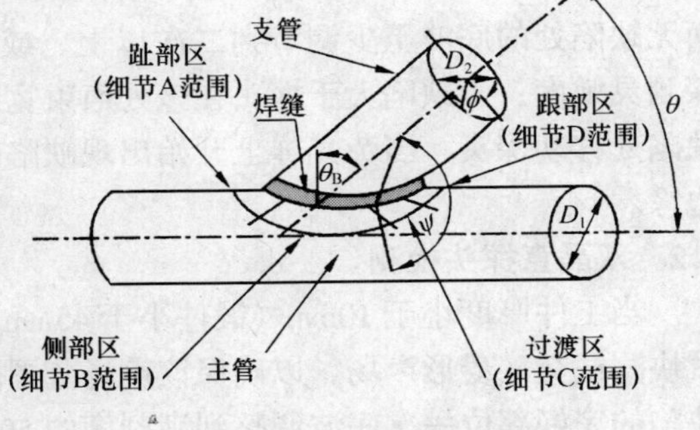

7.2.4 偏角 θ_B
支管表面母线和主、支管相贯线的法向平面（即探伤方向）所成的角度。

图5 圆管相贯节点焊接接头

7.3 缺陷位置的判定方法
7.3.1 探伤过程中当检测到缺陷时，根据探头所处位置的相贯角，通过计算或查"相贯

角与距离修正系数关系曲线"得到该点的半跨距声程修正系数 k 和水平距离修正系数 m。

7.3.2 半跨距点和1跨距点的声程 $W_{0.5}$ 和 $W_{1.0}$ 以及探头与焊缝水平距离 $Y_{0.5}$、$Y_{1.0}$ 分别按式（3）~式（6）计算：

$$W_{0.5} = \frac{\delta}{\cos\beta} k \tag{3}$$

$$W_{1.0} = 2W_{0.5} \tag{4}$$

$$Y_{0.5} = (\delta\tan\beta)m \tag{5}$$

$$Y_{1.0} = 2Y_{0.5} \tag{6}$$

7.3.3 探头与缺陷的距离 Y 及缺陷深度 d，根据读取的声程 W 和扫查侧的钢管壁厚 δ，按比例由式（7）与式（8）近似求出：

$$当 W < W_{0.5} 时, Y = Y_{0.5} \times \frac{W}{W_{0.5}} \quad d = \delta \times \frac{W}{W_{0.5}} \tag{7}$$

$$当 W_{0.5} < W < W_{1.0} 时, Y = Y_{0.5} \times \frac{W}{W_{0.5}} \quad d = 2\delta - \delta \times \frac{W}{W_{0.5}} \tag{8}$$

8 直探头检测

在检测中使用到直探头时，采用频率 2.5MHz 和 5MHz 直探头或双晶直探头。灵敏度可在带平底孔试块上调节，也可采用计算法以工件底面回波调节。直探头距离-波幅曲线的灵敏度，应符合表8的规定。

表8 直探头距离-波幅曲线的灵敏度　　　　　　　　单位为毫米

灵敏度	平底孔
评定灵敏度	Φ2
定量灵敏度	Φ4
判废灵敏度	Φ6

8.1 单晶直探头检测

当工件厚度不小于10mm时，采用直探头对钢板探伤。直探头放置母材或焊缝磨平表面无缺陷处的底波至少调节到二次以上，或相应平底孔试块一次反射波调整到50%作为探测灵敏度；当缺陷大于探头在该处声束宽度时，用6dB法测定缺陷大小。从无缺陷处向缺陷处移动探头，当荧光屏上开始出现缺陷回波，则在这点的探头处即表示该分层缺陷的边缘。

8.2 双晶直探头检测

当工件厚度小于10mm（锻件小于45mm）时，应采用双晶直探头，探伤前应使用阶梯试块测试交叉菱形声场，以确保该声场范围能覆盖工件中的缺陷检出断面。也可取工件无缺陷的完好部位一次底波调整到满刻度的50%，再提高10dB作为探测灵敏度。

8.3 钢板缺陷

8.3.1 在检测过程中，发现下列三种情况之一者，即作为缺陷：
  a) 缺陷一次回波波高不小于满刻度的50%；
  b) 当底波波高未达到满刻度，而缺陷一次回波波高与底波波高之比不小于50%；

c）当底波波高小于满刻度的50%。

8.3.2 缺陷的边界或指示长度测定应符合下列规定：

a）检出缺陷后，应在它的周围继续进行检测，以确定缺陷的延伸；

b）双晶直探头移动方向应与探头声波分割面相垂直，并使缺陷波下降到探测灵敏度条件下满刻度的25%或缺陷一次回波与底波波高之比为50%。此时，探头中心的移动距离即为缺陷的指示长度，探头中心点即为缺陷的边界点。两种方法测得的结果以较严重者为准；

c）单直探头移动使缺陷一次回波下降到探测灵敏度下满刻度的25%或使缺陷一次回波与底波波高之比为50%。缺陷指示长度或边界同本标准8.3.2b）；

d）确定本标准8.3.1c）条缺陷的边界或指示长度时，移动探头使底波升高到满刻度的50%，缺陷指示长度或边界亦同本标准8.3.2b）；

e）当用缺陷二次波和底面二次波评定缺陷时，探测灵敏度应以相应的二次波来校准。

8.4 锻件缺陷

8.4.1 探测灵敏度应符合下列规定：

a）单直探头　当检测部位的厚度不小于三倍近场长度（3N）时，可选底波计算法确定探测灵敏度。反之或几何形状限制不能获得底波时，直接采用试块法确定；

b）双晶直探头根据需要选择不同直径平底孔的试块，并一次测试一组不同探测距离的平底孔（至少三个）。调节衰减器使其中最高回波幅度达到满刻度的80%。仪器参数不变，测出其他平底孔回波最高点，做出对应于不同孔径的距离-波幅曲线，并以此作为探测灵敏度。一般不低于最大探测距离处直径2mm平底孔当量。

8.4.2 缺陷记录应符合下列规定：

a）记录当量直径不小于直径4mm的单个缺陷的波幅和位置；

b）密集性缺陷：饼形锻件应记录不小于直径4mm当量的缺陷密集区，圆筒形、环形和钻有中心孔的其他锻件则记录不小于直径3mm当量的缺陷密集区。密集区面积以50mm×50mm方块作为最小量度单位，其边界可由6dB法确定。

8.5 铸钢件缺陷

8.5.1 测定铸钢件的透声性时，将直探头与铸钢件上探伤面和背面平行而无缺陷的部位耦合接触，仪器的抑制置零。使一次底波的幅度达到满刻度的50%，记录衰减器的读数。再调整衰减器，使二次底波的幅度达到满刻度的50%，记录衰减器的读数。两次衰减器读数之差即该测量点的透声性。测量点应不少于三点。如选定直探头探测灵敏度的参考平底孔的回波幅度比同声程噪声信号的幅度高8dB以上，则该铸钢件适合超声探伤。如果不能满足上述要求，可降低频率至1MHz测试，满足要求的，可以用这种频率探伤，并在探伤报告中说明。

8.5.2 探测灵敏度的调整和核查应符合下列规定：

a）用对比试块调整。首先，将铸钢件与探测距离等于或最接近于铸钢件厚度的对比试块相比较，求出表面粗糙度补偿值与透声性补偿值的代数和，衰减器预置的储备量不得小于上述代数和的值。其次，在这块对比试块上测试，调整仪器，使平底孔的回波幅度达到满刻度的10%～20%。不改变仪器的参数，对探测距离较小的一系列试块逐一测试，建立距离-波幅曲线。在这条曲线上，对透声性予以补偿，得到已经透声性补偿的距离-波幅曲线。最后，调整衰减器，进行表面粗糙度和透声性补偿。透声性补偿方法，见 GB/T 7233—1987 的附录 C；

  b）双晶探头探测灵敏度的调整。衰减器预置的储备量不应小于表面粗糙度补偿量。测试不同探测距离的平底孔，调整仪器，使其中最高的回波幅度达到满刻度的 80%。不改变仪器的参数，对探测距离不同的平底孔逐一测试，建立距离-波幅曲线。调整衰减器，补偿表面粗糙度损失；

  c）斜探头探测灵敏度的调整。将斜探头与铸钢件探伤面耦合接触，调整仪器，使噪声信号的幅度达到 1～3mm。如果仪器在最高灵敏度时，噪声信号幅度仍不足 1mm，则以最高灵敏度探伤。

8.5.3 缺陷的检测应符合下列规定：
  a）采用供需双方规定的探头对铸钢件检测区域进行扫查。
  b）直探头或双晶探头扫查时，采用本标准 8.5.2a）或 b）项确定的探测灵敏度高 6dB 的扫查灵敏度。

8.5.4 凡出现下列任何一种显示情况的位置，都要做上标记：
  a）缺陷回波幅度等于或大于距离-幅度曲线的位置；
  b）底面回波幅度降低 12dB 或 12dB 以上的位置；
  c）不论缺陷回波幅度的大小，凡出现线状和片状特征缺陷显示的位置。

8.5.5 平面型缺陷尺寸的测定
  对于具有线状和片状特征的缺陷显示，用 6dB 法画出缺陷的范围。按几何原理，确定缺陷的位置、大小和缺陷在铸钢件厚度方向的尺寸，按表 15 的规定，计算缺陷的面积。

9 检测结果的质量分级

9.1 基本规定

9.1.1 最大反射波幅在 DAC 曲线Ⅱ区的缺陷，其指示长度小于 10mm 时，按 5mm 计。

9.1.2 在测定范围内，相邻两个缺陷间距小于 8mm 时，两个缺陷指示长度之和作为单个缺陷的指示长度；间距大于 8mm 时，分别计算。

9.2 缺陷分类及质量等级

  超声波探伤结果的缺陷探伤结果的缺陷按Ⅰ～Ⅳ四个级别评定，除设计另有规定外，一般来说，一级焊缝，Ⅱ级为合格级；二级焊缝，Ⅲ级为合格级。在高温和腐蚀性气体作业环境及动力疲劳荷载工况下，Ⅱ级合格。而对于管节点一般分为焊缝中上部体积性缺陷和焊缝根部缺陷两大类，每类也有四个质量等级，设计应按 GB 50205 规定，注明合格级别。

9.3 空心球焊缝及球节点缺陷的评定

9.3.1 对于空心球焊缝，球节点（包括空心半球对接、球管组合焊缝、杆件与锥头或封板焊接接头）不允许存在的缺陷为裂纹、未熔合以及单个缺陷回波幅度大于或等于 DAC 者。最大回波幅度位于Ⅱ、Ⅲ区焊缝中上部体积性缺陷，应根据缺陷的指示长度按表 9 的规定评级，其中 δ 为壁厚。

9.3.2 根据 RDJ-1 型试块人工槽调节探测灵敏度，最大回波幅度小于人工反射槽回波幅度时，按指示长度评级。根据 RBJ-1 型试块柱孔调节探测灵敏度，最大回波幅度位于判废灵敏度直径 3mm 柱孔的反射波高与定量灵敏度直径 3mm 柱孔的反射波高减 10dB 之间的缺陷，按指示长度评级。

表9 球节点焊缝中上部体积性缺陷评定

级别	允许存在的缺陷程度
Ⅰ	1. 回波幅度低于评定线； 2. 位于 DAC 曲线Ⅰ区危害性小的体积性缺陷； 3. 回波幅度在 DAC 曲线Ⅱ区内，指示长度不大于 $\frac{1}{3}\delta$，最小为 10mm 的危害性小的缺陷
Ⅱ	回波幅度在 DAC 曲线Ⅱ区，指示长度不大于 $\frac{2}{3}\delta$，最小为 15mm 的危害性小的缺陷
Ⅲ	回波幅度在 DAC 曲线Ⅱ区，指示长度不大于 δ，最小为 20mm 的危害性小的缺陷
Ⅳ	1. 指示长度超过Ⅲ级者； 2. 回波幅度在 DAC 曲线Ⅲ区的缺陷； 3. 回波幅度在评定线以上，危害性大的缺陷

9.4 球节点根部未焊透的评定

球节点包括圆管对接焊缝根部未焊透，不超过表 10 规定条件下，当最大回波幅度不小于 RDJ-1 对比试块人工反射槽的回波幅度时，以缺陷回波幅度评定；当最大回波幅度小于上述对比试块人工反射槽的回波幅度时，以缺陷指示长度评定；超过表 10 中Ⅲ级规定时，评为Ⅳ级。

表10 球节点根部未焊缝的评定

级别	允许存在的缺陷程度
Ⅰ	1. 回波幅度在 DAC 曲线Ⅰ区的根部未焊透； 2. 回波幅度在 DAC 曲线Ⅱ区内，且低于 UF，指示长度符合表9中的Ⅰ级规定； 3. 未发现有未焊透缺陷
Ⅱ	回波幅度在 DAC 曲线Ⅱ区内，且低于 UF，指示长度符合表9中的Ⅱ级规定，其总和不大于 10% 焊缝周长
Ⅲ	1. 壁厚小于 8mm，回波幅度在 DAC 曲线Ⅱ区，且低于 UF，指示长度符合表9中的Ⅲ级规定，其总和不大于 15% 焊缝周长； 2. 壁厚大于等于 8mm，回波幅度在 DAC 曲线Ⅱ区，且低于 UF，指示长度符合表9中的Ⅲ级规定，其总和不大于 20% 焊缝周长
Ⅳ	1. 回波幅度大于等于 UF，或在 DAC 曲线Ⅲ区； 2. 指示长度超过表9中的Ⅲ级规定； 3. 指示长度总和超过Ⅲ级规定

9.5 圆管相贯节点缺陷的评定

最大回波幅度位于Ⅱ、Ⅲ区的相贯节点全焊透焊缝中上部缺陷，应根据缺陷的指示长度按表 11 的规定评级；相贯节点全焊透根部缺陷的评定，应符合表 12 的规定。其中 δ 为壁厚。

表11 相贯节点全焊透焊缝中上部缺陷的评定

级别	允许的最大缺陷指示长度
Ⅰ	$\leq \frac{1}{3}\delta$，最小为 10mm 的Ⅱ区缺陷

续表 11

级别	允许的最大缺陷指示长度
Ⅱ	$\leqslant \frac{2}{3}\delta$，最小为 15mm 的Ⅱ区缺陷，点状的Ⅲ区缺陷
Ⅲ	$\leqslant \delta$，最小为 20mm 的Ⅱ区缺陷，$\leqslant$10mm 的Ⅲ区缺陷
Ⅳ	超过Ⅲ级者

表 12 相贯节点全焊透根部缺陷的评定

级别	允许的最大缺陷指示长度	
	波高为Ⅱ区的缺陷	波高为Ⅲ区的缺陷
Ⅰ	$\leqslant \frac{1}{3}\delta$，最小为 10mm	$\leqslant$10mm
Ⅱ	$\leqslant$10%周长	$\leqslant \frac{2}{3}\delta$，最小可为 15mm
Ⅲ	$\leqslant$20%周长	$\leqslant \delta$，最小可为 20mm
Ⅳ	超过Ⅲ级者	超过Ⅲ级者

9.6 钢结构焊缝不允许的缺陷
9.6.1 反射波幅位于判废线及Ⅲ区的缺陷；
9.6.2 最大反射波幅超过评定线的裂纹，未熔合等危害性缺陷。

9.7 焊接接头缺陷评定
9.7.1 除裂纹与未熔合外，钢结构焊接接头对超声波最大反射波幅位于 DAC 曲线Ⅱ区的其他缺陷，根据其指示长度，缺陷的等级评定应符合表 13 的规定。

表 13 缺陷的等级评定   单位为毫米

评定等级	板 厚		
	4~50	4~300	4~300
	A级	B级	C级
Ⅰ	$2T/3$，最小 12	$T/3$，最小 10，最大 30	$T/3$，最小 10，最大 20
Ⅱ	$3T/4$，最小 15	$2T/3$，最小 20，最大 50	$T/2$，最小 10，最大 30
Ⅲ	T，最小 20	$3T/4$，最小 30，最大 75	$2T/3$，最小 15，最大 50
Ⅳ	超过Ⅲ级者		

注：焊接接头两侧板材厚度 T 不等时，取较薄母材厚度。

9.7.2 多个缺陷累计长度 L，即缺陷累计指示长度等级评定应符合表 14 的规定。C 级检验按合同文件规定执行。

表 14 缺陷累计指示长度等级评定   单位为毫米

评定等级	A级	B级
Ⅰ	在 $9T$ 范围内，$L \leqslant T$	L 不大于被检焊缝长度 10%
Ⅱ	在 $4.5T$ 范围内，$L \leqslant T$	L 不大于被检焊缝长度 20%
Ⅲ	在 $3T$ 范围内，$L \leqslant T$	L 不大于被检焊缝长度 30%
Ⅳ	超过Ⅲ级者	

9.8 根部未焊透缺陷评定

利用 CSK-IDj 型试块 1mm、2mm 深线切割槽,可进行焊接接头根部未焊透缺陷对比测定,其分级仍见表 13。T 形接头单、双面焊组合焊缝根部未焊透指示深度合格级别,即 T 形接头未焊透指示深度评定应符合表 15 的规定。

表 15 T形接头未焊透指示深度评定 单位为毫米

评定等级	双面焊组合焊缝				单面焊组合焊缝
	横波斜探头探伤		聚焦直探头探伤		
Ⅰ	未焊透指示深度值 H−2,不大于 25%腹板厚度,且最大值	不大于 2	未焊透指示深度值 H−1,不大于 25%腹板厚度,且最大值	不大于 2	未焊透指示深度值 H−1 不大于合同文件规定值
Ⅱ		不大于 3		不大于 3	
Ⅲ		不大于 4		不大于 4	
Ⅳ		大于 4		大于 4	不大于规定值

9.9 直探头检测缺陷等级

9.9.1 钢板缺陷评定应符合下列规定:

a) 一个缺陷按其指示的最大长度作为该缺陷的指示长度。而按其指示的面积作为该缺陷的单个指示面积;若单个缺陷的指示长度小于 40mm 时,可不作记录。

b) 多个缺陷其相邻间距小于 100mm 或间距小于相邻小缺陷的指示长度(取其较大值)时,其各地缺陷面积之和作为单个缺陷指示面积;

c) 指示面积不计的单个钢板缺陷等级评定,或钢板缺陷的评级应符合表 16 的规定。在钢板周边 50mm 可探测区域内及坡口预定线两侧各 50mm(板厚大于 100mm 时,以板厚的一半为准)内,缺陷的指示长度不小于 50mm 时以及当缺陷被判为白点、裂纹等危害性缺陷时,应评为Ⅳ级。

表 16 钢板缺陷的评级 单位为毫米

等 级	单个缺陷指示长度/mm	单个缺陷指示面积/cm²	以下单个缺陷指示面积不计/cm²
Ⅰ	<80	<25	<9
Ⅱ	<100	<50	<15
Ⅲ	<120	<100	<25
Ⅳ	缺陷大于Ⅲ级者		

9.9.2 锻件缺陷评定应符合下列规定:

a) 用直探头检验锻件,若一次底波消失或缺陷回波等于或大于一次底波的波幅时,因缺陷会影响扫查声束,故应测定其大小、位置和深度,并在被检表面做出记录。计算缺陷当量时,若材质衰减系数超过 4dB/m,应考虑修正。单个缺陷的评级应符合表 17 的规定;密集区缺陷的评级应符合表 18 的规定。

表 17 单个缺陷的评级 单位为分贝

等 级	Ⅰ	Ⅱ	Ⅲ	Ⅳ
缺陷当量直径	Φ4(反射波高)	Φ4+(1dB~8dB)	Φ4+(9dB~12dB)	超过Ⅲ级者

表18 密集区缺陷的评级

等级	Ⅰ	Ⅱ	Ⅲ	Ⅳ
密集区缺陷占探测总面积百分比	0	5%	10%	超过Ⅲ级者

  b）按照表17、表18判定级别的缺陷，若为危害必缺陷，则不受此限制。

9.9.3 铸钢件缺陷评定应符合下列规定：

  a）当探伤面表面粗糙度不大于12.5μm时，用直探头检测铸钢，在缺陷尺寸中有一项或几项大于某级的要求，则参加下一级评定；

  b）平面型缺陷的等级评定，应符合表19的规定。评定时，采用317mm×317mm（面积约100000mm^2）的评定框；

  c）凡探测区域内存在裂纹的铸钢件，评为不合格。按非平面型缺陷评定质量等级时，应符合GB/T 7233—1987第5章的规定。

表19 平面型缺陷的等级评定

评定框内允许的缺陷尺寸	评定等级			
	Ⅰ	Ⅱ	Ⅲ	Ⅳ
一个缺陷在厚度方向的尺寸/mm	0	5	8	≥11
一个缺陷的面积/mm^2	0	75	200	≥360
缺陷的总面积/mm^2	0	150	400	≥700
注：一个缺陷的面积等于该缺陷的最大尺寸和与其垂直方向的最大尺寸之积。				

10 焊接接头返修检测

10.1 按比例抽查的焊接接头有不合格的接头或不合格率为焊缝数的2%～5%时，应加倍抽检，且应在原不合格部位两侧的焊缝延长线各增加一处进行扩探，扩探仍有不合格者，则应对该焊工施焊的焊接接头进行全数检测和质量评定。按JGJ 81—2002的7.1.5执行。若供需双方另有约定，则按约定办理。

10.2 经超声波探伤不合格的焊接接头，应予返修。返修次数不得超过两次。在返修后，应在相同条件下重新检测，并按第9章评定。

11 技 术 档 案

11.1 检测技术人员应按焊接检测工作计划，编写探伤实施方案。焊接接头检测后应出具探伤报告，并由合格的探伤人员签字，经审核批准。

11.2 探伤报告主要内容：工程名称、工件编号、母材（壁）厚度、焊接方法、焊缝编号、探伤面、探伤方法、扫描比例、验收标准、仪器型号、探头规格、试块、耦合剂、探伤部位示意图、缺陷判定、返修情况、探伤结论、检测审核人员及日期等。

11.3 制造厂制作的产品，其技术档案包括质量证明书和焊接检测报告等资料；建设安装单位应按产品部件，根据本标准规定的焊接检测内容，建立健全技术档案，并整理成册，统一保管。

11.4 探伤报告、探伤结果和探伤记录，见本标准附录G。

附录 A
（规范性附录）
CSK-I Cj 型试块的形状和尺寸

A.1 CSK-I Cj 型试块

CSK-I Cj 型试块的形状和尺寸见图 A.1。

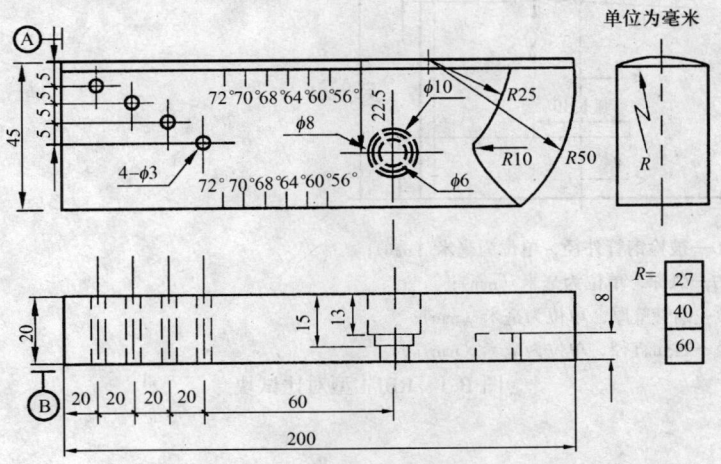

R—曲率半径，单位为毫米（mm）；
ϕ—通孔直径，单位为毫米（mm）。

图 A.1 CSK-I Cj 型试块的形状和尺寸

A.2 技术条件

A.2.1 试块全套共 3 块，扫查面曲率半径 R 分别为 27mm、40mm、60mm；

A.2.2 A 面为尺寸基准面，尺寸偏差 ±0.1，各边垂直度不大于 0.1，粗糙度全部 6.4μm；

A.2.3 B 面上下两端均刻折射角值，见表 A.1。

表 A.1 折射角与尺寸对应关系

折射角/(°)	56	60	64	68	69	70	71	72	73
尺寸/mm	106.64	101.03	93.87	84.31	81.39	78.18	74.66	70.75	66.41

附录 B
（规范性附录）
RBJ-1 型对比试块的形状和尺寸

B.1 对比试块

RBJ-1 型对比试块的形状和尺寸，见图 B.1。它用于根部未焊透的定量比较。

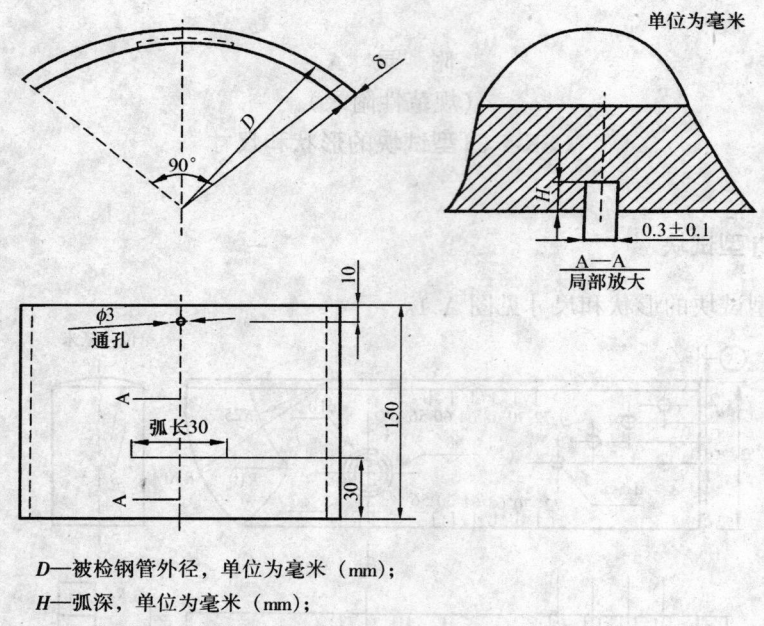

D—被检钢管外径,单位为毫米(mm);
H—弧深,单位为毫米(mm);
δ—钢管壁厚,单位为毫米(mm);
ϕ—通孔直径,单位为毫米(mm)。

图 B.1　RBJ-1 型对比试块

B.2　技术条件

试块用与被检工件相同或相近的材料制成,要求不应有直径 2mm 平底孔以上缺陷。对比试块加工尺寸,见表 B.1。

表 B.1　对比试块加工尺寸　　　　　　　　　单位为毫米

D	140	89	60
H	$0.1\delta \pm 0.05$		

注：1. D——被检钢管外径;
　　2. H——弧深;
　　3. δ——钢管壁厚。

附　录　C
（规范性附录）
CSK-I Dj 型试块的形状和尺寸

C.1　CSK-I Dj 型试块

CSK-I Dj 型试块的形状和尺寸,见图 C.1。

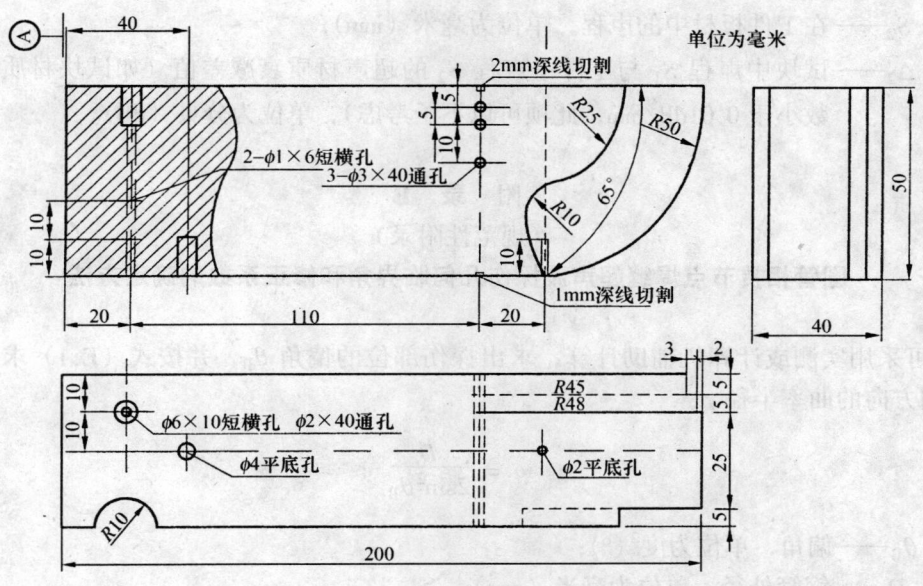

R—圆弧曲率半径，单位为毫米（mm）；
ϕ—横孔、通孔、平底孔直径，单位为毫米（mm）。

图 C.1　CSK-ⅠDj 型试块

C.2 技术条件

C.2.1 试块用与被检工件相同或相近材料制成，要求不应有直径 2mm 平底孔缺陷；
C.2.2 A 面为尺寸基准面，尺寸偏差 ±0.1，各边垂直度不大于 0.1；粗糙度全部 6.4μm；
C.2.3 槽宽为 100μm。

附　录　D
（规范性附录）
传输损失差的测定

D.1 用斜探头按深度调节仪器时基扫描线。
D.2 选用另一只与该探头尺寸、频率、折射角相同的斜探头，两探头相对置于 RB-1 试块探测面上，两探头入射点间距离为 1P，仪器调为一发一收状态。
D.3 在对比试块上，找出最大反射波幅，记录其波幅值 H_1（dB）。
D.4 在受检工件上（不通过焊缝）同样测出接收波最大反射波幅，记录其波幅值 H_2（dB）。
D.5 传输损失差 ΔV，按式（D.1）计算：

$$\Delta V = H_1 - H_2 - \Delta_1 - \Delta_2 \qquad (D.1)$$

式中　Δ_1——不考虑材质衰减时，声程 S_1、S_2 的反射波幅 dB 差，可用公式 $20\lg S_2/S_1$ 计算或从探头的距离-波幅曲线上查得，单位为分贝（dB）；
　　　S_1——在对比试块中的声程，单位为毫米（mm）；

S_2——在工件板材中的声程,单位为毫米(mm);

Δ_2——试块中声程 S_1 与工件中声程 S_2 的超声材质衰减差值(如试块材质衰减系数小于 0.01dB/mm,此项可以不予考虑),单位为分贝(dB)。

附 录 E
(规范性附录)
圆管相贯节点焊缝超声波探伤几何临界角和修正系数的确定方法

E.1 可采用实测或计算机辅助计算,求出探伤部位的偏角 θ_B,并按式(E.1)求出该部位探测方向的曲率半径 ρ:

$$\rho = \frac{D}{2\sin^2\theta_B} \tag{E.1}$$

式中 θ_B——偏角,单位为度(°);
　　　D——钢管外径,单位为毫米(mm)。

E.2 对应于某一曲率半径的几何临界角 β_{max}(直射波能扫查到焊缝根部的最大探头折射角)应按式(E.2)计算:

$$\beta_{max} = \sin^{-1}\left(1 - \frac{\delta}{\rho}\right) \tag{E.2}$$

式中 β——斜探头在钢中折射角,单位为度(°);
　　　δ——支管壁厚,单位为毫米(mm)。

E.3 按式(E.3)计算半跨距声程修正系数 k,按公式(E.4)计算水平距离修正系数 m:

$$k = \left(\frac{\rho}{\delta} - 1\right)\left[\frac{\sin\left(\beta + \sin^{-1}\left(\frac{\rho}{\rho-\delta}\sin\beta\right)\right)}{\tan\beta}\right] \tag{E.3}$$

$$m = \left[\pi - \beta - \sin^{-1}\left(\frac{\rho}{\rho-\delta}\sin\beta\right)\right]\frac{\rho}{\delta}\cot\beta \tag{E.4}$$

式中 β——斜探头在钢中折射角,单位为度(°);
　　　δ——支管壁厚,单位为毫米(mm)。

附 录 F
(规范性附录)
T形和角接接头未焊透指示深度检测

F.1 双面焊翼板探伤法

F.1.1 聚焦直探头法

将探头放在翼板相对于腹板坡口钝边中心位置上,找出未焊透的最高波,调至满刻度

80%，然后将探头分别向两侧移动，当波幅降低6dB时，测量两停止点间距离，即为未焊透指示深度H。

F.1.2 横波斜探头法（6dB法和4dB法）

先在翼板对应于腹板厚度中心线划标记线。将探头放在翼板上，在标记线两侧，探头指向标记线并沿垂直标记线方向移动；找到未焊透反射波，移动探头使仪器深度读数尽可能等于板厚时停止。后移探头，若该反射波下降，表示上述探头停止点处反射波为翼板上未焊透端点反射波，记下水平读数L_1和L_2，测量探头入射点与标记线间距X_1和X_2，则未焊透指示深度H按式（F.1）计算：

$$H = (X_1 - L_1) + (X_2 - L_2) \tag{F.1}$$

若该反射波增高或先下降后增高，且深度读数大于翼板厚度值，表示腹板坡口面上也存在未焊透，找到最高波并调至满刻度的80%。再后移探头，当波腹降低4dB时停移，记下该反射波仪器水平读数L_1和L_2，测量探头入射点与标记线间距X_1和X_2，未焊透指示深度H按式（F.1）计算。

F.2 双面焊腹板横波探伤法

直射波探测未焊透下部区，一次反射波探测上部区，当探伤面角焊缝影响扫查时，用二次波（三次波）代替直射波；发现未焊透反射波后，测量探头入射点至腹板钝边距离，使该距离与仪器水平读数基本相同的方法确认翼板未焊透端点反射波；前后移动探头，使该波幅降低4dB，记下仪器深度读数。直射波、一次反射波对应深度读数值为H_1、H_2，则未焊透指示深度H按式（F.2）计算：

$$H = H_1 + H_2 - 2T \tag{F.2}$$

式中 T——板厚，单位为毫米（mm）。

一次反射波、二次反射波相应深度读数值为H_2、H_3，则未焊透指示深度H按式（F.3）计算：

$$H = H_2 + H_3 - 4T \tag{F.3}$$

F.3 单面焊直射波法

通过水平距离确认端角反射波，向前移动探头，使紧靠端角反射波的前波达到最高，记下深度读数H_1，则未焊透指示深度H按式（F.4）计算：

$$H = T - H_1 \tag{F.4}$$

F.4 单面焊一次反射波法

通过水平距离确认端角反射波，向后移动探头，使紧靠端角反射波的后波达到最高，记下仪器深度读数H_2，则未焊透指示深度H按式（F.5）计算：

$$H = H_2 - T \tag{F.5}$$

附 录 G
（规范性附录）
超声波探伤报告、探伤结果和探伤记录

G.1 管节点超声波探伤报告

超声波探伤报告		节点型式		报告编号	
		构件编号		委托编号	
		委托单位		委托人	
工程名称		材料牌号		探伤日期	
探伤面		坡口形式		管壁厚度		检验部位	
探伤时机		焊接方式		试 块		检测长度	
探伤方法		扫描比例		仪 器		探伤比例	
探伤灵敏度		复探数量		探头规格		验收标准	JG/T 203—2007
耦合剂		表面补偿		折射角		合格级别	
探伤结果				示意图	

其中 X——从焊缝始端到缺陷的距离；Z——从探测面到缺陷的垂直距离；Y——缺陷到坡口直边的距离；L——缺陷的指示长度

批准人		审核人		检测人		检测单位（公章）
报告日期			年 月 日			

共 页 第 页

G.2 管节点超声波探伤结果

超声波探伤结果									编 号		
工程名称							报告编号				
施工单位							委托单位				
焊口编号	缺陷编号	缺陷位置（点）	回波高度/dB	X/mm	Z/mm	Y/mm	L/mm	评定级别	结 论		备注
									返修	合格	
批准人		审核人			检测人			检测单位（公章）			
报告日期				年 月 日							

G.3 板节点钢结构超声波探伤报告

超声波探伤报告		节点型式		报告编号	
		构件编号		委托编号	
		委托单位		委托人	
工程名称			材料牌号		部件编号	
探伤面		坡口形式		管壁厚度		检验部位	
探伤时机		焊接方式		试 块		检测长度	
探伤方法		扫描比例		仪 器		探伤比例	
探伤灵敏度		复探数量		探头规格		验收标准	JG/T 203—2007
耦合剂		表面补偿		折射角		合格级别	

探伤部位示意图: DAC 曲线:

	焊缝编号	缺陷水平位置	缺陷深度/mm	指示长度/mm	回波高度/dB	评定/级别	结 论		备注
							返修	合格	
探伤结果及返修情况									

批准人		审核人		检测人		检测单位（公章）
报告日期			年 月 日			

共 页 第 页

G.4 板节点钢结构超声波探伤记录

超声波探伤记录							编　号				
工程名称							报告编号				
施工单位							委托单位				
仪器				探测对象			接头○ 材料○	检测次序	首次○ 检测	一次○ 检测	二次○ 检测
试块											
探　头				反射体			基准波高/%	反射体波幅/dB	表面补偿/dB	探伤灵敏度/dB	探测深度/mm
序号	折射角/(°)	频率/HMz	尺寸/mm	形状	深度/mm	试块					

焊缝编号	探头序号	规格厚度/mm	缺陷编号	缺陷位置	深度/mm	指示长度/mm	回波高度/dB	评定级别	结论	
									返修	合格

检测记录人：_____ 技术监督人：_____　　　　年　月　日　共　页　第　页

中华人民共和国国家标准

铸钢件渗透检测

Penetrant testing for steel castings

GB/T 9443—2007/ISO 4987:1992
代替 GB/T 9443—1988

中华人民共和国国家质量监督检验检疫总局
中国国家标准化管理委员会 发布

2007-08-23 发布
2008-01-01 实施

目　次

1 范围 …………………………………………………………………………………… 1109
2 规范性引用文件 ……………………………………………………………………… 1109
3 渗透检测条件 ………………………………………………………………………… 1109
4 检测方法 ……………………………………………………………………………… 1109
　4.1 操作方法 ………………………………………………………………………… 1109
　4.2 人员资格 ………………………………………………………………………… 1109
　4.3 表面状况 ………………………………………………………………………… 1110
　4.4 观察条件 ………………………………………………………………………… 1110
5 验收 …………………………………………………………………………………… 1110
　5.1 不连续显示 ……………………………………………………………………… 1110
　5.2 质量等级 ………………………………………………………………………… 1111
6 结果评定 ……………………………………………………………………………… 1111
7 订货单 ………………………………………………………………………………… 1111
8 附加的检测后清洗 …………………………………………………………………… 1111
附录 A（资料性附录） 不连续性质与显示类型对应关系 ………………………… 1112
附录 B（资料性附录） 铸钢件渗透检测方法的特殊要求 ………………………… 1113
附录 C（资料性附录） 表面状况的等效性（指南） ………………………………… 1114
附录 D（资料性附录） 质量等级图例 ……………………………………………… 1115

前　言

本标准等同采用 ISO 4987：1992《铸钢件　渗透检测》（英文版）。
本标准等同翻译 ISO 4987：1992。
为方便使用，本标准做了下列编辑性修改：
——"本国际标准"一词改为"本标准"；
——用小数点"."代替作为小数点的逗号","；
——在第 2 章插入 GB/T 1.1—2000 规定的引导语。
本标准代替 GB/T 9443—1988《铸钢件渗透探伤及缺陷显示迹痕的评级方法》。
本标准与 GB/T 9443—1988 相比主要变化如下：
——增加了范围（见第 1 章）；
——增加了规范性引用文件（见第 2 章）；
——修改了渗透检测条件（1988 年版的第 1 章；本版的第 3 章）；
——修改了检测方法（1988 年版的第 2、第 3、第 4、第 5 和第 7 章；本版的第 4 章）；
——修改了验收（1988 年版的 6.1、6.2 和 6.3；本版的第 5 章）；
——修改了结果评定（1988 年版的 6.4 和 6.5；本版的第 6 章）；
——增加了订货单（见第 7 章）；
——增加了附加的后清洗（见第 8 章）；
——增加了附录 A、附录 B、附录 C；
——调整和修改了质量等级图例（1988 年版的附录 A；本版的附录 D）。
本标准的附录 A、附录 B、附录 C 和附录 D 为资料性附录。
本标准由中国机械工业联合会提出。
本标准由全国铸造标准化技术委员会（SAC/TC 54）归口。
本标准起草单位：沈阳铸造研究所。
本标准主要起草人：李兴捷、张钊骞、张震。
本标准所代替标准的历次版本发布情况为：
——GB/T 9443—1988。

1 范围

本标准规定了应买方要求,在合同中约定有检测程序时,确定表面不连续验收界限的渗透检测方法。

本标准适用于用各种铸造方法生产的铸钢件的渗透检测。

注:像所有无损检测方法一样,本标准构成合同规定的总的评定或特殊评定的一部分。

2 规范性引用文件

下列文件中的条款通过本标准的引用而成为本标准的条款。凡是注日期的引用文件,其随后所有的修改单(不包括勘误的内容)或修订版均不适用于本标准,然而,鼓励根据本标准达成协议的各方研究是否可使用这些文件的最新版本。凡是不注日期的引用文件,其最新版本适用于本标准。

GB/T 18851.1 无损检测 渗透检测 第1部分:总则(GB/T 18851.1—2005,ISO 3452:1984,IDT)

GB/T 18851.5 无损检测 渗透检测 第5部分:验证方法(GB/T 18851.5—2005,ISO 3453:1984,IDT)

3 渗透检测条件

3.1 本标准适用于检测铸钢件各部位和按百分率抽检的铸钢件。在给供方的询价单,尤其是订货单中应清楚地说明检测条件,并为供方所接受。

3.2 双方协议应明确规定进行渗透检测的制造阶段。

3.3 铸钢件的每个被检部位应规定如下内容:

——质量等级(见表1);

——不连续显示的类型(线状显示或非线状显示)(见附录A)。

3.4 对于铸钢件的每个被检部位,宜根据不连续显示的类型分别规定质量等级(有关表面状况,见4.3)。

3.5 除非另有规定,质量等级同时适用于线状、点线状、非线状显示(簇状)。

3.6 不连续显示的质量等级,低于或等于表1的质量等级且符合第6章的规定,检测结果认为合格。否则,铸造厂应采取经买方同意的方法,保证被检铸钢件符合上述规定。

3.7 通常,只要铸钢件中任何一块面积为 105mm×148mm[1] 的区域,不连续没有超过所规定的质量等级,铸钢件中合格不连续的级别就不用限定。

4 检测方法

4.1 操作方法

4.1.1 渗透检测总则和验证方法分别按 GB/T 18851.1 和 GB/T 18851.5。

4.1.2 附录B对特殊要求作了补充规定。

4.2 人员资格

---

[1] A6样式。

应由技术上能胜任的检测人员来操作和评定结果，其资格在询价或订货时应被双方认可。

4.3 表面状况

4.3.1 被检表面应清洁，无油、脂、砂、锈斑及其他任何会影响对渗透显示正确评定的物质。经喷砂、喷丸（圆形或角形丸）、磨削、机械加工处理，被检表面应与所要求的质量等级相对应（见5.2）。铸钢件经喷砂和喷丸后，渗透前必须进行酸洗处理。

4.3.2 铸钢件被检区域的表面要求，应在询价或订货时通过协议规定。

4.4 观察条件

显示观察应在目视或不超过放大3倍下进行（见表1）。

表1 渗透检测的质量等级

质量等级		001	01	1	2	3	4	5
显示观察手段		目视或放大镜[a]	目视	目视	目视	目视	目视	目视
放大倍数		≤3	1	1	1	1	1	1
应考虑的最小显示直径（D）或长度（L）/mm		0.3	1.5	2	3	5	10	
非线状显示 (SR)[b]	显示数量	5	5	8	8	12	20	32
	尺寸/mm	≤1	≤1	≤3	≤6	≤9	≤14	≤21
线状显示 (LR)[c] 或点线状显示 (AR)[d]	显示类型	单个或累加	单个或累加	单个／累加	单个／累加	单个／累加	单个／累加	单个／累加
	壁厚 δ≤16mm	0	1	2／4	4／6	6／10	10／18	18／25
	壁厚 16mm<δ≤50mm	0	1	3／6	6／12	12／18	18／27	27／40
	壁厚 δ>50mm	0	2	5／10	10／20	15／30	30／45	45／70
应用实例		航空航天制造业： ——熔模铸件； ——特殊使用。		根据表面粗糙度和应用情况的其他机械工程铸件				

本表规定了 A6-105mm×148mm 评定框内允许的数量和最大尺寸、直径或长度（mm）。
a 允许采用带目镜测微尺的放大仪。
b 非线状显示（SR）：$L<3b$，式中 L 是显示的长度，b 是显示的宽度。
c 线状显示（LR）：$L≥3b$。
d 点线状显示（AR）：至少含有三个最大间隙为2mm的线状显示或非线状显示。

5 验 收

5.1 不连续显示

5.1.1 渗透检测仅适用于检测表面开口的不连续。渗透检测不能精确反映显示不连续的性质、形状和尺寸。不连续显示分为线状[2)]、点线状[3)]、非线状。

5.1.2 不连续显示的尺寸不能直接代表不连续的实际尺寸。附录 A 列出了不同类型的渗透显示。

5.2 质量等级

5.2.1 根据表1，质量等级分为七级。被检表面状况应符合相应的质量等级要求（表面状况见附录 C）：
　　——精密；
　　——光滑；
　　——粗糙。

5.2.2 线状或点线状显示的最大允许长度随铸钢件截面厚度 δ 而变化，规定了3个厚度级别：
　　——$\delta \leqslant 16mm$；
　　——$16mm < \delta \leqslant 50mm$；
　　——$\delta > 50mm$。

5.2.3 表1给出了最小显示长度，相应级别中小于该长度的显示不予考虑。

5.2.4 附录 D 给出了按1:1比例绘制的非线状显示的图例，这些图例是按表1规定绘制的。

6 结果评定

6.1 对铸钢件的不连续显示进行分级时，必须将 105mm × 148mm 评定框放置在显示最严重的位置上。若被评定的显示小于或等于订货单中规定的质量等级，评定为检测合格。

6.2 显示相同是指被检显示与非线状显示的形态相同或与线状显示的长度相等。

6.3 给出的显示类型仅起指导作用，评定质量等级是依据表1中的不连续显示长度。

6.4 累加长度计算应包括点线状显示和非点线状显示。

7 订货单

询价和订货单应包括下列内容：
a) 铸钢件被检部位和百分率（见第3章）；
b) 双方协议规定的进行渗透检测的制造阶段（见第3章）；
c) 被检区域的表面状况（见4.3）；
d) 铸钢件被检部位的不连续显示的类型和质量等级（见第3章和5.2）；
e) 操作人员资格（见4.2）。

8 附加的检测后清洗

GB/T 18851.1 中规定的技术要求适用于本标准。

---

2) 最大尺寸 L（长度）至少为最小尺寸 b（宽度）的3倍（$L \geqslant 3b$），见表1。
3) 见表1中的注 d。

附 录 A
（资料性附录）
不连续性质与显示类型对应关系

不连续性质	代 号	显 示	类 型	定 义
气孔 针孔	A	非线状 点线状	SR AR	$L < 3b$ $d \leqslant 2$
砂眼 夹杂物	B	非线状 点线状	SR AR	$L < 3b$ $d \leqslant 2$
缩孔（松）	C	线状 非线状 点线状	LR SR AR	$L \geqslant 3b$ $L < 3b$ $d \leqslant 2$
热裂纹	D	线状 点线状	LR AR	$L \geqslant 3b$ $d \leqslant 2$
裂纹	E	线状 点线状	LR AR	$L \geqslant 3b$ $d \leqslant 2$
残留芯撑	F	线状 非线状 点线状	LR SR AR	$L \geqslant 3b$ $L < 3b$ $d \leqslant 2$
残留内冷铁	G	线状 非线状 点线状	LR SR AR	$L \geqslant 3b$ $L < 3b$ $d \leqslant 2$
冷隔	H	线状 点线状	LR AR	$L \geqslant 3b$ $d \leqslant 2$

$L =$ 显示长度；
$b =$ 显示宽度；
$d =$ 相邻两个显示边缘之间的距离（mm）。

附 录 B
（资料性附录）
铸钢件渗透检测方法的特殊要求

B.1 所用产品的卤族元素和硫的含量应小于1%。

B.2 渗透时间不应少于渗透剂制造商推荐的时间。

B.3 操作温度应在 10~50℃之间。

B.4 水冲洗的压力应低于0.2MPa，水温应低于40℃。

B.5 干燥应采用压力低于0.2MPa，温度低于70℃的清洁干燥的空气。

B.6 显像时间一般在 15~30min 之间。

附 录 C
（资料性附录）
表面状况的等效性（指南）

表面状况	精密			光滑				粗糙	
表面粗糙度 Ra^a/μm	1.6	3.2	6.3	12.5		25		> 25	
表面处理方法	精磨，精密研磨	精密喷丸	精磨，精密加工，研磨	光滑喷丸，熔模铸造	光滑打磨	光滑喷丸，精密铸造（陶瓷型）	打磨，光滑加工	光滑喷丸，精密铸造（壳型，陶瓷型）	打磨，粗加工	中度喷丸，仔细造型	粗糙处理	砂型铸造
BNIF341-02	—	—	—	1S2	—	2S2 3S2	1S1	4S2 5S2	2S1 3S1	1S3 2S3 5S3 6S3	4S1 5S1 6S1
ACI	—	—	—	—	—	S1S1	—	S1S3	—	S1S4	—	—
CSC（铸造表面比较样块）	—	—	C30	—	C40	—	C70	—	C90	—	—
SCRATA	—	—	—	—	—	—	A1	H1 H2	A2 A3	G2 G3	A4 C3 D3
LCA2 磨削	15	—	16	—	17	—	18	—	19	—	—
LCA3 喷丸处理	—	N7 (15)	—	N8 (16)	—	N9 (17)	—	N10 (18)	—	N11 (19)	—	—

a 表面粗糙度值 Ra 是由样块制造商提供的。
S1：铸态或喷丸处理状态；
S2：磨削状态。

附 录 D
（资料性附录）
质量等级图例

D.1~D.5 给出了非线状显示（SR1~SR5）的示意图。

D.1 质量等级 SR1

8 个非线状显示，$1.5\text{mm} \leqslant D \leqslant 3\text{mm}$。

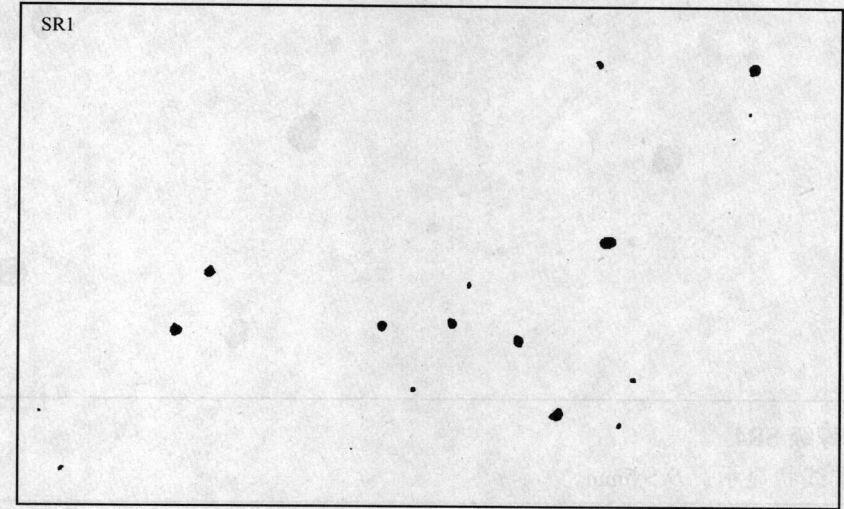

D.2 质量等级 SR2

8 个非线状显示，$D > 2\text{mm}$。

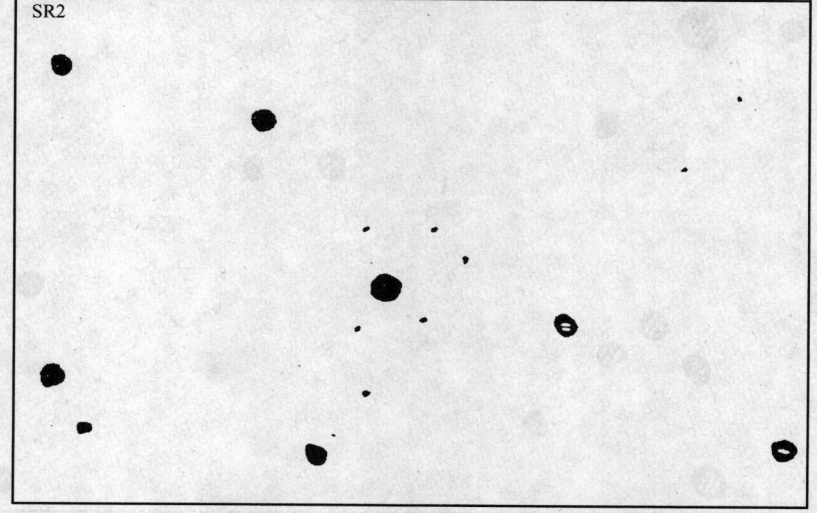

D.3 质量等级 SR3

12 个非线状显示，$D > 3$mm。

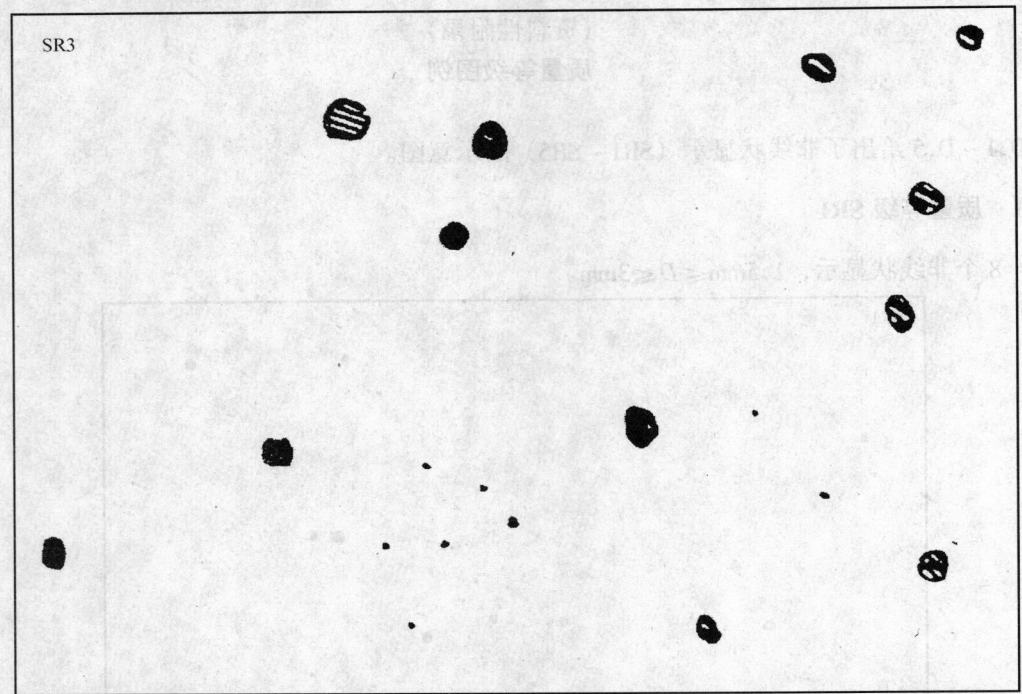

D.4 质量等级 SR4

20 个非线状显示，$D > 5$mm。

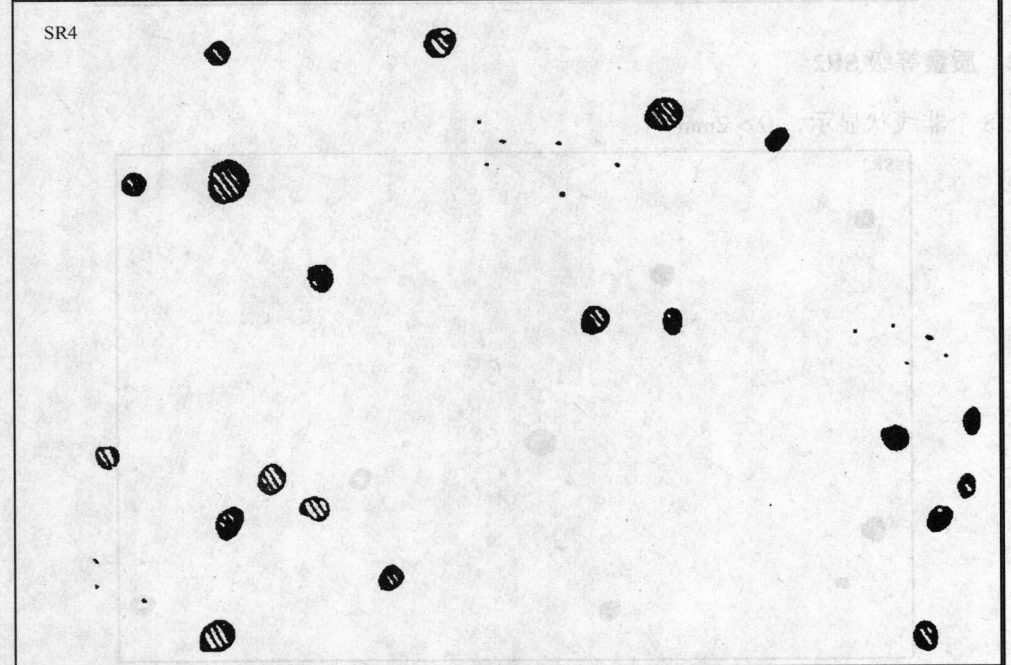

D.5 质量等级 SR5

32 个非线状显示，$D > 10$ mm。

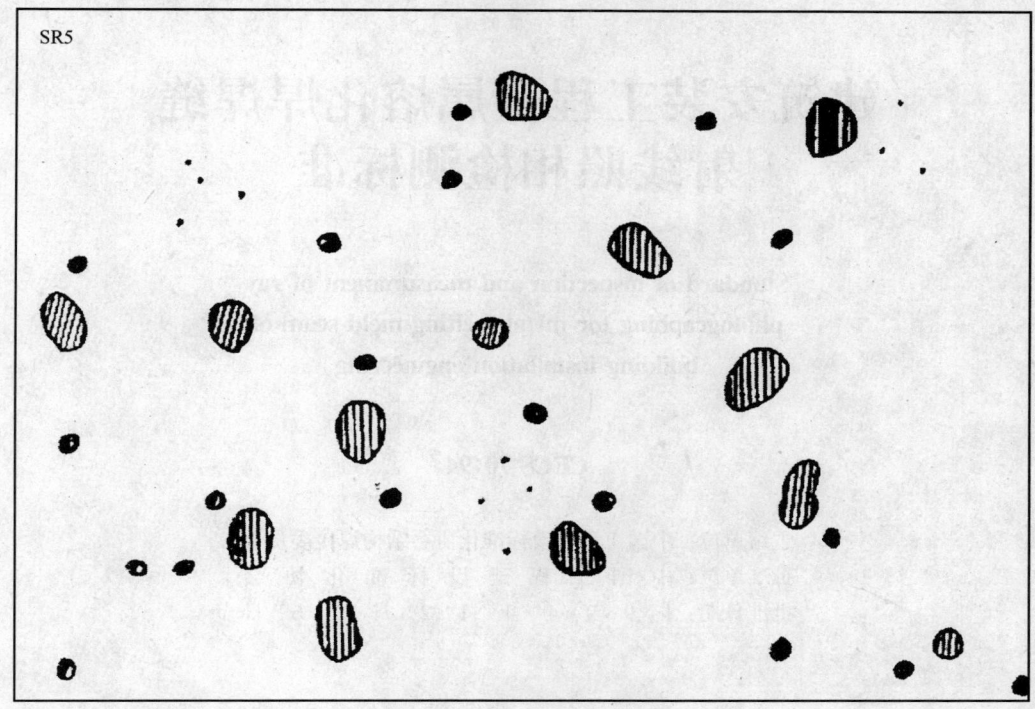

中国工程建设标准化协会标准

建筑安装工程金属熔化焊焊缝射线照相检测标准

Standard of inspection and measurement of ray photographing for metal melting meld seam of building installation engineering

CECS 70:94

主编单位：中国工程建设标准化协会结构焊接委员会
批准单位：中国工程建设标准化协会
批准日期：１９９４年１２月２６日

前　言

由中国工程建设标准化协会结构焊接委员会主编的"建筑安装工程金属熔化焊焊缝射线照相检测标准"及"工程建设施工现场焊接目视检验规范"两项标准，经广泛征求有关单位意见，并经有关专家审查通过。现批准"建筑安装工程金属熔化焊焊缝射线照相检测标准"（CECS 70:94）为中国工程建设标准化协会标准。

该两项标准在执行过程中，希望各单位认真总结经验，注意积累资料，如发现有需要修改或补充之处，请将意见寄交中国工程建设标准化协会结构焊接委员会（地址：河北省石家庄市化工部管理干部学院，邮政编码：050031）。

中国工程建设标准化协会
1994 年 12 月 26 日

目　次

1 总则 ··· 1122
2 一般规定 ··· 1122
　2.1 射线照相检测单位的条件 ·· 1122
　2.2 射线照相检测工作人员条件 ·· 1122
　2.3 射线照相检测工作程序 ··· 1122
　2.4 射线照相检测焊缝的数量 ·· 1123
　2.5 局部射线照相检测焊缝位置 ·· 1123
　2.6 射线照相检测焊缝应具备的条件 ··· 1124
3 射线照相工艺 ·· 1124
　3.1 射线源能量的选择 ·· 1124
　3.2 射线照相质量等级 ·· 1125
　3.3 胶片的分类和选择 ·· 1125
　3.4 增感屏 ·· 1126
　3.5 像质计（透度计） ·· 1127
　3.6 标记使用的符号及字码 ··· 1128
　3.7 曝光曲线 ··· 1128
　3.8 透照方式 ··· 1128
　3.9 几何条件 ··· 1130
　3.10 像质计的安放位置及数量 ··· 1131
　3.11 定位标记及识别标记的放置 ·· 1132
　3.12 暗盒及暗盒放置 ··· 1132
　3.13 无用射线及散射线的屏蔽 ·· 1132
　3.14 照相操作 ·· 1133
4 胶片的暗室处理与底片观察及焊缝质量分级 ···································· 1133
　4.1 胶片的暗室处理 ··· 1133
　4.2 底片的质量 ·· 1133
　4.3 底片的观察 ·· 1134
　4.4 照相底片焊缝质量评定 ··· 1134
　4.5 钢熔化焊焊缝质量分级 ··· 1134
　4.6 钢管熔化焊对接接头焊缝质量分级 ·· 1136
5 检测报告、不合格及有争议底片处理、检测工作抽查 ························· 1137
　5.1 检测报告 ··· 1137
　5.2 不合格底片的处理 ·· 1137
　5.3 对有争议底片的处理 ··· 1137

5.4 射线照相检测工作的抽查 …………………………………………………… 1137
6 施工现场射线照相防护 …………………………………………………………… 1138
附录 A 熔化焊对接接头透照厚度 ………………………………………………… 1138
附录 B 有效焦点尺寸的计算 ……………………………………………………… 1139
附录 C 铝熔化焊焊缝质量分级 …………………………………………………… 1139
附录 D 钛熔化焊焊缝质量分级 …………………………………………………… 1141
附录 E 可扩大评定区的处理办法 ………………………………………………… 1143
附加说明 ………………………………………………………………………………… 1143
条文说明 ………………………………………………………………………………… 1144

1 总 则

1.0.1 本标准适用于建筑安装工程及检修工程金属熔化焊焊缝射线照相检测。
1.0.2 执行本标准时，还应遵守有关国家标准及专业标准的规定。
1.0.3 在技术文件或合同中确认使用本标准时，应执行本标准的所有规定。如只在射线照相检测工作中采用本标准的部分规定内容，不能视为执行了本标准。

2 一般规定

2.1 射线照相检测单位的条件

2.1.1 检测单位应具备下述全部条件，方具备从事建筑安装工程射线照相检测工作的资格。
2.1.2 具有可以在工程施工现场使用，并充分满足被检验工件最大透照厚度需要的X射线或其他射线源，胶片处理暗室设施，底片观察设施。
2.1.3 具有从事射线照相检测的照相人员及底片评定人员，其中最少有二名照相人员及一名底片评定人员应取得相应的工作资格。
2.1.4 从事射线照相检测的单位如有伪造记录、报告等行为，在作出检查并制定出改进措施前不得在工程建设施工现场从事射线照相检测工作。

2.2 射线照相检测工作人员条件

2.2.1 从事射线照相检测的工作人员，在工作前应经过系统培训，必须掌握其所从事射线照相检测工作相应的技术知识及建筑安装工程金属熔化焊接基本知识。
2.2.2 射线照相检测人员必须持有与其工作对应的、由国家授权部门颁发的工作资格证书。涉外工程应取得合同规定的射线照相检测资格认证。
2.2.3 评片人员的视力应每年检查一次，校正视力不得低于1.0，并要求距离400mm能读出高为0.5mm，间隔为0.5mm的一组印刷字母。
2.2.4 射线照相检测人员必须执行本标准的规定，一经发现有故意违犯本标准规定者，应在其改正前取消其射线照相检测工作资格。

2.3 射线照相检测工作程序

2.3.1 由要求检测的单位（如施工单位工程质量检查部门、建设单位或工程监理单位的工程质量监察部门等）向检测单位发出书面委托书。委托书中应说明被检测工程名称、设计图样名称及编号、工程执行的标准、检测数量，有需要时尚应说明被检测焊接的位置及在工序中检测工作进行的时间。
2.3.2 检测单位在接受委托后，应按照相关工程标准及设计图样规定，被检工件的材料、壁厚、焊接接头结构，被检测焊缝的空间位置以及施工现场条件等，制定书面射线照相检测程序。书面程序应包含下列内容：

(1) 工件材料厚度及结构草图；
(2) 使用 X 射线机的型号或同位素源；
(3) 射线源的焦点尺寸；
(4) 曝光条件：管电压、管电流、曝光时间；
(5) 胶片类型；
(6) 放射源距胶片距离；
(7) 透照方式；
(8) 增感屏及增感方式；
(9) 定位及识别标记符号及标记方法；
(10) 像质计的种类、数量及安放位置；
(11) 屏蔽措施。

2.4 射线照相检测焊缝的数量

2.4.1 射线照相检测数量应符合相关工程标准、设计图样的规定，或工程合同的有关规定。工程施工单位为检查控制焊接工艺实施及焊工操作水平而进行的射线照相检测，数量自行决定。

2.4.2 焊缝局部射线照相检测数量规定按焊工所焊焊缝总长或管道焊口数比率计量时，不足 250mm 焊缝长度或一个焊口的，应按 250mm 焊缝长度或一个焊口进行射线照相检测。如规定按工程结构焊缝总长或管线焊口总数计数计量时，检测除满足数量要求外，检测焊缝还应包含参加该工程结构或管线焊接的每一个焊工焊接的焊缝。

2.4.3 由于结构或现场其他条件的限制无法满足全部焊缝或规定的局部焊缝射线照相检测数量时，应由检测单位提出，说明不能实施射线照相检测的焊缝位置及原因，由要求检测的单位决定修改意见，并向检测单位发出变更检测的通知。

2.4.4 要求检测的单位如认为有必要增加射线照相的检测数量时，应下达增加检测数量的委托书。

2.5 局部射线照相检测焊缝位置

2.5.1 局部射线照相检测焊缝位置的确定，应根据相关工程标准、设计图样及工程合同的规定。

2.5.2 当无明确规定时，检测焊缝位置应按下述原则确定：
(1) 在容易发生焊接缺陷的部位；
(2) 在结构中接头受力恶劣的部位；
(3) 在隐蔽工程及工程完工后不可及的部位；
(4) 在满足以上要求时，检测焊缝位置应力求分散，以使检测结果有更好的代表性。

2.5.3 检测焊缝位置应由检查员或要求检测单位授权的人员决定，不得由施工人员或射线照相人员自行决定。

2.5.4 由于结构及现场条件的限制，无法在检查员指定的位置进行射线照相时，应由原指定位置的人员作出变更，重新指定检测焊缝位置。

2.6 射线照相检测焊缝应具备的条件

2.6.1 射线照相检测焊缝应通过外观检查后方可进行射线照相检测。

2.6.2 射线照相检测焊缝表面应进行清理，所有可能影响焊缝底片影像的焊缝外侧及内侧可及处表面的突起部分应打磨干净，如相关工程标准、设计图样对焊缝的表面有更高要求时，应达到要求后方可进行射线照相。

2.6.3 射线照相检测焊缝清理部分的长、宽至少为照相底片长、宽的2倍。

2.6.4 应在指定射线照相检测焊缝位置用钢印或相关工程标准、设计图样或工程合同中规定的标记方法作出永久标记。标记位置应在焊缝中心距焊缝边缘15mm处，如为管接头，应在该接头第一次照相位置中心距焊缝边缘15mm处。不允许或不可能作出永久标记时，应在射线照相检测过程用油漆或其他不易消失的标记方法，在上述标记部位标记，并在草图上用检测焊缝位置附近不动参照物准确标出被检焊缝位置。

3 射线照相工艺

3.1 射线源能量的选择

3.1.1 选择的X射线或γ射线源，应能透照出清晰显示焊缝被检测区域影像的射线照相底片。

在曝光时间许可下，应采用较低的射线能量，不同材料透照允许最高X射线管电压见图3.1.1，不同能量射线源适用透照厚度见表3.1.1。

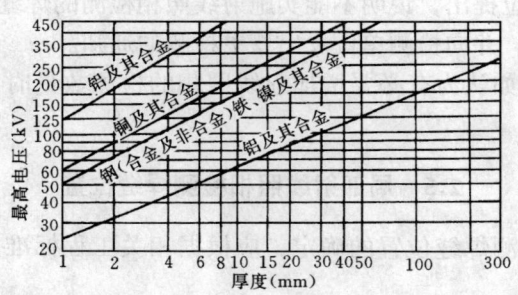

图3.1.1 透照不同厚度材料时允许使用的
最高X射线管电压

表3.1.1 不同能量射线源适用的材料厚度范围（mm）

射线源	A 级		
	钢及合金钢、铁、镍及其合金	铜及其合金	铅及其合金
192Ir	20~100（10~100）[①]	15~90	5~40
60Co	40~200	20~170	15~125
1~2MeV射线	50~200	—	—
大于2MeV射线	50以上	—	—

续表 3.1.1

射线源	B 级 钢及合金钢、铁、镍及其合金	铜及其合金	铅及其合金
192Ir	40~90（10~90）①	35~80	15~35
60Co	60~150	50~135	40~100
1~2MeV 射线	60~150	—	—
大于 2MeV 射线	60 以上	—	—

注：① 括号内数值为特别情况下允许的范围。

3.2 射线照相质量等级

3.2.1 射线照相质量等级分为 A 级（普通级）和 B 级（高级）。射线照相质量等级应符合相关工程标准、设计图样或工程合同的规定。选用 B 级时，焊缝余高应磨平。

3.3 胶片的分类和选择

3.3.1 工业 X 射线胶片的类型参见表 3.3.1。

表 3.3.1 工业射线照相胶片的类型

胶片型号	说明		
	速度	反差	粒度
1	低	极高	极细
2	中	高	细
3	高	中	细
4	极高①	极高①	②

注：① 是指加用荧光增感屏的曝光情况。如 4 号胶片直接曝光或加用铅箔屏曝光时，则其速度、反差和粒度均为中等。
② 这里的粒度与所采用的荧光增感屏的特性有关。

3.3.2 不同厚度的钢、铝、青铜和镁的射线胶片可根据表 3.3.2 进行选择。高质量等级透照应选择号数较小的胶片。

表 3.3.2 不同厚度的钢、铝、青铜和镁用的射线照相胶片

厚度 (mm)	各种射线管压或放射性同位素条件下用的胶片型号①									
	50~80 (kV)	80~120 (kV)	120~150 (kV)	150~250 (kV)	铱 192	250~400 (kV)	1 MeV	钴 60	2 MeV	镭	6~31 MeV
	钢										
0~6	3	3	2	1							
6~13	4	3	2	2	1						
13~25		4	3	2	2			1	2		
25~50				3	3	2	1	1	2	1	
50~100				4	3	4	2	2	3	1	
100~200					4	3	3	2	3	2	
>200							3			2	2

续表 3.3.2

厚度 (mm)	各种射线管压或放射性同位素条件下用的胶片型号[①]									
	50~80 (kV)	80~120 (kV)	120~150 (kV)	150~250 (kV)	铱192	250~400 (kV)	1 MeV	钴60	2 MeV	镭	6~31 MeV
铝										
0~6	1	1									
6~13	2	1	1	1							
13~25	2	1	1	1		1					
25~50	3	2	2	1	1	1					
50~100	4	3	2	2	1	2					
100~200		4	3	3	2	3					
>200					4						
青 铜										
0~6	4	3	2	1	1	1	1				
6~13		3	2	2	1	1	1	1			
13~25		4	4	3	2	2	1	1	2		
25~50			4	4	3	3	1	2	2	2 3	1
50~100				3	4	2	3	2 3		1 2
100~200							3	3	3		2
>200											2
镁										
0~6	1	1									
6~13	1	1	1								
13~25	2	1	1	1		1					
25~50	2	1	1	1	1	1					
50~100	3	2	2	1	1	2					
100~200		3	2	2	2	3					
>200					4						

注：① 推荐的这些型号，一般都具有可以接受的射线底片质量。通过使用最低型号的胶片（经济上和技术上认为都是允许的）将可改善射线照相的最佳质量。建议 4 型胶片都要使用荧光增感屏。

3.4 增感屏

3.4.1 射线照相可采用金属增感屏或不用增感屏，金属增感屏的选用见表 3.4.1。在个别情况下，可使用荧光增感屏或金属荧光增感屏，但只限于 A 级。

表 3.4.1 增感屏的选择

X 射线电压或 γ 射线源	A 级	B 级
≤400kV[①]	0.02~0.25mm 铅前屏及后屏	
192Ir	0.05~0.25mm 铅前屏及后屏	
60Co[②]	0.1~0.5mm 铅、钢及合金钢或铜前屏及后屏	0.4~0.7mm 钢及合金钢或铜前屏及后屏
1~2MeV	0.1~1.0mm 铅前屏及后屏	
2~6MeV	1.0~1.5mm 铜或钢及合金钢前屏及后屏	
6~12MeV	前屏 1.0~1.5mm，后屏等于或小于 1.5mm 的铜、钢及合金钢或钽	
12MeV 以上	前屏 1.0~1.5mm 钽或钨，无后屏	

注：① 100kV 以下 X 射线可用前屏。
② 透照厚度在 40~60mm 范围时，必须采用 B 级规定的增感屏。

3.4.2 铅屏的使用。

（1）铅屏在使用中发现因铅屏的皱痕和压痕而造成假象时应停止使用该铅屏。

（2）纯铅质铅屏在使用时应轻轻的接触胶片，以防止蹭到胶片上造成底片上的铅斑。

（3）在铝等轻金属透照时，如必须使用前屏，前屏厚度宜小于 0.05mm。

3.4.3 荧光屏的使用。

（1）在使用中发现因荧光增感屏涂布不匀、划伤、擦伤、荧光晶粒受损及被化学药品污染而造成假象时应停止使用该荧光增感屏。

（2）在使用前应检查荧光增感屏，如发现有指纹、油斑、污物及灰尘等，应使用不损害荧光晶体涂膜的方法将其擦净，如无法擦净时应停止使用。

（3）荧光增感屏的任何部分都不得曝露于原始射束之下，以免由于"荧光屏惯性"而造成假象。

注：荧光屏惯性——荧光增感屏曝露于高强度辐射下时，在移去射束之后，荧光屏仍会继续发光的持久效应。

3.4.4 不论使用何种增感屏，都应保证增感屏与胶片在暗盒中相互紧贴。

3.5 像质计（透度计）

3.5.1 像质计用以检查射线照相技术和胶片处理质量，像质计不得作为比较缺陷大小用的尺寸标准。像质计的使用应符合相应工程技术标准的规定，可以使用线型像质计，也可以使用其他类型像质计。

3.5.2 线型像质计。

3.5.2.1 线型像质计衡量透照技术和胶片处理质量的数值是像质指数，它等于底片上能识别出的最细金属丝的线编号。

3.5.2.2 线型像质计的型号及规格应符合《线型像质计》（GB 5618—85）的规定。

3.5.2.3 线型像质计的选用，应按照透照厚度和像质级别所需要达到的像质指数，选用 GB 5618—85 规定的 R10 系列的像质计，见表 3.5.2。透照厚度的确定见附录 A，双壁单影透照厚度应为单壁厚度加一个余高。

表 3.5.2 像质计的选用（mm）

要求达到的像质指数	线直径	透照厚度 T	
		A 级	B 级
16	0.100	—	≤6
15	0.125	—	>6～8
14	0.160	≤6	>8～10
13	0.200	>6～8	>10～16
12	0.250	>8～10	>16～25
11	0.320	>10～16	>25～32
10	0.400	>16～25	>32～40
9	0.500	>25～32	>40～50
8	0.630	>32～40	>50～80
7	0.800	>40～60	>80～150
6	1.000	>60～80	>150～200
5	1.250	>80～150	—
4	1.600	>150～170	—
3	2.000	>170～180	—
2	2.500	>180～190	—
1	3.200	>190～200	—

3.5.3 其他类型像质计。相关工程标准、设计图样或工程合同有规定时可以选用其他类型的像质计。但其必须有已知的尺寸和形状，与被透照的工件材料有相似的衰减特性，符合该像质计技术标准的要求。

3.5.4 像质计的适用材料范围见表3.5.4。

表 3.5.4 不同像质计材料适用范围

像质计材料	碳素钢	铜	铝
适应材料范围	黑色金属	铜锌锡及锡合金	铝及铝合金

3.6 标记使用的符号及字码

3.6.1 应使用射线照相检测书面程序中所规定用作标记的符号、数码、字母或文字。

3.6.2 标记应用铅合金制作，其厚度应大于等于1mm。除点状标记外（如圆点），标记的长度（高度）应大于等于5mm。宽度应大于等于3mm（如为单线符号宽度应大于等于1.5mm）。其加工精度应保证在正常透照的照相底片上能清晰地显现出本身影像轮廓。

3.7 曝 光 曲 线

3.7.1 应根据射线源，胶片和增感屏的选用，按具体条件制做或选用合适的曝光曲线，并以此选择曝光条件。

为达到规定的底片黑度，X射线曝光量宜选用不低于15mA·min，以防止用短焦距和高管电压所引起的不良影响。

3.7.2 选用射线源设备出厂曝光曲线或其他非检验单位自行制做的曝光曲线时，在使用前至少应用含被检验工件透照厚度的阶梯形试块进行一次透照，以验证选用曝光曲线的可靠性。

3.7.3 检验单位在条件许可时，应自制曝光曲线，以更准确地选择曝光条件。

3.8 透 照 方 式

3.8.1 按照射线源、工件和胶片之间的相互位置关系、透照方式分为纵焊缝透照法、环焊缝透照法、环焊缝内透法、双壁单影法和双壁双影法五种，透照方式示意图见图3.8.1。

3.8.2 平板焊缝。除由于结构的限制而必须使射线束倾斜外，平板焊缝应采用射线束垂直于检验位置中心表面的纵焊缝透照法。

3.8.3 T形接头、角接头及搭接接头射线照相透照方式应按图3.8.3进行。

当在焊缝区域由于焊缝断面的变化而使照相底片上部分焊缝曝光过度（影像黑度过高），部分焊缝曝光不足（影像黑度过低）而影响像质时，应在焊缝表面放置或在工件与胶片间插入补偿楔块。

3.8.4 曲率半径较大的板焊缝，其透照可视同平板焊缝。

3.8.5 外径小于等于ϕ89mm的管道及管结构环状焊缝的射线照相，可采用双壁双影法进行透照。

3.8.5.1 当外径与内径比小于或等于1.4时，应进行间隔为90°的两次透照曝光，见图

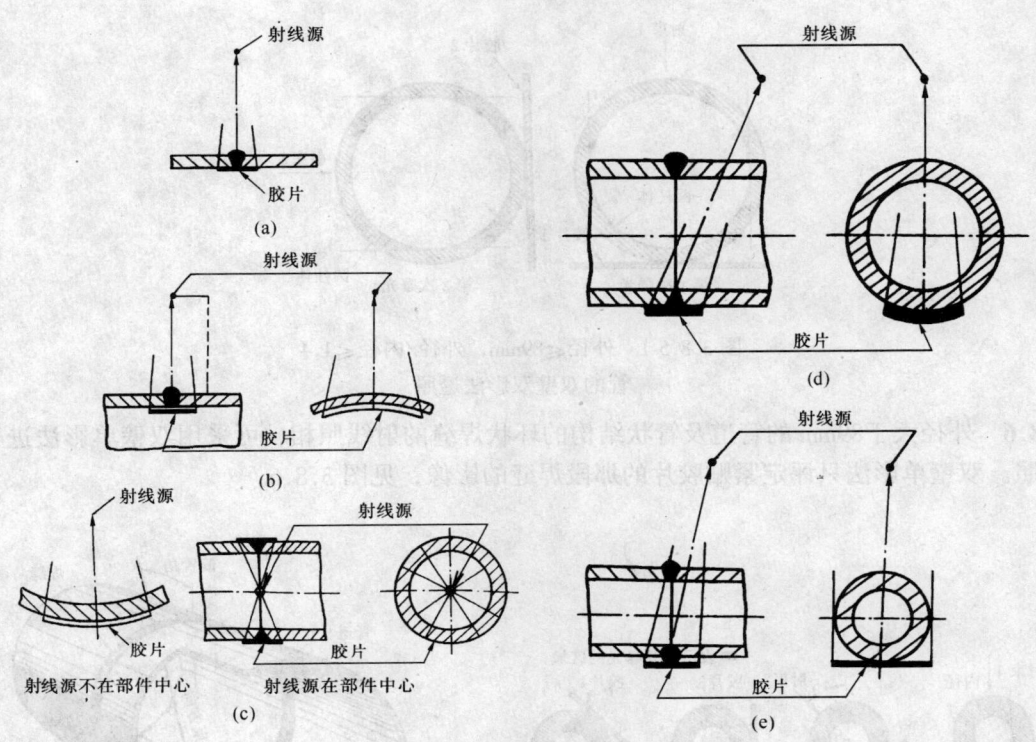

图 3.8.1 射线照相透照方式
(a) 纵缝透照法;(b) 环缝外透法;(c) 环缝内透法;
(d) 双壁单影法;(e) 双壁双影法

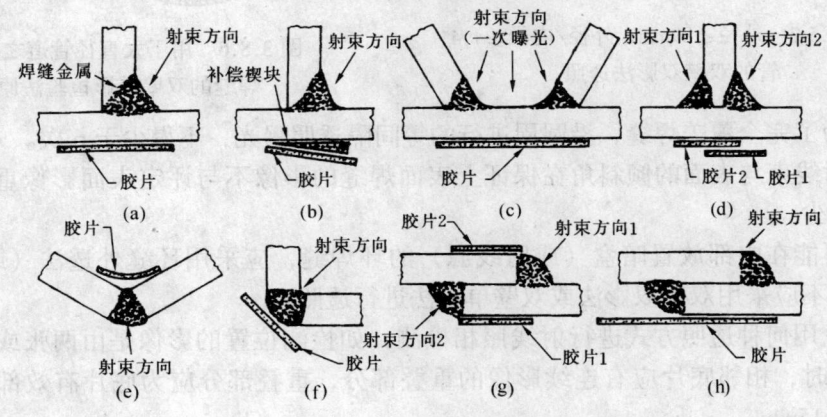

图 3.8.3 T形接头、角接头及搭接接头透照方式

3.8.5-1。

3.8.5.2 当外径与内径比大于1.4时,应进行曝光的次数按其实际外径与内径之比的2倍,4舍5入取整数确定,透照曝光间隔按180°等分之,见图3.8.5-2。

当外径与内径比为1.8时,

曝光次数:取 4 次（$1.8 \times 2 = 3.6$）;

间隔角度:取 45°（$180 \div 4 = 45$）。

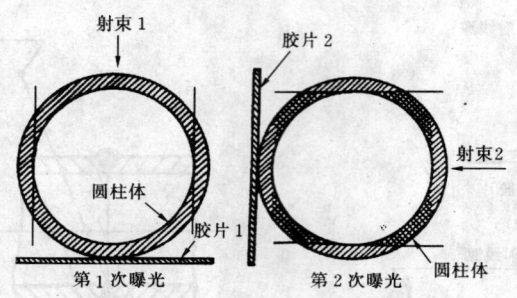

图 3.8.5-1 外径≤89mm，外径/内径≤1.4
管的双壁双影法透照

3.8.6 外径大于89mm的管道及管状结构的环状焊缝的射线照相，可采用双壁单影法进行透照。双壁单影法只评定紧贴胶片的那段焊缝的影像，见图3.8.6。

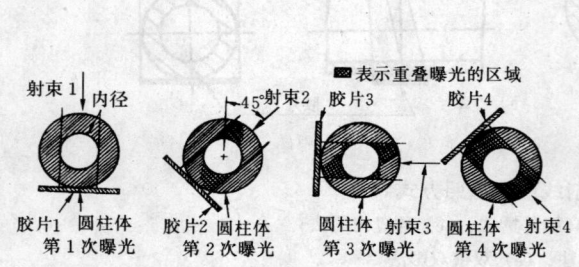

图 3.8.5-2 外径≤89mm，外径/内径≥1.4
管的双壁双影法透照

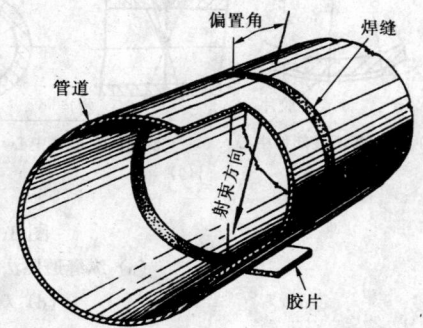

图 3.8.6 用于大直径管道之周向对接
焊缝的双壁单影检验法原理图

3.8.6.1 为了完全覆盖焊缝，沿圆周进行的等间隔透照曝光，不得少于6次。

3.8.6.2 射线束与表面的倾斜角在保证上表面焊缝的影像不与评定表面影像重迭的条件下应尽量减少。

3.8.7 有可能在内部放置暗盒（或射线源）的环焊缝，应采用环缝外透法（或内透法）进行透照，不应采用双壁双影法或双壁单影法进行透照。

3.8.8 无论用何种透照方式进行射线照相检测，如检测位置的影像是由两张或两张以上的底片组成时，相邻底片应有连续影像的重叠部分，重叠部分应为底片有效部分长度的10%或大于15mm。

3.9 几 何 条 件

3.9.1 射线源至工件表面距离 L_1，L_1/d 与工件表面至胶片的距离 L_2 的关系如图 3.9.1-1 所示，L_1 的诺模图见图 3.9.1-2，d 为射线源有效焦点尺寸，可按附录B求出。

3.9.2 一次透照长度是指采用分段曝光时，每次曝光所检测的焊缝长度，除满足 3.8.2、3.8.5.2、3.8.6.1、3.8.8条款的规定外，尚应符合第 4.4.1、4.4.2 条有关黑度和像质的要求。

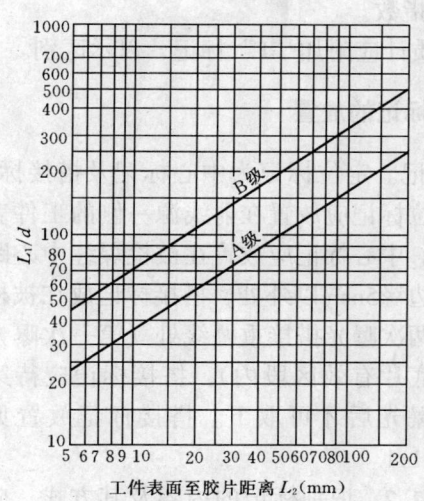
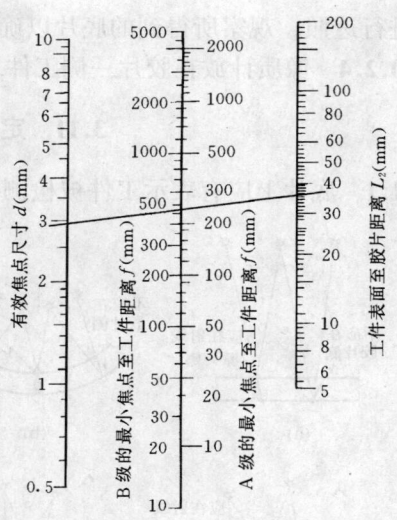

图 3.9.1-1 根据厚度决定的最小 L_1/d 值

图 3.9.1-2 确定焦点至工件距离的诺模图

3.9.3 焊缝的透照厚度比为 K 值，见图 3.9.3。环缝的 A 级 K 值一般不大于 1.1，B 级 K 值一般不大于 1.06；纵缝的 A 级 K 值不大于 1.03，B 级 K 值不大于 1.01。

3.9.4 射线束应指向被检测焊缝中心，并在该点与被检区平面或曲面的切面垂直，但需要时也可以从有利于发现缺陷的其他方向进行透照。

3.10 像质计的安放位置及数量

3.10.1 各类像质计的安放位置及数量应符合相关工程标准设计图样或工程合同的规定。但必须满足以下条件：

（1）反映出最大的不清晰度；

（2）未遮挡任何受检区域而影响对其影像进行观察，作出质量评定；

（3）位于辐射束圆锥以内。

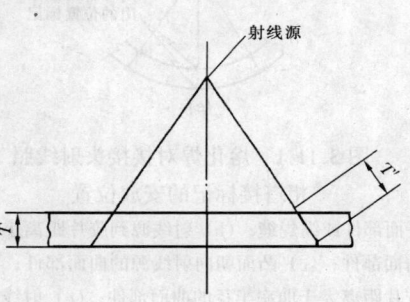

图 3.9.3 焊缝透照厚度比示意图

$$K = \frac{T'}{T}$$

式中 T——材厚度，(mm)；
T'——射线束斜向透照最大厚度（mm）。

3.10.2 线型像质计的安放位置。

3.10.2.1 线型像质计应放在射线源一侧工件表面上被检焊缝的一端（被检长度的 1/4 部位）。金属线应横跨焊缝并与焊缝方向垂直，细金属线置于外侧。当射线源一侧无法放置像质计时，也可放在胶片一侧的工件表面上，但应通过对比试验，使实际像质指数值达到规定要求。

3.10.2.2 采用射线源置于圆心位置的周向曝光技术时，像质计应放在内壁，间隔 90°放置一个。

3.10.2.3 对比试验的作法：截取一个与被检工件完全相同的短试块，在被检部位相似位置的内外表面端部各放一个像质计，采用与工件相同的透照条件或即放置在被检工件的旁边进行透照，观察所得到的底片以确定相应的像质指数。

3.10.2.4 像质计放在胶片一侧工件表面上时，像质计应附加"F"标记，以示区别。

3.11 定位标记及识别标记的放置

3.11.1 底片上应有表示工件被检测范围的定位标记。定位标记为中心标记及搭接标记，定位标记应放置在射线源一侧的工件表面上。中心标记应放置在被检焊缝中心距焊缝边缘5mm以外处，搭接标记放在被检焊缝两次曝光搭接重叠线处（第一次曝光照相底片有效区段内），搭接标记应待第二次曝光后才可取下。搭接标记放置见图3.11.1。

3.11.2 识别标记的内容及其方式，应在照相程序中规定，标记至少应包含以下内容：工程（工件）编号、焊缝编号、部位编号、透照日期、重复透照次数。

识别标记可以放在射线源一侧暗盒表面的边缘上，亦可放置在工件表面上，但应保证标记可以在照相底片上清晰完整的显现，且不遮挡被检焊缝的影像，其位置应距焊缝边缘5mm以上。

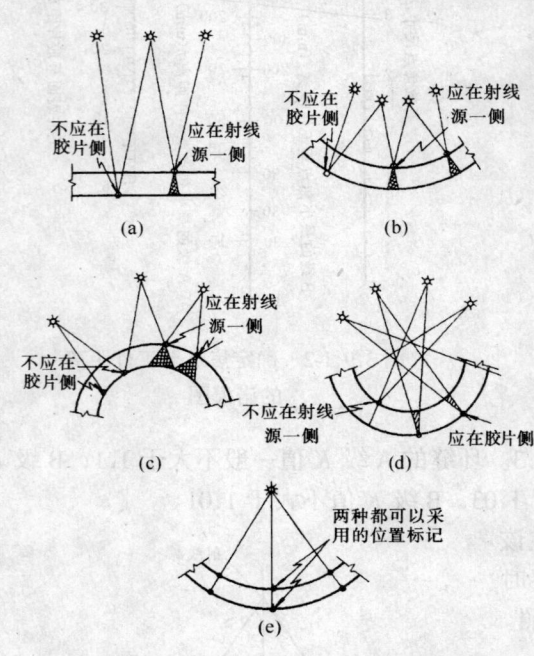

图 3.11.1 熔化焊对接接头射线照相搭接标记的安放位置
(a) 平面部件或纵焊缝；(b) 射线源到胶片距离小于曲率半径的曲面部件；(c) 凸面朝向射线源的曲面部件；(d) 射线源到胶片距离大于曲率半径的曲面部件；(e) 射线源在曲率中心的曲面部件

3.12 暗盒及暗盒放置

3.12.1 射线照相用金属暗盒及用塑料或其他耐用材料制作的可弯曲软暗盒必须保证密光，内装胶片不感光，胶片与增感屏紧贴并不被损坏，暗盒有与被透照工件紧密接触的可能。

3.12.2 暗盒在暗室无任何照明条件下应可方便的装卸胶片及增感屏，并有可靠的封口。

3.12.3 在照相底片上发现边缘或拐角处的黑斑及灰雾时，应仔细检查使用暗盒的漏光处，如无修复可能应予报废。

3.12.4 暗盒放置时应与工件表面紧密贴合，固定牢固。透照后，应核实在透照过程中暗盒固定良好，位置无移动后，方可将盒取下，送交暗室处理。

3.13 无用射线及散射线的屏蔽

3.13.1 当工件较小（如管焊缝或型钢焊缝）可能发生侧散射时，应采取有效的屏蔽方法（如设置铅窗口）限制受检部位的照射面积。

3.13.2 当以混凝土或土、木等为背景进行透照时，应加厚后屏铅屏的厚度或在暗盒背面放置铅板，以防止背散射线影响。

为检查背散射,应在暗盒背面贴附一个"B"字符的铅质标记(B的高度为13mm,厚度为1.6mm)。若在较黑背景上出现"B"的较淡影像就说明背散射线防护不够,应采取防护措施后重照。如在较淡背景上出现"B"的较黑影像则不作为底片判废的依据。

3.14 照相操作

3.14.1 照相过程中必须保证射线源及被检工件安放稳定,不发生晃动和位移。

4 胶片的暗室处理与底片观察及焊缝质量分级

4.1 胶片的暗室处理

4.1.1 暗室和暗室的所有装备与附件都必须始终保证清洁,而且只能允许用于胶片的装卸及处理。

4.1.2 胶片的装卸与处理宜在不同的工作台上进行,不得同时交叉进行。

4.1.3 胶片的装卸过程中,操作者双手必须保持清洁干燥,手汗多时应戴洁净橡胶或全棉细纱手套操作。

4.1.4 溅溢出的药液及水应立即擦净,以免在照相底片上造成斑点。

4.1.5 胶片的暗室处理条件,必须符合相应药品的说明,并尽力减少变化范围。

4.1.6 处理过程冲洗用水应为流动的洁净水,冲洗槽容积应保证满足在规定时间内完成冲洗工作的需要。

4.1.7 为控制水斑,宜使用润湿剂溶液将冲洗过的底片浸泡 1~2min 后再进行干燥,在风沙较大的地区或尘土量多的现场环境下,如自然干燥,应在有空调的密闭房间中进行。如用干燥机应先滴控几分钟再送入干燥。

4.1.8 底片干燥后,应进行整理,检查后方可交付观察评定。

4.2 底片的质量

4.2.1 黑度。选择的曝光条件应使底片有效评定区域内的黑度满足表4.2.1的要求。

表4.2.1 底片的黑度范围

射线种类	底片黑度 D		灰雾度 D_0
X射线	A级	1.2~3.5	≤0.3
	B级	1.5~3.5	
γ射线		1.8~3.5	

注:表中 D 值包括了 D_0 值。

4.2.2 像质。

4.2.2.1 线型像质计的像质指数。使用线型像质计,底片上必须显示的最小钢丝直径与相应像质指数见表3.5.2。

4.2.2.2 使用其他类型像质计,其像质计显示应符合相关标准的规定。

4.2.3 影像识别要求。底片上的像质计影像位置正确、定位标记和识别标记齐全,且不掩盖被检焊缝影像。如使用线型像质计，在焊缝影像上，如能清晰的看到长度不少于10mm的像质计钢丝影像，就认为是可识别的。其他像质计的识别要求，应符合相关标准的规定。

4.2.4 不允许存在的假像。底片有效评定区域内，不应有因胶片处理不当或其他原因造成的可能妨碍底片评定的底片缺陷及黑度变化。

4.3 底片的观察

4.3.1 底片观察环境。底片应在专用的或具备观察条件的室内进行观察。观察室内的光线应较为暗淡，但不应全黑。室内照明用光不应在底片表面产生反射。

4.3.2 观片灯。观片灯应有观察最大黑度为3.5的底片的足够亮度，透过底片的光应为亮度可调的漫射光。对正在观察的区域以外的部分，或观察区域透光过强的部分，应用适当的遮光板以屏蔽强光。底片观察条件应符合表4.3.2的规定。

表4.3.2 底片观察条件

底片背景照明的最高允许亮度 (cd/m)	底片黑度 (D)	观片灯亮度 (cd/m)
30	1.0	300
	1.5	1000
	2.0	3000
	2.5	10000
10	3.0	10000
	3.5	30000

4.3.3 底片应按以下程序进行观察：
（1）在观片灯前以由弱到强的亮度检查底片有效部分有无妨碍观察评定的假象。
（2）用黑度计检查黑度是否符合要求。
（3）检查像质是否符合要求。
（4）分析焊缝影像，对有效区域的任何异常黑度变化都应作出解释，辨认出缺陷，并确定其特征：性质、形状、位置及量度其尺寸，作出详细的记录。
（5）根据检测评定标准及检查出的缺陷特征对底片显示出的焊缝质量作出评价。如无检查评定标准只需记录发现的全部缺陷及其特征。
（6）填写检测报告。

4.4 照相底片焊缝质量评定

4.4.1 钢熔化焊焊缝质量分级按2.6节规定进行。当工程采用其他评定标准时，应在报告中说明。

4.4.2 钢管熔化焊对接接头焊缝质量分级按4.6节规定进行。当工程采用其他评定标准时，应在报告中说明。

4.4.3 其他金属的焊缝照相底片，焊缝的质量分级可按附录C、附录D规定进行。当工程采用其他评定标准时，应在报告中说明。

4.5 钢熔化焊焊缝质量分级

4.5.1 根据缺陷的性质和数量、焊缝质量分为四级：

(1) Ⅰ级焊缝内应无裂纹、未熔合、未焊透和条状夹渣。
(2) Ⅱ级焊缝内应无裂纹、未熔合和未焊透。
(3) Ⅲ级焊缝内应无裂纹、未熔合以及双面焊和加垫板的单面焊中的未焊透。不加垫板的单面焊中的未焊透允许长度按表4.5.3条状夹渣长度的Ⅲ级评定。
(4) 焊缝缺陷超过Ⅲ级者为Ⅳ级。

4.5.2 圆形缺陷的分级。

4.5.2.1 长宽比小于或等于3的缺陷定义为圆形缺陷。它们可以是圆形、椭圆形、锥形或带有尾巴（在测定尺寸时应包括尾部）等不规则的形状，包括气孔、夹渣和夹钨。

4.5.2.2 圆形缺陷用评定区进行评定，评定区域的大小见表4.5.2-1，评定区应选在缺陷最严重的部位。

表 4.5.2-1　缺陷评定区（mm）

母材厚度 T	≤25	25～100	100
评定区尺寸	10×10	10×20	10×30

4.5.2.3 评定圆形缺陷时应将缺陷尺寸按表4.5.2-2换算成缺陷点数。

表 4.5.2-2　缺陷点数换算表

缺陷长径（mm）	≤1	>1～2	>2～3	>3～4	>4～6	>6～8	>8
点　数	1	2	3	6	10	15	25

4.5.2.4 不计点数的缺陷尺寸见表4.5.2-3。

表 4.5.2-3　不计点数的缺陷尺寸（mm）

母材厚度 T	缺陷长径
≤25	≤0.5
>25～50	≤0.7
>50	≤1.4%T

4.5.2.5 当缺陷与评定区边界线相接时，应把它划为该评定区内计算点数。

4.5.2.6 当评定区附近缺陷较少，且认为只用该评定区大小划分级别不适当时，经合同双方协商，可将评定区沿焊缝方向扩大到3倍，求出缺陷总点数，用此值的1/3进行评定。可扩大评定区的处理办法见附录E。

4.5.2.7 圆形缺陷的分级见表4.5.2-4。

表 4.5.2-4　圆形缺陷的分级

评定区(mm) 母材厚度(mm) 质量等级	10×10			10×20		10×30
	≤10	>10～15	>15～25	>25～50	>50～100	>100
Ⅰ	1	2	3	4	5	6
Ⅱ	3	6	9	12	15	18
Ⅲ	6	12	18	24	30	36
Ⅳ	缺陷点数大于Ⅲ级者					

注：表中的数字是允许缺陷点数的上限。

4.5.2.8 圆形缺陷长径大于1/2T时，评为Ⅳ级。

4.5.2.9 Ⅰ级焊缝和母材厚度等于或小于5mm的Ⅱ级焊缝内不计点数的圆形缺陷，在评定区内不得多于10个。

4.5.3 条状夹渣的分级。

4.5.3.1 长宽比大于3的夹渣定义为条状夹渣。

4.5.3.2 条状夹渣的分级见表4.5.3。

表4.5.3 条状夹渣的分级

质量等级	单个条状夹渣长度	条状夹渣总长
Ⅱ	$T \leq 12$；4 $12 < T < 60$；$1/3T$ $T \geq 60$；20	在任意直线上，相邻两夹渣间距均不超过$6L$的任何一组夹渣，其累计长度在$12T$焊缝长度内不超过T
Ⅲ	$T \leq 9$；6 $9 < T < 45$；$2/3T$ $T \geq 45$；30	在任意直线上，相邻两夹渣间距均不超过$3L$的任何一组夹渣，其累计长度在$6T$焊缝长度内，不超过T
Ⅳ	大于Ⅲ级者	

注：1. 表中"L"为该组夹渣中最长者的长度。
   2. 长宽比大于3的长气孔的评级与条夹渣相同。
   3. 当被检焊缝长度小于$12T$（Ⅱ级）或$6T$（Ⅲ级）时，可按比例折算。当折算的条状夹渣总长小于单个条状夹渣长度时，以单个条状夹渣长度为允许值。

4.5.4 综合评级。

在圆形缺陷评定区内，同时存在圆形缺陷和条状夹渣（或未焊透）时，应各自评级，将级别之和减1作为最终级别。

4.6 钢管熔化焊对接接头焊缝质量分级

4.6.1 裂纹、未熔合、条状夹渣和圆形缺陷的分级应按第4.5.1、4.5.2、4.5.3条的规定执行。

4.6.2 内凹坑分级见表4.6.2-1，设计焊缝系数小于等于0.75的根部未焊透的分级见表4.6.2-2。

表4.6.2-1 内凹坑的分级

质量等级	内凹坑的深度		长度（mm）
	占壁厚的百分数（%）	深度（mm）	
Ⅰ	≤10	≤1	不限
Ⅱ	≤20	≤2	
Ⅲ	≤25	≤3	
Ⅳ	大于Ⅲ级者		

表4.6.2-2 未焊透的分级

质量等级	未焊透的深度		长度（mm）
	占壁厚的百分数（%）	深度（mm）	
Ⅰ	0	0	0
Ⅱ	≤15	≤1.5	≤10%周长

续表4.6.2-2

质量等级	未焊透的深度		长度（mm）
	占壁厚的百分数（%）	深度（mm）	
Ⅲ	≤20	≤20	≤15%周长
Ⅳ	大于Ⅲ级者		

5 检测报告、不合格及有争议底片处理、检测工作抽查

5.1 检测报告

5.1.1 射线照相检测后，检测单位应对检测结果及有关事项进行详细记录，并写出检测报告。其主要项目见表5.1.1。

表5.1.1 记录项目

项 目	内 容	项 目	内 容
制造厂名		像质计	
材料和产品名称		衬度计	
检测编号或代号		焦点至像质计距离	
材质		像质计至胶片距离	
母材厚度		显影液	
透照厚度		显影温度	
透照年月日		显影时间	
X射线机或同位素源		底片合格与否	
焦点尺寸		评级年月日	
使用管电压		评级结果	
使用管电流		缺陷种类	
曝光时间		评定区域位置	
胶片		其他重要事项	
增感屏			

5.2 不合格底片的处理

5.2.1 用于评定工程质量的射线照相检测底片质量，必须符合本标准的要求。不符合本标准要求的底片，不得作为评定工程焊缝质量的依据，应予报废销毁。如留作参考时应在底片上剪角或打孔标记，以免与合格底片混淆。

5.2.2 施工单位为检查控制焊接工艺实施及焊工操作水平进行的射线照相检测，对于不合格底片的处理，由施工单位自行决定。

5.3 对有争议底片的处理

5.3.1 底片质量或底片焊缝质量评定产生疑问或争议时，应对原检测位置焊缝进行补充透照。补充透照除按原透照方式、曝光条件进行外，尚可对透照方式、曝光条件作适当调整，以期获得更高质量的底片或更清楚的显现该位置焊缝及争议对象的影像。如补充透照后底片质量合格而缺陷特征判断仍有争议时，应改用其他无损检测方法（如超声波）作补充检测。

5.4 射线照相检测工作的抽查

5.4.1 对施工现场射线照相检测工作，工程质量监督部门必须进行不少于一次的复核抽

查。抽查位置应由检查员在原检测焊缝中选定。射线照相的全过程应在检查员的监察下进行。

5.4.2 如复核照相检测结果与原检测结果相符，认定射线照相检测工作合格。

5.4.3 如复核照相检测结果与原检测结果不相符，而差异只是表现在评定上有所不同，而不是影像上的不同时，可对原照相底片进行抽查评定。如在影像上存在重大差异时，应对该项目的原检测透照人员在最接近原透照日期及透照位置的射线照相检测位置抽检复核两个部位，如仍存在影像的重大差异时，应对该组透照人员在该工程所有进行的检测项目进行复核。

注：重大差异是指影像上出现（缺少）造成评片等级变化的缺陷影像；复核影像与原透照影像不是同一位置的影像。

6 施工现场射线照相防护

6.0.1 射线照相防护应符合《放射卫生防护基本标准》（GB 4792—84）的有关规定。

6.0.2 工程施工现场的射线照相工作宜安排在其他工作人员不在现场作业的时间内进行。

6.0.3 工程施工现场射线照相作业现场外照射剂量超过放射工作人员的剂量限值的区域应规定为禁止进入区，透照时任何人不得进入。

6.0.4 工程施工现场射线照相作业现场，外照射剂量超过个人剂量限值的区域应规定为管制区，透照时应禁止非照相工作人员入内。

6.0.5 在禁止进入区及管制区都应配置标志清楚的标明界线。

附录 A 熔化焊对接接头透照厚度

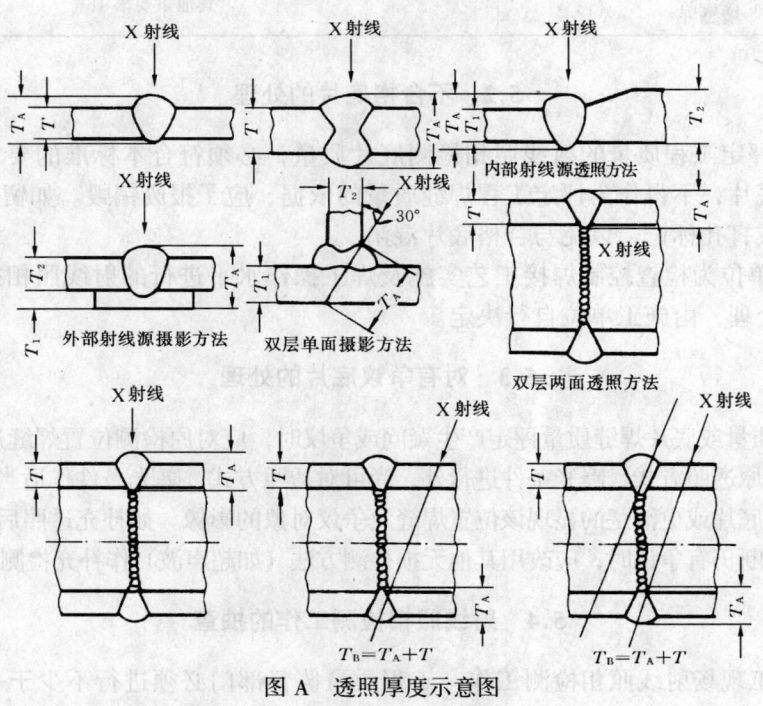

图 A 透照厚度示意图

表 A 各种接头的母材厚度和透照厚度

接头种类		母材厚度（mm）	焊缝形状	透照厚度（mm）
平 板	对接接头	T	无加强高	T
	对接接头	T	单面加强高	$T+1$
	对接接头	T	两面加强高	$T+2$
	对接接头	T	单面加强高，有垫板（T'，mm）	$T+1+T'$
管 子	对接接头（双壁透照）	T	无加强高	$2T$
	对接接头（双壁透照）	T	单面加强高	$2T+1$
	对接接头（双壁透照）	T	两面加强高	$2T+2$
平板或管 子	T形接头	T		$2.2T$
	T形接头	$T_1 \neq T_2$		$1.1(T_1+T_2)$

注：母材厚度指公称厚度。对接接头中母材厚度不同时，取其中较薄的板厚 T_1 作为 T。

附录 B 有效焦点尺寸的计算

焦点的光学尺寸与下列任一理想焦点尺寸相似，在计算焦点至工件距离时，按下列公式计算有效焦点尺寸 d（单位为 mm）：

方形焦点：$d = a$

长方形焦点和椭圆形焦点：$d = \dfrac{a+b}{2}$

圆形焦点：d

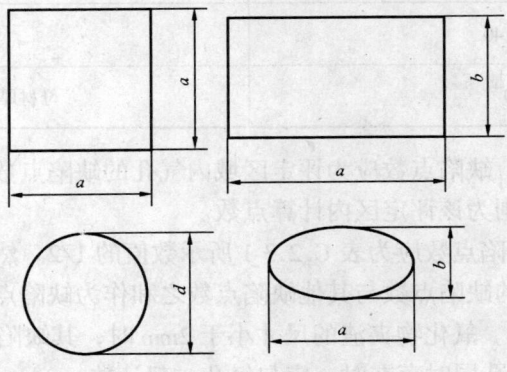

图 B 计算焦点尺寸示意图

附录 C 铝熔化焊焊缝质量分级

C.1 铝焊缝质量分级

C.1.1 根据缺陷的性质和数量，铝焊缝质量分为Ⅰ、Ⅱ、Ⅲ、Ⅳ级。Ⅳ级为不合格。

焊缝。

C.2 圆形缺陷分级

C.2.1 长宽比小于或等于3的缺陷定义为圆形缺陷。它们可以是圆形、椭圆形、锥形或带有尾巴（在测定长度时应包括尾部）等不规则的形状，包括气孔、夹渣和夹钨。

C.2.2 圆形缺陷评定区：评定区域见表C.2.2。评定区应选在缺陷最严重部位。

表 C.2.2 母材厚度和评定区域的大小（mm）

母材厚度 T	$T < 20.0$	$20.0 \leq T < 80.0$	$T \leq 80.0$
评定区尺寸	10×10	10×20	10×30

C.2.3 气孔。单个气孔的缺陷点数应按气孔大小取表C.2.3-1数值。但缺陷尺寸小于表C.2.3-2所示数值时，可不计缺陷点数。

表 C.2.3-1 缺陷点数换算表

缺陷长径（mm）	≤1	>1~2	>2~4	>4~8	>8~10
点数	1	2	4	8	16

表 C.2.3-2 不计点数的缺陷尺寸（mm）

母材厚度 T	缺陷长径
<20	0.4
≥20~40	0.6
≥40	母材厚度的1.5%

有两个以上气孔时，缺陷点数应为评定区域内气孔的缺陷点数之和。当缺陷与评定区边界线相接时，应把它划为该评定区内计算点数。

C.2.4 夹钨。夹钨的缺陷点数应为表C.2.3-1所示数值的1/2。然而，当夹钨与其他缺陷同时存在时，应以夹钨的缺陷点数与其他缺陷点数之和作为缺陷点数。

C.2.5 点状氧化物夹渣。氧化物夹渣的尺寸小于2mm时，其缺陷点数应按缺陷大小取表C.2.3-1的数值。当与气孔同时存在时，应与气孔一起计数。

如果氧化物夹渣的存在位置明显地只限于焊缝余高部分，可不作缺陷看待。

C.2.6 密集缺陷。当缺陷尺寸小于表C.2.3-2所示数值，但数量很多而又密集存在时，应将此范围作为一个大缺陷看待，按表C.2.3-1求出缺陷点数。但其位置明显位于余高部分时，可不计缺陷点数。

C.2.7 气孔、夹钨、2mm以下的氧化物夹渣的等级评定应根据缺陷点数按表C.2.7进行。表中数字表示缺陷点数的允许限度。但当缺陷尺寸超过母材厚度2/3或10mm（取两者中较小值）时，应评为Ⅳ级。当缺陷尺寸超过母材厚度1/3时，则不能评为Ⅰ级。

表 C.2.7　圆形缺陷的分级

评定区（mm）	10×10				10×20		10×30
母材厚度（mm）	≤3	>3~5	>5~10	>10~20	>20~40	>40~80	>80
质量等级							
Ⅰ	1	2	3	4	6	7	8
Ⅱ	3	7	10	14	21	24	28
Ⅲ	6	14	21	28	42	49	56
Ⅳ	缺陷点数多于Ⅲ级						

注：母材厚度不同时，应取较薄的板厚。

C.3　条 状 缺 陷

C.3.1 条状氧化物夹渣，以其最长的尺寸作为其长度，未焊透、未熔合和其他缺陷，则以其最长尺寸的 2 倍作为其长度。

当缺陷排列于一线上且多于 2 个时，如果相邻的缺陷的间距大于长的一个缺陷长度，则作为分散缺陷分别评定。如两者间距小于长的一个缺陷长度时，则按一个缺陷群处理，此时，缺陷长度为各缺陷长度与间距之和。

C.3.2 长度超过 2mm 的氧化物夹渣、未焊透、未熔合等的等级评定，应根据缺陷长度按表 C.3.2 进行。

如果同时出现几种缺陷，则以其中最差的作为评定的等级。如果几种缺陷的等级相同，则可降一级作为评定的等级。例如点状缺陷按表 C.2.7 评定缺陷点数仅为极限值的 1/2，故可评为Ⅰ级，而条状缺陷的长度亦仅为表 C.3.2 规定的Ⅱ级的允许长度的 1/2，故也可评定为Ⅰ级。但因两种缺陷同时呈现，故只能评定为Ⅱ级。

C.3.3 凡有裂纹、夹铜存在，则一律评定为Ⅳ级。

C.3.4 Ⅲ级的缺陷点数连续存在且超过评定视野的 3 倍时，应评为Ⅳ级。

表 C.3.2　条状缺陷的等级分类

母材厚度（mm）	<12	≥12~48	>48
质量等级	缺陷长度（mm）		
Ⅰ	<3	母材厚度的 1/4 以下	<12
Ⅱ	<4	母材厚度的 1/3 以下	<16
Ⅲ	<6	母材厚度的 1/2 以下	<24
Ⅳ	缺陷长度大于Ⅲ级		

附录 D　钛熔化焊焊缝质量分级

D.1　钛焊缝质量分级

D.1.1 根据缺陷的性质和数量，钛焊缝质量分为Ⅰ、Ⅱ、Ⅲ、Ⅳ级，Ⅳ级为不合格焊缝。

D.2 圆 形 缺 陷

D.2.1 长宽比小于或等于3的缺陷定义为圆形缺陷。它们可以是圆形、椭圆形、锥形或带有尾巴（在测定长度时应包括尾部）等不规则形状，包括气孔、夹渣和夹钨。

D.2.2 圆形缺陷点数应以被检区内缺陷最多的10mm×15mm的范围作为评定区域。

D.2.3 单个气孔或单个夹钨的缺陷点数，应按缺陷长度取表D.2.3-1的数值。但缺陷长度小于表D.2.3-2所示数值时，可不计缺陷点数。2个以上的缺陷，其点数应为评定区域内各缺陷点数的总和。缺陷处于评定区域的边界线上时，应把它划为该评定区内计算点数。

表 D.2.3-1 缺陷点数换算表

缺陷长径（mm）	≤1	>1 ≤2	>2 ≤4
点 数	1	2	4

表 D.2.3-2 可不计点数的缺陷长度（mm）

母材厚度 T	缺陷长度
≤10	0.3
>10～20	0.4
>20～25	0.7

D.3 等 级 评 定

D.3.1 等级评定。

（1）等级评定应按缺陷点数根据表D.3.1进行。表中数字表示缺陷点数的允许限度。但缺陷长度超过母材厚度30%或4mm（取两者中的较小值）时，应评为Ⅳ级。

表 D.3.1 等 级 评 定

质量等级 \ 母材厚度（mm）	≤3	>3～5	>5～10	>10～20	>20～25
Ⅰ	1	2	3	4	5
Ⅱ	2	4	6	8	10
Ⅲ	4	8	12	16	20
Ⅳ	缺陷点数多于Ⅲ级者				

注：接头中母材厚度不同时，应以较薄的板厚为准。

另外，缺陷长度即使小于表D.3.1所示数值，但在评定区域内，评为Ⅰ级的有10个以上，评为Ⅱ级的有20个以上，评为Ⅲ级的有30个以上时，均应下降一级。

（2）有裂纹或未焊透、未熔合等缺陷时，一律评为Ⅳ级。

附录 E 可扩大评定区的处理办法

E.0.1 当评定区内缺陷点数超过规定的级别,且不超过图 E.0.1 中规定的上限值,附近的缺陷点数又较多时,可将评定区沿焊缝方向扩大到 3 倍,求出缺陷的总点数,取其 1/3 进行评定。

E.0.2 当缺陷点数超过图中的上限值时,则不能用此方法进行评定。

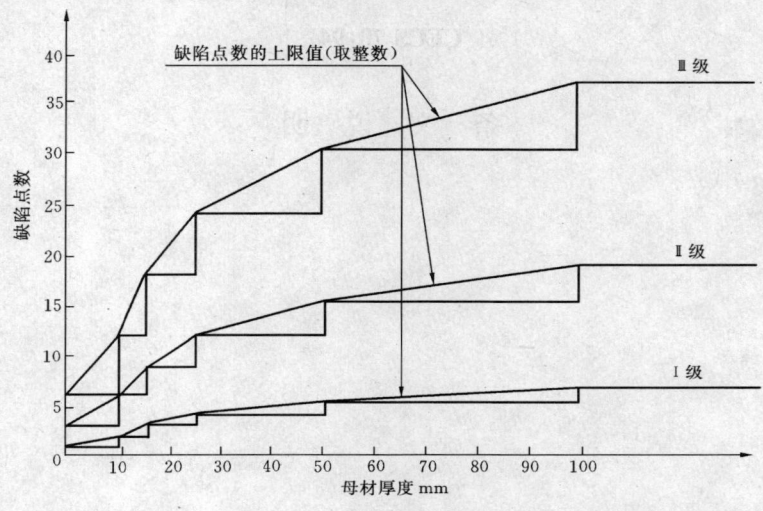

图 E.0.1 可扩大评定区的范围

附加说明

主编单位和主要起草人

主 编 单 位:中国工程建设标准化协会结构焊接委员会
主要起草人:程训义 张正先 舒新阁 莫胜琏 史春生

中国工程建设标准化协会标准

建筑安装工程金属熔化焊焊缝射线照相检测标准

CECS 70:94

条文说明

目 次

1 总则 ·· 1147
2 一般规定 ··· 1147
　2.1 射线照相检测单位的条件 ·· 1147
　2.2 射线照相检测工作人员条件 ··· 1147
　2.3 射线照相检测工作程序 ·· 1147
　2.4 射线照相检测焊缝的数量 ·· 1147
　2.5 局部射线照相检测焊缝位置 ··· 1148
　2.6 射线照相检测焊缝应具备的条件 ································· 1148
3 射线照相工艺 ·· 1148
　3.1 射线源能量的选择 ··· 1148
　3.2 射线照相质量等级 ··· 1148
　3.3 胶片的分类和选择 ··· 1149
　3.4 增感屏 ·· 1149
　3.5 像质计（透度计） ··· 1149
　3.6 标记使用的符号及字码 ·· 1149
　3.7 曝光曲线 ·· 1150
　3.8 透照方式 ·· 1150
　3.9 几何条件 ·· 1150
　3.10 像质计的安放位置及数量 ·· 1150
　3.11 定位标记及识别标记的放置 ······································ 1150
　3.12 暗盒及暗盒放置 ··· 1151
　3.13 无用射线及散射线的屏蔽 ·· 1151
　3.14 照相操作 ·· 1151
4 胶片的暗室处理与底片观察及焊缝质量分级 ··················· 1151
　4.1 胶片的暗室处理 ··· 1151
　4.2 底片的质量 ·· 1151
　4.3 底片的观察 ·· 1151
　4.4 照相底片焊缝质量评定 ·· 1152
　4.5 钢熔化焊焊缝质量分级 ·· 1152
5 检测报告、不合格及有争议底片处理、检测工作抽查 ··· 1152
　5.2 不合格底片的处理 ··· 1152
　5.3 对有争议底片的处理 ··· 1152
　5.4 射线照相检测工作的抽查 ·· 1152
6 施工现场射线照相防护 ··· 1153

附录 A　熔化焊对接接头透照厚度 …………………………………… 1153
附录 B　有效焦点尺寸的计算 ……………………………………… 1153
附录 C　铝熔化焊焊缝质量分级 …………………………………… 1153
附录 D　钛熔化焊焊缝质量分级 …………………………………… 1153
附录 E　可扩大评定区的处理办法 ………………………………… 1153

1 总 则

1.0.1 检修工程与安装工程就焊接而言,其特点及质量要求是一致的,所以本标准亦适用于检修工程。

1.0.2 相关国家标准及专业标准是指工程所涉及的国家及专业强制执行标准及技术文件或合同中确认采用的推荐性标准。

1.0.3 因为只有在射线照相检测的整个过程中执行本标准的有关规定,才能达到本标准预期的检测质量要求。

2 一 般 规 定

2.1 射线照相检测单位的条件

射线照相检测单位是指建筑安装施工单位、工程建设单位、工程监理单位所属或受雇于以上单位的从事射线照相检测的工作部门。

2.1.1 因为只有具备规定的全部条件,才可能有效地完成建筑安装工程射线照相检测工作。

2.1.2 所列为必要的检测设备及设施。

2.1.3 所列为必要的检测人员。

2.1.4 根据目前实际情况,必须增加的保证工作道德的条款。

2.2 射线照相检测工作人员条件

2.2.1 建筑安装工程焊接由于在现场环境条件下进行,焊接施工有许多不同于厂房车间内焊接的特点。所以从事检测的工作人员除必须掌握其所从事射线照相检测工作相应的技术知识外,尚应掌握建筑安装工程金属熔化焊接的基本知识。

2.2.2、2.2.3 参照 GB 3323 有关规定。

2.2.4 本条根据目前实际情况而提出的约束检测人员行为的规定。

2.3 射线照相检测工作程序

合理的检测程序是保障检测工作质量的关键条件,本标准对此作了必要的规定。

2.3.1 检测工作名称、设计图样名称及编号,工程执行的标准,检测数量,有需要的尚应说明被检测焊件的位置及在工序中检测工作进行的时间。这些影响检测工作质量的基本条件,由委托方以书面形式发出才能更好地保证其准确性。

2.3.2 检测单位制定的书面射线照相检测程序是照相检测工作实施的依据,所以本标准规定了书面程序应包含的内容。

2.4 射线照相检测焊缝的数量

2.4.1 工程施工单位为检查控制焊接工艺实施及焊工操作水平而进行的射线照相检测,

是施工单位对施工质量进行自控的一种措施，不是工程质量评定的依据，所以数量可以根据施工单位的实际情况自行决定。

2.4.2 参照 GBJ 236 有关条款。

2.4.3 事实上现场确实存在由于结构或其他条件限制（如条件过窄无法贴片或放置射线源等），而不能满足全部焊缝或规定的局部焊缝照相检测数量的情况。由于过去标准没有这方面的规定，现场处理时经常扯皮，或处理时宽严不当。所以这里对处理程序提出了明确的规定。

2.4.4 同上，也是根据目前现场实际发生问题而作的规定。

2.5 局部射线照相检测焊缝位置

2.5.1 国内相关工程标准（如油罐、贮罐标准）对局部检测焊缝位置都有具体规定，由于内容较多变化也较大，所以不便于在本标准内作统一规定。

2.5.2 这是为检查员规定的确定检测焊缝位置的原则。因为目前只在一部分工程建设标准（如油罐及圆筒形大型贮罐标准）中指定了局部射线照相检测的位置，还有一部分工程标准（如管道工程）难以在标准中作具体的规定，只能由检查员在现场指定。

2.5.3 由于检测位置应当符合 2.5.2 条规定原则才能满足局部射线照相检测预期达到的对工程质量控制效果。而由施工人员或照相人员自行决定往往从期望较高的合格率或方便透照工作观点出发，很容易违背 2.5.2 条规定的原则。

2.5.4 根据目前现场有些检查员不熟悉射线照相应具备的基本条件，指定的检测部位事实上不能照相的实际问题需要处理而提出的规定。

2.6 射线照相检测焊缝应具备的条件

2.6.1 减少不必要的射线检测数量。

2.6.2 避免不规则表面图像对形成照相影像的干扰。

2.6.3 满足照相检测区域图像清晰、便于贴片的需要。

2.6.4 在工件上作永久标记是为了检测后对被检测部位进行核查（包括检修工程时的核查）定位的需要。当不允许或不可能作出永久性标记时（如：低合金高强钢或其他表面缺口有严格要求或光洁度有严格要求的结构），用油漆标记只能临时的供施工及检修检测之后立即核查时用。而时间久远油漆脱落，只能用草图准确地以不动参照物标出的被检焊缝位置来进行核查时的定位。

3 射线照相工艺

3.1 射线源能量的选择

3.1.1 能量选择按 ZBJ 04004 第 11 条规定执行。

3.2 射线照相质量等级

质量等级的规定与 GB 3323 标准相同。

3.3 胶片的分类和选择

3.3.1 工业射线照相胶片的类型按 ZBJ 04004 第 9.1 条的规定。此规定基本与美国 ASTM E94《射线检测导则》的规定相同（见表1）。

3.3.2 由于工业射线照相胶片的类型与美国 ASTM E94 规定相同，所以本标准表 3.3.2 不同厚度的钢、铝、青铜和镁用的射线照相胶片采用了 ASTM E94 的规定。

表1为美国 ASTM E94《射线检测导则》规定的四种射线照相胶片的一般特性。

表1 四种射线照相胶片的一般特性

胶片类型	胶片特性		
	速度	梯度	粒度③
1	低	很高	很细
2	中	高	细
3	高	中	粗
4①	很高②中④	很高②中④	中④

注：① 正常条件下都用荧光增感屏；
② 使用荧光增感屏时的情况；
③ 粒度主要代表荧光增感屏的情况；
④ 直接曝光或用铅屏时的情况。

3.4 增感屏

3.4.1 与 GB 3323 规定相同。

3.4.2 针对铅屏使用时容易产生的问题而提出的防止铅屏假象和铅斑的规定。

轻金属透照时由于射线能量较低不宜采用较厚的铅屏。

3.4.3 荧光屏使用中也极易造成干扰底片影像的假象。针对易发生的问题，规定了本条要求。

3.4.4 增感屏与胶片紧贴是达到满意增感效果的基本条件。

3.5 像质计（透度计）

3.5.1 像质计的要求是用以控制射线照相透照技术、胶片处理及获得照相底片质量的。由于像质计与缺陷并不是处于同一个层面（对于射线方向而言），所以它不可以作为比较缺陷大小用的尺寸标准。目前虽然从 GB 3323 中只规定了线形像质计的应用，但是事实上工程中还使用了其他类型的像质计。所以规定了也可以使用其他类型像质计。

3.5.2 本条是参照国内标准制定的，本标准表 3.5.2 像质计的选用与 GB 3323 规定相同。

3.5.3 本条为使用其他类型像质计规定了要求，使其置于控制之中。

3.5.4 本条与 GB 5618 规定相同。

3.6 标记使用的符号及字码

3.6.1 目前尚没有统一标准前，标记的符号、数码、字母或文字按书面程序规定使用。至少可以保证在一个工程中不会造成混乱，以满足资料准确便于查核的要求。

3.6.2 本条是参照现行情况提出的要求。

3.7 曝光曲线

根据 GB 3323 规定，制定了第 3.7.1、3.7.2 条，目的是为了更准确的使用曝光曲线，以提高射线照相检测的质量。

3.8 透照方式

3.8.1 透照方式为求统一，均按 GB 3323 规定执行。
3.8.2 对于平板焊缝，本条规定是最为合理的透照法。
3.8.3 T形接头、角接头及搭接接头都是建筑安装工程中常见的结构形式，所以加以规定。
3.8.4 本条主要指大直径的卷管及圆筒形贮罐等，均可视为平板结构。
3.8.5 双壁双影法用于小直径管道的环状焊缝射线照相检测，射线源可以置于垂直于焊缝纵轴的平面内，此时所获得的是重叠的焊缝影像，对于显示气孔、夹杂、根部未焊透及垂直焊缝表面方向的裂纹较为有利，但不能准确的判定缺陷位于焊缝中的位置及发现位于坡口边的未熔合。当射线源偏置时，可以获得不重叠的上下焊缝形成的椭圆形影像。这样可以提高发现偏置一侧坡口未熔合的可能，及判断缺陷位置的可能。所以在采用双壁双影法时射线源的位置最好采用两种。第 3.8.5.1、3.8.5.2 款采用了美国金属学会编的金属手册第八版 11 卷《无损检测与质量控制》所提出的确定正确曝光次数及方向，适用于直径小于等于 89mm 的管道。
3.8.6 管径较大时由于位于射线源侧的焊缝影像会放大失真，几何不清晰度也会增加，所以推荐用双壁单影法只评定紧贴胶片的那段焊缝影像。第 3.8.6.1、3.8.6.2 款条文是保证影像满足显示全部环焊缝及更好的清晰度而作的规定。
3.8.7 因为双壁透照影像质量肯定是比单壁透照的环缝外透法（或内透法）影像质量差，所以规定应采用环缝外透法（或内透法）进行透照。
3.8.8 本条规定能满足被检测焊缝影像全部清晰显现的要求。

3.9 几何条件

为了满足全部被检测焊缝都能显出清晰影像的要求，几何条件有关规定与 GB 3323 基本相同。但在第 3.9.2 条中根据透照方式有关规定作了补充规定，第 3.9.3 条中由于本标准采用了照相底片质量 A、B 两级的规定（目前国外标准也多为两级，ZBJ 04004—87 也只分两级），所以没有 A、B 级的要求。

3.10 像质计的安放位置及数量

3.10.1 这是对线形像质计以外其他像质计安放位置及数量所作的规定。以符合相关工程标准设计图样或工程合同及必须满足的三项基本条件来保证像质计的正确使用。
3.10.2 线形像质计的放置位置及数量有关规定与 GB 3323 规定相同。

3.11 定位标记及识别标记的放置

3.11.1 定位标记是显现在底片上，用以确定底片对应于工件的位置。标记方法、符号按本规范第2.3.2条在书面照相检测程序中的规定。工件上所作的永久标记按本规范第2.6.4条规定。本条确保了底片上定位标记与永久标记的吻合。搭接标记可以确定连续的底片影像之间的关系。

3.11.2 规定了识别标记的内容及要求。

3.12 暗盒及暗盒放置

由于暗盒本身的质量不良或者暗盒的使用不当经常影响照相检测底片质量。第3.12.1、3.12.2、3.12.3、3.12.4条针对暗盒质量及暗盒的使用放置提出了规定。

3.13 无用射线及散射线的屏蔽

无用射线及散射线的屏蔽是必要的。第3.13.1、3.13.2条的规定与GB 3323及ZBJ 04004有关规定相同。

3.14 照相操作

现场进行射线照相操作时,由于被检工作物经常是未安装完毕尚未固定的,而射线源又经常是临时搬运放置的,所以规定它们必须安放稳定,不发生晃动和位移是有必要的。

4 胶片的暗室处理与底片观察及焊缝质量分级

4.1 胶片的暗室处理

胶片的暗室处理在建筑安装工程中较普遍的是在临时的较为简陋的暗室中进行的。整个胶片处理过程中污染是个严重问题。第4.1.1~4.1.8条是针对现场处理胶片易发生问题而制定的规定。

4.2 底片的质量

本标准底片质量采用了《控制射线照相图像质量的方法》(ZBJ 04002—87)中射线照相质量等级分为A级(普通级)和B级(高灵敏度级)的规定,因为国外大多数标准都是这样分级的。

4.2.1 黑度要求按GB 3323的规定执行。
4.2.2 像质要求按GB 3323规定执行,但在4.2.2.2中对使用其他类型的像质计时规定其像质计显示应符合相关标准的规定。
4.2.3 影像识别要求与GB 3323规定相符。
4.2.4 不允许存在假象要求与GB 3323相同。

4.3 底片的观察

4.3.1~4.3.2 底片观察环境及观片灯参照GB 3323及ZBJ 04004规定执行。
4.3.3 本条对底片观察按合理的程序进行了规定。

4.4 照相底片焊缝质量评定

4.4.1 钢熔化焊焊缝质量分级目前在我国除采用 GB 3323 外，还经常在不同工程中采用与工程相关的其他一些分级标准。这一做法在国际上也是通行的。所以这里明确规定：当工程采用其他评定标准时，应在报告中说明。

4.4.2 理由同 4.4.1。

4.4.3 其他金属由于国内尚无通用的标准，我们根据我国应用较多的国外标准所作的规定在附录 D 中列出。

4.5 钢熔化焊焊缝质量分级

GB 3323《钢熔化焊对接接头射线照相和质量分级》运用范围是钢熔化焊对接接头（焊缝）。而本规范适用范围是熔化焊焊缝，对接头形式没有限制。但比较国外的一些标准（如 JISZ 3104 等），也并不是只适用于对接接头的标准。而国内现在钢结构射线照相检测也是采用 GB 3323 的质量分级的。所以本标准采用了 GB 3323 的分级标准。

5 检测报告、不合格及有争议底片处理、检测工作抽查

5.2 不合格底片的处理

5.2.1 目前，工程建设中对于不合格底片处理没有规定。工程检查中经常发生没有及时处理的不合格底片混入合格底片中，从而影响工程质量评定的准确性。所以明确规定不符合本标准要求的底片，不得作为评定工程焊缝质量的依据，应及时予以报废销毁。如留作参考时，应在底片上剪角或打孔标记，以免与合格底片混淆。

5.2.2 不合格底片不作为工程质量评定的依据，所以此部分底片处理由施工单位自己决定。

5.3 对有争议底片的处理

对底片质量或底片焊缝质量评定在工程中时有发生争议的情况。因为在这些评定中确实有一定的主观成分，在这种情况下如果迁就一方意见很可能造成误判。所以对原检测位置焊缝进行补充透照，以期获得更高质量的底片或更清楚的显现该位置焊缝及争议对象的影像，为准确评定提供更可靠的基础。但仍有争议时，就应当怀疑使用射线照相检测是否恰当而改用其他检测方法。

5.4 射线照相检测工作的抽查

根据目前我国工程施工部门、检查部门、检测部门常常从属于一个领导，甚至施工部门及检测部门为同一个利益单位的实际情况，确实很有必要对射线照相检测工作进行抽查，所以本标准对此作了相应的规定。

5.4.1 为保证复核抽查的准确而制定的要求。

5.4.2 抽查复核合格的规定只要求与检测结果相符。

5.4.3 差异只是表现在评定上反映出评定工作中可能存在的问题，所以对原照相底片进行抽查评定。如在影像上存在重大差异，表明检测人员未能按规定位置进行检测，资料的准确性存在问题，这是较为严重的事故。所以应对检测工作进一步核查，在最接近原透照日期及透照位置的射线照相检测位置抽查复核两个部位，如仍存在影像的重大差异时，证明这不是偶发事故，应对该组透照人员在该工程所有进行的检测项目进行复查。

6 施工现场射线照相防护

6.0.1 按 GB 4792 第 1.3 条规定施工现场射线照相工作在其适用范围内，必须执行该标准有关规定。

6.0.2 施工现场人员活动较为频繁，所以射线照相工作宜安排在其他工作人员不在现场作业的时间进行。

6.0.3 放射工作人员的剂量限制在 GB 4792 第 2 条放射工作人员的剂量限值中有详细规定。

6.0.4 公众个人的剂量限值在 GB 4792 第 3 条公众个人的剂量限值中有详细规定。

6.0.5 本条是参照国内外标准所作的规定。

附录 A 熔化焊对接接头透照厚度

熔化焊接接头透照厚度是根据本标准所涉及的接头种类制定的。

附录 B 有效焦点尺寸的计算

有效焦点尺寸的计算采用了国标 GB 3323 规定的内容。

附录 C 铝熔化焊焊缝质量分级

铝熔化焊焊缝质量分级采用的是目前国内多项引进工程采用的、普遍反映较为符合我国国情、并与原来评级习惯较为接近的日本 JISZ 3105—84《铝焊缝的射线照相检验方法和底片评级方法》中的有关规定内容。

附录 D 钛熔化焊焊缝质量分级

钛熔化焊焊缝质量分级与理由同附录 C，采用了 JISZ 3107—1983《钛焊缝的射线照相检验方法和底片评级方法》的有关规定。

附录 E 可扩大评定区的处理办法

可扩大评定区的处理方法采用了 GB 3323 的内容。

中国工程建设标准化协会标准

工程建设施工现场焊接目视检验规范

Code of visuai inspection and acceptance for site weld
of engineering construction

CECS 71:94

主编单位：中国工程建设标准化协会结构焊接委员会
批准部门：中国工程建设标准化协会
批准日期：１９９４年１２月２６日

前　言

  由中国工程建设标准化协会结构焊接委员会主编的"建筑安装工程金属熔化焊焊缝射线照相检测标准"及"工程建设施工现场焊接目视检验规范"两项标准，经广泛征求有关单位意见，并经有关专家审查通过。现批准"工程建设施工现场焊接目视检验规范"（CECS 71:94）为中国工程建设标准化协会标准。

  该两项标准在执行过程中，希望各单位认真总结经验，注意积累资料，如发现有需要修改或补充之处，请将意见寄交中国工程建设标准化协会结构焊接委员会（地址：河北省石家庄市化工部管理干部学院，邮政编码：050031）。

中国工程建设标准化协会
1994 年 12 月 26 日

目　次

1 总则 …………………………………………………………………… 1157
2 准备工作 ……………………………………………………………… 1157
　2.1 检查员 …………………………………………………………… 1157
　2.2 表面目视检验的条件 …………………………………………… 1157
　2.3 检验工具 ………………………………………………………… 1157
　2.4 检验规程和项目清单 …………………………………………… 1157
　2.5 技术文件的检查 ………………………………………………… 1158
3 焊前检验 ……………………………………………………………… 1158
　3.1 预制构件的检查 ………………………………………………… 1158
　3.2 构件组对的检查 ………………………………………………… 1158
　3.3 焊接材料的检查 ………………………………………………… 1158
　3.4 预热的检查 ……………………………………………………… 1158
4 焊接中间的检查 ……………………………………………………… 1159
5 焊接后检查 …………………………………………………………… 1159
6 返修的检查 …………………………………………………………… 1160
附加说明 ………………………………………………………………… 1160
条文说明 ………………………………………………………………… 1161

1 总　则

1.0.1 为了保证工程建设施工现场焊接工程质量，特制定本规范。本规范规定了现场焊接目视检验的要求。

1.0.2 本规范适用于工程建设施工现场焊接工程结构、设备及管道的焊接目视检验工作。

1.0.3 与本规范配合使用的标准有：

（1）《现场设备、工艺管道焊接工程施工及验收规范》GBJ 236；
（2）《工业管道工程施工及验收规范》GBJ 235；
（3）《钢结构工程施工及验收规范》GB 50205；
（4）《球形储罐施工及验收规范》GBJ 94；
（5）《立式圆筒形钢制焊接油罐施工及验收规范》GBJ 128；
（6）本规范有关的工程建设技术标准。

2 准 备 工 作

2.1 检 查 员

2.1.1 本规范规定的目视检验工作应由焊接质量检查员承担。

2.1.2 焊接质量检查员应具备技工学校（含高中）以上学历，并有5年以上焊接工作的经验，或中专以上学历并有3年以上焊接工作经验。

2.1.3 从事目视检验的人员每年应检查一次视力，其近距离视力（裸视力或校正视力）不得低于"1.0"。

2.2 表面目视检验的条件

2.2.1 直接目视检验时，眼睛与被检表面的距离不得大于610mm，视线与被检表面所成的视角不小于30°。

2.2.2 被检表面应有足够的照明，一般检验时光照度不得低于160 lx；对细小缺陷进行鉴别时，光照度不得低于540 lx。

2.2.3 可以使用2～5倍的放大镜，对细小缺陷进行鉴别。

2.3 检 验 工 具

2.3.1 检验用的焊接检验尺、量具和仪器必须经计量检定部门的检验合格。

2.3.2 几何外形尺寸测量用的样板应符合有关工程技术标准的规定。

2.4 检验规程和项目清单

2.4.1 焊接质量检查员在进行焊接目视检验工作前，应认真的了解工程施工图纸和有关标准，熟悉焊接工艺规程，提出包括目视检验在内的焊接检验程序和要求。

2.4.2 对于复杂或要求严格的焊接工程，施工单位应根据工程要求制定书面的焊接目视检验规程及目视检验项目清单，并提交建设方（或建设方委托的监理方）审查认可。
2.4.3 目视检验项目清单中应按施工阶段列出必须进行的焊接目视检验的全部项目，并规定相应项目的检查时间和检验要求。但此清单并不限制焊接质量检查员根据现场焊接情况和工程质量要求而进行的其他目视检验。

2.5 技术文件的检查

2.5.1 重要工程结构的焊接，应由焊接技术人员根据评定合格的焊接工艺评定，结合本企业的实践经验，编制焊接工艺规程。焊接工艺规程必须具备有效的焊接工艺评定报告作为依据，首次使用的材料还要具备焊接性试验报告。
2.5.2 参加重要工程结构焊接的焊工和焊接操作者应具备有关工程建设技术标准中规定的考试合格证书。并应做到人与证相符，合格项目与焊接施工项目相符，工作时间在有效期内。

3 焊 前 检 验

3.1 预制构件的检查

3.1.1 预制构件的坡口形式、坡口角度、坡口深度及钝边应符合焊接工艺规程及有关工程建设技术标准的规定。
3.1.2 坡口面不得有夹层、裂纹、加工损伤及毛刺。
3.1.3 低碳钢及合金钢坡口面及其附近10mm范围内的母材表面不得附有水分、油脂、铁锈、污垢、有机涂层、镀层等影响焊接质量的物质。
3.1.4 有色金属及其合金坡口面及其附近20mm范围内的母材表面，应用化学或机械方法清除表面氧化膜及其他污垢，并露出金属光泽，且保持洁净、干燥。
3.1.5 与坡口接触的焊接垫板表面也应符合第3.1.3、3.1.4条的规定。

3.2 构件组对的检查

3.2.1 构件组对后，应检查其对中性及组对间隙。对接接头的错边量、角变形和间隙，搭接接头的搭接长度和间隙，T形接头和角接接头的间隙均应符合焊接工艺规程和有关工程建设技术标准的规定。

3.3 焊接材料的检查

3.3.1 焊条、焊丝、焊剂必须具备有效的产品质量保证书或复验报告，质量指标应满足焊接工艺规程和有关技术标准的规定。
3.3.2 焊条、焊剂的烘干，应符合焊接工艺规程和有关技术标准的规定。
3.3.3 焊丝表面的除油除锈应符合焊接工艺规程的要求。

3.4 预热的检查

3.4.1 预热温度应用测温笔、测温涂料、温度计、热电偶或红外测温仪进行测量，预热温度及温度分布应符合焊接工艺规程的要求。
3.4.2 预热区域宽度，不得小于焊接工艺规程规定的范围。

4 焊接中间的检查

4.0.1 焊接方法、焊接操作方式、焊接顺序均应符合焊接工艺规程的要求。
4.0.2 有线能量要求的手弧焊、埋弧焊、气电立焊及气体保护焊等应对焊接工艺参数进行检查，焊接工艺参数应符合焊接工艺规程的规定。
4.0.3 多层焊道清理后的层间表面应进行检查，层间表面、焊道与坡口的接合部及坡口表面应洁净、无裂纹、夹杂、气孔等缺陷。
4.0.4 有预热要求的多层焊道的层间温度应进行检查，焊接时层间温度应与预热温度的要求相同。
4.0.5 有预热要求的焊缝，当焊接中断，焊接区域温度低于预热温度时，在重新开始焊接工作前，应重复第3.4节规定的检查。
4.0.6 焊缝背面清根后的表面形状应符合焊接工艺规程的要求，表面不得有未焊透、夹杂、气孔、裂纹等缺陷。
4.0.7 构件装配的定位焊缝，安装用工卡具的固定焊缝的检查应与正式焊接相同。
4.0.8 现场的焊接环境应在距构件1m的范围内检查，并应符合有关工程技术标准和焊接工艺规程的要求。

5 焊接后检查

5.0.1 焊接后检查应在焊缝清理完毕后进行，焊缝及焊缝附近区域不得有焊渣及飞溅。
5.0.2 焊后应检查焊缝长度，连续焊缝应全部焊完不得有中断遗漏处。断续焊缝长度不得小于图纸规定长度，焊缝间隔距离不得大于图纸规定长度。
5.0.3 焊缝表面质量的检查应在无损检测、强度及严密度试验前进行。若工程结构不要求进行这些检测及试验时，应在防腐绝热处理前进行。
5.0.4 焊缝的表面质量应符合设计或有关工程建设技术标准的要求。也可参照GB/T 12469《焊接质量保证钢熔化焊接头的要求和缺陷分级》规定在焊接工艺规程中提出的缺陷等级要求，但不得低于Ⅳ级。
5.0.5 焊后热处理，应检查加热速度，加热温度，保温时间，冷却速度，各阶段、各部位的温度差及规定部位的热胀冷缩量。对于局部热处理的焊缝还应检查加热范围。检查结果应符合焊接工艺规程或热处理工艺规程的要求。
5.0.6 热处理后应检查测量硬度的位置、点数及硬度值，并应符合焊接工艺规程和有关工程建设技术标准的要求。
5.0.7 焊后消氢处理应检查后热温度和保温时间，测量结果应符合焊接工艺规程和有关技术标准的规定。

6 返修的检查

6.0.1 返修前焊接质量检查员应清楚了解缺陷位置、性质及返修要求，重要部位的返修或多次返修，应有经审批的返修措施。

6.0.2 清除缺陷后的焊缝表面，应能满足焊接修补的要求，清除长度应比缺陷长度两端各长出50mm，并具有一定的坡度。

6.0.3 返修焊接的检查应与正式焊缝的要求相同。

附加说明

本规范主要起草人名单

本标准由中国工程建设标准化协会结构焊接委员会提出
主要起草人：程训义　毛骞　张正先　莫胜琏　史春生

中国工程建设标准化协会标准

工程建设施工现场焊接目视检验规范

CECS 71:94

条 文 说 明

目 次

1 总则 ······ 1163
2 准备工作 ······ 1163
  2.1 检查员 ······ 1163
  2.2 表面目视检验的条件 ······ 1163
  2.3 检验工具 ······ 1163
  2.4 检验规程和项目清单 ······ 1163
  2.5 技术文件的检查 ······ 1163
3 焊前检验 ······ 1164
  3.1 预制构件的检查 ······ 1164
  3.2 构件组对的检查 ······ 1164
  3.3 焊接材料的检查 ······ 1164
  3.4 预热的检查 ······ 1164
4 焊接中间的检查 ······ 1164
5 焊接后检查 ······ 1164
6 返修的检查 ······ 1165

1 总 则

总则中明确规定编制本规范的目的是保证工程建设施工现场焊接工程质量。规定内容为现场焊接的目视检验方法及技术要求。适用范围为工程建设施工现场焊接工程结构、设备及管道的焊接目视检验工作。工程建设施工现场是指建筑安装工程（含检修工程）施工区域内在厂房内及厂房外进行作业的场所。对于在非建筑安装企业制造厂内所从事的用于建筑安装工程的产品生产不在本标准适用范围内。

2 准 备 工 作

2.1 检 查 员

检查员是指专职从事质量检查的人员。

2.2 表面目视检验的条件

能够看清被检查工作表面的条件，除了检查员应具备正常的视力外，保证适当的视角、观察距离及足够的照明也是必不可少的。本规范的规定是参考美国 ASME《锅炉及压力容器规范》(1983) 和英国 BS《焊缝的目视检验实施规范》(1976) 制定的。放大倍数大的放大镜由于焦距小不宜于观察，尤其在现场条件下使用更不利于得出准确的结论。所以本规范规定使用的放大镜倍数为 2.5 倍。

2.3 检 验 工 具

本规范只提出两个基本要求：检验尺、量具和仪器须经计量检定部门检验合格。测量样板应符合有关工程技术标准的规定。至于具体使用的条件及方法本规范则没有规定。

2.4 检验规程和项目清单

在认真了解的基础上，依据工程施工图纸、标准，焊接工艺规程按实际施工的需要提出的焊接检验程序，规定出目视检验在程序中的位置，以便及时的实施。

目视检验项目清单是对于复杂或要求严格的焊接工程而提出的。是否是复杂或要求严格的焊接工程应由建设方或设计方规定。

为了准确及时无漏的完成目视检查，检查项目清单中列出各施工阶段必须进行的焊接目视检验的全部项目，并规定相应项目的检查时间和检验要求是不可少的。为了适应现场施工中可能有的特殊情况和变化，又规定此清单并不限制焊接质量检查员根据现场焊接情况和工程质量要求而进行的其他目视检验。

2.5 技术文件的检查

技术文件的检查目的是确保合格的焊接工艺及焊工。

3 焊 前 检 验

3.1 预制构件的检查

本条规定旨在控制预制构件坡口加工、坡口表面（包括垫板）清理的质量。清理范围是最低要求的规定。清理表面的目的应该是从两方面要求的：一是防止有害杂质对焊缝的影响；二是减少在焊接高温下，蒸发的气体中可能含有的有害物质对工人的损害。

3.2 构件组对的检查

由于组对的要求因焊接工艺及结构而异，所以规定应符合焊接工艺规程和有关工程建设技术标准的要求。

3.3 焊接材料的检查

主要包括控制焊接材料本身质量、烘干及表面清理三个主要方面的内容。

3.4 预热的检查

目的在于控制预热温度、温度分布、预热区域宽度及测温的准确性。

4 焊接中间的检查

4.0.1 控制焊接方法、焊接操作方式、焊接顺序均应符合焊接工艺规程的要求。
4.0.2 控制线能量。
4.0.3 控制多层焊道的清理。
4.0.4 控制多层焊的层间温度。
4.0.5 控制有预热要求的焊缝、在中断焊接重新焊接时的温度。
4.0.6 控制背面清根质量。
4.0.7 控制定位，固定工卡具焊接的质量。
4.0.8 控制焊接环境温度。
   焊接中间检查的规定内容是保证焊接实施过程正常进行的基本必须条件。

5 焊接后检查

5.0.1 焊后清理，焊缝及焊缝附近区域不得有焊渣及飞溅是进行焊后检查的基本条件。
5.0.2 施工现场焊接，焊缝分布区域范围大，位置复杂，焊道容易漏焊，控制规定焊缝长度是否完成是必要的。
5.0.3 规定了检验的原则程序。
5.0.4 工程焊接焊缝表面质量都应有基本要求，才能保证任何的焊缝都不至于处于失控状态。所以本条除规定焊缝表面质量应符合设计或有关工程建设标准规定外，也可参照

GB/T 12469提出的要求，但不得低于Ⅳ级。
5.0.5 对有消氢处理要求的检查，控制后热温度及保温时间。
5.0.6 对热处理的检查要求控制热处理规范、温度变化时的变形量（如球罐整体处理）及局部处理时的加热范围。
5.0.7 对热处理结果的检查控制处理后的硬度。

6 返修的检查

6.0.1 返修实际上是在局部区域实施的由准备工作开始至检查验收的焊接过程，所以目视检查工作也要求从准备工作开始。
　　缺陷位置的准确定位是顺利进行内部缺陷返工的先决条件，所以宜用超声探伤定位。
6.0.2 清除缺陷后的表面应满足焊接修补的要求，具体的要求应在返修方案中规定，这里规定的处理长度及坡度是最基本的处理要求。
6.0.3 返修后的检查应与正式焊缝要求相同，因为返修焊缝是整个焊缝的一部分。

6 装饰、防护类检测规范

中华人民共和国国家标准

建筑装饰装修工程质量验收规范

Code for construction quality
acceptance of building decoration

GB 50210—2001

主编部门：中华人民共和国建设部
批准部门：中华人民共和国建设部
施行日期：２００２年３月１日

关于发布国家标准《建筑装饰装修工程质量验收规范》的通知

根据建设部《关于印发一九九八年工程建设国家标准制定、修订计划（第二批）的通知》（建标［1998］244号）的要求，由建设部会同有关部门共同修订的《建筑装饰装修工程质量验收规范》，经有关部门会审，批准为国家标准，编号为GB50210—2001，自2002年3月1日起施行。其中，3.1.1、3.1.5、3.2.3、3.2.9、3.3.4、3.3.5、4.1.12、5.1.11、6.1.12、8.2.4、8.3.4、9.1.8、9.1.13、9.1.14、12.5.6为强制性条文，必须严格执行。原《装饰工程施工及验收规范》（GBJ 210—83）、《建筑装饰工程施工及验收规范》（JGJ 73—91）和《建筑工程质量检验评定标准》（GBJ 301—88）中第十章、第十一章同时废止。

本标准由建设部负责管理，中国建筑科学研究院负责具体解释工作，建设部标准定额研究所组织中国建筑工业出版社出版发行。

中华人民共和国建设部
2001年11月1日

前 言

本标准是根据建设部建标〔1998〕244号文《关于印发一九九九年工程建设国家标准制订、修订计划（第二批）的通知》的要求，由中国建筑科学研究院会同有关单位共同对《建筑装饰工程施工及验收规范》（JGJ 73—91）和《建筑工程质量检验评定标准》（GBJ 301—88）修订而成的。

在修订过程中，规范编制组开展了专题研究，进行了比较广泛的调查研究，总结了多年来建筑装饰装修工程在设计、材料、施工等方面的经验，按照"验评分离、强化验收、完善手段、过程控制"的方针，进行了全面的修改，并以多种方式广泛征求了全国有关单位的意见，对主要问题进行了反复修改，最后经审查定稿。

本规范是决定装饰装修工程能否交付使用的质量验收规范。建筑装饰装修工程按施工工艺和装修部位划分为10个子分部工程，除地面子分部工程单独成册外，其他9个子分部工程的质量验收均由本规范作出规定。

本规范共分13章。前三章为总则、术语和基本规定。第4章至第12章为子分部工程的质量验收，其中每章的第一节为一般规定，第二节及以后的各节为分项工程的质量验收。第13章为分部工程的质量验收。

本规范将来可能需要进行局部修订，有关局部修订的信息和条文内容将刊登在《工程建设标准化》杂志上。

本规范以黑体字标志的条文为强制性条文，必须严格执行。

为了提高规范质量，请各单位在执行本规范的过程中，注意总结经验，积累资料，随时将有关的意见反馈给中国建筑科学研究院（通讯地址：北京市北三环东路30号，邮政编码：100013），以供今后修订时参考。

本规范主编单位、参编单位和主要起草人：

本 规 范 主 编 单 位：中国建筑科学研究院
本 规 范 参 编 单 位：北京市建设工程质量监督总站
　　　　　　　　　　中国建筑一局装饰公司
　　　　　　　　　　深圳市建设工程质量监督检验总站
　　　　　　　　　　上海汇丽（集团）公司
　　　　　　　　　　深圳市科源建筑装饰工程有限公司
　　　　　　　　　　北京建谊建筑工程有限公司
本规范主要起草人：孟小平　侯茂盛　张元勃　熊　伟　李爱新　龚万森　李子新
　　　　　　　　　吴宏康　庄可章　张　鸣

目 次

1 总则 …………………………………………………………………… 1172
2 术语 …………………………………………………………………… 1172
3 基本规定 ……………………………………………………………… 1172
  3.1 设计 ……………………………………………………………… 1172
  3.2 材料 ……………………………………………………………… 1173
  3.3 施工 ……………………………………………………………… 1173
4 抹灰工程 ……………………………………………………………… 1174
  4.1 一般规定 ………………………………………………………… 1174
  4.2 一般抹灰工程 …………………………………………………… 1175
  4.3 装饰抹灰工程 …………………………………………………… 1176
  4.4 清水砌体勾缝工程 ……………………………………………… 1177
5 门窗工程 ……………………………………………………………… 1178
  5.1 一般规定 ………………………………………………………… 1178
  5.2 木门窗制作与安装工程 ………………………………………… 1179
  5.3 金属门窗安装工程 ……………………………………………… 1181
  5.4 塑料门窗安装工程 ……………………………………………… 1183
  5.5 特种门安装工程 ………………………………………………… 1184
  5.6 门窗玻璃安装工程 ……………………………………………… 1185
6 吊顶工程 ……………………………………………………………… 1186
  6.1 一般规定 ………………………………………………………… 1186
  6.2 暗龙骨吊顶工程 ………………………………………………… 1187
  6.3 明龙骨吊顶工程 ………………………………………………… 1188
7 轻质隔墙工程 ………………………………………………………… 1189
  7.1 一般规定 ………………………………………………………… 1189
  7.2 板材隔墙工程 …………………………………………………… 1190
  7.3 骨架隔墙工程 …………………………………………………… 1191
  7.4 活动隔墙工程 …………………………………………………… 1192
  7.5 玻璃隔墙工程 …………………………………………………… 1193
8 饰面板（砖）工程 …………………………………………………… 1194
  8.1 一般规定 ………………………………………………………… 1194
  8.2 饰面板安装工程 ………………………………………………… 1195
  8.3 饰面砖粘贴工程 ………………………………………………… 1196
9 幕墙工程 ……………………………………………………………… 1197
  9.1 一般规定 ………………………………………………………… 1197

9.2	玻璃幕墙工程	1199
9.3	金属幕墙工程	1202
9.4	石材幕墙工程	1204

10 涂饰工程 ······ 1206
   10.1 一般规定 ······ 1206
   10.2 水性涂料涂饰工程 ······ 1207
   10.3 溶剂型涂料涂饰工程 ······ 1208
   10.4 美术涂饰工程 ······ 1209

11 裱糊与软包工程 ······ 1209
   11.1 一般规定 ······ 1209
   11.2 裱糊工程 ······ 1210
   11.3 软包工程 ······ 1211

12 细部工程 ······ 1212
   12.1 一般规定 ······ 1212
   12.2 橱柜制作与安装工程 ······ 1212
   12.3 窗帘盒、窗台板和散热器罩制作与安装工程 ······ 1213
   12.4 门窗套制作与安装工程 ······ 1214
   12.5 护栏和扶手制作与安装工程 ······ 1215
   12.6 花饰制作与安装工程 ······ 1215

13 分部工程质量验收 ······ 1216

附录 A 木门窗用木材的质量要求 ······ 1217

附录 B 子分部工程及其分项工程划分表 ······ 1218

附录 C 隐蔽工程验收记录表 ······ 1219

本规范用词用语说明 ······ 1220

条文说明 ······ 1221

1 总　　则

1.0.1 为了加强建筑工程质量管理，统一建筑装饰装修工程的质量验收，保证工程质量，制定本规范。

1.0.2 本规范适用于新建、扩建、改建和既有建筑的装饰装修工程的质量验收。

1.0.3 建筑装饰装修工程的承包合同、设计文件及其他技术文件对工程质量验收的要求不得低于本规范的规定。

1.0.4 本规范应与国家标准《建筑工程施工质量验收统一标准》（GB 50300—2001）配套使用。

1.0.5 建筑装饰装修工程的质量验收除应执行本规范外，尚应符合国家现行有关标准的规定。

2 术　　语

2.0.1 建筑装饰装修　building decoration
为保护建筑物的主体结构、完善建筑物的使用功能和美化建筑物，采用装饰装修材料或饰物，对建筑物的内外表面及空间进行的各种处理过程。

2.0.2 基体　primary structure
建筑物的主体结构或围护结构。

2.0.3 基层　base course
直接承受装饰装修施工的面层。

2.0.4 细部　detail
建筑装饰装修工程中局部采用的部件或饰物。

3 基 本 规 定

3.1 设　　计

3.1.1 建筑装饰装修工程必须进行设计，并出具完整的施工图设计文件。

3.1.2 承担建筑装饰装修工程设计的单位应具备相应的资质，并应建立质量管理体系。由于设计原因造成的质量问题应由设计单位负责。

3.1.3 建筑装饰装修设计应符合城市规划、消防、环保、节能等有关规定。

3.1.4 承担建筑装饰装修工程设计的单位应对建筑物进行必要的了解和实地勘察，设计深度应满足施工要求。

3.1.5 建筑装饰装修工程设计必须保证建筑物的结构安全和主要使用功能。当涉及主体和承重结构改动或增加荷载时，必须由原结构设计单位或具备相应资质的设计单位核查有关原始资料，对既有建筑结构的安全性进行核验、确认。

3.1.6 建筑装饰装修工程的防火、防雷和抗震设计应符合现行国家标准的规定。

3.1.7 当墙体或吊顶内的管线可能产生冰冻或结露时，应进行防冻或防结露设计。

3.2 材　　料

3.2.1 建筑装饰装修工程所用材料的品种、规格和质量应符合设计要求和国家现行标准的规定。当设计无要求时应符合国家现行标准的规定。严禁使用国家明令淘汰的材料。

3.2.2 建筑装饰装修工程所用材料的燃烧性能应符合现行国家标准《建筑内部装修设计防火规范》（GB 50222）、《建筑设计防火规范》（GBJ 16）和《高层民用建筑设计防火规范》（GB 50045）的规定。

3.2.3 建筑装饰装修工程所用材料应符合国家有关建筑装饰装修材料有害物质限量标准的规定。

3.2.4 所有材料进场时应对品种、规格、外观和尺寸进行验收。材料包装应完好，应有产品合格证书、中文说明书及相关性能的检测报告；进口产品应按规定进行商品检验。

3.2.5 进场后需要进行复验的材料种类及项目应符合本规范各章的规定。同一厂家生产的同一品种、同一类型的进场材料应至少抽取一组样品进行复验，当合同另有约定时应按合同执行。

3.2.6 当国家规定或合同约定应对材料进行见证检测时，或对材料的质量发生争议时，应进行见证检测。

3.2.7 承担建筑装饰装修材料检测的单位应具备相应的资质，并应建立质量管理体系。

3.2.8 建筑装饰装修工程所使用的材料在运输、储存和施工过程中，必须采取有效措施防止损坏、变质和污染环境。

3.2.9 建筑装饰装修工程所使用的材料应按设计要求进行防火、防腐和防虫处理。

3.2.10 现场配制的材料如砂浆、胶粘剂等，应按设计要求或产品说明书配制。

3.3 施　　工

3.3.1 承担建筑装饰装修工程施工的单位应具备相应的资质，并应建立质量管理体系。施工单位应编制施工组织设计并应经过审查批准。施工单位应按有关的施工工艺标准或经审定的施工技术方案施工，并应对施工全过程实行质量控制。

3.3.2 承担建筑装饰装修工程施工的人员应有相应岗位的资格证书。

3.3.3 建筑装饰装修工程的施工质量应符合设计要求和本规范的规定，由于违反设计文件和本规范的规定施工造成的质量问题应由施工单位负责。

3.3.4 建筑装饰装修工程施工中，严禁违反设计文件擅自改动建筑主体、承重结构或主要使用功能；严禁未经设计确认和有关部门批准擅自拆改水、暖、电、燃气、通讯等配套设施。

3.3.5 施工单位应遵守有关环境保护的法律法规，并应采取有效措施控制施工现场的各种粉尘、废气、废弃物、噪声、振动等对周围环境造成的污染和危害。

3.3.6 施工单位应遵守有关施工安全、劳动保护、防火和防毒的法律法规，应建立相应的管理制度，并应配备必要的设备、器具和标识。

3.3.7 建筑装饰装修工程应在基体或基层的质量验收合格后施工。对既有建筑进行装饰装修前，应对基层进行处理并达到本规范的要求。

3.3.8 建筑装饰装修工程施工前应有主要材料的样板或做样板间（件），并应经有关各方确认。

3.3.9 墙面采用保温材料的建筑装饰装修工程，所用保温材料的类型、品种、规格及施工工艺应符合设计要求。

3.3.10 管道、设备等的安装及调试应在建筑装饰装修工程施工前完成，当必须同步进行时，应在饰面层施工前完成。装饰装修工程不得影响管道、设备等的使用和维修。涉及燃气管道的建筑装饰装修工程必须符合有关安全管理的规定。

3.3.11 建筑装饰装修工程的电器安装应符合设计要求和国家现行标准的规定。严禁不经穿管直接埋设电线。

3.3.12 室内外装饰装修工程施工的环境条件应满足施工工艺的要求。施工环境温度不应低于5℃。当必须在低于5℃气温下施工时，应采取保证工程质量的有效措施。

3.3.13 建筑装饰装修工程施工过程中应做好半成品、成品的保护，防止污染和损坏。

3.3.14 建筑装饰装修工程验收前应将施工现场清理干净。

4 抹 灰 工 程

4.1 一 般 规 定

4.1.1 本章适用于一般抹灰、装饰抹灰和清水砌体勾缝等分项工程的质量验收。

4.1.2 抹灰工程验收时应检查下列文件和记录：
1 抹灰工程的施工图、设计说明及其他设计文件。
2 材料的产品合格证书、性能检测报告、进场验收记录和复验报告。
3 隐蔽工程验收记录。
4 施工记录。

4.1.3 抹灰工程应对水泥的凝结时间和安定性进行复验。

4.1.4 抹灰工程应对下列隐蔽工程项目进行验收：
1 抹灰总厚度大于或等于35mm时的加强措施。
2 不同材料基体交接处的加强措施。

4.1.5 各分项工程的检验批应按下列规定划分：
1 相同材料、工艺和施工条件的室外抹灰工程每500～1000m²应划分为一个检验批，不足500m²也应划分为一个检验批。
2 相同材料、工艺和施工条件的室内抹灰工程每50个自然间（大面积房间和走廊按抹灰面积30m²为一间）应划分为一个检验批，不足50间也应划分为一个检验批。

4.1.6 检查数量应符合下列规定：
1 室内每个检验批应至少抽查10%，并不得少于3间；不足3间时应全数检查。
2 室外每个检验批每100m²应至少抽查一处，每处不得小于10m²。

4.1.7 外墙抹灰工程施工前应先安装钢木门窗框、护栏等，并应将墙上的施工孔洞堵塞密实。

4.1.8 抹灰用的石灰膏的熟化期不应少于15d；罩面用的磨细石灰粉的熟化期不应少于

3d。

4.1.9 室内墙面、柱面和门洞口的阳角做法应符合设计要求。设计无要求时,应采用1:2水泥砂浆做暗护角,其高度不应低于2m,每侧宽度不应小于50mm。

4.1.10 当要求抹灰层具有防水、防潮功能时,应采用防水砂浆。

4.1.11 各种砂浆抹灰层,在凝结前应防止快干、水冲、撞击、振动和受冻,在凝结后应采取措施防止玷污和损坏。水泥砂浆抹灰层应在湿润条件下养护。

4.1.12 外墙和顶棚的抹灰层与基层之间及各抹灰层之间必须粘结牢固。

4.2 一般抹灰工程

4.2.1 本节适用于石灰砂浆、水泥砂浆、水泥混合砂浆、聚合物水泥砂浆和麻刀石灰、纸筋石灰、石膏灰等一般抹灰工程的质量验收。一般抹灰工程分为普通抹灰和高级抹灰,当设计无要求时,按普通抹灰验收。

主 控 项 目

4.2.2 抹灰前基层表面的尘土、污垢、油渍等应清除干净,并应洒水润湿。
检验方法:检查施工记录。

4.2.3 一般抹灰所用材料的品种和性能应符合设计要求。水泥的凝结时间和安定性复验应合格。砂浆的配合比应符合设计要求。
检验方法:检查产品合格证书、进场验收记录、复验报告和施工记录。

4.2.4 抹灰工程应分层进行。当抹灰总厚度大于或等于35mm时,应采取加强措施。不同材料基体交接处表面的抹灰,应采取防止开裂的加强措施,当采用加强网时,加强网与各基体的搭接宽度不应小于100mm。
检验方法:检查隐蔽工程验收记录和施工记录。

4.2.5 抹灰层与基层之间及各抹灰层之间必须粘结牢固,抹灰层应无脱层、空鼓,面层应无爆灰和裂缝。
检验方法:观察;用小锤轻击检查;检查施工记录。

一 般 项 目

4.2.6 一般抹灰工程的表面质量应符合下列规定:
 1 普通抹灰表面应光滑、洁净、接槎平整,分格缝应清晰。
 2 高级抹灰表面应光滑、洁净、颜色均匀、无抹纹,分格缝和灰线应清晰美观。
检验方法:观察;手摸检查。

4.2.7 护角、孔洞、槽、盒周围的抹灰表面应整齐、光滑;管道后面的抹灰表面应平整。
检验方法:观察。

4.2.8 抹灰层的总厚度应符合设计要求;水泥砂浆不得抹在石灰砂浆层上;罩面石膏灰不得抹在水泥砂浆层上。
检验方法:检查施工记录。

4.2.9 抹灰分格缝的设置应符合设计要求,宽度和深度应均匀,表面应光滑,棱角应整齐。

检验方法：观察；尺量检查。

4.2.10 有排水要求的部位应做滴水线（槽）。滴水线（槽）应整齐顺直，滴水线应内高外低，滴水槽的宽度和深度均不应小于10mm。

检验方法：观察；尺量检查。

4.2.11 一般抹灰工程质量的允许偏差和检验方法应符合表4.2.11的规定。

表 4.2.11 一般抹灰工程质量的允许偏差和检验方法

项次	项 目	允许偏差(mm)		检 验 方 法
		普通抹灰	高级抹灰	
1	立面垂直度	4	3	用2m垂直检测尺检查
2	表面平整度	4	3	用2m靠尺和塞尺检查
3	阴阳角方正	4	3	用直角检测尺检查
4	分格条（缝）直线度	4	3	拉5m线，不足5m拉通线，用钢直尺检查
5	墙裙、勒脚上口直线度	4	3	拉5m线，不足5m拉通线，用钢直尺检查

注：1）普通抹灰，本表第3项阴角方正可不检查；
2）顶棚抹灰，本表第2项表面平整度可不检查，但应平顺。

4.3 装饰抹灰工程

4.3.1 本节适用于水刷石、斩假石、干粘石、假面砖等装饰抹灰工程的质量验收。

主 控 项 目

4.3.2 抹灰前基层表面的尘土、污垢、油渍等应清除干净，并应洒水润湿。

检验方法：检查施工记录。

4.3.3 装饰抹灰工程所用材料的品种和性能应符合设计要求。水泥的凝结时间和安定性复验应合格。砂浆的配合比应符合设计要求。

检验方法：检查产品合格证书、进场验收记录、复验报告和施工记录。

4.3.4 抹灰工程应分层进行。当抹灰总厚度大于或等于35mm时，应采取加强措施。不同材料基体交接处表面的抹灰，应采取防止开裂的加强措施，当采用加强网时，加强网与各基体的搭接宽度不应小于100mm。

检验方法：检查隐蔽工程验收记录和施工记录。

4.3.5 各抹灰层之间及抹灰层与基体之间必须粘接牢固，抹灰层应无脱层、空鼓和裂缝。

检验方法：观察；用小锤轻击检查；检查施工记录。

一 般 项 目

4.3.6 装饰抹灰工程的表面质量应符合下列规定：

1 水刷石表面应石粒清晰、分布均匀、紧密平整、色泽一致，应无掉粒和接槎痕迹。

2 斩假石表面剁纹应均匀顺直、深浅一致，应无漏剁处；阳角处应横剁并留出宽窄一致的不剁边条，棱角应无损坏。

3 干粘石表面应色泽一致、不露浆、不漏粘，石粒应粘结牢固、分布均匀，阳角处应无明显黑边。

4 假面砖表面应平整、沟纹清晰、留缝整齐、色泽一致，应无掉角、脱皮、起砂等缺陷。

检验方法：观察；手摸检查。

4.3.7 装饰抹灰分格条（缝）的设置应符合设计要求，宽度和深度应均匀，表面应平整光滑，棱角应整齐。

检验方法：观察。

4.3.8 有排水要求的部位应做滴水线（槽）。滴水线（槽）应整齐顺直，滴水线应内高外低，滴水槽的宽度和深度均不应小于10mm。

检验方法：观察；尺量检查。

4.3.9 装饰抹灰工程质量的允许偏差和检验方法应符合表4.3.9的规定。

表4.3.9 装饰抹灰工程质量的允许偏差和检验方法

项次	项目	允许偏差（mm）				检验方法
		水刷石	斩假石	干粘石	假面砖	
1	立面垂直度	5	4	5	5	用2m垂直检测尺检查
2	表面平整度	3	3	5	4	用2m靠尺和塞尺检查
3	阳角方正	3	3	4	4	用直角检测尺检查
4	分格条（缝）直线度	3	3	3	3	拉5m线，不足5m拉通线，用钢直尺检查
5	墙裙、勒脚上口直线度	3	3	—	—	拉5m线，不足5m拉通线，用钢直尺检查

4.4 清水砌体勾缝工程

4.4.1 本节适用于清水砌体砂浆勾缝和原浆勾缝工程的质量验收。

主 控 项 目

4.4.2 清水砌体勾缝所用水泥的凝结时间和安定性复验应合格。砂浆的配合比应符合设计要求。

检验方法：检查复验报告和施工记录。

4.4.3 清水砌体勾缝应无漏勾。勾缝材料应粘结牢固、无开裂。

检验方法：观察。

一 般 项 目

4.4.4 清水砌体勾缝应横平竖直，交接处应平顺，宽度和深度应均匀，表面应压实抹平。

检验方法：观察；尺量检查。

4.4.5 灰缝应颜色一致，砌体表面应洁净。

检验方法：观察。

5 门窗工程

5.1 一般规定

5.1.1 本章适用于木门窗制作与安装、金属门窗安装、塑料门窗安装、特种门安装、门窗玻璃安装等分项工程的质量验收。

5.1.2 门窗工程验收时应检查下列文件和记录：
1. 门窗工程的施工图、设计说明及其他设计文件。
2. 材料的产品合格证书、性能检测报告、进场验收记录和复验报告。
3. 特种门及其附件的生产许可文件。
4. 隐蔽工程验收记录。
5. 施工记录。

5.1.3 门窗工程应对下列材料及其性能指标进行复验：
1. 人造木板的甲醛含量。
2. 建筑外墙金属窗、塑料窗的抗风压性能、空气渗透性能和雨水渗漏性能。

5.1.4 门窗工程应对下列隐蔽工程项目进行验收：
1. 预埋件和锚固件。
2. 隐蔽部位的防腐、填嵌处理。

5.1.5 各分项工程的检验批应按下列规定划分：
1. 同一品种、类型和规格的木门窗、金属门窗、塑料门窗及门窗玻璃每100樘应划分为一个检验批，不足100樘也应划分为一个检验批。
2. 同一品种、类型和规格的特种门每50樘应划分为一个检验批，不足50樘也应划分为一个检验批。

5.1.6 检查数量应符合下列规定：
1. 木门窗、金属门窗、塑料门窗及门窗玻璃，每个检验批应至少抽查5%，并不得少于3樘，不足3樘时应全数检查；高层建筑的外窗，每个检验批应至少抽查10%，并不得少于6樘，不足6樘时应全数检查。
2. 特种门每个检验批应至少抽查50%，并不得少于10樘，不足10樘时应全数检查。

5.1.7 门窗安装前，应对门窗洞口尺寸进行检验。

5.1.8 金属门窗和塑料门窗安装应采用预留洞口的方法施工，不得采用边安装边砌口或先安装后砌口的方法施工。

5.1.9 木门窗与砖石砌体、混凝土或抹灰层接触处应进行防腐处理并应设置防潮层；埋入砌体或混凝土中的木砖应进行防腐处理。

5.1.10 当金属门窗或塑料门窗组合时，其拼樘料的尺寸、规格、壁厚应符合设计要求。

5.1.11 建筑外门窗的安装必须牢固。在砌体上安装门窗严禁用射钉固定。

5.1.12 特种门安装除应符合设计要求和本规范规定外，还应符合有关专业标准和主管部门的规定。

5.2 木门窗制作与安装工程

5.2.1 本节适用于木门窗制作与安装工程的质量验收。

主 控 项 目

5.2.2 木门窗的木材品种、材质等级、规格、尺寸、框扇的线型及人造木板的甲醛含量应符合设计要求。设计未规定材质等级时，所用木材的质量应符合本规范附录A的规定。

检验方法：观察；检查材料进场验收记录和复验报告。

5.2.3 木门窗应采用烘干的木材，含水率应符合《建筑木门、木窗》（JG/T 122）的规定。

检验方法：检查材料进场验收记录。

5.2.4 木门窗的防火、防腐、防虫处理应符合设计要求。

检验方法：观察；检查材料进场验收记录。

5.2.5 木门窗的结合处和安装配件处不得有木节或已填补的木节。木门窗如有允许限值以内的死节及直径较大的虫眼时，应用同一材质的木塞加胶填补。对于清漆制品，木塞的木纹和色泽应与制品一致。

检验方法：观察。

5.2.6 门窗框和厚度大于50mm的门窗扇应用双榫连接。榫槽应采用胶料严密嵌合，并应用胶楔加紧。

检验方法：观察；手扳检查。

5.2.7 胶合板门、纤维板门和模压门不得脱胶。胶合板不得刨透表层单板，不得有戗槎。制作胶合板门、纤维板门时，边框和横楞应在同一平面上，面层、边框及横楞应加压胶结。横楞和上、下冒头应各钻两个以上的透气孔，透气孔应通畅。

检验方法：观察。

5.2.8 木门窗的品种、类型、规格、开启方向、安装位置及连接方式应符合设计要求。

检验方法：观察；尺量检查；检查成品门的产品合格证书。

5.2.9 木门窗框的安装必须牢固。预埋木砖的防腐处理、木门窗框固定点的数量、位置及固定方法应符合设计要求。

检验方法：观察；手扳检查；检查隐蔽工程验收记录和施工记录。

5.2.10 木门窗扇必须安装牢固，并应开关灵活，关闭严密，无倒翘。

检验方法：观察；开启和关闭检查；手扳检查。

5.2.11 木门窗配件的型号、规格、数量应符合设计要求，安装应牢固，位置应正确，功能应满足使用要求。

检验方法：观察；开启和关闭检查；手扳检查。

一 般 项 目

5.2.12 木门窗表面应洁净，不得有刨痕、锤印。

检验方法：观察。

5.2.13 木门窗的割角、拼缝应严密平整。门窗框、扇裁口应顺直，刨面应平整。

5.2.14 木门窗上的槽、孔应边缘整齐,无毛刺。
检验方法:观察。

5.2.15 木门窗与墙体间缝隙的填嵌材料应符合设计要求,填嵌应饱满。寒冷地区外门窗(或门窗框)与砌体间的空隙应填充保温材料。
检验方法:轻敲门窗框检查;检查隐蔽工程验收记录和施工记录。

5.2.16 木门窗披水、盖口条、压缝条、密封条的安装应顺直,与门窗结合应牢固、严密。
检验方法:观察;手扳检查。

5.2.17 木门窗制作的允许偏差和检验方法应符合表5.2.17的规定。

表 5.2.17 木门窗制作的允许偏差和检验方法

项次	项 目	构件名称	允许偏差(mm) 普通	允许偏差(mm) 高级	检验方法
1	翘曲	框	3	2	将框、扇平放在检查平台上,用塞尺检查
		扇	2	2	
2	对角线长度差	框、扇	3	2	用钢尺检查,框量裁口里角,扇量外角
3	表面平整度	扇	2	2	用1m靠尺和塞尺检查
4	高度、宽度	框	0;-2	0;-1	用钢尺检查,框量裁口里角,扇量外角
		扇	+2;0	+1;0	
5	裁口、线条结合处高低差	框、扇	1	0.5	用钢直尺和塞尺检查
6	相邻棂子两端间距	扇	2	1	用钢直尺检查

5.2.18 木门窗安装的留缝限值、允许偏差和检验方法应符合表5.2.18的规定。

表 5.2.18 木门窗安装的留缝限值、允许偏差和检验方法

项次	项 目		留缝限值(mm) 普通	留缝限值(mm) 高级	允许偏差(mm) 普通	允许偏差(mm) 高级	检验方法
1	门窗槽口对角线长度差		—	—	3	2	用钢尺检查
2	门窗框的正、侧面垂直度		—	—	2	1	用1m垂直检测尺检查
3	框与扇、扇与扇接缝高低差		—	—	2	1	用钢直尺和塞尺检查
4	门窗扇对口缝		1~2.5	1.5~2	—	—	用塞尺检查
5	工业厂房双扇大门对口缝		2~5	—	—	—	
6	门窗扇与上框间留缝		1~2	1~1.5	—	—	
7	门窗扇与侧框间留缝		1~2.5	1~1.5	—	—	
8	窗扇与下框间留缝		2~3	2~2.5	—	—	
9	门扇与下框间留缝		3~5	3~4	—	—	
10	双层门窗内外框间距		—	—	4	3	用钢尺检查
11	无下框时门扇与地面间留缝	外门	4~7	5~6	—	—	用塞尺检查
		内门	5~8	6~7	—	—	
		卫生间门	8~12	8~10	—	—	
		厂房大门	10~20	—	—	—	

5.3 金属门窗安装工程

5.3.1 本节适用于钢门窗、铝合金门窗、涂色镀锌钢板门窗等金属门窗安装工程的质量验收。

主 控 项 目

5.3.2 金属门窗的品种、类型、规格、尺寸、性能、开启方向、安装位置、连接方式及铝合金门窗的型材壁厚应符合设计要求。金属门窗的防腐处理及填嵌、密封处理应符合设计要求。

检验方法：观察；尺量检查；检查产品合格证书、性能检测报告、进场验收记录和复验报告；检查隐蔽工程验收记录。

5.3.3 金属门窗框和副框的安装必须牢固。预埋件的数量、位置、埋设方式、与框的连接方式必须符合设计要求。

检验方法：手扳检查；检查隐蔽工程验收记录。

5.3.4 金属门窗扇必须安装牢固，并应开关灵活、关闭严密，无倒翘。推拉门窗扇必须有防脱落措施。

检验方法：观察；开启和关闭检查；手扳检查。

5.3.5 金属门窗配件的型号、规格、数量应符合设计要求，安装应牢固，位置应正确，功能应满足使用要求。

检验方法：观察；开启和关闭检查；手扳检查。

一 般 项 目

5.3.6 金属门窗表面应洁净、平整、光滑、色泽一致，无锈蚀。大面应无划痕、碰伤。漆膜或保护层应连续。

检验方法：观察。

5.3.7 铝合金门窗推拉门窗扇开关力应不大于100N。

检验方法：用弹簧秤检查。

5.3.8 金属门窗框与墙体之间的缝隙应填嵌饱满，并采用密封胶密封。密封胶表面应光滑、顺直，无裂纹。

检验方法：观察；轻敲门窗框检查；检查隐蔽工程验收记录。

5.3.9 金属门窗扇的橡胶密封条或毛毡密封条应安装完好，不得脱槽。

检验方法：观察；开启和关闭检查。

5.3.10 有排水孔的金属门窗，排水孔应畅通，位置和数量应符合设计要求。

检验方法：观察。

5.3.11 钢门窗安装的留缝限值、允许偏差和检验方法应符合表5.3.11的规定。

表 5.3.11 钢门窗安装的留缝限值、允许偏差和检验方法

项次	项 目		留缝限值（mm）	允许偏差（mm）	检验方法
1	门窗槽口宽度、高度	≤1500mm	—	2.5	用钢尺检查
		>1500mm	—	3.5	

续表 5.3.11

项次	项目		留缝限值 (mm)	允许偏差 (mm)	检验方法
2	门窗槽口对角线长度差	≤2000mm	—	5	用钢尺检查
		>2000mm	—	6	
3	门窗框的正、侧面垂直度		—	3	用1m垂直检测尺检查
4	门窗横框的水平度		—	3	用1m水平尺和塞尺检查
5	门窗横框标高		—	5	用钢尺检查
6	门窗竖向偏离中心		—	4	用钢尺检查
7	双层门窗内外框间距		—	5	用钢尺检查
8	门窗框、扇配合间隙		≤2	—	用塞尺检查
9	无下框时门扇与地面间留缝		4～8	—	用塞尺检查

5.3.12 铝合金门窗安装的允许偏差和检验方法应符合表5.3.12的规定。

表 5.3.12 铝合金门窗安装的允许偏差和检验方法

项次	项目		允许偏差 (mm)	检验方法
1	门窗槽口宽度、高度	≤1500mm	1.5	用钢尺检查
		>1500mm	2	
2	门窗槽口对角线长度差	≤2000mm	3	用钢尺检查
		>2000mm	4	
3	门窗框的正、侧面垂直度		2.5	用垂直检测尺检查
4	门窗横框的水平度		2	用1m水平尺和塞尺检查
5	门窗横框标高		5	用钢尺检查
6	门窗竖向偏离中心		5	用钢尺检查
7	双层门窗内外框间距		4	用钢尺检查
8	推拉门窗扇与框搭接量		1.5	用钢直尺检查

5.3.13 涂色镀锌钢板门窗安装的允许偏差和检验方法应符合表5.3.13的规定。

表 5.3.13 涂色镀锌钢板门窗安装的允许偏差和检验方法

项次	项目		允许偏差 (mm)	检验方法
1	门窗槽口宽度、高度	≤1500mm	2	用钢尺检查
		>1500mm	3	
2	门窗槽口对角线长度差	≤2000mm	4	用钢尺检查
		>2000mm	5	
3	门窗框的正、侧面垂直度		3	用垂直检测尺检查
4	门窗横框的水平度		3	用1m水平尺和塞尺检查
5	门窗横框标高		5	用钢尺检查
6	门窗竖向偏离中心		5	用钢尺检查
7	双层门窗内外框间距		4	用钢尺检查
8	推拉门窗扇与框搭接量		2	用钢直尺检查

5.4 塑料门窗安装工程

5.4.1 本节适用于塑料门窗安装工程的质量验收。

主 控 项 目

5.4.2 塑料门窗的品种、类型、规格、尺寸、开启方向、安装位置、连接方式及填嵌密封处理应符合设计要求，内衬增强型钢的壁厚及设置应符合国家现行产品标准的质量要求。

检验方法：观察；尺量检查；检查产品合格证书、性能检测报告、进场验收记录和复验报告；检查隐蔽工程验收记录。

5.4.3 塑料门窗框、副框和扇的安装必须牢固。固定片或膨胀螺栓的数量与位置应正确，连接方式应符合设计要求。固定点应距窗角、中横框、中竖框150~200mm，固定点间距应不大于600mm。

检验方法：观察；手扳检查；检查隐蔽工程验收记录。

5.4.4 塑料门窗拼樘料内衬增强型钢的规格、壁厚必须符合设计要求，型钢应与型材内腔紧密吻合，其两端必须与洞口固定牢固。窗框必须与拼樘料连接紧密，固定点间距应不大于600mm。

检验方法：观察；手扳检查；尺量检查；检查进场验收记录。

5.4.5 塑料门窗扇应开关灵活、关闭严密，无倒翘。推拉门窗扇必须有防脱落措施。

检验方法：观察；开启和关闭检查；手扳检查。

5.4.6 塑料门窗配件的型号、规格、数量应符合设计要求，安装应牢固，位置应正确，功能应满足使用要求。

检验方法：观察；手扳检查；尺量检查。

5.4.7 塑料门窗框与墙体间缝隙应采用闭孔弹性材料填嵌饱满，表面应采用密封胶密封。密封胶应粘结牢固，表面应光滑、顺直、无裂纹。

检验方法：观察；检查隐蔽工程验收记录。

一 般 项 目

5.4.8 塑料门窗表面应洁净、平整、光滑，大面应无划痕、碰伤。

检验方法：观察。

5.4.9 塑料门窗扇的密封条不得脱槽。旋转窗间隙应基本均匀。

5.4.10 塑料门窗扇的开关力应符合下列规定：
1 平开门窗扇平铰链的开关力应不大于80N；滑撑铰链的开关力应不大于80N，并不小于30N。
2 推拉门窗扇的开关力应不大于100N。

检验方法：观察；用弹簧秤检查。

5.4.11 玻璃密封条与玻璃及玻璃槽口的接缝应平整，不得卷边、脱槽。

检验方法：观察。

5.4.12 排水孔应畅通，位置和数量应符合设计要求。

检验方法：观察。

5.4.13 塑料门窗安装的允许偏差和检验方法应符合表5.4.13的规定。

表5.4.13 塑料门窗安装的允许偏差和检验方法

项次	项目		允许偏差（mm）	检验方法
1	门窗槽口宽度、高度	≤1500mm	2	用钢尺检查
		>1500mm	3	
2	门窗槽口对角线长度差	≤2000mm	3	用钢尺检查
		>2000mm	5	
3	门窗框的正、侧面垂直度		3	用1m垂直检测尺检查
4	门窗横框的水平度		3	用1m水平尺和塞尺检查
5	门窗横框标高		5	用钢尺检查
6	门窗竖向偏离中心		5	用钢直尺检查
7	双层门窗内外框间距		4	用钢尺检查
8	同樘平开门窗相邻扇高度差		2	用钢直尺检查
9	平开门窗铰链部位配合间隙		+2；-1	用塞尺检查
10	推拉门窗扇与框搭接量		+1.5；-2.5	用钢直尺检查
11	推拉门窗扇与竖框平行度		2	用1m水平尺和塞尺检查

5.5 特种门安装工程

5.5.1 本节适用于防火门、防盗门、自动门、全玻门、旋转门、金属卷帘门等特种门安装工程的质量验收。

主 控 项 目

5.5.2 特种门的质量和各项性能应符合设计要求。

检验方法：检查生产许可证、产品合格证书和性能检测报告。

5.5.3 特种门的品种、类型、规格、尺寸、开启方向、安装位置及防腐处理应符合设计要求。

检验方法：观察；尺量检查；检查进场验收记录和隐蔽工程验收记录。

5.5.4 带有机械装置、自动装置或智能化装置的特种门，其机械装置、自动装置或智能化装置的功能应符合设计要求和有关标准的规定。

检验方法：启动机械装置、自动装置或智能化装置，观察。

5.5.5 特种门的安装必须牢固。预埋件的数量、位置、埋设方式、与框的连接方式必须符合设计要求。

检验方法：观察；手扳检查；检查隐蔽工程验收记录。

5.5.6 特种门的配件应齐全，位置应正确，安装应牢固，功能应满足使用要求和特种门的各项性能要求。

检验方法：观察；手扳检查；检查产品合格证书、性能检测报告和进场验收记录。

一 般 项 目

5.5.7 特种门的表面装饰应符合设计要求。

　　检验方法：观察。

5.5.8 特种门的表面应洁净，无划痕、碰伤。

　　检验方法：观察。

5.5.9 推拉自动门安装的留缝限值、允许偏差和检验方法应符合表5.5.9的规定。

表5.5.9 推拉自动门安装的留缝限值、允许偏差和检验方法

项次	项　目		留缝限值（mm）	允许偏差（mm）	检验方法
1	门槽口宽度、高度	≤1500mm	—	1.5	用钢尺检查
		>1500mm		2	
2	门槽口对角线长度差	≤2000mm		2	用钢尺检查
		>2000mm		2.5	
3	门框的正、侧面垂直度		—	1	用1m垂直检测尺检查
4	门构件装配间隙		—	0.3	用塞尺检查
5	门梁导轨水平度		—	1	用1m水平尺和塞尺检查
6	下导轨与门梁导轨平行度		—	1.5	用钢尺检查
7	门扇与侧框间留缝		1.2~1.8	—	用塞尺检查
8	门扇对口缝		1.2~1.8	—	用塞尺检查

5.5.10 推拉自动门的感应时间限值和检验方法应符合表5.5.10的规定。

表5.5.10 推拉自动门的感应时间限值和检验方法

项次	项　目	感应时间限值（s）	检验方法
1	开门响应时间	≤0.5	用秒表检查
2	堵门保护延时	16~20	用秒表检查
3	门扇全开启后保持时间	13~17	用秒表检查

5.5.11 旋转门安装的允许偏差和检验方法应符合表5.5.11的规定。

表5.5.11 旋转门安装的允许偏差和检验方法

项次	项　目	允许偏差（mm）		检验方法
		金属框架玻璃旋转门	木质旋转门	
1	门扇正、侧面垂直度	1.5	1.5	用1m垂直检测尺检查
2	门扇对角线长度差	1.5	1.5	用钢尺检查
3	相邻扇高度差	1	1	用钢尺检查
4	扇与圆弧边留缝	1.5	2	用塞尺检查
5	扇与上顶间留缝	2	2.5	用塞尺检查
6	扇与地面间留缝	2	2.5	用塞尺检查

5.6 门窗玻璃安装工程

5.6.1 本节适用于平板、吸热、反射、中空、夹层、夹丝、磨砂、钢化、压花玻璃等玻

璃安装工程的质量验收。

主 控 项 目

5.6.2 玻璃的品种、规格、尺寸、色彩、图案和涂膜朝向应符合设计要求。单块玻璃大于 1.5m² 时应使用安全玻璃。

检验方法：观察；检查产品合格证书、性能检测报告和进场验收记录。

5.6.3 门窗玻璃裁割尺寸应正确。安装后的玻璃应牢固，不得有裂纹、损伤和松动。

检验方法：观察；轻敲检查。

5.6.4 玻璃的安装方法应符合设计要求。固定玻璃的钉子或钢丝卡的数量、规格应保证玻璃安装牢固。

检验方法：观察；检查施工记录。

5.6.5 镶钉木压条接触玻璃处，应与裁口边缘平齐。木压条应互相紧密连接，并与裁口边缘紧贴，割角应整齐。

检验方法：观察。

5.6.6 密封条与玻璃、玻璃槽口的接触应紧密、平整。密封胶与玻璃、玻璃槽口的边缘应粘结牢固、接缝平齐。

检验方法：观察。

5.6.7 带密封条的玻璃压条，其密封条必须与玻璃全部贴紧，压条与型材之间应无明显缝隙，压条接缝应不大于 0.5mm。

检验方法：观察；尺量检查。

一 般 项 目

5.6.8 玻璃表面应洁净，不得有腻子、密封胶、涂料等污渍。中空玻璃内外表面均应洁净，玻璃中空层内不得有灰尘和水蒸气。

检验方法：观察。

5.6.9 门窗玻璃不应直接接触型材。单面镀膜玻璃的镀膜层及磨砂玻璃的磨砂面应朝向室内。中空玻璃的单面镀膜玻璃应在最外层，镀膜层应朝向室内。

检验方法：观察。

5.6.10 腻子应填抹饱满、粘结牢固；腻子边缘与裁口应平齐。固定玻璃的卡子不应在腻子表面显露。

检验方法：观察。

6 吊 顶 工 程

6.1 一 般 规 定

6.1.1 本章适用于暗龙骨吊顶、明龙骨吊顶等分项工程的质量验收。

6.1.2 吊顶工程验收时应检查下列文件和记录：

1 吊顶工程的施工图、设计说明及其他设计文件。

2 材料的产品合格证书、性能检测报告、进场验收记录和复验报告。
3 隐蔽工程验收记录。
4 施工记录。

6.1.3 吊顶工程应对人造木板的甲醛含量进行复验。

6.1.4 吊顶工程应对下列隐蔽工程项目进行验收：
1 吊顶内管道、设备的安装及水管试压。
2 木龙骨防火、防腐处理。
3 预埋件或拉结筋。
4 吊杆安装。
5 龙骨安装。
6 填充材料的设置。

6.1.5 各分项工程的检验批应按下列规定划分：
同一品种的吊顶工程每50间（大面积房间和走廊按吊顶面积30m²为一间）应划分为一个检验批，不足50间也应划分为一个检验批。

6.1.6 检查数量应符合下列规定：
每个检验批应至少抽查10%，并不得少于3间；不足3间时应全数检查。

6.1.7 安装龙骨前，应按设计要求对房间净高、洞口标高和吊顶内管道、设备及其支架的标高进行交接检验。

6.1.8 吊顶工程的木吊杆、木龙骨和木饰面板必须进行防火处理，并应符合有关设计防火规范的规定。

6.1.9 吊顶工程中的预埋件、钢筋吊杆和型钢吊杆应进行防锈处理。

6.1.10 安装饰面板前应完成吊顶内管道和设备的调试及验收。

6.1.11 吊杆距主龙骨端部距离不得大于300mm，当大于300mm时，应增加吊杆。当吊杆长度大于1.5m时，应设置反支撑。当吊杆与设备相遇时，应调整并增设吊杆。

6.1.12 重型灯具、电扇及其他重型设备严禁安装在吊顶工程的龙骨上。

6.2 暗龙骨吊顶工程

6.2.1 本节适用于以轻钢龙骨、铝合金龙骨、木龙骨等为骨架，以石膏板、金属板、矿棉板、木板、塑料板或格栅等为饰面材料的暗龙骨吊顶工程的质量验收。

主 控 项 目

6.2.2 吊顶标高、尺寸、起拱和造型应符合设计要求。
检验方法：观察；尺量检查。

6.2.3 饰面材料的材质、品种、规格、图案和颜色应符合设计要求。
检验方法：观察；检查产品合格证书、性能检测报告、进场验收记录和复验报告。

6.2.4 暗龙骨吊顶工程的吊杆、龙骨和饰面材料的安装必须牢固。
检验方法：观察；手扳检查；检查隐蔽工程验收记录和施工记录。

6.2.5 吊杆、龙骨的材质、规格、安装间距及连接方式应符合设计要求。金属吊杆、龙骨应经过表面防腐处理；木吊杆、龙骨应进行防腐、防火处理。

检验方法：观察；尺量检查；检查产品合格证书、性能检测报告、进场验收记录和隐蔽工程验收记录。

6.2.6 石膏板的接缝应按其施工工艺标准进行板缝防裂处理。安装双层石膏板时，面层板与基层板的接缝应错开，并不得在同一根龙骨上接缝。

检验方法：观察。

一 般 项 目

6.2.7 饰面材料表面应洁净、色泽一致，不得有翘曲、裂缝及缺损。压条应平直、宽窄一致。

检验方法：观察；尺量检查。

6.2.8 饰面板上的灯具、烟感器、喷淋头、风口篦子等设备的位置应合理、美观，与饰面板的交接应吻合、严密。

检验方法：观察。

6.2.9 金属吊杆、龙骨的接缝应均匀一致，角缝应吻合，表面应平整，无翘曲、锤印。木质吊杆、龙骨应顺直，无劈裂、变形。

检验方法：检查隐蔽工程验收记录和施工记录。

6.2.10 吊顶内填充吸声材料的品种和铺设厚度应符合设计要求，并应有防散落措施。

检验方法：检查隐蔽工程验收记录和施工记录。

6.2.11 暗龙骨吊顶工程安装的允许偏差和检验方法应符合表 6.2.11 的规定。

表 6.2.11 暗龙骨吊顶工程安装的允许偏差和检验方法

项次	项 目	允许偏差（mm）				检验方法
		纸面石膏板	金属板	矿棉板	木板、塑料板、格栅	
1	表面平整度	3	2	2	2	用2m靠尺和塞尺检查
2	接缝直线度	3	1.5	3	3	拉5m线，不足5m拉通线，用钢直尺检查
3	接缝高低差	1	1	1.5	1	用钢直尺和塞尺检查

6.3 明龙骨吊顶工程

6.3.1 本节适用于以轻钢龙骨、铝合金龙骨、木龙骨等为骨架，以石膏板、金属板、矿棉板、塑料板、玻璃板或格栅等为饰面材料的明龙骨吊顶工程的质量验收。

主 控 项 目

6.3.2 吊顶标高、尺寸、起拱和造型应符合设计要求。

检验方法：观察；尺量检查。

6.3.3 饰面材料的材质、品种、规格、图案和颜色应符合设计要求。当饰面材料为玻璃板时，应使用安全玻璃或采取可靠的安全措施。

检验方法：观察；检查产品合格证书、性能检测报告和进场验收记录。

6.3.4 饰面材料的安装应稳固严密。饰面材料与龙骨的搭接宽度应大于龙骨受力面宽度的2/3。

检验方法：观察；手扳检查；尺量检查。

6.3.5 吊杆、龙骨的材质、规格、安装间距及连接方式应符合设计要求。金属吊杆、龙骨应进行表面防腐处理；木龙骨应进行防腐、防火处理。

检验方法：观察；尺量检查；检查产品合格证书、进场验收记录和隐蔽工程验收记录。

6.3.6 明龙骨吊顶工程的吊杆和龙骨安装必须牢固。

检验方法：手扳检查；检查隐蔽工程验收记录和施工记录。

一 般 项 目

6.3.7 饰面材料表面应洁净、色泽一致，不得有翘曲、裂缝及缺损。饰面板与明龙骨的搭接应平整、吻合，压条应平直、宽窄一致。

检验方法：观察；尺量检查。

6.3.8 饰面板上的灯具、烟感器、喷淋头、风口篦子等设备的位置应合理、美观，与饰面板的交接应吻合、严密。

检验方法：观察。

6.3.9 金属龙骨的接缝应平整、吻合、颜色一致，不得有划伤、擦伤等表面缺陷。木质龙骨应平整、顺直，无劈裂。

检验方法：观察。

6.3.10 吊顶内填充吸声材料的品种和铺设厚度应符合设计要求，并应有防散落措施。

检验方法：检查隐蔽工程验收记录和施工记录。

6.3.11 明龙骨吊顶工程安装的允许偏差和检验方法应符合表6.3.11的规定。

表6.3.11 明龙骨吊顶工程安装的允许偏差和检验方法

项次	项 目	允许偏差（mm）				检验方法
		石膏板	金属板	矿棉板	塑料板、玻璃板	
1	表面平整度	3	2	3	2	用2m靠尺和塞尺检查
2	接缝直线度	3	2	3	3	拉5m线，不足5m拉通线，用钢直尺检查
3	接缝高低差	1	1	2	1	用钢直尺和塞尺检查

7 轻质隔墙工程

7.1 一 般 规 定

7.1.1 本章适用于板材隔墙、骨架隔墙、活动隔墙、玻璃隔墙等分项工程的质量验收。

7.1.2 轻质隔墙工程验收时应检查下列文件和记录：

1 轻质隔墙工程的施工图、设计说明及其他设计文件。
2 材料的产品合格证书、性能检测报告、进场验收记录和复验报告。
3 隐蔽工程验收记录。
4 施工记录。

7.1.3 轻质隔墙工程应对人造木板的甲醛含量进行复验。

7.1.4 轻质隔墙工程应对下列隐蔽工程项目进行验收：
1 骨架隔墙中设备管线的安装及水管试压。
2 木龙骨防火、防腐处理。
3 预埋件或拉结筋。
4 龙骨安装。
5 填充材料的设置。

7.1.5 各分项工程的检验批应按下列规定划分：

同一品种的轻质隔墙工程每 50 间（大面积房间和走廊按轻质隔墙的墙面 30m² 为一间）应划分为一个检验批，不足 50 间也应划分为一个检验批。

7.1.6 轻质隔墙与顶棚和其他墙体的交接处应采取防开裂措施。

7.1.7 民用建筑轻质隔墙工程的隔声性能应符合现行国家标准《民用建筑隔声设计规范》（GBJ 118）的规定。

7.2 板材隔墙工程

7.2.1 本节适用于复合轻质墙板、石膏空心板、预制或现制的钢丝网水泥板等板材隔墙工程的质量验收。

7.2.2 板材隔墙工程的检查数量应符合下列规定：

每个检验批应至少抽查 10%，并不得少于 3 间；不足 3 间时应全数检查。

主 控 项 目

7.2.3 隔墙板材的品种、规格、性能、颜色应符合设计要求。有隔声、隔热、阻燃、防潮等特殊要求的工程，板材应有相应性能等级的检测报告。

检验方法：观察；检查产品合格证书、进场验收记录和性能检测报告。

7.2.4 安装隔墙板材所需预埋件、连接件的位置、数量及连接方法应符合设计要求。

检验方法：观察；尺量检查；检查隐蔽工程验收记录。

7.2.5 隔墙板材安装必须牢固。现制钢丝网水泥隔墙与周边墙体的连接方法应符合设计要求，并应连接牢固。

检验方法：观察；手扳检查。

7.2.6 隔墙板材所用接缝材料的品种及接缝方法应符合设计要求。

检验方法：观察；检查产品合格证书和施工记录。

一 般 项 目

7.2.7 隔墙板材安装应垂直、平整、位置正确，板材不应有裂缝或缺损。

检验方法：观察；尺量检查。

7.2.8 板材隔墙表面应平整光滑、色泽一致、洁净，接缝应均匀、顺直。
  检验方法：观察；手摸检查。

7.2.9 隔墙上的孔洞、槽、盒应位置正确、套割方正、边缘整齐。
  检验方法：观察。

7.2.10 板材隔墙安装的允许偏差和检验方法应符合表7.2.10的规定。

表 7.2.10 板材隔墙安装的允许偏差和检验方法

项次	项目	允许偏差（mm）				检验方法
		复合轻质墙板		石膏空心板	钢丝网水泥板	
		金属夹芯板	其他复合板			
1	立面垂直度	2	3	3	3	用2m垂直检测尺检查
2	表面平整度	2	3	3	3	用2m靠尺和塞尺检查
3	阴阳角方正	3	3	3	4	用直角检测尺检查
4	接缝高低差	1	2	2	3	用钢直尺和塞尺检查

7.3 骨架隔墙工程

7.3.1 本节适用于以轻钢龙骨、木龙骨等为骨架，以纸面石膏板、人造木板、水泥纤维板等为墙面板的隔墙工程的质量验收。

7.3.2 骨架隔墙工程的检查数量应符合下列规定：
  每个检验批应至少抽查10%，并不得少于3间；不足3间时应全数检查。

主 控 项 目

7.3.3 骨架隔墙所用龙骨、配件、墙面板、填充材料及嵌缝材料的品种、规格、性能和木材的含水率应符合设计要求。有隔声、隔热、阻燃、防潮等特殊要求的工程，材料应有相应性能等级的检测报告。
  检验方法：观察；检查产品合格证书、进场验收记录、性能检测报告和复验报告。

7.3.4 骨架隔墙工程边框龙骨必须与基体结构连接牢固，并应平整、垂直、位置正确。
  检验方法：手扳检查；尺量检查；检查隐蔽工程验收记录。

7.3.5 骨架隔墙中龙骨间距和构造连接方法应符合设计要求。骨架内设备管线的安装、门窗洞口等部位加强龙骨应安装牢固、位置正确，填充材料的设置应符合设计要求。
  检验方法：检查隐蔽工程验收记录。

7.3.6 木龙骨及木墙面板的防火和防腐处理必须符合设计要求。
  检验方法：检查隐蔽工程验收记录。

7.3.7 骨架隔墙的墙面板应安装牢固，无脱层、翘曲、折裂及缺损。
  检验方法：观察；手扳检查。

7.3.8 墙面板所用接缝材料的接缝方法应符合设计要求。
  检验方法：观察。

一 般 项 目

7.3.9 骨架隔墙表面应平整光滑、色泽一致、洁净、无裂缝，接缝应均匀、顺直。
检验方法：观察；手摸检查。

7.3.10 骨架隔墙上的孔洞、槽、盒应位置正确、套割吻合、边缘整齐。
检验方法：观察。

7.3.11 骨架隔墙内的填充材料应干燥，填充应密实、均匀、无下坠。
检验方法：轻敲检查；检查隐蔽工程验收记录。

7.3.12 骨架隔墙安装的允许偏差和检验方法应符合表7.3.12的规定。

表7.3.12 骨架隔墙安装的允许偏差和检验方法

项次	项目	允许偏差（mm）		检验方法
		纸面石膏板	人造木板、水泥纤维板	
1	立面垂直度	3	4	用2m垂直检测尺检查
2	表面平整度	3	3	用2m靠尺和塞尺检查
3	阴阳角方正	3	3	用直角检测尺检查
4	接缝直线度	—	3	拉5m线，不足5m拉通线，用钢直尺检查
5	压条直线度	—	3	拉5m线，不足5m拉通线，用钢直尺检查
6	接缝高低差	1	1	用钢直尺和塞尺检查

7.4 活动隔墙工程

7.4.1 本节适用于各种活动隔墙工程的质量验收。

7.4.2 活动隔墙工程的检查数量应符合下列规定：
每个检验批应至少抽查20%，并不得少于6间；不足6间时应全数检查。

主 控 项 目

7.4.3 活动隔墙所用墙板、配件等材料的品种、规格、性能和木材的含水率应符合设计要求。有阻燃、防潮等特性要求的工程，材料应有相应性能等级的检测报告。
检验方法：观察；检查产品合格证书、进场验收记录、性能检测报告和复验报告。

7.4.4 活动隔墙轨道必须与基体结构连接牢固，并应位置正确。
检验方法：尺量检查；手扳检查。

7.4.5 活动隔墙用于组装、推拉和制动的构配件必须安装牢固、位置正确，推拉必须安全、平稳、灵活。
检验方法：尺量检查；手扳检查；推拉检查。

7.4.6 活动隔墙制作方法、组合方式应符合设计要求。
检验方法：观察。

一 般 项 目

7.4.7 活动隔墙表面应色泽一致、平整光滑、洁净，线条应顺直、清晰。

7.4.8 活动隔墙上的孔洞、槽、盒应位置正确、套割吻合、边缘整齐。

检验方法：观察；尺量检查。

7.4.9 活动隔墙推拉应无噪声。

检验方法：推拉检查。

7.4.10 活动隔墙安装的允许偏差和检验方法应符合表7.4.10的规定。

表7.4.10 活动隔墙安装的允许偏差和检验方法

项次	项 目	允许偏差（mm）	检 验 方 法
1	立面垂直度	3	用2m垂直检测尺检查
2	表面平整度	2	用2m靠尺和塞尺检查
3	接缝直线度	3	拉5m线，不足5m拉通线，用钢直尺检查
4	接缝高低差	2	用钢直尺和塞尺检查
5	接缝宽度	2	用钢直尺检查

7.5 玻璃隔墙工程

7.5.1 本节适用于玻璃砖、玻璃板隔墙工程的质量验收。

7.5.2 玻璃隔墙工程的检查数量应符合下列规定：

每个检验批应至少抽查20%，并不得少于6间；不足6间时应全数检查。

主 控 项 目

7.5.3 玻璃隔墙工程所用材料的品种、规格、性能、图案和颜色应符合设计要求。玻璃板隔墙应使用安全玻璃。

检验方法：观察；检查产品合格证书、进场验收记录和性能检测报告。

7.5.4 玻璃砖隔墙的砌筑或玻璃板隔墙的安装方法应符合设计要求。

检验方法：观察。

7.5.5 玻璃砖隔墙砌筑中埋设的拉结筋必须与基体结构连接牢固，并应位置正确。

检验方法：手扳检查；尺量检查；检查隐蔽工程验收记录。

7.5.6 玻璃板隔墙的安装必须牢固。玻璃板隔墙胶垫的安装应正确。

检验方法：观察；手推检查；检查施工记录。

一 般 项 目

7.5.7 玻璃隔墙表面应色泽一致、平整洁净、清晰美观。

检验方法：观察。

7.5.8 玻璃隔墙接缝应横平竖直，玻璃应无裂痕、缺损和划痕。

检验方法：观察。

7.5.9 玻璃板隔墙嵌缝及玻璃砖隔墙勾缝应密实平整、均匀顺直、深浅一致。

检验方法：观察。

7.5.10 玻璃隔墙安装的允许偏差和检验方法应符合表7.5.10的规定。

表7.5.10 玻璃隔墙安装的允许偏差和检验方法

项次	项　目	允许偏差（mm） 玻璃砖	允许偏差（mm） 玻璃板	检　验　方　法
1	立面垂直度	3	2	用2m垂直检测尺检查
2	表面平整度	3	—	用2m靠尺和塞尺检查
3	阴阳角方正	—	2	用直角检测尺检查
4	接缝直线度	—	2	拉5m线，不足5m拉通线，用钢直尺检查
5	接缝高低差	3	2	用钢直尺和塞尺检查
6	接缝宽度	—	1	用钢直尺检查

8 饰面板（砖）工程

8.1 一 般 规 定

8.1.1 本章适用于饰面板安装、饰面砖粘贴等分项工程的质量验收。

8.1.2 饰面板（砖）工程验收时应检查下列文件和记录：
 1 饰面板（砖）工程的施工图、设计说明及其他设计文件。
 2 材料的产品合格证书、性能检测报告、进场验收记录和复验报告。
 3 后置埋件的现场拉拔检测报告。
 4 外墙饰面砖样板件的粘结强度检测报告。
 5 隐蔽工程验收记录。
 6 施工记录。

8.1.3 饰面板（砖）工程应对下列材料及其性能指标进行复验：
 1 室内用花岗石的放射性。
 2 粘贴用水泥的凝结时间、安定性和抗压强度。
 3 外墙陶瓷面砖的吸水率。
 4 寒冷地区外墙陶瓷面砖的抗冻性。

8.1.4 饰面板（砖）工程应对下列隐蔽工程项目进行验收：
 1 预埋件（或后置埋件）。
 2 连接节点。
 3 防水层。

8.1.5 各分项工程的检验批应按下列规定划分：
 1 相同材料、工艺和施工条件的室内饰面板（砖）工程每50间（大面积房间和走廊按施工面积30m²为一间）应划分为一个检验批，不足50间也应划分为一个检验批。
 2 相同材料、工艺和施工条件的室外饰面板（砖）工程每500～1000m²应划分为一个检验批，不足500m²也应划分为一个检验批。

8.1.6 检查数量应符合下列规定：
 1 室内每个检验批应至少抽查10%，并不得少于3间；不足3间时应全数检查。
 2 室外每个检验批每100m²应至少抽查一处，每处不得小于10m²。

8.1.7 外墙饰面砖粘贴前和施工过程中,均应在相同基层上做样板件,并对样板件的饰面砖粘结强度进行检验,其检验方法和结果判定应符合《建筑工程饰面砖粘结强度检验标准》(JGJ 110)的规定。

8.1.8 饰面板(砖)工程的抗震缝、伸缩缝、沉降缝等部位的处理应保证缝的使用功能和饰面的完整性。

8.2 饰面板安装工程

8.2.1 本节适用于内墙饰面板安装工程和高度不大于24m、抗震设防烈度不大于7度的外墙饰面板安装工程的质量验收。

主 控 项 目

8.2.2 饰面板的品种、规格、颜色和性能应符合设计要求,木龙骨、木饰面板和塑料饰面板的燃烧性能等级应符合设计要求。

检验方法:观察;检查产品合格证书、进场验收记录和性能检测报告。

8.2.3 饰面板孔、槽的数量、位置和尺寸应符合设计要求。

检验方法:检查进场验收记录和施工记录。

8.2.4 饰面板安装工程的预埋件(或后置埋件)、连接件的数量、规格、位置、连接方法和防腐处理必须符合设计要求。后置埋件的现场拉拔强度必须符合设计要求。饰面板安装必须牢固。

检验方法:手扳检查;检查进场验收记录、现场拉拔检测报告、隐蔽工程验收记录和施工记录。

一 般 项 目

8.2.5 饰面板表面应平整、洁净、色泽一致,无裂痕和缺损。石材表面应无泛碱等污染。

检验方法:观察。

8.2.6 饰面板嵌缝应密实、平直,宽度和深度应符合设计要求,嵌填材料色泽应一致。

检验方法:观察;尺量检查。

8.2.7 采用湿作业法施工的饰面板工程,石材应进行防碱背涂处理。饰面板与基体之间的灌注材料应饱满、密实。

检验方法:用小锤轻击检查;检查施工记录。

8.2.8 饰面板上的孔洞应套割吻合,边缘应整齐。

检验方法:观察。

8.2.9 饰面板安装的允许偏差和检验方法应符合表8.2.9的规定。

表8.2.9 饰面板安装的允许偏差和检验方法

项次	项目	允许偏差(mm)							检验方法
		石材			瓷板	木材	塑料	金属	
		光面	剁斧石	蘑菇石					
1	立面垂直度	2	3	3	2	1.5	2	2	用2m垂直检测尺检查
2	表面平整度	2	3	—	1.5	1	3	3	用2m靠尺和塞尺检查

续表 8.2.9

项次	项目	允许偏差（mm）							检验方法
		石材			瓷板	木材	塑料	金属	
		光面	剁斧石	蘑菇石					
3	阴阳角方正	2	4	4	2	1.5	3	3	用直角检测尺检查
4	接缝直线度	2	4	4	2	1	1	1	拉5m线，不足5m拉通线，用钢直尺检查
5	墙裙、勒脚上口直线度	2	3	—	2	2	2	2	拉5m线，不足5m拉通线，用钢直尺检查
6	接缝高低差	0.5	3	—	0.5	0.5	1	1	用钢直尺和塞尺检查
7	接缝宽度	1	2	2	1	1	1	1	用钢直尺检查

8.3 饰面砖粘贴工程

8.3.1 本节适用于内墙饰面砖粘贴工程和高度不大于100m、抗震设防烈度不大于8度、采用满粘法施工的外墙饰面砖粘贴工程的质量验收。

主 控 项 目

8.3.2 饰面砖的品种、规格、图案、颜色和性能应符合设计要求。

检验方法：观察；检查产品合格证书、进场验收记录、性能检测报告和复验报告。

8.3.3 饰面砖粘贴工程的找平、防水、粘结和勾缝材料及施工方法应符合设计要求及国家现行产品标准和工程技术标准的规定。

检验方法：检查产品合格证书、复验报告和隐蔽工程验收记录。

8.3.4 饰面砖粘贴必须牢固。

检验方法：检查样板件粘结强度检测报告和施工记录。

8.3.5 满粘法施工的饰面砖工程应无空鼓、裂缝。

检验方法：观察；用小锤轻击检查。

一 般 项 目

8.3.6 饰面砖表面应平整、洁净、色泽一致，无裂痕和缺损。

检验方法：观察。

8.3.7 阴阳角处搭接方式、非整砖使用部位应符合设计要求。

检验方法：观察。

8.3.8 墙面突出物周围的饰面砖应整砖套割吻合，边缘应整齐。墙裙、贴脸突出墙面的厚度应一致。

检验方法：观察；尺量检查。

8.3.9 饰面砖接缝应平直、光滑，填嵌应连续、密实；宽度和深度应符合设计要求。

检验方法：观察；尺量检查。

8.3.10 有排水要求的部位应做滴水线（槽）。滴水线（槽）应顺直，流水坡向应正确，坡度应符合设计要求。

检验方法：观察；用水平尺检查。

8.3.11 饰面砖粘贴的允许偏差和检验方法应符合表 8.3.11 的规定。

表 8.3.11 饰面砖粘贴的允许偏差和检验方法

项次	项目	允许偏差（mm）		检验方法
		外墙面砖	内墙面砖	
1	立面垂直度	3	2	用2m垂直检测尺检查
2	表面平整度	4	3	用2m靠尺和塞尺检查
3	阴阳角方正	3	3	用直角检测尺检查
4	接缝直线度	3	2	拉5m线，不足5m拉通线，用钢直尺检查
5	接缝高低差	1	0.5	用钢直尺和塞尺检查
6	接缝宽度	1	1	用钢直尺检查

9 幕 墙 工 程

9.1 一 般 规 定

9.1.1 本章适用于玻璃幕墙、金属幕墙、石材幕墙等分项工程的质量验收。

9.1.2 幕墙工程验收时应检查下列文件和记录：

1 幕墙工程的施工图、结构计算书、设计说明及其他设计文件。
2 建筑设计单位对幕墙工程设计的确认文件。
3 幕墙工程所用各种材料、五金配件、构件及组件的产品合格证书、性能检测报告、进场验收记录和复验报告。
4 幕墙工程所用硅酮结构胶的认定证书和抽查合格证明；进口硅酮结构胶的商检证；国家指定检测机构出具的硅酮结构胶相容性和剥离粘结性试验报告；石材用密封胶的耐污染性试验报告。
5 后置埋件的现场拉拔强度检测报告。
6 幕墙的抗风压性能、空气渗透性能、雨水渗漏性能及平面变形性能检测报告。
7 打胶、养护环境的温度、湿度记录；双组份硅酮结构胶的混匀性试验记录及拉断试验记录。
8 防雷装置测试记录。
9 隐蔽工程验收记录。
10 幕墙构件和组件的加工制作记录；幕墙安装施工记录。

9.1.3 幕墙工程应对下列材料及其性能指标进行复验：

1 铝塑复合板的剥离强度。
2 石材的弯曲强度；寒冷地区石材的耐冻融性；室内用花岗石的放射性。
3 玻璃幕墙用结构胶的邵氏硬度、标准条件拉伸粘结强度、相容性试验；石材用结构胶的粘结强度；石材用密封胶的污染性。

9.1.4 幕墙工程应对下列隐蔽工程项目进行验收：
1 预埋件（或后置埋件）。
2 构件的连接节点。
3 变形缝及墙面转角处的构造节点。
4 幕墙防雷装置。
5 幕墙防火构造。

9.1.5 各分项工程的检验批应按下列规定划分：
1 相同设计、材料、工艺和施工条件的幕墙工程每 500～1000m² 应划分为一个检验批，不足 500m² 也应划分为一个检验批。
2 同一单位工程的不连续的幕墙工程应单独划分检验批。
3 对于异型或有特殊要求的幕墙，检验批的划分应根据幕墙的结构、工艺特点及幕墙工程规模，由监理单位（或建设单位）和施工单位协商确定。

9.1.6 检查数量应符合下列规定：
1 每个检验批每 100m² 应至少抽查一处，每处不得小于 10m²。
2 对于异型或有特殊要求的幕墙工程，应根据幕墙的结构和工艺特点，由监理单位（或建设单位）和施工单位协商确定。

9.1.7 幕墙及其连接件应具有足够的承载力、刚度和相对于主体结构的位移能力。幕墙构架立柱的连接金属角码与其他连接件应采用螺栓连接，并应有防松动措施。

9.1.8 隐框、半隐框幕墙所采用的结构粘结材料必须是中性硅酮结构密封胶，其性能必须符合《建筑用硅酮结构密封胶》（GB 16776）的规定；硅酮结构密封胶必须在有效期内使用。

9.1.9 立柱和横梁等主要受力构件，其截面受力部分的壁厚应经计算确定，且铝合金型材壁厚不应小于 3.0mm，钢型材壁厚不应小于 3.5mm。

9.1.10 隐框、半隐框幕墙构件中板材与金属框之间硅酮结构密封胶的粘结宽度，应分别计算风荷载标准值和板材自重标准值作用下硅酮结构密封胶的粘结宽度，并取其较大值，且不得小于 7.0mm。

9.1.11 硅酮结构密封胶应打注饱满，并应在温度 15℃～30℃、相对湿度 50% 以上、洁净的室内进行；不得在现场墙上打注。

9.1.12 幕墙的防火除应符合现行国家标准《建筑设计防火规范》（GBJ 16）和《高层民用建筑设计防火规范》（GB 50045）的有关规定外，还应符合下列规定：
1 应根据防火材料的耐火极限决定防火层的厚度和宽度，并应在楼板处形成防火带。
2 防火层应采取隔离措施。防火层的衬板应采用经防腐处理且厚度不小于 1.5mm 的钢板，不得采用铝板。
3 防火层的密封材料应采用防火密封胶。
4 防火层与玻璃不应直接接触，一块玻璃不应跨两个防火分区。

9.1.13 主体结构与幕墙连接的各种预埋件，其数量、规格、位置和防腐处理必须符合设计要求。

9.1.14 幕墙的金属框架与主体结构预埋件的连接、立柱与横梁的连接及幕墙面板的安装必须符合设计要求，安装必须牢固。

9.1.15 单元幕墙连接处和吊挂处的铝合金型材的壁厚应通过计算确定，并不得小于5.0mm。

9.1.16 幕墙的金属框架与主体结构应通过预埋件连接，预埋件应在主体结构混凝土施工时埋入，预埋件的位置应准确。当没有条件采用预埋件连接时，应采用其他可靠的连接措施，并应通过试验确定其承载力。

9.1.17 立柱应采用螺栓与角码连接，螺栓直径应经过计算，并不应小于10mm。不同金属材料接触时应采用绝缘垫片分隔。

9.1.18 幕墙的抗震缝、伸缩缝、沉降缝等部位的处理应保证缝的使用功能和饰面的完整性。

9.1.19 幕墙工程的设计应满足维护和清洁的要求。

9.2 玻璃幕墙工程

9.2.1 本节适用于建筑高度不大于150m、抗震设防烈度不大于8度的隐框玻璃幕墙、半隐框玻璃幕墙、明框玻璃幕墙、全玻幕墙及点支承玻璃幕墙工程的质量验收。

主 控 项 目

9.2.2 玻璃幕墙工程所使用的各种材料、构件和组件的质量，应符合设计要求及国家现行产品标准和工程技术规范的规定。

检验方法：检查材料、构件、组件的产品合格证书、进场验收记录、性能检测报告和材料的复验报告。

9.2.3 玻璃幕墙的造型和立面分格应符合设计要求。

检验方法：观察；尺量检查。

9.2.4 玻璃幕墙使用的玻璃应符合下列规定：

1 幕墙应使用安全玻璃，玻璃的品种、规格、颜色、光学性能及安装方向应符合设计要求。

2 幕墙玻璃的厚度不应小于6.0mm。全玻幕墙肋玻璃的厚度不应小于12mm。

3 幕墙的中空玻璃应采用双道密封。明框幕墙的中空玻璃应采用聚硫密封胶及丁基密封胶；隐框和半隐框幕墙的中空玻璃应采用硅酮结构密封胶及丁基密封胶；镀膜面应在中空玻璃的第2或第3面上。

4 幕墙的夹层玻璃应采用聚乙烯醇缩丁醛（PVB）胶片干法加工合成的夹层玻璃。点支承玻璃幕墙夹层玻璃的夹层胶片（PVB）厚度不应小于0.76mm。

5 钢化玻璃表面不得有损伤；8.0mm以下的钢化玻璃应进行引爆处理。

6 所有幕墙玻璃均应进行边缘处理。

检验方法：观察；尺量检查；检查施工记录。

9.2.5 玻璃幕墙与主体结构连接的各种预埋件、连接件、紧固件必须安装牢固，其数量、规格、位置、连接方法和防腐处理应符合设计要求。

检验方法：观察；检查隐蔽工程验收记录和施工记录。

9.2.6 各种连接件、紧固件的螺栓应有防松动措施；焊接连接应符合设计要求和焊接规范的规定。

　　检验方法：观察；检查隐蔽工程验收记录和施工记录。

9.2.7 隐框或半隐框玻璃幕墙，每块玻璃下端应设置两个铝合金或不锈钢托条，其长度不应小于100mm，厚度不应小于2mm，托条外端应低于玻璃外表面2mm。

　　检验方法：观察；检查施工记录。

9.2.8 明框玻璃幕墙的玻璃安装应符合下列规定：

　　1 玻璃槽口与玻璃的配合尺寸应符合设计要求和技术标准的规定。

　　2 玻璃与构件不得直接接触，玻璃四周与构件凹槽底部应保持一定的空隙，每块玻璃下部应至少放置两块宽度与槽口宽度相同、长度不小于100mm的弹性定位垫块；玻璃两边嵌入量及空隙应符合设计要求。

　　3 玻璃四周橡胶条的材质、型号应符合设计要求，镶嵌应平整，橡胶条长度应比边框内槽长1.5%～2.0%，橡胶条在转角处应斜面断开，并应用粘结剂粘结牢固后嵌入槽内。

　　检验方法：观察；检查施工记录。

9.2.9 高度超过4m的全玻幕墙应吊挂在主体结构上，吊夹具应符合设计要求，玻璃与玻璃、玻璃与玻璃肋之间的缝隙，应采用硅酮结构密封胶填嵌严密。

　　检验方法：观察；检查隐蔽工程验收记录和施工记录。

9.2.10 点支承玻璃幕墙应采用带万向头的活动不锈钢爪，其钢爪间的中心距离应大于250mm。

　　检验方法：观察；尺量检查。

9.2.11 玻璃幕墙四周、玻璃幕墙内表面与主体结构之间的连接节点、各种变形缝、墙角的连接节点应符合设计要求和技术标准的规定。

　　检验方法：观察；检查隐蔽工程验收记录和施工记录。

9.2.12 玻璃幕墙应无渗漏。

　　检验方法：在易渗漏部位进行淋水检查。

9.2.13 玻璃幕墙结构胶和密封胶的打注应饱满、密实、连续、均匀、无气泡，宽度和厚度应符合设计要求和技术标准的规定。

　　检验方法：观察；尺量检查；检查施工记录。

9.2.14 玻璃幕墙开启窗的配件应齐全，安装应牢固，安装位置和开启方向、角度应正确；开启应灵活，关闭应严密。

　　检验方法：观察；手扳检查；开启和关闭检查。

9.2.15 玻璃幕墙的防雷装置必须与主体结构的防雷装置可靠连接。

　　检验方法：观察；检查隐蔽工程验收记录和施工记录。

一 般 项 目

9.2.16 玻璃幕墙表面应平整、洁净；整幅玻璃的色泽应均匀一致；不得有污染和镀膜损坏。

　　检验方法：观察。

9.2.17 每平方米玻璃的表面质量和检验方法应符合表9.2.17的规定。

表 9.2.17　每平方米玻璃的表面质量和检验方法

项次	项　目	质量要求	检验方法
1	明显划伤和长度>100mm的轻微划伤	不允许	观　察
2	长度≤100mm的轻微划伤	≤8条	用钢尺检查
3	擦伤总面积	≤500mm^2	用钢尺检查

9.2.18　一个分格铝合金型材的表面质量和检验方法应符合表9.2.18的规定。

表 9.2.18　一个分格铝合金型材的表面质量和检验方法

项次	项　目	质量要求	检验方法
1	明显划伤和长度>100mm的轻微划伤	不允许	观　察
2	长度≤100mm的轻微划伤	≤2条	用钢尺检查
3	擦伤总面积	≤500mm^2	用钢尺检查

9.2.19　明框玻璃幕墙的外露框或压条应横平竖直，颜色、规格应符合设计要求，压条安装应牢固。单元玻璃幕墙的单元拼缝或隐框玻璃幕墙的分格玻璃拼缝应横平竖直、均匀一致。

检验方法：观察；手扳检查；检查进场验收记录。

9.2.20　玻璃幕墙的密封胶缝应横平竖直、深浅一致、宽窄均匀、光滑顺直。

检验方法：观察；手摸检查。

9.2.21　防火、保温材料填充应饱满、均匀，表面应密实、平整。

检验方法：检查隐蔽工程验收记录。

9.2.22　玻璃幕墙隐蔽节点的遮封装修应牢固、整齐、美观。

检验方法：观察；手扳检查。

9.2.23　明框玻璃幕墙安装的允许偏差和检验方法应符合表9.2.23的规定。

表 9.2.23　明框玻璃幕墙安装的允许偏差和检验方法

项次	项　目		允许偏差（mm）	检验方法
1	幕墙垂直度	幕墙高度≤30m	10	用经纬仪检查
		30m<幕墙高度≤60m	15	
		60m<幕墙高度≤90m	20	
		幕墙高度>90m	25	
2	幕墙水平度	幕墙幅宽≤35m	5	用水平仪检查
		幕墙幅宽>35m	7	
3	构件直线度		2	用2m靠尺和塞尺检查
4	构件水平度	构件长度≤2m	2	用水平仪检查
		构件长度>2m	3	
5	相邻构件错位		1	用钢直尺检查
6	分格框对角线长度差	对角线长度≤2m	3	用钢尺检查
		对角线长度>2m	4	

9.2.24 隐框、半隐框玻璃幕墙安装的允许偏差和检验方法应符合表 9.2.24 的规定。

表 9.2.24 隐框、半隐框玻璃幕墙安装的允许偏差和检验方法

项次	项目		允许偏差（mm）	检验方法
1	幕墙垂直度	幕墙高度≤30m	10	用经纬仪检查
		30m＜幕墙高度≤60m	15	
		60m＜幕墙高度≤90m	20	
		幕墙高度＞90m	25	
2	幕墙水平度	层高≤3m	3	用水平仪检查
		层高＞3m	5	
3	幕墙表面平整度		2	用 2m 靠尺和塞尺检查
4	板材立面垂直度		2	用垂直检测尺检查
5	板材上沿水平度		2	用 1m 水平尺和钢直尺检查
6	相邻板材板角错位		1	用钢直尺检查
7	阳角方正		2	用直角检测尺检查
8	接缝直线度		3	拉 5m 线，不足 5m 拉通线，用钢直尺检查
9	接缝高低差		1	用钢直尺和塞尺检查
10	接缝宽度		1	用钢直尺检查

9.3 金属幕墙工程

9.3.1 本节适用于建筑高度不大于 150m 的金属幕墙工程的质量验收。

主 控 项 目

9.3.2 金属幕墙工程所使用的各种材料和配件，应符合设计要求及国家现行产品标准和工程技术规范的规定。

检验方法：检查产品合格证书、性能检测报告、材料进场验收记录和复验报告。

9.3.3 金属幕墙的造型和立面分格应符合设计要求。

检验方法：观察；尺量检查。

9.3.4 金属面板的品种、规格、颜色、光泽及安装方向应符合设计要求。

检验方法：观察；检查进场验收记录。

9.3.5 金属幕墙主体结构上的预埋件、后置埋件的数量、位置及后置埋件的拉拔力必须符合设计要求。

检验方法：检查拉拔力检测报告和隐蔽工程验收记录。

9.3.6 金属幕墙的金属框架立柱与主体结构预埋件的连接、立柱与横梁的连接、金属面板的安装必须符合设计要求，安装必须牢固。

检验方法：手扳检查；检查隐蔽工程验收记录。

9.3.7 金属幕墙的防火、保温、防潮材料的设置应符合设计要求，并应密实、均匀、厚度一致。

检验方法：检查隐蔽工程验收记录。

9.3.8 金属框架及连接件的防腐处理应符合设计要求。

检验方法：检查隐蔽工程验收记录和施工记录。

9.3.9 金属幕墙的防雷装置必须与主体结构的防雷装置可靠连接。

检验方法：检查隐蔽工程验收记录。

9.3.10 各种变形缝、墙角的连接节点应符合设计要求和技术标准的规定。

检验方法：观察；检查隐蔽工程验收记录。

9.3.11 金属幕墙的板缝注胶应饱满、密实、连续、均匀、无气泡，宽度和厚度应符合设计要求和技术标准的规定。

检验方法：观察；尺量检查；检查施工记录。

9.3.12 金属幕墙应无渗漏。

检验方法：在易渗漏部位进行淋水检查。

一 般 项 目

9.3.13 金属板表面应平整、洁净、色泽一致。

检验方法：观察。

9.3.14 金属幕墙的压条应平直、洁净、接口严密、安装牢固。

检验方法：观察；手扳检查。

9.3.15 金属幕墙的密封胶缝应横平竖直、深浅一致、宽窄均匀、光滑顺直。

检验方法：观察。

9.3.16 金属幕墙上的滴水线、流水坡向应正确、顺直。

检验方法：观察；用水平尺检查。

9.3.17 每平方米金属板的表面质量和检验方法应符合表9.3.17的规定。

表 9.3.17 每平方米金属板的表面质量和检验方法

项 次	项 目	质量要求	检验方法
1	明显划伤和长度 >100mm 的轻微划伤	不允许	观察
2	长度≤100mm 的轻微划伤	≤8 条	用钢尺检查
3	擦伤总面积	≤500mm^2	用钢尺检查

9.3.18 金属幕墙安装的允许偏差和检验方法应符合表9.3.18的规定。

表 9.3.18 金属幕墙安装的允许偏差和检验方法

项次	项 目		允许偏差（mm）	检验方法
1	幕墙垂直度	幕墙高度≤30m	10	用经纬仪检查
		30m<幕墙高度≤60m	15	
		60m<幕墙高度≤90m	20	
		幕墙高度>90m	25	
2	幕墙水平度	层高≤3m	3	用水平仪检查
		层高>3m	5	
3	幕墙表面平整度		2	用2m靠尺和塞尺检查

续表 9.3.18

项次	项目	允许偏差（mm）	检验方法
4	板材立面垂直度	3	用垂直检测尺检查
5	板材上沿水平度	2	用1m水平尺和钢直尺检查
6	相邻板材板角错位	1	用钢直尺检查
7	阳角方正	2	用直角检测尺检查
8	接缝直线度	3	拉5m线，不足5m拉通线，用钢直尺检查
9	接缝高低差	1	用钢直尺和塞尺检查
10	接缝宽度	1	用钢直尺检查

9.4 石材幕墙工程

9.4.1 本节适用于建筑高度不大于100m、抗震设防烈度不大于8度的石材幕墙工程的质量验收。

主 控 项 目

9.4.2 石材幕墙工程所用材料的品种、规格、性能和等级，应符合设计要求及国家现行产品标准和工程技术规范的规定。石材的弯曲强度不应小于8.0MPa；吸水率应小于0.8%。石材幕墙的铝合金挂件厚度不应小于4.0mm，不锈钢挂件厚度不应小于3.0mm。

检验方法：观察；尺量检查；检查产品合格证书、性能检测报告、材料进场验收记录和复验报告。

9.4.3 石材幕墙的造型、立面分格、颜色、光泽、花纹和图案应符合设计要求。

检验方法：观察。

9.4.4 石材孔、槽的数量、深度、位置、尺寸应符合设计要求。

检验方法：检查进场验收记录或施工记录。

9.4.5 石材幕墙主体结构上的预埋件和后置埋件的位置、数量及后置埋件的拉拔力必须符合设计要求。

检验方法：检查拉拔力检测报告和隐蔽工程验收记录。

9.4.6 石材幕墙的金属框架立柱与主体结构预埋件的连接、立柱与横梁的连接、连接件与金属框架的连接、连接件与石材面板的连接必须符合设计要求，安装必须牢固。

检验方法：手扳检查；检查隐蔽工程验收记录。

9.4.7 金属框架和连接件的防腐处理应符合设计要求。

检验方法：检查隐蔽工程验收记录。

9.4.8 石材幕墙的防雷装置必须与主体结构防雷装置可靠连接。

检验方法：观察；检查隐蔽工程验收记录和施工记录。

9.4.9 石材幕墙的防火、保温、防潮材料的设置应符合设计要求，填充应密实、均匀、厚度一致。

检验方法：检查隐蔽工程验收记录。

9.4.10 各种结构变形缝、墙角的连接节点应符合设计要求和技术标准的规定。

检验方法：检查隐蔽工程验收记录和施工记录。

9.4.11 石材表面和板缝的处理应符合设计要求。

检验方法：观察。

9.4.12 石材幕墙的板缝注胶应饱满、密实、连续、均匀、无气泡，板缝宽度和厚度应符合设计要求和技术标准的规定。

检验方法：观察；尺量检查；检查施工记录。

9.4.13 石材幕墙应无渗漏。

检验方法：在易渗漏部位进行淋水检查。

一 般 项 目

9.4.14 石材幕墙表面应平整、洁净，无污染、缺损和裂痕。颜色和花纹应协调一致，无明显色差，无明显修痕。

检验方法：观察。

9.4.15 石材幕墙的压条应平直、洁净、接口严密、安装牢固。

检验方法：观察；手扳检查。

9.4.16 石材接缝应横平竖直、宽窄均匀；阴阳角石板压向应正确，板边合缝应顺直；凸凹线出墙厚度应一致，上下口应平直；石材面板上洞口、槽边应套割吻合，边缘应整齐。

检验方法：观察；尺量检查。

9.4.17 石材幕墙的密封胶缝应横平竖直、深浅一致、宽窄均匀、光滑顺直。

检验方法：观察。

9.4.18 石材幕墙上的滴水线、流水坡向应正确、顺直。

检验方法：观察；用水平尺检查。

9.4.19 每平方米石材的表面质量和检验方法应符合表9.4.19的规定。

表 9.4.19 每平方米石材的表面质量和检验方法

项次	项 目	质量要求	检验方法
1	裂痕、明显划伤和长度>100mm的轻微划伤	不允许	观察
2	长度≤100mm的轻微划伤	≤8条	用钢尺检查
3	擦伤总面积	≤500mm²	用钢尺检查

9.4.20 石材幕墙安装的允许偏差和检验方法应符合表9.4.20的规定。

表 9.4.20 石材幕墙安装的允许偏差和检验方法

项次	项 目		允许偏差（mm）		检验方法
			光面	麻面	
1	幕墙垂直度	幕墙高度≤30m	10		用经纬仪检查
		30m<幕墙高度≤60m	15		
		60m<幕墙高度≤90m	20		
		幕墙高度>90m	25		

续表 9.4.20

项次	项目	允许偏差(mm)		检验方法
		光面	麻面	
2	幕墙水平度	3		用水平仪检查
3	板材立面垂直度	3		用水平仪检查
4	板材上沿水平度	2		用1m水平尺和钢直尺检查
5	相邻板材板角错位	1		用钢直尺检查
6	幕墙表面平整度	2	3	用垂直检测尺检查
7	阳角方正	2	4	用直角检测尺检查
8	接缝直线度	3	4	拉5m线，不足5m拉通线，用钢直尺检查
9	接缝高低差	1	—	用钢直尺和塞尺检查
10	接缝宽度	1	2	用钢直尺检查

10 涂 饰 工 程

10.1 一 般 规 定

10.1.1 本章适用于水性涂料涂饰、溶剂型涂料涂饰、美术涂饰等分项工程的质量验收。

10.1.2 涂饰工程验收时应检查下列文件和记录：

1 涂饰工程的施工图、设计说明及其他设计文件。
2 材料的产品合格证书、性能检测报告和进场验收记录。
3 施工记录。

10.1.3 各分项工程的检验批应按下列规定划分：

1 室外涂饰工程每一栋楼的同类涂料涂饰的墙面每 500～1000m² 应划分为一个检验批，不足 500m² 也应划分为一个检验批。

2 室内涂饰工程同类涂料涂饰的墙面每 50 间（大面积房间和走廊按涂饰面积 30m² 为一间）应划分为一个检验批，不足 50 间也应划分为一个检验批。

10.1.4 检查数量应符合下列规定：

1 室外涂饰工程每 100m² 应至少检查一处，每处不得小于 10m²。
2 室内涂饰工程每个检验批应至少抽查 10%，并不得少于 3 间；不足 3 间时应全数检查。

10.1.5 涂饰工程的基层处理应符合下列要求：

1 新建筑物的混凝土或抹灰基层在涂饰涂料前应涂刷抗碱封闭底漆。

2 旧墙面在涂饰涂料前应清除疏松的旧装修层，并涂刷界面剂。

3 混凝土或抹灰基层涂刷溶剂型涂料时，含水率不得大于 8%；涂刷乳液型涂料时，含水率不得大于 10%。木材基层的含水率不得大于 12%。

4 基层腻子应平整、坚实、牢固，无粉化、起皮和裂缝；内墙腻子的粘结强度应符合《建筑室内用腻子》(JG/T 3049)的规定。

5 厨房、卫生间墙面必须使用耐水腻子。

10.1.6 水性涂料涂饰工程施工的环境温度应在5~35℃之间。

10.1.7 涂饰工程应在涂层养护期满后进行质量验收。

10.2 水性涂料涂饰工程

10.2.1 本节适用于乳液型涂料、无机涂料、水溶性涂料等水性涂料涂饰工程的质量验收。

主 控 项 目

10.2.2 水性涂料涂饰工程所用涂料的品种、型号和性能应符合设计要求。

检验方法：检查产品合格证书、性能检测报告和进场验收记录。

10.2.3 水性涂料涂饰工程的颜色、图案应符合设计要求。

检验方法：观察。

10.2.4 水性涂料涂饰工程应涂饰均匀、粘结牢固，不得漏涂、透底、起皮和掉粉。

检验方法：观察；手摸检查。

10.2.5 水性涂料涂饰工程的基层处理应符合本规范第10.1.5条的要求。

检验方法：观察；手摸检查；检查施工记录。

一 般 项 目

10.2.6 薄涂料的涂饰质量和检验方法应符合表10.2.6的规定。

表10.2.6 薄涂料的涂饰质量和检验方法

项次	项 目	普通涂饰	高级涂饰	检验方法
1	颜色	均匀一致	均匀一致	观察
2	泛碱、咬色	允许少量轻微	不允许	
3	流坠、疙瘩	允许少量轻微	不允许	
4	砂眼、刷纹	允许少量轻微砂眼，刷纹通顺	无砂眼，无刷纹	
5	装饰线、分色线直线度允许偏差（mm）	2	1	拉5m线，不足5m拉通线，用钢直尺检查

10.2.7 厚涂料的涂饰质量和检验方法应符合表10.2.7的规定。

表10.2.7 厚涂料的涂饰质量和检验方法

项次	项 目	普通涂饰	高级涂饰	检验方法
1	颜色	均匀一致	均匀一致	观察
2	泛碱、咬色	允许少量轻微	不允许	
3	点状分布	—	疏密均匀	

10.2.8 复层涂料的涂饰质量和检验方法应符合表10.2.8的规定。

表 10.2.8 复层涂料的涂饰质量和检验方法

项次	项 目	质量要求	检验方法
1	颜色	均匀一致	观察
2	泛碱、咬色	不允许	
3	喷点疏密程度	均匀，不允许连片	

10.2.9 涂层与其他装修材料和设备衔接处应吻合，界面应清晰。
　　检验方法：观察。

10.3 溶剂型涂料涂饰工程

10.3.1 本节适用于丙烯酸酯涂料、聚氨酯丙烯酸涂料、有机硅丙烯酸涂料等溶剂型涂料涂饰工程的质量验收。

主 控 项 目

10.3.2 溶剂型涂料涂饰工程所选用涂料的品种、型号和性能应符合设计要求。
　　检验方法：检查产品合格证书、性能检测报告和进场验收记录。

10.3.3 溶剂型涂料涂饰工程的颜色、光泽、图案应符合设计要求。
　　检验方法：观察。

10.3.4 溶剂型涂料涂饰工程应涂饰均匀、粘结牢固，不得漏涂、透底、起皮和反锈。
　　检验方法：观察；手摸检查。

10.3.5 溶剂型涂料涂饰工程的基层处理应符合本规范第10.1.5条的要求。
　　检验方法：观察；手摸检查；检查施工记录。

一 般 项 目

10.3.6 色漆的涂饰质量和检验方法应符合表10.3.6的规定。

表 10.3.6 色漆的涂饰质量和检验方法

项次	项 目	普通涂饰	高级涂饰	检验方法
1	颜色	均匀一致	均匀一致	观察
2	光泽、光滑	光泽基本均匀 光滑无挡手感	光泽均匀一致 光滑	观察、手摸检查
3	刷纹	刷纹通顺	无刷纹	观察
4	裹棱、流坠、皱皮	明显处不允许	不允许	观察
5	装饰线、分色线直线度允许偏差（mm）	2	1	拉5m线，不足5m拉通线，用钢直尺检查

注：无光色漆不检查光泽。

10.3.7 清漆的涂饰质量和检验方法应符合表10.3.7的规定。

表 10.3.7 清漆的涂饰质量和检验方法

项次	项 目	普通涂饰	高级涂饰	检验方法
1	颜色	基本一致	均匀一致	观察
2	木纹	棕眼刮平、木纹清楚	棕眼刮平、木纹清楚	观察
3	光泽、光滑	光泽基本均匀 光滑无挡手感	光泽均匀一致 光滑	观察、手摸检查
4	刷纹	无刷纹	无刷纹	观察
5	裹棱、流坠、皱皮	明显处不允许	不允许	观察

10.3.8 涂层与其他装修材料和设备衔接处应吻合，界面应清晰。
检验方法：观察。

10.4 美术涂饰工程

10.4.1 本节适用于套色涂饰、滚花涂饰、仿花纹涂饰等室内外美术涂饰工程的质量验收。

主 控 项 目

10.4.2 美术涂饰所用材料的品种、型号和性能应符合设计要求。
检验方法：观察；检查产品合格证书、性能检测报告和进场验收记录。

10.4.3 美术涂饰工程应涂饰均匀、粘结牢固，不得漏涂、透底、起皮、掉粉和反锈。
检验方法：观察；手摸检查。

10.4.4 美术涂饰工程的基层处理应符合本规范第10.1.5条的要求。
检验方法：观察；手摸检查；检查施工记录。

10.4.5 美术涂饰的套色、花纹和图案应符合设计要求。
检验方法：观察。

一 般 项 目

10.4.6 美术涂饰表面应洁净，不得有流坠现象。
检验方法：观察。

10.4.7 仿花纹涂饰的饰面应具有被模仿材料的纹理。
检验方法：观察。

10.4.8 套色涂饰的图案不得移位，纹理和轮廓应清晰。
检验方法：观察。

11 裱糊与软包工程

11.1 一 般 规 定

11.1.1 本章适用于裱糊、软包等分项工程的质量验收。
11.1.2 裱糊与软包工程验收时应检查下列文件和记录：

    1　裱糊与软包工程的施工图、设计说明及其他设计文件。
    2　饰面材料的样板及确认文件。
    3　材料的产品合格证书、性能检测报告、进场验收记录和复验报告。
    4　施工记录。

11.1.3　各分项工程的检验批应按下列规定划分：
    同一品种的裱糊或软包工程每50间（大面积房间和走廊按施工面积30m² 为一间）应划分为一个检验批，不足50间也应划分为一个检验批。

11.1.4　检查数量应符合下列规定：
    1　裱糊工程每个检验批应至少抽查10%，并不得少于3间，不足3间时应全数检查。
    2　软包工程每个检验批应至少抽查20%，并不得少于6间，不足6间时应全数检查。

11.1.5　裱糊前，基层处理质量应达到下列要求：
    1　新建筑物的混凝土或抹灰基层墙面在刮腻子前应涂刷抗碱封闭底漆。
    2　旧墙面在裱糊前应清除疏松的旧装修层，并涂刷界面剂。
    3　混凝土或抹灰基层含水率不得大于8%；木材基层的含水率不得大于12%。
    4　基层腻子应平整、坚实、牢固，无粉化、起皮和裂缝；腻子的粘结强度应符合《建筑室内用腻子》（JG/T 3049）N型的规定。
    5　基层表面平整度、立面垂直度及阴阳角方正应达到本规范第4.2.11条高级抹灰的要求。
    6　基层表面颜色应一致。
    7　裱糊前应用封闭底胶涂刷基层。

11.2　裱 糊 工 程

11.2.1　本章适用于聚氯乙烯塑料壁纸、复合纸质壁纸、墙布等裱糊工程的质量验收。

主 控 项 目

11.2.2　壁纸、墙布的种类、规格、图案、颜色和燃烧性能等级必须符合设计要求及国家现行标准的有关规定。
    检验方法：观察；检查产品合格证书、进场验收记录和性能检测报告。

11.2.3　裱糊工程基层处理质量应符合本规范第11.1.5条的要求。
    检验方法：观察；手摸检查；检查施工记录。

11.2.4　裱糊后各幅拼接应横平竖直，拼接处花纹、图案应吻合，不离缝，不搭接，不显拼缝。
    检验方法：观察；拼缝检查距离墙面1.5m处正视。

11.2.5　壁纸、墙布应粘贴牢固，不得有漏贴、补贴、脱层、空鼓和翘边。
    检验方法：观察；手摸检查。

一 般 项 目

11.2.6　裱糊后的壁纸、墙布表面应平整，色泽应一致，不得有波纹起伏、气泡、裂缝、皱折及斑污，斜视时应无胶痕。

检验方法：观察；手摸检查。

11.2.7 复合压花壁纸的压痕及发泡壁纸的发泡层应无损坏。

检验方法：观察。

11.2.8 壁纸、墙布与各种装饰线、设备线盒应交接严密。

检验方法：观察。

11.2.9 壁纸、墙布边缘应平直整齐，不得有纸毛、飞刺。

检验方法：观察。

11.2.10 壁纸、墙布阴角处搭接应顺光，阳角处应无接缝。

检验方法：观察。

11.3 软包工程

11.3.1 本节适用于墙面、门等软包工程的质量验收。

主控项目

11.3.2 软包面料、内衬材料及边框的材质、颜色、图案、燃烧性能等级和木材的含水率应符合设计要求及国家现行标准的有关规定。

检验方法：观察；检查产品合格证书、进场验收记录和性能检测报告。

11.3.3 软包工程的安装位置及构造做法应符合设计要求。

检验方法：观察；尺量检查；检查施工记录。

11.3.4 软包工程的龙骨、衬板、边框应安装牢固，无翘曲，拼缝应平直。

检验方法：观察；手扳检查。

11.3.5 单块软包面料不应有接缝，四周应绷压严密。

检验方法：观察；手摸检查。

一般项目

11.3.6 软包工程表面应平整、洁净，无凹凸不平及皱折；图案应清晰、无色差，整体应协调美观。

检验方法：观察。

11.3.7 软包边框应平整、顺直、接缝吻合。其表面涂饰质量应符合本规范第10章的有关规定。

检验方法：观察；手摸检查。

11.3.8 清漆涂饰木制边框的颜色、木纹应协调一致。

检验方法：观察。

11.3.9 软包工程安装的允许偏差和检验方法应符合表11.3.9的规定。

表11.3.9 软包工程安装的允许偏差和检验方法

项次	项目	允许偏差（mm）	检验方法
1	垂直度	3	用1m垂直检测尺检查
2	边框宽度、高度	0；-2	用钢尺检查

续表 11.3.9

项 次	项 目	允许偏差（mm）	检验方法
3	对角线长度差	3	用钢尺检查
4	裁口、线条接缝高低差	1	用钢直尺和塞尺检查

12 细部工程

12.1 一般规定

12.1.1 本章适用于下列分项工程的质量验收：
1 橱柜制作与安装。
2 窗帘盒、窗台板、散热器罩制作与安装。
3 门窗套制作与安装。
4 护栏和扶手制作与安装。
5 花饰制作与安装。

12.1.2 细部工程验收时应检查下列文件和记录：
1 施工图、设计说明及其他设计文件。
2 材料的产品合格证书、性能检测报告、进场验收记录和复验报告。
3 隐蔽工程验收记录。
4 施工记录。

12.1.3 细部工程应对人造木板的甲醛含量进行复验。

12.1.4 细部工程应对下列部位进行隐蔽工程验收：
1 预埋件（或后置埋件）。
2 护栏与预埋件的连接节点。

12.1.5 各分项工程的检验批应按下列规定划分：
1 同类制品每 50 间（处）应划分为一个检验批，不足 50 间（处）也应划分为一个检验批。
2 每部楼梯应划分为一个检验批。

12.2 橱柜制作与安装工程

12.2.1 本节适用于位置固定的壁柜、吊柜等橱柜制作与安装工程的质量验收。

12.2.2 检查数量应符合下列规定：
每个检验批应至少抽查 3 间（处），不足 3 间（处）时应全数检查。

主 控 项 目

12.2.3 橱柜制作与安装所用材料的材质和规格、木材的燃烧性能等级和含水率、花岗石的放射性及人造木板的甲醛含量应符合设计要求及国家现行标准的有关规定。

检验方法：观察；检查产品合格证书、进场验收记录、性能检测报告和复验报告。

12.2.4 橱柜安装预埋件或后置埋件的数量、规格、位置应符合设计要求。
   检验方法：检查隐蔽工程验收记录和施工记录。

12.2.5 橱柜的造型、尺寸、安装位置、制作和固定方法应符合设计要求。橱柜安装必须牢固。
   检验方法：观察；尺量检查；手扳检查。

12.2.6 橱柜配件的品种、规格应符合设计要求。配件应齐全，安装应牢固。
   检验方法：观察；手扳检查；检查进场验收记录。

12.2.7 橱柜的抽屉和柜门应开关灵活、回位正确。
   检验方法：观察；开启和关闭检查。

一 般 项 目

12.2.8 橱柜表面应平整、洁净、色泽一致，不得有裂缝、翘曲及损坏。
   检验方法：观察。

12.2.9 橱柜裁口应顺直、拼缝应严密。
   检验方法：观察。

12.2.10 橱柜安装的允许偏差和检验方法应符合表12.2.10的规定。

表12.2.10 橱柜安装的允许偏差和检验方法

项 次	项 目	允许偏差（mm）	检验方法
1	外型尺寸	3	用钢尺检查
2	立面垂直度	2	用1m垂直检测尺检查
3	门与框架的平行度	2	用钢尺检查

12.3 窗帘盒、窗台板和散热器罩制作与安装工程

12.3.1 本节适用于窗帘盒、窗台板和散热器罩制作与安装工程的质量验收。

12.3.2 检查数量应符合下列规定：
   每个检验批应至少抽查3间（处），不足3间（处）时应全数检查。

主 控 项 目

12.3.3 窗帘盒、窗台板和散热器罩制作与安装所使用材料的材质和规格、木材的燃烧性能等级和含水率、花岗石的放射性及人造木板的甲醛含量应符合设计要求及国家现行标准的有关规定。
   检验方法：观察；检查产品合格证书、进场验收记录、性能检测报告和复验报告。

12.3.4 窗帘盒、窗台板和散热器罩的造型、规格、尺寸、安装位置和固定方法必须符合设计要求。窗帘盒、窗台板和散热器罩的安装必须牢固。
   检验方法：观察；尺量检查；手扳检查。

12.3.5 窗帘盒配件的品种、规格应符合设计要求，安装应牢固。
   检验方法：手扳检查；检查进场验收记录。

一 般 项 目

12.3.6 窗帘盒、窗台板和散热器罩表面应平整、洁净、线条顺直、接缝严密、色泽一

致，不得有裂缝、翘曲及损坏。
　　检验方法：观察。

12.3.7 窗帘盒、窗台板和散热器罩与墙面、窗框的衔接应严密，密封胶缝应顺直、光滑。
　　检验方法：观察。

12.3.8 窗帘盒、窗台板和散热器罩安装的允许偏差和检验方法应符合表12.3.8的规定。

表 12.3.8　窗帘盒、窗台板和散热器罩安装的允许偏差和检验方法

项次	项　目	允许偏差(mm)	检验方法
1	水平度	2	用1m水平尺和塞尺检查
2	上口、下口直线度	3	拉5m线，不足5m拉通线，用钢直尺检查
3	两端距窗洞口长度差	2	用钢直尺检查
4	两端出墙厚度差	3	用钢直尺检查

12.4　门窗套制作与安装工程

12.4.1 本节适用于门窗套制作与安装工程的质量验收。

12.4.2 检查数量应符合下列规定：
　　每个检验批应至少抽查3间（处），不足3间（处）时应全数检查。

主　控　项　目

12.4.3 门窗套制作与安装所使用材料的材质、规格、花纹和颜色、木材的燃烧性能等级和含水率、花岗石的放射性及人造木板的甲醛含量应符合设计要求及国家现行标准的有关规定。
　　检验方法：观察；检查产品合格证书、进场验收记录、性能检测报告和复验报告。

12.4.4 门窗套的造型、尺寸和固定方法应符合设计要求，安装应牢固。
　　检验方法：观察；尺量检查；手扳检查。

一　般　项　目

12.4.5 门窗套表面应平整、洁净、线条顺直、接缝严密、色泽一致，不得有裂缝、翘曲及损坏。
　　检验方法：观察。

12.4.6 门窗套安装的允许偏差和检验方法应符合表12.4.6的规定。

表 12.4.6　门窗套安装的允许偏差和检验方法

项次	项　目	允许偏差(mm)	检验方法
1	正、侧面垂直度	3	用1m垂直检测尺检查
2	门窗套上口水平度	1	用1m水平检测尺和塞尺检查
3	门窗套上口直线度	3	拉5m线，不足5m拉通线，用钢直尺检查

12.5 护栏和扶手制作与安装工程

12.5.1 本节适用于护栏和扶手制作与安装工程的质量验收。

12.5.2 检查数量应符合下列规定：

每个检验批的护栏和扶手应全部检查。

主 控 项 目

12.5.3 护栏和扶手制作与安装所使用材料的材质、规格、数量和木材、塑料的燃烧性能等级应符合设计要求。

检验方法：观察；检查产品合格证书、进场验收记录和性能检测报告。

12.5.4 护栏和扶手的造型、尺寸及安装位置应符合设计要求。

检验方法：观察；尺量检查；检查进场验收记录。

12.5.5 护栏和扶手安装预埋件的数量、规格、位置以及护栏与预埋件的连接节点应符合设计要求。

检验方法：检查隐蔽工程验收记录和施工记录。

12.5.6 护栏高度、栏杆间距、安装位置必须符合设计要求。护栏安装必须牢固。

检验方法：观察；尺量检查；手扳检查。

12.5.7 护栏玻璃应使用公称厚度不小于12mm的钢化玻璃或钢化夹层玻璃。当护栏一侧距楼地面高度为5m及以上时，应使用钢化夹层玻璃。

检验方法：观察；尺量检查；检查产品合格证书和进场验收记录。

一 般 项 目

12.5.8 护栏和扶手转角弧度应符合设计要求，接缝应严密，表面应光滑，色泽应一致，不得有裂缝、翘曲及损坏。

检验方法：观察；手摸检查。

12.5.9 护栏和扶手安装的允许偏差和检验方法应符合表12.5.9的规定。

表 12.5.9 护栏和扶手安装的允许偏差和检验方法

项次	项 目	允许偏差（mm）	检验方法
1	护栏垂直度	3	用1m垂直检测尺检查
2	栏杆间距	3	用钢尺检查
3	扶手直线度	4	拉通线，用钢直尺检查
4	扶手高度	3	用钢尺检查

12.6 花饰制作与安装工程

12.6.1 本节适用于混凝土、石材、木材、塑料、金属、玻璃、石膏等花饰制作与安装工程的质量验收。

12.6.2 检查数量应符合下列规定：

1 室外每个检验批应全部检查。

2 室内每个检验批应至少抽查 3 间（处）；不足 3 间（处）时应全数检查。

主 控 项 目

12.6.3 花饰制作与安装所使用材料的材质、规格应符合设计要求。
　　检验方法：观察；检查产品合格证书和进场验收记录。

12.6.4 花饰的造型、尺寸应符合设计要求。
　　检验方法：观察；尺量检查。

12.6.5 花饰的安装位置和固定方法必须符合设计要求，安装必须牢固。
　　检验方法：观察；尺量检查；手扳检查。

一 般 项 目

12.6.6 花饰表面应洁净，接缝应严密吻合，不得有歪斜、裂缝、翘曲及损坏。
　　检验方法：观察。

12.6.7 花饰安装的允许偏差和检验方法应符合表 12.6.7 的规定。

表 12.6.7　花饰安装的允许偏差和检验方法

项次	项　目		允许偏差（mm）		检验方法
			室内	室外	
1	条型花饰的水平度或垂直度	每米	1	2	拉线和用 1m 垂直检测尺检查
		全长	3	6	
2	单独花饰中心位置偏移		10	15	拉线和用钢直尺检查

13　分部工程质量验收

13.0.1 建筑装饰装修工程质量验收的程序和组织应符合《建筑工程施工质量验收统一标准》（GB 50300—2001）第 6 章的规定。

13.0.2 建筑装饰装修工程的子分部工程及其分项工程应按本规范附录 B 划分。

13.0.3 建筑装饰装修工程施工过程中，应按本规范各章一般规定的要求对隐蔽工程进行验收，并按本规范附录 C 的格式记录。

13.0.4 检验批的质量验收应按《建筑工程施工质量验收统一标准》（GB 50300—2001）附录 D 的格式记录。检验批的合格判定应符合下列规定：

　　1 抽查样本均应符合本规范主控项目的规定。

　　2 抽查样本的 80% 以上应符合本规范一般项目的规定。其余样本不得有影响使用功能或明显影响装饰效果的缺陷，其中有允许偏差的检验项目，其最大偏差不得超过本规范规定允许偏差的 1.5 倍。

13.0.5 分项工程的质量验收应按《建筑工程施工质量验收统一标准》（GB 50300—2001）附录 E 的格式记录，各检验批的质量均应达到本规范的规定。

13.0.6 子分部工程的质量验收应按《建筑工程施工质量验收统一标准》（GB 50300—2001）附录 F 的格式记录。子分部工程中各分项工程的质量均应验收合格，并应符合下列规定：

1 应具备本规范各子分部工程规定检查的文件和记录。
2 应具备表13.0.6所规定的有关安全和功能的检测项目的合格报告。
3 观感质量应符合本规范各分项工程中一般项目的要求。

表13.0.6 有关安全和功能的检测项目表

项次	子分部工程	检 测 项 目
1	门窗工程	1 建筑外墙金属窗的抗风压性能、空气渗透性能和雨水渗漏性能 2 建筑外墙塑料窗的抗风压性能、空气渗透性能和雨水渗漏性能
2	饰面板（砖）工程	1 饰面板后置埋件的现场拉拔强度 2 饰面砖样板件的粘结强度
3	幕墙工程	1 硅酮结构胶的相容性试验 2 幕墙后置埋件的现场拉拔强度 3 幕墙的抗风压性能、空气渗透性能、雨水渗漏性能及平面变形性能

13.0.7 分部工程的质量验收应按《建筑工程施工质量验收统一标准》（GB 50300—2001）附录F的格式记录。分部工程中各子分部工程的质量均应验收合格，并应按本规范第13.0.6条1至3款的规定进行核查。

当建筑工程只有装饰装修分部工程时，该工程应作为单位工程验收。

13.0.8 有特殊要求的建筑装饰装修工程，竣工验收时应按合同约定加测相关技术指标。

13.0.9 建筑装饰装修工程的室内环境质量应符合国家现行标准《民用建筑工程室内环境污染控制规范》（GB 50325）的规定。

13.0.10 未经竣工验收合格的建筑装饰装修工程不得投入使用。

附录A 木门窗用木材的质量要求

A.0.1 制作普通木门窗所用木材的质量应符合表A.0.1的规定。

表A.0.1 普通木门窗用木材的质量要求

木材缺陷		门窗扇的立梃、冒头，中冒头	窗棂、压条、门窗及气窗的线脚、通风窗立梃	门心板	门窗框
活节	不计个数，直径（mm）	<15	<5	<15	<15
	计算个数，直径	≤材宽的1/3	≤材宽的1/3	≤30mm	≤材宽的1/3
	任1延米个数	≤3	≤2	≤3	≤5
死节		允许，计入活节总数	不允许	允许，计入活节总数	
髓心		不露出表面的，允许	不允许	不露出表面的，允许	
裂缝		深度及长度≤厚度及材长的1/5	不允许	允许可见裂缝	深度及长度≤厚度及材长的1/4

续表 A.0.1

木材缺陷	门窗扇的立梃、冒头，中冒头	窗棂、压条、门窗及气窗的线脚，通风窗立梃	门心板	门窗框
斜纹的斜率（%）	≤7	≤5	不限	≤12
油眼	非正面，允许			
其他	浪形纹理、圆形纹理、偏心及化学变色，允许			

A.0.2 制作高级木门窗所用木材的质量应符合表 A.0.2 的规定。

表 A.0.2 高级木门窗用木材的质量要求

木材缺陷		木门扇的立梃、冒头，中冒头	窗棂、压条、门窗及气窗的线脚，通风窗立梃	门心板	门窗框
活节	不计个数，直径（mm）	<10	<5	<10	<10
	计算个数，直径	≤材宽的1/4	≤材宽的1/4	≤20mm	≤材宽的1/3
	任1延米个数	≤2	0	≤2	≤3
死节		允许，包括在活节总数中	不允许	允许，包括在活节总数中	不允许
髓心		不露出表面的，允许	不允许	不露出表面的，允许	
裂缝		深度及长度≤厚度及材长的1/6	不允许	允许可见裂缝	深度及长度≤厚度及材长的1/5
斜纹的斜率（%）		≤6	≤4	≤15	≤10
油眼		非正面，允许			
其他		浪形纹理、圆形纹理、偏心及化学变色，允许			

附录 B 子分部工程及其分项工程划分表

项次	子分部工程	分项工程
1	抹灰工程	一般抹灰，装饰抹灰，清水砌体勾缝
2	门窗工程	木门窗制作与安装，金属门窗安装，塑料门窗安装，特种门安装，门窗玻璃安装
3	吊顶工程	暗龙骨吊顶，明龙骨吊顶
4	轻质隔墙工程	板材隔墙，骨架隔墙，活动隔墙，玻璃隔墙
5	饰面板（砖）工程	饰面板安装，饰面砖粘贴
6	幕墙工程	玻璃幕墙，金属幕墙，石材幕墙
7	涂饰工程	水性涂料涂饰，溶剂型涂料涂饰，美术涂饰
8	裱糊与软包工程	裱糊，软包
9	细部工程	橱柜制作与安装，窗帘盒、窗台板和散热器罩制作与安装，门窗套制作与安装，护栏和扶手制作与安装，花饰制作与安装
10	建筑地面工程	基层，整体面层，板块面层，竹木面层

附录 C 隐蔽工程验收记录表

第 页 共 页

装饰装修工程名称			项目经理	
分项工程名称			专业工长	
隐蔽工程项目				
施工单位				
施工标准名称及代号				
施工图名称及编号				
隐蔽工程部位	质量要求	施工单位自查记录	监理(建设)单位验收记录	

施工单位自查结论	
	施工单位项目技术负责人:　　　　　　　　　　　年 月 日
监理(建设)单位验收结论	
	监理工程师(建设单位项目负责人):　　　　　　　年 月 日

本规范用词用语说明

1 为了便于在执行本规范条文时区别对待，对要求严格程度不同的用词说明如下：
1）表示很严格，非这样做不可的用词：
正面词采用"必须"，反面词采用"严禁"；
2）表示严格，在正常情况下均应这样做的用词：
正面词采用"应"，反面词采用"不应"或"不得"；
3）表示允许稍有选择，在条件许可时首先应这样做的用词：
正面词采用"宜"，反面词采用"不宜"；
表示有选择，在一定条件下可以这样做的，采用"可"。
2 规范中指定应按其他有关标准、规范执行时，写法为："应符合……的规定"或"应按……执行"。

中华人民共和国国家标准

建筑装饰装修工程质量验收规范

GB 50210—2001

条 文 说 明

目 次

1 总则 ·· 1223
2 术语 ·· 1223
3 基本规定 ·· 1223
4 抹灰工程 ·· 1224
5 门窗工程 ·· 1225
6 吊顶工程 ·· 1226
7 轻质隔墙工程 ·· 1227
8 饰面板（砖）工程 ··· 1228
9 幕墙工程 ·· 1229
10 涂饰工程 ·· 1231
11 裱糊与软包工程 ··· 1231
12 细部工程 ·· 1232
13 分部工程质量验收 ·· 1232

1 总 则

1.0.1 目前，对建筑装饰装修工程的质量验收主要依据两本标准：《建筑装饰工程施工及验收规范》（JGJ 73—91）和《建筑工程质量检验评定标准》（GBJ 301—88）的第十章、第十一章。在 20 世纪 90 年代，这两本标准为保证建筑装饰装修工程的质量发挥了重要作用。随着我国在科技和经济领域的快速发展，装饰装修工程的设计、施工、材料发生了很大变化；由于生活水平的提高，人们的要求和审美观也发生了很大变化。本规范是在两本标准的基础上编制的，同时，考虑了近十几年来建筑装饰装修领域发展的新材料、新技术。

1.0.2 此条所述新建、扩建、改建及既有建筑包括住宅工程，但不包括古建筑和保护性建筑。既有建筑是指已竣工验收合格交付使用的建筑。

1.0.3 本规范规定的施工质量要求是对建筑装饰装修工程的最低要求。建设单位不得要求设计单位按低于本规范的标准设计；设计单位提出的设计文件必须满足本规范的要求。双方不得签订低于本规范要求的合同文件。

当设计文件和承包合同的规定高于本规范的要求时，验收时必须以设计文件和承包合同为准。

2 术 语

2.0.1 关于建筑装饰装修，目前还有几种习惯性说法，如建筑装饰、建筑装修、建筑装潢等。从三个名词在正规文件中的使用情况来看，《建筑装饰工程施工及验收规范》（JGJ 73—91）和《建筑工程质量检验评定标准》（GBJ 301—88）沿用了建筑装饰一词，《建设工程质量管理条例》和《建筑内部装修设计防火规范》（GB 50222—1995）沿用了"建筑装修"一词。从三个名词的含义来看，"建筑装饰"反映面层处理比较贴切，"装修"一词与基层处理、龙骨设置等工程内容更为符合。而装潢一词的本意是指裱画。另外，装饰装修一词在实际使用中越来越广泛。由于上述原因，本规范决定采用"装饰装修"一词并对"建筑装饰装修"加以定义。本条所列"建筑装饰装修"术语的含义包括了目前使用的"建筑装饰"、"建筑装修"和"建筑装潢"。

3 基 本 规 定

3.1.5 随着我国经济的快速发展和人民生活水平的提高，建筑装饰装修行业已经成为一个重要的新兴行业，年产值已超过 1000 亿元人民币，从业人数达到 500 多万人。建筑装饰装修行业为公众营造出了美丽、舒适的居住和活动空间，为社会积累了财富，已成为现代生活中不可或缺的一个组成部分。但是，在装饰装修活动中也存在一些不规范甚至相当危险的做法。例如，为了扩大使用面积随意拆改承重墙等。为了保证在任何情况下，建筑装饰装修活动本身不会导致建筑物的安全度降低，或影响到建筑物的主要使用功能如防水、采暖、通风、供电、供水、供燃气等，特制订本条。

3.2.5 对进场材料进行复验，是为保证建筑装饰装修工程质量采取的一种确认方式。在目前建筑材料市场假冒伪劣现象较多的情况下，进行复验有助于避免不合格材料用于装饰装修工程，也有助于解决提供样品与供货质量不一致的问题。本规范各章的第一节"一般规定"明确规定了需要复验的材料及项目。在确定项目时，考虑了三个因素，一是保证安全和主要使用功能，二是尽量减少复验发生的费用，三是尽量选择检测周期较短的项目。关于抽样数量的规定是最低要求，为了达到控制质量的目的，在抽取样品时应首先选取有疑问的样品，也可以由双方商定增加抽样数量。

3.2.9 建筑装饰装修工程采用大量的木质材料，包括木材和各种各样的人造木板，这些材料不经防火处理往往达不到防火要求。与建筑装饰装修工程有关的防火规范主要是《建筑内部装修设计防火规范》（GB 50222），《建筑设计防火规范》（GBJ 16）和《高层民用建筑设计防火规范》（GB 50045）也有相关规定。设计人员按上述规范给出所用材料的燃烧性能及处理方法后，施工单位应严格按设计进行选材和处理，不得调换材料或减少处理步骤。

3.3.7 基体或基层的质量是影响建筑装饰装修工程质量的一个重要因素。例如，基层有油污可能导致抹灰工程和涂饰工程出现脱层、起皮等质量问题；基体或基层强度不够可能导致饰面层脱落，甚至造成坠落伤人的严重事故。为了保证质量，避免返工，特制订本条。

3.3.8 一般来说，建筑装饰装修工程的装饰装修效果很难用语言准确、完整的表述出来；有时，某些施工质量问题也需要有一个更直观的评判依据。因此，在施工前，通常应根据工程情况确定制作样板间、样板件或封存材料样板。样板间适用于宾馆客房、住宅、写字楼办公室等工程，样板件适用于外墙饰面或室内公共活动场所，主要材料样板是指建筑装饰装修工程中采用的壁纸、涂料、石材等涉及颜色、光泽、图案花纹等评判指标的材料。不管采用哪种方式，都应由建设方、施工方、供货方等有关各方确认。

4 抹 灰 工 程

4.1.5 根据《建筑工程施工质量验收统一标准》（GB 50300—2001）关于检验批划分的规定，及装饰装修工程的特点，对原标准予以修改。室外抹灰一般是上下层连续作业，两层之间是完整的装饰面，没有层与层之间的界限，如果按楼层划分检验批不便于检查。另一方面各建筑物的体量和层高不一致，即使是同一建筑其层高也不完全一致，按楼层划分检验批量的概念难确定。因此，规定室外按相同材料、工艺和施工条件每 500～1000m² 划分为一个检验批。

4.1.12 经调研发现，混凝土（包括预制混凝土）顶棚基体抹灰，由于各种因素的影响，抹灰层脱落的质量事故时有发生，严重危及人身安全，引起了有关部门的重视，如北京市为解决混凝土顶棚基体表面抹灰层脱落的质量问题，要求各建筑施工单位，不得在混凝土顶棚基体表面抹灰，用腻子找平即可，5年来取得了良好的效果。

4.2.1 本规范将原标准中一般抹灰工程分为普通抹灰、中级抹灰和高级抹灰三级合并为普通抹灰和高级抹灰两级，主要是由于普通抹灰和中级抹灰的主要工序和表面质量基本相同，将原中级抹灰的主要工序和表面质量作为普通抹灰的要求。抹灰等级应由设计单位按

4.2.3 材料质量是保证抹灰工程质量的基础，因此，抹灰工程所用材料如水泥、砂、石灰膏、石膏、有机聚合物等应符合设计要求及国家现行产品标准的规定，并应有出厂合格证；材料进场时应进行现场验收，不合格的材料不得用在抹灰工程上，对影响抹灰工程质量与安全的主要材料的某些性能如水泥的凝结时间和安定性进行现场抽样复验。

4.2.4 抹灰厚度过大时，容易产生起鼓、脱落等质量问题；不同材料基体交接处，由于吸水和收缩性不一致，接缝处表面的抹灰层容易开裂，上述情况均应采取加强措施，以切实保证抹灰工程的质量。

4.2.5 抹灰工程的质量关键是粘结牢固，无开裂、空鼓与脱落。如果粘结不牢，出现空鼓、开裂、脱落等缺陷，会降低对墙体保护作用，且影响装饰效果。经调研分析，抹灰层之所以出现开裂、空鼓和脱落等质量问题，主要原因是基体表面清理不干净，如：基体表面尘埃及疏松物、脱模剂和油渍等影响抹灰粘结牢固的物质未彻底清除干净；基体表面光滑，抹灰前未作毛化处理；抹灰前基体表面浇水不透，抹灰后砂浆中的水分很快被基体吸收，使砂浆中的水泥未充分水化生成水泥石，影响砂浆粘结力；砂浆质量不好，使用不当；一次抹灰过厚，干缩率较大等，都会影响抹灰层与基体的粘结牢固。

4.3.1 根据国内装饰抹灰的实际情况，本规范保留了《建筑装饰工程施工及验收规范》(JGJ 73—91) 中水刷石、斩假石、干粘石、假面砖等项目，删除了水磨石、拉条灰、拉毛灰、洒毛灰、喷砂、喷涂、滚涂、弹涂、仿石和彩色抹灰等项目。但水刷石浪费水资源，并对环境有污染，应尽量减少使用。

5 门 窗 工 程

5.1.5 本条规定了门窗工程检验批划分的原则。即进场门窗应按品种、类型、规格各自组成检验批，并规定了各种门窗组成检验批的不同数量。

本条所称门窗品种，通常是指门窗的制作材料，如实木门窗、铝合金门窗、塑料门窗等；门窗类型指门窗的功能或开启方式，如平开窗、立转窗、自动门、推拉门等；门窗规格指门窗的尺寸。

5.1.6 本条对各种检验批的检查数量作出规定。考虑到对高层建筑（10层及10层以上的居住建筑和建筑高度超过24m的公共建筑）的外窗各项性能要求应更为严格，故每个检验批的检查数量增加一倍。此外，由于特种门的重要性明显高于普通门，数量则较之普通门为少，为保证特种门的功能，规定每个检验批抽样检查的数量应比普通门加大。

5.1.7 本条规定了安装门窗前应对门窗洞口尺寸进行检查，除检查单个门窗洞口尺寸外，还应对能够通视的成排或成列的门窗洞口进行目测或拉通线检查。如果发现明显偏差，应向有关管理人员反映，采取处理措施后再安装门窗。

5.1.8 安装金属门窗和塑料门窗，我国规范历来规定应采用预留洞口的方法施工，不得采用边安装边砌口或先安装后砌口的方法施工，其原因主要是防止门窗框受挤压变形和表面保护层受损。木门窗安装也宜采用预留洞口的方法施工。如果采用先安装后砌口的方法施工时，则应注意避免门窗框在施工中受损、受挤压变形或受到污染。

5.1.10 组合窗拼樘料不仅起连接作用，而且是组合窗的重要受力部件，故对其材料应严格要求，其规格、尺寸、壁厚等应由设计给出，并应使组合窗能够承受该地区的瞬时风压值。

5.1.11 门窗安装是否牢固既影响使用功能又影响安全，其重要性尤其以外墙门窗更为显著。故本条规定，无论采用何种方法固定，建筑外墙门窗均必须确保安装牢固，并将此条列为强制性条文。内墙门窗安装也必须牢固，本规范将内墙门窗安装牢固的要求列入主控项目而非强制性条文。考虑到砌体中砖、砌块以及灰缝的强度较低，受冲击容易破碎，故规定在砌体上安装门窗时严禁用射钉固定。

5.2.10 在正常情况下，当门窗扇关闭时，门窗扇的上端本应与下端同时或上端略早于下端贴紧门窗的上框。所谓"倒翘"通常是指当门窗扇关闭时，门窗扇的下端已经贴紧门窗下框，而门窗扇的上端由于翘曲而未能与门窗的上框贴紧，尚有离缝的现象。

5.2.11 考虑到材料的发展，本规范将门窗五金件统一称为配件。门窗配件不仅影响门窗功能，也有可能影响安全，故本规范将门窗配件的型号、规格、数量及功能列为主控项目。

5.2.17 表中允许偏差栏中所列数值，凡注明正负号的，表示本规范对此偏差的不同方向有不同要求，应严格遵守。凡没有注明正负号的，即使其偏差可能具有方向性，但本规范并未对这类偏差的方向性作出规定，故检查时对这些偏差可以不考虑方向性要求。本条说明也适用本规范其他表格中的类似情况。

5.2.18 表中除给出允许偏差外，对留缝尺寸等给出了尺寸限值。考虑到所给尺寸限值是一个范围，故不再给出允许偏差。

5.3.4 推拉门窗扇意外脱落容易造成安全方面的伤害，对高层建筑情况更为严重，故规定推拉门窗扇必须有防脱落措施。

5.4.4 拼樘料的作用不仅是连接多樘窗，而且起着重要的固定作用。故本规范从安全角度，对拼樘料作出了严格要求。

5.4.7 塑料门窗的线性膨胀系数较大，由于温度升降易引起门窗变形或在门窗框与墙体间出现裂缝，为了防止上述现象，特规定塑料门窗框与墙体间缝隙应采用伸缩性能较好的闭孔弹性材料填嵌，并用密封胶密封。采用闭孔材料则是为了防止材料吸水导致连接件锈蚀，影响安装强度。

5.5.1 特种门种类繁多，功能各异，而且其品种、功能还在不断增加，故在规范中不能一一列出。本规范从安装质量验收角度，就其共性做出了原则规定。本规范未列明的其他特种门，也可参照本章的规定验收。

5.6.9 为防止门窗的框、扇型材胀缩、变形时导致玻璃破碎，门窗玻璃不应直接接触型材。为保护镀膜玻璃上的镀膜层及发挥镀膜层的作用，单面镀膜玻璃的镀膜层应朝向室内。双层玻璃的单面镀膜玻璃应在最外层，镀膜层应朝向室内。

6 吊顶工程

6.1.1 本章适用于龙骨加饰面板的吊顶工程。按照施工工艺不同，又分为暗龙骨吊顶和明龙骨吊顶。

6.1.4 为了既保证吊顶工程的使用安全，又做到竣工验收时不破坏饰面，吊顶工程的隐蔽工程验收非常重要，本条所列各款均应提供由监理工程师签名的隐蔽工程验收记录。

6.1.8 由于发生火灾时，火焰和热空气迅速向上蔓延，防火问题对吊顶工程是至关重要的，使用木质材料装饰装修顶棚时应慎重。《建筑内部装修设计防火规范》（GB 50222—1995）规定顶棚装饰装修材料的燃烧性能必须达到 A 级或 B1 级，未经防火处理的木质材料的燃烧性能达不到这个要求。

6.1.12 龙骨的设置主要是为了固定饰面材料，一些轻型设备如小型灯具、烟感器、喷淋头、风口箅子等也可以固定在饰面材料上。但如果把电扇和大型吊灯固定在龙骨上，可能会造成脱落伤人事故。为了保证吊顶工程的使用安全，特制定本条并作为强制性条文。

7 轻质隔墙工程

7.1.1 本章所说轻质隔墙是指非承重轻质内隔墙。轻质隔墙工程所用材料的种类和隔墙的构造方法很多，本章将其归纳为板材隔墙、骨架隔墙、活动隔墙、玻璃隔墙四种类型。加气混凝土砌块、空心砌块及各种小型砌块等砌体类轻质隔墙不含在本章范围内。

7.1.3 轻质隔墙施工要求对所使用人造木板的甲醛含量进行进场复验。目的是避免对室内空气环境造成污染。

7.1.4 轻质隔墙工程中的隐蔽工程施工质量是这一分项工程质量的重要组成部分。本条规定了轻质隔墙工程中的隐蔽工程验收内容，其中设备管线安装的隐蔽工程验收属于设备专业施工配合的项目，要求在骨架隔墙封面板前，对骨架中设备管线的安装进行隐蔽工程验收，隐蔽工程验收合格后才能封面板。

7.1.6 轻质隔墙与顶棚或其他材料墙体的交接处容易出现裂缝，因此，要求轻质隔墙的这些部位要采取防裂缝的措施。

7.2.1 板材隔墙是指不需设置隔墙龙骨，由隔墙板材自承重，将预制或现制的隔墙板材直接固定于建筑主体结构上的隔墙工程。目前这类轻质隔墙的应用范围很广，使用的隔墙板材通常分为复合板材、单一材料板材、空心板材等类型。常见的隔墙板材如金属夹芯板、预制或现制的钢丝网水泥板、石膏夹芯板、石膏水泥板、石膏空心板、泰柏板（舒乐舍板）、增强水泥聚苯板（GRC 板）、加气混凝土条板、水泥陶粒板等等。随着建材行业的技术进步，这类轻质隔墙板材的性能会不断提高，板材的品种也会不断变化。

7.3.1 骨架隔墙是指在隔墙龙骨两侧安装墙面板以形成墙体的轻质隔墙。这一类隔墙主要是由龙骨作为受力骨架固定于建筑主体结构上。目前大量应用的轻钢龙骨石膏板隔墙就是典型的骨架隔墙。龙骨骨架中根据隔声或保温设计要求可以设置填充材料，根据设备安装要求安装一些设备管线等等。龙骨常见的有轻钢龙骨系列、其他金属龙骨以及木龙骨。墙面板常见的有纸面石膏板、人造木板、防火板、金属板、水泥纤维板以及塑料板等。

7.3.4 龙骨体系沿地面、顶棚设置的龙骨及边框龙骨，是隔墙与主体结构之间重要的传力构件，要求这些龙骨必须与基体结构连接牢固，垂直和平整，交接处平直，位置准确。由于这是骨架隔墙施工质量的关键部位，故应作为隐蔽工程项目加以验收。

7.3.5 目前我国的轻钢龙骨主要有两大系列，一种是仿日本系列，一种是仿欧美系列。这两种系列的构造不同，仿日本龙骨系列要求安装贯通龙骨并在竖向龙骨竖向开口处安装支撑卡，以增强龙骨的整体性和刚度，而仿欧美系列则没有这项要求。在对龙骨进行隐蔽工程验收时可根据设计选用不同龙骨系列的有关规定进行检验，并符合设计要求。

骨架隔墙在有门窗洞口、设备管线安装或其他受力部位，应安装加强龙骨，增强龙骨骨架的强度，以保证在门窗开启使用或受力时隔墙的稳定。

一些有特殊结构要求的墙面，如曲面、斜面等，应按照设计要求进行龙骨安装。

7.4.1 活动隔墙是指推拉式活动隔墙、可拆装的活动隔墙等。这一类隔墙大多使用成品板材及其金属框架、附件在现场组装而成，金属框架及饰面板一般不需再作饰面层。也有一些活动隔墙不需要金属框架，完全是使用半成品板材现场加工制作成活动隔墙。这都属于本节验收范围。

7.4.2 活动隔墙在大空间多功能厅室中经常使用，由于这类内隔墙是重复及动态使用，必须保证使用的安全性和灵活性。因此，每个检验批抽查的比例有所增加。

7.4.5 推拉式活动隔墙在使用过程中，经常会由于滑轨推拉制动装置的质量问题而使得推拉使用不灵活，这是一个带有普遍性的质量问题，本条规定了要进行推拉开启检查，应该推拉平稳、灵活。

7.5.1 近年来，装饰装修工程中用钢化玻璃作内隔墙、用玻璃砖砌筑内隔墙日益增多，为适应这类隔墙工程的质量验收，特制定本节内容。

7.5.2 玻璃隔墙或玻璃砖砌筑隔墙在轻质隔墙中用量一般不是很大，但是有些玻璃隔墙的单块玻璃面积比较大，其安全性就很突出，因此，要对涉及安全性的部位和节点进行检查，而且每个检验批抽查的比例也有所提高。

7.5.5 玻璃砖砌筑隔墙中应埋设拉结筋，拉结筋要与建筑主体结构或受力杆件有可靠的连接；玻璃板隔墙的受力边也要与建筑主体结构或受力杆件有可靠的连接，以充分保证其整体稳定性，保证墙体的安全。

8 饰面板（砖）工程

8.1.1 饰面板工程采用的石材有花岗石、大理石、青石板和人造石材；采用的瓷板有抛光板和磨边板两种，面积不大于 $1.2m^2$，不小于 $0.5m^2$；金属饰面板有钢板、铝板等品种；木材饰面板主要用于内墙裙。陶瓷面砖主要包括釉面瓷砖、外墙面砖、陶瓷锦砖、陶瓷壁画、劈裂砖等；玻璃面砖主要包括玻璃锦砖、彩色玻璃面砖、釉面玻璃等。

8.1.3 本条仅规定对人身健康和结构安全有密切关系的材料指标进行复验。天然石材中花岗石的放射性超标的情况较多，故规定对室内用花岗石的放射性进行检测。

8.1.7 《外墙饰面砖工程施工及验收规程》（JGJ 126—2000）中 6.0.6 条第 3 款规定："外墙饰面砖工程，应进行粘结强度检验。其取样数量、检验方法、检验结果判定均应符合现行行业标准《建筑工程饰面砖粘结强度检验标准》（JGJ 110）的规定。"由于该方法为破坏性检验，破损饰面砖不易复原，且检验操作有一定难度，在实际验收中较少采用。故本条规定在外墙饰面砖粘贴前和施工过程中均应制作样板件并做粘结强度试验。

8.2.7 采用传统的湿作业法安装天然石材时，由于水泥砂浆在水化时析出大量的氢氧化钙，泛到石材表面，产生不规则的花斑，俗称泛碱现象，严重影响建筑物室内外石材饰面的装饰效果。因此，在天然石材安装前，应对石材饰面采用"防碱背涂剂"进行背涂处理。

9 幕 墙 工 程

9.1.1 由金属构件与各种板材组成的悬挂在主体结构上、不承担主体结构荷载与作用的建筑物外围护结构，称为建筑幕墙。按建筑幕墙的面板可将其分为玻璃幕墙、金属幕墙、石材幕墙、混凝土幕墙及组合幕墙等。按建筑幕墙的安装形式又可将其分为散装建筑幕墙、半单元建筑幕墙、单元建筑幕墙、小单元建筑幕墙等。

9.1.8 隐框、半隐框玻璃幕墙所采用的中性硅酮结构密封胶，是保证隐框、半隐框玻璃幕墙安全性的关键材料。中性硅酮结构密封胶有单组份和双组份之分，单组份硅酮结构密封胶靠吸收空气中水分而固化，因此，单组份硅酮结构密封胶的固化时间较长，一般需要14～21天，双组份固化时间较短，一般为7～10天左右，硅酮结构密封胶在完全固化前，其粘结拉伸强度是很弱的，因此，玻璃幕墙构件在打注结构胶后，应在温度20℃、湿度50%以上的干净室内养护，待完全固化后才能进行下道工序。

幕墙工程使用的硅酮结构密封胶，应选用法定检测机构检测合格的产品，在使用前必须对幕墙工程选用的铝合金型材、玻璃、双面胶带、硅酮耐候密封胶、塑料泡沫棒等与硅酮结构密封胶接触的材料做相容性试验和粘结剥离性试验，试验合格后才能进行打胶。

9.1.9 本条规定有双重含意，一是说幕墙的立柱和横梁等主要受力杆件，其截面受力部分的壁厚应经计算确定，但又规定了最小壁厚，即如计算的壁厚小于规定的最小壁厚时，应取最小壁厚值，计算的壁厚大于规定的最小壁厚时，应取计算值，这主要是由于某些构造要求无法计算，为保证幕墙的安全可靠而采取的双控措施。

9.1.10 硅酮结构密封胶的粘结宽度是保证半隐框、隐框玻璃幕墙安全的关键环节之一，当采用半隐框、隐框幕墙时，硅酮结构密封胶的粘结宽度一定要通过计算来确定。当计算的粘结宽度小于规定的最小值时则采用最小值，当计算值大于规定的最小值时则采用计算值。

9.1.13 幕墙工程使用的各种预埋件必须经过计算确定，以保证其具有足够的承载力。为了保证幕墙与主体结构连接牢固可靠，幕墙与主体结构连接的预埋件应在主体结构施工时，按设计要求的数量、位置和方法进行埋设，埋设位置应正确。施工过程中如将预埋件的防腐层损坏，应按设计要求重新对其进行防腐处理。

9.1.15 本条所提到单元幕墙连接处和吊挂处的壁厚，是按照板块的大小、自重及材质、连接型式严格计算的，并留有一定的安全系数，壁厚计算值如果大于5mm，应取计算值，如果壁厚计算值小于5mm，应取5mm。

9.1.16 幕墙构件与混凝土结构的连接一般是通过预埋件实现的。预埋件的锚固钢筋是锚固作用的主要来源，混凝土对锚固钢筋的粘结力是决定性的，因此预埋件必须在混凝土浇灌前埋入，施工时混凝土必须振捣密实。目前实际施工中，往往由于放入预埋件时，未采取有效措施来固定预埋件，混凝土浇铸时往往使预埋件偏离设计位置，影响立柱的连接，甚至无法使用。因此应将预埋件可靠地固定在模板上或钢筋上。

当施工未设预埋件、预埋件漏放、预埋件偏离设计位置、设计变更、旧建筑加装幕墙时，往往要使用后置埋件。采用后置埋件（膨胀螺栓或化学螺栓）时，应符合设计要求并应进行现场拉拔试验。

9.2.1 本条所规定的玻璃幕墙适用范围，参照了《玻璃幕墙工程技术规范》（JGJ 102—96）的规定，建筑高度大于150m的玻璃幕墙工程目前尚无国家或行业的设计和施工标准，故不包含在本规范规定的范围内。

9.2.4 本条规定幕墙应使用安全玻璃，安全玻璃时指夹层玻璃和钢化玻璃，但不包括半钢化玻璃。夹层玻璃是一种性能良好的安全玻璃，它的制作方法是用聚乙烯醇缩丁醛胶片（PVB）将两块玻璃牢固地粘结起来，受到外力冲击时，玻璃碎片粘在PVB胶片上，可以避免飞溅伤人。钢化玻璃是普通玻璃加热后急速冷却形成的，被打破时变成很多细小无锐角的碎片，不会造成割伤。半钢化玻璃虽然强度也比较大，但其破碎时仍然会形成锐利的碎片，因而不属于安全玻璃。

9.3.1 本条所规定的金属幕墙适用范围，参照了《金属与石材幕墙工程技术规范》（JGJ 133—2001）的规定，建筑高度大于150m的金属幕墙工程目前尚无国家或行业的设计和施工标准，故不包含在本规范规定的范围内。

9.3.2 金属幕墙工程所使用的各种材料、配件大部分都有国家标准，应按设计要求严格检查材料产品合格证书及性能检测报告、材料进场验收记录、复验报告。不符合规定要求的严禁使用。

9.3.9 金属幕墙结构中自上而下的防雷装置与主体结构的防雷装置可靠连接十分重要，导线与主体结构连接时应除掉表面的保护层，与金属直接连接。幕墙的防雷装置应由建筑设计单位认可。

9.4.1 本条所规定的石材幕墙适用范围，参照了《金属与石材幕墙工程技术规范》（JGJ 133—2001）的规定。对于建筑高度大于100m的石材幕墙工程，由于我国目前尚无国家或行业的设计和施工标准，故不包含在本规范规定的范围内。

9.4.2 石材幕墙所用的主要材料如石材的弯曲强度、金属框架杆件和金属挂件的壁厚应经过设计计算确定。本条款规定了最小限值，如计算值低于最小限值时，应取最小限值，这是为了保证石材幕墙安全而采取的双控措施。

9.4.3 由于石材幕墙的饰面板大都是选用天然石材，同一品种的石材在颜色、光泽和花纹上容易出现很大的差异；在工程施工中，又经常出现石材排版放样时，石材幕墙的立面分格与设计分格有很大的出入；这些问题都不同程度地降低了石材幕墙整体的装饰效果。本条要求石材幕墙的石材样品和石材的施工分格尺寸放样图应符合设计要求并取得设计的确认。

9.4.4 石板上用于安装的钻孔或开槽是石板受力的主要部位，加工时容易出现位置不正、数量不足、深度不够或孔槽壁太薄等质量问题，本条要求对石板上孔或槽的位置、数量、深度以及孔或槽的壁厚进行进场验收；如果是现场开孔或开槽，监理单位和施工单位应对其进行抽检，并做好施工记录。

9.4.11 本条是考虑目前石材幕墙在石材表面处理上有不同做法，有些工程设计要求在石材表面涂刷保护剂，形成一层保护膜，有些工程设计要求石材表面不作任何处理，以保持天然石材本色的装饰效果；在石材板缝的做法上也有开缝和密封缝的不同做法，在施工质量验收时应符合设计要求。

9.4.14 石材幕墙要求石板不能有影响其弯曲强度的裂缝。石板进场安装前应进行预拼，拼对石材表面花纹纹路，以保证幕墙整体观感无明显色差，石材表面纹路协调美观。天然石材的修痕应力求与石材表面质感和光泽一致。

10 涂饰工程

10.1.2 涂饰工程所选用的建筑涂料，其各项性能应符合下述产品标准的技术指标。

1	《合成树脂乳液砂壁状建筑涂料》	JG/T 24
2	《合成树脂乳液外墙涂料》	GB/T 9755
3	《合成树脂乳液内墙涂料》	GB/T 9756
4	《溶剂型外墙涂料》	GB/T 9757
5	《复层建筑涂料》	GB/T 9779
6	《外墙无机建筑涂料》	JG/T 25
7	《饰面型防火涂料通用技术标准》	GB 12441
8	《水泥地板用漆》	HG/T 2004
9	《水溶性内墙涂料》	JC/T 423
10	《多彩内墙涂料》	JG/T 003
11	《聚氨酯清漆》	HG 2454
12	《聚氨酯磁漆》	HG/T 2660

10.1.5 不同类型的涂料对混凝土或抹灰基层含水率的要求不同，涂刷溶剂型涂料时，参照国际一般做法规定为不大于8%；涂刷乳液型涂料时，基层含水率控制在10%以下时装饰质量较好，同时，国内外建筑涂料产品标准对基层含水率的要求均在10%左右，故规定涂刷乳液型涂料时基层含水率不大于10%。

11 裱糊与软包工程

11.1.1 软包工程包括带内衬软包及不带内衬软包两种。

11.1.5 基层的质量与裱糊工程的质量有非常密切的关系；故作出本条规定。

    1 新建筑物的混凝土抹灰基层如不涂刷抗碱封闭底漆，基层泛碱会导致裱糊后的壁纸变色。

    2 旧墙面疏松的旧装修层如不清除，将会导致裱糊后的壁纸起鼓或脱落。清除后的墙面仍需达到裱糊对基层的要求。

    3 基层含水率过大时，水蒸气会导致壁纸表面起鼓。

    4 腻子与基层粘结不牢固，或出现粉化、起皮和裂缝，均会导致壁纸接缝处开裂，甚至脱落，影响裱糊质量。

    5 抹灰工程的表面平整度、立面垂直度及阴阳角方正等质量均对裱糊质量影响很大，如其质量达不到高级抹灰的质量要求，将会造成裱糊时对花困难，并出现离缝和搭接现象，影响整体装饰效果，故抹灰质量应达到高级抹灰的要求。

    6 如基层颜色不一致，裱糊后会导致壁纸表面发花，出现色差，特别是对遮蔽性较差的壁纸，这种现象将更严重。

    7 底胶能防止腻子粉化，并防止基层吸水，为粘贴壁纸提供一个适宜的表面，还可使壁纸在对花、校正位置时易于滑动。

11.2.6 裱糊时，胶液极易从拼缝中挤出，如不及时擦去，胶液干后壁纸表面会产生亮带，影响装饰效果。

11.2.10 裱糊时，阴阳角均不能有对接缝，如有对接缝极易开胶、破裂，且接缝明显，影响装饰效果。阳角处应包角压实，阴角处应顺光搭接，这样可使拼缝看起来不明显。

11.3.2 木材含水率太高，在施工后的干燥过程中，会导致木材翘曲、开裂、变形，直接影响到工程质量。故应对其含水率进行进场验收。

11.3.5 如不绷压严密，经过一段时间，软包面料会因失去张力而出现下垂及皱折；单块软包上的面料不能拼接，因拼接既影响装饰效果，拼接处又容易开裂。

11.3.8 因清漆制品显示的是木料的本色，其色泽和木纹如相差较大，均会影响到装饰效果，故制定此条。

12 细 部 工 程

12.1.1 橱柜、窗帘盒、窗台板、散热器罩、门窗套、护栏、扶手、花饰等的制作与安装在建筑装饰装修工程中的比重越来越大。国家标准《建筑工程质量检验评定标准》（GBJ 301—88）第十一章第十节"细木制品工程"的内容已经不能满足新材料、新技术的发展要求，故本章不限定材料的种类，以利于创新和提高装饰装修水平。

12.1.2 验收时检查施工图、设计说明及其他设计文件，有利于强化设计的重要性，为验收提供依据，避免口头协议造成扯皮。材料进场验收、复验、隐蔽工程验收、施工记录是施工过程控制的重要内容，是工程质量的保证。

12.1.3 人造木板的甲醛含量过高会污染室内环境，进行复验有利于核查是否符合要求。

12.2.1 本条适用于位置固定的壁柜、吊柜等橱柜制作、安装工程的质量验收。不包括移动式橱柜和家具的质量验收。

12.2.7 橱柜抽屉、柜门开闭频繁，应灵活、回位正确。

12.2.10 橱柜安装允许偏差指标是参考北京市标准《高级建筑装饰工程质量检验评定标准》（DBJ 是 01—27—96）第 7.6 条"高档固定家具"制定的。

12.3.1 本条适用于窗帘盒、散热器罩和窗台板制作、安装工程的质量验收。窗帘盒有木材、塑料、金属等多种材料做法，散热器罩以木材为主，窗台板有木材、天然石材、水磨石等多种材料做法。

12.5.2 护栏和扶手安全性十分重要，故每个检验批的护栏和扶手全部检查。

13 分部工程质量验收

13.0.2 本规范附录 B 列出了建筑装饰装修工程中十个子分部工程及其三十三个分项工程的名称，本规范第四章至第十二章分别对前九个子分部工程的施工质量提出要求。每章第一节是对子分部工程的一般规定，第二节及以后各节是对各个分项工程的施工质量要求。

与《建筑装饰工程施工及验收规范》（JGJ 73—91）相比，本规范对验收的范围和章节设置做了如下调整：

  1 "门窗工程"增加了木门窗制作与安装和特种门安装；
  2 将"玻璃工程"的内容分别并入相关的"门窗工程"和"轻质隔墙工程"；
  3 "裱糊工程"扩充为"裱糊和软包工程"；
  4 删去了"刷浆工程"；
  5 "花饰工程"扩充为"细部工程"；
  6 增加了"幕墙工程"。

13.0.4 本规范是决定装饰装修工程是否能够交付使用的质量验收规范，因此只有一个合格标准。在把握这个合格标准的松严程度时，编制组综合考虑了安全的需要、装饰效果的需要、技术的发展和目前施工的整体水平。本规范将涉及安全、健康、环保、以及主要使用功能方面的要求列为"主控项目"。"一般项目"大部分为外观质量要求，不涉及使用安全。考虑到目前我国装饰装修施工水平参差不齐，而某些外观质量问题返工成本高、效果不理想，故允许有20%以下的抽查样本存在既不影响使用功能也不明显影响装饰效果的缺陷，但是其中有允许偏差的检验项目，其最大偏差不得超过本规范规定允许偏差的1.5倍。

13.0.7 按照《建筑工程施工质量验收统一标准》GB 50300—2001 第 5.0.5 条的规定，分部工程验收和子分部工程验收均应按该标准附录F的格式记录。在进行装饰装修工程的子分部工程验收时，直接按照附录F的格式记录即可，但在进行装饰装修工程的分部工程验收时，应对附录F的格式稍加修改，"分项工程名称"应改为"子分部工程名称"，"检验批数"应改为"分项工程数"。

  本条明确规定：分部工程中各子分部工程的质量均应验收合格。因此，进行分部工程验收时，应将子分部工程的验收结论进行汇总，不必再对子分部工程进行验收，但应对分部工程的质量控制资料（文件和记录）、安全和功能检验报告及观感质量进行核查。

13.0.8 有的建筑装饰装修工程除一般要求外，还会提出一些特殊的要求，如音乐厅、剧院、电影院、会堂等建筑对声学、光学有很高的要求；大型控制室、计算机房等建筑在屏蔽、绝缘方面需特别处理；一些实验室和车间有超净、防霉、防辐射等要求。为满足这些特殊要求，设计人员往往采用一些特殊的装饰装修材料和工艺。此类工程验收时，除执行本规范外，还应按设计对特殊要求进行检测和验收。

13.0.9 许多案例说明，如长期在空气污染严重、通风状况不良的室内居住或工作，会导致许多健康问题，轻者出现头痛、嗜睡、疲惫无力等症状；重者会导致支气管炎、癌症等疾病，此类病症被国际医学界统称为"建筑综合症"。而劣质建筑装饰装修材料散发出的有害气体是导致室内空气污染的主要原因。

  近年来，我国政府逐步加强了对室内环境问题的管理，并正在将有关内容纳入技术法规。《民用建筑工程室内环境污染控制规范》（GB 50325）规定要对氡、甲醛、氨、苯及挥发性有机化合物进行控制，建筑装饰装修工程均应符合该规范的规定。

中华人民共和国行业标准

建筑工程饰面砖粘结强度检验标准

Testing standard for adhesive strength of tapestry brick of construction engineering

JGJ 110—2008
J 787—2008

批准部门：中华人民共和国建设部
施行日期：2008年8月1日

中华人民共和国建设部
公 告

第 826 号

建设部关于发布行业标准
《建筑工程饰面砖粘结强度检验标准》的公告

现批准《建筑工程饰面砖粘结强度检验标准》为行业标准，编号为 JGJ 110—2008，自 2008 年 8 月 1 日起实施。其中，第 3.0.2、3.0.5 条为强制性条文，必须严格执行。原行业标准《建筑工程饰面砖粘结强度检验标准》JGJ 110—97 同时废止。

本标准由建设部标准定额研究所组织中国建筑工业出版社出版发行。

中华人民共和国建设部
2008 年 3 月 12 日

前　言

根据建设部建标［2004］66号文的要求，本标准修订组在广泛调查研究，认真总结实践经验，参考有关国外先进标准，并广泛征求意见的基础上，修订了本标准。

本标准的主要技术内容是：1.总则；2.术语；3.基本规定；4.检验方法；5.粘结强度计算；6.粘结强度检验评定及饰面砖粘结强度检测记录和试件断开状态。本标准修订的主要技术内容是：基本规定中增加了强制性条文；增加了现场粘贴外墙饰面砖施工前应粘贴饰面砖样板件并对其粘结强度进行检验的要求，对带饰面砖的预制墙板和现场粘贴外墙饰面砖的检验批和取样位置进行了调整；检验方法中增加了对有加强处理措施的加气混凝土、轻质砌块、轻质墙板和外墙外保温系统上粘贴的外墙饰面砖断缝的规定，并增加了带保温系统的标准块粘贴示意图；粘结强度计算中将单个试样粘结强度和每组试样平均粘结强度计算结果均修约到小数点后一位；粘结强度检验评定中对现场粘贴饰面砖和带饰面砖的预制墙板的饰面砖粘结强度检验评定分别提出要求；附录A中增加了带保温系统的饰面砖粘结强度试件断开状态表。

本标准以黑体字标志的条文为强制性条文，必须严格执行。

本标准由建设部负责管理和对强制性条文的解释，由主编单位负责具体技术内容的解释。

本 标 准 主 编 单 位：中国建筑科学研究院（地址：北京市北三环东路30号，邮政编码：100013）。

本 标 准 参 加 单 位：北京市建设工程质量检测中心
　　　　　　　　　　　珠海市建设工程质量监督检测站
　　　　　　　　　　　哈尔滨市建筑工程设计研究院
　　　　　　　　　　　北京国维建联检测技术开发中心

本标准主要起草人员：熊　伟　　张元勃　　黄春晓　　张晓敏
　　　　　　　　　　　于长江　　张建平　　杜习平

目 次

1 总则 ………………………………………………………… 1238
2 术语 ………………………………………………………… 1238
3 基本规定 …………………………………………………… 1238
4 检验方法 …………………………………………………… 1239
5 粘结强度计算 ……………………………………………… 1241
6 粘结强度检验评定 ………………………………………… 1241
附录 A 饰面砖粘结强度检测记录和试件断开状态 ……… 1241
本标准用词说明 ……………………………………………… 1244
条文说明 ……………………………………………………… 1245

1 总则

1.0.1 为统一建筑工程饰面砖粘结强度的检验方法，保证建筑工程饰面砖的粘结质量，制定本标准。

1.0.2 本标准适用于建筑工程外墙饰面砖粘结强度的检验。

1.0.3 建筑工程外墙饰面砖粘结强度的检验除应符合本标准外，尚应符合国家现行有关标准的规定。

2 术语

2.0.1 标准块 standard test block

按长、宽、厚的尺寸为 95mm×45mm×（6~8）mm 或 40mm×40mm×（6~8）mm，用 45 号钢或铬钢材料所制作的标准试件。

2.0.2 基体 base

作为建筑物的主体结构或围护结构的混凝土墙体或砌体。

2.0.3 断缝 joint

以标准块的长、宽为基准，采用切割锯，从饰面砖表面切割至基体表面的矩形缝或正方形缝。

2.0.4 粘结层 bonding coat

固定饰面砖的粘结材料层。

2.0.5 粘结力 cohesive force

饰面砖与粘结层界面、粘结层自身、粘结层与找平层界面、找平层自身、找平层与基体界面，在垂直于表面的拉力作用下断开时的拉力值。

2.0.6 粘结强度 cohesive strength

饰面砖与粘结层界面、粘结层自身、粘结层与找平层界面、找平层自身、找平层与基体界面上单位面积上的粘结力。

3 基本规定

3.0.1 粘结强度检测仪应每年至少检定一次，发现异常时应随时维修、检定。

3.0.2 带饰面砖的预制墙板进入施工现场后，应对饰面砖粘结强度进行复验。

3.0.3 带饰面砖的预制墙板应符合下列要求：

    1 生产厂应提供含饰面砖粘结强度检测结果的型式检验报告，饰面砖粘结强度检测结果应符合本标准的规定。

    2 复验应以每 1000m² 同类带饰面砖的预制墙板为一个检验批，不足 1000m² 应按 1000m² 计，每批应取一组，每组应为 3 块板，每块板应制取 1 个试样对饰面砖粘结强度进行检验。

3.0.4 现场粘贴外墙饰面砖应符合下列要求：

  1 施工前应对饰面砖样板件粘结强度进行检验。
  2 监理单位应从粘贴外墙饰面砖的施工人员中随机抽选一人，在每种类型的基层上应各粘贴至少 $1m^2$ 饰面砖样板件，每种类型的样板件应各制取一组 3 个饰面砖粘结强度试样。
  3 应按饰面砖样板件粘结强度合格后的粘结料配合比和施工工艺严格控制施工过程。
3.0.5 现场粘贴的外墙饰面砖工程完工后，应对饰面砖粘结强度进行检验。
3.0.6 现场粘贴饰面砖粘结强度检验应以每 $1000m^2$ 同类墙体饰面砖为一个检验批，不足 $1000m^2$ 应按 $1000m^2$ 计，每批应取一组 3 个试样，每相邻的三个楼层应至少取一组试样，试样应随机抽取，取样间距不得小于 500mm。
3.0.7 采用水泥基胶粘剂粘贴外墙饰面砖时，可按胶粘剂使用说明书的规定时间或在粘贴外墙饰面砖 14d 及以后进行饰面砖粘结强度检验。粘贴后 28d 以内达不到标准或有争议时，应以 28~60d 内约定时间检验的粘结强度为准。

4 检 验 方 法

4.0.1 检测仪器、辅助工具及材料应符合下列要求：
  1 采用的粘结强度检测仪，应符合现行行业标准《数显式粘结强度检测仪》JG 3056 的规定。
  2 钢直尺的分度值应为 1mm。
  3 应具备下列辅助工具及材料：
    1）手持切割锯；
    2）胶粘剂，粘结强度宜大于 3.0MPa；
    3）胶带。
4.0.2 断缝应符合下列要求：
  1 断缝应从饰面砖表面切割至混凝土墙体或砌体表面，深度应一致。对有加强处理措施的加气混凝土、轻质砌块、轻质墙板和外墙外保温系统上粘贴的外墙饰面砖，在加强处理措施或保温系统符合国家有关标准的要求，并有隐蔽工程验收合格证明的前提下，可切割至加强抹面层表面。
  2 试样切割长度和宽度宜与标准块相同，其中有两道相邻切割线应沿饰面砖边缝切割。
4.0.3 标准块粘贴应符合下列要求：
  1 在粘贴标准块前，应清除饰面砖表面污渍并保持干燥。当现场温度低于 5℃时，标准块宜预热后再进行粘贴。
  2 胶粘剂应按使用说明书规定的配比使用，应搅拌均匀、随用随配、涂布均匀，胶粘剂硬化前不得受水浸。
  3 在饰面砖上粘贴标准块可按图 4.0.3-1 和图 4.0.3-2 进行，胶粘剂不应粘连相邻饰面砖。
  4 标准块粘贴后应及时用胶带固定。
4.0.4 粘结强度检测仪的安装（图 4.0.4）和测试程序应符合下列要求：

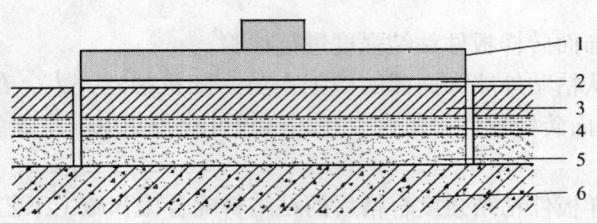

图4.0.3-1 不带保温加强系统的标准块粘贴示意图
1—标准块;2—胶粘剂;3—饰面砖;
4—粘结层;5—找平层;6—基体

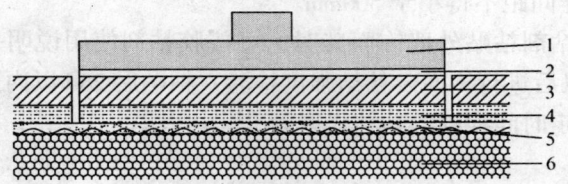

图4.0.3-2 带保温或加强系统的标准块粘贴示意图
1—标准块;2—胶粘剂;3—饰面砖;
4—粘结层;5—加强抹面层;6—保温层或被加强的基体

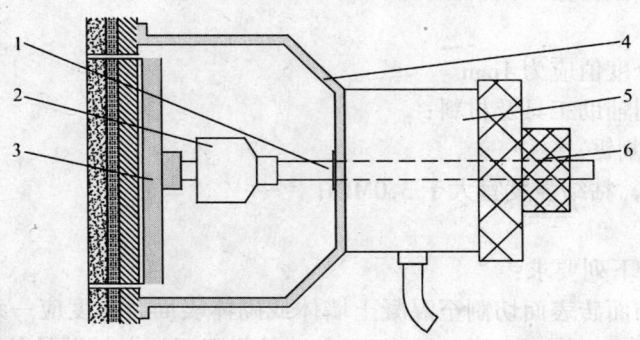

图4.0.4 粘结强度检测仪安装示意图
1—拉力杆;2—万向接头;3—标准块;
4—支架;5—穿心式千斤顶;6—拉力杆螺母

1 检测前在标准块上应安装带有万向接头的拉力杆。
2 应安装专用穿心式千斤顶,使拉力杆通过穿心千斤顶中心并与标准块垂直。
3 调整千斤顶活塞时,应使活塞升出2mm左右,并将数字显示器调零,再拧紧拉力杆螺母。
4 检测饰面砖粘结力时,匀速摇转手柄升压,直至饰面砖试样断开,并应按本标准附表A的格式记录粘结强度检测仪的数字显示器峰值,该值即是粘结力值。
5 检测后降压至千斤顶复位,取下拉力杆螺母及拉杆。

4.0.5 饰面砖粘结力检测完毕后,应按受力断开的性质及本标准附录A表A.0.2的格式确定断开状态,测量试样断开面每对切割边的中部长度(精确到1mm)作为试样断面边长,并应按本标准附录A表A.0.1的格式记录。当检测结果为表A.0.2第1、2种断开状态且粘结强度小于标准平均值要求时，应分析原因并重新选点检测。

4.0.6 标准块处理应符合下列要求：

    1 粘结力检测完毕，应将标准块表面胶粘剂清理干净，用50号砂布摩擦标准块粘贴面至出现光泽。

    2 应将标准块放置干燥处，再次使用前应将标准块粘贴面的锈迹、油污清除。

5 粘结强度计算

5.0.1 试样粘结强度应按下式计算：

$$R_i = \frac{X_i}{S_i} \times 10^3 \tag{5.0.1}$$

式中　R_i——第 i 个试样粘结强度（MPa），精确到0.1MPa；
　　　X_i——第 i 个试样粘结力（kN），精确到0.01kN；
　　　S_i——第 i 个试样断面面积（mm²），精确到1mm²。

5.0.2 每组试样平均粘结强度应按下式计算：

$$R_m = \frac{1}{3}\sum_{i=1}^{3} R_i \tag{5.0.2}$$

式中　R_m——每组试样平均粘结强度（MPa），精确到0.1MPa。

6 粘结强度检验评定

6.0.1 现场粘贴的同类饰面砖，当一组试样均符合下列两项指标要求时，其粘结强度应定为合格；当一组试样均不符合下列两项指标要求时，其粘结强度应定为不合格；当一组试样只符合下列两项指标的一项要求时，应在该组试样原取样区域内重新抽取两组试样检验，若检验结果仍有一项不符合下列指标要求时，则该组饰面砖粘结强度应定为不合格：

    1 每组试样平均粘结强度不应小于0.4MPa；

    2 每组可有一个试样的粘结强度小于0.4MPa，但不应小于0.3MPa。

6.0.2 带饰面砖的预制墙板，当一组试样均符合下列两项指标要求时，其粘结强度应定为合格；当一组试样均不符合下列两项指标要求时，其粘结强度应定为不合格；当一组试样只符合下列两项指标的一项要求时，应在该组试样原取样区域内重新抽取两组试样检验，若检验结果仍有一项不符合下列指标要求时，则该组饰面砖粘结强度应定为不合格：

    1 每组试样平均粘结强度不应小于0.6MPa；

    2 每组可有一个试样的粘结强度小于0.6MPa，但不应小于0.4MPa。

附录A 饰面砖粘结强度检测记录和试件断开状态

A.0.1 饰面砖粘结强度检测可采用表A.0.1的格式记录。

表 A.0.1 饰面砖粘结强度检测记录表

委托单位				检测日期	
工程名称				环境温度	
仪器及编号				胶粘剂	
基体类型		饰面砖粘结料		饰面砖品种及牌号	

试样编号	龄期(d)	断面边长(mm)	断面面积(mm²)	粘结力(kN)	粘结强度(MPa)	断开状态	抽样部位	备注

审核：　　　　　记录：　　　　　检测：

A.0.2 饰面砖粘结强度试件断开状态应按表 A.0.2-1 和表 A.0.2-2 确定。

表 A.0.2-1 不带保温加强系统的饰面砖粘结强度试件断开状态表

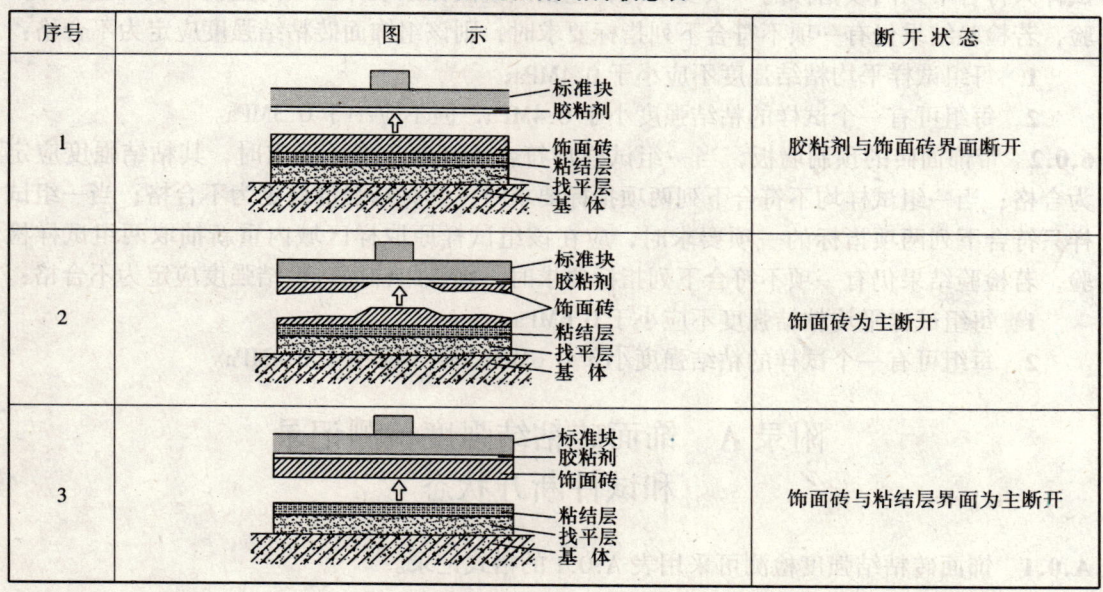

序号	图示	断开状态
1		胶粘剂与饰面砖界面断开
2		饰面砖为主断开
3		饰面砖与粘结层界面为主断开

续表 A.0.2-1

序号	图示	断开状态
4	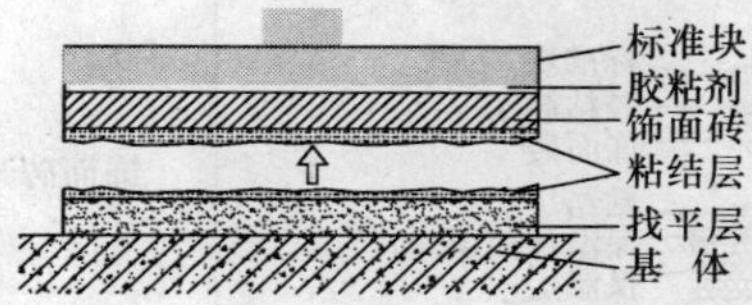 标准块/胶粘剂/饰面砖/粘结层/找平层/基体	粘结层为主断开
5	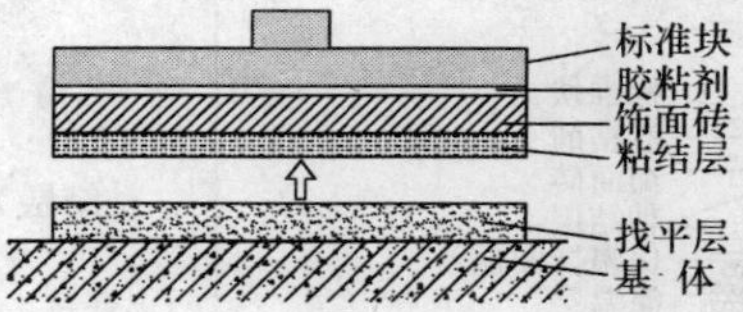 标准块/胶粘剂/饰面砖/粘结层/找平层/基体	粘结层与找平层界面为主断开
6	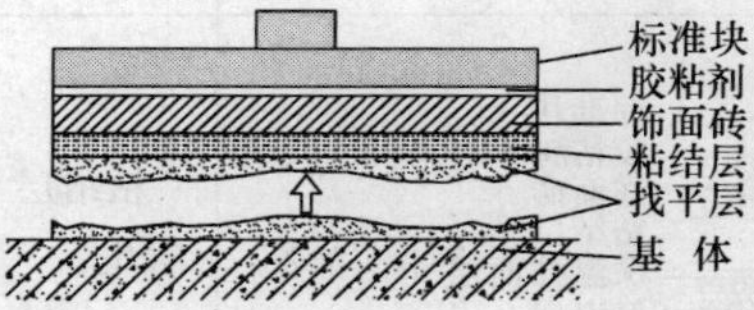 标准块/胶粘剂/饰面砖/粘结层/找平层/基体	找平层为主断开
7	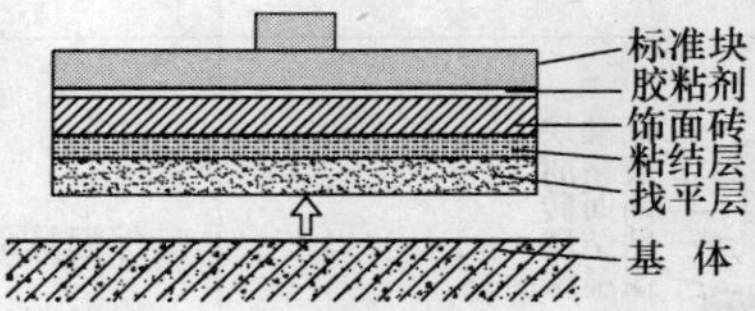 标准块/胶粘剂/饰面砖/粘结层/找平层/基体	找平层与基体界面为主断开
8	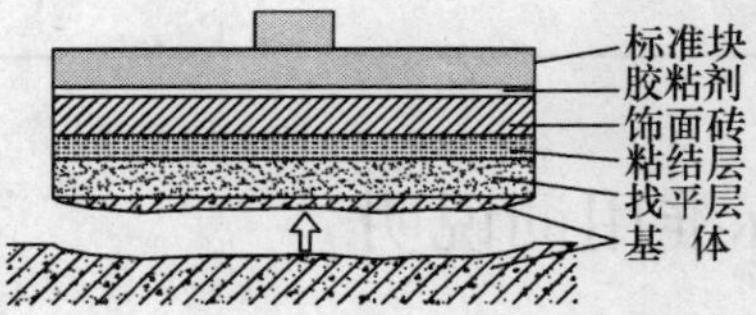 标准块/胶粘剂/饰面砖/粘结层/找平层/基体	基体断开

表 A.0.2-2 带保温系统的饰面砖粘结强度试件断开状态表

序号	图示	断开状态
1	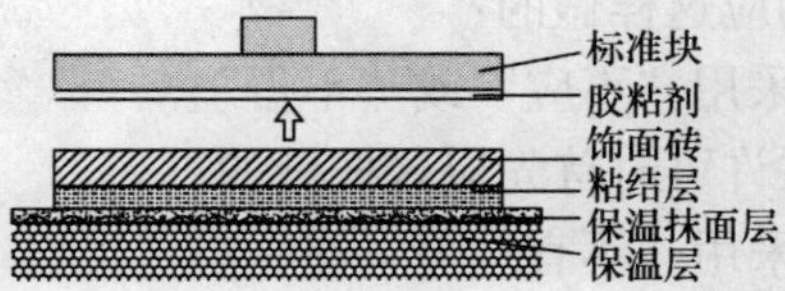 标准块/胶粘剂/饰面砖/粘结层/保温抹面层/保温层	胶粘剂与饰面砖界面断开
2	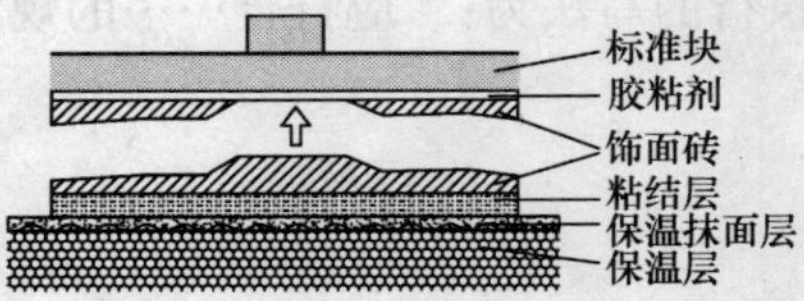 标准块/胶粘剂/饰面砖/粘结层/保温抹面层/保温层	饰面砖为主断开

1243

续表 A.0.2-2

序号	图 示	断 开 状 态
3	标准块/胶粘剂/饰面砖/粘结层/保温抹面层/保温层	饰面砖与粘结层界面为主断开
4	标准块/胶粘剂/饰面砖/粘结层/保温抹面层/保温层	粘结层为主断开
5	标准块/胶粘剂/饰面砖/粘结层/保温抹面层/保温层	粘结层与保温抹面层界面为主断开
6	标准块/胶粘剂/饰面砖/粘结层/保温抹面层/保温层	保温抹面层为主断开

本标准用词说明

1 为便于在执行本标准条文时区别对待，对要求严格程度不同的用词，说明如下：
　1）表示很严格，非这样做不可的：
　　正面词采用"必须"，反面词采用"严禁"。
　2）表示严格，在正常情况下均应这样做的：
　　正面词采用"应"，反面词采用"不应"或"不得"。
　3）表示允许稍有选择，在条件许可时首先应这样做的：
　　正面词采用"宜"，反面词采用"不宜"。
　　表示有选择，在一定条件下可以这样做的，采用"可"。

2 条文中指明应按其他有关标准执行的写法为："应符合……的规定"或"应按……执行"。

中华人民共和国行业标准

建筑工程饰面砖粘结强度检验标准

JGJ 110—2008

条 文 说 明

前　言

《建筑工程饰面砖粘结强度检验标准》JGJ 110—2008，经建设部 2008 年 3 月 12 日以第 826 号公告批准、发布。

本标准第一版的主编单位是国家建筑工程质量监督检验中心，参加单位是北京市建设工程质量检测中心、珠海市建设工程质量监督检测站、河南省建筑工程质量检测中心站、哈尔滨市建筑工程设计研究院、北京市建筑工程研究院、福建省南安市中南机械有限公司、北京天竺试验仪器技术服务中心。

为便于广大设计、施工、科研、学校等单位有关人员在使用本标准时能正确理解和执行条文规定，《建筑工程饰面砖粘结强度检验标准》编制组按章、节、条顺序编制了本标准的条文说明，供使用者参考。在使用中如发现本条文说明有不妥之处，请将意见函寄中国建筑科学研究院。

目 次

1 总则 ··· 1248
2 术语 ··· 1248
3 基本规定 ··· 1248
4 检验方法 ··· 1249
5 粘结强度计算 ··· 1250
6 粘结强度检验评定 ·· 1250
附录 A 饰面砖粘结强度检测记录和试件断开状态 ····························· 1250

1 总　　则

1.0.1 本条阐明了制定本标准的目的。建筑工程饰面砖粘结强度关系到人民生命财产的安全，建筑物外墙饰面砖因粘结强度问题造成脱落伤人毁物的事故时有发生。1997年参照国外有关标准，依据国内不同气候环境条件下建筑工程饰面砖粘结强度的现场实测和试验室试验数据，制定了中华人民共和国行业标准《建筑工程饰面砖粘结强度检验标准》JGJ 110—97，该标准为我国提供了统一的饰面砖粘结强度检验评定标准和检测手段。但原标准也存在缺少施工前饰面砖粘结强度检验和施工质量过程控制，对有加强措施的加气混凝土、轻质砌块、轻质墙板和外墙外保温系统等基体上粘贴外墙饰面砖没有明确的粘结强度检验方法，严重影响了饰面砖粘结质量的检验和控制，因此有必要对原标准进行修订。
1.0.2 本条规定了本标准的适用范围。不仅适用于一般气候条件，也适用于高温、高湿等气候条件。

2　术　　语

本标准的术语分三类：
  1）在国家标准或行业标准中没有出现过，本标准给出具体定义。如标准块、断缝。
  2）在国家标准或行业标准中虽然出现过，但具体内容不一样，本标准再详尽给出定义，如基体、粘结强度。
  3）在国家标准或行业标准中虽然出现过，但比较生疏，本标准尽量与其协调，如粘结层、粘结力等。

2.0.1 考虑到工程上常用的饰面砖规格尺寸，切割试样时的受力边界条件，仪器的轻便性和标准规定的仪器量程范围，规定了两种尺寸的标准块。95mm×45mm标准块适用于除陶瓷锦砖以外的饰面砖试样，40mm×40mm标准块适用于陶瓷锦砖试样。
2.0.5~2.0.6 外墙外保温系统的抹面层以里按基体对待，混凝土墙基体上直接粘贴饰面砖也没有找平层，没有找平层的粘结力和粘结强度则不含找平层内容。

3　基 本 规 定

3.0.1 根据《中华人民共和国计量法》规定的有关要求，按照计量器具的种类划分和项目属性的归类，粘结强度检测仪检定周期定为一年。当发现异常时应及时维修、检定。
3.0.4 为了避免大面积粘贴外墙饰面砖后出现饰面砖粘结强度不达标造成的严重损失，本条规定现场粘贴外墙饰面砖施工前，监理单位应从粘贴外墙饰面砖的施工人员中随机抽选一人，在每种类型的基层上各粘贴饰面砖制作样板件，对饰面砖粘结强度进行检验，按饰面砖粘结强度合格后的粘结料配合比和施工工艺严格控制施工过程。目的是加强施工单位的责任心，完善对施工质量过程控制，防患于未然。
3.0.5~3.0.6 根据饰面砖工程的特点，在施工前制作的样板件饰面砖粘结强度合格的基础上，为了督促施工单位按样板件饰面砖粘结强度合格后的粘结料配合比和施工工艺严格控制施工过程，保证完工的饰面砖安全可靠，加上大量在外墙外保温系统上粘贴外墙饰面砖的粘结质量受施工影响较大，有必要对完工后的外墙饰面砖粘结强度进行抽检，约束施工行为，抽检数量调整为："每1000m² 同类墙体饰面砖为一个检验批，不足 1000m² 应按 1000m² 计，每批应取一组3个试样，每相邻的三个楼层至少取一组试样"。在有施工前样板件饰面砖粘结强度检验合格的基础上，抽样数量不到原标准的三分之一，抽样位置也比原标准可操作性更好。

考虑到试样的代表性以及边界条件对粘结力的影响，规定了试样取样间距不得小于500mm。

3.0.7 普通水泥基胶粘剂一般在龄期28d时达到设计强度，原标准规定："当在7d或14d进行检验时，应通过对比试验确定其粘结强度的修正系数。"实际工作中该修正系数很难确定，容易出现差错，故将这些内容去除。考虑到工程验收希望尽快进行外墙饰面砖粘结强度检验的要求，通过实验室验证在正常条件下龄期14d时已经接近设计粘结强度，因此，在施工前样板件龄期14d测定饰面砖粘结强度达标的基础上，可以选择龄期14d及以后的其他时间进行饰面砖粘结强度检验，也可按照快速硬化水泥基胶粘剂等使用说明书的规定时间进行饰面砖粘结强度检验，龄期28d以内达不到标准或有争议时，以龄期达到28～60d内约定时间检验的粘结强度为准。现行行业标准《外墙饰面砖工程施工及验收规程》JGJ 126—2000规定外墙饰面砖粘贴不得采用有机物作为主要粘结材料，故本标准不考虑这类粘结材料。

4 检验方法

4.0.1 本条指出了一般情况下所采用的仪器、工具、材料及其应满足的要求。测量试样断开面每对切割边的长度用分度值为1mm的钢直尺即可，没必要用易损伤断开面边且不易操作的游标卡尺。标准块胶粘剂不再限定用环氧系胶粘剂，其他快速固化胶粘剂如双组分改性丙烯酸酯胶也可用，但粘结强度宜大于3.0MPa。

4.0.2 加气混凝土、轻质砌块和轻质墙板等基体强度较低，如果要粘贴外墙饰面砖，必须进行可靠的加强处理，断缝时可切割至合格的加强层表面。普通的粘贴法外墙外保温系统不应粘贴外墙饰面砖，只有在保温层密度、与墙体粘结面积、加强处理措施、饰面砖粘结和勾缝等符合国家行业标准有关外墙外保温系统粘贴外墙饰面砖的要求，并有隐蔽工程验收合格证明的前提下，断缝时才可切割至保温系统抹面层表面，否则，应切割至混凝土墙体或砌体表面。现行行业标准《胶粉聚苯颗粒外墙外保温系统》JG 158—2004已经有外墙外保温粘贴饰面砖要求。

4.0.3 表面不平整的饰面砖可先用胶粘剂补平表面后，再用胶粘剂粘贴标准块，也可用合适的厚涂层胶粘剂直接粘贴标准块，打磨表面不平整的饰面砖不可取。

4.0.5 试样断面面积取断缝所包围的区域承受法向拉力实际断开面面积，试样断面边长取试样断开面每对切割边的中部长度，测量精确到1mm，切割边的中部长度值一般接近两端和中部三个测量值的平均值。陶瓷锦砖试样粘结强度包括陶瓷锦砖之间的灰缝。当检测结果为表A.0.2第1、2种断开状态且粘结强度不小于标准平均值且断缝符合要求时，检测结果取断开时的检测值，能表明该试样粘结强度符合标准要求。当饰面砖以里的粘结层等粘结强度很高时，按原标准重新选点检测会持续出现胶粘剂与饰面砖界面断开的第1种断开状态或饰面砖为主断开的第2种断开状态，设法选点检测出表A.0.2第1、2种以外的断开状态难实现也没有必要。故只要求当检测结果为表A.0.2第1、2种断开状态且粘结强度小于标准平均值要求时，才应分析原因，采取对光滑饰面砖试样表面切浅道等增强胶粘剂粘结措施，并重新选点检测。当基体以外的各层粘结强度很高时，出现表A.0.2-1第8种断开状态即基体断开是正常现象，除非断缝时切坏了基体表面层且粘结强度小于标准平均值要求时需要重新选点检测外，基体断开时的检测值也作为粘结强度是否合格的结果。

5 粘结强度计算

5.0.1～5.0.2 某个试样粘结强度和每组试样平均粘结强度都精确到0.1MPa，与粘结强度检验评定一致。公式中的字母也调整成前后一致。

6 粘结强度检验评定

将原标准粘结强度检验改为粘结强度检验评定更贴合本章标题所涵盖的内容。

6.0.1 外墙饰面砖粘结强度指标值的确定依据：

1 根据在北京、哈尔滨、珠海、河南等省市不同气候条件下对不同工程的实测和试验室的验证，从以下几方面考虑：

1）气候的特征。具体做法是分别选哈尔滨、北京、珠海、河南四省市作试件实测统计分析，使之满足《建筑气候区划标准》GB 50178的气候特征要求。

2）工程现场和试验室两类试样的统计分析，分别求出饰面砖脱落的临界值，及未脱落的指标值，并确定其概率。

3）对饰面砖进行力学计算，考虑面砖的吸水率、温度变形、风压的正负作用，并按设计周期50年计算，确定其指标值。

4）急冷急热、耐候作用、台风作用的饰面砖强度指标确定。

5）国内有关单位对外墙外保温系统粘贴饰面砖的实验结果。

综合上述因素，确定标准指标值。

2 参照了日本《建筑工事共通仕样书》的第11.2.1和11.2.7条款及《建筑工事施工监理指针》第11.5.2条款中（a）和（b）条的粘结强度指标值。

附录 A 饰面砖粘结强度检测记录和试件断开状态

A.0.1 表A.0.1饰面砖粘结强度检测记录表可根据当地实际情况，增加记录项目，调整记录格式。

A.0.2 表A.0.2-1和表A.0.2-2饰面砖粘结强度试件断开状态表中的断开状态所称"…为主断开"，是指试样该种断开形式的断面面积占试样断面面积的50%以上。

中华人民共和国行业标准

外墙饰面砖工程施工及验收规程

Specification for construction and acceptance
of tapestry brick work for exterior wall

JGJ 126—2000
J 23—2000

主编单位：中国建筑科学研究院
批准部门：中华人民共和国建设部
施行日期：２０００年８月１日

关于发布行业标准《外墙饰面砖工程施工及验收规程》的通知

建标 [2000] 89 号

根据建设部《关于印发一九九七年工程建设城建、建工行业标准制订、修订（第一批）项目计划的通知》（建标 [1997] 71 号）的要求，由中国建筑科学研究院主编的《外墙饰面砖工程施工及验收规程》，经审查，批准为强制性行业标准，编号 JGJ126—2000，自 2000 年 8 月 1 日起施行。

本标准由建设部建筑工程标准技术归口单位中国建筑科学研究院负责管理，中国建筑科学研究院负责具体解释，建设部标准定额研究所组织中国建筑工业出版社出版。

中华人民共和国建设部
2000 年 4 月 25 日

前　言

根据建设部建标［1997］71号文的要求，本规程编制组在广泛调查研究，认真总结实践经验，参考有关国际标准和国外先进标准，并广泛征求意见的基础上，制定了本规程。

本规程的主要技术内容是：根据我国的建筑气候区划，按不同气候区，对外墙饰面砖工程的材料、设计、施工及验收等作出规定。

本规程由建设部建筑工程标准技术归口单位中国建筑科学研究院归口管理，授权主编单位负责具体解释。

本规程主编单位是：中国建筑科学研究院

本规程参编单位是：长春星宇集团股份有限公司
　　　　　　　　　珠海市建设工程质量监督检测站
　　　　　　　　　北京市建设工程质量检测中心
　　　　　　　　　哈尔滨市建筑工程研究设计院
　　　　　　　　　豪盛（福建）股份有限公司

本规程主要起草人员是：刘建华　孟小平　陶乐然　曾庆渝　张元勃　杨向宁　林作军
　　　　　　　　　　　曾献基

目　次

1 总则 ·· 1255
2 术语 ·· 1255
3 材料 ·· 1255
　3.1 外墙饰面砖 ··· 1255
　3.2 找平、粘结、勾缝材料 ·· 1256
4 设计基本规定 ·· 1256
5 施工 ·· 1257
　5.1 一般规定 ·· 1257
　5.2 面砖粘贴 ·· 1258
　5.3 锦砖粘贴 ·· 1258
　5.4 质量检测 ·· 1259
　5.5 成品保护 ·· 1259
6 验收 ·· 1259
附录A 建筑气候区划图 ··· 插页
附录B 建筑气候区划指标 ·· 1261
本规程用词说明 ··· 1262
条文说明 ·· 1263

1 总则

1.0.1 为保证外墙饰面砖工程的质量，做到技术先进，经济合理，安全可靠，制定本规程。

1.0.2 本规程适用于采用陶瓷砖、玻璃马赛克等材料作为外墙饰面材料，并采用满粘法施工的外墙饰面砖工程的设计、施工及验收。

1.0.3 本规程根据现行国家标准《建筑气候区划标准》GB 50178 中一级区划的Ⅰ～Ⅶ区（附录A，附录B），对外墙饰面砖工程的材料、设计、施工及验收作出规定。

1.0.4 外墙饰面砖工程的材料、设计、施工及验收，除应符合本规程外，尚应符合国家现行有关强制性标准的规定。

2 术语

2.0.1 水泥基粘结材料（Adhesive material based on cement）

以水泥为主要原料，配有改性成分，用于外墙饰面砖粘贴的材料。

2.0.2 结合层（Joint coat）

由聚合物水泥砂浆或其他界面处理剂构成的用于提高界面间粘结力的材料层。

3 材料

3.1 外墙饰面砖

3.1.1 用于外墙饰面工程的陶瓷砖、玻璃马赛克等材料，统称外墙饰面砖。

干压陶瓷砖和陶瓷劈离砖简称面砖，据GB/T 3810.2，面积小于 $4cm^2$ 的砖和玻璃马赛克简称锦砖。

3.1.2 外墙饰面砖产品的技术性能应符合下列现行标准的规定：

《陶瓷砖和卫生陶瓷分类及术语》GB/T 9195。

《干压陶瓷砖》GB/T 4100.1、GB/T 4100.2、GB/T 4100.3、GB/T 4100.4《陶瓷劈离砖》JC/T 457；《玻璃马赛克》GB/T 7697。

3.1.3 外墙饰面砖工程中采用的陶瓷砖，对不同气候区必须符合下列规定：

1 在Ⅰ、Ⅵ、Ⅶ区，吸水率不应大于3%；在Ⅱ区，吸水率不应大于6%。在Ⅲ、Ⅳ、Ⅴ区，冰冻期一个月以上的地区吸水率不宜大于6%。

吸水率应按现行国家标准《陶瓷砖试验方法》GB/T 3810.3 进行试验。

2 抗冻性应按现行国家标准《陶瓷砖试验方法》GB/T 3810.12 进行试验，其中低温环境温度采用 $-30\pm2℃$，保持2h后放入不低于10℃的清水中融化2h为一个循环。

在Ⅰ、Ⅵ、Ⅶ区，冻融循环应满足50次；在Ⅱ区，冻融循环应满足40次。

3.1.4 外墙饰面砖宜采用背面有燕尾槽的产品。

3.2 找平、粘结、勾缝材料

3.2.1 在Ⅲ、Ⅵ、Ⅴ区应采用具有抗渗性的找平材料,其性能应符合现行行业标准《砂浆、混凝土防水剂》JC 474第5.2节的技术要求。

3.2.2 外墙饰面砖粘贴应采用水泥基粘结材料,其中包括现行行业标准《陶瓷墙地砖胶粘剂》JC/T 547规定的A类及C类产品。不得采用有机物作为主要粘结材料。

3.2.3 水泥基粘结材料应符合现行行业标准《陶瓷墙地砖胶粘剂》JC/T 547的技术要求,并应按现行行业标准《建筑工程饰面砖粘结强度检验标准》JGJ 110的规定,在试验室进行制样、检验,粘结强度不应小于0.6MPa。

3.2.4 水泥基粘结材料应采用普通硅酸盐水泥或硅酸盐水泥,其性能应符合现行国家标准《硅酸盐水泥、普通硅酸盐水泥》GB 175的技术要求,硅酸盐水泥强度等级不应低于42.5,普通硅酸盐水泥强度等级不应低于32.5。

水泥基粘结材料中采用的砂,应符合现行行业标准《普通混凝土用砂质量标准及检验方法》JGJ 52的技术要求,其含泥量不应大于3%。

3.2.5 勾缝应采用具有抗渗性的粘结材料,其性能应符合本规程第3.2.1条的要求。

4 设计基本规定

4.0.1 外墙饰面砖工程应进行专项设计,对以下内容提出明确要求:
1 外墙饰面砖的品种、规格、颜色、图案和主要技术性能;
2 找平层、结合层、粘结层、勾缝等所用材料的品种和技术性能;
3 基体处理;
4 外墙饰面砖的排列方式、分格和图案;
5 外墙饰面砖粘贴的伸缩缝位置,接缝和凹凸处的墙面构造;
6 墙面凹凸部位的防水、排水构造。

4.0.2 基体处理应符合下列规定:
1 当基体的抗拉强度小于外墙饰面砖粘贴的粘结强度时,必须进行加固处理。加固后应对粘贴样板进行强度检测。
2 对加气混凝土、轻质砌块和轻质墙板等基体,若采用外墙饰面砖,必须有可靠的粘结质量保证措施。否则,不宜采用外墙饰面砖饰面。
3 对混凝土基体表面,应采用聚合物水泥砂浆或其他界面处理剂做结合层。

4.0.3 找平层材料的抗拉强度不应低于外墙饰面砖粘贴的粘结强度。

4.0.4 外墙饰面砖粘贴应设置伸缩缝。竖直向伸缩缝可设在洞口两侧或与横墙、柱对应的部位;水平向伸缩缝可设在洞口上、下或与楼层对应处。伸缩缝的宽度可根据当地的实际经验确定。当采用预粘贴外墙饰面砖施工时,伸缩缝应设在预制墙板的接缝处。

4.0.5 伸缩缝应采用柔性防水材料嵌缝。

4.0.6 墙体变形缝两侧粘贴的外墙饰面砖,其间的缝宽不应小于变形缝的宽度(图4.0.6)。

4.0.7 面砖接缝的宽度不应小于 5mm，不得采用密缝。缝深不宜大于 3mm，也可采用平缝。

4.0.8 墙面阴阳角处宜采用异型角砖。阳角处也可采用边缘加工成 45°角的面砖对接。

4.0.9 对窗台、檐口、装饰线、雨篷、阳台和落水口等墙面凹凸部位，应采用防水和排水构造。

4.0.10 在水平阳角处，顶面排水坡度不应小于 3%；应采用顶面面砖压立面面砖，立面最低一排面砖压底平面面砖等作法，并应设置滴水构造。

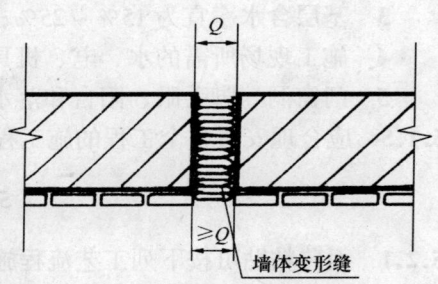

图 4.0.6 变形缝两侧排砖示意

5 施 工

5.1 一 般 规 定

5.1.1 在外墙饰面砖工程施工前，应对各种原材料进行复验，并符合下列规定：

1 外墙饰面砖应具有生产厂的出厂检验报告及产品合格证。进场后应按表 5.1.1 所列项目进行复检。复检抽样应按现行国家标准《陶瓷砖试验方法》GB/T3810.1 进行，技术性能应符合本规程第 3.1 节的要求；

2 粘贴外墙饰面砖所用的水泥、砂、胶粘剂等材料均应进行复检，合格后方可使用。

5.1.2 在外墙饰面砖工程施工前，应对找平层、结合层、粘结层及勾缝、嵌缝所用的材料进行试配，经检验合格后方可使用。

表 5.1.1 外墙饰面砖复检项目

气候区名	饰面砖种类 陶瓷砖	玻璃马赛克	气候区名	饰面砖种类 陶瓷砖	玻璃马赛克
Ⅰ	(1)(2)(3)(4)	(1)(2)	Ⅴ	(1)(2)(3)	(1)(2)
Ⅱ	(1)(2)(3)(4)	(1)(2)	Ⅵ	(1)(2)(3)(4)	(1)(2)
Ⅲ	(1)(2)(3)	(1)(2)	Ⅶ	(1)(2)(3)(4)	(1)(2)
Ⅳ	(1)(2)(3)	(1)(2)			

注：表中 (1) 尺寸；(2) 表面质量；(3) 吸水率；(4) 抗冻性。

5.1.3 外墙饰面砖工程施工前应做出样板，经建设、设计和监理等单位根据有关标准确认后方可施工。

5.1.4 外墙饰面砖的粘贴施工尚应具备下列条件：

1 基体按设计要求处理完毕；

2 日最低气温在 0℃以上。当低于 0℃时，必须有可靠的防冻措施；当高于 35℃时，应有遮阳设施；

3 基层含水率宜为15%～25%；
　　4 施工现场所需的水、电、机具和安全设施齐备；
　　5 门窗洞、脚手眼、阳台和落水管预埋件等处理完毕。
5.1.5 应合理安排整个工程的施工程序，避免后续工程对饰面造成损坏或污染。

5.2 面砖粘贴

5.2.1 面砖粘贴可按下列工艺流程施工：
　　处理基体→抹找平层→刷结合层→排砖、分格、弹线→粘贴面砖→勾缝→清理表面。
5.2.2 抹找平层应符合下列要求：
　　1 在基体处理完毕后，进行挂线、贴灰饼、冲筋，其间距不宜超过2m；
　　2 抹找平层前应将基体表面润湿，并按设计要求在基体表面刷结合层；
　　3 找平层应分层施工，严禁空鼓，每层厚度不应大于7mm，且应在前一层终凝后再抹后一层；找平层厚度不应大于20mm，若超过此值必须采取加固措施；
　　4 找平层的表面应刮平搓毛，并在终凝后浇水养护；
　　5 找平层的表面平整度允许偏差为4mm，立面垂直度允许偏差为5mm。检验方法应符合本规程表6.0.6的规定。
5.2.3 宜在找平层上刷结合层。
5.2.4 排砖、分格、弹线应符合下列要求：
　　1 应按设计要求和施工样板进行排砖、并确定接缝宽度、分格，排砖宜使用整砖。对必须使用非整砖的部位，非整砖宽度不宜小于整砖宽度的1/3。
　　2 弹出控制线，作出标记。
5.2.5 粘贴面砖应符合下列要求：
　　1 在粘贴前应对面砖进行挑选，浸水2h以上并清洗干净，待表面晾干后方可粘贴；
　　2 粘贴面砖时基层的含水率宜符合本规程第5.1.4条的要求；
　　3 面砖宜自上而下粘贴，粘结层厚度宜为4～8mm；
　　4 在粘结层初凝前或允许的时间内，可调整面砖的位置和接缝宽度，使之附线并敲实；在初凝后或超过允许的时间后，严禁振动或移动面砖。
5.2.6 勾缝应符合下列要求：
　　1 勾缝应按设计要求的材料和深度进行。勾缝应连续、平直、光滑、无裂纹、无空鼓；
　　2 勾缝宜按先水平后垂直的顺序进行。
5.2.7 面砖粘贴后应及时将表面清理干净。
5.2.8 与预制构件一次成型的外墙板饰面砖工程，应按设计要求铺砖、接缝。饰面砖不得开裂和残缺，接缝要横平竖直。

5.3 锦砖粘贴

5.3.1 锦砖粘贴可按下列工艺流程施工：
　　处理基体→抹找平层→刷结合层→排砖、分格、弹线→粘贴锦砖→揭纸、调缝→清理表面。

5.3.2 锦砖粘贴时，抹找平层、刷结合层、排砖、分格、弹线、清理表面等工艺均应符合本规程第5.2.2、5.2.3、5.2.4、5.2.7条的要求。

5.3.3 粘贴锦砖应符合下列要求：

1 将锦砖背面的缝隙中刮满粘结材料后，再刮一层厚度为2～5mm的粘结材料；

2 从下口粘贴线向上粘贴锦砖，并压实拍平；

3 应在粘结材料初凝前，将锦砖纸板刷水润透，并轻轻揭去纸板。应及时修补表面缺陷，调整缝隙，并用粘结材料将未填实的缝隙嵌实。

5.4 质量检测

5.4.1 在外墙饰面砖工程的每个施工工艺流程中，均应按本规程第6章规定的验收要求进行质量检测，并做好施工质量检测记录。

5.5 成品保护

5.5.1 外墙饰面砖粘贴后，对因油漆、防水等后续工程而可能造成污染的部位，应采取临时保护措施。

5.5.2 对施工中可能发生碰损的入口、通道、阳角等部位，应采取临时保护措施。

5.5.3 应合理安排水、电、设备安装等工序，及时配合施工，不应在外墙饰面砖粘贴后开凿孔洞。

6 验 收

6.0.1 外墙饰面砖工程应在全部完成，并提交施工工艺和质量检测文件后进行验收。

6.0.2 施工工艺和质量检测文件应包括：

1 外墙饰面砖工程的设计文件、设计变更文件、洽商记录等；

2 外墙饰面砖的产品合格证、出厂检验报告和进场复检报告；

3 找平、粘结、勾缝材料的产品合格证和说明书，出厂检验报告，进场复检报告，配合比文件；

4 外墙饰面砖的粘结强度检验报告；

5 施工技术交底文件；

6 施工工艺记录与施工质量检测记录。

6.0.3 外墙饰面砖工程验收时，应对施工工艺和质量检测文件进行检查，并对工程实物进行观感检查和量测。

6.0.4 施工工艺和质量检测文件的检查应符合下列要求：

1 施工工艺文件应经过整理，并齐全；

2 外墙饰面砖和找平、粘结、勾缝等所用材料的出厂检验和进场复检结果均应符合本规程第3章及现行有关标准规定的合格要求；

3 外墙饰面砖工程的施工工艺应符合本规程第4、5章的有关要求。

4 外墙饰面砖粘结强度的检验结果应符合现行行业标准《建筑工程饰面砖粘结强度检验标准》JGJ 110的规定。

5 施工工艺文件中的复印件和抄件，应注明原件存放单位，签注复印或抄件人姓名并加盖出具单位的公章。

6.0.5 工程实物的观感检查应符合下列要求：

1 外墙面以建筑物层高或4m左右高度为一个检查层，每20m长度应抽查一处，每处约长3m。每一检查层应至少检查3处。有梁、柱、垛、翻檐时应全数检查，并进行纵向和横向贯通检查；

2 外墙饰面砖的品种、规格、颜色、图案和粘贴方式应符合设计要求；

3 外墙饰面砖必须粘贴牢固，不得出现空鼓；

4 外墙饰面砖墙面应平整、洁净，无歪斜、缺棱掉角和裂缝；

5 外墙饰面砖墙面的色泽应均匀，无变色、泛碱、污痕和显著的光泽受损处；

6 外墙饰面砖接缝应连续、平直、光滑，填嵌密实；宽度和深度应符合设计要求；阴阳角处搭接方向应正确，非整砖使用部位应适宜；

7 在Ⅲ、Ⅳ、Ⅴ区，与外墙饰面砖工程对应的室内墙面应无渗漏现象；

8 在外墙饰面砖墙面的腰线、窗口、阳台、女儿墙压顶等处，应有滴水线（槽）或排雨水措施。滴水线（槽）应顺直，流水坡向应正确，坡度应符合设计要求；

9 在外墙饰面砖墙面的突出物周围，饰面砖的套割边缘应整齐，缝隙应符合要求；

10 墙裙、贴脸等墙面突出物突出墙面的厚度应一致。

6.0.6 工程实物的量测应符合下列要求：

1 外墙饰面砖工程实物量测点的数量，应符合本规程第6.0.5条第1款的规定；

2 外墙饰面砖工程实物量测的项目、尺寸允许偏差值和检查方法，应符合表6.0.6的规定。

3 外墙饰面砖工程，应进行饰面砖粘结强度检验。其取样数量、检验方法、检验结果判定均应符合现行行业标准《建筑工程饰面砖粘结强度检验标准》JGJ 110的规定。

表6.0.6 外墙饰面砖工程的尺寸允许偏差及检验方法

序号	检验项目	允许偏差(mm)	检验方法
1	立面垂直	3	用2m托线板检查
2	表面平整	2	用2m靠尺、楔形塞尺检查
3	阳角方正	2	用方尺、楔形塞尺检查
4	墙裙上口平直	2	拉5m线，（不足5m时拉通线），用尺检查
5	接缝平直	3	拉5m线，（不足5m时拉通线），用尺检查
6	接缝深度	1	用尺量
7	接缝宽度	1	用尺量

附录 B 建筑气候区划指标

建筑气候区划指标

区名	主要指标	辅助指标	各区辖行政区范围
Ⅰ	1月平均气温 ≤-10℃ 7月平均气温 ≤25℃ 1月平均相对湿度 ≥50%	年降水量 200~800mm 年日平均气温 ≤5℃的日数 ≥145d	黑龙江、吉林全境；辽宁大部；内蒙古中、北部及陕西、山西、河北、北京北部的部分地区
Ⅱ	1月平均气温 -10~0℃ 7月平均气温 18~28℃	年日平均气温 ≥25℃的日数 <80d，年日平均气温 ≤5℃的日数 145~90d	天津、山东、宁夏全境；北京、河北、山西、陕西大部；辽宁南部；甘肃中东部以及河南、安徽、江苏北部的部分地区
Ⅲ	1月平均气温 0~10℃ 7月平均气温 25~30℃	年日平均气温 ≥25℃的日数 40~110d 年日平均气温 ≤5℃的日数 90~0d	上海、浙江、江西、湖北、湖南全境；江苏、安徽、四川大部；陕西、河南南部；贵州东部；福建、广东、广西北部和甘肃南部的部分地区
Ⅳ	1月平均气温 >10℃ 7月平均气温 25~29℃	年日平均气温 ≥25℃的日数 100~200d	海南、台湾全境；福建南部；广东、广西大部以及云南西南部和元江河谷地区
Ⅴ	7月平均气温 18~25℃ 1月平均气温 0~13℃	年日平均气温 ≤5℃的日数 0~90d	云南大部；贵州、四川西南部；西藏南部一小部分地区
Ⅵ	7月平均气温 <18℃ 1月平均气温 0~-22℃	年日平均气温 ≤5℃的日数 90~285d	青海全境；西藏大部；四川西部、甘肃西南部；新疆南部部分地区
Ⅶ	7月平均气温 ≥18℃ 1月平均气温 -5~-20℃ 7月平均相对湿度 <50%	年降水量 10~600mm 年日平均气温 ≥25℃的日数 <120d 年日平均气温 ≤5℃的日数 110~180d	新疆大部；甘肃北部；内蒙古西部

本规程用词说明

1. 为便于在执行本规程条文时区别对待，对于要求严格程度不同的用词说明如下：
   1) 表示很严格，非这样做不可的；
      正面词采用"必须"；
      反面词采用"严禁"。
   2) 表示严格，在正常情况下均应这样做的；
      正面词采用"应"；
      反应词采用"不应"或"不得"。
   3) 表示允许稍有选择，在条件许可时首先应这样做的：
      正面词采用"宜"；
      反面词采用"不宜"。
      表示有选择，在一定条件下可以这样做的：采用"可"。

2. 条文中指明应按其他有关标准执行的写法为，"应按……执行"或"应符合……要求（或规定）。"

中华人民共和国行业标准

外墙饰面砖工程施工及验收规程

JGJ 126—2000

条 文 说 明

前　言

《外墙饰面砖工程施工及验收规程》(JGJ 126—2000)，经建设部2000年4月25日以建标［2000］89号文批准，业已发布。

为便于广大设计、施工、科研、学校等单位的有关人员在使用本规程时能正确理解和执行条文规定，《外墙饰面砖工程施工及验收规程》编制组按章、节、条顺序编制了本规程的条文说明，供国内使用者参考。在使用中如发现本条文说明有不妥之处，请将意见函寄中国建筑科学研究院。

目 次

1 总则 ······· 1266
2 术语 ······· 1266
3 材料 ······· 1266
　3.1 外墙饰面砖 ······· 1266
　3.2 找平、粘结、勾缝材料 ······· 1266
4 设计基本规定 ······· 1267
5 施工 ······· 1268
　5.1 一般规定 ······· 1268
　5.2 面砖粘贴 ······· 1268
　5.3 锦砖粘贴 ······· 1268
　5.4 质量检测 ······· 1268
　5.5 成品保护 ······· 1269
6 验收 ······· 1269

1 总　　则

1.0.1　从20世纪80年代后期开始，我国城乡各地采用饰面砖装修外墙的工程迅速增加。与此同时，饰面砖起鼓、脱落等质量事故也不断增多，许多耗巨资装修的建筑物变得面目全非。这不仅影响环境美观，而且威胁到人身安全；工程的维修和返工也造成了很大的经济损失。制定本规程的目的，是为外墙饰面砖工程的选材、设计、施工及验收提供一套科学实用的依据，以提高建筑物的工程质量，确保其安全可靠和经济合理。

1.0.2　本规程的适用范围从两个方面加以限定。一是外墙饰面砖为常用类型，其性能符合我国现行产品标准；二是施工方法必须采用满粘法施工。

1.0.3　按我国的建筑气候区划，针对不同气候环境对外墙饰面砖工程提出了不同的技术要求。这是建设部"八五"科技研究项目"建筑饰面质量通病治理技术研究"，在进行系统全面试验研究的基础上取得的成果。

2 术　　语

本标准给出的术语，在现行标准中没有出现过，本标准规定了定义。

3 材　　料

3.1 外墙饰面砖

3.1.3　我国幅员辽阔，各地气候差异很大，不同地区所使用的外墙饰面砖经受的冻害程度有很大差别，因此应结合各地气候环境制定出不同的抗冻指标。外墙饰面砖系多孔材料，其抗冻性与材料内部孔结构有关，而不同的孔结构又反映出不同的吸水率，因此可通过控制吸水率来满足抗冻性要求。

Ⅰ、Ⅱ、Ⅵ、Ⅶ区属寒冷地区气候条件恶劣，外墙饰面砖发生起鼓、脱落的现象比较严重。根据大量的试验结果和工程实践，并参考陶瓷砖国际标准，规定了外墙饰面砖应满足的抗冻性要求，并对其吸水率加以限制。

Ⅲ、Ⅳ、Ⅴ区中个别有冰冻期的地区，对外墙饰面砖的吸水率也应加以限制。

由于Ⅰ、Ⅱ、Ⅵ、Ⅶ区冬季时间较长，冬季温度可达 $-20 \sim -40$℃，因此《陶瓷砖试验方法》GB/T 3810.12中规定的抗冻试验，温度在5℃和 -5℃之间不符合这些地区的使用要求。本规程将冻融循环的负温环境定为 -30 ± 2℃；且根据冰冻期长短不同将Ⅰ、Ⅵ、Ⅶ区冻融循环次数定为50次，Ⅱ区冻融循环次数定为40次。

3.1.4　外墙饰面砖背面带有燕尾槽的产品，其特征是背槽为梯形，底部宽度大于上口宽度。这样，粘结材料填充槽内可形成勾挂结构，提高了粘结质量。

3.2 找平、粘结、勾缝材料

3.2.1　Ⅲ、Ⅳ、Ⅴ区处于我国雨量较多的南方地区，普遍存在外墙饰面砖工程完成后雨水向内墙渗漏的现象。在其他区也不同程度存在这种现象。选用具有抗渗性的找平材料，在对墙体找平的同时，也对墙面进行了抗渗处理。一般可选用防水、抗渗性水泥砂浆。对其他地区亦可参照执行。

3.2.2 外墙饰面砖工程的使用寿命一般都要求在 20 年以上，选用具有优异耐老化性能的饰面砖粘结材料是先决条件。对有机材料，长期受外界环境影响易发生分子结构改变，如化学键断裂、分子交联等，导致材料老化，性能下降。理论和实践都证明，有机材料普遍存在老化现象，任何以有机物为主要组分的粘结材料都无法保证外墙饰面砖工程能符合长期使用的要求。国内外大量的工程实践证明，外墙饰面砖工程采用的水泥基粘结材料，其具有优异的耐老化性能和综合性能，是其他材料无法替代的。

根据《陶瓷墙地砖胶粘剂》JC/T 547 第 4.1.1 条和第 4.1.3 条的规定，由水泥等无机胶凝材料、矿物集料和有机外加剂组成的粉状产品，以及由聚合物分散液和水泥等无机胶凝材料、矿物集料等组成的双包装产品，均可使用。

3.2.3 根据《建筑工程饰面砖粘结强度检验标准》JGJ 110 规定的试验方法进行检验，因为是在试验室内制样与检验，所以将合格判定指标由《建筑工程饰面砖粘结强度检验标准》JGJ 110 的规定值 0.4MPa 提高到 0.6MPa。

3.2.4 新的国家标准《硅酸盐水泥、普通硅酸盐水泥》GB 175—99 正式施行后，水泥基粘结材料中采用的水泥的强度等级不应低于 32.5。

4 设计基本规定

4.0.1 为保证外墙饰面砖工程的质量，本条对外墙饰面砖工程的设计深度做了规定。

4.0.2 基体处理是保证外墙饰面砖工程质量的重要工序，应针对不同的基体采取相应的处理措施。

1. 基体强度低易造成找平层与基体界面破坏。
2. 对加气混凝土、轻质砌块和轻质墙板等基体，不仅应有强度要求，而且要特别注意使用过程中因温度变化而引起的收缩变形。这往往是造成外墙饰面砖起鼓、脱落的主要因素之一。

4.0.3 外墙饰面砖工程会由于找平层起鼓、脱落而发生质量事故，特别是容易引起大面积脱落，为此而提出本条的规定。

找平层抗拉强度的检验可参照《建筑工程饰面砖粘结强度检验标准》JGJ 110 的规定，在试验室进行制样和检验。

4.0.4 外墙饰面砖粘贴时设置伸缩缝，可防止墙体结构变形及外墙饰面砖本身温度变形导致的开裂和脱落。可根据各地区的气候条件确定伸缩缝尺寸。

4.0.5 采用柔性防水材料嵌缝，可吸收变形，增加饰面的抗渗性。

4.0.6 为防止因墙体变形缝宽度变化而导致外墙饰面砖脱落，提出了本条的规定。

4.0.7 若外墙饰面砖接缝过小，则在温度应力作用下易引起脱落。采用适当的接缝宽度和深度，便于勾缝，还能增加外墙饰面砖的粘结面积，有利于保证质量。

4.0.9 在窗台、檐口、装饰线、雨篷、阳台及落水口等部位易受水浸，如处理不当而使雨水渗入墙内，会引起冻害、湿胀，造成外墙饰面砖开裂、脱落，并在内墙面形成渗漏痕迹、霉变，故本条规定应在这些部位采用防水和排水构造。

5 施 工

5.1 一 般 规 定

5.1.1 要保证外墙饰面砖工程的质量，首先必须保证材料的质量。材料复检是保证材料质量的重要措施，故本条规定应按气候区划对关键项目进行复检。

表 5.1.1 规定陶瓷砖在Ⅲ、Ⅳ、Ⅴ区要求进行吸水率复检，是考虑到这些区域的局部地区存有不同程度的霜冻情况。陶瓷砖的质量差异较大，吸水率复检结果可供这些地区选材参考。

5.1.2 各种材料通过试配和检验，可保证其各项目指标达到设计要求。

5.1.3 外墙饰面砖工程的样板能真实地反映材料、设计、施工等方面的情况，通过样板取得经验可具体指导施工。

5.1.4 本条规定了外墙饰面砖工程施工的必备条件，具备这些条件才能保证外墙饰面砖工程的施工质量。

5.2 面 砖 粘 贴

5.2.1 本条提出的是面砖粘贴的主要工艺流程，详细工序尚应根据工程实际情况具体确定。

5.2.2 找平层如过厚会导致脱落、开裂，故本条规定过厚的找平层应分层施工。找平层的厚度是参考了各地区的工程经验规定的。

5.2.3 结合层可以满足强度要求，提高粘结质量。

5.2.5 第 1 款规定面砖在粘贴前要浸水，目的是防止在粘贴时粘结材料失水过快影响粘结强度。若在面砖表面有浮水时粘贴，由于水膜的作用会影响粘结强度，故规定应在晾干后粘贴。

第 4 款规定在水泥基粘结材料初凝后，严禁振动或移动面砖，否则会严重影响其粘结性能，造成脱落。

5.3 锦 砖 粘 贴

5.3.1 锦砖的类别不同，具体的工程设计也不同，粘贴工艺也有所差别。本条提出了一般情况下的工艺流程。施工时尚应根据实际情况制定详细的工艺流程。

5.3.3 在锦砖背后的缝隙中刮满粘结材料，可以增加锦砖的粘结表面积，保证粘结质量。

待纸板润透后再揭去纸板并及时修补，可避免锦砖受扰动而影响粘贴质量。

5.4 质 量 检 测

5.4.1 对施工全过程中每道工序，均应对照本规程的要求记录实际操作情况和质量检测结果。在工程验收时须提交此项记录，作为验收文件之一。

5.5 成品保护

5.5.1 在实际施工过程中后续工程难免对外墙饰面砖造成污染，因而有必要采取临时保护措施。

5.5.3 外墙饰面砖粘贴后再开凿洞口，会对饰面砖造成破坏，且不易修补，故本条提出各工种要合理安排工序并及时配合施工。

6 验 收

6.0.1 外墙饰面砖工程全部完成，是指按设计要求或合同约定的工程量施工完毕。

本章的要求是参考我国的有关国家标准、地方标准和日本的有关资料提出的。

6.0.2 外墙饰面砖工程验收时提交的施工文件中，应包括本规程根据建筑气候区划所规定的各项技术指标的实测数据。

外墙饰面砖工程验收时提交的施工文件中，第6.0.2条1～4款为主要技术文件，应齐全；5、6款为一般技术文件，应基本齐全。

6.0.4 第5款规定的目的，一是明确出具复印件或抄件单位和人员的责任；二是便于必要时查找原件进行核对。

6.0.5 在梁、柱、垛、翻檐等处粘贴饰面砖难度较大，易出现质量问题，故规定全数检查。当有3个以上同类的梁、柱、垛等时，为保持外墙饰面砖工程的协调和美观，应进行竖向和横向的贯通检查。

为了解外墙饰面砖墙面是否有渗漏，在工程验收时，应对与外墙饰面砖对应的室内墙面上是否有渗漏痕迹进行检查。

6.0.6 外墙饰面砖工程验收时，一般应按照本规程第6.0.5条第1款的规定随机抽样。如在检查中发现有明显不符合要求的点（处），则应将该点（处）列入检查范围。

中华人民共和国行业标准

玻璃幕墙工程质量检验标准

Standard for testing of
engineering quality of glass curtain walls

JGJ/T 139—2001
J 139—2001

批准部门：中华人民共和国建设部
施行日期：２００２年３月１日

关于发布行业标准《玻璃幕墙工程质量检验标准》的通知

建标 [2001] 261 号

根据建设部《关于印发〈1998年工程建设城建、建工行业标准制订、修订项目计划〉的通知》(建标 [1998] 59 号) 的要求,由国家建筑工程质量监督检验中心主编的《玻璃幕墙工程质量检验标准》,经审查,批准为行业标准。该标准编号为 JGJ/T 139—2001,自 2002 年 3 月 1 日起施行。

本标准由建设部负责管理和解释,国家建筑工程质量监督检验中心负责具体技术内容的解释,建设部标准定额研究所组织中国建筑工业出版社出版。

中华人民共和国建设部
2001 年 12 月 26 日

前　言

根据建设部建标（1998）第 59 号文的要求，标准编制组在大量、深入的调查研究，认真总结我国开展玻璃幕墙工程检测技术的实践经验，参考有关的国内外标准，并在广泛征求意见的基础上，制定了本标准。

本标准的主要技术内容是：规定了玻璃幕墙工程主要进场材料的检验指标；规定了玻璃幕墙工程防火检验、防雷检验、节点与连接检验、工程安装质量检验的检验指标以及上述各项检验的检验方法和检验设备；提供了幕墙玻璃表面应力、幕墙玻璃色差和幕墙工程淋水项目的现场检验方法。

本标准由建设部建筑工程标准技术归口单位中国建筑科学研究院归口管理，授权由主编单位负责具体解释。

本标准主编单位：国家建筑工程质量监督检验中心（地址：北京市北三环东路 30 号，邮政编码 100013）

本标准参加单位：广东省建设工程质量安全监督检验总站、上海市建设工程质量监督总站、河南省建筑工程质量检验中心站、上海东江集团、北京市建设工程质量监督总站、中山盛兴幕墙有限公司、汕头金刚玻璃集团

本标准主要起草人员：姜红、王俊、何星华、杨仕超、孙玉明、刘宏奎、陈建东、葛恒岳、姜清海、夏卫文

目　次

1 总则 ··· 1274
2 材料现场检验 ··· 1274
　2.1 一般规定 ··· 1274
　2.2 铝合金型材 ··· 1274
　2.3 钢材 ··· 1275
　2.4 玻璃 ··· 1275
　2.5 硅酮结构胶及密封材料 ··· 1278
　2.6 五金件及其他配件 ··· 1278
　2.7 质量保证资料 ··· 1279
3 防火检验 ··· 1280
　3.1 一般规定 ··· 1280
　3.2 检验项目 ··· 1280
　3.3 质量保证资料 ··· 1281
4 防雷检验 ··· 1281
　4.1 一般规定 ··· 1281
　4.2 检验项目 ··· 1281
　4.3 质量保证资料 ··· 1282
5 节点与连接检验 ··· 1282
　5.1 一般规定 ··· 1282
　5.2 检验项目 ··· 1282
　5.3 质量保证资料 ··· 1284
6 安装质量检验 ··· 1284
　6.1 一般规定 ··· 1284
　6.2 检验项目 ··· 1285
　6.3 质量保证资料 ··· 1289
附录A 玻璃幕墙工程质量检验记录表 ··· 1289
附录B 幕墙玻璃表面应力现场检验方法 ··· 1290
附录C 幕墙现场淋水检验方法 ··· 1291
附录D 幕墙玻璃色差现场检验方法 ··· 1292
本标准用词说明 ··· 1292
条文说明 ··· 1293

1 总　则

1.0.1 为统一玻璃幕墙工程质量检验的方法，保证玻璃幕墙工程质量，制定本标准。
1.0.2 本标准适用于玻璃幕墙工程材料的现场检验和安装质量的检验。
1.0.3 检验玻璃幕墙工程质量，应同时检查有关项目的质量保证资料。
1.0.4 玻璃幕墙工程质量的检验人员，应经专门培训，使用的仪器、设备应符合检验指标。
1.0.5 玻璃幕墙工程质量的检验除应符合本标准外，尚应符合国家现行有关强制性标准的规定。

2 材料现场检验

2.1 一 般 规 定

2.1.1 材料现场的检验，应将同一厂家生产的同一型号、规格、批号的材料作为一个检验批，每批应随机抽取3%且不得少于5件。检验记录应按本标准附录A的记录表进行。
2.1.2 玻璃幕墙工程中所用的材料除应符合本标准的规定外，尚应符合国家现行的有关产品标准的规定。

2.2 铝 合 金 型 材

2.2.1 玻璃幕墙工程使用的铝合金型材，应进行壁厚、膜厚、硬度和表面质量的检验。
2.2.2 用于横梁、立柱等主要受力杆件的截面受力部位的铝合金型材壁厚实测值不得小于3mm。
2.2.3 壁厚的检验，应采用分辨率为0.05mm的游标卡尺或分辨率为0.1mm的金属测厚仪在杆件同一截面的不同部位测量，测点不应少于5个，并取最小值。
2.2.4 铝合金型材膜厚的检验指标，应符合下列规定：
  1 阳极氧化膜最小平均膜厚不应小于 $15\mu m$，最小局部膜厚不应小于 $12\mu m$。
  2 粉末静电喷涂涂层厚度的平均值不应小于 $60\mu m$，其局部厚度不应大于 $120\mu m$ 且不应小于 $40\mu m$。
  3 电泳涂漆复合膜局部膜厚不应小于 $21\mu m$。
  4 氟碳喷涂涂层平均厚度不应小于 $30\mu m$，最小局部厚度不应小于 $25\mu m$。
2.2.5 检验膜厚，应采用分辨率为 $0.5\mu m$ 的膜厚检测仪检测。每个杆件在装饰面不同部位的测点不应少于5个，同一测点应测量5次，取平均值，修约至整数。
2.2.6 玻璃幕墙工程使用6063T5型材的韦氏硬度值，不得小于8，6063AT5型材的韦氏硬度值，不得小于10。
2.2.7 硬度的检验，应采用韦氏硬度计测量型材表面硬度。型材表面的涂层应清除干净，测点不应少于3个，并应以至少3点的测量值，取平均值，修约至0.5个单位值。
2.2.8 铝合金型材表面质量，应符合下列规定：

1 型材表面应清洁，色泽应均匀。

2 型材表面不应有皱纹、裂纹、起皮、腐蚀斑点、气泡、电灼伤、流痕、发粘以及膜（涂）层脱落等缺陷存在。

2.2.9 表面质量的检验，应在自然散射光条件下，不使用放大镜，观察检查。

2.3 钢 材

2.3.1 玻璃幕墙工程使用的钢材，应进行膜厚和表面质量的检验。

2.3.2 钢材表面应进行防腐处理。当采用热浸镀锌处理时，其膜厚应大于 $45\mu m$；当采用静电喷涂时，其膜厚应大于 $40\mu m$。

2.3.3 膜厚的检验，应采用分辨率为 $0.5\mu m$ 的膜厚检测仪检测。每个杆件在不同部位的测点不应少于 5 个。同一测点应测量 5 次，取平均值，修约至整数。

2.3.4 钢材的表面不得有裂纹、气泡、结疤、泛锈、夹杂和折叠。

2.3.5 钢材表面质量的检验，应在自然散射光条件下，不使用放大镜，观察检查。

2.4 玻 璃

2.4.1 玻璃幕墙工程使用的玻璃，应进行厚度、边长、外观质量、应力和边缘处理情况的检验。

2.4.2 玻璃厚度的允许偏差，应符合表 2.4.2 的规定。

表 2.4.2 玻璃厚度允许偏差（mm）

玻璃厚度	允 许 偏 差		
	单片玻璃	中空玻璃	夹层玻璃
5	±0.2	$\delta<17$ 时 ±1.0 $\delta=17\sim22$ 时 ±1.5 $\delta>22$ 时 ±2.0	厚度偏差不大于玻璃原片允许偏差和中间层允许偏差之和。中间层总厚度小于 2mm 时，允许偏差 ±0；中间层厚度大于或等于 2mm 时，允许偏差 ±0.2mm
6			
8	±0.3		
10			
12	±0.4		
15	±0.6		
19	±1.0		

注：δ 是中空玻璃的公称厚度，表示两片玻璃厚度与间隔框厚度之和。

2.4.3 检验玻璃厚度，应采用下列方法：

1 玻璃安装或组装前，可用分辨率为 0.02mm 的游标卡尺测量被检玻璃每边的中点，测量结果取平均值，修约到小数点后二位。

2 对已安装的幕墙玻璃，可用分辨率为 0.1mm 的玻璃测厚仪在被检玻璃上随机取 4 点进行检测，取平均值，修约至小数点后一位。

2.4.4 玻璃边长的检验指标，应符合下列规定：

1 单片玻璃边长允许偏差应符合表 2.4.4-1 的规定。

表 2.4.4-1 单片玻璃边长允许偏差（mm）

玻璃厚度	允 许 偏 差		
	$L \leqslant 1000$	$1000 < L \leqslant 2000$	$2000 < L \leqslant 3000$
5, 6	±1	+1, -2	+1, -3
8, 10, 12,	+1, -2	+1, -3	+2, -4

2 中空玻璃的边长允许偏差应符合表 2.4.4-2 的规定。

表 2.4.4-2 中空玻璃的边长允许偏差（mm）

长 度	允许偏差
<1000	+1.0, −2.0
1000～2000	+1.0, −2.5
>2000～2500	+1.5, −3.0

3 夹层玻璃的边长允许偏差应符合表 2.4.4-3 的规定。

表 2.4.4-3 夹层玻璃的边长允许偏差（mm）

总厚度 D	允许偏差	
	$L \leq 1200$	$1200 < L \leq 2400$
$4 \leq D < 6$	±1	—
$6 \leq D < 11$	±1	±1
$11 \leq D < 17$	±2	±2
$17 \leq D < 24$	±3	±3

2.4.5 玻璃边长的检验，应在玻璃安装或组装以前，用分度值为 1mm 的钢卷尺沿玻璃周边测量，取最大偏差值。

2.4.6 玻璃外观质量的检验指标，应符合下列规定：

1 钢化、半钢化玻璃外观质量应符合表 2.4.6-1 的规定。

表 2.4.6-1 钢化、半钢化玻璃外观质量

缺陷名称	检验要求
爆边	不允许存在
划伤	每平方米允许 6 条 $a \leq 100mm$，$b \leq 0.1mm$
	每平方米允许 3 条 $a \leq 100mm$，$0.1mm < b \leq 0.5mm$
裂纹、缺角	不允许存在

注：a—玻璃划伤长度；
b—玻璃划伤宽度。

2 热反射玻璃外观质量，应符合表 2.4.6-2 的规定。

表 2.4.6-2 热反射玻璃外观质量

缺陷名称	检验指标
针眼	距边部 75mm 内，每平方米允许 8 处或中部每平方米允许 3 处 $1.6mm < d \leq 2.5mm$
	不允许存在 $d > 2.5mm$
斑纹	不允许存在
斑点	每平方米允许 8 处 $1.6mm < d \leq 5.0mm$
划伤	每平方米允许 2 条 $a \leq 100mm$，$0.3mm < b \leq 0.8mm$

注：d—玻璃缺陷直径。

3 夹层玻璃的外观质量,应符合表2.4.6-3的规定。

表 2.4.6-3 夹层玻璃外观质量

缺陷名称	检 验 指 标
胶合层气泡	直径300mm圆内允许长度为1~2mm的胶合层气泡2个
胶合层杂质	直径500mm圆内允许长度小于3mm的胶合层杂质2个
裂纹	不允许存在
爆边	长度或宽度不得超过玻璃的厚度
划伤、磨伤	不得影响使用
脱胶	不允许存在

2.4.7 玻璃外观质量的检验,应在良好的自然光或散射光照条件下,距玻璃正面约600mm处,观察被检玻璃表面。缺陷尺寸应采用精度为0.1mm的读数显微镜测量。

2.4.8 玻璃应力的检验指标,应符合下列规定:
1 幕墙玻璃的品种应符合设计要求。
2 用于幕墙的钢化玻璃和半钢化玻璃的表面应力应符合表2.4.8的规定。

表 2.4.8 幕墙用钢化及半钢化玻璃的表面应力(MPa)

钢 化 玻 璃	半 钢 化 玻 璃
$\sigma \geqslant 95$	$24 < \sigma \leqslant 69$

2.4.9 玻璃应力的检验,应采用下列方法:
1 用偏振片确定玻璃是否经钢化处理。
2 用表面应力检测仪测量玻璃表面应力。可按本标准附录B的方法测量和计算判定玻璃表面应力值。

2.4.10 幕墙玻璃边缘的处理,应进行机械磨边、倒棱、倒角,处理精度应符合设计要求。

2.4.11 幕墙玻璃边缘处理的检验,应采用观察检查和手试的方法。

2.4.12 中空玻璃质量的检验指标,应符合下列规定:
1 玻璃厚度及空气隔层的厚度应符合设计及标准要求。
2 中空玻璃对角线之差不应大于对角线平均长度的0.2%。
3 胶层应双道密封,外层密封胶胶层宽度不应小于5mm。半隐框和隐框幕墙的中空玻璃的外层应采用硅酮结构胶密封,胶层宽度应符合结构计算要求。内层密封采用丁基密封腻子,打胶应均匀、饱满、无空隙。
4 中空玻璃的内表面不得有妨碍透视的污迹及胶粘剂飞溅现象。

2.4.13 中空玻璃质量的检验,应采用下列方法:
1 在玻璃安装或组装前,以分度值为1mm的直尺或分辨率为0.05mm的游标卡尺在被检玻璃的周边各取两点,测量玻璃及空气隔层的厚度和胶层厚度。
2 以分度值为1mm的钢卷尺测量中空玻璃两对角线长度差。
3 观察玻璃的外观及打胶质量情况。

2.5 硅酮结构胶及密封材料

2.5.1 硅酮结构胶的检验指标，应符合下列规定：
 1 硅酮结构胶必须是内聚性破坏。
 2 硅酮结构胶切开的截面应颜色均匀，注胶应饱满、密实。
 3 硅酮结构胶的注胶宽度、厚度应符合设计要求，且宽度不得小于7mm，厚度不得小于6mm。

2.5.2 硅酮结构胶的检验，应采用下列方法：
 1 垂直于胶条做一个切割面，由该切割面沿基材面切出两个长度约50mm的垂直切割面，并以大于90°方向手拉硅酮结构胶块，观察剥离面破坏情况（图2.5.2）。
 2 观察检查打胶质量，用分度值为1mm的钢直尺测量胶的厚度和宽度。

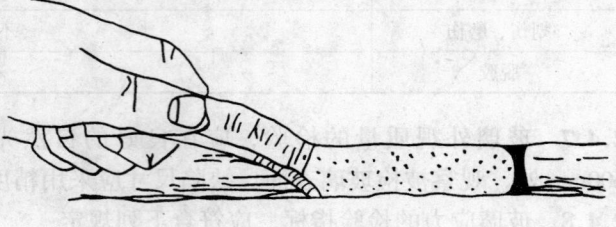

图 2.5.2 硅酮结构胶现场手拉试验示意

2.5.3 密封胶的检验指标，应符合下列规定：
 1 密封胶表面应光滑，不得有裂缝现象，接口处厚度和颜色应一致。
 2 注胶应饱满、平整、密实、无缝隙。
 3 密封胶粘结形式、宽度应符合设计要求，厚度不应小于3.5mm。

2.5.4 密封胶的检验，应采用观察检查、切割检查的方法，并应采用分辨率为0.05mm的游标卡尺测量密封胶的宽度和厚度。

2.5.5 其他密封材料及衬垫材料的检验指标，应符合下列规定：
 1 应采用有弹性、耐老化的密封材料；橡胶密封条不应有硬化龟裂现象。
 2 衬垫材料与硅酮结构胶、密封胶应相容。
 3 双面胶带的粘结性能应符合设计要求。

2.5.6 其他密封材料及衬垫材料的检验，应采用观察检查的方法；密封材料的延伸性应以手工拉伸的方法进行。

2.6 五金件及其他配件

2.6.1 五金件外观的检验指标，应符合下列规定：
 1 玻璃幕墙中与铝合金型材接触的五金件应采用不锈钢材或铝制品，否则应加设绝缘垫片。
 2 除不锈钢外，其他钢材应进行表面热浸镀锌或其他防腐处理。

2.6.2 五金件外观的检验，应采用观察检查的方法。

2.6.3 转接件、连接件的检验指标，应符合下列规定：
 1 转接件、连接件外观应平整，不得有裂纹、毛刺、凹坑、变形等缺陷。
 2 当采用碳素钢时，表面应作热浸镀锌处理。
 3 转接件、连接件的开孔长度不应小于开孔宽度加40mm，孔边距离不应小于开孔宽度的1.5倍（图2.6.3）。转接件、连接件的壁厚不得有负偏差。

2.6.4 转接件、连接件的检验，应采用下列方法：

    1 观察检查转接件、连接件的外观质量。

    2 用分度值为1mm的钢直尺测量构造尺寸，用分辨率为0.05mm的游标卡尺测量壁厚。

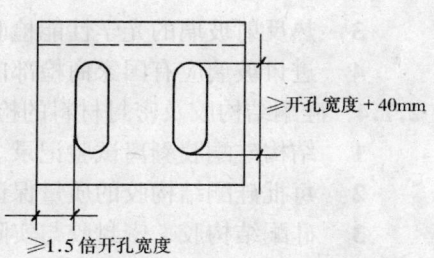

图2.6.3 转接件、连接件的开孔示意

2.6.5 紧固件的检验指标，应符合下列规定：

    1 紧固件宜采用不锈钢六角螺栓，不锈钢六角螺栓应带有弹簧垫圈。当未采用弹簧垫圈时，应有防松脱措施。主要受力杆件不应采用自攻螺钉。

    2 铆钉可采用不锈钢铆钉或抽芯铝铆钉，作为结构受力的铆钉应进行受力验算，构件之间的受力连接不得采用抽芯铝铆钉。

2.6.6 采用观察检查的方法，检验紧固件的使用。

2.6.7 滑撑、限位器的检验指标，应符合下列规定：

    1 滑撑、限位器应采用奥氏体不锈钢，表面光洁，不应有斑点、砂眼及明显划痕。金属层应色泽均匀，不应有气泡、露底、泛黄、龟裂等缺陷，强度、刚度应符合设计要求。

    2 滑撑、限位器的紧固铆接处不得松动，转动和滑动的连接处应灵活，无卡阻现象。

2.6.8 检验滑撑、限位器，应采用下列方法：

    1 用磁铁检查滑撑、限位器的材质。

    2 采用观察检查和手动试验的方法，检验滑撑、限位器的外观质量和活动性能。

2.6.9 门窗其他配件的检验指标，应符合下列规定：

    1 门（窗）锁及其他配件应开关灵活，组装牢固，多点连动锁的配件其连动性应一致。

    2 防腐处理应符合设计要求，镀层不得有气泡、露底、脱落等明显缺陷。

2.6.10 门窗其他配件的外观质量和活动性能的检验，应采用观察检查和手动试验的方法。

2.7 质量保证资料

2.7.1 铝合金型材的检验，应提供下列资料：

    1 型材的产品合格证。

    2 型材的力学性能检验报告，进口型材应有国家商检部门的商检证。

2.7.2 钢材的检验，应提供下列资料：

    1 钢材的产品合格证。

    2 钢材的力学性能检验报告，进口钢材应有国家商检部门的商检证。

2.7.3 玻璃的检验，应提供下列资料：

    1 玻璃的产品合格证。

    2 中空玻璃的检验报告。

  3 热反射玻璃的光学性能检验报告。
  4 进口玻璃应有国家商检部门的商检证。
2.7.4 硅酮结构胶及密封材料的检验，应提供下列资料：
  1 结构硅酮胶剥离试验记录。
  2 每批硅酮结构胶的质量保证书和产品合格证。
  3 硅酮结构胶、密封胶与实际工程用基材的相容性检验报告。
  4 进口硅酮结构胶应有国家商检部门的商检证。
  5 密封材料及衬垫材料的产品合格证。
2.7.5 五金件及其他配件的检验，应提供下列资料：
  1 钢材产品合格证。
  2 连接件产品合格证。
  3 镀锌工艺处理质量证书。
  4 螺栓、螺母、滑撑、限位器等产品合格证。
  5 门窗配件的产品合格证。
  6 铆钉力学性能检验报告。

3 防 火 检 验

3.1 一 般 规 定

3.1.1 玻璃幕墙工程防火构造应按防火分区总数抽查5%，并不得少于3处。
3.1.2 玻璃幕墙工程的防火构造除应符合本标准规定外，尚应符合现行国家标准《建筑设计防火规范》GBJ 16、《高层民用建筑设计防火规范》GB 50045和《建筑内部装修设计防火规范》GB 50222的规定。

3.2 检 验 项 目

3.2.1 幕墙防火构造的检验指标，应符合下列规定：
  1 幕墙与楼板、墙、柱之间应按设计要求设置横向、竖向连续的防火隔断。
  2 对高层建筑无窗间墙和窗槛墙的玻璃幕墙，应在每层楼板外沿设置耐火极限不低于1.00h、高度不低于0.80m的不燃烧实体裙墙。
  3 同一块玻璃不宜跨两个分火区域。
3.2.2 检验幕墙防火构造，应在幕墙与楼板、墙、柱、楼梯间隔断处，采用观察的方法进行检查。
3.2.3 幕墙防火节点的检验指标，应符合下列规定：
  1 防火节点构造必须符合设计要求。
  2 防火材料的品种、耐火等级应符合设计和标准的规定。
  3 防火材料应安装牢固，无遗漏，并应严密无缝隙。
  4 镀锌钢衬板不得与铝合金型材直接接触，衬板就位后，应进行密封处理。
  5 防火层与幕墙和主体结构间的缝隙必须用防火密封胶严密封闭。

3.2.4 检验幕墙防火节点，应在幕墙与楼板、墙、柱、楼梯间隔断处，采用观察、触摸的方法进行检查。

3.2.5 防火材料铺设的检验指标，应符合下列规定：
   1 防火材料的品种、材质、耐火等级和铺设厚度，必须符合设计的规定。
   2 搁置防火材料的镀锌钢板厚度不宜小于1.2mm。
   3 防火材料铺设应饱满、均匀、无遗漏，厚度不宜小于70mm。
   4 防火材料不得与幕墙玻璃直接接触，防火材料朝玻璃面处宜采用装饰材料覆盖。

3.2.6 检验防火材料的铺设，应在幕墙与楼板和主体结构之间用观察和触摸方法进行，并采用分度值为1mm的钢直尺和分辨率为0.05mm的游标卡尺测量。

3.3 质量保证资料

3.3.1 检验防火构造，应提供下列资料：
   1 设计文件、图纸资料。
   2 防火材料产品合格证或材料耐火检验报告。
   3 防火构造节点隐蔽工程检查记录。

4 防雷检验

4.1 一般规定

4.1.1 玻璃幕墙工程防雷措施的检验抽样，应符合下列规定：
   1 有均压环的楼层数少于3层时，应全数检查；多于3层时，抽查不得少于3层，对有女儿墙盖顶的必须检查，每层至少应查3处。
   2 无均压环的楼层抽查不得少于2层，每层至少应查3处。

4.1.2 幕墙防雷除应执行本标准的规定外，尚应遵守国家现行标准《建筑物防雷设计规范》GB 50057、《民用建筑电气设计规范》JGJ/T 16的规定。

4.2 检验项目

4.2.1 玻璃幕墙金属框架连接的检验指标，应符合下列规定：
   1 幕墙所有金属框架应互相连接，形成导电通路。
   2 连接材料的材质、截面尺寸、连接长度必须符合设计要求。
   3 连接接触面应紧密可靠，不松动。

4.2.2 检验玻璃幕墙金属框架的连接，应采用下列方法：
   1 用接地电阻仪或兆欧表测量检查。
   2 观察、手动试验，并用分度值为1mm的钢卷尺、分辨率为0.05mm的游标卡尺测量。

4.2.3 玻璃幕墙与主体结构防雷装置连接的检验指标，应符合下列规定：
   1 连接材质、截面尺寸和连接方式必须符合设计要求。
   2 幕墙金属框架与防雷装置的连接应紧密可靠，应采用焊接或机械连接，形成导电通路。连接点水平间距不应大于防雷引下线的间距，垂直间距不应大于均压环的间距。

3 女儿墙压顶罩板宜与女儿墙部位幕墙构架连接，女儿墙部位幕墙构架与防雷装置的连接节点宜明露，其连接应符合设计的规定。

4.2.4 检验玻璃幕墙与主体结构防雷装置的连接，应在幕墙框架与防雷装置连接部位，采用接地电阻仪或兆欧表测量和观察检查。

4.3 质量保证资料

4.3.1 防雷检验，应提供下列资料：
1 设计图纸资料。
2 防雷装置连接测试记录。
3 隐蔽工程检查记录。

5 节点与连接检验

5.1 一般规定

5.1.1 节点的检验抽样，应符合下列规定：
1 每幅幕墙应按各类节点总数的5%抽样检验，且每类节点不应少于3个；锚栓应按5‰抽样检验，且每种锚栓不得少于5根。
2 对已完成的幕墙金属框架，应提供隐蔽工程检查验收记录。当隐蔽工程检查记录不完整时，应对该幕墙工程的节点拆开进行检验。

5.2 检验项目

5.2.1 预埋件与幕墙连接的检验指标，应符合下列规定：
1 连接件、绝缘片、紧固件的规格、数量应符合设计要求。
2 连接件应安装牢固。螺栓应有防松脱措施。
3 连接件的可调节构造应用螺栓牢固连接，并有防滑动措施。角码调节范围应符合使用要求。
4 连接件与预埋件之间的位置偏差使用钢板或型钢焊接调整时，构造形式与焊缝应符合设计要求。
5 预埋件、连接件表面防腐层应完整、不破损。

5.2.2 检验预埋件与幕墙连接，应在预埋件与幕墙连接节点处观察，手动检查，并应采用分度值为1mm的钢直尺和焊缝量规测量。

5.2.3 锚栓连接的检验指标，应符合下列规定：
1 使用锚栓进行锚固连接时，锚栓的类型、规格、数量、布置位置和锚固深度必须符合设计和有关标准的规定。
2 锚栓的埋设应牢固、可靠，不得露套管。

5.2.4 锚栓连接的检验，应采用下列方法：
1 用精度不大于全量程的2%的锚栓拉拔仪、分辨率为0.01mm的位移计和记录仪检验锚栓的锚固性能。

　　2 观察检查锚栓埋设的外观质量，用分辨率为0.05mm的深度尺测量锚固深度。

5.2.5 幕墙顶部连接的检验指标，应符合下列规定：

　　1 女儿墙压顶坡度正确，罩板安装牢固，不松动、不渗漏、无空隙。女儿墙内侧罩板深度不应小于150mm，罩板与女儿墙之间的缝隙应使用密封胶密封。

　　2 密封胶注胶应严密平顺，粘结牢固，不渗漏，不污染相邻表面。

5.2.6 检验幕墙顶部的连接时，应在幕墙顶部和女儿墙压顶部位手动和观察检查，必要时也可进行淋水试验。

5.2.7 幕墙底部连接的检验指标，应符合下列规定：

　　1 镀锌钢材的连接件不得同铝合金立柱直接接触。

　　2 立柱、底部横梁及幕墙板块与主体结构之间应有伸缩空隙。空隙宽度不应小于15mm，并用弹性密封材料嵌填，不得用水泥砂浆或其他硬质材料嵌填。

　　3 密封胶应平顺严密、粘结牢固。

5.2.8 幕墙底部连接的检验，应在幕墙底部采用分度值为1mm的钢直尺测量和观察检查。

5.2.9 立柱连接的检验指标，应符合下列规定：

　　1 芯管材质、规格应符合设计要求。

　　2 芯管插入上下立柱的长度均不得小于200mm。

　　3 上下两立柱间的空隙不应小于10mm。

　　4 立柱的上端应与主体结构固定连接，下端应为可上下活动的连接。

5.2.10 立柱连接的检验，应在立柱连接处观察检查，并应采用分辨率为0.05mm的游标卡尺和分度值为1mm的钢直尺测量。

5.2.11 梁、柱连接节点的检验指标，应符合下列规定：

　　1 连接件、螺栓的规格、品种、数量应符合设计要求。螺栓应有防松脱的措施。同一连接处的连接螺栓不应少于两个，且不应采用自攻螺钉。

　　2 梁、柱连接应牢固不松动，两端连接处应设弹性橡胶垫片，或以密封胶密封。

　　3 与铝合金接触的螺钉及金属配件应采用不锈钢或铝制品。

5.2.12 梁、柱连接节点的检验，应在梁、柱节点处观察和手动检查，并应采用分度值为1mm的钢直尺和分辨率为0.02mm的塞尺测量。

5.2.13 变形缝节点连接的检验指标，应符合下列规定：

　　1 变形缝构造、施工处理应符合设计要求。

　　2 罩面平整、宽窄一致，无凹瘪和变形。

　　3 变形缝罩面与两侧幕墙结合处不得渗漏。

5.2.14 变形缝节点连接的检验，应在变形缝处观察检查，并应采用淋水试验检查其渗漏情况。

5.2.15 幕墙内排水构造的检验指标，应符合下列规定：

　　1 排水孔、槽应畅通不堵塞，接缝严密，设置应符合设计要求。

　　2 排水管及附件应与水平构件预留孔连接严密，与内衬板出水孔连接处应设橡胶密封圈。

5.2.16 幕墙内排水构造的检验，应在设置内排水的部位观察检查。
5.2.17 全玻幕墙玻璃与吊夹具连接的检验指标，应符合下列规定：
   1 吊夹具和衬垫材料的规格、色泽和外观应符合设计和标准要求。
   2 吊夹具应安装牢固，位置准确。
   3 夹具不得与玻璃直接接触。
   4 夹具衬垫材料与玻璃应平整结合、紧密牢固。
5.2.18 全玻幕墙玻璃与吊夹具连接的检验，应在玻璃的吊夹具处观察检查，并应对夹具进行力学性能检验。
5.2.19 拉杆（索）结构接点的检验指标，应符合下列规定：
   1 所有杆（索）受力状态应符合设计要求。
   2 焊接节点焊缝应饱满、平整光滑。
   3 节点应牢固，不得松动。紧固件应有防松脱措施。
5.2.20 拉杆（索）结构的检验，应在幕墙索杆部位观察检查，也可采用应力测定仪对索杆的应力进行测试。
5.2.21 点支承装置的检验指标，应符合下列规定：
   1 点支承装置和衬垫材料的规格、色泽和外观应符合设计和标准要求。
   2 点支承装置不得与玻璃直接接触，衬垫材料的面积不应小于点支承装置与玻璃的结合面。
   3 点支承装置应安装牢固，配合严密。
5.2.22 点支承装置的检验，应在点支承装置处观察检查。

5.3 质量保证资料

5.3.1 节点连接的检验，应提供下列资料：
   1 设计图纸资料。
   2 隐蔽工程检查验收记录。
   3 淋水试验记录。
   4 锚栓拉拔检验报告。
   5 玻璃幕墙支承装置力学性能检验报告。

6 安装质量检验

6.1 一般规定

6.1.1 幕墙所用的构件，必须经检验合格方可安装。
6.1.2 玻璃幕墙安装，必须提交工程所采用的玻璃幕墙产品的空气渗透性能、雨水渗漏性能和风压变形性能的检验报告，还应根据设计的要求，提交包括平面内变形性能、保温隔热性能等的检验报告。
6.1.3 安装质量检验的抽样，应符合下列规定：
   1 每幅幕墙均应按不同分格各抽查5%，且总数不得少于10个。

2 竖向构件或拼缝、横向构件或拼缝各抽查5%，且不应少于3条；开启部位应按种类各抽查5%，且每一种类不应少于3樘。

6.2 检 验 项 目

6.2.1 预埋件和连接件安装质量的检验指标，应符合下列规定：
  1 幕墙预埋件和连接件的数量、埋设方法及防腐处理应符合设计要求。
  2 预埋件的标高偏差不应大于±10mm，预埋件位置与设计位置的偏差不应大于±20mm。

6.2.2 检验预埋件和连接件的安装质量，应采用下列方法：
  1 与设计图纸核对，也可打开连接部位进行检验。
  2 在抽检部位用水平仪测量标高及水平位置。
  3 用分度值为1mm的钢直尺或钢卷尺测量预埋件的尺寸。

6.2.3 竖向主要构件安装质量的检验，应符合表6.2.3的规定。

表6.2.3 竖向主要构件安装质量的检验

	项 目		允许偏差（mm）	检 验 方 法
1	构件整体垂直度	$h \leqslant 30m$ $30m < h \leqslant 60m$ $60m < h \leqslant 90m$ $h > 90m$	≤10 ≤15 ≤20 ≤25	用经纬仪测量 垂直于地面的幕墙，垂直度应包括平面内和平面外两个方向
2	竖向构件直线度		≤2.5	用2m靠尺、塞尺测量
3	相邻两竖向构件标高偏差		≤3	用水平仪和钢直尺测量
4	同层构件标高偏差		≤5	用水平仪和钢直尺以构件顶端为测量面进行测量
5	相邻两竖向构件间距偏差		≤2	用钢卷尺在构件顶部测量
6	构件外表面平面度	相邻三构件 $b \leqslant 20m$ $b \leqslant 40m$ $b \leqslant 60m$ $b > 60m$	≤2 ≤5 ≤7 ≤9 ≤10	用钢直尺和尼龙线或激光全站仪测量

注：h—幕墙高度；b—幕墙宽度。

6.2.4 横向主要构件安装质量的检验，应符合表6.2.4的规定。

表6.2.4 横向主要构件安装质量的检验

	项 目		允许偏差（mm）	检验方法
1	单个横向构件水平度	$l \leqslant 2m$ $l > 2m$	≤2 ≤3	用水平尺测量
2	相邻两横向构件间距差	$s \leqslant 2m$ $s > 2m$	≤1.5 ≤2	用钢卷尺测量
3	相邻两横向构件端部标高差		≤1	用水平仪、钢直尺测量
4	幕墙横向构件高度差	$b \leqslant 35m$ $b > 35m$	≤5 ≤7	用水平仪测量

注：l—长度；s—间距；b—幕墙宽度。

6.2.5 幕墙分格框对角线偏差的检验，应符合表6.2.5的规定。

表 6.2.5 幕墙分格框对角线偏差的检验

项 目		允许偏差（mm）	检验方法
分格框对角线差	$l_d \leq 2m$	≤3	用对角尺或钢卷尺测量
	$l_d > 2m$	≤3.5	

注：l_d—对角线长度。

6.2.6 明框玻璃幕墙安装质量的检验指标，应符合下列规定：

1 玻璃与构件槽口的配合尺寸应符合设计及规范的要求，玻璃嵌入量不得小于15mm。

2 每块玻璃下部应设不少于两块弹性定位垫块，垫块的宽度与槽口宽度应相同，长度不应小于100mm，厚度不应小于5mm。

3 橡胶条镶嵌应平整、密实，橡胶条长度宜比边框内槽口长1.5%~2.0%，其断口应留在四角；拼角处应粘结牢固。

4 不得采用自攻螺钉固定承受水平荷载的玻璃压条。压条的固定方式、固定点数量应符合设计要求。

6.2.7 检验明框玻璃幕墙的安装质量，应采用观察检查、查施工记录和质量保证资料的方法，也可打开采用分度值为1mm的钢直尺或分辨率为0.5mm的游标卡尺测量垫块长度和玻璃嵌入量。

6.2.8 隐框玻璃幕墙组件的安装质量的检验指标，应符合下列规定：

1 玻璃板块组件必须安装牢固，固定点距离应符合设计要求且不宜大于300mm，不得采用自攻螺钉固定玻璃板块。

2 结构胶的剥离试验应符合本标准第2.5.1条的要求。

3 隐框玻璃板块在安装后，幕墙平面度允许偏差不应大于2.5mm，相邻两玻璃之间的接缝高低差不应大于1mm。

4 隐框玻璃板块下部应设置支承玻璃的托板，厚度不应小于2mm。

6.2.9 检验隐框玻璃幕墙组件的安装质量，应在隐框玻璃与框架连接处采用2m靠尺测量平面度，采用分度值为0.05mm的深度尺测量接缝高低差，采用分度值为1mm的钢直尺测量托板的厚度。

6.2.10 明框玻璃幕墙拼缝质量的检验指标，应符合下列规定：

1 金属装饰压板应符合设计要求，表面应平整，色彩应一致，不得有变形、波纹和凹凸不平，接缝应均匀严密。

2 明框拼缝外露框料或压板应横平竖直，线条通顺，并应满足设计要求。

3 当压板有防水要求时，必须满足设计要求；排水孔的形状、位置、数量应符合设计要求，且排水通畅。

6.2.11 检验明框玻璃幕墙拼缝质量时，应与设计图纸核对，观察检查，也可打开检查。

6.2.12 隐框玻璃的拼缝质量的检验，应符合表6.2.12的规定。

表 6.2.12 隐框玻璃的拼缝质量检验

	项 目	检验指标	检验方法
1	拼缝外观	横平竖直,缝宽均匀	观察检查
2	密封胶施工质量	符合规范要求,填嵌密实、均匀、光滑、无气泡	查质保资料,观察检查
3	拼缝整体垂直度	$h \leq 30m$ 时,≤10mm	用经纬仪或激光全站仪测量
		$30m < h \leq 60m$ 时,≤15mm	
		$60m < h \leq 90m$ 时,≤20mm	
		$h > 90m$ 时,≤25mm	
4	拼缝直线度	≤2.5mm	用2m靠尺测量
5	缝宽度差(与设计值比)	≤2mm	用卡尺测量
6	相邻面板接缝高低差	≤1mm	用深度尺测量

注：h—幕墙高度。

6.2.13 玻璃幕墙与周边密封质量的检验指标，应符合下列规定。

1 玻璃幕墙四周与主体结构之间的缝隙，应采用防火保温材料严密填塞，水泥砂浆不得与铝型材直接接触，不得采用干硬性材料填塞。内外表面应采用密封胶连续封闭，接缝应严密不渗漏，密封胶不应污染周围相邻表面。

2 幕墙转角、上下、侧边、封口及与周边墙体的连接构造应牢固并满足密封防水要求，外表应整齐美观。

3 幕墙玻璃与室内装饰物之间的间隙不宜少于10mm。

6.2.14 检验玻璃幕墙与周边密封质量时，应核对设计图纸，观察检查，并用分度值为1mm的钢直尺测量，也可按本标准附录C的方法进行淋水试验。

6.2.15 全玻幕墙、点支承玻璃幕墙安装质量的检验指标，应符合下列规定：

1 幕墙玻璃与主体结构连接处应嵌入安装槽口内，玻璃与槽口的配合尺寸应符合设计和规范要求，其嵌入深度不应小于18mm。

2 玻璃与槽口间的空隙应有支承垫块和定位垫块。其材质、规格、数量和位置应符合设计和规范要求。不得用硬性材料填充固定。

3 玻璃肋的宽度、厚度应符合设计要求。玻璃结构密封胶的宽度、厚度应符合设计要求，并应嵌填平顺、密实、无气泡、不渗漏。

4 单片玻璃高度大于4m时，应使用吊夹或采用点支承方式使玻璃悬挂。

5 点支承玻璃幕墙应使用钢化玻璃，不得使用普通浮法玻璃。玻璃开孔的中心位置距边缘距离应符合设计要求，并不得小于100mm。

6 点支承玻璃幕墙支承装置安装的标高偏差不应大于3mm，其中心线的水平偏差不应大于3mm。相邻两支承装置中心线间距偏差不应大于2mm。支承装置与玻璃连接件的结合面水平偏差应在调节范围内，并不应大于10mm。

6.2.16 检验全玻幕墙、点支承玻璃幕墙安装质量，应采用下列方法：

1 用表面应力检测仪检查玻璃应力。
　　2 与设计图纸核对，查质量保证资料。
　　3 用水平仪、经纬仪检查高度偏差。
　　4 用分度值为1mm的钢直尺或钢卷尺检查尺寸偏差。

6.2.17 开启部位安装质量的检验指标，应符合下列规定：
　　1 开启窗、外开门应固定牢固，附件齐全，安装位置正确；窗、门框固定螺丝的间距应符合设计要求并不应大于300mm，与端部距离不应大于180mm；开启窗开启角度不宜大于30°，开启距离不宜大于300mm；外开门应安装限位器或闭门器。
　　2 窗、门扇应开启灵活，端正美观，开启方向、角度应符合设计的要求；窗、门扇关闭应严密，间隙均匀，关闭后四周密封条均处于压缩状态。密封条接头应完好、整齐。
　　3 窗、门框的所有型材拼缝和螺钉孔宜注耐候胶密封，外表整齐美观。除不锈钢材料外，所有附件和固定件应作防腐处理。
　　4 窗扇与框搭接宽度差不应大于1mm。

6.2.18 检验开启部位安装质量时，应与设计图纸核对，观察检查，并用分度值为1mm的钢直尺测量。

6.2.19 玻璃幕墙外观质量的检验指标，应符合下列规定：
　　1 玻璃的品种、规格与色彩应符合设计要求，整幅幕墙玻璃颜色应基本均匀，无明显色差，色差不应大于3CIELAB色差单位；玻璃不应有析碱、发霉和镀膜脱落等现象。
　　2 钢化玻璃表面不得有伤痕。
　　3 热反射玻璃膜面应无明显变色、脱落现象，其表面质量应符合表6.2.19-1的规定。

表 6.2.19-1　每平方米玻璃表面质量要求

项　　目	质　量　要　求
0.1～0.3mm宽划伤痕	a<100mm时，不超过8条
擦伤	≤500mm²

　　4 热反射玻璃的镀膜面不得暴露于室外。
　　5 型材表面应清洁，无明显擦伤、划伤；铝合金型材及玻璃表面不应有铝屑、毛刺、油斑、脱膜及其他污垢。型材的色彩应符合设计要求并应均匀，并应符合表6.2.19-2的要求。

表 6.2.19-2　一个分格铝合金料表面质量指标

项　　目	质　量　要　求
擦伤，划痕深度	≤氧化膜厚的2倍
擦伤总面积（mm²）	≤500
划伤总长度（mm）	≤150
擦伤和划伤处数	不超过4处

　　6 幕墙隐蔽节点的遮封装修应整齐美观。

6.2.20 检验玻璃幕墙外的观质量，应采用下列方法：
　　1 在较好自然光下，距幕墙600mm处观察表面质量，必要时用精度0.1mm的读数显微镜观测玻璃、型材的擦伤、划痕。

  2 对热反射玻璃膜面,在光线明亮处,以手指按住玻璃面,通过实影、虚影判断膜面朝向。

  3 观察检查玻璃颜色,也可用分光测色仪按本标准附录D的方法检验玻璃色差。

6.2.21 玻璃幕墙保温、隔热构造安装质量的检验指标,应符合下列规定:

  1 幕墙安装内衬板时,内衬板四周宜套装弹性橡胶密封条,内衬板应与构件接缝严密。

  2 保温材料应安装牢固,并应与玻璃保持30mm以上的距离。保温材料的填塞应饱满、平整、不留间隙,其填塞密度、厚度应符合设计要求。在冬季取暖的地区,保温棉板的隔汽铝箔面应朝向室内,无隔汽铝箔面时应在室内侧有内衬隔汽板。

6.2.22 检验玻璃幕墙保温、隔热构造安装质量,应采取观察检查的方法,并应与设计图纸核对,查施工记录,必要时可打开检查。

6.3 质量保证资料

6.3.1 玻璃幕墙工程的安装,应提供下列资料:

  1 玻璃幕墙的设计文件。

  2 玻璃幕墙的空气渗透性能、雨水渗漏性能和风压变形性能的检验报告及设计要求的其他性能的检验报告。

  3 幕墙组件出厂质量合格证书。

  4 施工安装的自查记录。

  5 隐蔽工程验收记录。

附录 A 玻璃幕墙工程质量检验记录表

编号: 共 页 第 页

委托单位		工程名称		工程地点	
设计单位		施工单位		工程编号	
检验依据		检验类别		检验时间	

序号	检验项目	检验设备名称、编号	抽样部位、数量	检验结果					备注
				1	2	3	4	5	

校核: 记录: 检验:

附录 B 幕墙玻璃表面应力现场检验方法

B.0.1 玻璃表面应力测定点，应按下列方法确定：

1 在距长边 100mm 的距离处，引平行于长边的两条平行线，并与对角线相交的四点处，即为测量点（图 B.0.1-1）。

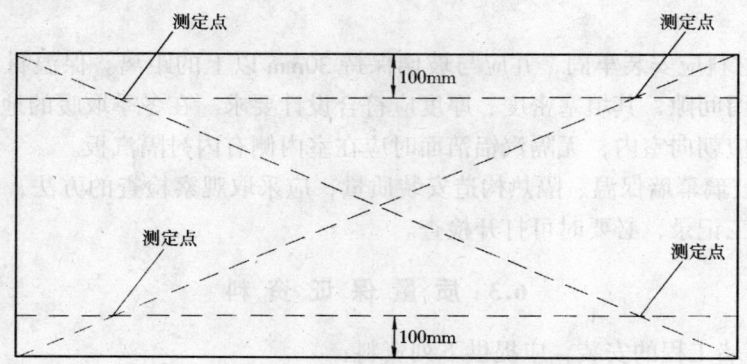

图 B.0.1-1 表面应力测量点示意一

2 当玻璃短边长度不足 300mm 时（图 B.0.1-2），则在距短边 100mm 的距离上引平行于短边的两条平行线与中心线相交的两点以及几何中心点，作为测量点。

图 B.0.1-2 表面应力测量点示意二

3 对于已安装到工程上的玻璃，其应力测点可由检验方与被检方共同商定。

B.0.2 测量玻璃表面应力，应按下列方法进行：

1 双折射率法：

1）在被测玻璃的锡扩散层的测点处滴上几滴折射率油；

2）将棱镜放置在被测点处，调整光源灯泡的位置、反射镜角度，使视场内出现明暗台阶图形；

3）用测微目镜读出台阶的高度 d，精确到 0.01mm；

4）压应力或拉应力应由图 B.0.2 确定；

5）此时玻璃表面应力应按下式计算：

$$\sigma = Kd \quad \text{（B.0.2-1）}$$

式中 σ——表面应力，MPa；

K——仪器常数，取 352MPa/mm；

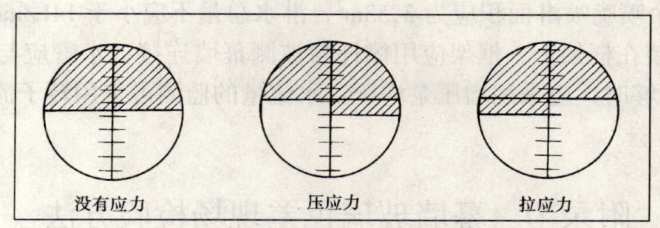

图 B.0.2 在视场中反映应力状况图像的示意

  d——台阶高度，mm。
 2 GASP 角度法：
  1）在被测玻璃的锡扩散层的测点处滴上几滴折射率油；
  2）将棱镜放置在被测点处，调整光源、反射镜角度，使视场内出现清晰的应力干涉条纹；
  3）旋转分度器，使十字丝平行于干涉条纹，读出角度 θ，精确到 0.1°；
  4）此时玻璃表面应力应按下式计算：

$$\sigma = K \cdot \text{tg}\theta \quad\quad\quad (B.0.2\text{-}2)$$

式中 σ——表面应力（MPa），取至 0.01MPa；
   K——仪器常数，取 41.925MPa；
   θ——角度值（rad），$\text{tg}\theta$ 取至 0.0001。

附录 C 幕墙现场淋水检验方法

C.0.1 将幕墙淋水试验装置安装在被检幕墙的外表面，喷水水嘴离幕墙的距离不应小于 530mm，并应在被检幕墙表面形成连续水幕。每一检验区域喷淋面积应为 1800mm×1800mm，喷水量不应小于 4L/（m²·min），喷淋时间应持续 5min，在室内应观察有无渗漏现象发生。

C.0.2 幕墙淋水试验装置（图 C.0.2），在 1800mm×1800mm 范围内，单个喷嘴喷淋直径

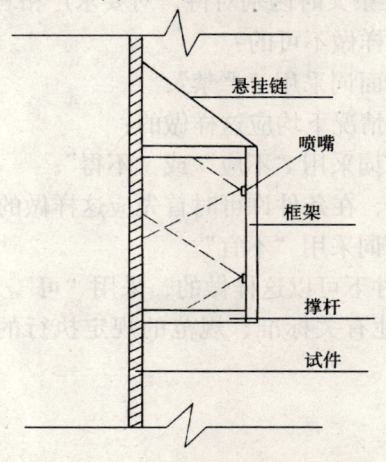

图 C.0.2 幕墙淋水试验装置安装示意

应为 1060mm，四个喷嘴喷淋面积应为 3.53m²，淋水总量不应小于 14L/min。

C.0.3 喷嘴应安装在框架上，框架应用撑杆与被测幕墙连接，水管应与喷嘴连接，并引至水源。当水压不够时，应采用增压泵增压。水流量的监测可采用转子流量计或压力表两种形式。

附录 D 幕墙玻璃色差现场检验方法

D.0.1 选取测量点时，同一块幕墙玻璃的色差应在玻璃的中心和四角选取测量点，测量点的位置离玻璃边缘的距离应大于 50mm；应以中心点的测量值作为标准，其余 4 点与该点进行色差比较，分别得出 4 个 ΔE_{ab}^* 色差值，其最大色差为该块玻璃的色差。

非同块幕墙玻璃之间的色差，应在目视色差有问题的玻璃上随机选取 5 个测量点，以其中最大或最小的一点作为标准，计算与其他 4 点的色差 ΔE_{ab}^*。（上述色差均为反射色差）。

D.0.2 检验仪器应符合国家标准《彩色建筑材料色度测试方法》GB 11942—89 第 4 条的规定。

D.0.3 ΔE_{ab}^* 色差值大于 3CIELAB 色差单位的幕墙玻璃应判定为不合格。

D.0.4 检验报告应包括下列内容：
  1 样品名称、状况、测量点的选取。
  2 仪器型号，标准照明体类型，照明观测条件及测孔面积（幕墙玻璃色差测量采用 D_{65} 标准照明体）。
  3 偏离本附录的其他测量条件。
  4 按要求报告幕墙玻璃色差测量结果（幕墙玻璃的色差采用 CIELAB 色空间的色差单位）。

本标准用词说明

1 为便于在执行本标准条文时区别对待，对要求严格程度不同的用词，说明如下：
  1）表示很严格，非这样做不可的：
正面词采用"必须"，反面词采用"严禁"；
  2）表示严格，在正常情况下均应这样做的：
正面词采用"应"，反面词采用"不应"或"不得"；
  3）表示允许稍有选择，在条件许可时首先应这样做的：
正面词采用"宜"，反面词采用"不宜"。
表示有选择，在一定条件下可以这样做的，采用"可"。

2 条文中指定应按其他有关标准、规范的规定执行的写法为"应符合……的规定（要求）"或"应按……执行"。

中华人民共和国行业标准

玻璃幕墙工程质量检验标准

JGJ/T 139—2001

条 文 说 明

前 言

《玻璃幕墙工程质量检验标准》(JGJ/T 139—2001) 经建设部 2001 年 12 月 26 日以建标 [2001] 261 号文批准,业已发布。

为便于广大设计、施工、科研、学校等单位的有关人员在使用本标准时能正确理解和执行条文规定,《玻璃幕墙工程质量检验标准》编制组按章、节、条顺序编制了本标准的条文说明,供使用者参考。在使用中如发现本条文说明有不妥之处,请将意见函寄国家建筑工程质量监督检验中心。

目次

1 総則 …………………………………………………………… 1296
2 材料现场检验 ………………………………………………… 1296
3 防火检验 ……………………………………………………… 1298
4 防雷检验 ……………………………………………………… 1299
5 节点与连接检验 ……………………………………………… 1300
6 安装质量检验 ………………………………………………… 1301

1 总 则

1.0.1 本条阐明了制定本标准的目的。近年来，随着玻璃幕墙工程的日益增多，玻璃幕墙工程质量的问题越来越引起重视。为更好地配合行业标准《玻璃幕墙工程技术规范》（JGJ 102—96）的贯彻执行，保证玻璃幕墙工程在材料进场、安装施工、验收、监督和检验等各环节都有统一的、切实可行的检验方法，制定了本标准。

1.0.2 本条规定了本标准的适用范围。即对在工程现场的玻璃幕墙材料和幕墙工程的安装质量进行检验。

1.0.4 本条规定了进行玻璃幕墙工程安装质量检验工作的人员要经专门培训，检验工作使用的仪器设备应通过计量检定或校准。

2 材料现场检验

2.1.1 在玻璃幕墙工程现场检验幕墙工程中使用的各种材料，应按要求划分检验批，并根据规定的比例进行抽样检验。

2.1.2 玻璃幕墙工程对材料的选用要求较高，因此有关材料的质量指标除应符合本标准的规定，还应符合国家现行的有关产品标准《铝合金建筑型材》（GB/T 5237—2000）、《幕墙用钢化玻璃与半钢化玻璃》（GB 17841—1999）、《建筑用硅酮结构胶》（GB 16776—1997）及行业标准《玻璃幕墙工程技术规范》（JGJ 102—96）的规定。

2.2.2~2.2.3 玻璃幕墙受力杆件采用的铝合金型材壁厚应按国家标准《铝合金建筑型材》（GB/T 5237—2000）和《玻璃幕墙工程技术规范》（JGJ 102—96）的规定不小于 3mm。检验时，对未安装上墙的铝型材可用游标卡尺选取不同部位进行测量，对已安装上墙的铝型材可用金属测厚仪进行测量。

2.2.4 建筑幕墙使用的铝型材因其工作条件具有永久曝置性和静止性的特点，因此其氧化膜应符合 AA15 级的要求，其最小局部膜厚度可在大约 $1cm^2$ 的面内分别测量 5 个不同点的厚度求得。粉末静电喷涂的涂层厚度根据《粉末静电喷涂铝合金建筑型材》（YS/T 407—1997）的规定，电泳涂漆复合膜厚度按《电泳涂漆铝合金建筑型材》（YS/T 100—1997）的规定，最小局部膜厚 $21\mu m$。氟碳喷涂膜厚指标见《氟碳漆喷涂型材》（GB/T 5237.5）的涂层厚度。

2.2.6~2.2.7 GB/T 5237 中规定铝型材力学性能可在硬度试验和拉伸试验中只做一项（仲裁试验为拉伸试验），铝型材的硬度试验一般用维氏硬度计进行，由于它不便于现场试验，故目前主要是采用《铝合金韦氏硬度试验方法》（YS/T 420—2000）的钳式硬度计进行现场检测。韦氏硬度（HW）与维氏硬度之间的换算值见 YS/T 420—2000。使用钳式硬度计进行现场检测时，要求型材表面的涂层应彻底清除，如有轻微的擦划伤或模具痕等，需轻轻磨光。

2.2.8 GB/T 5237 中规定铝型材的表面质量，允许由于模具造成的纵向挤压痕深度及轻微的压坑、碰伤、擦伤和划伤等存在，其中在装饰面应不大于 0.06mm，在非装饰面应不大于 0.10mm。

2.4.2 表2.4.2中单片玻璃的厚度允许偏差均按《浮法玻璃》(GB 11614—1999)的规定执行。中空玻璃和夹层玻璃的厚度允许偏差分别按新修订的《中空玻璃》、《夹层玻璃》标准的规定执行。

2.4.4 表2.4.4-1中单片玻璃的边长允许偏差按《幕墙用钢化玻璃与半钢化玻璃》(GB 17841—1999)的规定,由于用于幕墙,所以中空玻璃和夹层玻璃边长的正偏差值一般不超过负偏差值。

2.4.8 根据玻璃表面的应力可以确定玻璃钢化的程度。半钢化玻璃是针对钢化玻璃自爆而发展起来的一种新型增强玻璃,其强度比普通玻璃高1~2倍,耐热冲击性能显著提高,一旦破碎,其碎片状态与普通玻璃类似。

目前,西方国家在建筑上大量采用的是不会自爆的半钢化玻璃或称增强玻璃,半钢化玻璃的一个突出优点是不会自爆。它与钢化玻璃的主要区别在于玻璃的应力数值范围不同。我国国家标准《幕墙用钢化玻璃与半钢化玻璃》(GB 17841—1999)规定了用于玻璃幕墙的钢化玻璃其表面应力应大于95MPa,主要是为了保证当玻璃破碎时,碎片状态满足钢化玻璃标准规定的要求。

2.4.10 玻璃边缘的机械磨边不能用手持式或砂带式磨边机。

2.4.12 用于玻璃幕墙的中空玻璃必须采取双道密封以减小水蒸气渗透的表面积。根据《中空玻璃》(GB 11944)规定,双道密封外层密封胶宽度应为5~7mm。同时由于隐框幕墙是靠硅酮结构密封胶承受荷载,所以其外层的硅酮结构密封胶胶层深度还应满足结构计算要求。

2.5.1 硅酮结构胶现场检验包括三项指标。其中:胶的宽度应按设计要求检查,其偏差只允许是正值。对胶的粘结剥离检验应抽取不同分格的单元进行。在检验的单元中当内聚破坏小于95%,应视该项为不合格。硅酮结构胶的外观质量应包括胶缝的几何形状、尺寸、施工偏差、胶的表面平整度等有关指标。

2.5.3 密封胶的厚度与宽度之比一般应为1:2,根据密封胶宽度计算其厚度不能小于3.5mm。胶缝的宽度应同建筑物的层间位移和胶完全固化后的变位承受能力有关。

2.5.5 双面胶带压缩后的厚度在一般情况下应达到设计要求的90%。因此用手工拉伸检查其弹性变形,可以较方便的检查其材性。

与硅酮结构密封胶接触的材料必须要做相容性试验。

2.6.1 除不锈钢外,其他钢材的防腐处理还可采用涂防火漆和氟碳喷涂等工艺。

2.6.5 紧固件是受力配件,应优先选用不锈钢螺栓。不锈钢螺栓应配有弹簧垫圈或其他防松脱措施(如拧紧后明露螺栓敲毛处理等),以保证螺栓的紧固作用。由于常用的自攻螺钉是粗牙、非等截面的紧固件,紧固效果不够,所以强调受力构件的连接不应采用自攻螺钉。

2.6.7 用于幕墙的滑撑和限位器可按《铝合金不锈钢滑撑》(GB 9300—88)的技术要求进行检验,其装配和表面质量应满足一级品以上指标。

2.6.9 用于幕墙开启窗的窗锁可按《铝合金窗锁》(GB 9302—88)的技术要求进行检验,其各项指标应满足一级品的要求。对多点连动锁还应检查其连动的一致性。

2.7 进行幕墙工程检查时,对所有现场的材料要分别检查有关质量保证资料,这是为了保证使用的材料符合幕墙工程的要求。对于铝型材、钢材的力学性能报告、玻璃的检验报告、结构胶剥离试验记录和相容性试验报告及铆钉的力学性能报告等，因其涉及工程结构的安全性，都要重点检查。

2.7.3 中空玻璃的型式检验及热反射玻璃的光学性能应有具有资质的检验机构提供的检验报告。

2.7.4 对玻璃幕墙单元组件根据《建筑幕墙》（JG 3035—1996）的规定，按每百个组件随机抽取一件进行粘结剥离检验。因此，要检查结构硅酮胶剥离试验记录。

幕墙工程使用的硅酮结构胶必须在其有效期内使用，因此必须提供胶的生产日期及产品合格证。同时根据国家六部委发布的《关于加强硅酮结构密封胶管理的通知》要求，凡进口胶必须经国家商检局按照国家标准在指定的检验机构检验合格，出具报告，方可销售和使用。

用于幕墙工程的硅酮结构胶必须与该工程所有其他接触材料（如：玻璃、铝材、胶条、衬垫材料等）进行相容性试验，相容性试验是通过试验的方法确定幕墙工程中结构胶与各种材料的粘结性，适用于幕墙工程中玻璃结构系统的选材。实践证明试验中那些粘结性丧失和褪色的基材和附件，在实际使用中也会发生同样的情况。

3 防 火 检 验

3.1.1 根据行业标准《玻璃幕墙工程技术规范》（JGJ 102—96）的规定，玻璃幕墙的每层板和隔墙处，均应设置防火隔断。幕墙的防火节点较多，但节点构造形式并不多。只要按不同防火构造抽取一定数量的节点检验，就能较客观地反映出幕墙防火体系的质量状况。

3.1.2 玻璃幕墙工程的防火构造，除了涉及总则 1.0.5 条中相关规范外，在防火功能上也有其特殊的要求，如防火等级、材料燃烧性能和耐火极限等。所以除了应遵守本标准的规定外，尚应遵守国家和行业现行有关标准和规范的规定。

3.2.1～3.2.2 在火灾中，人员的死亡大部分是由于火灾产生的有害烟雾使人窒息而死。因此在国家标准《高层民用建筑设计防火规范》（GB 50045—95）中规定玻璃幕墙与每个楼层、每个隔墙处的缝隙，应采用不燃烧材料严密填实，其目的是不让烟雾从缝隙中窜到其他楼层或房间，而使危害扩大。这就要求在施工过程中，各自形成防火间隔，不出现任何会窜烟的缝隙。在施工过程中主要加强观察，进行检查，施工结束后，可用手试检查防火隔断的密闭性。一般可用手放在防火层边，感觉是否有空气流通，判断该处防火层是否有间隙。如未达到防火隔断的要求，必须整改。

对高层建筑不设窗间墙和窗槛墙的玻璃幕墙，在每层楼板外沿玻璃幕墙内侧设置高度不低于 0.80m 的实体裙墙，其耐火极限不低于 1.00h，应由不燃烧材料制成，这样有利于阻止和限制火灾垂直方向蔓延。

同一块玻璃不宜跨两个防火区域，是为了避免玻璃破碎影响防火隔断效果。

3.2.3 在幕墙的楼层、楼梯间、墙、柱、梁等不同部位，其防火层的构造均不同。在检查中，经常发现搁置防火棉的防火板不是连续安装固定的，而是间隔很大，不仅造成防火材料搁置不稳，易脱落，而且防火棉与幕墙和主体结构之间的空隙无法封闭，造成窜烟、窜火，达不到防火的要求。所以防火节点构造必须符合设计要求，满足防火层功能的要求。

防火材料除了达到防火要求外，还应避免不同金属之间产生电腐蚀。因此本条还规定采用镀锌钢板作防火板时，应注意不得同铝合金材料直接接触。

根据防火规范的要求，幕墙与每层楼层、隔墙处和缝隙应采用不燃烧材料严密填实。在施工中，往往容易忽略幕墙的平面内变形性能的要求，特别是分隔墙直接顶到幕墙玻璃或幕墙的梁柱，这样就容易损坏幕墙的玻璃或构架。所以防火层与幕墙间必须留出缝隙，对缝隙本条规定采用防火密封胶封闭来达到不漏气的要求。

3.2.5 一般幕墙四周与主体结构之间的空隙和楼层之间的空隙用防火棉作防火层的较普遍。根据防火功能的要求，防火棉应严密填实，这在幕墙与墙体之间较容易做到，而对楼层之间，就必须设置防火板以供搁置、固定防火棉用，防火板应与幕墙固定横梁和主体楼板（梁）连接。目前基本上都采用金属板作防火板，但如金属板太薄，其刚度不足，难以承受施工荷载而变形，不易达到封闭的防火功能要求，太厚又造成浪费，所以本条对金属板的厚度作此规定。如果用其他非金属防火板，则除了在耐火极限方面满足要求外，在刚度上也应满足设计要求。

防火棉的铺设应饱满均匀，厚度符合设计要求，不得出现有漏放防火棉的部位。这是防火层设置防火棉的最基本的要求。但是由于防火棉吸热后，传递热量性能低，使之接触的部位温度升高，而玻璃当局部温差超过其抗温差应力强度时，就会碎裂，所以防火棉不得与玻璃直接接触。

3.3.1 幕墙的防火构造直接影响到建筑物的防火功能，关系到国家和人民的生命财产的安全，非常重要。为了保证幕墙防火构造的安全可靠，在检验质量时，除了检查工程实物外，还要查阅设计资料和质量保证资料，如设计对防火构造的要求从设计资料中了解，通过查防火材料的合格证或耐火性能的检验报告和隐蔽工程验收记录等，可了解检验时无法看到的情况，这样就能较真实地掌握幕墙防火构造的质量状况。

4 防雷检验

4.1.1 根据行业标准《玻璃幕墙工程技术规范》（JGJ 102—96）中玻璃幕墙工程对构件、拼缝分格的抽样检验数量定为5%，且不得少于3根和10个。在《建筑幕墙》中对竖向和横向构件的抽样规定为10%，且不少于5件，考虑到幕墙在现场检查中往往以楼层作为抽查单位，一般超高层建筑的楼层均不超过100层（国内目前最高的玻璃幕墙工程是上海的金茂大厦为88层），而幕墙避雷接地一般是每三层与均压环连接，这样，如按5%比例抽查，显然数量太少，为此我们将抽查数量定为有均压环楼层不少于3层，不足三层时全数检查，无均压环楼层不少于2层，这样能保证抽样的分布和一定的数量，较客观地反映出该工程防雷连接的质量状况。

4.1.2 幕墙防雷措施在设计，施工过程中涉及一些相关的现行标准规范，如防雷做法，所用材料的材质、规格、连接方式、焊接要求等等，因此在执行本标准时，还应遵守国家和行业现行的有关标准、规范。

4.2.1～4.2.2 根据国家标准《建筑物防雷设计规范》（GB 50057—94）的防雷分类和要求，因大部分幕墙工程都是高层建筑，除了防直击雷外，还应防侧击雷。用幕墙框架作为导电体互相连接，形成导电通路，其连接电阻值一般不大于1Ω。连接不同材料应避免产生电腐蚀。连接的接触面应紧密可靠并符合等电位的要求。

4.2.3 幕墙的金属框架必须同建筑物主体结构的防雷系统作等电位连接。防雷建筑物设有均压环、引下线和接地线等防雷装置，幕墙的金属框架仅作为外露导体处理，不另设引下线和接地体。建筑物的防雷系统有专门的设计、施工与验收要求，不属本标准规定范围，但幕墙金属框架同防雷系统的连接应按本标准的规定执行。基于高层建筑幕墙面积往往较大，为避免框架上产生过高危险电压，本条中对水平和垂直连接点间距作出规定。

4.3.1 为了保证防雷措施的安全可靠，在检验防雷连接质量时，除了检查工程实际的施工质量，还应检查有关质量保证资料，才能真实反映幕墙防雷体系的质量。如通过设计资料检查是否按图施工，通过测试记录和隐蔽部分的验收记录等检查被隐蔽部位的质量及技术要求。

5 节点与连接检验

5.1.1 根据行业标准《玻璃幕墙工程技术规范》（JGJ 102—96）中规定的抽样检验要求，决定其抽样检验数量。当幕墙工程中采用锚栓时，锚栓的抽样数量是根据《混凝土用建筑锚栓技术规程》（送审稿）的规定执行。

另外在检验中发现有隐蔽部分验收记录不全或其他疑问之处，检验人员应对节点进行深入检查，必要时也可加大节点检查数量。

5.2.1 幕墙受到的荷载及其本身的自重，主要是通过该节点传递到主体结构上。因此，该节点是幕墙受力最大的节点，在检查中发现往往也是质量薄弱环节之一。由于施工中的偏差，连接件的孔位留边宽度太窄，甚至出现破口孔，直接影响该连接节点强度，造成结构隐患，因此连接件的调节范围应符合设计要求。同时为满足钢材预埋件、连接件的性能，对其表面防腐也提出了要求。

5.2.5 幕墙顶部的处理，直接影响到幕墙的雨水渗漏，由于幕墙受到外力环境的影响，其缝隙会产生变化，有朝上、侧向空隙或缝隙，如用硬性材料填充，受力后产生细缝造成雨水渗漏，因此幕墙顶部的处理，必须要保证不渗漏。罩面板的安装牢固不松动且方向正确，也是保证条件之一。

5.2.7 幕墙作为悬挂维护结构，其底部节点的处理很重要，实践中有些细部处理往往疏忽，如立柱底部节点与不同材料之间的处理、底部的伸缩缝隙的设置及密封等，这都直接影响幕墙的安全和使用功能，为此本条作了必要的规定。

5.2.9 幕墙立柱的连接普遍采用芯管套接，行业标准《玻璃幕墙工程技术规范》（JGJ 102—96）中没有对芯管提出具体要求，而在实际中立柱的连接不一定是玻璃的分格处，这就要求幕墙的立柱应能连续传递弯矩。对于芯管的材质，在实践中发现不少表面未作阳极氧化处理，甚至用镀锌钢材的，为此本条强调应符合规范和设计的要求。

5.2.11 根据行业标准《玻璃幕墙工程技术规范》（JGJ 102—96）的规定，与铝合金接触的螺栓及金属配件应采用不锈钢或轻金属制品，而轻金属制品中与铝合金不产生电化反应的应选铝制品，因此本条作了具体规定。在梁柱节点处所用的螺钉和金属配件应符合规范和设计要求，不得使用镀锌钢材制品。目前幕墙中自攻螺钉采用较普遍，由于其牙纹较稀，与铝合金接触摩擦面较少，而幕墙受到外界风雨等环境影响产生震动，使自攻螺钉容易松脱，所以要求不采用自攻螺钉，对其他螺钉也应有防松脱措施。

在梁柱接触处，按规范要求应设置弹性垫片，不能采用硬质的垫片。

5.2.13 在变形缝处，由于主体结构在该部位的构造是断开的，因此幕墙构架在此也必须按设计的要求进行断开，其节点构造必须符合设计要求。由于此处构造复杂，在安装施工中，必须留出构造变形方向的位移空间，在外观上应平整，结合应紧密不渗漏。

5.2.15 当幕墙内排水孔尺寸太小，由于水的表面张力大于水的压力就不起作用，所以本条规定排水孔要按设计要求设置，且幕墙的内排水系统必须保持畅通不堵塞，这在加工制作中必须注意。特别是单元幕墙，在加工时接缝处的胶不宜凸出，加工中的一些铝屑，甚至螺钉等垃圾必须清除干净，否则幕墙安装后这些垃圾极有可能堵塞内排水通道，造成排水不畅，引起渗漏。

5.2.17 玻璃吊夹具的安装位置直接影响幕墙的安全，本条所指的安装牢固，位置准确，不局限在单个吊夹具上，而是指整体吊夹具的安装。在实践中发现有的吊夹具仅在正面玻璃上安装，肋上没有；有的吊夹具不是安装在同一基层上，造成两吊夹具受力后产生不平衡，所以吊夹具的安装必须整体共同受力，才能保证安装牢固。

对吊夹具进行力学性能试验时，应由有资质的检验单位进行检验。

5.2.19~5.2.21 杆（索）和点支承装置是点支式玻璃幕墙配合使用的一种构造形式，其受力形式是由点支承装置通过杆（索）将玻璃幕墙的荷载传递到主体结构上，因此杆（索）、点支承装置的结构必须牢固，受力均匀，不致使玻璃局部受力后破裂。点支承装置组件与玻璃之间应有弹性衬垫材料做垫片，使玻璃有一定活动余地，而且不与支承装置金属直接接触。

5.3.1 幕墙连接节点比较多，各类节点都比较复杂，有些节点在检验时已被覆盖，有些节点虽能查看到，但其功能如何还需测试，因此在幕墙连接节点检验时，需查隐蔽工程的验收资料，包括锚栓拉拔的检验报告，才能客观地反映出各连接节点的质量情况。

6 安装质量检验

6.1.2 本条规定的检验报告指针对该幕墙工程进行设计的幕墙产品，且检验所用的幕墙材料应与工程完全一致。当工程设计有抗震设防要求时，应同时进行平面内变形检验；当工程设计考虑有保温隔热和节能要求时，一般应同时进行保温性能检验。

6.1.3 根据行业标准《玻璃幕墙工程技术规范》（JGJ 102—96）的要求，玻璃幕墙工程应进行安装外观检验和抽样检验，因此按照有关标准，制定了抽样规定。

6.2.3~6.2.5 检查测量一般应在风力小于 4 级时进行。

6.2.6 对于明框幕墙中，玻璃与槽口配合尺寸很重要，在实践中往往对定位垫块不够重视，这容易造成玻璃破损，所以在本条中强调了胶条、玻璃定位垫块和支承垫块的设置必须符合规范和设计要求，在实践中，对明框幕墙胶条转角或其他需粘结部位，采用透明的密封胶比较多，而这种密封胶属微酸性，与胶条接触部位容易逐渐变黄，影响外观，因此本条要求用于明框幕墙的密封胶不变色。

6.2.8 作为隐框幕墙，其玻璃全靠结构胶粘结固定，所以标准中对结构胶有严格的要求，其剥离试验必须符合国家标准《建筑用硅酮结构密封胶》（GB 16776—1997）标准的规定。

作为隐框幕墙的另一个必须重视的部位，就是在车间组装好的隐框组件，当其安装到幕墙构架上时，采用压块和螺钉固定，压块、螺钉所受的力比结构胶还要大，所以对于压块和螺钉的规格、数量必须符合设计要求。目前工程实践中，许多厂家采用自攻螺钉固定玻璃板块，由于自攻螺钉牙纹稀，非等截面，和构架固定接触面少，容易松脱，所以本条中规定不得用自攻螺钉。

6.2.12 隐框幕墙各玻璃拼缝整齐与否对幕墙的外观有很大影响，因此该条规定的6款主要检查其拼缝质量，以保证整幅隐框幕墙各玻璃拼缝的整齐美观。

6.2.13 幕墙是悬挂受力状态下的外围护结构，其构件在荷载和温差影响下，会产生位移，因此幕墙边的立柱，不应埋设在主体结构中，其间隙应用弹性材料填嵌，根据消防和防水的要求，其空隙应用防火材料填充，缝隙应用密封胶填嵌密实。

6.2.15 由于点支承式幕墙玻璃在角部都钻孔，局部应力集中，浮法玻璃强度低，容易破裂，所以应采用钢化玻璃。用于点支承式幕墙玻璃的切角、钻孔等必须在钢化前进行。

中国工程建设标准化协会标准

钢结构防火涂料应用技术规范

Technical code for application of fire resistive
coating for steel structure

CECS 24:90

主编单位：公安部四川消防科学研究所
审查单位：全国工程防火防爆标准技术委员会
批准单位：中国工程建设标准化协会
批准日期：１９９０年９月１０日

前　言

我国自80年代中期起，随着钢结构建筑业的发展而发展起来的钢结构防火涂料，在工程中推广应用，对于贯彻有关的建筑设计防火规范，提高钢结构的耐火极限，减少火灾损失，取得了显著效果。为了统一钢结构防火涂料涂层设计、施工方法和质量标准等应用技术要求，保证应用效果，确保防火安全，特制订本规范。

本规范的编制，遵照国家工程建设的有关方针政策和"预防为主、防消结合"的消防工作方针，调查研究了我国钢结构火灾的特点，总结了防火涂料保护钢结构的实践经验，并吸收国内外先进技术和钢结构防火涂料科研成果，反复征求有关科研设计、生产施工、高等院校、公安消防和建设等单位与专家的意见，经全国工程防火防爆标准技术委员会审查定稿。

现批准《钢结构防火涂料应用技术规范》为中国工程建设标准化协会标准，编号为CECS24:90，并推荐给各工程建设有关单位使用。在使用过程中如发现需要修改和补充之处，请将意见及有关资料寄交四川省都江堰市公安部四川消防科学研究所转全国工程防火防爆标准技术委员会（邮政编码：611830）。

中国工程建设标准化协会
1990年9月10日

目 录

第一章 总则 ·· 1306
第二章 防火涂料及涂层厚度 ··· 1306
第三章 钢结构防火涂料的施工 ·· 1307
　第一节 一般规定 ·· 1307
　第二节 质量要求 ·· 1308
　第三节 薄涂型钢结构防火涂料施工 ·· 1308
　第四节 厚涂型钢结构防火涂料施工 ·· 1308
第四章 工程验收 ·· 1309
附录一 名词解释 ·· 1310
附录二 钢结构防火涂料试验方法 ·· 1310
附录三 钢结构防火涂料施用厚度计算方法 ·· 1313
附录四 钢结构防火涂料涂层厚度测定方法 ·· 1313
附录五 本规范用词说明 ·· 1314
附加说明 ··· 1314
条文说明 ··· 1315

第一章 总则

第1.0.1条 为贯彻实施国家的有关建筑防火规范，使用防火涂料保护钢结构，提高其耐火极限，做到安全可靠、技术先进、经济合理，特制定本规范。

第1.0.2条 本规范适用于建筑物及构筑物钢结构防火保护涂层的设计、施工和验收。

第1.0.3条 钢结构防火涂料的应用，除遵守本规范外，尚应遵守国家有关防火规范及其他现行规定。

第二章 防火涂料及涂层厚度

第2.0.1条 钢结构防火涂料分为薄涂型和厚涂型两类，其产品均应通过国家检测机构检测合格，方可选用。

第2.0.2条 薄涂型钢结构防火涂料的主要技术性能按附录二的有关方法试验，其技术指标应符合表2.0.2的规定。

表2.0.2 薄涂型钢结构防火涂料性能

项目		指标		
粘结强度(MPa)		≥0.15		
抗弯性		挠曲 $L/100$，涂层不起层、脱落		
抗振性		挠曲 $L/200$，涂层不起层、脱落		
耐水性(h)		≥24		
耐冻融循环性(次)		≥15		
耐火极限	涂层厚度(mm)	3	5.5	7
	耐火时间不低于(h)	0.5	1.0	1.5

第2.0.3条 厚涂型钢结构防火涂料的主要技术性能按附录二的有关方法试验，其技术指标应符合表2.0.3规定。

表2.0.3 厚涂型钢结构防火涂料性能

项目		指标				
粘结强度(MPa)		≥0.04				
抗压强度(MPa)		≥0.3				
干密度(kg/m³)		≤500				
热导率[W/(m·K)]		≤0.1160(0.1kcal/m·h·℃)				
耐水性(h)		≥24				
耐冻融循环性(次)		≥15				
耐火极限	涂层厚度(mm)	15	20	30	40	50
	耐火时间不低于(h)	1.0	1.5	2.0	2.5	3.0

第 2.0.4 条 采用钢结构防火涂料时，应符合下列规定：

一、室内裸露钢结构、轻型屋盖钢结构及有装饰要求的钢结构，当规定其耐火极限在 1.5h 及以下时，宜选用薄涂型钢结构防火涂料。

二、室内隐蔽钢结构、高层全钢结构及多层厂房钢结构，当规定其耐火极限在 1.5h 以上时，应选用厚涂型钢结构防火涂料。

三、露天钢结构，应选用适合室外用的钢结构防火涂料。

第 2.0.5 条 用于保护钢结构的防火涂料应不含石棉，不用苯类溶剂，在施工干燥后应没有刺激性气味；不腐蚀钢材，在预定的使用期内须保持其性能。

第 2.0.6 条 钢结构防火涂料的涂层厚度，可按下列原则之一确定：

一、按照有关规范对钢结构不同构件耐火极限的要求，根据标准耐火试验数据选定相应的涂层厚度。

二、根据标准耐火试验数据，参照本规范附录三计算确定涂层的厚度。

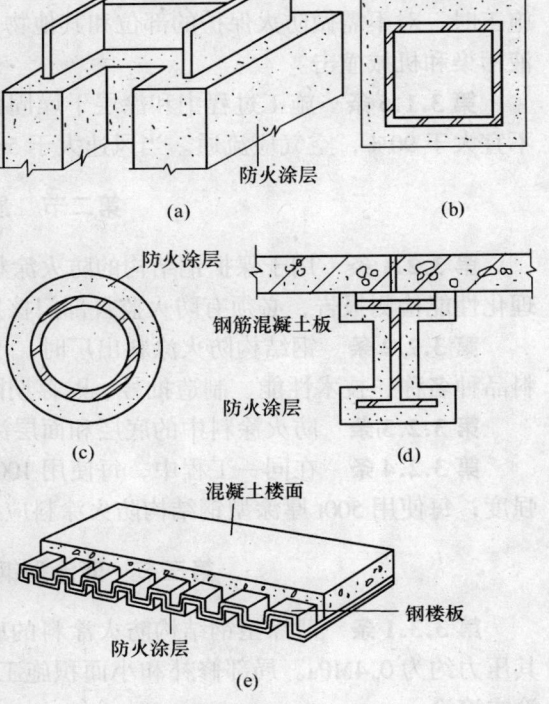

图 2.0.9 钢结构防火保护方式
(a) 工字形柱的保护；(b) 方形柱的保护；(c) 管型构件的保护；(d) 工字梁的保护；(e) 楼板的保护

第 2.0.7 条 施加给钢结构的涂层质量，应计算在结构荷载内，不得超过允许范围。

第 2.0.8 条 保护裸露钢结构以及露天钢结构的防火涂层，应规定出外观平整度和颜色装饰要求。

第 2.0.9 条 钢结构构件的防火喷涂保护方式，宜按图 2.0.9 选用。

第三章 钢结构防火涂料的施工

第一节 一般规定

第 3.1.1 条 钢结构防火喷涂保护应由经过培训合格的专业施工队施工。施工中的安全技术和劳动保护等要求，应按国家现行有关规定执行。

第 3.1.2 条 当钢结构安装就位，与其相连的吊杆、马道、管架及其他相关连的构件安装完毕，并经验收合格后，方可进行防火涂料施工。

第 3.1.3 条 施工前，钢结构表面应除锈，并根据使用要求确定防锈处理。除锈和防锈处理应符合现行《钢结构工程施工与验收规范》中有关规定。

第 3.1.4 条 钢结构表面的杂物应清除干净，其连接处的缝隙应用防火涂料或其他防火材料填补堵平后方可施工。

第3.1.5条 施工防火涂料应在室内装修之前和不被后继工程所损坏的条件下进行。施工时，对不需做防火保护的部位和其他物件应进行遮蔽保护，刚施工的涂层，应防止脏液污染和机械撞击。

第3.1.6条 施工过程中和涂层干燥固化前，环境温度宜保持在5~38℃，相对湿度不宜大于90%，空气应流通。当风速大于5m/s，或雨天和构件表面有结露时，不宜作业。

第二节 质量要求

第3.2.1条 用于保护钢结构的防火涂料必须有国家检测机构的耐火极限检测报告和理化性能检测报告，必须有防火监督部门核发的生产许可证和生产厂方的产品合格证。

第3.2.2条 钢结构防火涂料出厂时，产品质量应符合有关标准的规定。并应附有涂料品种名称、技术性能、制造批号、贮存期限和使用说明。

第3.2.3条 防火涂料中的底层和面层涂料应相互配套，底层涂料不得锈蚀钢材。

第3.2.4条 在同一工程中，每使用100t薄涂型钢结构防火涂料应抽样检测一次粘结强度；每使用500t厚涂型钢结构防火涂料应抽样检测一次粘结强度和抗压强度。

第三节 薄涂型钢结构防火涂料施工

第3.3.1条 薄涂型钢结构防火涂料的底涂层（或主涂层）宜采用重力式喷枪喷涂，其压力约为0.4MPa。局部修补和小面积施工，可用手工抹涂。面层装饰涂料可刷涂、喷涂或滚涂。

第3.3.2条 双组分装的涂料，应按说明书规定在现场调配；单组分装的涂料也应充分搅拌。喷涂后，不应发生流淌和下坠。

第3.3.3条 底涂层施工应满足下列要求：

一、当钢基材表面除锈和防锈处理符合要求，尘土等杂物清除干净后方可施工。

二、底层一般喷2~3遍，每遍喷涂厚度不应超过2.5mm，必须在前一遍干燥后，再喷涂后一遍。

三、喷涂时应确保涂层完全闭合，轮廓清晰。

四、操作者要携带测厚针检测涂层厚度，并确保喷涂达到设计规定的厚度。

五、当设计要求涂层表面要平整光滑时，应对最后一遍涂层做抹平处理，确保外表面均匀平整。

第3.3.4条 面涂层施工应满足下列要求：

一、当底层厚度符合设计规定，并基本干燥后，方可施工面层。

二、面层一般涂饰1~2次，并应全部覆盖底层。涂料用量为0.5~1kg/m²。

三、面层应颜色均匀，接槎平整。

第四节 厚涂型钢结构防火涂料施工

第3.4.1条 厚涂型钢结构防火涂料宜采用压送式喷涂机喷涂，空气压力为0.4~0.6MPa，喷枪口直径宜为6~10mm。

第3.4.2条 配料时应严格按配合比加料或加稀释剂，并使稠度适宜，边配边用。

第3.4.3条 喷涂施工应分遍完成，每遍喷涂厚度宜为5~10mm，必须在前一遍基本干燥或固化后，再喷涂后一遍。喷涂保护方式、喷涂遍数与涂层厚度应根据施工设计要求确定。

第3.4.4条 施工过程中，操作者应采用测厚针检测涂层厚度，直到符合设计规定的厚度，方可停止喷涂。

第3.4.5条 喷涂后的涂层，应剔除乳突，确保均匀平整。

第3.4.6条 当防火涂层出现下列情况之一时，应重喷：

一、涂层干燥固化不好，粘结不牢或粉化、空鼓、脱落时。

二、钢结构的接头、转角处的涂层有明显凹陷时。

三、涂层表面有浮浆或裂缝宽度大于1.0mm时。

四、涂层厚度小于设计规定厚度的85%时，或涂层厚度虽大于设计规定厚度85%，但未达到规定厚度的涂层之连续面积的长度超过1m时。

第四章 工 程 验 收

第4.0.1条 钢结构防火保护工程竣工后，建设单位应组织包括消防监督部门在内的有关单位进行竣工验收。

第4.0.2条 竣工验收时，检测项目与方法如下：

一、用目视法检测涂料品种与颜色，与选用的样品相对比。

二、用目视法检测涂层颜色及漏涂和裂缝情况，用0.75～1kg榔头轻击涂层检测其强度等，用1m直尺检测涂层平整度。

三、按本规范附录四的规定检测涂层厚度。

第4.0.3条 薄涂型钢结构防火涂层应符合下列要求：

一、涂层厚度符合设计要求。

二、无漏涂、脱粉、明显裂缝等。如有个别裂缝，其宽度不大于0.5mm。

三、涂层与钢基材之间和各涂层之间，应粘结牢固，无脱层、空鼓等情况。

四、颜色与外观符合设计规定，轮廓清晰，接槎平整。

第4.0.4条 厚涂型钢结构防火涂层应符合下列要求：

一、涂层厚度符合设计要求。如厚度低于原订标准，但必须大于原订标准的85%，且厚度不足部位的连续面积的长度不大于1m，并在5m范围内不再出现类似情况。

二、涂层应完全闭合，不应露底、漏涂。

三、涂层不宜出现裂缝。如有个别裂缝，其宽度不应大于1mm。

四、涂层与钢基材之间和各涂层之间，应粘结牢固，无空鼓、脱层和松散等情况。

五、涂层表面应无乳突。有外观要求的部位，母线不直度和失圆度允许偏差不应大于8mm。

第4.0.5条 验收钢结构防火工程时，施工单位应具备下列文件：

一、国家质量监督检测机构对所用产品的耐火极限和理化力学性能检测报告。

二、大中型工程中对所用产品抽检的粘结强度、抗压强度等检测报告。

三、工程中所使用的产品的合格证。

四、施工过程中，现场检查记录和重大问题处理意见与结果。

五、工程变更记录和材料代用通知单。

六、隐蔽工程中间验收记录。

七、工程竣工后的现场记录。

附录一　名　词　解　释

名　词	说　　　　明
钢结构防火涂料	施涂于建筑物和构筑物钢结构构件表面，能形成耐火隔热保护层，以提高钢结构耐火极限的涂料。按其涂层厚度及性能特点可分为薄涂型和厚涂型两类
薄涂型钢结构防火涂料（B类）	涂层厚度一般为2~7mm，有一定装饰效果，高温时膨胀增厚，耐火隔热，耐火极限可达0.5~1.5h。又称为钢结构膨胀防火涂料
厚涂型钢结构防火涂料（H类）	涂层厚度一般为8~50mm，呈粒状面，密度较小，热导率低，耐火极限可达0.5~3.0h。又称为钢结构防火隔热涂料
裸露钢结构	建筑物或构筑物竣工后仍然露明的钢结构，如体育场馆、工业厂房等的钢结构
隐蔽钢结构	建筑物或构筑物竣工后，已经被围护、装修材料遮蔽、隔离的钢结构，如影剧院、百货楼、礼堂、办公大厦、宾馆等的钢结构
露天钢结构	建筑物或构筑物竣工后，仍露置于大气中，无屋盖防雨防风的钢结构，如石油化工厂、石油钻井平台、液化石油汽贮罐支柱钢结构等

附录二　钢结构防火涂料试验方法

一、钢结构防火涂料耐火极限试验方法：

将待测涂料按产品说明书规定的施工工艺施涂于标准钢构件（例如I_{36b}或I_{40a}工字钢）

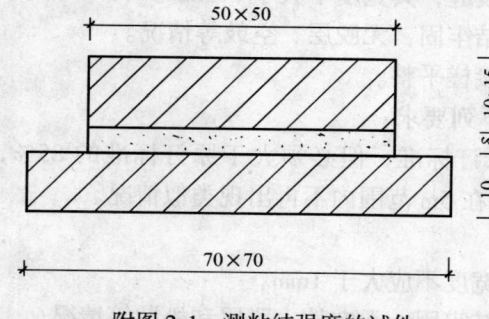

附图2.1　测粘结强度的试件

上，采用国家标准《建筑构件耐火试验方法》（GB 9978—88），试件平放在卧式炉上，燃烧时三面受火。试件支点内外非受火部分的长度不应超过300mm。按设计荷载加压，进行耐火试验，测定某一防火涂层厚度保护下的钢构件的耐火极限，单位为h。

二、钢结构防火涂料粘结强度试验方法：

参照《合成树脂乳液砂壁状建筑涂料》（GB 9153—88）6.12条粘结强度试验进行。

1．试件准备：将待测涂料按说明书规定的施工工艺施涂于70mm×70mm×10mm的钢板上（见附图2.1）

薄涂型膨胀防火涂料厚度δ为3~4mm，厚涂型防火涂料厚度δ为8~10mm。抹平，放在常温下干燥后将涂层修成50mm×50mm，再用环氧树脂将一块50mm×50mm×(10~15)mm的钢板粘结在涂层上，以便试验时装夹。

2．试验步骤：将准备好的试件装在试验机上，均匀连续加荷至试件涂层破裂为止。

粘结强度按下式计算：

$$f_b = \frac{F}{A}$$

式中 f_b——粘结强度（MPa）；
　　F——破坏荷载（N）；
　　A——涂层与钢板的粘结面面积（mm²）。

每次试验，取 5 块试件测量，剔除最大和最小值，其结果应取其余 3 块的算术平均值，精确度为 0.01MPa。

三、钢结构防火涂料涂层抗压强度试验方法：

参照 GBJ 203—83 标准中附录二"砂浆试块的制作、养护及抗压强度取值"方法进行。

将拌好的防火涂料注入 70.7mm×70.7mm×70.7mm 试模捣实抹平，待基本干燥固化后脱模，将涂料试块放置在 60±5℃的烘箱中干燥至恒重，然后用压力机测试，按下式计算抗压强度：

$$R = \frac{P}{A}$$

式中 R——抗压强度（MPa）；
　　P——破坏荷载（N）；
　　A——受压面积（mm²）。

每次试验的试件 5 块，剔除最大和最小值，其结果应取其余 3 块的算术平均值，精确度为 0.01MPa。

四、钢结构防火涂料涂层干密度试验方法：

采用准备做抗压强度的试块，在做抗压强度之前采用直尺和称量法测量试块的体积和质量。干密度按下式计算：

$$R = \frac{G}{V} \times 10^3$$

式中 R——防火涂料涂层干密度（kg/m³）；
　　G——试件质量（kg）；
　　V——试件体积（cm³）。

每次试验，取 5 块试件测量，剔除最大和最小值，其结果应取其余 3 块的算术平均值，精确度为 ±20kg/m³。

五、钢结构防火涂料涂层热导率的试验方法：

本方法用于测定厚涂型钢结构防火涂料的热导率。参照有关保温隔热材料导热系数测定方法进行。

1. 试件准备：将待测的防火涂料按产品说明书规定的工艺施涂于 200mm×200mm×20mm 或 φ200mm×20mm 的试模内，捣实抹平，基本干燥固化后脱模，放入 60±5℃的烘箱内烘干至恒重，一组试样为 2 个。

2. 仪器：稳态法平板导热系数测定仪（型号 DRP—1）。

3. 试验步骤：

（1）试样须在干燥器内放置 24h。

(2) 将试样置于测定仪冷热板之间，测量试样厚度，至少测量4点，精确到0.1mm。

(3) 热板温度为35±0.1℃，冷板温度为25±0.1℃，两板温差10±0.1℃。

(4) 仪器平衡后，计量一定时间内通过试样有效传热面积的热量，在相同的时间间隔内所传导的热量恒定之后，继续测量2次。

(5) 试验完毕再测量厚度，精确到0.1mm，取试验前后试样厚度的平均值。

4．计算式：

$$\lambda = \frac{Q \cdot d}{s \cdot \Delta Z \cdot \Delta t}$$

式中　λ——热导率[W/(m·K)]；
　　　Q——恒定时试样的导热量（J）；
　　　s——试样有效传热面积（m²）；
　　　ΔZ——测定时间间隔（h）；
　　　Δt——冷、热板间平均温度差（℃）。

六、钢结构防火涂料涂层抗振性试验方法：

本方法用于测定薄涂型钢结构防火涂料涂层的抗振性能。采用经防锈处理的无缝钢管（钢管长1300mm，外径48mm，壁厚4mm），涂料喷涂厚度为3～4mm，干燥后，将钢管一端以悬臂方式固定，使另一端初始变位达$L/200$（见附图2.2），以突然释放的方式让其自由振动。反复试验3次，试验停止后，观察试件上的涂层有无起层和脱落发生。记录变化情况，当起层、脱落的涂层面积超过1cm²即为不合格。

七、钢结构防火涂料涂层抗弯性试验：

本方法用于测定薄涂型钢结构防火涂料涂层的抗弯性能。试件与抗振性试验用的试件相同。试件干燥后，将其两端简支平放在压力机工作台上，在其中部加压至挠度达$L/100$时（L为支点间距离，长1000mm），观察试件上的涂层有无起层、脱落发生。

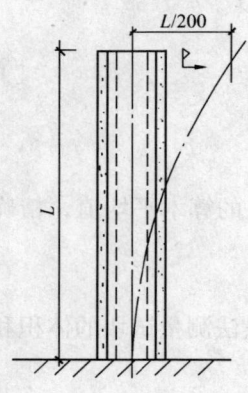

附图2.2　抗振试件安装和位移

注：厚涂型钢结构防火涂料涂层的抗撞击性能可用一块400mm×400mm×10mm的钢板，喷涂25mm厚的防火涂层，干燥固化，并养护期满后，用0.75～1kg的榔头敲打或用其他钝器撞击试件中心部位，观察涂层凹陷情况，是否出现开裂、破碎或脱落现象。

八、钢结构防火涂料涂层耐水性试验方法：

参照《漆膜耐水性测定法》（GB 1733）甲法进行。用120mm×50mm×10mm钢板，经防锈处理后，喷涂防火涂料（薄涂型涂料的厚度为3～4mm，厚涂型涂料的厚度为8～10mm），放入60±5℃的烘箱内干燥至恒重，取出放入室温下的自来水中浸泡，观察有无起层、脱落等现象发生。

九、钢结构防火涂料涂层耐冻融性试验方法：

本方法参照《建筑涂料耐冻融循环性测定法》（GB 9154—88）进行。

试件与耐水性试验相同。对于室内使用的钢结构防火涂料，将干燥后的试件，放置在23±2℃的室内18h，取出置于-18～-20℃的低温箱内冷冻3h，再从低温箱中取出放入50±2℃的烘箱中恒温3h，为一个循环。如此反复，记录循环次数，观察涂层开裂、起泡、剥落等异常现象。对于室外用的钢结构防火涂料，应将试件放置在23±2℃的室内

18h 改为置于水温为 23±2℃ 的恒温水槽中浸泡 18h，其余条件不变。

附录三　钢结构防火涂料施用厚度计算方法

在设计防火保护涂层和喷涂施工时，根据标准试验得出的某一耐火极限的保护层厚度，确定不同规格钢构件达到相同耐火极限所需的同种防火涂料的保护层厚度，可参照下列经验公式计算：

$$T_1 = \frac{W_2/D_2}{W_1/D_1} \times T_2 \times K$$

式中　T_1——待喷防火涂层厚度（mm）；

T_2——标准试验时的涂层厚度（mm）；

W_1——待喷钢梁重量（kg/m）；

W_2——标准试验时的钢梁重量（kg/m）；

D_1——待喷钢梁防火涂层接触面周长（mm）；

D_2——标准试验时钢梁防火涂层接触面周长（mm）；

K——系数。对钢梁，$K=1$；对相应楼层钢柱的保护层厚度，宜乘以系数 K，设 $K=1.25$。

公式的限定条件为：$W/D \geqslant 22$、$T \geqslant 9mm$，耐火极限 $t \geqslant 1h$。

附录四　钢结构防火涂料涂层厚度测定方法

一、测针与测试图：

测针（厚度测量仪），由针杆和可滑动的圆盘组成，圆盘始终保持与针杆垂直，并在其上装有固定装置，圆盘直径不大于 30mm，以保证完全接触被测试件的表面。如果厚度测量仪不易插入被插材料中，也可使用其他适宜的方法测试。

测试时，将测厚探针（见附图 4.1）垂直插入防火涂层直至钢基材表面上，记录标尺读数。

二、测点选定：

1. 楼板和防火墙的防火涂层厚度测定，可选两相邻纵、横轴线相交中的面积为一个单元；在其对角线上，按每米长度选一点进行测试。

2. 全钢框架结构的梁和柱的防火涂层厚度测定，在构件长度内每隔 3m 取一截面，按附图 4.2 所示位置测试。

3. 桁架结构，上弦和下弦按第二条的规定每隔 3m 取一截面检测，其他腹杆每根取一截面检测。

三、测量结果：

对于楼板和墙面，在所选择的面积中，至少测出 5 个点；对于梁和柱在所选择的位置中，分别测出 6 个和 8 个点。分别计算出它们的平均值，

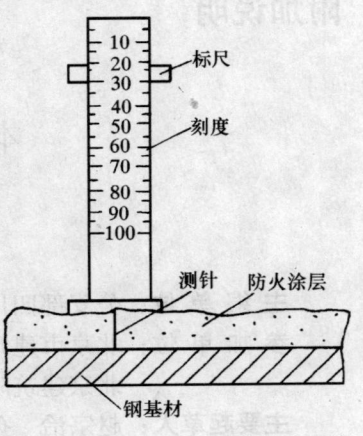

附图 4.1　测厚度示意

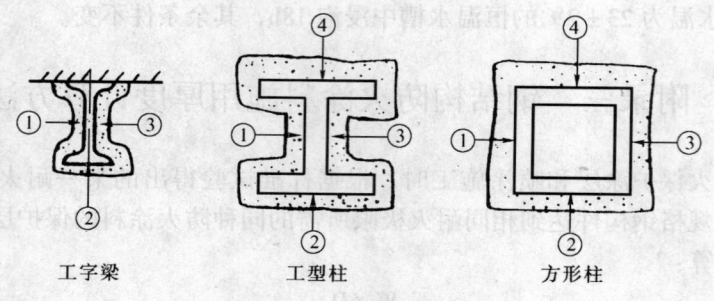

附图4.2 测点示意

精确到0.5mm。

附录五 本规范用词说明

一、执行本规范时，对要求严格程度的用词说明如下，以便在执行中区别对待。

1. 表示很严格，非这样做不可的：
正面词采用"必须"；反面词采用"严禁"。

2. 表示严格，在正常情况下均应这样做的：
正面词采用"应"；反面词采用"不应"或"不得"。

3. 表示允许稍有选择，在条件许可时首先应这样做的：
正面词采用"宜"或"可"；反面词采用"不宜"。

二、条文中必须按指定的标准、规范或其他有关规定执行的写法为"应按……执行"或"应符合……要求或规定"。非必须按所规定的标准、规范执行的写法为"可参照……执行"。

附加说明

本规范主编单位、参加单位和主要起草人名单

主 编 单 位：公安部四川消防科学研究所
参 加 单 位：北京市建筑设计研究院
　　　　　　北京建筑防火材料公司
主要起草人：赵宗治　孙东远　袁佑民　卿秀英
审 查 单 位：全国工程防火防爆标准技术委员会

中国工程建设标准化协会标准

钢结构防火涂料应用技术规范

CECS 24:90

条 文 说 明

目 录

第一章 总则 …………………………………………………………………… 1317
第二章 防火涂料及涂层厚度 ………………………………………………… 1319
第三章 钢结构防火涂料的施工 ……………………………………………… 1322
　第一节 一般规定 …………………………………………………………… 1322
　第二节 质量要求 …………………………………………………………… 1323
　第三节 薄涂型钢结构防火涂料施工 ……………………………………… 1324
　第四节 厚涂型钢结构防火涂料施工 ……………………………………… 1324
第四章 工程验收 ……………………………………………………………… 1325

第一章 总 则

第1.0.1条 本条是关于制定本规范的目的和遵循的有关方针政策,从下列几方面加以说明:

一、钢结构耐火性差,火灾教训深刻。20世纪80年代以来,我国的钢结构建筑发展较快,如商贸大厦、礼堂、影剧院、宾馆、饭店、图书馆、展览馆、体育馆、电视塔、工业厂房和仓库等大跨度建筑物和超高层建筑物,均广泛采用钢结构。用钢材制作骨架建造房屋,具有强度高、自重轻、吊装方便、施工迅速和节约木材等优点。但是,钢结构耐火性差,怕火烧,未加保护的钢结构在火灾温度作用下,只需15分钟,自身温度就可达540℃以上,钢材的力学性能,诸如屈服点、抗压强度、弹性模量以及载荷能力等,都迅速下降,在纵向压力和横向拉力作用下,钢结构不可避免地扭曲变形,垮塌毁坏。我国一些城市过去建造的钢结构建筑,由于缺乏有效的防火措施,防火设计不完善,留下不少火险隐患,有的发生了火灾。例如1973年5月3日天津市体育馆火灾,由于烟头掉入通风管道引燃甘蔗渣板和木板等可燃物,迅速蔓延,320多名消防指战员赶赴现场扑救,由于可燃材料火势很猛,钢结构耐火能力差,仅烧了19分钟,3500平方米的主馆屋顶拱型钢屋架全部塌落,致使原定次日举行的全国体操表演比赛无法进行,直接经济损失160多万元。又如1960年2月重庆天原化工厂火灾,1969年12月上海文化广场火灾,1973年北京二七机车车辆厂纤维板车间火灾,1979年12月吉林省煤气公司液化气厂火灾,1981年4月长春卷烟厂火灾,1983年12月北京友谊宾馆剧场火灾,1986年1月唐山市棉纺织厂火灾,1986年4月北京高压气瓶厂装罐车间火灾,1987年4月四川江油发电厂俱乐部火灾以及1988年中央党校火灾等。建筑物钢结构均在20分钟内就被烈火吞噬,变成了麻花状的废物,而且变形后的钢结构是无法修复使用的。

二、建筑物中承重钢结构需做防火保护。国家标准《建筑设计防火规范》(GBJ 16—87)和《高层民用建筑设计防火规范》(GBJ 45—82)中对建筑物的耐火等级及相应的建筑构件应达到的耐火极限,作了具体规定,详见表1.0.1。

表1.0.1 建筑构件的耐火极限要求

耐火极限(h) 耐火等级 \ 规范名称 构件名称	高层民用建筑设计防火规范			建筑设计防火规范				
	柱	梁	楼板、屋顶承重构件	支承多层的柱	支承单层的柱	梁	楼板	屋顶承重构件
一级	3.00	2.00	1.50	3.00	2.50	2.00	1.50	1.50
二级	2.50	1.50	1.00	2.50	2.00	1.50	1.00	0.50
三级	—	—	—	2.50	2.00	1.00	0.50	—

当建筑物采用钢结构时,钢构件虽是不燃烧体,但由于耐火极限仅0.25h,必须实施防火保护,提高其耐火极限,符合表1.0.1的有关规定才能满足防火规范要求。

三、防火保护措施与工程应用情况。钢结构的防火保护技术是一项综合性技术,它涉及到化工建材的生产、建筑防火设计和工程施工应用等诸多方面。

随着钢结构建筑的迅速发展,随之而来的防火保护技术问题日趋突出。过去的传统方法是在钢结构表面浇筑混凝土、涂抹水泥砂浆或用不燃板材包覆等。自20世纪70年代以来，国外采用防火涂料喷涂保护钢结构，代替了传统措施，技术上大大前进一步。我国从20世纪80年代初期起，从国外引进了一些钢结构防火涂料使用，如北京体育馆综合训练馆、北京西苑饭店、北京友谊宾馆、京广中心、北京昆仑饭店、北京香格里拉饭店、上海锦江饭店、深圳发展中心等，分别应用了英国的P20防火涂料、美国50#钢结构膨胀防火涂料和日本的矿纤维喷涂材料等。

自20世纪80年代中期起，我国有关单位先后研究开发出厚涂型和薄涂型的两类钢结构防火涂料，在设计、生产、施工和消防监督部门的通力合作下，分别应用于第十一届亚运会体育馆、北京中国国际贸易中心、京城大厦、中央彩电中心、北京石景山发电厂、北京王府井百货大楼、新北京图书馆、天津大沽化工厂、辽沈战役纪念馆、上海易初摩托车厂、南京华飞公司等上百项国家建设工程，提高了钢结构耐火极限，达到了防火规范要求，有的还经受了实际火灾考验。具体例子是：北京中国国际贸易中心全钢结构建筑采用LG钢结构防火涂料喷涂保护，整个建筑物尚未竣工和投入使用前，1989年3月1日凌晨该建筑物宴会厅内发生火灾，堆放在屋内的1345包玻璃纤维毡保温隔热材料包装纸箱着火，燃烧近三个小时，玻璃纤维被烧融成团块，顶上的现浇混凝土楼板被烧炸裂露出了钢筋，由于钢梁和钢柱上喷涂有25mm厚的LG防火涂层，尽管涂层表面被1000℃左右的高温烧成了釉状，但涂层内部还无明显变化，仍牢固地附着在钢基材上，除掉涂层，防锈漆仍保持鲜红颜色，钢结构安然无恙。假如未经保护的钢结构遭遇到同样大小的火灾，将不可避免地会受到损失，甚至变形垮塌毁坏了。国内外钢结构防火涂料在我国工程中应用，从防火设计、涂料开发与性能指标要求、喷涂施工与竣工验收等方面，积累了宝贵经验，为制定本规范奠定了基础。

四、工程建设急需统一的标准规范。目前，全国还没有一个统一的科学合理的标准规范，大家在贯彻国家有关防火规范并利用防火涂料保护钢结构时，无章可循，或只能参照企业标准执行，在涂料的选用与技术指标要求、耐火极限与涂层厚度的设计、施工技术和工程质量标准等方面，缺乏科学技术依据，甚至出现各行其是的现象。有的凭一些经验选用防火涂料，有的把木结构防火涂料或未经标准检测的防火涂料选用在钢结构上，有的不重视钢结构的防火保护，不按设计要求，随意买防火涂料涂刷，有的施工队未经培训，施工敷衍塞责，不是涂得过薄达不到耐火极限要求，就是涂得太厚浪费了材料，如此等等。为了更好地贯彻有关的防火规范，把采用钢结构防火涂料喷涂保护钢结构的工作做得更好，确保建筑物的安全，亟待制定钢结构防火涂料应用技术规范。

五、本规范的作用与意义。本规范的制定，适应了国家工程建设的急需，为广大工程设计、涂料生产和施工人员提供了科学合理的技术标准，为公安消防监督部门提供了监督管理的技术依据，对于贯彻国家有关的建筑设计防火规范，采用较先进的防火技术提高建筑物钢结构的耐火极限，有效地防止和减少火灾损失，保障生命财产，保卫社会主义建设，具有十分重要的意义。

六、遵循的有关方针政策。制定本规范遵循了国家有关的方针政策，如包括做到安全可靠、技术先进、经济合理等。安全可靠，是对钢结构实施防火保护时应做到的基本要求，防火保护做不到安全可靠就留下了火险隐患。技术先进，一方面是采用喷涂防火涂料保护钢结构，与传统的方法相比技术上是先进的；另一方面，对钢结构实施防火喷涂保护要根据钢结构类型、部位和耐火要求，挑选先进的防火涂料并采用先进的工艺技术施工。经济合理，要求做到安全可靠和技术先进的前提下，尽量节省涂料，避免浪费；在质量相同的情况下，优先选用国货，施工与维修均方便，也可节省外汇。

第1.0.2条 本条规定了本规范的适用范围。工业与民用建筑物和构筑物中应用钢结构作为承重构件，需进行防火保护才能达到有关防火规范的耐火极限要求时，即可按照本规范的规定，进行防火保护涂层的设计、施工和验收。

第1.0.3条 本条表明了本规范与国家有关规范的关系。本规范是《建筑设计防火规范》（GBJ 16—87）和《高层民用建筑设计防火规范》（GBJ 45—82）等国家标准规范的配套性规范，属于工程建设中的一个推荐性标准。在应用防火涂料保护钢结构时，除遵循本规范外，还应遵守防火规范的有关规定。

第二章 防火涂料及涂层厚度

第2.0.1条 根据国内外钢结构防火涂料的构成、特点和应用范围，将其分为薄涂型和厚涂型两类，从而可作出不同的规定，有利于应用。该两类涂料的名词解释见本规范附录一。不论哪一类钢结构防火涂料，其产品都应通过国家指定的检测机构检测合格，才可以选用。按照国家技术监督局指定，防火涂料系由国家防火建材质检中心检测（地址：四川省都江堰市，邮编611830）。性能指标不合格的钢结构防火涂料，或未经过标准检测的钢结构防火涂料以及一般饰面型防火涂料，不得选用在钢结构工程上。

第2.0.2条、第2.0.3条 这两条分别规定了薄涂型和厚涂型两类钢结构防火涂料的性能指标。其试验方法见本规范附录二。钢结构防火涂料耐火性能试验按《建筑构件耐火试验方法》（GB 9978）进行，该标准等效采用国际标准 ISO 834。理化力学性能试验主要参照采用化工建材或建筑涂料的试验方法标准，其中抗振抗弯性能试验方法是在研究开发防火涂料新品种中，根据工程应用要求建立起来的。各项指标的确定及其试验方法，是吸收国外先进技术和依据近几年我国研究开发出的两类防火涂料10余个品种的实测数据和工程应用要求而规定的，比较科学合理，代表了先进水平（详见表2.0.2和表2.0.3）。本规范规定的各项指标，均达到和略高于国外同类产品的水平。

表2.0.2 薄涂型钢结构防火涂料性能

指标 项目	品种 LB（四川、北京）	SG-1（广州）	SB-2（北京）	FCC50（美国）	本规范规定
粘结强度(MPa)	≥0.15	≥0.15	≥0.15		≥0.15
抗弯性能	≥L/50	≥L/50	≥L/100		≥L/100
抗振性能	≥L/100	≥L/100	≥L/200		≥L/200
耐水性能(h)	≥24	≥24	≥24		≥24
耐冻融循环(次)	≥15	≥15	≥15		≥15
耐火性能 涂层厚度(mm)	3 5 6	3 5.5 7	3 5.5 7	4.8	3 5.5 7
耐火性能 耐火极限不低于(h)	0.5 1.0 1.5	0.5 1.0 1.5	0.5 1.0 1.5	1.0	0.5 1.0 1.5

表 2.0.3　厚涂型钢结构防火涂料性能

指标＼品种＼项目		LC（四川、北京）	STI-A（北京）	SB-1（北京）	SJ-86（北京）	JG276（北京）	P20（英国）	本规范规定
粘结强度(MPa)		≥0.05	≥0.04	≥0.05	≥0.185			≥0.04
抗压强度(MPa)		≥0.4	≥0.4	≥0.5	1.9	≥0.20	0.35~0.42	≥0.3
干密度(kg/m³)		≤450	≤480	≤450			≤400	≤500
热导率[W/(m·K)]		≤0.09	≤0.09	≤0.09		≤0.1105	≤0.09	≤0.116
耐水性(h)		≥1000		≥1000	≥120			≥24
耐冻融循环(次)		≥15	≥15	≥15	≥15			≥15
耐火性能	涂层厚度(mm)	12 15 25 35	12 15 25 35	12 15 25 35	14	36	13 19 25	15 20 30 40 50
	耐火极限不低于(h)	1.0 1.5 2 3	1.0 1.5 2 3	1.0 1.5 2 3	1.5	4	1 1.5 2	1.0 1.5 2.0 2.5 3.0

两类防火涂料在性能上的共同要求是：首先要检测粘结性能，粘结力差，防火涂层会随着时间的推移而龟裂脱落，导致防火性能降低甚至失去防火保护作用。耐水和耐冻融循环两项，用以表明涂层在不同气候条件下使用具有一定的耐久耐候性能。耐火极限的规定，是钢结构防火涂料最重要的性能指标，它与涂层厚度密切相关，对于同种防火涂料在相同条件下做试验，不同的涂层厚度有不同的耐火极限。不同种类的防火涂料，相同的涂层厚度有不同的耐火极限。

两类防火涂料在性能上的不同要求是：薄涂型钢结构防火涂料多用于体育馆和工业厂房裸露钢结构上，钢构件截面积较小，受到振动和挠曲变化机会较多，特规定了涂层的抗振抗弯性能，不得因建筑物受到一定振动和构件发生挠曲变化而脱落与开裂。厚涂型钢结构防火涂料多用于建筑物隐蔽钢结构上，涂层厚，要求干密度要小，不得给建筑物增加过多荷载，同时热导率也随干密度的减小而降低，热导率低，耐火隔热性好，但是干密度太小，涂层强度降低，易损坏。因此，规定了适宜的抗压强度、干密度和热导率等性能指标。此外，对于耐火极限与涂层厚度的规定，由于薄涂型钢结构防火涂层的炭质泡膜，在1000℃高温下，稳定性降低，并会逐渐灰化掉，国内外提供的耐火极限数据均未达到2.0h，涂层厚度不超过7mm。所以，本规范未规定耐火极限2h及其以上的相应涂层厚度。

第2.0.4条　钢结构防火涂料除现有10余个品种在国内推广外，有关单位还在不断研究开发新的品种。面对众多产品，根据几年来的工程实践经验，建筑设计师们可按本条的几点规定去选择采用钢结构防火涂料：

一、由于薄涂型钢结构防火涂料具有涂层较薄，可调配各种颜色满足装饰要求，涂层粘结力强，抗振抗弯性好，耐火极限一般为0.5~1.5h。因此，对于耐火极限要求在1.5h及其以下的室内钢结构，特别是体育场馆、工业厂房的裸露的、有装饰要求的钢结构或轻型屋盖钢结构，宜采用薄涂型钢结构防火涂料。

二、室内隐蔽钢结构，如商贸大厦等超高层全钢结构以及宾馆、医院、礼堂、展览馆等建筑物的钢结构，在建筑物竣工之后，已被其他结构或装修材料遮蔽，防火保护层的外观要求不高，但其耐火极限往往要求在2h及其以上，因此，应采用厚涂型钢结构防火涂料。

三、露天钢结构，如石油化工厂、石油钻井平台、电缆栈桥及液化石油汽罐支柱等钢结构，应选用粘结力强，耐水、耐湿热、耐冻融性更好，适合室外用的钢结构防火涂料。必要时还可通过试验确定选择外用装饰作为面层，与钢结构防火涂料配套使用。

第2.0.5条 本条对用于保护钢结构的防火涂料的成分加以限制，摒弃了有害健康的涂料。有的涂料含有石棉和苯类溶剂，会危害健康和污染环境，有的涂料在施工干燥后，仍散放出刺激性气味，有的涂料显酸性或涂层易吸潮，对钢材有腐蚀，如此等等均不在选用之列。防火涂层在预定的使用期限内须保持其耐火与理化力学性能不明显下降。目前对涂料的使用寿命尚可根据涂料的构成及涂层的老化性能数据进行分析评估，或从已在工程中使用的年限与变化情况作出推测判定。

第2.0.6条 本条规定，是确保防火喷涂保护做到"安全可靠"和"经济合理"的条件之一。对于不同规格和不同耐火极限要求的钢结构构件，应喷涂不同的涂层厚度，该施工厚度按下列原则之一确定：

一、当选用的防火涂料产品已经做过不同厚度涂层的耐火试验时，可以根据防火规范对钢结构构件耐火极限的规定，直接选用需要喷涂的涂层厚度。

二、当工程中待保护的钢结构与标准试验钢构件的规格尺寸差距较大，又不能对每种规格的钢构件都喷涂涂料做耐火试验时，可以根据已有试验数据，参照本规范附录三的经验公式进行计算，以确定出待喷涂的涂层厚度。该公式引用了美国UL试验室提出的计算公式。我们将该公式中英制单位换算成公制单位，并进行了简化处理，增设系数，从只能计算钢梁的保护层厚度扩大到可以计算钢柱的保护层厚度。美国UL换算公式为：

$$T_1 = \frac{W_2/D_2 + 0.6}{W_1/D_1 + 0.6} \times T_2 \tag{2.0.6-1}$$

式中 T_1——待喷防火涂层厚度（in）；
T_2——标准耐火试验时涂层厚度（in）；
D_1——待喷钢梁防火涂层接触面周长（in）；
D_2——标准耐火试验时，钢梁防火涂层接触面周长（in）；
W_1——待喷钢梁重量（lb/ft）；
W_2——标准试验时，钢梁重量（lb/ft）；

公式使用的限定条件为：$W/D \geq 0.37$，$T \geq 3/8$ in，耐火时间 $h \geq 1$。

将 1ft = 0.3048m，1in = 25.4mm，1lb = 0.4538kg 代入式（2.0.6-1），换算化简，并增设系数，得公制单位的公式：

$$T_1 = \frac{W_2/D_2}{W_1/D_1} \times T_2 \times K \tag{2.0.6-2}$$

式中 T_1——待喷防火涂层厚度（mm）；
T_2——标准试验时防火涂层厚度（mm）；
W_1——待喷钢梁重量（kg/m）；
W_2——标准试验时，钢梁重量（kg/m）；

D_1——待喷钢梁防火涂层接触面周长（mm）；

D_2——标准试验时，钢梁防火涂层接触面周长（mm）；

K——系数。对钢梁，$K=1$；对相应楼层钢柱的保护层厚度，宜乘以系数 K，设 $K=1.25$。

式（2.0.6-2）限定条件为：$W/D \geq 22$，$T \geq 9mm$，耐火时间 $t \geq 1h$。

在确定钢结构防火涂料涂层厚度时，根据标准试验得出的某一耐火极限的保护层厚度，便可计算出不同规格钢构件达到相同耐火极限所需的同种防火涂料的保护层厚度。未做过耐火试验，利用本公式计算不出防火涂层厚度。在实际工程中，如北京中国国际贸易中心和京城大厦等超高层全钢结构的防火保护中，应用本公式分别计算了 LG 和 STI-A 钢结构防火涂料的喷涂厚度；京广中心钢结构采用英国的 P20 钢结构防火涂料，其涂层厚度按欧洲的有关经验公式计算，所得数值与按本公式计算结果基本一致。

对于确定防火涂层厚度，应用本公式进行计算是较方便的。美国 UL 试验室还提出其他一些经验公式，也可用以计算防火涂层厚度。

第 2.0.7 条 本条规定防火涂层质量要计算在结构荷载内，其目的是确保钢结构的稳定性。对于轻钢屋架，采用厚涂型防火涂料保护时，有可能超过允许的荷载规定，而采用薄涂型防火涂料时，增加的荷载一般都在允许范围内。

第 2.0.8 条 对于裸露钢结构以及露天钢结构，设计防火保护涂层时，应规定出涂层的颜色与外观，以便订货和施工时加以保证并以此要求进行验收。

第 2.0.9 条 本条提供了常用钢结构构件的喷涂保护方式，如本规范图 2.0.9 所示。由于钢结构类型很多，未全部画出来，其他的结构型式均可参照本条图示进行喷涂保护。从图上可看出，各受火部位的钢结构，均应喷涂，且各个面的保护层应有相同的厚度。

第三章 钢结构防火涂料的施工

第一节 一 般 规 定

第 3.1.1 条 钢结构防火涂料是一种消防安全材料，施工质量的好坏，直接影响使用效果和消防安全性能。根据国内外的经验明确规定，钢结构防火喷涂保护，应由经过培训合格的专业施工队施工，以确保工程质量。施工中安全技术、劳动保护等也要重视，按国家现行有关规定执行。

第 3.1.2 条 本条规定了钢结构防火涂料施工的前提，即要在钢结构安装就位，与其相连的吊杆、马道、管架及其他相关联的构件安装完毕，并经验收合格之后，才能进行喷涂施工。如若提前施工，既会影响安装与钢结构相连的管道、构件等，又不便于钢结构工程的验收，而且施涂的防火涂层还会被损坏。

第 3.1.3 条 施工前，钢结构表面的锈迹锈斑应彻底除掉，因为它影响涂层的粘结力，除锈之后要视具体情况进行防锈处理，对大多数钢结构而言，需要涂防锈底漆，所使用的防锈底漆与防火涂料应不发生化学反应。钢结构表面的除锈和防锈处理按《钢结构工程施工与验收规范》（GBJ 205）有关规定执行。有的防火涂料具有一定防锈作用，当钢结构长期处于空调环境中，锈蚀速度相当慢，建设单位认为可以不涂防锈漆时，则可以不再作防锈处理。

第3.1.4条 有些钢结构在安装时已经做好了除锈和防锈处理，但到防火涂料喷涂施工时，钢结构表面被尘土、油漆或其他杂物弄脏了，也会影响涂料的粘结力，应当认真清除干净。钢结构连接处常常留下4～12mm宽的缝隙，需要采用防火涂料或其他防火材料（如硅酸铝棉、防火堵料等）填补堵平后才能喷涂防火涂料，否则留下缺陷，成为火灾的薄弱环节，降低了钢结构的耐火极限。

第3.1.5条 既要求施涂防火涂料不要影响和损坏其他工程，又要求施涂的防火涂层不要被其他工程污染与损坏。施工过程中，对不需喷涂的设备、管道、墙面和门窗等，要用塑料布进行遮蔽保护，否则被喷撒的涂料污染难以清洗干净。刚喷涂施工好的涂层强度较低，要注意维护，避免受到其他脏液污染和雨水冲刷，降低其涂层的粘结力，也要避免在施工过程中被其他机械撞击而导致涂层剥落。如果涂层被污染或损坏了，应予以认真修补处理。

第3.1.6条 本条规定了钢结构防火涂料施工的气候条件。在施工过程中和施工之后涂层干燥固化之前，环境温度宜为5～38℃，相对湿度不宜大于90%，空气应流通。若是温度过低，或湿度太大，或风速在5m/s（四级）以上，或钢结构构件表面有结露时，都不利于防火喷涂施工。特别是水性防火涂料的施工，低温高湿影响涂层干燥甚至不能成膜。风速大，会降低喷射出的涂料的压力，涂层粘结不牢。

第二节 质 量 要 求

第3.2.1条 鉴于近几年推广应用防火涂料较混乱，有的防火涂料尚未作过耐火试验，也未检测理化力学性能，未经许可生产，就不负责任地推广应用到钢结构工程上，施涂很薄一层，甚至不久就龟裂脱落了，达不到防火保护目的，给国家造成了经济损失，也留下了火灾隐患。为此，特作出本条规定："用于保护钢结构的防火涂料必须有国家检测机构的耐火极限检测报告和理化性能检测报告，必须有防火监督部门核发的生产许可证和生产厂方的产品合格证"。不满足上述规定的防火涂料，不得用于喷涂钢结构。要把好涂料质量关，确保施工符合防火规范的要求，拒绝使用不合格的产品。

第3.2.2条 本条所规定的内容是需方检查验收防火涂料产品的依据。钢结构防火涂料生产厂家发运来的产品如没有品种名称、技术性能、颜色、制造批号、贮存期限和使用说明，不符合产品质量要求，与防火设计选用的涂料不一致时，不得验收存放，防止以假乱真和以次充好等不法行为出现。

第3.2.3条 有的钢结构防火涂料分为底层和面层涂料，要求底层和面层应相互配套，涂层间能牢固地粘结在一起，不出现理化变化，不降低涂层的性能指标。底层涂料不得锈蚀钢材，不会与防锈漆发生反应。如需用建筑装饰涂料作面层时，应通过试验确定适用的涂料，不能随意指定。

第3.2.4条 本条是关于重大钢结构工程在使用防火涂料的过程中进行抽检的规定。对于每个工程使用钢结构防火涂料时都进行全检或抽检是做不到的和不必要的。根据我国工程应用钢结构防火涂料情况和消防监督管理经验，除事先已经提供有全面的检测报告外，对于同一工程在施工过程中，每使用100t薄涂型钢结构防火涂料抽检一次粘结强度，每使用500t厚涂型钢结构防火涂料抽检一次粘结强度和抗压强度，既必要也能做到。检验方法按本规范附录二的有关方法进行。

第三节 薄涂型钢结构防火涂料施工

第3.3.1条 本条原则规定了薄涂型钢结构防火涂料的施工工具和施工方法。底层涂料一般都比较粗糙，宜采用重力式（或喷斗式）喷枪，配能自动调压的 0.6～0.9m³/min 的空气压缩机，喷嘴直径 4～6mm，空气压力 0.4～0.6MPa，局部修补和小面积施工，不具备喷涂条件时，可用抹灰刀等工具进行手工抹涂。面层装饰涂料，可以刷涂、喷涂或滚涂，用其中一种或多种方法方便地施工；用于喷底层涂料的喷枪当喷嘴直径可以调至 1～3mm 时，也可用于喷涂面层涂料。

第3.3.2条 正式喷涂施工前，要对防火涂料产品作必要的调配和搅拌。有的防火涂料是双组分装，需要在施工现场按说明书规定的比例和方法调配；出厂时已经配制好的涂料，不论是面层或底层涂料，都应当搅拌均匀再用。施工现场一般是用便携式的电动搅拌器搅拌涂料。调配和搅拌好的涂料应稠度适宜，喷涂的涂层不应发生流淌和下坠现象。涂料太稠，喷涂时反弹损失大，涂料太稀易流淌和下坠。

第3.3.3条 本条规定了底涂层施工的操作要求与施工质量。

一、首先检查钢基材表面是否具备施工条件，只有当钢基材除锈和防锈处理符合要求，尘土等杂物清除干净后，才可进行施工。

二、一般喷涂 2～3 遍，每遍厚度不超过 2.5mm，每间隔 8～24h 喷涂一次，视天气情况而定，必须在前一遍基本干燥后，再喷涂后一遍。每喷 1mm 厚的涂层耗用湿涂料 1.0～1.5kg。

三、喷涂时手握喷斗要稳，喷嘴与钢基材面垂直，喷口到喷面距离为 40～60cm。要来回旋转喷涂，注意搭接处颜色一致，厚薄均匀，要防止漏喷、流淌，确保涂层完全闭合，轮廓清晰。

四、喷涂过程中，操作人员要随身携带测厚针（厚度检查器），按本规范附录四附图 4.1 的方法检测涂层厚度，直到达到规定厚度方可停止喷涂。

五、按本方法喷涂形成的涂层是粒状面，当防火设计要求涂层表面要平整光滑时，待喷完最后一遍应采用抹灰刀或适合的工具做抹平处理，使外表面均匀平整。

第3.3.4条 本条规定了面层涂料施工操作要求与施工质量。

一、由于防火涂层厚度是靠底涂层来保证，面涂层很薄，主要起外观装饰作用，因此，面涂层的施工必须在底涂层经检测符合设计规定厚度，并基本干燥之后，才能进行。

二、面层一般施涂 1～2 次，搭接处要注意颜色均匀一致，要全部覆盖住底涂层，用手摸不扎手，感觉光滑。涂料耗量为 0.5～1kg/m²。

第四节 厚涂型钢结构防火涂料施工

第3.4.1条 本条根据工程实践经验规定了厚涂型钢结构防火涂料的施工工具和喷涂方法。采用压送式喷涂机具或挤压泵，配能自动调压的 0.6～0.9m³/min 的空气压缩机，喷枪口直径为 6～10mm，空气压力为 0.4～0.6MPa。一般来说，要使表面更平整，喷嘴宜小一些，喷压大一些。但喷嘴过小，粒状涂料出不去，空气压力过大，涂料反弹损耗多。

第3.4.2条 厚涂型钢结构防火涂料，不论是双组份还是单组分，均需在施工现场混合或加水及其他稀释剂调配，应严格按本产品说明书规定配制，使稠度适宜。涂料过稠时，在管道中输送流动困难；涂料过稀时，喷出后在基材上易发生流淌或下坠。有的涂料是化学固化干燥，配好的涂料必须在一定时间内使用完，否则会在容器或管道中发生固化而堵塞，务必边配边用。配料和喷涂一定要协调好。

第3.4.3条 本条规定了施工操作要求。喷涂施工是分遍成活，喷涂遍数与涂层厚度根据防火设计而定，通常喷涂2～5遍，每遍喷涂厚度宜为5～10mm，间隔4～24h喷涂一次。必须在前一遍基本干燥后再喷后一遍。喷涂遍数与涂层厚度根据设计要求和具体涂料而定。涂料耗量是每喷涂10mm厚的涂层需用5～10kg湿涂料。喷涂保护方式，是全保护还是部分保护，要按设计规定执行。

第3.4.4条 本条规定操作人员要随身携带测厚针检测喷涂的厚度，直到符合规定的厚度要求，方可停止喷涂。施工时不检测涂层厚度，更容易造成有的部位厚，有的部位薄，最后通不过验收。通过检测，使涂层厚度均匀，并可避免喷涂太厚，浪费材料。

第3.4.5条 为了确保涂层表面均匀平整，对喷涂的涂层要适当维护。涂层有时出现明显的乳突，应该采用抹灰刀等工具剔除乳突。

第3.4.6条 施工单位对喷涂的防火涂层应进行自检，有下列情况之一者，应进行重喷或补喷：

一、由于涂料质量差，或现场调配不当，或施工操作不好，或者气候条件不宜，使得干燥固化不好、粘结不牢或粉化、空鼓、起层脱落的涂层，应该铲除重新喷涂。

二、由于钢结构连接处的缝隙未完全填补平，或喷涂施工不仔细，造成钢结构的接头、转角处的涂层有明显凹陷时，应补喷。

三、在喷涂过程中往往掉落一些涂料在低矮部位的涂层面上形成浮浆，这类浮浆应铲除掉重新喷涂到规定的厚度。有的涂料干燥之后出现裂缝，如果裂缝深度超过1mm，则应针对裂缝补喷，避免出现更大的裂缝而引起涂层脱落或留下火灾时的薄弱环节。

四、依据规范附录四的方法检测涂层厚度，任一部位的厚度少于规定厚度的85%时应继续喷涂。当喷涂厚度大于规定厚度的85%，但不足规定厚度部位的连续面积的长度超过1m时，也要补喷直至达到规定的厚度要求。否则会留下薄弱环节，降低了耐火极限。

第四章 工程验收

第4.0.1条 本条是根据工程建设需要和钢结构防火保护工程验收经验而规定的。钢结构防火保护施工结束后，建设单位应组织和邀请当地公安消防监督部门、建筑防火设计部门、防火涂料生产与施工等单位的工程技术人员联合进行竣工验收。验收合格，防火保护工程才算正式完工。

第4.0.2条 验收时，检查项目与方法包括：

一、首先要检查运进现场并用于工程上的钢结构防火涂料的品种与颜色是否与防火设计选用及规定的相符。必要时，将样品进行目测对比。

二、用目视法检查涂层的颜色、漏涂和裂缝等；用0.75～1kg的榔头轻击涂层，检查是否粘结牢固，是否有空鼓、脱落等情况，如发出空响声，或成块状脱落，或有明显掉粉现象，表明不合格。

三、对于涂层厚度，要对照防火设计规定的厚度要求，按本规范附录四的方法进行抽检或全检，并做好记录和计算。检测记录格式参照表4.0.2。

表 4.0.2 钢结构防火涂料施工质量检测记录

施工单位：_____ 工程名称：_____ 施工部位：_____

实测项目		构件编号	实测结果	构件编号	实测结果	构件编号	实测结果	构件编号	实测结果	构件编号	实测结果
	喷涂厚度(mm)										
	表面质量	平整度			有无空鼓			有无裂纹			
		允差：1m 直尺 6mm			标准：无 100cm³ 以上空鼓			标准：无 0.5mm 以上裂纹			
		实测：			实测：			实测：			
综合记录		测点部位			实测：梁根点 柱根点			合格 点 合格率 ％			

工程负责人：_____ 质量检验：_____ 班组长：_____ 年 月 日

第4.0.3条、第4.0.4条 这两条分别规定了薄涂型钢结构防火涂料和厚涂型钢结构防火涂料的防火涂层的质量标准。涂层厚度的合格标准参照美国 ASTME 605 和英国钢铁协会及结构防火协会手册的规定。各条规定均结合了国情，吸收了多种钢结构防火涂料在多项钢结构工程上喷涂施工与竣工验收的经验。由于两类涂料的性能与用途有区别，规定其涂层的质量标准也不一致。经检查各项质量都符合该类涂层的标准时，即为合格，通过验收。如有个别不符，应视缺陷程度，分析原因和责任，视具体情况，责令限期维修处理后再验收。

第4.0.5条 本条规定了验收钢结构防火保护工程时，建设单位与施工单位应具备的主要技术文件。其中，耐火试验和理化力学性能试验报告及产品合格证等，施工前已由涂料生产或施工单位提供给了涂料使用单位，工程验收时，涂料使用单位应将该类技术文件资料向验收小组出示或提供。其余各项技术文件，视具体工程而定，凡施工过程中涉及到该项工作内容的，验收时施工单位必须提供有关的文件资料。上述主要文件资料不具备时，不宜验收。

建筑工程检测鉴定加固
规范汇编

（下）

本社 编

中国建筑工业出版社

建筑工程检验鉴定和加固
技 术 规 范

(下)

本 社 编

中国建筑工业出版社

目 录

第一篇 检测类规范

1 通用类检测规范 ·· 2
  《建筑工程施工质量验收统一标准》GB 50300—2001 ······························· 3
  《建筑结构检测技术标准》GB/T 50344—2004 ······································· 25
  《建筑变形测量规范》JGJ 8—2007 ·· 93

2 地基基础检测规范 ·· 183
  《建筑地基基础工程施工质量验收规范》GB 50202—2002 ······················ 184
  《建筑基桩检测技术规范》JGJ 106—2003 ·· 232

3 钢筋混凝土结构检测规范 ·· 320
  《混凝土强度检验评定标准》GBJ 107—87 ··· 321
  《钢筋混凝土用钢 第2部分：热轧带肋钢筋》GB 1499.2—2007 ············· 340
  《钢筋混凝土用热轧光圆钢筋》GB 13013—91 ···································· 354
  《混凝土结构试验方法标准》GB 50152—92 ······································· 359
  《混凝土结构工程施工质量验收规范》GB 50204—2002 ························ 400
  《回弹法检测混凝土抗压强度技术规程》JGJ/T 23—2001 ······················ 464
  《超声回弹综合法检测混凝土强度技术规程》CECS 02:2005 ·················· 495
  《钻芯法检测混凝土强度技术规程》CECS 03:2007 ······························ 539
  《超声法检测混凝土缺陷技术规程》CECS 21:2000 ······························ 556
  《后装拔出法检测混凝土强度技术规程》CECS 69:94 ··························· 595

4 砌体结构检测规范 ·· 615
  《烧结普通砖》GB 5101—2003 ··· 616
  《砌体工程施工质量验收规范》GB 50203—2002 ································· 625
  《砌体工程现场检测技术标准》GB/T 50315—2000 ······························ 665
  《贯入法检测砌筑砂浆抗压强度技术规程》JGJ/T 136—2001 ················· 713

5 钢结构检测规范 ··· 736
  《碳素结构钢》GB/T 700—2006 ··· 737

《低合金高强度结构钢》GB/T 1591—94 …… 745
《钢及钢产品力学性能试验取样位置及试样制备》GB/T 2975—1998 …… 751
《钢的成品化学成分允许偏差》GB/T 222—2006 …… 766
《钢和铁　化学成分测定用试样的取样和制样方法》GB/T 20066—2006 …… 774
《钢结构工程施工质量验收规范》GB 50205—2001 …… 811
《建筑钢结构焊接技术规程》JGJ 81—2002 …… 903
《钢焊缝手工超声波探伤方法和探伤结果分级》GB 11345—89 …… 1021
《无损检测　磁粉检测　第2部分：检测介质》GB/T 15822.2—2005 …… 1046
《无损检测　磁粉检测　第3部分：设备》GB/T 15822.3—2005 …… 1064
《钢结构超声波探伤及质量分级法》JG/T 203—2007 …… 1077
《铸钢件渗透检测》GB/T 9443—2007 …… 1106
《建筑安装工程金属熔化焊焊缝射线照相检测标准》CECS 70：94 …… 1118
《工程建设施工现场焊接目视检验规范》CECS 71：94 …… 1154

6　装饰、防护类检测规范 …… 1166

《建筑装饰装修工程质量验收规范》GB 50210—2001 …… 1167
《建筑工程饰面砖粘结强度检验标准》JGJ 110—2008 …… 1234
《外墙饰面砖工程施工及验收规程》JGJ 126—2000 …… 1251
《玻璃幕墙工程质量检验标准》JGJ/T 139—2001 …… 1270
《钢结构防火涂料应用技术规范》CECS 24：90 …… 1303

第二篇　鉴定类规范

《建筑抗震鉴定标准》GB 50023—95 …… 1328
《民用建筑可靠性鉴定标准》GB 50292—1999 …… 1396
《工业构筑物抗震鉴定标准》GBJ 117—88 …… 1475
《工业厂房可靠性鉴定标准》GBJ 144—90 …… 1535
《危险房屋鉴定标准》JGJ 125—99（2004年版） …… 1557

第三篇　加固类规范

《混凝土结构加固设计规范》GB 50367—2006 …… 1580
《既有建筑地基基础加固技术规范》JGJ 123—2000 …… 1734
《建筑抗震加固技术规程》JGJ 116—98 …… 1785
《民用房屋修缮工程施工规程》CJJ/T 53—93 …… 1837
《民用建筑修缮工程查勘与设计规程》JGJ 117—98 …… 1894
《混凝土结构后锚固技术规程》JGJ 145—2004 …… 1980
《钢结构加固技术规范》CECS 77：96 …… 2040
《砖混结构房屋加层技术规范》CECS 78：96 …… 2082
《碳纤维片材加固混凝土结构技术规程》CECS 146：2003（2007年版） …… 2115

第二篇

鉴 定 类 规 范

中华人民共和国国家标准

建筑抗震鉴定标准

Standard for seismic appraiser of building

GB 50023—95

主编部门：中华人民共和国建设部
批准部门：中华人民共和国建设部
施行日期：1996年6月1日

关于发布国家标准《建筑抗震鉴定标准》的通知

建标［1995］776号

根据国家计委计综（1984）305号文的要求，由建设部会同有关部门共同修订的《建筑抗震鉴定标准》，已经有关部门会审。现批准《建筑抗震鉴定标准》GB 50023—95 为强制性国家标准，自1996年6月1日起施行。原《工业与民用建筑抗震鉴定标准》TJ 23—77同时废止。

本标准由建设部负责管理，其具体解释等工作由中国建筑科学研究院负责。出版发行由建设部标准定额研究所负责组织。

中华人民共和国建设部
1995年12月19日

目 次

1 总则 …… 1332
2 术语和符号 …… 1332
   2.1 术语 …… 1332
   2.2 主要符号 …… 1333
3 基本规定 …… 1333
4 场地、地基和基础 …… 1335
   4.1 场地 …… 1335
   4.2 地基和基础 …… 1335
5 多层砌体房屋 …… 1337
   5.1 一般规定 …… 1337
   5.2 第一级鉴定 …… 1338
   5.3 第二级鉴定 …… 1343
6 多层钢筋混凝土房屋 …… 1345
   6.1 一般规定 …… 1345
   6.2 第一级鉴定 …… 1345
   6.3 第二级鉴定 …… 1347
7 内框架和底层框架砖房 …… 1348
   7.1 一般规定 …… 1348
   7.2 第一级鉴定 …… 1349
   7.3 第二级鉴定 …… 1351
8 单层钢筋混凝土柱厂房 …… 1351
   8.1 一般规定 …… 1351
   8.2 结构布置和构造鉴定 …… 1352
   8.3 抗震承载力验算 …… 1356
9 单层砖柱厂房和空旷房屋 …… 1356
   9.1 一般规定 …… 1356
   9.2 结构布置和构造鉴定 …… 1357
   9.3 抗震承载力验算 …… 1358
10 木结构和土石墙房屋 …… 1359
   10.1 木结构房屋 …… 1359
   10.2 土石墙房屋 …… 1362
11 烟囱和水塔 …… 1364
   11.1 烟囱 …… 1364
   11.2 水塔 …… 1364

附录 A 砖房抗震墙基准面积率	1366
附录 B 钢筋混凝土结构楼层受剪承载力	1369
附录 C 本构件常用截面尺寸	1370
附录 D 本标准用词说明	1373
附加说明	1374
条文说明	1375

1 总则

1.0.1 为了贯彻地震工作以预防为主的方针，减轻地震破坏，减少损失，对现有建筑的抗震能力进行鉴定，并为抗震加固或采取其他抗震减灾对策提供依据，特制定本标准。

符合本标准要求的建筑，在遭遇到相当于抗震设防烈度的地震影响时，一般不致倒塌伤人或砸坏重要生产设备，经修理后仍可继续使用。

1.0.2 本标准适用于抗震设防烈度为6~9度地区的现有建筑的抗震鉴定。抗震设防烈度，一般情况下，可采用地震基本烈度。

行业有特殊要求的建筑，应按专门的规定进行鉴定。

注：本标准"6、7、8、9度"为"抗震设防烈度为6、7、8、9度"的简称。

1.0.3 现有建筑应根据其重要性和使用要求，按现行国家标准《建筑抗震设防分类标准》分为四类，其抗震验算和构造鉴定应符合下列要求：

甲类建筑，抗震验算和构造均应按专门规定采用；

乙类建筑，抗震验算，可按抗震设防烈度的要求采用；抗震构造，除9度外可按提高一度的要求采用；

丙类建筑，抗震验算和构造均应按抗震设防烈度的要求采用；

丁类建筑，7~9度时，抗震验算可适当降低要求，抗震构造可按降低一度的要求采用；6度时可不做抗震鉴定。

1.0.4 现有建筑的抗震鉴定，除应符合本标准的规定外，尚应符合现行国家标准、规范的有关规定。

2 术语和符号

2.1 术语

2.1.1 抗震鉴定 seismic appraiser

通过检查现有建筑的设计、施工质量和现状，按规定的抗震设防要求，对其在地震作用下的安全性进行评估。

2.1.2 综合抗震能力 compound seismic capability

整个建筑结构综合考虑其构造和承载力等因素所具有的抵抗地震作用的能力。

2.1.3 墙体面积率 ratio of wall sectional area to floor area

墙体在楼层高度1/2处的净截面面积与同一楼层建筑平面面积的比值。

2.1.4 抗震墙基准面积率 characterisitic ratio of seismic wall

以墙体面积率进行砌体结构简化的抗震验算时，表示7度抗震设防的基本要求所取用的代表值。

2.1.5 结构构件现有承载力 available capacity of member

现有结构构件由材料强度标准值、结构构件（包括钢筋）实有的截面面积和对应于重力荷载代表值的轴向力所确定的结构构件承载力。包括现有受弯承载力和现有受剪承载力等。

2.2 主要符号

2.2.1 作用和作用效应

N——对应于重力荷载代表值的轴向压力
V_e——楼层的弹性地震剪力
S——结构构件地震基本组合的作用效应设计值
p_0——基础底面实际平均压力

2.2.2 材料性能和抗力

M_y——构件现有受弯承载力
V_y——构件或楼层现有受剪承载力
R——结构构件承载力设计值
f——材料现有强度设计值
f_k——材料现有强度标准值

2.2.3 几何参数

A_s——实有钢筋截面面积
A_w——抗震墙截面面积
A_b——楼层建筑平面面积
B——房屋宽度
L——抗震墙之间楼板长度、抗震墙间距，房屋长度
b——构件截面宽度
h——构件截面高度
l——构件长度、屋架跨度
t——抗震墙厚度

2.2.4 计算系数

β——综合抗震承载力指数
γ_{Ra}——抗震鉴定的承载力调整系数
ξ_y——楼层屈服强度系数
ξ_0——砖房抗震墙的基准面积率
ψ_1——结构构造的体系影响系数
ψ_2——结构构造的局部影响系数

3 基本规定

3.0.1 现有建筑的抗震鉴定应包括下列内容及要求：

3.0.1.1 搜集建筑的勘探报告、施工图纸、竣工图纸和工程验收文件等原始资料，当资料不全时，宜进行必要的补充实测。

3.0.1.2 调查建筑现状与原始资料相符合的程度、施工质量和维护状况，发现相关的非

抗震缺陷。

3.0.1.3 根据各类建筑结构的特点、结构布置、构造和抗震承载力等因素，采用相应的逐级鉴定方法，进行综合抗震能力分析。

3.0.1.4 对现有建筑整体抗震性能做出评价，对不符合抗震鉴定要求的建筑提出相应的抗震减灾对策和处理意见。

3.0.2 现有建筑的抗震鉴定，应根据下列情况区别对待：

3.0.2.1 建筑结构类型不同的结构，其检查的重点、项目内容和要求不同，应采用不同的鉴定方法。

3.0.2.2 对重点部位与一般部位，应按不同的要求进行检查和鉴定。

> 注：重点部位指影响该类建筑结构整体抗震性能的关键部位和易导致局部倒塌伤人的构件、部件，以及地震时可能造成次生灾害的部位。

3.0.2.3 对抗震性能有整体影响的构件和仅有局部影响的构件，在综合抗震能力分析时应分别对待。

3.0.3 抗震的鉴定方法，可分为两级。第一级鉴定应以宏观控制和构造鉴定为主进行综合评价，第二级鉴定应以抗震验算为主结合构造影响进行综合评价。

当符合第一级鉴定的各项要求时，建筑可评为满足抗震鉴定要求，不再进行第二级鉴定；当不符合第一级鉴定要求时，除本标准各章有明确规定的情况外，应由第二级鉴定做出判断。

3.0.4 现有建筑宏观控制和构造鉴定的基本内容及要求，应符合下列规定：

3.0.4.1 多层建筑的高度和层数，应符合本标准各章规定的最大值。

3.0.4.2 当建筑的平、立面，质量、刚度分布和墙体等抗侧力构件的布置在平面内明显不对称时，应进行地震扭转效应不利影响的分析；当结构竖向构件上下不连续或刚度沿高度分布突变时，应找出薄弱部位并按相应的要求鉴定。

3.0.4.3 检查结构体系，应找出其破坏会导致整个体系丧失抗震能力或丧失对重力的承载能力的部件或构件；当房屋有错层或不同类型结构体系相连时，应提高其相应部位的抗震鉴定要求。

3.0.4.4 当结构构件的尺寸、截面形式等不利于抗震时，宜提高该构件的配筋等构造的抗震鉴定要求。

3.0.4.5 结构构件的连接构造应满足结构整体性的要求；装配式厂房应有较完整的支撑系统。

3.0.4.6 非结构构件与主体结构的连接构造应满足不倒塌伤人的要求；位于出入口及临街等处，应有可靠的连接。

3.0.4.7 结构材料实际达到的强度等级，应符合本标准各章规定的最低要求。

3.0.4.8 当建筑场地位于不利地段时，尚应符合地基基础的有关鉴定要求。

3.0.5 6度和本标准各章有具体规定时，可不进行抗震验算；其他情况，宜在两个主轴方向分别按本标准各章规定的具体方法进行结构的抗震验算。

当本标准未给出具体方法时，可采用现行国家标准《建筑抗震设计规范》规定的方法，按下式进行结构构件抗震验算：

$$S \leq R/\gamma_{Ra} \tag{3.0.5}$$

式中 S——结构构件内力(轴向力、剪力、弯矩等)组合的设计值;计算时,有关的荷载、地震作用、作用分项系数、组合值系数和作用效应系数,应按现行国家标准《建筑抗震设计规范》的规定采用;

R——结构构件承载力设计值,按现行国家标准《建筑抗震设计规范》的规定采用;

γ_{Ra}——抗震鉴定的承载力调整系数,除本标准各章有具体规定外,一般情况下,可按现行国家标准《建筑抗震设计规范》承载力抗震调整系数值的0.85倍采用;对砖墙、砖柱、烟囱、水塔和钢构件连接,仍按现行国家标准《建筑抗震设计规范》的承载力抗震调整系数值采用。

3.0.6 现有建筑的抗震鉴定要求,可根据建筑所在场地、地基和基础等的有利和不利因素,作下列调整:

3.0.6.1 I类场地上的乙、丙类建筑,7~9度时,构造要求可降低一度。

3.0.6.2 IV类场地、复杂地形、严重不均匀土层上的建筑以及同一建筑单元存在不同类型基础时,可提高抗震鉴定要求。

3.0.6.3 有全地下室、箱基、筏基和桩基的建筑,可降低上部结构的抗震鉴定要求。

3.0.6.4 对密集的建筑,应提高相关部位的抗震鉴定要求。

3.0.7 对不符合鉴定要求的建筑,可根据其不符合要求的程度、部位对结构整体抗震性能影响的大小,以及有关的非抗震缺陷等实际情况,结合使用要求、城市规划和加固难易等因素的分析,通过技术经济比较,提出相应的维修、加固、改造或更新等抗震减灾对策。

4 场地、地基和基础

4.1 场 地

4.1.1 6、7度时及建造于对抗震有利地段的建筑,可不进行场地对建筑影响的抗震鉴定。

注:1. 对建造于危险地段的建筑,场地对建筑影响应按专门规定鉴定。
  2. 有利、不利等地段和场地类别,按现行国家标准《建筑抗震设计规范》划分。

4.1.2 8、9度时,建筑场地为条状突出山嘴、高耸孤立山丘、非岩石陡坡、河岸和边坡的边缘等不利地段,应对其地震稳定性、地基滑移及对建筑的可能危害进行评估;非岩石斜坡的坡度及建筑场地与坡脚的高差均较大时,宜估算局部地形导致其地震影响增大的后果。

4.1.3 在河岸或海边的乙类建筑,当液化层面向河心或海边倾斜时,应判明液化后土体滑动与开裂的危险。

4.2 地基和基础

4.2.1 符合下列的情况,可不进行地基基础的抗震鉴定:
(1) 丁类建筑;
(2) 6度时各类建筑;

(3) 7度时地基基础现状无严重静载缺陷的乙、丙类建筑；

(4) 8、9度时，不存在软弱土、饱和砂土和饱和粉土或严重不均匀土层的乙、丙类建筑。

4.2.2 地基基础现状的鉴定，应着重调查上部结构的不均匀沉降裂缝和倾斜；当基础无腐蚀、酥碱、松散和剥落，上部结构无不均匀沉降裂缝和倾斜，或虽有裂缝、倾斜但不严重且无发展趋势，该地基基础可评为无严重静载缺陷。

4.2.3 存在软弱土、饱和砂土和饱和粉土的地基基础，可根据烈度、场地类别、建筑现状和基础类型，进行液化、震陷及抗震承载力的两级鉴定。符合第一级鉴定的规定时，可不再进行第二级鉴定。

静载下已出现严重缺陷的地基基础，应同时审核其静载下的承载力。

4.2.4 地基基础的第一级鉴定应符合下列要求：

4.2.4.1 基础下主要受力层存在饱和砂土或饱和粉土时，对下列情况可不进行液化影响的判别：

(1) 对液化沉陷不敏感的丙类建筑；

(2) 符合现行国家标准《建筑抗震设计规范》液化初步判别要求的建筑；

(3) 液化土的上界与基础底面的距离大于1.5倍基础宽度。

4.2.4.2 基础下主要受力层存在软弱土时，对下列情况可不进行建筑在地震作用下沉陷的估算：

(1) 8、9度时，地基土静承载力标准值分别大于80kPa和100kPa；

(2) 基础底面以下的软弱土层厚度不大于5m。

4.2.4.3 采用桩基的建筑，对下列情况可不进行桩基的抗震验算：

(1) 按现行国家标准《建筑抗震设计规范》规定可不进行桩基抗震验算的建筑；

(2) 位于斜坡但地震时土体稳定的建筑。

4.2.5 地基基础的第二级鉴定应符合下列要求：

4.2.5.1 饱和土液化的第二级判别，应按现行国家标准《建筑抗震设计规范》的规定，采用标准贯入试验判别法。存在液化土时，应确定液化指数和液化等级，并提出相应的抗液化措施。

4.2.5.2 软弱土地基及8、9度时Ⅲ、Ⅳ类场地上的高层建筑和高耸结构，应进行地基和基础的抗震承载力验算。

4.2.6 现有天然地基的抗震承载力验算，应符合下列要求：

4.2.6.1 天然地基的竖向承载力，可按现行国家标准《建筑抗震设计规范》规定的方法验算，其中，地基土静承载力设计值应改用长期压密地基土静承载力设计值，其值可按下式计算：

$$f_{sE} = \zeta_s f_{sc} \tag{4.2.6-1}$$

$$f_{sc} = \zeta_c f_s \tag{4.2.6-2}$$

式中 f_{sE}——调整后的地基土抗震承载力设计值（kPa）；

ζ_s——地基土抗震承载力调整系数，可按现行国家标准《建筑抗震设计规范》采用；

f_{sc}——长期压密地基土静承载力设计值（kPa）；

f_s——地基土静承载力设计值（kPa），其值可按现行国家标准《建筑地基基础设计规范》采用；

ζ_c——地基土长期压密提高系数，其值可按表4.2.6采用。

表4.2.6 地基土承载力长期压密提高系数

年限与岩土类别	p_a/f_s			
	1.0	0.8	0.4	<0.4
2年以上的砾、粗、中、细、粉砂 5年以上的粉土和粉质黏土 8年以上地基土静承载力标准值大于100kPa的黏土	1.2	1.1	1.05	1.0

注：1. P_a指基础底面实际平均压应力（kPa）；
    2. 使用期不够或岩石、碎石土、其他软弱土，提高系数值可取1.0。

4.2.6.2 承受水平力为主的天然地基验算水平抗滑时，抗滑阻力可采用基础底面摩擦力和基础正侧面土的水平抗力之和；基础正侧面土的水平抗力，可取其被动土压力的1/3，抗滑安全系数不宜小于1.1；当刚性地坪的宽度不小于地坪孔口承压面宽度的3倍时，尚可利用刚性地坪的抗滑能力。

4.2.7 桩基抗震承载力验算时，非液化土的单桩抗震竖向承载力设计值可按静载时的1.5倍采用；水平承载力设计值可按静载时的1.2倍采用。

4.2.8 7～9度时山区建筑的挡土结构、地下室或半地下室外墙的稳定性验算，可采用现行国家标准《建筑地基基础设计规范》规定的方法；但抗滑安全系数不应小于1.1，抗倾覆安全系数不应小于1.2。验算时，土的重度应除以地震角的余弦，墙背填土的内摩擦角和墙背摩擦角应分别减去地震角和增加地震角。地震角可按表4.2.8采用。

表4.2.8 挡土结构的地震角

类 别	7度	8度	9度
水 上	1.5°	3°	6°
水 下	2.5°	5°	10°

4.2.9 同一建筑单元存在不同类型基础或基础埋深不同时，宜根据地震时可能产生的不利影响，估算地震导致两部分地基的差异沉降，检查基础抵抗差异沉降的能力，并检查上部结构相应部位的构造抵抗附加地震作用和差异沉降的能力。

5 多层砌体房屋

5.1 一般规定

5.1.1 本章适用于砖墙体和砌块墙体承重的多层房屋，其高度和层数不宜超过表5.1.1所列的范围。对隔开间或多开间设置横向抗震墙的房屋，其适用高度和层数宜比表5.1.1的规定分别降低3m和一层。

表 5.1.1　多层砌体房屋鉴定的最大高度（m）和层数

墙体类别	墙体厚度（mm）	6度 高度	6度 层数	7度 高度	7度 层数	8度 高度	8度 层数	9度 高度	9度 层数
黏土砖实心墙	≥240	24	八	22	七	19	六	13	四
	180	16	五	16	五	13	四	10	三
多孔砖墙	180～240	16	五	16	五	13	四	10	三
黏土砖空心墙	420	19	六	19	六	13	四	10	三
	300	10	三	10	三	10	三		
黏土砖空斗墙	240	10	三	10	三	10	三		
混凝土中型空心砌块墙	≥240	19	六	19	六	13	四		
混凝土小型空心砌块墙	≥190	22	七	22	七	16	五		
粉煤灰中型实心砌块墙	≥240	19	六	19	六	13	四		
	180～240	16	五	16	五	10	三		

注：1. 房屋层数不包括全地下室和出屋顶小房间，层高不宜超过4m；
　　2. 房屋高度指室外地坪到檐口高度，半地下室可从地下室室内地面算起；
　　3. 房屋上、下部分的墙体类别不同时，应按上部墙体的类别查表；
　　4. 黏土砖空心墙指由两片120mm厚砖墙或120mm厚砖墙与240mm厚砖墙通过卧砌砖连成的墙体。

5.1.2 抗震鉴定时，房屋的高度和层数、抗震墙的厚度和间距、墙体的砂浆强度等级和砌筑质量、墙体交接处的连接以及女儿墙和出屋面烟囱等易引起倒塌伤人的部位应重点检查；7~9度时，尚应检查楼、屋盖处的圈梁，楼、屋盖与墙体的连接构造，墙体布置的规则性。

5.1.3 多层砌体房屋的外观和内在质量应符合下列要求：
　　（1）墙体不空臌，无严重酥碱和明显歪闪；
　　（2）支承大梁、屋架的墙体无竖向裂缝，承重墙、自承重墙及其交接处无明显裂缝；
　　（3）木楼、屋盖构件无明显变形、腐朽、蚁蚀和严重开裂；
　　（4）混凝土构件符合本标准第6.1.3条的有关规定。

5.1.4 多层砌体房屋，可按结构体系、房屋整体性连接、局部易损易倒部位的构造及墙体抗震承载力，对整幢房屋的综合抗震能力进行两级鉴定。符合本章第一级鉴定的各项规定时，可评为满足抗震鉴定要求，不符合第一级鉴定要求时，除本章第5.2节有明确规定的情况外，应由第二级鉴定做出判断。

5.2　第 一 级 鉴 定

5.2.1 现有房屋的结构体系应符合下列规定：
5.2.1.1 房屋实际的高宽比和横墙间距应符合下列刚性体系的要求：
　　（1）房屋的高度与宽度（对外廊房屋，此宽度不包括其走廊宽度）之比不宜大于2.2，且高度不大于底层平面的最长尺寸；

(2) 抗震横墙的最大间距应符合表5.2.1的规定。

表 5.2.1 刚性体系的抗震横墙最大间距（m）

楼、屋盖类别	墙体类别	墙体厚度（mm）	6、7度	8度	9度
现浇成装配整体式混凝土	砖实心墙	≥240	15	15	11
	其他墙体	≥180	13	10	—
装配式混凝土	砖实心墙	≥240	11	11	7
	其他墙体	≥180	10	7	—
木、砖拱	砖实心墙	≥240	7	7	4

注：对Ⅳ类场地，表内的最大间距值应减少3m或4m以内的一开间。

5.2.1.2 房屋的平、立面和墙体布置宜符合下列规则性的要求：

（1）质量和刚度沿高度分布比较规则均匀，立面高度变化不超过一层，同一楼层的楼板标高相差不大于500mm；

（2）楼层的质心和计算刚心基本重合或接近。

5.2.2 承重墙体的砖、砌块和砂浆实际达到的强度等级，应符合下列要求：

5.2.2.1 砖强度等级不宜低于MU7.5，且不低于砌筑砂浆强度等级；中型砌块的强度等级不宜低于MU10，小型砌块的强度等级不宜低于MU5。砖、砌块的强度等级低于上述规定一级以内时，墙体的砂浆强度等级宜按比实际达到的强度等级降低一级采用。

5.2.2.2 墙体的砌筑砂浆强度等级，6度时或7度时三层及以下的砖砌体不应低于M0.4，当7度时超过三层或8、9度时不宜低于TM1；砌块墙体不宜低于M2.5。砂浆强度等级高于砖、砌块的强度等级时，墙体的砂浆强度等级宜按砖、砌块的强度等级采用。

5.2.3 现有房屋的整体性连接构造，应符合下列规定：

5.2.3.1 纵横墙交接处应有可靠连接，当不符合下列要求时，应采取加固或其他相应措施：

（1）墙体布置在平面内应闭合；纵横墙连接处，墙体内应无烟道、通风道等竖向孔道；

（2）纵横墙交接处应咬槎较好；当为马牙槎砌筑或有钢筋混凝土构造柱时，沿墙高每10皮砖（中型砌块每道水平灰缝）应有2φ6拉结钢筋；空心砌块有钢筋混凝土芯柱时，芯柱在楼层上下应连通，且沿墙高每隔0.6m应有φ4点焊钢筋网片与墙拉结。

5.2.3.2 楼、屋盖的连接应符合下列要求：

（1）混凝土预制构件应有座浆；预制板缝应有混凝土填实，板上应有水泥砂浆面层；

（2）木屋架不应为无下弦的人字屋架，隔开间应有一道竖向支撑或有木望板和木龙骨顶棚；当不符合时应采取加固或其他相应措施；

（3）楼、屋盖构件的支承长度不应小于表5.2.3-1的规定：

表 5.2.3-1 楼、屋盖构件的最小支承长度（mm）

构件名称	混凝土预制板		预制进深架	木屋架、木大梁	对接檩条	木龙骨、木檩条
位 置	墙上	梁上	墙上	墙上	屋架上	墙上
支承长度	100	80	180且有梁垫	240	60	120

5.2.3.3　圈梁的布置和构造应符合下列要求：
（1）现浇和装配整体式钢筋混凝土楼、屋盖可无圈梁；
（2）装配式混凝土楼、屋盖（或木屋盖）砖房的圈梁布置和配筋，不应少于表 5.2.3-2 的规定，圈梁截面高度不应小于 120mm，圈梁位置与楼、屋盖宜在同一标高或紧靠板底；纵墙承重房屋的圈梁布置要求应相应提高，空斗墙、空心墙和 180mm 厚砖墙的房屋，外墙每层应有圈梁，内墙隔开间宜有圈梁；
（3）装配式混凝土楼、屋盖的砌块房屋，每层均应有圈梁；内墙上圈梁的水平间距，7、8 度时分别不宜大于表 5.2.3-2 中 8、9 度时的相应规定；圈梁截面高度，中型砌块房屋不宜小于 200mm，小型砌块房屋不宜小于 150mm；
（4）砖拱楼、屋盖房屋，每层所有内外墙均应有圈梁，当圈梁承受砖拱楼、屋盖的推力时，配筋量不应少于 4φ12；
（5）屋盖处的圈梁应现浇，楼盖处的圈梁可为钢筋砖圈梁，其高度不小于 4 皮砖，砌筑砂浆强度等级不低于 M5，总配筋量不少于表 5.2.3-2 中的规定；现浇钢筋混凝土板墙或钢筋网水泥砂浆面层中的配筋加强带可代替该位置上的圈梁；与纵墙圈梁有可靠连结的进深梁或配筋板带也可代替该位置上的圈梁。

表 5.2.3-2　圈梁的布置和构造要求

位置和配筋量		7度	8度	9度
屋盖	外墙	除层数为二层的预制板或有木望板、木龙骨吊顶时，均应有	均应有	均应有
	内墙	同外墙，且纵横墙上圈梁的水平间距分别不应大于 8m 和 16m	纵横墙上圈梁的水平间距分别不应大于 8m 和 12m	纵横墙上圈梁的水平间距均不应大于 8m
楼盖	外墙	横墙间距大于 8m 或层灵敏超过四层时隔层有	横墙间距大于 8m 时每层应有，横墙间距不大于 8m 层数超过三层时，应隔层有	层数超过二层且横墙间距大于 4m 时，每层均应有
	内墙	横墙间距大于 8m 或层数超过四层时，应隔层有且圈梁的水平间距不应大于 16m	同外墙，且圈梁的水平间距不应大于 12m	同外墙，且圈梁的水平间距不应大于 8m
配筋量		4φ8	4φ10	4φ12

注：6 度时，同非抗震要求。

5.2.4　房屋中易引起局部倒塌的部件及其连接，应分别符合下列规定：
5.2.4.1　现有结构构件的局部尺寸、支承长度和连接应符合下列要求：
（1）承重的门窗间墙最小宽度和外墙尽端至门窗洞边的距离及支承大于 5m 大梁的内墙阳角至门窗洞边的距离，7、8、9 度时分别不宜小于 0.8m、1.0m、1.5m；
（2）非承重的外墙尽端至门窗洞边的距离，7、8 度时不宜小于 0.8m，9 度时不宜小于 1.0m；
（3）楼梯间及门厅跨度不小于 6m 的大梁，在砖墙转角处的支承长度不宜小于 490mm；
（4）出屋面的楼、电梯间和水箱间等小房间，8、9 度时墙体的砂浆强度等级不宜低于 M2.5；门窗洞口不宜过大；预制屋盖与墙体应有连接。

5.2.4.2 非结构构件的构造应符合下列要求,当不符合时位于出入口或临街处应加固或采取相应措施:

（1）隔墙与两侧墙体或柱应有拉结,长度大于5.1m或高度大于3m时,墙顶还应与梁板有连接;

（2）无拉结女儿墙和门脸等装饰物,当砌筑砂浆的强度等级不低于M2.5且厚度为240mm时,其突出屋面的高度,对整体性不良或非刚性结构的房屋不应大于0.5m;对刚性结构房屋的封闭女儿墙不宜大于0.9m;

（3）出屋面小烟囱在出入口或临街处应有防倒塌措施;

（4）钢筋混凝土挑檐、雨罩等悬挑构件应有足够的稳定性。

5.2.4.3 悬挑楼层、通长阳台,或房屋尽端有局部悬挑阳台、楼梯间、过街楼的支撑墙体,或与独立承重砖柱相邻的承重墙体,应提高有关墙体承载能力的要求。

5.2.5 第一级鉴定时,房屋的抗震横墙间距和宽度不应超过下列限值:

（1）层高在3m左右,墙厚为240mm的黏土砖实心墙房屋,当在层高的1/2处门窗洞所占的水平截面面积,对承重横墙不大于总截面面积的25%、对承重纵墙不大于总截面面积的50%时,其承重横墙间距L和房屋宽度B的限值宜按表5.2.5-1采用;其他墙体的房屋,应按表5.2.5-1的限值乘以表5.2.5-2规定的墙体类别修正系数采用;

表5.2.5-1 第一级鉴定的抗震横墙间距和房屋宽度限值（m）

楼层总数	检查楼层	砂浆强度等级									
		M0.4	M1	M2.5	M5	M10	M0.4	M1	M2.5	M5	M10
		L B	L B	L B	L B	L B	L B	L B	L B	L B	L B
		6度					7度				
二	2	6.9 10	11 15	15 15			4.8 7.1	7.9 11	12 15	15 15	
	1	6.0 8.8	9.2 14	13 15			4.2 6.2	6.4 9.5	9.2 13	12 15	
三	3	6.1 9.0	10 14	15 15	15 15		4.3 6.3	7.0 10	11 15	15 15	
	1-2	4.7 7.1	7.0 11	9.8 14	14 15		3.3 5.0	5.0 7.4	6.8 10	9.2 13	
四	4	5.7 8.4	9.4 14	14 15	15 15	15 15		6.6 9.5	9.8 12	12 15	
	3	4.3 6.3	6.6 9.6	9.3 14	15 15			4.6 6.7	6.5 9.5	8.9 12	
	1-2	4.0 6.0	5.9 8.9	8.1 11	15 15			4.1 6.2	5.7 8.5	7.5 11	
五	5	5.6 9.2	9.0 12	12 15	12 15	12 15		6.3 9.0	9.4 12	12 15	
	4	3.8 6.5	6.1 9.0	8.7 12	12 15	12 15		4.3 6.3	6.1 8.9	8.3 12	
	1-3		5.2 7.9	7.0 10	9.1 12			3.6 5.4	4.9 7.4	6.4 9.4	
六	6		8.9 12	12 12	12 12	12 12		6.1 8.8	9.2 12	12 12	
	5		5.9 8.6	8.3 12	11 12	12 12		4.1 6.0	5.8 8.5	7.8 11	
	4			6.8 10	9.1 12				4.8 7.1	6.4 9.3	
	1-3			6.3 9.4	8.1 12				4.4 6.6	5.7 8.4	
七	7		8.2 12	12 12	12 12	12 12			3.9 7.2	3.9 7.2	7.2
	6		5.2 8.3	8.0 11	11 12	12 12			3.9 7.2	3.9 7.2	7.2
	5			6.4 9.6	8.5 12				3.9 7.2	3.9 7.2	7.2
	1-4			5.7 8.5	7.3 11				3.9 7.2	3.9 7.2	7.2

1341

续表 5.2.5-1

楼层总数	检查楼层	砂浆强度等级																			
		M0.4		M1		M2.5		M5		M10		M0.4		M1		M2.5		M5		M10	
		L	B	L	B	L	B	L	B	L	B	L	B	L	B	L	B	L	B	L	B
		6度										7度									
八	6-8					3.9	7.8	3.9	7.8												
	1-5					3.9	7.8	3.9	7.8												
		8度										9度									
二	2	5.3	7.8	7.8	12	10	15							3.1	4.6	4.7	7.1	6.0	9.2	11	11
	1	4.3	6.4	6.2	8.9	8.4	12									3.7	5.3	5.0	7.1	6.4	9.0
三	3	4.7	6.7	7.0	9.9	9.7	14	13	15							4.2	4.9	5.8	8.2	7.7	10
	1-2	3.3	4.9	4.6	6.8	6.2	8.8	7.7	11									3.7	5.3	4.6	6.7
四	4	4.4	5.7	6.5	9.2	9.1	12	12											3.3	5.8	3.3	5.9
	3			4.3	6.3	5.9	8.5	7.6	11											3.3	4.8
	1-2			3.8	5.1	5.0	7.8	6.2	9.1											2.8	4.0
五	5			6.3	8.9	8.8	12	11	12												
	4			4.1	5.9	5.5	7.8	7.1	10												
	1-3			3.3	4.5	4.3	6.3	5.3	7.8												
六	6			3.9	3.9	6.0	3.9	5.9													
	5					3.9	5.5	3.9	5.9												
	4					3.2	4.7	3.9	5.9												
	1-3							3.9	5.9												

注：1. L 指240mm厚承重横墙间距限值；楼、屋盖为刚性时取平均值，柔性时取最大值，中等刚性可相应换算；
2. B 指240mm厚纵墙承重的房屋宽度限值；有一道同样厚度的内纵墙时可取1.4倍，有2道时可取1.8倍；平面局部突出时，房屋宽度可按加权平均值计算；
3. 楼盖为混凝土而屋盖为木屋架或钢木屋架时，表中顶层的限值宜乘以0.7。

表 5.2.5-2 抗震墙体类别修正系数

墙体类别	空斗墙	空心墙		多孔砖墙	小型砖块墙	中型砌块墙	实心墙		
厚度（mm）	240	300	420	190	t	t	180	370	480
修正系数	0.6	0.9	1.4	0.8	$0.8t/240$	$0.6t/240$	0.75	1.4	1.8

注：t 指小型砌块墙体的厚度。

(2) 自承重墙的限值，可按本条（1）款规定值的1.25倍采用；

(3) 对本章第5.2.4.3条规定的情况，其限值宜按本条（1）、（2）款规定值的0.8倍采用；突出屋面的楼、电梯间和水箱间等小房间，其限值宜按本条（1）、（2）款规定值的1/3采用。

5.2.6 多层砌体房屋符合本节各项规定可评为综合抗震能力满足抗震鉴定要求，当遇下列情况之一时，可不再进行第二级鉴定，但应对房屋采取加固或其他相应措施：

(1) 房屋高宽比大于3，或横墙间距超过刚性体系最大值4m；

(2) 纵横墙交接处连接不符合要求，或支承长度少于规定值的75%；

(3) 易损部位非结构构件的构造不符合要求；

（4）本节的其他规定有多项明显不符合要求。

5.3 第二级鉴定

5.3.1 多层砌体房屋采用综合抗震能力指数的方法进行第二级鉴定时，应根据房屋不符合第一级鉴定的具体情况，分别采用楼层平均抗震能力指数方法、楼层综合抗震能力指数方法和墙段综合抗震能力指数方法。

楼层平均抗震能力指数、楼层综合抗震能力指数和墙段综合抗震能力指数应按房屋的纵横两个方向分别计算。当最弱楼层平均抗震能力指数、最弱楼层综合抗震能力指数或最弱墙段综合抗震能力指数大于等于1.0时，可评定为满足抗震鉴定要求；当小于1.0时，应对房屋采取加固或其他相应措施。

5.3.2 结构体系、整体性连接和易引起倒塌的部位符合第一级鉴定要求，但横墙间距和房屋宽度均超过或其中一项超过第一级鉴定限值的房屋，可采用楼层平均抗震能力指数方法进行第二级鉴定。楼层平均抗震能力指数应按下式计算：

$$\beta_i = A_i / A_{bi} \xi_{oi} \lambda \tag{5.3.2}$$

式中 β_i——第 i 楼层的纵向或横向墙体平均抗震能力指数；

A_i——第 i 楼层的纵向或横向抗震墙在层高1/2处净截面的总面积，其中不包括高宽比大于4的墙段截面面积；

A_{bi}——第 i 楼层的建筑平面面积；

ξ_{oi}——第 i 楼层的纵向或横向抗震墙的基准面积率，应按本标准附录A采用；

λ——烈度影响系数；6、7、8、9度时，分别按0.7、1.0、1.5和2.5采用。

5.3.3 结构体系、楼屋盖整体性连接、圈梁布置和构造及易引起局部倒塌的结构构件不符合第一级鉴定要求的房屋，可采用楼层综合抗震能力指数方法进行第二级鉴定，并应符合下列规定：

5.3.3.1 楼层综合抗震能力指数应按下式计算：

$$\beta_{ci} = \psi_1 \psi_2 \beta_i \tag{5.3.3}$$

式中 β_{ci}——第 i 楼层的纵向或横向墙体综合抗震能力指数；

ψ_1——体系影响系数，可按第5.3.3.2款确定；

ψ_2——局部影响系数，可按第5.3.3.3款确定。

5.3.3.2 体系影响系数可根据房屋不规则性、非刚性和整体性连接不符合第一级鉴定要求的程度，经综合分析后确定；也可由表5.3.3-1各项系数的乘积确定。当砖砌体的砂浆强度等级为M0.4时，尚应乘以0.9。

表 5.3.3-1 体系影响系数值

项 目	不符合的程度	ψ_1	影 响 范 围
房屋高宽比 η	$2.2 < \eta < 2.6$	0.85	上部1/3楼层
	$2.6 < \eta < 3.0$	0.75	上部1/3楼层
横墙间距	超过表5.2.1最大值在4m以内	0.90	楼层的 β_{ci}
		1.00	墙段的 β_{cj}

续表 5.3.3-1

项 目	不符合的程度	ψ_1	影 响 范 围
错层高度	>0.5m	0.90	错层上下
立面高度变化	超过一层	0.90	所有变化的楼层
相邻楼层的墙体刚度比 λ	$2<\lambda<3$	0.85	刚度小的楼层
	$\lambda>3$	0.75	刚度小的楼层
楼、屋盖构件的支承长度	比规定少 15% 以内	0.90	不满足的楼层
	比规定少 15%~25%	0.80	不满足的楼层
圈梁布置和构造	屋盖外墙不符合	0.70	顶层
	楼盖外墙一道不符合	0.90	缺圈梁的上、下楼层
	楼盖外墙二道不符合	0.80	所有楼层
	内墙不符合	0.90	不满足的上、下楼层

注：单项不符合的程度超过表内规定或不符合的项目超过3项时，应采取加固或其他相应措施。

5.3.3.3 局部影响系数可根据易引起局部倒塌各部位不符合第一级鉴定要求的程度，经综合分析后确定，也可由表5.3.3-2 各项系数中的最小值确定。

表 5.3.3-2 局部影响系数值

项 目	不符合的程度	ψ_2	影 响 范 围
墙体局部尺寸	比规定少 10% 以内	0.95	不满足的楼层
	比规定少 10%~20%	0.90	不满足的楼层
楼梯间等大梁的支承长度 l	$370mm<l<490mm$	0.80	该楼层的 β_{ci}
		0.70	该墙段的 β_{cij}
出屋面小房间		0.33	出屋面小房间
支承悬挑经结构构件的承重墙体		0.80	该楼层和墙段
房屋尽端设过街楼或楼梯间		0.80	该楼层和墙段
有独立砌体柱承重的房屋	柱顶有拉结	0.80	楼层、柱两侧相邻墙段
	柱顶无拉结	0.60	楼层、柱两侧相邻墙段

注：不符合的程度超过表内规定时，应采取加固或其他相应措施。

5.3.4 横墙间距超过刚性体系规定的最大值、有明显扭转效应和易引起局部倒塌的结构构件不符合第一级鉴定要求的房屋，当最弱的楼层综合抗震能力指数小于1.0时，可采用墙段综合抗震能力指数方法进行第二级鉴定。墙段综合抗震能力指数应按下式计算：

$$\beta_{cij} = \psi_1\psi_2\beta_{ij} \tag{5.3.4-1}$$

$$\beta_{ij} = A_{ij}/A_{bij}\xi_{oi}\lambda \tag{5.3.4-2}$$

式中 β_{cij} ——第 i 层 j 墙段综合抗震能力指数；

β_{ij} ——第 i 层 j 墙段抗震能力指数；

A_{ij} ——第 i 层第 j 墙段在 1/2 层高处的净截面面积；

A_{bij} ——第 i 层第 j 墙段计及楼盖刚度影响的从属面积，可根据刚性楼盖、中等刚性楼盖和柔性楼盖按现行国家标准《建筑抗震设计规范》的方法确定。

注：考虑扭转效应时，式（5.3.4-1）中尚包括扭转效应系数，其值可按现行国家标准《建筑抗震设计规范》的规定，取该墙段不考虑与考虑扭转时的内力比。

5.3.5 房屋的质量和刚度沿高度分布明显不均匀，或7、8、9度时房屋的层数分别超过六、五、三层，可按现行国家规范《建筑抗震设计规范》的方法验算其抗震承载力，并可按照本节的规定估算构造的影响，由综合评定进行第二级鉴定。

6 多层钢筋混凝土房屋

6.1 一般规定

6.1.1 本章主要适用于不超过10层的现浇及装配整体式钢筋混凝土框架（包括填充墙框架）和框架-抗震墙结构。

6.1.2 抗震鉴定时，下列薄弱部位应重点检查：
（1）6～9度时，应检查局部易掉落伤人的构件、部件；
（2）7～9度时，除符合上述要求外，尚应检查梁柱节点的连接方式及不同结构体系之间的连接构造；
（3）8、9度时，除符合上述要求外，尚应检查梁、柱的配筋，材料强度，各构件间的连接，结构体型的规则性，短柱分布，使用荷载的大小和分布等。

6.1.3 钢筋混凝土房屋的外观和内在质量宜符合下列要求：
（1）梁、柱及其节点的混凝土仅有少量微小开裂或局部剥落，钢筋无露筋、锈蚀；
（2）填充墙无明显开裂或与框架脱开；
（3）主体结构构件无明显变形、倾斜或歪扭。

6.1.4 钢筋混凝土房屋可按结构体系、结构构件的配筋、填充墙等与主体结构的连接及构件的抗震承载力，对整幢房屋的综合抗震能力进行两级鉴定。符合本章第一级鉴定的各项规定时，可评为满足抗震鉴定要求，不符合第一级鉴定要求和9度时，除本章第6.2节有明确规定的情况外，应由第二级鉴定做出判断。

6.1.5 当砌体结构与框架结构相连或依托于框架结构时，应加大砌体结构所承担的地震作用，再按本标准第5章进行抗震鉴定；对框架结构的鉴定，应计入两种不同性质的结构相连导致的不利影响。砖女儿墙、门脸等非结构构件和突出屋面的小房间，应符合本标准第5章的有关规定。

6.2 第一级鉴定

6.2.1 现有房屋的结构体系应符合下列规定：

6.2.1.1 框架结构宜为双向框架，装配式框架宜有整浇节点，8、9度时不应为铰接节点。当不符合时应加固。

6.2.1.2 8、9度时，结构体系宜符合下列规则性的要求：
（1）平面局部突出部分的长度不宜大于宽度，且不宜大于该方向总长度的30%；
（2）立面局部缩进的尺寸不宜大于该方向水平总尺寸的25%；
（3）楼层刚度不宜小于其相邻上层刚度的70%，且连续三层总的刚度降低不宜大于

50%;

(4) 无砌体结构相连,且平面内的抗侧力构件及质量分布宜基本均匀对称。

6.2.1.3 8、9度时,钢筋混凝土抗震墙或抗侧力黏土砖填充墙之间楼、屋盖的最大长宽比宜符合表6.2.1-1的规定:

表6.2.1-1 抗震墙之间楼、屋盖的最大长宽比

楼、屋盖类型	8度	9度
现浇或叠合梁板	3.0	2.0
装配式	2.5	1.0

6.2.1.4 8度时,厚度不小于240mm砌筑砂浆强度等级不低于M2.5的抗侧力黏土砖填充墙,其平均间距宜符合表6.2.1-2规定的限值:

表6.2.1-2 抗侧力黏土砖填充墙平均间距的限值

总层数	三	四	五	六
间距(m)	17	14	12	11

6.2.2 梁、柱、墙实际达到的混凝土强度等级,7度时不宜低于C13,8、9度时不应低于C18。

6.2.3 6度和7度Ⅰ、Ⅱ类场地时,框架应符合非抗震设计要求,其中,梁纵向钢筋在柱内的锚固长度,Ⅰ级钢不宜小于纵向钢筋直径的25倍,Ⅱ级钢不宜小于纵向钢筋直径的30倍,混凝土强度等级为C13时,锚固长度应相应增加纵向钢筋直径的5倍;7度Ⅲ、Ⅳ类场地和8、9度,梁、柱、墙的构造尚应符合下列规定:

6.2.3.1 框架角柱纵向钢筋的总配筋率,8度时不宜小于0.8%,9度时不宜小于1.0%;其他各柱纵向钢筋的总配筋率,8度时不宜小于0.6%,9度时不宜小于0.8%。

6.2.3.2 梁、柱的箍筋应符合下列要求:

(1) 在柱的上、下端,柱净高各1/6的范围内,7度Ⅲ、Ⅳ类场地和8度时,箍筋直径不应小于$\phi 6$,间距不应大于200mm;9度时,箍筋直径不应小于$\phi 8$,间距不应大于150mm;

(2) 在梁的两端,梁高各一倍范围内的箍筋间距,8度时不应大于200mm,9度时不应大于150mm;

(3) 净高与截面高度之比不大于4的柱,包括因嵌砌黏土砖填充墙形成的短柱,沿柱全高范围内的箍筋直径不应小于$\phi 8$,箍筋间距,8度时不应大于150mm,9度时不应大于100mm。

6.2.3.3 框架柱截面宽度不宜小于300mm,8度Ⅲ、Ⅳ类场地和9度时不宜小于400mm;9度时,柱的轴压比不应大于0.8。

6.2.3.4 8、9度时,框架—抗震墙结构的构造应符合下列要求:

(1) 抗震墙的周边宜与框架梁柱形成整体或有加强的边框;

(2) 墙板的厚度不宜小于140mm,且不宜小于墙板净高的1/30,墙板中竖向及横向钢筋的配筋率均不应小于0.15%;

(3) 墙板与楼板的连接,应能可靠地传递地震作用。

6.2.4 框架结构利用山墙承重时，山墙应有钢筋混凝土壁柱与框架梁可靠连接，当不符合时，8、9度应加固。

6.2.5 砖砌体填充墙、隔墙与主体结构的连接应符合下列规定：

（1）考虑填充墙抗侧力作用时，填充墙的厚度，6~8度时不应小于180mm，9度时不应小于240mm；砂浆强度等级，6~8度时不应低于M2.5，9度时不应低于M5；填充墙应嵌砌于框架平面内。

（2）填充墙沿柱高每隔600mm左右应有2ϕ6拉筋伸入墙内，8、9度时伸入墙内的长度不宜小于墙长的1/5且不小700mm；当墙高大于5m时，墙内宜有连系梁与柱连接；对于长度大于6m的黏土砖墙或长度大于5m的空心砖墙，8、9度时墙顶与梁应有连接。

（3）房屋的内隔墙应与两端的墙或柱有可靠连接；当隔墙长度大于6m，8、9度时墙顶尚应与梁板连接。

6.2.6 钢筋混凝土房屋符合本节各项规定可评为综合抗震能力满足要求；当遇下列情况之一时，可不再进行第二级鉴定，但应对房屋采取加固或其他相应措施：

（1）单向框架；

（2）8、9度时混凝土强度等级低于C13；

（3）与框架结构相连的承重砌体结构不符合要求；或女儿墙、门脸等非结构构件不符合本标准第5.2.4.2款的有关要求；

（4）本节的其他规定有多项明显不符合要求。

6.3 第 二 级 鉴 定

6.3.1 钢筋混凝土房屋，应分别采用下列平面结构的楼层综合抗震能力指数进行第二级鉴定：

6.3.1.1 一般情况下，可在两个主轴方向分别选取有代表性的平面结构；

6.3.1.2 框架结构与承重砌体结构相连时，除符合上述要求外，尚应取连接处的平面结构；

6.3.1.3 有明显扭转时，除符合上述要求外，尚应取考虑扭转影响的边榀结构。

6.3.2 楼层综合抗震能力指数的计算应符合下列规定：

6.3.2.1 楼层综合抗震能力指数可按下列公式计算：

$$\beta = \psi_1 \psi_2 \xi_y \tag{6.3.2-1}$$

$$\xi_y = V_y / V_e \tag{6.3.2-2}$$

式中 β——平面结构楼层综合抗震能力指数；

ψ_1——体系影响系数；可按第6.3.2.2款确定；

ψ_2——局部影响系数；可按第6.3.2.3款确定；

ξ_y——楼层屈服强度系数；

V_y——楼层现有受剪承载力，可按本标准附录B计算；

V_e——楼层的弹性地震剪力，可按第6.3.2.4款计算。

6.3.2.2 体系影响系数可根据结构体系、梁柱箍筋、轴压比等符合第一级鉴定要求的程度和部位，按下列情况确定：

(1) 当上述各项构造均符合现行国家标准《建筑抗震设计规范》的规定时，可取1.25；
(2) 当各项构造均符合第一级鉴定的规定时，可取1.0；
(3) 当各项构造均符合非抗震设计规定时，可取0.8；
(4) 当结构受损伤或发生倾斜而已修复纠正，上述数值尚宜乘以0.8~1.0；

6.3.2.3 局部影响系数可根据局部构造不符合第一级鉴定要求的程度，采用下列三项系数选定后的最小值：
(1) 与承重砌体结构相连的框架，取0.8~0.95；
(2) 填充墙等与框架的连接不符合第一级鉴定要求，取0.7~0.95；
(3) 抗震墙之间楼、屋盖长宽比超过表6.2.1-1的规定值，可按超过的程度，取0.6~0.9；

6.3.2.4 楼层的弹性地震剪力，对规则结构可采用底部剪力法计算，地震影响系数按现行国家标准《建筑抗震设计规范》截面抗震验算的规定取值，地震作用分项系数取1.0；对考虑扭转影响的边榀结构，可按现行国家标准《建筑抗震设计规范》规定的方法计算。

6.3.3 符合下列规定之一的多层钢筋混凝土房屋，可评定为满足抗震鉴定要求，当不符合时应采取加固或其他相应措施：
(1) 楼层综合抗震能力指数不小于1.0的结构；
(2) 按本标准3.0.5.3条规定进行抗震承载力验算并满足要求的其他结构。验算时，应采用现行国家标准《建筑抗震设计规范》规定的有关方法，其中，宜按三级抗震等级进行地震作用效应的调整；尚可按照本节的规定对构造的影响进行综合分析。

7 内框架和底层框架砖房

7.1 一 般 规 定

7.1.1 本章适用于黏土砖墙和钢筋混凝土柱混合承重的内框架和底层框架砖房，其最大高度和层数宜符合表7.1.1的规定。

表7.1.1 房屋鉴定的最大高度（m）和层数

房 屋 类 别	墙体厚度(mm)	6度 高度	6度 层数	7度 高度	7度 层数	8度 高度	8度 层数	9度 高度	9度 层数
底层框架砖房	≥240	19	六	19	六	16	五	10	三
	180	13	四	13	四	10	三	7	二
底层内框架砖房	≥240	13	四	13	四	10	三		
	180	7	二	7	二	7	二		
多排柱内框架砖房	≥240	18	五	17	五	15	四	8	二
单排柱内框架砖房	≥240	16	四	15	四	12	三	7	二

注：1. 类似的砌块房屋可按照本章规定的原则进行鉴定，但9度时不适用，6~8度时，高度相应降低3m，层数相应减少一层；
2. 房屋的层数和高度超过表内规定值一层和3m以内时，应进行第二级鉴定。

7.1.2 抗震鉴定时，对房屋的高度和层数、横墙的厚度和间距、墙体的砂浆强度等级和砌筑质量、底层框架和底层内框架砖房的底层楼盖类型及底层与第二层的侧移刚度比、多层内框架砖房的屋盖类型和纵向窗间墙宽度，应重点检查；7～9度时，尚应检查圈梁和其他连接构造，8、9度时，尚应检查框架的配筋。

7.1.3 内框架和底层框架砖房的外观和内在质量应符合下列要求：
（1）砖墙体应符合本标准第5.1.3条的有关规定；
（2）混凝土构件应符合本标准第6.1.3条的有关规定。

7.1.4 内框架和底层框架砖房可按结构体系、房屋整体性连接、局部易损部位的构造及砖墙和框架的抗震承载力，对整幢房屋的综合抗震能力进行两级鉴定。符合本章第一级鉴定的各项规定时，可评为满足抗震鉴定要求。不符合第一级鉴定要求时，除本章第7.2节有明确规定的情况外，应由第二级鉴定做出判断。

7.1.5 内框架和底层框架砖房的砌体部分和框架部分，除符合本章规定外，尚应分别符合本标准第5章、第6章的有关规定。

7.2 第 一 级 鉴 定

7.2.1 现有房屋的结构体系应符合下列规定：

7.2.1.1 抗震横墙的最大间距应符合表7.2.1的规定，超过时应采取相应措施：

表7.2.1 抗震横墙的最大间距（m）

房屋类型	6度	7度	8度	9度
底层框架砖房的底层	25	21	19	15
底层内框架砖房的底层	18	18	15	11
多排柱内框架砖房	30	30	30	20
单排柱内框架砖房	18	18	15	11

7.2.1.2 底层框架、底层内框架砖房的底层，在纵横两个方向均应有砖或钢筋混凝土抗震墙，且每个方向第二层与底层侧移刚度的比值，7度时不宜大于3.0，8、9度时不宜大于2.0。

7.2.1.3 内框架砖房的纵向窗间墙的宽度，6、7、8、9度时，分别不宜小于0.8m、1.0m、1.2m、1.5m；8、9度时厚度为240mm的抗震墙应有墙垛。

7.2.2 底层框架、底层内框架砖房的底层和多层内框架砖房的砖抗震墙，厚度不应小于240mm，砖实际达到的强度等级不应低于MU7.5；砌筑砂浆实际达到的强度等级，6，7度时不应低于M2.5，8、9度时不应低于M5。

7.2.3 现有房屋的整体性连接构造应符合下列规定：

7.2.3.1 底层框架和底层内框架砖房的底层，8、9度时应为现浇或装配整体式混凝土楼盖，6、7度时可为装配式楼盖，但应有圈梁。当不符合时应采取相应措施。

7.2.3.2 多层内框架砖房的圈梁，应符合本标准第5.2.3.3款的有关规定；采用装配式混凝土楼、屋盖时，尚应符合下列要求：
（1）顶层应有圈梁；
（2）6度时和7度不超过三层时，隔层应有圈梁；
（3）7度超过三层和8、9度时，各层均应有圈梁。

7.2.3.3 内框架砖房大梁在外墙上的支承长度不应小于240mm，且应与垫块或圈梁相连。

7.2.3.4 多层内框架砖房在外墙四角和楼、电梯间四角及大房间内外墙交接处，7、8度时超过三层和9度时，应有构造柱或沿墙高每10皮砖应有2φ6拉结钢筋。

7.2.4 房屋中易引起局部倒塌的构件、部件及其连接的构造，可按照本标准第5.2.4条的有关规定检验；底层框架、底层内框架砖房的上部各层的第一级鉴定，应符合本标准第5.2节的有关要求；框架梁、柱的第一级鉴定，应符合本标准第6.2节的有关要求。

7.2.5 第一级鉴定时，抗震横墙间距和房屋宽度不应超过下列限值：

7.2.5.1 底层框架、底层内框架砖房的上部各层，抗震横墙间距和房屋宽度的限值应按本标准第5.2.5条的有关规定采用；

7.2.5.2 底层框架砖房的底层，横墙厚度为370mm时的抗震横墙间距和纵墙厚度为240mm时的房屋宽度，其限值宜按表7.2.5采用，其他厚度的墙体，表内数值可按墙厚的比例相应换算。

7.2.5.3 底层内框架房屋的底层，横墙间距和房屋宽度的限值，可按底层框架砖房的0.85倍采用，9度时不适用；

7.2.5.4 多排柱到顶的内框架砖房的横墙间距和房屋宽度限值，顶层可按本标准第5.2.5条规定限值的0.9倍采用，底层可分别按本标准第5.2.5条规定限值的1.4倍和1.15倍采用；其他各层限值的调整可用内插法确定；

7.2.5.5 单排柱到顶砖房的横墙间距和房屋宽度限值，可按多排柱到顶砖房相应限值的0.85倍采用。

表7.2.5 底层框架砖房第一级鉴定的底层横墙间距和房屋宽度限值（m）

楼层总数	6度				7度				8度				9度			
	砂 浆 强 度 等 级															
	M2.5		M5		M2.5		M5		M5		M10		M5		M10	
	L	B	L	B	L	B	L	B	L	B	L	B	L	B	L	B
二	25	15	25	15	19	14	21	15	17	13	18	15	11	8	14	10
三	20	15	25	15	15	11	19	14	13	10	16	12			10	7
四	18	13	22	15	12	9	16	12	11	8	13	10				
五	15	11	20	15	11	8	14	10			12	9				
六	14	10	18	13			12	9								

注：L指370mm厚横墙的间距限值，B指240mm厚纵墙的房屋宽度限值。

7.2.6 内框架和底层框架砖房符合本节各项规定可评为综合抗震能力满足抗震要求；当遇下列情况之一时，可不再进行第二级鉴定，但应对建筑采取加固或其他相应措施：

（1）横墙间距超过表7.2.1的规定，或构件支承长度少于规定值的75%；或底层框架、底层内框架砖房第二层与底层侧移刚度比大于3；

（2）8、9度时混凝土强度等级低于C13；

（3）非结构构件的构造不符合本标准第5.2.4.2款的有关要求；

（4）本节的其他规定有多项明显不符合要求。

7.3 第 二 级 鉴 定

7.3.1 内框架和底层框架砖房的第二级鉴定，一般情况下，可采用综合抗震能力指数的方法；房屋层数超过本标准表 7.1.1 所列数值时，应按本标准第 3.0.5.3 款的规定，采用现行国家标准《建筑抗震设计规范》的方法进行抗震承载力验算，并可按照本节规定计入构造影响因素，进行综合评定。

7.3.2 底层框架、底层内框架砖房采用综合抗震能力指数方法进行第二级鉴定时，应符合下列要求：

7.3.2.1 上部各层应按本标准第 5.3 节的规定进行。

7.3.2.2 底层的砖抗震墙部分，可根据房屋的总层数按照本标准第 5.3 节的规定进行。其抗震墙基准面积率，应按本标准附录 A.0.2 采用；烈度影响系数，6、7、8、9 度时，可分别按 0.7、1.0、1.7、3.0 采用。

7.3.2.3 底层的框架部分，可按本标准第 6.3 节的规定进行。其中，框架承担的地震剪力可按现行国家标准《建筑抗震设计规范》的有关规定采用。

7.3.3 多层内框架砖房采用综合抗震能力指数方法进行第二级鉴定时，应符合下列要求；

7.3.3.1 砖墙部分可按照本标准第 5.3 节的规定进行。其中，纵向窗间墙不符合第一级鉴定时，其影响系数应改按体系影响系数处理；抗震墙基准面积率，应按本标准附录 A.0.3 采用；烈度影响系数，6、7、8、9 度时，可分别按 0.7、1.0、1.7、3.0 采用。

7.3.3.2 框架部分可按照本标准第 6.3 节的规定进行。其外墙砖柱（墙垛）的现有受剪承载力，可根据对应于重力荷载代表值的砖柱轴向压力、砖柱偏心距限值、砖柱（包括钢筋）的截面面积和材料强度标准值等计算确定。

8 单层钢筋混凝土柱厂房

8.1 一 般 规 定

8.1.1 本章适用于装配式单层钢筋混凝土柱厂房和混合排架厂房。

注：1. 钢筋混凝土柱厂房包括由屋面板、三角刚架、双梁和牛腿柱组成的锯齿形厂房；
2. 混合排架厂房指边柱列为砖柱中柱列为钢筋混凝土柱的厂房。

8.1.2 抗震鉴定时，下列关键薄弱环节应重点检查：

（1）6～9 度时，应检查钢筋混凝土天窗架的型式和整体性，并注意出入口等处的高大山墙山尖部分的拉结；

（2）7～9 度时，除符合上述要求外，尚应检查屋盖中支承长度较小构件连接的可靠性，并注意出入口等处的女儿墙、高低跨封墙等构件的拉结构造；

（3）8～9 度时，除符合上述要求外，尚应检查各支撑系统的完整性、大型屋面板连接的可靠性、高低跨牛腿（柱肩）和各种柱变形受约束部位的构造，并注意圈梁、抗风柱的拉结构造及平面不规则、墙体布置不匀称等和相连建筑物、构筑物导致质量不均匀、刚度不协调的影响；

(4) 9度时，除符合上述要求外，尚应检查柱间支撑的有关连接部位和高低跨柱列上柱的构造。

8.1.3 厂房的外观和内在质量宜符合下列要求：
（1）混凝土承重构件仅有少量微小裂缝或局部剥落，钢筋无露筋和锈蚀；
（2）屋盖构件无严重变形和歪斜；
（3）构件连接处无明显裂缝或松动；
（4）无不均匀沉降或砖墙、钢结构构件的其他损伤。

8.1.4 厂房可根据结构布置、构件构造、支撑、结构构件连接和墙体连接构造等进行抗震鉴定，对本标准第8.3.1条规定的情况，尚应结合抗震承载力验算进行综合抗震能力评定。当关键薄弱环节不符合本章规定时，应加固或处理，一般部位不符合规定时，可根据不符合的程度和影响的范围，提出相应对策。

8.1.5 混合排架厂房的砖柱，应符合本标准第9章的有关规定。

8.2 结构布置和构造鉴定

8.2.1 厂房现有的结构布置应符合下列规定：

8.2.1.1 8、9度时，厂房侧边贴建的生活间、变电所、炉子间和运输走廊等附属建筑物、构筑物，宜有防震缝与厂房分开。防震缝宽度，一般情况宜为50~90mm，纵横跨交接处宜为100~150mm。

8.2.1.2 突出屋面天窗的端部不应为砖墙承重，8、9度时，厂房两端和中部不应为无屋架的砖墙承重，锯齿形厂房的四周不应为砖墙承重。

8.2.1.3 8、9度时，工作平台宜与排架柱脱开或柔性连接。

8.2.1.4 8、9度时，砖围护墙宜为外贴式，不宜为一侧有墙另一侧敞口或一侧外贴而另一侧嵌砌等，但单跨厂房可两侧均为嵌砌式。

8.2.1.5 8、9度时仅一端有山墙厂房的敞口端和不等高厂房高跨的边柱列等，构造鉴定要求应适当提高。

8.2.2 厂房构件的型式应符合下列规定：

8.2.2.1 现有的钢筋混凝土Π形天窗架，8度Ⅰ、Ⅱ类场地在竖向支撑处的立柱及8度Ⅲ、Ⅳ类场地和9度时的全部立柱，不应为T形截面；当不符合时，应采取加固或增加支撑等措施。

8.2.2.2 7~9度时，现有的屋架上弦端部支承屋面板的小立柱，截面两个方向的尺寸均不宜小于200mm，高度不宜大于500mm；小立柱的主筋，7度有屋架上弦横向支撑和上柱柱间支撑的开间处不宜小于$4\phi12$，8、9度时不宜小于$4\phi14$；小立柱的箍筋间距不宜大于100mm。

8.2.2.3 现有的组合屋架的下弦杆宜为型钢；8、9度时，其上弦杆不宜为T形截面。

8.2.2.4 钢筋混凝土屋架上弦第一节间和梯形屋架现有的端竖杆，9度时，其配筋不宜小于$4\phi14$。

8.2.2.5 8、9度时，排架柱底部和阶形柱上柱自牛腿面至吊车梁面以上300mm范围内的截面宜为矩形，对薄壁工字形柱、腹板大开孔工字形柱和双肢管柱的构造鉴定要求应适当提高。

8.2.2.6 8、9度时，山墙现有的抗风砖柱应有竖向配筋。

8.2.3 屋盖现有的支撑布置和构造应符合下列规定：

8.2.3.1 屋盖支撑布置应符合表8.2.3-1、表8.2.3-2、表8.2.3-3的规定；缺支撑时应增设。

表8.2.3-1 无檩屋盖的支撑布置

支撑名称			6度、7度	8度	9度
屋架支撑	上弦横向支撑		同非抗震要求	厂房单元端开间及有柱间支撑的开间各有一道	
	下弦横向支撑		同非抗震要求		厂房单元端开间各有一道
	跨中竖向支撑		同非抗震要求		同上弦横向支撑
	两端竖向支撑	屋架端部高度≤900mm	同非抗震要求		厂房单元端开间及每隔48m各有一道
		屋架端部高度>900mm	同非抗震要求	同上弦横向支撑	同上弦横向支撑，且间距不大于30m
	天窗两侧竖向支撑		厂房单元的天窗端开间及每隔42m各有一道	厂房单元的天窗端开间及每隔30m各有一道	厂房单元的天窗端开间及每隔18m各有一道

表8.2.3-2 中间井式天窗无檩屋盖支撑布置

支撑名称		6度、7度	8度	9度
上、下弦横向支撑		厂房单元端开间各有一道	厂房单元端开间及柱间支撑开间各有一道	
上弦通长水平杆		在天窗范围内屋架跨中上弦节点处有通长水平系杆		
下弦通长水平杆		在天窗两侧及天窗范围内屋架下弦节点处有通长水平系杆		
跨中竖向支撑		在上弦横向支撑开间处有竖向支撑，位置与下弦通长系杆相对应		
两端竖向支撑	屋架端部高度≤900mm	同非抗震要求		同上弦横向支撑，且间距不大于48m
	屋架端部高度>900mm	厂房单元端开间各有一道	同上弦横向支撑，且间距不大于48m	同上弦横向支撑，且间距不大于30m

表8.2.3-3 有檩屋盖的支撑布置

支撑名称		6度、7度	8度	9度
屋架支撑	上弦横向支撑	厂房单元端开间各有一道		厂房单元端开间及厂房单元长度大于42m时在柱间支撑的开间各有一道
	下弦横向支撑	同非抗震要求		
	竖向支撑	同非抗震要求		
天窗架支撑	上弦横向支撑	厂房单元的天窗端开间各有一道		厂房单元的天窗端开间及柱间支撑的开间各有一道
	两侧竖向支撑	厂房单元的天窗端开间及每隔42m各有一道	厂房单元的天窗端开间及每隔30m各有一道	厂房单元的天窗端开间及每隔18m各有一道

8.2.3.2 屋盖支撑布置尚应符合下列要求：

(1) 8、9度天窗跨度大于6m时，在天窗开洞范围的两端宜有局部的屋架上弦横向支撑；

(2) 厂房单元端开间有天窗时，天窗开洞范围内相应部位的屋架支撑布置要求应适当提高；

(3) 8、9度时，柱距不小于12m的托架（梁）区段及相邻柱距段的一侧（不等高厂房为两侧）应有下弦纵向水平支撑；

(4) 拼接屋架（屋面梁）的支撑布置要求，应按本标准第8.2.3.1款的规定适当提高；

(5) 锯齿形厂房的屋面板之间用混凝土连成整体时，可无上弦横向支撑；

(6) 跨度不大于15m的无腹杆钢筋混凝土组合屋架，厂房单元两端应各有一道上弦横向支撑，8度时每隔36m、9度时每隔24m尚应有一道；屋面板之间用混凝土连成整体时，可无上弦横向支撑。

8.2.3.3 锯齿形厂房三角形刚架立柱间的竖向支撑布置，应符合表8.2.3-4的规定。

表8.2.3-4 锯齿形厂房三角刚架立柱间竖向支撑布置

窗框类型	6度、7度	8度	9度
钢筋混凝土	同非抗震要求		厂房单元端开间各有一道
钢、木	厂房单元端开间各有一道	厂房单元端开间及每隔36m各有一道	厂房单元端开间及每隔24m各有一道

8.2.3.4 屋盖支撑的构造尚应符合下列要求：

(1) 7～9度时，上、下弦横向支撑和竖向支撑的杆件应为型钢；

(2) 8、9度时，横向支撑的直杆应符合压杆要求，交叉杆在交叉处不宜中断，不符合时应加固；

(3) 8度时Ⅲ、Ⅳ类场地跨度大于24m和9度时，屋架上弦横向支撑宜有较强的杆件和较牢的端节点构造。

8.2.4 现有排架柱的构造应符合下列规定：

8.2.4.1 7度时Ⅲ、Ⅳ类场地和8、9度时，有柱间支撑的排架柱，柱顶以下500mm范围内和柱底至设计地坪以上500mm的范围内，以及柱变位受约束的部位上下各300mm的范围内，箍筋直径不宜小于$\phi 8$，间距不宜大于100mm，当不符合时应加固。

8.2.4.2 8度时Ⅲ、Ⅳ类场地和9度时，阶形柱牛腿面至吊车梁面以上300mm范围内，箍筋直径小于$\phi 8$或间距大于100mm时宜加固。

8.2.4.3 支承低跨屋盖的中柱牛腿（柱肩）中，承受水平力的纵向钢筋应与预埋件焊牢。

8.2.5 现有的柱间支撑应为型钢，其布置应符合下列规定，当不符合时应增设支撑或采取其他相应措施：

8.2.5.1 7度时Ⅲ、Ⅳ类场地和8、9度时，厂房单元中部应有一道上下柱柱间支撑；8、9度时单元两端宜各有一道上柱柱间支撑。单跨厂房两侧均有与柱等高且与柱可靠拉结的嵌砌纵墙，当墙厚不小于240mm，开洞所占水平截面不超过总截面面积的50%，砂浆强度等级不低于M2.5时，可无柱间支撑。

8.2.5.2 8度时，中柱列的上柱柱间支撑的顶部应有水平压杆。

8.2.5.3 9度时，边柱列的上柱柱间支撑的顶部应有水平压杆，中柱列柱顶应有通长水平压杆，锯齿形厂房牛腿柱柱顶在三角刚架的平面内，每隔24m应有通长水平压杆。

8.2.5.4 7度时Ⅲ、Ⅳ类场地和8度时Ⅰ、Ⅱ类场地，下柱柱间支撑的下节点在地坪以上时应靠近地坪处；8度时Ⅲ、Ⅳ类场和9度时，下柱柱间支撑的下节点位置和构造应能将地震作用直接传给基础。

8.2.6 厂房结构构件现有的连接构造应符合下列规定，不符合时应采取相应的加强措施：

8.2.6.1 7~9度时，檩条在屋架（屋面梁）上的支承长度不宜小于50mm，且与屋架（屋面梁）应焊牢，槽瓦等与檩条的连接件不应漏缺或锈蚀。

8.2.6.2 7~9度时，大型屋面板在天窗架、屋架（屋面梁）上的支承长度不宜小于50mm，8、9度时尚应焊牢。

8.2.6.3 7~9度时，锯齿形厂房双梁在牛腿柱上的支承长度，梁端为直头时不应小于120mm，梁端为斜头时不应小于150mm。

8.2.6.4 天窗架与屋架，屋架、托架与柱子，屋盖支撑与屋架，柱间支撑与排架柱之间应有可靠连接；6、7度时Ⅱ形天窗架竖向支撑与T形截面立柱连接节点的预埋件及8、9度时柱间支撑与柱连接节点的预埋件应有可靠锚固。

8.2.6.5 8、9度时，吊车走道板的支承长度不应小于50mm。

8.2.6.6 山墙抗风柱与屋架上弦应有可靠连接。

8.2.6.7 天窗端壁板、天窗侧板与大型屋面板之间的缝隙不应为砖块封堵。

8.2.7 黏土砖围护墙现有的连接构造应符合下列规定：

8.2.7.1 纵墙、山墙、高低跨封墙和纵横跨交接处的悬墙，沿柱高每隔10皮砖均应有2φ6钢筋与柱拉结。高低跨厂房的高跨封墙不应直接砌在低跨屋面上。

8.2.7.2 砖围护墙的圈梁应符合下列要求：

（1）7~9度时，屋架端部上弦或柱顶高度处应有现浇钢筋混凝土圈梁一道，8、9度时，梯形屋架在上述两个部位宜各有圈梁一道；

（2）8、9度时，沿墙高每隔4~6m宜有圈梁一道，沿山墙顶应有卧梁并宜与屋架端部上弦高度处的圈梁连接。

（3）圈梁与屋架或柱应有可靠连接；山墙卧梁与屋面板宜有拉结；顶部圈梁与柱锚拉的钢筋不宜少于4φ12，变形缝处锚拉的钢筋应有所加强。

8.2.7.3 预制墙梁与柱应有可靠连接，梁底与其下的墙顶宜有拉结。

8.2.7.4 女儿墙可按照本标准第5.2.4条的规定，位于出入口、高低跨交接处和披屋上部的女儿墙不符合要求时应采取相应措施。

8.2.8 砌体内隔墙的构造应符合下列规定：

（1）7~9度时，独立隔墙的砌筑砂浆，实际达到的强度等级不宜低于M2.5；厚度为240mm时，高度不宜超过3m；

（2）到顶的内横墙与屋架（屋面梁）下弦之间不应有拉结，但墙体应有稳定措施；

（3）8、9度时，排架平面内的隔墙和局部柱列间的隔墙应与柱柔性连接或脱开，并应有稳定措施。

8.3 抗震承载力验算

8.3.1 符合下列的情况，厂房应进行抗震承载力验算：
（1）8度时，厂房的高低跨柱列，支承低跨屋盖的牛腿（柱肩）及双向柱距不小于12m、无桥式吊车且无柱间支撑的大柱网厂房柱；
（2）9度时，排架柱，支承低跨屋盖的牛腿（柱肩）及高大山墙的抗风柱；
（3）8、9度时，锯齿形厂房的牛腿柱。

8.3.2 排架柱，支承低跨屋盖的牛腿（柱肩），锯齿形厂房的牛腿柱，可按现行国家标准《建筑抗震设计规范》的规定进行纵、横向的抗震分析，并可按本标准第3.0.5.3款的规定进行抗震承载力验算。

9 单层砖柱厂房和空旷房屋

9.1 一 般 规 定

9.1.1 本章适用于黏土砖柱（墙垛）承重的单层厂房和空旷房屋。
注：单层厂房包括仓库等，单层空旷房屋指剧院、礼堂、食堂等。

9.1.2 抗震鉴定时，影响房屋整体性、抗震承载力和易倒塌伤人的下列关键薄弱部位应重点检查：
（1）6~9度时，应检查变截面柱和不等高排架柱的上柱，女儿墙、门脸和出屋面小烟囱；
（2）7~9度时，除符合上述要求外，尚应检查封檐墙、舞台口大梁上的砖墙、山墙山尖，与排架柱刚性连接但不到顶的砌体隔墙；
（3）8、9度时，除符合上述要求外，尚应检查承重柱（墙垛），舞台口横墙，屋盖支撑及其连接，圈梁，较重装饰物的连接及相连附属房屋的影响；
（4）9度时，除符合上述要求外，尚应检查屋盖的类型等。

9.1.3 砖柱厂房和空旷房屋的外观和内在质量宜符合下列要求：
（1）承重柱、墙无酥碱、剥落、明显裂缝、露筋或损伤；
（2）木屋盖构件无腐朽、严重开裂、歪斜或变形，节点无松动；
（3）混凝土构件符合本标准第6.1.3条的有关规定。

9.1.4 砖柱厂房和空旷房屋可按结构布置、构件型式、材料强度、整体性连接和易损部位的构造等进行抗震鉴定；对本标准第9.3.1条规定的情况，尚应结合抗震承载力验算进行综合抗震能力的评定。当关键薄弱部位不符合本章规定时，应加固或处理；一般部位不符合规定时，可根据不符合的程度和影响的范围，提出相应对策。

9.1.5 砖柱厂房和空旷房屋的钢筋混凝土部份和附属房屋的抗震鉴定，应根据其结构类型分别按本标准相应章节的有关规定进行，但附属房屋与大厅或车间相连的部位，尚应符合本章的要求并考虑相互间的不利影响。

9.2 结构布置和构造鉴定

9.2.1 房屋现有的结构布置和构件型式,应符合下列规定:

9.2.1.1 多跨厂房为不等高时,低跨的屋架(梁)不应削弱砖柱截面。

9.2.1.2 有桥式吊车、或6~8度时跨度大于15m且柱顶标高大于6.6m、或9度时跨度大于12m且柱顶标高大于4.5m的厂房,应适当提高其抗震鉴定要求。

9.2.1.3 8、9度时,砖柱(墙垛)宜有竖向配筋

9.2.1.4 承重山墙厚度不宜小于240m,开洞的水平截面面积不应超过山墙截面总面积的50%。

9.2.1.5 7度时Ⅲ、Ⅳ类场地和8、9度时,纵向边柱列应有与柱等高且整体砌筑的砖墙;与柱不等高的砌体隔墙,宜与柱柔性连接或脱开。

9.2.1.6 9度时,不宜为重屋盖厂房;双曲砖拱屋盖的跨度,7、8、9度时分别不宜大于15m、12m和9m;拱脚处应有拉杆,山墙应有壁柱。

9.2.1.7 8、9度时附属房屋与大厅相连,二者之间应有圈梁连接。

9.2.2 砖柱(墙垛)的材料强度等级和配筋,应符合下列规定:

(1)砖实际达到的强度等级,不宜低于MU7.5;

(2)砌筑砂浆实际达到的强度等级,6、7度时不宜低于M1,8、9度时不宜低于M2.5;

(3)8、9度时,竖向配筋分别不应少于4ϕ10、4ϕ12。

9.2.3 房屋现有的整体性连接构造应符合下列规定:

9.2.3.1 木屋盖的支撑布置,应符合表9.2.3的规定;波形瓦、瓦楞铁、石棉瓦等屋盖的支撑布置要求,可按照表9.2.3中无望板屋盖采用;钢筋混凝土屋盖的支撑布置要求,可按照本标准第8章的有关规定。

表9.2.3 木屋盖的支撑布置

支撑名称		6、7度	8度			9度		
		各类屋盖	满铺望板		稀铺或无望板	满铺望板		稀铺或无望板
		无天窗	无天窗	有天窗	有、无天窗	无天窗	有天窗	有、无天窗
屋架支撑	上弦横向支撑	同非抗震要求	房屋单元两端的天窗开洞范围内各有一道		屋架跨度大于6m时,房屋单元端开间及每隔38m左右各有一道	同非抗震要求	同8度	屋架跨度大于6m时,房屋单元端开间及每隔20m左右各有一道
	下弦横向支撑	同非抗震要求					同上	
	跨中竖向支撑	同非抗震要求				隔间有,并有下弦通长水平系杆		
天窗架支撑	两侧竖向支撑	同非抗震要求				天窗端开间及每隔20m左右各有一道		
	上弦横向支撑	较大跨度的天窗,同无天窗屋盖的屋架支撑布置(在天窗开洞范围内的屋架脊点处应有通长系杆)						

9.2.3.2 木屋盖的支撑与屋架、天窗架应为螺栓连接，6、7度时可为钉连接；对接檩条的搁置长度不应小于60mm，檩条在砖墙上的搁置长度不宜小于120mm。

9.2.3.3 屋架或大梁的支承长度不宜小于240mm，8、9度时尚应通过螺栓或焊接等与垫块连接；支承屋架（梁）的砖柱（墙垛）顶部应有混凝土垫块，8、9度时，支承钢筋混凝土屋盖的混凝土垫块宜有钢筋网片并与圈梁可靠拉结。

9.2.3.4 独立砖柱应在两个方向均有可靠连接；8度且房屋高度大于8m或9度且房屋高度大于6m时，在外墙转角及抗震内墙与外墙交接处，沿墙高每隔10皮砖应有2ϕ6拉结钢筋且每边伸入墙内不宜少于1m。

9.2.3.5 圈梁布置应符合下列要求：
（1）7度时屋架底部标高大于4m和8、9度时，屋架底部标高处沿外墙和承重内墙，均应有现浇闭合圈梁一道，并与屋架或大梁等可靠连接；
（2）8度Ⅲ、Ⅳ类场地和9度，屋架底部标高大于7m时，沿高度每隔4m左右在窗顶标高处还应有闭合圈梁一道。

9.2.3.6 7度时，屋盖构件应与山墙可靠连接，山墙壁柱宜通到墙顶，8、9度时山墙顶部尚应有钢筋混凝土卧梁；跨度大于10m且屋架底部标高大于4m时，山墙壁柱应通到墙顶，竖向钢筋应锚入卧梁内。

9.2.3.7 8、9度时，支承舞台口大梁的墙体应有保证稳定的措施。

9.2.4 房屋易损部位及其连接的构造，应符合下列规定：

9.2.4.1 7、8、9度时，砌筑在大梁上的悬墙、封檐墙应与梁、柱及屋盖等有可靠连接。

9.2.4.2 8、9度时，舞台口横墙顶部宜有卧梁，并应与构造柱、圈梁、屋盖等构件有可靠连接。

9.2.4.3 悬吊重物应有锚固和可靠的防护措施。

9.2.4.4 8、9度时，顶棚等宜为轻质材料。

9.2.4.5 附墙烟囱不应削弱墙体截面，出屋面小烟囱、女儿墙等，应符合本标准第5.2.4.2款的有关规定。

9.3 抗震承载力验算

9.3.1 下列单层砖柱厂房和空旷房屋的砖柱（墙垛）应进行抗震承载力验算：
（1）7度Ⅰ、Ⅱ类场地，单跨或等高多跨且高度超过7m的无筋砖墙垛、高度超过5m的等截面无筋独立砖柱和混合排架房屋中高度超过5m的无筋砖柱及不等高厂房中的高低跨柱列；
（2）7度Ⅲ、Ⅳ类场地的无筋砖柱（墙垛）；
（3）8度时每侧纵筋少于3ϕ10的砖柱（墙垛）；
（4）9度时每侧纵筋少于3ϕ12的砖柱（墙垛）和重屋盖房屋的配筋砖柱。

9.3.2 单层砖柱厂房和空旷房屋可按现行国家标准《建筑抗震设计规范》的规定进行纵、横向抗震分析，并可按本标准第3.0.5.3款的规定进行结构构件的抗震承载力验算。

10 木结构和土石墙房屋

10.1 木结构房屋

10.1.1 本节主要适用于屋盖、楼盖以及支承柱均由木材制作的下列中、小型木结构房屋：

（1）6~8度时，不超过二层的穿斗木构架、旧式木骨架、木柱木屋架房屋和康房、单层的柁木檩架房屋；

（2）9度时，不超过二层的穿斗木构架房屋、康房和单层的旧式木骨架房屋，对木柱木屋架和柁木檩架房屋不适用。

注：①旧式木骨架房屋指由檩、柁（梁），柱组成承重木骨架和砖围护墙的房屋；
②柁木檩架指农村中构件截面较小的木柁架；
③木柱和砖墙柱混合承重的房屋，砖砌体部分可按照本标准第9章的有关要求鉴定；
④康房系藏族地区的木构架房屋：一般为二层，底层为辅助用房，二层居住。

10.1.2 抗震鉴定时，承重木构架、楼盖和屋盖的质量（品质）和连接、墙体与木构架的连接、房屋所处场地条件的不利影响，应重点检查。

10.1.3 木结构房屋的外观和内在质量宜符合下列要求：

（1）柱、梁（柁）、屋架、檩、椽、穿枋、龙骨等受力构件无明显的变形、歪扭、腐朽、蚁蚀、影响受力的裂缝和庇病；

（2）木构件的节点无明显松动或拔榫；

（3）7度时，木构架倾斜不应超过木柱直径的1/3，8、9度时不应有歪闪；

（4）墙体无空臌、酥碱、歪闪和明显裂缝。

10.1.4 木结构房屋可不做抗震承载力验算。8、9度时Ⅳ类场地的房屋应适当提高抗震构造要求。

10.1.5 木结构房屋抗震鉴定时，尚应按有关规定检查其地震时的防火问题。

10.1.6 现有木构架的布置和构造应符合下列规定：

10.1.6.1 旧式木骨架的布置和构造应符合下列要求：

（1）8度时，无廊厦的木构架，柱高不应超过3m，超过时木柱与柁（梁）应有斜撑连接；9度时，木构架房屋应有前廊或兼有后厦（横向为三排柱或四排柱），檩下应有垫板和檩枋；

（2）构造形式应合理，不应有悬悬柁架或无后檐檩（图10.1.6-1a）、瓜柱高于0.7m的腊钎瓜柱柁架（图10.1.6-1b）、柁与柱为榫接的五檩柁架（图10.1.6-1c）和无连接措施的接柁（图10.1.6-1d）；

（3）木构件的常用截面尺寸宜符合本标准附录C的规定；

（4）木柱的柱脚与砖墩连接时，墩的高度不宜大于300mm，且砂浆强度等级不应低于M2.5；8、9度无横墙处的柱脚为拍巴掌榫墩接时，榫头处应有竖向连接铁件（图10.1.6-2），9度时木柱与柱础（基石）应有可靠连接；

（5）通天柱与大梁榫接处、被楼层大梁间断的柱与梁相交处，均应有铁件连接；

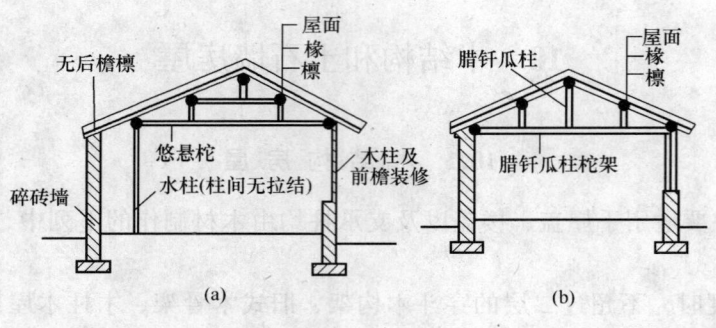

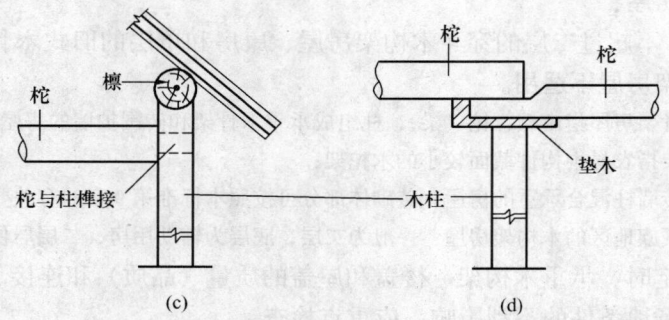

图10.1.6-1 不合理的骨架构造示意图

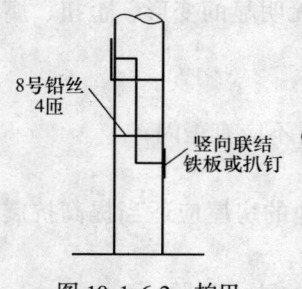

图10.1.6-2 拍巴掌榫墩接图

（6）檩与椽、砣（梁），龙骨与大梁、楼板应钉牢；对接檩下应有替木或爬木，并与瓜柱钉牢或为燕尾榫；

（7）檩在瓜柱上的支承长度，6、7度时不应小于60mm、8、9度时不应小于80mm；

（8）楼盖的木龙骨间应有剪刀撑，龙骨在大梁上的支承长度不应小于80mm。

10.1.6.2 木柱木屋架的布置和构造应符合下列要求：

（1）梁柱布置不应零乱，并宜有排山架；

（2）木屋架不应为无下弦的人字屋架；

（3）柱顶在两个方向均应有可靠连接；被木梁间断的木柱与梁应有铁件连接；8度时，木柱上部与屋架的端部宜有角撑，多跨房屋的边跨为单坡时，中柱与屋架下弦间应有角撑或铁件连接，角撑与木柱的夹角不宜小于30°，柱底与基础应有铁件锚固；

（4）柱顶宜有通长水平系杆，房屋两端的屋架间应有竖向支撑；房屋长度大于30m时，在中段且间隔不大于20m的柱间和屋架间均应有支撑；跨度小于9m且有密铺木望板或房屋长度小于25m且呈四坡顶时，屋架间可无支撑；

（5）檩与椽和屋架，龙骨与大梁和楼板应钉牢；对接檩下方应有替木或爬木；对接檩在屋架上的支承长度不应小于60mm；

（6）木构件在墙上的支承长度，对屋架和楼盖大梁不应小于250mm，对接檩和木龙骨不应小于120mm；

（7）屋面坡度超过30°时，瓦与屋盖应有拉结；座泥挂瓦的坡屋面，座泥厚度不宜大于60mm；

10.1.6.3 柁木檩架的布置和构造应符合下列要求：
（1）房屋的檐口高度，6、7度时不宜超过2.9m，8度时不宜超过2.7m；
（2）柁（梁）与柱之间应有斜撑；房屋宜有排山架，无排山架时山墙应有足够的承载能力；
（3）瓜柱直径，6、7度时不宜小于120mm，8度时不宜小于140mm；
（4）檩与椽和柁（梁）应钉牢；对接檩下方应有替木或爬木，并与瓜柱钉牢或为燕尾榫；
（5）檩条支承在墙上时，檩下应有垫木或卧泥垫砖；檩在柁（梁）或墙上的最小支承长度应符合表10.1.6的规定：

表10.1.6 檩的最小支撑长度（mm）

连接方式	7度		8度	
	柁（梁）上	墙上	柁（梁）上	墙上
对接	50	180	70	240且不小于墙厚
搭接	100	240	120	240且不小于墙厚

（6）房屋的屋顶草泥（包括焦碴等）厚度，6、7度时不宜大于150mm，8度时不宜大于100mm。

10.1.6.4 穿斗木构架在纵横两方向均应有穿枋，梁柱节点宜为银锭榫，木柱被榫槽减损的截面面积不宜大于全截面的1/3；9度时，纵向柱间在楼层内的穿枋不应少于两道且应有1~2道斜撑。

10.1.6.5 康房的底层立柱应有稳定措施；8、9度时，柱间应有斜撑或轻质抗震墙；木柱应有基础，上柱柱脚与楼盖间应有可靠连接。

注：轻质抗震墙指由承重木构架与斜撑、木隔墙等组成的抗侧力构架。

10.1.7 现有墙体的布置和构造应符合下列规定：

10.1.7.1 旧式木骨架、木柱木屋架房屋的墙体应符合下列要求：
（1）厚度不小于240mm的砖抗震横墙，其间距不应大于3开间；6、7度时，有前廊的单层木构架房屋，其间距可为5开间；
（2）8度时，砖实心墙可为白灰砂浆或M0.4砂浆砌筑，外整里碎砖墙的砂浆强度等级不应低于M1；9度时，应为砂浆强度等级不低于M2.5的砖实心墙；
（3）山墙与檩条、檐墙顶部与柱应有拉结；
（4）7度时墙高超过3.5m和8、9度时，外墙沿柱高每隔1m与柱应有一道拉结，房屋的围护墙，应在楼盖附近和檐口下每隔1m与梁或木龙骨有一道拉结；
（5）用砂浆强度等级为M1砌筑的厚度120mm高度大于2.5m且长度大于4.5m的后砌砖隔墙，7、8度时高度大于3m且长度大于5m的后砌砖隔墙和9度时的后砌砖隔墙，应沿墙高每隔1m与木构架有钢筋或铅丝拉结；8、9度时墙顶尚应与柁（梁）拉结；
（6）空旷的木柱木屋架房屋，围护墙的砂浆强度等级不应低于M1，7度时柱高大于4m和8、9度时，墙顶应有闭合圈梁一道。

10.1.7.2 柁木檩架房屋的墙体应符合下列要求：
（1）6、7度时，抗震横墙间距不宜大于三个开间；8度时，不宜大于二个开间；
（2）承重墙体内无烟道，防潮碱草不腐烂；
（3）土坯墙不应干码斗砌，泥浆应饱满；土筑墙不应有竖向施工通缝，表砖墙的表砖不应斗砌；

（4）尽端三花山墙与排山架宜有拉结。

10.1.7.3 穿斗木构架房屋的墙体应符合下列要求：

（1）6、7度时，抗震横墙间距不宜大于五个开间，轻质抗震墙间距不宜大于四个开间；8、9度时，砖墙或轻质抗震墙的间距不宜大于三个开间；

（2）抗震墙不应为干码斗砌的土坯墙或卵石、片石墙，土筑墙不应有竖向施工通缝；6、7度时，空斗砖墙和毛石墙的砌筑砂浆强度等级不应低于M1；8、9度时，砖实心墙的砌筑砂浆强度等级分别不应低于M0.4、M2.5；

（3）围护墙宜贴砌在木柱外侧或半包柱；

（4）土坯墙、土筑墙的高度大于2.5m时，沿墙高每隔1m与柱应有一道拉结；砖墙在7度时高度大于3.5m和8、9度时，沿墙高每隔1m与柱应有一道拉结；

（5）轻质的围护墙、抗震墙应与木构架钉牢。

10.1.7.4 康房的围护墙应与木构架钉牢。

10.1.8 木结构房屋易损部位的构造应符合下列规定：

（1）楼房的挑阳台、外走廊、木楼梯的柱和梁等承重构件应与主体结构牢固连接；

（2）梁上、柁（排山柁除外）上或屋架腹杆间不应有砌筑的土坯、砖山花等。

（3）抹灰顶棚不应有明显的下垂；抹面层或墙面装饰不应松动、离臌；屋面瓦尤其是檐口瓦不应有下滑；

（4）女儿墙、门脸等装饰和突出屋面小烟囱的构造，宜符合本标准第5.2.4.2款的有关规定；

（5）用砂浆强度等级为M0.4砌筑的卡口围墙，其高度不宜超过4m，并应与主体结构有可靠拉结。

10.1.9 木结构房屋符合本节各项规定时，可评为满足抗震鉴定要求；当遇下列情况之一时，应采取加固或其他相应措施：

（1）木构件腐朽、严重开裂而可能丧失承载能力；

（2）木构架的构造形式不合理；

（3）木构架的构件连接不牢或支承长度少于规定值的75%；

（4）墙体与木构架的连接或易损部位的构造不符合要求。

10.2 土石墙房屋

10.2.1 本节适用于6、7度时未经焙烧的土坯、灰土、夯土墙及毛石、毛料石墙体承重的下列村镇房屋：单层的土墙、毛石墙房屋，不超过二层的灰土墙房屋，不超过三层的毛料石墙房屋。

注：1. 灰土墙指掺石灰等粘结材料的土筑墙和掺石灰土坯砌筑的土坯墙；
   2. 砂浆砌筑的料石房屋，可按照本标准第5章的原则按专门的规定进行鉴定。

10.2.2 抗震鉴定时，对墙体的布置、质量（品质）和连接，楼、屋盖的整体性及出屋面小烟囱等易倒塌伤人的部位，应重点检查。

10.2.3 房屋的外观和内在质量宜符合下列要求：

（1）墙体无明显裂缝和歪闪；

(2) 木梁（柁）、屋架、檩、椽等无明显的变形、歪扭、腐朽、蚁蚀和严重开裂等；
(3) 土墙的防潮碱草不腐烂。

10.2.4 土石墙房屋可不进行抗震承载力验算。

10.2.5 现有土石墙房屋的结构布置应符合下列规定：

10.2.5.1 房屋檐口高度和横墙间距应符合表10.2.5的规定：

表10.2.5 檐口高度和横墙间距

墙体类型	檐口最大高度（m）	厚度（mm）	横墙间距要求
卧砌土坯墙	2.9	≥250	每开间宜有横墙
夯土墙	2.9	≥400	每开间宜有横墙
灰土墙	6	≥250	每开间宜有横墙，不应大于二开间
浆砌毛石墙	2.9	≥400	每开间宜有横墙
毛料石墙	10	≥240	不宜大于二个开间

10.2.5.2 墙体布置宜均匀，多层房屋立面不宜有错层；大梁不应支承在门窗洞口的上方。

10.2.5.3 同一房屋不宜有不同材料的承重墙体。

10.2.5.4 硬山搁檩房屋宜呈双坡屋面或弧形屋面；平屋顶上的土层厚度不宜大于150mm；座泥挂瓦的坡屋面，其座泥厚度不宜大于60mm。

10.2.5.5 石墙房屋的横墙，洞口的水平截面面积不应大于总截面面积的1/3。

10.2.6 现有的土石墙体应符合下列规定：

10.2.6.1 土坯墙不应干码、斗砌，泥浆要饱满；土筑墙不宜有竖向施工通缝。

10.2.6.2 单层的毛石墙，其毛石的形状应较规整，可为1:3石灰砂浆砌筑；多层的毛料石墙，实际达到的砂浆强度等级不应低于M1，干砌甩浆时砂浆的饱满度不应少于30%并应有砂浆面层。

10.2.6.3 内、外墙体应咬槎较好，土筑墙应同时分层交错夯筑。

10.2.6.4 土墙房屋的外墙四角和内外墙交接处，墙体不应被烟道削弱，沿墙高每隔500mm左右宜有一层竹筋、木条、荆条等拉结材料；砖抱角的土石墙，砖与土坯、石块之间应有可靠连接。

10.2.6.5 二层灰土墙房屋，内、外山墙两侧的内纵墙顶面宜有踏步式墙垛；多层石墙房屋墙体留马牙槎时，每隔600mm左右宜有2φ6拉结钢筋。

10.2.6.6 多层土石墙房屋每层均应有圈梁，并宜在横墙上拉通；木圈梁的截面高度不宜小于80mm，钢筋砖圈梁的截面高度不宜小于4皮砖。

10.2.7 现有房屋的楼、屋盖构造应符合下列规定：
(1) 木屋盖构件应有圆钉、扒钉或铅丝等相互连接；
(2) 梁（柁）、檩下方应有木垫板，端檩宜出檐；内墙上檩条宜满搭，对接时宜有夹板或燕尾榫；
(3) 木构件在墙上的支承长度，对屋架和楼盖大梁不应小于250mm或墙厚，对接檩和木龙骨不应小于120mm；
(4) 楼盖的木龙骨间应有剪刀撑，龙骨在大梁上的支承长度不应小于80mm。

10.2.8 出入口或临街处突出屋面的小烟囱应有拉结；其他易损部位的构造宜符合本标准第5.2.4.2款的规定。

11 烟囱和水塔

11.1 烟 囱

11.1.1 本节适用于普通类型的独立砖烟囱和钢筋混凝土烟囱，特殊形式的烟囱及重要的高大烟囱应采用专门的鉴定方法。

11.1.2 烟囱的筒壁不应有明显的裂缝和倾斜，砖砌体不应松动，混凝土不应有严重的腐蚀和剥落，钢筋无露筋和锈蚀。不符合要求时应修补和修复。

11.1.3 烟囱的构造应符合下列规定：

11.1.3.1 砖烟囱筒壁，砖实际达到的强度等级不应低于MU7.5，砌筑砂浆实际达到的强度等级不应低于M2.5；钢筋混凝土烟囱筒壁，混凝土实际达到的强度等级不应低于C18。

11.1.3.2 砖烟囱的顶部应有圈梁。

11.1.3.3 砖烟囱的配筋应符合表11.1.3的规定；6度时，高度不超过30m的烟囱可不配筋，高度超过30m的烟囱宜符合表中7度时Ⅰ、Ⅱ类场地的规定。

表11.1.3 砖烟囱的最少配筋要求

烈 度	7		8		9
场地类别	Ⅰ-Ⅱ	Ⅲ-Ⅳ	Ⅰ-Ⅱ	Ⅲ-Ⅳ	Ⅰ-Ⅱ
配筋范围	从0.6H到顶	从8.4H到顶			全 高
竖向配筋	$\phi 8$，间距500~750mm且不少于6根		$\phi 8 \sim \phi 10$，间距500~700mm且不少于6根		
环向配筋	$\phi 6$，间距500mm		$\phi 8$，间距300mm		

注：H为烟囱高度。

11.1.4 烟囱鉴定时，抗震承载力验算应符合下列规定：

11.1.4.1 外观和内在质量良好且符合非抗震设计要求的下列烟囱，可不进行抗震承载力验算；

（1）6度时及7度时Ⅰ、Ⅱ类场地的砖和钢筋混凝土烟囱；

（2）7度时Ⅲ、Ⅳ类场地和8度时Ⅰ、Ⅱ类场地，高度不超过60m的砖烟囱；

（3）7度时Ⅲ、Ⅳ类场地和8度时Ⅰ、Ⅱ类场地，高度不超过100m或风荷载不小于0.7kN/m² 且高度不超过210m的钢筋混凝土烟囱。

11.1.4.2 对不符合上述规定的情况，可按现行国家标准《建筑抗震设计规范》规定的方法进行抗震承载力验算。

11.1.5 烟囱符合本节各项规定时，可评为满足抗震鉴定要求；当不符合时，可根据构造和抗震承载力不符合的程度，通过综合分析确定采取加固或其他相应对策。

11.2 水 塔

11.2.1 本节适用于下列独立水塔，其他独立水塔或特殊形式、多种使用功能的综合水塔，应采用专门的鉴定方法：

（1）容积不大于500m³、高度不超过35m的钢筋混凝土筒壁式和支架式水塔；

(2) 容积不大于200m³、高度不超过30m的砖、石筒壁水塔；

(3) 容积不大于20m³、高度不超过10m的砖支柱水塔。

11.2.2 容积不大于50m³、高度不超过20m的钢筋混凝土筒壁式和支架式水塔，容积不大于30m³、高度不超过15m的砖、石筒壁水塔，可适当降低其抗震鉴定要求。

11.2.3 水塔抗震鉴定时，对筒壁、支架的构造和抗震承载力，基础的不均匀沉降等，应重点检查。

11.2.4 水塔的外观和内在质量宜符合下列要求：

(1) 钢筋混凝土筒壁和支架仅有少量微小裂缝，钢筋无露筋和锈蚀；

(2) 砖、石筒壁和砖支柱无裂缝、松动和酥碱；

(3) 基础无严重倾斜，水塔高度不超过20m时，倾斜率不应超过0.8%；水塔高度为20～45m时，倾斜率不应超过0.6%；

11.2.5 水塔的构造应符合下列规定：

11.2.5.1 水塔构件材料实际达到的强度等级应符合下列要求：

(1) 水柜、支架的混凝土强度等级不应低于C18，筒壁、基础、平台等的混凝土强度等级不应低于C13；

(2) 砖砌体的砂浆强度等级，6度时和7度时Ⅰ、Ⅱ类场地不应低于M2.5，7度时Ⅲ、Ⅳ类场地和8、9度时不应低于M5；砖的强度等级不应低于MU7.5；对本标准第11.2.2条规定的水塔，砂浆强度等级不应低于M2.5，砖的强度等级不应低于MU5；

(3) 石砌体砌筑砂浆的强度等级不宜低于M7.5，石料的强度等级不应低于MU20；对本标准第11.2.2条规定的水塔，砂浆强度等级不宜低于M5。

11.2.5.2 砖支柱不应少于四根，每隔3～4m应有钢筋混凝土连系梁一道。

11.2.5.3 支架（支柱）水塔的基础宜为整体基础；Ⅱ～Ⅳ类场地的独立基础，应有连系梁将其连接为一体。

11.2.6 水塔鉴定时，抗震承载力验算应符合下列规定：

11.2.6.1 外观和内在质量良好且符合抗震设计要求的下列水塔及其部件，可不进行抗震承载力验算：

(1) 6度时的各种水塔；

(2) 7度时Ⅰ、Ⅱ类场地容积不大于10m³、高度不超过7m的组合砖柱水塔；

(3) 7度时Ⅰ、Ⅱ类场地的砖、石筒壁水塔；

(4) 7度时Ⅲ、Ⅳ类场地和8度时Ⅰ、Ⅱ类场地每4～5m有钢筋混凝土圈梁并配有纵向钢筋或有构造柱的砖、石筒壁水塔；

(5) 7度时和8度时Ⅰ、Ⅱ类场地的钢筋混凝土支架式水塔；

(6) 7、8度时的水柜直径与筒壁直径比值不超过1.5的钢筋混凝土筒壁式水塔；

(7) 水塔的水柜，但不包括8度Ⅲ、Ⅳ类场地和9度时的支架式水塔下环梁。

11.2.6.2 对不符合上述规定的水塔，可按现行国家标准《建筑抗震设计规范》规定的方法进行抗震承载力验算，其中，应分别按满载和空载两种情况进行验算；支架式水塔和平面为多角形的水塔，应分别按正方向和对角方向进行验算。

11.2.7 水塔符合本节各项规定时，可评为满足抗震鉴定要求；当不符合时，可根据构造和抗震承载力不符合的程度，通过综合分析确定采取加固或其他相应对策。

附录 A 砖房抗震墙基准面积率

A.0.1 多层砖房抗震墙基准面积率，可按下列规定取值：

A.0.1.1 住宅、单身宿舍、办公楼、学校、医院等，按纵、横两方向分别计算的墙段基准面积率，当楼层单位面积重力荷载代表值 g_E 为 $12kN/m^2$ 时，可按表 A.0.1-1 至表 A.0.1-3 采用；当楼层单位面积重力荷载代表值为其他数值时，表中数值可乘以 $g_E/12$。

A.0.1.2 按纵、横两方向分别计算的楼层抗震墙基准面积率，承重墙可按表 A.0.1-2 至表 A.0.1-3 采用；自承重墙宜按表 A.0.1-1 数值的 1.05 倍采用；同一方向有承重墙和自承重墙或砂浆强度等级不同时，可按各自的净面积比相应转换为同样条件下的数值。

A.0.1.3 仅承受过道楼板荷载的纵墙可当做自承重墙；支承双向楼板的墙体，均宜做为承重墙。

A.0.2 底层框架和底层内框架砖房的抗震墙基准面积率，可按下列规定取值：

A.0.2.1 上部各层，均可根据房屋的总层数，按多层砖房的相应规定采用。

A.0.2.2 底层框架砖房的底层，可取多层砖房相应规定值的 0.85 倍；底层内框架砖房的底层，仍可按多层砖房的相应规定采用。

A.0.3 多层内框架砖房的抗震墙基准面积率，可取按多层砖房相应规定值乘以下式计算的调整系数：

$$\eta_{fi} = [1 - \sum \psi_c (\zeta_1 + \zeta_2 \lambda)/n_b n_s] \eta_{0i} \quad (A.0.3)$$

式中

η_{fi}——i 层基准面积率调整系数；

η_{0i}——i 层的位置调整系数，按表 A.0.2 采用；

ψ_c、ζ_1、ζ_2、λ、n_b、n_s——按国家标准《建筑抗震设计规范》GBJ 11—89 第 7 章的规定采用。

表 A.0.1-1 抗震墙基准面积率（自承重墙）

墙体类别	总层数 n	验算楼层 i	砂浆强度等级				
			M0.4	M1	M2.5	M5	M10
横墙和无门窗纵墙	一层	1	0.0219	0.0148	0.0095	0.0069	0.0050
	二层	2	0.0292	0.0197	0.0127	0.0092	0.0066
		1	0.0366	0.0256	0.0172	0.0129	0.0094
	三层	3	0.0328	0.0221	0.0143	0.0104	0.0075
		1~2	0.0478	0.0343	0.0236	0.0180	0.0133
	四层	4	0.0350	0.0236	0.0152	0.0111	0.0080
		3	0.0513	0.0358	0.0240	0.0179	0.0131
		1~2	0.0577	0.0418	0.0293	0.0225	0.0169
	五层	5	0.0365	0.0246	0.0159	0.0115	0.0083
		4	0.0550	0.0384	0.0257	0.0192	0.0140
		1~3	0.0656	0.0484	0.0343	0.0267	0.0202
	六层	6	0.0375	0.0253	0.0163	0.0119	0.0085
		5	0.0575	0.0402	0.0270	0.0201	0.0147
		4	0.0688	0.0490	0.0337	0.0255	0.0190
		1~3	0.0734	0.0543	0.0389	0.0305	0.0282
	墙体平均压应力 σ_0（MPa）		$0.06(n-i+1)$				

续表 A.0.1-1

墙体类别	总层数 n	验算楼层 i	砂浆强度等级				
			M0.4	M1	M2.5	M5	M10
每开间有一个窗纵墙	一层	1	0.0198	0.0137	0.0090	0.0067	0.0032
	二层	2	0.0263	0.0183	0.0120	0.0089	0.0064
		1	0.0322	0.0228	0.0157	0.0120	0.0089
	三层	3	0.0298	0.0205	0.0135	0.0101	0.0072
		1~2	0.0411	0.0301	0.0213	0.0164	0.0124
	四层	4	0.0318	0.0219	0.0144	0.0106	0.0077
		3	0.0450	0.0320	0.0221	0.0167	0.0124
		1~2	0.0499	0.0362	0.0260	0.0203	0.0155
	五层	5	0.0331	0.0228	0.0150	0.0111	0.0080
		4	0.0482	0.0344	0.0237	0.0179	0.0133
		1~3	0.0573	0.0423	0.0303	0.0238	0.0183
	六层	6	0.0341	0.0235	0.0155	0.0114	0.0083
		5	0.0505	0.0360	0.0248	0.0188	0.0139
		4	0.0594	0.0430	0.0304	0.0234	0.0177
		1~3	0.0641	0.0475	0.0345	0.0271	0.0209
	墙体平均压应力 σ_0 (MPa)		$0.09(n-i+1)$				

表 A.0.1-2 抗震墙基准面积率（承重横墙）

墙体类别	总层数 n	验算楼层 i	砂浆强度等级				
			M0.4	M1	M2.5	M5	M10
无门窗横墙	一层	1	0.258	0.0179	0.0118	0.0088	0.0064
	二层	2	0.0344	0.0238	0.0158	0.0117	0.0085
		1	0.0413	0.0296	0.0205	0.0156	0.0116
	三层	3	0.0387	0.0268	0.0178	0.0132	0.0095
		1~2	0.0528	0.0388	0.0275	0.0213	0.0161
	四层	4	0.0413	0.0286	0.0189	0.0140	0.0102
		3	0.0579	0.0414	0.0287	0.0216	0.0163
		1~2	0.0628	0.0464	0.0335	0.0263	0.0241
	五层	5	0.0430	0.0297	0.0197	0.0147	0.0106
		4	0.0620	0.0444	0.0308	0.0234	0.0174
		1~3	0.0711	0.0532	0.0388	0.0307	0.0237
	六层	6	0.0442	0.0305	0.0203	0.0151	0.0109
		5	0.0649	0.0465	0.0323	0.0245	0.0182
		4	0.0762	0.0554	0.0393	0.0304	0.0230
		1~3	0.0790	0.0592	0.0435	0.0347	0.0270
	墙体平均压应力 σ_0 (MPa)		$0.10(n-i+1)$				

续表 A.0.1-2

墙体类别	总层数 n	验算楼层 i	砂浆强度等级				
			M0.4	M1	M2.5	M5	M10
有一个门的横墙	一层	1	0.0245	0.0171	0.0115	0.0086	0.0062
	二层	2	0.0326	0.0228	0.0153	0.0114	0.0085
		1	0.0386	0.0279	0.0196	0.0150	0.0112
	三层	3	0.0367	0.0255	0.0172	0.0129	0.0094
		1~2	0.0491	0.0363	0.0260	0.0204	0.0155
	四层	4	0.0391	0.0273	0.0183	0.0137	0.0100
		3	0.0541	0.0390	0.0274	0.0210	0.0157
		1~2	0.0581	0.0433	0.0314	0.0249	0.0192
	五层	5	0.0408	0.0285	0.0191	0.0142	0.0104
		4	0.0580	0.0418	0.0294	0.0225	0.0169
		1~3	0.0658	0.0493	0.0363	0.0289	0.0225
	六层	6	0.0419	0.0293	0.0196	0.0146	0.0107
		5	0.0607	0.0438	0.0308	0.0236	0.0177
		4	0.0708	0.0518	0.0372	0.0289	0.0221
		1~3	0.0729	0.0548	0.0406	0.0326	0.0255
	墙体平均压应力 σ_0（MPa）		$0.12(n-i+1)$				

表 A.0.1-3 抗震墙基准面积率（承重纵墙）

墙体类别	总层数 n	验算楼层 i	承重纵墙（每开间有一个门或一个窗）				
			砂浆强度等级				
			M0.4	M1	M2.5	M5	M10
每开间有一个门或一个窗	一层	1	0.0223	0.0158	0.0108	0.0081	0.0060
	二层	2	0.0298	0.0211	0.0135	0.0108	0.0080
		1	0.0346	0.0253	0.0180	0.0139	0.0106
	三层	3	0.0335	0.0237	0.0162	0.0122	0.0090
		1~2	0.0435	0.0325	0.0235	0.0187	0.0144
	四层	4	0.0357	0.0253	0.0173	0.0130	0.0096
		3	0.0484	0.0354	0.0252	0.0195	0.0148
		1~2	0.0513	0.0384	0.0283	0.0226	0.0176
	五层	5	0.0372	0.0264	0.0180	0.0136	0.0100
		4	0.0519	0.0379	0.0270	0.0209	0.0159
		1~3	0.0580	0.0437	0.0324	0.0261	0.0205
	六层	6	0.0383	0.0271	0.0185	0.0140	0.0108
		5	0.0544	0.0397	0.0283	0.0219	0.0167
		4	0.0627	0.0464	0.0337	0.0266	0.0205
		1~3	0.0640	0.0483	0.0361	0.0292	0.0231
	墙体平均压应力 σ_0（MPa）		$0.16(n-i+1)$				

表 A.0.2 位置调整系数

总层数	2		3			4			5			
检查层数	1	2	1	2	3	1~2	3	4	1~2	3	4	5
η_{01}	1.0	1.1	1.0	1.05	1.2	1.0	1.1	1.3	1.0	1.05	1.15	1.4

附录 B 钢筋混凝土结构楼层受剪承载力

B.0.1 钢筋混凝土结构楼层现有受剪承载力应按下列计算：

$$V_y = \sum V_{cy} + 0.7\sum V_{my} + 0.7\sum V_{my} \tag{B.0.1}$$

式中 V_y——楼层现有受剪承载力；

$\sum V_{cy}$——框架柱层间现有受剪承载力之和；

$\sum V_{my}$——砖填充墙框架层间现有受剪承载力之和；

$\sum V_{wy}$——抗震墙层间现有受剪承载力之和。

B.0.2 矩形框架柱层间现有受剪承载力可按下列公式计算，并取较小值：

$$V_{cy} = \frac{M_{cy}^u + M_{cy}^L}{H_n} \tag{B.0.2-1}$$

$$V_{cy} = \frac{0.16}{\lambda + 1.5}f_{ck}bh_0 + f_{yvk}\frac{A_{sy}}{s}h_0 + 0.056N \tag{B.0.2-2}$$

式中 M_{cy}^u、M_{cy}^L——分别为验算层偏压柱上、下端的现有受弯承载力；

λ——框架柱的计算剪跨比，取 $\lambda = H_n/2h_0$；

当 $\lambda < 1$ 时，取 $\lambda = 1$；当 $\lambda > 3$ 时，取 $\lambda = 3$；

N——对应于重力荷载代表值的柱轴向压力，当 $N > 0.3f_{ck}bh$ 时，取 $N = 0.3f_{ck}bh$；

A_{sy}——配置在同一截面内箍筋各肢的截面面积；

f_{yvk}——箍筋抗拉强度标准值，Ⅰ级钢取 235N/mm²；

f_{ck}——混凝土轴心抗压强度标准值，C13 取 8.7N/mm²，C18 取 12.1N/mm²，C23 取 15.4N/mm²，C28 取 18.8N/mm²；

s——箍筋间距；

b——验算方向柱截面宽度；

h、h_0——分别为验算方向柱截面高度、有效高度；

H_n——框架柱净高。

B.0.3 对称配筋矩形截面偏压柱现有受弯承载力可按下列公式计算：

当 $N \leqslant \xi_{bk}f_{cmk}bh_0$

$$M_{cy} = f_{yk}A_s(h_0 - a'_s) + 0.5Nh(1 - N/f_{cmk}bh) \tag{B.0.3-1}$$

当 $N > \xi_{bk}f_{cmk}bh_0$

$$M_{0y} = f_{yk}A_s(h_0 - a'_s) + \xi(1 - 0.5\xi)f_{cmk}bh_0^2 - N(0.5h - a'_s) \tag{B.0.3-2}$$

$$\xi = [(\xi_{bk} - 0.8)N - \xi_{bk}f_{yk}A_s]/[(\xi_{bk} - 0.8)f_{cm}bh_0 - f_{yk}A_s] \quad (B.0.3-3)$$

式中 N——对应于重力荷载代表值的柱轴向压力；
  A_s——柱实有纵向受拉钢筋截面面积；
  f_{yk}——现有钢筋抗拉强度标准值，Ⅰ级钢取 235N/mm²，Ⅱ级钢取 335N/mm²；
  f_{cmk}——柱现有混凝土弯曲抗压强度标准值；C13 取 9.6N/mm²，C18 取 13.3N/mm²，C23 取 17.0N/mm²，C28 取 20.6N/mm²；
  a'_s——受压钢筋合力点至受压边缘的距离；
  ξ_{bk}——相对界限受压区高度，Ⅰ级钢取 0.6，Ⅱ级钢取 0.55；
  h、h_0——分别为柱截面高度和有效高度；
  b——柱截面宽度。

B.0.4 砖填充墙钢筋混凝土框架结构的层间现有受剪承载力可按下列公式计算：

$$V_{my} = \Sigma(M^u_{cy} + M^L_{cy})/H_0 + f_{vEk}A_m \quad (B.0.4-1)$$

$$f_{vEk} = \zeta_N f_{vk} \quad (B.0.4-2)$$

式中 ζ_N——砌体强度的正压力影响系数，可按现行国家标准《建筑抗震设计规范》采用；
  f_{vk}——砖墙的抗剪强度标准值，可按现行国家标准《砌体结构设计规范》采用；
  A_m——砖填充墙水平截面面积，可不计入宽度小于洞口高度 1/4 的墙肢；
  H_0——柱的计算高度，两侧有填充墙时，可采用柱净高的 2/3，一侧有填充墙时，可采用柱净高。

B.0.5 带边框柱的钢筋混凝土抗震墙的层间现有受剪承载力可按下式计算：

$$V_{wy} = \frac{1}{\lambda - 0.5}(0.04f_{ck}A_w + 0.1N) + 0.8f_{yvk}\frac{A_{sh}}{s}h_0 \quad (B.0.5)$$

式中 N——对应于重力荷载代表值的抗震墙轴向压力，当 $N > 0.2f_{ck}A_w$ 时，取 $N = 0.2f_{ck}A_w$；
  A_w——抗震墙的截面面积；
  A_{sh}——配置在同一水平截面内的水平钢筋截面面积；
  λ——抗震墙的计算剪跨比；其值可采用计算楼层至该抗震墙顶的 1/2 高度与抗震墙截面高度之比，当小于 1.5 时取 1.5，当大于 2.2 时取 2.2。

附录 C 木构件常用截面尺寸

C.0.1 旧式木骨架的木柱常用圆截面尺寸，宜按表 C.0.1 采用。
C.0.2 旧式木骨架楼层木大梁常用截面尺寸，宜按表 C.0.2 采用。
C.0.3 旧式木骨架的木龙骨常用截面尺寸，宜按表 C.0.3 采用。
C.0.4 旧式木骨架的木柁常用截面尺寸，宜按表 C.0.4 采用。
C.0.5 旧式木骨架的木檩常用截面尺寸，宜按表 C.0.5 采用。
C.0.6 旧式木骨架的木椽常用截面尺寸，宜按表 C.0.6 采用。

表 C.0.1 木柱常用圆截面尺寸（cm）

进深(m)	部位	合瓦或仰瓦灰梗屋面 开间(m)				干岔瓦、灰平顶或泥卧水泥瓦屋面 开间(m)			
		2.80	3.00	3.20	3.40	2.80	3.00	3.20	3.40
3.60	檐柱	14				14			
	排山柱	12				12			
	角柱	12				12			
3.90	檐柱	14	16			15	15	15	
	排山柱	12	13			12	12	12	
	角柱	12	12			12	12	12	
4.20	檐柱	16	16	16		15	15	15	
	排山柱	13	13	13		12	12	12	
	角柱	12	12	12		12	12	12	
4.50	檐柱	16	16	17	17	15	15	16	16
	排山柱	13	13	13	13	12	12	13	13
	角柱	12	12	12	12	12	12	12	12

表 C.0.2 楼层木大梁常用截面尺寸（cm）

跨度(m)	截面形状	宿舍、办公室 龙骨长度(m)		教室、过道、楼梯等 龙骨长度(m)	
		3.00、3.20	3.40、3.60	3.00、3.20	3.40、3.60
3.60	圆	24	25	27	28
	方	12×27	12×28	12×30	15×30
3.80	圆	25	26	28	29
	方	12×28	12×29	15×30	15×31
4.00	圆	26	27	29	30
	方	12×29	12×30	15×31	15×32
4.20	圆	27	28	30	31
	方	12×30	15×30	15×32	15×33
4.40	圆	28	29	31	32
	方	15×30	15×31	15×33	15×34
4.60	圆	29	30	32	33
	方	15×31	15×32	15×34	15×35
4.80	圆	30	31	33	34
	方	15×32	15×33	15×35	18×36
5.00	圆	31	32	34	35
	方	15×33	15×34	18×36	18×37

注：1. 本表适用于木板面层的楼地面；
2. 本表中圆木直径尺寸系指中径。

表 C.0.3 木龙骨常用截面尺寸（cm）

跨度（m）	宿舍、办公室等	教室、过道、楼梯间等	跨度（m）	宿舍、办公室等	教室、过道、楼梯间等
2.00	5×9	5×11	3.60	5×17	5×19
2.20	5×10	5×12	3.80	5×17	5×20
2.40	5×11	5×13	4.00	5×18	5×21
2.60	5×12	5×14	4.20	5×19	5×22
2.80	5×13	5×15	4.40	5×20	5×23
3.00	5×14	5×16	4.60	5×21	5×24
3.20	5×15	5×17	4.80	5×22	5×25
3.40	5×16	5×18	5.00	5×23	5×26

注：1. 龙骨间距按 40cm 计算；
  2. 龙骨间必须每隔 1~1.5m 加 5cm×4cm 剪刀撑；
  3. 本表适用于木板面层的楼地面。

表 C.0.4 木椽常用截面尺寸（cm）

进深（m）	截面形状	合瓦屋面 开间（m）				仰瓦灰硬屋面 开间（m）				干岔瓦屋面 开间（m）				灰顶或泥卧水泥瓦屋面 开间（m）		
		2.80	3.00	3.20	3.40	2.80	3.00	3.20	3.40	2.80	3.00	3.20	3.40	2.80	3.00	3.20
3.60	圆	27				25				24				19	20	20
	方	20×25				18×23				17×21				14×18	14×18	14×18
3.90	圆	28	29			26	27			25	26	27		20	21	21
	方	21×26	21×26			19×24	20×25			18×23	19×24	20×25		14×18	14×18	14×18
4.20	圆	29	30	32		27	28	29		26	27	28		21	22	22
	方	21×26	22×28	23×29		20×25	21×26	22×28		19×24	21×25	21×26		14×18	15×19	15×19
4.50	圆	31	32	34	35	28	29	31	33	27	28	29	31			
	方	22×28	23×29	24×30	25×31	21×26	22×28	23×29	24×30	20×25	21×26	22×28	23×29			

注：本表中圆木直径尺寸系指中径。

表 C.0.5 木檩常用截面尺寸（cm）

跨度（m）	截面形状	屋面类别													
		合瓦 檩距（m）			仰瓦灰硬或干岔瓦 檩距（m）			灰顶 檩距（m）			泥卧水泥瓦 檩距（m）			水泥瓦或陶瓦 檩距（m）			小波形石棉瓦 檩距（m）	铅铁或油毡 檩距（m）
		0.90	1.0	1.25	0.90	1.10	1.25	0.80	0.90	1.10	1.25	0.90	1.10	1.25	0.70	0.90	1.10	0.85	0.85
2.80	圆	16			15	16	17	13	13	14	15	13	14	14	11	12	12	11	11
	方														6×15 (6×12)	8×15 (6×15)	8×15 (6×15)	6×15 (6×15)	6×15 (6×12)

续表 C.0.5

跨度(m)	截面形状	合瓦 檩距(m)			仰瓦灰硬或干岔瓦 檩距(m)			灰顶 檩距(m)				泥卧水泥瓦 檩距(m)			水泥瓦或陶瓦 檩距(m)			小波形石棉瓦 檩距(m)	铅铁或油毡 檩距(m)
		0.90	1.0	1.25	0.90	1.10	1.25	0.80	0.90	1.10	1.25	0.90	1.10	1.25	0.70	0.90	1.10	0.85	0.85
3.00	圆方	17	18	19	16	17	18	13	14	15	15	13	14	15	12 8×15 (6×12)	12 8×15 (6×15)	13 10×15 (8×15)	12 8×15 (6×12)	11 6×15 (6×12)
3.20	圆方	18	19	20	16	18	19	14	14	15	16	14	15	15	12 8×15 (6×15)	13 10×15 (8×15)	13 10×15 (6×15)	12 8×15 (6×12)	12 8×15 (6×15)
3.40	圆方	19	20	21	17	19	19					14	15	16	13 10×15 (6×15)	13 10×15 (8×15)	14 10×18 (10×15)	13 10×15 (6×15)	12 8×15 (6×15)

注：1. 灰顶房不考虑有顶棚；
  2. 表中所列圆檩直径尺寸系指跨中而言，欲求稍径须从表中尺寸减以 0.4 倍跨长（m）即可；
  3. 表中括号内尺寸系直放檩尺寸，如木檩顺屋面放置，上钉有密排望板，或有椽条（间距≤15cm）时，可按直放檩考虑。

表 C.0.6 木椽常用截面尺寸（cm）

跨度(m)	截面形状	水泥瓦、陶瓦屋面				合瓦、筒瓦等屋面
		单跨椽椽距（m）			两跨连续椽椽距（m）	椽距（m）
		0.70	0.90	1.10	0.7~1.10	0.15
0.90	圆方					5 5×5
1.25	圆方	7 5×8	8 5×8	8 5×8	5×6	5 5×5
1.40	圆方	8 5×8	8 5×8	8 5×8	5×6	
1.70	圆方	8 5×8	9 5×8	9 5×10	5×8	
2.00	圆方	9 5×8	9 5×10	9 5×10	5×8	

附录 D 本标准用词说明

D.0.1 执行本标准条文时，要求严格程度不同的用词说明如下，以便在执行中区别对待。

(1) 表示很严格，非这样做不可的：
正面词采用"必须"；反面词采用"严禁"。
(2) 表示严格，在正常情况下均应这样做的：
正面词采用"应"；反面词采用"不应"或"不得"。
(3) 表示允许稍有选择，在条件许可时首先这样做的：
正面词采用"宜"或"可"；反面词采用"不宜"。

D.0.2 条文中必须按指定的标准、规范或其他有关规定执行时，写法为"应按……执行"或"应符合……要求"。

附加说明

本标准主编单位、参加单位和主要起草人名单

主 编 单 位：中国建筑科学研究院
参 加 单 位：机械部设计研究总院、国家地震局工程力学研究所、北京市房地产科学技术研究所、同济大学、冶金部建筑科学研究总院、清华大学、四川省建筑科学研究院、铁道部专业设计院、上海建筑材料工业学院、陕西省建筑科学研究院、辽宁省建筑科学研究所、江苏省建筑科学研究所、西安冶金建筑学院
主要起草人：戴国莹　杨玉成　李德虎　王骏孙　李毅弘　魏　琏　张良铎　刘惠珊　徐　建　朱伯龙　宋绍先　柏傲冬　吴明舜　高云学　霍自正　楼永林　徐善藩　谢玉玮　那向谦　刘昌茂　王清敏

中华人民共和国国家标准

建筑抗震鉴定标准

GB 50023—95

条 文 说 明

前　言

《建筑抗震鉴定标准》是对原《工业与民用建筑抗震鉴定标准》（TJ 23—77）进行修订而成的。

修订过程中，开展了专题研究，调查总结了近年来大地震的经验教训，采用了新的科研成果，考虑了我国的经济条件和对现有建筑工程进行抗震鉴定和加固的实际，并与新的《建筑抗震设计规范》作了协调，提出了《建筑抗震鉴定与加固设计规程》的条文，广泛征求了有关设计、科研、教学单位和抗震管理部门的意见，将其中抗震鉴定的内容分编整理后反复讨论、修改及试用，最后由建设部会同有关部门审查定稿，于 1995 年 12 月 19 日由国家技术监督局和建设部联合发布。

为便于广大设计、施工、科研、教学等有关单位的人员在使用本标准时能正确理解和执行条文的规定，修订组按本标准章、节、条的顺序编写了以下说明，供参考。

使用中，如发现本条文说明有欠妥之处，请将意见寄中国建筑科学研究院工程抗震研究所（邮编：100013　地址：北京，北三环东路 30 号）。

目　次

1 总则 ·· 1378
2 术语和符号 ··· 略
3 基本规定 ·· 1378
4 场地、地基和基础 ································· 1380
 4.1 场地 ··· 1380
 4.2 地基和基础 ···································· 1380
5 多层砌体房屋 ······································ 1381
 5.1 一般规定 ······································· 1381
 5.2 第一级鉴定 ···································· 1382
 5.3 第二级鉴定 ···································· 1382
6 多层钢筋混凝土房屋 ····························· 1383
 6.1 一般规定 ······································· 1383
 6.2 第一级鉴定 ···································· 1384
 6.3 第二级鉴定 ···································· 1385
7 内框架和底层框架砖房 ·························· 1385
 7.1 一般规定 ······································· 1385
 7.2 第一级鉴定 ···································· 1386
 7.3 第二级鉴定 ···································· 1386
8 单层钢筋混凝土柱厂房 ·························· 1387
 8.1 一般规定 ······································· 1387
 8.2 结构布置和构造鉴定 ························ 1388
 8.3 抗震承载力验算 ······························ 1390
9 单层砖柱厂房和空旷房屋 ······················· 1390
 9.1 一般规定 ······································· 1390
 9.2 结构布置和构造鉴定 ························ 1391
 9.3 抗震承载力验算 ······························ 1391
10 木结构和土石墙房屋 ···························· 1392
 10.1 木结构房屋 ··································· 1392
 10.2 土石墙房屋 ··································· 1392
11 烟囱和水塔 ·· 1393
 11.1 烟囱 ·· 1393
 11.2 水塔 ·· 1393
附录 A 砖房抗震墙基准面积率 ····················· 1394
附录 B 钢筋混凝土结构楼层受剪承载力 ········· 1395

1 总　　则

1.0.1 地震中建筑物的破坏是造成地震灾害的主要原因。现有建筑相当一部分未考虑抗震设防，有些虽然考虑了抗震，但与第三代烈度区划图等的规定相比，并不能满足相应的设防要求。1977年以来建筑抗震鉴定、加固的实践和震害经验表明，对现有建筑进行抗震鉴定，并对不满足鉴定要求的建筑采取适当的抗震对策，是减轻地震灾害的重要途径。

现有建筑进行抗震鉴定的目标，保持与原《工业与民用建筑抗震鉴定标准》（TJ 23—77）（以下简称77鉴定标准）基本一致，比抗震设计规范对新建工程规定的设防标准低。

1.0.2 由于6度时仍然有相当震害，近年来不少强震发生在6度区，造成很大损失，6度抗震设防区的现有建筑进行抗震鉴定是必要的。

本标准的现有建筑，不包括古建筑和新建的建筑工程。按现阶段的抗震加固政策，当设防烈度不提高时，已按原《77鉴定标准》加固或《78抗震设计规范》设计的建筑，不必再进行抗震鉴定。现有建筑增层时的抗震鉴定，情况复杂，本标准未做规定。

1.0.3 现有建筑进行抗震鉴定时，根据建筑的重要性分为四类，与国家标准《建筑抗震设计规范》相一致。但鉴定的要求应按本标准的规定执行。

1.0.4 建筑抗震鉴定的有关规定，主要包括：①抗震主管部门发布的有关通知；②危险房屋鉴定标准，工业厂房可靠性鉴定标准，民用房屋可靠性鉴定标准等；③现代建筑结构设计规范中，关于建筑结构设计统一标准的原则、术语和符号的规定、静力设计的荷载取值、材料性能计算指标等。

不可按抗震设计规范的设防标准对现有建筑进行鉴定，也不能按现有建筑抗震鉴定的设防标准进行新建工程的抗震设计，或作为新建工程未执行抗震设计规范的借口。

3 基 本 规 定

本章和现行抗震设计规范第二章关于"抗震概念设计"的规定相类似，主要是关于现有建筑"抗震概念鉴定"的一些要求。

3.0.1 本条规定了抗震鉴定的基本步骤和内容：搜集原始资料，进行建筑现状的现场调查，进行综合抗震能力的逐级筛选分析，以及对建筑的整体抗震性能做出评定结论并提出处理意见。

3.0.2 本条规定了区别对待的鉴定要求。除了建筑类别（甲、乙、丙、丁）和设防烈度（6、7、8、9度）的区别外，强调了下列三个区别对待，使鉴定工作有更强的针对性：

现有建筑中，要区别结构类型；同一结构中，要区别检查和鉴定的重点部位与一般部位；综合评定时，要区别各构件（部位）对结构抗震性能的整体影响与局部影响。

3.0.3 抗震鉴定采用两级鉴定法，是筛选法的具体应用。第一级鉴定的内容较少，容易掌握又确保安全。其中的有些项目不合格时，可在第二级鉴定中进一步判断，有些项目不合格则必须处理。

第二级鉴定是在第一级鉴定的基础上进行的，当结构的承载力较高时，可适当放宽某些构造要求；或者，当抗震构造良好时，承载力的要求可酌情降低。

这种鉴定方法，将抗震构造要求和抗震承载力验算要求更紧密地联合在一起，具体体现了结构抗震能力是承载能力和变形能力两个因素的有机结合。

3.0.4 本条的规定，主要从房屋高度、平立面和墙体布置、结构体系、构件变形能力、连接的可靠性、非结构的影响和场地、地基等方面，概括了抗震鉴定时宏观控制的概念性要求，即检查现有建筑是否存在影响其抗震性能的不利因素。

3.0.5 抗震验算，一般采用本标准提供的具体方法，与抗震设计规范的方法相比，有所简化，容易掌握。

考虑到抗震鉴定与抗震设计相比，可靠性要求有所降低，当按现行设计规范的方法验算时，地震作用、内力调整、承载力验算公式不变，但需引进抗震鉴定的承载力调整系数 γ_{Ra} 替代设计规范的承载力抗震调整系数 γ_{RE}，使之既符合《建筑结构设计统一标准》的原则，又保持与原 77 鉴定标准的延续性。根据震害经验，对 6 度区的各类建筑，着重从构造措施上提出鉴定要求，可不进行抗震承载力验算。

3.0.6 本条规定了针对现有建筑存在的有利和不利因素，对有关的鉴定要求予以适当调整的方法：

对建在Ⅳ类场地、复杂地形、不均匀地基上的建筑以及同一建筑单元存在不同类型基础时，应考虑地震影响复杂和地基整体性不足等的不利影响。这类建筑要求上部结构的整体性更强一些，或抗震承载力有较大富余，一般可根据建筑实际情况，将部分抗震构造措施的鉴定要求按提高一度考虑，例如增加地基梁尺寸、配筋和增加圈梁数量、配筋等的鉴定要求。

对有全地下室、箱基、筏基和桩基的建筑可放宽对上部结构的部分构造措施要求，如圈梁设置可按降低一度考虑，支撑系统和其他连接的鉴定要求，可在一度范围内降低，但构造措施不得全面降低。

对密集建筑群中的建筑，例如市内繁华商业区的沿街建筑，房屋之间的距离小于 8m 或小于建筑高度一半的居民住宅等，根据实际情况对较高的建筑的相关部分，构造措施按提高一度考虑。

3.0.7 所谓符合抗震鉴定要求，即达到本标准第 1.0.1 条规定的目标。对不符合抗震鉴定要求的建筑提出了四种处理对策：

维修：指结合维修处理。适用于仅有少数、次要部位局部不符合鉴定要求的情况。

加固：指有加固价值的建筑。大致包括：①无地震作用时能正常使用；②建筑虽已存在质量问题，但能通过抗震加固使其达到要求；③建筑因使用年限久或其他原因（如腐蚀等），抗侧力体系承载力降低，但楼盖或支撑系统尚可利用；④建筑各局部缺陷尚多，但易于加固或能够加固。

改造：指改变使用性能。包括：将生产车间、公共建筑改为不引起次生灾害的仓库，将使用荷载大的多层房屋改为使用荷载小的次要房屋等。改变使用性质后的建筑，仍应采取适当的加固措施，以达到该类建筑的抗震要求。

更新：指无加固价值而仍需使用的建筑或在计划中近期要拆迁的不符合鉴定要求的建筑，需采取应急措施。如：在单层房屋内设防护支架；烟囱、水塔周围划为危险区；拆除装饰物、危险物及卸载等。

4 场地、地基和基础

本章是新增加的。考虑到场地、地基和基础的鉴定和处理的难度较大，缩小了鉴定的范围，并主要列出一些原则性规定。

4.1 场 地

岩土失稳造成的灾害，如滑坡、崩塌、地裂、地陷等，其波及面广，对建筑物危害的严重性也往往较重。鉴定需更多地从场地的角度考虑，因此应慎重研究。

含液化土的缓坡（1°～5°）或地下液化层稍有坡度的平地，在地震时可能产生大面积的土体滑动（侧向扩展），在现代河道、古河道或海滨地区，通常宽度在50～100m或更大，其长度达到数百米，甚至2～3km，造成一系列地裂缝或地面的永久性水平、垂直位移，其上的建筑与生命线工程或拉断或倒塌，破坏很大。海城地震、唐山地震中，沿海河故道和陡河、滦河等河流两岸都有这种滑裂带，损失甚重。

4.2 地基和基础

4.2.1 对工业与民用建筑，地震造成的地基震害，如液化、软土震陷，不均匀地基的差异沉降等，一般不会导致建筑的坍塌或丧失使用价值，加之，地基基础鉴定和处理的难度大，因此，减少了地基基础抗震鉴定的范围。

4.2.4 地基基础的第一级鉴定，包括：饱和砂土、饱和粉土的液化初判，软土震陷初判及可不进行桩基验算的规定。

液化初判除利用设计规范的方法外，略加补充。

软土震陷问题，只在唐山地震时津塘地区表现突出，以前我国的多次地震中并不具有广泛性。唐山地震中，8、9度区地基承载力为60～80kPa的软土上，有多栋建筑产生了100～300mm的震陷，相当于震前总沉降量的50%～60%。

桩基不验算范围，基本上同现行抗震设计规范。

4.2.5 地基基础的第二级鉴定，包括：饱和砂土、饱和粉土的液化再判，软土和高层建筑的天然地基、桩基承载力验算及不利地段上抗滑移验算的规定。

4.2.6 本条规定，在一定的条件下，现有天然地基基础竖向承载力验算时，可考虑地基土的长期压密效应，水平承载力验算时，可考虑刚性地坪的抗力。

1. 地基土在长期荷载作用下，物理力学特性得到改善，主要原因有：①土在建筑荷载作用下的固结压密；②机械设备的振动加密；③基础与土的接触处，发生某种物理化学作用。

大量工程实践和专门试验表明，已有建筑的压密作用，使地基土的孔隙比和含水量减小，可使地基承载力提高20%以上；当基底容许承载力没有用足时，压密作用相应减少，故表4.2.6-1中ξ_0值下降。

岩石和碎石类土的压密作用及物理化学作用不显著；硬黏土的资料不多；软土、液化土和新近沉积黏性土又有液化或震陷问题，承载力不宜提高，故均取$\xi_0=1$。

2. 承受水平力为主的天然地基，指柱间支撑的柱基、拱脚等。震害及分析证明地坪可以很好地抵抗结构传来的基底剪力。根据实验结果，由柱传给地坪的力约在3倍柱宽范围内分布，因此要求地坪在受力方向的宽度不小于柱宽的3倍。

地坪一般是混凝土的，属脆性材料，而土是非线性材料。二者变形模量相差4倍，当地坪受压达到破坏时，土中的应力甚小，二者不在同一时间破坏，故可选地坪抗力与土抗力二者中较大者进行验算。

5 多层砌体房屋

5.1 一般规定

5.1.1 本章适用于黏土砖和混凝土、粉煤灰砌块墙体承重的房屋，比77鉴定标准有很大的补充，对砂浆砌筑的料石结构房屋，抗震鉴定时也可参考。

本章所适用的房屋层数和高度的规定，是从现有房屋的实际情况提出的，与现行设计规范的规定在含义上有所不同。

5.1.2 本条是第3章中概念鉴定在多层砌体房屋的具体化。地震时不同烈度下多层砌体房屋的破坏部位变化不大而程度有显著差别，其检查重点基本上可不按烈度划分。

5.1.4 砌体结构房屋受模数化的限制，一般比较规整。建筑参数如开间，层高、进深等，相差较小，尤其在同一地区内相差甚微；当采用标准设计时，房屋种类就更少。因此，多层砌体房屋的结构体系满足刚性、规则性要求时，抗震鉴定方法可有所简化。

本章鉴定方法与77鉴定标准相比，有较大的变动：改变过去的构件评定为综合评定，从房屋的整体出发，根据现有房屋的特点，对其抗震能力进行分级鉴定。大量的现有建筑，通过较少的几项检查即可评定，减少不必要的逐项、逐条的鉴定。

多层砌体房屋的两级鉴定可参照图5.1的框图进行：

第一级鉴定分两种情况。对刚性体系的房屋，先检查其整体性和易引起局部倒塌的部

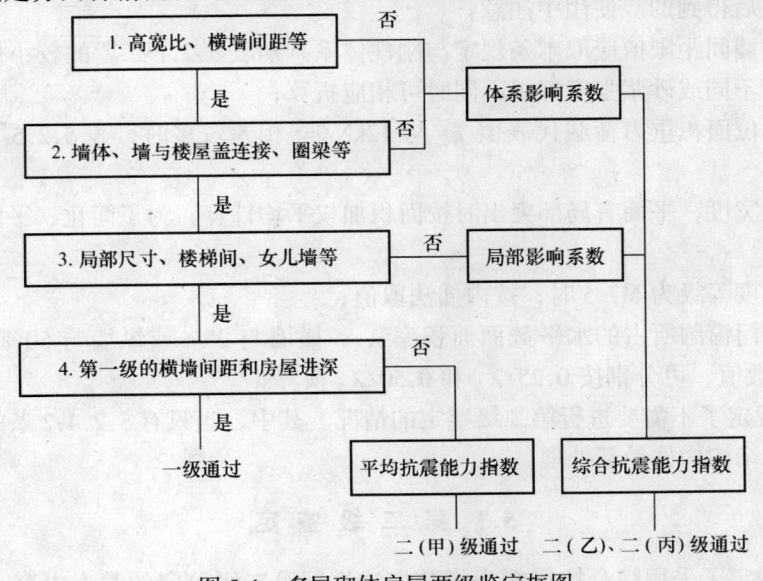

图 5.1 多层砌体房屋两级鉴定框图

位，当整体性良好且易引起局部倒塌的部位连接良好时，根据大量的计算分析，不必按77鉴定标准计算墙体面积率而直接按房屋宽度、横墙间距和砌筑砂浆强度等级来判断是否满足抗震要求，不符合时才进行第二级鉴定；对非刚性体系的房屋，第一级鉴定只检查其整体性和易引起局部倒塌的部位，并需进行第二级鉴定。

第二级鉴定分四种情况进行综合抗震能力的分析判断。与77鉴定标准相同，一般需计算砖房抗震墙的面积率，当质量和刚度沿高度分布明显不均匀，或房屋的层数在7、8、9度时分别超过六、五、四层，需按设计规范的方法和要求验算其抗震承载力，鉴定的承载力调整系数 γ_{Ra} 取值与设计规范的承载力抗震调整系数 γ_{RE} 相同。与77鉴定标准不同的是，当面积率较高时，可考虑构造上不符合第一级要求的程度，利用体系影响系数和局部影响系数来综合评定。这些影响系数的取值，主要根据唐山地震的大量资料统计、分析和归纳得到的。

5.2 第一级鉴定

5.2.1 结构体系的鉴定，包括刚性和规则性的判别。刚性体系的高宽比和抗震横墙间距限值不同于设计规范的规定，因二者的含义不同。

5.2.3 整体性连接构造的鉴定，包括纵横向抗震墙的交接处、楼（屋）盖及其与墙体的连接处、圈梁布置和构造等的判别。鉴定的要求低于设计规范。对现有房屋构造柱、芯柱的布置不做要求。当有构造柱且其与墙体的连接符合设计规范的要求时，在第二级鉴定中体系影响系数可取大于1.0的数值。

5.2.4 易引起局部倒塌部位的鉴定包括墙体局部尺寸、楼梯间、悬挑构件、女儿墙、出屋面小烟囱等的判别。基本上与77鉴定标准相同。

5.2.5 本条规定了刚性体系房屋抗震承载力验算的简化方法；对非刚性体系房屋抗震承载力的验算，本条规定的简化法不适用。表5.2.5-1系按底部剪力法取各层质量相等、单位面积重力荷载代表值为 $12kN/m^2$ 且纵横墙开洞的水平面积率分别为50%和25%进行计算并适当取整后得到的。使用中注意：

①承重横墙间距限值应取本条规定与刚性体系判别表5.2.1二者的较小值；同一楼层内各横墙厚度不同或砂浆强度等级不同时可相应折算；

②楼层单位面积重力荷载代表值 g_E 与 $12kN/m^2$ 相差较多时，表5.2.5-1的数值需除以 $g_E/12$；

③房屋的宽度，平面有局部突出时按面积加权平均计算，为了简化，平面内的局部纵墙略去不计；

④砂浆强度等级为M7.5时，按内插法取值；

⑤墙体的门窗洞所占的水平截面面积率 λ_A，横墙与25%或纵墙与50%相差较大时，表5.2.5-1的数值，可分别按 $0.25/\lambda_A$ 和 $0.50/\lambda_A$ 换算。

5.2.6 本条规定了不需要进行第二级鉴定的情况。其中，当只有5.2.4.2条的规定不符合时，可只对非结构构件局部处理。

5.3 第二级鉴定

5.3.1 本条规定了采用综合抗震能力指数方法进行第二级鉴定的基本内容：楼层平均抗

震能力指数法又称二（甲）级鉴定，楼层综合抗震能力指数法又称二（乙）级鉴定，墙段综合抗震能力指数法又称二（丙）级鉴定，分别适用于不同的情况。

通常，抗震能力指数要在两个主轴方向分别计算，有明显扭转影响时，取扭转效应最大的轴线计算。

5.3.2 平均抗震能力指数即按刚性楼盖计算的楼层横墙、纵墙的面积率与鉴定所需的面积率的比值。若查表 5.2.5-1 时根据重力荷载和墙体开洞情况作了调整，则这种鉴定方法基本上不会遇到。

5.3.3 楼层综合抗震能力指数，即平均抗震能力指数与构造影响系数的乘积。

鉴于 M0.4 砂浆的设计指标，新、旧砌体结构设计规范的取值标准有明显的不同，为保持 77 鉴定标准的延续性，当砂浆的强度等级为 M0.4 时，需乘以相应的体系影响系数。构造影响系数表 5.3.3-1 和表 5.3.3-2 的数值，要根据房屋的具体情况酌情调整：

①当该项规定不符合的程度较重时，该项影响系数取较小值，该项规定不符合的程度较轻时，该项影响系数取较大值；

②当鉴定的要求相同时，烈度高时影响系数取较小值；

③当构件支承长度、圈梁、构造柱和墙体局部尺寸等的构造符合新设计规范要求时，该项影响系数可大于 1.0；

④各体系影响系数的乘积，最好采用加权方法，不用简单乘法。

5.3.4 墙段综合抗震能力指数，即墙段抗震能力指数与构造影响系数的乘积。墙段的局部影响系数只考虑对验算墙段有影响的项目。墙段从属面积的计算方法如下：

刚性楼盖，从属面积由楼层建筑平面面积按墙段的侧移刚度分配：

$$A_{bij} = (K_{ij}/\sum K_{ij})A_{bi}$$

墙段抗震能力指数等于楼层平均抗震能力指数，$\beta_{ij} = \beta_i$；

柔性楼盖，从属面积按左右两侧相邻抗震墙间距之半计算：

$$A_{bij} = A_{bij,0}$$

墙段抗震能力指数 $\beta_{ij} = (A_{ij}/A_i)(A_{bi}/(A_{bij,0}))\beta_i$；

中等刚性楼盖，从属面积取上述二者的平均值：

$$A_{bij} = 0.5(K_{ij}/\sum K_{ij})A_{bi} + 0.5A_{bij,0}$$

墙段抗震能力指数 $\beta_{ij} = (A_{ij}/A_i)(A_{bi}/A_{bij})\beta_i$。

5.3.5 本条规定了砌体房屋第二级鉴定时需采用设计规范方法进行抗震验算的范围。

6 多层钢筋混凝土房屋

6.1 一般规定

6.1.1 我国现有未考虑设防的钢筋混凝土结构，普遍是 10 层以下。框架结构可以是现浇的或装配整体式的。

6.1.2 本条是第 3 章中概念鉴定在多层钢筋混凝土房屋的具体化。根据震害总结，6、7 度时主体结构基本完好，以女儿墙、填充墙的损坏为主，8、9 度时主体结构有破坏且不规则结构等加重震害。据此，本条提出了不同烈度下的主要薄弱环节，作为检查重点。

6.1.4 根据震害经验,钢筋混凝土房屋的两级鉴定的内容与砌体房屋不同,但均从结构体系、整体性、构件承载力和局部构造方面加以综合评定。

钢筋混凝土房屋的两级鉴定可参照图6.1的框图进行:

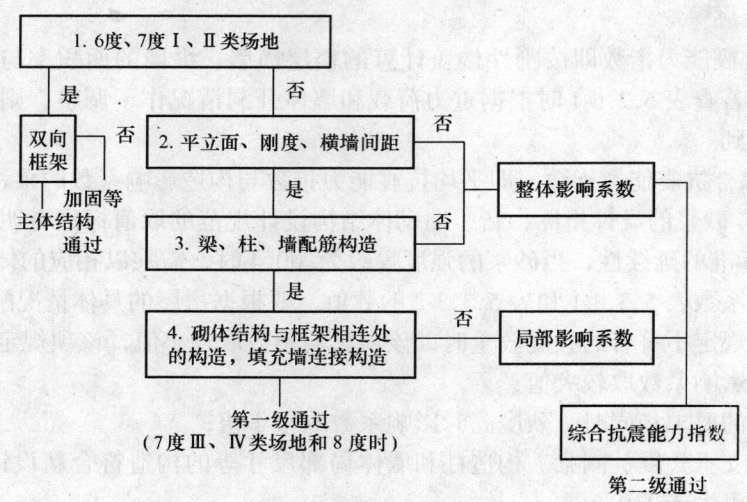

图6.1 多层钢筋混凝土房屋的两级鉴定

第一级鉴定强调了梁、柱的连接形式,混合承重体系的连接构造和填充墙与主体结构的连接问题。7度Ⅲ、Ⅳ类场地和8、9度时,增加了规则要求和配筋构造要求,有关规定基本上保持了77鉴定标准的要求。

第二级鉴定分三种情况进行楼层综合抗震能力的分析判断。屈服强度系数是结构抗震承载力计算的简化方法,该方法以震害为依据,通过震害实例验算的统计分析得到,设计规范用来控制结构的倒塌,对评估现有建筑破坏程度有较好的可靠性。在第二级鉴定中,材料强度等级和纵向钢筋不作要求,其他构造要求用结构构造的体系影响系数和局部影响系数来体现。

6.1.5 当框架结构与砌体结构毗邻且共同承重时,砌体部分因侧移刚度大而分担了框架的一部分地震作用,受力状态与单一的砌体结构不同,框架部分也因二者侧移的协调而在连接部位形成附加内力。抗震鉴定时要适当考虑。

6.2 第 一 级 鉴 定

6.2.1 结构体系的鉴定包括节点连接方式和规则性的判别。

连接方式主要指刚接和铰接,以及梁底纵筋的锚固。

房屋的规则性判别,基本同设计规范,针对现有建筑的情况,增加了无砌体结构相连的要求。

对框架-抗震墙体系,墙体之间楼、屋盖长宽比的规定同设计规范;抗侧力黏土砖填充墙的最大间距判别,是8度时抗震承载力验算的一种简化方法。

6.2.3 整体性连接构造的鉴定分两类:

6度和7度Ⅰ、Ⅱ类场地时,只判断是否满足非抗震设计要求。其中,梁纵筋在柱内的锚固长度按70年代的规范检查。

7度Ⅲ、Ⅳ类场地和8、9度时，要检查纵筋、箍筋、轴压比等。作为简化的抗震承载力验算，要求控制柱截面，9度时还要验算柱的轴压比。框架-抗震墙中抗震墙的构造要求，是参照设计规范提出的。

6.2.4 本条提出了框架结构与砌体结构混合承重时的部分鉴定要求——山墙与框架梁的连接构造。其他构造按6.1.5条规定的原则鉴定。

6.2.5 砌体填充墙等与主体结构连接的鉴定要求，系参照现行抗震设计规范提出的。

6.2.6 本条规定了不需要进行第二级鉴定的情况。其中，当仅女儿墙等非结构构件不符合本标准第5.2.4.2款的规定时，可只对非结构构件局部处理。

6.3 第二级鉴定

6.3.1 本条规定了采用楼层综合抗震能力指数法进行第二级鉴定的三种情况，要求按不同的平面结构进行楼层综合抗震承载力指数的验算。

6.3.2 钢筋混凝土结构的综合抗震能力指数，采用楼层屈服强度系数与构造影响系数的乘积。构造影响系数的取值要根据具体情况确定：

①由于第二级鉴定时，对材料强度和纵向钢筋不做要求，体系影响系数只与规则性、箍筋构造和轴压比等有关；

②当部分构造符合第一级鉴定要求而部分构造符合非抗震设计要求时，可在0.8~1.0之间取值；

③不符合的程度大或有若干项不符合时取较小值，对不同烈度鉴定要求相同的项目，烈度高者，该项影响系数取较小值；

④结构损伤包括因建造年代甚早、混凝土碳化而造成的钢筋锈蚀。损伤和倾斜的修复，通常宜考虑新旧部分不能完全共同发挥效果而取小于1.0的影响系数；

⑤局部影响系数只乘以有关的平面框架，即与承重砌体结构相连的平面框架、有填充墙的平面框架或楼屋盖长宽比超过规定时其中部的平面框架。

计算结构楼层现有承载力时，与设计规范相同，应取结构构件现有截面尺寸、现有配筋和材料强度标准值计算；楼层的弹性地震剪力系按现行《建筑抗震设计规范》的方法计算，但地震作用的分项系数取1.0。

6.3.3 本条规定了评定钢筋混凝土结构综合抗震能力的两种方法：楼层综合抗震能力指数法与考虑构造影响的规范抗震承载力验算法。一般情况采用前者，当前者不适用时，需采用后者。

7 内框架和底层框架砖房

7.1 一 般 规 定

7.1.1 内框架砖房指内部为框架承重外部为砖墙承重的房屋，包括内部为单排柱到顶、多排柱到顶的多层内框架房屋以及仅底层为内框架而上部各层为砖墙的底层内框架房屋。底层框架砖房指底层为框架（包括填充墙框架等）承重而上部各层为砖墙承重的多层房屋。

本章适用的房屋最大总高度及层数较设计规范略有放宽，还包括了底层内框架砖房。主要依据震害并考虑我国现实情况。如海城地震时，位于9度区的海城农药厂粉剂车间为三层的单排柱内框架砖房，高15m，虽遭严重破坏但未倒塌，震后修复使用。

180mm墙承重时只能用于底层框架房屋的上部各层。由于这种墙体稳定性较差，故适用的高度一般降低6m，层数降低二层。

当现有房屋比表7.1.1的规定多一层或3m时，即使符合第一级鉴定的各项规定，也要在第二级鉴定中采用规范方法进行验算。

7.1.2 本条是第3章中概念鉴定在内框架和底层框架砖房的具体化。根据震害经验总结，内框架和底层框架砖房的震害特征与多层砖房、多层钢筋混凝土房屋不同。本条在多层砖房和多层钢筋混凝土房屋各自薄弱部位的基础上，增加了相应的内容。

7.1.5 内框架和底层框架砖房为砖墙和混凝土框架混合承重的结构体系，其两级鉴定方法可将第5、6两章的方法合并使用。

7.2 第 一 级 鉴 定

7.2.1 结构体系鉴定时，针对内框架和底层框架砖房的结构特点，要检查底层框架、底层内框架砖房的二层与底层侧移刚度比，以减少地震时的变形集中；要检查多层内框架砖房的纵向窗间墙宽度，以减轻地震破坏。抗震墙横墙最大间距，基本上与设计规范相同，在装配式钢筋混凝土楼、屋盖时其要求略有放宽，但不能用于木楼盖的情况。

7.2.3 整体性连接鉴定，针对此两类结构的特点，强调了楼盖的整体性、圈梁布置、大梁与外墙的连接。

7.2.4 本条规定了第一级鉴定中需按本标准第5章、第6章有关规定执行的内容。

7.2.5 结构体系满足要求且整体性连接及易引起倒塌部位都良好的房屋，可类似多层砖房，按横墙间距、房屋宽度及砌筑砂浆强度等级来判断是否满足抗震要求而不进行抗震验算。这主要是根据震害经验及统计分析提出的，以减少鉴定计算的工作量。

考虑框架承担了大小不等的地震作用，本条规定的限值与多层砖房有所不同。使用时，尚需注意本标准第5.2.5条的说明。

7.2.6 本条规定了不需进行第二级鉴定的情况。其中，当仅非结构构件不符合本标准5.2.4.2款的规定时，可只对非结构构件局部处理。

7.3 第 二 级 鉴 定

7.3.1 这两类结构的第二级鉴定，直接借用多层砖房和框架结构的方法，使本标准的鉴定方法比较协调。

一般情况，采用综合抗震能力指数的方法，使抗震承载力验算可有所简化，还可考虑构造对抗震承载力的影响。

当房屋高度和层数超过表7.1.1的数值范围时，与多层砖房类似，需采用考虑构造影响的规范抗震承载力验算法。

7.3.2 底层框架、底层内框架砖房的体系影响系数和局部影响系数，通常参照多层砖房和钢筋混凝土框架的有关规定确定。

底层框架、底层内框架砖房的烈度影响系数，保持77鉴定标准的有关规定，取值不同于多层砖房；考虑框架承担一部分地震作用，底层的基准面积率也不同于多层砖房。

7.3.3 多层内框架砖房的体系影响系数和局部影响系数，除参照多层砖房和钢筋混凝土框架的有关规定确定外，其纵向窗间墙的影响系数由局部影响系数改按整体影响系数对待。

多层内框架砖房的烈度影响系数，保持77鉴定标准的有关规定，取值与底层框架、底层内框架砖房相同；考虑框架承担一部分地震作用，基准面积率取值不同于多层砖房及底层框架、底层内框架砖房。

内框架楼层屈服强度系数的具体计算方法，与钢筋混凝土框架不同，见本标准附录B的说明。

8 单层钢筋混凝土柱厂房

8.1 一般规定

8.1.1 本章所适用的厂房为装配式结构，柱子为钢筋混凝土柱，屋盖为大型屋面板与屋架、屋面梁构成的无檩体系或槽板、槽瓦等屋面瓦与檩条、各种屋架构成的有檩体系。混合排架厂房中的钢筋混凝土结构部分也可适用。

8.1.2 本条是第3章概念鉴定在单层钢筋混凝土厂房的具体化。震害表明，装配式结构的整体性和连接的可靠性是影响其抗震性能的重要因素。机械厂房等在不同烈度下的震害是：

①突出屋面的钢筋混凝土Ⅱ形天窗架，立柱的截面为T形，6度时竖向支撑处就有震害，8、9度时震害较普遍；

②无拉结的女儿墙、封檐墙和山墙山尖等，6度则开裂、外闪，7度时有局部倒塌，位于出入口、披屋上部时危害更大；

③屋盖构件中，屋面瓦与檩条、檩条与屋架（屋面梁）、钢天窗架与大型屋面板、锯齿形厂房双梁与牛腿柱等的连接处，常因支承长度较小而连接不牢，7度时就有槽瓦滑落等震害，8度时檩条和槽瓦一起塌落；

④大型屋面板与屋架的连接，两点焊与三点焊有很大差别，焊接不牢，8度时就有错位，甚至坠落；

⑤屋架支撑系统、柱间支撑系统不完整，7度时震害不大，8、9度时就有较重的震害：屋盖倾斜、柱间支撑压曲、有柱间支撑的上柱柱头和下柱柱根开裂甚至酥碎；

⑥高低跨交接部位，牛腿（柱肩）在6、7度时就出现裂缝，8、9度时普遍拉裂、劈裂；9度时其上柱的底部多有水平裂缝，甚至折断，导致屋架塌落；

⑦柱的侧向变形受工作平台、嵌砌内隔墙、披屋或柱间支撑节点的限制，8、9度时相关构件如柱、墙体、屋架、屋面梁、大型屋面板的破坏严重；

⑧圈梁与柱或屋架、抗风柱柱顶与屋架拉结不牢，8、9度时可能带动大片墙体外倾倒塌，特别是山墙墙体的破坏使端排架因扭转效应而开裂折断，破坏更重；

⑨8、9度时，厂房体型复杂、侧边贴建披屋或墙体布置使其质量不匀称、纵向或横向刚度不协调等，导致高振型影响、应力集中、扭转效应和相邻建筑的碰撞，加重了震害。

根据上述震害特征和规率，本条明确提出不同烈度下单层厂房可能发生严重破坏或局部倒塌时易伤人或砸坏相邻结构的关键薄弱环节，作为检查的重点。各项具体的鉴定要求列于本章第二节。

8.1.4 厂房的抗震能力评定，既要考虑构造，又要考虑承载力；根据震害调查和分析，规定多数单层钢筋混凝土柱厂房不需进行抗震承载力验算，这是又一种形式的分级鉴定方法。其框图参见图 8.1。

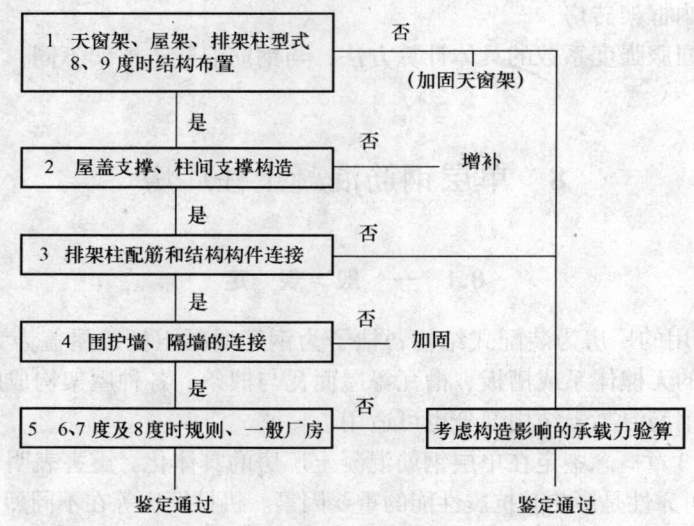

图 8.1 单层钢筋混凝土柱厂房的分级鉴定

对检查结果进行综合分析时，先对不符合鉴定要求的关键薄弱部位提出加固或处理意见，是提高厂房抗震安全性的经济而有效的措施；一般部位的构造、抗震承载力不符合鉴定要求时，则根据具体情况的分析判断，采取相应对策。例如，考虑构造不符合鉴定要求的部位和程度，对其抗震承载力的鉴定要求予以适当调整，再判断是否加固。

8.2 结构布置和构造鉴定

8.2.1 本条主要是 8、9 度时对结构布置的鉴定要求，包括：主体结构刚度、质量沿平面分布基本均匀对称、沿高度分布无突变的规则性检查，变形缝及其宽度、砌体墙和工作平台的布置及受力状态的检查等。

①根据震害总结，比 77 鉴定标准增加了防震缝宽度的鉴定要求；

②砖墙作为承重构件，所受地震作用大而承载力和变形能力低，在钢筋混凝土厂房中是不利的；7 度时，承重的天窗砖端壁就有倒塌，8 度时，排架与山墙、横墙混合承重的震害也较重。

③当纵向外墙为嵌砌砖墙而中柱列为柱间支撑，或一侧有墙另一侧敞口，或一侧为外贴式另一侧为嵌砌式，均属于纵向各柱列刚度明显不协调的布置；

④厂房仅一端有山墙或纵向为一侧敞口，以及不等高厂房等，凡不同程度地存在扭转效应问题时，其内力增大部位的鉴定要求需适当提高。

8.2.2 不利于抗震的构件型式，除了Ⅱ形天窗架立柱、组合屋架上弦杆为 T 形截面外，参照设计规范，比77鉴定标准增加了对排架上柱、柱根及支承屋面板小立柱的截面形式进行鉴定的要求。

薄壁工字形柱、腹杆大开孔工字形柱和双肢管柱，在地震中容易变为两个肢并连的柱，受弯承载力大大降低。鉴定时着重检查其两个肢连接的可靠性，或进行相应的抗震承载力验算。

8.2.3 设置屋盖支撑是使装配式屋盖形成整体的重要构造措施。支撑布置的鉴定要求，基本上与77鉴定标准相同，增加：

①8度时无檩屋盖在柱间支撑开间需有一道上弦横向支撑；

②参照设计规范，8、9度时端部高度大于900mm的屋架，厂房单元两端和柱间支撑开间，屋架端部需有竖向支撑；

③参照设计规范，补充了井式天窗无檩屋盖支撑布置的鉴定要求；

④根据震害总结，明确要提高拼块式屋架（屋面梁）的支撑布置要求；

⑤进一步明确有托架时下弦纵向支撑的鉴定要求；

⑥考虑到某些地区的实际情况，放松了屋面刚度较强时组合屋架的支撑布置要求；

屋盖支撑布置的非抗震要求，可按标准图或有关的构造手册确定。大致包括：

①跨度大于18m或有天窗的无檩屋盖，厂房单元或天窗开洞范围内，两端有上弦横向支撑；

②抗风柱与屋架下弦相连时，厂房单元两端有下弦横向支撑；

③跨度为18~30m时在跨中，跨度大于30m时在其三等分处，厂房单元两端有竖向支撑，其余柱间相应位置处有下弦水平系杆；

④屋架端部高度大于1m时，厂房单元两端的屋架端部有竖向支撑，其余柱间在屋架支座处有水平压杆；

⑤天窗开洞范围内，屋架脊节点处有通长水平系杆。

8.2.4 排架柱的箍筋构造对其抗震能力有重要影响，根据震害总结、试验研究并参照设计规范，增加了排架柱在下列部位的鉴定要求，包括：

①有柱间支撑的柱头和柱根，柱变形受柱间支撑、工作平台、嵌砌砖墙或贴砌披屋等约束的各部位；

②柱截面突变的部位；

③高低跨厂房中承受水平力的支承低跨屋盖的牛腿（柱肩）。

8.2.5 设置柱间支撑是增强厂房整体性的重要构造措施。其鉴定要求基本上与77鉴定标准相同。

根据震害经验，柱间支撑的顶部有水平压杆时，柱顶受力小，震害较轻，故在77鉴定标准关于9度时边柱列在上柱柱间支撑的顶部应有水平压杆的基础上，增加了8度时对中柱列的同样要求。

柱间支撑下节点的位置，烈度不高时，只要节点靠近地坪则震害较轻；高烈度时，则应使地震作用能直接传给基础。

8.2.6 厂房结构构件连接的鉴定要求，与77鉴定标准基本相同。

屋面瓦与檩条、檩条与屋架的连接不牢时，7度时就有震害。

钢天窗架上弦杆一般较小，使大型屋面板支承长度不足，应注意检查；8、9度时，增加了大型屋面板与屋架焊牢的鉴定要求；

柱间支撑节点的可靠连接，是使厂房纵向安全的关键。一旦焊缝或锚固破坏，则支撑退出工作，导致厂房柱列震害严重。

震害表明，山墙抗风柱与屋架上弦横向支撑节点相连最有效，鉴定时要注意检查。

8.2.7 黏土砖围护墙的鉴定要求，基本上与77鉴定标准相同。

突出屋面的女儿墙、高低跨封墙等无拉结，6度时就有震害。根据震害，增加了高低跨的封墙不宜直接砌在低跨屋面上的鉴定要求。

圈梁与柱或屋架需牢固拉结；圈梁宜封闭，变形缝处纵墙外甩力大，圈梁需与屋架可靠拉结。

根据震害经验并参照设计规范，增加了预制墙梁等的底面与其下部的墙顶宜加强拉结的鉴定要求。

8.2.8 内隔墙的鉴定要求，基本上与77鉴定标准相同。

到顶的横向内隔墙不得与屋架下弦杆拉结，以防其对屋架下弦的不利影响。

嵌砌的内隔墙应与排架柱柔性连接或脱开，以减少其对排架柱的不利影响。

8.3 抗震承载力验算

8.3.1 根据震害并参照设计规范，略比77鉴定标准扩大了抗震验算范围：

①8、9度时支承低跨屋盖的牛腿（柱肩）；

②8、9度时无桥式吊车且无柱间支撑的大柱网厂房；

③9度时高大山墙的抗风柱。

8.3.2 鉴定时验算方法按设计规范，但采用鉴定的承载力调整系数γ_{Ra}替代抗震设计的承载力抗震调整系数γ_{RE}，以保持77鉴定标准的水准。

9 单层砖柱厂房和空旷房屋

9.1 一般规定

9.1.1 本章适用的范围，主要是单层空旷的砌体房屋。混合排架厂房中的砖结构部分也可适用。

9.1.2 本条是第3章概念鉴定在单层空旷砌体房屋的具体化。单层空旷房屋的震害特征不同于多层砖房。根据其震害规律，提出了不同烈度下的薄弱部位，作为检查的重点。

9.1.4 单层空旷房屋抗震能力的评定，同样要考虑构造和承载力这两个因素。根据震害调查和分析，规定多数单层砖柱厂房和空旷房屋不需进行抗震承载力验算，采用与单层钢筋混凝土柱厂房相同形式的分级鉴定方法。

对检查结果进行综合分析时，先对不符合鉴定要求的关键薄弱部位提出加固或处理意见，是提高厂房抗震安全性的经济而有效的措施；一般部位的构造、抗震承载力不符合鉴定要求时，则根据具体情况的分析判断，采取相应对策。

9.1.5 单层空旷房屋的大厅与其附属房屋的结构类型不同，地震作用下的表现也不同。根据震害调查和分析，参照设计规范，规定单层砖柱厂房和空旷房屋与其附属房屋之间要考虑二者的相互作用。

9.2 结构布置和构造鉴定

9.2.1 结构布置的鉴定要求比77鉴定标准有所增加，主要内容是：

①保持原标准对砖柱截面沿高度变化的鉴定要求；对纵向柱列，在柱间需有与柱等高砖墙的要求稍有放宽；

②参照设计规范，增加了房屋高度和跨度的控制性检查；

③根据震害经验，增加了承重山墙厚度和开洞的检查；

④钢筋混凝土面层组合砖柱、砖包钢筋混凝土柱的轻屋盖房屋在高烈度下震害轻微，据此提出不配筋砖柱、重屋盖使用范围的限制；

⑤设计合理的双曲砖拱屋盖本身震害是较轻的，但山墙及其与砖拱的连接部位有时震害明显；参照设计规范，提出其跨度和山墙构造等的鉴定要求；

⑥根据震害并参照设计规范，提出了大厅与附属房屋之间无防震缝时的鉴定要求。

9.2.2 根据震害调查和计算分析，为减少抗震承载力验算工作，提出了材料强度等级的最低鉴定要求，并根据震害补充了8、9度时要有配筋的鉴定要求。

9.2.3 房屋整体性连接的鉴定要求，与77鉴定标准相比有所调整：

①保持了木屋盖的支撑布置要求，轻屋盖的震害很轻且类似于木屋盖，相应补充了波形瓦等轻屋盖的鉴定要求；

②7度时木屋盖震害极轻，补充了6、7度时屋盖构件的连接可采用钉接的规定；

③屋架（梁）与砖柱（墙）的连接，参照设计规范，提出要有垫块的鉴定要求；

④圈梁对单层空旷房屋抗震性能的作用，与多层砖房相比有所降低，鉴定的要求保持了77鉴定标准的规定；柱顶增加闭合等要求，沿高度的要求稍有放宽；

⑤山墙壁柱对房屋整体性能的影响较纵向柱列小，其连接要求保持了原标准的规定，比纵向柱列稍低；

⑥保持了对独立砖柱的连接要求；但根据震害，对墙体交接处有配筋的鉴定要求有所放宽；

⑦参照设计规范，提出了舞台口大梁有稳定支撑的鉴定要求。

9.2.4 房屋易引起局部倒塌的部位，包括悬墙、封檐墙、女儿墙、舞台口横墙、悬吊重物、顶棚等，其鉴定要求基本上与77鉴定标准相同。

9.3 抗震承载力验算

9.3.1 试验研究和震害表明，砖柱的承载力验算只相当于裂缝出现阶段，到房屋倒塌还有一个发展过程。为简化鉴定时的验算，本条规定了较宽的不验算范围，调整了77鉴定标准的规定。

①独立砖柱安全储备较小且空间工作能力较差，混合排架柱厂房等的震害经验不多，故不验算的范围较77鉴定标准稍严；

②增加了8、9度时配筋砖柱不验算的范围。

9.3.2 单层砖结构厂房和空旷房屋抗震承载力验算的方法，同设计规范。为保持TJ 23—77标准的水准，砖柱抗震鉴定的承载力调整系数γ_{Ra}的取值同抗震设计的承载力抗震调整

系数 γ_{RE}。

10 木结构和土石墙房屋

10.1 木结构房屋

10.1.1 本节是 77 鉴定标准第 6、7、8 章有关部分的合并。其适用范围主要是村镇的中、小型木结构房屋。按抗震性能的优劣排列，依次为穿斗木构架、旧式木骨架、木柱木屋架、柁木檩架房屋和康房等五类；适用的层数包括了现有房屋的一般情况。

10.1.2 木结构房屋要检查所处的场地条件，主要依据日本的统计资料：不利地段，冲积层厚度大于 30m、回填土厚度大于 4m 及地表水、地下水容易集积或地下水位高的场地，都能加重震害。

10.1.4 与 77 鉴定标准相同，木结构房屋可不进行抗震承载力验算。

10.1.5 木结构抗震鉴定时考虑的防火问题，主要是次生灾害。

10.1.6 本条按旧式木骨架、木柱木屋架、柁木檩架、穿斗木构架和康房的顺序分别列出该类房屋木构架的布置和构造的鉴定要求。主要是 77 鉴定标准有关规定的整理，并新增了穿斗木构架和康房的相应要求。

穿斗木构架的梁柱节点，用银锭榫连接可防止拔榫或脱榫；传统的作法，纵向多为平榫连接且檩条浮搁，导致纵向震害严重，高烈度时要着重检查、处理。

针对康房的特点，提出柱间有斜撑或轻质抗震墙的鉴定要求。

10.1.7 本条分别规定了各类木结构房屋墙体的布置和构造的鉴定要求，基本上保持了 77 鉴定标准的有关规定。

对旧式木骨架、木柱木屋架房屋，主要对砖墙的间距、砂浆强度等级和拉结构造进行检查。

对柁木檩架房屋，主要对土坯墙或土筑墙的间距、施工方法和拉结构造等进行检查。

对穿斗木构架房屋，主要对空斗墙、毛石墙、砖墙和土坯墙、土筑墙等墙体的间距、施工方法和砂浆强度等级、拉结构造等进行检查。

对康房，只对墙体的拉结构造进行检查。

10.1.8 本条列出了木结构房屋中易损部位的鉴定要求，主要是 77 鉴定标准中有关规定的整理。

10.1.9 本条规定了需采取加固或相应措施的情况，强调木构件的现状、木构架的构造形式及其连接应符合鉴定要求。

10.2 土石墙房屋

10.2.1 本节保持 77 鉴定标准的规定，只适用于 6、7 度时的村镇房屋。

震害表明，除灰土墙房屋可为二层外，一般的土墙房屋宜为单层。

根据试验研究，7 度不超过三层的毛料石房屋，采用有垫片甩浆砌筑时，仍可有条件地符合鉴定要求，但毛石墙房屋只宜为单层。对浆砌料石房屋，可参照第五章的原则鉴定。

10.2.2 土石墙房屋的检查重点，基本上与砌体结构相同。

10.2.4 与77鉴定标准相同，土石墙房屋可不进行抗震承载力验算。

10.2.5 土墙房屋和毛石墙房屋的材料强度较低，其墙体要厚、墙面开洞要小、墙高要矮、平面要简单、屋盖要轻。

10.2.6 土石墙房屋墙体的质量和连结的鉴定要求，基本上保持了77鉴定标准的规定。

干码、斗砌对墙体的强度有明显的影响，在鉴定中要注意。

墙体的拉结材料，对土墙可以是竹筋、木条、荆条等，对多层石墙，应为钢筋。

多层房屋要有圈梁，灰土墙房屋可为木圈梁。

10.2.7 土墙房屋的屋盖、楼盖多为木结构，其鉴定要求与木结构房屋、多层砌体房屋的有关部分相当。

一些地区有条石楼板的作法，它在施工中、使用中常发生事故，且缺乏地震经验，在本标准中没有条件做出规定。

11 烟囱和水塔

11.1 烟囱

11.1.1 普通类型的独立式烟囱，指高度在100m以下的钢筋混凝土烟囱和高度在60m以下的砖烟囱。特殊构造形式的烟囱指爬山烟囱、带水塔烟囱等。

11.1.3 独立式烟囱在静载下处于平衡状态，鉴定时需检查筒壁材料的强度等级。

震害表明，砖烟囱顶部易于破坏甚至坠落，7度时顶部就有破坏，故要求其顶部一定范围要有配筋；

钢筋混凝土烟囱的筒壁损坏、钢筋锈蚀严重，8度时就有破坏。故应着重检查筒壁混凝土的裂缝和钢筋的锈蚀等。

11.1.4 根据震害经验和统计分析，参照现行抗震设计规范，提出了不进行抗震验算的范围。

烟囱的抗震承载力验算，以按设计规范的方法为主，高度不超过100m的烟囱可采用简化方法；超过时采用振型分解反应谱方法。

为保持77鉴定标准的水准，烟囱抗震鉴定的承载力调整系数γ_{Ra}的取值同抗震设计的承载力抗震调整系数γ_{RE}。

11.1.5 对烟囱的抗震能力进行综合评定时，同样要考虑抗震承载力和构造两个因素。

11.2 水塔

11.2.1 独立的水塔指有一个水柜作为供水用的水塔。本节的适用范围主要是常用的容量和常用高度的水塔，大部分有标准图或通用图。

11.2.2 本条规定一些小容量、低矮水塔，可"适当降低鉴定要求"。指在一定范围内降低构造的鉴定要求。

11.2.4 水塔的基础倾斜过大，将影响水塔的安全，故提出控制倾斜的鉴定要求。

11.2.5 水塔鉴定的内容，主要参照国家标准《给排水工程结构设计规范》GBJ 69—84的有关规定和震害经验确定的。

11.2.6 根据震害经验和计算分析，参照设计规范，得到可不进行抗震承载力验算的范围。

水塔的抗震承载力验算，以按设计规范的方法为主：支架水塔和类似的其他水塔采用简化方法，较低的筒支承水塔采用底部剪力法，较高的砖筒支承水塔或筒高度与直径之比大于3.5时采用振型分解反应谱方法。

为保持 TJ 23—77 标准的水准，水塔抗震鉴定的承载力调整系数 γ_{Ra} 的取值同抗震设计的承载力抗震调整系数 γ_{RE}。

经验表明，砖和钢筋混凝土筒壁水塔为满载时控制抗震设计，而支架式水塔和基础则可能为空载时控制设计，地震作用方向不同，控制部位也不完全相同。参照设计规范，在抗震鉴定的承载力验算中也作了相应的规定。

11.2.7 综合评定时，只要水塔相应部位无震害或只有轻微震害，能满足不影响水塔使用或稍加处理即可继续使用的要求，均可通过鉴定。

附录 A 砖房抗震墙基准面积率

砖房抗震墙基准面积率，即 TJ 23—77 标准的"最小面积率"。因新的砌体结构设计规范的材料指标和新的抗震设计规范地震作用取值改变，相应的计算公式也有所变化。为保持与 TJ 23—77 标准的衔接，M1 和 M2.5 的计算结果不变，M0.4 和 M5 有一定的调整。表 A.0.1 的计算公式如下：

$$\xi_{oi} = \frac{0.16\lambda_o g_o}{f_{vk}\sqrt{1 + \sigma_o/f_{v,m}}} \cdot \frac{(n+i)(n-i+1)}{n+1} \quad (A.0.1)$$

式中 ξ_{oi}——i 层的基准面积率；

g_o——基本的楼层单位面积重力荷载代表值，取 12kN/m²；

σ_o——i 层抗震墙在 1/2 层高处的截面平均压应力（MPa）；

n——房屋总层数；

$f_{v,m}$——砖砌体抗剪强度平均值（MPa），M0.4 为 0.08，M1 为 0.125，M2.5 为 0.20，M5 为 0.28，M10 为 0.40；

f_{vk}——砖砌体抗剪强度标准值（MPa），M0.4 为 0.05，M1 为 0.08，M2.5 为 0.13，M5 为 0.19，M10 为 0.27；

λ_o——墙体承重类别系数，承重墙为 1.0，自承重墙为 0.75。

同一方向有承重墙和自承重墙或砂浆强度等级不同时，基准面积率的换算方法如下：用 A_1、A_2 分别表示承重墙和自承重墙的净面积或砂浆强度等级不同的墙体净面积，ξ_1、ξ_2 分别表示按表 A.0.1 查得的基准面积率，用 ξ_o 表示"按各自的净面积比相应转换为同样条件下的基准面积率数值"，则

$$\frac{1}{\xi} = \frac{A_1}{(A_1 + A_2)\xi_1} + \frac{A_2}{(A_1 + A_2)\xi_2}$$

考虑到多层内框架砖房采用底部剪力法计算时，顶部需附加相当于 20%总地震作用

的集中力（$0.20F_{Ek}$），因此，其基准面积率要作相应的调整。

由于框架柱可承担一部分地震剪力，故底层框架砖房的底层和多层内框架砖房的各层，基准面积率可有所折减。

底层框架砖房的底层，折减系数可取 0.85，或参照设计规范各柱承担的剪力予以折减，即折减系数 ψ_f 为

$$\psi_f = 1 - V_f/V \quad 或 \quad \psi_f \approx 0.92 - 0.10\lambda$$

式中　V_f——框架部分承担的剪力；
　　　V——底层的地震剪力；
　　　λ——抗震横墙间距与房屋总宽度之比。

多层内框架砖房的各层，参照设计规范各柱承担的剪力予以折减，即折减系数 ψ_f 为

$$\psi_f = 1 - \sum \psi_c(\xi_1 + \xi_2 L/B) n_b n_s$$

附录 B　钢筋混凝土结构楼层受剪承载力

钢筋混凝土结构的楼层现有受剪承载力，即设计规范中"按构件实际配筋面积和材料强度标准值计算的楼层受剪承载力"。由于现有框架多为"强梁弱柱"型框架，计算公式有所简化。

设计规范中材料强度的设计取值改变，故列出原材料强度等级 C13、C18、C23、C28 所对应的新取值。

对内框架砖房的混合框架，参照设计规范中规定的钢筋混凝土柱、无筋砖柱、组合砖柱所承担剪力的比例，对楼层受剪承载力作适当的限制：

(1) 砖柱现有受弯承载力，取为 $N[e]$，并参照设计规范的规定，无筋砖柱取 $[e]=0.9y$；组合砖柱则参照配筋砖柱的有关公式作相应的计算；

(2) 内框架砖房混合框架的楼层现有受剪承载力可采用下列各式确定：

$$V_{yw} = \sum V_{cy} + V_{mu} \tag{B.0-1}$$

$$V_{mu} = N[e]/H_o \tag{B.0-2}$$

式中　V_{mu}——外墙砖柱（梁）层间现有受剪承载力；
　　　N——对应于重力荷载代表值的砖柱轴向压力；
　　　H_o——砖柱的计算高度，取反弯点至柱端的距离；
　　$[e]$——重力荷载代表值作用下现有砖柱的容许偏心距；无筋砖柱取 $0.9y$（y 为截面重心到轴向力所在偏心方向截面边缘的距离）；组合砖柱，可参照现行国家标准《砌体结构设计规范》偏心受压承载力的计算公式确定；其中，将不等式改为等式，钢筋取实有纵向钢筋面积，材料强度设计值改取标准值；

(3) 对无筋砖柱，当 $V_{cy} \geqslant 2.4V_{mu}$，取 $V_{cy} = 2.4V_{mu}$
　　　　　　　　当 $V_{cy} \leqslant 2.4V_{mu}$，取 $V_{mu} = 0.42V_{cy}$

对组合砖柱，当 $V_{cy} \geqslant 1.6V_{mu}$，取 $V_{cy} = 1.6V_{mu}$
　　　　　　　当 $V_{cy} \leqslant 1.6V_{mu}$，取 $V_{mu} = 0.63V_{cy}$

中华人民共和国国家标准

民用建筑可靠性鉴定标准

Standard for appraiser of reliability of civil buildings

GB 50292—1999

主编部门：四川省建设委员会
批准部门：中华人民共和国建设部
施行日期：1999年10月1日

关于发布国家标准《民用建筑可靠性鉴定标准》的通知

国务院各有关部门，各省、自治区、直辖市建委（建设厅）、有关计委，各计划单列市建委，新疆生产建设兵团：

根据国家计委《1988年工程建设标准规范制订修订计划》（计综［1987］2390号附件十五）的要求，由四川省建设委员会会同有关部门共同制订的《民用建筑可靠性鉴定标准》，经有关部门会审，批准为强制性国家标准，编号为 GB 50292—1999，自 1999 年 10 月 1 日起施行。

本标准由四川省建设委员会负责管理，四川省建筑科学研究院负责具体解释工作，建设部标准定额研究所组织中国建筑工业出版社出版发行。

中华人民共和国建设部
1999 年 6 月 10 日

前　言

根据原国家计委［1987］2390号文的要求，由四川省建委为主编部门，具体由四川省建筑科学研究院会同有关单位共同编制的《民用建筑可靠性鉴定标准》GB 50292—1999，已由建设部于1999年6月10日以建标［1999］150号文批准，并会同国家质量技术监督局联合发布。

本标准在制订过程中，开展了多项专题研究，调查总结了近年来民用建筑可靠性鉴定的实践经验，并通过验证性试验和试鉴定，采用了国内外的科研成果。在此基础上，提出了本标准条文广泛征求有关质检、科研、设计、教学等单位和安全鉴定管理部门的意见，经反复修改充实后，由建设部标准定额司和四川省建委会同有关部门审查定稿。

本标准共分11章和5个附录。其主要技术内容有：基本规定、构件安全性和正常使用性鉴定评级、子单元安全性和正常使用性鉴定评级、鉴定单元安全性和正常使用性评级等。

本标准的具体解释工作由四川省建筑科学研究院负责，各单位和个人在使用本标准时，如发现有疑难问题或意见，请随时函告：四川省建筑科学研究院（邮编：610081；地址：成都市一环路北三段55号）。

本标准主编单位、参加单位和主要起草人的名单如下：

主编单位：四川省建筑科学研究院

参加单位：太原理工大学
　　　　　中南建筑设计院
　　　　　中国建筑西南设计院
　　　　　陕西省建筑科学研究院
　　　　　福州大学
　　　　　中国建筑科学研究院
　　　　　西南交通大学

主要起草人：梁　坦　王永维　黄静山　倪士珠　牟再明　陈雪庭　许政谐
　　　　　　郭启坤　雷　波　卓尚木　季直仓　黄　棠

目　次

1 总则 ··· 1401
2 术语、符号 ·· 1401
  2.1 术语 ··· 1401
  2.2 符号 ··· 1402
3 基本规定 ·· 1402
  3.1 鉴定分类 ··· 1402
  3.2 鉴定程序及其工作内容 ·· 1403
  3.3 鉴定评级标准 ·· 1406
4 构件安全性鉴定评级 ·· 1409
  4.1 一般规定 ··· 1409
  4.2 混凝土结构构件 ·· 1411
  4.3 钢结构构件 ··· 1413
  4.4 砌体结构构件 ·· 1414
  4.5 木结构构件 ··· 1416
5 构件正常使用性鉴定评级 ··· 1418
  5.1 一般规定 ··· 1418
  5.2 混凝土结构构件 ·· 1418
  5.3 钢结构构件 ··· 1419
  5.4 砌体结构构件 ·· 1420
  5.5 木结构构件 ··· 1421
6 子单元安全性鉴定评级 ··· 1422
  6.1 一般规定 ··· 1422
  6.2 地基基础 ··· 1422
  6.3 上部承重结构 ·· 1425
  6.4 围护系统的承重部分 ·· 1428
7 子单元正常使用性鉴定评级 ·· 1429
  7.1 一般规定 ··· 1429
  7.2 地基基础 ··· 1429
  7.3 上部承重结构 ·· 1429
  7.4 围护系统 ··· 1432
8 鉴定单元安全性及使用性评级 ······································· 1433
  8.1 鉴定单元安全性评级 ·· 1433

  8.2 鉴定单元使用性评级 …………………………………………………………… 1433
9 民用建筑可靠性评级 ………………………………………………………………… 1433
10 民用建筑适修性评估 ………………………………………………………………… 1434
11 鉴定报告编写要求 …………………………………………………………………… 1434
附录 A 民用建筑初步调查表 …………………………………………………………… 1435
附录 B 已有结构上荷载标准值的确定 ………………………………………………… 1436
附录 C 已有结构构件材料强度标准值的确定 ………………………………………… 1437
附录 D 单个构件的划分 ………………………………………………………………… 1438
附录 E 本标准用词说明 ………………………………………………………………… 1439
条文说明 ………………………………………………………………………………… 1440

1 总 则

1.0.1 为正确鉴定民用建筑的可靠性,加强对已有建筑物的安全与合理使用的技术管理,制定本标准。

1.0.2 本标准适用于民用建筑在下列情况下的检查与鉴定。
  1 建筑物的安全鉴定(其中包括危房鉴定及其他应急鉴定)。
  2 建筑物使用功能鉴定及日常维护检查。
  3 建筑物改变用途,改变使用条件或改造前的专门鉴定。

1.0.3 地震区、特殊地基土地区或特殊环境中的民用建筑的可靠性鉴定,除应执行本标准外,尚应遵守国家现行有关标准的规定。

2 术语、符号

2.1 术 语

2.1.1 已有建筑物 existing building
已建成二年以上且已投入使用的建筑物。

2.1.2 已有结构 existing structure
已有建筑物中的承重结构及其相关部分的总称。

2.1.3 结构适修性 repair-suitability of structure
残损的或承载能力不足的已有结构适于采取修复措施所应具备的技术可行性与经济合理性的总称。

2.1.4 鉴定单元 appraiser system
根据被鉴定建筑物的构造特点和承重体系的种类,而将该建筑物划分为一个或若干个可以独立进行鉴定的区段,每一区段为一鉴定单元。

2.1.5 子单元 sub-system
鉴定单元中细分的单元,一般可按地基基础、上部承重结构和围护系统划分为三个子单元。

2.1.6 构件 member
子单元中可以进一步细分的基本鉴定单位。它可以是单件、组合件或一个片段。

2.1.7 主要构件 dominant member
其自身失效将导致相关构件失效,并危及承重结构系统工作的构件。

2.1.8 一般构件 common member
其自身失效不会导致主要构件失效的构件。

2.1.9 一种构件 kindred member
一个鉴定单元中,同类材料、同种结构型式的全部构件的集合。

2.1.10 相关构件 interrelafed member
与被鉴定构件相连接或以它为承托的构件。

2.1.11 构件检查项目 inspection items of member
针对影响构件可靠性的因素所确定的调查、检测或验算项目。

2.1.12 子单元检查项目 Inspection items of sub-system
针对影响子单元可靠性的因素所确定的调查、检测或验算项目。

2.2 符号

R——结构构件的抗力；

S——结构构件的作用效应；

γ_0——结构重要性系数；

l_0——受弯构件计算跨度；

l_c——受压构件计算长度；

l_s——空间结构的短向计算跨度；

H——柱、框架或墙的总高；

H_i——多层或高层房屋第 i 层层间高度；

W——受弯构件的挠度；

Δ——柱、框架或墙的顶点水平位移值；

δ——构件侧弯矢高。

a_u、b_u、c_u、d_u——构件或其检查项目的安全性等级；

A_u、B_u、C_u、D_u——子单元或其中某组成部分的安全性等级；

A_{su}、B_{su}、C_{cu}、D_{su}——鉴定单元安全性等级；

a_s、b_s、c_s——构件或其检查项目的使用性等级；

A_s、B_s、C_s——子单元或其中某组成部分的使用性等级；

A_{ss}、B_{ss}、C_{ss}——鉴定单元使用性等级；

a、b、c、d——构件可靠性等级；

A、B、C、D——子单元可靠性等级；

Ⅰ、Ⅱ、Ⅲ、Ⅳ——鉴定单元可靠性等级；

A'_r、B'_r、C'_r、D'_r——子单元或其中某组成部分的适修性等级；

A_r、B_r、C_r、D_r——鉴定单元适修性等级。

3 基本规定

3.1 鉴定分类

3.1.1 民用建筑可靠性鉴定，可分为安全性鉴定和正常使用性鉴定。

1 在下列情况下，应进行可靠性鉴定：
   1) 建筑物大修前的全面检查；
   2) 重要建筑物的定期检查；
   3) 建筑物改变用途或使用条件的鉴定；

4）建筑物超过设计基准期继续使用的鉴定；
5）为制订建筑群维修改造规划而进行的普查。
2 在下列情况下，可仅进行安全性鉴定：
1）危房鉴定及各种应急鉴定；
2）房屋改造前的安全检查；
3）临时性房屋需要延长使用期的检查；
4）使用性鉴定中发现的安全问题。
3 在下列情况下，可仅进行正常使用性鉴定：
1）建筑物日常维护的检查；
2）建筑物使用功能的鉴定；
3）建筑物有特殊使用要求的专门鉴定。

3.2 鉴定程序及其工作内容

3.2.1 民用建筑可靠性鉴定，应按下列框图规定的程序（图3.2.1）进行。

3.2.2 民用建筑可靠性鉴定的目的、范围和内容，应根据委托方提出的鉴定原因和要求，经初步调查后确定。

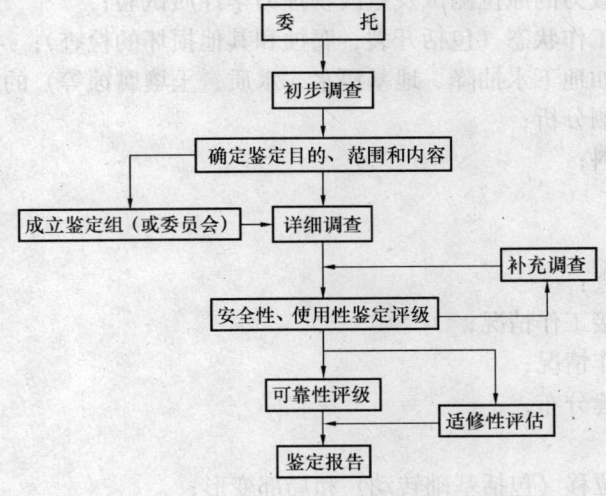

图 3.2.1 鉴定程序

3.2.3 初步调查宜包括下列基本工作内容：

1 图纸资料 如岩土工程勘察报告、设计计算书、设计变更记录、施工图、施工及施工变更记录、竣工图、竣工质检及验收文件（包括隐蔽工程验收记录）、定点观测记录、事故处理报告、维修记录、历次加固改造图纸等。

2 建筑物历史 如原始施工、历次修缮、改造、用途变更、使用条件改变以及受灾等情况。

3 考察现场 按资料核对实物 调查建筑物实际使用条件和内外环境、查看已发现的问题、听取有关人员的意见等。

4 填写初步调查表（格式如本标准附录 A 所示）。
　　5 制定详细调查计划及检测、试验工作大纲并提出需由委托方完成的准备工作。
3.2.4 详细调查可根据实际需要选择下列工作内容：
　　1 结构基本情况勘查：
　　1）结构布置及结构形式；
　　2）圈梁、支撑（或其他抗侧力系统）布置；
　　3）结构及其支承构造，构件及其连接构造；
　　4）结构及其细部尺寸，其他有关的几何参数。
　　2 结构使用条件调查核实：
　　1）结构上的作用；
　　2）建筑物内外环境；
　　3）使用史（含荷载史）。
　　3 地基基础（包括桩基础）检查：
　　1）场地类别与地基土（包括土层分布及下卧层情况）；
　　2）地基稳定性（斜坡）；
　　3）地基变形，或其在上部结构中的反应；
　　4）评估地基承载力的原位测试及室内物理力学性质试验；
　　5）基础和桩的工作状态（包括开裂、腐蚀和其他损坏的检查）；
　　6）其他因素（如地下水抽降、地基浸水、水质、土壤腐蚀等）的影响或作用。
　　4 材料性能检测分析：
　　1）结构构件材料；
　　2）连接材料；
　　3）其他材料。
　　5 承重结构检查：
　　1）构件及其连接工作情况；
　　2）结构支承工作情况；
　　3）建筑物的裂缝分布；
　　4）结构整体性；
　　5）建筑物侧向位移（包括基础转动）和局部变形；
　　6）结构动力特性。
　　6 围护系统使用功能检查。
　　7 易受结构位移影响的管道系统检查。
3.2.5 民用建筑可靠性鉴定评级的层次、等级划分以及工作步骤和内容，应符合下列规定：
　　1 安全性和正常使用性的鉴定评级，应按构件、子单元和鉴定单元各分三个层次。每一层次分为四个安全性等级和三个使用性等级，并应按表 3.2.5 规定的检查项目和步骤，从每一层开始，分层进行：

表 3.2.5 可靠性鉴定评级的层次、等级划分及工作内容

层次		一	二		三
层名		构件	子单元		鉴定单元
安全性鉴定	等级	a_u、b_u、c_u、d_u	A_u、B_u、C_u、D_u		A_{su}、B_{su}、C_{su}、D_{su}
	地基基础	—	按地基变形或承载力、地基稳定性（斜坡）等检查项目评定地基等级	地基基础评级	鉴定单元安全性评级
		按同类材料构件各检查项目评定单个基础等级	每种基础评级		
	上部承重结构	按承载能力、构造、不适于继续承载的位移或残损等检查项目评定单个构件等级	每种构件评级	上部承重结构评级	
			结构侧向位移评级		
		—	按结构布置、支撑、圈梁、结构间连系等检查项目评定结构整体性等级		
	围护系统承重部分	按上部承重结构检查项目及步骤评定围护系统承重部分各层次安全性等级			
正常使用性鉴定	等级	a_s、b_s、c_s	A_s、B_s、C_s		A_{ss}、B_{ss}、C_{ss}
	地基基础	—	按上部承重结构和围护系统工作状态评估地基基础等级		鉴定单元正常使用性评级
	上部承重结构	按位移、裂缝、风化、锈蚀等检查项目评定单个构件等级	每种构件评级	上部承重结构评级	
			结构侧向位移评级		
	围护系统功能	—	按屋面防水、吊顶、墙、门窗、地下防水及其他防护设施等检查项目评定围护系统功能等级	围护系统评级	
		按上部承重结构检查项目及步骤评定围护系统承重部分各层次使用性等级			
可靠性鉴定	等级	a、b、c、d	A、B、C、D		Ⅰ、Ⅱ、Ⅲ、Ⅳ
	地基基础	以同层次安全性和正常使用性评定结果并列表达，或按本标准规定的原则确定其可靠性等级			鉴定单元可靠性评级
	上部承重结构				
	围护系统				

注：表中地基基础包括桩基和桩。

1) 根据构件各检查项目评定结果，确定单个构件等级；
2) 根据子单元各检查项目及各种构件的评定结果，确定子单元等级；
3) 根据各子单元的评定结果，确定鉴定单元等级。

2 各层次可靠性鉴定评级，应以该层次安全性和正常使用性的评定结果为依据综合确定。每一层次的可靠性等级分为四级。

3 当仅要求鉴定某层次的安全性或正常使用性时，检查和评定工作可只进行到该层次相应程序规定的步骤。

3.2.6 在民用建筑可靠性鉴定过程中，若发现调查资料不足，应及时组织补充调查。

3.2.7 民用建筑适修性评估，应按每种构件、每一子单元和鉴定单元分别进行，且评估结果应以不同的适修性等级表示。每一层次的适修性等级分为四级。

3.2.8 民用建筑可靠性鉴定工作完成后，应提出鉴定报告。鉴定报告的编写应符合标准第 11 章的要求。

3.3 鉴定评级标准

3.3.1 民用建筑安全性鉴定评级的各层次分级标准，应按表 3.3.1 的规定采用。

表 3.3.1 安全性鉴定分级标准

层次	鉴定对象	等级	分级标准	处理要求
一	单个构件或其检查项目	a_u	安全性符合本标准对 a_u 级的要求，具有足够的承载能力	不必采取措施
		b_u	安全性略低于本标准对 a_u 级的要求，尚不显著影响承载能力	可不采取措施
		c_u	安全性不符合本标准对 a_u 级的要求，显著影响承载能力	应采取措施
		d_u	安全性极不符合本标准对 a_u 级的要求，已严重影响承载能力	必须及时或立即采取措施
二	子单元的检查项目	A_u	安全性符合本标准对 A_u 级的要求，具有足够的承载能力	不必采取措施
		B_u	安全性略低于本标准对 A_u 级的要求，尚不显著影响承载能力	可不采取措施
		C_u	安全性不符合本标准对 A_u 级的要求，显著影响承载能力	应采取措施
		D_u	安全性极不符合本标准对 A_u 级的要求，已严重影响承载能力	必须及时或立即采取措施
	子单元中的每种构件	A_u	安全性符合本标准对 A_u 级的要求，不影响整体承载	可不采取措施
		B_u	安全性略低于本标准对 A_u 级的要求，尚不显著影响整体承载	可能有极个别构件应采取措施
		C_u	安全性不符合本标准对 A_u 级的要求，显著影响整体承载	应采取措施，且可能有个别构件必须立即采取措施
		D_u	安全性极不符合本标准对 A_u 级的要求，已严重影响整体承载	必须立即采取措施
	子单元	A_u	安全性符合本标准对 A_u 级的要求，不影响整体承载	可能有个别一般构件应采取措施
		B_u	安全性略低于本标准的 A_u 级的要求，尚不显著影响整体承载	可能有极少数构件应采取措施
		C_u	安全性不符合本标准对 A_s 级的要求，显著影响整体承载	应采取措施，且可能有极少数构件必须立即采取措施
		D_u	安全性极不符合本标准对 A_u 级的要求，严重影响整体承载	必须立即采取措施

续表 3.3.1

层次	鉴定对象	等级	分级标准	处理要求
三	鉴定单元	A_{su}	安全性符合本标准对 A_{su} 级的要求，不影响整体承载	可能有极少数一般构件应采取措施
		B_{su}	安全性略低于本标准对 A_{su} 级的要求，尚不显著影响整体承载	可能有极少数构件应采取措施
		C_{su}	安全性不符合本标准对 A_{su} 级的要求，显著影响整体承载	应采取措施，且可能有少数构件必须立即采取措施
		D_{su}	安全性严重不符合本标准对 A_{su} 级的要求，严重影响整体承载	必须立即采取措施

注：1. 本标准对 a_u 级、A_u 级及 A_{su} 级的具体要求以及对其他各级不符合该要求的允许程度，分别由本标准第 4 章、第 6 章及第 8 章给出；
2. 表中关于"不必采取措施"和"可不采取措施"的规定，仅对安全性鉴定而言，不包括正常使用性鉴定所要求采取的措施。

3.3.2 民用建筑正常使用性鉴定评级的各层次分级标准，应按表 3.2.2 的规定采用。

表 3.3.2 使用性鉴定分级标准

层次	鉴定对象	等级	分级标准	处理要求
一	单个构件或其检查项目	a_s	使用性符合本标准对 a_s 级的要求，具有正常的使用功能	不必采取措施
		b_s	安全性略低于本标准对 a_s 级的要求，尚不显著影响使用功能	可不采取措施
		c_s	使用性不符合本标准对 a_s 级的要求，显著影响使用功能	应采取措施
二	子单元的检查项目	A_s	使用性符合本标准对 A_s 级的要求，具有正常的使用功能	不必采取措施
		B_s	使用性略低于本标准对 A_s 级的要求，尚不显著影响使用功能	可不采取措施
		C_s	使用性不符合本标准对 A_s 级的要求，显著影响使用功能	应采取措施
	子单元中的每种构件	A_s	使用性符合本标准对 A_s 级的要求，不影响整体使用功能	可不采取措施
		B_s	使用性略低于本标准对 A_s 级的要求，尚不显著影响整体使用功能	可能有极少数构件应采取措施
		C_s	使用性不符合本标准对 A_s 级的要求，显著影响整体使用功能	应采取措施
	子单元	A_s	使用性符合本标准对 A_s 级的要求，不影响整体使用功能	可能有极少数一般构件应采取措施
		B_s	使用性略低于本标准对 A_s 级的要求，尚不显著影响整体使用功能	可能有极少数构件应采取措施
		C_s	使用性不符合本标准对 A_s 级的要求，显著影响整体使用功能	应采取措施

续表 3.3.2

层次	鉴定对象	等级	分级标准	处理要求
三	鉴定单元	A_{ss}	使用性符合本标准对 A_{ss} 级的要求，不影响整体使用功能	可能有极少数一般构件应采取措施
		B_{ss}	使用性略低于本标准对 A_{ss} 级的要求，尚不显著影响整体使用功能	可能有极少数构件应采取措施
		C_{ss}	使用性不符合本标准对 A_{ss} 级的要求，显著影响整体使用功能	应采取措施

注：1. 本标准对 a_s 级、A_s 级及 A_{ss} 级的具体要求以及对其他各级不符合该要求的允许程度，分别由本标准第 5 章、第 7 章及第 8 章给出；
　　2. 表中关于"不必采取措施"和"可不采取措施"的规定，仅对正常使用性鉴定而言，不包括安全性鉴定所要求采取的措施。

3.3.3 民用建筑可靠性鉴定评级的各层次分级标准，应按表 3.3.3 的规定采用。

表 3.3.3　可靠性鉴定的分级标准

层次	鉴定对象	等级	分级标准	处理要求
一	单个构件	a	可靠性符合本标准对 a 级的要求，具有正常的承载功能和使用功能	不必采取措施
		b	可靠性略低于本标准对 a 级的要求，尚不显著影响承载功能和使用功能	可不采取措施
		c	可靠性不符合本标准对 a 级的要求，显著影响承载功能和使用功能	应采取措施
		d	可靠性极不符合本标准对 a 级的要求，已严重影响安全	必须及时或立即采取措施
二	子单元中的每种构件	A	可靠性符合本标准对 A 级的要求，不影响整体的承载功能和使用功能	可不采取措施
		B	可靠性略低于本标准对 A 级的要求，但尚不显著影响整体的承载功能和使用功能	可能有个别或极少数构件应采取措施
		C	可靠性不符合本标准对 A 级的要求，显著影响整体承载功能和使用功能	应采取措施，且可能有个别构件必须立即采取措施
		D	可靠性极不符合本标准对 A 级的要求，已严重影响安全	必须立即采取措施
	子单元	A	可靠性符合本标准对 A 级的要求，不影响整体承载功能和使用功能	可能有极少数一般构件应采取措施
		B	可靠性略低于本标准对 A 级的要求，但尚不显著影响整体承载功能和使用功能	可能有极少数构件应采取措施
		C	可靠性不符合本标准对 A 级的要求，显著影响整体承载功能和使用功能	应采取措施，且可能有少数构件必须立即采取措施
		D	可靠性极不符合本标准对 A 级的要求，已严重影响安全	必须立即采取措施

续表 3.3.3

层次	鉴定对象	等级	分级标准	处理要求
三	鉴定单元	Ⅰ	可靠性符合本标准对Ⅰ级的要求,不影响整体承载功能和使用功能	可能有少数一般构件应在使用性或安全性方面采取措施
		Ⅱ	可靠性略低于本标准对Ⅰ级的要求,尚不显著影响整体承载功能和使用功能	可能有极少数构件应在安全性或使用性方面采取措施
		Ⅲ	可靠性不符合本标准对Ⅰ级的要求,显著影响整体承载功能和使用功能	应采取措施,且可能有极少数构件必须立即采取措施
		Ⅳ	可靠性极不符合本标准对Ⅰ级的要求,已严重影响安全	必须立即采取措施

注:本标准对 a 级、A 级、Ⅰ级的具体分界限以及对其他各级超出该界限的允许程度,由本标准第 9 章作出规定。

3.3.4 民用建筑适修性评级的各层次分级标准,应分别按表 3.3.4-1 及表 3.3.4-2 的规定采用。

表 3.3.4-1 每种构件适修性评级的分级标准

等级	分级标准
A_r'	构件易加固或易更换,所涉及的相关构造问题易处理,适修性好,修后可恢复原功能
B_r'	构件稍难加固或稍难更换,所涉及的相关构造问题尚可处理。适修性尚好,修后尚能恢复或接近恢复原功能
C_r'	构件难加固,亦难更换,或所涉及的相关构造问题较难处理。适修性差,修后对原功能有一定影响
D_r'	构件很难加固,或很难更换,或所涉及的相关构造问题很难处理。适修性极差,只能从安全性出发采取必要的措施,可能损害建筑物的局部使用功能

表 3.3.4-2 子单元或鉴定单元适修性评级的分级标准

等级	分级标准
A_r'/A_r	易修,或易改造,修后能恢复原功能,或改造后的功能可达到现行设计标准的要求,所需总费用远低于新建的造价,适修性好,应予修复或改造
B_r'/B_r	稍难修,或稍难改造,修后尚能恢复或接近恢复原功能,或改造后的功能尚可达到现行设计标准的要求,所需总费用不到新建造价的 70%。适修性尚好,宜予修复或改造
C_r'/C_r	难修,或难改造,修后或改造后需降低使用功能或限制使用条件,或所需总费用为新建造价 70%以上。适修性差,是否有保留价值,取决于其重要性和使用要求
D_r'/D_r	该鉴定对象已严重残损,或修后功能极差,已无利用价值,或所需总费用接近、甚至超过新建的造价。适修性很差,除纪念性或历史性建筑外,宜予拆除、重建

注:本表适用于子单元和鉴定单元的适修性评定。"等级"一栏中,斜线上方的等级代号用于子单元;斜线下方的等级代号用于鉴定单元。

4 构件安全性鉴定评级

4.1 一般规定

4.1.1 单个构件安全性的鉴定评级,应根据构件的不同种类,分别按本章第 4.2 节至第

4.5 节的规定执行。

4.1.2 当验算被鉴定结构或构件的承载能力时，应遵守下列规定：

  1 结构构件验算采用的结构分析方法，应符合国家现行设计规范的规定。

  2 结构构件验算使用的计算模型，应符合其实际受力与构造状况。

  3 结构上的作用应经调查或检测核实，并应按本标准附录 B 的规定取值。

  4 结构构件作用效应的确定，应符合下列要求：

  1) 作用的组合、作用的分项系数及组合值系数，应按现行国家标准《建筑结构荷载规范》（GBJ 9）的规定执行。

  2) 当结构受到温度、变形等作用，且对其承载有显著影响时，应计入由之产生的附加内力。

  5 构件材料强度的标准值应根据结构的实际状态按下列原则确定：

  1) 若原设计文件有效，且不怀疑结构有严重的性能退化或设计、施工偏差，可采用原设计的标准值。

  2) 若调查表明实际情况不符合上款的要求，应按本节第 4.1.6 条的规定进行现场检测，并按本标准附录 C 的规定确定其标准值。

  6 结构或构件的几何参数应采用实测值，并应计入锈蚀、腐蚀、腐朽、虫蛀、风化、局部缺陷或缺损以及施工偏差等的影响。

  7 当需检查设计责任时，应按原设计计算书、施工图及竣工图，重新进行一次复核。

4.1.3 结构构件安全性鉴定采用的检测数据，应符合下列要求：

  1 检测方法应按国家现行有关标准采用。当需采用不止一种检测方法同时进行测试时，应事先约定综合确定检测值的规则，不得事后随意处理。

  2 检测应按本标准划分的构件单位（见附录 D）进行，并应有取样、布点方面的详细说明。当测点较多时，尚应绘制测点分布图。

  3 当怀疑检测数据有异常值时，其判断和处理应符合国家现行有关标准的规定，不得随意舍弃数据。

4.1.4 当需通过荷载试验评估结构构件的安全性时，应按现行专门标准进行。若检验合格，可根据其完好程度，定为 a_u 级或 b_u 级，若检验不合格，可根据其严重程度，定为 c_u 级或 d_u 级。

  结构构件可仅作短期荷载试验，其长期效应的影响可通过计算补偿。

4.1.5 当建筑物中的构件符合下列条件时，可不参与鉴定：

  1 该构件未受结构性改变、修复、修理或用途、或使用条件改变的影响。

  2 该构件未遭明显的损坏。

  3 该构件工作正常，且不怀疑其可靠性不足。

  若考虑到其他层次鉴定评级的需要，而有必要给出该构件的安全性等级，可根据其实际完好程度定为 a_u 级或 b_u 级。

4.1.6 当检查一种构件的材料由于与时间有关的环境效应或其他系统性因素引起的性能退化时，允许采用随机抽样的方法，在该种构件中确定 5～10 个构件作为检测对象，并按现行的检测方法标准测定其材料强度或其他力学性能。

  注：1. 当构件总数少于 5 个时，应逐个进行检测。

2. 当委托方对该种构件的材料强度检测有较严的要求时，也可通过协商适当增加受检构件的数量。

4.2 混凝土结构构件

4.2.1 混凝土结构构件的安全性鉴定，应按承载能力、构造以及不适于继续承载的位移（或变形）和裂缝等四个检查项目，分别评定每一受检构件的等级，并取其中最低一级作为该构件安全性等级。

4.2.2 当混凝土结构构件的安全性按承载能力评定时，应按表4.2.2的规定，分别评定每一验算项目的等级，然后取其中最低一级作为该构件承载能力的安全性等级。

表4.2.2 混凝土结构构件承载能力等级的评定

构件类别	$R/\gamma_0 S$			
	a_u 级	b_u 级	c_u 级	d_u 级
主要构件	≥1.0	≥0.95，且<1	≥0.90，且<0.95	<0.90
一般构件	≥1.0	≥0.90，且<1	≥0.85，且<0.90	<0.85

注：1. 表中 R 和 S 分别为结构构件的抗力和作用效应，应按本标准第4.1.2条的要求确定；γ_0 为结构重要性系数，应按验算所依据的国家现行设计规范选择安全等级，并确定本系数的取值。
2. 结构倾覆、滑移、疲劳、脆断的验算，应符合国家现行有关规范的规定。

4.2.3 当混凝土结构构件的安全性按构造评定时，应按表4.2.3的规定，分别评定两个检查项目的等级，然后取其中较低一级作为该构件构造的安全性等级。

表4.2.3 混凝土结构构件构造等级的评定

检 查 项 目	a_u 级或 b_u 级	c_u 级或 d_u 级
连接（或节点）构造	连接方式正确，构造符合国家现行设计规范要求，无缺陷，或仅有局部的表面缺陷，工作无异常	连接方式不当，构造有严重缺陷，已导致焊缝或螺栓等发生明显变形、滑移、局部拉脱、剪坏或裂缝
受力预埋件	构造合理，受力可靠，无变形、滑移、松动或其他损坏	构造有严重缺陷，已导致预埋件发生明显变形、滑移、松动或其他损坏

注：1. 评定结果取 a_u 级或 b_u 级，可根据其实际完好程度确定；评定结果取 c_u 级或 d_u 级，可根据其实际严重程度确定。
2. 构件支承长度的检查结果不参加评定，但若有问题，应在鉴定报告中说明，并提出处理建议。

4.2.4 当混凝土结构构件的安全性按不适于继续承载的位移或变形评定时，应遵守下列规定：

1 对桁架（屋架、托架）的挠度，当其实测值大于其计算跨度的1/400时，应按本标准第4.2.2条验算其承载能力。验算时，应考虑由位移产生的附加应力的影响，并按下列原则评级：

1）若验算结果不低于 b_u 级，仍可定为 b_u 级，但宜附加观察使用一段时间的限制。
2）若验算结果低于 b_u 级，可根据其实际严重程度定为 c_u 级或 d_u 级。

2 对其他受弯构件的挠度或施工偏差造成的侧向弯曲，应按表4.2.4的规定评级。

表 4.2.4　混凝土受弯构件不适于继续承载的变形的评定

检查项目	构件类别		c_u 级或 d_u 级
挠度	主要受弯构件——主梁、托梁等		> l_0/250
	一般受弯构件	$l_0 \leq 9m$	> l_0/150 或 > 45mm
		$l_0 > 9m$	> l_0/200
侧向弯曲的矢高	预制屋面梁、桁架或深梁		> l_0/500

注：1. 表中 l_0 为计算跨度。
　　2. 评定结果取 c_u 级或 d_u 级，可根据其实际严重程度确定。

　　3　对柱顶的水平位移（或倾斜），当其实测值大于本标准表 6.3.5 所列的限值时，应按下列规定评级：
　　　1）若该位移与整个结构有关，应根据本标准第 6.3.5 条的评定结果，取与上部承重结构相同的级别作为该柱的水平位移等级。
　　　2）若该位移只是孤立事件，则应在其承载能力验算中考虑此附加位移的影响，并根据验算结果按本条第 1 款的原则评级。
　　　3）若该位移尚在发展，应直接定为 d_u 级。

4.2.5　当混凝土结构构件出现表 4.2.5 所列的受力裂缝时，应视为不适于继续承载的裂缝，并应根据其实际严重程度定为 c_u 级或 d_u 级。

表 4.2.5　混凝土构件不适于继续承载的裂缝宽度的评定

检查项目	环境	构件类别		c_u 级或 d_u 级
受力主筋处的弯曲（含一般弯剪）裂缝和轴拉裂缝宽度（mm）	正常湿度环境	钢筋混凝土	主要构件	> 0.50
			一般构件	> 0.70
		预应力混凝土	主要构件	> 0.20 (0.30)
			一般构件	> 0.30 (0.50)
	高湿度环境	钢筋混凝土	任何构件	> 0.40
		预应力混凝土		> 0.10 (0.20)
剪切裂缝（mm）	任何湿度环境	钢筋混凝土或预应力混凝土		出现裂缝

注：1. 表中的剪切裂缝系指斜拉裂缝，以及集中荷载靠近支座处出现的或深梁中出现的斜压裂缝；
　　2. 高湿度环境系指露天环境，开敞式房屋易遭飘雨部位，经常受蒸汽或冷凝水作用的场所（如厨房，浴室，寒冷地区不保暖屋盖等）以及与土壤直接接触的部件等；
　　3. 表中括号内的限值适用于冷拉Ⅱ、Ⅲ、Ⅳ级钢筋的预应力混凝土构件。
　　4. 对板的裂缝宽度以表面量测值为准。

4.2.6　当混凝土结构构件出现下列情况的非受力裂缝时，也应视为不适于继续承载的裂缝，并应根据其实际严重程度定为 c_u 级或 d_u 级：
　　1　因主筋锈蚀产生的沿主筋方向的裂缝，其裂缝宽度已大于 1mm。
　　2　因温度收缩等作用产生的裂缝，其宽度已比本标准表 4.2.5 规定的弯曲裂缝宽度值超出 50%，且分析表明已显著影响结构的受力。

注：当混凝土结构构件同时存在受力和非受力裂缝时，应按本标准第4.2.5条及第4.2.6条分别评定其等级，并取其中较低一级作为该构件的裂缝等级。

4.2.7 当混凝土结构构件出现下列情况之一时，不论其裂缝宽度大小，应直接定为d_u级：

1 受压区混凝土有压坏迹象；
2 因主筋锈蚀导致构件掉角以及混凝土保护层严重脱落。

4.3 钢结构构件

4.3.1 钢结构构件的安全性鉴定，应按承载能力、构造以及不适于继续承载的位移（或变形）等三个检查项目，分别评定每一受检构件等级；对冷弯薄壁型钢结构、轻钢结构、钢桩以及地处有腐蚀性介质的工业区，或高湿、临海地区的钢结构，尚应以不适于继续承载的锈蚀作为检查项目评定其等级，然后取其中最低一级作为该构件的安全性等级。

4.3.2 当钢结构构件（含连接）的安全性按承载能力评定时，应按表4.3.2的规定，分别评定每一验算项目的等级，然后取其中最低一级作为该构件承载能力的安全性等级。

表4.3.2 钢结构构件（含连接）承载能力等级的评定

构件类别	$R/\gamma_0 S$			
	a_u级	b_u级	c_u级	d_u级
主要构件及其连接	≥1.0	≥0.95	≥0.90	＜0.90
一般构件	≥1.0	≥0.90	≥0.85	＜0.85

注：1. 表中R和S分别为结构构件的抗力和作用效应，应按本标准第4.1.2条的要求确定；γ_0为结构重要性系数，应按验算所依据的国家现行设计规范选择安全等级，并确定本系数的取值。
2. 结构倾覆、滑移、疲劳、脆断的验算，应符合国家现行有关规范的规定。
3. 当构件或连接出现脆性断裂或疲劳开裂时，应直接定为d_u级。

4.3.3 当钢结构构件的安全性按构造评定时，应按表4.3.3的规定评级。

表4.3.3 钢结构构件构造安全性评定标准

检查项目	a_u级或b_u级	c_u级或d_u级
连接构造	连接方式正确，构造符合国家现行设计规范要求，无缺陷，或仅有局部的表面缺陷，工作无异常	连接方式不当，构造有严重缺陷（包括施工遗留缺陷）；构造或连接有裂缝或锐角切口；焊缝、铆钉、螺栓有变形、滑移或其他损坏

注：1. 评定结果取a_u级或b_u级，可根据其实际完好程度确定；评定取c_u级或d_u级，可根据其实际严重程度确定。
2. 施工遗留的缺陷，对焊缝系指夹渣、气泡、咬边、烧穿、漏焊、未焊透以及焊脚尺寸不足等；对铆钉或螺栓系指漏铆、漏栓、错位、错排及掉头等；其他施工遗留的缺陷可根据实际情况确定。

4.3.4 当钢结构构件的安全性按不适于继续承载的位移或变形评定时，应遵守下列规定：

1 对桁架（屋架、托架）的挠度，当其实测值大于桁架计算跨度的1/400时，应按标准第4.3.2条验算其承载力。验算时，应考虑由于位移产生的附加应力的影响，并按下列原则评级：

1）若验算结果不低于 b_u 级，仍可定为 b_u 级，但宜附加观察使用一段时间的限制。
2）若验算结果低于 b_u 级，可根据其实际严重程度定为 c_u 级或 d_u 级。

2 对桁架顶点的侧向位移，当其实测值大于桁架高度的 1/200，且有可能发展时，应定为 c_u 级。

3 对其他受弯构件的挠度，或偏差造成的侧向弯曲，应按表 4.3.4 的规定评级。

4 对柱顶的水平位移（或倾斜），当其实测值大于本标准表 6.3.5 所列的限值时，应按下列规定评级：

1）若该位移与整个结构有关，应根据本标准第 6.3.5 条的评定结果，取与上部承重结构相同的级别作为该柱的水平位移等级。
2）若该位移只是孤立事件，则应在其承载能力验算中考虑此附加位移的影响，并根据验算结果按本条第 1 款的原则评级。
3）若该位移尚在发展，应直接定为 d_u 级。

5 对偏差或其他使用原因引起的柱的弯曲，当弯曲矢高实测值大于柱的自由长度的 1/660 时，应在承载能力的验算中考虑其所引起的附加弯矩的影响，并按本条第 1 款规定的原则评级。

表 4.3.4 钢结构受弯构件不适于继续承载的变形的评定

检查项目	构件类型		c_u 级或 d_u 级
挠度	主要构件	网架 屋盖（短向）	$> l_s/200$，且可能发展
		网架 楼盖（短向）	$> l_s/250$，且可能发展
	一般构件	主梁、托梁	$> l_0/300$
		其他梁	$> l_0 > 180$
		檩条等	$> l_0/120$
侧向弯曲矢高		深梁	$> l_0/660$
		一般实腹梁	$> l_0/500$

注：表中 l_0 为构件计算跨度；l_s 为网架短向计算跨度。

4.3.5 当钢结构构件的安全性按不适于继续承载的锈蚀评定时，除应按剩余的完好截面验算其承载能力外，尚应按表 4.3.5 的规定评级。

表 4.3.5 钢结构构件不适于继续承载的锈蚀的评定

等级	评定标准
c_u	在结构的主要受力部位，构件截面平均锈蚀深度 Δt 大于 $0.05t$，但不大于 $0.1t$
d_u	在结构的主要受力部位，构件截面平均锈蚀深度 Δt 大于 $0.1t$

注：表中 t 为锈蚀部位构件原截面的壁厚，或钢板的板厚。

4.4 砌体结构构件

4.4.1 砌体结构构件的安全性鉴定，应按承载能力、构造以及不适于继续承载的位移和裂缝等四个检查项目，分别评定每一受检构件等级，并取其中最低一级作为该构件的安全性等级。

4.4.2 当砌体结构的安全性按承载能力评定时,应按表4.4.2的规定,分别评定每一验算项目的等级,然后取其中最低一级作为该构件承载能力的安全性等级。

表4.4.2 砌体结构构件承载能力等级的评定

构件类别	评定标准 $R/\gamma_0 S$			
	a_u级	b_u级	c_u级	d_u级
主要构件	≥1.0	≥0.95	≥0.90	<0.90
一般构件	≥1.0	≥0.90	≥0.85	<0.85

注:1. 表中 R 和 S 分别为结构构件的抗力和作用效应,应按本标准第4.1.2条的要求确定;γ_0 为结构重要性系数,应按验算所依据的国家现行设计规范选择安全等级,并确定本系数的取值。
2. 结构倾覆的验算,应符合国家现行有关规范的规定。
3. 当材料的最低强度等级不符合现行国家标准《砌体结构设计规范》(GBJ 3)的要求时,即使验算结果高于 c_u 级,也应定为 c_u 级。

4.4.3 当砌体结构构件的安全性按构造评定时,应按表4.4.3的规定,分别评定两个检查项目的等级,然后取其中较低一级作为该构件构造的安全性等级。

表4.4.3 砌体结构构件构造的安全性评定

检查项目	a_u级或b_u级	c_u级或d_u级
墙、柱的高厚比	符合或略不符合国家现行设计规范的要求	不符合国家现行设计规范的要求,且已超过限值的10%
连接及其他构造	连接及砌筑方式正确,构造符合国家现行设计规范要求,无缺陷或仅有局部的表面缺陷,工作无异常	连接或砌筑方式不当,构造有严重缺陷(包括施工遗留缺陷),已导致构件或连接部位开裂、变形、位移或松动,或已造成其他损坏

注:1. 评定结果取 a_u 级或 b_u 级,可根据其实际完好程度确定;评定结果取 c_u 级或 d_u 级,可根据其实际严重程度确定。
2. 构件支承长度检查结果不参加评定,但若有问题,应在鉴定报告中说明,并提出处理建议。

4.4.4 当砌体结构构件安全性按不适于继续承载的位移或变形评定时,应遵守下列规定:
　　1 对墙、柱的水平位移(或倾斜),当其实测值大于本标准表6.3.5条所列的限值时,应按下列规定评级:
　　1)若该位移与整个结构有关,应根据本标准第6.3.5条的评定结果,取与上部承重结构相同的级别作为该墙、柱的水平位移等级。
　　2)若该位移系孤立事件,则应在其承载能力验算中考虑此附加位移的影响。若验算结果不低于 b_u 级,仍可定为 b_u 级;若验算结果低于 b_u 级,可根据其实际严重程度定为 c_u 级或 d_u 级。
　　3)若该位移尚在发展,应直接定为 d_u 级。
　　注:构造合理的组合砌体柱可按混凝土柱评定。
　　2 对偏差或其他使用原因造成的柱(不包括带壁柱)的弯曲,当其矢高实测值大于柱的自由长度的1/500时,应在其承载能力验算中计入附加弯矩的影响,并根据验算结果按本条第1款第2项的原则评级。

  3 对拱或壳体结构构件出现的下列位移或变形，可根据其实际严重程度定为c_u级或d_u级：

   1）拱脚或壳的边梁出现水平位移；

   2）拱轴线或筒拱、扁壳的曲面发生变形。

4.4.5 当砌体结构的承重构件出现下列受力裂缝时，应视为不适于继续承载的裂缝，并应根据其严重程度评为c_u级或d_u级：

  1 桁架、主梁支座下的墙、柱的端部或中部、出现沿块材断裂（贯通）的竖向裂缝。

  2 空旷房屋承重外墙的变截面处，出现水平裂缝或斜向裂缝。

  3 砌体过梁的跨中或支座出现裂缝；或虽未出现肉眼可见的裂缝，但发现其跨度范围内有集中荷载。

  注：块材指砖或砌块。

  4 筒拱、双曲筒拱、扁壳等的拱面、壳面，出现沿拱顶母线或对角线的裂缝。

  5 拱、壳支座附近或支承的墙体上出现沿块材断裂的斜裂缝。

  6 其他明显的受压、受弯或受剪裂缝。

4.4.6 当砌体结构、构件出现下列非受力裂缝时，也应视为不适于继续承载的裂缝，并应根据其实际严重程度评为c_u级或d_u级：

  1 纵横墙连接处出现通长的竖向裂缝。

  2 墙身裂缝严重，且最大裂缝宽度已大于5mm。

  3 柱已出现宽度大于1.5mm的裂缝，或有断裂、错位迹象。

  4 其他显著影响结构整体性的裂缝。

  注：非受力裂缝系指由温度、收缩、变形或地基不均匀沉降等引起的裂缝。

4.5 木结构构件

4.5.1 木结构构件的安全性鉴定，应按承载能力、构造、不适于继续承载的位移（或变形）和裂缝以及危险性的腐朽和虫蛀等六个检查项目，分别评定每一受检构件的等级，并取其中最低一级作为该构件的安全性等级。

4.5.2 当木结构构件及其连接的安全性按承载能力评定时，应按表4.5.2的规定，分别评定每一验算项目的等级，并取其中最低一级作为构件承载能力的安全性等级。

表4.5.2 木结构构件及其连接承载能力等级的评定

构件类别	$R/\gamma_0 S$			
	a_u级	b_u级	c_u级	d_u级
主要构件及连接	≥1.0	≥0.95	≥0.90	<0.90
一般构件	≥1.0	≥0.90	≥0.85	<0.85

注：表中R和S分别为结构构件的抗力和作用效应，应按本标准第4.1.2条的要求确定；γ_0为结构重要性系数，应按验算所依据的国家现行设计规范选择安全等级，并确定本系数的取值。

4.5.3 当木结构构件的安全性按构造评定时，应按表4.5.3的规定，分别评定两个检查项目的等级，并取其中较低一级作为该构件构造的安全性等级。

表 4.5.3 木结构构件构造的安全性评定

检查项目	a_u 级或 b_u 级	c_u 级或 d_u 级
连接（或节点）	连接方式正确，构造符合国家现行设计规范要求，无缺陷，或仅有局部表面缺陷，通风良好，工作无异常	连接方式不当，构造有严重缺陷（包括施工遗留缺陷），已导致连接松弛变形、滑移、沿剪面开裂或其他损坏
屋架起拱值	符合或略不符合国家现行设计规范规定，但未发现有推力所造成的影响	严重不符合现行设计规范的规定，且由其引起的推力，已使墙、柱等发生裂缝或侧倾

注：1. 评定结果取 a_u 级或 b_u 级，可根据其完好程度确定；评定结果取 c_u 级或 d_u 级，可根据其实际严重程度确定。
　　2. 构件支承长度检查结果不参加评定，但若有问题，应在鉴定报告中说明，并提出处理建议。

4.5.4 当木结构构件的安全性按不适于继续承载的位移（或变形）评定时，应按表 4.5.4 的规定评级。

表 4.5.4 木结构构件不适于继续承载的变形的评定

检查项目		c_u 级或 d_u 级
最大挠度	桁架（屋架、托架）	$> l_0/200$
	主　梁	$> l_0^2/3000h$，或 $> l_0/150$
	搁栅、檩条	$> l_0^2/2400h$，或 $> l_0/120$
	椽　条	$> l_0/100$，或已劈裂
侧向弯曲矢高	柱或其他受压构件	$> l_c/200$
	矩形截面梁	$> l_0/150$

注：1. 表中 l_0 为计算跨度；l_c 为柱的无支长度；h 为截面高度。
　　2. 表中的侧向弯曲，主要是由木材生长原因或干燥、施工不当所引起的。
　　3. 评定结果取 c_u 级或 d_u 级，可根据其实际严重程度确定。

4.5.5 当木结构构件具有下列斜率（ρ）的斜纹理或斜裂缝时，应根据其严重程度定为 c_u 级或 d_u 级。

　　对受拉构件及拉弯构件　　$\rho > 10\%$
　　对受弯构件及偏压构件　　$\rho > 15\%$
　　对受压构件　　　　　　　$\rho > 20\%$

4.5.6 当木结构构件的安全性按危险性腐朽或虫蛀评定时，应按下列规定评级：

　　1 一般情况下，应按表 4.5.6 的规定评级。
　　2 当封入墙、保温层内的木构件或其连接已受潮时，即使木材尚未腐朽，也应直接定为 c_u 级。

表 4.5.6 木结构构件危险性腐朽、虫蛀的评定

检查项目		c_u 级或 d_u 级
表层腐朽	上部承重结构构件	截面上的腐朽面积大于原截面面积的5%，或按剩余截面验算不合格
	木桩	截面上的腐朽面积大于原截面面积的10%

续表 4.5.6

检 查 项 目		c_u级或d_u级
心 腐	任何构件	有 心 腐
虫 蛀		有新蛀孔；或未见蛀孔，但敲击有空鼓音，或用仪器探测，内有蛀洞

注：评定结果取c_u级或d_u级，可根据其实际严重程度确定。

5 构件正常使用性鉴定评级

5.1 一般规定

5.1.1 单个构件正常使用性的鉴定评级，应根据其不同的材料种类，分别按本章第5.2节至第5.5节的规定执行。

5.1.2 正常使用性的鉴定，应以现场的调查、检测结果为基本依据。鉴定采用的检测数据，应符合本标准第4.1.3条的要求。

5.1.3 当遇到下列情况之一时，结构构件的鉴定，尚应按正常使用极限状态的要求进行计算分析和验算：

  1 检测结果需与计算值进行比较；

  2 检测只能取得部分数据，需通过计算分析进行鉴定；

  3 为改变建筑物用途、使用条件或使用要求而进行的鉴定。

5.1.4 对被鉴定的结构构件进行计算和验算，除应符合现行设计规范的规定和本标准第4.1.2条的要求外，尚应遵守下列规定：

  1 对构件材料的弹性模量、剪变模量和泊松比等物理性能指标，可根据鉴定确认的材料品种和强度等级，按现行设计规范规定的数值采用；

  2 验算结果应按现行标准、规范规定的限值进行评级。若验算合格，可根据其实际完好程度评为a_s级或b_s级；若验算不合格，应定为c_s级；

  3 若验算结果与观察不符，应进一步检查设计和施工方面可能存在的差错。

5.2 混凝土结构构件

5.2.1 混凝土结构构件的正常使用性鉴定，应按位移和裂缝两个检查项目，分别评定每一受检构件的等级，并取其中较低一级作为该构件使用等级。

  注：混凝土结构构件碳化深度的测定结果，主要用于鉴定分析，不参与评级。但若构件主筋已处于碳化区内，则应在鉴定报告中指出，并应结合其他项目的检测结果提出处理的建议。

5.2.2 当混凝土桁架和其他受弯构件的正常使用性按其挠度检测结果评定时，应按下列规定评级：

  1 若检测值小于计算值及现行设计规范限值时，可评为a_s级；

  2 若检测值大于或等于计算值，但不大于现行设计规范限值时，可评为b_s级；

  3 若检测值大于现行设计规范限值时，应评为c_s级。

  注：允许在一般构件的鉴定中，对检测值小于现行设计规范限值的情况，直接根据其完好程度定为

a_s 级或 b_s 级。

5.2.3 当混凝土柱的正常使用性需要按其柱顶水平位移（或倾斜）检测结果评定时，可按下列原则评级：

  1 若该位移的出现与整个结构有关，应根据本标准第 7.3.3 条的评定结果，取与上部承重结构相同的级别作为该柱的水平位移等级；

  2 若该位移的出现只是孤立事件，则可根据其检测结果直接评级。评级所需的位移限值，可按本标准表 7.3.3 所列的层间数值乘以 1.1 的系数确定。

5.2.4 当混凝土结构构件的正常使用性按其裂缝宽度检测结果评定时，应遵守下列规定：

  1 若检测值小于计算值及现行设计规范限值时，可评为 a_s 级；

  2 若检测值大于或等于计算值，但不大于现行设计规范限值时，可评为 b_s 级；

  3 若检测值大于现行设计规范限值时，应评为 c_s 级；

  4 若计算有困难或计算结果与实际情况不符时，宜按表 5.2.4-1 或表 5.2.4-2 的规定评级；

  5 对沿主筋方向出现的锈蚀裂缝，应直接评为 c_s 级；

  6 若一根构件同时出现两种裂缝，应分别评级，并取其中较低一级作为该构件的裂缝等级。

表 5.2.4-1 钢筋混凝土构件裂缝宽度等级的评定

检查项目	环境	构件类别		a_s 级	b_s 级	c_s 级
受力主筋处横向或斜向裂缝宽度（mm）	正常湿度环境	主要构件	屋架、托架	≤0.15	≤0.20	>0.20
			主梁、托梁	≤0.20	≤0.30	>0.30
		一般构件		≤0.25	≤0.40	>0.40
	高湿度环境	任何构件		≤0.15	≤0.20	>0.20

注：1. 高湿度环境系指：露天环境，开敞式房屋易遭飘雨部位，经常受蒸气或冷凝水作用的场所（如厨房、浴室、寒冷地区不保暖屋盖等）以及与土壤直接接触的部位等。
  2. 对拱架和屋面梁，应分别按桁架和主梁评定。
  3. 对板的裂缝宽度，以表面量测的数值为准。

表 5.2.4-2 预应力混凝土构件裂缝宽度等级的评定

检查项目	环境	构件类别	评定标准		
			a_u 级	b_u 级	c_u 级
横向或斜向裂缝宽度（mm）	正常湿度环境	主要构件	无裂缝（≤0.15）	无裂缝（>0.15，且≤0.20）	无裂缝（>0.20）
		一般构件	无裂缝（≤0.20）	无裂缝（0.20，且≤0.30）	无裂缝（>0.30）
	高湿度环境	任何构件	（无裂缝）	（无裂缝）	出现裂缝

注：1. 表中括号内限值适用于冷拉Ⅱ、Ⅲ、Ⅳ级钢筋的预应力混凝土构件。
  2. 当构件无裂缝时，评定结果取 a_s 或 b_s 级，可根据其完好程度确定。

5.3 钢结构构件

5.3.1 钢结构构件的正常使用性鉴定，应按位移和锈蚀（腐蚀）两个检查项目，分别评定每一受检构件的等级，并以其中较低一级作为该构件使用性等级。

对钢结构受拉构件，尚应以长细比作为检查项目参与上述评级。

5.3.2 当钢桁架或其他受弯构件的正常使用性按其挠度检测结果评定时，应按下列规定评级：

  1 若检测值小于计算值及现行设计规范限值时，可评为 a_s 级；

  2 若检测值大于或等于计算值，但不大于现行设计规范限值时，可评为 b_s 级；

  3 若检测值大于现行设计规范限值时，应评为 c_s 级。

  注：允许在一般构件的鉴定中，对检测值小于现行设计规范限值的情况，直接根据其完好程度定为 a_s 级或 b_s 级。

5.3.3 当钢柱的正常使用性需要按其柱顶水平位移（或倾斜）检测结果评定时，可按下列原则评级：

  1 若该位移的出现与整个结构有关，应根据本标准第 7.3.3 的评定结果，取与上部承重结构相同的级别作为该柱的水平位移等级。

  2 若该位移的出现只是孤立事件，则可根据其检测结果直接评级，评级所需的位移限值，可按本标准表 7.3.3 所列的层间数值确定。

5.3.4 当钢结构构件的正常使用性按其锈蚀（腐蚀）的检查结果评定时，应按表 5.3.4 的规定评级。

表 5.3.4 钢结构构件和连接的锈蚀（腐蚀）等级的评定

锈 蚀 程 度	等级
面漆及底漆完好，漆膜尚有光泽	a_s 级
面漆脱落（包括起鼓面积），对普通钢结构不大于15%；对薄壁型钢和轻钢结构不大于10%；底漆基本完好，但边角处可能有锈蚀，易锈部位的平面上可能有少量点蚀	b_s 级
面漆脱落面积（包括起鼓面积），对普通钢结构大于15%；对薄壁型钢和轻钢结构大于10%；底漆锈蚀面积正在扩大，易锈部位可见到麻面状锈蚀	c_s 级

5.3.5 当钢结构受拉构件的正常使用性按其长细比的检测结果评定时，应按表 5.3.5 的规定评级。

表 5.3.5 钢结构受拉构件长细比等级的评定

构 件 类 别		a_s 级或 b_s 级	c_s 级
主要受拉构件	桁架拉杆	≤350	>350
	网架支座附近处拉杆	≤300	>300
一般受拉构件		≤400	>400

  注：1. 评定结果取 a_s 级或 b_s 级，根据其实际完好程度确定。

   2. 当钢结构受拉构件的长细比虽略大于 b_s 级的限值，但若该构件的下垂矢高尚不影响其正常使用时，仍可定为 b_s 级。

   3. 张紧的圆钢拉杆的长细比不受本表限制。

5.4 砌体结构构件

5.4.1 砌体结构构件的正常使用性鉴定，应按位移、非受力裂缝和风化（或粉化）等三个检查项目，分别评定每一受检构件的等级，并取其中最低一级作为该构件使用性等级。

5.4.2 当砌体墙、柱的正常使用性按其顶点水平位移（或倾斜）的检测结果评定时，可按下列原则评级：

　　1 若该位移与整个结构有关，应根据本标准第7.3.3条的评定结果，取与上部承重结构相同的级别作为该构件的水平位移等级。

　　2 若该位移只是孤立事件，则可根据其检测结果直接评级。评级所需的位移限值，可按本标准表7.3.3所列的层间数值乘以1.1的系数确定。

　　注：构造合理的组合砌体柱可按混凝土柱评定。

5.4.3 当砌体结构构件的正常使用性按其非受力裂缝检测结果评定时，应按表5.4.3的规定评级。

表5.4.3 砌体结构构件非受力裂缝等级的评定

检查项目	构件类别	a_s级	b_s级	c_s级
非受力裂缝宽度（mm）	墙及带壁柱墙	无可见裂缝	≤1.5	>1.5
	柱	无可见裂缝	无可见裂缝	出现裂缝

　　注：对无可见裂缝的柱，取 a_s 级或 b_s 级，可根据其实际完好程度确定。

5.4.4 当砌体结构构件的正常使用性按其风化或粉化检测结果评定时，应按表5.4.4的规定评级。

表5.4.4 砌体结构构件风化或粉化等级的评定

检查部位	a_s级	b_s级	c_s级
块　材	无风化迹象，且所处环境正常	局部有风化迹象或尚未风化，但所处环境不良（如潮湿、腐蚀性介质等）	局部或较大范围已风化
砂浆层（灰缝）	无粉化迹象，且所处环境正常	局部有粉化迹象或尚未粉化，但所处环境不良（同上）	局部或较大范围已粉化

　　注：1. 块材指砖或砌块；
　　　　2. 石材的风化，可按当地经验进行检查评定。

5.5 木结构构件

5.5.1 木结构构件的正常使用性鉴定，应按位移、干缩裂缝和初期腐朽三个检查项目的检测结果，分别评定每一受检构件的等级，并取其中最低一级作为该构件的使用性等级。

5.5.2 当木结构构件的正常使用性按其挠度检测结果评定时，应按表5.5.2的规定评级。

表5.5.2 木结构构件挠度等级的评定

构件类别		a_s级	b_s级	c_a级
桁架（屋架、托架）		≤$l_0/500$	≤$l_0/400$	>$l_0/400$
檩　条	$l_0≤3.3$m	≤$l_0/250$	≤$l_0/200$	>$l_0/200$
	$l_0>3.3$m	≤$l_0/200$	≤$l_0/250$	>$l_0/250$

续表 5.5.2

构件类别		a_s 级	b_s 级	c_a 级
椽条		$\leq l_0/200$	$\leq l_0/150$	$> l_0/150$
吊顶中的受弯构件	抹灰吊顶	$\leq l_0/360$	$\leq l_0/300$	$> l_0/300$
	其他吊顶	$\leq l_0/250$	$\leq l_0/200$	$> l_0/200$
楼盖梁、搁栅		$\leq l_0/300$	$\leq l_0/250$	$> l_0/250$

注：表中 l_0 为构件计算跨度实测值。

5.5.3 当木结构构件的正常使用性按干缩裂缝检测结果评定时，应按表5.5.3的规定评级。

若无特殊要求，原木的干缩裂缝可不参与评级，但应在鉴定报告中提出嵌缝处理的建议。

表 5.5.3 木结构构件干缩裂缝等级的评定

检查项目	构件类别		a_s 级	b_s 级	c_s 级
干缩裂缝深度 (t)	受拉构件	板材	无裂缝	$t \leq b/6$	$t > b/6$
		方材	可有微裂	$t \leq b/4$	$t > b/4$
	受弯或受压构件	板材	无裂缝	$t \leq b/5$	$t > b/5$
		方材	可有微裂	$t \leq b/3$	$t > b/3$

注：表中 b 为沿裂缝深度方向的构件截面尺寸。

5.5.4 当发现木结构构件有初期腐朽迹象，或虽未腐朽，但所处环境较潮湿时，应直接定为 c_s 级，并应在鉴定报告中提出防腐处理和防潮通风措施的建议。

6 子单元安全性鉴定评级

6.1 一般规定

6.1.1 民用建筑安全性的第二层次鉴定评级，应按地基基础（含桩基和桩，以下同）、上部承重结构和围护系统的承重部分划分为三个子单元，并应分别按本章第6.2节至6.4节规定的鉴定方法和评级标准进行评定。

注：若不要求评定围护系统可靠性，也可不将围护系统承重部分列为子单元，而将其安全性鉴定并入上部承重结构中。

6.1.2 当需计算上部承重结构的作用效应，或需验算地基变形、稳定性或承载能力时，除应符合本标准第4.1.2条的有关规定外，对地基的岩土性能标准值和地基承载力标准值，应根据现场检验结果按国家现行有关规范的规定取值。

6.1.3 当仅要求对某个子单元的安全性进行鉴定时，该子单元与其他相邻子单元之间的交叉部位，也应进行检查，并应在鉴定报告中提出处理意见。

6.2 地基基础

6.2.1 地基基础（子单元）的安全性鉴定，包括地基、桩基和斜坡三个检查项目，以及基础和桩两种主要构件。

6.2.2 当鉴定地基、桩基的安全性时，应遵守下列规定：

1 一般情况下，宜根据地基、桩基沉降观测资料或其不均匀沉降在上部结构中的反应的检查结果进行鉴定评级。

2 当现场条件适宜于按地基、桩基承载力进行鉴定评级时，可根据岩土工程勘察档案和有关检测资料的完整程度，适当补充近位勘探点，进一步查明土层分布情况，并采用原位测试和取原状土作室内物理力学性质试验方法进行地基检验，根据以上资料并结合当地工程经验对地基、桩基的承载力进行综合评价。

若现场条件许可，尚可通过在基础（或承台）下进行载荷试验以确定地基（或桩基）的承载力。

3 当发现地基受力层范围内有软弱下卧层时，应对软弱下卧层地基承载能力进行验算。

4 对建造在斜坡上或毗邻深基坑的建筑物，应验算地基稳定性。

6.2.3 当有必要单独鉴定基础（或桩）的安全性时，应遵守下列规定：

1 对浅埋基础（或短桩），可通过开挖进行检测、评定。

2 对深基础（或桩），可根据原设计、施工、检测和工程验收的有效文件进行分析。也可向原设计、施工、检测人员进行核实；或通过小范围的局部开挖，取得其材料性能、几何参数和外观质量的检测数据。若检测中发现基础（或桩）有裂缝、局部损坏或腐蚀现象，应查明其原因和程度。根据以上核查结果，对基础或桩身的承载能力进行计算分析和验算，并结合工程经验作出综合评价。

6.2.4 当地基（或桩基）的安全性按地基变形（建筑物沉降）观测资料或其上部结构反应的检查结果评定时，应按下列规定评级：

A_u 级 不均匀沉降小于现行国家标准《建筑地基基础设计规范》（GBJ 7）规定的允许沉降差；或建筑物无沉降裂缝、变形或位移。

B_u 级 不均匀沉降不大于现行国家标准《建筑地基基础设计规范》（GBJ 7）规定的允许沉降差，且连续两个月地基沉降速度小于每月2mm；或建筑物上部结构砌体部分虽有轻微裂缝，但无发展迹象。

C_u 级 不均匀沉降大于现行国家标准《建筑地基基础设计规范》（GBJ 7）规定的允许沉降差，或连续两个月地基沉降速度大于每月2mm；或建筑物上部结构砌体部分出现宽度大于5mm的沉降裂缝，预制构件之间的连接部位可出现宽度大于1mm的沉降裂缝，且沉降裂缝短期内无终止趋势。

D_u 级 不均匀沉降远大于现行国家标准《建筑地基基础设计规范》（GBJ 7）规定的允许沉降差，连续两个月地基沉降速度大于每月2mm，且尚有变快趋势；或建筑物上部结构的沉降裂缝发展明显，砌体的裂缝宽度大于10mm；预制构件之间的连接部位的裂缝大于3mm；现浇结构个别部位也已开始出现沉降裂缝。

注：本条规定的沉降标准，仅适用于建成已2年以上、且建于一般地基土上的建筑物；对建在高压缩性黏性土或其他特殊性土地基上的建筑物，此年限宜根据当地经验适当加长。

6.2.5 当地基（或桩基）的安全性按其承载能力评定时，可根据本标准第6.2.2条规定的检测或计算分析结果，采用下列标准评级：

  1 当承载能力符合现行国家标准《建筑地基基础设计规范》(GBJ 7)或现行行业标准《建筑桩基技术规范》(JGJ 94)的要求时，可根据建筑物的完好程度评为 A_u 级或 B_u 级。

  2 当承载能力符合现行国家标准《建筑地基基础设计规范》(GBJ 7)或现行行业标准《建筑桩基技术规范》(JGJ 94)的要求时，可根据建筑物损坏的严重程度评为 C_u 级或 D_u 级。

6.2.6 当地基基础（或桩基础）的安全性按基础（或桩）评定时，宜根据下列原则进行鉴定评级：

  1 对浅埋的基础或桩，宜根据抽样或全数开挖的检查结果，按本标准第 4 章同类材料结构主要构件的有关项目评定每一受检基础或单桩的等级，并按样本中所含的各个等级基础（或桩）的百分比，按下列原则评定该种基础或桩的安全性等级：

  A_u 级 不含 c_u 级及 d_u 级基础（或单桩），可含 b_u 级基础（或单桩），但含量不大于 30%；

  B_u 级 不含 d_u 级基础（或单桩），可含 c_u 级基础（或单桩），但含量不大于 15%；

  C_u 级 可含 d_u 级基础（或单桩），但含量不大于 5%；

  D_u 级 d_u 级基础（或单桩）的含量大于 5%。

  注：当按本款的规定评定群桩基础时，括号中的单桩应改为基桩。

  2 对深基础（或深桩），宜根据本标准第 6.2.3 条第 2 款规定的方法进行计算分析。若分析结果表明，其承载能力（或质量）符合现行有关国家规范的要求，可根据其开挖部分的完好程度定为 A_u 级或 B_u 级；若承载能力（或质量）不符合现行有关国家规范的要求，可根据其开挖部分所发现问题的严重程度定为 C_u 级或 D_u 级。

  3 在下列情况下；可不经开挖检查而直接评定一种基础（或桩）的安全性等级：

  1）当地基（或桩基）的安全性等级已评为 A_u 级或 B_u 级，且建筑场地的环境正常时，可取与地基（或桩基）相同的等级。

  2）当地基（或桩基）的安全性等级已评为 C_u 级或 D_u 级，且根据经验可以判断基础或桩也已损坏时，可取与地基（或桩基）相同的等级。

6.2.7 当地基基础的安全性按地基稳定性（斜坡）项目评级时，应按下列标准评定：

  A_u 级 建筑场地地基稳定，无滑动迹象及滑动史。

  B_u 级 建筑场地地基在历史上曾有过局部滑动，经治理后已停止滑动，且近期评估表明，在一般情况下，不会再滑动。

  C_u 级 建筑场地地基在历史上发生过滑动，目前虽已停止滑动，但若触动诱发因素，今后仍有可能再滑动。

  D_u 级 建筑场地地基在历史上发生过滑动，目前又有滑动或滑动迹象。

6.2.8 地基基础（子单元）的安全性等级，应根据本节对地基基础（或桩基、桩身）和地基稳定性的评定结果，按其中最低一级确定。

6.2.9 在鉴定中若发现地下水位或水质有较大变化，或土压力、水压力有明显增大，且可能对建筑物产生不利影响时，应在鉴定报告中加以说明，并提出处理的建议。

6.2.10 当在深厚淤泥、淤泥质土、饱和黏性土、饱和粉细砂或其他软弱地层中开挖深基坑时，应对毗邻的已有建筑物（含道路、管线）采取防护措施，并设测点对基坑支护结构和已有建筑物进行监测。若遇到下列可能影响建筑物安全的情况之一时，应立即报警。若情况比较严重，应立即停止施工，并对基坑支护结构和已有建筑物采取应急措施：

1 基坑支护结构（或其后面土体）的最大水平位移已大于基坑开挖深度的1/200（1/300），或其水平位移速率已连续三日大于3mm/d(2mm/d)。

2 基坑支护结构的支撑（或锚杆）体系中有个别构件出现应力骤增、压屈、断裂、松弛或拔出的迹象。

3 建筑物的不均匀沉降（差异沉降）已大于现行建筑地基基础设计规范规定的允许沉降差，或建筑物的倾斜速率已连续三日大于$0.0001H/d$（H为建筑物承重结构高度）。

4 已有建筑物的砌体部分出现宽度大于3mm（1.5mm）的变形裂缝；或其附近地面出现宽度大于15mm（10mm）的裂缝；且上述裂缝尚可能发展。

5 基坑底部或周围土体出现可能导致剪切破坏的迹象或其他可能影响安全的征兆（如少量流砂、涌土、隆起、陷落等）。

6 根据当地经验判断认为，已出现其他必须加强监测的情况。

注：1. 本条给出的检测项目及其界限值，允许各地区根据其工程经验进行修正或补充，但应经当地主管部门批准后执行；
2. 若毗邻的已有建筑物为人群密集场所或文物、历史、纪念性建筑，或地处交通要道，或有重要管线，或有地下设施需要严加保护时，宜按括号内的限值采用。

6.3 上部承重结构

6.3.1 上部承重结构（子单元）的安全性鉴定评级，应根据其所含各种构件的安全性等级、结构的整体性等级，以及结构侧向位移等级进行确定。

6.3.2 当评定一种主要构件的安全性等级时，应根据其每一受检构件的评定结果，按表6.3.2的规定评级。

表6.3.2 每种主要构件安全性等级的评定

等级	多层及高层房屋	单层房屋
A_u	在该种构件中，不含c_u级和d_u级，可含b_u级，但一个子单元含b_u级的楼层数不多于$(\sqrt{m}/m)\%$，每一楼层的b_u级含量不多于25%，且任一轴线（或任一跨）上的b_u级含量不多于该轴线（或该跨）构件数的1/3	在该种构件中不含c_u级和d_u级，可含b_u级，但一个子单元的含量不多于30%，且任一轴线（或任一跨）的b_u级含量不多于该轴线（或该跨）构件数的1/3
B_u	在该种构件中，不含d_u级，可含c_u级，但一个子单元含c_u级的楼层数不多于$(\sqrt{m}/m)\%$，每一楼层的c_u级含量不多于15%，且任一轴线（或任一跨）上的c_u级含量不多于该轴（或该跨）构件数的1/3	在该种构件中不含d_u级可含c_u级，但一个子单元的含量不多于20%且任一轴线（或任一跨）上的c_u级含量不多于该轴线（或该跨）构件数的1/3
C_u	在该种构件中，可含d_u级，但一个子单元含有d_u级楼层数不多于$(\sqrt{m}/m)\%$，每一楼层的d_u级含量不多于5%，且任一轴线（或任一跨）上的d_u级含量不多于1个	在该种构件中可含d_u级（单跨及双跨房屋除外），但一个子单元的含量不多于7.5%，且任一轴线（或任一跨）上的d_u级含量不多于1个

续表6.3.2

等级	多层及高层房屋	单层房屋
D_u	在该种构件中，d_u级的含量或其分布多于C_u级的规定数	在该种构件中，d_u级含量或其分布多于C_u级的规定数

注：1. 表中"轴线"系指结构平面布置图中的横轴线或纵轴线，当计算纵轴线上的构件数时，对桁架、屋面梁等构件可按跨统计。m为房屋鉴定单元的层数。
   2. 当计算的含有低一级构件的楼层数为非整数时，可多取一层，但该层中允许出现的低一级构件数，应按相应的比例进行折减（即以该非整数的小数部分作为折减系数）。

6.3.3 当评定一种一般构件的安全性等级时，应根据其每一受检构件的评定结果，按表6.3.3的规定评级。

表6.3.3 每种一般构件安全性等级的评定

等级	多层及高层房屋	单层房屋
A_u	在该种构件中，不含c_u级和d_u级，可含b_u级，但一个子单元含有b_u级的楼层数不多于$(\sqrt{m}/m)\%$，每一楼层的b_u级含量不多于30%，且任一轴线（或任一跨）上的b_u级含量不多于该轴线（或该跨）构件数的2/5	在该种构件中不含c_u级及d_u级，可含b_u级，但一个子单元的含量不多于35%，且任一轴线（或任一跨）的b_u级含量不多于该轴线（或该跨）构件数的2/5
B_u	在该种构件中，不含d_u级，可含c_u级，但一个子单元含有c_u级的楼层数不多于$(\sqrt{m}/m)\%$，每一楼层的c_u级含量不多于20%，且任一轴线（或任一跨）上的c_u级含量不多于该轴线（或该跨）构件数的2/5	在该种构件中不含d_u级可含c_u级，但一个子单元的含量不多于25%，且任一轴线（或任一跨）上的c_u级含量不多于该轴线（或该跨）构件数的2/5
C_u	在该种构件中，可含d_u级，但一个子单元含有d_u级的楼层数不多于$(\sqrt{m}/m)\%$，每一楼层的d_u级含量不多于7.5%，且任一轴线（或任一跨）上的d_u级含量不多于该轴线（或该跨）构件数的1/3	在该种构件中可含d_u级，但一个子单元的含量不多于10%，且任一轴线（或任一跨）上的d_u级含量不多于该轴线（或该跨）构件数的1/3
D_u	在该种构件中，d_u级的含量或其分布多于C_u级的规定数	在该种构件中，d_u级含量或其分布多于C_u级的规定数

注：表中"轴线"系指结构平面布置图中的横轴线或纵轴线。

6.3.4 当评定结构整体性等级时，应按表6.3.4的规定，先评定其每一检查项目的等级，然后按下列原则确定该结构整体性等级：
   1 若四个检查项目均不低于B_u级，可按占多数的等级确定。
   2 若仅一个检查项目低于B_u级，可根据实际情况定为B_u级或C_u级。
   3 若不止一个检查项目低于B_u级，可根据实际情况定为C_u级或D_u级。

表 6.3.4　结构整体性等级的评定

检查项目	A_u级或B_u级	C_u级或D_u级
结构布置、支承系统（或其他抗侧力系统）布置	布置合理，形成完整系统，且结构选型及传力路线设计正确，符合现行设计规范要求	布置不合理，存在薄弱环节，或结构选型、传力路线设计不当，不符合现行设计规范要求
支撑系统（或其他抗侧力系统）的构造	构件长细比及连接构造符合现行设计规范要求，无明显残损或施工缺陷，能传递各种侧向作用	构件长细比或连接构造不符合现行设计规范要求，或构件连接已失效或有严重缺陷，不能传递各种侧向作用
圈梁构造	截面尺寸、配筋及材料强度等符合现行设计规范要求，无裂缝或其他残损，能起封闭系统作用	截面尺寸、配筋或材料强度不符合现行设计规范要求，或已开裂，或有其他残损，或不能起封闭系统作用
结构间的联系	设计合理、无疏漏；锚固、连接方式正确，无松动变形或其他残损	设计不合理，多处疏漏；或锚固、连接不当，或已松动变形，或已残损

注：评定结果取A_u级或B_u级，根据其实际完好程度确定；取C_u级或D_u级，根据其实际严重程度确定。

6.3.5 对上部承重结构不适于继续承载的侧向位移，应根据其检测结果，按下列规定评级：

1 当检测值已超出表6.3.5界限，且有部份构件（含连接）出现裂缝、变形或其他局部损坏迹象时，应根据实际严重程度定为C_u级或D_u级。

2 当检测值虽已超出表6.3.5界限，但尚未发现上款所述情况时，应进一步作计入该位移影响的结构内力计算分析，并按本标准第4章的规定，验算各构件的承载能力，若验算结果均不低于b_u级，仍可将该结构定为B_u级，但宜附加观察使用一段时间的限制。若构件承载能力的验算结果有低于b_u级时，应定为C_u级。

注：对某些构造复杂的砌体结构，若按本条第2款要求进行计算分析有困难，也可直接按表6.3.5规定的界限值评级。

表 6.3.5　各类结构不适于继续承载的侧向位移评定

检查项目	结构类别				顶点位移 C_u级或D_u级	层间位移 C_u级或D_u级
结构平面内的侧向位移（mm）	混凝土结构或钢结构	单层建筑			>H/400	—
		多层建筑			>H/450	>H_i/350
		高层建筑	框架		>H/550	>H_i/450
			框架剪力墙		>H/700	>H_i/600
	砌体结构	单层建筑	墙	$H \leqslant 7m$	>25	—
				$H > 7m$	>H/280 或 >50	
			柱	$H \leqslant 7m$	>20	
				$H > 7m$	>H/350 或 >40	
		多层建筑	墙	$H \leqslant 10m$	>40	>H_i/100 或 >20
				$H > 10m$	>H/250 或 >90	
			柱	$H \leqslant 10m$	>30	>H_i/150 或 >15
				$H > 10m$	>H/330 或 >70	
	单层排架平面外侧倾				>H/750 或 >30mm	—

注：1. 表中H为结构顶点高度，H_i为第i层层间高度；
　　2. 墙包括带壁柱墙；
　　3. 框架筒体结构，筒中筒结构及剪力墙结构的侧向位移评定标准，可以当地实践经验为依据制订，但应经当地主管部门批准后执行；
　　4. 对木结构房屋的侧向位移（或倾斜）和平面外侧移，可根据当地经验进行评定。

6.3.6 上部承重结构的安全性等级，应根据本章第6.3.2条至第6.3.5条的评定结果，按下列原则确定：

　　1　一般情况下，应按各种主要构件和结构侧向位移（或倾斜）的评级结果，取其中最低一级作为上部承重结构（子单元）的安全性等级。

　　2　当上部承重结构按上款评为B_u级，但若发现其主要构件所含的各种c_u级构件（或其连接）处于下列情况之一时，宜将所评等级降为C_u级。

　　　1）c_u级沿建筑物某方位呈规律性分布，或过于集中在结构的某部位。

　　　2）出现c_u级构件交汇的节点连接。

　　　3）c_u级存在于人群密集场所或其他破坏后果严重的部位。

　　3　当上部承重结构按本条第1款评为C_u级，但若发现其主要构件（不分种类）或连接有下列情形之一时，宜将所评等级降为D_u级。

　　　1）任何种类房屋中，有50%以上的构件为c_u级。

　　　2）多层或高层房屋中，其底层均为c_u级。

　　　3）多层或高层房屋的底层，或任一空旷层，或框支剪力墙结构的框架层中，出现d_u级；或任何两相邻层同时出现d_u级；或脆性材料结构中出现d_u级。

　　　4）在人群密集场所或其他破坏后果严重部位，出现d_u级。

　　4　当上部承重结构按上款评为A_u级或B_u级，而结构整体性等级为C_u级时，应将所评的上部承重结构安全性等级降为C_u级。

　　5　当上部承重结构在按本条第4款的规定后作了调整后仍为A_u级或B_u级，而各种一般构件中，其等级最低的一种为C_u级或D_u级时，尚应按下列规定调整其级别：

　　　1）若设计考虑该种一般构件参与支撑系统（或其他抗侧力系统）工作，或在抗震加固中，已加强了该种构件与主要构件锚固，应将所评的上部承重结构安全性等级降为C_u级。

　　　2）当仅有一种一般构件为C_u级或D_u级，且不属于第（1）项的情况时，可将上部承重结构的安全性等级定为B_u级。

　　　3）当不止一种一般构件为C_u级或D_u级，应将上部承重结构的安全性等级降为C_u级。

6.4　围护系统的承重部分

6.4.1　围护系统承重部分（子单元）的安全性，应根据该系统专设的和参与该系统工作的各种构件的安全性等级，以及该部分结构整体性的安全性等级进行评定。

6.4.2　当评定一种构件的安全性等级时，应根据每一受检构件的评定结果及其构件类别，分别按本标准第6.3.2条或第6.3.3条的规定评级。

6.4.3　当评定围护系统承重部分的结构整体性时，可按本标准第6.3.4条的规定评级。

6.4.4　围护系统承重部分的安全性等级，可根据本节第6.4.2条和第6.4.3条的评定结果，按下列原则确定：

　　1　当仅有A_u级和B_u级时，按占多数级别确定。

　　2　当含有C_u级或D_u级时，可按下列规定评级：

　　　1）若C_u级或D_u级属于主要构件时，按最低等级确定；

　　　2）若C_u级或D_u级属于一般构件时，可按实际情况，定为B_u级或C_u级。

3 围护系统承重部分的安全性等级，不得高于上部承重结构等级。

7 子单元正常使用性鉴定评级

7.1 一般规定

7.1.1 民用建筑正常使用性的第二层次鉴定评级，应按地基基础、上部承重结构和围护系统划分为三个子单元，并分别按本章第7.2节至7.4节规定的方法和标准进行评定。

7.1.2 当仅要求对某个子单元的使用性进行鉴定时，该子单元与其他相邻子单元之间的交叉部分，也应进行检查，并应在鉴定报告中提出处理意见。

7.1.3 当需按正常使用极限状态的要求对被鉴定结构进行验算时，其所采用的分析方法和基本数据，应符合本标准第5.1.4条的要求。

7.2 地 基 基 础

7.2.1 地基基础的正常使用性，可根据其上部承重结构或围护系统的工作状态进行评估。若安全性鉴定中已开挖基础（或桩）或鉴定人员认为有必要开挖时，也可按开挖检查结果评定单个基础（或单桩、基桩）及每种基础（或桩）的使用性等级。

7.2.2 地基基础的使用性等级，应按下列原则确定：

1 当上部承重结构和围护系统的使用性检查未发现问题，或所发现问题与地基基础无关时，可根据实际情况定为 A_s 级或 B_s 级。

2 当上部承重结构或围护系统所发现的问题与地基基础有关时，可根据上部承重结构和围护系统所评的等级，取其中较低一级作为地基基础使用性等级。

3 当一种基础（或桩）按开挖检查结果所评的等级为 C_s 级时，应将地基基础使用性的等级定为 C_s 级。

7.3 上 部 承 重 结 构

7.3.1 上部承重结构（子单元）的正常使用性鉴定，应根据其所含各种构件的使用性等级和结构的侧向位移等级进行评定。当建筑物的使用要求对振动有限制时，还应评估振动（颤动）的影响。

7.3.2 当评定一种构件的使用性等级时，应根据其每一受检构件的评定结果，按下列规定进行评级。

1 对主要构件，应按表7.3.2-1的规定评级。
2 对一般构件，应按表7.3.2-2的规定评级。

表7.3.2-1 每种主要构件使用性等级的评定

等级	多层及高层房屋	单层房屋
A_s	在该种构件中，不含 c_s 级，可含 b_s 级，但一个子单元含有 b_s 级的楼层数不多于 $(\sqrt{m}/m)\%$，且一个楼层含量不多于35%	在该种构件中不含 c_u 级，可含 b_s 级，但一个子单元的含量不多于40%

续表 7.3.2-1

等级	多层及高层房屋	单层房屋
B_s	在该种构件中，可含 c_s 级，但一个子单元含有 c_s 级的楼层数不多于 $(\sqrt{m}/m)\%$，且每一个楼层含量不多于 25%	在该种构件中，可含 c_s 级，但一个子单元的含量不多于 30%
C_s	在该种构件中，c_s 级含量或含有 c_s 级的楼层数多于 B_s 级的规定数	在该种构件中，c_s 级含量多于 B_s 级的规定数

注：表中 m 为建筑物鉴定单元的楼层数。

表 7.3.2-2 每种一般构件使用性等级的评定

等级	多层及高层房屋	单层房屋
A_s	在该种构件中，不含 c_s 级，可含 b_s 级，但一个子单元含有 b_s 级的楼层数不多于 $(\sqrt{m}/m)\%$ 且一个楼层含量不多于 40%	在该种构件中不含 c_u 级，可含 b_s 级，但一个子单元的含量不多于 45%
B_s	在该种构件中，可含 c_s 级，但一个子单元含有 c_s 级的楼层数不多于 $(\sqrt{m}/m)\%$，且每一个楼层含量不多于 30%	在该种构件中，可含 c_s 级，但一个子单元的含量不多于 35%
C_s	在该种构件中，c_s 级含量或含有 c_s 级的楼层数多于 B_s 级的规定数	在该种构件中，c_s 级含量多于 B_s 级的规定数

注：1. 表中 m 为建筑物鉴定单元的楼层数。
2. 当计算的含有低一级构件的楼层数为非整数时，可多取一层，但该层中允许出现的低一级构件数，应按相应的比例进行折减（即以该非整数的小数部分作为折减系数）。

7.3.3 当上部承重结构的正常使用性需考虑侧向（水平）位移的影响时，可采用检测或计算分析的方法进行鉴定，但应按下列规定进行评级：

1 对检测取得的主要是由风荷载（可含有其他作用，但不含地震作用）引起的侧向位移值，应按表 7.3.3 的规定评定每一测点的等级，并按下列原则分别确定结构顶点和层间的位移等级；
  1）对结构顶点，按各测点中占多数的等级确定；
  2）对层间，按各测点中最低的等级确定。
  根据以上两项评定结果，取其中较低等级作为上部承重结构侧向位移使用性等级。

2 当检测有困难时，允许在现场取得与结构有关参数的基础上，采用计算分析方法进行鉴定。若计算的侧向位移不超出表 7.3.3 中 B_s 级界限，可根据该上部承重结构的完好程度评为 A_s 级或 B_s 级。若计算的侧向位移值已超出表 7.3.3 中 B_s 级的界限，应定为 C_s 级。

表 7.3.3 结构侧向（水平）位移等级的评定

检查项目	结构类型		位移限值		
			A_s 级	B_s 级	C_s 级
钢筋混凝土结构或钢结构的侧向位移	多层框架	层间	$\leq H_i/600$	$\leq H_i/450$	$> H_i/450$
		结构顶点	$\leq H/750$	$\leq H/550$	$> H/550$
	高层框架	层间	$\leq H_i/650$	$\leq H_i/500$	$> H_i/500$
		结构顶点	$\leq H/850$	$\leq H/650$	$> H/650$
	框架-剪力墙 框架-筒体	层间	$\leq H_i/900$	$\leq H_i/750$	$> H_i/750$
		结构顶点	$\leq H/1000$	$\leq H/800$	$> H/800$
	筒中筒	层间	$\leq H_i/950$	$\leq H_i/800$	$> H_i/800$
		结构顶点	$\leq H/1100$	$\leq H/900$	$> H/900$
	剪力墙	层间	$\leq H_i/1050$	$\leq H_i/900$	$> H_i/900$
		结构顶点	$\leq H/1200$	$\leq H/1000$	$> H/1000$
砌体结构侧向位移	多层房屋（柱承重）	层间	$\leq H_i/650$	$\leq H_i/500$	$> H_i/450$
		结构顶点	$\leq H/750$	$\leq H/550$	$> H/550$
	多层房屋（柱承重）	层间	$\leq H_i/600$	$\leq H_i/450$	$> H_i/400$
		结构顶点	$\leq H/700$	$\leq H/500$	$> H/500$

注：1. 表中限值系对一般装修标准而言，若为高级装修应事先协商确定；
    2. 表中 H 为结构顶点高度，H_i 为第 i 层的层间高度；
    3. 木结构建筑的侧向位移对建筑功能的影响问题，可根据当地使用经验进行评定。

7.3.4 上部承重结构的使用性等级，应根据本节第 7.3.2 条至 7.3.3 条的评定结果，按下列原则确定：

1 一般情况下，应按各种主要构件及结构侧移所评等级，取其中最低一级作为上部承重结构的使用性等级。

2 若上部承重结构按上款评为 A_s 级或 B_s 级，而一般构件所评等级为 C_s 级时，尚应按下列规定进行调整：

1) 当仅发现一种一般构件为 C_s 级，且其影响仅限于自身时，可不作调整。若其影响波及非结构构件、高级装修或围护系统的使用功能时，则可根据影响范围的大小，将上部承重结构所评等级调整为 B_s 级或 C_s 级。

2) 当发现多于一种一般构件为 C_s 级时，可将上部承重结构所评等级调整为 C_s 级。

7.3.5 当需评定振动对某种构件或整个结构正常使用性的影响时，可根据专门标准的规定，对该种构件或整个结构进行检测和必要的验算，若其结果不合格，应按下列原则对本章第 7.3.2 条及第 7.3.4 条所评的等级进行修正：

1 当振动仅涉及一种构件时，可仅将该种构件所评等级降为 C_s 级。

2 当振动的影响涉及整个结构或多于一种构件时，应将上部承重结构以及所涉及的各种构件均降为 C_s 级。

7.3.6 当遇到下列情况之一时，可不按本章第 7.3.5 条的规定，而直接将该上部承重结构定为 C_s 级。

1 在楼层中，其楼面振动（或颤动）已使室内精密仪器不能正常工作，或已明显引起人体不适感。

  2 在高层建筑的顶部几层，其风振效应已使用户感到不安。
  3 振动引起的非结构构件开裂或其他损坏，已可通过目测判定。

7.4 围护系统

7.4.1 围护系统（子单元）的正常使用性鉴定评级，应根据该系统的使用功能等级及其承重部分的使用性等级进行评定。

7.4.2 当评定围护系统使用功能时，应按表7.4.2规定的检查项目及其评定标准逐项评级，并按下列原则确定围护系统的使用功能等级：
  1 一般情况下，可取其中最低等级作为围护系统的使用功能等级。
  2 当鉴定的房屋对表中各检查项目的要求有主次之分时，也可取主要项目中的最低等级作为围护系统使用功能等级。
  3 当按上款主要项目所评的等级为 A_s 级或 B_s 级，但有多于一个次要项目为 C_s 级时，应将所评等级降为 C_s 级。

7.4.3 当评定围护系统承重部分的使用性时，应按本章第7.3.2条的标准评定其每种构件的等级，并取其中最低等级，作为该系统承重部分使用性等级。

7.4.4 围护系统的使用性等级，应根据其使用功能和承重部分使用性的评定结果，按较低的等级确定。

7.4.5 对围护系统使用功能有特殊要求的建筑物，除应按本标准鉴定评级外，尚应按现行专门标准进行评定。若评定结果合格，可维持按本标准所评等级不变；若不合格，应将按本标准所评的等级降为 C_s 级。

表7.4.2 围护系统使用功能等级的评定

检查项目	A_s级	B_s级	C_s级
屋面防水	防水构造及排水设施完好，无老化、渗漏及排水不畅的迹象	构造设施基本完好，或略有老化迹象，但尚不渗漏或积水	构造设施不当或已损坏，或有渗漏，或积水
吊顶（天棚）	构造合理，外观完好，建筑功能符合设计要求	构造稍有缺陷，或有轻微变形或裂纹，或建筑功能略低于设计要求	构造不当或已损坏，或建筑功能不符合设计要求，或出现有碍外观的下垂
非承重内墙（和隔墙）	构造合理，与主体结构有可靠联系，无可见位移，面层完好，建筑功能符合设计要求	略低于 A_s 级要求，但尚不显著影响其使用功能	已开裂、变形，或已破损，或使用功能不符合要求
外墙（自承重墙或填充墙）	墙体及其面层外观完好，墙脚无潮湿迹象，墙厚符合节能要求	略低于 A_s 级要求，但尚不显著影响其使用功能	不符合 A_s 级要求，且已显著影响其使用功能
门 窗	外观完好，密封性符合设计要求，无剪切变形迹象，开闭或推动自如	略低于 A_s 级要求，但尚不显著影响其使用功能	门窗构件或其连接已损坏，或密封性差，或有剪切变形，已显著影响使用功能
地下防水	完好，且防水功能符合设计要求	基本完好，局部可能有潮湿迹象，但尚不渗漏	有不同程度损坏或有渗漏
其他防护设施	完好，且防护功能符合设计要求	有轻微缺陷，但尚不显著影响其防护功能	有损坏，或防护功能不符合设计要求

注：其他防护设施系指隔热、保温、防尘、隔声、防湿、防腐、防灾等各种设施。

8 鉴定单元安全性及使用性评级

8.1 鉴定单元安全性评级

8.1.1 民用建筑鉴定单元的安全性鉴定评级，应根据其他基基础、上部承重结构和围护系统承重部分等的安全性等级，以及与整幢建筑有关的其他安全问题进行评定。

8.1.2 鉴定单元的安全性等级，应根据本标准第6章的评定结果，按下列原则确定：

1 一般情况下，应根据地基基础和上部承重结构的评定结果按其中较低等级确定。
2 当鉴定单元的安全性等级按上款评为 A_{su} 级或 B_{su} 级但围护系统承重部分的等级为 C_u 级或 D_u 级时，可根据实际情况将鉴定单元所评等级降低一级或二级，但最后所定的等级不得低于 C_{su} 级。

8.1.3 对下列任一情况，可直接评为 D_{su} 级建筑：

1 建筑物处于有危房的建筑群中，且直接受到其威胁。
2 建筑物朝一方向倾斜，且速度开始变快。

8.1.4 当新测定的建筑物动力特性，与原先记录或理论分析的计算值相比，有下列变化时，可判其承重结构可能有异常，但应经进一步检查、鉴定后再评定该建筑物的安全性等级：

1 建筑物基本周期显著变长（或基本频率显著下降）。
2 建筑物振型有明显改变（或振幅分布无规律）。

8.2 鉴定单元使用性评级

8.2.1 民用建筑鉴定单元的正常使用性鉴定评级，应根据地基基础、上部承重结构和围护系统的使用性等级，以及与整幢建筑有关的其他使用功能问题进行评定。

8.2.2 鉴定单元的使用性等级，应根据本标准第7章的评定结果，按三个子单元中最低的等级确定。

8.2.3 当鉴定单元的使用性等级按本章第8.2.2条评为 A_{ss} 级或 B_{ss} 级，但若遇到下列情况之一时，宜将所评等级降为 C_{ss} 级：

1 房屋内外装修已大部分老化或残损。
2 房屋管道、设备已需全部更新。

9 民用建筑可靠性评级

9.0.1 民用建筑的可靠性鉴定，应按本标准第3.2.5条划分的层次，以其安全性和正常使用性的鉴定结果为依据逐层进行。

9.0.2 当不要求给出可靠性等级时，民用建筑各层次的可靠性，可采取直接列出其安全性等级和使用性等级的形式予以表示。

9.0.3 当需要给出民用建筑各层次的可靠性等级时，可根据其安全性和正常使用性的评定结果，按下列原则确定：

1 当该层次安全性等级低于 b_u 级、B_u 级或 B_{su} 级时，应按安全性等级确定。

2 除上款情形外，可按安全性等级和正常使用性等级中较低的一个等级确定。

3 当考虑鉴定对象的重要性或特殊性时，允许对本条第2款的评定结果作不大于一级的调整。

10 民用建筑适修性评估

10.0.1 在民用建筑可靠性鉴定中，若委托方要求对 C_{ou} 级和 D_{ou} 级鉴定单元，或 C_u 级和 D_u 级子单元（或其中某种构件）的处理提出建议时，宜对其适修性进行评估。

10.0.2 适修性评估按本标准第3.3.4条进行，并可按下列处理原则提出具体建议：

1 对评为 A_r、B_r 或 A_r'、B_r' 的鉴定单元和子单元（或其中某种构件），应予以修复使用。

2 对评为 C_r 的鉴定单元和 C_r' 子单元（或其中某种构件），应分别作出修复与拆换两方案，经技术、经济评估后再作选择。

3 对评为 $C_{su}—D_r$、$D_{su}—D_r$ 和 $C_u—D_r'$、$D_u—D_r'$ 的鉴定单元和子单元（或其中某种构件），宜考虑拆换或重建。

10.0.3 对有纪念意义或有文物、历史、艺术价值的建筑物，不进行适修性评估，而应予以修复和保存。

11 鉴定报告编写要求

11.0.1 民用建筑可靠性鉴定报告应包括下列内容：

1 建筑物概况；
2 鉴定的目的、范围和内容；
3 检查、分析、鉴定的结果；
4 结论与建议；
5 附件。

11.0.2 鉴定报告中，应对 c_u 级、d_u 级构件及 C_u 级和 D_u 级检查项目的数量、所处位置及其处理建议，逐一作出详细说明。当房屋的构造复杂或问题很多时，尚应绘制 c_u 级和 d_u 级及 C_u 级和 D_u 级检查项目的分布图。若在使用性鉴定中发现 c_s 级构件或 C_s 级项目已严重影响建筑物的使用功能时，也应按上述要求，在鉴定报告中作出说明。

11.0.3 对承重结构或构件的安全性鉴定所查出的问题，可根据其严重程度和具体情况有选择地采取下列处理措施：

1 减少结构上的荷载；
2 加固或更换构件；
3 临时支顶；
4 停止使用；
5 拆除部分结构或全部结构。

对承重结构或构件的使用性鉴定所查出的问题，可根据实际情况有选择地采取下列措施：

1 考虑经济因素而接受现状；

2 考虑耐久性要求而进行修补、封护或化学药剂处理；
3 改变使用条件或改变用途；
4 全面或局部修缮、更新；
5 进行现代化改造。

11.0.4 鉴定报告中应说明：对建筑物（鉴定单元）或其组成部分（子单元）所评的等级，仅作为技术管理或制订维修计划的依据，即使所评等级较高，也应及时对其中所含的 c_u 级和 d_u 级构件（含连接）及 C_u 级和 D_u 级检查项目采取措施。

附录 A 民用建筑初步调查表

年　月　日

房屋概况	名称		原设计		
	地点		原施工		
	用途		原监理		
	竣工日期		设防烈度/场地类别		
建筑	建筑面积		檐高		
	平面形式		女儿墙标高		
	地上层数		底层标高		层高	
	地下层数		基本柱距/开间尺寸		
	总长×宽		屋面防水		
地基基础	地基土		基础型式		
	地基处理		基础深度		
	冻胀类别		地下水		
上部结构	主体结构		屋盖		
	附属结构		墙体		
	构件	梁板	连接	梁-柱、屋架-柱	
		桁架		梁-墙、屋架-墙	
		柱墙		其他连接	
	结构整体性构造	抗侧力系统	抗震设防情况		
		圈梁			
图纸资料	建筑图		地质勘探		
	结构图		施工记录		
	水、暖、电图		设计变更		
	标准、规范、指南		设计计算书		
	已有调查资料				
环境	振动		设施	屋顶水箱	
	腐蚀性介质			电梯	
	其他			其他	

续表

历史	用途变更			
	改扩建		修缮	
	使用条件改变		灾害	
主要问题	委托方陈述			
	鉴定方意见			
	双方达成的共识（包括对鉴定目的、要求、范围和主要内容的确定）			
建筑物平面示意图				

鉴定单位：　　　　　　　　　鉴定负责人：　　　　　　　　　记录：

附录 B 已有结构上荷载标准值的确定

B.0.1 按本附录确定的结构上的荷载适用于已有建筑物下列情况的验算：
1 结构或构件的可靠性鉴定及其加固设计；
2 与建筑物改变用途或改造有关的结构可靠性鉴定及加固设计。

B.0.2 对已有结构上的荷载标准值的取值，除应符合现行国家标准《建筑结构荷载规范》(GBJ 9)（以下简称现行荷载规范）的规定外，尚应遵守本附录的规定。

B.0.3 结构和构件自重的标准值，应根据构件和连接的实际尺寸，按材料或构件单位自重的标准值计算确定。对不便实测的某些连接构造尺寸，允许按结构详图估算。

B.0.4 常用材料和构件的单位自重标准值，应按现行荷载规范的规定采用。当规范规定值有上、下限时，应按下列规定采用：
1 当其效应对结构不利时，取上限值；
2 当其效应对结构有利（如验算倾覆、抗滑移、抗浮起等）时，取下限值。

B.0.5 当遇到下列情况之一时，材料和构件的自重标准值应按现场抽样称量确定：
1 现行荷载规范尚无规定；
2 自重变异较大的材料或构件，如现场制作的保温材料、混凝土薄壁构件等；
3 有理由怀疑规定值与实际情况有显著出入时。

B.0.6 现场抽样检测材料或构件自重的试样，不应少于5个。当按检测的结果确定材料或构件自重的标准值时，应按下列规定进行计算：
1 当其效应对结构不利时

$$g_{k,\text{sup}} = m_g + \frac{t}{\sqrt{n}}S_g \quad (\text{B.0.6-1})$$

式中 $g_{k,\sup}$——材料或构件自重的标准值；
　　　m_g——试样称量结果的平均值；
　　　S_g——试样称量结果的标准差；
　　　n——试样数量（样本容量）；
　　　t——考虑抽样数量影响的计算系数，按表 B.0.6 采用。

2 当其效应对结构有利时

$$g_{k,\sup} = m_g - \frac{t}{\sqrt{n}} S_g \qquad (B.0.6-2)$$

表 B.0.6 计算系数 t 值

n	t 值	n	t 值	n	t 值	n	t 值
5	2.13	8	1.89	15	1.76	30	1.70
6	2.02	9	1.86	20	1.73	40	1.68
7	1.94	10	1.80	25	1.71	≥60	1.67

B.0.7 对非结构的构、配件，或对支座沉降有影响的构件，若其自重效应对结构有利时，应取其自重标准值 $g_{k,\sup} = 0$。

B.0.8 当对本附录 B.0.1 规定的各种情况进行加固设计验算时，对不上人的屋面，应考虑加固施工荷载，其取值应符合下列规定：

1 当估计的荷载低于现行荷载规范规定的屋面均布活荷载或集中荷载时，应按现行荷载规范的规定值采用。

2 当估计的荷载高于现行荷载规范规定值时，应按实际情况采用。

若施工荷载过大时，宜采取措施降低施工荷载。

B.0.9 当对结构或构件进行可靠性（安全性或使用性）验算时，其基本雪压和风压值应按现行荷载规范采用。

B.0.10 当对本附录 B.0.1 规定的各种情况进行加固设计验算时，其基本雪压值、基本风压值和楼面活荷载的标准值，除应按现行荷载规范的规定采用外，尚应按下一目标使用期，乘以本附录表 B.0.10 的修正系数 k_t 予以修正。

下一目标使用期，应由委托方和鉴定方共同商定。

表 B.0.10 基本雪压值、基本风压值、楼面活荷载的修正系数 k_t

下一目标使用期 t（年）	10	20	30 ~ 50
雪荷载或风荷载	0.85	0.95	1.0
楼面活荷载	0.85	0.90	1.0

注：对表中未列出的中间值，允许按插值确定；当 $t < 10$ 时，按 $t = 10$ 确定 k_t 值。

附录 C 已有结构构件材料强度标准值的确定

C.0.1 当需在从已有建筑物中检测某种构件的材料强度时，除应按该类材料结构现行检测标准的要求，选择适用的检测方法外，尚应遵守下列规定：

1 受检构件应随机地选自同一总体（同批）；
2 在受检构件上选择的检测强度部位应不影响该构件承载；
3 当按检测结果推定每一受检构件材料强度值（即单个构件的强度推定值）时，应符合该现行检测方法的规定。

C.0.2 当按检测结果确定构件材料强度的标准值时，应遵守下列规定：

1 当受检构件仅 2～4 个，且检测结果仅用于鉴定这些构件时，允许取受检构件强度推定值中的最低值作为材料强度标准值。

2 当受检构件数量（n）不少于 5 个，且检测结果用于鉴定一种构件时，应按下式确定其强度标准值（f_k）：

$$f_k = m_f - k \cdot s \tag{C.0.2}$$

式中 m_f——按 n 个构件算得的材料强度均值；

s——按 n 个构件算得的材料强度标准差；

k——与 α、C 和 n 有关的材料标准强度计算系数，可由表 C.0.2 查得；

α——确定材料强度标准值所取的概率分布下分位数，一般取 $\alpha = 0.05$；

C——检测所取的置信水平，对钢材，可取 $C = 0.90$；对混凝土和木材，可取 $C = 0.75$；对砌体，可取 $C = 0.60$。

表 C.0.2 计算系数 k 值

n	k 值			n	k 值		
	$C=0.09$	$C=0.75$	$C=0.60$		$C=0.09$	$C=0.75$	$C=0.60$
5	3.400	2.463	2.005	18	2.249	1.951	1.773
6	3.092	2.336	1.947	20	2.208	1.933	1.764
7	2.894	2.250	1.908	25	2.132	1.895	1.748
8	2.754	2.190	1.880	30	2.080	1.869	1.736
9	2.650	2.141	1.858	35	2.041	1.849	1.728
10	2.568	2.103	1.841	40	2.010	1.834	1.721
12	2.448	2.048	1.816	45	1.986	1.821	1.716
15	2.329	1.991	1.790	50	1.965	1.811	1.712

C.0.3 当按 n 个受检构件材料强度标准差算得的变异系数：对钢材大于 0.10，对混凝土、砌体和木材大于 0.20 时，不宜直接按（C.0.2）式计算构件材料的强度标准值，而应先检查导致离散性增大的原因。若查明系混入不同总体（不同批）的样本所致，宜分别进行统计，并分别按（C.0.2）式确定其强度标准值。

附录 D 单个构件的划分

D.0.1 民用建筑的单个构件划分，应符合下列规定：
1 基础
1）独立基础 一个基础为一个构件；
2）墙下条形基础 一个自然间的一轴线为一构件；

3) 带壁柱墙下条形基础 按计算单元的划分确定；
4) 单桩 一根为一构件；
5) 群桩 一个承台及其所含的基桩为一构件；
6) 筏形基础和箱形基础 一个计算单元为一构件。

2 墙
1) 砌筑的横墙 一层高、一自然间的一轴线为一构件；
2) 砌筑的纵墙（不带壁柱）一层高、一自然间的一轴线为一构件；
3) 带壁柱的墙 按计算单元的划分确定；
4) 剪力墙 按计算单元的划分确定。

3 柱
1) 整截面柱 一层、一根为一构件；
2) 组合柱 一层、整根（即含所有柱肢）为一构件。

4 梁式构件
一跨、一根为一构件；若仅鉴定一根连续梁时，可取整根为一构件。

5 板
1) 预制板 一块为一构件；
2) 现浇板 按计算单元的划分确定；
3) 木楼板、木屋面板 一开间为一构件。

6 桁架、拱架
一榀为一构件。

7 网架、折板、壳
一个计算单元为一构件。

D.0.2 本附录所划分的单个构件，应包括构件本身及其连接、节点。

附录 E 本标准用词说明

E.0.1 执行本规范条文时，要求严格程度的用词，说明如下，以便执行中区别对待。
1 表示很严格，非这样用不可的用词：
正面词采用"必须"；反面词采用"严禁"。
2 表示严格，在正常情况下均应这样做的用词：
正面词采用"应"；反面词采用"不应"或"不得"。
3 表示允许稍有选择，在条件许可时首先应这样做的用词：
正面词采用"宜"；反面词采用"不宜"。
表示允许有选择，在一定条件下可以这样做的，采用"可"。

E.0.2 条文中必须按指定的标准、规范或其他有关规定执行时，其写法为"应按……执行"或"应符合……要求"。

中华人民共和国国家标准

民用建筑可靠性鉴定标准

GB 50292—1999

条 文 说 明

目 次

1 总则 …………………………………………………………………… 1442
2 术语、符号 …………………………………………………………… 1443
  2.1 术语 ……………………………………………………………… 1443
  2.2 符号 ……………………………………………………………… 1443
3 基本规定 ……………………………………………………………… 1443
  3.1 鉴定分类 ………………………………………………………… 1443
  3.2 鉴定程序及其工作内容 ………………………………………… 1444
  3.3 鉴定评级标准 …………………………………………………… 1445
4 构件安全性鉴定评级 ………………………………………………… 1446
  4.1 一般规定 ………………………………………………………… 1446
  4.2 混凝土结构构件 ………………………………………………… 1451
  4.3 钢结构构件 ……………………………………………………… 1453
  4.4 砌体结构构件 …………………………………………………… 1455
  4.5 木结构构件 ……………………………………………………… 1456
5 构件正常使用性鉴定评级 …………………………………………… 1457
  5.1 一般规定 ………………………………………………………… 1457
  5.2 混凝土结构构件 ………………………………………………… 1459
  5.3 钢结构构件 ……………………………………………………… 1460
  5.4 砌体结构构件 …………………………………………………… 1461
  5.5 木结构构件 ……………………………………………………… 1462
6 子单元安全性鉴定评级 ……………………………………………… 1462
  6.1 一般规定 ………………………………………………………… 1462
  6.2 地基基础 ………………………………………………………… 1463
  6.3 上部承重结构 …………………………………………………… 1466
  6.4 围护系统的承重部分 …………………………………………… 1469
7 子单元正常使用性鉴定评级 ………………………………………… 1469
  7.1 一般规定 ………………………………………………………… 1469
  7.2 地基基础 ………………………………………………………… 1469
  7.3 上部承重结构 …………………………………………………… 1470
  7.4 围护系统 ………………………………………………………… 1471
8 鉴定单元安全性及使用性评级 ……………………………………… 1472
  8.1 鉴定单元安全性评级 …………………………………………… 1472
  8.2 鉴定单元使用性评级 …………………………………………… 1472
9 民用建筑可靠性评级 ………………………………………………… 1473
10 民用建筑适修性评估 ………………………………………………… 1474
11 鉴定报告编写要求 …………………………………………………… 1474

1 总 则

1.0.1 民用建筑在使用过程中，不仅需要经常性的管理与维护，而且经过若干年后，还需要及时修缮，才能全面完成其设计所赋予的功能。与此同时，还有为数不少的民用建筑，或因设计、施工、使用不当而需加固，或因用途变更而需改造，或因使用环境变化而需处理等等。要做好这些工作，首先必须对建筑物在安全性、适用性和耐久性方面存在的问题有全面的了解，才能作出安全、合理、经济、可行的方案，而建筑结构可靠性鉴定所提供的就是对这些问题的正确评价。由之可见，这是一项涉及安全而又政策性很强的工作，应由国家统一鉴定方法与标准，方能使民用建筑的维修与加固改造有法可依、有章可循。为此，在总结实践经验和科研成果的基础上，制定了本标准。

1.0.2 为了保证建筑物在规定使用期内的安全，有必要对它进行定期鉴定和应急鉴定。所谓的应急鉴定，一般是指以下几种情况的鉴定：

一是当承重结构出现可能影响安全的异常征兆时，对建筑物进行的以抢险和紧急加固为目标的安全性检查与鉴定，亦即通常所谓的危险房屋（简称危房）鉴定。

二是当有严重灾情预报时，对可能受袭击或威胁的建筑物进行的以排险与临时性支顶加固为目标的安全性检查与鉴定。例如：在发出强台风或特大洪水警报后，对建筑物可能受到的破坏进行评估、检查与鉴定。

三是当有特别重要的理由必须确保某一建筑物在指定期间的高度安全时，对该建筑物进行的以消除隐患与组织监控为目标的紧急检查与鉴定。

1.0.3 对本条的规定，需作如下三点说明：

1 地震区系指抗震设防烈度不低于6度的地区。

我国6度区Ⅲ、Ⅳ级场地和7度区的民用建筑，在唐山地震前，基本上未考虑抗震设防问题。8度以上地区，虽然有所考虑，但所采取的措施尚不得力，而目前这些旧建筑正相继进入大、中修期，需要分批进行可靠性鉴定，因此，很有必要与抗震鉴定结合进行，因此本标准作了对地震区民用建筑物可靠性鉴定，尚应遵守国家现行有关建筑物和构筑物抗震鉴定标准要求的规定。

2 特殊地基土地区系指湿陷性黄土、膨胀岩土、多年冻土等需要特殊处理的地基土地区。

这里需要指出的是，过去有些标准规范还将地下采掘区的问题纳入特殊地基土地区处理的范畴。但现行国家标准《岩土工程勘察规范》（GB 50021—94）已明确规定：地下采掘区问题应作为场地稳定性问题处理。因此，本标准的特殊地基土地区不包括地下采掘区。

3 特殊环境主要指有侵蚀性介质环境和高温、高湿环境。在个别情况下，还会遇到有辐射影响的环境。

这里需要提示的是，不同种类材料的建筑结构，其所划定的高温、高湿界限不同，有必要分别按各自的现行设计规范的规定执行。

2 术语、符号

2.1 术　　语

2.1.1～2.1.12 本标准采用的术语及其涵义，是根据下列原则确定的：
　　1　凡现行工程建设国家标准已规定的，一律加以引用，不再另行给出定义或说明；
　　2　凡现行工程建设国家标准尚未规定的，由本标准自行给出定义和说明；
　　3　当现行工程建设国家标准已有该术语及其说明，但未按准确的表达方式进行定义或定义所概括的内容不全时，由本标准完善其定义和说明。

2.2 符　　号

对本标准采用的符号，需说明以下两点：
　　1　本标准采用的符号及其意义，是指根据现行《工程结构设计基本术语和通用符号》标准规定的符号用字规则及其表达方法制定的，但制定过程中，注意了与有关标准的协调和统一问题。
　　2　由于对结构可靠性鉴定采用了划分选用等级的评估模式，故需对每一层次所划分的可靠性、安全性和正常使用性的等级给出代号，以方便使用。为此，参考现行《工业建筑可靠性鉴定标准》和国外有关标准、指南及手册确定了本标准采用的等级代号的主体部份。至于代号的下标，则按现行《工程结构设计基本术语和通用符号》标准规定"由缩写词形成下标"的规则，经简化后予以确定。由于这些代号应用范围较为专一，故上述简化不致引起用字混淆。

3 基 本 规 定

3.1 鉴定分类

3.1.1　根据民用建筑的特点和当前结构可靠度设计的发展水平，本标准采用了以概率理论为基础，以结构各种功能要求的极限状态为鉴定依据的可靠性鉴定方法，简称为概率极限状态鉴定法。该方法的特点之一，是将已有建筑物的可靠性鉴定，划分为安全性鉴定与正常使用性鉴定两个部分，并分别从《建筑结构设计统一标准》（以简称《统一标准》）定义的承载能力极限状态和正常使用极限状态出发，通过对已有结构构件进行可靠度校核（或可靠性评估）所积累的数据和经验，以及根据实用要求所建立的分级鉴定模式，具体确定了划分等级的尺度，并给出每一检查项目不同等级的评定界限，以作为对分属两类不同性质极限状态的问题进行鉴定的依据。这样不仅有助于理顺很多复杂关系，使问题变得简单而容易处理，更重要的是能与现行设计规范接轨，从而收到协调统一、概念明确和便于应用的良好效果。因此，在实施时，可根据鉴定的目的和要求，具体确定是进行安全性鉴定，还是进行正常使用性鉴定，或是同时进行这两种鉴定，以评估结构的可靠性。
　　这里需要说明的是，对正常使用性鉴定之所以不再细分为适用性鉴定与耐久性鉴定，是因为现行设计规范对这两种功能的标志及其界限是综合给出的。在这种情况下，为了保持与规范一致，以充分利用长期以来所积累的工程实践经验，至少在当前是不宜再细分的。

基于以上所述，考虑到单独进行安全性鉴定或正常使用性鉴定，不论在工作量或所使用的手段上，均与系统地进行可靠性鉴定有较大差别，因此，若能在事前作出合理的选择和安排，显然在不少情况下，可以收到提高工效和节约费用的良好效果，故本条就如何根据不同情况选择不同类别的鉴定问题作出了原则性规定。

上述规定写得很具体，在执行中不会有什么问题。这里需要指出的是，建筑物的日常维护检查最易被人们所忽视，其所以会出现这种情况，一般有以下两方面原因：一是很多人没有意识到这类检查的重要性，不了解它是保证建筑物正常工作很重要的一环；二是在多数情况下，这类检查并非专门组织的一次性委托任务，而是寓于本单位日常管理工作中。如果管理不善，就不可能把它提到日程上来。这次编制标准的调研中，曾看到有些单位因疏于管理，而给建筑物造成很多问题；但也看到有些单位，由于重视日常检查，而使建筑物一直处于良好的工作状态。上述正反两方面的经验，是很值得引以为鉴的。

3.2 鉴定程序及其工作内容

3.2.1 本标准制定的鉴定程序，是根据我国民用建筑可靠性鉴定的实践经验，并参考了其他国家有关的标准、指南和手册确定的。从它的框图可知，这是一种常规鉴定的工作程序。执行时，可根据问题的性质进行具体安排。例如：若遇到简单的问题，可予以适当简化；若遇到特殊的问题，可进行必要的调整和补充。

3.2.2～3.2.4 条文中规定的初步调查和详细调查的工作内容较为系统，但不要求全面执行，故采用了"可根据实际需要选定"的措词。至于每一调查项目需做哪些具体检查工作，还需根据实际所遇到的问题进行研究，才能使鉴定人员所制定的检测、试验工作大纲具有良好的针对性。为了帮助基层鉴定人员做好这项工作，本标准编制组曾编写了一个"现场检查工作要点"作为这本标准的附件，但由于不符合国家标准的内容构成规定，而只能作为参考资料另发。若有需要者，可与本标准管理组联系。但需指出的是，这些要点毕竟属于指南性的，切勿照搬照套。另外，需要说明的是："调查"一词在本标准中是作为概括性的泛指词使用的，它包括了访问、查档、验算、检验和现场检查实测等涵义。

3.2.5 本标准采用的结构可靠性鉴定方法，其另一要点：（要点之一见本标准第3.1.1条说明）是：根据分级模式设计的评定程序，将复杂的建筑结构体系分为相对简单的若干层次，然后分层分项进行检查，逐层逐步进行综合，以取得能满足实用要求的可靠性鉴定结论。为此，根据民用建筑的特点，在分析结构失效过程逻辑关系的基础上，本标准将被鉴定的建筑物划分为构件（含连接）、子单元和鉴定单元三个层次，对安全性和可靠性鉴定划分为四个等级；对正常使用性鉴定划分为三个等级。然后根据每一层次各检查项目的检查评定结果确定其安全性、正常使用性和可靠性的等级，至于其具体的鉴定评级标准，则由本标准的各有关章节分别给出。这里需要说明的是：

1 关于鉴定"应从第一层开始，逐层进行"的规定，系就该模式的构成及其一般程序而言，对有些问题，如地基的鉴定评级等，由于不能细分为构件，故允许直接从第二层开始。

2 从表3.2.5的构成以及本标准第11.0.4条的规定可知,"检查项目"的检查评定结果最为重要,它不仅是各层次、各组成部分鉴定评级依据,而且还是处理所查出问题的主要依据。至于子单元（包括其中的每种构件）和鉴定单元的评定结果,由于经过了综合,只能作为对被鉴定建筑物进行科学管理和宏观决策的依据。如据以制定维修计划、决定建筑群维修重点和顺序、使业主对建筑物所处的状态有系统的认识等等,而不能据以处理具体问题。这在执行本标准时应加以注意。

　　3 根据详细调查结果,以评级的方法来划分结构或其构件的完好和损坏程度,是当前国内外评估建筑结构安全性、正常使用性和可靠性最常用的方法,且多采取文字与数值相结合方式划分等级界限,然而值得注意的是,由于分级和界限性质的不同,各国标准、指南或手册中所划分的等级,其内涵将有较大差别,不能随意等同对待,本标准采用的虽然也是同样形式的分级方法,但其内涵由于考虑了与结构失效概率（或对应的可靠指标）相联系,与现行设计、施工规范相接轨,并与处理对策的分档相协调,因而更具有科学性和合理性,也更切合实用的要求。

　　4 国内外实践经验表明,分级的档数宜适中,不宜过多或过少。因为级别过多或过少,均难以恰当地给出有意义的分级界限,故一般多根据鉴定的种类和问题的性质,划分为三至五级,个别有六级,但以分为四级居多。本标准根据专家论证结果,对安全性和可靠性鉴定分为四级;对正常使用性鉴定为三级。其所以少分一个等级,是因为考虑到正常使用性鉴定不存在类似"危及安全"这一档,不可能作出"必须立即采取措施"的结论。

3.2.6 当发现调查资料不足时,便应及时组织补充调查,这是理所当然的事,但值得提醒注意的是,对各种事故而言,补充调查就是补充取证。这项工作往往由于现场各种因素发生变化而无法进行。为此,在详细调查（即第一次取证）进场前,就要采取措施保护现场,为随后可能进行的补充取证保留结构的破坏原状和必要的取证工作条件,这种保护措施,要直到鉴定工作全面结束并经主管部门批准后才能拆除。

3.2.7 长期以来的可靠性鉴定经验表明,不论怎样严格地按调查结果评价残损结构（含承载能力不足的结构,以下同）,但鉴定人员的结论,总是与如何治理相联系,特别是对 C_u 级或接近 C_u 级边缘的结构,其如何治理,在很大程度上左右着鉴定的最后结论。一般说来,鉴定人员对易加固的结构,其结论往往是建议保留原件;对很难修复的结构或极易更换的构件,其结论往往倾向于重建或拆换。这说明鉴定人员总要考虑残损结构的适修性问题。所谓的适修性,系指一种能反映残损结构适修程度与修复价值的技术与经济综合特性。对于这一特性,委托方尤为关注。因为残损结构的鉴定评级固然重要,但他们更需知道的是该结构能否修复和是否值得修复的问题,因而往往要求在鉴定报告中有所交代。由之可见,不论从哪方面考虑,均有必要对所鉴定结构进行适修性评价,为此,除在本标准第10章给出评估方法外,尚需在本条的程序中加以明确规定。

3.2.8 （略）

3.3 鉴 定 评 级 标 准

3.3.1～3.3.3 本节对民用建筑的安全性、正常使用性和可靠性等级的划分,制定了用文字表述的分级标准（亦即国外所谓的言词标准）,以统一各类材料结构各层次评级标准的分级原则,从而使标准编制者与使用者对各个等级的含义有统一的理解和掌握;同时,在本标准中，还有些不能用具体数量指标界定的分级标准，也需依靠它来解释其等级的含义。

对这些以文字表述的标准，需要说明两点：一是关于鉴定依据的提法；另一是分级原则的制订。但考虑到后者的说明不可能不涉及以下各章节每一层次评级标准如何与之相协调的问题，在这种情况下，若集中于本节阐述，势必给标准使用者的查阅带来很大的不便。因此，决定将这个问题的说明分散到各有关章节中，这里仅对鉴定依据的提法问题加以说明。

如众所周知，过去在这个问题上，一直存在着两种不同的观点：一种认为，鉴定应以原设计、施工规范为依据；另一种则认为，必需以现行设计、施工规范为依据。这次制订标准，曾组织有关专家进行了研究，其结论一致认为，较全面而恰当的提法，是以本标准为依据，理由如下：

1 由于已有建筑物绝大多数在鉴定并采取措施后还要继续使用，因而不论从保证其下一目标使用期所必需的可靠度或是从标准规范的适用性和合法性来说，均不宜直接采用已被废止的原规范作为鉴定的依据。这一观点在国际上也是一致。例如：最近发布的国际标准《结构可靠性原则》（ISO/DIS 2394—1996）中便明确规定：对已有建筑物的鉴定，原设计规范只能作为参考性的指导文件使用。

2 以现行设计、施工标准规范作为已有建筑物鉴定的依据之一，是无可非议的，但若认为它们是鉴定的唯一依据则欠妥。因为现行设计、施工规范毕竟是以拟建的工程为对象制定的，不可能系统地考虑已有建筑物所能遇到的各种问题。

3 采用以本标准为依据的提法，则较为全面，因为其内涵已全面概括了以下各方面的内容和要求：

1）现行设计、施工规范中的有关规定；
2）原设计、施工规范中尚行之有效，但由于某种原因已被现行规范删去的有关规定；
3）根据已有建筑物的特点和工作条件，必需由本标准作出的专门规定。

因此，在本节以文字表述的标准中（表3.3.3至表3.3.3），均以是否符合本标准的要求及其符合或不符合的程度，作为划分不同等级的依据。

3.3.4 适修性评级的分级原则，是根据专家意见和德国经验，经综合后形成的。但由于民用建筑的情况比较复杂，因而制定的条文内容较为原则，宜根据实际情况予以具体化，才能收到更好的效果。

4 构件安全性鉴定评级

4.1 一 般 规 定

4.1.1 设置本条的目的是为了将本标准表3.2.5列出的单个构件安全性鉴定评级的检查项目与本章的具体规定联系起来，以便于标准使用者掌握前后条文的承接关系。其内容简明，无需解释。故编写此条文说明的目的，主要在于利用本条与以下各节的普遍联系，而将各类材料结构构件采用的统一分级（定级）原则集中说明于此，以避免分散说明所造成的内容重复。

一、关于安全性检查项目的分级原则

本标准的安全性检查项目分为两类:一是承载能力验算项目;二是承载状态调查实测项目。本标准从统一给定的安全性等级涵义出发,分别采用了下列分级原则:

(一)按承载能力验算结果评级的分级原则

根据本标准的规定,结构构件的验算应在详细调查工程质量的基础上按现行设计规范进行。这也就要求其分级应以《统一标准》规定的可靠指标为基础,来确定安全性等级的界限。因为如众所周知,结构构件的安全度(可靠度)除与设计的作用(荷载)、材料性能取值及结构抗力计算的精确度有关外,还与工程质量有着密切关系。《统一标准》以结构的目标可靠指标来表征设计对结构可靠度的要求,并根据可靠指标与材料和构件质量之间的近似函数关系,提出了设计要求的质量水平。从可靠指标的公式可知,当荷载效应的统计参数为已知时,可靠指标是材料或构件强度均值及其标准差的函数。因此,设计要求的材料和构件的质量水平,可以近似地根据结构构件的目标可靠指标来确定。

《统一标准》规定了两种质量界限,即设计要求的质量和下限质量,前者为材料和构件的质量应达到或高于目标可靠指标要求的期望值。由于目标可靠指标系根据我国材料和构件性能的统计参数的平均值校准得到的,因此,它所代表的质量水平相当于全国平均水平,实际的材料和构件性能可能在此质量水平上下波动。为使结构构件达到设计所预期的可靠度,其波动的下限应予规定。与此相应,工程质量也不得低于规定的质量下限。《统一标准》的质量下限系按目标可靠指标减 0.25 确定的。此值相当于其失效概率运算值上升半个数量级。

基于以上考虑,并结合安全性分级的物理内涵,本标准对这类检查项目评级,采取了下列分级原则:

a_u 级　符合现行规范对目标可靠指标 β_0 的要求,实物完好,其验算表征为 $R/\gamma_0 S \geq 1$;分级标准表述为:安全性符合本标准对 a_u 级的要求,不必采取措施。

b_u 级　略低于现行规范对 β_0 的要求,但尚可达到或超过相当于工程质量下限的可靠度水平。即可靠指标 $\beta \geq \beta_0 - 0.25$,此时,实物状况可能比 a_u 级稍差,但仍可继续使用,验算表征为 $1 > R/\gamma_0 S \geq 0.95$;分级标准表述为:安全性略低于本标准对 a_u 级的要求,尚不显著影响承载,可不采取措施。

c_u 级　不符合现行规范对 β_0 的要求,其可靠指标下降已超过工程质量下限,但未达到随时有破坏可能的程度,因此,其可靠指标 β 的下浮可按构件的失效概率增大一个数量级估计,即下浮下列区间内:

$$\beta_0 - 0.25 > \beta \geq \beta - 0.5$$

此时,构件的安全性等级比现行规范要求的下降了一个档次。显然,对承载能力有不容忽视的影响。对于这种情况,验算表征为 $0.95 > R/\gamma_0 S \geq 0.9$;分级标准表述为:安全性不符合本标准对 a_u 级的要求,显著影响构件承载,应采取措施。

d_u 级　严重不符合现行规范对 β_0 的要求,其可靠指标的下降已超过 0.5,这意味着失效概率大幅度提高,实物可能处于濒临危险的状态。此时,验算表征为 $R/\gamma_0 S < 0.9$;分级标准表述为:安全性极不符合本标准对 a_u 级的要求,已严重影响构件承载,必须立即采取措施(如临时支顶并停止使用等),才能防止事故的发生。

从以上所述可知，由于采用了按《统一标准》规定的目标可靠指标和两种质量界限来划分承载能力验算项目的安全性等级，因而不仅较好地处理了可靠性鉴定标准与《统一标准》接轨与协调的问题，而且更重要的是避免了单纯依靠专家投票决定分级界限所带来的概念不清和可靠性尺度不一致的缺陷。

另外，值得指出的是，由于结构构件的可靠指标与失效概率具有相应的函数关系，因此，这种分级方法也体现了当前国际上所提倡的安全性鉴定分级与结构失效概率相联系的原则，并且首先在我国的可靠性鉴定标准中得到了实际的应用。

（二）按承载状态调查实测结果评级的分级原则

对建筑物进行安全性鉴定，除需验算其承载能力外，尚需通过调查实测，评估其承载状态的安全性，才能全面地作出鉴定结论。为此，要根据实际需要设置这类的检查项目。例如：

1）结构构造的检查评定

因为合理的结构构造与正确的连接方式，始终是结构可靠传力的最重要保证。倘若构造不当或连接欠妥，势必大大影响结构构件的正常承载，甚至使之丧失承载功能。因而它具有与结构构件本身承载能力验算同等的重要性，显然应列为安全性鉴定的检查项目。

2）不适于构件继续承载的位移或裂缝的检查评定

这类位移或裂缝相当于《统一标准》中所述的"不适于继续承载的变形"，它已不属于承重结构正常使用性（适用性和耐久性）所考虑的问题范畴。正如《统一标准》所指出的：此时结构构件虽未达到最大承载能力，但已彻底不能使用，故也应视为已达到承载能力极限状态的情况。由之可见，同样应列为安全性鉴定的检查项目。

3）结构的荷载试验

众所周知，通过建筑物的荷载试验，能对其安全性作出较准确的鉴定，显然应列为安全性鉴定的检查项目，但由于这样的试验要受到场地、时间与经费的限制，因而一般仅在必要且可能时才进行。

对上述这些检查项目，本标准采用了下列分级原则：

1 当鉴定结果符合本标准根据现行标准规范规定和已有建筑物必需考虑的问题（如性能退化、环境条件改变等）所提出的安全性要求时，可评为 a_u 级。这也就是本标准第3.3.1条分级标准中提到的"符合本标准对 a_u 级要求"的涵义。

2 当鉴定结果遇到下列情况之一时，可降为 b_u 级；

1）尚符合本标准的安全性要求，但实物外观稍差，经鉴定人员认定，不宜评为 a_u 级者。

2）虽略不符合本标准的安全性要求，但符合原标准规范的安全性要求，且外观状态正常者。

3 当鉴定结果不符合本标准对 a_u 级的安全性要求，且不能引用降为 b_u 级的条款时，应评为 c_u 级。

4 当鉴定结果极不符合本标准对 a_u 级的安全性要求时，应评为 b_u 级。此定语"极"的含义是指该鉴定对象的承载已处于临近破坏的状态。若不立即采取支顶等应急措施，可能危及生命财产安全。

根据上述分级原则制定的具体评级标准，分别由本章第4.2节～第4.5节给出。这里需要进一步指出的是，c_u级与d_u级的分界线，虽然是根据有关科研成果和工程鉴定经验，在组织专家论证的基础上制定的，但由于这两个等级均属需要采取措施的等级，且其区别仅在于危险程度的不同（即：c_u级意味着尚不至于立即发生危险，可有较充分的时间进行加固修复；而d_u级则意味着随时可能发生危险，必须立即采取支顶、卸载等应急措施，才能为加固修复工作争取到时间）。因此，在结构构造与受力情况复杂的民用建筑中，若对每一检查项目均硬性地划分c_u级与d_u级的界限，而不给予鉴定人员以灵活掌握处理的权限，则有可能导致某些检查项目评级出现偏差。为了解决这个问题，本标准对部分检查项目的评级标准，改而仅给出定级范围，至于具体取c_u级还是d_u级，则允许由鉴定人员根据现场分析、判断所确定的实际严重程度作出决定。

二、关于单个构件安全性等级的确定原则

单个构件安全性等级的确定，取决于其检查项目所评的等级，最简单的情况是：被鉴定构件的每一检查项目的等级均相同。此时，项目的等级便是构件的安全性等级。但在不少情况下，构件各检查项目所评定的等级并不相同，此时，便需制定一个统一的定级原则，才能唯一地确定被鉴定构件的安全性等级。

在民用建筑中，考虑到其可靠性鉴定被划分为安全性鉴定和正常使用性鉴定后，在安全性检查项目之间已无主次之分，且每一安全性检查项目所对应的均是承载能力极限状态的具体标志之一。在这种情况下，不论被鉴定构件拥有多少个安全性检查项目，但只要其中有一等级最低的项目低于b_u级（例如c_u级或d_u级），便表明该构件的承载功能，至少在所检查的标志上已处于失效状态。由之可见，该项目的评定结果所反映的是鉴定构件承载的安全性或不安全性，因此，本标准采用了按最低等级项目确定单个构件安全性等级的定级原则。这也就是所谓的"最小值原则"。尽管有个别意见认为，采用这一原则过于稳健，但就构件这一层次而言，显然是合理的。

4.1.2 在民用建筑安全性鉴定中，对结构构件的承载能力进行验算，是一项十分重要的工作。为了力求得到科学而合理的结果，有必要在验算所需的数据与资料的采集及利用上，作出统一规定。现就本标准的这一方面规定择要说明如下：

一、关于结构上作用（荷载）的取值问题

对已有建筑物的结构构件进行承载能力验算，其首先需要考虑的问题，是如何为计算内力提供符合实际情况的作用（荷载）。因此，不仅要对施加于结构上的作用（荷载），通过调查或实测予以核实，而且还要根据《统一标准》规定的取值原则，并考虑已有建筑物在时间参数上不同于新设计建筑物的特点，按不同的鉴定目的确定所需要的标准值。这是一项理论性较强且又计算繁杂的工作。显然不宜由鉴定人员自行分析确定。为此，本标准作出了统一规定，并列于附录B供鉴定人员使用。

二、关于构件材料强度的取值问题

对已有建筑物的结构构件进行承载能力验算，其另一需要考虑的问题，是如何为计算抗力提供符合实际的构件材料强度标准值。为此，编制组参照国际标准《结构可靠度总原则》(ISO/2304—1996)的规定，提出了两条确定原则。这里需说明的是，根据现场检测结果确定材料强度标准值时，其所以需要按本标准附录C的规定取值，而不能直接采用统一标准》和现行设计规范规定的计算系数$K=1.645$确定强度的标准值，是因为在现场检测条件下的样本容量n有限。此时，根据现行国家标准《正态分布样本可靠度单侧置信下限》（GB 4885）的规定，对强度标准值的取值，应考虑样本容量 n 和给定的置信水平 C 对计算系数 K 的影响。为此，本标准作出了仅限在已有结构中使用的专门规定，列于附录 C 供检测人员与鉴定人员使用。

这里需指出的是，置信水平 C 应统一给定，不能由鉴定人员自行取值。为了合理地给出 C 值，本标准根据 ISO、CEB、CEN 和前苏联（CHип Ⅱ-23-88）的有关规定，并参照《可靠性基础》和《误差分析方法》等文献的观点，作出了具体取值的规定。其中，对混凝土结构和木结构所取的 C 值，与上述的国外标准是一致的；对钢结构也很相近；只有砌体结构，由于迄今尚未见国外有这方面的考虑，因而主要是根据我国砌体结构的使用经验，并参照有关文献的观点，取 C 值等于 0.6。

4.1.3 本条规定的目的，主要是为了保证检测数据的有效性、严肃性和可信性，现就其中 1、3 两款作如下说明：

一、关于同时使用不止一种检测方法的规定

如众所周知，当一个检查项目同时并存几种检测方法标准时，最好是通过当地检测主管部门分别不同情况确认其中一种方法。或通过三方的书面合同确认某种方法，然而，在工程鉴定实践也发现，有时确需采用 2~3 种非破损检测方法同时测定一个项目，然后再综合确定其检测结果的取值，才能取得较为可靠的检测结论。在这种情况下，务必事先约定数据综合处理的规则，以免事后引起矛盾和争议，特别是涉及仲裁的检测，更应注意这一点，否则会造成影响仲裁工作进行的严重后果。

二、关于异常值处理的规定

当怀疑检测数据有异常值时，应根据现行国家标准《正态样本异常值的判断和处理》（GB 4883）进行检验是没有问题的，但在执行该标准时应注意的是，其中有些条款同时并存着几种规则，需要使用者作出采用哪种规则的决定。因此，有关各方应在事前共同进行确认，并形成书面协议，以免事后引起争议。另外，对检出的异常值是否剔除，应持慎重的态度。例如，当找不到其他物理原因可证明该检出值确有问题时，一般宜根据该标准规则 3.3 的 b 款，仅剔除按剔除水平检出的异常值，较为稳妥可信。

这里还需要指出的是，上述标准仅适用于正态样本。若所持样本不服从正态假设时，应按分布检验结果，采用其他分布类型的国家标准。不过对材料强度的检测一般可不考虑这个问题。

4.1.4 关于荷载试验应按现行专门标准进行的规定，虽然很容易理解，但由于迄今还有不少结构试验方法标准尚未发布，因而必然会给实施本条规定造成不少困难。在这种情况下，若鉴定单位拟引用国外标准，或按自行设计的试验方法进行检验，务必要慎重考虑，必要时宜与本标准管理组进行商量，因为国外所采用的检验参数或自行设计方法，不一定能与本标准有关规定接轨，这一点应引起有关单位和技术人员的注意。

4.1.5 本条是根据国际标准《结构可靠性总原则》ISO/DIS 2394—1996）类似的规定制订的。其目的在于减少鉴定工作量，将有限的人力、物力和财力用于最需要检查的部位。

4.1.6 如众所周知，在同一批构件中，增加样本的数量，可以提高检测的精度，但由于检测精度与抽样数量平方根成反比，因此，要显著地提高检测精度必须付出较大的人力和财力的代价，况且，对已有建筑物的检测而言，还不只是代价大小的问题，更多的是涉及到技术难度很大，有时为了确保已有结构的安全，甚至无法做到。为此，本标准从保证检测结果平均值应具有可以接受的最低精度出发，规定了现场受检构件的最低数量为 5～10 个。至于每一构件上需取多少个测点，才能定出该构件材料强度的推定值，则应由现行各检测方法标准来确定。如果委托方对检测有较严的要求，也可适当增加受检构件的数量，但值得指出的是，现场抽样数量过大，也有不利之处，因为此时将很难保证检测条件前后一致，反而检测来新的误差。

4.2 混凝土结构构件

4.2.1 混凝土结构构件安全性鉴定应检查的项目，是在《统一标准》定义的承载能力极限状态基础上，参照国内外有关标准和工程鉴定经验确定的。

4.2.2 混凝土结构构件承载能力验算分级标准，是根据《统一标准》的可靠性分析原理和本标准统一制定的分级原则（见本条文说明第 4.1.1 条）确定的，其优点是能与《统一标准》规定的两种质量界限挂钩，并与设计采用的目标可靠指标接轨，故为本标准所采用。

4.2.3 大量的工程鉴定经验表明，即使结构构件的承载能力验算结果符合本标准对安全性要求，但若构造不当，其所造成的问题仍然可导致构件或其连接的工作恶化，以致最终危及结构承载的安全。因此，有必要设置此检查项目，对结构构造的安全性进行检查与评定。

另外，从表 4.2.3 可看出，在构造安全性的评定标准中，只给出 b_u 级与 c_u 级之间的界限，而未给 a_u 级与 b_u 级以及 c_u 级与 d_u 级之间的界限。其所以作这样的处理，是因为构造问题比较复杂，而又经常遇到原设计、施工图纸资料多已缺失，且检查实测只能探明其部分细节的情况。此时，必须结合其实际工作状态进行分析判断，才能较有把握地确定其安全性等级。因此，宜由鉴定人员根据现场观测到的实际情况适当调整评级的尺度。

4.2.4 从现场检测得到的混凝土结构构件的位移值（或变形值、以下同），其大小要受到作用（荷载）、几何参数、配筋率、材料性能、构造缺陷、施工偏差和测试误差等多方面因素的影响。在已有建筑物中，这些影响不仅复杂，而且很难用已知的方法加以分离。因此，一般需以总位移的测值为依据来评估该构件的承载状态。这也就更增加了制定标准的难度。为了解决这个问题，编制组提出了若干方案组织专家评议，经反复讨论，一致认为下述方案可用于制定标准：

1 对容易判断的情况和工程鉴定经验积累较多的若干种构件，采用按检测值与界限值比较结果直接评定方法；

2 对受力和构造较为复杂的构件，或实测只能取得部分结果的情况，采用检测与计算分析相结合的评定方法，这也是目前许多国家所采用的方法，其要点是：

1) 给出估计可能影响承载，但需经计算分析核实的位移验算界限，作为验算的起点。

2) 要求对位移实测值超过该界限的构件进行承载能力验算。验算时，应计入附加位移的影响，并为此给出按验算结果评级的原则。

本方案的优点在于，较易划分验算的界限，而又不过多地增加计算工作量（仅部分需做验算），但却能提高鉴定结果的可信性。

在选定了上述鉴定方法的基础上，编制组根据所掌握的测试与分析资料以及国内外同类的有关规定，提出了各类构件的位移界限值及其评级标准，其中需要说明两点：

1 表4.2.4对$l_0 \leq 9m$规定的挠度限值,其所以采用双控的方式,主要是为了避免在接近$l_0=9m$处算得的界限值出现突变。因为若无45mm的限制,将使$l_0=9m$和$l_0=9.01m$的挠度界限值分别为60mm和45.05mm。这显然很不协调,其后果是容易引起各有关方面对鉴定结论的争议。因此,作了必要的处理,以利于标准的执行。

2 本条对柱的水平位移(或倾斜,以下同)之所以划分为"与整个结构有关"及"只是孤立事件"这两种情况,主要是因为考虑到当属于前者情况时,被鉴定柱所在的上部承重结构有显著的侧向水平位移,在这种情况下,对柱的承载能力的验算;需采用该结构考虑附加位移作用算得的内力;但若属于后者情况,则仍可采用正常的设计内力,仅需在截面验算中,考虑位移所引起附加弯矩即可。

另外,应指出的是,当鉴定做出某构件的位移并非不适于继续承载的位移时,其含义仅表明在位移这一项目上,其安全性被接受,但未涉及该构件这方面的使用功能是否适用的问题。因为安全并不等于适用,故一般还需根据本标准第5章的有关规定进行使用性鉴定,才能作出全面的结论。

4.2.5~4.2.7 迄今为止,国内外有关标准(或检验手册、指南等)对同一检查项目所给出的不适于继续承载这档的裂缝宽度界限并不一致。从目前编制组所掌握的资料看,不同来源之间的差别范围大致如附表1所示。

附表1 不适于混凝土构件继续承载的裂缝宽度界限值

界限值名称	构件类别		不同标准划分裂缝宽度界限值的差别范围
剪切裂缝宽度(mm)	梁、柱		出现裂缝至>0.30
其他受力裂缝宽度(mm)	钢筋混凝土结构	主要构件	>0.50至>0.70
		一般构件	>0.60至>1.0
	预应力混凝土结构	主要构件	>0.20至>0.25 (>0.30至>0.35)
		一般构件	>0.20至>0.30 (0.40至>0.50)
纵向锈蚀裂缝宽度(mm)	任何构件		出现裂缝至>1.0
收缩、温度裂缝宽度(mm)	任何构件		>1.0至2.0

注:1. 对剪切裂缝,有些标准指所有剪切裂缝;有些标准仅指某几种剪切裂缝;
2. 对其他受力裂缝,有些标准指弯曲裂缝、轴拉裂缝及弯剪裂缝,有些标准则泛指各种横向和斜向裂缝;
3. 括号内的限值仅适用于冷拉Ⅱ、Ⅲ、Ⅳ级钢筋的预应力构件。

分析认为,不同标准(或手册、指南)所划的界限值之所以有出入,主要是由于对每种裂缝所赋予的内涵互有差异,或是由于在风险决策上所掌握的尺度略有不同所致。针对这一情况,编制组提出了制定本标准的方案如下:

1 对受力裂缝重新进行分档;

1)将界限值可望统一的弯曲裂缝、轴拉裂缝和一般的弯剪裂缝归在一档;

2）将破坏后果较为严重的剪切裂缝单列一档，但明确其内涵仅包括：斜拉裂缝以及集中荷载靠近支座处出现的和深梁中出现的斜压裂缝。

2 对非受力裂缝，考虑到其实际情况的复杂性，故采取按界限值与分析判断相结合的方案制订鉴定标准，即：

1）给出应考虑这种裂缝对结构安全影响的界限值；

2）要求对裂缝宽度超过该界限的构件进行分析或运用工程经验进行判断，以确定是否应将该裂缝视为不适于继续承载的裂缝。

根据这一方案，编制组从民用建筑承重结构的安全性要求出发，以所掌握的试验和工程鉴定经验的资料为依据，并参考国外有关标准的规定，具体确定了每种裂缝的界限值。

另外，执行本标准应注意的是，本条规定的裂缝界限值与本标准第5章规定的裂缝界限值不能混淆，两者的区别在于：前者所涉及的是构件承载的安全性问题，因而是采取加固措施的界限；后者所涉及的是构件功能的适用性与耐久性问题，因而是采取修补（包括封护）措施的界限。

4.3 钢结构构件

4.3.1 钢结构构件安全性鉴定应检查的项目，是在《统一标准》定义的承载能力极限状态基础上，参照国内外有关标准和工程鉴定经验确定的。其中需作说明的是，本标准之所以将钢结构构件中的锈蚀，划分为影响耐久性和影响承载的两类，并要求在本标准规定的环境条件下，将影响承载的锈蚀列为安全性鉴定的补充检查项目，是因为钢结构处于条文所指出的这些不利的环境中，其锈蚀将大大加快，以至在很短时间内便会危及结构构件承载的安全。另外，就冷弯薄壁型钢结构和轻钢结构而言，则由于其构件自身截面尺寸小，对锈蚀十分敏感而快速。因此，也有必要将影响承载的锈蚀，作为其安全性鉴定的一个检查项目。

4.3.2 钢结构构件（含连接）承载能力验算的分级标准的制定原则，与混凝土结构构件完全一致。其具体内容详见本标准第4.1.1条的条文说明。

4.3.3 在钢结构的安全事故中，由于构造与连接不当而引起的各种破坏（如失稳以及过度应力集中、次应力所造成的破坏等等）占有相当的比例，这是因为在任何情况下，构造的正确性与可靠性总是钢结构构件正常承载能力的最重要保证，一旦构造（特别中连接构造）出了严重问题，便会直接危及结构构件的安全。为此，将它列为与承载能力验算同等重要有检查项目。

4.3.4 钢结构构件由于挠度过大而发生安全问题，在民用建筑中较为少见，因此，存在着是否有必要在本标准中设置这一检查项目的不同看法。经征询专家意见，大多数认为仍有此必要，其主要理由是：

1 国外有过旧钢梁、钢檩出现较明显塑性变形的工程实例报道；

2 设计、施工不当的钢桁架可能在遇到下列情况时出现不适于继续承载的挠度；

1）主要节点的连接失效；

2）构件的附加应力过大；

3）各种原因引起的超载；

3 偏差严重的钢梁可能由于构件弯曲、侧弯、节点板弯折或翼缘板压弯等产生的附加作用而影响其正常承载。

尽管上述构件的最后破坏，可能不是直接由挠度所引起，但不少的工程实例表明，确是因为首先观察到挠度的异常发展，并采取了支顶等应急措施，才避免了倒塌事故的发生。因此，通过对过大挠度的检查，以评估该结构构件是否适于继续承载，还是很有实用价值的。

基于以上观点，编制组决定在本标准中设置这一检查项目，并为制订其标准，广泛搜集了下列资料：

1）国内外有关标准（或检验手册、指南等）的规定及其说明；
2）不同专家根据自身经验提出的有关建议；
3）有关的研究成果与验证结论。

以上资料所给出的界限值并不一致，经汇总后将其相互的差别范围列于附表2。

附表2　不适于钢构件继续承载的位移界限资料汇总

检查项目	构造类别	不同资料给出的界限值的差别范围	
		界限值（无附加规定）	界限值（有附加规定）
挠度	桁架、托架	$> l_0/200$ 至 $> l_0/350$	$> l_0/400$，且验算不合格
	主梁、托架	$> l_0/250$ 至 $> l_0/300$	$> l_0/300$，且有超载
	其他实腹梁	$> l_0/150$ 至 $> l_0/180$	—
	檩条	$> l_0/100$ 至 $> l_0/120$	—
挠度（短向）	屋盖网架	$> l_0/180$ 至 $> l_0/200$	—
	楼盖网架	$> l_0/200$ 至 $> l_0/250$	—
侧向弯曲	实腹梁	$> l_0/400$ 至 $> l_0/660$	—

注：表中符号意义同本标准正文。

从附表2所列数据可知：

1）一般实腹梁的挠度界限值，在不同资料之间较为接近；
2）桁架、托架的挠度界限值及其确定方法，在不同资料之间差别较为悬殊，且很难统一；
3）网架挠度的界限值，在不同资料之间虽也较为接近，但可用的资料很少。

根据上述情况，编制组决定采用与混凝土结构构件相同的方案（参见本标准第4.2.4条说明）制定标准：

1）对桁架、托架和柱，由于情况复杂，很难制订统一的标准，因而宜采用检测与验算相结合的方法进行判断，以提高评级的可信性。
2）对网架，由于考虑到其附加挠度影响的计算过于复杂，且现行设计与施工规程所给出的挠度允许值又较为偏宽，因而虽宜采用直接评级的方法，但有必要采用稳健取值的原则确定其界限值。
3）对其他受弯构件，由于不同资料之间差别较小，而本标准在归纳时，又按不同情况进行了细分，因此，宜采用直接评级的方法，以减少鉴定的计算工作量。

以上标准在其草案阶段，曾由太原理工大学等单位在实际工程中用于试算和试鉴定，其结果表明较为合适可行。

4.3.5 当钢结构构件处于第4.3.1条所列举的几种情况时，其锈蚀速度将比正常情况下高出5~17倍，而它所造成的损害，也会很快地就超出耐久性试验所考虑的水平和范围。此时，由于已涉及安全问题，显然只能视为"不适于继续承载的锈蚀"进行检查和评定。若检查结果表明，该构件的锈蚀已达一定深度，则其所造成的问题将不仅仅是单纯的截面削弱，而且还会引起钢材更深处的晶间断裂或穿透，这相当于增加了应力集中的作用，显然要比单纯的截面减少更为严重。因此，当以截面削弱为标志来划分影响继续承载的锈蚀界限时，有必要考虑这种微观结构破坏的影响。本标准表4.3.5规定的限值，已作这方面考虑，故较为稳妥可行。

4.4 砌体结构构件

4.4.1 砌体结构构件安全性鉴定应检查的项目，是在《统一标准》定义的承载能力极限状态基础上，根据其工作性能和工程鉴定经验确定的。从征求意见来看，其中需要说明的是本标准之所以将高厚比作为砌体结构构造的检查项目之一，是因为在实际结构中，砌体由于其本身构造和施工的原因，很少不带隐性缺陷的。在这种条件下工作的砌体墙、柱，倘若刚度不足，便很容易由于意外的偏心、弯曲、裂缝等缺陷的共同作用，而导致承载能力的降低。为此，设计规范用规定的高厚比来保证受压构件正常承载所必需的最低刚度。针对这一设计特点进行安全性鉴定，除了应进行强度和稳定性验算外，尚需检查其高厚比是否满足承载的要求。也就是说，只有了解构造的实际情况，构件的验算才是意义的。况且，在实际工程中，也曾发现过因高厚比过大诱发多种影响因素共同起作用，而导致砌体墙、柱发生安全事故的实例。因此，将其列为安全性鉴定的检查项目是恰当的。

4.4.2 砌体结构构件承载能力分级标准的制定原则，与混凝土结构构件完全一致，其具体阐述，详见本标准第4.1.1条的条文说明。

4.4.3 关于承重结构构造安全性鉴定的重要性及其评级的制定问题，已在本标准第4.2.3条的说明中做了阐述。这里仅就表4.4.3中对墙、柱高厚比所作的规定说明如下：

长期以来的工程实践表明，当砌体高厚比过大时，将很容易诱发墙、柱产生意外的破坏。因此，对砌体高厚比要求，一直作为保证墙、柱安全承载的主要构造措施而被列入设计规范。但许多试算和试验结果也表明，砌体的高厚比虽是影响墙、柱安全的因素之一，但其敏感性不如其他因素，而且在量化指标的界定上也存在着一定的模糊性，不致于一超出允许值，便出现危及安全的情况。据此，本标准作如下处理：

1）将墙、柱的高厚比列为构造与连接安全性鉴定的主要内容之一。

2）在 b_u 级与 c_u 级界限的划分上，略为放宽。经征求有关专家意见认为，取现行设计规范允许高厚比下浮10%的值作为划分这两个等级的界限，与过去的鉴定经验较为吻合。

4.4.4 对本条需说明三点：

1 砌体结构构件出现的过大水平位移（或倾斜、以下同），居多属于地基基础不均匀沉降或过大施工偏差引起的，但也有是由于水平荷载及基础转动留下的残余变形，不过在一次检测中，往往是很难分清的。因此，也需以总位移为依据来评估其承载状态。在这种情况下，经分析研究认为，原则上也可采用与混凝土结构和钢结构相同的模式（参见标准第4.2.4条及第4.3.4条的说明）来制订其评级标准。与此同时，考虑到砌体结构受力与构造的复杂性，在很多情况下难以进行考虑附加位移作用的内力计算，因而在本标准第6.3.5条中增加一条注：允许在计算有困难时，可以表6.3.5所给出的位移界限值为基础，结合工程鉴定经验进行评级。这从砌体结构属于传统结构，长期以来积累有丰富的使用经验来看，还是可行的。当然，若有现成的计算程序和实测的计算参数可供利用，仍然以通过验算作出判断为宜。

2 由施工偏差或使用原因造成的砖柱弯曲（通过主受力平面或侧向弯曲）达到影响承载的程度虽不多见，但确是有过这类实例，因此，仍应列为安全性鉴定的检查项目。至于如何划分其 b_u 级与 c_u 级界限，编制组考虑到我国经验不多，故参照原苏联和欧洲各国的文献资料取为砖柱自由长度的1/300。对于常见的4.5m高的砖柱，此时弯曲矢高为15mm，已超过施工允许偏差近一倍。显然有必要在承载能力的验算中考虑其影响。若验算结果表明，其影响不显著，仍然可评为 b_u 级，且无需采取措施，这也是很正常的，因为本条所给出的只是验算起点（验算界限），而非评级界限。

3 对砖拱、砖壳这类构件出现的位移或变形，国内外标准（或检验手册、指南）、多采用一经发现便可根据其实际严重程度判为 c_u 级或 d_u 级的直观鉴定法。本标准也不例外，因为，这类砌体构件不仅对位移和变形的作用敏感，而且承受能力很低，往往会在毫无先兆的情况下发生脆性破坏，故不能不采用稳健的原则进行评定。

4.4.5 考虑到砌体结构的特性：当它承载能力严重不足时，相应部位便会出现受力性裂缝。这种裂缝即使很小，也具有同样的危害性。因此，本标准作出了凡是检查出受力性裂缝，便应根据其严重程度评为 c_u 级或 d_u 级的规定。

4.4.6 砌体构件过大的非受力性裂缝（也称变形裂缝），虽然是由于温度、收缩、变形以及地基不均匀沉降等因素引起的，但它的存在却破坏了砌体结构整体性，恶化了砌体构件的承载条件，且终将由于裂缝宽度过大而危及构件承载的安全。因此，也有必要列为安全性鉴定的检查项目。

本条具体给出的危险性裂缝宽度，是根据我国9个省、区、直辖市的调查资料，并参照德、日有关文献，经专家论证后确定的。

4.5 木结构构件

4.5.1 木结构构件安全性鉴定应检查的项目，除了统一规定的几项外，还增加了腐朽和虫蛀两项。这是因为在经常受潮且不易通风的条件下，腐朽发展异常迅速；在虫害严重的南方地区，木材内部很快便被蛀空。处于这两种情况下的木结构一般只需3～5年（视不同的树种而异）便会完全丧失承载能力。因此，很多国家都严禁在上述两种条件下使用未经防护处理的木结构，以免造成突发性破坏，危及生命财产的安全。倘若在已有建筑物中已经使用了木结构，则应改变其通风防潮条件，并进行防腐、防虫处理。如果发现虫害或腐朽有蔓延感染的迹象，还需及时报告建筑监督部门，以便在一定区域范围内采取防治措施，以保护建筑群的安全。由之可见，腐朽和虫蛀对木结构安全威胁的严重性，完全有必要将之列为安全性鉴定的检查项目，并给予高度的重视。

4.5.2 木结构构件及其连接的承载能力分级标准的制定原则，与前述三类材料结构完全一致，其具体阐述，详见本标准第4.1.1条的说明。

4.5.3 对本条需要说明的是，本标准之所以将屋架起拱量列为一个检查项目，是因为它乃木结构特有的、且容易影响安全的一个问题。很多调查表明，不少设计和建设单位，往往为了防止木结构连接变形较大所产生的影响外观的挠度，而将起拱量任意加大。这种额外的起拱量，当加大至一定程度时，其所产生的推力将使支承墙、柱发生裂缝或侧移，轻则影响其正常承载，重则引起倒塌事故。这在国内外均不乏其实例。故将之列为结构构造安全性鉴定的检查项目。

4.5.4 木结构构件不适于继续承载的位移评定标准，是以现行《木结构设计规范》和《古建筑木结构维护与加固技术规范》两个管理组所作的调查与试验资料为背景，并参照德、日等国有关文献制定的。其中需要指出的是，对木梁挠度的界限值是以公式给出的。其所以这样处理，是因为受弯木构件的挠度发展程度与高跨比密切相关。当高跨比很大时，木梁在挠度不大的情况下即已劈裂。故采用考虑高跨比的挠度公式确定不适于继续承载的位移较为合理。

4.5.5 从附表3的试验数据可知，随着木纹倾斜角度的增大，木材的强度将很快下降，如果伴有裂缝，则强度将更低。因此，在木结构构件安全性鉴定中应考虑斜纹及斜裂缝对其承载能力的严重影响。本标准对这个检查项目所制定的评级标准，系以试验和调查分析结果为基础，并作偏于安全的调整后确定的。

附表3 斜纹对木材强度影响的试验结果汇总

斜纹的斜率（%）	木材强度（%）		
	横向受弯	顺纹受压	顺纹受压
0	100	100	100
7	89~93	96~98	66~76
10	76~87	90~94	61~72
15	71~84	80~90	53~60
20	65~75	73~82	38~46
25	60~70	71~75	29~40

4.5.6 对本条作如下两点说明：

1 表4.5.6的内容，系参照现行《古建筑木结构维护与加固技术规范》的有关规定及其背景材料制定的，但对具体的数量界限，则根据现代木结构特点进行了校核和修正，因而较为稳妥而切合实际。

2 本条第2、3两款的内容，是根据《木结构设计规范》管理组多年积累的观测资料制定的。因为在这两种恶劣的使用环境中，发生严重的腐朽或虫蛀，不仅是必定无疑的，而且是指日可待的。故检查时，若遇到这两种使用环境，则不论是否已发生腐朽和虫蛀，均应评为c_u级。若腐朽或虫蛀已达到表4.5.6程度，当然应定为d_u级。

5 构件正常使用性鉴定评级

5.1 一般规定

5.1.1 设置本条的目的，一是为了将本标准表3.2.5规定的单个构件正常使用性鉴定评级的检查项目，与本章的具体内容联系起来，以便于标准使用者掌握前后条文的承接关系，另一是为了利用本条所处的位置及其与以下各节条文的普遍联系，而在本条文的说明中，将各类材料结构构件共同采用的分级原则，集中在这里加以说明，以避免分散说明所造成的重复。

一、关于正常使用性检查项目的分级原则

正常使用性的检查项目虽多，但同样可分为验算和调查实测两类。其中验算项目的评级十分简单，故仅就后者的分级原则说明如下：

如众所周知，由于长期以来国内外对建筑结构正常使用极限状态的研究很不充分，致使现行的正常使用性准则与建筑物各种功能的联系十分松散，无论据以进行设计或鉴定，均难以取得满意的结果。在这种情况下，只能从实用的目的出发，逐步地来解决已有建筑物使用性的鉴定评级问题。因此，编制组在广泛进行调查实测与分析的基础上，参考日、美等国的观点，提出如下分级方案：

1）根据不同的检测标志（如位移、裂缝、锈蚀等），分别选择下列量值之一作为划分 a_s 级与 b_s 级的界限：

  a）偏差允许值或其同量级的议定值；

  b）构件性能检验合格值或其同量级的议定值；

  c）当无上述量值可依时，选用经过验证的经验值。

2）以现行设计规范规定的限值（或允许值）作为划分 b_s 级与 c_s 级的界限。

这里需要说明的是，本方案之所以将现行设计规范规定的限值作为检测项目划分 b_s 级与 c_s 级的界限，是因为在一次现场检测中，恰好遇到作用（荷载）与抗力均处于现行设计规范规定的两极情况，其可能性极小，可视为小概率事件。况且，超载和强度不足的问题已明确划归安全性鉴定处理，因而一般对构件使用功能的检测（不含专门的荷载试验），是在应力水平较低的情形下进行的。此时，若检测结果已达到现行设计规范规定的限值，则说明该项功能已略有下降。因此，将其作为划分 b_s 级与 c_s 级的检测界限，应该认为是合适的。

上述方案在征求意见和专家论证过程中，一致认为其总体概念是可行的，但局部构成尚需作些修正，才能更趋合理。例如：以偏差允许值作为挠度的 a_s 级界限，多认为偏严，在已有建筑物中施行可能会遇到困难。为此，经审查会议研究决定：以挠度检测值 W 与计算值 W_p 及现行设计规范限值 $[W]$ 的比较结果，按下列原则划分 a_s 级与 b_s 级的界限：

若 $W < W_p$，且 $W < [W]$，可评为 a_s 级；

若 $W_p \leqslant W \leqslant [W]$，则评为 b_s 级；

若 $W > [W]$，应评为 c_s 级。

二、关于单个构件使用性等级的评定原则

单个构件使用性等级的确定，取决于其检查项目所评的等级。当检查项目不止一个时，便存在着如何定级的问题。对此，本标准采用了以检查项目中的最低等级作为构件使用性等级的评定原则。因为就一构件的鉴定结果而言，其检查项目所评的等级不外乎以下三种情况：

1）同为某个等级，该等级即是构件等级。

2）只有 a_s 级和 b_s 级。此时，由于这两个等级均可不采取措施，故有两种定级方案可供选择：一是以较低者作为构件等级；二是以占多数的等级作为构件等级（若两个等数的数量相等，则取较低等级为构件等级）。考虑到房屋维护管理者的意见，多倾向于用前者描述构件的功能状态，故决定采用按前一方案定级的原则。

3）有 c_s 级，此时，不论作出的是采取措施或接受现状的决定，均以取 c_s 级为构件等级来描述其功能状态为宜。

基于以上考虑，确定了本标准对单个构件使用性等级的评定原则。5.1.2~5.1.3 为了使鉴定工作更有成效地进行，本标准着重强调了构件使用性鉴定应以调查、检测结果为基本依据这一原则。但需注意，所用的定语是"基本"而非"唯一"。由之可知，其目的并不是排斥必要的计算和验算工作，而是要求这项工作应在调查、检测基础上更有针对性地进行。因此，在第 5.1.3 条中进一步明确了有必要进行计算和验算的三种情况，以便于鉴定人员作出安排。

另外，还需要说明一点，即：使用性鉴定虽不涉及安全问题，但它对检测的要求并不低于安全性鉴定，因为其鉴定结论是作为对构件进行维修、防护处理或功能改造的主要依据。倘若鉴定结论不实，其经济后果也是很严重的，故同样应执行本标准第 4.1.3 条的规定。

5.1.4 国内外在已有建筑物可靠性鉴定中，对材料弹性模量等物理性能所采用的确定方法并不一致，且居多采用间接法。这固然是由于这类方法不易对构件造成损伤，但更多的是因为可供选择的方法虽较多，但其误差大小却属同一档次，挑选余地较大。因此，编制组从简便实用的角度选择了本方法列入标准。

5.2 混凝土结构构件

5.2.1 混凝土结构构件正常使用性鉴定评级应检查的项目，是在《统一标准》定义的正常使用极限状态基础上，参照国内外有关标准确定的。与此同时，还在本条注中对鉴定评级应如何利用混凝土碳化深度测定结果的问题予以明确，即主要用于预报或估计钢筋锈蚀的发展情况，并作为对被鉴定构件采取防护或修补措施的依据之一；而这也间接地说明了在实际工程中，不宜仅以碳化深度的测值作为评估混凝土耐久性和或剩余寿命的唯一依据。

5.2.2 本条规定的评级标准，是根据审查会议对挠度项目分级原则所提出的修改意见制订的（参加本标准第 5.1.1 条说明），并曾在桁架和主梁的竖向挠度检测与评级中试用过。其结果表明，能对被鉴定构件的使用功能是否受到该挠度的影响作出较恰当的鉴定结论。但由于它要比过去采用的直接评级法增加一定的计算工作量，而不宜在所有的受弯构件中普遍执行，故有必要增加一条注，即允许有实践经验者对一般构件的鉴定，仍可采用直接评级的方法，以缩小计算范围，从而达到减少鉴定总计算量之目的。

5.2.3 在正常使用性鉴定中，混凝土柱出现的水平位移或倾斜，可根据其特征划分为两类。一类是它的出现与整个结构及毗邻构件有关，亦即属于一种系统性效应的非独立事件。例如，主要由各种作用荷载引起的水平位移；或主要由尚未完全终止，但已趋收敛的地基不均匀沉降引起的倾斜等，均属此类情况。另一类是它的出现与整个结构及毗邻构件无关，亦即属于一种孤立事件。例如，主要由施工或安装偏差引起的个别墙、柱或局部楼层的倾斜即属此类情况。一般说来，前者由于其数值在建筑物使用期间尚有变化，故易造成毗邻的非承重构件和建筑装修的开裂或局部破损；而后者由于其数值稳定，故较多的是影响外观，只有在倾斜过大引起附加内力的情况下，才会给构件的使用功能造成损害。基于以上观点，本条将柱的水平位移（或倾斜）分为两类，并按其后果的不同，分别作出评级的规定。但应指出，该规定之所以采取与本标准第7.3.3条相联系的方式共用一个标准，而不另定其限值，是因为在本标准中已按体系的概念，给出了上部承重结构顶点及层间的位移限值，而这显然适用于柱的第一类位移的评级。至于对柱的另一类位移限值，系出自简便的考虑，而采用了按该标准的数值乘以一个系数来确定的做法。另外，还应指出，在已评定上部承重结构侧向（水平）位移的情况下，并不一定需要再逐个评定柱的等级。故本条仅要求在必要时（例如需评定每种柱的位移等级时）执行。

5.2.4 本条规定的裂缝评级标准，是根据本说明第5.1.1条所阐明的分级原则，并参照现行有关标准规定的检验允许值和现行设计规范限值制定的。但其中对执行标准严格程度的用词选择及条注，则是根据征求意见确定的。因为返回的信息表明，存在着两种不同意见。一种意见认为，本条对裂缝分级所依据的原则虽较合理可行，但若还能允许有实践经验者适当灵活掌握，则效果将更好。因为在实际工程中，完全可能遇到有些裂缝虽已略为超出限值，但显然可不作处理的实例。另一种意见则认为，现场检查发现的裂缝，只要其大小已达到受人们关注的程度，不论是否已超出限值，均以尽快封护为宜。因为此时所需的费用较低，又有利于消除影响混凝土构件耐久性的隐患和住户心理上的悬念，即使考虑经济因素较多的业主，一般也赞同及时处理，以避免由于延误而出现更多问题。因此，对裂缝限值的确定严一些要比宽一些好。尽管以上两种意见相左，但却说明了一点，即：对正常使用极限状态而言，其裂缝封护界限受到诸多因素左右，因而带有一定的模糊性和弹性，需要凭借实践经验进行必要的调整。据此，编制组研究认为，由于本条所给出的裂缝限值，是以统一的分级原则为依据，具有明确的概念和尺度，而对本条所进行的试评定也表明，其结果较为符合民用建筑的使用要求。因而，宜在维持原条文内容的基础上，进一步补充考虑实践经验所能起的良好作用。故选择"宜"作为本条第4款规定执行严格程度的用词。

5.3 钢结构构件

5.3.1 钢结构构件正常使用性鉴定应检查的项目，是在《统一标准》定义的正常使用极限状态基础上，参照国内外有关标准确定的，其中需要说明的是，本条之所以将受拉钢构件（钢拉杆）的长细比也列为检查项目，是因为考虑到柔细的受拉构件，在自重作用下可能产生过大的变形和晃动，从而不仅影响外观，甚至还会妨碍相关部位的正常工作。

5.3.2 本条规定的挠度评级标准，是根据与本章第5.2.2条相同的情况和原则制订的，并曾在钢桁架和钢檩的挠度检测与评定中试用过。其结果也表明，较为合理可行。另外，考虑到钢结构在一般民用建筑中应用不多，且应用的场合，多属重要的建筑，通常都要求进行详细的计算。因而在鉴定标准中可不加设类似本章第5.2.2条的条注。

5.3.3 本条规定的钢柱水平位移（或倾斜）评级标准，其分类依据与本标准第5.2.3条相同，可参阅该条的说明。这是需要指出的是，对第二类位移（即主要由施工或安装偏差引起的个别构件倾斜）所确定的限值，要比混凝土柱严。这是因为钢柱对偏差产生的效应比较敏感，即使其鉴定仅涉及正常使用性问题，也应给予应有的重视。

5.3.4 钢结构构件及其连接的锈蚀评定标准，是根据冷弯薄壁型钢结构技术规范管理组和太原理工大学等单位的调查分析资料制定的。调查表明，当构件的面漆成片脱落且有麻面状点蚀透出底层时，往往是该构件的使用功能已遭损害的征兆。因为此时构件所处的状态不外乎是由以下三种原因之一造成的；一是使用环境恶化；二是漆层已老化；三是原施工质量低劣，使漆层失去防护作用。但不论出自哪个原因，可以预计的是其锈蚀程度将在不长的时间内达到令人关注的程度。因此，以面漆脱落面积和点蚀发展程度为标志来划分 b_s 级与 c_s 级的界限是恰当可行的。

5.3.5 考虑到受拉构件长细比的检查，除应测定其具体比值是否符合要求外，还应观察其实际工作状态是否良好，才能作出正确的评定。因此，对检查结果宜取 a_s 级或 b_s 级，要由检测人员在现场作出判断。

5.4 砌体结构构件

5.4.1 砌体结构构件正常使用性鉴定应检查的项目，是在《统一标准》定义的正常使用极限状态的基础上，参照国内外有关标准和工程鉴定经验确定的。这里需要说明的是，对正常使用性鉴定之所以只考虑非受力引起的裂缝（亦称变形裂缝），是因为在脆性的砌体结构中，一旦出现受力裂缝，不论其宽度大小均将影响安全，故已将之列于本标准第4章进行安全性检查评定。

5.4.2 影响砌体墙、柱使用功能的水平位移（或倾斜），主要是由尚未完全停止的地基基础不均匀沉降或施工、安装偏差引起的。尽管由各种作用（荷载）导致的构件顶点和层间位移在砌体结构中很少达到引人关注的程度，但对砌体墙、柱水平位移（或倾斜），仍然可按本标准第5.2.3条划分为两类，并采用相同的原则进行检测与评级。这里不再赘述。

另外，需要说明的是，对配筋砌体柱和组合砌体柱，究竟应按砌体柱的位移限值还是应按混凝土柱的位移限值采用的问题。编制组研究认为，就抵抗水平位移能力而言，配筋砌体较为接近普通砌体，宜按本节的规定取值；至于组合砌体，若其型式（如混凝土围套型）及构造合理，则具有钢筋混凝土结构的特点，可按混凝土柱的限值采用。

5.4.3 砌体结构构件受力引起的裂缝，是指由温度、收缩、变形和地基不均匀沉降等引起的裂缝，简称为非受力裂缝，其评定标准是参照福州大学、陕西省建科院和四川省建科院的调查实测资料制定的。在执行时需要注意的是，轻度的非受力裂缝是砌体结构中多发性的常见现象。通常它们只对有较高使用要求的房屋造成需要修缮的问题。因此，在正常使用性鉴定中，有必要征求业主或用户的意见，以作出恰当的结论。例如：钢筋混凝土圈梁与砌体之间的温度裂缝，一般并不影响正常使用，且一旦出现，也很难消除。在这种情况下，若业主和用户也认为无碍其使用，即使已略为超出 b_s 级界限，也可考虑评为 b_s 级，或是仍评为 c_s 级，但说明可以暂不采取措施。

5.4.4 清水墙使用一段时间后，砌体风化便不可避免，但它的速度往往是很缓慢的。初期仅见于块材棱角变钝，随后才出现表面粉化迹象。即使发展到这一程度，也不会立即影响结构的使用功能，故可将之作为划分 a_s 级与 b_s 级的界限。至于进一步的局部风化，尽管只有1mm深，但已严重影响观感，并到了需要修缮的程度。因此，以其作为划分 b_s 级与 c_s 级的界限，是比较适宜的。但值得注意的是，上述解释系针对正常的使用环境而言，若使用环境恶劣或正在变坏,则风化将会迅速发展。在这种情况下,即使块材料尚未开始风化,也只能评为 b_s 级,以引起有关方面对其使用环境的注意。

5.5 木结构构件

5.5.1 木结构构件正常使用性鉴定应检查的项目,是在《统一标准》定义的正常使用极限状态基础上,由本标准编制组与木结构两本规范管理组共同研究确定的。其中需要说明的是,将"初期腐朽"列为正常使用性检查项目的问题。这是由于考虑到腐朽在已有建筑物的木构件中十分常见,如果均作为影响结构安全的因素而进行拆换,显然在执行上是有困难的。况且有许多工程实例可以说明,初期腐朽并不立即影响构件的受力,只要一经发现,就及时进行灭菌处理,便能在较长时间内使腐朽停止发展,不再对木构件构成威胁。因此,将初期腐朽视为影响木构件耐久性问题,进行检查和评定还是恰当的。但值得注意的是,在鉴定报告中务必要作出"需进行灭菌处理"的提示。

5.5.2 木结构受弯构件的挠度评级标准,基本上是按本标准第 5.1.1 条说明所阐述的分级原则,并结合我国木结构的实际情况制定的,其中需要说明三点:

  1 本条对木桁架和其他受弯木构件挠度的评级,未采用检测值与计算值及现行设计规范限值相比较的方法评定,而是采用按检测值直接评定的方法,其原因是由于木桁架的挠度计算,要考虑木材径、弦向干缩和连接松弛变形的影响,而这些数据在已有建筑物的旧木材中很难确定。兼之,木结构是一种传统结构,长期积累有大量使用经验,可以为采用直接评定法提供必要的条件,故决定按本条的规定评级。

  2 对挠度评级所给出的 a_s 级限值,除木桁架是根据现行国家标准《木结构试验方法》规定的允许值确定外,其他各项限值均是参照早期试验和实测资料,由本标准编制组会同两本木结构规范管理组共同研究确定的。

  3 由于我国已长时间禁止使用木楼盖,因此,表 5.5.2-1 中的限值仅适用于一般装修标准,且对颤动性无特殊要求的旧建筑物,若执行中遇到新建不久高级装修房屋或使用要求很高的结构,则需适当提高鉴定标准,必要时,可与本标准管理组共同商定。

5.5.3 当使用半干木材制作构件时,通常很快就会出现干缩裂缝。这是木结构常见的一种缺陷。但它只要不发生在节点、连接的受剪面上,一般不会影响构件的受力性能。不过由于它容易成为昆虫和微生物侵入木材的通道,还容易因积水而造成种种问题。因此,不论评为 b_s 级或 c_s 级,均宜在木材达到平衡含水率后进行嵌缝处理,以杜绝隐患。

5.5.4 见本节第 5.5.1 条说明。

6 子单元安全性鉴定评级

6.1 一般规定

6.1.1 建筑物子单元(即子系统或分系统)的划分,可以有不同的方案。本标准采用的是三个子单元的划分方案,即:分为上部承重结构(含保证结构整体性的构造)、地基基础和围护系统承重部分等三个子单元。之所以采用这种方案,理由有三:

  1 以上部承重结构作为一个子单元,较为符合长期以来结构设计所形成的概念,也与目前常见的各种结构分析程序相一致，较便于鉴定的操作。至于上部承重结构的内涵，其所以还包括抗侧力（支撑）系统、圈梁系统及拉锚系统等保证结构整体性的构造措施在内，是因为离开了它们，便很难判断各个承重构件是否能正常传力，并协调一致地共同承受各种作用，故有必要视为上部承重结构的一个组成部分。

　　2 地基基础的专业性很强，其设计、施工已自成体系，只要处理好它与上部结构间交叉部位的问题，便可完全作为一个子单元进行鉴定。

　　3 围护系统的可靠性鉴定，必然要涉及其承重部分的安全性问题，因此，还需单独对该部分进行鉴定，此时，尽管其中有些构件，既是上部承重结构的组成部分，又是该承重部分的主要构件，但这并不影响它作为一个独立的子单元进行安全性鉴定。

　　由以上三点可见，本标准划分的方案，不仅概念清晰，可操作性强，而且便于处理问题。

6.1.2 本条主要是对上部承重结构和地基基础的计算分析与验算工作提出基本要求，但考虑到本标准第4.1.2条已先于本条对结构上的作用、结构分析方法、材料性能标准值和几何参数的确定，作出较系统的规定以应单个构件鉴定之需，而这些规定同样适用于本章的计算与验算，故仅需加以引用，以避免造成不必要的重复。

6.1.3 许多工程鉴定实例表明，当仅对建筑物某个部分进行鉴定时，必须处理好该部分与相邻部分之间的交叉问题或边缘问题，才能避免因就事论事而造成事故。故制定了本条文对鉴定人员的职责加以明确。

6.2 地 基 基 础

6.2.1 影响地基基础安全性的因素很多，本标准归纳为五个方面：地基、桩基、斜坡、基础和桩。考虑到前三者是以整体情况进行评价的，故列为直接进入第二层次的检查项目。至于基础和桩，则应按本标准第二章的定义，视为主要构件，并以第一层次的评定结果为依据参与本层次的评定。另外，需要指出的是，建筑物的地基基础是一个整体，无论哪一方面出问题，均将直接影响其安全性，故上述三个检查项目和两种主要构件的评定具有同等的重要性。

6.2.2 在已有建筑物的地基安全性鉴定中，虽然一般多认为采用按地基变形鉴定的方法较为可行，但在有些情况下，它并不能取代按地基承载力鉴定的方法。况且，多年来国内外的研究与实践也表明，若能根据已有建筑物的实际条件及地基土的种类，合理地选用或平行使用：原位测试方法、原状土室内物理力学性质试验方法和近位勘探方法等进行地基承载力检验，并对检验结果进行综合评价，同样可以使地基安全性鉴定取得可信的结论。为此，本条从以上所述的两种方法出发，对地基安全性鉴定的基本要求作出了规定。

6.2.3 在基础和桩的安全性鉴定中，其现有方法，如大开挖检查或切断桩与上部结构连系以进行动、静荷检测等，由于其工作量和费用很大，且仍然难以完全解决深基础和深桩的鉴定问题，故在实际工程中，均首先将地基基础（桩基和桩）视为一个共同工作的系统，而通过观测其整体与局部变形（沉降）情况或其在上部结构中的反应，来评估其传力与承载状态，并结合工程经验判断作出鉴定结论。一般只有在这种观测遇到一些问题，怀疑是由基础或桩身的承载力不足所引起，且认为有必要进一步查明时，才考虑单独对基础或桩身进行鉴定。但基于这项工作存在着以上所述的种种困难，目前国内多倾向于在现场调查取得基本资料的基础上，采用分析鉴定与工程经验判断相结合的方法来解决其鉴定问题。为此需对现场调查的基本内容和要求作出规定。根据编制组掌握的资料，调查的步骤内容大致如下：

1 首先宜充分利用原设计、施工、质检和工程验收的档案文件。为此，不仅需系统地搜集，而且要核实其有效性。若原档案不全或已散失，可寻求原设计、施工和检测人员的帮助，例如：根据他们的独立回忆，通过相互印证予以核实等。

2 若上述工作遇到困难，则需进行详细的现场调查。一般可通过小范围的局部开挖检查取得下列数据资料：

　　1）核实基础或桩的类型、材料、尺寸及其他细节，若有条件和可能，还需探明其埋置深度。

　　2）检查基础或桩周围水、土的介质性状。若有腐蚀性，需检查基础或桩的表面腐蚀及损坏情况。

　　3）检测基础或桩的材料强度，并确定其强度等级。对混凝土的基础和桩，还需检测其钢筋位置、直径和数量等。

　　4）检查基础的倾斜（转动）、桩的水平位移及其他变形（如扭曲、弯曲）的迹象。

　　5）当有必要且有条件时，可进行模拟试验。

3 在以上工作基础上，对基础或桩身的承载力进行计算分析和验算，并结合工程经验判断作出对基础或桩身承载力（或质量）的综合评价。

本条的规定即参照以上步骤和内容制定的。

6.2.4 如众所周知，当地基发生较大的沉降和差异沉降时，其上部结构必然会有明显的反应，如建筑物下陷、开裂和侧倾等。通过对这些宏观现象的检查、实测和分析，可以判断地基的承载状态，并据以作出安全性评估。在一般情况下，当检查上部结构未发现沉降裂缝，或沉降观测表明，沉降差小于现行设计规范允许值，且已停止发展时，显然可以认为该地基处于安全状态，并可据以划分 A_u 级的界线。若检查上部结构发现砌体有轻微沉降裂缝，但未发现有发展的迹象，或沉降观测表明，沉降差已在现行规范允许范围内，且沉降速度已趋向终止时，则仍可认为该地基是安全的。并可据以划分 B_u 级的界线，在明确了 A_u 级与 B_u 级的评定标准后，对划分 C_u 级与 D_u 级的界线就比较容易了，因为就两者均属于需采取加固措施而言，C_u 级与 D_u 级并无实质性的差别，只是在采取加固措施的时间和紧迫性上有所不同。因此，可根据差异沉降发展速度或上部结构反应的严重程度来作出是否必须立即采取措施的判断，从而也就划分了 C_u 级与 D_u 级的界线。

另外，需要指出的是，已有建筑物的地基变形与其建成时间长短有着密切关系，对砂土地基，可认为在建筑物完工后，其最终沉降量便已基本完成；对低压缩性黏土地基，在建筑物完工时，其最终沉降量才完成不到50%；至于高压缩性黏土或其他特殊性土，其所需的沉降持续时间则更长。为此，本条在其注中指出：本评定标准仅适用于建成已2年以上的建筑物。若为新建房屋或建造在高压缩性黏性土地基上的建筑物，则应根据当地经验，考虑时间因素对检查和观测结论的影响。

6.2.5 尽管在很多已有的民用建筑中没有保存或仅保存很不完整的工程地质勘察档案，且在现场很难进行地基荷载试验，但征求意见表明，多数鉴定人员仍期望本标准做出根据地基承载力进行安全性鉴定的规定。为此，考虑到多年来国内外在近位勘探、原位测试和原状土室内试验等方面做了不少的工作，并在实际工程中积累了很多协同使用这些方法的经验，显著地提高了对地基承载力进行综合评价的可信性与可靠性。因而本条作出了按地基承载力评定地基安全性等级的规定。但执行中应注意三点，一是在没有十分必要的情况下，不可轻易开挖有残损的建筑物的基槽，以防止上部结构进一步恶化。二是根据上述各项地基检验结果，对地基承载力进行综合评价时，宜按稳健估计原则取值。三是若地基的安全性已按本标准第6.2.4条做过评定，便无需再按本条进行评定。

6.2.6 根据本标准第6.2.3条对基础和桩的安全性鉴定方法所作的规定，本条制订了相应的评级原则与评定标准，由于区别为三种情况，故分款说明如下：

1 第一款是针对抽查或全数开挖检查的鉴定方法制订的。由于其检查结果所取得的是每一个受检基础（或桩）的数据，故需先按本标准第4章单个构件的评级规定，评定每个基础（或桩）的等级，然后再按本款的评级原则评定该种基础（或桩）的安全性等级。另外，需注意的是，全数开挖的做法，在一般鉴定中极为少见。只有在基础（或桩）数量很少时，或是在评定一个承台下的群桩时，才偶见采用这种作法。

2 第二款是针对已具备采用计算分析鉴定方法的条件而制订的。在这种情况下，由于同一种基础（或桩）的设计、施工和使用的条件基本上是相同的，因而，即使有些基础的外观质量稍有不同，也不影响验算时采用其相互间的内在质量并无显著差异的假定。在这一前提下所作出的鉴定结论，显然适于该种基础（或桩）的全体，亦即所评的是该种基础（或桩）的安全性等级，而无需像上款那样分两步评定。

3 第3款是针对一些容易判断的情况而制订的，其目的在于使鉴定人员尽可能地不开挖基础。

另外，需指出的是，当按本条评定桩的等级时，其规定仅适用于钢筋混凝土桩、钢桩和木桩。至于有些民用建筑中采用的灰土桩、砂桩、土桩和碎石桩等，均属于"复合地基"，其作用是提高地基强度，改善地基整体稳定性或减少沉降量等，故应划入地基范围内评定。

6.2.7 建造于山区或坡地上的房屋，除需鉴定其地基承载是否安全外，尚需对其地基稳定性（斜坡稳定性）进行评价。此时，调查的对象应为整个场区；一方面要取得工程地质勘察报告，另一方面还要注意场区的环境状况，如近期山洪排泄有无变化，坡地树林有无形成醉林的态势（即向坡地一面倾斜），附近有无新增的工程设施等等。必要时，还要邀请工程地质专家参与评定，以期作出准确可靠的鉴定结论。

6.2.8 评定地基基础安全性等级所依据的各检查项目之间，并无主次之分，故应按其中最低一个等级确定其级别。

6.2.9 地下水位变化包括水位变动和冲刷；水质变化包括pH值改变、溶解物成分及浓度等，其中尤应注意CO_2、NH_4^+、Mg^{2+}、SO_4^{2-}、Cl^-等对地下构件的侵蚀作用。当有地下墙时，应检查土压和水压的变化及墙体出现的裂缝大小和所在位置。

6.2.10 在软弱的地基土层中开挖深基坑，若支护结构设计、施工不当，将会对毗邻的已有建筑物造成危害。为此，编制组根据海口、深圳、福州、上海、杭州等地总结的经验，并参照国外的有关资料，以保护已有建筑物的安全和正常使用功能为目标，制定了宏观监控标志及其数量界限，专供报警使用。但应指出，本条的规定不能作为设计支护结构的依据使用。因为设计所考虑的问题远比监控的全面、详尽。

6.3 上部承重结构

6.3.1~6.3.3 上部承重结构具有完整的系统特征与功能，需运用结构体系可靠性的概念和方法才能进行鉴定。然而迄今为止，其理论研究尚不成熟，即使有些结构可以进行可靠度计算，但其结果却由于对实物特征作了过分简化，而难以直接用于实际工程的鉴定。为此，国内外都在寻求一种既能以现代可靠性概念为基础，又能通过融入工程经验而确定有关参数的鉴定方法。研究表明，这一设想可能在一定的前提条件下得到实现。因为结构可靠性理论在工程中的应用方式，可以随着应用目的和要求的不同而改变。例如，当用于指导结构设计时，它是作为协调安全、适用和经济的优化工具而发展其计算方法的，而当用于已有建筑物的可靠性鉴定时，却由于在当今的很多标准中已明确了应以检查项目的评定结果作为处理问题的依据，而使得它更多的是作为对建筑物进行维修、加固、改造或拆除做出合理决策和进行科学管理的手段而发展其推理规则和评估标准的。此时，鉴定者所要求的并非理论和完善和计算的高精度，而是在众多随机因素和模糊量干扰的复杂情况下，能有一个简便可信的宏观判别工具。据此所做的探讨表明，若以构件所评等级为基础，对上部承重结构进行系统分析，并同样以分级的模式来描述其安全性，则有可能解决上述用途的鉴定问题。因为当按本标准第4章的规定重新整理现存的民用建筑鉴定的档案资料，以确定每一构件的安全性等级时，若将原先被评为"整体承载正常"、"尚不显著影响整体承载"和"已影响整体承载"（或其他类似措词）的上部承重结构，改称为 A_u 级、B_u 级和 C_u 级的结构体系，则可清楚地看到：在这三个结构体系中，除了作为主成分的构件分别为 a_u 级、b_u 级和 c_u 级外，还不同程度地存在着较低等级的构件，这一普遍现象，不仅是长期鉴定经验的集中反映，而且还可从理论分析中得到解释，因为从本质上说，这是有经验专家凭其直觉对结构体系目标可靠度所具有的一定调幅尺度的运用，尽管该调幅尺度迄今尚无法定量。但显而易见的是，可以通过间接的途径，如建立一个以包容少量低等级构件为特征的结构体系安全性等级的评定模式，以分级界限来替代调幅尺度的确定问题。虽然这个模式需依靠大量来自工程实践数据来确定其有关参数，并且还需在编制标准过程中完成庞大的计算量，但一旦在它达到实用水平后，必定会使上部承重结构的安全性鉴定工作大为简化。故专家论证认为，可以考虑采用这个模式作为制订标准的基础。

为此，编制组在分析研究有关素材的基础上，提出了下列条件和要求作为建立结构体系分级模式的基本依据：

1) 在任一个等级的结构体系中出现低等级构件纯属随机事件，亦即其出现的量应是很小的，其分布应是无规律和分散的，不致引起系统效应。

2) 在以某等级构件为主成分的结构体系中出现的低等级构件，其等级仅允许比主成分的等级低一级。若低等级构件为鉴定时已处于破坏状态的 d_u 级构件或可能发生脆性破坏的 c_u 级构件，尚应单独考虑其对结构体系安全性可能造成的影响。

3) 宜利用系统分解原理，先另行评定结构整体性和结构侧移的等级而后再进行综合，以使结构体系的计算分析得到简化。

4) 当采用理论分析结果为参照物时，应要求：按允许含有低等级构件的分级方案构成的某个等级结构体系，其失效概率运算值与全由该等级构件（不含低等级构件）组成的"基本体系"相比，应无显著的增大。

对于这一项检验性质的要求，目前尚无蓝本可依。但考虑到理论分析结果仅作为参照物使用，故可暂以二阶区间法（窄区间法）算得的"基本体系"失效概率中值作为该体系失效概率代表值，而以二阶区间的上限作为它的允许偏离值。若上述结构体系算得的失效概率中值不超过该上限，则可近似地认为，其失效概率无显著增大，亦即该结构体系仍隶属于该等级。

从以上条件和要求出发，编制组以若干典型结构的理论分析结果为参照物，并利用来自工程鉴定实践的数据作为修正、补充的依据，初步拟定了每个等级结构体系允许出现的低一级构件百分比含量的界限值。但这一工作结果还只能在很小范围内使用。因为在仅考虑典型结构和简单荷载条件下建立的鉴定模式还不能概括民用建筑中许多复杂的情况。为此，编制组以构造复杂的多层和高层民用建筑为重点，研究了国内外不同类型上部承重结构可靠性鉴定的工程实例。其结果表明，为了将本模式用于复杂的结构体系中，还需要引入下列概念和措施：

1) 对前面确定的每个等级结构体系中允许出现的低等级构件的百分比含量，应转化为按每种构件进行控制的模式，从而使各种构件的总体质量水平得到协调，不致于因低等级构件过分集中出现在某种构件集合中而造成所评等级与实物状态不吻合。

2) 为了合理地评定多层与高层建筑上部承重结构中的每种构件安全性等级，还应在前述的"随机事件"假设的基础上，进一步提出：在多层和高层建筑的任一楼层中出现低等级构件亦属随机事件的假设，并可采用随机偏离的 x^2 分布来估计可能出现低等级构件的楼层数。

3) 考虑到同等级、同类别的各种构件中因偶然原因出现的低等级构件，其百分比含量一般很小，可视为均属同性质、同量级的偶然偏差所致。因而其允许的百分比含量仅需按构件的重要性类别（主要构件或一般构件）分别确定，而无需再按不同的受力方式（如梁、柱等）加以区分。这也就大大简化了每种构件评级标准的制订。

4) 在构件种类多、数量大的复杂结构体系中，应考虑由于不同种类构件偶然相遇所产生的潜在系统效应对分级的影响。

5) 对于要求高可靠度的高层建筑和容易产生连续破坏效应的各种结构体系，其分级参数应按稳健取值的原则确定。

基于以上所做的工作，本标准提出了上部承重结构系统中每种构件评级的具体尺度，即条文中表6.3.3的标准及其补充规定。

这里需要说明的是，本标准在确定一个鉴定单元中与每种构件安全性有关的参数时，仅按构件的受力性质及其重要性划分种类，而未按其几何尺寸作进一步细分，因此，执行本标准时也不宜分得太细，例如：以楼盖主梁作为一种构件即可，无须按跨度和截面大小再分，以免得到不一致的结果。

在解决了每种构件安全性等级的评定方法和标准后，只要再对结构整体性和结构侧移的鉴定评级作出规定，便可根据以上的三者的相互关系及其对系统承载功能的影响，制定上部承重结构安全性鉴定的评级原则（见本说明第6.3.6条）。

6.3.4 结构的整体性，是由构件之间的锚固拉结系统、抗侧力系统、圈梁系统等共同工作形成的。它不仅是实现设计者关于结构工作状态和边界条件假设的重要保证，而且是保持结构空间刚度和整体稳定性的首要条件。但国内外对已有建筑物损坏和倒塌情况所作的调查和统计表明,由于在结构整体性构造方面设计考虑欠妥,或施工、使用不当所造成的安全问题,在各种安全问题中占有不小的比重。因此,在已有建筑物的安全性鉴定中应给予足够重视。这里需要强调的是,结构整体性的检查与评定,不仅现场工作量很大,而且每一部分功能的正常与否,均对保持结构体系的整体承载与传力起到举足轻重的作用。因此,应逐项进行彻底的检查,才能对这个涉及建筑物整体安全的问题作出确切的鉴定结论。

6.3.5 当已有建筑物出现的侧向位移(或倾斜,以下同)过大时,将对上部承重结构的安全性产生显著的影响。故应将它列为子单元的一个检查项目。但应考虑的是,如何制订它的评定标准的问题。因为在已有建筑物中,除了风荷载等水平作用会使上部承重结构产生附加内力外,其地基不均匀沉降和结构垂直度偏差所造成的倾斜,也会由于它们加剧了结构受力的偏心而引起附加内力。因此不能像新建房屋那样仅考虑风荷载引起的侧向位移,而有必要考虑上述各因素共同引起的侧向位移,亦即需以检测得到的总位移值作为鉴定的基本依据。在这种情况下,考虑到本标准已将明显的地基不均匀沉降划归本章第6.2节评定,因而,从现场测得的侧向总位移值可能由下列各成分组成:

1)检测期间风荷载引起的静力侧移和对静态位置的脉动;
2)过去某时段风荷载及其他水平作用共同遗留的侧向残余变形;
3)结构过大偏差造成的倾斜;
4)数值不大的、但很难从总位移中分离的不均匀沉降造成的倾斜。

此时,若能在总结工程鉴定经验的基础上,给出一个为考虑结构可能承载能力不足而需进行全面检查或验算的"起点"标准,则有可能按下列两种情况进行鉴定:

1)在侧向总位移的检测值已超出上述"起点"标准(界限值)的同时,还检查出结构相应受力部位已出现裂缝或变形迹象,则可直接判为显著影响承载的侧向位移。
2)同上,但未检查出结构相应受力部位有裂缝或变形,则表明需进一步进行计算分析和验算,才能作出判断。计算时,除应按现行规范的规定确定其水平荷载和竖向荷载外,尚需计入上述侧向位移作为附加位移产生的影响。在这种情况下,若验算合格仍可评为 B_u 级;若验算不合格,则应评为 C_u 级。

6.3.6 在确定了上部承重结构的实用鉴定模式及每种构件安全性等级的评定方法与评级标准后(参见本章第6.3.1条至6.3.3条说明),上部承重结构的安全性等级,即可简便地按下列原则进行评定:

1)以每种主要构件和结构侧向位移的鉴定结果,作为确定上部承重结构安全性等级的基本依据,并采用"最小值的原则"按其中最低等级定级。
2)根据低等级构件可能出现的不利的分布与组合,以及可能产生的系统效应,进一步以补充的条款考虑其对评级可能造成的影响。
3)若根据以上两项评定的上部承重结构安全性等级为 A_u 级或 B_u 级,而结构整体性的等级或一般构件的等级为 C_u 级或 D_u 级,则尚需按本标准规定的调整原则进行调整。

另外,在执行本条的评级规定时,尚应注意以下两点:

一、本规定原则上仅适用于民用建筑。这是因为本条所给出的具体分级尺度,虽然是以已有结构体系可靠性概念为指导,并以工程实例为背景,经分析比较与专家论证后确定的,但由于在按既定模式对有关分析资料和工程鉴定经验进行归纳与简化过程中,不仅主要使用的是民用建筑的数据，而且还从稳健估计的角度，充分考虑了民用建筑的特点和重要性。在这种情况下，其所划分的等级界限，不一定适合其他用途建筑物对安全性的要求。因而不宜贸然引用于其他场合。

二、本规定对 C_u 级结构所作的补充限制，是为了使上部承重结构安全性评级更切合实际。因为不少工程鉴定经验表明，当结构中全部或大部分构件为 C_u 级时，其整体承载状态将明显恶化，以致超出 C_u 级结构所能包容的程度。究其原因，虽较为复杂，但有一点是肯定的，即 C_u 级与 D_u 级，在本质上并无显著差别，均属需要采取措施的等级，只是在处理的缓急程度上有所差别而已。在这种情况下，若结构中的 C_u 级增大到一定比例，便有可能产生某些组合效应，而在意外因素的干扰与促进下，导致结构的整体承载能力急剧下降。为此，国外有些标准规定：对按一般规则评为 C_u 级的结构，若发现其 C_u 级构件的含量（不分种类统计）超出一定比例或在一些关键部位普遍存在时，应将所评的 C_u 级降为 D_u 级。本标准从民用建筑特点和重要性出发，也参照国外标准的规定，在这个问题上，给出了略为偏于安全的分级界限。

6.4 围护系统的承重部分

6.4.1 ~ 6.4.3 可参阅本章第 6.3.1 条 ~ 第 6.3.3 条的说明。

6.4.4 本条规定的围护系统承重部分的评级原则，是以上部承重结构的评定结果为依据制订的，因而可以在较大程度上得到简化。但需注意的是，围护系统承重部分本属上部承重结构的一个组成部分，只是为了某些需要，才单列作为一个子单元进行评定。因此，其所评等级不能高于上部承重结构的等级。

7 子单元正常使用性鉴定评级

7.1 一般规定

7.1.1 为了便于比较安全性与正常使用性的检查评定结果，并便于综合评定子单元的可靠性，本标准对建筑物第二层次的正常使用鉴定评级，采取了与安全性鉴定评级相对应的原则，同样划分为三个对应的子单元。

7.2 地基基础

7.2.1 地基基础属隐蔽工程，在建筑物使用情况下，检查尤为困难，因此，非不得已不进行直接检查。在工程鉴定实践中，一般通过观测上部承重结构和围护系统的工作状态及其所产生的影响正常使用的问题，来间接判断地基基础的使用性是否满足设计要求。本标准考虑到它们之间确实存在的因果关系，故据以作出本条规定。另外，由于在个别情况下（例如：地下水成分有改变，或周围土壤受腐蚀等），确需开挖基础进行检查，才能作出符合实际的判断，故还作了当鉴定人员认为有必要开挖时，也可按开挖检查结果进行评级的规定。

7.2.2 地基基础的使用性等级，取与上部承重结构和围护系统相同的级别是合理的，因为地基基础使用性不良所造成的问题，主要是导致上部承重结构和围护系统不能正常使用，因此，根据它们是否受到损害以及损坏程度所评的等级，显然也可以用来描述地基基础的使用功能及其存在问题的轻重程度。在这种情况下，两者同取某个使用性等级，不仅容易为人们所接受，也便于对有关问题进行处理。但应指出的是，上述原则系以上部承重结构和围护系统所发生的问题与地基基础有关为前提，若鉴定结果表明与地基基础无关时，则应另作别论。

7.3 上部承重结构

7.3.1 通过对工程鉴定经验和结构体系可靠性研究成果所作的分析比较与总结，编制组对上部承重结构作为一个体系，其正常使用性的鉴定评级应考虑主要问题，概括为以下三个方面：

一是该结构体系中每种构件的使用功能；
二是该结构体系的侧向位移；
三是该结构体系的振动特性（必要性）。

由于这三方面内容具有相对的独立性，可以先分别立项进行各自的评级，然后再按照一定规则加以综合与定级。这样不仅可使系统分析工作得到一定的简化，而且可以很方便地与安全性鉴定方法取得协调和统一。因此，编制组决定采用与安全性鉴定相同的评估模式制定标准。

7.3.2 由于上部承重结构的正常使用鉴定评级，采用了与安全性鉴定相同的评估模式，因而在确定每种构件安全性等级的评定标准时，编制组所做的理论分析与工程鉴定经验的总结工作，也基本上与本标准第6.3.2条说明中所阐述的方法、条件和要求相同，只是在确定有关参数时，更注重对工程鉴定数据的搜集、统计、检验与应用，以弥补《统一标准》在正常使用性方面对可靠指标及其他控制值的研究与制定上存在的不足。

7.3.3 上部承重结构的侧向位移过大，即使尚未达到影响建筑物安全的程度，也会对建筑物的使用功能造成令人关注的后果，例如：

1) 使填充墙等非承重构件或各种装修产生裂缝或其他局部破损；
2) 使设备管道受损、电梯轨道变形；
3) 使房屋用户、住户感到不适，甚至引起惊慌。

因而，需将侧向位移列为上部承重结构使用性鉴定的检查项目之一进行检测、验算和评定。

这里需要说明的是，本条采用的评定标准，其每个等级位移界限的取值，是以下列考虑为基本依据，并参照国外有关标准确定的。

1) 以相当于施工公差或同量级的经验值，作为确定 A_s 级与 B_u 级的界限。

因为从 ASCE 正常使用性研究特设委员会及我国有关单位对这方面文献所作的总结中可以看出：当实测的位移不大于此限值时，一般不会使结构或非结构构件出现可见的裂纹或其他损伤。因此，不少国家趋向于以它来界定当结构的使用功能完全正常时，其实际侧移的可接受程度。故亦为本标准编制组采纳。

2) 以相当于现行设计规范规定的位移限值，作为确定 B_s 级与 C_u 级的界限。

因为现场记录到的位移，通常只能在各种作用与抗力难以同时达到设计规定的极端值的情况下测得。此时，若该位移已接近设计限值，则在很大程度上表明，该结构的侧移整体刚度略低于设计规范的要求，但由于尚不影响使用功能或仅有轻微的影响，因而在国外有些标准中被用来作为 B_s 级与 C_u 级的界限。这显然是有一定道理的，故亦为本标准所引用。

7.3.4 根据本标准采用的结构体系可靠性鉴定模式上，上部承重结构的使用性鉴定评级可按下列原则进行：

  1 以各种主要构件及结构侧向位移所评的等级为基本依据，并取其中最低一个等级作为上部承重结构的使用性等级。

  2 以各种一般构件所评的等级，作为对第 1 项评定结果进行调整的依据。调整原则是：

  1）若按第 1 款评为 C_s 级，则不必调整；

  2）若按第 1 款评为 A_s 级或 B_s 级，且仅有一种一般构件为 C_s 级，可根据其影响的对象和范围，作出调整或不调整的决定（见本标准第 7.3.4 条第 2 款第 1 项的规定）。

  3）若不止一种一般构件为 C_s 级，则可将上款所评的等级降为 C_s 级。

  但以上评级原则仅适用于一般传统建筑，对大跨度或高层建筑以及其他对振动敏感的现代柔性低阻尼的房屋，尚应按标准第 7.3.5 条至第 7.3.7 条的规定，考虑振动对上部承重结构使用功能的影响。

7.3.5～7.3.7 这三条是针对振动可能引起的问题而作出的如何修正本标准第 7.3.4 条所评的使用性等级的规定，但不涉及振动本身可接受标准的制定问题。因为这要由专门标准作出规定，而且在国内外已陆续发布了不少的这类标准，只是国内的标准还不齐全。在这种情况下，若遇到所需的专门标准尚未发布时，可通过合同的规定或主管部门的特批，而采用合适的国际标准或国外先进标准。

7.4 围 护 系 统

7.4.1 围护系统的正常使用性鉴定，虽然应着重检查其各方面使用功能，但也不应忽视对其承重部分工作状态的检查。因为承重部分的刚度不足或构造不当，往往会影响以它为依托的围护构件或附属设施的使用功能，故本条规定其鉴定应同时考虑整个系统的使用功能及其承重部分的使用性。

7.4.2 民用建筑围护系统的种类繁多，构造复杂。若逐个设置检查项目，则难以概括齐全。因此，编制组根据调查分析结果，决定按使用功能的要求，将之划分为 7 个检查项目。鉴定时，既可根据委托方的要求，只评其中一项；也可逐项评定，经综合后确定该围护系统的使用功能等级。

  这里需要指出的是，有些防护设施并不完全属于围护系统，其所以也归入围护系统进行鉴定，是因为它们的设置、安装、修理和更新往往要对相关的围护构件造成功能性的损害，在围护系统使用功能的鉴定中不可避免地要涉及这类问题。因此，应作为边缘问题加以妥善处理。

7.4.3 本条是为评定围护系统使用性等级而设置的。若委托方仅需要鉴定围护系统的使用功能，则承重部分的使用性鉴定可归入文章第 7.3 节，作为上部承重结构的一个组成部分进行评定。

7.4.4 这是根据第 7.4.1 条所述的概念并参照有关标准所作出的关于确定围护系统使用

性等级的规定。实践证明，采用这一原则定级，不仅稳妥，而且合理可行。

7.4.5 在民用建筑中，往往会遇到一些对围护系统使用功能有特殊要求的场所。其使用性鉴定，需先按现行专门标准进行合格与否的评定，然后才能按本标准作出鉴定评级的结论。为此，设置了本条的规定。

8 鉴定单元安全性及使用性评级

8.1 鉴定单元安全性评级

8.1.1 民用建筑鉴定单元的安全性鉴定，应考虑其所含三个子单元的承载状态，是不言而喻的。但它之所以还需要考虑与整幢建筑有关的其他安全问题，是因为建筑物所遭遇的险情，不完全都是由于自身问题引起的，在这种情况下，对它的安全性同样需要进行评估，并同样需要采取措施进行处理。如直接受到毗邻危房的威胁，便是这类问题的一个例子。因此，作出了相应的规定。

8.1.2 由于本标准采取了对两类极限状态问题分开评定的做法，并在上部承重结构子单元的鉴定中，妥善地解决了结构体系的安全性评估方法与标准的制定问题，因而使鉴定单元的安全性评级原则的制定，变得简单而顺理成章，现就1、2两款的规定说明如下：

1　由于地基基础和上部承重结构均为鉴定单元的主要组成部分，任一发生问题，都将影响整个鉴定单元的安全性。因此，取两者中较低一个等级作为鉴定单元的安全性等级，显然是正确的。

2　由于在某些情况下，要将围护系统的承重部分单列评级，此时，便需要考虑其安全状态对整个承重体系工作的影响，因而，设置了第2款的规定，以调整鉴定单元按第1款所评的等级。在制定其具体评定原则时，由于考虑到鉴定单元的评定结果主要用于管理，故规定了仅需酌情调低一级或二级，但不低于C_{su}级即可。

8.1.3 本条所列两款内容，均属紧急情况，宜直接通过现场宏观勘查作出判断和决策，故规定不必按常规程序鉴定，以便及时采取应急措施进行处理。

另外，需指出的是，对危房危害的判断，除应考虑其坍塌可能波及的范围和由之造成的次生破坏外，还应考虑拆除危房，对毗邻建筑物的整体稳定性可能产生的破坏作用。

8.1.4 这是参照国外有关标准作出的规定，其目的是帮助鉴定人员对有外装修的多层和高层建筑进行初步检查，以探测其内部是否有潜在的异常情况的可能性。但应指出的是这一方法必须在有原先的记录或有可靠的理论分析结果作对比的情况下，或是有类似建筑的振动特性资料可供引用的情况下，才能作出有实用价值的分析。因此，不要求普遍测量被鉴定建筑物的振动特性。

8.2 鉴定单元使用性评级

8.2.1 民用建筑鉴定单元的正常使用性鉴定，虽要求系统地考虑其所含的三个子单元的使用性问题，但由于地基基础的使用性，除了基础本身的耐久性问题外，几乎均反应在上部承重结构和围护系统的有关部位上，并取与它们相同的等级，因此，在实际工程中，只要能确认基础的耐久性不存在问题，则鉴定工作将得到一定简化。

这里需要说明的是，在鉴定中之所以还需考虑与整幢建筑有关的其他使用功能问题，是因为有些损害建筑物使用性的情况，并非由于鉴定单元本身的问题，而是由于其他原因所造成的后果，例如：全面更换房屋内部的管道并重新进行布置，而给围护系统造成的各种损伤和污染，便属于这类问题。

8.2.2～8.2.3 由于影响建筑物使用功能的各种问题，均已在上部承重结构和围护系统的检查与评定中得到了结论，因此不仅在很大程度上减少了鉴定单元评级所要做的工作，而且使其评级原则的制定，变得简单而顺理成章。

这里应指出的是，第8.2.3条中的两款规定，是参照国外标准制订的。因为在这种情况下，仅按结构构件功能和生理功能来考虑建筑物的正常使用性是不够的，有必要联系其他相关问题和使用要求来定级，才能使鉴定作出恰当的结论。

9 民用建筑可靠性评级

9.0.1～9.0.2 民用建筑的可靠性鉴定，由于本标准区分了两类不同性质的极限状态，并解决了两类问题的评定方法，从而使每一层次的鉴定，均分别取得了关于被鉴定对象的安全性与正常使用性的结论。它们既相辅相成，而又全面确切地描述了被鉴定构件和结构体系可靠性的实际状况。因此，当委托方不要求给出可靠性等级时，民用建筑各层次、各部分的可靠性，完全可以直接用安全性和使用性的鉴定评级结果共同来表达。这在其他行业中也有类似的做法。其优点是直观，而又便于不熟悉可靠性概念的人理解鉴定结论的涵义，所以很容易为人们所接受，也为本标准所采纳。

9.0.3 当需要给出被鉴定对象的可靠性等级时，本标准从可靠性概念和民用建筑特点出发，根据以安全为主，并注重使用功能的原则，制定了具体评级规定，该规定共分三款。现就前两款作如下说明：

1 第1款主要明确在哪些情况下，应以安全性的评定结果来描述可靠性。分析表明，当鉴定对象的安全性不符合本标准要求时，不论其所评等级为哪个级别，均需通过采取措施才能得以修复。在这种情况下，其使用性一般是不可能满足要求的，即使有些功能还能维持，但也是要受到加固的影响的。因此，本款作出的应以安全性等级作为可靠性等级的规定是合适的。

2 第2款主要概括两层意思：

一是当鉴定对象的安全性符合本标准要求时，其可靠性应如何刻划。分析认为，由于可靠性涵义，不仅仅是安全性，而是关于安全性与正常使用性的概称。在安全性不存在问题的情况下，对民用建筑最重要的是要考虑其使用性是否能符合本标准的要求。因此，宜以正常使用性的评定结果来刻划可靠性，亦即宜取使用性等级作为可靠性等级。

另一是当鉴定对象的安全性略低于本标准要求，但尚不致于造成问题时，其可靠性又如何刻划。分析表明，尽管此时仍可由使用性的评定结果来刻划，但倾向性意见认为，这样处理，至少对民用建筑不够稳健。因此，较为可行的做法是取安全性和使用性等级中较低的一个等级，作为可靠性等级。

在制订条文时，考虑到以上两层意思可以采用统一的形式来表达，所以作出了第二款的规定。

10　民用建筑适修性评估

10.0.1　民用建筑的适修性评估，属于对可靠性鉴定结果如何采取对策所应考虑的重要问题之一。国内外在这个问题上所做的分析表明，由于它是通过对评估对象的技术特性、修复难度与经济效果等作了综合分析所得到的结论，因而大大增加了它的实用价值。这次制订本标准，考虑到它毕竟不属于可靠性鉴定的构成部分，故对它的应用，未作强制性的规定，而只是要求鉴定人员在委托方提出这一要求时，宜积极予以接受，并尽可能作出中肯而有指导意义的评估结论。

10.0.2　在民用建筑中，影响其适修性的因素很多，必需结合实际情况和有关参数，进行多方案的比较，才能作出有意义的评估。因而，在标准中只做了原则性的规定。

10.0.3　（略）

11　鉴定报告编写要求

11.0.1　本标准对鉴定报告的格式不强求统一，各部门和各地区的主管单位可根据本系统的特点自行设计，但应包括本条规定的五项内容，以保证鉴定报告的质量。

11.0.2　在民用建筑的安全性鉴定中，根据现场调查实测结果被评为 c_u、d_u 级和 C_u 级、D_u 级的检查项目，不仅用以说明该鉴定对象在承载能力上存在着安全问题，而且是作为对它进行处理的主要依据。因此，在鉴定报告中，必需逐一作出详细说明，并具体提出需要采取哪些措施的建议，使之能得到及时而正确的处理。为此，还有责任向委托方进行交底。

11.0.3　本条的内容，是参照国际标准《结构可靠性总原则》（ISO/DIS 2394—1996）及国外一些可靠性鉴定手册制定的。使用时需结合实际情况和有关要求作出合理可行的选择。

11.0.4　鉴定单元和子单元所评的等级，一般是经过综合后确定的。在综合过程中，由于考虑了系统工作与单个构件的不同，以及系统所具有的耐局部故障的特点，因而不能因非关键部位的个别构件有问题而调低整个系统的等级；但也不能因整个系统所评等级较高，而忽略了对个别有问题构件的处理。故在正确协调安全经济与科学管理关系的基础上，作出了本条规定。其试行情况表明，可收到合理而稳妥的效果。

中华人民共和国国家标准

工业构筑物抗震鉴定标准

GBJ 117—88

主编部门：中华人民共和国冶金工业部
批准部门：中华人民共和国建设部
施行日期：1989 年 3 月 1 日

关于发布《工业构筑物抗震鉴定标准》的通知

(88)建标字第 81 号

根据原国家建委(78)建发抗字第 113 号文的要求,由冶金部会同有关部门共同编制的《工业构筑物抗震鉴定标准》,已经有关部门会审。现批准《工业构筑物抗震鉴定标准》GBJ 117—88 为国家标准,自 1989 年 3 月 1 日起施行。

本标准由冶金部管理,其具体解释等工作由冶金部建筑研究总院负责。出版发行由中国计划出版社负责。

中华人民共和国建设部
1988 年 6 月 13 日

编 制 说 明

本标准是根据原国家基本建设委员会（78）建发抗字第113号文的要求，由冶金部建筑研究总院会同本部系统和煤炭、石油、有色金属、化工、电力、机械、建材等部门所属有关科研、设计院（所）共同编制而成。

本标准编制过程中，编制组在认真总结海域、唐山等大地震中工业构筑物实际震害经验的基础上，吸取了国内抗震设计、加固的实践经验和国内外在地震工程方面近期的部分科研成果，并对有关构筑物及其地基的抗震验算和加固方法补充了必要的理论分析和试验研究。本标准经多次广泛征求意见，进行工程试点，最后由我部会同城乡建设环境保护部等有关部门审查定稿。

本标准共分九章和七个附录，包括挡土墙、贮仓、槽罐、皮带通廊、井架和井塔等塔类结构、炉窑结构、变电构架、操作平台等工业构筑物及其地基基础的抗震鉴定和加固内容。

在本标准施行过程中，请各单位结合工程实践，认真总结经验，注意积累资料，如发现有需要修改和补充之处，请将意见和有关资料寄交我部建筑研究总院（北京市学院路43号），以供今后修订时参考。

冶金工业部
1988年2月6日

目 录

主要符号 …………………………………………………………………………………… 1480
第一章　总则 ……………………………………………………………………………… 1482
第二章　场地、地基和基础 ……………………………………………………………… 1485
　　第一节　场地 ………………………………………………………………………… 1485
　　第二节　非液化土地基和基础 ……………………………………………………… 1486
　　第三节　可液化土地基 ……………………………………………………………… 1488
　　第四节　桩基 ………………………………………………………………………… 1492
　　第五节　挡土墙和边坡 ……………………………………………………………… 1493
第三章　贮仓 ……………………………………………………………………………… 1495
　　第一节　钢筋混凝土贮仓 …………………………………………………………… 1495
　　第二节　钢贮仓 ……………………………………………………………………… 1506
第四章　槽罐结构 ………………………………………………………………………… 1506
　　第一节　钢贮液槽的钢筋混凝土支承筒 …………………………………………… 1506
　　第二节　贮气柜的钢筋混凝土水槽 ………………………………………………… 1508
　　第三节　钢筋混凝土油罐 …………………………………………………………… 1508
第五章　皮带通廊 ………………………………………………………………………… 1509
　　第一节　一般规定 …………………………………………………………………… 1509
　　第二节　抗震强度验算 ……………………………………………………………… 1509
　　第三节　抗震构造措施 ……………………………………………………………… 1513
第六章　塔类结构 ………………………………………………………………………… 1515
　　第一节　井架 ………………………………………………………………………… 1515
　　第二节　钢筋混凝土井塔 …………………………………………………………… 1517
　　第三节　钢筋混凝土造粒塔 ………………………………………………………… 1518
　　第四节　塔型钢设备的基础 ………………………………………………………… 1519
　　第五节　双曲线型冷却塔 …………………………………………………………… 1520
　　第六节　机力通风凉水塔 …………………………………………………………… 1520
第七章　炉窑结构 ………………………………………………………………………… 1521
　　第一节　高炉系统构筑物 …………………………………………………………… 1521
　　第二节　焦炉基础 …………………………………………………………………… 1523
　　第三节　回转窑和竖窑基础 ………………………………………………………… 1523
第八章　变电构架和支架 ………………………………………………………………… 1523
第九章　操作平台 ………………………………………………………………………… 1524
附录一　各钢厂钢筋屈服强度超强系数值 ……………………………………………… 1525
附录二　局部配筋混凝土地坪的抗震设计 ……………………………………………… 1525

附录三　钢筋混凝土结构抗震加固方案 …………………………………… 1528
附录四　钢结构抗震加固方案 …………………………………………… 1530
附录五　塔型设备基础的地基抗震验算范围判断曲线 …………………… 1531
附录六　非法定计量单位与法定计量单位换算关系 ……………………… 1532
附录七　本标准用词说明 ………………………………………………… 1533
附加说明 …………………………………………………………………… 1533

主 要 符 号

荷 载 和 内 力

M——弯矩（kN·m）；

N——轴向力，竖向力（kN）；

P_i——沿高度作用于 i 点的水平地震力（kN）；

P_{ij}——作用于质点 i 的 j 振型水平地震力（kN）；

Q_0——结构总水平地震力（kN）；

W——产生地震力的重力荷载（kN）；

γ——容重（kN/m³）；

m——质量（t）。

计 算 系 数

α——地震影响系数；

α_1——相应于结构基本周期 T_1 的地震影响系数 α 值；

$\alpha_{\min}$——地震影响系数 α 的最大值；

β——放大系数；

γ——振型参与系数；

γ_s——钢筋屈服强度超强系数；

ε——偏心参数；

$\zeta,\ \rho$——相关系数；

η——增大（或降低）系数；

λ——杆件比细比；

λ_v——竖向地震作用系数；

φ——钢杆件轴心受压稳定系数；

Ψ——地基容许承载力调整系数；

ω_1——第 i 液化土层层位影响的权函数；

C——结构影响系数；

C_z——综合影响系数；

K——安全系数。

几 何 特 征

A——截面面积（m²）；

B——构筑物（或基础）总宽度（m）；

D——筒形结构（或圆形基础）直径（m）；

H——总高度（m）；

L——总长度 (m);
K_{xx}——x 轴向平移刚度 (kN/m);
$K_{\varphi\varphi}$——抗扭刚度 (kN·m);
E——钢材弹性模量 (kPa);
E_h——混凝土弹性模量 (kPa);
G——剪切模量 (kPa);
I——转动惯量 (t·m²);
J——截面惯性矩 (m⁴);
Z——截面抵抗矩 (m³);
a——距离 (m);
b——截面宽度 (m);
d——钢筋直径 (m)、距离 (m);
e_0——偏心距 (m);
e_x——x 方向偏心距 (m);
h——高度 (m);
k_{xi}——第 i 抗侧力构件沿 x 轴方向的平动刚度 (kN/m);
l——构件长度 (m);
t——壁厚 (m);
x、y、z——分别为 x、y、z 轴方向距离 (座标) (m);
δ——单位水平力作用下的水平位移 (m/kN);
θ——斜杆与水平线间夹角 (°);
φ——土摩擦角 (°)。

材料指标和应力

$[R]$——地基土静容许承载力 (kPa);
R——经基础宽深修正的地基土静容许承载力 (kPa);
R_a——混凝土轴心抗压设计强度 (kPa);
R_g——钢筋抗拉设计强度 (kPa);
σ——结构截面应力,地基土应力 (kPa);
σ_s——钢材屈服点 (kPa);
τ——剪应力 (kPa)。

其 他

$N_{63.5}$——标准贯入锤击数实测值;
N_{cr}——饱和土液化判别标准贯入锤击数临界值;
N_0——饱和土液化判别标准贯入锤击数基准值;
P_1——地基液化指数;
T_i——结构基本周期 (s);

T_j——结构 j 振型周期（s）；

ω_j——结构 j 振型圆频率（s^{-1}）；

ρ_c——粘粒含量百分率（%）；

g——重力加速度（m/s^2）。

第一章 总 则

第1.0.1条 根据地震工作要以预防为主的方针，为保障已有工业构筑物在地震作用下的安全，使其在遭受抗震鉴定和加固所取烈度的地震影响时，一般不致于严重破坏，经修理后仍可继续使用，特制定本标准。

第1.0.2条 本标准适用于抗震鉴定和加固的烈度为7度、8度和9度，且未经抗震设计的已有工业构筑物的抗震鉴定和加固。

第1.0.3条 抗震鉴定和加固的烈度宜按所在地区基本烈度采用；对于特别重要的构筑物，当必须提高1度进行抗震鉴定和加固时，应按国家规定的批准权限报请批准。

注：1. 对于重要厂矿，有条件时可按经批准的地震烈度小区划或设计反应谱进行抗震鉴定和加固。

2. 对于基本烈度为6度地区，按国家专门规定需要进行抗震设防的工业构筑物，可按本标准7度区的要求进行抗震鉴定和加固。

第1.0.4条 进行抗震鉴定和加固，应从提高厂矿综合抗震能力的全局出发，满足下列要求：

一、对总体加固方案进行可行性和技术经济合理性的综合分析。

二、综合分析场地、地基对构筑物结构抗震性能的影响，进行合理加固。

三、从整条生产线综合考虑建筑物群体的抗震安全性，分析各类相邻建（构）筑物在地震下的相互影响及其震害后果，进行综合治理，减轻次生灾害。

四、严格施工要求，确保工程质量，切实组织验收。

五、在使用过程中应对构筑物进行合理维护。

第1.0.5条 进行抗震鉴定和加固，应根据构筑物的重要性，按下列要求划分等级：

一、A类建筑：大型厂（矿）中，构筑物的地震破坏将对连续生产和人员生命造成严重后果者，包括全厂（矿）性和特别重要生产车间的动力系统构筑物，地震下受损后可能导致严重次生灾害或严重影响震后急救的构筑物，以及矿山的安全出口等。

二、B类建筑：除A、C类以外的其他构筑物。

三、C类建筑：构筑物的破坏不致造成人员伤亡或较大经济损失者，或其他次要构筑物。

第1.0.6条 进行抗震鉴定和加固，应首先调查有关的勘察、设计和施工等原始资料，构筑物的现状和隐患，并结合同类构筑物结构和地基的震害经验，分析场地、地基土条件对构筑物抗震的有利因素和不利因素。

第1.0.7条 各类结构的现状，当不符合下列有关要求时，应结合抗震加固进行处理。

一、钢结构：

1. 受力构件、杆件（包括支撑）无短缺，无明显弯曲，无裂缝，无任意切割所形成的孔洞或缺口。

2. 受力构件、杆件及其连接和节点无锈蚀。

3. 锚栓无损伤、锈蚀，螺帽无松动；对受剪为主的锚栓，其栓杆在托座盖板面处无丝扣。基础混凝土无酥裂、无腐蚀条件。

4. 受力构件的支承长度符合非抗震设计要求。

5. 柱间支撑斜杆中心线与柱中心线的交点不位于楼板的上、下柱段和基础以上的柱段。

二、钢筋混凝土结构：

1. 受力构件、杆件无短缺，无明显变形，没有因切割、打洞等形成的损伤。

2. 受力构件、杆件的混凝土无酥裂、腐蚀、烧损、脱落、无露筋，无超过设计规范限值的裂缝。

3. 预制受力构件的支承长度符合非抗震设计要求。

4. 连接件无锈蚀。

5. 当设有填充墙或柱间支撑时，没有由此增大结构单元质心对刚心的偏心距和沿高度方向水平刚度的突变，没有因半高刚性墙而增大柱的线刚度或形成短柱。

三、砖结构：

1. 墙体不空臌，无歪斜和酥碱。

2. 承重墙体及纵横墙交接处无裂缝，咬槎良好，无任意开凿而形成明显削弱原结构抗震能力的孔洞。

3. 各部位的局部尺寸满足国家现行的建筑抗震鉴定标准规定的限值要求。

4. 砖过梁无开裂和变形。

5. 没有因地基不均匀沉降而引起的墙体裂缝及其他明显影响墙体质量的缺陷。

第1.0.8条 本标准有关章节中规定可不进行抗震验算和抗震加固的构筑物，应符合下列要求：

一、满足非抗震设计和施工验收规范的要求。

二、使用过程中未改变原设计的基本依据，或虽有改变但不降低构筑物的抗震能力；结构没有重大损伤和缺陷，符合本标准第1.0.7条的要求。

三、钢筋混凝土结构或钢结构的抗侧力构件及其节点符合本标准有关构造要求，无先行出现脆性破坏的可能。

四、相邻建（构）筑物、边坡的震害不致危及被鉴定构筑物的安全。

五、没有对建筑抗震危险的场地条件；地基土无液化、失稳或严重不均匀沉降可能。

第1.0.9条 构筑物结构的抗震强度验算，除本条和有关章节另有规定者外，可按工业与民用建筑抗震设计规范的规定执行。

一、构筑物的基本周期，可按同类构筑物的实测周期经验公式计算值、被鉴定构筑物的实测周期值或理论公式计算值确定；对前两类实测周期值，可根据结构的重要性和不同的塑性变形能力，乘以1.1～1.4的震时周期加长系数，但砖结构不得加长。当所采用的加固方案使影响周期的主要因素（结构的侧向刚度、质量等）有明显变化时，应考虑加固对周期值的影响。

二、结构影响系数和抗震强度安全度应按表1.0.9选用。

表 1.0.9　结构抗震鉴定加固的安全度和结构影响系数

项目	结构类别 安全度取值	钢结构 钢材和锚栓容许应力按不考虑地震时数值的下列比例取用	钢筋混凝土结构 结构安全系数按不考虑地震时数值的下列比例取用	砖结构
强度验算	抗震鉴定时	不应大于140%	不应小于70%	不应小于80%
	经鉴定需要加固时	不宜大于125%	不宜小于80%	
结构影响系数		0.3	0.35~0.4	0.45~0.5

注：1. 钢结构，当不能满足对塑性变形能力的抗震构造要求时，应降低表中容许应力值，并应在地震力计算中加大结构影响系数。
　　2. 钢筋混凝土结构，当不能满足对塑性变形能力的抗震构造要求时，应提高表中安全系数值，并应在地震力计算中加大结构影响系数。
　　3. 砖结构，除按要求进行强度验算外，还应符合抗震结构的配筋等构造要求。

对于的确难以达到抗震鉴定和加固标准的构筑物，应根据技术经济的综合分析结果，或采取措施适当提高其抗震能力，或报请批准后报废；对于尚可使用但无加固价值的次要构筑物，必须对人员和重要生产设备采取安全措施。

三、对大偏心受压（拉）和受弯钢筋混凝土矩形截面构件，当验算正截面抗震强度时，除C类构筑物外，受压区相对高度不应大于0.35（纵向钢筋为3号钢、5号钢）或0.4（纵向钢筋为16锰钢、25锰硅钢）；否则，偏心受压（拉）构件应按小偏心受压（拉）计算。

注：如能确切判定所用钢筋的生产厂家，必要时可按附录一采用由相应生产厂的钢筋强度统计资料，得出矩形截面的受压区相对高度值。

第1.0.10条　构筑物结构加固方案的确定，应综合考虑下列要求：
一、构筑物结构的整体性应符合下列要求：
1. 楼盖、屋盖等水平结构与有关抗侧力构件具有可靠连接。
2. 保证抗侧力构件及其节点的强度，避免出现脆性破坏。
3. 传递地震力的途径合理可靠。
4. 非受力结构（如维护墙体等）与主体受力结构之间具有可靠的拉结。
二、综合考虑强度加固和满足塑性变形能力的要求。
三、综合分析加固措施的有效性及可能产生的不利作用，避免薄弱环节转移。
四、选用合适的加固工艺和设备，例如，保证负荷条件下施焊的安全、钻孔打洞时避免或减少对结构的损伤等。
五、避免非受力结构倒塌伤人。

第1.0.11条　对于有技术改造或大修需要的构筑物，抗震加固宜与技术改造或大修结合，同时进行。

第1.0.12条　对构筑物结构单元与相邻建（构）筑物之间原有的变形缝（包括温度缝、沉降缝和防震缝）处，应清理缝隙中的硬杂物；变形缝宽度应符合工业与民用建筑抗震设计规范的要求，不足时，应根据两相邻结构单元相向水平振动和扭转振动移位时可能碰撞而产生的危害性大小，采取必要的措施。例如，适当提高两相邻单元的侧向刚度，而当平面内结构的质心对刚心有较大偏心时，尚宜采取减小偏心、提高抗扭刚度的措施；对可能碰撞的部位，缝隙中填入耐久性好的柔性吸能材料或提高该部位结构的强度等。

当构筑物支承于相邻建（构）筑物上而支座连接强度不足或采用滑动支座、滚动支座时，尚应对两相邻结构单元在相背水平振动时有无落梁的可能进行鉴定；当有落梁可能时，应采取措施，如加强支座连接，适当加长支承长度，设置用以限制过大移动的构造措施等。

第1.0.13条 全厂（矿）的固定测量基准点至少应有四个位于对抗震有利的地段。不符合要求时，应补设或采取措施，并应予以妥善保护。当全厂（矿）均位于软弱土或可液化土地段时，可将固定测量基准点设置在桩基上，而桩基应深至软弱土或可液化土的下界面以下，或对设置固定测量基准点部位的地基进行局部加固。

第1.0.14条 进行构筑物的抗震鉴定和加固，有关砖结构、木屋盖的抗震构造要求，尚应符合国家现行工业与民用建筑抗震鉴定标准的有关规定。抗震验算中，除本标准另有规定者外，均应按下列国家标准执行：

《建筑结构抗震设计规范》；
《室外给水排水和煤气热力工程抗震设计规范》；
《混凝土结构设计规范》；
《砖石结构设计规范》；
《钢结构设计规范》；
《建筑地基基础设计规范》。

第二章 场地、地基和基础

第一节 场　地

第2.1.1条 进行抗震鉴定时，场地土的分类宜符合下列规定：

一、Ⅰ类——坚硬土，包括岩石，密实的碎石类土，坚硬的老黏性土。

二、Ⅱ类——中等土，除Ⅰ、Ⅲ类以外的一般稳定土。

三、Ⅲ类——软弱土，包括淤泥，淤泥质土，松散的砂，新近沉积的黏性土和轻亚黏土（粉土），可液化土，静基本容许承载力小于130kPa的填土。

注：场地土一般可按基础底面（或端承桩支承面以下）10m范围内或摩擦桩桩长范围内土的类别划分；当上述范围内的土为多层土时，可按厚度加权平均的方法确定土的类别。

第2.1.2条 在8度和9度地区，对基岩上的构筑物，除基本周期小于或等于0.3s的A类构筑物外，其抗震构造措施可按鉴定加固的烈度降低1度采用，但地震力应按原鉴定加固的烈度计算。

第2.1.3条 Ⅲ类场地土上基本周期等于或大于1.2s的A类构筑物和各类重要性等级构筑物的突出屋面小型结构，除应满足本标准有关章节的抗震要求外，还宜适当提高薄弱部位的安全系数，并应设有具有良好吸能能力的抗侧力结构（当采用交叉支撑时，斜撑杆的长细比不宜大于120），或设有先行出现塑性变形的辅助（或赘余）抗侧力结构体系。

第2.1.4条 对建在不均匀地基（如故河道，暗藏的塘浜沟谷的边缘地带，边坡的半挖半填地段，山区中岩石与土交接地带，以及成因、岩性或状态明显不同的其他严重不均匀地层）或不同型式基础上的同一构筑物结构单元，除应满足有关章节的抗震要求外，尚应考虑不均匀沉降和不同地震反应对结构的不利影响，可在不均匀地基交界处或不同型式基础处及其附近，对结构的薄弱部位（强梁弱柱纯框架结构中的柱，强柱弱梁纯框架结构中的梁，以及梁柱节点，大偏心结构单元的角柱，沿主轴方向杆件长细比值大的柱间支撑等），采取提高其承载能力和对不均匀沉降适应能力的措施；采取调整不同区段结构侧向刚度等以减少地震反应差异的措施，设置先行出现塑性变形的辅助（或赘余）抗侧力结构体系。

> 注：不均匀地基上地震受损后可能形成严重次生灾害的刚性管线，也应设有减轻不均匀沉降影响的措施。例如，对管道采用柔性接头；设有可伸缩段；当管道穿过墙体时墙体具有较大的孔洞尺寸，并填有柔性吸能材料等。

第2.1.5条 对建在条形突出的山脊、高耸孤立的山丘上的A、B类长周期构筑物，宜采取符合本标准第2.1.3条规定的措施，并宜提高其侧向刚度。

第2.1.6条 对有全地下室、箱形基础或筏片基础的构筑物，除主要受力层有软弱土和可液化土外，一般可适当降低结构的抗震构造要求。

第二节 非液化土地基和基础

第2.2.1条 在非地震组合力作用下，当构筑物沉降已经稳定且现有状况良好，或沉降虽未稳定但已确定其地基基础能够满足非地震组合力作用下的设计要求时，除下列情况外，可不进行其地基基础的抗震验算和抗震加固：

一、8度或9度区，使用条件下受较大的水平推力且地震时水平力有较大增加的结构（如挡土墙等）或构件（如拱脚、井架的斜架等），宜进行其基础的抗滑稳定性验算。

二、对要求进行结构抗震强度验算的高重心的高耸构筑物，宜验算其地基的抗震强度。

三、当构筑物结合抗震加固进行改建而荷载有较大增加时，应对其地基基础进行静承载力计算和抗震验算。

第2.2.2条 进行非液化土地基的抗震强度验算时，地震组合力作用下的地基承载力应满足下列公式要求：

$$\sigma \leq \Psi_1 \Psi_2 R \tag{2.2.2-1}$$

$$\sigma_{max} \leq 1.2 \Psi_1 \Psi_2 R \tag{2.2.2-2}$$

式中 σ、σ_{max}——分别为基础底面的平均压应力和基础边缘的最大压应力（kPa）；

R——地基基础设计规范规定的经基础宽度和深度修正的地基土静容许承载力（kFa）；

Ψ_1——地震短暂作用对地基土容许承载力的调整系数，可按表2.2.2-1取用；

表2.2.2-1 地震短暂作用对地基土容许承载力调整系数

序号	地基土名称和状态	Ψ_1值
1	岩石，密实的碎石土，密实的砾、粗、中砂，静容许承载力 [R]≥300kPa 的一般黏性土	1.5
2	中密和稍密的碎石土，中密和稍密的砾、粗、中砂，密实和中密的细、粉砂，150kPa≤[R]≥300kPa 的一般黏性土	1.3

续表 2.2.2-1

序号	地基土名称和状态	Ψ_1 值
3	稍密的细、粉砂,100kPa≤[R]≥150kPa的一般黏性土,新近沉积黏性土	1.1
4	淤泥,淤泥质土,松散的砂,填土,可液化土	1.0

Ψ_2——地基土长期受压后容许承载力的提高系数。对岩石、碎石土、新近沉积黏性土、淤泥及地下水位以下的淤泥质土、可液化土,应取 $\Psi_2=1$;对其他土类,在地基沉降已经稳定,且构筑物未出现因地基变形引起的裂缝等损坏和超过容许的地基变形值时,可按已有构筑物基础下地基土承载力试验值与原地质勘察资料中相应标高土层试验值(或在自由场地相应标高同类土的试验值)的对比结果取值;当无勘察资料时,也可按表 2.2.2-2 取值。

表 2.2.2-2 地基土长期承压后容许承载力提高系数

σ_0/R	≥0.8	$0.8>\sigma_0/R\geqslant0.7$	$0.7>\sigma_0/R\geqslant0.6$	<0.6
Ψ_2 值	1.25	1.2	1.1	1.0

注:σ_0 系已有构筑物基础底面的实际平均压应力(kPa)。

第 2.2.3 条 对结合抗震加固进行改建的构筑物,如作用于基础上的重力荷载有较大增加时,除应验算地震组合力作用下的地基承载力外,尚应按下列公式验算非地震组合力作用下的地基承载力:

$$\sigma' = \Psi_2 R \tag{2.2.3-1}$$

$$\sigma'_{max} \leqslant 1.2\Psi_2 R \tag{2.2.3-2}$$

式中 σ'、σ'_{max}——分别为改建后非地震组合力作用下基础底面的平均压应力和基础边缘的最大压应力(kPa)。

2.2.3-1 和 2.2.3-2 公式中,地基土经长期受压容许承载力提高系数 Ψ_2 应按第 2.2.2 条取值,但静力验算中的可液化土也可按试验对比值或表 2.2.2-2 取值。

对 A、B 类构筑物,当选用的 Ψ_2 值大于 1 时,应按国家的《地基和基础工程施工及验收规范》进行沉降观测。

第 2.2.4 条 对非液化土地基上的基础进行地震组合力作用下的抗滑验算时,抗滑阻力可考虑基础底面与地基土之间的摩擦力与基础正侧面被动土压力的 1/3;经验算不符合要求时,应采取适当措施,例如,设置符合本标准附录二要求的混凝土地坪,增设抗滑趾;增设基础梁(或联系梁),其与基础的连接应按能承受地震时出现的拉力和压力,其值对杆系结构可取与其相连的支撑斜杆按实际截面出现屈服和压曲时内力的水平分量。

第 2.2.5 条 对要求验算结构抗震强度的高位贮仓、高架砖混通廊、塔类结构等高重心的高耸构筑物,应按下列公式进行地震组合力作用下的抗倾覆验算:

对矩形基础:$e_0 \leqslant 0.25B$ (2.2.5-1)

对圆形基础:$e_0 \leqslant 0.22D$ (2.2.5-2)

式中 e_0——地震组合力作用下基础底面竖向力和弯矩的合力作用点对基础底面截面形心的偏心距(m);

B——验算方向的矩形基础宽度（m）；

D——圆形基础直径（m）；

不符合要求时，应采取扩大基础、减少偏心距等措施。

第三节　可液化土地基

第2.3.1条　当构筑物地基土在室外地面以下15m范围内有饱和砂土或轻亚黏土时，应对其地震时是否可能液化及地基液化危害性进行鉴定，并应按地基的液化等级和构筑物类别确定工程处理原则。

（Ⅰ）液　化　判　别

第2.3.2条　饱和砂土层和轻亚黏土层可按下列单项指标进行液化判别：

一、地质年代为第四纪晚更新世（Q_3）或其以前的砂土或轻亚黏土，可判为非液化土。

二、7度、8度和9度区，粒径小于0.005mm颗粒的含量百分率分别不小于10、13和16的轻亚黏土，可判为非液化土。

注：用于液化判别的黏粒含量系采用六偏磷酸钠作分散剂时的测定数值；当采用其他方法测定时，应按有关规定换算。

三、对天然地基上基础埋置深度不超过2m的构筑物，根据其地基土上覆非液化土层厚度和地下水位深度在图2.3.2的位置，确定是否考虑液化影响；当基础埋置深度超过2m时，应将上覆非液化土层厚度和地下水位深度各减去超过值后查图确定。

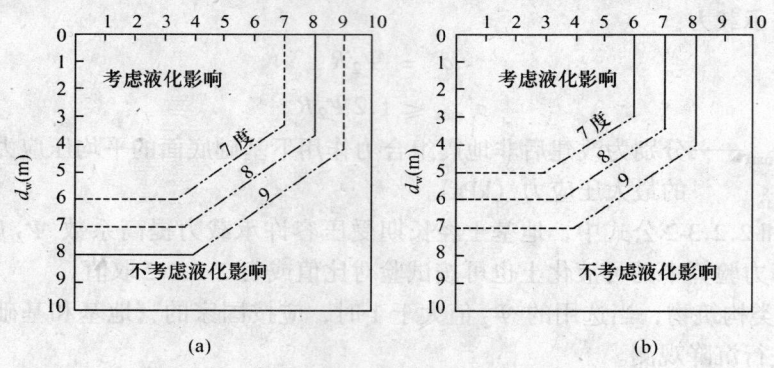

图2.3.2　采用d_w和d_u初判液化可能性；
(a) 砂土；(b) 轻亚黏土

d_u——上覆非液化土层厚度（m），计算时宜扣除淤泥和淤泥质土；

d_w——地下水位深度（m）。

经初判确定为可能液化或需考虑液化影响的饱和砂土或轻亚黏土，应按第2.3.3条或第2.3.4条的要求作进一步鉴定。

第2.3.3条　当饱和砂土层和轻亚黏土层的标准贯入锤击数实测值$N_{63.5}$（未经杆长修正）小于下式算出的液化临界标准贯入锤击数N_{cr}时，则可判为可液化土层。

$$N_{cr} = N_0[0.9 + 0.1(d_s - d_w)]\sqrt{\frac{3}{\rho_c}} \tag{2.3.3}$$

式中　d_s——饱和土标准贯入点深度（m）；

d_w——地下水位深度（m）；

ρ_c——粘粒含量的百分率（%），当 $\rho_c < 3$ 时，取 $\rho_c = 3$；

N_0——饱和土的液化临界标准贯入锤击数，对7、8、9度区可分别取6、10和16。

第2.3.4条 当利用原有地质勘察资料进行饱和轻亚黏土液化判别而缺少黏粒含量指标时，可按式2.3.4-1或2.3.4-2进行鉴定，当标准贯入锤击数 $N_{63.5}$ 小于由下列公式算出的临界标准贯入锤击数 N_{cr} 值时，确定为可液化轻亚黏土层：

$$N_{cr} = N_0[0.9 + 0.1(d_s - d_w)]\alpha_c \quad (2.3.4\text{-}1)$$

$$N_{cr} = N_0[0.9 + 0.1(d_s - d_w)]\alpha_{Ip} \quad (2.3.4\text{-}2)$$

式中 α_c——考虑黏粒含量影响的修正系数，对7、8和9度区，分别取0.68、0.63和0.56；

α_{Ip}——考虑塑性指数影响的经验系数；

$$\alpha_{Ip} = \sqrt{\frac{1}{1 + 0.67(I_p - 3)^{0.45}}}$$

当 $I_p < 3$ 时，取 $I_p = 3$。

（Ⅱ）地基液化危害性鉴定

第2.3.5条 当地面以下15m深度范围内经判定有液化土层时，应按地基液化指数由表2.3.5确定地基液化等级和据此判断液化沉降危害性。

表2.3.5 地基的液化等级确定和液化沉降危害判断

地基液化等级	液化指数 P_1	地面可能出现的喷水冒砂和变形	不均匀沉降对构筑物的危害程度
Ⅰ（轻微）	0～5	地面无喷水冒砂，或仅在洼地、河边有零星的小喷冒点	液化沉降危害性小，一般不致引起明显震害
Ⅱ（中等）	5～15	喷水冒砂的可能性很大，从轻微喷水冒砂到严重喷水冒砂均有，但多数属于中等喷水冒砂	液化沉降危害性较大。当地基主要受力层有液化土层时，可能造成高达200mm的不均匀沉降，墙体开裂或构件变形，高重心构筑物倾斜
Ⅲ（严重）	>15	喷水冒砂一般有很严重，地面变形很明显	液化沉降危害性很大，一般可产生大于200mm的不均匀沉降，高重心构筑物可能产生超过许可范围的倾斜

地基液化指数可按下式确定：

$$P_1 = \sum_{i=1}^{n}\left(1 - \frac{N_i}{N_{cri}}\right)d_i\omega_i \quad (2.3.5)$$

当 $(1 - N_i/N_{cri}) \leq 0$ 时为不液化点，均取零。

式中 P_1——地基液化指数；

N_i 和 N_{cri}——分别为土层中第 i 个标准贯入点的标准贯入锤击数实测值和临界值；

n——每个钻孔中饱和土层的标准贯入点总数；

d_i——第 i 个标准贯入点所代表的土层厚度（m），按图2.3.5（a）确定；

ω_i——d_i 层中点深度处考虑第 i 液化土层层位影响的权函数（m^{-1}），按图2.3.5（b）取用。

液化土地基所产生的不均匀沉降对构筑物的危害程度可按表2.3.5粗略判断。

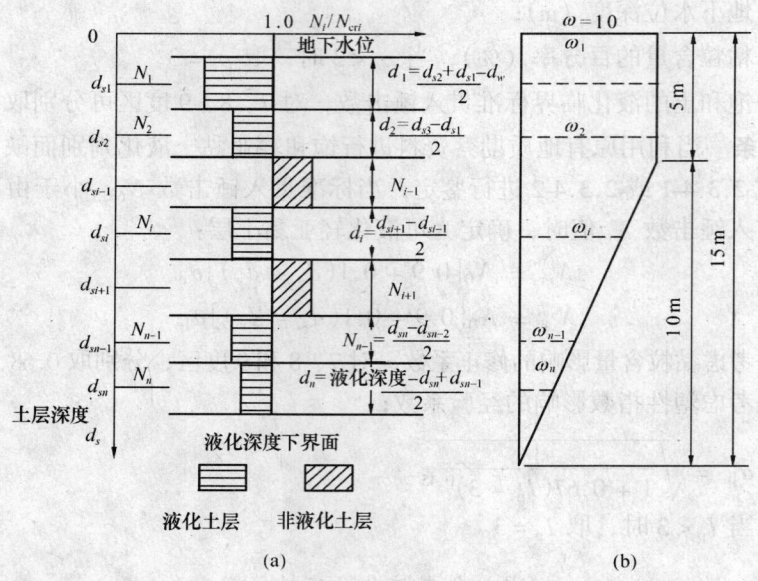

图 2.3.5 液化指数计算简图
(a) 土层剖面及其标贯点位置；(b) 权函数图形

（Ⅲ）液化土地基的工程处理原则和措施

第 2.3.6 条 根据地基液化等级，应按构筑物的重要性类别及其对地基液化不均匀沉降的敏感性大小确定工程处理原则。工程处理原则和措施可按表 2.3.6 选用。

表 2.3.6 液化土地基的工程处理原则

构筑物重要性类别	地基的液化等级		
	Ⅰ	Ⅱ	Ⅲ
A	（丙）或（乙+丙）	（乙+丙）或（甲）	（甲）
B	（丙）或不采用附加措施	（乙+丙）	（乙+丙）或（甲）
C	或不采取附加措施	不采取附加措施，或采取丙类措施	（丙）

表中，构筑物重要性类别应按本标准第 1.0.5 条确定。

工程处理原则的类别应按下列要求划分。对液化沉降敏感的 B 类构筑物，当地基液化等级为 Ⅱ、Ⅲ 时，宜从严选用工程处理原则。

甲类——全部消除地基液化可能或避免液化沉降；

乙类——减轻地基液化或液化不均匀沉降；

丙类——减少不均匀沉降对构筑物危害的结构构造措施。

根据上述工程处理原则，可按第 2.3.7 条、第 2.3.8 条选用相应的处理措施。当液化土层上界面距基底大于 4m 且位于地基主要受力层以下时，对基本周期不大于 0.5s 的构筑物，可不因液化土地基采取附加措施。在选择处理措施时，除不均匀沉降敏感的 A、B 类建筑应从严要求外，对其他结构，宜首先考虑结构构造措施，有条件时消除产生液化的某些因素，必要时才进行地基处理。

注：1. 对基本周期大于 1.2s 的 A 类构筑物，还应满足本章第 2.1.3 条的有关要求。

2. 当同一构筑物相邻单元之间或构筑物与相邻建（构）筑物之间的地基液化指数相差悬殊时，对 A、B 类建筑尚应满足第 2.1.4 条的有关要求。

3. 液化敏感的结构包括对不均匀沉降有严格要求的柱承式贮仓等强梁弱柱结构，支承柱塑性变形能力低的结构；对倾斜有严格要求、基本周期大于 1.2s 的高耸结构；对渗漏有严格要求的地下钢筋混凝土结构，天然地基上的井塔等。

第 2.3.7 条 对已有构筑物的可液化土地基，如需完全消除或部分消除液化可能性或其不均匀沉降危害性时，可按具体条件选用下列某项或几项措施：

一、采用桩基，特别当原为深入非液化土的桩基而仅需适量增加桩数时，可在原基础周侧补设桩并以现浇钢筋混凝土承台与原基础连成整体，此时，桩基抗震设计应符合本章第四节要求。

二、降低地下水水位。消除因槽、罐、管道等渗漏及排水系统不合理造成地下水水位显著提高的因素，以使基底下减少饱和土厚度和增加非饱和土层厚度。降低水位后对减少液化及其沉降危害性的效果，应再作评定。

三、设置排水桩或挤密砾石桩（以下统称排水桩），可在条形基础两侧和块式基础周侧设置竖向砾石排水桩；或在大块基础周侧设置排水桩，而在基底采用旋喷桩。排水桩的有效深度，对基本周期大于 1.2s 的 A 类构筑物、柱承式贮仓和井塔，宜至可液化土层的底面；对基本周期不大于 0.5s 的各类构筑物，宜残留可液化土层，此时，基底以下处理深度不应小于 4m，且不应小于地基主要受力层深度。基础侧边排水桩处理范围不应小于排水桩长度的 1/2，且不宜小于 2m。在排水桩处理范围及以远一定区段的地表面，应铺设渗透系数大的粗粒料层以组成横向排水通道，在其上应铺设混凝土预制板块等面层以防止排水通道淤塞。排水桩的设计应经过专门计算。

四、透水压重处理。在构筑物基础侧边增加孔隙比大的材料，以增加覆盖压力，减轻浅层饱和土的液化程度。例如，采用堆砂土或重料，或对局部地面更换质量大且孔隙比大的材料。覆盖压力应经过计算，压重范围可按第三款要求取用。

当各类构筑物的基础附近有地坑、沟壕时，均宜采取防止喷水冒砂的措施。

五、穿过已有基础打眼后用旋喷桩加固基础以下的可液化土层，并在基础侧边设旋喷桩。

六、基础周侧用板桩、挤密砾石桩或地下连续墙等围封，板桩或连续墙宜深至不透水土层。

七、当可液化土层位于浅层且基底以下的厚度不大时，可采取基础托换法，将基础加深至非液化土层。

八、对 B、C 类建筑，可采取覆盖法，将基侧回填土换成渗透系数大的粗粒料，并使其与铺设于地表的粗粒料层连通，上设可靠锚固且经计算的钢筋混凝土地坪。

第 2.3.8 条 为减少由地基土液化产生的不均匀沉降对构筑物的危害程度，提高构筑物对不均匀沉降的适应能力，可按具体条件选用下列某项或几项措施：

一、结合上部结构加固，适当提高基础和（或）结构的竖向整体刚度。

二、对选用的圈梁适当增大其截面高度和（或）主筋直径，并加密其节点的封闭箍筋。

三、减轻结构重量；在工艺可能条件下，根据各区段地基液化指数的大小，调整荷载分布。

四、地基液化指数明显不同的区段，可采用本标准第2.1.4条措施。

五、检查地下室、半地下室的地坪及地下管沟、窨井等地下设施，当这些设施有上浮或成为抗喷水冒砂薄弱环节的可能时，应采取防止喷水冒砂的措施。

第四节 桩 基

第2.4.1条 对使用条件下主要承受垂直荷载的低承台桩基，当同时满足下列条件时可不进行桩基的抗震强度（竖向承载力和水平承载力）验算。

一、构筑物结构没有因桩基不均匀沉降引起损坏。

二、桩尖和桩身周围无可液化土层。

三、桩承台周围无可液化土、淤泥、淤泥质土、松砂或疏松的回填土。

四、地震时没有因边坡滑坡、崩塌和相邻建（构）筑物倾倒等震害而对桩产生附加水平推力。

第2.4.2条 非液化土地基中的低承台桩基当不符合本标准第2.4.1条要求时，可按下列要求验算抗震承载力或采取措施：

一、桩基竖向承载力的抗震验算，可按工业与民用建筑地基基础设计规范中静竖向承载力的验算方法进行，但在地震组合力作用下单桩容许承载力的取值，当桩承台周侧设有符合本标准附录二要求的混凝土地坪时，可取1.4倍单桩静容许承载力；当未设置上述地坪时，则应扣除承台以下3m长度范围内桩与桩周土的摩擦力。

二、桩基水平承载力的抗震验算，除可考虑桩自身的水平抗力（按1.25倍静容许水平抗力取用）外，当无混凝土地坪时，还可按第2.2.4条规定考虑承台正侧面土的水平抗力；当有上述地坪时，还可考虑地坪的水平抗力，但所有情况均不应考虑承台底面与土之间的摩擦力。

第2.4.3条 对于穿过可液化土层在使用条件下主要承受竖向荷载的低承台桩基，当无第2.4.1条第四款的次生灾害，且承台四周有厚度不小于2m的非液化土和非软弱土，或设有符合本标准附录二要求的混凝土地坪时，对液化土中桩基的水平承载力可不进行抗震验算；但在8度和9度区，应按下列两个阶段对桩基的竖向承载力进行抗震验算。

一、第一阶段，设水平地震力已达最大值但地基中孔隙水压力尚未显著影响桩的承载力，可按第2.4.1条和第2.4.2条非液化土中桩基要求执行。

二、第二阶段，设地震已消逝而所有可液化土层均已液化，可按无地震作用时（即在考虑水平地震力的特殊组合中扣除水平地震力一项）验算桩的竖向承载力。单桩的竖向容许承载力可按下式确定：

$$N = P_a - T \tag{2.4.3}$$

式中 N——单桩竖向容许承载力（kN）；

P_a——土层未液化时的单桩容许承载力（kN），按第2.4.2条第一款确定；

T——考虑由于土层液化及桩的上部与桩周土脱离而使容许摩擦力减少的总值（kN），其中，桩的上部与桩周非液化土脱离的长度，当具有符合要求的混凝土地坪时可取为零；当无此条件时，可取3m。

经验算不能满足要求时，宜采取减少桩与桩周土间摩擦力的措施。例如，当原未设混凝土地坪时，增设之；对可液化土层进行防液化处理等。必要时，也可增加桩数并与原基础连成整体。

桩伸入稳定土层中的长度（不包括桩尖长度）应按计算确定，但对碎石类土、砾砂、粗砂、中砂和坚硬黏性土，不宜小于0.5m，对其他非岩石土，不宜小于2m。

第五节 挡土墙和边坡

第2.5.1条 在7度区Ⅲ类场地土和8度、9度区，墙身高度大于4m的挡土墙，应验算墙身及其地基基础的抗震强度和稳定性。

对高度不大于12m的挡土墙，作用于墙身的水平地震力可按下式计算：

$$P_i = C_z \alpha W_i \tag{2.5.1-1}$$

式中 P_i——第i截面上由墙身自重产生的水平地震力（kN/m）；

C_z——综合影响系数，对硬质岩石地基可取0.2，对其他土质地基可取0.25；

α——水平地震影响系数，对7、8和9度地区分别应取0.1，0.2和0.4；

W_i——第i截面以上墙身自重（kN/m）。

作用于挡土墙的地震主动土压力E_A可按库伦公式计算，但公式中的内摩擦角φ、墙背摩擦角δ_0和土的容重γ应分别用$(\varphi-\theta)$、$(\delta+\theta)$和$\gamma/\cos\theta$代替，即：

$$E'_A = \frac{\gamma H^2}{2} K'_A \tag{2.5.1-2}$$

式中 E'_A——地震时作用于墙背每延米长度上的主动土压力（kN/m），确定其作用点和方向的方法与不考虑地震时相同；

γ——土的容重（kN/m³，水下时取浮容重）；

H——挡土墙墙身高度（m）；

K'_A——地震时主动土压力系数。

地震时主动土压力系数可按下式计算，或按库伦公式中代换前述内摩擦角、墙背摩擦角和土的容重后直接查表求得。

$$K'_A = \frac{\cos^2(\varphi - \theta - \varepsilon_0)}{\cos\theta \cdot \cos^2\varepsilon_0 \cdot \cos(\varepsilon_0 + \delta_0 + \theta)\left[1 + \sqrt{\frac{\sin(\delta_0 + \varphi) \cdot \sin(\varphi - \theta - \lambda)}{\cos(\delta_0 + \theta + \varepsilon_0) \cdot \cos(\varepsilon_0 - \lambda)}}\right]^2} \tag{2.5.1-3}$$

式中 φ——土的动内摩擦角（°）；

δ_0——墙背与填土之间的动摩擦角（°）；

ε_0——墙背与铅直线间的夹角（°），墙板俯斜时取正值，仰斜时取负值；

λ——墙背填土与水平面间的夹角（°）；

θ——地震角（°），即重力和水平地震力的合力与铅直线间的夹角（见图2.5.1），按表2.5.1采用。

表2.5.1 地震角θ值

鉴定加固的烈度	7度	8度	9度
非浸水	1°30′	3°	6°
浸 水	2°30′	5°	10°

注：1. 当为可液化土时，φ、δ_0值均取为零；
2. 当无动摩擦角φ、δ_0的可靠试验资料时，可近似地按静摩擦角取值。

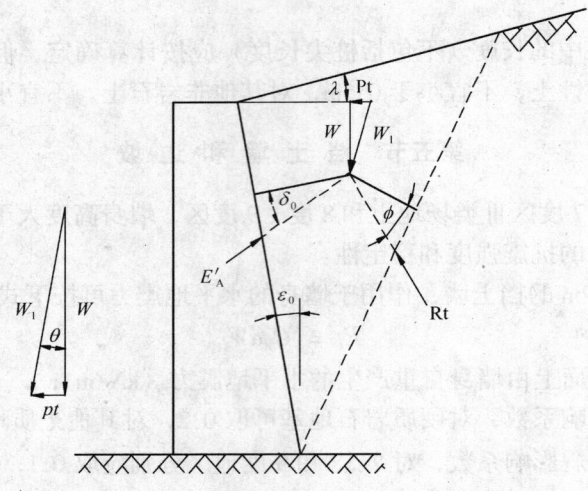

图 2.5.1 地震时作用于滑动土楔上力的示意图

第 2.5.2 条 挡土墙的地基应按第 2.2.2 条进行抗震承载力验算。不满足要求时，可增设墙趾以扩大基底面积。

第 2.5.3 条 挡土墙可按工业与民用建筑地基基础设计规范进行抗震稳定性验算，此时，根据挡土墙的重要性和可能导致的危害性大小，抗倾覆安全系数和抗滑安全系数可分别取 1.0～1.2 和 1.0～1.1；基底偏心距应符合下列要求：对岩石地基不大于 $B/3$，对一般土地基不大于 $B/5$，对容许承载力小于 200kPa 的土不大于 $B/6$，其中，B 为基础宽度。

不满足上述要求时，可在墙下增设较深且为原坑浇灌的墙趾，以利用墙前的被动土压力增大挡土墙的抗滑阻力，并可利用新增墙趾增大基底面积以减少基底偏心距和增大抗倾覆能力。

第 2.5.4 条 当构筑物建在非岩质陡坡上或者风化破碎且节理裂隙发育的岩质陡坡上时，可按表 2.5.4 进行抗震鉴定。不符合表中边坡高度和坡度的限制条件时，应进行抗滑稳定性验算。

表 2.5.4 地震区边坡高度与坡度的最大值

类别	岩石类别	边坡最大高度（m）			边坡坡度
		7度	8度	9度	
a	完整岩石边坡：未风化或风化轻微节理不发育（一般为1～2组以下）的硬质岩石，岩体一般呈整体或厚层状结构	25	20	18	1:0.1～1:0.3
b	较完整岩石边坡：风化颇重或节理较发育（一般为2～3组）的硬质岩石，岩体呈块状结构及风化轻微、节理不发育的软质岩石	20	18	15	1:0.25～1:0.75
c	不完整岩石边坡：风化严重或节理发育（一般在3组以上）的硬质岩石，岩石呈碎石状结构以及 b 类以外的软质岩石	15	12	10	1:0.5～1:1

续表 2.5.4

类别	岩石类别	边坡最大高度（m）			边坡坡度
		7 度	8 度	9 度	
d	半岩质边坡（包括第三纪岩石及具有一定胶结的碎石类土）	15	12	10	1:0.5~1:1
e	松散碎石类土边坡	10	8	6	1:1~1:1.75
f	一般黏性土边坡	12	10	8	1:0.5~1:1.5

注：下部为基岩、上部为覆盖土层的边坡，可视覆盖土层的胶结程度参照 d、e 类边坡取值。

地震作用下土坡的抗滑稳定性验算，可采取土坡稳定的条分法，安全系数不宜小于1.1。作用于滑动面以上各土条重心处的水平地震力可按下式计算：

$$P_i = C_z \alpha W_i \tag{2.5.4}$$

式中 C_z——综合影响系数，取 0.25；

α——水平地震影响系数；

W_i——第 i 土条的重量（kN/m）。

第 2.5.5 条 为提高边坡的抗震稳定性，可采取下列措施或其他有效措施。

一、放缓边坡，设置有较宽平台的阶梯式边坡。

二、合理排水，坡面种草植树。

三、对临空面采取护岸措施，防止坡脚的浸蚀。

四、在构筑物与其上方陡坡之间修建宽而深的沟或挡墙，以截止滚石或小的滑体。

五、消除构筑物上方的崩塌体；设锚杆，加支挡。

六、对风化严重或节理发育的岩质边坡采取延缓风化的措施。

七、当坡脚或坡体有可液化土层时，采取防液化等措施以减少滑动危险性和缩小滑动范围。

第三章 贮 仓

第一节 钢筋混凝土贮仓

第 3.1.1 条 对贮存散状物料的独立体系钢筋混凝土贮仓进行抗震鉴定时，应检查下列部位和内容：

一、柱承式贮仓中，支承柱的轴压比和配筋率，支承柱上下端和支承框架梁柱节点的封闭箍筋设置；柱间设有填充墙时墙体的材料、砌筑质量及其与柱的拉结，柱间设有支撑时支撑的配置及节点强度。

二、筒承式贮仓支承筒洞口的加强构造。

三、仓上建筑承重结构与仓顶的连接，层面与其承重结构的连接等保证结构整体性的措施。

四、贮仓与毗邻结构（高架通廊、其他群仓结构单元和过渡平台等）之间的关系。

五、柱承式贮仓结构单元有无产生严重偏心的因素。

六、柱承式贮仓有无产生不均匀沉降的地基条件。

（Ⅰ）结构抗震验算

第3.1.2条 贮仓的下列部位可不进行抗震强度验算：

一、贮仓仓体。

二、下列情况的仓下支承结构：

1. 7度区Ⅰ、Ⅱ类场地土，柱承式方仓的支承柱。

2. 7度和8度区，截面总面积接近仓壁截面面积且布置均匀的圆筒仓支承柱。

3. 7度区，筒承式贮仓的支承筒；8度区，双面配筋、壁厚不小于150mm，且在同一水平截面内的孔洞圆心角之和不超过110°、每个孔洞的圆心角不超过55°的支承筒。

三、下列情况的仓上建筑：

1. 7度和8度区，构造柱和圈梁的设置符合要求的砖混结构，钢柱或钢筋混凝土柱下端为刚接的轻、重屋盖结构。

2. 9度区，钢柱下端为刚接且为轻质材料围护的结构。

第3.1.3条 对于需要验算抗震强度的贮仓，应按下列要求进行水平地震力计算：

一、应按结构单元的两个主轴方向分别进行计算。

二、对仓上建筑为单层结构的柱承式贮仓结构单元，可简化为单自由度体系，按第3.1.4条进行计算。

三、对筒承式贮仓以及仓上建筑为多层结构的柱承式贮仓，应按工业与民用建筑抗震设计规范的振型分析法进行计算。

四、结构影响系数对柱承式方仓不得小于0.4，对筒承式贮仓和柱承式圆筒仓不得小于0.35。

五、散状贮料的有效重量可按满仓的贮料重量乘以表3.1.3的相应折减系数。

表3.1.3 散状贮料有效重量折减系数

计算项目		周期计算和水平地震力计算	抗震强度验算的内力组合
折减系数组成		贮料充盈程度与耗能	贮料充盈程度
单仓和双联仓	柱承式仓筒仓	0.9 0.75	0.9
三联及以上的群仓	柱承式仓筒仓	0.8 0.65	0.8

第3.1.4条 仓上建筑为单层结构的柱承式贮仓按下列规定进行水平地震力计算：

一、结构计算简图可简化为两质点［如图3.1.4（b），分别作用于仓下柱的顶部和仓上建筑的屋盖处］或单质点［如图3.1.4（c），作用于仓下柱的顶部］体系。

二、结构基本周期可按下式计算：

$$T_1 = 2\pi\sqrt{\frac{W\delta_{11}}{g}} \tag{3.1.4-1}$$

式中　W——仓下柱顶部以上结构和设备全部重量、散状物料有效重量，以及仓下柱重量的40%之和（kN）；

　　　g——重力加速度（m/s²）；

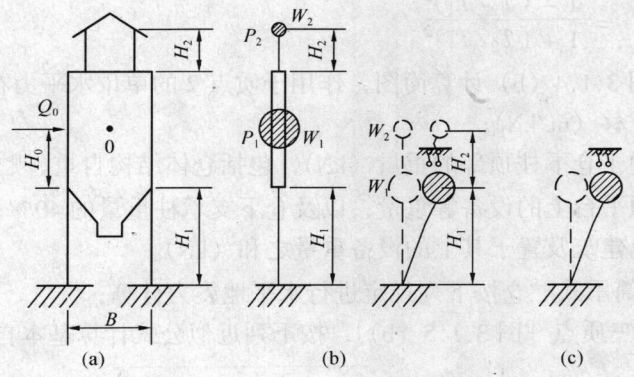

图 3.1.4 柱承式贮仓结构计算简图
(a) 结构简图（0—贮料质心）；(b) 两质点计算简图；
(c) 单质点计算简图

δ_{11}——单位水平力作用于柱顶（质点 1）时在该处引起的水平位移（m/kN）。对空框架支承结构，应按下式计算：

$$\delta_{11} = \frac{H_1^3}{12\sum_{i=1}^{n} E_i J_i} \quad (3.1.4\text{-}2)$$

其中，H_1 为仓下支承柱高度（m）；E_i、J_i 分别为 i 柱的弹性模量（kPa）和截面惯性矩（m⁴）；n 为仓下柱根数。

对有实心砌体填充墙的支承框架，可按下式计算：

$$\delta_{11} = 1/K_{fw} \quad (3.1.4\text{-}3)$$

其中，K_{fw} 为填充墙框架的侧移刚度（kN/m），可按《建筑抗震设计规范》（GBJ 11—89）计算；

对设有柱间支撑的支承框架，可按本章公式 3.1.9-1 进行计算。

三、对于作用于各质点的水平地震力，当按工业与民用建筑抗震设计规范的振型分析法计算时，可直接求得；当按底部剪力法计算时，由此算出的仓上建筑质点的水平地震力[图 3.1.4（b）的 P_2]值应乘以局部放大系数，其值可按表 3.1.4 由相关参数 T_2/T_1 或 ρ_T 求得。

表 3.1.4 仓上建筑水平地震力放大系数 β_n

相关参数		T_2/T_1	≤0.4	0.5	0.6	0.7	0.8	≥0.9
		ρ_T	≥0.72	0.6	0.47	0.34	0.22	≤0.105
仓上建筑结构类型	砖混结构，钢筋混凝土结构		1	1.2	1.5	2	3	3
	钢结构							6

表中，T_1、T_2 分别为柱承式贮仓的基本周期和第二振型周期；相关参数 ρ_T 可按下式计算：

$$\rho_T = \sqrt{(W_1\delta_{11} - W_2\delta_{22})^2 + 4W_1W_2\delta_{11}^2}/(W_1\delta_{11} + W_2\delta_{22})$$

$$= \frac{1-(T_2/T_1)^2}{1+(T_2/T_1)^2} \tag{3.1.4-4}$$

式中 δ_{22}——按图 3.1.4 (b) 计算简图，作用于质点 2 的单位水平力在该点处引起的水平位移 (m/kN)；

W_1——集中于仓下柱顶部的重量 (kN)，包括仓体结构自重、贮料有效重量和置于仓顶平台上的设备等重量，以及仓下支承柱重量的 40%；

W_2——仓上建筑及置于其上的设备重量之和 (kN)。

第 3.1.5 条 筒承式贮仓按下列规定进行水平地震力计算：

一、可简化为三质点 [图 3.1.5 (b)]，按下列近似公式计算基本自振周期：

$$T_1 = 2\pi \xi_T \sqrt{\sum_{i=1}^{n}(W_i \delta_{in}^2)/(g \cdot \delta_{nn})} \tag{3.1.5-1}$$

式中 W_i——质点 i 的重量 (kN)，取质点 i 的上、下两质点之间高度范围内仓壁和贮料有效重量之和的一半。顶部质点设置在仓顶处，其重量还应包括仓顶平台、仓上建筑和设备的重量。最下部质点当取少数质点体系时，宜设置在支承筒壁与仓体交接处，该质点的集中重量应包括支承筒壁重量的 40%；

ξ_T——支承筒壁孔洞影响系数，沿 x 轴方向计算时取 1，沿 y 轴方向取 0.85；

δ_{nn}, δ_{in}——作用于顶部质点 n 上的单位水平力分别在质点 n 和 i 处引起的水平位移 (m/kN)，可按第 3.1.6 条进行计算。

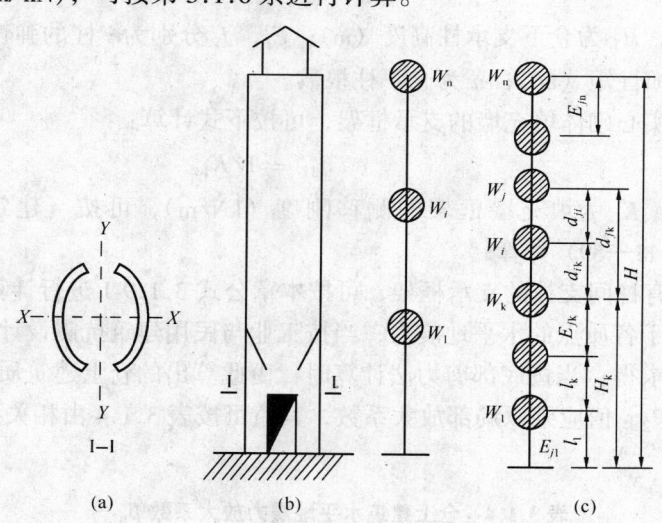

图 3.1.5 筒承式贮仓计算简图
(a) 结构简图；(b) 取少数质点体系；(c) 取较多质点体系

二、当支承筒壁在孔洞处的截面惯性矩不小于仓体截面惯性矩的 65%，且支承筒壁的高度不大于贮仓至仓顶总高度的 30% 时，筒仓可简化为单质点体系的悬臂梁计算简图，按公式 3.1.4-1 计算基本周期，但质点应取在仓顶；质点重量应取贮仓全部结构自重的 1/4、贮料有效重量的 1/2 及仓顶平台以上仓上建筑和设备重量之和。

仓顶作用单位水平力时在该处引起的水平位移可按下式计算：

$$\delta = \frac{H^3}{3EJ} \tag{3.1.5-2}$$

式中 H——筒仓总高（m）；

E、J——分别为仓体弹性模量（kPa）和截面惯性矩（m^4）。

第3.1.6条 筒承式贮仓在单位水平力作用下的水平位移可按下列公式进行计算[图3.1.5（c）]：

一、沿 x 轴方向，贮仓按支承筒壁为下端固定而上端嵌固、仓体为悬臂梁的计算简图，由下式计算单位水平力作用下的水平位移：

$$\delta_{ij} = \delta_{ij} = \frac{l_1^3}{12EJS1} + \sum_{k=2}^{n} \frac{l_k}{EJ_k}\left[d_{ij}d_{ik} + \frac{1}{2}l_k(d_{jk} + d_{ik}) + \frac{l_k^2}{3}\right] + \sum_{k=1}^{i} \frac{l_k}{GA_k} \tag{3.1.6-1}$$

$$(i = 2,3,\cdots,n; j = 2,3,\cdots,n; i \leq j)$$

二、沿 y 轴方向，贮仓按悬臂梁的计算简图，由下式计算单位水平力作用下的水平位移：

$$\delta_{ij} = \delta_{ij} = \sum_{k=2}^{n} \frac{l_k}{EJ_k}\left[d_{jk}d_{ik} + \frac{1}{2}l_k(d_{jk} + d_{ik}) + \frac{l_k^2}{3}\right] + \sum_{k=1}^{i} \frac{l_k}{GA_k} \tag{3.1.6-2}$$

$$(i = 1,2,\cdots,n; i = 1,2,\cdots,n; i \leq j)$$

式中 δ_{ij}——单位水平力作用于 j 处引起 i 处的水平位移（m/kN）；

l_i——底段的长度（m）；

J_1——底段筒壁开孔处弧形截面的惯性矩（m^4）；

J_k——各段的截面惯性矩（m^4）；

E——贮仓结构材料的弹性模量（kPa）；

l_k——各段的长度（m）；

d_{ji}——各质点间的高度差（m），$d_{ji} = H_j - H_i$；$d_{ji} = H_j - H_k$；

H_k——各质点的高度（m）；

G——贮仓结构材料的剪切模量（kPa）；

A_k——各段的截面面积（m^2）。

当按公式3.1.5-1计算基本周期时，上列公式中的剪切变形项可不考虑。

第3.1.7条 柱承式方仓当组联的长宽比过大，且各仓格贮料因容重和（或）充盈程度相差过大而形成质量中心对刚度中心的偏心距过大时，可按振型分析法或确有依据的简化计算方法计算扭转地震效应。

当采用扭转效应系数法时，可按下式计算：

$$Q_t = \eta_t Q_0 \tag{3.1.7}$$

式中 Q_t——偏心结构单元由地震扭转及平动产生于竖向抗侧力构件的地震剪力（kN）；

Q_0——偏心结构单元仅考虑平动时产生于竖向抗侧力构件的地震剪力（kN）；

η_t——偏心扭转影响系数，当 $0.1 < \varepsilon \leq 0.3$ 时，可按 $\eta_t = 0.65 + 4.5\varepsilon$ 计算；

ε——偏心参数，当水平地震力沿 x 轴（或 y 轴）方向作用而在 y 轴（或 x 轴）方向有偏心距（e_y 或 e_x）时，相应方向的偏心参数分别为 $\varepsilon_x = \dfrac{e_y y_s K_{xx}}{K_{\varphi\varphi}}$ 或 $\varepsilon_y = \dfrac{e_x x_r K_{yy}}{K_{\varphi\varphi}}$；

y_s（或 x_r）——在 x 轴（或 y 轴）方向的水平地震力作用下，相应方向第 s（或 r）竖向抗侧力构件与结构单元总质量中心的距离（m），其中，总质量指集中于仓下支承柱顶部的全部质量［图 3.1.4（c），图中的重量换以质量］；

K_{xx}（或 K_{yy}）——仓下各竖向抗侧力构件在 x 轴（或 y 轴）方向的平动刚度之和（kN/m），

$$K_{xx} = \sum_{s=1}^{n} k_{xs} \text{ 或 } K_{yy} = \sum_{r=1}^{n} k_{yr}$$

$K_{\varphi\varphi}$——仓下各竖向抗侧力构件对结构单元总质量中心的总抗扭刚度（kN·m），可忽略竖向抗侧力构件自身的抗扭刚度，$K_{\varphi\varphi} = \sum_{s=1}^{n} k_{xs} y_s^2 + \sum_{r=1}^{n} k_{yr} x_r^2$；

e_x（或 e_y）——仓下各竖向抗侧力构件的刚度中心对结构单元总质量中心在 x 方向（或 y 方向）的偏心距（m），

$$e_x = \sum_{r=1}^{n}(k_{yr} x_r)/K_{yy}, e_y = \sum_{s=1}^{n}(k_{xs} y_s)/K_{xx};$$

n——仓下抗侧力构件总数。

当偏心参数 $\varepsilon \leq 0.1$ 时，可不考虑偏心扭转效应；当 $\varepsilon > 0.3$ 时，应按空间体系，采用振型分析法等精确计算方法，或采取减少偏心距、增大抗扭刚度的措施。

第 3.1.8 条 结构和地基的抗震验算应取下列内力的最不利组合：

一、有效重力荷载作用下的压力，其中，散状物料的有效重力荷载应按实际最高料位时的重量乘以表 3.1.3 中仅考虑贮料充盈程度的折减系数。

二、作用于贮料质心处的水平地震力对仓下柱验算截面引起的地震剪力、弯矩和轴向压（拉）力，此项轴向压（拉）力可按 $Q_0 H_0/B$ 取用［式中符号见图 3.1.4（a）］。

三、8 度和 9 度区，按第一款有效重力荷载分别乘 0.1 和 0.2 所得的竖向地震力产生于竖向构件的内力，竖向地震力应考虑上下两个方向的作用。

第 3.1.9 条 对已有的或补设的纵、横向柱间支撑进行抗震验算时，斜杆长细比小于 200 的交叉支撑宜考虑拉、压斜杆共同工作，可按下列方法进行计算：

一、确定贮仓结构自振周期和柱列水平地震力分配时，柱间支撑在单位水平力作用下的位移可按下式确定：

$$\delta = \sum_i \frac{1}{1 + \eta_i \varphi_i} \delta_{ti} \qquad (3.1.9\text{-}1)$$

式中 δ_{ti}——交叉支撑中仅考虑斜拉杆受力时，单位水平力作用下第 i 节间的相对位移（m/kN）；

φ_i——第 i 节间斜杆轴心受压稳定系数，应按钢结构设计规范采用；

η_i——第 i 节间偏心受力节点对斜压杆稳定的影响系数；对双角钢斜杆取 $\eta_i = 1$；对单角钢斜杆，当长细比 $\lambda \leq 100$ 时取 $\eta_i = 0.7$，当 $\lambda = 200$ 时取 $\eta_i = 1$，λ 为中间值时按线性插入。

二、第 i 节间支撑受拉斜杆的拉力可按下式确定：

$$N_{ti} = \frac{P_{bi}}{(1 + \xi_c \eta_i \varphi_i)\cos\theta} \qquad (3.1.9\text{-}2)$$

式中 P_{bi}——第 i 节间支撑分担的地震剪力（kN）；

ξ_c——非弹性工作阶段的交叉支撑中斜压杆的强度参与系数：$\lambda < 100$ 时取 $\xi_c = 0.6$，$\lambda = 100 \sim 200$ 时取 $\xi_c = 0.5$；

θ——斜杆与水平面的夹角（°）。

三、斜拉杆可按下式进行抗震强度验算：

$$\sigma = \frac{N_{ti}}{A} \geq K_1 \sigma_s \tag{3.1.9-3}$$

式中 A——斜杆截面面积（m²）；

σ_s——杆件钢材的屈服点（kPa）；

K_1——强度安全系数，其值不得小于1。

当已有柱间支撑经验算 $K_t < 1$ 时，应加固或增设柱间支撑。

第 3.1.10 条 对已有或增设的柱间支撑，其节点应符合下列要求：

一、支撑节点的焊接连接，可按斜拉杆实际截面屈服内力与其连接等强的非抗震设计要求进行验算。

二、柱间支撑与柱连接预埋件的锚筋总面积宜符合下式要求：

$$A_s \geq \frac{K_2 N}{0.6 R_g} \left(\frac{\Psi \sin\theta}{\alpha_r \alpha_v} + \frac{\cos\theta}{\alpha_b} + \frac{\sin\theta \cdot e_0}{0.5 \alpha_r \alpha_b z} \right) \tag{3.1.10}$$

式中 N——支撑斜拉杆全截面屈服拉力（kN），$N = \sigma_s \cdot A$；

Ψ——斜拉杆屈服内力产生于节点的弯矩与剪力的组合作用系数，$\Psi = \left(1 - \frac{e_0}{z}\right)^2$，当 $\frac{e_0}{z} > 1$ 时，取 $\Psi = 0$；

e_0——偏心距（m），即锚筋总截面面积中心线与支撑斜拉杆轴线的交点至锚板外表面的距离，当此交点交于锚板外表面的内侧时取 $e_0 = 0$；

z——外排锚筋中心线之间的距离（m）；

R_g——锚筋钢材受拉设计强度（kPa）；

σ_s——斜撑杆钢材屈原强度（kPa）；

α_r——锚筋排数影响系数，二排时取 1，三排时取 0.9，四排时取 0.85；

α_v——锚筋抗剪强度影响系数，$\alpha_v = (4 - 0.08d)\sqrt{\frac{R_a}{R_g}} \leq 0.7$，其中，$R_a$ 为混凝土抗压设计强度，d 为锚筋直径，取 mm 为单位的无量纲数值代入；

α_b——锚板弯曲变形影响系数，$\alpha_b = 0.6 + 0.25t/d$，其中，t 为锚板厚度（mm），当具有避免锚板弯曲变形的措施时，可取 $\alpha_b = 1$；

K_2——强度安全系数，取 1.3，且 $K_2 \geq 1.2 K_1$，K_1 为第 3.1.9 条支撑斜拉杆的强度安全系数。

当锚筋经验算不符合要求时，宜首先采取减少节点地震内力的措施。例如，对未设弦杆的节点补设弦杆或基础系梁以平衡斜拉杆屈服内力的水平分量；对锚板加焊加劲板使锚板弯曲变形系数等于 1。必要时采取加固节点的措施。

（Ⅱ）抗震构造措施

第3.1.11条 柱承式贮仓仓下支承柱的纵向钢筋应符合下列要求：

一、柱截面最小总配筋率不应小于表3.1.11-1的限值。

表3.1.11-1 仓下柱截面最小总配筋率（%）

柱类别 \ 烈度	7度和8度	9度
中柱、边柱	0.6	0.8
角柱	0.8	1.0

二、大偏心受压柱截面每侧钢筋的最大配筋率，当无绑扎接头时，不应大于非抗震设计时数值的70%（对Ⅰ级钢筋或5号钢钢筋）或80%（对Ⅱ、Ⅲ级钢筋）；当有绑扎接头时，对A类建筑的支柱不应大于1%，且搭接长度应满足受拉钢筋要求，在搭接长度范围内封闭箍筋间距不宜大于边排纵向钢筋中最小直径的5倍。

注：当支柱纵向钢筋在其绑扎接头范围设置施加围压的外包钢板箍时，钢筋的最大配筋率可按无绑扎接头时取值。

三、对支承柱下列任一部位在高为柱截面长边（当贮仓纵向沿柱全高设有剪力墙、实心砌体填充墙或柱间支撑时，取高为柱横向截面尺寸）范围内设有焊接接头的纵向钢筋，其闪光接触对焊接头可不加固，电弧焊接头可按表3.1.11-2确定是否加固。

1. 仓底以下。
2. 基础顶面以上，当有混凝土地坪时为地坪以上。
3. 支撑框架柱与横梁交接面以外。

表3.1.11-2 电弧焊焊接接头的加固范围

钢筋种类 \ 焊条型号	T38	T42	T50	T55
Ⅰ级钢筋			不加固	
5号钢筋			不加固	
Ⅱ级钢筋	加固			
Ⅲ级钢筋	加固		A、B类建筑，加固	

注：熔池焊焊接所用焊条应为氢型焊条。

不符合上述要求时，应加固，或采取减少支承柱分担的水平地震力比例等措施，如加设符合要求的填充墙或柱间支撑等。

第3.1.12条 对未设置符合要求的填充墙、柱间支撑或框架横梁的贮仓支承柱，封闭箍筋应符合下列要求：

一、柱的下列区段内封闭箍筋应符合第二款的最低要求：

1. 对短柱以及偏心参数大于0.1（第3.1.7条）的群仓角柱，在其全高范围内。
2. 对其他柱，在柱两端高度为截面长边和柱净高1/6两者中较大值的范围内，对支承框架还包括梁柱节点。

注：支承柱净高 H_0 与验算方向柱截面高度 h 之比 $H_0/h < 4$，或支承框架柱剪跨比 $M/Qh < 2$ 者，均视为短柱，包括与柱紧密结合的实心砌体填充墙由于开洞或半高设置所形成的短柱。上述 M、Q 分别为

支承框架柱两端的地震弯矩和剪力。

二、加密区封闭箍筋的最小体积配箍率、最大间距及最小直径，应符合表3.1.12-1和表3.1.12-2的要求；不符合要求时，应加固。当仅需进行局部加固时，宜采用不因加固而局部增大柱截面的剪切补强，例如，采用施加围压的外包钢板箍等；当需要对柱全高进行加固时，宜按附录三采用耗能卸载或剪切补强措施。

表3.1.12-1 最小体积配箍率（%）

封闭箍筋型式	烈度（度）	轴压比		
		≤0.3	0.3~0.45	0.45~0.6
复合箍或螺旋箍	7	0.4	0.6	0.8
	8	0.6	0.8	1.0
	9	0.8	1.0	1.2
普通矩形箍	7	0.6	0.8	(1.2)
	8	0.8	1.0	(1.6)
	9	1.0	(1.2)	(2.0)

注：1. 轴压比 N/AR_a，N 指重力荷载产生的轴压力，A 为柱截面面积，R_a 为混凝土轴心抗压设计强度。混凝土标号不得小于200号，必要时，对B、C类建筑的现浇柱，可适当考虑混凝土的后期强度。
2. 表中括号内数值对加固仅适用于外包钢板箍。
3. 当拉筋为下列情况之一时，才允许计入体积配箍率：1）两端均具有130°弯钩；2）设置直钩端那一侧有填充墙时；3）补设外包钢板箍时。

表3.1.12-2 封闭箍筋最大间距和最小直径

烈度（度）	最大间距	最小直径
7	10d，150mm	$\phi 6$，$d/4$
8	8d，100mm	$\phi 8$，$d/4$
9	6d，100mm	$\phi 10$，$d/4$

注：1. d 为未设填充墙或柱间支撑的柱列中支承柱截面外排纵向钢筋的最小直径（确定箍筋间距）或最大直径（确定箍筋直径时）；
2. 箍筋间距不应大于表中数值的较小值，箍筋直径不应小于表中数值的较大值；
3. 当轴压比大于0.45时，还宜满足肢距不大于300mm的要求。

三、非加密区箍筋间距不宜大于加密区箍筋间距的两倍。

第3.1.13条 贮仓的支承空框架当同时符合下列要求时，可考虑框架梁对相应方向框架柱的耗能作用；

一、横梁位于支柱中段。

二、横梁线刚度大于支柱线刚度。

三、框架梁抗弯强度安全系数不小于1，且柱的抗弯强度安全系数不小于梁的抗弯强度安全系数的1.1倍，柱的抗剪强度安全系数不小于柱抗弯强度安全系数的1.2倍。

四、梁柱节点及梁端在宽为梁高范围内，封闭箍筋符合表3.1.12-2要求，且最大间距不大于梁高的1/4。

五、在梁的最大弯矩范围内边排纵向钢筋无接头。

第3.1.14条 当贮仓结构单元的支承柱（支承框架）设有填充墙时，填充墙应符合下列要求：

一、填充墙应为实心砖砌体，砖标号不应小于75号，砂浆标号不应小于25号。

二、贮仓单元端开间的柱间填充墙不应有洞口，9度区并应为钢筋网砂浆夹板墙。

三、填充墙与框架梁柱应具有可靠的连接。

四、填充墙应沿全高设置。

五、填充墙应对称设置。

不符合上述要求时，可按附录三选用处理措施。

第3.1.15条 当贮仓支承框架（柱）设有纵向柱间支撑时，支撑系统的布置应符合下列要求：

一、柱间支撑应为超静定体系，并沿全高设置。支撑系统应保持完整。通过支撑系统传递纵向水平地震力的途径有中断时，应补设短缺的杆件、提高传力途径中薄弱环节的强度等措施予以连通。

二、各纵向柱列的柱间支撑侧向刚度应相近，应减少质心对刚心的偏心。

三、当同一结构单元的同一柱列中有几组柱间支撑时，各组支撑框架的侧向刚度宜均衡。

四、当沿高度方向设有多层支撑时，上层支撑的强度安全系数不应小于下层支撑的强度安全系数。层间应有平衡节点部位拉压杆最大内力的水平弦杆。

五、柱间支撑的斜杆中心线与柱中心线的下节点交点不宜交于基础顶面以上（或混凝土地坪以上）的柱段。

六、斜撑杆应无初始弯曲。支撑的节点板在平面外不应有较大的偏心，对单面连接单角钢杆件的节点板宜有防止扭曲的加劲板。

七、支撑斜杆的长细比，7度和8度区不应大于150，9度区不宜大于120。

第3.1.16条 柱间支撑节点的构造应符合下列要求：

一、当撑杆与节点板间为铆钉连接或普通螺栓连接时，不得用于单面连接的单角钢杆件；对双面连接的双角钢杆件，同一截面的开孔率不得大于20%。不符合要求时，可用经热处理的45号钢或40硼钢高强螺栓代换普通螺栓，用经热处理的40硼钢高强螺栓代换铆钉；当被连接钢材可焊性符合要求时，也可改换为焊接连接，此时连接强度应符合本标准第3.1.10条第一款要求，且不得考虑原来螺栓或铆钉参与受力。

二、8度和9度区，预埋件锚筋不应是⊓形。直锚筋的锚固长度，当其由受剪控制时，不得小于$15d$，（d为锚筋直径），当由受拉控制时，不得小于强度充分利用时的受拉锚固长度。锚板厚度不得小于锚筋直径的0.6倍。

第3.1.17条 支承筒壁上开设孔洞时，每个孔洞对应的圆心角不得超过70°，同一水平截面内开孔的圆心角之和不得超过140°。

当圆孔直径或方孔边长在1m以内时，孔洞边缘应有附加配筋，其配筋量不宜小于被洞口切断钢筋的截面面积，且伸过洞口边的长度不宜小于钢筋直径的30倍。当孔洞较大时，应设有加强框，加强框的配筋量不应小于被洞口切断钢筋的截面面积。9度区，支承筒的筒壁厚度不应小于150mm，并宜为双面配筋。

第3.1.18条 砖墙承重的仓上建筑应符合下列要求：

一、7度区，砖墙顶部和楼层平面处为装配式钢筋混凝土屋盖和楼盖时，预制板与闭合圈梁间应具有可靠连接；当为轻型屋盖时，结构单元两端应各设有一道横向水平支撑。

二、8度和9度区，除应满足第一款要求外，墙体还应有间距不大于6m的构造柱，构造柱的下端与仓体、上端与檐口卧梁（圈梁）间应具有可靠连接。

三、当贮仓结构单元的仓上建筑一端封闭另一端敞开时，山墙宜设有与墙体可靠拉结的钢筋网砂浆面层。

第3.1.19条　钢筋混凝土结构的仓上建筑应符合下列要求：

一、支柱与仓体的连接应为刚性节点。

二、当沿纵向设有柱间填充墙时，应符合第3.1.14条的要求。当设有交叉柱间支撑时，斜杆长细比不宜大于150；下节点斜杆中心线与柱中心线的交点宜交于仓顶平台，不宜交于平台以上柱段，否则应加设下弦杆，柱顶应有通长系杆，不应借助屋面板纵肋传力。

三、屋面与其承重结构应具有可靠连接。

第3.1.20条　钢结构的仓上建筑应符合下列要求：

一、支柱与仓体的连接应为刚性节点。

二、8度和9度区，柱间填充墙宜改换为轻质材料维护，此时，应设置符合第3.1.19条要求的柱间支撑。

第3.1.21条　相邻贮仓结构单元之间或贮仓与毗邻结构（过渡平台，独立支承的通廊，偏屋等）之间的防震缝应符合下列要求：

一、最小宽度按下列要求取值：

1. 当柱承式方仓在地震下可能碰撞部位（包括外臌件）的高度在15m以下时，一般可取70mm；当超过15m时，对7、8、9度区，分别每增高4、3、2m，加宽2mm。当两相邻结构或其中之一有严重偏心时，应适当加宽。

2. 对筒承式贮仓和柱承式圆满仓结构单元，其与相邻结构间的防震缝最小宽度可按第一款数值的70%取用。

二、独立支承的通廊悬臂端四侧应与仓上建筑对应的洞口之间留有间隙，其值不宜小于100mm；此时，第一款的防震缝最小宽度可适当减少。

三、当相邻的柱承式方仓单元之间采用简支梁上铺板的型式形成过渡跨时，简支梁与相邻单元的同向相应水平构件（例如，仓下保温层楼层梁，支承框架横梁，仓顶平台）应位于同一标高上，梁的简支端端部与支柱、仓体等的间距宜符合防震缝最小宽度要求，且简支端与其支承牛腿的连接应保证无落梁可能性。

第3.1.22条　8度和9度区，支承于仓上的通廊与贮仓间的抗震构造应符合下列要求：

一、当与贮仓相邻的通廊单元无井式井架时，应减少通廊大梁作用于支承面处的地震内力，可在通廊大梁（桁架）端部的顶面与相邻支承结构间增设焊接连接的水平薄钢板，其截面面积不应小于原有锚栓的截面积，焊接连接应满足与连接钢板等强的要求。

二、当相邻的通廊单元为大跨重型通廊但支承点无第三款的偏心时，除应按第一款要求采取措施外，通廊单元尚应设有井式支架。

三、大跨重型通廊当其纵轴线与仓下（或仓上建筑）抗侧力结构的刚度中心之间有较大偏心时，除应满足第二款要求外，尚应符合下列要求：

1. 仓上建筑和仓下支承结构应有较大的抗扭刚度。

2. 整条通廊的另一端，其支承结构或毗邻结构经抗震鉴定确无倒塌或严重倾斜的可能性。

第3.1.23条 当贮仓单元各区段位于软弱土天然地基上时，仓下支承柱应符合第二章对不均匀沉降敏感结构的有关要求。

第二节 钢 贮 仓

第3.2.1条 柱承式钢贮仓的抗震鉴定可不进行地震力计算，但应检查支承柱纵横向柱间支撑、锚栓和仓上建筑的构造措施。

第3.2.2条 柱间支撑应符合第3.1.1.5条和第3.1.16条第一款的要求。

第3.2.3条 支承柱的锚栓应符合下列构造要求：

一、符合本标准第1.0.7条第一款之3的要求。

二、锚栓的最小埋置深度（不包括后浇混凝土面层）对锚梁或劲性锚板式为$10d$（d为锚栓外径），对普通锚板式或锚爪式为$15d$，对直构式为$25d$。

三、螺帽规格应符合国家标准要求，并应全部拧入栓杆。

四、锚栓至混凝土基础边缘的距离不应小于4倍锚栓直径，且不应小于150mm。

五、处于腐蚀条件下的基础，其混凝土实际标号不应低于150号。

不符合上述要求时，可按本标准附录四选用加固措施。

第3.2.4条 当钢柱支承于钢筋混凝土短柱式基础上时，对该基础应进行抗震强度验算，作用于短柱顶部的水平地震剪力，可取纵向柱列交叉支撑斜拉杆屈服内力的水平分量；也可通过补设基础梁或支撑下弦杆以平衡拉压斜杆最大内力的水平分量，或对短柱式基础外包钢板箍等措施直接进行加固。

第3.2.5条 仓上建筑及其与通廊间的关系，可按本章第一节的有关抗震构造要求进行鉴定和加固。

第四章 槽 罐 结 构

第一节 钢贮液槽的钢筋混凝土支承筒

第4.1.1条 进行钢贮液槽的钢筋混凝土支承筒的抗震鉴定，应检查钢筋混凝土支承筒筒壁的强度、构造，以及槽体与支承筒连接锚栓的强度和构造。

第4.1.2条 8度和9度区，应进行支承筒的抗震强度验算和组合结构的抗倾覆验算。计算水平地震力时，应遵守下列规定：

一、与产生地震力的质量所对应的重力荷载，结构自重取100%，贮液重量可乘折减系数0.9。

二、对槽体与支承筒之间为固接的整体组合结构，其基本周期宜按实测值取用，震时周期加长系数不宜大于1.1；当无实测值时，可按下式计算：

$$T_1 = 2.3H^2 \sqrt{\frac{\gamma}{gD}\left(\frac{\rho^3}{t_2 E} + \frac{1-\rho^3}{t_1 E_h}\right)} \qquad (4.1.2)$$

式中　H——贮槽顶面高度（m）；

ρ——槽体高度与槽顶高度之比，$\rho = (H - H_1)/H$；

H_1——支承筒筒体高度（m）；

γ——贮液容重（kN/m³）；

E，E_h——分别为贮槽钢材和支承筒混凝土的弹性模量（kPa）；

D——槽体内径（m）；

t_1，t_2——分别为支承筒筒壁的厚度和槽体壁的加权平均厚度（m），$t_2 = \dfrac{\sum\limits_{i=1}^{s} t_{2i} h_{2i}}{H - H_1}$

t_{2i}，h_{2i}——分别为槽体第 i 段的壁厚和高度（m）；

s——槽体壁按不同厚度的分段数量。

三、结构影响系数可取 0.4。

第 4.1.3 条 8 度和 9 度区，应按下列要求验算槽体与钢筋混凝土支承筒之间连接部位的抗震强度。

一、基础环最小厚度可由下式验算：

1．当无加劲肋时：

$$t_b = 1.73 b \sqrt{\dfrac{\sigma_{b_{max}}}{[\sigma]_b}} \tag{4.1.3-1}$$

2．当设有加劲肋时：

$$t_b = \xi b \sqrt{\dfrac{\sigma_{b_{max}}}{[\sigma]_b}} \tag{4.1.3-2}$$

式中 b——基础环宽度（m），取基础环的外半径与钢贮槽外半径的差值；

$[\sigma]_b$——基础环钢板的容许应力（kPa），按钢结构设计规范容许应力的 1.25 倍取用；

$\sigma_{b_{max}}$——基础环下支承筒顶面混凝土的最大压应力（kPa），$\sigma_{b_{max}} = \dfrac{(1 + \lambda_v) W}{A_b} + \dfrac{M_{max}}{Z_b}$ $\leqslant 1.25 R_a$；

W——验算截面以上的总重量（kN）；

λ_v——竖向地震作用系数，对 8 度和 8 度区可分别取 0.1 和 0.2；

A_b，Z_b——分别为基础环的面积（m²）和截面抵抗矩（m³），$A_b = 0.785 (D_1^2 - D_0^2)$，$Z_b = 0.1 (D_1^4 - D_0^4)/D_1$；

D_1——基础环的外径（m）；

D_0——基础环的内径（m）；

R_a——支承筒混凝土轴心抗压设计强度（kPa）；

ξ——加劲肋间距影响系数，可按表 4.1.3 选用：

表 4.1.3 加劲肋间距影响系数

b/a	0.5	0.6	0.7~2
ξ 值	1.3	1.15	1

注：表中 a 为加劲肋间距。

二、贮槽基础环与支承筒间锚栓的根径可按下式验算：

$$d_\mathrm{r} \geqslant 1.13\sqrt{\frac{\sigma_\mathrm{b} A_\mathrm{b}}{s[\sigma]_\mathrm{b}}} + C_4 \tag{4.1.3-3}$$

式中　d_r——锚栓根径（m）；

　　　σ_b——地震时底坐盖板上的最大拉应力（kPa），$\sigma_\mathrm{b} = \dfrac{M_{\max}}{Z_\mathrm{b}'} - \dfrac{(1+\lambda_\mathrm{v})W}{A_\mathrm{b}'}$；

　　　s——锚栓个数；

A'_b，Z'_b——分别为盖板面积（m²）和截面抵抗矩（m³）；

　　　$[\sigma]_\mathrm{b}$——锚栓材料容许应力（kPa），可按钢结构设计规范容许应力的1.25倍取用；

　　　C_4——锚栓腐蚀裕度，按生产条件确定。

第4.1.4条　支承筒筒壁应符合下列构造要求：

一、同一水平截面上筒壁洞口的宽度之和不应大于圆周长度的1/4，且相邻洞口之间的宽度不应小于500mm，否则，两洞之间的筒壁应视为洞口。

二、洞口四周应有加强框或增加配筋，其构造应符合第3.1.17条的有关要求。

三、筒壁厚度不应小于筒体内径的1/40，且不应小于200mm。

四、筒壁应双面配筋，两层钢筋之间应有间距不大于500mm的S形拉筋，竖筋和环筋直径分别不宜小于ϕ12和ϕ10，间距均不宜大于200mm。

不符合上述要求时，应经抗震验算确定是否需要进行加固。

第4.1.5条　支承筒混凝土标号不宜低于200号。锚栓最小埋置深度对普通锚板式或锚爪式不宜小于$18d$，对劲性锚板式和直钩式分别不宜小于$10d$和$30d$。锚栓的其他构造要求应符合第3.2.3条的有关规定。

第二节　贮气柜的钢筋混凝土水槽

第4.2.1条　本节适用于容积不大于5000m³贮气柜的钢筋混凝土水槽。

第4.2.2条　进行贮气柜的钢筋混凝土水槽抗震鉴定，应检查水槽壁质量、进出口管道与槽壁的连接和升降装置，以及有无产生不均匀沉降的地基条件。

第4.2.3条　容积不大于600m³贮气柜的水槽以及7度区和8度区Ⅰ、Ⅱ类场地土上容积不大于1000m³贮气柜的水槽，当无明显渗漏时，可不加固。

第4.2.4条　除第4.2.3条范围以外的贮气柜水槽，应按室外给水排水和煤气热力工程抗震设计规范验算其抗震强度和抗裂度，但安全系数应按本标准第1.0.9条取用。

第4.2.5条　8度和9度区，水槽壁上的进出口管道应设有可伸缩管段或其他柔性接头，靠近管、槽连接点处宜有三脚架等刚性支座。

第4.2.6条　8度和9度区，Ⅲ类场地土上贮气柜的安全阀和钟罩升降装置应安全可靠。

第三节　钢筋混凝土油罐

第4.3.1条　进行钢筋混凝土油罐的抗震鉴定，应检查罐壁强度、顶盖构造，以及顶盖与罐壁、梁、柱之间的连接。

第4.3.2条　7度和8度区，可不验算罐壁的抗震强度和抗裂度。9度区，应按室外给水排水和煤气热力工程抗震设计规范验算罐壁的抗震强度和抗裂度，但安全系数应按本标准第1.0.9条取用。

第4.3.3条 装配式钢筋混凝土平顶盖结构，应符合下列要求：

一、8度和9度区，预制扇形板（或平板）在梁和罐壁上的支承长度不应小于80mm，并宜有拉结措施；梁在柱顶上的支承长度不应小于120mm，并应与柱顶预埋件可靠焊接。

二、8度区，预制板之间的径向板缝内应设有附加钢筋，并应以细石混凝土或水泥砂浆灌严。

三、9度区，顶盖上应设有钢筋混凝土整体后浇层，后浇层的径向钢筋应与罐顶环梁具有可靠拉结。

第4.3.4条 8度和9度区，壳顶盖结构应符合下列要求：

一、预制钢筋混凝土壳板、砖砌壳顶盖与罐壁顶部环梁应有可靠连接；9度区并应符合第4.3.3条第三款的要求。

二、预制钢筋混凝土壳板在环向和径向的板肋之间应有可靠拉结，板缝应以细石混凝土或水泥砂浆灌严。

第4.3.5条 8度和9度区，油罐进出口管道与罐壁连接处应设有可伸缩管段或其他柔性接头。不符合要求时，宜补设。

第五章 皮 带 通 廊

第一节 一 般 规 定

第5.1.1条 进行地面皮带通廊抗震鉴定，应检查下列部位的强度和质量：

一、砖石支承结构。

二、砖通廊和砖混通廊廊身砌体的质量，保证砖砌体与通廊大梁（桁架）和屋面结构整体性的措施。

三、通廊与支承建（构）筑物及毗邻建（构）筑物之间的相互关系。

注：1. 以下条文中对地面皮带通廊简称"通廊"。
  2. 本章中砖混通廊是指支架和通廊大梁（桁架）为钢筋混凝土结构或钢结构、廊身维护结构为砖砌体的通廊。

第二节 抗 震 强 度 验 算

第5.2.1条 除通廊支承结构为砖石砌体者外，下列形式的皮带通廊满足有关构造要求时可不进行加固。

一、Ⅰ类和Ⅱ类场地土中的地下通廊。

二、采用钢筋混凝土结构或钢结构的敞开式、半敞开式和露天形式通廊。

三、轻质材料维护且为轻型屋面的钢结构通廊。

四、7度区以及8度区Ⅰ、Ⅱ类场地土，轻质材料围护且为轻型屋面的钢筋混凝土桁架式通廊。

五、7度区Ⅰ、Ⅱ类场地土，钢筋混凝土桁架壁板合一式通廊。

六、钢筋混凝土箱形结构的通廊。

七、7度区Ⅰ、Ⅱ类场地土，跨间承重结构为梁式结构的砖混通廊。

第5.2.2条 对通廊的下列构件应进行抗震强度验算：

一、8度和9度区，通廊的砖石支承结构。

二、9度区，砖混通廊的钢筋混凝土支架。

三、横向稳定性差的钢筋混凝土支架（如T型支架）。

四、8度区9度区，砖混通廊的桁架式跨间承重结构。

第5.2.3条 通廊横向水平地震力计算，应取防震缝区段为计算单元。对底板为现浇钢筋混凝土结构或为与承重大梁形成整体的装配式钢筋混凝土结构，可视通廊单元的廊身为支承在以支架为弹性支座、落地端支墩为铰支座上的刚性横梁，取用图5.2.3-1或图5.2.3-2所示的结构计算简图。

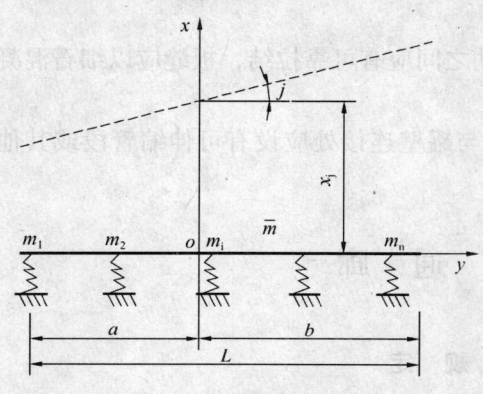

图5.2.3-1 两端与建（构）筑物
脱开的通廊计算简图
o—质量中心

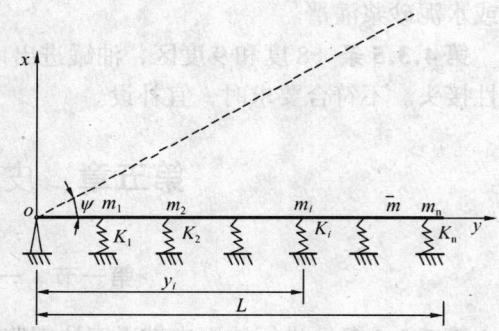

图5.2.3-2 一端落地一端与建（构）筑物
脱开的通廊计算简图

第5.2.4条 两端与建（构）筑物脱开的通廊，沿横向（x轴方向）可视为具有平移和转动两个自由度的体系（图5.2.3-1），按下列公式计算：

一、通廊结构单元第j振型的自振周期：

$$T_j = 2\pi/\omega_j \quad (j=1,2) \tag{5.2.4-1}$$

式中 ω_j——第j振型的圆频率（s^{-1}），

$$\omega_j^2 = \frac{B \mp \sqrt{B^2 - 4A}}{2A}, (j=1,2),$$

$$A = \frac{mI}{K_{xx}K_{\varphi\varphi} - K_{x\varphi}^2} \quad B = \frac{mK_{\varphi\varphi} + K_{xx}I}{K_{xx}K_{\varphi\varphi} - K_{x\varphi}^2};$$

K_{xx}——通廊单元在x轴方向产生单位水平位移时，各支架顶端的横向弹性反力之和（kN/m），$K_{xx} = \sum\limits_{i=1}^{n} k_{xi}$；

n——支架数量；

k_{xi}——第i支架顶端在x轴方向产生单位水平位移时，在该处引起的弹性反力（kN/m）；

$K_{\varphi\varphi}$——通廊单元绕其总质心 o 产生单位转角时,各支架顶端的弹性反力对总质心的力矩之和（kN·m）,

$$K_{\varphi\varphi} = \sum_{i=1}^{n} k_{x_i} y_i^2;$$

y_i——质点 m_i 在 y 轴上的座标（m）;

$K_{x\varphi}$——通廊单元绕总质心产生单位转角时,各支架顶端在 x 轴方向的弹性反力之和（kN）, $K_{x\varphi} = \sum_{i=1}^{n} k_{x_i} y_i$;

m——通廊单元的总质量（t）, $m = \overline{m}L + \sum_{i=1}^{n} m_i$;

$\overline{m}$——通廊廊身的分布质量（t/m）,包括廊身结构、皮带及其支架、物料等恒载和活荷载;

m_i——i 支架质量集中于支架顶端的部分（t）,取该支架质量的 1/4;

L——通廊结构单元的长度（m）;

I——通廊单元对其总质心的转动惯量（t·m²）,

$$I = \frac{1}{3}\overline{m}(a^3 b^3) + \sum_{i=1}^{n} m_i y_i^2 。$$

二、通廊结构第 j 振型的横向总水平地震力:

$$Q_j = C\alpha_j \gamma_j X_j W \tag{5.2.4-2}$$

式中 C——结构影响系数,当支架为钢结构时取 0.3,钢筋混凝土结构时取 0.35,砖石结构时取 0.55;

α_j——与第 j 振型自振周期 T_j 对应的水平地震影响系数,按公式 5.2.4-1 计算得出 T_j 后由工业与民用建筑抗震设计规范确定;

γ_j——第 j 振型参与系数,其与 X_j 的乘积为 $\gamma_j X_j = \dfrac{m}{m + I\xi_j^2}$;

ξ_j——第 j 振型通廊绕总质心的相对转角 φ_j 与总质心处相对横向水平位移 x_j 的比值, $\xi_j = \dfrac{m\omega_j^2 - K_{xx}}{K_{x\varphi}}$;

W——通廊总重量（kN）, $W = mg$;

g——重力加速度（m/s²）。

三、通廊结构第 j 振型对总质量中心的地震弯矩:

$$M_j = C\alpha_j \gamma_j X_j \zeta_j I g \tag{5.2.4-3}$$

四、第 j 振型作用于第 i 支架顶端的横向水平地震剪力:

$$Q_{ji} = k_i X_j (1 + y_i \zeta_j) \tag{5.2.4-4}$$

式中 X_j——Q_j 和 M_j 作用于通廊总质量中心处第 j 振型的相对横向水平位移（m）, $X_j = \dfrac{Q_j K_{\varphi\varphi} - M_j K_{x\varphi}}{K_{xx} K_{\varphi\varphi} - K_{x\varphi}^2}$ 。

五、验算支架的抗震强度时,作用于第 i 支架顶端的横向水平地震剪力:

$$Q_i = \sqrt{Q_{1_i}^2 + Q_{2_i}^2} \tag{5.2.4-5}$$

第5.2.5条 一端落地另一端与建（构）筑物脱开的通廊，沿横向可视落地端为铰座，只有转角的单自由度体系［图5.2.3（b）］按下列公式进行计算：

一、作用于第 i 支架顶端的横向水平地震剪力：

$$Q_i = C\alpha_1 LW \frac{k_i y_i}{2\sum_{s=1}^{n} k_s y_s^2} \tag{5.2.5-1}$$

二、通廊横向基本周期：

$$T_1 = 3.63L \sqrt{\frac{W}{g \sum_{i=1}^{n} k_i y_i^2}} \tag{5.2.5-2}$$

注：斜通廊低端当支承在刚性建筑的砖壁柱上时，可近似地视低端为铰座。

第5.2.6条 通廊沿纵向应取防震缝区段为计算单元，并可视廊身为刚体的单质点体系（图5.2.6），按下列公式进行计算：

一、通廊第 i 支架顶端纵向水平地震力：

1. 两端与建（构）筑物脱开的通廊：

$$Q_i = C\alpha_1 LW \frac{k_i}{\sum_{s=1}^{n} k_s} \tag{5.2.6-1}$$

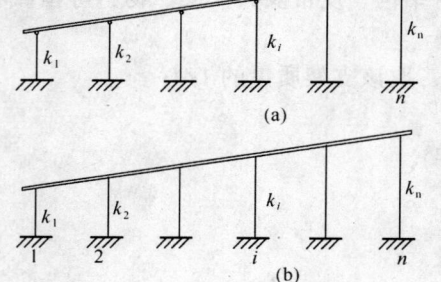

图5.2.6 两端脱开通廊纵向计算图
(a) 支架顶端与廊身连接为铰接时；
(b) 支架顶端与廊身连接为刚接时

2. 一端落地、另一端与建（构）筑物脱开的通廊：

$$Q_i = (C\alpha_1 LW - \eta_v W_0 f) \frac{k_i}{\sum_{s=1}^{n} k_s} \tag{5.2.6-2}$$

式中 k_s——第 s 支架顶端产生单位纵向水平位移时，在该顶端引起的纵向弹性反力(kN/m)。计算 k_s 时，对支架与廊身结构为现浇整体的场合，顶端可按刚接考虑，对支架和廊身结构为装配式结构或采用钢支架的场合，顶端宜按铰接考虑；

W_0——通廊落地端跨度重量的一半（kN）；

f——支座处滑动摩擦系数：钢与钢取0.3，钢与混凝土取0.4，混凝土与混凝土取0.45，砖砌体沿砖砌体或沿混凝土取0.6；

η_v——落地端竖向荷载降低系数，对7、8、9度区可分别取1.0、0.9和0.8。

二、通廊纵向基本周期：

1. 两端与建（构）筑物脱开的通廊：

$$T_1 = 2\pi \sqrt{\frac{W}{g \sum_{s=1}^{n} k_s}} \tag{5.2.6-3}$$

2. 低端为砖壁柱、高端与建（构）筑物脱开的通廊可按公式5.2.6-3计算基本周期，

但式中 $\sum_{s=1}^{n} k_s$ 用 $\sum_{s=1}^{n} k_s'$ 代替，k_0 为砖壁柱的纵向刚度（kN/m）。

3. 低端为支墩、高端与建（构）筑物脱开的通廊：

$$T_1 = 2\pi \sqrt{\frac{W - \eta_v W_0 f}{g \sum_{s=1}^{n} k_s}} \quad (5.2.6-4)$$

第5.2.7条 8度和9度区，对支承通廊的钢筋混凝土肩梁和支承肩梁的牛腿，应进行竖向力（包括重力荷载和向下的竖向地震力）与纵向水平地震力共同作用下的抗震强度验算。

钢筋混凝土牛腿可按下式进行抗震强度验算：

$$A_g \geq K \left(\frac{Na}{0.85 h_0 R_g} + \frac{1.2Q}{R_s} \right) \quad (5.2.7)$$

式中 N——竖向组合力（kN），对8度和9度区分别取重力荷载的1.1和1.2倍；

Q——作用于支架顶端向水平地震力（kN）；

a——重力荷载作用点至牛腿与其支承结构交接处的水平距离（m），$a \geq 0.3 h_0$（h_0 为该交接处垂直截面的有效高度）；

A_g——牛腿 $h_0/2$ 高度范围内水平受拉主筋的截面总面积（m²）；

R_g——主筋抗拉设计强度（kPa）；

K——安全系数，取1.25。

第三节 抗震构造措施

第5.3.1条 对于砖石砌体与钢（或钢筋混凝土）支架混合支承的斜通廊单元，7度区和8度区Ⅰ、Ⅱ类场地时，砖石砌体支承结构应符合下列要求：

一、砖石支墩应设有钢筋混凝土围套。

二、当采用砖壁柱时，带壁柱砖墙宜为钢筋网砂浆夹板墙。

三、当采用砖石柱时，应设有钢筋混凝土芯柱或外包钢筋混凝土围套、角钢加缀条围套。

四、当采用砖墙、砖拱时，应满足第5.3.2条要求。

不符合上述要求时，宜补设围套、钢筋网砂浆夹板墙或采取设置能大部承担纵向水平地震剪力的纵向垂直支撑等措施。

第5.3.2条 斜通廊的支承结构当全部为平面封闭式的砖墙或砖拱时，应符合下列要求：

一、墙体低端应延伸入地，内部横墙间距不得大于12m，墙厚不应小于240mm，砖标号不应低于75号，砂浆标号不应低于25号。墙体顶部应有封闭圈梁（卧梁），圈梁还应与廊身钢筋混凝土底板可靠焊接。

二、8度、9度区，尚应设有构造柱和圈梁，圈梁间距不宜大于3m；对砖拱还应设有拱脚拉杆，或以实心砌体填塞拱洞或改成带钢筋混凝土边框的拱洞。

不符合上述要求时，应加固。当底板与卧梁无焊接时，应采用砂浆灌缝，并在对应构造柱位置的底板下缘设置横向拉杆。

第5.3.3条 8度和9度区，对混合支承或由支架支承的重型通廊，在每个通廊单元中宜设有井式支架。

第5.3.4条 8度和9度区，钢筋混凝土平腹杆双肢柱和四肢柱（井式）支架，应符合下列要求：

一、当腹杆不属于短梁（净长与截面高度之比不小于4）时，腹杆两端在长为腹杆截面高度范围内宜设有加密的封闭箍筋，其间距不宜大于$h/4$（h为腹杆截面高度）、6倍纵向钢筋直径和15mm三者中的最小值。

二、腹杆为短梁时，腹杆的全长均宜设有第一款要求的封闭箍筋，并宜加固肢杆。

三、当支架间设有后加填充墙时，填充墙应满足本标准第3.1.14条要求。

不符合上列第一、二款要求时，应进行抗震强度验算，或对相应腹杆（肢杆）段进行剪切补强或在节间加设交叉杆。

第5.3.5条 8度区Ⅲ类场地土和9度区，格构式钢支架交叉杆与柱肢相交的节点处应设有横缀条，支架的锚栓应满足本标准第3.2.3条的有关抗震构造要求。

第5.3.6条 8度和9度区，通廊大梁（桁架）与其支承结构的连接应符合下列要求：

一、当预制钢筋混凝土大梁（桁架）端部与支架、肩梁或牛腿间为焊接连接时，连接应满足支承结构顶面纵向水平地震剪力作用下的抗震强度要求，焊缝容许应力可按不考虑地震力时数值的125%采用；埋设件应满足本标准3.1.16条第二款的构造要求。

二、当第一款的连接为锚栓连接时，锚栓应满足本标准第3.2.3条的有关抗震构造要求。

三、当预制钢筋混凝土大梁（桁架）端部支承于直腿支座上时，支座应有加密设置的封闭箍筋或外包钢板箍，直柱端部宜加设横梁，或在相邻大梁间或大梁与毗邻结构间按本标准第3.1.22条第一款要求相互焊连。

四、大跨度大梁（桁架）端部底面与支承结构顶面间应留有间隙或设有支座垫板；不符合要求时，宜对支承部位的上部采用外包钢板箍围套等加固措施。

五、当钢通廊桁架端部为滚动支座时，宜增设锚栓，并宜按本标准第3.1.22条第一款要求采取措施。

六、通廊落地端混凝土（钢筋混凝土）支墩的锚栓应满足本标准第3.2.3条的抗震构造要求，并应进行纵、横向抗震强度验算。沿横向，可按由公式5.2.5-1求得的各支架顶端水平地震力产生于端支座的地震弯矩进行强度验算。沿纵向，作用于锚栓的地震剪力可按下式计算：

$$Q_0 = Ca_1 W_0 \tag{5.3.6}$$

式中符号同第5.2.6条。

第5.3.7条 砖砌体廊身应符合下列要求：

一、预制钢筋混凝土屋面板横铺时其与墙体檐口钢筋混凝土卧梁之间，纵铺时其与廊身钢筋混凝土框架梁之间，均应有可靠焊接；墙体檐口卧梁与构造柱之间应有钢筋拉结。

二、采用轻型屋面时，屋面承重构件应与砖墙具有可靠连接，通廊单元两端应各设有一道屋架下弦横向水平支撑。

三、预制底板与通廊大梁（桁架）应可靠焊接。

四、7度区Ⅲ类场地土和8度、9度区，支架立柱宜延伸到顶，且应设有间距不大于6m的构造柱，构造柱的上端与檐口处卧梁、下端与通廊大梁应连成整体。

不符合要求时，应补设提高廊身整体性的措施，9度区尚应采取防止屋面板在竖向地震力作用下可能上抛的措施。

第5.3.8条 当在相邻通廊纵向大梁的悬臂端上搁置简支梁时，应采取防止落梁的措施，如将简支跨与相邻通廊连成整体等。

第5.3.9条 8度和9度区，且为Ⅲ类场地土时，斜通廊与其支承建（构）筑物应有减少地震时可能产生的不均匀沉降和纵、横向相互错位，以及防止落梁的构造措施。

当地下通廊、地面通廊的主要受力层为可液化土层时，应按第二章第三节进行地基处理。

第5.3.10条 相邻通廊之间的防震缝宽度不宜小于50~100mm，可按不同烈度、支架纵向刚度和廊身顶部高度大小取用适当的缝宽。

通廊与相邻贮仓或其他建（构）筑物之间的关系应符合本标准第3.1.21条第一、二款和第3.1.22条的有关要求。

第六章 塔类结构

第一节 井架

第6.1.1条 进行井架的抗震鉴定，对钢井架，应检查立架底部框口顶端节点的连接构造，立柱和腹杆的连接节点和杆件的长细比，以及斜架与柱脚的连接；对钢筋混凝土井架，应检查框架梁柱及其节点的配筋和构造。

第6.1.2条 对钢井架，7度区可不进行抗震加固；8度、9度区应符合下列要求：

一、立架底部框口的顶端节点应满足刚接节点要求。

二、杆件节点连接应满足本标准第3.1.16条第一款要求。

三、斜架柱脚基础二次浇灌层应可靠结合，锚栓应满足本标准第3.2.3条要求。

四、立柱的长细比不应大于100，斜腹杆平面内的长细比不应大于150。

不符合上述要求时，应经抗震验算确定是否需要进行加固，加固时应遵守本标准附录四的有关规定。

第6.1.3条 对钢井架，可按下列规定进行水平地震力计算：

一、宜取空间桁架的结构计算简图，按振型分析法进行计算。

二、结构影响系数取0.3。

三、对立架计算高度为15~45m，斜架与立架间夹角为21°~35°的单斜架钢井架，其基本周期可按下列公式进行计算，所得计算值可乘1.2~1.4的震时周期加长系数。

$$T_{1_x} = 0.076 + 0.218\sqrt[3]{\frac{H}{B+0.1D}} \quad (6.1.3\text{-}1)$$

$$T_{1_y} = 0.035 + 0.0153\sqrt[3]{\frac{H}{A+0.5C}} \quad (6.1.3\text{-}2)$$

式中 T_{1_x}、T_{1_y}——分别为井架沿 x 轴和 y 轴方向（见图6.1.3）的基本周期（s）；

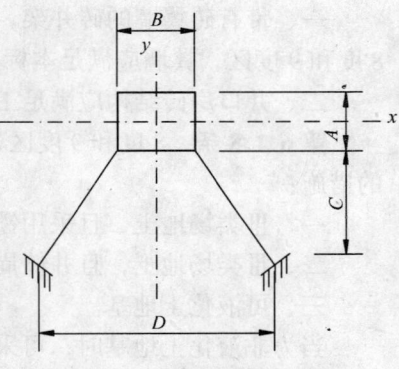

图6.1.3 井架平面尺寸示意图

H——井架计算高度［基础顶面至上天轮平台面标高的高度（m）］；

A、B——分别为井架立架的纵向和横向宽度（m）；

C——井架斜架下支点至立架的距离（m）；

D——井架斜架两支点叉开距离（m）。

上述 A、B、C、D 和 H 均按以 m 为单位的无量纲数值代入。

第6.1.4条 钢筋混凝土箱（筒）形井架可不进行抗震加固。

对钢筋混凝土柱承式井架，可不进行纵向（平行于提升牵引方向）的抗震强度验算；在垂直于提升牵引方向（横向），当为8度区Ⅲ类场地土和9度区Ⅱ类场地土，且立柱沿横向的配筋量少于沿纵向配筋量的60%，以及9度区Ⅲ类场地土，应进行抗震强度验算。

需要验算抗震强度的钢筋混凝土框架形井架，应满足本标准第3.1.11条和第3.1.12条的抗震构造要求。不符合要求时，可按本标准附录三选用加固方案。

第6.1.5条 对计算高度为 14~27m 的 A 形、四柱形和六柱形钢筋混凝土柱承式井架，其水平地震力计算中结构影响系数可取 0.35，基本周期可按下列公式进行计算，所得计算值可乘 1.2~1.4 的震时周期加长系数。

$$T_{1_x} = 0.157 + 0.114H, \tag{6.1.5-1}$$

$$T_{1_y} = 0.118 + 0.0105H\sqrt{A+C}, \tag{6.1.5-2}$$

式中 T_{1_x}、T_{1_y}——分别为井架横向和纵向基本周期（s）；

H——井架计算高度（m）；

A——井架立架纵向宽度（m）；

C——井架斜架下支点与立架间的距离（m）。

上述 A、C 和 H 均按以 m 为单位的无量纲数值代入。

第6.1.6条 高度不超过10m的筒形、箱形和Ⅰ字形独立砖井架，应符合下列抗震构造要求：

一、大门洞口应设有加强框。

二、8度和9度区，应设有钢筋网砂浆夹板墙或钢筋混凝土构造柱加圈梁，圈梁沿墙高的间距不宜大于4m。

第6.1.7条 井架与井口房联合的砖井架，除满足第6.1.6条的要求外，尚应符合下列要求：

一、带有砖翼墙的砖井架，其立架与砖翼墙之间及翼墙与翼墙之间应具有可靠拉结；8度和9度区，翼墙应满足本标准第6.1.6条第二款要求。

二、井口房砖结构应满足工业与民用建筑抗震鉴定标准的要求。

第6.1.8条 8度和9度区，对下列情况之一的井架应有防止井筒顶部丧失侧向支承的措施：

一、Ⅲ类场地土，且采用锁口盘基础或井架的立架直接支承于井筒者。

二、Ⅲ类场地土，且井筒周侧回填不密实者。

三、可液化土地基。

当为非液化土地基时，可采用符合本标准附录二要求的混凝土地坪，或采用旋喷桩等地基加固措施。地基加固范围，对第一款情况宜取整个地基，对第二款情况可仅在井筒周侧。当为可液化土地基时，应按本标准第二章第三节从严选用地基加固措施。

第二节　钢筋混凝土井塔

第6.2.1条　进行钢筋混凝土井塔的抗震鉴定，应检查箱（筒）形井塔底层大门洞口的配筋和构造，框架形井塔梁、柱及其节点的构造，提升机层框（排）架结构的支撑设置、节点连接以及悬挑结构的强度。

第6.2.2条　8度区Ⅲ类场地土和9度区，应对箱（筒）形井塔和框架形井塔进行抗震强度验算。强度不足时，应加固。框架形井塔可按本标准附录三选用加固措施。

第6.2.3条　井塔的地震力可按下列要求进行计算：

一、产生地震力的井塔总重量取 $W = \sum_{i=1}^{n} W_i$，W_i 为集中于质点 i（$i=1,2,\cdots,n$）的重量，井塔质点可设于楼层处，质点的重量包括该楼层的楼面荷载及其上下相邻层各一半塔身的重量。

楼面荷载包括下列荷载：

1．楼面结构自重和永久性设备自重，按实际情况取用。

2．楼面等效均布活荷载（不包括大设备），取 $200m^2$。

3．箕斗重量和装载重量，箕斗可按其最高卸矿位置进行计算。可不考虑提升钢绳、钢绳罐道、拉紧重锤的重量和罐笼及其装载的重量。

4．矿仓贮料重取有效容积贮量重的90%。

二、可按底部剪力法计算井塔的总水平地震力，其结构影响系数可取0.4。

质点 n 的水平地震力：

$$P_n = \frac{W_n H_n}{\sum_{k=1}^{n} W_k H_k}(1-\delta_n)Q_0 + \delta_n Q_0 \qquad (6.2.3-1)$$

质点 i 的水平地震力：

$$P_i = \frac{W_i H_i}{\sum_{k=1}^{n} W_k H_k}(1-\delta_n)Q_0, (i=1,2,\cdots,n-1) \qquad (6.2.3-2)$$

式中　δ_n——质点 n 的地震力调整系数，对高度小于30m的井塔，$\delta_n = 0$；对高度大于30m的井塔，$\delta_n = 0.1$；

H_k，H_i，H_n——分别为质点 k、i 和 n 离基础顶面的高度（m）。

三、计算水平地震力时，基本周期可按下列公式计算，所得计算值可乘1.2~1.4的震时周期加长系数。

对箱（筒）形井塔：

$$T_1 = -0.006 + 0.0411 H/\sqrt{B} \qquad (6.2.3-3)$$

对框架形井塔：

$$T_1 = -0.204 + 0.0926 H^2/B \qquad (6.2.3-4)$$

式中　H——自基础顶面算起的井塔高度（m）；

B——井塔在计算方向的宽度（m），对筒形井塔指直径。

H、B 均按以 m 为单位的无量纲数值代入。

四、8 度和 9 度区，应考虑竖向地震力的作用，其值可分别取重量 W_i 的 10%和 20%，并应考虑上下两个方向的作用，按水平地震力与竖向地震力同时作用于结构的不利组合，进行验算。

第 6.2.4 条 箱（筒）形井塔底层塔壁洞口的构造应符合下列要求：

一、筒型井塔塔壁洞口的宽度之和不应大于筒壁圆周长的 1/4。箱型井塔塔壁洞口的宽度不应大于同侧壁板宽度的 1/3，且洞口边至塔壁边缘的距离不宜小于 3m。

二、门洞四周的加强措施除应符合本标准第 3.1.17 条有关规定外，加强肋对门洞中心的惯性矩不应小于被门洞削弱部分的惯性矩，8 度区Ⅲ类场地土和 9 度区，肋中纵向钢筋不应有绑扎接头，且伸入上层楼面梁的长度不应小于 30 倍钢筋直径。

第 6.2.5 条 需要验算抗震强度的框架型井塔，其梁柱箍筋、柱间支撑、填充墙应分别满足本标准第三章的有关构造要求。不符合要求时，可按本标准附录三选用加固方案。

第 6.2.6 条 井塔的砖砌围护墙应符合下列要求：

一、框架形井塔塔身的围护结构为嵌砌墙时，墙与梁、柱之间应具有可靠拉结；8 度和 9 度区，实心砌体嵌砌墙应满足本标准第 3.1.14 条要求，圈梁间距不应大于 4m。

二、井塔内的砖砌隔墙与周边结构间应具有可靠拉结。

三、突出井塔屋面砖砌的楼梯间时，突出部分宜改用轻型结构或采取构造柱加圈梁和拉条等措施进行加固；当为轻型结构时，两个主轴方向应均为刚架结构或均设有柱间支撑，支撑斜杆的长细比不应大于 150。

第 6.2.7 条 井塔提升机层为框（排）架结构时，应符合下列要求：

一、需要验算抗震强度的井塔，其提升机层的框（排）架结构沿两个主轴方向均宜设有柱间支撑，支撑应满足本标准第 3.1.15 条和第 3.1.16 条要求，但斜撑杆长细比不宜大于 150。当为框架时，应按本标准第 3.1.12 条至第 3.1.14 条有关要求进行抗震鉴定。

二、围护结构为砖墙时，圈梁间距不应大于 3m，墙体与框（排）架柱应具有可靠拉结。

第 6.2.8 条 8 度和 9 度区，对Ⅲ类场地土天然地基上井塔的罐道钢套架，如其底层柱上端与井塔构件连接、下端与井颈连接，则套架柱应设有可活动的接头。不符合要求时，应采取措施。

第 6.2.9 条 当井塔具有第 6.1.8 条所列情况之一时，应按该条要求进行地基加固或结构构造处理。

第三节 钢筋混凝土造粒塔

第 6.3.1 条 进行钢筋混凝土造粒塔的抗震鉴定，应检查塔底部的支承柱（筒），塔壁与楼（电）梯间相连的部位以及突出塔顶的操作室砖墙。

第 6.3.2 条 对下列情况的造粒塔部位，应进行抗震强度验算：

一、7 度区Ⅲ类场地土，8 度区Ⅱ、Ⅲ类场地土和 9 度区，造粒塔的支承柱，高出塔体的楼（电）梯间的梯壁部分，突出塔顶的操作室。

二、除 7 度区Ⅰ类场地土外，塔顶的排风罩。

三、8 度区Ⅲ类场地土和 9 度区，直径为 16~20m 的塔壁；7 度区Ⅱ、Ⅲ类场地土和 8 度、8 度区，单面配筋的塔壁。

第6.3.3条 8度区Ⅱ、Ⅲ类场地土和9度区，下列部位应符合有关抗震构造要求：

一、对突出塔顶的操作室：

1. 承重砖墙设有构造配筋或圈梁加构造柱。

2. 钢筋混凝土屋盖与砖墙具有可靠连接。

二、喷头层的钢骨混凝土承重梁（或辐射式钢筋混凝土承重梁）与塔体环梁之间具有可靠连接。

第6.3.4条 8度和9度区，塔体的支承筒和楼（电）梯间底层被洞口削弱的部位，应设有符合本标准第3.1.17条的有关要求。

第6.3.5条 7度区Ⅱ、Ⅲ类场地土和8度、9度区，塔体支承柱应符合本标准第3.1.11条和第3.1.12条的构造要求。不符合要求时，可按本标准附录三选用加固措施。

第四节 塔型钢设备的基础

第6.4.1条 进行塔型钢设备基础的抗震鉴定，对钢筋混凝土块式、筒式基础和钢结构构架基础应检查塔型钢设备锚栓的强度和构造，对钢筋混凝土构架式基础尚应检查构架梁、柱及其节点的配筋和构造。

第6.4.2条 对下列情况的塔型钢设备基础的部位，应进行有关的抗震强度验算：

一、7度区Ⅲ类场地土和8度、9度区，钢筋混凝土圆筒式和构架式基础及其锚栓，以及块式基础的锚栓。

二、8度区Ⅲ类场地土和9度区，钢构架式基础及其锚栓。

经验算不符合要求时，钢筋混凝土构架、钢构架及锚栓可分别按本标准附录三、四选用加固措施。

第6.4.3条 塔型钢设备与其基础的组合结构，宜按下列规定进行水平地震力计算：

一、当总高度不超过40m时，水平地震力可按底部剪力法计算；超过时，宜按振型分析法计算。

二、结构影响系数可取0.5。

三、基本周期可按下列公式计算，所得计算值对圆筒式或构架式基础的塔可乘震时周期加长系数，其值不宜大于1.2；对块式基础的塔不宜乘加长系数。

1. 当 $\sqrt{\dfrac{WH^3}{D^3 t}} < 3000$ 时，

对块式或圆筒式基础塔：

$$T_1 = 0.35 + 0.00085 H^2/D \tag{6.4.3-1}$$

对构架式基础塔（适用于构架高 $H_1 \leqslant H/2$）：

$$T_1 = 0.56 + 0.0004 H^2/D \tag{6.4.3-2}$$

2. 当 $\sqrt{\dfrac{WH^3}{D^3 t}} \geqslant 3000$ 时，

$$T_1 = 0.15 + 0.00016 \sqrt{\dfrac{WH^3}{D^3 t}} \tag{6.4.3-3}$$

式中 H——从基础底板顶面至塔型设备顶面的总高度（m），对圆筒式基础塔和构架式基础塔的总高度包括圆筒和构架的高度；

D——塔型设备外径（m），对变截面塔，可按各段高度和外径求加权的平均外径，

$$D = \frac{\sum_{i=1}^{n} D_i H_i}{H};$$

W——正常操作时塔基础顶面以上的总竖向荷载（kN）；

t——塔型钢设备的塔壁厚度（m），对变截面塔可取加权平均壁厚，$t = \sum_{i=1}^{n} t_i H_i / H$。

上述 H、D、t、W 均按以 m 为单位的无量纲数值代入。

3. 当几个塔由联合平台连成一排时，垂直于排列方向各塔的基本周期值，可按主塔（指周期最长的塔）基本周期值取用；平行于排列方向的各塔基本周期值，可按主塔基本周期值乘 0.9 取用。

第 6.4.4 条 钢筋混凝土框架式基础应满足本标准第 3.1.11 条和第 3.1.12 条的构造要求。当有柱间支撑或填充墙时，尚应分别满足本标准第三章第一节的有关构造要求。

第 6.4.5 条 钢构架式基础应符合本标准第三章第二节的有关构造要求。

第 6.4.6 条 塔型钢设备与钢筋混凝土块式、圆筒式或构架式基础间的连接部位，应符合本标准第 4.1.3 条和第 4.1.5 条的有关要求。

注：构架式基础中，当锚栓穿过构架梁，且栓杆下端也设有螺帽时，锚栓的埋置长度可不受上述要求的控制。

第 6.4.7 条 对本章第 6.4.2 条所列烈度和场地土范围的基础，应按本标准第二章验算其地基的抗震强度和组合结构的抗倾覆稳定性。

注：当圆筒式基础的非液化土地基按附录五判别，其承载力为非地震组合荷载控制时，可不进行上述验算。

第五节 双曲线型冷却塔

第 6.5.1 条 进行双曲线型自然通风钢筋混凝土逆流式和横流式冷却塔的抗震鉴定，应检查通风筒（包括刚性环）、支柱、环形基础和淋水装置梁柱的强度和质量。

对建在湿陷性黄土或不均匀地基上的冷却塔，尚应检查管沟接头和贮水池有无渗漏、基础有无沉陷。

第 6.5.2 条 8 度和 9 度区，淋水面积大于 $4000m^2$ 的逆流式冷却塔，以及塔筒几何尺寸相近的横流式冷却塔，应验算通风筒的抗震强度。经验算不符合要求时，宜采取措施。

第 6.5.3 条 横流式冷却塔和 9 度区的逆流式冷却塔，其淋水装置的梁、柱、主配水槽之间应有可靠的焊接连接和必要的支承长度，预制主水槽壁板之间的钢筋或节点板应有可靠焊接，并应以不低于壁板标号的混凝土或 100 号水泥砂浆灌严。不符合上述要求时，宜结合大修进行加固。

第六节 机力通风凉水塔

第 6.6.1 条 进行凉水塔的抗震鉴定，应检查框架柱及梁柱节点和进风口小柱的强度和质量、填充墙与框架的拉结。

对建在湿陷性黄土或不均匀地基上的冷却塔，尚应检查第 6.5.1 条所要求的相应内容。

第 6.6.2 条 8度区Ⅲ类场地土和9度区，对凉水塔应进行抗震强度验算。不符合要求时，可按本标准附录三选取加固措施。

第 6.6.3 条 9度区，框架角柱和边柱的梁柱节点以及进风窗高度范围内中柱、边柱的上下端，均应符合本标准第3.1.11条和第3.1.12条的构造要求。不符合要求时，宜结合大修按附录三选取加固措施。

第 6.6.4 条 框架柱与其填充墙或预制钢筋混凝土墙板应有可靠连接。8度和9度区，应满足本标准第3.1.14条要求。不符合要求时，应采取措施。

第 6.6.5 条 淋水填料和集水器等部位应与梁具有可靠联结。如为浮搁或已松动时，宜采取措施。

第七章 炉窑结构

第一节 高炉系统构筑物

第 7.1.1 条 本节适用于有效容积 $100m^3$ 及以上的高炉和高炉系统构筑物，包括高炉、内燃式和外燃式热风炉、除尘器、洗涤塔以及桁架式和板梁式斜桥。

注：1. 有效容积 $100m^3$ 以下的小型高炉及该系统构筑物，可参照本章的有关要求执行。
2. 皮带通廊式斜桥应按本标准第五章的有关要求进行鉴定。

（Ⅰ）高　炉

第 7.1.2 条 进行高炉的抗震鉴定，应检查导出管根部，炉顶封板，炉体框架、炉顶框架的柱子和横梁，炉缸支柱，炉身支柱，支撑设置，以及构件间的连接。

第 7.1.3 条 导出管根部和炉顶封板不应有严重烧损、变形。不符合要求时，应加固。

当炉体内衬严重侵蚀、炉壳严重变形，以及铁口、渣口有明显裂缝时，均宜结合中修或大修进行更换或加固。

第 7.1.4 条 7度区Ⅲ类场地土和8度、9度区，高炉支承结构（除炉缸支柱外）的各部分铰接柱脚应设有提高抗剪能力的措施；对设有垂直支撑的炉顶框架和炉体框架，其连接应符合本标准第3.1.16条第一款要求，垂直支撑应符合3.1.15条的有关要求，但斜撑杆的长细比不宜大于150。

第 7.1.5 条 7度区Ⅲ类场地土和8度、9度区，炉体框架或炉身支柱在炉顶均应与炉体有可靠的水平连接，其构造应使传力明确、合理，并应能适应炉体的竖向温度变形要求。

第 7.1.6 条 炉缸支柱顶面与托圈间的空隙应采用钢板塞紧，并应拧紧螺栓。

第 7.1.7 条 8度区Ⅲ类场地土和9度区，导出管各部位应分别满足下列要求：

一、导出管下部倾斜段的管壁厚度，对 $100m^3$、$255\sim1000m^3$ 和 $1000m^3$ 以上的高炉，应分别不小于8、10和14mm。

二、导出管根部在下部倾斜段全长 $1/3\sim1/4$ 范围内，宜设有铸钢内衬板；炉顶封板内衬宜设有镶砖铸铁保护板。不符合要求时，宜结合中修或大修进行更换。

三、导出管的事故支座及其支承梁，宜加强。

第 7.1.8 条 电梯间、高炉与通道平台之间的连接宜加强。

（Ⅱ）热 风 炉

第 7.1.9 条 进行热风炉的抗震鉴定，应检查炉底钢板，炉壳下弦带及其连接焊缝，炉底连接螺栓（或锚固板），炉体与管道的连接，风管系统的交接处，以及外燃式热风炉的燃烧室支架。

第 7.1.10 条 炉底钢板不应有严重翘曲，否则，其与基础之间的空隙应采用细骨料耐热混凝土灌实或采用其他填实措施。

第 7.1.11 条 炉体与管道连接处和风管系统交接处的内衬不应有严重侵蚀或脱落。钢壳不应有严重烧损和变形。

不符合上述要求时，宜结合中修或大修进行更换。

第 7.1.12 条 管道与炉壳的连接处宜用肋板加固。

第 7.1.13 条 热风炉的底脚螺栓应符合本标准第 4.1.5 条有关要求，并应拧紧螺帽。当采用锚固板时应保证其完好。

第 7.1.14 条 7 度区Ⅲ类场地土和 8 度、9 度区，燃烧室钢支架与支撑的连接应符合本标准第 3.1.16 条第一款要求，支撑应符合本标准第 3.1.15 条有关要求，但斜撑杆的长细比不宜大于 150。

（Ⅲ）除尘器和洗涤塔

第 7.1.15 条 进行除尘器和洗涤塔的抗震鉴定，应检查支架及其连接螺栓的强度和质量。

第 7.1.16 条 7 度区Ⅲ类场地土和 8 度、9 度区，除尘器和洗涤塔应符合下列抗震构造要求：

一、筒体与管道的连接处宜用肋板加强。

二、筒体在支座处宜设有水平环梁，支座与柱头的连接应有提高其抗剪能力的措施。

三、钢支架柱间支撑杆件应符合本标准第 3.1.15 条和第 3.1.16 条的有关要求，但斜撑杆长细比不宜大于 150。

四、钢筋混凝土支架的梁柱节点的箍筋设置应符合本标准第 3.1.12 条的构造要求；柱头在高为柱截面宽度范围内应设有焊接钢筋网。

不符合上述要求时，对柱头宜采用坐浆后外包钢板箍等加固措施。

第 7.1.17 条 8 度区Ⅲ类场地土和 9 度区，应验算除尘器支架的抗震强度。

（Ⅳ）斜 桥

第 7.1.18 条 进行斜桥的抗震鉴定，应检查桁架式斜桥上、下支承点处门型刚架和桁架的受力杆件、节点和上下弦平面支撑，以及斜桥支座、支架和压轮轨。

第 7.1.19 条 7 度区Ⅲ类场地土和 8 度、9 度区，斜桥应符合下列要求：

一、桁架式斜桥的上、下支承点处应为较刚强的门型刚架，杆件长细比 7 度区Ⅲ类场地土不宜大于 100，8 度和 9 度区不宜大于 65（柱的计算长度取柱全长）。

二、当斜桥与高炉的连接不是铰接单片支架时，应适当加大支座处梁的支承面。

三、桁架式斜桥的上、下弦平面内应有完整的支撑系统。

四、斜桥下端与基础的连接应具有抗剪措施。
五、压轨轮无严重磨损，并应有较好的侧向刚度。

第二节 焦炉基础

第7.2.1条 本节适用于大、中型焦炉的钢筋混凝土构架式基础。

第7.2.2条 进行焦炉基础的抗震鉴定，应检查基础构架，抵抗墙，炉端台、炉间台和操作台的梁端支座，以及焦炉的纵横拉条。

第7.2.3条 9度区Ⅱ、Ⅲ类场地土，应验算基础结构的抗震强度。

第7.2.4条 对基础构架的铰接柱（一端铰接或两端均为铰接），其上端为铰接时柱顶面与构架梁之间的间隙，以及下端为铰接时柱侧边与底板杯口内壁顶部之间的间隙，在温度变形稳定后尚应留有足够的距离，其值可按每向柱顶水平位移为50mm时由计算确定，或对上、下端的上述间隙均取不小于20mm。

8度区Ⅱ、Ⅲ类场地土和9度区，基础构架的固接柱应符合本标准第3.1.11条和第3.1.12条的有关构造要求。

第7.2.5条 焦炉的纵横拉条应齐全，无损坏、断裂和弯曲，并应保持在受力工作状态。

第7.2.6条 设置在焦炉基础、炉端台、炉间台以及机侧和焦侧操作台的梁端滑动支座或滚动支座，应能保持正常工作。

第7.2.7条 焦炉炉体、基础及其外臓的附设件与邻近建（构）筑物之间的间隙和温度缝，应符合防震缝要求，缝宽不宜小于50mm。

第三节 回转窑和竖窑基础

第7.3.1条 本节适用于回转窑和竖窑的构架式或整体式基础。

第7.3.2条 钢筋混凝土构架式基础应符合本标准第3.1.11条和第3.1.12条的有关构造要求。9度区Ⅱ、Ⅲ类场地土，尚应验算其抗震强度。

第7.3.3条 8度和9度区，锚栓可按本标准第4.1.5条的要求进行抗震鉴定，并应设有防止回转窑窑体沿轴向窜动的措施。

第八章 变电构架和支架

第8.0.1条 本章适用于35～330kV屋外变电所的变电构架、设备支架和设备基础。屋内变电所的设备基础可参照本章要求执行。

第8.0.2条 进行抗震鉴定，应检查梁柱节点的强度和质量、柱脚和基础的连接、抗侧力拉压杆的设置、支架根部的固定、避雷针支架与针杆的连接以及主变压器基础台的宽度。

第8.0.3条 8度区Ⅲ类场地土和9度区，对钢筋混凝土构架的矩形或环形截面预制柱和梁柱节点，以及钢筋混凝土支架的预制梁、柱和基础，应进行抗震强度验算。

第8.0.4条 验算构架的抗震强度时，可只考虑垂直于导线方向的水平地震力。

第8.0.5条 中型配电装置构架和设备支架可简化为单质点体系；高型、半高型配电装置构架和避雷针支架，视结构布置情况，可作为两质点或多质点体系。

计算水平地震力时，产生地震力的构架（支架）总重量应包括恒载、设备荷载（导线、绝缘子串和金具重）、高型和半高型配电装置的通道活荷载，以及复冰条件下导线上的复冰重。结构影响系数，对钢筋混凝土结构以及钢筋混凝土柱与钢梁的组合结构均可取0.35，对钢结构可取0.3。

第8.0.6条 验算结构及其地基的抗震强度时，应将地震力及下列荷载所产生的内力进行组合：

一、恒载，取全部。

二、设备荷载，取全部。

三、高型和半高型配电装置的通道活荷载，取 $50kg/m^2$；

四、正常运行时最不利的导线张力（复冰或最低气温条件下一侧的导线张力），取全部。

第8.0.7条 钢筋混凝土构架应符合本标准第3.1.11条和第3.1.12条的有关构造要求。钢构架应符合第3.1.15条、第3.1.16条和第3.2.3条的有关构造要求。

第8.0.8条 9度区，预制钢筋混凝土构架人字形、矩形截面柱中，弦杆和腹杆的厚度不应小于100mm。

第8.0.9条 Ⅲ类场地土上，同一组设备的三根独立柱宜用型钢连成整体。

第8.0.10条 对液化土地基上的钢筋混凝土构架和支架，宜在非液化土中打拉线，或按本标准第二章第三节从严选用地基加固措施。

第8.0.11条 主变压器轨道中心线至基础台边缘的距离，对7度、8度和9度区，分别不应小于300、500和700mm。不符合要求时，应加宽基础台。

注：如主变压器已按工业设备抗震鉴定标准采取固定措施时，基础台的上述宽度可适当减少。

第8.0.12条 当变压器防爆墙的整体稳定性经验算不满足抗震要求时，宜加固或拆除。

第九章 操 作 平 台

第9.0.1条 本章适用于熔炼金属设备或一般生产操作的钢结构、钢筋混凝土结构或砖结构支承的平台。

第9.0.2条 进行操作平台的抗震鉴定，应检查平台砖柱，钢筋混凝土平台柱及其梁柱节点的配筋和构造，平台上的附属砖房，平台与设备或相邻建（构）筑物之间的关系。

第9.0.3条 下列操作平台可不进行加固：

一、钢支承平台。

二、除8度和9度区且为Ⅲ类场地土外，高度不超过8m的钢筋混凝土平台。

三、本条第二款范围以外的钢筋混凝土平台柱符合本标准第3.1.11条和第3.1.12条的构造要求。

第9.0.4条 对高度不超过8m、配有竖向钢筋的平台砖柱，7度区Ⅰ、Ⅱ类场地土可不进行抗震加固；7度区Ⅲ类场地土和8度、9度区，砖柱的竖向钢筋分别不应少于4φ10和6φ10。不符合上述要求时，可采用两端分别锚固于基础和平台的外包角钢加缀板等措施。

第9.0.5条 平台上的附属砖房可按工业与民用建筑抗震鉴定标准的有关要求进行鉴定加固。

第9.0.6条 8度和9度区，平台如与大型生产设备（如化铁炉）整体连接，应脱开不小于防震缝宽度的距离。当脱开确有困难时，应进行抗震强度验算；经验算不符合要求时，应加固。

第9.0.7条 8度和9度区，对支承在厂房柱上的平台，当进行厂房结构的抗震鉴定时，应考虑平台与厂房结构的相互影响。如平台紧贴砖房，宜用防震缝分开，缝宽50～70mm；当增设防震缝确有困难时，应对独立砖房采取适当措施。

第9.0.8条 平台上的混凝土栏板、砖砌女儿墙，应加固或拆除。当平台上钢筋混凝土栏板端部顶紧建（构）筑物时，应对栏板或建（筑）筑物采取适当措施。

附录一 各钢厂钢筋屈服强度超强系数值

进行钢筋混凝土结构的抗震鉴定时，如能确切判定所用钢筋为下列各厂的产品，则可按附表1.1超强系数 γ_s 乘所用钢筋的标准强度 R_g^b，以确定验算截面受压区最大相对受压高度和最大配筋率。

附表1.1 各钢厂钢筋屈服强度超强系数 γ_s 值

生产厂 \ 钢筋种类 γ_s值	Ⅰ级钢筋（3号钢）	5号钢钢筋	Ⅱ级钢筋（16锰钢）	Ⅲ级钢筋（25锰硅钢）
鞍钢	1.20	1.25	1.25	1.20
天津钢厂第四轧钢厂	1.35	1.35	1.25	1.25
上钢三厂	1.25	1.35	1.20	1.25
太钢	1.25	1.35	—	1.25
唐钢	1.15	1.30	1.25	1.30
新沪钢厂	1.50	1.45	1.25	1.25
重钢	1.40	1.45	—	1.30
首钢	—	—	1.25	1.30
大冶钢厂	1.35	—	—	—
马钢	—	—	1.25	—
沈阳钢厂	1.25	—	—	—
三明钢厂	—	1.45	—	—
杭州钢厂	—	—	1.30	—
青岛钢厂	—	—	1.30	1.35

附录二 局部配筋混凝土地坪的抗震设计

非液化土地基上的构筑物，当利用已有的或新增设的现浇混凝土地坪抵抗结构的基底地震剪力时，可按下列要求进行抗震设计。

一、当结构（或构件）四周的地坪每边延伸宽度不小于地坪孔口承压面宽度的 5 倍时，可假设该地坪为无限大板，承受结构（或构件）的全部基底地震剪力，按下列公式验算水平地震力作用方向的抗震强度。

1. 地坪孔口的抗压强度

$$K_1 \sigma_c \leqslant R_a \quad (附2\text{-}1)$$

$$\sigma_c = Q_0/(t \cdot b) \quad (附2\text{-}2)$$

式中 σ_c——地坪孔口承压面的平均压应力（kPa）；

Q_0——基底地震剪力（kN），按两个主轴方向分别取值；

t、b——分别为地坪孔口承压面的厚度和宽度（m）；

R_a——地坪混凝土的轴心抗压设计强度（kPa）；

K_1——安全系数，可取 1.2。

2. 孔口承压面两侧混凝土截面的抗拉强度

对素混凝土区段： $K_1 \xi_t \sigma_c \leqslant R_1 \quad (附2\text{-}3)$

对需配筋区段： $K_1 \xi_t at \leqslant A_s R_g \quad (附2\text{-}4)$

式中 R_1——混凝土抗拉设计强度（kPa）；

A_s、R_g——分别为孔口承压面一侧纵向钢筋的截面面积（m²）和抗拉设计强度（kPa）；

a——配筋区段的宽度（m）；

ξ_t——孔口侧面拉应力系数，按附图 2.1 采用。

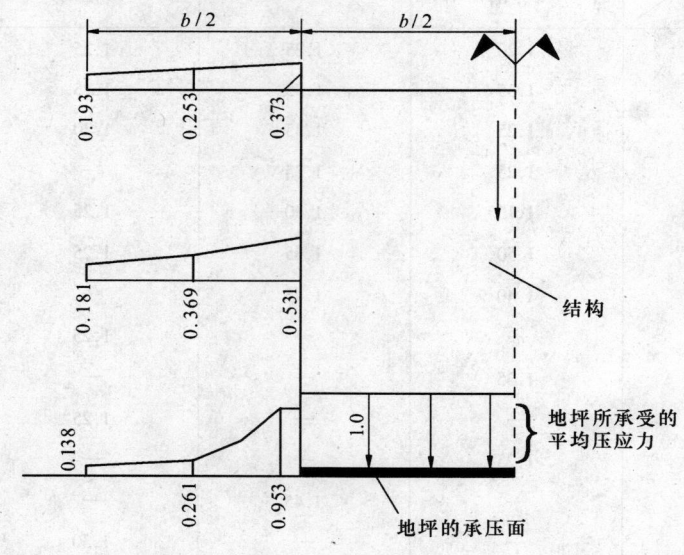

附图 2.1 地坪孔口侧边混凝土的拉应力系数
→水平地震力作用方向

二、当仅在结构的一侧有地坪时（如利用散水坡作抗水平地震剪力的地坪，结构边柱的地坪等），可视该地坪为半无限板，并承受全部基底地震剪力，此时，可只按式（附2-1）验算孔口的抗压强度。

三、独立结构（如井塔、井架、设备基础）四周的地坪，当其每边延伸宽度小于本附录第一条要求但不上于地坪孔口承压面宽度的3倍时（附图2.2），应视该地坪为有限面积板，按下列要求进行抗震验算：

1. 按式（附2-1）至式（附2-4）进行验算，但公式中 Q_0 应代以由地坪所分担的地震剪力 T，T 可由下式确定：

$$T = Q_0 - (Nf + E_p)/3 \qquad (附2-5)$$

$$E_p = \frac{\gamma H_0^2 B_0}{2}\tan^2(45° + \varphi/2) \qquad (附2-6)$$

式中　Nf——土与基础底面间的摩擦力（kN），N 为作用于基底的轴压力（kN），f 为土与基底的摩擦系数，按地基基础规范的规定取值；

　　　E_p——基础正侧面的被动土压力（kN）；

　　　H_0、B_0——分别为基础埋深（m）和基础正侧面平均宽度（m）（附图2.2）；

　　　γ、φ——分别为 H_0 范围内土的容重（kN/m³）和内摩擦角（°）。

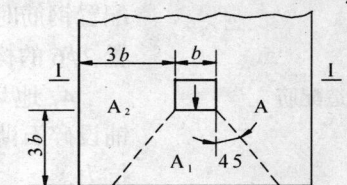

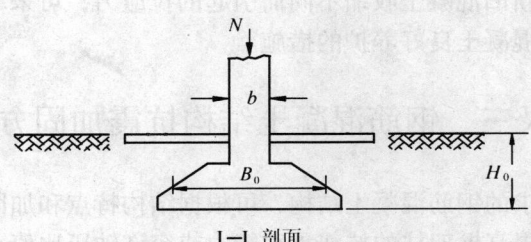

I—I 剖面

附图2.2　有限面积板地坪的计算简图

2. 地坪总面积应满足不首先出现地震滑移的下列公式要求：

$$A \geq A_1 + A_2 \qquad (附2-7)$$

$$A_2 \geq K_2 T/\tau \qquad (附2-8)$$

式中　A_1——地坪承压侧的平面面积（m²），即附图2.2平面图中虚线所示的梯形面积，对方形地坪可取 $A_1 = A_2/3$；

　　　A_2——地坪中受拖曳作用的面积（m²），即附图2.2中 A_1 以外的面积；

　　　A——地坪总面积（m²）；

　　　τ——地坪底面的抗剪强度（kPa），宜取土与土之间的抗剪强度：$\tau = \gamma_c t \cdot \tan\varphi + c$；

　　　γ_c——地坪的容重（m²）；

　　　φ、c——分别为地坪底面与土之间的摩擦角（°）和黏聚力（kPa），或地坪以下土的内摩擦角和黏聚力；

K_2——抗拖曳安全系数，宜取 $K_4 \geqslant 1.3K_1$。

四、局部配筋混凝土地坪应满足下列抗震构造和施工要求：

1. 抗水平地震剪力的地坪，其混凝土实际标号不应低于150号，厚度不得小于100mm（不包括二次抹面层）。

2. 当已有地坪经验算其抗压或抗拉强度不满足要求时，宜沿结构周侧配筋，也可局部加厚地坪。

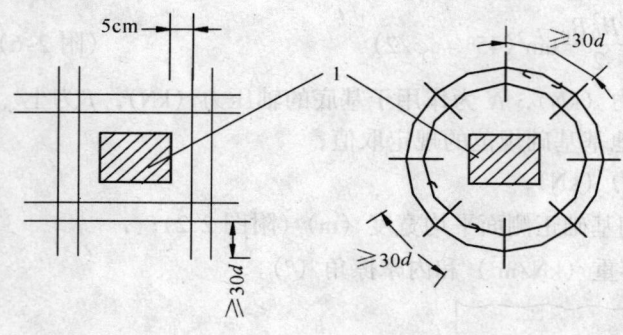

3. 当已有或新设地坪按抗震验算需要局部配筋时，钢筋应对应地坪厚度中心对称设置。抗压筋的配置原则可与混凝土结构中局部承压筋相同，抗拉筋按计算宜内密外疏布置，并应符合受拉锚固长度的要求。

对新设地坪，当按抗震验算不需配置钢筋时，宜按附图2.3于每侧设置 $2\phi6$ 的构造钢筋。

4. 地坪以下土层应夯实，并宜铺设碎石薄层并夯入土中以增大水平抗力。

附图2.3 混凝土地坪的构造配筋
1—结构截面

5. 地坪混凝土应与柱或基础等结构紧密接触，且胶结良好。对于与已有地坪相接的新浇混凝土，应减少由新旧混凝土收缩不同而引起的拉应力，可采取对已有地坪事先充分湿润使之膨胀并对新浇混凝土良好养护的措施。

附录三 钢筋混凝土结构抗震加固方案

对不满足本标准要求的钢筋混凝土结构，可根据结构特点和加固目的选用下列措施：

一、用剪切补强法提高框架柱的抗剪承载能力或容许轴压比值。

1. 一般可采用下列方法进行柱的剪切补强：

（1）柱周侧设置钢筋网砂浆围套，钢筋网中的箍筋端部应焊接（措施a）。

（2）柱四角加设角钢焊扁钢缀条的围套（措施b）。可采用环氧树脂浆粘贴法：先将柱四角磨成圆角，涂环氧树脂浆，在施加围压下粘贴柱四角的角钢（施加围压可采用在角钢外侧垫木块后用铁丝拧紧），而后焊扁钢缀条；也可采用座浆法：柱四角抹高标号砂浆后，外贴角钢，外加上述临时拧紧措施予以挤压，再焊扁钢缀条，扁钢与柱面之间用高标号砂浆填实，待砂浆到达强度后拆除临时箍。

（3）外包钢板箍，并宜优先采用施加围压的外包钢板箍（措施c）。可在柱周侧座浆后，外加双L等型式钢板对拼成钢板箍围套，并用（2）中临时拧紧措施将砂浆尽量挤出，座浆可仅在板箍以内部位。也可在柱外焊连钢板箍后用微膨胀砂浆填实板箍与柱面间的空隙。

2. 设计要点：

（1）当柱的抗剪、抗弯承载能力均不满足要求时，宜采用a、b两类围套。此时，纵向钢筋（角钢）应全高设置，以避免因加固而形成截面突变和薄弱环节转移；且纵向钢筋

（角钢）上、下端与梁（基础）之间必须具有可靠锚固，并应调整纵向钢筋（或角钢）和箍筋（或扁钢）的含量，使柱的抗剪强度安全系数不小于1.2倍抗弯强度安全系数，并应使柱的抗弯强度安全系数大于梁的抗弯强度安全系数。

（2）当柱的抗弯承载和抗侧力能力满足要求而仅抗剪能力不足时，宜优先采用c类围套，但应经专门设计；也可采用a、b类围套，此时，纵向钢筋（角钢）的上端与梁底之间、下端与楼板（基础）顶面之间必须断开，其间隙宜小，可取20mm，且a类圈套的纵向钢筋两端在其锚固长度范围内应与补设的封闭箍筋可靠焊连。

（3）对超配筋柱、轴压比大于0.45的柱和短柱，当采用剪切补强法时，均应采用c类围套。

（4）验算剪切补强柱的截面抗震强度时，可考虑原截面的纵向钢筋、箍筋与围套的纵向钢筋（角钢）、箍筋（板箍、扁钢缀条）共同工作、对a、b类围套，矩形截面的混凝土受压区相对高度不应大于0.4。

（5）计算剪切补强柱的轴压比时，对a类围套，截面面积可取围套箍筋所包围的面积；对b、c类围套，则可取全截面面积。

新加箍筋（含扁钢箍）一般应视作矩形箍，但当新加箍筋（扁钢箍）与柱的原有复合箍弯折点具有可靠连接或其他相应措施时，可作复合箍考虑。

（6）当柱的原有纵身钢筋带有绑扎接头而其搭接长度不满足受拉钢筋要求时，宜在搭接长度范围内采用c类围套，此时，可按受压取用搭接长度。

（7）当同一层高范围的柱子因剪切补强而增大其线刚度时，应考虑由此引起层间地震剪力的增大和被加固柱地震剪力分配比例的增加。

用剪切补强法提高框架梁（除高梁外）的抗剪承载能力，可参照本条要求采取适当措施。

二、对短柱，可采用下列加固措施：

1. 对全高采用剪切补强法。

2. 当结构的同一层高范围内均为短柱时，可在某些柱间设置高宽比不小于2的抗剪墙，使能为其他短柱耗能卸载。

3. 当因有砖砌窗肚墙等使框架柱形成短柱时，可改砌与柱具有可靠拉结的轻质墙，或将该墙段与柱之间脱开改用柔性连接等措施，使地震时变短柱为长柱。

三、耗能卸载法

1. 设置先行出现塑性变形的交叉柱间支撑，并起分担水平地震力作用。

2. 沿柱全高加设与梁柱具有可靠连接的实心砌体填充墙、钢筋网砂浆夹板墙或抗剪墙。

对柱承式贮仓的横向，抗剪墙可设于支承柱的外侧以满足火车、汽车通行的工艺要求。

3. 设置柱间支撑、填充墙或抗剪墙时，应避免结构单元产生或增大刚心与质心间的偏心距，并应满足本标准各章的有关抗震构造要求。

四、对柱加翼以提高框架柱的承载和抗侧力能力。此时，翼与原有梁、柱间的销钉连接应满足抗剪强度要求，且不得因加翼而使梁、柱形成高梁、短柱。

附录四 钢结构抗震加固方案

一、杆系钢结构。

1. 对不符合抗震鉴定要求的节点，可选用下列加固方案：

(1) 当原为铆钉、螺栓连接时，可按本标准第3.1.16条第一款改变连接型式。

(2) 当原为焊接连接时，应采用补焊的办法。根据节点的实际情况，可采用加长焊缝的办法，例如，加长原有焊缝，加大节点板，在节点板与被连接杆件之间加焊短斜板等；也可采用增加焊缝厚度的办法。

(3) 对偏心节点（如单面连接的单角钢杆件，钢井架立架的框口节点等），可采用避免出现节点弯矩或提高抗弯承载能力的措施，例如，对要求出现塑性变形的杆件，将原单面连接改为双面连接，将框口非刚性节点改为刚性节点等。

2. 设计要点：

(1) 铆接或栓接连接改为焊接连接时，应由焊缝承担杆件全部屈服内力。

(2) 对原有焊缝的补焊，如补焊时杆件并不受力（如仅为刚度、传递风力和水平地震力需要而设置的柱间支撑），可按新设计钢结构进行设计，由新老焊缝同等程度承担杆件全部屈服内力。

(3) 当在负荷条件下（如钢井架）采用增加焊缝长度的办法时，节点焊接连接强度的验算应考虑加固时原有焊缝的已有实际应力不可能与新加焊缝平均分配。新老焊缝存在受力不均的因素。

(4) 当在负荷条件下采用增加焊缝厚度的办法时，应考虑加固施焊时退出工作的焊缝区段长度。

3. 保证加固施工安全的要点：

(1) 在负荷条件下以高强螺栓更换铆钉或普通螺栓时，可按先换应力小的、后换应力大的顺序逐一更换，并保证实际使用荷载条件下的螺栓（铆钉）满足静力强度要求。

(2) 对负荷条件下补焊的安全要求：

1) 对受拉或偏心受拉杆件，严禁在垂直于拉力方向补焊（增加焊缝长度或厚度）。

2) 应选择合适的施焊程序，使焊接时减少杆件受力的偏心、杆件的残余应力和压杆在焊接时的弯曲。

3) 当采用增加原有焊缝厚度的加固方案时，实际荷载作用下拉杆的计算内力不宜超过其计算承载力的50%，压杆不应超过其计算承载力（考虑稳定系数 φ）的60%；上述节点焊缝承载力尚应考虑增厚焊缝时退出工作的焊缝区段长度。

4) 应选择合适的焊接工艺，逐次分层施焊，后一道焊缝应待前一道焊缝全部冷却至100℃以下时再行施焊。增厚焊缝时，每道焊缝厚度不得大于2mm。

二、对锚栓的抗震处理措施。

当锚栓的抗震强度或抗震构造不符合要求时，可按其相应要求选用下列处理措施：

1. 避免锚栓发生脆断破坏。

(1) 卸荷：

1) 减少作用于锚栓的地震剪力。例如，加设柱间垂直支撑；变静定杆系上部结构为超静定结构或加设赘余构（杆）件，而让加设的构（杆）件先行出现塑性变形。

2）增设抗剪构件，以部分分担剪力，如增加锚栓以分担剪力。

（2）将原为剪拉受力的锚栓转变为拉剪（拉弯）受力。例如，当无锚栓支承托座时增设之，或将锚栓的薄垫圈换成具有较大孔洞的厚垫圈，此时，孔洞内侧与锚栓周边之间的间隙不宜小于 3mm。

（3）对地震作用下受拉（轴心受拉、偏心受拉）的锚栓（如塔类结构的锚栓，可在锚栓座盖板与螺帽垫圈间加设钢板弹簧，钢板弹簧的选用应经专门设计。

2. 锚栓在基础（底座）中的埋置深度不足时：

（1）按照锚栓在地震下实际可能出现的拉力和所取用的锚固形式进行验算。

（2）减少锚栓在地震时的拉力，可选用本附录本条第 1 款的有关措施。

（3）增加锚栓的埋置深度，如对锚栓套以螺旋筋后补浇能与原有基础混凝土共同工作且标号不低于 200 号的钢筋混凝土包脚柱脚。

3. 锚栓数量不足或遭受锈蚀时，宜补设或更换锚栓。

4. 螺帽尺寸不符合标准或未能全部拧入锚杆时，可更换锚杆，设双螺帽，在拧紧螺帽后加焊等。

附录五 塔型设备基础的地基抗震验算范围判断曲线

对于由设计地面至全塔顶部总高度为 H 的已有塔型设备圆筒式基础，当地面以上非地震组合荷载的计算总重量最大值 N_{max} 在相应基本风压值 W_0 所示的判断曲线的上侧时，对非液化土地基，可不进行地基抗震强度和结构抗倾覆验算。当不满足要求时，应按本标准第二章进行验算。

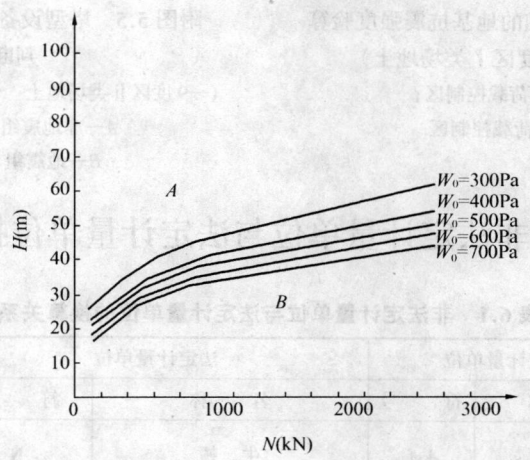

附图 5.1 塔型设备基础的地基抗震强度验算范围判断曲线（8 度区 I 类场地土）
A—非地震组合荷载控制区；B—地震组合荷载控制区

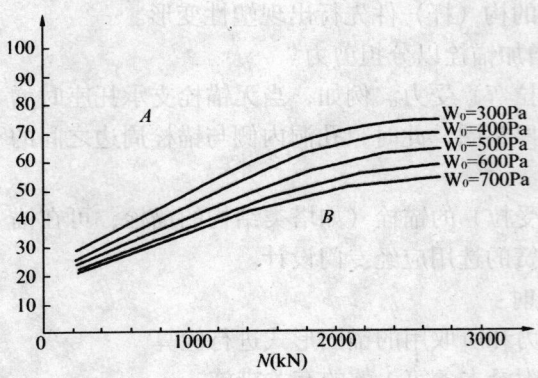

附图5.2 塔型设备基础的地基抗震强度验算范围判断曲线（8度区Ⅱ类场地土）

A—非地震组合荷载控制区；
B—地震组合荷载控制区

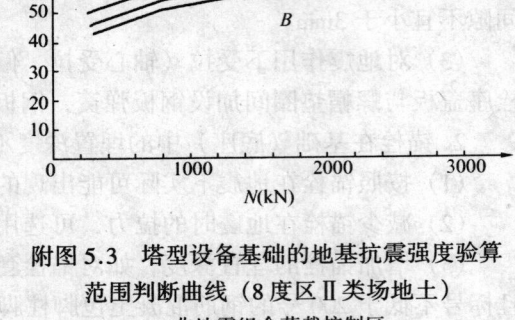

附图5.3 塔型设备基础的地基抗震强度验算范围判断曲线（8度区Ⅱ类场地土）

A—非地震组合荷载控制区；
B—地震组合荷载控制区

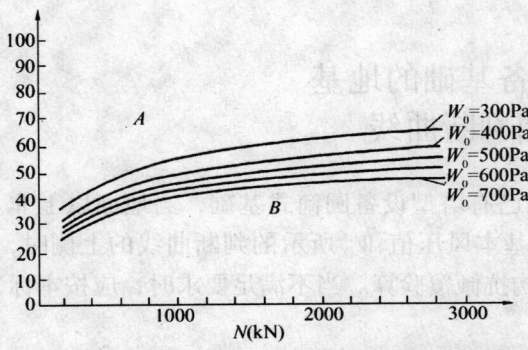

附图5.4 塔型设备基础的地基抗震强度验算范围判断曲线（9度区Ⅰ类场地土）

A—非地震组合荷载控制区；
B—地震组合荷载控制区

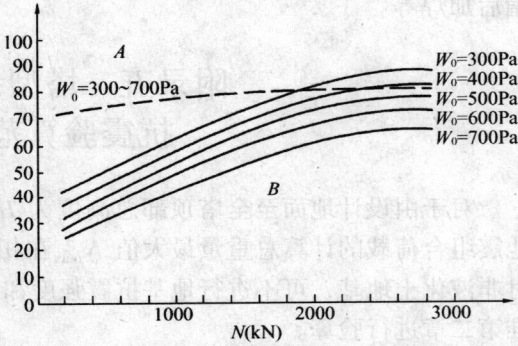

附图5.5 塔型设备基础的地基抗震验算判断曲线

（—9度区Ⅱ类场地土 ----9度区Ⅲ类场地土）
A—非地震组合荷载控制区；
B—地震组合荷载控制区

附录六 非法定计量单位与法定计量单位换算关系

附表6.1 非法定计量单位与法定计量单位的换算关系表

量的名称	非法定计量单位		法定计量单位		单位换算关系
	名称	符号	名称	符号	
力、重力	千克力	kgf	牛顿	N	1kgf=9.80665N
	吨力	tf	千牛顿	kN	1tf=9.80665kN
力矩、弯矩、扭矩	千克力米	kgf·m	牛顿米	N·m	1kgf·m=9.80665N·m
	吨力米	tf·m	千牛顿米	kN·m	1tf·m=9.80665kN·m

续附表6.1

量的名称	非法定计量单位		法定计量单位		单位换算关系
	名　称	符　号	名　称	符　号	
应力、材料强度	千克力每平方毫米 千克力每平方厘米	kgf/mm² kgf/cm²	牛顿每平方毫米（兆帕斯卡） 牛顿每平方毫米（兆帕斯卡）	N/mm²（MPa） N/mm²（MPa）	1kgf/mm³ = 9.80665 N/mm²（MPa） 1kgf/cm² = 0.0980665 N/mm³（MPa）
弹性模量 变形模量 剪切模量	千克力每平方厘米	kgf/cm³	牛顿每平方毫米（兆帕斯卡）	N/mm³（MPa）	1kgf/cm² = 0.0980665 N/mm³（MPa）

注：非法定计量单位与法定计量单位量值的换算，本标准取近似的整数换算值，例如，1kgf = 10N，1kgf/cm³ = 0.1N/mm³（MPa）。

附录七　本标准用词说明

一、执行本标准条文时，要求严格程度的用词说明如下，以便在执行中区别对待。

1．表示很严格，非这样做不可的用词：

正面词采用"必须"；

反面词采用"严禁"。

2．表示严格，在正常情况下均应这样做的用词：

正面词采用"应"；

反面词采用"不应"或"不得"。

3．表示允许稍有选择，在条件许可时首先应这样做的用词：

正面词采用"宜"或"可"；

反面词采用"不宜"。

二、条文中指明必须按其他有关标准、规范或其他有关规定执行的写法为，"应按……执行"、"应符合……要求或规定"。非必须所指定的标准、规范或其他规定执行的写法为"可参照……"。

附加说明

本标准主编单位、参加单位和主要起草人名单

主　编　单　位　冶金工业部建筑研究总院

参　加　单　位　冶金工业部长沙黑色冶金矿山设计研究院

鞍山黑色冶金矿山设计研究院
重庆钢铁设计研究院
鞍山焦化耐火材料设计研究院
包头冶金建筑研究所
中国有色金属工业总公司长沙有色冶金设计研究院
兰州有色冶金设计研究院
沈阳铝镁设计研究院
贵阳铝镁设计研究院
煤炭工业部沈阳煤矿设计研究院
水利电力部西北电力设计院
国家机械工业委员会第一设计研究院、设计研究总院
中国石油化工总公司洛阳设计研究院
中国武汉化工工程公司
化学工业部第三设计院
山西省冶金设计院
国家建材局山东水泥设计院

主要起草人 吴良玖 王福田 刘惠珊 乔太平 马英儒 孙柯权 杨友义 费志良 刘鸿运 陈幼田 谢福缉 刘大晖 金菡 周善文 边振甲 陈俊 章连钧 兰聚荣 俞志强 梁若林 毕家竹 王绍华 袁文度 但泽义 韩加谷

中华人民共和国国家标准

工业厂房可靠性鉴定标准

GBJ 144—90

主编部门：中华人民共和国冶金工业部
批准部门：中华人民共和国建设部
施行日期：１９９１年８月１日

关于发布国家标准《工业厂房可靠性鉴定标准》的通知

(90)建标字第686号

根据国家计委计综[1985]1号文的要求,由冶金工业部会同有关部门共同编制的《工业厂房可靠性鉴定标准》,已经有关部门会审。现批准《工业厂房可靠性鉴定标准》(GBJ 144—90)为国家标准,自一九九一年十月一日起施行。

本标准由冶金工业部负责管理,其具体解释等工作由冶金工业部建筑研究总院负责。出版发行由建设部标准定额研究所负责组织。

中华人民共和国建设部
一九九〇年十二月二十八日

目 录

主要符号 … 1538
第一章 总则 … 1538
第二章 鉴定程序和等级标准 … 1538
  第一节 鉴定程序 … 1538
  第二节 鉴定等级标准 … 1540
第三章 使用条件的调查 … 1540
第四章 结构的鉴定评级 … 1541
  第一节 一般规定与结构布置 … 1541
  第二节 地基基础 … 1543
  第三节 混凝土结构 … 1544
  第四节 单层厂房钢结构 … 1547
  第五节 砌体结构 … 1549
第五章 围护结构系统的鉴定评级 … 1551
第六章 工业厂房的综合鉴定评级 … 1552
附录一 工业厂房初步调查表 … 1554
附录二 本标准用词说明 … 1555
附加说明 … 1556

主 要 符 号

a、b、c、d——工业厂房可靠性鉴定子项的评定等级；
A、B、C、D——工业厂房可靠性鉴定项目或组合项目的评定等级；
一、二、三、四——工业厂房可靠性鉴定单元的评定等级；
R——结构或结构构件的抗力；
S——结构或结构构件的作用效应；
γ_0——结构重要性系数；
l_0——计算跨度或计算长度；
l——跨度或长度；
h——框架层高或多层厂房层间高度；
H——钢筋混凝土柱或框架总高，砌体结构房屋总高；
H_T——柱脚底面至吊车梁或吊车桁架上顶面的高度；
e——吊车轨道中心对吊车梁轴线的偏差；
Q——吊车起重量；
ω_r——砌体变形裂缝宽度；
Δ——单层工业厂房砌体墙、柱变形或倾斜值；
δ——多层厂房墙、柱层间变形或倾斜值。

第一章 总 则

第1.0.1条 为在工业厂房可靠性鉴定中贯彻执行国家的技术经济政策，做到技术先进、经济合理、安全适用、确保质量。为已有工业厂房的可靠性鉴定提供统一的程序和准则，制定本标准。

第1.0.2条 本标准适用于下列已建成工业厂房的可靠性鉴定：
一、以混凝土结构、砌体结构为主体的单层或多层工业厂房的整体厂房、区段或构件。
二、以钢结构为主体的单层厂房的整体厂房、区段或构件。

第1.0.3条 特殊地区或特殊环境下的工业厂房的可靠性鉴定，除应执行本标准外，尚应符合国家现行有关标准规范的规定。

地震区的工业厂房可靠性鉴定应与抗震鉴定结合进行。

第二章 鉴定程序和等级标准

第一节 鉴 定 程 序

第2.1.1条 工业厂房应按下列程序进行可靠性鉴定评级（图2.1.1）。

第2.1.2条 工业厂房可靠性鉴定的目的、范围和内容应根据鉴定任务的要求确定。

第2.1.3条 初步调查应包括下列内容：

一、原设计图和竣工图、工程地质报告、历次加固和改造设计图、事故处理报告、竣工验收文件和检查观测记录等；

二、原始施工情况；

三、厂房的使用条件；

四、根据已有资料与实物进行初步核对、检查和分析；

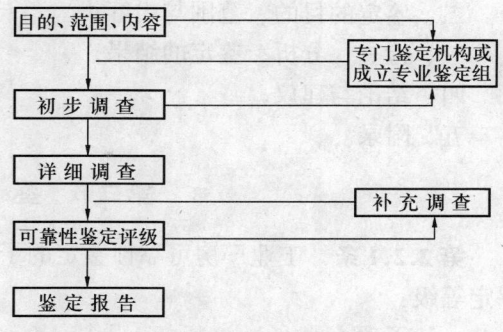

图2.1.1 鉴定程序

五、填写初步调查表。初步调查表的格式宜符合本标准附录一的要求；

六、制定详细调查计划。确定必要的实测、试验和分析等的工作大纲。

第2.1.4条 详细调查应包括下列内容：

一、结构布置、支撑系统、结构构件、结构构造和连接构造的检查；

二、地基基础的检查。必要时要开挖检查或进行试验；

三、结构上的作用、作用效应及作用效应的组合的调查分析，必要时进行实测统计；

四、结构材料性能和几何参数的检测与分析、结构构件的计算分析、现场实测，必要时进行结构检验；

五、工业厂房结构功能及建筑构造的检查。

第2.1.5条 工业厂房可靠性鉴定评级应划分为子项、项目或组合项目、评定单元三个层次，每个层次划分为四个等级。并应符合表2.1.5规定。

表2.1.5 工业厂房可靠性鉴定评级层次及等级划分

层次	评定单元	项目或组合项目		子项
等级	一、二、三、四	A、B、C、D		a、b、c、d
范围与内容	评定单元	结构布置和支撑系统	结构布置和支撑布置	
			支撑系统长细比	支撑杆件长细比
		承重结构系统	地基基础	地基、斜坡
				基础	按结构类别同相应结构的子项
				桩和桩基	桩、桩基
			混凝土结构	承载能力、构造和连接、裂缝、变形
			钢结构	承载能力与构造和连接、变形、偏差
			砌体结构	承载能力、构造和连接、变形、裂缝、变形
		围护结构系统	使用功能	屋面系统、墙体及门窗、地下防水设施、防护设施
			承重结构	按结构类别同相应结构的子项

第2.1.6条 鉴定报告宜包括下列内容：

一、工业厂房的概况；

二、鉴定的目的、范围与内容；

三、检查、分析、鉴定的结果；

四、结论与建议；

五、附录。

第二节 鉴定等级标准

第 2.2.1 条 工业厂房可靠性鉴定的子项、项目或组合项目、评定单元应按下列规定评定等级：

一、子项

a 级 符合国家现行标准规范要求，安全适用，不必采取措施；

b 级 略低于国家现行标准规范要求，基本安全适用，可不必采取措施；

c 级 不符合国家现行标准规范要求，影响安全或影响正常使用，应采取措施；

d 级 严重不符合国家现行标准规范要求，危及安全或不能正常使用，必须采取措施；

二、项目或组合项目

应按对项目可靠性影响的不同程度，将子项分为主要子项和次要子项两类。结构的承载能力，构造连接等应划分为主要子项；结构的裂缝变形等应划分为次要子项。

A 级 主要子项符合国家现行标准规范要求；次要子项略低于国家现行标准规范要求。正常使用，不必采取措施；

B 级 主要子项符合或略低于国家现行标准规范要求，个别次要子项不符合国家现行标准规范要求。尚可正常使用，应采取适当措施；

C 级 主要子项略低于或不符合国家现行标准规范要求，应采取适当措施；个别次要子项可严重不符合国家现行标准规范要求，应采取措施；

D 级 主要子项严重不符合国家现行标准规范要求，必须采取措施。

组合项目的评定等级应按本标准第四、五、六章有关条款的规定进行。

三、评定单元

一级 可靠性符合国家现行标准规范要求，可正常使用，极个别项目宜采取适当措施；

二级 可靠性略低于国家现行标准规范要求，不影响正常使用，个别项目应采取措施；

三级 可靠性不符合国家现行标准规范要求，影响正常使用，有些项目应采取措施，个别项目必须立即采取措施；

四级 可靠性严重不符合国家现行标准规范要求，已不能正常使用，必须立即采取措施。

第三章 使用条件的调查

第 3.0.1 条 使用条件的调查应包括结构上的作用、使用环境和使用历史三部分内容。结构上的作用调查宜按表 3.0.1 的要求进行。

表 3.0.1 结构上的作用调查

项 目	调 查 细 目
一、永久作用	1. 结构构件、建筑构配件、固定设备等自重 2. 预应力、土压力、水压力、地基变形等作用
二、可变作用	1. 屋面及楼面活荷载 2. 屋面积灰 3. 吊车荷载 4. 风荷载 5. 雪、冰荷载 6. 温度作用 7. 振动冲击及其他动荷载
三、偶然作用	1. 地震 2. 撞击爆炸事故 3. 火灾
四、其他作用	

注：结构上的作用调查指检查核实结构上的各种作用情况及其程度。

第 3.0.2 条 结构上的作用应按下列规定取值：

一、经调查符合国家现行标准《建筑结构荷载规范》规定取值者，应按规范选用；

二、当国家现行标准《建筑结构荷载规范》未作规定或有特殊情况时，应按国家现行标准《建筑结构设计统一标准》有关的原则规定执行。

第 3.0.3 条 作用效应的分项系数及组合系数应按国家现行标准《建筑结构荷载规范》确定。当有充分依据时，可结合工程经验，经分析判断确定。

第 3.0.4 条 使用环境调查应包括下列内容：

一、气象条件：厂房的方位、风玫瑰图、降雨量、大气湿度、气温等；

二、工业环境：液相腐蚀、气相腐蚀等对厂房结构的影响；

三、地理环境：地形、地貌、地质构造、周围建筑群等对厂房结构的影响。

第四章 结构的鉴定评级

第一节 一般规定与结构布置

第 4.1.1 条 结构布置和支撑系统的鉴定评级应包括结构布置和支撑布置、支撑系统长细比两个项目。

第 4.1.2 条 结构布置和支撑布置项目应按下列规定评定等级：

A 级 结构和支撑布置合理，结构形式与构件选型正确，传力路线合理，结构构造和连接可靠，符合国家现行标准规范规定，满足使用要求；

B 级 结构和支撑布置合理，结构形式与构件选型基本正确，传力路线基本合理，结构构造和连接基本可靠，基本符合国家现行标准规范规定，局部可不符合国家现行标准规范规定，但不影响安全使用；

C级　结构和支撑布置基本合理，结构形式、构件选型、结构构造和连接局部可不符合国家现行标准规范规定，影响安全使用，应进行处理；

D级　结构和支撑布置、结构形式、构件选型、结构构造和连接不符合国家现行标准规范规定，危及安全，必须进行处理。

第4.1.3条　钢支撑杆件的长细比宜按表4.1.3评定等级。

表4.1.3　钢支撑杆件长细比评定等级

厂房情况	支撑杆件种类		支撑杆件长细比			
			a	b	c	d
无吊车或有中、轻级工作制吊车厂房	一般支撑	拉杆	≤400	>400, ≤425	>425, ≤450	>450
		压杆	≤200	>200, ≤225	>225, ≤250	>250
	下柱支撑	拉杆	≤300	>300, ≤325	>325, ≤350	>350
		压杆	≤150	>150, ≤200	>200, ≤250	>250
有重级工作制吊车或有≥5t锻锤厂房	一般支撑	拉杆	≤350	>350, ≤375	>375, ≤400	>400
		压杆	≤200	>200, ≤225	>225, ≤250	>250
	下柱支撑	拉杆	≤200	>200, ≤225	>225, ≤250	>250
		压杆	≤150	>150, ≤175	>175, ≤200	>200

注：1. 表内一般支撑系统指除下柱支撑以外的各种支撑；
   2. 对于直接或间接承受动力荷载的支撑结构，计算单角钢受拉杆件长细比时，应采用角钢的最小回转半径。但在计算单角钢交叉拉杆在支撑平面外的长细比时，应采用与角钢肢边平行轴的回转半径；
   3. 设有夹钳式吊车或刚性料耙式吊车的厂房中，一般支撑拉杆的长细比宜按无吊车或有中、轻级工作制吊车厂房的下柱支撑中拉杆一栏评定等级；
   4. 对于动荷载较大的厂房，其支撑杆件长细比评定宜从严；
   5. 当有经验时，一般厂房的下柱支撑杆件长细比评级可适当从宽；
   6. 下柱交叉支撑压杆长细比较大时，可按拉杆进行验算，并按拉杆长细比评定等级。

第4.1.4条　支撑系统长细比项目的评定等级，应根据单个支撑杆件长细比子项各个等级的百分比，按下列规定确定：

A级　含 b 级不大于30%，且不含 c 级、d 级；

B级　含 c 级不大于30%，且不含 d 级；

C级　含 d 级小于10%；

D级　含 d 级大于或等于10%。

第4.1.5条　结构布置和支撑系统组合项目的评定等级，应按结构布置和支撑布置、支撑系统长细比项目中较低等级确定。

第4.1.6条　混凝土、钢及砌体结构或构件的验算应符合下列规定：

一、结构或构件的验算应按国家现行标准执行。一般情况下，应进行结构或构件的强度、稳定、连接的验算，必要时还应进行疲劳、裂缝、变形、倾复、滑移等的验算。

对国家现行规范没有明确规定验算方法或验算后难以判定等级的结构或构件，可结合实践经验和结构实际工作情况，采用理论和经验相结合（包括必要时进行试验）的方法，按照国家现行标准《建筑结构设计统一标准》进行综合判断；

二、结构或构件验算的计算图形应符合其实际受力与构造状况；

三、结构上的作用及作用效应分项系数及组合系数应分别按本标准第3.0.2条和第3.0.3条确定，并应考虑由于变形、温度等因素造成的附加内力；

四、当材料种类和性能符合原设计要求时，材料强度应按原设计值取用。

当材料的种类和性能与原设计不符或材料已变质时，材料强度应采用实测试验数据。材料强度的标准值应按国家现行标准《建筑结构设计统一标准》有关规定确定。

取样时不得损害结构的正常工作；

五、当混凝土结构表面温度长期大于60℃，钢结构表面温度长期大于150℃时，应考虑温度对材质的影响；

六、验算结构或构件的几何参数应采用实测值，并应考虑构件截面的损伤、腐蚀、锈蚀、偏差、断面削弱以及结构或构件过度变形的影响。

第二节 地 基 基 础

第4.2.1条 地基基础的鉴定评级应包括地基、基础、桩和桩基、斜坡四个项目。

第4.2.2条 地基项目宜根据地基变形观测资料，按下列规定评定等级：

A级 厂房结构无沉降裂缝或裂缝已终止发展，不均匀沉降小于国家现行《建筑地基基础设计规范》规定的容许沉降差，吊车运行正常；

B级 厂房结构沉降裂缝在短期内有终止发展趋向，连续2个月地基沉降速度小于2mm/月，不均匀沉降小于国家现行《建筑地基基础设计规范》规定的容许沉降差，吊车运行基本正常；

C级 厂房结构沉降裂缝继续发展，短期内无终止趋向，连续2个月地基沉降速度大于2mm/月，不均匀沉降大于国家现行《建筑地基基础设计规范》规定的容许沉降差，吊车运行不正常，但轨顶标高或轨距尚有调整余地；

D级 厂房结构沉降裂缝发展显著，连续2个月地基沉降速度大于2mm/月，不均匀沉降大于国家现行《建筑地基基础设计规范》规定的容许沉降差，吊车运行不正常，轨顶标高或轨距没有调整余地。

注：生产对地基沉降速度有特殊要求时，可根据生产要求规定地基沉降速度的评级标准。

第4.2.3条 基础项目应根据基础结构的类别按本章相应结构的规定评定等级。

第4.2.4条 桩和桩基项目应包括桩、桩基两个子项，分别按下列规定评定等级：

一、桩基应按本节第4.2.2条评定等级；

二、单桩宜按下列标准评定等级：

a级 木桩没有或有轻微表层腐烂，钢桩没有或有轻微表面腐蚀；

b级 木桩腐烂的横截面积小于原有横截面积10%，钢桩腐蚀厚度小于原有壁厚10%；

c级 木桩腐烂的横截面积为原有横截面积10%~20%，钢桩腐蚀厚度为原有壁厚10%~20%；

d级 木桩腐烂的横截面积大于原有横截面积20%，钢桩腐蚀厚度大于原有壁厚20%。

三、当基础下为群桩时，其子项等级应根据单桩各个等级的百分比按下列规定确定：

a 级　含 b 级不大于30%，且不含 c 级、d 级；

b 级　含 c 级不大于30%，且不含 d 级；

c 级　含 d 级小于10%；

d 级　含 d 级大于或等于10%。

桩和桩基项目的评定等级，应按桩、桩基子项的较低等级确定。

第4.2.5条　斜坡项目应根据其稳定性按下列规定评定等级：

A 级　没有发生过滑动，将来也不会再滑动；

B 级　以前发生过滑动，停止滑动后将来不会再滑动；

C 级　发生过滑动，停止滑动后将来可能再滑动；

D 级　发生过滑动，停止滑动后目前又滑动或有滑动迹象。

第4.2.6条　地基基础组合项目的评定等级，应按地基、基础、桩和桩基、斜坡项目中的最低等级确定。

第4.2.7条　当地下水水位和水质有较大变化，或因土压和水压显著增大对地下墙有不利影响时，可在鉴定报告书中用文字说明。

第三节　混凝土结构

第4.3.1条　混凝土结构或构件的鉴定评级应包括承载能力、构造和连接、裂缝、变形四个子项。

第4.3.2条　当需要进行材质检测时，其检验原则除应按本标准第4.1.6条规定外，尚应符合下列要求：

一、混凝土强度的检测宜采用取芯、超声、回弹或其他有效方法综合确定，并应符合国家现行有关标准的规定；

二、混凝土材料的老化可通过外观检查、碳化测定和钢筋锈蚀等测定确定。必要时应取样分析；

三、从混凝土结构中截取钢筋的力学性能和化学成分，其检验方法和检验结果，应符合国家现行标准的规定；

四、当钢筋表面有明显的锈皮和坑蚀时，应考虑钢筋截面积的折损、应力集中和对粘着力的影响。对存在杂散电流等电化学腐蚀的厂房，应考虑柱根、基础等处钢筋容易锈烂部位的蚀损；

五、遭受火灾或热作用的混凝土结构或构件，当裸露钢筋表面已失去混凝土砂浆粘结痕迹时，其性能宜由现场取样试验确定。

第4.3.3条　混凝土结构和构件应进行承载能力验算。其承载能力子项应按表4.3.3评定等级。

第4.3.4条　混凝土结构或构件的裂缝子项可按下列规定评定等级：

一、结构或构件受力主筋处的横向和斜向裂缝宽度可按表4.3.4-1、表4.3.4-2、表4.3.4-3评定等级，并应考虑检测时尚未作用的各种因素对裂缝宽度的影响。

二、结构或构件因主筋锈蚀产生的沿主筋方向的裂缝宽度宜按下列要求准评定等级：

a 级　无裂缝；

表 4.3.3 混凝土结构或构件承载能力评定等级

结构或构件种类	承载能力 $R/\gamma_0 S$			
	a	b	c	d
屋架、托架、屋面梁、平台主梁、柱和中级、重级工作制吊车梁	≥1.0	<1.0 ≥0.92	<0.92 ≥0.87	<0.87
一般构件（包括楼盖、现浇板、梁等）	≥1.0	<1.0 ≥0.90	<0.90 ≥0.85	<0.85

注：1. 表中：R 为结构或构件的抗力，按本标准第 4.1.6 条原则确定；S 为结构或构件的作用效应，按本标准第 4.1.6 条原则确定；γ_0 为结构重要性系数，对安全等级为一级、二级、三级的结构构件，可分别取 1.1、1.0、0.9。
2. 结构倾覆和滑移的验算，应符合现行国家规范的规定。
3. 当混凝土结构受拉构件的受力裂缝宽度小于 0.15mm 及受弯构件的受力裂缝宽度小于 0.20mm 时，构件可不作承载能力验算。

表 4.3.4-1　Ⅰ、Ⅱ、Ⅲ级钢筋配筋的混凝土结构或构件裂缝宽度评定等级

结构或构件的工作条件		裂缝宽度 (mm)			
		a	b	c	d
室内正常环境	一般构件	≤0.40	>0.40, ≤0.45	>0.45, ≤0.70	>0.70
	屋架、托架	≤0.20	>0.20, ≤0.30	>0.30, ≤0.50	>0.50
	吊车梁	≤0.30	>0.30, ≤0.35	>0.35, ≤0.50	>0.50
露天或室内高湿度环境		≤0.20	>0.20, ≤0.30	>0.30, ≤0.40	>0.40

注：露天或室内高湿度环境一栏系指处于下列工作条件的结构或构件：直接受雨淋或室内经常受蒸汽及凝结水作用，以及与土壤直接接触的结构或构件。

表 4.3.4-2　Ⅱ、Ⅲ、Ⅳ级钢筋配筋的预应力混凝土结构或构件裂缝宽度评定等级

结构或构件的工作条件		裂缝宽度 (mm)			
		a	b	c	d
室内正常环境	一般构件	≤0.20	>0.20, ≤0.35	>0.35, ≤0.50	>0.50
	屋架、托架	≤0.05	>0.05, ≤0.10	>0.10, ≤0.30	>0.30
	吊车梁	≤0.05	>0.05, ≤0.10	>0.10, ≤0.30	>0.30
露天或室内高湿度环境		≤0.02	>0.02, ≤0.05	>0.05, ≤0.20	>0.20

表 4.3.4-3　碳素钢丝、钢绞线，热处理钢筋、冷拔低碳钢丝配筋的预应力混凝土结构或构件裂缝宽度评定等级

结构或构件的工作条件		裂缝宽度 (mm)			
		a	b	c	d
室内正常环境	一般构件	≤0.02	>0.02, ≤0.10	>0.10, ≤0.20	>0.20
	屋架、托架	≤0.02	>0.02, ≤0.05	>0.05, ≤0.20	>0.20
	吊车梁	—	≤0.05	>0.05, ≤0.20	>0.20
露天或室内高湿度环境		—	≤0.02	>0.02, ≤0.10	>0.10

b 级　　无裂缝；

c 级　　≤2mm；

d 级　　>2mm。

因主筋锈蚀导致结构或构件掉角以及混凝土保护层脱落者属 d 级。

注：有实践经验时，因主筋锈蚀产生的沿主筋方向裂缝宽度的评定等级，根据裂缝出现的部位、结构或构件的重要性和所处环境、裂缝的长度及其扩展速度，可适当从宽。

第4.3.5条　混凝土结构或构件的变形子项应按表4.3.5评定等级。

表4.3.5　混凝土结构或构件变形评定等级

结构或构件类别		变形			
		a	b	c	d
单层厂房托架、屋架		≤l_0/500	>l_0/500 ≤l_0/450	>l_0/450 ≤l_0/400	>l_0/400
多层框架主梁		≤l_0/400	>l_0/400 ≤l_0/350	>l_0/350 ≤l_0/250	>l_0/250
其他：屋盖、楼盖及楼梯构件	l_0>9m	≤l_0/300	>l_0/300 ≤l_0/250	>l_0/250 ≤l_0/200	>l_0/200
	7m≤l_0≤9m	≤l_0/250	>l_0/250 ≤l_0/200	>l_0/200 ≤l_0/175	>l_0/175
	l_0<7m	≤l_0/200	>l_0/200 ≤l_0/175	>l_0/175 ≤l_0/125	>l_0/125
吊车梁	电动吊车	≤l_0/600	>l_0/600 ≤l_0/500	>l_0/500 ≤l_0/400	>l_0/400
	手动吊车	≤l_0/500	>l_0/500 ≤l_0/450	>l_0/450 ≤l_0/350	>l_0/350
风荷载下多层厂房	框架层间水平变形	≤h/400	>h/400 ≤h/350	>h/350 ≤h/300	>h/300
	框架总体水平变形	≤H/500	>H/500 ≤H/450	>H/450 ≤H/400	>H/400
单层厂房排架柱平面外倾斜		≤H/1000 且H>10m时 ≤20mm	>H/1000, ≤H/750 且H>10m时 >20mm, ≤30mm	>H/750, ≤H/500 且H>10m时 >30mm, ≤40mm	>H/500 且H>10m时 >40mm

注：1. 表中 l_0 为构件的计算跨度，H 为柱或框架总高，h 为框架层高。

2. 本表所列为按长期荷载效应组合的变形值，应减去或加上制作反拱或下挠值。

第4.3.6条　混凝土结构的构造和连接子项可按下列规定评定等级：

一、当预埋件的锚板和锚筋的构造合理，经检查无变形或位移等异常情况时，可根据承载能力按本标准第2.2.1条原则评为 a 级或 b 级；当预埋件的锚板有明显变形或锚板、锚筋与混凝土之间有明显滑移、拔脱现象时，根据其严重程度可按本标准第2.2.1条原则评为 c 级或 d 级。

二、当连接节点的焊缝或螺栓符合国家现行标准规范规定和使用要求时，可按本标准第2.2.1条原则评为 a 级或 b 级；当节点焊缝或螺栓连接有局部拉脱、剪断、破损或较大滑移者，根据其严重程度可按本标准第2.2.1条原则评为 c 级或 d 级。

三、应取一、二款中较低等级作为构造和连接子项的评定等级。

第4.3.7条 混凝土结构或构件的项目评定等级应根据承载能力、构造和连接、裂缝、变形四个子项的等级，按下列原则确定：

一、当变形、裂缝与承载能力或构造和连接相差不大于一级时，以承载能力或构造和连接中的较低等级作为该项目的评定等级；

二、当变形、裂缝比承载能力或构造和连接低二级时，以承载能力或构造和连接中的较低等级降一级作为该项目的评定等级；

三、当变形、裂缝比承载能力或构造和连接低三级时，可根据变形、裂缝对承载能力的影响程度及其发展速度，以承载能力或构造和连接中的较低等级降一级或二级作为该项目的评定等级。

第四节 单层厂房钢结构

第4.4.1条 单层厂房钢结构或构件的鉴定评级应包括承载能力（包括构造和连接）、变形、偏差三个子项。

第4.4.2条 当需要进行材质检测时，其检测原则除按本标准第4.1.6条规定外，尚应符合下列要求：

一、对于重级工作制或吊车起重量等于或大于50t的中级工作制焊接吊车梁，应检验其常温冲击韧性，必要时检验负温冲击韧性；

二、当结构经受过150℃以上的温度作用或受过骤冷骤热影响时，应检查烧伤程度，必要时应取样试验，确定其力学性能指标。

第4.4.3条 钢结构或构件应进行强度、稳定性、连接、疲劳等承载能力等的验算。结构或构件的承载能力（包括构造和连接）子项应按表4.4.3评定等级。

表4.4.3 钢结构或构件承载能力评定等级

结构或构件种类	承载能力 $R/\gamma_0 S$			
	a	b	c	d
屋架、托架、梁、柱	≥1.00	<1.00，≥0.95	<0.95，≥0.90	<0.90
中、重级制吊车梁	≥1.00	<1.00，≥0.95	<0.95，≥0.90	<0.90
一般构件及支撑	≥1.00	<1.00，≥0.92	<0.92，≥0.87	<0.87
连接、构造	≥1.00	<1.00，≥0.95	<0.95，≥0.90	<0.90

注：1. 凡杆件或连接构造有裂缝或锐角切口者，根据其对承载能力影响程度，可按本标准第2.2.1条原则评为 c 级或 d 级。

2. 对于焊接吊车梁，当上翼缘连接焊缝及其近旁出现疲劳开裂，或受拉区腹板在加劲肋端部或受拉翼缘的横向焊缝处出现疲劳开裂时，或受拉翼缘焊有其他钢件者，应按本标准第2.2.1条原则评为 c 级或 d 级。

第4.4.4条 钢结构或构件的变形子项应按表4.4.4评定等级。

表 4.4.4　钢结构或构件的变形评定等级

钢结构或构件类别			变形			
			a	b	c	d
檩条	轻屋盖		≤$l/150$	>a级变形,功能无影响	>a级变形,功能有局部影响	>a级变形,功能有影响
	其他屋盖		≤$l/200$			
桁架、屋架及托架			≤$l/400$	>a级变形,功能无影响	>a级变形,功能有局部影响	>a级变形,功能有影响
实腹梁	主梁		≤$l/400$	>a级变形,功能无影响	>a级变形,功能有局部影响	>a级变形,功能有影响
	其他梁		≤$l/250$			
吊车梁	轻级和$Q<50t$中级桥式吊车		≤$l/600$	>a级变形,吊车运行无影响	>a级变形,吊车运行有局部影响,可补救	>a级变形,吊车运行有影响,不可补救
	重级和$Q>50t$中级桥式吊车		≤$l/750$			
柱	厂房柱横向变形		≤$H_T/1250$	>a级变形,吊车运行无影响	>a级变形,吊车运行有局部影响	>a级变形,吊车运行有影响,不可补救
	露天栈桥柱的横向变形		≤$H_T/2500$			
	厂房和露天栈桥柱的纵向变形		≤$H_T/4000$			
墙架构件	支承砌体的横梁(水平向)		≤$l/300$	>a级变形,功能无影响	>a级变形,功能有影响	>a级变形,功能有严重影响
	压型钢板、瓦楞铁等轻墙皮横梁(水平向)		≤$l/200$			
	支柱		≤$l/400$			

注：1. 表中 l 为受弯构件的跨度，H_T 为柱脚底面到吊车梁或吊车桁架上顶面的高度。柱变位为最大一台吊车水平荷载作用下的水平变位值。
　　2. 本表为按长期荷载效应组合的变形值，应减去或加上制作反拱或下挠值。

第 4.4.5 条　钢结构或构件的偏差子项宜按下列规定评定等级：

一、天窗架、屋架和托架的不垂直度：

a 级　不大于天窗架、屋架和托架高度的 1/250，且不大于 15mm；

b 级　构件的不垂直度略大于 a 级的允许值，且沿厂房纵向有足够的垂直支撑保证这种偏差不再发展；

c 级或 d 级　构件的不垂直度大于 a 级的允许值，且有发展的可能时，可按本标准第 2.2.1 条原则评为 c 级或 d 级。

二、受压杆件对通过主受力平面的弯曲矢高：

a 级　不大于杆件自由长度的 1/1000，且不大于 10mm；

b 级　不大于杆件自由长度的 1/660；

c 级或 d 级　大于杆件自由长度的 1/660，可按本标准第 2.2.1 条原则评为 c 级或 d 级。

三、实腹梁的侧弯矢高：

a 级　不大于构件跨度的 1/660；

b 级　略大于构件跨度的 1/660，且不可能发展；

c 级或 d 级　大于构件跨度的 1/660，可按本标准第 2.2.1 条原则评为 c 级或 d 级。

四、吊车轨道中心对吊车梁轴线的偏差 e：

a 级　$e \leqslant 10mm$；

b 级　$10mm < e \leqslant 20mm$；

c 级或 d 级　$e > 20mm$，吊车梁上翼缘与轨底接触面不平直有啃轨现象，可按本标准第 2.2.1 条原则评为 c 级或 d 级。

第 4.4.6 条　钢结构或构件的项目评定等级应根据承载能力（包括构造和连接）、变形、偏差三个子项的等级，按下列原则确定：

一、当变形、偏差比承载能力（包括构造和连接）相差不大于一级时，以承载能力（包括构造和连接）的等级作为该项目的评定等级；

二、当变形、偏差比承载能力（包括构造和连接）低二级时，以承载能力（包括构造和连接）的等级降低一级作为该项目的评定等级；

三、当变形、偏差比承载能力（包括构造和连接）低三级时，可根据变形、偏差对承载能力的影响程度，以承载能力（包括构造和连接）的等级降一级或二级作为该项目的评定等级。

第五节　砌　体　结　构

第 4.5.1 条　砌体结构或构件的鉴定评级应包括承载能力、变形裂缝、变形、构造和连接四个子项。

注：变形裂缝系指由于温度、收缩、变形和地基不均匀沉降引起的裂缝。

第 4.5.2 条　当需要进行砌体强度检测时，宜在现场进行直接检测，也可分别测定块体及砂浆的强度等级，间接推算砌体强度。必要时，可对砂浆配合比、含泥量、砂浆饱满度、砌体砌筑质量以及材料的风化、腐蚀等进行检测。

第 4.5.3 条　砌体结构或构件应进行承载能力验算。结构或构件承载能力子项应按表 4.5.3 评定等级。

表 4.5.3　砌体结构或构件承载能力评定等级

构件类别	承载能力 $R/\gamma_0 S$			
	a	b	c	d
砌体结构或构件	$\geqslant 1.0$	$< 1.0, \geqslant 0.92$	$< 0.92, \geqslant 0.87$	< 0.07

注：1. 当砌体结构或构件已出现明显的受压、受弯、受剪等受力裂缝时，应根据其严重程度，按本标准第 2.2.1 条原则评为 c 级或 d 级。

2. 验算结构或构件承载能力时，应考虑由于留洞、风化剥落、各种变形裂缝和倾斜引起的有效截面的削弱和附加内力。

第 4.5.4 条　砌体结构或构件的变形裂缝子项宜按表 4.5.4 评定等级。并结合裂缝发生部位、裂缝长度、裂缝稳定程度以及房屋有无振动等因素综合判断。

表 4.5.4　砌体结构或构件变形裂缝宽度评定等级

结构或构件	变形裂缝			
	a	b	c	d
墙、有壁柱墙	无裂缝	墙体产生轻微裂缝，最大裂缝宽度 $w_r<1.5mm$	墙体裂缝较严重，最大裂缝宽度 w_r 在 $1.5\sim10mm$ 范围内	墙体裂缝严重，最大裂缝宽度 $w_r>10mm$
独立柱	无裂缝	无裂缝	最大裂缝宽度 $w_r<1.5mm$，且未贯通柱截面	柱断裂或产生水平错位

注：本表仅适用于黏土砖、硅酸盐砖以及粉煤灰砌砌体。

第4.5.5条　墙、柱砌体变形子项应按表4.5.5-1及表4.5.5-2评定等级。

表 4.5.5-1　单层厂房砌体结构或构件评定等级

构件类别	变形或倾斜值 Δ（mm）			
	a	b	c	d
无吊车厂房墙、柱	≤10	>10，≤30	>30，≤60，或 ≤$H/150$	>60，或 >$H/150$
有吊车厂房墙、柱	≤$H_T/1250$	有倾斜，但不影响使用	有倾斜，影响吊车运行，但可调节	有倾斜，影响吊车运行，已无法调节
独立柱	≤10	>10，≤15	>15，≤40，或 ≤$H/170$	>40，或 >$H/170$

注：1. 表中 H_T 为柱脚底面至吊车梁或吊车桁架顶面的高度；Δ 为单层工业厂房砌体墙、柱变形或倾斜值；H 为砌体结构房屋总高。
　　2. 本表适用于墙、柱高度 $H \leq 10m$。当墙、柱高度 $H>10m$ 时，高度每增加 1m，各级变形或倾斜限值可增大 10%。

表 4.5.5-2　多层厂房砌体结构或构件变形评定等级

构件类别	屋间变形或倾斜值 δ（mm）				总变形或倾斜值（mm）			
	a	b	c	d	a	b	c	d
墙、带壁柱墙	≤5	>5，≤20	>20，≤40，或 ≤$h/100$	>40，或 >$h/100$	≤10	>10，≤30	>30，≤60，或 ≤$H/120$	>60，或 >$H/120$
独立柱	≤5	>5，≤15	>15，≤30，或 ≤$h/120$	>30，或 >$h/120$	≤10	>10，≤20	>32，≤45，或 ≤$H/150$	>45，或 >$H/150$

注：1. δ 为多层厂房墙、柱层间变形或倾斜值。h 为多层厂房层间高度。
　　2. 本表适用于房屋总高 $H \leq 10m$。当房屋总高度 $H>10m$ 时，总高度每增加 1m，各级总变形或倾斜限值可增大 10%。
　　3. 取层间变形和总变形中较低的等级作为厂房变形子项的评定等级。

第4.5.6条　砌体结构的构造和连接子项应包括墙、柱高厚比，墙、柱与梁的连接（搁置长度、垫块设置、预埋件与构件连接），墙与柱的连接等，应按下列规定评定等级：

　　a 级　墙、柱高厚比小于或等于国家现行规范容许值，构造和连接符合国家现行规范要求；

　　b级　墙、柱高厚比大于国家现行规范容许值，但不超过10%；或构造和连接有局部缺陷，但不影响结构的安全使用；

　　c级　墙、柱高厚比大于国家现行规范容许值，但不超过20%；或构造和连接有较严重的缺陷，已影响结构的安全使用；

　　d级　墙、柱高厚比大于国家现行规范容许值，且超过20%；或构造和连接有严重缺陷，已危及结构的安全。

　　第4.5.7条　砌体结构或构件的项目评定等级应根据承载能力、构造和连接、变形裂缝、变形四个子项的等级，按下列原则确定：

　　一、当变形裂缝、变形与承载能力或构造和连接中较低等级相差不大于一级时，以承载能力或构造和连接中的较低等级作为该项目的评定等级；

　　二、当变形裂缝、变形比承载能力或构造和连接中的较低等级低二级时，以承载能力或构造和连接中的较低等级降一级作为该项目的评定等级；

　　三、当变形裂缝、变形比承载能力或构造和连接中的较低等级低三级时，可根据变形裂缝、变形对承载能力的影响程度及其发展速度，以承载能力或构造和连接中的较低等级降一级或二级作为该项目的评定等级。

第五章　围护结构系统的鉴定评级

　　第5.0.1条　围护结构系统的鉴定评级应包括使用功能和承重结构两个项目。

　　第5.0.2条　使用功能项目宜包括屋面系统、墙体及门窗、地下防水和防护设施四个子项。

　　第5.0.3条　使用功能各子项可按表5.0.3评定等级。

表5.0.3　围护结构系统使用功能评定等级

子项名称	a	b	c	d
屋面系统	构造完好，排水畅通	有老化、鼓泡、开裂或轻微损坏、堵塞等现象，但不漏水	多处老化、鼓泡、开裂、腐蚀或局部损坏、穿孔。有堵塞或漏水现象	多处严重老化、腐蚀或多处损坏、穿孔、开裂，局部严重堵塞或漏水
墙体及门窗	完好	墙体及门窗框、扇完好，抹面、装修、连接或玻璃等轻微损坏	墙体及门窗或连接局部破坏，已影响使用功能	墙体及门窗或连接严重破损，部分已丧失使用功能
地下防水	完好	基本完好，虽有较大潮湿现象，但没有明显渗漏	局部损坏或有渗漏现象	多处破损或有较大的漏水现象
防护设施	完好	有轻微损坏，但不影响防护功能	局部损坏已影响防护功能	多处损坏，部分已丧失防护功能

　　注：防护设施系指为了隔热、隔冷、隔尘、防湿、防腐、防撞、防爆和安全而设置的各种设施及天棚吊顶等。

　　第5.0.4条　围护结构系统使用功能项目评定等级，可根据各子项对建筑物使用寿命和生产的影响程度确定出一个或数个主要子项,其余为次要子项。应取主要子项中最低等级作为该项目的评定等级。

第5.0.5条 围护结构系统中的承重结构或构件项目的评定等级,应根据其结构类别按本标准相应结构或构件的规定评定等级。

第5.0.6条 围护结构系统组合项目的评定等级,应按使用功能和承重结构项目中的较低等级确定。

对只有局部地下防水或防护设施的工业厂房,围护结构系统的项目评定等级,可根据其重要程度进行综合评定。

第六章 工业厂房的综合鉴定评级

第6.0.1条 本章适用于单层工业厂房的综合鉴定评级。

第6.0.2条 工业厂房的综合鉴定可根据厂房的结构系统、结构现状、工艺布置、使用条件和鉴定目的,将厂房的整体、区段或结构系统划分为一个或多个评定单元进行综合评定。

厂房评定单元的综合鉴定评级应包括承重结构系统、结构布置和支撑系统、围护结构系统三个组合项目。综合评级结果应列入表6.0.2。

表6.0.2 工业厂房(区段)评定单元的综合评级

评定单元	组合项目名称	组合项目 A、B、C、D	评定单元 一、二、三、四	备 注
Ⅰ	承重结构系统			
	结构布置及支撑系统			
	围护结构系统			
Ⅱ	承重结构系统			
	结构布置及支撑系统			
	围护结构系统			
⋮	⋮			

第6.0.3条 厂房评定单元的承重结构系统组合项目的评定等级分为A、B、C、D四级,可按下列规定进行:

一、将厂房评定单元的承重结构系统划分为若干传力树。

二、传力树中各种构件的评定等级,可分为基本构件和非基本构件两类,并应根据其所处的工艺流程部位,按下列规定评定:

1. 基本构件和非基本构件的评定等级,应在各自单个构件评定等级的基础上按其所含的各个等级的百分比确定:

(1) 基本构件:

A级 含B级且不大于30%;不含C级、D级;

B级 含C级且不大于30%;不含D级;

C 级　含 D 级且小于 10%；
　　D 级　含 D 级且大于或等于 10%。
　（2）非基本构件：
　　A 级　含 B 级且小于 50%；不含 C 级、D 级；
　　B 级　含 C 级、D 级之和小于 50%，且含 D 级小于 5%；
　　C 级　含 D 级且小于 35%；
　　D 级　含 D 级且大于或等于 35%。
　2. 当工艺流程的关键部位存在 C 级、D 级构件时，可不按上述规定评定等级，根据其失效后果影响程度，该种构件可评为 C 级或 D 级。
　三、传力树评级取树中各基本构件等级中的最低评定等级。当树中非基本构件的最低等级低于基本构件的最低等级二级时，以基本构件的最低等级降一级作为该传力树的评定等级；当出现低三级时，可按基本构件等级降二级确定。
　四、厂房评定单元的承重结构系统的评级可按下列规定确定：
　　A 级　含 B 级传力树且不大于 30%；不含 C 级、D 级传力树；
　　B 级　含 C 级传力树且不大于 15%；不含 D 级传力树；
　　C 级　含 D 级传力树且小于 5%；
　　D 级　含 D 级传力树且大于或等于 5%。
　五、仅以结构系统为评定单元的综合鉴定评级，可按照本条第二款执行。
　　注：1. 承重结构系统包括地基基础及结构构件。
　　　　2. 传力树是由基本构件和非基本构件组成的传力系统，树表示构件与系统失效之间的逻辑关系。基本构件是指当其本身失效时会导致传力树中其他构件失效的构件；非基本构件是指其本身失效是孤立事件，它的失效不会导致其他主要构件失效的构件。
　　　　3. 传力树中各种构件包括构件本身及构件间的连接节点。

第 6.0.4 条　厂房评定单元的结构布置和支撑系统组合项目应按本标准第 4.1.5 条评定等级。

第 6.0.5 条　厂房评定单元的围护结构系统组合项目应按本标准第 5.0.6 条评定等级。

第 6.0.6 条　厂房评定单元的综合鉴定评级分为一、二、三、四四个级别，应包括承重结构系统、结构布置和支撑系统、围护结构系统三个组合项目，以承重结构系统为主，按下列规定确定评定单元的综合评级：
　一、当结构布置和支撑系统、围护结构系统与承重结构系统的评定等级相差不大于一级时，可以承重结构系统的等级作为该评定单元的评定等级；
　二、当结构布置和支撑系统、围护结构系统比承重结构系统的评定等级低二级时，可以承重结构系统的等级降一级作为该评定单元的评定等级；
　三、当结构布置和支撑系统、围护结构系统比承重结构系统的评定等级低三级时，可根据上述原则和具体情况，以承重结构系统的等级降一级或降二级作为该评定单元的评定等级；
　四、综合评定中宜结合评定单元的重要性、耐久性、使用状态等综合判定，可对上述评定结果作不大于一级的调整。

第 6.0.7 条 鉴定报告中除对厂房评定单元进行综合鉴定评级外，还应对 C 级、D 级承重构件的数量、分布位置及处理建议作详细说明。

附录一 工业厂房初步调查表

附表 1.1 单层工业厂房初步调查表

建筑概况	名 称		原设计者	
	地 点		原施工者	
	用 途		使用者	
	竣工日期		抗震裂度/场地类别	
建 筑	建筑面积		厂房柱距	
	平面形式		下弦标高	
	厂房长度		轨顶标高	
	厂房跨度		屋面防水	
结构、地基	屋 面		地 基	
	天窗屋架		基 础	
	柱 子		墙 体	
	吊车梁		披屋结构	
图纸及资料	工艺图		地质勘察	
	建筑图		设计变更	
	结构图		施工记录	
	水、暖、电图		竣工记录	
	已有调查资料			
	标准、规范			
吊 车	吊车位置		特殊环境	热
	吨位、工作制			振 动
	台 数			腐蚀介质
历 史	用途变更		设计用途符合实际否	
	改扩建资料		灾 害	
	修建资料		其 他	
主要问题	委托方意见			
	鉴定者意见			
鉴定合同	目 的			
	项 目			
	要 求			

附表1.2 多层工业厂房初步调查表

建筑概况	名 称		原设计者	
	地 点		原施工者	
	用 途		使用者	
	竣工日期		抗震烈度/场地类别	
建 筑	建筑面积		屋顶标高	
	层 数		基本柱距	
	平面形式		各层高度	
	总长×宽		底层标高	
结构、地基	框架类别		结构材料	
	板、梁、柱		连接	板梁柱连接
	地基基础			
	墙 体			支 撑
图纸及资料	工艺图		地质勘察	
	建筑、结构图		施工记录	
	水、暖、电图		竣工记录	
	已有调查资料			
	标准、规范			
设 备	吊 车		特殊环境	热
	机 械			振 动
	其 他			腐蚀介质
历 史	用途变更		设计用途符合实际否	
	改扩建资料		灾 害	
	修建资料		其 他	
主要问题	委托方意见			
	鉴定者意见			
鉴定合同	目 的			
	项 目			
	要 求			

附录二 本标准用词说明

一、为便于在执行本标准条文时区别对待，对要求严格程度不同的用词说明如下：
1．表示很严格，非这样作不可的：
正面词采用"必须"，反面词采用"严禁"。
2．表示严格，在正常情况下均应这样作的：
正面词采用"应"，反面词采用"不应"或"不得"。

3. 表示允许稍有选择，在条件许可时首先应这样作的：

正面词采用"宜"或"可"，反面词采用"不宜"。

二、条文中指定应按基他有关标准、规范执行时，写法为"应符合……的规定"或"应按……执行"。

附加说明

本标准主编单位、参加单位和主要起草人名单

主 编 单 位：冶金工业部建筑研究总院
参 加 单 位：西安冶金建筑学院　航空工业规划设计研究院　北京钢铁设计研究总院　湖南大学　北方工业大学　太原钢铁公司　湘潭钢铁公司
主要起草人：陈三行　赵丕华　林志伸　杨　军　全明研　徐克静　浦聿修　王庆霖
　　　　　　王济川　段文玺　彭其铮　高维元　李京一　靳汉波　雷永森　赵晋义
　　　　　　张家启　姜迎秋　韩雪明

中华人民共和国行业标准

危险房屋鉴定标准

Standard of Dangerous Building Appraisal

JGJ 125—99
(2004年版)

主编单位：重庆市土地房屋管理局
批准部门：中华人民共和国建设部
实施日期：２０００年３月１日

中华人民共和国建设部
公　告

第 238 号

建设部关于行业标准
《危险房屋鉴定标准》局部修订的公告

现批准《危险房屋鉴定标准》JGJ 125—99 局部修订的条文，自 2004 年 8 月 1 日起实施。经此次修改的原条文同时废止。

中华人民共和国建设部
2004 年 6 月 4 日

关于发布行业标准《危险房屋鉴定标准》的通知

建标 [1999] 277 号

根据建设部《关于印发一九九一年工程建设行业标准制订、修订项目计划（第一批）的通知》（建标 [1991] 413 号）的要求，由重庆市土地房屋管理局主编的《危险房屋鉴定标准》，经审查，批准为强制性行业标准，编号 JGJ 125—99，自 2000 年 3 月 1 日起施行。原部标准《危险房屋鉴定标准》CJ 13—86 同时废止。

本标准由建设部房地产标准技术归口单位上海市房地产科学研究院负责管理，重庆市土地房屋管理局负责具体解释，建设部标准定额研究所组织中国建筑工业出版社出版。

中华人民共和国建设部

1999 年 11 月 24 日

前　言

根据建设部建标〔1991〕413号文的要求，标准编制组在广泛调查研究，认真总结实践经验，参考有关国际标准和国外先进标准，并广泛征求意见基础上，制定了本标准。

本标准的主要技术内容是：1. 总则；2. 符号、代号；3. 鉴定程序与评定方法；4. 构件危险性鉴定；5. 房屋危险性鉴定；6. 房屋安全鉴定报告等。

修订的主要技术内容是：1. 对标准的适用范围作了补充；2. 增加了符号、代号一章；3. 增加了鉴定程序和评定方法；4. 增加了钢结构构件鉴定；5. 增加了附录房屋安全鉴定报告；6. 以模糊集为理论基础，建立了分层综合评判模式等。

本标准由建设部房地产标准技术归口单位上海市房地产科学研究院归口管理，授权由主编单位负责具体解释。

本标准主编单位是：重庆市土地房屋管理局（地址：重庆市渝中区人和街74号；邮政编码400015）

本标准参加单位是：上海市房地产科学研究院

本标准主要起草人员是：陈慧芳　戚正廷　顾方兆　赵为民　斯子芳　周云　张能杰

目 次

1 总则 ·· 1562
2 符号、代号 ·· 1562
　2.1 符号 ··· 1562
　2.2 代号 ··· 1563
3 鉴定程序与评定方法 ··· 1563
　3.1 鉴定程序 ··· 1563
　3.2 评定方法 ··· 1564
4 构件危险性鉴定 ··· 1564
　4.1 一般规定 ··· 1564
　4.2 地基基础 ··· 1564
　4.3 砌体结构构件 ··· 1565
　4.4 木结构构件 ·· 1565
　4.5 混凝土结构构件 ·· 1566
　4.6 钢结构构件 ·· 1567
5 房屋危险性鉴定 ··· 1567
　5.1 一般规定 ··· 1567
　5.2 等级划分 ··· 1568
　5.3 综合评定原则 ··· 1568
　5.4 综合评定方法 ··· 1568
附录 A 房屋安全鉴定报告 ·· 1571
本标准用词说明 ·· 1572
条文说明 ··· 1573

1 总　　则

1.0.1 为有效利用既有房屋，正确判断房屋结构的危险程度，及时治理危险房屋，确保使用安全，制定本标准。

1.0.2 本标准适用于既有房屋的危险性鉴定。

1.0.3 危险房屋鉴定及对有特殊要求的工业建筑和公共建筑、保护建筑和高层建筑以及在偶然作用下的房屋危险性鉴定，除应符合本标准规定外，尚应符合国家现行有关强制性标准的规定。

2　符号、代号

2.1　符　　号

房屋危险性鉴定使用的符号及其意义，应符合下列规定：

L_0——计算跨度；

h——计算高度；

n——构件数；

n_{dc}——危险柱数；

n_{dw}——危险墙段数；

n_{dmb}——危险主梁数；

n_{dsb}——危险次梁数；

n_{ds}——危险板数；

n_c——柱数；

n_{mb}——主梁数；

n_{sb}——次梁数；

n_w——墙段数；

n_s——板数；

n_d——危险构件数；

n_{rt}——屋架榀数；

n_{drt}——危险屋架榀数；

p——危险构件（危险点）百分数；

p_{fdm}——地基基础中危险构件（危险点）百分数；

p_{sdm}——承重结构中危险构件（危险点）百分数；

p_{esdm}——围护结构中危险构件（危险点）百分数；

R——结构构件抗力；

S——结构构件作用效应；

μ——隶属度；
μ_A——房屋 A 级的隶属度；
μ_B——房屋 B 级的隶属度；
μ_C——房屋 C 级的隶属度；
μ_D——房屋 D 级的隶属度；
μ_a——房屋组成部分 a 级的隶属度；
μ_b——房屋组成部分 b 级的隶属度；
μ_c——房屋组成部分 c 级的隶属度；
μ_d——房屋组成部分 d 级的隶属度；
μ_{af}——地基基础 a 级的隶属度；
μ_{bf}——地基基础 b 级的隶属度；
μ_{cf}——地基基础 c 级的隶属度；
μ_{df}——地基基础 d 级的隶属度；
μ_{as}——上部承重结构 a 级的隶属度；
μ_{bs}——上部承重结构 b 级的隶属度；
μ_{cs}——上部承重结构 c 级的隶属度；
μ_{ds}——上部承重结构 d 级的隶属度；
μ_{aes}——围护结构 a 级的隶属度；
μ_{bes}——围护结构 b 级的隶属度；
μ_{ces}——围护结构 c 级的隶属度；
μ_{des}——围护结构 d 级的隶属度；
γ_0——结构构件重要性系数；
ρ——斜率。

2.2 代　号

房屋危险性鉴定使用的代号及其意义，应符合下列规定：
　　a、b、c、d——房屋组成部分危险性鉴定等级；
　　A、B、C、D——房屋危险性鉴定等级；
　　　　F_d——非危险构件；
　　　　T_d——危险构件。

3 鉴定程序与评定方法

3.1 鉴 定 程 序

3.1.1 房屋危险性鉴定应依次按下列程序进行：
　1 受理委托：根据委托人要求，确定房屋危险性鉴定内容和范围；

2 初始调查：收集调查和分析房屋原始资料，并进行现场查勘；
3 检测验算：对房屋现状进行现场检测，必要时，采用仪器测试和结构验算；
4 鉴定评级：对调查、查勘、检测、验算的数据资料进行全面分析，综合评定，确定其危险等级；
5 处理建议：对被鉴定的房屋，应提出原则性的处理建议；
6 出具报告：报告式样应符合附录 A 的规定。

3.2 评定方法

3.2.1 综合评定应按三层次进行。
3.2.2 第一层次应为构件危险性鉴定，其等级评定应分为危险构件（T_d）和非危险构件（F_d）两类。
3.2.3 第二层次应为房屋组成部分（地基基础、上部承重结构、围护结构）危险性鉴定，其等级评定应分为 a、b、c、d 四等级。
3.2.4 第三层次应为房屋危险性鉴定，其等级评定应分为 A、B、C、D 四等级。

4 构件危险性鉴定

4.1 一般规定

4.1.1 危险构件是指其承载能力、裂缝和变形不能满足正常使用要求的结构构件。
4.1.2 单个构件的划分应符合下列规定：
　　1 基础
　　　　1）独立柱基：以一根柱的单个基础为一构件；
　　　　2）条形基础：以一个自然间一轴线单面长度为一构件；
　　　　3）板式基础：以一个自然间的面积为一构件。
　　2 墙体：以一个计算高度、一个自然间的一面为一构件。
　　3 柱：以一个计算高度、一根为一构件。
　　4 梁、檩条、搁栅等：以一个跨度、一根为一构件。
　　5 板：以一个自然间面积为一构件；预制板以一块为一构件。
　　6 屋架、桁架等：以一榀为一构件。

4.2 地基基础

4.2.1 地基基础危险性鉴定应包括地基和基础两部分。
4.2.2 地基基础应重点检查基础与承重砖墙连接处的斜向阶梯形裂缝、水平裂缝、竖向裂缝状况，基础与框架柱根部连接处的水平裂缝状况，房屋的倾斜位移状况，地基滑坡、稳定、特殊土质变形和开裂等状况。
4.2.3 当地基部分有下列现象之一者，应评定为危险状态：
　　1 地基沉降速度连续 2 个月大于 <u>4mm/月</u>，并且短期内无收敛趋向；
　　2 地基产生不均匀沉降，其沉降量大于现行国家标准《建筑地基基础设计规范》

（GB 50007）规定的允许值，上部墙体产生沉降裂缝宽度大于10mm，且房屋倾斜率大于1‰；

3 地基不稳定产生滑移，水平位移量大于10mm，并对上部结构有显著影响，且仍有继续滑动迹象。

4.2.4 当房屋基础有下列现象之一者，应评定为危险点：
1 基础承载能力小于基础作用效应的85%（$R/\gamma_0 S < 0.85$）；
2 基础老化、腐蚀、酥碎、折断，导致结构明显倾斜、位移、裂缝、扭曲等；
3 基础已有滑动，水平位移速度连续2个月大于2mm/月，并在短期内无终止趋向。

4.3 砌体结构构件

4.3.1 砌体结构构件的危险性鉴定应包括承载能力、构造与连接、裂缝和变形等内容。

4.3.2 需对砌体结构构件进行承载力验算时，应测定砌块及砂浆强度等级，推定砌体强度，或直接检测砌体强度。实测砌体截面有效值，应扣除因各种因素造成的截面损失。

4.3.3 砌体结构应重点检查砌体的构造连接部位，纵横墙交接处的斜向或竖向裂缝状况，砌体承重墙体的变形和裂缝状况以及拱脚裂缝和位移状况。注意其裂缝宽度、长度、深度、走向、数量及其分布，并观测其发展状况。

4.3.4 砌体结构构件有下列现象之一者，应评定为危险点：
1 受压构件承载力小于其作用效应的85%（$R/\gamma_0 S < 0.85$）；
2 受压墙、柱沿受力方向产生缝宽大于2mm、缝长超过层高1/2的竖向裂缝，或产生缝长超过层高1/3的多条竖向裂缝；
3 受压墙、柱表面风化、剥落，砂浆粉化，有效截面削弱达1/4以上；
4 支承梁或屋架端部的墙体或柱截面因局部受压产生多条竖向裂缝，或裂缝宽度已超过1mm；
5 墙柱因偏心受压产生水平裂缝，缝宽大于0.5mm；
6 墙、柱产生倾斜，其倾斜率大于0.7%，或相邻墙体连接处断裂成通缝；
7 墙、柱刚度不足，出现挠曲鼓闪，且在挠曲部位出现水平或交叉裂缝；
8 砖过梁中部产生明显的竖向裂缝，或端部产生明显的斜裂缝，或支承过梁的墙体产生水平裂缝，或产生明显的弯曲、下沉变形；
9 砖筒拱、扁壳、波形筒拱、拱顶沿母线裂缝，或拱曲面明显变形，或拱脚明显位移，或拱体拉杆锈蚀严重，且拉杆体系失效；
10 石砌墙（或土墙）高厚比：单层大于14，二层大于12，且墙体自由长度大于6m。墙体的偏心距达墙厚的1/6。

4.4 木结构构件

4.4.1 木结构构件的危险性鉴定应包括承载能力、构造与连接、裂缝和变形等内容。

4.4.2 需对木结构构件进行承载力验算时，应对木材的力学性质、缺陷、腐朽、虫蛀和铁件的力学性能以及锈蚀情况进行检测。实测木构件截面有效值，应扣除因各种因素造成的截面损失。

4.4.3 木结构构件应重点检查腐朽、虫蛀、木材缺陷、构造缺陷、结构构件变形、失稳状况，木屋架端节点受剪面裂缝状况，屋架出平面变形及屋盖支撑系统稳定状况。

4.4.4 木结构构件有下列现象之一者，应评定为危险点：

1 木结构构件承载力小于其作用效应的90%（$R/\gamma_0 S < 0.90$）；

2 连接方式不当，构造有严重缺陷，已导致节点松动变形、滑移、沿剪切面开裂、剪坏或铁件严重锈蚀、松动致使连接失效等损坏；

3 主梁产生大于 $L_0/150$ 的挠度，或受拉区伴有较严重的材质缺陷；

4 屋架产生大于 $L_0/120$ 的挠度，且顶部或端部节点产生腐朽或劈裂，或出平面倾斜量超过屋架高度的 $h/120$；

5 檩条、搁栅产生大于 $L_0/120$ 的挠度，入墙木质部位腐朽、虫蛀或空鼓；

6 木柱侧弯变形，其矢高大于 $h/150$，或柱顶劈裂，柱身断裂。柱脚腐朽，其腐朽面积大于原截面 1/5 以上；

7 对受拉、受弯、偏心受压和轴心受压构件，其斜纹理或斜裂缝的斜率 ρ 分别大于 7%、10%、15% 和 20%；

8 存在任何心腐缺陷的木质构件。

4.5 混凝土结构构件

4.5.1 混凝土结构构件的危险性鉴定应包括承载能力、构造与连接、裂缝和变形等内容。

4.5.2 需对混凝土结构构件进行承载力验算时，应对构件的混凝土强度、碳化和钢筋的力学性能、化学成分、锈蚀情况进行检测；实测混凝土构件截面有效值，应扣除因各种因素造成的截面损失。

4.5.3 混凝土结构构件应重点检查柱、梁、板及屋架的受力裂缝和主筋锈蚀状况，柱的根部和顶部的水平裂缝，屋架倾斜以及支撑系统稳定等。

4.5.4 混凝土构件有下列现象之一者，应评定为危险点：

1 构件承载力小于作用效应的 85%（$R/\gamma_0 S < 0.85$）；

2 梁、板产生超过 $L_0/150$ 的挠度，且受拉区的裂缝宽度大于 1mm；

3 简支梁、连续梁跨中部位受拉区产生竖向裂缝，其一侧向上延伸达梁高的 2/3 以上，且缝宽大于 0.5mm，或在支座附近出现剪切斜裂缝，缝宽大于 0.4mm；

4 梁、板受力主筋处产生横向水平裂缝和斜裂缝，缝宽大于 1mm，板产生宽度大于 0.4mm 的受拉裂缝；

5 梁、板因主筋锈蚀，产生沿主筋方向的裂缝，缝宽大于 1mm，或构件混凝土严重缺损，或混凝土保护层严重脱落、露筋；

6 现浇板面周边产生裂缝，或板底产生交叉裂缝；

7 预应力梁、板产生竖向通长裂缝；或端部混凝土松散露筋，其长度达主筋直径的 100 倍以上；

8 受压柱产生竖向裂缝，保护层剥落，主筋外露锈蚀；或一侧产生水平裂缝，缝宽大于 1mm，另一侧混凝土被压碎，主筋外露锈蚀；

9 墙中间部位产生交叉裂缝，缝宽大于 0.4mm；

10 柱、墙产生倾斜、位移，其倾斜率超过高度的 1%，其侧向位移量大于 $h/500$；

11 柱、墙混凝土酥裂、碳化、起鼓，其破坏面大于全截面的 1/3，且主筋外露，锈蚀严重，截面减小；

12　柱、墙侧向变形，其极限值大于 $h/250$，或大于 30mm；

13　屋架产生大于 $L_0/200$ 的挠度，且下弦产生横断裂缝，缝宽大于 1mm；

14　屋架的支撑系统失效导致倾斜，其倾斜率大于屋架高度的 2%；

15　压弯构件保护层剥落，主筋多处外露锈蚀；端节点连接松动，且伴有明显的变形裂缝；

16　梁、板有效搁置长度小于规定值的 70%。

4.6　钢结构构件

4.6.1　钢结构构件的危险性鉴定应包括承载能力、构造和连接、变形等内容。

4.6.2　当需进行钢结构构件承载力验算时，应对材料的力学性能、化学成分、锈蚀情况进行检测。实测钢构件截面有效值，应扣除因各种因素造成的截面损失。

4.6.3　钢结构构件应重点检查各连接节点的焊缝、螺栓、铆钉等情况；应注意钢柱与梁的连接形式、支撑杆件、柱脚与基础连接损坏情况，钢屋架杆件弯曲、截面扭曲、节点板弯折状况和钢屋架挠度、侧向倾斜等偏差状况。

4.6.4　钢结构构件有下列现象之一者，应评定为危险点：

1　构件承载力小于其作用效应的 90%（$R/\gamma_0 S < 0.9$）；

2　构件或连接件有裂缝或锐角切口；焊缝、螺栓或铆接有拉开、变形、滑移、松动、剪坏等严重损坏；

3　连接方式不当，构造有严重缺陷；

4　受拉构件因锈蚀，截面减少大于原截面的 10%；

5　梁、板等构件挠度大于 $L_0/250$，或大于 45mm；

6　实腹梁侧弯矢高大于 $L_0/600$，且有发展迹象；

7　受压构件的长细比大于现行国家标准《钢结构设计规范》（GB 50017—2003）中规定值的 1.2 倍；

8　钢柱顶位移，平面内大于 $h/150$，平面外大于 $h/500$，或大于 40mm；

9　屋架产生大于 $L_0/250$ 或大于 40mm 的挠度；屋架支撑系统松动失稳，导致屋架倾斜，倾斜量超过 $h/150$。

5　房屋危险性鉴定

5.1　一般规定

5.1.1　危险房屋（简称危房）为结构已严重损坏，或承重构件已属危险构件，随时可能丧失稳定和承载能力，不能保证居住和使用安全的房屋。

5.1.2　房屋危险性鉴定应根据被鉴定房屋的构造特点和承重体系的种类，按其危险程度和影响范围，按照本标准进行鉴定。

5.1.3　危房以幢为鉴定单位，按建筑面积进行计量。

5.2 等级划分

5.2.1 房屋划分成地基基础、上部承重结构和围护结构三个组成部分。

5.2.2 房屋各组成部分危险性鉴定，应按下列等级划分：
  1 a级：无危险点；
  2 b级：有危险点；
  3 c级：局部危险；
  4 d级：整体危险。

5.2.3 房屋危险性鉴定，应按下列等级划分：
  1 A级：结构承载力能满足正常使用要求，未发现危险点，房屋结构安全。
  2 B级：结构承载力基本能满足正常使用要求，个别结构构件处于危险状态，但不影响主体结构，基本满足正常使用要求。
  3 C级：部分承重结构承载力不能满足正常使用要求，局部出现险情，构成局部危房。
  4 D级：承重结构承载力已不能满足正常使用要求，房屋整体出现险情，构成整幢危房。

5.3 综合评定原则

5.3.1 房屋危险性鉴定应以整幢房屋的地基基础、结构构件危险程度的严重性鉴定为基础，结合历史状态、环境影响以及发展趋势，全面分析，综合判断。

5.3.2 在地基基础或结构构件发生危险的判断上，应考虑它们的危险是孤立的还是相关的。当构件的危险是孤立的时，则不构成结构系统的危险；当构件的危险是相关的时，则应联系结构的危险性判定其范围。

5.3.3 全面分析、综合判断时，应考虑下列因素：
  1 各构件的破损程度；
  2 破损构件在整幢房屋中的地位；
  3 破损构件在整幢房屋所占的数量和比例；
  4 结构整体周围环境的影响；
  5 有损结构的人为因素和危险状况；
  6 结构破损后的可修复性；
  7 破损构件带来的经济损失。

5.4 综合评定方法

5.4.1 根据本标准划分的房屋组成部分，确定构件的总量，并分别确定其危险构件的数量。

5.4.2 地基基础中危险构件百分数应按下式计算：

$$p_{fdm} = n_d/n \times 100\% \tag{5.4.2}$$

式中 p_{fdm}——地基基础中危险构件（危险点）百分数；

n_d——危险构件数；

n——构件数。

5.4.3 承重结构中危险构件百分数应按下式计算：

$$p_{sdm} = [2.4n_{dc} + 2.4n_{dw} + 1.9(n_{dmb} + n_{drt}) + 1.4n_{dsb} + n_{ds}]/[2.4n_c + 2.4n_w \\ + 1.9(n_{mb} + n_{rt}) + 1.4n_{sb} + n_s] \times 100\%$$

(5.4.3)

式中 p_{sdm}——承重结构中危险构件（危险点）百分数；

n_{dc}——危险柱数；

n_{dw}——危险墙段数；

n_{dmb}——危险主梁数；

n_{drt}——危险屋架桁数；

n_{dsb}——危险次梁数；

n_{ds}——危险板数；

n_c——柱数；

n_w——墙段数；

n_{mb}——主梁数；

n_{rt}——屋架桁数；

n_{sb}——次梁数；

n_s——板数。

5.4.4 围护结构中危险构件百分数应按下式计算：

$$p_{esdm} = n_d/n \times 100\%$$

(5.4.4)

式中 p_{esdm}——围护结构中危险构件（危险点）百分数；

n_d——危险构件数；

n——构件数。

5.4.5 房屋组成部分 a 级的隶属函数应按下式计算：

$$\mu_a = \begin{cases} 1 & (p = 0\%) \\ 0 & (p \neq 0\%) \end{cases}$$

(5.4.5)

式中 μ_a——房屋组成部分 a 级的隶属度；

p——危险构件（危险点）百分数。

5.4.6 房屋组成部分 b 级的隶属函数应按下式计算：

$$\mu_b = \begin{cases} 0 & (p = 0\%) \\ 1 & (0\% < p \leq 5\%) \\ (30\% - p)/25\% & (5\% < p < 30\%) \\ 0 & (p \geq 30\%) \end{cases}$$

(5.4.6)

式中 μ_b——房屋组成部分 b 级的隶属度；

p——危险构件（危险点）百分数。

5.4.7 房屋组成部分 c 级的隶属函数应按下式计算：

$$\mu_c = \begin{cases} 0 & (p \leqslant 5\%) \\ (p-5\%)/25\% & (5\% < p < 30\%) \\ (100\%-p)/70\% & (30\% \leqslant p \leqslant 100\%) \end{cases} \quad (5.4.7)$$

式中 μ_c——房屋组成部分 c 级的隶属度；
　　　p——危险构件（危险点）百分数。

5.4.8 房屋组成部分 d 级的隶属函数应按下式计算：

$$\mu_d = \begin{cases} 0 & (p \leqslant 30\%) \\ (p-30\%)/70\% & (30\% < p < 100\%) \\ 1 & (p = 100\%) \end{cases} \quad (5.4.8)$$

式中 μ_d——房屋组成部分 d 级的隶属度；
　　　p——危险构件（危险点）百分数。

5.4.9 房屋 A 级的隶属函数应按下式计算：

$$\mu_A = \max[\min(0.3, \mu_{af}), \min(0.6, \mu_{as}), \min(0.1, \mu_{aes})] \quad (5.4.9)$$

式中 μ_A——房屋 A 级的隶属度；
　　　μ_{af}——地基基础 a 级的隶属度；
　　　μ_{as}——上部承重结构 a 级隶属度；
　　　μ_{aes}——围护结构 a 级的隶属度。

5.4.10 房屋 B 级的隶属函数应按下式计算：

$$\mu_B = \max[\min(0.3, \mu_{bf}), \min(0.6, \mu_{bs}), \min(0.1, \mu_{bes})] \quad (5.4.10)$$

式中 μ_B——房屋 B 级的隶属度；
　　　μ_{bf}——地基基础 b 级的隶属度；
　　　μ_{bs}——上部承重结构 b 级隶属度；
　　　μ_{bes}——围护结构 b 级的隶属度。

5.4.11 房屋 C 级的隶属函数应按下式计算：

$$\mu_C = \max[\min(0.3, \mu_{cf}), \min(0.6, \mu_{cs}), \min(0.1, \mu_{ces})] \quad (5.4.11)$$

式中 μ_C——房屋 C 级的隶属度；
　　　μ_{cf}——地基基础 c 级的隶属度；
　　　μ_{cs}——上部承重结构 c 级隶属度；
　　　μ_{ces}——围护结构 c 级的隶属度。

5.4.12 房屋 D 级的隶属函数应按下式计算：

$$\mu_D = \max[\min(0.3, \mu_{df}), \min(0.6, \mu_{ds}), \min(0.1, \mu_{des})] \quad (5.4.12)$$

式中 μ_D——房屋 D 级的隶属度；
　　　μ_{df}——地基基础 d 级的隶属度；
　　　μ_{ds}——上部承重结构 d 级隶属度；
　　　μ_{des}——围护结构 d 级的隶属度。

5.4.13 当隶属度为下列值时：

    1 $\mu_{df} \geqslant 0.75$，则为 D 级（整幢危房）。

2 $\mu_{ds} \geq 0.75$,则为 D 级（整幢危房）。
3 $\max(\mu_A, \mu_B, \mu_C, \mu_D) = \mu_A$,则综合判断结果为 A 级（非危房）。
4 $\max(\mu_A, \mu_B, \mu_C, \mu_D) = \mu_B$,则综合判断结果为 B 级（危险点房）。
5 $\max(\mu_A, \mu_B, \mu_C, \mu_D) = \mu_C$,则综合判断结果为 C 级（局部危房）。
6 $\max(\mu_A, \mu_B, \mu_C, \mu_D) = \mu_D$,则综合判断结果为 D 级（整幢危房）。

5.4.14 其他简易结构房屋可按本章第 5.3 节原则直接评定。

附录 A 房屋安全鉴定报告

报告编号（　　　）

一、委托单位/个人概况			
单位名称		电　话	
房屋地址		委托日期	
二、房屋概况			
房屋用途		建造年份	
结构类别		建筑面积	
平面形式		层　数	
产权性质		产权证编号	
备　注			

三、房屋安全鉴定目的
四、鉴定情况
五、损坏原因分析
六、鉴定结论
七、处理建议
八、检测鉴定人员

九、鉴定单位技术负责人签章	鉴定单位（公章）
鉴定人： 审核人： 审定人：	
	鉴定日期　年　月　日

本标准用词说明

1 为便于在执行本标准条文时区别对待，对于要求严格程度不同的用词说明如下：
   1）表示很严格，非这样做不可的：
   正面词采用"必须"；反面词采用"严禁"。
   2）表示严格，在正常情况下均应这样做的：
   正面词采用"应"；反面词采用"不应"或"不得"。
   3）表示允许稍有选择，在条件许可时首先这样做的：
   正面词采用"宜"；反面词采用"不宜"。
   表示有选择，在一定条件下可以这样做的，采用"可"。
2 条文中指明应按其他有关标准执行的写法为："应按……执行"或"应符合……的规定"。

中华人民共和国行业标准

危险房屋鉴定标准
JGJ 125—99
(2004年版)

条 文 说 明

1 总 则

1.0.1 《危险房屋鉴定标准》(CJ 13—86)制定于1986年,是我国房屋鉴定领域的第一部技术标准,其发布实施十多年来,在促进既有房屋的有效利用,保障房屋的使用安全方面发挥了重要作用。但随着时间的推移和检测鉴定技术的发展,原标准的部分内容已显陈旧,有必要对其进行一次较为全面的修订。

1.0.2 原标准规定"本标准适用于房地产管理部门经营管理的房屋,对单位自有和私有房屋的鉴定,可参考本标准。"同时规定"本标准不适用于工业建筑、公共建筑、高层建筑及文物保护建筑。"把标准适用范围按房屋产权或经营管理权限来进行划分,显然不尽合理,特别是在住房制度改革、房地产事业迅猛发展、房屋产权多元化的形势下,更有其弊端。本次修订将标准适用范围扩大为现存的既有房屋,并取消了原标准的不适用范围。

1.0.3 规定了危险房屋、各类有特殊要求的建筑及在偶然作用下的房屋危险性鉴定尚需参照有关专业技术标准或规范进行。条文中"有特殊要求的工业建筑和公共建筑"系指高温、高湿、强震、腐蚀等特殊环境下的工业与民用建筑;"偶然作用"系指天灾:如地震、泥石流、洪水、风暴等不可抗拒因素;人祸:如火灾、爆炸、车辆碰击等人为因素。

2 符号、代号

本章规定了房屋危险性鉴定中应用的各种符号、代号及其意义。

参照现行国家标准《工业厂房可靠性鉴定标准》(GBJ 144—90),γ_0——结构构件重要性系数,对安全等级为一级、二级、三级的结构构件,可分别取1.1、1.0、0.9。

3 鉴定程序与评定方法

3.1 鉴定程序

3.1.1 根据我国房屋危险性鉴定的实践,并参考日本、美国和前苏联的有关资料,制定了本标准的房屋危险性鉴定程序。

3.2 评定方法

3.2.1 在总结大量鉴定实践的基础上,把原标准规定的危险构件和危险房屋两个评定层次修订为三个层次,以求更加科学、合理和便于操作,满足实际工作需要。

4 构件危险性鉴定

4.1 一般规定

4.1.1 本条在房屋危险性鉴定实践经验总结和广泛征求意见的基础上对危险构件进行了

重新定义。

4.1.2 本条对原规定的构件单位进行了适当修正，使其划分更加科学，表述更明确。条文中的"自然间"是指按结构计算单元的划分确定，具体地讲是指房屋结构平面中，承重墙或梁围成的闭合体。

4.2 地基基础

4.2.1～4.2.3 地基基础的检测鉴定是房屋危险性鉴定中的难点，本节根据有关标准规定和长期实验研究结果，确定了其鉴定内容和危险限值。根据鉴定手段和技术发展现状，提出了从地基承载力和上部结构变位来进行鉴定的方法。并把常见的地基基础危险迹象作为检查时的重点部位。

条文中列出的地基与基础沉降速度 2mm/月是根据国内外（中、日等）常年观察统计结果而采用；房屋局部倾斜率 1‰ 和地基水平位移量参考现行国家标准（建筑地基基础设计规范）（CBJ 7—89）允许值要求，综合考虑得出。

《危险房屋鉴定标准》规定的是危险值，若危险值与《建筑变形测量规程》JGJ/T 8—97 规定的稳定值过于接近，这会增加许多房屋的拆迁量，造成不必要的经济损失。用"收敛"比用"终止"更准确。

将原条文中"局部"二字去掉概念更清晰。

4.3 砌体结构构件

4.3.1 本条规定了砌体结构构件危险性鉴定的基本内容。

4.3.2 本条规定了在进行砌体结构构件承载力验算前应进行的必要检验工作，以保证验算结果更符合实际情况。

4.3.3～4.3.4 这些条款具体规定了砌体结构构件的危险限值，其中墙柱倾斜控制值与原标准相比，作了适当调整。（如原标准规定受压墙柱竖向缝宽为 2cm，专家认为此值过大，与实际不符，建议改为 2mm 为宜；墙柱倾斜控制值，原标准规定为层高的 1.5/100，这次根据各地反映，原标准定得太宽，建议改为 0.7/100 为宜。）

4.4 木结构构件

4.4.1 本条规定了木结构构件危险性鉴定的基本内容。

4.4.2 本条规定了在进行木结构构件承载力验算前应进行的必要检验，以保证验算结果更符合实际情况。

4.4.3～4.4.4 这些条款具体规定了木结构构件的危险限值。其中原标准规定主梁大于 $L_0/120$，檩条搁栅大于 $L_0/100$ 挠度；柱腐朽达原截面 1/4～1/2；屋架出平面倾斜大于 $h/100$ 屋架高度等，经与专家交换意见，认为原标准尚未考虑其综合因素（如木节、斜纹、虫蛀、腐朽等），因此这次修订有所调整，相应改为 $L_0/150$、$L_0/120$ 挠度；柱腐朽达原截面 1/5 以及出平面倾斜 $h/120$ 屋架高度等。

另外，增加了斜率 ρ 值和材质心腐缺陷，是参照现行国家标准《古建筑木结构维护与加固技术规范》（GB 50165）确定的。

4.5 混凝土结构构件

4.5.1 本条规定了混凝土结构构件危险性鉴定的基本内容。

4.5.2 本条规定了在进行混凝土结构构件承载力验算前应进行的必要检测工作，以保证验算结果更符合实际情况。根据混凝土检测技术的发展，应尽量采用技术成熟、操作简便的检测方法。

4.5.3～4.5.4 这些条款具体规定了混凝土结构构件的危险限值。根据各地反映，原标准条文在名词术语和定量方面均有不妥处。这次修订：将单梁改为简支梁，支座斜裂缝宽度原标准未作规定，现确定为 0.4mm。此值参考了中、美等国混凝土构件裂缝控制值。增加了柱墙侧向变形值为 $h/250$ 或 30mm 内容，并规定墙柱倾斜率为 1% 和位移量为 $h/500$。

4.6 钢结构构件

4.6.1 根据房屋危险性鉴定工作中出现的实际情况，增加了本节内容。本条规定了钢结构构件危险性鉴定的主要内容。

4.6.2 本条规定了在进行钢结构构件承载力验算前应进行的必要检测工作，以保证验算结果更符合实际情况。根据钢结构检测技术的发展，应尽量采用技术成熟、操作简便的检测方法。

4.6.3～4.6.4 这些条款具体规定了钢结构构件的危险限值，如梁、板等变形位移值 $L_0/250$，侧弯矢高 $L_0/600$ 以及柱顶水平位移平面内倾斜值 $h/150$，平面外倾斜值 $h/500$，以上限值参照了现行国家标准《工业厂房可靠性鉴定标准》(GBJ 144—90)。

5 房屋危险性鉴定

5.1 一 般 规 定

5.1.1 对原标准中规定的危险房屋定义进行了修正，删除了"随时有倒塌可能"的词语，现在的表述更加科学、准确。

5.1.2～5.1.3 保留了原标准中规定的鉴定单位和计量单位，强调了房屋危险性鉴定必须根据实际情况独立进行。

5.2 等 级 划 分

5.2.1 在原标准构件和房屋两个鉴定层次的基础上，增加了房屋组成部分这一鉴定层次，并根据一般房屋结构的共性规定了这一层次的三个分部，即地基基础、上部承重结构和围护结构。

5.2.2 房屋各组成部分的危险性鉴定，应按 a、b、c、d 四等级进行划分。

5.2.3 规定了房屋危险性鉴定应按 A、B、C、D 四等级进行划分，这四个等级中的 B、C、D 级与原标准的危险构件、局部危房和整幢危房的概念基本对应，并增加了 A 级，即未发现危险点这一等级。在本次修订中，为便于综合评判，将危险点及其数量作为基本参量，以量变质变的辩证原理来划分房屋危险性等级：

A级：无危险点
B级：有危险点
C级：危险点量发展至局部危险
D级：危险点量发展至整体危险

同样原理，可划分房屋各组成部分的危险等级a、b、c、d。

5.3 综合评定原则

5.3.1~5.3.3 规定了房屋危险性鉴定综合评定应遵循的基本原则，保留了原标准中提出的"全面分析，综合判断"的提法，以求在按照本标准进行房屋危险性鉴定的过程中，最大限度发挥专业技术人员的丰富实践经验和综合分析能力，更好地保证鉴定结论的科学性、合理性。

条文中提出要考虑的7点因素，参考了天津地震工程研究所金国梁、冯家琪所著《房屋震害等级评定方法探讨》等资料。

5.4 综合评定方法

5.4.1 因为在综合评定中所需要的参量是危险点比例，而不是绝对精确量，所以只要按照简明、合理、统一的原则划分非危险构件和危险构件，并统计其数量。

在房屋建筑这一复杂的系统中，鉴定时需要考虑的因素往往很多，应用单一的综合评判模型来处理时，权重难以细致合理分配。即使逐一定出了权重，由于要满足归一化条件，使得每一因素所分得的权重必然很小，而在综合评定中的Fuzzy（模糊）矩阵的基本复合运算是∧（min）和∨（max），这就注定得到的综合评判值也都很小。这时，较小的权值通过∧运算，实际上"泯没"了所有单因素评价，得不出任何有意义的结果。采用多层次模型就可避免发生这种情况，即先把因素集按某些属性分成几类，对每一类进行综合评判，然后再对评判结果进行类之间的高层次综合，得出最终评判结果。因此本标准规定了进行综合评定的层次和等级。

综合评定方法的理论基础为Fuzzy（模糊）数学中的综合评定理论。

5.4.2~5.4.4 地基划分单元可对应其上部的基础单元。

5.4.3 公式中的系数2.4（柱）、2.4（墙）、1.9（主梁+屋架）、1.4（次梁）和1（板）等是反映房屋结构承载类型的部位系数；上述系数的确定，参考了国内外相关技术资料和科研成果并听取了部分专家意见。

5.4.5~5.4.8 首先按 $p=0\%$，$0\%<P<5\%$，$5\%<P<30\%$，$30\%<p<100\%$，相应硬划分a、b、c、d，然后根据Fuzzy数学原理，进行合理化，即承认存在着从一个等级到另一等级的中间过渡状态，而以在一定程度上隶属于某一等级来表示，这样才能较确切地反映其实际。因此建立相应于a、b、c、d各等级的线性隶属函数可以把该因素在a、b、c、d各等级之间的中间过渡状态充分表达出来（见图1）。

<u>前版标准将条文中标有黑线的部分遗漏，应该补上。</u>

5.4.9~5.4.12 式中系数为地基基础、承重结构和围护结构在综合评判中的权重分配。在影响房屋安全的诸多因素中，各因素的影响程度是不同的，为了在综合评判中体现这一点，就有必要建立各因素间的权重分配。建立危险房屋鉴定综合评判中的权重分配的原则

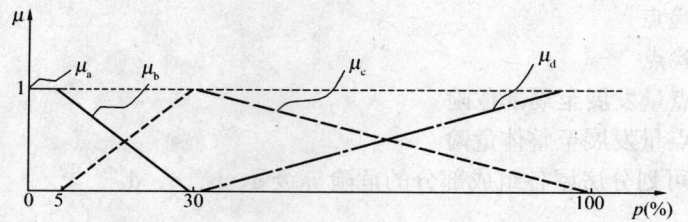

图 1 隶属函数图形

是按照各因素相对于房屋安全性而言的重要性和影响程度,来确定各因素间的权重分配。因素间的权重通过专家征询和鉴定实践确定了该权重分配。

这些公式是 Fuzzy 数学中综合评判问题中的主因素决定型 M（∧，∨）（∧ = min，∨ = max）算子的 Fuzzy 矩阵展开式,因为它的结果只是由指标最大的决定,其余指标在一定范围内变化都不影响结果,比较适合危房鉴定。

5.4.13 考虑房屋的传力体系特点,地基基础、上部承重结构在影响房屋安全方面具有重要作用,所以在房屋危险性综合评判中,对地基基础或上部承重结构评判为 d 级时,则整幢房屋应评定为 D 级;在其他情况下,则应按 Fuzzy 数学中的综合评判中的最大隶属原则,确定房屋的危险性等级。

<u>适当放宽隶属函数的取值,更有利于房屋住用安全。</u>

5.4.14 简易结构房屋由于结构体系和用料混乱,可凭经验综合分析评定。

附录 A 房屋安全鉴定报告

《送审稿》时,原为"房屋安全鉴定书"。经专家讨论后,建议将"鉴定书"改为"鉴定报告"。其原因是通过检测、鉴定并出具的数据和结论,一般用"报告"的形式来表达更为准确。因此编制组采纳了此建议。

第三篇

加 固 类 规 范

中华人民共和国国家标准

混凝土结构加固设计规范

Design code for strengthening concrete structure

GB 50367—2006

主编部门：四　川　省　建　设　厅
批准部门：中华人民共和国建设部
施行日期：２００６年１１月１日

中华人民共和国建设部
公 告

第440号

建设部关于发布国家标准
《混凝土结构加固设计规范》的公告

现批准《混凝土结构加固设计规范》为国家标准，编号为 GB 50367-2006，自2006年11月1日起实施。其中，第.3.1.8、4.4.1、4.4.2、4.4.3、4.4.6、4.5.2、4.5.3、4.5.5、4.5.6、4.5.7、4.5.8、4.5.9、4.7.4、9.1.6、12.2.4、12.2.6、13.1.4、13.2.3条为强制性条文，必须严格执行。

本规范由建设部标准定额研究所组织中国建筑工业出版社出版发行。

中华人民共和国建设部
2006年6月19日

前　言

本规范是根据建设部建标〔1999〕308号文的要求，由四川省建筑科学研究院会同有关的高等院校及科研、设计、企业等单位共同制订而成。

在制订过程中，规范编制组开展了多项专题研究，进行了大量的调查分析和验证性试验，总结了近年来我国混凝土结构加固设计的实践经验；与国外先进的标准规范进行了比较和借鉴；与相关的标准规范进行了协调。在此基础上以多种方式广泛征求了有关单位和社会公众的意见，并进行了试设计和试点工程的试用，对重点章节进行了反复修改，最后经审查定稿。

本规范主要规定的内容有：混凝土结构加固设计的基本规定、材料、增大截面加固法、置换混凝土加固法、外加预应力加固法、外粘型钢加固法、粘贴纤维复合材加固法、粘贴钢板加固法、增设支点加固法、绕丝加固法、钢丝绳网片-聚合物砂浆外加层加固法等的设计、计算与构造规定以及有关的附录。此外，还有与各种加固方法配套使用的植筋技术、锚栓技术、混凝土裂缝修补技术和钢筋阻锈技术等。

本规范以黑体字标志的条文为强制性条文，必须严格执行。

本规范由建设部负责管理和对强制性条文的解释，由四川省建筑科学研究院负责具体技术内容的解释。

为充实提高规范的质量，请各使用单位在施行本规范过程中，结合工程实践，认真总结经验，并将意见和建议寄交成都市一环路北三段55号（四川省建筑科学研究院内）建设部建筑物鉴定与加固规范管理委员会（邮编：610081；http://www.astcc.com）。

本规范主编单位：四川省建筑科学研究院
本规范参加单位：同济大学
　　　　　　　　西南交通大学
　　　　　　　　福州大学
　　　　　　　　湖南大学
　　　　　　　　重庆大学
　　　　　　　　重庆市建筑科学研究院
　　　　　　　　辽宁省建设科学研究院
　　　　　　　　中国科学院大连化学物理研究所
　　　　　　　　中国建筑西南设计院
　　　　　　　　上海市工程建设标准化办公室
　　　　　　　　上海加固行建筑技术工程有限公司
　　　　　　　　北京东洋机械建筑工程有限公司
　　　　　　　　喜利得（中国）有限公司
　　　　　　　　慧鱼（太仓）建筑锚栓有限公司
　　　　　　　　厦门中连结构胶有限公司

亨斯迈先进化工材料（广东）有限公司
北京风行技术有限责任公司
上海库力浦实业有限公司
湖南固特邦土木技术发展有限公司
大连凯华新技术工程有限公司
台湾安固工程股份有限公司
武汉长江加固技术有限公司

本规范主要起草人：梁　坦　王永维　陆竹卿　梁　爽　吴善能　黄　棠　林文修
卓尚木　古天纯　贺曼罗　倪士珠　张书禹　莫群速　侯发亮
卜良桃　陈大川　王立民　李力平　王　稚　吴　进　陈友明
张成英　线运恒　张　剑　单远铭　张首文　唐超伦　张　欣
温　斌

目 次

1 总则 ··· 1587
2 术语、符号 ·· 1587
  2.1 术语 ··· 1587
  2.2 符号 ··· 1588
3 基本规定 ·· 1590
  3.1 一般规定 ·· 1590
  3.2 设计计算原则 ··· 1590
  3.3 加固方法及配合使用的技术 ·· 1592
4 材料 ··· 1592
  4.1 水泥 ··· 1592
  4.2 混凝土 ··· 1592
  4.3 钢材及焊接材料 ··· 1593
  4.4 纤维和纤维复合材 ··· 1594
  4.5 结构加固用胶粘剂 ··· 1596
  4.6 混凝土裂缝修补材料 ·· 1598
  4.7 阻锈剂 ··· 1599
5 增大截面加固法 ··· 1600
  5.1 设计规定 ·· 1600
  5.2 受弯构件正截面加固计算 ··· 1600
  5.3 受弯构件斜截面加固计算 ··· 1602
  5.4 受压构件正截面加固计算 ··· 1603
  5.5 构造规定 ·· 1604
6 置换混凝土加固法 ··· 1605
  6.1 设计规定 ·· 1605
  6.2 加固计算 ·· 1605
  6.3 构造规定 ·· 1607
7 外加预应力加固法 ··· 1607
  7.1 设计规定 ·· 1607
  7.2 加固计算 ·· 1607
  7.3 构造规定 ·· 1612
8 外粘型钢加固法 ··· 1614
  8.1 设计规定 ·· 1614
  8.2 加固计算 ·· 1615
  8.3 构造规定 ·· 1616

9 粘贴纤维复合材加固法 ……………………………………………………… 1618
9.1 设计规定 ……………………………………………………………… 1618
9.2 受弯构件正截面加固计算 …………………………………………… 1619
9.3 受弯构件斜截面加固计算 …………………………………………… 1622
9.4 受压构件正截面加固计算 …………………………………………… 1623
9.5 受压构件斜截面加固计算 …………………………………………… 1624
9.6 大偏心受压构件加固计算 …………………………………………… 1625
9.7 受拉构件正截面加固计算 …………………………………………… 1626
9.8 提高柱的延性的加固计算 …………………………………………… 1626
9.9 构造规定 ……………………………………………………………… 1627
10 粘贴钢板加固法 …………………………………………………………… 1630
10.1 设计规定 …………………………………………………………… 1630
10.2 受弯构件正截面加固计算 ………………………………………… 1630
10.3 受弯构件斜截面加固计算 ………………………………………… 1633
10.4 大偏心受压构件正截面加固计算 ………………………………… 1634
10.5 受拉构件正截面加固计算 ………………………………………… 1634
10.6 构造规定 …………………………………………………………… 1635
11 增设支点加固法 …………………………………………………………… 1636
11.1 设计规定 …………………………………………………………… 1636
11.2 加固计算 …………………………………………………………… 1636
11.3 构造规定 …………………………………………………………… 1637
12 植筋技术 …………………………………………………………………… 1639
12.1 设计规定 …………………………………………………………… 1639
12.2 锚固计算 …………………………………………………………… 1639
12.3 构造规定 …………………………………………………………… 1641
13 锚栓技术 …………………………………………………………………… 1642
13.1 设计规定 …………………………………………………………… 1642
13.2 锚栓钢材承载力验算 ……………………………………………… 1643
13.3 基材混凝土承载力验算 …………………………………………… 1644
13.4 构造规定 …………………………………………………………… 1648
14 裂缝修补技术 ……………………………………………………………… 1649
14.1 设计规定 …………………………………………………………… 1649
14.2 裂缝修补要求 ……………………………………………………… 1650
附录 A 已有建筑物结构荷载标准值的确定 ………………………………… 1650
附录 B 已有结构混凝土回弹值龄期修正的规定 …………………………… 1652
附录 C 纤维材料主要力学性能 ……………………………………………… 1652
附录 D 纤维复合材层间剪切强度测定方法 ………………………………… 1653
附录 E 粘结材料粘合加固材与基材的正拉粘结强度现场测定方法及评定标准 …… 1656
附录 F 粘结材料粘合加固材与基材的正拉粘结强度试验室测定方法及评定标准 … 1659

附录G 富填料胶体、聚合物砂浆体劈裂抗拉强度测定方法 ………… 1663
附录H 高强聚合物砂浆体抗折强度测定方法 ………………… 1665
附录J 富填料粘结材料拉伸抗剪强度测定方法（钢套筒法） …… 1667
附录K 约束拉拔条件下胶粘剂粘结钢筋与基材混凝土的粘结强度测定方法 ……… 1670
附录L 结构用胶粘剂湿热老化性能测定方法 ………………… 1673
附录M 锚栓连接受力分析方法 ………………………………… 1675
附录N 锚固承载力现场检验方法及评定标准 ………………… 1677
附录P 钢丝绳网片-聚合物砂浆外加层加固法 ……………… 1680
附录Q 绕丝加固法 …………………………………………… 1690
附录R 已有混凝土结构钢筋阻锈方法 ………………………… 1691
本规范用词说明 …………………………………………………… 1693
条文说明 …………………………………………………………… 1694

1 总则

1.0.1 为使混凝土结构的加固，做到技术可靠、安全适用、经济合理、确保质量，制定本规范。

1.0.2 本规范适用于房屋和一般构筑物钢筋混凝土承重结构加固的设计。

1.0.3 混凝土结构加固前，应根据建筑物的种类，分别按现行国家标准《工业厂房可靠性鉴定标准》GB 50144 和《民用建筑可靠性鉴定标准》GB 50292 进行可靠性鉴定。当与抗震加固结合进行时，尚应按现行国家标准《建筑抗震设计规范》GB 50011 或《建筑抗震鉴定标准》GB 50023 进行抗震能力鉴定。

1.0.4 混凝土结构加固的设计，除应遵守本规范规定外，尚应符合国家现行有关标准的要求。

2 术语、符号

2.1 术语

2.1.1 已有结构加固 strengthening of existing structures

对可靠性不足或业主要求提高可靠度的承重结构、构件及其相关部分采取增强、局部更换或调整其内力等措施，使其具有现行设计规范及业主所要求的安全性、耐久性和适用性。

2.1.2 原构件 existing structure member

实施加固前的原有构件。

2.1.3 重要构件 important structure member

其自身失效将影响或危及承重结构体系整体工作的承重构件。

2.1.4 一般构件 general structure member

其自身失效为孤立事件，不影响承重结构体系整体工作的承重构件。

2.1.5 增大截面加固法 structure member strengthenting with reinforced concrete

增大原构件截面面积或增配钢筋，以提高其承载力和刚度，或改变其自振频率的一种直接加固法。

2.1.6 外粘型钢加固法 structure member strengthening with externally bonded steel frame

对钢筋混凝土梁、柱外包型钢、扁钢焊成构架并灌注结构胶粘剂，以达到整体受力，共同约束原构件要求的加固方法。

2.1.7 复合截面加固法 structure member strengthening with externally bonded reinforced materials

通过采用结构胶粘剂粘结或高强聚合物砂浆喷抹，将增强材料粘合于原构件的混凝土表面，使之形成具有整体性的复合截面，以提高其承载力和延性的一种直接加固法。根据增强材料的不同，可分为外粘型钢、外粘钢板、外粘纤维增强复合材料和外加钢丝绳网片-聚合物砂浆层等多种加固法。

2.1.8 绕丝加固法 compression member confined by reinforcing wire

通过缠绕退火钢丝使被加固的受压构件混凝土受到约束作用，从而提高其极限承载力和延性的一种直接加固法。

2.1.9 外加预应力加固法 structure member strengthening with externally applied prestressing

通过施加体外预应力，使原结构、构件的受力得到改善或调整的一种间接加固法。

2.1.10 植筋 bonded rebars

以专用的结构胶粘剂将带肋钢筋或全螺纹螺杆锚固于基材混凝土中。

2.1.11 结构胶粘剂 structrual adhesives

用于承重结构构件粘结的、能长期承受设计应力和环境作用的胶粘剂，简称结构胶。

2.1.12 纤维复合材 fibre reinforced polymer（FRP）

采用高强度的连续纤维按一定规则排列，经用胶粘剂浸渍、粘结固化后形成的具有纤维增强效应的复合材料，通称纤维复合材。

2.1.13 聚合物砂浆 polymer mortar

掺有改性环氧乳液或其他改性共聚物乳液的高强度水泥砂浆。承重结构用的聚合物砂浆除了应能改善其自身的物理力学性能外，还应能显著提高其锚固钢筋和粘结混凝土的能力。

2.1.14 有效截面面积 effective cross-section area

扣除孔洞、缺损、锈蚀层、风化层等削弱、失效部分后的截面。

2.1.15 加固设计使用年限 design working life for strengthening of existing structure or its member

加固设计规定的结构、构件加固后无需重新进行检测、鉴定即可按其预定目的使用的时间。

2.2 符 号

2.2.1 材料性能

E_{s0}——原构件钢筋弹性模量；

E_s——新增钢筋弹性模量；

E_a——新增型钢弹性模量；

E_{sp}——新增钢板弹性模量；

E_f——新增纤维复合材弹性模量；

f_{c0}——原构件混凝土轴心抗压强度设计值；

f_{y0}、f'_{y0}——原构件钢筋抗拉、抗压强度设计值；

f_y、f'_y——新增钢筋抗拉、抗压强度设计值；

f_a、f'_a——新增型钢抗拉、抗压强度设计值；

f_{sp}、f'_{sp}——新增钢板抗拉、抗压强度设计值；

f_f——新增纤维复合材抗拉强度设计值；

$f_{f,v}$——纤维复合材与混凝土粘结强度设计值；

f_{bd}——结构胶粘剂粘结强度设计值；

f_{ud}——锚栓抗拉强度设计值;

ε_f——纤维复合材拉应变设计值;

ε_{fe}——纤维复合材环向围束有效拉应变设计值。

2.2.2 作用效应及承载力

N——构件加固后轴向力设计值;

M——构件加固后弯矩设计值;

V——构件加固后剪力设计值;

M_{0k}——加固前受弯构件验算截面上原作用的初始弯矩标准值;

σ_s——新增纵向钢筋受拉应力;

σ_{s0}——原构件纵向受拉钢筋或受压较小边钢筋的应力;

σ_a——新增型钢受拉肢或受压较小肢的应力;

ε_{f0}——纤维复合材滞后应变;

w——构件挠度或预应力反拱。

2.2.3 几何参数

h_0、h_{01}——构件加固后和加固前的截面有效高度;

h_w——构件截面的腹板高度;

h_n——受压区混凝土的置换深度;

h_{sp}——梁侧面粘贴钢箍板的竖向高度;

h_f——梁侧面粘贴纤维箍板的竖向高度;

h_{ef}——锚栓有效锚固深度;

A_{s0}、A'_{s0}——原构件受拉区、受压区钢筋截面面积;

A_s、A'_s——新增构件受拉区、受压区钢筋截面面积;

A_{fe}——纤维复合材有效截面面积;

A_{cor}——环向围束内混凝土截面面积;

A_{sp}、A'_{sp}——新增受拉钢板、受压钢板截面面积;

A_a、A'_a——新增型钢受拉肢、受压肢截面面积;

l_s——植筋基本锚固深度;

l_d——植筋锚固深度设计值;

l_l——植筋受拉搭接长度;

D——钻孔直径。

2.2.4 计算系数

α_1——受压区混凝土矩形应力图的应力值与混凝土轴心抗压强度设计值的比值;

β_c——混凝土强度影响系数;

β_1——矩形应力图受压区高度与中和轴高度的比值;

α_c——新增混凝土强度利用系数;

α_s——新增钢筋强度利用系数;

α_a——新增型钢强度利用系数；
α_{sp}——防止混凝土劈裂引用的计算系数；
ψ——折减系数、修正系数或影响系数；
η——增大系数或提高系数。

3 基本规定

3.1 一般规定

3.1.1 混凝土结构经可靠性鉴定确认需要加固时，应根据鉴定结论和委托方提出的要求，由有资格的专业技术人员按本规范的规定和业主的要求进行加固设计。加固设计的范围，可按整幢建筑物或其中某独立区段确定，也可按指定的结构、构件或连接确定，但均应考虑该结构的整体性。

3.1.2 加固后混凝土结构的安全等级，应根据结构破坏后果的严重性、结构的重要性和加固设计使用年限，由委托方与设计方按实际情况共同商定。

3.1.3 混凝土结构的加固设计，应与实际施工方法紧密结合，采取有效措施，保证新增构件和部件与原结构连接可靠，新增截面与原截面粘结牢固，形成整体共同工作；并应避免对未加固部分，以及相关的结构、构件和地基基础造成不利的影响。

3.1.4 对高温、高湿、低温、冻融、化学腐蚀、振动、温度应力、地基不均匀沉降等影响因素引起的原结构损坏，应在加固设计中提出有效的防治对策，并按设计规定的顺序进行治理和加固。

3.1.5 混凝土结构的加固设计，应综合考虑其技术经济效果，避免不必要的拆除或更换。

3.1.6 对加固过程中可能出现倾斜、失稳、过大变形或坍塌的混凝土结构，应在加固设计文件中提出相应的临时性安全措施，并明确要求施工单位必须严格执行。

3.1.7 混凝土结构的加固设计使用年限，应按下列原则确定：
  1 结构加固后的使用年限，应由业主和设计单位共同商定；
  2 一般情况下，宜按 30 年考虑；到期后，若重新进行的可靠性鉴定认为该结构工作正常，仍可继续延长其使用年限；
  3 对使用胶粘方法或掺有聚合物加固的结构、构件，尚应定期检查其工作状态。检查的时间间隔可由设计单位确定，但第一次检查时间不应迟于 10 年。

3.1.8 未经技术鉴定或设计许可，不得改变加固后结构的用途和使用环境。

3.2 设计计算原则

3.2.1 混凝土结构加固设计采用的结构分析方法，应遵守现行国家标准《混凝土结构设计规范》GB 50010 规定的结构分析基本原则，且在一般情况下，应采用线弹性分析方法计算结构的作用效应。

3.2.2 加固混凝土结构时，应按下列规定进行承载能力极限状态和正常使用极限状态的设计、验算：

1 结构上的作用，应经调查或检测核实，并应按本规范附录 A 的规定和要求确定其标准值或代表值，若此项工作已在可靠性鉴定中完成，宜加以引用。

2 被加固结构、构件的作用效应，应按下列要求确定：

    1） 结构的计算图形，应符合其实际受力和构造状况；

    2） 作用效应组合和组合值系数以及作用的分项系数，应按现行国家标准《建筑结构荷载规范》GB 50009 确定，并应考虑由于实际荷载偏心、结构变形、温度作用等造成的附加内力。

3 结构、构件的尺寸，对原有部分应采用实测值；对新增部分，可采用加固设计文件给出的名义值。

4 原结构、构件的混凝土强度等级和受力钢筋抗拉强度标准值应按下列规定取值：

    1） 当原设计文件有效，且不怀疑结构有严重的性能退化时，可采用原设计的标准值；

    2） 当结构可靠性鉴定认为应重新进行现场检测时，应采用检测结果推定的标准值；

    3） 当原构件混凝土强度等级的检测受实际条件限制而无法取芯时，可采用回弹法检测，但其强度换算值应按本规范附录 B 的规定进行龄期修正，且仅可用于结构的加固设计。

5 加固材料的性能和质量，应符合本规范第 4 章的规定；其性能的标准值应按本规范第 3.2.3 条确定；其性能的设计值应按本规范各相关章节的规定采用。

6 验算结构、构件承载力时，应考虑原结构在加固时的实际受力状况，包括加固部分应变滞后的特点，以及加固部分与原结构共同工作程度。

7 加固后改变传力路线或使结构质量增大时，应对相关结构、构件及建筑物地基基础进行必要的验算。

8 地震区结构、构件的加固，除应满足承载力要求外，尚应复核其抗震能力；不应存在因局部加强或刚度突变而形成的新薄弱部位；同时，还应考虑结构刚度增大而导致地震作用效应增大的影响。

注：本规范的各种加固方法，一般情况下可用于结构的抗震加固，但具体采用时，尚应在设计、计算和构造上执行现行国家标准《建筑抗震设计规范》GB 50011 和《建筑抗震加固技术规范》JGJ 116 的规定和要求。

3.2.3 加固材料性能的标准值（f_k），应根据抽样检验结果按下式确定：

$$f_k = m_f - ks \tag{3.2.3}$$

式中 m_f——按 n 个试件算得的材料强度平均值；

      s——按 n 个试件算得的材料强度标准差；

      k——与 α、c 和 n 有关的材料强度标准值计算系数，由表 3.2.3 查得；

      α——正态概率分布的分位值；根据材料强度标准值所要求的 95% 保证率，取 $\alpha = 0.05$；

      c——检测加固材料性能所取的置信水平（置信度），由本规范有关章节作出规定。

表3.2.3 材料强度标准值计算系数 k 值

n	$\alpha=0.05$ 时的 k 值				n	$\alpha=0.05$ 时的 k 值			
	$c=0.99$	$c=0.95$	$c=0.90$	$c=0.75$		$c=0.99$	$c=0.95$	$c=0.90$	$c=0.75$
4	—	5.145	3.957	2.680	15	3.102	2.566	2.329	1.991
5	—	4.202	3.400	2.463	20	2.807	2.396	2.208	1.933
6	5.409	3.707	3.092	2.336	25	2.632	2.292	2.132	1.895
7	4.730	3.399	2.894	2.250	30	2.516	2.220	2.080	1.869
10	3.739	2.911	2.568	2.103	50	2.296	2.065	1.965	1.811

3.2.4 为防止结构加固部分意外失效而导致的坍塌，在使用胶粘剂或掺有聚合物（如改性混凝土、聚合物砂浆等）的加固方法时，其加固设计除应按本规范的规定进行外，尚应对原结构进行验算。验算时，应要求原结构、构件能承担 n 倍恒载标准值的作用。当可变荷载（不含地震作用）标准值与永久荷载标准值之比值不大于 1 时，取 $n=1.2$；当该比值等于或大于 2 时，取 $n=1.5$；其间按线性内插法确定。

3.3 加固方法及配合使用的技术

3.3.1 混凝土结构的加固可分为直接加固与间接加固两类，设计时，可根据实际条件和使用要求选择适宜的加固方法及配合使用的技术。

3.3.2 直接加固宜根据工程的实际情况选用增大截面加固法、置换混凝土加固法、外粘型钢加固法、外粘钢板加固法、粘贴纤维复合材加固法、绕丝加固法或高强度钢丝绳网片-聚合物砂浆外加层加固法等。

3.3.3 间接加固宜根据工程的实际情况选用外加预应力加固法或增设支点加固法等。

3.3.4 与结构加固方法配合使用的技术应采用符合本规范要求的裂缝修补技术、锚固技术和阻锈技术。

4 材 料

4.1 水 泥

4.1.1 混凝土结构加固用的水泥，应采用强度等级不低于32.5级的硅酸盐水泥和普通硅酸盐水泥，也可采用矿渣硅酸盐水泥或火山灰质硅酸盐水泥，但其强度等级不应低于42.5级，必要时，还可采用快硬硅酸盐水泥。

注：1. 当混凝土结构有耐腐蚀、耐高温要求时，应采用相应的特种水泥。
　　2. 配制聚合物砂浆用的水泥，其强度等级不应低于42.5级，且应符合聚合物砂浆产品说明书的规定。

4.1.2 水泥的性能和质量应分别符合现行国家标准《硅酸盐水泥、普通硅酸盐水泥》GB 175、《快硬硅酸盐水泥》GB 199 和《矿渣硅酸盐水泥、火山灰质硅酸盐水泥及粉煤灰硅酸盐水泥》GB 1344 的规定。

4.2 混 凝 土

4.2.1 结构加固用的混凝土，其强度等级应比原结构、构件提高一级，且不得低于C20级。

4.2.2 配制结构加固用的混凝土，其骨料的品种和质量应符合下列要求：

1 粗骨料应选用坚硬、耐久性好的碎石或卵石。其最大粒径：对现场拌合混凝土，不宜大于20mm；对喷射混凝土，不宜大于12mm；对短纤维混凝土，不宜大于10mm；粗骨料的质量应符合国家现行标准《普通混凝土用卵石和碎石质量标准及检验方法》JGJ 53的规定；不得使用含有活性二氧化硅石料制成的粗骨料；

2 细骨料应选用中、粗砂；对喷射混凝土，其细度模数尚不宜小于2.5；细骨料的质量应符合国家现行标准《普通混凝土用砂质量标准及检验方法》JGJ 52的规定。

4.2.3 混凝土拌合用水应采用饮用水或水质符合国家现行标准《混凝土拌合用水标准》JGJ 63规定的天然洁净水。

4.2.4 结构加固用的混凝土，可使用商品混凝土，但所掺的粉煤灰应为Ⅰ级灰，且烧失量不应大于5%。

4.2.5 当结构加固工程选用聚合物混凝土、微膨胀混凝土、钢纤维混凝土、合成短纤维混凝土或喷射混凝土时，应在施工前进行试配，经检验其性能符合设计要求后方可使用。

注：不得使用铝粉作为混凝土的膨胀剂。

4.3 钢材及焊接材料

4.3.1 混凝土结构加固用的钢筋，其品种、质量和性能应符合下列要求：

1 应优先选用HRB 335级热轧带肋钢筋或HPB 235级（Q235级）的热轧钢筋；当有工程经验时，也可使用HRB 400级或RRB 400级的热轧带肋钢筋；

2 钢筋的质量应分别符合现行国家标准《钢筋混凝土用热轧带肋钢筋》GB 1499、《钢筋混凝土用热轧光圆钢筋》GB 13013和《钢筋混凝土用余热处理钢筋》GB 13014的规定；

3 钢筋的性能设计值应按现行国家标准《混凝土结构设计规范》GB 50010的规定采用；

4 不得使用无出厂合格证、无标志或未经进场检验的钢筋以及再生钢筋。

4.3.2 混凝土结构加固用的钢板、型钢、扁钢和钢管，其品种、质量和性能应符合下列要求：

1 应采用Q235级（3号钢）或Q345级（16Mn钢）钢材；对重要结构的焊接构件，若采用Q235级钢，应选用Q235-B级钢；

2 钢材质量应分别符合现行国家标准《碳素结构钢》GB/T 700和《低合金高强度结构钢》GB/T 1591的规定；

3 钢材的性能设计值应按现行国家标准《钢结构设计规范》GB 50017的规定采用；

4 不得使用无出厂合格证、无标志或未经进场检验的钢材。

4.3.3 当混凝土结构锚固件为植筋时，应使用热轧带肋钢筋，不得使用光圆钢筋。植筋用的钢筋，其质量应符合本规范第4.3.1条的规定。

4.3.4 当锚固件为钢螺杆时，应采用全螺纹的螺杆，不得采用锚入部位无螺纹的螺杆。螺杆的钢材等级应为Q345级或Q235级；其质量应分别符合现行国家标准《低合金高强度结构钢》GB/T 1591和《碳素结构钢》GB/T 700的规定。

4.3.5 当承重结构的锚固件为锚栓时，其钢材的性能指标必须符合表4.3.5-1或表4.3.5-2的规定。

表 4.3.5-1 碳素钢及合金钢锚栓的钢材抗拉性能指标

	性　能　等　级	4.8	5.8	6.8	8.8
锚栓钢材性能指标	抗拉强度标准值 f_{uk}（MPa）	400	500	600	800
	屈服强度标准值 f_{yk} 或 $f_{s,0.2k}$（MPa）	320	400	480	640
	伸长率 δ_5（%）	14	10	8	12

注：性能等级 4.8 表示：$f_{stk} = 400$MPa；$f_{yk}/f_{stk} = 0.8$。

表 4.3.5-2 不锈钢锚栓（奥氏体 A1、A2、A4、A5）的钢材性能指标

	性　能　等　级	50	70	80
锚栓钢材性能指标	螺纹公称直径 d（mm）	≤39	≤24	≤24
	抗拉强度标准值 f_{uk}（MPa）	500	700	800
	屈服强度标准值 f_{yk} 或 $f_{s,0.2k}$（MPa）	210	450	600
	伸长值 δ（mm）	$0.6d$	$0.4d$	$0.3d$

4.3.6 混凝土结构加固用的焊接材料，其型号和质量应符合下列要求：

1 焊条型号应与被焊接钢材的强度相适应；

2 焊条的质量应符合现行国家标准《碳钢焊条》GB/T 5117 和《低合金钢焊条》GB/T 5118 的规定；

3 焊接工艺应符合现行行业标准《钢筋焊接及验收规程》JGJ 18 或《建筑钢结构焊接技术规程》JGJ 81 的规定；

4 焊缝连接的设计原则及计算指标应符合现行国家标准《钢结构设计规范》GB 50017 的规定。

4.4　纤维和纤维复合材

4.4.1 纤维复合材用的纤维必须为连续纤维，其品种和性能必须符合下列要求：

1 承重结构加固用的碳纤维，必须选用聚丙烯腈基（PAN 基）12k 或 12k 以下的小丝束纤维，严禁使用大丝束纤维；

2 承重结构加固用的玻璃纤维，必须选用高强度的 S 玻璃纤维或含碱量低于 0.8% 的 E 玻璃纤维，严禁使用 A 玻璃纤维或 C 玻璃纤维；

3 纤维的主要力学性能应符合本规范附录 C 的规定。

4.4.2 结构加固用的纤维复合材的安全性能指标必须符合表 4.4.2-1 或表 4.4.2-2 的要求。纤维复合材的抗拉强度标准值应根据置信水平 $c = 0.99$、保证率为 95% 的要求确定。

表 4.4.2-1　碳纤维复合材安全性能指标

类别 项目	单向织物（布）		条　形　板	
	高强度Ⅰ级	高强度Ⅱ级	高强度Ⅰ级	高强度Ⅱ级
抗拉强度标准值 $f_{f,k}$（MPa）	≥3400	≥3000	≥2400	≥2000
受拉弹性模量 E_f（MPa）	≥2.4×10^5	≥2.1×10^5	≥1.6×10^5	≥1.4×10^5
伸长率（%）	≥1.7	≥1.5	≥1.7	≥1.5

续表 4.4.2-1

类别 项目	单向织物（布）		条形板	
	高强度Ⅰ级	高强度Ⅱ级	高强度Ⅰ级	高强度Ⅱ级
弯曲强度 f_{fb}（MPa）	≥700	≥600	—	—
层间剪切强度（MPa）	≥45	≥35	≥50	≥40
仰贴条件下纤维复合材与混凝土正拉粘结强度（MPa）	≥2.5，且为混凝土内聚破坏			
纤维体积含量（%）	—	—	≥65	≥55
单位面积质量（g/m²）	≤300	≤300	—	—

注：L形板的安全性及适配性检验合格指标按高强度Ⅱ级条形预成型板（条形板）采用。

表 4.4.2-2 玻璃纤维单向织物复合材安全性能指标

类别	抗拉强度标准值（MPa）	受拉弹性模量（MPa）	伸长率（%）	弯曲强度（MPa）	仰贴条件下纤维复合材-混凝土粘接正拉强度（MPa）	单位面积质量（g/m²）	层间剪切强度（MPa）
S玻璃	≥2200	≥1.0×10⁵	≥2.5	≥600	≥2.5，且为混凝土内聚破坏	≤450	≥40
E玻璃	≥1500	≥7.2×10⁴	≥2.0	≥500		≤450	≥35

4.4.3 对符合本规范第 4.4.2 条安全性能指标要求的纤维复合材或板材，当它与其他改性环氧树脂胶粘剂配套使用时，必须按下列项目重新做适配性检验，且检验结果必须符合本规范表 4.4.2-1 或表 4.4.2-2 的规定。

1 抗拉强度标准值；

2 仰贴条件下纤维复合材与混凝土正拉粘结强度；

3 层间剪切强度。

4.4.4 纤维复合材的安全性能指标的测定方法应符合下列规定：

1 对抗拉强度、受拉弹性模量及伸长率，应采用现行国家标准《定向纤维增强塑料拉伸性能试验方法》GB/T 3354 进行测定；

2 对抗弯强度，应采用现行国家标准《单向纤维增强塑料弯曲性能试验方法》GB/T 3356 进行测定；

3 对层间剪切强度，应按本规范附录 D 的规定进行测定；

4 对仰贴条件下纤维复合材与混凝土正拉粘结强度，应按本规范附录 E 的有关规定进行测定；

5 对纤维体积含量，应采用现行国家标准《碳纤维增强塑料纤维体积含量试验方法》GB/T 3366 进行测定；

6 对纤维织物单位面积质量，应采用现行国家标准《增强制品试验方法第 3 部分：单位面积质量的测定》GB/T 9914.3 进行测定。

4.4.5 当进行材料性能检验和加固设计时,纤维复合材截面面积的计算应符合下列规定:

1 纤维织物应按纤维的净截面面积计算。净截面面积取纤维织物的计算厚度乘以宽度。纤维织物的计算厚度应按其单位面积质量除以纤维密度确定。

2 单向纤维预成型板应按不扣除树脂体积的板截面面积计算,即应按实测的板厚乘以宽度计算。

注:纤维密度应由厂商提供,并应出具独立检验或鉴定机构的抽样检测证明文件。

4.4.6 承重结构的现场粘贴加固,严禁使用单位面积质量大于 $300g/m^2$ 的碳纤维织物或预浸法生产的碳纤维织物。

4.5 结构加固用胶粘剂

4.5.1 承重结构用的胶粘剂,宜按其基本性能分为 A 级胶和 B 级胶;对重要结构、悬挑构件、承受动力作用的结构、构件,应采用 A 级胶;对一般结构可采用 A 级胶或 B 级胶。

4.5.2 承重结构用的胶粘剂,必须进行安全性能检验。检验时,其粘结抗剪强度标准值应根据置信水平 $c=0.90$、保证率为 95% 的要求。

4.5.3 浸渍、粘结纤维复合材的胶粘剂必须采用专门配制的改性环氧树脂胶粘剂,其安全性能指标必须符合表 4.5.3 的规定。承重结构加固工程中不得使用不饱和聚酯树脂、醇酸树脂等作浸渍、粘结胶粘剂。

表 4.5.3 碳纤维复合材浸渍/粘结用胶粘剂安全性能指标

性能项目		性能要求		试验方法标准
		A 级胶	B 级胶	
胶体性能	抗拉强度（MPa）	≥40	≥30	GB/T 2568
	受拉弹性模量（MPa）	≥2500	≥1500	
	伸长率（%）	≥1.5		
	抗弯强度（MPa）	≥50 且不得呈脆性（碎裂状）破坏	≥40	GB/T 2570
	抗压强度（MPa）	≥70		GB/T 2569
粘结能力	钢-钢拉伸抗剪强度标准值（MPa）	≥14	≥10	GB/T 7124
	钢-钢不均匀扯离强度（kN/m）	≥20	≥15	GJB 94
	与混凝土的正拉粘结强度（MPa）	≥2.5,且为混凝土内聚破坏		本规范附录 F
不挥发物含量（固体含量）（%）		≥99		GB/T 2793

注:1. B 级胶不用于粘贴预成型板;
2. 表中的性能指标,除标有强度标准值外,均为平均值;
3. 当预成型板为仰面或立面粘贴时,其所使用胶粘剂的下垂度(40℃时)不应大于 3mm;
4. 当按现行国家标准《胶粘剂拉伸剪切强度测定方法(金属对金属)》GB/T 7124 制备试件时,其加压养护应在侧立状态下进行。

4.5.4 底胶和修补胶应与浸渍、粘结胶粘剂相适配,其安全性能应分别符合表 4.5.4-1 和

表 4.5.4-2 的要求。

> 注：粘贴纤维和混凝土的胶粘剂按其工艺的不同分为两种类型：一类由配套的底胶、修补胶和浸渍、粘结胶组成；另一类为免底涂，且浸渍、粘结与修补兼用的单一胶粘剂；可根据工程需要任选一种类型，但厂商应出具免底涂胶粘剂的证书，使用单位应留档备查。

表 4.5.4-1 底胶的安全性能指标

性能项目	性能要求	试验方法标准
钢-钢拉伸抗剪强度标准值（MPa）	当与A级胶匹配：≥14　　当与B级胶匹配：≥10	GB/T 7124
与混凝土的正拉粘结强度（MPa）	≥2.5，且为混凝土内聚破坏	本规范附录F
不挥发物含量（固体含量）（%）	≥99	GB/T 2793
混和后初黏度（23℃时）（mPa·s）	≤2000	GB/T 12007.4

表 4.5.4-2 修补胶的安全性能指标

性能项目	性能要求	试验方法标准
胶体抗拉强度（MPa）	≥30	GB/T 2568
胶体抗弯强度（MPa）	≥40，且不得呈脆性（碎裂状）破坏	GB/T 2570
与混凝土的正拉粘结强度（MPa）	≥2.5，且为混凝土内聚破坏	本规范附录F

注：表中的性能指标均为平均值。

4.5.5 粘贴钢板或外粘型钢的胶粘剂必须采用专门配制的改性环氧树脂胶粘剂，其安全性能指标必须符合表 4.5.5 的规定。

表 4.5.5 粘钢及外粘型钢用胶粘剂安全性能指标

	性能项目	性能要求 A级胶	性能要求 B级胶	试验方法标准
胶体性能	抗拉强度（MPa）	≥30	≥25	GB/T 2568
	受拉弹性模量（MPa）	≥3.5×10³（3.0×10³）		
	伸长率（%）	≥1.3	≥1.0	
	抗弯强度（MPa）	≥45	≥35	GB/T 2570
		且不得呈脆性（碎裂状）破坏		
	抗压强度（MPa）	≥65		GB/T 2569
粘结能力	钢-钢拉伸抗剪强度标准值（MPa）	≥15	≥12	GB/T 7124
	钢-钢不均匀扯离强度（kN/m）	≥16	≥12	GJB 94
	钢-钢粘结抗拉强度（MPa）	≥33	≥25	GB/T 6329
	与混凝土的正拉粘结强度（MPa）	≥2.5，且为混凝土内聚破坏		本规范附录F
	不挥发物含量（固体含量）（%）	≥99		GB/T 2793

注：表中括号内的受拉弹性模量指标仅用于灌注粘结型胶粘剂。

4.5.6 种植锚固件的胶粘剂，必须采用专门配制的改性环氧树脂胶粘剂或改性乙烯基酯类胶粘剂（包括改性氨基甲酸酯胶粘剂），其安全性能指标必须符合表4.5.6的规定。

种植锚固件的胶粘剂，其填料必须在工厂制胶时添加，严禁在施工现场掺入。

表4.5.6 锚固用胶粘剂安全性能指标

性能项目			性能要求		试验方法标准
			A级胶	B级胶	
胶体性能	劈裂抗拉强度（MPa）		≥8.5	≥7.0	本规范附录G
	抗弯强度（MPa）		≥50	≥40	GB/T 2570
	抗压强度（MPa）		≥60		GB/T 2569
粘结能力	钢-钢（钢套筒法）拉伸抗剪强度标准值（MPa）		≥16	≥13	本规范附录J
	约束拉拔条件下带肋钢筋与混凝土的粘结强度（MPa）	C30 Φ25 $l=150mm$	≥11.0	≥8.5	本规范附录K
		C60 Φ25 $l=125mm$	≥17.0	≥14.0	
不挥发物含量（固体含量）（%）			≥99		GB/T 2793

注：1. 表中各项性能指标，除标有强度标准值外，均为平均值；
2. 当按现行国家标准《树脂浇注体弯曲性能试验方法》GB/T 2570进行胶体抗弯强度试验时，其试件厚度h应改为8mm。

4.5.7 钢筋混凝土承重结构加固用的胶粘剂，其钢-钢粘结抗剪性能必须经湿热老化检验合格。湿热老化检验应在50℃温度和98%相对湿度的环境条件下按本规范附录L规定的方法进行；老化时间：重要构件不得少于90d；一般构件不得少于60d。经湿热老化后的试件，应在常温条件下进行钢-钢拉伸抗剪试验，其强度降低的百分率（%）应符合下列要求：

1 A级胶不得大于10%；
2 B级胶不得大于15%。

4.5.8 混凝土结构加固用的胶粘剂必须通过毒性检验。对完全固化的胶粘剂，其检验结果应符合实际无毒卫生等级的要求。

4.5.9 在承重结构用的胶粘剂中严禁使用乙二胺作改性环氧树脂固化剂；严禁掺加挥发性有害溶剂和非反应性稀释剂。

4.5.10 寒冷地区加固混凝土结构使用的胶粘剂，应具有耐冻融性能试验合格的证书。冻融环境温度应为－25℃~35℃（允许偏差－0℃；+2℃）；循环次数不应少于50次；每一次循环时间应为8h；试验结束后，试件在常温条件下测得的钢-钢拉伸抗剪强度降低百分率不应大于5%。

4.6 混凝土裂缝修补材料

4.6.1 混凝土裂缝修补胶的安全性能指标应符合表4.6.1的规定。

表 4.6.1 裂缝修补胶（注射剂）安全性能指标

检验项目		性能指标	试验方法标准
钢-钢拉伸抗剪强度标准值（MPa）		≥10	GB/T 7124
胶体性能	抗拉强度（MPa）	≥20	GB/T 2568
	受拉弹性模量（MPa）	≥1500	GB/T 2568
	抗压强度（MPa）	≥50	GB/T 2569
	抗弯强度（MPa）	≥30，且不得呈脆性（碎裂状）破坏	GB/T 2570
不挥发物含量（固体含量）		≥99%	GB/T 14683
可灌注性		在产品使用说明书规定的压力下能注入宽度为0.1mm的裂缝	现场试灌注固化后取芯样检查

注：当修补目的仅为封闭裂缝，而不涉及补强、防渗的要求时，可不做可灌注性检验。

4.6.2 混凝土裂缝修补用注浆料的安全性能指标应符合表4.6.2的规定。

表 4.6.2 修补裂缝用聚合物水泥注浆料安全性能指标

检验项目		性能或质量指标	试验方法标准
浆体性能	劈裂抗拉强度（MPa）	≥5	本规范附录G
	抗压强度（MPa）	≥40	GB/T 2569
	抗折强度（MPa）	≥10	本规范附录H
注浆料与混凝土的正拉粘结强度（MPa）		≥2.5，且为混凝土破坏	本规范附录F

4.7 阻锈剂

4.7.1 混凝土结构钢筋的防锈，宜采用喷涂型阻锈剂。承重构件应采用烷氧基类或氨基类喷涂型阻锈剂。

4.7.2 喷涂型阻锈剂的质量应符合表4.7.2的规定。

表 4.7.2 喷涂型阻锈剂的质量

烷氧基类阻锈剂		氨基类阻锈剂	
检验项目	合格指标	检验项目	合格指标
外观	透明、琥珀色液体	外观	透明、微黄色液体
浓度	0.88g/mL	相对密度（20℃时）	1.13
pH值	10~11	pH值	10~12
黏度（20℃时）	0.95mPa·s	黏度（20℃时）	25mPa·s
烷氧基复合物含量	≥98.9%	氨基复合物含量	>15%
硅氧烷含量	≤0.3%	氯离子Cl^-	无
挥发性有机物含量	<400g/L	挥发性有机物含量	<200g/L

4.7.3 喷涂型阻锈剂的性能指标应符合表4.7.3的规定。

表4.7.3 喷涂型阻锈剂的性能指标

检验项目	合格指标	检验方法标准
氯离子含量降低率	≥90%	JTJ 275—2000
盐水浸渍试验	无锈蚀，且电位为0～−250mV	YB/T 9231—1998
干湿冷热循环试验	60次，无锈蚀	YB/T 9231—1998
电化学试验	电流应小于150μA，且破样检查无锈蚀	YBJ 222
现场锈蚀电流检测	喷涂150d后现场测定的电流降低率≥80%	本规范附录R

注：对亲水性的阻锈剂，宜在增喷附加涂层后测定其氯离子含量降低率。

4.7.4 对掺加氯盐、使用除冰盐和海砂以及受海水侵蚀的混凝土承重结构加固时，必须采用喷涂型阻锈剂，并在构造上采取措施进行补救。

4.7.5 对混凝土承重结构破损界面的修复，不得在新浇的混凝土中采用以亚硝酸盐类为主成分的阳极型阻锈剂。

5 增大截面加固法

5.1 设计规定

5.1.1 本方法适用于钢筋混凝土受弯和受压构件的加固。

5.1.2 采用本方法时，按现场检测结果确定的原构件混凝土强度等级不应低于C10。

5.1.3 当被加固构件界面处理及其粘结质量符合本规范要求时，可按整体截面计算。

5.1.4 采用增大截面加固钢筋混凝土结构构件时，其正截面承载力应按现行国家标准《混凝土结构设计规范》GB 50010 的基本假定进行计算。

5.2 受弯构件正截面加固计算

5.2.1 采用增大截面加固受弯构件时，应根据原结构构造和受力的实际情况，选用在受压区或受拉区增设现浇钢筋混凝土外加层的加固方式。

5.2.2 当仅在受压区加固受弯构件时，其承载力、抗裂度、钢筋应力、裂缝宽度及挠度的计算和验算，可按现行国家标准《混凝土结构设计规范》GB 50010 关于叠合式受弯构件的规定进行。若验算结果表明，仅需增设混凝土叠合层即可满足承载力要求时，也应按构造要求配置受压钢筋和分布钢筋。

5.2.3 当在受拉区加固矩形截面受弯构件时（图5.2.3），其正截面受弯承载力应按下列公式确定：

$$M \leq \alpha_s f_y A_s \left(h_0 - \frac{x}{2} \right) + f_{y0} A_{s0} \left(h_{01} - \frac{x}{2} \right) + f'_{y0} A'_{s0} \left(\frac{x}{2} - a' \right) \quad (5.2.3\text{-}1)$$

$$\alpha_1 f_{c0} b x = f_{y0} A_{s0} + \alpha_s f_y A_s - f'_{y0} A'_{s0} \quad (5.2.3\text{-}2)$$

$$2a' \leq x \leq \xi_b h_0 \quad (5.2.3\text{-}3)$$

式中 M——构件加固后弯矩设计值；

α_s——新增钢筋强度利用系数；取 $\alpha_s = 0.9$；

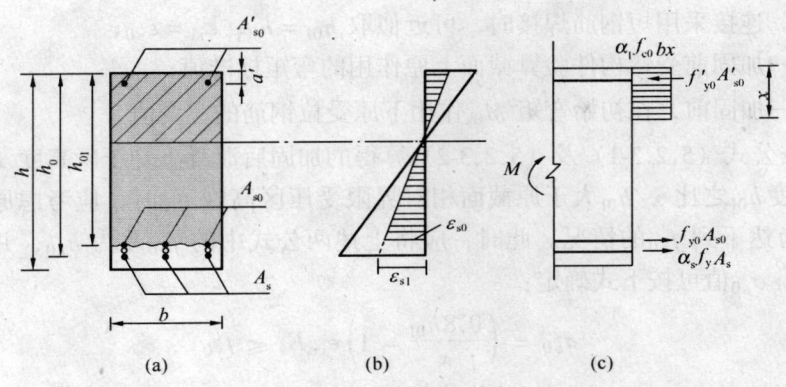

图 5.2.3 受弯构件加固计算

f_y——新增钢筋的抗拉强度设计值；

A_s——新增受拉钢筋的截面面积；

h_0、h_{01}——构件加固后和加固前的截面有效高度；

x——等效矩形应力图形的混凝土受压区高度，简称混凝土受压区高度；

f_{y0}、f'_{y0}——原钢筋的抗拉、抗压强度设计值；

A_{s0}、A'_{s0}——原受拉钢筋和原受压钢筋的截面面积；

a'——纵向受压钢筋合力点至混凝土受压区边缘的距离；

α_1——受压区混凝土矩形应力图的应力值与混凝土轴心抗压强度设计值的比值；当混凝土强度等级不超过 C50 时，取 $\alpha_1 = 1.0$；当混凝土强度等级为 C80 时，取 $\alpha_1 = 0.94$；其间按线性内插法确定；

f_{c0}——原构件混凝土轴心抗压强度设计值；

b——矩形截面宽度；

ξ_b——构件增大截面加固后的相对界限受压区高度，按本规范第 5.2.4 条的规定计算。

5.2.4 受弯构件增大截面加固后的相对界限受压区高度 ξ_b，应按下列公式确定：

$$\xi_b = \frac{\beta_1}{1 + \frac{\alpha_s f_y}{\varepsilon_{cu} E_s} + \frac{\varepsilon_{s1}}{\varepsilon_{cu}}} \quad (5.2.4\text{-}1)$$

$$\varepsilon_{s1} = \left(1.6 \frac{h_0}{h_{01}} - 0.6\right) \varepsilon_{s0} \quad (5.2.4\text{-}2)$$

$$\varepsilon_{s0} = \frac{M_{0k}}{0.87 h_{01} A_{s0} E_{s0}} \quad (5.2.4\text{-}3)$$

式中 β_1——计算系数，当混凝土强度等级不超过 C50 时，β_1 值取为 0.8；当混凝土强度等级为 C80 时，β_1 值取为 0.74，其间按线性内插法确定；

ε_{cu}——混凝土极限压应变，取 $\varepsilon_{cu} = 0.0033$；

ε_{s1}——新增钢筋位置处，按平截面假设确定的初始应变值；当新增主筋与原主筋的连接采用短钢筋焊接时，可近似取 $h_{01}=h_0$，$\varepsilon_{s1}=\varepsilon_{s0}$；

M_{0k}——加固前受弯构件验算截面上原作用的弯矩标准值；

ε_{s0}——加固前，在初始弯矩 M_{0k} 作用下原受拉钢筋的应变值。

5.2.5 当按公式（5.2.3-1）及（5.2.3-2）算得的加固后混凝土受压区高度 x 与加固前原截面有效高度 h_{01} 之比 x/h_{01} 大于原截面相对界限受压区高度 ξ_{b0} 时，应考虑原纵向受拉钢筋应力 σ_{s0} 尚达不到 f_{y0} 的情况。此时，应将上述两公式中的 f_{y0} 改为 σ_{s0}，并重新进行验算。验算时，σ_{s0} 值可按下式确定：

$$\sigma_{s0}=\left(\frac{0.8h_{01}}{x}-1\right)\varepsilon_{cu}E_s \leqslant f_{y0} \tag{5.2.5}$$

若算得的 $\sigma_{s0}<f_{y0}$，则应按此验算结果确定加固钢筋用量；若算得的结果 $\sigma_{s0} \geqslant f_{y0}$，则表示原计算结果无需变动。

5.2.6 对翼缘位于受压区的 T 形截面受弯构件，其受拉区增设现浇配筋混凝土层的正截面受弯承载力，应按本规范第 5.2.3 条至第 5.2.5 条的计算原则和现行国家标准《混凝土结构设计规范》GB 50010 关于 T 形截面受弯承载力的规定进行计算。

5.3 受弯构件斜截面加固计算

5.3.1 受弯构件加固后的斜截面应符合下列条件：

当 $h_w/b \leqslant 4$ 时

$$V \leqslant 0.25\beta_c f_c bh_0 \tag{5.3.1-1}$$

当 $h_w/b \geqslant 6$ 时

$$V \leqslant 0.20\beta_c f_c bh_0 \tag{5.3.1-2}$$

当 $4<h_w/b<6$ 时，按线性内插法确定。

式中 V——构件加固后剪力设计值；

β_c——混凝土强度影响系数；按现行国家标准《混凝土结构设计规范》GB 50010 的规定值采用；

b——矩形截面的宽度或 T 形、I 形截面的腹板宽度；

h_w——截面的腹板高度；对矩形截面，取有效高度；对 T 形截面，取有效高度减去翼缘高度；对 I 形截面，取腹板净高。

5.3.2 采用增大截面法加固受弯构件时，其斜截面受剪承载力应符合下列规定：

1 当受拉区增设配筋混凝土层，并采用 U 形箍与原箍筋逐个焊接时：

$$V \leqslant 0.7f_{t0}bh_{01}+0.7\alpha_c f_t b(h_0-h_{01})+1.25f_{yv0}\frac{A_{sv0}}{s_0}h_0 \tag{5.3.2-1}$$

2 当增设钢筋混凝土三面围套，并采用加锚式或胶锚式箍筋时：

$$V \leqslant 0.7f_{t0}bh_{01}+0.7\alpha_c f_t A_c+1.25\alpha_s f_{yv}\frac{A_{sv}}{s}h_0+1.25f_{yv0}\frac{A_{sv0}}{s_0}h_{01} \tag{5.3.2-2}$$

式中 α_c——新增混凝土强度利用系数，取 $\alpha_c=0.7$；

f_t、f_{t0}——新、旧混凝土轴心抗拉强度设计值；

A_c——三面围套新增混凝土截面面积；

α_s——新增箍筋强度利用系数,取 $\alpha_s=0.9$;

f_{yv} 和 f_{yv0}——新箍筋和原箍筋的抗拉强度设计值;

A_{sv} 及 A_{sv0}——同一截面内新箍筋各肢截面面积之和及原箍筋各肢截面面积之和;

s 或 s_0——新增箍筋或原箍筋沿构件长度方向的间距。

5.4 受压构件正截面加固计算

5.4.1 采用增大截面加固钢筋混凝土轴心受压构件(图 5.4.1)时,其正截面受压承载力应按下式确定:

$$N = 0.9\varphi[f_{c0}A_{c0} + f'_{y0}A'_{s0} + \alpha_{cs}(f_cA_c + f'_yA'_s)] \tag{5.4.1}$$

式中 N——构件加固后的轴向压力设计值;

φ——构件稳定系数,根据加固后的截面尺寸,按现行国家标准《混凝土结构设计规范》GB 50010 的规定值采用;

A_{c0} 和 A_c——构件加固前混凝土截面面积和加固后新增部分混凝土截面面积;

f'_y、f'_{y0}——新增纵向钢筋和原纵向钢筋的抗压强度设计值;

A'_s——新增纵向受压钢筋的截面面积;

α_{cs}——综合考虑新增混凝土和钢筋强度利用程度的修正系数,取 α_{cs} 值为 0.8。

5.4.2 采用增大截面加固钢筋混凝土偏心受压构件时,其矩形截面正截面承载力应按下列公式确定(图 5.4.2):

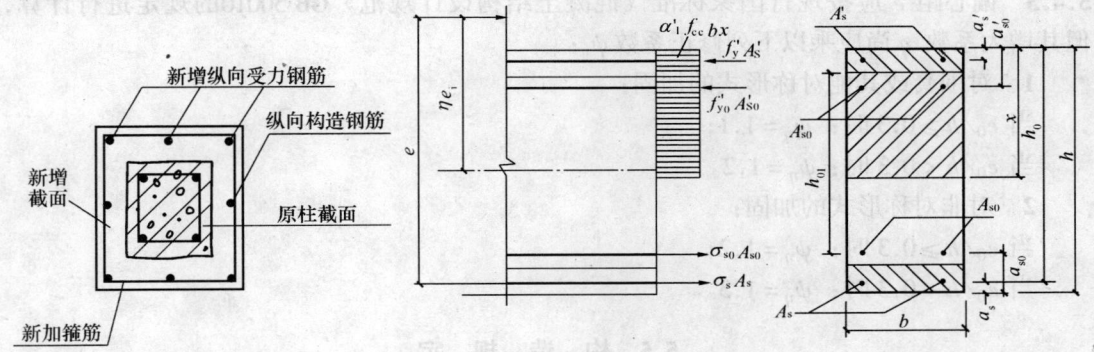

图 5.4.1 轴心受压构件增大截面加固

图 5.4.2 矩形截面偏心受压构件加固的计算
注:当为小偏心受压构件时,图中 σ_{s0} 可能变向

$$N \leq \alpha_1 f_{cc} bx + 0.9 f'_y A'_s + f'_{y0} A'_{s0} - 0.9 \sigma_s A_s - \sigma_{s0} A_{s0} \tag{5.4.2-1}$$

$$Ne \leq \alpha_1 f_{cc} bx \left(h_0 - \frac{x}{2}\right) + 0.9 f'_y A'_s (h_0 - a'_s)$$
$$+ f'_{y0} A'_{s0}(h_0 - a'_{s0}) - \sigma_{s0} A_{s0}(a_{s0} - a_s) \tag{5.4.2-2}$$

$$\sigma_{s0} = \left(\frac{0.8 h_{01}}{x} - 1\right) E_{s0} \varepsilon_{cu} \leq f_{y0} \tag{5.4.2-3}$$

$$\sigma_s = \left(\frac{0.8 h_0}{x} - 1\right) E_s \varepsilon_{cu} \leq f_y \tag{5.4.2-4}$$

式中 f_{cc}——新旧混凝土组合截面的混凝土轴心抗压强度设计值，可按 $f_{cc}=\frac{1}{2}(f_{c0}+0.9f_c)$ 确定；

f_c、f_{c0}——分别为新旧混凝土轴心抗压强度设计值；

σ_{s0}——原构件受拉边或受压较小边纵向钢筋应力；当算得 $\sigma_{s0}>f_{y0}$ 时，取 $\sigma_{s0}=f_{y0}$；

σ_s——受拉边或受压较小边的新增纵向钢筋应力；当算得 $\sigma_s>f_y$ 时，取 $\sigma_s=f_y$；

A_{s0}——原构件受拉边或受压较小边纵向钢筋截面面积；

A'_{s0}——原构件受压较大边纵向钢筋截面面积；

e——偏心距，为轴向压力设计值 N 的作用点至新增受拉钢筋合力点的距离，按本节第5.4.3条确定；

a_{s0}——原构件受拉边或受压较小边纵向钢筋合力点到加固后截面近边的距离；

a'_{s0}——原构件受压较大边纵向钢筋合力点到加固后截面近边的距离；

a_s——受拉边或受压较小边新增纵向钢筋合力点至加固后截面近边的距离；

a'_s——受压较大边新增纵向钢筋合力点至加固后截面近边的距离；

h_0——受拉边或受压较小边新增纵向钢筋合力点至加固后截面受压较大边缘的距离；

h_{01}——原构件截面有效高度。

5.4.3 偏心距 e 应按现行国家标准《混凝土结构设计规范》GB 50010的规定进行计算，但其增大系数 η 尚应乘以下列修正系数 ψ_η：

1 对围套或其他对称形式的加固：

当 $e_0/h \geqslant 0.3$ 时：$\psi_\eta=1.1$；

当 $e_0/h < 0.3$ 时：$\psi_\eta=1.2$。

2 对非对称形式的加固：

当 $e_0/h \geqslant 0.3$ 时：$\psi_\eta=1.2$；

当 $e_0/h < 0.3$ 时：$\psi_\eta=1.3$。

5.5 构 造 规 定

5.5.1 新增混凝土层的最小厚度，板不应小于40mm；梁、柱采用人工浇筑时，不应小于60mm，采用喷射混凝土施工时，不应小于50mm。

5.5.2 加固用的钢筋，应采用热轧钢筋。板的受力钢筋直径不应小于8mm；梁的受力钢筋直径不应小于12mm；柱的受力钢筋直径不应小于14mm；加锚式箍筋直径不应小于8mm；U形箍直径应与原箍筋直径相同；分布筋直径不应小于6mm。

5.5.3 新增受力钢筋与原受力钢筋的净间距不应小于20mm，并应采用短筋或箍筋与原钢筋焊接；其构造应符合下列要求：

1 当新增受力钢筋与原受力钢筋的连接采用短筋（图5.5.3a）焊接时，短筋的直径不应小于20mm，长度不应小于其直径的5倍，各短筋的中距不应大于500mm。

2 当截面受拉区一侧加固时，应设置U形箍筋（图5.5.3b）。U形箍筋应焊在原有箍

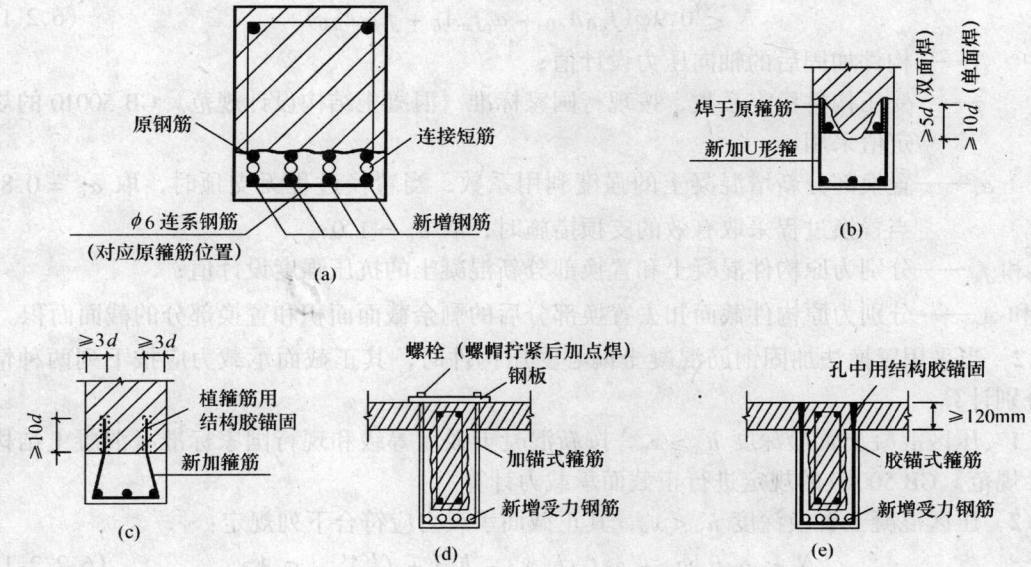

图 5.5.3 增大截面配置新增箍筋的连接构造
注：d 为箍筋直径

筋上，单面焊缝长度应为箍筋直径的 10 倍，双面焊缝长度应为箍筋直径的 5 倍。

3 当用混凝土围套加固时，应设置环形箍筋或胶锚式箍筋（图 5.5.3d 或 e）。

注：当受构造条件限制必须采用植筋方式埋设 U 形箍（图 5.5.3c）时，应采用锚固专用的结构胶种植；不得采用自行配制的环氧树脂砂浆或其他水泥砂浆。

5.5.4 梁的新增纵向受力钢筋，其两端应可靠锚固；柱的新增纵向受力钢筋的下端应伸入基础并应满足锚固要求；上端应穿过楼板与上层柱脚连接或在屋面板处封顶锚固。

6 置换混凝土加固法

6.1 设 计 规 定

6.1.1 本方法适用于承重构件受压区混凝土强度偏低或有严重缺陷的局部加固。

6.1.2 采用本方法加固梁式构件时，应对原构件加以有效的支顶。当采用本方法加固柱、墙等构件时，应对原结构、构件在施工全过程中的承载状态进行验算、观测和控制，置换界面处的混凝土不应出现拉应力，若控制有困难，应采取支顶等措施进行卸荷。

6.1.3 采用本方法加固混凝土结构构件时，其非置换部分的原构件混凝土强度等级，按现场检测结果不应低于该混凝土结构建造时规定的强度等级。

6.1.4 当混凝土结构构件置换部分的界面处理及其施工质量符合本规范的要求时，其结合面可按整体工作计算。

6.2 加 固 计 算

6.2.1 当采用置换法加固钢筋混凝土轴心受压构件时，其正截面承载力应符合下列规定：

$$N \leqslant 0.9\varphi(f_{c0}A_{c0} + \alpha_c f_c A_c + f'_{y0}A'_{s0}) \tag{6.2.1}$$

式中 N——构件加固后的轴向压力设计值；

φ——受压构件稳定系数，按现行国家标准《混凝土结构设计规范》GB 50010 的规定值采用；

α_c——置换部分新增混凝土的强度利用系数，当置换过程无支顶时，取 $\alpha_c = 0.8$；当置换过程采取有效的支顶措施时，取 $\alpha_c = 1.0$；

f_{c0} 和 f_c——分别为原构件混凝土和置换部分新混凝土的抗压强度设计值；

A_{c0} 和 A_c——分别为原构件截面扣去置换部分后的剩余截面面积和置换部分的截面面积。

6.2.2 当采用置换法加固钢筋混凝土偏心受压构件时，其正截面承载力应按下列两种情况分别计算：

1 压区混凝土置换深度 $h_n \geqslant x_n$，按新混凝土强度等级和现行国家标准《混凝土结构设计规范》GB 50010 的规定进行正截面承载力计算。

2 压区混凝土置换深度 $h_n < x_n$，其正截面承载力应符合下列规定：

$$N \leqslant \alpha_1 f_c b h_n + \alpha_1 f_{c0} b(x_n - h_n) + f'_y A'_s - \sigma_s A_s \tag{6.2.2-1}$$

$$Ne \leqslant \alpha_1 f_c b h_n h_{0n} + \alpha_1 f_{c0} b(x_n - h_n)h_{00} + f'_y A'_s(h_0 - a'_s) \tag{6.2.2-2}$$

式中 N——构件加固后轴向压力设计值；

e——轴向压力作用点至受拉钢筋合力点的距离；

f_c——构件置换用混凝土抗压强度设计值；

f_{c0}——原构件混凝土的抗压强度设计值；

x_n——加固后混凝土受压区高度；

h_n——受压区混凝土的置换深度；

h_0——纵向受拉钢筋合力点至受压区边缘的距离；

h_{0n}——纵向受拉钢筋合力点至置换混凝土形心的距离；

h_{00}——纵向受拉钢筋合力点至原混凝土（$x_n - h_n$）部分形心的距离；

A_s、A'_s——分别为受拉区、受压区纵向钢筋的截面面积；

b——矩形截面的宽度；

a'_s——纵向受压钢筋合力点至截面近边的距离；

f'_y——纵向受压钢筋的抗压强度设计值；

σ_s——纵向受拉钢筋的应力。

6.2.3 当采用置换法加固钢筋混凝土受弯构件时，其正截面承载力应按下列两种情况分别计算：

1 压区混凝土置换深度 $h_n \geqslant x_n$，按新混凝土强度等级和现行国家标准《混凝土结构设计规范》GB 50010 的规定进行正截面承载力计算。

2 压区混凝土置换深度 $h_n < x_n$，其正截面承载力应按下列公式计算：

$$M \leqslant \alpha_1 f_c b h_n h_{0n} + \alpha_1 f_{c0} b(x_n - h_n)h_{00} + f'_y A'_s(h_0 - a'_s) \tag{6.2.3-1}$$

$$\alpha_1 f_c b h_n + \alpha_1 f_{c0} b(x_n - h_n) = f_y A_s - f'_y A'_s \tag{6.2.3-2}$$

式中 M——构件加固后的弯矩设计值；

f_{y0}、f'_{y0}——原构件纵向钢筋的抗拉、抗压强度设计值。

6.3 构造规定

6.3.1 置换用混凝土的强度等级应比原构件混凝土提高一级，且不应低于C25。

6.3.2 混凝土的置换深度，板不应小于40mm；梁、柱采用人工浇筑时，不应小于60mm，采用喷射法施工时，不应小于50mm。置换长度应按混凝土强度和缺陷的检测及验算结果确定，但对非全长置换的情况，其两端应分别延伸不小于100mm的长度。

6.3.3 置换部分应位于构件截面受压区内，且应根据受力方向，将有缺陷混凝土剔除；剔除位置应在沿构件整个宽度的一侧或对称的两侧；不得仅剔除截面的一隅。

7 外加预应力加固法

7.1 设计规定

7.1.1 本方法适用于下列场合的梁、板、柱和桁架的加固：
 1 原构件截面偏小或需要增加其使用荷载；
 2 原构件需要改善其使用性能；
 3 原构件处于高应力、应变状态，且难以直接卸除其结构上的荷载。

7.1.2 采用外加预应力方法加固混凝土结构时，应根据被加固构件的受力性质、构造特点和现场条件，选择适用的预应力方法：
 1 对正截面受弯承载力不足的梁、板构件，可采用预应力水平拉杆进行加固；正截面和斜截面均需加固的梁式构件，可采用下撑式预应力拉杆进行加固。若工程需要，且构造条件允许，也可同时采用水平拉杆和下撑式拉杆进行加固。
 2 对受压承载力不足的轴心受压柱、小偏心受压柱以及弯矩变号的大偏心受压柱，可采用双侧预应力撑杆进行加固；若弯矩不变号，也可采用单侧预应力撑杆进行加固。
 3 对桁架中承载力不足的轴心受拉构件和偏心受拉构件，可采用预应力拉杆进行加固；对受拉钢筋配置不足的大偏心受压柱，也可采用预应力拉杆进行加固。

7.1.3 当采用外加预应力方法对钢筋混凝土结构、构件进行加固时，其原构件的混凝土强度等级应基本符合现行国家标准《混凝土结构设计规范》GB 50010对预应力结构混凝土强度等级的要求。

7.1.4 当采用本方法加固混凝土结构时，其新增的预应力拉杆、撑杆、缀板以及各种紧固件和锚固件等均应进行可靠的防锈蚀处理。

7.1.5 采用本方法加固的混凝土结构，其长期使用的环境温度不应高于60℃。

7.1.6 当被加固构件的表面有防火要求时，应按现行国家标准《建筑防火设计规范》GB 50016规定的耐火等级及耐火极限要求，对预应力构件及其连接进行防护。

7.2 加固计算

7.2.1 当采用预应力水平拉杆加固钢筋混凝土梁时，应按下列规定进行计算：
 1 估算预应力水平拉杆的总截面面积 $A_{p,est}$：

$$A_{p,est} \geq \frac{\Delta M}{f_{py} \cdot \eta_1 h_{01}} \quad (7.2.1\text{-}1)$$

式中 ΔM——加固梁验算点处受弯承载力需要的增量;

f_{py}——预应力钢拉杆抗拉强度设计值;

h_{01}——由被加固梁上缘到水平拉杆截面形心的距离;

η_1——内力臂系数,取 0.85。

2 计算在新增外荷载作用下该拉杆产生的作用效应增量 ΔN。

3 确定水平拉杆应施加的预应力值 σ_p。确定时,除应按现行国家标准《混凝土结构设计规范》GB 50010 的规定控制张拉应力并计入预应力损失值外,尚应按下式进行验算:

$$\sigma_p + (\Delta N/A_p) \leq \beta_1 f_{py} \quad (7.2.1\text{-}2)$$

式中 A_p——实际选用的预应力水平拉杆总截面面积;

β_1——两根水平拉杆的协同工作系数,取 0.85。

4 验算被加固梁跨中和支座截面的偏心受压承载力,以及支座附近斜截面的受剪承载力。验算时,应将水平拉杆的作用效应作为外力。若验算结果不能满足现行国家标准《混凝土结构设计规范》GB 50010 的要求,应加大拉杆截面或改用其他加固方法。

5 施工控制量应按采用的施加预应力方法计算。若采用千斤顶张拉,可按张拉力 $\sigma_p A_p$ 控制;若按伸长率控制,伸长率中应计入裂缝闭合的影响。

7.2.2 采用两根预应力水平拉杆横向拉紧时,横向张拉量 ΔH(图 7.2.2),可近似按下式计算:

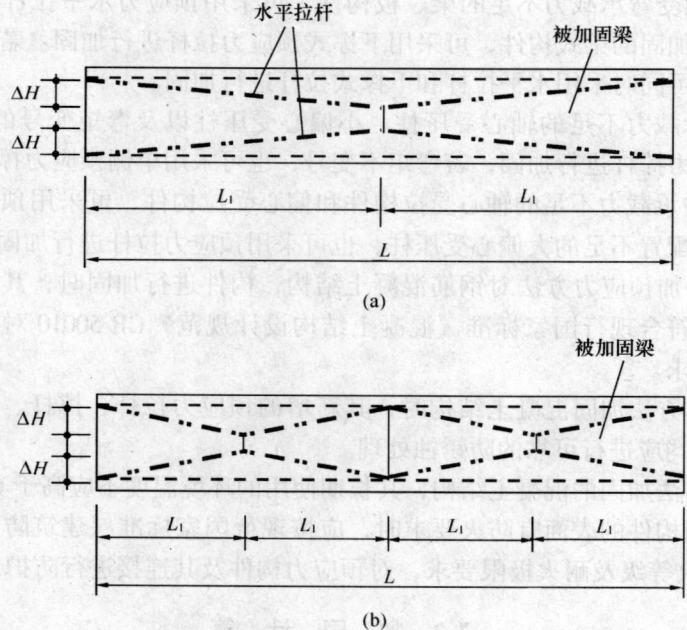

图 7.2.2 水平拉杆横向张拉量计算
(a) 一点张拉;(b) 两点张拉

$$\Delta H \leqslant L_1 \sqrt{2\sigma_p/E_s} \tag{7.2.2}$$

式中 ΔH——横向张拉量；

L_1——张拉后的斜段在张拉前的长度；

E_s——拉杆钢筋的弹性模量。

7.2.3 采用预应力下撑式拉杆加固钢筋混凝土梁时，应按下列规定进行计算：

1 估算预应力下撑式拉杆的截面面积 A_p：

$$A_p = \frac{\Delta M}{f_{py} \eta_2 h_{02}} \tag{7.2.3-1}$$

式中 A_p——预应力下撑式拉杆的总截面面积；

f_{py}——下撑式钢拉杆抗拉强度设计值；

h_{02}——由下撑式拉杆中部水平段的截面形心到被加固梁上缘的垂直距离；

η_2——内力臂系数，取 0.80。

2 计算在新增外荷载作用下该拉杆中部水平段产生的作用效应增量 ΔN。

3 确定下撑式拉杆应施加的预应力值 σ_p。确定时，除应按现行国家标准《混凝土结构设计规范》GB 50010 的确定控制张拉应力并计入预应力损失值外，尚应按下式进行验算：

$$\sigma_p + (\Delta N/A_p) < \beta_2 f_{py} \tag{7.2.3-2}$$

式中 β_2——下撑式拉杆的协同工作系数，取 0.80。

4 验算被加固梁在跨中和支座截面的偏心受压承载力，以及由支座至拉杆弯折处的斜截面受剪承载力。验算时，应将下撑式拉杆中的作用效应作为外力。若验算结果不能满足现行国家标准《混凝土结构设计规范》GB 50010 的要求时，应加大拉杆截面或改用其他加固方法。

5 施工控制量应按本规范第 7.2.1 条第 5 款的规定计算。

7.2.4 当采用两根预应力下撑式拉杆进行横向张拉时，其拉杆中部横向张拉量 ΔH 可按下式计算：

$$\Delta H \leqslant (L_2/2) \sqrt{2\sigma_p/E_s} \tag{7.2.4}$$

式中 L_2——拉杆中部水平段的长度。

7.2.5 加固梁的挠度 w，可用下式进行近似计算：

$$w = w_1 - w_p + w_2 \tag{7.2.5}$$

式中 w_1——加固前梁在原荷载标准值作用下产生的挠度；计算时，梁的刚度 B_1，可根据原梁开裂情况，近似取 $0.35E_cI_0 \sim 0.50E_cI_0$；

w_p——张拉预应力引起的梁的反拱；计算时，梁的刚度 B_P 可近视取为 $0.75E_cI_0$；

w_2——加固结束后，在后加荷载作用下梁所产生的挠度；计算时，梁的刚度 B_2 可取等于 B_P；

E_c 和 I_0——分别为原梁的混凝土弹性模量和换算截面惯性矩。

7.2.6 采用预应力拉杆加固桁架受拉杆件时，应按下列规定进行计算：

1 计算在设计荷载作用下原桁架各杆件的作用效应；

2 根据被加固杆件的拉力设计值 N_i 与原截面受拉承载力设计值 N_{ui} 的差值，按下式估算预应力拉杆的总截面面积 $A_{p,est}$：

$$A_{p,est} \geqslant (N_i - N_{ui})/\beta_1 f_{yp} \tag{7.2.6}$$

3 选定预应力拉杆的总截面面积 A_p 和应施加的预应力值 σ_p，并将 $N_p = A_p \sigma_p$ 视为外力（图 7.2.6），计算其在桁架各杆件中引起的作用效应；

图 7.2.6 预应力拉杆加固桁架杆件

4 将 1、3 两款的作用效应叠加，验算各杆件承载力，必要时，还应验算其抗裂度及桁架挠度等，若验算结果不符合现行国家标准《混凝土结构设计规范》GB 50010 的要求，应调整 A_p 值或 σ_p 值，直至 $N_i \leqslant N_{ui}$。

7.2.7 采用预应力双侧撑杆加固轴心受压的钢筋混凝土柱时，应按下列规定进行计算：

1 确定加固后轴向压力设计值 N。

2 按下式计算原柱的轴心受压承载力设计值 N_0：

$$N_0 = 0.9\varphi(f_{c0}A_{c0} + f'_{y0}A'_{s0}) \tag{7.2.7-1}$$

式中 φ——原柱的稳定系数；
A_{c0}——原柱的截面面积；
f_{c0}——原柱的混凝土抗压强度设计值；
A'_{s0}——原柱的受压纵向钢筋总截面面积；
f'_{y0}——原柱的纵向钢筋抗压强度设计值。

3 按下式计算需由撑杆承受的轴向压力设计值 N_1：

$$N_1 = N - N_0 \tag{7.2.7-2}$$

式中 N——柱加固后轴向压力设计值。

4 按下式计算预应力撑杆的总截面面积：

$$N_1 \leqslant \varphi \beta_3 f'_{py} A'_p \tag{7.2.7-3}$$

式中 β_3——撑杆与原柱的协同工作系数，取 0.9；
f'_{py}——撑杆钢材的抗压强度设计值；
A'_p——预应力撑杆的总截面面积。

预应力撑杆每侧杆肢由两根角钢或一根槽钢构成。

5 柱加固后轴心受压承载力设计值可按下式验算：

$$N \leqslant 0.9\varphi(f_{c0}A_{c0} + f'_{y0}A'_{s0} + \beta_3 f'_{py}A'_p) \tag{7.2.7-4}$$

6 缀板应按现行国家标准《钢结构设计规范》GB 50017 进行设计计算，其尺寸和间距应保证撑杆受压肢及单根角钢在施工时不致失稳。

7 撑杆施工时应预加的压应力值 σ'_p，可按下式近似计算：

$$\sigma'_p \leqslant \varphi_1 \beta_4 f'_{py} \tag{7.2.7-5}$$

式中 φ_1——撑杆的稳定系数。确定该系数所需的撑杆计算长度，当采取横向张拉方法时，取其全长的1/2；当采用顶升方法时，取其全长；按格构式压杆计算其稳定系数；

β_4——经验系数，取 0.75。

8 施工控制量应按采用的施加预应力方法计算：

1） 当用千斤顶、楔子等进行竖向顶升安装撑杆时，顶升量 ΔL 可按下式计算：

$$\Delta L = \frac{L\sigma'_p}{\beta_5 E_a} + a_1 \qquad (7.2.7\text{-}6)$$

式中　E_a——撑杆钢材的弹性模量；

　　　L——撑杆的全长；

　　　a_1——撑杆端顶板与混凝土间的压缩量，取 2~4mm；

　　　β_5——经验系数，取 0.90。

2） 当用横向张拉法（图 7.2.7）安装撑杆时，横向张拉量 ΔH 按下式近似计算：

$$\Delta H \leqslant \frac{L}{2}\sqrt{\frac{2.2\sigma'_p}{E_a}} + a_2 \qquad (7.2.7\text{-}7)$$

式中　a_2——综合考虑各种误差因素对张拉量影响的修正项，可取 $a_2 = 5 \sim 7\text{mm}$。

实际弯折撑杆肢时，宜将长度中点处的横向弯折量取为 $\Delta H +$ (3~5mm)，但施工中只收紧 ΔH，使撑杆处于预压状态。

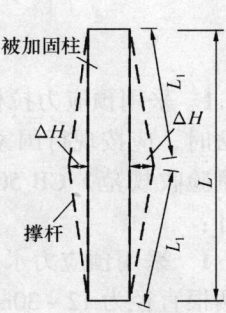

图 7.2.7　预应力撑杆横向张拉量计算图

7.2.8 采用单侧预应力撑杆加固弯矩不变号的偏心受压柱时，应按下列规定进行计算：

1 确定该柱加固后轴向压力 N 和弯矩 M 的设计值。

2 确定撑杆肢承载力，可试用两根较小的角钢或一根槽钢作撑杆肢，其有效受压承载力取为 $0.9f'_{py}A'_p$。

3 原柱加固后需承受的偏心受压荷载应按下列公式计算：

$$N_{01} = N - 0.9f'_{py}A'_p \qquad (7.2.8\text{-}1)$$

$$M_{01} = M - 0.9f'_{py}A'_p a/2 \qquad (7.2.8\text{-}2)$$

4 原柱截面偏心受压承载力应按下列公式验算：

$$N_{01} \leqslant \alpha_1 f_{c0}bx + f'_{y0}A'_{s0} - \sigma_{s0}A_{s0} \qquad (7.2.8\text{-}3)$$

$$N_{01}e \leqslant \alpha_1 f_{c0}bx(h_0 - 0.5x) + f'_{y0}A'_{s0}(h_0 - a'_{s0}) \qquad (7.2.8\text{-}4)$$

$$e = e_0 + 0.5h - a'_{s0} \qquad (7.2.8\text{-}5)$$

$$e_0 = M_{01}/N_{01} \qquad (7.2.8\text{-}6)$$

式中　b——原柱宽度；

　　　x——原柱的混凝土受压区高度；

　　　σ_{s0}——原柱纵向受拉钢筋的应力；

　　　e——轴向力作用点至原柱纵向受拉钢筋合力点之间的距离；

　　　a'_{s0}——纵向受压钢筋合力点至受压边缘的距离。

当原柱偏心受压承载力不满足上述要求时，可加大撑杆截面面积，再重新验算。

5 缀板的设计应符合现行国家标准《钢结构设计规范》GB 50017的有关规定，并应保证撑杆肢或角钢在施工时不失稳。

6 撑杆施工时应预加的压应力值 σ'_p 宜取为 50～80MPa。

7 横向张拉量 ΔH 按公式（7.2.7-7）确定。

7.2.9 采用双侧预应力撑杆加固弯矩变号的偏心受压钢筋混凝土柱时，可按受压荷载较大一侧用单侧撑杆加固的步骤进行计算。选用的角钢截面面积应能满足柱加固后需要承受的最不利偏心受压荷载；柱的另一侧应采用同规格的角钢组成压杆肢，使撑杆的双侧截面对称。

缀板设计、预加压应力值 σ_p 的确定以及施工时横向张拉量 ΔH 或竖向顶升量 ΔL 的计算可按本规范第 7.2.7 和第 7.2.8 条进行。

7.3 构 造 规 定

7.3.1 采用预应力拉杆进行加固时，其构造设计应考虑施工采用的张拉方法。当采用机张法时，应按现行国家标准《混凝土结构设计规范》GB 50010 及《混凝土结构工程施工质量验收规范》GB 50204 的规定进行设计；当采用横向张拉法时，应按下列规定进行设计：

1 采用预应力水平拉杆或下撑式拉杆加固梁，且加固的张拉力在 150kN 以下时，可用两根直径为 12～30mm 的 HPB235 级钢筋；若加固的预应力较大，应用 HRB335 级钢筋。当加固梁的截面高度大于 600mm 时，应用型钢拉杆。

采用预应力拉杆加固桁架时，可用 HRB335 钢筋、HRB400 钢筋、精轧螺纹钢筋、碳素钢丝或钢绞线等高强度钢材。

2 预应力水平拉杆或预应力下撑式拉杆中部的水平段距被加固梁或桁架下缘的净空宜为 30～80mm。

3 预应力下撑式拉杆（图 7.3.1）的斜段宜紧贴在被加固梁的梁肋两旁；在被加固梁下应设厚度不小于 10mm 的钢垫板，其宽度宜与被加固梁宽相等，其梁跨度方向的长度不应小于板厚的 5 倍；钢垫板下应设直径不小于 20mm 的钢筋棒，其长度不应小于被加固梁宽加 2 倍拉杆直径再加 40mm；钢垫板宜用结构胶固定位置，钢筋棒可用点焊固定位置。

4 预应力拉杆端部的锚固构造：

　　1）被加固构件端部有传力预埋件可利用时，可将预应力拉杆与传力预埋件焊接，通过焊缝传力。

　　2）当无传力预埋件时，宜焊制专门的钢套箍，套在混凝土构件上与拉杆焊接。钢套箍可用型钢焊成，也可用钢板加焊加劲肋（图 7.3.1②）。钢套箍与混凝土构件间的空隙，应用细石混凝土填塞。钢套箍对构件混凝土的局部受压承载力应经验算合格。

5 横向张拉应采用工具式拉紧螺杆（图 7.3.1④）。拉紧螺杆的直径应按张拉力的大小计算确定，但不应小于 16mm，其螺帽的高度不得小于螺杆直径的 1.5 倍。

7.3.2 采用预应力撑杆进行加固时，其构造设计应遵守下列规定：

1 预应力撑杆用的角钢，其截面不应小于 50mm×50mm×5mm。压杆肢的两根角钢用缀板连接，形成槽形的截面；也可用单根槽钢作压杆肢。缀板的厚度不得小于 6mm，宽度

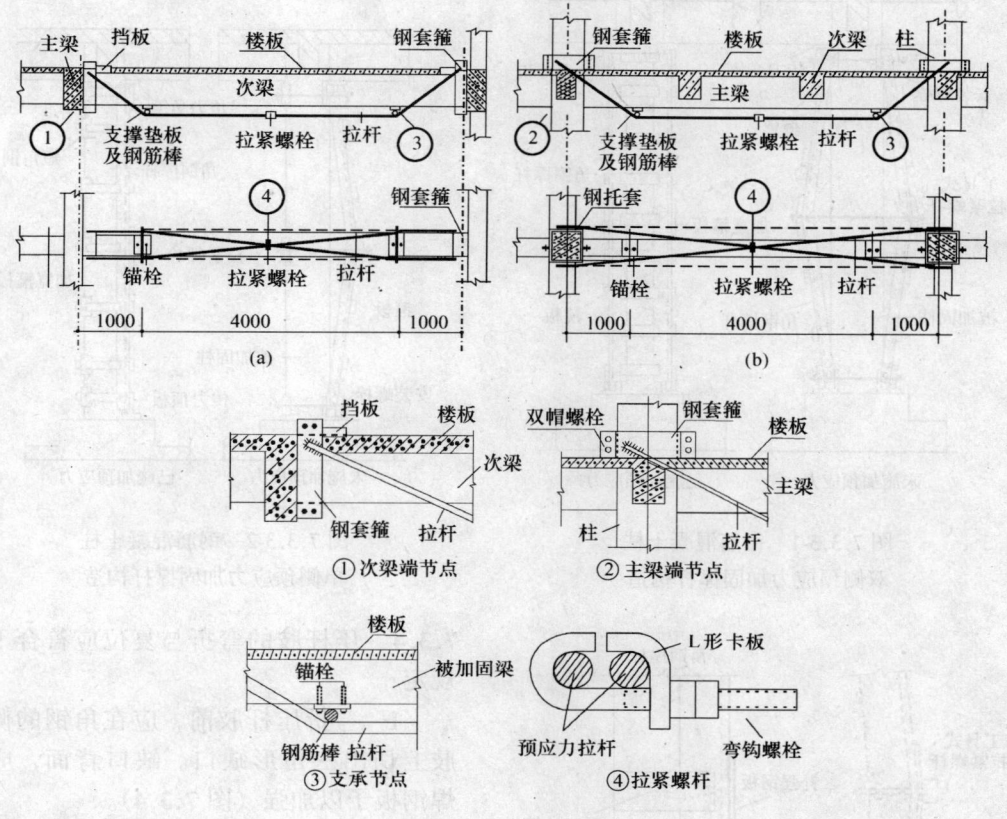

图 7.3.1 预应力下撑式拉杆构造

不得小于 80mm，其长度应按角钢与被加固柱之间的空隙大小确定。相邻缀板间的距离应保证单个角钢的长细比不大于 40。

2 压杆肢末端的传力构造（图 7.3.2），应采用焊在压杆肢上的顶板与承压角钢顶紧，通过抵承传力。承压角钢嵌入被加固住的柱身混凝土或柱头混凝土内不应少于 25mm。传力顶板宜用厚度不小于 16mm 的钢板，其与角钢肢焊接的板面及与承压角钢抵承的面均应刨平。承压角钢截面不得小于 100mm×75mm×12mm。

7.3.3 当预应力撑杆采用螺栓横向拉紧的施工方法时，双侧加固的撑杆，其两个压杆肢的中部应向外弯折，并应在弯折处采用工具式拉紧螺杆建立预应力并复位（图 7.3.3-1）。单侧加固的撑杆只有一个压杆肢，仍应在中点处弯折，并应采用工具式拉紧螺杆进行横向张拉与复位（图 7.3.3-2）。

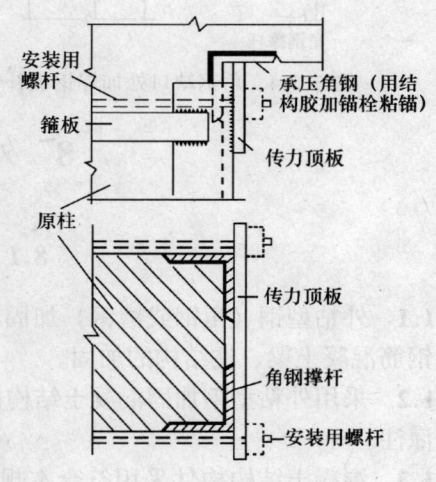

图 7.3.2 撑杆端传力构造

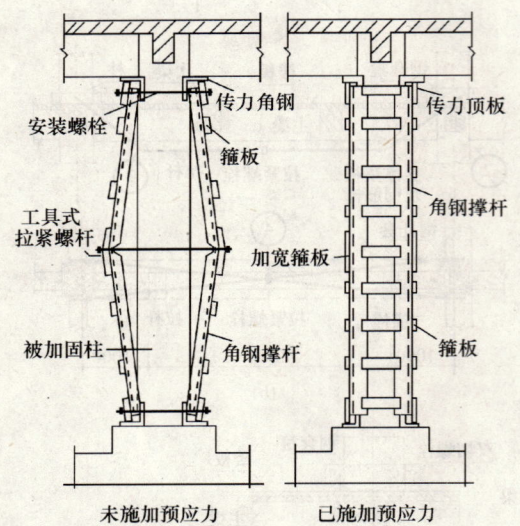
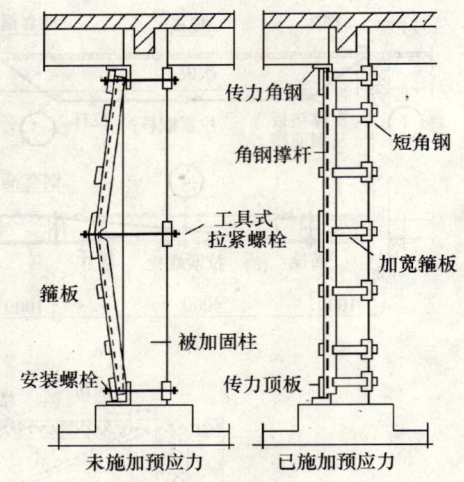

图 7.3.3-1 钢筋混凝土柱
双侧预应力加固撑杆构造

图 7.3.3-2 钢筋混凝土柱
单侧预应力加固撑杆构造

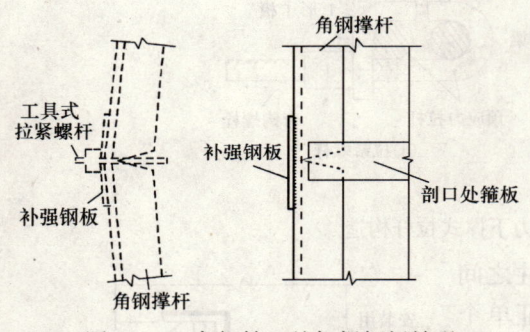

图 7.3.4 角钢缺口处加焊钢板补强

7.3.4 压杆肢的弯折与复位应符合下列规定：

1 弯折压杆肢前，应在角钢的侧立肢上切出三角形缺口。缺口背面，应补焊钢板予以加强（图7.3.4）。

2 弯折压杆肢的复位应采用工具式拉紧螺杆，其直径应按张拉力的大小计算确定，但不应小于16mm，其螺帽高度不应小于螺杆直径的1.5倍。

8 外粘型钢加固法

8.1 设 计 规 定

8.1.1 外粘型钢（角钢或槽钢）加固法适用于需要大幅度提高截面承载能力和抗震能力的钢筋混凝土梁、柱结构的加固。

8.1.2 采用外粘型钢加固混凝土结构构件（图8.1.2）时，应采用改性环氧树脂胶粘剂进行灌注。

8.1.3 混凝土结构构件采用符合本规范设计要求的外粘型钢加固时，其加固后的承载力和截面刚度可按整截面计算；其截面刚度 EI 的近似值，可按下式计算：

$$EI = E_{c0}I_{c0} + 0.5E_aA_aa_a^2 \qquad (8.1.3)$$

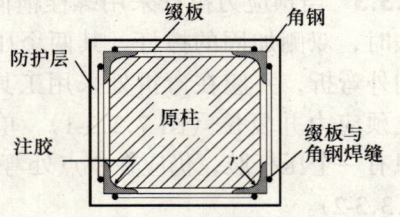

图 8.1.2 外粘型钢加固

式中 E_{c0} 和 E_a——分别为原构件混凝土和加固型钢的弹性模量；
　　　I_{c0}——原构件截面惯性矩；
　　　A_a——加固构件一侧外粘型钢截面面积；
　　　a_a——受拉与受压两侧型钢截面形心间的距离。

8.2 加固计算

8.2.1 采用外粘角钢或槽钢加固钢筋混凝土轴心受压构件时，其正截面承载力应按下式计算：

$$N \leqslant 0.9\varphi(f_{c0}A_{c0} + f'_{y0}A'_{s0} + \alpha_a f'_a A'_a) \tag{8.2.1}$$

式中 N——构件加固后轴向压力设计值；
　　　φ——轴心受压构件的稳定系数，应根据加固后的截面尺寸，按现行国家标准《混凝土结构设计规范》GB 50010采用；
　　　α_a——新增型钢强度利用系数，除抗震设计取 $\alpha_a = 1.0$ 外，其他取 $\alpha_a = 0.9$；
　　　f'_a——新增型钢抗压强度设计值，应按现行国家标准《钢结构设计规范》GB 50017的规定采用；
　　　A'_a——全部受压肢型钢的截面面积。

8.2.2 采用外粘型钢加固钢筋混凝土偏心受压构件时，其矩形截面正截面承载力应按下列公式确定：

$$N \leqslant \alpha_1 f_{c0} bx + f'_{y0}A'_{s0} - \sigma_{s0}A_{s0} + \alpha_a f'_a A'_a - \alpha_a \sigma_a A_a \tag{8.2.2-1}$$

$$\begin{aligned} Ne \leqslant &\ \alpha_1 f_{c0} bx\left(h_0 - \frac{x}{2}\right) + f'_{y0}A'_{s0}(h_0 - a'_{s0}) \\ &+ \sigma_{s0}A_{s0}(a_{s0} - a_a) + \alpha_a f'_a A'_a(h_0 - a'_a) \end{aligned} \tag{8.2.2-2}$$

$$\sigma_{s0} = \left(\frac{0.8h_{01}}{x} - 1\right)E_{s0}\varepsilon_{cu} \tag{8.2.2-3}$$

$$\sigma_a = \left(\frac{0.8h_0}{x} - 1\right)E_a\varepsilon_{cu} \tag{8.2.2-4}$$

式中 N——构件加固后轴向压力设计值；
　　　b——原构件截面宽度；
　　　x——混凝土受压区高度；
　　　f_{c0}——原构件混凝土轴心抗压强度设计值；
　　　f'_{y0}——原构件受压区纵向钢筋抗压强度设计值；
　　　A'_{s0}——原构件受压较大边纵向钢筋截面面积；
　　　σ_{s0}——原构件受拉边或受压较小边纵向钢筋应力，当 $\sigma_{s0} > f_{y0}$ 时，应取 $\sigma_{s0} = f_{y0}$；
　　　A_{s0}——原构件受拉边或受压较小边纵向钢筋截面面积；
　　　α_a——新增型钢强度利用系数，除抗震设计取 $\alpha_a = 1.0$ 外，其他取 $\alpha_a = 0.9$；
　　　f'_a——型钢抗压强度设计值；
　　　A'_a——全部受压肢型钢截面面积；
　　　σ_a——受拉肢或受压较小肢型钢的应力，可按式8.2.2-4计算，也可近似取 $\sigma_a = \sigma_{s0}$；
　　　A_a——全部受拉肢型钢截面面积；

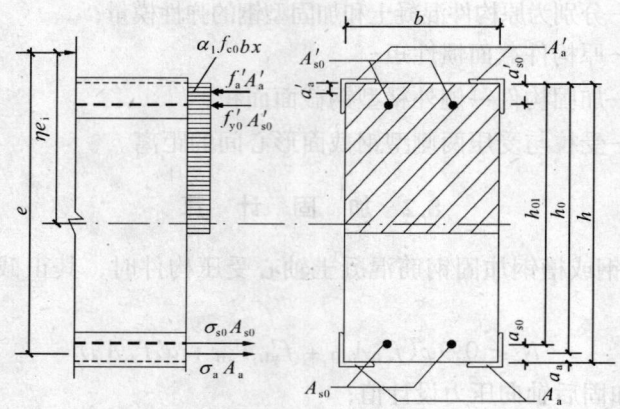

图 8.2.2 外粘型钢加固柱的截面计算简图
注：当为小偏心受压构件时，图中 σ_{s0} 可能变号

e——偏心距，为轴向压力设计值作用点至受拉区型钢形心的距离，按本规范第 5.4.3 条计算确定；

h_{01}——加固前原截面有效高度；

h_0——加固后受拉肢或受压较小肢型钢的截面形心至原构件截面受压较大边的距离；

a'_{s0}——原截面受压较大边纵向钢筋合力点至原构件截面近边的距离；

a'_a——受压较大肢型钢截面形心至原构件截面近边的距离；

a_{s0}——原构件受拉边或受压较小边纵向钢筋合力点至原截面近边的距离；

a_a——受拉肢或受压较小肢型钢截面形心至原构件截面近边的距离；

E_a——型钢的弹性模量。

8.2.3 采用外粘型钢加固钢筋混凝土梁时，应在梁截面的四隅粘贴角钢，若梁的受压区有翼缘或有楼板时，应将梁顶面两隅的角钢改为钢板。当梁的加固构造符合本规范第 8.3 节规定时，其正截面及斜截面的承载力可按本规范第 10 章进行计算。

8.3 构 造 规 定

8.3.1 采用外粘型钢加固法时，应优先选用角钢；角钢的厚度不应小于 5mm，角钢的边长，对梁和桁架不应小于 50mm，对柱不应小于 75mm。沿梁、柱轴线方向应每隔一定距离用扁钢制作的箍板（图 8.3.1）或缀板（图 8.3.2a、b）与角钢焊接。当有楼板时，U 形箍

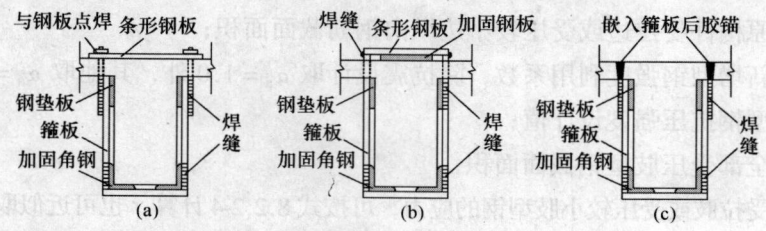

图 8.3.1 加锚式箍板

板或其附加的螺杆应穿过楼板，与另加的条形钢板焊接（图8.3.1a、b）或嵌入楼板后予以胶锚（图8.3.1c）。箍板与缀板均应在胶粘前与加固角钢焊接。箍板或缀板截面不应小于40mm×4mm，其间距不应大于20r（r为单根角钢截面的最小回转半径），且不应大于500mm；在节点区，其间距应适当加密。

注：当钢箍板需穿过楼板或胶锚时，可采用半重叠钻孔法，将圆孔扩成矩形扁孔；待箍板穿插安装、焊接完毕后，再用结构胶注入孔中予以封固。

8.3.2 外粘型钢的两端应有可靠的连接和锚固（图8.3.2）。对柱的加固，角钢下端应锚固于基础中；中间应穿过各层楼板，上端应伸至加固层的上一层楼板底或屋面板底；若相邻两层柱的尺寸不同，可将上下柱外粘型钢交汇于楼面，并利用其内外间隔嵌入厚度不小于10mm的钢板焊成水平钢框，与上下柱角钢及上柱钢箍相互焊接固定。对梁的加固，梁角钢（或钢板）应与柱角钢相互焊接。必要时，可加焊扁钢带或钢筋条，使柱两侧的梁相互连接（图8.3.2c）；对桁架的加固，角钢应伸过该杆件两端的节点，或设置节点板将角钢焊在节点板上。

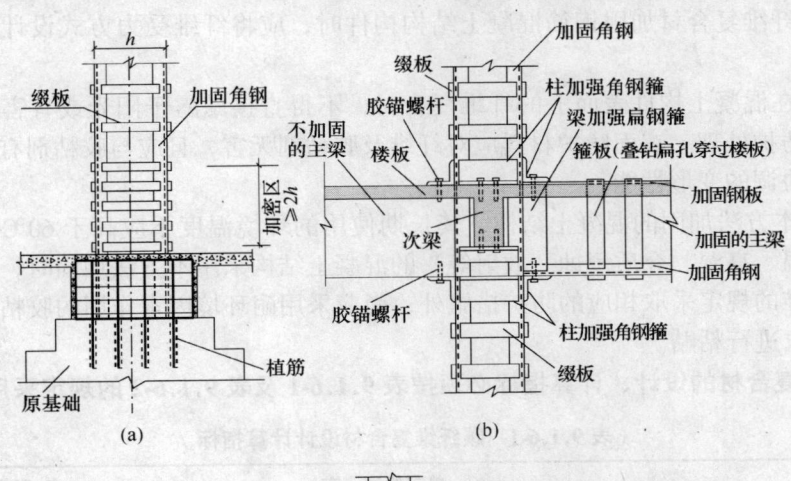

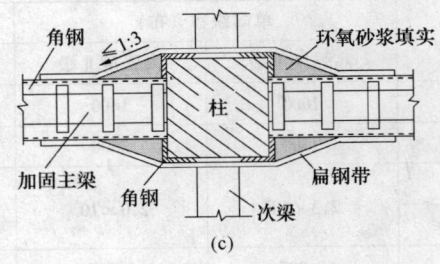

图8.3.2 外粘型钢梁、柱、基础节点构造
(a) 柱基节点；(b) 楼层节点；(c) 加焊扁钢带

8.3.3 当按本规范构造要求采用外粘型钢加固排架柱时，应将加固的型钢与原柱头顶部的承压钢板相互焊接。对于二阶柱，上下柱交接处及牛腿处的连接构造应予加强。

8.3.4 外粘型钢加固梁、柱时，应将原构件截面的棱角打磨成半径$r \geqslant 7$mm的圆角。外粘型钢的注胶应在型钢构架焊接完成后进行。外粘型钢的胶缝厚度宜控制在3～5mm；局部允许有长度不大于300mm、厚度不大于8mm的胶缝，但不得出现在角钢端部600mm范围内。

8.3.5 采用外粘型钢加固钢筋混凝土构件时，型钢表面（包括混凝土表面）应抹厚度不小于25mm的高强度等级水泥砂浆（应加钢丝网防裂）作防护层，也可采用其他具有防腐蚀和防火性能的饰面材料加以保护。

9 粘贴纤维复合材加固法

9.1 设 计 规 定

9.1.1 本方法适用于钢筋混凝土受弯、轴心受压、大偏心受压及受拉构件的加固。

本方法不适用于素混凝土构件，包括纵向受力钢筋配筋率低于现行国家标准《混凝土结构设计规范》GB 50010 规定的最小配筋率的构件加固。

9.1.2 被加固的混凝土结构构件，其现场实测混凝土强度等级不得低于C15，且混凝土表面的正拉粘结强度不得低于1.5MPa。

9.1.3 外贴纤维复合材加固钢筋混凝土结构构件时，应将纤维受力方式设计成仅承受拉应力作用。

9.1.4 粘贴在混凝土构件表面上的纤维复合材，不得直接暴露于阳光或有害介质中，其表面应进行防护处理。表面防护材料应对纤维及胶粘剂无害，且应与胶粘剂有可靠的粘结强度及相互协调的变形性能。

9.1.5 采用本方法加固的混凝土结构，其长期使用的环境温度不应高于60℃；处于特殊环境（如高温、高湿、介质侵蚀、放射等）的混凝土结构采用本方法加固时，除应按国家现行有关标准的规定采取相应的防护措施外，尚应采用耐环境因素作用的胶粘剂，并按专门的工艺要求进行粘贴。

9.1.6 纤维复合材的设计、计算指标必须按表9.1.6-1及表9.1.6-2的规定采用。

表9.1.6-1 碳纤维复合材设计计算指标

性 能 项 目		单向织物（布）		条 形 板	
		高强度Ⅰ级	高强度Ⅱ级	高强度Ⅰ级	高强度Ⅱ级
抗拉强度设计值 f_f（MPa）	重要构件	1600	1400	1150	1000
	一般构件	2300	2000	1600	1400
弹性模量设计值 E_f（MPa）	重要构件	2.3×10^5	2.0×10^5	1.6×10^5	1.4×10^5
	一般构件				
拉应变设计值 ε_f	重要构件	0.007	0.007	0.007	0.007
	一般构件	0.01	0.01	0.01	0.01

注：L形板按高强度Ⅱ级条形板的设计计算指标采用。

表9.1.6-2 玻璃纤维复合材（单向织物）设计计算指标

项 目 类 别	抗拉强度设计值 f_f（MPa）		弹性模量 E_f（MPa）		拉应变设计值 ε_f（MPa）	
	重要结构	一般结构	重要结构	一般结构	重要结构	一般结构
S玻璃纤维	500	700	7.0×10^4		0.007	0.01
E玻璃纤维	350	500	5.0×10^4		0.007	0.01

9.1.7 当被加固构件的表面有防火要求时，应按现行国家标准《建筑防火设计规范》GB 50016 规定的耐火等级及耐火极限要求，对纤维复合材进行防护。

9.1.8 采用纤维复合材对钢筋混凝土结构进行加固时，应采取措施卸除或大部分卸除作用在结构上的活荷载。

9.2 受弯构件正截面加固计算

9.2.1 采用纤维复合材对梁、板等受弯构件进行加固时，除应遵守现行国家标准《混凝土结构设计规范》GB 50010 正截面承载力计算的基本假定外，尚应遵守下列规定：

 1 纤维复合材的应力与应变关系取直线式，其拉应力 σ_f 取等于拉应变 ε_f 与弹性模量 E_f 的乘积；

 2 当考虑二次受力影响时，应按构件加固前的初始受力情况，确定纤维复合材的滞后应变；

 3 在达到受弯承载能力极限状态前，加固材料与混凝土之间不致出现粘结剥离破坏。

9.2.2 受弯构件加固后的相对界限受压区高度 ξ_{fb} 应按下列规定确定：

 1 对重要构件，采用构件加固前控制值的 0.75 倍，即

$$\xi_{fb} = 0.75\xi_b \tag{9.2.2-1}$$

 2 对一般构件，采用构件加固前控制值的 0.85 倍，即

$$\xi_{fb} = 0.85\xi_b \tag{9.2.2-2}$$

式中 ξ_b——构件加固前的相对界限受压区高度，按现行国家标准《混凝土结构设计规范》GB 50010 的规定计算。

9.2.3 在矩形截面受弯构件的受拉边混凝土表面上粘贴纤维复合材进行加固时，其正截面承载力应按下列公式确定：

$$M \leq \alpha_1 f_{c0} bx\left(h - \frac{x}{2}\right) + f'_{y0} A'_{s0}(h - a') - f_{y0} A_{s0}(h - h_0) \tag{9.2.3-1}$$

$$\alpha_1 f_{c0} bx = f_{y0} A_{s0} + \psi_f f_f A_{fe} - f'_{y0} A'_{s0} \tag{9.2.3-2}$$

$$\psi_f = \frac{(0.8\varepsilon_{cu} h/x) - \varepsilon_{cu} - \varepsilon_{f0}}{\varepsilon_f} \tag{9.2.3-3}$$

$$x \geq 2a' \tag{9.2.3-4}$$

式中 M——构件加固后弯矩设计值；

    x——等效矩形应力图形的混凝土受压区高度，简称混凝土受压区高度；

   b、h——矩形截面宽度和高度；

  f_{y0}、f'_{y0}——原截面受拉钢筋和受压钢筋的抗拉、抗压强度设计值；

  A_{s0}、A'_{s0}——原截面受拉钢筋和受压钢筋的截面面积；

    a'——纵向受压钢筋合力点至截面近边的距离；

    h_0——构件加固前的截面有效高度；

    f_f——纤维复合材的抗拉强度设计值，应根据纤维复合材的品种，分别按本规范表 9.1.6-1 及表 9.1.6-2 采用；

    A_{fe}——纤维复合材的有效截面面积；

ψ_f——考虑纤维复合材实际抗拉应变达不到设计值而引入的强度利用系数,当 $\psi_f > 1.0$ 时,取 $\psi_f = 1.0$;

ε_{cu}——混凝土极限压应变,取 $\varepsilon_{cu} = 0.0033$;

ε_f——纤维复合材拉应变设计值,应根据纤维复合材的品种,分别按本规范表 9.1.6-1 及表 9.1.6-2 采用;

ε_{f0}——考虑二次受力影响时,纤维复合材的滞后应变,应按本规范第 9.2.8 条的规定计算,若不考虑二次受力影响,取 $\varepsilon_{f0} = 0$。

加固设计时,可根据公式(9.2.3-1)计算出混凝土受压区高度 x,并按公式(9.2.3-3)计算出强度利用系数 ψ_f,并代入公式(9.2.3-2),即可求出受拉面应粘贴的纤维复合材的有效截面面积 A_{fe};然后按本规范第 9.2.4 条的规定换算为实际应粘贴的纤维复合材截面面积 A_f。

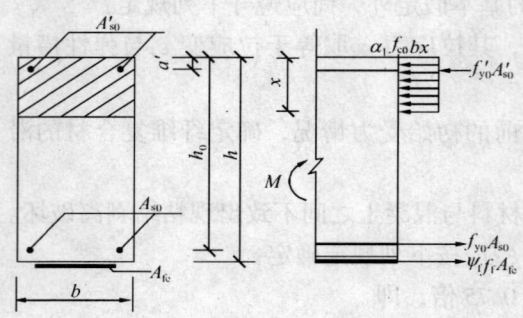

图 9.2.3 矩形截面构件正截面受弯承载力计算

9.2.4 实际应粘贴的纤维复合材截面面积 A_f,应按下列公式计算:

$$A_f = A_{fe}/k_m \qquad (9.2.4-1)$$

纤维复合材厚度折减系数 k_m,应按下列规定确定:

1 当采用预成型板时,$k_m = 1.0$;

2 当采用多层粘贴的纤维织物时,k_m 值按下式计算:

$$k_m = 1.16 - \frac{n_f E_f t_f}{308000} \leqslant 0.90 \qquad (9.2.4-2)$$

式中 E_f——纤维复合材弹性模量设计值(MPa),应根据纤维复合材的品种,分别按本规范表 9.1.6-1 及表 9.1.6-2 采用;

n_f 和 t_f——分别为纤维复合材(单向织物)层数和单层厚度。

9.2.5 对受弯构件正弯矩区的正截面加固,其粘贴纤维复合材的截断位置应从其充分利用的截面算起,取不小于按下式确定的粘贴延伸长度(图 9.2.5):

$$l_c = \frac{\psi_f f_f A_f}{f_{f,v} b_f} + 200 \qquad (9.2.5)$$

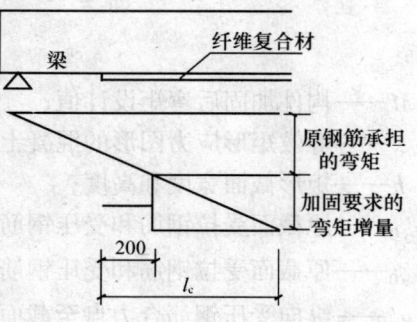

图 9.2.5 纤维复合材的粘贴延伸长度

式中 l_c——纤维复合材粘贴延伸长度(mm);

b_f——对梁为受拉面粘贴的纤维复合材的总宽度(mm),对板为 1000mm 板宽范围内粘贴的纤维复合材总宽度;

f_f——纤维复合材抗拉强度设计值,按本规范表 9.1.6-1 或表 9.1.6-2 采用;

$f_{f,v}$——纤维与混凝土之间的粘结强度设计值(MPa),取 $f_{f,v}=0.40f_t$;f_t 为混凝土抗拉强度设计值,按现行国家标准《混凝土结构设计规范》GB 50010 规定值采用;当 $f_{f,v}$ 计算值低于 0.40 时,取 $f_{f,v}=0.40$MPa;当 $f_{f,v}$ 计算值高于 0.70 时,取 $f_{f,v}=0.7$MPa;

ψ_1——修正系数;对重要构件,取 $\psi_1=1.45$;对一般构件,取 $\psi_1=1.0$。

9.2.6 对受弯构件负弯矩区的正截面加固,纤维复合材的截断位置距支座边缘的距离,除应根据负弯矩包络图按上式确定外,尚应符合本规范第 9.9.3 条的构造规定。

9.2.7 对翼缘位于受压区的 T 形截面受弯构件的受拉面粘贴纤维复合材进行受弯加固时,应按本规范第 9.2.1 条至第 9.2.4 的计算原则和现行国家标准《混凝土结构设计规范》GB 50010 中关于 T 形截面受弯承载力的计算方法进行计算。

9.2.8 当考虑二次受力影响时,纤维复合材的滞后应变 ε_{f0} 应按下式计算:

$$\varepsilon_{f0} = \frac{\alpha_f M_{0k}}{E_s A_s h_0} \qquad (9.2.8)$$

式中 M_{0k}——加固前受弯构件验算截面上原作用的弯矩标准值;

α_f——综合考虑受弯构件裂缝截面内力臂变化、钢筋拉应变不均匀以及钢筋排列影响等的计算系数,应按表 9.2.8 采用。

表 9.2.8 计算系数 α_f 值

ρ_{te}	≤0.007	0.010	0.020	0.030	0.040	≥0.060
单排钢筋	0.70	0.90	1.15	1.20	1.25	1.30
双排钢筋	0.75	1.00	1.25	1.30	1.35	1.40

注:1. 表中 ρ_{te} 为混凝土有效受拉截面的纵向受拉钢筋配筋率,即 $\rho_{te}=A_s/A_{te}$,A_{te} 为有效受拉混凝土截面面积,按现行国家标准《混凝土结构设计规范》GB 50010 的规定计算。

2. 当原构件钢筋应力 $\sigma_{s0} \leq 150$MPa,且 $\rho_{te} \leq 0.05$ 时,表中 α_f 值可乘以调整系数 0.9。

9.2.9 当纤维复合材全部粘贴在梁底面(受拉面)有困难时,允许将部分纤维复合材对称地粘贴在梁的两侧面。此时,侧面粘贴区域应控制在距受拉区边缘 1/4 梁高范围内,且应按下式计算确定梁的两侧面实际需要粘贴的纤维复合材截面面积 $A_{f,l}$:

$$A_{f,l} = \eta_f A_{f,b} \qquad (9.2.9)$$

式中 $A_{f,b}$——按梁底面计算确定的,但需改贴到梁的两侧面的纤维复合材截面面积;

η_f——考虑改贴梁侧面引起的纤维复合材受拉合力及其力臂改变的修正系数,应按表 9.2.9 采用。

表 9.2.9 修正系数 η_f 值

h_f/h	0.05	0.10	0.15	0.20	0.25
η_f	1.09	1.19	1.30	1.43	1.59

注:表中 h_f 为从梁受拉边缘算起的侧面粘贴高度;h 为梁截面高度。

9.2.10 钢筋混凝土结构构件加固后,其正截面受弯承载力的提高幅度,不应超过 40%,并且应验算其受剪承载力,避免因受弯承载力提高后而导致构件受剪破坏先于受弯破坏。

9.2.11 纤维复合材的加固量,对预成型板,不宜超过 2 层,对湿法铺层的织物,不宜超过4层，超过4层时，宜改用预成型板，并采取可靠的加强锚固措施。

9.3 受弯构件斜截面加固计算

9.3.1 采用纤维复合材条带（以下简称条带）对受弯构件的斜截面受剪承载力进行加固时，应粘贴成垂直于构件轴线方向的环形箍或其他有效的U形箍（图9.3.1）。

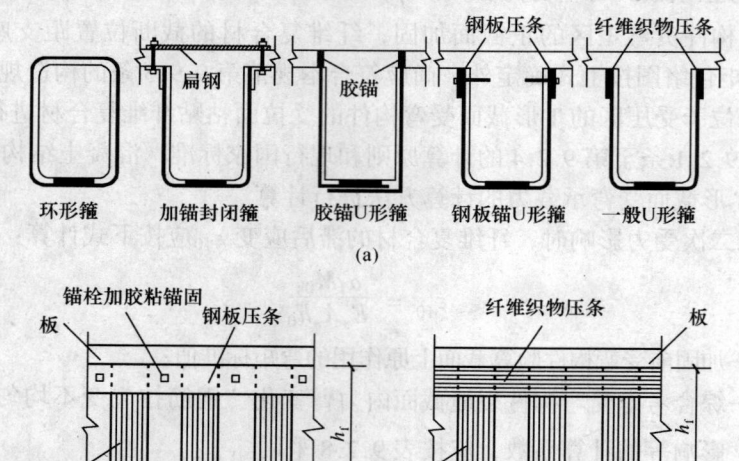

图9.3.1 纤维复合材抗剪箍及其粘贴方式
(a)粘贴方式；(b)U形箍加纵向压条

9.3.2 受弯构件加固后的斜截面应符合下列条件：

当 $h_w/b \leqslant 4$ 时

$$V \leqslant 0.25\beta_c f_{c0} bh_0 \tag{9.3.2-1}$$

当 $h_w/b \geqslant 6$ 时

$$V \leqslant 0.20\beta_c f_{c0} bh_0 \tag{9.3.2-2}$$

当 $4 < h_w/b < 6$ 时，按线性内插法确定。

式中 V——构件斜截面加固后的剪力设计值；

β_c——混凝土强度影响系数，按现行国家标准《混凝土结构设计规范》GB 50010的规定值采用；

f_{c0}——原构件混凝土轴心抗压强度设计值；

b——矩形截面的宽度、T形或I形截面的腹板宽度；

h_0——截面有效高度；

h_w——截面的腹板高度：对矩形截面，取有效高度；对T形截面，取有效高度减去翼缘高度；对I形截面，取腹板净高。

9.3.3 当采用条带构成的环形（封闭）箍或U形箍对钢筋混凝土梁进行抗剪加固时，其斜截面承载力应按下式确定：

$$V \leqslant V_{b0} + V_{bf} \tag{9.3.3-1}$$

$$V_{bf} = \psi_{vb} f_f A_f h_f / s_f \qquad (9.3.3\text{-}2)$$

式中 V_{b0}——加固前梁的斜截面承载力,应按现行国家标准《混凝土结构设计规范》GB 50010 计算;

V_{bf}——粘贴条带加固后,对梁斜截面承载力的提高值;

ψ_{vb}——与条带加锚方式及受力条件有关的抗剪强度折减系数(表 9.3.3);

f_f——受剪加固采用的纤维复合材抗拉强度设计值,按表 9.1.6 的规定的抗拉强度设计值乘以调整系数 0.56 确定;当为框架梁或悬挑构件时,调整系数改取 0.28;

A_f——配置在同一截面处构成环形或 U 形箍的纤维复合材条带的全部截面面积:$A_f = 2n_f b_f t_f$,此处:n_f 为条带粘贴的层数;b_f 和 t_f 分别为条带宽度和条带单层厚度;

h_f——梁侧面粘贴的条带竖向高度;对环形箍,$h_f = h$;

s_f——纤维复合材条带的间距(图 9.3.1b)。

表 9.3.3 抗剪强度折减系数 ψ_{vb} 值

条带加锚方式		环形箍及加锚封闭箍	胶锚或钢板锚 U 形箍	加织物压条的一般 U 形箍
受力条件	均布荷载或剪跨比 $\lambda \geqslant 3$	1.0	0.92	0.85
	$\lambda \leqslant 1.5$	0.68	0.63	0.58

注:当 λ 为中间值时,按线性内插法确定 ψ_{vb} 值。

9.4 受压构件正截面加固计算

9.4.1 轴心受压构件可采用沿其全长无间隔地环向连续粘贴纤维织物的方法(简称环向围束法)进行加固。

9.4.2 采用环向围束加固轴心受压构件仅适用于下列情况:

1 长细比 $l/d \leqslant 12$ 的圆形截面柱;

2 长细比 $l/b \leqslant 14$、截面高宽比 $h/b \leqslant 1.5$、截面高度 $h \leqslant 600$mm,且截面棱角经过圆化打磨的正方形或矩形截面柱。

9.4.3 采用环向围束的轴心受压构件,其正截面承载力应符合下列规定:

$$N \leqslant 0.9[(f_{c0} + 4\sigma_l)A_{cor} + f'_{y0}A'_{s0}] \qquad (9.4.3\text{-}1)$$

$$\sigma_l = 0.5\beta_c k_c \rho_f E_f \varepsilon_{fe} \qquad (9.4.3\text{-}2)$$

式中 N——轴向压力设计值;

f_{c0}——原构件混凝土轴心抗压强度设计值;

σ_l——有效约束应力;

A_{cor}——环向围束内混凝土面积;圆形截面:$A_{cor} = \dfrac{\pi D^2}{4}$,正方形和矩形截面:$A_{cor} = bh - (4-\pi)r^2$;

D——圆形截面柱的直径;

b——正方形截面边长或矩形截面宽度；
h——矩形截面高度；
r——截面棱角的圆化半径（倒角半径）；
β_c——混凝土强度影响系数；当混凝土强度等级不大于C50时，$\beta_c = 1.0$；当混凝土强度等级为C80时，$\beta_c = 0.8$；其间按线性内插法确定；
k_c——环向围束的有效约束系数，按本规范第9.4.4条的规定采用；
ρ_f——环向围束体积比，按本规范第9.4.4条的规定计算；
E_f——纤维复合材的弹性模量；
ε_{fe}——纤维复合材的有效拉应变设计值；重要构件取 $\varepsilon_{fe} = 0.0035$；一般构件取 $\varepsilon_{fe} = 0.0045$。

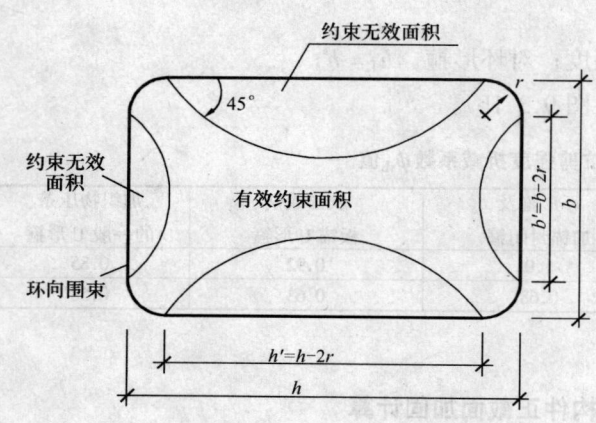

图9.4.4 环向围束内矩形截面有效约束面积

9.4.4 环向围束的计算参数 k_c 和 ρ_f，应按下列规定确定：

1 有效约束系数 k_c 值的确定：
1）圆形截面柱：$k_c = 0.95$；
2）正方形和矩形截面柱，应按下式计算：

$$k_c = 1 - \frac{(b-2r)^2 + (h-2r)^2}{3A_{cor}(1-\rho_s)}$$
(9.4.4-1)

式中 ρ_s——柱中纵向钢筋的配筋率；

2 环向围束体积比 ρ_f 值的确定：

对圆形截面柱：

$$\rho_f = 4n_f t_f / D$$
(9.4.4-2)

对正方形和矩形截面柱：

$$\rho_f = 2n_f t_f (b+h) / A_{cor}$$
(9.4.4-3)

式中 n_f 和 t_f——纤维复合材的层数及每层厚度。

9.5 受压构件斜截面加固计算

9.5.1 当采用纤维复合材的条带对钢筋混凝土柱进行受剪加固时，应粘贴成环形箍，且纤维方向应与柱的纵轴线垂直。

9.5.2 采用环形箍加固的柱，其斜截面受剪承载力应符合下列规定：

$$V \leqslant V_{c0} + V_{cf}$$
(9.5.2-1)

$$V_{cf} = \psi_{vc} f_f A_f h / s_f$$
(9.5.2-2)

$$A_f = 2n_f b_f t_f$$
(9.5.2-3)

式中 V——构件加固后剪力设计值;

V_{c0}——加固前原构件斜截面受剪承载力,按现行国家标准《混凝土结构设计规范》GB 50010 的规定计算;

V_{cf}——粘贴纤维复合材加固后,对柱斜截面承载力的提高值;

ψ_{vc}——与纤维复合材受力条件有关的抗剪强度折减系数,按表 9.5.2 的规定值采用;

f_f——受剪加固采用的纤维复合材抗拉强度设计值,按本规范第 9.1.6 条规定的抗拉强度设计值乘以调整系数 0.5 确定;

A_f——配置在同一截面处纤维复合材环形箍的全截面面积;

n_f、b_f 和 t_f——分别为纤维复合材环形箍的层数、宽度和每层厚度;

h——柱的截面高度;

s_f——环形箍的中心间距。

表 9.5.2 ψ_{vc} 值

受力条件	轴压比	≤0.1	0.3	0.5	0.7	0.9
	均布荷载或 $\lambda_c \geq 3$	0.95	0.84	0.72	0.62	0.51
	$\lambda_c \leq 1$	0.90	0.72	0.54	0.34	0.16

注:1. λ_c 为柱的剪跨比;对框架柱 $\lambda_c = H_n/2h_0$;H_n 为柱的净高,h_0 为柱截面有效高度;
2. 中间值按线性内插法确定。

9.6 大偏心受压构件加固计算

9.6.1 当采用纤维增强复合材加固大偏心受压的钢筋混凝土柱时,应将纤维复合材粘贴于构件受拉区边缘混凝土表面,且纤维方向应与柱的纵轴线方向一致。

9.6.2 矩形截面大偏心受压柱的加固,其正截面承载力应符合下列规定:

$$N \leq \alpha_1 f_{c0} bx + f'_{y0} A'_{s0} - f_{y0} A_{s0} - f_f A_f \tag{9.6.2-1}$$

$$Ne \leq \alpha_1 f_{c0} bx \left(h_0 - \frac{x}{2} \right) + f'_{y0} A'_{s0}(h_0 - a') + f_f A_f(h - h_0) \tag{9.6.2-2}$$

$$e = \eta e_i + \frac{h}{2} - a \tag{9.6.2-3}$$

$$e_i = e_0 + e_a \tag{9.6.2-4}$$

式中 e——轴向压力作用点至纵向受拉钢筋 A_s 合力点的距离;

η——偏心受压构件考虑二阶弯矩影响的轴向压力偏心距增大系数,除应按现行国家标准《混凝土结构设计规范》GB 50010 的规定计算外,尚应乘以本规范第 5.4.3 条规定的修正系数 ψ_η;

e_i——初始偏心距;

e_0——轴向压力对截面重心的偏心距:$e_0 = M/N$;

e_a——附加偏心距,按偏心方向截面最大尺寸 h 确定:当 $h \leq 600$mm 时,$e_a = 20$mm;当 $h > 600$mm 时,$e_a = h/30$;

a、a'——纵向受拉钢筋合力点、纵向受压钢筋合力点至截面近边的距离;

f_f——纤维复合材抗拉强度设计值,应根据其品种,分别按本规范表 9.1.6-1 及表 9.1.6-2 采用。

9.7 受拉构件正截面加固计算

9.7.1 当采用外贴纤维复合材加固钢筋混凝土受拉构件（如水塔、水池等环形或其他封闭形结构）时，应按原构件纵向受拉钢筋的配置方式，将纤维织物粘贴于相应位置的混凝土表面上，且纤维方向应与构件受拉方向一致，并处理好围拢部位的搭接和锚固。

9.7.2 轴心受拉构件的加固，其正截面承载力应按下式确定：

$$N \leqslant f_{y0}A_{s0} + f_f A_f \tag{9.7.2}$$

式中 N——轴向拉力设计值；

f_f——纤维复合材抗拉强度设计值，应根据其品种，分别按本规范表 9.1.6-1 及表 9.1.6-2 的规定采用；

9.7.3 矩形截面大偏心受拉构件的加固，其正截面承载力应符合下列规定：

$$N \leqslant f_{y0}A_{s0} + f_f A_f - \alpha_1 f_{c0}bx - f'_{y0}A'_{s0} \tag{9.7.3-1}$$

$$Ne \leqslant \alpha_1 f_{c0}bx\left(h_0 - \frac{x}{2}\right) + f'_{y0}A'_{s0}(h_0 - a'_s) + f_f A_f(h - h_0) \tag{9.7.3-2}$$

式中 N——轴向拉力设计值；

e——轴向拉力作用点至纵向受拉钢筋合力点的距离；

f_f——纤维复合材抗拉强度设计值，应根据其品种，分别按本规范表 9.1.6-1 及表 9.1.6-2 采用。

9.8 提高柱的延性的加固计算

9.8.1 钢筋混凝土柱因延性不足而进行抗震加固时，可采用环向粘贴纤维复合材构成的环向围束作为附加箍筋。

9.8.2 当采用环向围束作为附加箍筋时，应按下列公式计算柱箍筋加密区加固后的箍筋体积配筋率 ρ_v，且应满足现行国家标准《混凝土结构设计规范》GB 50010 规定的要求。

$$\rho_v = \rho_{v,e} + \rho_{v,f} \tag{9.8.2-1}$$

$$\rho_{v,f} = k_c \rho_f \frac{b_f f_f}{s_f f_{yv0}} \tag{9.8.2-2}$$

式中 $\rho_{v,e}$——被加固柱原有箍筋的体积配筋率；当需重新复核时，应按箍筋范围内的核心截面进行计算；

$\rho_{v,f}$——环向围束作为附加箍筋算得的箍筋体积配筋率的增量；

ρ_f——环向围束体积比，按本规范第 9.4.4 条计算；

k_c——环向围束的有效约束系数，圆形截面，$k_c = 0.90$；正方形截面，$k_c = 0.66$；矩形截面，$k_c = 0.42$；

b_f——环向围束纤维条带的宽度；

s_f——环向围束纤维条带的中心间距；

f_f——环向围束纤维复合材的抗拉强度设计值，应根据其品种，分别按本规范表 9.1.6-1 及表 9.1.6-2 采用；

f_{yv0}——原箍筋抗拉强度设计值。

9.9 构 造 规 定

9.9.1 对钢筋混凝土受弯构件正弯矩区进行正截面加固时，其受拉面沿轴向粘贴的纤维复合材应延伸至支座边缘，且应在纤维复合材的端部（包括截断处）及集中荷载作用点的两侧，设置纤维复合材的U形箍（对梁）或横向压条（对板）。

9.9.2 当纤维复合材延伸至支座边缘仍不满足本规范第9.2.5条延伸长度的要求时，应采取下列锚固措施：

  1 对梁，应在延伸长度范围内均匀设置U形箍锚固（图9.9.2a），并应在延伸长度端部设置一道。U形箍的粘贴高度应为梁的截面高度，若梁有翼缘或有现浇楼板，应伸至其底面。U形箍的宽度，对端箍不应小于加固纤维复合材宽度的2/3，且不应小于200mm；对中间箍不应小于加固纤维复合材宽度的1/2，且不应小于100mm。U形箍的厚度不应小于受弯加固纤维复合材厚度的1/2。

  2 对板，应在延伸长度范围内通长设置垂直于受力纤维方向的压条（图9.9.2b）。压条应在延伸长度范围内均匀布置。压条的宽度不应小于受弯加固纤维复合材条带宽度的3/5，压条的厚度不应小于受弯加固纤维复合材厚度的1/2。

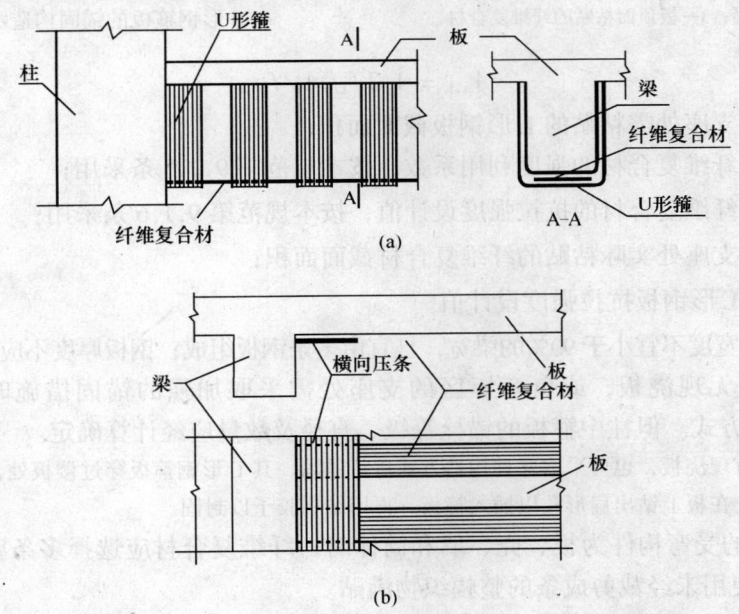

图9.9.2 梁、板粘贴纤维复合材端部锚固措施
(a) U形箍（未画压条）；(b) 横向压条

9.9.3 当采用纤维复合材对受弯构件负弯矩区进行正截面承载力加固时，应采取下列构造措施：

  1 支座处无障碍时，纤维复合材应在负弯矩包络图范围内连续粘贴；其延伸长度的截断点应位于正弯矩区，且距正负弯矩转换点不应小于1m。

  2 支座处虽有障碍，但梁上有现浇板，且允许绕过柱位时，宜在梁侧4倍板厚 h_b 范围内，将纤维复合材粘贴于板面上（图9.9.3-1）。

3 在框架顶层梁柱的端节点处，纤维复合材只能贴至柱边缘而无法延伸时，应粘贴L形钢板和U形钢箍板进行锚固（图9.9.3-2），L形钢板的总截面面积应按下式进行计算：

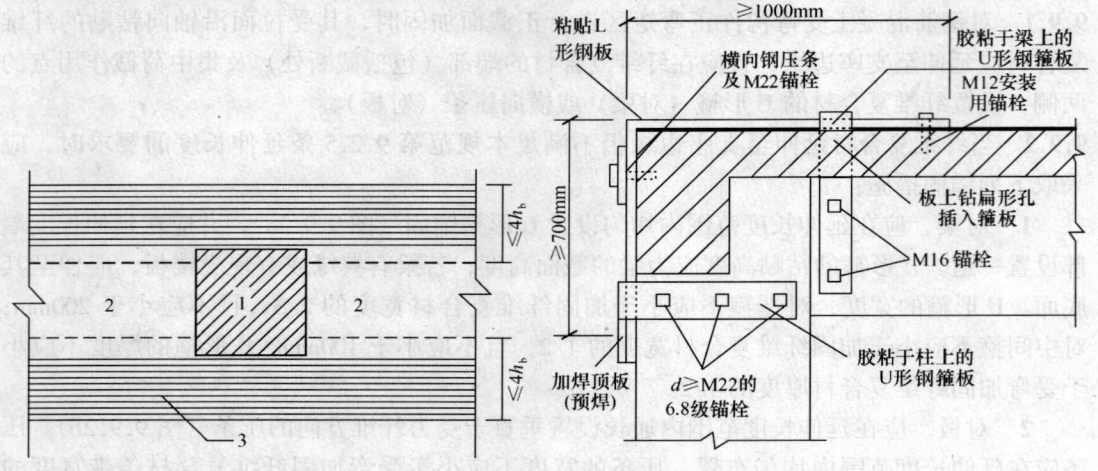

图9.9.3-1 绕过柱位粘贴纤维复合材
1—柱；2—梁；3—板顶面粘贴的纤维复合材

图9.9.3-2 柱顶加贴L形钢板及U形钢箍板的锚固构造示例

$$A_{a,1} = 1.2\psi_f f_f A_f / f_y \tag{9.9.3}$$

式中 $A_{a,1}$——支座处需粘贴的L形钢板截面面积；

ψ_f——纤维复合材的强度利用系数，按本规范第9.2.3条采用；

f_f——纤维复合材的抗拉强度设计值，按本规范第9.1.6条采用；

A_f——支座处实际粘贴的纤维复合材截面面积；

f_y——L形钢板抗拉强度设计值。

L形钢板总宽度不宜小于90%的梁宽，且宜由多条钢板组成；钢板厚度不应小于3mm。

4 当梁上无现浇板，或负弯矩区的支座处需采取加强的锚固措施时，可采取图9.9.3-3的构造方式。但柱中箍板的锚栓等级、直径及数量应经计算确定。

注：若梁上有现浇板，也可采取这种构造方式进行锚固，其U形钢箍板穿过楼板处，应采用半重叠钻孔法，在板上钻出扁形孔以插入箍板，再用结构胶予以封固。

9.9.4 当加固的受弯构件为板、壳、墙和筒体时，纤维复合材应选择多条密布的方式进行粘贴，不得使用未经裁剪成条的整幅织物满贴。

9.9.5 当受弯构件粘贴的多层纤维织物允许截断时，相邻两层纤维织物宜按内短外长的原则分层截断；外层纤维织物的截断点宜越过内层截断点200mm以上，并应在截断点加设U形箍。

9.9.6 当采用纤维复合材对钢筋混凝土梁或柱的斜截面承载力进行加固时，其构造应符合下列规定：

1 宜选用环形箍或加锚的U形箍；当仅按构造需要设箍时，也可采用一般U形箍。

2 U形箍的纤维受力方向应与构件轴向垂直。

3 当环形箍或U形箍采用纤维复合材条带时，其净间距 $s_{f,n}$（图9.9.6）不应大于现行国家标准《混凝土结构设计规范》GB 50010规定的最大箍筋间距的0.7倍，且不应大于

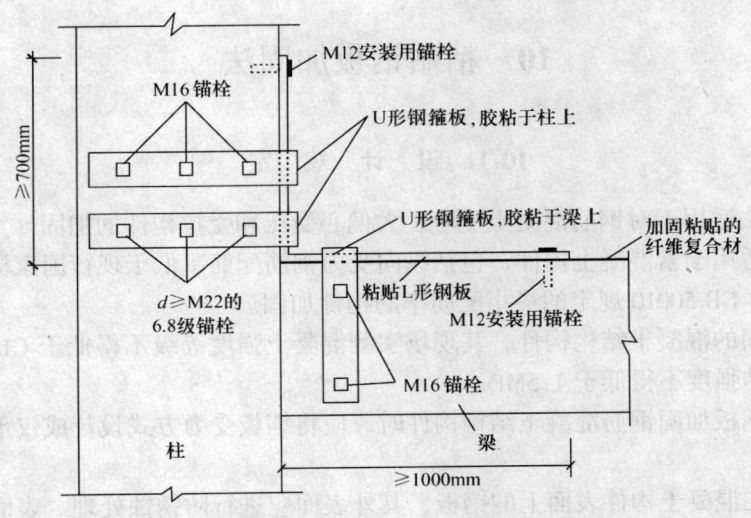

图9.9.3-3 柱中部加贴L形钢板
及U形钢箍板的锚固构造示例

梁高的0.25倍。

4 U形箍的粘贴高度应符合本规范第9.9.2条的要求；U形箍的上端应粘贴纵向压条予以锚固。

5 当梁的高度h≥600mm时，应在梁的腰部增设一道纵向腰压带（图9.9.6）。

9.9.7 当采用纤维复合材的环向围束对钢筋混凝土柱进行正截面加固或提高延性的抗震加固时，其构造应符合下列规定：

1 环向围束的纤维织物层数，对圆形截面不应少于2层，对正方形和矩形截面柱不应少于3层；

2 环向围束上下层之间的搭接宽度不应小于50mm，纤维织物环向截断点的延伸长度不应小于200mm，且各条带搭接位置应相互错开。

9.9.8 当沿柱轴向粘贴纤维复合材对大偏心受压柱进行正截面承载力加固时，除应按受弯构件正截面和斜截面加固构造的原则粘贴纤维复合材外，尚应在柱的两端增设机械锚固措施。

9.9.9 当采用环形箍、U形箍或环向围束加固正方形和矩形截面构件时，其截面棱角应在粘贴前通过打磨加以圆化（图9.9.9）。梁的圆化半径r，对碳纤维不应小于20mm，对玻璃纤维不应小于15mm；柱的圆化半径，对碳纤维不应小于25mm，对玻璃纤维不应小于20mm。

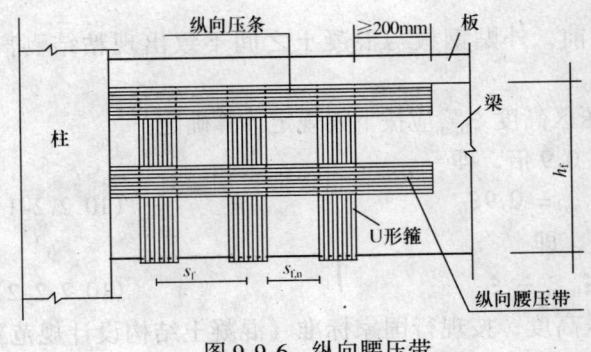

图9.9.6 纵向腰压带

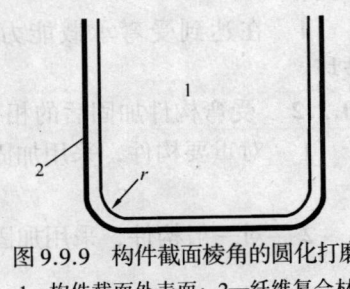

图9.9.9 构件截面棱角的圆化打磨
1—构件截面外表面；2—纤维复合材
r—棱角圆化半径

10 粘贴钢板加固法

10.1 设计规定

10.1.1 本方法适用于对钢筋混凝土受弯、大偏心受压和受拉构件的加固。

本方法不适用于素混凝土构件，包括纵向受力钢筋配筋率低于现行国家标准《混凝土结构设计规范》GB 50010 规定的最小配筋率的构件加固。

10.1.2 被加固的混凝土结构构件，其现场实测混凝土强度等级不得低于 C15，且混凝土表面的正拉粘结强度不得低于 1.5MPa。

10.1.3 粘贴钢板加固钢筋混凝土结构构件时，应将钢板受力方式设计成仅承受轴向应力作用。

10.1.4 粘贴在混凝土构件表面上的钢板，其外表面应进行防锈蚀处理。表面防锈蚀材料对钢板及胶粘剂应无害。

10.1.5 采用本规范规定的胶粘剂粘贴钢板加固混凝土结构时，其长期使用的环境温度不应高于 60℃；处于特殊环境（如高温、高湿、介质侵蚀、放射等）的混凝土结构采用本方法加固时，除应按国家现行有关标准的规定采取相应的防护措施外，尚应采用耐环境因素作用的胶粘剂，并按专门的工艺要求进行粘贴。

10.1.6 当被加固构件的表面有防火要求时，应按现行国家标准《建筑防火设计规范》GB 50016 规定的耐火等级及耐火极限要求，对胶粘剂和钢板进行防护。

10.1.7 采用粘贴钢板对钢筋混凝土结构进行加固时，应采取措施卸除或大部分卸除作用在结构上的活荷载。

10.2 受弯构件正截面加固计算

10.2.1 采用粘贴钢板对梁、板等受弯构件进行加固时，除应遵守现行国家标准《混凝土结构设计规范》GB 50010 正截面承载力计算的基本假定外，尚应遵守下列规定：

1 构件达到受弯承载能力极限状态时，外贴钢板的拉应变 ε_{sp} 应按截面应变保持平面的假设确定；

2 钢板应力 σ_p 取等于拉应变 ε_{sp} 与弹性模量 E_{sp} 的乘积；

3 当考虑二次受力影响时，应按构件加固前的初始受力情况，确定粘贴钢板的滞后应变；

4 在达到受弯承载能力极限状态前，外贴钢板与混凝土之间不致出现粘结剥离破坏。

10.2.2 受弯构件加固后的相对界限受压区高度 $\xi_{b,sp}$ 应按下列规定计算确定：

1 对重要构件，采用加固前控制值 0.9 倍，即

$$\xi_{b,sp} = 0.9\xi_b \tag{10.2.2-1}$$

2 对一般构件，采用加固前控制值，即

$$\xi_{b,sp} = \xi_b \tag{10.2.2-2}$$

式中 ξ_b——构件加固前的相对界限受压高度，按现行国家标准《混凝土结构设计规范》

GB 50010 的规定计算。

10.2.3 在矩形截面受弯构件的受拉面和受压面粘贴钢板进行加固时，其正截面承载力应符合下列规定：

$$M \leqslant \alpha_1 f_{c0} bx \left(h - \frac{x}{2} \right) + f'_{y0} A'_{s0} (h - a')$$
$$+ f'_{sp} A'_{sp} h - f_{y0} A_{s0} (h - h_0) \tag{10.2.3-1}$$

$$\alpha_1 f_{c0} bx = \psi_{sp} f_{sp} A_{sp} + f_{y0} A_{s0} - f'_{y0} A'_{s0} - f'_{sp} A'_{sp} \tag{10.2.3-2}$$

$$\psi_{sp} = \frac{(0.8\varepsilon_{cu} h/x) - \varepsilon_{cu} - \varepsilon_{sp,0}}{f_{sp}/E_{sp}} \tag{10.2.3-3}$$

$$x \geqslant 2a' \tag{10.2.3-4}$$

式中 M——构件加固后弯矩设计值；

x——等效矩形应力图形的混凝土受压区高度，简称混凝土受压区高度；

b、h——矩形截面宽度和高度；

f_{sp}、f'_{sp}——加固钢板的抗拉、抗压强度设计值；

A_{sp}、A'_{sp}——受拉钢板和受压钢板的截面面积；

a'——纵向受压钢筋合力点至截面近边的距离；

h_0——构件加固前的截面有效高度；

ψ_{sp}——考虑二次受力影响时，受拉钢板抗拉强度有可能达不到设计值而引用的折减系数；当 $\psi_{sp} > 1.0$ 时，取 $\psi_{sp} = 1.0$；

ε_{cu}——混凝土极限压应变，取 $\varepsilon_{cu} = 0.0033$；

$\varepsilon_{sp,0}$——考虑二次受力影响时，受拉钢板的滞后应变，应按本规范第10.2.6条的规定计算；若不考虑二次受力影响，取 $\varepsilon_{sp,0} = 0$。

若受压面没有粘贴钢板（即 $A'_{sp} = 0$），可根据式10.2.3-1计算出混凝土受压区的高度 x，按式10.2.3-3计算出强度折减系数 ψ_{sp}，然后代入式10.2.3-2，求出受拉面应粘贴的钢板加固量 A_{sp}。

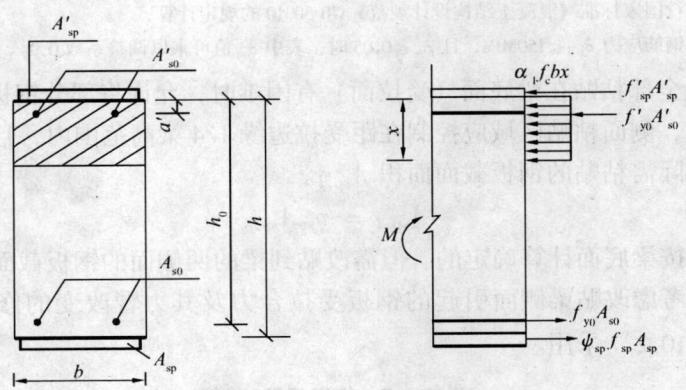

图10.2.3 矩形截面正截面受弯承载力计算

10.2.4 对受弯构件正弯矩区的正截面加固，受拉钢板的截断位置距其充分利用截面的距离不应小于按下式确定的粘贴延伸长度：

$$l_{sp} = f_{sp}t_{sp}/f_{bd} \geqslant 170t_{sp} \tag{10.2.4}$$

式中 l_{sp}——受拉钢板粘贴延伸长度（mm）；

t_{sp}——粘贴的钢板总厚度（mm）；

f_{sp}——加固钢板的抗拉强度设计值；

f_{bd}——钢板与混凝土之间的粘结强度设计值（MPa），按表10.2.4采用。

对受弯构件负弯矩区的正截面加固，钢板的截断位置距支座边缘的距离，除应根据负弯矩包络图按上式确定外，尚宜按本规范第9.9.3条的构造规定进行设计。

表10.2.4 钢板与混凝土之间的粘结强度设计值 f_{bd}（MPa）

混凝土强度等级	C15	C20	C25	C30	C35	C40	C45	C50	≥C60
粘结强度设计值 f_{bd}	0.61	0.80	0.94	1.05	1.14	1.21	1.26	1.31	1.35

注：若为已开裂受弯构件加固，f_{bd}值尚应乘以0.83的降低系数。

10.2.5 对翼缘位于受压区的T形截面受弯构件的受拉面粘贴钢板进行受弯加固时，应按本规范第10.2.1条至第10.2.3条的原则和现行国家标准《混凝土结构设计规范》GB 50010中关于T形截面受弯承载力的计算方法进行计算。

10.2.6 当考虑二次受力影响时，加固钢板的滞后应变 $\varepsilon_{sp,0}$ 应按下式计算：

$$\varepsilon_{sp,0} = \frac{\alpha_{sp}M_{0k}}{E_s A_s h_0} \tag{10.2.6}$$

式中 M_{0k}——加固前受弯构件验算截面上作用的弯矩标准值；

α_{sp}——综合考虑受弯构件裂缝截面内力臂变化、钢筋拉应变不均匀以及钢筋排列影响的计算系数，按表10.2.6的规定采用。

表10.2.6 计算系数 α_{sp} 值

ρ_{te}	≤0.007	0.010	0.020	0.030	0.040	≥0.060
单排钢筋	0.70	0.90	1.15	1.20	1.25	1.30
双排钢筋	0.75	1.00	1.25	1.30	1.35	1.40

注：1. 表中 ρ_{te} 为原有混凝土有效受拉截面的纵向受拉钢筋配筋率，即 $\rho_{te} = A_s/A_{te}$；A_{te} 为有效受拉混凝土截面面积，按现行国家标准《混凝土结构设计规范》GB 50010的规定计算；

2. 当原构件钢筋应力 $\sigma_{s0} \leqslant 150$MPa，且 $\rho_{te} \leqslant 0.05$ 时，表中 α_{sp} 值可乘以调整系数0.9。

10.2.7 当钢板全部粘贴在梁底面（受拉面）有困难时，允许将部分钢板对称地粘贴在梁的两侧面。此时，侧面粘贴区域应控制在距受拉边缘1/4梁高范围内，且应按下式计算确定梁的两侧面实际需粘贴的钢板截面面积 $A_{sp,l}$。

$$A_{sp,l} = \eta_{sp}A_{sp,b} \tag{10.2.7}$$

式中 $A_{sp,b}$——按梁底面计算确定的、但需改贴到梁的两侧面的钢板截面面积；

η_{sp}——考虑改贴梁侧面引起的钢板受拉合力及其力臂改变的修正系数，应按表10.2.7采用。

表10.2.7 修正系数 η_{sp} 值

h_{sp}/h	0.05	0.10	0.15	0.20	0.25
η_{sp}	1.11	1.23	1.37	1.54	1.75

注：表中 h_{sp} 为从梁受拉边缘算起的侧面粘贴高度；h 为梁截面高度。

10.2.8 钢筋混凝土结构构件加固后，其正截面受弯承载力的提高幅度，不应超过40%，并且应验算其受剪承载力，避免受弯承载力提高后而导致构件受剪破坏先于受弯破坏。

10.2.9 粘贴钢板的加固量，对受拉区和受压区，分别不应超过3层和2层，且钢板总厚度不应大于10mm。

10.3 受弯构件斜截面加固计算

10.3.1 采用扁钢条带对受弯构件的斜截面受剪承载力进行加固时，应粘贴成垂直于构件轴线方向的加锚封闭箍或其他有效的U形箍（图10.3.1）。

注：扁钢也可用钢板替代，但切割的边缘应加工平整。

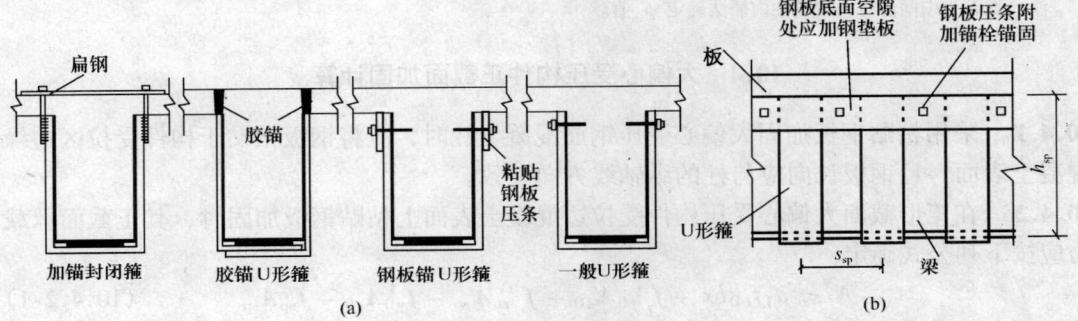

图 10.3.1 扁钢抗剪箍及其粘贴方式
(a) 构造方式；(b) U形箍加纵向钢板压条

10.3.2 受弯构件加固后的斜截面应符合下列条件：

当 $h_w/b \leq 4$ 时

$$V \leq 0.25\beta_c f_{c0} bh_0 \quad (10.3.2\text{-}1)$$

当 $h_w/b \geq 6$ 时

$$V \leq 0.20\beta_c f_{c0} bh_0 \quad (10.3.2\text{-}2)$$

当 $4 < h_w/b < 6$ 时，按线性内插法确定。

式中 V——构件斜截面加固后的剪力设计值；

b——矩形截面的宽度；T形或I形截面的腹板宽度；

h_w——截面的腹板高度：对矩形截面，取有效高度；对T形截面，取有效高度减去翼缘高度；对I形截面，取腹板净高。

10.3.3 采用加锚封闭箍或其他U形箍对钢筋混凝土梁进行抗剪加固时，其斜截面承载力应符合下列规定：

$$V \leq V_{b0} + V_{b,sp} \quad (10.3.3\text{-}1)$$

$$V_{b,sp} = \psi_{vb} f_{sp} A_{sp} h_{sp}/s_{sp} \quad (10.3.3\text{-}2)$$

式中 V_{b0}——加固前梁的斜截面承载力，按现行国家标准《混凝土结构设计规范》GB 50010计算；

$V_{b,sp}$——粘贴钢板加固后，对梁斜截面承载力的提高值；

ψ_{vb}——与钢板的粘贴方式及受力条件有关的抗剪强度折减系数，按表10.3.3采用；

A_{sp}——配置在同一截面处箍板的全部截面面积：$A_{sp}=2b_{sp}t_{sp}$，此处：b_{sp}和t_{sp}分别为箍板宽度和箍板厚度；

h_{sp}——梁侧面粘贴箍板的竖向高度；

s_{sp}——箍板的间距（图 10.3.1b）。

表 10.3.3 抗剪强度折减系数 ψ_{vb} 值

箍板构造		加锚封闭箍	胶锚或钢板锚 U 形箍	一般 U 形箍
受力条件	均布荷载或剪跨比 $\lambda\geqslant 3$	1.0	0.92	0.85
	剪跨比 $\lambda\leqslant 1.5$	0.68	0.63	0.58

注：当 λ 为中间值时，按线性内插法确定 ψ_{vb} 值。

10.4 大偏心受压构件正截面加固计算

10.4.1 采用粘贴钢板加固大偏心受压钢筋混凝土柱时，应将钢板粘贴于构件受拉区边缘混凝土表面，且钢板长向应与柱的纵轴线方向一致。

10.4.2 在矩形截面大偏心受压构件受拉边混凝土表面上粘贴钢板加固时，其正截面承载力应按下列公式确定：

$$N \leqslant \alpha_1 f_{c0}bx + f'_{y0}A'_{s0} + f'_{sp}A'_{sp} - f_{y0}A_{s0} - f_{sp}A_{sp} \quad (10.4.2-1)$$

$$Ne \leqslant \alpha_1 f_{c0}bx\left(h_0 - \frac{x}{2}\right) + f'_{y0}A'_{s0}(h_0 - a') + f'_{sp}A'_{sp}h_0 + f_{sp}A_{sp}(h - h_0) \quad (10.4.2-2)$$

$$e = \eta e_i + \frac{h}{2} - a \quad (10.4.2-3)$$

$$e_i = e_0 + e_a \quad (10.4.2-4)$$

式中 N——轴向拉力设计值；

e——轴向拉力作用点至纵向受拉钢筋合力点的距离；

η——偏心受压构件考虑二阶弯矩影响的轴向压力偏心距增大系数，除应按现行国家标准《混凝土结构设计规范》GB 50010 的规定计算外，尚应乘以本规范第 5.4.3 条规定的修正系数 ψ_η；

e_i——初始偏心距；

e_0——轴向压力对截面重心的偏心距：$e_0 = M/N$；

e_a——附加偏心距，按偏心方向截面最大尺寸 h 确定；当 $h\leqslant 600$mm 时，$e_a = 20$mm；当 $h > 600$mm 时，$e_a = h/30$；

a、a'——纵向受拉钢筋合力点、纵向受压钢筋合力点至截面近边的距离；

f_{sp}、f'_{sp}——加固钢板的抗拉、抗压强度设计值。

10.5 受拉构件正截面加固计算

10.5.1 采用外贴钢板加固钢筋混凝土受拉构件（如贮仓、水池等）时，应按原构件纵向受拉钢筋的配置方式，将钢板粘贴于相应位置的混凝土表面上，且应处理好拐角部位的连接构造及其锚固。

10.5.2 轴心受拉构件的加固，其正截面承载力应按下式确定：

$$N \leqslant f_{y0}A_{s0} + f_{sp}A_{sp} \quad (10.5.2)$$

式中 N——轴向拉力设计值；

f_{sp}——加固钢板的抗拉强度设计值。

10.5.3 矩形截面大偏心受拉构件的加固，其正截面承载力应符合下列规定：

$$N \leqslant f_{y0}A_{s0} + f_{sp}A_{sp} - \alpha_1 f_{c0}bx - f'_{y0}A'_{s0} \quad (10.5.3\text{-}1)$$

$$Ne \leqslant \alpha_1 f_{c0}bx\left(h_0 - \frac{x}{2}\right) + f'_{y0}A'_{s0}(h_0 - a')$$
$$+ f_{sp}A_{sp}(h - h_0) \quad (10.5.3\text{-}2)$$

式中 N——轴向拉力设计值；

e——轴向拉力作用点至纵向受拉钢筋合力点的距离。

10.6 构 造 规 定

10.6.1 采用手工涂胶时，钢板宜裁成多条粘贴，且钢板厚度不应大于 5mm。采用压力注胶粘结的钢板厚度不应大于 10mm，且应按外粘型钢加固法的焊接节点构造进行设计、计算。

10.6.2 对钢筋混凝土受弯构件进行正截面加固时，其受拉面沿构件轴向连续粘贴的加固钢板宜延长至支座边缘，且应在钢板的端部（包括截断处）及集中荷载作用点的两侧，设置U形钢箍板（对梁）或横向钢压条（对板）进行锚固。

10.6.3 当粘贴的钢板延伸至支座边缘仍不满足本规范第10.2.4条延伸长度的要求时，应采取下列锚固措施：

1 对梁，应在延伸长度范围内均匀设置U形箍（图10.6.3），且应在延伸长度的端部设置一道加强箍。U形箍的粘贴高度应为梁的截面高度；若梁有翼缘（或有现浇楼板），应伸至其底面。U形箍的宽度，对端箍不应小于加固钢板宽度的2/3,且不应小于80mm；对中间箍不应小于加固钢板宽度的1/2，且不应小于40mm。U形箍的厚度不应小于受弯加固钢板厚度的1/2，且不应小于4mm。U形箍的上端应设置纵向钢压条；压条下面的空隙应加胶粘钢垫块填平。

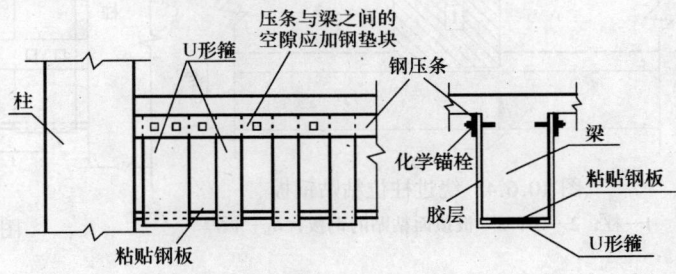

图 10.6.3 梁粘贴钢板端部锚固措施

2 对板，应在延伸长度范围内通长设置垂直于受力钢板方向的钢压条。钢压条应在延伸长度范围内均匀布置，且应在延伸长度的端部设置一道。压条的宽度不应小于受弯加固钢板宽度的3/5，钢压条的厚度不应小于受弯加固钢板厚度的1/2。

10.6.4 当采用钢板对受弯构件负弯矩区进行正截面承载力加固时，应采取下列构造措施：

1 支座处无障碍时，钢板应在负弯矩包络图范围内连续粘贴；其延伸长度的截断点应按本规范第10.2.4条的原则确定。在端支座无法延伸的一侧，尚应按本规范图9.9.3-2或图9.9.3-3的构造方式进行锚固处理。

2 支座处虽有障碍，但梁上有现浇板时，允许绕过柱位，在梁侧4倍板厚 h_b 范围内，将钢板粘贴于板面上（图 10.6.4）。

3 当梁上无现浇板，或负弯矩区的支座处需采取加强的锚固措施时，可按本规范图 9.9.3-3 的构造方式进行锚固处理。

10.6.5 当加固的受弯构件需粘贴不止一层钢板时，相邻两层钢板的截断位置应错开不小于 300mm，并应在截断处加设 U 形箍（对梁）或横向压条（对板）进行锚固。

10.6.6 当采用粘贴钢板箍对钢筋混凝土梁或大偏心受压构件的斜截面承载力进行加固时，其构造应符合下列规定：

1 宜选用封闭箍或加锚的 U 形箍；若仅按构造需要设箍，也可采用一般 U 形箍。

2 受力方向应与构件轴向垂直。

3 封闭箍及 U 形箍的净间距 $s_{sp,n}$ 不应大于现行国家标准《混凝土结构设计规范》GB 50010 规定的最大箍筋间距的 0.7 倍，且不应大于梁高的 0.25 倍。

4 箍板的粘贴高度应符合本规范第 10.6.3 条的要求；一般 U 形箍的上端应粘贴纵向钢压条予以锚固。钢压条下面的空隙应加胶粘钢垫板填平。

5 当梁的截面高度（或腹板高度）$h \geq 600$mm 时，应在梁的腰部增设一道纵向腰间钢压条（图 10.6.6）。

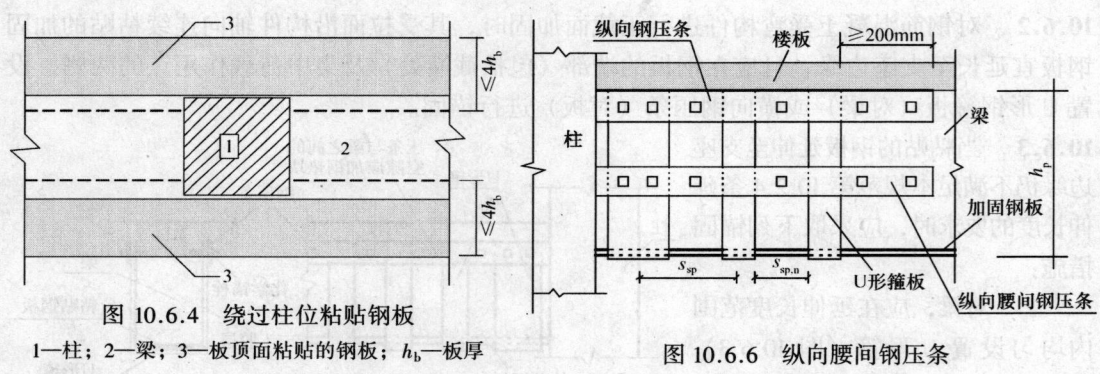

图 10.6.4 绕过柱位粘贴钢板
1—柱；2—梁；3—板顶面粘贴的钢板；h_b—板厚

图 10.6.6 纵向腰间钢压条

11 增设支点加固法

11.1 设 计 规 定

11.1.1 本方法适用于梁、板、桁架、网架等结构的加固。

11.1.2 本方法按支承结构受力性能的不同可分为刚性支点加固法和弹性支点加固法两种。设计时，应根据被加固结构的构造特点和工作条件选用其中一种。

11.1.3 设计支承结构或构件时，宜采用有预加力的方案。预加力的大小，应以支点处被支顶构件表面不出现裂缝和不增设附加钢筋为度。

11.1.4 制作支承结构和构件的材料，应根据被加固结构所处的环境及使用要求确定。当在高湿度或高温环境中使用钢构件及其连接时，应采用有效的防锈、隔热措施。

11.2 加 固 计 算

11.2.1 采用刚性支点加固梁、板时，其结构计算应按下列步骤进行：

1 计算并绘制原梁的内力图；
2 初步确定预加力（卸荷值），并绘制在支承点预加力作用下梁的内力图；
3 绘制加固后梁在新增荷载作用下的内力图；
4 将上述内力图叠加，绘出梁各截面内力包络图；
5 计算梁各截面实际承载力；
6 调整预加力值，使梁各截面最大内力值小于截面实际承载力；
7 根据最大的支点反力，设计支承结构及其基础。

11.2.2 采用弹性支点加固梁时，应先计算出所需支点弹性反力的大小，然后根据此力确定支承结构所需的刚度，具体步骤如下：
1 计算并绘制原梁的内力图；
2 绘制原梁在新增荷载下的内力图；
3 确定原梁所需的预加力（卸荷值），并由此求出相应的弹性支点反力值 R；
4 根据所需的弹性支点反力 R 及支承结构类型，计算支承结构所需的刚度；
5 根据所需的刚度确定支承结构截面尺寸，并验算其地基基础。

11.3 构造规定

11.3.1 采用增设支点加固法新增的支柱、支撑，其上端应与被加固的梁可靠连接。
1 湿式连接：
当采用钢筋混凝土支柱、支撑为支承结构时，可采用钢筋混凝土套箍湿式连接（图11.3.1a）；被连接部位梁的混凝土保护层应全部凿掉，露出箍筋；起连接作用的钢筋箍可做成Π形；也可做成Γ形，但应卡住整个梁截面，并与支柱或支撑中的受力筋焊接。钢

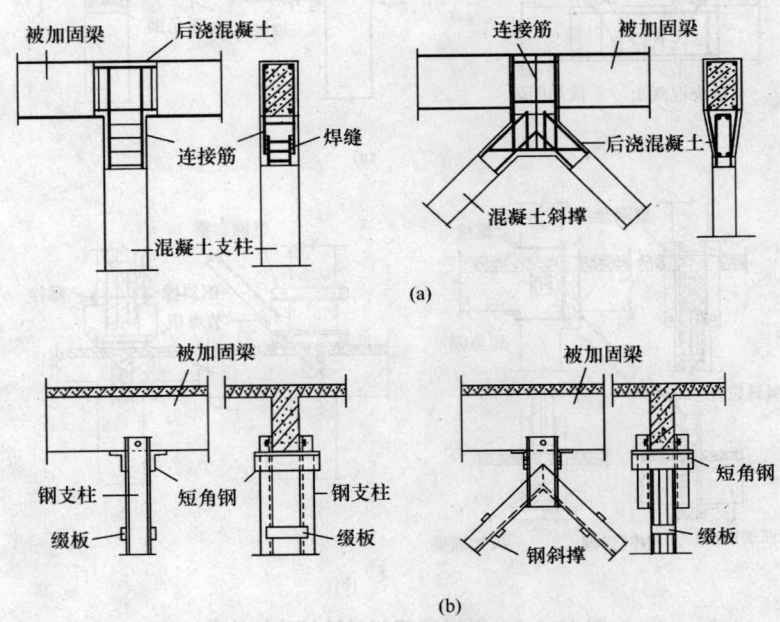

图 11.3.1 支柱、支撑上端与原结构的连接构造
(a) 钢筋混凝土套箍湿式连接；(b) 型钢套箍干式连接

筋箍的直径应由计算确定，且不应少于 2 根直径为 12mm 的钢筋。节点处后浇混凝土的强度等级，不应低于 C25。

2 干式连接：

当采用型钢支柱、支撑为支承结构时，可采用型钢套箍干式连接（图 11.3.1b）。

11.3.2 增设支点加固法新增的支柱、支撑，其下端连接，若直接支承于基础，可按一般地基基础构造进行处理；若斜撑底部以梁、柱为支承时，可采用以下构造：

1 对钢筋混凝土支撑，可采用湿式钢筋混凝土围套连接（图 11.3.2a）。对受拉支撑，其受拉主筋应绕过上、下梁（柱），并采用焊接。

2 对钢支撑，可采用型钢套箍干式连接（图 11.3.2b）。

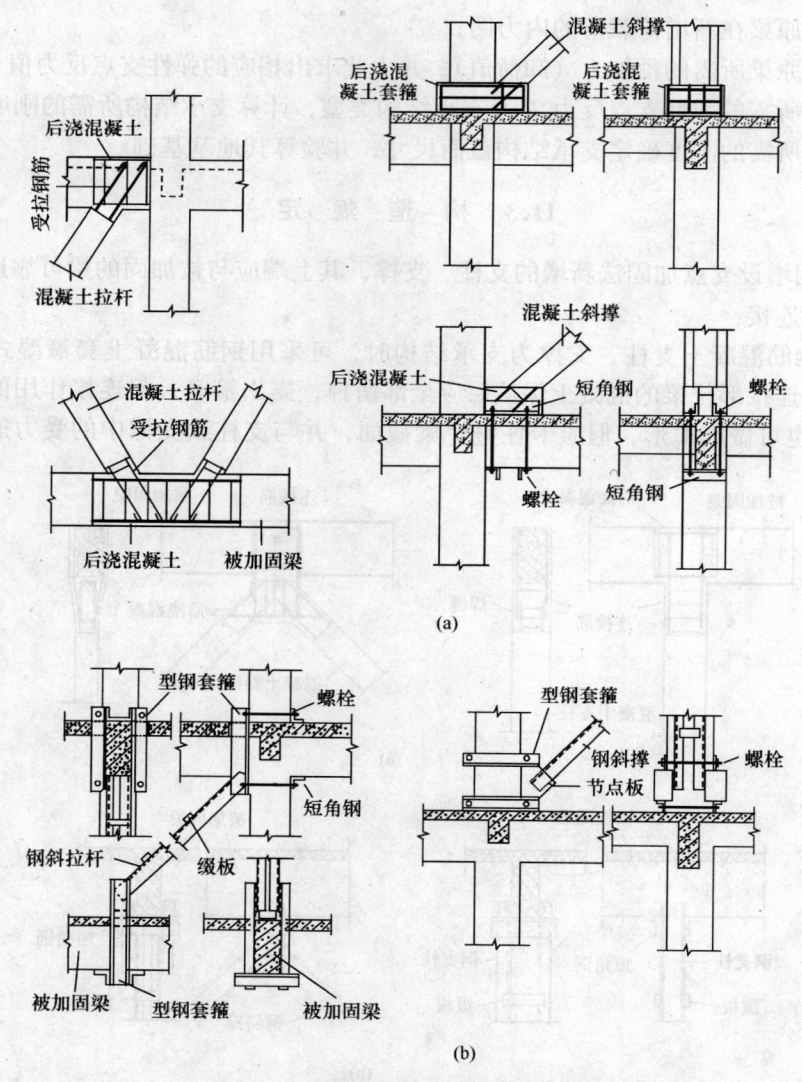

图 11.3.2 斜撑底部与梁柱的连接构造
(a) 钢筋混凝土围套湿式连接；(b) 型钢套箍干式连接

12 植 筋 技 术

12.1 设 计 规 定

12.1.1 本章适用于钢筋混凝土结构构件的锚固；不适用于素混凝土构件，包括纵向受力钢筋配筋率低于最小配筋百分率规定的构件锚固。素混凝土构件及低配筋率构件的植筋应按锚栓进行设计计算。

12.1.2 采用植筋技术时，原构件的混凝土强度等级应符合下列规定：
 1 当新增构件为悬挑结构构件时，其原构件混凝土强度等级不得低于C25；
 2 当新增构件为其他结构构件时，其原构件混凝土强度等级不得低于C20。

12.1.3 采用植筋锚固时，其锚固部位的原构件混凝土不得有局部缺陷。若有局部缺陷，应先进行补强或加固处理后再植筋。

12.1.4 种植用的钢筋，应采用质量和规格符合本规范第4章规定的带肋钢筋。当采用进口带肋钢筋时，除应按现行专门规程检验其性能外，尚应要求其相对肋面积 A_r 符合 $0.055 \leqslant A_r \leqslant 0.08$ 的规定。

12.1.5 植筋用的胶粘剂必须采用改性环氧类或改性乙烯基酯类（包括改性氨基甲酸酯）的胶粘剂。当植筋的直径大于22mm时，应采用A级胶。锚固用胶粘剂的质量和性能应符合本规范第4章的规定。

12.1.6 采用植筋锚固的混凝土结构，其长期使用的环境温度不应高于60℃；处于特殊环境（如高温、高湿、介质腐蚀等）的混凝土结构采用植筋技术时，除应按国家现行有关标准的规定采取相应的防护措施外，尚应采用耐环境因素作用的胶粘剂。

12.2 锚 固 计 算

12.2.1 承重构件的植筋锚固计算应遵守下列规定：
 1 植筋设计应在计算和构造上防止混凝土发生劈裂破坏；
 2 植筋仅承受轴向力，且仅允许按充分利用钢材强度的计算模式进行设计；
 3 植筋胶粘剂的粘结强度设计值应按本章的规定值采用；
 4 地震区的承重结构，其植筋承载力仍按本节的规定进行计算，但其锚固深度设计值应乘以考虑位移延性要求的修正系数。

12.2.2 单根植筋锚固的承载力设计值应符合下列规定：

$$N_t^b = f_y A_s \quad (12.2.2\text{-}1)$$

$$l_d \geqslant \psi_N \psi_{ae} l_s \quad (12.2.2\text{-}2)$$

式中 N_t^b——植筋钢材轴向受拉承载力设计值；
 f_y——植筋用钢筋的抗拉强度设计值；
 A_s——钢筋截面面积；
 l_d——植筋锚固深度设计值；

l_s——植筋的基本锚固深度,按本规范第12.2.3条确定;

ψ_N——考虑各种因素对植筋受拉承载力影响而需加大锚固深度的修正系数,按本规范第12.2.5条确定;

ψ_{ae}——考虑植筋位移延性要求的修正系数;当混凝土强度等级不高于C30时,对6度区及7度区一、二类场地,取 $\psi_{ae}=1.1$;对7度区三、四类场地及8度区,取 $\psi_{ae}=1.25$。当混凝土强度高于C30时,取 $\psi_{ae}=1.0$。

12.2.3 植筋的基本锚固深度 l_s 应按下列公式确定:

$$l_s = 0.2\alpha_{spt} d f_y / f_{bd} \tag{12.2.3}$$

式中 α_{spt}——为防止混凝土劈裂引用的计算系数,按本规范表12.2.3的确定;

d——植筋公称直径;

f_{bd}——植筋用胶粘剂的粘结强度设计值,按本规范表12.2.4的规定值采用。

表12.2.3 考虑混凝土劈裂影响的计算系数 α_{spt}

混凝土保护层厚度 c (mm)		25		30		35	≥40
箍筋设置情况	直径 ϕ (mm)	6	8 或 10	6	8 或 10	≥6	≥6
	间距 s (mm)	在植筋搭接长度范围内,s 不应大于100mm					
植筋直径 d (mm)	≤20	1.0	1.0	1.0	1.0	1.0	1.0
	25	1.1	1.05	1.05	1.0	1.0	1.0
	32	1.25	1.15	1.15	1.1	1.1	1.05

注:当植筋直径介于表列数值之间时,可按线性内插法确定 α_{spt} 值。

12.2.4 植筋用胶粘剂的粘结强度设计值 f_{bd} 应按表12.2.4的规定值采用。

表12.2.4 粘结强度设计值 f_{bd}

胶粘剂等级	构造条件	混凝土强度等级				
		C20	C25	C30	C40	≥C60
A级胶或B级胶	$s_1 \geq 5d$、$s_2 \geq 2.5d$	2.3	2.7	3.4	3.6	4.0
A级胶	$s_1 \geq 6d$;$s_2 \geq 3.0d$	2.3	2.7	3.6	4.0	4.5
	$s_1 \geq 7d$;$s_2 \geq 3.5d$	2.3	2.7	4.0	4.5	5.0

注:1. 当使用表中的 f_{bd} 值时,其构件的混凝土保护层厚度,应不低于现行国家标准《混凝土结构设计规范》GB 50010 的规定值;
2. 表中 s_1 为植筋间距;s_2 为植筋边距;
3. 表中 f_{bd} 值仅适用于带肋钢筋的粘结锚固。

12.2.5 考虑各种因素对植筋受拉承载力影响而需加大锚固深度的修正系数 ψ_N,应按下列公式计算:

$$\psi_N = \psi_{br}\psi_w\psi_T \tag{12.2.5}$$

式中 ψ_{br}——考虑结构构件受力状态对承载力影响的系数:当为悬挑结构构件时,$\psi_{br}=1.5$;当为非悬挑的重要构件接长时,$\psi_{br}=1.15$;当为其他构件时,$\psi_{br}=1.0$;

ψ_w——混凝土孔壁潮湿影响系数,对耐潮湿型胶粘剂,按产品说明书的规定值采

用,但不得低于1.1;

ψ_T——使用环境的温度(T)影响系数,当$T\leqslant60℃$时,取$\psi_T=1.0$;当$60℃<T\leqslant80℃$时,应采用耐中温胶粘剂,并应按产品说明书规定的ψ_T值采用;当$T>80℃$时,应采用耐高温胶粘剂,并应采取有效的隔热措施。

12.2.6 承重结构植筋的锚固深度必须经设计计算确定;严禁按短期拉拔试验值或厂商技术手册的推荐值采用。

12.3 构 造 规 定

12.3.1 当按构造要求植筋时,其最小锚固长度 $l_{\min}$ 应符合下列构造要求:

1 受拉钢筋锚固:max $\{0.3l_s; 10d; 100mm\}$;
2 受压钢筋锚固:max $\{0.6l_s; 10d; 100mm\}$。

注:对悬挑结构、构件尚应乘以 1.5 的修正系数。

12.3.2 当所植钢筋与原钢筋搭接(图 12.3.2)时,其受拉搭接长度 l_l,应根据位于同一连接区段内的钢筋搭接接头面积百分率,按下列公式确定:

$$l_l = \zeta l_d \quad (12.3.2)$$

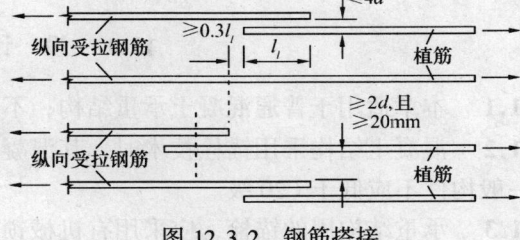

图 12.3.2 钢筋搭接

式中 ζ——受拉钢筋搭接长度修正系数,按表 12.3.2 取值。

表 12.3.2 纵向受拉钢筋搭接长度修正系数

纵向受拉钢筋搭接接头面积百分率(%)	≤25	50	100
ζ 值	1.2	1.4	1.6

注:1. 钢筋搭接接头面积百分率定义按现行国家标准《混凝土结构设计规范》GB 50010的规定采用;
    2. 当实际搭接接头面积百分率介于表列数值之间时,按线性内插法确定 ζ 值;
    3. 对梁类构件,受拉钢筋搭接接头面积百分率不应超过 50%。

12.3.3 当植筋搭接部位的箍筋间距 s 不符合表 12.2.3 的规定时,应进行防劈裂加固。此时,可采用纤维织物复合材的围束作为原构件的附加箍筋进行加固。围束可采用宽度为 150mm,厚度不小于 0.111mm 的条带缠绕而成,缠绕时,围束间应无间隔,且每一围束,其所粘贴的条带不应少于 3 层。对方形截面尚应打磨棱角,打磨的质量应符合本规范第 9.9.9 条的要求。若采用纤维织物复合材的围束有困难,也可剔去原构件混凝土保护层,增设新箍筋(或钢箍板)进行加密(或增强)后再植筋。

12.3.4 新植钢筋与原有钢筋在搭接部位的净间距,应按本规范图 12.3.2 的标示值确定。若净间距超过 $4d$,则搭接长度 l_l 应增加 $2d$,但净间距不得大于 $6d$。

12.3.5 用于植筋的钢筋混凝土构件,其最小厚度 $h_{\min}$ 应符合下列规定:

$$h_{\min} \geqslant l_d + 2D \quad (12.3.5)$$

式中 D——钻孔直径,应按表 12.3.5 确定。

表 12.3.5 植筋直径与对应的钻孔直径设计值

钢筋直径 d (mm)	钻孔直径设计值 D (mm)	钢筋直径 d (mm)	钻孔直径设计值 D (mm)
12	15	22	28
14	18	25	31
16	20	28	35
18	22	32	40
20	25		

12.3.6 植筋时,其钢筋宜先焊后种植;若有困难而必须后焊,其焊点距基材混凝土表面应大于 $15d$,且应采用冰水浸渍的湿毛巾包裹植筋外露部分的根部。

13 锚 栓 技 术

13.1 设 计 规 定

13.1.1 本章适用于普通混凝土承重结构;不适用于轻质混凝土结构及严重风化的结构。

13.1.2 混凝土结构采用锚栓技术时,其混凝土强度等级:对重要构件不应低于C30级;对一般构件不应低于C20级。

13.1.3 承重结构用的锚栓,应采用有机械锁键效应的后扩底锚栓(图13.1.3),也可采

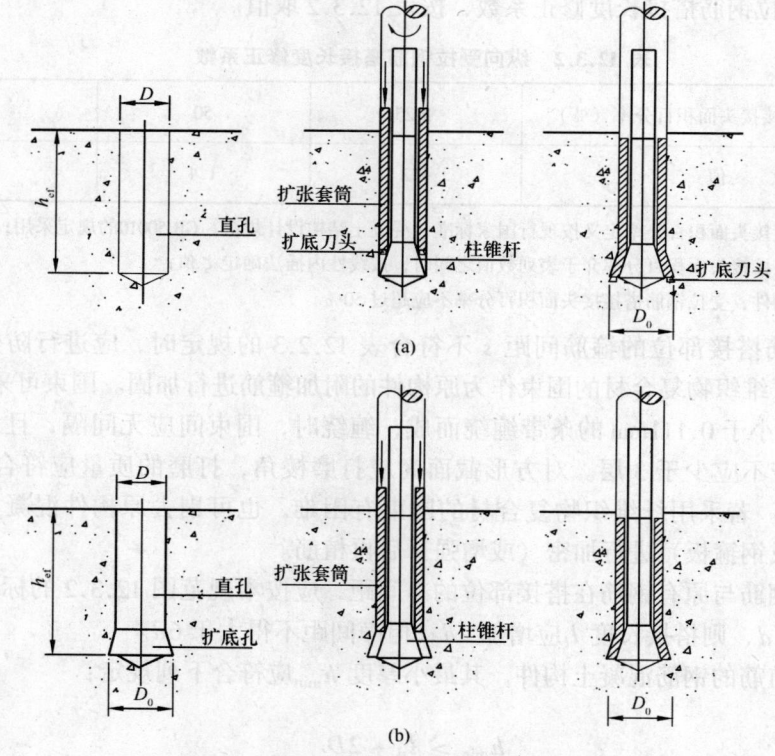

图 13.1.3 后扩底锚栓(D_0为扩底直径)
(a) 自扩底锚栓;(b) 预扩底锚栓

用适应开裂混凝土性能的定型化学锚栓。当采用定型化学锚栓时,其产品说明书标明的有效锚固深度:对承受拉力的锚栓,不得小于 $8.0d_0$(d_0 为锚栓公称直径);对承受剪力的锚栓,不得小于 $6.5d_0$。

当定型化学锚栓产品说明书标明的有效锚固深度大于 $10d_0$ 时,应按植筋的设计规定核算其承载力。

13.1.4 在考虑地震作用的结构中,严禁采用膨胀型锚栓作为承重构件的连接件。

13.1.5 当在地震区承重结构中采用锚栓时,应采用加长型后扩底锚栓,且仅允许用于设防烈度不高于 8 度、建于 Ⅰ、Ⅱ 类场地的建筑物;定型化学锚栓仅允许用于设防烈度不高于 7 度的建筑物。

13.1.6 承重结构锚栓连接的设计计算,应采用开裂混凝土的假定;不得考虑非开裂混凝土对其承载力的提高作用。

13.1.7 锚栓受力分析应符合本规范附录 M 的规定。

13.2 锚栓钢材承载力验算

13.2.1 锚栓钢材的承载力验算,应按锚栓受拉、受剪及同时受拉剪作用等三种受力情况分别进行。

13.2.2 锚栓钢材受拉承载力设计值,应符合下列规定:

$$N_t^a = f_{ud,t} A_s \tag{13.2.2}$$

式中 N_t^a——锚栓钢材受拉承载力设计值;

$f_{ud,t}$——锚栓钢材用于抗拉计算的强度设计值,必须按本规范第 13.2.3 条的规定采用;

A_s——锚栓有效截面面积。

13.2.3 碳钢、合金钢及不锈钢锚栓的钢材强度设计指标必须符合表 13.2.3-1 和表 13.2.3-2 的规定。

表 13.2.3-1 碳钢及合金钢锚栓钢材强度设计指标

性 能 等 级		4.8	5.8	6.8	8.8
锚栓强度设计值(MPa)	用于抗拉计算 $f_{ud,t}$	250	310	370	490
	用于抗剪计算 $f_{ud,v}$	150	180	220	290

注:锚栓受拉弹性模量 E_s 取 2.0×10^5 MPa。

表 13.2.3-2 不锈钢锚栓钢材强度设计指标

性 能 等 级		50	70	80
螺纹直径(mm)		≤32	≤24	≤24
锚栓强度设计值(MPa)	用于抗拉计算 $f_{ud,t}$	175	370	500
	用于抗剪计算 $f_{ud,v}$	105	225	300

13.2.4 锚栓钢材受剪承载力设计值,应区分无杠杆臂和有杠杆臂两种情况(图 13.2.4)进行计算:

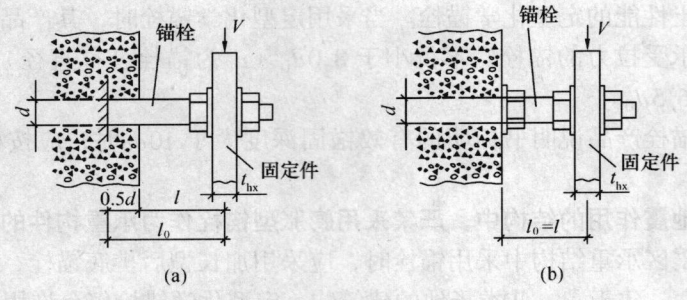

图 13.2.4 锚栓杠杆臂计算长度的确定

1 无杠杆臂受剪

$$V^a = f_{ud,v} A_s \tag{13.2.4-1}$$

2 有杠杆臂受剪

$$V^a = 1.2 W_{el} f_{ud,t} \left(1 - \frac{\sigma}{f_{ud,t}}\right) \frac{\alpha_m}{l_0} \tag{13.2.4-2}$$

式中 V^a——锚栓钢材受剪承载力设计值；

A_s——锚栓的有效截面面积；

W_{el}——锚栓截面抵抗矩；

σ——被验算锚栓承受的轴向拉应力，其值按 N/A_s 确定；符号 N 为轴向拉力；A_s 的意义见 (13.2.2) 式注；

α_m——约束系数，对图 13.2.4 (a) 的情况，取 $\alpha_m = 1$；对图 13.2.4 (b) 的情况，取 $\alpha_m = 2$；

l_0——杠杆臂计算长度；当基材表面有压紧的螺帽时，取 $l_0 = l$；当无压紧螺帽时，取 $l_0 = l + 0.5d$。

13.3 基材混凝土承载力验算

13.3.1 基材混凝土的承载力验算，应考虑三种破坏模式：混凝土呈锥形受拉破坏（图 13.3.1-1）、混凝土边缘呈楔形受剪破坏（图 13.3.1-2）以及同时受拉、剪作用破坏。对混凝土剪撬破坏（图 13.3.1-3）和混凝土劈裂破坏，应通过采取构造措施予以防止，不参与验算。

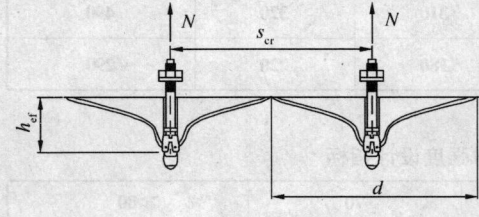

图 13.3.1-1 混凝土呈锥形受拉破坏

13.3.2 基材混凝土的受拉承载力设计值，应按下列公式进行验算：

1 对后扩底锚栓

$$N_t^c = 2.8 \psi_a \psi_N \sqrt{f_{cu,k}} h_{ef}^{1.5} \tag{13.3.2-1}$$

2 对定型化学锚栓

$$N_t^c = 2.4 \psi_b \psi_N \sqrt{f_{cu,k}} h_{ef}^{1.5} \tag{13.3.2-2}$$

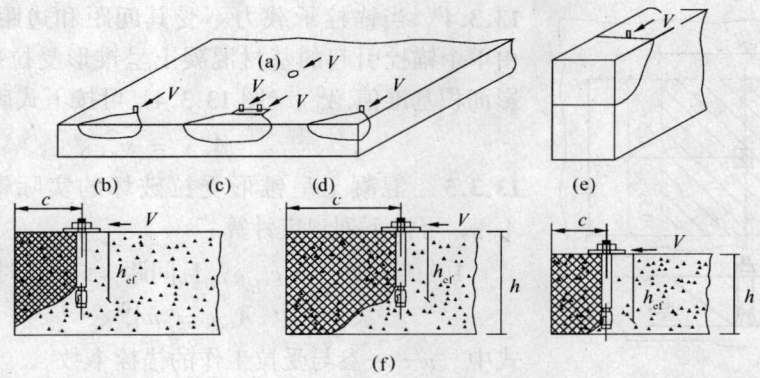

图 13.3.1-2 混凝土边缘呈楔形受剪破坏

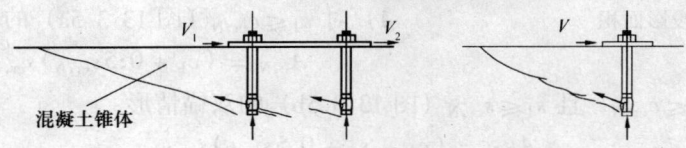

图 13.3.1-3 混凝土剪撬破坏

式中 N_t^c——锚栓连接的基材混凝土受拉承载力设计值；

$f_{cu,k}$——混凝土立方体抗压强度标准值（MPa），按现行国家标准《混凝土结构设计规范》GB 50010 的规定采用；

h_{ef}——锚栓的有效锚固深度（mm）；应按锚栓产品说明书标明的有效锚固深度采用；

ψ_a——基材混凝土强度等级对锚固承载力的影响系数；当混凝土强度等级低于 C30 时，对自扩底锚栓：取 $\psi_a = 0.95$；对预扩底锚栓，取 $\psi_a = 0.86$；当混凝土强度等级在 C30 及以上时，取 $\psi_a = 1.0$；

ψ_b——定型化学锚栓直径对粘结强度的影响系数，当 $d_0 \leq 16mm$，取 $\psi_b = 0.95$；当 $d_0 = 24mm$ 时，取 $\psi_b = 0.85$；介于两者之间的 ψ_b 值，按线性内插法确定；

ψ_N——考虑各种因素对基材混凝土受拉承载力影响的修正系数，按本规范第 13.3.3 条计算。

13.3.3 基材混凝土受拉承载力修正系数 ψ_N 值应按下列公式计算：

$$\psi_N = \psi_{s,N} \psi_{e,N} A_{c,N} / A_{c,N}^0 \tag{13.3.3-1}$$

$$\psi_{e,N} = 1/[1 + (2e_N/s_{cr,N})] \leq 1 \tag{13.3.3-2}$$

式中 $\psi_{s,N}$——考虑构件边距及锚固深度等因素对基材受力的影响系数，取 $\psi_{s,N} = 0.8$；

$\psi_{e,N}$——荷载偏心对群锚受拉承载力的影响系数；

$A_{c,N}/A_{c,N}^0$——考虑锚栓边距和间距对锚栓受拉承载力影响的系数，按本规范第 13.3.4 条确定；

c——锚栓的边距（mm）；

$s_{cr,N}$ 和 $c_{cr,N}$——混凝土呈锥形受拉时，确保每一锚栓承载力不受间距和边距效应影响的最小间距（mm）和最小边距（mm），按本规范表 13.4.3 的规定值采用；

e_N——拉力（或其合力）对受拉锚栓形心的偏心距。

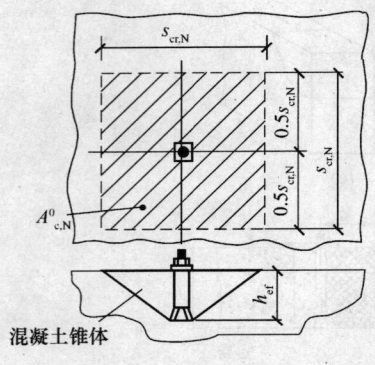

图 13.3.4 单锚混凝土锥形破坏
理想锥体投影面积

13.3.4 当锚栓承载力不受其间距和边距效应影响时,由单个锚栓引起的基材混凝土呈锥形受拉破坏的锥体投影面积基准值 $A_{c,N}^0$(图 13.3.4)可按下式确定:

$$A_{c,N}^0 = s_{cr,N}^2 \qquad (13.3.4)$$

13.3.5 混凝土呈锥形受拉破坏的实际锥体投影面积 $A_{c,N}$,可按下列规定计算:

1 当边距 $c > c_{cr,N}$,且间距 $s > s_{cr,N}$ 时

$$A_{c,N} = nA_{c,N}^0 \qquad (13.3.5\text{-}1)$$

式中 n——参与受拉工作的锚栓个数。

2 当边距 $c \leqslant c_{cr,N}$(图 13.3.5)时

    1)对 $c_1 \leqslant c_{cr,N}$(图 13.3.5a)的单锚情形

$$A_{c,N} = (c_1 + 0.5s_{cr,N})s_{cr,N} \qquad (13.3.5\text{-}2)$$

    2)对 $c_1 \leqslant c_{cr,N}$,且 $s_1 \leqslant s_{cr,N}$(图 13.3.5b)的双锚情形

$$A_{c,N} = (c_1 + s_1 + 0.5s_{cr,N})s_{cr,N} \qquad (13.3.5\text{-}3)$$

    3)对 c_1、$c_2 \leqslant c_{cr,N}$,且 s_1、$s_2 \leqslant s_{cr,N}$ 时(图 13.3.5c)的角部四锚情形

$$A_{c,N} = (c_1 + s_1 + 0.5s_{cr,N})(c_2 + s_2 + 0.5s_{cr,N}) \qquad (13.3.5\text{-}4)$$

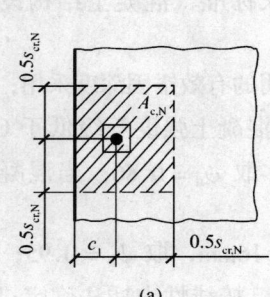 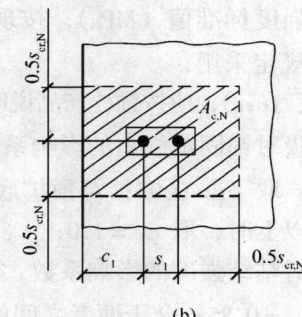 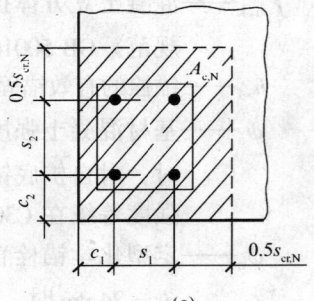

(a)   (b)   (c)

图 13.3.5 近构件边缘混凝土锥形受拉破坏实际锥体投影面积
(a) 单锚情形;(b) 双锚情形;(c) 角部四锚情形

13.3.6 基材混凝土的受剪承载力设计值,应按下式验算:

$$V^c = 0.18\psi_v \sqrt{f_{cu,k}} c_1^{1.5} d_0^{0.3} h_{ef}^{0.2} \qquad (13.3.6)$$

式中 V^c——锚栓连接的基材混凝土受剪承载力设计值;

    ψ_v——考虑各种因素对基材混凝土受剪承载力影响的修正系数,应按本规范第 13.3.7 条计算;

    c_1——平行于剪力方向的边距(mm);

    d_0——锚栓外径(mm);

    h_{ef}——锚栓的有效锚固深度(mm);当 $h_{ef} > 10d_0$ 时,按 $h_{ef} = 10d_0$ 计算。

13.3.7 基材混凝土受剪承载力修正系数 ψ_v 值,应按下列公式计算:

$$\psi_v = \psi_{s,v} \psi_{h,v} \psi_{\alpha,v} \psi_{e,v} \psi_{u,v} A_{cv}/A_{c,v}^0 \qquad (13.3.7\text{-}1)$$

$$\psi_{s,v} = 0.7 + 0.2\frac{c_2}{c_1} \leqslant 1 \tag{13.3.7-2}$$

$$\psi_{h,v} = (1.5c_1/h)^{1/3} \geqslant 1 \tag{13.3.7-3}$$

$$\psi_{\alpha,v} = \begin{cases} 1.0 & (0° \leqslant \alpha_v \leqslant 55°) \\ 1/(\cos\alpha_v + 0.5\sin\alpha_v) & (55° \leqslant \alpha_v \leqslant 90°) \\ 2.0 & (90° \leqslant \alpha_v \leqslant 180°) \end{cases} \tag{13.3.7-4}$$

$$\psi_{e,v} = 1/[1 + (2e_v/3c_1)] \leqslant 1 \tag{13.3.7-5}$$

$$\psi_{u,v} = \begin{cases} 1.0 (\text{边缘没有配筋}) \\ 1.2 (\text{边缘配有直径 } d \geqslant 12\text{mm 钢筋}) \\ 1.4 (\text{边缘配有直径 } d \geqslant 12\text{mm 钢筋及 } s \geqslant 100\text{mm 箍筋}) \end{cases} \tag{13.3.7-6}$$

式中 $\psi_{s,v}$——边距比 c_2/c_1 对受剪承载力的影响系数；

$\psi_{h,v}$——边距厚度比 c_1/h 对受剪承载力的影响系数；

$\psi_{\alpha,v}$——剪力与垂直于构件自由边的轴线之间的夹角 α_v 对受剪承载力的影响系数；

$\psi_{e,v}$——荷载偏心对群锚受剪承载力的影响系数；

$\psi_{u,v}$——构件锚固区配筋对受剪承载力的影响系数；

$A_{c,v}/A_{c,v}^0$——锚栓边距、间距等几何效应对抗剪承载力的影响系数，按本规范第 13.3.8 条及第 13.3.9 条确定；

c_2——垂直于 c_1 方向的边距；

h——构件厚度（基材混凝土厚度）；

e_v——剪力对受剪锚栓形心的偏心距；

s——箍筋间距。

13.3.8 当锚栓受剪承载力不受其边距、间距及构件厚度的影响时，其基材混凝土呈半锥体破坏的侧向投影面积基准值 $A_{c,v}^0$，可按下式计算：

$$A_{c,v}^0 = 4.5c_1^2 \tag{13.3.8}$$

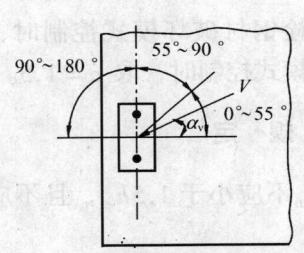

图 13.3.7 剪切角 α_v

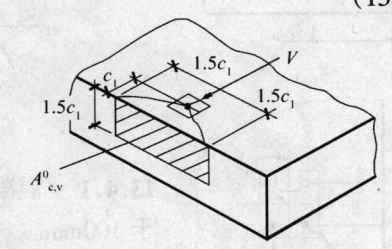

图 13.3.8 近构件边缘的单锚受剪混凝土楔形投影面积

13.3.9 当单锚或群锚受剪时，若锚栓间距 $s \geqslant 3c_1$、边距 $c_2 \geqslant 1.5c_1$，且构件厚度 $h \geqslant 1.5c$ 时，混凝土破坏锥体的侧向实际投影面积 $A_{c,v}$，可按下式计算：

$$A_{c,v} = nA_{c,v}^0 \tag{13.3.9}$$

式中 n——参与受剪工作的锚栓个数。

13.3.10 当锚栓间距、边距或构件厚度不符合本规范第 13.3.9 条要求时，侧向实际投影

面积 $A_{c,v}$ 应按下列公式进行确定：

1 当 $h > 1.5c_1$，$c_2 \leqslant 1.5c_1$ 时：$A_{c,v} = 1.5c_1(1.5c_1 + c_2)$ (13.3.10-1)
2 当 $h \leqslant 1.5c_1$，$s_2 \leqslant 3c_1$ 时：$A_{c,v} = (3c_1 + s_2)h$ (13.3.10-2)
3 当 $h \leqslant 1.5c_1$，$s_2 \leqslant 3c_1$、$c_2 \leqslant 1.5c_1$ 时：$A_{c,v} = (1.5c_1 + s_2 + c_2)h$ (13.3.10-3)

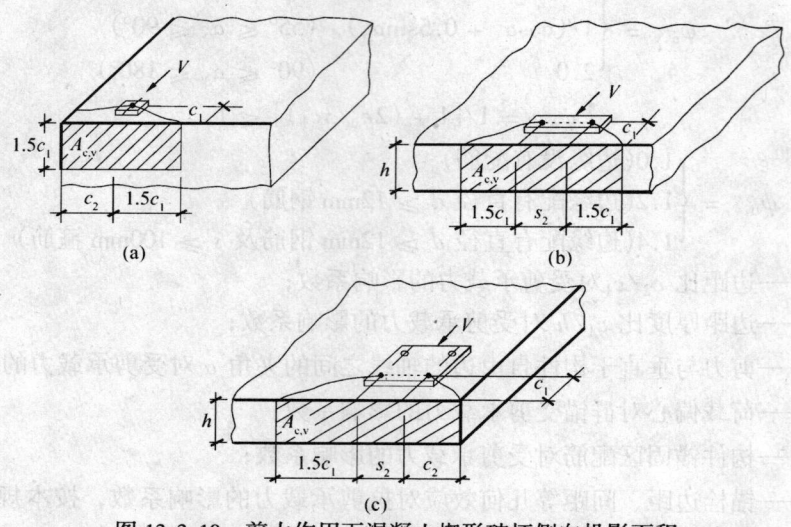

图 13.3.10 剪力作用下混凝土楔形破坏侧向投影面积
(a) 角部单锚；(b) 薄构件边缘双锚；(c) 薄构件角部双锚

13.3.11 对基材混凝土角部的锚固，应取两个方向计算承载力的较小值（图 13.3.11）。

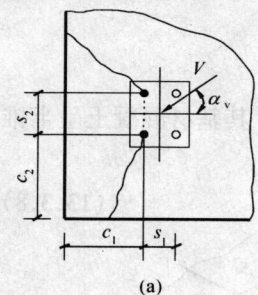

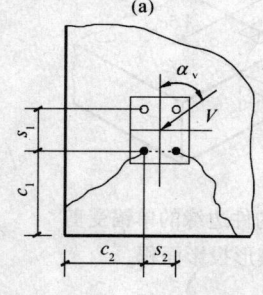

图 13.3.11 剪力作用下的角部群锚

13.3.12 当锚栓连接承受拉力和剪力复合作用时，混凝土承载力应符合下列公式的要求：

$$(\beta_N)^\alpha + (\beta_V)^\alpha \leqslant 1 \quad (13.3.12)$$

式中 β_N——拉力作用设计值与混凝土抗拉承载力设计值之比；
β_V——剪力作用设计值与混凝土抗剪承载力设计值之比；
α——指数，当两者均受锚栓钢材破坏模式控制时，取 $\alpha = 2.0$；当受其他破坏模式控制时，取 $\alpha = 1.5$。

13.4 构 造 规 定

13.4.1 混凝土构件的最小厚度 h_{min} 不应小于 $1.5h_{ef}$，且不应小于 100mm。

13.4.2 承重结构用的锚栓，其公称直径不得小于 12mm；按构造要求确定的锚固深度 h_{ef} 不应小于 60mm，且不应小于混凝土保护层厚度。

13.4.3 锚栓的最小边距 c_{min}、临界边距 $c_{cr,N}$ 和群锚最小间距 s_{min}、临界间距 $s_{cr,N}$ 应符合表 13.4.3 的要求。

表 13.4.3 锚栓的边距和间距

c_{min}	$c_{cr,N}$	s_{min}	$s_{cr,N}$
$\geqslant 0.8h_{ef}$	$\geqslant 1.5h_{ef}$	$\geqslant 1.0h_{ef}$	$\geqslant 3.0h_{ef}$

13.4.4 地震区锚栓的实际锚固深度，应按本规范计算确定的有效锚固深度乘以抗震构造修正系数 ψ_{aE} 后采用：对6度区，取 $\psi_{aE}=1.0$；对7度区，取 $\psi_{aE}=1.1$；对8度区Ⅰ、Ⅱ类场地，取 $\psi_{aE}=1.2$。

13.4.5 锚栓防腐蚀标准应高于被固定物的防腐蚀要求。

14 裂缝修补技术

14.1 设 计 规 定

14.1.1 本章适用于承重构件混凝土裂缝的修补；对承载力不足引起的裂缝，除应按本章适用的方法进行修补外，尚应采用适当的加固方法进行加固。

14.1.2 经可靠性鉴定确认为必须修补的裂缝，应根据裂缝的种类进行修补设计，确定其修补材料、修补方法和时间。

14.1.3 混凝土结构的裂缝按其形成可分为以下三类：

1 静止裂缝：形态、尺寸和数量均已稳定不再发展的裂缝。修补时，仅需依裂缝粗细选择修补材料和方法。

2 活动裂缝：宽度在现有环境和工作条件下始终不能保持稳定、易随着结构构件的受力、变形或环境温、湿度的变化而时张、时闭的裂缝。修补时，应先消除其成因，并观察一段时间，确认已稳定后，再按静止裂缝的处理方法修补；若不能完全消除其成因，但确认对结构、构件的安全性不构成危害时，可使用具有弹性和柔韧性的材料进行修补。

3 尚在发展的裂缝：长度、宽度或数量尚在发展，但经历一段时间后将会终止的裂缝。对此类裂缝应待其停止发展后，再进行修补或加固。

14.1.4 裂缝修补方法应符合下列规定：

1 表面封闭法：利用混凝土表层微细独立裂缝（裂缝宽度 $w\leqslant 0.2$mm）或网状裂纹的毛细作用吸收低黏度且具有良好渗透性的修补胶液，封闭裂缝通道。对楼板和其他需要防渗的部位，尚应在混凝土表面粘贴纤维复合材料以增强封护作用。

2 注射法：以一定的压力将低黏度、高强度的裂缝修补胶液注入裂缝腔内；此方法适用于 0.1mm$\leqslant w\leqslant 1.5$mm 静止的独立裂缝、贯穿性裂缝以及蜂窝状局部缺陷的补强和封闭。注射前，应按产品说明书的规定，对裂缝周边进行密封。

3 压力注浆法：在一定时间内，以较高压力（按产品使用说明书确定）将修补裂缝用的注浆料压入裂缝腔内；此法适用于处理大型结构贯穿性裂缝、大体积混凝土的蜂窝状严重缺陷以及深而蜿蜒的裂缝。

4 填充密封法：在构件表面沿裂缝走向骑缝凿出槽深和槽宽分别不小于20mm和15mm的U形沟槽（见图14.1.4），然后用改性环氧树脂或弹性填缝材料充填，并粘贴纤维复合材以封闭其表面；此法适用于处理 $w>0.5$mm 的活动裂缝和静止裂缝。填充完毕后，其表面应做防护层。

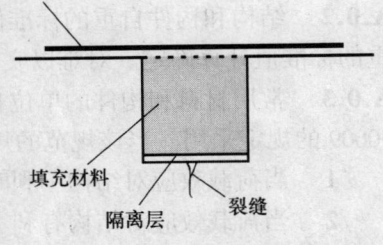

图14.1.4 裂缝处开U形槽充填修补材料

注：当为活动裂缝时，槽宽应按不小于 15mm + 5t 确定（t 为裂缝最大宽度）。

14.1.5 裂缝修补材料应符合下列规定：

1 改性环氧树脂类、改性丙烯酸酯类、改性聚氨酯类等的修补胶液（包括配套的打底胶和修补胶）和聚合物注浆料等的合成树脂类修补材料，适用于裂缝的封闭或补强，可采用表面封闭法、注射法或压力注浆法进行修补。

修补裂缝的胶液和注浆料的基本性能指标，应符合本规范第 4.6 节的规定。

2 无流动性的有机硅酮、聚硫橡胶、改性丙烯酸酯、聚氨酯等柔性的嵌缝密封胶类修补材料，适用于活动裂缝的修补，以及混凝土与其他材料接缝界面干缩性裂隙的封堵。

3 超细无收缩水泥注浆料、改性聚合物水泥注浆料以及不回缩微膨胀水泥等的无机胶凝材料类修补材料，适用于 $w > 1mm$ 的静止裂缝的修补。

4 E 玻璃或 S 玻璃纤维织物、碳纤维织物等的纤维复合材与其适配的胶粘剂，适用于裂缝表面的封护与增强。

14.2 裂缝修补要求

14.2.1 当加固设计对修补混凝土裂缝有补强要求时，应在设计图上规定：当胶粘材料到达 7d 固化期时，应立即钻取芯样进行检验。

14.2.2 钻取芯样应符合下列规定：

1 取样的部位应由设计单位决定；

2 取样的数量应按裂缝注射或注浆的分区确定，但每区应不少于 2 个芯样；

3 芯样应骑缝钻取，但应避开内部钢筋；

4 芯样的直径不应小于 50mm；

5 取芯造成的孔洞，应立即采用强度等级较原构件提高一级的豆石混凝土填实。

14.2.3 芯样检验应采用劈裂抗拉强度测定方法。当检验结果符合下列条件之一时判为符合设计要求：

1 沿裂缝方向施加的劈力，其破坏应发生在混凝土内部（即内聚破坏）；

2 破坏虽有部分发生在界面上，但这部分破坏面积不大于破坏面总面积的 15%。

附录 A 已有建筑物结构荷载标准值的确定

A.0.1 对已有结构上的荷载标准值取值，除应符合现行国家标准《建筑结构荷载规范》GB 50009 的规定外，尚应遵守本附录的规定。

A.0.2 结构和构件自重的标准值，应根据构件和连接的实测尺寸，按材料或构件单位自重的标准值计算确定。对难以实测的某些连接构造的尺寸，允许按结构详图估算。

A.0.3 常用材料和构件的单位自重标准值，应按现行国家标准《建筑结构荷载规范》GB 50009 的规定采用。当该规范的规定值有上、下限时，应按下列规定采用：

1 当荷载效应对结构不利时，取上限值；

2 当荷载效应对结构有利（如验算倾覆、抗滑移、抗浮起等）时，取下限值。

A.0.4 当遇到下列情况之一时，材料和构件的自重标准值应按现场抽样称量确定：

1 现行国家标准《建筑结构荷载规范》GB 50009 尚无规定；

2 自重变异较大的材料或构件，如现场制作的保温材料、混凝土薄壁构件等；

3 有理由怀疑材料或构件自重的原设计采用值与实际情况有显著出入。

A.0.5 现场抽样检测材料或构件自重的试样数量，不应少于 5 个。当按检测的结果确定材料或构件自重的标准值时，应按下列规定进行计算：

1 当其效应对结构不利时

$$g_{k,\sup} = m_g + \frac{t}{\sqrt{n}} s_g \quad (A.0.5\text{-}1)$$

式中 $g_{k,\sup}$——材料或构件自重的标准值；

m_g——试样称量结果的平均值；

s_g——试样称量结果的标准差；

n——试样数量；

t——考虑抽样数量影响的计算系数，按表 A.0.5 采用。

2 当其效应对结构有利时

$$g_{k,\sup} = m_g - \frac{t}{\sqrt{n}} s_g \quad (A.0.5\text{-}2)$$

表 A.0.5 计算系数 t 值

n	t 值	n	t 值	n	t 值	n	t 值
5	2.13	8	1.89	15	1.76	30	1.70
6	2.02	9	1.86	20	1.73	40	1.68
7	1.94	10	1.80	25	1.71	≥60	1.67

A.0.6 对非结构的构、配件，或对支座沉降有影响的构件，若其自重效应对结构有利时，应取其自重标准值 $g_{k,\sup} = 0$。

A.0.7 当房屋结构进行加固验算时，对不上人的屋面，应计入加固工程的施工荷载，其取值应符合下列规定：

1 当估算的荷载低于现行国家标准《建筑结构荷载规范》GB 50009 规定的屋面均布活荷载或集中荷载时，应按该规范采用。

2 当估算的荷载高于现行国家标准《建筑结构荷载规范》GB 50009 的规定值时，应按实际估算值采用。

当施工荷载过大时，宜采取措施予以降低。

A.0.8 对加固改造设计的验算，其基本雪压值、基本风压值和楼面活荷载的标准值，除应按现行国家标准《建筑结构荷载规范》GB 50009 的规定采用外，尚应按下一目标使用年限，乘以本附录表 A.0.8 的修正系数 ψ_a 予以修正。

下一目标使用年限，应由委托方和鉴定方共同商定。

表 A.0.8 基本雪压、基本风压及楼面活荷载的修正系数 ψ_a

下一目标使用年限	10a	20a	30~50a
雪荷载或风荷载	0.85	0.95	1.0
楼面活荷载	0.85	0.90	1.0

注：1 对表中未列出的中间值，可按线性内插法确定，当 a<10 时，应按 a=10 取 ψ_a 值；

2 符号 a 为年。

附录 B 已有结构混凝土回弹值龄期修正的规定

B.0.1 本规定适用于龄期已超过 1000d，且由于结构构造等原因无法采用取芯法对回弹检测结果进行修正的混凝土结构构件。

B.0.2 当采用本规定的龄期修正系数对回弹法检测得到的测区混凝土抗压强度换算值进行修正时，应符合下列条件：

    1 龄期已超过 1000d，但处于干燥状态的普通混凝土；

    2 混凝土外观质量正常，未受环境介质作用的侵蚀；

    3 经超声波或其他探测法检测结果表明，混凝土内部无明显的不密实区和蜂窝状局部缺陷；

    4 混凝土抗压强度等级在 C20 级～C50 级之间，且实测的碳化深度已大于 6mm。

B.0.3 混凝土抗压强度换算值可乘以表 B.0.3 的修正系数 α_n 予以修正。

表 B.0.3 测区混凝土抗压强度换算值龄期修正系数

龄期 d	1000	2000	4000	6000	8000	10000	15000	20000	30000
修正系数 α_n	1.00	0.98	0.96	0.94	0.93	0.92	0.89	0.86	0.82

B.0.4 龄期修正系数 α_n 应用示例如下：

现场测得某测区平均回弹值 $R_m = 50.8$；其平均碳化深度 $d_m > 6$mm；由 JGJ/T 23-2001 附录 A 查得：测区混凝土换算值 $f^c_{cui}(1000d) = 40.3$MPa。若被测混凝土的龄期已达 15000d，则由本规定表 B.0.3 可查得龄期修正系数 $\alpha_n = 0.89$；$f^c_{cui}(15000d) = 40.3 \times 0.89 = 35.8$MPa。

附录 C 纤维材料主要力学性能

C.0.1 复丝浸胶后的纤维材料，其主要力学性能应符合表 C.0.1 的规定。

表 C.0.1 纤维材料的主要力学性能

纤维类别	性能项目	抗拉强度（MPa）	弹性模量（MPa）	伸长率（%）
碳纤维	高强度Ⅰ级	≥4900	≥2.4×10⁵	≥2.0
	高强度Ⅱ级	≥4100	≥2.1×10⁵	≥1.8
玻璃纤维	S玻璃（高强、无碱型）	≥3500	≥8.0×10⁴	≥4.0
	E玻璃（无碱型）	≥2800	≥7.0×10⁴	≥3.0

注：本表的分级方法及其性能指标仅适用于结构加固；与其他用途的等级划分无关。

C.0.2 纤维织物和预成型板等纤维制品可不抽检纤维而直接抽检纤维制品性能，但厂商应书面保证该批制品所使用的纤维材料的性能符合本附录的规定。该书面保证应随同工程施工验收文件存档备查。

附录 D 纤维复合材层间剪切强度测定方法

D.1 适用范围

D.1.1 本方法适用于测定以湿法铺层、常温固化成型的单向纤维织物复合材的层间剪切强度;也可用于测定叠合胶粘、常温固化的多层预成型板的层间剪切强度。

对多向纤维织物复合材,若其试件长度方向的纤维体积含量在25%以上时,也可按本方法测定其层间剪切强度。

D.1.2 本方法测定的纤维复合材层间剪切强度可用于纤维材料与胶粘剂的适配性评定。

D.2 试样成型模具

D.2.1 试样成型模具的制备应符合下列规定:

1 成型模具由一对尺寸为400mm×300mm×25mm光洁的钢板组成,其中一块作为压板,另一块作为织物铺层的模板。在模具的上下各有一对长500mm的10号或12号槽钢;在槽钢端部钻有 $D=18mm$ 的螺孔,并配有4根用于拧紧施压的 $\phi 16$ 螺杆、螺帽及套在螺杆上的压力弹簧,作为纤维织物粘合成试样时的施压工具。

2 成型模具的钢板,应经刨平后在铣床上铣平,其加工面的表面光洁度应为6.3。

3 成型模具尚应配有2块长300mm、宽20mm、厚4mm的钢垫板,用于控制织物铺层经加压后应达到的标准厚度。

D.2.2 辅助工具及材料应符合下列规定:

1 可测力的活动扳手4把;

2 厚0.1mm、平面尺寸为500mm×400mm的聚酯薄膜若干张;

3 专用滚筒一支;

4 刮板若干个。

D.3 试样制备

D.3.1 备料应符合下列规定:

1 受检的纤维织物应按抽样规则取得;并应裁成300mm×200mm的大小。其片数:对200g/m²的碳纤维织物,一次成型应为14片;对300g/m²的碳纤维织物,一次成型应为10片;对玻璃纤维或芳纶纤维织物,应经试制确定其所需的片数。受检的纤维织物,应展平放置,不得折叠;其表面不应有起毛、断丝、油污、粉尘和皱褶。

2 受检的预成型板应按抽样规则取得;并应截成长300mm的片材3片,但不得使用板端50mm长度内的材料做试样。受检的板材,应平直,无划痕,纤维排列应均匀,无污染。

3 受检的胶粘剂,应按抽样规则取得;并应按一次成型需用量由专业人员配制;用剩的胶液不得继续使用。配制及使用胶液的工艺要求应符合产品使用说明书的规定。

D.3.2 试样制备应符合下列规定:

1 纤维织物复合材

1) 湿法铺层工序

在室温条件下，安装好钢模板，经清理洁净后，将聚酯薄膜铺在板面上，铺时应充分展平，不得有皱褶和破裂口。在薄膜上用刮板均匀涂布胶液，随即进行铺层（即敷上一层纤维织物）；铺层时，应用刮板和滚筒刮平、压实，使胶液充分浸渍织物，使纤维顺直、方向一致；然后再涂胶、再铺层，逐层重复上述操作，直至全部铺完，并在最上层纤维织物面上铺放一张聚酯薄膜。

2）施压成型工序

在顶层铺放聚酯薄膜后，即可安装钢压板，准备进入施压成型工序。施压成型全过程也应在室温条件下进行。此时，应先在钢模板长度方向两端置放本附录 D.2.1 第 3 款规定的钢垫板，以控制层积厚度。在安装好钢压板、槽钢和螺杆，并经检查无误后，即可拧紧螺杆进行施压，使层积厚度下降，直至钢压板触及两端钢垫板为止，并应在施压状态下静置 24h。

3）养护工序

试样从成型模具中取出后，尚应继续养护 144h，养护温度应控制在 (23±2)℃。严禁采用人工高温的养护方法。在养护期间不得扰动或进行任何机械加工，也不得受到日晒、雨淋或受潮。

2　预成型板

采用 3 块条形板胶粘叠合而成的试样。制备时，可利用上述成型模具进行涂胶、粘贴、加压（不加垫板）和养护，且加压和养护时间也应符合本条第 1 款第（3）项的规定。

D.4　试件制作

D.4.1　试件应从试样中部切取；最外一个试件距试样边缘不应小于 30mm，加工试件宜用金刚石车刀，且宜在用水润滑后进行锯、刨或磨光等作业。试件边缘应光滑、平整、相互平行。试件加工人员应戴防尘眼镜、应着防护衣帽及口罩；严防粉尘粘附皮肤。

D.4.2　一般情况下，应取试件长度 $l = 30mm \pm 1mm$；宽度 $b = 6.0mm \pm 0.5mm$；对纤维织物制成的试件，其厚度按模压确定，即 $h = 4mm \pm 0.2mm$；对预成型板粘合成的试样，其厚度若大于 4mm，允许在机床上单面细加工到 4mm。每组试件数量不应少于 5 个；若需确定试验结果的标准差，每组试件数量不应少于 15 个；仲裁试验的试件数量应加倍。

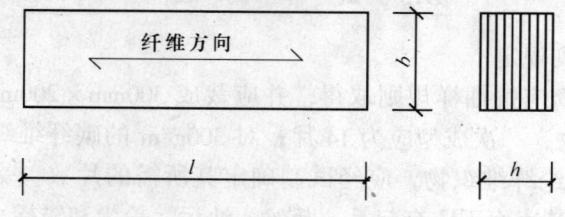

图 D.4.2　试件形状及尺寸符号

l—试件长度；h—试件高度；b—试件宽度

D.5　试验条件

D.5.1　试件状态调节、试验设备及试验的标准环境应符合现行国家标准《纤维增强塑料性能试验方法总则》GB 1446 的规定。

D.5.2　试验装置（图 D.5.2）的加载压头及支座与试件的抵承面应为圆柱曲面；加载压

头及支座应采用45号钢制作，其表面应光滑，无凹陷及疤痕等缺陷。

加载压头的半径 R 应为（3±0.1）mm；支座圆柱半径 r 应为（1.5~2.0mm）±0.1mm，加载压头和支座的长度宜比试件的宽度大4mm。

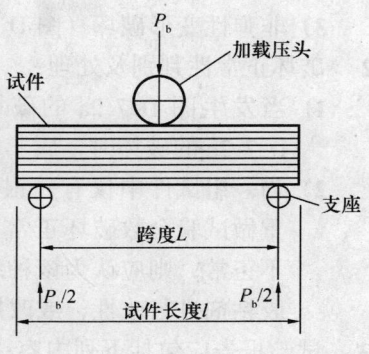

图 D.5.2　试验装置示意图

D.6 试 验 步 骤

D.6.1 试验前应对试件外观进行检查，其外观质量应符合现行国家标准《纤维增强塑料性能试验方法总则》GB 1446 的要求。

D.6.2 试件应置于试验装置的中心位置上。其跨度应调整为 $L=20$mm，且误差不应大于0.3mm；加载压头的轴线应位于两支座之间的中央；且应与支座轴线平行。

D.6.3 以1~2mm/min的加荷速度连续加荷至试件破坏；记录最大荷载 P_b 及试件破坏形式。

D.6.4 当试验出现下列情形之一时，即可确认试件已破坏，并可立即停止试验：

  1 荷载读数已较峰值下降30%；
  2 加载压头移动的行程已超过试件的名义厚度（即4mm）；
  3 试件分离成两片。

D.7 试 验 结 果

D.7.1 试件层间剪切强度应按下式计算：

$$f_s = \frac{3P_b}{4bh} \tag{D.7.1}$$

式中　f_s——层间剪切强度（MPa）；
　　　P_b——试件破坏时的最大载荷（N）；
　　　b——试件宽度（mm）；
　　　h——试件厚度（mm）。

D.7.2 试件破坏形式及正常性判别，应符合下列规定：

  1 试件的破坏典型形式（图 D.7.2）：
    1）层间剪切破坏（图 D.7.2a）；
    2）弯曲破坏：或呈上边缘纤维压皱，或呈下边缘纤维拉断（图 D.7.2b）；

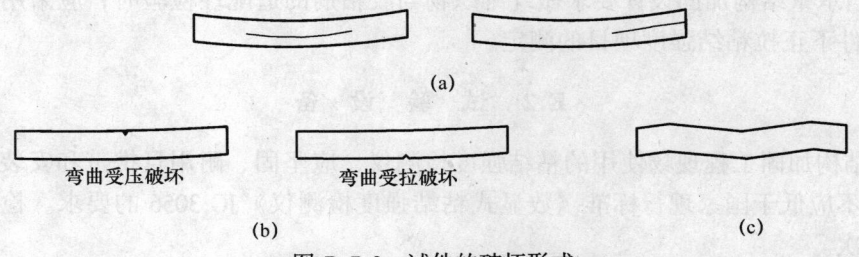

图 D.7.2　试件的破坏形式
（a）层间剪切破坏；（b）弯曲破坏；（c）非弹性变形破坏

3) 非弹性变形破坏（图 D.7.2c）。

2 破坏正常性判别及处理：

1) 当发生图 D.7.2a 的破坏时，属层间剪切正常破坏；当发生图 D.7.2b 或图 D.7.2c 的破坏时，属非层间剪切的不正常破坏。

2) 当一组试件中仅有一根破坏不正常时，可重做试验，但试件数量应加倍。若重做试验全数破坏正常，仍可认为该组试验结果可以使用；若仍有试件破坏不正常，则应认为该种纤维与所配套的胶粘剂在适配性上不良，并应重新对胶粘剂进行改性，或改用其他型号胶粘剂配套。

D.7.3 试验报告应包括下列内容：

1 受检纤维材料及其胶粘剂的品种、型号和批号；
2 抽样规则及抽样数量；
3 试件制备方法及养护条件；
4 试件的编号和尺寸；
5 试验环境的温度和相对湿度；
6 试验设备的型号、量程及检定日期；
7 加荷方式及加荷速度；
8 试样的破坏荷载及破坏形式；
9 试验结果的整理和计算；
10 试验人员、校核人员及试验日期。

附录 E 粘结材料粘合加固材与基材的正拉粘结强度现场测定方法及评定标准

E.1 适 用 范 围

E.1.1 本方法适用于现场条件下以结构胶粘剂或高强聚合物砂浆为粘结材料，粘合（包括浇注、喷抹）下列加固材料与基材，在均匀拉应力作用下发生内聚、黏附或混合破坏的正拉粘结强度测定：

1 结构胶粘剂粘合纤维复合材与基材混凝土；
2 结构胶粘剂粘合钢板与基材混凝土；
3 高强聚合物砂浆喷抹层粘合钢丝绳网片与基材混凝土。

E.1.2 当承重结构加固设计要求做纤维织物与胶粘剂的适配性检验时，应采用本方法进行仰贴条件下正拉粘结强度项目的测定。

E.2 试 验 设 备

E.2.1 结构加固工程现场使用的粘结强度检测仪，应坚固、耐用且携带和安装方便；其技术性能不应低于国家现行标准《数显式粘结强度检测仪》JG 3056 的要求。检测仪应每年检定一次。

E.2.2 钢标准块的形状可根据实际情况选用方形或圆形。方形钢标准块的尺寸为 40mm×

40mm；圆形钢标准块的直径为50mm；钢标准块的厚度不应小于20mm，且应采用45号钢制作。

钢标准块应带有传力螺杆，其尺寸和夹持构造，应根据所使用的检测仪确定。

E.2.3 当适配性检验需在模拟现场条件下进行时，应配备仰贴纤维复合材用的钢架。该钢架宜采用角钢制作，其顶部构造应能搁置并固定3块板面尺寸不小于600mm×2100mm的预制混凝土板；其板下的空间应能满足仰贴作业的需要。预制混凝土板的强度等级应按受检产品的适用范围确定，但不得低于C30。

E.3 取 样 规 则

E.3.1 粘贴、喷抹质量检验的取样，应符合下列规定：

1 梁、柱类构件以同规格、同型号的构件为一检验批。每批构件随机抽取的受检构件应按该批构件总数的10%确定，但不得少于3根；以每根受检构件为一检验组；每组3个检验点。

2 板、墙类构件应以同种类、同规格的构件为一检验批，每批按实际粘贴、喷抹的加固材料表面积（不论粘贴的层数）均匀划分为若干区，每区100m²（不足100m²，按100m²计），且每一楼层不得少于1区；以每区为一检验组，每组3个检验点。

3 现场检验的布点应在粘结材料（胶粘剂或聚合物砂浆等）固化已达到可以进入下一工序之日进行。若因故需推迟布点日期，不得超过3d。

4 布点时，应由独立检验单位的技术人员在每一检验点处，粘贴钢标准块以构成检验用的试件。钢标准块的间距不应小于500mm，且有一块应粘贴在加固构件的端部。

E.3.2 适配性检验

1 应由独立检验机构会同有关单位，在12℃和35℃的气温（自然或人工环境均可）中各制备3个试样，并分别进行检验；

2 应以安装在钢架上的3块预制混凝土板为基材，在两种气温中，每块板分别仰贴一条尺寸为0.25m×2.1m、由4层纤维织物粘合而成的试样；

3 应以每一试样为一检验组，每组5个检验点。每一检验点粘贴钢标准块后即构成一个试件。

E.4 试 件 制 备

E.4.1 试件制备应符合下列要求：

1 基材表面处理：检测点的基材混凝土表面应清除污渍并保持干燥。

2 切割预切缝：从清理干净的表面向混凝土基材内部切割预切缝，切入混凝土深度为10~15mm，缝的宽度约2mm。预切缝形状为边长40mm的方形或直径50mm的圆形，视选用的切缝机械而定。切缝完毕后，应再次清理混凝土表面。

3 粘贴钢标准块：应选用快固化、高强胶粘剂进行粘贴。钢标准块粘贴后应立即固定；在胶粘剂7d的固化过程中，不得受到任何扰动。

E.5 试 验 步 骤

E.5.1 试验应在布点日期算起的第8天进行。试验时应按粘结强度测定仪的使用说明书正确安装仪器，并连接钢标准块（图E.5.1）。

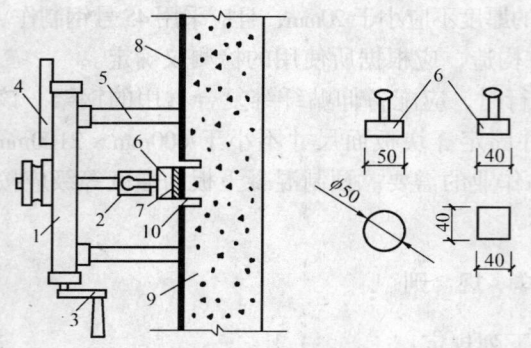

图 E.5.1 仪器安装及与钢标准块连接示意图
1—粘结强度测定仪；2—夹具；3—加荷摇柄；4—数字式测力计；5—反力支承架；6—钢标准块；7—高强、快固化的胶粘剂；8—基材表面粘贴或喷抹的加固材料层；9—基材混凝土；10—混凝土表面预切缝

E.5.2 以均匀速率连续加荷，控制在1~1.5min内破坏；记录破坏时的荷载值，并观测其破坏形式。

E.6 试验结果

E.6.1 正拉粘结强度应按下式计算：
$$f_{ti} = P_i / A_{ai} \quad (E.6.1)$$
式中 f_{ti}——试件 i 的正拉粘结强度（MPa）；
P_i——试件 i 破坏时的荷载值（N）；
A_{ai}——钢标准块 i 的粘合面面积（mm²）。

E.6.2 破坏形式及其正常性判别
1 破坏形式
   1）内聚破坏
——基材混凝土内聚破坏：即混凝土内部发生破坏；
——胶粘剂内聚破坏：可见于使用低性能、低质量胶粘剂的胶层中；
——聚合物砂浆内聚破坏：可见于使用低强度水泥，或低性能、低质量聚合物的聚合物砂浆层中。
   2）黏附破坏（层间破坏）
——胶层与基材混凝土之间的界面破坏；
——聚合物砂浆层与基材混凝土之间的界面破坏。
   3）混合破坏
粘合面出现两种或两种以上的破坏形式。
注：钢标准块与高强、快固化胶粘剂之间的界面破坏，属检验技术问题，与破坏形式判别无关，应重新粘贴，重做试验。

2 试验结果正常性判别
若破坏形式为基材混凝土内聚破坏，或虽出现两种或两种以上的破坏形式，但基材混凝土内聚破坏形式的破坏面积占粘合面面积85%以上，均可判为正常破坏。若破坏形式为粘附破坏、胶粘剂或聚合物砂浆内聚破坏，以及基材混凝土内聚破坏的面积少于85%的混合破坏，均应判为不正常破坏。

E.7 检验结果的合格评定

E.7.1 加固材料粘贴、喷抹质量的合格评定：
1 组检验结果的合格评定，应符合下列规定：
   1）当组内每一试样的正拉粘结强度均达到本检验所执行规范相应指标的要求，且其破坏形式正常时，应评定该组为检验合格组；
   2）若组内仅一个试样达不到上述要求，允许以加倍试样重新做一组检验，如检验结果全数达到要求，仍可评定该组为检验合格组；
   3）若重做试验中，仍有一个试样达不到要求，则应评定该组为检验不合格组。
2 检验批的粘贴、喷抹质量的合格评定，应符合下列规定：

1) 当批内各组均为检验合格组时，应评定该检验批构件加固材料与基材混凝土的粘合质量合格；

　　2) 若有一组或一组以上为检验不合格组，则应评定该检验批构件加固材料与基材混凝土的粘合质量不合格；

　　3) 若检验批由不少于 20 组试样组成，且检验结果仅有一组因个别试样粘结强度低而被评为检验不合格组，则仍可评定该检验批构件的粘合质量合格。

E.7.2 适配性检验的正拉粘结性能合格评定，应符合下列规定：

　　1 当不同气温条件下检验的各组均为检验合格组时，应评定该型号纤维织物与拟配套使用的胶粘剂，其适配性检验的正拉粘结性能合格；

　　2 若本次检验中，有一组或一组以上检验不合格，应评定该型号纤维织物与拟配套使用的胶粘剂，其适配性检验的正拉粘结性能不合格；

　　3 当仅有一组，且组中仅有一个检测点不合格时，允许以加倍的检测点数重做一次检验。若检验结果全组合格，仍可评定为适配性检验的正拉粘结性能合格。

附录 F 粘结材料粘合加固材与基材的正拉粘结强度试验室测定方法及评定标准

F.1 适 用 范 围

F.1.1 本方法适用于试验室条件下以结构胶粘剂或高强聚合物砂浆为粘结材料粘合（包括喷抹、浇注）下列加固材料与基材，在均匀拉应力作用下发生内聚、黏附或混合破坏的正拉粘结强度测定：

　　1 纤维复合材与基材混凝土；

　　2 钢板与基材混凝土；

　　3 现浇的高强聚合物砂浆层与基材混凝土。

F.1.2 本方法不适用于以结构胶粘剂粘合质量大于 $300g/m^2$ 碳纤维织物与基材混凝土的正拉粘结强度测定。

F.2 试 验 设 备

F.2.1 拉力试验机力值量程的选择，应使试样的破坏荷载，在该机标定的满负荷的 20%～80%之间；力值的示值误差不得大于 1%。

F.2.2 试验机夹持器的构造应能使试件垂直对中固定，不产生偏心和扭转的作用。

F.2.3 试件夹具应由带拉杆的钢夹套与带螺杆的钢标准块构成，其形状及主要尺寸如图 F.2.3 所示。

F.3 试 件

F.3.1 试验室条件下测定正拉粘结强度应采用组合式试件，其构造应符合下列规定：

　　1 以胶粘剂为粘结材料的试件应由混凝土试块（图 F.3.1-1）、胶粘剂、加固材料（如纤维复合材或钢板等）及钢标准块相互粘合而成（图 F.3.1-2a）。

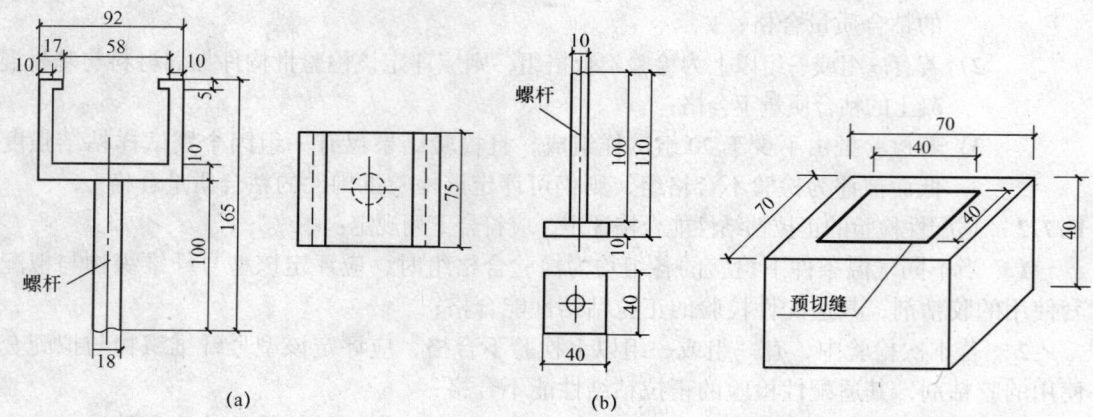

图 F.2.3 试件夹具及钢标准块尺寸
(a) 带拉杆钢夹套；(b) 带螺杆钢标准块
注：图中尺寸为 mm

图 F.3.1-1 混凝土试块形式及尺寸
注：图中尺寸为 mm

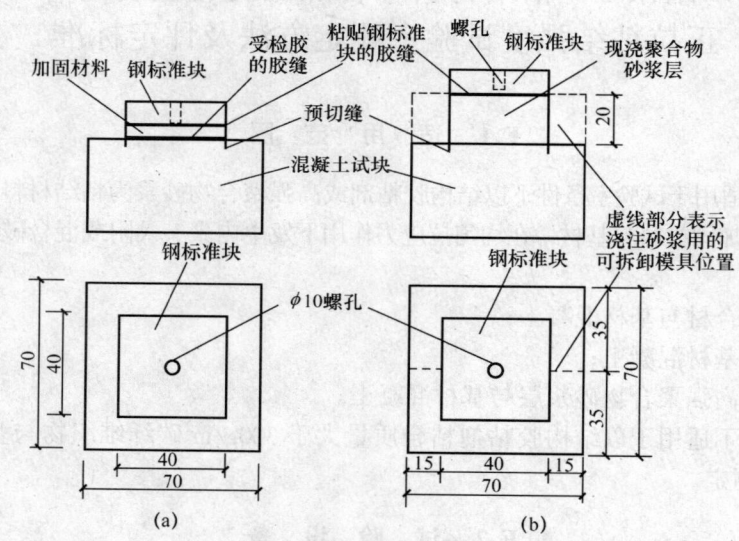

图 F.3.1-2 正拉粘结强度试验的试件
(a) 胶粘剂粘贴的试件；(b) 聚合物砂浆浇注的试件
注：图中尺寸为 mm

2 以高强聚合物砂浆为粘结材料的试件应由混凝土试块（图 F.3.1-1）、现浇的聚合物砂浆及钢标准块相互粘合而成（图 F.3.1-2b）。

F.3.2 试样组成部分的制备应符合下列规定：

1 受检粘结材料应按产品使用说明书规定的工艺要求进行配制和使用。

2 混凝土试块的尺寸应为 70mm×70mm×40mm；其混凝土强度等级，对 A 级和 B 级胶粘剂均应为 C40～C45；对 Ⅰ 级和 Ⅱ 级聚合物砂浆，应分别为 C45 和 C25。试块浇注后应经 28d 标准养护；试块使用前，应以专用的机械切出深度为 4～5mm 的预切缝，缝宽约

2mm，如图 F.3.1-1 所示。预切缝围成的方形平面，其尺寸应为 40mm×40mm，并应位于试块的中心。混凝土试块的粘贴面（方形平面）应作糙化处理；必要时，还可用界面胶粘剂处理；处理后的粘贴面应保持洁净、平整。

  3 受检的纤维复合材应按规定的抽样规则取样；从纤维复合材中间部位裁剪出尺寸为 40mm×40mm 的试件；试件外观应无划痕和折痕；粘合面应洁净，无油脂、粉尘等影响胶粘的污染物。

  4 受检的钢板应从施工现场取样，并切割成 40mm×40mm 的试件，其板面及周边应加工平整，且应经除油污处理和喷砂处理；粘合前，尚应用丙酮擦洗干净。

  5 钢标准块

  钢标准块（图 F.2.3b）宜用 45 号碳钢制作；其中心应车有安装 $\phi 10$ 螺杆用的螺孔。标准块与加固材料接触的表面应经喷砂或其他机械方法的糙化处理。标准块可重复使用，但重复使用前应完全清除粘合面上的粘结材料层和污迹，并重新进行表面处理。

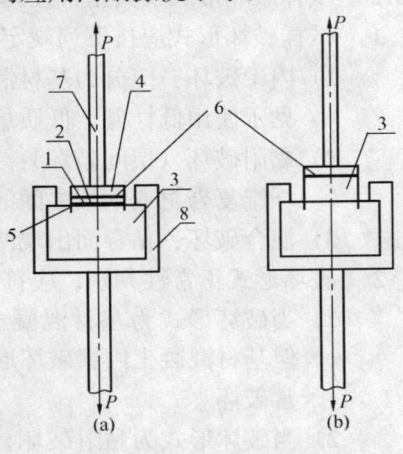

图 F.3.4　试件组装
1—受检胶粘剂；2—被粘的纤维复合材或钢板；3—聚合物砂浆层；4—钢标模块；5—混凝土试块预切缝；6—快固化高强胶粘剂；7—传力螺杆；8—钢夹具

F.3.3 试件的粘合、浇注与养护

  首先在混凝土试块的中心位置，按规定的粘合工艺粘贴加固材料（如纤维复合材或薄钢板），若为多层粘贴，应在胶层指干时立即粘贴下一层。当检验聚合物砂浆时，应在试块上先安装模具，再浇注砂浆层。试件粘贴或浇注完毕后，应按产品使用说明书规定的工艺要求进行加压、养护；经 7d 固化后，用快固化的高强胶粘剂将钢标准块粘贴在试件表面。每一道作业均应检查各层之间的对中情况。

F.3.4 试件应安装在钢夹具（图 F.3.4）内并拧上传力螺杆。安装完成后各组成部分的对中标志线应在同一轴线上。

F.3.5 常规试验的试样数量每组不应少于 5 个；仲裁试验的试样数量应加倍。

F.4　试　验　环　境

F.4.1 试验环境应保持在：温度（23±2）℃、相对湿度 60%～70%。

  注：对湿度敏感的胶粘剂或为仲裁性试验，其试验室的相对湿度应控制在 45%～55%。

F.4.2 若试样系在异地制备后送检，应在试验标准环境条件下至少放置 24h 后，方可进行试验。

F.5　试　验　步　骤

F.5.1 将安装在夹具内的试件（图 F.3.4）置于试验机上下夹持器之间，并调整至对中状态后夹紧。

F.5.2 以均匀速率加荷，控制在 1～1.5min 内破坏。记录试样破坏时的荷载值，并观测其破坏形式。

F.6 试验结果

F.6.1 正拉粘结强度应按下式计算：

$$f_{ti} = P_i / A_{ai} \qquad (F.6.1)$$

式中 f_{ti}——试样 i 的正拉粘结强度（MPa）；

P_i——试样 i 破坏时的荷载值（N）；

A_{ai}——金属标准块 i 的粘合面面积（mm²）。

F.6.2 试样破坏形式及其正常性判别：

 1 试样破坏形式应按下列规定划分：

  1）内聚破坏：应分为基材混凝土内聚破坏和受检粘结材料的内聚破坏；后者可见于使用低性能、低质量胶粘剂或聚合物砂浆的场合。

  2）黏附破坏（层间破坏）：应分为胶层或砂浆层与基材之间的界面破坏及胶层与纤维复合材或钢板之间的界面破坏。

  3）混合破坏：粘合面出现两种或两种以上的破坏形式。

 2 破坏形式正常性判别，应符合下列规定：

  1）当破坏形式为基材混凝土内聚破坏，或虽出现两种或两种以上的破坏形式，但基材混凝土内聚破坏形式的破坏面积占粘合面面积85%以上，均可判为正常破坏。

  2）当破坏形式为黏附破坏、粘结材料内聚破坏或基材混凝土内聚破坏面积少于85%的混合破坏，均应判为不正常破坏。

 注：钢标准块与检验用高强、快固化胶粘剂之间的界面破坏，属检验技术问题，应重新粘贴；不参与破坏形式正常性评定。

F.7 试验结果的合格评定

F.7.1 组试验结果的合格评定，应符合下列规定：

 1 当一组内每一试件的破坏形式均属正常时，应舍去组内最大值和最小值，而以中间三个值的平均值作为该组试验结果的正拉粘结强度推定值；若该推定值不低于本规范第4章规定的相应指标，则可评该组试件正拉粘结强度检验结果合格；

 2 当一组内仅有一个试件的破坏形式不正常，允许以加倍试件重做一组试验。若试验结果全数达到上述要求，则仍可评该组为试验合格组。

F.7.2 检验批试验结果的合格评定应符合下列要求：

 1 若一检验批的每一组均为试验合格组，则应评该批粘结材料的正拉粘结性能符合安全使用的要求；

 2 若一检验批中有一组或一组以上为不合格组，则应评该批粘结材料的正拉粘结性能不符合安全使用要求；

 3 若检验批由不少于20组试件组成，且仅有一组被评为试验不合格组，则仍可评该批粘结材料的正拉粘接性能符合使用要求。

F.7.3 试验报告应包括下列内容：

 1 受检胶粘剂或复合砂浆的品种、型号和批号；

2 抽样规则及抽样数量；
3 试件制备方法及养护条件；
4 试件的编号和尺寸；
5 试验环境的温度和相对湿度；
6 仪器设备的型号、量程和检定日期；
7 加荷方式及加荷速度；
8 试件的破坏荷载及破坏形式；
9 试验结果整理和计算；
10 试验人员、校核人员及试验日期。

附录 G 富填料胶体、聚合物砂浆体劈裂抗拉强度测定方法

G.1 适用范围

G.1.1 本方法适用于测定粘结锚固件用胶粘剂、粘结钢丝绳网片用聚合物砂浆以及其他富填料胶体的劈裂抗拉强度。

G.1.2 本方法仅适用于圆柱体试件的劈裂抗拉试验；不得引用于立方体劈裂抗拉试验。

G.2 试件

G.2.1 劈裂抗拉试件的直径为20mm；长度为40mm；允许偏差为±0.1mm；由受检的胶粘剂或聚合物砂浆浇注而成。试件的养护方法及养护要求应符合产品使用说明书的规定，但养护时间，对胶粘剂和聚合物砂聚，应分别以7d和28d为准。

G.2.2 试件拆模后，应检查其表面的缺陷；凡有裂纹、麻面、孔洞、缺陷的试件不得使用。

G.2.3 劈裂抗拉试验的试件数量，每组不应少于3个。

G.3 试验设备及装置

G.3.1 劈裂抗拉试件的制作应在专门的模具中浇注而成。模具可自行设计，但应便于脱模，且不应伤及试件；模具的内壁应经抛光，其光洁度应达到▽。其他技术要求应符合现行行业标准《混凝土试模》JG 3019 的规定。

G.3.2 劈裂抗拉试件的加载，应采用最大压力标定值不大于4000N的压力试验机；其力值的示值误差不应大于1%；每年应检定一次。试件的破坏荷载应处于试验机标定满负荷的20%～80%之间。

G.3.3 劈拉试验装置，由加载钢压头、带小压头钢底座及钢定位架等组成（图G.3.3）。

G.4 试验步骤

G.4.1 圆柱体劈裂抗拉强度试验步骤应符合下列规定：

1 试件从养护室取出后应及时进行试验；先将试件擦拭干净，与垫层接触的试件表

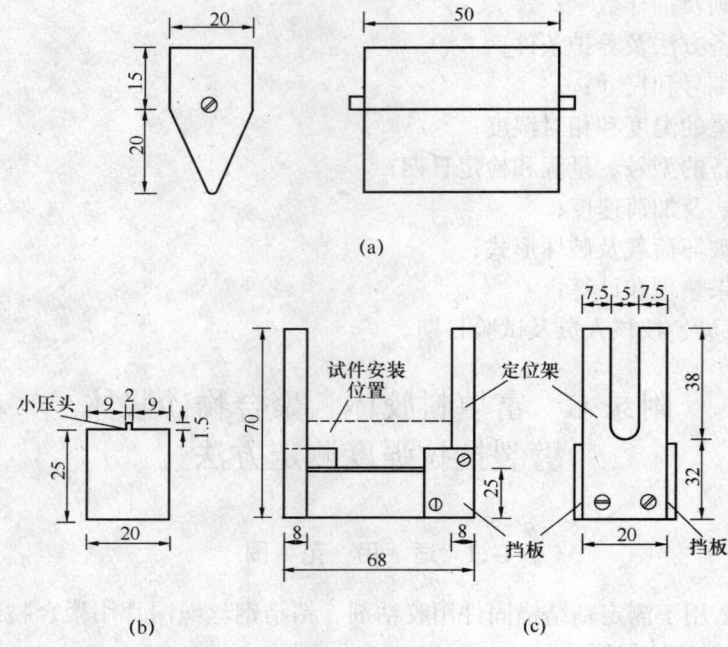

图 G.3.3 劈拉试验装置
（a）加载钢压头；（b）钢底座；（c）试验装置的组装
注：单位为 mm

面应清除掉一切浮渣和其他附着物。

2 标出两条承压线。这两条线应位于同一轴向平面，并彼此相对，两线的末端应能在试件的端面上相连，以判断划线的正确性。

3 将嵌有试件的试验装置于试验机中心，在上下压头与试件承压线之间各垫一条截面尺寸为 2mm×2mm 木垫条，圆柱体试件的水平轴线应在上下垫条之间保持水平，与水平轴线相垂直的承压线应位于垫条的中心，其上下位置应对准（图 G.4.1）。

4 施加荷载应连续均匀地进行，并控制在 1～1.5min 内破坏。

5 试件破坏时，应记录其最大荷载值及破坏形式。

G.4.2 当按本附录第 G.4.1 条规定的试验步骤进行试验时，若试件的破坏形式不是劈裂破坏，应检查试件的上下对中情况是否符合要求；若对中没有问题，应检查试件的原材料是否固化不良，或不属于富填料的粘结材料。

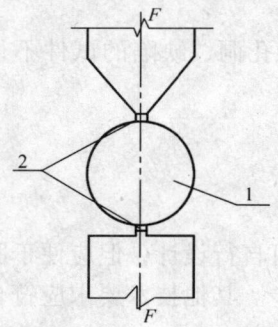

图 G.4.1 试件安装示意图
1—试件；2—木垫条

G.5 试 验 结 果

G.5.1 圆柱体试件劈裂抗拉强度试验结果的整理应符合下列规定：

1 圆柱体劈裂抗拉强度应按下式计算：

$$f_{ct} = \frac{2F}{\pi dl} = \frac{0.637F}{dl} \tag{G.5.1}$$

式中 f_{ct}——圆柱体劈裂抗拉强度测试值（MPa）；
　　　F——试件破坏荷载（N）；
　　　d——劈裂面的试件直径（mm）；
　　　l——试件的长度（mm）。
　圆柱体劈裂抗拉强度计算精确至 0.01MPa。
　2 圆柱体劈裂抗拉强度有效值应按下列规定进行确定：
　　　1）以三个测值的算术平均值作为该组试件的有效强度值；
　　　2）若一组测值中，有一最大值或最小值，与中间值之差大于 15%时，以中间值作为该组试件的有效强度值；
　　　3）若最大值和最小值与中间值之差均大于 15%，则该组试验结果无效，应重做。
G.5.2 当需要计算劈裂抗拉试验结果的标准差及变异系数时，应至少有 15 个有效强度值。
G.5.3 试验报告应包括下列内容：
　1 受检富填料胶粘剂或聚合物砂浆的品种、型号和批号；
　2 抽样规则及抽样数量；
　3 试件制备方法及养护条件；
　4 试件的编号和尺寸；
　5 试验环境的温度和相对湿度；
　6 试验设备的型号、量程及检定日期；
　7 加荷方式及加荷速度；
　8 试样的破坏荷载及破坏形式；
　9 试验结果的整理和计算；
　10 试验人员、校核人员及试验日期。

附录 H 高强聚合物砂浆体抗折强度测定方法

H.1 适 用 范 围

H.1.1 本方法适用于高强聚合物砂浆体抗折强度的测定。

H.2 试验装置和设备

H.2.1 浇注试件用的模具应符合下列要求：
　1 应为可拆卸的钢制模具；其钢材宜为 45 号钢；模具内表面的光洁度应达▽3。
　2 模具尺寸的允许偏差应符合下列规定：
　　　1）模内净截面各边尺寸的偏差不得超过 0.20mm；模内净长度的偏差不得超过 1mm；
　　　2）模内相邻面的夹角应为 90°，其偏差不得超过 0.5°；
　　　3）模具各边组成的上表面，其平面度偏差不得超过短边长度的 1.5%。
　3 模具的拆卸构造不应在操作时伤及试件。

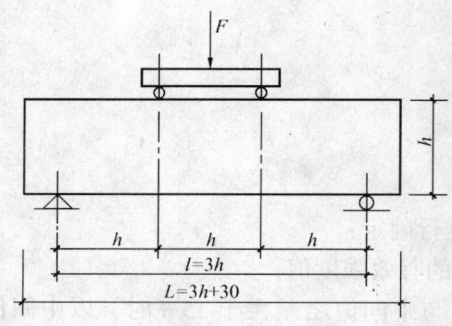

图 H.2.5 抗折试验装置
注：单位为 mm

H.2.2 当浇注试件需经振捣成型时，振动台的技术性能和质量应符合现行行业标准《混凝土试验室用振动台》JG/T 3020 的规定。

H.2.3 抗折试验使用的压力试验机应为液压式压力试验机，其测量精度应达 ±1.0%；试验机应能均匀、连续、速度可控地施加荷载；试件破坏荷载应处于压力机标定满负荷的 20%~80% 之间。

H.2.4 试件的支座和加载压头应为直径 10mm、长 35mm 的 45 号钢圆柱体；分配荷载的钢板，也应采用 45 号钢制成；其尺寸应为 10mm × 35mm × 50mm。

H.2.5 抗折试验装置，应为图 H.2.5 所示的三分点加荷装置。

H.3 取样规则

H.3.1 验证性试验用的抗折试样，应在试验室按产品使用说明书的要求专门配制，并按每盘拌合物取样制作一组试件，每组不少于 5 个试件的原则确定应拌合的盘数。拌合时试验室的温度应在 (23±2)℃。

H.3.2 工程质量检验用的抗折试样，应在现场随机选取 3 盘拌合物，每盘取样制作一组试件，每组试件不应少于 3 个。

H.3.3 拌合物取样后，应在产品说明书规定的适用期（按分钟计）内浇注成试件；不得使用逾期的拌合物浇注试件。

H.4 试件制备

H.4.1 高强聚合物砂浆的抗折强度测定，应采用截面为 30mm × 30mm、长度为 120mm 的棱柱形试件。

H.4.2 试件应在符合本附录第 H.2.1 条要求的模具中制作、浇注、捣实和养护；其养护制度和拆模时间应按聚合物砂浆产品使用说明书确定，但养护时间应以 28d 为准。

H.4.3 试件拆模后，应检查试件表面的缺陷；凡有裂纹、麻点、孔洞、缺损的试件应弃用。

H.5 试验步骤

H.5.1 试件养护到期后应及时进行试验，若因故需推迟试验不得超过 1d。

H.5.2 在试验机中按图 H.2.5 安装试件时，应以试件成型时的侧面作为加荷的承压面，并应从试验机前后两面对试件进行对中，若发现试件与支座或施力点接触不严或不稳时，应予以垫平。

H.5.3 试件加荷应均匀、连续，并应控制在 1.5~2.0min 内破坏，破坏时除应记录试验机荷载示值外，还应记录破坏点位置及破坏形式。

当试件的破坏点位于两集中荷载作用线之间时为正常破坏；若破坏点位于集中荷载作

用线与支座之间时为非正常破坏。

H.6 试 验 结 果

H.6.1 正常破坏的试件，其抗折强度值 f_b 应按下式计算：

$$f_b = Pl_b/bh^2 \tag{H.6.1}$$

式中 P——试件破坏荷载（N）；
l_b——试件跨度（mm）；
b 和 h——试件截面的宽度和高度（mm）。

抗折强度计算应精确至 0.1MPa。

H.6.2 一组试件的抗折强度值的确定应符合下列规定：
 1 当一组试件的破坏均属正常破坏时，以全组测值的算术平均值表示；
 2 当一组试件中仅有一个测值为非正常破坏时，应弃去该测值，而以其余测值的算术平均值表示；
 3 当一组试件中非正常破坏值不止一个时，该组试验无效。

H.6.3 试验报告应包括下列内容：
 1 受检材料的品种、型号和批号；
 2 抽样规则及抽样数量；
 3 试件制备方法及养护条件；
 4 试件的编号和尺寸；
 5 试验环境的温度和相对湿度；
 6 仪器设备的型号、量程和检定日期；
 7 加荷方式及加荷速度；
 8 试件破坏荷载及破坏形式；
 9 试验结果的整理和计算；
 10 试验人员、校核人员及试验日期。

附录 J 富填料粘结材料拉伸抗剪强度测定方法
（钢套筒法）

J.1 适用范围及应用条件

J.1.1 本方法适用于以富填料结构胶粘剂为粘结材料粘合带肋钢筋与钢套筒的拉伸抗剪强度测定；也可用于高强聚合物砂浆粘合钢丝绳与钢套筒的拉伸抗剪强度测定。

J.1.2 本方法为富填料粘结材料的专用方法，不得用于测定其他用途胶粘剂的拉伸抗剪强度。

J.2 试验设备及装置

J.2.1 试验机的加荷能力，应使试件的破坏荷载处于试验机标定满负荷的 20%～80% 之间。试验机力值的示值误差不应大于 1%。

试验机应能连续、平稳、速率可控地施荷。

J.2.2 夹持器及其夹具

试验配备的夹持器及其夹具，应能自动对中，使力线与试样的轴线始终保持一致。

J.3 试 件

J.3.1 试件由受检胶粘剂粘结直径为12mm的带肋钢筋与专用钢套筒组成（图J.3.1）。试件的剪切面长度为(36±0.5)mm。当检验聚合物砂浆时，应采用直径为5mm的钢丝绳替代带肋钢筋。此时，试件的剪切面长度为(35±0.5)mm，即钢丝绳埋深为$7d$（d为绳径），其他不变。

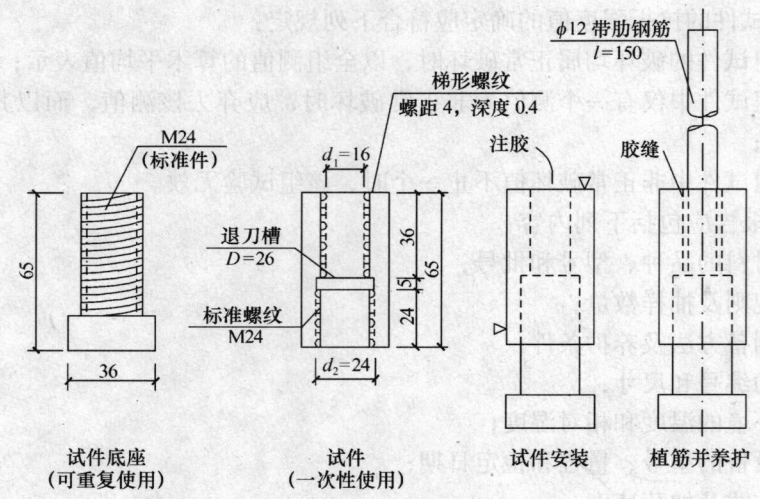

图 J.3.1 标准试件的形式与尺寸（mm）

J.3.2 受检胶粘剂或聚合物砂浆应按规定的抽样规则从一定批量的产品中抽取。

J.3.3 专用钢套筒应采用45号碳钢制作。套筒内壁应有螺距为4mm、深度为0.4mm的梯形螺纹。

J.3.4 试件数量应符合下列规定：
1 常规检验的试件：每组不应少于5个；
2 确定抗剪强度标准值的试件数量应按本规范第3.2节确定。

J.4 试件制备

J.4.1 钢筋、钢丝绳和钢套筒，应经除锈、除油污；套筒内壁尚应无毛刺；粘结前，钢筋和套筒应用工业丙酮清洗一遍。

J.4.2 钢筋、钢丝绳的直径以及套筒的内径和深度，应用量具测量，精确到0.05mm。

J.4.3 粘结时，胶粘剂或聚合物砂浆的配合比及其粘结工艺要求应按该产品的使用说明书确定，但养护时间，对胶粘剂和聚合物砂浆应分别以7d和28d为准。

J.5 试验条件

J.5.1 试件应在胶粘剂或聚合物砂浆养护到期的当日进行试验。若因故需推迟试验日期，应征得有关方面一致同意，且不得超过1d。

J.5.2 试验应在室温为（23±2）℃的环境中进行。仲裁性试验或对环境湿度敏感的胶粘剂，其相对湿度应控制在45%～55%之间。

J.5.3 对温度、湿度有要求的试验，其试件在测试前的调控时间不应少于24h。

J.6 试 验 步 骤

J.6.1 试验时应将试件（图J.6.1）对称地夹持在夹具中；夹持长度不应少于50mm。

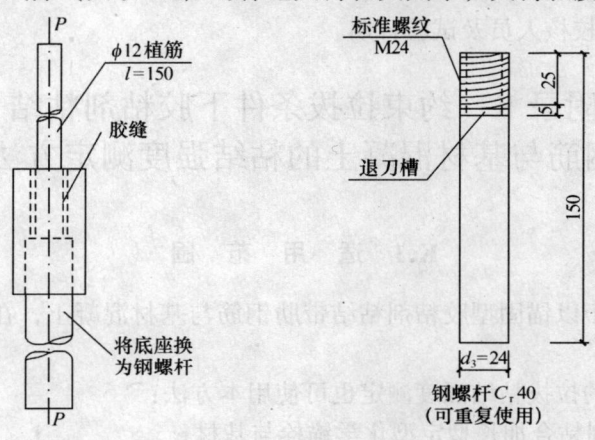

图J.6.1 试件安装钢螺杆

J.6.2 开动试验机，以连续、均匀的速率加荷；自试样加荷至破坏的时间应控制在1～3min内。

J.6.3 试样破坏时，应记录其最大荷载值，并记录粘结的破坏形式（如内聚破坏、黏附破坏等）。

J.7 试 验 结 果

J.7.1 胶粘剂或聚合物砂浆的抗剪强度f_{vu}，应按下列公式计算：

1 胶粘剂

$$f_{vu} = P/0.8\pi Dl \quad (J.7.1-1)$$

2 聚合物砂浆

$$f_{vu} = P/\pi dl \quad (J.7.1-2)$$

式中 P——拉伸的破坏荷载（N）；
　　　D——钢套筒的内径（mm）；
　　　l——粘结面长度（mm）；
　　　d——钢丝绳的公称直径（mm）。

J.7.2 试验结果的计算应取三位有效数字。

J.7.3 试验报告应包括下列内容：

1 受检粘结材料的品种、型号和批号；

2 抽样规则及抽样数量；

3 试件制备方法及养护条件；
4 试件的编号及其剪切面的尺寸；
5 试验环境的温度和相对湿度；
6 仪器设备的型号、量程和检定日期；
7 加荷方式及加荷速度；
8 试件破坏荷载及破坏形式；
9 试验结果的整理和计算；
10 试验人员、校核人员及试验日期。

附录K 约束拉拔条件下胶粘剂粘结钢筋与基材混凝土的粘结强度测定方法

K.1 适用范围

K.1.1 本方法适用于以锚固型胶粘剂粘结带肋钢筋与基材混凝土，在约束拉拔条件下测定其粘结强度。

K.1.2 对下列材料的拉拔粘结强度测定也可使用本方法：
1 以专用胶粘剂粘合加长型定型化学锚栓与基材；
2 以全螺纹螺杆替代带肋钢筋的粘结强度测定。

K.2 试验设备和装置

K.2.1 由油压穿心千斤顶、力值传感器、钢制夹具、约束用的钢垫板等组成的约束拉拔式粘结强度检测仪（图K.2.1）；宜配备300kN和60kN穿心千斤顶各一台；其力值传感器测量精度应达±1.0%；试件破坏荷载应处于拉拔装置标定满负荷的20%～80%之间。若

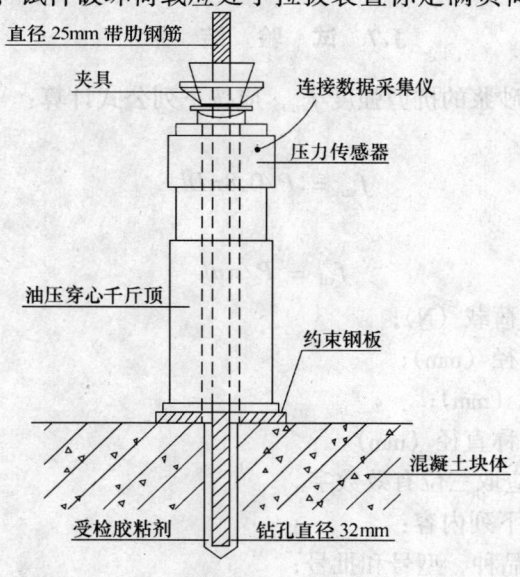

图K.2.1 约束拉拔式粘结强度检测仪示意图

需测定拉拔过程的位移，尚应配备位移传感器和力-位移数据同步采集仪及笔记本电脑和适用的绘图程序。

拉拔仪应每年检定一次。

K.2.2 约束用的钢垫板应为中心开孔的圆形钢板；钢板直径不应小于180mm；板中心应开有直径为36mm的圆孔；板厚为15～20mm；上下板面应刨平。

K.2.3 植筋用的混凝土块体应按种植15根Φ25带肋钢筋进行设计，并应符合下列规定：

1 块体尺寸：其长度、宽度和高度应分别不小于1260mm、1060mm和250mm。

2 块体混凝土强度等级：一块应为C30级；另一块应为C60级。

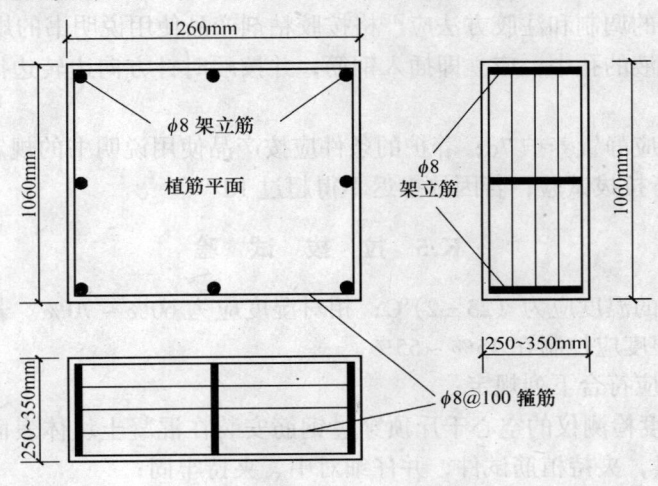

图 K.2.3 植筋用混凝土块体配筋图

3 块体配筋：仅配置架立钢筋和箍筋；若需吊装，尚应设置吊环；必要时，还可在块体底部配少量纵向钢筋；具体构造如图 K.2.3 所示。钢筋保护层厚度为30mm、吊环预埋位置及底部配筋位置可根据实际情况确定。

4 外观要求：混凝土表面应平整。

K.2.4 植筋用的钻孔机械，可根据试验设计的要求进行选择。当采用水钻机械时，钻孔后，应对孔壁进行干燥和糙化处理。

K.3 试 件

K.3.1 本试验的试件由受检胶粘剂和植入混凝土块体的热轧带肋钢筋组成。

K.3.2 热轧带肋钢筋的公称直径应为25mm；钢筋等级不宜低于400级；其表面应无锈迹、油污和尘土污染；外观应平直，无弯曲，其相对肋面积应在0.055～0.065之间。钢筋的长度应根据其埋深及夹具尺寸和检测仪的千斤顶高度确定。

钢筋的植入深度，对C30混凝土块体应为150mm（6倍钢筋直径）；对C60混凝土块体应为125mm（5倍钢筋直径）。

K.3.3 受检的胶粘剂应由独立检验单位从成批的产品中通过随机抽样取得；其包装和标志应完好无损，不得采用散装的胶粘剂或过期的胶粘剂进行试验。

K.4 植　筋

K.4.1 植筋前应检测混凝土块材钻孔部位的含水率，其检测结果应符合试验设计的要求。

K.4.2 钻孔的直径及其实测的偏差应符合胶粘剂产品使用说明书的规定。

K.4.3 植筋前的清孔，应采用胶粘剂厂家提供的专用设备，但清孔的吹和刷的次数应比产品使用说明书规定的次数减少一半；若产品使用说明书的规定为两吹一刷，则实际操作时只吹一次而不再刷；若产品使用说明书未规定清孔的方法和次数，则试验时不得进行清孔。

K.4.4 植筋胶液的调制和注胶方法应严格按胶粘剂产品使用说明书的规定执行。

K.4.5 在注入胶液的孔中，应立即插入钢筋，并按顺时针方向边转边插，直至达到规定的深度。

K.4.6 植筋完毕应静置养护7d；养护的条件应按产品使用说明书的规定执行；养护到期的当天应立即进行拉拔试验；若因故推迟不得超过1d。

K.5 拉 拔 试 验

K.5.1 试验环境的温度应为（23±2）℃；相对湿度应为60%~70%。若受检的胶粘剂对湿度敏感，相对湿度应控制在45%~55%。

K.5.2 试验步骤应符合下列规定：
1 将粘结强度检测仪的空心千斤顶穿过钢筋安装在混凝土块体表面的钢垫板上，并通过其上部的夹具，夹持植筋试件，并仔细对中、夹持牢固；
2 启动可控油门，均匀、连续地施荷，并控制在2~3min内破坏；
3 记录破坏时的荷载值及破坏形式。

K.6 试 验 结 果

K.6.1 约束拉拔条件下的粘结强度$f_{b,c}$，应按下式计算：

$$f_{b,c} = N_u / \pi d_0 l_b \tag{K.6.1}$$

式中　N_u——拉拔的破坏荷载（N）；
　　　d_0——钢筋公称直径（mm）；
　　　l_b——钢筋锚固深度（mm）；$l_b = 7d_0$。

K.6.2 破坏形式应符合下列情况，若遇到钢筋先屈服的情况，应检查其原因，并重新制作试件进行试验。
1 胶粘剂与混凝土粘合面粘附破坏；
2 胶粘剂与钢筋粘合面粘附破坏；
3 混合破坏。

K.6.3 试验报告应包括下列内容：
1 受检胶粘剂的品种、型号和批号；
2 抽样规则及抽样数量；
3 钻孔、清孔及植筋方法；
4 植筋实测的埋深及植筋编号；

5 试验环境的温度和相对湿度；
6 仪器设备的型号、量程和检定日期；
7 加荷方式及加荷速度；
8 试件破坏荷载及破坏形式；
9 试验结果的整理和计算；
10 试验人员、校核人员及试验日期。

附录 L 结构用胶粘剂湿热老化性能测定方法

L.1 适用范围及应用条件

L.1.1 本方法适用于结构胶粘剂耐老化基本性能的测定。

注：当高强聚合物砂浆采用钢套筒法（本规范附录 J）测定其耐老化基本性能时，也可采用本方法。

L.1.2 采用本方法进行老化试验的胶粘剂应符合下列条件：
1 该结构胶粘剂产品已通过胶体性能和胶粘剂粘结能力的检验；
2 被检验的结构胶粘剂应来源于成批产品的随机抽样。

L.2 试验设备及试验用水

L.2.1 试件的老化应在可程式恒温恒湿试验机中进行。该机老化箱内的温度和相对湿度应能自动控制、连续记录，并保持稳定；箱内的空气流速应能保持在 0.5~1.0m/s；箱壁和箱顶的冷凝水应能自动除去，不得滴在试件上。

L.2.2 试验机用水应采用蒸馏水或去离子水；未经纯化的冷凝水不得再重复利用。仲裁性试验机用水，还应要求其电阻率不得小于 500Ω·m。湿球系统也应采用相同水质的水。每次试验前应更换湿球纱布及剩水，且纱布使用期不得超过 30d。

L.2.3 试验机电源应为双电源，并应能在工作电源断电时自动切换；任何原因引起的短时间断电，均应记录在案备查。

L.3 试 件

L.3.1 老化性能的测定应采用钢对钢拉伸剪切试件，并应按现行国家标准《胶粘剂拉伸剪切强度测定方法（金属对金属）》GB/T 7124 的规定和要求制备，粘结用的金属试片应为粘合面经过糙化处理的 45 号钢。

对富填料粘结材料的老化性能测定应采用本规范附录 J 规定的套筒式试件。

L.3.2 试件的数量不应少于 15 个，且应随机均分为 3 组；其中一组为对照组，另两组为老化试验组。

L.3.3 试件胶缝经 7d 固化后，应对金属外露表面涂以防锈油漆进行密封，但应防止油漆粘染胶缝。

L.4 试 验 条 件

L.4.1 湿热条件应符合下列规定：

1 温度：应保持 50_{-1}^{+2}℃；
2 相对湿度：应保持 95%～100%；
3 恒温、恒湿时间：自箱内温、湿度达到规定值算起，应为 60d 或 90d。

L.4.2 升温、恒温及降温过程的控制

1 升温制度

应在 1.5～2h 内，使老化箱内温度自 (25_{-1}^{+3})℃ 连续、均匀地升至 (50_{-1}^{+3})℃；相对湿度也应升至 95% 以上；此过程中试样表面应有凝结水出现。

2 恒温、恒湿制度

老化箱内有效工作区的温、湿度应均匀，且无明显波动；应按传感器的示值进行实时监控。

3 降温制度

应在连续恒温达到 90d（对 B 级胶为 60d）时立即开始降温，且应在 1.5～2h 内从 50℃ 连续、均匀地降至 $(25±2)$℃；但相对湿度仍应保持在 95% 以上。

L.5 试 验 步 骤

L.5.1 老化性能测定的步骤应符合下列规定：

1 试件完全固化时应立即按现行国家标准《胶粘剂拉伸剪切强度测定方法（金属对金属）》GB/T 7124 的规定，先测定对照组试件的初始抗剪强度。

2 将老化试验组的试件放入老化箱内，试件相互之间、试件与箱壁之间不得接触。对仲裁性试验，试样与箱壁、箱底和箱顶的距离不应少于 150mm。

3 老化试验的温度和湿度控制应按本附录 L.4 节的规定和要求进行。

4 在试验过程中，若需取出或放入试样，开启箱门的时间应短暂，防止试样表面出现凝结水珠。

5 在恒温、恒湿达到 30d 时，应取出一组试件进行抗剪试验。若试件抗剪强度降低百分率大于 15%，该老化试验即可中止。若抗剪强度降低百分率小于 15%，应继续进行至规定时间。

6 试验达到 90d（对 B 级胶为 60d），并降温至 35℃ 时，即可将试样取出置于密闭器皿中，待与室温平衡后，逐个进行抗剪破坏试验，且每组试验均应在 30min 内完成。

L.6 试 验 结 果

L.6.1 老化试验完成后，应按下式计算抗剪强度降低百分率，取二位有效数字：

$$\rho_{R,i} = \frac{R_{0,i} - R_i}{R_{0,i}} \times 100\% \quad (L.6.1)$$

式中 $\rho_{R,i}$ ——第 i 组老化试验后抗剪强度降低百分率（%）；
$R_{0,i}$ ——对照组试样初始抗剪强度算术平均值；
R_i ——经老化试验后第 i 组试样抗剪强度算术平均值。

L.7 试 验 报 告

L.7.1 湿热老化试验报告应包括下列各项内容：

1 试验项目名称；
2 试样来源及试件制备情况；
3 试件试验前外观状态；
4 采用的试验条件和试件状态调节过程；
5 采用的设备、仪器型号及其检定日期；
6 试验开始和结束日期、实验室的温度及相对湿度；
7 试验过程老化箱内温湿度控制情况（若遇短时间停电，应作记录）；
8 试件的破坏荷载及破坏形式；
9 试验结果的整理和计算；
10 试验人员、校核人员及试验负责人。

附录 M 锚栓连接受力分析方法

M.1 锚栓拉力作用值计算

M.1.1 锚栓受拉力作用（图 M.1.1-1 及图 M.1.1-2）时，其受力分析应遵守下列基本假定：

1 锚板具有足够的刚度，其弯曲变形可忽略不计；
2 同一锚板的各锚栓，具有相同的刚度和弹性模量；其所承受的拉力，可按弹性分析方法确定；
3 处于锚板受压区的锚栓不承受压力，该压力直接由锚板下的混凝土承担。

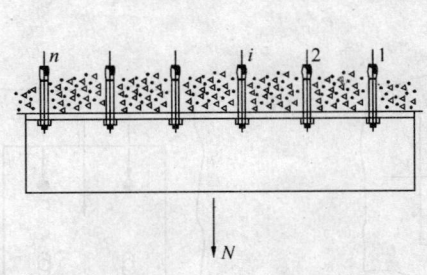
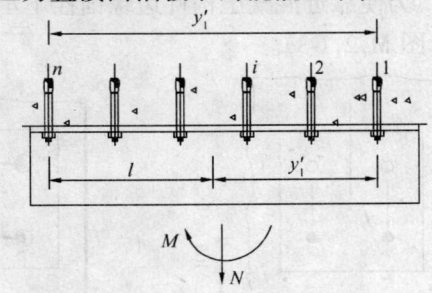

图 M.1.1-1 轴向拉力作用　　　图 M.1.1-2 拉力和弯矩共同作用

M.1.2 在轴向拉力与外力矩共同作用下，应按下列公式计算确定锚板中受力最大锚栓的拉力设计值 N_h：

1 当 $N/n - My_1/\Sigma y_i^2 \geq 0$ 时

$$N_h = N/n + (My_1/\Sigma y_i^2) \qquad (M.1.2-1)$$

2 当 $N/n - My_1/\Sigma y_i^2 < 0$ 时

$$N_h = (M + N \cdot l)y_1'/\Sigma (y_i')^2 \qquad (M.1.2-2)$$

式中　N 和 M——分别为轴向拉力和弯矩的设计值；
　　　y_1、y_i——锚栓 1 及 i 至群锚形心的距离；

y'_1、y'_i——锚栓1及i至最外排受压锚栓的距离;

l——轴力N至最外排受压锚栓的距离;

n——锚栓个数。

注:当外力距$M=0$时,上式计算结果即为轴向拉力作用下每一锚栓所承受的拉力设计值N_i。

M.2 锚栓剪力作用值计算

M.2.1 作用于锚板上的剪力和扭矩在群锚中的内力分配,按下列三种情况计算:

1 若锚板孔径与锚栓直径符合表M.2.1的规定,且边距不小于$10h_{ef}$,则所有锚栓均匀承受剪力(图M.2.1-1);

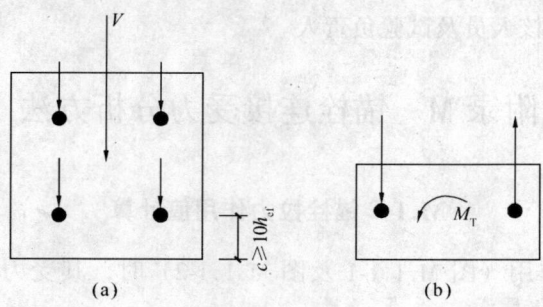

图 M.2.1-1 锚栓均匀受剪

2 若边距小于$10h_{ef}$(图M.2.1-2a)或锚板孔径大于表M.2.1的规定值(图M.2.1-2b),则只有部分锚栓(以图中黑色者表示)承受剪力;

3 为使靠近混凝土构件边缘锚栓不承受剪力,可在锚板相应位置沿剪力方向开椭圆形孔(图M.2.1-3)。

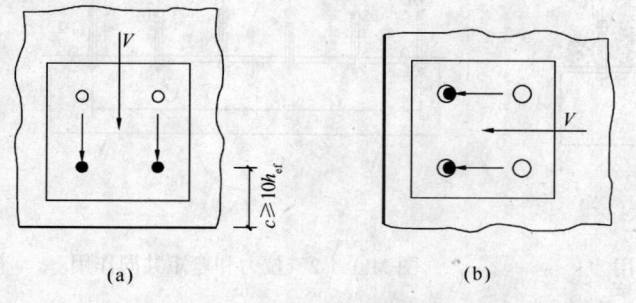 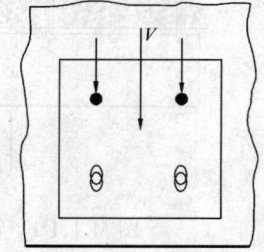

图 M.2.1-2 锚栓处于不利情况下受剪　　图 M.2.1-3 控制剪力
(a)边距过小;(b)锚板孔径过大　　　　　　　分配方法

表 M.2.1 锚板孔径(mm)

锚栓公称直径 d_0	6	8	10	12	14	16	18	20	22	24	27	30
锚板孔径 d_f	7	9	12	14	16	18	20	22	24	26	30	33

M.2.2 剪切荷载通过受剪锚栓形心(图M.2.2)时,群锚中各受剪锚栓的受力应按下式确定:

$$V_i^V = \sqrt{(V_{ix}^V)^2 + (V_{iy}^V)^2} \quad (M.2.2-1)$$

$$V_{ix}^V = V_x/n_x \quad \text{(M.2.2-2)}$$
$$V_{iy}^V = V_y/n_y \quad \text{(M.2.2-3)}$$

式中 V_{ix}^V、V_{iy}^V ——分别为锚栓 i 在 x 和 y 方向的剪力分量；

V_i^V ——剪力设计值 V 作用下锚栓 i 的组合剪力设计值；

V_x、n_x ——剪力设计值 V 的 x 分量及 x 方向参与受剪的锚栓数目；

V_y、n_y ——剪力设计值 V 的 y 分量及 y 方向参与受剪的锚栓数目。

M.2.3 群锚在扭矩 T（图 M.2.3）作用下，各受剪锚栓的受力应按下列公式确定：

$$V_i^T = \sqrt{(V_{ix}^T)^2 + (V_{iy}^T)^2} \quad \text{(M.2.3-1)}$$

$$V_{ix}^T = \frac{T \cdot y_i}{\sum x_i^2 + \sum y_i^2} \quad \text{(M.2.3-2)}$$

$$V_{iy}^T = \frac{T \cdot x_i}{\sum x_i^2 + \sum y_i^2} \quad \text{(M.2.3-3)}$$

式中 T ——外扭矩设计值；

V_{ix}^T、V_{iy}^T —— T 作用下锚栓 i 所受剪力的 x 分量和 y 分量；

V_i^T —— T 作用下锚栓 i 的剪力设计值；

x_i、y_i ——锚栓 i 至以群锚形心为原点的坐标距离。

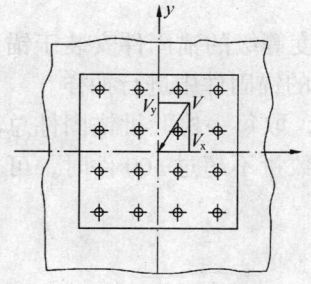
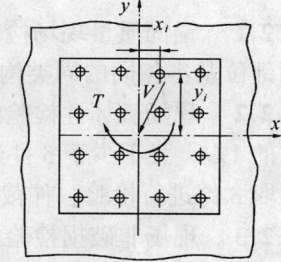

图 M.2.2 受剪力作用　　　图 M.2.3 受扭矩作用　　　图 M.2.4 剪力与扭矩共同作用

M.2.4 群锚在剪力和扭矩（图 M.2.4）共同作用下，各受剪锚栓的受力应按下式确定：

$$V_i^g = \sqrt{(V_{ix}^V + V_{ix}^T)^2 + (V_{iy}^V + V_{iy}^T)^2} \quad \text{(M.2.4)}$$

式中 V_i^g ——群锚中锚栓所受组合剪力设计值。

附录 N 锚固承载力现场检验方法及评定标准

N.1 适用范围及应用条件

N.1.1 本方法适用于混凝土结构锚固工程质量的现场检验。

N.1.2 锚固工程质量应按其锚固件抗拔承载力的现场抽样检验结果进行评定。

注：本附录的锚固件仅指种植带肋钢筋、全螺纹螺杆和锚栓。

N.1.3 锚固件抗拔承载力现场检验分为非破损检验和破坏性检验。选用时应符合本附录第 N.1.4 条和第 N.1.5 条的规定。

N.1.4 对下列场合应采用破坏性检验方法对锚固质量进行检验：
  1 重要结构构件；
  2 悬挑结构、构件；
  3 对该工程锚固质量有怀疑；
  4 仲裁性检验。

N.1.5 当按本附录 N.1.4 第 1 款的规定，对重要结构构件锚栓锚固质量采用破坏性检验方法确有困难时，若该批锚栓连接系按本规范的规定进行设计计算，可在征得业主和设计单位同意的情况下，改用非破损抽样检验方法，但必须按表 N.2.3 确定抽样数量。

N.1.6 对一般结构构件，其锚固件锚固质量的现场检验可采用非破损检验方法。

N.1.7 若受现场条件限制，无法进行原位破坏性检验操作时，允许在工程施工的同时（不得后补），在被加固结构近旁，以专门浇筑的同强度等级的混凝土块体为基材种植锚固件，并按规定的时间进行破坏性检验；但应事先征得设计和监理单位的书面同意，并在场见证试验。

  本条规定不得引用于仲裁性检验。

N.2 抽 样 规 则

N.2.1 锚固质量现场检验抽样时，应以同品种、同规格、同强度等级的锚固件安装于锚固部位基本相同的同类构件为一检验批，并应从每一检验批所含的锚固件中进行抽样。

N.2.2 现场破坏性检验的抽样，应选择易修复和易补种的位置，取每一检验批锚固件总数的 1‰，且不少于 5 件进行检验。若锚固件为植筋，且种植的数量不超过 100 件时，可仅取 3 件进行检验。仲裁性检验的取样数量应加倍。

N.2.3 现场非破损检验的抽样，应符合下列规定：
  1 锚栓锚固质量的非破损检验：
    1）对重要结构构件，应在检查该检验批锚栓外观质量合格的基础上，按表 N.2.3 规定的抽样数量，对该检验批的锚栓进行随机抽样。

表 N.2.3 重要结构构件锚栓锚固质量非破损检验抽样表

检验批的锚栓总数	≤100	500	1000	2500	≥5000
按检验批锚栓总数计算的最小抽样量	20%，且不少于 5 件	10%	7%	4%	3%

注：当锚栓总数介于两栏数量之间时，可按线性内插法确定抽样数量。

    2）对一般结构构件，可按重要结构构件抽样量的 50%，且不少于 5 件进行随机抽样。
  2 植筋锚固质量的非破损检验：
    1）对重要结构构件，应按其检验批植筋总数的 3%，且不少于 5 件进行随机抽样。
    2）对一般结构构件，应按 1%，且不少于 3 件进行随机抽样。

N.2.4 当不同行业标准的抽样规则与本规范不一致时，对承重结构加固工程的锚固质量检验，必须按本规范的规定执行。

N.2.5 胶粘的锚固件，其检验应在胶粘剂达到其产品说明书标示的完全固化时间的当天，但不得超过7d进行。若因故需推迟抽样与检验日期，除应征得监理单位同意外，且不得超过3d。

N.3 仪器设备要求

N.3.1 现场检测用的加荷设备，可采用专门的拉拔仪或自行组装的拉拔装置，但应符合下列要求：

1 设备的加荷能力应比预计的检测荷载值至少大20%，且应能连续、平稳、速度可控地运行；

2 设备的测力系统，其整机误差不得超过全量程的±2%，且应具有峰值贮存功能；

3 设备的液压加荷系统在短时（≤5min）保持荷载期间，其降荷值不得大于5%；

4 设备的夹持器应能保持力线与锚固件轴线的对中；

5 设备的支承点与锚固件之间的净间距，不应小于$3d$（d为植筋或锚栓的直径），且不应小于60mm；设备的支承点与锚栓的净间距不应小于$1.5h_{ef}$（h_{ef}为有效埋深）。

N.3.2 当委托方要求检测重要结构锚固件连接的荷载-位移曲线时，现场测量位移的装置，应符合下列要求：

1 仪表的量程不应小于50mm；其测量的误差不应超过±0.02mm；

2 测量位移装置应能与测力系统同步工作，连续记录，测出锚固件相对于混凝土表面的垂直位移，并绘制荷载-位移的全程曲线。

注：若受条件限制，允许采用百分表，以手工操作进行分段记录。此时，在试样到达荷载峰值前，其位移记录点应在12点以上。

N.3.3 现场检验用的仪器设备应定期送检定机构检定。若遇到下列情况之一时，还应及时重新检定：

1 读数出现异常；

2 被拆卸检查或更换零部件后。

N.4 拉拔检验方法

N.4.1 检验锚固拉拔承载力的加荷制度分为连续加荷和分级加荷两种，可根据实际条件进行选用，但应符合下列规定：

1 非破损检验

　　1）连续加荷制度

应以均匀速率在2～3min时间内加荷至设定的检验荷载，并在该荷载下持荷2min。

　　2）分级加荷制度

应将设定的检验荷载均分为10级，每级持荷1min至设定的检验荷载，且持荷2min。

　　3）非破损检验的荷载检验值应符合下列规定：

　　　　a. 对植筋，应取$1.15N_t$作为检验荷载；

　　　　b. 对锚栓，应取$1.3N_t$作为检验荷载。

注：N_t为锚固件连接受拉承载力设计值，应由设计单位提供；检测单位及其他单位均无权自行确定。

2 破坏性检验

　　1）连续加荷制度

对锚栓应以均匀速率控制在 2~3min 时间内加荷至锚固破坏；

对植筋应以均匀速率控制在 2~7min 时间内加荷至锚固破坏。

　　2）分级加荷制度

应按预估的破坏荷载值 N_u 作如下划分：前 8 级，每级 $0.1N_u$，且每级持荷 1~1.5min；自第 9 级起，每级 $0.05N_u$，且每级持荷 30s，直至锚固破坏。

N.5 检验结果的评定

N.5.1 非破损检验的评定，应根据所抽取的锚固试样在持荷期间的宏观状态，按下列规定进行：

　　1 当试样在持荷期间锚固件无滑移、基材混凝土无裂纹或其他局部损坏迹象出现，且施荷装置的荷载示值在 2min 内无下降或下降幅度不超过 5% 的检验荷载时，应评定其锚固质量合格。

　　2 当一个检验批所抽取的试样全数合格时，应评定该批为合格批。

　　3 当一个检验批所抽取的试样中仅有 5% 或 5% 以下不合格（不足一根，按一根计）时，应另抽 3 根试样进行破坏性检验。若检验结果全数合格，该检验批仍可评为合格批。

　　4 当一个检验批抽取的试样中不止 5%（不足一根，按一根计）不合格时，应评定该批为不合格批，且不得重做任何检验。

N.5.2 破坏性检验结果的评定，应按下列规定进行：

　　1 当检验结果符合下列要求时，其锚固质量评为合格：

$$N_{u,m} \geqslant [\gamma_u] N_t \quad (N.5.2\text{-}1)$$

　　且

$$N_{u,\min} \geqslant 0.85 N_{u,m} \quad (N.5.2\text{-}2)$$

式中　$N_{u,m}$——受检验锚固件极限抗拔力实测平均值；

　　　　$N_{u,\min}$——受检验锚固件极限抗拔力实测最小值；

　　　　N_t——受检验锚固件连接的轴向受拉承载力设计值；

　　　　$[\gamma_u]$——破坏性检验安全系数，按表 N.5.2 取用。

　　2 当 $N_{u,m} < [\gamma_u] N_t$，或 $N_{u,\min} < 0.85 N_{u,m}$ 时，应评该锚固质量不合格。

表 N.5.2 检验用安全系数 $[\gamma_u]$

锚固件种类	破坏类型	
	钢材破坏	非钢材破坏
植 筋	≥1.45	—
锚 栓	≥1.65	≥3.5

附录 P 钢丝绳网片-聚合物砂浆外加层加固法

P.1 设计规定

P.1.1 本方法适用于钢筋混凝土受弯和大偏心受压构件的加固。

本方法不适用于素混凝土构件，包括纵向受力钢筋配筋率低于现行国家标准《混凝土结构设计规范》GB 50010 规定的最小配筋率的构件的加固。

P.1.2 采用本方法时，原结构、构件按现场检测结果推定的混凝土强度等级不应低于C15级，且混凝土表面的正拉粘结强度不应低于 1.5MPa。

P.1.3 采用钢丝绳网片-聚合物砂浆外加层加固混凝土结构构件时，应将网片设计成仅承受拉应力作用，并能与混凝土变形协调、共同受力。

注：单股钢丝绳也称钢绞线（图 P.5.1）。

P.1.4 钢丝绳网片-聚合物砂浆外加层应采用下列构造方式对混凝土结构构件进行加固：

1 梁和柱，应采用三面或四面围套的外加层构造（图 P.1.4a 和图 P.1.4b）；

2 板和墙，可采用单面的外加层构造（图 P.1.4c）；也可采用对称的双面外加层构造（图 P.1.4d）。

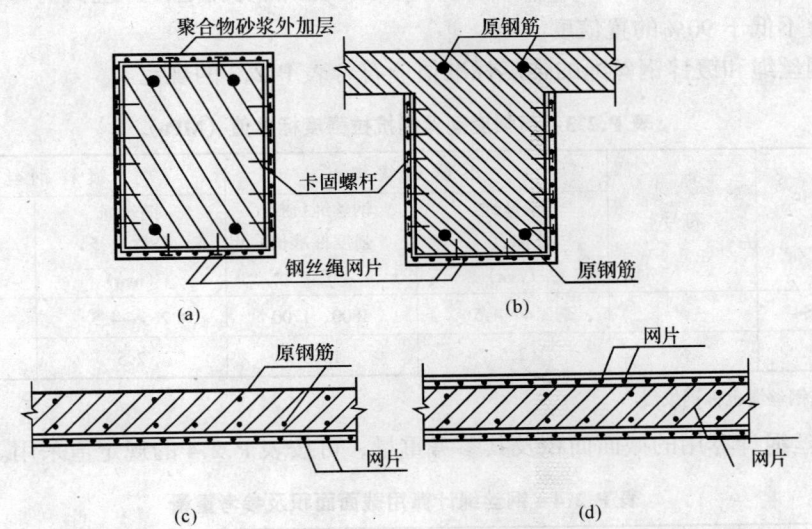

图 P.1.4 钢丝绳网片-聚合物砂浆外加层构造示意图
(a) 四面围套的外加层；(b) 三面围套的外加层；(c) 单层外加层；(d) 双层外加层

P.1.5 采用本方法加固的混凝土结构，其长期使用的环境温度不应高于 60℃。处于特殊环境下（如介质腐蚀、高温、高湿、放射等）的混凝土结构，其加固除应采用耐环境因素作用的聚合物配制砂浆外，尚应遵守现行国家标准《工业建筑防腐蚀设计规范》GB 50046 的规定，并采取相应的防护措施。

P.1.6 当被加固结构、构件的表面有防火要求时，应按现行国家标准《建筑防火设计规范》GB 50016 规定的耐火等级及耐火极限要求，对钢丝绳网片-聚合物砂浆外加层进行防护。

P.1.7 采用本方法加固时，应采取措施卸除或大部分卸除作用在结构上的活荷载。

P.2 材 料

P.2.1 采用钢丝绳网片-聚合物砂浆外加层加固钢筋混凝土结构、构件时，其钢丝绳的选用应符合下列规定：

1 重要结构、构件，或结构处于腐蚀介质环境、潮湿环境和露天环境时，应选用高强度不锈钢丝绳制作的网片；

2 处于正常温、湿度环境中的一般结构、构件，可采用高强度镀锌钢丝绳制作的网片，但应采取有效的阻锈措施。

P.2.2 制绳用的钢丝应符合下列规定：

1 当采用高强度不锈钢丝时，应采用碳含量不大于0.15%及硫、磷含量不大于0.025%的优质不锈钢制丝；

2 当采用高强度镀锌钢丝时，应采用硫、磷含量均不大于0.03%的优质碳素结构钢制丝；其锌层重量及镀锌质量应符合现行国家标准《钢丝镀锌层》GB/T 15393对AB级的规定。

P.2.3 钢丝绳的强度标准值（f_{rtk}）应按其极限抗拉强度确定，并应具有不小于95%的保证率以及不低于90%的置信度。

不锈钢丝绳和镀锌钢丝绳的强度标准值应符合表P.2.3的规定。

表 P.2.3 高强度钢丝绳抗拉强度标准值（MPa）

种类	符号	不锈钢丝绳		镀锌钢丝绳	
		钢丝绳公称直径（mm）	钢丝绳抗拉强度标准值 f_{stk}	钢丝绳公称直径（mm）	钢丝绳抗拉强度标准值 f_{stk}
6×7+IWS	ϕ^r	2.4~4.5	1800、1700	2.5~4.5	1650、1560
1×19	ϕ^s	2.5	1560	2.5	1560

注：1×19钢丝绳也称钢绞线。

P.2.4 钢丝绳计算用的截面面积及其参考重量，可按表P.2.4的规定值采用。

表 P.2.4 钢丝绳计算用截面面积及参考重量

种类	钢丝绳公称直径（mm）	钢丝直径（mm²）	计算用截面面积（mm²）	参考重量（kg/100m）
6×7+IWS	2.4	(0.27)	2.81	2.40
	2.5	0.28	3.02	2.73
	3.0	0.32	3.94	3.36
	3.05	(0.34)	4.45	3.83
	3.2	0.35	4.71	4.21
	3.6	0.40	6.16	6.20
	4.0	(0.44)	7.45	6.70
	4.2	0.45	7.79	7.05
	4.5	0.50	9.62	8.70
1×19	2.5	0.50	3.73	3.10

注：括号内的钢丝直径为建筑结构加固非常用的直径。

P.2.5 高强度不锈钢丝绳和高强度镀锌钢丝绳的强度设计值应按表P.2.5采用。

表 P.2.5 高强钢丝绳抗拉强度设计值（MPa）

种类	符号	高强不锈钢丝绳			高强镀锌钢丝绳		
		钢丝绳公称直径（mm）	抗拉强度标准值 f_{tk}	抗拉强度设计值 f_{rw}	钢丝绳公称直径（mm）	抗拉强度标准值 f_{tk}	抗拉强度设计值 f_{rw}
6×7+IWS	ϕ^r	2.4~4.0	1800	1100	2.5~4.5	1650	1050
			1700	1050		1560	1000
1×19	ϕ^s	2.5	1560	1050	2.5	1560	1100

P.2.6 高强度不锈钢丝绳和高强度镀锌钢丝绳的弹性模量设计值及拉应变设计值应按表 P.2.6 采用。

表 P.2.6 高强钢丝绳弹性模量及拉应变设计值

类别	弹性模量设计值 E_{rw}	拉应变设计值 ε_{rw}
不锈钢丝绳	1.05×10^5 MPa	0.01
镀锌钢丝绳	1.30×10^5 MPa	0.008

P.2.7 混凝土结构加固用的钢丝绳不得涂有油脂。

P.2.8 采用钢丝绳网片–聚合物砂浆外加层加固钢筋混凝土结构时，其聚合物砂浆品种的选用应符合下列规定：

    1 对重要构件的加固，应选用改性环氧类聚合物砂浆；

    2 对一般构件的加固，可选用改性环氧类聚合物砂浆或改性丙烯酸酯共聚物乳液配制的聚合物砂浆；

    3 乙烯-醋酸乙烯共聚物配制的聚合物砂浆，仅允许用于非承重结构构件；

    4 苯丙乳液配制的聚合物砂浆不得用于结构加固；

    5 在结构加固工程中不得使用主成分及主要添加剂成分不明的任何型号聚合物砂浆；不得使用未提供安全数据清单的任何品种聚合物；也不得使用在产品说明书规定的贮存期内已发生分相现象的乳液。

P.2.9 承重结构用的聚合物砂浆分为Ⅰ级和Ⅱ级，应分别按下列规定采用：

    1 板和墙的加固：

        1）当原构件混凝土强度等级为C30~C50时，应采用Ⅰ级聚合物砂浆；

        2）当原构件混凝土强度等级为C25及其以下时，可采用Ⅰ级或Ⅱ级聚合物砂浆。

    2 梁和柱的加固，均应采用Ⅰ级聚合物砂浆。

P.2.10 Ⅰ级和Ⅱ级聚合物砂浆的基本性能应分别符合表 P.2.10 的规定。

表 P.2.10 承重结构加固用聚合物砂浆基本性能指标

检验项目 砂浆等级	劈裂抗拉强度（MPa）	正拉粘结强度（MPa）	抗折强度（MPa）	抗压强度（MPa）	钢套筒粘结抗剪强度标准值（MPa）
Ⅰ级	≥7.0	≥2.5，且为混凝土内聚破坏	≥12	≥55	≥12
Ⅱ级	≥5.5	≥10	≥45	≥9

续表 P.2.10

检验项目 砂浆等级	劈裂抗拉强度（MPa）	正拉粘结强度（MPa）	抗折强度（MPa）	抗压强度（MPa）	钢套筒粘结抗剪强度标准值（MPa）
试验方法标准	本规范附录 G	本规范附录 F	本规范附录 H	JGJ 70	本规范附录 J

注：1. 检验应在浇注的试件达到 28d 养护期时立即进行，若因故需推迟检验日期，除应征得有关各方同意外，尚不应超过 3d；
2. 表中的性能指标除标有强度标准值外，均为平均值。

P.2.11 混凝土结构加固用的聚合物砂浆，其粘结剪切性能必须经湿热老化检验合格。湿热老化检验应在 50℃温度和 95%相对湿度环境条件下，采用钢套筒粘结剪切试件（本规范附录 J），按本规范附录 L 规定的方法进行；老化试验持续的时间：重要构件不得少于 90d；一般构件不得少于 60d。老化结束后，在常温条件下进行的剪切破坏试验，其平均强度降低的百分率（%）应符合下列规定：

1 重要构件用的聚合物砂浆不得大于 10%；
2 一般构件用的聚合物砂浆不得大于 15%。

P.2.12 寒冷地区加固混凝土结构使用的聚合物砂浆，应具有耐冻融性能检验合格的证书。冻融环境温度应为 −25℃~35℃；循环次数不应少于 50 次；每次循环应为 8h；试验结束后，钢套筒粘结剪切试件在常温条件下测得的平均强度降低百分率不应大于 10%。

P.2.13 配制聚合物砂浆用的聚合物乳液，必须进行毒性检验。乳液完全固化后的检验结果应达到实际无毒的卫生等级。

P.3 受弯构件正截面加固计算

P.3.1 采用高强度钢丝绳网片-聚合物砂浆外加层对受弯构件进行加固时，除应遵守现行国家标准《混凝土结构设计规范》GB 50010 正截面承载力计算的基本假定外，尚应遵守下列规定：

1 构件达到受弯承载能力极限状态时，钢丝绳网片的拉应变 ε_{rw} 可按截面应变保持平面的假设确定；
2 钢丝绳网片应力 σ_{rw} 可近似取等于拉应变 ε_{rw} 与弹性模量 E_{rw} 的乘积；
3 当考虑二次受力影响时，应按构件加固前的初始受力情况，确定钢丝绳网片的滞后应变；
4 在达到受弯承载能力极限状态前，钢丝绳网片与混凝土之间不出现粘结剥离破坏；
5 对梁的不同外加层构造，统一采用仅按梁的受拉区底面有外加层的计算简图，但在验算梁的正截面承载力时，应引入修正系数 η_d 考虑梁侧面围套内钢丝绳网片对承载力提高的作用。

P.3.2 受弯构件加固后的相对界限受压区高度 $\xi_{b,rw}$ 应按下列规定计算：

1 对重要构件，采用加固前控制值的 0.8 倍，即

$$\xi_{b,rw} = 0.8\xi_b \qquad (P.3.2-1)$$

2 对一般构件，采用加固前控制值的 0.9 倍，即

$$\xi_{b,rw} = 0.9\xi_b \quad (P.3.2\text{-}2)$$

式中 ξ_b——构件加固前的相对界限受压区高度,按现行国家标准《混凝土结构设计规范》GB 50010 的规定计算。

P.3.3 矩形截面受弯构件采用钢丝绳网片-聚合物砂浆外加层进行加固时,其正截面承载力应按下列公式确定:

$$M \leq \alpha_1 f_{c0}bx\left(h - \frac{x}{2}\right) + f'_{y0}A'_{s0}(h - a') - f_{y0}A_{s0}(h - h_0) \quad (P.3.3\text{-}1)$$

$$\alpha_1 f_{c0}bx = f_{y0}A_{s0} + h_{rl}\psi_{rw}f_{rw}A_{rw} - f'_{y0}A'_{s0} \quad (P.3.3\text{-}2)$$

$$\psi_{rw} = \frac{(0.8\varepsilon_{cu}h/x) - \varepsilon_{cu} - \varepsilon_{rw,0}}{f_{rw}/E_{rw}} \quad (P.3.3\text{-}3)$$

$$2a' \leq x \leq \xi_{b,rw}h_0 \quad (P.3.3\text{-}4)$$

式中 M——构件加固后的弯矩设计值;

x——等效矩形应力图形的混凝土受压区高度;

b、h——矩形截面的宽度和高度;

f_{rw}——钢丝绳网片抗拉强度设计值;

A_{rw}——钢丝绳网片受拉截面面积;

a'——纵向受压钢筋合力点至混凝土受压区边缘的距离;

h_0——构件加固前的截面有效高度;

η_{rl}——考虑梁侧面围套 h_{rl} 高度范围内配有与梁底部相同的受拉钢丝绳网片时,该部分网片对承载力提高的系数;对围套式外加层按表 P.3.3 的规定值采用;对单面外加层,取 $\eta_{rl} = 1.0$;

h_{rl}——自梁侧面受拉区边缘算起,配有与梁底部相同的受拉钢丝绳网片的高度;设计时应取 $h_{rl} \leq 0.25h$;

ψ_{rw}——考虑受拉钢丝绳网片的实际拉应变可能达不到设计值而引入的强度利用系数;当 $\psi_{rw} > 1.0$ 时,取 $\psi_{rw} = 1.0$;

ε_{cu}——混凝土极限压应变,取 $\varepsilon_{cu} = 0.0033$;

$\varepsilon_{rw,0}$——考虑二次受力影响时,钢丝绳网片的滞后应变,按本附录第 P.3.4 条的规定计算。若不考虑二次受力影响,取 $\varepsilon_{rw,0} = 0$。

表 P.3.3 梁侧面 h_{rl} 高度范围配置受拉网片的承载力提高系数

h_{rl}/h \ h/b	1.0	1.5	2.0	2.5	3.0	3.5	4.0	4.5
0.05	1.09	1.14	1.18	1.23	1.28	1.32	1.37	1.41
0.10	1.17	1.25	1.34	1.42	1.50	1.59	1.67	1.76
0.15	1.23	1.34	1.46	1.57	1.69	1.80	1.92	2.03
0.20	1.28	1.42	1.56	1.70	1.83	1.97	2.11	2.25
0.25	1.32	1.47	1.63	1.79	1.95	2.10	2.26	2.42

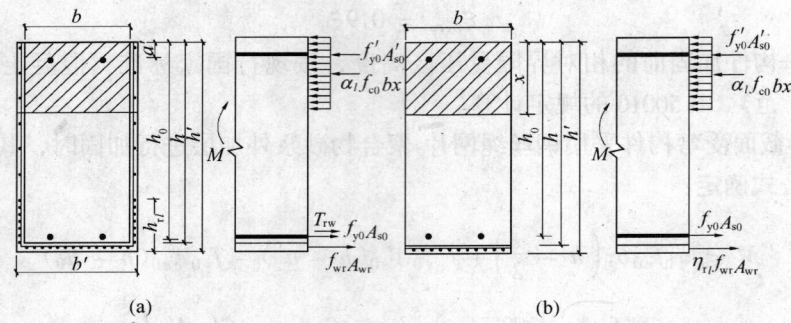

图 P.3.3 受弯构件正截面承载力计算
(a) 围套式外加层原计算图；(b) 本规范采用的计算图

P.3.4 当考虑二次受力影响时，钢丝绳网片的滞后应变 $\varepsilon_{rw,0}$ 应按下式计算：

$$\varepsilon_{rw,0} = \frac{\alpha_{rw}M_{0k}}{E_{s0}A_{s0}h_0} \tag{P.3.4}$$

式中 M_{0k}——加固前受弯构件验算截面上原作用的弯矩标准值；

E_{s0}——原钢筋的弹性模量；

α_{rw}——综合考虑受弯构件裂缝截面内力臂变化、钢筋拉应变不均匀以及钢筋排列影响的计算系数，按表 P.3.4 的规定采用。

表 P.3.4 计算系数 α_{rw} 值

ρ_{te}	≤0.007	0.010	0.020	0.030	0.040	≥0.060
单排钢筋	0.70	0.90	1.15	1.20	1.25	1.30
双排钢筋	0.75	1.00	1.25	1.30	1.35	1.40

注：1. 表中 ρ_{te} 为混凝土有效受拉截面的纵向受拉钢筋配筋率，即 $\rho_{te}=A_{s0}/A_{te}$，A_{te} 为有效受拉混凝土截面面积，按现行设计规范 GB 50010 的规定计算。
2. 当原构件钢筋应力 σ_{s0}≤150MPa，且 ρ_{te}≤0.05 时，表中 α_{rw} 值可乘以调整系数 0.9。

P.3.5 对翼缘位于受压区的 T 形截面受弯构件的受拉面粘结钢丝绳网片-聚合物砂浆外加层进行受弯加固时，应按本附录第 P.3.1 条至第 P.3.4 条的规定和现行国家标准《混凝土结构设计规范》GB 50010 中关于 T 形截面受弯承载力的计算方法进行计算。

P.3.6 钢筋混凝土结构构件加固后，其正截面受弯承载力的提高幅度，不宜超过 30%，当有可靠试验依据时，也不应超过 40%；并且应验算其受剪承载力，避免因受弯承载力提高后而导致构件受剪破坏先于受弯破坏。

P.3.7 采用钢丝绳网片-聚合物砂浆外加层加固的钢筋混凝土矩形截面受弯构件，其短期刚度 B_s 应按下列公式确定：

$$B_s = \frac{E_{s0}A_s h_0^2}{1.15\psi + 0.2 + 0.6\alpha_E\rho} \tag{P.3.7-1}$$

$$A_s = A_{s0} + A'_{rw} = A_{s0} + \frac{E_{rw}}{E_{s0}}A_{rw} \tag{P.3.7-2}$$

$$\psi = 1.1 - \frac{0.65 f_{tk}}{\rho_{te}\sigma_{ss}} \quad (P.3.7\text{-}3)$$

$$\rho = \frac{A_s}{bh_0} \quad (P.3.7\text{-}4)$$

$$\rho_{te} = \frac{A_s}{0.5bh} = \frac{A_s}{0.5b(h_1 + \delta)} \quad (P.3.7\text{-}5)$$

$$\sigma_{ss} = \frac{M_k}{0.87 h_0 A_s} \quad (P.3.7\text{-}6)$$

式中 E_{s0}——原构件纵向受力钢筋的弹性模量;

A_s——结构加固后的钢筋换算截面面积;

h_0——加固后截面有效高度;

ψ——原构件纵向受拉钢筋应变不均匀系数;当 $\psi<0.2$ 时,取 $\psi=0.2$;当 $\psi>1$ 时,取 $\psi=1$;

α_E——钢筋弹性模量与混凝土弹性模量比值:$\alpha_E = E_{s0}/E_c$;

ρ_{te}——按有效受拉混凝土截面面积计算,并按纵向受拉配筋面积 A_s 确定的配筋率;当 $\rho_{te}<0.01$ 时,取 $\rho_{te}=0.01$;

A_{s0}——原构件纵向受拉钢筋的截面面积;

A_{rw}——新增纵向受拉钢丝绳网片截面面积;

A'_{rw}——新增钢丝绳网片换算成钢筋后的截面面积;

h——加固后截面高度;

h_1——原截面高度;

δ——截面外加层厚度;

σ_{ss}——截面受拉区纵向钢筋合力点处的应力;

M_k——按荷载效应的标准组合计算的弯矩值。

P.4 受弯构件斜截面加固计算

P.4.1 采用钢丝绳网片-聚合物砂浆外加层对受弯构件斜截面进行加固时,应在围套中配置以钢丝绳构成的环形箍筋或 U 形箍筋,如图 P.4.1 所示(梁的三面展开图)。

P.4.2 受弯构件加固后的斜截面应符合下列条件:

当 $h_w/b \leqslant 4$ 时

$$V \leqslant 0.25\beta_c f_{c0} bh_0 \quad (P.4.2\text{-}1)$$

当 $h_w/b \geqslant 6$ 时

$$V \leqslant 0.20\beta_c f_{c0} bh_0 \quad (P.4.2\text{-}2)$$

当 $4 < h_w/b < 6$ 时,按线性内插法确定。

式中 V——构件斜截面加固后的剪力设计值;

β_c——混凝土强度影响系数,当原构件混凝土强度等级不超过 C50 时,取 $\beta_c=1.0$;当混凝土强度等级为 C80 时,取 $\beta_c=0.8$;其间按直线内插法确定;

f_{c0}——原构件混凝土轴心抗压强度设计值;

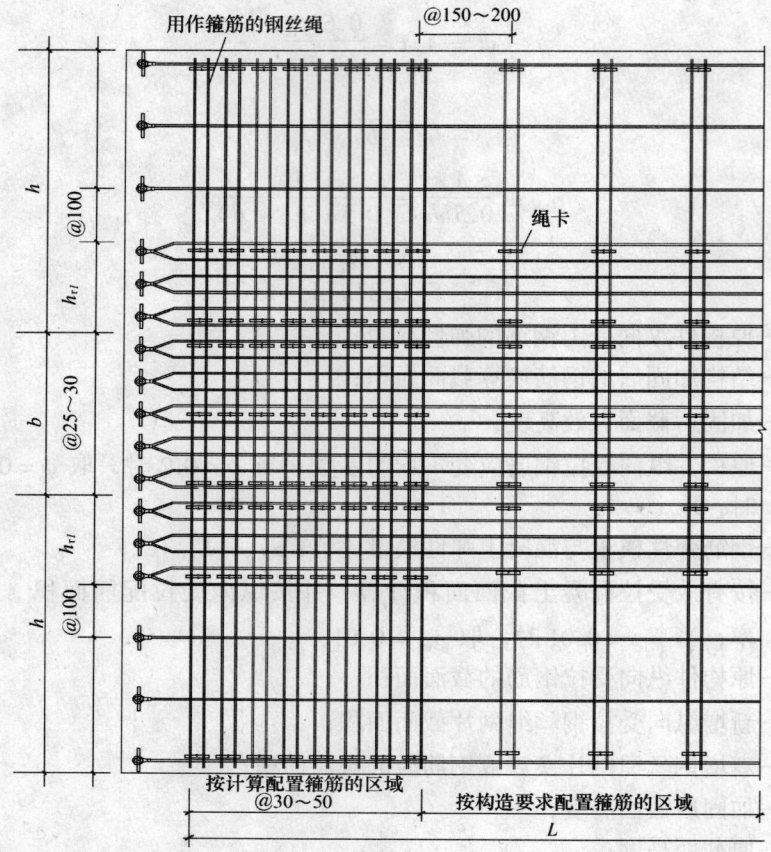

图 P.4.1 采用钢丝绳网片加固的受弯构件三面展开图

b——矩形截面的宽度或 T 形截面的腹板宽度；
h_0——截面有效高度；
h_w——截面的腹板高度；对矩形截面，取有效高度；对 T 形截面，取有效高度减去翼缘高度。

P.4.3 采用钢丝绳网片-聚合物砂浆外加层对钢筋混凝土梁进行抗剪加固时，其斜截面承载力应按下列公式确定：

$$V \leqslant V_{b0} + V_{br} \tag{P.4.3-1}$$

$$V_{br} \leqslant \psi_{vb} f_{rw} A_{rw} h_{rw} / s_{rw} \tag{P.4.3-2}$$

式中 V_{b0}——加固前梁的斜截面承载力，按现行国家标准《混凝土结构设计规范》GB 50010 计算；

V_{br}——配置钢丝绳网片加固后，对梁斜截面承载力的提高值；

ψ_{vb}——计算系数，与钢丝绳箍筋构造方式及受力条件有关的抗剪强度折减系数，按表 P.4.3 采用；

f_{rw}——受剪加固采用的钢丝绳网片强度设计值，按本规范 P.2.5 规定的强度设计值乘以调整系数 0.50 确定；当为框架梁或悬挑构件时，该调整系数取为

0.25;

A_{rw}——配置在同一截面处构成环形箍或U形箍的钢丝绳网片的全部截面面积;

h_{rw}——梁侧面配置的钢丝绳箍筋的竖向高度;对矩形截面,$h_{rw}=h$;对T形截面,$h_{rw}=h_w$;h_w为腹板高度;

s_{rw}——钢丝绳箍筋的间距。

表 P.4.3 抗剪强度折减系数 ψ_{vb} 值

钢丝绳箍筋构造		环形箍	U形箍
受力条件	均布荷载或剪跨比 $\lambda \geq 3$	1.0	0.85
	$\lambda \leq 1.5$	0.65	0.55

注:当 λ 为中间值时,按线性内插法确定 ψ_{vb} 值。

P.5 构 造 规 定

P.5.1 钢丝绳网片的设计与制作应符合下列规定:

1 网片应采用小直径不松散的高强度钢丝绳制作;绳的直径宜在 2.5~4.5mm 范围内;当采用航空用高强度钢丝绳时,也可使用规格为 2.4mm 的高强度钢丝绳。

2 绳的结构形式(图 P.5.1)应为 6×7+IWS 金属股芯右交互捻钢丝绳或 1×19 单股左捻钢丝绳(钢绞线)。

3 网片的主筋(即纵向受力钢丝绳)与横向筋(即横向钢丝绳,也称箍筋)的交点处,应采用同品种钢材制作的绳扣束紧;主筋的端部应采用带套环的绳扣(如压管套环等)通过加压进行锚固;套环及其绳扣或压管的构造与尺寸应经设计计算确定。

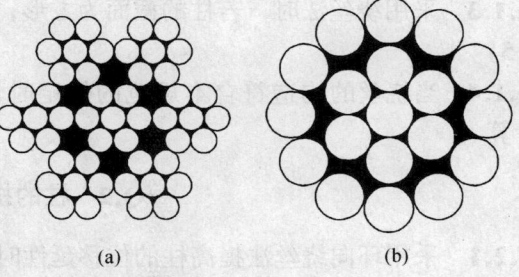

图 P.5.1 钢丝绳的结构形式
(a) 6×7+IWS 钢丝绳;(b) 1×19 钢绞线

4 网片中受拉主筋的间距应经计算确定,但不应小于 20mm,也不应大于 40mm。

5 网片中横向筋的间距,当用作梁、柱承受剪力的箍筋时,应经计算确定,但不应大于 50mm;当用作构造箍筋时,梁、柱不应大于 150mm;板和墙,可按实际情况取为 150~200mm。

6 网片应在工厂使用专门的机械和工艺制作。板和墙加固用的网片,宜按标准规格成批生产;梁和柱加固用的围套或网片,宜按设计图纸专门生产。

P.5.2 采用钢丝绳网片-聚合物砂浆外加层加固钢筋混凝土构件前,应先清理、修补原构件,并按聚合物砂浆产品使用说明书的规定进行界面处理;当原构件钢筋有锈蚀现象时,应对外露的钢筋进行除锈及阻锈处理;若原构件钢筋经检测认为已处于"有锈蚀可能"的状态,但混凝土保护层尚未开裂时,宜采用喷涂型阻锈剂进行处理。

P.5.3 钢丝绳网片与基材混凝土的固定,应在网片就位并张拉绷紧的情况下进行。一般情况下,应采用尼龙锚栓或胶粘螺杆植入混凝土中作为支点,以开口销(绳端用套环)作为绳卡联结网片。锚栓的长度不应小于 55mm;其直径 d 不应小于 4.0mm;净埋深不应小于40mm；间距不应大于150mm。

构件端部固定套环用的锚栓，其净埋深不应小于60mm。

P.5.4 当钢丝绳网片的主筋需要搭接时，其搭接长度不应小于600mm，且不应位于最大弯矩区。

P.5.5 聚合物砂浆外加层的厚度，不应小于25mm，也不宜大于35mm。当采用镀锌钢丝绳时，其保护层厚度不应小于15mm。

P.5.6 聚合物砂浆外加层的表面应喷涂一层与该品种砂浆相适配的防护材料，提高外加层耐环境因素作用的能力。

附录 Q 绕丝加固法

Q.1 设计规定

Q.1.1 本方法适用于提高钢筋混凝土柱的位移延性的加固。

Q.1.2 采用绕丝法时，原构件按现场检测结果推定的混凝土强度等级不应低于C10级，但也不得高于C50级。

Q.1.3 采用绕丝法时，若柱的截面为方形，其长边尺寸 h 与短边尺寸 b 之比，应不大于1.5。

Q.1.4 当绕丝的构造符合本规范的规定时，采用绕丝法加固的构件可按整体截面进行计算。

Q.2 柱的抗震加固计算

Q.2.1 采用环向绕丝法提高柱的位移延性时，其柱端箍筋加密区的总折算体积配箍率 ρ_v 应按下列公式计算：

$$\rho_v = \rho_{v,e} + \rho_{v,s} \tag{Q.2.1-1}$$

$$\rho_{v,s} = \psi_{v,s} \frac{A_{ss} l_{ss}}{s_s A_{c0r}} \cdot \frac{f_{ys}}{f_{yv}} \tag{Q.2.1-2}$$

式中 $\rho_{v,e}$——被加固柱原有的体积配箍率，当需重新复核时，应按原箍筋范围内核心面积计算；

$\rho_{v,s}$——以绕丝构成的环向围束作为附加箍筋计算得到的箍筋体积配箍率的增量；

A_{ss}——单根钢丝截面面积；

f_{yv}——原箍筋抗拉强度设计值；

f_{ys}——绕丝抗拉强度设计值，取 $f_{ys} = 300$MPa；

l_{ss}——绕丝的周长；

s_s——绕丝间距；

$\psi_{v,s}$——环向围束的有效约束系数，对圆形截面，$\psi_{v,s} = 0.75$，对正方形截面，$\psi_{v,s} = 0.55$,对矩形截面，$\psi_{v,s} = 0.35$。

Q.3 构 造 规 定

Q.3.1 绕丝加固法的基本构造方式如图 Q.3.1 所示。绕丝用的钢丝，应为 $\phi 4$ 冷拔钢丝，但应经退火处理后方可使用。

Q.3.2 原构件截面的四角保护层应凿除，并应打磨成圆角（图 Q.3.1），圆角的半径 r 应不小于 30mm。

Q.3.3 绕丝加固用的细石混凝土应优先采用喷射混凝土；但也可采用现浇混凝土；混凝土的强度等级不应低于 C30 级。

Q.3.4 绕丝的间距，对重要构件，应不大于 15mm；对一般构件，应不大于 30mm。绕丝的间距应分布均匀，绕丝的两端应与原构件主筋焊牢。

Q.3.5 绕丝的局部绷不紧时，应加钢锲绷紧。

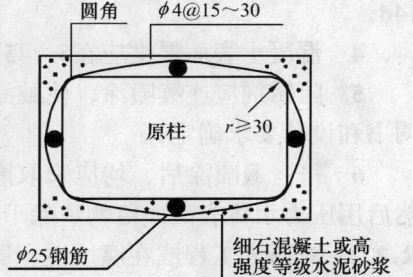

图 Q.3.1 绕丝构造示意图

附录 R 已有混凝土结构钢筋阻锈方法

R.1 设 计 规 定

R.1.1 本方法适用于以喷涂型阻锈剂对已有混凝土结构、构件中的钢筋进行防锈与锈蚀损坏的修复。

R.1.2 在下列情况下，应进行阻锈处理：

    1 结构安全性鉴定发现下列问题之一时：

        1）承重构件混凝土的密实性差，且已导致其强度等级低于设计要求的等级两档以上；

        2）混凝土保护层厚度平均值不足现行国家标准《混凝土结构设计规范》GB 50010 规定值的 75%；或两次抽检结果，其合格点率均达不到现行国家标准《混凝土结构工程施工质量验收规范》GB 50204 的规定；

        3）锈蚀探测表明：内部钢筋已处于"有腐蚀可能"状态；

        4）重要结构的使用环境或使用条件与原设计相比，已显著改变，其结构可靠性鉴定表明这种改变有损于混凝土构件的耐久性。

    2 未作钢筋防锈处理的露天重要结构、地下结构、文物建筑、使用除冰盐的工程以及临海的重要工程结构；

    3 委托方要求对已有结构、构件的内部钢筋进行加强防护时。

R.1.3 采用阻锈剂时，应选用对氯离子、氧气、水以及其他有害介质滤除能力强、不影响混凝土强度和握裹力，并不致在修复界面形成附加阳极的阻锈剂。

R.2 喷涂型钢筋阻锈剂使用规定

R.2.1 喷涂型钢筋阻锈剂的使用，应符合下列要求：

    1 喷涂前应仔细清理混凝土的表层，不得粘有浮浆、尘土、油污、水渍、霉菌或残留的装饰层；

  2 剔凿、修复局部劣化的混凝土表面，如空鼓、松动、剥落等；

  3 喷涂阻锈剂前，混凝土龄期不应少于28d；局部修补的混凝土，其龄期应不少于14d；

  4 混凝土表面温度应在5～45℃之间；

  5 阻锈剂应连续喷涂，使被涂表面饱和溢流。喷涂的遍数及其时间间隔应按产品说明书和设计要求确定；

  6 每一遍喷涂后，均应采取措施防止日晒雨淋；最后一遍喷涂后，应静置24h以上，然后用压力水将表面残留物清除干净。

R.2.2 对露天工程或在腐蚀性介质的环境中使用亲水性阻锈剂时，应在构件表面增喷附加涂层进行封护。

R.2.3 若混凝土表面原先刷过涂料或各种防护液，已使混凝土失去可渗性且无法清除时，本附录规定的喷涂阻锈方法无效，应改用其他阻锈技术。

R.3 阻锈剂使用效果检测与评定

R.3.1 本方法适用于已有混凝土结构喷涂阻锈剂前后，通过量测其内部钢筋锈蚀电流的变化，对该阻锈剂的阻锈效果进行评估。

R.3.2 评估用的检测设备和技术条件应符合下列规定：

  1 应采用专业的钢筋锈蚀电流测定仪及相应的数据采集分析设备，仪器的测试精度应能达到$0.1\mu A/cm^2$。

  2 电流测定可采用静态化学电流脉冲法（GPM），也可采用线性极化法（LPM）。当为仲裁性检测时，应采用静态化学电流脉冲法。

  3 仪器的使用环境要求及测试方法应按厂商提供的仪器使用说明书执行，但厂商必须保证该仪器测试的精度能达到使用说明书规定的指标。

R.3.3 测定钢筋锈蚀电流的取样规则应符合下列规定：

  1 梁、柱类构件，以同规格、同型号的构件为一检验批。每批构件的取样数量不少于该批构件总数的1/5，且不得少于3根；每根受检构件不应少于3个测值。

  2 板、墙类构件，以同规格、同型号的构件为一检验批。至少每$200m^2$（不足者按$200m^2$计）设置一个测点，每一测点不应少于3个测值。

  3 露天、地下结构以及临海混凝土结构，取样数量应加倍。

  4 测量钢筋中的锈蚀电流时，应同时记录环境的温度和相对湿度。条件允许时，宜同步测量半电池电位、电阻抗和混凝土中的氯离子含量。

R.3.4 混凝土结构中钢筋锈蚀程度及锈蚀破坏开始产生的时间预测可按表R.3.4进行估计。

R.3.5 喷涂阻锈剂效果的评估应符合下列规定：

  1 应在喷涂阻锈剂150d后，采用同一仪器（至少应采用相同型号的测试仪）对阻锈处理前测试的构件进行原位复测。其锈蚀电流的降低率应按下式计算：

$$锈蚀电流的降低率 = \frac{I_0 - I}{I_0} \times 100\% \quad (R.3.5)$$

表 R.3.4 混凝土构件中钢筋锈蚀程度判定及破坏发生时间预测

锈蚀电流	锈蚀程度	锈蚀破坏开始时间预测
$<0.2\mu A/cm^2$	无	不致发生锈蚀破坏
$0.2\sim1\mu A/cm^2$	轻微锈蚀	>10 年
$1\sim10\mu A/cm^2$	中度锈蚀	$2\sim10$ 年
$>10\mu A/cm^2$	严重锈蚀	<2 年

注：对重要结构，当检测结果 $>2\mu A/cm^2$ 时，应加强锈蚀监测。

式中 I 为150d后的锈蚀电流平均值，I_0 为喷涂阻锈剂前的初始锈蚀电流平均值。

2 当检测结果达到下列指标时，可认为该工程的阻锈处理符合本规范要求，可以重新交付使用：

　　1）初始锈蚀电流 $\geqslant 1\mu A/cm^2$ 的构件，其150d后锈蚀电流的降低率不小于80％；

　　2）初始锈蚀电流 $<1\mu A/cm^2$ 的构件，其150d后锈蚀电流的降低率不小于50％。

本规范用词说明

1 为便于在执行本规范条文时区别对待，对要求严格程度不同的用词说明如下：

　　1）表示很严格，非这样做不可的用词：

　　　　正面词采用"必须"；

　　　　反面词采用"严禁"。

　　2）表示严格，在正常情况下均应这样做的用词：

　　　　正面词采用"应"；

　　　　反面词采用"不应"或"不得"。

　　3）表示允许稍有选择，在条件许可时首先应这样做的用词：

　　　　正面词采用"宜"；

　　　　反面词采用"不宜"。

　　　　表示有选择，在一定条件下可以这样做的，采用"可"。

2 条文中指定应按其他有关标准、规范执行时，写法为："应符合……的规定"或"应按……执行"。

中华人民共和国国家标准

混凝土结构加固设计规范

GB 50367—2006

条 文 说 明

目 次

1 总则 … 1696
2 术语、符号 … 1696
3 基本规定 … 1697
4 材料 … 1699
5 增大截面加固法 … 1705
6 置换混凝土加固法 … 1708
7 外加预应力加固法 … 1709
8 外粘型钢加固法 … 1711
9 粘贴纤维复合材加固法 … 1712
10 粘贴钢板加固法 … 1717
11 增设支点加固法 … 1719
12 植筋技术 … 1720
13 锚栓技术 … 1722
14 裂缝修补技术 … 1724
附录A 已有建筑物结构荷载标准值的确定 … 1725
附录B 已有结构混凝土回弹值龄期修正的规定 … 1725
附录C 纤维材料主要力学性能 … 1725
附录D 纤维复合材层间剪切强度测定方法 … 1726
附录E 粘结材料粘合加固材与基材的正拉粘结强度现场测定方法及评定标准 … 1726
附录F 粘结材料粘合加固材与基材的正拉粘结强度试验室测定方法及评定标准 … 1727
附录G 富填料胶体、聚合物砂浆体劈裂抗拉强度测定方法 … 1727
附录H 高强聚合物砂浆体抗折强度测定方法 … 1728
附录J 富填料粘结材料拉伸抗剪强度测定方法（钢套筒法） … 1728
附录K 约束拉拔条件下胶粘剂粘结钢筋与基材混凝土的粘结强度测定方法 … 1728
附录L 结构用胶粘剂湿热老化性能测定方法 … 1728
附录M 锚栓连接受力分析方法 … 1729
附录N 锚固承载力现场检验方法及评定标准 … 1729
附录P 钢丝绳网片-聚合物砂浆外加层加固法 … 1730
附录Q 绕丝加固法 … 1732
附录R 已有混凝土结构钢筋阻锈方法 … 1733

1 总 则

1.0.1 本条规定了制订本规范的目的和要求，这里应说明的是，本规范作为混凝土结构加固通用的国家标准，主要是针对为保障安全、质量、卫生、环保和维护公共利益所必须达到的最低指标和要求作出统一的规定。至于以更高质量要求和更能满足社会生产、生活需求的标准，则应由其他层次的标准规范，如专业性很强的行业标准、以新技术应用为主的推荐性标准和企业标准等在国家标准基础上进行充实和提高。然而，在前一段时间里，这一最基本的标准化关系，由于种种原因而没有得到遵循，出现了有些标准对安全、质量的要求反而低于国家标准的不正常情况。为此，在实施本规范过程中，若遇到上述情况，一定要从国家标准是保证加固结构安全的最低标准这一基点出发，按照《中华人民共和国标准化法》和建设部第25号部令的规定来实施本规范，做好混凝土结构的加固设计工作，以避免在加固工程中留下安全隐患。

1.0.2 本条规定的适用范围，与现行国家标准《混凝土结构设计规范》GB 50010 相对应，以便于配套使用。

1.0.3~1.0.4 这两条主要是对本规范在实施中与其他相关标准配套使用的关系作出规定。但应指出的是，由于结构加固是一个新领域，其标准规范体系中还有不少缺口，一时还很难完成配套工作。在这种情况下，当遇到困难时，应及时向建设部建筑物鉴定与加固规范管理委员会反映，以取得该委员会的具体帮助。

2 术语、符号

2.1 术 语

2.1.1~2.1.14 本规范采用的术语及其涵义，是根据下列原则确定的：
1 凡现行工程建设国家标准已作规定的，一律加以引用，不再另行给出定义；
2 凡现行工程建设国家标准尚未规定的，由本规范参照国际标准和国外先进标准给出其定义；
3 当现行工程建设国家标准虽已有该术语，但定义不准确或概括的内容不全时，由本规范完善其定义。

2.2 符 号

2.2.1~2.2.4 本规范采用的符号及其意义，尽可能与现行国家标准《混凝土结构设计规范》GB 50010 及《钢结构设计规范》GB 50017 相一致，以便于在加固设计、计算中引用其公式，只有在遇到公式中必须给出加固设计专用的符号时，才另行制定，即使这样，在制定过程中仍然遵循了下列原则：
1 对主体符号及其上、下标的选取，应符合现行国家标准《工程结构设计基本术语和通用符号》GBJ 132 及《建筑结构设计术语和符号标准》GB/T 50083—97 的符号用字及其构成规则；

2 当必须采用通用符号,但又必须与新建工程使用的该符号有所区别时,可在符号的释义中加上定语。

3 基本规定

3.1 一般规定

3.1.1 混凝土结构是否需要加固,应经结构可靠性鉴定确认。我国已发布的现行国家标准《工业厂房可靠性鉴定标准》GBJ 144 和《民用建筑可靠性鉴定标准》GB 50292,是通过实测、验算并辅以专家评估才作出可靠性鉴定的结论,因而可以作为混凝土结构加固设计的基本依据;但须指出的是混凝土结构加固设计所面临的不确定因素远比新建工程多而复杂,况且还要考虑业主的种种要求;因而本条作出了:"应由有资格的专业技术人员按本规范的规定和业主的要求进行加固设计"的规定。

此外,众多的工程实践经验表明,承重结构的加固效果,除了与其所采用的方法有关外,还与该建筑物现状有着密切的关系。一般而言,结构经局部加固后,虽然能提高被加固构件的安全性,但这并不意味着该承重结构的整体承载便一定是安全的。因为就整个结构而言,其安全性还取决于原结构方案及其布置是否合理,构件之间的连接是否可靠,其原有的构造措施是否得当与有效等等;而这些就是结构整体性(integrity)或结构整体牢固性(robustness)的内涵;其所起到的综合作用就是使结构具有足够的延性和冗余度。因此,本规范要求专业技术人员在承担结构加固设计时,应对该承重结构的整体性进行检查与评估,以确定是否需作相应的加强。

3.1.2 被加固的混凝土结构、构件,其加固前的服役时间各不相同,其加固后的结构功能又有所改变,因此不能直接沿用其新建时的安全等级作为加固后的安全等级,而应根据业主对该结构下一目标使用期的要求,以及该房屋加固后的用途和重要性重新进行定位,故有必要由业主与设计单位共同商定。

3.1.3 本条系沿用原推荐性标准《混凝土结构加固技术规范》CECS 25∶90(以下简称原推荐性标准)的条文。此次制定本规范增加了"应避免对未加固部分以及相关的结构、构件和地基基础造成不利的影响"的规定。因为在当前的结构加固设计领域中,经验不足的设计人员占较大比重,致使加固工程出现"顾此失彼"的失误案例时有发生,故有必要加以提示。

3.1.4 由高温、高湿、冻融、冷脆、腐蚀、振动、温度应力、收缩应力、地基不均匀沉降等原因造成的结构损坏,在加固时,应采取有效的治理对策,从源头上消除或限制其有害的作用。与此同时,尚应正确把握处理的时机,使之不致对加固后的结构重新造成损坏。就一般概念而言,通常应先治理后加固,但也有一些防治措施可能需在加固后采取。因此,在加固设计时,应合理地安排好治理与加固的工作顺序,以使这些有害因素不至于复萌。这样才能保证加固后结构的安全和正常使用。

3.1.7 结构加固工作反馈的信息表明,业主和设计单位普遍要求本规范给出结构加固后预期的正常使用年限。这个要求无可厚非,也很必要,但问题在于大多数加固技术在实际工程中已经使用的年数都不长,很难据以判断一种加固方法,其使用年限是否能与新建的工程一样长。为了解决这个问题，规范编制组对国内外有关情况进行了调查。其主要结果如下：

1 国外有关结构加固的指南普遍认为：基于现有房屋结构的修复经验，以30年作为正常使用与维护条件下结构加固的设计使用年限是相当适宜的。倘若能引进桥梁定期检查与维护制度，则不仅更能保证安全，而且在到达设计年限时，继续延长其使用期的可能性将明显增大。这一点对使用聚合物材料的加固方法尤为重要。

2 国外保险业对房屋结构在正常使用和维护条件下的最高保用年限也定为30年。因为其所做的评估认为：这个年数较能为有关各方共同接受。

3 我国档案材料的统计数据表明，一般公用建筑投入使用后，其前30年的检查、维护周期一般为6～12年；其30年后的检查、修缮时间的间隔显著缩短，甚至很快便进入大修期。

由上述可见，对正常使用、正常维护的房屋结构而言，30年是一个可以接受的标志性年限。为此，规范编制组在调查基础上，又组织专家进行了论证，其主要结论如下：

1 以30年为加固设计的使用年限，较为符合当前加固技术发展的水平和近15年来所积累的经验；况且到了30年也并不意味着该房屋结构寿命的终结，而只是需要进行一次系统的检查，以作出是否可以继续安全使用的结论。这对已使用30年的房屋而言，也确有此必要。

2 对使用胶粘剂或其他聚合物的加固方法，不论厂商如何标榜其产品的优良性能，使用者必须清醒地意识到这些人工合成的材料，不可避免地存在着老化问题，只是程度不同而已，况且在工程施工的现场，还很容易因错用劣质材料或所使用的工艺不当，而过早地发生破坏。为了防范这类隐患，即使在发达的国家也同样要求加强检查（如房屋）或监测（如桥梁），但检查时间的间隔可由设计单位作出规定，不过第一次检查时间宜定为投入使用后的6～8年，且至迟不应晚于10年。

此外，专家也指出，对房屋建筑的修复，还应首先听取业主的意见。若业主认为其房屋极具保存价值，而加固费用也不成问题，则可商定一个较长的设计使用年限；譬如，可参照文物建筑的修复，定一个较长的使用年限。这在技术上都是能够做到的，但毕竟很费财力，不应在业主无特殊要求的情况下，误导他们这么做。

基于以上所做的工作，制定了本条的三项处理原则。

3.1.8 混凝土结构的加固设计，系以委托方提供的结构用途、使用条件和使用环境为依据进行的。倘若加固后任意改变其用途、使用条件或使用环境，将显著影响结构加固部分的安全性及耐久性。因此，改变前必须经技术鉴定或设计许可，否则后果的严重性将很难预料。

3.2 设计计算原则

3.2.1 本条弥补了原推荐性标准对加固结构分析方法未作规定的不足。由于线弹性分析方法是最成熟的结构加固分析方法，迄今为国外结构加固设计规范和指南所广泛采用。因此，本规范作出了"在一般情况下，应采用线弹性分析方法计算被加固结构作用效应"的规定。至于塑性内力重分布分析方法，由于到目前为止仅见在增大截面加固法中有所应用，故未作具体规定。若设计人员认为其所采用的加固法需按塑性内力重分布分析方法进行计算时，应有可靠的实验依据，以确保被加固结构的安全。另外，还应指出的是，即使是增大截面加固法，在考虑塑性内力重分布时，也应遵守现行有关规范、规程对这种分析方法所作出的限制性规定。

3.2.2 本规定对混凝土结构的加固验算作了详细而明确的规定。这里仅指出一点，即：其中大部分计算参数已在该结构加固前可靠性鉴定中通过实测或验算予以确定。因此，在进行结构加固设计时，宜尽可能加以引用，这样不仅节约时间和费用，而且在被加固结构日后万一出现问题时，也便于分清责任。

3.2.3 本条是根据现行国家标准《正态分布完全样本可靠度单侧置信下限》GB 4885 制定的。采用这一方法确定的加固材料强度标准值，由于考虑了样本容量和置信水平的影响，不仅将比过去滥用"1.645"这个系数值，更能实现设计所要求的 95% 保证率，而且与当前国际标准、欧洲标准、ACI 标准等确定材料强度标准值所采用的方法，在概念上也是一致的。

3.2.4 为防止结构加固部分意外失效（如火灾或人为破坏等）而导致的建筑物坍塌，国外有关结构加固设计的指南，或是要求设计者对原结构、构件提供附加的安全保护，或是要求原结构、构件必须具有一定的承载力，以便在应急的情况下能继续承受永久荷载和部分可变荷载的作用。规范编制组研究认为：为防止被加固结构的加固部分在使用过程中万一失效可能产生的破坏作用，其原结构、构件须有一定的安全保证。为此，提出了按可变荷载标准值与永久荷载标准值之比值大小，以及所使用的加固材料种类，给出了验算原结构、构件承载力的要求。

3.3 加固方法及配合使用的选择

3.3.1 根据结构加固方法的受力特点，本规范参照国内外有关文献将加固方法分为两类。就一般情况而言，直接加固法较为灵活，便于处理各类加固问题，间接加固法较为简便、可靠，且便于日后的拆卸、更换，因此还可用于有可逆性要求的历史、文物建筑的抢险加固。设计时，可根据实际条件和使用要求进行选择。

3.3.2、3.3.3 原推荐性标准共有五种加固方法（其中一种加固方法作为新方法列于附录以示区别）和一种配合使用的技术。但从 1990 年批准发布该标准以来，又有不少新的加固技术面世。此次制定本规范经过筛选，增加了四种加固方法，其中两种作为加固新方法列于附录。与此同时，结构加固所需配合使用的技术，也由一种增加为四种，基本上满足了当前加固工程的需要。这里应指出的是，每种方法和技术，均有其适用范围和应用条件；在选用时，若无充分的科学试验和论证依据，切勿随意扩大其使用范围，或忽视其应用条件，以免因考虑不周而酿成安全质量事故。

4 材　　料

4.1 水　　泥

4.1.1、4.1.2 本条的规定是根据国内外混凝土结构加固工程使用水泥的经验制订的。其中需说明的是，对火山灰质和矿渣质硅酸盐水泥的使用，之所以强调应有工程实践经验，是因为其所配制的混凝土，容易出现泌水现象，且早期强度偏低，需要的养护时间较长；兼之加固现场条件较差，容易受到意外因素的干扰；但若有使用经验，则可通过采取相应的技术措施予以防备。

4.2 混 凝 土

4.2.1 结构加固用的混凝土，其强度等级之所以要比原结构、构件提高一级，且不得低于C20，主要是为了保证新旧混凝土界面以及它与新加钢筋或其他加固材料之间能有足够的粘结强度。因为局部新增的混凝土，其体积一般较小，浇筑空间有限，施工条件远不及全构件新浇的混凝土。调查和试验表明，在小空间模板内浇筑的混凝土均匀性较差，其现场取芯确定的混凝土强度可能要比正常浇注的混凝土低10%以上，故有必要适当提高其强度等级。

4.2.4 随着商品混凝土和高强混凝土的大量进入建设工程市场，原推荐性标准关于"加固用的混凝土中不应掺入粉煤灰"的规定经常受到质询，纷纷要求采取积极的措施予以解决。为此，本规范编制组对制订原推荐性标准第2.2.7条的背景情况进行了调查，并从中了解到主要是由于20世纪80年代工程上所使用的粉煤灰，其质量较差，烧失量过大，致使掺有粉煤灰的混凝土，其收缩率可能达到难以与原构件混凝土相适应的程度，从而影响了结构加固的质量。因此作出了禁用的规定。此次修订规范，对结构加固用的混凝土如何掺加粉煤灰作了专题的分析研究，其结论表明：只要使用Ⅰ级灰，且限制其烧失量在5%范围内，便不致对加固后的结构产生明显的不良影响。据此，用本条文取代原推荐性标准第2.2.7条的规定。

4.2.5 微膨胀混凝土之所以不能用铝粉作膨胀剂进行配制，主要是因为铝粉遇水立即开始发泡，气温高时发泡还更快，从而在浇筑混凝土前，其膨胀作用便已发挥完毕。况且，直接掺入铝粉也很难拌匀，故早已被世界各国所弃用。

为了使结构加固用的混凝土具有微膨胀的性能，应寻求膨胀作用发生在水泥水化过程的膨胀剂，才能抵消混凝土在硬化过程中产生的收缩而起到预压应力的作用。为此，当购买微膨胀水泥或微膨胀剂产品时，应要求厂商提供该产品在水泥水化过程中的膨胀率及其与水泥的配合比；与此同时，还应要求厂商说明其使用的后期是否会发生回缩问题，并提供不回缩或回缩率极小的书面保证，因为膨胀剂能否起到长期的施压作用，直接涉及加固结构的安全。

4.3 钢材及焊接材料

4.3.1~4.3.5 本规范对结构加固用钢材的选择，主要基于以下三点的考虑：
 1 在二次受力条件下，具有较高的强度利用率，能较充分地发挥被加固构件新增部分的材料潜力；
 2 具有良好的可焊性，在钢筋、钢板和型钢之间焊接的可靠性能得到保证；
 3 高强钢材仅推荐用于预应力加固及锚栓连接。

4.3.6 几年来有关焊接信息的反馈情况表明，在混凝土结构加固工程中，一般对钢筋焊接较为熟悉，需要解释的问题很少；而对钢板、扁钢、型钢等的焊接，仍有很多设计人员对现行钢结构设计规范理解不深，以致在施工图中，对焊缝质量所提出的要求，往往与施工人员有争执。现行国家标准《钢结构设计规范》GB 50017—2003 已基本上解决了这个问题，因此，在混凝土结构加固设计中，当涉及型钢和钢板焊接问题时，应先熟悉该规范第 7.1.1 条的规定以及该条的条文说明，将有助于做好钢材焊缝的设计。

4.4 纤维和纤维复合材

4.4.1 对本条的规定需说明以下三点：

1 碳纤维按其主原料分为三类，即聚丙烯腈（PAN）基碳纤维、沥青（PITCH）基碳纤维和粘胶（RAYON）基碳纤维。从结构加固性能要求来考量，只有 PAN 基碳纤维最符合承重结构的安全性和耐久性要求；粘胶基碳纤维的性能和质量差，不能用于承重结构的加固；沥青基碳纤维只有中、高模量的长丝，可用于需要高刚性材料的加固场合，但在通常的建筑结构加固中很少遇到这类用途，况且在国内尚无实际使用经验，因此，本规范规定：必须选用聚丙烯腈基（PAN 基）碳纤维。另外，应指出的是最近市场新推出的玄武岩纤维和石英纤维，由于其强度和弹性模量很低，不能直接替代碳纤维织物，更不能假冒碳纤维织物用于结构加固。因此，在选材时，切勿听信不实的宣传，并谨防以假乱真的诈骗。

2 当采用聚丙烯腈基碳纤维时，还必须采用 12K 或 12K 以下的小丝束；严禁使用大丝束纤维；之所以作出这样严格的规定，主要是因为小丝束的抗拉强度十分稳定，离散性很小，其变异系数均在 5% 以下，容易在生产和使用过程中，对其性能和质量进行有效的控制；而大丝束则不然，其变异系数高达 15%～18%，且在试验和试用中均表现出可靠性较差，故不能作为承重结构加固材料使用。

另外，应指出的是，K 数大于 12，但不大于 18 的碳纤维，虽仍属小丝束的范围，但由于我国工程结构使用碳纤维的时间还很短，所积累的成功经验均是从 12K 碳纤维的试验和工程中取得的；对大于 12K 的小丝束碳纤维所积累的试验数据和工程使用经验均嫌不足。因此，在此次制定的国家标准中，仅允许使用 12K 及 12K 以下的碳纤维。这一点应提请加固设计单位注意。

3 对玻璃纤维在结构加固工程中的应用，必须选用高强度的 S 玻璃纤维或含碱量低于 0.8% 的 E 玻璃纤维。至于 A 玻璃纤维和 C 玻璃纤维，由于其含碱量（K、Na）高，强度低，尤其是在湿态环境中强度下降更为严重，因而应严禁在结构加固中使用。

4.4.2 对本强制性条文的制定，需说明以下三点：

1 纤维复合材虽然是工程结构加固的好材料，但在工程上使用时，除了应对纤维和胶粘剂的品种、型号、规格、性能和质量作出严格规定外，尚须对纤维与胶粘剂的"配伍"问题进行安全性与适配性的检验与合格评定。否则容易因材料"配伍"失误，而导致结构加固工程失败。

2 随着碳纤维生产技术的日益发展，高强度级碳纤维的基本性能和质量也越来越得到改善。为了更好地利用这类材料，国外有关规程和指南几乎都增加了"超高强"一级。本规范根据目前国内市场供应的不同型号碳纤维的性能和质量的差异情况，也将结构加固使用的碳纤维分为"高强度Ⅰ级"和"高强度Ⅱ级"两档，并分别给出了其主要性能的合格指标。之所以不用"超高强"作为分级的冠名，主要是因为这个定语过于夸张，无助于技术的不断向前发展。

3 表4.4.2-1和表4.4.2-2的安全性及适配性检验合格指标，是根据建设部建筑物鉴定与加固规范管理委员会几年来对进入我国建设工程市场各种品牌和型号碳纤维的抽检结果，并参照国外有关规程和指南制定的。工程试用结果表明，按该表规定的指标接收产品较能保证结构安全所要求的质量。

4.4.3 本条的规定必须得到强制执行。因为一种纤维与一种胶粘剂的配伍通过了安全性及适配性的检验，并不等于它与其他胶粘剂的配伍，也具有同等的安全性及适配性。故必须重新做检验，但检验项目可以适当减少。

4.4.6 对本强制性条文需说明两点：

1 目前国内外生产的供工程结构粘贴纤维复合材用的胶粘剂，是以常温固化和现场施工为主要前提，因此，其浸润性、渗透性和垂流度均仅适用于单位面积质量在$300g/m^2$及其以下的碳纤维织物。若大于$300g/m^2$，胶粘剂将很难浸透；即使能设法浸透，但对仰贴和侧贴的部位仍然保证不了施工质量。因为胶粘剂将会大量流淌，致使碳纤维的层内和层间因缺胶而达不到设计所要求的粘结强度，故作出了严禁使用的规定，以确保承重结构加固后的安全。

2 预浸法生产的碳纤维织物，由于存贮期短，且要求低温冷藏，在现场加固施工条件下很难做到，常常因此而导致预浸料提前固化。若勉强加以利用，将严重影响结构加固的安全和质量，故作出严禁使用这种材料的规定。

3 应提请设计和监理单位注意的是：以上禁用的材料，只能在工厂条件下采用中、高温（125～180℃）固化工艺，以低黏度的专用胶粘剂制作纤维复合材。但一些不法厂商为了赚取高利润，有意隐瞒这些事实，大量地将这类材料推销给建设工程使用，而一些业主和施工单位也为了能减少胶粘剂用量且又价格低廉，甚至还有回扣，而不顾被加固结构的安全，以及可能导致的严重后果，予以滥用。考虑到一旦发生事故很难分清设计、施工、监理、业主和材料供应商的责任。故提请设计、监理和检验单位必须严加提防。

4.5 结构加固用胶粘剂

4.5.1 一种胶粘剂能否用于承重结构，主要由其基本性能的综合评价决定；但同属承重结构胶粘剂，仍可按其主要性能的显著差别，划分为若干等级。本规范根据加固工程的实际需要，将承重结构胶粘剂划分为A、B两级，并按结构的重要性和受力的特点明确其适用范围。

这里需要指出的是，这两个等级的主要区别在于其韧性和耐湿热老化性能的合格指标不同。因此，在实际工程中，业主和设计单位对参与竞争的不同品牌胶粘剂所进行的考核，也应侧重于这方面，而不宜单纯做简单的强度检验以决高低。因为这样做的结果，往往选中的是短期强度虽高，但却是十分脆性的劣质胶粘剂，而这正是推销商误导使用单位的常用手法。

4.5.2 为了确保使用粘结技术加固的结构安全，必须要求胶粘剂的粘结抗剪强度标准值应具有足够高的强度保证率及其实现的概率（即置信水平）。本规范采用的95%保证率，系根据现行国家标准《建筑结构可靠度设计统一标准》GB 50068确定的；其90%的置信水平是参照国外同类标准和我国标准化工作应用数理统计方法的经验确定的。

4.5.3、4.5.4 经过数十年的实践，目前国际上已公认专门研制的改性环氧树脂胶为碳纤维加固混凝土结构首选的胶粘剂；尤其是对粘结纤维复合材而言，不论从抗剥离性能、耐环境作用、耐应力长期作用等各个方面来考察，都是迄今其他胶粘剂所无法比拟的；但应提请使用单位注意的是：这些良好的胶粘性能均是通过使用优质树脂、高性能固化剂以及各种添加剂进行改性和筛选后才获得的，从而也才消除了纯环氧树脂胶固有的脆性缺陷。因此，在使用前必须按本规范表4.5.3及表4.5.4-1和表4.5.4-2的要求进行检验，确认其改性效果后才能保证被加固结构承载的安全可靠性。至于不饱和聚酯树脂以及进口产品所谓的醇酸树脂，由于其耐潮湿和耐老化性能差，因而不允许用作承重结构加固的胶粘剂。

这里还需指出的是：与纤维材料配套的胶粘剂，按其工艺划分虽有两种类型，且可根据习惯任意选用，但免底涂型的胶粘剂，虽有不少优点而受到用户青睐，但在使用前必须对其技术特性进行检验并得到确认。因为目前有些不法厂商和施工单位为了谋利，竟将普通胶粘剂谎称为免底涂型胶粘剂，擅自去掉涂刷底胶的工序，致使工程质量受到严重影响。为此，建议设计和监理单位应加强检查其产品证书，以杜绝隐患。

4.5.5 粘贴钢板和外粘型钢的胶粘剂，其安全性检验指标，是根据我国近二十年来不断改进粘钢胶粘剂性能与质量的基础上制定的。因此，必须在加固工程中严格执行。这里需要说明的是：粘贴钢板和外粘型钢用的胶粘剂，虽属可用相同性能指标进行安全性检验的两种胶粘剂，但它们的胶粘工艺却不相同。前者常用的是涂刷粘结型胶粘剂；而后者常用的是灌注粘结型胶粘剂。两者在工艺性能的要求上有着很大的差别，这一点应在使用时加以注意。它们的工艺性能检验指标，将由正在制定的《建筑结构加固工程施工质量验收规范》给出。

4.5.6 植筋或锚栓用的胶粘剂，其安全性的检验项目及检验方法，与前述几种胶粘剂有很大不同。这是因为这类胶粘剂属富填料型的，很难用一般的试验方法进行试件的制备与试验。为此，编制组作为专题进行了研究。经过对国内外20余个品牌锚固型胶粘剂所进行的检验以及所做的对比分析才确定了表4.5.6的安全性能合格指标及其检验方法。试用情况表明，能够用以判定这类胶粘剂性能与质量是否符合要求。

4.5.7 对承重结构用的胶粘剂而言，其耐老化性能极为重要，一是因为建筑物对胶粘剂的使用年限要求长达30年以上，其后期粘结强度必须得到保证；二是因为本规范采用的湿热老化检验法，其检出不良固化剂的能力很强，而固化剂的性能在很大程度上决定着胶粘剂长期使用的可靠性。最近一段时间，由于恶性的价格竞争愈演愈烈，导致了不少厂商纷纷变更胶粘剂原配方中的固化剂成分。尽管固化剂的改变，虽有可能做到不影响胶粘剂的短期粘结强度，但却无法制止胶粘剂抗环境老化能力的急剧下降。因此，这些劣质的的固化剂很容易在湿热老化试验中被检出。结构加固设计人员和业主必须对这一点给予高度重视，特别是重要的结构加固工程，均应对不熟悉的胶粘剂以及质量有怀疑的胶粘剂（例如用劣质固化剂配制的，但挂靠著名科研单位并有偿使用其资质证书的胶粘剂等），坚持进行见证抽样的湿热老化检验，且不得以其他人工老化试验替代这项湿热老化试验。

这里还应指出的是，有些技术人员因不了解结构胶粘剂耐环境老化性能快速检验之所以选用湿热老化方法的原因，往往受劣质胶生产商的误导，而强调我国属亚热带地区，湿热老化问题较小，可不做湿热老化试验。其实本规范之所以推荐欧洲标准化委员会《结构胶粘剂老化试验方法》EN 2243-5关于以湿热环境进行老化试验的规定，系基于以下认识，即：胶粘剂在紫外光作用下虽能起化学反应，使聚合物中的大分子链破坏；但对大多数胶粘剂而言，由于受到被粘物屏蔽保护，光老化并非其老化主因，很难判明其老化性能，而迄今只有在湿热的综合作用下才能检验其老化性能。因为：其一，湿气总能侵入胶层，而在一定温度促进下，还会加快其渗入胶层的速度，使之更迅速地起到破坏胶层易水解化学键的作用，使胶粘剂分子链更易降解；其二，水分子渗入胶粘剂与被粘物的界面，会促使其分离；其三，水份还起着物理增塑作用，降低了胶层抗剪和抗拉性能；其四，热的作用还可使键能小的高聚物发生裂解和分解；等等。所有这些由于湿气的作用使得胶粘剂性能降低或变坏的过程，即使在自然环境中也会随着时间的推移而逐渐地发生，并形成累积性损伤，只是老化的时间和过程较长而已。因此，显然可以利用胶粘剂对湿热老化作用的敏感性设计成一种快速而有效的检验方法。试验表明，有不少品牌胶粘剂可以很容易通过3000~5000h的各种人工气候老化检验，但却在720h的湿热老化试验过程中几乎完全丧失强度。其关键问题就在于这些品牌胶粘剂使用的是劣质固化剂以及有害的外加剂，不具备结构胶粘剂所要求的耐长期环境作用的能力。

4.5.8 关于结构胶粘剂毒性检验规定，很多国家均纳入其有关法规。因为它与人体健康和环境卫生密切相关，必须保证使用的安全。为此，本规范也参照国内外有关标准进行制定，并列为强制性条文，要求严格遵守和执行。这里应指出的是，就优质的改性环氧树脂胶粘剂而言，在完全固化后要达到"实际无毒"的卫生等级，是完全可以做到的。在这种情况下，之所以还需对毒性检验进行强制，是为了防止新开发的其他胶种忽视这个问题，也为了防范劣质的有毒胶粘剂混入市场。

4.5.9 乙二胺是一种毒性大而又脆性的固化剂，早就被很多国家严禁在结构胶中使用。但由于它能使环氧树脂胶的短期强度提高，且价格低廉，因而在我国不少地区（如北京、上海、江苏、河北、辽宁、广东、四川等省市）仍被少数不法厂家用以谋取高利润，致使不少结构加固工程埋下了安全隐患。为此，在规范中必须作出严禁使用的规定，以便于追查并追究责任。另外，在胶粘剂中掺加挥发性有害溶剂和非反应性稀释剂也是目前市场上制造劣质胶的手段之一，对人体健康、环境卫生和胶粘剂的安全性与耐久性等都有不良的影响。因此，也必须禁止使用。

4.5.10 从规范编制组掌握的著名型号结构胶粘剂的技术数据来看，一般在其研制和开发过程中均进行过冻融循环试验，并且都能符合耐冻融性能的要求。但对寒冷地区而言，这个问题十分重要，为此，仍须在规范中作出统一的规定，以确保使用安全。

4.6 裂缝修补材料

4.6.1 裂缝修补胶的应用效果，取决于其工艺性能和低黏度胶液的可灌注性以及其完全固化后所能达到的粘结强度。若裂缝的修补目的只是为了封闭，可仅做外观质量检验；但若裂缝的修补有补强、恢复构件整体性或防渗的要求，则应按现行检验标准取芯样做劈裂抗拉强度试验，并要求其破坏面不在粘合裂缝的界面上。

4.6.2 注浆修补裂缝，主要是为了恢复构件的整体性，并消除其渗漏的隐患。因此，应通过各种探测手段对混凝土灌浆前的内部情况进行检查和分析。本条的规定只是供接收注浆料时检验其性能和质量使用。

4.7 阻 锈 剂

4.7.1 已有混凝土结构、构件的防锈，是一种事后补救的措施。因此，只能使用具有渗透性、密封性和滤除有害物质功能的喷涂型阻锈剂。这类阻锈剂的品牌、型号很多，但按其作用方式归纳起来只有两类：烷氧基类和氨基类。这两类阻锈剂各有特点，可以结合工程实际情况进行选用。

4.7.2~4.7.3 表4.7.2及表4.7.3规定的阻锈剂质量和性能合格指标，是参照目前市场上较为著名、且有很多工程实例可证明其阻锈效果的产品使用指南，并根据建设部建筑物鉴定与加固规范管理委员会统一抽检结果制定的，可供加固设计选材使用。

4.7.4 阻锈剂是提高钢筋混凝土结构耐久性、延长其使用寿命的有效措施。有资料表明，只要采用了适合的阻锈剂，即便是氯离子浓度达到能引发钢筋锈蚀含量阈值12倍的情况下，也能使钢筋保持钝化状态。国外规范也有类似的强制性条文规定。例如俄罗斯建筑法规 CHuP2-03-11 第8.16条规定："为了提高钢筋混凝土在各种介质环境中的耐用能力，必须采用钢筋阻锈剂，以提高抗蚀性和对钢筋的保护能力"；日本建设省指令第597号文《钢筋混凝土用砂盐分规定》中要求："砂含盐量介于0.04%~0.2%时必须采取防护措施：如采用防锈剂等"。美国最新研究表明，高速公路桥2.5~5年即出现钢筋腐蚀破坏；处于海水飞溅区的方桩，氯离子渗入混凝土内的量达到每立方米1kg的时间仅需8年；但若采用钢筋阻锈剂则能延缓钢筋发生锈蚀时间和降低锈蚀速度，从而达到40~50年或更长的寿命期。

4.7.5 亚硝酸盐类属于阳极型阻锈剂，此类阻锈剂的缺点是在氯离子浓度大到一定程度时会产生局部腐蚀和加速腐蚀。另外，该类阻锈剂还有致癌、引起碱骨料反应、影响坍落度等问题存在，使得它的应用受到很大限制。例如在瑞士、德国等国家已明令禁止使用这种类型的阻锈剂。

5 增大截面加固法

5.1 设 计 规 定

5.1.1 增大截面加固法，由于它具有工艺简单、使用经验丰富、受力可靠、加固费用低廉等优点，很容易为人们所接受；但它的固有缺点，如湿作业工作量大、养护期长、占用建筑空间较多等，也使得其应用受到限制。调查表明，其工程量主要集中在一般结构的梁、板、柱上，特别是中小城市的加固工程，往往以增大截面法为主。据此，编制组认为这种方法的适用范围以定位在梁、板、柱为宜。

5.1.2 调查表明，在实际工程中虽曾遇到混凝土强度等级低达C7.5的梁、柱也在用增大截面法进行加固，但从其加固效果来看，新旧混凝土界面的粘结强度很难得到保证。若采用植入剪切-摩擦筋来改善结合面的粘结抗剪和抗拉能力，也会因基材强度过低而无法提供足够的锚固力。因此，作出了原构件的混凝土强度等级不应低于C10的规定，但应注意的是，此规定系根据20世纪50年代前期和60年代前期的工程质量情况作出的。这两个时期混凝土的特点是：即使强度很低，但截面内外施工质量都较均匀，其表层的抗拉强度

f_{tk}一般均在 1.5MPa 以上，加固时较容易处理；20 世纪 50 年代后期以及 70 年代以来的混凝土，其施工质量远不如从前。因此，当遇到混凝土不仅强度等级低，而且密实性差，甚至还有蜂窝、空洞等缺陷时，不应直接采用增大截面法进行加固，而应先置换有局部缺陷或密实性太差的混凝土，然后再进行加固。

5.1.3 本规范关于增大截面加固法的构造规定，是以保证原构件与新增部分的结合面能可靠地传力、协同地工作为目的，因此，只要粘结质量合格，便可采用本条的基本假定。

5.1.4 采用增大截面加固法，由于受原构件应力、应变水平的影响，虽然不能简单地按现行国家标准《混凝土结构设计规范》GB 50010 进行计算，但该规范的基本假定具有普遍意义；仍应在加固计算中得到遵守。

5.2 受弯构件正截面加固计算

5.2.1 本条给出了加固设计常用的截面增大形式，但应指出的是，在混凝土受压区增设现浇钢筋混凝土层的做法，主要用于楼板的加固。对梁而言，仅在楼层或屋面允许梁顶面突出时才能使用。因此，一般只能用于某些屋面梁、边梁和独立梁的加固；上部砌有墙体的梁虽然也可采用这种做法，但应考虑拆墙是否方便。

5.2.2 与原推荐性标准相比，本规范增加了关于混凝土叠合层应按构造要求配置受压钢筋和分布钢筋的规定。其原因是为了提高新增混凝土层的安全性，同时也为了与现行国家标准《混凝土结构设计规范》GB 50010 新作出的"应在板的未配筋表面布置温度、收缩钢筋"的规定相协调。因为这一规定很重要，可以大大减少新增混凝土层发生温度、收缩应力引起的裂缝。

5.2.3 就理论分析而言，在截面受拉区增补主筋加固钢筋混凝土构件，其受力特征与加固施工是否卸载有关。当不卸载或部分卸载时，加固后的构件工作属二次受力性质，存在着应变滞后问题；当完全卸载时，加固后的构件工作虽属一次受力，但由于受二次施工的影响，其截面仍然不如一次施工的新构件。在这种情况下，计算似乎应按不同模式进行。然而试验结果表明，倘若原构件主筋的极限拉应变均能达到现行国家标准《混凝土结构设计规范》GB 50010 规定的 0.01 水平，而新增的主筋又按本规范的规定采用了热轧钢筋，则正截面受弯破坏时，两种受力性质的新增主筋均能屈服。因此，不论哪一种受力构件，均可近似地按一次受力计算，只是在计算中应考虑到新增主筋在连接构造上和受力状态上不可避免地要受到种种影响因素的综合作用，从而有可能导致其强度难以充分发挥，故仍应从保证安全的角度出发，对新增钢筋的强度进行折减，并统一取 $\alpha_s = 0.9$。

5.2.4 由于加固后的受弯构件正截面承载力可以近似地按照一次受力构件计算，且试验也验证了新增主筋一般能够屈服，因而可写出其相对界限受压区高度 ξ_b 值如式（5.2.4-1）所示。另外，需要说明的是新增钢筋位置处的初始应变值计算公式的确定问题。这个公式从表面看来似乎是根据 $x_b = 0.375 h_{01}$ 推导的，其实是引用前苏联 H.M.OHYΦPMEB 在预应力加固设计指南中对受弯构件内力臂系数的取值（即 0.85）推导得到的。规范编制组之所以决定引用该值，是因为注意到原推荐性标准早在 1990 年即已引用，我国西南交通大学和东南大学也都认为该值可以近似地用于估算加固构件初始应变而不会有显著的偏差。另外，规范编制组所做的试算结果也表明，采用该值偏于安全，故决定用以计算 ε_{s1} 值，如本规范式（5.2.4-2）所示。

5.3 受弯构件斜截面加固计算

5.3.1 对受剪截面限制条件的规定与现行国家标准《混凝土结构设计规范》GB 50010-2002完全一致，而从增大截面构件的荷载试验过程来看，增大截面还有助于减缓斜裂缝宽度的发展，特别是围套法更为有利。因此引用GB 50010的规定作为加固构件的受剪截面限制条件仍然是合适的。

5.3.2 本条的计算规定与原规范比较主要有三点不同：一是将新、旧混凝土的斜截面受剪承载力分开计算，并给出了具体公式；二是新、旧混凝土的抗拉强度设计值分别按本规范第3.2节和现行设计规范的规定取用；三是按试验和分析结果重新确定了混凝土和钢筋的强度利用系数。试算的情况表明，按本规范确定的斜截面承载力，其安全储备有所提高。这显然是合理而必要的。

5.4 受压构件正截面加固计算

5.4.1 钢筋混凝土轴心受压构件采用增大截面加固后，其正截面承载力的计算公式仍按原推荐性标准的公式采用。虽然这几年来有不少论文建议采用更精确的方法修改该公式中的 α 取值，但经规范编制组讨论后仍决定维持原规范对该系数 α 的取值不变，之所以作这样决定，主要是基于以下几点理由：

（1）该系数 α 经过近15年的工程应用未出现安全问题；

（2）精确的算法必须建立在对原构件应力水平的精确估算上，但这很难做到，况且这种加固方法在不发达地区用得最为普遍，却因限于当地的技术水平，对实际荷载的估算结果往往因人而异。若遇到事后复查，很难辨明是非；

（3）由于原推荐性标准的 α 取值，系以当时的试验结果为依据，并且也意识到试验所考虑的情况还不够充分，因此，在条文中作出了"当有充分试验依据时，α 值可作适当调整"的规定。但迄今为止，所有的修改建议均只是以分析、计算为依据提出的，未见有新的试验验证资料发表。

因此，在这次修订中仍以维持原案较为稳妥，只是为了表达上的需要，将 α 改为 α_{cs}。至于 α_{cs} 值是否有调整必要的问题，留待今后积累更多试验数据后再进行论证。

5.4.2 此次制定本规范，编制组曾对原推荐性标准偏心受压计算中采用的强度利用系数进行了讨论分析。其结果一致认为这是一项稳健的规定，不宜贸然修改。具体理由如下：

1 对新增的受压区混凝土和纵向受压钢筋，原推荐性标准为考虑二次受力影响，采用简化计算的方式引入强度利用系数是可行的。因为经过15年的施行，未出现过任何问题，也足以证明这一点。

2 就新增的纵向受拉钢筋而言，在大偏心受压工作条件下，其理论分析虽能确定钢筋的应力将会达到抗拉强度设计值，而不必再乘以强度利用系数，但不能因此便认定原推荐性标准的规定过于保守。因为考虑到纵向受拉钢筋的重要性，以及其工作条件总不如原钢筋，而在国家标准中适当提高其安全储备也是必要的。因此，宜予保留。

另外，需要说明的是：在式（5.4.2-1）中之所以未出现受压区混凝土强度利用系数 α_c 值，是因为该值已隐含在 f_{cc} 值中。

注：有关本条文的原编制情况，可参阅原推荐性标准的条文说明。

5.4.3 本规范编制组所做的加固偏压柱的电算分析和验证性试验结果表明，对被加固结构构件而言，现行国家标准《混凝土结构设计规范》GB 50010 规定的考虑二阶弯矩影响的偏心距增大系数 η 值，还需要引入修正系数 ψ_η 值才能与加固构件计算分析和试验结论相吻合，也才能保证受力的安全。为此，给出了 ψ_η 值的取值规定。

5.5 构造规定

5.5.1~5.5.4 这四条主要是根据结构加固工程的实践经验和有关的研究资料作出的规定；其目的是保证原构件与新增混凝土的可靠连接，使之能够协同工作，以保证力的可靠传递，从而收到良好的加固效果。

另外，应指出的是自行配制的纯环氧树脂砂浆或其他纯水泥砂浆，由于未经改性，很快便开始变脆，而且耐久性很差，故不应在承重结构中使用。

6 置换混凝土加固法

6.1 设计规定

6.1.1 置换混凝土加固法能否在承重结构中得到应用，关键在于新旧混凝土结合面的处理效果是否能达到可以采用协同工作假定的程度。国内外大量试验表明：当置换部位的结合面处理已使旧混凝土露出坚实的结构层，且具有粗糙而洁净的表面时，新浇混凝土的水泥胶体便能在微膨胀剂的预压应力促进下渗入其中，并在水泥水化过程中，粘合成一体。因此作出了"当混凝土构件置换部分的界面处理及其施工质量符合本规范要求时，其结合面可按整体工作计算"的规定（见本规范第 6.1.4 条）。根据这一规定，置换法不仅可用于新建工程混凝土质量不合格的返工处理，而且可用于已有混凝土承重结构受腐蚀、冻害、火灾烧损以及地震、强风和人为破坏后的修复。

6.1.2 当采用本方法加固受弯构件时，为了确保置换混凝土施工全过程中原结构、构件的安全，必须采取有效的支顶措施，使置换工作在完全卸荷的状态下进行。这样做还有助于加固后的结构更有效地承受荷载。对柱、墙等承重构件完全支顶有困难时，允许通过验算和监测进行全过程控制。其验算的内容和监测指标应由设计单位确定，但应包括相关结构、构件受力情况的验算。

6.1.3 对原构件非置换部分混凝土强度等级的最低要求，之所以应按其建造时规范的规定进行确定，是基于以下两点考虑：

1 按原规范设计的构件，不能随意否定其安全性。
2 如果非置换部分的混凝土强度等级低于建造时规范的规定时也应进行置换。

在这一前提下，对 1991 年 6 月以前建造的采用不同等级钢筋的混凝土结构，其现场检测确定的混凝土强度等级，应分别不低于 C13 和 C18（即 150 号和 200 号）；对 1991 年 6 月以后建造的应分别不低于 C15 和 C20，至于置换部分的混凝土，因属于要凿除的对象也就无需对其最低强度等级提出要求。

6.1.4 见本规范第 6.1.1 条说明。

6.2 加固计算

6.2.1 采用置换法加固钢筋混凝土轴心受压构件时，其正截面承载力计算公式，除了应分别写出新旧两部分不同强度混凝土的承载力外，其他与整截面无甚区别，因此，可参照现行国家标准《混凝土结构设计规范》GB 50010 的计算公式给出，但需引进置换部分新混凝土强度的利用系数 α_c，以考虑施工无支顶时新混凝土的抗压强度不能得到充分利用的情况；至于采用 $\alpha_c = 0.8$，则是引用增大截面加固法的规定。

6.2.2 偏心受压构件压区混凝土置换深度 $h_n < x_n$ 时，存在新旧混凝土均参与承载的情况，故应将压区混凝土分成新老混凝土两部分处理。

6.2.3 受弯构件压区混凝土置换深度 $h_n < x_n$，其正截面承载力计算公式相当于现行国家标准《混凝土结构设计规范》GB 50010 的受弯构件 T 形截面承载力计算公式。

6.3 构造规定

6.3.1~6.3.2 为考虑新旧混凝土协调工作，并避免在局部置换的部位产生"销栓效应"，故要求新置换的混凝土强度等级不宜过高，一般以提高一级为宜。另外，为保证置换混凝土的密实性，对置换范围应有最小尺寸的要求。

6.3.3 考虑到置换部分的混凝土强度等级要比原构件混凝土高 1~2 级，在这种情况下，若不对称地剔除和置换混凝土，可能造成截面受力不均匀或传力偏心，因此，规定不允许仅剔除截面的一隅。

7 外加预应力加固法

7.1 设计规定

7.1.1~7.1.2 预应力加固法适用面很广，预应力施加方法也很多，本章仅涉及其最适用的场合和几种主要的方法，因此，这两条规定完全是引导性的，而不是限制性的。在工程中采用其他方法时，也可参照本规范设计计算的基本原则进行加固。

7.1.3 由于在新建工程预应力混凝土结构的设计和施工中，对被施加预应力的构件规定了其混凝土强度等级的最低要求，因此，在采用预应力方法加固时，也应对原构件的混凝土强度等级有相近的要求。不然在施加预应力时，可能导致原构件局压区破坏。

7.1.4~7.1.6 这是根据预应力杆件及其零配件的受力性能作出的防护规定。由于这些规定直接涉及加固结构的安全，应得到严格的遵守。

7.2 加固计算

7.2.1~7.2.4 采用预应力水平拉杆加固钢筋混凝土梁的设计步骤，主要是根据国内外大量实践经验制定的。梁加固后增大的受弯承载力，可根据该梁加固前能承受的受弯承载力与加固后在新设计荷载作用下所需的受弯承载力来初步确定。但是，由式（7.2.1-1）求出的拉杆截面面积只是初步的计算结果。这是因为预应力拉杆发挥作用时，必然与被加固梁组成超静定结构体系，致使拉杆内力增大。这时，拉杆产生的作用效应增量 ΔN，可用结构力学方法求出。于是，被加固梁承受的全部外荷载和预应力拉杆的内力作用效应均已确定，便可按现行国家标准《混凝土结构设计规范》GB 50010 验算原梁在跨中截面和支座截面的偏心受压承载力。若验算结果能满足规范要求，则拉杆的截面尺寸也就选定。但需要指出的是采用预应力拉杆加固的梁，其受弯承载力增量不应大于原梁承载力的1.5倍，且梁内受拉钢筋与拉杆截面面积的总和，也不应超过混凝土截面面积的2.5%。因此，当计算不满足上述要求时，应改用其他加固方法。

预应力拉杆与原梁的协同工作系数，是根据国内外有关试验研究成果确定的。

为便于选择施加预应力的方法，对机张法和横向张拉法的张拉量计算分别作了规定。横向张拉量的计算公式（7.2.2）及（7.2.4）是根据应力与变形的关系推导的，计算时略去了 $(\sigma_p/E_s)^2$ 的值，故计算结果为近似值。

7.2.6 采用预应力拉杆加固钢筋混凝土桁架时，可以对整榀屋架进行加固，也可仅加固下弦杆或受拉腹杆。这类加固，国内已有大量工程实践经验。计算时应将拉杆的预加应力作用视为外力。计算时，还应将预应力拉杆引起的作用效应与原杆件的最大作用效应相叠加，然后再验算杆件的截面承载力、裂缝及桁架挠度，且以验算结果能满足设计要求为合格。整榀屋架加固时，预加应力引起的反拱不应过大，以免引起上弦杆裂缝或使端部支承连接拉裂、变形。

锚夹具锚固处的混凝土局部受压承载力应能满足现行国家标准《混凝土结构设计规范》GB 50010 的要求。

7.2.7 采用预应力撑杆加固轴心受压钢筋混凝土柱的设计步骤较为简单明确。撑杆中的预应力主要是以保证撑杆与被加固柱能较好地共同工作为度，故施加的预应力值 σ_p 不宜过高，以控制在 50~80MPa 为妥。

根据国内外有关的试验研究成果，当被加固柱需要提高的受压承载力不大于 1200kN 时，采用预应力撑杆加固是较为合适的。若需要通过加固提高的承载力更大，则应考虑选用其他加固方法。

7.2.8~7.2.9 采用预应力撑杆加固偏心受压钢筋混凝土柱时，由于影响因素较多，其计算方法较为冗繁。因此，偏心受压柱的加固计算应主要通过验算进行。但应指出，采用预应力撑杆加固偏心受压柱时，其受压承载力、受弯承载力均只能在一定范围内提高。

验算时，撑杆肢的有效受压承载力取 $0.9f'_{py}A'_p$ 是考虑协同工作不充分的影响，即撑杆肢的极限承载力有所降低。其承载力降低系数取 0.9 是根据国内外试验结果确定的。

当柱子较高时，撑杆的稳定性可能不满足现行国家标准《钢结构设计规范》GB 50017 的规定。此时，可采用不等边角钢来作撑杆肢，其较窄的翼缘应焊以缀板，其较宽的翼缘，应位于柱子的两侧面。撑杆肢安装后再在较宽的翼缘上焊以连接板。

对承受正负弯矩作用的柱（即弯矩变号的柱），应采用双侧撑杆进行加固。由于撑杆主要是承受压力，所以应按双侧撑杆加固的偏心受压柱的公式进行计算，但仅考虑被加固柱的受压区一侧的撑杆受力。

7.3 构 造 规 定

7.3.1 预应力拉杆选用的钢材与施工方法有密切关系。机张法能拉各种高强、低强的碳素钢丝、钢绞线或粗钢筋等钢材；横向张拉法仅适用于张拉钢材强度较低，张拉力较小

(一般在150kN以下)的Ⅰ级钢筋。横向张拉用的钢材，应选用Ⅰ级钢筋，是考虑拉杆两端需采用焊接连接，Ⅰ级钢筋施焊易于保证焊接质量。

预应力拉杆距构件下缘的净空为30~80mm时，可使预应力拉杆的端部锚固构造和下撑式拉杆弯折处的构造都比较简单。

7.3.2 预应力撑杆适宜用横向张拉法施工。其建立的预应力值也比较可靠。这种方法在原苏联采用较多，也有许多工程实践经验表明该法简便可行。过去国内多采用干式外包钢加固法，即在角钢中不建立预应力，或仅为了使角钢的上下端与混凝土构件顶紧而打入楔子，计算上也不考虑预应力的作用，因此，经济性很差。此次编制规范已删去干式外包钢法，而以预应力撑杆来取代。预应力撑杆则要求建立一定的预应力值，故在验算中应将撑杆内的预压应力视为外力作用。

为了建立预应力，在横向张拉法中要求撑杆中部先制成弯折形状，然后在施工中旋紧螺栓使撑杆通过变直而顶紧。为了便于实施，本规范对弯折的方法和要求均作了示例性质的规定，其中还包括了切口形状和弥补切口削弱的措施。

预应力撑杆肢的角钢及其焊接缀板的最小截面规定是根据国内外工程加固实践经验确定的。

对撑杆端部的传力构造作了详细的规定，这种传力构造可保证其杆端不致产生偏移。

8 外粘型钢加固法

8.1 设 计 规 定

8.1.1 外粘型钢的适用面很广，但加固费用较高。为了取得最佳的技术经济效果，一般多用于需要大幅度提高承载力和抗震能力的钢筋混凝土梁、柱结构的加固。

8.1.2 早期的外粘型钢加固法称为湿式外包钢加固法，使用的是乳胶水泥为粘结材料。乳胶水泥通常由聚醋酸乳液与水泥浆膏混合而成，它虽然可使水泥浆膏的粘结强度稍有提高，并加快浆膏的硬化；但它的不耐潮湿、不耐低温，不耐老化，不能长期用于户外等缺点，使它早已在承重结构的应用中被淘汰。当前的外粘型钢系以结构胶（如改性环氧树脂）为粘结材料，并通过压力灌注工艺形成饱满而高强的胶层，从而使设计、计算所采用的整体截面基本假定，可以建立在可靠的基础上。因此明确规定了外粘型钢应以改性环氧树脂胶粘剂进行灌注。

8.1.3 本条采用的截面刚度近似计算公式与精确计算公式相比，仅略去型钢绕自身轴的惯性矩，其所引起的计算误差很小，完全可以应用。

8.2 加 固 计 算

8.2.1 采用外粘型钢加固钢筋混凝土轴心受压构件（柱）时，由于型钢可靠地粘结于原柱，并有卡紧的缀板焊接成箍，从而使原柱的横向变形受到型钢骨架的约束作用。在这种构造条件下，外粘型钢加固的轴心受压柱，其正截面承载力可按整截面计算，但应考虑二次受力的影响，故对受压型钢乘以强度利用系数 α_a。考虑到加固用的型钢属于软钢（Q235），且原推荐性标准所取的 α_a 值，虽是近似值，但经过近15年的工程应用，未发现有安全问题，因而决定仍继续沿用该值，亦即取 $\alpha_a=0.9$，较为安全稳妥。

8.2.2 采用外粘型钢加固的钢筋混凝土偏心受压构件，其受压肢型钢，由于存在着应变滞后的问题，在按式（8.2.2-1）及式（8.2.2-2）计算正截面承载力时，必须乘以强度利用系数 α_a 予以折减，这虽然是一种简化的做法，但对标准规范来说，却是可行的。至于受拉肢型钢，在大偏心受压工作条件下，尽管其应力一般都能达到抗拉强度设计值，但考虑到受拉肢工作的重要性，以及粘结传力总不如原构件中的钢筋可靠，故有必要在规范中适当提高其安全储备，以保证被加固结构受力的安全。

另外，应指出的是，在偏心受压构件的正截面承载力计算中仍应按本规范第5.4.3条的规定对偏心距增大系数 η 乘以修正系数 ψ_η，以保证安全。

8.2.3 采用外粘型钢加固的钢筋混凝土梁，其截面应力特征与粘贴钢板加固法十分相近，因此允许按粘贴钢板的计算方法进行正截面和斜截面承载力的验算。

8.3 构 造 规 定

8.3.1 为加强型钢肢之间的连系，以提高钢骨架的整体性与共同工作能力，应沿梁、柱轴线每隔一定距离，用箍板或缀板与型钢焊接。与此同时，为了使梁的箍板能起到封闭式环形箍的作用，在本条中还给出了三种加锚式箍板的构造示意图供设计参考使用；另外，应指出的是：型钢肢在缀板焊接前，应先用工具式卡具勒紧，使角钢肢紧贴于混凝土表面，以消除过大间隙引起的变形。

8.3.2 为保证力的可靠传递，外粘型钢必须通长、连续设置，中间不得断开；若型钢长度受限制，应通过焊接方法接长；型钢的上下两端应与结构顶层构件和底部基础可靠地锚固。

8.3.5 加固完成后，之所以还需在型钢表面喷抹高强度水泥砂浆保护层，主要是为了防腐蚀和防火，但若型钢表面积较大，很可能难以保证抹灰质量。此时，可在构件表面先加设钢丝网或点粘一层豆石，然后再抹灰，便不会发生脱落和开裂。

9 粘贴纤维复合材加固法

9.1 设 计 规 定

9.1.1 根据粘贴纤维增强复合材的受力特性，本条规定了这种方法仅适用于钢筋混凝土受弯、受拉、轴心受压和大偏心受压构件的加固；不推荐用于小偏心受压构件的加固。因为纤维增强复合材仅适合于承受拉应力作用，而且小偏心受压构件的纵向受拉钢筋达不到屈服强度，采用粘贴纤维复合材将造成材料的极大浪费。因此，对小偏心受压构件，应建议采用其他合适的方法加固。

同时，本条还指出：本方法不适用于素混凝土构件（包括配筋率不符合现行国家标准《混凝土结构设计规范》GB 50010 最小配筋率构造要求的构件）的加固。据此，应提请注意的是：对梁板结构，若曾经在构件截面的受压区采用增大截面法加大了其混凝土厚度，而今又拟在受拉区采用粘贴纤维的方法进行加固时，应首先检查其最小配筋率是否能满足现行国家标准《混凝土结构设计规范》GB 50010 的要求。

9.1.2 在实际工程中，经常会遇到原结构的混凝土强度低于现行设计规范规定的最低强度等级的情况。如果原结构混凝土强度过低，它与纤维增强复合材的粘结强度也必然会很低，易发生呈脆性的剥离破坏。此时，纤维增强复合材不能充分发挥作用，因此本条规定了被加固结构、构件的混凝土强度等级，以及混凝土与纤维复合材正拉粘结强度的最低要求。

9.1.3 本条强调了纤维增强复合材不能设计为承受压力，而只能将纤维受力方式设计成承受拉应力作用。

9.1.4 本条规定粘贴在混凝土表面的纤维增强复合材不得直接暴露于阳光或有害介质中。为此，其表面应进行防护处理，以防止长期受阳光照射或介质腐蚀，从而起到延缓材料老化、延长使用寿命的作用。

9.1.5 本条规定了采用这种方法加固的结构，其长期使用的环境温度不应高于60℃。但应指出的是，这是按常温条件下，使用普通型结构胶粘剂的性能确定的。当采用耐高温胶粘剂粘结时，可不受此规定限制；但应受现行国家标准《混凝土结构设计规范》GB 50010对混凝土结构承受生产性高温的限制。另外，对其他特殊环境（如高温高湿、介质侵蚀、放射等）采用粘贴纤维增强复合材加固时，除应遵守相应的国家现行有关标准的规定采取专门的粘贴工艺和相应的防护措施外，尚应采用耐环境因素作用的结构胶粘剂。

9.1.6 为了确保被加固结构的安全，本规范统一规定了纤维复合材的设计计算指标。这对设计人员而言，不仅较为方便，而且还不至于因各自取值的差异，而引发争议；也不至于因受厂商炒作的影响，贸然采用过高的计算指标而导致结构加固出问题。

9.1.7 粘贴纤维复合材的胶粘剂一般是可燃的，故应按照现行国家标准《建筑防火设计规范》GB 50016规定的耐火等级和耐火极限要求，对纤维复合材进行防护。

9.1.8 采用纤维增强复合材加固时，应采取措施尽可能地卸载。其目的是减少二次受力的影响，亦即降低纤维复合材的滞后应变，使得加固后的结构能充分利用纤维材料的强度。

9.2 受弯构件正截面加固的计算

9.2.1 为了听取不同的学术观点，规范编制组邀请国内8位知名专家对受弯构件的受拉面粘贴纤维增强复合材进行加固时，其截面应变分布是否可采用平截面假定进行论证。其结果表明，持可用和不宜用观点各占50%，但均认为这个假定不理想；不过在当前试验研究工作尚不足以做出改变的情况下，仍可加以借用，而不致造成很大问题。

9.2.2 本条规定了受弯构件加固后的相对界限受压区高度的控制值 ξ_{fb}，是为了避免因加固量过大而导致超筋性质的脆性破坏。对于重要构件，采用构件加固前控制值的0.75倍，对于HRB335级钢筋，达到界限时相应的钢筋应变约为2倍屈服应变；对于一般构件，采用构件加固前控制值的0.85倍，对于HRB335级钢筋，达到界限时相应的钢筋应变约为1.5倍屈服应变。满足此条要求，实际上已经确定了纤维的"最大加固量"。

9.2.3 本规范的受弯构件正截面计算公式与以前发布的国内外标准相比，在表达上有较大的改进。由于用一组公式代替多组公式，在计算结果无显著差异的前提下，可使设计人员应用更为方便，条理也更为清晰。

公式9.2.3-1是截面上的轴向力平衡公式；公式9.2.3-2是截面上的力矩平衡公式，

力矩中心取受拉区边缘，其目的是使此式中不同时出现两个未知量；公式9.2.3-3是根据应变平截面假定推导得到的计算公式。公式9.2.3-4是保证钢筋受压达到屈服强度。当 $x < 2a'$ 时，近似取 $x = 2a'$ 进行计算，是为了确保安全而采用了受压钢筋合力作用点与压区混凝土合力作用点相重合的假定。

另外，当"$\psi > 1.0$时，取$\psi = 1.0$"的规定，是用以控制纤维复合材的"最小加固量"。

加固设计时，可根据式（9.2.3-1）计算出混凝土受压区的高度x，按式（9.2.3-3）计算出强度利用系数ψ，然后代入式（9.2.3-2），即可求出纤维的有效截面面积A_{fe}。

9.2.4 本条是考虑纤维复合材多层粘贴的不利影响，而对第9.2.3条计算得到的有效截面面积进行放大，作为实际应粘贴的面积。为此，引入了纤维复合材的厚度折减系数k_m。该系数系参照ACI 440委员会于2000年7月修订的"GUIDE FOR THE DESIGN AND CONSTRUCTION OF EXTERNALLY BONDED FRP SYSTEMS FOR STRENGTHENING CONCRETE STRUCTURES"而制定的。

9.2.5、9.2.6 公式9.2.5中给出的$f_{f,v}$的确定方法，是根据本规范编制组和四川省建科院的试验结果拟合的；在纳入本规范前又参照有关文献作了偏于安全的调整。另外，该计算式的适用范围为C15～C60，基本上可以涵盖当前已有结构的混凝土强度等级情况，至于C60以上的混凝土，暂时还只能按$f_{f,v} = 0.7$采用。

9.2.7 对翼缘位于受压区的T形截面梁，其正弯矩区进行受弯加固时，不仅应考虑T形截面的有利作用，而且还须遵守有关翼缘计算宽度取值的限制性规定。故本条要求应按现行国家标准《混凝土结构设计规范》GB 50010和本规范的规定进行计算。

9.2.8 滞后应变的计算，在考虑了钢筋的应变不均匀系数、内力臂变化和钢筋排列影响的基础上，还依据工程设计经验作了适当调整，但在表达方式上，为了避开繁琐的计算，并力求为设计使用提供方便，故对α_f的取值，采取了按配筋率和钢筋排数的不同以查表的方式确定。

9.2.9 根据应变平截面假定及的ξ_{fh}不同取值，可算得侧面粘贴纤维的上下两端平均应变与下边缘应变的比值，即修正系数η_{f1}，并可表达为公式$\eta_{f1} = 1/(1 - \beta_1 h_f/h)$。计算时，近似地取$h_f = h$，$h_0 = h/1.1$；于是算得采用HRB335级钢筋的一般构件，其系数$\beta_1 = 1.07$；相应的重要构件，其系数$\beta_1 = 0.94$；同理，算得采用HRB400级钢筋的一般构件，其系数$\beta_1 = 1.0$；相应的重要构件，其系数$\beta_1 = 0.90$。注意到β_1值变化幅度不大，故偏于安全地统一取$\beta_1 = 1.07$。与此同时，还应考虑侧面粘贴的纤维复合材，其合力中心至压区混凝土合力中心之距离与底面粘贴的纤维复合材合力中心至压区混凝土合力中心之距离的比值，即修正系数η_{f2}，可表达为公式$\eta_{f2} = 1/(1 - 0.63h_f/h)$。于是得到综合考虑侧面粘贴纤维复合材受拉合力及相应力臂的修正系数为：

$$\eta_f = \eta_{f1} \times \eta_{f2} = 1/(1 - 1.07h_f/h)(1 - 0.63h_f/h)$$

9.2.10 本条规定钢筋混凝土结构构件采用粘贴纤维复合材加固时，其正截面承载力的提高幅度不应超过40%。其目的是为了控制加固后构件的裂缝宽度和变形；并且也为了强调"强剪弱弯"设计原则的重要性。

9.2.11 为了纤维复合材的可靠锚固以及节约材料的目的，本条对纤维复合材的层数提出了指导性意见。

9.3 受弯构件斜截面加固的计算

9.3.1 根据实际经验，本条对受弯构件斜截面加固的纤维粘贴方向作了统一的规定，并且在构造上只允许采用环形箍、加锚封闭箍、加锚 U 形箍和加织物压条的一般 U 形箍，不允许仅在侧面粘贴条带受剪，因为试验表明，这种粘贴方式受力不可靠。

9.3.2 本条的规定与国家标准《混凝土结构设计规范》GB 50010—2002 第 7.5.1 条完全一致。

9.3.3 根据现有试验资料和工程实践经验，对垂直于构件轴线方向粘贴的条带，按被加固构件的不同剪跨比和条带的不同加锚方式，给出了抗剪强度的折减系数。

9.4 受压构件正截面加固的计算

9.4.1 采用沿构件全长无间隔地环向连续粘贴纤维织物的方法，即环向围束法，对轴心受压构件正截面承载力进行间接加固，其原理与配置螺旋箍筋的轴心受压构件相同。

9.4.2 当 $l/d > 12$ 或 $l/d > 14$ 时，构件的长细比已比较大，有可能因纵向弯曲而导致纤维材料不起作用；与此同时，若矩形截面边长过大，也会使纤维材料对混凝土的约束作用明显降低，故明确规定了采用此方法加固时的适用范围。

9.4.3、9.4.4 公式 9.4.3-1 是考虑了在三向约束混凝土的条件下，其抗压强度能够提高的有利因素。公式 9.4.3-2 是参照了 ACI 440、CEB-FIP 及我国台湾的公路规程和工业技术研究院设计型录等制定的。

9.5 受压构件斜截面加固计算

9.5.1 本规范对受压构件斜截面的纤维复合材加固，仅允许采用环形箍。因为其他形式的纤维箍均易发生剥离破坏，故在适用范围的规定中加以限制。

9.5.2 采用环形箍加固的柱，其斜截面受剪承载力的计算公式是参照美国 ACI 440 委员会和欧洲 CEB-FIP（fib）的设计指南以及我国台湾工业技术研究院的设计型录，并结合我国大陆的试验资料制定的，从规范编制组委托设计单位所做的试设计来看，还是较为稳妥可行的。

9.6 大偏心受压构件加固计算

9.6.1 采用纤维增强复合材加固大偏心受压构件时，本条之所以强调纤维应粘贴在受拉一侧，是因为本规范已在第 9.1.3 条中作出了"应将纤维受力方式设计成仅承受拉应力作用"的规定。

9.6.2 本条的计算公式是参照国家标准《混凝土结构设计规范》GB 50010—2002 的规定推导的。其中需要说明的是，在大偏心受压构件加固计算中，对纤维复合材之所以不考虑强度利用系数，是因为在实际工程中绝大多数偏心受压构件均处于受压状态。因此，在承载能力极限状态下，受拉侧的拉应变是从受压侧应变转化过来的，故不存在拉应变滞后的问题，亦即认为：纤维复合材的抗拉强度能得到充分发挥。

9.7 受拉构件正截面加固计算

9.7.1 由于非预应力的纤维复合材在受拉杆件（如桁架弦杆、受拉腹杆等）端部锚固的可靠性很差，因此一般仅用于环形结构（如水塔、水池等）和方形封闭结构（如方形料槽、贮仓等）的加固，而且仍然要处理好围拢（或棱角）部位的搭接与锚固问题。由之可见，其适用范围是很有限的，应事先做好可行性论证。

9.7.2～9.7.3 从本节规定的适用范围可知，受拉构件的纤维复合材加固主要用于上述的构筑物中，而这些构筑物既容易卸荷，又经常在大多数情况下被强制要求卸荷，因此，在计算其承载力时可不考虑二次受力的影响问题，不必在计算公式中引入强度利用系数。

9.8 提高柱的延性的加固计算

9.8.1 采用纤维复合材构成的环向围束作为柱的附加箍筋来防止柱的塑铰区搭接破坏或提高柱的延性，在我国台湾地区震后修复工程中用得较多，而且有设计规程可依。与此同时，我国同济大学等院校也做过不少分析研究工作，在此基础上，经本规范编制组讨论后决定纳入这种加固方法，供抗震加固使用。

9.8.2 公式（9.8.2-2），系以环向围束作为附加箍筋的体积配筋率的计算公式，是参照国外有关文献，由同济大学做了大量分析后提出的。经试算表明，略偏于安全。

9.9 构造规定

9.9.1～9.9.2 本规范对受弯构件正弯矩区正截面承载力加固的构造规定，是根据国内科研单位和高等院校的试验研究结果和规范编制组总结工程实践经验，经讨论、筛选后提出的。因此，可供当前的加固设计参考使用。

9.9.3 采用纤维复合材对受弯构件负弯矩区进行正截面承载力加固时，其端部在梁柱节点处的锚固构造最难处理。为了解决这个问题，编制组曾通过各种渠道收集了国内外各种设计方案和部分试验数据，但均未得到满意的构造方式。本条图9.9.3-2及图9.9.3-3给出的构造示例，是在归纳上述设计方案优缺点的基础上逐步形成的。其优点是具有较强的锚固能力，可有效地防止纤维复合材剥离，但应注意的是，其所用的锚栓强度等级及数量应经计算确定。本条示例图中所给的锚栓强度等级及数量仅供一般情况参考。当受弯构件顶部有现浇楼板或翼缘时，箍板须穿过楼板或翼缘才能发挥其使用。最初的工程试用觉得很麻烦，经学习国外安装经验，采用半重叠钻孔法形成扁形孔安装（插进）钢箍板后，施工就变得十分简单。为了进一步提高箍板的锚固能力，还应采取先给箍板刷胶然后安装的工艺。另外，应注意的是安装箍板完毕应立即注胶封闭扁形孔，使它与混凝土粘结牢固，同时也解决了楼板可能渗水等问题。

9.9.4 这是国内外的共同经验。因为整幅满贴纤维织物时，其内部残余空气很难排除，胶层厚薄也不容易控制，以致大大降低粘贴的质量，影响纤维织物的正常受力。

9.9.5 同济大学的试验表明，按内短外长的原则分层截断纤维织物时，有助于防止内层纤维织物剥离，故推荐给设计、施工单位参考使用。

9.9.7～9.9.9 这三条的构造规定，是参照美国ACI 440指南、欧洲CEB-FIP（fib）指南和我国台湾工业技术研究院的设计型录以及本规范编制组的试验资料制定的。

10 粘贴钢板加固法

10.1 设计规定

10.1.1 根据粘贴钢板加固混凝土构件的受力特性，规定了这种方法仅适用于钢筋混凝土受弯、受拉和大偏心受压构件的加固。

同时还指出：本方法不适用于素混凝土构件（包括纵向受力钢筋配筋率不符合现行国家标准《混凝土结构设计规范》GB 50010 最小配筋率构造要求的构件）的加固。据此，应提请注意的是：对梁板结构，若曾经在构件受压区采用增大截面法加大了混凝土厚度，而今又拟在受拉区粘贴钢板进行加固时，应首先检查其最小配筋率是否能满足 GB 50010 的要求。

10.1.2 在实际工程中，有时会遇到原结构的混凝土强度低于现行国家标准《混凝土结构设计规范》GB 50010 规定的最低强度等级的情况。如果原结构混凝土强度过低，它与钢板的粘结强度也必然很低。此时，极易发生呈脆性的剥离破坏。故本条规定了被加固结构、构件的混凝土强度最低等级，以及钢板与混凝土表面粘结应达到的最小正拉强度。

10.1.3 粘钢的承重构件最忌在复杂的应力状态下工作，故本条强调了应将钢板受力方式设计成仅承受轴向应力作用。

10.1.4 对粘贴在混凝土表面的钢板之所以要进行防护处理，主要是考虑加固的钢板一般较薄，容易因锈蚀而显著削弱截面，甚至引起应力集中，其后果必然影响使用寿命。

10.1.5 本条规定了长期使用的环境温度不应高于60℃，是按常温条件下使用的普通型树脂的性能确定的。当采用与钢板匹配的耐高温树脂为胶粘剂时，可不受此规定限制，但应受现行国家标准《钢结构设计规范》GB 50017 有关规定的限制。在特殊环境下（如高温、高湿、介质侵蚀、放射等）采用粘贴钢板加固法时，除应遵守相应的国家现行有关标准的规定采取专门的粘贴工艺和相应的防护措施外，尚应采用耐环境因素作用的胶粘剂。

10.1.6 粘贴钢板的胶粘剂一般是可燃的，故应按现行国家标准《建筑防火设计规范》GB 50016 规定的耐火等级和耐火极限要求以及相关规范的防火构造规定进行防护。

10.1.7 采用粘贴钢板加固时，应采取措施尽量卸载。其目的是减少二次受力的影响，也就是降低钢板的滞后应变，使得加固后的钢板能充分发挥强度。

10.2 受弯构件正截面加固计算

10.2.1 国内外的试验研究表明，在受弯构件的受拉面和受压面粘贴钢板进行受弯加固时，其截面应变分布仍可采用平截面假定。

10.2.2 本条对受弯构件加固后的相对界限受压区高度的控制值 ξ_{fb} 作出了规定，其目的是为了避免因加固量过大而导致超筋性质的脆性破坏。对于重要构件，采用构件加固前控制值的 0.9 倍；若按 HRB335 级钢筋计算，达到界限时相应的钢筋应变约为 1.35 倍屈服应变；对于一般构件，采用构件加固前控制值的 1.0 倍；若按 HRB335 级钢筋计算，达到界限时相应的钢筋应变约为 1.0 倍屈服应变。满足此条要求，实际上已经确定了粘钢的"最大加固量"。

10.2.3 本规范的受弯构件正截面计算公式与以前发布的国内外标准相比,在表达上有了较大的改进。由于用一组公式代替多组公式,在计算结果无显著差异的前提下,可使设计计算更为方便,条理也较为清晰。

公式(10.2.3-2)是截面上的轴向力平衡公式;公式(10.2.3-1)是截面上的力矩平衡公式,力矩中心取受拉区边缘,其目的是使此式中不同时出现两个未知量;公式(10.2.3-3)是根据应变平截面假定推导得到的计算公式;公式(10.2.3-4)是为了保证受压钢筋达到屈服强度。当 $x < 2a'$ 时,之所以近似地取 $x = 2a'$ 进行计算,是为了确保安全而采用了受压钢筋合力作用点与压区混凝土合力作用点重合的假定。

加固设计时,可根据式(10.2.3-1)计算出混凝土受压区的高度 x,按式(10.2.3-3)计算出强度利用系数 ψ,然后代入式(10.2.3-2),即可求出粘贴的钢板面积 A_p。

另外,当"$\psi > 1.0$ 时,取 $\psi = 1.0$"的规定,是用以控制钢板的"最小加固量"。

10.2.4 钢板粘贴延伸长度 l_p 的计算公式,是在原推荐性标准剪应力分布假定的基础上,参照理论分布曲线稍作调整后确定的。

10.2.5 对翼缘位于受压区的 T 形截面梁(包括有现浇楼板的梁),其正弯矩区的受弯加固,不仅应考虑 T 形截面的有利作用,而且还须遵守有关翼缘计算宽度取值的限制性规定,故要求应按现行国家《混凝土结构设计规范》GB 50010 和本规范的有关原则和规定进行计算。

10.2.6 滞后应变的计算,在考虑了钢筋的应变不均匀系数、内力臂变化和钢筋排列影响的基础上,还依据工程设计经验作了适当调整,但在表达方式上,为了避开繁琐的计算,并力求使用方便,故对 α_{sp} 的取值,采取了按配筋率和钢筋排数的不同以查表的方式确定。

10.2.7 根据应变平截面假定及 ξ_{pb} 的不同取值,可算得侧面粘贴钢板的上下两端平均应变与下边缘应变的比值,即修正系数 η_{p1},并表达为公式 $\eta_{p1} = 1/(1 - \beta_1 h_p/h)$。计算时近似地取 $h_p = h$,$h_0 = h/1.1$;于是算得采用 HRB335 级钢筋的一般构件,其系数 $\beta_1 = 1.33$;相应的重要构件,其系数 $\beta_1 = 1.14$;同理,算得 HRB400 级钢筋的一般构件,其系数 $\beta_1 = 1.22$;相应的重要构件,其系数 $\beta_1 = 1.06$。考虑到 β_1 值变化幅度不大,故偏于安全地统一取 $\beta_1 = 1.33$。与此同时,还应考虑侧面粘贴钢板的合力中心至压区混凝土中心之距离与底面粘贴钢板的合力中心至压区混凝土中心之距离的比值,即修正系数 η_{p2},可表达为公式 $\eta_{p2} = 1/(1 - 0.60 h_p/h)$。于是得到综合考虑侧面粘贴钢板受拉合力及相应力臂的修正系数为:

$$\eta_P = \eta_{p1} \times \eta_{p2} = 1/(1 - 1.33 h_p/h)(1 - 0.60 h_p/h)$$

10.2.8 本条规定钢筋混凝土结构构件采用粘贴钢板加固时,其正截面承载力的提高幅度不应超过 40%。其目的是为了控制加固后构件的裂缝宽度和变形;并且也为了强调"强剪弱弯"设计原则的重要性。

10.2.9 为了钢板的可靠锚固以及节约材料的目的,本条对粘贴钢板的层数作出了建议性的规定。

10.3 受弯构件斜截面加固计算

10.3.1 根据实际经验,本条对受弯构件斜截面加固的钢箍板粘贴方式作了统一的规定,并且在构造上,只允许采用垂直于构件轴线方向的加锚封闭箍和其他三种有效的 U 形箍;

不允许仅在侧面粘贴钢条受剪，因为试验表明，这种粘贴方式受力不可靠。

10.3.2 本条的规定与现行国家标准《混凝土结构设计规范》GB 50010-2002 第 7.5.1 条完全相同。

10.3.3 根据现有的试验资料和工程实践经验，对垂直于构件轴线方向粘贴的箍板，按被加固构件的不同剪跨比和箍板的不同加锚方式，给出了抗剪强度的折减系数 ψ_{vb} 值。

10.4 大偏心受压构件正截面加固计算

10.4.2 本条关于正截面承载力计算的规定是参照现行国家标准《混凝土结构设计规范》GB 50010 的规定导出的。因为在大偏心受压的情况下，验算控制的截面达到极限状态时，其原钢筋和新加钢板一般都能达到其抗拉强度。

10.5 受拉构件正截面加固计算

10.5.1 本条应说明的内容与本规范条文说明第 9.7.1 条相同，不再赘述。

10.5.2～10.5.3 这两条规定是参照现行国家标准《混凝土结构设计规范》GB 50010 的规定导出的。理由同第 10.4.2 条。

10.6 构 造 规 定

10.6.1 原推荐性标准仅允许采用 2～5mm 厚的钢板。此次修订规范，在汲取国外采用厚钢板粘贴的工程实践经验基础上，还组织一些加固公司进行了工程试用，然后才对原推荐性标准的本条规定作了修改。修改后的条文，虽然允许使用较厚（包括总厚度较厚）的钢板，但为了防止钢板与混凝土粘接的劈裂破坏，必须要求其端部与梁柱节点的连接构造必须符合外粘型钢焊接及注胶方法的规定。由之可见，它与外粘型钢的构造要求无甚差别，但仍按习惯列于本节中。

10.6.2 在受弯构件受拉区粘贴钢板，其板端一段由于边缘效应，往往会在胶层与混凝土粘合面之间产生较大的剪应力峰值和法向正应力的集中，成为粘钢的最薄弱部位。若锚固不当或粘贴不规范，均易导致脆性剥离或过早剪坏。为此，编制组研究认为有必要采取如本条所规定的加强锚固措施。

10.6.3～10.6.4 这两条的构造措施与本规范第 9.9.2 条及第 9.9.3 条完全相同，只是将加固粘贴的钢板替换加固粘贴的纤维复合材，即可将图 9.9.3-2 及图 9.9.3-3 改为加贴 L 形钢板及 U 形钢箍板锚固的示例图。

10.6.5～10.6.6 这两条所采取的措施，有不少属于细节问题，但它们对增强锚固能力均起着不可忽略的作用，务必在设计中加以注意。

11 增设支点加固法

11.1 设 计 规 定

11.1.1 增设支点加固法是一种传统的加固法，适用于对外观和使用功能要求不高的梁、板、桁架、网架等的加固。此外，还经常用于抢险工程。尽管这种方法的缺点很突出，但由于它具有简便、可靠和易拆卸的优点，一直是结构加固不可或缺的手段。

11.1.2 增设支点加固法虽然是通过减小被加固结构的跨度或位移，来改变结构不利的受力状态，以提高其承载力的，但根据支承结构、构件受力变形性能的不同，又分为刚性支点加固法和弹性支点加固法。前者一般是以支顶的方式直接将荷载传给基础，但也有以斜拉杆作为支点直接将荷载传给刚度较大的梁柱节点或其他可视为"不动点"的结构。在这种情况下，由于传力构件的轴向压缩变形很小，可在计算中忽略不计，因此，结构受力较为明确，计算大为简化。至于后者则是通过传力构件的受弯或桁架作用等间接地将荷载传递给其他可作为支点的结构。在这种情况下，由于被加固结构和传力构件的变形均不能忽略不计，因此，其内力计算必须考虑两者的变形协调关系才能求解。由之可见，刚性支点对提高原结构承载力的作用较大，而弹性支点加固法的计算较复杂，但对原结构的使用空间的影响相对较小。尽管各有其优缺点，但在加固设计时并非可以任意选择的，因此作了"应根据被加固结构的构造特点和工作条件进行选用"的规定。

11.1.3 这是因为有预加力的方案，其预加力与外荷载的方向相反，可以抵消原结构部分内力，能较大地发挥支承结构的作用。但具体设计时应以不致使结构、构件出现裂缝以及不增设附加钢筋为度。

11.2 加 固 计 算

11.2.1～11.2.2 考虑到这两种加固方法的每一计算项目及其计算内容，设计人员都很熟识，只要明确了各自的计算步骤，便可按常规设计方法进行。因此，略去了具体的结构力学计算和截面设计。

11.3 构 造 规 定

11.3.1～11.3.2 增设支点法的支柱与原结构间的连接有湿式连接和干式连接两种构造之分。湿式连接适用于混凝土支承，其接头整体性好，但施工较为麻烦；干式连接适用于型钢支承，其施工较前者简便。图11.3.1及图11.3.2所示的连接构造，虽为国内外常用的传统连接方法，但均属示例性质，设计人员可在此基础上加以改进。另外，若采用型钢支承，应注意做好防锈、防腐蚀和防火的防护层。

12 植 筋 技 术

12.1 设 计 规 定

12.1.1 植筋技术之所以仅适用于钢筋混凝土结构，而不适用素混凝土结构和过低配筋率的情况，是因为这项技术主要用于连接原结构构件与新增构件，只有当原构件混凝土具有正常的配筋率和足够的箍筋时，这种连接才是有效而可靠的。与此同时，为了确保这种连接承载的安全性，还必须按充分利用钢筋强度和延性的破坏模式进行计算。但这对素混凝土构件来说，并非任何情况下都能做到的。因为在素混凝土中要保证植筋的强度得到充分发挥，必须有很大的间距和边距，而这在建筑结构构造上往往难以满足。此时，只能改用按混凝土基材承载力设计的锚栓连接。

12.1.2 原构件的混凝土强度等级直接影响植筋与混凝土的粘结性能，特别是悬挑结构、构件更为敏感。为此，必须规定对原构件混凝土强度等级的最低要求。

12.1.3 承重构件植筋部位的混凝土应坚实、无局部缺陷，且配有适量钢筋和箍筋，才能使植筋正常受力。因此，不允许有局部缺陷存在于锚固部位；即使处于锚固部位以外，也应先加固后植筋，以保证安全和质量。

12.1.4 国内外试验表明，带肋钢筋相对肋面积 A_r 的不同，对植筋的承载力有一定影响。其影响范围大致在 0.9~1.16 之间。当 $0.05 \leqslant A_r < 0.08$ 时，对植筋承载力起提高作用；当 $A_r > 0.08$ 时起降低作用。因此，我国国家标准要求相对肋面积 A_r 应在 0.055~0.065 之间。然而国外有些标准对 A_r 的要求较宽，允许 $0.05 \leqslant A_r \leqslant 0.1$ 的带肋钢筋均为合格品。在这种情况下，若接受 $A_r > 0.08$ 的产品，显然对植筋的安全质量有影响，故规定当采用进口的带肋钢筋时，应检查此项目，并且至少应要求其 A_r 值不大于 0.08。

12.1.5 这是根据建设部建筑物鉴定与加固规范管理委员会抽样检测 20 余种中、高档锚固型结构胶粘剂的试验结果，参照国外有关技术资料制定的，并且在实际工程的试用中得到验证。因此，必须严格执行，以确保植筋技术在承重结构中应用的安全。

12.1.6 本条规定了采用植筋连接的结构，其长期使用的环境温度不应高于 60℃。但应说明的是，这是按常温条件下，使用普通型结构胶粘剂的性能确定的。当采用耐高温胶粘剂粘结时，可不受此规定限制，但基材混凝土应受现行国家标准《混凝土结构设计规范》GB 50010 及其条文说明对结构表面温度规定的约束。

12.2 锚 固 计 算

12.2.1~12.2.3 本规范对植筋受拉承载力的确定，虽然是以充分利用钢材强度和和延性为条件的，但在计算其基本锚固深度时，却是按钢材屈服和与粘结破坏同时发生的临界状态进行确定的。因此，在计算地震区植筋承载力时，对其锚固深度设计值的确定，尚应乘以保证其位移延性达到设计要求的修正系数。试验表明，该修正系数只要符合本条的规定，其所植钢筋不仅都能屈服，而且后继强化段明显，能够满足抗震对延性的要求。

另外，应说明的是在植筋承载力计算中还引入了防止混凝土劈裂的计算系数。这是参照 ACI 38-2002 的规定制定的；但考虑到按 ACI 公式计算较为复杂，况且也有必要按我国的工程经验进行调整，故而采取了按查表的方法确定。

12.2.4 锚固用胶粘剂粘结强度设计值，不仅取决于胶粘剂的基本力学性能，而且还取决于混凝土强度等级以及结构的构造条件。表 12.2.4 规定的粘结强度设计值是参照 ICBO 对胶粘剂粘结强度规定的安全系数以及 EOTA 给出的取值曲线，按我国试验数据和工程经验确定的。从表面上看，本规范的取值似乎偏高，其实并非如此。因为本规范引入了对植筋构件不同受力条件的考虑，并按其风险的大小，对基本取值进行了调整。这样得到的最后结果，对非悬挑的梁类构件而言，与欧美取值相当，相差不到 4%；对悬挑结构构件而言，取值要比欧洲低，但却是必要的；因为这类构件的植筋受力条件最为不利，必须要有较高的安全储备才能保证植筋连接的可靠性；所以根据编制组的试验数据和专家论证的意见作了调整。至于一般构件对锚固深的植筋，其粘结强度设计值虽略有提高，但从 C30 混凝土的取值来看，也只比欧洲取值高了 0.3MPa，且仅用于直径不大于 20mm 的植筋，不会对安全有显著影响。

12.2.5 本条规定的各种因素对植筋受拉性能影响的修正系数,是参照欧洲有关指南和我国的试验研究结果制定的。

12.2.6 当前植筋市场竞争十分激烈,不少植筋胶公司为了标榜其"优质"产品的性能,任意推荐使用 $10d \sim 12d$ 的锚固深度。这对承重结构而言是极其危险的,特别是在种植群筋的情况下,无一不在很低的荷载下便发生脆性破坏,而这在单筋短期拉拔试验中是很难查觉的;但有些经验不足的设计人员,为了解决构件截面尺寸较小无法按锚固深度设计值植筋的问题,在推销商的误导下,贸然采用很浅的锚固深度,以致给工程留下了隐患。调查表明,在国内已有不少类似的安全事故发生。因此,必须制定强制性条文予以防止这类事故的再度发生。

12.3 构 造 规 定

12.3.1 本条规定的最小锚固深度,是从构造要求出发,参照国外有关的指南和技术手册确定的,而且已在我国试用过几年,其所反馈的信息表明,在一般情况下还是合理可行的;只是对悬挑结构构件尚嫌不足。为此,根据一些专家的建议,作出了应乘以 1.5 修正系数的补充规定。

12.3.2、12.3.3 与国家标准《混凝土结构设计规范》GB 50010－2002 的规定相对应,可参考该规范的条文说明。

12.3.4 植筋钻孔直径的大小与其受拉承载力有一定关系,因此,本条规定的钻孔直径是经过承载力试验对比后确定的,应得到认真的遵守,不得以植筋公司的说法为凭。

13 锚 栓 技 术

13.1 设 计 规 定

13.1.1 对本条的规定需要说明两点:

1 轻质混凝土结构的锚栓锚固,应采用适应其材性的专用锚栓。目前市场上有不同品牌和功能的国内外产品可供选择,但不属本规范管辖范围。

2 严重风化的混凝土结构不能作为锚栓锚固的基材,其道理是显而易见的,但若必须使用锚栓,应先对被锚固的构件进行混凝土置换,然后再植入锚栓,才能起到承载作用。

13.1.2 对基材混凝土的最低强度等级作出规定,主要是为了保证承载的安全。本规范的规定值之所以按重要构件和一般构件分别给出,除了考虑安全因素和失效后果的严重性外,还注意到迄今为止所总结的工程经验,其实际混凝土强度等级多在 C30～C50 之间,而我国使用新型锚栓的时间又不长,因此,对重要构件要求严一些较为稳妥。至于 C20 级作为一般构件的最低强度等级要求,与各国的规定是一致的,不会有什么问题。

13.1.3 根据建设部建筑物鉴定与加固规范管理委员会近 5 年来对各种锚栓所进行的安全性检测及其使用效果的观测结果,本规范编制组从中筛选了两种适合于承重结构使用的机械锚栓,即自扩底锚栓和预扩底锚栓纳入规范。之所以选择这两种锚栓,主要是因为它们嵌入基材混凝土后,能起到机械锁键作用,并产生类似预埋的效应,而这对承载的安全至关重要。目前国外许多重要工程也正因此而采用这两种锚栓。尽管迄今为止，市场上供应的主要是国外产品，但近来也已开始出现具有类似性能的国产锚栓，所以有必要在本规范中作出如何合理应用和如何正确设计的规定。

至于化学锚栓（也称粘结型锚栓），由于目前市场上品牌多，存在着鱼龙混杂的现象，兼之不少单位在设计概念和计算方法上还很混乱，因而不能任其在承重结构中滥用。为此，本规范经过筛选仅纳入一种能适应开裂混凝土性能的"定型化学锚栓"。其所以冠以"定型"作为定语，一是因为需要与其他化学锚栓相区别；二是因为目前能安全地用于承重结构的化学锚栓，均是经过定型设计和安全认证后才投入批量生产的，而且尽管有不同品牌，但其承载原理都是相同的，即：通过材料粘合和具有挤紧作用的键形嵌合来共同承载，从而达到提高锚固安全性之目的。由之可知，也正是因为有了"定型设计和认证"这一前提，才能制定其性能和质量的标准，也才能作出如何进行抽样检验的规定。

另外，目前锚栓产品说明书标明的有效锚固深度多在 $9d_n$ 以内，只有特定行业（如铁道部隧道结构等）专用的锚栓有大于 $11d_n$ 的。在这种情况下，考虑到 $11d_n$ 以上的锚栓已不适于采用锚栓原理计算，况且过大埋深的锚栓在素混凝土中承载也很难在构造上保证其安全。因为建筑结构不可能给出很大的锚栓间距和边距。为此，作出了应在钢筋混凝土构件中应用并按植筋计算的规定。

13.1.4 膨胀锚栓在承重结构中应用不断出现危及安全的问题已是多年来有目共睹的事实。正因此，前一段时间不少省、市、自治区的建委或建设厅先后作出了禁用的规定，所以本规范也作出了相应的强制性规定。

13.1.5 对于在地震区采用锚栓的限制性规定，是参照国外有关规程、指南、手册对锚栓适用范围的划分，经咨询专家和设计人员的意见后作出了较为稳健的规定。例如：有些指南和手册规定这两种机械锚栓可用于 6~8 度区；而本规范则规定：对 8 度区仅允许用于 Ⅰ、Ⅱ 类场地，原因是这两种锚栓在我国应用时间尚不长，缺乏震害资料，还是以稳健为妥。

13.1.6 对锚栓连接的计算之所以不考虑国外所谓的非开裂混凝土对锚栓承载力提高的作用，主要是因为它只有理论意义，而无工程应用的实际价值；若判别不当还很容易影响结构的安全。

13.2 锚栓钢材承载力验算

13.2.1～13.2.3 这三条规定基本上是参照欧洲标准制定的，但根据我国钢材性能和质量情况对设计指标稍作偏于安全的调整。此外，还在条文内容的表达方式上作了适当改变：一是与现行设计规范相协调，给出锚栓钢材强度的设计值；二是直接以锚栓抗剪强度设计值 $f_{ud,v}$ 取代欧洲有关标准中的 $0.5f_{ud,t}$，使该表达式在计算结果相同的情况下概念较为清晰。

13.3 基材混凝土承载力验算

13.3.1、13.3.2 本规范对基材混凝土的承载力验算，在破坏模式的考虑上与欧洲标准及 ACI 标准完全一致。但在其受拉承载力的计算上，根据我国试验资料和工程使用经验作了偏于安全的调整。计算表明，可以更好地反映当前我国锚栓连接的受力性能和质量情况。

13.3.3 本条规定的受拉承载力修正系数 ψ_N，在欧洲标准中由 5 个细分系数的计算公式表达，计算较为繁琐。规范编制组将其中 $\psi_{s,N}$ 和 $\psi_{e,N}$ 两个公式在不同情况下算得的结果进行归纳，发现其变化幅度不大，分别在 0.8~1.0 及 0.85~1.0 之间。由于这两个系数是连乘关系，若均取 0.9，其乘积取整后为 0.8。以这个值作为 $\psi_{s,N}$ 值，其误差不超过 3%，故决定予以简化。

13.3.4 与欧洲标准相同，均采用图例方式给出各几何参数的确定方法，供锚栓连接的设计计算使用。

13.3.5~13.3.10 关于基材混凝土受剪承载力的计算方法以及计算所需几何参数的确定方法，均参照 ETAG 标准进行制定，其中 h_{ef} 的取值，在欧洲标准中未作规定，但考虑到锚栓受剪工作特性与植筋不同，且涉及安全问题，故作出对 h_{ef} 取值的限制性规定。

13.4 构 造 规 定

13.4.1~13.4.2 对混凝土最小厚度 h_{min} 的规定，因考虑到本规范的锚栓设计仅适用于承重结构，且要求锚栓直径不得小于 12mm，故将 h_{min} 的取值调整为 h_{min} 应不小于 150mm。

13.4.3 锚栓的边距和间距，系参照 ETAG 标准制定的，但不分锚栓品种，统一取 $s_{min} = 1.0 h_{ef}$，有助于保证化学锚栓的安全。

13.4.4 本规范推荐的锚栓品种仅有 3 种，且均属欧洲和美国标准化机构认证为有预埋效应的锚栓，其有效锚固深度的基本值又是以 6 度区为基准确定的。因此，在进一步限制其设防烈度最高为 8 度区 Ⅰ、Ⅱ 类场地的情况下，本条规定的 h_{ef} 修正系数值是能够满足抗震构造要求的。

13.4.5 本条对锚栓的防腐蚀要求仅作出原则性规定。具体设计时，尚应遵守现行国家标准《工业建筑防腐蚀设计规范》GB 50046 的规定。

14 裂缝修补技术

14.1 设 计 规 定

14.1.1 迄今为止，研究和开发裂缝修补技术所取得的成果表明，对因承载力不足而产生裂缝的结构、构件而言，开裂只是其承载力下降的一种表面征兆和构造性的反应，而非导致承载力下降的实质性原因，故不可能通过单纯的裂缝修补来恢复其承载功能。基于这一共识，可以将修补裂缝的作用概括为以下 5 类：

1）抵御诱发钢筋锈蚀的介质侵入，延长结构实际使用年数；
2）通过对混凝土补强保持结构、构件的完整性；
3）恢复结构的使用功能，提高其防水、防渗能力；
4）消除裂缝对人们形成的心理压力；
5）改善结构外观。

由此可以界定这种技术的适用范围及其可以收到的实效。

14.1.2~14.1.4 裂缝的修补必须以结构可靠性鉴定结论为依据。通过现场调查、检测和分析，对裂缝起因、属性和类别作出判断，并根据裂缝的发展程度、所处的位置与环境，对受检裂缝可能造成的危害作出鉴定。据此，才能有针对地选择适用的修补方法进行防治。

14.1.5 对本条规定需要说明的是，当遇到对裂缝的注胶防治有补强要求时，应特别注意考察裂缝所处环境的潮湿程度，若湿度很大或无法确定混凝土内部湿度时，必须从严处理，亦即应选用耐潮湿型的改性环氧类修补液，并应在注胶完全固化后取芯样，通过劈裂抗拉试验检验修补的效果。

14.2 裂缝修补效果检验

14.2.1～14.2.3 对混凝土有补强要求的裂缝，其修补效果的检验以取芯法最为有效。若能在钻芯前辅以超声探测混凝土内部情况，则取芯成功率将会大大提高。芯样的检验以采用劈裂抗拉强度试验方法为宜，因为该法能查出裂缝修补液的粘结强度是否合格。

附录 A 已有建筑物结构荷载标准值的确定

现行国家标准《建筑结构荷载规范》GB 50009 是以新建工程为对象制定的；当用于已有建筑物结构加固设计时，还需要根据已有建筑物的特点作些补充规定。例如：现行国家标准《建筑结构荷载规范》GB 50009 尚未规定的有些材料自重标准值的确定；加固设计使用年限调整后，楼面活荷载、风、雪荷载标准值的确定等等。为此，编制组与"建筑结构荷载规范管理组"商讨后制定了本附录，作为对 GB 50009 的补充，供已有建筑物结构加固设计使用。

附录 B 已有结构混凝土回弹值龄期修正的规定

建筑结构加固设计中遇到的原构件混凝土，其龄期绝大多数已远远超过 1000d；这也就意味着必须采用取芯法对回弹值进行修正。但这在实际工程中是很难做到的；例如当原构件截面过小、原构件混凝土有缺陷、原构件内部钢筋过密、取芯操作的风险过大时，都无法按照行业标准 JGJ/T 23-2001 的规定对原构件混凝土的回弹值进行龄期修正。

为了解决这个问题，编制组参照日本有关可靠性检验手册的龄期修正方法，并根据甘肃、重庆、四川、辽宁、上海等地积累的数据与分析资料进行了验证与调整。在此基础上，经组织国内著名专家论证后制定了本规定。这里需要指出：

1 本规定仅允许用于结构加固设计；不得用于安全性鉴定的仲裁性检验；

2 本规定是为了解决当前结构加固设计的急需而制定的；属暂行规定的性质。一旦 JGJ/T 23 规程对龄期规定进行了修订，或是另有其他有效的检验方法标准发布实施，本规范管理组将立即上报主管部门终止本附录的使用。

附录 C 纤维材料主要力学性能

对本附录需要说明三点：

1 本表规定的纤维主要力学性能合格指标，是参照日本、瑞士、美国、英国、德国等的规程、指南、手册的规定，并根据我国大陆、台湾的试验资料制定的。因此，执行本标准的性能指标，不仅能保证结构加固工程的安全可靠性，而且可以据以鉴别目前市场中仿冒名牌的劣质纤维材料。

2 一般厂商所提供的均是纤维制品，如纤维织物和预成型板材等。对这些制品可直接按本规范表4.4.2-1及表4.4.2-2的合格指标进行检验，而无需另行检验纤维材料。因此，本表并非常用的检验用表，只有当人们对制品的原材料质量有怀疑或已在工程上造成质量事故时，才须按本表进行抽样检验。故为了保持条文的连续性而将本表列于附录中。

3 为了节省检验费用，在送检纤维织物前，可采用简易方法先进行自检：即剪下一小块纤维织物用打火机或在煤气炉上点火燃烧，若织物立即卷曲或有灰烬出现，便可判定该产品系用劣质纤维或掺合其他品种纤维（例如黑色涤纶等）制成。

附录 D 纤维复合材层间剪切强度测定方法

本方法系参照美国ASTM的《复合材料短梁及其板材强度标准试验方法》D2344/D2344M和我国现行国家标准《单向纤维增强塑料层间剪切强度试验方法》GB 3357制定的。

在工程结构领域中，之所以不能直接引用上述标准，是因为它们主要适用于工厂条件下，以中、高温固化工艺生产的纤维复合材或塑料；未考虑施工现场条件下，以湿法铺层和常温固化工艺制作的纤维复合材。然而后者却是工程结构加固主要使用的工艺。据此，其制成的纤维复合材应如何检验其层间剪切性能，一直是尚未解决的问题。为此，编制组和有关科研单位做了大量试验与验证分析工作。其结果表明，用本方法测得的纤维复合材层间剪切强度具有良好的代表性，能正确反映现场工艺条件下纤维与胶粘剂的粘结性能。与此同时，建设部建筑物鉴定与加固规范管理委员会也采用本方法草案对近30种国产和进口的纤维织物复合材的层间剪切强度进行了统一的安全性检测，进一步证实了上述结论。以上所做的工作表明：本方法及本规范第4章制定的层间剪切强度合格指标，可以用于评估一种纤维织物与其拟配套使用的胶粘剂在剪切性能方面的适配性问题。因此，决定将本方法纳入规范的附录，以应当前检验工作的急需之用。

使用本方法应注意的是：纤维织物在模具中胶粘、固化成型时，必须始终处于23℃的室温状态，严禁使用中温（≥80℃）或高温（≥150℃）的固化工艺。因为中、高温的作用相当于人为地提高了其层间粘结强度。这样得到的试验结果是不真实的，不能正确地评估一种纤维与拟配套使用的胶粘剂的适配性。

附录 E 粘结材料粘合加固材与基材的正拉粘结强度现场测定方法及评定标准

对这项测定方法及其评定标准需说明三点：

1 本规范之所以需要在附录中纳入这项测定方法及其评定标准，主要是因为在采用纤维复合材加固钢筋混凝土结构、构件时，其加固设计的选材，不仅要以纤维材料与胶粘剂的适配性检验结果为依据，而且要求这项检验必须在模拟现场仰贴的条件下进行。因此，对结构加固设计而言，这个方法标准是不可或缺的。与此同时，注意到施工规范的制订尚需一段时日，因此，不论从设计或施工角度来考虑，均有必要先纳入本规范，以应当前结构加固工程的急需。

2 以规范编制组对国内外同类方法标准所做的检索来看，这个方法标准虽早已被各国所采用，但在试验设计水平和技术要求的尺度上存在着差别。本规范从承重结构的安全保障出发，以大量对比试验与分析结果为依据制定的这项方法标准，其试用情况表明：对劣质胶粘剂和不适用的纤维织物具有较强的检出能力，因而可用于结构加固的适配性试验和粘贴质量检验。

3 本方法对适配性检验所规定的纤维织物尺寸，是根据以下两点的考虑确定的：一是目前国内采用的纤维织物，其幅宽多为0.25m；二是试样倘若过宽，粘贴时容易出现空鼓，影响检验结果的正确性。另外，取纤维织物长度为1.6m，主要是考虑粘贴钢标准块的间距不宜小于0.5m，边距不宜小于0.3m的要求。这里还需指出的是，当受检的织物幅宽略大或略小一些也可以使用。但若宽达1.0m，仍以裁成标准宽度为宜，以免粘贴不均匀，影响检验结果。

附录 F 粘结材料粘合加固材与基材的正拉粘结强度试验室测定方法及评定标准

对本方法标准应说明三点：

1 本方法标准测定的力学性能项目与本规范附录E相同，但本方法适用于试验室条件，而非现场条件，执行时应加以注意；

2 试验室条件下的正拉粘结强度测定，主要用于新开发的粘结材料进入加固市场前的验证性试验，以及加固设计选材的检验；另外，当对产品质量有怀疑时，也可按见证取样的规定，送独立试验室进行检验；

3 本方法系在试验室条件下，以俯贴方式进行粘合操作，无法反映厚型碳纤维织物现场粘贴存在的严重问题，因而不适用于质量大于$300g/m^2$碳纤维织物与基材的正拉粘结强度测定。

附录 G 富填料胶体、聚合物砂浆体劈裂抗拉强度测定方法

富填料胶粘剂及高强聚合物砂浆，其力学性能介于胶粘剂与高强度水泥砂浆之间，直接进行拉伸试验较为困难，不少国家已改用劈裂抗拉试验。其优点是试验结果的离散性小，试验方法又简便，因而在结构设计选材上得到了广泛的应用。

本规范采用的劈裂受拉试验方法，虽然在概念上是引自混凝土和水泥砂浆，但由于胶粘剂和高强聚合物砂浆在实际应用上，其体积远比前者小，且初凝较快，无法采用大尺寸的试件而必须重新设计。为此，规范编制组通过大量的对比试验与统计分析，筛选出适用于胶粘剂和复合砂浆的试件形状与尺寸。其试用情况表明，劈拉的测值不仅能反映粘结材料的抗拉性能，而且不同品种材料的强度分布区间较有规律性，有助于制订合格评定标

准。因而本规范用它作为评价这类粘结材料安全性的主要指标之一。但应注意的是：由于试件尺寸小，需采用小吨位的试验机进行试验，才能得到精确的结果。

附录 H 高强聚合物砂浆体抗折强度测定方法

本方法标准系参照现行国家标准《普通混凝土力学性能试验方法标准》GB/T 50081-2002 制订的，但在试件尺寸、成型模具、加荷制度等方面，均按高强聚合物砂浆的特性以及其工程应用的实际条件做了修改。本方法的试用情况表明：按修改后的尺寸和成型方法制作试件，其试验结果能较好地反映聚合物砂浆的力学性能，可用于检验聚合物砂浆体的抗折性能。故决定纳入本规范供加固设计选材使用。

附录 J 富填料粘结材料拉伸抗剪强度测定方法
（钢套筒法）

本方法标准为测定富填料胶粘剂及高强复合砂浆拉伸抗剪强度的专用测定方法；是为了解决这类粘结材料采用常规试验方法有困难而制定的。

本方法最早由建设部建筑物鉴定与加固规范管理委员会于 1999 年提出；曾先后在植筋和锚栓胶粘剂的安全性统一检测过程中进行了近 5 年的试用。其试用情况表明，能较好地反映这类胶粘剂与钢材之间的粘结性能。特别是在 20 余种国产和进口胶粘剂的统一检测中，积累了大量数据，因而能用以确定本方法检验结果的合格指标。这也就使得本规范在制定表 4.5.6 的安全性能指标时，有了可靠的基础。故决定纳入本规范供结构加固设计的选材使用。

附录 K 约束拉拔条件下胶粘剂粘结
钢筋与基材混凝土的粘结强度测定方法

本方法标准系参照欧洲技术认证组织 EOTA 的《后锚固连接（植筋）技术报告》ETAG Nº001/2003（第 5 部分）制定的，但根据我国自 1998 年以来积累的试验数据和检测、评估经验进行了修改和补充。因而较为符合我国当前植筋工程的胶粘剂性能和实际质量情况，可供结构加固设计的选材使用。

附录 L 结构用胶粘剂湿热老化性能测定方法

本方法系参照欧洲标准《结构胶粘剂·试验方法 5——湿热老化试验》EN 2243-5/1992 和我国国家标准《玻璃纤维增强塑料湿热试验方法》GB/T 2574—1989 制定的，但在检测的力学性能项目和湿热环境的条件上，按结构加固的要求作了选择与调整；在老化时间和老化检验合格指标的制订上，按胶粘剂的等级作了分档处理；因而能较好地检出使用劣质固化剂及其他劣质添加剂的结构胶粘剂。这项试验对保证加固结构安全性和耐久性极为重要，因而不仅应列入本规范，而且在本规范第 4.5.7 条中作出了必须强制性执行的规定。

附录 M 锚栓连接受力分析方法

对混凝土结构加固设计而言，内力分析和承载力验算是不可或缺、相互影响的两大部分。从欧美规范的构成可以看出，结构分析的内容占有相当篇幅，甚至独立成章。过去我国规范中以截面计算为主，很少涉及这方面内容。然而自从《混凝土结构设计规范》GB 50010 于 2002 年修订以后，已在该规范中增补了"结构分析"一章，由之可见其重要性已被国人所认识。为此，也将这方面内容纳入本规范的附录，以供锚固设计使用。

附录 N 锚固承载力现场检验方法及评定标准

N.1 适用范围及应用条件

N.1.1～N.1.2 混凝土结构锚固工程质量的现场检验，其主控项目为锚固件抗拔承载力抽样检验。因为它涉及锚固件种植和安装的质量，以及锚固件投入使用后承载的安全，故受到设计、施工、监理和业主等各方的共同关注，但其检验标准必须由设计规范制定，才能确保锚固工程完工后具有国家标准所要求的施工质量和锚固承载的安全可靠性。

本标准同样适用于进口的产品，不论其在原产地是否经过技术认证，一旦进入我国市场，且用于承重结构工程上，均应执行我国设计、施工规范的规定。

N.1.3～N.1.7 破坏性检验虽然检出劣质产品、不良施工质量的能力最强，且样本量可比非破损检验小得多，但它所造成的基材混凝土破坏在不少情况下是很难修复或重新安装锚固件的。因此，本方法标准规定了在不得已情况下允许使用非破损检验方法的条件。这里应指出的是非破损检验所需的样本量远远大于破坏性检验，因为其检出劣质产品或不良施工质量的能力很低，必须依靠增加检验数量来防止不合格的锚固工程过关。

另外，调查发现有些锚固工程，本应采用破坏性检验，但因限于现场条件或结构构造条件，无法进行原位破坏性检验的操作。对于这种情况，如果能在事前考虑到，则允许按 N.1.7 的规定，以专门浇注的混凝土块材（参见本规范附录 K 图 K.2.3），种植同品种、同规格的锚固件，作同条件下的破坏性检验，但应强调的是：这项检验必须事先征得设计和监理负责人书面同意，并始终在场见证、签字，才能被认定有效。

N.2 抽 样 规 则

N.2.1～N.2.3 这三条较完整地给出了抽样规则。这里应指出的是：锚栓锚固质量的非破损检验之所以需要很大的样本量，是因为在以基材混凝土承载力为主控制设计的情况下，倘若抽检的锚栓数量只有 0.1%，很难在设计荷载的 2min 持荷时间内，以足够大的概率查出锚固质量问题。在这种情况下，为了降低潜在的风险，只有加大非破损检验的抽样频率。目前一些检测单位采用的抽样量过少，是无法维护业主和设计单位的权益的。为此，本规范重新作出了规定。另外，应指出的是，国家标准是最低标准，故检验单位应有责任禁止施工单位以其他标准替代国家标准。

N.2.4 这是因为国内外标准在制定检验合格指标时，均是以胶粘剂产品使用说明书标示的固化期为准所取得的试验结果为依据确定的;因此,对实际工程中胶粘的锚固件,其检验日期也应以此为准,才能如实反映其胶粘质量状况。倘若时间拖久了,将会使本来固化不良的胶粘剂,其强度有所增长,甚至能达到合格要求,但并不能改善其安全性和耐久性能。另外应指出的是,目前市场中还有一些固化期很长(例如 15~30d)的劣质胶粘剂正在介入加固工程。这对施工和使用都有不良影响,设计和监理单位应坚决拒用,否则易造成安全事故。

N.3 仪器设备要求

N.3.1 现场检测设备较为简单。配置时,应注意的是加荷设备的支承点与锚栓之间的净间距,应能保证基材混凝土的破坏不受约束,以避免影响检测的结果。

N.4 拉拔检验方法

N.4.1 非破损检验采用的荷载检验值,系在听取欧洲有关专家建议的基础上,经规范编制组组织验证性试验后确定的。这里应指出的是,荷载检验值之所以用 $[\gamma]N_d$ 的形式表达,主要是为了要求 N_d 值应由设计单位给出,以保证检验结果的可靠性。

N.5 检验结果的评定

N.5.2 本评定标准系参照国际建筑协会 ICBO 的评估标准,经验证性试验和对比分析后确定的,但略比 ICBO 所取的安全系数放宽一些。从现场检验积累的数据来衡量,还是能保证锚固的质量和工程安全的。

附录 P 钢丝绳网片-聚合物砂浆外加层加固法

P.1 设 计 规 定

P.1.1 本条规定了钢丝绳网片-聚合物砂浆外加层加固法的适用范围。由此可以看出本规范仅对受弯构件及大偏心受压构件使用这种方法作出规定,而未提及其他受力种类的构件。这是因为这种加固方法在我国应用时间还不长,现有试验数据的积累,只有这两种构件较为充分,可以用于制定标准,至于其他受力种类的构件还有待于继续做工作。

P.1.2 在实际工作中,有时会遇到原结构的混凝土强度低于现行国家标准《混凝土结构设计规范》GB 50010 规定的最低强度等级的情况。如果原结构混凝土强度过低,它与聚合物砂浆的粘结强度也必然很低。此时,极易发生呈脆性的剪切破坏或剥离破坏。故本条规定了被加固结构、构件的混凝土强度的最低等级,以及聚合物砂浆与混凝土表面粘结应达到的最小正拉粘结强度。

P.1.3 以粘结方法加固的承重构件最忌在复杂的应力状态下工作,故本条强调了应将钢丝绳网片的受力方式设计成仅承受轴向拉应力作用。

P.1.4 规范编制组和湖南大学等单位所做的构件试验均表明:对梁式构件只有在采取三面或四面围套外加层的情况下,才能保证混凝土与聚合物砂浆外加层之间具有足够的粘结力,而不致发生粘结破坏。因此,作出了本条规定,以提示设计人员必须予以遵守。

P.1.5 本条规定了长期使用的环境温度不应高于60℃，是根据砂浆、混凝土和常温固化聚合物的性能综合确定的。对于特殊环境（如腐蚀介质环境、高温环境等）下的混凝土结构，其加固不仅应采用耐环境因素作用的聚合物配制砂浆；而且还应要求供应厂商出具符合专门标准合格指标的验证证书，严禁按厂家所谓的"技术手册"采用，以免枉自承担违反标准规范导致工程出安全问题的终身责任。与此同时还应考虑被加固结构的原构件混凝土以及聚合物砂浆中的水泥和砂等成分是否能承受特殊环境介质的作用。

P.1.6 尽管不少厂商，特别是外国厂家的代理商在推销其聚合物砂浆的产品时，总要强调它具有很好的防火性能，但无法否认的是，砂浆中所掺的聚合物，几乎都是可燃的。在这种情况下，即使砂浆不燃烧，聚合物也会在高温中失效。故仍应按现行国家标准《建筑防火设计规范》GB 50016规定的耐火等级和耐火极限要求进行检验与防护。

P.1.7 采用粘结钢丝绳网片加固时，应采取措施尽量卸载。其目的是减少二次受力的影响，也就是降低钢丝绳网片的滞后应变，使得加固后的钢丝绳网片能充分发挥强度。

P.2 材 料

P.2.1~P.2.2 考虑到我国目前小直径钢丝绳，采用高强度不锈钢丝制作的产品价格昂贵，因此，根据国内试验、试用的结果，引入了高强度镀锌的钢丝绳；在区分环境介质和采取阻锈措施的条件下，将两类钢丝绳分别用于重要构件和一般构件，从而可以收到降低造价和合理利用材料的效果。

P.2.3~P.2.6 这是根据现行国家标准《建筑结构可靠度设计统一标准》GB 50068的要求制定的。至于钢丝绳计算用的截面面积，则是参照原国家标准《圆股钢丝绳》GB 1102-74制定的。其所以采用原标准，除了其算法偏于安全外，还因为现行标准删去了这部分内容，而其他行业标准的算法又很不一致。因此，决定仍按原标准的算法采用。

P.2.7 涂有油脂的钢丝绳，其与聚合物砂浆的粘结力将严重下降，故作出本规定。

P.2.8 目前市场上聚合物乳液的品种很多，但绝大多数都不能用于配制承重结构加固用的聚合物砂浆。为此，根据规范编制组通过验证性试验的筛选结果，经专家讨论后作出了本规定，以供加固设计单位在选材时使用。

P.2.9 据规范编制组所进行的调查研究表明，国外对结构加固用的聚合物砂浆的研制是分档进行的。不同档次的聚合物砂浆，其所用的聚合物品种、含量和性能有着显著的差异，必须在加固设计选材时予以区分。前一段时间，有些进口产品的代理商在国内推销时，只推销低档次的产品，而且选择在原构件混凝土强度很低的场合演示其使用效果。一旦得到设计单位和当地建设主管部门认可后，便不分场合到处推广使用，这是必须制止的很危险做法。因为采用低档次聚合物配制的砂浆，与强度等级在C25以上的基材混凝土是粘结不好的，会给承重结构加固工程留下严重的安全隐患；设计、监理单位和业主务必注意。

P.3 受弯构件正截面加固计算

P.3.1 本条前四款的规定，是根据国内外试验研究成果的共识部分制定的；第五款主要是出于简化计算目的而采用的近似方法。

P.3.2 如同本规范第9.2.2条及第10.2.2条一样，是为了控制"最大加固量"，防止出现

"超筋"而采取的保证安全的措施，应在加固设计中得到执行。

P.3.3~P.3.5 参阅本规范第 10.2.3 条、第 10.2.5 条及第 10.2.6 条的说明。

P.3.6 参阅本规范第 10.2.8 条的说明。

P.4 受弯构件斜截面加固计算

P.4.2、P.4.3 参阅本规范第 10.2.2 条及第 10.2.3 条的说明。

P.5 构造规定

P.5.1 本条的 1、2 两款是参照现行国家标准 GB/T 8918-1996、GB/T 9944-1988 以及行业标准 YB/T 5196-1993 和 YB/T 5197-1993 制定的。其余各款是参照国内高等院校及有关公司和科研单位的试用经验制定的。

P.5.2~P.5.5 这四条也是对国内工程经验的总结，可供设计单位参照使用。

P.5.6 对粘结在混凝土表面的聚合物砂浆外加层，其面上之所以还要喷抹一层防护材料（一般为配套使用的乳浆），是因为整个外加层只有 25~30mm 厚；其防水性能还需要加强，其所掺加的聚合物也还需要防止日光照射。倘若使用的是镀锌钢丝绳，该防护材料还应具有阻锈的作用。

附录 Q 绕丝加固法

Q.1 设 计 规 定

Q.1.1 绕丝加固法的优点，主要是能够显著地提高钢筋混凝土构件的斜截面极限承载力，另外由于绕丝引起的约束混凝土作用，还能提高轴心受压构件的正截面承载力。不过从实用的角度来说，绕丝的效果虽然可靠（特别是机械绕丝），但对受压构件使用阶段的承载力提高的增量不大，因此，在工程上仅用于提高钢筋混凝土柱位移延性的加固。由于这项用途已得到有关院校的试验验证，因而据以对其适用范围作出规定。

Q.1.2 绕丝法因限于构造条件，其约束作用不如螺旋式间接钢筋。在高强混凝土中，其约束作用更是显著下降，因而作了"不得高于 C50"的规定。

Q.1.3 本条系参照螺旋筋和碳纤维围束的构造规定提出的，其限值与 ACI、FIB 和我国台湾地区等的指南相近。

Q.1.4 本规范仅确认当绕丝面层为细石混凝土时，可以采用本假定。而对有些工程已开始使用的水泥砂浆面层，因缺乏试验验证，尚嫌依据不足，故未将水泥砂浆面层的做法纳入本规范。

Q.2 柱的抗震加固计算

Q.2.1 本条计算公式中矩形截面有效约束系数 $\varphi_{v,s}$ 的取值，是根据我国试验结果，采用分析与工程经验相结合的方法确定的，但由于迄今研究尚不充分，未区分轴压比和卸载情况，也未考虑混凝土外加层的有利作用，只是偏于安全地取最低值。

Q.3 构造规定

Q.3.1~Q.3.2 由于圆形箍筋对核心区混凝土的约束性能要高于方形箍筋，因此对方形截面的受压构件，要求在截面四周中部设置四根 $\phi 25$ 钢筋，并凿去四角混凝土保护层作圆化处理，使得施工时容易拉紧钢丝，也使绕丝对核心混凝土的约束作用增大。

Q.3.3 由于喷射混凝土与原混凝土之间具有良好的粘着力，故建议优先采用喷射混凝土，以增加绕丝构件的安全储备。

Q.3.4 绕丝最大间距的规定，是根据我国对退火钢丝的试验研究结果作出的。

Q.3.5 工程实践经验表明，采用钢楔可以进一步绷紧钢丝，但应注意检查的是：其他部位是否会因局部楔紧而变松。

附录 R 已有混凝土结构钢筋阻锈方法

R.1 设计规定

R.1.1 本规范采用的钢筋阻锈技术，是完全针对已有混凝土结构的特点进行选择的，因而仅纳入适合这类结构使用的喷涂型阻锈剂；但应指出的是，对新建工程中密实性很差的混凝土构件而言，也可作为补救性的有效防锈措施，用以提高有缺陷混凝土构件的耐久性。

R.1.2 本条以示例方式列出应进行阻锈处理的场合，可供加固设计单位参考使用。

R.1.3 本条从三个最重要的方面提出了对阻锈剂的技术要求。在选材时，应结合本规范第 4.7 节的质量与性能标准全面执行。

R.2 喷涂型钢筋阻锈剂使用规定

R.2.1 这是对国内外使用喷涂型阻锈剂的工程经验总结，务必予以重视，否则很可能收不到应有的处理效果。

R.2.2 亲水性的钢筋阻锈剂虽然能很好地吸附在混凝土内部钢筋表面，对钢筋进行保护，但却不能有效滤除混凝土基材内的氯离子、氧气及其他有害杂质。随着时间的推移，这些有害成分会不断累积，从而使混凝土中钢筋受到新的锈蚀威胁。因此，在露天工程或有腐蚀性介质的环境中，使用亲水性阻锈剂时，需要采用附加的表面涂层，以起到滤除氯离子及其他有害杂质的作用。

R.3 阻锈剂使用效果的检测与评定

R.3.1~R.3.5 本节规定的检测方法及其评定标准，是参照国外的有关试验方法与评估指南制定的，较为可信而先进；尤其是对锈蚀电流降低率的检测，能够最有效地衡量出阻锈剂的使用效果；其唯一的缺点是测试的时间较晚，从喷涂时间算起，需等待 150d 才能进行检测，但它所作出的评估结论却是最准确的，因而仍然受到设计和业主单位青睐。

中华人民共和国行业标准

既有建筑地基基础加固技术规范

Technical code for improvement of
soil and foundation of existing buildings

JGJ 123—2000

主编单位：中国建筑科学研究院
批准部门：中华人民共和国建设部
施行日期：２０００年６月１日

关于发布行业标准《既有建筑地基基础加固技术规范》的通知

建标〔2000〕35号

根据建设部《关于印发1993年工程建设行业标准制订、修订项目计划（建设部部分第一批）的通知》（建标〔1993〕285号）的要求，由中国建筑科学研究院主编的《既有建筑地基基础加固技术规范》，经审查，批准为强制性行业标准，编号JGJ 123—2000，自2000年6月1日起施行。

本标准由建设部建筑工程标准技术归口单位中国建筑科学研究院管理，中国建筑科学研究院负责具体解释，建设部标准定额研究所组织中国建筑工业出版社出版。

中华人民共和国建设部
2000年2月12日

前　言

根据建设部建标〔1993〕285号文的要求，规范编制组通过广泛调查研究，认真总结国内外科研成果和大量工程实践经验，并经广泛征求意见，制定了本规范。

本规范主要技术内容是：总则、符号、基本规定、地基基础的鉴定、地基计算、地基基础的加固方法、地基基础事故的补救与预防、增层改造、纠倾加固和移位等。

本规范由建设部建筑工程标准技术归口单位中国建筑科学研究院归口管理并负责具体解释。

本规范主编单位是：中国建筑科学研究院（地址：北京市北三环东路30号；邮政编码100013）。

本规范参加编写单位是：同济大学
　　　　　　　　　　　北方交通大学
　　　　　　　　　　　福建省建筑科学研究院

本规范主要起草人员是：张永钧　叶书麟　唐业清　侯伟生

目　次

1 总则 …………………………………………………………………… 1738
2 符号 …………………………………………………………………… 1738
3 基本规定 ……………………………………………………………… 1739
4 地基基础的鉴定 ……………………………………………………… 1739
　4.1 地基的鉴定 ……………………………………………………… 1739
　4.2 基础的鉴定 ……………………………………………………… 1740
5 地基计算 ……………………………………………………………… 1741
　5.1 地基承载力计算 ………………………………………………… 1741
　5.2 地基变形计算 …………………………………………………… 1741
6 地基基础的加固方法 ………………………………………………… 1742
　6.1 基础补强注浆加固法 …………………………………………… 1742
　6.2 加大基础底面积法 ……………………………………………… 1742
　6.3 加深基础法 ……………………………………………………… 1743
　6.4 锚杆静压桩法 …………………………………………………… 1743
　6.5 树根桩法 ………………………………………………………… 1745
　6.6 坑式静压桩法 …………………………………………………… 1746
　6.7 石灰桩法 ………………………………………………………… 1747
　6.8 注浆加固法 ……………………………………………………… 1749
　6.9 其他地基加固方法 ……………………………………………… 1750
7 地基基础事故的补救与预防 ………………………………………… 1751
　7.1 设计、施工或使用不当引起事故的补救 ……………………… 1751
　7.2 地下工程施工引起事故的预防与补救 ………………………… 1752
　7.3 邻近建筑施工引起事故的预防与补救 ………………………… 1752
　7.4 深基坑工程引起事故的预防与补救 …………………………… 1753
8 增层改造 ……………………………………………………………… 1753
　8.1 一般规定 ………………………………………………………… 1753
　8.2 直接增层 ………………………………………………………… 1753
　8.3 外套结构增层 …………………………………………………… 1755
9 纠倾加固和移位 ……………………………………………………… 1755
　9.1 一般规定 ………………………………………………………… 1755
　9.2 迫降纠倾 ………………………………………………………… 1755
　9.3 顶升纠倾 ………………………………………………………… 1758
　9.4 移位 ……………………………………………………………… 1760
附录 A 既有建筑基础下地基土载荷试验要点 ……………………… 1761
本规范用词说明 ………………………………………………………… 1762
条文说明 ………………………………………………………………… 1763

1 总 则

1.0.1 为了在既有建筑地基基础加固设计和施工中贯彻执行国家的技术经济政策，做到技术先进、经济合理、安全适用、确保质量、保护环境，制定本规范。

1.0.2 本规范适用于既有建筑因勘察、设计、施工或使用不当；增加荷载、纠倾、移位、改建、古建筑保护；遭受邻近新建建筑、深基坑开挖、新建地下工程或自然灾害的影响等而需对其地基和基础进行加固的设计和施工。

1.0.3 既有建筑地基基础加固设计和施工除应执行本规范外，尚应符合国家现行有关强制性标准的规定。

2 符 号

A——基础底面面积；
d——桩径；
d'——石灰桩膨胀后的桩径；
E_p——桩体的压缩模量；
E_s——桩间土的压缩模量；
E_{sp}——复合土层的压缩模量；
F——基础加固或增加荷载后上部结构传至基础顶面的竖向力设计值；
f——地基承载力设计值；
$f_{s,k}$——加固后桩间土的承载力标准值；
$f_{p,k}$——桩体单位截面积承载力标准值；
$f_{sp,k}$——复合地基承载力标准值；
G——基础自重和基础上的土重设计值；
l_1——桩的列距；
l_2——桩的行距；
M——基础加固或增加荷载后作用于基础底面的力矩设计值；
m——面积置换率；
N_a——顶升支承点的荷载设计值；
n——顶升点数；
p——基础加固或增加荷载后基础底面处的平均压力设计值；
p_{max}——基础加固或增加荷载后基础底面边缘的最大压力设计值；
p_{min}——基础加固或增加荷载后基础底面边缘的最小压力设计值；
Q——建筑物总荷载设计值；
q——石灰桩每延米灌灰量；
s——基础最终沉降量；

s_0——地基基础加固前或增加荷载前已完成的基础沉降量；
s_1——地基基础加固后或增加荷载后产生的基础沉降量；
s_2——原建筑荷载下尚未完成的基础沉降量；
W——基础加固或增加荷载后基础底面的截面模量；
η_c——充盈系数。

3 基本规定

3.0.1 既有建筑地基和基础加固前，应先对地基和基础进行鉴定，方可进行加固设计和施工。既有建筑地基和基础的鉴定、加固设计和施工，应由具有相应资质的单位和有经验的专业技术人员承担。

3.0.2 既有建筑地基和基础加固的设计，应按下列步骤进行：

  1 在选择既有建筑地基基础加固方案时，应根据加固的目的，结合地基基础和上部结构的现状，并考虑上部结构、基础和地基的共同作用，可初步选择采用加固地基、加固基础或加强上部结构刚度和加固地基基础相结合的方案；

  2 对初步选定的各种加固方案，应分别从预期效果、施工难易程度、材料来源和运输条件、施工安全性、对邻近建筑和环境的影响、机具条件、施工工期和造价等方面进行技术经济分析和比较，选定最佳的加固方法。

3.0.3 既有建筑地基和基础加固的施工人员应掌握所承担工程的地基基础加固目的、加固原理、技术要求和质量标准等，施工中应有专人负责质量控制，并进行严密的监测，当出现异常情况时，应及时会同设计人员及有关部门分析原因，妥善解决。

3.0.4 施工过程中应有专门机构负责质量监理。施工结束后应进行工程质量检验和验收。

3.0.5 对地基基础加固的建筑，应在施工期间进行沉降观测，对重要的或对沉降有严格限制的建筑，尚应在加固后继续进行沉降观测，直至沉降稳定为止。对邻近建筑和地下管线应同时进行监测。

4 地基基础的鉴定

4.1 地基的鉴定

4.1.1 既有建筑地基的检验应按下列步骤进行：

  1 搜集场地岩土工程勘察资料、既有建筑的地基基础和上部结构设计资料和图纸、隐蔽工程的施工记录及竣工图等；

  2 对原岩土工程勘察资料，应重点分析下列内容：

  1）地基土层的分布及其均匀性，软弱下卧层、特殊土及沟、塘、古河道、墓穴、岩溶、土洞等；

  2）地基土的物理力学性质；

  3）地下水的水位及其腐蚀性；

4）砂土和粉土的液化性质和软土的震陷性质；
　　5）场地稳定性。
　3 调查建筑物现状、实际使用荷载、沉降量和沉降稳定情况、沉降差、倾斜、扭曲和裂损情况等，并进行原因分析；
　4 调查邻近建筑、地下工程和管线等情况；
　5 根据加固的目的，结合搜集的资料和调查的情况进行综合分析，提出检验方法、进行地基检验。

4.1.2 地基的检验可根据建筑物的加固要求和场地条件选用下列方法：
　1 采用钻探、井探、槽探或地球物理等方法进行勘探；
　2 进行原状土的室内物理力学性质试验；
　3 进行载荷试验、静力触探试验、标准贯入试验、圆锥动力触探试验、十字板剪切试验或旁压试验等原位测试。

4.1.3 既有建筑地基的检验应符合下列规定：
　1 根据建筑物的重要性和原岩土工程勘察资料情况，适当补充勘探孔或原位测试孔，查明土层分布及土的物理力学性质，孔位应靠近基础；
　2 对于重要的增层、增加荷载等建筑，尚宜在基础下取原状土进行室内土的物理力学性质试验或进行基础下的载荷试验。

4.1.4 既有建筑地基的评价应符合下列规定：
　1 应根据地基检验结果，结合当地经验，提出地基的综合评价；
　2 应根据地基与上部结构现状，提出地基加固的必要性和加固方法的建议。

4.2 基础的鉴定

4.2.1 既有建筑基础的检验应按下列步骤进行：
　1 搜集基础、上部结构和管线设计施工资料和竣工图，了解建筑各部位基础的实际荷载；
　2 应进行现场调查。可通过开挖探坑验证基础类型、材料、尺寸及埋置深度，检查基础开裂、腐蚀或损坏程度。判定基础材料的强度等级。对倾斜的建筑尚应查明基础的倾斜、弯曲、扭曲等情况。对桩基应查明其入土深度、持力层情况和桩身质量。

4.2.2 既有建筑基础的检验可采用下列方法：
　1 目测基础的外观质量；
　2 用手锤等工具初步检查基础的质量。用非破损法或钻孔取芯法测定基础材料的强度；
　3 检查钢筋直径、数量、位置和锈蚀情况；
　4 对桩基工程可通过沉降观测，测定桩基的沉降情况。

4.2.3 既有建筑基础的评价应符合下列规定：
　1 应根据基础裂缝、腐蚀或破损程度以及基础材料的强度等级，判断基础完整性；
　2 应按实际承受荷载和变形特征进行基础承载力和变形验算，确定基础加固的必要性和提出加固方法的建议。

5 地 基 计 算

5.1 地基承载力计算

5.1.1 既有建筑地基基础加固或增加荷载时,地基承载力计算应符合下式要求:

当轴心荷载作用时

$$p \leqslant f \tag{5.1.1-1}$$

式中 p——基础加固或增加荷载后基础底面处的平均压力设计值;

f——地基承载力设计值。应根据本规范确定的地基承载力标准值,按国家现行标准《建筑地基基础设计规范》GBJ 7 确定。对于需要加固的地基应在加固后通过检测确定地基承载力标准值;对于增加荷载的地基应在增加荷载前通过地基检验确定地基承载力标准值;对于沉降已经稳定的既有建筑直接增层地基,也可根据本规范第 8.2 节有关规定确定地基承载力标准值。

当偏心荷载作用时,除符合式 (5.1.1-1) 要求外,尚应符合下式要求:

$$p_{\max} \leqslant 1.2f \tag{5.1.1-2}$$

式中 $p_{\max}$——基础加固或增加荷载后基础底面边缘的最大压力设计值。

5.1.2 基础加固或增加荷载后基础底面的压力,可按下列公式确定:

1 当轴心荷载作用时

$$p = \frac{F + G}{A} \tag{5.1.2-1}$$

式中 F——基础加固或增加荷载后上部结构传至基础顶面的竖向力设计值;

G——基础自重和基础上的土重设计值,在地下水位以下部分应扣去浮力;

A——基础底面面积。

2 当偏心荷载作用时

$$p_{\max} = \frac{F + G}{A} + \frac{M}{W} \tag{5.1.2-2}$$

$$p_{\min} = \frac{F + G}{A} - \frac{M}{W} \tag{5.1.2-3}$$

式中 M——基础加固或增加荷载后作用于基础底面的力矩设计值;

W——基础加固或增加荷载后基础底面的截面模量;

$p_{\min}$——基础加固或增加荷载后基础底面边缘的最小压力设计值。

5.1.3 当地基受力层范围内有软弱下卧层时,尚应进行软弱下卧层地基承载力的验算。

5.1.4 对建造在斜坡上或毗邻深基坑的既有建筑,应验算地基稳定性。

5.2 地基变形计算

5.2.1 既有建筑地基基础加固或增加荷载后的地基变形计算值,不得大于国家现行标准《建筑地基基础设计规范》GBJ 7 规定的地基变形允许值。

5.2.2 对地基基础进行加固或增加荷载的既有建筑,其基础最终沉降量可按下式确定:

$$s = s_0 + s_1 + s_2 \tag{5.2.2}$$

式中　s——基础最终沉降量；
　　　s_0——地基基础加固前或增加荷载前已完成的基础沉降量，可由沉降观测资料确定或根据当地经验估算；
　　　s_1——地基基础加固后或增加荷载后产生的基础沉降量。当地基基础加固时，可采用地基基础加固后经检测得到的压缩模量通过计算确定；当增加荷载时，可采用增加荷载前经检验得到的压缩模量通过计算确定；
　　　s_2——原建筑荷载下尚未完成的基础沉降量，可由沉降观测资料推算或根据当地经验估算。当原建筑荷载下基础沉降已经稳定时，此值应取零。

5.2.3 基础沉降量的计算可按国家现行标准《建筑地基基础设计规范》GBJ 7 的有关规定执行。

6 地基基础的加固方法

6.1 基础补强注浆加固法

6.1.1 基础补强注浆加固法适用于基础因受不均匀沉降、冻胀或其他原因引起的基础裂损时的加固。

6.1.2 注浆施工时，先在原基础裂损处钻孔，注浆管直径可为 25mm，钻孔与水平面的倾角不应小于 30°，钻孔孔径应比注浆管的直径大 2～3mm，孔距可为 0.5～1.0m。

6.1.3 浆液材料可采用水泥浆等，注浆压力可取 0.1～0.3MPa。如果浆液不下沉，则可逐渐加大压力至 0.6MPa，浆液在 10～15min 内再不下沉则可停止注浆。注浆的有效直径为 0.6～1.2m。

6.1.4 对单独基础每边钻孔不应少于 2 个；对条形基础应沿基础纵向分段施工，每段长度可取 1.5～2.0m。

6.2 加大基础底面积法

6.2.1 加大基础底面积法适用于当既有建筑的地基承载力或基础底面积尺寸不满足设计要求时的加固。可采用混凝土套或钢筋混凝土套加大基础底面积。加大基础底面积的设计和施工应符合下列规定：

　　1 当基础承受偏心受压时，可采用不对称加宽；当承受中心受压时，可采用对称加宽。

　　2 在灌注混凝土前应将原基础凿毛和刷洗干净后，铺一层高强度等级水泥浆或涂混凝土界面剂，以增加新老混凝土基础的粘结力。

　　3 对加宽部分，地基上应铺设厚度和材料均与原基础垫层相同的夯实垫层。

　　4 当采用混凝土套加固时，基础每边加宽的宽度其外形尺寸应符合国家现行标准《建筑地基基础设计规范》GBJ 7 中有关刚性基础台阶宽高比允许值的规定。沿基础高度隔一定距离应设置锚固钢筋。

5 当采用钢筋混凝土套加固时,加宽部分的主筋应与原基础内主筋相焊接。

6 对条形基础加宽时,应按长度1.5~2.0m划分成单独区段,分批、分段、间隔进行施工。

6.2.2 当不宜采用混凝土套或钢筋混凝土套加大基础底面积时,可将原独立基础改成条形基础;将原条形基础改成十字交叉条形基础或筏形基础;将原筏形基础改成箱形基础。

6.3 加深基础法

6.3.1 加深基础法适用于地基浅层有较好的土层可作为持力层且地下水位较低的情况。可将原基础埋置深度加深,使基础支承在较好的持力层上,以满足设计对地基承载力和变形的要求。当地下水位较高时,应采取相应的降水或排水措施。

6.3.2 基础加深的施工应按下列步骤进行:

1 先在贴近既有建筑基础的一侧分批、分段、间隔开挖长约1.2m,宽约0.9m的竖坑,对坑壁不能直立的砂土或软弱地基要进行坑壁支护,竖坑底面可比原基础底面深1.5m;

2 在原基础底面下沿横向开挖与基础同宽,深度达到设计持力层的基坑;

3 基础下的坑体应采用现浇混凝土灌注,并在距原基础底面80mm处停止灌注,待养护一天后再用掺入膨胀剂和速凝剂的干稠水泥砂浆填入基底空隙,再用铁锤敲击木条,并挤实所填砂浆。

6.4 锚杆静压桩法

6.4.1 锚杆静压桩法适用于淤泥、淤泥质土、黏性土、粉土和人工填土等地基土。

6.4.2 锚杆静压桩设计应符合下列要求:

1 锚杆静压桩的单桩竖向承载力可通过单桩载荷试验确定;当无试验资料时,也可按国家现行标准《建筑地基基础设计规范》GBJ 7有关规定估算。

2 桩位布置应靠近墙体或柱子。设计桩数应由上部结构荷载及单桩竖向承载力计算确定;必须控制压桩力不得大于该加固部分的结构自重。压桩孔宜为上小下大的正方棱台状,其孔口每边宜比桩截面边长大50~100mm。

3 当既有建筑基础承载力不满足压桩要求时,应对基础进行加固补强;也可采用新浇筑钢筋混凝土挑梁或抬梁作为压桩的承台。

4 桩身制作应符合下列要求:

1) 桩身材料可采用钢筋混凝土或钢材;

2) 对钢筋混凝土桩宜采用方形,其边长为200~300mm;

3) 每段桩节长度应根据施工净空高度及机具条件确定,宜为1.0~2.5m;

4) 桩内主筋应按计算确定。当方桩截面边长为200mm时,配筋不宜少于4ϕ10;当边长为250mm时,配筋不宜少于4ϕ12;当边长为300mm时,配筋不宜少于4ϕ16;

5) 桩身混凝土强度等级不应低于C30;

6) 当桩身承受拉应力时,应采用焊接接头。其他情况可采用硫磺胶泥接头连接。当采用硫磺胶泥接头时,其桩节两端应设置焊接钢筋网片,一端应预埋插筋,另一端应预留插筋孔和吊装孔。当采用焊接接头时,桩节的两端均应设置预埋连接铁件。

5 原基础承台除应满足有关承载力要求外，尚应符合下列规定：

1）承台周边至边桩的净距不宜小于 200mm；

2）承台厚度不宜小于 350mm；

3）桩顶嵌入承台内长度应为 50～100mm；当桩承受拉力或有特殊要求时，应在桩顶四角增设锚固筋，伸入承台内的锚固长度应满足钢筋锚固要求；

4）压桩孔内应采用 C30 微膨胀早强混凝土浇注密实；

5）当原基础厚度小于 350mm 时，封桩孔应用 2φ16 钢筋交叉焊接于锚杆上，并应在浇注压桩孔混凝土的同时，在桩孔顶面以上浇注桩帽，厚度不得小于 150mm。

6 锚杆可用光面直杆镦粗螺栓或焊箍螺栓，并应符合下列要求：

1）当压桩力小于 400kN 时，可采用 M24 锚杆；当压桩力为 400～500kN 时，可采用 M27 锚杆；

2）锚杆螺栓的锚固深度可采用 10～12 倍螺栓直径，并不应小于 300mm，锚杆露出承台顶面长度应满足压桩机具要求，一般不应小于 120mm；

3）锚杆螺栓在锚杆孔内的粘结剂可采用环氧砂浆或硫磺胶泥；

4）锚杆与压桩孔、周围结构及承台边缘的距离不应小于 200mm。

6.4.3 锚杆静压桩施工应符合下列规定：

1 锚杆静压桩施工前应做好下列准备工作：

1）清理压桩孔和锚杆孔施工工作面；

2）制作锚杆螺栓和桩节的准备工作；

3）开凿压桩孔，并应将孔壁凿毛，清理干净压桩孔。将原承台钢筋割断后弯起，待压桩后再焊接；

4）开凿锚杆孔，应确保锚杆孔内清洁干燥后再埋设锚杆，并以粘结剂加以封固。

2 压桩施工应符合下列规定：

1）压桩架应保持竖直，锚固螺栓的螺帽或锚具应均衡紧固，压桩过程中应随时拧紧松动的螺帽；

2）就位的桩节应保持竖直，使千斤顶、桩节及压桩孔轴线重合，不得偏心加压，压桩时应垫钢板或麻袋，套上钢桩帽后再进行压桩。桩位平面偏差不得超过 ±20mm，桩节垂直度偏差不得大于 1% 的桩节长；

3）整根桩应一次连续压到设计标高，当必须中途停压时，桩端应停留在软弱土层中，且停压的间隔时间不宜超过 24h；

4）压桩施工应对称进行，不应数台压桩机在一个独立基础上同时加压；

5）焊接接桩前应对准上、下节桩的垂直轴线，清除焊面铁锈后进行满焊；

6）采用硫磺胶泥接桩时，其操作施工应按国家现行标准《地基与基础工程施工及验收规范》GBJ 202 的有关规定执行；

7）桩尖应到达设计持力层深度、且压桩力应达到国家现行标准《建筑地基基础设计规范》GBJ 7 规定的单桩竖向承载力标准值的 1.5 倍，且持续时间不应少于 5min；

8）封桩前应凿毛和刷洗干净桩顶侧表面后再涂混凝土界面剂，封桩可分不施加预应力法和预应力法的两种方法：

当封桩不施加预应力时，在桩端达到设计压桩力和设计深度后，即可使千斤顶卸载，拆除压桩架，焊接锚杆交叉钢筋，清除压桩孔内杂物、积水及浮浆，然后与桩帽梁一起浇注 C30 微膨胀早强混凝土。当施加预应力时，应在千斤顶不卸载条件下，采用型钢托换支架，清理干净压桩孔后立即将桩与压桩孔锚固，当封桩混凝土达到设计强度后，方可卸载。

6.4.4 锚杆静压桩质量检验应符合下列规定：

　　1 最终压桩力与桩压入深度应符合设计要求。

　　2 桩身试块强度和封桩混凝土试块强度应符合设计要求，硫磺胶泥性能应符合国家现行标准《地基与基础工程施工及验收规范》GBJ 202 的有关规定。

6.5 树 根 桩 法

6.5.1 树根桩法适用于淤泥、淤泥质土、黏性土、粉土、砂土、碎石土及人工填土等地基土上既有建筑的修复和增层、古建筑的整修、地下铁道的穿越等加固工程。

6.5.2 树根桩设计应符合下列规定：

　　1 树根桩的直径宜为 150～300mm，桩长不宜超过 30m，桩的布置可采用直桩型或网状结构斜桩型。

　　2 树根桩的单桩竖向承载力可通过单桩载荷试验确定；当无试验资料时，也可按国家现行标准《建筑地基基础设计规范》GBJ 7 有关规定估算。

　　树根桩的单桩竖向承载力的确定，尚应考虑既有建筑的地基变形条件的限制和桩身材料的强度要求。

　　3 桩身混凝土强度等级应不小于 C20，钢筋笼外径宜小于设计桩径 40～60mm。主筋不宜少于 3 根。对软弱地基，主要承受竖向荷载时的钢筋长度不得小于 1/2 桩长；主要承受水平荷载时应全长配筋。

　　4 树根桩设计时，尚应对既有建筑的基础进行有关承载力的验算。当不满足上述要求时，应先对原基础进行加固或增设新的桩承台。

6.5.3 树根桩施工应符合下列规定：

　　1 桩位平面允许偏差±20mm；直桩垂直度和斜桩倾斜度偏差均应按设计要求不得大于 1%。

　　2 可采用钻机成孔，穿过原基础混凝土。在土层中钻孔时宜采用清水或天然泥浆护壁，也可用套管。

　　3 钢筋笼宜整根吊放。当分节吊放时，节间钢筋搭接焊缝长度双面焊不得小于 5 倍钢筋直径。单面焊不得小于 10 倍钢筋直径。注浆管应直插到孔底。需二次注浆的树根桩应插两根注浆管，施工时应缩短吊放和焊接时间。

　　4 当采用碎石和细石填料时，填料应经清洗，投入量不应小于计算桩孔体积的 0.9 倍，填灌时应同时用注浆管注水清孔。

　　5 注浆材料可采用水泥浆液、水泥砂浆或细石混凝土，当采用碎石填灌时，注浆应采用水泥浆。

　　6 当采用一次注浆时，泵的最大工作压力不应低于 1.5MPa，开始注浆时，需要 1MPa 的起始压力，将浆液经注浆管从孔底压出，接着注浆压力宜为 0.1～0.3MPa，使浆液逐渐上冒，直至浆液泛出孔口停止注浆。

当采用二次注浆时，泵的最大工作压力不应低于4MPa。待第一次注浆的浆液初凝时方可进行第二次注浆，浆液的初凝时间根据水泥品种和外加剂掺量确定，可控制在45～60min范围。第二次注浆压力宜为2～4MPa，二次注浆不宜采用水泥砂浆和细石混凝土。

　　7　注浆施工时应采用间隔施工、间歇施工或增加速凝剂掺量等措施，以防止出现相邻桩冒浆和串孔现象。树根桩施工不应出现缩颈和塌孔。

　　8　拔管后应立即在桩顶填充碎石，并在1～2m范围内补充注浆。

6.5.4　树根桩质量检验应符合下列规定：

　　1　每3～6根桩应留一组试块，测定抗压强度，桩身强度应符合设计要求。

　　2　应采用载荷试验检验树根桩的竖向承载力，有经验时也可采用动测法检验桩身质量。两者均应符合设计要求。

6.6　坑式静压桩法

6.6.1　坑式静压桩法适用于淤泥、淤泥质土、黏性土、粉土和人工填土等，且地下水位较低的情况。

6.6.2　坑式静压桩设计应符合下列规定：

　　1　坑式静压桩的单桩承载力应按国家现行标准《建筑地基基础设计规范》GBJ 7有关规定估算。

　　2　桩身可采用直径为150～300mm的开口钢管或边长为150～250mm的预制钢筋混凝土方桩，每节桩长可按既有建筑基础下坑的净空高度和千斤顶的行程确定。

　　3　桩的平面布置应根据既有建筑的墙体和基础型式及荷载大小确定。应避开门窗等墙体薄弱部位，设置在结构受力节点位置。

　　4　当既有建筑基础结构的强度不能满足压桩反力时，应在原基础的加固部位加设钢筋混凝土地梁或型钢梁，以加强基础结构的强度和刚度，确保工程安全。

6.6.3　坑式静压桩施工应符合下列规定：

　　1　施工时先在贴近被加固建筑物的一侧开挖长1.2m、宽0.9m的竖坑，对坑壁不能直立的砂土或软弱土等地基应进行坑壁支护。再在基础梁、承台梁或直接在基础底面下开挖长0.8m、宽0.5m的基坑。

　　2　压桩施工时，先在基坑内放入第一节桩，并在桩顶上安置千斤顶及测力传感器，再驱动千斤顶压桩，每压入下一节桩后，再接上一节桩。

　　对钢管桩，其各节的连接处可采用套管接头。当钢管桩很长或土中有障碍物时需采用焊接接头。整个焊口（包括套管接头）应为满焊。

　　对预制钢筋混凝土方桩，桩尖可将主筋合拢焊在桩尖辅助钢筋上，在密实砂和碎石类土中，可在桩尖处包以钢板桩靴。桩与桩间接头可采用焊接或硫磺胶泥接头。

　　3　桩位平面偏差不得大于±20mm；桩节垂直度偏差应小于1%的桩节长。

　　4　桩尖应到达设计持力层深度、且压桩力达到国家现行标准《建筑地基基础设计规范》GBJ 7规定的单桩竖向承载力标准值的1.5倍，且持续时间不应少于5min。

　　5　对钢筋混凝土方桩，顶进至设计深度后即可取出千斤顶，再用C30微膨胀早强混凝土将桩与原基础浇注成整体。当施加预应力封桩时，可采用型钢支架，而后浇注混凝土。

对钢管桩，应根据工程要求，在钢管内浇注 C20 微膨胀早强混凝土，最后用 C30 混凝土将桩与原基础浇注成整体。

封桩可根据要求采用预应力法或非预应力法施工。

6.6.4 坑式静压桩质量检验应符合下列规定：

1 最终压桩力与桩压入深度应符合设计要求。
2 桩材试块强度应符合设计要求。

6.7 石 灰 桩 法

6.7.1 石灰桩法适用于处理地下水位以下的黏性土、粉土、松散粉细砂、淤泥、淤泥质土、杂填土或饱和黄土等地基及基础周围土体的加固。

对重要工程或地质复杂而又缺乏经验的地区，施工前应通过现场试验确定其适用性。

6.7.2 石灰桩设计应符合下列规定：

1 石灰桩是由生石灰和粉煤灰（火山灰或其他掺合料）组成。采用的生石灰其氧化钙含量不得低于 70%，含粉量不得超过 10%，含水量不得大于 5%，最大块径不得大于 50mm。粉煤灰应采用Ⅰ、Ⅱ级灰。

2 根据不同的地质条件，石灰桩可选用不同配比。常用配比（体积比）为生石灰与粉煤灰之比为 1:1、1:1.5 或 1:2。为提高桩身强度亦可掺入一定量的水泥、砂或石屑。

3 石灰桩桩径主要取决于成孔机具。桩距宜为 2.5～3.5 倍桩径，可按三角形或正方形布置，地基处理的范围应比基础的宽度加宽 1～2 排桩，且不小于加固深度的一半。桩长由加固目的和地基土质等条件决定。

4 石灰桩每延米灌灰量可按下式估算：

$$q = \eta_c \frac{\pi d^2}{4} \tag{6.7.2-1}$$

式中 q——石灰桩每延米灌灰量（m^3/m）；
　　d——设计桩径（m）；
　　η_c——充盈系数，可取 1.4～1.8。振动管外投料成桩取高值；螺旋钻成桩取低值。

成桩时必须控制材料的干密度 $\rho_d = 1.1 t/m^3$。

5 在石灰桩顶部宜铺设一层 200～300mm 厚的石屑或碎石垫层。

6 复合地基承载力标准值应按现场相同土层条件下的复合地基载荷试验确定，也可用单桩和桩间土的载荷试验按下式估算：

$$f_{sp,k} = m f_{p,k} + (1-m) f_{s,k} \tag{6.7.2-2}$$

式中 $f_{sp,k}$——复合地基承载力标准值；
　　$f_{p,k}$——桩体单位截面积承载力标准值；
　　$f_{s,k}$——加固后桩间土的承载力标准值；
　　m——面积置换率。

$$m = \frac{\pi d'^2}{4 l_1 l_2} \tag{6.7.2-3}$$

式中 d'——石灰桩膨胀后的桩径，一般为设计桩径的 1.1～1.2 倍；
　　l_1、l_2——分别为桩的列距和行距。

复合地基载荷试验可按国家现行标准《建筑地基处理技术规范》JGJ 79 的规定进行，当复合地基承载力基本值按相对变形值确定时，石灰桩复合地基可取 s/b 或 $s/d = 0.010 \sim 0.015$ 所对应的荷载（s——相应于复合地基承载力基本值时压板沉降量，b 和 d 分别为压板宽度或直径）。

7 石灰桩加固地基的变形计算，应按国家现行标准《建筑地基基础设计规范》GBJ 7 有关规定执行，其中复合土层的压缩模量可按下式进行估算：

$$E_{sp} = mE_p + (1 - m)E_s \tag{6.7.2-4}$$

式中 E_{sp}——复合土层的压缩模量；

E_p——桩体的压缩模量；

E_s——加固后桩间土的压缩模量。

6.7.3 石灰桩施工应符合下列规定：

1 根据加固设计要求、土质条件、现场条件和机具供应情况，可选用振动成桩法（分管内填料成桩和管外填料成桩）、锤击成桩法、螺旋钻成桩法或洛阳铲成桩工艺等。桩位中心点的偏差不应超过桩距设计值的 8%，桩的垂直度偏差不应大于 1.5%。

2 振动成桩法和锤击成桩法

1）采用振动管内填料成桩法时，为防止生石灰膨胀堵住桩管，应加压缩空气装置及空中加料装置；管外填料成桩应控制每次填料数量及沉管的深度。

采用锤击成桩法时，应根据锤击的能量控制分段的填料量和成桩长度。

2）桩顶上部空孔部分，应用 3:7 灰土或素土填孔封顶。

3 螺旋钻成桩法

1）正转时将部分土带出地面，部分土挤入桩孔壁而成孔。根据成孔时电流大小和土质情况，检验场地情况与原勘察报告和设计要求是否相符。

2）钻杆达设计要求深度后，提钻检查成孔质量，清除钻杆上泥土。

3）把整根桩所需之填料按比例分层堆在钻杆周围，再将钻杆沉入孔底，钻杆反转，叶片将填料边搅拌边压入孔底。钻杆被压密的填料逐渐顶起，钻尖升至离地面 1~1.5m 或预定标高后停止填料，用 3:7 灰土或素土封顶。

4 洛阳铲成桩法

适用于施工场地狭窄的地基加固工程。成桩直径可为 200~300mm，每层回填料厚度不宜大于 300mm，用杆状重锤分层夯实。

5 施工过程中，应有专人监测成孔及回填料的质量，并做好施工记录。如发现地基土质与勘察资料不符，应查明情况采取有效措施后方可继续施工。

6 当地基土含水量很高时，桩宜由外向内或沿地下水流方向施打，并宜采用间隔跳打施工。

6.7.4 石灰桩质量检验应符合下列规定：

1 施工时应及时检查施工记录，当发现回填料不足，缩径严重时，应立即采取有效补救措施。

2 检查施工现场有无地面隆起异常情况、有无漏桩现象；按设计要求抽查桩位、桩距，详细记录，对不符合者应采取补救措施。

3 一般工程可在施工结束 28d 后采用标贯、静力触探以及钻孔取样做室内试验等测试方法，检测桩体和桩间土强度，验算复合地基承载力。

4 对重要或大型工程应进行复合地基载荷试验。

5 石灰桩的检验数量不应少于总桩数的2%，并不得少于3根。

6.8 注浆加固法

6.8.1 注浆加固法适用于砂土、粉土、黏性土和人工填土等地基加固。一般用于防渗堵漏、提高地基土的强度和变形模量以及控制地层沉降等。

注浆设计前宜进行室内浆液配比试验和现场注浆试验，以确定设计参数和检验施工方法及设备。也可参考当地类似工程的经验确定设计参数。

6.8.2 注浆设计应符合下列规定：

1 对软弱土处理，可选用以水泥为主剂的浆液，也可选用水泥和水玻璃的双液型混合浆液。在有地下水流动的情况下，不应采用单液水泥浆液。

2 注浆孔间距可取1.0~2.0m，并应能使被加固土体在平面和深度范围内连成一个整体。

3 浆液的初凝时间应根据地基土质条件和注浆目的确定。在砂土地基中，浆液的初凝时间宜为5~20min；在黏性土地基中，宜为1~2h。

4 注浆量和注浆有效范围应通过现场注浆试验确定，在黏性土地基中，浆液注入率宜为15%~20%。注浆点上的覆盖土厚度应大于2m。

5 对劈裂注浆的注浆压力，在砂土中，宜选用0.2~0.5MPa；在黏性土中，宜选用0.2~0.3MPa。对压密注浆，当采用水泥砂浆浆液时，坍落度宜为25~75mm，注浆压力为1~7MPa。当坍落度较小时，注浆压力可取上限值。当采用水泥-水玻璃双液快凝浆液时，注浆压力应小于1MPa。

6.8.3 注浆施工应符合下列规定：

1 施工场地应预先平整，并沿钻孔位置开挖沟槽和集水坑。

2 注浆施工时，宜采用自动流量和压力记录仪，并应及时对资料进行整理分析。

3 注浆孔的孔径宜为70~110mm，垂直度偏差应小于1%。

4 花管注浆法施工可按下列步骤进行：

1）钻机与注浆设备就位；

2）钻孔或采用振动法将花管置入土层；

3）当采用钻孔法时，应从钻杆内注入封闭泥浆，然后插入孔径为50mm的金属花管。

4）待封闭泥浆凝固后，移动花管自下向上或自上向下进行注浆。

5 压密注浆施工可按下列步骤进行：

1）钻机与注浆设备就位；

2）钻孔或采用振动法将金属注浆管压入土层；

3）当采用钻孔法时，应从钻杆内注入封闭泥浆，然后插入孔径为50mm的金属注浆管；

4）待封闭泥浆凝固后，捅去注浆管的活络堵头，然后提升注浆管自下向上或自上向下对地层注入水泥-砂浆液或水泥-水玻璃双液快凝浆液。

6 封闭泥浆7d立方体试块（边长为7.07cm）的抗压强度应为0.3~0.5MPa，浆液粘度应为 80~90s。

 7 浆液宜用 425 号或 525 号普通硅酸盐水泥。
 8 注浆时可掺用粉煤灰代替部分水泥，掺入量可为水泥重量的 20%~50%。
 9 根据工程需要，可在浆液拌制时加入速凝剂、减水剂和防析水剂。
 10 注浆用水不得采用 pH 值小于 4 的酸性水和工业废水。
 11 水泥浆的水灰比可取 0.6~2.0，常用的水灰比为 1.0。
 12 注浆的流量可取 7~10L/min，对充填型注浆，流量不宜大于 20L/min。
 13 当用花管注浆和带有活堵头的金属管注浆时每次上拔或下钻高度宜为 0.5m。
 14 浆体应经过搅拌机充分搅拌均匀后才能开始压注，并应在注浆过程中不停缓慢搅拌，搅拌时间应小于浆液初凝时间。浆液在泵送前应经过筛网过滤。
 15 日平均温度低于 5℃ 或最低温度低于 -3℃ 的条件下注浆时，应在施工现场采取措施，保证浆液不冻结。
 16 水温不得超过 30~35℃；并不得将盛浆桶和注浆管路在注浆体静止状态暴露于阳光下，防止浆液凝固。
 17 注浆顺序应按跳孔间隔注浆方式进行，并宜采用先外围后内部的注浆施工方法。当地下水流速较大时，应从水头高的一端开始注浆。
 18 对渗透系数相同的土层，首先应注浆封顶，然后由下向上进行注浆，防止浆液上冒。如土层的渗透系数随深度而增大，则应自下向上注浆。对互层地层，首先应对渗透性或孔隙率大的地层进行注浆。
 19 当既有建筑地基进行注浆加固时，应对既有建筑及其邻近建筑、地下管线和地面的沉降、倾斜、位移和裂缝进行监测。并应采用多孔间隔注浆和缩短浆液凝固时间等措施，减少既有建筑基础因注浆而产生的附加沉降。

6.8.4 注浆质量检验应符合下列规定：
 1 注浆检验时间应在注浆结束 28d 后进行。可选用标准贯入、轻型动力触探或静力触探对加固地层进行检测。对重要工程可采用载荷试验测定。
 2 注浆检验点可为注浆孔数的 2%~5%。当检验点合格率小于或等于 80%，或虽大于 80% 但检验点的平均值达不到强度或防渗的设计要求时，应对不合格的注浆区实施重复注浆。

6.9 其他地基加固方法

6.9.1 高压喷射注浆法适用于淤泥、淤泥质土、黏性土、粉土、黄土、砂土、人工填土和碎石土等地基。

6.9.2 灰土挤密桩法适用于处理地下水位以上的湿陷性黄土、素填土和杂填土等地基。

6.9.3 深层搅拌法适用于处理淤泥、淤泥质土、粉土和含水量较高的黏性土等地基。

6.9.4 硅化法可分双液硅化法和单液硅化法。当地基土的渗透系数大于 2.0m/d 的粗颗粒土时，可采用双液硅化法（水玻璃和氯化钙）；当地基土的渗透系数为 0.1~2.0m/d 的湿陷性黄土时，可采用单液硅化法（水玻璃）；对自重湿陷性黄土，宜采用无压力单液硅化法。

6.9.5 碱液法适用于处理非自重湿陷性黄土地基。

6.9.6 高压喷射注浆法、灰土挤密桩法、深层搅拌法、硅化法和碱液法的设计和施工应按国家现行标准《建筑地基处理技术规范》JGJ 79 有关规定执行。

7 地基基础事故的补救与预防

7.1 设计、施工或使用不当引起事故的补救

7.1.1 对于建造在软土地基上出现损坏的建筑，可采取下列补救措施：

1 由于建筑体型复杂或荷载差异较大，引起不均匀沉降，而造成建筑物损坏者，可根据损坏程度选用局部卸荷、增加上部结构或基础刚度、加深基础、锚杆静压桩、树根桩或注浆加固等补救措施；

2 由于局部软弱土层或暗塘、暗沟等引起差异沉降过大，而造成建筑物损坏者，可选用锚杆静压桩、树根桩或旋喷桩等进行局部加固；

3 由于基础承受荷载过大、或加荷速率过快，引起大量沉降或不均匀沉降，而造成建筑物损坏者，可选用卸除部分荷载、加大基础底面积或加深基础等；

4 由于大面积地面荷载或大面积填土引起柱基、墙基不均匀沉降、地面大量凹陷、或柱身、墙身断裂者，可选用锚杆静压桩或树根桩加固等；

5 由于地质条件复杂或荷载分布不均，引起建筑物过大倾斜者，可按本规范第 9 章有关规定选用纠倾措施。

7.1.2 对于建造在湿陷性黄土地基上出现损坏的建筑，可采取下列补救措施：

1 对非自重湿陷性黄土场地，当湿陷性土层不厚、湿陷变形已趋稳定、或估计再次浸水产生的湿陷量不大时，可选用上部结构加固措施；当湿陷性土层较厚、湿陷变形较大、或估计再次浸水产生的湿陷量较大时，可选用石灰桩、灰土挤密桩、坑式静压桩、锚杆静压桩、树根桩、硅化法或碱液法等，加固深度宜达到基础压缩层下限；

2 对自重湿陷性黄土场地，可选用灰土井、坑式静压桩、锚杆静压桩、树根桩或灌注桩加固等。加固深度宜穿透全部湿陷性土层。

7.1.3 对于建造在人工填土地基上出现损坏的建筑，可采取下列补救措施：

1 对于素填土地基由于浸水引起过大的不均匀沉降而造成建筑物损坏者，可选用锚杆静压桩、树根桩、坑式静压桩、石灰桩或注浆加固等。加固深度应穿透素填土层；

2 对于杂填土地基上损坏的建筑，可根据损坏程度选用加强上部结构和基础刚度、锚杆静压桩、树根桩、旋喷桩、石灰桩或注浆加固等；

3 对于冲填土地基上损坏的建筑，可按本规范第 7.1.1 条的有关规定选用加固方法。

7.1.4 对于建造在膨胀土地基上出现损坏的建筑，可采取下列补救措施：

1 对建筑物损坏轻微，且胀缩等级为Ⅰ级的膨胀土地基，可采用设置宽散水及在周围种植草皮等措施；

2 对建筑物损坏程度中等，且胀缩等级为Ⅰ、Ⅱ级的膨胀土地基，可采用加强结构刚度和设置宽散水等措施；

3 对建筑物损坏程度较严重，或胀缩等级为Ⅲ级的膨胀土地基，可采用锚杆静压桩、树根桩、坑式静压桩或加深基础等方法。桩端或基底应埋置在非膨胀土层中或伸入到大气

影响深度以下的土层中；

　　4　建造在坡地上的损坏建筑，除可选用相应的地基或基础加固方法外，尚应在坡地周围采取保湿措施，防止多向失水造成的危害。

7.1.5　对于建造在土岩组合地基上出现损坏的建筑，可采取下列补救措施：

　　1　由于土岩交界部位出现过大的差异沉降，而造成建筑物损坏者，可根据损坏程度，采用局部加深基础、锚杆静压桩、树根桩、坑式静压桩或旋喷桩加固等措施；

　　2　由于局部软弱地基引起差异沉降过大，而造成建筑物损坏者，可根据损坏程度，采用局部加深基础或桩基加固等措施；

　　3　由于基底下局部基岩出露或存在大块孤石，而造成建筑物损坏者，可将局部基岩或孤石凿去，铺设褥垫，或采用在土层部位加深基础或桩基加固等。

7.2　地下工程施工引起事故的预防与补救

7.2.1　地下工程施工可能对既有建筑、地下管线或道路造成影响。当影响范围较大时，可采用隔断墙将既有建筑、地下管线或道路隔开。隔断墙可采用钢板桩、树根桩、深层搅拌桩、注浆加固或地下连续墙等方法。

7.2.2　当地下工程施工对既有建筑造成影响时，可对既有建筑地基进行加固。加固方法可选用锚杆静压桩、树根桩或注浆加固等。加固深度应大于地下工程底面深度。

7.2.3　当地下工程施工对既有建筑造成的影响比较轻微时，可采用加强既有建筑刚度和强度的方法。

7.2.4　对在地下工程施工影响区范围内的通讯电缆、高压、易燃和易爆管道等对地层变形极其敏感的重要管线，除采取一般性预防措施外，尚应将其暴露并挂起。

7.2.5　当地下工程施工时，应对其施工影响区范围内的既有建筑和地下管线的沉降和水平位移进行严密的监测，一旦发现问题，应及时采取有效措施。

7.3　邻近建筑施工引起事故的预防与补救

7.3.1　当邻近工程的施工对既有建筑可能产生影响时，应查明既有建筑的基础形式、结构状态、建成年代和使用情况等，根据邻近工程的结构类型、荷载大小、基础形式、间隔距离以及土质情况等因素分析可能产生的影响程度，并提出相应的预防措施。

7.3.2　当软土地基上采用有挤土效应的桩基对邻近既有建筑有影响时，可在邻近既有建筑的一侧设置砂井、塑料排水带、应力释放孔或开挖隔离沟，减小沉桩引起的孔隙水压力和挤土效应。对重要建筑可设地下挡墙。

7.3.3　遇有振动效应的桩基施工时，可采用开挖隔振沟，以减少振动波传递。

7.3.4　当邻近建筑开挖基槽、人工降低地下水或迫降纠倾施工等，可能造成土体侧向变形或产生附加应力时，可采用对既有建筑进行地基基础局部加固，减少该侧地基的附加应力，控制基础沉降等措施。

7.3.5　在既有建筑邻近进行人工挖孔桩施工时，应注意地下水的流失及土的侧向变形，可采用回灌、截水措施或跳挖施工方法，并进行沉降观测，防止既有建筑出现不均匀沉降而造成裂损。

7.3.6　当邻近工程的施工造成既有建筑裂损或倾斜时，应根据既有建筑的结构特点、影响程度和地层条件选用本规范第6章和第9章有关方法进行加固。

7.4 深基坑工程引起事故的预防与补救

7.4.1 基坑开挖前应对基坑及邻近既有建筑地基进行土体稳定验算分析，提出预防土体失稳的措施。必要时可对邻近既有建筑的地基或基础预先进行加固处理等，避免可能发生的事故。

7.4.2 当基坑内降水开挖，使邻近既有建筑或地下管线发生沉降、倾斜或裂损时，应立即停止坑内降水，查出事故原因，进行有效加固处理。当设置基坑支护结构时，应在基坑止水墙外侧，靠近邻近既有建筑附近设置水位观测井和回灌井。

7.4.3 当基坑周边邻近既有建筑为桩基础或新建建筑采用打入桩基础时，为保护邻近既有建筑的安全，新建基坑支护结构外边缘与邻近既有建筑的距离不应小于基坑开挖深度的1.2～1.5倍。当无法满足最小安全距离时，应采用隔振沟或钢筋混凝土地下连续墙或其他有效的基坑支护结构形式。

7.4.4 当基坑采用锚杆支护结构时，应预先查清邻近既有建筑的基础类型和埋深，严禁锚杆成孔施工，破坏邻近既有建筑的地基稳定或基础的安全。

7.4.5 当既有建筑与基坑较近时，基坑周边不得搭建临时施工建筑或库房；不得堆放建筑材料或弃土；不得停放大型施工机具和车辆等。严防上述荷载对基坑侧壁和邻近既有建筑的稳定产生不利影响。

7.4.6 当既有建筑与基坑较近时，基坑周边地面应做护面及排水沟，使地面水流向坑外，并防止雨水、施工用水渗入地下或坑内。

7.4.7 当既有建筑或地下管线因周围深基坑工程施工而出现倾斜、裂缝或损坏时，应根据影响程度，选用本规范第6章和第9章有关补救措施。

8 增层改造

8.1 一般规定

8.1.1 当既有建筑直接增层时，应先对既有建筑结构进行鉴定，确定增层方案并按本章的有关规定确定地基承载力，当采用外套结构增层时，应按新建工程的要求确定地基承载力。

8.1.2 既有建筑增层改造后的地基变形和稳定性应按本规范第5章有关规定进行验算。

8.1.3 当采用新旧结构通过构造措施相连接的增层方案时，除应满足地基承载力条件外，尚应分别对新旧结构进行地基变形计算，按变形协调原则进行设计。

8.1.4 当既有建筑的地基承载力或地基变形不能满足增层荷载要求时，可选用本规范第6章有关方法进行加固。

8.1.5 既有建筑增层改造时，对其地基基础加固工程，应按新建工程的要求进行质量检验及评价，待隐蔽工程验收合格后，方可进行上部结构的施工。

8.2 直接增层

8.2.1 对沉降稳定的建筑物直接增层时，其地基承载力标准值，可根据增层工程的要求选用下列方法综合确定：

1 试验法

1) 载荷试验

建筑物增层前，可按本规范附录A的规定，进行载荷试验直接测定地基承载力。

2) 室内土工试验

建筑物增层前，可在原建筑物基础下0.5~1.5倍基础底面宽度的深度范围内取原状土，进行室内土工试验，根据试验结果按现行的有关规范确定地基承载力标准值。

2 经验法

建筑物增层时，其地基承载力标准值可考虑地基土的压密效应而予提高，提高的幅度应根据既有建筑基底平均压力值、建成年限、地基土类别和当地成熟经验确定。

8.2.2 建筑物直接增层地基承载力设计值，可按本规范第5.1.1条的规定确定。

8.2.3 直接增层需新设承重墙时，可采用调整新旧基础底面积、桩基础或地基处理等措施保证新旧承重体系的均匀下沉。

8.2.4 直接增层时地基基础的加固，可根据基础类型和土质情况选用下列方法：

1 当既有建筑地基土质良好，承载力高时，可加大基础底面积，加大后基础的面积宜比计算值提高10%。

2 当验算原基础强度时，应根据实际情况进行强度折减。

3 当既有建筑地基土较软弱、承载力较低时，可采用桩基础承受增层荷载，应在桩体强度达到设计要求后，再在其上施工新加大的基础承台，按规定将桩与基础连接，并应根据具体情况验算基础沉降。

4 当既有建筑为钢筋混凝土条形基础时，根据增层荷载要求，可采用锚杆静压桩加固，当原钢筋混凝土条形基础的宽度或厚度不能满足压桩要求时，压桩前应先加宽或加厚基础，再进行压桩施工。也可采用树根桩、旋喷桩等方法加固。

5 当原基础刚度和整体性较好或有钢筋混凝土地梁时，可采用抬梁或挑梁承受新增层结构荷载，不需对原基础进行加固。梁的截面尺寸及配筋应通过计算确定。梁可置于原基础或地梁下，当采用预制的抬梁时，梁、桩和基础应紧密连接，并应验算抬梁或挑梁与基础或地梁间的局部受压承载力。

6 当上部结构和基础刚度较好、持力层埋置较浅、地下水位较低、施工开挖对原结构不会产生附加下沉和开裂时，可采用墩式基础或在原基础下做坑式静压桩加固。

7 当采用注浆法加固既有建筑地基时，对湿陷性黄土地基和填土地基或其他由于注浆加固易引起附加变形的地基，均应添加膨胀剂、速凝剂等，以防止对增层建筑物产生不利影响。

8 当既有建筑为桩基础时，应检查原桩体质量及状况，实测土的物理力学性质指标，以确定桩间土的压密状况，按桩土共同工作条件，提高原桩基础的承载能力。对于承台与土脱空情况，不得考虑桩土共同工作。当桩数不足时应适当补桩，对已腐烂的木桩或破损的混凝土桩，应经加固修复后方可进行增层施工。

9 当既有建筑原地质勘察资料过于简单或无地质勘察资料，而建筑物下又有人防工程或较为复杂场地情况时，应补充进行岩土工程勘察，查明场地情况。

10 当采用扶壁柱式结构直接增层时，柱体应落在新设置的基础上，新旧基础应连成整体，新基础下如为土质地基时，应先夯入碎石或采用其他方法加固后方可进行基础施工。

8.3 外套结构增层

8.3.1 当采用外套结构增层时，可根据土质、地下水位、新增结构类型及荷载大小选用合理的基础形式，当地质勘察资料不足时，应重新进行岩土工程勘察

8.3.2 位于岩层上的外套增层工程，其基础类型与埋深可与原基础不同，新旧基础可相连在一起，也可分开单设。

8.3.3 当天然地基上采用外套结构增层时，应考虑新设基础对原基础的影响，并按有关规范要求与邻近建筑保持一定距离；对于软弱地基，严禁新旧建筑相距过小，基底应力叠加，使邻近建筑发生倾斜或裂损。

8.3.4 外套结构的桩基施工，不得扰动原地基基础。

8.3.5 当外套结构增层采用天然地基或由旋喷桩、搅拌桩、石灰桩等构成的复合地基时，应考虑地基受荷后的变形，避免增层后新旧结构产生标高差异。

8.3.6 当既有建筑有地下室，外套增层结构采用桩基础时，桩位布置应避开原地下室挑出的底板襟边；如不能避开，而需凿除部分底板襟边时，应通过验算确定。但新旧基础不得相连。

9 纠倾加固和移位

9.1 一般规定

9.1.1 纠倾加固适用于整体倾斜值超过国家现行标准《建筑地基基础设计规范》GBJ 7 规定的允许值，且影响正常、安全使用的多层既有建筑的纠倾。

9.1.2 在制定纠倾加固和移位的设计和施工方案前，首先应根据场地地质条件、建筑结构情况进行倾斜的原因分析和纠倾及移位的可行性论证。对于纠倾加固，尚应根据倾斜原因及沉降观测资料推测再度倾斜的可能性，确定地基加固的必要性，提出纠倾加固方案。

9.1.3 纠倾加固应通过方案比较优先选择迫降纠倾，当迫降纠倾不适用时可选用顶升纠倾。

9.1.4 当既有建筑上部结构有裂损时，纠倾或移位前应对裂损情况进行调查和评价。当裂损对纠倾或移位施工安全有影响时，应先对上部结构进行加固。

9.1.5 纠倾或移位过程必须设置现场监测系统，记录纠倾或移位变位、绘制时程曲线，当出现异常情况时，应及时调整纠倾或移位设计和施工方案。

9.1.6 纠倾或移位到达预定位置时，应立即对工作槽、孔或施工破损面进行回填修复。

9.2 迫降纠倾

9.2.1 迫降纠倾可根据地质条件、工程对象及当地经验选用基底掏土纠倾法、井式纠倾法、钻孔取土纠倾法、堆载纠倾法、人工降水纠倾法、地基部分加固纠倾法和浸水纠倾法等方法。

9.2.2 迫降纠倾的设计应包括下列内容：

1 确定各点的迫降量；

2 安排迫降的顺序、位置和范围，制定实施计划；

3 编制迫降操作规程及安全措施；

4 设置迫降的监控系统。沉降观测点纵向布置每边不应少于4点，横向每边不应少于2点，对框架结构应适当增加；

5 迫降的沉降速率应根据建筑物的结构类型和刚度确定。一般情况下沉降速率宜控制在5～10mm/d范围内。纠倾开始及接近设计迫降量时应选择低值，迫降接近终止时应预留一定的沉降量，以防发生过纠现象。

9.2.3 迫降纠倾应做到设计施工紧密配合，施工中应严格监测，根据监测结果调整迫降量及施工顺序。迫降过程中应每天进行沉降观测，并应监测既有建筑裂损情况。

9.2.4 基底掏土纠倾法适用于匀质黏性土和砂土上的浅埋建筑物的纠倾，基底掏土纠倾法分为人工掏土法和水冲掏土法两种。当缺少当地经验时，可按下列规定进行现场试验确定施工方法和施工参数：

1 人工掏土沟槽的间隔应根据建筑物的基础形式选择，可取1.0～1.5m，沟槽宽度应根据不同的迫降量及土质的强度情况确定，可取0.3～0.5m，槽深可取0.10～0.20m。

2 掏挖时应先从沉降量小的一侧开始，逐渐过渡，依次进行。

3 水冲掏土的水冲工作槽间隔宜取2.0～2.5m，槽宽宜取0.2～0.4m，深度宜取0.15～0.30m，槽底应形成坡度。

4 水冲压力宜控制在1.0～3.0MPa。流量宜取40L/min。可根据土质条件通过现场试验确定。

5 水冲过程中掏土槽应逐渐加深，但应控制超宽，一旦超宽应立即采用砾砂、细石或卵石等回填，确保安全。

9.2.5 井式纠倾法适用于黏性土、粉土、砂土、淤泥、淤泥质土或填土等地基上建筑物的纠倾。井式纠倾应符合下列规定：

1 取土工作井可采用沉井或挖孔护壁等方式形成，应根据土质情况及当地经验确定，井壁可采用钢筋混凝土或混凝土，井的内径不宜小于0.8m，井身混凝土强度等级不得低于C15。

2 井孔施工时应注意土层的变化，防止流砂、涌土、塌孔、突陷等现象出现。施工前应制订相应的防护措施，确保施工安全。

3 井位应设置在建筑物沉降较小的一侧，其数量、深度和间距应根据建筑物的倾斜情况、基础类型、场地环境和土层性质等综合确定。为保证迫降的均匀性，井位可布置在室内。

4 当采用射水施工时，应在井壁上设置射水孔与回水孔，射水孔孔径宜为150～200mm，回水孔孔径宜为60mm，射水孔位置应根据地基土质情况及纠倾量进行布置，回水孔宜在射水孔下方交错布置，井底深度应比射水孔位置低约1.2m。

5 高压射水泵工作压力、流量，宜根据土层性质，通过现场试验确定。

6 纠倾达到设计要求后，工作井及射水孔均应回填，射水孔可采用生石灰和粉煤灰拌合料回填。工作井可用砂土或砂石混合料分层夯实回填，也可用灰土比为2:8的灰土分层夯实回填，接近地面 1m 范围内的井圈应拆除。

9.2.6 钻孔取土纠倾法适用于淤泥、淤泥质土等软弱地基的纠倾。钻孔取土应符合下列规定：

    1 钻孔位置应根据建筑物不均匀沉降情况和土层性质布置，同时应确定钻孔取土的先后顺序。

    2 钻孔的直径及深度应根据建筑物的底面尺寸和附加应力的影响范围选择，取土深度应大于 3m，钻孔直径不应小于 300mm。

    3 钻孔顶部 3m 深度范围内应设置套管或套筒，以保护浅层土体不受扰动，防止出现局部变形过大而影响结构安全。

9.2.7 堆载纠倾法适用于淤泥、淤泥质土和松散填土等软弱地基上体量较小且纠倾量不大的浅基建筑物的纠倾，本法亦可与其他纠倾方法联合使用。堆载纠倾应符合下列规定：

    1 堆载纠倾应根据工程规模、基底附加压力的大小及土质条件，确定施加的荷载量、荷载分布位置和分级加载速率。

    2 设计时应考虑地基土的整体稳定，控制加载速率，施工过程应严密进行沉降观测，及时绘制荷载-沉降-时间关系曲线，以确保施工安全。

9.2.8 人工降水纠倾法适用于地基土的渗透系数大于 10^{-4}cm/s 的浅埋基础，同时应防止纠倾时对邻近建筑产生影响。人工降水纠倾应符合下列规定：

    1 人工降水的井点选择、设计和施工方法可按国家现行标准《地基与基础施工及验收规范》GBJ 202 的有关规定执行。

    2 纠倾时应根据建筑物的纠倾量来确定抽水量大小及水位下降深度。并应设置若干水位观测孔，随时记录所产生的水力坡降，与沉降实测值比较，以便调整水位。

    3 人工降水如对邻近建筑可能造成影响时，应在邻近建筑附近设置水位观测井和回灌井，必要时可设置地下隔水墙等，以确保邻近建筑的安全。

9.2.9 地基部分加固纠倾法适用于淤泥、淤泥质土等软弱地基上沉降尚未稳定、整体刚度较好，且倾斜量不大的既有建筑的纠倾。地基部分加固纠倾应符合下列规定：

    1 纠倾设计时可在建筑物沉降较大一侧采用加固地基的方法使该侧的建筑物沉降稳定，而原沉降较小一侧继续下沉，当建筑物倾斜纠正后，若另一侧沉降尚未稳定时，可采用同样方法加固地基。

    2 加固地基的方法，可根据建筑物的特点及地质情况选用本规范第 6 章有关方法。

9.2.10 浸水纠倾法适用于湿陷性黄土地基上整体刚度较大的建筑物的纠倾。当缺少当地经验时，应通过现场试验，确定其适用性。浸水纠倾应符合下列规定：

    1 根据建筑结构类型和场地条件，可选用注水孔、坑或槽等方式注水。注水孔、坑或槽应布置在建筑物沉降较小的一侧。

    2 当采用注水孔（坑）浸水时，应确定注水孔（坑）布置、孔径或坑的平面尺寸、孔（坑）深度、孔（坑）间距及注水量；当采用注水槽浸水时，应确定槽宽、槽深及分隔段的注水量。

    3 注水时严禁水流入沉降较大一侧的地基中。

    4 浸水纠倾前，应设置严密的监测系统及必要的防护措施。有条件时可设置限位桩。

    5 当浸水纠倾的速率过快时，应立即停止注水，并回填生石灰料或采取其他有效的措施；当浸水纠倾速率较慢时，可与其他纠倾方法联合使用。

6 浸水纠倾结束后，应及时用不渗水材料夯填注水孔、坑或槽，修复原地面和室外散水。

9.3 顶升纠倾

9.3.1 顶升纠倾适用于建筑物的整体沉降及不均匀沉降较大，造成标高过低；倾斜建筑物基础为桩基；不适用采用迫降纠倾的倾斜建筑以及新建工程设计时有预先设置可调措施的建筑。顶升纠倾的最大顶升高度不宜超过80cm。

9.3.2 顶升纠倾的设计应符合下列规定：

1 顶升必须通过上部钢筋混凝土顶升梁与下部基础梁组成一对上、下受力梁系，中间采用千斤顶顶升，受力梁系平面上应连续闭合且应通过承载力及变形等验算（千斤顶平面位置见图9.3.2-1）。

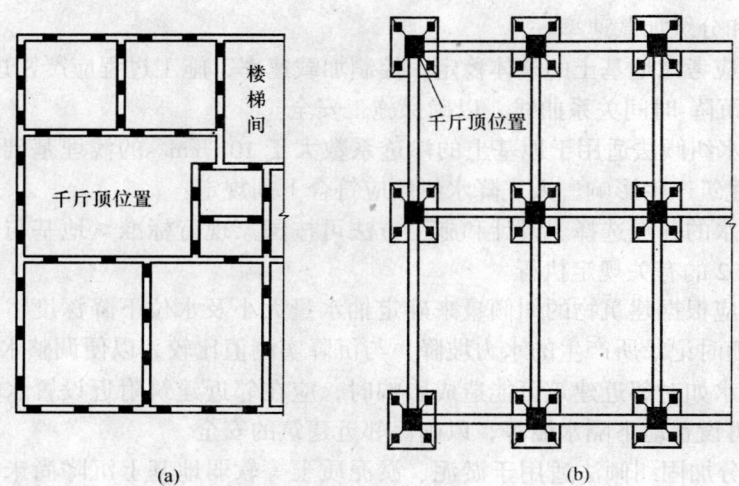

图9.3.2-1 千斤顶平面位置
(a) 砌体结构建筑；(b) 框架结构建筑

2 顶升梁应通过托换形成，顶升托换梁应设置在地面以上约50cm的位置，当基础梁埋深较大时，可在基础梁上增设钢筋混凝土千斤顶底座，并与基础连成整体。顶升梁、千斤顶、底座应形成稳固的整体，其位置见图9.3.2-2。

3 对砌体结构建筑可根据线荷载分布布置顶升点，顶升点间距不宜大于1.5m，应避开门窗洞及薄弱承重构件位置；对框架结构建筑应根据柱荷载大小布置。顶升点数量可按下式进行估算：

$$n \geq \frac{Q}{N_a} \cdot K \tag{9.3.2}$$

式中 n——顶升点数（个）；

Q——建筑物总荷载设计值（kN）；

N_a——顶升支承点的荷载设计值（kN），可取千斤顶额定工作荷载的0.8，千斤顶额定工作荷载可选300及500kN。

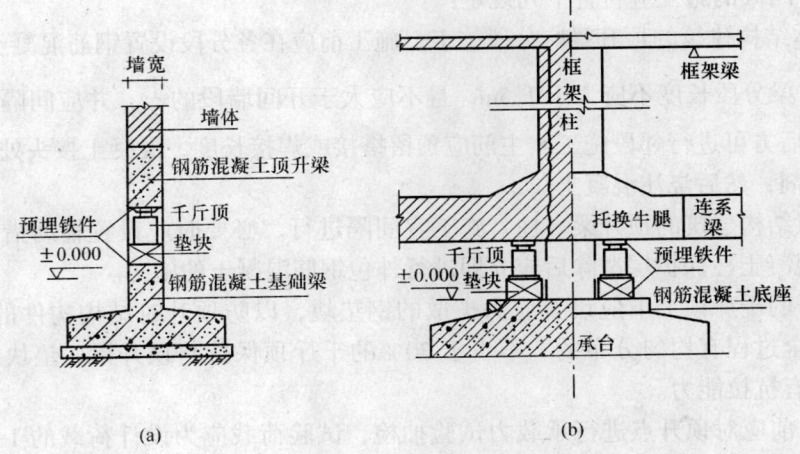

图 9.3.2-2 顶升梁、千斤顶、底座位置
(a) 砌体结构建筑；(b) 框架结构建筑

K——安全系数，可取 1.5。

4 顶升量可根据建筑物的倾斜率、使用要求以及必要的过纠量确定。但一般要求纠正后垂直度偏差应满足国家现行标准《建筑地基基础设计规范》GBJ 7 的要求。

9.3.3 砌体结构建筑的顶升梁可按倒置弹性地基上的墙梁设计。并应符合下列规定：

1 顶升梁设计时，计算跨度应取相邻三个支承点去掉中间支点后，两边缘支点间的距离，进行顶升梁的承载力及配筋设计。

2 当既有建筑的墙体承载力验算不能满足要求时，应调整支承点的跨度或对砌体进行加固补强。

9.3.4 框架结构建筑的顶升梁（柱）的设置，应是能支承框架柱的结构荷载的体系，顶升梁（柱）体系应按后设置牛腿设计，同时增加连系梁约束框架柱间的变位及调整差异顶升量。并应符合下列规定：

1 应验算断柱前、后既有建筑的框架结构柱端在轴力、弯矩和剪力作用下的承载力。

2 后设置牛腿应考虑新旧混凝土的协调工作，设计时钢筋的布置、锚固或焊接长度应符合国家现行标准《混凝土结构设计规范》GBJ 10 的规定。

3 应验算牛腿的正截面受弯承载力，局部受压承载力及斜截面的受剪承载力。

9.3.5 顶升纠倾的施工可按下列步骤进行：

1 钢筋混凝土顶升梁（柱）的托换施工；

2 设置千斤顶底座及安放千斤顶；

3 设置顶升标尺；

4 顶升梁（柱）及顶升机具的试验检验；

5 在顶升前一天凿除框架结构柱或砌体结构构造柱的混凝土，顶升时切断钢筋；

6 统一指挥顶升施工；

7 当顶升量达到 100~150mm 时，开始千斤顶倒程；

8 顶升到位后进行结构连接和回填。

9.3.6 顶升纠倾的施工应符合下列规定：

1 砌体结构建筑的顶升梁应分段施工，施工前应在各分段设置钢筋混凝土支承芯垫，间距0.5m。梁分段长度不应大于1.5m，且不应大于开间墙段的$\frac{1}{3}$，并应间隔进行，待该段达到强度后方可进行邻段施工。主筋应预留搭接或焊接长度，混凝土接头处应凿毛并涂混凝土界面剂，然后浇注混凝土。

2 框架结构建筑的顶升梁（柱）施工宜间隔进行，必要时应设置辅助措施（如支撑等），当原混凝土柱保护层凿除后应立即进行外包钢筋混凝土的施工。

3 顶升的千斤顶上下应设置应力扩散的钢垫块，以防顶升时结构构件的局部破坏。并保证顶升全过程有均匀分布的、不少于30%的千斤顶保持与顶升梁、垫块、基础梁连成一体，具有抗拉能力。

4 顶升前应对顶升点进行承载力试验抽检，试验荷载应为设计荷载的1.5倍，试验数量不应少于总数的20%，试验合格后方可正式顶升。

5 顶升时应设置水准仪和经纬仪观测站，以观测建筑物顶升纠倾全过程。顶升标尺应设置在每个支承点上，每次顶升量不宜超过10mm。各点顶升量的偏差应小于结构的允许变形。

6 顶升应设统一的指挥系统，并应保证千斤顶同步按设计要求顶升和稳固。

7 千斤顶倒程时，相邻千斤顶不得同时进行，倒程前应先用楔形垫块进行保护，并保证千斤顶底座平稳。楔形垫块及千斤顶底座垫块均应采用工具式、组合、可连接、具有抵抗水平力的外包钢板的混凝土垫块或钢垫块。垫块应进行强度检验。

8 顶升到达设计高度后，应立即在墙体交叉点或主要受力部位用垫块稳住，并迅速进行结构连接。顶升高度较大时应边顶升边砌筑墙体。千斤顶应待结构连接完毕，并达到设计强度后方可分批分期拆除。

9 结构的连接处应达到或大于原结构的强度，若纠倾施工时受到削弱，应进行结构加固补强。

9.4 移 位

9.4.1 移位适用于多层既有建筑由于市政道路扩建或场地改变用途等原因，需要改变其位置的搬迁移位。

9.4.2 在制定移位方案前应具备以下资料：

1 场地及移位路线的岩土工程勘察资料；
2 既有建筑的设计图纸、计算书和施工资料；
3 既有建筑的结构、构造、受力特性和现状分析；
4 既有建筑地基基础重新验算书；
5 移位施工可能对邻近建筑及管线的影响分析。

9.4.3 当既有建筑的地基承载力及变形不满足移位要求时，应根据具体情况对地基基础进行加固。

9.4.4 移位的设计应包括下列内容：

1 结构设计

1）计算砌体结构的线荷载或框架结构的轴力、弯矩和剪力；
　　2）结构托换梁系截面及配筋设计；
　　3）移位过程中基础的受力验算及补强设计；
　　4）新旧基础的承载力和变形验算及补强设计。
　2　地基设计
　　1）移位路线的地基设计，按永久性工程进行设计，地基承载力设计值可提高1.25倍；
　　2）移位后的地基基础设计，若出现新旧基础的交错，应考虑既有建筑地基压密效应造成新旧基础间地基变形的差异，必要时应进行地基基础加固。
　3　滚动支座的设计
　　1）滚动支座可采用不小于 $\phi 60$ 的实心钢棒或 $\phi 100 \sim \phi 150$ 的钢管混凝土，并应通过试压确定，支座上下采用20mm厚的钢板作为上下轨道面，或采用工具式轨道梁，以利应力扩散及减少滚动摩擦力；
　　2）滚动支座的间距及数量应根据支承力的大小设计。
　4　移动装置的设计
　　1）移动装置有牵引式及推顶式两种，牵引式宜用于荷载较小的小型建筑物，推顶式宜用于较大型的建筑物。必要时可两种方式并用。
　　2）托换梁系作为移动的上轨道梁，基础作为下轨道梁，移位前下轨道梁应进行验算、加固、修整和找平。
　　3）上下轨道梁系的设计应同时考虑移位荷载的移动及滚动过程局部压力的位置改变。

9.4.5 移位的施工应符合下列规定：
　1　托换梁系的施工应符合本规范第9.3.6条的有关规定；
　2　托换梁系施工时应分段置入上下钢板及滚动支座，应控制施工的准确度，保证钢板的水平；
　3　应严格按设计要求进行上下轨道梁的钢筋混凝土施工，并建立严格的施工管理及质量检测体系；
　4　移位应待结构托换梁系及移动路线施工完毕，经验收达到设计承载力后方可进行；
　5　移位施工应编制施工组织设计、完善指挥及监测系统，做好水平及竖向变位的观测；
　6　推顶或牵引时应设有测力装置，严格按设计要求施工；
　7　移位时应控制滚动速率不大于50mm/min，保持匀速移动，并设置限制滚动装置；
　8　移位到达设计位置，经检测合格后，应立即进行结构的连接并分段浇捣混凝土。

9.4.6 竣工后应进行建筑的沉降观测。

附录A　既有建筑基础下地基土载荷试验要点

A.0.1 本试验要点适用于地下水位以上既有建筑地基承载力和地基变形模量的测定。

A.0.2 试验压板面积宜取 $0.25 \sim 0.50 m^2$，基坑宽度不应小于压板宽度或压板直径的三倍。

试验时应保持试验土层的原状结构和天然湿度。在试压土层的表面，宜铺 20mm 厚的中、粗砂层。

A.0.3 试验位置应在承重墙的基础下，加载反力可利用建筑物的自重，使千斤顶上的测力计直接与基础下钢板接触（图A.0.3）。钢板大小和厚度可根据基础材料强度和加载大小确定。

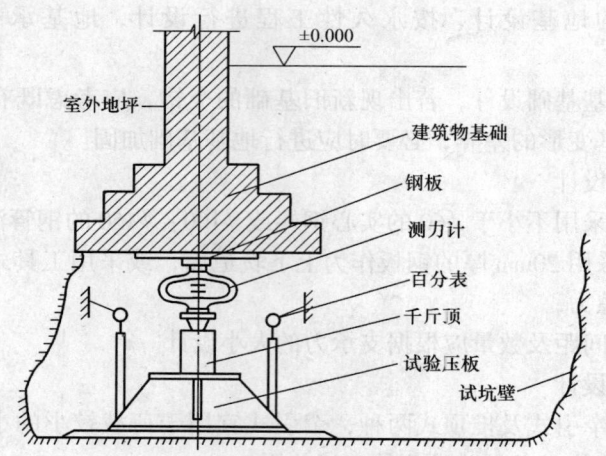

图 A.0.3　载荷试验示意

A.0.4 在含水量较大或松散的地基土中挖试验坑时，应采取坑壁支护措施。

A.0.5 加载分级、稳定标准、终止加载条件和承载力取值应按国家现行标准《建筑地基基础设计规范》GBJ 7 规定执行。

A.0.6 在挖试验坑时，可同时取土样检验其物理力学性质。以便对地基承载力取值和地基变形进行综合分析。

A.0.7 当既有建筑基础下有垫层时，试验压板应埋置在垫层下的原土层上面。

A.0.8 试验结束后应及时用低强度等级混凝土将基坑回填密实。

本规范用词说明

1　为便于在执行本规范条文时区别对待，对要求严格程度不同的用词，说明如下：
　　1) 表示很严格，非这样做不可的：
　　正面词采用"必须"；反面词采用"严禁"。
　　2) 表示严格，在正常情况均应这样做的：
　　正面词采用"应"；反面词采用"不应"或"不得"。
　　3) 表示允许稍有选择，在条件许可时首先应这样做的：
　　正面词采用"宜"；反面词采用"不宜"。
　　表示有选择，在一定条件下可以这样做的，采用"可"。

2　条文中指明必须按其他标准执行的写法为"应按……执行"或"应符合……的要求（或规定）"。

中华人民共和国行业标准

既有建筑地基基础加固技术规范

JGJ 123—2000

条 文 说 明

前 言

《既有建筑地基基础加固技术规范》JGJ 123—2000，经建设部 2000 年 2 月 12 日以建标〔2000〕35 号文批准，业已发布。

为便于广大设计、施工、科研、学校等单位的有关人员在使用本标准时能正确理解和执行条文规定，《既有建筑地基基础加固技术规范》编制组按章、节、条顺序编制了本标准的条文说明，供国内使用者参考。在使用中如发现本条文说明有不妥之处，请将意见函寄中国建筑科学研究院。

目　次

1　总则 …………………………………………………………… 1766
3　基本规定 ……………………………………………………… 1766
4　地基基础的鉴定 ……………………………………………… 1766
5　地基计算 ……………………………………………………… 1767
6　地基基础的加固方法 ………………………………………… 1767
7　地基基础事故的补救与预防 ………………………………… 1775
8　增层改造 ……………………………………………………… 1777
9　纠倾加固和移位 ……………………………………………… 1778

1 总　　则

1.0.1 根据我国情况，既有建筑因各种原因需要进行地基基础加固者，从建造年代来看，除少数古建筑和建国前建造的建筑外，绝大多数是建国以来建造的建筑，其中又以建国初期至70年代末建造的建筑占主体，改革开放以来建造的大量建筑，也有一小部分需要进行加固。就建筑类型而言，有工业建筑和构筑物，也有公用建筑和大量住宅建筑。因而，需要进行地基基础加固的既有建筑范围很广、数量很多、工程量很大、投资很高。因此，既有建筑地基基础加固的设计和施工必须认真贯彻国家的各项技术经济政策，做到技术先进、经济合理、安全适用、确保质量、保护环境。

3 基 本 规 定

3.0.1 既有建筑在进行加固设计和施工之前，应先对地基和基础进行鉴定，根据鉴定结果，才能确定加固的必要性和可能性。

　　与新建工程相比，既有建筑地基基础的加固是一项技术较为复杂的工程，所以必须强调应由有相应资质的单位和有经验的专业技术人员来承担既有建筑地基和基础的鉴定、加固设计和加固施工，并应按规定程序进行校核、审定、审批等。

3.0.2 大量工程实践证明，在进行地基基础设计时，采用加强上部结构刚度和强度的方法，能减少地基的不均匀变形，取得较好的技术经济效果。因此，在选择既有建筑地基基础加固方案时，同样也应考虑上部结构、基础和地基的共同作用，采取切实可行的措施，既可降低费用，又可收到满意的效果。

　　在选择地基基础加固方案时，本条强调应根据条中所列各种因素对初步选定的各种加固方案进行认真、客观的对比分析，选定最佳的加固方法。

3.0.3 既有建筑地基基础加固的施工，一般来说，具有技术要求高、施工难度大、场地条件差、不安全因素多、风险大等特点，本条特别强调施工人员应具备较高的素质。施工过程中除了应有专人负责质量控制外，还应有专人负责严密的监测，当出现异常情况时，应采取果断措施，以免发生安全事故。

3.0.5 对既有建筑进行地基基础加固时，沉降观测是一项必须要做的工作，它不仅是施工过程中进行监测的重要手段，而且是对地基基础加固效果进行评价和工程验收的重要依据。由于地基基础加固过程中容易引起对周围土体的扰动，因此，施工过程中对邻近建筑和地下管线也应进行监测。

4 地基基础的鉴定

4.1 地 基 的 鉴 定

4.1.3 既有建筑的检验应根据加固的目的和要求、建筑物的重要性、搜集的资料和调查的情况等来考虑并确定检验孔的位置、数量和检验方法，为了能确切反映既有建筑地基土的现状，检验孔位应尽量靠近基础。对于直接增层或增加荷载的建筑，有条件时尚应取基础下的原状土进行室内试验，或在基础下进行载荷试验，以获得经既有建筑荷载压密后的地基承载力和变形模量值。

4.1.4 对既有建筑地基进行评价，除了根据地基检验结果外，还应结合当地经验，这样才能使作出的评价符合实际情况。

4.2 基础的鉴定

4.2.1 既有建筑基础的检验步骤包括搜集资料和进行现场调查。进行现场调查是检验基础必不可少的步骤，因为对既有建筑来说，有的因建造时间久远，原始资料不全；有的受环境影响，有不同程度的损坏。只有通过开挖探坑，将基础暴露出来，才能对基础的现状有全面的了解。

4.2.3 对既有建筑基础的评价主要是根据检验结果、通过验算确定基础承载力和变形是否满足设计要求，如不满足应提出建议采用何种方法进行基础加固。

5 地 基 计 算

5.1 地基承载力计算

5.1.1 既有建筑地基基础加固或增加荷载时，采用本规范第6章各种方法加固后确定的地基承载力和第8章所确定的增层地基承载力均为地基承载力标准值。因此，在按本条式（5.1.1-1）进行地基承载力计算时，均应按国家现行标准《建筑地基基础设计规范》GBJ 7有关规定将地基承载力标准值换算成地基承载力设计值。

5.2 地基变形计算

5.2.2 既有建筑地基变形计算，可根据既有建筑沉降稳定情况分为沉降已经稳定者和沉降尚未稳定者两种。对于沉降已经稳定的既有建筑，其基础最终沉降量 s 包括已完成的沉降量 s_0 和地基基础加固后或增加荷载后产生的基础沉降量 s_1。其中 s_1 是通过计算确定的，计算时采用的压缩模量，对于地基基础加固的情况和增加荷载的情况是有区别的：前者是采用地基基础加固后经检测得到的压缩模量，而后者是采用增加荷载前经检验得到的压缩模量。对于原建筑沉降尚未稳定的增加荷载的既有建筑，其基础最终沉降量 s 除了包括上述 s_0 和 s_1 外，尚应包括原建筑荷载下尚未完成的基础沉降量 s_2。

6 地基基础的加固方法

6.1 基础补强注浆加固法

6.1.2 注浆施工时的钻孔倾角是指钻孔中心线与地平面的夹角，倾角不应小于30°，以免钻孔困难。

6.2 加大基础底面积法

6.2.1 当既有建筑的基础产生开裂或地基基础不满足设计要求时，可采用混凝土套或钢筋混凝土套加大基础底面积，以满足地基承载力和变形的设计要求。

当基础承受偏心受压时，可采用不对称加宽；当承受中心受压时，可采用对称加宽。原则上应保持新旧基础的结合，形成整体。

对加套混凝土或钢筋混凝土的加宽部分，应采用与原基础垫层的材料及厚度相同的夯实垫层，可使加套后的基础与原基础的基底标高和应力扩散条件相同和变形协调。

沿基础高度隔一定距离应设置锚固钢筋，可使加固的新浇混凝土与原有基础混凝土紧密结合成为整体。

对条形基础应按长度 1.5～2.0m 划分成单独区段，分批、分段、间隔分别进行施工。决不能在基础全长上挖成连续的坑槽或使坑槽内地基土暴露过久而使原基础产生和加剧不均匀沉降。

6.2.2 当采用混凝土或钢筋混凝土套加大基础底面积尚不能满足地基承载力和变形等的设计要求时，可将原独立基础改成条形基础；将原条形基础改成十字交叉条形基础或筏形基础；将原筏形基础改成箱形基础。这样不但更能扩大基底面积，用以满足地基承载力和变形的设计要求；另外，由于加强了基础的刚度，也可藉以减少地基的不均匀变形。

6.3 加深基础法

6.3.1 加深基础法是直接在基础下挖坑，再在坑内浇筑混凝土，以增大原基础的埋置深度，使基础直接支承在较好的持力层上，用以满足设计对地基承载力和变形的要求。其适用范围必须在浅层有较好的持力层，不然会因采用人工挖坑而费工费时又不经济；另外，场地的地下水位必须较低才合适，不然人工挖土时会造成邻近土的流失，即使采取相应的降水或排水措施，在施工上也会带来困难，而降水亦会导致对既有建筑产生附加不均匀沉降的隐患。

鉴于施工是采用挖坑的方法，所以国外对基础加深法称坑式托换（pit underpinning）；亦因在坑内要浇筑混凝土，故国外对这种施工方法亦有称墩式托换（pier underpinning）。

所浇筑的混凝土墩可以是间断的或连续的，主要取决于被托换的既有建筑的荷载大小和墩下地基土的承载能力及其变形性能。

6.4 锚杆静压桩法

6.4.1 锚杆静压桩是锚杆和静压桩结合形成的新桩基工艺。它是通过在基础上埋设锚杆固定压桩架，以既有建筑的自重荷载作为压桩反力，用千斤顶将桩段从基础中预留或开凿的压桩孔内逐段压入土中，再将桩与基础联结在一起，从而达到提高基础承载力和控制沉降的目的。

6.4.2 当既有建筑基础承载力不满足压桩所需的反力时，则应对基础进行加固补强；也可采用新浇筑的钢筋混凝土挑梁或抬梁作为压桩的承台，如图 1 所示。

6.4.3 锚杆静压桩的施工顺序如图 2 所示。

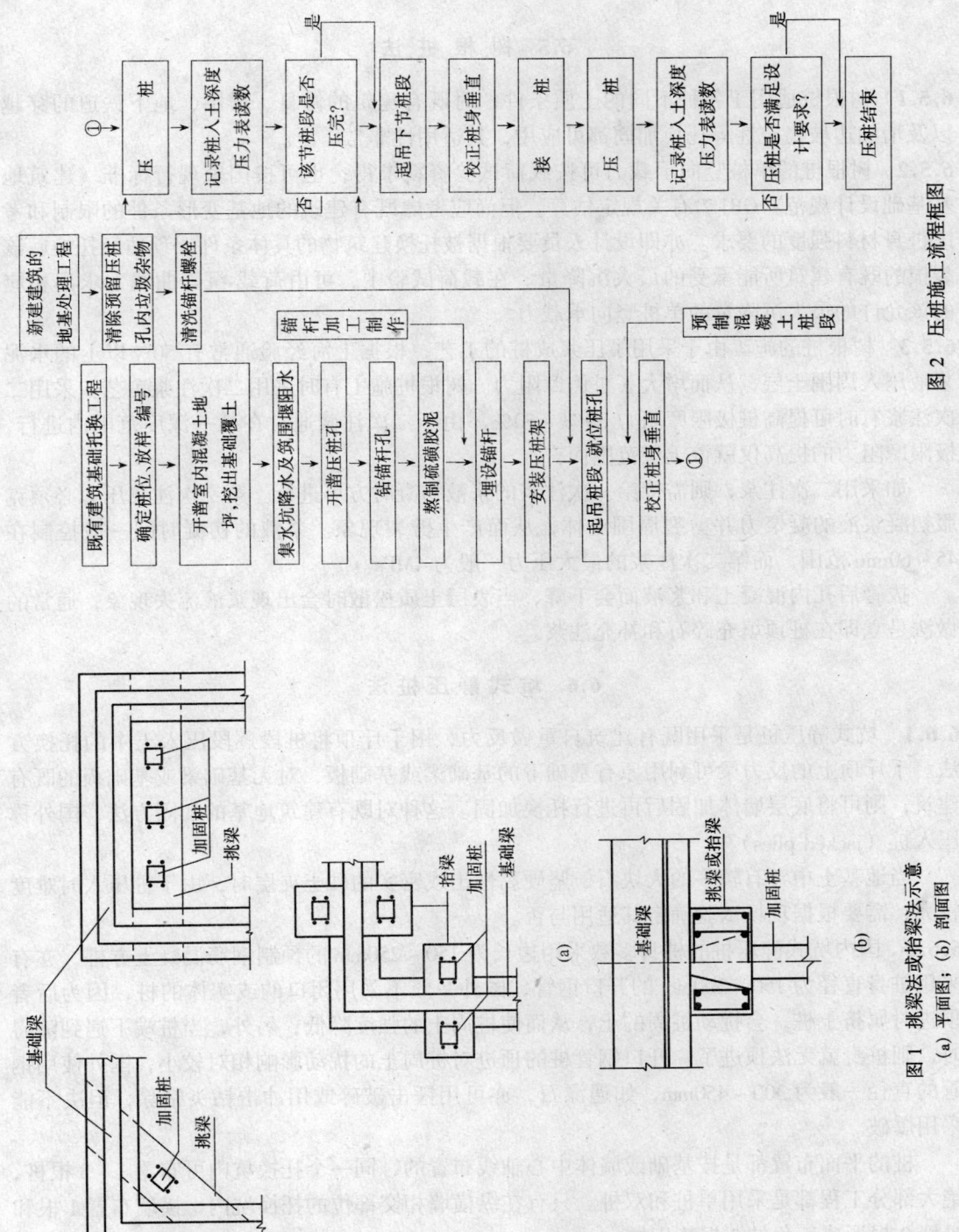

图 1 挑梁法或抬梁法示意
(a) 平面图；(b) 剖面图

图 2 压桩施工流程框图

6.5 树根桩法

6.5.1 树根桩适用于各种不同的土质条件，对既有建筑的修复、增层、地下铁道的穿越以及增加边坡稳定性等托换加固都可应用，其适用性非常广泛。

6.5.2 树根桩的单桩竖向承载力可按载荷试验资料求得；也可按国家现行标准《建筑地基基础设计规范》GBJ 7 有关规定估算。但尚应考虑既有建筑的地基变形条件的限制和考虑桩身材料强度的要求。亦即设计人员要根据被托换建筑物的具体条件，预估经托换后该裂损的既有建筑所能承受的最大沉降量。在载荷试验中，可由荷载-沉降曲线上求出相应的该允许的最大沉降量的单桩竖向承载力。

6.5.3 树根桩的施工由于采用了压浆成桩的工艺，根据上海经验通常有50%以上的水泥浆液压入周围土层，从而增大了桩侧摩阻力。树根桩施工有时采用二次注浆工艺。采用二次注浆有时可提高桩极限摩阻力30%～50%。由于二次注浆通常在某一深度范围内进行，极限摩阻力的提高仅就该土层范围而言。

如采用二次注浆，则需待第一次注浆的浆液初凝时方可进行。第二次注浆压力必须克服初凝浆液的凝聚力并剪裂周围土体，从而产生劈裂现象。浆液的初凝时间一般控制在45～60min范围，而第二次注浆的最大压力一般为4MPa。

拔管后孔内混凝土和浆液面会下降，当表层土质松散时会出现浆液流失现象，通常的做法是立即在桩顶填充碎石和补充注浆。

6.6 坑式静压桩法

6.6.1 坑式静压桩是采用既有建筑自重做反力，用千斤顶将桩段逐段压入土中的托换方法。千斤顶上的反力梁可利用原有基础下的基础梁或基础板，对无基础梁或基础板的既有建筑，则可将底层墙体加固后再进行托换加固。这种对既有建筑地基的加固方法，国外称压入桩（jacked piles）。

当地基土中含有较多的大块石、坚硬黏性土或密实的砂土夹层时，由于桩压入时难度较大，需要根据现场试验确定其适用与否。

6.6.2 国内坑式静压桩的桩身多数采用边长为150～250mm的预制钢筋混凝土方桩，亦有采用桩身直径为150～300mm的开口钢管，国外一般不采用闭口的或实体的桩，因为后者顶进时属挤土桩，会扰动桩周的土，从而使桩周土的强度降低；另外，当桩端下遇到障碍时，则桩身就无法顶进了。开口钢管桩的顶进对桩周土的扰动影响相对较小，国外使用钢管的直径一般为300～450mm，如遇漂石，亦可用锤击破碎或用冲击钻头钻除，但决不能采用爆破。

桩的平面布置都是按基础或墙体中心轴线布置的，同一个托换坑内可布置1～3根桩，绝大部分工程都是采用单桩和双桩。只有在纵横墙相交部位的托换坑内，横墙布置1根和纵墙2根形成三角的3根静压桩。

6.6.3 由于压桩过程中是动摩擦，因而压桩力达1.5倍设计单桩竖向承载力标准值相应的深度土层内，则定能满足静载荷试验时安全系数为2的要求。

对于静压桩与基础梁（或板）的紧固，一般采用木模或临时砖模，再在模内浇灌C30混凝土，防止混凝土干缩与基础脱离。

为了消除静压桩顶进至设计深度后,取出千斤顶时桩身的卸载回弹,因而出现了要求克服或消除这种卸载回弹的预应力方法。其做法是预先在桩顶上安装钢制托换支架,在支架上设置两台并排的同吨位千斤顶,垫好垫块后同步压至压桩终止压力后,将已截好的钢管或工字钢的钢柱塞入桩顶与原基础底面间,并打入钢楔挤紧后,千斤顶同步卸荷至零,取出千斤顶,拆除托换支架,对填塞钢柱的上下两端周边应焊牢,最后用C30混凝土将其与原基础浇注成整体。

6.7 石 灰 桩 法

6.7.1 石灰桩是由生石灰和粉煤灰(火山灰或其他掺合料)组成的柔性桩。它对软弱土的加固作用主要有以下几个方面:

1 成孔挤密——其挤密作用与土的性质有关。在杂填土中,由于其粗颗粒较多,故挤密效果较好;黏性土中,渗透系数小的,挤密效果较差。

2 吸水作用——实践证明,1kg纯氧化钙消化成为熟石灰可吸水0.32kg。对石灰桩桩体,在一般压力下吸水量约为65%~70%。根据石灰桩吸水总量等于桩间土降低的水总量,可得出软土含水量的降低值。

3 膨胀挤密——生石灰具有吸水膨胀作用,在压力50~100kPa时,膨胀量为20%~30%。膨胀的结果使桩周土挤密。

4 发热脱水——1kg氧化钙在水化时可产生280卡热量,桩身温度可达200~300℃。使土产生一定的气化脱水,从而导致土中含水量下降、孔隙比减小、土颗粒靠拢挤密,在所加固区的地下水位也有一定的下降,并促使某些化学反应形成,如水化硅酸钙的形成。

5 离子交换——软土中钠离子与石灰中的钙离子发生置换,改善了桩间土的性质,并在石灰桩表层形成一个强度很高的硬层。

以上这些作用,使桩间土的强度提高、对饱和粉土和粉细砂还改善了其抗液化性能。

6 置换作用——软土为强度较高的石灰桩所代替,从而增加了复合地基承载力,其复合地基承载力的大小,取决于桩身强度与置换率大小。

6.7.2 石灰桩桩径主要取决于成孔机具,目前使用的桩管有直径325mm和425mm两种;用洛阳铲成孔的一般为200~300mm。

石灰桩的桩距确定,与原地基土的承载力和设计要求的复合地基承载力有关,一般采用2.5~3.5倍桩径。根据山西省的经验,采用桩距3.0~3.5倍桩径的,承载力可提高0.7~1.0倍;采用桩距2.5~3.0倍桩径的,承载力可提高1.0~1.5倍。

桩的布置可采用三角形或正方形,而采用等边三角形布置更为合理,它使桩周土的加固较为均匀。

桩的长度确定,是根据地质情况而定,当软弱土层厚度不大时,桩长宜穿过软弱土层,也可先假定桩长,再对软弱下卧层强度和地基变形进行验算后确定。

石灰桩处理范围一般要超出基础轮廓线外围1~2排。是基于基础的压力向外扩散所需要;另外亦考虑基础边桩的挤密效果较差所致。

6.7.4 石灰桩施工记录是评估施工质量的重要依据,再结合抽检便可较好地作出质量检验评价。

通过现场原位测试的标准贯入、静力触探以及钻孔取样做室内试验可用以检测石灰桩及其周围土的加固效果。测试点应布置在等边三角形或正方形的中心，因为该处挤密效果较差。

6.8 注浆加固法

6.8.1 注浆法（grouting）亦称灌浆法，是指利用液压、气压或电化学原理，通过注浆管把浆液均匀地注入地层中，浆液以填充、渗透和挤密等方式，将土颗粒或岩石裂隙中的水分和空气排除后占据其位置，经一定时间后，浆液将原来松散的土粒或裂隙胶结成一个整体，形成一个结构新、强度大、防水性能高和化学稳定性良好的"结石体"。

注浆法的应用范围有：

1 提高地基土的承载力、减少地基变形和不均匀变形；
2 进行托换技术，对古建筑的地基加固更为常用；
3 用以纠倾和回升建筑；
4 用以减少地铁施工时的地面沉降，限制地下水的流动和控制施工现场土体的位移等。

6.8.2 浆液材料可分为下列几类：

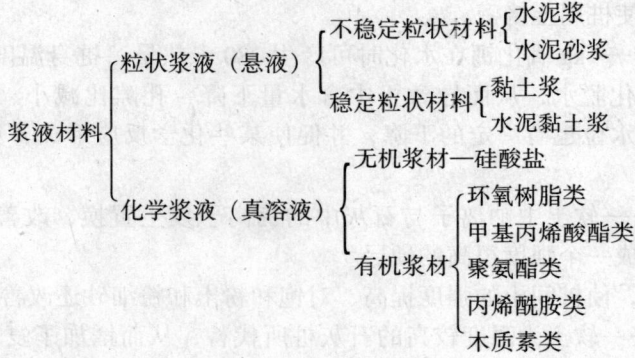

注浆按工艺性质分类可分为单液注浆和双液注浆。在有地下水流动的情况下，不应采用单液水泥浆，而应采用双液注浆，及时凝结，以免流失。

初凝时间是指在一定温度条件下，浆液混合剂到丧失流动性的这一段时间。在调整初凝时间时必须考虑气温、水温和液温的影响。单液注浆适合于凝固时间长；双液注浆适合于凝固时间短。

假定软土的孔隙率 $n = 50\%$，充填率 $\alpha = 40\%$，故浆液注入率约为 20%。

若注浆点上的覆盖土厚度小于 2m，则较难避免在注浆初期产生"冒浆"现象。

按浆液在土中流动的方式，可将注浆法分为三类：

1 渗透注浆

浆液在很小的压力下，克服地下水压、土粒孔隙间的沿程阻力和本身流动的阻力，渗入土体的天然孔隙，并与土粒骨架产生固化反应，在土层结构基本不受扰动和破坏的情况下达到加固的目的。

渗透注浆适用于渗透系数 $k > 10^{-4}$cm/s 的砂性土。

2　劈裂注浆

当土的渗透系数 $k<10^{-4}$cm/s，就得采用劈裂注浆，在劈裂注浆中，注浆管出口的浆液对周围地层施加了附加压应力，使土体发生剪切裂缝，而浆液则沿裂缝面劈裂。当周围土体是非匀质体时，浆液首先劈入强度最低的部分土体。当浆液的劈裂压力增大到一定程度时，再劈入另一部分强度较高的部分土体，这样劈入土体中的浆液便形成了加固土体的网络或骨架。

从实际加固地基开挖情况看，浆液的劈裂途径有竖向的、斜向的和水平向的。竖向劈裂是由土体受到扰动而产生的竖向裂缝；斜向的和水平向的劈裂是浆液沿软弱的或夹砂的土层劈裂而形成的。

3　压密注浆

压密注浆是指通过钻孔在土中灌入极浓的浆液，在注浆点使土体压密，在注浆管端部附近形成"浆泡"，当浆泡的直径较小时，灌浆压力基本上沿钻孔的径向扩展。随着浆泡尺寸的逐渐增大，便产生较大的上抬力而使地面抬动。浆泡的形状一般为球形或圆柱形。浆泡的最后尺寸取决于土的密度、湿度、力学条件、地表约束条件、灌浆压力和注浆速率等因素。离浆泡界面 0.3~2.0m 内的土体都能受到明显的加密。评价浆液稠度的指标通常是浆液的坍落度。如采用水泥砂浆浆液，则坍落度一般为 25~75mm，注浆压力为 1~7MPa。当坍落度较小时，注浆压力可取上限值。

渗透、劈裂和压密一般都会在注浆过程中同时出现，只是以何种形式为主的差别，单一的流动方式是难以产生的。

"注浆压力"是指浆液在注浆孔口的压力，注浆压力的大小取决于以上三种注浆方式的不同、土性的不同和加固设计要求的不同。

由于土层的上部压力小，下部压力大，浆液就有向上抬高的趋势。灌注深度大，上抬不明显，而灌注深度浅，则上抬较多，甚至溢到地面上来，此时可用多孔间歇注浆法，亦即让一定数量的浆液灌注入上层孔隙大的土中后，暂停工作让浆液凝固，这样就可把上抬的通道堵死；或者加快浆液的凝固时间，使浆液（双液）出注浆管就凝固。

6.8.3　注浆压力和流量是施工中的两个重要参数，任何注浆方式均应有压力和流量的记录。自动流量和压力记录仪能随时记录并打印出注浆过程中的流量和压力值。

在注浆过程中，对注浆的流量、压力和注浆总流量中，可分析地层的空隙、确定注浆的结束条件、预测注浆的效果。

注浆施工方法较多，以上海地区而论最为常用的是花管注浆和单向阀管注浆两种施工方法。对一般工程的注浆加固，还是以花管注浆作为注浆工艺的主体。

花管注浆的注浆管在头部 1~2m 范围内侧壁开孔，孔眼为梅花形布置，孔眼直径一般为 3~4mm。注浆管的直径一般比锥尖的直径小 1~2mm。有时为防止孔眼堵塞，可在开口的孔眼外再包一圈橡皮环。

为防止浆液沿管壁上冒，可加一些速凝剂或压浆后间歇数小时，使在加固层表面形成一层封闭层。如在地表有混凝土之类的硬壳覆盖的情况，也可将注浆管一次压到设计深度，再由下而上分段施工。

花管注浆工艺虽简单，成本低廉，但其存在的缺点是：1. 遇卵石或块石层时沉管困难；2. 不能进行二次注浆；3. 注浆时易于冒浆；4. 注浆深度不及塑料单向阀管。

注浆时可掺用粉煤灰代替部分水泥的原因是：

1 粉煤灰颗粒的细度比水泥还细，及其占优势的球形颗粒，使比仅含有水泥和砂的浆液更容易泵送，用粉煤灰代替部分水泥或砂，可保持浆体的悬浮状态，以免发生离析和减少沉积来改善可泵性和可灌性。

2 粉煤灰具有火山灰活性，当加入到水泥中可增加胶结性，这种反应产生的粘结力比水泥砂浆间的粘结更为坚固。

3 粉煤灰含有一定量的水溶性硫酸盐，增强了水泥浆的抗硫酸盐性。

4 粉煤灰掺入水泥的浆液比一般水泥浆液用的水少，而通常浆液的强度与水灰比有关，它随水的减少而增加。

5 使用粉煤灰可达到变废为宝，具有社会效益，并节约工程成本。

每段注浆的终止条件为吸浆量小于 1~2L/min。当某段注浆量超过设计值的 1~1.5 倍时，应停止注浆，间歇数小时后再注，以防浆液扩到加固段以外。

为防止邻孔串浆，注浆顺序应按跳孔间隔注浆方式进行，并宜采用先外围后内部的注浆施工方法，以防浆液流失。当地下水流速较大时，应考虑浆液在水流中的迁移效应，应从水头高的一端开始注浆。

在浆液进行劈裂的过程中，产生超孔隙水压力，孔隙水压力的消散使土体固结和劈裂浆体的凝结，从而提高土的强度和刚度。但土层的固结要引起土体的沉降和位移。因此，土体加固的效应与土体扰动的效应是同时发展的过程，其结果是导致加固土体的效应和某种程度土体的变形，这就是单液注浆的初期会产生地基附加沉降的原因。而多孔间隔注浆和缩短浆液凝固时间等措施，能尽量减少既有建筑基础因注浆而产生的附加沉降。

6.8.4 注浆施工质量高不等于注浆效果好，因此，在设计和施工中，除应明确规定某些质量指标外，还应规定所要达到的注浆效果及检查方法。

1 统计计算灌浆量，可利用注浆过程中的流量和压力自动曲线进行分析，从而判断注浆效果。

2 由于浆液注入地层的不均匀性，从理论上分析，应选用能从宏观上反映的检测手段，但采用地球物理检测方法，实际上存在难以定量和直接反映的缺点。标准贯入、轻型动力触探和静力触探的检测方法，虽然简单实用，但它存在仅能反映调查一点的加固效果的特点，因而对地基注浆加固效果检查和评估，当前仍然还是个尚待进一步研究的课题。

检验点的数量和合格的标准应按规范条文执行外，对不足 20 孔的注浆工程，至少应检测 3 个点。

6.9 其他地基加固方法

6.9.1~6.9.6 除本规范第 6.1 节至第 6.8 节外，尚有高压喷射注浆法、灰土挤密桩法、深层搅拌法、硅化法或碱液法等加固方法，同样适用于对既有建筑地基基础的加固，其设计、施工和质量检验可按国家现行标准《建筑地基处理技术规范》JGJ 79 的有关章节规定执行。

7 地基基础事故的补救与预防

7.1 设计、施工或使用不当引起事故的补救

7.1.1 软土地基系指主要由淤泥、淤泥质土或其他高压缩性土层构成的地基。这类地基土具有压缩性高、强度低、渗透性弱等特点，因此这类地基的变形特征是除了建筑物沉降和不均匀沉降大以外，而且沉降稳定历时长，所以在选用补救措施时，尚应考虑加固后地基变形问题。此外，由于我国沿海地区的淤泥和淤泥质土一般厚度都较大，因此在采用本条的补救措施时，尚需考虑加固深度以下地基的变形。

7.1.2 湿陷性黄土地基的变形特征是在受水浸湿部位出现湿陷变形，一般变形量较大且发展迅速。在考虑选用补救措施时，首先应估计有无再次浸水的可能性，以及场地湿陷类型和等级，选择相应的措施。在确定加固深度时，对非自重湿陷性黄土场地，宜达到基础压缩层下限；对自重湿陷性黄土场地，宜穿透全部湿陷性土层。

7.1.3 人工填土地基中最常见的地基事故是发生在以黏性土为填料的素填土地基中，这种地基如堆填时间较短，又未经充分压实，一般比较疏松，承载力较低，压缩性高且不均匀，一旦遇水，具有较强湿陷性，造成建筑物因大量沉降和不均匀沉降而开裂损坏，所以在采用各种补救措施时，加固深度均应穿透素填土层。

7.1.4 膨胀土是指土中黏粒成分主要由亲水性矿物组成，同时具有显著的吸水膨胀和失水收缩两种变形特性的黏性土。由于膨胀土的胀缩变形是可逆的，随着季节气候的变化，反复失水吸水，使地基不断产生反复升降变形，而导致建筑物开裂损坏。

目前采用胀缩等级来反映胀缩变形的大小，所以在选用补救措施时，应以建筑物损坏程度和胀缩等级作为主要依据。此外，对于建造在坡地上的损坏建筑，要贯彻"先治坡，后治房"的方针，才能取得预期的效果。

7.1.5 土岩组合地基上损坏的建筑，主要是由于土层与基岩压缩性相差悬殊，而造成建筑物在土岩交界部位出现不均匀沉降而引起裂缝或损坏。由于土岩组合地基情况较为复杂，所以首先应详细探明地质情况，选用切合实际的补救措施。

7.2 地下工程施工引起事故的预防与补救

7.2.1 地下工程按照用途的不同可分交通隧道、水工隧道、矿山巷道、地下仓库、地下工厂、地下民用与公共建筑、人防工程和国防地下工程，本节系指有关市政系统的地下工程。

近年来国内在市政系统的地下工程施工中采用了多种施工方法，如盾构法、顶管法、地下连续墙、沉井法、沉桩等施工方法都会使周围土体产生扰动，随之而来的是地层的位移和变形。因此，在影响范围内的地面建筑物以及地下管线之类公共设施就会引起变形或丧失使用功能而影响正常工作。尤其对国内一些古老城市的旧房基础和地下管线更为复杂，必须采取切合实际的工程保护预防措施，以保护施工区周围的环境。

隔断法是在既有建筑附近进行地下工程施工时，为避免或减少土体位移与变形对建筑物的影响，而在既有建筑与施工地面间设置隔断墙（如钢板桩、地下连续墙、树根桩或深

层搅拌桩等墙体）予以保护的方法，国外称侧向托换（lateral underpinning）。墙体主要承受地下工程施工引起的侧向土压力和地基差异变形。上海市延安东路外滩天文台由于越江隧道经过其一侧时，就是采用树根桩进行隔断法加固的。

7.2.2 当地下工程施工时，会产生影响范围内的地面建筑物或地下管线的位移和变形。可在施工前对既有建筑的地基基础进行加固，其加固深度应大于地下工程的底面埋置深度，则既有建筑的荷载可直接传递至地下工程的埋置深度以下。此时，地下工程的施工不再会危及邻近既有建筑或地下管线的安全或使用功能。

7.2.3 当预估地下工程施工对既有建筑造成的影响较为轻微时，则可采用加强既有建筑的刚度和强度，以减少不均匀沉降，且能承受由于不均匀沉降而产生的结构的次应力。如上海延安东路外滩人行天桥，为了保证天桥在其侧隧道施工期间的正常使用，在盾构推进中，对天桥结构及柱基就是采用加强结构的刚度和强度。

7.2.5 在地下工程施工过程中，为了及时掌握邻近建筑物和地下管线的沉降和水平位移情况，必须及时进行相应的监测。首先需在待测的邻近建筑或地下管线上设置观测点，其数量和位置的确定应能正确反映邻近建筑或地下管线关键点的沉降和位移情况，进行信息化施工。

7.3 邻近建筑施工引起事故的预防与补救

7.3.1 目前城市用地越来越紧张，建筑物密度也越来越大，相邻建筑施工的影响应引起高度重视，对邻近建筑、道路或管线可能造成影响的施工，主要有桩基施工、基槽开挖、降水等。主要事故有沉降、不均匀沉降、局部裂损、局部倾斜或整体倾斜等。施工前应分析可能产生的影响采用必要的预防措施，当出现事故后应采取补救措施。

7.3.2 在软土地基中进行挤土桩的施工，由于桩的挤土效应，土体产生超静孔隙水压力造成土体侧向挤出，出现地面隆起，可能对邻近既有建筑造成影响时，可以采用排水法（塑料排水板、砂桩或砂井等）、应力释放孔法或隔离沟等来预防对邻近既有建筑的影响，对重要的建筑可设地下挡墙阻挡挤土产生的影响。

7.3.5 人工挖孔桩是一种既简便又经济的桩基施工方法，被广泛地采用，但人工挖孔桩施工对邻近的影响较大，主要表现在降低地下水位后出现流砂、土的侧向变形等，应分析可能造成的影响并采取相应预防措施。

7.4 深基坑工程引起事故的预防与补救

7.4.1 在深厚淤泥、淤泥质土、饱和黏性土或饱和粉细砂等欠固结土的地层中开挖基坑，极易发生事故，对这类场地和深基坑必须充分重视，对可能发生的危害事故应有分析、有准备、预先做好危害事故的预防措施。

7.4.2 基坑降水常引发基坑周边建筑物倾斜、地面或路面下陷、开裂等事故，防止的关键在于基坑外要保持原水位，一般可采取设置回灌井和有效的止水墙等措施。反之，不设回灌井，忽视对水位和邻近建筑物的观测，或止水墙工程粗糙漏水，必然导致严重后果。因此，在地下水位较高的场地，处理好水就能保证基坑工程安全施工。

7.4.3 当基坑周边邻近既有建筑为桩基础时，由于基坑开挖，使坑周土体有向坑内侧向挤出趋势，导致既有建筑桩周土体松动，桩侧摩阻力下降，使邻近建筑发生倾斜或开裂。

当新建建筑采用打入桩基础时，由于基坑内打桩施工振动的影响，易引起饱和粉细砂或饱和黏性土层的液化或触变，而影响邻近既有建筑桩基础。因此，新建基坑支护结构外边缘与邻近既有建筑间应保持一定的距离，当无法满足最小安全距离时，应采取其他措施。

7.4.4 当无法解决锚杆对邻近建筑物的安全造成的影响时，应变更基坑支护方案，可改用可拆卸锚杆或其他支护方案。

7.4.5 基坑周边不准修建临时工棚，因为场地坑边的临建工棚对环境卫生、工地施工安全，特别是对基坑安全会造成很大威胁。

基坑工程损坏的事例很多，且都影响到周边建筑物、构筑物及地下管线工程，损失很大。为了确保基坑及其周边既有建筑的安全，首先要有安全可靠的支护结构方案，其次要重视信息化施工，掌握基坑受力和变形状态，及时发现问题，迅速妥善处理，此外应加强施工管理。

8 增层改造

8.1 一般规定

8.1.1 既有建筑的增层改造的类型较多，可分为地上增层，室内增层和地下增层，地上增层又分为直接增层，外扩整体增层与外套结构增层，各类增层方式，都涉及到对原地基的正确评价和新老基础协调工作问题。

8.2 直接增层

8.2.1 确定直接增层地基承载力标准值的方法，本规范推荐了试验法和经验法。经验法是指当地的成熟经验，如没有这方面材料的积累，应采用试验法。对重要建筑物的地基承载力确定，应采用两种以上方法综合确定。直接增层时，由于受到原墙体强度和地基承载力限制，一般不宜增层太多，通常不宜超过3层。

8.2.3 直接增层需新设承重墙基础，确定新基础宽度时，应以新旧纵横墙基础能均匀下沉为前提，可按以下经验公式确定新基础宽度：

$$b' = \frac{F+G}{f_k} \cdot M \tag{1}$$

式中　　b'——新基础宽度（m）；

　　$F+G$——单位基础长度上的线荷载（kN/m）；

　　f_k——地基承载力标准值（kPa）；

　　M——增大系数，建议按 $M = \dfrac{E_{S2}}{E_{S1}} > 1$ 取值。

　　E_{S1}、E_{S2}——分别为新旧基础下地基土的压缩模量。

8.2.4 直接增层时，地基基础的加固方法应根据地基基础的实际情况和增层荷载要求选用。本规范列出的部分方法都有其适用条件，还可参考各地区经验选用合适、有效的方法。

8.3 外套结构增层

8.3.1 当既有建筑增加楼层较多时常采用外套结构增层的形式。外套结构的地基基础应按新建工程设计。施工时应将新旧基础真正分开，互不干扰，并避免对既有建筑地基的扰动，而降低其承载力。在制定增层方案时要认真考虑此问题。

对位于高水位深厚软土地基上建筑物的外套结构增层，由于增层结构荷载一般较大，常采用埋置较深的桩基础，在桩基施工成孔时，很易对原基础（尤其是浅埋基础）产生影响，引起基础附加下沉，造成既有建筑下沉或开裂等。因此要认真选择合理的基础工程施工方案，施工中要十分谨慎处理发生的有关问题。

9 纠倾加固和移位

9.1 一 般 规 定

9.1.1 纠倾加固已被广泛地应用于多层既有建筑的纠倾。纠倾的多层建筑层数多数在八层以内，构筑物高度多数在25m以内，这些建筑物其整体倾斜率多数超过7‰，即超过《危险房屋鉴定标准》的危险临界值，影响安全使用，也有部分虽未超过危险临界值，但已超过设计规定的允许值，影响正常使用。既有建筑常用纠倾加固方法、基本原理及适用范围见表1。

9.1.2 建筑物的倾斜多数是由于地基基础原因造成的，或是浅基的变形控制欠佳，或者是由于桩和地基处理设计、施工质量问题等，因此在分析清楚产生的原因后应推测纠倾后是否再次倾斜的可能性，是否采取必要的地基基础加固以控制建筑物的沉降。

9.1.3 目前纠倾方法可归纳为迫降响纠倾及顶升纠倾。迫降纠倾是从地基入手，通过改变地基的原始应力状态，强迫建筑物下沉；顶升纠倾是从建筑结构入手，通过调整结构自身来满足纠倾的目的。因此从总体来讲，迫降纠倾要比顶升纠倾经济、施工简便、安全性好，是首选的方案，但遇到不适合采用迫降纠倾时即可采用顶升纠倾。

9.1.4 倾斜的建筑一般伴有开裂或局部破坏，当实施纠倾或移位前发现结构有裂损应通过评价，分析它对纠倾或移位的影响程度，确定是否进行结构加固，以确保施工安全。

9.1.5 纠倾或移位现场的监测是很重要的，应该根据不同的结构类型及采用的方法，选择一些监测项目。如结构的应力应变测试、土压力测试、沉降及倾斜观测、裂缝监测等。通过监测反馈信息，指导施工。

表1 既有建筑常用纠倾加固方法

类别	方法名称	基 本 原 理	适 用 范 围
迫降纠倾	人工降水纠倾法	利用地下水位降低出现水力坡降产生附加应力差异对地基变形进行调整	不均匀沉降量较小，地基土具有较好渗透性，而降水不影响邻近建筑物
	堆载纠倾法	增加沉降小的一侧的地基附加应力，加剧其变形	适用于基底附加应力较小即小型建筑物的迫降纠倾
	地基部分加固纠倾法	通过沉降大的一侧地基的加固，减少该侧沉降，另一侧继续下沉	适用于沉降尚未稳定，且倾斜率不大的建筑纠倾

续表1

类别	方法名称	基本原理	适用范围
迫降纠倾	浸水纠倾法	通过土体内成孔或成槽，在孔或槽内浸水，使地基土湿陷，迫使建筑物下沉	适用于湿陷性黄土地基
	钻孔取土纠倾法	采用钻机钻取基础底下或侧面的地基土使地基土产生侧向挤压变形	适用软黏土地基
	水冲掏土纠倾法	利用压力水冲刷，使地基土局部掏空，增加地基土的附加应力，加剧变形	适用于砂性土地基或具有砂垫层的基础
	人工掏土纠倾法	进行局部取土，或挖井、孔取土，迫使土中附加应力局部增加，加剧土体侧向变形	适用于软黏土地基
顶升纠倾	砌体结构顶升纠倾法	通过结构墙体的托换梁进行抬升	适用于各种地基土、标高过低而需整体抬升的砌体建筑物
	框架结构顶升纠倾法	在框架结构中设托换牛腿进行抬升	适用于各种地基土、标高过低而需整体抬升的框架结构建筑
	其他结构顶升纠倾法	利用结构的基础作反力对上部结构进行托换抬升	适用于各种地基土、标高过低而需整体抬升
	压桩反力顶升纠倾法	先在基础中压足够的桩，利用桩竖向力作为反力，将建筑物抬升	适用于较小型的建筑物
	高压注浆顶升纠倾法	利用压力注浆在地基土中产生的顶托力将建筑物顶托升高	适用于较小型的建筑和筏形基础

9.2 迫降纠倾

9.2.1 迫降纠倾是通过人工或机械的办法来调整地基土体固有的应力状态，使建筑物原来沉降较小侧的地基土局部去除或土体应力增加，迫使土体产生新的竖向变形或侧向变形，使建筑物在短时间内沉降加剧。这些方法，一般分为基底附近的处理及深层4~5m以下处理，还有外荷载引起的附加应力法三种。

9.2.2 迫降纠倾的设计难以用一种模式进行，它与建筑物特点、地质情况、采用的迫降方法等有关，因此迫降的设计应围绕几个主要环节进行：确定各个部位迫降量，安排迫降顺序、位置、范围，制定实施计划，根据选择的方法，编制操作规程，做到有章可循，否则盲目施工往往失败或达不到预期的效果。

9.2.3 迫降纠倾是一种动态设计信息化施工方法，因此沉降观测是极其重要的，同时观测结果应反馈给设计，以调整设计，指导施工，这就要求设计施工紧密配合。

9.2.4 基底掏土纠倾法是在基础底面以下进行掏挖土体，削弱基础下土体的承载面积迫使沉降，其特点是可在浅部进行处理，机具简单，操作方便。人工掏土法早在60年代初期就开始使用，已经处理了相当多的多层倾斜建筑。水冲掏土法则是80年代才开始应用研究，它主要利用压力水泵代替人工，逐步走向机械化。

该法直接在基础底面下操作，通过掏冲带出部分土体，因此对匀质土比较适用，施工时应控制掏土槽的宽度及位置是非常重要的，也是掏土迫降效果好坏或成败的关键。

9.2.5 井式纠倾法是利用井（孔）在基础下一定深度范围内进行排土、冲土，一般包括人工挖孔桩、沉井两种。井壁有钢筋混凝土壁、混凝土孔壁，为确保施工安全，对于软土或砂土地基应先试挖成井，方可大面积开挖井（孔）施工。

井式纠倾法可分为两种：一种是通过挖井（孔）排土、抽水直接迫降，这种在沿海软土地区比较适用；另一种是通过井（孔）辐射孔进行射水掏冲土迫降。可视土质情况选择。

井（孔）一般是设置在建筑物周边，沉降较小侧多布，沉降较大侧少布或不布。建筑的宽度比较大时，井（孔）也可设置在室内，每开间设一个井（孔），可根据不同的迫降量布置辐射孔。

9.2.6 钻孔取土纠倾法是通过机械钻孔取土成孔，依靠钻孔所形成的临空面，使土体产生侧向变形形成淤孔，反复钻孔取土使建筑物下沉。

9.2.7 堆载纠倾法适用于小型工程且地基承载力比较低的土层条件，对大型工程项目一般不适用，此法常与其他方法联合使用。

9.2.8 人工降水纠倾法适用的地基土主要取决于降水的方法，当采用真空法或电渗法时，也适用于淤泥土，但在既有建筑邻近使用应慎重，若有当地成功经验时也可采用。

9.2.9 地基部分加固纠倾法，实际上是对沉降大的部分采用地基托换补强，使其沉降减少，而沉降小的一侧仍继续下沉，这样慢慢地调整原来的差异沉降。这种方法一般用于差异沉降不大的建筑物纠倾。

9.2.10 浸水纠倾法是利用湿陷性黄土遇水湿陷的特性对建筑物进行纠倾的，为了确保纠倾安全，必须通过系统的现场试验确定各项设计、施工参数，施工过程中应设置监测系统以及必要的防护措施，如预设限沉的桩基等。

9.3 顶升纠倾

9.3.1、9.3.2 顶升纠倾是通过钢筋混凝土或砌体的结构托换加固技术（或利用原结构）将建筑物的基础和上部结构沿某一特定的位置进行分离，采用钢筋混凝土进行加固、分段托换、形成全封闭的顶升托换梁（柱）体系。设置能支承整个建筑物的若干个支承点，通过这些支承点的顶升设备的启动，使建筑物沿某一直线（点）作平面转动，即可使倾斜建筑物得到纠正。若大幅度调整各支承点的顶高量，即可提高建筑物的标高。

顶升纠倾过程是一种基础沉降差异快速逆补偿过程，也是地基附加应力瞬时重新分布的过程，使原沉降较小处附加应力增加。实践证明，当地基土的固结度达80%以上，基础沉降接近稳定时，可通过顶升纠倾来调整剩余不均匀沉降。

顶升纠倾法是根据以上基本原理，仅对沉降较大处顶升，而沉降小处则仅作分离及同步转动，其目的是将已倾斜的建筑物纠正，该法适用于各类倾斜建筑物。

顶升纠倾已在福建、浙江、广东等省市应用，成功实例超过100例，最大的顶升高度达到240cm，最高的建筑物为7层，最大建筑面积为3600m²。这已足以证明顶升纠倾技术是一种可靠的技术，但如何正确使用却是问题的关键。某工程公司承接了一栋三层住宅的顶升纠倾，由于施工未能遵循一般的规律，顶升施工作用与反作用力，即基础梁与托换梁这对关系不具备，顶升机具没有足够的安全储备和承托垫块无法提供稳定性等原因造成重大的工程事故。为此采用顶升纠倾必须遵循下列原则：

1 为确保顶升的稳定性，本规范规定顶升纠倾最大顶升高度不宜超过80cm。

2 顶升设备数量与总荷载之间必须有1.88的安全储备，即顶一座30000kN的建筑需要300kN的千斤顶188台。

3 托换梁（柱）体系应是一套封闭式的钢筋混凝土结构体系。

4 顶升是在钢筋混凝土梁柱之间进行，因此顶升梁及底座都应该是钢筋混凝土的整体结构。

5 顶升的支托垫块必须是钢板混凝土块或钢垫块，具有足够的强度及平整度。且是组合装配的工具式垫块，可抵抗水平力。顶升过程中保证上下顶升梁及千斤顶、垫块有不少于30%支点可连成一整体。

顶升量的确定应包括三个方面：

1 纠正建筑物倾斜所需各点的顶升量，可根据不同倾斜率及距离计算。

2 使用要求需要的整体顶升量。

3 过纠量。考虑纠正以后建筑物沉降尚未稳定还有少量的倾斜，则可通过超量的纠正来调整最终的垂直度。这个量应通过沉降计算确定，要求超过的纠倾量或最终稳定的倾斜应满足国家现行的《建筑地基基础设计规范》GBJ 7的要求，当计算不能满足时，则应进行地基基础加固。

9.3.3 砌体结构建筑的荷载是通过砌体传递的。根据顶升的技术特点，顶升时砌体结构的受力特点相当于墙梁作用体系或将托换梁上的墙体视为无限弹性地基，托换梁按支座反力作用下的弹性地基梁设计。

考虑协同工作的差异，顶升梁的支座计算距离可按图3所示选取。

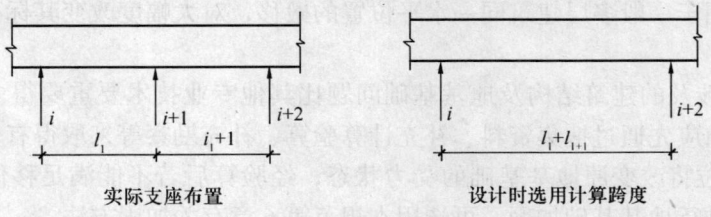

图3 计算跨度示意

9.3.4 框架结构荷载是通过框架柱传递的，顶升力应作用于框架柱下，但是要将框架柱切断，首先必须增设一个能支承整体框架柱的结构体系，这个结构托换体系就是后设置的牛腿及连系梁共同组成的。

纠倾前建筑已出现倾斜，结构的内力有不同程度的变化，断柱时结构的内力又将发生改变，因此设计时应对各种状态下的结构内力进行验算。

9.3.5～9.3.6 砌体结构进行顶升托换梁施工前，必须在分段长度内每0.5m先开凿一个小洞，设置一个钢筋混凝土芯垫（芯垫小于主筋的距离，一般厚度为240mm墙，芯垫断面为120mm×120mm×梁高，强度等级为C30），1.5m长段设置2个芯垫，用高强度等级水泥砂浆塞紧。待达到一定强度后开始该段的开凿施工，预留搭接钢筋向两边凿槽外伸，且相邻墙段应间隔进行，并每段长不超过开间墙段的$\frac{1}{3}$，门窗洞口位置保证连系不得中断。

框架结构建筑的施工应先进行后设置牛腿、连系梁及千斤顶下支座的施工，由于凿除结构柱的保护层，露出部分主筋，因此一定要间隔进行，待托换梁（柱）体系达到强度后再进行相邻柱的施工。当全部托换完成并经过试顶后，确定承载力满足设计要求，方可进行断柱施工，断筋必须在顶升前一小时进行。

顶升前应对顶升点进行试顶试验，试验的抽检数量不少于 20%，试验荷载为设计值的 1.5 倍，可分五级施工，每级历时 1~2min 并观测顶升梁的变形情况。

每次顶升最大值不超过 10mm，主要考虑到位置的先后对结构的影响，按结构允许变形 $0.003~0.005l$ 来限制顶升量。

若千斤顶的最大间距为 1.2m，则结构允许变形为 $(0.003~0.005) \times 1200 = 3.6~6.0mm$。

当顶升到位的先后误差为 30% 时，变形 3mm < 3.6mm。

基于上述原因，力求协调一致，因此强调统一指挥系统，千斤顶同步工作。当有条件采用电器自动化控制全液压机械顶升，则可靠度更高。

顶升到位后应立即进行连接，因为此时整体建筑靠支承点支承着，若是有地震等的影响会出现危险，所以应尽量缩短这种不利时间。

9.4 移 位

9.4.1 移位包括平移和转动。由于市政道路扩建、场地的用途改变或兴建地下建筑需要建筑物搬迁移位或转动一定的角度。有的大幅度移位搬到新的地方，有的则仅作少量的移位或转动，为了减少拆除重建或保护文物古迹及既有建筑的原貌，均可采用移位技术。目前移位技术可用于一般多层建筑同一水平位置的搬移，对大幅度改变其标高（如上坡或下坡）等不适用。

9.4.2 移位所涉及的建筑结构及地基基础问题比其他专业技术要重要得多，因此要求在移位方案制定前应先通过搜集资料、补充计算验算、补充勘察等来取得有关资料。

9.4.3 建筑移位将改变原地基基础的受力状态，经验算后若不能满足移位过程或移位后的要求，则应进行地基基础加固，可选用本规范第 6 章有关加固方法。

9.4.4 移位的设计包括下列内容：

1 结构设计

结构设计主要指承托既有建筑移位的整体结构的托换梁系，即移位建筑的上轨道梁系及承担整体结构行走过程中的基础，即下轨道梁系。如图 4 所示。

上轨道梁系一般应通过钢筋混凝土托换来形成，设计方法可按本章 9.3 节有关规定，但移位不可能所有的墙体或柱都直接支承于轨道梁，有时要通过梁来传递，因此轨道梁的受力要比顶升梁大，但支座的跨度可比顶升时跨度小。

下轨道梁系应首先考虑基础梁的利用，因其受力状态改变，因此应重新验算，当强度不能满足时，可加固补强，当移位建筑移出基础外时则应重新设计下轨道梁基础，并应注意新旧基础的差异沉降问题。

2 地基设计

移位的地基设计，包括三种情况：大幅度移位过程路线的地基设计，即满足建筑物行进过程中不出现不均匀沉降或过大的沉降，因此要求按永久性设计，而地基承载力设计值

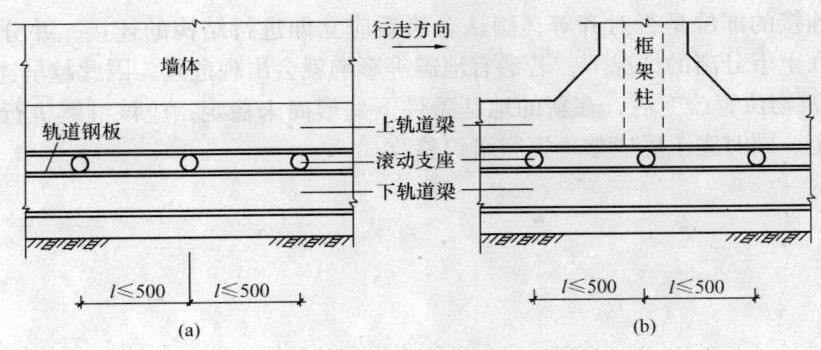

图 4　上、下轨道及滚动装置示意
(a) 砌体结构；(b) 框架结构

可考虑提高1.25倍；另一种是小量移位则应考虑新旧基础交错的协调工作；第三种是移位就位后的地基设计，应按新建工程进行设计，同时应注意这一新建工程荷载是一次性到位。

3　滚动支座的设计

滚动支座的间距与支座本身的受力及上下轨道梁的设计有直接关系，设计时应综合考虑，一般间距0.5～0.8m。滚动支座可采用实心钢棒或钢管混凝土。使用前应根据支座受力的大小进行试验室的试压试验，上下轨道及支座均应是型钢或钢板。

为保证滚动过程中支座不产生过大的变位，应要求每个滚动支座限制于上轨道梁的一定范围内。

4　移动装置的设计

牵引式移动装置主要用大吨位卷扬机配滑轮组来满足拉力要求，牵引式必须提供较大的锚拉力。

推顶式移动装置主要用千斤顶或者行程较大的液压油缸，它可利用原建筑基础作反力。

9.4.5　移位施工的关键是上、下轨道梁的施工，上轨道托换梁系施工可参照顶升托换梁的施工方法及施工要求。

托换梁系施工时，应同时进行上、下轨道钢板及滚动支座的施工，轨道的平整及水平是移位行走顺利的关键，因此施工时应严格控制，一旦上下轨道施工完后，滚动系统即形成。

移位是一项难度比较大的工作，因此每道工序都要严格把关，严格质量检验。施工前应该有周密的组织计划，健全的管理机制，同时要设立各种监测项目，保证信息的准确，并及时反馈指导施工。

移位所需的牵引力或推顶力是根据摩擦系数及结构总荷载来求得，与实际施加的力尚有一定的误差，为确保移位的顺利进行，移位施加的力应从小到大，因此就需要准确测定移位所需的水平力。

为保证建筑物行走稳当，应控制滚动的速率，并不出现加速，以免出现危险，同时应设置限制滚动的装置。

移动到达设计位置时，应组织检验是否符合设计要求，如位置是否准确、有无倾斜现象，以及连接的部位是否对齐等，确认合格后应立即进行结构的连接，并分段浇筑混凝土，因为在上下分离的情况下，若遇有地震等影响就会出现危险，因此越早连接越好。

9.4.6 建筑物位置改变后，在新的地基条件下变形尚未稳定，应该继续进行沉降观测直至沉降稳定，同时完工后应整理资料组织验收。

中华人民共和国行业标准

建筑抗震加固技术规程

Technical Specification for Seismic
Strengthening of Building

JGJ 116—98

主编单位：中国建筑科学研究院
批准部门：中华人民共和国建设部
施行日期：1999年3月1日

关于发布行业标准
《建筑抗震加固技术规程》的通知

建标 [1998] 169 号

根据原城乡建设环境保护部《关于印发1984年全国城乡建设科技发展计划的通知》（[84] 城科字第153号）要求，由中国建筑科学研究院主编的《建筑抗震加固技术规程》，经审查，批准为强制性行业标准，编号 JGJ 116—98，自1999年3月1日起施行。

本标准由建设部建筑工程标准技术归口单位中国建筑科学研究院归口管理，由中国建筑科学研究院负责具体解释。

本标准由建设部标准定额研究所组织中国建筑工业出版社出版。

中华人民共和国建设部
1998年9月14日

目　次

1 总则 ··· 1788
2 术语、符号 ·· 1788
3 基本规定 ··· 1789
4 地基和基础 ··· 1791
5 多层砌体房屋 ··· 1792
 5.1 一般规定 ·· 1792
 5.2 加固方法 ·· 1792
 5.3 加固设计及施工 ··· 1793
6 多层钢筋混凝土房屋 ··· 1800
 6.1 一般规定 ·· 1800
 6.2 加固方法 ·· 1800
 6.3 加固设计及施工 ··· 1801
7 内框架和底层框架砖房 ··· 1805
 7.1 一般规定 ·· 1805
 7.2 加固方法 ·· 1805
 7.3 加固设计及施工 ··· 1806
8 单层钢筋混凝土柱厂房 ··· 1808
 8.1 一般规定 ·· 1808
 8.2 加固方法 ·· 1808
 8.3 加固设计及施工 ··· 1808
9 单层砖柱厂房和空旷房屋 ··· 1813
 9.1 一般规定 ·· 1813
 9.2 加固方法 ·· 1813
 9.3 加固设计及施工 ··· 1813
10 木结构和土石墙房屋 ··· 1816
 10.1 木结构房屋 ··· 1816
 10.2 土石墙房屋 ··· 1818
11 烟囱和水塔 ·· 1819
 11.1 烟囱 ·· 1819
 11.2 水塔 ·· 1820
附录 A 本规程用词说明 ··· 1822
附加说明 ··· 1822
条文说明 ··· 1823

1 总则

1.0.1 为了贯彻地震工作以预防为主的方针，减轻地震破坏，减少损失，使现有建筑的抗震加固做到经济、合理、有效、实用，制定本规程。

按本规程进行加固的建筑，在遭遇到相当于抗震设防烈度的地震影响时，一般不致倒塌伤人或砸坏重要生产设备，经修理后仍可继续使用。

1.0.2 本规程适用于抗震设防烈度为6~9度地区因抗震能力不符合设防要求而需要加固的现有建筑进行抗震加固的设计及施工。一般情况，抗震设防烈度可采用地震基本烈度。

行业有特殊要求的建筑，应按专门的规定进行抗震加固的设计及施工。

注：本规程"6、7、8、9度"为"抗震设防烈度为6、7、8、9度"的简称。

1.0.3 现有建筑的抗震加固，应按现行国家标准《建筑抗震鉴定标准》GB 50023 的有关要求采取相应对策。

1.0.4 抗震加固时，建筑的重要性类别及相应的抗震验算和构造分类，应按现行国家标准《建筑抗震鉴定标准》GB 50023—95 第 1.0.3 条的有关规定采用。

1.0.5 现有建筑抗震加固的设计及施工，除应符合本规程的规定外，尚应符合国家现行有关标准、规范的规定。

2 术语、符号

2.1 术语

2.1.1 抗震加固 seismic strengthening of building
使现有建筑达到规定的抗震设防要求而进行的设计及施工。

2.1.2 综合抗震能力 compound seismic capability
整个建筑结构综合考虑其构造和承载力等因素所具有的抵抗地震作用的能力。

2.1.3 面层加固法 masonry strengthening with plaster splity
在砌体墙表面增抹一定厚度的水泥砂浆或钢筋、水泥砂浆的加固方法。

2.1.4 板墙加固法 masonry strengthening with concrete splity
在砌体墙表面浇注或喷射钢筋混凝土的加固方法。

2.1.5 外加柱加固法 masonry strengthening with tie column
在砌体墙交接处增设钢筋混凝土构造柱的加固方法。

2.1.6 壁柱加固法 brick column strengthening with concrete column
在砌体墙垛（柱）侧面增设钢筋混凝土柱的加固方法。

2.1.7 混凝土套加固法 structure member strengthening with R.C
在原有的钢筋混凝土梁柱或砌体柱外包一定厚度的钢筋混凝土的加固方法。

2.1.8 钢构套加固法 structure member strengthening with steel frame
在原有的钢筋混凝土梁柱或砌体柱外包角钢、扁钢等制成的构架的加固方法。

2.2 主要符号

2.2.1 作用和作用效应

N_G——对应于重力荷载代表值的轴向压力；

V_e——加固后楼层的弹性地震剪力；

S——加固后结构构件地震基本组合的作用效应设计值；

2.2.2 材料性能和抗力

M_y——加固后构件现有受弯承载力；

V_y——加固后构件或楼层现有受剪承载力；

R——加固后结构构件承载力设计值；

K——加固后结构构件刚度；

f_0、f_{k0}——原材料的强度设计值、标准值；

f、f_k——加固材料的强度设计值、标准值；

2.2.3 几何参数

A_s——实有钢筋截面面积；

A_{w0}——原抗震墙截面面积；

A_w——加固后抗震墙截面面积；

b——加固后构件截面宽度；

h——加固后构件截面高度；

l——加固后构件长度、屋架跨度；

2.2.4 计算系数

β_0——原综合抗震承载力指数；

β_s——加固后的综合抗震承载力指数；

γ_{Rs}——抗震加固的承载力调整系数；

η——加固后抗震能力的增强系数；

ξ_y——加固后楼层屈服强度系数；

ψ_1——加固后结构构造的体系影响系数；

ψ_2——加固后结构构造的局部影响系数。

3 基 本 规 定

3.0.1 现有建筑抗震加固前，应按现行国家标准《建筑抗震鉴定标准》GB 50023 进行抗震鉴定。抗震加固设计应符合下列要求：

3.0.1.1 加固方案应根据抗震鉴定结果综合确定，可包括整体房屋加固、区段加固或构件加固，并宜结合维修改造改善使用功能，注意美观；

3.0.1.2 加固方法应便于施工，并应减少对生产、生活的影响。

3.0.2 抗震加固的结构布置和连接构造应符合下列要求：

3.0.2.1 加固的总体布局，应优先采用增强结构整体抗震性能的方案，应有利于消除不利抗震的因素，改善构件的受力状况；宜减少地基基础的加固工程量，多采取提高上部结构抵抗不均匀沉降能力的措施；尚宜考虑场地的影响。

3.0.2.2 加固或新增构件的布置，宜使加固后结构质量和刚度分布较均匀、对称，应避免局部加强导致结构刚度或强度突变。

3.0.2.3 抗震薄弱部位、易损部位和不同类型结构的连接部位，其承载力或变形能力宜采取比一般部位增强的措施。

3.0.2.4 增设的构件与原有构件之间应有可靠连接，增设的抗震墙、柱等竖向构件应有可靠的基础。

3.0.2.5 女儿墙、门脸、出屋顶烟囱等易倒塌伤人的非结构构件，不符合鉴定要求时，宜拆除或拆矮，当需保留时，应加固。

3.0.3 抗震加固时的结构抗震验算，应符合下列要求：

3.0.3.1 当抗震设防烈度为6度时，可不进行抗震验算。

3.0.3.2 抗震加固时的结构抗震验算，应采用本规程中的楼层综合抗震能力指数进行验算，加固后楼层综合抗震能力指数不应小于1.0。

3.0.3.3 当本规程中未给出计算楼层综合抗震能力指数的参数时，可采用现行国家标准《建筑抗震设计规范》GBJ 11 的方法进行验算，当采用现行国家标准《建筑抗震设计规范》GBJ 11 的方法进行抗震验算时，其"承载力抗震调整系数"应采用"抗震加固的承载力调整系数"替代。抗震加固的承载力调整系数的取值，可按现行国家标准《抗震设计规范》GBJ 11 的承载力抗震调整系数的 0.85 倍采用，但对钢构套加固的构件仍按原构件的规定值采用。

3.0.3.4 加固后结构的分析和构件承载力计算，尚应符合下列要求：

（1）结构的计算简图，应根据加固后的荷载、地震作用和实际受力状况确定；当加固后结构刚度和重力荷载代表值的变化分别不超过原来的10%和5%时，可不计入地震作用变化的影响；

（2）结构构件的计算截面面积，应采用实际有效的截面面积；

（3）结构构件承载力验算时，应计入实际荷载偏心、结构构件变形等造成的附加内力。并应计入加固后的实际受力程度、新增部分的应变滞后和新旧部分协同工作的程度对承载力的影响。

3.0.4 抗震加固所用的材料应符合下列要求：

3.0.4.1 黏土砖的强度等级不应低于 MU7.5；粉煤灰中型实心砌块和混凝土中型空心砌块的强度等级不应低于 MU10，混凝土小型空心砌块的强度等级不应低于 MU5；砌体的砂浆强度等级不应低于 M2.5。

3.0.4.2 钢筋混凝土的混凝土的强度等级不应低于 C20，钢筋宜采用Ⅰ级或Ⅱ级钢。

3.0.4.3 钢材的型钢宜采用 Q235 钢。

3.0.4.4 加固所用材料的强度等级不应低于原构件材料的强度等级。

3.0.5 抗震加固的施工应符合下列要求：

3.0.5.1 施工时应采取避免或减少损伤原结构的措施。

3.0.5.2 施工中发现原结构或相关工程隐蔽部位的构造有严重缺陷时，应暂停施工，在会同加固设计单位采取有效措施处理后方可继续施工。

3.0.5.3 当可能出现倾斜、开裂或倒塌等不安全因素时，施工前应采取安全措施。

4 地基和基础

4.0.1 本章适用于存在软弱土、液化土、明显不均匀土层的抗震不利地段上的建筑地基和基础。不利地段应按现行国家标准《建筑抗震设计规范》GBJ 11 划分。

4.0.2 抗震加固时，天然地基承载力可计入建筑长期压密的影响，按现行国家标准《建筑抗震鉴定标准》GB 50023—95 第 4.2.6.1 款规定的方法进行验算，其中，基础底面压力设计值应按加固后的情况计算，而地基土长期压密提高系数仍按加固前取值。

4.0.3 当地基竖向承载力不能满足要求时，可作下列处理：

4.0.3.1 当基础底面压力设计值超过地基承载力设计值不足 10% 时，可采用提高上部结构抵抗不均匀沉降能力的措施。

4.0.3.2 当基础底面压力设计值超过地基承载力设计值 10% 及以上或建筑已出现不容许的沉降和裂缝时，可采取放大基础底面积、加固地基或减少荷载的措施。

4.0.4 当地基或桩基的水平承载力不能满足要求时，可作下列处理：

4.0.4.1 基础旁无刚性地坪时，可增设刚性地坪。

4.0.4.2 可增设基础梁，将水平荷载分散到相邻的基础上。

4.0.5 液化地基的液化等级为严重时，对液化敏感的乙类和丙类建筑宜采取消除液化沉降或加固上部结构的措施。

4.0.6 为消除液化沉降进行地基处理时，可选用下列措施：

4.0.6.1 桩基托换：将基础荷载通过桩传到非液化土上，桩端（不包括桩尖）伸入非液化土中的长度应按计算确定，且不宜小于 0.5m。

4.0.6.2 压重法：对地面标高无严格要求的建筑，可在建筑周围堆土或重物，增加覆盖压力。

4.0.6.3 覆盖法：将建筑的地坪和外侧排水坡改为配筋混凝土整体地坪。地坪应与基础或墙体锚固，地坪下应设厚度为 300mm 的砂砾或碎石排水层；室外地坪宽度宜为 4～5m。

4.0.6.4 排水桩法：在基础外侧砌设碎石排水桩，在室内设整体地坪。排水桩不宜少于两排，桩距基础外缘的净距不应小于 1.5m。

4.0.6.5 旋喷法：穿过基础或紧贴基础打孔，制作旋喷桩，桩长应穿过液化层并支承在非液化土层上。

4.0.7 对液化地基、软土地基或明显不均匀地基上的建筑，可采取下列提高上部结构抵抗不均匀沉降能力的措施：

4.0.7.1 提高建筑的整体性或合理调整荷载。

4.0.7.2 加强圈梁与墙体的连接。当可能产生差异沉降或基础埋深不同且未按 1/2 的比例过渡时，应局部加强圈梁。

4.0.7.3 用钢筋网砂浆面层加固墙体。

5 多层砌体房屋

5.1 一般规定

5.1.1 本章适用于砖墙体和砌块墙体承重的多层房屋，其适用的最大高度和层数应符合现行国家标准《建筑抗震鉴定标准》GB 50023—95 第5章的规定。

5.1.2 房屋的抗震加固应符合下列要求：

5.1.2.1 加固后的楼层综合抗震能力指数不应小于1.0，且不宜超过下一楼层综合抗震能力指数的20%；当超过时应同时增强下一楼层的抗震能力。

5.1.2.2 自承重墙体加固后的抗震能力不应超过同一楼层中承重墙体加固后的抗震能力。

5.1.2.3 对非刚性结构体系的房屋，选用抗震加固方案时应特别慎重，当采用加固柱或墙垛，增设支撑或支架等非刚性结构体系的加固措施时，应控制层间位移和提高其变形能力。

5.1.3 加固后的楼层和墙段的综合抗震能力指数可按下列公式验算：

$$\beta_s = \eta \psi_1 \psi_2 \beta_0 \tag{5.1.3}$$

式中 β_s——加固后楼层或墙段的综合抗震能力指数；

η——加固增强系数，可按本规程第5.3节规定确定；

β_0——楼层或墙段原有的抗震能力指数，应分别按现行国家标准《建筑抗震鉴定标准》GB 50023 规定的有关方法计算；

ψ_1、ψ_2——分别为体系影响系数和局部影响系数，应根据房屋加固后的状况，按现行国家标准《建筑抗震鉴定标准》GB 50023—95 第5.3.3条的规定取值。

5.2 加固方法

5.2.1 房屋抗震承载力不能满足要求时，可选择下列加固方法：

5.2.1.1 拆砌或增设抗震墙：对强度过低的原墙体可拆除重砌；重砌和增设抗震墙的材料可采用砖或砌块，也可采用现浇钢筋混凝土。

5.2.1.2 修补和灌浆：对已开裂的墙体，可采用压力灌浆修补，对砌筑砂浆饱满度差或砌筑砂浆强度等级偏低的墙体，可用满墙灌浆加固。

修补后墙体的刚度和抗震能力，可按原砌筑砂浆强度等级计算；满墙灌浆加固后的墙体，可按原砌筑砂浆强度等级提高一级计算。

5.2.1.3 面层或板墙加固：在墙体的一侧或两侧采用水泥砂浆面层、钢筋网砂浆面层或现浇钢筋混凝土板墙加固。

5.2.1.4 外加柱加固：在墙体交接处采用现浇钢筋混凝土构造柱加固，柱应与圈梁、拉杆连成整体，或与现浇钢筋混凝土楼、屋盖可靠连接。

5.2.1.5 包角或镶边加固：在柱、墙角或门窗洞边用型钢或钢筋混凝土包角或镶边；柱、墙垛还可用现浇钢筋混凝土套加固。

5.2.1.6 支撑或支架加固：对刚度差的房屋，可增设型钢或钢筋混凝土的支撑或支架加固。

5.2.2 房屋的整体性不能满足要求时，可选择下列加固方法：

5.2.2.1 当墙体布置在平面内不闭合时，可增设墙段形成闭合，在开口处增设现浇钢筋混凝土框。

5.2.2.2 当纵横墙连接较差时，可采用钢拉杆、长锚杆、外加柱或外加圈梁等加固。

5.2.2.3 楼、屋盖构件支承长度不能满足要求时，可增设托梁或采取增强楼、屋盖整体性等的措施；对腐蚀变质的构件应更换；对无下弦的人字屋架应增设下弦拉杆。

5.2.2.4 当圈梁设置不符合鉴定要求时，应增设圈梁；外墙圈梁宜采用现浇钢筋混凝土，内墙圈梁可用钢拉杆或在进深梁端加锚杆代替。

5.2.3 对房屋中易倒塌的部位，可选择下列加固方法：

5.2.3.1 承重窗间墙宽度过小或抗震能力不能满足要求时，可增设钢筋混凝土窗框或采用面层、板墙等加固。

5.2.3.2 隔墙无拉结或拉结不牢，可采用镶边、埋设铁夹套、锚筋或钢拉杆加固。

5.2.3.3 支承大梁等的墙段抗震能力不能满足要求时，可增设砌体柱、钢筋混凝土柱或采用面层、板墙加固。

5.2.3.4 出屋面的楼梯间、电梯间和水箱间不符合鉴定要求时，可采用面层或外加柱加固，其上部应与屋盖构件有可靠连接，下部应与主体结构的加固措施相连。

5.2.3.5 出屋面的烟囱、无拉结女儿墙超过规定的高度时，宜拆矮或采用型钢、钢拉杆加固。

5.2.3.6 悬挑构件的锚固长度不能满足要求时，可加拉杆或采取减少悬挑长度的措施。

5.2.4 当具有明显扭转效应的多层砌体房屋抗震能力不能满足要求时，可优先在薄弱部位增砌砖墙或现浇钢筋混凝土墙，或在原墙加面层；亦可采取分割平面单元，减少扭转效应的措施。

5.3 加固设计及施工

5.3.1 采用水泥砂浆面层和钢筋网砂浆面层加固墙体时应符合下列要求：

5.3.1.1 面层的材料和构造应符合下列要求：

（1）面层的砂浆强度等级，宜采用 M10；

（2）水泥砂浆面层的厚度宜为 20mm；钢筋网砂浆面层的厚度宜为 35mm，钢筋外保护层厚度不应小于 10mm，钢筋网片与墙面的空隙不宜小于 5mm；

（3）钢筋网的钢筋直径宜为 $\phi 4$ 或 $\phi 6$；网格尺寸实心墙宜为 300mm×300mm，空斗墙宜为 200mm×200mm；

（4）单面加面层的钢筋网应采用 $\phi 6$ 的 L 形锚筋，用水泥砂浆固定在墙体上；双面加面层的钢筋网应采用 $\phi 6$ 的 S 形穿墙筋连接；L 形锚筋的间距宜为 600mm，S 形穿墙筋的间距宜为 900mm，并且呈梅花状布置；

（5）钢筋网四周应与楼板或大梁、柱或墙体连接，可采用锚筋、插入短筋、拉结筋等连接方法；

（6）当钢筋网的横向钢筋遇有门窗洞口时，单面加固宜将钢筋弯入窗洞侧边锚固；双面加固宜将两侧横向钢筋在洞口闭合。

5.3.1.2 面层加固后，有关构件支承长度的影响系数应作相应改变，有关墙体局部尺寸的影响系数可取 1.0，楼层抗震能力的增强系数可按下列公式计算：

$$\eta_{pi} = 1 + \frac{\sum_{j=1}^{n}(\eta_{pij} - 1)A_{ij0}}{A_{i0}} \quad (5.3.1-1)$$

$$\eta_{pij} = \frac{240}{t_{w0}}\left[\eta_0 + 0.075\left(\frac{t_{w0}}{240} - 1\right)\right]/f_{vE} \quad (5.3.1-2)$$

式中 η_{pi}——面层加固的第 i 楼层抗震能力的增强系数；

η_{pij}——第 i 楼层中 j 墙段的增强系数；

η_0——基准增强系数，黏土砖实心墙体可按表 5.3.1-1 采用，空斗墙体应双面加固，可取表中数值的 1.3 倍；

n——第 i 楼层中验算方向上的面层加固的抗震墙道数；

t_{w0}——原墙体厚度；

f_{vE}——原墙体的抗震抗剪强度设计值。

表 5.3.1-1 面层加固的基准增强系数

面层厚度 (mm)	面层砂浆强度等级	钢筋网		单面加固			双面加固		
		直径 (mm)	间距 (mm)	原墙体砂浆强度等级					
				M0.4	M1.0	M2.5	M0.4	M1.0	M2.5
20	M10	无筋	—	1.46	1.04	—	2.08	1.46	1.13
30		6	300	2.06	1.35	—	2.97	2.05	1.52
40		6	300	2.16	1.51	1.16	3.12	2.15	1.65

5.3.1.3 加固后黏土砖墙体刚度的提高系数应按下列公式计算：

（1）单面加固实心砖墙：

$$\eta_k = \frac{240}{t_{w0}}\eta_{k0} - 0.75\left(\frac{240}{t_{w0}} - 1\right) \quad (5.3.1-3)$$

（2）双面加固实心砖墙：

$$\eta_k = \frac{240}{t_{w0}}\eta_{k0} - \left(\frac{240}{t_{w0}} - 1\right) \quad (5.3.1-4)$$

（3）双面加固空斗墙：

$$\eta_k = 1.67(\eta_{k0} - 0.4) \quad (5.3.1-5)$$

式中 η_k——加固后墙体的刚度提高系数；

η_{k0}——刚度的基准提高系数，可按表 5.3.1-2 采用。

表 5.3.1-2 面层加固墙体刚度的基准提高系数

面层厚度 (mm)	面层砂浆强度等级	单面加固			双面加固		
		原墙体砌筑砂浆强度等级					
		M0.4	M1.0	M2.5	M0.4	M1.0	M2.5
20	M10	1.39	1.12	—	2.71	1.98	1.70
30		1.71	1.30	—	3.57	2.47	2.06
40		2.03	1.49	1.29	4.43	2.96	2.41

5.3.1.4 面层加固施工应符合下列要求：

（1）水泥砂浆或钢筋网砂浆面层宜按下列顺序施工：原墙面清底、钻孔并用水冲刷，铺设钢筋网并安设锚筋，浇水湿润墙面，抹水泥砂浆并养护、墙面装饰；

（2）原墙面碱蚀严重时，应先清除松散部分，并用1:3水泥砂浆抹面，已松动的勾缝砂浆应剔除；

（3）在墙面钻孔时，应按设计要求先划线标出锚筋（或穿墙筋）位置，并用电钻打孔。穿墙孔直径宜比"S"形筋大2mm，锚筋孔直径宜为锚筋直径的2~2.5倍，其孔深宜为100~120mm，锚筋插入孔洞后，应采用水泥砂浆填实；

（4）铺设钢筋网时，竖向钢筋应靠墙面并采用钢筋头支起；

（5）抹水泥砂浆时，应先在墙面刷水泥浆一道，再分层抹灰，每层厚度不应超过15mm；

（6）面层应浇水养护，防止阳光曝晒，冬季应采取防冻措施。

5.3.2 采用现浇钢筋混凝土板墙加固墙体时应符合下列要求：

5.3.2.1 板墙的材料和构造应符合下列要求：

（1）混凝土的强度等级不应低于C20，钢筋宜采用Ⅰ级或Ⅱ级钢；

（2）板墙厚度宜为60~100mm；

（3）板墙可配置单排钢筋网片，竖向钢筋可采用$\phi 12$，横向钢筋可采用$\phi 6$，间距宜为150~200mm；

（4）板墙应与楼、屋盖可靠连接，可每隔1m设置穿过楼板与竖向筋等面积的短筋，其两端应分别锚入上下层的板墙内，且锚固长度不应小于40倍短筋直径；

（5）板墙应与两端的原有墙体可靠连接，可沿墙体高度每隔0.7~1.0m设2根$\phi 12$的拉结钢筋，其一端锚入板墙内的长度不宜小于0.5m，另一端应锚固在端部的原有墙体内；

（6）单面板墙宜采用直径为8mm，L形锚筋与原砌体墙连接；双面板墙宜采用直径为8mm的S形穿墙筋与原墙体连接；锚筋在砌体内的锚固深度不宜小于120mm；锚筋的间距宜为600mm，穿墙筋的间距宜为900mm，并宜呈梅花状布置；

（7）板墙应有基础，基础埋深宜与原有基础相同。

5.3.2.2 板墙加固后，有关构件支承长度的影响系数应作相应改变，有关墙体局部尺寸的影响系数可取1.0；楼层抗震能力的增强系数可按本规程公式（5.3.1-1）计算；其中，板墙加固墙段的增强系数，当原有墙体砌筑砂浆强度等级为M2.5或M5时可取2.5；砌筑砂浆强度等级为M7.5时可取2.0；砌筑砂浆强度等级为M10时可取1.8。

5.3.3 当增设砌体抗震墙加固房屋时，应符合下列要求：

5.3.3.1 抗震墙的材料和构造应符合下列要求：

（1）砌筑砂浆的强度等级应比原墙体的砂浆强度等级高一级，且不应低于M2.5；

（2）墙厚不应小于190mm；

（3）墙体中沿墙体高度每隔0.7~1.0m可设置与墙等宽的细石混凝土现浇带，其纵向钢筋可采用$3\phi 6$，横向系筋可采用$\phi 6$，其间距宜为200mm；当墙厚为240mm或370mm时，可沿墙体高度每隔300~700mm设置一层焊接钢筋网片，钢筋网片的纵向钢筋可采用$3\phi 4$，横向系筋可采用$\phi 4$，其间距宜为150mm；

（4）墙顶应设置与墙等宽的现浇钢筋混凝土压顶梁，并与楼、屋盖的梁（板）可靠连接，可每隔500～700mm设置φ12的锚筋或M12的胀管螺栓连接；压顶梁高不应小于120mm，纵筋可采用4φ12，箍筋可采用φ6，其间距宜为150mm；

（5）抗震墙应与原有墙体可靠连接，可沿墙体高度每隔500～600mm设置2根直径为6mm且长度不小于1m的钢筋与原有墙体用螺栓或锚筋连接；当墙体内有混凝土带或钢筋网片时，可在相应位置处加2根直径12mm拉筋，锚入混凝土带内长度不宜小于500mm，另一端锚在原墙体或外加柱内，亦可在新砌墙与原墙间加现浇钢筋混凝土内柱，柱顶与压顶梁连接，柱与原墙应采用锚筋、销键或螺栓连接；

（6）抗震墙应设基础，基础埋深宜与相邻抗震墙相同，宽度不应小于计算确定的宽度的1.15倍。

5.3.3.2 加固后，横墙间距的体系影响系数应作相应改变；楼层抗震能力的增强系数可按下式计算：

$$n_{wi} = 1 + \frac{\sum_{j=1}^{n} \eta_{ij} \cdot A_{ij}}{A_{i0}} \qquad (5.3.3)$$

式中 η_{wi}——增设墙体后第 i 楼层抗震能力的增强系数；

A_{i0}——第 i 楼层中验算方向上的原有抗震墙在1/2层高处净截面的总面积；

A_{ij}——第 i 楼层中验算方向上增设的抗震墙 j 墙段在1/2层高处的净截面面积；

η_{ij}——第 i 楼层第 j 墙段的增强系数，对黏土砖墙，无筋时取1.0；有混凝土带时取1.12；有钢筋网片时，240mm厚的墙取1.10，370mm厚的墙取1.08；

n——第 i 楼层中验算方向增设的抗震墙道数。

5.3.3.3 砌体抗震墙中配筋的细石混凝土带，可在砌到设计标高时浇筑，当混凝土终凝后方可在其上砌砖。

5.3.4 当增设现浇钢筋混凝土抗震墙加固房屋时应符合下列要求：

5.3.4.1 原墙体的砌筑砂浆强度等级不应低于M2.5，现浇混凝土墙的厚度可为120～150mm，混凝土强度等级宜采用C20；可采用构造配筋；抗震墙应设基础；混凝土墙与原墙、柱和梁板均应有可靠连接。

5.3.4.2 加固后，横墙间距的影响系数应作相应改变；楼层抗震能力的增强系数可按本规程公式（5.3.3）计算，其中，增设墙段的厚度可按240mm计算，增强系数可取为2.8。

5.3.5 当外加钢筋混凝土柱加固房屋时，应符合下列要求：

5.3.5.1 外加柱的设置应符合下列要求：

（1）外加柱应在房屋四角、楼梯间和不规则平面的转角处设置，并可根据房屋的现状在内外墙交接处隔开间或每开间设置；

（2）外加柱宜在平面内对称布置，应由底层设起，并应沿房屋高度贯通，不得错位；

（3）外加柱应与圈梁或钢拉杆连成闭合系统；内墙圈梁可用墙（梁）两侧的钢拉杆代替，拉杆直径不应小于14mm，外加柱必须与现浇钢筋混凝土楼、屋盖或原有圈梁可靠连接；

（4）当采用外加柱增强墙体的抗震能力时，钢拉杆不宜小于2φ16的钢筋，其在圈梁内的锚固长度应符合受拉钢筋的要求；

（5）内廊房屋的内廊在外加柱的轴线处无连系梁时，应在内廊两侧的内纵墙加柱，或在内廊的楼、屋盖板下增设现浇钢筋混凝土梁或组合钢梁；钢筋混凝土梁的截面高度不应小于层高的1/10，梁两端应与原有的梁板可靠连接。

5.3.5.2 外加柱的材料和构造应符合下列要求：

（1）柱的混凝土强度等级不应低于C20；

（2）柱截面可采用240mm×180mm或300mm×150mm；扁柱的截面面积不宜小于36000mm², 宽度不宜大于700mm，厚度可采用70mm；外墙转角可采用边长为600mm的L形等边角柱，厚度不应小于120mm；

（3）纵向钢筋不宜少于4ϕ12，转角处纵向钢筋可采用12ϕ12，并宜双排布置；箍筋可采用ϕ6，其间距宜为150~200mm；在楼、屋盖上下各500mm范围内的箍筋间距不应大于100mm；

（4）外加柱应与墙体可靠连接，宜在楼层1/3和2/3层高处同时设置拉结钢筋和销键与墙体连接，亦可沿墙体高度每隔500mm设置胀管螺栓、压浆锚杆或锚筋与墙体连接；在室外地坪标高和外墙基础的大方角处应设销键，压浆锚杆或锚筋与墙体连接；

（5）外加柱应做基础，埋深宜与外墙基础相同，当埋深超过1.5m时，可采用1.5m，但不得小于冻结深度。

5.3.5.3 加固后，墙体连接的构造影响系数和有关墙垛局部尺寸的影响系数应取1.0，楼层抗震能力的增强系数应按下式计算：

$$\eta_{ci} = 1 + \frac{\sum_{j=1}^{n}(\eta_{cij} - 1)A_{ij0}}{A_{i0}} \quad (5.3.5)$$

式中 η_{ci}——外加柱加固后第i楼层抗震能力的增强系数；

η_{cij}——第i楼层第j墙段外加柱加固的增强系数；对黏土砖墙可按表5.3.5采用；

n——第i楼层中验算防方向有外加柱的抗震墙道数。

表5.3.5 外加柱加固黏土砖墙的增强系数

砌筑砂浆强度等级	外加柱在加固墙体的位置			
	一端	两端		窗间墙中部
		墙体无洞	墙体有一洞	
≤M2.5	1.1	1.3	1.2	1.2
≥M5	1.0	1.1	1.1	1.1

5.3.5.4 拉结钢筋、销键、压浆锚杆和锚筋应符合下列要求：

（1）拉结钢筋可采用2根直径为12mm的钢筋，长度不应小于1.5m，应紧贴横墙布置；其一端应锚在外加柱内，另一端应锚入横墙的孔洞内；孔洞尺寸宜采用120mm×120mm，拉结钢筋的锚固长度不应小于其直径的15倍，并用混凝土填实；

（2）销键截面宜为240mm×180mm，入墙深度可为180mm，销键应配4ϕ18钢筋和2ϕ6箍筋，销键与外加柱必须同时浇灌；

（3）压浆锚杆可用一根ϕ14的钢筋，在柱与横墙内锚固长度均不应小于锚杆直径的35倍锚浆可采用水玻璃砂浆，锚杆应先在墙面固定后，再浇灌外加柱混凝土，墙体锚孔压浆前应用压力水将孔洞冲刷干净；

(4) 锚筋适用于砌筑砂浆强度等级不低于 M2.5 的实心砖墙体，并可采用 $\phi12$ 钢筋；锚孔直径可取 25mm，锚入深度可采用 150～200mm。

5.3.6 当增设圈梁、钢拉杆加固房屋时，应符合下列要求：

5.3.6.1 圈梁的布置、材料和构造应符合下列要求：

（1）增设的圈梁宜在楼、屋盖标高的同一平面内闭合；在阳台、楼梯间等圈梁标高变换处，应有局部加强措施；变形缝两侧的圈梁应分别闭合；

（2）圈梁应现浇：其混凝土强度等级不应低于 C20，钢筋可采用Ⅰ级或Ⅱ级钢。圈梁截面高度不应小于 180mm，宽度不应小于 120mm；7、8 度时层数不超过三层的房屋，顶层可采用型钢圈梁，当采用槽钢时不应小于 L8，当采用角钢时不应小于 L75×6；

（3）圈梁的纵向钢筋，7、8、9 度时可分别采用 $4\phi8$、$4\phi10$ 和 $4\phi12$；箍筋可采用 $\phi6$，其间距宜为 200mm；外加柱和钢拉杆锚固点两侧各 500mm 范围内的箍筋应加密。

5.3.6.2 增设的圈梁应与墙体可靠连接；钢筋混凝土圈梁可采用销键、螺栓、锚筋或胀管螺栓连接；型钢圈梁宜采用螺栓连接。采用的销键、螺栓、锚筋和胀管螺栓应符合下列要求：

（1）销键的高度宜与圈梁相同，宽度和锚入墙内的深度均不应小于 180mm，主筋可采用 $4\phi8$，箍筋可采用 $\phi6$。销键宜设在窗口两侧，其水平间距可采用 1～2m；

（2）螺栓和锚筋的直径不应小于 12mm，锚入圈梁内的垫板尺寸可采用 60mm×60mm×6mm，螺栓间距可采用 1～1.2m；

（3）对砌筑砂浆强度等级不低于 M2.5 的墙体，可采用 M10～M16 的胀管螺栓。

5.3.6.3 加固后，圈梁布置和构造的体系影响系数应取 1.0。

5.3.6.4 代替内墙圈梁的钢拉杆应符合下列要求：

（1）当每开间均有横墙时应至少隔开间采用 2 根直径为 12mm 的钢筋，多开间有横墙时在横墙两侧的钢拉杆直径不应小于 14mm；

（2）沿内纵墙端部布置的钢拉杆长度不得小于两开间；沿横墙布置的钢拉杆两端应锚入外加柱、圈梁内或与原墙体锚固，但不得直接锚固在外廊柱头上；单面走廊的钢拉杆在走廊两侧墙体上都应锚固；

（3）钢拉杆在增设圈梁内锚固时，可采用弯钩，其长度不得小于拉杆直径的 35 倍；或加焊 80mm×80mm×8mm 的垫板埋入圈梁内，其垫板与墙面的间隙不应小于 50mm；

（4）钢拉杆在原墙体锚固时，应采用钢垫板，拉杆端部应加焊相应的螺栓。钢拉杆方形垫板的尺寸可按表 5.3.6-1 采用。

表 5.3.6-1 钢拉杆方形垫板尺寸（边长×厚度，mm）

钢拉杆直径	原墙体厚度 (mm)					
	370			180～240		
	墙体砂浆强度等级					
	M0.4	M1.0	M2.5	M0.4	M1.0	M2.5
$\phi12$	200×10	100×10	100×14	200×10	150×10	100×12
$\phi14$	—	150×12	100×14	—	250×10	100×12
$\phi16$	—	200×15	100×14	—	350×14	200×14
$\phi18$	—	200×15	150×16	—	—	250×15
$\phi20$	—	300×17	200×19	—	—	350×17

5.3.6.5 用于增强纵、横墙连接的圈梁、钢拉杆，尚应符合下列要求：

（1）圈梁应现浇；7、8度且砌筑砂浆强度等级为M0.4时，圈梁截面高度不应小于200mm，宽度不应小于180mm；

（2）当层高为3m、承重横墙间距不大于3.6m，且每开间外墙面洞口不小于1.2m×1.5m时，增设圈梁的纵向钢筋可按表5.3.6-2采用。钢拉杆的直径可按表5.3.6-3采用。单根拉杆直径过大时，可采用双拉杆，但其总有效截面面积应大于单根拉杆有效截面面积的1.25倍；

（3）房屋为纵墙或纵横墙承重时，无横墙处可不设置钢拉杆，但增设的圈梁应与楼、屋盖可靠连接。

表5.3.6-2 增强纵横墙连接的钢筋混凝土圈梁的纵向钢筋

总层数	圈梁设置楼层	砌体砂浆强度等级	墙体厚度（mm）							
			370				240			
			烈度							
			6	7	8	9	6	7	8	9
6	5~6	M1，M2.5 M0.4		4φ10 4φ12	4φ12 4φ14	—		4φ8 4φ10	4φ10 4φ12	—
	1~4	M1，M2.5 M0.4		4φ8 4φ10	4φ12	—		4φ8	4φ10	—
5	4~5	M1，M2.5 M0.4		4φ10 4φ12	4φ12	—		4φ10	4φ10	—
	1~3	M1，M2.5 M0.4	4φ8	4φ8 4φ10	4φ10	—	4φ8	4φ8	4φ10	—
4	3~4	M1，M2.5 M0.4		4φ8	4φ10 4φ12	4φ14		4φ8	4φ10	4φ12
	1~2	M1，M2.5 M0.4		4φ8	4φ10	4φ12		4φ8	4φ10	4φ12
3	1~3	—		4φ8	4φ10	4φ12		4φ8	4φ10	4φ12

表5.3.6-3 增强纵横墙连接的钢拉杆直径

总层数	钢拉杆设置楼层	烈度								
		6		7		8				9
		每层隔开间						隔层每开间		每层每开间
		墙体厚度（mm）								
		370	≤240	370	≤240	370	≤240	370	≤240	370	≤240
6	1~6		φ12	φ12	φ16	—	—				
5	4~5 1~3		φ12	φ12	φ16	—	—	φ14	φ16	φ12	φ16 φ12	—
4	3~4 1~2	φ12	φ12	φ12	φ16	φ16	φ20	φ14	φ16	φ12	φ14 φ12	φ16 φ12	φ20 φ14
3	1~3		φ12	φ12	φ14	φ16	φ20	φ12	φ14	φ12	φ14	φ20
2	1~2		φ12	φ12	φ14	φ16	φ20	φ12	φ14	φ12	φ14	φ16	φ18
1	1		φ12	φ12	φ14	φ16	φ18	φ12	φ14	φ12	φ14	φ16

5.3.6.6 圈梁和钢拉杆的施工应符合下列要求：

(1) 增设圈梁处的墙面有酥碱、油污或饰面层时，应清除干净；圈梁与墙体连接的孔洞应用水冲洗干净；混凝土浇筑前，应浇水润湿墙面和木模板；锚筋和胀管螺栓应可靠锚固；

(2) 圈梁的混凝土宜连续浇筑，不得在距钢拉杆（或横墙）1m 以内留施工缝，圈梁顶面应做泛水，其底面应做滴水槽；

(3) 钢拉杆应张紧，不得弯曲和下垂；外露铁件应涂刷防锈漆。

6 多层钢筋混凝土房屋

6.1 一般规定

6.1.1 本章主要适用于不超过 10 层的现浇及装配整体式钢筋混凝土框架（包括填充墙框架）和框架-抗震墙结构。

6.1.2 房屋的抗震加固应符合下列要求：

6.1.2.1 加固后楼层综合抗震能力指数不应小于 1.0，且不宜超过下一楼层综合抗震能力指数的 20%；超过时应同时增强下一楼层的抗震能力。

6.1.2.2 抗震加固时可根据房屋的实际情况，分别采用主要提高框架抗震承载力、主要增强框架变形能力或改变结构体系而不加固框架的方案。

6.1.2.3 加固后的框架应避免形成短柱、短梁或强梁弱柱。

6.1.3 加固后楼层综合抗震能力指数可按现行国家标准《建筑抗震鉴定标准》GBJ 11—89 第 6.3.2 条规定的方法计算，但其中的楼层屈服强度系数、体系影响系数和局部影响系数，应根据加固后的实际情况计算和取值。

6.1.4 加固后当按本规程第 3.0.3.3 款的规定采用现行国家标准《建筑抗震设计规范》GBJ 11—89 的方法进行抗震承载力验算时，地震作用效应宜按三级抗震等级调整，并考虑构造的影响；加固后构件的抗震承载力应按本章确定。

6.2 加固方法

6.2.1 房屋抗震承载力不能满足要求时，可选下列加固方法：

6.2.1.1 单向框架宜加固为双向框架，或采取加强楼、屋盖整体性且同时增设抗震墙、抗震支撑等抗侧力构件的措施。

6.2.1.2 框架梁柱配筋不符合鉴定要求时，可采用钢构套、现浇钢筋混凝土套加固，或贴钢板加固。

6.2.1.3 房屋刚度较弱、明显不均匀或有明显的扭转效应时，可增设钢筋混凝土抗震墙或翼墙加固。

6.2.2 当钢筋混凝土构件有局部损伤时，可采用细石混凝土修复，出现裂缝时，可灌注环氧树脂浆等补强。

6.2.3 当墙体与框架柱连接不良时，可增设拉筋连接；当墙体与框架梁连接不良时，可在墙顶增设钢夹套与梁拉结。

6.2.4 女儿墙等易倒塌部位不符合鉴定要求时，可按本规程第 5.2.3 条的有关规定选用加固方法。

6.3 加固设计及施工

6.3.1 增设钢筋混凝土抗震墙或翼墙加固房屋时，应符合下列要求：

6.3.1.1 抗震墙宜设置在框架的轴线位置，翼墙宜在柱两侧对称布置。

6.3.1.2 抗震墙或翼墙墙体的材料和构造应符合下列要求：

（1）混凝土强度等级不应低于C20，且不应低于原框架柱混凝土的强度等级；

（2）墙厚不宜小于140mm；竖向和横向分布钢筋的最小配筋率，均不应小于0.15%；钢筋宜双排布置且两排钢筋之间的拉结筋间距不应大于700mm；

（3）墙与原有框架可采用锚筋或现浇钢筋混凝土套（图6.3.1）连接；锚筋可采用直径为10mm或12mm的钢筋，与梁柱边的距离不应小于30mm，与梁柱轴线的间距不应大于300mm。钢筋的一端应采用高强胶锚入梁柱的钻孔内，且埋深不应小于锚筋直径的10倍，另一端宜与墙体的分布钢筋焊接；现浇钢筋混凝土套与柱的连接应符合本规程第6.3.3条的有关规定，且厚度不宜小于50mm。

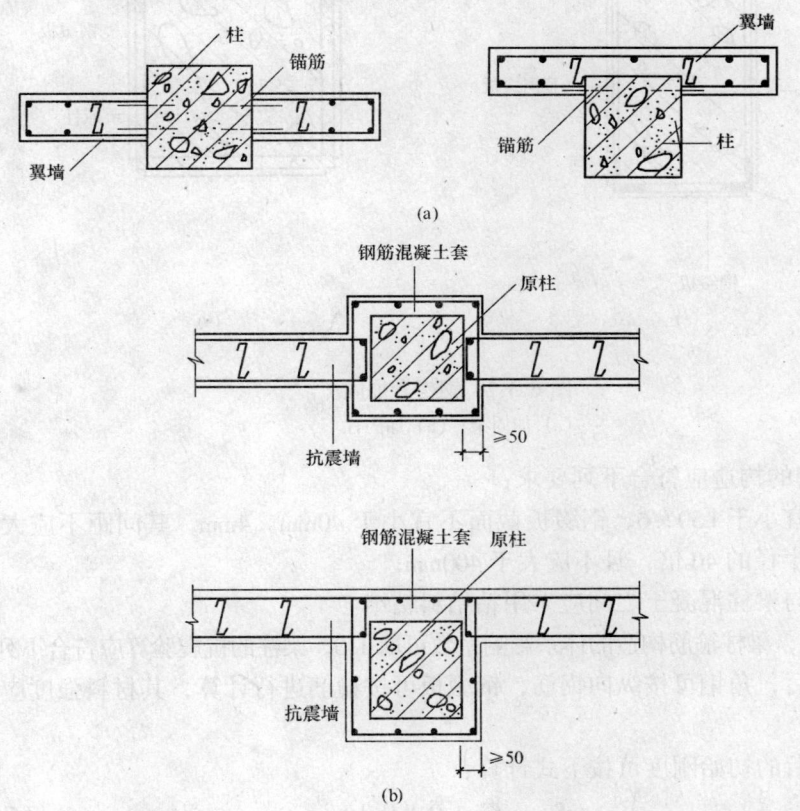

图6.3.1 锚筋或现浇钢筋混凝土套连接
(a) 锚筋连接；(b) 钢筋混凝土套连接

6.3.1.3 增设抗震墙后可按框架-抗震墙结构进行抗震分析，翼墙与柱形成的构件可按整体偏心受压构件计算；增设的混凝土和钢筋的强度均应乘以折减系数0.85。加固后抗震墙之间楼、屋盖长宽比的局部影响系数应作相应改变。

6.3.1.4 抗震墙或翼墙的施工应符合下列要求：

（1）原有的梁柱表面应凿毛，浇筑混凝土前应清洗并保持湿润，浇筑后应加强养护；

（2）锚筋应除锈，锚孔应采用钻孔成形，不得用手凿，孔内应采用压缩空气吹净并用水冲洗，浆液应饱满并使锚筋固定牢靠。

6.3.2 当用钢构套加固框架时，应符合下列要求：

6.3.2.1 钢构套加固梁时，应在梁的阳角外贴角钢（图6.3.2a），角钢并应与穿过梁板的⊓形钢缀板和梁底钢缀板焊接；角钢两端应与柱连接。

6.3.2.2 钢构套加固柱时，应在柱四角外贴角钢（图6.3.2b），角钢并应与外围的钢缀板焊接；角钢到楼板处应凿洞穿过上下焊接；顶层的角钢应与屋面板可靠连接，底层的角钢应与基础锚固。

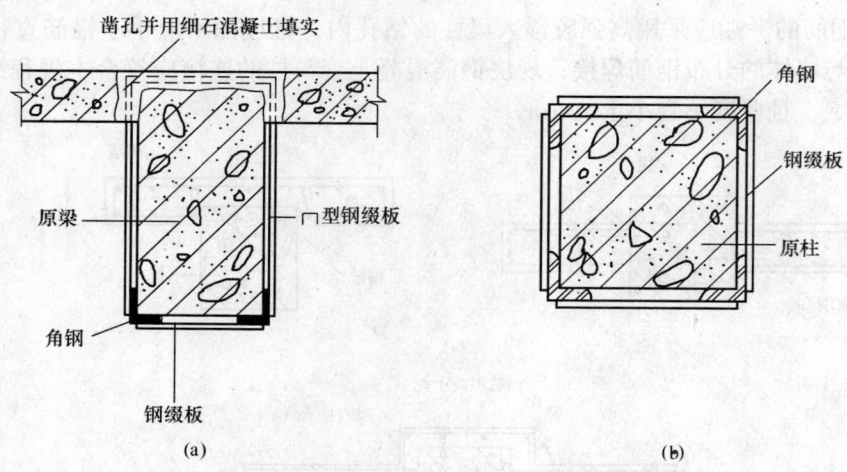

图 6.3.2 钢构套加固
(a) 加固梁；(b) 加固柱

6.3.2.3 钢构套的构造应符合下列要求：

（1）角钢不宜小于 L50×6，钢缀板截面不宜小于 40mm×4mm，其间距不应大于单肢角钢的截面回转半径的 40 倍，且不应大于 400mm；

（2）钢构套与梁柱混凝土之间应采用粘结料粘结。

6.3.2.4 加固后，梁柱箍筋构造的体系影响系数可取 1.0，梁柱的抗震验算应符合下列要求：

（1）梁加固后，角钢可按纵向钢筋，钢缀板可按箍筋进行计算，其材料强度应乘以折减系数 0.8；

（2）柱加固后的初始刚度可按下式计算：

$$K = K_0 + 0.8E_a I_a \tag{6.3.2-1}$$

式中 K——加固后的初始刚度；

K_0——原柱截面的弯曲刚度；

E_a——角钢的弹性模量；

I_a——外包角钢对柱截面形心的惯性矩。

（3）柱加固后的现有正截面受弯承载力可按下式计算：

$$M_y = M_{yo} + 0.7A_a f_{ay} h \tag{6.3.2-2}$$

式中 M_{yo}——原柱现有正截面受弯承载力,可按现行国家标准《建筑抗震鉴定标准》GB 50023—95 附录 B 第 B.0.3 条的规定确定;

A_a——柱一侧外包角钢的截面面积;

f_{ay}——角钢抗拉屈服强度;

h——验算方向柱截面高度。

(4) 柱加固后的现有斜截面受剪承载力可按下式计算:

$$V_y = V_{yo} + 0.7 f_{ay} \frac{A_a}{s} h \tag{6.3.2-3}$$

式中 V_y——柱加固后的现有斜截面受剪承载力;

V_{yo}——原柱现有斜截面受剪承载力,可按现行国家标准《建筑抗震鉴定标准》GB 50023 附录 B 第 B.0.2 条确定;

A_a——同一柱截面内扁钢缀板的截面面积;

f_{ay}——扁钢抗拉屈服强度;

s——扁钢缀板的间距。

6.3.2.5 钢构套的施工应符合下列要求:

(1) 原有的梁柱表面应清洗干净,缺陷应修补,角部应磨出小圆角;

(2) 楼板凿洞时,应避免损伤原有钢筋;

(3) 构架的角钢宜粘贴于原构件,并应采用夹具在两个方向夹紧,缀板应待粘结料凝固后分段焊接;

(4) 钢材表面应涂刷防锈漆,或在构架外围抹 25mm 厚的 1:3 水泥砂浆保护层。

6.3.3 当采用钢筋混凝土套加固梁柱时,应符合下列要求:

6.3.3.1 采用钢筋混凝土套加固梁时,应将新增纵向钢筋设在梁底面和梁上部(图 6.3.3a),并应在纵向钢筋外围设置箍筋。采用钢筋混凝土套加固柱时,应在柱周围增设纵向钢筋(图 6.3.3b),并应在纵向钢筋外围设置封闭箍筋。

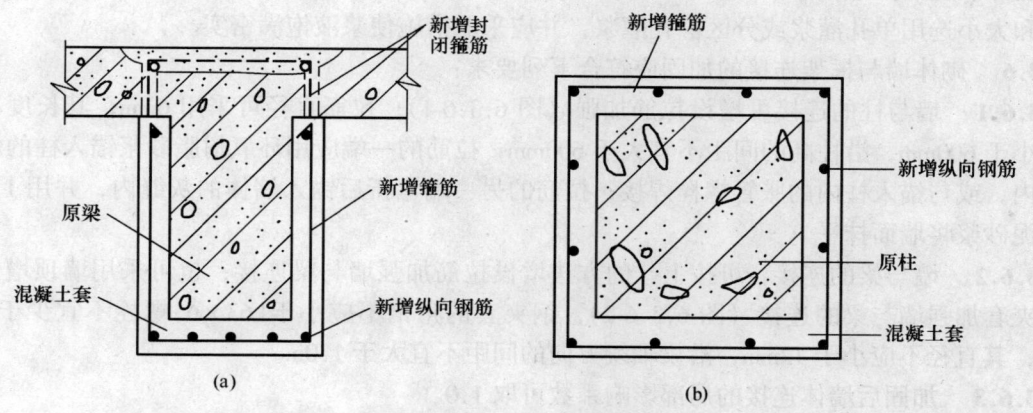

图 6.3.3 钢筋混凝土套加固
(a) 加固梁;(b) 加固柱

6.3.3.2 钢筋混凝土套的材料和构造应符合下列要求：

（1）宜采用细石混凝土，强度等级不应低于C20，且不应低于原构件混凝土的强度等级；纵向钢筋宜采用Ⅱ级钢，箍筋可采用Ⅰ级钢；

（2）柱套的纵向钢筋遇到楼板时，应凿洞穿过上下连接，其根部应伸入基础并满足锚固要求，其顶部应在屋面板处封顶锚固；梁套的纵向钢筋应与柱可靠连接；

（3）箍筋直径不宜小于8mm，间距不宜大于200mm，靠近梁柱节点处应适当加密；柱套的箍筋应封闭，梁套的箍筋应有一半穿过楼板后弯折封闭。

6.3.3.3 加固后的梁柱可作为整体构件进行抗震验算，其承载力可按现行国家标准《建筑抗震鉴定标准》GB 50023—95 附录 B 规定的方法确定，但新增的混凝土和钢筋的强度应乘以折减系数 0.85。加固后，梁柱箍筋、轴压比等的体系影响系数可取 1.0。

6.3.3.4 钢筋混凝土套的施工应符合下列要求：

（1）原有的梁柱表面应凿毛并清理浮渣，缺陷应修补；

（2）楼板凿洞时，应避免损伤原有钢筋；

（3）浇筑混凝土前应用水清洗并保持湿润，浇筑后应加强养护。

6.3.4 粘贴钢板加固梁柱时应符合下列要求：

6.3.4.1 原构件的混凝土强度等级不应低于C13；粘贴钢板应采用粘结强度高且耐久的粘结剂；钢板可采用 Q235 或 18Mn 钢，厚度宜为 2～6mm。

6.3.4.2 粘贴钢板在需要加固的范围以外的锚固长度，受拉时不应小于钢板厚度的 200 倍，且不应小于 600mm；受压时不应小于钢板厚度的 150 倍，且不应小于 500mm。

6.3.4.3 粘贴钢板与原构件宜采用胀管螺栓连接。

6.3.4.4 粘贴钢板的施工应符合专门的规定。

6.3.5 混凝土构件局部损伤和裂缝等缺陷的修补应符合下列要求：

6.3.5.1 修补采用的细石混凝土，强度等级宜比原构件混凝土的强度等级高一级，且不应低于C20；修补前，损伤处松散的混凝土和杂物应剔除，钢筋应除锈，并采取措施使新、旧混凝土可靠结合。

6.3.5.2 压力灌浆的环氧树脂浆液或环氧树脂砂浆应进行试配，其可灌性和固化性应满足设计、施工要求；灌浆前应对裂缝进行处理之后埋设灌浆嘴；灌浆时，可根据裂缝的范围和大小选用单孔灌浆或分区群孔灌浆，并应采取措施使浆液饱满密实。

6.3.6 砌体墙与框架连接的加固应符合下列要求：

6.3.6.1 墙与柱的连接可增设拉筋加强（图 6.3.6-1）；拉筋直径可采用6mm，其长度不应小于 600mm，沿柱高的间距不宜大于 600mm；拉筋的一端应用环氧树脂砂浆锚入柱的斜孔内，或与锚入柱内的胀管螺栓焊接；拉筋的另一端弯折后锚入墙体的灰缝内，并用1:3水泥砂浆将墙面抹平。

6.3.6.2 墙与梁的连接，可按上款的方法增设拉筋加强墙与梁连接；也可采用墙顶增设钢夹套加强墙与梁的连接（图 6.3.6-2），钢夹套的角钢不应小于L63×6，螺栓不宜少于 2 根，其直径不应小于 12mm，沿梁轴线方向的间距不宜大于 1.0m。

6.3.6.3 加固后墙体连接的局部影响系数可取 1.0。

6.3.6.4 拉筋的锚孔和螺栓孔应采用钻孔成形，不得用手凿；钢夹套的钢材表面应涂刷防锈漆。

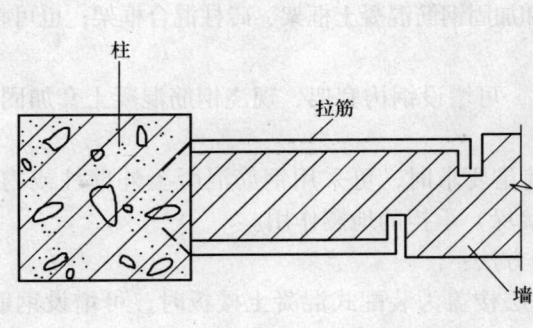

图 6.3.6-1 拉筋连接　　　　图 6.3.6-2 钢夹套连接

7 内框架和底层框架砖房

7.1 一般规定

7.1.1 本章适用于内框架、底层框架与黏土砖墙混合承重的多层房屋，其适用的最大高度和层数应符合现行国家标准《建筑抗震鉴定标准》GB 50023 的有关规定。

7.1.2 内框架和底层框架砖房的抗震加固应符合下列要求：

7.1.2.1 加固后楼层综合抗震能力指数不应小于 1.0，且不宜大于下一楼层综合抗震能力指数的 20%。

7.1.2.2 加固后的框架不得形成短柱或强梁弱柱。

7.1.3 加固后楼层综合抗震能力指数可按现行国家标准《建筑抗震鉴定标准》GB 50023 第 7.3.2 条和第 7.3.3 条规定的方法计算，但加固后的墙体应根据其加固方法乘以本规程第 5.3 节相应规定的增强系数。楼层屈服强度系数、体系影响系数和局部影响系数，应根据加固后的实际情况计算和取值。

当按本规程第 3.0.3.3 款的规定采用现行国家标准《建筑抗震设计规范》GBJ 11 规定的方法进行抗震承载力验算时，应计入构造的影响，加固后构件的抗震承载力应按本章确定。

7.1.4 底层框架、底层内框架砖房上部各层的加固，应符合本规程第 5 章的有关规定，其竖向构件的加固应延续到底层；底层加固时，应计入上部各层加固后对底层的影响。框架梁柱的加固，应符合本规程第 6 章的有关规定。

7.2 加固方法

7.2.1 当底层框架、底层内框架砖房的底层和多层内框架砖房抗震承载力不能满足要求时，可选择下列加固方法：

7.2.1.1 横墙间距符合鉴定要求但抗震承载力不能满足要求时，宜对原有墙体采用钢筋网砂浆面层或板墙加固；亦可增设砖或钢筋混凝土抗震墙加固。

7.2.1.2 横墙间距超过规定值时，宜在横墙间距内增设砖或钢筋混凝土抗震墙加固；或对原有墙体采用板墙加固且同时增强楼盖的整体性和加固钢筋混凝土框架、砖柱混合框架；也可在砖房外增设抗侧力结构。

7.2.1.3 钢筋混凝土柱配筋不能满足要求时，可增设钢构套架、现浇钢筋混凝土套加固；尚可增设抗震墙减少柱承担的地震作用。

7.2.1.4 外墙的砖柱（墙垛）承载力不能满足要求时，可采用钢筋混凝土外壁柱或内、外壁柱加固；也可增设抗震墙以减少砖柱（墙垛）承担的地震作用。

7.2.2 砖房整体性不良时，可选择下列加固方法：

7.2.2.1 当底层框架、底层内框架砖房的底层楼盖为装配式混凝土楼板时，可增设钢筋混凝土现浇层加固。

7.2.2.2 圈梁布置不符合鉴定要求时，宜增设圈梁；外墙圈梁宜采用现浇钢筋混凝土，内墙圈梁可用钢拉杆或在进深梁端加锚杆代替。

7.2.2.3 外墙四角或内、外墙交接处的连接不符合鉴定要求时，可增设钢筋混凝土外加柱加固。

7.2.2.4 楼、屋盖构件的支承长度不能满足要求时，可增设托梁或采取增强楼、屋盖整体性的措施。

7.2.3 砖房易倒塌部位不符合鉴定要求时，可按本规程第5.2.3条的有关规定选择加固方法。

7.3 加固设计及施工

7.3.1 增设钢筋网砂浆面层、板墙和抗震墙加固房屋时应符合下列要求：

7.3.1.1 钢筋网砂浆面层、板墙、砖抗震墙和钢筋混凝土抗震墙的材料、构造和施工应分别符合本规程第5.3.1条至第5.3.4条的有关规定。

7.3.1.2 底层框架、底层内框架砖房的底层和多层内框架砖房各层的地震剪力宜全部由该方向的抗震墙承担；加固后墙段的抗震承载力的增强系数和有关的体系影响系数、局部影响系数，可分别按本规程第5.3.1.2款、第5.3.2.2款、第5.3.3.2款和第5.3.4.2款的规定采用。应根据不同的加固方法分别取值。当采用钢筋网砂浆面层加固时，应按本规程第5.3.1.2款规定取值；当采用板墙加固时，应按本规程第5.3.2.2款的规定取值；当采用抗震墙加固时，应按本规程第5.3.3.2款的规定取值。

7.3.2 增设钢筋混凝土壁柱加固内框架房屋的砖柱（墙垛）时应符合下列要求：

7.3.2.1 壁柱应从底层设起，沿砖柱（墙垛）全高贯通。

7.3.2.2 壁柱的材料和构造应符合下列要求：

（1）混凝土强度等级不应低于C20；纵向钢筋宜采用Ⅱ级钢，箍筋可采用Ⅰ级钢；

（2）壁柱的截面面积不应小于36000mm²，截面宽度不宜大于700mm，截面高度不宜小于70mm；内壁柱的截面宽度应大于相连的梁宽，且比梁两侧各宽出的尺寸不应小于70mm；

（3）壁柱的纵向钢筋不应少于4φ12，并宜双向对称布置；箍筋直径可采用6mm，其间距宜为200mm，在楼、屋盖标高上下各500mm范围内，箍筋间距不应大于100mm；内外壁柱间沿柱高度每隔 600mm，应拉通一道箍筋；

（4）壁柱在楼、屋盖处应与圈梁或楼、屋盖拉结；内壁柱应有 50％的纵向钢筋穿过楼板，另 50％的纵向钢筋可采用插筋相连，插筋上下端的锚固长度不应小于插筋直径的 40 倍；

（5）外壁柱与砖柱（墙垛）的连接，可按本规程第 5.3.5.2 款的有关规定采用；

（6）壁柱应做基础，埋深宜与外墙基础相同，当外墙基础埋深超过 1.5m 时，壁柱基础可采用 1.5m，但不得小于冻结深度。

7.3.2.3 采用壁柱加固后，形成的组合砖柱（墙垛）的抗震验算应符合下列要求：

（1）当横墙间距符合鉴定要求时，加固后组合砖柱承担的地震剪力可取楼层地震剪力按各抗侧力构件的有效侧移刚度分配的值；有效侧移刚度的取值，对加固后的组合砖柱不折减，对钢筋混凝土抗震墙可取实际值 40％，砖抗震墙可取实际值 30％；

（2）横墙间距超过规定值时，加固后的组合砖柱承担的地震剪力可按下式计算：

$$V_{cij} = \frac{\eta K_{cij}}{\sum K_{cij}}(V_i - V_{ei}) \tag{7.3.2-1}$$

$$\eta = 1.6L/(L + B) \tag{7.3.2-2}$$

式中 V_{cij}——第 i 层第 j 柱承担的地震剪力设计值；

K_{cij}——第 i 层第 j 柱的侧移刚度；

V_i——第 i 层的层间地震剪力设计值，应按现行国家标准《建筑抗震设计规范》GBJ 11 的规定确定；

V_{ei}——第 i 层所有抗震墙现有受剪承载力之和；可按现行国家标准《建筑抗震鉴定标准》GB 50023—95 附录 B 的规定确定；

η——楼、屋盖平面内变形影响的地震剪力增大系数，当 $\eta \leqslant 1.0$ 时，取 $\eta = 1.0$；

L——抗震横墙间距；

B——房屋宽度。

（3）加固后的组合砖柱（墙垛），可采用梁柱铰接的计算简图，并可按钢筋混凝土壁柱与砖柱（墙垛）共同工作按组合构件验算其抗震承载力。验算时钢筋和混凝土的强度宜乘以折减系数 0.85。加固后有关的体系影响系数和局部尺寸的影响系数可取 1.0。

7.3.3 增设钢筋混凝土现浇层加固楼盖时，现浇层的厚度不应小于 40mm，钢筋直径不应小于 6mm，其间距不应大于 300mm，应有 50％的钢筋穿过墙体，另 50％的钢筋可采用插筋相连，插筋两端锚固长度不应小于插筋直径的 40 倍。

7.3.4 外加柱和圈梁的设计及施工，应符合本规程第 5.3.5 条和 5.3.6 条的规定。

7.3.5 钢构套、现浇钢筋混凝土套加固钢筋混凝土柱的设计及施工,应符合本规程第 6.3.2 条和第 6.3.3 条的规定;加固后钢筋混凝土柱承担的地震剪力,可按本规程第 7.3.2.3 款的有关规定计算或取值。

8 单层钢筋混凝土柱厂房

8.1 一般规定

8.1.1 本章适用于装配式单层钢筋混凝土柱厂房和混合排架厂房。

注：1. 钢筋混凝土柱厂房包括由屋面板、三角刚架、双梁和牛腿柱组成的锯齿形厂房。
2. 混合排架厂房指边柱列为砖柱中柱列为钢筋混凝土的厂房。

8.1.2 厂房的加固，应着重提高其整体性和连接的可靠性；增设支撑等构件时，应避免有关节点应力的加大和地震作用在原有构件间的重分配；对一端有山墙和体型复杂的厂房，宜采取减少厂房扭转效应的措施。

8.1.3 厂房加固后，可按现行国家标准《建筑抗震设计规范》GBJ 11—89 的规定进行纵、横向的抗震分析，并可采用本章规定的方法进行构件的抗震承载力验算。

8.1.4 混合排架厂房砖柱部分的加固，应符合本规程第9章的有关规定。

8.2 加 固 方 法

8.2.1 厂房的屋盖支撑布置或柱间支撑布置不符合鉴定要求时，应增设支撑，也可采用钢筋混凝土窗框代替天窗架竖向支撑。

8.2.2 厂房构件抗震承载力不能满足要求时，可采用下列加固方法：

8.2.2.1 天窗架立柱的抗震承载力不能满足要求时，可加固立柱或增设支撑并加强连接节点。

8.2.2.2 屋架的混凝土构件不符合鉴定要求时，可增设钢构套加固。

8.2.2.3 排架柱箍筋或截面尺寸不能满足要求时，可增设钢构套加固。

8.2.2.4 排架柱纵向钢筋不能满足要求时，可增设钢构套加固或采取加强柱间支撑系统且加固相应柱的措施。

8.2.3 厂房构件连接不符合鉴定要求，可采用下列加固方法：

8.2.3.1 下柱柱间支撑的下节点构造不符合鉴定要求时，可在下柱根部增设局部的现浇钢筋混凝土套加固，但不应使柱形成新的薄弱部位。

8.2.3.2 构件的支承长度不能满足要求或连接不牢固时，可增设支托或采取加强连接的措施。

8.2.3.3 墙体与屋架、钢筋混凝土柱连接不符合鉴定要求时，可增设拉筋或圈梁加固。

8.2.4 女儿墙超过规定的高度时，宜拆矮或采用角钢、钢筋混凝土竖杆加固。

8.2.5 柱间的隔墙、工作平台不符合鉴定要求时，可采取剔缝脱开、改为柔性连接、拆除或根据计算加固排架柱和节点的措施。

8.3 加固设计及施工

8.3.1 钢筋混凝土Ⅱ型天窗架T形截面立柱的加固，应符合下列要求：

8.3.1.1 当为6、7度时，应加固竖向支撑的节点预埋件。

8.3.1.2 当为8度且为Ⅰ、Ⅱ类场地时，应加固竖向支撑的立柱。

8.3.1.3 当为8度且为Ⅲ、Ⅳ类场地或9度时,应加固所有立柱。

8.3.2 增设屋盖支撑时,宜符合下列要求:

8.3.2.1 原有上弦横向支撑设在厂房单元两端的第二开间时,可在抗风柱柱顶与原有横向支撑节点间增设水平压杆。

8.3.2.2 增设的竖向支撑与原有的支撑宜采用同一形式;当原来无支撑时,宜采用"W"形支撑,且各杆应按压杆设计;支撑节点的高度差超过3m时,宜采用"X"形支撑。

8.3.2.3 屋架和天窗支撑杆件的长细比,压杆不宜大于200,当为6、7度时拉杆不宜大于350,当为8、9时拉杆不宜大于300。

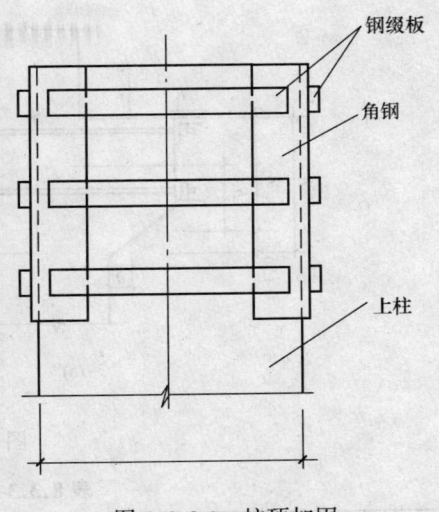

图8.3.3-1 柱顶加固

8.3.3 增设钢构套加固排架柱时,应符合下列要求:

8.3.3.1 上柱柱顶的钢构套(图8.3.3-1)长度不应小于600mm,且不应小于柱截面高度;角钢不应小于L63×6,钢缀板截面尺寸可按表8.3.3-1采用。

表8.3.3-1 钢缀板截面尺寸(mm)

烈度和场地	7度Ⅲ、Ⅳ类场地 8度Ⅰ、Ⅱ类场地	8度Ⅲ、Ⅳ类场地 9度Ⅰ、Ⅱ类场地	9度Ⅲ、Ⅳ类场地
钢缀板	−50×6	−60×6	−70×6

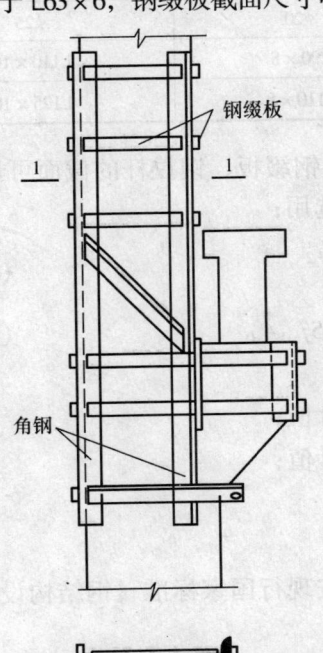

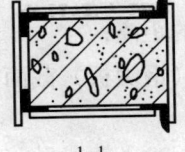

图8.3.3-2 上柱底部加固

8.3.3.2 有吊车的阶形柱上柱底部的钢构套(图8.3.3-2),钢构套上端应超过吊车梁顶面,且超过值不应小于柱截面宽度;其角钢和钢缀板可按表8.3.3-2采用。

表8.3.3-2 角钢和钢缀板(mm)

烈度和场地	8度Ⅲ、Ⅳ类场地 9度Ⅰ、Ⅱ类场地	9度Ⅲ、Ⅳ类场地
角钢	L75×8	L100×10
钢缀板	−60×6	−70×6

8.3.3.3 不等高厂房排架柱支承低跨屋盖牛腿的钢构套(图8.3.3-3),其杆件应符合下列要求:

(1)厂房跨度不大于24m且屋面荷载不大于3.5kN/m²时,钢缀板、钢拉杆和钢横梁的截面可按表8.3.3-3采用:

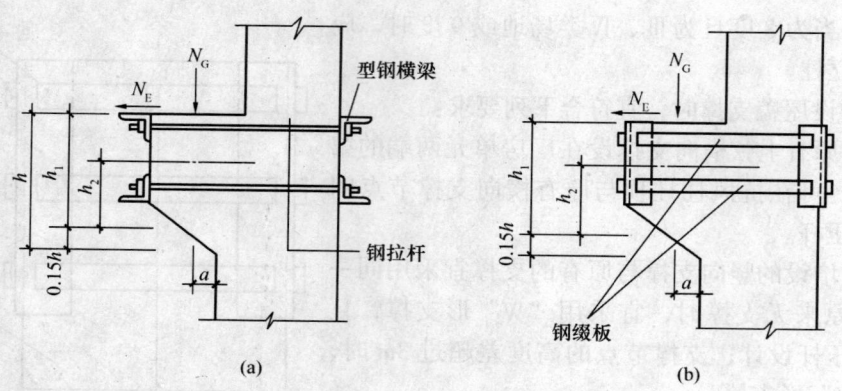

图 8.3.3-3 柱牛腿加固

表 8.3.3-3 钢构套杆件截面（mm）

烈度和场地		7度Ⅲ、Ⅳ类场地 8度Ⅰ、Ⅱ类场地	8度Ⅲ、Ⅳ类场地 9度Ⅰ、Ⅱ类场地	9度Ⅲ、Ⅳ类场地
钢缀板		-60×6	-70×6	-80×6
钢拉杆		$\phi16$	$\phi20$	$\phi25$
钢横梁	柱宽 400mm	L75×6	L90×8	L110×10
	柱宽 500mm	L90×6	L110×8	L125×10

（2）在不符合上一项的条件下，且为 8、9 度时，钢缀板、钢拉杆的截面可按下列公式计算，钢横梁截面面积可按钢拉杆截面面积的 5 倍选用：

$$N_t \leqslant \frac{1}{\gamma_{RS}} \frac{0.75 n A_a f_a h_2}{h_1} \quad (8.3.3\text{-}1)$$

$$N_t = N_E + N_G a/h_0 - 0.85 f_{y0} A_{s0} \quad (8.3.3\text{-}2)$$

式中 N_t——钢拉杆（钢缀板）承受的水平拉力设计值；

N_E——地震作用在柱牛腿上引起的水平拉力设计值；

N_G——柱牛腿上重力荷载代表值产生的压力设计值；

n——钢拉杆（钢缀板）根数；

A_a——一根钢拉杆（钢缀板）截面面积；

f_a——钢拉杆（钢缀板）抗拉强度设计值，应按现行国家标准《钢结构设计规范》GBJ 17 采用；

h_1——柱牛腿竖向截面受压区 0.15h 高度处至水平力的距离；

h_2——柱牛腿竖向截面受压区 0.15h 高度处至钢拉杆（钢缀板）截面重心的距离；

A_{s0}——柱牛腿原有的受拉钢筋截面面积；

a——压力作用点至下柱近侧边缘的距离；

γ_{RS}——抗震加固的承载力调整系数，可采用 0.85；

f_{y0}——柱牛腿原有受拉钢筋的抗拉强度设计值。

8.3.3.4 高低跨上柱底部的钢构套应符合下列要求：

(1) 上柱底部和牛腿的钢构套应连成整体（图8.3.3-4）；
(2) 钢构套的角钢和上柱钢缀板的截面可按表8.3.3-4采用；

表8.3.3-4　上柱的钢缀板和角钢截面（mm）

烈度和场地	7度Ⅲ、Ⅳ类场地 8度Ⅰ、Ⅱ类场地	8度Ⅲ、Ⅳ类场地 9度Ⅰ、Ⅱ类场地	9度Ⅲ、 Ⅳ类场地
角　钢	L63×6	L88×8	L110×12
上柱钢缀板	－60×6	－100×8	－120×10

(3) 牛腿钢缀板的截面应按本规程第8.3.3.3款的规定确定。

8.3.3.5 钢构套加固的施工，应符合本规程第6.3.2.5款的规定。

8.3.4 增设钢筋混凝土套加固下柱支撑的下节点时（图8.3.4），应符合下列要求：

8.3.4.1 混凝土宜采用细石混凝土，其强度等级不应低于原柱混凝土的强度等级；厚度不宜小于60mm且不宜大于100mm，并应与基础可靠连接；纵向钢筋直径不应小于12mm，箍筋应封闭，其直径不宜小于8mm，间距不宜大于100mm。

8.3.4.2 加固后柱根沿厂房纵向的抗震受剪承载力可按整体构件进行截面抗震验算，但应乘以0.85的折减系数。

8.3.4.3 施工时，原柱加固部位的混凝土表面应凿毛、清除酥松杂质、灌注混凝土前应清洗并保持湿润。

8.3.5 增设柱间支撑时，应符合下列要求：

8.3.5.1 增设的柱间支撑应采用型钢；上柱支撑的长细比，当为8度时不应大于250，当为9度时不应大于200；下柱支撑的长细比，当为8度时不应大于200，当为9度时不应大于150。

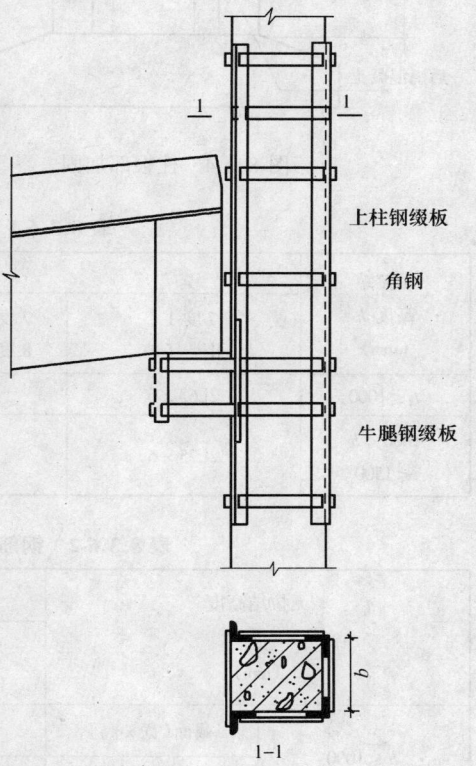

图8.3.3-4　高低跨上柱底部加固

8.3.5.2 柱间支撑在交叉点应设置节点板，斜杆与该节点板应焊接；支撑与柱连接的端节点板厚度，当为8度时不宜小于8mm，当为9度时不宜小于10mm。

8.3.6 封檐墙、女儿墙的加固，应符合下列要求：

8.3.6.1 竖向角钢或钢筋混凝土竖杆应设置在厂房排架柱位置处的墙外（图8.3.6）。

8.3.6.2 钢材可采用Q235，混凝土强度等级可采用C20，钢筋宜采用Ⅰ级钢。

8.3.6.3 无拉结高度不超过1.5m时，竖向角钢可按表8.3.6-1采用，钢筋混凝土竖杆可按表8.3.6-2采用。

8.3.6.4 竖向角钢或钢筋混凝土竖杆应与柱顶或屋架节点可靠连接，出入口上部的女儿墙尚应在角钢或竖杆的上端设置联系角钢。

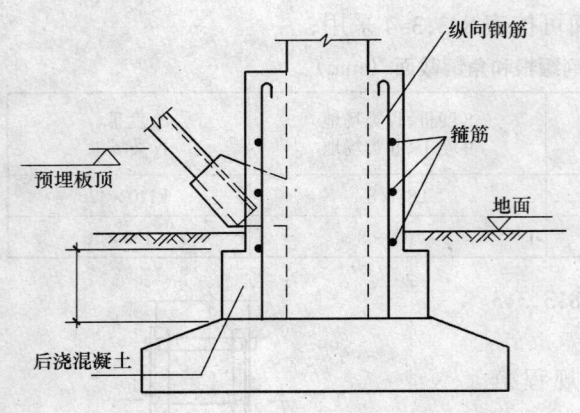

图 8.3.4 柱根部加固　　　　　图 8.3.6 女儿墙加固

表 8.3.6-1　竖　向　角　钢（mm）

无拉结高度 h (mm)	烈度和场地类别			
	7度Ⅰ、Ⅱ类场地	7度Ⅲ、Ⅳ类场地 8度Ⅰ、Ⅱ类场地	8度Ⅲ、Ⅳ类场地 9度Ⅰ、Ⅱ类场地	9度Ⅲ、Ⅳ类场地
h≤1000	2L63×6	2L63×6	2L90×6	2L100×10
1000<h≤1500	2L75×6	2L90×8	2L100×10	2L125×12

表 8.3.6-2　钢筋混凝土竖杆截面和配筋（mm）

无拉结高度 h (mm)		烈度和场地类别	
		7度Ⅰ、Ⅱ类场地	7度Ⅲ、Ⅳ类场地 8度Ⅰ、Ⅱ类场地
h≤1000	截面（宽×高）	120×120	120×120
	配筋	4φ10	4φ10
1000<h≤1500	截面（宽×高）	120×120	120×150
	配筋	4φ10	4φ14
无拉结高度 h (mm)		烈度和场地类别	
		8度Ⅲ、Ⅳ类场地 9度Ⅰ、Ⅱ类场地	9度Ⅲ、Ⅳ类场地
h≤1000	截面（宽×高）	120×150	120×200
	配筋	4φ14	4φ16
1000<h≤1500	截面（宽×高）	120×200	120×250
	配筋	4φ16	4φ16

9 单层砖柱厂房和空旷房屋

9.1 一般规定

9.1.1 本章适用于黏土砖柱（墙垛）承重的单层厂房和空旷房屋。

注：单层厂房包括仓库等，单层空旷房屋指影剧院、礼堂、食堂等。

9.1.2 单层砖柱厂房和空旷房屋抗震加固时，加固方案应有利于砖柱（墙垛）抗震承载力的提高、屋盖整体性的加强和结构布置上不利因素的消除。

9.1.3 厂房加固后，可按现行国家标准《建筑抗震设计规范》GBJ 11 的规定进行纵、横向的抗震分析，并可采用本章规定的方法进行构件的抗震验算。

9.1.4 混合排架房屋的钢筋混凝土部分，应按本规程第 8 章的有关要求加固；附属房屋应根据其结构类型按本规程相应章节的有关要求加固，但其与车间或大厅相连的部位，尚应符合本章的要求并应考虑相互间的不利影响。

9.2 加固方法

9.2.1 砖柱（墙垛）抗震承载力不能满足要求时，可采用下列加固方法：

9.2.1.1 一般情况下，可采用钢筋砂浆面层加固。

9.2.1.2 当为 7 度时或抗震承载力低于要求并相差在 30% 以内的轻屋盖房屋，可采用钢构套加固。

9.2.1.3 当为 8、9 度时，重屋盖房屋或延性、耐久性要求高的房屋，可采用钢筋混凝土壁柱或钢筋混凝土套加固。

9.2.1.4 独立砖柱房屋的纵向，尚可增设到顶的柱间抗震墙加固。

9.2.2 房屋的整体性连接不符合鉴定要求时，可选择下列加固方法：

9.2.2.1 屋盖支撑布置不符合鉴定要求时，应增设支撑。

9.2.2.2 构件的支承长度不能满足要求或连接不牢固时，可增设支托或采取加强连接的措施。

9.2.2.3 墙体交接处连接不牢固或圈梁布置不符合鉴定要求时，可增设圈梁加固。

9.2.3 局部的结构构件或非结构构件不符合鉴定要求时，可选择下列加固方法：

9.2.3.1 舞台的后墙不符合鉴定要求，可增设壁柱、工作平台、天桥等构件增强其稳定性；

9.2.3.2 高大的山墙山尖不符合鉴定要求时，可采用轻质隔墙替换。

9.2.3.3 砌体隔墙不符合鉴定要求时，可将砌体隔墙与承重构件间改为柔性连接。

9.2.3.4 女儿墙、封檐墙不符合鉴定要求时，可按本规程第 8.2.4 条的规定处理。

9.3 加固设计及施工

9.3.1 增设钢筋砂浆面层加固砖柱（墙垛）时，应符合下列要求：

9.3.1.1 面层的材料和构造应符合下列要求（图 9.3.1）：

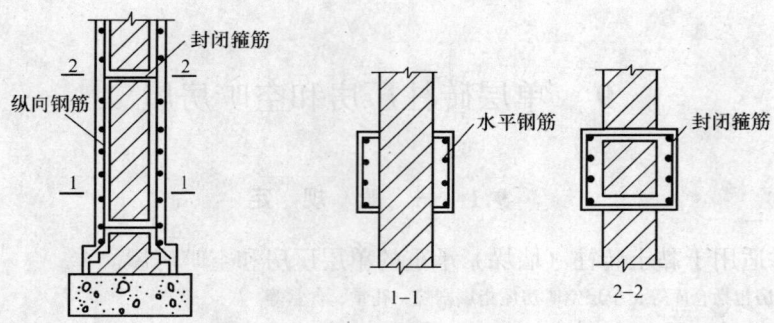

图 9.3.1 钢筋砂浆面层加固墙垛

(1) 水泥砂浆的强度等级宜采用 M10，钢筋宜采用Ⅰ级钢；

(2) 面层应在柱两侧对称布置，厚度可采用 35～45mm；

(3) 纵向钢筋直径不宜小于 8mm，间距不应小于 50mm，保护层厚度不应小于 20mm，钢筋与砌体表面的空隙不宜小于 5mm；钢筋的上端应与柱顶的垫块连接，下端应锚固在基础内；

(4) 水平钢筋的直径不宜小于 4mm；间距不应大于 400mm，在距柱顶和柱脚的 500mm 范围内，间距应适当加密；

(5) 柱两侧面层沿柱高应每隔 600mm 采用直径为 6mm 的封闭箍筋拉结；

(6) 面层宜深入地坪下 500mm。

9.3.1.2 面层加固后，可按组合砖柱进行抗震验算，并应符合下列要求：

(1) 7、8 度每侧纵向钢筋分别不少于 3φ8、3φ10，且配筋率不小于 0.1% 时，轻屋盖房屋的组合砖柱可不进行抗震承载力验算；

(2) 加固后，柱顶在单位水平力作用下的位移可按下式计算：

$$u = \frac{H_0^3}{3(E_m I_m + E_c I_c + E_s I_s)} \qquad (9.3.1)$$

式中 u——组合砖柱柱顶在单位水平力作用下的位移（mm/N）；

H_0^3——组合砖柱的计算高度（mm），可按现行国家标准《砌体结构设计规范》GBJ 3 的规定采用，但当为 9 度时均应按弹性方案取值；当为 8 度时可按弹性或刚弹性方案取值；

I_m——砖砌体的横截面面积（不包括翼缘墙体）对组合砖柱折算截面形心轴的惯性矩（mm^4）；

E_m——砖砌体的弹性模量（N/mm^2），应按现行国家标准《砌体结构设计规范》GBJ 3 采用；

I_c——混凝土或砂浆面层的横截面面积对组合砖柱折算截面形心轴的惯性矩（mm^4）；

E_c——混凝土或砂浆面层的弹性横量（N/mm^2），混凝土的弹性模量应按现行国家标准《混凝土结构设计规范》GBJ 10 采用，砂浆弹性模量可按表 9.3.1-1 采用；

I_s——纵向钢筋的横截面面积对组合砖柱折算截面形心轴的惯性矩（mm^4）；

E_s——纵向钢筋的弹性模量（N/mm²），应按现行国家标准《混凝土结构设计规范》GBJ 10 采用。

表 9.3.1-1 砂浆弹性模量（N/mm²）

砂浆强度等级	M7.5	M10	M15
弹性模量	7400	9300	12000

（3）加固后形成的组合砖柱，当按不计入翼缘的影响时，计算的排架基本周期，宜乘以表 9.3.1-2 的折减系数；

表 9.3.1-2 基本周期的折减系数

屋架类型	翼缘宽度小于腹板宽度 5 倍	翼缘宽度等于或大于腹板宽度 5 倍
钢筋混凝土、组合屋架木、钢木、轻钢屋架	0.9	0.8
	1.0	0.9

（4）组合砖柱抗震承载力验算，可按现行国家标准《建筑抗震设计规范》GBJ 11—89 的方法进行。其中，增设的面层砂浆和钢筋的强度应乘以折减系数 0.85。

9.3.1.3 钢筋砂浆面层的施工，宜符合本规程第 5.3.1.4 款的有关要求。

9.3.2 增设钢筋混凝土壁柱或钢筋混凝土套加固砖柱（墙垛）时，应符合下列要求：

9.3.2.1 采用钢筋混凝土壁柱加固砖墙时，应在砖墙两面相对位置设置，同时内外壁柱间应采用钢筋混凝土腹杆拉结（图 9.3.2-1）。采用钢筋混凝土套加固砖柱（墙垛）时，应在砖柱（墙垛）周围增设钢筋混凝土套（图 9.3.2-2），套遇到砖墙时，应设钢筋混凝土腹杆拉结。

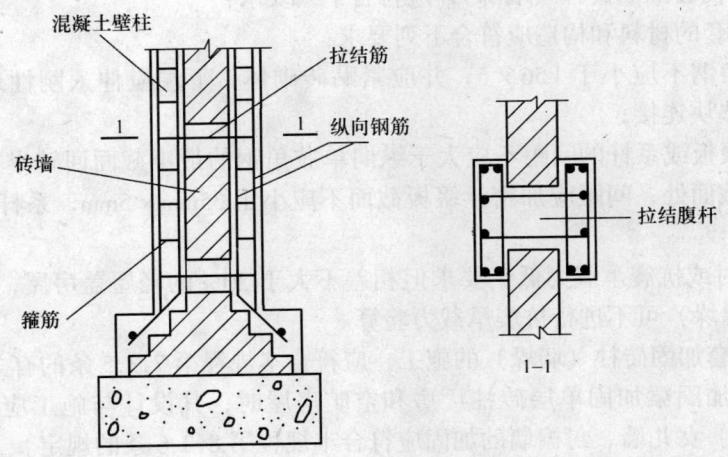

图 9.3.2-1 混凝土壁柱加固砖墙

9.3.2.2 壁柱和套的材料和构造应符合下列要求：
（1）混凝土宜采用细石混凝土，强度等级不应低于 C20；钢筋宜采用Ⅰ级或Ⅱ级钢；
（2）壁柱应在柱两侧对称布置；壁柱或套的厚度宜为 60～120mm；
（3）纵向钢筋宜对称配置，配筋率不应小于 0.2%，保护层厚度不应小于 25mm，钢

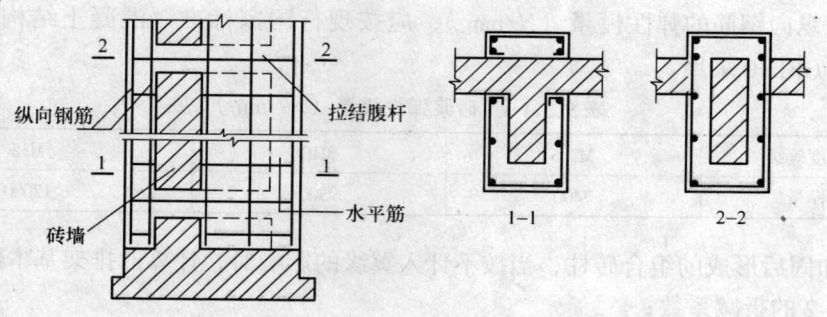

图 9.3.2-2 钢筋混凝土外套加固砖柱（墙垛）

筋与砌体表面的净距不应小于 5mm；钢筋的上端应与柱顶的垫块连接，下端应锚固在基础内；

（4）箍筋的直径不宜小于 4mm，且不应小于纵向钢筋直径的 0.2 倍，间距不应大于 400mm 且不应小于纵向钢筋直径的 20 倍，在距柱顶和柱脚的 500mm 范围内，其间距应加密；当柱一侧的纵向钢筋多于 4 根时，应设置复合箍筋或拉结筋；

（5）钢筋混凝土拉结腹杆沿柱高度的间距不宜大于壁柱最小厚度的 12 倍，配筋量不宜少于两侧壁柱纵向钢筋总面积的 25%；

（6）壁柱或套应设基础。基础的横截面面积不得小于壁柱截面面积的一倍，其埋深宜与原基础相同，并应与原基础可靠连接。当有较厚的刚性地坪时，埋深可浅于原基础，但不宜小于室外地面下 500mm。

9.3.2.3 采用壁柱或套加固后，可按组合砖柱进行抗震验算，并应符合本规程第 9.3.1.2 款的要求，但增设的混凝土和钢筋的强度应乘以折减系数 0.85。

9.3.3 增设钢构套加固砖柱（墙垛），应符合下列要求：

9.3.3.1 钢构套的材料和构造应符合下列要求：

（1）纵向角钢不应小于 L56×5，并应紧贴砖砌体，下端应伸入刚性地坪下 200mm，上端应与柱顶垫块连接；

（2）横向缀板或系杆的间距不应大于纵向单肢角钢的最小截面回转半径的 40 倍，在柱上下端和变截面处，间距应加密；缀板截面不应小于 35mm×5mm，系杆直径不应小于 16mm。

9.3.3.2 7 度时或抗震承载力低于要求但相差不大于 30% 的轻屋盖房屋，增设钢构套加固后，砖柱（墙垛）可不进行抗震承载力验算。

9.3.3.3 钢构套加固砖柱（墙垛）的施工，应符合本规程第 7.3.5 条的有关规定。

9.3.4 采用外加圈梁加固单层砖柱厂房和空旷房屋时，其设计与施工应符合本规程第 5.3.6 条的规定。女儿墙、封檐墙的加固应符合本规程第 8.3.6 条的规定。

10 木结构和土石墙房屋

10.1 木结构房屋

10.1.1 本节适用于中、小型木结构房屋，其构架的类型和房屋的层数，应符合现行国家标准《建筑抗震鉴定标准》GB 50023—95第10.1节的有关规定。

10.1.2 木结构房屋的抗震加固，应提高木构架的抗震能力；可根据实际情况，采取减轻屋盖重力、加固木构架、加强构件连接、增设柱间支撑、增砌砖抗震墙等措施。增设的柱间支撑或抗震墙在平面内应均匀布置。

10.1.3 木结构房屋加固时，可不进行抗震验算。

10.1.4 木构架的加固应符合下列要求：

10.1.4.1 旧式木骨架的构造形式不合理时，应增设防倾倒的杆件。

10.1.4.2 穿斗木骨架榫柱连接未采用银锭榫和穿枋时，应采用铁件和附木加固；榫槽截面占柱截面大于1/3时，可采用钢板条、扁铁箍、贴木板或铅丝绑扎等加固。

10.1.4.3 康房底层柱间应采用斜撑或剪刀撑加固，且不宜少于两对。

10.1.4.4 木构架倾斜度超过柱径的1/3且有明显拔榫时，应先打牮拨正，后用铁件加固；也可在柱间增设砖抗震墙并加强节点的连接。

10.1.4.5 当为9度且明柱的柱脚与柱基础无连接时，宜采用铁件加固。

10.1.5 木构件加固应符合下列要求：

10.1.5.1 木构件截面不符合鉴定标准要求或明显下垂时，应增设构件加固，增设构件应与原有构件可靠连接。

10.1.5.2 木构件腐朽、疵病、严重开裂且丧失承载能力时，应更换或增设，构件加固，增设构件的截面尺寸宜符合现行国家标准《建筑抗震鉴定标准》GB 50023—95附录C的规定且应与原构件可靠连接；木构件裂缝时可采用铁箍加固。

10.1.5.3 当木柱柱脚腐朽时，可采用下列方法加固：

（1）腐朽高度大于300mm时，可采用拍巴掌榫墩接；墩接区段内可用两道8号铅丝捆扎，每道不应少于4匝；当为8、9度时，明柱在墩接接头处应采用铁件或扒钉连接；

（2）腐朽高度不大于300mm时，应采用整砖墩接；砖墩的砂浆强度等级不应低于M2.5。

10.1.6 墙体的加固应符合下列要求：

10.1.6.1 墙体空臌、酥碱、歪闪或有明显裂缝时，应拆除重砌。当为8度时，砖墙的砌筑砂浆强度等级不应低于M1.0；当为9度时，砌筑砂浆强度等级不应低于M2.5。

10.1.6.2 增砌的隔墙应符合下列要求：

（1）高度不大于3.0m，长度不大于5.0m的隔墙，可采用120mm砖墙，砌筑砂浆的强度等级宜采用M1.0；

（2）高度大于3.0m，长度大于5.0m的隔墙，应采用240mm砖墙，砌筑砂浆强度等级不应低于M0.4；

（3）当为9度时，沿墙体高度应每隔1.0m，设一道长700mm的2ϕ6钢筋与柱拉结；

（4）当为8、9度时，墙顶应与榫（梁）连接；

（5）增砌的隔墙应有基础。

10.1.6.3 增设的轻质隔墙，上下层宜在同一轴线上，墙底应设置底梁并与柱脚连接，墙顶应与梁或屋架连接，隔墙的龙骨之间宜设置剪刀撑或斜撑。

10.1.6.4 榫、梁上增设的隔墙，应采用轻质隔墙；原有的砖、土坯山花应拆除，更换为轻质墙。

10.1.7 无锚固的女儿墙、门脸、出屋顶小烟囱，可拆除、拆矮或采取加固措施。

10.2 土石墙房屋

10.2.1 本节适用于6、7度时村镇土石墙承重房屋，其墙体的类型和房屋的层数，应符合现行国家标准《建筑抗震鉴定标准》GB 50023—95 第10.2节的有关规定。

10.2.2 土石墙房屋的加固，可根据实际情况采取加固墙体、加强墙体连接、减轻屋盖重力等措施。

10.2.3 土石墙承重房屋加固时，可不进行抗震验算。

10.2.4 墙体加固时应符合下列要求：

10.2.4.1 墙体严重酥碱、空臌、歪闪，应拆除重砌；

10.2.4.2 前后檐墙外闪或内外墙无咬砌时，宜采用打牮（图10.2.4）或增设扶墙垛等方法加固；

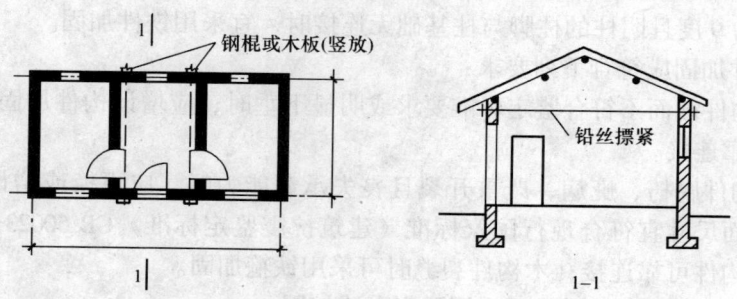

图 10.2.4 打牮方法

10.2.4.3 横墙间距超过规定时，宜增砌横墙并与檐墙拉结，或采取增强整体性的其他措施；

10.2.4.4 防潮碱草已腐烂时，宜更换。

10.2.5 屋盖木构件的加固应符合下列要求：

10.2.5.1 木构件截面不符合鉴定标准要求或明显下垂时，应增设构件加固，增设的构件应与原有的构件可靠连接；

10.2.5.2 木构件腐朽、疵病、严重开裂而丧失承载能力时，应更换或增设构件加固，新增构件的截面尺寸宜符合现行国家标准《建筑抗震鉴定标准》GB 50023—95 附录C的要求，且应与原有的构件可靠连接；木构件的裂缝可采用铁箍加固。

10.2.5.3 木构件支承长度不能满足要求时，应增设支托或夹板、扒钉连接；

10.2.5.4 尽端三花山墙与排山柁无拉结时，宜采用扒墙钉拉结（图10.2.5）。

10.2.6 屋顶草泥过厚时，宜结合维修减薄。

10.2.7 房屋易损部位的加固应符合下列要求：

10.2.7.1 对柁眼（山花）的土坯和砖砌体，应拆除或改用苇箔、秫秸箔墙等材料；

10.2.7.2 当出屋顶烟囱不符合鉴定要求时，在出入口或临街处时应拆除、拆矮或采取加固措施。

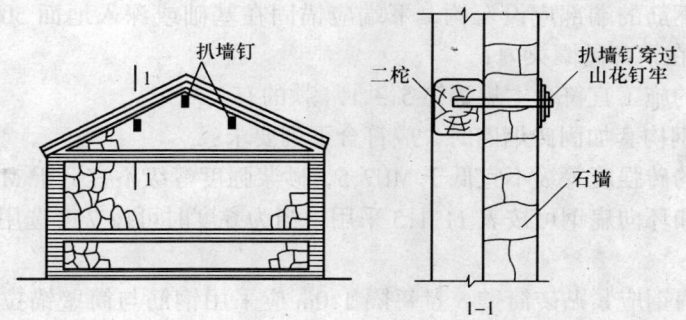

图 10.2.5 扒墙钉

11 烟囱和水塔

11.1 烟 囱

11.1.1 本节适用于普通类型的独立砖烟囱和钢筋混凝土烟囱。

11.1.2 砖烟囱不符合鉴定要求时,可采用钢筋砂浆面层或扁钢构套加固;钢筋混凝土烟囱不符合鉴定要求时,可采用现浇或喷射钢筋混凝土套加固。

11.1.3 烟囱加固时,砖烟囱高度不大于 50m 和钢筋混凝土烟囱高度不大于 100m 可不进行抗震验算。

11.1.4 钢筋砂浆面层加固砖烟囱时,应符合下列要求:

11.1.4.1 水泥砂浆的强度等级可采用 M7.5 或 M10。

11.1.4.2 面层厚度可为 40~60mm,顶部应设钢筋混凝土圈梁。

11.1.4.3 面层的竖向和环向钢筋应按表 11.1.4 采用,当为 6 度时可按 7 度选用,但竖向钢筋直径可减小 2mm,环向钢筋间距可采用 300mm。

表 11.1.4 钢筋砂浆面层的竖向和环向钢筋

烟囱高度 (m)	烈度 (度)	场地类别 (类)	竖向钢筋 (mm)		环向钢筋 (mm)	
			直径	间距	直径	间距
30	7	Ⅰ~Ⅳ	$\phi 8$	300	$\phi 6$	250
	8	Ⅰ~Ⅳ	$\phi 14$			
	9	Ⅰ、Ⅱ	$\phi 14$			
40	7	Ⅰ~Ⅳ	$\phi 10$	300	$\phi 6$	250
	8	Ⅰ~Ⅳ	$\phi 14$			
	9	Ⅰ、Ⅱ	$\phi 14$			
50	7	Ⅰ~Ⅳ	$\phi 12$	300		
	8	Ⅰ~Ⅳ	$\phi 16$			
	9	Ⅰ、Ⅱ	$\phi 16$			

注:本表适用于砖强度等级为 MU10、砂浆强度等级为 M5 的砖烟囱。

11.1.4.4 竖向钢筋的端部应设弯钩,下端应锚固在基础或深入地面500mm以下的圈梁内,上端应锚固在顶部的圈梁内;

11.1.4.5 面层的施工宜符合本规程第5.3.1.4款的有关规定。

11.1.5 采用扁钢构套加固砖烟囱时,应符合下列要求:

11.1.5.1 烟囱的砖强度等级不宜低于MU7.5,砂浆强度等级不宜低于M2.5。

11.1.5.2 竖向和环向扁钢可按表11.1.5采用,当为6度时可按7度选用,但竖向扁钢厚度可减小2mm。

11.1.5.3 竖向扁钢应紧贴砖筒壁,且每隔1.0m应采用钢筋与筒壁锚拉,下端应锚固在基础或深入地面500mm以下的圈梁内;环向扁钢应与竖向扁钢焊牢。

11.1.5.4 扁钢构套应采取防腐措施。

11.1.6 钢筋混凝土套加固钢筋混凝土烟囱时,应符合下列要求:

11.1.6.1 混凝土的强度等级不应低于C20。

11.1.6.2 套的厚度,当浇注施工时不应小于120mm;当喷射施工时不宜小于80mm。

11.1.6.3 竖向钢筋直径不宜小于12mm,其下端应锚入基础内;环向钢筋直径不应小于8mm,其间距不应大于250mm。

11.1.6.4 套的施工宜符合本规程第6.3.3.4款的有关规定。

表11.1.5 扁钢构套的竖向和环向扁钢

烟囱高度 (m)	烈度	场地类别	竖向扁钢 根数	竖向扁钢 规格(mm)	环向扁钢(mm) 规格	环向扁钢(mm) 间距
30	7	Ⅰ～Ⅳ	8	-60×8	-30×6	2000
	8	Ⅰ～Ⅳ	8	-80×8		
	9	Ⅰ、Ⅱ	8	-80×8		
40	7	Ⅰ～Ⅳ	8	-60×8	-60×6	2000
	8	Ⅰ～Ⅳ	8	-80×8		
	9	Ⅰ、Ⅱ	8	-80×8		
50	7	Ⅰ～Ⅳ	8	-60×8	-60×6	1500
	8	Ⅰ～Ⅳ	8	-80×8		
	9	Ⅰ、Ⅱ	8	-80×10		

注:本表适用于砖强度等级为MU10,砂浆强度等级为M5的砖烟囱。

11.1.7 地震时有倒塌伤人危险且无加固价值的烟囱应拆除。

11.2 水 塔

11.2.1 本节适用于砖和钢筋混凝土筒壁式和支架式独立水塔,其容积和高度应符合现行国家标准《建筑抗震鉴定标准》GB 50023—95第11.2节的有关规定。

11.2.2 水塔不符合鉴定要求时,可选择下列加固方法:

11.2.2.1 容量不大于50m³的砖石筒壁水塔,7度或8度Ⅰ、Ⅱ类场地时可采用扁钢构套加固,容量等于或大于50m³的砖石筒壁水塔,当为7度或8度Ⅰ、Ⅱ类场地时可采用外加钢筋混凝土圈梁和柱或钢筋砂浆面层加固,当为8度Ⅲ、Ⅳ类场地或9度时可采用钢筋混凝土套加固。

11.2.2.2 砖支柱水塔，当为7度或8度Ⅰ、Ⅱ类场地且高度不超过12m时可采用钢筋砂浆面层加固。

11.2.2.3 钢筋混凝土支架水塔，当为8度Ⅲ、Ⅳ类场地或9度时可采用钢构套或钢筋混凝土套加固。

11.2.2.4 7度Ⅲ、Ⅳ类场地或8度时的倒锥壳水塔或9度Ⅲ、Ⅳ类场地的钢筋混凝土筒壁水塔，可采用钢筋混凝土内、外套筒加固；套筒应与基础锚固并应与原筒壁紧密连成一体。

11.2.2.5 水塔基础倾斜，应纠偏复位；对整体式基础尚应加大其面积，对单独基础尚应改为条形基础或增设系梁加强其整体性。

11.2.3 按本节规定加固水塔时，遇到下列情况应进行抗震验算。

（1）当为8度Ⅲ、Ⅳ类场地或9度时，采用钢筋混凝土套或钢构套加固的砖石筒壁水塔和钢筋混凝土支架水塔；

（2）当为7度Ⅲ、Ⅳ类场地或8度时，采用钢筋混凝土套筒加固的倒锥壳水塔；

（3）当为9度Ⅲ、Ⅳ类场地采用钢筋混凝土内、外套筒加固的钢筋混凝土筒壁水塔。

11.2.4 采用扁钢构套加固水塔砖筒壁时，应符合下列要求：

11.2.4.1 扁钢的厚度不应小于5mm。

11.2.4.2 竖向扁钢不应少于8根，并应紧贴筒壁，下端应与基础锚固；环向扁钢间距不应大于1.5m，并应与竖向扁钢焊牢。

11.2.4.3 扁钢构套应采取防腐措施。

11.2.5 外加钢筋混凝土圈梁和柱加固水塔砖筒壁时，应符合下列要求：

11.2.5.1 外加柱不应少于4根，截面不应小于300mm×300mm，并应与基础锚固；外加圈梁可沿筒壁高度每隔4~5m设置一道，截面不应小于300mm×400mm。

11.2.5.2 外加圈梁、柱的主筋不应少于4ϕ16，箍筋不应小于ϕ8，间距不应大于200mm；梁柱节点附近的箍筋应加密。

11.2.6 采用钢筋砂浆面层加固水塔的砖筒壁或砖支柱时，应符合下列要求：

11.2.6.1 砂浆的强度等级不应低于M10，面层的厚度宜为40~60mm。

11.2.6.2 加固砖筒壁的纵向和环向钢筋直径均不应小于8mm，间距不应大于250mm。

11.2.6.3 加固砖柱的面层应四周设置，每边不应少于3ϕ10的竖向钢筋，箍筋直径不应小于6mm，间距不应大于250mm。

11.2.6.4 加固的纵向钢筋应与基础锚固。

11.2.7 采用钢筋混凝土套加固水塔的砖筒壁或钢筋混凝土支架时，应符合下列要求：

11.2.7.1 套的厚度不宜小于120mm，并应与基础锚固。

11.2.7.2 宜采用细石混凝土，强度等级不应低于C20。

11.2.7.3 加固砖筒壁的竖向钢筋直径不应小于12mm，间距不应大于250mm；环向钢筋直径不应小于8mm，间距不应大于300mm。

11.2.7.4 加固混凝土支架时，不应少于4ϕ12的纵向钢筋，箍筋直径不应小于8mm，间距不应大于200mm。

11.2.8 角钢构套加固钢筋混凝土水塔支架的设计及施工，宜符合本规程第6.3.2条的有关规定，并应喷或抹水泥砂浆保护层。
11.2.9 地震时有倒塌伤人危险且无加固价值的水塔应拆除。

附录 A 本规程用词说明

A.0.1 为便于在执行本规程条文时区别对待，对要求严格程度不同的用词说明如下：
（1）表示很严格，非这样做不可的：
正面词采用"必须"，反面词采用"严禁"。
（2）表示严格，在正常情况下均应这样的
正面词采用"应"，反面词采用"不应"或"不得"
（3）表示允许稍有选择，在条件许可时首先应这样的
正面词采用"宜"或"可"，反面词采用"不宜"。
A.0.2 条文中指定必须按其他有关标准、规范执行的写法为"应符合……的规定"。

附加说明

本规程主编单位、参加单位和主要起草人名单

主 编 单 位：中国建筑科学研究院
参 加 单 位：机械部设计研究院、同济大学、国家地震局工程力学研究所、北京市房地产科学技术研究所、冶金部建筑科学研究总院、清华大学、四川省建筑科学研究院、铁道部专业设计院、上海建筑材料工业学院、陕西省建筑科学研究院、辽宁省建筑科学研究所、江苏省建筑科学研究所、西安冶金建筑学院
主要起草人：李德虎　李毅弘　魏琏　王骏孙　杨玉成　戴国莹　徐建　刘惠珊　张良铎　谢玉玮　朱伯龙　吴明舜　宋绍先　柏傲冬　高云学　霍自正　楼永林　徐善藩　那向谦　刘昌茂　王清敏

中华人民共和国行业标准

建筑抗震加固技术规程

JGJ 116—98

条 文 说 明

前　言

根据原城乡建设环境保护部"1984年全国城乡建设科技发展计划"的要求,由中国建筑科学研究院会同全国有关单位共同编制的《建筑抗震加固技术规程》JGJ 116—98经建设部以建标［1998］169号文批准发布。

为便于广大设计、科研、施工,教学等有关单位人员在使用本规程时能正确理解和执行条文规定,编制组按《建筑抗震加固技术规程》中章、节、条的顺序编制了该条文说明,供使用人员参考。在使用中如发现本条文说明有欠妥之处,请将意见寄中国建筑科学研究院工程抗震研究所。

目　次

1 总则 …………………………………………………… 1826
3 基本规定 ……………………………………………… 1827
4 地基和基础 …………………………………………… 1828
5 多层砌体房屋 ………………………………………… 1829
　5.1 一般规定 ………………………………………… 1829
　5.2 加固方法 ………………………………………… 1829
　5.3 加固设计及施工 ………………………………… 1829
6 多层钢筋混凝土房屋 ………………………………… 1830
　6.1 一般规定 ………………………………………… 1830
　6.2 加固方法 ………………………………………… 1830
　6.3 加固设计及施工 ………………………………… 1831
7 内框架和底层框架砖房 ……………………………… 1831
　7.1 一般规定 ………………………………………… 1831
　7.2 加固方法 ………………………………………… 1832
　7.3 加固设计及施工 ………………………………… 1832
8 单层钢筋混凝土柱厂房 ……………………………… 1833
　8.1 一般规定 ………………………………………… 1833
　8.2 加固方法 ………………………………………… 1833
　8.3 加固设计及施工 ………………………………… 1833
9 单层砖柱厂房和空旷房屋 …………………………… 1834
　9.1 一般规定 ………………………………………… 1834
　9.2 加固方法 ………………………………………… 1834
　9.3 加固设计及施工 ………………………………… 1834
10 木结构和土石墙房屋 ………………………………… 1835
　10.1 木结构房屋 …………………………………… 1835
　10.2 土石墙房屋 …………………………………… 1836
11 烟囱和水塔 …………………………………………… 1836
　11.1 烟囱 …………………………………………… 1836
　11.2 水塔 …………………………………………… 1836

1 总 则

1.0.1 地震中建筑物的破坏是造成地震灾害的主要原因。现有建筑相当一部分未考虑抗震设防，有些虽考虑了抗震，但由于历史原因，并不能满足抗震要求，因此，对现有经抗震鉴定不满足设防要求的建筑采取抗震加固是减轻地震灾害的重要途径。我国对现有建筑的抗震加固是非常重视的，特别是自唐山地震以来，抗震加固工作取得了巨大成就，据建设部抗震办公室统计，自1977年到1989年底，全国共加固了2.15亿多平方米的建筑，用于抗震的经费共33.5亿元。经过加固的工程，有的已经受了地震的考验，证明了抗震加固与不加固大不一样，抗震加固确是保障生产发展和人民生命安全积极而有效的措施。

近年来我国在加固方面开展了大量的试验研究取得了系统的研究成果，并在实践中积累了丰富的经验。从当前抗震加固工作面临的任务以及所具备的条件来看，迫切需要制订一部适合我国国情，并充分反映当前技术水平的抗震加固技术规程，以便使建筑抗震加固做到经济、合理、有效、实用。经济就是要在现有经济条件下，根据国家有关抗震加固方面的政策，按照规定程序进行审批，严格掌握加固标准；合理就是要在加固设计过程中根据现有建筑的实际情况，从提高结构整体抗震能力出发，综合提出加固方案；有效是建筑达到预定加固目标的重要保证，加固方法要根据具体条件选择，施工要严格按要求进行，一定要保证质量，特别要采取措施减小对原结构的损伤以及加强对新旧构件连接效果的检查；实用就是抗震加固可结合建筑的维修改造在经济合理的前提下，改善使用功能，并注意美观。

现有建筑的抗震加固的目标，与《建筑抗震鉴定标准》GB 50023—95保持一致。到目前为止，这一目标仍然符合我国的国情，并符合现有建筑的特点。这一目标比新建建筑的设防要求为低。

1.0.2 本规程适用的烈度为6~9度。对于6度区仍然有相当震害，并且近年来不少强震发生在6度区，造成很大损失。因此对6度区现有建筑进行抗震加固是必要的，但6度区的抗震加固尚应符合国家抗震主管部门有关6度区抗震加固的专门规定。

根据国家关于抗震加固的政策，已按抗震规范（TJ 11—78）、设计和鉴定标准（TJ 23—77）加固的建筑，不再进行抗震加固。

1.0.3 建筑的抗震加固要依据现行国家标准《建筑抗震鉴定标准》的要求，指的是：

① 抗震鉴定是加固的前提，鉴定与加固前后连续；

② 现有建筑不符合抗震鉴定的要求时，按现行国家标准《建筑抗震鉴定标准》第3.0.7条的规定，可采取"维修、加固、改造和更新"等抗震减灾对策，本规程是需要加固（包括全面加固、配合维修的局部修复加固和配合改造的适当加固）时的专门规定；

③ 本规程各章与现行国家标准《建筑抗震鉴定标准》的各章有密切的联系，凡有对应关系可直接引用的内容，按技术标准编写的规定；本规程的条文均不再重复，需与《建筑抗震鉴定标准》配套使用。

1.0.4 抗震加固，应根据建筑的重要性和使用要求，按照抗震鉴定时采用的类别进行抗震加固设计。

1.0.5 本规程对现有建筑抗震加固设计和施工的重点问题和特殊要求作了明确具体的规

定，凡是有具体规定时，应按本规程规定执行；对未给出具体规定而涉及其他设计规范的应用时，尚应符合相关规范的要求；材料性能和施工质量尚应符合国家有关质量标准、施工及验收规范的要求。

3 基 本 规 定

3.0.1 抗震鉴定结果是抗震加固的主要依据，但在抗震加固设计之前，仍应对建筑的现状进行深入调查，特别应查明建筑是否存在局部损伤等，对已存在的损伤应在抗震加固前进行专门分析，在抗震加固时一并加以考虑，以便达到最佳效果。同时也要考虑到，建筑物是否面临维修，或者从使用布局上近期需要进行调整，以及外观需要改善等因素，宜在抗震加固中一起进行处理，尽量避免抗震加固后，再行维修改造，损伤已有建筑。

3.0.2 震害及理论分析都表明，建筑的结构体型、场地情况以及构件受力状况，对建筑结构的抗震性能都有明显影响。抗震加固设计时，根据结构实际情况，正确处理好下列关系是改善结构整体抗震能力，使加固设计达到合理有效的重要途径。

（1）减小扭转效应：新增构件的设置或原有构件的加强，都应考虑对整个建筑扭转效应的影响，宜尽可能使加固后结构的重量和刚度分布比较均匀对称；现有建筑的体型往往是难以改变的，但结合建筑物的维修改造，将不利于抗震的建筑平面形状分割成规则单元仍然是有可能的。

（2）减小场地反应：加固方案宜考虑建筑场地情况和现有建筑的类型，尽可能选择能减小地震反应的加固体系，避免加固后结构的自振周期与场地卓越周期吻合。

（3）改善受力状况：抗震加固设计时，应注意防止结构的脆性破坏，避免结构的局部加强使结构强度和刚度发生突然变化；框架结构经加固后宜尽量消除强梁弱柱不利于抗震的受力状态。

（4）加强薄弱部位的抗震构造措施：震害表明，不同类型结构相接处，由于两种不同结构地震反应的不协调、互相作用，震害较大；房屋的局部凸出部分易产生附加地震效应等；对于这些抗震的薄弱部位，在加固设计时，可适当采取加强构造的措施。

抗震加固时，新、旧构件之间的可靠连接是保证加固后结构能整体协同工作的关键。对于一些主要构件的连接，本规程提出了具体要求，应按要求执行；对于某些部位的连接，本规程仅提出一般要求，未给具体方法，设计者可根据实际情况参照相关规定自行设计。新增的抗震墙、柱等竖向构件，不仅要传递垂直荷载，而且也是直接抵抗水平地震作用的主要构件，因此，这类构件应自上至下连续并落到基础上，不允许直接支承在楼层梁板上。对于基础埋深和宽度，除本规程各章有具体规定外，新设墙柱的基础应根据计算确定，贴附于原墙柱的加固面层、构架的基础深度，一般宜与原构件相同。女儿墙、门脸、出屋顶烟囱等非结构构件虽对主体结构的抗震性能影响不大，但由于这类构件易于倒塌伤人，或砸坏建筑物，因此与主体结构应有可靠连接，当不符合要求时也应加固，对于能拆除、拆矮的，宜首先拆除、拆矮，或改为轻质材料或栅栏。

3.0.3 抗震加固设计，一般情况应在两个主轴方向分别进行抗震验算；验算时，应根据加固后结构的实际情况采用相应的计算图式。但对下列两种情况，可不作加固后的抗震验算：

（1）6度和符合本规程各章不需验算条件的结构。与抗震鉴定标准相同，本规程对这些结构从构造上提出了明确要求是能达到设防目标的。

（2）按照抗震鉴定标准的要求进行局部抗震加固的结构，当加固后结构刚度和重力荷载的变化分别不超过加固前的10%和5%时，可不再进行抗震验算。

本规程在总结现有实践经验的基础上，经过理论分析验证，在有关的章节提出了一些实用简化的方法，便于应用，并有足够精度，能较好的解释现有建筑的震害。符合这些简化方法的应用条件时，可优先采用。通常情况下也可按《建筑抗震设计规范》的原则进行验算，但应注意两点：

（1）应将《建筑抗震设计规范》中的"承载力抗震调整系数"改用本规程中的"抗震加固的承载力调整系数"替代。这个系数是在抗震承载力验算中体现现有建筑抗震加固标准的重要系数，其取值与《建筑抗震鉴定标准》中抗震鉴定的承载力调整系数相协调，并保持了鉴定标准（TJ 23—77）的延续性。

（2）结构构件承载力的计算，应根据加固后的情况按本规程各章规定的方法或原则进行。

4 地基和基础

4.0.1 本章与建筑抗震鉴定标准第4章有密切的联系。该标准第4章明确：6度时，7度地基基础现状无严重静载问题时和8、9度不存在软弱土、饱和土或严重不均匀土层时，可不进行地基基础的抗震鉴定。故本章仅规定了存在软弱土、液化土、明显不均匀土层的抗震不利地段上不符合抗震鉴定要求的现有地基和基础的抗震处理和加固。

对抗震危险地段上的地基基础，需由专门研究确定。

4.0.2 抗震加固时，天然地基承载力的验算方法与《建筑抗震鉴定标准》的规定相同，公式不再重复；考虑地基的长期压密效应时，基础底面实际平均压力应按加固前的情况取值。

4.0.3 根据工程实践，将超过地基承载力10%作为不同的地基处理方法的分界，尽可能减少现有地基的加固工作量。

4.0.4 震害和试验表明，刚性地坪可很好地抵抗上部结构传来的地震剪力，抗震加固时可充分利用。

4.0.5 抗震加固时液化地基的处理要求低于设计规范，仅对液化等级为严重且对液化敏感建筑的现有地基采取抗液化措施。

4.0.6 本规程除采用提高上部结构抵抗不均匀沉降的能力外，列举了现有地基消除液化沉降的常用处理措施：

桩基托换，有树根桩、静压桩托换，轻型建筑也可采用悬臂式牛腿桩支托；

压重法和覆盖法，均利用加大对液化土层的压力来制约液化作用；

排水桩法，在室内地坪不留缝隙，在基础边1.5m以外利用碎石的空隙作为土层的排水通道，以减小土中的孔隙水压以防止地震时土的液化；排水桩的渗透性要比固结土大200倍以上，且不被淤塞；

旋喷法，适用于黏性土、砂土等，用来防止基础继续下沉，先用岩心钻钻到所需的深度，插入旋喷管，再用高压喷射边旋转注浆边提升，提到预定的深度后停止注浆并拔出旋喷管。

5 多层砌体房屋

5.1 一般规定

5.1.1 本章的适用范围，主要是按建筑抗震鉴定标准第5章进行抗震鉴定后需要加固的多层砖房等多层砌体房屋，故其适用的房屋层数和总高度不再重复，可直接引用的计算公式和系数也不再重复。

5.1.2 根据震害结果，对于不符合鉴定标准要求的房屋，抗震加固应从提高房屋的整体抗震能力出发，并注意满足建筑物的使用功能和同相邻建筑相协调，为了防止在抗震加固中出现局部刚度突变，要求加固楼层综合抗震承载力不超过下一楼层的抗震能力的20%，非承重或自承重墙体加固后不超过同一层楼层承重墙体的抗震承载力。

5.1.3 抗震加固和抗震鉴定一样，采用综合抗震能力指数作为衡量多层砌体房屋抗震能力的指标。不同的是，综合抗震能力指数的计算，要按不同的加固方法考虑相应的加固增强系数，并按加固后的情况取整体影响系数和局部影响系数，例如，

① 增设抗震墙后，横墙间距小于鉴定标准对刚性楼盖的规定值，取 $\psi_1 = 1.0$；

② 增设外加柱和拉杆、圈梁后，整体性连接的系数（楼屋盖、支承长度、圈梁布置和构造等）取 $\psi_1 = 1.0$；

③ 采用面层、板墙加固或增设窗框、外加柱的窗间墙，其局部尺寸的系数取 $\psi_2 = 1.0$；

④ 采用面层、板墙加固或增设支柱后，大梁支承长度的系数取 $\psi_2 = 1.0$。

5.2 加固方法

根据我国近10年来工程加固实践的总结，本节分别列举了抗震承载力不足、房屋整体性不良、局部易倒塌部位连接不牢时及房屋有明显扭转效应时可供选择的多种有效加固方法，要针对房屋的实际情况单独或综合采用。

5.3 加固设计及施工

5.3.1 水泥砂浆或钢筋网砂浆抹面层加固墙体的方法，国内许多单位进行过试验研究，提出了不少计算公式。根据实际工程加固经验，提出了砌筑砂浆 M0.4~M2.5 砌体加固时的增强系数。而高于 M2.5 以上砌筑砂浆强度等级的增强系数很小，接近于 1.0。抹面层砂浆只选用 M10 一种，其厚度为 20、30、40mm。一般水泥砂浆抹面层厚度为 20mm；而加钢筋网片抹面层厚度一般为 25~35mm，再厚已不经济。对于 M2.5 砂浆砌筑的砌体，试验结果表明，钢筋间距不宜太小或太大，以选用 300mm 为宜，这时其钢筋的作用才能发挥出来。

根据北京地区试验和现场检测，发现钢筋网抹面层竖筋紧靠墙面造成钢筋与墙面之间无粘结，形成薄弱部位，试验表明，5mm 空隙可加强粘结能力。

5.3.2 用现浇钢筋混凝土墙加固砌体房屋，考虑混凝土与砖砌体弹性模量相差比较大，混凝土不能充分发挥作用，同时因施工条件要求板墙厚度不小于120mm，因此混凝土强度等级选用较低。试验表明，加固后墙体的增强系数与原墙体砌筑砂浆强度等级有关，砂浆强度等级为 M2.5、M5.0 时，增强系数取 2.5；M7.5 时，取 2.0；M10 时，取 1.8。

5.3.3 新增砌砖或砌块抗震墙，均应有基础，为防止新、旧地基的不均匀下沉造成墙体的裂缝，根据工程经验，基宽应比计算加大 15%。在砖墙内加现浇钢筋细石混凝土带及钢筋网片的计算，系根据近 40 片墙体的对比试验结果提出，配筋砌体是综合许多单位大量试验提出的，增强系数可取 1.10~1.08。

5.3.5 外加现浇钢筋混凝土柱，在总结全国几百个外加柱加固的试验资料的基础上，提出外加柱抗震承载力的增强系数，外加柱对墙体承载力提高只适用于 M2.5 以下砂浆强度等级砌筑的墙体，外加柱的断面和配筋不必过大。

5.3.6 外加现浇钢筋混凝土圈梁及钢拉杆的规定，根据加固研究成果经过整理而成。圈梁断面配筋，拉杆直径按外墙墙体外甩原理计算得出；同时对圈梁强调要留有泛水和滴水槽，已加固房屋因无泛水和滴水槽造成尿檐的很多，给广大住户造成后患。

外加柱、圈梁与墙体的连接宜选用现浇钢筋混凝土销键，对于用 M2.5 及 M2.5 以上砂浆砌筑墙体可采用其他连接的措施。外加柱与内横墙沿墙高 1/3、2/3 处用钢拉杆拉结。

6 多层钢筋混凝土房屋

6.1 一般规定

6.1.1 本章与建筑抗震鉴定标准第 6 章有密切联系，可直接引用的计算公式和系数不再重复。

6.1.2 多层钢筋混凝土房屋的加固，要从提高房屋的整体抗震能力出发，防止加固中形成楼层刚度、承载力分布不均匀和短柱、短梁、强梁弱柱等新的薄弱环节。

加固的总体决策上，可针对房屋的实际情况，侧重于提高承载力，或提高变形能力，或二者兼有；必要时，也可采用增设墙体、改变结构体系的集中加固，而不必每根梁柱普遍加固。

6.1.3 多层钢筋混凝土房屋加固后的抗震验算方法，与建筑抗震鉴定标准第 6 章规定的方法相同，即第二级鉴定的综合抗震能力指数方法和规范方法。但其中，结构的地震作用、构件的抗震承载力和构造影响系数，要根据加固后的实际情况，按本章的有关规定确定。

当按国家标准《建筑抗震设计规范》方法进行多层钢筋混凝土房屋的抗震验算时，除了承载力抗震调整系数应采用本规程抗震加固的承载力系数替换外，尚应注意其中的地震作用效应应按抗震等级三级的钢筋混凝土结构考虑，剪力增大系数取 1.0。

6.2 加固方法

6.2.1 本条列举了结构抗震承载力不足时可供选择的有效的加固方法。其中，

增设抗震墙会较大地增加结构自重，要考虑基础承载的可能性；

增设翼墙适合于大跨度时采用,以避免梁的跨度减少后导致剪切破坏;

粘贴钢板的方法是正在发展的新技术,其耐久性有待实践的进一步考察。

6.2.2 钢筋混凝土构件的局部损伤可能形成结构的薄弱环节。按本条所列举的方法进行局部修复加固,是恢复原有构件承载力的有效措施。

6.2.3 墙体包括砖填充墙和其他隔墙。对于砖填充墙与框架梁柱的连接,采用拉筋连接的方案比较有效。

6.3 加固设计及施工

6.3.1 在框架柱之间增设抗震墙或增加已有抗震墙的厚度,或在柱两侧增设翼墙,是提高框架结构抗震能力以及减小扭转效应的有效方法。增设抗震墙或翼墙的主要问题是要确保新增构件与原构件的连接,以便传递剪力。对于新、旧构件的连接,本规程根据目前情况提出了两种方法:一种是锚筋连接,这种方法需要在原构件上钻孔,锚筋需用环氧树脂一类的高强胶锚固,施工质量要求高;另一种是钢筋混凝土套连接,钢筋混凝土套连接是一种更适合我国当前施工水平的方法,目前在云南耿马一带抗震加固中得到应用,效果良好。此外,采用胀管螺栓连接,目前在日本比较普遍,经大量系统的试验证明效果是可靠的,但施工技术较为复杂,造价较贵;随着我国先进的施工机具的引进和改进,胀管螺栓连接的方法可加以推广应用;胀管螺栓的布置可参照对锚筋的要求。

增设抗震墙会较大地增加建筑自重,采用时要考虑基础承载的可能性;增设翼墙后梁的跨度减小,有可能形成梁的剪切脆性破坏,适合于大跨度结构采用。

6.3.2~6.3.3 框架梁、柱采用钢构套或钢筋混凝土套进行加固,是提高梁柱承载力,改善结构延性的切实可行的方法。梁柱采用角钢或钢筋混凝土套加固后抗震性能的试验研究证明,加固梁柱后能保证结构的整体性能。采用钢构套加固梁柱对原结构的刚度影响较小,可避免地震反应增加过大。

6.3.4 框架梁、柱采用粘结钢板加固的技术,应用比较方便,适用性强,很有发展前途。目前由于高强粘结胶的性能尚不稳定,老化耐久性有待进一步考察,因此应通过试点逐步采用,并在试用中应采用胀管螺栓将钢板与原结构锚固的加强措施。

6.3.6 墙体与框架梁柱的连接,本章提出的方法是简单可行的,适合于单独加强墙与梁柱的连接时采用。墙与梁柱的连接尽可能在框架结构的全面加固时通盘考虑,也可由设计人员根据抗震鉴定标准的要求,结合具体情况专门进行设计。

7 内框架和底层框架砖房

7.1 一 般 规 定

7.1.1 本章与建筑抗震鉴定标准第7章有密切联系,其最大适用高度及可直接引用的计算公式和系数不再重复。对于类似的砌块房屋,其加固也可参照。

7.1.2 针对内框架和底层框架砖房的结构特点,其加固的总体决策,除在房屋内部采取侧重提高承载力或增强整体性的加固方案外,许多单位的实践证明,在房屋外部增设附属结构,既可达到加固的目的,又可不影响原有的使用功能。

7.1.3 内框架和底层框架砖房加固后的抗震验算方法，与建筑抗震鉴定标准第7章规定的方法相同，即第二级鉴定的综合抗震能力指数方法和规范方法。但其中，结构的地震作用、构件的抗震承载力和构造影响系数，要根据加固后的实际情况，按本章的有关规定确定。

7.1.4 底层框架和底层内框架砖房的上部各层按多层砖房的有关规定进行加固的竖向构件需延续到底层。即，混凝土板墙、构造柱等需通过底层落到基础上，面层需锚固在底层的框架梁上，底层的框架和内框架，也需考虑上部各层加固后重量、刚度变化造成的影响。

7.2 加固方法

7.2.1 内框架房屋常遇到的抗震问题是抗震横墙间距超过规定或抗震横墙承载力不足，或外墙（柱）的承载力不足。针对这些问题，确定抗震加固方案时要遵守下列原则：

（1）内框架房屋抗震横墙间距未超过限值而承载力不足时，采用钢筋网砂浆面层加固可提高承载力并改善结构延性，而且施工比较方便；当原抗震墙承载力与设防要求相差较大时，也可采用钢筋混凝土板墙加固。

（2）内框架房屋抗震墙间距超过限值，或房屋横向抗震承载力不足时，应优先增设抗震墙，因为这种方法加固效果最好，抗震墙一般情况下可采用砖墙，当房屋楼盖整体性较好，且横向抗震承载力与设防要求相差较大时，也可采用钢筋混凝土抗震墙。

（3）内框架房屋在横向地震作用下，外纵墙（柱）的承载力不足时可采用钢筋混凝土壁柱加固。壁柱可以设在纵墙内侧或外侧，也可在纵墙内外侧同时增设。仅在纵墙外侧增设壁柱加固时，应采取措施加强壁柱与楼盖梁的连接。

7.2.2 本条列举了整体性不足时可供选择的加固方法：楼面现浇层、圈梁、外加柱和托梁等。

7.3 加固设计及施工

7.3.1 内框架和底层框架砖房采用面层、板墙和抗震墙进行加固的材料、构造、抗震验算及施工，直接引用了本规程第5章的有关规定。其中，参照抗震规范的规定，各方向的地震作用最好由该方向的抗震墙承担。

7.3.2 壁柱是适应内框架房屋特点的加固方法，本条较详细地规定了其布置、构造和计算。使用时注意：

1）壁柱与多层砖房的构造柱有所不同，壁柱要与砖柱（墙垛）形成组合构件，按组合构件进行验算；壁柱可单面或双面设置，与砖柱四周的钢筋混凝土套也有不同；

2）一般采用外壁柱，当需要保持原有的外立面时，才采用内壁柱；

3）抗震加固时，对多道抗震设防的要求比新建工程低，故加固后砖柱（墙垛），承担的地震作用少于规范的要求，墙体有效侧移刚度的取值比规范大些；此外，根据试验结果，提出了横墙间距超过规定值时加固后砖柱（墙垛）受力的计算方法；

4）作为简化，砖柱（墙垛）用壁柱加固后按组合构件计算其抗震承载力，考虑增设的部分受力滞后，其混凝土和钢筋的强度需乘以0.85的折减系数。

8 单层钢筋混凝土柱厂房

8.1 一 般 规 定

8.1.1 本章与建筑抗震鉴定标准第8章有密切联系，其适用范围相同。

8.1.2 钢筋混凝土厂房是装配式结构，加固的重点侧重于提高厂房的整体性和连接的可靠性。

8.1.3 厂房加固后，各种支撑杆的截面、阶形柱上柱的钢构套等，多数可不进行抗震验算；需要验算时，内力分析与抗震鉴定时相同，均采用规范的方法，构件的抗震承载力验算，牛腿的钢构套可用本章的方法，其余按规范的方法，但采用"抗震加固的承载力调整系数"替代规范的"承载力抗震调整系数"。

8.2 加 固 方 法

8.2.1 各种支撑布置不符合鉴定要求时，一般采取增设支撑的方法。

8.2.2 本条列举了天窗架、屋架和排架柱承载力不足时可选择的加固方法。

8.2.3 本条列举了各种连接不符合鉴定要求时可选择的加固和处理方法。

8.2.4 拆矮超高的女儿墙是消除不利抗震因素的积极措施。试验和地震考验表明：用竖向角钢加固超高女儿墙是保证裂而不倒的有效措施。当条件许可时可用钢筋混凝土竖杆代替角钢，有利于建筑立面处理和维护。

8.3 加固设计及施工

8.3.1 本条与建筑抗震鉴定标准第8.2节的鉴定要求相呼应，规定了不同烈度下Ⅱ型天窗架T形截面立柱的加固处理：节点加固、有支撑的立柱加固和全部立柱加固。

8.3.2 增设的竖向支撑宜与原有支撑采用同一形式。以利于地震作用的均匀分配，当全部为新增支撑时宜采用抗推刚度较好的W形，当支撑高度大于3m时，W形竖向支撑的腹杆较长，需要较大的截面尺寸，从经济上考虑，X形比较优越。

8.3.3 本条规定了采用钢构套加固排架柱各部位的设计及施工：

1. 柱顶的加固，参照现行国家标准《建筑抗震设计规范》GBJ 11—89中对柱顶抗剪箍筋的要求，考虑新建建筑与现有建筑抗震设防标准的差异，给出加固简图及加固构件选用表，该表适用于截面宽度不大于500mm的柱顶加固。

2. 有吊车的阶形柱的上柱底部或吊车梁顶标高处及高低跨的上柱在水平地震作用下容易产生水平裂断破坏。此种震害在8度区即较多，大于8度地区更严重。因此，9度区未经抗震设计的有吊车的阶形柱的上柱底部和高低跨柱上柱的底部均宜进行加固。

3. 支承低跨屋盖的牛腿不足于承受地震下的水平拉力时，不足部分由钢构套的钢缀板或钢拉杆承担，其值可根据牛腿上重力荷载代表值产生的压力设计值和纵向受力钢筋的截面面积，参照抗震规范第8章规定的方法求得。钢缀板、钢拉杆截面验算时，考虑钢构套与原有牛腿不能完全共同工作，将其承载力设计值乘以0.75的折减系数。本规程据此提供了不同烈度、不同场地的截面选用表，以减少计算工作。

8.3.4 采用钢筋混凝土套加固排架柱根部时，其抗震承载力验算的方法与规范相同，按偏压构件斜截面受剪承载力计算，公式不再重复，考虑到混凝土套的受力滞后于原排架柱，需将抗震承载力乘以 0.85 的折减系数。

8.3.5 增设柱间支撑时，需控制支撑杆的长细比，并采取有效的方法提高支撑与柱连接的可靠性。

8.3.6 表 8.3.6 系按材料为 Q235 角钢、C20 混凝土和 I 级钢筋得到的。

9 单层砖柱厂房和空旷房屋

9.1 一般规定

9.1.1 本章与建筑抗震鉴定标准第 9 章有密切联系，对多孔砖和煤渣砖砌筑的单层房屋的抗震加固，根据试验结果和震害经验，本章的规定可供参考。

9.1.2 本条强调了单层空旷房屋加固的重点。

砖柱（墙垛）加固后刚度增大，可能导致地震作用显著增加而加固后的抗震承载力仍然不足，需予以防止。

用轻质墙替换砌体的山墙山尖或将隔墙与承重构件间改为柔性连接等，可减少结构布置上对抗震的不利因素。

9.1.4 震害经验和研究分析表明，单层空旷砖房与其附属房屋之间的共同工作和相互影响是很明显的，抗震加固和抗震鉴定一样，需予以重视。

9.2 加固方法

9.2.1 提高砖柱（墙垛）承载力的方法，根据试验和加固后的震害经验总结，要根据实际情况选用：

壁柱和混凝土套加固，其承载力、延性和耐久性均优于钢筋砂浆面层加固，但施工较复杂且造价较高；

钢构套加固，着重于提高延性和抗倒塌能力，但承载力提高不多；适合于 7 度和承载力差距在 30% 以内时采用。

9.2.2 本条列举了提高整体性的加固方法。

9.2.3 砌体的山墙山尖，最容易破坏且因高度大使加固施工难度大；震害表明，轻质材料的山尖破坏较轻，特别在高烈度时更为明显；实践说明，山墙的山尖改为轻质材料，是较为经济、简便易行的。

9.3 加固设计及施工

9.3.1 本条规定面层加固砖柱（墙）的抗震承载力验算、构造及施工；

1. 计算组合砖柱的刚度时，是将加固面层与砖砌体视为整体考虑的，并包括面层中钢筋的作用。因为计算及试验均表明，钢筋的作用是显著的。

在 9 度地震的作用下，横墙和屋盖一般均有一定程度的破坏，房屋结构不可能具有空间工作性能，屋盖不能构成组合砖柱顶端的不动铰支点，因而在进行结构分析时，就采用所谓弹性方案；在8度地震作用下，房屋结构尚具有一定程度的空间工作性能，因而可以采用弹性和刚弹性两种计算方案。

必须指出，组合砖柱计算高度的改变，不会对抗震承载力的验算结果产生明显的不利影响。因为抗震承载力验算时，组合砖柱亦采用此计算高度。同时其弯矩和剪力亦应乘以考虑空间工作的调整系数。

2. 当T形截面砖柱翼缘的宽度与腹板宽度之比等于或大于5时，不考虑翼缘墙体将使砖柱刚度值减小20%以上，周期值延长10%以上，故按不考虑翼缘墙体算出之周期值，应乘以系数0.9予以减小。

当然，钢筋混凝土屋架等重屋盖房屋还应考虑柱顶节点固结的影响，需将按铰接排架算出之周期值再乘以系数0.9予以减小。

3. 因为水泥砂浆的拉伸极限变形值低于混凝土的同类值较多，因而易于出现拉伸裂缝。为了保证组合砖柱的整体性和耐久性，故规定砂浆面层内仅采用强度等级较低的Ⅰ级钢筋。

4. 对加固组合砖柱拉结腹杆的间距，拉结腹杆的横截面尺寸及其配筋等所作的规定，是考虑到使它们能传送必要的剪力，并使组合砖柱两侧的加固面层能整体工作。

9.3.2 用钢筋混凝土壁柱和钢筋混凝土套加固砖柱（墙垛），其构造和施工基本上与本规程第7章中内框架房屋的有关规定相同，加固后组合砖柱的抗震验算则需采用本节面层加固的相应方法。

震害表明，钢筋混凝土柱、砖柱等类似构件的破坏部位均在地坪上一定高度处，特别是在刚性地坪时，这是地坪对柱子嵌固作用的结果。因而对埋入刚性地坪内的柱子，其加固面层的基础埋深要求可适当放宽，即不要求其与原柱子的基础具有同样的埋设深度。

9.3.3 钢构套加固砖柱时，角钢及横向缀板规定的最小截面尺寸主要是考虑：①其本身应具用足够的刚度及强度，以控制砖柱的整体变形和保证钢构套的整体强度；②具有一定的腐蚀裕度，以保证其耐久性。

横向缀板的间距较钢结构中的相应尺寸大得多，是考虑到角钢肢杆并不要求充分发挥其承压能力，其次是角钢紧贴砖砌体，因而角钢肢杆不像通常的格构式组合钢柱中能自由地失稳。

10 木结构和土石墙房屋

10.1 木结构房屋

本节与建筑抗震鉴定标准第10.1节有密切的联系。主要适用于不符合其要求的穿斗木构架、旧式木骨架、木柱木屋架、柁木檩架和碉房的加固。

木结构房屋震害表明它是一种抗震比较好的结构形式，只要木构件不腐朽、严重开裂、拔榫、歪闪且与围护墙有拉结时，高烈度区仍有破坏轻微的实例。因此木结构房屋的加固重点是木结构的承重构架，只要震时构架不倒就会减轻地震造成的损失达到墙倒屋不塌的目标。

木结构房屋的加固方法包括：

(1) 对构造不合理木构架采取增设杆件的方法加固。
(2) 木架倾斜采用打榫拔正，增砌砖抗震墙措施。
(3) 木构件断面过细、腐朽、严重开裂，采用更换增设构件的方法加固。
(4) 木构件节点松动采用加铁件连接的方法加固。
(5) 木架与围护墙可采用加墙缆拉结的方法加固。

木结构房屋抗震加固中新增构件截面尺寸可按静载作用下选择的截面尺寸采取，新旧构件之间要加强连接。

10.2 土石墙房屋

本节与建筑抗震鉴定标准第10.2节有密切的联系。主要适用于6、7度时不符合其鉴定要求的村镇土石墙房屋的抗震加固。

土石墙房屋加固的重点是墙体的承载力和连接。侧重于采用就地取材、简易可行的方法，如拆除重砌，增附构件，设墙缆、铁箍、铅丝等拉结，用苇箔、秫秸等轻质材料替换土坯墙体等。

11 烟囱和水塔

11.1 烟囱

本节与建筑抗震鉴定标准第11.1节有密切的联系。主要适用于不符合其鉴定要求的砖烟囱和钢筋混凝土烟囱的抗震加固。

砖烟囱抗震承载力不足或砖烟囱顶部配筋不符合抗震鉴定要求时，可采用钢筋砂浆面层及扁钢构套加固。钢筋混凝土烟囱可采用喷射混凝土加固，砖烟囱也可采用喷射混凝土加固。喷射混凝土加固效果比较好，但常受施工机具等条件的限制，且混凝土浪费较多。扁钢构套加固中，扁钢厚度的规定，除满足抗震强度要求的因素外，还考虑了外界环境条件下钢材的锈蚀。采用以上两种方法都要求竖向钢筋或扁钢在烟囱根部有足够的锚固，如锚固不足，加固后的烟囱在地震时根部易产生弯曲破坏。

本节给出的钢筋网砂浆面层加固钢筋用量表及扁钢构套加固钢材用量表是对用MU10的砖、M5水泥砂浆砌筑的烟囱按抗震规范进行抗震承载力验算后提出采的，其中竖向扁钢的工作条件系数取0.6。

对于地震时有倒塌伤人危险且无加固价值的烟囱，当前还需使用时，应根据其烈度和烟囱高度划分危险区，危险区的范围为距筒壁10m左右。

11.2 水塔

本节与建筑抗震鉴定标准第11.2节有密切的联系。主要适用于不符合其鉴定要求的砖和钢筋混凝土筒壁式和支架式水塔的抗震加固。

本节中给出了钢筋混凝土筒壁式水塔、钢筋混凝土支架式水塔、砖砌筒壁式水塔及砖柱水塔的加固措施，主要有钢筋砂浆面层，钢筋混凝土套、扁钢构套、钢筋混凝土外加圈梁和柱等，其施工方法可参照本规程有关规定。

中华人民共和国行业标准

民用房屋修缮工程施工规程

The repairing construction code for civil builing

CJJ/T 53—93

主编单位：天津市房产住宅科学研究所
批准部门：中华人民共和国建设部
施行日期：１９９３年１１月１日

关于发布行业标准《民用房屋修缮工程施工规程》的通知

建标〔1993〕333号

根据建设部（89）建标计字第8号文的要求，由天津市房产住宅科学研究所主编的《民用房屋修缮工程施工规程》，业经审查，现批准为行业标准，编号CJJ/T 53—93，自1993年11月1日起施行。

本标准由建设部房地产标准技术归口单位上海市房屋科学研究所负责归口管理，主编单位负责具体解释等工作，建设部标准定额研究所组织出版。

中华人民共和国建设部
1993年5月3日

目　次

1 总则 …………………………………………………………… 1842
2 地基与基础工程 ……………………………………………… 1842
   2.1 一般规定 …………………………………………………… 1842
   2.2 地基加固 …………………………………………………… 1842
   2.3 基础扩大 …………………………………………………… 1843
   2.4 房屋纠偏 …………………………………………………… 1844
3 砖石砌体工程 ………………………………………………… 1845
   3.1 一般规定 …………………………………………………… 1845
   3.2 砖石墙拆砌 ………………………………………………… 1846
   3.3 砖墙剔砌 …………………………………………………… 1846
   3.4 砖墙掏砌 …………………………………………………… 1847
   3.5 砖墙掏拆洞口 ……………………………………………… 1847
   3.6 砖墙掏换防潮层（带） …………………………………… 1848
   3.7 砖砌体补强加固 …………………………………………… 1848
   3.8 外墙内表面结露维修 ……………………………………… 1850
4 混凝土结构工程 ……………………………………………… 1850
   4.1 一般规定 …………………………………………………… 1850
   4.2 新旧混凝土结合、新旧钢筋连接 ………………………… 1851
   4.3 混凝土板 …………………………………………………… 1852
   4.4 阳台、雨篷 ………………………………………………… 1853
   4.5 混凝土梁 …………………………………………………… 1853
   4.6 混凝土柱 …………………………………………………… 1854
   4.7 加设钢筋混凝土圈梁及钢拉杆 …………………………… 1855
   4.8 外加附壁柱 ………………………………………………… 1856
   4.9 压力灌浆修补裂缝 ………………………………………… 1856
   4.10 喷射水泥砂浆 …………………………………………… 1857
   4.11 建筑结构胶粘钢 ………………………………………… 1857
5 钢结构工程 …………………………………………………… 1858
   5.1 一般规定 …………………………………………………… 1858
   5.2 钢构件 ……………………………………………………… 1858
   5.3 钢结构的维护与防火 ……………………………………… 1859
6 木结构工程 …………………………………………………… 1860
   6.1 一般规定 …………………………………………………… 1860
   6.2 木梁 ………………………………………………………… 1860

	6.3 木屋架	1861
	6.4 木柱	1862
	6.5 其他木构件	1862
7	屋面及防水工程	1863
	7.1 一般规定	1863
	7.2 瓦屋面	1863
	7.3 卷材屋面	1865
	7.4 刚性屋面	1866
	7.5 屋面关键部位	1868
	7.6 屋面保温隔热层	1869
	7.7 屋面排水系统	1869
	7.8 外墙渗漏	1870
	7.9 地下室防水	1871
	7.10 厨房、卫生间地面渗漏	1872
8	装饰工程	1872
	8.1 一般规定	1872
	8.2 清水墙面	1873
	8.3 抹灰及饰面层	1873
	8.4 裱糊、油漆、涂料	1875
	8.5 玻璃	1876
	8.6 木装饰	1876
9	门窗工程	1876
	9.1 一般规定	1876
	9.2 木门窗	1877
	9.3 钢门窗	1877
	9.4 铝合金门窗	1878
	9.5 钢院门、栏杆、推拉折叠门	1878
10	楼面及地面工程	1878
	10.1 一般规定	1878
	10.2 垫层、找平层	1879
	10.3 面层	1879
11	水卫暖通工程	1880
	11.1 一般规定	1880
	11.2 给水管道	1880
	11.3 排水管道	1881
	11.4 卫生器具	1881
	11.5 采暖管道	1882
	11.6 采暖设备	1882
	11.7 采暖锅炉及附属设备	1883

11.8 通风管道 ·· 1884
12 电气工程 ·· 1886
  12.1 一般规定 ·· 1886
  12.2 照明线路 ·· 1886
  12.3 低压电器 ·· 1888
  12.4 照明灯具 ·· 1888
  12.5 防雷与接地装置 ·· 1889
附录A 环氧树脂粘合剂和环氧树脂胶泥配合比（重量比） ································ 1890
附录B 压力灌浆加固砖墙裂缝浆液配合比（重量比） ································ 1890
附录C 压力灌浆修补混凝土裂缝配合比（重量比） ································ 1891
附录D 浆液配合比（重量比） ·· 1892
附录E 本规程用词说明 ·· 1893
附加说明 ·· 1893

1 总　则

1.0.1 为了在房屋修缮工程施工中，贯彻执行国家的技术经济政策，做到技术先进、经济合理、安全适用、确保质量，恢复和提高现有房屋和设备的使用功能，延长房屋和设备的使用年限，制定本规程。

1.0.2 本规程适用于城镇现有民用低层和多层房屋的修缮工程施工。

1.0.3 房屋修缮工程施工，应按查勘设计编制施工组织设计或制定施工方案，合理利用旧料，缩短工期，少扰用户，并应符合下列规定：

1.0.3.1 修缮施工前，应对现有房屋的结构和修缮部位进行复查，发现不安全的结构和构件，应及时采取技术处理措施，确保安全。

受修缮施工影响的相邻设施和房屋，应先做妥善处理。

1.0.3.2 发现房屋现状与查勘设计不符或出现异常情况时，应与查勘设计部门研究修改设计后，方可施工。

1.0.3.3 修缮施工中，应按有关标准规定进行隐蔽工程质量验收后，方可进入下一工序施工。

1.0.4 房屋修缮工程施工及防火、防爆、防毒、防尘、防污染、劳动保护等，除应符合本规程外，尚应符合国家现行有关标准的规定。

2 地基与基础工程

2.1 一般规定

2.1.1 本章适用于地基补强、基础加固和房屋纠偏等修缮工程施工。

2.1.2 修缮施工前，必须具备下列资料：

（1）工程地质和水文地质资料；

（2）查勘设计图纸或说明；

（3）修缮施工工程附近的地下和空中管线图；

（4）修缮施工组织设计或施工方案及技术措施；

（5）必要的试验、检验资料。

2.1.3 修缮施工前，必须对上部承重结构采取技术措施，确保房屋完好和施工安全。

2.1.4 修缮施工过程中，必须加强观测、监护，发现建筑物有异常沉降、倾斜、开裂等情况时，应立即与查勘设计部门联系，采取紧急技术安全措施。

2.1.5 修缮施工，应有施工日志和建筑物的倾斜、裂缝、沉降记录。

2.1.6 地基、基础竣工验收后，应及时修复施工中损坏的相关工程项目。

2.2 地基加固

2.2.1 压密灌浆施工，应符合下列规定：

2.2.1.1 水泥浆配制，宜采用标号不低于325号的普通硅酸盐水泥。

2.2.1.2 拌合水泥浆应符合现行《混凝土拌合用水标准》的规定。使用非饮用水时，不应含有油脂、糖和悬浮物质等有害杂质，不得使用污水，pH值小于4的酸性水和硫酸盐含量超过0.10%，氯化物含量超过0.50%的水。

2.2.1.3 改善水泥浆的性能宜掺入外加剂，其掺量宜按表2.2.1.3选用。

表2.2.1.3 水泥浆外加剂掺量

名称	化学试剂	掺量（占水泥重%）
速凝剂	氯化钙	1～2
	硅酸钠	0.5～3

2.2.1.4 水泥浆的水灰比，宜采用1～2，并应进行过滤，颗粒不得大于0.1mm；浆液应具有良好的流动性，其扩散半径应达到查勘设计要求。

2.2.1.5 灌注程序应按查勘设计的孔径、深度、孔距，按照先外围孔，后内围孔的顺序一次钻好孔口管，接通输浆管后压浆；注浆压力不应小于0.30～0.60MPa；水泥浆凝结时间应控制在2～4h。必要时应先对压力、扩散半径、凝结时间等进行测试。

2.2.1.6 施工中，当压力不正常、不冒浆或冒浆量超过20%时，应会同查勘设计部门查明原因，采取相应措施。

2.2.1.7 注浆钻孔应按顺序编号。压浆灌注时，应做好时间、注入量、深度、压力等记录。

2.2.1.8 工程竣工，应由有资质的检测单位进行检测，取得书面报告，作为验收凭证。

2.2.2 锚杆静压桩施工，应符合下列规定：

2.2.2.1 压桩施工前应按查勘设计要求挖出基础坑清理干净，必要时做好排水处理。

2.2.2.2 桩孔洞宜用机械和人工配合开凿成倒喇叭形，位置准确。桩孔四角锚杆孔，宜用机械成孔，并必须与压桩架锚杆孔吻合。

2.2.2.3 抗拔锚杆应埋设在已钻孔的混凝土结构基础中，用环氧树脂粘合剂或环氧树脂胶泥粘结牢固，锚杆孔深不应小于锚杆直径的10倍，环氧树脂粘合剂和环氧树脂胶泥的配制，见附录A表A-1。

2.2.2.4 桩段制作，必须符合查勘设计和有关标准规定，端面应平整；上端应留有插筋孔，下端应伸出插筋。

预制桩分段接桩，应用硫磺砂浆锚固连接。硫磺砂浆的配合比及制作，见附录A表A-2。

2.2.2.5 压桩架应与锚杆固定牢靠，压桩时，千斤顶与桩轴线必须对应重合；压桩施工应保持各杆受力平衡对称进行。

2.2.2.6 压桩时不得中途停歇，应连续工作，当压桩达至1.5倍设计单桩承载力时，将桩与基础锚固。

2.2.2.7 桩与基础锚固前应把桩头及桩面凿毛，应把孔洞清洗干净，涂刷水泥浆，用早强微膨胀混凝土浇捣严实。

2.2.2.8 封孔时，混凝土应预留试块，当试块强度等级达到查勘设计要求时，方可卸荷。

2.3 基础扩大

2.3.1 基槽扩大，应按查勘设计放灰线确定开挖范围。

2.3.2 地下水位高于原基础基槽底面时,应先做好排水处理,保持基槽无水;并应做好地面排水,防止浸泡基槽。

2.3.3 加宽基槽的深度,不得超过原有房屋的基础底面,并不得挖松扰动槽底土质。

2.3.4 旧基础埋置较深,在挖宽基槽时,为防止塌方,应按规定放坡。如场地狭小或相邻建筑物基础较浅,应先打入挡土桩或板桩后,方可开挖基槽。

2.3.5 旧有基础的顶面和侧面与新基础连接处,必须凿毛粗糙,清洗干净,再刷界面剂,做到新旧基础结合牢固。

2.3.6 砖墙增加附壁柱扩大基础施工,应符合下列规定:

2.3.6.1 扩大基础的垫层宜与老基础的垫层底面齐平。

2.3.6.2 砖墙加设混凝土附壁柱,新老基础的接触面应凿毛,清理干净,放置钢筋,连接牢固。

2.3.6.3 砖墙加设砖附壁柱时,应分层用整丁砖与旧砖基础剔槽拉结。

2.3.7 用混凝土结构扩大砖条形基础,应符合下列规定:

2.3.7.1 基础底部垫层,应按本规程第2.3.6.1款进行。

2.3.7.2 按查勘设计在基础砌体上弹线,确定穿插连接钢筋位置,并做好标记。

2.3.7.3 按标记钻孔,并清净孔内浮灰。

2.3.7.4 用水泥砂浆将钢筋按位置固定填塞牢靠。

2.3.7.5 基础钢筋与连接筋绑扎牢固,支设模板,经检验合格后,方可浇筑混凝土。

2.3.8 穿墙梁加固条形基础,应符合下列规定:

2.3.8.1 加固基础的垫层,应与原条形基础垫层底部相平。

2.3.8.2 穿梁洞口位置、尺寸,应按查勘设计要求在基础墙上定位弹线标记,经复核无误后再剔凿。

2.3.8.3 挑梁和条形基础绑扎钢筋、支设模板,经检验合格后,方可浇筑混凝土。混凝土与基础墙洞口应振捣填塞严实,结合牢固。

2.3.8.4 基槽回填土和恢复地坪等,应在混凝土达到设计强度等级后进行。

2.3.9 钢筋混凝土独立柱基础扩大加固,应符合下列规定:

2.3.9.1 按查勘设计要求,凿除原独立柱和基础顶面、侧边的部分混凝土保护层,露出柱内主筋和基础钢筋,并将浮灰清除干净。

2.3.9.2 先做垫层,钢筋应与原有钢筋绑扎或焊接牢固;模板支设尺寸准确,稳定牢靠。

2.3.9.3 浇筑混凝土前,旧混凝土应浇水润湿,涂刷水泥浆或界面剂,浇筑混凝土,振捣密实,结合牢固。

2.3.9.4 混凝土浇筑后应加强养护,达到设计强度等级后,方可回填土。

2.4 房屋纠偏

2.4.1 房屋纠偏工程应编制施工方案,并多方案比较、优选,达到技术经济合理,安全可靠。

2.4.2 纠偏工程应设置观测点,并不少于6个,每天观测次数不得少于3次,并应有符合精度的完整记录。

2.4.3 纠偏施工前,必须检查机具、材料和人员等准备情况;清除复位的障碍物。

2.4.4 纠偏施工中，应确保上部结构的整体性，发现房屋有异常情况时，必须暂停施工，采取妥善的技术措施。

2.4.5 采用掏土纠偏施工，应符合下列规定：

2.4.5.1 组织安排好降水井点、设备和值班人员。

2.4.5.2 工作沟不应积水。

2.4.5.3 掏土孔不应大于 300mm×400mm，孔距不大于 1000mm。

2.4.5.4 在掏土前，应观测、记录房屋倾斜情况。

2.4.5.5 掏土应分次向进深进行，第一次掏挖进深宜为 1000mm 左右，以后的进深视沉降速度确定。应随挖随测量。

2.4.5.6 掏土孔应分单双两组编号，宜分段、间隔、对称，同步进行。

2.4.5.7 每天掏挖施工的沉降量控制在 5～10mm，确保安全。

2.4.5.8 沉降量达到查勘设计规定值，经验收合格后，应用石渣或中粗砂，将孔洞填塞密实。

2.4.5.9 工作沟应分层回填夯实。

3 砖石砌体工程

3.1 一般规定

3.1.1 本章适用于砖石砌体的拆砌、剔砌、掏砌、加固、掏换防潮层及结露维修等修缮工程施工。

3.1.2 砌筑所用材料，应符合国家现行有关标准。利用旧砖必要时应经检验符合查勘设计要求，方可使用。

3.1.3 砖石砌体修缮工程，应在基础（包括防潮层）工程检验符合要求，或经修复验收合格后，方可施工。

3.1.4 修缮施工前，应核查砌体的垂直度和标高；检查关联结构构件，必要时进行临时支撑加固，确保安全；对与修缮砌体相关联的管线、设备做必要的处理；对有保留价值的饰面，应仔细拆卸，妥善保管。

3.1.5 砖石砌体的拆砌、掏砌、剔砌、掏换防潮层及新旧砌体接槎，均应随时检查砂浆饱满度、表面平整度、垂直度和灰缝宽度，并及时校正。

3.1.6 剔砌、掏砌、掏换防潮层的新砌体最上一皮砖与原砌体相接的水平灰缝，应临时用楔撑开。填塞稠度 30～40mm 的 1:3 水泥砂浆严实，灰缝厚度不得小于 8mm。

3.1.7 拆砌的墙体，应按国家现行有关标准的规定留置脚手眼。剔砌、掏砌的砌体上不准剔掏或留置脚手眼。

3.1.8 清水墙勾缝前，应清除粘结的灰浆和污物，修补旧墙缝，应剔除灰缝中风化的灰浆，浇水湿润，用灰浆填实后，再勾补缝，新旧墙勾缝相接，应平顺，颜色基本一致，无灰浆毛刺。

毛石墙灰缝，应用水泥混合砂浆或水泥砂浆勾补。勾缝形式与原有墙面基本一致，并保持原有砌石组合的自然缝。

3.1.9 冬期施工期间，不宜进行临室外砖石砌体工程修缮施工。室内砖石砌体修缮施工，应有采暖、保温措施，确保砌筑砂浆和砖的温度在不低于+5℃条件下进行，并保证砂浆在硬化初期不得受冻。

3.2 砖石墙拆砌

3.2.1 拆除砖石墙体，应由上向下逐层进行，随拆随清，分类码放整齐，严禁整面墙体推、拉拆除。

3.2.2 砖墙拆砌应符合下列规定：

3.2.2.1 拆砌部分墙体，应留直槎，接缝设在墙面上；拆砌整面墙体应留大直槎，接缝设在拐向相邻墙体不小于500mm处；拆砌前后檐墙时，应在相连的内墙上留设中直槎；拆砌内墙时，应在与外墙相连处的内墙上，留设中直槎。

在原墙体上留置的砖槎，应顺直牢固，砖不得松动。

抗震设防地区，对新旧墙的连接构造，应按查勘设计要求施工。

3.2.2.2 拆砌整面墙体，应抄平设置皮数杆，根据砖的规格和原墙留槎，确定水平灰缝的厚度。为赶好水平灰缝，可在防潮层（带）上用水泥砂浆或细石混凝土找平。

拆砌部分清水墙体，应与原墙的组砌形式灰缝形式一致。

3.2.2.3 接槎砌筑前，应把原墙留槎清理干净，浇水湿润，将松动的砖剔砌整齐。

墙接槎，应砂浆饱满、平顺、垂直、大直槎，应进退层数一致，设立砖时，上下垂直顺线，阴阳角成90°八字相接，灰缝均匀。墙两端的大直槎，对称一致。

3.2.2.4 拆砌空斗砖墙的接缝，应设在实心墙体处，如原墙无实心墙体，宜拆砌整面墙，添加实心墙。

新添加的实心墙，应按国家现行有关标准的规定设置。

3.2.3 毛石墙拆砌应符合下列规定：

3.2.3.1 拆砌部分墙体，接缝可设在墙面上，宜沿裂缝留置斜槎或剔留直槎。拆砌整面墙，接缝设在拐向相邻墙上，宜沿裂缝留斜槎。

当转角处为砖砌体时，宜一并拆砌。

3.2.3.2 接槎砌筑前，应铲除灰浆泥垢及已风化开裂质地松散的毛石，清理干净，浇水冲净，砌筑毛石墙，应符合国家现行有关标准的规定。

3.2.3.3 新旧毛石墙接槎砌筑时，应选好毛石，做到凹凸自然吻合。毛石墙与砖墙连接处，应留大直槎，其毛石伸入砖墙槎内不小于120mm，接槎砂浆应饱满、平顺、垂直。

3.3 砖墙剔砌

3.3.1 砖墙剔砌适用于不小于一砖半厚的实心砖墙，剔换厚度不得超过半砖厚。

3.3.2 剔砌局部清水墙用砖的尺寸、色泽，应与原墙用砖基本一致。剔砌用砂浆应符合查勘设计要求。

3.3.3 剔砌前，应在墙面上画出剔砌范围、作业顺序和施工缝的位置。当剔砌整面墙时，应设置皮数杆。

3.3.4 按分段范围剔拆碱蚀、风化砖，应随剔拆随留槎，随清理干净，浇水湿润，剔砌时，应在墙面上挂立线，拉水平线，按原墙组砌形式砌筑，每隔4~5皮砖用整丁砖与旧墙剔槽拉结，其间距不大于500mm，坐浆挤实，新剔砌的砖墙与旧墙联结的竖缝，必须用砂浆填实，剔砌墙体，应砂浆饱满，新旧结合牢固，层数一致，墙面平整，灰缝交圈。

3.3.5 分段剔拆时，宜留直槎，接槎应平顺，灰缝砂浆饱满严实。

剔砌墙体至最上一皮砖时，应坐浆推灰就位，把内侧竖缝挤实。剔砌墙与旧墙相接水平灰缝，应按本规程第3.1.6条规定填塞严实。

3.4 砖墙掏砌

3.4.1 砖墙掏砌，应编制修缮施工方案，在保证原有房屋结构和修缮施工安全的条件下，可选用有支撑或无支撑掏砌修缮施工。

3.4.2 掏砌施工前，应在墙面上画出分段位置、编号及掏砌的顺序。掏砌时，应采用分段、间隔、间歇作业方法。

无支撑掏砌段的作业宽度，应按查勘设计要求施工。

3.4.3 掏砌前，应抄平设置皮数杆，先掏砌墙的大角，挂立线，分段拉水平线，控制灰缝厚度、墙面平整度、垂直度。掏拆时，应按本规程第3.2.2.1条规定留设接缝和槎子。

3.4.4 砌筑时，应摆砖，按皮数杆砌筑，各砌筑段宜留直槎。每日掏拆高度，应当天砌完。砌筑砂浆标号应符合查勘设计要求。

3.4.5 掏砌一个楼层时，宜分几次掏砌到顶，间歇作业的水平施工缝，应支撑牢固，次日再继续掏砌。

3.4.6 分段掏砌的墙体接槎，应清理干净，浇水湿润，接槎砂浆饱满、平顺，灰缝一致。

3.4.7 掏砌墙至最上一皮砖的上缝，应符合下列规定：

3.4.7.1 一砖墙，按本规程第3.1.6条规定填塞严实。

3.4.7.2 一砖半以上的墙，应先把中间砖上缝填塞严实后，再砌外皮，上缝应按本规程第3.1.6条规定填塞严实。

3.5 砖墙掏拆洞口

3.5.1 掏拆门窗洞口，用双过梁法施工，应符合下列规定：

3.5.1.1 掏拆前，应在墙的两面弹放过梁及门窗洞口的位置线，施工时，应先由一侧剔拆过梁洞口，深度为墙厚的1/2。过梁支座处应清理干净，浇水湿润。就位的过梁，标高符合设计要求，上缝用稠度30~40mm的1:3水泥砂浆填塞严实。按同法将另一侧过梁安装好。

过梁下洞口的砌体，应由上而下逐层掏拆规整。

3.5.1.2 门窗框安装应牢固、垂直、方正，周边的砖墙槎，用水泥砂浆填抹规整牢固。当清水砖墙时，尚应把门窗框两侧的墙槎，抹平做好假灰缝。

3.5.2 掏拆大洞口或整面墙施工，应编制施工方案。可采用以下修缮方法施工；

当上部为钢筋混凝土楼板时，宜用短柱法掏拆施工；

当上部为木楼板时，宜用托梁法掏拆施工。

3.5.3 短柱法掏拆施工，应符合下列规定：

3.5.3.1 掏拆施工前，应在墙的两面弹线，标明新加结构构件位置。掏拆施工时，应按先基础、壁柱、梁，再掏拆洞口的顺序进行。

多层楼房掏拆施工，应从上层开始逐层加作壁柱和梁。当上一层新加壁柱、梁的混凝土不低于设计强度等级50%时，方可掏加下一层的梁（柱）。掏拆洞口砌体，应从上向下逐层进行。

3.5.3.2 掏拆的壁柱及短柱洞口，应方正、顺线，壁柱洞口的墙槎，及短柱洞口的底部，应用水泥砂浆抹平，找好标高，其抹灰质量应达到作为壁柱侧模，梁的底模技术要求。

3.5.3.3 壁柱的支模位置、尺寸应准确，竖向垂直，多层楼时，尚应上下层对应顺直。

3.5.3.4 金属短柱应垂直支撑在墙的中心线上，顶紧支牢上部结构，经检查符合要求后，方可掏通洞口间的砌体。

3.5.3.5 梁底模（砖墙上平）轴线，应对准上部墙体的轴线，砖墙的上平可用水泥砂浆抹平。

3.5.3.6 浇筑混凝土，宜用机械振捣，先浇筑壁柱，后浇筑梁，梁的上部与楼板接触的缝隙，必须填塞严实。

3.5.4 托梁法施工，应符合下列规定：

3.5.4.1 掏拆施工前，在墙的两面弹线标明新加结构构件位置。掏剔托梁及承重梁入墙的洞口位置，应准确、方正，墙两侧新加的承重梁的底模标高，应水平一致，穿墙托梁的钢筋，必须压在承重梁的主筋上。

3.5.4.2 多层楼的壁柱支模，应上下对应顺线垂直。

3.5.4.3 浇筑混凝土，宜用机械振捣，按先壁柱、托梁，后承重梁的顺序进行，承重梁应从上部向下两侧同步浇筑，承重梁的混凝土浇筑高度，应高出木搁栅（木龙骨）底皮不小于10mm。

3.5.5 新加的结构混凝土达到设计强度等级，方可掏拆梁下的砖砌体。

3.6 砖墙掏换防潮层（带）

3.6.1 掏换防潮层（带），应编制施工方案，在保证原有房屋结构和修缮施工安全的条件下，可采用无支撑掏换防潮层（带）。

3.6.2 掏换防潮层（带），应采用分段、间隔、间歇作业方法。

3.6.3 新掏换的防潮层（带），宜设在与室内地面同一标高处，掏换段的作业长度，必须符合查勘设计要求，掏拆高度宜为3~5皮砖。

3.6.4 掏拆施工段洞口，应连续作业，随掏拆随清理干净，浇水湿润。

换防潮层（带）时，应分段拉水平线，预制混凝土条板防潮层（带），应坐浆饱满，接口严实做好隔潮；油毡防潮层（带）的接口，应粘结严密，砌至最后一皮砖的上缝，按本规程第3.4.7条规定填塞严实。

新掏换的防潮层（带）应做到平直顺线。

3.7 砖砌体补强加固

3.7.1 压力灌浆补强砖墙裂缝，应符合下列规定：

3.7.1.1 修缮施工前，应检查墙体裂缝的走向、宽度、深度，并应编制施工方案。

3.7.1.2 压力灌浆的浆液，宜选用掺悬浮剂的悬浮水泥浆。根据墙体裂缝宽度、浆液使用范围选定配比。浆液的配合比见附录B表B-1～表B-3。

配制成的浆液入罐前，应过筛，筛孔为1.25mm。

3.7.1.3 压力灌浆补强，应按标定灌浆孔眼、钻孔做灌浆嘴、封堵裂缝、灌水、压力灌浆等顺序进行。

3.7.1.4 灌浆孔距，宜按以下间距：

当裂缝宽度为1mm以下的细微缝时，孔距为200～300mm。

当裂缝宽度为1～5mm的中缝时，孔距为300～400mm。

当裂缝宽度为5～15mm的粗缝时，孔距为400～500mm。

3.7.1.5 灌浆前，应铲除沿砌体裂缝两侧10～20mm宽的抹灰层或污物，并吹净孔眼及裂缝内的碎砖灰粉，达到缝隙通畅，并在墙体通裂缝的顶端，设排气孔眼。

裂缝靠近砌体尽端的墙体，应进行临时支撑加固。

封缝，应严密、牢固，并注入压力为0.2～0.3MPa的适量清水，再进行灌浆作业。

3.7.1.6 灌浆，应分两次进行，压力控制在0.2～0.25MPa。第一次由下向上逐孔灌注，间隔约30min。第二次从上往下补沉灌浆。灌浆，应做到全部裂缝浆液饱满、密实，粘结牢固。混水墙面，应补抹平整；清水墙面，应做好灰缝，恢复原墙面貌。

3.7.2 砖柱外包钢筋混凝土或抹钢筋网水泥砂浆加固，应符合下列规定：

3.7.2.1 加固前，应拆除砖柱上的管线和装饰层，检查柱根。剔砌损坏的砖，除净裂缝内的粉尘，并充分浇水湿润。

3.7.2.2 用外包钢筋混凝土加固，支模前应在柱根处找平，弹放柱的中心线及定位线，绑扎的钢筋应与砖柱固定牢靠，控制好位置和保护层，模板应垂直顺线支设牢固。

3.7.2.3 外包混凝土宜用机械振捣坍落度在50～70mm。上部与楼板接缝，应用干硬性混凝土填塞严实。强度等级符合查勘设计要求。

3.7.2.4 抹钢筋网水泥砂浆加固，宜选用325～425号硅酸盐水泥或普通硅酸盐水泥。砂浆稠度在70～80mm。强度等级应符合设计要求。抹水泥砂浆必须分层作业，每层厚度10～15mm。当前层水泥砂浆初凝后，再抹次层。其面层应符合抹灰质量等级标准。

3.7.2.5 外包钢筋混凝土及抹水泥砂浆加固面层，应按有关规定养护。

3.7.3 抹钢筋网水泥砂浆面层加固砖墙，应符合下列要求：

3.7.3.1 加固前，应拆除墙体上的管线和装饰层，剔砌损坏的砌体，将裂缝剔凿成"V"形槽，墙面耕缝，清理干净，充分浇水湿润。

水泥砂浆，应采用325～425号硅酸盐水泥或普通硅酸盐水泥，砂浆稠度在70～80mm，强度等级符合查勘设计要求。

3.7.3.2 穿墙和过楼板的钢筋孔洞，宜用机钻成孔。穿墙锚固钢筋与墙应固定牢靠。钢筋绑扎应横平竖直，并与锚固筋绑牢。纵向钢筋伸入地面下长度，及上部贯通楼板位置，应符合设计要求。

3.7.3.3 基层处理、管线、预埋件经检验合格后，方可抹面。严禁把管线埋在加固层内或加固后再剔凿。抹水泥砂浆，必须分层作业，其厚度10～15mm。当前层水泥砂浆初凝后，再抹次层；应全部罩抹住钢筋网，并有适当保护层，其面层应符合抹灰质量等级标准。

3.8 外墙内表面结露维修

3.8.1 外墙内表面结露，采用内侧加保温层，其保温层材料的品种、规格等，应符合查勘设计要求。

3.8.2 加保温层前，应先处理维修好墙面、门窗洞口及各种管线、预埋件，经检验合格后，再做保温层。

3.8.3 加抹保温灰浆层，应符合下列要求：

3.8.3.1 墙的内表面抹灰层基本完好，无空鼓开裂时，应清净原墙面的粉刷浆皮。当原有墙面抹灰层损坏、空鼓、开裂时，应重新铲抹平整。

　　混凝土墙面，应清理干净，宜涂刷界面剂后，再抹保温灰浆。

3.8.3.2 保温灰浆，宜用膨胀珍珠岩、胶结材和附加剂控制而成，应做到既符合保温要求粘结牢固，又便于施工操作。

3.8.3.3 珍珠岩保温灰浆，宜用机械搅拌，先加水搅拌，再投入珍珠岩保温干料。严格控制搅拌时间，为1.5~2min。灰浆稠度控制在75~85mm，保温灰浆宜随搅拌随用。

3.8.3.4 珍珠岩保温灰浆，应分层按普通抹灰操作工艺抹成。其分层间隔时间控制在15~30min，整个墙面应连续作业，其面层应符合抹灰质量等级标准。

3.8.4 贴砌黏土珍珠岩砌块，应符合下列要求：

3.8.4.1 贴砌前，应清净原墙面的粉刷浆皮，并刷打粗糙，喷水湿润，原墙面损坏空鼓、开裂的，应重新铲抹平整。

3.8.4.2 贴砌时，应在墙面上挂立线，拉水平线，贴墙砌筑，砌块应错缝压搭，横竖缝宽度不大于5mm。墙面应平整、垂直、灰浆饱满、粘结牢固。

　　新砌珍珠岩保温层，经检验合格后，方可抹面层灰，并符合抹灰质量等级标准。

3.8.5 拼装保温纸面石膏板，应符合下列要求：

3.8.5.1 保温纸面石膏板的保温层厚度，应符合设计要求。根据现场实测尺寸摆拼看缝，再将石膏板锯成所需的尺寸。

3.8.5.2 拼装前，应清除墙面的浮土、杂物和凸起处。在墙面上弹放横竖线，标明拼缝冲筋位置。

3.8.5.3 冲筋应按放线位置抹水泥砂浆或粘贴石膏板条，宽度不小于60mm，其厚度应满足空气层间隙要求，冲筋应做到横平竖直，在同一垂直平面上。

3.8.5.4 保温纸面石膏板拼装，板间竖缝为6mm，用嵌缝胶粘结刮平。板面应粘结牢固，接缝无错台，平整垂直，上下缝粘堵严实。

3.8.5.5 板面应刮腻子找平，按设计做好踢脚板和饰面。

4 混凝土结构工程

4.1 一般规定

4.1.1 本章适用于混凝土板、梁、柱及加设圈梁、钢拉杆、附壁柱等修缮工程施工。

4.1.2 进场的原材料、成品、半成品的质量检验评定，应按国家现行标准进行。

水泥标号不宜小于 325 号的硅酸盐水泥或普通硅酸盐水泥，砂子宜用中粗砂。粗骨料最大粒径不宜大于 20mm。

4.1.3 填塞缝隙用混凝土，宜用微膨胀混凝土。

4.1.4 被加固构件的旧钢筋，当不明其钢筋的材性时，应作机械性能试验；必要时，应作化学成分检验。

4.1.5 修缮施工前，应根据查勘设计、结构类型和施工环境设备等制定施工方案；修缮施工中设置的各种顶撑，须待混凝土达到设计强度等级后，方可拆除。

4.1.6 修缮施工中拆除的各种材料，应及时整理、清运，不得任意堆积，施工荷载不得超过原结构的使用荷载。

4.1.7 剔凿作业前，应准确核查剔凿作业对结构的影响，查明、避开或保护好预埋的管线与钢筋。

4.1.8 树脂混凝土、微膨胀混凝土、喷射砂浆或在混凝土中掺用外加剂时，必须在施工前进行试配并检验其强度，工程使用化学浆液时，应在施工前进行浆液组成试配，达到查勘设计及施工要求后，方可应用。

4.1.9 混凝土宜用机械振捣密实；人工浇筑时，应确保浇筑振捣密实。

4.2 新旧混凝土结合、新旧钢筋连接

4.2.1 旧混凝土结合面的处理，新旧混凝土应紧密结合，共同工作，并应符合下列规定：

4.2.1.1 旧有混凝土构件表面的抹灰、饰面层、油污及灰尘等，应清除干净。

4.2.1.2 旧有混凝土构件表面酥松、起壳时，应剔凿至露出坚实新槎。

4.2.1.3 新旧混凝土连接面边缘处，旧混凝土应剔成直角。旧有混凝土结合面，应进行凿毛处理，表面清刷干净，用压力水冲洗干净。

4.2.2 旧有混凝土构件，应提前一天充分浇水，保持湿润（不得有积水）直至浇筑新混凝土为止。在冬期浇筑混凝土时，结合面处的旧混凝土表面，应用热水冲洗湿润。

4.2.3 旧混凝土结合面使用界面剂时，应按界面剂的有关技术要求施工，并均匀涂刷于结合面处。

4.2.4 混凝土构件局部缺陷修补，其旧混凝土的结合面，应先剔除损坏松散部分，作凿毛处理，用压力水冲洗干净，浇水浸湿不少于 12h，浮水清除干燥后，表面涂刷界面剂。浇筑混凝土捣固密实。当缺陷较深时，应分层浇筑。

4.2.5 新旧混凝土结合处，应覆盖浇水养护不少于 14d，不得早期脱水或过早经受振动，其养护温度，应保持在摄氏 5℃以上。

4.2.6 新旧钢筋焊接前，应按查勘设计剔凿出原有结构构件的钢筋，应清除旧钢筋上的污物、锈蚀及其周围的松散混凝土等。

4.2.7 外露钢筋与周围混凝土的间隙净空，应比修补混凝土的骨料最大粒径大 6mm。

4.2.8 加固钢筋与原有受力钢筋焊接时，搭接处旧有钢筋，应打磨出原有金属本色。新旧钢筋通过连接短筋焊接时，应用电弧焊。

4.2.9 新旧钢筋的连接短钢筋或 Z 字形钢筋，其双面焊接长度不应小于 5 倍钢筋直径。连接钢筋直径应根据保护层实际厚度确定，梁、柱连接短筋直径不宜小于 20mm，板连接

短筋不宜小于12mm，并确保新加受力钢筋顺直。

4.2.10 焊接受力钢筋前，应采取相应卸荷措施或临时支撑，逐根、分段、间隔进行焊接。应保证焊接牢靠，并注意对周围混凝土的保护。焊接后，应及时清除焊渣及受焊接影响损坏的混凝土。

4.3 混 凝 土 板

4.3.1 浇筑混凝土加固层前，应按查勘设计要求检查新加钢筋的间距、直径、保护层和预埋件等，确保混凝土浇筑过程中钢筋位置准确。

4.3.2 新浇筑加固混凝土与新加受力钢筋伸入支座，应符合查勘设计要求。当支座为砖墙时，应间隔剔出洞槽，支座处的砖屑、粉尘等，应清除干净。浇筑混凝土前，支座处的砖砌体，必须充分浇水湿润。支座处应与所联接部分的混凝土同时浇筑，振捣密实。

4.3.3 钢筋锈胀混凝土板露筋修补，应符合下列规定：

4.3.3.1 清除钢筋锈胀处松散、离鼓的混凝土，应沿钢筋长度方向剔除至钢筋与混凝土结合牢固处，剔凿时不得损坏钢筋与混凝土的粘结。

4.3.3.2 钢筋应按本规程第4.2.6条规定除锈去污，当钢筋焊接时，应按本规程第4.2.7～4.2.9条规定对构件钢筋进行电焊补强。

4.3.3.3 用丁苯水泥砂浆修补，应先在构件和钢筋表面涂刷一遍丁苯水泥浆。涂刷丁苯水泥浆与补抹第一层丁苯水泥砂浆的时间，不宜超过20min。

丁苯水泥砂浆一层补抹厚度以8～12mm为宜。待前层稍干后，再补抹次层，补抹面层时，表面应压实抹光。

丁苯水泥砂浆硬化前，表面应避免接触水。

配制丁苯水泥砂浆，必须按规定拌合搅拌，并应在3～4h内用完。

丁苯水泥浆及丁苯水泥砂浆配合比，应符合表4.3.3.3的要求。

表4.3.3.3 丁苯水泥浆及丁苯水泥砂浆配合比（重量比）

名称	水泥	砂子	丁苯胶乳	水
丁苯水泥浆	1.0	—	0.5	0.25～0.4
丁苯水泥砂浆	1.0	2.0	0.20	0.27

4.3.4 在板下进行整体式补强时，应符合下列规定：

4.3.4.1 旧钢筋与连接钢筋焊接前，应按连接钢筋位置凿掉原有钢筋保护层，长度不小于9倍钢筋直径，宽度不小于4倍钢筋直径。

4.3.4.2 钢筋焊接经检验合格后，方可进行下道工序。

4.3.4.3 用喷射混凝土施工时，应喷射均匀、牢固。

4.3.4.4 在板面钻孔浇筑时，其孔间距不宜大于500mm，支设模板应平整、严实、稳定、牢固；宜采用流动性较大的混凝土，并振捣密实。

4.3.5 在板上进行整体式补强，宜用流动性较低的混凝土，振捣密实，拍平出浆，压实抹光。

4.3.6 用现浇混凝土加固预制多孔板时，应符合下列规定：

4.3.6.1 剔凿前，多孔板应支顶牢靠。

4.3.6.2 应按多孔板拼缝及沟槽的准确位置剔凿，并轻剔轻凿，不得剔伤板肋损坏钢筋。
4.3.6.3 圆孔内及板面应冲洗干净，并涂刷水泥浆一遍。
4.3.6.4 圆孔内钢筋，应垫起5～10mm。
4.3.6.5 浇筑细石混凝土，应同时浇筑圆孔内和板面混凝土，振捣密实。

4.4 阳台、雨篷

4.4.1 板面加厚增加受力钢筋时，应符合下列规定：
4.4.1.1 阳台、雨篷应先支撑牢靠，确保施工安全。
4.4.1.2 板面的抹灰面层，应剔凿清除干净。板根部位的裂缝，应剔凿成"V"形沟槽，其深度应大于原裂缝的深度。
4.4.1.3 按查勘设计要求新增受力钢筋的位置准确，焊接绑扎平直、牢固，增补钢筋宜成组布置。
4.4.1.4 浇筑混凝土前，将阳台、雨篷和墙洞，应充分浇水浸湿，板面、墙洞处混凝土浇筑密实。

4.4.2 阳台、雨篷利用原钢筋重新浇筑混凝土，应符合下列规定：
4.4.2.1 原阳台、雨篷根部剔出凹槽应规整，入墙尺寸应符合查勘设计要求。
4.4.2.2 原有钢筋上粘结物，必须清除干净，钢筋调整顺直，绑焊牢固。
4.4.2.3 支设模板尺寸、标高准确，规整牢固。
4.4.2.4 浇筑混凝土振捣密实，确保钢筋位置准确，并浇水养护。

4.5 混凝土梁

4.5.1 混凝土梁加大截面支模前，应将梁的表面和顶棚抹灰层铲除；梁棱角打成直边不小于20mm的八字形，处理干净，按查勘设计要求剔出部分钢筋。

4.5.2 在梁下增厚或围套补强时，应符合下列规定：
4.5.2.1 梁下增厚补强时，梁底除凿毛外，还应间隔500mm，凿出宽50～70mm，深20～30mm的沟槽。
4.5.2.2 梁新加钢筋伸入两端支座的长度及支座处梁的断面尺寸，必须符合查勘设计要求。
4.5.2.3 在梁下增厚补强时，宜用"U"形模板，并应在混凝土终凝前拆除侧模，梁两侧多余的混凝土应轻轻剔除、抹平。
　　围套补强时，梁的侧面和顶部剩余的空隙，应用干硬性混凝土强制填塞严实。
4.5.2.4 梁上的楼板钻孔浇筑混凝土时，其孔距可为500mm，钻孔不得切断原有钢筋。
4.5.2.5 混凝土宜用坍落度70～90mm的细石混凝土。混凝土应捣固密实，浇筑后板孔应填实整平。

4.5.3 混凝土梁下用角钢补强时，应符合下列规定：
4.5.3.1 梁的表面按本规程第4.2.1～4.2.3条规定处理干净，梁面和角部缺损处，应用水泥砂浆修补平整，角部成小圆角。
4.5.3.2 角钢与缀板等应调直、除锈，与角钢接触的混凝土表面应抹1:2水泥砂浆，角钢与混凝土应贴附严密。

4.5.3.3 螺栓套箍连接时，螺栓孔应在灌注膨胀水泥浆后立即拧紧螺栓，并将螺帽与垫板焊接。

4.5.4 梁用预应力水平拉杆或下撑式拉杆的加固，采用横向张拉法或垂直方向张拉法，应符合下列规定：

4.5.4.1 钢托套、锚具等，宜在施工现场焊制、存放；钢拉杆应调直成型，几何尺寸准确，并认真检查螺杆、螺帽符合要求。

4.5.4.2 预应力拉杆端部的传力构件，应符合质量要求。锚固部位附近凿开处，应用不低于原构件强度等级的细石混凝土修补规整。钢托套与原构件的空隙，宜用不低于M10的水泥砂浆填塞严实，拉杆端部与预埋件或钢托套等连接焊缝，经检查合格后方可进行下道工序。

4.5.4.3 用预应力水平拉杆加固时，张拉量的控制，应先适当拧紧螺栓，再逐渐放松至拉杆基本平直而不松弛、弯垂时，停止放松，此时读数为控制横向张拉量的起点，并画出标志。

4.5.4.4 用下撑式拉杆加固，当用一道拉紧器张拉达不到规定应力时，应用两道拉紧器或通过加设专用撑棍达到要求，撑棍应左、右对称布置，两个螺栓应同步旋紧。

4.5.4.5 用下撑式拉杆加固时，支承垫板应塞在跨中梁底与拉杆的空隙中，再由跨中移至拉杆弯折处敲打压实。

4.5.4.6 垂直方向张拉时，宜用螺丝杆或千斤顶，当用千斤顶时，应先拧动拉紧器上的螺帽，将千斤顶位置固定。

4.5.4.7 张拉时，应严格控制拉杆张拉量或应力，达到查勘设计规定值后，停止张拉。

4.5.4.8 张拉结束后，螺栓应至少露出一道丝扣，并宜用点焊将拉紧器上的螺帽固定。各铁件应做好防锈、防火处理。

4.5.5 用U形箍对梁斜截面加固，应符合下列规定：

4.5.5.1 原梁的斜裂缝冲洗干净后，再灌入水泥浆或其他胶结剂封闭。

4.5.5.2 划线标定各加固件位置、尺寸。

4.5.5.3 加固钢垫板应先用环氧树脂与梁粘结固定。环氧树脂完全固化后，方可拧紧螺栓。

楼板穿孔应用强度等级不低于M15水泥砂浆填塞密实，抹压平整。

4.5.6 梁钢筋锈胀露筋，应按本规程第4.3.3条规定处理。

4.6 混 凝 土 柱

4.6.1 柱外包钢筋混凝土围套加固时，应符合下列规定：

4.6.1.1 按查勘设计沿柱根开挖基槽，拆移原柱和基槽内的管线设施。

4.6.1.2 在原基础钻孔洞内插筋，插筋周围空隙不应小于4mm，并用环氧树脂浆固定，4~24h内不得再行敲击、扭转及拔动。

4.6.1.3 支设柱围套模板时，应预留进灰口与清扫口。为固定模板，应在柱套竖筋上点焊长度与混凝土厚度相等的短筋，其两端分别顶于原柱面与模板上，每侧模板上、下各不少于两根。

4.6.1.4 柱套混凝土，应分层连续浇筑，不得留施工缝。每层浇筑高度为300mm，并振捣密实。

4.6.1.5 柱端与梁、板之间的联结，必须按查勘设计要求施工。柱围套顶部与梁、板之间预留30mm高的空隙，以干硬性混凝土强制填塞严实。

4.6.2 柱外包型钢加固时，应符合下列规定：

4.6.2.1 柱表面必须铲除抹灰层，柱角打成八字形，清洗干净，浇水湿润，补抹平整，角钢与柱之间应抹1:2水泥砂浆，柱角部抹成小圆角，角钢与柱贴附严密。

4.6.2.2 钢缀板应在角钢夹紧后焊牢，应上下轮流焊接。用螺栓套箍连接时，应将螺母与垫板焊接。

4.6.2.3 按查勘设计做好保护层或刷防锈漆。

4.6.3 柱钢筋锈胀露筋时，应按本规程第4.3.3条规定处理。

4.7 加设钢筋混凝土圈梁及钢拉杆

4.7.1 外加混凝土结构圈梁，应符合下列规定：

4.7.1.1 按查勘设计在墙面上弹线，标出外加圆梁及增设的相关构件和联结件的位置（如钢拉杆、销键等）。

4.7.1.2 外加圈梁范围内，墙体的酥碱层、抹灰饰面层及油污等，应清除干净。

4.7.1.3 圆梁遇水落管等管线时，应将管线局部拆移，不得将管线埋入圈梁内。

4.7.1.4 圈梁与原有钢筋混凝土梁端部联结时，应与原梁钢筋焊接。

圈梁沿钢筋混凝土挑檐板、雨罩或阳台下皮设置时，如查勘设计无明确规定，应在这些构件上每隔1m凿一个尺寸为150mm×150mm的洞口，剔凿孔洞时，不得损伤原构件的钢筋，洞孔内应设竖向吊筋与圈梁钢筋连接。

4.7.1.5 浇筑混凝土前，模板内的杂物应清理干净。墙体与模板应充分浇水湿润。

4.7.1.6 圆梁混凝土应连续浇筑，必须留施工缝时，宜留在距圈梁两支点的1/3处。施工缝应留直槎，二次浇筑混凝土前，应处理好施工缝接槎。

4.7.1.7 浇筑圈梁拐角、销键及圈梁与构造柱相交处的混凝土时，应加密振点保证振捣密实。

4.7.1.8 拆模，应及时拆除临时设置的联结件，墙面上孔眼应用水泥砂浆堵严抹压平整。

4.7.1.9 圈梁的顶面，应抹水泥砂浆泛水，底面做滴水线槽。

4.7.2 外加型钢圈梁时，应符合下列规定：

4.7.2.1 安装前，型钢应调直除锈进行防锈处理。

4.7.2.2 型钢圈梁上的孔眼，应根据查勘设计和墙面上各联结件（螺栓等）的实际间距钻打。

型钢与墙体应联结牢固，其间的缝隙，应用干硬性水泥砂浆填塞严实、平整。

4.7.3 增设钢拉杆加固时，应符合下列规定：

4.7.3.1 钢拉杆应用Ⅰ级钢筋，钢拉杆使用前应调直除锈，花篮螺丝的直径应同钢拉杆直径配套使用。

4.7.3.2 标出钢拉杆穿墙孔眼位置，孔眼应使用机械钻孔，每根钢拉杆应在同一水平线上，并平行于相邻墙面。

4.7.3.3 钢拉杆长度在6m以内时，不应有接头（花篮螺丝除外）。长度超过6m时，允许有一个接头，长度超过12mm时，允许有两个接头，接头宜用帮条焊接。

4.7.3.4 钢拉杆应先试安，各道墙的孔眼应在同一直线上，拉杆应平直，如试装不符合要求，适当扩孔或调整穿墙孔的位置后，重新安装。

4.7.3.5 钢拉杆端部埋入外加混凝土附壁柱或圈梁内时，须待混凝土强度达到设计强度等级时，方可旋紧花篮螺丝，旋紧程度以拉杆能保持平直，不下垂，不松动为准。

4.7.3.6 安装后，应复查全部钢拉杆，如有松动应将花篮螺丝或端部螺母旋紧。花篮螺丝丝扣应涂刷防锈漆。

4.8 外加附壁柱

4.8.1 按查勘设计要求在墙面上弹线标出附壁柱和与外加圈梁、联结件交接的位置及基槽线等，并进行校核。

4.8.2 按本规程第4.7.1条规定处理墙体、面层、管线和设施等。

4.8.3 必须在柱基础施工验收合格后，方可进行附壁柱施工。

4.8.4 附壁柱的竖向钢筋，每层内应保持连续，上下层柱钢筋接头的搭接位置，应在每层圈梁顶面以上部位。

4.8.5 附壁柱穿过阳台、雨篷或挑檐板时，剔凿洞口尺寸应与附壁柱断面相同，剔凿洞口时，不得损伤构件的钢筋。

4.8.6 混凝土应分层连续浇筑振捣，每层浇筑高度不应大于50mm。振捣棒应插入下层混凝土内不小于50mm，销键部位，必须振捣密实。

4.9 压力灌浆修补裂缝

4.9.1 灌浆前，应根据裂缝的部位、性质、大小，确定灌注方案。

4.9.2 裂缝灌浆前的处理，应符合下列规定：

4.9.2.1 表面处理法：裂缝宽度小于0.3mm时，其两侧20～30mm范围内的抹灰、松散层及油污等，应清理干净，并保持干燥。

4.9.2.2 凿槽法：裂缝宽度大于0.3mm时，应将裂缝剔凿成"V"形沟槽，其宽与深度，应根据裂缝深度及有利于封缝确定。

4.9.2.3 清除裂缝内碎屑和粉末，当使用甲基丙烯酸类浆液时，保持裂缝内部干燥。

4.9.3 埋设灌浆嘴，对用表面处理法处理的裂缝，应埋设灌浆盒或灌浆嘴；"V"形沟槽裂缝，宜用灌浆嘴。

在裂缝交叉处，较宽处和端部等部位，均应埋设灌浆嘴（盒）。当裂缝宽度小于1mm时，埋设间距为350～500mm；当裂缝宽度大于1mm时，为500～1000mm。在一条裂缝上，必须有进浆嘴和出浆嘴。

灌浆嘴，应骑缝用环氧胶泥或水泥砂浆粘结固定在预定位置上。

4.9.4 封闭裂缝时，对不凿槽的裂缝，宜用厚度约1mm的环氧胶泥封缝或环氧树脂粘贴1～3层玻璃丝布封缝；"V"形沟槽裂缝，宜用水泥砂浆封缝。

以上各封缝方法，均应在封缝前，沿裂缝两侧涂刷一层环氧树脂基液，保证封缝可靠，不得有鼓泡、气孔与波纹。

4.9.5 封缝胶泥或水泥砂浆达到一定强度后，应进行充气试压，发现漏气，及时修补。

4.9.6 浆液应按浆材配方及配制工艺严格进行，其配制数量，应根据进浆速度及凝固时间确定。

4.9.7 灌浆时，应符合下列规定：

4.9.7.1 灌浆前，应检查灌浆机具，保证正常运行。

4.9.7.2 灌浆应从裂缝的一端至另一端。灌浆时，应待下一个排气嘴出现浆液时，关闭进浆嘴，依次顺序进行。

化学灌注压力为 0.2MPa，水泥浆灌注压力为 0.4~0.8MPa。灌浆时，压力应逐渐升高，达到规定压力后，使压力保持稳定。

灌注水泥浆时，第一次压浆初凝后，应进行二次压浆。

常用灌浆材料及配合比，见附录 C 表 C-1~表 C-3。

4.9.7.3 当吸浆率小于 0.1L/min 时，再继续灌注数分钟，即可停止灌浆。

4.9.7.4 灌浆结束后，应检查补强效果与质量，发现问题及时补救，灌浆管道等应及时拆除，冲洗干净。灌化学浆液时，应用丙酮等将管道与设备冲洗干净。

4.9.8 浆液初凝不外溢时，拆下灌浆嘴（盒），应及时抹平封口。

4.9.9 化学灌浆施工，必须遵守现行有关安全及劳动保护规定。

4.10 喷射水泥砂浆

4.10.1 喷射水泥砂浆用砂，应用坚固的中砂或粗砂，细度模数宜大于 2.5，含水率宜控制在 5%~7%。

4.10.2 喷射作业前，必须清理干净被加固构件表面抹灰及松散混凝土、油污等，并用高压风和水将构件表面的浮渣等吹洗干净，按查勘设计要求绑孔焊接钢筋，并确保施工中钢筋位置准确。

4.10.3 水泥、砂应按配合比拌合均匀，并进行试喷。

4.10.4 喷射时，喷头与受喷面应垂直，保持喷射面平整，无干斑或滑移流淌等。

4.10.5 喷射水泥砂浆初凝后，应立即将被加固构件表面刮抹平整，并及时养护。

4.11 建筑结构胶粘钢

4.11.1 建筑结构胶粘钢加固构件，必须由专业技术队伍施工，严格按施工工艺进行，符合防火及劳动保护有关规定，及时做好施工记录。

4.11.2 粘贴钢板前，应对被加固构件进行卸荷或临时支撑。

4.11.3 旧有混凝土结构构件的强度等级不应小于 C13，其结合面应打磨粗糙，表面平整，清理干净，保持干燥，对湿度较大的构件，应进行人工干燥处理。

4.11.4 钢板，必须整形调平，做除锈粗糙处理，直至出现金属光泽，其打磨纹路应与钢板受力方向垂直，钢板应随处理随用。

4.11.5 粘贴钢板前，应先在混凝土面与钢板面用丙酮擦洗干净。

4.11.6 建筑结构胶应有产品合格证，并在有效使用期内。

按结构胶使用说明书配制胶液，搅拌均匀，并在规定时间内用完。每次配胶量以一次用完为限。宜用机械进行搅拌，搅拌容器必须洁净，连续搅拌时，必须将前一次余胶清除干净；人工搅拌时，应保持按同一方向进行。

4.11.7 粘贴时，应同时把胶液均匀抹涂混凝土面和钢板面上。再将钢板平整地粘贴在被加固的混凝土上，发现不密实时应剥下重贴。

4.11.8 粘合后，应立即施加 0.05～0.10MPa 的压力，以使胶液从钢板边缝挤出为度。
加压应根据被加固构件的形状、尺寸，用特制的夹具夹紧或顶撑固定牢靠。

4.11.9 当结构胶完全固化后，方可拆除夹具或顶撑，不得早拆，不得在加固件上进行焊接等高温作业。

4.11.10 粘贴的钢板经检查粘结密实牢靠，对重要的加固工程，应对结构构件抽样进行使用荷载试验。

4.11.11 加固后，钢板表面应做水泥砂浆保护措施。

5 钢结构工程

5.1 一般规定

5.1.1 本章适用于钢结构构件加固、维护工程施工。

5.1.2 钢材、连接材料（如焊条、焊剂、焊丝、螺栓、铆钉）和涂料等，均应有质量合格证书，并符合查勘设计和国家现行有关标准的规定。

5.1.3 修缮施工前，应对原有钢结构构件进行核查，制定修缮施工方案，保证修缮施工中结构稳定和安全。

5.2 钢构件

5.2.1 修缮施工前，必须清除被加固构件表面的污物和锈蚀，露出金属本色。

5.2.2 矫正钢构件，宜在常温冷加工。矫正变形杆件，应逐渐加力，在矫正最后阶段，达到查勘设计要求消除的变形时，应恒压保持 10～15min。杆件矫直后，应检查有无损伤和裂纹。

5.2.3 结构构件有位移、变形时，应先修复后加固，加固施工时，应先点焊固定装配好全部加固零配件，再加固结构最薄弱的部位和应力较高的构件，凡能立即起补强作用，并对原断面强度影响较小的部位，应先施焊。

5.2.4 焊接加固，必须符合现行《建筑钢结构焊接规程》焊接工艺标准，并对焊缝质量进行检查。

5.2.5 加固施工时，不得改变构件的截面形心轴位置，防止焊接变形，加固后的构件，应采取防锈措施。

5.2.6 加固结构构件时，应采取卸荷和临时支撑措施，严格控制被加固结构构件及其连接杆件的应力。

5.2.7 结构构件拆卸加固时，必须先对原结构构件进行临时支撑再拆卸，使被加固构件完全卸荷，确保拆卸后的整个结构稳定和安全。

5.2.8 卸掉屋架承受的荷载或设置临时支撑时，应根据查勘设计和施工方案对屋架进行验算，并注意杆件应力的变化，当个别杆件强度或稳定性不足时，应在卸荷前予以加固。

5.2.9 钢构件焊接加固，应符合下列规定：

5.2.9.1 加固实腹梁，应先下翼缘，后上翼缘。

5.2.9.2 加固屋架结构，应先下弦，后上弦。

5.2.9.3 加固腹杆，应先焊两端的节点，后焊中段的间段焊缝。

5.2.9.4 加固檩条，应间隔施焊，不得在杆件横轴方向施焊，若沿两条轴向缝施焊时，应先后错开3~7mm。

5.2.9.5 加固节点板上腹杆的焊缝，应先补焊端部缝，加厚焊缝时，必须从原焊缝受力较低的部位开始施焊。

5.2.9.6 加固抗弯强度不足的钢梁，应先下部，后上部，从跨中向两边对称进行。

5.2.9.7 用钢筋混凝土加固钢柱时，应将部分箍筋末端焊在钢柱上或在箍筋与钢柱之间加焊短筋。

5.2.10 更换铆钉时，应先更换损坏严重的。局部更换，宜用气割割除铆钉头，不得损伤结构件。取出铆钉，若有错孔、椭圆孔、孔壁倾斜等情况，宜用高强螺栓加固；当用铆钉或高强螺栓修复时，应消除上述孔洞的缺陷，并按查勘设计直径增大一级予以扩孔，铆钉和精制螺栓的直径，应根据清孔或扩孔后孔径决定。

5.2.11 在负荷状态下更换铆钉时，每批数量，不宜大于全部铆钉数量的10%，更换螺栓，必须一个一个地进行。

5.3 钢结构的维护与防火

5.3.1 钢构件油饰时，应清除锈蚀、原有老旧油皮、污垢等节点和不便清除的部位，可采取以下除锈措施：

5.3.1.1 酸洗除锈，应用稀释酸清除构件表面的全部锈蚀，并清洗干净。

5.3.1.2 喷砂除锈，应清除至构件露出金属灰白色，不得有局部黄色存在。

5.3.1.3 钢丝刷除锈，应清除至露出金属表面原色。

5.3.2 旧漆膜坚固完整时，应刷去污物，清洗干净，干燥后，再打磨涂漆；当旧有油漆附着力损坏时，可采用碱水清洗、火喷、刷脱漆剂等方法除漆，并应将旧漆膜全部清除干净。

5.3.3 钢构件除锈后，宜在6h内涂刷第一遍防锈漆，充分干燥后，再涂刷次层油漆，并不宜超过7d。涂刷面漆前，应打磨光平干净。

5.3.4 涂刷油漆的遍数和厚度，当设计无要求时，宜涂刷4~5遍，涂膜总厚度，室外为125~175μm，室内100~150μm，施工温度以5~38℃为宜。

5.3.5 当钢构件不能立即涂刷防锈、防腐涂料时，应采取防止构件表面锈蚀措施。对加固修换杆件后不便涂刷的钢构件，应在施工前刷好防锈漆或其他防锈材料。

5.3.6 钢结构构件在修换过程中，损坏的涂层部位以及修换连接处，必须涂刷油漆。

5.3.7 涂料稀释剂的使用，必须配套合理，修缮施工时，应注意环境温度、湿度的影响。

5.3.8 钢结构的修缮施工，除严格按查勘设计外，尚应符合钢结构防火施工的有关规定。

5.3.9 钢构件的防火保护，应符合下列规定：

5.3.9.1 用喷涂防火材料保护施工前，应清除构件表面的浮锈和污物。喷涂防锈底漆及各涂层厚度，应达到查勘设计要求。

5.3.9.2 用板材包覆保护施工时，应用粘结剂等固定。构件为开口型截面时，应在板的接缝部位插入隔板，当板的层数为两层或两层以上时，各层板缝应错开一定距离。

5.3.9.3 当用预制定型套包覆时，套的纵向接缝，应用粘结剂、固定条固定牢靠。

5.3.9.4 当采用浇筑混凝土保护时，混凝土内宜用细箍筋或钢丝网进行加固，在混凝土表面喷涂防火涂料。

6 木结构工程

6.1 一般规定

6.1.1 本章适用于木梁、木屋架、木柱及其他木构件等修缮工程施工。

6.1.2 木结构加固所用木材、钢材，应符合国家现行有关标准。承重构件加固用的连接木材，应采用无缺陷的直纹木材，严格控制含水率。

利用旧木材，加固承重木结构或旧构件的复用，必须经检验符合有关标准及查勘设计要求。

6.1.3 加固施工前，应根据查勘设计复查加固部位和相关联的结构构件，并制定修缮施工方案。

6.1.4 承重木构件加固前，可加设临时支撑或卸除上部荷载；恢复到原位或查勘设计规定位置，并加工处理构件的损坏部位。

6.1.5 按查勘设计和构件实际尺寸制作足尺样板，逐件编号，严格按样板制作加固构件。

6.1.6 采用木夹板加固木构件时，加固用的材料及螺栓直径、数量、位置等，应符合查勘设计要求，构件拼接钻孔时，应定位临时固定，一次钻通孔眼，确保各构件孔位对应一致。受剪螺栓孔的直径，不应大于螺栓直径1mm。系紧螺栓孔的直径不应大于螺栓直径2mm。

6.1.7 加固用圆钢拉杆的接头，应用双绑条焊接，绑条圆钢直径应大于或等于拉杆直径的0.75倍，绑条在接头一侧的长度应大于或等于拉杆直径的5倍。

6.1.8 木结构加固、牮正施工过程中，应做好施工记录，加固的构件应经检验符合查勘设计要求后，方可隐蔽或交付使用。

6.1.9 施工中发现白蚁等虫害，必须及时通知有关部门处理。

6.2 木 梁

6.2.1 木夹板加固梁，应符合下列规定：

6.2.1.1 施工前，应将梁临时支撑或卸除上部荷载，当多楼层梁加固时，各支撑点应上下对应。

6.2.1.2 施工时，应截平梁的损坏部位，修换木料的端头与梁截面接缝应严实、顺直，螺栓拧紧固定后，夹板与梁接触平整、严密。

6.2.1.3 当加固圆截面梁时，夹板与梁新加工平面紧密结合。

6.2.2 用下撑式钢拉杆加固梁时，应符合下列规定：

6.2.2.1 根据查勘设计要求和加固构件的实际尺寸，做出钢件、拉杆、撑杆样板，经复核无误后，方可下料制作。

6.2.2.2 加固组装时，应将部件临时支撑固定。当试装拉杆达到查勘设计要求后，固定撑杆，张紧拉杆。

钢拉杆应张紧拉直，固定牢靠，撑杆和钢件与梁的接触面应吻合严密。新加的拉杆下撑系统，应在梁轴线的同一垂直平面内。

6.2.3 扁钢箍加固梁纵向劈裂，应先按梁的实测截面放样制作扁钢箍。安装时，应逐个拧紧固定螺栓，各扁钢箍不得松动。

梁的裂缝，应填实。

6.2.4 斜撑式双夹板加固梁，应根据查勘设计要求和实测尺寸放样下料。

安装时，夹板应对称平行放置，其角度和螺栓位置正确，夹板两端与梁柱结合面，应平整严实。

6.2.5 用托木加固梁柱节点，节点铆榫应复位，打紧木楔固定牢靠，加固时，应一次钻通托木与柱的孔眼，螺栓固定后，托木应与梁柱接触严密。

6.3 木屋架

6.3.1 木屋架加固，宜卸除荷载施工，并应有可靠的安全技术措施。

6.3.2 木夹板加固屋架端节点，应符合下列规定：

6.3.2.1 加固施工前，应复查节点处各杆件的损坏情况。按本规程第6.1.4条规定处理后，根据查勘设计套做样板下料制备。

6.3.2.2 应按先加固下弦，后加固上弦顺序施工，并符合本规程第6.1.6条规定。

6.3.2.3 槽齿的联结，应位置准确，承压面应吻合严密，保险螺栓，垂直上弦的轴线，固定牢靠。

屋架垫木，应对中屋架轴线，并做好防腐处理。

屋架与墙（柱）支座的锚固件，应保证锚固牢靠。

6.3.3 木夹板串杆加固屋架端节点，应符合下列规定：

6.3.3.1 施工时，应按固定木夹板、添配料、固定钢件，后串拉杆顺序进行。上弦杆端头与添配的木料承压面，应吻合严密，两侧与夹板结合紧密，上弦伸入下弦木夹板内的螺栓，应位置正确，固定牢靠。钢件与木件的承压面结合紧密，位置准确，串杆顺直。安装对称平行，固定牢靠。

6.3.3.2 圆钢串杆的螺栓，必须用双螺帽，伸出螺帽的长度不应小于螺栓直径的0.8倍。

6.3.4 钢拉杆加固木竖杆，应符合下列规定：

6.3.4.1 加固中间的木竖杆前，应拆除局部屋面，临时支撑脊檩，加固屋架。

6.3.4.2 钢件加工规整，与屋架连接紧密，钢拉杆顺直，固定牢靠。

6.3.4.3 用钢拉杆加固节间木竖杆时，宜不拆除屋面进行加固。

6.3.5 立贴式构架牮正，应符合下列规定：

6.3.5.1 牮正前，应先卸除屋面及楼层荷载，拆开与木构架相联的部分砌体，当原房屋构架有缺陷时，应先进行加固处理后再牮正。

6.3.5.2 挊正施工应按放松、同步、间歇、复位的顺序分组进行。

6.3.5.3 在木构架上应合理布置牵引点，牵引绳连接端点、柱根撑木均应可靠固定，牵引绳、回拉绳及张紧设备，必须有足够的强度。

6.3.5.4 挊正前，应设观测装置，有专人观测并进行试拉，经检查符合要求后，方可挊正。

6.3.5.5 挊正时，牵引绳张紧和回拉绳放松，必须同步进行，并应间歇。当检查挊正量和结构状态正常时，方可继续挊拉。

6.3.5.6 挊正过程中，应随时观测构架的垂直度和节点变化，并做好记录，挊正的构架，牵拉过正一般不得大于20mm，但验收时，应达到垂直稳定。

6.3.5.7 挊正后，应对构架的连接节点进行修复固定，砌好墙体，修好屋面后，方可拆除挊正工具。并做到各立贴构架的柱轴线垂直，且在同一垂直平面内。

6.3.5.8 两层构架挊正时，应根据房屋实际情况增设牵引点、回拉绳及张紧设备。

6.3.5.9 当构架双向倾斜时，应挊正一个方向达到查勘设计要求后，再挊正另一个方向。

6.4 木 柱

6.4.1 木柱根损坏接柱或增设柱墩前，柱上的梁、架应临时支撑牢固，嵌入墙内的木柱及相联杆件和墙体，应局部拆开放松将梁、架复位至查勘设计要求的标高。经检查基础合格后，方可进行接柱或接柱墩施工。

6.4.2 用砖砌或混凝土接墩柱，锯截的木柱截面，应垂直柱轴线。柱与柱墩相接处，应做好防腐和隔潮处理。当柱墩混凝土达到设计强度等级的50%以上时，方可拆除临时支撑，柱和柱墩的连接面，应平整，结合严密，锚固钢件的规格、尺寸、位置、预埋深度等，应符合查勘设计要求。

钢件与木柱连接的孔眼，应顺孔钻通，螺栓拧紧固定。

6.4.3 用木材接木柱，应符合下列规定：

6.4.3.1 平缝对接时，锯截的承压面，应垂直柱轴线，结合平整、严实，夹板与柱应结合紧密，固定牢靠。

6.4.3.2 搭接榫连接时，螺栓系紧固定后，上下承压面，应吻合严密，竖向的结合面应在柱轴线位置上。

6.5 其他木构件

6.5.1 附檩条，应符合下列规定：

6.5.1.1 附檩条前，必要时，应临时支撑顶棚，根据查勘设计和房屋的实际尺寸，选定檩条规格。

6.5.1.2 附檩条搁置在砖墙上时，剔凿砖墙的孔洞应规则，贴近原有损坏的檩条，附檩两端入墙部分做好防腐用木楔打紧。附檩条应与上部屋面基层贴附，当贴附不严时，应用木楔打紧，并堵砌好墙的孔洞，檩条搁置长度，符合查勘设计要求。

6.5.1.3 附檩条搁置在屋架上，当采用檩端头刻槽时，其刻槽深度不应大于檩条高度的1/3；当采用托木架檩时，其托木应与屋架上弦固定牢靠，并满足檩条搁置长度。

6.5.1.4 在抗震设防或台风、大风地区附檩应按有关规定将檩条与屋架或墙体锚固牢靠。

6.5.2 木楼梯加固，应符合下列规定：

6.5.2.1 加固和拆换楼梯斜梁，必要时应加临时支撑，并按照查勘设计要求和实际尺寸放样下料制作。

6.5.2.2 楼梯端部打夹板加固时，应按本规程第6.1.5条规定施工。

6.5.2.3 拆换楼梯斜梁，三角木应制作准确，与梁粘钉牢固，蹬板粘钉平整，楼梯斜梁的上、下两端固定牢靠，其靠墙和着地部位应做好防腐处理。

6.5.2.4 拆换装帮楼梯斜梁时，斜梁的踏步刻槽位置准确，踏步斜梁吻合严实，楼梯斜梁的两端，应固定牢靠，楼梯斜梁之间应拉接牢固。

6.5.3 木顶棚加固，应符合下列规定：

6.5.3.1 加固前，临时支撑复位。

6.5.3.2 木吊杆，端头劈裂的应进行更换，数量不足的应加密，各吊杆端头用不少于两个钉子钉牢。

6.5.3.3 顶棚的主搁栅（龙骨）损坏，当用木夹板加固时，应符合本规程第6.1.5条的规定；当用钉结合加固时，应符合有关规定。

7 屋面及防水工程

7.1 一般规定

7.1.1 本章适用于屋面、外墙、厨房、卫生间和地下室防水等修缮工程施工。

7.1.2 防水材料，应符合国家现行有关标准规定，选用新型防水材料，必须达到产品质量标准，并具有建材质监部门认可的质量证明书，必要时，应做抽样检验合格后，方可使用。

7.1.3 在基层上做卷材、油膏（胶泥）、涂料防水层，必须在基层检验合格后，方可施工。

7.1.4 修缮屋面防水层，应先做好檐头、沟嘴、出水口、斜沟及天沟的连接处，并由屋面标高最低处向上施工。局部屋面拆除修补时，应采取措施保护完好部位，损坏的应按原样修复。

7.1.5 地下室防水修缮施工前，应先核查、修补好防水结构层，经检查合格后，方可进行防水施工。施工中，应采取措施做好地表水和地下水的排水处理。

7.1.6 雨期修缮施工，应有防雨遮盖和排水措施，冬期修缮施工，应有防冻保温措施。

7.2 瓦屋面

7.2.1 平瓦屋面修补，揭开屋面后，扫清积尘杂物，损坏的油毡应修换，并做好搭接处理。当屋面挠曲较大时，应垫高找平挂瓦条，铺挂上平瓦，与相邻瓦衔接吻合平顺。

屋脊局部破损，应剔除损坏的瓦和灰浆，用水冲净润湿后，嵌补水泥混合砂浆换上新脊瓦。脊瓦与平瓦之间的缝隙，应填实抹压光平。

7.2.2 平瓦屋面翻修，应符合下列规定：

7.2.2.1 拆下的旧瓦符合使用要求的应利用，其斜沟瓦、戗（斜）脊瓦，应编号存放。

添配新瓦时，应无缺角、砂眼、裂缝和翘曲等，其规格、尺寸和颜色，与旧瓦基本一致。

7.2.2.2 屋面基层和旧瓦上的积尘杂物，应清扫干净，楞摊瓦屋面顶棚内的碎砖、瓦片等，应清除干净。

7.2.2.3 屋面铺挂瓦前，铺油毡应与檐口平行，并盖过封檐板，油毡与斜沟相交处的搭接，应铺过斜沟中心线。油毡搭接宽度不应小于100mm，油毡应用垂直于屋脊的顺水条压紧钉牢，其间距不应大于500mm，挂瓦条应铺钉平整牢固，挂瓦搭接严密，铺成整齐行列。

7.2.2.4 铺挂斜沟瓦或脊瓦时，应按编号铺设，天沟、斜沟两旁的平瓦，挑出沟槽应大于50mm，并成一直线，斜沟的宽度宜大于220mm。脊瓦应用水泥混合灰浆垫实，抹压规整。

7.2.2.5 悬山屋面沿封山板的平瓦，应用水泥混合灰浆座牢、稳平，并用水泥混合灰浆抹出瓦楞（垄）出线（护檐线）。

7.2.2.6 硬山屋面在山墙高出屋面与平瓦相交处，当做踏步泛水或落底天沟时，镀锌铁皮应嵌入墙内钉牢，用水泥混合灰浆抹压密实，不得有朝天缝。踏步泛水，应勾牢瓦头。

当做小青瓦泛水时，青瓦应紧靠铲除抹灰的墙面，并用水泥混合灰浆座实、稳牢，其上端应伸入脊瓦或天沟下面，四周座灰密实，抹面顺直，不得阻水。

当用灰浆做泛水时，应用与瓦相同颜色的麻刀水泥混合灰浆抹好弯水、披水，并浆灰浆嵌入挑出檐下的墙缝中压实、抹光。

7.2.2.7 屋面坡瓦进入脊瓦部分，应用灰浆垫实卧牢，坡瓦伸入脊瓦不应小于40mm，屋脊应平直，脊瓦接头口应顺主导风向，戗（斜）脊接头口应向下，平脊与戗（斜）脊的交接处，应用麻刀水泥混合灰浆填抹密实、平顺、封严。

7.2.3 小青瓦屋面修缮施工，应符合下列规定：

7.2.3.1 屋面局部破损，应剔除两侧灰浆，取出破瓦，浇水湿润小青瓦和完好部位的灰浆，填实灰浆，换上新瓦，按原样修复。

7.2.3.2 仰瓦灰梗屋面局部损坏，应按本规程第7.2.2.1款规定更换新瓦，用青麻刀灰浆填抹严实后，做出坡槎，用青麻刀灰浆按原样修补灰梗，揿压密实、圆滑、接槎顺直、严密，无凹凸和断裂。

7.2.3.3 小青瓦屋脊损坏，应拆除屋脊损坏部位及两侧坡面300～500mm的瓦，清净杂物。檩条不平时，应用瓦和灰浆填垫找平。按原瓦垄（楞）间距定垄（楞），屋脊处坡面底瓦顶端，应用勾楞瓦卡住填垫牢固。

做普通瓦脊，两皮瓦应相互错缝，刮糙后用灰浆抹光；做立瓦脊，应将青瓦竖青或斜立排列挤紧，在屋脊上做成直立瓦或斜立瓦（刺毛）脊。

7.2.3.4 铺设修补泥背，应前后坡自下向上同时分两层铺抹均匀平整，其总厚度不应小于500mm，待干后再定垄（楞）做脊。

7.2.3.5 定垄（楞）做脊，在斜沟处应先用灰浆座铺5～6张斜沟瓦，各垄斜沟瓦应顺直、牢固，盖出斜沟不小于50mm，瓦头座实并窝好蟹钳瓦，斜沟宽度应大于220mm。

7.2.3.6 小青瓦屋面底、盖瓦，应盖7露3，底瓦两侧应垫实，檐口底瓦应用灰浆窝实（当屋面坡度大于30°时，底瓦应全部用灰浆座实）。檐口第一张底瓦，应大头朝下，并挑出檐口50～70mm，檐头瓦底部应填塞密实，抹压顺直、光平、规整。

7.2.3.7 仰瓦灰梗屋面翻修，青瓦应铺设在泥背基层上，瓦面上压下，应至少盖6露4，两排仰瓦间的空隙，应用麻刀灰浆填塞密实，做出灰梗，不露瓦翅。

7.2.3.8 屋面两端沿封山板处的瓦，应做蓑衣瓦楞（垄）线或砖出线（护檐线），做蓑衣瓦楞（垄）线时，上盖瓦应盖住下盖瓦1/2以上，底瓦和盖瓦应用灰浆座实，蓑衣瓦楞下盖瓦，应盖出椽子、封山板不小于20mm，山墙与屋面相平时，蓑衣瓦楞下应用灰浆填抹衬平，并向外有坡度，其下口应抹滴水线。

7.2.4 筒瓦屋面修缮施工，应符合下列规定：

7.2.4.1 屋面局部破损，应凿除破损部位灰浆，取出破损瓦，清净杂物，洒水湿润筒瓦和接槎部位的灰浆，按原样铺盖筒瓦与底瓦盖扣严实，将挤出的灰浆抹压顺直光平。

7.2.4.2 屋面翻修时，应拆除破瓦，扫清杂物，按原瓦垄（楞）间距，自下向上用草泥或灰浆铺座底瓦，其瓦头挑出檐口50～70mm。

7.2.4.3 铺盖瓦，应用掺石灰的草泥或灰浆装满挤实两排底瓦间的空隙，做成瓦楞状后，用麻刀灰铺设盖瓦，并与底瓦盖扣顺直、严实，将挤出的灰浆抹压顺直、光平。

7.2.4.4 清水筒瓦屋面修补，清扫干净后，应均匀涂刷青灰浆一遍；混水筒瓦屋面冲洗湿润后，应用青麻刀灰浆将筒瓦抹圆、压光，干后刷二遍青灰浆。

7.2.4.5 天沟、斜沟，应用青麻刀灰浆抹压密实，并窝入瓦底不小于100mm。

7.2.5 石棉瓦屋面修补，应符合下列规定：

7.2.5.1 石棉瓦屋面局部损坏，应用修瓦屋面梯或采取其他安全措施进行施工，不得任意在屋面上踩踏。

7.2.5.2 石棉瓦局部裂缝用玻璃丝布或无纺布条涂刷防水涂料贴缝修补，处理净瓦面后，防水涂料应分层涂刷，第二层的防水涂料，应在第一层涂料干燥后再涂刷。玻璃丝布或无纺布，应边涂刷边铺压平整，刷透不露布纹，无气泡。待干燥后，按前法依查勘设计要求施工，压实刮平，将裂缝封闭。在瓦面及各粘结层上涂刷防水涂料，应过到匀、薄、透。

7.2.5.3 石棉瓦破损拆换，应用相同品种、规格的新瓦，铺盖平稳，固定牢靠。若原屋架、檩条、椽条等损坏，应先进行检修加固，再换铺新瓦，确保坡面平顺。

7.2.6 波形镀锌铁皮瓦修缮施工，应符合下列规定：

7.2.6.1 固定波形瓦时，应在波峰上钻孔打眼，并位于木檩、椽条的上口中心或钢檩、钢筋混凝土檩的上口边缘处。

7.2.6.2 固定波形瓦的零配件，应用镀锌螺钉或螺栓。垫圈应用油毡（毛毡）、橡皮、镀锌铁皮或铝片等制成。

7.2.6.3 脊与波瓦的搭接宽度，不应小于150mm，并用螺钉（栓）固定牢靠。

7.2.6.4 修换波瓦，应盖过天沟、斜沟不小于150mm，波瓦与天沟、斜沟、屋脊、泛水之间的空隙，应用水泥混合灰浆或沥青麻丝填塞严实。

7.3 卷 材 屋 面

7.3.1 油毡屋面局部起鼓渗漏，应切开起鼓处，排出水和气，复平油毡，扫清积尘杂物，在切口的上、左、右三面涂刷沥青或防水冷涂料，将大于切口的新油毡或玻璃丝布，牢固严密地铺贴在切口处，其切口和切口下方部位不得涂刷粘合，并按原样做好保护层。

7.3.2 油毡立面边缘张口，应将缝隙内及基层上的积尘杂物清理干净，剔出墙上凹槽，用沥青粘好原油毡，其上面用防水涂料粘铺一层新油毡或玻璃丝布，粘牢封头嵌入凹槽，用麻刀水泥混合砂浆填塞密实，抹出靠墙泛水。

7.3.3 屋面局部破损，应将破损、老化的油毡或其他防水材料清除干净，把损坏部位的各层油毡铲切成有规则的阶梯形，修补找平层干燥后，再分层铺贴油毡，其最上面一层，应超过铲除面边缘50～100mm，接缝粘贴紧密牢固，并按原样做好保护层。

7.3.4 翻修屋面，应铲除原有油毡，基层找平层，应用水泥砂浆修补平整；待干燥后，重做防水层，当做铺油毡或热熔橡胶复合防水卷材时，其基层应先涂刷一道冷底子油。

7.3.5 卷材应铺贴平整，粘结牢固，不得有空鼓、翘边、起皱、积水和封口不严等。

7.3.6 高分子卷材，必须按工艺标准施工，粘贴密实牢固，不得使用非配套胶结材料或材性相蚀的胶结材料。

7.3.7 采用空贴法时，四周同建筑物表面的粘接宽度不少于300mm。

7.3.8 卷材屋面保护屋，应粘结牢固、均匀，并避免损伤卷材。

7.4 刚性屋面

7.4.1 油膏嵌缝涂料屋面局部修补，应符合下列规定：

7.4.1.1 凿除破损的刚性防水层，清净修补部位和缝槽内积尘杂物，浇水湿润或涂刷界面剂后，修补刚性防水层并进行养护。

7.4.1.2 油膏灌、嵌缝，应用同性材料稀释或专用冷底子油，薄而均匀地满涂缝槽壁，同时刷过板面各30mm。冷底子油干后，再嵌缝或灌缝，如延至第二天嵌缝或灌缝时，应重新涂刷冷底子油。

7.4.1.3 油膏嵌缝，宜在温度10℃以上施工。

7.4.1.4 嵌缝施工，应将油膏（胶泥）紧密挤满全缝，并高出板面约10mm，经溜压密实与板缝粘结牢固，覆盖板缝两侧各不小于20mm。

7.4.1.5 用马蹄脂粘贴油毡条或稀释油膏粘贴玻璃丝布盖缝，其毡条或玻璃丝布宽度应为125～200mm，玻璃丝布搭接宽度不应小于40mm。

7.4.1.6 油膏（胶泥）的品种，性能应相同，补灌纵缝，应适当挡靠，待油膏（胶泥）冷却后，再修边熨压粘牢。

7.4.1.7 热灌胶泥施工，应待配制好的胶泥加热塑化后，再灌满板缝并覆盖板缝两侧各不小于20mm。灌胶时，应由下向上进行，先垂直于屋脊缝，后平行于屋脊缝，接槎处应留斜槎。

7.4.2 混凝土刚性防水屋面裂缝修缮，应符合下列规定：

7.4.2.1 混凝土防水层裂缝在0.1mm以下，应将裂缝两边100～150mm范围内的原防水层及基层清理干净后，再涂刷防水涂料。

7.4.2.2 混凝土防水层裂缝在0.1mm以上的修补，当采用贴缝法时，应按本规程第7.2.5.2款的规定处理；

当采用堆缝法，用防水油膏（胶泥）粘堆在清理干净的裂缝里，成宽度约30mm，高3～5mm的油膏（胶泥）梗，封闭裂缝；

当采用闭缝法，应在清净的基层上，用环氧树脂或氰凝等防水材料将缝灌实；

当采用嵌缝法修补活动性裂缝时，在裂缝下部，应用柔韧的防水材料嵌缝，上部用聚合物水泥嵌缝。修补非活动性裂缝时，宜用柔性、弹性粘结材料嵌缝，也可在剔凿成的"V"形沟槽壁上刷二道氯丁乳胶，在"V"形槽下半部嵌填防水胶、石棉绒或防水胶水泥，上半部填嵌弹性胶泥，干后抹10mm厚水泥砂浆保护层。

7.4.2.3 补做分格缝，应在裂缝处将混凝土凿成宽15～30mm，深20～25mm的缝，清净缝内及其两侧的杂物、浮灰，用油膏（胶泥）嵌（灌）缝，或在缝上粘贴自粘性橡胶带，亦可在缝上铺贴"Ω"形约4mm厚851涂膜涂纶布，用851粘贴定位，其搭接宽度不小于40mm。

7.4.3 刚性防水屋面渗漏，应在清扫干净的面层上，均匀涂刷一层薄膜防水层，也可分两次抹聚合水泥浆，再做保护层。当做细石混凝土或钢筋混凝土保护层时，应设置分格缝，缝内应嵌（灌）油膏（胶泥）或其他灌缝材料。

7.4.4 用防水涂料做防水层时，应按其材料的工艺标准施工，基层平顺规整，无有害杂质。

7.4.5 防水层涂膜修缮施工，应先对预制板端头接缝、天沟、泛水、穿通管、阴阳角等易损漏部位，加贴涤纶布或玻璃丝布等附加层防水处理后，再做大面积涂刷。

7.4.6 防水涂料防水层，应做保护层。当做水泥砂浆保护层时，应在刷最后一道涂料时，随即撒上绿豆砂或粒径小于1.5mm的石屑，密度为2～3粒/cm^2。水泥砂浆保护层厚度，水平面为20mm，垂直面为15mm。

撒做云母粉、粉砂保护层时，应在最后一道涂料将干未干时进行，并粘结牢固。

当用涂料做保护层时，应用耐候性好的材料，且在涂料干后涂刷。

防水涂料防水层未完全固化时，严禁踩踏或堆物。固化后也不得堆放尖锐的重物或敲击。

7.4.7 细石混凝土防水层翻修，应符合下列规定：

7.4.7.1 在凿除防水层，清除干净后，应在基层上干铺一层卷材或抹纸筋灰，低标号水泥砂浆隔离层。

7.4.7.2 防水层应按查勘设计配置钢筋网片，其浇筑厚度不宜小于40mm。如查勘设计无规定时，钢筋网片应配置$\phi 4$，双向间距各为100～200mm。

7.4.7.3 浇筑细石混凝土防水层，宜在温度5～35℃进行，不得在0℃以下及烈日曝晒下施工。其水灰比不得大于0.55，坍落度不应大于20mm，强度等级不低于C20。

7.4.7.4 分格缝宜在屋架、梁、承重墙上及屋脊、屋面转角和与突出物交接处设置，其间距宜为3～6m。分格条应在混凝土初凝后取出，第二次压实抹平时，修补好缺损部位，在终凝前进行第三次抹压。分格缝应用油膏（胶泥）嵌封严实。

7.4.7.5 混凝土浇筑时，应随刷水灰比为0.4的水泥浆，随浇筑振捣密实。一个分格缝范围内，应一次浇筑完成，不得留施工缝。钢筋网片宜在距下表面10～20mm处。混凝土表面，应以原浆搓实抹压平整，并不得洒干水泥粉抹光。

7.4.7.6 屋面泛水与屋面防水层，必须一次浇筑，泛水高度不应低于150mm。防水层与突出屋面交接处的泛水，贴墙面的浇筑高度不低于150mm，并伸入墙槽内，其上口用油膏（胶泥）灌封密实。

7.4.7.7 防水层与变形缝墙相交处，贴墙面浇筑泛水至防腐条下，在变形缝两墙之间的空隙，用弯折的镀锌铁皮托底填塞沥青麻丝，或在变形缝处用聚胺脂涂料粘贴Ω形4mm

厚涂膜涤纶布，并涂刷两道聚胺脂涂料。

7.4.7.8 变形缝顶盖应用镀锌铁皮罩盖住、钉牢或用钢筋混凝土预制压顶板盖住。

7.4.7.9 浇筑混凝土终凝后，应浇水养护不少于14d。

7.5 屋面关键部位

7.5.1 山墙、女儿墙，烟囱、天窗根部渗漏修补，应符合下列规定：

7.5.1.1 凿除破损的泛水，清理基层后，充分浇水湿润，随刷水泥浆，随抹水泥混合砂浆泛水，同时将阴角处做成圆弧形或钝角，并压实抹光，终凝后浇水养护。

7.5.1.2 用油膏（胶泥）将裂缝嵌填后，做卷材泛水，其上口应嵌入墙缝槽内，并用麻刀水泥混合灰浆补嵌密实、平整、光滑。

7.5.1.3 防水涂料做防水层，应涂刷三道，第一道涂刷80mm高，第二道涂刷160mm高，第三道涂刷250mm高。

7.5.2 天沟、斜沟修缮施工，应符合下列规定：

7.5.2.1 基层应修补规整平顺。镀锌铁皮天沟、斜沟，其铁皮两边应翻起钉牢。

7.5.2.2 斜沟中心应成一直线，镀锌铁皮上压下的搭接长度不应小于40mm，斜沟合角应焊严密牢固。

7.5.2.3 天沟、斜沟铆接时，应用不锈铆钉，其间距40mm，搭接长度应大于40mm。铆接天沟搭接缝隙，应焊锡严实。

7.5.2.4 卷材天沟、斜沟，其基层必须平整、坚实、干燥，清扫干净，油毡顺流水方向搭接长度应大于80mm，铺粘牢固。天沟、斜沟两边，应用板条钉压牢固。

7.5.2.5 天沟翻修，屋面油毡应盖过天沟边翻起部位或铺过天沟底部，瓦应盖过天沟50～90mm。

7.5.2.6 落底天沟和靠墙泛水翻修，应剔除墙面的抹灰层，将镀锌铁皮（或卷材）铺嵌入墙内，墙面浇水湿润后，用麻刀水泥混合灰浆抹压规整、牢固。不得有朝天缝，还应勾牢瓦头。

7.5.3 天窗渗漏修缮施工，应符合下列规定：

7.5.3.1 老虎窗的两边与屋面交接处，应做好泛水；老虎窗背面，应做好天沟或斜沟；老虎窗正面，应做好窗口泛水。

7.5.3.2 老虎窗框脚渗漏时，应铲除镀锌铁皮包泛水交接处空鼓、开裂和松动的抹灰，清理干净后，用麻刀水泥混合灰浆抹压密实平顺，或用防水涂料玻璃丝布修补严密平顺。

7.5.3.3 镀锌铁皮老虎窗口泛水，应根据窗口尺寸及屋面坡度成型。装钉铁皮应嵌进木框包嵌严密。泛水下部应盖坡瓦不小于15mm（屋面坡度大于30°时，还应勾牢瓦头）。

7.5.3.4 固定平天窗（亮瓦）翻修，应揭除平天窗（亮瓦）及周围300～500mm范围内的瓦片，扫清积土杂物。将天窗四周灰框修理密实规整。两侧底瓦不得向内倾斜，天窗外上边底瓦，应用灰浆抹平顺，不倒泛水，不压在玻璃上。玻璃应窝装严实，周边均应超过三面的座灰。

7.5.3.5 活动平天窗（撑窗、走马窗）翻修搁置玻璃的窗框，应做好泄水槽，镀锌铁皮泛水和小天沟的上部，应包至窗框朝天面，盖水条应罩过玻璃边，两侧不得向内倾斜。

7.5.4 管道泛水修缮施工，应符合下列规定：

7.5.4.1 镀锌铁皮做泛水，上口与管道相交的空隙，应用油膏（胶泥）嵌缝密实，泛水的上端伸入瓦内，下端盖住瓦，并勾牢瓦头。

7.5.4.2 油毡做泛水，上口应与管道扎牢，嵌缝密实，下端粘贴严密，并做好保护层。

7.5.4.3 平屋面与管道交接处周围用水泥混合砂浆抹成弧形后，再按原样做防水层。

7.5.5 变形缝翻修，应在结构层上砌筑矮墙加盖顶板，并在矮墙根部嵌填防水油膏（胶泥），与屋面同时做防水层和保护层，盖顶板用镀锌铁皮时，其搭接长度不应小于40mm，接缝部位和固定铁皮的钉帽，应焊牢或用油膏（胶泥）嵌填密实。

7.5.6 雨水口（嘴）渗漏修补，应符合下列规定：

7.5.6.1 剔凿雨水口（嘴）周围的防水层、找平层至坚实的基层，清理干净，浇水湿润，刷水泥浆，浇筑强度等级不低于C20的细石混凝土基层，补抹找平层，做卷材或防水涂料防水层，并伸入雨水口（嘴）内接缝严密、平整。

7.5.6.2 清理干净出水洞口处，在其洞壁左、右和下面及洞口刷四道氯丁乳胶后，抹3～4mm厚的1:2水泥砂浆保护层；或在洞壁左、右和下面及洞口刷二道氯丁乳胶，抹3～4mm厚的弹性水泥，弹性水泥配合比见表7.5.6.2。

表7.5.6.2 弹性水泥配合比（重量比）

阳离子氯丁胶乳	325～425号硅酸盐水泥	乳化剂	消泡剂	水
20	100	0.5	0.25	15～20

7.6 屋面保温隔热层

7.6.1 各种保温材料或半成品进场后和使用时，应做好防碰、防雨、防潮、防虫、防腐、防火等处理。

7.6.2 现浇整体保温层局部修补，应将破损部位的防水层、找平层、保温层凿除干净，处理好基层，按材料配合比拌和均匀，随铺设随拍实，接槎严密平整，及时补做找平层。

7.6.3 现浇整体保温层翻修，应符合下列规定：

7.6.3.1 凿除损坏的防水层、找平层和保温层至结构层或隔气层，清理干净杂物，修补好隔气层，找坡、定位、测好标高。保温材料应按配合比拌和均匀。

7.6.3.2 铺设保温隔热层，应由远至近，由高屋面向低屋面按标志从屋面一端分段、分层随拌随铺平拍实，并保持排气道畅通，刚拍实的保温层，不得堆放重物或上人走动踩踏。

7.6.4 板块材料保温层，应铺设平整、稳定，其板块的缝口，应用同类保温材料碎屑或胶结材料填嵌平整。用钉子固定板块时，应加垫圈或木条。架空隔热板的缝隙，宜用水泥砂浆或水泥混合砂浆填抹密实，留置变形缝。架空隔热板距山墙或女儿墙不应小于50mm。

7.7 屋面排水系统

7.7.1 屋面排水系统的檐（躺）沟、落水管、水斗等，应用镀锌铁皮或阻燃性的塑料、钙塑、玻璃钢等制作。

7.7.2 拆下可利用的旧檐（躺）沟、落水管及铁制零配件等，应在修复原状，补好洞眼，做好防锈处理后，再集中使用。

7.7.3 檐沟的坡度为 1/500～1/200，接头应顺水流方向搭接紧密。撑攀或托钩间距不宜大于 800mm，硬质塑料檐沟托钩的间距不宜大于 1000mm。

7.7.4 座墙混凝土檐沟局部裂缝破损，可采用贴缝法、嵌缝法、闭缝法处理。

翻修时，应将原混凝土檐沟凿除，清除干净后，再支模浇筑细石混凝土檐沟，并做好防水层和保护层。

7.7.5 落水管、弯管、水斗等，应顺插连接，用铁脚螺丝固定牢靠，其铁脚间距：铸铁管应每节一个；钙塑、镀锌铁皮管不宜大于 1000mm；硬质塑料管不宜大于 1500mm；钙塑管最下面一节，应设 3 只铁脚。在勒脚部位，应做弯头。

7.7.6 高低屋面相接时，低屋面承接高屋面雨水的横卧落水管，应固定牢靠。

7.8 外墙渗漏

7.8.1 修缮施工前，应对外墙构造、装饰层做法及渗漏水的部位、原因等进行全面复查，根据实际情况和查勘设计实施修补。

7.8.2 外墙渗漏修复前，应将损坏空鼓开裂的墙体、抹灰层、灰缝和积尘杂物等清除干净。

7.8.3 外墙渗漏修复中，应防止污染墙面，做到与原墙面色泽基本一致。

7.8.4 墙面抹灰修补，应补抹规整平顺、牢固。分格和细部的处理，应符合查勘设计要求。

7.8.5 批嵌墙面修补，应符合以下规定：

7.8.5.1 配制防水胶腻子的防水胶品种、性能、质量等，应符合查勘设计要求。水泥标号宜采用 325 号、425 号普通硅酸盐水泥。

腻子应按操作工艺准确计量配制，其稠度以操作适度为准。

7.8.5.2 批嵌面屋，应在前一遍腻子干后，由上向下连续批刮，做到表面平整、光滑。

7.8.6 喷面法修补，应符合下列规定：

7.8.6.1 防水胶水泥砂浆，宜用标号为 325 号、425 号的硅酸盐水泥，砂应洁净过 10 目筛。

防水胶水泥砂浆，应按防水胶的技术要求准确配制，其稠度以操作适度为准。

7.8.6.2 用防水剂直接喷面时，宜用喷雾器进行。

7.8.6.3 喷面施工应按防水胶的操作工艺进行，在第一遍喷胶干后，再喷第二遍。其每遍厚度（除单用防水剂外）不应小于 1.5mm。

7.8.7 布涂修补，应符合下列规定：

7.8.7.1 预制墙板后做拼缝或分格槽与板的拼缝不在一条线上时，宜用防水涂料玻璃丝布的布涂贴缝法进行修补。板面为混凝土和水泥砂浆面层的，可直接布涂贴缝；板面为水刷石、干粘石等粗糙饰面的，应用防水胶水泥腻子刮平后，再布涂贴缝。

7.8.7.2 布涂贴缝前，对于严重空鼓开裂的面层，应铲除补抹平整、牢固。空鼓开裂不严重的饰面层，宜用打眼粘铆法固定牢靠，裂缝应用与墙板面同一颜色的防水胶涂刷或布涂贴补规整。

7.8.7.3 布涂修补前，应在墙面涂贴范围内，将积土杂物等处理干净，修补抹平损坏部位和墙板缝槽，按墙面颜色试配防水涂胶。

布涂时，应在前一遍防水胶干后，再涂刷第二遍，在第二遍防水层上铺贴玻璃丝布，并浸透。干后再涂刷面层。布涂贴缝，应横平竖直，宽度一致，表面平顺、光滑。

7.8.8 嵌缝修补，应符合下列规定：

7.8.8.1 剔凿板缝前，应先核查板缝的构造做法。构造防水的，应剔除到油毡或塑料防水条部位，材料防水的，应剔除原嵌缝材料。剔缝过程中，严禁损坏原预制板边角及排水嘴。

7.8.8.2 剔除板缝两侧及底面不平顺部位，应用防水胶泥修补严密，做到棱角整齐，板缝平顺。

7.8.8.3 板缝密封施工，应做到填充饱满，外形厚度满足查勘设计要求。密封材料与密封板面，应粘结牢固，横平竖直，密实平整。

7.8.9 预制墙板外形尺寸规整、准确，板缝宽度一致。边角整齐的，宜用嵌缝法修补。

7.9 地下室防水

7.9.1 地下室防水修缮施工，应先堵漏，后做防水层。灌注浆堵漏，应由下向上进行。用其他方法堵漏，应按先高后低，由大到小进行。

7.9.2 抹弹性水泥修补，应将基层清洗干净，分两次抹厚3~4mm的弹性水泥，凝固后，再抹厚8mm的1:2水泥砂浆保护层。

7.9.3 局部洇湿修补，用凿洞直接堵漏时，应以漏点为圆心凿成直径10~40mm、深20~50mm、外小内大的圆孔，冲洗干净后，采用水玻璃速凝胶浆（水泥:水玻璃为1:0.8~1:0.9）或水泥胶浆（水泥:促凝剂为1:0.6），待胶浆开始凝固时，迅速将洞口下半部挤压密实不漏水，上半部应用弹性水泥或防水砂浆封嵌密实。促凝剂配合比，见附录表D-1。

7.9.4 用下引水管法堵漏，在引水管周围下半部，应用快凝水泥胶浆一次填满。待开始凝固时，挤压密实不漏水，有一定强度后，拔出引水管，按本规程第7.9.3条规定堵漏。

7.9.5 用木楔堵漏时，应先用水泥胶浆将锯截好的钢管稳牢于漏水处已剔好的孔洞内，钢管的外端，应低于基层表面约20mm，用素水泥和水泥砂浆抹好管的四周，待具有一定强度时，将浸过沥青的木楔打入钢管内，填入干硬性水泥砂浆。经过检验不渗漏后，再按原样抹好防水面层。

7.9.6 一般裂缝渗漏直接堵塞，应沿裂缝剔成"U"形沟槽，冲洗干净后，分段用开始凝固的水泥胶浆条填入沟槽，挤压密实，待具有一定强度，经检验无渗漏后，按原样做好防水层。

7.9.7 当裂缝水压较大用下绳堵漏时，应按本规程第7.9.6条规定剔好沟槽，视水流大小在槽底放置一根长200~300mm的小线绳，按裂缝直接堵漏法，将胶浆条挤实于槽中，抽出小线绳。裂缝较长时，应分段堵塞，各段间留约20mm的间隙，待其有一定强度后，再按孔洞直接堵漏法，将间隙的孔眼堵塞住，按原样做好防水层。

7.9.8 预埋件周边渗漏，应将周边剔成环形沟槽，清除预埋件的锈蚀，冲洗净沟槽后，按本规程第7.9.6条规定堵漏。

7.9.9 管道穿墙部位渗漏，一般常温管道，应按本规程第7.9.8条规定处理。热力管道，应将穿管孔剔凿扩大，埋设预制半圆混凝土套管，其缝隙用快凝水泥砂浆和胶浆堵塞严实。

热力管道穿外墙部位渗漏,应将地下水位降至其标高以下,用新设置橡胶止水套处理牢固。

7.9.10 门、窗框部位渗漏时,应将门、窗框等拆除,剔槽处理堵漏,补抹防水层后,再重新安装。

7.9.11 卷材转角部位粘贴不实渗漏时,应在降低地下水位后,将该处卷材撕开清理干净,灌入沥青胶,用喷灯烤好后,再逐层修补粘贴好防水层。

7.9.12 灌浆堵漏,应符合下列规定:

7.9.12.1 当用丙凝、氰凝、环氧树脂、水溶性聚氨酯和水泥砂浆等灌浆堵漏材料时,必须按配合比及配料顺序计量准确,拌合均匀,方可使用。丙凝灌浆配合比,见附录D表D-2;氰凝灌浆配合比,见附表D表D-3;环氧树脂浆液配合比,见附表D表D-4。

配制灌浆堵漏材料时,应注意通风、防毒、防火和劳动保护。

7.9.12.2 灌浆堵漏前,应将基层的积尘、油污处理干净,裂缝剔凿成"V"形边坡沟槽,灌浆孔应视缝隙的大小,分布状况和漏水情况等设置,其间距宜为500~1000mm,孔径应大于满浆嘴30~40mm,孔深不小于50mm,灌浆嘴应用快凝水泥胶浆稳固于孔中。

灌浆缝道应用油毡或铁皮做成半圆形条,沿缝应通长放置,并用快凝水泥胶浆和水泥灰浆将漏水部位封闭。

各孔眼、通道畅通无漏水时,方可灌浆。

7.9.12.3 灌浆压力,应大于地下水压0.05~0.1MPa,待邻近灌浆孔见浆后,立即关闭其孔,仍持续压浆,灌到不再进浆时立即关闭注浆嘴阀门,停止压浆。逐个进行至完毕,无漏水现象后,拔除灌浆嘴,用水泥胶浆待孔眼堵塞平整。

7.10 厨房、卫生间地面渗漏

7.10.1 修缮施工前,应检查渗漏部位、地面坡度和地漏顶面的标高,地面与墙面交角处,管道、地漏、大便器与楼板结合情况等,准确定出渗漏的部位。

7.10.2 地漏更换,必须找好标高,安装平整、严密、牢固。管道的根部、地漏及大便器接口,应用水泥胶浆、防水涂料、沥青丝麻等,填塞、抹压、涂刷、缠绕严实。过楼板地面管道应除锈、做好套管。

7.10.3 地面裂缝和边角局部渗漏,应凿除渗漏损坏部位的面层、防水层、找平层至坚实处,清理干净后,补抹找平层。修补防水层应平整、严实,并做好保护层和地面。

8 装饰工程

8.1 一般规定

8.1.1 本章适用于清水墙面、抹灰、饰面、裱糊、油漆涂料、玻璃及木装饰等修缮工程施工。

8.1.2 装饰工程修缮施工前,应按实际损坏情况确定施工范围。修缮施工中,将损坏的装饰层剔凿、斩剁、铲除、清理干净。

8.1.3 在剔凿、斩剁、铲除、处理、修补房屋装饰工程中,应尽量恢复、保持原有房屋的功能、风貌，不得任意拆改、损坏、污染原有房屋的设备和装饰。

8.1.4 修缮施工中拆下的装饰材料，应分类规整地堆放在房屋的适当部位。不得任意堆积在楼板和屋面上，施工荷载不得超过其结构的使用荷载，确保施工安全。

8.1.5 装饰工程修缮施工用料，应符合查勘设计要求和国家现行有关材料标准规定，应有质量证明书或检验合格证，并与原有房屋装饰基本协调一致。

8.1.6 在冬期进行装饰工程湿作业修缮施工时，应遵守冬期施工的有关规定。

8.2 清水墙面

8.2.1 墙面灰缝损坏，应剔除、清理损坏的灰缝，浇水湿润，按原灰缝的形式、材料、颜色勾补牢固、严实、规整，清扫干净，与原墙的灰缝基本一致。

8.2.2 墙面个别砖或局部风化、碱蚀、剥皮，应剔除，清净风化、碱蚀的酥松层，露出坚实的砖面，清理干净，浇水湿润，抹水泥混合砂浆底层灰和色水泥砂浆仿砖面，并与原有墙面基本协调一致。

8.2.3 墙面严重风化、碱蚀和酥松损坏的，应局部剔砌平整、牢固，或剔除严重风化、碱蚀层，凿毛墙面，浇水湿润，做水泥混合砂浆仿砖饰面，应符合查勘设计要求。

8.3 抹灰及饰面层

8.3.1 抹灰（或饰面）层损坏，应剔凿、斩剁（或锯）成规则形状。抹灰面层和底层，应剔凿成阶梯形倒坡槎；饰面层应剔凿成规则形直槎。

8.3.2 砌体严重风化、碱蚀、酥松损坏；板条、苇箔、金属网破旧损坏；钢筋混凝土保护层锈胀露筋等，必须先剔掏砌体；补钉板条、苇箔、金属网；修补保护层后，再抹灰或做饰面。门窗框与墙面相交的缝隙、孔洞，应用灰浆或嵌缝膏分层堵抹规整、牢固、严实。

8.3.3 基层、底层灰及接槎处的灰浆、青苔等。必须清刷干净；基层和底层灰表面光滑的，应凿毛处理。

8.3.4 修补抹灰前，应根据底层情况浇水湿润。补抹时，应涂刷界面剂，每层补抹灰的厚度，均应控制在10mm以内并处理好接槎。底层灰应略低于原有面层，并划出纹理或扫毛。

后续抹灰的时间间隔，水泥砂浆、水泥混合砂浆，应待前层初凝后，再抹次层或面层；石灰砂浆，应持前层灰达到7~8成干时，再抹次层或面层，确保各层抹灰之间粘结牢固、平整。

踢脚板、墙裙（台度）的水泥砂浆底层灰，必须抹足高度尺寸。

8.3.5 抹灰（或饰面）层修补面积较大时，应根据原有抹灰或饰面层的厚度，墙面的垂直、平整状况，按新抹灰（或饰面）层做灰饼、冲筋找平、找直后，再抹底层灰、面层灰或饰面层，保证大面垂直、平整。

8.3.6 水泥砂浆面、饰面层损坏修补，应符合下列规定：

8.3.6.1 面层开裂的，应根据裂缝的深度、方向，将其扩凿成"V"形沟槽，清刷净浮渣和灰尘，浇水湿润，用水泥砂浆或水泥混合砂浆分层补抹牢固、严实、平整后，重做水泥砂浆面或饰面层。

8.3.6.2 局部底层灰、饰面砖损坏，应按本规程第8.3.1～8.3.5条规定剔凿、清理干净、浇水湿润、修补底层灰（或找平层），按原有饰面砖补镶牢固、平整、勾缝、擦洗干净。

8.3.6.3 高级饰面与找平层（或底层灰）间空鼓，应按空鼓面积每平方米钻孔不少于9个，清孔干后，灌注环氧树脂浆，加压固定饰面与找平层（或底层灰）粘结牢固。用同色水泥砂浆封闭灌注孔，修补、打磨光平与原有饰面基本一致。

8.3.6.4 饰面砖的找平层（或底层灰）与基体间空鼓脱离，应根据饰面砖找平层（或底层灰）的重量和螺栓的抗拉强度、抗拔力等，计算螺栓或膨胀螺栓的直径、数量，在面砖角缝部位钻孔深入基体不小于30mm。孔眼除尘洁净，灌注环氧树脂浆，放入除锈螺栓将饰面砖找平层（或底层灰）适当加压，与基体粘结固定牢靠，其孔眼用107胶同色水泥砂浆堵实、抹压、打磨光平与饰面砖一致。

8.3.6.5 饰面砖严重损坏又无同品种、规格的面砖时，应按本规程第8.3.1条规定剔凿处理，用原有饰面砖同色水泥混合砂浆抹仿饰面砖，应达到原有饰面砖的装饰效果。

8.3.7 水刷石（斩假石）损坏修补，应符合下列规定：

8.3.7.1 按本规程第8.3.1条规定处理基层，在局部修补中，其底层灰或找平层，应略低于原墙面层，并按原墙的石碴品种、粒径、颜色、比例配制灰浆，涂刷界面剂，做小样与原有色调相近，再配料补抹面层。

8.3.7.2 水刷石修补，应自上而下进行，待石碴浆开始凝结时，拍平露出的石子尖后，再刷（喷）。刷（喷）前，应保护好下面的原刷石墙面。

8.3.7.3 斩假石修补，应自上而下进行，待石碴浆具有一定强度时，经弹线试剁与原有墙面纹路、颜色基本一致后，再大面积斩剁。边角和接槎处，应轻轻斩剁。

8.3.8 大理石（花岗石）饰面板损坏修补，应符合下列规定：

8.3.8.1 面板破裂，应清理缝槎。干燥后，在两个接缝槎面上分别涂刷环氧树脂或在裂缝接槎面灌注耐水建筑胶，适当加压粘结牢固、平整。

8.3.8.2 面板严重风化、剥皮缺损时，应剔凿风化和剥皮层露出坚实新槎，干净、干燥后，用同色环氧树脂胶泥嵌补牢固，并略高于原有板面，待环氧树脂胶泥硬化，打磨平整、光滑、光亮，达到与原有饰面板基本一致。

8.3.8.3 面板基体严重碱蚀、酥松损坏，应剔掏砌体、预埋件，绑扎钢筋骨架。根据原有面板的品种、规格、颜色，选材、打孔、剔槽、栓铜丝、拉线、镶安，经检验合格后，再灌填石碴浆，擦净、打蜡出光，达到与原有饰面板效果基本一致。

8.3.8.4 面板与基体间空鼓脱离，应按本规程第8.3.6.4款的规定计算螺栓或膨胀螺栓的直径、数量、定位、钻孔、除尘，灌注环氧树脂或水泥砂浆，放入除锈螺栓，适当加压锁紧，粘结牢固，其孔眼用107胶同色水泥砂浆填实，抹压、打磨平整、光滑、光亮。

8.3.9 顶棚抹灰剥落损坏，应按本规程第8.3.1～8.3.4条规定剔凿处理基层，浇水湿润，按原有顶棚的形式分层补抹规整、牢固。当顶棚为混凝土板时，应涂刷界面剂，抹水泥混合砂浆底层后，再抹面层。

8.3.10 顶棚灰线损坏，应清除风化、酥松层和菁苔等露出坚实的新槎，根据原有灰线的材质、线型，按照本规程第8.3.9条规定，浇水湿润，分层堆抹，修补平顺、光滑、牢固，达到与原有线型基本一致。

8.3.11 灰浆花饰或灰制软雕装饰损坏修补，应符合下列规定：

8.3.11.1 花饰基本完好，与基层空鼓，应先拆下花饰，精心修补花饰背面，修整基体后，再将花饰按原样镶补规整、牢固，周围用灰浆抹实。

8.3.11.2 花饰表面风化、磕碰损坏时，应先拆下花饰，清净背面的灰尘，按下列规定修整。

（1）水泥混合砂浆花饰，应在花饰上均匀涂刷界面剂，用水泥混合砂浆分层堆抹修补，较原有花饰厚度高出 1~2mm，稍干后按原有花饰的纹理修补平顺、光滑。

（2）水刷石（斩假石）花饰，应按本规程第 8.3.7 条规定，在花饰上涂刷界面剂，补抹石碴浆，进行刷喷（或斩剁），石碴的品种、粒径、颜色、比例，灰浆补抹及斩剁的纹理、方向，应与原有花饰基本一致。

（3）石膏花饰，应在原损坏的花饰上边堆抹石膏浆边修整至花饰清晰、规整、牢固、光洁。

（4）将修整好的花饰，按原样镶补规整、牢固。

8.4 裱糊、油漆、涂料

8.4.1 墙面（或顶棚）壁纸损坏修补，应符合下列规定：

8.4.1.1 壁纸翘角、翘边，应在清除壁纸边角的污物、处理基层后，涂刷 107 胶（或专用胶）重新粘结、压实，恢复原貌。

8.4.1.2 壁纸局部鼓泡，应用针管排除泡内的气体，注入适量的 107 胶（或专用胶）重新粘结、压实、擦净。

8.4.1.3 壁纸和基层均损坏，应先拆下壁纸，修整基层，封底处理，再用相同品种、规格、颜色和花纹图案的壁纸，以 107 胶（或专用胶）从下往上，对花拼缝，粘贴平整、牢固。壁纸至少修换一幅，宜修换一面墙（或一间顶棚）。纸边接缝，应赶贴在阴角处。

8.4.2 木材面、金属面、混凝土面、抹灰面的油漆损坏，均应根据漆膜损坏状况，将旧油漆局部或全部清除干净，修补基层（或面层灰）平整、光滑、干燥，再刷（喷）油漆。在清除清色油漆底层时，应保护好旧有木材（或金属）基层的纹理、图案和花饰。

8.4.3 旧有油漆附着力好而难于刮铲时，应用肥皂水（或稀碱液）清除油垢和灰尘，以清水刷洗干净、干燥后，再涂刷新油漆。

8.4.4 油漆膜严重损坏，应局部或全部烧烤脱漆，清理干净，修补基层。木材基层应先刷底子油漆，金属基面应先刷防锈漆，再刷新油漆。

8.4.5 混凝土、抹灰面基层损坏，应先修补基层平整、光滑、干燥，再涂刷新油漆。混凝土、抹灰面偏于碱性，应选用耐碱、耐光、耐有害气体的油漆。

8.4.6 浆皮陈旧、起泡、污染损坏，应湿润、起净老旧浆皮，修补好基层；找补腻子，堵严孔眼，打磨光平、干净、干燥，刷（喷）普通大白浆或美术图案色浆。原有普通大白浆改做塑料浆涂料，其大白浆底子，必须彻底刮铲、清理干净。

8.4.7 涂料老化、鼓泡、起皮损坏，应按本规程第 8.4.2~8.4.6 条规定清理干净，修补基层，堵严孔眼，刮抹腻子，打磨光平，再喷（刷）涂料。外墙必须刮抹水泥浆制耐水性腻子，选用耐碱、耐光的外檐涂料。内檐涂料不得用于外檐。

8.4.8 油漆、刷浆、涂料维修，应恢复、保持原有的色彩基本一致。局部维修时，应注意与整体色彩协调一致。

8.5 玻　　璃

8.5.1 拆换玻璃，应先铲掉旧油灰，拆下木压条（或橡胶条、钢丝卡子）等，再拆落玻璃，清净裁口或槽内的灰尘和残渣等。

8.5.2 门窗换装玻璃，应准确实测尺寸，裁割与原有品种、规格、花色一致的玻璃。

8.5.3 旧钢门窗安装玻璃，裁口应满铺底油灰，安牢钢丝卡子，并挤紧玻璃与扇固定牢靠。

　　磨砂玻璃的砂面，应朝向室内；压花玻璃的花纹，应朝向室外。

8.5.4 油灰松动、脱落，应清除老旧油灰，清净裁口，重新钉牢钉子（或卡紧钢丝卡子）挤紧压实玻璃，补抹油灰，新旧油灰的接槎，应衔接紧密、平顺、牢固。

8.6 木 装 饰

8.6.1 木装饰损坏修补，应选用与原有木装饰规格、材质、纹理相近的木材，装钉平整、严密、牢固，与原有木装饰基本一致。

8.6.2 装饰基体损坏，应先拆下装饰层，剔砌修补基体。新装木搁栅、木楞等，靠入墙部位，必须做好防腐、防白蚁及隔潮处理，装钉牢固，填充保温或吸声材料。

8.6.3 壁炉台、木雕等损坏修补，应先拍照和实测图样尺寸，再拆除损坏部分，甩好接槎；再按拍照和图样雕修、整制、装钉粘接牢固、规整。

8.6.4 护墙板损坏，应按木楞的间距整块拆换，先加固或换装木楞，再装钉护墙板，钉合牢固，使木纹的色泽与原有护墙板协调一致。

8.6.5 筒子板、贴脸、挂镜线、窗帘盒、窗台板等损坏修补，应先实测其构造线型、截面尺寸，再拆下损坏部分，甩好接槎，用新木材配制成型，经防腐、防虫处理，装钉准确、平顺、牢固。

　　窗台板较宽时，应刻槽穿横带拼合平整、牢固。

　　挂镜线、窗帘盒全部换新改用塑料制品，应以膨胀螺丝安装就位规整、牢固。

8.6.6 木装饰油漆损坏，应按本规程第 8.4.2～8.4.4 条规定，处理旧油漆和基层，再刷底油漆，涂刷新面漆。

9 门 窗 工 程

9.1 一 般 规 定

9.1.1 本章适于木、钢、铝合金门窗等维修工程施工。

9.1.2 木门窗维修所用木材的树种、材质、含水率等，应符合查勘设计要求和国家现行有关标准规定，根据需要进行防裂、防腐、防虫害处理。

　　钢、铝合金门窗维修用料的品种、规格、型号、材质及焊条等，应符合查勘设计要求和国家现行有关标准规定，并有出厂质量合格证书。

9.1.3 门窗维修利用旧料，应经选择或技术鉴别合格后，方可使用。

9.2 木门窗

9.2.1 木门窗框倾斜或松动扶正，应剔除嵌固上下槛走头处的砖和周边的抹灰等。

扶正施工，应在框边和上下槛端部垫木敲打扶正，并与木砖固定，走头加楔打紧。门窗框与墙体四周的缝隙，应用灰浆填塞严实。

寒冷地区的门窗框与外墙的间隙，应用保温材料填塞严实。

木门窗扇变形修理，应拆落门窗扇，轻砸下垂角部分，校正平直，榫头上下面用涂胶料的木楔打紧固定规整，重新安装垂直、方正、平整，开关灵活。

9.2.2 木门窗框扇换料，应拆落框扇，锯去损坏部分，用高低榫或指形榫拼接相同截面的新料，用胶料粘结严密、牢固，刨光平顺。

门窗框扇换料组装，应榫眼胶接加楔打紧，嵌合严密、平整，不翘曲。不得用钉子代替榫接。安装垂直、方正、牢固，开关灵活，新框扇应刷底子油一遍。

9.2.3 木门窗扇缝隙过大，应拆落扇，按缝隙的尺寸配制胶合帮条，钉牢固定，刨光平直、严实、牢固，安装开关灵活。

9.2.4 胶合板门骨架损坏拆修，应拆落扇，锯截损坏部分，做榫加胶楔连接严密、牢固，裁口边料平直交圈，骨架方正，不翘曲。

面层拆换或挖补，应将损坏部分锯截规整，用胶接或钉合牢固、平整、严实。周边压条胶接钉压平直交圈，转角处割角成八字形接缝严实，并钻打透气孔。

9.2.5 修配木门窗小五金，应符合下列规定：

9.2.5.1 拆下的小五金，应清除油垢、锈蚀，修理规整，折转灵活后，方可复用。

9.2.5.2 配换小五金，应与原有的基本一致，安装位置适宜，牢固可靠，合页宜使用活合页。

9.2.5.3 小五金必须用木螺丝固定，不得用钉子代替。硬木门窗框扇，应先钻孔深为木螺丝2/3长，孔径为木螺丝直径的0.9倍，然后全部拧入。

9.3 钢门窗

9.3.1 钢门窗扇变形维修，应先拆落门窗扇，矫正调平，焊接牢固，锉磨平整后，再安装复位，做到开关灵活。

门窗扇损坏部分应锯掉，用相同规格的钢材拼接焊牢，锉磨平整。涂刷防锈漆一道。

9.3.2 钢门窗框锈烂拆落修理，应先剔除框口周围的抹灰层，将门窗框扇成套取下。拆落扇，锯掉框的锈烂部分，用相同规格的钢材换接规整、找方、焊接牢固，锉磨平顺。组合成套，安装就位。

钢门窗框下槛锈烂，截换下槛或相连立料，接槎应规整，先临时固定，再焊接牢固，拆换钢制门芯板，宜整块拆除，焊接牢固、严实，涂刷防锈漆一遍。

9.3.3 钢门窗扇轻度变形关闭不严时，应用调直工具顶、拉门窗扇，矫正平顺，开关灵活。

9.3.4 钢门窗扇铁纱锈蚀损坏，应先拆落纱扇，拆净损坏铁纱，将纱绷拉平整，用压纱条拧紧压牢。

9.3.5 小五金、零件残缺，应按原有的品种、规格、材质修换，零件松动的，应用焊接或螺丝连接牢固。合页转动部分，应加油润滑。

9.4 铝合金门窗

9.4.1 铝合金门窗拆落框扇修理，应取下门窗周边的护盖板，剔除框周围的饰面层，取下框扇，落下门窗扇，拆散边框冒头。按原有框扇损坏的实际尺寸，锯截相同品种、规格的新料。将各框扇料摆正、找方、临时固定，钻打连接孔眼，组装成合缝严密、方正平直、尺寸准确的框扇。镶嵌好封条，安装玻璃。

框周围的缝隙，用嵌缝膏填堵严实，注意不得用水泥砂浆堵填，稳装护盖板，按原样修复门窗框周围的饰面层。

9.4.2 拉手、扳手、零配件等损坏，应先点油拧下螺丝，换装上新拉手、扳手、零配件。

玻璃压条、密封条缺损，应按原样修配规整、牢固，合页铰链、地弹簧宜定期注油润滑，保证开关灵活。

9.4.3 换门窗纱，应落下纱扇，拧下压纱条，将新纱绷紧调平用压纱条拧紧压牢，重新安装。

9.5 钢院门、栏杆、推拉折叠门

9.5.1 钢院门、栏杆损坏，应拆落、锯截损坏部分，用相同品种、型号、规格、尺寸的新钢材，对接平顺、方正、卡牢焊接或铆接牢固，锉磨平整。清刷干净，涂刷防锈漆一道。

9.5.2 钢门扇、栏杆局部变形，应用调直工具顶、拉平整，矫正调直。

9.5.3 门轴、插销、滑轮、轨道、零件等损坏，应锯截剔凿拆下，按原样焊接或添配新料、安装牢固。门与墙体固定的预埋件损坏，应剔除换新，用水泥砂浆或细石混凝土填塞密实、平整、牢固。

9.5.4 钢制花饰损坏，应先测绘实样，再剔拆除，用相同品种、规格的钢材，按实样下料，修配成型，焊接或铆接安装牢固。

9.5.5 推拉折叠门损坏，应拆下损坏的斜杆、立杆等，截锯相同品种、型号、规格、尺寸的新扁钢，钻孔、铆联、安装牢固，推拉灵活。

9.5.6 拉手、锁鼻、五金零件缺损，应按原样修换齐整、牢固。

10 楼面及地面工程

10.1 一般规定

10.1.1 本章适用于楼面及地面垫层、找平层和面层修缮工程施工。

10.1.2 楼面、地面工程修缮施工前，应按实际损坏情况划定修缮范围，制定修缮施工方案，施工中心须将损坏部分剔凿处理干净。

10.1.3 修缮楼面、地面的材料，必须有出厂质量合格证书，其品种、牌号、规格、颜色、性能和质量等，应符合查勘设计要求和国家现行有关标准规定，并与原有楼面、地面协调一致。

10.2 垫层、找平层

10.2.1 砖铺垫层酥松损坏，应剔除损坏部分，清理干净，浇水湿润，按原样铺砌新砖，用水泥砂浆或水泥混合砂浆灌填严实、牢固。

10.2.2 碎砖三合土垫层酥松损坏，应剔凿损坏部分成倒坡槎，清理干净，浇水湿润，刷水泥浆，浇筑碎砖三合土，夯打密实、平整。

10.2.3 混凝土垫层松裂损坏，应剔凿损坏部位成倒坡槎，清理干净，涂刷界面剂，浇筑混凝土，振捣密实、平整。

10.2.4 水泥砂浆找平层松散、裂缝损坏，应剔凿损坏部位成倒坡槎，清理干净，浇水湿润，涂刷界面剂，补抹水泥砂浆找平层，严实、平整。

10.2.5 木地板面损坏，应先拆除损坏部分，选择与原有地板相同树种、材质、规格的地板条，按原有地板面的形式补钉或粘贴，并错开板的接缝。修补一般木地板或粘结拼花木地板时，应牢固、平整，接缝严密，并比原有地板面高出1～1.5mm，经刨平、刨光或打磨与原有地板面相平。油漆或着色、打蜡、磨光、擦亮时，应保护好成品，防止污染，达到与原有地板面基本一致。

10.3 面 层

10.3.1 水泥砂浆地面损坏修补，应符合下列规定：

10.3.1.1 面层空鼓、开裂损坏，应剔凿损坏部位成规则形状倒坡槎，清理干净，涂刷界面剂，处理接槎，用与原有面层相同品种、颜色的水泥砂浆补抹牢固、平整、光滑，接槎严实，做好养护。

10.3.1.2 表面起纱、有麻面时，应打刷、清理、冲洗干净，充分浇水湿润，用107胶水泥浆等分层刮抹应不少于三遍，达到平整、光滑，进行养护。

10.3.2 混凝土地面损坏修补，应符合下列规定：

10.3.2.1 面层裂缝不大，应在清刷裂缝干净、干燥后，灌注环氧树脂浆，均匀饱满，擦净表面。

10.3.2.2 面层局部松散、裂缝较大时，应剔凿裂缝成沟槽，除去松散混凝土，清净残渣，涂刷界面剂，处理接槎，浇筑或分层补抹同标号、同颜色的细石混凝土或水泥砂浆，拍抹密实、平整，接槎严实，做好养护。

10.3.3 水磨石地面损坏修补，应符合下列规定：

10.3.3.1 面层空鼓、裂缝不大，应按查勘设计要求在清刷裂缝和空鼓处干净、干燥后，钻孔、压灌环氧树脂浆，放入膨胀螺丝加压紧固，用与原有面层相同品种、颜色的色水泥浆抹平孔眼，经养护、磨光、出亮与原有地面基本一致。

10.3.3.2 面层空鼓严重，裂缝较大，应剔凿空鼓至坚实部位成规则形状倒坡槎，裂缝成沟槽，清理干净，涂刷界面剂，补抹相同品种、粒径、颜色、比例的石碴浆，做到密实、牢固，并略高于原有面层。经养护、磨光、酸洗、打蜡、擦亮，达到与原有地面基本一致。

10.3.4 大理石（花岗石）、预制水磨石、水泥花砖及釉面砖等地面损坏修补，应符合下列规定：

10.3.4.1 面层空鼓、裂缝不大，应清净裂缝，钻孔或沿裂缝压灌环氧树脂浆，适当加压，粘结平整、牢固，擦净表面。

10.3.4.2 面层空鼓、开裂严重，应剔掉损坏的板块，清理干净，浇水湿润，补抹找平层平整、牢固，刮刷水泥浆，铺镶相同品种、规格、颜色、性能的板块牢固、平整、灌缝、磨光、打蜡、擦亮与原有地面基本一致。

11 水卫暖通工程

11.1 一 般 规 定

11.1.1 本章适用于室内给排水管道、卫生器具、采暖管道和设备、锅炉和附属设备及通风管道等修缮工程施工。

11.1.2 修缮工程使用的材料、设备、锅炉等应有产品质量合格证和必要的技术资料，经验证符合查勘设计要求和国家现行有关标准规定，方可使用。

11.1.3 拆卸管道和设备应按顺序进行，保护完整，不得损坏房屋结构。必要时，应与查勘设计人员协商，妥善处理。

11.1.4 修换室内给排水、采暖管道，应充分利用原有之管管卡。无管卡的，应视楼层高度，每层增设1~2个。

11.1.5 消防管道及附属配件的修缮施工，应符合国家现行有关标准的规定。

11.2 给 水 管 道

11.2.1 给水管道应使用镀锌钢管，或尼龙管、无毒塑料管。管径大于80mm时，可使用给水铸铁管。

11.2.2 镀锌钢管应采用螺纹连接，不得采用焊接或加热处理。被损伤的镀锌层表面及管螺纹裸露部分，应做防腐处理。

11.2.3 修换给水管道，应采用与管材相适应的管件，不得用其他材料的管件代替。

11.2.4 给水管道通过墙壁或楼板处，必须设置套管，且不得有接头。卫生间、厨房应设置钢套管，并高出地面不小于20mm。楼板底面和过墙套管的两端，应与抹灰装饰面相平。

11.2.5 修换给水横管，应有一定的坡度，当设计无要求时，应按2%~5%的坡度坡向泄水点。

11.2.6 室内暗装的给水管道拆换时，宜改为明装，但不宜通过起居室和卧室。

11.2.7 过门口的给水管道修换，应改线敷设。如不能改线时，应做好防结露或保温处理。

11.2.8 修换埋设的给水管道，室内管道的埋深，北方地区不得小于400mm，南方地区应视气候温度情况敷设。室外管道埋深，应符合当地冻土层的埋深要求，并做防腐处理。

11.2.9 室外给水管道修换，管道上的阀门应设置在检查井或地沟内，不得埋在土壤中。

11.2.10 给水管道修换后，应按有关规定进行水压试验，检测合格并冲洗干净后，方可使用。

11.3 排水管道

11.3.1 排水管道应按查勘设计使用排水铸铁管、缸瓦管、钢筋混凝土管和排水塑料管等。

11.3.2 室内排水管修换使用塑料管时，其接口应用粘结剂粘牢。粘接剂的理化性能，应符合有关标准规定。

11.3.3 修换室内部分排水管道或配件，应由其末端拆卸到破损部位进行修换。不得在破损部位随意打碎修换。修换施工时，应按原有的管道接口、坡度安装，并将固定管道的托、吊、钩、架等修理加固。

11.3.4 排水管道通过墙壁或楼板处均不得设置接口。

11.3.5 修换排水管道，不宜使用直角三通和正十字四通。

11.3.6 室内原有半明半暗的排水立管改装为明管时，承插接口外皮距墙抹灰面，应有30～40mm的空隙，立管底部宜采用两个45°的弯头组成90°弯管，并应设置支墩。

11.3.7 修换室内排水立管、通气管不得与风道或烟道连通，高出屋顶部分不得小于300mm，并应大于最大积雪厚度。上人屋顶的通气管应高出屋面2m。通气管顶部应设置风帽或铁丝球网罩。

11.3.8 修换排水管道，承插接口（塑料管除外）用油麻填充后，应用不低于325号水泥或石棉水泥打口，不得用一般水泥砂浆抹口。埋设管道接口可用水泥砂浆塞严抹光。

11.3.9 修换排水管道后，应做通水试验。埋设管道隐蔽前，必须做灌水试验，其灌水高度应以底层地面高度为准，灌水延续时间为15min，以最后5min灌水液面不下降为合格。

11.4 卫生器具

11.4.1 卫生器具造型应周正，无破损和炸纹；修换后的接口应严密，无渗漏。

11.4.2 冲洗水箱损坏部件修换时，应选择品种、规格、性能相同的坚固配件，并对其他的零部件一并检修。

11.4.3 修换大便器时，应符合下列规定：

11.4.3.1 蹲式大便器的冲洗管，宜采用硬质塑料管，其中间应安装立管卡子，冲洗管下部弯头不应超过两个；与大便器接口的胶皮碗应用铜线缠绑两端，并不得渗漏。

11.4.3.2 拆装大便器存水弯时，上下接口应严密、牢固、不渗漏。

11.4.3.3 座式大便器背水箱冲洗管，应连接紧密、牢固、无渗漏。

11.4.4 修换小便槽冲洗管，应用硬质塑料管或镀锌钢管，冲洗孔应向下与墙面成45°角。

11.4.5 修换卫生器具瓷活，螺丝眼处应加胶皮或薄铅皮垫，螺丝拧固，松紧适度。

11.4.6 拆换室内卫生器具后，排水管道及地漏与楼板的结合处，必须做好防渗漏处理，地漏篦子顶面，应低于地面5mm。

11.4.7 冷热水管平行安装时，热水管应在冷水管的上面；垂直安装时，热水管应在冷水管的左侧。

11.4.8 修换卫生器具，与其相连接的排水管，应有一定的坡度。如设计无要求的，应按1%～2.5%的坡度安装。

11.5 采暖管道

11.5.1 修换采暖管道，应使用无裂纹、无砂眼、无重皮和不超过允许的凸瘤、凹面等缺陷的钢管。利用旧管材时，不得使用腐蚀严重、结水垢管径缩小的管；腐蚀麻面轻微的管，可安装在明配管网上，但不得使用在隐蔽部位。

11.5.2 修换采暖管道，管径小于或等于32mm的管，应用螺纹连接；管径大于32mm的，可用焊接或法兰连接。

11.5.3 拆除室内采暖管道，应将活接头打开，按顺序拆卸，不得在管道中间任意锯截。

11.5.4 修换散热器立支管，当立管和支管交叉时，立管应煨弯绕过支管。

11.5.5 修换散热器支管，应保持一定的坡度，如设计无要求时，支管全长小于或等于500mm的，坡度不应小于5mm；大于500mm的不应小于10mm。双侧连接的支管以长管为准。

11.5.6 采暖管道在穿墙体或楼板处均不得有接头和焊口，并应设置套管。卫生间、厨房应设置钢套管，高出地面不小于20mm，楼板底面和过墙套管的两端，均应与抹灰装饰面相平。

11.5.7 暗装管道修换不得使用活接头。蒸汽管道修换，螺纹接口不得使用油麻做填充料。

11.5.8 修换管径小于32mm的双立管时，两管中心距应保持80mm。供水管或供气管，应置于面向的右侧。

11.5.9 修换采暖管道与电气、电话线路相交时，应与线路保持不小于100mm的距离。

11.5.10 修换蒸汽管道，应对管道的疏水器和补偿器等进行检修和校正，保证使用效果。

11.5.11 新换的伸缩器应做预拉，其预拉长度应符合有关标准规定。方型伸缩器，应保持两臂水平，其坡度与管道坡度保持一致。

11.5.12 拆换室内采暖管道，靠窗户的立管外皮距窗口的净距不应小于150mm；靠墙角的立管外皮距墙角的净距不应小于100mm。

11.5.13 拆修的蒸汽或热水管道，应安装在平行冷水管的上面。

11.5.14 修换建筑物夹层内或非采暖房间内的采暖管道，应按有关标准规定做保温处理。

11.5.15 维修或拆换部分管道时，应对相应的托、吊、钩、架等进行检修，并同拆换的管道一起涂刷防腐漆。

11.5.16 修换采暖管道，应在水压试验合格后，涂刷厚度均匀的防腐漆和面漆。修补保温层应粘贴紧密，表面平整光滑，厚度与原有管道保温层一致。

11.6 采暖设备

11.6.1 修换翼型散热器，应保持翼片的完整，其掉片数量不得超过国家现行有关标准的规定。

11.6.2 修换串片散热器，应保持散热肋片的完好，其松动片不得超过总肋片数的3%。

11.6.3 修换水平安装的圆翼散热器，热水采暖的散热器两端均应使用偏心法兰盘；蒸汽采暖的进汽口可使用同心法兰盘，回水口必须使用偏心法兰盘。

11.6.4 修换铸铁散热器，用蒸汽采暖的散热器对口衬垫，应用石棉纸垫；用热水采暖的，可使用耐热橡胶垫或石棉纸垫，但衬垫外径不得突出对口表面。

11.6.5 冲洗散热器及管道，应拆卸分别冲洗干净后，方可重新安装再用。

11.6.6 修换阀门，应符合下列规定：

11.6.6.1 手轮不得向下安装，应开闭转动灵活，不得漏水漏汽。

11.6.6.2 在地沟、墙角和顶棚等处的阀门，全部开启后的手轮平面及侧面与建筑物之间的距离不应小于100mm。

11.6.6.3 阀门拆卸时，不得用火烘烤或用力敲击，以免损坏零件。

11.6.7 重新组对散热器，对丝两端应同时并进，对口缝隙不宜大于1.0mm。

11.6.8 修换散换器，应在试压合格后，将其背面刷一遍防锈漆，干燥后方可安全。

11.6.9 修换后的散热器（包括明装管道），均应涂刷防锈漆一遍，面漆两遍；暗装管道应刷防锈漆两遍，面漆两遍。

11.6.10 膨胀水箱上的溢流管和循环管拆换后，不得设置阀门。信号管应引到锅炉房或便于检查的地方。

11.6.11 修换采暖设备和管道的保温层，均应在做完防腐处理和水压试验合格后施工。如需要先进行保温，应将连接处和焊缝留出，待防腐处理和水压试验合格后再做保温。

11.6.12 修换管道和设备上的套管温度计，其底部应直接插入流动介质内，不得安在引出的管道上。

11.7 采暖锅炉及附属设备

11.7.1 拆卸快装锅炉，应先卸下全部仪表和附件（包括炉门、灰门和烟筒脖等）后，按顺序拆卸配管及锅炉。

11.7.2 锅炉的附属配件拆除后，应采取保护措施，将所有管口（锅炉入口和泄水口等）封闭好。

11.7.3 锅炉本体和受压容器不得随意拆改，局部修理时，应符合受压容器有关标准规定。

11.7.4 拆卸分割式锅炉，应用颜色明显的涂料逐片标明片号，按顺序进行拆卸。修复后，逐片进行水压试验合格后，方可组装。

11.7.5 修换蒸发量大于或等于0.7MW（1t/h）的锅炉，每个排污管，应串联安装两个排污阀，靠近锅炉的可安装法兰闸板阀，另一个应安装直通的快速排污阀。

11.7.6 修换锅炉烟管，必须使用无缝钢管，其材质应符合国家现行有关标准规定，不得用焊接钢管代替。

11.7.7 修换往复炉排，炉排片的间隙，应控制纵向间隙为1～2mm，炉排两侧的间隙为3～5mm。

11.7.8 拆卸锅炉及附属设备时，应与有关工种配合，切断电源后方可拆卸，确保施工安全。

11.7.9 修换锅炉所用垫料，应使用金属板，不得使用木板或砖块。

11.7.10 修换锅炉附属机械设备，应清理其内部杂物，保证运行良好，对其外露的转动件，应设安全防护装置。

11.7.11 修换锅炉安全阀，其排汽和泄水管上严禁设置阀门。

11.7.12 修换锅炉排污阀，不得用球阀代替。

11.7.13 修换减压器，应根据使用压力进行调试，并做出调试后的标志。

11.7.14 修换压力表、水位表，应保证开关灵活，输水畅道，结合严密。不渗漏。

11.7.15 修换炉门、灰门、煤斗闸板及烟道风挡板，应安装平整牢固、开关灵活，关闭严密。

11.7.16 修换分汽缸，应保持所有的阀门在一个高度上，压力表高度也应与其一致。

11.7.17 修换立式箱、罐，应垂直平正，箱罐顶部至顶板间距不得小于500mm。

11.7.18 锅炉及全部附件修换后，应进行水压试验（安全阀不得与锅炉同时试验）。未经水压试验合格的锅炉，不得与管道连接。

11.7.19 锅炉及附属设备和各类仪表检修完毕，需经安全监察部门检验合格后，方可使用。

11.7.20 整个采暖系统修缮后，应统一进行冲洗和试运行，后清扫除污器，经检查评定验收（系统内无杂物，无气水跑、冒、滴、漏）合格签证后，方可投入运行。

11.8 通 风 管 道

11.8.1 修换的通风管道尺寸应符合查勘设计要求。圆形风管以外径为准，矩形风管以外边长为准。

11.8.2 风管的各种配件尺寸、法兰规格以及风管的壁厚等如查勘设计无要求时，应符合国家现行有关标准的规定。

11.8.3 修换风管宜采用镀锌钢板或薄钢板。

11.8.4 修换的钢板风管及部、配件，均应做成可拆卸式，且最长不应超过4.0m。

当矩形风管弯头内侧的曲率半径小于风管宽度的1/2时，应在弯头内加装导流片。

11.8.5 钢板风管的连接，当风管壁小于或等于1.2mm时，应采用咬口连接；当风管壁厚大于1.2mm时，应采用翻边焊接。

11.8.6 风管与法兰的连接，应符合下列规定：

11.8.6.1 风管与角钢法兰连接，当风管壁厚小于或等于1.5mm时，应采用翻边铆接；当风管壁厚大于1.5mm时，应采用翻边点焊或沿风管的周边将法兰满焊。

11.8.6.2 风管与扁钢法兰的连接，应采用翻边连接。

11.8.6.3 翻边尺寸为6～9mm，最大不应超过12mm。

11.8.7 风管上的测定孔，应先安装在风管上。风管必须按查勘设计的要求进行拆除或安装。

11.8.8 法兰垫料当查勘设计无要求时，宜采用橡胶板或闭孔海绵橡胶板。

11.8.9 修缮砖砌、混凝土风道，应符合下列规定：

11.8.9.1 内表面平整光滑，不得漏风，水平风道底部应有5‰～10‰的坡度坡向排水点。转向时宜顺气流方向做成圆弧。

11.8.9.2 与金属风管及其部、配件的连接处应设预埋件，连接时必须安装牢固紧密。

11.8.10 送风形式、方向、部位和送风口、散流器数量，必须符合查勘设计要求。

通风管内不得敷设电线、电缆和其他液体管道。

施工前应对需要测定和调整风量的部、配件进行风量测定，并做好记录。

11.8.11 修换各种风口，应符合下列规定：

11.8.11.1 风口的尺寸范围当查勘设计无要求时，应符合国家现行有关标准的规定。

11.8.11.2 风口的表面应平整，配件的转动部分应灵活可靠。

11.8.11.3 风口应与风管连接牢固紧密，风管与部、配件连接的接口不得安装在墙内或楼板内。

11.8.11.4 不得随意改小风口的过流面积和改变风口的气流方向。

11.8.11.5 与建筑装饰相结合的风口应与其他工种配合施工。

11.8.12 通风阀门、散流器和带导流板的百叶风口修换，必须对风量重新进行测试和调整。

11.8.13 各种风管的加固措施，应符合查勘设计要求和现行国家有关标准规定。

11.8.14 修换风管的支、吊、托架，应符合下列规定：

11.8.14.1 不保温风管，水平风管的支、吊、托架间距不宜大于3.0m；垂直风管的支、吊、托架间距不宜大于4.0m，但每根立管不得少于2个。

11.8.14.2 保温风管的支、吊、托架间距，应符合查勘设计要求或根据保温材料和风管尺寸确定，支、吊、托架宜设在保温材料的外部，且不得损伤保温层。

11.8.14.3 支、吊、托架，不得设置在阀门、风口和检视门口处，吊架不得吊在风管的法兰上。

圆形风管的支、托架宜设置托座。

11.8.15 风管的支、吊、托架宜采用膨胀螺栓固定，不得用木螺栓固定。

膨胀螺栓不得预埋，混凝土结构有裂缝的部位不得使用膨胀螺栓。

11.8.16 修换以后的各种调节装置，应保证通风系统的功能不受影响，且操作方便。

11.8.17 防火阀的方向、位置应准确。易熔件宜在系统安装调试后再行安装。

11.8.18 修换各类消声设备，应符合查勘设计要求，消声设备应自设支、吊、托架固定。

11.8.19 薄钢板的风管和风管的支、吊、托架，必须进行防腐处理，并符合查勘设计要求。

11.8.20 修换风管的保温层，应符合下列规定：

11.8.20.1 隔热层必须符合查勘设计要求和现行国家有关防火规定。再换隔热材料，应先将原有隔热层，粘贴层等清除干净，并做好防腐措施。

用卷散材作隔热层时，其厚度应均匀，散材不得外露。

用型材作隔热层时，其横、纵缝应错开，型材与风管之间应包扎紧密、牢固，风管不得外露。

11.8.20.2 防潮层必须与隔热层紧密接触，封闭良好。

11.8.20.3 保护层必须有足够的机械强度，且不得损伤防潮层和隔热层。金属风管必须进行防腐处理。用涂抹料做保护层时其厚度应均匀，且不小于10mm。涂抹料应配料准确，表面光滑、平整，无明显裂缝。

11.8.20.4 保温层的端部应封闭严实，风管与部、配件的连接处，均应作好保温处理。

11.8.20.5 风管保温层的施工，必须在前道工序质量检验合格之后，方可进行下道工序。

11.8.21 修换后的通风管道系统的风量平衡实测值与查勘设计值的偏差不宜大于10%。

12 电气工程

12.1 一般规定

12.1.1 本章适用于室内照明线路、灯具、低压电器、防雷与接地装置等修缮工程施工。

12.1.2 照明装置修换，涉及土建工程时，应将须修部位照明设备拆除，待土建工程完成后，再恢复照明装置。

12.1.3 照明装置修换，对现有电气设备外壳没有接地或接零装置的，必须予以接地或接零保护，并应符合查勘设计要求和国家现行有关标准的规定。

12.1.4 修换线路、盘箱、灯具、开关、插座及所用电设备等，必须拉开电源开关，切断电源，并挂"禁止合闸，有人作业"的标志牌。

12.1.5 照明装置修缮竣工后，应测试各回路的绝缘电阻，其绝缘电阻值不应小于 $0.5M\Omega$，测试时应将负荷断开。

12.1.6 修换线路、开关、插座等，不得敷设安装在烟道和其他发热体面上，遇有与管道平行或交叉时，其间距应符合有关标准的规定。

12.1.7 修换导线时，应按不同场所选择相适应的配线方式和绝缘导线型号。截面面积在 $16mm^2$ 及以下的导线，宜用铜芯导线。

12.1.8 修换导线连接时，应符合以下规定：

12.1.8.1 导线接头应采用套管压接或焊接，采用套管压接时，其套管应与导线直径匹配。在箱盒内的小截面铜芯导线连接可采用缠绕法，其缠绕长度不应小于缠绕直径的5倍，缠绕应紧密，并应挂锡，不应增大原导线的电阻值。

12.1.8.2 在剥切导线绝缘层时，不得损伤线芯，连接处应满足其机械强度。

12.1.8.3 导线接头与分支连接处，应用绝缘带妥善包缠，不得低于原有绝缘强度，并应保证运行后不腐蚀。

12.1.8.4 铝芯导线与铜芯导线或铜端子连接时，应用铜铝过渡接头或线夹连接。

12.1.9 修换室内干线、支线线路的工作零线，应与相线截面相同。保护接地或接零线，必须用铜芯线，并宜与相线一起敷设，最小截面不应小于 $2.5mm^2$。如为三相配线，可采用三相五线制。

12.2 照明线路

12.2.1 修换进户横担，必须用两根螺栓固定在牢靠的墙体上，不得固定在抹灰层或木结构墙板上。

12.2.2 修换进户管，应用镀锌钢管、塑料管或瓷管，其墙外露出部分不应小于60mm，钢管应带防水弯头。进户管口，应里高外低，其管周围应封堵严密、平整。

12.2.3 修换暗配管在墙内剔槽敷设后，必须用强度等级不小于M10、厚度不小于15mm的水泥砂浆抹面保护。在半砖墙内不得暗配管路。塑料管暗配必须采用阻燃型管材，不得在高温场所和顶棚内敷设。

12.2.4 修换明配钢管，应先检查管路，发现接地线和管卡脱落或松动时，应修好焊牢。

管路横平竖直，管卡端正牢固。固定点间距符合有关标准规定。钢管应除锈，内外刷防锈漆。

12.2.5 修换直埋土内的管路，应拆除锈蚀的旧管，铲平夯实沟底的土层，再用镀锌管安装，如用钢管应除锈，内外刷防锈漆二遍，埋于混凝土内的钢管外部不刷漆。

12.2.6 修换管路的钢管，应用丝扣连接，其套丝长度不应小于管路接头长度的1/2。在管路接头两端，应焊跨接地线。管径在50mm以上时，宜用套管连接，套管长度不应小于管外径的1.5~3倍。连接管的对口，应去除毛刺，并在套管中心处。接口应牢固严密，严禁对焊。

12.2.7 修换塑料管路，应采用套管法或插接挂胶法。用套管法的套管长度不应小于连接管内径的1.5~3倍。插接法的插入长度不应小于管内径的1.1~1.8倍，用胶合剂粘接，接口密封牢固。

12.2.8 修换管路，管子弯曲不得小于90°，弯曲半径不应小于管外径的6倍；明配钢管只有一个弯时，弯曲半径不应小于4倍；暗配钢管埋于地下或混凝土楼板内时，弯曲半径不应小于10倍；弯曲处不应有折皱、凹陷和裂缝等。

12.2.9 修换钢管管路，应先做鸭脖弯，再与盒（箱）连接，钢管与铁制盒（箱）连接时，应焊跨接地线，并应装锁母，管帽连接牢固。修换新盒时，应铁管配铁盒，塑料管配塑料盒，盒（箱）开孔应与管径一致。

12.2.10 修换管内导线前，应清净管中积水及杂物等。穿入管内的导线总截面，不得超过管内径截面的40%。导线在管内，不得有接头和扭结，应完整无损，导线接头应设在盒内。

12.2.11 修换空心楼板孔内的导线，应先拆除旧导线，新穿塑料护套线或加套塑料保护管的导线，不得损伤导线。厨房和厕所，应用铜芯护套线。

12.2.12 拆换瓷夹板配线，可按原走向配新线，固定要牢固。一个夹线孔内不得装设两根导线。导线交叉时，应穿塑料管保护。

12.2.13 修换的瓷夹板配线，应横平竖直，无松弛现象，瓷夹板间距应均匀，当导线截面面积在$4mm^2$以下时，不大于600mm；截面面积$10mm^2$以下时不大于800mm。线路对地面最低距离：水平为2.5m，垂直为1.8m。超过距离时，应加管槽保护。

12.2.14 修换瓷夹板配线通过墙壁时，应穿绝缘保护套管，管口露出墙面不应小于30mm。在转角、分支及连接灯具等外，应加装瓷夹板。

12.2.15 修换槽板配线时，应拆除老化变质的旧槽板。新槽板必须紧贴建筑物表面安装，底板固定点间距不应大于500mm，盖板固定点间距不应大于300mm。三线槽板应用双螺丝钉固定。

12.2.16 修换槽板、盖板与底板均应斜错对口成45°角相接。盖板与底板的接口点应错开，并不小于20mm。分支接头，应作丁字三角叉接。

12.2.17 槽板不得装在潮湿或易燃处，不得装在墙壁内和穿过天棚，两条槽板不得叠压使用，槽板终端应抹斜封闭。

12.2.18 每个槽板只许敷设一个回路的导线，每个沟槽内只许装一根导线。导线接头应设在槽板外面，在槽内不得有接头和受挤压。

12.2.19 修换直敷塑料护套线，固定卡片损坏和脱落的应重新装好。线卡布置均匀，间距一般为150～200mm。线卡与终端、转角中点、电器具或接线盒边缘的距离为50～100mm。

12.2.20 明配塑料护套线，应平直、不松弛、不扭曲；弯曲护套线时，不应损伤护套和芯线的绝缘层。弯曲半径不应小于导线外径的3倍。导线接头应设在盒内。

12.2.21 直敷敷料套线，不得直接埋入抹灰层内暗配；不得在室外露天场所明设；不得沿门窗框或挂镜线明设。采用三芯护套线时，其保护接地线，应有明显的标志。

12.3 低 压 电 器

12.3.1 暗开关、暗插座、盒体劈裂、螺孔滑扣，应重新换盒，安装时应用镀锌螺丝拧入盒内。

12.3.2 照明开关应接在相线上，搬把开关和跷板开关必须按下凸为开，上凸为关（面对开关）接线。拆换单相三孔插座（面对插座）左极接零线，右极接相线，上孔接保护线。安装单相两孔插座，水平时为左零右火，垂直时为上火下零。

12.3.3 修换配电箱内开关，接触良好无烧蚀的经清扫后可以使用。重新安装的应采用带防护罩的开关、熔丝盒、插入熔断器等。严禁使用无盖开关及带电部分裸露的电器。

12.3.4 盘上或箱内刀闸开关、熔断器，应按旧有位置换装。如需调换位置，应调整正确，上端接电源，下端接负荷，并应垂直安装。相序排列应一致，从左至右，从上到下。

12.3.5 修换盘内配线，对配线紊乱，导线绝缘老化脱落等，均应重新配线。布线应整齐、清晰，导线无接头，工作零线不氧化，连接牢固、接触良好。导线通过盘面时，应穿绝缘套管或管头保护。如为三相四线配线时，各支路零线应用零线端子板，不得串接。

12.3.6 修换木制配电箱和开关板时，拆除盘上电气元件，有用元件应保存充分利用。箱盘应用厚度不小于20mm，无疖裂的干木板材制作。换装的箱外壁与墙面接触的部分，应刷防腐剂，箱内壁及盘面应涂刷油漆两遍。

12.3.7 修换铁制配电箱，应拆下箱门、搪板，经平整除锈刷防锈漆后，重新组装。如更换时，应按查勘设计的配电箱安装。箱体须接地，并有明显接地标志。

12.3.8 修换每个单元和楼层的进线开关，应采用带熔断器的刀闸开关，或有盖开关加单独熔断器，单极自动空气开关，其额定电流应符合有关标准规定。

12.3.9 修换表箱内的漏电开关，应装置在分户保护负载侧，如分户保护采用单极保护，零线回路不装熔断器。

12.4 照 明 灯 具

12.4.1 室内照明大修，每个回路上连接的灯数和插座数，应按单元楼层决定，不宜超过25个。

12.4.2 修换灯具，预埋铁件或螺栓锈蚀或有脱落危险的必须更换。重量低于30N的灯具，应固定在原有预埋木砖上或螺栓上。在空心楼板处可用丁字螺栓固定，不得用木楔固定灯具。

12.4.3 修换多头灯、花灯、吊链灯、弯灯、吊杆灯、吸顶灯及罩灯等的木台，其固定螺丝均应2个以上。吊链灯电线不得承受拉力。大型花灯的金属外壳应与接线盒妥善接地。

12.4.4 修换铁盒上的木台，应用镀锌螺丝固定。电线应一线一孔的，从八角盒、接线盒、开关盒等内甩出木台。

12.4.5 瓷夹板配线的灯具木台，电线应在木台明面引进灯线盒、座灯头内部，不得压线装设。

12.4.6 塑料护套配线的灯具木台，应按护套线外径大小挖槽，将护套线压在木台槽下面，在木台内不得剥去护套绝缘层。

12.4.7 木槽板配线的灯具，应用高桩木台，并应按槽板的宽度与厚度挖槽，将槽板插在木台内。

12.4.8 灯头线不得有接头，灯头线在灯头、吊线盒等处，应做保险扣，使连接线端子不受机械损伤。

12.4.9 修换灯头线，软线头必须挂锡，并做好收口处理，软线头应按顺时针方向做弯钩，与灯头内端子接线螺丝压紧。单色线为零线，接在灯口的端子上，有花纹线为相线，接在灯头中心柱上。

12.4.10 修换日光灯管、镇流器、启动器等，应核查容量，准确匹配。组装式日光灯脚等带电部分，应装绝缘套管保护。软线吊灯重超过10N者，应加吊链。严禁用导线代替吊链。

12.4.11 灯具、灯泡与易燃材料表面或木台接近时，应有可靠的隔热措施，当采用空气间隙时，白炽灯泡不应小于30mm，日光灯管及附件，不应小于15mm。

12.4.12 修换潮湿地方（厨房、淋浴间等）的灯具，应采用防水型灯具，配线应通过吊线盒与灯具直接连接，不应在吊线盒内压接，木台底面应加防潮垫。

12.5 防雷与接地装置

12.5.1 修换防雷接地装置前，应对接地体进行接地电阻测试，接地线和接地体焊接开焊断裂的应修换，完好的应除锈刷防锈漆。

12.5.2 接地体锈蚀严重无法修复时，按查勘设计换装新接地体。

12.5.3 修换防雷装置前，对避雷网（带）、引下线及断接卡开焊、变形处应修复，对防锈漆脱落的应除锈刷防锈漆。

12.5.4 修换接地装置及紧固件，均应采用镀锌制品。各部连接点应牢固可靠。圆钢或扁钢之间的连接，应采用搭接焊，其搭接长度，应符合下列规定：

12.5.4.1 圆钢直径的6倍，应在两面施焊。

12.5.4.2 扁钢宽度的2倍，应在三面施焊。

12.5.4.3 焊缝应平直、不间断、无夹渣、咬肉、汽泡及没焊透等情况。

12.5.5 修换用电设备的保护接地或保护接零时，应进行检查测试。特别是对进户电源箱内的接地或接零线，有虚接或断线处，必须修复牢靠，保证安全供电。

12.5.6 修换电气设备外露接地线，应用铜线，严禁在地下利用裸铝线作为接地体或接地线。

12.5.7 修换防雷与接地装置，应进行接地电阻测试，实测电阻值，应符合查勘设计和有关标准规定。

附录 A 环氧树脂粘合剂和环氧树脂胶泥配合比（重量比）

表 A-1 环氧树脂粘合剂和环氧树脂胶泥配合比

环氧树脂粘合剂		环氧树脂胶泥	环氧树脂粘合剂		环氧树脂胶泥
环氧树脂	100	100	乙二胺	6~8	6~8
二甲苯	20	0~20	水泥或滑石粉 适量		150~250

注：1. 环氧树脂型号，用6105或6101；
  2. 乙二胺纯度按100%计，也可用多乙烯多胺；
  3. 如果采用多胺类，或其他乙二胺酸性溶液作为固化剂，其用量应经试验确定；
  4. 配制方法：
    环氧树脂按比例加入二甲苯搅拌混合；
    加入乙二胺迅速搅匀，随拌随用；
    加入水泥或滑石粉搅匀，成为环氧树脂胶泥。

表 A-2 硫磺砂浆制作配合比

硫 磺	填 料		增韧剂	石棉绒
	硅质物料	细骨料	聚硫橡胶	(6~7级)
50	17~18	30	2~3	0~1

注：硫磺砂浆的熬制：
  1. 硫磺先打成小块，分批放入锅中，加热130~150℃熔化，边熔边放边搅，注意防止局部过热；
  2. 硫磺脱水后，分批将已烘干的粉料，细骨料放入锅中，在140~160℃熬制，并不断搅拌、脱水、混合均匀；
  3. 将聚硫橡胶剪成小块，逐渐放入锅中，加强搅拌至充分混匀，要严格控制熬制温度，一般为140~170℃，最高不超过180℃；
  4. 熬制砂浆至无汽泡时，先取样检查，以确定其熬制质量，如不符合要求时，应继续熬制，直到合格；
  5. 硫磺砂浆质量鉴定，在140℃时，浇入"8"字形抗拉试模中，应无膨胀起鼓现象，将其打断，其颈部断面内，肉眼看可见小孔不多于5个为合格。

附录 B 压力灌浆加固砖墙裂缝浆液配合比（重量比）

表 B-1 107胶水泥聚合浆配合比

浆别	水泥	107胶	水	砂	可灌裂缝尺寸（mm）
稀浆	1	0.2	0.9	—	0.3~1
稠浆	1	0.2	0.6	—	1~5
砂浆	1	0.2	0.6	1	5~15

表 B-2 聚醋酸乙烯乳液水泥聚合浆配合比

浆别	水泥	聚醋酸乙烯乳液	水	砂	可灌裂缝尺寸（mm）
稀浆	1	0.06	1.2	—	0.2~1
稠浆	1	0.055	0.74	—	1~5
砂浆	1	0.06	0.4~0.7	1	5~15

表 B-3　水玻璃水泥浆配合比

浆 别	水泥	水玻璃	水	砂	可灌裂缝尺寸（mm）
稀 浆	1	0.01~0.02	0.9	—	0.3~1
稠 浆	1	0.01~0.02	0.7	—	1~5
砂 浆	1	0.01	0.6	1	5~15

注：灌浆材料规格：
水泥：用标号325~425号的硅酸盐水泥或普通硅酸盐水泥；
砂子：粒径不大于1.2mm；
107胶：固体含量在10%~12%，pH值7~8；
水玻璃（硅酸钠）：比重1.37~1.55，模数2.3~3.3；
聚醋酸乙烯乳液：固体含量在50%±2，pH值4~6；
水：饮用水或天然洁净水。

附录C　压力灌浆修补混凝土裂缝配合比（重量比）

表 C-1　环氧树脂浆配合比

名　称	环氧树脂 6101	邻苯二甲酸二丁酯	乙二胺（工业）	二甲苯（工业）	水泥	中砂	用途
环氧树脂浆	100	10	8~11	30~40	—	—	灌浆
环氧腻子	100	10	13~15	20	250~450	—	封缝粘嘴
环氧砂浆	100	30	13~15	20	200	400	填充

注：1. 环氧树脂用双酚A型E—44（6101#），环氧值0.41~0.42；
2. 水泥标号用325号以上；
3. 环氧树脂浆密度约为1062kg/m³，环氧腻子密度为1121kg/m³，环氧砂浆密度为1271kg/m³；
4. 工业乙二胺含胺量宜在70%以上；
5. 砂子粒径应大于0.1mm，小于0.6mm，含水量小于或等于0.2%，含泥量小于或等于2%。

表 C-2　甲基丙烯酸类浆液配合比

材料名称	代　号	配合比			用　途
		1	2	3	
甲基丙烯酸甲酯	MMA	100	100	100	灌注裂缝宽度应小于0.2mm的细深裂缝
醋酸乙烯	—	18	—	0~15	
丙烯酸			1.0	0~10	
过氧化二苯甲酰	BPO	1.5	1.0	1~1.5	
对甲苯亚磺酸	TSA	1.0	1.0~2.0	0.5~1.0	
二甲基苯胺	DMA	1.0	0.5~1.0	0.5~1.5	

表 C-3 灌注水泥浆配合比

砂浆名称	水泥	107胶	水	中砂	用途
灌缝稀浆	100	25	90	—	灌注缝宽0.5~1mm
灌缝稠浆	100	20	60	—	灌注缝宽1~5mm
灌缝砂浆	100	20	50	100	灌注缝宽1~15mm
封缝砂浆	100	25	15	100	封缝、粘灌浆嘴

注：1. 上表中的水泥，应用标号325号以上普通硅酸盐水泥；
　　2. 107胶固体含量12%，pH值为7~8。

附录 D　浆液配合比（重量比）

表 D-1　促凝剂配合比

材料名称	配合比	规格	色泽
硫酸铜（胆矾）	1	三级化学试剂	蓝色
重铬酸钾（红矾）	1	三级化学试剂	橙红色
硅酸钠（水玻璃）	400	比重1.63	无色
水	60	自来水	无色

表 D-2　丙凝浆液配合比

	材料名称	配合比	作用	备注
A液	丙烯酰胺	10	凝剂	用水溶解
A液	甲亚基双丙烯酰胺	1	交联剂	用水溶解
B液	95%三乙醇胺	1	还原剂	用水溶解
B液	5%过硫酸胺	0.5	氧化剂	用水溶解
B液	氧化亚铁	0.4	强氧化剂	用水溶解
B液	水	100	—	用水溶解

表 D-3　氰凝浆液配合比

材料名称	配合比	规格	作用	备注
预聚体	100	—	主剂	
硅油	1	201~50#	表面活性剂	
吐温	1	80#	乳化剂	
邻苯二甲酸二丁脂	10	工业用	增塑剂	
丙酮	5~20	工业用	溶剂	
三乙胺	0.7~3	—	催化剂	

注：无三乙胺时，可用二甲基醇代替。

表 D-4 环氧树脂浆液配合比

序 号	名 称	作 用	配方用量范围
1	环氧树脂	主剂	100
2	糠醛	稀释剂	30~60
3	丙酮	稀释剂	20~40
4	苯酚	促进剂	10~15
5	焦性设食子酸	促进剂	3~5
6	乙二胺	促进剂	15~25

附录 E 本规程用词说明

E.0.1 本规程条文中，要求严格程度不同的用词说明如下，以便在执行时区别对待：

E.0.1.1 表示很严格，非这样做不可的用词：
正面词采用"必须"，反面词采用"严禁"。

E.0.1.2 表示严格，在正常情况下均应这样做的用词：
正面词采用"应"，反面词采用"不应"或"不得"。

E.0.1.3 表示允许稍有选择，在条件许可时先应这样做的用词：
正面词采用"宜"或"可"，反面词采用"不宜"。

E.0.2 条文中指明按其他有关标准、规范执行的写法为"应按……执行"或"应符合……要求或规定"。非必须按所指定的标准和规范执行的写法为"可参照……执行"。

附加说明

本规程主编单位、参加单位和主要起草人名单

主 编 单 位：天津市房产住宅科学研究所
参 加 单 位：上海市房地产管理局
　　　　　　 沈阳市房地产管理局
主要起草人：李建琛　柳维炯　魏永生　边文长　颜祖明　曾浙一　王佐权　王俊然
　　　　　　张立中　孙玉明　韩德信　王宗信　秦再柏　刘恒柏

中华人民共和国行业标准

民用建筑修缮工程查勘与设计规程

Specification for Engineering Examination
and Design of Repairing Ciril Architecture

JGJ 117—98

主编单位：上海市房屋土地管理局
批准单位：中华人民共和国建设部
施行日期：1999年3月1日

关于发布行业标准《民用建筑修缮工程查勘与设计规程》的通知

建标〔1998〕168号

根据建设部《关于印发城乡建设环境保护部1995年制、修订标准、规范、规程项目计划的通知》(〔85〕城科字第239号)的要求,由上海市房屋土地管理局主编的《民用建筑修缮工程查勘与设计规程》,经审查,批准为强制性行业标准,编号JGJ117—98,自1999年3月1日起施行。

本标准由建设部房地产标准技术归口单位上海市房屋科学研究院负责管理,由上海市房屋土地管理局负责具体解释工作。

本标准由建设部标准定额研究所组织中国建筑工业出版社出版。

中华人民共和国建设部
1998年9月14日

目　次

1 总则 ·· 1898
2 符号 ·· 1898
3 基本规定 ·· 1903
　3.1 修缮查勘 ·· 1903
　3.2 修缮设计 ·· 1903
4 地基与基础 ··· 1904
　4.1 一般规定 ·· 1904
　4.2 地基补强 ·· 1904
　4.3 基础托换 ·· 1905
　4.4 基础扩大 ·· 1906
　4.5 掏土纠偏 ·· 1909
5 砌体结构 ·· 1910
　5.1 一般规定 ·· 1910
　5.2 材料 ··· 1911
　5.3 砌体弓突、倾斜 ·· 1911
　5.4 砌体裂缝 ·· 1914
　5.5 砖石柱 ··· 1915
　5.6 圈梁和过梁 ··· 1916
　5.7 构造要求 ·· 1916
6 木结构 ··· 1918
　6.1 一般规定 ·· 1918
　6.2 材料 ··· 1918
　6.3 柱 ·· 1918
　6.4 梁、搁栅、檩条 ·· 1920
　6.5 屋架 ··· 1922
　6.6 屋架纠偏 ·· 1924
　6.7 立帖构架牮正 ·· 1925
　6.8 构造要求 ·· 1925
　6.9 防火 ··· 1926
　6.10 防腐和防虫 ··· 1926
7 混凝土结构 ··· 1926
　7.1 一般规定 ·· 1926
　7.2 材料 ··· 1927
　7.3 柱 ·· 1928

  7.4 梁、板 ······ 1931
  7.5 构造要求 ······ 1937
8 钢结构 ······ 1938
  8.1 一般规定 ······ 1938
  8.2 材料 ······ 1939
  8.3 梁、搁栅、檩条 ······ 1939
  8.4 柱 ······ 1940
  8.5 屋架 ······ 1940
  8.6 钢构件焊接和螺栓连接 ······ 1941
  8.7 钢构件保养 ······ 1941
9 房屋修漏 ······ 1941
  9.1 一般规定 ······ 1941
  9.2 材料 ······ 1941
  9.3 屋面 ······ 1941
  9.4 外墙面 ······ 1942
  9.5 地下室 ······ 1943
10 房屋装饰 ······ 1943
  10.1 一般规定 ······ 1943
  10.2 材料 ······ 1943
  10.3 门窗 ······ 1943
  10.4 楼地面 ······ 1944
  10.5 抹灰 ······ 1945
  10.6 饰面板 ······ 1945
  10.7 油漆、刷浆、玻璃 ······ 1945
11 电气照明 ······ 1945
  11.1 一般规定 ······ 1945
  11.2 材料 ······ 1946
  11.3 线路保护装置 ······ 1946
  11.4 导线与电管 ······ 1946
  11.5 防雷与接地装置 ······ 1947
  11.6 接地故障保护 ······ 1948
12 给水排水和暖通 ······ 1949
  12.1 一般规定 ······ 1949
  12.2 材料 ······ 1949
  12.3 给水管道 ······ 1949
  12.4 排水管道 ······ 1951
  12.5 卫生洁具 ······ 1954
  12.6 采暖管道、设备 ······ 1951
  12.7 通风管道 ······ 1952
附录 A 本规程用词说明 ······ 1953
附加说明 ······ 1954
条文说明 ······ 1955

1 总 则

1.0.1 为了在民用建筑修缮工程查勘与设计中贯彻执行国家的技术经济政策，恢复和改善原有房屋的使用功能，延长房屋的使用年限，做到技术先进，经济合理，安全适用，确保质量，制定本规程。

1.0.2 本规程适用于城市中原有低层和多层民用建筑修缮工程的查勘与设计。

1.0.3 民用建筑修缮工程的查勘与设计，除应符合本规程外，尚应符合国家现行的有关强制性标准的规定。

2 符 号

2.0.1 地基与基础主要符号应符合下列规定：

（Ⅰ）作用和作用效应

M——最大弯矩；

M_a——a 向最大弯矩；

M_b——b 向最大弯矩；

P——梁底平均反力；

P_s——在荷载作用下基础底面单位面积上的土反力；

R_k——单桩竖向承载力标准值；

R_{ka}——压桩力标准值；

V——最大剪力。

（Ⅱ）计算指标

f_t——混凝土抗拉强度设计值；

f_y——锚杆抗拉强度设计值；

p——注浆压力；

q——倒梁的均布荷载设计值。

（Ⅲ）几何参数

A_1——a 向计算冲切荷载时取用的多边形面积；

A_2——b 向计算冲切荷载时取用的多边形面积；

A_p——桩身的截面面积；

a——a 向扩大部分的基础宽度；

a_1——a 向冲切破坏锥体最不利截面的上边长；

a_m——a 向的梯形冲切面平均宽度；

b——b 向扩大部分基础长度；基底宽度；基础总宽度；

b_1——b 向冲切破坏锥体最不利截面的上边长；

b_c——原基础的宽度；

b_m——b 向的梯形冲切面平均宽度；

b_n——新增基础梁的宽度;
d——锚杆直径;
h_0——基础的有效高度;
l——挑梁间距;
l_b——基底长度;
l_i——按土层划分的各段桩长;
n——每个桩孔所预埋锚杆的个数;
r——球形扩散半径;
r_0——注浆管半径;
S'——上部墙身传来荷载效应组合设计值;
t——注浆时间;
U_p——桩身周边长度;
V_s——土方量;
Δ_s——沉降差。

（Ⅳ）计算系数

e_0——砂土的空隙率;
K——安全系数;
k——砂土的渗透系数;
β——浆液黏度对水黏度比;
ψ——桩承载力的折减系数。

2.0.2 砌体结构主要符号应符合下列规定:

（Ⅰ）作用和作用效应

N_{com}——加固砖柱的受压承载力;
N_{ou}——砌体强度提高而增大的砖柱承载力;
σ_a——受拉肢型钢 A_a 的应力;
σ_s——受拉钢筋 A_s 的应力。

（Ⅱ）计算指标

f_i——新砌附壁柱的抗压强度设计值;
f'_a——加固型钢的抗压强度设计值;
f_c——新增附壁柱混凝土或砂浆的轴心抗压强度设计值;
f_{ou}——缀板的抗拉强度设计值。

（Ⅲ）几何参数

A'——原砖砌体受压部分的面积;
A_2——新砌附壁柱的截面面积;
A_a——受拉加固型钢的截面面积;
A'_a——受压加固型钢的截面面积;
A_c——新增附壁柱的截面面积;

a——钢筋 A_s 重心至截面较近边的距离；

a'——钢筋 A_s' 重心至截面较近边的距离；

h——截面高度；

$S_{c's}$——附壁柱受压部分的面积对钢筋 A_s 重心的面积矩；

S_s——砌体受压部分的面积对受拉钢筋 A_s 重心的面积矩。

（Ⅳ）计算系数

α——新增混凝土附壁柱的材料强度折减系数；

α_1——新浇混凝土的材料强度折减系数；

η_s——受压钢筋的强度系数；

ρ_{ou}——采用单肢缀板时的体积配筋率；

ρ_v——体积配筋率；

φ——高厚比 β 和轴向力的偏心距 e 对受压构件承载力的影响系数；

φ_n——高厚比和配筋率以及轴向力偏心距对网状配筋砖砌体受压构件承载力的影响系数。

2.0.3 木结构主要符号应符合下列规定：

（Ⅰ）作用效应

M_1——搁栅、檩条在 R_1 处的弯矩；

M_2——搁栅、檩条在 R_2 处的弯矩；

M_x——对构件截面 x 轴的弯矩设计值；

M_y——对构件截面 y 轴的弯矩设计值；

ω_x——按荷载短期效应组合计算的沿构件截面 x 轴方向的挠度；

ω_y——按荷载短期效应组合计算的沿构件截面 y 轴方向的挠度。

（Ⅱ）计算指标

$R_1 R_2$——搁栅、檩条在螺栓处的反力。

（Ⅲ）几何参数

A_0——受压构件截面的计算面积；

k——受剪面的面数；

n_1——在 R_1 处螺栓数量；

n_2——在 R_2 处螺栓数量；

S——剪切面以上的毛截面面积对中和轴的面积矩；

s——螺栓间的距离；

W_{nx}——对构件截面 x 轴的净截面抵抗矩；

W_{ny}——对构件截面 y 轴的净截面抵抗矩。

（Ⅳ）计算系数

ψ——旧木材折减系数。

2.0.4 混凝土结构主要符号应符合下列规定：

（Ⅰ）作用和作用效应

M_1——单肢杆的弯矩；
M_a——外包钢构架应承担的弯矩；
M_u——加固梁上截面受弯承载力设计值；
N_1——受压肢杆的轴向力；
N_a——外包钢构架应承担的轴向力；
N_E——弯矩作用平面内的欧拉临界力；
V——构件斜截面上的最大剪力设计值；在配置弯起钢筋处的剪力设计值；
V_1——分到每一肢杆上的剪力；
σ_{s1}——外荷载标准值产生的标准弯矩 M_{1k} 引起的钢筋应力；
σ_{s2}——加固后，外荷载标准值产生的标准弯矩 M_{2k} 引起的钢筋应力。

（Ⅱ）计算指标

E_1——原混凝土构件的弹性模量；
E_2——新增混凝土构件的弹性模量；
E_a——加固型钢弹性模量；
EI——截面刚度；
f'——加固钢板抗压强度设计值；
f_a——加固钢板抗拉强度设计值；
f'_a——肢杆或加固型钢的抗压强度设计值；
f_{c1}——新增混凝土轴心抗压强度设计值；
f_{cm1}——加固混凝土弯曲抗压强度设计值；
f_{cv}——被粘混凝土抗剪强度设计值；
f_v——钢与钢粘接抗剪强度设计值；
f_{y1}——加固用受拉钢筋的抗拉强度设计值；
f'_{y1}——新增混凝土的纵向钢筋的抗压强度设计值；
f_{yv}——箍筋抗拉强度设计值。

（Ⅲ）几何参数

A_1——单肢压杆的截面面积；
A_a——型钢截面面积；
A'_a——加固型钢截面面积；
A_{a1}——单肢箍板截面面积；
A_c——混凝土截面面积；
A_{c1}——新增混凝土的截面面积；
A_{s1}——加固用受拉钢筋的截面面积；
A_{sb}——同一弯起平面内弯起钢筋的截面面积；
A'_{si}——新增纵向钢筋的截面面积；
a——原柱受拉钢筋和加固钢筋合力点至加固截面受拉边缘的距离；受拉与受压两侧型钢截面形心间的距离；

a_s——斜截面上弯起钢筋的切线与构件纵向轴线的夹角；

a_s'——原梁纵向受压钢筋的保护层厚度；

a_{s1}'——加固用受压钢筋合力点至受压边缘的距离；

b_1——加固后柱的截面宽度；受拉加固钢板的宽度；

b_u——箍板宽度；

c——拉、压肢杆轴线间的距离；

h_1——加固混凝土在受压面的宽度；

h_{01}——原柱受拉钢筋和加固用受拉钢筋合力点至加固截面受压边缘间的距离；加固后截面有效高度；

I_1——原混凝土受弯构件惯性矩；

I_2——新增混凝土受弯构件惯性矩；

I_c——原柱截面惯性矩；

L_u——箍板在梁侧混凝土的粘结长度；

n——每端箍板数量；

S——缀（箍）板轴线间的距离；

s——沿构件长度方向箍筋的间距；

t_a——受拉加固钢板厚度；

W_1——单肢压杆截面弹性抵抗矩；

W_a——外包钢构架肢件的截面弹性抵抗矩；

x_1——受拉或受压较小肢杆轴线与外包钢构架形心轴间的距离；

x_b——界限受压区高度；

ξ_b——相对界限受压区高度。

（Ⅳ）计算系数

a——新增混凝土和纵向钢筋的强度折减系数；截面刚度折减系数；

a_1——原混凝土受弯构件承载力分配系数；

a_2——新增混凝土受弯构件承载力分配系数；

γ——塑性系数；

ψ_c——原混凝土强度设计值折减系数；

ψ_y——原钢筋强度设计值折减系数。

2.0.5 钢结构主要符号应符合下列规定：

（Ⅰ）作用和作用效应

M_x——绕 x 轴的弯矩；绕强轴作用的最大弯矩；

M_y——绕 y 轴的弯矩。

（Ⅱ）几何参数

S——计算剪应力处以上毛截面对中和轴的面积矩；

W_{nx}——对 x 轴的净截面抵抗矩；

W_{ny}——对 y 轴的净截面抵抗矩；

W_x——整体截面毛截面的抵抗矩。

（Ⅲ）计算系数

γ_x——对 x 轴截面塑性发展系数；

γ_y——对 y 轴截面塑性发展系数；

ψ——折减系数。

3 基 本 规 定

3.1 修 缮 查 勘

3.1.1 修缮查勘前应具备下列资料：
（1）房屋地形图；
（2）房屋原始图纸；
（3）房屋使用情况资料；
（4）房屋完损等级以及定期的和季节性的查勘记录；
（5）历年修缮资料；
（6）城市建设规划和市容要求；
（7）市政管线设施情况。

3.1.2 修缮查勘应符合下列要求：
（1）房屋定期的或季节性的查勘所提供的损坏项目应进行重点抽查复核，运用观测、鉴别和测试等手段，明确损坏程度，分析损坏原因，研究不同的修缮标准和修缮方法，确定方案；
（2）在确定方案的基础上，应对需修房屋的部位、项目、数量、修缮方法、用料标准、旧料利用和改善要求等作详细的查勘记录。

3.1.3 修缮查勘时应查明房屋的下列情况：
（1）荷载和使用条件的变化；
（2）房屋渗漏程度；
（3）屋架、梁、柱、搁栅、檩条、砌体、基础等主体结构部分以及房屋外墙抹灰、阳台、栏杆、雨篷、饰物等易坠构件的完损情况；
（4）室内外上水、下水管线与电气设备的完损情况。

3.1.4 对承重的结构构件必须进行检测和鉴定。

3.1.5 发现危险点，影响住用安全时，由房屋安全鉴定单位必须及时通知房屋经营管理单位，应采取抢险解危技术措施。

3.2 修 缮 设 计

3.2.1 修缮设计应根据修缮规模和技术繁简程度，分别制定设计文件。凡能用文字表达清楚时，可不绘施工图；当不易用文字表达清楚时，应绘施工图。

3.2.2 修缮设计应包括下列内容：
（1）房屋总平面图及房屋原设计图纸，并注明位置及周围建筑物的关系；

(2) 修缮要求；
(3) 修缮范围标准和方法；
(4) 结构处理（含危险点处理）的技术要求；
(5) 查勘记录；
(6) 施工图；
(7) 工程概（预）算。

3.2.3 修缮设计应根据当地对房屋抗震设防、防治虫害、预防火灾、抗洪防风和避雷等安全要求，提出相应的技术措施。

3.2.4 修缮设计时，应包括工程质量与施工安全的要求。

3.2.5 修缮设计应与施工密切配合，当施工过程中遇隐蔽工程或在拆修时与原修缮设计不符时，应及时修改修缮设计后，方可施工。

3.2.6 房屋修缮设计的荷载验算应按实际使用的情况和不利组合取值，并应符合现行国家标准《建筑结构荷载规范》（GBJ 9）的规定。

3.2.7 房屋修缮设计的结构验算，应根据材料性能的变化，及时做抽样检测。

4 地基与基础

4.1 一般规定

4.1.1 当房屋有局部或整体下沉、水平位移、倾斜、开裂等现象，其允许变形值超过现行国家标准《建筑地基基础设计规范》（GBJ 7）的规定时，应对其地基与基础进行检测、验算，分析原因，并应采取相应的加固补强措施。

4.1.2 验算地基与基础时应具备下列资料：
(1) 工程地质资料；
(2) 房屋的建筑和结构图纸；
(3) 房屋沉降观测资料；
(4) 房屋开裂、倾斜等检测资料；
(5) 周围环境和邻近建筑物的变化情况；
(6) 房屋四周管线及地下设施资料。

4.1.3 地基承载力的确定可参考原有房屋附近的地质资料，亦可采用现场井探、荷载试验、静力触探和动力触探等技术方法确定。

4.1.4 在软土地基上的民用多层房屋建造10年以上，上部结构的整体刚度完好，其地基承载力，可按原建造时的承载力提高10%～20%取用。

4.1.5 地基与基础加固时应考虑对邻近建筑物的影响。

4.2 地基补强

4.2.1 地基局部承载力不能满足要求时，其地基可采取下列补强措施：
(1) 水泥灌浆：采用普通硅酸盐水泥，水泥浆的水灰比可分为单液水泥或双液水泥硅化进行灌浆；

（2）硅化补强：采用带孔眼的注浆管将硅酸钠为主剂的混合溶液灌入土中，进行土体固化。

4.2.2 注浆压力不应大于0.6MPa，注浆孔距宜为1m。灌注速率水泥浆为40～50L/min，硅酸钠为30L/min。

4.2.3 注浆浆液的球形扩散半径应按下式验算：

$$r = \sqrt[3]{\frac{3kpr_0 t}{\beta \cdot e_0}} \qquad (4.2.3)$$

式中　r——球形扩散半径（mm）；
　　　k——砂土的渗透系数（mm/s）；
　　　p——注浆压力（MPa）；
　　　r_0——注浆管半径（mm）；
　　　t——注浆时间（s）；
　　　β——浆液黏度与水黏度之比；
　　　e_0——砂土的孔隙率。

4.2.4 当地基条件较复杂时，注浆压力、注浆孔距，应通过现场注浆试验，并按各地经验确定。

4.2.5 采用注浆地基补强时其效果测定，应在施工结束10d后，采用静力触探或贯入法作现场测定；地基承载力不能满足设计要求时应进行补孔压浆。

4.3 基 础 托 换

4.3.1 基础托换可采用树根桩法或锚杆静压桩法。

4.3.2 树根桩承载力应按下式验算（桩端未达硬土或砂土层时，桩端承载力不计）：

$$R_k = \psi(q_P A_P + u_P \sum q_{si} l_i) \qquad (4.3.2)$$

式中　R_k——单桩竖向承载力标准值（N）；
　　　ψ——桩承载力的折减系数（按本规程第4.3.3条的规定采用）；
　　　q_P——桩端土的承载力标准值（N），可按地质资料或地区经验确定；
　　　A_P——桩身的截面面积（mm²）；
　　　u_P——桩身周边长度（mm）；
　　　q_{si}——桩周土的摩擦力标准值（N），可按地质资料或地区经验确定；
　　　l_i——按土层划分的各段桩长（mm）。

4.3.3 树根桩承载力折减系数ψ应符合下列规定：

（1）单桩ψ宜取1.0；

（2）当桩间距大于6d时，不计入群桩效应，ψ宜取1.0；

（3）当桩间距小于或等于6d时，计入群桩效应，ψ宜取0.8～0.9。对于桩间距小于6d，而桩数大于9根时，可视作一假想深体实基础处理，应按现行国家标准《建筑地基基础设计规范》（GBJ 7—89）第8.6.6条验算。

4.3.4 单根树根桩承载力亦可由静压承载力试验确定。

4.3.5 树根桩的倾角小于6°时，可按竖向承载力计算。

4.3.6 树根桩承受竖向和水平向荷载,桩内必须配置统长钢筋笼,混凝土强度不应低于C20(图4.3.6)。

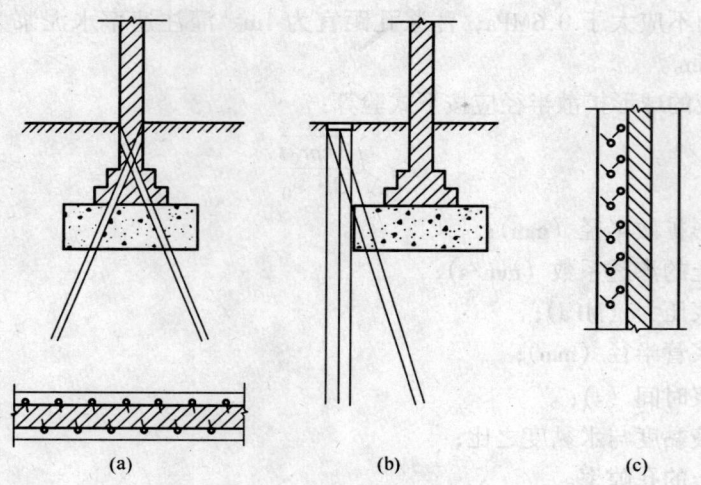

图 4.3.6 树根桩托换条形基础
(a)平面图;(b)侧面托换;(c)树根桩方向

4.3.7 圆形截面树根桩,其直径不宜小于200mm。

4.3.8 锚杆静压桩承载力应按本规程公式4.3.2验算。

4.3.9 钢锚杆的直径应按下式验算:

$$d \geqslant \sqrt[2]{\frac{KR_{ka}}{n\pi f_y}} \quad (4.3.9)$$

式中 d——锚杆直径(mm);
K——安全系数,取1.2;
R_{ka}——静压桩承载力标准值(N),按本规程公式4.3.2计算,其桩承载力的折减系数 ψ 宜取1.0;
n——每个桩孔所预埋锚杆的个数;
f_y——锚杆抗拉强度设计值(MPa)。

4.3.10 锚杆设计应符合下列要求:
(1)锚杆形式应采用带墩粗头的杆螺栓;
(2)混凝土基础与锚杆的粘结剂应用高强粘结材料;
(3)锚杆埋深应大于或等于10倍的锚杆直径。

4.3.11 锚杆静压桩封头应采用早强微膨胀混凝土,强度等级不应小于C30。

4.4 基础扩大

4.4.1 本节适用于基础扩大,包括墙体增设附壁柱基础、挑梁式加固条形基础、加宽砌体条形基础和扩大独立基础等。

4.4.2 扩大部分的基础底标高应与原基础基底标高持平。

4.4.3 基础扩大的连接应符合下列要求:
(1)新旧基础应连成一体;

(2) 基础扩大的垫层厚度应与原基础相同;

(3) 基础的扩大部分的用料强度等级:块材不应低于MU 7.5,水泥砂浆不应低于M10,混凝土不应低于C15;

(4) 新旧钢筋接头应符合现行国家标准《混凝土结构工程施工及验收规范》(GBJ 50204—92)第三章第四节钢筋焊接和第五节钢筋绑扎与安装的有关规定。

4.4.4 基础扩大应根据上部结构传至基础顶面的设计荷载,按现行国家标准《建筑地基基础设计规范》(GBJ 7—89)第5.1.5条规定计算基础需要的面积。

4.4.5 墙体增设附壁柱基础应符合下列要求:

(1) 扩大基础的有效高度 h_0,不应小于原墙体基础的有效高度;

(2) 应满足两个方向冲切承载力的要求。

4.4.6 墙体增设附壁柱基础(图4.4.6)两个方向的冲切承载力应按下列公式验算:

$$h_0 \geqslant \frac{P_s A_1}{0.6 f_t a_m} \quad (4.4.6\text{-}1)$$

$$h_0 \geqslant \frac{P_s A_2}{0.6 f_t b_m} \quad (4.4.6\text{-}2)$$

$$a_m = a_1 + \frac{h_0}{2} \quad (4.4.6\text{-}3)$$

$$b_m = b_1 + h_0 \quad (4.4.6\text{-}4)$$

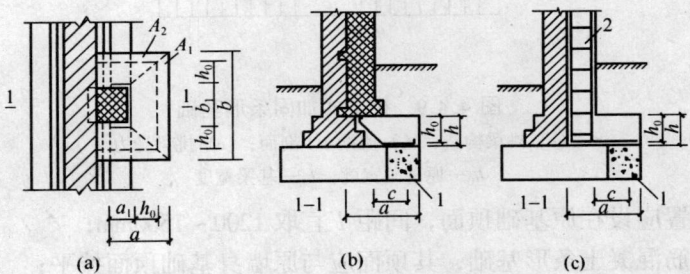

图4.4.6 墙体增设附壁柱基础
(a) 附壁砖柱(混凝土)平面;(b) 附壁砖柱剖面;(c) 混凝土附壁柱剖面
1—素混凝土;2—新加钢筋混凝土

式中 h_0——基础的有效高度(mm);

P_s——在荷载作用下基础底面单位面积上的土反力(MPa)(可扣除基础自重及其上部的土重);

A_1、A_2——a向和b向计算冲切荷载时,取用的多边形面积(mm²);

f_t——混凝土抗拉强度设计值(MPa);

a_m、b_m——a向和b向的梯形冲切面平均宽度(mm);

a_1——a向冲切破坏锥体最不利截面的上边长(mm);

b_1——b向冲切破坏锥体最不利截面的上边长(mm)。

4.4.7 墙体增设附壁柱,其基础底部配筋,两个方向的最大弯矩M应按下列公式验算:

$$a \text{ 向}: M_a = \frac{1}{6} P_s (a - a_1)^2 (2b + b_1) \quad (4.4.7\text{-}1)$$

$$b\ 向: M_b = \frac{1}{24} P_s (b - b_1)^2 (2a + a_1) \quad (4.4.7-2)$$

式中 M_a、M_b——a 向和 b 向最大弯矩（N·mm）；
　　　a——a 向扩大部分基础宽度（mm）；
　　　b——b 向扩大部分基础长度（mm）。

4.4.8 墙体增设附壁柱扩大基础，其钢筋直径不得小于 8mm，钢筋间距不得大于 200mm。

4.4.9 挑梁式加固条形基础（图 4.4.9）应符合下列要求：

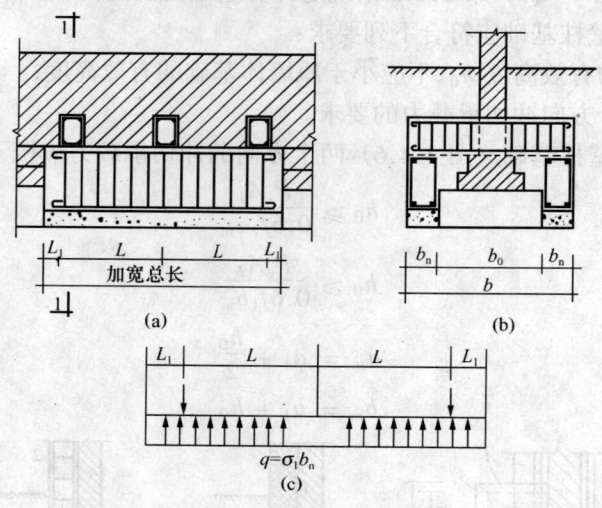

图 4.4.9　挑梁式加固条形基础
(a) 挑梁构造；(b) 挑梁 1-1 剖面；(c) 挑梁受力
b_0—原基础宽度；b_n—基梁宽度

（1）挑梁位置应设在原基础顶面，间距 l 宜取 1200～1500mm；
（2）增加钢筋混凝土条形基础，其顶面应与原墙身基础顶面持平；
（3）挑梁下的基础梁上下配筋不应少于 2 根，其直径应为 10mm；
（4）挑梁应按倒悬梁计算。

4.4.10 挑梁式加固条形基础的梁底平均反力应按下列公式验算：

$$P = \frac{S'l}{b} \quad (4.4.10-1)$$

$$b = 2b_n + b_0 \quad (4.4.10-2)$$

式中 P——梁底平均反力（N/mm）；
　　　S'——上部墙身传来荷载效应组合设计值（N/mm）；
　　　l——挑梁间距（mm）；
　　　b——基础总宽度（mm）；
　　　b_n——新增基础梁的宽度（mm）；
　　　b_0——原基础的宽度（mm）。

4.4.11 挑梁式加固条形基础，挑梁的最大弯矩和剪力应按下列公式验算：

最大弯矩　　$$M = \frac{1}{2} \cdot \frac{S'l}{b} b_n (b - b_n) \quad (4.4.11-1)$$

最大剪力 $$V = \frac{S'l}{b}b_n \quad (4.4.11\text{-}2)$$

式中　M——最大弯矩（N·mm）；

V——最大剪力（N）。

4.4.12　挑梁式加固条形基础与墙体接触面的局部抗压强度应按现行国家标准《砌体结构设计规范》(GBJ3—88)第 4.2.1 至 4.2.6 条执行。

4.4.13　挑梁式加固条形基础，其挑梁下的基础梁，应以挑梁为支座的连续倒梁进行验算，倒梁的均布荷载设计值应按下式验算：

$$q = \frac{S'}{b}b_n \quad (4.4.13)$$

式中　q——倒梁的均布荷载设计值（N/mm）。

4.4.14　加强砌体条形基础的验算应符合本规程第 4.4.13 条的规定，并应将倒梁作为倒板计算（图 4.4.14）。

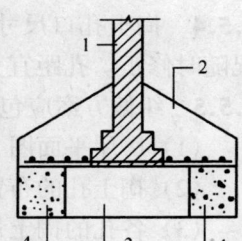

图 4.4.14　加宽砌体条形基础

1—原墙体；2—新浇捣钢筋混凝土放脚；3—原基础；4—加宽混凝土基础

4.4.15　加宽砌体条形基础的横向配筋直径不应小于 8mm，钢筋间距不应大于 200mm；纵向配筋直径不应小于 6mm，其间距不应大于 200mm。

4.4.16　扩大混凝土柱下独立基础（图 4.4.16）应符合下列要求：

（1）增加厚度不宜小于 150mm；

（2）原基础顶面四边加宽，每边不应小于 80mm，并应加插四根钢筋，其直径应大于或等于 16mm，用直径 6mm 的箍筋，箍筋间距为 100mm 加以固定。

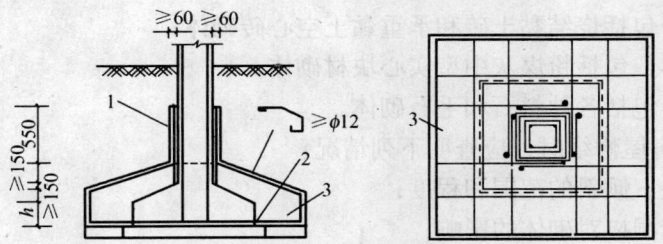

图 4.4.16　扩大混凝土柱下独立基础

1—新加 4 根直径大于 16mm 钢筋，5 根 6mm 箍筋；
2—焊接底钢筋；3—新加混凝土部分

4.5　掏土纠偏

4.5.1　房屋整体倾斜，当其刚度尚符合使用功能要求时，可采用掏土纠偏的措施。

4.5.2　制定纠偏方案前应具备下列资料：

（1）工程地质资料；

（2）基础及上部结构的图纸；

（3）建筑物的使用情况；

（4）地下管线图；

（5）建筑物的倾斜值。

4.5.3　掏土纠偏的土方量应按下式计算：

$$V_s = \frac{1}{2} l_b \cdot b \cdot \Delta s \tag{4.5.3}$$

式中 V_s——土方量（mm^3）；
　　　l_b——基底长度（mm）；
　　　b——基底宽度（mm）；
　　　Δs——沉降差（mm）。

4.5.4 掏土孔口尺寸宜采用300mm×400mm。掏土深度宜为2～4m，并应根据施工复位情况随时修正。孔距宜为1～1.2m或为开间的1/3。

4.5.5 纠偏方案应包括下列内容：
　　（1）房屋平面图、立面图、剖面图和基础图；
　　（2）掏土孔的布置位置、孔口尺寸、孔的深度和工作沟的位置；
　　（3）各孔的掏土量及掏土程序；
　　（4）观测点的设置、观测仪器的要求及观测时间的说明；
　　（5）纠偏施工说明。

5 砌 体 结 构

5.1 一 般 规 定

5.1.1 本章适用于下列砌体结构房屋的修缮：
　　（1）砖砌体，包括烧结黏土砖和承重黏土空心砖砌体；
　　（2）块材砌体，包括粉煤灰中型实心块材砌体；
　　（3）石砌体，包括各种料石和毛石砌体。

5.1.2 砌体结构房屋修缮时，应查明下列情况：
　　（1）砌体弓突、倾斜的范围和程度；
　　（2）增开门窗洞口对砌体的影响；
　　（3）纵横墙交接处及构件搁置点处砌体情况；
　　（4）明沟、下水道损坏对砌体的影响；
　　（5）块材和砂浆的强度和老化程度；
　　（6）砌体裂缝的部位、形状、程度、发展趋向以及与周围建筑物的关系；
　　（7）砖石柱弓突、倾斜、裂缝与根部、顶部的损坏情况；
　　（8）地基不均匀沉降和温差引起对砌体的影响。

5.1.3 砌体结构房屋的修缮部分采用混凝土或金属构件时，应分别按本规程第7章和第8章的有关规定执行。

5.1.4 砌体结构房屋的各构件损坏，经验算后，其强度、刚度或高厚比不符合要求的部分，应采取加固措施或拆除重砌。

5.1.5 因地基基础原因造成砌体结构房屋变形，应按本规程第4章中的有关规定执行。并应先处理地基基础，后进行砌体的修缮。

5.2 材 料

5.2.1 重砌的砌体材料强度指标,应符合现行国家标准《砌体结构设计规范》(GBJ 3—88)第二章中"材料强度等级"和"砌体的计算指标"的有关规定。

5.2.2 砌体结构房屋修缮时,宜充分利用原有的块材,但不得使用严重风化、碱蚀、酥松的块材,并应对原有块材强度测试后再利用。

5.2.3 砌体修缮时,砌筑砂浆的强度等级,应比原砂浆强度等级提高一级。

5.2.4 选用旧块材作为承重构件,在复算时应根据使用年限、完损状况等因素,其强度设计值取折减系数 ψ 为 0.6~1.0。

5.3 砌体弓突、倾斜

5.3.1 当砌体遇下列情况之一时,必须进行承载力验算:
(1) 砌体弓突(凹度)程度超过 100mm;
(2) 砌体风化、剥落、酥松,块材截面削弱 1/5 及以上;
(3) 砌体的高厚比 β 大于现行国家标准《砌体结构设计规范》(GBJ 3—88)第五章表 5.1.1 墙、柱的允许高厚比 $[\beta]$ 值的规定值;
(4) 多层房屋倾斜量每层超过层高的 1.5‰ 或 30mm,或超过全高 0.7‰ 或 50mm。

5.3.2 轴心受压砌体的承载力应按下式验算:

$$N \leq \varphi \psi f A \tag{5.3.2}$$

式中 N——轴向力设计值(N);
φ——高厚比 β 和轴向力的偏心距 e 对受压构件承载力的影响系数,应按现行国家标准《砌体结构设计规范》(GBJ 3—88)附录五的附表 5-1 至附表 5-5 执行,或按附录五的公式计算;
ψ——旧砌体折减系数,应按本规程第 5.2.4 条的规定采用;
f——砌体抗压强度设计值(MPa),应按现行国家标准《砌体结构设计规范》(GBJ 3—88)第 2.1.1 条规定执行;
A——截面面积(mm²)。

对各类砌体均可按毛截面计算;对带壁柱墙,其翼缘宽度可按下列规定采用:

多层房屋,当有门窗洞口时,可取窗间墙宽度;当无门窗洞口时,可取相邻壁柱间的距离;

单层房屋,可取壁柱宽加 2/3 墙高,但不大于窗间墙宽度和相邻壁柱间的距离。

5.3.3 偏心受压砌体轴向力的偏心距 e 按荷载标准值计算,并不宜超过 $0.7y$(y 为截面重心到轴向力所在偏心方向截面边缘的距离)。当 $0.7y < e \leq 0.95y$ 时,除按本规程公式 5.3.2 计算外,尚应按下式验算:

$$N_k \leq \frac{\psi f_{tm,k} A}{\frac{Ae}{W} - 1} \tag{5.3.3-1}$$

式中 N_k——轴心力标准值(N);
$f_{tm,k}$——砌体的弯曲抗拉强度标准值(MPa),取 $f_{tm,k} = 1.5 f_{tm}$;

f_{tm}——砌体的弯曲抗拉强度设计值（MPa），应按现行国家标准《砌体结构设计规范》（GBJ 3—88）第2.2.2条的规定执行；

e——偏心距（mm）；

W——截面抵抗距（mm^3）。

当 $e > 0.95y$ 时，应按下式验算：

$$N \leqslant \frac{\psi f_{tm} A}{\frac{Ae}{W} - 1} \tag{5.3.3-2}$$

5.3.4 砌体截面中受局部均匀压力时的承载力应按下式验算：

$$N_1 \leqslant \gamma \psi f A_1 \tag{5.3.4}$$

式中 N_1——砌体局部受压面积上轴向力设计值（N）；

A_1——局部受压面积（mm^2）；

γ——砌体局部抗压强度提高系数，应按现行国家标准《砌体结构设计规范》（GBJ 3—88）第4.2.2条的规定执行。

5.3.5 砌体轴心受拉构件的承载力，应按下式验算：

$$N_t \leqslant \psi f_t A \tag{5.3.5}$$

式中 N_t——轴向拉力设计值（N）；

f_t——砌体轴向抗拉强度设计值（MPa），应按现行国家标准《砌体结构设计规范》（GBJ 3—88）第2.2.2条表2.2.2-1和表2.2.2-2中的较小值执行。

5.3.6 砖石墙体弓突，可将弓突部分全部或局部拆除重砌。

5.3.7 墙、柱风化剥落，导致有效截面削弱的部位，应重新验算高厚比。

5.3.8 砌体高厚比超过规定值，可采取拆砌墙体增加墙体厚度，或增加附壁柱等修缮措施：

（1）新增砖附壁柱加固（图5.3.8-1），其承载力应按下式验算：

$$N \leqslant \varphi(\psi f A + 0.9 f_1 A_2) \tag{5.3.8-1}$$

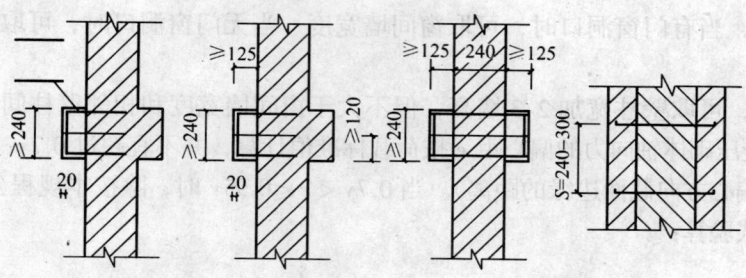

图 5.3.8-1 新增砖附壁柱加固

式中 f_1——新砌附壁柱的抗压强度设计值（MPa）；

A_2——新砌附壁柱的截面面积（mm²）。

（2）新增混凝土附壁柱加固（图5.3.8-2），其轴心受压承载力应按下式验算：

$$N \leq \varphi_{com} [\psi f A + a(f_c A_c + \eta_s f'_y A'_s)] \quad (5.3.8\text{-}2)$$

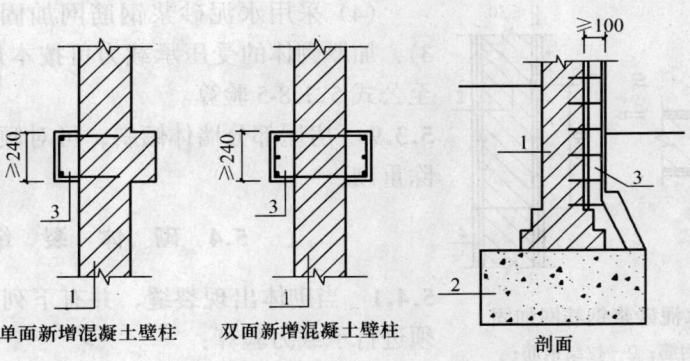

图 5.3.8-2 新增混凝土附壁柱加固
1—原砖柱；2—原墙基础；3—新增混凝土附壁柱

式中 φ_{com}——组合砖砌体构件的稳定系数 φ_{com}，应按现行国家标准《砌体结构设计规范》（GBJ 3—88）表 7.2.3 执行；

a——新增混凝土附壁柱的材料强度折减系数，原砖砌体完好时取 0.95，原砖砌体有裂缝等损坏现象时取 0.90；

A_c——新增附壁柱的截面面积（mm²）；

f_c——新增附壁柱混凝土或砂浆的轴心抗压强度设计值（MPa）。砂浆的轴心抗压强度设计值可取为同等强度等级混凝土设计值的 70%；

η_s——受压钢筋的强度系数，当为混凝土时可取 1.0，当为砂浆时可取 0.9；

A'_s——受压钢筋的截面面积（mm²）；

f'_y——受压钢筋的强度设计值（MPa）。

（3）新增混凝土附壁柱加固，其偏心受压承载力，应按下列公式验算：

$$N \leq \psi f A' + a(f_c A'_c + n_s f'_y A'_s) - \sigma_s A_s \quad (5.3.8\text{-}3)$$

$$\text{或 } N e_n \leq f S_s + a[f_c S_{c'_s} + n_s f'_y A'_s (h_0 - a')] \quad (5.3.8\text{-}4)$$

$$h_0 = h - a \quad (5.3.8\text{-}5)$$

式中 A'——原砖砌体受压部分的面积（mm²）；

σ_s——受拉钢筋 A_s 的应力（MPa）；

A_s——距轴向力 N 较远侧钢筋的截面面积（mm²）；

S_s——砌体受压部分的面积对受拉钢筋 A_s 重心的面积矩（mm³）；

$S_{c's}$——附壁柱受压部分的面积对钢筋 A_s 重心的面积矩（mm³）；

h_0——组合砖砌体构件截面的有效高度（mm）；

h——组合砌体构件的截面高度（mm）；

a'、a——分别为钢筋 A'_s 和 A_s 重心至截面较近边的距离（mm）。

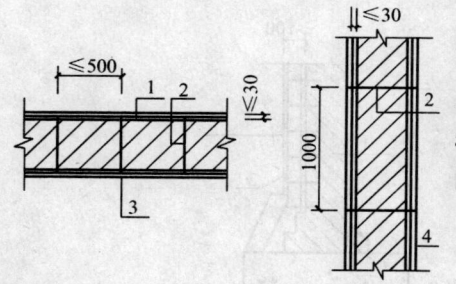

图 5.3.8-3 水泥砂浆钢筋网加固
1—水平分布钢筋；2—拉结钢筋；
3—竖直向受力钢筋；4—砂浆层

（4）采用水泥砂浆钢筋网加固砌体（图5.3.8-3），加厚砌体的受压承载力可按本规程公式5.3.8-2至公式5.3.8-5验算。

5.3.9 房屋部分墙体倾斜，可对倾斜部分的墙体拆除重砌。

5.4 砌体裂缝

5.4.1 当砌体出现裂缝，并有下列情况之一时，必须进行承载力验算：

（1）砖石砌体竖向裂缝长度超过层高的1/2，宽度大于20mm，或长度超过层高1/3的多条竖向裂缝；

（2）门窗洞口、窗间墙有交叉裂缝、竖向裂缝或水平裂缝；

（3）梁支座下的砌体有竖向裂缝；

（4）房屋一端出现一条或多条45°阶梯形斜裂缝，房屋中部底边出现正"八"字或倒"八"字形斜裂缝；

（5）混凝土屋盖下出现"一"字形或"八"字形裂缝。

5.4.2 砌体因受压产生的裂缝应按本规程公式5.3.2至公式5.3.4验算。

5.4.3 砌体在受弯时产生裂缝应按下列公式进行承载力验算：

$$M = \psi f_{tm} W \tag{5.4.3-1}$$

$$V \leqslant \psi f_v b z \tag{5.4.3-2}$$

式中 M——弯矩设计值（N·mm）；

W——截面抵抗矩（mm³）；

V——剪力设计值（N）；

f_v——砌体的抗剪强度设计值（MPa），应按现行国家标准《砌体结构设计规范》（GBJ 3—88）第2.2.2条表2.2.2-1执行；

b——截面宽度（mm）；

z——内力臂（mm），$z = I/S$，当截面为矩形时，$z = 2h/3$；

I——截面惯性矩（mm⁴）；

S——截面面积矩（mm³）；

h——截面高度（mm）。

5.4.4 砌体沿通缝受剪产生裂缝应按下式进行承载力验算：

$$V \leq (\psi f_v + 0.18\sigma_k)A \tag{5.4.4}$$

式中 σ_k——恒荷载标准值产生的平均压应力(MPa)。

5.4.5 钢筋混凝土屋盖温度变化导致顶层墙体裂缝，可在屋盖上设置保温层或隔热层。

5.4.6 砌体受压、受弯和受剪强度不足产生的裂缝修缮，可采取下列措施：

(1) 局部拆砌墙体，应提高块材和砂浆强度等级；

(2) 在墙体一侧或二侧增加附壁柱，增大墙体截面面积；

(3) 梁下墙体增加钢筋混凝土梁垫。

5.4.7 地基不均匀沉陷产生的裂缝修缮，可采取下列措施：

(1) 在沉降稳定情况下，用水泥砂浆嵌补；用"微膨胀水泥浆"、107 水泥浆，或水玻璃砂浆等加压注入，封闭裂缝；或局部掏砌墙体；

(2) 在沉降不稳定情况下，可先加固地基与基础后，再进行砌体修缮。

5.5 砖 石 柱

5.5.1 砖石独立柱、附壁柱有下列情况之一，必须进行承载力和高厚比验算：

(1) 柱身产生水平裂缝或竖向贯通裂缝，其缝长超过柱高的 1/2；

(2) 梁支座下的柱体产生多条竖向裂缝；

(3) 产生倾斜，其倾斜量超过层高的 1/100（三层以上超过总高的 0.5/100）；

(4) 风化、剥落，导致有效截面削弱达 1/5 及其以上（平房达 1/4 及其以上）。

5.5.2 砖石柱的承载力应按本规程公式 5.3.2、公式 5.3.3-1 和公式 5.3.3-2 进行验算；高厚比的验算应符合现行国家标准《砌体结构设计规范》(GBJ 3—88) 第 5.1.1 条的规定。

5.5.3 砖石柱和附壁柱修缮应符合下列要求：

(1) 砖柱截面小于 240mm×370mm，毛石柱截面较小的边长小于 400mm 和损坏严重时，可拆除重砌；

(2) 砖石柱可采用钢筋混凝土围套加固（图 5.5.3-1），或钢筋砂浆面层组成的组合砌体加固，其承载力应按下式验算：

$$N \leq N_{com} + 2a_1\varphi_n \frac{\rho_v f_y}{100}\left(1 - \frac{2e}{y}\right)A \tag{5.5.3-1}$$

式中 N_{com}——加固砖柱按组合砖砌体，按本规程公式 5.3.8-2 计算其受压承载力 (N)；

a_1——新浇混凝土的材料强度折减系数。加固前原砖柱未损坏时，取 $a_1=0.9$；部分损坏或受力较高时，取 $a_1=0.7$；

图 5.5.3-1 钢筋混凝土围套加固
1—新增混凝土；2—新增钢筋

φ_n——高厚比和配筋率以及轴向力偏心距对网状配筋砖砌体受压构件承载力的影响系数，应按现行国家标准《砌体结构设计规范》(GBJ 3—88) 附录五附表 5-6 执行；

ρ_v——体积配筋率；

f_y——受拉钢筋的强度设计值（MPa）；

y——截面重心到轴向力所在方向截面边缘的距离(mm)。

（3）采用外包角钢加固（图 5.5.3-2），其承载力应按下列公式验算：

① 加固后为轴心受压

$$N \leqslant \varphi_{com}[fA' + af'_a A'_a] + N_{ou} \quad (5.5.3-2)$$

② 加固后为偏心受压

$$N \leqslant fA' + af'_a A'_a - \sigma_a A_a + N_{ou} \quad (5.5.3-3)$$

$$N_{ou} = 2a_1 \varphi_n \frac{\rho_{ou} f_{ou}}{100}\left(1 - \frac{2e}{y}\right)A \quad (5.5.3-4)$$

$$\rho_{ou} = \frac{2A_{oul}(a+b)}{abs} \quad (5.5.3-5)$$

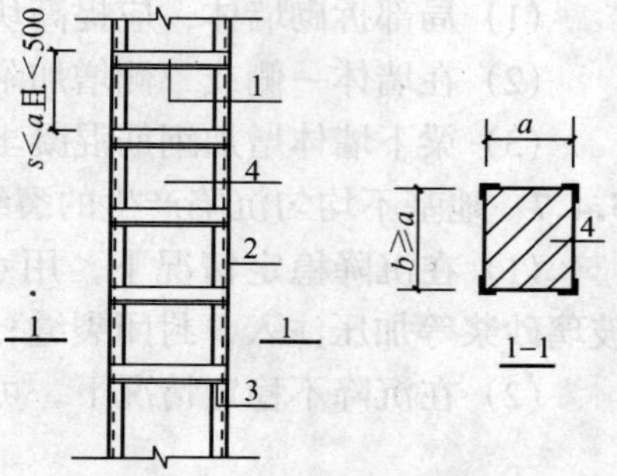

式中 f'_a——加固型钢的抗压强度设计值（MPa）；

A'_a、A_a——分别为受压或受拉加固型钢的截面面积（mm²）；

图 5.5.3-2 外包角钢加固
1—缀板；2—角钢；3—焊接；4—砌体

N_{ou}——砌体强度提高而增大的砖柱承载力（N），可按本规程公式 5.5.3-4 和公式 5.5.3-5 验算；

ρ_{ou}——体积配筋率，当取单肢缀板的截面面积为 A_{oul}，间距为 s 时，可按本规程公式 5.5.3-5 验算；

f_{ou}——缀板的抗拉强度设计值（MPa）；

σ_a——受拉肢型钢 A_a 的应力（MPa）。

5.6 圈梁和过梁

5.6.1 圈梁和过梁有下列情况之一，必须进行加固：

（1）圈梁和过梁有竖向裂缝；过梁砖砌体有松动；

（2）单层房屋檐口标高为 5～8m，无圈梁；二层及其以上房屋无圈梁；钢筋混凝土圈梁高度小于 120mm；

（3）钢筋砖过梁跨度大于 2m，砖砌平拱跨度大于 1.8m。

5.6.2 过梁修缮应符合下列要求：

（1）过梁跨度小于 1m，且裂缝不严重，可采用钢筋砖过梁加固；

（2）过梁跨度大于或等于 1m，且裂缝严重，可采用钢筋混凝土过梁加固。

5.7 构 造 要 求

5.7.1 拆砌砌体时，承重砌体砂浆强度等级，不应小于 M5，块材强度等级不应小于 MU7.5。

5.7.2 砌体拆砌前，应做好构件的支撑。

5.7.3 砌体结构房屋修缮或拆砌时，对墙、柱和楼盖间应有可靠的拉结，并应符合下列要求：

（1）承重砌体厚度不应小于 190mm，空斗墙厚度不应小于 240mm，土墙厚度不应小于 250mm；

（2）砌体拆砌的新旧交接处可用直槎，结合应密实、牢固，在纵横交接处可采用钢筋拉结，中距为500mm，设置直径为4mm的钢筋不应少于2根，或采用五皮一砖槎；

（3）预制钢筋混凝土板在砌体上的搁置长度不应小于100mm；

（4）搁栅和檩条等搁置点不应小于砌体厚度的一半，且不应小于70mm。

5.7.4 砌体修缮时，屋架或梁端的砌体处，应在屋架或梁端和砌体间设置混凝土或木垫块。混凝土垫块强度等级不应小于C20，厚度和宽度均不应小于180mm；木垫块不应小于80mm×150mm，并作防腐处理。

5.7.5 砌体拆砌遇防潮层时，在基础上应重铺防潮层，其位置应高出室外地坪50mm以上，低于室内地坪50mm，防潮材料可采用防水水泥砂浆，或用厚80mm的C20混凝土作防潮层（图5.7.5）。

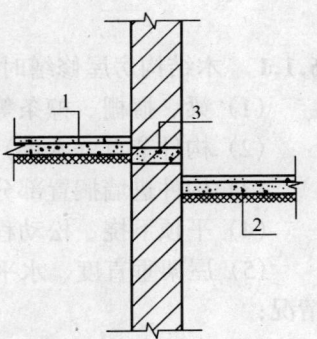

图5.7.5 防潮层
1—室内地坪；2—室外地坪；3—防潮层

5.7.6 新增砖附壁柱加固应符合下列要求：

（1）水平拉结钢筋，竖向配筋直径不应小于6mm，其水平间距不应大于200mm，竖向间距应为300～500mm；

（2）混合砂浆应采用M5～M10，砖应采用MU7.5以上；

（3）附壁柱宽度不应小于240mm，厚度不应小于120mm。

5.7.7 墙、柱采用钢筋混凝土围套加固，应符合下列要求：

（1）混凝土强度等级不应低于C20，截面宽度不应小于250mm，厚度不应小于50mm；钢筋保护层厚度不应小于25mm；

（2）受压钢筋的配筋率不应小于0.25%，纵向钢筋直径不应小于12mm；

（3）箍筋的直径应采用6～8mm，间距不应大于250mm。

5.7.8 砖柱外包角钢应插入基础，其顶部应有可靠的锚固措施。角钢不应小于50mm×50mm×5mm。

5.7.9 修缮砖砌过梁应符合下列要求：

（1）砖砌平拱用竖砖砌筑部分的高度不应小于240mm；

（2）钢筋砖过梁底面砂浆层处的钢筋，其直径不应小于6mm，间距不应大于120mm，钢筋伸入支座砌体内不应小于240mm，砂浆层厚度不应小于20mm，采用M10水泥砂浆；

（3）钢筋混凝土过梁端部的支承长度不应小于240mm。

5.7.10 增设圈梁应符合下列要求：

（1）圈梁应连续设置在同一水平上，形成封闭，并伸入内墙；

（2）钢筋混凝土圈梁的高度不应小于120mm，纵向钢筋不应少于4根，直径为8mm，箍筋间距不应大于300mm；

（3）钢筋砖圈梁砌筑的砂浆强度等级不应小于M5，圈梁的高度应为4～6皮砖，水平通长钢筋不应少于6根，直径为6mm，水平间距不应大于120mm，分上下两层设置。

5.7.11 采用水泥砂浆钢筋网加固墙体，砂浆厚度不应小于30mm（分两次抹平），纵横钢筋直径不应小于6mm，间距不应大于200mm。

5.7.12 修缮空斗墙时，有下列情况之一，应改为实砌墙：

（1）地震烈度为六度以上的地区；

（2）地基可能产生较大的不均匀沉降；

(3) 长期处于潮湿环境中；
(4) 地下管道较多。

6 木 结 构

6.1 一 般 规 定

6.1.1 木结构房屋修缮时，应查明下列情况：
(1) 梁、搁栅、檩条等构件中部挠曲、开裂程度；
(2) 构件节点（木榫）联结情况；
(3) 构件进墙搁置部分的长度及端部腐朽程度；
(4) 平顶下挠、松动程度；
(5) 屋架垂直度、水平移位、挠曲、开裂和铁件锈蚀程度，以及杆件、剪刀撑完整情况；
(6) 木柱弯曲、开裂和柱身柱根腐朽程度；
(7) 立帖结构房屋整体倾斜程度；
(8) 木构件虫蛀或在墙上搭接部分的槽朽情况；
(9) 木节（松节、朽节、五花节、节群）、斜纹、扭纹、髓心在受弯木构件上的分布情况。

6.1.2 屋架、檩条、搁栅、梁、柱等承重构件损坏应用木材修接加固。当以钢筋混凝土或钢构件代替时，其设计计算应符合现行国家标准《混凝土结构设计规范》(GBJ 10) 或《钢结构设计规范》(GBJ 17) 的有关规定。

6.1.3 查勘时发现虫害，应采取灭虫措施后再修。

6.1.4 利用旧木材修接时，应检验其材性、材质和木节等情况，按使用要求分别选择使用。

6.2 材 料

6.2.1 新换或修接承重构件选用新木材，其木材的选材要求和含水率，应符合现行国家标准《木结构设计规范》(GBJ 5—88) 第 2.1.1 和 2.1.3 条的规定。

6.2.2 国产常用木材的强度设计值和弹性模量（N/mm²）的取值应符合现行国家标准《木结构设计规范》(GBJ 5—88) 第三章第二节的规定。

6.2.3 选用旧木材作为承重构件或旧木结构构件，在验算时应视其材质、材种、材性和使用条件、部位、年限等情况，综合分析，强度设计值可取折减系数 ψ 值的 0.6~0.8 进行折减，弹性模量可取折减系数 ψ 值的 0.6~0.9 进行折减（整体构件换新木材的 ψ 值系数取 1.0）。

6.2.4 旧木构件的强度和稳定，经验算不符合要求时，应换新或采取加固措施。

6.3 柱

6.3.1 木柱有下列情况之一，必须进行承载力验算：

(1) 木柱腐朽变质，截面损坏深度大于 1/5 以上；
(2) 断面偏小，柱身弯曲超过 1/150 以上，或倾斜大于 1/100 以上；
(3) 经检验蛀蚀深度大于方料厚度或圆木直径的 1/5 以上。

6.3.2 轴心受压构件的承载能力应按下列公式验算：

(1) 按强度

$$\sigma_c = \frac{N}{A_n} \leqslant \psi f_c \qquad (6.3.2\text{-}1)$$

(2) 按稳定

$$\frac{N}{\varphi A_o} \leqslant \psi f_c \qquad (6.3.2\text{-}2)$$

式中 f_c——木材顺纹抗压强度设计值（MPa）；
σ_c——轴心受压应力设计值（MPa）；
N——轴心压力设计值（N）；
A_n——受压构件的净截面面积（mm²）；
A_o——受压构件截面的计算面积（mm²）；
φ——轴心受压构件稳定系数；
ψ——旧木材折减系数，应按本规程第 6.2.3 条的规定采用。

6.3.3 受压构件截面的计算面积，应按现行国家标准《木结构设计规范》（GBJ 5—88）第 4.1.3 条执行。

6.3.4 轴心受压构件的稳定系数和长细比，应按现行国家标准《木结构设计规范》（GBJ 5—88）第 4.1.4 和 4.1.5 条的规定执行。

6.3.5 木柱夹接应符合下列要求：

(1) 平缝对头夹板连接的夹板厚度不得小于木柱宽度的 1/2，其长度不得小于原木柱宽度的 5 倍，接缝上下应各用直径 12～16mm 螺栓紧固，每头不应少于 2 个（图 6.3.5-1）；

(2) 搭接榫夹板连接和斜面搭接榫夹板连接的接缝中间应用直径 12～16mm 螺栓紧固，不应少于 2 个（图 6.3.5-2、图 6.3.5-3）；

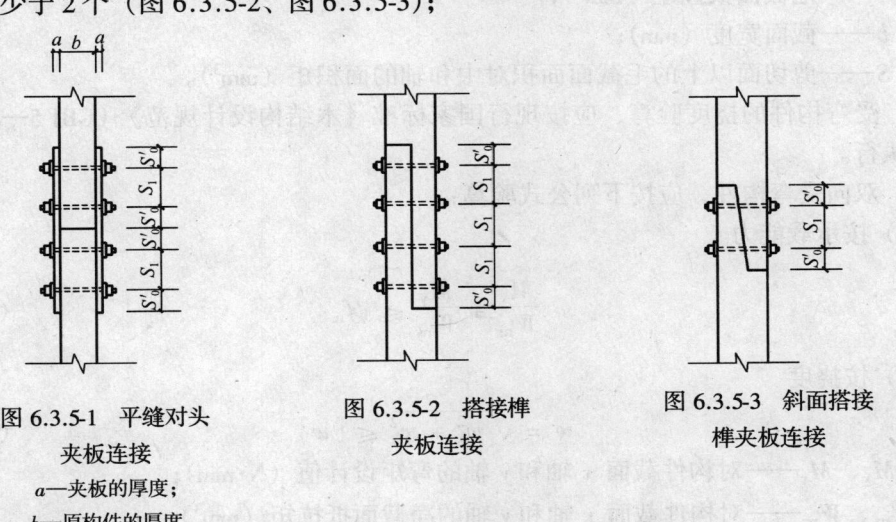

图 6.3.5-1 平缝对头夹板连接
a—夹板的厚度；
b—原构件的厚度

图 6.3.5-2 搭接榫夹板连接

图 6.3.5-3 斜面搭接榫夹板连接

(3) 接柱头的断面不得小于原柱；螺栓间距 s_0、s_0'、s_1，均不得少于 7d；
　　(4) 搭接榫夹板连接和斜面搭接榫夹板连接不宜用于偏心受压柱；
　　(5) 木柱夹板连接不得用铁丝代替螺栓。

6.3.6 轴心受压木柱根部腐朽小于 800mm 可改用砖柱或混凝土接柱，并用铁夹板和螺栓紧固，固定宜用直径 12~16mm 螺栓，数量不应少于 2 个。

6.4　梁、搁栅、檩条

6.4.1 梁、搁栅、檩条等有下列情况之一，必须进行承载力验算：
　　(1) 中部有斜裂缝或水平裂缝；
　　(2) 梁、搁栅挠度在 1/200~1/120 间，檩条挠度在 1/150~1/100 间；
　　(3) 端部腐朽或蛀蚀超过高度的 1/4 以上，支承长度少于原长度 1/2 以上。

6.4.2 旧梁、旧搁栅、旧檩条受弯构件的抗弯承载能力，应按下式验算：

$$\sigma_m = \frac{M}{W_n} \leq \psi f_m \tag{6.4.2}$$

式中　f_m——木材抗弯强度设计值（MPa）；
　　　σ_m——受弯应力设计值（MPa）；
　　　M——弯矩设计值（N·mm）；
　　　W_n——净截面抵抗矩（mm³）。

6.4.3 受弯构件的抗剪承载能力，应按下式验算：

$$\tau = \frac{VS}{Ib} \leq \psi f_v \tag{6.4.3}$$

式中　f_v——木材顺纹抗剪强度设计值（MPa）；
　　　τ——受剪应力设计值（MPa）；
　　　V——剪力设计值（N）；
　　　I——毛截面惯性矩（mm⁴）；
　　　b——截面宽度（mm）；
　　　S——剪切面以上的毛截面面积对中和轴的面积矩（mm³）。

6.4.4 受弯构件的挠度验算，应按现行国家标准《木结构设计规范》（GBJ 5—88）公式 4.2.3 执行。

6.4.5 双向受弯构件，应按下列公式验算：
　　(1) 按承载能力

$$\frac{M_x}{W_{nx}} + \frac{M_y}{W_{ny}} \leq \psi f_m \tag{6.4.5-1}$$

　　(2) 按挠度

$$w = \sqrt{w_x^2 + w_y^2} \leq [w] \tag{6.4.5-2}$$

式中　M_x、M_y——对构件截面 x 轴和 y 轴的弯矩设计值（N·mm）；
　　　W_{nx}、W_{ny}——对构件截面 x 轴和 y 轴的净截面抵抗矩（mm³）；

w_x、w_y——按荷载短期效应组合计算的沿构件截面 x 轴和 y 轴方向的挠度（mm）；

w——构件按荷载短期效应组合计算的挠度（mm）；

$[w]$——受弯构件的容许挠度值，不应超过现行国家标准《木结构设计规范》（GBJ 5—88）表 3.2.3 的规定。

6.4.6 新换受弯构件应符合现行国家标准《木结构设计规范》（GBJ 5—88）表 3.2.3 的规定；加固受弯构件最大容许挠度值应符合本规程表 6.4.6 的规定。

表 6.4.6 加固受弯构件最大容许挠度值

序号	构件名称	最大容许挠度值
1	檩条	1/150（1/100）
2	椽条	1/120（1/100）
3	抹灰吊顶中的受弯构件	1/200（1/120）
4	楼板和搁栅（包括梁）	1/200（1/120）

注：有（ ）的容许挠度值是危险构件标准。

6.4.7 搁栅、檩条等构件腐朽、蛀蚀，可采用拆换或夹板连接加固。

6.4.8 采用双剪连接或单剪连接的连接木材最小厚度和螺栓每一剪面的设计承载力应符合现行国家标准《木结构设计规范》（GBJ 5—88）第 5.2.1 至 5.2.5 条的规定；采用旧木材时，应按本规程第 6.2.3 条的规定进行折减。

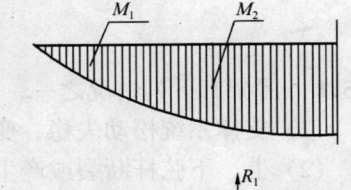

6.4.9 搁栅、檩条终端夹板进墙或绑接加固及其螺栓数量，应按下列公式验算（图 6.4.9）。

$$R_1 = \frac{M_1}{s} \quad R_2 = \frac{M_2}{s} \quad (6.4.9\text{-}1)$$

式中 R_1、R_2——搁栅、檩条在螺栓处的反力（N）；

M_1、M_2——搁栅、檩条在 R_1 和 R_2 处的弯矩（N·mm）；

s——螺栓间的距离（mm）。

$$n_1 = \frac{R_1}{kN_v} \quad n_2 = \frac{R_2}{kN_v} \quad (6.4.9\text{-}2)$$

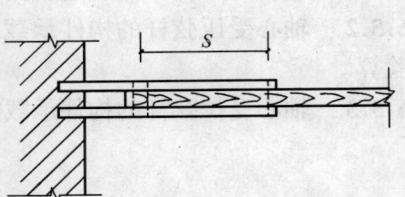

图 6.4.9 搁栅、檩条夹接螺栓受力

式中 n_1、n_2——在 R_1 和 R_2 处螺栓数量（个）；

N_v——每一剪面的设计承载力（N）；

k——受剪面的面数，双受剪面 $k=2$，单受剪面 $k=1$。

6.4.10 梁、搁栅、檩条断面过小或挠度过大，可采用钢拉杆加固，其断面按计算确定（图 6.4.10）。

6.4.11 扶梯平台进墙搁栅腐朽时，应按本规程第 6.4.7 条的规定进行处理；扶梯木梁的下端部腐朽，可将腐朽部分及相应的木踏步改为砖砌踏步，或素混凝土踏步；扶梯木斜梁与踏步的连接采用铁夹板连接的螺栓，其直径为 12mm，且不应少于 2 个。

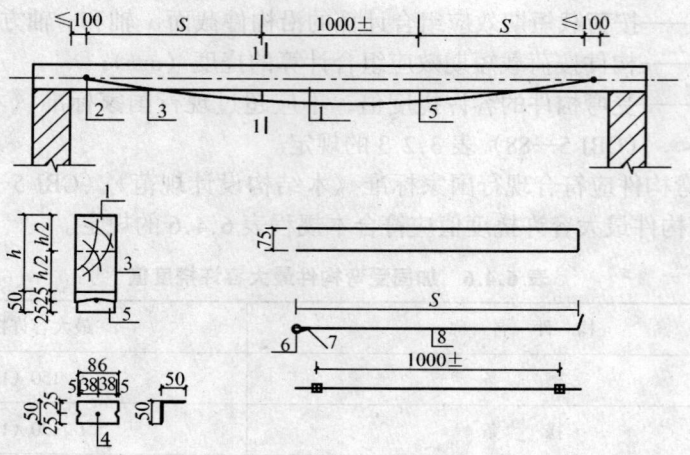

图 6.4.10 钢拉杆加固
1—原搁栅或檩条；2—直径 6mm 螺栓销；3—直径 8mm 环铁；4—直径 12mm 螺栓（双帽）；5—角铁；6—直径 18mm 孔；7—电焊；8—直径 8mm 光圆钢

6.5 屋 架

6.5.1 屋架有下列情况之一，必须进行承载力验算：
（1）支撑系统松动失稳、变形，导致屋架倾斜，其倾斜量超过屋架高度的 4%；
（2）上、下弦杆断裂或产生斜裂缝；或产生弯曲变形；
（3）上、下弦杆因腐朽变质，有效截面减少达 1/5 及其以上；
（4）屋架端节点腐朽，有效截面减少达 1/5 及其以上；
（5）主要节点，或上、下弦杆连接松动失效；
（6）钢拉杆松脱，或严重锈蚀，截面减少达 1/5 及其以上。

6.5.2 轴心受压弦杆的构件承载能力和稳定应按本规程第 6.3.2 至 6.3.4 条的规定进行验算。

6.5.3 轴心受拉弦杆的构件承载能力应按下式验算：

$$\sigma_t = \frac{N}{A_n} \leqslant \psi f_t \tag{6.5.3}$$

式中 N——轴心拉力设计值（N）；
f_t——木材顺纹抗拉强度设计值（MPa）；
A_n——受拉构件的净截面面积（mm²），计算 A_n 时应将分布在 150mm 长度上的缺孔投影在同一截面上扣除；
σ_t——轴心受拉应力设计值（MPa）。

6.5.4 拉弯和压弯构件的承载能力，应按现行国家标准《木结构设计规范》（GBJ 5—88）第 4.3.1 和 4.3.2 条执行；复算旧构件和利用旧木材时，应按本规程第 6.2.3 条取 ψ 值系数折减。

6.5.5 屋架下弦受拉木夹板断裂，或螺栓间剪面开裂可重换木夹板，其截面和所用螺栓数量均应相符(图 6.5.5)。

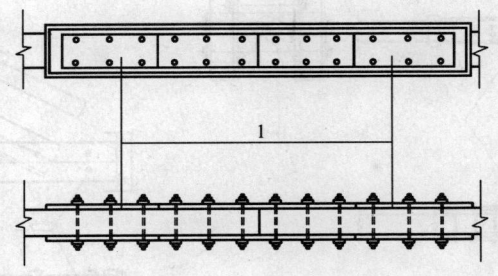

图 6.5.5 下弦两侧加夹板
1—新加木夹板

6.5.6 屋架受拉木竖杆开裂或螺孔拉裂，用圆钢拉杆加固时（图 6.5.6），应按本规程第 8 章的有关规定计算。

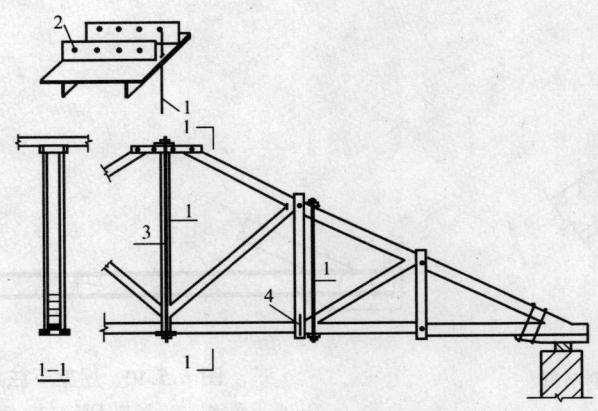

图 6.5.6 木竖杆加固
1—加固拉杆；2—木螺丝孔；3—原有木拉杆有危险缺陷；4—原有夹板有剪面开裂

6.5.7 屋架斜杆中部弯曲变形，应加夹板或撑木减少斜杆的自由长度，增加其稳定性（图 6.5.7）。

6.5.8 屋架端部节点裂缝进行局部加固，应在附近完好部位增设木夹板，再用钢拉杆与端部抵承角钢联结，必要时采用铁箍箍紧受剪面（图 6.5.8-1、图 6.5.8-2）。

6.5.9 屋架上弦个别节间出现危险性断裂迹象时，可采用木夹板和螺栓联结加固（图 6.5.9）。

6.5.10 屋架下弦用料过小而下垂开裂，可采用钢拉杆加固，其作法是在屋架端部用铁箍箍紧，两端加抵承角钢，联结四根钢拉杆，加强下弦受拉强度（图 6.5.10）。钢拉杆的断面应按计算确定，并应对下弦杆的端部型钢支承处进行局部承压验算。

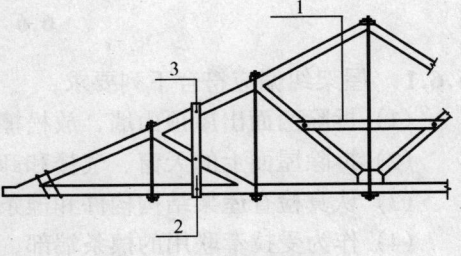

图 6.5.7 屋架斜杆加固
1—新加撑木；2—新加夹板；3—直径 12mm 螺栓

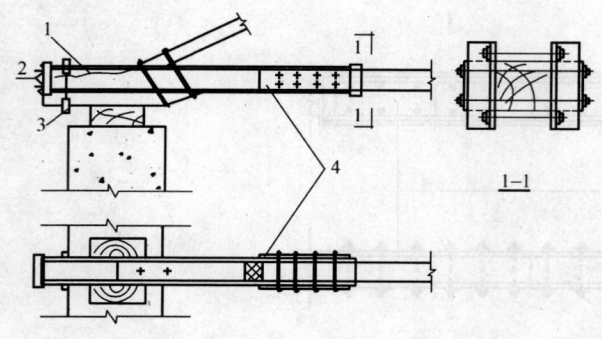
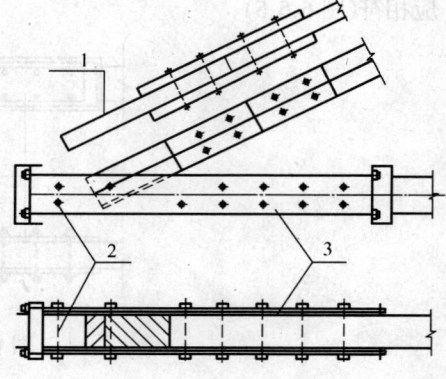

图6.5.8-1 端节点局部加固
1—剪面裂缝；2—电焊；3—铁箍；4—加固木夹板

图6.5.8-2 端节点加固
1—新换方木；2—抵承填块；3—木夹板

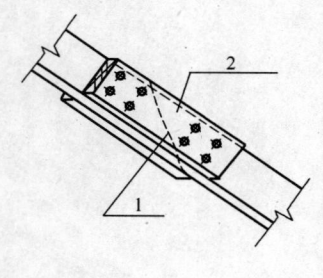
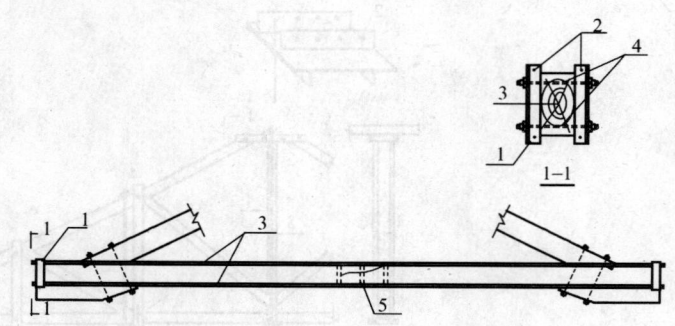

图6.5.9 屋架上弦个别节间
出现断裂迹象加固
1—危险性断裂迹象；
2—木夹板加固

图6.5.10 屋架下弦加固
1—抵承角钢；2—屋架下弦；3—钢拉杆；4—螺栓
紧箍抵承角钢和下弦；5—裂缝用铁箍箍紧

6.5.11 屋架端部齿连接部分腐朽蛀蚀，应截去腐朽部分，按原规格换新，用木夹板连接。齿连接验算应按现行国家标准《木结构设计规范》（GBJ 5—88）第五章第一节中有关规定执行。利用旧木材时应按本规程第6.2.3条取 ψ 值系数折减。

6.6 屋架纠偏

6.6.1 屋架纠偏应符合下列要求：
（1）拆除两面出屋顶山墙，放松檩条；
（2）拆除屋面上的天窗、气楼和卸除瓦片等附属物；
（3）认真检查屋架结构构件和檩条等，发现腐朽，应先进行加固；
（4）作为受拉牵联用的檩条端部，应用蚂蟥搭搭牢；
（5）屋架间影响纠偏的障碍构件临时拆除，纠偏后予以修复。

6.6.2 查勘设计时应对每榀屋架的杆件、节点仔细检查，对腐朽、松动等部位应采取加固措施，保证纠偏施工时着力点的牢固可靠。

6.6.3 设计垂直支撑和水平支撑，或加固原支撑，应符合现行国家标准《木结构设计规范》(GBJ 5—88) 第 6.5.1 至 6.5.8 条的规定。

6.7 立帖构架牮正

6.7.1 立帖构架房屋整幢（整排）倾斜，可用整体牮正修复。

6.7.2 查勘设计时应检查下列各点，并对损坏部位采取相应加固措施：
（1）围护和分隔结构与承重结构的关系；
（2）屋盖、楼盖、地基基础的变形情况；
（3）单向、双向或交叉倾斜的程度；
（4）构件、杆件等节点的变形及损坏情况；
（5）相邻房屋情况。

6.7.3 对拉力相反的支撑构件，阻碍立帖构架移动的构件，以及屋面上的附属物、临时装置等应暂时拆除，待牮正后予以修复。

6.7.4 在牮正时，应对立帖构架屋架的脊柱、步柱、廊柱与廊川的受力点可能发生的损坏提出相应安全措施（图 6.7.4）。

6.7.5 构架整体牮正，应同时做好构件的修复，并应符合下列要求：
（1）对原有山墙、前后墙、分隔墙和墙洞修复加固；
（2）两头木立帖构架改为承重砖墙，并与前后墙连接成整体；必要时，可在中间加纵向墙；

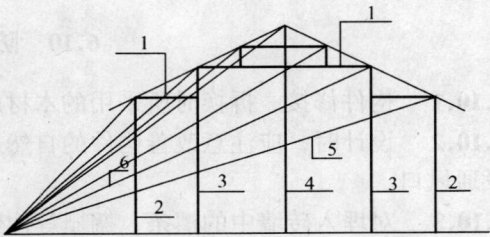

图 6.7.4 立帖构架屋架牮正
1—廊川；2—廊柱；3—步柱；4—脊柱；
5—钢条或钢丝；6—花篮螺丝

（3）搁栅、檩条、穿柱搁栅进榫等部位可用铁曲尺或扁铁螺栓加固；
（4）木柱根与地面接触部分可改为混凝土，并用铁夹板螺栓与木柱连接加固；
（5）前后墙弓突倾斜可拆除重砌；
（6）木楼板下沉可牮平，并在木搁栅间加剪刀撑。

6.8 构 造 要 求

6.8.1 屋盖修缮时宜采用外排水；必须采用内排水时，不宜采用木制天斜沟。原系木制天斜沟排水，在修缮时应改为木制天斜沟基层，外包白铁皮天斜沟。

6.8.2 房屋通风和防潮不良，修缮时应采取防腐、防虫蛀等措施。

6.8.3 在风灾地区，房屋进行修缮设计时，应加强建筑物的抗风能力，对天窗和老虎窗的高度和跨度应减小，两端和中间应改为砖墙；对檩条与桁架、檩条与墙体、门窗与墙体等节点处应锚固。

6.8.4 梁、搁栅、檩条的搁置长度不应小于砖墙厚度的 1/2，且不小于 70mm。

6.8.5 螺栓材料应采用符合现行国家标准《普通碳素结构钢技术条件》(GB 700) 规定的 Ⅰ 级钢。钢拉杆和螺栓的直径应按规定计算确定，且不得小于 12mm。

6.8.6 结构中的钢材部分，在修缮时应除锈，涂刷防锈漆和油漆保养。

6.8.7 结构中承重构件的修接、夹接所用的螺栓数量、规格应按计算确定。

6.8.8 房屋修缮时，木结构直接与墙体接触以及容易受潮部位，均应按本章第10节的规定进行处理。

6.8.9 采用钢夹板夹接时，其厚度不应小于6mm，各种铁件均应涂刷防锈漆等。

6.9 防　　火

6.9.1 木结构房屋修缮时，所采取的防火措施应符合现行国家标准《木结构设计规范》（GBJ 5—88）第八章第二节"木结构的防火"的规定。

6.9.2 成排相连的木结构房屋，在条件许可时应结合修缮改为每三间设一道防火墙。

6.9.3 与火源相邻的木构件，在修缮时，应增设砖墙或石棉板等防火隔墙。

6.9.4 经常受强烈幅射热的烟囱、壁炉、炉灶等木构件应采用耐火的遮热板防护，木构件的温度不应大于50℃。

6.9.5 有防火要求的木构件均应涂刷防火涂料。

6.10 防腐和防虫

6.10.1 构件修接、拆换时所采用的木材应严格控制其含水率，不得用湿材。

6.10.2 设计时，应注意改善构件的自然通风条件，特别是屋盖、顶棚和架空地板等应增设通风口。

6.10.3 对埋入砖墙中的檩条、搁栅等构件端部与砖墙接触紧靠的木柱、门窗樘等构件和接触地坪的柱根等，必须作防腐处理。

6.10.4 查勘时，应详细检查和向住用户调查了解有关虫蛀情况，发现虫害应联系有关单位先施药灭虫。

6.10.5 外露木材均应涂刷油漆或防腐处理。

6.10.6 木材防腐防虫的处理方法应按现行国家标准《木结构设计规范》（GBJ 5—88）第八章第一节"木结构的防腐防虫"的规定执行。

7 混凝土结构

7.1 一 般 规 定

7.1.1 混凝土构件修缮时，应查明下列情况：

（1）混凝土的强度等级，风化、酥松、碳化、剥落状况以及钢筋的数量和锈蚀程度；

（2）柱、梁、板中部、端部和悬臂构件、板根部的裂缝程度；

（3）构件挠曲、位移程度。

7.1.2 混凝土强度等级应按现行国家标准《混凝土结构设计规范》（GBJ 10—89）第2.1.3至2.1.6条执行，并根据安全要求、使用部位、损坏程度、施工情况和新旧混凝土粘结牢固程度等情况，综合分析，取0.7～1.0的ψ_c值系数进行折减。

7.1.3 钢筋强度应按现行国家标准《混凝土结构设计规范》（GBJ 10—89）第2.2.2至2.2.5条执行，并视构件部位、保养情况和使用条件等，综合分析，取0.7～0.9的ψ_y值系数进行折减。

7.1.4 混凝土受弯构件，凡新旧混凝土结合牢固可靠时，可按叠合式受弯构件计算其承载力，并应符合现行国家标准《混凝土结构设计规范》（GBJ 10—89）第 7.5.1 至 7.5.18 条的规定。凡新旧混凝土结合不可靠时，可按下列公式分别计算其承载力的分配系数：

$$\alpha_1 = \frac{E_1 I_1}{E_1 I_1 + E_2 I_2} \quad (7.1.4\text{-}1)$$

$$\alpha_2 = \frac{E_2 I_2}{E_1 I_1 + E_2 I_2} \quad (7.1.4\text{-}2)$$

式中　α_1——原混凝土受弯构件承载力分配系数；
　　　α_2——新增混凝土受弯构件承载力分配系数；
　　　E_1——原混凝土构件的弹性模量（MPa）；
　　　E_2——新增混凝土构件的弹性模量（MPa）；
　　　I_1——原混凝土受弯构件惯性矩（mm^4）；
　　　I_2——新增混凝土受弯构件惯性矩（mm^4）。

7.1.5 混凝土构件的验算，除应符合现行国家标准《混凝土结构设计规范》（GBJ 10）的规定外，尚应符合下列要求：

（1）构件截面积计算，应采用原构件实际有效面积和加固部分的面积；

（2）构件荷载计算，应根据使用的实际情况，按现行国家标准《建筑结构荷载规范》（GBJ 9）的规定执行；

（3）加固后增加的重量，应与有关构件和基础同时进行验算。

7.1.6 混凝土结构在查勘设计时应查明其结构体系，柱、梁、板的配筋数量和质量，以及混凝土的实际强度，混凝土构件损坏情况，可按下列方法检测分析：

（1）混凝土的强度可采用回弹法、钻芯取样法、超声回弹综合法和拉拔法等方法测定；

（2）混凝土柱、梁、板等构件的截面，应采用实际量测确定；

（3）混凝土构件的裂缝宽度，可采用裂缝测定仪、放大镜、超声仪、千分表和定期观察等方法测定；

（4）混凝土构件的垂直度和挠度，可采用经纬仪、靠尺等测定；

（5）混凝土构件中的钢筋数量及保护层厚度，可用仪器测定或开凿实测；

（6）混凝土碳化深度可采用喷洒酚酞酒精液测定。

7.2　材　　料

7.2.1 混凝土结构修缮的钢筋宜采用Ⅰ级钢或Ⅱ级钢。

7.2.2 混凝土结构修缮的水泥宜采用硅酸盐水泥或微膨胀水泥，标号不宜低于 425 号。

7.2.3 混凝土结构修缮的混凝土强度等级，应比原混凝土强度等级提高一级，并不应低于 C20，混凝土中不应掺加粉煤灰等混合材料。

7.2.4 混凝土用的砂、石应符合现行行业标准《普通混凝土用砂质量标准及检验方法》（JGJ 52）和《普通混凝土用碎石或卵石质量标准及检验方法》（JGJ 53）的规定。

7.2.5 混凝土结构修缮所采用的连接材料，应符合下列要求：

（1）粘结用化学浆液与混凝土粘结固化后，其抗拉和抗剪强度应高于被粘结混凝土的强度；

（2）采用焊接的焊条质量应符合现行国家标准《碳素钢焊条》（GB 5117）或《低合金钢焊条》（GB 5118）的规定；

（3）焊条型号应与被焊钢材的强度相适应；

（4）采用螺栓连接时，螺栓应采用Ⅰ级钢制作。

7.3 柱

7.3.1 混凝土柱有下列情况之一，必须进行承载力验算：

（1）柱有纵、横向裂缝；或有交叉裂缝；或一侧有水平裂缝，另一侧混凝土被压碎，主筋外露的；

（2）保护层开裂，主筋外露，钢筋严重锈蚀，截面减少；

（3）柱的倾斜量超过高度的1/100；

（4）柱有酥松、碳化、起鼓等，其破坏面超过全面积的1/3。

7.3.2 混凝土柱的承载力验算应按现行国家标准《混凝土结构设计规范》（GBJ 10）的规定执行；对原混凝土、原钢筋强度的折减系数应按本规程第7.1.2和7.1.3条的规定执行。

7.3.3 混凝土柱强度不足，可采用增加截面和采用湿式、干式外包型钢与粘钢进行加固。

7.3.4 增加截面加固混凝土柱，其正截面承载力应按下列公式验算，其不同受压情况并应符合下列要求：

（1）轴心受压

$$N \leq \varphi[\psi_c f_c A_c + \psi_y f'_y A'_s + a(f_{c1} A_{c1} + f'_{y1} A'_{s1})] \quad (7.3.4\text{-}1)$$

式中 N——混凝土柱加固后的轴向力设计值（N）；

φ——构件稳定系数，应符合现行国家标准《混凝土结构设计规范》（GBJ 10）的规定；

ψ_c、ψ_y——分别为原混凝土和原钢筋的强度设计值折减系数，应按本规程第7.1.2和7.1.3条的规定采用；

f_c、f_{c1}——分别为原柱混凝土轴心抗压强度设计值和新增混凝土轴心抗压强度设计值（MPa）；

A_c、A_{c1}——分别为原柱混凝土截面面积和新增混凝土截面面积（mm²）；

f'_y、f'_{y1}——分别为原柱纵向钢筋的抗压强度设计值和新增混凝土的纵向钢筋的抗压强度设计值（MPa）；

A'_s、A'_{s1}——分别为原柱纵向钢筋的截面面积和新增纵向钢筋的截面面积（mm²）；

a——加固部分混凝土与原柱协同工作时，新增混凝土和纵向钢筋的强度折减系数，取0.8。

（2）大偏心受压

$$N \leq \Psi_c f_{cm} b(x - h_1) + f'_y A'_s - \Psi_y f_y A_s \\ + 0.9(f_{cm1} b_1 h_1 + f'_{y1} A'_{s1} - f_{y1} A_{s1}) \quad (7.3.4\text{-}2)$$

$$N_e \leq f_{cm} b(x - h_1)\left(h_{01} - \frac{x - h_1}{2}\right) + f'_y A'_s(h_{01} - h_1 - a'_s)$$

$$+ 0.9[f_{cm1} b_1 h_1 + (h_{01} - h_1/2) + f'_{y1} A'_{s1}(h_{01} - a'_{s1})] \quad (7.3.4\text{-}3)$$

$$e = \eta e_i + \frac{h}{2} - a \quad (7.3.4\text{-}4)$$

式中 f_{cm}、f_{cm1}——分别为原柱和加固混凝土弯曲抗压强度设计值（MPa）；

x——混凝土受压区高度（mm）；

h_1——加固混凝土在受压面的厚度（mm）；

b、b_1——分别为原柱和加固后柱的截面宽度（mm）；

A_s、A_{s1}——分别为原柱受拉钢筋和加固用受拉钢筋的截面面积（mm²）；

f_y、f_{y1}——分别为原柱受拉钢筋和加固用受拉钢筋的抗拉强度设计值（MPa）；

e——轴向力作用点至受拉钢筋合力点的距离（mm）；

η——偏心受压构件考虑挠曲影响的轴向力偏心距增大系数；

e_i——初始偏心距（mm）；

h_{01}——原柱受拉钢筋和加固用受拉钢筋合力点至加固截面受压边缘间的距离（mm）。当两合力点接近时，可近似取为原柱的有效高度 h_0；

a'_{s1}——加固用受压钢筋合力点至受压边缘的距离（mm）；

a——原柱受拉钢筋和加固钢筋的合力点至加固截面受拉边缘的距离（mm）。

（3）小偏心受压

当新增截面加固钢筋混凝土为小偏心受压构件时，应按现行国家标准《混凝土结构设计规范》（GBJ 10）进行其正截面承载力的计算。新增受压区混凝土及纵向钢筋抗压强度设计值和纵向钢筋受拉强度设计值应乘以折减系数 0.9；原受压混凝土和纵向钢筋抗压强度设计值应分别按本规程第 7.1.2 和 7.1.3 条规定的 ψ 值系数进行折减。

7.3.5 混凝土柱可采取单侧、双侧或四周增加钢筋混凝土截面进行加固（图 7.3.5）。

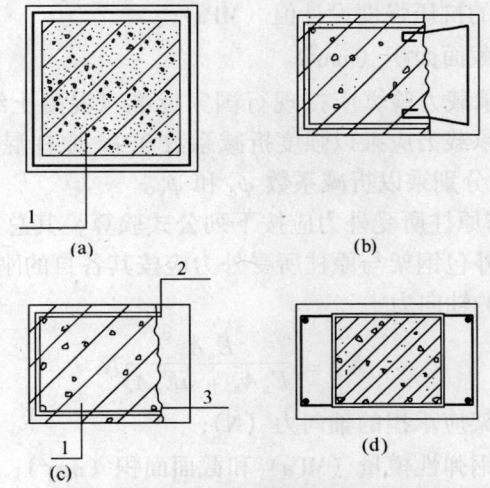

图 7.3.5 加固钢筋与构件钢筋的连接

(a) 封闭型箍筋；(b) 锚固法；(c) 加固受力钢筋焊在原柱受力钢筋上；(d) U形箍筋与原柱连接

1—原柱；2—连接短筋；3—加固筋

7.3.6 湿式外包钢混凝土柱（图7.3.6-1、图7.3.6-2），应按下列公式验算：

(1) 截面刚度（EI）

$$EI = E_c I_c + 0.5 E_a A'_a a^2 \quad (7.3.6-1)$$

式中 E_c、I_c——分别为原柱混凝土弹性模量（MPa）及原柱截面惯性矩（mm^4）；

E_a——加固型钢弹性模量（MPa）；

A'_a——加固柱一侧外包型钢截面面积（mm^2）；

a——受拉与受压两侧型钢截面形心间的距离（mm）。

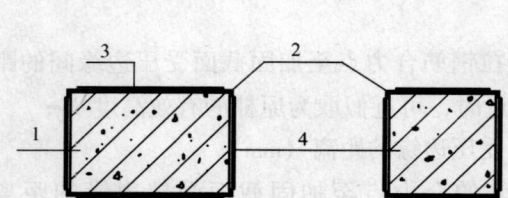
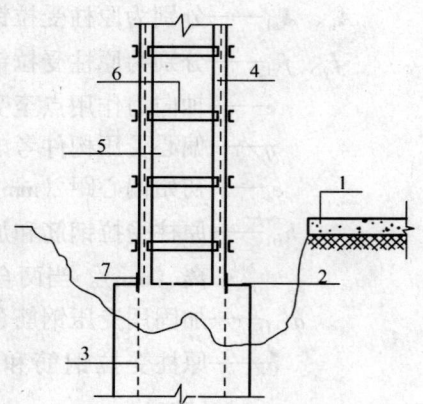

图7.3.6-1 混凝土柱外角钢加固
1—原混凝土柱；2—角钢；3—缀板；4—填充砂浆

图7.3.6-2 外角钢加固剖面
1—混凝土地坪；2—基础顶；3—基础钢筋；
4—加固型钢；5—混凝土柱；6—缀板；
7—焊接

(2) 轴心受压柱的承载力

$$N \leq \varphi(\Psi_c f_c A_c + \Psi_y f'_y A'_y + f'_a A'_a) \quad (7.3.6-2)$$

式中 f'_a——加固型钢的抗压强度设计值（MPa）；

A'_a——加固型钢截面面积（mm^2）。

(3) 偏心受压柱的承载力验算应按现行国家标准《混凝土结构设计规范》（GBJ 10）的规定执行，其外包钢承载力应乘以强度折减系数0.9。原柱混凝土和钢筋应按本规程第7.1.2和7.1.3条的规定分别乘以折减系数 ψ_c 和 ψ_y。

7.3.7 干式外包钢架与原柱所受外力应按下列公式验算，其总承载力为钢架承载力与原混凝土柱承载力之和。外包钢架与原柱所受外力应按其各自的刚度比例进行分配。

(1) 外包钢架承担的轴向力

$$N_a = \frac{E_a A_a}{E_a A_a + a E_c A_c} N \quad (7.3.7-1)$$

式中 N_a——外包钢构架应承担的轴向力（N）；

E_a、A_a——分别为型钢弹性模量（MPa）和截面面积（mm^2）；

E_c、A_c——分别为混凝土弹性模量（MPa）和截面面积（mm^2）；

a——截面刚度折减系数，取0.8。

(2) 肢杆承载力

$$\frac{N_a}{A_a} \pm \frac{M_a}{\gamma W_a} \leq f'_a \qquad (7.3.7\text{-}2)$$

式中 M_a——外包钢构架应承担的弯矩（N·mm）；

W_a——外包钢构架肢件的截面弹性抵抗矩（mm³）；

γ——塑性系数，当肢杆采用角钢时取 1.2；

f'_a——肢杆的抗压强度设计值（MPa）。

（3）单肢杆稳定性

$$\frac{N_1}{\varphi A_1} + \frac{M_1}{\gamma W_1 (1 - 0.8 N_1/N_E)} \leq f'_a \qquad (7.3.7\text{-}3)$$

$$N_1 = \frac{x_1 + e_0}{c} \qquad (7.3.7\text{-}4)$$

$$M_1 = SV_1 \qquad (7.3.7\text{-}5)$$

$$V_1 = \frac{1}{2} \cdot \frac{A_a f'_a}{85} \sqrt{\frac{f_y}{235}} \qquad (7.3.7\text{-}6)$$

$$N_E = \frac{\pi^2 E_a I_a}{S^2} \qquad (7.3.7\text{-}7)$$

式中 N_1——受压肢杆的轴向力（N）；

e_0——轴向力对截面重心的偏心距（mm）；

M_1——单肢杆的弯矩（N·mm）；

x_1——受拉或受压较小肢杆轴线与外包钢构架形心轴间的距离（mm）；

c——拉、压肢杆轴线间的距离（mm）；

S——缀板轴线间的距离（mm）；

V_1——分到每一肢杆上的剪力（N）；

φ——肢杆在弯矩作用平面内的轴心受压稳定系数；

A_1、W_1——分别为单肢压杆的截面面积（mm²）和截面弹性抵抗矩（mm³）；

N_E——弯矩作用平面内的欧拉临界力（N）；

I_a——单肢杆对 x 轴或 y 轴的惯性矩（mm⁴）。

（4）缀板设计

$$M_2 = V_1 S \qquad (7.3.7\text{-}8)$$

式中 M_2——缀板端部弯矩（N·mm）。

7.3.8 混凝土柱表面出现酥松、剥落、裂缝、孔洞、蜂窝等损坏，可采用喷射混凝土修缮。

7.4 梁、板

7.4.1 混凝土梁、板有下列情况之一，必须进行承载力验算：

（1）梁、板挠度大于 $l/150$；

（2）梁、板保护层剥落、钢筋外露、严重锈蚀、截面减少；

（3）梁裂缝宽度超过现行国家标准《混凝土结构设计规范》（GBJ 10—89）表 3.3.4 规

定的最大裂缝宽度允许值；

（4）简支梁、连续梁端部产生明显裂缝；或跨中部位底面产生横断裂缝，其一侧向上延伸达梁高的2/3及其以上；或上面产生多条明显水平裂缝；或连续梁在支座附近产生明显的竖向裂缝；或在支座与集中荷载部位之间产生明显的水平裂缝或斜裂缝；或悬臂梁、板根部产生明显的裂缝；

（5）框架在梁柱节点产生明显的竖向裂缝或斜裂缝、交叉裂缝；

（6）现浇板上面周边产生裂缝或下面产生交叉裂缝；预制板下面产生横向裂缝。

7.4.2 现浇混凝土梁、板的正截面受弯承载力应按下列公式验算：

$$M \leqslant \psi_c f_{cm} b x \left(h_0 - \frac{x}{2} \right) + \psi_y f'_y A'_s (h_0 - a'_s) \tag{7.4.2-1}$$

式中 h_0——截面有效高度（mm）。

混凝土受压区高度应按下式确定：

$$\psi_c f_{cm} b x = \psi_y f_y A_s - \psi_y f'_y A'_s \tag{7.4.2-2}$$

混凝土受压区的高度尚应符合下列公式的要求：

$$x \leqslant \zeta_b h_0 \tag{7.4.2-3}$$

$$x \geqslant 2a'_s \tag{7.4.2-4}$$

$$\zeta_b = \frac{x_b}{h_0} \tag{7.4.2-5}$$

式中 M——弯距设计值（N·mm）；

A_s、A'_s——受拉区、受压区纵向钢筋截面面积（mm²）；

ζ_b——相对界限受压区高度（mm）；

x_b——界限受压区高度（mm）。

7.4.3 翼缘位于受压区的钢筋混凝土"T"形梁，其正截面受弯承载力应按下列情况验算：

（1）当符合下式条件时，并按本规程第7.4.2条的规定验算，则 b 应用 b'_f 代替：

$$\psi_y f_y A_s \leqslant \psi_c f_{cm} b'_f h'_f + \psi_y f'_y A'_s \tag{7.4.3-1}$$

（2）当不符合本规程公式7.4.3-1的条件时，应按下式验算：

$$M \leqslant \psi_c f_{cm} b x \left(h_0 - \frac{x}{2} \right) + \psi_c f_{cm} (b'_f - b) h'_f \left(h_0 - \frac{h'_f}{2} \right)$$

$$+ \psi_y f'_y A'_s (h_0 - a'_s) \tag{7.4.3-2}$$

（3）混凝土受压区高度应按下式确定：

$$\psi_c f_{cm} [bx + (b'_f - b) h'_f] = \psi_y f_y A_s - \psi_y f'_y A'_s \tag{7.4.3-3}$$

式中 h'_f——"T"形截面受压区的翼缘高度（mm）；

b'_f——"T"形截面受压区的翼缘宽度（mm），其数值应按现行国家标准《混凝土结构设计规范》（GBJ 10—89）第4.1.7条采用。

7.4.4 钢筋混凝土板损坏，可采用增加板的混凝土厚度进行加固，并应符合下列要求：

（1）在钢筋混凝土板上部采取加大截面进行分离式加固时（图7.4.4-1），其正截面承载力应按新旧混凝土板叠加方法计算，其分配系数应按本规程公式7.1.4-1和公式7.1.4-2

验算，其正截面承载力应按本规程公式 7.4.2-1 验算；

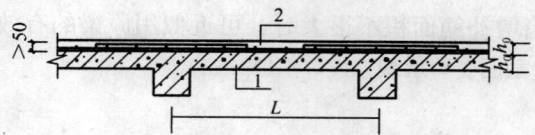

图 7.4.4-1 钢筋混凝土板分离式加固
1—原钢筋混凝土；2—新浇钢筋混凝土

（2）在钢筋混凝土板上部采取加大截面进行整体式加固时（图 7.4.4-2），其正截面承载力应按叠合式受弯构件计算。

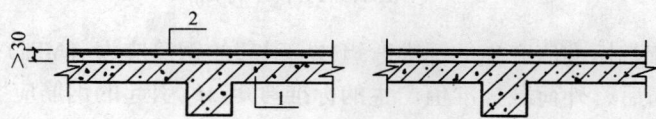

图 7.4.4-2 钢筋混凝土板整体式加固
1—原钢筋混凝土；2—新浇钢筋混凝土

7.4.5 混凝土梁强度不足，可采用湿式外包型钢或增加钢筋进行加固（图 7.4.5-1、图 7.4.5-2），其增加型钢或钢筋应按下列公式验算：

$$f_{cm}bx = f_y A_s + 0.9 f_{y1} A_{s1} \tag{7.4.5-1}$$

$$M_u = f_{cm}bx\left(h_{01} - \frac{x}{2}\right) \tag{7.4.5-2}$$

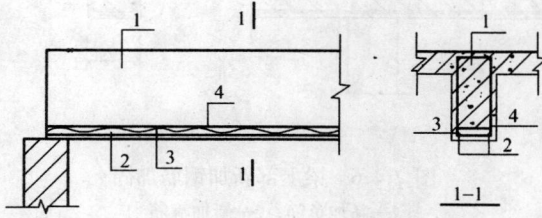

图 7.4.5-1 增补钢筋
1—混凝土梁；2—新补钢筋；3—焊接短钢；4—原受力钢筋

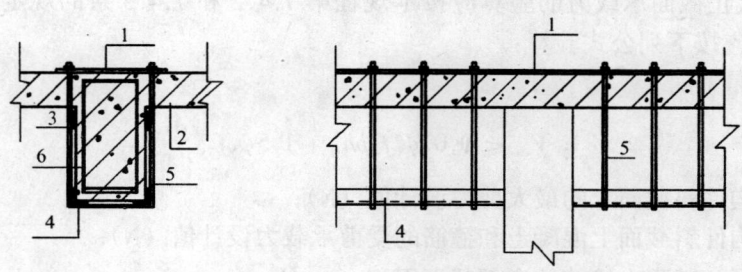

图 7.4.5-2 外包型钢加固
1—铁板；2—混凝土；3—扁钢；4—角钢；
5—U 形螺栓；6—原受力钢筋

式中 h_{01}——加固后截面的有效高度（mm），即原筋和增补筋的合力点至受压边缘间的距离。当增补筋面积不很大时，可近似用原梁的有效截面高度 h_0 替代；

M_u——加固梁上截面受弯承载力设计值(N·mm)。

钢筋应力验算：

$$\sigma_s = \sigma_{s1} + \sigma_{s2} \leqslant 0.8 f_y \quad (7.4.5\text{-}3)$$

$$\sigma_{s1} = \frac{M_{1k}}{0.87 A_s h_0} \quad (7.4.5\text{-}4)$$

$$\sigma_{s2} = \frac{M_{2k}}{0.87 (A_s + A_{s1}) h_{01}} \quad (7.4.5\text{-}5)$$

式中 σ_{s1}——外荷载标准值产生的标准弯矩 M_{1k} 引起的钢筋应力（MPa）；

σ_{s2}——加固后，外荷载标准值产生的标准弯矩 M_{2k} 引起的钢筋应力（MPa）；

M_{1k}——外荷载标准值产生的标准弯矩（N·mm）；

M_{2k}——加固后，外荷载标准值产生的标准弯矩（N·mm）。

7.4.6 现浇混凝土梁支座抗弯承载力不足时，可在上部新加钢筋进行加固（图 7.4.6）；其正截面承载力验算应按本规程第 7.4.2 和 7.4.3 条的规定执行。

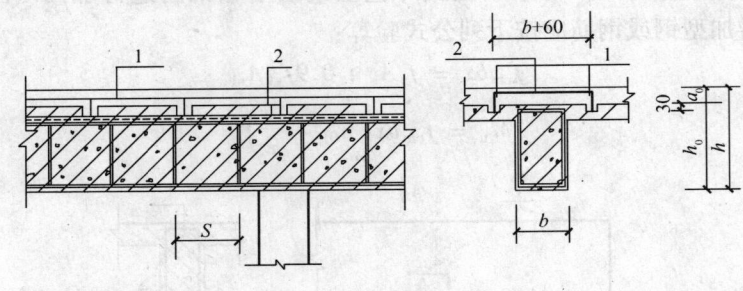

图 7.4.6 梁上部新加钢筋加固
1—新加负筋；2—新加箍筋

7.4.7 钢筋混凝土梁抗弯、抗剪承载力均不足时，可在梁四面用钢筋混凝土围套加固（图 7.4.7）；其正截面承载力的验算应按本规程第 7.4.2 和 7.4.3 条的规定执行；其斜截面受剪承载力应按下列公式验算：

梁仅配有箍筋时

$$V = V_{cs} \leqslant 0.07 \psi_c f_c b h_0 + 1.5 \psi_y f_{yv} \frac{A_{sv}}{s} h_0 \quad (7.4.7\text{-}1)$$

式中 V——构件斜截面上的最大剪力设计值（N）；

V_{cs}——构件斜截面上混凝土和箍筋的受剪承载力设计值（N）；

A_{sv}——同一截面内箍筋的全部截面面积（mm²）；

s——沿构件长度方向箍筋的间距（mm）；

f_{yv}——箍筋抗拉强度设计值（MPa），应按现行国家标准《混凝土结构设计规范》（GBJ 10—89）表 2.2.3-1 和表 2.2.3-2 执行。

梁配有箍筋和弯起钢筋时

$$V \leq V_{cs} + 0.8\psi_y f_y A_{sb} \sin a_s \quad (7.4.7\text{-}2)$$

式中 V——在配置弯起钢筋处的剪力设计值（N），应按现行国家标准《混凝土结构设计规范》(GBJ 10—89) 第4.2.5条执行；

A_{sb}——同一弯起平面内弯起钢筋的截面面积（mm^2）；

a_s——斜截面上弯起钢筋的切线与构件纵向轴线的夹角。

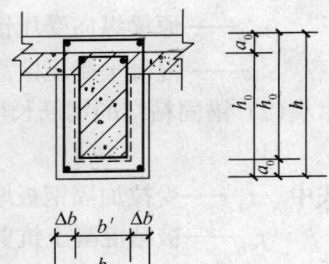

图 7.4.7 梁四面围套加固

7.4.8 梁的抗弯、抗剪承载力不足，在高度有限制的情况下，可用钢围套加固（图7.4.8），其钢桁架的验算应按现行国家标准《钢结构设计规范》(GBJ 17) 的规定执行。

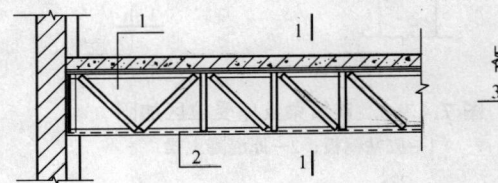

图 7.4.8 钢围套加固
1—原钢筋混凝土梁；2—新设型钢桁架；3—原有梁；
4—上弦缀板；5—腹杆角钢；6—下弦缀板

7.4.9 梁强度不足，可采用粘贴钢板加固（图7.4.9-1、图7.4.9-2、图7.4.9-3），并应按下列公式验算：

（1）承载力

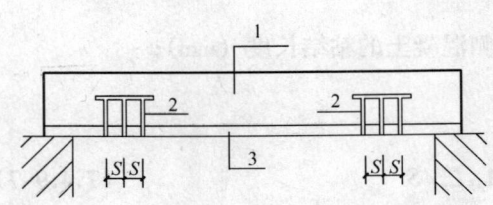

图 7.4.9-1 梁端增设U形箍板
1—混凝土梁；2—U形箍板；3—胶贴钢板

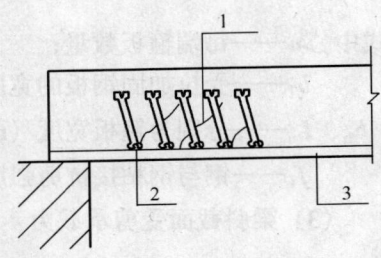

图 7.4.9-2 受剪箍板加固
1—裂缝；2—膨胀螺栓；3—带状钢板

$$f_{cm}bx = f_y A_s + 0.9 f_a A'_a - f'_y A'_s \quad (7.4.9\text{-}1)$$

$$M_u = f_{cm}bx\left(h_{01} - \frac{x}{2}\right) + f'_y A'_s (h_{01} - a'_s) \quad (7.4.9\text{-}2)$$

$$(f_y A_s + 0.9 f_a A_a - f'_y A'_s = f_{cm}bx) \quad (7.4.9\text{-}3)$$

式中 f_a——加固钢板抗拉强度设计值（MPa）；

A'_a——加固钢板截面面积（mm^2）；

A'_s、f'_y——分别为原梁纵向受压钢筋的截面面积（mm^2）和抗压强度设计值（MPa）；

a'_s——原梁纵向受压钢筋的保护层厚度（mm）；

x——混凝土受压区高度（mm）。

(2) 锚固粘结的钢筋长度

$$L_1 \geqslant 2f_a t_a / f_{cv} \tag{7.4.9-4}$$

式中 t_a——受拉加固钢板厚度（mm）；

f_{cv}——被粘混凝土抗剪强度设计值（MPa）。

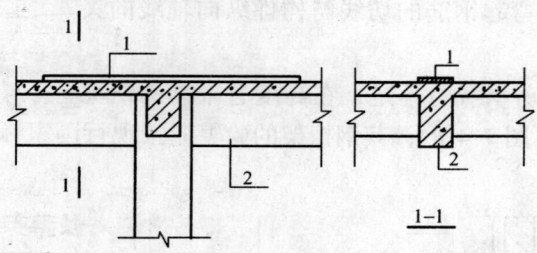

图 7.4.9-3 连续梁支座受拉区加固
1—胶粘钢板；2—原混凝土梁

当钢板粘结强度不够，可在钢板端锚固后粘结 U 形钢箍，锚固后的长度应满足下列公式的要求：

当 $f_v b_1 \leqslant 2f_{cv} L_u$ 时

$$f_a A_a \leqslant 0.5 f_{cv} b_1 L_1 + 0.7 n f_v b_u b_1 \tag{7.4.9-5}$$

当 $f_v b_1 > 2f_{cv} L_u$ 时

$$f_a A_s \leqslant (0.5 b_1 L_1 + n b_u L_u) f_{cv} \tag{7.4.9-6}$$

式中 n——每端箍板数量；

b_1——受拉加固钢板的宽度（mm）；

b_u、L_u——分别为箍板宽度（mm）及箍板在梁侧混凝土的粘结长度（mm）；

f_v——钢与钢粘接抗剪强度设计值（MPa）。

(3) 梁斜截面受剪承载力

$$V \leqslant V_{cs} + 2f_a A_{a1} L_u / S \tag{7.4.9-7}$$

同时，必须满足下式的条件：

$$\frac{L_u}{S} \geqslant 1.5 \tag{7.4.9-8}$$

式中 V——斜截面受剪承载力设计值（N）；

V_{cs}——构件斜截面受剪承载力设计值（N）；

A_{a1}——单肢箍板截面面积（mm²）；

S——箍板轴线间的距离（mm）。

(4) 受弯梁正截面受压区

$$f_{cm} b x = f_y A_s - f'_y A'_s - 0.9 f'_a A'_a \tag{7.4.9-9}$$

$$M_u = f_{cm}bx\left(h_0 - \frac{x}{2}\right) + f'_y A'_s(h_0 - a'_s)$$
$$+ 0.9f'_a A'_a\left(h_0 - \frac{b_1}{2}\right) \tag{7.4.9-10}$$

式中 f'_a——加固钢板抗压强度设计值（MPa）；

A'_a——加固钢板截面面积（mm²）。

（5）连续梁支座受拉区加固，应按本条上述各规定计算。

7.5 构 造 要 求

7.5.1 混凝土构件修缮时，应将混凝土保护层凿毛，露出主钢筋，冲洗干净，表面应涂刷水泥浆。原钢筋与新钢筋应焊接牢固后再灌浇新混凝土。

7.5.2 混凝土柱加固应符合下列要求：

（1）混凝土柱加固的厚度不应小于60mm，喷射混凝土厚度不应小于50mm，石子直径不应大于20mm，混凝土强度等级不应小于C30；

（2）加固纵向钢筋，宜用螺纹钢筋，直径应为14～25mm，箍筋不应小于8mm；

（3）新增纵向钢筋与原纵向钢筋间的净距不应小于20mm，并用短筋焊接牢固，短筋间距不应大于500mm，直径不应小于20mm，长度不应小于100mm，并设置封闭式箍筋或U形箍筋；

（4）柱的纵向钢筋下端应锚入基础（图7.5.2），锚固长度不应小于25d，上部应穿过楼板与上柱锚固；

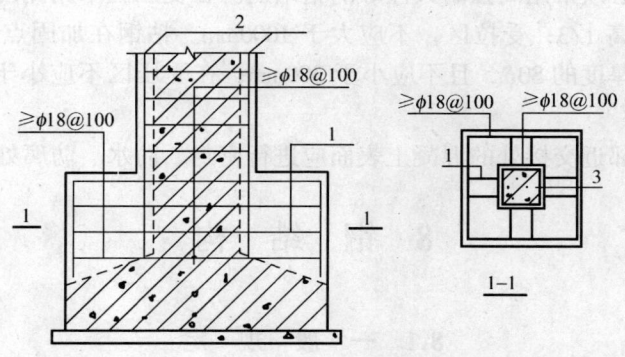

图 7.5.2 新加柱钢筋下端锚入基础
1—φ12；2—新加柱套钢筋；3—原有柱子

（5）采用角钢加固时，其角钢厚度应为5～8mm，角钢边长不应小于7.5mm，扁钢截面不应小于25mm×3mm；角钢与扁钢应焊接牢固，角钢两端应有可靠的锚固。采用外包混凝土厚度不应小于50mm。

7.5.3 混凝土板的加固混凝土厚度不应小于30mm，钢筋直径宜为6～8mm。

7.5.4 混凝土梁加固应符合下列要求：

（1）加固的受力钢筋宜采用螺纹钢筋，直径应为12～25mm，并采用封闭式或U形的箍筋，其直径不应小于8mm；

（2）加固的纵向钢筋与原纵向钢筋的净间距不应小于20mm，焊接用短钢筋直径不应小于20mm，长度不应小于120mm，短筋间距不应大于500mm，箍筋直径应为6~8mm，间距不应小于原箍筋的间距；

（3）梁加固的纵向钢筋与柱纵向钢筋应焊接牢固，并应直接焊在柱的纵向钢筋上；加固纵向钢筋应伸入支座两端，并不应少于120mm（图7.5.4）。

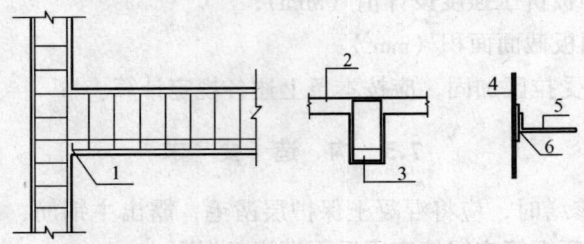

图7.5.4 纵向钢筋焊接加固
1—柱上钢板与梁新增钢筋焊接处；2—原混凝土；3—新混凝土；4—原柱主钢筋；
5—新增主钢筋；6—钢板焊接处

7.5.5 粘钢加固应符合下列要求：
（1）混凝土强度等级不得小于C15；
（2）粘钢钢板厚度宜为2~6mm；
（3）钢板表面抹浆厚度不应小于20mm；
（4）粘钢加固必须采用高强耐久性好的粘结剂。在受压区采用侧向粘钢加固时，其钢板宽度不应大于梁高1/3；受拉区，不应大于1000mm。粘钢在加固点外的锚固长度在受拉区不应小于钢板厚度的80δ，且不应小于300mm；在受压区不应小于60δ，且不应小于250mm；
（5）钢板及其邻近交接处的混凝土表面应进行密封、防水、防腐处理。

8 钢 结 构

8.1 一 般 规 定

8.1.1 钢结构房屋修缮时，应查明下列情况：
（1）梁、柱、檩条等变形、位移、挠曲程度；
（2）构件锈蚀程度；
（3）结构各节点焊接牢固程度；
（4）屋架等构件支承长度和稳定性不足等情况。

8.1.2 损坏严重的钢结构房屋修缮时，应对原有钢材进行取样试验，重新确定其设计强度。

8.1.3 修换或加固钢构件验算钢材的强度设计值，应符合现行国家标准《钢结构设计规范》（GBJ 17—88）第三章第二节"设计指标"中有关规定。

8.1.4 旧钢构件的截面净面积应以完好部分进行计算。

8.1.5 旧钢材强度设计值应视构件的部位、保养情况和使用条件等进行综合分析，分别以折减系数 ψ 值进行折减：构件取 0.80～0.90；铆接件取 0.80～0.90；单面连接构件取 0.75。

8.2 材　料

8.2.1 钢构件修换或加固宜采用Ⅰ级钢材。

8.2.2 钢构件修换或加固，采用的钢板厚度不宜小于 3mm，钢管壁厚度不宜小于 3mm，角钢不宜小于 56mm×36mm×4mm，铆接或螺栓不宜小于 50mm×5mm。

8.2.3 采用焊接应符合现行国家标准《钢结构设计规范》（GBJ 17）的有关焊接规定。对早期的钢结构，应作焊接试验；当强度不同的新旧钢材焊接时，可采用强度较低钢材相适应的焊接材料。

8.2.4 采用铆接或螺栓时，接头的一端铆钉或螺栓数不应少于两个。

8.3 梁、搁栅、檩条

8.3.1 梁、檩条有下列情况之一，必须进行承载力验算：
  (1) 梁或檩条表面锈蚀深度大于 1/5 的厚度；
  (2) 梁出现侧向位移或挠曲；
  (3) 梁焊缝局部开裂或螺栓、铆钉个别断裂、松动。

8.3.2 受弯构件的抗弯强度应按下式验算：

$$\frac{M_x}{\gamma_x W_{nx}} + \frac{M_y}{\gamma_y W_{ny}} \leqslant \psi f \tag{8.3.2}$$

式中　M_x、M_y——绕 X 轴和 Y 轴的弯距（N·mm）（对工字形截面：X 轴为强轴，Y 轴为弱轴）；
　　　　ψ——折减系数，应按本规程第 8.1.5 条的规定采用；
　　　γ_x、γ_y——对 x 轴和 y 轴截面塑性发展系数，应按现行国家标准《钢结构设计规范》（GBJ 17—88）第 4.1.1 条执行；
　　　W_{nx}、W_{ny}——对 X 轴和 Y 轴的净截面抵抗矩（mm³）；
　　　　f——钢材的抗弯强度设计值（MPa）。

8.3.3 受弯构件的抗剪强度 τ 应按下式验算：

$$\tau = \frac{VS}{It_w} \leqslant \psi f_v \tag{8.3.3}$$

式中　τ——剪应力（MPa）；
　　　V——计算截面沿腹板平面作用的剪力（N）；
　　　S——计算剪应力处以上毛截面对中和轴的面积矩（mm³）；
　　　I——毛截面惯性矩（mm⁴）；
　　　t_w——腹板厚度（mm）；
　　　f_v——钢材的抗剪强度设计值（MPa）。

8.3.4 受弯构件的整体稳定性应按下式验算：

$$\frac{M_x}{\varphi_b W_x} \leq \psi f \qquad (8.3.4)$$

式中 M_x——绕强轴作用的最大弯矩（N·mm）；

　　　φ_b——整体稳定性系数，应按现行国家标准《钢结构设计规范》（GBJ 17—88）附录一执行；

　　　W_x——整体截面毛截面的抵抗矩（mm³）。

8.3.5 钢梁强度或稳定性不足时，可采用增设型钢、组合梁和支撑、系杆等措施进行加固。

8.4 柱

8.4.1 钢柱有下列情况之一，必须进行承载力验算：

（1）柱身倾斜、位移；

（2）钢材锈蚀深度超过 1/5 的厚度，或柱脚严重锈蚀；

（3）柱与梁或屋架搁置点位移变形；

（4）钢柱变形、柱身弯曲、联接件松动或焊缝裂开。

8.4.2 钢柱轴心受压或受拉应按下列公式验算：

（1）强度

$$\sigma = \frac{N}{A_n} \leq \psi f \qquad (8.4.2-1)$$

式中 σ——正应力（MPa）；

　　　N——轴心拉力或轴心压力（N）；

　　　A_n——构件净截面面积（mm²）。

（2）稳定性

$$\sigma = \frac{N}{\varphi A} \leq \psi f \qquad (8.4.2-2)$$

式中 A——构件毛截面面积（mm²）；

　　　φ——轴心受压构件的稳定系数，应按现行国家标准《钢结构设计规范》（GBJ 17—88）表5.1.2 截面分类及附录三执行。

8.4.3 钢柱损坏或稳定性不足时，可采用型钢、混凝土等措施进行加固。

8.5 屋 架

8.5.1 屋架有下列情况之一，必须进行承载力验算：

（1）屋架侧向倾斜，其倾斜量超过屋架高度的 4/100；

（2）上下弦弯曲变形；

（3）上下弦钢材严重锈蚀，使有效截面面积减少达 1/5 及其以上；

（4）焊缝局部断裂或铆钉螺栓松动局部断裂，杆件松动失效。

8.5.2 屋架强度、稳定性不足，或产生倾斜时，可采用增设型钢，加固弦杆、支撑、系杆和纠偏等措施进行加固。

8.6 钢构件焊接和螺栓连接

8.6.1 螺栓或铆钉松动、折断或焊接开裂，均应修缮、换新、加固或加焊。

8.6.2 钢材焊接时，应采用相应的焊条；薄壁轻型构件焊接时，应采用直径较小的焊条。

8.6.3 连接计算应按现行国家标准《钢结构设计规范》(GBJ 17—88)第七章中有关规定执行。

8.6.4 旧构件焊缝验算，应扣除开裂、气孔等部分，以有效的净焊缝长作为焊缝长度(l_w)计算；断裂、弯偏、松动、歪斜的铆钉或螺栓验算时，应剔除损坏部分，以有效的截面作为连接计算依据，并应符合本规程第 8.1.5 条的规定，取系数 ψ 折减。

8.7 钢构件保养

8.7.1 钢构件修缮后应除锈，并刷防锈漆。

8.7.2 采用混凝土或砂浆做保护层时，内层的钢构件应刷防锈漆。

8.7.3 采用混凝土或砂浆做保护层时，应采用不小于直径 4mm 钢筋或钢丝网作为拉结筋。

9 房 屋 修 漏

9.1 一 般 规 定

9.1.1 本章适用于屋面、外墙及地下室渗漏的查勘与设计。

9.1.2 房屋修漏应根据渗漏情况、部位和使用要求等查明原因，制定有效的修缮方案。

9.1.3 房屋修漏应同时检查其结构、基层和保温层的牢固、平整等情况，凡有缺陷，应先补强后修漏。

9.1.4 房屋修漏的设计和施工，应符合现行国家标准《屋面工程技术规范》(GB 50207)、《房屋渗漏修缮技术规程》(CJJ 62)和《地下防水工程施工及验收规范》(GBJ 208)的规定。

9.2 材 料

9.2.1 坡屋面修漏时应利用原有的平瓦和小青瓦。

9.2.2 房屋修漏采用的油毡不应低于 350 号，硅酸盐水泥标号不应低于 325 号，钢筋不应低于Ⅰ级钢，镀锌薄板厚度不应小于 0.44mm。

9.2.3 防水卷材、防水涂料和密封材料应具有良好的弹塑性、粘结性、抗渗透及耐腐蚀的性能。

9.2.4 各种防水材料使用前应对其技术性能进行复测，不得使用质量不合格的防水材料。

9.3 屋 面

9.3.1 坡屋面渗漏修缮，可采取下列措施：

(1) 平瓦、小青瓦屋面少量渗漏，可局部检修。渗漏或损坏严重时（包括屋脊、压顶、泛水、气窗等），应予翻修；

(2) 冷摊瓦、石棉瓦或白铁屋面修缮时，应增设屋面板及油毡层；

(3) 屋面坡度小于26°时，应铺设油毡防水层。屋面坡度大于45°时，或风力较大的地区，应用铜丝将瓦片与挂瓦条绑扎牢固。

9.3.2 柔性防水层屋面渗漏修缮，可采取下列措施：

(1) 混凝土屋面渗漏，应根据房屋结构、防水等级和使用要求等，采用卷材或涂膜防水法修缮；

(2) 混凝土屋面修缮时，应对基层起砂、空鼓、酥松等部分清除干净，并修补平整、牢固；

(3) 采用卷材或涂膜防水法修缮混凝土屋面时，应对天沟、檐口、女儿墙、山墙、落水洞口、阴阳角（转角）、管道、烟囱等处的防水层同时修复；

(4) 混凝土平屋面基层裂缝，可采用聚氯乙烯、聚氨酯、氯丁水泥等材料进行填嵌密封；

(5) 混凝土屋面渗漏，应做到排水畅通，屋面坡度不应小于2%，落水洞口坡度不应小于5%，并呈凹坑；

(6) 原有卷材、涂膜防水层有起鼓、褶皱、脱空、龟裂、张口等局部损坏，可采取切割、钻眼或挖补等法修补；

(7) 涂膜防水层的最小厚度：沥青不应小于8mm，高聚物改性沥青不应小于3mm，合成高分子不应小于2mm，均应分遍涂刷；

(8) 对有隔热层的防水层，应按有关规定设置排气孔。

9.3.3 刚性防水层屋面渗漏修缮，可采取下列措施：

(1) 原刚性防水层屋面或混凝土平屋面严重渗漏，在结构承载力许可情况下，可采用浇捣钢筋混凝土或钢丝网混凝土等刚性材料修缮；

(2) 重铺刚性防水层前，应将基层起砂、起鼓、脱空、酥松等部分清除干净，并用水泥砂浆修补平整。防水层混凝土强度等级不应低于C30，厚度不应小于40mm，钢筋不应低于Ⅰ级，钢筋直径不应小于4mm，间距不应大于200mm的双向钢筋；

(3) 重铺刚性防水层，应设分格缝，其间距不应大于6m，分格缝应用柔性防水膏嵌实；

(4) 刚性防水层局部裂缝和女儿墙、山墙、檐沟、天沟、管道等处渗漏，可采用填嵌柔性防水膏、铺贴防水卷材或防水涂膜等方法修缮。

9.4 外墙面

9.4.1 外墙面渗漏修缮，可采取下列措施：

(1) 外墙面大面积渗水，可采用无色透明的抗水剂等材料涂刷，修后外墙色泽应与原外墙协调一致；

(2) 外墙面局部渗水，可采用表面涂刷防水胶或合成高分子防水涂料修缮；

(3) 外墙面裂缝，可采用与墙面同色的合成高分子材料或密封材料嵌填，做到粘牢、密封；

（4）门窗框渗漏，可将渗漏处凿开并用密封材料嵌填；
　　（5）新旧建筑物外墙接缝处渗水，可采用防水胶水泥嵌缝修缮。

9.4.2 砖砌体防潮层渗水，可采用掏砌原防潮层的砖墙，重铺油毡沥青防潮层，或采用高压注浆方法修缮。

9.5 地 下 室

9.5.1 结构性裂缝渗漏，应在结构稳定后修缮。

9.5.2 地下室渗漏修缮，可采取下列措施：
　　（1）水压较大的裂缝，可采用埋管导引或灌浆堵漏，或用水泥胶浆等速凝材料直接（分段）堵漏；
　　（2）水压较小的裂缝，可采用速凝材料直接堵漏；
　　（3）混凝土蜂窝、麻面，孔洞较小，水压不大，可采用速凝材料堵漏；孔洞较大，水压较大，可采用埋管导引法堵漏。

9.5.3 修漏用的防水混凝土抗渗等级应高于原设计的要求，其配合比应通过试验确定。

10 房 屋 装 饰

10.1 一 般 规 定

10.1.1 房屋装饰的修缮应符合经济、美观和满足使用功能的要求。

10.1.2 房屋原有装饰完好部分应充分利用。室外装饰的修缮，其形式、用料、色泽应与周围环境相协调。

10.1.3 在查勘各种装饰损坏时，应同时检查其基层的牢固程度，在不能满足要求时应予加固。

10.1.4 房屋装饰不得损坏原有房屋结构，当需改变结构时必须进行验算。

10.1.5 房屋装饰的修缮应符合现行国家标准《建筑设计防火规范》（GBJ 16）的有关规定。

10.1.6 房屋装饰工程的饰面修缮应符合现行行业标准《建筑装饰工程施工及验收规范》（JGJ 73）的有关规定。

10.2 材 料

10.2.1 木门窗修缮宜用木质较好的材料，其含水率不得大于15%。

10.2.2 钢门窗修缮的钢材宜用Ⅰ级钢。

10.2.3 抹灰用的材料不得使用熟化时间少于15d的石灰膏，并不得含有未熟化的颗粒和其他杂物。

10.2.4 胶合硬木地板可采用专用胶粘剂。

10.2.5 油漆、涂料和各类壁纸等应选择有省、市级以上批准认可的合格证明材料。

10.3 门 窗

10.3.1 木门窗翘曲、变形、开关不灵等修缮，可采取下列措施：

(1) 木门窗扇翘曲、变形，可采用硬木楔或竹楔进行榫校平正；

(2) 木门窗棂子松动，可增加预埋木砖（50mm×20mm×200mm）固定。

10.3.2 木门窗扇腐朽修缮，可采取下列措施：

(1) 木门窗扇上下冒头、梃、芯腐朽，可进行"接梃换冒"局部拆换（图10.3.2-1、图10.3.2-2、图10.3.2-3）；

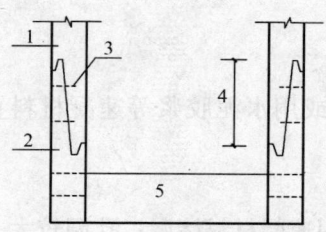 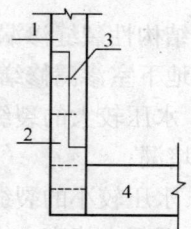

图10.3.2-1 双面接梃换冒　　　图10.3.2-2 斜接法　　　图10.3.2-3 半接法
1—旧梃；2—新梃；3—木　　　1—旧梃；2—新梃；　　　1—旧梃；2—新梃；
螺丝；4—梃连接有效长度；　　3—木螺丝；4—冒头　　　3—木螺丝；4—冒头
5—新换冒头

(2) 木门窗扇上下冒榫头折断，可采用"铁曲尺"加固联结；腐朽严重时，可全部换新；

(3) 木门窗棂子腐朽，可采用局部修接棂子脚，或拆换木棂子上下槛。

10.3.3 木门窗渗水，可采取硅胶密封剂涂刷，加钉盖缝条、披水板、拖水冒头，棂子下槛做出水槽、出水洞，或内开窗改为外开窗等措施进行修缮。

10.3.4 钢门窗变形、开关不灵、锈蚀、渗水等修缮，可采取下列措施：

(1) 钢门窗内外框翘曲、变形，可予校正，使内外框垂直、平正；

(2) 钢门窗内外框锈蚀，可采用同规格型号的新料局部拆换，并焊接牢固；

(3) 钢门窗渗水，可采取硅胶密封剂涂刷，增加上披水、天盘做滴水漕，或钢门窗下槛钻出水孔等措施进行修缮。

10.3.5 铝合金等新型材料的门窗损坏，应按原样修复。

10.4 楼 地 面

10.4.1 楼地面垫层出现起壳、碎裂等损坏，可采用局部修补，其垫层厚度应与原垫层相同，但楼地面垫层最小厚度不得小于本规程表10.4.1的规定。

表10.4.1 楼地面垫层最小厚度（mm）

名称	灰土垫层	砂垫层	碎（卵）石垫层	碎砖垫层	三合土垫层	混凝土垫层
最小厚度	100.00	60.00	60.00	100.00	100.00	60.00

10.4.2 楼地面面层损坏，可采用局部修补或全部重做，其厚度应与原面层相同，面层混凝土强度等级不应低于C20。其他水磨石、地砖、马赛克等面层损坏，可采用原规格材料修补。

10.4.3 木楼地板损坏应按原样修缮完整。
10.4.4 木楼地板挠度过大,应检查原因,必要时可增添搁栅或加厚木地板。
10.4.5 硬木小条楼地板和塑料面板,应采用粘结材料与毛地板胶粘牢固。

10.5 抹 灰

10.5.1 室内外抹灰损坏,可按原规格材料和原式样进行修缮,或根据使用和所处环境改用其他材料。
10.5.2 外墙抹灰时,对窗台、窗楣、雨篷、阳台、压顶和突出腰线等的修缮设计,应做流水坡度和滴水处理。
10.5.3 两种不同结构相连接处,其基体表面的抹灰,应在接缝处作防止裂缝处理。

10.6 饰 面 板

10.6.1 饰面板风化、剥落或与刮糙层脱壳等宜根据不同情况,采取下列修缮措施:
　(1) 墙面及饰面材料开裂,可采用环氧树脂砂浆灌补密实;
　(2) 饰面材料与刮糙层起壳、脱落可采用环氧树脂螺栓锚固等加固。
10.6.2 用聚合物水泥浆镶贴釉面砖,其配合比应由试验确定。
10.6.3 原有各种花饰局部损坏,可取样制作后重新粘贴完整。

10.7 油漆、刷浆、玻璃

10.7.1 房屋各种装饰的油漆、刷浆有起壳、脱落和房屋各种金属构件有锈蚀等,可分别情况采取全部或局部铲除原油漆,清净底子和除锈后重新油漆或刷浆。
10.7.2 油漆面层数可根据使用情况与房屋等级决定,可做一底二面。
10.7.3 采用裱糊胶粘材料应具有防霉和耐久性能;对经常潮湿的墙体表面裱糊时还应采用具有防水性能的壁纸和胶粘材料。
10.7.4 钢、木门窗玻璃破碎,应根据所处的层高及玻璃面积的大小分别采用 2~5mm 玻璃配全。

11 电 气 照 明

11.1 一 般 规 定

11.1.1 本章适用于室内的照明线路、低压电器、接地故障保护、防雷装置的修缮。
11.1.2 电气照明装置修缮除应符合本规程外,尚应符合现行国家标准《民用建筑电气设计规程》(JGJ/T 16)、《建筑防雷设计规范》(GB 50057)、《电气装置安装工程施工及验收规范》(GBJ 232)、《建筑电气安装工程质量检验评定标准》(GBJ 303) 的规定。
11.1.3 电气照明与防雷装置修缮时,应查明下列情况:
　(1) 原有线路走向、负载容量和电度表容量;
　(2) 原配电系统的接地故障保护型式和接地系统的接地电阻情况;
　(3) 原有防雷装置的接地电阻情况。

11.1.4 修缮设计时应绘制配电线路系统图，并应包括下列内容：
（1）配电系统图应注明电源进户位置、进户方式、电度表安装部位、计量方式、容量、线路保护形式和导线敷设方式；
（2）接地平面图应注明接地装置的部位、数量、测试结果；
（3）防雷装置平面图应注明防雷接闪器的型式，防雷引下线的部位、数量、防雷接地装置的形式和测试结果。

11.1.5 修缮时对电流互感器、表具等计量电器的本体不得随意拆改。

11.2 材 料

11.2.1 拆换导线、管材、电器和镀锌钢材等，均应有产品合格证及必要的技术资料。

11.2.2 拆换进户管应采用电工瓷管、阻燃型硬质塑料管、厚壁钢管或镀锌钢管。

11.2.3 拆换室内明（暗）敷电管，除应采用规定的管材外，尚可采用薄壁电管、阻燃型半硬质塑料管。

11.2.4 明敷导线应采用双股、三股塑料护套线、木质槽板或阻燃型塑料槽板。

11.2.5 拆换导线应采用绝缘铜（铝）芯线，其耐压等级应与工作电压相符。

11.2.6 拆换避雷针应采用镀锌圆钢或镀锌钢管。拆换避雷带（网）应采用镀锌扁钢或镀锌圆钢。

11.2.7 拆换室外人工接地装置，水平敷设应采用镀锌扁钢或镀锌圆钢；垂直敷设应采用镀锌角钢、镀锌圆钢或镀锌钢管。

11.3 线 路 保 护 装 置

11.3.1 线路保护装置有下列情况之一，必须拆换：
（1）国家有关部门明确淘汰的产品；
（2）熔断器的标称额定电流小于线路负载电流；
（3）熔断器接线柱金属导电部分氧化、腐蚀；
（4）熔断器壳或盖断裂、破碎；
（5）总开关容量小于负载装接容量；
（6）总开关接触不良，极面拉弧；
（7）总开关操作机构失灵，不能正常通、断电路；
（8）正常使用超过一个大修周期。

11.3.2 拆换线路保护装置时，应对线路负载进行计算，并检查配电系统的接地故障保护系统形式，使线路保护装置与接地故障保护系统相配合。

11.3.3 原末端配电箱无漏电保护开关的，修缮时应增设漏电保护开关。

11.3.4 安装在不适宜部位的配电箱（板），修缮时应将其移装于干燥、通风、安全及便于维修的部位。

11.4 导线与电管

11.4.1 导线有下列情况之一，必须拆换：
（1）使用不规范的导线；

（2）导线安全载流量小于该导线上负载的电流；
（3）导线绝缘层龟裂或导线裸露等损坏；
（4）导线敷设不规范或有隐患。

11.4.2 导线拆换应符合下列要求：
（1）对负载进行计算，不得出现前小后大的现象；
（2）每一分路宜控制在 10～15A；
（3）照明分路与插座分路分开，单独设置回路。

11.4.3 拆换电管内导线，其最小长度不应少于2个接线盒距离，且管内导线不得有接头。

11.4.4 明敷导线拆换长度不应少于2个节点距离（开关至灯位或接线盒至接线盒）。

11.4.5 局部拆换导线，在同一回路中应采用同一种材质导线。

11.4.6 管材及槽板线有下列情况之一，应予拆换：
（1）磁管、塑料电管碎裂；
（2）金属管锈蚀、穿孔致导线裸露，或锈蚀深度大于本规程表11.4.6的规定，或长度大于100mm；

表 11.4.6 金属管腐蚀深度（mm）

腐蚀深度 管径	厚壁钢管	镀锌钢管	薄壁钢管	腐蚀深度 管径	厚壁钢管	镀锌钢管	薄壁钢管
15	2	2	1	32	2	2.5	1
20	2	2	1	40	2	3	1
25	2	2.5	1				

（3）管材凹陷，严重变形；
（4）使用不规范管材；
（5）使用在潮湿环境下的明敷电管，正常养护不能维持一个大修周期；
（6）槽板盖板开裂、破损致导线裸露，或开裂长度大于100mm。

11.4.7 管材拆换时其长度不应小于300mm，槽板拆换时其长度不应小于200mm。

11.4.8 照明开关、插座、灯座，有下列情况之一，必须拆换：
（1）外壳破损及带电部分裸露；
（2）开关额定电流小于负载电流；
（3）开关、插座、灯头接触不良，且无法修复；
（4）正常使用超过一个大修周期。

11.4.9 拆换起居室和卧室内插座，应选用二、三极组合插座；厨房和卫生间内应选用防溅式三极插座。

11.4.10 每套住宅内应设置1个以上三极插座。

11.4.11 为配合土建修缮施工而影响到的电气部分应按本章第3和第4两节中有关规定执行。

11.5 防雷与接地装置

11.5.1 避雷带（网）、避雷针锈蚀深度或长度大于本规程表11.5.1的规定，应予拆换。

表 11.5.1 避雷带（网）、避雷针锈蚀深、长度（mm）

用途	规格	锈蚀深度			锈蚀长度
		镀锌扁钢	圆钢	镀锌钢管	
避雷带	25×4	2.5	—	—	300
	φ3	—	1	—	200
避雷针	20	—	—	2	50
	25	—	—	2	50
	32	—	—	2	50

11.5.2 避雷带（网）、避雷针应按原样和原位置修复。

11.5.3 避雷带（网）拆换长度不应小于2个支持点距离。

11.5.4 避雷针拆换长度不应小于1m。

11.5.5 拆换避雷带（网）（针）的材料应符合本规程第11.2.6条的要求。

11.5.6 为配合土建修缮施工而影响的避雷装置，应按原样拆换或修复，并保证其电气连续性。

11.5.7 避雷接地电阻应符合现行国家标准《建筑防雷设计规范》（GB 50057）的要求。经实测后不能满足时应增加接地极数量，或增设接地装置。

11.6 接地故障保护

11.6.1 对原接地故障保护系统，在修缮时应按原系统修复，不应随意改动。

11.6.2 对用金属管（水管、电管、煤气管）作PE线（接地保护线）的，应改用绝缘导线作PE线。改动后的PE线宜与相同回路的负荷导线一同敷设，或穿管，或明敷。

11.6.3 相线与相应的PE线最小截面应符合本规程表11.6.3的要求，但最小截面当有机械保护时应大于或等于$2.5mm^2$，无机械保护时应大于或等于$4.0mm^2$。

表 11.6.3 相线与相应的PE线最小截面

相线截面 S（mm^2）	相应PE线最小截面 S_p（mm^2）
$S \leq 16$	$S_p = S$
$S \leq 35$	$S_p = 16$
$S > 35$	$S_p = S/2$

注：保护线（PE线）与相线材料相同时，上表有效。

11.6.4 当原系统采用绝缘导线作PE线时应与负荷导线一同敷设，其拆换标准应按本规程第11.4.1条的有关规定执行。

11.6.5 原配电系统无接地故障保护的，在修缮时必须设置接地故障保护，并同配电线路保护相适应。新设置的接地故障保护应按现行行业标准《民用建筑电气设计规范》（JGJ/T 16）中有关规定执行。

11.6.6 接地故障保护应测试其接地电阻 $R_地$。当接地故障保护为 TA-C-S 系统时，$R_地 \leqslant 4\Omega$；为 TT 系统时，接地电阻宜选择 $R_地 \leqslant 1\Omega$。

11.6.7 当实测接地电阻 $R_地$ 不能满足时，宜采用就近增设接地极，或按现行行业标准《民用建筑电气设计规范》（JGJ/T 16）中有关规定执行。

11.6.8 接地极材料的选用应符合本规程第 11.2.7 条的规定。

12 给水排水和暖通

12.1 一般规定

12.1.1 本章适用于室内给排水管道、卫生洁具、采暖管道和设备，以及通风管道的查勘修缮。

12.1.2 给排水、卫生、采暖和通风工程查勘修缮，除应符合本规程外，尚应符合现行国家标准《建筑给水排水设计规范》（GBJ 15）和《采暖与卫生工程施工及验收规范》（GBJ 242）的有关规定。

12.1.3 室内给水、排水、采暖、通风管道的修缮查勘与设计，应先分别查清管道走向，出具管道系统图，注明原有管道各管段的管径、长度、配水点种类和额定设计流量等。

12.1.4 消防管道及附件的修缮，应符合现行国家标准《建筑设计防火规范》（GBJ 16）的有关规定。

12.2 材料

12.2.1 给排水、卫生洁具、采暖和通风等设备、管道的材料均应符合国家规定的安全、技术标准。

12.2.2 拆换给水管宜采用镀锌钢管或给水塑料管。当管径大于 80mm 时，可采用给水铸铁管。使用其他材质给水管的化学性能应符合国家规定的卫生要求。

12.2.3 拆换采暖管应采用镀锌钢管、焊接钢管或无缝钢管。

12.2.4 拆换排水管可采用镀锌钢管、排水铸铁管、钢筋水泥管或塑料管等。

12.2.5 给水管、采暖管和排水管的管件应与管材相适应，不得用其他材料的管件代替。

12.2.6 拆换通风管，应采用镀锌钢板或薄钢板。

12.3 给水管道

12.3.1 给水管道有下列情况之一，应全部拆换：
（1）镀锌钢管的摩擦阻力大于本规程图 12.3.1 所示值；
（2）镀锌钢管被腐蚀深度大于本规程表 12.3.1 时，经局部拆换的长度超过总长的 30%；
（3）配水点流量小、压力低，有断水现象，经水力计算后引入口压力不能满足设计流量；
（4）正常养护不能维持一个大修周期；
（5）经破坏性测试检查的管道。

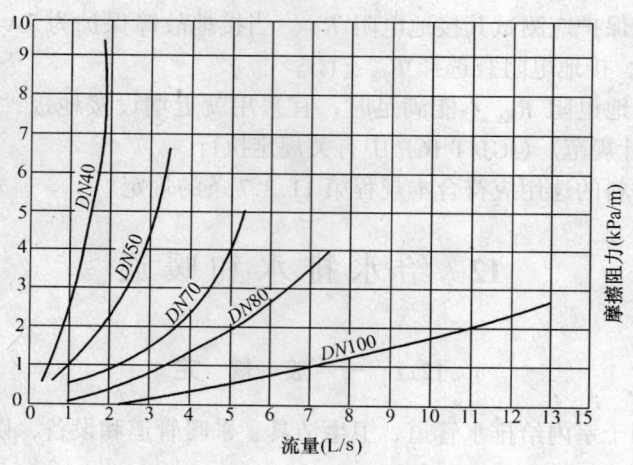

图12.3.1 镀锌钢管摩擦阻力值

表12.3.1 镀锌钢管腐蚀深度

钢管直径（mm）	腐蚀深度（mm）	钢管直径（mm）	腐蚀深度（mm）
15～20	1.00	40～70	1.30
25～32	1.20	80～150	1.50

12.3.2 局部拆换管道的立管、干管长度不宜小于500mm，支管长度不宜小于300mm。

12.3.3 拆换的给水管道除经水力计算重新确定的管径外，不宜改变原有管道的管径。

12.3.4 过门口的给水管道拆换时，应改线敷设。如不能改线时，应做防结露或保温处理。

12.3.5 埋设的给水管道拆换时，室内管道的埋深：北方地区不得小于400mm，南方地区应视气候温度情况敷设。室外管道的埋深，不应被地面上车辆损坏，且应在当地冻土层以下，并做防腐处理。

12.3.6 由城市给水管网直接供水的室内给水管道，应在接近用水高峰时测定引入管的压力。当压力值不能使最不利配水点流量达到额定流量50%时，应根据水力计算结果改变管径，或增设加压设备。

12.3.7 因房屋使用要求增加供水量时，应校核引入管的最大供水量，以及水箱和泵房的容量。

12.3.8 消防箱及设备损坏应予检修，凡有下列情况之一，应予拆换：
（1）消火栓阀杆锈蚀，启用困难；
（2）水龙带霉变、虫蛀穿孔占水龙带总长的10%以上；
（3）水枪、水龙带、消火栓的搭扣变形损坏。

12.3.9 原有消防设施的供水能力不足或不适应的，应按防火规范增设消防设施。

12.3.10 校核消防专用水箱水量时，用水量小于25L/s，经计算水箱消防水量大于12m³时，仍按12m³采用；当用水量大于25L/s，经计算水箱消防水量大于18m³时，仍按18m³采用。

12.4 排 水 管 道

12.4.1 排水管开裂、漏水及严重锈蚀，应予拆换。

12.4.2 镀锌钢管、焊接钢管外表面腐蚀深度大于本规程表12.3.1所示值时，应予拆换。

12.4.3 支管流量小于本规程表12.4.3所示值时，应予拆换。当一根立管有1/2以上支管需拆换时，宜拆换该立管上所有支管。

12.4.4 排水立管断面缩小1/3及其以上时，应全部拆换。

12.4.5 排水立管局部拆换的长度不宜小于1.50m；当拆换长度超过立管长度25%，或立管上有1/3以上支管需拆换时，宜将该立管全部拆换。

表12.4.3 排水支管最小流量

卫生器具名称	最小流量（L/s）	卫生器具名称	最小流量（L/s）
污水盆	0.20	单格洗涤盆	0.40
双格洗涤盆	0.60	大便器（自闭式冲洗阀）	0.90
大便器（高水箱）	0.90	大便器（低水箱）	1.20
大便槽（每蹲位）	0.90	小便槽（每米长）	0.03
小便器（手动冲洗阀）	0.03	小便器（自动冲洗阀）	0.10
洗脸盆	0.15	浴盆	0.40

12.4.6 通气管损坏应予检修；凡开裂、腐蚀严重的应予拆换。

12.4.7 通气管不得接入烟道或风道内。

12.4.8 原有排水立管无检查口，应增设检查口，并应符合设计规范规定。

12.4.9 凡拆换过立管的排出管应同时拆换；在排出管和立管的连接处，应有防止堵塞的措施。

12.4.10 增设卫生洁具时，应校核各排水管段的排水流量，其流量不得大于本规程表12.4.10的规定。

表12.4.10 无专用透气立管的排水立管临界流量值（L/s）

管径（mm）	50	75	100	150
立管的临界流量值（管径50mm）	1.00	2.50	4.50	10.00

12.4.11 铸铁排水管除建筑设计对色调有特殊要求外，均应涂刷沥青一遍。

12.5 卫 生 洁 具

12.5.1 卫生洁具及冲洗水箱的部件损坏，应予检修；凡锈蚀严重、漏水或开关失灵影响正常使用的部件，应予拆换。

12.5.2 根据需要增加大、小便槽蹲位长度时，应校核冲洗水箱的容量。

12.5.3 各类钢铁构件、设备均应作防腐处理，锈蚀严重的应予拆换。

12.6 采暖管道、设备

12.6.1 拆换采暖管道，应使用无裂纹、砂眼、重皮和不超过允许的凸瘤、凹面等缺陷的钢管。利用旧管材时，不得使用腐蚀严重、结水垢管径缩小的管子；腐蚀麻面轻微的管子，可安装在明配管网上，不得使用在隐蔽部位。

12.6.2 采暖管道管径小于或等于32mm的，应用螺纹连接；管径大于32mm的，应用焊接或法兰连接。

12.6.3 蒸汽采暖的凝结水管堵塞面积超过25%时，应予拆换；疏水器、放汽阀等配件损坏应检修，失灵的应拆换。

12.6.4 校核采暖管道热膨胀量时采用的安装温度应按－5℃取值，当管道架空敷设于室外时，应按采暖室外计算温度取值。

12.6.5 采暖管道均应有防腐措施。

12.6.6 采暖管道有下列情况之一，应作保温处理：
（1）管道敷设在室外，非采暖房间、外门内及可能冻结的地方；
（2）管道敷设在地沟、闷顶或阁楼内；
（3）管道内的热媒必须保持一定参数；
（4）管道散热引起室内温度过高；
（5）热媒温度高于人体卫生、安全标准，且又安装在易于使人烫伤的地方。

12.6.7 管道保温层、保护层局部损坏，应予修复；破损严重或虽损坏不严重，但保温结构能耗过大的，应予重做。

12.6.8 保温宜用非燃烧型材料，保温层厚度应以周围空气温度25℃时保温层表面温度不高于55℃为原则进行计算。

12.6.9 在原设计条件下室内温度低于设计温度3℃时，应校核采暖设备的供热能力，并采取相应的技术措施。

12.6.10 柱形散热器片部分开裂、渗漏，应采用相同型号规格予以局部拆换；如无原型号规格时，可拆换整个散热器，但不得改变原有散热器的散热面积。

12.6.11 钢串片、翼形散热器的肋片损坏面积超过原面积10%时，应补足散热面积。

12.6.12 使用中的部分散热器不热时，应查清原因，对有空气滞留或异物阻塞等应采取相应的技术措施予以修复；对管道堵塞、漏水、漏汽和锈蚀严重的，应予拆换。

12.6.13 各类阀门启闭困难、失灵的应拆换；集气罐、自动排气阀等漏水、漏汽、腐蚀严重的应拆换。

12.6.14 在检修采暖设备的同时，应对除污器进行检修，损坏的应予拆换。原设备无除污器的应增设。除污器宜设置在水泵、热交换器和室外管网引入口的入口处。

12.7 通 风 管 道

12.7.1 各类通风阀门、送风口、散流器查勘前，应了解原设计风量分配情况，并对各送风点进行风量测试，分别作好记录。

12.7.2 新增通风管道的尺寸，宜通过阻力计算确定，并进行阻力平衡。

12.7.3 通风管道锈蚀、损坏，或腐蚀深度达壁厚的1/2，应予拆换。

12.7.4 各类调节阀损坏、失灵，应予拆换。

12.7.5 防火阀门应检查装置方向，校核易熔体技术性能，凡与实际不符时应予拆换。

12.7.6 风口不得穿过防火房间；必须穿过时，应在风管上装置防火阀门。

12.7.7 凡房屋需提高防火等级时，应对原有通风管道采取相应的技术措施。

12.7.8 散流器、送风口的转动部件和调节装置等损坏，应予修复或拆换。

12.7.9 根据需要更改送风口个数、位置及管道走向移位等，应通过计算决定，不得轻易改变原设计的气流组织形式（原气流组织设计明显不符合目前使用状况要求的除外）。

12.7.10 检修与房屋装饰相结合的风口应与其他工种配合进行，首先满足气流组织要求。

12.7.11 各类回风口的挡灰网在修缮时应予拆换。

12.7.12 风管的隔热层、防潮层损坏应重做；防潮层损坏应将隔热层一并重做，重做范围距损坏部位边缘不宜小于500mm。

12.7.13 风管保温层外有结露，应重新校核隔热层厚度，可采用增加隔热层厚度，或全部重做隔热层修复。隔热层厚度应根据当地气候条件和风管内介质温度决定。

12.7.14 风管隔热层宜选用非燃性保温材料，并应符合现行国家标准《建筑设计防火规范》（GBJ16）的有关规定。局部重做时应选用原有隔热层种类或热工性能相接近的材料。

12.7.15 消声设备损坏，应修复或拆换。噪声过大应校核通风系统噪声源的声功率级和消声设备的消声量。

12.7.16 噪声源的声功率级宜采用实测值，无实测数据时可通过计算确定。

12.7.17 管道的自然衰减不能有效消除噪声时，应增设消声设备，并通过消声计算确定。

12.7.18 管内风速小于5m/s时，可不计算气流再生噪声量；管内风速大于8m/s时，可不计算噪声的自然衰减量。

12.7.19 通过室式消声器的风速，不宜大于5m/s；通过消声弯头的风速，不宜大于8m/s；通过其他类型的消声器的风速，不宜大于10m/s。

12.7.20 增设消声设备后，应校核风管系统的阻力平衡情况及通风机的风压。

12.7.21 通风管道修缮后的风量平衡与原设计要求不宜大于10%。

附录 A 本规程用词说明

A.0.1 为便于在执行本规程条文时区别对待，对于要求严格程度不同的用词说明如下：
（1）表示很严格，非这样做不可的：
正面词采用"必须"；反面词采用"严禁"。
（2）表示严格，在正常情况下均应这样做的：
正面词采用"应"；反面词采用"不应"或"不得"。
（3）表示允许稍有选择，在条件许可时首先应这样做的：
正面词采用"宜"或"可"；反面词采用"不宜"。

A.0.2 条文中指明必须按其他有关标准执行的写法为"应按……执行"，或"应符合……要求或规定"。

附加说明

本规程主编单位和主要起草人名单

主 编 单 位：上海市房屋土地管理局
主要起草人：钟永钧　方金柏　林　驹　金锦祥　柳维炯
　　　　　　姚镇华　俞鹤根　秦再柏　韦　威

中华人民共和国行业标准

民用建筑修缮工程查勘与设计规程

JGJ 117—98

条 文 说 明

前 言

根据原城乡建设环境保护部（85）城科字第239号文的要求，由上海市房屋土地管理局主编的《民用建筑修缮工程查勘与设计规程》（JGJ 117—98），经建设部1998年9月14日以建标［1998］第168号文批准发布。

为了便于广大设计、施工、科研、学校等单位的有关人员在使用本规程时能正确理解和执行条文的规定，《民用建筑修缮工程查勘与设计规程》编写组按章、节、条的顺序编制了本规程条文说明，供国内使用者参考。在使用中如发现本条文说明有欠妥之处，请将意见函寄上海市房屋土地管理局总工程师室（地址：上海市浦东新区崂山西路201号，邮政编码：200120）。

本条文说明由建设部标准定额研究所组织出版，仅供国内使用，不得外传和翻印。

目　次

1 总则 ………………………………………………………………… 1959
3 基本规定 …………………………………………………………… 1959
　3.1 修缮查勘 …………………………………………………… 1959
　3.2 修缮设计 …………………………………………………… 1960
4 地基与基础 ………………………………………………………… 1960
　4.1 一般规定 …………………………………………………… 1960
　4.2 地基补强 …………………………………………………… 1961
　4.3 基础托换 …………………………………………………… 1962
　4.4 基础扩大 …………………………………………………… 1962
　4.5 掏土纠偏 …………………………………………………… 1962
5 砌体结构 …………………………………………………………… 1963
　5.1 一般规定 …………………………………………………… 1963
　5.2 材料 ………………………………………………………… 1963
　5.3 砌体弓突、倾斜 …………………………………………… 1963
　5.4 砌体裂缝 …………………………………………………… 1964
　5.5 砖石柱 ……………………………………………………… 1964
　5.6 圈梁和过梁 ………………………………………………… 1964
　5.7 构造要求 …………………………………………………… 1964
6 木结构 ……………………………………………………………… 1965
　6.1 一般规定 …………………………………………………… 1965
　6.2 材料 ………………………………………………………… 1965
　6.3 柱 …………………………………………………………… 1965
　6.4 梁、搁栅、檩条 …………………………………………… 1966
　6.5 屋架 ………………………………………………………… 1966
　6.8 构造要求 …………………………………………………… 1966
7 混凝土结构 ………………………………………………………… 1966
　7.1 一般规定 …………………………………………………… 1966
　7.2 材料 ………………………………………………………… 1967
　7.3 柱 …………………………………………………………… 1967
　7.4 梁、板 ……………………………………………………… 1967
　7.5 构造要求 …………………………………………………… 1969
9 房屋修漏 …………………………………………………………… 1969
　9.1 一般规定 …………………………………………………… 1969
　9.2 材料 ………………………………………………………… 1969

9.3	屋面	1969
9.4	外墙面	1970
9.5	地下室	1970
10	房屋装饰	1971
10.1	一般规定	1971
10.2	材料	1971
10.3	门窗	1972
10.4	楼地面	1972
10.5	抹灰	1972
10.6	饰面板	1972
10.7	油漆、刷浆、玻璃	1972
11	电气照明	1973
11.1	一般规定	1973
11.2	材料	1973
11.3	线路保护装置	1973
11.4	导线与电管	1974
11.5	防雷与接地装置	1975
11.6	接地故障保护	1975
12	给水排水和暖通	1975
12.2	材料	1975
12.3	给水管道	1975
12.4	排水管道	1976
12.6	采暖管道、设备	1976
12.7	通风管道	1976
附录 A	防水材料检验的物理性能指标	1977

1 总 则

1.0.1 本条是根据国家有关房屋修缮政策和房屋修缮特点而编写的。

房屋修缮工程查勘与设计是具体贯彻房屋修缮政策和确定修缮范围的重要环节，它所提供的设计文件，既是修缮工程制订方案和编制预算的依据，又是指导施工的具体任务书，其工作好坏直接关系到投资的合理与浪费，因此，制定本规程的目的是要求在房屋修缮中做到技术先进、经济合理、安全适用和确保质量，并以此作为本行业有关设计与施工人员工作依据的基本技术法规。

根据房屋修缮查勘与设计特点，它不同于新建设计，其具体内涵系对确认需修的房屋作详尽的查勘，以提高房屋完好等级和改善使用功能的要求。

1.0.2 本条所指修缮工程系根据原城乡建设环境保护部以城住字（84）第677号文发布的《房屋修缮范围和标准》，对修缮工程分为翻修、大修、中修、小修和综合维修五类。翻修是对原有房屋全部拆除，另行设计，重新建造的工程；大修是需牵动或拆换部分主体结构，但不需全部拆除的工程；中修是需牵动或拆换少量主体结构，保持原房的规模和结构的工程；综合维修是对成片多幢（大楼为单中上）大、中、小修一次性应修尽修的工程。由于其中的"小修"是以及时修复小损小坏的日常养护工程，不属本规程查勘与设计的范围。

1.0.3 房屋修缮工程情况复杂，特别是在房屋翻修，或原结构构件加固拆换，或地基基础加固补强，较多取之于实践经验，因此本条规定在设计计算时除应符合本规程外，尚应符合国家现行的有关强制性标准的规定。

3 基 本 规 定

3.1 修 缮 查 勘

3.1.1 房屋修缮工程是在原有房屋和有住用户使用的情况下进行的，因此本条规定查勘前应收集与工程有关的各项资料，主要是为查勘与设计创造良好的条件。

本条内所指的"房屋完损等级"，系按原城乡建设环境保护部1984年11月8日城住字（84）第678号文颁发的《房屋完损等级评定标准》中有关规定，对房屋完损情况，根据各类房屋的结构、装修、设备等组成部分的完好、损坏程度，分成完好房、基本完好房、一般损坏房、严重损坏房和危险房五类。

本条所指的"定期的和季节性的查勘记录"系按原城乡建设环境保护部城住字（84）第675号文发布的《房屋修缮技术管理规定》中将查勘鉴定分为三类：一类为定期查勘鉴定（每隔1～3年一次）；二类为季节性查勘鉴定（按雨季、风季、冰雪季、台汛季节等）；三类为工程查勘鉴定（指对需要修缮的项目提出具体意见和修缮方案）。

3.1.2 由于房屋结构、类型、装饰和设备等的不同，一等二等好差房屋的修缮范围和标准不同，以及房屋经营管理单位（包括住用户）提出的要求不同，因此，本条规定在详细查勘前，按原城乡建设环境保护部城住字（84）第675号文发布的《房屋修缮技术管理规定》中的有关规定，对房屋损坏情况进行调查研究，试查有代表性的房屋，根据不同的损坏情况和原有房屋提高完好等级的要求（有些陈旧属暂时维持的房屋，修缮后不可能也不必要达到全部完好等级），在保证质量及使用安全的前提下，研究如何节约材料，充分利用旧料，提出不同的修缮标准和修缮方法，这样便于统一查勘与设计标准，为详细查勘树立样板，使修缮查勘与设计取得更大的经济与社会效益。

3.1.3~3.1.4 条文系根据历年房屋修缮实际经验，对涉及到主体结构部位作重点查勘，并对承重结构构件作检测和鉴定的规定，以确保房屋修后的住用安全。

3.2 修 缮 设 计

3.2.1 根据房屋修缮工程的特点，一般民用房屋的大修、中修和综合维修的主体构件拆换是少量的，甚至有的仅绑接加固，而更多的损坏是屋面漏水、内外墙面抹灰剥落，门窗、楼地面、水电等装饰设备的局部损坏修补。在修缮方法上一般均能用文字、数字说明表达清楚，即可作为施工的依据，不另行绘图，只有在工程较大，或房屋翻修、立面变更、平面重新分隔或改装、结构构件拆换加固，或各种设备和管道变更等，用文字无法表达清楚时，必须绘制施工图，这是与新建设计的根本不同点。

3.2.2~3.2.4 为了查勘与设计更好地指导施工，并为施工服务，因此条文对设计单位在修缮设计的内容和有关相应的质量、安全措施等方面作了必要的规定。

3.2.5 查勘与设计应力求正确，但由于修缮工程的特点，特别是一些隐蔽工程不易发现，因此本条规定在施工过程中设计与施工应密切联系配合，发现问题及时变更设计，加以解决。

3.2.6 由于大量旧房屋改变了原有的用途，为了确保住用安全，本条规定在修缮时计算荷载应考虑实际荷载，包括活荷载。

4 地 基 与 基 础

4.1 一 般 规 定

4.1.2 地基岩土的性质比较复杂，其物理、力学指标的离散性大，目前国内常用的勘察方法，尚不能完全反映地基岩土的全貌，对地基与基础的补强加固等设计理论还没有较完善的计算理论方法，尤其是对旧房的地基与基础的加固补强，更为困难。造成旧房地基与基础损坏的原因，有原勘察不完整、原设计方案不当、原施工质量低劣、上层建筑物的改建变更使用、地下水道损坏和临近建筑物的影响等因素，因此，对旧房地基与基础的修缮查勘和设计有一定的难度。本条针对旧房的上述复杂性提出应具备的有关资料，主要使修缮查勘和设计能较好地适应实际，并制定出切实可行的修缮方案和技术措施。

4.1.3 本条提出国内目前较常用且已取得成功经验的勘察方法。随着我国技术的不断发展，各地可根据自身的条件选择相应的方法，以取得地基与基础的有效资料。选择的方法应充分考虑到原有建筑物的重要性。

4.1.4 房屋使用数年后，地基土承载力及弹性模量也有所提高。据上海市民用建筑设计院编写的《房屋结构设计手册》一书中作了如下规定："建造七年以上，软土地基的承载能力可提高20%以上"。1991年上海市房屋勘察建筑设计所的"上海老建筑物天然地基荷载作用下，承载力增长规律研究报告"中建议：没有暗浜等不良现象，可按地基原有的承载力[R]乘以增长系数（m）1.3~1.5。综合近年国内对地基承载力增长的研究表明，地基承载力的增加受以下几个因素的影响：①基底压力：原建筑物基底实际压力愈接近于地基允许承载力，地基土的强度提高比例就愈大；②载荷作用时间：建筑物一般要达到一定的使用年限，才能考虑压实效应及地基承载力的提高，载荷作用时间条件为砂类土不少于3年，粉土不少于5年，黏土不少于8年；③土质：土质不同，地基土的承载力提高也不同，通常砂类土承载力增长幅度较黏性土稍大。因此本条规定按原建造时承载力提高10%~20%作为验算的依据。

此外，根据上海同济大学高大钊主编的《软土地基理论与实践》一书中有关对原有房屋地基承载力的增值，下表可供参考：

建筑物修建时间（年）	地基承载力估算值（kPa）
10~20	$f' = (1.1 \sim 1.15) R$
20~30	$f' = (1.15 \sim 1.25) R$
30~50	$f' = (1.25 \sim 1.35) R$

注：f'——既有建筑物增层、改建时地基承载力设计值；
　　R——既有建筑物原设计时地基承载力设计值。

4.2 地 基 补 强

4.2.1 本条规定的地基补强措施都是国内较常用的几种。广州、上海、福州等城市的房修部门在处理暗浜、旧河道和黏性土、粉砂土等软土地基补强积累了不少实际经验并都取得了较好的效果。

本条提出地基补强的措施适用于砂土、砂砾石和软黏土，对于湿陷性黄土等特殊的地基应按照国家有关规范执行。

4.2.2 由于浆液的扩散能力与灌浆压力的大小密切相关，灌浆压力越大，扩散能力也大，可使钻孔数减少，且高灌浆压力可使软弱材料的密度、强度和不透水性等得到改善，但灌浆压力过高时，可能导致地基及其上部结构的破坏，故本条提出的灌浆压力不宜大于0.6MPa，此系根据上海地区的施工实践提出的，适用于浅层的黏性土和砂土地基。在施工时一般应先进行灌浆试验，用逐步提高压力的方法进行，求得注浆压力与注浆量的关系，当压力升到某一数位，而注浆量突然增大时，表面地层结构发生破坏，可把此时的压力值作为确定压力允许值的依据。

本条提出的灌注速率系根据中国建筑工业出版社《地基处理手册》及上海的施工实践制定的。

4.2.3 本条采用公式是参照中国建筑工业出版社1993年出版的《地基处理手册》中提出浆液在砂层中的渗透公式。历年来修缮专业施工队伍基本上都采用此公式计算注浆浆液的球形扩散半径（r）进行验算，并按土质情况作为修正的依据。

4.2.4 本条规定地基补强的效果测定，一般可通过下述方法对浆液的球形扩散半径进行判断：①钻孔压水或注水，求出灌浆体的渗透性；②钻孔取样，检查孔隙充浆情况。

4.3 基 础 托 换

4.3.2~4.3.4 采用树根桩加固基础的工程，取得成功经验的有上海东湖宾馆加层、玉田新村9号房、南京东路冠龙照相材料公司和百乐门总汇的改建等的基础加固。上海市同济大学和上海市勘察设计院作了科学试验，总结了"软土中树根桩试验研究"报告。在实际工程中，单根树根桩的承载力可由静载试验确定，或由本规程公式4.3.2计算。如在树根桩径较小，孔底沉泥不易清除的情况下，可按下式计算：

$$R_k = U_p(\Sigma q_{si}l_i)$$

若树根桩支承于硬土或砂层上，则仍按本规程公式4.3.2计算。

4.3.9 本条规定的计算公式系根据锚杆总拉力大于压桩力的原则而确定，压桩力应大于1.5倍的单桩设计承载力。

4.3.10 本条规定锚杆埋深应大于或等于10倍的锚杆直径，系根据冶金工业部建筑研究总院地质系通过现场抗拔试验和有限的计算得出。

4.3.11 锚杆静压桩的封桩应在不卸荷的条件下进行，桩表面凿毛以保证锚杆静压桩的托换效果。

4.4 基 础 扩 大

4.4.1 在基础加固中，加宽或加大基础底面积的方法，常用于基础底面积太小而产生过大沉降或不均匀沉降的处理，它与地基补强有异曲同工之效。因此，在修缮查勘与设计时可视房屋的实际情况加以选择。如在房屋加层或增加荷载使用此法时，应考虑基础的扩大部分与原基础的不同受力情况。

4.4.2~4.4.4 条文规定基础扩大查勘与设计的基本构造措施和设计荷载计算的原则。

4.4.9~4.4.13 挑梁式加固条形基础，在我国有些地区称"穿梁式"，也有称"增设基础梁加固砖基础"。考虑到此种方法适宜于加固条形砖基础，故条文采用此名称。

其中第4.4.9条第（1）点条款规定的挑梁间距 l 宜取 1200~1500mm 系根据一般底面窗台位置离基础顶面大于 1200~1500mm，故按此间距设置，以保证应力扩散和满足局部承压强度。在制定挑梁间距时，应注意避开较大的门、窗洞所在位置。

在第4.4.9条第（1）点和第（2）点中所称基础顶面与一般定义的基础顶为±0.00的概念有所不同，主要指原基础的大放脚的顶面标高。

4.4.14~4.4.15 采用钢混凝土加固砌体条形基础，使基础适应上部结构荷载，其特点是施工简便。当原基础宽度大于800mm时，穿底筋较困难，可采取打孔插筋（长度不应少于300mm）和环氧树脂砂浆稳固的措施。如在原基础的钢筋混凝土条形基础的情况下，可采取凿出底板底筋，用焊接搭接的措施，焊接应大于 $10d$。

4.4.16 扩大混凝土柱下独立基础可参照新建基础计算，其新扩大基础的钢筋与原基础的钢筋连接法也可采取凿出底板底筋，用焊接搭接的措施，焊接应大于 $10d$。在不能保证新旧基础可靠联接的情况下，可按壳体基础设计。

4.5 掏 土 纠 偏

4.5.1 掏土纠偏是从沉降较少的基础下掏土，迫使基础下沉，此法所用设备少，纠偏速度快、费用低，是纠偏的一种常用方法。一般用于软黏土、淤泥质土、杂填土等土质，广州、福州等城市的房修部门均有成熟的经验。

4.5.3 本条所列计算公式仅为参考值，因为在取土时，随着基底剩余土逐渐减少，土承受压力 P_0 和极限承载 P_n 在上述土质下，侧向挤出量相应增加取土值、取土率，应结合观测实际情况作进一步的修正。

5 砌 体 结 构

5.1 一 般 规 定

5.1.1 我国地域辽阔，各地砌体结构房屋的构造形式、材料等种类繁多，经调查分析各地情况，基本上归纳为本条所包括的块材种类。凡不属于本条规定的材料制作的块材，各地区可通过试验，确定有关计算指标，满足使用功能，提出合理有效的修缮方法和牢固经济的情况下，可参考应用本规程。

5.1.2 本条规定的查明项目，主要根据上海等城市历年修缮实际经验制定的，是房屋修缮查勘与设计必不可少的一个步骤。

5.1.4 本条规定砌体结构各构件损坏，经验算其强度、刚度或高厚比不符合规定的部分采取局部修缮加固的措施，防止大拆大建，以节约国家资源。

5.1.5 因地基基础造成房屋的变形，是指地基承载力不足或基础本身强度不够而引起上部房屋的变形、损坏，且有继续发展的趋势，应按本条规定执行。对因其他因素，如开挖、打桩等造成基础滑移引起上部房屋损坏，在其趋势已稳定的情况下，可不按本条规定执行。

5.2 材 料

5.2.1 近年来国家规范对砌体材料的安全系数有所提高，如以此标准评定原有建筑物的材料，可能导致大量旧构件不能满足要求，也不可能全部拆换，故本条仅规定对拆除重砌的砌体材料应满足现行国家标准的规定。

5.2.2 房屋修缮工程与新建工程不同，后者全部采用新材料，而修缮工程将有大量旧材料必须加以充分利用，为保证砌体的修缮质量，因此本条规定对拆下的旧块材质量应进行鉴别后分别利用。

5.2.3 根据天津、西安、南京、无锡、沈阳、广州等城市的房屋修缮情况，旧房屋的块材和砂浆强度等级普遍较低。为提高砌体的承载能力，加强新旧砌体的联结，本条规定砌体修缮时使用的砂浆应比原砂浆强度等级提高一级的要求。

5.2.4 由于房屋砌体构件使用年限、使用功能、环境条件、荷载情况和块材、砂浆的质量等不同，其完损程度差异也大，情况复杂，故本条规定验算强度时均乘以折减系数 ψ，可由设计人员根据当地实际情况和旧砌体质量在 0.6～1.0 范围内取值。

5.3 砌体弓突、倾斜

5.3.1 本条系根据历年来的修缮实际经验和原城乡建设环境保护部颁发的《危险房屋鉴

定标准》(CJ 13)确定，其中砌体高厚比 β 如有增大，势必引起构件的承载力明显降低，故规定凡大于国家现行规范的规定值时必须进行强度与刚度的验算。

5.3.2～5.3.5 条文规定的计算公式均以原砌体和加固部分共同作用进行计算。由于施工条件、新旧砌体结合程度等不可能为紧密的整体，故在各计算公式中列入折减系数，使计算符合砌体结构加固的实际情况。

5.3.8 新增砖和混凝土附壁柱加固的承载力验算是参照历年修缮经验为依据。本规程公式 5.3.8-1 中对新砌附壁柱的承载力 f_1A_2 乘以 0.9 系数，是考虑到新、旧砌体共同工作时可能出现有差异，为安全起见，确定此系数。

5.4 砌体裂缝

5.4.1 本条系根据上海等地区历年房屋修缮实际经验和原城乡建设环境保护部颁发的《危险房屋鉴定标准》(CJ 13)确定。

5.4.3～5.4.4 条文规定承载力计算主要根据国家现行规范的规定。由于旧构件使用年限、环境条件、荷载以及砌筑砂浆质量等因素，故采用折减系数 ψ 值，由设计人员根据不同情况进行取值。

5.5 砖 石 柱

5.5.1 本条系根据历年各地修缮经验和原城乡建设环境保护部颁发的《危险房屋鉴定标准》(CJ 13)确定。

5.5.3 当砖石柱截面面积小于 240mm×370mm 或毛石柱截面较小的边长小于 400mm 时，考虑到原柱的截面较小，受荷也不大，如采用其他方法修缮，施工较繁，经济效益也不好，故本条规定拆除重砌方法。条文中有关"严重损坏"是指按本规程第 5.5.1 条所列的情况，经验算不能满足要求的。

5.6 圈梁和过梁

5.6.1 本条系根据历年各地修缮经验和原城乡建设环境保护部颁发的《危险房屋鉴定标准》(CJ 13)确定。

5.6.2 本条规定系一般修缮部门常用修法，各地可根据当地实际情况参照运用，以确保质量和住用安全。

5.7 构 造 要 求

5.7.2 本条规定对有关构件的支撑，不仅要保证支撑能承受原构件的荷载，而且要在支撑中考虑原建筑物的整体稳定。

5.7.3 本条对新旧砌体的交接处可用直槎，这是与新建施工要求不同之处。主要是砌体结构只能部分拆砌，以及受施工条件的影响，所以采用直槎联结，并在砌体中放置不少于 2ϕ4 钢筋，中距为 500mm，上下每隔 1000mm 设一道。

5.7.5 本条规定防潮层的构造作法适用于一般房屋，即室外地坪低于室内地坪 50mm 以上。在旧城区有些老旧民房的室内地坪低于室外地坪的为数也不少，此类房屋可不按本条规定采用。

5.7.12 根据地震后的资料所得,在地震烈度为6度的情况下,有相当数量的空斗墙损坏,故本条作此规定。

6 木 结 构

6.1 一 般 规 定

6.1.1 本条系根据房修部门大量调查资料对木结构房屋的倒塌主要由于节点（特别是端节点）腐朽、虫蛀造成的。其次,检查构件挠度是否过大,结构是否变形是判断木结构是否处于正常状态的有效方法之一。正常情况下,木结构一、二年后的变形大致趋于稳定,以后变形的增量很少,如变形在不断增大,说明结构有问题的预兆,必须引起查勘的注意。再次,对木构件的裂缝,虽然一般情况下木材的顺纹干缩裂缝不影响构件的承载力,但这些裂缝如与受剪面重合或通过螺栓孔时,在某些情况下将使构件处于危险状态,甚至导致破坏,必须引起查勘设计时注意。

6.2 材 料

6.2.2 本条规定国产常用木材的强度设计值和弹性模量的取值应符合现行国家标准《木结构设计规范》(GBJ 5—88)第三章第二节的规定,如各地有采用进口木材时,其强度设计值和弹性模量应按表6.2.2选用。

表6.2.2 进口木材（树种）的强度设计值和弹性模量（MPa）

木材名称	等级	抗弯 f_m	顺纹抗压及承压 f_c	顺纹抗拉 f_t	顺纹抗剪 f_y	横纹承压 全表面	横纹承压 局部表面及齿面	横纹承压 拉力螺栓垫板下面	弹性模量 E
美洲松木、道格拉斯枞木	一级	17.00	15.00	9.50	1.60	2.30	3.50	4.60	10000
美洲松木、南方松木、挪威松木、道格拉斯枞木	二级	13.00	12.00	8.50	1.40	1.90	2.90	3.80	10000
道格拉斯枞木、挪威松木	三级	11.00	10.00	7.00	1.20	1.80	2.70	3.60	9000

6.2.3 木材的强度、弹性模量的衰减是随着时间、使用条件、木材的本身材质等多种因素变化的,目前国内的一些试验尚不足以定量反映,根据历年修缮的实际经验,本条规定强度设计值的折减系数 ϕ 为0.6~0.8,弹性模量折减系数 ϕ 为0.6~0.9,各地可按当地实际情况,综合分析后参照取值。

6.3 柱

6.3.1 本条系根据历年修缮经验和原城乡建设环境保护部颁发的《危险房屋鉴定标准》

（CJ 13）确定。

6.3.2 本条系参照现行国家标准《木结构设计规范》（GBJ 5—88）的有关规定确定。

6.3.5 本条系根据历年修缮经验对木柱夹接应有的各项技术要求，其中规定不得用铁丝代替螺栓，主要是在潮湿地区铁丝较易锈蚀，即使在干燥时，因木材含水量的降低，木材断面缩小，原捆紧的铅丝亦会松动而失效，故作此规定。

6.3.6 根据上海等城市修缮部门的经验，木柱根部腐朽一般小于300mm可改用砖柱，在300～800mm宜改用混凝土柱，故本条作此规定。

6.4 梁、搁栅、檩条

6.4.1 本条系根据原城乡建设环境保护部颁发的《危险房屋鉴定标准》（GJ 13）以及上海等城市房修部门的修缮经验确定。

6.4.2～6.4.5 条文规定的抗弯强度设计值和抗剪强度设计值均根据现行国家标准《木结构设计规范》（GBJ 5—88）确定。旧木材的强度通过折减系数 ψ 进行验算。

6.4.8 当采用单剪连接绑接加固时，考虑其扭转力矩，因此不宜用于独立的梁、搁栅，一般应用于上铺楼板的梁、搁栅为宜。

6.5 屋 架

6.5.1 本条系根据历年修缮经验和原城乡建设环境保护部颁发的《危险房屋鉴定标准》（CJ 13）确定。其中特别应检查的是木屋架的下弦接头有无拉开，下弦接头木夹板螺栓孔附近有无裂缝，屋架端节点的受剪面及其附近是否开裂，还有屋架平面外有无侧移及支撑体系是否健全和松动。这些都是房修部门多年来修缮实际中经常发现的。房屋在使用中经常有住用户为搭置搁楼而拆除支撑体系，或因原设计中支撑布置不当，或施工质量不好，或上弦接头设计不妥等都将使木屋架的空间刚度减弱，造成屋架平面外显著倾斜，使结构处于危险之中，在查勘与设计中必须加以注意。

6.5.3 本条系根据现行国家标准《木结构设计规范》（GBJ 5—88）确定。

6.5.5～6.5.11 条文系根据历年常用的修缮方法，各地可根据实际情况参照执行。

6.8 构 造 要 求

6.8.1 大量调查资料表明木结构的损坏是由于受潮引起的腐朽、虫柱，采用内排水时由于排水管的堵塞或防水层的损坏造成渗漏，故本条规定屋盖修缮宜用外排水。

7 混 凝 土 结 构

7.1 一 般 规 定

7.1.1 本条系根据历年来对混凝土结构房屋修缮查勘的实践经验确定。

7.1.2～7.1.3 条文规定旧混凝土和旧钢筋强度取值的折减系数系根据实测试验统计资料，并结合历年修缮工程经验确定。

7.1.4 新旧混凝土结合牢固可靠系指在新浇捣混凝土前，对原有混凝土构件表面凿成

4mm深的人工粗糙面,以确保新旧混凝土的结合牢固。本条规定承载力分配系数的计算公式仅适用于混凝土受弯构件。

7.1.6 本条规定对原有混凝土构件的检测方法系根据历年来修缮查勘实践经验确定。

7.2 材 料

7.2.1 修缮加固用的钢材宜用Ⅰ级钢或Ⅱ级钢,主要是考虑到成本低,易于加工和焊接。

7.2.2～7.2.3 条文规定采用普通硅酸盐水泥或微膨胀水泥的修缮材料系根据各地区加固工程实践总结经验确定。对水泥标号不宜低于425号系与修缮加固用混凝土强度等级不低于C20相对应。通过调查表明:混凝土结构加固工程,将混凝土强度等级比原结构构件的强度等级提高一级,有利于保证新浇混凝土与原混凝土间的粘结。

7.2.5 本条对有关混凝土结构连接时采用材料的要求,除应符合有关专门规范的同时,还对连接材料的强度提出了要求,以保证原混凝土构件达到设计承载力时,其连接材料尚未达到强度极限。

7.3 柱

7.3.1 本条规定系根据原城乡建设环境保护部颁发的《危险房屋鉴定标准》(CJ 13)和国内各地区历年来修缮经验确定。

7.3.4 增加混凝土截面和钢筋截面加固混凝土柱,其承载力按新、旧混凝土共同作用。考虑到新、旧混凝土协同工作的程度稍有差异,即加固后的承载力不是新混凝土构件承载力和旧混凝土构件承载力的简单叠加,而应对新混凝土部分承载力予以适当折减(折减系数α)。折减系数α值在国内外的有关试验资料甚少,本条规定的折减系数α系根据国内各地区加固工程实践经验确定,推荐折减系数值为0.8。

7.3.6 根据有关资料表明,湿式外包钢加固混凝土柱,其外包型钢与原构件能完好共同工作时可按整体结构计算。如在实际工程中其整体作用有误差时,在计算上可采用安全折减系数0.9。

7.3.7 干式外包钢加固柱其受外力按各自的刚度比例进行分配,钢构架各杆件的承载力均按现行国家标准《钢结构设计规范》(GBJ 17)的规定进行计算。

本条系对原混凝土柱加固厚度受条件限制时所采用的加固方法,目前已很少采用。据国内有关单位的试验资料表明,外包型钢与原混凝土柱结合面不能有效传递剪力,故不能作外包型钢与原混凝土柱共同作用的假设,干式外包钢加固柱的总承载力应为钢构架承载力与原混凝土柱承载力之和,这是根据上海地区和全国有关城市修缮工程的经验确定。

7.3.8 本条规定喷射混凝土修缮法系上海地区常用的经验,各地区可根据本地区实际情况参照执行。

7.4 梁、板

7.4.1 本条规定系根据原城乡建设环境保护部颁发的《危险房屋鉴定标准》(CJ 13)和国内各地区历年来的修缮经验确定。关于明显裂缝的定量问题,混凝土裂缝有微裂和宏观裂缝,微裂是肉眼不可见的,肉眼可见的裂缝一般在0.05mm(实际最佳视力可见0.02mm),

大于 0.05mm 的裂缝称为宏观裂缝。又根据国内外设计规范及有关试验资料，对于无侵蚀介质、无防渗要求的民用建筑，混凝土最大裂缝宽度的控制标准为 0.3mm。为此，本条中所指明显裂缝系宽度大于 0.3mm 的裂缝。

7.4.2～7.4.3 钢筋混凝土梁（包括"T"形梁）、板的正截面受弯承载力的验算公式与现行国家标准《混凝土结构设计规范》（GBJ 10）中的有关计算原理与基本假定相吻合，结合历年修缮的实际经验，对旧混凝土和旧钢筋的强度设计值分别取折减系数 ψ_c、ψ_y 确定。

7.4.4 本条分别列出钢筋混凝土板承载力部分失效或完全失效而产生损坏时采取增加钢筋混凝土板厚度的加固措施，对新、旧混凝土结合不可靠时，按新、旧钢筋混凝土板刚度分配系数分别计算其正截面承载力。对新、旧混凝土结合牢固时，则按新、旧钢筋混凝土板共同作用的原理计算其正截面承载力，并要求同时满足规定的有关构造要求。

7.4.5 湿式外包型钢加固混凝土梁的正截面承载力计算均按现行国家标准《混凝土结构设计规范》（GBJ 10）和《钢结构设计规范》（GBJ 17）的规定执行，考虑到一定的安全储备，对外包型钢的强度取降低系数 0.9。

7.4.6 现浇混凝土梁支座抗弯承载力不足，可增加梁厚度进行加固，但新、旧混凝土应结合牢固可靠。可按新、旧混凝土梁共同作用的原理计算其正截面承载力，同时应满足规定的有关构造要求。

7.4.7 钢筋混凝土梁抗弯、抗剪承载力不足时，当采用梁四面用钢筋混凝土围套加固时，其正截面受弯承载力的计算与钢筋混凝土梁正截面受弯承载力的计算相同；其斜截面的受剪承载力的计算与现行国家标准《混凝土结构设计规范》（GBJ 10）中的有关计算原理与基本假定相吻合，考虑到旧混凝土和旧钢筋的强度设计值应分别以系数 ψ_c、ψ_y 进行折减。

7.4.8 钢围套（钢桁架）加固钢筋混凝土梁的抗弯、抗剪承载力不足的措施目前采用不多，只有当梁的高度受到限制的情况下才使用。加固钢桁架的承载力计算原理、基本假设及计算公式均符合现行国家标准《钢结构设计规范》（GBJ 17）的规定。本条规定加固后的钢桁架系单独承载，不考虑钢桁架与原混凝土梁的共同作用，因为考虑到原钢筋混凝土梁抗弯、抗剪承载力不足，即说明原钢筋混凝土梁承载力已部分失效或完全失效，而钢的弹性模量与钢筋混凝土的弹性模量存在很大的差异，且此时钢桁架与原混凝土梁的分别承载力又是一个变量。为此，将原钢筋混凝土梁的部分承载力作安全储备，也是出于偏安全考虑。

7.4.9 梁正截面强度不足，可采取在受拉、受压区表面粘贴钢板加固的措施，此时截面受弯承载力计算应按现行国家标准《混凝土结构设计规范》（GBJ17）规定执行，其受压区高度应按本规程公式 7.4.9-1 确定，并对加固钢板强度乘以 0.9 系数，目的是在计算上留有一定的附加安全储备。

受拉钢板在其加固点外，如果受力上完全不需要的钢板，则其锚固长度 L_1 计算公式 7.4.9-4 系按锚固区的粘结受剪承载力必须大于钢板的受拉承载力确定的。锚固区剪应力近似按三角形分布，剪应力分布不平均系数取 2。

对于加设 U 形箍板锚固，当箍板与补强钢板间的粘结受剪承载力小于或等于箍板与混凝土间的粘结受剪承载力时，锚固承载力为加固钢板与混凝土间的粘结受剪承载力及箍板与加固钢板间的粘结受剪承载力之和，即本规程公式7.4.9-5；反之，锚固承载力为加固钢板和箍板与混凝土间的粘结受剪承载力之和，即本规程公式7.4.9-6。

7.5 构 造 要 求

7.5.1～7.5.4 条文规定的构造要求是为了确保混凝土梁、板、柱加固时，新、旧混凝土的整体性强，结构牢固，同时也方便施工。工程实践表明，按此构造措施，对新、旧混凝土的结合效果是良好的。

9 房 屋 修 漏

9.1 一 般 规 定

9.1.2 根据房屋不同的渗漏水现象，在修缮前必须查清渗漏水的部位，找准漏水点，这是关键。房屋的渗漏水检查方法一般以目视直观查看为主。房屋的渗漏水现象在检查的同时还应进行原因分析，只有查明原因，才能采用科学的、先进的、有效的技术措施，并结合当地的实际情况，制定出解决房屋渗漏水的修缮方案。

9.1.3 本条规定主要目的是在保证房屋防水基层牢固的前提下进行房屋修漏，这也是房屋修漏的必要条件。

9.2 材 料

9.2.1～9.2.3 条文对房屋修漏材料质量、型号、厚度和性能的规定，主要是保证房屋修漏质量，使其能维护一个大修周期。其次，对防水材料的性能进行鉴定，也是防止伪劣材料的混用。

9.2.4 本条规定对防水材料的技术性能进行复测，目的是防止伪劣材料的混用。各种防水材料检验的物理性能指标见附录A。

9.3 屋 面

9.3.1 本条第(1)点针对目前国内尚有一定数量的平瓦屋面和小青瓦屋面的民用居住房屋，其中有一部分建造年久，屋面瓦常发生风化、碎裂现象，也有一些屋面刚度不足，屋脊也会出现裂缝，损坏情况不一，这些损坏都能导致屋面渗漏水。为此，在屋面修漏时，可根据实际情况，采取局部检修或翻修。屋面少量渗漏，是指屋面瓦风化情况不严重，瓦片破碎现象不多，屋脊裂缝在2mm以内，但有渗漏水现象，可采取局部检修（裂缝宽度在2mm以内一般不会导致明显的渗漏，故以此为限）。反之，则指屋面渗漏水或损坏严重，应予翻修。本条第(2)点是对一般民用居住房屋所作的规定，对原屋面没有屋面板及防水层的，在修缮时应增设屋面板，这样有利于增做油毡防水层及增强整个屋面的刚度，使原屋面的防水效果更好。对于临时建筑、棚户简屋则不受此条限制。本条第(3)点对屋面坡度过小容易导致在大雨或风力的作用下屋面倒进水所作的规定。增设油毡防水层是为了使屋面能起到防水作用。对风大地区和坡度大于45度的屋面，瓦片应用铜丝穿扎在挂瓦条上，并要求进行全扎或隔张穿扎，这是为了避免由于风力

(吸力)的作用或瓦片下滑(坡度过大)造成掀落,导致危险及渗漏水的措施。

9.3.2 本条第(1)点规定混凝土平屋面采用卷材、涂膜材料作防水层的做法,各地均较普遍使用,且一般使用周期可达十年。本条第(3)点针对屋面中比较容易渗漏的部位一般是天沟、檐口、女儿墙、山墙、落水洞口、阴阳角、伸出屋面管道和烟囱等处,因此作了明确的技术规定。本条第(4)点对混凝土平屋面基层裂缝是造成渗漏的主要原因之一,往往在修缮屋面时注意不够,因此本款明确规定在修缮屋面防水层前,必须对屋面基层裂缝进行处理。本条第(5)点针对部分混凝土平屋面由于设计或施工原因,屋面坡度或落水洞口坡度达不到规范要求,造成排水不畅,因此规定在修缮防水层渗漏前,应用填充材料使屋面和落水洞口坡度分别达到2%和5%以上,使屋面能排水畅通。本条第(7)点规定各种涂膜材料的最小厚度,主要是为了有效地防水和达到一定的使用周期。本条第(8)点对屋面隔热层的干燥程度处理不妥往往造成屋面防水层起鼓、空脱,因此规定有隔热层的防水层应设置排气孔。

9.3.3 本条第(1)点针对刚性防水层屋面的优点是渗漏点容易确定、检修方便、使用时期长,同时还可作活动场地,因此规定在混凝土屋面结构的承载力许可情况下,宜采用刚性材料修复,但应严格按规定施工,保证质量,提高防水性能。

9.4 外 墙 面

9.4.1 本条第(1)点针对在外墙面渗漏修漏时往往只注重堵漏效果,忽视所用材料色泽的协调,影响房屋和居住小区的优美环境,因此规定在选用外墙材料时,应注意其色调与房屋周围环境协调一致。本条第(2)点规定采用防水胶或合成高分子防水涂料修缮外墙面局部渗水,因为合成高分子防水涂料是以合成橡胶或合成树脂为主要成膜物质,具有理想的防水防渗效果。本条第(3)和第(4)点外墙面裂缝和门窗框渗漏主要是施工、温差或不均匀沉降造成,故要求采用柔性较好的密封材料或其他合成高分子材料修缮,以提高抗渗漏的有效性。本条第(5)点所指新旧建筑物外墙连接缝渗水应在新旧建筑物都相对稳定的前提下,采用规定的方法修缮是有效的;反之,则不宜采用此法。

9.4.2 建造年久的民用居住房屋,其防潮层损坏引起的渗水较为普遍,影响居住。本条规定采用掏砌防潮层的方法,但必须注意每次掏砌砖墙的长度不应大于1m,以防止墙体下沉。对采用防水浆液注入防潮层以提高抗渗能力的做法,国外应用较多,但国内尚在试验阶段。

9.5 地 下 室

9.5.1 地下室渗漏是目前房屋质量中常见病之一,修缮的方法较多,但难度也较大,其中房屋不均匀沉降是造成地下室渗水的主要原因之一,因此本条规定应在房屋沉降稳定后再进行修缮。

9.5.2 本条第(1)点所列水压较大的裂缝是指水位在2~4m,渗漏面积较大,裂缝较深,水流较急,可采用埋管导引的方法修漏。具体做法是将引水管穿透卷材层至墙面内引走孔洞漏水,用速凝材料灌满孔洞,挤压密实,堵塞完成后经检查无渗漏时,将管拔出堵眼,再用水泥砂浆分层抹平(图9.5.2-1)。本条第(2)点所列水压较小的裂缝是指水位在2m左右,渗漏点水压较小,渗漏面积不大,则可采用速凝防水材料直接堵塞(图9.5.2-2)。

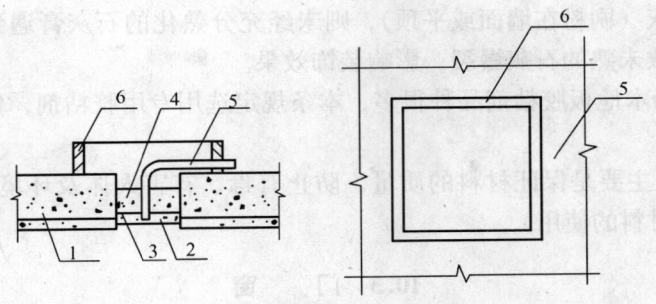

图 9.5.2-1　埋管导引堵漏
1—基层；2—碎石层；3—卷材；4—速凝
材料；5—引水管；6—挡水墙

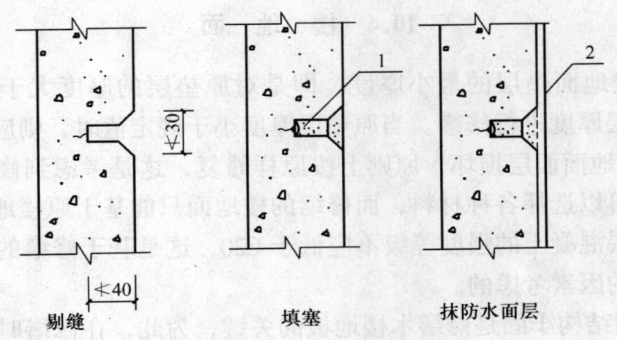

图 9.5.2-2　速凝材料堵漏
1—速凝材料；2—防水砂浆

10　房屋装饰

10.1　一般规定

10.1.1~10.1.2　房屋修缮的特点之一是零星分散，一般损坏什么就修什么。为此，对这些零星修补工程作此规定，主要是根据实际情况出发，为求符合经济、美观，与原有装饰相协调。

10.1.3　房屋各种装饰在修缮时，其基层牢固是装饰修缮的必要条件，故本条作此规定。

10.1.5　房屋装饰的修缮材料必须是安全、对人体无害和无环境污染，因为房屋的装饰材料往往置于建筑的表面，对上述要求至关重要。

10.2　材　料

10.2.1　本条对木材含水率的规定，主要是要求采用较干燥的木材制作，以减少因木材干缩所造成的松弛、变形和裂缝的危害，保证工程质量。

10.2.2　本条对钢材的规定，主要是Ⅰ级钢易加工，且成本较低。

10.2.3　本条对规定抹灰用的石灰膏熟化时间不得少于15d，因为石灰膏未达到15d 的熟化时间即用来抹灰（刷粉在墙面或平顶），则未经充分熟化的石灰膏遇到空气中的水分将进一步熟化，导致未熟的石灰爆裂，影响装饰效果。

10.2.4 由于市场木地板胶粘剂品种很多，本条规定选用专用胶粘剂，使木地板与基层粘结牢固。

10.2.5 本条规定主要是保证材料的质量，防止有毒、有害人体及环境污染的材料混用，同时还防止伪劣材料的使用。

10.3 门　　窗

10.3.1～10.3.4 钢、木门窗变形、松动、腐朽或渗水将直接影响使用功能及安全，条文规定的校正变形、加固和对腐朽、渗水的修缮方法可节约材料，这在各地区积累了不少经验，其修缮的效果是良好的。

10.4 楼 地 面

10.4.1 本条规定楼地面垫层的最小厚度，即是对原垫层的厚度大于最小厚度的规定值时，原则上按原垫层厚度进行修缮。当原垫层厚度小于规定值时，则应重做垫层。

10.4.2～10.4.3 楼地面面层损坏，原则上按原样修复，这是考虑到修缮的特点，它不像新建楼地面的材料可以选择各种材料，而修缮的楼地面只能基于原楼地面的材料规格进行修复。条文规定面层混凝土的强度等级不应低于C20，这是基于修缮的混凝土强度应比原混凝土强度高一级的因素考虑的。

10.4.4 木楼地板的结构牢固是修缮木楼地板的关键，为此，在修缮时遇木楼地板挠度过大，必须对其结构进行加固。

10.4.5 硬木小条楼地板和塑料面板与其基层的粘结，在选择胶粘剂时，应充分考虑粘结材料与楼地板面层、基层的材料相吻合。

10.5 抹　　灰

10.5.2 对外墙抹灰的修缮查勘与设计，应注意有否雨水滞留的部位，并采取能使雨水迅速排除和导向阻碍雨水侵入的措施，从而阻止雨水侵入室内。

10.6 饰 面 板

10.6.1 饰面板的损坏情况多样，有风化剥落、残缺、起壳或裂缝等，其修缮的原则应是按原样镶贴完整。但是，当原有饰面板的材料及规格比较特殊，修缮面积又太大，既要保留又要牢固，此时可采取本条规定的修缮方法。对于采用环氧树脂螺栓锚固法加固饰面材料与刮糙层起壳的方法，是根据上海市房屋科学研究院研究提供的资料，经上海地区运用并取得良好的效果。例如上海中百一店大楼外墙面砖修缮和福州大楼等工程均运用此技术，时间最长的已有12年之久。但在运用环氧树脂螺栓锚固法时，必须注意空心砖墙不能运用此技术。

10.7 油漆、刷浆、玻璃

10.7.1～10.7.2 房屋的油漆、刷浆修缮在制定修缮方案时，必须注意所用的材料应与原材料相吻合，包括新旧油漆或刷浆之间、分度油漆或刷浆之间，水性材料与油性材料不能混用。条文推荐的油漆面层度数可做一底二面是修缮工程最常用的。当然，要求较高的房屋可提高标准。

10.7.4 本条规定的玻璃厚度是民用房屋常用的标准。

11 电 气 照 明

11.1 一 般 规 定

11.1.1 目前各地民用房屋用电情况较混乱，电线老化、导线超负荷工作等现象较普遍，为确保用电安全，故在房屋修缮的同时对室内电气照明、接地故障保护装置和防雷装置损坏的修缮作了规定。

11.1.2 电气照明、接地和防雷的修缮查勘与设计、施工操作，以及竣工验收，必须按国家现行有关规范执行。对本规程未作规定的事项，应按国家现行有关规范、标准执行。

11.1.3 由于用电器具的普及，用户乱接乱拉电线的现象比较普遍，造成线路的实际容量大大超过导线及电度表的额定容量，而用户又常采用随意加大熔断保护器的熔体以维持线路工作，使线路保护装置形同虚设，配电系统长期超负荷工作，是火灾、人身安全等事故的极大隐患。

此外，民用房屋的照明电气往往对接地故障保护不够重视或遗漏，有些早期的民用房屋根本无接地故障保护系统，而接地故障保护的装置能使 220/380V 电压电网发生单相接地或与设备外壳相碰时，防止人身被电击或电气火灾，以保证设备和线路的热稳定性。故本条规定应查明的重点内容，以便及时修复和补充完善。

11.1.4 本条规定修缮设计时应绘制配电系统图、接地平面图和防雷装置平面图，其目的一方面便于指导施工，另一方面可作为下一次修缮的可靠资料。

11.1.5 计量电器用于监视及反映配电系统的工作状况，直接关系到用电安全，计量电器又反映用户的用电量，是国家向用户收取电费的依据，故本条规定计量电器的本体不得随意拆改。

11.2 材 料

11.2.1 本条规定主要是要求在电气工程中严禁使用伪劣产品及"三无"产品。

11.2.2 进户管有一大部分是暴露在室外，所使用的材料应从耐腐蚀角度来考虑的，故本条作此规定。

11.2.5 铝芯线在使用中故障率较高，主要是机械强度差，接头处易氧化，加以施工时工艺没有到位，故在选用铝芯绝缘导线时，其工作环境是很重要的。

11.3 线路保护装置

11.3.1 本条第（8）点规定是一个经验数据。总开关使用寿命包括机械寿命和电气寿命两部分，机械寿命常以开关通断动作次数来判定，电气寿命常以开关触头在最大分断电流下烧蚀程度和分断时间来判定，在无专业仪器和专业设备的条件下是很难判定的。其次，各生产开关厂家对开关的理论寿命长短不一。根据上海9个区大修工程的调查,基本上在一个大修周期(10年左右)拆换一次总开关,并收到良好的效果。

11.3.2 本条所指线路保护装置是指短路保护和接地故障保护。保护装置的形式与接地保护形式相符,目的是在发生接地故障时,保护装置能在规定时间内(固定设备和供电线路最大切断故障时间为5s,移动式和手提设备及供电线路包括插座,最大切断故障时间为0.4s,条件是系统对地电压为220V)自动切断电源。短路故障电流大于接地故障电流,能使保护装置动作,而接地故障电流受制于接地形式、PE线的截面及接地电阻大小,故本条指出,在拆换、修缮保护装置时应重点考虑与接地故障保护系统的配合。保护装置整定值的选取,应按现行国家标准《民用建筑电气设计规范》(JGJ/T16)中有关公式计算。

11.3.3 本条主要出发点是从人身安全考虑,因漏电开关的整定值一般为毫安级,利用残余电流就能使其动作,切断故障电源。

11.3.4 配电箱(电表箱)原设计一般都设在公用部位,而目前乱占乱用公用部位,或移作他用的情况较普遍,用户往往从自身利益考虑,盲目搬移配电箱(板)或电表箱等,故本条规定在修缮工程中发现配电箱(板)或电表箱安装在不适宜部位的,应进行移装。

11.4 导线与电管

11.4.1 本条第(1)点所指的不规范是在修缮工作中常遇有些用户使用漆包线、电话线,甚至用铁丝代替绝缘导线等情况,影响导线耐压等级或绝缘强度等,应在修缮工程中予以拆换。本条第(4)点所指导线敷设不规范是指明敷导线高度过低又无机械保护的,以及护套线直接埋设在粉刷层内的。

11.4.2 本条第(2)点规定的每一分路宜控制在10~15A,主要从实用性考虑:(1)导线常用截面使用量最大的是1.0~1.5mm^2,其安全载流量应按表11.4.2选用;(2)与熔断器熔体标称值吻合。本条第(3)点规定主要考虑到插座回路的负载随机性较大,故障率高,分开设置后,当插座回路发生故障时,不会波及到照明回路。

表 11.4.2 安全载流量(A)

导线截面(mm^2)	明线装置		钢管布线						塑料管布线						护套线			
			2根		3根		4根		2根		3根		4根		二芯		三芯	
	Cu	Al	Cu	Al	Cu	Al	Cu	Al	Cu	Al	Cu	Al	Cu	Al	Cu	Al	Cu	Al
1.0	18	—	13	—	12	—	10	—	11	—	10	—	10	—	11	—	10	—
1.5	23	16	17	13	16	12	15	10	15	12	14	11	12	10	14	12	16	8

注:本表数据摘自《电工手册》;Cu—铜,Al—铝。

11.4.6 本条第(2)点规定的锈蚀长度是指累计长度。本条第(4)点所指不规范管材系本规程第11.2.2和11.2.3条规定之外的管材。

11.4.7 本条主要考虑两个方面:一是经济性,有些管材整体较好,但局部损坏,若全部拆换则过于浪费。二是可操作性,长度300mm以上对于钢管铰丝扣,或塑料电管套接,均能操作。

11.4.9~11.4.10 目前家用电器普及，而洗衣机、电冰箱等家电产品又长期处于潮湿环境下工作，单相三极插座其中有一极是接 PE 线（接地保护线）的，一旦发生漏电，线路保护装置将动作，切断故障电源，故条文作此规定。

11.5 防雷与接地装置

11.5.2 本条规定按原样修复是指不改动、不移位，如遇房屋加层或局部加层，需设置防雷装置的，可按新建设计处理。

11.5.6 本条所指的避雷装置，系包括避雷带（网）、避雷针，以及利用建筑的金属构筑物和构件作防雷用的装置。

11.6 接地故障保护

11.6.1 民用房屋的接地系统一般常用 TH 系统和 TT 系统。TH 系统中又分为 TH-S、C-S 和 TN-C 三种系统。接地系统与线路故障保护的设置应是相配合的，目的是当发生接地故障时，线路保护装置能在规定时间内自动切断故障电，达到保护人身安全的目的。如随意改变原接地系统，可能造成两种后果：其一是一个配电系统中出现两个接地系统，其二是接地系统与线路保护装置不配合，故障发生时保护装置不动作，故本条规定接地故障保护系统应修复，不应随意改动。

11.6.2 虽然现行国家标准《民用建筑电气设计规范》(JGJ/T 16)中对 PE 线的选用未作硬性规定，但在修缮工程中，由于拆换导线、管材等项工作的实施，对利用管材（水、电、煤）作 PE 线的系统，很难保证其有良好的电气连续性。对于部分拆换电管，而该管同时又是 PE 线的，因内部穿有导线，难以实施电焊等可靠连接手段，故本条作出改用绝缘导线作 PE 线的规定。

11.6.3 本条所列的表 11.6.3 系摘自现行国家标准《民用建筑电气设计规范》(JGJ/T 16)。

12 给水排水和暖通

12.2 材 料

12.2.2~12.2.3 由于本规程所涉及的范围是多层民用房屋，且大多是居住用房，镀锌钢管是目前我国经济条件下为保证生活饮用水水质而采用的主要管材。同时，根据现行国家标准《建筑给水排水设计规范》(GBJ 15—88)1997 年局部修订中第 2.5.1 条第五款规定："根据水质要求和建筑使用要求等因素生活给水管可采用铜管、聚丁烯管、铝塑复合管、涂塑钢管或钢塑复合管等材料。"

注：(2)镀锌钢管、镀锌无缝钢管应采用热浸锌工艺生产。

12.2.4 过去某些地区排水管使用缸瓦管，这种材质的机械性能较差，容易损坏，不能适应目前建筑对设备的要求，故不列入本条范围之内。

12.3 给水管道

12.3.1 如给水管的摩擦阻力超过图 12.3.1 所示的数值，则说明给水管管内结垢已很严重,在规范规定的流速控制范围内已不能达到额定的供水能力。虽然此时的给水系统可能对正常使用的影响不显著,但这种影响会急剧恶化,使给水系统的管网不足维持一个大修周期,故本条第(1)点规定应予拆换。本条第(2)点规定是经调查证明:给水管最易产生腐蚀的地方为螺纹连接处,如用螺纹根部的管径减去表12.3.1所列的腐蚀深度后,基本上已超过管壁厚的一半,如不加以拆换会很快地发生渗漏,导致管道破坏。

另外,房屋从查勘与设计到修缮施工有一个时间过程,在查勘的过程中,为不影响其正常使用,不可能对每段管段都作检查,故在局部拆换长度达到一定比例后,为保证修缮工程的质量,需拆换整个系统的管道。

12.3.3 本条规定重新确定管径一般有两种情况,一是为改善房屋的使用功能而改变设计流量,另外是用户为使用方便自行对给水管进行更改。这两种情况一般都需经过水力计算,确定其管径,使之更加合理。

12.3.6 就本规程涉及的范围而言,大量的配水点为洗涤盆,其额定配水流量为0.2L/s,经过调查发现,当其流量减少至0.1L/s时,并不影响正常使用,故本条规定以50%作为采取措施的界限。

改变管径或增设加压设备需经比较后才能决定,如管道的使用状态还有其他情况,应结合本章其他条款加以处理。

12.4 排 水 管 道

12.4.4 排水立管断面缩小1/3以上时,在额定的排水流量时会产生柱塞流,此时在柱塞流下方的卫生设备如无专用透气管,将会产生污水上冒的现象,影响正常使用,故本条规定应全部拆换。

12.4.10 本条规定系经调查统计多层民用房屋绝大部分无专用排水透气管,故立管流量不得超过表12.4.10的规定。如房屋设有专用排水透气管的,其排水立管的排水流量可以超过此表范围,但必须校核排水管的排水能力。

12.6 采暖管道、设备

12.6.9 在原设计条件下如室内温度低于设计温度3℃时人体会产生冷感,影响房屋的舒适性,故本条规定应校核采暖设备的供热能力,并采取相应的技术措施。

12.7 通 风 管 道

12.7.1~12.7.2 如果了解原有风量的分配情况,特别是改变了管道系统之后再作风量平衡是很困难的,故条文规定应在修缮查勘前了解原设计风量分配情况。

12.7.11 调查中发现,空调系统中回风口的挡灰网是系统阻力增加的主要原因,故本条规定挡灰网在修缮时应予拆换。

12.7.12~12.7.13 防潮层损坏后,水汽进入隔热层而使隔热效果严重恶化,故条文规定防潮层损坏时应重做隔热层。

12.7.15~12.7.19 随着房屋设备的老化,系统的噪声也会随之增加,故条文规定在修缮过程中应加以解决,保证房屋住用的舒适性。

附录 A 防水材料检验的物理性能指标

A.1 防水卷材

A.1.1 沥青防水卷材应检验拉力、耐热度、柔性、不透水性。其物理性能应符合表 A.1.1 的要求。

表 A.1.1 沥青防水卷材物理性能

项 目	性 能 要 求				
	Ⅰ类		Ⅱ类	Ⅲ类	Ⅳ类
	350号	500号			
拉力(纵向)(N)	≥340	≥440	≥280	≥500	≥550
耐热度(℃)	85	85	85	85	85
柔性(冷弯性)(℃)	18	18	10	10	10
不透水性(MPa/h)	0.1/0.5	0.15/0.5	0.1/24	0.1/24	0.1/24
断裂延伸率(%)	—	—	≥2	≥2	≥2

注：1. Ⅰ类指纸胎体；Ⅱ类指玻纤毡胎体；Ⅲ类指麻布胎体；Ⅳ类指聚酯毡胎体。
　　2. 表中Ⅱ、Ⅲ、Ⅳ类卷材目前尚无国家标准，其性能要求均为国内较好水平指标，现场检测可按此表或现行行业有关标准执行。

A.1.2 高聚物改性沥青防水卷材应检验拉伸性能、耐热度、柔性、不透水性。其物理性能应符合表 A.1.2 的要求。

表 A.1.2 高聚物改性沥青防水卷材物理性能

项 目		性 能 要 求			
		Ⅰ类	Ⅱ类	Ⅲ类	Ⅳ类
拉伸性能	拉力(纵向)(N)	≥400	≥400	≥50	≥200
	延伸率(%)	≥30	≥5	≥200	≥3
耐热度(85±2℃ 2h)		不流淌，无集中性气泡			
柔性(-5~-25℃)		绕规定直径圆棒无裂纹			
不透水性	压力(MPa)	≥0.2			
	保持时间(min)	≥30			

注：1. Ⅰ类指聚酯毡胎体；Ⅱ类指麻布胎体；Ⅲ类指聚乙烯膜胎体；Ⅳ类指玻纤毡胎体。
　　2. 表中柔性的温度范围系表示不同档次产品的低温性能。

A.1.3 合成高分子防水卷材应检验拉伸强度、断裂伸长率、低温弯折性，不透水性。其物理性能应符合表 A.1.3 的要求。

表 A.1.3　合成高分子防水卷材物理性能

项　　目		性能要求		
		Ⅰ类	Ⅱ类	Ⅲ类
拉伸强度　　　（MPa）		≥7	≥2	≥9
断裂伸长率（%）	不加胎体	≥450	≥100	—
低温弯折性		−40℃	−20℃	−20℃
		无裂纹		
不透水性	压力　　（MPa）	≥0.3	≥0.2	≥0.3
	保持时间　（min）	≥30		
热老化保持率 (80±2℃ 168h)	拉伸强度　（%）	≥80		
	断裂伸长率（%）	≥70		

注：Ⅰ类指弹性体卷材；Ⅱ类指塑性体卷材；Ⅲ类指加筋卷材。

A.2　防水涂料和胎体增强材料

A.2.1　防水涂料应检验延伸率、固体含量、柔性、耐热度、不透水性。其物理性能应符合表 A.2.1.1 至表 A.2.1.3 的要求。

表 A.2.1.1　沥青基防水涂料质量

项　　目		质　量　要　求
固体含量　　　　　　　　（%）		≥50
耐热度　　　　　　（80±2℃ 5h）		无流淌、起泡和滑动
柔性　　　　　　　　（10±1℃）		4mm厚，绕φ20mm圆棒无裂纹、断裂
不透水性	压　力　　（MPa）	≥0.1
	保持时间　　（min）	≥30min 不渗透
延伸（20±2℃拉伸）（mm）		≥4.0

表 A.2.1.2　高聚物改性沥青防水涂料质量

项　　目		质　量　要　求
固体含量　　　　　　　　（%）		≥43
耐热度　　　　　　（80±2℃ 5h）		无流淌、起泡和滑动
柔性　　　　　　　　　（−10℃）		2mm厚，绕φ10mm圆棒无裂纹、断裂
不透水性	压　力　　（MPa）	≥0.1
	保持时间　　（min）	≥30min 不渗透
延伸（20±2℃拉伸）（mm）		≥4.5

表 A.2.1.3 合成高分子防水涂料质量

项目		质量要求	
		Ⅰ 类	Ⅱ 类
固体含量 （%）		≥94	≥65
拉伸强度 （MPa）		≥1.65	≥0.5
断裂延伸率 （%）		≥300	≥400
柔性		-30℃弯折无裂纹	-20℃弯折无裂纹
不透水性	压力 （MPa）	≥0.3	≥0.1
	保持时间 （min）	≥30min 不渗透	≥30min 不渗透

注：Ⅰ类为反应固化型；Ⅱ类为挥发固化型。

A.2.2 胎体增强材料应检验拉力、延伸率。其物理性能应符合表 A.2.2 的要求。

表 A.2.2 胎体增强材料质量

项目		质量要求		
		Ⅰ 类	Ⅱ 类	Ⅲ 类
		均匀、无团状、平整无折皱		
拉力（N/宽 50mm）	纵向	≥150	≥45	≥90
	横向	≥100	≥35	≥50
延伸率（%）	纵向	≥10	≥20	≥3
	横向	≥20	≥25	≥3

注：Ⅰ类为聚酯无纺布；Ⅱ类为化纤无纺布；Ⅲ类为玻纤布。

中华人民共和国行业标准

混凝土结构后锚固技术规程

Technical specification for post-installed fastenings in concrete structures

JGJ 145—2004
J407—2005

批准部门：中华人民共和国建设部
施行日期：2 0 0 5 年 3 月 1 日

中华人民共和国建设部
公 告

第 307 号

建设部关于发布行业标准
《混凝土结构后锚固技术规程》的公告

现批准《混凝土结构后锚固技术规程》为行业标准，编号为 JGJ 145—2004，自 2005 年 3 月 1 日起实施。其中，第 4.1.3、4.2.4、4.2.7 条为强制性条文，必须严格执行。

本规程由建设部标准定额研究所组织中国建筑工业出版社出版发行。

中华人民共和国建设部
2005 年 1 月 13 日

前　言

根据建设部建标〔1998〕58号文的要求，规程编制组经广泛调查研究，认真总结工程实践经验，参考有关国际标准和国外先进标准，并在广泛征求意见基础上，制定了本规程。

本规程的主要技术内容是：总则，术语和符号，材料，设计基本规定，锚固连接内力分析，承载能力极限状态计算，锚固抗震设计，构造措施，锚固施工与验收及锚固承载力现场检验方法。

本规程由建设部负责管理和对强制性条文的解释，由主编单位负责具体技术内容的解释。

本规程主编单位：中国建筑科学研究院（地址：北京市北三环东路30号；邮政编码：100013）。

本规程参加单位：中科院大连化物所
　　　　　　　　河南省建筑科学研究院
　　　　　　　　慧鱼（太仓）建筑锚栓有限公司
　　　　　　　　喜利得（中国）有限公司

本规程主要起草人：万墨林　韩继云　邱小坛　贺曼罗　吴金虎　王　稚　萧　雯

目　次

1 总则 …………………………………………………………… 1984
2 术语和符号 …………………………………………………… 1984
　2.1 术语 ……………………………………………………… 1984
　2.2 符号 ……………………………………………………… 1988
3 材料 …………………………………………………………… 1991
　3.1 混凝土基材 ……………………………………………… 1991
　3.2 锚栓 ……………………………………………………… 1991
　3.3 锚固胶 …………………………………………………… 1992
4 设计基本规定 ………………………………………………… 1994
　4.1 锚栓分类及适用范围 …………………………………… 1994
　4.2 锚固设计原则 …………………………………………… 1994
5 锚固连接内力分析 …………………………………………… 1995
　5.1 一般规定 ………………………………………………… 1995
　5.2 群锚受拉内力计算 ……………………………………… 1996
　5.3 群锚受剪内力计算 ……………………………………… 1997
6 承载能力极限状态计算 ……………………………………… 1999
　6.1 受拉承载力计算 ………………………………………… 1999
　6.2 受剪承载力计算 ………………………………………… 2004
　6.3 拉剪复合受力承载力计算 ……………………………… 2008
7 锚固抗震设计 ………………………………………………… 2008
8 构造措施 ……………………………………………………… 2010
9 锚固施工及验收 ……………………………………………… 2011
　9.1 基本要求 ………………………………………………… 2011
　9.2 锚孔 ……………………………………………………… 2011
　9.3 锚栓的安装与锚固 ……………………………………… 2012
　9.4 锚固质量检查与验收 …………………………………… 2013
附录A　锚固承载力现场检验方法 …………………………… 2014
本规程用词说明 ………………………………………………… 2015
条文说明 ………………………………………………………… 2016

1 总　　则

1.0.1 为使混凝土结构后锚固连接设计与施工做到技术先进、安全可靠、经济合理，制定本规程。

1.0.2 本规程适用于被连接件以普通混凝土为基材的后锚固连接的设计、施工及验收；不适用以砌体或轻混凝土为基材的锚固。

1.0.3 后锚固连接设计应考虑被连接结构的类型（结构构件与非结构构件）、锚栓受力状况（受拉、受压、受弯、受剪，及其组合）、荷载类型及锚固连接的安全等级（重要与一般）等因素的综合影响。

1.0.4 后锚固连接的设计、施工及验收，除满足本规程的规定外，尚应符合国家现行有关强制性标准的规定。

2 术语和符号

2.1 术　　语

2.1.1 后锚固　post-installed fastenings
通过相关技术手段在既有混凝土结构上的锚固。

2.1.2 锚栓　anchor
将被连接件锚固到混凝土基材上的锚固组件。

2.1.3 膨胀型锚栓　expansion anchors
利用膨胀件挤压锚孔孔壁形成锚固作用的锚栓（图2.1.3-1，图2.1.3-2）。

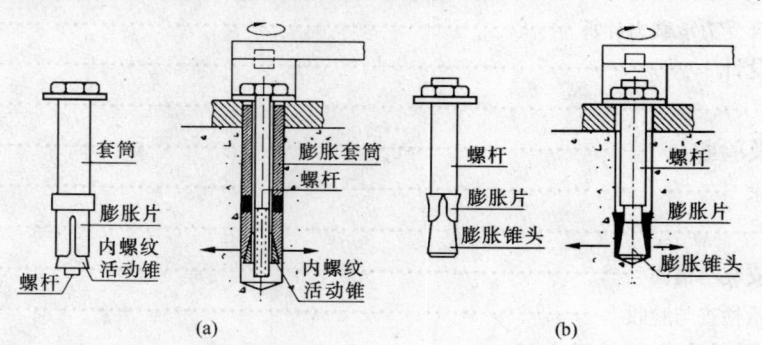

图 2.1.3-1　扭矩控制式膨胀型锚栓
(a) 套筒式（壳式）；(b) 膨胀片式（光杆式）

2.1.4 扩孔型锚栓　undercut anchors
通过锚孔底部扩孔与锚栓膨胀件之间的锁键形成锚固作用的锚栓（图2.1.4）。

2.1.5 化学植筋　bonded rebars
以化学胶粘剂——锚固胶，将带肋钢筋及长螺杆等胶结固定于混凝土基材锚孔中的一种后锚固生根钢筋（图2.1.5）。

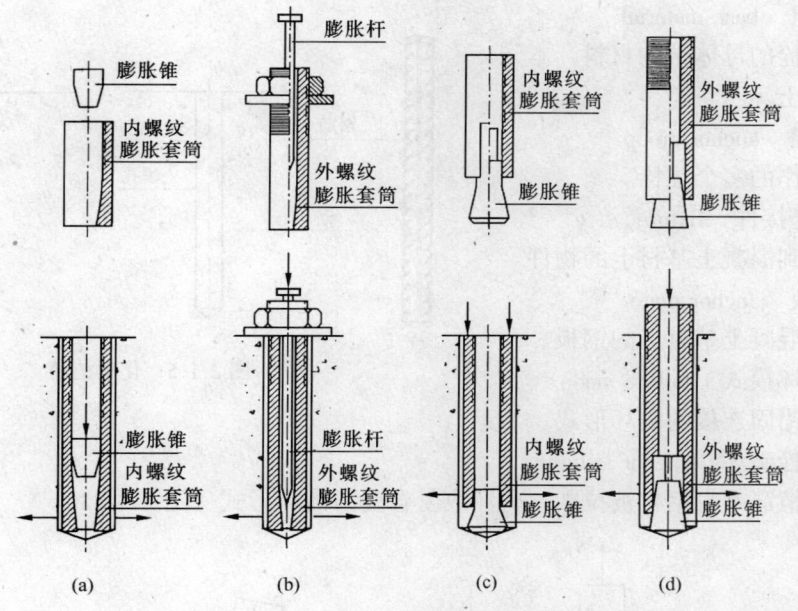

图 2.1.3-2 位移控制式膨胀型锚栓
(a) 锥下型（内塞）；(b) 杆下型（穿透式）；(c) 套下型（外塞）；(d) 套下型（穿透式）

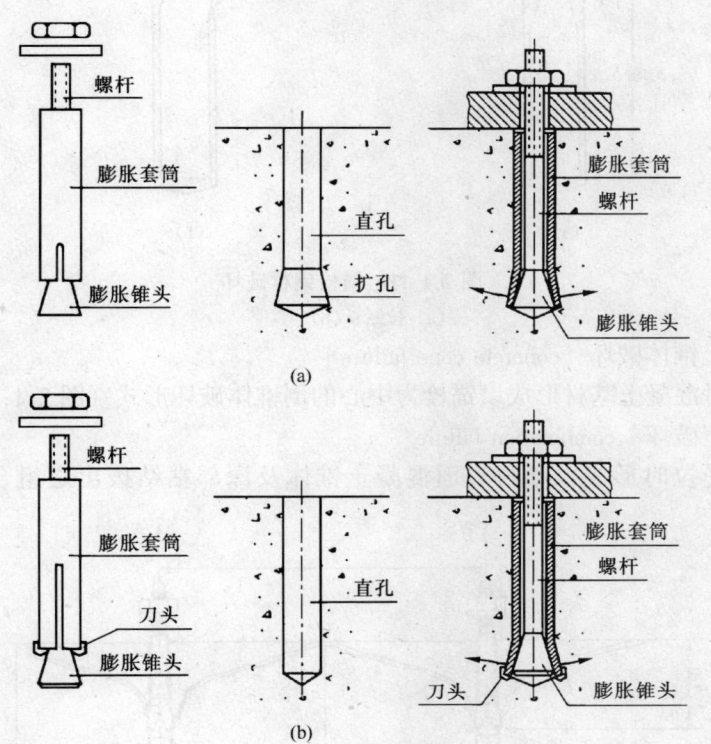

图 2.1.4 扩孔型锚栓
(a) 预护孔普通栓；(b) 自孔扩专用栓

2.1.6 基材 base material
承载锚栓的母体结构材料，本规程指混凝土。

2.1.7 群锚 anchor group
共同工作的多个锚栓。

2.1.8 被连接件 fixture
被锚固到混凝土基材上的物件。

2.1.9 锚板 anchor plate
锚固到混凝土基材上的钢板。

2.1.10 破坏模式 failure mode
荷载下锚固连接的破坏形式。

2.1.11 锚栓破坏 anchor failure
锚栓或植筋本身钢材被拉断、剪坏或复合受力破坏形式（图2.1.11）。

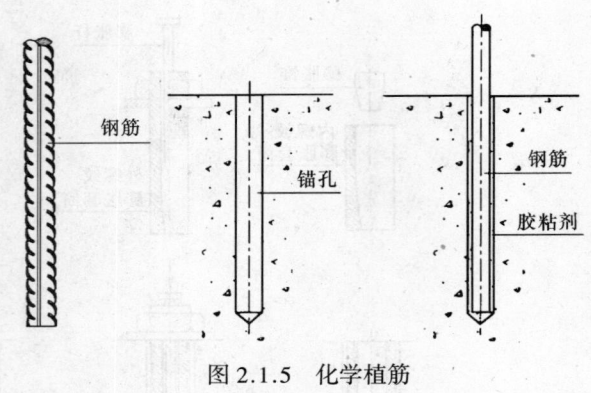

图 2.1.5 化学植筋

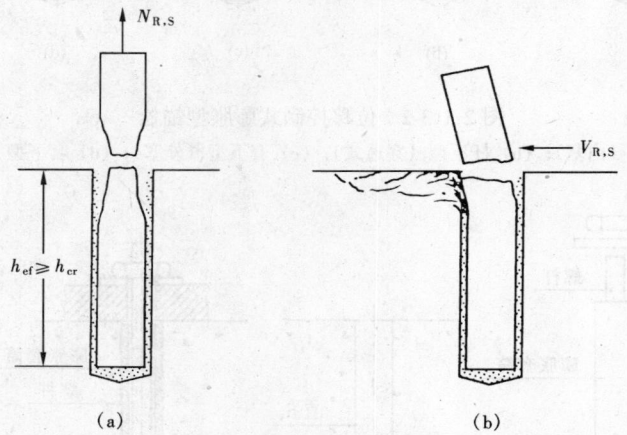

图 2.1.11 锚栓钢材破坏
（a）拉断；（b）剪坏

2.1.12 混凝土锥体破坏 concrete cone failure
锚栓受拉时混凝土基材形成以锚栓为中心的倒锥体破坏形式（图2.1.12）。

2.1.13 混合型破坏 combination failure
化学植筋受拉时形成以基材表面混凝土锥体及深部粘结拔出之组合破坏形式（图

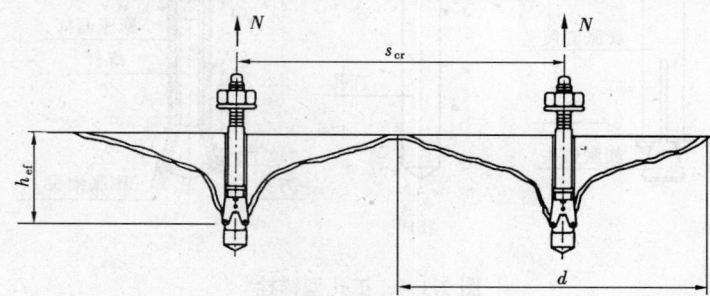

图 2.1.12 混凝土锥体受拉破坏

2.1.13)。

2.1.14 混凝土边缘破坏 concrete edge failure

基材边缘受剪时形成以锚栓轴为顶点的混凝土楔形体破坏形式（图2.1.14）。

2.1.15 剪撬破坏 pryout failure

中心受剪时基材混凝土沿反方向被锚栓撬坏（图2.1.15）。

2.1.16 劈裂破坏 splitting failure

基材混凝土因锚栓膨胀挤压力而沿锚栓轴线或若干锚栓轴线连线之开裂破坏形式（图2.1.16）。

2.1.17 拔出破坏 pull-out failure

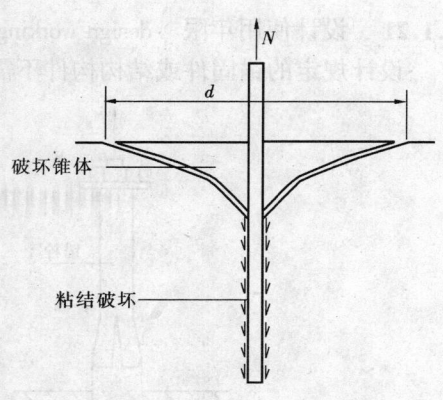

图2.1.13 混合型受拉破坏

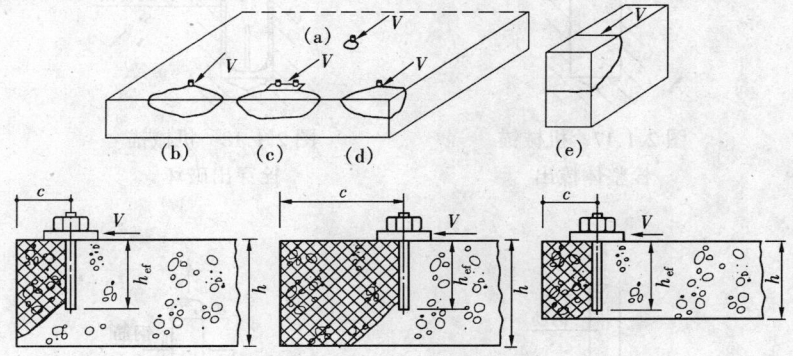

图2.1.14 混凝土边缘楔形体受剪破坏

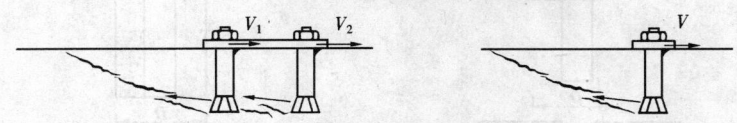

图2.1.15 基材剪撬破坏

拉力作用下锚栓整体从锚孔中被拉出的破坏形式（图2.1.17）。

2.1.18 穿出破坏 pull-through faliure

拉力作用下锚栓膨胀锥从套筒中被拉出而膨胀套仍留在锚孔中的破坏形式（图2.1.18）。

2.1.19 胶筋界面破坏 steel/adhesive interface failure

化学植筋或粘结型锚栓受拉时，沿胶粘剂与钢筋界面之拔出破坏形式（图2.1.19）。

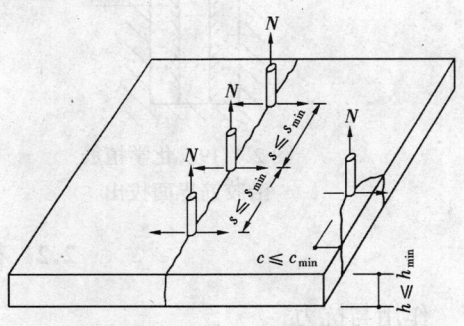

图2.1.16 基材劈裂破坏

2.1.20 胶混界面破坏 adhesive/concrete interface failure

化学植筋受拉时，沿胶粘剂与混凝土孔壁界面之拔出破坏形式（图2.1.20）。

2.1.21 设计使用年限 design working life

设计规定的锚固件或结构构件不需进行大修即可按其预定目的使用的时间。

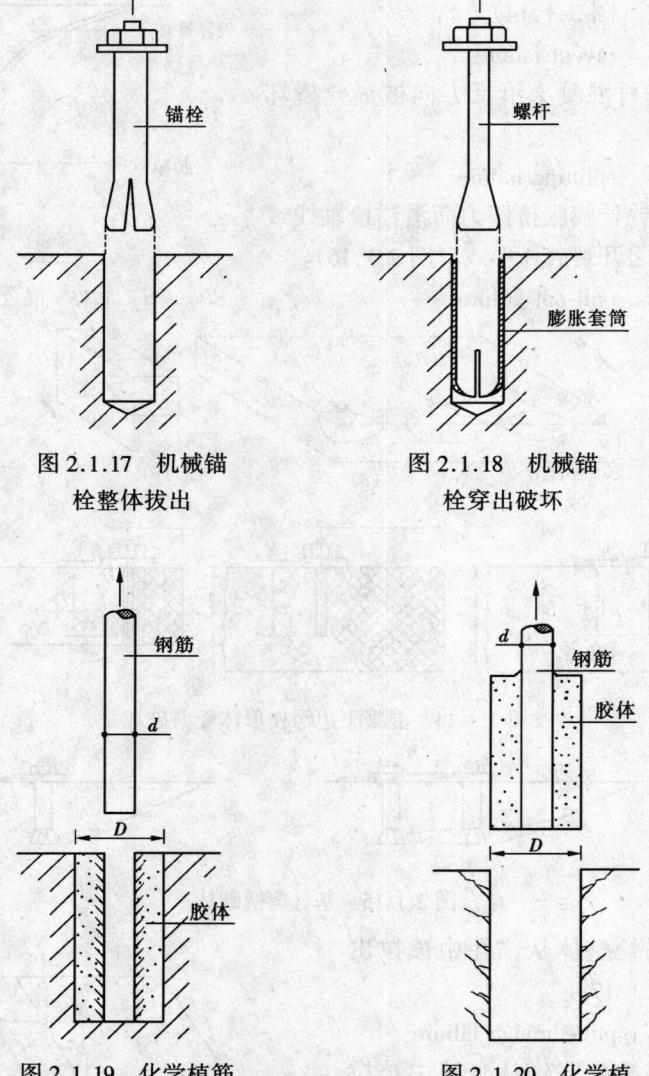

图 2.1.17 机械锚栓整体拔出

图 2.1.18 机械锚栓穿出破坏

图 2.1.19 化学植筋沿胶筋界面拔出

图 2.1.20 化学植筋沿胶混界面拔出

2.2 符　号

2.2.1 作用与抗力

M——弯矩；

N——轴向力；

R——承载力；

S——作用效应；

T——扭矩；

V——剪力；

N_{Sd}——拉力设计值；

V_{Sd}——剪力设计值；

N_{Sd}^g——群锚受拉区总拉力设计值；

V_{Sd}^g——群锚总剪力设计值；

N_{Sd}^h——群锚中受力最大锚栓的拉力设计值；

V_{Sd}^h——群锚中受力最大锚栓的剪力设计值；

$N_{Rk,s}$——锚栓受拉承载力标准值；

$N_{Rd,s}$——锚栓受拉承载力设计值；

$V_{Rk,s}$——锚栓受剪承载力标准值；

$V_{Rd,s}$——锚栓受剪承载力设计值；

$N_{Rk,c}$——混凝土锥体受拉破坏承载力标准值；

$N_{Rd,c}$——混凝土锥体受拉破坏承载力设计值；

$N_{Rk,sp}$——混凝土劈裂破坏受拉承载力标准值；

$N_{Rd,sp}$——混凝土劈裂破坏受拉承载力设计值；

$N_{Rk,p}$——锚栓拔出破坏受拉承载力标准值；

$N_{Rd,p}$——锚栓拔出破坏受拉承载力设计值；

T_{inst}——按规定安装，施加于锚栓的扭矩；

N_{inst}——按规定安装，施加于锚栓的相应的预紧力；

$V_{Rk,c}$——混凝土楔形体受剪破坏承载力标准值；

$V_{Rd,c}$——混凝土楔形体受剪破坏承载力设计值；

$V_{Rk,.cp}$——混凝土剪撬破坏承载力标准值；

$V_{Rd,.cp}$——混凝土剪撬破坏承载力设计值。

2.2.2 材料强度

f_{yk}——锚栓屈服强度标准值；

f_{stk}——锚栓极限抗拉强度标准值；

$f_{cu,k}$——混凝土立方体抗压强度标准值。

2.2.3 几何特征值（图 2.2.3）

A_s，W_{el}——锚栓应力截面面积和截面抵抗矩；

a——同一受力方向群锚与群锚邻接的外部锚栓之间的距离；

b——混凝土基材宽度；

c、c_1、c_2——锚栓与混凝土基材边缘的距离；

$c_{cr,N}$——混凝土理想锥体受拉破坏的锚栓临界边距；

c_{min}——不发生安装造成的混凝土劈裂破坏的锚栓边距最小值；

d——锚栓杆、螺杆外螺纹公称直径及钢筋直径；

d_0、D——锚孔直径；

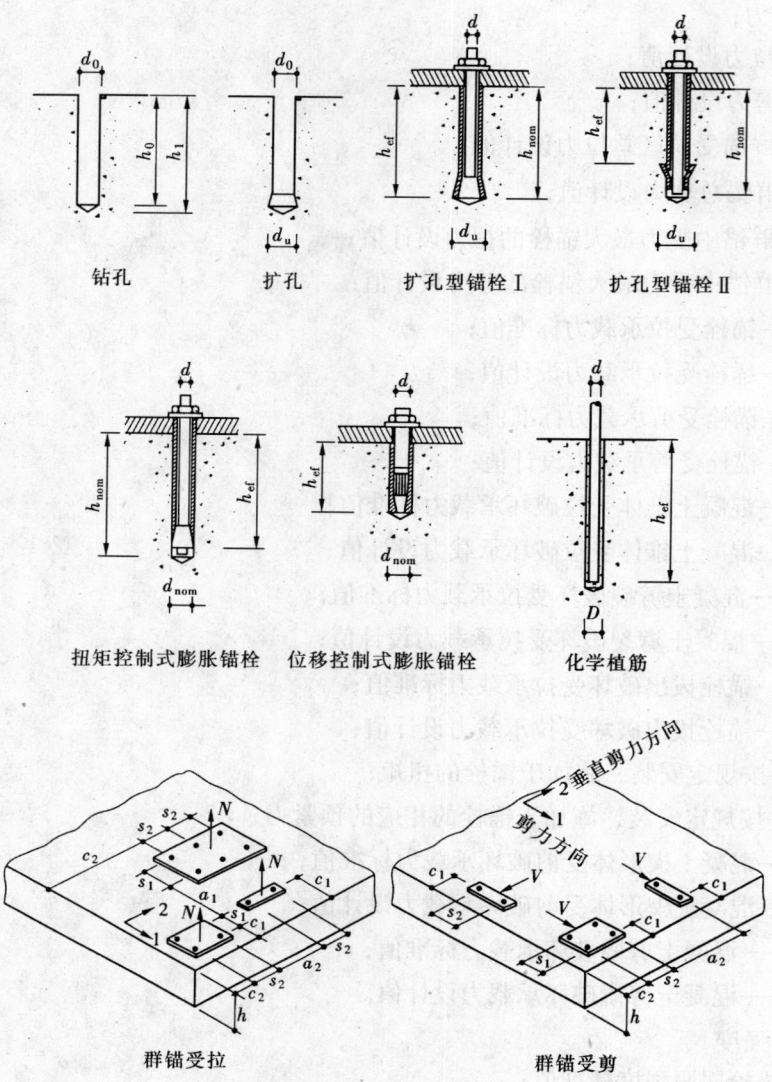

图 2.2.3 锚固几何特征值

d_u——扩孔直径；

d_f——锚板钻孔直径；

d_{nom}——锚栓外径；

h——混凝土基材厚度；

h_0——钻孔深度；

h_1——钻孔底尖端深度；

h_{ef}——锚栓有效锚固深度；

h_{min}——不发生安装造成的混凝土劈裂破坏的混凝土基材厚度最小值；

h_{nom}——锚栓埋置深度；

s, s_1, s_2——锚栓之间的距离；
$s_{cr,N}$——混凝土理想锥体受拉破坏的锚栓临界间距；
s_{min}——不发生安装造成的混凝土劈裂破坏的锚栓间距最小值；
t_{fix}——被连接件厚度或锚板厚度；
$A_{c,N}^0$——单根锚栓受拉，混凝土破坏理想锥体投影面面积；
$A_{c,N}$——混凝土破坏计算锥体投影面面积；
$A_{c,V}^0$——单根锚栓受剪混凝土破坏理想楔形体在侧向的投影面面积；
$A_{c,V}$——混凝土破坏计算楔形体在侧向的投影面面积；
l_f——剪切荷载下，锚栓的计算长度。

2.2.4 分项系数及计算系数

γ_A——锚固重要性系数；
γ_{R*}——锚固承载力分项系数；
$\psi_{\alpha,V}$——角度对受剪承载力的影响系数；
$\psi_{ec,N}$——荷载偏心对受拉承载力的影响系数；
$\psi_{ec,V}$——荷载偏心对受剪承载力的影响系数；
$\psi_{h,V}$——边距与混凝土基材厚度比对受剪承载力的影响系数；
$\psi_{re,N}$——表层混凝土因密集配筋的剥离作用对受拉承载力的影响系数；
$\psi_{s,N}$——边距 c 对受拉承载力的影响系数；
$\psi_{s,V}$——边距 c 对受剪承载力的影响系数；
$\psi_{ucr,N}$——未裂混凝土对受拉承载力的提高系数；
$\psi_{ucr,V}$——未裂混凝土对受剪承载力的提高系数。

3 材　料

3.1 混凝土基材

3.1.1 混凝土基材应坚实，且具有较大体量，能承担对被连接件的锚固和全部附加荷载。

3.1.2 风化混凝土、严重裂损混凝土、不密实混凝土、结构抹灰层、装饰层等，均不得作为锚固基材。

3.1.3 基材混凝土强度等级不应低于 C20。基材混凝土强度指标及弹性模量取值应根据现场实测结果按现行国家标准《混凝土结构设计规范》GB 50010 确定。

3.2 锚　栓

3.2.1 混凝土结构所用锚栓的材质可为碳素钢、不锈钢或合金钢，应根据环境条件的差异及耐久性要求的不同，选用相应的品种。锚栓的性能应符合现行行业标准《混凝土用膨胀型、扩孔型建筑锚栓》JG 160 的相关规定。

3.2.2 碳素钢和合金钢锚栓的性能等级应按所用钢材的抗拉强度标准值 f_{stk} 及屈强比 f_{yk}/f_{stk} 确定，相应的性能指标应按表3.2.2采用。

表3.2.2 碳素钢及合金钢锚栓的性能指标

性　能　等　级		3.6	4.6	4.8	5.6	5.8	6.8	8.8
抗拉强度标准值	f_{stk}（MPa）	300	400		500		600	800
屈服强度标准值	f_{yk} 或 $f_{s0.2k}$（MPa）	180	240	320	300	400	480	640
伸长率	δ_5（%）	25	22	14	20	10	8	12

注：性能等级3.6表示：$f_{stk}=300\text{MPa}$，$f_{yk}/f_{stk}=0.6$。

3.2.3 不锈钢锚栓的性能等级应按所用钢材的抗拉强度标准值 f_{stk} 及屈服强度标准值 f_{yk} 确定，相应的性能指标应按表3.2.3采用。

表3.2.3 不锈钢（奥氏体 A_1、A_2、A_4）锚栓的性能指标

性能等级	螺纹直径（mm）	抗拉强度标准值 f_{stk}（MPa）	屈服强度标准值 f_{yk}（MPa）	伸长值 δ
50	≤39	500	210	$0.6d$
70	≤20	700	450	$0.4d$
80	≤20	800	600	$0.3d$

注：锚栓伸长量 δ 按GB3098.6—86标准7.1.3条方法测定。

3.2.4 化学植筋的钢筋及螺杆，应采用HRB400级和HRB335级带肋钢筋及Q235和Q345钢螺杆。钢筋的强度指标按现行国家标准《混凝土结构设计规范》GB 50010规定采用。

3.2.5 锚栓弹性模量可取 $2.0\times10^5\text{MPa}$。

3.3 锚 固 胶

3.3.1 化学植筋所用锚固胶的锚固性能应通过专门的试验确定。对获准使用的锚固胶，除说明书规定可以掺入定量的掺和剂（填料）外，现场施工中不宜随意增添掺料。

3.3.2 锚固胶按使用形态的不同分为管装式、机械注入式和现场配制式（图3.3.2），应根据使用对象的特征和现场条件合理选用。

3.3.3 环氧基锚固胶的性能指标应满足表3.3.3的要求。

表3.3.3 环氧基锚固胶性能指标

项　目	性　能　指　标	试　验　方　法
物理性能	黏度（25℃）4500~75000mPa·s，安装温度在 −5~40℃内能正常固化，固化时间可调	《胶粘剂粘度测定方法》GB 2794—81
胶体强度及变形性能	抗压强度标准值 $f_{bc,k}\geq60\text{N/mm}^2$ 抗拉强度标准值 $f_{bt,k}\geq18\text{N/mm}^2$ 受拉弹性模量 $E\geq5.2\times10^3\text{N/mm}^2$ 受拉极限变形 $\varepsilon_u\geq0.01$	《塑料压缩试验方法》GB 1041—79 《塑料拉伸试验方法》GB 1040—79
钢-钢粘结强度	抗剪强度标准值 $f_{bv,k}\geq14\text{N/mm}^2$ 抗拉强度标准值 $f_{bt,k}\geq20\text{N/mm}^2$ 不均匀扯离强度标准值 $f_{bp,k}\geq20\text{kN/m}$	《胶粘剂拉伸剪切强度测定方法》GB 7124—86 《胶粘剂拉伸强度试验方法》GB 6329—86 《金属粘接不均匀扯离强度试验方法》HB 5166

续表3.3.3

项　目	性　能　指　标	试　验　方　法
钢-混凝土粘结强度	钢-混凝土的粘结抗拉，其破坏应发生在混凝土中，不允许发生在胶层	用带拉杆之 50mm×50mm×5mm 钢块两块，轴对称粘贴于 70mm×70mm×50mm 之 C50 混凝土块大面，固化后进行拉伸试验
耐温性能	$-45 \sim 80℃$ 瞬态温度下及 $-35 \sim 60℃$ 稳态温度下，$f_{bv,k} \geq 14MPa$	GB 7124—86
冻融性能	在 $-25 \sim 25℃$ 范围内，经受50次冻融循环后，$f_{bv,k} \geq 14MPa$	GB 7124—86
耐老化性能	人工老化试验 $\geq 3000h$，$f_{bv,k} \geq 14MPa$	GB 7124—86 及《色漆和清漆——人工气候老化和人工辐射暴露——滤过的氙弧射》GB/T 4865—1997
	湿热老化试验 $\geq 90d$，$f_{bv,k} \geq 12MPa$	相对湿度 95%～100%，温度 49℃～52℃

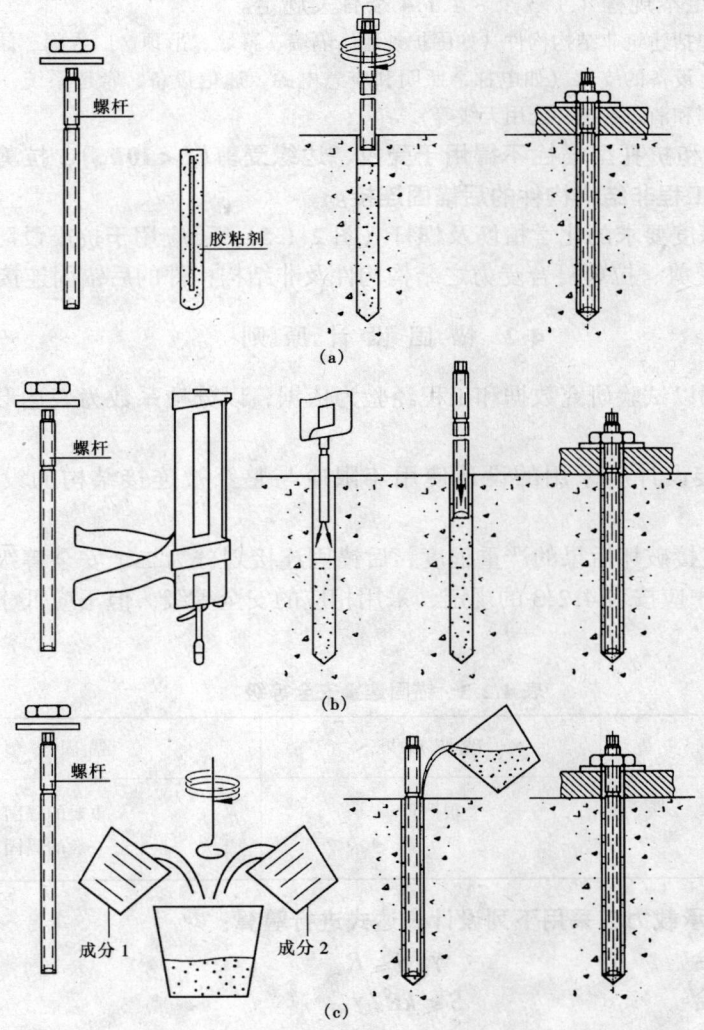

图 3.3.2　锚固胶使用形态
(a) 管装式；(b) 机械注入式；(c) 现场配制式

4 设计基本规定

4.1 锚栓分类及适用范围

4.1.1 锚栓按工作原理及构造的不同可分为膨胀型锚栓、扩孔型锚栓、化学植筋及其他类型锚栓。各类锚栓的选用除考虑锚栓本身性能差异外，尚应考虑基材性状、锚固连接的受力性质、被连接结构类型、有无抗震设防要求等因素的综合影响。

4.1.2 膨胀型锚栓、扩孔型锚栓、化学植筋可用作非结构构件的后锚固连接，也可用作受压、中心受剪（$c \geq 10h_{ef}$）、压剪组合之结构构件的后锚固连接。各类锚栓的特许适用和限定范围，应满足本规程4.1.3条~4.1.4条有关规定。

> 注：非结构构件包括建筑非结构构件（如围护外墙、隔墙、幕墙、吊顶、广告牌、储物柜架等）及建筑附属机电设备的支架（如电梯、照明和应急电源，通信设备，管道系统，采暖和空调系统，烟火监测和消防系统，公用天线等）等。

4.1.3 膨胀型锚栓和扩孔型锚栓不得用于受拉、边缘受剪（$c < 10h_{ef}$）、拉剪复合受力的结构构件及生命线工程非结构构件的后锚固连接。

4.1.4 满足锚固深度要求的化学植筋及螺杆（图2.1.5），可应用于抗震设防烈度不大于8度之受拉、边缘受剪、拉剪复合受力之结构构件及非结构构件的后锚固连接。

4.2 锚固设计原则

4.2.1 本规程采用以试验研究数据和工程经验为依据，以分项系数为表达形式的极限状态设计方法。

4.2.2 后锚固连接设计所采用的设计使用年限应与整个被连接结构的设计使用年限一致。

4.2.3 根据锚固连接破坏后果的严重程度，后锚固连接划分为二个安全等级。混凝土结构后锚固连接设计，应按表4.2.3的规定，采用相应的安全等级，但不应低于被连接结构的安全等级。

表 4.2.3 锚固连接安全等级

安全等级	破坏后果	锚固类型
一级	很严重	重要的锚固
二级	严重	一般的锚固

4.2.4 后锚固连接承载力应采用下列设计表达式进行验算：

无地震作用组合
$$\gamma_A S \leq R \tag{4.2.4-1}$$

有地震作用组合
$$S \leq kR/\gamma_{RE} \tag{4.2.4-2}$$

$$R = R_k/\gamma_R \tag{4.2.4-3}$$

式中 γ_A——锚固连接重要性系数，对一级、二级的锚固安全等级，分别取1.2、1.1；且 $\gamma_A \geq \gamma_0$，γ_0 为被连接结构的重要性系数；

S——锚固连接荷载效应组合设计值，按现行国家标准《建筑结构荷载规范》GB 50009 和《建筑抗震设计规范》GB 50011 的规定进行计算；

R——锚固承载力设计值；

R_k——锚固承载力标准值；

k——地震作用下锚固承载力降低系数；

γ_{RE}——锚固承载力抗震调整系数；

γ_R——锚固承载力分项系数。

公式（4.2.4-1）中的 $\gamma_A S$，在本规程各章中用内力设计值（N、M、V）表示。

4.2.5 后锚固连接设计，应根据被连接结构类型、锚固连接受力性质及锚栓类型的不同，对其破坏型态加以控制。对受拉、边缘受剪、拉剪组合之结构构件及生命线工程非结构构件的锚固连接，应控制为锚栓或植筋钢材破坏，不应控制为混凝土基材破坏；对于膨胀型锚栓及扩孔型锚栓锚固连接，不应发生整体拔出破坏，不宜产生锚杆穿出破坏；对于满足锚固深度要求的化学植筋及长螺杆，不应产生混凝土基材破坏及拔出破坏（包括沿胶筋界面破坏和胶混界面破坏）。

4.2.6 混凝土结构后锚固连接承载力分项系数 γ_R，应根据锚固连接破坏类型及被连接结构类型的不同，按表 4.2.6 采用。当有充分试验依据和可靠使用经验，并经国家指定的机构技术认证许可后，其值可做适当调整。

表 4.2.6 锚固承载力分项系数 γ_R

项次	符号	锚固破坏类型 \ 被连接结构类型	结构构件	非结构构件
1	$\gamma_{Rc,N}$	混凝土锥体受拉破坏	3.0	2.15
2	$\gamma_{Rc,V}$	混凝土楔形体受剪破坏	2.5	1.8
3	γ_{Rp}	锚栓穿出破坏	3.0	2.15
4	γ_{Rsp}	混凝土劈裂破坏	3.0	2.15
5	γ_{Rcp}	混凝土剪撬破坏	2.5	1.8
6	$\gamma_{Rs,N}$	锚栓钢材受拉破坏	$1.3 f_{stk}/f_{yk} \geq 1.55$	$1.2 f_{stk}/f_{yk} \geq 1.4$
7	$\gamma_{Rs,V}$	锚栓钢材受剪破坏	$1.3 f_{stk}/f_{yk} \geq 1.4$（$f_{stk} \leq 800\mathrm{MPa}$ 且 $f_{yk}/f_{stk} \leq 0.8$）	$1.2 f_{stk}/f_{yk} \geq 1.25$（$f_{stk} \leq 800\mathrm{MPa}$ 且 $f_{yk}/f_{stk} \leq 0.8$）

4.2.7 未经有资质的技术鉴定或设计许可，不得改变后锚固连接的用途和使用环境。

5 锚固连接内力分析

5.1 一般规定

5.1.1 锚栓内力宜按下列基本假定进行计算：

1 被连接件与基材结合面受力变形后仍保持为平面，锚板出平面刚度较大，其弯曲变形忽略不计；

2 锚栓本身不传递压力（化学植筋除外），锚固连接的压力应通过被连接件的锚板直接传给混凝土基材；

3 群锚锚栓内力按弹性理论计算。当锚固破坏为锚栓或植筋钢材破坏，且为低强（≤5.8级）钢材时，可考虑塑性应力重分布，按弹塑性理论计算。

5.1.2 当式（5.1.2）成立时，锚固区基材可判定为非开裂混凝土；否则宜判定为开裂混凝土，并按现行国家标准《混凝土结构设计规范》GB 50010 计算其裂缝宽度：

$$\sigma_L + \sigma_R \leq 0 \tag{5.1.2}$$

式中 σ_L——外荷载（包括锚栓荷载）及预应力在基材结构锚固区混凝土中所产生的应力标准值，拉为正，压为负；

σ_R——由于混凝土收缩、温度变化及支座位移等在锚固区混凝土中所产生的拉应力标准值，若不进行精确计算，可近似取 $\sigma_R = 3$MPa。

5.2 群锚受拉内力计算

5.2.1 轴心拉力作用下（图5.2.1），各锚栓所承受的拉力设计值应按下式计算：

$$N_{Sd} = N/n \tag{5.2.1}$$

式中 N_{Sd}——锚栓所承受的拉力设计值；

N——总拉力设计值；

n——群锚锚栓个数。

5.2.2 轴心拉力与弯矩共同作用下（图5.2.2），弹性分析时，受力最大锚栓的拉力设计值应按下列规定计算：

1 当 $N/n - My_1/\sum y_i^2 \geq 0$ 时

$$N_{Sd}^h = N/n + My_1/\sum y_i^2 \tag{5.2.2-1}$$

2 当 $N/n - My_1/\sum y_i^2 < 0$ 时

$$N_{Sd}^h = (NL + M)y_1'/\sum y_i'^2 \tag{5.2.2-2}$$

式中 M——弯矩设计值；

N_{Sd}^h——群锚中受力最大锚栓的拉力设计值；

y_1, y_i——锚栓 1 及 i 至群锚形心轴的垂直距离；

y_1', y_i'——锚栓 1 及 i 至受压一侧最外排锚栓的垂直距离；

L——轴力 N 作用点至受压一侧最外排锚栓的垂直距离。

图 5.2.1 轴心受拉

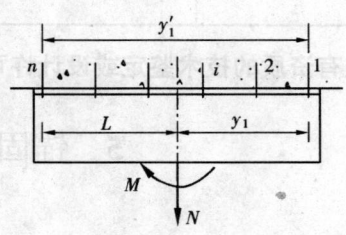

图 5.2.2 拉力和弯矩共同作用

5.3 群锚受剪内力计算

5.3.1 群锚在剪切荷载 V 或扭矩 T 作用下，锚栓所承受的剪力，应根据被连接件锚板孔径 d_f 与锚栓直径 d 的适配情况，锚栓与混凝土基材边缘的距离 c 值大小等，分别按下列规定确定：

1 锚板钻孔与锚杆之间的空隙 $\Delta = d_f - d$ 或钻孔与套筒之间的空隙（穿透式安装情况）$\Delta = d_f - d_{nom}$ 小于或等于表 5.3.1 的允许值 $[\Delta]$，且边距 $c \geqslant 10 h_{ef}$ 时，所有锚栓均匀分摊剪切荷载（图 5.3.1-1）；

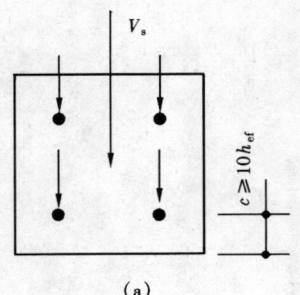 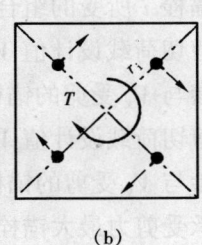

图 5.3.1-1 理想状态下受剪锚栓内力
(a) 剪力 V 作用下；(b) 扭矩 T 作用下

表 5.3.1 被连接件孔径、孔隙规定（mm）

锚栓 d 或 d_{nom}	6	8	10	12	14	16	18	20	22	24	27	30
锚板孔径 d_f	7	9	12	14	16	18	20	22	24	26	30	33
最大间隙 $[\Delta]$	1	1	2	2	2	2	2	2	2	2	3	3

2 $\Delta > [\Delta]$ 或 $c < 10 h_{ef}$ 时，只有部分锚栓承受剪切荷载（图 5.3.1-2）；

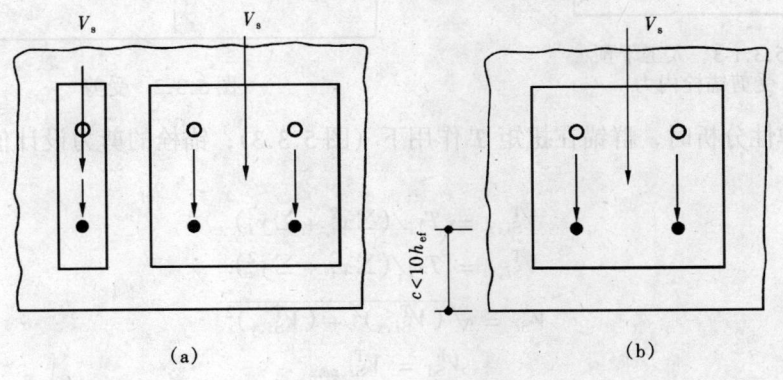

图 5.3.1-2 非理想状态下受剪锚栓内力
(a) $\Delta > [\Delta]$；(b) $c < 10 h_{ef}$

3 当部分锚栓的锚板孔沿剪切荷载方向为长槽孔时，可不考虑这些锚栓承受剪力（图 5.3.1-3）。

5.3.2 剪切荷载 V 作用下（图5.3.2），锚栓的剪力设计值应按下列公式计算：

$$V_{Si,x}^V = V_x/n_x \quad (5.3.2\text{-}1)$$

$$V_{Si,y}^V = V_y/n_y \quad (5.3.2\text{-}2)$$

$$V_{Si}^V = \sqrt{(V_{Si,x}^V)^2 + (V_{Si,y}^V)^2} \quad (5.3.2\text{-}3)$$

$$V_{Sd}^h = V_{Si,\max}^V \quad (5.3.2\text{-}4)$$

式中 $V_{Si,x}^V$——锚栓 i 所受剪力的 x 分量；

$\quad\quad V_{Si,y}^V$——锚栓 i 所受剪力的 y 分量；

$\quad\quad V_{Si}^V$——锚栓 i 所受的组合剪力值；

$\quad\quad V_x$——剪切荷载设计值 V 的 x 分量；

$\quad\quad n_x$——参与 V_x 受剪的锚栓数目；

$\quad\quad V_y$——剪切荷载设计值 V 的 y 分量；

$\quad\quad n_y$——参与 V_y 受剪的锚栓数目；

$\quad\quad V_{Sd}^h$——承受剪力最大锚栓的剪力设计值。

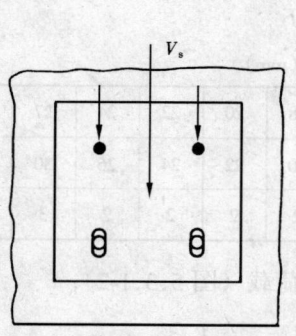

图 5.3.1-3 人工干预受剪锚栓内力

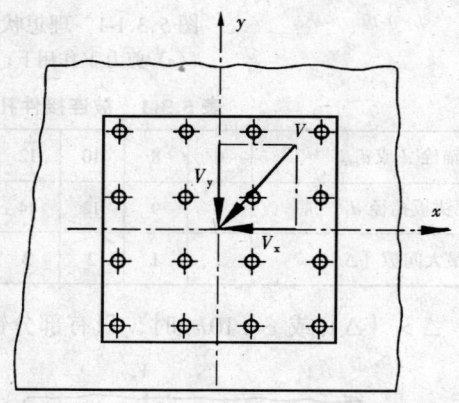

图 5.3.2 受剪

5.3.3 按弹性分析时，群锚在扭矩 T 作用下（图5.3.3），锚栓的剪力设计值应按下列公式计算：

$$V_{Si,x}^T = Ty_i/(\sum x_i^2 + \sum y_i^2) \quad (5.3.3\text{-}1)$$

$$V_{Si,y}^T = Tx_i/(\sum x_i^2 + \sum y_i^2) \quad (5.3.3\text{-}2)$$

$$V_{Si}^V = \sqrt{(V_{Si,x}^T)^2 + (V_{Si,y}^T)^2} \quad (5.3.3\text{-}3)$$

$$V_{Sd}^h = V_{Si,\max}^T \quad (5.3.3\text{-}4)$$

式中 T——扭矩设计值；

$\quad\quad V_{Si,x}^T$——T 作用下锚栓 i 所受剪力的 x 分量；

$\quad\quad V_{Si,y}^T$——T 作用下锚栓 i 所受剪力的 y 分量；

$\quad\quad V_{Si}^T$——T 作用下锚栓 i 所受组合剪力值；

x_i——锚栓 i 至以群锚形心为原点的 y 坐标轴的垂直距离；

y_i——锚栓 i 至以群锚形心为原点的 x 坐标轴的垂直距离。

5.3.4 群锚在剪力 V 和扭矩 T 共同作用下（图 5.3.4），锚栓的剪力设计值应按下式计算：

$$V_{Si} = \sqrt{(V_{Si,x}^V + V_{Si,x}^T)^2 + (V_{Si,y}^V + V_{Si,y}^T)^2} \tag{5.3.4-1}$$

$$V_{Sd}^h = V_{Si,\max} \tag{5.3.4-2}$$

式中 V_{Si}——锚栓 i 的剪力设计值。

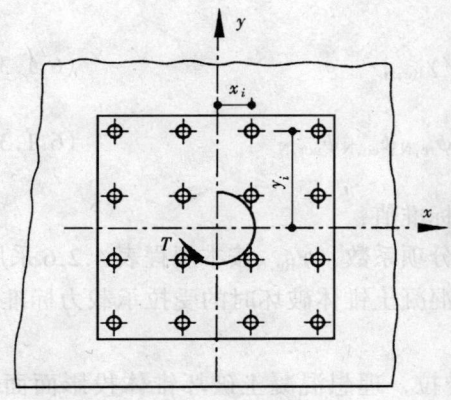
图 5.3.3 受扭

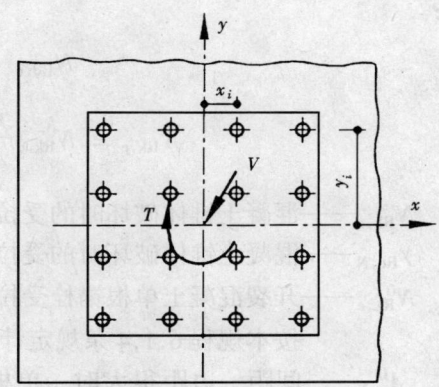
图 5.3.4 剪力和扭矩共同作用

6 承载能力极限状态计算

6.1 受拉承载力计算

6.1.1 锚固受拉承载力应符合表 6.1.1 的规定：

表 6.1.1 锚固受拉承载力设计规定

破 坏 类 型	单一锚栓	群 锚
锚栓钢材破坏	$N_{Sd} \leq N_{Rd,s}$	$N_{Sd}^h \leq N_{Rd,s}$
膨胀型锚栓及扩孔型锚栓穿出破坏	$N_{Sd} \leq N_{Rd,p}$	$N_{Sd}^h \leq N_{Rd,p}$
混凝土锥体受拉破坏	$N_{Sd} \leq N_{Rd,c}$	$N_{Sd}^g \leq N_{Rd,c}$
混凝土劈裂破坏	$N_{Sd} \leq N_{Rd,sp}$	$N_{Sd}^g \leq N_{Rd,sp}$

注：N_{Sd}^h——群锚中拉力最大锚栓的拉力设计值；

N_{Sd}^g——群锚受拉区总拉力设计值；

$N_{Rd,s}$——锚栓钢材破坏受拉承载力设计值；

$N_{Rd,c}$——混凝土锥体破坏受拉承载力设计值；

$N_{Rd,p}$——膨胀型锚栓及扩孔型锚栓穿出破坏受拉承载力设计值；

$N_{Rd,sp}$——混凝土劈裂破坏受拉承载力设计值。

6.1.2 锚栓或植筋钢材破坏时的受拉承载力设计值 $N_{Rd,s}$，应按下列公式计算：

$$N_{Rd,s} = N_{Rk,s}/\gamma_{RS,N} \quad (6.1.2-1)$$

$$N_{Rk,s} = A_s f_{stk} \quad (6.1.2-2)$$

式中 $N_{Rk,s}$——锚栓或植筋钢材破坏受拉承载力标准值；

$\gamma_{RS,N}$——锚栓或植筋钢材破坏受拉承载力分项系数，按表 4.2.6 采用；

A_s——锚栓或植筋应力截面面积；

f_{stk}——锚栓或植筋极限抗拉强度标准值。

6.1.3 单锚或群锚混凝土锥体受拉破坏时的受拉承载力设计值 $N_{Rd,c}$，应按下列公式计算：

$$N_{Rd,c} = N_{Rk,c}/\gamma_{Rc,N} \quad (6.1.3-1)$$

$$N_{Rk,c} = N_{Rk,c}^0 \frac{A_{c,N}}{A_{c,N}^0} \psi_{s,N} \psi_{re,N} \psi_{ec,N} \psi_{ucr,N} \quad (6.1.3-2)$$

式中 $N_{Rk,c}$——混凝土锥体破坏时的受拉承载力标准值；

$\gamma_{Rc,N}$——混凝土锥体破坏时的受拉承载力分项系数，$\gamma_{Rc,N}$ 按本规程表 4.2.6 采用；

$N_{Rk,c}^0$——开裂混凝土单根锚栓受拉，理想混凝土锥体破坏时的受拉承载力标准值，按本规程 6.1.4 条规定计算；

$A_{c,N}^0$——间距、边距很大时，单根锚栓受拉，理想混凝土破坏锥体投影面面积，按本规程 6.1.5 条规定计算；

$A_{c,N}$——单根锚栓或群锚受拉，混凝土实有破坏锥体投影面面积，按本规程 6.1.6 条有关规定计算；

$\psi_{s,N}$——边距 c 对受拉承载力的降低影响系数，按本规程 6.1.7 条规定计算；

$\psi_{re,N}$——表层混凝土因密集配筋的剥离作用对受拉承载力的降低影响系数，按本规程 6.1.8 条规定计算；

$\psi_{ec,N}$——荷载偏心 e_N 对受拉承载力的降低影响系数，按本规程 6.1.9 条规定计算；

$\psi_{ucr,N}$——未裂混凝土对受拉承载力的提高系数，按本规程 6.1.10 条规定取用。

6.1.4 开裂混凝土单根锚栓，理想混凝土锥体破坏受拉承载力标准值 $N_{Rk,c}^0$（N），应由试验确定，在符合相应产品标准及本规程有关规定的情况下，可按下式计算或按表 6.1.4 采用：

$$N_{Rk,c}^0 = 7.0 \sqrt{f_{cu,k}} h_{ef}^{1.5} （膨胀型锚栓及扩孔型锚栓）(N) \quad (6.1.4)$$

式中 $f_{cu,k}$——混凝土立方体抗压强度标准值（N/mm²），当 $f_{cu,k} = 45 \sim 60$ MPa 时，应乘以降低系数 0.95；

h_{ef}——锚栓有效锚固深度（mm），对于膨胀型锚栓及扩孔型锚栓，为膨胀锥体与孔壁最大挤压点的深度。

**表 6.1.4　单根膨胀型锚栓、扩孔型锚栓受拉，
混凝土锥体破坏承载力标准值 $N_{Rk,c}^0$（kN）**

有效锚固深度 h_{ef}（mm） \ 混凝土强度等级（MPa）	C20	C25	C30	C35	C40	C45	C50	C55	C60
30	5.14	5.75	6.30	6.80	7.27	7.52	7.93	8.31	8.68
35	6.48	7.25	7.94	8.58	9.17	9.48	9.99	10.48	10.94
40	7.92	8.85	9.70	10.48	11.20	11.58	12.20	12.80	13.37
45	9.45	10.57	11.57	12.50	13.36	13.82	I4.56	15.27	15.95
50	11.07	12.37	13.56	14.64	15.65	16.18	17.06	17.89	18.68
55	12.77	14.28	15.64	16.89	18.06	18.67	19.68	20.64	21.56
60	14.55	16.27	17.82	19.25	20.58	21.27	22.42	23.52	24.56
70	18.33	20.50	22.45	24.25	25.93	26.80	28.25	29.63	30.95
80	22.40	25.04	27.43	29.63	31.68	32.75	34.52	36.21	37.82
90	26.73	29.88	32.74	35.36	37.80	39.08	41.19	43.20	45.12
100	31.30	35.00	38.34	41.41	44.27	45.77	48.24	50.60	52.85
120	41.15	46.01	50.40	54.44	58.20	60.16	63.42	66.51	69.47
140	51.86	57.98	63.51	68.60	73.34	75.82	79.92	83.82	87.54
160	63.36	70.84	77.60	83.81	89.60	92.63	97.64	102.41	106.96
180	75.60	84.52	92.59	100.01	106.91	110.53	116.51	122.19	127.63
200	88.54	98.99	108.44	117.13	125.22	129.45	136.46	143.12	149.48
250	123.74	138.35	151.55	163.70	175.00	180.92	190.70	200.01	208.90
300	162.67	181.87	199.22	215.19	230.04	237.82	250.68	262.92	274.61
350	204.98	229.18	251.05	271.17	289.89	299.69	315.90	331.32	346.05
400	250.44	280.00	306.72	331.13	354.18	366.15	385.59	404.79	422.79
450	298.84	334.11	366.00	395.32	426.62	436.90	460.54	483.01	504.49
500	350.00	391.31	428.66	463.01	494.97	511.71	539.39	565.71	590.87

6.1.5 单根锚栓受拉，混凝土理想化破坏锥体投影面面积 $A_{c,N}^0$ 应按下列公式计算（图 6.1.5）：

$$A_{c,N}^0 = s_{cr,N}^2 \qquad (6.1.5)$$

式中　$s_{cr,N}$——混凝土锥体破坏情况下，无间距效应和边缘效应，确保每根锚栓受拉承载力标准值的临界间距。对于膨胀型锚栓及扩孔型锚栓，取 $s_{cr,N}=3h_{ef}$。

6.1.6 群锚受拉，混凝土破坏锥体投影面面积 $A_{c,N}$，应根据锚栓排列布置情况的不同，分别按下列规定计算：

1 单栓，靠近构件边缘布置，$c_1 \leqslant c_{cr,N}$ 时（图 6.1.6-1）

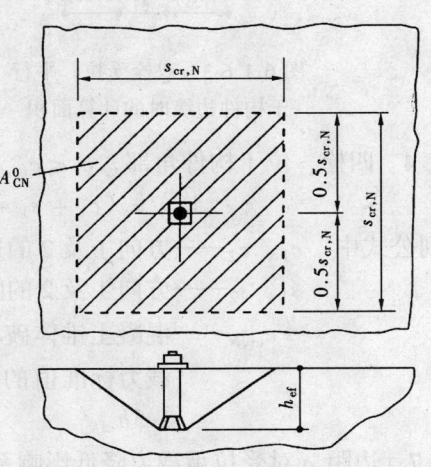

图 6.1.5　单栓受拉，理想化破坏锥体及其计算面积

$$A_{c,N} = (c_1 + 0.5s_{cr,N})s_{cr,N} \qquad (6.1.6-1)$$

2 双栓，垂直构件边缘布置，$c_1 \leqslant c_{cr,N}$，$s_1 \leqslant s_{cr,N}$时（图6.1.6-2）

$$A_{c,N} = (c_1 + s_1 + 0.5s_{cr,N})s_{cr,N} \qquad (6.1.6-2)$$

3 双栓，平行构件边缘布置，$c_1 \leqslant c_{cr,N}$，$s_1 \leqslant s_{cr,N}$时（图6.1.6-3）

$$A_{c,N} = (c_2 + 0.5s_{r,N})(s_1 + s_{cr,N}) \qquad (6.1.6-3)$$

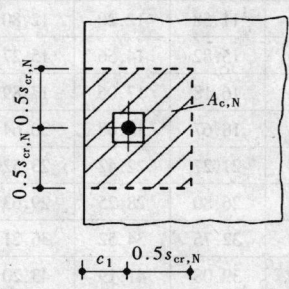

图6.1.6-1 单栓受拉，靠近构件边缘时的计算面积

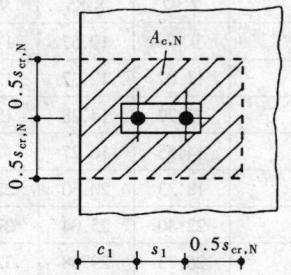

图6.1.6-2 双栓受拉，垂直于构件边缘时的计算面积

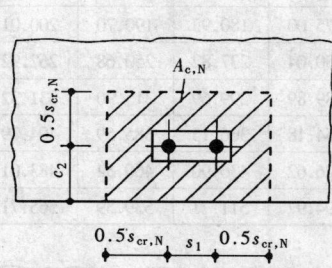

图6.1.6-3 双栓受拉，平行于构件边缘时的计算面积

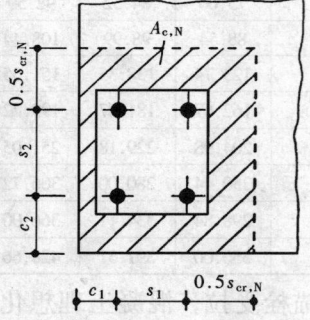

图6.1.6-4 四栓受拉，位于构件角部的计算面积

4 四栓，位于构件角部，$c_1 \leqslant c_{cr,N}$，$c_2 \leqslant c_{cr,N}$，$s_1 \leqslant s_{cr,N}$，$s_2 \leqslant s_{cr,N}$时（图6.1.6-4）

$$A_{c,N} = (c_1 + s_1 + 0.5s_{cr,N})(c_2 + s_2 + 0.5s_{cr,N}) \qquad (6.1.6-4)$$

上列公式中　　c_1，c_2——方向1及2的边距；

s_1，s_2——方向1及2的间距；

$c_{cr,N}$——混凝土锥体破坏，无间距效应及边缘效应，确保每根锚栓受拉承载力标准值的临界边距，对于膨胀型锚栓、扩孔型锚栓 $c_{cr,N} = 1.5h_{ef}$。

6.1.7 边距 c 对受拉承载力降低影响系数 $\psi_{s,N}$ 应按下式计算：

$$\psi_{s,N} = 0.7 + 0.3\frac{c}{c_{cr,N}} \leqslant 1 \qquad (6.1.7)$$

式中 c——边距，若有多个边距时，取最小值。$c_{min} \leqslant c \leqslant c_{cr,N}$，$c_{min}$ 按本规程 6.1.11 条规定采用。

6.1.8 表层混凝土因密集配筋的剥离作用对受拉承载力降低影响系数 $\psi_{re,N}$ 按下式计算。当锚固区钢筋间距 $s \geqslant 150mm$ 时，或钢筋直径 $d \leqslant 10mm$ 且 $s \geqslant 100mm$ 时，则取 $\psi_{re,N} = 1.0$。

$$\psi_{re,N} = 0.5 + \frac{h_{ef}}{200} \leqslant 1 \qquad (6.1.8)$$

6.1.9 荷载偏心对受拉承载力的降低影响系数 $\psi_{ec,N}$ 按下式计算：

$$\psi_{ec,N} = \frac{1}{1 + 2e_N/s_{cr,N}} \leqslant 1 \qquad (6.1.9)$$

式中 e_N——外拉力 N 相对于群锚重心的偏心距；若为双向偏心，应分别按两个方向计算，取 $\psi_{re,N} = \psi_{(ec,N)1} \psi_{(ec,N)2}$。

6.1.10 未裂混凝土对受拉承载力的提高系数 $\psi_{ucr,N}$，对膨胀型锚栓及扩孔型锚栓可取 1.4。

6.1.11 锚栓边距 c、间距 s 及基材厚度 h 应分别不小于其最小值 c_{min}、s_{min}、h_{min}。锚栓安装过程中不产生劈裂破坏的最小边距 c_{min}、最小间距 s_{min} 及最小厚度 h_{min}，应由锚栓生产厂家通过系统的试验认证后提供，在符合相应产品标准及本规程有关规定情况下，可采用下列数据：

$$h_{min} = 1.5h_{ef}, \text{且} \; h_{min} \geqslant 100mm$$

膨胀型锚栓（双锥体）　　$c_{min} = 3h_{ef}$，　　$s_{min} = 1.5h_{ef}$

膨胀型锚栓　　　　　　　$c_{min} = 2h_{ef}$，　　$s_{min} = h_{ef}$

扩孔型锚栓　　　　　　　$c_{min} = h_{ef}$，　　　$s_{min} = h_{ef}$

当满足下列条件时，可不考虑荷载条件下的劈裂破坏作用：

1 锚栓位于构件受压区或配有能限制裂缝宽度 $\leqslant 0.3mm$ 的钢筋；

2 $c \geqslant 1.5c_{cr,sp}$，及 $h \geqslant 2h_{ef}$，其中 $c_{cr,sp}$ 为基材混凝土劈裂破坏的临界边距，对于扩孔型锚栓 $c_{cr,sp} = 2h_{ef}$，膨胀型锚栓 $c_{cr,sp} = 3h_{ef}$。

当不满足上述要求时，则应验算荷载条件下的基材混凝土劈裂破坏承载力，并按下列公式计算混凝土劈裂破坏承载力设计值 $N_{Rd,sp}$：

$$N_{Rd,sp} = N_{Rk,sp}/\gamma_{Rsp} \qquad (6.1.11-1)$$

$$N_{Rk,sp} = \psi_{h,sp} N_{Rk,c} \qquad (6.1.11-2)$$

$$\psi_{h,sp} = (h/2h_{ef})^{2/3} \leqslant 1.5 \qquad (6.1.11-3)$$

式中 $N_{Rd,sp}$——混凝土劈裂破坏受拉承载力设计值；

$N_{Rk,sp}$——混凝土劈裂破坏受拉承载力标准值；

$N_{Rk,c}$——混凝土锥体破坏时的受拉承载力标准值，按本规程公式（6.1.3-2）计算，但 $A_{c,N}$、$A_{c,N}^0$ 及相关系数计算中的 $c_{cr,N}$ 和 $s_{cr,N}$ 应由 $c_{cr,sp} = 2h_{ef}$（扩孔型锚栓）、$3h_{ef}$（膨胀型锚栓）和 $s_{cr,sp} = 2c_{cr,sp}$ 替代；

γ_{Rsp}——混凝土劈裂破坏受拉承载力分项系数，按本规程表 4.2.6 采用；

$\psi_{h,sp}$——构件厚度 h 对劈裂承载力的影响系数。

6.2 受剪承载力计算

6.2.1 锚固受剪承载力应按表6.2.1规定计算：

表6.2.1 锚固受剪承载力设计规定

破坏类型	单一锚栓	群锚
锚栓钢材破坏	$V_{Sd} \leq V_{Rd,s}$	$V_{Sd}^h \leq V_{Rd,s}$
混凝土剪撬破坏	$V_{Sd} \leq V_{Rd,cp}$	$V_{Sd}^g \leq V_{Rd,cp}$
混凝土楔形体破坏	$V_{Sd} \leq V_{Rd,c}$	$V_{Sd}^g \leq V_{Rd,c}$

注：V_{Sd}^h——群锚中剪力最大锚栓的剪力设计值；
V_{Sd}^g——群锚总剪力设计值；
$V_{Rd,s}$——锚栓钢材破坏时的受剪承载力设计值；
$V_{Rd,c}$——混凝土楔形体破坏时的受剪承载力设计值；
$V_{Rd,cp}$——混凝土剪撬破坏时的受剪承载力设计值。

6.2.2 锚栓或植筋钢材破坏时的受剪承载力设计值 $V_{Rd,s}$ 应按下列规定计算：

$$V_{Rd,s} = V_{Rk,s} / \gamma_{Rs,V} \qquad (6.2.2\text{-}1)$$

式中 $V_{Rk,s}$——锚栓或植筋钢材破坏时的受剪承载力标准值；
$\gamma_{Rs,V}$——锚栓或植筋钢材破坏时的受剪承载力分项系数，$\gamma_{Rs,V}$按本规程表4.2.6采用。

1 无杠杆臂的纯剪，$V_{Rk,s}$按下式计算：

$$V_{Rk,s} = 0.5 A_s f_{stk} \qquad (6.2.2\text{-}2)$$

式中 f_{stk}——锚栓或植筋极限抗拉强度标准值，按表3.2.2和表3.2.3采用；
A_s——锚栓或植筋应力段截面面积较小值。

注：对于群锚，若锚栓钢材延性较低（拉断伸长率不大于8%），$V_{Rk,s}$应乘以0.8的降低系数。

2 有杠杆臂的拉、弯、剪复合受力，$V_{Rk,s}$可按下列公式计算：

$$V_{Rk,s} = \alpha_M M_{Rk,s} / l_0 \qquad (6.2.2\text{-}3)$$

$$M_{Rk,s} = M_{Rk,s}^0 (1 - N_{Sd}/N_{Rd,s}) \qquad (6.2.2\text{-}4)$$

$$M_{Rk,s}^0 = 1.2 W_{el} f_{stk} \qquad (6.2.2\text{-}5)$$

式中 l_0——杆杠臂计算长度，当用垫圈和螺母压紧在混凝土基面上时（图6.2.2-1a），$l_0 = l$，无压紧时（图6.2.2-1b），$l_0 = l + 0.5d$；
α_M——被连接件约束系数，无约束时（图6.2.2-2a）$\alpha_M = 1$，有约束时（图6.2.2-2b）$\alpha_M = 2$。
$M_{Rk,s}^0$——单根锚栓抗弯承载力标准值；
N_{Sd}——单根锚栓轴拉力设计值；
$N_{Rd,s}$——单根锚栓钢材破坏受拉承载力设计值；
W_{el}——锚栓截面抵抗矩。

6.2.3 构件边缘受剪（$c < 10 h_{ef}$）混凝土楔形体破坏（图2.1.14、图6.2.5、图6.2.6）时，受剪承载力设计值 $V_{Rd,c}$ 应按下列公式计算：

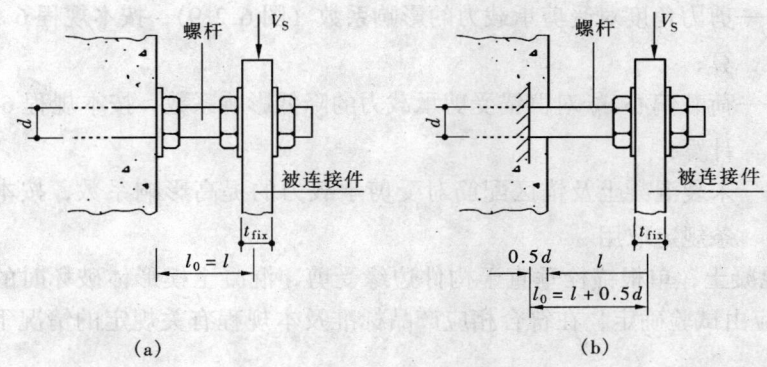

图 6.2.2-1 杠杆臂计算长度
(a) 螺栓被夹持在混凝土基面上；(b) 无夹持

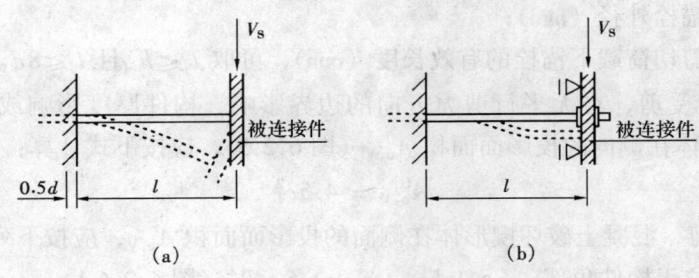

图 6.2.2-2 约束状况
(a) 无约束；(b) 全约束

$$V_{Rd,c} = V_{Rk,c}/\gamma_{Rc,V} \quad (6.2.3-1)$$

$$V_{Rk,c} = V_{Rk,c}^0 \frac{A_{c,V}}{A_{c,V}^0} \psi_{s,V} \psi_{h,V} \psi_{\alpha,V} \psi_{ec,V} \psi_{ucr,V} \quad (6.2.3-2)$$

式中 $V_{Rk,c}$——构件边缘混凝土破坏时受剪承载力标准值；

$\gamma_{Rc,V}$——构件边缘混凝土破坏时受剪承载力分项系数，$\gamma_{Rc,V}$ 按本规程表 4.2.6 采用；

$V_{Rk,c}^0$——开裂混凝土，单根锚栓垂直构件边缘受剪，混凝土理想楔形体破坏时的受剪承载力标准值，按本规程 6.2.4 条规定计算；

$A_{c,V}^0$——单根锚栓受剪，在无平行剪力方向的边界影响、构件厚度影响或相邻锚栓影响，混凝土破坏理想楔形体在侧向的投影面面积，按本规程 6.2.5 条规定计算；

$A_{c,V}$——群锚受剪，混凝土破坏楔形体在侧向的投影面面积，按本规程 6.2.6 条规定计算；

$\psi_{s,V}$——边距比 c_2/c_1 对受剪承载力的降低影响系数，按本规程 6.2.7 条规定计算；

$\psi_{h,V}$——边距与厚度比 c_1/h 对受剪承载力的提高影响系数，按本规程 6.2.8 条规定计算；

$\psi_{\alpha,V}$——剪力角度对受剪承载力的影响系数（图6.2.9），按本规程6.2.9条规定计算；

$\psi_{ec,V}$——荷载偏心 e_V 对群锚受剪承载力的降低影响系数，按本规程6.2.10条规定计算；

$\psi_{ucr,V}$——未裂混凝土及锚区配筋对受剪承载力的提高影响系数，按本规程6.2.11条规定取用。

6.2.4 开裂混凝土，单根锚栓垂直于构件边缘受剪，混凝土楔形体破坏时的受剪承载力标准值 $V_{Rk,c}^0$ 应由试验确定，在符合相应产品标准及本规程有关规定的情况下，可按下式计算：

$$V_{Rk,c}^0 = 0.45\sqrt{d_{nom}}(l_f/d_{nom})^{0.2}\sqrt{f_{cu,k}}\,c_1^{1.5} \quad (N) \tag{6.2.4}$$

式中 d_{nom}——锚栓外径（mm）；

l_f——剪切荷载下锚栓的有效长度（mm），可取 $l_f \leqslant h_{ef}$ 且 $l_f \leqslant 8d$。

6.2.5 单根锚栓受剪，在无平行剪力方向的边界影响、构件厚度影响或相邻锚栓影响，混凝土破坏楔形体在侧向的投影面面积 $A_{c,V}^0$（图6.2.5），应按下式计算：

$$A_{c,V}^0 = 4.5c_1^2 \tag{6.2.5}$$

6.2.6 群锚受剪，混凝土破坏楔形体在侧面的投影面面积 $A_{c,V}$，应按下列规定计算：

1 单栓，位于构件角部，$h > 1.5c_1$，$c_2 \leqslant 1.5c_1$ 时（图6.2.6-1）

$$A_{c,V} = 1.5c_1(1.5c_1 + c_2) \tag{6.2.6-1}$$

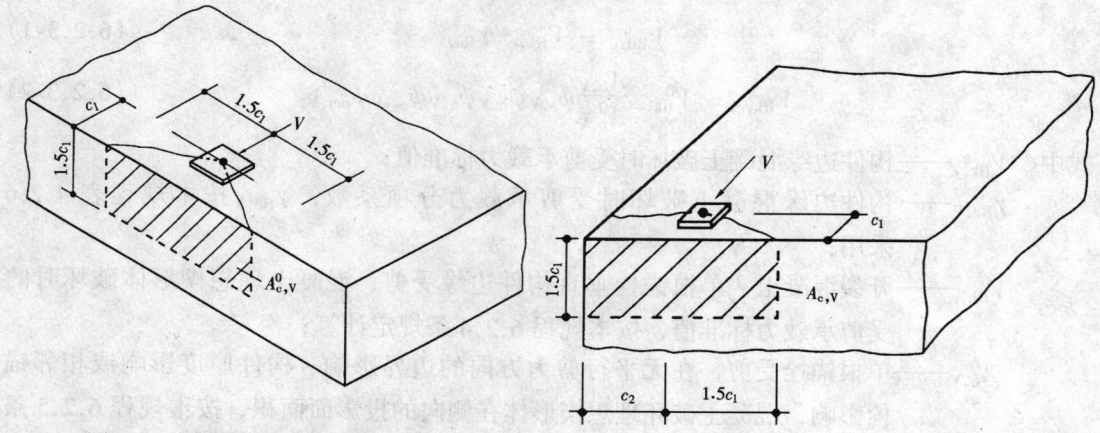

图6.2.5 理想化的单栓受剪混凝土破坏楔形体投影面积

图6.2.6-1 角部，单栓受剪

2 双栓，位于构件边缘，厚度较小，$h \leqslant 1.5c_1$，$s_2 \leqslant 3c_1$ 时（图6.2.6-2）

$$A_{c,V} = (3c_1 + s_2)h \tag{6.2.6-2}$$

3 四栓，位于构件角部，厚度较小，$h \leqslant 1.5c_1$，$s_2 \leqslant 3c_1$，$c_2 \leqslant 1.5c_1$ 时（图6.2.6-3）

$$A_{c,V} = (1.5c_1 + s_2 + c_2)h \tag{6.2.6-3}$$

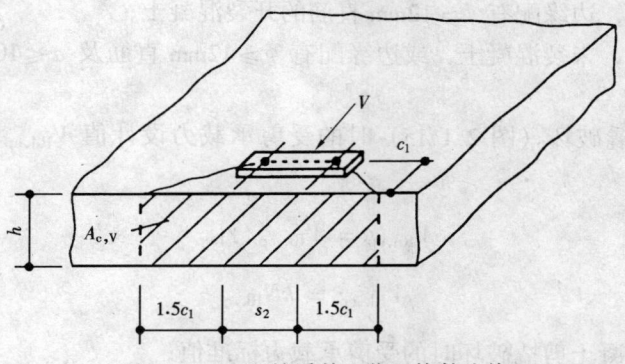

图6.2.6-2 双栓受剪,位于构件边缘

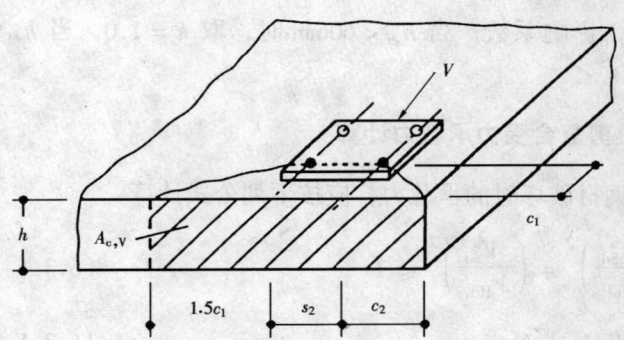

图6.2.6-3 四栓受剪,位于构件角部

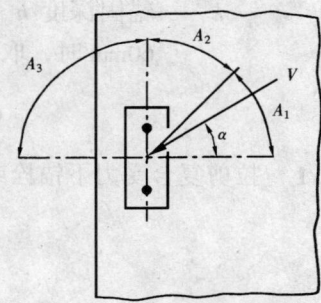

图6.2.9 剪力角 α

6.2.7 边距比 c_2/c_1 对受剪承载力的降低影响系数 $\psi_{s,V}$,应按下式计算:

$$\psi_{s,V} = 0.7 + 0.3\frac{c_2}{1.5c_1} \leqslant 1 \tag{6.2.7}$$

6.2.8 边距与构件厚度比 c_1/h 对受剪承载力的提高影响系数 $\psi_{h,V}$,应按下式计算:

$$\psi_{h,V} = \left(\frac{1.5c_1}{h}\right)^{1/3} \geqslant 1 \tag{6.2.8}$$

6.2.9 剪力与垂直于构件自由边方向轴线之夹角 α(图6.2.9)对受剪承载力的影响系数 $\psi_{\alpha,V}$,应按下式计算:

$$\begin{aligned}\psi_{\alpha,V} &= 1.0 & (0° \leqslant \alpha \leqslant 55°)\\ \psi_{\alpha,V} &= 1/(\cos\alpha + 0.5\sin\alpha) & (55° < \alpha < 90°)\\ \psi_{\alpha,V} &= 2.0 & (90° \leqslant \alpha \leqslant 180°)\end{aligned} \tag{6.2.9}$$

6.2.10 荷载偏心对群锚受剪承载力的降低影响系数 $\psi_{ec,V}$,应按下式计算:

$$\psi_{ec,V} = \frac{1}{1 + 2e_V/3c_1} \leqslant 1 \tag{6.2.10}$$

式中 e_V——剪力合力点至受剪锚栓重心的距离。

6.2.11 未裂混凝土及锚固区配筋对受剪承载力的提高影响系数 $\psi_{ucr,V}$,应按下列规定采用:

1 $\psi_{ucr,V} = 1.0$,边缘为无筋的开裂混凝土;

2 $\psi_{ucr,V} = 1.2$，边缘配有 $\phi \geqslant 12mm$ 直筋的开裂混凝土；

3 $\psi_{ucr,V} = 1.4$，未裂混凝土，或边缘配有 $\phi \geqslant 12mm$ 直筋及 $a \leqslant 100mm$ 箍筋的开裂混凝土。

6.2.12 混凝土剪撬破坏（图 2.1.15）时的受剪承载力设计值 $V_{Rd,cp}$，应按下列公式计算：

$$V_{Rd,cp} = V_{Rk,cp}/\gamma_{Rcp} \tag{6.2.12-1}$$

$$V_{Rk,cp} = kN_{Rk,c} \tag{6.2.12-2}$$

式中 $V_{Rk,cp}$——混凝土剪撬破坏时的受剪承载力标准值；

γ_{Rcp}——混凝土剪撬破坏时的受剪承载力分项系数，γ_{Rcp} 按表 4.2.6 采用；

k——锚固深度 h_{ef} 对 $V_{Rk,cp}$ 影响系数，当 $h_{ef} < 60mm$ 时，取 $k = 1.0$，当 $h_{ef} \geqslant 60mm$ 时，取 $k = 2.0$。

6.3 拉剪复合受力承载力计算

6.3.1 拉剪复合受力下锚栓或植筋钢材破坏时的承载力，应按下列公式计算：

$$\left(\frac{N_{Sd}^h}{N_{Rd,s}}\right)^2 + \left(\frac{V_{Sd}^h}{V_{Rd,s}}\right)^2 \leqslant 1 \tag{6.3.1-1}$$

$$N_{Rd,s} = N_{Rk,s}/\gamma_{Rs,N} \tag{6.3.1-2}$$

$$V_{Rd,s} = V_{Rk,s}/\gamma_{Rs,V} \tag{6.3.1-3}$$

6.3.2 拉剪复合受力下混凝土破坏时的承载力，应按下列公式计算：

$$\left(\frac{N_{Sd}^g}{N_{Rd,c}}\right)^{1.5} + \left(\frac{V_{Sd}^g}{V_{Rd,c}}\right)^{1.5} \leqslant 1 \tag{6.3.2-1}$$

$$N_{Rd,c} = N_{Rk,c}/\gamma_{Rc,N} \tag{6.3.2-2}$$

$$V_{Rd,c} = V_{Rk,c}/\gamma_{Rc,V} \tag{6.3.2-3}$$

7 锚固抗震设计

7.0.1 有抗震设防要求的锚固连接所用之锚栓，应选用化学植筋和能防止膨胀片松弛的扩孔型锚栓或扭矩控制式膨胀型锚栓，不应选用锥体与套筒分离的位移控制式膨胀型锚栓。

7.0.2 抗震设计锚栓布置，除应遵守本规程第 8 章有关规定外，宜布置在构件的受压区、非开裂区，不应布置在素混凝土区；对于高烈度区一级抗震之重要结构构件的锚固连接，宜布置在有纵横钢筋环绕的区域。

7.0.3 抗震锚固连接锚栓的最小有效锚固深度宜满足表 7.0.3 的规定，当有充分试验依据及可靠工程经验并经国家指定机构认证许可时可不受其限制。

表 7.0.3 锚栓最小有效锚固深度 $h_{ef,min}/d$

锚栓类型	设防烈度	锚栓受拉、边缘受剪、拉剪复合受力之结构构件连接及生命线工程非结构构件连接			非结构构件连接及受压、中心受剪、压剪复合受力之结构构件连接		
		C20	C30	≥C40	C20	C30	≥C40
化学植筋及螺杆	≤6	26	22	19	24	20	17
	7~8	29	24	21	26	22	19
扩孔型锚栓	≤6	不得采用			4		
	7				5		
	8				6		
膨胀型锚栓	≤6	不得采用			5		
	7				6		
	8				7		

注：植筋系指 HRB335 级钢筋，螺杆系指 5.6 级钢材，对于非 HRB335 级和 5.6 级钢材，锚固深度应作相应增减； d 为螺杆或植筋直径，$d \leqslant 25mm$。

7.0.4 锚固连接地震作用内力计算应按现行国家标准《建筑抗震设计规范》GB 50011 进行。

7.0.5 抗震设计时，地震作用下锚固承载力降低系数 k 应由锚栓生产厂家通过系统的试验认证后提供，在无系统试验情况下，可按表 7.0.5 采用；承载力抗震调整系数 γ_{RE}，取 1.0。

表 7.0.5 地震作用下锚固承载力降低系数 k

破坏型态及锚栓类型	受力性质	受拉	受剪
锚栓或植筋钢材破坏		1.0	1.0
混凝土基材破坏	扩孔型锚栓	0.8	0.7
	膨胀型锚栓	0.7	0.6

7.0.6 锚固连接抗震设计，应合理选择锚固深度、边距、间距等锚固参数，或采用有效的隔震和消能减震措施，控制为锚固连接系统延性破坏。对于受拉、边缘受剪、拉剪组合之结构构件，不得出现混凝土基材破坏及锚栓拔出破坏。当控制为锚栓钢材破坏时，锚固承载力应满足下列要求：

混凝土锥体破坏情况　　$N_{Rd,c} \geqslant N_{Rd,s}$　　(7.0.6-1)
混凝土劈裂破坏情况　　$N_{Rd,sp} \geqslant N_{Rd,s}$　　(7.0.6-2)
拔出破坏情况　　$N_{Rd,p} \geqslant N_{Rd,s}$　　(7.0.6-3)
混凝土剪坏情况　　$V_{Rd,c} \geqslant V_{Rd,s}$　　(7.0.6-4)
混凝土撬坏情况　　$V_{Rd,cp} \geqslant V_{Rd,s}$　　(7.0.6-5)

7.0.7 除化学植筋外，地震作用下锚栓应始终处在受拉状态下，锚栓最小拉力 $N_{sk,min}$ 宜满足下式要求：

$$N_{sk,min} \geqslant 0.2 N_{inst} \quad (7.0.7)$$

式中 N_{inst}——考虑松弛后，锚栓的实有预紧力。

7.0.8 新建工程采用锚栓锚固连接时，锚固区应具有下列规格的钢筋网：
 1 对于重要的锚固，直径不小于 8mm，间距不大于 150mm；
 2 对于一般锚固，直径不小于 6mm，间距不大于 150mm。

8 构 造 措 施

8.0.1 混凝土基材的厚度 h 应满足下列规定：
 1 对于膨胀型锚栓和扩孔型锚栓，$h \geqslant 1.5h_{ef}$ 且 $h > 100$mm；
 2 对于化学植筋，$h \geqslant h_{ef} + 2d_0$ 且 $h > 100$mm，其中 h_{ef} 为锚栓的埋置深度，d_0 为锚孔直径。

8.0.2 群锚锚栓最小间距值 s_{min} 和最小边距值 c_{min}，应由厂家通过国家授权的检测机构检验分析后给定，否则不应小于下列数值：
 1 膨胀型锚栓：$s_{min} \geqslant 10d_{nom}$，$c_{min} \geqslant 12d_{nom}$；
 2 扩孔型锚栓：$s_{min} \geqslant 8d_{nom}$，$c_{min} \geqslant 10d_{nom}$；
 3 化学植筋：$s_{min} \geqslant 5d$，$c_{min} \geqslant 5d$。

其中 d_{nom} 为锚栓外径。

8.0.3 锚栓在基材结构中所产生的附加剪力 $V_{Sd,a}$ 及锚栓与外荷载共同作用所产生的组合剪力 V_{Sd}，应满足下列规定：

$$V_{Sd,a} \leqslant 0.16 f_t b h_0 \tag{8.0.3-1}$$

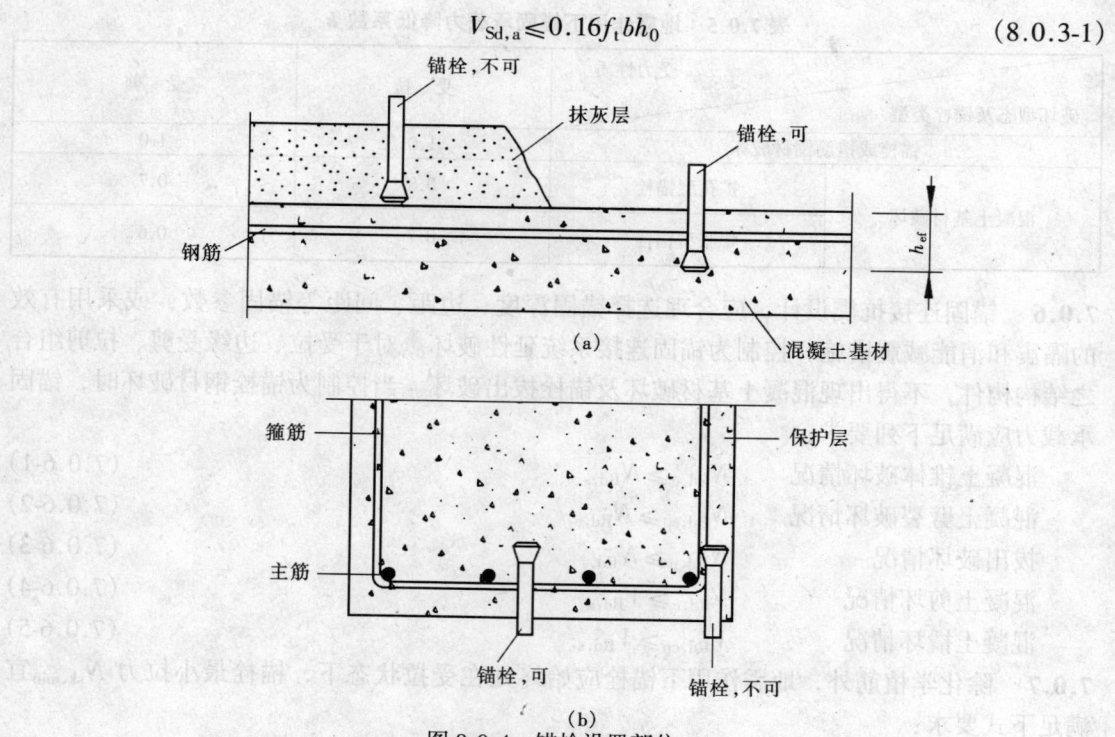

图 8.0.4 锚栓设置部位
(a) 楼板；(b) 梁、柱

$$V_{Sd} \leq V_{Rd,b} \tag{8.0.3-2}$$

式中 $V_{Rd,b}$——基材构件受剪承载力设计值；
f_t——基材混凝土轴心抗拉强度设计值；
b——构件宽度；
h_0——构件截面计算高度。

8.0.4 锚栓不得布置在混凝土的保护层中，有效锚固深度 h_{ef} 不得包括装饰层或抹灰层（图8.0.4）。

8.0.5 处在室外条件的被连接钢构件，其锚板的锚固方式应使锚栓不出现过大交变温度应力，在使用条件下，应控制受力最大锚栓的温度应力变幅（$\Delta\sigma = \sigma_{max} - \sigma_{min}$）不大于100MPa。

8.0.6 一切外露的后锚固连接件，应考虑环境的腐蚀作用及火灾的不利影响，应有可靠的防腐、防火措施。

9 锚固施工及验收

9.1 基 本 要 求

9.1.1 锚栓的类别和规格应符合设计要求，应有该产品制造商提供的产品合格证书和使用说明书，且应根据相关产品标准的有关规定进行施工和验收。

9.1.2 锚栓安装时，锚固区基材应符合下列要求：
1 混凝土强度应满足设计要求，否则应修订锚固参数；
2 表面应坚实、平整，不应有起砂、起壳、蜂窝、麻面、油污等影响锚固承载力的现象；
3 若设计无说明，在锚固深度的范围内应基本干燥。

9.1.3 锚栓安装方法及工具应符合该产品安装说明书的要求。

9.2 锚 孔

9.2.1 锚孔应符合设计或产品安装说明书的要求，当无具体要求时，应符合表9.2.1-1和表9.2.1-2的要求。

表9.2.1-1 锚孔质量的要求

锚栓种类	锚孔深度允许偏差（mm）	垂直度允许偏差（°）	位置允许偏差（mm）
膨胀型锚栓和扩孔型锚栓	+10 0	5	5
扩孔型锚栓的扩孔	+5 0	5	5
化学植筋	+20 0	5	5

表 9.2.1-2 膨胀型锚栓及扩孔型锚栓锚孔直径允许公差（mm）

锚栓直径	锚孔公差	锚栓直径	锚孔公差
6~10	≤+0.4	12~18	≤+0.50
20~30	≤+0.6	32~37	≤+0.70
≥40	≤+0.8		

9.2.2 对于膨胀型锚栓和扩孔型锚栓的锚孔，应用空压机或手动气筒吹净孔内粉屑；对于化学植筋的锚孔，应先用空压机或手动气筒彻底吹净孔内碎碴和粉尘，再用丙酮擦拭孔道，并保持孔道干燥。

9.2.3 锚孔应避开受力主筋，对于废孔，应用化学锚固胶或高强度等级的树脂水泥砂浆填实。

9.3 锚栓的安装与锚固

9.3.1 锚栓的安装方法，应根据设计选型及连接构造的不同，分别采用预插式安装（图9.3.1-1）、穿透式安装（图9.3.1-2）或离开基面的安装（图9.3.1-3）。

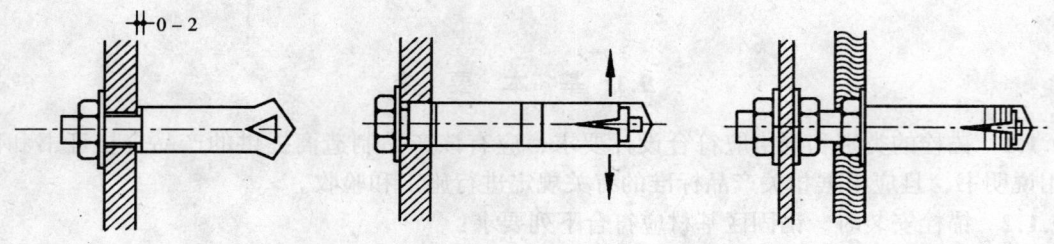

图 9.3.1-1 预插式安装　　图 9.3.1-2 穿透式安装　　图 9.3.1-3 离开基面的安装

9.3.2 锚栓安装前，应彻底清除表面附着物、浮锈和油污。

9.3.3 扩孔型锚栓和膨胀型锚栓的锚固操作应按产品说明书的规定进行。

9.3.4 化学植筋的安装应根据锚固胶施用形态（管装式、机械注入式、现场配制式）和方向（向上、向下、水平）的不同采用相应的方法。化学植筋的焊接，应考虑焊接高温对胶的不良影响，采取有效的降温措施，离开基面的钢筋预留长度应不小于$20d$，且不小于200mm。

9.3.5 化学植筋置入锚孔后，在固化完成之前，应按照厂家所提供的养生条件进行固化养生，固化期间禁止扰动。

9.3.6 后锚固连接施工质量应符合设计要求和产品说明书的规定，当设计无具体要求时，应符合表9.3.6的要求。

表 9.3.6 锚 固 质 量 要 求

锚栓种类	预紧力	锚固深度（mm）	膨胀位移（mm）
扭矩控制式膨胀型锚栓	±15%	0, +5	—
扭矩控制式扩孔型锚栓	±15%	0, +5	—
位移控制式膨胀型锚栓	±15%	0, +5	0, +2

9.4 锚固质量检查与验收

9.4.1 锚固质量检查应包括下述内容：
1 文件资料检查；
2 锚栓、锚固胶的类别、规格是否符合设计和标准要求；
3 锚栓的位置是否符合设计要求；
4 基材混凝土强度是否符合设计要求；
5 锚孔质量检查；
6 锚固质量；
7 群锚纵横排列应符合规定，安装后的锚栓外观应整齐洁净；
8 按附录 A 对锚栓的实际抗拔力进行抽样检验。

9.4.2 文件资料检查应包括：设计施工图纸及相关文件、锚固胶的出厂质量保证书（或检验证明，其中应有主要组成及性能指标，生产日期，产品标准号等等）、锚杆的质量合格证书（含钢号、尺寸规格等等）、施工工艺记录及操作规程和施工自检人员的检查结果等文件。

9.4.3 锚孔质量检查应包括下述内容：
1 锚孔的位置、直径、孔深和垂直度，当采用预扩孔扩孔型锚栓时，尚应检查扩孔部分的直径和深度；
2 锚孔的清孔情况；
3 锚孔周围混凝土是否存在缺陷，是否已基本干燥，环境温度是否符合要求；
4 钻孔是否伤及钢筋。

9.4.4 锚固质量的检查应符合下列要求：
1 对于化学植筋应对照施工图检查植筋位置、尺寸、垂直（水平）度及胶浆外观固化情况等；用铁钉刻划检查胶浆固化程度，以手拔摇方式初步检验被连接件是否锚牢锚实等。
2 膨胀型锚栓和扩孔型锚栓应按设计或产品安装说明书的要求检查锚固深度、预紧力控制、膨胀位移控制等。

9.4.5 锚固工程验收，应提供下列文件和记录：
1 设计变更；
2 锚栓的质量合格证书、产品安装（使用）说明书和进场后的复验报告；
3 锚固安装工程施工记录；
4 锚固工程质量检查记录；
5 锚栓抗拔力现场抽检报告；
6 分项工程质量评定记录；
7 工程重大问题处理记录；
8 竣工图及其他有关文件记录。

附录 A 锚固承载力现场检验方法

A.1 基本规定

A.1.1 混凝土结构后锚固工程质量应进行抗拔承载力的现场检验。

A.1.2 锚栓抗拔承载力现场检验可分为非破坏性检验和破坏性检验。对于一般结构及非结构构件，可采用非破坏性检验；对于重要结构构件及生命线工程非结构构件，应采用破坏性检验。

A.2 试样选取

A.2.1 锚固抗拔承载力现场非破坏性检验可采用随机抽样办法取样。

A.2.2 同规格，同型号，基本相同部位的锚栓组成一个检验批。抽取数量按每批锚栓总数的1‰计算，且不少于3根。

A.3 检验设备

A.3.1 现场检验用的仪器、设备，如拉拔仪、x-y 记录仪、电子荷载位移测量仪等，应定期检定。

A.3.2 加荷设备应能按规定的速度加荷，测力系统整机误差不应超过全量程的±2%。

A.3.3 加荷设备应能保证所施加的拉伸荷载始终与锚栓的轴线一致。

A.3.4 位移测量记录仪宜能连续记录。当不能连续记录荷载位移曲线时，可分阶段记录，在到达荷载峰值前，记录点应在10点以上。位移测量误差不应超过0.02mm。

A.3.5 位移仪应保证能够测量出锚栓相对于基材表面的垂直位移，直至锚固破坏。

A.4 检验方法

A.4.1 加荷设备支撑环内径 D_0 应满足下述要求：化学植筋 $D_0 \geq \max(12d, 250\text{mm})$，膨胀型锚栓和扩孔型锚栓 $D_0 \geq 4h_{ef}$。

A.4.2 锚栓拉拔检验可选用以下两种加荷制度：

1 连续加载，以匀速加载至设定荷载或锚固破坏，总加荷时间为 2~3min。

2 分级加载，以预计极限荷载的10%为一级，逐级加荷，每级荷载保持 1~2min，至设定荷载或锚固破坏。

A.4.3 非破坏性检验，荷载检验值应取 $0.9A_s f_{yk}$ 及 $0.8N_{Rk,c}$ 计算之较小值。$N_{Rk,c}$ 为非钢材破坏承载力标准值，可按本规程6.1节有关规定计算。

A.5 检验结果评定

A.5.1 非破坏性检验荷载下，以混凝土基材无裂缝、锚栓或植筋无滑移等宏观裂损现象，且2min持荷期间荷载降低不大于5%时为合格。当非破坏性检验为不合格时，应另抽不少于3个锚栓做破坏性检验判断。

A.5.2 对于破坏性检验，该批锚栓的极限抗拔力满足下列规定为合格：

$$N_{Rm}^c \geq [\gamma_u] N_{Sd} \quad \text{(A.5.2-1)}$$

$$N_{Rmin}^c \geq N_{Rk,*} \quad \text{(A.5.2-2)}$$

式中 N_{Sd}——锚栓拉力设计值；

N_{Rm}^c——锚栓极限抗拔力实测平均值；

N_{Rmin}^c——锚栓极限抗拔力实测最小值；

$N_{Rk,*}$——锚栓极限抗拔力标准值，根据破坏类型的不同，分别按 6.1 节有关规定计算；

$[\gamma_u]$——锚固承载力检验系数允许值，近似取 $[\gamma_u] = 1.1\gamma_{R*}$，$\gamma_{R*}$ 按表 4.2.6 取用。

A.5.3 当试验结果不满足 A.5.1 条及 A.5.2 条相应规定时，应会同有关部门依据试验结果，研究采取专门措施处理。

本规程用词说明

1 为了便于在执行本规程条文时区别对待，对要求严格程度不同的用词说明如下：
1）表示很严格，非这样做不可的：
正面词采用"必须"；反面词采用"严禁"。
2）表示严格，在正常情况下均应这样做的：
正面词采用"应"；反面词采用"不应"或"不得"。
3）表示允许稍有选择，在条件许可时首先这样做的：
正面词采用"宜"；反面词采用"不宜"。
表示有选择，在一定条件下可以这样做的，采用"可"。

2 规程中指明应按其他有关标准执行时的写法为：
"应符合……的规定"或"应按……执行"。

中华人民共和国行业标准

混凝土结构后锚固技术规程

JGJ 145—2004

条文说明

前 言

《混凝土结构后锚固技术规程》JGJ 145—2004，经建设部 2005 年 1 月 13 日以 307 号公告批准，业以发布。

为便于广大设计、施工、科研、学校等单位的有关人员在使用本规程时能正确理解和执行条文规定，《混凝土结构后锚固技术规程》编制组按章、节、条顺序编制了本规程的条文说明，供使用者参考。在使用中如发现本条文说明有不妥之处，请将意见函寄中国建筑科学研究院（主编单位）。

目次

1 总则 ··· 2019
2 术语和符号 ··· 2019
　2.1 术语 ··· 2019
　2.2 符号 ··· 2020
3 材料 ··· 2021
　3.1 混凝土基材 ··· 2021
　3.2 锚栓 ··· 2021
　3.3 锚固胶 ··· 2021
4 设计基本规定 ··· 2021
　4.1 锚栓分类及适用范围 ·· 2021
　4.2 锚固设计原则 ··· 2022
5 锚固连接内力分析 ··· 2025
　5.1 一般规定 ·· 2025
　5.2 群锚受拉内力计算 ·· 2025
　5.3 群锚受剪内力计算 ·· 2025
6 承载能力极限状态计算 ·· 2026
　6.1 受拉承载力计算 ··· 2026
　6.2 受剪承载力计算 ··· 2035
7 锚固抗震设计 ··· 2036
8 构造措施 ··· 2038
9 锚固施工与验收 ·· 2038
　9.1 基本要求 ·· 2038
　9.2 锚孔 ··· 2038
　9.3 锚栓的安装与锚固 ·· 2038
　9.4 锚固质量检查与验收 ·· 2039
附录 A 锚固承载力现场检验方法 ··································· 2039

1 总　　则

1.0.1 随着旧房改造的全面开展、结构加固工程的增多、建筑装修的普及，后锚固连接技术发展较快，并成为不可缺少的一种新型技术。顾名思义，后锚相应于先锚（预埋），具有施工简便、使用灵活等优点，国外应用已相当普遍，不仅既有工程，新建工程也广泛采用，欧洲、美国及日本已编有相应标准。相对而言，我国起步较晚，作为后锚固连接的主要产品——锚栓，品种较为单一，性能不够稳定。目前，德国、瑞士、日本等国的锚栓厂商已抢占了中国大半个锚栓市场，形成国产锚栓与进口产品激烈竞争与混用局面，整个锚栓市场缺乏标准、规范约束，致使生产与使用严重脱节，工程事故时有发生。为安全可靠及经济合理的使用，正确有序地引导我国后锚固技术的健康发展，特制定本规程。

1.0.2 后锚固连接的受力性能与基材的种类密切相关，目前国内外的科研成果及使用经验主要集中在普通钢筋混凝土及预应力混凝土结构，砌体结构及轻混凝土结构数据较少。本着成熟可靠原则，参考《欧洲技术指南——混凝土用（金属）锚栓》（ETAG），本规程限定其适用范围为普通混凝土结构基材，暂不适用于砌体结构和轻混凝土结构基材。

1.0.3 后锚固连接与预埋连接相比，可能的破坏形态较多且较为复杂，总体上说，失效概率较大；失效概率与破坏形态密切相关，且直接依赖于锚栓的种类和锚固参数的设定。因此，后锚固连接设计必须考虑锚栓的受力状况（拉、压、弯、剪，及其组合）、荷载类型以及被锚固结构的类型和锚固连接的安全等级等因素的综合影响。

1.0.4 本规程所用锚栓，是指满足相关产品标准并经国家权威机构检验认证的锚栓。目前，国内各厂家所生产的锚栓，大部分未经检验认证，也无系统的性能指标或指标不全，致使设计、施工无法直接采用。为确保使用安全，应坚决纠正。

2 术语和符号

2.1 术　　语

本规程采用的术语及涵义，主要是参考《混凝土用锚栓欧洲技术批准指南》（ETAG）并结合了我国的习惯叫法确定的。

2.1.1 后锚固是相对于浇筑混凝土时预先埋设其中——先锚固而命名，是在已经硬化的既有混凝土结构上通过相关技术手段的锚固。

2.1.2~2.1.5 根据国际惯例，结合我国实际情况，本规程包容定义了膨胀型锚栓、扩孔型锚栓、化学植筋和长螺杆等类型，但就国际市场和发展趋势分析，锚栓品种远不止此。本着成熟可靠原则，它种锚栓有待规程修订时增补。

2.1.10 锚固破坏类型总体上可分为锚栓或植筋钢材破坏，基材混凝土破坏，以及锚栓或植筋拔出破坏三大类。分类目的在于精确地进行承载力计算分析，最大限度地提高锚固连接的安全可靠性及使用合理性。破坏类型与锚栓品种、锚固参数、基材性能及作用力性质等因素有关,其中锚栓品种及锚固参数最为直接。

2.1.11 锚栓或锚筋钢材破坏分拉断破坏、剪坏及拉剪复合受力破坏(图2.1.11),主要发生在锚固深度超过临界深度 h_{cr},或混凝土强度过高或锚固区钢筋密集,或锚栓或锚筋材质强度较低或有效截面偏小时。此种破坏,一般具有明显的塑性变形,破坏荷载离散性较小。

2.1.12 膨胀型锚栓和扩孔型锚栓受拉时,形成以锚栓为中心的倒圆锥体混凝土基材破坏形式,称之为混凝土锥体破坏(图2.1.12)。混凝土锥体破坏是机械锚栓锚固破坏的基本形式,特别是粗短锚栓,锥顶一般位于锚栓膨胀扩大头处,锥径约为三倍锚深($3h_{ef}$)。此种破坏表现出较大脆性,破坏荷载离散性较大。

2.1.13 化学植筋或粘结型锚栓受拉时,形成上部锥体及深部粘结拔出之混合破坏形式(图2.1.13)。当锚固深度小于钢材拉断之临界深度时($h_{ef} < h_{cr}$),一般多发生混合型破坏;锥径约一倍锚深。

2.1.14 基材边缘锚栓受剪时,形成以锚栓轴为顶点的混凝土楔形体破坏形式(图2.1.14)。楔形体大小和形状与边距 c、锚深 h_{ef} 及锚栓外径 d_{nom} 等有关。

2.1.15 基材中部锚栓受剪时,形成基材局部混凝土沿剪力反方向被锚栓撬坏的破坏形式(图2.1.15)。剪撬破坏一般发生在埋深较浅的粗短锚栓情况。

2.1.16 基材混凝土因锚栓的膨胀挤压,形成沿锚栓轴线或群锚轴线连线之胀裂破坏形式(图2.1.16),称为劈裂破坏。劈裂破坏与锚栓类型、边距 c、间距 s 及基材厚度 h 有关。

2.1.17 机械锚栓受拉时,整个锚栓从锚孔中被拉出的破坏形式(图2.1.17),称为拔出破坏。拔出破坏多发生在施工安装方法不当,如钻孔过大,锚栓预紧力不够等情况。拔出破坏承载力很低,离散性大,难于统计出有用的承载力指标。

2.1.18 膨胀型锚栓受拉时,锚栓膨胀锥从套筒中被拉出,而膨胀套筒(或膨胀片)仍留在锚孔中的破坏形式(图2.1.18),称为穿出破坏。穿出破坏是某些锚栓常见破坏现象,主要是锚栓膨胀套筒或膨胀片材质过软,壁厚过薄,接触表面过于光滑等,因缺乏系统试验统计数据,其承载力只能由厂家提供,且荷载变形曲线存在一定滑移。

2.1.19 化学植筋受拉时,沿胶粘剂与钢筋界面之拔出破坏形式(图2.1.19),称为胶筋界面破坏。胶筋界面破坏多发生在粘结剂强度较低,基材混凝土强度较高,锚固区配筋较多,钢筋表面较为光滑(如光圆钢筋)等情况。

2.1.20 化学植筋受拉时,沿胶粘剂与混凝土孔壁界面之拔出破坏形式(图2.1.20),称为胶混界面破坏。胶混界面破坏主要发生在锚孔表面处理不当,如未清孔(存在大量灰粉),孔道过湿,孔道表面被油污等。

2.2 符 号

2.2.1~2.2.4 本规程采用的符号及其意义,主要是根据现行国家标准《工程结构设计基本术语和通用符号》GBJ 132—90,并参考《混凝土用锚栓欧洲技术批准指南》ETAG制定的,即凡GBJ 132—90已规定的,一律加以引用,不再定义和说明,凡GBJ 132—90未规定的,本规程结合国际惯例自行给出定义和说明。

3 材 料

3.1 混凝土基材

3.1.1~3.1.3 作为后锚固连接的母体——基材，必须坚固可靠，相对于被连接件，应有较大的体量，以便获得较高锚固力。同时，基材结构本身尚应具有相应的安全余量，以承担被连接件所产生的附加内力。显然，存在严重缺陷和混凝土强度等级较低的基材，锚固承载力较低，且很不可靠。

3.2 锚 栓

3.2.1~3.2.3 锚栓材料性能等级及机械性能指标，系按国家标准《紧固件机械性能——螺栓、螺钉和螺柱》GB 3098.1—82确定，为便于设计使用，本规程录用了相关项目和数据。

3.2.4 作为化学植筋使用的钢筋，一般以普通热轧带肋钢筋锚固性能最好，光圆钢筋较差。

3.3 锚 固 胶

3.3.1~3.3.3 化学植筋的锚固性能主要取决于锚固胶（又称胶粘剂、粘结剂）和施工方法，我国使用最广的锚固胶是环氧基锚固胶，因此，表3.3.3对环氧基锚固胶的性能指标及使用条件提出了要求。其他品种的锚固胶，主要指无机锚固胶和进口胶，其性能应由厂家通过专门的试验确定和认证。

4 设计基本规定

4.1 锚栓分类及适用范围

4.1.1 锚栓是一切后锚固组件的总称，范围很广。锚栓按其工作原理及构造的不同，锚固性能及适用范围存在较大差异，ETAG分为膨胀型锚栓、扩孔型锚栓及粘结型锚栓（包括变形钢筋）三大类，我国习惯分为膨胀型锚栓、扩孔型锚栓、粘结型锚栓及化学植筋四大类。新近出现了混凝土螺钉（Concrete Screws），制作简单，性能可靠，加之还有传统的射钉、混凝土钉等，皆因数据不够完整，暂未纳入。粘结型锚栓国外应用较多，但新近研究表明，性能欠佳，尤其是开裂混凝土基材，计算方法也不够成熟，破坏形态难于控制，故本规程也暂不列入。

锚栓的选用，除本身性能差异外，还应考虑基材是否开裂，锚固连接的受力性质（拉、压、中心受剪、边缘受剪），被连接结构类型（结构构件、非结构构件），有无抗震设防要求等因素的综合影响。

4.1.2 就国内外工程实践而言，除化学植筋外，现有各种机械定型锚栓，包括膨胀型锚栓、扩孔型锚栓、粘结型锚栓及混凝土螺钉等，绝大多数主要应用于非结构构件的后锚固连接，少数应用于受压、中心受剪（$c \geq 10h_{ef}$）、压剪组合之结构构件的后锚固连接，尚未发现应用于受拉、边缘受剪及拉剪复合受力之结构构件的后锚固连接工程实践。

4.1.3 膨胀型锚栓（图 2.1.3），简称膨胀栓，是利用锥体与膨胀片（或膨胀套筒）的相对移动，促使膨胀片膨胀，与孔壁混凝土产生膨胀挤压力，并通过剪切摩擦作用产生抗拔力，实现对被连接件锚固的一种组件。膨胀型锚栓按安装时膨胀力控制方式的不同，分为扭矩控制式和位移控制式。前者以扭力控制，后者以位移控制。膨胀型锚栓由于定型较为粗短，埋深一般较浅，受力时主要表现为混凝土基材受拉破坏，属脆性破坏，因此，按我国《建筑结构可靠度设计统一标准》精神，不适用于受拉、边缘受剪（$c < 10h_{ef}$）、拉剪复合受力之结构构件及生命线工程非结构构件的后锚固连接。

扩孔型锚栓（图 2.1.4），简称扩孔栓或切槽栓，是通过对钻孔底部混凝土的再次切槽扩孔，利用扩孔后形成的混凝土承压面与锚栓膨胀扩大头间的机械互锁，实现对被连接件锚固的一种组件。扩孔型锚栓按扩孔方式的不同，分为预扩孔和自扩孔。前者以专用钻具预先切槽扩孔；后者锚栓自带刀具，安装时自行切槽扩孔，切槽安装一次完成。由于扩孔型锚栓锚固拉力主要是通过混凝土承压面与锚栓膨胀扩大头间的顶承作用直接传递，膨胀剪切摩擦作用较小。尽管如此，但扩孔型锚栓在基材混凝土锥体破坏型态上并无质的改善与提高，故其适用范围与膨胀型锚栓一样，不适用于受拉、边缘受剪（$c < 10h_{ef}$）、拉剪复合受力之结构构件的后锚固连接。

4.1.4 化学植筋及螺杆（图 2.1.5），简称植筋，是我国工程界广泛应用的一种后锚固连接技术，系以化学胶粘剂——锚固胶，将带肋钢筋及长螺杆胶结固定于混凝土基材钻孔中，通过粘结与锁键（interlock）作用，以实现对被连接件锚固的一种组件。化学植筋锚固基理与粘结型锚栓相同，但化学植筋及长螺杆由于长度不受限制，与现浇混凝土钢筋锚固相似，破坏形态易于控制，一般均可以控制为锚筋钢材破坏，故适用于静力及抗震设防烈度≤8之结构构件或非结构构件的锚固连接。对于承受疲劳荷载的结构构件的锚固连接，由于实验数据不多，使用经验（特别是构造措施）缺乏，应慎重使用。

4.2 锚固设计原则

4.2.1 目前我国后锚固连接设计计算较为混乱，有经验法、容许应力法、总安全系数法及极限状态法等多种方法。本规程根据国家标准《建筑结构可靠度设计统一标准》GB 50068—2001，参考《混凝土用锚栓欧洲技术批准指南》（ETAG），采用了以试验研究数据和工程经验为依据，以分项系数为表达形式的极限状态设计方法。

4.2.2 我国后锚固连接多用于旧房改造，为与改造工程预期的后续使用寿命相匹配，使锚固设计更经济合理，故规定后锚固连接设计所采用的设计基准期 T，应与整个被连接结构的设计基准期一致，显然，它比新建工程所规定的设计基准期短。

4.2.3 后锚固连接破坏型态多样且复杂，相对于结构，失效概率较大，故另设安全等级。混凝土结构后锚固连接的安全等级分为二级。所谓重要的锚固，是指后接大梁、悬臂梁、桁架、网架，以及大偏心受压柱等结构构件及生命线工程非结构构件之锚固连接，这些锚固连接一旦失效，破坏后果很严重，故定为一级。一般锚固，是指荷载较轻的中小型梁板结构，以及一般非结构件的锚固连接，此种锚固连接失效，破坏后果远不如一级严重，故定为二级。锚固连接的安全等级宜与整个被连接结构的安全等级相应或略高，即锚固设计的安全等级及取值,应取被连接结构和锚固连接二者中的较高值。

4.2.4 锚固承载力设计表达式按我国《建筑结构可靠度设计统一标准》(GB 50068—2001)规定采用,左端作用效应引入了锚固重要性系数 γ_A,$\gamma_A \geq \gamma_0$。右端锚固抗力设计值 R 与一般设计规范不完全相同,是按 $R = R_k / \gamma_{R*}$ 确定,R_k 为锚固承载力标准值,γ_{R*} 为锚固承载力分项系数,而非材料性能分项系数;锚固承载力标准值 R_k 系直接由锚固抗力试验统计平均值及其离散系数确定,而非材料强度离散系数。

后锚固连接设计全过程,应按图1框图进行。基本程序为:分析基材性能特征→选定锚栓品种及相关锚固参数→锚栓内力分析→锚固抗力计算→承载力分析→锚固设计完成。为获得最佳方案,其中的个别环节,有时需要作多次反复调整和修正。

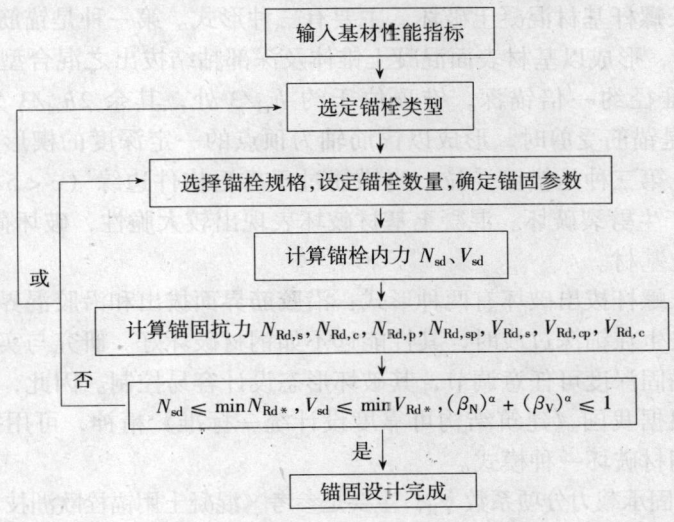

图1 后锚固连接设计全过程

4.2.5 后锚固连接破坏类型总体上可分为锚栓或锚筋钢材破坏,基材混凝土破坏,以及锚栓或锚筋拔出破坏三大类。分类目的在于精确地进行承载力计算分析,最大限度地提高锚固连接的安全可靠性及使用合理性。锚栓或锚筋钢材破坏分拉断破坏、剪坏及拉剪复合受力破坏(图2.1.11),主要发生在锚固深度超过临界深度 h_{cr} 时。此种破坏,一般具有明显的塑性变形,破坏荷载离散性较小。对于受拉、边缘受剪、拉剪复合受力之结构构件的后锚固连接设计,根据《建筑结构可靠度设计统一标准》精神,应控制为这种破坏形式。

膨胀型锚栓和扩孔型锚栓基材混凝土破坏,主要有四种形式。第一种是锚栓受拉时,形成以锚栓为中心的混凝土锥体受拉破坏,锥顶一般位于锚栓扩大头处,锥径约三倍锚深($3h_{ef}$)(图2.1.12)。第二种是锚栓受剪时,形成以锚栓轴为顶点的混凝土楔形体受剪破坏(图2.1.14)。楔形体大小和形状与边距 c、锚深 h_{ef} 及锚栓外径 d_{nom} 或 d 有关。第三种是锚栓中心受剪时,混凝土沿反方向被锚栓撬坏(图2.1.15)。第四种是群锚受拉时,混凝土受锚栓的胀力产生沿锚栓连线的劈裂破坏(图2.1.16)。基材混凝土破坏,尤其是第一、第二种破坏,是锚固破坏的基本形式,特别是短粗的机械锚栓;此种破坏表现出一定脆性,破坏荷载离散性较大。对于结构构件及生命线工程非结构构件后锚固连接设计,应避免这种破坏形式。

拔出破坏对机械锚栓有两种破坏形式,一种是锚栓从锚孔中整体拔出(图2.1.17),另一种是螺杆从膨胀套筒中穿出(图2.1.18)。前者主要是施工安装方法不当,如钻孔过大,锚栓预紧力不够;后者主要是锚栓设计构造不合理,如锚栓套筒材质过软,壁厚过薄,接触表面过于光滑等。整体拔出破坏,由于承载力很低,且离散性大,很难统计出有用的承载力设计指标,因此不允许发生。至于穿出破坏,偶发性检验表明虽具有一定承载力,但缺乏系统的试验统计数据供应用,且变形曲线存在较大滑移,对于受拉、边缘受剪、拉剪复合受力之锚固连接,宜避免发生,一旦发生应按附录A的方法,通过承载力现场检验予以评定,且检验数量加倍,以保证应有的安全可靠性。

化学植筋及长螺杆基材混凝土破坏,主要有三种形式。第一种是锚筋受拉,当锚深很浅($h_{ef}/d<9$)时,形成以基材表面混凝土锥体及深部粘结拔出之混合型破坏,这种破坏锥体一般较小,锥径约一倍锚深,锥顶位于约$h_{ef}/3$处,其余$2h_{ef}/3$为粘结拔出(图2.1.13)。第二种是锚筋受剪时,形成以锚筋轴为顶点的一定深度的楔形体破坏,其情况与机械锚栓相似。第三种是锚筋受拉,当锚筋过于靠近构件边缘($c<5d$),或间距过小($s<5d$)时,会产生劈裂破坏。混凝土基材破坏表现出较大脆性,破坏荷载离散性较大,尤其是开裂混凝土基材。

化学植筋及长螺杆拔出破坏有两种形式:沿胶筋界面拔出和沿胶混界面拔出。正常情况,拔出破坏多发生在锚深过浅时,其性能远不如钢材破坏好。研究与实践表明,化学植筋及长螺杆因其锚固深度可任意调节,其破坏形态设计容易控制。因此,对于结构构件的后锚连接设计,根据我国《建筑结构可靠度设计统一标准》精神,可用控制锚固深度办法,严格限定为钢材破坏一种模式。

4.2.6 表4.2.6锚固承载力分项系数γ_R,主要是参考《混凝土用锚栓欧洲技术批准指南》(E-TAG)制定的,对于非结构构件的锚固设计,γ_R取值与ETAG相同。问题是本规程锚栓应用范围已涉及到一般工程结构的后锚固连接,由于这方面国外工程经验的局限和国内经验的缺乏,加之我国结构设计思路与ETAG不完全一致,故对一般结构构件,本规程取值较ETAG普遍有所提高,提高幅度:钢材破坏时为11%~12%,混凝土基材破坏时为36%~44%。具体数值详见表1,表4.2.6在此基础上进行了简化处理。

本规程取消了锚栓安装质量三个等级划分,仅保留了合格与不合格一个标准,原因是规程难于量化区分,工程中也很难掌握。但不可忽视施工质量高低的有利和不利影响。

表1 锚固承载力分项系数γ_R取值对照

符号	名称及涵义			ETAG	本规程非结构构件	本规程结构构件
γ_c	混凝土强度分项系数			1.5		1.8
γ_1	混凝土抗拉强度附加系数			1.2		1.3
γ_2	锚栓安装质量附加系数	受拉	高精度	1.0		—
			标准精度	1.2		1.3
			可接受的低质量	1.4		—
		受剪		1.0		1.1

续表1

符号	名称及涵义		ETAG	本规程非结构构件	本规程结构构件
$\gamma_{RC,*}$	基材混凝土破坏分项系数 ($\gamma_{RC,N}$, $\gamma_{RC,V}$, γ_{RSP}, γ_{RCP})		γ_C	γ_1	γ_2
$\gamma_{RS,*}$	锚栓或植筋钢材破坏分项系数	受拉	$1.2f_{stk}/f_{yk} \geqslant 1.4$		$1.3f_{stk}/f_{yk} \geqslant 1.55$
		受剪	$1.2f_{stk}/f_{yk} \geqslant 1.25$ ($f_{stk} \leqslant 800$MPa 且 $f_{yk}/f_{stk} \leqslant 0.8$)		$1.3f_{stk}/f_{yk} \geqslant 1.4$ ($f_{stk} \leqslant 800$MPa 且 $f_{yk}/f_{stk} \leqslant 0.8$)

4.2.7 后锚固连接改变用途和使用环境将影响其安全可靠性和耐久性，因此必须经技术鉴定或设计许可。

5 锚固连接内力分析

5.1 一般规定

5.1.1 群锚锚固连接时，各锚栓内力是按弹性理论平截面假定进行分析，但若对锚固破坏类型加以控制，使之仅发生锚栓或植筋钢材破坏，且锚栓或植筋为低强（≤5.8级）钢材时，则可按考虑塑性应力重分布的极限平衡理论进行简化计算，即与《混凝土结构设计规范》规定相似，拉区锚栓按均匀受力计算，压区混凝土近似按矩形应力图形计算。

除化学植筋外，一般机械锚栓是通过"膨胀—挤压—摩擦"而产生锚固力，反向则不能成立，故不能传递压力，因此，压区锚栓不考虑受力。

5.1.2 公式（5.1.2）在于精确判别基材混凝土是否开裂，以便对基材混凝土破坏锚固承载力进行相应（未裂与开裂）计算。σ_L 为外荷载在基材锚固区所产生的应力，拉为正，压为负；σ_R 为混凝土收缩、温度变化及支座位移所产生的应力。此判别式涵义是，不管什么原因，只要基材锚固区混凝土出现拉应力，均一律视为开裂混凝土。

5.2 群锚受拉内力计算

5.2.1~5.2.2 分别给出了按弹性理论分析时，群锚在轴心受拉、偏心受拉荷载下，受力最大锚栓的内力。

5.3 群锚受剪内力计算

5.3.1 群锚在剪切荷载 V 及扭矩 T 作用下，锚栓是否受力，应根据锚板孔径与锚栓直径的适配情况及边距大小而定，当锚栓与锚板孔紧密接触（$\Delta \leqslant [\Delta]$）且边距较大（$c \geqslant 10h_{ef}$）时，各锚栓平均分摊剪力，是理想的受力状态（图5.3.1-1）；反之，各锚栓受力很不均匀，因混凝土脆性而产生各个击破现象，参照ETAG规定，计算上仅考虑部分锚栓受力（图5.3.1-2）。有时，为使剪力分布更为合理，可进行人工干预，即将某些锚板孔沿剪力方向开设为长槽孔，则这些锚栓就不参与受力（图5.3.1-3）。

5.3.2~5.3.4 分别给出了按弹性理论分析时群锚在剪力 V 作用下、扭矩 T 作用下、剪力

V 与扭矩 T 共同作用下，参与工作的各锚栓所受剪力。

6 承载能力极限状态计算

6.1 受拉承载力计算

6.1.1 后锚固连接受拉承载力应按锚栓钢材破坏、锚栓拔出、混凝土锥体受拉破坏、劈裂破坏等4种破坏类型，及单锚与群锚两种锚固连接方式，共计8种情况分别进行计算（表6.1.1）。对于单锚连接，外力与抗力比较明确，计算较为简单。对于群锚连接，情况较为复杂：当为钢材破坏和拔出破坏时，破坏主要出现在某些受力最大锚栓（假定锚栓品种规格及参数均相同），因此，一般只计算受力最大（N_{Sd}^h）锚栓即可；当为混凝土锥体破坏或劈裂破坏时，主要表现为群锚基材整体破坏，因此很难区分和确定每根锚栓的抗力，故取 N_{Sd}^g 进行整体锚固计算。

6.1.2 参考 ETAG，锚栓或植筋钢材破坏时的受拉承载力标准值 $N_{Rk,s}$，一律根据钢材的极限抗拉强度 f_{us} 取标准值 f_{stk} 计算，而未取 f_{yk}。主要考虑是：锚栓所用钢材，强度均较高，一般无明显屈服点，与拉断力直接对应的是 f_{us}，取 f_{stk} 更直接；机械锚栓是在较大预紧力下工作，其性能相当于预应力筋；普通化学植筋钢材虽有明显屈服点，但表4.2.6植筋钢材破坏分项系数已按 $\gamma_{Rs} = \alpha f_{stk}/f_{yk}$（$\alpha$ 为换算系数）进行了换算。

经用扩孔型锚栓及膨胀型锚栓对锚栓钢材破坏时的受拉承载力公式（6.1.2）进行了验证，锚固深度分别为 h_{ef} = 125mm 和 120mm，$\geq h_{cr}$，均表现为锚栓拉断破坏，拉断承载力试验值与计算值之比 $N_{us}^0/N_{us} = N_{us}^0/A_s f_{us} = 1.00 \sim 1.11$。

6.1.3 单锚或群锚混凝土锥体受拉破坏是后锚固受拉破坏的基本形式，特别是膨胀型锚栓和扩孔型锚栓，影响因素众多，计算较为复杂。受拉承载力标准值 $N_{Rk,c}$ 公式（6.1.3-2），包含单根锚栓在理想状态下的承载力标准值 $N_{Rk,c}^0$ 及计算面积 $A_{c,N}^0$，单锚或群锚实际破坏面积 $A_{c,N}$，边距影响 $\psi_{s,N}$，钢筋剥离影响 $\psi_{re,N}$，荷载偏心影响 $\psi_{ec,N}$ 及未裂影响 $\psi_{ucr,N}$ 等项目。

6.1.4 单根锚栓在理想锚固状态下，混凝土基材受拉破坏承载力主要试验依据及验证情况如下：

1 受拉时混凝土锥体破坏承载力分布曲线

为检验单根锚栓受拉时混凝土锥体破坏承载力及其概率分布函数，采用膨胀型锚栓进行了锚固抗拔力试验。基材混凝土强度等级为C25，厚200mm，锚栓数量76根，锚固深度 h_{ef} = 60mm，螺杆为 M12，拧紧扭矩 T = 65Nm。试验方法按 ETAG 附录A 拉伸试验方法进行，支承环内径 $\geq 4h_{ef}$。承载力实测概率分布经整理后示于图2。由图示可知，该概率分布基本属于正态分布。76根锚栓的平均极限抗拔力 mN_u = 36.3kN，均为混凝土破坏，变异系数 δ = 10.7%，散布范围在 28~46kN 之间。平均值与众值十分接近。试验值 N_{uc}^0 与回归公式（1）相比，N_{uc}^0/N_{uc} = 1.16，偏于安全。

2 膨胀锚栓受拉时，混凝土锥体破坏承载力回归公式

按 ETAG 规定，在无间距和边距影响的理想条件下，单根膨胀型锚栓或扩孔型锚栓受拉时，非开裂混凝土锥体破坏承载力统计公式为：

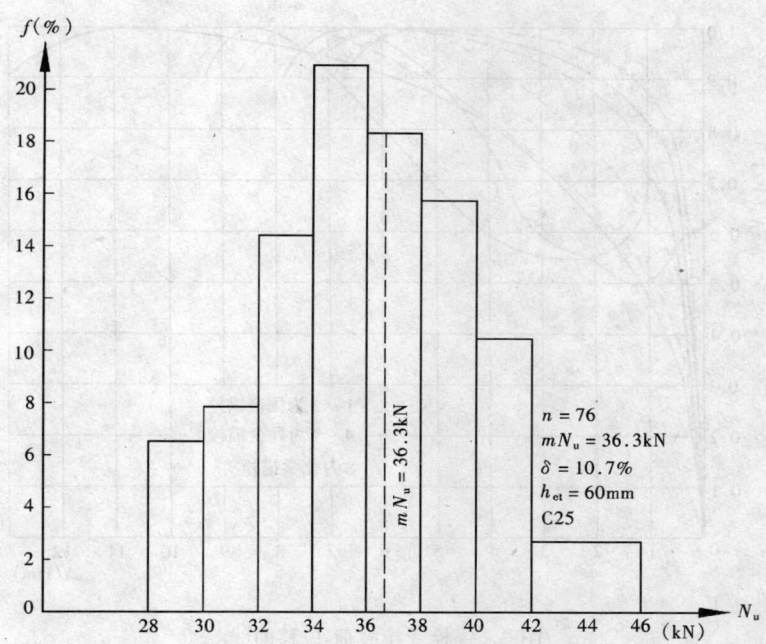

图 2 膨胀型锚栓抗拔力概率分布图

$$N_{uc} = 13.5 h_{ef}^{1.5} \sqrt{f_{cu}} \tag{1}$$

据此,就主变量锚固深度 h_{ef}(mm)及混凝土立方体强度 f_{cu}(MPa)对 N_{uc} 的影响,即公式(1)的适用性进行了检验。采用的锚栓为 M10、M12、M18 膨胀型锚栓和扩孔型锚栓,锚固深度 h_{ef} = 42.5 ~ 125mm,混凝强度等级为 C25 ~ C50。试验结果表明,锚深较浅、基材强度较低时,主要表现为混凝土锥体破坏,承载力 N_u 应按式(1)计算,试验值与计算值之比 N_{uc}^0/N_{uc} = 0.95 ~ 1.21,试验值与公式(1)较为吻合。

锚固承载力计算,本规程基调是以开裂混凝土为主,因为按公式(5.1.2)判别,多数均属开裂混凝土。对于开裂混凝土锥体破坏承载力,ETAG 给定的统计公式为:

$$N_{uc} = 9.5 h_{ef}^{1.5} \sqrt{f_{cu}} \tag{2}$$

变异系数 δ = 0.15,则标准值 $N_{Rk,c}^0$ 为:

$$N_{Rk,c}^0 = (1 - 1.645 \times 0.15) N_{uc} \approx 7.0 h_{ef}^{1.5} \sqrt{f_{cu,k}} \tag{6.1.4}$$

为了检验国产锚栓对公式(1)的适用情况,分别对六个厂家计 8 种类型锚栓,进行了锚固抗拔力试验及抗剪试验。锚栓规格为 M10 ~ M16,锚固深度 h_{ef} = 53 ~ 100mm,基材为 C25 混凝土。试验结果表明,锚栓受拉时基本上为混凝土锥体破坏,极限抗拔力波动范围较大,N_{uc}^0/N_{uc} = 0.51 ~ 1.17,但多数仍与公式(1)计算值吻合。

目前国内一些锚栓的主要问题是:品种单一,构造简单,加工粗糙,大多为墩粗螺杆与镀锌薄钢板套筒组成,拧紧时螺杆常一起转;螺母太薄,丝扣易损伤;受力时松弛滑移现象严重。如图 3,若以超出 5% 的极限变形值(≥0.05Δ_u)作为不可接受的滑移量,那么,滑移荷载 N_1(或 V_1)与极限荷载 N_u(或 V_u)之比,N_1/N_u = 0.62 ~ 0.76,V_1/V_u = 0.1 ~ 0.32。这一现象表明,国产某些锚栓应加以改进,使用应当特别注意。

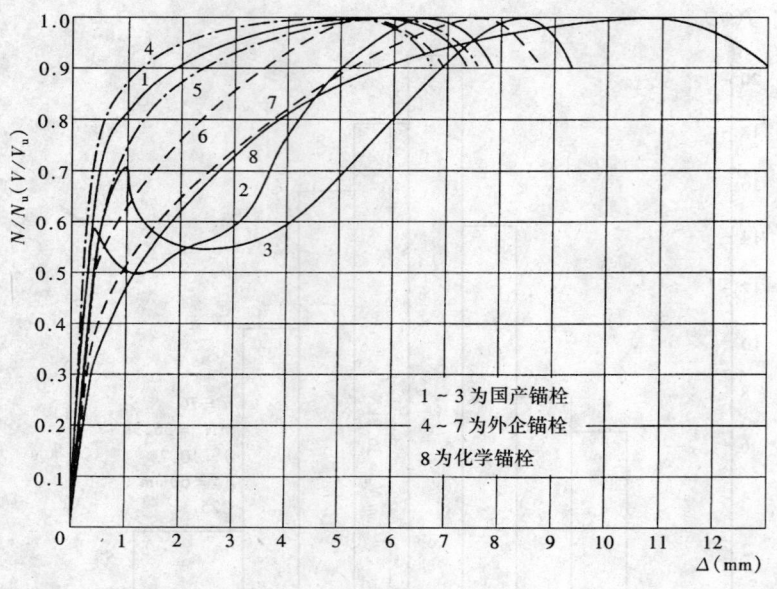

图3 锚栓受拉载荷-位移曲线

3 化学植筋受拉时，混合型破坏承载力回归公式

按 ETAG 归类，化学植筋是粘结型锚栓的一种，但 ETAG 对化学植筋及粘结型锚栓锚固混凝土锥体破坏与粘结拔出之混合型破坏时的受拉承载力，并未给定计算公式，尽管国外进行过定量的试验研究。然而，化学植筋在我国建筑工程乃至整个土木工程中，应用极为普遍，量大面广。据此，本规程结合我国具体情况，对化学植筋的极限抗拔力进行了较为系统地试验研究，所用胶种型号较多，有 DJR-DWM 胶、XH130ABC 胶、XH111AB 胶、XH131ABC 胶、HX-JMG 胶、YS-JGN 胶、YJS-1 胶、ESA 胶、RM 管装胶、ZL-JGM 胶、汇丽锚固胶、管装 JCT 胶以及 JJK 型胶等；所用钢筋为Ⅱ级 $\phi 12 \sim \phi 20$ 及 RGM12×160 螺杆，锚固深度 $h_{ef} = 32 \sim 215mm$（$h_{ef}/d = 2 \sim 14.6$），基材混凝土为 C25～C30。试验结果列于表2和图4。由列表数值可知，随着相对锚固深度 h_{ef}/d 的变化，破坏形态亦在发生变化，当 $h_{ef}/d < 9$ 时，主要表现为混凝土锥体与钢筋拔出之混合型破坏（带锥拔出），当 $h_{ef}/d \geqslant 9$ 时，则多表现为钢筋拉断破坏。就混合型破坏极限承载力而言，根据国内外有效试验数据，经统计分析，提出了回归公式如下：

$$N_{uc} = 15(h_{ef} - 30)^{1.5}\sqrt{f_{cu}} \quad (N) \tag{3}$$

式中 h_{ef}——钢筋或螺杆锚固深度（mm）；

f_{cu}——混凝土立方体抗压强度（MPa）。

试验值与回归公式（3）计算值之比 $N_{uc}^0/N_{uc} = 0.87 \sim 1.42$，表明按公式（3）计算偏于安全；螺杆与钢筋并无本质区别。

钢筋拉断时，$N_{us}^0/N_{us} = 0.90 \sim 1.26$。

对于开裂混凝土，Eligehausen.R 和 Mallee.R 的研究表明，混凝土锥体组合型破坏承载力会大幅度降低，离散性会显著增大，降低系数近似取 0.41，变异系数近似取 $\delta = 0.3$，则其标准值 $N_{Rk,C}^0$ 为：

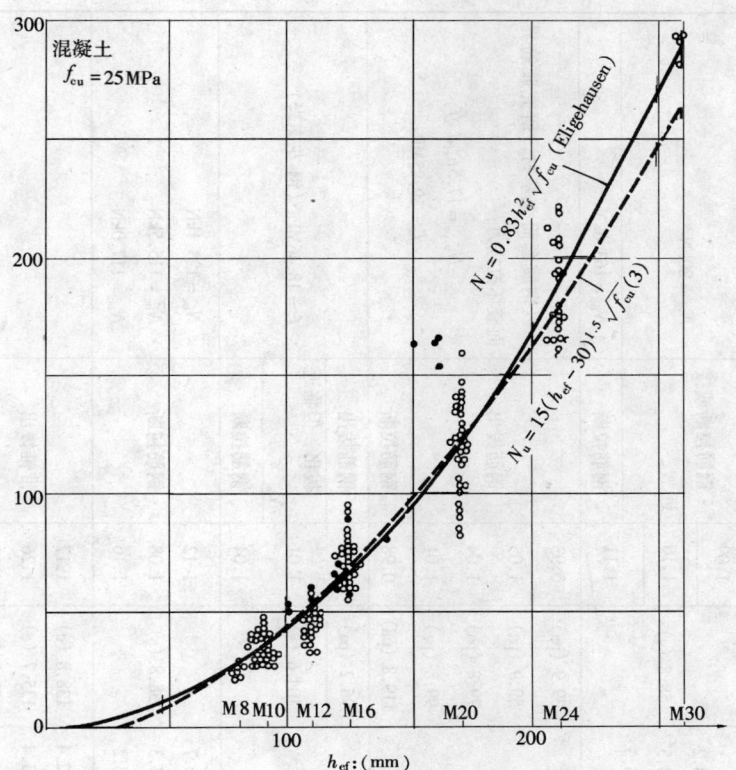

图4 粘结型锚栓（筋）锚固未裂混凝土锥体组合型
破坏受拉极限承载力与锚固深度的关系

$$N_{Rk,C}^0 = 3.0\,(h_{ef} - 30)^{1.5}\sqrt{f_{cu,k}} \quad (N) \tag{4}$$

式中 $f_{cu,k}$——混凝土立方体抗压强度标准值（MPa）。

6.1.7 锚栓受拉混凝土锥体破坏时，混凝土圆锥直径，从统计看是固定的，对于膨胀型锚栓，ETAG认定为 $3h_{ef}$，本次检验结果大体相当。当锚栓位于构件边缘，其距离 $c < 1.5h_{ef}$ 时，破坏时就形不成完整的圆锥体，因此，承载力会降低。ETAG用下列系数 $\psi_{s,N}$ 反映 c 的降低影响：

$$\psi_{s,N} = 0.7 + 0.3\frac{c}{c_{cr,N}} \leq 1 \tag{6.1.7}$$

式中 $c_{cr,N}$ 为临界边距，对于膨胀型锚栓 $c_{cr,N} = 1.5h_{ef}$。为检验公式（6.1.7）的适用性，选用了M12之膨胀型锚栓及粘结型锚栓进行边距的影响试验，边距 c 的变化范围为 45mm～∞。试验结果表明，粘结型锚栓边距 c 对承载力 N_u 的影响很小或根本就无影响，$\psi_{s,N} = 1$。究其原因，主要是粘结型锚栓无膨胀挤压力，破坏机理也不是完全的锥体理论。相反，膨胀型锚栓 c 对 N_u 的影响较大，公式（6.1.7）$\psi_{s,N}$ 基本上反映了这一影响，N_{uc}^0/N_{uc}，大多数为 1.01～1.03，但个别为 0.45～0.86，试验值比计算偏低较多。其原因有二：一是该种锚栓较为特殊，属于无套筒的简易锚栓；二是边距过小时（$c < c_{min}$），会直接产生边沿混凝土侧向胀裂破坏，而不是锥体受拉破坏，因此，边距最小值 c_{min} 限定很有必要。c_{min} 应由厂家通过系统试验认证给定。

表 2 化学植筋（栓）抗拔力试验结果汇总

胶种	钢筋(栓)规格	基材情况	锚固深度 h_{ef} (mm)	h_{ef}/d	试验破坏荷载 N_u^0 (kN) 幅度	试验破坏荷载 N_u^0 (kN) 平均	计算破坏荷载 N_u (kN)	$\dfrac{N_u^0}{N_u}$	破坏特征	备注
DJR-PTM	Φ12	$f_{cu}=39$ (C30)	120	10	63.3~64.7	64.2	58.8 (s)	1.09	钢筋拉断或接近 N_{us}	$N_{uc}=80$kN
DJR-DWM			120	10	63.9~65.4	64.5		1.10		
			175	14.6	64.4~67.7	65.5		1.11	钢筋拉断	$N_{uc}=163.6$kN
DJR-PTM	Φ16	钢质套筒	32	2	37		39.9 (pa)	0.93	钢筋拔出	以钢质套筒为基材，研究胶筋界面破坏拉拔力： $N_{u,pa}=17.5h_{ef}d\sqrt{f_v}$ $f_v=19.85$MPa
			48	3	63		59.9 (pa)	1.05		
			64	4	82.6		79.8 (pa)	1.04		
			80	5	101.2		99.8 (pa)	1.01		
			96	6	118		119.8 (pa)	0.98		
			80	5	100.1		96.2 (pa)	1.04	钢筋拔出	$f_v=18.46$MPa (钢-花岗岩)
			96	6	106		104.6 (s)	1.01	拔出，但临近 N_{us}	
			112	7	109			1.04	钢筋拉断	
XH111AB										
XH30ABC	Φ12	$f_{cu}=39$ (C30)	150	12.5	63.8~66.9	65.7	58.8 (s)	1.12	钢筋拉断	$N_{uc}=123.1$kN
XH111AB			145	12.1	58.7~66.7	63.3		1.08		$N_{uc}=115.5$kN
XH31ABC			146	12.2	67.1~69.1	68.2		1.16		$N_{uc}=117.0$kN
XH30ABC	Φ20	$f_{cu}=39$ (C30)	160	8	161.8~163.2	162.4	138.8 (c)	1.17	带锥拔出	
XH111AB			158	7.9	168.6~174.0	171.4	135.7 (c)	1.26		
XH31ABC			160	8	166.8~190.0	176.1	138.8 (c)	1.27		
A1A2A3	Φ25 D30	$f_{cu}=30.91$	150	6	142~149	145.5	140.1 (pc)	1.04	钢筋拔出	
			200	8	185.5~187.1	186.3	186.8 (pc)	1.00		
			250	10	229.7~236.1	233.5	233.5 (pc)	1.00		

续表2

胶种	钢筋(栓)规格	基材情况	锚固深度 h_{ef} (mm)	h_{ef}/d	试验破坏荷载 N_u^0 (kN) 幅度	试验破坏荷载 N_u^0 (kN) 平均	计算破坏荷载 N_u (kN)	$\dfrac{N_u^0}{N_u}$	破坏特征	备注
XH31ABC	Φ16	$f_{cu}=39$ (C30)	48	3	54.2~56.2	55.2	33.6 (pc)	1.64	钢筋拔出	深钻孔，部分粘接，150、200、250为底部粘结长度，研究胶混界面破坏拉拔力。
	Φ16		64	4	70.0	70.0	44.8 (pc)	1.56	钢筋拔出	
	Φ16		96	6	110.0~114.4	112.5		1.08		
	D20		112	7	98.0~116.8	110.2	104.6 (s)	1.05	钢筋缩颈，达N_{us}	
			128	8	115.6~117.8	116.7		1.16		
			144	9	96.2~112.0	104.1		1.00		
HX-JMG	Φ12	$f_{cu}=39$ (C30)	120	10	69.0~70.2	69.6	58.8 (s)	1.18	钢筋断	加钢垫板约束破坏形态，研究胶混界面约束破坏拉拔力。$N_{uc}=80.0$kN $N_{uc}=138.8$kN
	Φ16		160	10	118.8~120.1	119.6	104.6 (s)	1.14	带锥拔出	
	Φ20		152	7.6	177.0~180.6	178.6	126.2 (c)	1.42	带锥拔出	
YS-JGN	Φ12	$f_{cu}=39$ (C30)	120	10	66.8~68.9	67.9	58.8 (s)	1.15	钢筋缩颈	$N_{uc}=80.0$kN $N_{uc}=138.8$kN
	Φ16		160	10	115.8~116.5	116.1	104.6 (s)	1.11	带锥拔出	
	Φ20		152	7.6	171.6~176.0	174.3	126.2 (c)	1.38		
YJS-1	Φ14	$f_{cu}=36.4$ (C28)	140	10	70.9~90.5	84.3	78.5 (s)	1.07	钢筋缩颈	$N_{uc}=104.4$kN $N_{uc}=200.6$kN
	Φ20		200	10	162.5~176.3	171.0	163.4 (s)	1.05		
ESA	Φ12	$f_{cu}=36.4$ (C28)	130	10.8	58.2~67.5	63.9	58.8 (s)	1.09	钢筋缩颈	$N_{uc}=90.5$kN $N_{uc}=149.9$kN
	Φ14		170	12.1	111.6~112.7	112.2	89.3 (s)	1.26		
RM胶管	RCM12×160	$f_{cu}=33.9$ (C25)	110	9.2	53.5~55.0	54.3	62.5 (c)	0.87	带锥拔出	

续表2

胶种	钢筋(栓)规格	基材情况	锚固深度 h_{ef} (mm)	h_{ef}/d	试验破坏荷载 N_u^0 (kN) 幅度	平均	计算破坏荷载 N_u (kN)	$\dfrac{N_u^0}{N_u}$	破坏特征	备注
ZL-JGN	Φ12	$f_{cu}=39$ (C30)	100	8.3	37.4~59.8	52.2	54.9 (c)	0.95	带锥拔出	
	Φ14		169	10.6	102.8~107.3	105.6	104.6 (s)	1.01	钢筋缩颈	
	Φ20		215	10.8	155.3~170.0	161.4	163.4 (s)	0.99		
汇丽牌锚固胶 散装	Φ14	$f_{cu}=39$ (C30)	96	6.9	34.2~50.4	44.4	50.2 (c)	0.88	带锥拔出	$N_{uc}=153.5$ kN $N_{uc}=235.7$ kN
			160	11.4	58.8~70.0	62.9	69.9 (s)	0.90	钢筋缩颈	
			200	14.3	61.0~79.6	71.1	69.9 (s)	1.02	钢筋缩颈钢筋断	$N_{us}=69.9$ kN 为实测值
管装	M12×160		80	6.7	40.6~55.8	46.6	33.1 (c)	1.41	带锥拔出	
			100	8.3	42.6~52.5	48.7	54.9 (s)	0.89	钢筋缩颈	
			120	10.0	49.6~57.1	52.7	50.6 (s)	1.04		
JCT管装	M10×130	$f_{cu}=39$ (C30)	90	9	41.4~46.8	43.5	43.5 (c)	1.00	带锥拉出	$N_{uc}=80.0$ kN
	M12×170		120	10	51.2~53.4	52.1	56.2 (s)	0.93	锚栓拉断	
	M12×160		100	8.3	61.4~67.0	64.0	56.2 (s)	1.14	锚栓拉断	
JGN-31	Φ12	$f_{cu}=39$ (C30)	120	10	63.8~66.6	65.3	58.8 (s)	1.11	钢筋断	
	Φ16		160	10	116.4~118.1	116.0	104.6 (s)	1.11	钢筋断	
	Φ20		150~160	7.5~8	174~182.7	178.5	163.4 (c)	1.09	钢筋断	

注：(s) 表示钢材破坏，(c) 表示混凝土锥体混合型破坏，(pa) 表示胶筋界面拔出破坏，(pc) 表示胶混界面拔出破坏。

6.1.8 基材适量配筋，总体上说，对锚固性能有利。但配筋过多过密时，在混凝土锥体受拉破坏模式下，会因钢筋的隔离作用，而出现表层素混凝土壳（保护层）先行剥离，从而降低了有效锚固深度 h_{ef}。系数 $\psi_{re,N}$ 则反映了这一影响。

6.1.10 比较公式（1）与（2）可知，膨胀型锚栓及扩孔型锚栓未裂混凝土锥体破坏承载力大约为开裂混凝土时的 1.4 倍。若以开裂混凝土为基准，则未开裂混凝土提高系数 $\psi_{ucr,N} = 1.4$。同理，化学植筋及粘结型锚栓未裂混凝土混合型破坏承载力约为开裂混凝土时的 2.44 倍，故 $\psi_{ucr,N} = 2.44$。

6.1.11 基材混凝土劈裂破坏分两种情况，一种是发生在锚栓安装阶段，主要是预紧力所引起，另一种是使用阶段，主要是外荷载所造成。但其根源，二者均是由于膨胀侧压力所致。

当 $c < c_{min}$、$s < s_{min}$、$h < h_{min}$ 时，易发生安装劈裂破坏，一旦发生，整个锚固系统就失去了继续承载的能力，故不允许锚栓安装劈裂破坏现象发生。c_{min}、s_{min} 及 h_{min} 应由锚栓生产厂家委托国家法定检验单位，通过系统的试验分析提出。

当 $c \geq c_{min}$、$s \geq s_{min}$、$h \geq h_{min}$，但不满足荷载劈裂条件时，随着锚栓所受外荷载的增大，锚栓对混凝土孔壁的膨胀挤压力会随之增加，此时的劈裂破坏则属荷载造成的劈裂破坏，其量值 $N_{Rk,sp}$ 与混凝土锥体破坏承载力 $N_{Rk,c}$ 大体相应，但 $A_{c,N}$、$A_{c,N}^0$ 计算中的 $c_{cr,N}$ 和 $s_{cr,N}$ 应由 $c_{cr,sp}$ 和 $s_{cr,sp}$ 替代，且多了一项构件相对厚度影响系数 $\psi_{h,sp}$。

关于机械锚栓穿出破坏，因缺乏系统试验资料，且性能欠佳，本规程除在适用条件给予严格控制外，未具体给定承载力计算值，其值应由厂家通过试验认证后提供。

化学植筋或粘结型锚栓受拉拔出破坏理论上有两种模式，一种是沿着胶体与钢筋界面破坏，另一种是沿着胶体与混凝土孔壁界面破坏。

1 沿着锚固胶与钢筋界面拉剪破坏时，承载力主要取决于锚固胶与钢筋的粘结抗剪强度。为迫使破坏仅沿锚固胶与钢筋界面发生，要求基材强度足够高，可采用花岗石和大理石，本试验采用钢质基材，如图 5 所示，即以钢棒钻孔（钢套筒）作为锚固体，以 DJR-PTM 胶和 XH131ABC 胶，植入 Φ16 钢筋进行了抗拔试验，其锚深与钢筋直径之比 $h_{ef}/d = 2 \sim 7$。试验结果列于表 2。由表列数值可知，$h_{ef}/d = 2 \sim 4$ 时，主要表现为拔出破坏，$h_{ef}/d = 4 \sim 5$ 时，钢筋全部进入流限，$h_{ef}/d = 6 \sim 7$ 时，绝大部分为钢筋拉断破坏。据此，可以近似得到胶筋界面破坏的受拉承载力计算公式如下：

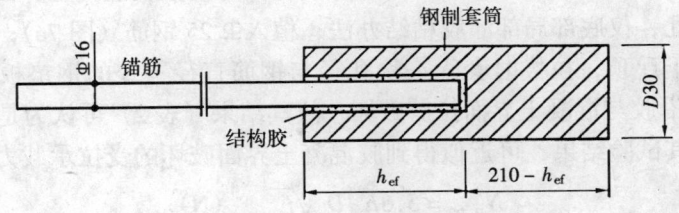

图 5 胶筋界面破坏试验简图

$$N_{u,pa} = 17.5 h_{ef} d \sqrt{f_v} \quad (N) \tag{5}$$

式中 f_v —— 锚固胶的钢-钢粘结抗剪强度（MPa）；
  d —— 钢筋直径（mm）。

$N_u^0/N_u = 0.93 \sim 1.05$，表明试验值与计算值吻合（图6）。

对于开裂混凝土，若承载力降低系数近似取0.6，变异系数取0.16，则可得到胶筋界面破坏时的受拉承载力标准值 $N_{Rk,pa}$ 为：

$$N_{Rk,pa} = 7.7 h_{ef} d \sqrt{f_{vk}} \quad (N) \tag{6}$$

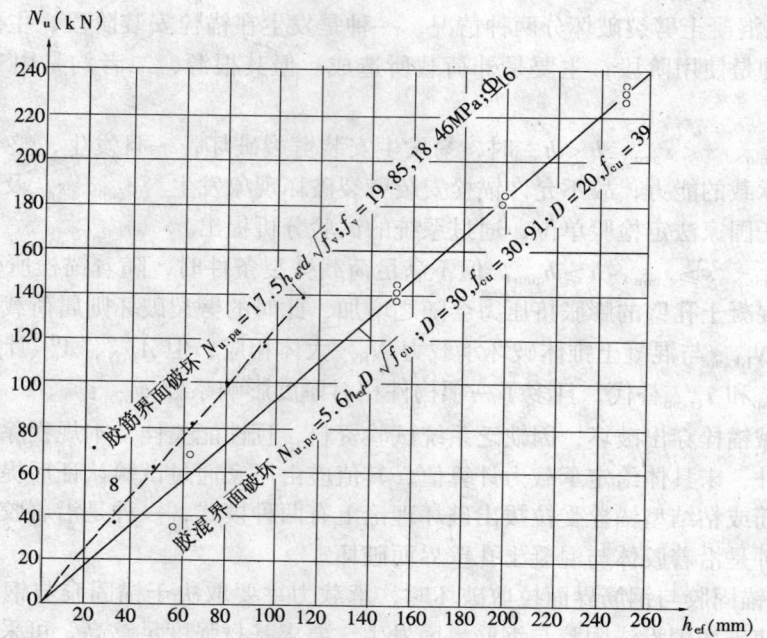

图6 拔出破坏承载力与埋深关系

式中 f_{vk} —— 锚固胶的钢-钢粘结抗剪强度标准值（MPa）。

2 由于混凝土的抗剪强度比胶的粘结抗剪强度低，故沿着锚固胶与钻孔混凝土界面拉剪破坏时，承载力主要取决于混凝土的抗剪强度。为模拟胶混凝土界面破坏，哈尔滨工业大学采用深钻孔，仅底部局部灌胶粘结办法，植入Φ25钢筋（图7a）；中国建筑科学研究院采用穿心式千斤顶，拉拔时套入一块孔径与钢筋直径一致的钢垫板，植入φ16钢筋（图7b）。二者均沿胶与混凝土界面拉剪破坏，故其结果（表2）可认为是胶混凝土界面破坏的代表。根据其试验结果，可近似得到胶混凝土界面破坏的受拉承载力计算公式如下：

$$N_{u,pc} = 5.6 h_{ef} D \sqrt{f_{cu}} \quad (N) \tag{7}$$

式中 D —— 锚孔直径（mm）。

由表2可知，$N_u^0/N_u = 1.00 \sim 1.64$（图6）。

开裂混凝土情况与混凝土锥体混合型破坏相近，降低系数近似取0.41，变异系数取0.16，则胶混凝土界面破坏时的受拉承载力标准值 $N_{Rk,pc}$ 为：

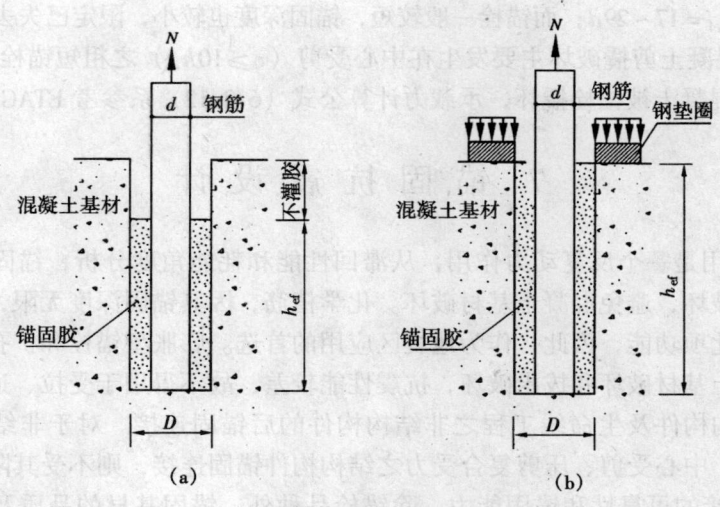

图 7 胶混界面破坏试验简图
(a) 局部灌胶法；(b) 钢垫圈约束法

$$N_{Rk,pc} = 1.7 h_{ef} D \sqrt{f_{cu,k}} \text{ (N)} \tag{8}$$

6.2 受剪承载力计算

6.2.1 后锚固连接受剪承载力应按锚栓钢材破坏、混凝土剪撬破坏、混凝土边缘楔形体破坏等3种破坏类型，以及单锚与群锚两种锚固方式，共计6种情况分别进行计算（表6.2.1）。对于群锚连接，当为钢材破坏时，主要表现为某根受力最大锚栓的破坏，故取 V_{Sd}^h 计算即可；当为边缘混凝土楔形体破坏及混凝土撬坏时，则主要表现为群锚整体破坏，故取 V_{Sd}^g 进行整体锚固计算。

6.2.2 锚栓钢材受剪破坏分纯剪和拉弯剪复合受力两种情况。对于无杠杆臂纯剪钢材破坏时的承载力标准值 $V_{Rk,s}$，参照 ETAG 取：

$$V_{Rk,s} = 0.5 A_s f_{stk} \tag{6.2.2-2}$$

但对延性较低的硬钢群锚，因各锚栓应力分布不可能很均匀，故乘以0.8降低系数。

为检验式（6.2.2-2），选用了 M10 和 M12 膨胀锚栓和粘结型锚栓进行抗剪试验，锚固深度在 50～90mm 之间。试验按ETAG附录A剪切试验方法进行。试验结果可知，$N_u^0/N_u = 1.06～1.18$，式（6.2.2-2）偏于安全。

对于有杠杆臂的受剪，因锚栓处在拉、弯、剪的复合受力状态，根据钢材破坏强度理论，其折算受剪承载力标准值 $V_{Rk,s}$ 可由公式（6.2.2-3）、（6.2.2-4）和（6.2.2-5）联解获得。其中所谓无约束，是指被连接件锚板在受力过程中，既产生平移又发生转动（图6.2.2-2a），锚栓杆相当于悬臂杆，故弯矩较大；所谓全约束，是指被连接件锚板在受力过程中只产生平移，不发生转动（图6.2.2-2b），故弯矩亦较小。

6.2.3～6.2.11 构件边缘（$c < 10 h_{ef}$）受剪混凝土楔形体破坏时的受剪承载力标准值计算公式，主要是参考 ETAG 制定的，其中公式（6.2.4）中的锚栓有效长度 l_f，ETAG 未说明。从安全考虑，本规程近似取 $l_f \leq h_{ef}$ 且 $l_f \leq 8d$。此项规定主要针对的是植筋，因为植筋锚固深

2035

度一般较大，$h_{ef} = 17 \sim 29d$；而锚栓一般较短，锚固深度也较小，限定已失去意义。

6.2.12 基材混凝土剪撬破坏主要发生在中心受剪（$c \geqslant 10h_{ef}$）之粗短锚栓埋深较浅情况，系剪力反方向混凝土被锚栓撬坏，承载力计算公式（6.2.12）系参考 ETAG 制定。

7 锚固抗震设计

7.0.1 地震作用是一个反复动力作用，从滞回性能和耗能角度分析，锚固连接破坏应控制为锚栓钢材破坏，避免混凝土基材破坏。化学植筋，因其锚固深度无限，且无膨胀挤压力，完全具备此项功能，因此，作为地震区应用的首选。膨胀型锚栓和扩孔型锚栓破坏型态主要为混凝土基材破坏和拔出破坏，抗震性能较差，故不得用于受拉、边缘受剪、拉剪复合受力之结构构件及生命线工程之非结构构件的后锚固连接。对于非结构构件锚固连接，以及受压、中心受剪、压剪复合受力之结构构件锚固连接，则不受其限制。

7.0.2 锚固连接的可靠性和锚固能力，除锚栓品种外，锚固基材的品质及应力状况至关重要，裂缝开展失控区及素混凝土区，一般均不应作为有抗震设防要求的锚固区。

7.0.3 植筋受拉存在钢材破坏、混凝土基材破坏及拔出破坏等模式，而混凝土混合型受拉破坏承载力 N_{uc} 式（3）、（4）及拔出破坏承载力 $N_{u,pa}$ 式（5）、（6）和 $N_{u,pc}$ 式（7）、（8）均与锚固深度 h_{ef} 直接相关，因此，由下列平衡关系可得 h_{cr*}，此时的锚固深度 h_{cr*} 称为临界锚固深度 $h_{cr,c}$，$h_{cr,pa}$，$h_{cr,pc}$：

$$N_{u,s} = N_{uc} \tag{9}$$

$$N_{u,s} = N_{u,pa} \tag{10}$$

$$N_{u,s} = N_{u,pc} \tag{11}$$

对于常用的 II 级螺纹钢筋，相对临界锚固深度可按下列公式计算，其变化规律示于图 8：

基材混凝土混合型受拉破坏

$$h_{cr,c}/d = 0.1399 \left[f_{us}\sqrt{d/f_{cu}} \right]^{0.6667} + 30/d \quad （未裂混凝土） \tag{12}$$

$$h_{cr,c}/d = 0.2536 \left[f_{us}\sqrt{d/f_{cu}} \right]^{0.6667} + 30/d \quad （开裂混凝土）$$

胶混界面拔出破坏

$$h_{cr,pc}/d = 0.099 f_{us}/\sqrt{f_{cu}} \quad （未裂混凝土） \tag{13}$$

$$h_{cr,pc}/d = 0.24 f_{us}/\sqrt{f_{cu}} \quad （开裂混凝土）$$

胶筋界面拔出破坏

$$h_{cr,pa}/d = 0.049 f_{us}/\sqrt{f_v} \quad （未裂混凝土） \tag{14}$$

$$h_{cr,pa}/d = 0.075 f_{us}/\sqrt{f_v} \quad （开裂混凝土）$$

上列公式中　f_{us}——植筋极限抗拉强度（MPa）；

　　　　　　f_v——锚固胶的钢-钢粘结抗剪强度（MPa）；

　　　　　　f_{cu}——混凝土立方体抗压强度（MPa）；

　　　　　　d——植筋直径（mm）。

表 7.0.3 植筋的最小锚固深度是按开裂混凝土上述三种临界深度最大值 max $\{h_{cr,c}$,

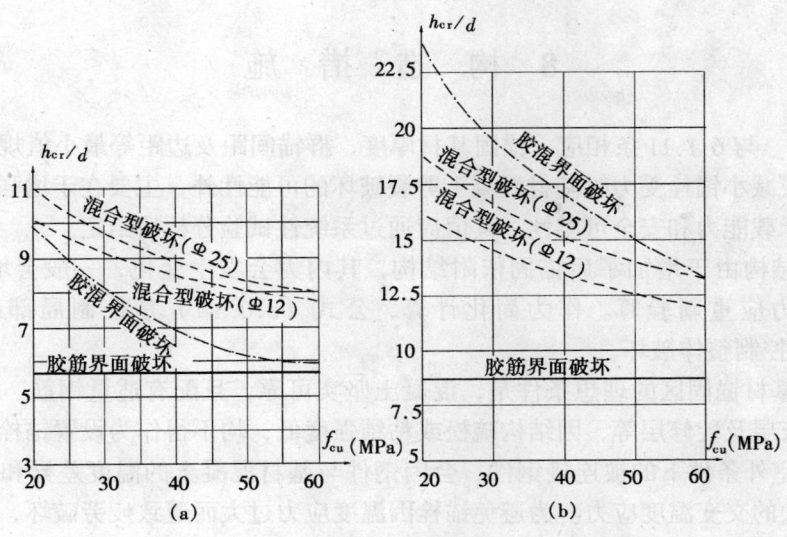

图8 植筋临界锚固深度比
(a) 未裂混凝土；(b) 开裂混凝土

$h_{cr,pa}$、$h_{cr,pc}$确定的，目的在于保证钢材破坏，避免混凝土基材破坏及拔出破坏等不良破坏形式。以非结构构件锚固连接及6度区受压、中心受剪、压剪组合之结构构件锚固连接为最低，取该临界值；受拉、边缘受剪、拉剪复合受力之结构构件连接，乘以1.1；7～8度区，分别在6度区的基础上再乘以1.1。当混凝土强度等级≥C40时，按C40取值，以与《混凝土结构设计规范》GB 50010—2002钢筋的锚固规定协调。锚筋的直径限定为$d \leqslant 25mm$。膨胀型锚栓及扩孔型锚栓原则上不适于地震区之受拉、边缘受剪、拉剪复合受力之结构构件的锚固。

7.0.5 根据试验研究，低周反复荷载下锚固承载力呈现出一定的退化现象，其量值随破坏形态、锚栓类型及受力性质而变，幅度变化在$0.6 \sim 1.0R$之间。

7.0.6 抗震设计期望的是延性破坏，锚固参数，特别是锚固深度h_{ef}直接关系着锚固连接破坏类型及承载力量值，隔震和消能减震措施可降低锚固连接的地震反应。对于受拉、边缘受剪、拉剪复合受力之结构构件锚固连接抗震设计，应控制为锚栓钢材延性破坏，避免基材混凝土脆性破坏和锚栓拔出破坏，(7.0.6)式是从锚固承载力计算方面保证锚固连接仅发生钢材破坏。

7.0.7 膨胀型锚栓和扩孔型锚栓不能直接承受压力，但工程中的锚固连接在反向荷载下则可能产生压力，问题是此压力不能传给锚栓，必须通过构造措施，如锚板，传给混凝土基材。即或如此，基材在压缩变形下还会导致锚栓预紧力相应降低；另一方面，锚栓膨胀片在长期使用中也会产生松弛。为保证锚栓始终处在受拉状态，规定两种内力损失叠加后，锚栓的实有拉力最小值$N_{sk,min}$应满足公式（7.0.7）规定。

7.0.8 试验和经验表明，锚固区具有定量的钢筋，锚固性能可大为改善。与既有工程不同，新建工程有条件满足此项要求，为提高锚固连接的可靠性，减小基材混凝土破坏的可能性，可在预设的锚固区配置必要的钢筋网。

8 构 造 措 施

8.0.1、8.0.2 与 6.1.11 条相应，锚固基材厚度、群锚间距及边距等最小值规定，除避免锚栓安装时或减小锚栓受力时基材混凝土劈裂破坏的可能性外，主要在于增强锚固连接基材破坏时的承载能力和安全可靠性，其值应通过系统性试验分析后给定。

8.0.3 基材结构由于增加了后锚固依附结构，其内力会发生变化，一般会增大，因此，原结构承载力应重新验算。作为简化计算，公式（8.0.3-1）是控制局部破坏，公式（8.0.3-2）是控制整体破坏。

8.0.4 作为基材锚固区的理想条件是，混凝土坚实可靠，且配有适量钢筋。混凝土保护层、建筑抹灰层及装修层等，因结构疏松或粘结强度低，均不得作为设置锚栓的锚固区。

8.0.5 处在室外条件下的被连接钢件，会因钢件与基材混凝土的温度差异和变化，而使锚栓产生较大的交变温度应力。为避免锚栓因温度应力过大而遭致疲劳破坏，故规定应从锚固方式采取措施，控制温度应力变幅 $\Delta\sigma = \sigma_{\max} - \sigma_{\min} \leqslant 100\mathrm{MPa}$。

8.0.6 外露后锚固连接件防腐措施应与其耐久性要求相适应，耐久性要求较高时可选用不锈钢件，一般情况可选用电镀件及现场涂层法。外露后锚固连接件耐火措施应与结构的耐火极限相一致，有喷涂法、包封法等。

9 锚固施工与验收

9.1 基 本 要 求

9.1.1～9.1.3 基本要求强调了三点，锚栓品质、基材性状及安装方法应符合设计及有关标准、规程的要求。

9.2 锚 孔

9.2.1～9.2.3 锚孔对锚固质量影响较大，本节对各类锚栓锚孔尺寸偏差、清孔要求、废孔处理等，做了具体规定。

9.3 锚栓的安装与锚固

9.3.1 预插式安装（图 9.3.1-1）是先安装锚栓后装被连接件，锚板与基材钻孔要求同心，但孔径不一定相同；穿透式安装（图 9.3.1-2），锚板与基材一道钻孔（配钻），孔径相同，整个锚栓从外面穿过锚板插入基材锚孔，锚板钻孔与锚栓套筒紧密接触，多用于抗剪能力要求较高的锚固；离开基面的安装（图 9.3.1-3），主要是指具有保温层或空气层的外饰面板安装，该安装所用锚栓杆头较长，采用三个螺母，先装锚栓，以第一道螺母紧固于基材，铺贴保温层，以第二道螺母调平，装饰面板，以第三道螺母拧紧固定。

9.3.3 扩孔型锚栓安装，应先按规定钻直孔，然后再分类扩孔安装。对于预扩孔，需另换专用钻头进行扩孔，安装时扭矩控制应准确。对于自扩孔，因锚栓自带刀头，只需将锚栓插入孔底，开动钻机转动锚栓，扩孔与膨胀同时完成。

9.3.4~9.3.5 化学植筋安装工艺流程为：钻孔→清孔→配胶→植筋→固化→质检。应按设计锚固深度钻孔，孔径 $D=d+(4\sim10)$ mm，小直径机械安装取低限，大直径灌注安装取高限，清孔应彻底。胶起着关键作用，应采用国家认证过的胶，使用前应进行现场试验和复检，胶称量应准确，搅拌应均匀，灌注应充实。

9.4 锚固质量检查与验收

9.4.1~9.4.4 锚固质量检查是确保后锚固连接工程可靠性的重要环节，应重点检查锚固参数、基材质量、尺寸偏差、抗拔力；对于化学植筋，尚应检查胶粘剂的性能。

附录A 锚固承载力现场检验方法

A.1 基本规定

A.1.1、A.1.2 后锚固连接抗拔承载力现场检验，ETAG未作规定，西方国家大多着重原材料质量检验和施工程序控制，一般不作现场检验；但按我国《建筑工程质量验收统一标准》精神，则为必检项目。然而，破坏性检验会造成一定程度难于处理的基材结构的破坏，故本规程规定，承载力现场检验，对于一般结构及非结构构件，可采用非破坏性检验；对于重要结构及生命线工程非结构构件，应采用破坏性检验，并尽量选在受力较小的次要连接部位。

A.4 检验方法

A.4.1 加荷设备支撑环内径 $D_0 \geqslant 4h_{ef}$ 或 $D_0 \geqslant \max(12d, 250mm)$ 要求，主要考虑是基材混凝土破坏圆锥体直径，即锚栓的临界间距 $s_{cr,N}$，因为，环径过小就不可能产生锥体破坏，承载力会显著偏高。

A.4.3 非破坏性检验荷载取 $0.9A_s f_{yk}$，主要考虑的是钢材屈服；而取 $0.8N_{Rk,c}$，主要在于检验锚栓或植筋滑移及混凝土基材破坏前的初裂。

A.5 检验结果评定

A.5.1~A.5.3 根据试验及锚固承载力标准值取值，在非破坏检验荷载下，一般不应该出现钢筋屈服、滑移、基材裂缝及持荷不稳等征兆。但非破坏性检验对锚固承载力毕竟无法量化，为避免误判，规定当该检验不合格时，则应补作破坏性检验判定。除特殊情况下，现场破坏性检查，一般仅检查锚栓的极限抗拔力。因数量有限，评定方法采用双控，即极限抗拔力平均值应满足公式（A.5.2-1），最小值应≥标准值（A.5.2-2）。当检验不合格时，应采取专门措施处理。

中国工程建设标准化协会标准

钢结构加固技术规范

Technical code for strengthening sreel structures

CECS 77:96

主编单位：清华大学土木工程系
审查单位：建筑物鉴定与加固委员会
批准单位：中国工程建设标准化协会
批准日期：１９９６年５月３０日

前　言

现批准《钢结构加固技术规范》CECS 77：96 为中国工程建设标准化协会标准，推荐给各有关单位使用。在使用过程中，请将意见及有关资料寄交四川省成都市一环路北三段55号，四川省建筑科学研究院中国工程建设标准化协会建筑物鉴定与加固委员会（邮编：610081），以便修订时参考。

中国工程建设标准化协会
1996年5月30日

目　次

1 总则 ··· 2043
2 术语、符号与代号 ·· 2043
　2.1 术语 ··· 2043
　2.2 符号与代号 ··· 2043
3 加固基本原则及一般方法 ·· 2045
　3.1 一般规定 ·· 2045
　3.2 加固工作程序 ··· 2046
　3.3 加固一般方法及其选择 ··· 2047
　3.4 材料 ··· 2048
4 改变结构计算图形的加固 ·· 2048
　4.1 一般规定 ·· 2048
　4.2 改变结构计算图形的一般方法 ·· 2049
5 加大构件截面的加固 ··· 2051
　5.1 一般规定 ·· 2051
　5.2 受弯构件的加固 ·· 2052
　5.3 轴心受力和拉弯、压弯构件的加固 ································· 2054
　5.4 构造与施工要求 ·· 2057
6 连接的加固与加固件的连接 ·· 2058
　6.1 一般规定 ·· 2058
　6.2 焊缝连接的加固 ·· 2058
　6.3 螺栓和铆钉连接的加固 ··· 2060
　6.4 加固件的连接 ··· 2060
　6.5 构造与施工要求 ·· 2061
7 裂纹的修复与加固 ··· 2062
　7.1 一般规定 ·· 2062
　7.2 修复裂纹的方法 ·· 2062
8 施工安全与工程验收 ··· 2064
　8.1 施工安全 ·· 2064
　8.2 工程验收 ·· 2064
附录 A　构件的截面加固形式（参考图） ······························· 2065
附录 B　本规范用词说明 ·· 2066
附加说明 ·· 2067
条文说明 ·· 2068

1 总则

1.0.1 为使钢结构的加固做到技术可靠、经济适用、施工简便和确保质量，特制定本规范。

1.0.2 本规范适用于工业与民用建筑和一般构筑物的钢结构因设计、施工、使用管理不当，材料质量不符合要求，使用功能改变，遭受灾害损坏以及耐久性不足等原因而需要对钢结构进行加固的设计、施工和验收。对有特殊要求和特殊情况下的钢结构加固，尚应符合相应的专门技术标准的规定。

1.0.3 钢结构加固前，应按照《工业厂房可靠性鉴定标准》和《民用建筑可靠性鉴定标准》等进行可靠性鉴定。

1.0.4 钢结构的加固设计、施工及验收，除本规范规定外，尚应符合《钢结构设计规范》、《钢结构工程施工及验收规范》的规定。

2 术语、符号与代号

2.1 术语

2.1.1 钢结构的加固
对已有钢结构进行加强以提高其承载力、耐久性和满足使用要求。

2.1.2 待加固的钢结构
经可靠性鉴定需要进行但尚未实施加固的钢结构。

2.1.3 加固前的结构、构件或原结构、构件
实施加固前的现有结构、构件。

2.1.4 加固后的结构、构件
实施加固竣工后的结构、构件。

2.1.5 结构的名义应力
按规范规定或由材料力学一般方法算得的结构应力。

2.1.6 有效净截面、净截面
扣除孔洞、锈蚀和损伤削弱失效后的截面。

2.1.7 摩擦型高强度螺栓连接
仅考虑由板件间摩擦力传递板件间作用力的高强度螺栓连接。

2.1.8 扩展性裂纹
长度或深度有可能不断增加的裂纹。

2.1.9 脆断倾向性裂纹
有使钢结构可能发生突然脆性断裂的裂纹。

2.2 符号与代号

2.2.1 作用和作用效应符号

F——集中荷载；

M——弯矩；

M_o——构件加固前的弯矩；

N——轴心力；

N_o——构件加固前的轴心力；

P——高强度螺栓的预拉力；

V——剪力；

V_o——构件加固前的剪力。

2.2.2 计算指标

E——钢材的弹性模量；

G——钢材的剪切模量；

N_E——欧拉临界力；

f——钢材的抗拉、抗压和抗弯强度设计值；

f_y——钢材屈服强度（或屈服点）标准值；

f_v——钢材抗剪强度设计值；

f_o——原结构钢材抗拉、抗压和抗弯强度设计值；

f_s——加固用钢材抗拉、抗压和抗弯强度设计值；

f^n——加固后结构构件钢材抗拉、抗压和抗弯换算强度设计值；

f_f^w——角焊缝的抗拉、抗压和抗剪强度设计值；

σ——正应力；

σ_c——局部压应力；

σ_o——构件加固时的正应力；

σ_f——垂直于角焊缝长度方向，按角焊缝有效截面计算的焊缝正应力；

τ——剪应力；

τ_f——沿角焊缝长度方向，按角焊缝有效截面计算的焊缝剪应力。

2.2.3 几何参数

A——毛截面面积或全部截面面积；

A_n——有效净截面面积，净截面面积；

A_o——原构件的毛截面面积；

A_{on}——原构件的净截面面积；

A_s——构件加固部分的截面面积；

A_t——构件加固后的总截面面积，即 A_o 与 A_s 之和；

I——毛截面惯性矩；

I_o——原构件毛截面惯性矩；

I_s——构件加固部分的截面惯性矩；

W——毛截面抵抗矩；

W_n——有效净截面抵抗矩；

W_{on}——原构件净截面积抵抗矩；
L——长度；
L_0——构件的计算长度；
L_w——焊缝长度；
L_{ws}——加固焊缝实际施焊段的长度；
L_s——加固焊缝延续的总长度；
a——间距；
d——直径；
e_0——等效偏心距；
h_e——角焊缝有效厚度；
h_f——角焊缝焊脚尺寸；
t——板件厚度；
λ——长细比；
λ_0——换算长细比；
ω、ω_0——挠度、初始挠度；
ω_w——焊接残余挠度；
ω_T——总挠度；
$\Delta\omega$——挠度增量。

2.2.4 计算系数及其他

α_N——压弯构件的弯矩增大系数；
β_{mx}、β_{ty}——压弯构件稳定计算的等效弯矩系数；
γ——截面塑性发展系数；
δ——焊缝连续性系数；
ξ——焊接残余挠度影响系数；
η_n——轴心受力加固构件的强度降低系数；
η_m——受弯加固构件的强度降低系数；
η_{EM}——压（拉）弯加固构件的强度降低系数；
φ——轴心受压构件的稳定系数；
φ_b——梁或受弯构件的整体稳定系数；
ψ——系数。

3 加固基本原则及一般方法

3.1 一般规定

3.1.1 钢结构经可靠性鉴定需要加固时，应根据可靠性鉴定结论和委托方提出的要求，由专业技术人员按本规范进行加固设计。加固设计的内容和范围，可以是结构整体，亦可以是指定的区段、特定的构件或部位。

3.1.2 加固后的钢结构的安全等级应根据结构破坏后果的严重程度、结构的重要性和下一个使用期的具体要求，由委托方和设计者按实际情况商定。

3.1.3 钢结构加固设计应与实际施工方法紧密结合，并应采取有效措施，保证新增截面、构件和部件与原结构连接可靠，形成整体共同工作。应避免对未加固的部分或构件造成不利的影响。

3.1.4 在钢结构加固前应对其作用荷载进行实地调查，其荷载取值应符合下列规定：

3.1.4.1 对符合现行国家标准《建筑结构荷载规范》的荷载应按此规范的规定取值；

3.1.4.2 对不符合《建筑结构荷载规范》规定或未作规定的永久荷载，可根据实际情况进行抽样实测确定。抽样数应根据实际情况确定，但不得少于五年，且应以其平均值乘以1.2系数作为该永久荷载的标准值；

　　对未作规定的工艺、吊车等使用荷载，应根据使用单位提供的资料和实际情况取值。

3.1.5 加固钢结构可按下列原则进行承载能力及正常使用极限状态验算；

3.1.5.1 结构的计算简图应根据结构作用的荷载和实际状况确定；

3.1.5.2 结构的计算截面，应采用实际有效截面积，并考虑结构在加固时的实际受力状况，即原结构的应力超前和加固部分的应变滞后特点，以及加固部分与原结构共同工作的程度；

3.1.5.3 加固后如改变传力路线或使结构重量增大，应对相关结构构件及建筑物地基基础进行必要的验算。

3.1.6 对于高温、腐蚀、冷脆、振动、地基不均匀沉降等原因造成的结构损坏，应提出其相应的处理对策后再进行加固。

3.1.7 钢结构的加固设计应综合考虑其经济效益。应不损伤原结构，避免不必要的拆除或更换。

3.1.8 钢结构在加固施工过程中，若发现原结构或相关工程隐蔽部位有未预计的损伤或严重缺陷时，应立即停止施工，并会同加固设计者采取有效措施进行处理后再继续施工。

3.1.9 对于加固时可能出现倾斜、失稳或倒塌等不安全因素的钢结构，在加固施工前，应采取相应的临时安全措施，以防止事故的发生。

3.1.10 焊接钢结构加固时，原有构件或连接的实际名义应力值应小于$0.55f_y$，且不得考虑加固构件的塑性变形发展；非焊接钢结构加固时，其实际名义应力值应小于$0.7f_y$。当现有结构的名义应力值大于上述及本规范第5.1.4条规定时，则不得在负荷状态下进行加固。

3.2 加固工作程序

3.2.1 加固工作应按图3.2.1程序进行。

3.2.2 根据结构可靠性鉴定结论和有关资料，由设计人员会同施工人员选择适当的方案。

3.2.3 按选择的适当方案进行加固设计，应考虑合适的施工方法及合理的构造措施并根据结构上的实际作用，进行承载能力、正常使用极限状态方面的验算。

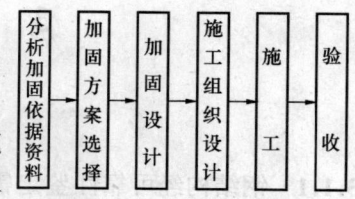

图3.2.1 加固工作程序

3.2.4 按照加固设计进行施工组织设计，施工时应采取有效措施确保质量和安全，并应遵照本规范及现行有关规范进行施工和验收。

3.3 加固一般方法及其选择

3.3.1 钢结构加固的主要方法有：减轻荷载、改变计算图形、加大原结构构件截面和连接强度、阻止裂纹扩展等。当有成熟经验时，亦可采用其他的加固方法。

3.3.2 钢结构加固时的施工方法有：负荷加固、卸荷加固和从原结构上拆下加固或更新部件进行加固。加固施工方法应根据用户要求、结构实际受力状态，在确保质量和安全的前提下，由设计人员和施工单位协商确定。

3.3.3 钢结构加固施工需要拆下或卸荷时，必须措施合理、传力明确、确保安全。主要方法有：

3.3.3.1 梁式结构，例如屋架，可以在屋架下弦节点下设临时支柱（图3.3.3-1a）或组成撑杆式结构（图3.3.3-1b）张紧其拉杆对屋架进行改变应力卸荷。此时，屋架应根据千斤顶或撑杆压力进行承载力验算，且应注意杆件内力是否变号或增大，如个别杆件、节点承载力不足时，卸荷前应对其进行加固。

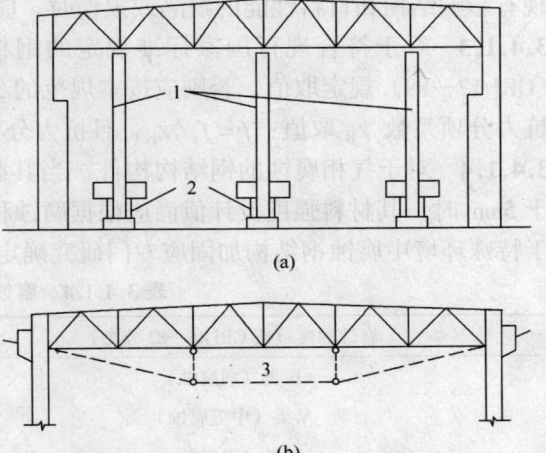

图3.3.3-1 屋架卸荷示意
(a) 用临时支柱卸荷；(b) 用撑杆式构架卸荷
1—临时支柱；2—千斤顶；3—拉杆

3.3.3.2 柱子，可采用设置临时支柱（图3.3.3-2）或"托梁换柱"（图3.3.3-3）。采用"托梁换柱"时，应对两侧相邻柱进行承载力验算。

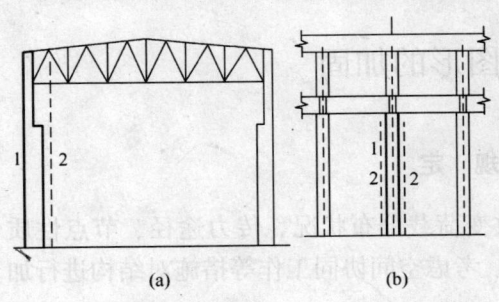

图3.3.3-2 柱子的卸荷
(a) 支撑屋架；(b) 支撑吊车梁
1—被加固柱；2—临时支柱

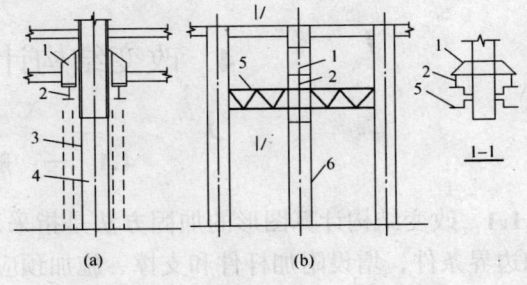

图3.3.3-3 下部柱的加固及截断拆除
(a) 下部柱的加固；(b) 下部柱的截断拆除
1—牛腿；2—千斤顶；3—临时支柱；4—柱子被加固部分；5—永久性特制桁架；6—柱子被截取部分

3.3.4 钢结构加固一般宜采用焊缝连接、摩擦型高强度螺栓连接，有依据时亦可采用焊缝和摩擦型高强度螺栓的混合连接。当采用焊缝连接时，应采用经评定认可的焊接工艺及连接材料。

3.4 材 料

3.4.1 待加固的钢结构，应对其材料质量状况进行评价：

3.4.1.1 根据设计文件、钢材质量证明书、施工记录、竣工报告、可靠性鉴定报告等文档资料或样品试验报告，对于待加固钢结构的原材料性能指标给出评价；

3.4.1.2 如果没有充足的文档资料，或者给出的数据不充分、不完全、有疑虑，或者发现有影响结构和材料性能的缺陷或损伤时，应按国家现行有关标准进行抽样检验；

3.4.1.3 对于符合现行国家标准规定的钢材，其强度设计值应按《钢结构设计规范》（GBJ 17—88）规定取值，否则应按本规范的 3.4.1.1 和 3.4.1.2 确定的屈服强度数值除以抗力分项系数 γ_R 取值：$f = f_y / \gamma_R$，且抗力分项系数取 1.1；

3.4.1.4 对于气相腐蚀的钢结构构件，当其截面积损失大于 25%，或其板件剩余厚度小于 5mm 时，其材料强度设计值尚应根据腐蚀程度乘以表 3.4.1.4 所列相应的降低系数。对于特殊环境中腐蚀钢结构加固应专门研究确定。

表 3.4.1.4 腐蚀程度降低系数

腐蚀程度（按 GBJ 46—82 分类）	降低系数
Ⅳ类（弱腐蚀）	0.90
Ⅴ类（中等腐蚀）	0.85
Ⅵ类（强腐蚀）	0.80

3.4.2 与待加固的钢结构匹配的连接的强度设计值，应按本规范 3.4.1 规定对结构材料的评定结果，按《钢结构设计规范》(GBJ 17—88)的表 3.2.1-4 至表 3.2.1-6 取值），并应考虑其第 3.2.2 条规定的相应折减系数。

3.4.3 钢结构加固材料的选择，应按《钢结构设计规范》(GBJ 17—88)规定并在保证设计意图的前提下，便于施工，使新老截面、构件或结构能共同工作，并应注意新老材料之间的强度、塑性、韧性及焊接性能匹配，以利用充分发挥材料的潜能。

4 改变结构计算图形的加固

4.1 一 般 规 定

4.1.1 改变结构计算图形的加固方法是指采用改变荷载分布状况、传力途径、节点性质和边界条件，增设附加杆件和支撑、施加预应力、考虑空间协同工作等措施对结构进行加固的方法。

4.1.2 改变结构计算图形的加固过程（包括施工过程）中，除应对被加固结构承载能力和正常使用极限状态进行计算外，尚应注意对相关结构构件承载能力和使用功能的影响，考虑在结构、构件、节点以及支座中的内力重分布，对结构（包括基础）进行必要的补充验算，并采取切实可行的合理构造措施。

4.1.3 采用调整内力的方法加固结构时，应在加固设计中规定调整内力（应力）或规定位移（应变）的数值和允许偏差，及其检测位置和检验方法。

4.1.4 采用调整内力的方法加固时，应在加固设计中规定调整内力（应力）或规定位移（应变）的数值和允许偏差，及其检测位置和检验方法。

4.2 改变结构计算图形的一般方法

4.2.1 对结构可采用下列增加结构或构件的刚度的方法进行加固：

4.2.1.1 增加支撑形成空间结构并按空间结构进行验算，图4.2.1-1；

4.2.1.2 加设支撑增加结构刚度，或调整结构的自振频率等以提高结构承载力和改善结构动力特性，图4.2.1-2；

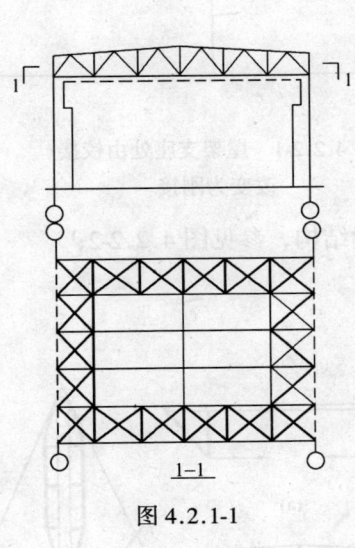

图 4.2.1-1

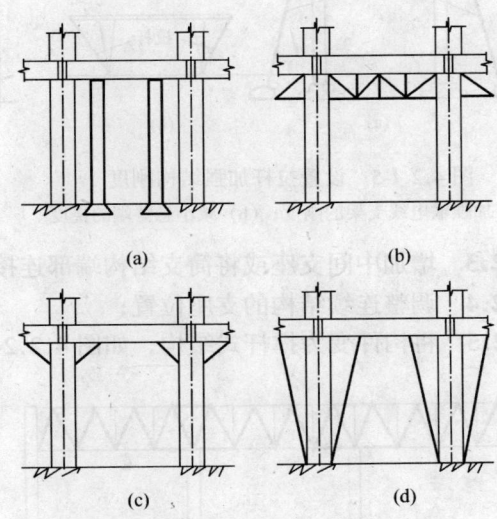

图 4.2.1-2
(a) 增设梁支柱；(b) 增设梁撑杆
(c) 梁下加角撑；(d) 梁下加斜立柱

4.2.1.3 增设支撑或辅助杆件使构件的长细比减少以提高其稳定性，图 4.2.1-3；

4.2.1.4 在排架结构中重点加强某一列柱的刚度，使之承受大部分水平力，以减轻其他列柱负荷，图4.2.1-4；

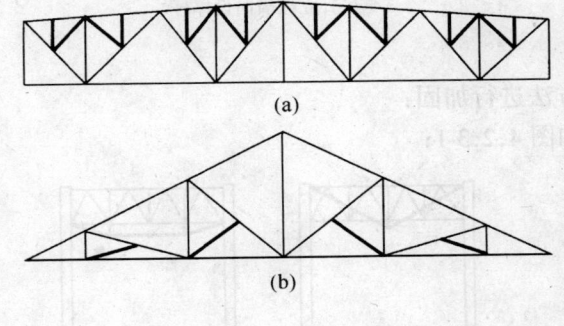

图 4.2.1-3 用再分杆加固桁架
(a) 上弦加固（平面内稳定性）；
(b) 斜腹杆加固（平面内稳定性）

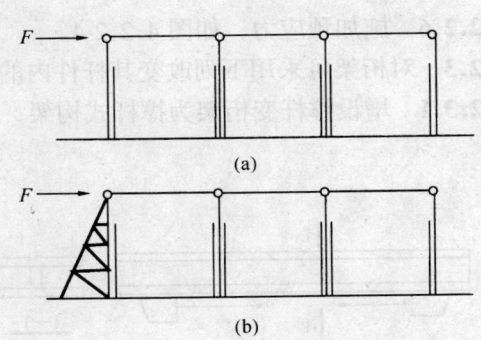

图 4.2.1-4 加强某一列柱
(a) 加固前；(b) 加固后

4.2.1.5 在塔架等结构中设置拉杆或适度张紧的拉索以加强结构的刚度,如图4.2.1-5。

4.2.2 对受弯构件可采用下列改变其截面内力的方法进行加固:

4.2.2.1 改变荷载的分布,例如将一个集中荷载转化为多个集中荷载;

4.2.2.2 改变端部支承情况,例如变铰接为刚接,参见图4.2.2-1;

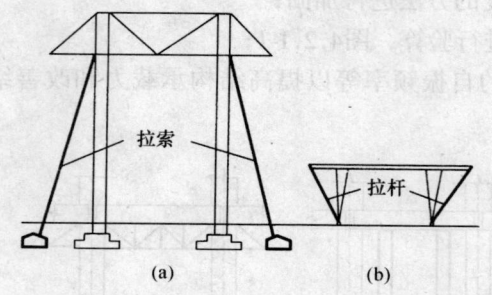

图4.2.1-5 设置拉杆加强结构刚度
(a)加强输电线支架的刚度;(b)减小悬臂端的挠度

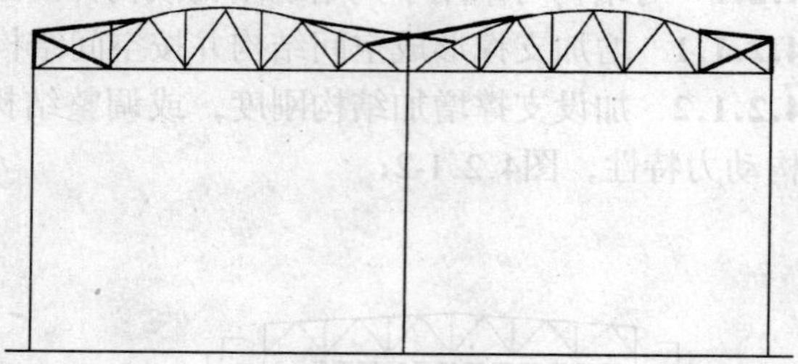

图4.2.2-1 屋架支座处由铰接改变为刚接

4.2.2.3 增加中间支座或将简支结构端部连接成为连续结构,参见图4.2.2-2;

4.2.2.4 调整连续结构的支座位置;

4.2.2.5 将构件变为撑杆式结构,如图4.2.2-3;

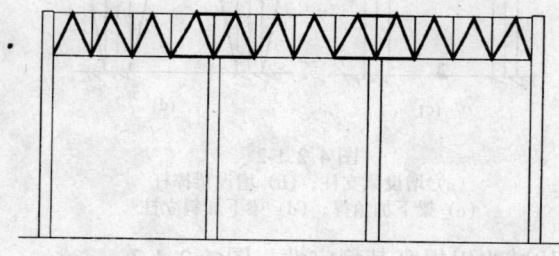

图4.2.2-2 托架支座处由铰接改变为刚接

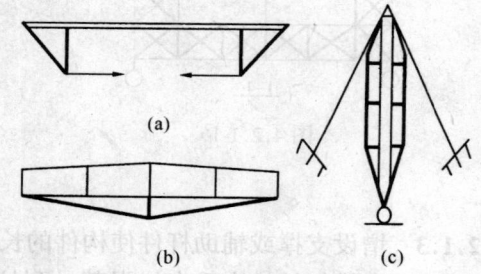

图4.2.2-3 构件变为撑杆式结构
(a)简支梁下设撑杆;(b)屋架下设置撑杆
(c)立柱横向设撑杆

4.2.2.6 施加预应力,如图4.2.2-4。

4.2.3 对桁架可采用下列改变其杆件内的方法进行加固:

4.2.3.1 增设撑杆变桁架为撑杆式构架,如图4.2.3-1;

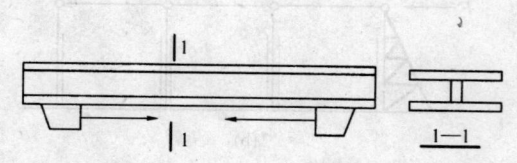

图4.2.2-4 板梁施加预应力加固

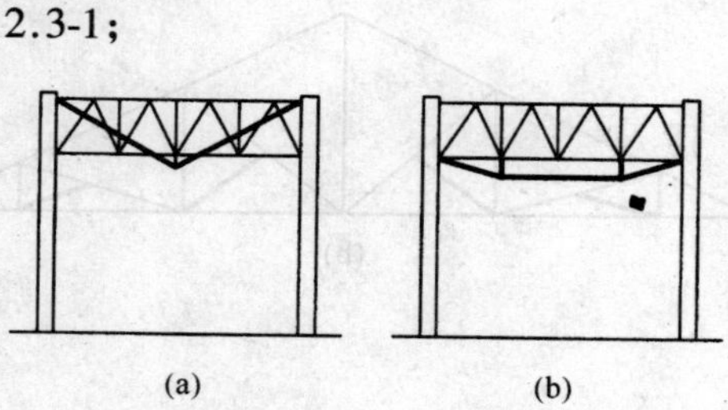

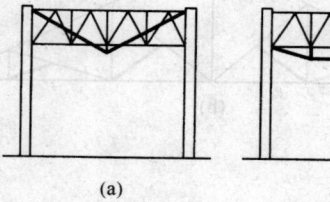

图4.2.3-1 桁架下设撑杆
(a)单下撑;(b)双下撑

4.2.3.2 加设应力拉杆，参见图4.2.3-2。

4.2.4 必要时可采取措施使加固构件与其他构件共同工作或形成组合结构进行加固，例如使钢屋架与天窗架共同工作，参见图4.2.4；又如在钢平台梁上增设剪力键使其与混凝土铺板形成组合结构等。

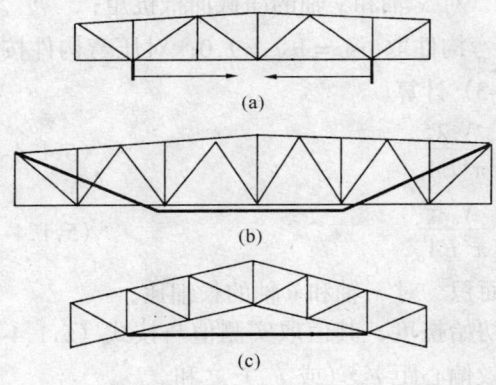

图4.2.3-2 在桁架中加设预应力拉杆
(a) 桁架下加直线预应力；(b) 桁架下加折线预应力；
(c) 平行弦桁架加直线预应力

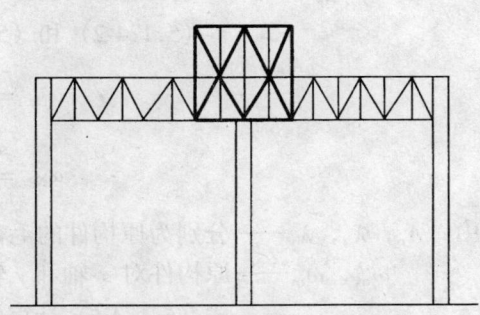

图4.2.4 使天窗架与屋架连成整体共同受力

5 加大构件截面的加固

5.1 一 般 规 定

5.1.1 采用加大截面加固钢构件时，所选截面形式应有利于加固技术要求并考虑已有缺陷和损伤的状况。

5.1.2 加固的构件受力分析的计算简图，应反映结构的实际条件，考虑损伤及加固引起的不利变形、加固期间及前后作用在结构上的荷载及其不利组合。对于超静定结构尚应考虑因截面加大、构件刚度改变使体系内力重分布的可能。必要时应分阶段进行受力分析和计算。

5.1.3 被加固构件的设计工作条件分类见表5.1.3。

表5.1.3 构件的设计工作条件类别

类 别	使 用 条 件
Ⅰ	特繁重动力荷载作用下的焊接结构
Ⅱ	除Ⅰ外直接承受动力荷载或振动荷载的结构
Ⅲ	除Ⅳ外仅承受静力荷载或间接动力荷载作用的结构
Ⅳ	受有静力荷载并允许按塑性设计的结构

5.1.4 负荷下焊接加固结构，其加固时的最大名义应力 σ_{omax} 应按表5.1.3划分的结构类别预以限制：对于Ⅰ、Ⅱ类结构分别为 $|\sigma_{omax}| \leqslant 0.2f_y$ 和 $|\sigma_{omax}| \leqslant 0.4f_y$；对于Ⅲ、Ⅳ类结构为 $|\sigma_{omax}| \leqslant 0.55f_y$。一般情况下，对于受有轴心压（拉）力和弯矩的构件，其 σ_{omax} 可按

下列公式确定：

$$\sigma_{omax} = \frac{N_o}{A_{on}} \pm \frac{M_{ox} + N_o\omega_{ox}}{\alpha_{Nx}W_{oxn}} \pm \frac{M_{oy} + N_o\omega_{oy}}{\alpha_{Ny}W_{oyn}} \qquad (5.1.4\text{-}1)$$

式中 N_o，M_{ox}，M_{oy}——原构件的轴力，绕 x 轴和 y 轴的弯矩；

A_{on}，W_{oxn}，W_{oyn}——原构件的净截面面积，对 x 轴和 y 轴的净截面抵抗矩；

α_{Nx}，α_{Ny}——弯矩增大系数。对拉弯构件取 $\alpha_{Nx} = \alpha_{Ny} = 1.0$；对压弯构件按式（5.1.4-2）和（5.1.4-3）计算。

$$\alpha_{Nx} = 1 - \frac{N_o\lambda_x^2}{\pi^2 EA_o} \qquad (5.1.4\text{-}2)$$

$$\alpha_{Ny} = 1 - \frac{N_o\lambda_y^2}{\pi^2 EA_o} \qquad (5.1.4\text{-}3)$$

其中 A_o，λ_x，λ_y——分别为原构件的毛截面面积、对 x 轴和 y 轴的长细比；

ω_{ox}，ω_{oy}——原构件对 x 轴和 y 轴的初始挠度，其值取实测值与按式（5.1.4-4）或（5.1.4-5）计算的等效偏心距 e_{ox}（或 e_{oy}）之和。

$$e_{ox} = \frac{M_{onx}(N_{oy} - N_o)(N_{oEx} - N_o)}{N_o N_{oy} N_{oEx}} \qquad (5.1.4\text{-}4)$$

$$e_{oy} = \frac{M_{ony}(N_{oy} - N_o)(N_{oEy} - N_o)}{N_o N_{oy} N_{oEy}} \qquad (5.1.4\text{-}5)$$

其中 N_o 为原构件轴力；N_{oy}、N_{oEx}、N_{oEy}；M_{onx} 和 M_{ony} 分别用下列各式计算：

$$N_{oy} = A_o \cdot f_y \qquad (5.1.4\text{-}6)$$

$$N_{oEx} = \frac{\pi^2 EA_o}{\lambda_x} \qquad (5.1.4\text{-}7)$$

$$N_{oEy} = \frac{\pi^2 EA_o}{\lambda_y} \qquad (5.1.4\text{-}8)$$

$$M_{onx} = W_{onx} \cdot f_y \qquad (5.1.4\text{-}9)$$

$$M_{ony} = W_{ony} \cdot f_y \qquad (5.1.4\text{-}10)$$

5.1.5 加固后的Ⅰ、Ⅱ类构件，必要时应对其剩余疲劳寿命进行专门研究和计算。

5.1.6 对负荷下加固后钢构件的计算，按本规范第5.2、5.3节的规定进行。对非负荷下加固后钢构件的计算可参照本规范并按《钢结构件设计规范》（GBJ 17—88）规定进行。

5.2 受弯构件的加固

5.2.1 在主平面内受弯的加固受弯构件，应按下式计算其抗弯强度：

$$\frac{M_x}{\gamma_x W_{nx}} + \frac{M_y}{\gamma_y M_{ny}} \leq \eta_m f \qquad (5.2.1)$$

式中 M_x，M_y——绕加固后截面形心 x 轴和 y 轴的加固前弯矩与加固后增加的弯矩之和；

W_{nx}，W_{ny}——对加固后截面 x 轴和 y 轴的净截面抵抗矩；

γ_x，γ_y——截面塑性发展系数，对Ⅰ、Ⅱ类结构取 $\gamma_x = \gamma_y = 1.0$；对Ⅲ、Ⅳ类结构，根据截面形状按《钢结构设计规范》（GBJ 17—88）表5.2.1采用；

η_m——受弯构件加固强度折减系数；对Ⅰ、Ⅱ类焊接结构取 $\eta_m = 0.85$，对其他

结构取 $\eta_m = 0.9$；

f——截面中最低强度级别钢材的抗弯强度设计值。

5.2.2 Ⅰ、Ⅱ、Ⅲ类结构的受弯构件截面的抗剪强度 τ，组合梁腹板计算高度边缘处的局部承压强度 σ_c 和折算应力可分别按《钢结构设计规范》(GBJ 17—88)第4.1.2条、第4.1.3条、第4.1.4条计算；按塑性设计的Ⅳ类构件，可按其第9.2.2条的规定计算腹板的抗剪强度，计算时钢材强度值取计算部位钢材强度设计值。

5.2.3 主平面内受弯的加固构件，当不符合《钢结构设计规范》(GBJ 17—88)第4.2.1和4.2.4条规定时，可按其第4.2.2和4.2.3条的规定计算其整体稳定性，但应将钢材的抗弯强度设计值 f 改取钢材换算强度设计值 f^0（按本规范第5.3.6条规定取值）并乘以折减系数 η_m。

5.2.4 组合截面板梁的翼缘和腹板应按《钢结构设计规范》(GBJ 17—88)第四章第三节的规定设计和计算其局部稳定，对按塑性设计的第Ⅳ类结构构件，其宽厚比尚应符合其第九章第9.1.4条表9.1.4的规定。

5.2.5 所加固结构构件的总挠度 ω_T 一般可按下式确定：

$$\omega_T = \omega_o + \omega_w + \Delta\omega \tag{5.2.5}$$

式中 ω_o——初始挠度，按实测资料或加固时荷载由加固前的截面特性计算确定；

ω_w——焊接加固时的焊接残余挠度，可按第5.2.6条确定；

$\Delta\omega$——挠度增量，按加固后增加荷载标准值和已加固截面特征计算确定。

总的 ω_T 值不应超过《钢结构设计规范》(GBJ 17—88)第3.3.3条表3.3.2规定的限值。

5.2.6 焊接残余挠度 ω_w 应专门研究或近似由下式确定：

$$\omega_w = \frac{\delta h_f^2 L_s (2L_o - L_s)}{200 I_o} \sum_{i=1}^{m} \xi_i \psi_i y_i \tag{5.2.6}$$

式中 δ——考虑加固件间断焊缝连续性的系数，当为连续焊缝时，取 $\delta = 1.0$，当为间断焊缝时，取加固焊缝实际施焊段长度与延续长度之比；

h_f——焊脚尺寸；

L_s——加固件焊缝延续的总长度；

L_o——受弯构件在弯曲平面内的计算长度，简支单跨梁时取梁的跨度；

I_o——原构件截面的惯性矩；

y_i——第 i 条加固焊缝至构件截面形心的距离；

ξ_i——与加固焊缝处结构应力水平 $\sigma_o f$ 有关的系数，按表5.2.6取值；

表5.2.6 ξ 系数取值

σ_o/f_y	0.1	0.2	0.3	0.4	0.5	0.6	0.7
ξ	1.25	1.50	1.75	2.00	2.50	3.00	3.50

f_y——为原构件钢材的屈服强度标准值；

ψ_i——系数，结构构件受拉和受压区均有加固焊缝时取1.0，仅拉或压区有加固焊缝时取0.8，计算稳定性时取0.7。

5.3 轴心受力和拉弯、压弯构件的加固

5.3.1 轴心受拉或轴心受压构件宜采用对称的或不改变形心位置的加固截面形式，其强度应按下列规定计算：

$$\frac{N}{A_n} \leq \eta_n f \tag{5.3.1-1}$$

式中 A_n——加固后构件净截面积；

f——截面中最低强度级别钢材的强度设计值；

η_n——轴心受力加固构件的强度降低系数。对非焊接加固的轴心受力或焊接加固的轴心受拉Ⅰ、Ⅱ类构件取 $\eta_n=0.85$；Ⅲ、Ⅳ类构件取 $\eta_n=0.9$。对焊接加固的受压构件按公式（5.3.1-2）取值。

$$\eta_n = 0.85 - 0.23\sigma_o/f_y \tag{5.3.1-2}$$

其中 σ_o 为构件未加固时的名义应力。

当采用非对称或形心位置改变的截面加固时，应按第5.3.2条公式（5.3.2）计算。

5.3.2 拉弯或压弯构件的截面加固应根据原构件的截面特性，受力性质和初始几何变形状况等条件，综合考虑选择适当的加固截面形式，其截面强度应按下列规定计算：

$$\frac{N}{A_n} \pm \frac{M_x + N\omega_{Tx}}{\gamma_x W_{nx}} \pm \frac{M_y + N\omega_{Ty}}{\gamma_y W_{ny}} \leq \eta_{EM} f \tag{5.3.2}$$

式中 N, M_x, M_y——分别为构件承受的总轴心力，绕 x 轴和 y 轴的总最大弯矩；

A_n, W_{nx}, W_{ny}——分别为计算截面净截面面积，对 x 轴和 y 轴的净截面抵抗矩；

ω_{Tx}, ω_{Ty}——构件对 x 轴和 y 轴的总挠度，按公式（5.2.5）计算；

γ_x, γ_y——塑性发展系数，对Ⅰ、Ⅱ类结构构件，取 $\gamma_x = \gamma_y = 1.0$；对Ⅲ、Ⅳ类结构构件按《钢结构设计规范》(GBJ 17—88) 中表5.2.1采用；

η_{EM}——拉弯或压弯加固构件的强度降低系数，对Ⅰ、Ⅱ类结构构件取 $\eta_{EN} = 0.85$；Ⅲ、Ⅳ类结构构件取 $\eta_{EM} = 0.9$；当 $N/A_n \geq 0.55 f_y$ 时，取 $\eta_{EM} = \eta_n$（η_n 见第5.3.1条）；

f——截面中最低强度级别钢材的强度设计值。

5.3.3 实腹式轴心受压构件，当无初弯曲和损伤且对称或形心位置不改变加固截面时，其整体稳定性按下列规定计算：

$$\frac{N}{\varphi_A A} \leq \eta_n f^o \tag{5.3.3}$$

式中 N——加固时和加固后构件所受总轴心压力；

φ_A——轴心受压构件稳定系数，按《钢结构设计规范》(GBJ 17—88) 附录三相应屈服强度钢材的 C 类截面系数表格查取，或按其表后所附公式计算（计算时取 $f_y = 1.1 f^o$）；

A——构件加固后的截面面积；

η_n——轴心受力加固构件强度降低系数，按第5.3.1条的规定采用；

f^o——钢材换算强度设计值，按第5.3.6条采用。

当构件有初始弯曲等损伤或非对称或形心位置改变的加固截面引起的附加偏心时，应按第5.3.4条加固的压弯构件计算其稳定。

5.3.4 加固实腹式压弯构件，弯矩作用在对称平面内的稳定性，应按下列规定计算：

（1）弯矩作用平面内的稳定性：

$$\frac{N}{\varphi_x A} + \frac{\beta_{mx} M_x + N\omega_x}{\gamma_x W_{1x}(1 - 0.8N/N_{Ex})} \leq \eta_{EM} f^o \qquad (5.3.4\text{-}1)$$

式中 N——所计算构件段范围内轴心压力；

φ_x——弯矩作用平面内的轴心受力构件的稳定系数，按第5.3.3条规定采用；

M_x——所计算构件段范围内最大弯矩；

γ_x——截面塑性发展系数，对Ⅰ、Ⅱ类构件取 $\gamma_x = 1.0$，对Ⅲ、Ⅳ类构件按《钢结构设计规范》(GBJ 17—88) 表5.2.1采用；

W_{1x}——弯矩作用平面内较大受压纤维的毛截面抵抗矩；

η_{EM}——压弯加固构件的强度折减系数，按第5.3.2条规定采用；

ω_x——构件对 x 轴的初始挠度 ω_o 及焊接加固残余挠度 ω_w 之和，ω_w 按第5.2.6条确定；

β_{mx}——等效弯矩系数，按《钢结构设计规范》(GBJ 17—88) 第5.2.2条的规定采用；

f^o——钢材换算强度设计值，按第5.3.6条规定采用。

N_{Ex}——欧拉临界力，按公式（5.3.4-2）计算；

$$N_{Ex} = \frac{\pi^2 EA}{\lambda_x^2} \qquad (5.3.4\text{-}2)$$

其中 A——加固后构件的截面面积；

λ_x——加固后构件对截面 x 轴的长细比。

对于轧制或组合成的T形和槽形单轴对称截面，当弯矩作用在对称轴平面且使较大受压翼缘受压时，除按公式(5.3.4-1)计算外，尚应按下式计算：

$$\frac{N}{A} - \frac{\beta_{mx} M_x + N\omega_x}{\gamma_x W_{2x}(1 - 1.25N/N_{Ex})} \leq \eta_{EM} f^o \qquad (5.3.4\text{-}3)$$

式中 W_{2x}——对较小翼缘或腹板边缘的毛截面抵抗矩。

（2）弯矩作用平面外的稳定性：

$$\frac{N}{\varphi_y A} + \frac{\beta_{tx} M_x + N\omega_x}{\varphi_b W_{1x}} \leq \eta_{EM} f^o \qquad (5.3.4\text{-}4)$$

式中 N——构件所受轴心压力；

φ_y——弯矩作用平面外的轴心受压构件稳定系数，参照第5.3.3条规定采用；

A——加固后构件的截面面积；

φ_b——均匀弯曲的受弯构件整体稳定系数，按《钢结构设计规范》(GBJ 17—88) 附录一第（五）项规定计算（计算时取 $f_y = 1.1 f^o$），对箱形截面可取 $\varphi_b = 1.4$；

M_x——所计算构件段范围内最大弯矩；

β_{tx}——等效弯矩系数，按《钢结构设计规范》(GBJ 17—88) 第5.2.2条第二项的规定采用；

ω_x——构件对 x 轴的初始挠度 ω_{ox} 与焊接残余挠度 ω_w 之和。

5.3.5 弯矩作用在两个主平面内的双轴对称加固实腹式工字形和箱形截面压弯构件，其稳定性按下列公式计算：

$$\frac{N}{\varphi_x A} + \frac{\beta_{mx}M_x + N\omega_x}{\gamma_x W_{1x}(1 - 0.8N/N_{Ex})} + \frac{\beta_{ty}M_y + N\omega_y}{\varphi_{by} W_{1y}} \leq \eta_{EM} f^o \quad (5.3.5\text{-}1)$$

$$\frac{N}{\varphi_y A} + \frac{\beta_{my}M_y + N\omega_y}{\gamma_y W_{1y}(1 - 0.8N/N_{Ey})} + \frac{\beta_{tx}M_x + N\omega_x}{\varphi_{bx} W_{1x}} \leq \eta_{EM} f^o \quad (5.3.5\text{-}2)$$

式中 φ_x、φ_y——对强轴和弱轴的轴心受压构件稳定系数，参照第5.3.3条的规定确定；

φ_{bx}、φ_{by}——均匀弯曲的受弯构件整体稳定系数；对箱形截面取 $\varphi_{bx} = \varphi_{by} = 1.4$；对工字形截面，取 $\varphi_{by} = 1.0$，φ_{bx} 可按《钢结构设计规范》（GBJ 17—88）附录一第（五）项规定计算（计算时取 $f_y = 1.1 f^o$）；

M_x，M_y——所计算构件段范围内对强轴和弱轴的最大弯矩；

N_{Ex}，N_{Ey}——构件分别对 x 轴和 y 轴的欧拉临界力；

ω_x——构件对 x 轴的初始挠度 ω_{ox} 与焊接残余挠度 ω_{wx} 的和；

ω_y——构件对 y 轴的初始挠度 ω_{oy} 与焊接残余挠度 ω_{wy} 之和；

W_{1x}，W_{1y}——对强轴和弱轴的毛截面抵抗矩；

β_{mx}，β_{my}——等效弯矩系数，按《钢结构设计规范》（GBJ 17—88）第5.2.2条一款的规定采用；

β_{tx}，β_{ty}——等效弯矩系数，按《钢结构设计规范》（GBJ 17—88）第5.2.2条二款的规定采用。

5.3.6 加固构件整体稳定计算时，钢材换算强度设计值可按下列规定采用：

当 $f_o \leq f_s \leq 1.15 f_o$ 时，取 $f^o = f_o$；

当 $1.15 f_o < f_s$ 时，按式（5.3.6）计算确定：

$$f^o = \sqrt{\frac{(A_s f_s + A_o f_o)(I_s f_s + I_o f_o)}{(A_s + A_o)(I_s + I_o)}} \quad (5.3.6)$$

式中 f_o，f_s——分别为构件原来用钢材和加固用钢材的强度设计值；

A_o，A_s——分别为加固构件原有截面和加固的截面面积；

I_o，I_s——分别为加固构件原有截面和加固截面对加固后截面形心主轴的惯性矩。

5.3.7 加固的格构式轴心受压构件，当无初弯曲且对称加固截面时，可按第5.3.1条规定计算其强度；按第5.3.3条规定计算其稳定性，但对虚轴的长细比应按《钢结构设计规范》（GBJ 17—88）第5.1.3条计算取用换算长细比。

当构件有初始弯曲损伤或非对称加固截面引起的附加偏心（包括焊接残余挠度 ω_w）时，应根据损伤和附加偏心的实际情况，考虑为加固的格构式压弯构件，分别按本规范第5.3.8条、第5.3.9条、第5.3.10条或第5.3.11条计算其稳定性。

5.3.8 仅有绕虚轴（x 轴）作用弯矩和初弯曲，附加偏心（ω_x）的加固格构式压弯构件，其弯矩作用平面内的整体稳定性按下式计算：

$$\frac{N}{\varphi_x A} + \frac{\beta_{mx}M_x + N\omega_x}{W_{1x}(1 - \varphi_x N/N_{Ex})} \leqslant \eta_{EM} f^o \qquad (5.3.8)$$

$W_{1x} = I_x/y_o$,I_x 为加固后截面对 x 轴的毛截面惯性矩，y_o 为由 x 轴到压力较大分肢的轴线距离或者到压力较大分肢的腹板边缘的距离，二者取较大者；φ_x、N_{Ex} 由换算长细比确定，其他符号同公式 (5.3.4-1)。

弯矩作用平面外的整体稳定性可不计算，但应计算分肢的稳定性。分肢的轴力可按桁架的弦杆，并考虑构件所受轴力、弯矩和弯曲损伤、附加偏心算得；对于缀板式构件的分肢尚应考虑由剪力引起的弯矩。

5.3.9 弯矩绕实轴作用，且无弯矩作用平面外的初始弯曲损伤、附加偏心的格构式压弯构件，其弯矩作用平面内和平面外的稳定性计算均与加固的实腹式压弯构件的相同，但在计算弯矩作用平面外的稳定性时，长细比应取换算长细比且 φ_b 取 1.0。

5.3.10 弯矩作用在两个主平面和有双向初弯曲和附加偏心（ω_w、ω_y）的加固的双肢格构式压弯构件，其稳定性按以下规定计算：

（1）按整体计算：

$$\frac{N}{\varphi_x A} + \frac{\beta_{mx}M_x + N\omega_x}{W_{1x}(1 - \varphi_x N/N_{Ex})}$$
$$+ \frac{\beta_{ty}M_y + N\omega_y}{W_{1y}} \leqslant \eta_{EM} f^o \qquad (5.3.10-1)$$

φ_x、N_{Ex} 按换算长细比并参照第 4.3.3 条中关于轴心受压稳定系数的规定确定，其他符号同公式 (5.3.5-1)。

（2）按分肢计算：

在 N 和 M_y 作用下，将分肢作为桁架弦杆计算其轴心力，M_y 可按公式 (5.3.10-2) 和公式 (5.3.10-3)，分配给两肢 （图 5.3.10），然后按第 5.3.4 条的规定计算分肢的稳定性。

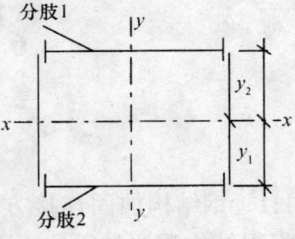

图 5.3.10 格构式构件截面

分肢 1：

$$M_{y1} = \frac{I_1/y_1}{I_1/y_1 + I_2/y_2} M_y \qquad (5.3.10-2)$$

分肢 2：

$$M_{y2} = \frac{I_2/y_2}{I_1/y_1 + I_2/y_2} M_y \qquad (5.3.10-3)$$

式中 I_1，I_2——分肢 1、分肢 2 对 y 轴的惯性矩；

y_1，y_2——M_y 作用的主轴平面至分肢 1、分肢 2 轴线的距离。

5.3.11 对实腹式轴心受压、压弯构件和格构式构件单肢的板件应按《钢结构设计规范》（GBJ 17—88）第五章第四节有关规定验算局部稳定性。

5.4 构造与施工要求

5.4.1 加大截面加固结构构件时，应保证加固件与被加固件能够可靠地共同工作、断面的不变形和板件的稳定性，并且要可能施工。

加固件的切断位置应尽可能减小应力集中并保证未被加固处截面在设计荷载作用下处于弹性工作阶段。

5.4.2 在负荷下进行结构加固时，其加固工艺应保证被加固件的截面因焊接加热，附加钻、扩孔洞等所引起的削弱影响尽可能的小，为此必须制定详细的加固施工工艺过程和要求的技术条件，并据此按隐蔽工程进行施工验收。

5.4.3 在负荷下进行结构构件的加固，当$|\sigma_{omax}|\geq 0.3f_y$，且采用焊接加固件加大截面法加固结构构件时，可将加固件与被加固件沿全长互相压紧；用长20～30mm的间断（300～500mm）焊缝定位焊接后，再由加固件端向内分区段（每段不大于70mm）施焊所需要的连接焊缝，依次施焊区段焊缝应间歇2～5min。对于截面有对称的成对焊缝时，应平行施焊；有多条焊缝时，应交错顺序施焊；对于两面有加固件的截面，应先施焊受拉侧的加固件，然后施焊受压侧的加固件；对一端为嵌固的受压杆件，应从嵌固端向另一端施焊，若其为受拉杆，则应从另一端向嵌固端施焊。

当采用螺栓（或铆钉）连接加固加大截面时，加固与被加固板件相互压紧后，应从加固件端向中间逐次做孔和安装拧紧螺栓（或铆钉），以便尽可能减少加固过程中截面的过大削弱。

5.4.4 加大截面法加固有两个以上构件的静不定结构（框架、连续梁等）时，应首先将全部加固与被加固构件压紧和点焊定位，然后从受力最大构件依次连续地进行加固连接，并考虑本规范第5.4.2条和第5.4.3条的规定。

6 连接的加固与加固件的连接

6.1 一 般 规 定

6.1.1 钢结构加固连接方法，即焊缝、铆钉、普通螺栓和高强度螺栓连接方法的选择，应根据结构需要加固的原因、目的、受力状态、构造及施工条件，并考虑结构原有的连接方法确定。

6.1.2 在同一受力部位连接的加固中，不宜采用刚度相差较大的，如焊缝与铆钉或普通螺栓共同受力的混合连接方法，但仅考虑其中刚度较大的连接（如焊缝）承受全部作用力时除外。如有根据可采用焊缝和摩擦型高强螺栓共同受力的混合连接。

6.1.3 加固连接所用材料应与结构钢材和原有连接材料的性质匹配，其技术指标和强度设计值应符合《钢结构设计规范》(GBJ 17—88)中第2.0.5条、第3.2.1条和第3.2.2条的规定。

6.1.4 负荷下连接的加固，尤其是采用端焊缝或螺栓的加固而需要拆除原有连接，如扩大、增加钉孔时，必须采取合理的施工工艺和安全措施，并作核算以保证结构（包括连接）在加固负荷下具有足够的承载力。

6.2 焊缝连接的加固

6.2.1 焊缝连接的加固，可依次采用增加焊缝长度、有效厚度或两者同时增加的办法实现。

6.2.2 新增加固角焊缝的长度和焊脚尺寸或熔焊层的厚度，应由连接处结构加固前后设计受力改变的差值，并考虑原有连接实际可能的承载力计算确定。计算时应对焊缝的受力重新进行分析并考虑加固前后的焊缝的共同工作、受力状态的改变以及本规范第6.2.5条和第6.2.6条的规定。

6.2.3 负荷下用焊缝加固结构时，应尽量避免采用长度垂直于受力方向的横向焊缝，否则应采取专门的技术措施和施焊工艺，以确保结构施工时的安全。

6.2.4 负荷下用增加非横向焊缝长度的办法加固焊缝连接时，原有焊缝中的应力不得超过该焊缝的强度设计值，加固处及其邻区段结构的最大初始名义应力σ_{0max}不得超过5.1.4条的规定。焊缝施焊时采用的焊条直径不大于4mm；焊接电流不超过220A；每焊道的焊脚尺寸不大于4mm；前一焊道温度冷却至100℃以下后，方可施焊下一焊道；对于长度小于200mm的焊缝增加长度时，首焊道应从原焊缝端点以外至少20mm处开始补焊，加固前后焊缝可考虑共同受力，按本规范第6.2.6条规定进行强度计算。

6.2.5 负荷下用堆焊增加角焊缝有效厚度的办法加固焊缝连接时，应按下式计算和限制焊缝应力：

$$\sqrt{\sigma_f^2 + \tau_f^2} \leq \eta_f f_f^w \qquad (6.2.5)$$

式中 σ_f，τ_f——分别为角焊缝有效面积（$h_e L_w$）计算的垂直于焊缝长度方向的应力和沿焊缝长度方向的剪应力；

η_f——焊缝强度影响系数，可按表6.2.5采用。

表6.2.5 焊缝强度影响系数 η_f

加固焊缝总长度（mm）	≥600	300	200	100	50	≤30
η_f	1.0	0.9	0.8	0.65	0.25	0

6.2.6 加固后直角角焊缝的强度按下列公式计算，并可考虑新增和原有焊缝的共同受力作用：

6.2.6.1 在通过焊缝形心的拉力、压力或剪力作用下：

当力垂直于焊缝长度方向时，

$$\sigma_f = \frac{N}{h_e L_w} \leq f_f^w \qquad (6.2.6-1)$$

当力平行于焊缝长度方向时，

$$\tau_f = \frac{V}{h_e L_w} \leq 0.85 f_f^w \qquad (6.2.6-2)$$

6.2.6.2 在各种力综合作用下，σ_f 和 τ_f 共同作用处：

$$\sqrt{\sigma_f^2 + \tau_f^2} \leq 0.95 f_f^w \qquad (6.2.6-3)$$

在式（6.2.6-1）至式（6.2.6-3）中：

σ_f——按角焊缝有效截面（$h_e L_w$）计算，垂直于焊缝长度方向的应力；

τ_f——按角焊缝有效截面计算，沿焊缝长度方向的剪应力；

h_e——角焊缝的有效厚度，对于直角角焊缝等于 $0.7h_f$，h_f 为较小焊脚尺寸；

L_w——角焊缝的计算长度，对每条焊缝其实际长度减去 10mm；

f_f^w——角焊缝的强度设计值，根据加固结构原有和加固用钢材强度较低的钢材，按《钢结构设计规范》(GBJ 17—88) 表 3.2.1-4 确定。

6.2.7 当仅用增加焊缝长度、有效厚度或两者共同的办法不能满足连接加固的要求时，可采用附加连接板（图6.2.7）的办法，附加连接板可以用角焊缝与基本构件相连［图6.2.7（a）］；也可用附加节点板与原节点板对接［图6.2.7（b、c）］，不论采用何种方法，都需进行连接的受力分析并保证连接（包括焊缝及附加板件、节点板等）能够承受各种可能的作用力。

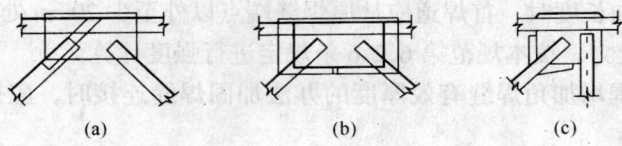

图 6.2.7 用附加连接板加固
(a) 角钢上贴附加连接板；(b) 加大节点板长和宽；(c) 局部加大节点板

6.3 螺栓和铆钉连接的加固

6.3.1 螺栓或铆钉需要更换或新增加固其连接时，应首先考虑采用适宜直径的高强度螺栓连接。当负荷下进行结构加固，需要拆除结构原有受力螺栓、铆钉或增加、扩大钉孔时，除应设计计算结构原有和加固连接件的承载能力外，还必须校核板件的净截面面积的强度。

6.3.2 当用摩擦型高强度螺栓部分地更换结构连接的铆钉，从而组成高强度螺栓和铆钉的混合连接时，应考虑原有铆钉连接的受力状况，为保证连接受力的匀称，宜将缺损铆钉和与其相对应布置的非缺损铆钉一并更换。

6.3.3 当用高强度螺栓更换有缺损的铆钉或螺栓时，可选用直径比原钉孔小 1～3mm 的高强度螺栓，但其承载力必须满足加固设计计算的要求。

6.3.4 用摩擦型高强度螺栓加固铆钉连接的混合，可考虑两种连接的共同受力工作，但高强度螺栓的承载力设计值可按《钢结构设计规范》(GBJ 17—88) 第 7.2.1 条至第 7.2.5 条的有关规定计算确定。

6.3.5 用焊缝连接加固螺栓或铆钉连接时，应按焊缝承受全部作用力设计计算其连接，不考虑焊缝与原有连接件的共同工作，且不宜拆除原有连接件。

6.4 加固件的连接

6.4.1 为加固结构而增设的板件（加固件），除须有足够的设计承载能力和刚度外，还必须与被加固结构有可靠的连接以保证二者良好的共同工作。

6.4.2 加固件与被加固结构间的连接，应根据设计受力要求经计算并考虑构造和施工条件确定。对于轴心受力构件，可根据公式（6.4.2）计算；对于受弯构件，应根据可能的最大设计剪力计算；对于压弯构件，可根据以上二者中的较大值计算。

对于仅用增设中间支承构件（点）来减少受压构件自由长度加固时，支承杆件（点）与加固构件间连接受力，可按公式（6.4.2）计算，其中 A_t 取原构件的截面面积：

$$V = \frac{A_t f}{50} \sqrt{f_y/235} \qquad (6.4.2)$$

式中 A_t——构件加固后的总截面面积；

f——构件钢材强度设计值，当加固件与被加固构件钢材强度不同时，取较高钢材强度的值；

f_y——钢材的屈服强度，当加固件与被加固件钢材强度不同时，取较高钢材强度的值。

6.4.3 加固件的焊缝、螺栓、铆钉等连接的计算可按《钢结构设计规范》（GBJ 17—88）第7.1.1条至第7.1.4条和第7.2.1条至第7.2.3条的规定进行，但计算时，对角焊缝强度设计值应乘以0.85，其他强度设计值或承载力设计值应乘以0.95的折减系数。

6.5 构造与施工要求

6.5.1 焊缝连接加固时，新增焊缝应尽可能地布置在应力集中最小、远离原构件的变截面以及缺口、加劲肋的截面处；应该力求使焊缝对称于作用力，并避免使之交叉；新增的对接焊缝与原构件加劲肋、角焊缝、变截面等之间的距离不宜小于100mm；各焊缝之间的距离不应小于被加固板件厚度的4.5倍。

6.5.2 对用双角钢与节点板角焊缝连接加固焊接时（如图6.5.2），应先从一角钢一端的肢尖端头1开始施焊，继而施焊同一角钢另一端2的肢尖焊缝，再按上述顺序和方法施焊角钢的肢背焊缝3、4以及另一角钢的焊缝5、6、7、8。

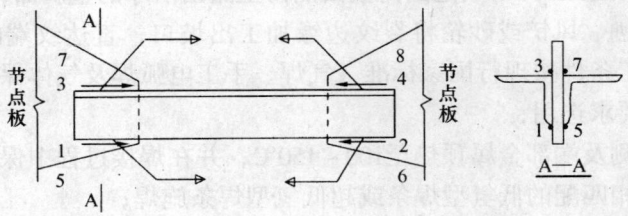

图 6.5.2

6.5.3 用盖板加固受有动力荷载作用的构件时，盖板端应采用平缓过渡的构造措施，尽可能地减少应力集中和焊接残余应力。

6.5.4 摩擦型高强度螺栓连接的板件连接接触面处理应按设计要求和《钢结构设计规范》及《钢结构工程施工及验收规范》的规定进行，当不能满足要求时，应征得设计人同意，进行摩擦面的抗滑移系数试验，以便确定是否需要修改加固连接的设计计算。

6.5.5 结构的焊接加固，必须由有效高焊接技术级别的焊工施焊；施焊镇静钢板的厚度不大于30mm时，环境空气温度不应低于 -15℃，当厚度超过30mm时，温度不应低于0℃，当施焊沸腾钢板时，应高于5℃。

7 裂纹的修复与加固

7.1 一般规定

7.1.1 结构因荷载反复作用及材料选择、构造、制造、施工安装不当等产生具有扩展性或脆断倾向性裂纹损伤时，应设法修复。在修复前，必须分析产生裂纹的原因及其影响的严重性，有针对性地采取改善结构实际工作或进行加固的措施，对不宜采用修复加固的构件，应予拆除更换。在对裂纹构件修复加固设计时，应按《钢结构设计规范》（GBJ 17—88）第6.2.1条至第6.2.3条规定进行疲劳验算，必要时应专门研究，进行抗脆断计算。

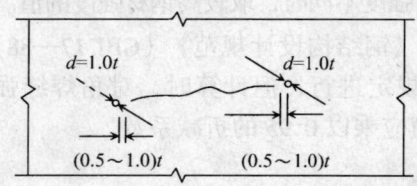

图7.1.3 裂纹两端钻止裂孔

7.1.2 为提高结构的抗脆性断裂和疲劳破坏的性能，在结构加固的构造设计和制造工艺方面应遵循下列原则：降低应力集中程度，避免和减少各类加工缺陷，选择不产生较大残余拉应力的制作工艺和构造形式，以及采用厚度尽可能小的轧制板件等。

7.1.3 在结构构件上发现裂纹时，作为临时应急措施之一，可于板件裂纹端外（0.5～1.0）t（t 为板件厚）处钻孔（图7.1.3），以防止其进一步急剧扩展，并及时根据裂纹性质及扩展倾向再采取恰当措施修复加固。

7.2 修复裂纹的方法

7.2.1 修复裂纹时应优先采用焊接方法，一般按下述顺序进行：

7.2.1.1 清洗裂纹两边80mm以上范围内板面油污至露出洁净的金属面；

7.2.1.2 用碳弧气刨、风铲或砂轮将裂纹边缘加工出坡口，直达纹端的钻孔，坡口的形式应根据板厚和施工条件按现行国家标准《气焊、手工电弧焊及气体保护焊焊缝坡口的基本型式与尺寸》的要求选用；

7.2.1.3 将裂纹两侧及端部金属预热至100～150℃，并在焊接过程中保持此温度；

7.2.1.4 用与钢材相匹配的低氢型焊条或超低氢型焊条施焊；

7.2.1.5 尽可能用小直径焊条以分段分层逆向焊施焊，焊接顺序参见图7.2.1，每一焊道焊完后宜即进行锤击；

7.2.1.6 按设计要求检查焊缝质量；

7.2.1.7 对承受动力荷载的构件，堵焊后其表面应磨光，使之与原构件表面齐平，磨削痕迹线应大体与裂纹切线方向垂直；

7.2.1.8 对重要结构或厚板构件，堵焊后应立即进行退火处理。

7.2.2 对网状、分叉裂纹和有破裂、过烧或烧穿等缺陷的梁、柱腹板部位，宜采用嵌板修补，修补顺序为：

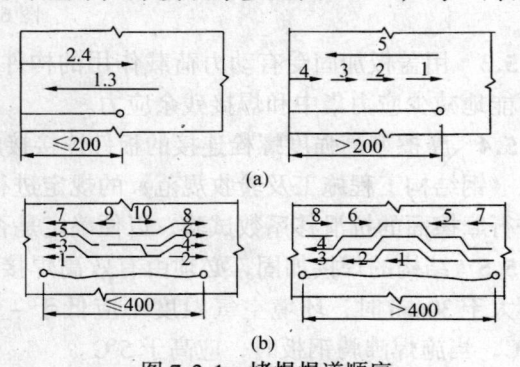

图7.2.1 堵焊焊道顺序
(a) 裂纹由板端开始；(b) 裂纹在板中间时

7.2.2.1 检查确定缺陷的范围；

7.2.2.2 将缺陷部位切除，宜切带圆角的矩形孔，切除部分的尺寸均应比缺陷范围的尺寸大100mm［图7.2.2（a）］；

7.2.2.3 用等厚度同材质的嵌板嵌入切除部位，嵌入板的长宽边缘与切除孔间二个边应留有2～4mm的间隙，并将其边缘加工成对接焊缝要求的坡口形式；

7.2.2.4 嵌板定位后，将孔口四角区域预热至100～150℃，并按图7.2.2（b）所示顺序采用分段分层逆向焊法施焊；

7.2.2.5 检查焊缝质量，打磨焊缝余高，使之与原构件表面齐平。

7.2.3 用附加盖板修补裂纹时，一般宜采用双层盖板，此时裂纹两端仍须钻孔。当盖板用焊接连接时，应设法将加固盖板压紧，其厚度与原板等厚，焊脚尺寸等于板厚，盖板的尺寸和焊接顺序可参照第7.2.2条执行。当用摩擦型高强度螺栓连接时，在裂纹的每一侧用双排螺栓，盖板宽度以能布置螺栓为宜，盖板长度每边应超出纹端150mm。

7.2.4 当吊车梁腹板上部出现裂纹时，应检查和先采取必要措施如调整轨道偏心等，再按第7.2.1条修补裂纹，此外尚应根据裂纹的严重程度和吊车工作制类别分别参照选用图7.2.4中的加固措施。

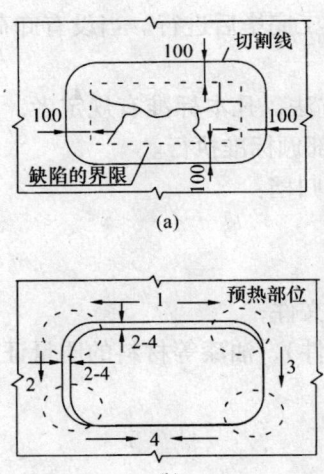

图7.2.2 缺陷切除后的修补
(a) 缺陷部位的切除；
(b) 预热部位及焊接顺序

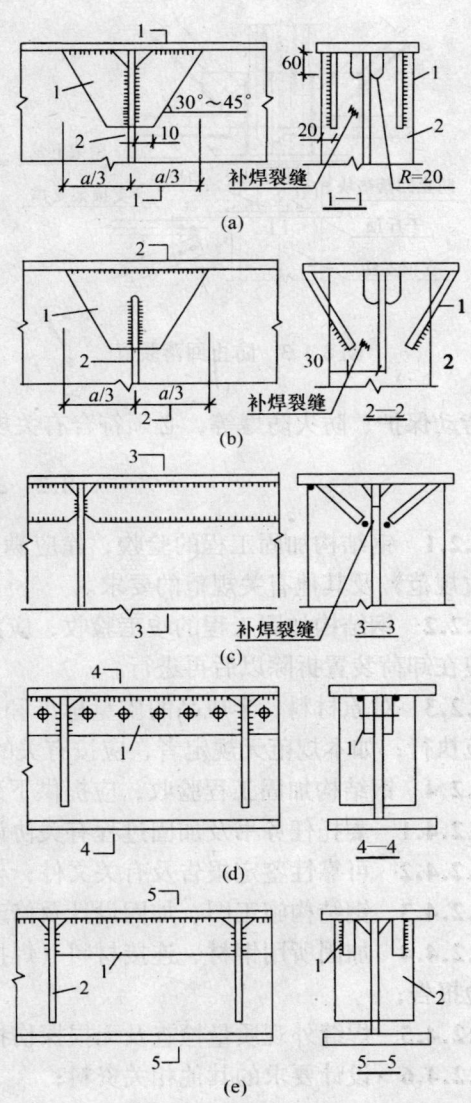

图7.2.4 吊车梁加固方案
(a) 翼缘附加焊接局部垂直肋板；(b) 翼缘附加焊接局部斜肋板；(c) 翼缘附加焊接全长斜肋板；(d) 翼缘附加栓焊全长垂直肋板；(e) 翼缘附加焊接全长垂直肋板
1—附加肋；2—原有肋

8 施工安全与工程验收

8.1 施工安全

8.1.1 钢结构加固工作开始前，应按设计要求采取卸荷或支顶措施，确保施工安全。

8.1.2 钢结构加固时，必须保证结构的稳定，应事先检查各连接点是否牢固，必要时可先加固连接点或增设临时支撑，待加固完毕后再行拆除。

8.1.3 托梁换柱施工过程中应采取下列安全措施：

8.1.3.1 检查和加设支撑应确保顶升时屋架的稳定；

8.1.3.2 顶升屋盖结构时，全部千斤顶应同步工作；

8.1.3.3 顶起屋架后，拆柱安装托架过程中，应设置防止千斤顶回落的安全装置（图8.1.3）；

8.1.3.4 应采取措施保证顶升后临时支柱的侧向稳定。

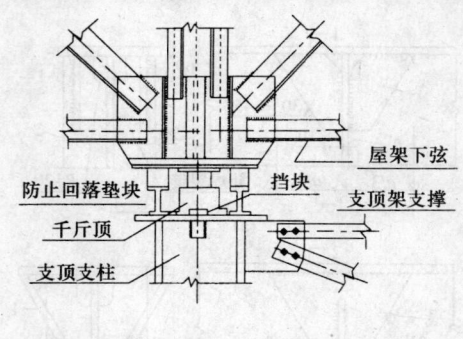

图8.1.3 防止回落装置

8.1.4 对于钢结构加固工程施工时的安全技术、劳动保护、防火防爆等，必须符合有关规定。

8.2 工程验收

8.2.1 钢结构加固工程的验收，除应满足本标准的规定外，尚应符合《钢结构施工及验收规范》及其他有关规范的要求。

8.2.2 钢结构加固工程的竣工验收，应在全部加固施工完毕后进行。当设有卸荷装置时，应在卸荷装置拆除以后再进行。

8.2.3 对原材料、半成品的质量标准和检验、实验方法，凡本标准有规定者，应按本规范执行；如本规范无规定者，应按有关的现行国家或部颁标准执行。

8.2.4 钢结构加固工程验收，应提供下列文件备查和归档：

8.2.4.1 委托任务书及加固过程有关协议文件；

8.2.4.2 可靠性鉴定报告及有关文件；

8.2.4.3 钢结构施工图、加固设计及修改设计等有关文件；

8.2.4.4 加固所用钢材、连接材料（焊接材料及紧固件）、油漆等材料的质量证明书或试验报告；

8.2.4.5 焊缝外观质量检查及无损探伤报告；

8.2.4.6 设计要求的其他相关资料；

8.2.4.7 钢结构加固工程的竣工验收报告。

8.2.5 采用托梁换柱加固方法时，相邻柱的偏移、基础沉降、屋架倾斜等不得超过现行有关规范的规定。

8.2.6 经质量检验或试验，加固工程的质量满足本规范及现行有关规范的规定时，方能认可验收。

附录 A 构件的截面加固形式（参考图）

A.0.1 受拉构件的截面加固可采用图 A.0.1 中的形式或其他形式。

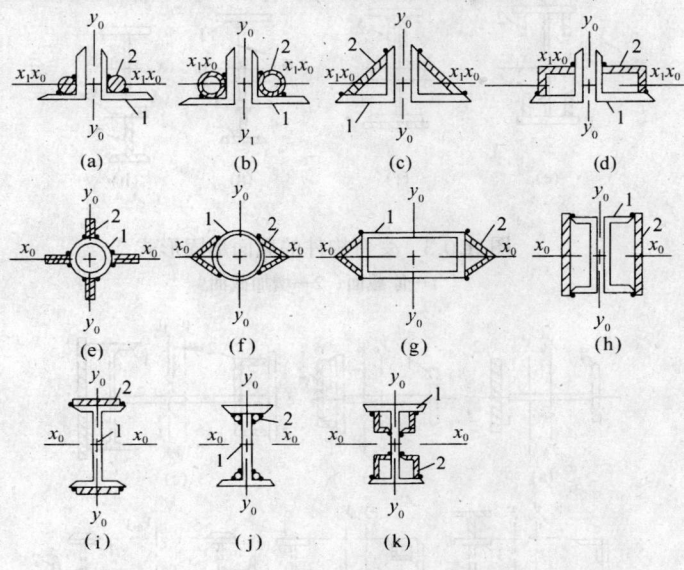

图 A.0.1 受拉构件的截面加固形式
1—原截面；2—增加截面

A.0.2 受压构件的截面加固可采用图 A.0.2 中的形式或其他形式。

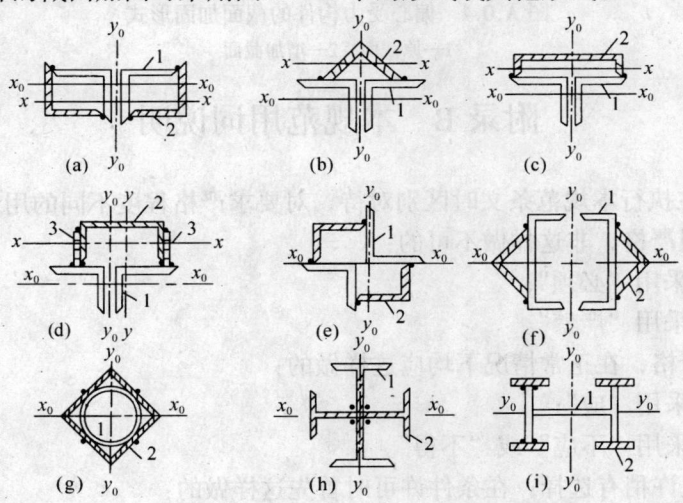

图 A.0.2 受压构件的截面加固形式
1—原截面；2—增加截面；3—辅助板件

A.0.3 受弯构件的截面加固可采用图 A.0.3 中的形式或其他形式。

A.0.4 偏心受力构件的截面加固可采用图 A.0.4 中的形式或其他形式。

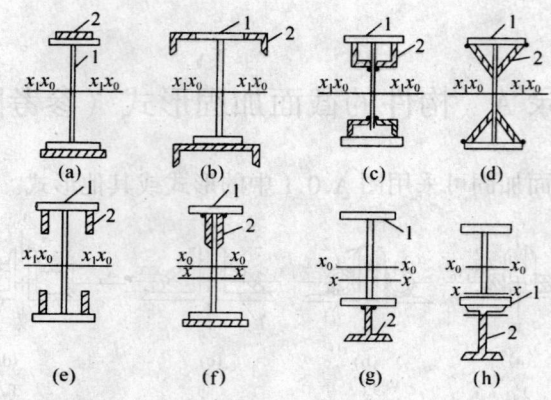

图 A.0.3 受弯构件的截面加固形式
1—原截面；2—增加截面

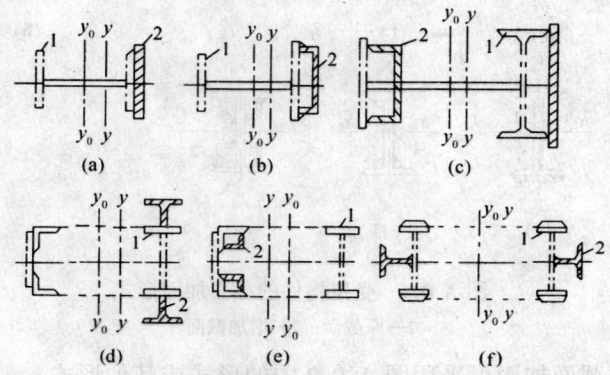

图 A.0.4 偏心受力构件的截面加固形式
1—原截面；2—增加截面

附录 B 本规范用词说明

B.0.1 为便于在执行本规范条文时区别对待，对要求严格程度不同的用词说明如下：

B.0.1.1 表示很严格，非这样做不可的：
（1）正面词采用"必须"；
（2）反面词采用"严禁"。

B.0.1.2 表示严格，在正常情况下均应这样做的：
（1）正面词采用"应"；
（2）反面词采用"不应"或"不得"。

B.0.1.3 表示允许稍有选择，在条件许可时首先这样做的：
（1）正面词采用"宜"或"可"；
（2）反面词采用"不宜"。

B.0.2 条文中规定应按其他有关标准、规范执行时，写法为"应符合……的规定"或"应按……执行"。

附加说明

**本规范主编单位、参加单位和
主要起草人名单**

主 编 单 位：清华大学土木工程系
副主编单位：四川省建筑科学研究院
参 加 单 位：冶金部建筑研究总院钢结构所　首钢设计总院
主要起草人：李少甫　张宽权　何文汇　卢晖麓

中国工程建设标准化协会标准

钢结构加固技术规范

CECS 77:96

条 文 说 明

目 次

1 总则 ·· 2070
3 加固基本原则及一般方法 ·· 2070
　3.1 一般规定 ··· 2070
　3.2 加固工作程序 ·· 2071
　3.3 加固一般方法及其选择 ·· 2072
　3.4 材料 ·· 2072
4 改变结构计算图形的加固 ·· 2073
　4.1 一般规定 ··· 2073
　4.2 改变结构计算图形的一般方法 ···································· 2073
5 加大构件截面的加固 ·· 2074
　5.1 一般规定 ··· 2074
　5.2 受弯构件的加固 ··· 2074
　5.3 轴心受力和拉弯、压弯构件的加固 ······························ 2075
　5.4 构造与施工要求 ··· 2076
6 连接的加固与加固件的连接 ··· 2076
　6.1 一般规定 ··· 2076
　6.2 焊缝连接的加固 ··· 2077
　6.3 螺栓和铆钉连接的加固 ··· 2077
　6.4 加固件的连接 ·· 2078
　6.5 构造与施工要求 ··· 2078
7 裂纹的修复与加固 ·· 2079
　7.1 一般规定 ··· 2079
　7.2 修复裂纹的方法 ··· 2079
8 施工安全与工程验收 ·· 2080
　8.1 施工安全 ··· 2080
　8.2 工程验收 ··· 2080

1 总 则

1.0.1 本条指出了制定本规范的目的和要求，并提出了钢结构加固必须遵循的原则。

1.0.2 本条明确地指出了本规范适用的范围是工业与民用建筑和一般构筑物钢结构加固的设计、施工和验收；除了由于各种原因造成结构、构件损坏后钢结构的加固之外，还包括了因使用功能改变的加固；由于技术标准系列化，因此，对于有特殊要求和特殊情况下的钢结构加固，除本规范有规定者外，提出了尚应符合相应的专门技术标准的规定。

1.0.3 钢结构加固前，必须进行可靠性鉴定，通过鉴定对结构及其构件的可靠性和耐久性进行评价，并根据鉴定结论采用相应措施。我国已编制了《工业建筑可靠性鉴定标准》和《民用建筑可靠性鉴定标准》。

1.0.4 本条列举了在执行本规范的同时，应配合使用和遵守的主要的现行国家标准。

3 加固基本原则及一般方法

3.1 一般规定

3.1.1 钢结构的加固应根据可靠性鉴定所评定的可靠性等级和结论，以及委托方提出的要求进行。

当其承载能力（包括强度、稳定性、疲劳等）、变形、几何偏差等，不满足或严重不满足现行钢结构设计规范的规定时，则必须进行加固方可继续使用。

结构的加固设计和施工往往比新设计和施工的技术更复杂、更困难，因此必须是由获得国家许可证、有相当水平的单位承担；参与工作的人员，应具备相当技术职称的有能力的专业技术人员和熟练工人。

3.1.2 加固钢结构设计的安全等级，应根据加固后建筑物功能是否改变，结构使用年限和破坏可能产生后果的严重程度（结构的重要性等级）等具体情况，按照《建筑结构统一标准》的规定确定：当建筑功能改变时，应根据房屋加固后的建筑物功能的具体要求确定；当建筑物功能不变时，则加固后的建筑物的安全等级应与原建筑物的安全等级相同；如果原有结构经过长期使用，其实际安全等级已有所降低，加固时宜考虑降低的情况确定安全等级；如果原设计有错误，其安全等级应满足原建筑物应用的安全等级的要求；对于经长期使用的老建筑物、特殊的建筑物，其加固后的安全等级可根据实际情况另行确定。

3.1.3 钢结构加固设计应与施工单位密切配合，考虑施工可能，采用可靠的构造和连接，保证与原结构和构件形成整体、共同工作。

3.1.4 本条规定了加固钢结构上的作用（荷载）的取值原则：当原结构是按《工业与民用建筑结构荷载规定》（TJ 9—74）取值时，在鉴定阶段对结构的验算仍按该规范取值；但经确定需要加固时，则加固验算应按《建筑结构荷载规范》（GBJ 9—87）取值；当建筑功能改变时，亦应根据实际情况并按现行《建筑结构荷载规范》取值。

所谓未作规定的荷载，是指积灰、安装荷载、焊接作用、预应力、异型设备、管道、支架重量及吊车、工艺使用荷载等，均可按实测状况确定其荷载取值，对于永久荷载可用不少于五年实际抽样测出的平均值乘以 1.2 增大系数作为其标准值。

3.1.5 本条规定了对加固钢结构进行承载力及正常使用极限状态验算时应遵循的几项原则：

(1) 结构计算图形，应根据结构上的实际荷载、构件的支承情况、边界条件、受力状况和传力途径等确定，并应适当考虑结构实际工作中的有利因素，如结构的空间作用、新结构与原结构的共同工作等。

(2) 结构的验算截面，应考虑结构的损伤、缺陷、裂纹和锈蚀等不利影响，按结构的实际有效截面进行验算。计算中尚应考虑加固部分与原构件协同工作的程度、加固部分可能的应变滞后的情况（即新材料的应变值小于原构件的应变值）等，对其总的承载能力予以适当折减。

(3) 在对结构承载能力进行验算时，应充分考虑结构实际工作中的荷载偏心、结构变形和局部损伤、施工偏差以及温度作用等不利因素使结构产生的附加内力。

(4) 如加固后使结构重量增加或改变原结构传力路径时，除应验算上部结构的承载能力外，尚应对建筑物的基础进行验算。

3.1.6 由于高温、腐蚀、冷脆、振动、地基不均匀沉降等原因造成的结构损坏，加固时应在采取减少、抵御或排除这些不利因素影响的相应措施，即相应对策后，再考虑对结构的加固，以保证加固效果，避免加固后结构再次因同样原因损坏。

3.1.7 钢结构的加固应考虑设计、施工和使用的综合经济效益，其中包括：对结构加固或更换时的实际状况验证结构继续使用的可能性，尽可能采用在不停产的条件下进行加固，其承载能力满足现行规范要求的部分，应保留有利用价值的结构或构件，避免不必要的拆除或更换；为施工安全，应确定必要的临时措施，以保证结构在施工中的稳定和工作能力；以及为观测加固后结构的实际工作状况，在加固设计中应考虑设置仪表装置和专门的测试设备等。

3.1.8 在加固过程中，如果发现原结构或相关工程的隐蔽部位有严重缺陷，如裂纹、破损、严重锈蚀和变形等，应立即停止施工，待隐患消除后，方可继续进行加固施工。

3.1.9 本条强调在钢结构加固的工程施工前，应对被加固的建筑或构筑物钢结构可能出现的倾斜、失稳、过大变形、甚至倒塌等不安全的因素予以重视，并采取妥善措施，如设置临时支撑和支柱等，防止事故发生。

3.1.10 本条规定是考虑了在加固时，结构材料因温度、安装等作用可能产生过大的残余应力和塑性变形而导致结构承载力丧失或耐久性降低。

3.2 加固工作程序

3.2.1 为确保加固工程质量，加固设计与施工等工作均应遵循科学的工作程序。

3.2.2 加固方案的选择实质上是一种优化设计，由于加固设计约束条件多，本着经济实用的原则，不必追求某一指标的最优方案，而应选择可行的综合性的满意方案。

3.2.3 加固设计应满足结构的强度、刚度、稳定、无大的塑性变形、适用性及耐久性等的要求，即满足承载力和正常使用功能的要求，因此，加固设计应根据本标准进行上述有关性能的验算。

3.2.4 加固应按加固设计的要求编制施工组织设计，按图施工；材料品质、施工方法及工程质量，均应符合有关现行设计、施工及验收规范的要求，并经检查验收。

3.3 加固一般方法及其选择

3.3.1 条文所列钢结构的加固方法系根据我国加固工程经验，参考国外资料，给出的几种常用的加固方法。结构加固情况复杂多样，不可能列举所有加固方法，因此对于其他行之有效的经验或实践证明是成熟的加固方法，亦可采用。

3.3.2 钢结构加固工程施工方法（负荷加固、卸载加固、拆除更换部件）的选择与设计、施工、使用要求密切相关，情况错综复杂，因此规定应根据用户的使用要求和结构实际工作状态，在确保安全和质量的前提下，由加固设计与施工单位协商确定。

3.3.3 钢结构加固工程往往需要卸荷施工，采用的卸荷方法必须受力明确、措施合理、确保安全，尤需注意卸荷时可能有的结构受力性质的改变，例如受力杆变为受压力杆等。

3.3.4 钢结构的连接对钢结构加固至关重要。在钢结构常用连接方法中，钢结构加固宜采用焊接连接和摩擦型高强度螺栓连接，摩擦型高强度螺栓与焊接混合连接，国内外已进行了一些试验研究，但是考虑到由于使用经验不足，计算方法也不够成熟，为稳妥计，在钢结构加固工作中使用混合连接时，一般只考虑一种连接承受全部荷载；当有实际研究根据时，才考虑二者共同工作。

3.4 材 料

3.4.1 本条强调加固前必须对原结构所用钢材的品质进行全面的了解和评价，其一般内容和考虑应包括：

3.4.1.1 当原始资料完整时，根据钢材生产的年度，当时供应钢材的技术条件、钢材质量证明书、所用结构施工图的设计说明、施工记录、竣工报告，以及钢材取样的检验结果等原始资料，查明钢材的品种、牌号、相应抗拉强度、屈服点、伸长率、冷弯和冲击韧性（必要时）及化学成分，如碳、硫、磷和氧、氮（必要时）等的含量。

3.4.1.2 如果足够的原始资料或资料不充分、不完整，或对提供的数据有疑虑和对钢结构的加固可能产生不良后果时，必须对原结构所用钢材（包括进口钢材）的上述机械性能和化学成分的各项指标抽样检查，并作出综合评价。

3.4.1.3 考虑到1989年7月后开始使用新的《钢结构设计规范》（GBJ 17—88），其3号钢和16Mn钢的抗力分项系数均取 1.087；而此前的《钢结构设计规范》（TJ 17—74）中，反映钢材品质的材料系数，16Mn钢的稍大于3号钢的，但相差不多（仅2.8%），为简单并偏于安全，对此期间的钢结构加固时，3号钢和16Mn钢的钢材均取其抗力分项系数 $\gamma_R = 1.10$。

3.4.1.4 钢结构构件由于气相腐蚀，当其截面积损失超过25%或其板件的剩余厚度小于5mm时，材料强度设计值应根据钢材腐蚀程度的不同，乘以相应的降低系数予以降低，且应力仍应按实际净截面计算。

条文中指的环境系指处于非一般气体介质（如海水、强腐蚀气体等）中的钢结构。

3.4.2、3.4.3 主要是规定钢结构加固材料的选择原则，其要点是：

（1）根据第3.4.1条对原结构钢材及连接材料的检验结果和鉴定评价，按《钢结构设计规范》（GBJ 17—88）第三章第二节设计指标，选用材料性质与之相匹配（包括强度、塑性、韧性、焊接性能等)的材料,以利于充分发挥新旧材料的强度潜能和良好焊接性能。

(2) 在保证满足设计意图的前提下,考虑新旧材料的性质、规格和尺度等相匹配,并考虑施工工艺的可能性,保证新旧截面、构件和结构能形成整体、共同工作。

4 改变结构计算图形的加固

4.1 一般规定

4.1.1 改变结构计算图形的加固方法,常是较为有效和经济的方法。本规范根据国内工程实践并参照国外资料,提出了几种改变结构计算图形的加固方法,主要是通过采用改变荷载分布、增加结构空间刚度、改变构件刚度比或支承情况等手段,以改变结构计算图形,调整原结构内力,使结构按设计要求进行内力重分配,从而达到加固的目的。可采用上述单一的或多种综合的加固方法。

4.1.2 本条指出改变结构计算图形可能对相关的结构(包括基础)、构件、节点和支座的使用状态和承载能力产生影响,因此加固设计时,除应对被直接加固结构进行承载能力和正常使用极限状态的计算外,尚应对相关结构进行必要的补充验算,并采取切实可行的合理的构造措施,保证其安全。

4.1.3 改变结构计算图形所达到的加固目的,在很大程度上需要通过合适的施工程序和巧妙的施工方法来实现,而且施工方法正确与否也影响结构的受力状态。为了准确地实现加固设计的意图及保证安全可靠,本条特别强调设计应与施工紧密配合,且未经设计许可,不得擅自修改施工方法和施工程序。

4.1.4 调整内力可能影响结构的承载能力、刚度和使用功能,因此,采用这种方法加固钢结构时,应在加固设计中规定调整内力(应力)值或位移(应变)值的允许幅度和偏差,以及其检测位置和检验方法。

4.2 改变结构计算图形的一般方法

4.2.1 本条列举了几种增加结构或构件刚度的加固方法,其中包括加设支撑以增加厂房空间刚度或纵向刚度;增设辅助杆件以减少构件的长细比;重点加强排架结构中某一列柱的刚度以减轻其他列柱的负荷;以及在塔架结构中设置拉杆或拉索以加强结构的刚度和调整结构的自振频率以提高抗振能力等等。但在具体的加固设计时,必须根据工程的实际情况,进行设计计算,绘制施工图,方可实施。

条文中给出的图 4.2.1-1~图 4.2.1-5 中的原结构用细实线,被加固部分或加固用构件用粗实线,临时支撑用细虚线,空间结构加固或施加预应力处用粗虚线表示。以下条文图中线条的表示与此条的相同。

4.2.2 本条提出了几种改变受弯构件内力的加固方法,其中有:改变荷载的分布情况及改变端部支承情况;增加中间支座或将简支结构变成连续结构;调整连续结构的支座位置(可包括其水平间距或竖向高度);将构件变为撑杆式结构施加预应力等。所有方法应进行计算和绘制施工图。

4.2.3 本条提出了增设撑杆，变桁架为撑杆式桁架及加设预应力拉杆等两种改变桁架杆件内力的加固方法，但在进行设计计算绘制施工图时，应注意桁架杆件内力数值和性质的改变（由拉力变为压力），并应明确规定预加应力值及其施加位置、方法、顺序和检测方法。

4.2.4 给出对两跨中间柱上有天窗的屋架加固时，可考虑采取使屋架与天窗共同工作；加固钢平台梁时，可在平台梁上增设剪力键，使梁与混凝土板形成组合结构的加固方法。

5 加大构件截面的加固

5.1 一般规定

5.1.1 采用加大构件截面加固钢结构时，会较大影响结构基本单元——构件甚至结构的受力工作性能，因而指出应根据构件缺陷、损伤状况、加固要求，考虑施工可能，经过设计比较选择最有利的截面形式，本规范附录 A 给出了各类受力构件的一些截面加固型式，可供参考。

5.1.2 加大构件截面加固钢结构，可能是在负荷、部分卸荷或全部卸荷状况下进行，加固前后结构几何特性和受力状况会有很大不同，因而需要根据结构加固期间及前后，分阶段考虑结构的截面几何特性、损伤状况、支承条件和作用其上的荷载及其不利组合，确定计算图形，进行受力分析，以期找出结构的可能最不利受力，设计截面加固，以确保安全可靠。

5.1.3 考虑到钢材硬化、韧性降低、疲劳和断裂的可能，钢结构应根据其所受荷载性质（静力、动力或多次反复）、环境状况（温度、湿度等）和结构的连接方法（焊接或螺栓、铆钉连接），即结构的设计工作条件，选择截面以控制其最大名义应变范围（弹性、部分塑性或塑性发展），以保证结构的耐久、安全和节约，并依此划分了构件的工作类别，Ⅰ类结构的使用条件最不利于结构的工作。

5.1.4 此条给出了四类不同设计工作条件结构，负荷下焊接加固时的初始最大名义应力的限制水平及其计算方法。

5.1.5 加固后的Ⅰ、Ⅱ类构件，加固后其疲劳寿命会有变化，所以必要时应对其剩余疲劳寿命进行专门研究和计算。

5.1.6 非负荷下加固的钢构件的计算可按《钢结构设计规范》（GBJ 17—88）规定进行，但考虑被加固部分材料性质的变化，缺陷修补、截面和构件几何及受力特性改变等，故仍应参照本规范的规定。

5.2 受弯构件的加固

5.2.1 给出了加固的受弯构件强度计算的统一表达式及其塑性发展系数的取值。在表达形式上取与《钢结构设计规范》（GBJ 17—88）的相一致，但考虑到新加固截面部分的应力滞后及原有截面应变的可能过多塑性发展，引入了受弯构件加固强度折减系数 η_M，并针对其不同设计工作条件类别进行取值；为保证结构安全，还规定其钢材强度设计值应取较低强度级别钢材的值，但有根据时也可采用较高强度级别钢材的值或换算值。

5.2.2 钢材抗剪强度、局部承压强度，对结构韧性降低影响一般较小，且都不是疲劳裂纹扩展的主导性参量，为简便计仍采用《钢结构设计规范》（GBJ 17—88）有关条文进行核算。

5.2.3 实腹式受弯构件的整体稳定性计算，仍采用《钢结构设计规范》（GBJ 17—88）的有关规定及方法，但其强度设计值取钢材换算强度设计值 f^0 并乘以折减系数 η_M，其取值系根据有初始长度残余力构件，由计算机模拟分析后得出的结果，并与强度计算时的结果作了协调一致（参见《建筑结构》1994，7）。

5.2.4 组合板梁的局部稳定性，即板件的稳定性计算和翼缘、腹板宽厚比限值和计算，仍按《钢结构设计规范》（GBJ 17—88）有关条文进行，未作改动。

5.2.5 加固后受弯构件的总挠度 ω_T 应包括加固前负荷下的初始挠度 ω_0，焊接时因加热、固化引起的焊接残余挠度 ω_w 及焊后新增荷载下的挠度增量 $\Delta\omega$，ω_w、$\Delta\omega$ 可按一般材料力学方法计算求得。

5.2.6 ω_w 的计算较为复杂，应该根据构件实际几何尺寸特性和焊接条件研究确定，考虑到国内目前研究不成熟，故采用了国外的计算式（参见 В.В.Ви-рюлев）《Проектироваиие металлическнхкоиструкций》Стройизцат．Ј1.，1990，с.329．）并经计算在表达形式上做了一些简化修改。

5.3 轴心受力和拉弯、压弯构件的加固

5.3.1 轴心构件原有截面一般是对称的，若其损伤非对称性不大，可采用对称的加固截面形式；若其损伤非对称性较大，宜采用不改变截面形心位置的加固截面形式，以减小附加受力影响。给出的加固构件强度计算公式中引入了轴心受力构件的强度降低系数 η_N，以考虑其加固后截面的应力滞后的控制拉应变过大，η_N 表达式参照了国外资料（《Проектироваиие металлическнх конструкции》．1990，с.331～334．）。

当截面损伤非对称性较大和采用非对称或形心位置改变的加固截面时，应按偏心受力构件计算其强度。

5.3.2 拉弯或压弯构件，即偏心受力构件的截面加固比较复杂，应根据原有构件截面特征、损伤状况、加固要求等综合考虑选择加固截面，可采取相关公式计算强度，计算中除考虑了加固前后构件总挠度 ω_T 可能引起的附加弯矩外，又引入了偏心受力构件的设计强度降低系数 η_{EM}，其值除由计算机模拟计算分析简化取值外，尚与轴心受力构件和受弯构件的值作了比对、协调。

5.3.3 截面加固的实腹式轴心受力构件的稳定性，其承载力与加固前后截面都有关系，由于稳定性系数 φ 是临界应力除以钢材的屈服强度，当加固截面的钢材与原构件钢材屈服强度不一致时，计算更为麻烦，此处参考国外加固标准的办法，在采用《钢结构设计规范》（GBJ 17—88）规范公式计算时，除引入考虑应力滞后等使承载力降低的折减系数 η_N 外，尚引入了换算强度设计值 f^0，以考虑材料屈服强度的可能不同。

5.3.4 截面加固的实腹式压弯构件的计算，基本采用了《钢结构设计规范》（GBJ 17—88）有关表达式的原理，但考虑加固钢材与原构件屈服强度的可能不同、应力滞后等，以及加固构件因负荷、焊接加固引起的挠度增加，在其计算表达式中分别引入了钢材换算强度设计值 f^0、压弯构件强度折减系数 η_{EM}，以及初始挠度 ω_0 和焊接残余挠度 ω_w 引起的附加弯

矩 $N_{\omega x}$ ($\omega_x = \omega_o + \omega_w$) 的影响。

5.3.5 弯矩作用在两主平面内的加固的工字形或箱形截面构件的整体稳定性计算原理和表达式，除引入了上述 f^o、η_{EM} 和 $N_{\omega x}$、$N_{\omega y}$ 参量外，与《钢结构设计规范》（GBJ 17—88）的有关条文相同。

5.3.6 计算截面加固构件的整体稳定性时所用钢材换算强度设计值 f^o，引用了国外的表达式（参见《Проектирование металлических конструкций》.1990，с. 334.）。

5.3.7~5.3.9 截面加固的格构式偏心受压构件稳定性计算，也采用《钢结构设计规范》（GBJ 17—88）的有关条文表达式，并引入 f^o、η_{EM} 和 $N_{\omega x}$、$N_{\omega y}$ 以分别考虑不同钢材屈服强度、应力滞后和附加偏心弯矩的影响，但格构式构件，因其受力、截面加固、损伤状况等可能很不相同，采用本标准的方法时，应很好分析研究其受力，并在整体稳定、分肢稳定计算中考虑。

5.3.11 上述各类构件局部稳定验算应按《钢结构设计规范》（GBJ 17—88）第五章第四节有关规定，不言而喻，验算时应根据加固后板件的宽厚比和受力状况考虑。

5.4 构造与施工要求

5.4.1 加大截面加固结构构件时，有新、旧两种钢材在同一构件截面中共同参与受力工作，因而必须采取必要的构造及施工措施，保证新、旧两种钢材的协同工作，也应保证不致加固、焊接顺序不当等施工原因造成不应有的截面、构件几何形状的弯扭畸变。此外，当采用焊缝连接加固截面时，常有较大焊接残余应力，它对钢结构的受力工作及耐久性都有影响，因而在加固构造及施工措施中，应极力避免较大应力集中，使构件，尤其受动荷载作用的构件在正常使用极限状态下能处于弹性范围内工作。

5.4.2 负荷下进行加固构件、常需进行焊接，开、扩螺栓孔洞，此时必须制定合理的施工工艺，保证构件在施工过程中有足够的承载力，以免加固施工中的工程事故发生。对于加固后不便于检查质量，并影响结构承载能力的施工过程中的结构状况，尚应详细记录并作为隐蔽工程进行验收，以便对加固后结构进行评价。

5.4.3 本条规定目的在于先点焊固定，使构件较快具有相当承载力；其后逐次施焊时，尽可能采用使构件能对称、自由变形的施焊顺序，以减少残余应力和畸变。

5.4.4 本条特别强调了对有两个以上构件组成的静不定结构（框架、连续梁等）进行加固时，应先点焊定位，使结构初成整体，再从受力刚度最大构件开始，逐次焊接，以便结构能较自由变形，减少焊接残余应力。

6 连接的加固与加固件的连接

6.1 一般规定

6.1.1 加固连接方法的选择应综合考虑结构加固的原因、目的、受力状态、构造及工作条件和原有结构采用的连接方法，一般可与原有结构的连接方法一致。当原有结构为铆钉连接时，可采用摩擦型高强度螺栓连接方法加固；如原有结构为焊接，当其连接强度不足时，应该采用焊接，而不宜用螺栓等其他连接方法；当为防止板件疲劳裂纹的扩展，可采用有盖板的摩擦型高强度螺栓连接方法加固。

6.1.2 钢结构常用连接方法中，其连接的刚度，即破坏时抵抗变形能力的大小，依次为焊接、摩擦型高强度螺栓、铆接和普通螺栓连接。一般应用刚度较大的连接加固比其刚度小的连接，且进行计算时不宜考虑其混合共同受力，但在受力较简单明确的接头中，可经研究采用焊缝与摩擦型高强度螺栓共同受力的混合连接。当仅考虑较大刚度连接承受全部设计受力时，较小刚度连接可不予拆除。

6.1.3 加固连接所有材料，如焊条金属等，应与原有结构及其连接材料的性质相容、协调、一致，即匹配，并使彼此能很好结合，强度、韧性、塑性良好。

6.1.4 负荷下加固连接，当采用焊接时，如沿构件横截面连接施焊，会使构件全截面金属的温度升高过大而失去承载力；当采用摩擦型高强度螺栓加固而需在横截面上增加、扩大钉孔，或拆除原有铆钉、螺栓等连接件过多时，常使原有构件连接承载力急剧降低。为避免加固施工中的工程事故，需采取必要的合理施工工艺和进行施工条件下的承载力核算。

6.2 焊缝连接的加固

6.2.1～6.2.3 焊缝连接的加固应首先考虑增加长度来实现，其次考虑增加焊脚尺寸或同时增加焊缝长度和焊脚尺寸来实现。不论哪种方法，都应经过对施焊前后和过程中焊缝连接强度的计算。如果在负荷下加固垂直于受力方向的横向焊缝时，还必须采取适当施焊工艺及安全技术措施，以免施焊中因焊件过热引起的构件和其连接承载力急剧降低而导致事故的发生。

6.2.4 为保证加固焊缝连接的安全，负荷下用增加非横向焊缝的方法加固焊缝时，原有焊缝中负荷下的应力不得超过该焊缝的强度设计值；加固处及相邻区段结构中的初始最大名义应力 σ_{omax}，对于Ⅰ、Ⅱ和Ⅲ、Ⅳ类设计工作条件的结构，分别不大于 $0.2f_y$、$0.4f_y$ 和 $0.55f_y$，σ_{omax} 计算见本规范第 5.1.4 条；施焊时的焊条直径、电流强度、每焊道焊脚尺寸及其焊道施焊的时间间隔等均应给予限制，以避免金属过热及减少焊接残余应力。

6.2.5 负荷下堆焊焊脚尺寸以增加其有效厚度加固焊缝时，由于施焊加热原有焊缝，考虑 600℃ 影响区域内焊缝暂无承载力，致使焊缝的总平均设计强度降低，根据国内试验研究和经计算分析简化，引入了焊缝长度影响系数 η_f 以考虑这一影响。其值见表 6.2.5。

6.2.6 加固后的直角焊缝，可考虑新、旧焊缝的共同受力工作，但由于工地施焊，负荷下加固焊缝中可能有应力滞后等，将角焊缝设计强度 f_f^w 适当降低，即乘以 0.85 的系数。并对角焊缝同时受有 σ_f、τ_f 时，作了进一步简化：$\sqrt{\sigma_f^2 + \tau_f^2} \leq 0.95 f_f^w$。

6.2.7 当由于加固受力、构造等原因，仅增加焊缝长度和有效厚度或两者共同的方法不能满足加固要求时，建议可用附加节点板等措施，使加固的连接受力适当"分流"，但必须对其受力进行认真的分析，确保"分流"受力的可能与合理。

6.3 螺栓和铆钉连接的加固

6.3.1 原有铆钉或螺栓松动、损坏失效或连接强度不足，需要更换或新增时，应首先考虑采用相同直径的摩擦型高强度螺栓，如摩擦型高强度螺栓承载力过低不能满足强度要求时，可考虑用承压型高强度螺栓。但采用前者时，应研究合理确定板件间的抗滑移系数μ_f；采用后者时，应将原错位不平整的钉孔设法扩钻平整，用B级或A级螺栓，且应校核被连接板件的净截面强度。

6.3.2 因同直径的摩擦型高强螺栓的承载力一般仅为铆钉连接抗剪承载力的85%，故宜对称地更换松动、损伤的铆钉，以保证其构件受力匀称；对于构造性铆钉，可以不受此限。

6.3.3 本条主要是指经计算用摩擦型高强螺栓可以有足够强度换下损伤失效、松动的铆钉的情况。

6.3.4 相同直径高强度螺栓，仅当按承压型设计时，其抗剪设计承载力才可能高于铆钉连接，此时必须对原孔的不平整性进行处理并用B级或A级螺栓。

6.3.5 由于焊缝连接的刚度远大于铆钉或螺栓连接，因此当采用焊缝进行加固时，不能考虑二者混合受力，只能按由焊缝承担全部受力，且不宜拆除原有铆钉或螺栓，已损坏失效者除外。

6.4 加固件的连接

6.4.1 为加固结构设置的加固板件，应经计算，使其有足够的承受荷载的能力和刚度，并与结构有可靠的连接。

6.4.2 加固件与被加固结构间的连接受力：对于增大截面的轴心受力构件、受弯构件和压弯构件，一般应取其间的剪力计算，但为安全、简化，本条规定采用了加大的轴心受力构件剪力：

$$V = \frac{A_i f}{50}\sqrt{f_y/235}$$

和实际剪力二者中的较大值计算。

6.4.3 加固件与结构间连接的施工，常在现场进行，并且受力较不均匀，故按《钢结构设计规范》（GBJ 17—88）规定计算时，将角焊缝强度设计值乘以0.85，其他连接强度设计值乘以0.95的折减系数，例如对单角钢单向连接角焊缝强度则应乘以 $0.85 \times 0.85 = 0.72$ 的系数。

6.5 构造与施工要求

6.5.1 为避免焊缝连接加固时的过大应力集中、附加应力和基本金属母材过热引起质变等，规定新增焊缝布置应远离构件截面缺口、加劲肋、截面急剧改变等应力集中和焊缝密集交错处，其间的距离一般不宜小于100mm和被加固板件厚度的4.5倍。

6.5.2 焊缝连接加固，尤其是负荷下的加固，施焊时，应力求不使构件同一连接边的焊缝同时加热，致使该连接全部退出工作，为此，对双角钢与节点板连接的焊缝加固时，规定了从一个角钢一端受力较小的肢尖焊缝加固施焊，再施焊此角钢另一端的肢尖焊缝，然后依次施焊其两端的肢背焊缝的另一角钢的焊缝。

6.5.3 用盖板加固受动力荷载作用的构件时，盖板与构件连接宜平缓地过渡，以减少应力集中和恶化抗疲劳性能。

6.5.4 摩擦型高强度螺栓承载力与被连接板板间的抗滑移系数μ_f成正比，《钢结构设计规范》和《钢结构工程施工及验收规范》有严格规定要求，加固施工时也必须遵照执行。如果不能满足要求，应会同设计人员核算以确定是否需增加螺栓或采取其他增强措施，以免事故发生。

6.5.5 加固焊接施工，常比新制造钢结构技术要求高，对于厚板及环境温度较低时，优质施焊更为困难，为此提出了施焊板厚不大于 30mm 时，环境温度不低于 -15℃（镇静钢）或 5℃（沸腾钢）的要求。对于超出这一范围的，应研究采取专门措施，如预热板件等施焊。

7 裂纹的修复与加固

7.1 一 般 规 定

7.1.1 钢结构的裂纹根据其产生的原因、裂纹长短、受力状况及扩展趋势等可分为有和无扩展性或脆断倾向性的两类，这需要经过理论或试验研究判定。对于前者，应采取适当措施修堵、清除和加固。对于裂纹过大，原结构材质差、构造复杂、施工条件困难而不能修堵、清除的这类带裂纹构件，应经专门研究，进行疲劳及断裂性能分析验算后决定其加固或拆除更换的方案。

7.1.2 指出了从构造设计、板厚选择及制造工艺等诸方面降低应力集中，减少缺陷以提高结构抗脆断和疲劳能力的一般原则。

7.1.3 发现钢结构上有裂纹时，一般可先在裂纹端点外约一倍板厚距离处钻直径 $d=t$（t 为板件厚度）的孔，以应急暂时阻止其扩展，再进一步研究，观测其扩展和性质，以决定其修堵、清除或加固的适宜方案，不宜直接补焊，以免恶化金属的品质、增添附加焊接应力及产生新的有害裂纹。

7.2 修复裂纹的方法

7.2.1 钢结构板件中的裂纹，多源生于结构应力集中、残余应力或作用应力高、工艺或构造缺陷、材质差或恶化处。故一般用对接焊缝修补时，应沿裂纹清边、剖口，并于施焊时采取减少焊接残余力的施焊工艺，本条文中给出了一般的堵焊修复裂纹的顺序，复杂情况时，应该专门研究。

对于受有动力荷载结构的疲劳裂纹，用对接焊缝堵焊之后，对于焊缝表面的磨平，应予特别注意，切忌使砂轮旋转的切线方向与受力方向垂直，以免砂粒刻痕形成新的类裂纹性缺陷，有害于抗疲劳性能。

7.2.2 对于网状等非单一的裂纹缺陷，可采用挖除和用嵌板对接修补的方法修复结构，本条给出了一般方法。

7.2.3 用附加盖板修复或加固裂纹板件时，裂纹端点处仍需先钻孔，暂时阻止裂纹扩展，再用两块盖板贴于裂纹板件两面并压紧，周边可再用角焊缝连接；若采用高强度螺栓连接方法时，应在裂纹每侧布置双排螺栓，每排螺栓数目，除应根据计算外，其最外一个螺栓应超出裂纹端 150mm 以上，以减轻裂纹端点应力，防止其继续扩展。

7.2.4 吊车梁腹板上部裂纹，多与其上安置的轨道偏心等因素有关，因而首先应对其进行检查、调整，再根据实际情况，采用条文中建议的修复裂纹和增强上翼缘抗扭能力的各种加固构造措施。

8 施工安全与工程验收

8.1 施工安全

8.1.1～8.1.2 这两条是强调加固施工，特别是在负荷状态下进行加固施工的安全工作，在结构加固工作前应周密考虑确定和排除一切不安全的因素。在条件可能的情况下，尽可能采取措施，将结构上承受的荷载卸除一部分；必要时可先加固连接点，或增设临时支撑、支柱等。

8.1.3 在用托梁换柱的方法施工中，屋盖可能倾斜，柱子产生回弹，甚至结构有倒塌的危险，因此，必须采取可靠措施，保证屋盖顶升平稳。顶升过程中全部千斤顶必须保持同步工作，屋架顶起后用安全装置防止千斤顶回落；并应保证临时支撑、支柱的侧向稳定。

8.1.4 钢结构工程施工时的安全技术、劳动保护、防火防爆等各项应符合有关规定。

8.2 工程验收

8.2.1 本条指出了钢结构加固工程的验收除按照本规范的规定外，尚应遵守国家现行有关钢结构工程施工及验收规范及其他有关规范的规定。

8.2.2 本条指出钢结构加固工程竣工验收应在全部工程完成，及在拆除卸荷装置并经施工单位的质量检查部门检验合格之后进行。

8.2.3 对于钢结构原材料、半成品质量标准和检验、试验方法，除应满足本规范第二章第四节的要求外，尚应遵守以下国家有关标准的规定：

《钢结构工程施工及验收规范》GB 50205；
《钢的化学分析用试样取样法及成品化学成分允许偏差》GB 222；
《钢铁及合金化学分析方法》GB 223；
《金属拉伸试验方法》GB 228；
《金属弯曲试验方法》GB 232；
《金属夏比（V形缺口）冲击试验方法》GB 2106；
《钢材力学及工艺性能试验取样规定》GB 2975；
《金属低温夏比冲击试验方法》GB 4159；
《金属拉伸试验取样》GB 6397；
《钢熔化焊对接接头射线照相和质量分级》GB 3323；
《焊接接头机械性能试验取样法》GB 2649～2656 等

8.2.4 对加固合格的结构及构件，施工单位应出具质量证书，并提供鉴定报告、协议书、施工图、质量检查和试验报告等必要文件，以便存档和将来查询。

8.2.5 采用托梁换柱的方法施工时，支承托架柱的偏移，基础沉降及屋架倾斜等，均应满足《钢筋混凝土工程施工及验收规范》GB 50204 和《钢结构工程施工及验收规范》GB 50205的要求。

8.2.6 本条指出加固工程经质量检验或试验，满足本规范的规定时，方能认可验收。

对于重要承重结构，如钢柱、屋架、大跨度梁和建筑结构安全等级较高的结构或构件，加固后，必要时可按加固设计的要求，抽样进行其质量检验和荷载试验，检验加固效果。

中国工程建设标准化协会标准

砖混结构房屋加层技术规范

Technical code for adding stories of
brick-concrete structure of buildings

CECS 78:96

主 编 单 位：四川省建筑科学研究院
副主编单位：武汉土建工程科技研究院
批 准 单 位：中国工程建设标准化协会
批 准 日 期：1996年5月30日

前　言

现批准《砖混结构房屋加层技术规范》CECS 78:96 为中国工程建设标准化协会标准，推荐给各有关单位使用。在使用过程中，请将意见及有关资料寄交四川省成都市一环路北三段 55 号四川省建筑科学研究院中国工程建设标准化协会建筑物鉴定与加固委员会（邮编：610081），以便修订时参考。

中国工程建设标准化协会
1996 年 5 月 30 日

目　次

1 总则 ··· 2085
2 术语、符号 ·· 2085
　2.1 主要术语 ·· 2085
　2.2 主要符号 ·· 2085
3 加层基本原则 ·· 2086
　3.1 基本要求 ·· 2086
　3.2 加层工作主要程序 ·· 2087
　3.3 加层方法选择 ·· 2087
4 直接加层法 ·· 2087
　4.1 设计要求 ·· 2087
　4.2 构造要求 ·· 2089
5 改变荷载传递加层法 ·· 2092
　5.1 设计要求 ·· 2092
　5.2 构造要求 ·· 2093
6 加套结构加层法 ·· 2095
　6.1 设计要求 ·· 2095
　6.2 构造要求 ·· 2097
7 施工、安全及工程验收 ··· 2098
　7.1 施工、安全要求 ··· 2098
　7.2 验收要求 ·· 2099
8 沉降观测与使用维护 ·· 2099
　8.1 沉降观测要求 ·· 2099
　8.2 使用维护要求 ·· 2100
附录一　本规范用词说明 ··· 2100
附加说明 ·· 2100
条文说明 ·· 2101

1 总则

1.0.1 为使砖混结构房屋加层设计与施工做到安全适用、经济合理、有利抗震、确保质量，特制定本规范。

1.0.2 本规范适用于非抗震设防区和抗震设防烈度为6度至8度地区的一般民用砖混结构房屋的加层设计、施工与验收。

1.0.3 砖混结构房屋的加层设计与施工，除应遵守本规范的规定外，尚应满足有关现行国家房屋鉴定标准、建筑和建筑结构设计规范，以及有关施工和验收规范的规定。

2 术语、符号

2.1 主要术语

2.1.1 砖混结构

砖砌体和混凝土楼屋盖（或木屋盖、钢木屋架屋盖）等共同组成的混合结构。

2.1.2 房屋加层

在原有砖混房屋的顶层再往上增加楼层。

2.1.3 加层鉴定

为房屋加层进行的可靠性鉴定和抗震鉴定。

2.1.4 组合砌体

砖砌体和钢筋混凝土组合而成的构件。

2.1.5 外套结构

在离原房屋建筑外一定距离，设置底层框架—剪力墙，上部砖混结构；或底层框架—剪力墙，上部框架结构；或底层框架，上部框架结构等；套于原房屋建筑之外的结构。

2.1.6 结构加固

对结构或构件，因其承载力不足，或变形不能满足要求时，采用各种材料加大其截面或用其他方法，保证新加部分与原结构或构件协同工作，以提高其承载力，减少变形，达到继续安全使用的要求。

2.2 主要符号

2.2.1 本规范采用的主要符号如下：

F——房屋加层后上部结构传至基础顶面的竖向力设计值；

G——基础加大后其自重设计值和其上土重标准值；

N——房屋加层后全部荷载设计值产生的轴向力；

f_k——加层设计时地基承载力标准值；

f_{0k}——原房屋设计时的地基承载力标准值；

f——房屋加层设计时地基承载力设计值；

f_0——原砖砌体抗压强度设计值；

f_a——新加砖砌体抗压强度设计值；
ΔA——加层房屋原基础加大部分的底面积；
A_0——房屋加层前的基础底面积；
A_{0b}——原砖砌体横截面面积；
A_a——新加砖砌体横截面面积；
B——外套结构房屋总宽度或原房屋基础宽度；
b_ω——剪力墙厚度；
μ_1——地基承载力提高系数；
μ_2——考虑新旧基础连接的影响系数；
ψ——加固后砖墙高厚比和轴向力偏心距 e 对受压构件承载力的影响系数；
α——新加砖砌体与原砖砌体协同工作时的强度折减系数；
μ_3——地基承载力修正系数。

3 加层基本原则

3.1 基本要求

3.1.1 房屋加层前应根据使用单位的加层目标要求，进行综合技术经济分析及可行性论证；并按照现行国家标准《民用建筑可靠性鉴定标准》及有关现行国家规范进行加层鉴定；经综合评定适宜加层者，方可进行加层。

3.1.2 加层房屋的建筑立面设计，要求造型美观，并应与原建筑及周围环境相互协调。

3.1.3 房屋加层后应满足日照、防火、卫生、抗震等有关现行国家规范的要求。

3.1.4 房屋加层设计时，应根据建筑物的重要程度按现行国家标准《建筑结构设计统一标准》的规定确定其安全等级。

3.1.5 经加层鉴定，原房屋需加固（包括抗震加固）时，应结合房屋加固、改造、或大修进行加层设计，施工时应按先加固后加层的原则进行。

3.1.6 房屋加层设计前应进行现场调查，不应在地基有严重隐患的地区进行房屋加层。

3.1.7 房屋加层设计时，应考虑加层施工和加层后对相邻建筑物的不利影响。

3.1.8 房屋加层材料选用应符合如下要求：

3.1.8.1 房屋加层考虑加固因素，材料选用从严要求，砖材强度等级应大于MU7.5；砂浆强度等级宜大于M5（组合砖砌体砂浆面层宜大于M10）；混凝土强度等级宜大于C20。
　　加层房屋所用的材料强度设计值均应按相应现行国家建筑结构设计规范的规定取值。

3.1.8.2 房屋加层设计时应尽量采用轻质材料。

3.1.9 房屋加层设计应选择合理的结构体系，应符合刚性方案要求，应有明确的传力路线和计算简图；必须采取可靠的构造措施，加强结构的整体性，保证加层后新旧结构协调工作；并应按现行国家有关标准规范对加层后的房屋结构与地基基础进行验算。

3.1.10 加层房屋的地基承载力，可根据压密后的地质勘察资料确定；也可在原有地质勘察资料的基础上，参照房屋使用年限，依据成熟的经验确定。

3.1.11 对原墙体结构及混凝土构件的承载力验算时，应根据砖材、砂浆、混凝土及钢材的实测强度等级进行验算。

3.1.12 上部结构、地基基础的加固，除应遵守本规范规定外，尚应符合现行国家有关加固技术规范的规定。

3.1.13 房屋加层设计应尽量考虑方便施工和在不停止原房屋使用的条件下进行施工。

3.1.14 在加层房屋施工过程中应注意观测，如发现地基下沉、墙柱梁开裂、房屋倾斜、原基础或主体结构存在严重隐患，应立即停止施工，采取有效措施进行处理。

3.2 加层工作主要程序

3.2.1 加层工作主要程序应按图3.2.1所示进行。

3.2.2 对房屋进行加层鉴定后，适宜加层者，尚应进行多方案比较，选择最佳方案进行加层、加固设计。

3.2.3 加层施工前应作好施工组织设计，采用切实可行的施工方法和确保工程质量与安全的措施。

3.2.4 加层房屋除在施工过程中应进行监测外，尚应在工程竣工后按本规范第8章有关规定进行沉降观测。

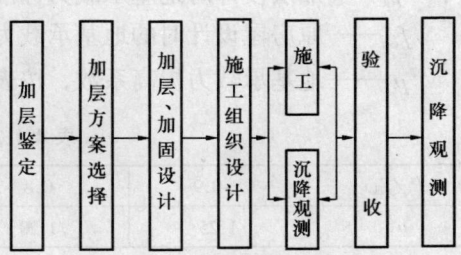

图3.2.1 加层工作主要程序

3.3 加层方法选择

3.3.1 房屋加层的主要方法可采用：直接加层法、改变荷载传递加层法、外套结构加层法等；当有成熟经验时，亦可选用其他行之有效的加层方法。

3.3.2 直接加层法：即在原有房屋上不改变结构承重体系和平面布置，直接加层的方法。适用于原承重结构与地基基础的承载力和变形能满足加层的要求，或经加固处理后即可直接加层的房屋。加高的层数不宜超过三层。

3.3.3 改变荷载传递加层法：即原房屋的基础及承重结构体系不能满足加层后承载力的要求，或由于房屋使用功能要求需改变建筑平面布置，相应需改变结构布置及其荷载传递途径的加层方法。适用于原房屋墙体结构有承载潜力，增设部分墙体、柱子，或经局部加固处理，即可满足加层要求的房屋。加高的层数不宜超过三层。

3.3.4 外套结构加层法：即在原房屋外增设外套结构（框架—剪力墙或框架等），使加层的荷载通过外套结构传给基础的加层方法。适用于需改变原房屋平面布置，原承重结构及地基基础难以承受过大的加层荷载，用户搬迁困难，加层施工时不能停止使用，且设防烈度不超过8度，为Ⅰ、Ⅱ、Ⅲ类场地的房屋加层。

4 直接加层法

4.1 设计要求

4.1.1 根据房屋加层鉴定的要求，应按现行国家有关标准规范，对加层后的地基基础、墙体结构、混凝土构件等，进行承载力和正常使用极限状态的验算。

4.1.2 加层房屋的地基承载力，可按下述规定确定：

4.1.2.1 在加层前，应根据加层设计要求，对原建筑房屋的地基进行勘察，按现行国家标准《建筑地基基础设计规范》的规定确定。

4.1.2.2 当原房屋经长期使用，未出现裂缝和异常变形，地基沉降均匀，上部结构刚度较好，原基底地基承载力在80kPa以上，且使用6a以上的粉土、粉质黏土地基；使用4a以上的砂土地基；使用8a以上的黏土地基；结合当地实践经验，其原地基承载力可适当提高，按下式计算：

$$f_k = \mu_1 f_{ok} \tag{4.1.2}$$

式中 f_k——加层设计时地基承载力标准值；

f_{ok}——原房屋设计时的地基承载力标准值；

μ_1——地基承载力提高系数，按表4.1.2采用。

表4.1.2 提高系数 μ_1 值

P_o/f_{ok}	≥0.9	0.8	0.7	0.6	0.5
μ_1	1.25	1.20	1.15	1.10	1.05

注：P_o 为原房屋设计时基础底面处的平均压力。

4.1.2.3 当有成熟经验时，地基承载力也可采用其他方法确定

4.1.3 房屋加层后地基承载力不足时，可加大原基础的底面积，其加大部分的底面积可按下式计算：

$$\Delta A \geq \mu_2 \left(\frac{F + G}{f} - A_0 \right) \tag{4.1.3-1}$$

或

$$\Delta A \geq \mu_2 \left(\frac{F}{f - \gamma H} - A_0 \right) \tag{4.1.3-2}$$

式中 ΔA——加层房屋原基础加大部分的底面积；

A_0——房屋加层前的基础底面积；

μ_2——考虑新旧基础连接的影响系数，取1.1；

F——房屋加层后上部结构传至基础顶面的竖向力设计值；

G——基础加大后其自重设计值和其上土重标准值；

γ——基础和回填土的平均重度值，可取用22kN/m³；

H——基础自重计算高度：外墙基础为室内外地面至基础底面高度的平均值；内墙基础为室内地面至基础底面的高度；

f——房屋加层设计时地基承载力设计值。

4.1.4 加层房屋基础加大部分为钢筋混凝土时，应满足现行国家规范《建筑地基基础设计规范》、《混凝土结构设计规范》中有关规定的要求；在承载力验算时，混凝土和钢筋的强度设计值乘以0.8的折减系数。

4.1.5 承重砖墙采用加大截面加固时，砖砌体加大截面后的受压承载力应按下式计算：

$$N \leq \psi(f_0 A_{0b} + \alpha f_a A_a) \tag{4.1.5}$$

式中 N——房屋加层后全部荷载设计值产生的轴向力；

ψ——加固后的砖墙高厚比和轴向力偏心距 e 对受压构件承载力的影响系数，按现行国家标准《砌体结构设计规范》采用；

f_0——原砖砌体抗压强度设计值；

f_a——新加砖砌体抗压强度设计值；

A_{0b}——原砖砌体横截面面积；

A_a——新加砖砌体横截面面积；

α——新加砖砌体与原砖砌体协同工作时的强度折减系数，取用0.6。

4.1.6 砖墙采用配筋组合砖砌体加固时，应按现行国家标准《砌体结构设计规范》进行承载力验算。加固部分与原砖砌体协同工作时的强度折减系数：当轴心受压时取0.7；当偏心受压时取0.8；当有成熟经验时亦可适当提高。

4.1.7 对砖混结构中的混凝土构件进行加固时，应符合现行国家标准《混凝土结构加固技术规范》的规定。

4.1.8 房屋加层设计时，以原房屋屋面板作为加层后的楼面板使用时，应验算其承载力和变形，当不满足要求时应采取加固措施。原顶层新增楼梯宜采用现浇钢筋混凝土楼梯，其承载力应经计算确定。

4.1.9 加层后的房屋应避免立面高度或荷载差异过大，尽量减小地基不均匀沉降。

4.1.10 在抗震设防区房屋加层设计尚应满足以下要求：

4.1.10.1 加层后的多层砖混房屋（包括底层框架和多层内框架砖房）其总高度和层数、高宽比、抗震横墙间距、局部尺寸限值、构造柱和圈梁的设置，均应符合现行国家标准《建筑抗震设计规范》的有关规定。当不符合上述要求时，应进行加固设计。

4.1.10.2 加层房屋抗震设计首先应对不符合抗震要求的原房屋进行抗震加固设计；其次应对加层部分房屋进行抗震设计；同时应对加层后的整体房屋进行抗震验算。

4.1.10.3 原房屋未落地的砖墙不能作为计算抗震横墙间距的抗震横墙。

4.1.10.4 原房屋承重墙厚度小于240mm，层高大于4m时，不宜进行直接加层，如因特殊需要进行加层者，则应进行加固处理。

4.1.10.5 对楼梯间设在原房屋尽端或拐角处的加层砖房横墙，应采用夹板墙或构造柱予以加强（图4.2.7），并与圈梁连接。

4.1.10.6 原房屋采用墙中悬挑式踏步板或踏步竖肋插入墙体的楼梯，宜更换为现浇钢筋混凝土楼梯或在原楼梯下增加现浇楼梯横梁和斜梁加固，对原为无筋砖砌楼梯栏板应改为钢筋混凝土栏杆或钢栏杆。

4.2 构 造 要 求

4.2.1 房屋加层后其基础需要加大截面时，新旧基础之间必须有可靠的连接措施，确保新旧基础协同工作。图4.2.1为壁柱基础及条形基础加大的连接，其中钢筋网钢筋的直径不应小于8mm，间距不应大于200mm。

4.2.2 房屋加层后需要加大原基础时，新基础的埋深宜与原基础的埋深相同。

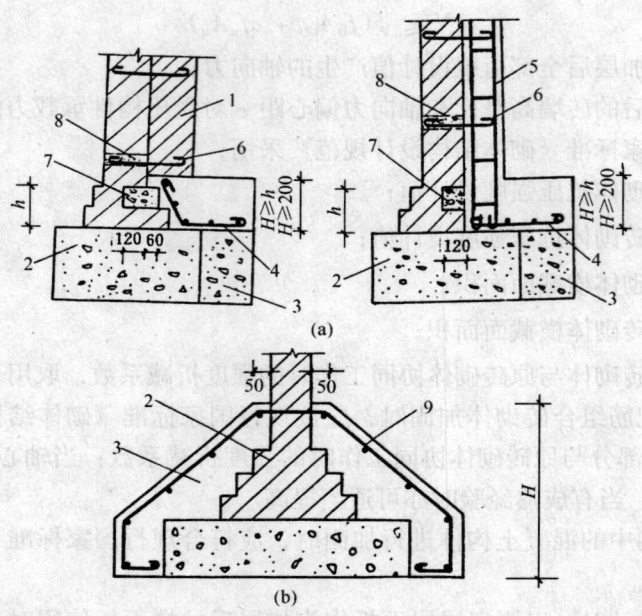

图 4.2.1 壁柱基础及条形基础加大的连接
(a) 壁柱基础加大的连接；(b) 条形基础加大的连接
1—新加砖柱；2—旧基础；3—新基础；4—钢筋网；
5—新加混凝土柱；6—拉结钢筋；7—现浇混凝土键；
8—浆锚孔；9—构造钢筋

4.2.3 在原墙体侧部新加砖壁柱或钢筋混凝土壁柱时，应沿墙体的垂直方向每隔500mm间距，设置不少于2根直径为6mm的拉结钢筋，伸入砖墙、砖壁柱或混凝土壁柱内的长度不小于200mm（图4.2.3），保证原砖墙与新加壁柱连接可靠。其拉结钢筋锚固方法亦可采用钻孔浆锚、现浇混凝土销键、膨胀螺栓焊锚等。

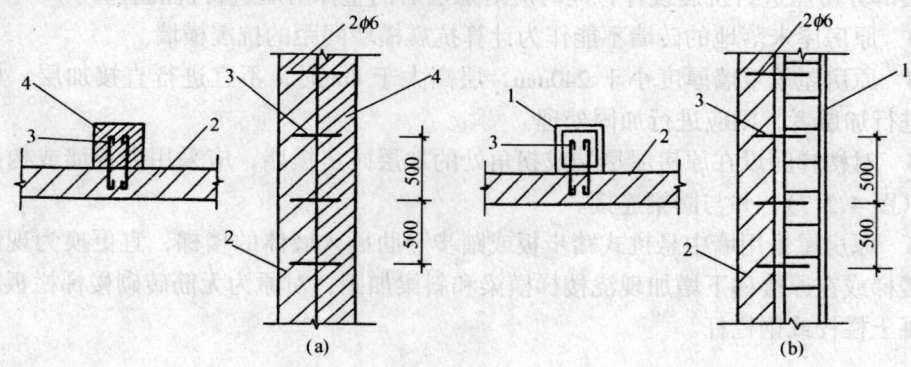

图 4.2.3 新加壁柱与原墙的连接
(a) 砖壁柱与原墙连接；(b) 混凝土柱与原墙连接
1—新加混凝土壁柱；2—原墙；3—拉接钢筋；4—新加砖壁柱

4.2.4 加层房屋应在房屋的顶部设置钢筋混凝土圈梁一道，圈梁应闭合。当圈梁被门窗洞截断时，应按现行国家标准《砌体结构设计规范》的规定设置附加圈梁。圈梁的宽度宜与墙厚相同,圈梁的高度不应小于180mm。其纵向钢筋不宜小于4根直径为10mm,箍筋间距不宜大于250mm。

4.2.5 新增承重墙体与梁、板构件交接处,应用钢楔塞紧,并用细石混凝土或砂浆填实新加墙体与原梁、板之间的缝隙,确保荷载均匀传递到新加墙体上(图4.2.5)。

4.2.6 加层房屋的新楼梯与原楼梯的连接处,其梁板钢筋应采用焊接;钢筋的焊接长度(单面焊)不小于10d(d为梁板钢筋直径),梁的钢筋直径不宜小于16mm,板筋直径不宜小于10mm。

4.2.7 在抗震设防区房屋加层的构造设计应满足以下要求:

4.2.7.1 在原房屋的顶部、加层部分的每层楼盖和屋盖处的外墙、内纵墙及主要横墙上,均应设置钢筋混凝土圈梁。

4.2.7.2 当原房屋设有构造柱时,加层部分的构造柱钢筋与原构造柱钢筋焊接连接(图4.2.7a);当原房屋未设构造柱时,应按现行国家规范的规定增设钢筋混凝土构造柱,或采用夹板墙加固(图4.2.7b、c)。其下部锚固要求与现行国家抗震设计规范相同;上部应伸过加层部分砖墙500mm。

4.2.7.3 抗震加固的构造柱必须上下贯通,且应落到基础圈梁上或伸入地面下500mm。构造柱与圈梁应连接可靠。

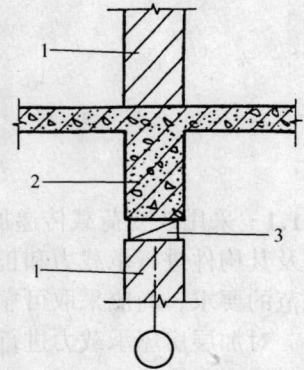

图4.2.5 新增设墙体顶部与梁的连接

1—新增设墙体;2—钢筋混凝土大梁;3—钢楔间距500mm

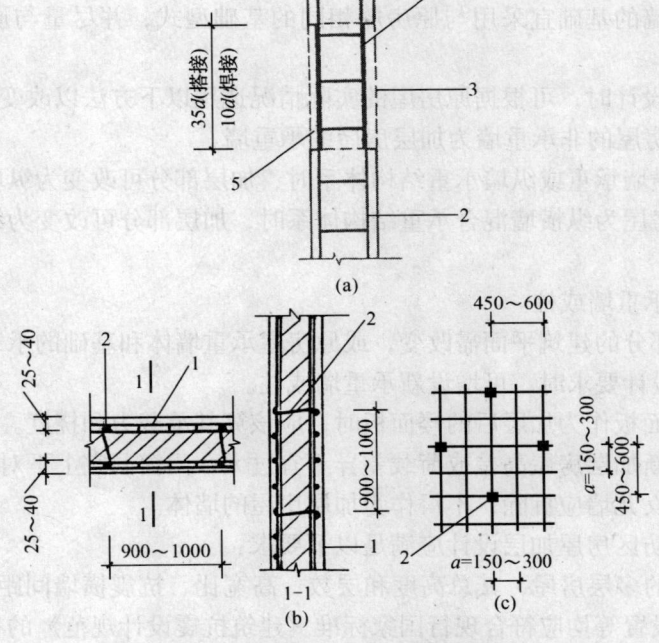

图4.2.7 构造柱连接与夹板墙构造

(a) 新旧钢筋混凝土构造柱连接;

1—新加构造柱;2—原构造柱;3—构造柱连接区;4—主筋焊接;5—现浇混凝土

(b) 夹板墙;(c) 钢筋网

1—钢筋网直径6mm;2—S拉接筋直径6mm

5 改变荷载传递加层法

5.1 设 计 要 求

5.1.1 采用改变荷载传递加层法进行房屋加层时，应对加层后房屋的地基基础、承重结构及其构件进行承载力和正常使用极限状态的验算。其验算结果应满足有关现行国家标准规范的要求，尚应采取可靠的连接措施保证新加层结构与原结构的协同工作。

对加层房屋承载力进行验算时，原房屋的砖砌体，混凝土强度设计值应根据现场实测结果确定。

5.1.2 加层房屋的地基经长期压密，地基的承载力在加层设计时可适当提高；其取值按本规范第4章有关规定确定。对新增加的承重墙，应考虑新旧结构的协调变形及地基上未经压密的情况，其地基承载力应适当折减；对原为非承重墙改为承重墙时，其地基承载力可适当提高，并可按下式计算：

$$f_k \leqslant \mu_3 f_{ok}$$

式中 f_k——加层设计时基础底面地基承载力标准值；

f_{ok}——原有房屋地基承载力标准值；

μ_3——地基承载力修正系数，对新增承重墙 $\mu_3 = 0.85 \sim 0.9$；对原非承重墙改为承重墙 $\mu_3 = 1.1$。

5.1.3 新设承重墙的基础宜采用与原房屋相同的基础型式，并尽量与原房屋基础埋深相同。

5.1.4 房屋加层设计时，可根据原房屋的实际情况选用以下方法以改变荷载传递途径：

5.1.4.1 改变原房屋的非承重墙为加层房屋的承重墙。

当原房屋为横墙承重或纵墙承重结构体系时，加层部分可改变为纵墙承重或横墙承重结构体系；当原房屋为纵横墙混合承重结构体系时，加层部分可改变为纵墙承重或横墙承重结构体系。

5.1.4.2 增设新承重墙或柱。

当房屋加层部分的建筑平面需改变，或原房屋承重墙体和基础的承载力与变形不能满足加层荷载下的设计要求时，可增设新承重墙或柱。

5.1.5 原房屋屋面板作为加层后的楼面板时，应该算其承载力和挠度。

5.1.6 原房屋与新加层房屋高差或荷载差异不宜过大；门窗洞宜上下对齐。

5.1.7 原房屋的女儿墙应拆除，不得作为加层房屋的墙体。

5.1.8 在抗震设防区房屋加层设计应满足以下要求：

5.1.8.1 加层后的多层房屋，其总高度和层数、高宽比、抗震横墙间距、局部尺寸限值、构造柱和圈梁的设置等均应符合现行国家标准《建筑抗震设计规范》的有关规定。当不满足要求时，应进行加固设计。

5.1.8.2 对原房屋和加层后的房屋均应按现行国家标准《建筑抗震设计规范》进行抗震设计。

5.1.8.3 加层房屋的砖墙厚度和层高的限值，以及原房屋中未落地的砖墙在计算抗震横墙间距时均应符合本规范第4章的规定。

5.1.8.4 原房屋设有悬挑式踏步板楼梯时，应按本规范第4章的规定进行处理。

5.2 构 造 要 求

5.2.1 加层后的多层房屋，其钢筋混凝土圈梁及构造柱的设置和构造要求，应符合本规范第4章的规定。

5.2.2 新增设承重墙上的圈梁与原墙体上的圈梁宜采用刚性连接。圈梁主筋与连接钢筋的焊接长度应满足单面焊为$10d$的要求（d为圈梁钢筋直径）（图5.2.2）。

5.2.3 对于承载力或高厚比验算不满足现行规范要求的墙体，应增设壁柱（图4.2.3），或加大墙体截面等加固措施。

5.2.4 新增设的横墙，应沿竖向连续贯通，其穿过楼面的构造作法见图5.2.4。

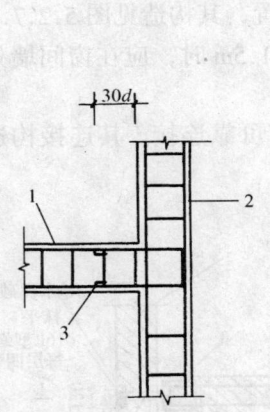

图5.2.2 新增设墙体圈
梁与原墙体圈梁连接
1—新增设圈梁；2—原墙体
圈梁；3—连接钢筋

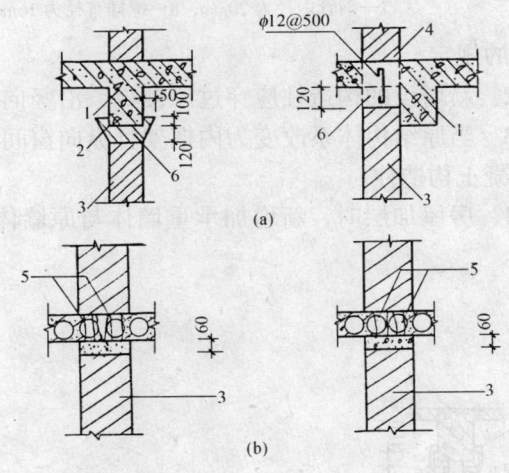

图5.2.4 新增设横墙穿过楼面构造
（a）新增设横墙与现浇楼盖的连接；
（b）新增设横墙与预制空心楼面的连接
1—混凝土梁；2—拆模后凿平；3—新增设横墙；
4—局部凿孔；5—空气板凿孔；6—C20现浇混凝土

当新增设横墙穿过空心楼板时，应每隔500mm中距局部凿孔并灌注C20细石混凝土。新灌注的混凝土应均匀密实。

5.2.5 新增设墙体顶部与钢筋混凝土大梁或楼板的连接处，应嵌入钢楔，并用细石混凝土或砂浆灌缝。详见第4章图4.2.5。

当需要对原承重梁卸荷时，可采用宽支座法在新增设墙体的顶部设置专门的旋顶装置，间距500~1000mm，与梁底顶紧。旋顶装置间采用细石混凝土浇灌密实，使梁上荷载均匀地传递到新增墙体上（图5.2.5）。

5.2.6 加层部分新设楼梯与原有楼梯采用整体连接，加层设计时，应对原有顶层梯梁进行承载力与变形验算。新设楼梯主筋应与原楼梯构件钢筋焊接连接。

5.2.7 在抗震设防区房屋加层的构造设计应满足以下要求：

5.2.7.1 加层房屋与原房屋构造柱的连接构造和原房屋需新增设构造柱的要求，应符合

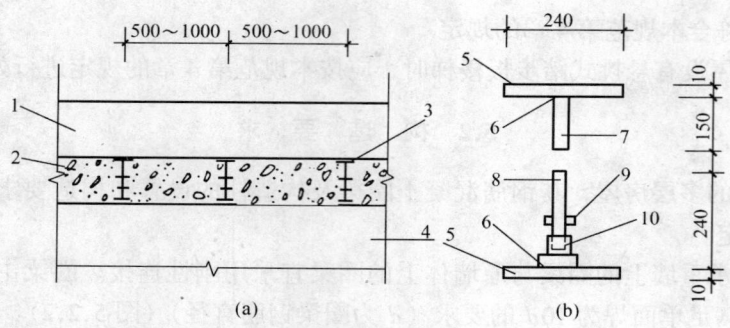

图 5.2.5 宽支座法构造图
（a）宽支座法卸荷图；（b）旋顶装置示意图
1—原钢筋混凝土大梁；2—C25细石混凝土；3—旋顶装置；
4—新增设砖墙体；5—钢板 240×240×10（mm）；6—焊缝；
7—钢管内径为 20mm；8—螺杆直径为 16mm；9—六角螺帽焊牢；10—螺纹

第4章的规定。

5.2.7.2 新增设的构造柱应穿过原楼板、沿竖向连续贯通设置，其构造见图 5.2.7.2。

5.2.7.3 当原结构体系改变为内框架且纵向窗间墙宽度小于 1.5m 时，应在窗间墙处增设钢筋混凝土构造柱。

5.2.7.4 房屋加层时，新增加承重墙体与原墙体交接处应有可靠连接。其连接构造见图 5.2.7.4。

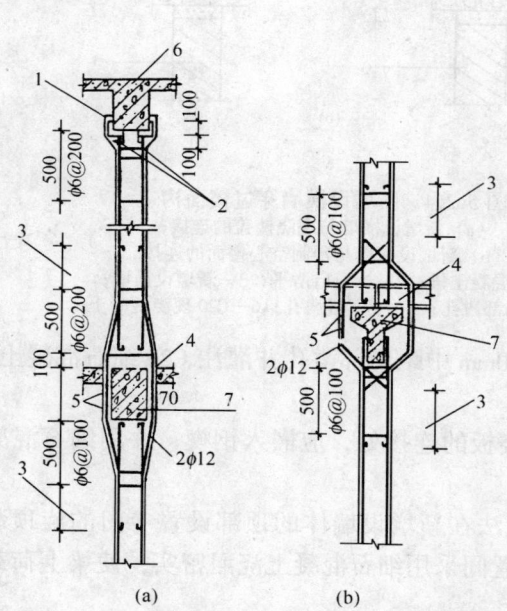

图 5.2.7.2 新增设构造柱竖向穿过楼板构造图
（a）现浇楼盖；（b）装配式楼盖
1—钢板 50mm×8mm；2—焊接；3—搭接长度；4—楼板打洞；5—短钢筋直径 6mm；6—屋面钢筋混凝土梁；
7—楼层钢筋混凝土梁

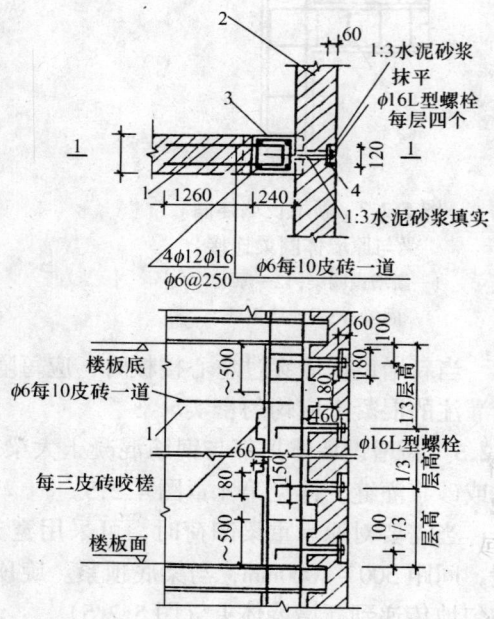

图 5.2.7.4 新增设墙体与原墙体连接构造图
1—新增设墙；2—原墙体；3—C20 混凝土横墙砌完后浇注；4—钢垫板 180×120×8（mm）

6 外套结构加层法

6.1 设 计 要 求

6.1.1 外套结构应有合理的刚度和强度分布,防止竖向刚度突变,形成薄弱底层。抗震设防区不宜采用无钢筋混凝土剪力墙的外套结构体系。

6.1.2 外套结构设计时,除应符合本章规定外,外套结构属高层建筑的尚应按《钢筋混凝土高层建筑结构设计与施工规程》进行设计。

6.1.3 外套结构加层可采用下列结构体系:

6.1.3.1 底层框剪上部砖混结构。即在原房屋外套"底层框架—剪力墙,上部各层为砖混结构"。

6.1.3.2 底层框剪上部框架结构。即在原房屋外套"底层框架—剪力墙,上部各层为框架结构"。

6.1.3.3 底层框剪上部框剪结构。即在原房屋外套"底层及上部各层均为框架—剪力墙结构"。

6.1.3.4 底层框架上部砖混结构。即在原房屋外套"底层框架,上部各层为砖混结构"。

6.1.3.5 底层框架上部框架结构。即在原房屋外套"底层及上部各层均为框架结构"。

6.1.3.6 当有成熟经验时也可采用其他结构体系。

注:6.1.3.4款结构体系不得用于抗震设防区。

6.1.4 外套结构房屋总高度和总层数,不宜超过表6.1.4的规定。

表6.1.4 外套结构房屋总高度(m)和总层数限值

外套结构类别	非抗震设防区		6度		7度		8度	
	高度	层数	高度	层数	高度	层数	高度	层数
底层框剪上部砖混	21	七	19	六	19	六	16	五
底层框剪上部框架	24	八	24	八	21	七	19	六
底层框剪上部框剪	30	十	27	九	24	八	21	七
底层框架上部砖混	19	六	—	—	—	—	—	—
底层框架上部框架	21	七	19	六	19	六	—	—

6.1.5 外套结构底层层高不宜超过表6.1.5的规定:

表6.1.5 外套结构底层层高(m)限值

外套结构类别	非抗震设防区	6度	7度	8度
底层框剪上部砖混	12	12	9	9
底层框剪上部框架	15	15	12	12
底层框剪上部框剪	18	18	15	15
底层框架上部砖混	9	—	—	—
底层框架上部框架	12	12	8	—

6.1.6 外套结构的剪力墙间距不应超过表6.1.6的要求：

表6.1.6 剪力横墙（抗震横墙）最大间距（m）

外套结构类别	非抗震设防区		6度		7度		8度	
	底层	上部各层	底层	上部各层	底层	上部各层	底层	上部各层
底层框剪上部砖混	25	15	25	15	21	15	18	11
底层框剪上部框架	4B	—	4B	—	4B	—	3B	—
底层框剪上部框剪	4B	4B	4B	4B	4B	4B（3B）	3B	3B（2.5B）
底层框架上部砖混	—	—	—	—	—	—	—	—
底层框架上部框架	—	—	—	—	—	—	—	—

注：1. 表中"B"为外套结构总宽度；
2. 表中括号内数字用于装配式楼盖。

6.1.7 外套结构房屋的高宽比不应超过表6.1.7的要求：

表6.1.7 外套结构房屋高宽比限值

外套结构类别	非抗震设防区	6度	7度	8度
底层框剪上部砖混	3.0	2.5	2.5	2.0
底层框剪上部框架	5.0	4.0	4.0	3.0
底层框剪上部框剪	5.0	4.0	4.0	3.0
底层框架上部砖混	3.0	3.0	3.0	—
底层框架上部框架	4.0	4.0	4.0	—

6.1.8 外套结构楼层侧移刚度应符合下列要求：

6.1.8.1 采用底层框架上部砖混外套结构时，第二层与底层侧移刚度比不应超过3；

6.1.8.2 采用底层框剪上部砖混外套结构时，第二层与底层侧移刚度比不应超过2.5；

6.1.8.3 采用其他外套结构时，底层刚度不应小于其相邻上层刚度的70%，且连续三层总的刚度降低不得超过50%。

6.1.9 外套结构应与原有房屋完全脱开，其水平净空距离应满足抗震及加层施工的要求，其与原有房屋屋盖间的竖向净空距离应满足外套结构沉降的要求，当利用原有房屋屋盖作为加层后的楼面时，其竖向净空距离尚应满足楼层门洞高度的要求。

6.1.10 外套结构中的框架梁柱、剪力墙及加层房屋底层楼板均应采用现浇钢筋混凝土结构。

6.1.11 外套结构中的剪力墙应沿纵横向均匀布置，尽量使刚度中心与质量中心重合，对质量刚度明显不均匀对称的应考虑水平地震作用的扭转影响。

6.1.12 外套结构梁与柱或剪力墙与柱的中线宜重合；当不能重合时，梁或墙与柱中线偏心距不应大于柱截面在该方向边长的1/4。

6.1.13 外套结构基础应与原房屋基础分开，应优先选用在施工中无振动的桩基（如钻孔灌注桩、人工挖孔桩、静压预制钢筋混凝土桩等），其承载力宜通过试验确定，当外套结构荷载较小且为Ⅰ、Ⅱ类场地时，也可采用天然地基，但应采取措施防止对原有房屋基础及相邻建筑产生不利影响。

6.2 构 造 要 求

6.2.1 外套结构底层钢筋混凝土梁、板、柱、墙混凝土强度等级不应小于C25。

6.2.2 外套结构底层框架柱的抗震构造设计应符合下列要求：

6.2.2.1 柱截面宽度不宜小于400mm，柱截面高度不宜小于梁跨度的1/12；

6.2.2.2 轴压比应控制为0.65～0.70；

6.2.2.3 柱纵向钢筋应采用对称配筋，接头宜采用焊接；全部纵向受力钢筋配筋率不大于4%，超过3%时箍筋应焊接；

6.2.2.4 当设防烈度为6度时，箍筋直径不应小于8mm，间距不应大于200mm；7度、8度时，箍筋直径不应小于8mm，间距不应大于150mm；对角柱、短柱宜选用复合箍筋，间距不应大于150mm。

6.2.3 外套结构底层的剪力墙构造设计应符合下列要求：

6.2.3.1 剪力墙周边应与梁柱相连，剪力墙厚度不应小于160mm；

6.2.3.2 剪力墙不宜开洞，或开小洞。当必须开洞时应进行核算，并在洞口四周设暗梁暗柱加强。暗柱截面积为$1.5b_w^2$～$2.0b_w^2$（b_w为剪力墙厚度），配筋不少于4根，直径不小于16mm，箍筋直径不应小于8mm，间距不大于200mm。

6.2.3.3 不宜采用错洞剪力墙，当必须采用错洞墙时，洞口错开距离不得小于2m；并用暗梁暗柱组成暗框架加强。

6.2.3.4 剪力墙的竖向和横向分布钢筋，采用双排布置。双排钢筋之间应采用拉筋连接，拉筋直径不应小于6mm，间距不得大于600mm，拉筋应与外皮钢筋钩牢；

6.2.3.5 剪力墙水平和竖向分布钢筋配筋率均不应小于0.25%，直径不宜小于8mm，间距不宜大于300mm；

6.2.3.6 剪力墙中线与墙端边柱中线应重合；在其全高范围内的端柱箍筋直径不应小于8mm，间距不宜大于150mm。

6.2.3.7 剪力墙的分布钢筋接头，竖筋直径大于22mm时应焊接，接头位置应错开，同一截面每次连接的钢筋数量不超过50%。

6.2.4 外套结构底层框架梁的抗震构造设计应符合下列要求：

6.2.4.1 梁截面的宽度不宜小于300mm，且不宜小于柱宽的1/2；其高宽比不宜大于4；

6.2.4.2 梁净跨与截面高度之比不宜小于4；

6.2.4.3 梁顶面和底面的通长钢筋各不得少于2根，直径为20mm，且不应小于梁端顶面和底面纵向钢筋中较大截面面积的1/4；

6.2.4.4 梁端截面的底面和顶面配筋量的比值，除按计算确定外，不应小于0.5。

6.2.5 外套结构底层的楼板抗震构造设计应符合下列要求：

6.2.5.1 楼板应采用现浇混凝土，厚度不宜小于150mm；

6.2.5.2 采用双层双向配筋，每方向的配筋率不应小于0.25%；

6.2.5.3 楼板不宜开洞，当必须开洞时，洞口位置应尽量远离外侧边，且应在洞口周边设置边梁，其宽度不宜小于板厚的2倍，纵向钢筋配筋率不得小于1%，且接头用焊接；楼板中钢筋应锚固在边梁内$35d$（d为钢筋直径）。

6.2.6 除外套结构底层外，框架填充墙宜采用轻质材料，并应采取措施与框架梁柱拉接。

7 施工、安全及工程验收

7.1 施工、安全要求

7.1.1 加层房屋施工前，应组织图纸会审，设计单位对加层注意事项等进行技术交底。施工单位应结合加层工程特点编制施工组织设计，指导施工。如遇障碍不能按原图施工时，须经设计单位变更设计后方可施工。

7.1.2 当原房屋为平屋面时，加层前应对原有屋面防水层、保温隔热层进行拆除、清理和修补找平；当原房屋为坡屋面时，应将原有屋盖系统全部拆除，按设计要求处理后，进行加层施工。

7.1.3 对原建筑结构打洞时，宜优先采用机械方法凿洞，应避免损伤原结构。

7.1.4 房屋基础，挖槽后应由设计、施工和建设等单位共同验槽，发现问题及时进行处理。严寒地区基槽底土应防止受冻。

7.1.5 开挖基槽时应注意对原建筑物的影响，对其主要承重结构应进行临时支撑，必要时尚应采取卸荷措施。

7.1.6 加层房屋的新旧构造柱的连接，新构造柱与墙的拉结，应严格按本规范有关章节的设计、构造和加层设计图的要求施工。

7.1.7 新旧混凝土构件结合部位应符合下列施工要求：

7.1.7.1 原构件的连接部位应进行凿毛，除去浮渣、尘土，冲洗干净，涂刷水灰比宜为0.4～0.45的水泥浆一层；

7.1.7.2 对需进行钢筋焊接的部位，应将原构件保护层凿掉，主筋外露，满足钢筋施焊的要求；新旧钢筋均应除锈处理，在受力钢筋上施焊应采取卸荷或支顶措施，逐根分段分层焊接。

7.1.8 模板的设计、组装、拆除应符合现行混凝土工程施工及验收规范模板工程章、节的规定。

7.1.9 加层的墙体在砌筑前，应将新旧墙体结合部位清除干净，用水冲刷湿润，并应按加层设计图规定或采取有效的施工措施，保证新旧墙体之间连接可靠。

7.1.10 外墙施工脚手架，宜采用双排外脚手架。内墙施工可采用木架凳作砌筑架。

7.1.11 新砌墙体，每天砌筑高度不宜超过1.2m。当新墙砌到每层墙顶时，应停止3天左右，然后再做新增墙穿过楼板或顶紧梁的构造措施。每层楼应同步施工，避免施工荷载产生过大的差异。

7.1.12 施工过程中，应注意观察房屋加层时对相邻建筑物的影响，发现问题及时会同设计单位采取有效的处理措施。

7.1.13 施工过程中应在加层房屋的转角，纵横墙的交接处及纵横墙的中央设置隐蔽式沉降观测点，每砌一层楼应有沉降观测记录，施工过程中总的观测不得少于四次。

当加层房屋施工中发现地基沉降量大、不均匀沉降或承重结构严重裂缝时，应立即停止施工，查明原因后会同设计单位采取处理措施。

施工中沉降观测除应遵守本规范的规定外，尚应符合现行国家标准地基与基础工程施工验收规范的有关规定。

7.1.14 加层房屋的分项分部工程施工质量应根据现行《建筑安装工程质量检验评定标准》作出检验和评定，并应按一个单位工程评定质量等级。

7.1.15 加层房屋施工除遵守一般建筑安装工程的安全操作规程外，尚应根据加层房屋的特点，编制保证安全施工的技术措施。

7.1.16 在对原房屋顶层的女儿墙进行拆除时，应防止砖块坠落，注意施工安全。

7.1.17 当原房屋在加层期间不停止使用时，应在原房屋的出入口和行人区段设置安全通廊和安全网。

雨季施工时，应采取防雨措施。

7.2 验收要求

7.2.1 所用建筑材料应按现行国家有关标准进行验收。各种计量器具应进行必要的检查以保证其使用的准确度和可靠性。

7.2.2 加层房屋竣工验收应具备下列技术资料：

7.2.2.1 材料出厂合格证，试验检验单；

7.2.2.2 试块强度试验报告；

7.2.2.3 基础、混凝土构件、砌体等隐蔽（含加固）工程验收记录和分部分项工程质量检查记录；

7.2.2.4 冬、雨季施工记录；

7.2.2.5 重大技术问题处理及设计变更和材料代用记录；

7.2.2.6 沉降观测记录；

7.2.2.7 竣工质量检验评定结果；

7.2.2.8 竣工图纸和竣工报告及其他文件（包括加层设计施工报批文件、施工的开工报告等文件）。

8 沉降观测与使用维护

8.1 沉降观测要求

8.1.1 加层房屋投入使用后，应在施工沉降观测的基础上继续进行观测，第一年不少于4次，第二年不少于2次，以后每年1次，直到下沉稳定为止。

8.1.2 观测时宜固定测量工具，固定测量人员，严格校验仪器。并应记录测量仪器号、观测时间和气象资料，保存好观测数据，测量人员应签名。

8.1.3 测量精度宜采用Ⅱ级水准仪测量，视线长度为20～30m；视线高度不应低于0.3m，测量应采用闭合法。

8.1.4 加层房屋建在软弱地基上时，除定期观测本身的沉降情况外，尚应观测其相邻房屋的沉降情况。沉降观测次数可适当增加。

8.1.5 沉降观测中，当发现房屋出现不均匀沉降或砖房发生裂缝，应及时通知设计单位会同研究，采取地基加固处理措施。

8.2 使用维护要求

8.2.1 应建立加层房屋技术档案制度，认真保管好房屋竣工验收技术资料，制定维修技术卡片，及时掌握每栋房屋的维修动态。

8.2.2 应建立加层房屋定期检查制度，一年至少检查一次。检查的主要部位为：地基基础、上部主体结构构件、新旧房屋结合处。应记录检查结果并归档。

8.2.3 使用过程中，当发现质量安全问题时，应及时会同设计与施工单位分析原因，采取有效措施加以处理。

8.2.4 为确保房屋的使用安全，住户不得私自拆动房屋结构构件和改变房屋用途，不得超载使用和折墙开洞或增加新墙体。

附录一 本规范用词说明

一、执行本规范条文时，对要求严格程度的用词说明如下，以便在执行中区别对待：

1. 表示很严格，非这样做不可的用词，正面词采用"必须"；反面词采用"严禁"。

2. 表示严格，在正常情况下均应这样做的用词：正面词采用"应"；反面词采用"不应"；或"不得"。

3. 表示允许稍有选择，在条件许可时首先这样做的用词：正面词采用"宜"或"可"；反面词采用"不宜"。

二、条文中必须按指定的标准、规定或其他有关规定执行的，其写法为"应按……执行"或"应符合……要求（或规定）"非必须按照所指出的标准、规范或其他规定执行的，其写法为"可按照……"

附加说明

本规范主编单位、参加单位和主要起草人名单

主 编 单 位：四川省建筑科学研究院
副主编单位：武汉土建工程科技研究会
参 加 单 位：石家庄市建筑设计院
　　　　　　中国建筑西南设计研究院
主要起草人：张孝培　黄静山　王廷镛　汪恒在　许亮明　蔡秀昌　朱季昌　张钢
审 查 单 位：全国建筑物鉴定与加固标准技术委员会

中国工程建设标准化协会标准

砖混结构房屋加层技术规范

CECS 78:96

条 文 说 明

目　次

1 总则 ··· 2103
3 加层基本原则 ·· 2104
　3.1 基本要求 ··· 2104
　3.2 加层工作主要程序 ··· 2105
　3.3 加层方法选择 ·· 2106
4 直接加层法 ··· 2106
　4.1 设计要求 ··· 2106
　4.2 构造要求 ··· 2109
5 改变荷载传递加层法 ·· 2110
　5.1 设计要求 ··· 2110
　5.2 构造要求 ··· 2110
6 外套结构加层法 ·· 2111
　6.1 设计要求 ··· 2111
　6.2 构造要求 ··· 2113
7 施工、安全及工程验收 ·· 2113
　7.1 施工、安全要求 ··· 2113
　7.2 验收要求 ··· 2114
8 沉降观测与使用维护 ·· 2114
　8.1 沉降观测要求 ·· 2114
　8.2 使用维护要求 ·· 2114

1 总 则

1.0.1 砖混结构房屋是我国民用建筑中最为量大面广的结构体系，特别是住宅、办公楼等民用房屋，新中国成立以来至 20 世纪 80 年代以前，中小城市和集镇几乎全部采用这类结构体系，就是在特大城市和大城市里也是到处可见到这类结构体系。20 世纪 80 年代以来，砖混结构房屋仍然是我国城镇中民用建筑的主要结构体系。随着我国经济建设事业的不断发展、城镇人口规模也不断扩大，住房问题已成为城镇中亟待解决的重要矛盾之一。20 世纪 80 年代初，我国城市人均居住面积不足 $4m^2$，经过十余年的改革开放，城市住宅有了长足的发展，但到目前仍不足 $8m^2$。我国计划在本世纪末达到小康水平，其中城镇居民达到小康水平的重要标志之一就是每户拥有一套住房。由于家庭人口规模日趋小型化，住房在本世纪内仍然是城镇中需要解决的重要矛盾。

20 世纪 80 年代以前，我国中、小城市和集镇的住宅和其他民用房屋大多数是低层建筑，就是北京、上海、天津等特大城市和其他大城市中也大量存在低层砖混结构房屋。由于我国人口众多，城市人均土地面积少，在经济上也是比较贫穷的。这些基本国情决定了我国对低层砖混结构房屋必须尽可能进行改造利用，而不能采取全部推倒重建的方针。调查表明，在城镇中有大量低层民用建筑为既不能停止使用，又急需扩大使用建筑面积的砖混结构房屋。结合房屋使用功能改善、或大修时进行加层，是改造利用低层砖混结构房屋变为多层房屋、中高层房屋或高层房屋的重要途径。事实上，近十多年来我国大中城市中对低层砖混结构房屋进行加层设计的实例已很多，采用了多种加层方法；获得了显著的社会效益和经济效益，受到使用部门和住户的欢迎；也积累了丰富的加层设计与施工经验，在国内许多建筑期刊上发表了大量加层文献资料；还召开过多次全国性的加层设计与施工技术交流会议。这些说明砖混结构房屋的加层设计和改善功能是改造我国旧城镇民用建筑的重要途径之一，这不仅符合我国当前的国情，也具有走中国自己改造旧城镇道路的特色。

综上所述，制订我国《砖混结构房屋加层技术规范》的时机已经成熟，中国工程建设标准化协会下达本规范的偏制任务是必要的和及时的。通过编制工作，将全国主要的加层技术经验和成熟的加层方法汇集成本规范，能使砖混结构房屋的加层设计与施工做到安全适用、经济合理、有利抗震和确保质量，将使砖混结构房屋的加层技术升上一个新台阶。

1.0.2 本规范的适用范围所指的一般民用砖混结构房屋，主要是指住宅、办公楼、医院、学校、旅馆、商店等以砖砌体作为承重体系的砖混结构房屋。

由于民用建筑的范围极其广泛，对电影院、剧场、大礼堂、体育馆等空旷砖混结构房屋，目前虽已有少量房屋进行了加层设计和施工，但实践经验仍较少，故暂不列入主要适用范围，待今后积累了较丰富经验后，再予修订为妥。

关于加层设计的抗震设防烈度规定为 6 度至 8 度地区，一方面是考虑在这些地区已有较多数量的砖混结构房屋进行了加层设计和施工，取得了较丰富的经验，而在 9 度区的加层设计极少，缺乏经验；另一方面是考虑到 9 度地区对房屋的总高度和层数有严格的限制，加层后的经济效益不明显。因此，本规范规定适用于非抗震设防地区和抗震设防烈度为 6 度至 8 度地区是合适的。

1.0.3 由于砖混结构房屋可以采用不同的加层方法，加层的部分除采用砖混结构体系外，特别是外套结构加层，上部结构可采用其他结构体系。因此，除应遵守本规范的规定外，本规范涉及相关规范较多，既有需要直接引用的标准，也有需要配合使用的规范。需要直接引用的标准主要有：《建筑结构设计统一标准》、《工程结构设计通用符号、计量单位和基本术语》、《建筑结构荷载规范》、《建筑地基基础设计规范》、《砌体结构设计规范》、《混凝土结构设计规范》、《钢结构设计规范》、《建筑抗震设计规范》、《钢筋混凝土高层建筑结构设计与施工规程》等，这些直接引用的标准规范将在具体条文中标明。对在湿陷性黄土、膨胀土和冻土地基上的砖混结构房屋进行加层设计时，其地基尚应按相应国家现行标准规范进行地基处理和设计。需要配合使用的相关标准主要有：房屋鉴定标准如民用建筑可靠性鉴定标准；主要建筑设计规范如住宅、办公楼、医院、学校、旅馆、商店等建筑设计规范；有结构加固技术规范如混凝土结构、砌体结构、建筑抗震等加固技术规范；也还有其他有关材料、工程质量和施工与验收等相关国家标准和规范，这里就不再详细例举。

3 加层基本原则

3.1 基本要求

3.1.1 根据使用单位提出的房屋需加几层的目标要求，按照现行国家标准《民用建筑可靠性鉴定标准》、《工业与民用建筑抗震鉴定标准》及其他有关鉴定标准，对房屋进行可靠性鉴定。根据可靠性鉴定结论，是否需要加固，进行综合技术经济比较，如较新建筑工程造价节省，则宜于加层；反之，如造价贵得多，则不宜加层。

3.1.2 加层房屋的建筑立面设计，要求造型美观，不仅要与原建筑立面造型协调，还应与其周围环境相互协调。要求加层后看不出原有痕迹，新旧房屋融为一体。

3.1.3 房屋加层后应满足日照的要求，避免房屋加高后影响相邻建筑物底层常年见不到阳光；房屋加高后需增设消防设施，消防通道亦需满足要求；厨房、厕所应保持通风良好，油烟、臭气能及时排除满足环保卫生要求；位于地震区的房屋加层还需满足抗震要求。上述各项要求均应满足有关现行国家规范的要求。

3.1.4 加层后房屋结构的安全等级，在设计时应根据结构破坏可能产生的后果（危及人的生命，造成经济损失、产生社会影响等）的严重性，按现行国家标准《建筑结构设计统一标准》的规定，采用不同的安全等级。

3.1.5 凡经加层鉴定，需要加固（包括抗震加固在内）时，应根据加层的层数作好加固设计，同时尚应结合使用单位对旧房使用功能改造、或需进行大修等要求，作好加层设计；施工时应遵照先加固后加层的原则进行，这是保证加层施工安全的重要措施。

3.1.6 房屋加层设计前应对现场进行详细地调查研究，查明地质情况。不应在地基下有严重隐患的矿山采空区、地质滑坡区、地震影响下的砂土液化区进行房屋加层。

3.1.7 房屋加层设计时，应充分考虑在加层施工期间和加层以后不致影响相邻建筑物的基础下沉、墙体开裂、房屋倾斜等。因此，要求在设计和施工时采取有效措施，使相邻建筑物的地基保持稳定，防止对相邻建筑物产生不利影响。

3.1.8 房屋加层需要考虑加固，因此，在材料选用上较一般工程要求严格，故砖材强度等级应大于M7.5，砂浆强度等级宜大于M5，组合砌体砂浆面层宜大于M10，混凝土强度等级宜大于C20。同时考虑到加层在房屋的顶部，温度影响较大。故砂浆、混凝土强度等级较现行国家砌体结构、混凝土结构设计规范规定的最低强度等级提高一级是适当的，也能满足直接加层一般不超过三层的设计要求，并与现行国家混凝土结构加固技术规范的规定协调一致。所用材料的强度设计值均应按现行国家建筑结构设计规范的规定取值。

　　房屋加层设计时，应尽量考虑墙体和屋面采用轻质材料，以减轻结构自重，减少基础荷载。

3.1.9　房屋加层设计应根据建设单位的使用要求和加层层数，选择技术可靠，经济合理的结构体系，砖混房屋应在刚性方案的基础上进行加层，对结构体系要求有明确的传力路线和计算简图，采取合理的构造措施，加强结构的整体性，使新旧结构协调工作。并应对房屋结构及地基基础的承载力、变形、抗裂性、稳定性进行验算，应满足现行国家有关规范的要求。

3.1.10　加层房屋的地基承载力，应根据地基土压密后的情况，通过地质勘测或有关试验确定；也可在原有地质勘测资料的基础上，参照房屋使用年限与相应的验证性试验数据，以及各地积累的成熟经验确定。

3.1.11　考虑原墙体结构和混凝土构件所用材料强度等级，设计与施工实际情况不完全一致，并且又使用了多年，材料强度有所变化。故在确定墙体结构与混凝土构件承载力时，应根据实测材料强度等级进行验算，这既符合实际又稳妥可靠。

3.1.12　砖混结构及其地基基础的加固，除应遵守本规范提出的有关规定外，还应符合国家标准《砌体结构加固技术规范》、《混凝土结构加固技术规范》的有关规定。

3.1.13　房屋加层设计同新工程设计一样，应考虑方便施工，同时还应考虑在不停止原房屋使用的情况下安全施工。故要求加层设计尽量不改动原结构、不影响住房的正常使用。在施工时应采用相应的安全措施，保证住户的安全。

3.1.14　在房屋加层施工过程中，既要对该建筑物进行观测，又要注意对相邻建筑物进行观测。经常检查房屋地基下沉情况、墙柱有无开裂、房屋是否产生倾斜、对相邻建筑物基础有无影响；原房屋基础、主体结构是否存在严重隐患。如发现上述问题，应立即停止施工，会同设计单位采取加固或纠偏等有效措施，消除隐患后方能继续施工。

3.2　加层工作主要程序

3.2.1　本规范规定了房屋加层工作的主要程序，遵循规定的程序进行工作，以保证加层、加固、设计和施工的质量，达到房屋加层的预期效果。

3.2.2　房屋加层前应进行详细的调查研究，保证加层技术可靠，经济合理。加层设计要注意作多方案比较，择优采用最佳方案。并应严格按照现行国家标准规范进行合理的设计。

3.2.3　房屋加层施工前应作好施工组织设计，提出切实可行的施工方案、技术措施和沉降观测要求，以及确保施工质量与安全的措施。竣工后应按现行国家工程施工与验收规范进行验收，使工程质量满足设计使用要求。

3.2.4　加层房屋除在施工过程中应按3.1.16条的规定进行监测外，还应在工程竣工后的一段时间内按本规范第8章的规定进行沉降观测，以确保使用安全。

3.3 加层方法选择

3.3.1 房屋的加层方法较多，本规范仅对常用的、较成熟的加层方法进行归纳总结，提出三种主要的加层方法：直接加层法、改变荷载传递加层法及外套结构加层法等。其他的加层方法，当有充分的依据和成熟的经验时也可选用。

3.3.2 直接加层法：指在原有房屋上不改变结构承重体系和平面布置直接加层的方法。其适用条件是原结构和地基基础的承载力和变形能满足加层的要求；或经局部加固处理即可直接加层。从国内大量的加层经验总结和技术经济效益来看，该法加层层数以不超过3层为宜；加1层技术经济效果不明显，故以加2~3层为好。

3.3.3 改变荷载传递加层法：原房屋的基础及承重结构体系不能满足加层后的承载力的要求，或由于房屋使用功能要求需改变建筑平面布置，相应又需改变原房屋的结构布置及荷载传递途径，如原为横墙承重改为纵墙承重，或改为纵横墙混合承重，或另设承重墙及柱子等。另经局部加固处理后能满足加层设计要求时，也可考虑采用该加层法进行加层。加层层数的限制同直接加层法。

3.3.4 外套结构加层法：在原房屋外增设外套结构，如框架、框架—剪力墙等，以支承加层后的全部荷载。该法可用于改变原房屋平面布置，改善使用功能，同时要求加层层数较多，原房屋加层施工时又不能停止使用，用户搬迁有困难，且地处设防烈度不超过8度，为Ⅰ、Ⅱ、Ⅲ类场地的房屋。外套结构底层柱不宜过高，以保证结构的稳定性和抗震性能。

考虑到我国目前采用外套结构加层的经验还不够丰富，尚待实践中进一步总结经验，故该加层法加层的层数限制较严。当有成熟的经验和充分试验依据时，加层层数可适当增多。

4 直接加层法

4.1 设计要求

4.1.1 房屋加层应建立在结构可靠性的基础上。直接加层的原房屋由于加层后荷载加大，其地基基础、砖墙砌体、混凝土构件等应力应变都发生了新的变化，经过承载力和正常使用状态的验算，才能保证加层后的房屋安全、适用、耐久、防止房屋倒塌、倾斜等工程事故，达到加层的目的。

4.1.2 目前确定加层房屋的地基承载力的方法基本上分两大类：一类是现场勘察法，另一类是经验计算法。前者按照现行国家标准《建筑地基基础设计规范》确定地基承载力。后者通过长期的实践总结，得出一个共同的认识。房屋经过一段时间使用后，随着时间的增长，房屋地基土壤逐渐被压实，孔隙率和含水量逐渐减少，重度逐渐增加，地基土变硬，承载能力有所提高。将房屋使用后的地基承载力与使用前的地基承载力二者的比值叫地基承载力提高系数 μ_1，则 μ_1 值大于1。μ_1 值与地基土壤类别、房屋使用的时间、房屋使用的荷载值等因素有密切的关系。房屋使用的荷载越大，使用的年限越长，则其地基承载力的提高系数越大。对于房屋使用后的地基承载力的提高，国内外学者都很关注。原苏联在20世纪五、六十年代就开始了这项工作的研究。1962年则把房屋使用后的地基承载力提高系数 μ_1 值正式载入原苏联建筑法规，建筑法规 СНИП—B、1—62 中容许将原有基础下的地基容许压力提高20%。我国学者在20世纪80年代相继发表了不少学术论文，主张提高原房屋的地基承载力，以挖掘出地基潜力。

关于加层房屋地基承载力计算公式，参照原苏联的经验和我国现有的试验数据资料，综合分析后，采用下列单系数计算公式：

$$f_k = \mu_1 f_{ok} \tag{4.1.2}$$

此公式适用于房屋使用年限超过4年的砂土地基；或超过6年的粉土及粉质黏土地基；或超过8年的黏土地基，原房屋未出现裂缝和异常变形，地基沉降均匀，上部结构良好，且原基底地基承载力在80kPa以上。

式（4.1.2）中　f_k——加层设计时基础底面地基承载力标准值；

f_{ok}——原房屋设计时的地基承载力标准值；

即 f_{ok} 为老建筑地基基础设计规范（TJ 7—74）的地基容许承载力 [R]。f_{ok} 与现行国家标准《建筑地基基础设计规范》（GBJ 7—89）规定的各类土地基承载力标准值 f_k 的精确换算关系很复杂，可近似的取值为：

岩石、碎石土：$f_k = f_{ok}$；粉土：$f_k = f_{ok}$；砂土、中粗砂：$f_k = 1.07 f_{ok}$；粉、细砂：$f_k = 1.10 f_{ok}$；黏性土：按标准贯入试验，$f_k = f_{ok}$、按轻便触探试验 $f_k = 1.05 f_{ok}$；素填土：$f_k = 1.05 f_{ok}$。

表 4.1.2-1　提高系数 μ_1 值

P_o/f_{ok}	≥0.9	0.9	0.7	0.6	0.5
μ_1	1.25	1.20	1.15	1.10	1.05

表中 P_o 为原房屋设计时基础底面处的平均压力标准值，在计算时应加以注意，不要和现行的设计值混用。

从表 4.1.2-1 看出，式（4.1.2）中 μ_1 值最大取值为 1.25，考虑到了我国地域辽阔，地基条件复杂，近期不宜采用过大的 μ_1 值，这是从稳妥、安全出发。哈尔滨加层房屋的地基承载力提高系数为 1.1～1.3，武汉为 1.1～1.2，上海一般也只按 1.2 的系数考虑。从调查的十几栋加层房屋地基承载力的情况（表 4.1.2-2），可以看出 μ_1 值最大取 1.25 是稳妥可靠的。当有成熟经验时，μ_1 值亦可适当提高。

国内有关资料也提出了其他一些计算公式，如估算式、多系数计算式等，在本规范中没有列入，主要是因为式（4.1.2）和其他公式比较，已有一定的使用经验，计算简单，易于理解，概念清楚，掌握方便。当然，对其他计算公式当有成熟经验时，也可根据具体条件运用。

表 4.1.2-2　加层砖混房屋地基承载力情况表

房屋名称	建成时间	加层时间	加层前层数	加层层数	原房屋的地基承载力（kPa）	加层设计时地基承载力（kPa）	承载力提高系数 μ_1
杭州邮政大楼	1925年	1981年	2	2	140	182	1.30

续表4.1.2-2

房屋名称	建成时间	加层时间	加层前层数	加层层数	原房屋的地基承载力(kPa)	加层设计时地基承载力(kPa)	承载力提高系数 μ_1
武汉供电局技校	1958年	1980年	3	2	150	167	1.11
湖北财政厅住宅附60号	1976年	1985年	3	2	150	180	1.20
湖北财政厅住宅附61号	1976年	1985年	3	1	150	160	1.06
长江厂办公楼	1956年	1981年	3	1~2	250	260	1.04
长江厂住宅4、5号	1964年	1982年	3	2	200	220	1.10
武汉灯泡厂寿命试验室	1965年	1985年	2	1	300	330	1.10
石家庄铁道学院学生宿舍	50年代	1989年	3	1	110	132	1.20
潍坊市一建办公楼	70年代	1989年	3	2	180	218	1.21
淄博市百货大楼	1892年	1989年	2	2	186	216	1.16
临河铁路房建段会议室	1958年	1985年	1	1	100	130	1.30
中南市政工程设计院两幢宿舍	1960年	1981年	3	2	105	137	1.27
武汉房地局礼堂	1953年	1986年	2	3	110	140	1.27

4.1.3 当房屋加层后的地基承载力不足时，经常采用加大原基础底面积的方法，增大地基承载力，满足使用要求，在计算加大部分的底面积时，考虑了一个新旧基础共同工作时在连接上的影响系数1.1。其目的是为了保证新旧基础共同工作时克服不利因素的影响，因为新旧基础衔接的紧密程度，受力后的变形、施工尺寸误差、基底土壤平整度等等因素都会降低地基承载力。

条文中式（4.1.3－1）和（4.1.3－2）有关 f 值确定时，因为新旧基础埋深一般相同，其深度修正值按旧基础埋深考虑。在计算时，基础加大尺寸尚未确定，f 值的宽度修正值则不考虑，此时 f 值偏低，相应的 ΔA 值偏大，对房屋是安全的。

4.1.4~4.1.6 基础和墙体构件加固后的承载力计算，不能单纯按现行国家标准《建筑地基基础设计规范》、《混凝土结构设计规范》、《砌体结构设计规范》有关规范计算，而简单的叠加新旧构件的承载力值。实践或试验证明，新增构件的应力应变滞后于原构件的应力应变，当原构件达到强度极限状态时，新增构件中的钢筋、混凝土、砖砌体还没有达到其本身的强度极限状态，构件承载力有所折减。故本规范中提出了承载力折减系数。对于加大基础时，新加混凝土和钢筋的强度折减系数取0.8；加大砖墙时，新加砖砌体的强度折减系数取0.6；采用配筋组合砖砌体加固时，加固部分的强度折减系数当在轴心受压时为0.7，当偏心受压时为0.8。这是根据《混凝土结构加固技术规范》的规定及有关砌体试验结果确定的。

4.1.7 加层房屋中，经常碰到混凝土构件加固，此时应严格按照现行国家标准《混凝土结构加固技术规范》对其构件加固。

4.1.8 20世纪五、六十年代和七十年代的混合结构房屋，不上人的屋面较多，使用的钢筋混凝土屋面板承载力低于楼面板。因此，加层房屋的原屋面板作为楼面板使用时，必须验算其承载力和变形，保证满足安全和使用功能的要求。当其承载力和变形不满足要求时，应结合实际情况，提出加固处理措施。

4.1.9 加层后的房屋应避免立面高差过大，以减小地基的不均匀沉降。加层的房屋要再重新设置沉降缝是不大可能的。

4.1.10 在抗震设防地区，房屋加层设计应满足以下要求：

4.1.10.1 现行国家标准《建筑抗震设计规范》已对多层砖房的总高度和层数、高宽比、抗震横墙间距、局部尺寸限值、构造柱和圈梁的设置，都做了明确规定，根据抗震设防的实践，加层砖混房屋采用相应的规定是恰当的。

4.1.10.2 加层设计与新建房屋抗震设计区别在于房屋加层后，由于层数增加，荷载加重，对原来层数较少且不需设防的房屋，无疑要对原房屋进行抗震加固设计；新加层部分也要进行抗震设计；同时对加层后的整体房屋还要进行房屋整体抗震验算。

4.1.10.3 原房屋未落地的砖墙，不起抗震作用，故不能作为计算抗震横墙间距的抗震横墙。

4.1.10.4～4.1.10.6 原房屋的墙厚、层高限值、楼梯间设置位置及楼梯构件等不满足抗震设计要求的，均应进行加固处理。

4.2 构 造 要 求

4.2.1 房屋加层后其基础需要加大截面时，应注意加强新旧基础之间的构造连接，以确保协同工作。

4.2.2 在房屋加层设计时，原基础需要加大，新增大的基础埋深宜与原基础埋深相同，以避免对原基础的不利影响。

4.2.3 在原墙体侧部需增设壁柱时，原墙与新设壁柱间应有可靠的连接，按规定增设拉结钢筋，采用钻孔浆锚、现浇混凝土销键等有效锚固方法。

4.2.4 圈梁是增强房屋的整体刚度、减少房屋不均匀沉降的有效方法。加层房屋的圈梁设置应比《砌体结构设计规范》、《建筑抗震设计规范》有关规定更严格，要求从原房屋顶部起，层层设置圈梁，外墙、内纵墙和主要内横墙全部贯通，圈梁高度由120mm增到180mm，纵向钢筋由原4根直径8mm改为4根直径10mm，箍筋最大间距由300mm加密到250mm，以加强房屋的整体性。

4.2.5 新增承重砖墙时，应注意与原梁、板构件顶紧，使荷载均匀传递至新增墙体上。

4.2.6 新加楼梯与原楼梯的连接，强调了采用焊接，以保证新旧楼梯连接可靠。

4.2.7 在抗震设防区，房屋加层的构造设计应满足以下要求：

4.2.7.1 该款的主要内容是对加层房屋圈梁的设置要求更加严格，以保证加层房屋的整体性和加强其抗震性能。

4.2.7.2～4.2.7.3 这两款规定了加层房屋在抗震设防区设置构造柱的构造要求。构造柱与圈梁形成框体，对加强房屋的整体性，提高房屋的抗震性能，在地震时减轻房屋的损坏具有重要作用。对原房屋有构造柱的和没有构造柱的分别提出了构造处理方法。如原房屋有构造柱，加层部分的构造柱应与原构造柱钢筋焊接连接；如原房屋无构造柱，应按本规范规定增设构造柱，或采用夹板墙加固。并要求构造柱应落到基础圈梁上或伸入室外地坪下500mm；夹板墙一般在原房屋内墙施工构造柱困难时采用。其锚固要求与构造柱相同。

5 改变荷载传递加层法

5.1 设计要求

5.1.1 采用本法加层时,要求对地基基础和上部承重结构进行承载力和正常使用极限状态的验算时,原房屋砖砌体、混凝土强度设计值应根据实测确实,这是因为原房屋的砖砌体、混凝土强度经长期使用后发生了变化,应经实测确定其强度设计值,这可使验算结果具有充分的依据。

5.1.2 加层房屋地基经长期压密后其承载力有所提高,详见第 4 章有关条文说明。

对新增承重墙体的基础,应考虑地基未经压密的情况,设计时应考虑新旧结构的协调变形,如在设计时将地基承载力乘以 0.85~0.9 折减系数,即将基础面积加大,以保证新旧结构变形协调。

由于目前这方面的试验研究数据较少,根据实践经验,考虑从偏于安全出发,确定上述折减系数值。今年积累了较多的试验数据后,该系数尚可适当调整。同时考虑在有地基土勘察资料的条件下,可根据新旧基础下地基土的压缩模量的比值进行修正,亦可达到使地基均匀沉降的目的。

原为非承重墙体改为承重墙体时,其地基承载力可不提高或适当提高,但不应提高过大。因非承重墙体对地基的压密情况较承重墙体差,其地基承载力的提高也就较小。

5.1.3 新设承重墙的基础考虑设置在天然地基上较为稳妥,而且埋置深度也尽可能与原基础一样,以防止对原地基土产生扰动,影响结构的安全。

5.1.4 本条对改变荷载传递加层法提出了几种主要的、常用的方法,对于其他方法,经过实践证明成熟可靠,也可采用。

5.1.5 原房屋的屋面板作为加层后的楼面板使用时,因二者荷载设计值有差异,其承载力和挠度是否满足设计要求,应经核算确定。

5.1.6 从建筑美观的角度上看,原房屋的立面与新加层房屋的立面应协调一致,考虑尽可能不影响地基不均匀沉降,加层房屋要重新设置沉降缝是很困难的,故在加层设计时应考虑房屋高差和荷载差异不宜过大这个问题。

5.1.7 原房屋屋面上的女儿墙是作为建筑造型、上人安全、排水构造要求而设置的,其材料强度设计值的要求较低,不能作为加层后房屋的承重墙或外墙使用。

5.1.8 在抗震设防区房屋加层设计应满足现行国家标准《建筑抗震设计规范》的要求。本条 1 款是指多层砖混房屋加层时,其总高度和层数、高宽比、抗震横墙间距、局部尺寸限值、构造柱和圈梁的设置等均应符合上述建筑抗震设计规范的要求。如不符合时,则应采取抗震加固措施进行加固处理后方能加层。本条 2 款是强调对原房屋和加层后的房屋均应按现行国家建筑抗震规范进行抗震验算和抗震设计,以满足住户安全使用的要求。本条 3、4 款详见本规范第 4 章的有关条文说明。

5.2 构造要求

5.2.1 采用本加层法的加层房屋,其圈梁及构造柱的设置和构造要求,详见本规范第 4

章条文说明。

5.2.2 新增设承重墙上的圈梁与原墙上的圈梁要求采用刚性连接，圈梁的主筋要求焊接，其目的是加强新旧墙体之间的整体性和节点连接可靠。

5.2.3 对于承载力或稳定性验算不满足现行规范要求的墙体，应加强其构造措施。采用增设护壁柱；或加大墙体截面，如增加砖墙的厚度或采用夹板墙加固；或采取其他加固措施，如采用加筋砖和混凝土组合截面予以加固。

5.2.4 新增设的横墙，为保证有效的传递竖向和水平荷载的作用，其竖向应贯通连续，不得在楼面处中断。在构造作法上可按图 5.2.4（a）、（b）进行，当有其他成熟经验时也可采用。

5.2.5 新增设墙体顶部与原钢筋混凝土大梁或楼板连接处为保证紧密结合，本条采用了两种方法，一种是用钢楔打紧；二种是用旋顶装置，其支座与梁或墙宽相同，支承宽度较大，称宽支座法。每隔一定距离安放一个旋顶装置，与梁底顶紧。上述两种方法均需采用细石混凝土或砂浆将梁底与墙之间的缝浇灌密实，以便上部荷载均匀地传递到新增墙体上，并使新增墙体受力明确。

5.2.6 加层部分新设的楼梯与原有楼梯的连接方法，采用整体连接。即新设楼梯的钢筋与原楼梯构件的钢筋采用焊接；新设楼梯采用现浇混凝土浇注。这样可使新旧楼梯保持良好的整体性连续性。

5.2.7 在抗震设防区房屋加层的构造设计应满足本条规定的各款要求。新旧构造柱的连接和原房屋需新增设构造柱的构造要求，详见本规范第 4 章有关条文说明。

新增设的构造柱穿过楼板、沿竖向连续贯通的构造作法，新旧墙体连接处的构造方法，系参照了我国砖混结构抗震加固的典型构造作法提出的。经过全国各地抗震加固工程的实践经验证明，本规范提出的上述构造作法是可靠的，也是可行的。其他构造作法，当有成熟经验时也可采用。

本条 3～4 款，对内框架砖混结构房屋加层时，窗间墙宽度过小，而窗间墙又系承重墙；在大空间房间的大梁支承处，集中荷载很大。以上是结构的薄弱环节，本规范规定应增设钢筋混凝土构造柱，以提高墙体的承载力和抗震性能，对保证加层房屋的可靠性是很必要的。

6 外套结构加层法

6.1 设计要求

6.1.1 本规范将"外套框架加层法"改称"外套结构加层法"，因除了外套框架外还有其他结构型式，这样更为确切。

为防止竖向刚度突变，形成薄弱底层，是指用外套结构型式加层必须采取加强外套结构底层刚度的措施，在抗震设防区不得采用"高鸡腿"的外套结构方案。

6.1.2 一般外套结构具有高度大、跨度大、设计难度大的特点，故本章有些规定严于其他有关现行国家设计规范、规程，因此定了此条规定，明确了本规范较其他有关规范要求严的按本规范执行，本规范未作规定的部分按有关规范执行。

6.1.3 本条明确了外套加层成熟可靠的结构体系,由于外套加层发展很快,新的结构型式不断出现,所以在本条中说明,当有成熟经验时也可采用其他结构体系。

6.1.4 外套"底层框剪上部砖混"与建筑抗震设计规范(GBJ 11—89)中的"底层框架"结构形式相同,故本规范表6.1.4限值与其相同。因9度区实践经验很少,本规范暂不推荐使用。对非地震区适当放宽,其限值较6度区加高了一层。

外套"底层框剪上部框架"系钢筋混凝土结构,比"底层框剪上部砖混"抗震有利,故其限值比前者加高了1~2层。

外套"底层框剪上部框剪",其竖向刚度比较均匀,故其限值较第二种结构形式又加高了1~2层。

外套"底层框架上部砖混",系上刚下柔结构,对抗震不利,故只限在非地震区使用。

外套"底层框架上部框架",因其底层柱子很高,存在高鸡腿问题,故只限在低烈度区和非地震区使用,对其高度也作了较严格的限制。对确有可靠根据和成熟经验时也可适当放宽。

6.1.5 表6.1.5中的外套结构底层高度限值是根据全国各地已建成的分离式外套加层建筑的实践经验,参考有关资料及其抗震性能确定的。如外套"底层框架上部砖混"其抗震性能最差,只限在非地震区使用。

6.1.6 外套"底层框剪上部砖混"房屋抗震横墙最大间距是参照建筑抗震设计规范(GBJ 11—89)中"底层框架"房屋确定的,考虑分离式外套结构一般底层柱子很高,不利抗震,故表6.1.6中的限值比建筑抗震设计规范更严。

本条中其他外套结构形式的限值是参照现行国家建筑抗震设计规范及钢筋混凝土高层建筑结构设计与施工规程(JGJ 3—91)确定的。

6.1.7 外套"底层框剪上部砖混"的高宽比限值是参照现行建筑抗震设计规范中"多层砌体房屋"的规定确定的。

外套"底层框剪上部框架"及"底层框剪上部框剪"在地震区其高宽比限值是参照钢筋混凝土高层建筑结构设计与施工规程(JGJ 3—91)及有关设计资料确定的。非地震区限值参考李培林编著《建筑抗震与结构选型结构》一书确定的。

外套"底层框架上部砖混",其侧向刚度最差,只限用于非地震区。外套"底层框架上部框架"因底层柱子很高,其侧向刚度较差,只限用于7度以下地区。

6.1.8 外套结构底层与第二层刚度比的规定,为什么采用"底层框剪上部砖混"反而比"底层框架上部砖混"要求更严呢?这是因为本规范规定前者可用于抗震设防区,而后者只能用于非抗震设防区。

6.1.9 我国已建成的采用外套结构加层的工程,基本上可分为两大类,一类是外套结构与旧房完全脱开,称"分离式外套结构",另一类是外套结构与旧房连成整体,称"整体式外套结构"。鉴于目前我国对外套结构加层尚未进行系统的试验研究,整体式外套加层与旧房连在一起受力不明确,无明确的计算简图、计算方法和构造措施,故本规范暂不推荐使用,仅规定可使用分离式外套结构。

6.1.10 由于采用外套结构加层房屋的总高度较高、很多已接近或属于高层建筑,且比一般高层建筑抗震抗风更不利,故本条规定梁、柱、墙应用现浇钢筋混凝土结构。因外套结构底层具有转换层的性质,故规定该层楼板应采用现浇结构。

6.1.11 为防止外套结构对旧房产生不利影响，根据武汉、上海、广州、杭州、贵州、北京、兰州等地的资料，外套结构房屋一般均用施工中无振动的桩基，个别也有采用天然地基的，故本条规定应优先选用桩基，选用施工中无振动的桩基。只要能保证旧房安全也可采用天然地基。

6.2 构造要求

6.2.1~6.2.6 因分离式外套结构具有一般新建房屋的设计特点，又不完全同于一般新建房屋，比一般新建房屋设计更复杂；且外套结构一般高度较高，往往又有高层建筑的特点不完全同于一般高层建筑，比一般高层建筑更复杂，所以在构造上提出了更严格的要求。

7 施工、安全及工程验收

7.1 施工、安全要求

7.1.1 加层房屋的设计较复杂，施工前应进行图纸会审，施工人员应掌握设计意图，设计人员应进行技术交底，阐明施工关键技术及注意事项；施工单位应结合加层工程的特点，作好施工组织设计；施工与设计单位需密切配合，出现问题及时研究解决。

7.1.2 为确保加层房屋的质量，原房屋屋顶改作加层房屋的楼层，在加层前应分别对原房屋的不同屋面形式进行处理后方可作楼层施工，主要是为了合理利用原房屋盖，不留隐患。

7.1.3 房屋加层、加固需要打洞时，应采取钻孔的方法，不应采取打洞、撞击的方法、避免损坏原结构。

7.1.4 房屋加层当需加大原房屋基础时，为确保新旧基础的协同工作，应强调保证基础施工质量并应注意施工时确保原建筑物的安全，防止损坏原基础。

7.1.5 强调施工时开挖基槽必须验槽，并注意挖基槽时对原房屋引起的不利影响。冬季施工应防止基槽受冻。

7.1.6 加层房屋的新旧构造柱的连接，新构造柱与墙的拉结，构造柱混凝土浇灌，墙体砌筑质量等均应符合现行国家施工与验收规范的要求。

7.1.7 新旧混凝土构件结合部位的施工质量极为重要，是确保新旧混凝土之间牢固结合的关键，条文中的要求是根据施工中的经验而提出的。

7.1.8 为了保证新旧墙体之间的连接可靠，新旧墙体的结合面应按本条规定采取有效措施对结合面进行处理。

7.1.9 加层房屋墙体施工时，内外脚手架的设置，应考虑不损害已砌好的墙体结构。

7.1.10 为避免施工荷载过大，影响墙体砌筑质量，故每天墙体砌筑高度应适当控制，以不超过1.2m为宜。对于新增设墙体的工程，当砌筑到每层墙顶时，应停止3d左右，待砂浆有一定强度时再做新增墙穿过楼板或顶紧梁的构造措施，以减少对墙体的压缩量。

7.1.11 加层房屋对原地基增加了荷载，可能导致相邻房屋的不均匀沉降、开裂、倾斜等不良影响，当出现此情况时，要求施工单位会同设计单位采取有效处理措施以保证施工正常进行。

7.1.12 沉降观测记录是检验质量的一个重要方面，加层房屋在施工中一定要设置沉降观测点，观测点的部位是根据房屋经常发现有沉降异常的位置而提出的，也可结合各工程的实际情况决定，例如施工过程中的沉降观测，一般应在加层施工开始和竣工完成作必要的观测，在施工过程中至少要保证在雨季或荷载变化情况下进行观测。

7.1.14 加层房屋质量，应在完工后按国家标准作出检验评定。

7.1.15 强调加层房屋施工是除应遵守现行的安全操作规程外，尚应编制保证安全施工的技术措施，以防在施工过程中发生工伤事故。

7.1.16 加层房屋施工期间原房屋不能停止使用，在这种情况下，为确保住户和行人的安全应采取安全措施。

7.2 验 收 要 求

7.2.1 房屋加层（含加固）工程所用建筑材料及工程质量，应同新建工程一样对待，必须按现行国家有关标准进行验收。

7.2.2 加层房屋完工后应具备完整的技术资料，以便在使用期间出现问题时查有根据，并保证使用过程中安全可靠。

8 沉降观测与使用维护

8.1 沉降观测要求

8.1.1 加层房屋的沉降观测极为重要，除在施工期进行沉降观测外，尚应在投入使用后继续进行观测，这是针对房屋加层的特点和要求提出的保证安全使用的重要措施。

8.1.2～8.1.3 沉降观测应固定测量人员和仪器，并对测量精度提出要求，观测数据应妥善保存，以便备查。

8.1.4～8.1.5 对在软弱地基上进行房屋加层时，对沉降观测要求更为严格，既要观测加层房屋本身的沉降情况，又要观测相邻房屋的沉降情况。而且观测次数要求适当增多，如发现房屋出现不均匀沉降，应通知设计单位会同研究，对地基进行加固处理。

8.2 使用维护要求

8.2.1～8.2.2 房屋使用中应注意维护，建立定期检查维修制度。保证房屋完好使用，尽量延长其使用寿命。

8.2.3～8.2.4 在房屋使用过程中，发现质量问题时，应会同设计、施工单位研究处理，并应加强管理，使用得当，不允许用户任意损坏房屋承重结构及构件。

中国工程建设标准化协会标准

碳纤维片材加固混凝土结构技术规程

Technical specification for strengthening concrete
structures with carbon fiber reinforced polymer laminate

CECS 146:2003
(2007年版)

主 编 单 位：国家工业建筑诊断与改造工程技术研究中心
副主编单位：四川省建筑科学研究院
批 准 单 位：中国工程建设标准化协会
施行日期：２００３年５月１日

关于《碳纤维片材加固混凝土结构技术规程》CECS 146:2003 局部修订的公告

现批准发布协会标准《碳纤维片材加固混凝土结构技术规程》CECS146:2003 局部修订的条文,自 2007 年 8 月 1 日起施行。经此次修改的原条文同时废止。

中国工程建设标准化协会
2007 年 5 月 25 日

前 言

根据中国工程建设标准化协会（98）建标协字第 13 号文《关于下达 1998 年第二批推荐性标准编制计划的函》的要求，制定本规程。

本规程包括总则、术语和符号、材料、加固设计方法和构造要求、施工、检验及验收等内容。本规程是在总结近年来国内各高校和科研单位的研究成果以及各设计、施工单位采用碳纤维片材进行结构加固的实践经验，参考国外大量相关资料，并进行了大量试算和调研的基础上制定的。

根据国家计委计标［1986］1649 号文《关于请中国工程建设标准化委员会负责组织推荐性工程建设标准试点工作的通知》的要求，现批准发布协会标准《碳纤维片材加固混凝土结构技术规程》，编号为 CECS 146：2003，推荐给工程建设设计、施工和使用单位采用。

本规程由中国工程建设标准化协会建筑物鉴定与加固专业委员会归口管理，由国家工业建筑诊断与改造工程技术研究中心（北京市海淀区西土城路 33 号中冶集团建筑研究总院内，邮编 100088）负责解释。在使用中如发现需要修改和补充之处，请将意见和资料径寄解释单位。

主 编 单 位：国家工业建筑诊断与改造工程技术研究中心
副主编单位：四川省建筑科学研究院
参 编 单 位：清华大学
　　　　　　　中国电子工程设计院
　　　　　　　中国建筑科学研究院
　　　　　　　同济大学
　　　　　　　武汉钢铁（集团）公司
　　　　　　　西安建筑科技大学
　　　　　　　武汉大学
　　　　　　　东南大学
　　　　　　　江苏省建筑科学研究院
　　　　　　　上海加固建筑材料有限公司
主要起草人：岳清瑞　叶列平　罗苓隆　陈小兵　李　荣　娄　宇　胡孔国
　　　　　　陈　瑜　颜子涵　陈义军　张　誉　张小冬　马永欣　高作平
　　　　　　张继文　张　轲　毛星明　沈　琨　顾瑞南　杨勇新　涂庆胜

中国工程建设标准化协会
2003 年 3 月 31 日

目　次

1 总则 …………………………………………………………………………… 2119
2 术语、符号 …………………………………………………………………… 2119
　2.1 术语 ……………………………………………………………………… 2119
　2.2 符号 ……………………………………………………………………… 2119
3 材料 …………………………………………………………………………… 2120
　3.1 一般要求 ………………………………………………………………… 2120
　3.2 碳纤维片材 ……………………………………………………………… 2121
　3.3 配套胶粘剂 ……………………………………………………………… 2121
　3.4 表面防护材料 …………………………………………………………… 2123
4 设计规定 ……………………………………………………………………… 2123
　4.1 一般规定 ………………………………………………………………… 2123
　4.2 构造要求 ………………………………………………………………… 2123
　4.3 受弯加固 ………………………………………………………………… 2124
　4.4 受剪加固 ………………………………………………………………… 2128
　4.5 柱的抗震加固 …………………………………………………………… 2129
5 施工规定 ……………………………………………………………………… 2130
　5.1 一般规定 ………………………………………………………………… 2130
　5.2 施工准备 ………………………………………………………………… 2130
　5.3 表面处理 ………………………………………………………………… 2130
　5.4 涂刷底胶 ………………………………………………………………… 2131
　5.5 找平处理 ………………………………………………………………… 2131
　5.6 粘贴碳纤维片材 ………………………………………………………… 2131
　5.7 表面防护 ………………………………………………………………… 2131
　5.8 施工安全和注意事项 …………………………………………………… 2132
6 检验及验收 …………………………………………………………………… 2132
附录 A 碳纤维片材配套胶粘剂与混凝土正拉粘结强度
试验室测定方法及评定标准 ………………………………………………… 2132
附录 B 碳纤维片材加固混凝土结构施工质量现场
检验方法及评定标准 ………………………………………………………… 2135
本规程用词说明 ………………………………………………………………… 2137
条文说明 ………………………………………………………………………… 2139

1 总　　则

1.0.1 为使碳纤维片材加固混凝土结构的工程，做到技术可靠、安全适用、经济合理、确保质量，制定本规程。

1.0.2 本规程适用于房屋建筑和一般构筑物混凝土结构加固的设计、施工及验收。

1.0.3 采用粘贴碳纤维片材加固混凝土结构的设计、施工及验收，除应符合本规程的规定外，尚应遵守国家现行有关标准的规定。

1.0.4 采用粘贴碳纤维片材加固的混凝土结构，长期使用的环境温度不应高于60℃。处于特殊环境（腐蚀、放射、高温等）中的混凝土结构采用碳纤维片材加固时，尚应遵守国家现行有关标准的规定，并采取相应的防护措施。

1.0.5 采用碳纤维片材加固混凝土结构前，应按国家现行有关标准对原结构进行检测鉴定。

1.0.6 采用粘贴碳纤维片材加固混凝土结构时，应由对该加固方法熟悉的设计人员进行设计，并由专业施工队伍进行施工。

2　术语、符号

2.1　术　　语

2.1.1 碳纤维片材　carbon fiber reinforced polymer laminate　碳纤维布和碳纤维板的总称。

2.1.2 碳纤维布　carbon fiber sheet
连续碳纤维单向或多向排列，未经胶粘剂浸渍的布状制品。

2.1.3 碳纤维板　carbon fiber plate
连续碳纤维单向或多向排列，并经胶粘剂浸渍固化的板状制品。

2.1.4 底胶　psimer
用于基材处理的胶粘剂。

2.1.5 修补胶　repair adhesive
用于对混凝土基材表面缺陷进行修补和找平处理的胶粘剂。

2.1.6 结构胶粘剂　structural adhesive
用于浸渍、粘贴碳纤维布和板材等结构加固材料的专用胶粘剂。

2.2　符　　号

2.2.1 作用效应及抗力

M——弯矩设计值；

M_i——加固前受弯构件计算截面上实际作用的初始弯矩；

V_b——梁的剪力设计值；

V_c——柱的剪力设计值；

σ_{cf}——碳纤维片材的拉应力；

ε_{cf}——碳纤维片材的拉应变；

ε_i——考虑二次受力影响时，加固前构件在初始弯矩作用下，截面受拉边缘混凝土的初始应变；

ε_{cfv}——达到受剪承载能力极限状态时碳纤维片材的应变。

2.2.2 材料性能

E_{cf}——碳纤维片材的弹性模量；

f_{cfk}——碳纤维片材的抗拉强度标准值；

f_{cf}——碳纤维片材的抗拉强度设计值；

ε_{cfu}——碳纤维片材的极限拉应变；

$[\varepsilon_{cf}]$——碳纤维片材的允许拉应变；

τ_{cf}——碳纤维片材与混凝土间的粘结强度设计值。

2.2.3 几何参数

A_{cf}——受拉面上粘贴的碳纤维片材的截面面积；

b_{cf}——受拉面上粘贴的碳纤维片材的宽度；

h_{cf}——U形箍粘贴高度；

h_{cfo}——侧面粘贴碳纤维片材的截面面积形心至受压区外边缘的距离；

l_d——碳纤维片材从强度充分利用截面向外延伸所需的粘结长度；

s_{cf}——环形箍或U形箍的净间距；

t_{cf}——单层碳纤维片材的厚度；

W_{cf}——环形箍或U形箍的宽度。

2.2.4 计算系数及其他

k_m——碳纤维片材厚度折减系数；

n_{cf}——碳纤维片材的粘贴层数；

φ——碳纤维片材受剪加固形式系数；

υ——碳纤维片材的有效约束系数；

ξ_{cfb}——碳纤维片材达到其允许拉应变与混凝土压坏同时发生时的界限相对受压区高度；

λ_b——梁受剪截面的剪跨比；

λ_c——柱的剪跨比；

ρ_v——总折算体积配箍率。

其他符号参见现行国家标准《混凝土结构设计规范》GB 50010。

3 材　料

3.1 一　般　要　求

3.1.1 采用粘贴碳纤维片材对混凝土结构加固时，应使用聚丙烯腈基（PAN基）12k或

12k以下的小丝束碳纤维片材、配套的改性环氧树脂胶粘剂和表面防护材料。

3.1.2 加固用材料应具有质检部门的产品安全性能检测报告和产品合格证，碳纤维片材和配套胶粘剂应具有符合本规程第3.2节和第3.3节规定的安全性能；对配套胶粘剂还应提供耐湿热老化性能指标及施工和使用环境要求。

3.1.3 本规程所列碳纤维片材的安全性能指标是对单向碳纤维片材的要求。

3.1.4 混凝土、钢筋和其他材料的有关设计指标应按国家现行有关标准采用。

3.2 碳纤维片材

3.2.1 碳纤维布的抗拉强度应按纤维的净截面面积计算。净截面面积取碳纤维布的计算厚度乘以宽度。碳纤维布的计算厚度应取碳纤维布的单位面积质量除以碳纤维密度。

碳纤维板的性能指标应按板的截面（含胶）面积计算，截面（含胶）面积取实测厚度乘以宽度。

3.2.2 碳纤维片材的安全性能指标应符合表3.2.2的要求。

表3.2.2 碳纤维片材的安全性能指标

类别 项目	单向织物（布）		条形板	
	高强度Ⅰ级	高强度Ⅱ级	高强度Ⅰ级	高强度Ⅱ级
抗拉强度标准值 f_{cfk}（MPa）	≥3400	≥3000	≥2400	≥2000
受拉弹性模量 E_{cf}（MPa）	≥2.4×10^5	≥2.1×10^5	≥1.6×10^5	≥1.4×10^5
伸长率（%）	≥1.7	≥1.5	≥1.7	≥1.5
弯曲强度 f_{fb}（MPa）	≥700	≥600	—	—
层间剪切强度（MPa）	≥45	≥35	≥50	≥40
仰贴条件下纤维复合材与混凝土正拉粘结强度（MPa）	≥2.5，且为混凝土内聚破坏			
纤维体积含量（%）	—	—	≥65	≥55
单位面积质量（g/m^2）	≤300	≤300		

注：L形板的安全性及适配性检验合格指标按高强度Ⅱ级条形预成型板（条形板）采用。

3.2.3 碳纤维片材的受拉性能应按现行国家标准《定向纤维增强塑料拉伸性能试验方法》GB/T 3354 测定。

3.2.4 单层碳纤维布的单位面积碳纤维质量不宜低于150g/m^2，且不应高于300g/m^2。

3.2.5 碳纤维板的厚度不宜大于2.0mm，宽度不宜大于200mm，纤维体积含量，对Ⅰ级板，不应小于65%；对Ⅱ级板，不宜小于60%，且不应小于55%。

3.3 配套胶粘剂

3.3.1 采用碳纤维片材对混凝土结构进行加固时，应采用与碳纤维片材配套的底胶、修补胶和具有良好浸渍、粘结能力的结构胶粘剂。

3.3.2 底胶、修补胶和结构胶粘剂的安全性能应分别符合表3.3.2-1～表3.3.2-3的要求。

表 3.3.2-1 底胶的安全性指标

性能项目	性能要求		试验方法标准
钢-钢拉伸抗剪强度标准值（MPa）	当与 A 级胶匹配：≥14	当与 B 级胶匹配：≥10	GB/T 7124
与混凝土的正拉粘结强度（MPa）	≥2.5，且为混凝土内聚破坏		本规程附录 A
不挥发物含量（固体含量）（%）	≥99		GB/T 2793
混合后初黏度（23℃时）（MPa·s）	≤6000		GB/T 12007.4

注：表中的性能指标，除标有强度标准值外，均为平均值。

表 3.3.2-2 修补胶的安全性能指标

性能项目	性能要求	试验方法标准
胶体抗拉强度（MPa）	≥30	GB/T 2568
胶体抗弯强度（MPa）	≥40，且不得呈脆性（碎裂状）破坏	GB/T 2570
与混凝土的正拉粘结强度（MPa）	≥2.5，且为混凝土内聚破坏	本规程附录 A

注：表中的性能指标均为平均值。

表 3.3.2-3 碳纤维复合材浸渍/粘结用胶粘剂安全性能指标

	性能项目	性能要求		试验方法标准
		A 级胶	B 级胶	
胶体性能	抗拉强度（MPa）	≥40	≥30	GB/T 2568
	受拉弹性模量（MPa）	≥2500	≥1500	
	伸长率（%）	≥1.5		
	抗弯强度（MPa）	≥50	≥40	GB/T 2570
		且不得呈脆性（碎裂状）破损		
	抗压强度（MPa）	70		GB/T 2569
粘结能力	钢-钢拉伸抗剪强度标准值（MPa）	≥14	≥10	GB/T 7124
	钢-钢不均匀扯离强度（kN/m）	≥20	≥15	GBJ 94
	与混凝土的正拉粘结强度（MPa）	≥2.5，且为混凝土内聚破坏		本规程附录 A
	不挥发物含量（固体含量）（%）	≥99		GB/T 2793

注：1 B 级胶不用粘贴板材；
  2 表中的性能指标，除标有强度标准值外，均为平均值；
  3 当板材为仰面或立面粘贴时，其所使用胶粘剂的下垂度（40℃时）不应大于 3mm；
  4 当按现行国家标准《胶粘剂拉伸剪切强度测定方法（金属对金属）》GB/T 7124 制备试件时，其加压养护应在侧立状态下进行。

3.3.3 配套的改性环氧树脂胶粘剂应按现行国家标准《混凝土结构加固设计规范》GB 50367 规定的环境条件和试验方法进行耐湿热老化性能检验，其老化后的拉伸剪切强度降低百分率应符合下列要求：

  1 对 A 级胶不得大于 10%；
  2 对 B 级胶不得大于 15%。

3.4 表面防护材料

3.4.1 对已加固完毕的结构表面应进行防护处理。防护材料的粘结性能应与碳纤维片材表面涂刷的胶粘剂相容,并能可靠粘结。

3.4.2 选用的防火材料及其处理方法,应使加固后的建筑物达到要求的防火等级。

3.4.3 当被加固的结构处于特殊环境时,应根据具体情况选用有效的防护材料。

4 设 计 规 定

4.1 一 般 规 定

4.1.1 采用粘贴碳纤维片材加固混凝土结构时,应通过配套的改性环氧树脂胶粘剂将碳纤维片材粘贴于构件表面,使碳纤维片材承受拉力,并与混凝土变形协调,共同受力。

4.1.2 碳纤维片材可采用下列方式对混凝土结构构件进行加固:
  1 在梁、板构件的受拉区粘贴碳纤维片材进行受弯加固,纤维方向应与加固部位的受拉方向一致。
  2 采用环形箍或U形箍对梁、柱构件进行受剪加固,纤维方向宜与构件轴向垂直。
  3 采用环向围束粘贴对柱进行抗震加固,纤维方向应与柱轴向垂直。

4.1.3 采用粘贴碳纤维片材加固混凝土结构时,应按本规程规定的极限状态设计法进行承载能力极限状态计算和正常使用极限状态验算。

钢筋和混凝土材料宜根据检测得到的实际强度,按国家现行有关标准确定其相应的材料强度设计指标。

碳纤维片材应根据构件达到极限状态时的应变,按线弹性应力应变关系确定其相应的应力。

4.1.4 碳纤维片材应取置信水平为0.99、保证率为95%的极限抗拉强度作为抗拉强度标准值f_{cfk}。

碳纤维片材的极限拉应变ε_{cfu}应取其抗拉强度标准值f_{cfk}除以弹性模量E_{cf}。

4.1.5 当采用粘贴碳纤维片材对结构或构件进行加固时,应考虑加固后对结构中其他构件或构件的其他性能可能产生的影响。

4.1.6 采用粘贴碳纤维片材进行结构加固时,宜卸除作用在结构上的活荷载。如不能在完全卸载条件下进行加固,应考虑二次受力的影响。

4.1.7 在受弯加固和受剪加固时,被加固混凝土结构和构件的实际混凝土强度等级不应低于C15。

4.1.8 加固设计时,应采取措施使原结构、构件不致因碳纤维片材加固部位意外失效而导致坍塌。

4.2 构 造 要 求

4.2.1 当碳纤维布沿其纤维方向需绕过构件转角粘贴时,构件转角处外表面的曲率半径不应小于20mm(图4.2.1)。

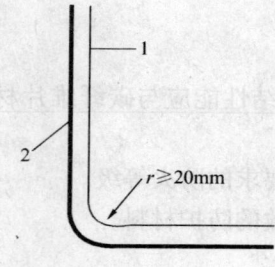

图4.2.1 构件转角处粘贴示意

1—构件外表面；2—碳纤维布

4.2.2 碳纤维布沿纤维受力方向的搭接长度不应小于100mm。当采用多条或多层碳纤维布加固时，各条或各层碳纤维布的搭接位置应相互错开。

4.2.3 为保证碳纤维片材可靠地与混凝土共同工作，必要时应采取附加锚固措施。

4.3 受弯加固

4.3.1 采用碳纤维片材对梁、板构件进行受弯加固时的承载力计算，除应符合现行国家标准《混凝土结构设计规范》GB 50010对受弯构件正截面承载力计算的基本假定外，尚应符合下列要求：

1 构件达到受弯承载能力极限状态时，碳纤维片材的拉应变 ε_{cf} 按截面应变保持平面的假定确定，但不应超过碳纤维片材的允许拉应变 $[\varepsilon_{cf}]$；

2 当考虑二次受力影响时，应根据加固的荷载状况，按截面应变保持平面的假定计算加固前受拉区边缘混凝土的初始应变 ε_i。

3 碳纤维片材的拉应力 ε_{cf} 应取碳纤维片材弹性模量 E_{cf} 与其拉应变 ε_{cf} 的乘积 $E_{cf}\varepsilon_{cf}$；

4 在达到受弯承载能力极限状态前，碳纤维片材与混凝土之间不发生粘结剥离破坏。

4.3.2 在矩形截面受弯构件的受拉面上粘贴碳纤维片材进行受弯加固时，其正截面受弯承载力应按下列公式计算：

1 当混凝土受压区高度 x 大于 $\xi_{cfb}h$，且小于 $\xi_b h_0$ 时 [图4.3.2 (a)]

$$M \leqslant f_c bx\left(h_0 - \frac{x}{2}\right) + f_y' A_s'(h_0 - a') + E_{cf}\varepsilon_{cf} A_{cf}(h - h_0) \quad (4.3.2\text{-}1)$$

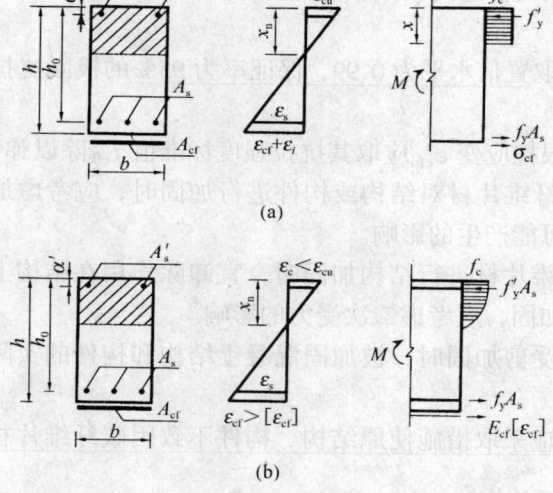

图4.3.2 矩形截面正截面受弯承载力计算

(a) $x > \xi_{cfb}h$ 时；(b) $x \leqslant \xi_{cfb}h$ 时

注：图中 x_n 为实际混凝土受压高度。

混凝土受压区高度 x 和受拉面上碳纤维片材的拉应变 ε_{cf} 应按下列公式确定：

$$\begin{cases} f_c bx = f_y A_s - f'_y A'_s + E_{cf}\varepsilon_{cf} A_{cf} & (4.3.2\text{-}2) \\ x = \dfrac{0.8\varepsilon_{cu}}{\varepsilon_{cu} + \varepsilon_{cf} + \varepsilon_i}h & (4.3.2\text{-}3) \end{cases}$$

2 当混凝土受压区高度 x 不大于 $\xi_{cfb}h$ 时 [图 4.3.2 (b)]：

$$M \leq f_y A_s(h_0 - 0.5\xi_{cfb}h) + E_{cf}[\varepsilon_{cf}]A_{cf}h(1 - 0.5\xi_{cfb}) \quad (4.3.2\text{-}4)$$

3 当混凝土受压区高度 x 小于 $2a'$ 时：

$$M \leq f_y A_s(h_0 - a') + E_{cf}[\varepsilon_{cf}]A_{cf}h(h - a') \quad (4.3.2\text{-}5)$$

式中 M——包含初始弯矩的总弯矩设计值；

A_s、A'_s——受拉钢筋、受压钢筋的截面面积；

A_{cf}——受拉面上粘贴的碳纤维片材的截面面积；

f_y、f'_y——受拉钢筋和受压钢筋的抗拉、抗压强度设计值；

f_c——混凝土轴心抗压强度设计值；

E_{cf}——碳纤维片材的弹性模量；

x——等效矩形应力图形的混凝土受压区高度；

ξ_{cfb}——碳纤维片材达到其允许拉应变与混凝土压坏同时发生时的界限相对受压区高度，取 $\xi_{cfb} = \dfrac{0.8\varepsilon_{cu}}{\varepsilon_{cu} + [\varepsilon_{cf}] + \varepsilon_i}$；

ε_{cu}——混凝土极限压应变，取 $\varepsilon_{cu} = 0.0033$；

ε_i——考虑二次受力影响时，加固前构件在初始弯矩作用下，截面受拉边缘混凝土的初始应变，按本规程第 4.3.4 条计算；当可以不考虑二次受力时，取 $\varepsilon_i = 0$；

$[\varepsilon_{cf}]$——碳纤维片材的允许拉应变，取 $[\varepsilon_{cf}] = k_m \varepsilon_{cfu}$，且不应大于碳纤维片材极限拉应变 ε_{cfu} 的 2/3 和 0.01 两者中的较小值；

ε_{cf}——碳纤维片材的拉应变；

k_m——碳纤维片材厚度折减系数，取 $k_m = \left(1.16 - \dfrac{n_{cf}E_{cf}t_{cf}}{308000}\right) \leq 0.90$，其中 t_{cf} 的单位为 mm，E_{cf} 的单位为 MPa；

n_{cf}——碳纤维片材的层数；

t_{cf}——单层碳纤维片材的厚度；

b、h——截面宽度、高度；

h_0——截面的有效高度；

a'——受压钢筋截面重心至混凝土受压区边缘的距离。

4.3.3 对翼缘位于受压区的 T 形截面受弯构件，当在其受拉面粘贴碳纤维片材进行受弯加固时，应按本规程第 4.3.2 条的原则和现行国家标准《混凝土结构设计规范》GB 50010 关于 T 形截面构件受弯承载力的计算方法进行计算。

4.3.4 考虑二次受力影响时，加固前在初始弯矩 M_i 作用下，截面受拉边缘混凝土的初

应变 ε_i 应按下列公式计算：

$$\varepsilon_i = \frac{h}{h_0}(\varepsilon_{ci} + \varepsilon_{si}) - \varepsilon_{ci} \tag{4.3.4-1}$$

$$\varepsilon_{ci} = \frac{M_i}{\zeta \cdot E_c b h_0^2} \tag{4.3.4-2}$$

$$\varepsilon_{si} = \frac{\psi}{\eta} \cdot \frac{M_i}{E_s A_s \cdot h_0} \tag{4.3.4-3}$$

$$\zeta = \frac{(3 + 3.5\gamma'_f)\alpha_E \rho}{0.2(1 + 3.5\gamma'_f) + 6\alpha_E \rho} \tag{4.3.4-4}$$

$$\psi = 1.1 - 0.65 \frac{f_{tk}}{\sigma_{si}\rho_{te}} \tag{4.3.4-5}$$

$$\sigma_{si} = \frac{M_i}{A_s \cdot \eta h_0} \tag{4.3.4-6}$$

式中 M_i——加固前受弯构件计算截面上实际作用的初始弯矩；

ε_{ci}——加固前初始弯矩 M_i 作用下受压边缘的混凝土压应变；

ε_{si}、σ_{si}——加固前初始弯矩 M_i 作用下受拉钢筋的拉应变、拉应力；

ζ——受压边缘混凝土压应变综合系数；

ψ——受拉钢筋拉应变不均匀系数；

η——内力臂系数，取 0.87；

E_c、E_s——混凝土、钢筋的弹性模量；

α_E——钢筋弹性模量与混凝土弹性模量的比值；

ρ——受拉钢筋配筋率，$\rho = A_s/bh_0$；

f_{tk}——混凝土抗拉强度标准值；

ρ_{te}——按有效受拉混凝土截面面积计算的纵向受拉钢筋配筋率 $\frac{A_s}{A_{te}}$；

A_{te}——有效受拉混凝土截面面积，对受弯构件取 $0.5bh + (b_f - b)h_f$。式中：b_f、b_f 分别为受拉翼缘的宽度、高度；

γ'_f——受压翼缘加强系数，取 $\frac{(b'_f - b)h'_f}{bh_0}$。式中：$b'_f$、$h'_f$ 分别为受压翼缘的宽度、高度。

当初始弯矩 M_i 小于未加固截面受弯承载力的 20% 时，可忽略二次受力的影响。

4.3.5 计算正截面受弯承载力时，尚应符合下列要求：

1 受压区高度 x 不宜大于 $0.8\xi_b h_0$，其中界限相对受压区高度 ξ_b 应按现行国家标准《混凝土结构设计规范》GB 50010 的规定计算；

2 加固后受弯承载力的提高幅度不应超过 40%；

3 加固后在荷载效应标准组合下受拉钢筋的拉应力不应超过钢筋抗拉强度标准值。

4.3.6 当碳纤维片材粘贴于梁侧面的受拉区进行受弯加固时，粘贴区域宜在距受拉区边缘 1/4 梁高范围内。在进行正截面受弯承载力计算时，应将公式（4.3.2-1）～（4.3.2-4）

中的 h 改用碳纤维片材截面面积形心至梁受压区边缘的距离 h_{cf0} 代替，且宜将侧面碳纤维片材的截面面积乘以折减系数 $(1-0.5h'_{cf}/h)$，其中 h'_{cf} 为侧面碳纤维片材的粘贴高度。

4.3.7 对受弯加固的构件尚应验算构件的受剪承载力，避免受剪破坏先于受弯破坏发生。

4.3.8 对梁、板正弯矩区进行受弯加固时，碳纤维片材宜延伸至支座边缘。在集中荷载作用点两侧应设置构造的碳纤维片材U形箍（对梁）或横向压条（对板）。

碳纤维片材的切断位置距其充分利用截面的距离不应小于按下式计算得出的粘结延伸长度，l_b 并应延伸至不需要碳纤维片材截面之外不小于 200mm（图 4.3.8）。

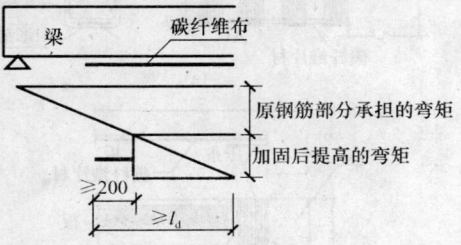

图 4.3.8 碳纤维片材的粘结延伸长度

$$l_d = \frac{E_{cf}\varepsilon_{cf} \cdot A_{cf}}{\tau_{cf} \cdot b_{cf}} \quad (4.3.8)$$

式中 l_d——碳纤维片材从强度充分利用截面向外延伸所需的粘结长度；

ε_{cf}——充分利用截面处碳纤维片材的拉应变，按本规程第4.3.2条确定；

τ_{cf}——碳纤维片材与混凝土间的粘结强度设计值，取 0.5MPa；

b_{cf}——受拉面上粘贴的碳纤维片材的宽度；对板取 1000mm 板宽范围内粘贴的碳纤维片材宽度。

4.3.9 当碳纤维片材延伸至支座边缘仍不满足本规程第4.3.8条的规定时，应采取下列锚固措施：

1 对于梁，在碳纤维片材延伸长度范围内应设置碳纤维片材U形箍锚固[图4.3.9(a)]。U形箍宜在延伸长度范围内均匀布置，且在延伸长度端部必须设置一道。U形箍的粘贴高度宜伸至板底面。每道U形箍的宽度不宜小于受弯加固碳纤维布宽度的1/2，U形箍的厚度不宜小于受弯加固碳纤维布厚度的1/2。

2 对于板，在碳纤维片材延伸长度范围内应通长设置垂直于受力碳纤维方向的压条[图4.3.9(b)]。压条宜在延伸锚长度范围内均匀布置，且在延伸长度端部必须设置一道。每道压条的宽度不宜小于受弯加固碳纤维布条带宽度的1/2，压条的厚度不宜小于受弯加固碳纤维布厚度的1/2。

3 当碳纤维布延伸至支座边缘时，若延伸长度小于按公式（4.3.8）计算所得长度的1/2，应采取可靠的附加机械锚固措施。

4 当采用碳纤维板时，应在其延伸长度端部采取可靠的机械锚固措施。

4.3.10 对梁、板负弯矩区进行受弯加固时，碳纤维片材的截断位置距支座边缘的延伸长度应根据负弯矩分布按本规程第4.3.8条的原则确定，且对板不应小于1/4跨度，对梁不应小于1/3跨度。

当采用碳纤维片材对框架梁负弯矩区进行受弯加固时，应采取可靠锚固措施与支座连接。当碳纤维片材需绕过柱时，宜在梁侧 $4h'_f$ 范围内粘贴（图4.3.10）。

4.3.11 板受弯加固时，碳纤维片材宜采用多条密布方案。

4.3.12 当沿柱轴向粘贴碳纤维片材对柱的正截面承载力进行加固时，碳纤维片材应有可靠的锚固措施。

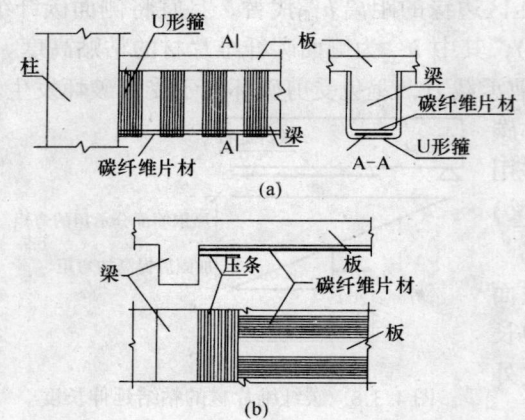

图 4.3.9 受弯加固时碳纤维片材端部附加锚固措施
(a) U形箍；(b) 碳纤维片材压条

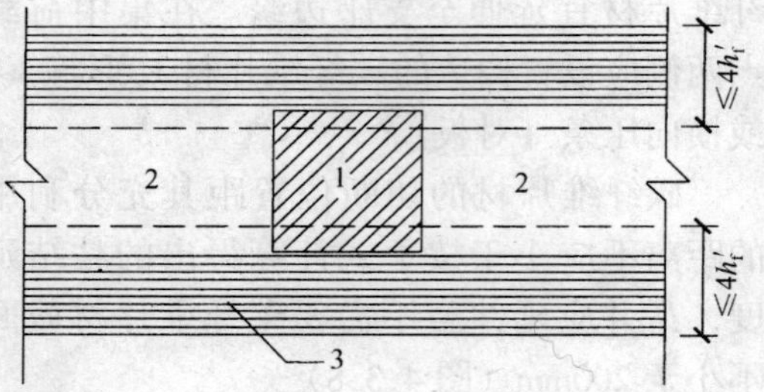

图 4.3.10 负弯矩区加固时梁侧有效粘贴范围平面
1—柱；2—梁；3—板顶面碳纤维片材；h'_f—板厚

4.4 受剪加固

4.4.1 对钢筋混凝土梁进行受剪加固时，应按下列公式进行斜截面受剪承载力计算：

$$V_b \leqslant V_{brc} + V_{bcf} \tag{4.4.1-1}$$

$$V_{bcf} = \varphi \frac{2n_{cf}\omega_{cf}t_{cf}}{(S_{cf} + \omega_{cf})} \varepsilon_{cfv} E_{cf} h_{cf} \tag{4.4.1-2}$$

$$\varepsilon_{cfv} = \frac{2}{3}(0.2 + 0.12\lambda_b)\varepsilon_{cfu} \tag{4.4.1-3}$$

式中 V_b——梁的剪力设计值；

V_{brc}——未加固钢筋混凝土梁的受剪承载力，按现行国家标准《混凝土结构设计规范》GB 50010 的规定计算；

V_{bcf}——碳纤维片材承担的剪力；

ε_{cfv}——达到受剪承载能力极限状态时碳纤维片材的应变；

ε_{cfu}——碳纤维片材的极限拉应变；

φ——碳纤维片材受剪加固形式系数，对封闭粘贴取 1.0，对 U 形粘贴取 0.85；

λ_b——梁受剪计算截面的剪跨比，对集中荷载作用情况取 a/h_0，当 λ_b 大于 3.0 时，取 $\lambda_b = 3.0$，当 λ_b 小于 1.5 时，取 $\lambda_b = 1.5$；a 为集中荷载作用点至支座边缘的距离。对均布荷载作用情况，取 $\lambda_b = 3.0$；

n_{cf}——碳纤维片材的粘贴层数；

h_{cf}——U 形粘贴的高度；

S_{cf}——环形箍或 U 形箍的净间距；

t_{cf}——单层碳纤维片材的厚度；

ω_{cf}——环形箍或 U 形箍的宽度。

4.4.2 对钢筋混凝土柱进行受剪加固时，应按下列公式进行斜截面受剪承载力计算：

$$V_c \leqslant V_{crc} + V_{ccf} \tag{4.4.2-1}$$

$$V_{ccf} = \varphi \frac{2n_{cf}\omega_{cf}t_{cf}}{(S_{cf}+\omega_{cf})}\varepsilon_{cfv}E_{cf}h_{cf} \qquad (4.4.2-2)$$

$$\varepsilon_{cfv} = \frac{2}{3}(0.2-0.3n+0.12\lambda_c)\varepsilon_{cfu} \qquad (4.4.2-3)$$

式中 V_c——柱的剪力设计值;

V_{crc}——未加固钢筋混凝土柱的受剪承载力,按现行国家标准《混凝土结构设计规范》GB 50010 的规定计算;

V_{ccf}——碳纤维片材承担的剪力;

n——柱的轴压比,取 N/f_cA,N 为柱轴向压力设计值,A 为柱截面面积;

λ_c——柱的剪跨比,对于框架柱取 $H_n/2h_0$,当 λ_c 大于 3.0 时,取 $\lambda_c = 3.0$,当 λ_c 小于 1.0 时,取 $\lambda_c = 1.0$,H_n 为框架柱净高度,h_0 为框架柱的截面有效高度。

4.4.3 采用碳纤维片材对钢筋混凝土梁、柱构件进行受剪加固时,应符合下列规定:

1 碳纤维片材的纤维方向应与构件轴向垂直;

2 应优先采用环形箍,也可采用 U 形箍[图 4.4.3(a)]。对碳纤维板,可采用双 L 形板形成的 U 形箍;

3 当碳纤维片材采用环形箍或 U 形箍布置时,其净间距 S_{cf} 不应大于现行国家标准《混凝土结构设计规范》GB 50010 规定的最大箍筋间距的 0.7 倍;

4 U 形箍粘贴高度 h_{cf} 宜取构件截面高度。在 U 形箍的上端,尚应粘贴纵向碳纤维片材压条[图 4.4.3(b)]。

4.4.4 构件的受剪截面尺寸应符合现行国家标准《混凝土结构设计规范》GB 50010 的规定。

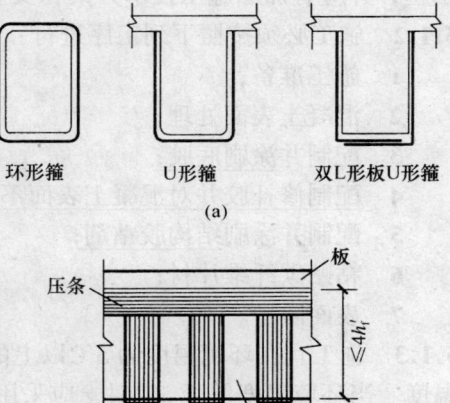

图 4.4.3 碳纤维片材的抗剪加固构造方式
(a) 粘贴方式;(b) U 形箍加贴纵向压条

4.5 柱的抗震加固

4.5.1 柱的抗震加固应采用环向围束式粘贴碳纤维片材的方法。柱端箍筋加密区的总折算体积配箍率应按下列公式计算,并应符合现行国家标准《混凝土结构设计规范》GB 50010 对柱端箍筋加密区体积配箍率的要求:

$$\rho_v = \rho_{sv} + v\frac{2n_{cf}\omega_{cf}t_{cf}(b+h)}{(S_{cf}+\omega_{cf})bh}\frac{f_{cf}}{f_{yv}} \qquad (4.5.1)$$

式中 b、h——柱的截面宽度、高度;

ρ_v——总折算体积配箍率;

ρ_{sv}——按箍筋范围内核心截面计算的体积配箍率;

v——碳纤维片材的有效约束系数,取 0.45;轴压比大于 0.5 且加固未卸载时取 0.36;

f_{cf}——碳纤维片材的抗拉强度设计值,取 $f_{cfk}/1.1$;

f_{yv}——箍筋的抗拉强度设计值。

4.5.2 碳纤维片材在箍筋加密区宜连续布置。碳纤维片材两端应搭接成环向围束。碳纤维片材条带的搭接长度不应小于150mm,各条带搭接位置应相互错开。

5 施 工 规 定

5.1 一 般 规 定

5.1.1 采用粘贴碳纤维片材加固混凝土结构,应由熟悉该技术施工工艺的专业施工队伍承担,并应有加固施工技术方案和安全措施。

5.1.2 施工必须按照下列工序进行:

1 施工准备;
2 混凝土表面处理;
3 配制并涂刷底胶;
4 配制修补胶并对混凝土表面不平整处进行填补和找平处理;
5 配制并涂刷结构胶粘剂;
6 粘贴碳纤维片材;
7 表面防护。

5.1.3 施工宜在环境温度为5℃以上的条件下进行,并应符合配套胶粘剂要求的施工使用温度。当环境温度低于5℃时,应采用低温固化型的配套胶粘剂或采取升温措施。

5.1.4 施工时应考虑环境湿度对胶粘剂固化的不利影响。

5.1.5 在进行混凝土表面处理和粘贴碳纤维片材前,应按加固设计部位放线定位。

5.1.6 胶粘剂配制时,应按产品使用说明书中规定的配比称量并置于容器中,用搅拌器搅拌至色泽均匀。在搅拌用容器内及搅拌器上不得有油污和杂质。应根据现场实际环境温度确定胶粘剂的每次拌和量,并按要求严格控制使用时间。

5.2 施 工 准 备

5.2.1 应认真阅读设计施工图。

5.2.2 应根据施工现场和被加固构件混凝土的实际状况,拟订施工技术方案和施工计划。

5.2.3 应对所使用的碳纤维片材、配套胶粘剂、机具等做好施工前的准备工作。

5.3 表 面 处 理

5.3.1 应清除被加固构件表面的夹渣、疏松、蜂窝、麻面、起砂、腐蚀等混凝土缺陷,露出混凝土结构层,并修复平整。对较大的孔洞、凹陷、露筋等部位,在清理干净后,应采用粘结能力强的修复材料进行修补。

5.3.2 应按设计要求对裂缝进行灌缝或封闭处理。

5.3.3 被粘贴的混凝土表面应打磨平整,除去表层浮浆、油污等杂质,直至完全露出混凝土结构新面。转角粘贴处应进行导角处理并打磨成圆弧状,圆弧曲率半径不应小于

20mm。

5.3.4 混凝土表面应清理干净并保持干燥。

5.4 涂刷底胶

5.4.1 应按胶粘剂生产厂家提供的工艺条件配制底胶。
5.4.2 应采用滚筒刷将底胶均匀涂抹于混凝土表面。应在底胶表面指触干燥时，立即进入下一工序的施工。

5.5 找平处理

5.5.1 应按产品生产厂家提供的工艺条件配制修补胶。
5.5.2 应对混凝土表面凹陷部位用修补胶填补平整，不应有棱角。
5.5.3 转角处应采用修补胶修成光滑的圆弧，其曲率半径不应小于20mm。
5.5.4 宜在修补胶表面指触干燥后，尽快进行下一工序的施工。

5.6 粘贴碳纤维片材

5.6.1 应按下列步骤和要求粘贴碳纤维布：
    1 应按设计要求的尺寸裁剪碳纤维布；
    2 应按生产厂家提供的工艺条件配制结构胶粘剂，并均匀涂抹于粘贴部位；
    3 将碳纤维布用手轻压贴于需粘贴的位置，采用专用的滚筒顺纤维方向多次滚压，挤除气泡，使胶液充分浸透碳纤维布；滚压时不得损伤碳纤维布；
    4 多层粘贴时应重复上述步骤，并应在纤维表面的结构胶粘剂指触干燥时立即进行下一层粘贴；
    5 应在最后一层碳纤维布的表面均匀涂抹结构胶粘剂。

5.6.2 应按下列步骤和要求粘贴碳纤维板：
    1 应按设计要求的尺寸裁剪碳纤维板，并按生产厂家提供的工艺条件配制结构胶粘剂；
    2 应将碳纤维板表面擦拭干净至无粉尘。当需粘贴两层时，底层碳纤维板的两面均应擦拭干净；
    3 擦拭干净的碳纤维板应立即涂刷结构胶粘剂，胶层中央应呈拱起状，平均厚度不应小于2mm；
    4 应将涂有胶液的碳纤维板用手轻压贴于需粘贴的位置。用橡皮滚筒顺纤维方向均匀平稳压实，使胶液从两边挤出，保证密实无空洞。当平行粘贴多条碳纤维板时，两条板带之间的空隙不应小于5mm；
    5 需粘贴两层碳纤维板时，应连续粘贴。当不能立即粘贴时，再开始粘贴前应对底层碳纤维板重新进行清理。

5.7 表面防护

5.7.1 当需要做表面防护时，应按有关标准的规定处理，并保证防护材料与碳纤维片材之间有可靠的粘贴。

5.8 施工安全和注意事项

5.8.1 碳纤维片材为导电材料，施工碳纤维片材时应远离电气设备和电源，或采取可靠的防护措施。

5.8.2 施工过程中应避免碳纤维片材弯折。

5.8.3 碳纤维片材配套胶粘剂的原料应密封储存，远离火源，避免阳光直接照射。

5.8.4 胶粘剂的配制和使用场所应保持通风良好。

5.8.5 现场施工人员应采取相应的劳动保护措施。

6 检验及验收

6.0.1 碳纤维片材和配套胶粘剂应按工程用量一次进场到位。进场时，应会同监理单位对产品合格证、产品质量出厂检验报告、中文标志和包装完整性进行检查。同时，应对产品的安全性能进行见证抽样复验。复验结果应符合本规范第 3.1、3.2、3.3 节的要求。

注：见证抽检的项目可由设计和监理单位选定。

6.0.2 采用碳纤维片材和配套胶粘剂对混凝土结构进行加固时，应严格执行本规程第 5 章有关条款的规定，并按隐蔽工程的要求，对各工序进行检验及验收。如施工质量不符合本规程第 5 章有关条款的要求，应立即采取补救措施或返工。

6.0.3 碳纤维片材的实际粘贴面积不应少于设计面积，位置偏差不应大于 10mm。

6.0.4 碳纤维片材与混凝土之间的粘结质量，可用小锤轻轻敲击或手压碳纤维片材表面的方法检查，总有效粘结面积不应低于 95%。当碳纤维布的空鼓面积不大于 10000mm^2 时，可采用针管注胶的方法进行修补。当空鼓面积大于 10000mm^2 时，宜将空鼓部位的碳纤维片材切除，重新搭接并粘贴等量的碳纤维片材，搭接长度不应小于 100mm。

6.0.5 验收时，应按附录 B 方法对施工质量进行现场抽样检验及评定。

附录 A 碳纤维片材配套胶粘剂与混凝土正拉粘结强度试验室测定方法及评定标准

A.1 适用范围

A.1.1 本方法适用于与碳纤维片材配套的结构胶粘剂单层或复合涂层与混凝土间的正拉粘结强度的测定。

A.2 试验设备和试样

A.2.1 拉力试验机。

拉力试验机的量程选择应与试样的破坏荷载相适应。试验时所用的夹具应能使试样对中、固定，试验机应能使拉力平稳地增加。

A.2.2 试验机具。

试验所用机具应采用钢材加工而成（图 A.2.2）。

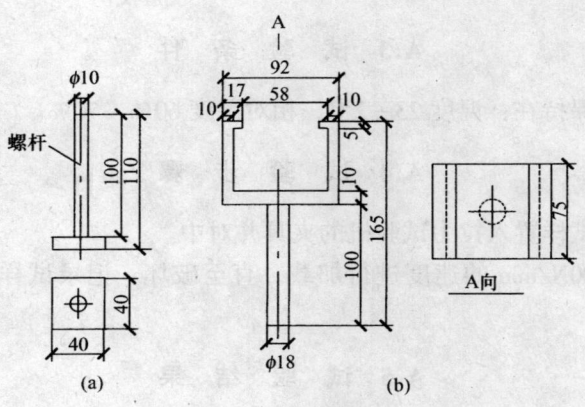

图 A.2.2 试验机具尺寸
(a) 钢标准块；(b) 钢夹具

A.2.3 混凝土试块。

试验所用混凝土试块的尺寸为 70mm×70mm×40mm。预切缝深度取 2～3mm。宽度 1～2mm（图 A.2.3）。

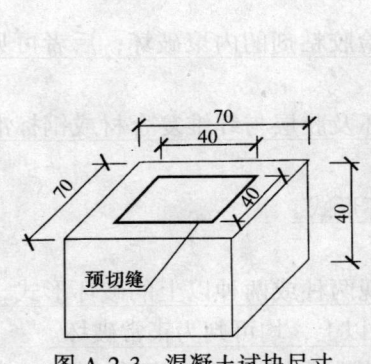

图 A.2.3 混凝土试块尺寸

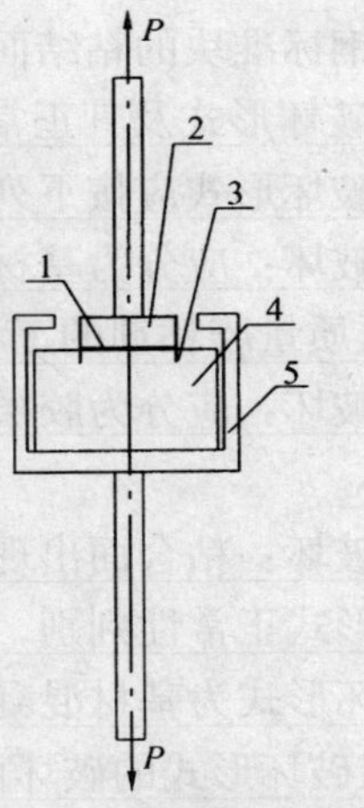

图 A.2.4 试样组成示意
1—配套胶粘剂及碳纤维片材；2—钢标准块；3—预切缝；
4—混凝土试块；5—钢夹具

A.2.4 试样制备。

试样为钢标准块与混凝土试块的组合件。在混凝土试块的中央位置按照正常的施工工序粘贴尺寸为 40mm×40mm 的碳纤维片材，然后将钢标准块与混凝土试块粘结（图 A.2.4）。

胶粘剂的制备和固化，应按相应的胶粘剂产品技术条件或胶粘剂施工工艺说明书中规定的条件进行。

A.2.5 试样数量。

每组试样数量不应少于 5 个。试样的组数，按试验设计方案确定。

A.3 试验条件

A.3.1 试验环境应保持在：温度 23±2℃，相对湿度 60%~70%。

A.4 试验步骤

A.4.1 将制备好的试样置入拉力试验机的夹具并对中。

A.4.2 以 1500~2000N/min 的速度进行加载，直至破坏。记录试样破坏时的荷载值 P，并观察破坏形式。

A.5 试验结果

A.5.1 强度计算：

正拉粘结强度应按下式计算：

$$f = \frac{P}{A} \tag{A.5.1}$$

式中 f——正拉粘结强度（MPa）；
  P——试样破坏时的荷载值（N）；
  A——钢标准块的粘结面面积（mm²）。

A.5.2 试样破坏形式及其正常性判别：

1 试样破坏形式应按下列规定划分：

1）内聚破坏：应分为基材混凝土内聚破坏和受检胶粘剂的内聚破坏；后者可见于使用低性能、低质量胶粘剂的工程。

2）黏附破坏：应分为胶层与基材之间的黏附破坏及胶层与纤维复合材或钢标准块之间的黏附破坏。

3）混合破坏：粘合面出现两种或两种以上的破坏形式。

2 破坏形式正常性判别，应符合下列规定：

1）当破坏形式为基材混凝土内聚破坏，或虽出现两种或两种以上的破坏形式，但基材混凝土内聚破坏形式的破坏面积占粘合面面积 85%以上，均可判为正常破坏。

2）当破坏形式为黏附破坏、胶层内聚破坏或基材混凝土内聚破坏面积少于 85%的混合破坏，均应判为不正常破坏。

注：1 钢标准块与检验用高强、快固化胶粘剂（取样胶粘剂）之间的黏附破坏，属检验技术问题，应重新粘贴；不参与破坏形式正常性评定。
2 胶粘剂破坏形式的定义按现行国家标准《胶粘剂术语》GB/T 2943 执行。

A.5.3 试验结果表示：

试验结果用正拉粘结强度的试验结果和破坏形式共同表示。

A.5.4 试验结果的合格评定：

1 组试验结果的合格评定，应符合下列规定：

1）当一组内每一试件的破坏形式均属正常时，应舍去组内最大值和最小值，而以中间三个值的平均值作为该组试验结果的正拉粘结强度推定值；若该推定值不低于本规程第 3 章规定的相应指标，则可评该组试件正拉粘结强度检验结果合格；

2) 当一组内仅有一个试件的破坏形式不正常时，允许以加倍试件重做一组试验。如试验结果全数达到上述要求，则仍可评该组为试验合格组。

2 批试验结果的合格评定应符合下列要求：

1) 当批内的每一组均为试验合格组时，应评该批粘结材料的正拉粘结性能符合安全使用的要求；

2) 当批内有一组或一组以上为不合格组时，应评该批粘结材料的正拉粘结性能不符合安全使用要求；

3) 当由不少于20组试件组成一个批，且仅有一组被评为试验不合格组时，仍可评该批粘结材料的正拉粘接性能符合安全使用要求。

A.5.5 试验报告应包括下列内容：

1　胶粘剂的品种、型号、批号和来源；
2　取样规则及数量；
3　制备试样的工艺条件；
4　试样的编号和数量；
5　试验时环境的温度、湿度；
6　拉力试验机的型号、量程及检定日期；
7　加荷方式及加荷速度；
8　试样的破坏荷载、破坏形式及正拉粘结强度测定值；
9　试验中出现的偏差和异常现象；
10　试验日期、试验人员及审核人员。

附录 B　碳纤维片材加固混凝土结构施工质量现场检验方法及评定标准

B.1　适用范围

B.1.1　本方法适用于碳纤维片材加固混凝土结构施工质量的现场检验及合格评定。

B.2　试验设备和试样

B.2.1　粘结强度检测仪。

对粘结强度检测仪的要求，应符合现行行业标准《数显式粘结强度检测仪》JG 3056的规定。粘结强度检测仪应每年检定一次。若发现异常，应随时维修，并重新检定。

B.2.2　取样规则。

现场检验应在已完成碳纤维片材粘贴并固化7d的结构表面上进行。其取样应符合下列规定：

1　梁、柱类构件以同规格、同型号的构件为一检验批。每批构件随机抽取的受检构件应按该批构件总数的10%确定，但不得少于3根；以每根受检构件为一检验组；每组3个检验点。

2　板、墙类构件应以同种类、同规格的构件为一检验批，每批按实际粘贴的表面积

（不论粘贴的层数）均匀划分为若干区，每区100m²（不足100m²，按100m²计），且每一楼层不得少于1区；以每区为一检验组，每组3个检验点。

3 现场检验的布点应在胶粘剂固化已达到可以进入下一工序之日进行。当因故需推迟布点日期时，不得超过3d。

4 布点时，应由独立检验单位的技术人员在每一检验点处粘贴钢标准块以构成检验用的试件。钢标准块的间距不应小于500mm，且有一块应粘贴在加固构件的端部。

B.2.3 现场试样制备。

1 表面处理：被测部位的加固表面应清除污渍并保持干燥。

2 切割预切缝：从加固表面向混凝土基体内部切割预切缝，切入混凝土深度10~15mm，宽度约2mm。预切缝形状为直径50mm的圆形或边长40mm×40mm的正方形。

3 粘贴钢标准块：采用高强、快固化的胶粘剂（取样胶粘剂）粘贴钢标准块（图 B.2.3）。取样粘结剂的正拉粘结强度应大于粘贴碳纤维片材的结构胶粘剂正拉粘结强度。钢标准块粘贴后应立即固定。

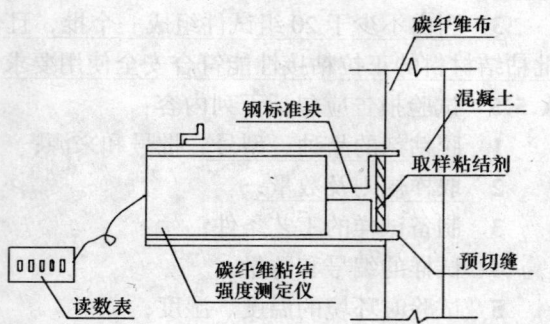

图 B.2.3 碳纤维片材粘结质量现场检验

B.3 试 验 步 骤

B.3.1 按照粘结强度检测仪生产厂提供的使用说明书，连接钢标准块。

B.3.2 以1500~2000N/min匀速加载，记录破坏时的荷载值，并观察破坏形态。

B.4 试 验 结 果

B.4.1 强度计算。

正拉粘结强度应按下式计算：

$$f = \frac{P}{A} \tag{B.4.1}$$

式中 f——正拉粘结强度（MPa）；

P——试样破坏时的荷载值（N）；

A——钢标准块的粘结面面积（mm²）。

B.4.2 试样破坏形式及其正常性判别：

1 试样破坏形式应按下列规定划分：

1）内聚破坏：应分为基材混凝土内聚破坏和受检胶粘剂的内聚破坏；后者可见于使用低性能、低质量胶粘剂的工程。

2）黏附破坏：应分为胶层与基材之间的黏附破坏及胶层与纤维复合材或钢标准块之间的黏附破坏。

3）混合破坏：粘合面出现两种或两种以上的破坏形式。

2 破坏形式正常性判别，应符合下列规定：

1) 当破坏形式为基材混凝土内聚破坏，或虽出现两种或两种以上的破坏形式，但基材混凝土内聚破坏形式的破坏面积占粘合面面积85%以上，均可判为正常破坏。

　　2) 当破坏形式为黏附破坏、胶层内聚破坏或基材混凝土内聚破坏面积少于85%的混合破坏，均应判为不正常破坏。

　　注：同附录A第A.5.2条的注。

B.4.3 试验结果的表示：

每组取3个被测试样，以算术平均值作为该组正拉粘结强度的试验结果。

试验结果应包括破坏形式、3个试样的正拉粘结强度值和该组正拉粘结强度的试验平均值。

B.4.4 碳纤维片材粘贴施工质量的合格评定：

1 组检验结果的合格评定，应符合下列规定：

　　1) 当组内每一试样的正拉粘结强度均达到 $\max\{1.5, f_{tk}\}$ 的要求，且其破坏形式正常时，应评定该组为检验合格组；

　　2) 当一组内仅一个试样达不到上述要求时，允许以加倍试样重新做一组检验，如检验结果全数达到要求，仍可评定该组为检验合格组；

　　3) 在重做试验中，仍有一个试样达不到要求，则应评定该组为检验不合格组。

2 检验批的粘贴施工质量的合格评定，应符合下列规定：

　　1) 当批内各组均为检验合格组时，应评定该检验批碳纤维片材与基材混凝土粘贴的施工质量合格；

　　2) 当有一组或一组以上为检验不合格组时，应评定该检验批构件加固材料与基材混凝土的粘贴施工质量不合格；

　　3) 当检验批由不少于20组试样组成，且检验结果仅有一组因个别试样粘结强度低而被评为检验不合格组时，仍可评定该检验批构件的粘贴施工质量合格。

　　注：f_{tk}为原构件混凝土实测的抗拉强度标准值。

B.4.5 试验报告应包括下列内容：

1 建设单位、委托单位、施工单位和检验单位的名称；

2 制备试样的工艺条件；

3 工程名称、取样部位、试样的数量和编号；

4 试验时环境的温度、湿度；

5 粘结强度检测仪的型号、量程、加载速度；

6 试样的破坏荷载值、破坏形式、粘结强度及评定结果；

7 检验过程中出现的偏差和异常现象；

8 检验日期、试验人员及审核人员。

本规程用词说明

1 为便于在执行本规程条文时区别对待，对要求严格程度不同的用词说明如下：

1) 表示很严格，非这样做不可的：

正面词采用"必须"；

反面词采用"严禁"。
2）表示严格，在正常情况下均应这样做的：
正面词采用"应"；
反面词采用"不应"或"不得"。
3）表示允许稍有选择，在条件许可时首先应这样做的：
正面词采用"宜"；
反面词采用"不宜"。
4）表示有选择，在一定条件下可以这样做的：
正面词采用"可"；
反面词采用"不可"。

2 条文中指定应按其他有关标准执行时，写法为"应按……执行"或"应符合……的要求（或规定）"。非必须按所指定的标准执行时，写法为"可参照……执行"。

中国工程建设标准化协会标准

碳纤维片材加固混凝土结构技术规程

CECS 146:2003

(2007年版)

条 文 说 明

目 次

1 总则 ··· 2141
3 材料 ··· 2141
   3.1 一般要求 ·· 2141
   3.2 碳纤维片材 ·· 2142
   3.3 配套胶粘剂 ·· 2142
   3.4 表面防护材料 ·· 2143
4 设计规定 ·· 2143
   4.1 一般规定 ·· 2143
   4.2 构造要求 ·· 2144
   4.3 受弯加固 ·· 2145
   4.4 受剪加固 ·· 2146
   4.5 柱的抗震加固 ·· 2147
5 施工规定 ·· 2147
   5.1 一般规定 ·· 2147
   5.3 表面处理 ·· 2147
   5.4 涂刷底胶 ·· 2147
   5.5 找平处理 ·· 2147
   5.6 粘贴碳纤维片材 ··· 2147
6 检验及验收 ··· 2148

1 总 则

1.0.1 本条指出制定本规程的目的和要求，并提出了碳纤维片材加固混凝土结构必须遵循的原则。

碳纤维片材加固混凝土结构是一项应用外贴高性能复合材料加固结构的新技术。目前国内对碳纤维片材加固混凝土结构的理论和试验研究成果已较多，设计与施工水平正在逐步提高，加固工程量也迅速增加。制定本规程，是为了在确保碳纤维片材加固工程质量的前提下，使其在混凝土结构加固领域中的应用规范化，进一步推广应用该项技术，从而获得更好的经济效益和社会效益。

1.0.2 本规程的适用范围为房屋建筑和一般构筑物混凝土结构的加固设计、施工及验收。混凝土结构因设计失误、施工错误、荷载增加、使用功能改变等使结构和构件承载力不足，均可采用碳纤维片材进行加固处理。

1.0.3 在执行本规程的同时，尚应配合使用国家现行有关标准，如《混凝土结构设计规范》GB 50010 等。

1.0.4 本规程规定结构长期使用温度不应高于 60℃，是按常温固化结构胶粘剂的性能确定的。当采用与碳纤维片材相配套的耐高温胶粘剂，且有可靠依据时，可不受此规定限制。在特殊环境（腐蚀、放射、高温等）下采用碳纤维片材进行混凝土结构加固时，尚应遵守相应的国家现行有关标准的规定，采取必要的防护措施。这些措施包括结构加固完成后应进行的防护处理。

1.0.5 碳纤维片材加固混凝土结构前，应进行结构检测鉴定，并应以我国已发布的《工业厂房可靠性鉴定标准》GBJ 144 和《民用建筑可靠性鉴定标准》GB 50292 为依据，评定原结构及其构件的可靠性程度，为碳纤维片材加固混凝土结构的设计和施工提供基本依据。

1.0.6 由于采用碳纤维片材加固混凝土结构是一项新技术，具有不同于其他加固方法的特殊性，故应由熟悉碳纤维复合材料性质及其加固方法的专业人员进行设计，并应由熟悉该技术作业的施工队伍进行施工，才能保证加固工程的安全和质量。否则，容易导致加固设计和施工的失误，造成事故和经济损失，影响该项新技术的正常应用。

3 材 料

3.1 一般要求

3.1.1 本条指出粘贴碳纤维片材加固方法所采用的材料种类，特别指出胶粘剂应是与碳纤维片材相适配的产品。这类材料进入市场前，应委托独立试验机构进行验证性试验。其试验报告应能证明该胶粘剂与配套碳纤维片材的粘结效果，以避免因胶粘剂与碳纤维片材不配套而造成加固效果降低或加固失效。

3.1.2 本条为加固用材料的一般要求。碳纤维片材和配套胶粘剂的性能必须符合本条的规定，才能作为混凝土结构加固用材料。使用不符合本条规定的产品进行结构加固，会导致加固失效其至造成严重事故。

3.1.3 目前在加固工程中大量使用的是单向碳纤维片材，故本规程仅列出单向碳纤维片材的性能指标。至于双向或多向碳纤维片材，因试验数据不足，且工程实践经验较少，故在本规程中暂不予推荐使用。

3.2 碳纤维片材

3.2.1 本规程仅针对碳纤维布和碳纤维板两种制品形式，统称为碳纤维片材。

碳纤维布的计算厚度为理论计算值，而不是碳纤维布的实测厚度，因为碳纤维布质地柔软，实测厚度离散性很大。碳纤维板的截面面积指含胶板材的实测截面面积。对碳纤维板产品应说明纤维的体积含量。常用碳纤维布的单位面积碳纤维质量、截面面积和计算厚度见表1。

表1 常用碳纤维布的单位面积质量、截面面积和计算厚度

纤维单位面积质量（g/m²）	密度（g/mm³）	单位宽度的截面面积（mm²/m）	计算厚度（mm）
200	1.8×10^{-3}	111	0.111
250		139	0.139
300		167	0.167

3.2.2 碳纤维材料具有强度高、弹性模量高、重量轻且耐腐蚀性好等特点。目前，在混凝土结构加固中一般使用高强度型碳纤维片材，其抗拉强度是普通钢筋的10倍左右，弹性模量略高于普通钢筋的弹性模量。另外，碳纤维没有类似钢筋的屈服点，在达到极限抗拉强度前，其应力—应变关系为线弹性。本规程的规定均以高强度型碳纤维片材为对象。当使用其他类型（如高模量型）的碳纤维片材时，应有可靠依据。当用于重要的建筑物的结构加固时，建议对碳纤维片材伸长率的要求予以适当提高。

3.2.4 试验研究和工程经验证明，单层碳纤维布的单位面积碳纤维质量越大，施工时浸渍胶粘剂越不容易完全浸透，施工质量越难以保证，故作出了严格的限制性规定。至于本规程所说的碳纤维单位面积质量，是指现场复验时，按现行国家标准《增强制品试验方法 第3部分：单位面积质量的测定》GB/T 9914.3进行检测所确定的单位面积质量。

3.2.5 碳纤维板过厚或过宽，施工质量均较难保证，所以在设计和施工时，都应使用宽度较小的碳纤维板。研究表明，碳纤维板中碳纤维体积含量在60%～70%时性能最好，故本规程对Ⅱ级碳纤维板的纤维体积含量作出了不宜低于60%且不应低于55%的规定。

3.3 配套胶粘剂

3.3.1 底胶的作用是增强混凝土表层，提高混凝土与修补胶及结构胶粘剂界面的粘结强度。修补胶的作用是填充混凝土的表面缺陷，并进行找平修整，使加固表面平整度符合要求。同时由于它与底胶及结构胶粘剂具有可靠的粘结强度，故形成了良好的粘结体系。当混凝土表观质量和平整度较好时，宜尽量减少修补胶的用量。结构胶粘剂是粘贴碳纤维布和碳纤维板等的主要粘结材料，其作用是使碳纤维丝之间、层之间以及其与混凝土之间充分粘结，以共同承受结构的作用。本条强调必须使用与碳纤维片材相配套的胶粘剂。

3.3.2 胶粘剂的安全性能必须满足本规程的有关要求。因为胶粘剂的性能与粘结质量和

加固效果密切相关。若胶粘剂的安全性能达不到要求，必然导致加固效果严重降低，甚至加固失效。

3.3.3 胶粘剂与碳钢粘结的拉伸抗剪强度不仅最能反映结构胶粘剂的粘结特性，而且还是设计计算不可或缺的性能指标。因此，必须对其进行耐湿热、老化性能检验。当按《混凝土结构加固设计规范》GB 50367规定的环境条件进行90d老化试验时，其钢对钢拉伸抗剪强度降低率不超过本规程规定值时，可认为其耐老化性能符合安全使用的要求。

3.4 表面防护材料

3.4.1 表面防护的作用是保护加固结构的碳纤维片材和胶粘剂免受外界不利环境的侵害，如紫外线照射、火灾等。表面防护材料的选择，可按国家现行有关标准的规定执行。需要指出，碳纤维片材不能当作防护材料使用。当被加固混凝土结构本身有防护要求时，采用碳纤维片材加固后还应采取相应的防护措施。必须保证防护材料与胶粘剂粘结可靠，变形协调。

3.4.2 本条强调对于有防火要求的建筑物，必须按照要求选择防火材料并进行防护处理，以保证加固后建筑物能够达到防火规范规定的防火等级。

3.4.3 当被加固结构本身需要按使用环境条件采取规定的防护措施时，结构加固后同样应按相应国家标准的规定执行。

4 设 计 规 定

4.1 一 般 规 定

4.1.1 碳纤维片材不能设计为承受压力，但在反复荷载下碳纤维片材在经受一定的压力作用后，仍可承受拉力。

碳纤维片材应采用配套结构胶粘剂粘贴于构件表面，在构件受力过程中应与构件保持变形协调。应采取措施保证不发生因粘贴面过早剥离而导致加固效果显著降低。本规程的设计计算方法均是基于这一前提建立的。

4.1.2 到目前为止，碳纤维片材对钢筋混凝土梁的受弯加固、受剪加固和柱的抗震加固研究和应用最多，相应的计算理论也较成熟，故本规程纳入了这三种加固方法的设计计算方法和构造规定。受弯加固是指为提高受弯构件正截面承载力而进行的加固；受剪加固是指提高受弯构件斜截面承载力而进行的加固；抗震加固是指为提高构件的抗震性能而进行的加固。在受弯加固时，应使碳纤维片材的纤维方向与构件受拉区的拉应力方向一致；在受剪加固时，应使碳纤维片材的纤维方向与混凝土中主拉应力方向一致，但为了施工方便，建议采用纤维方向与构件纵轴垂直；抗震加固时，应使碳纤维布以环向围束方式缠绕在柱上，以较好地提高抗震性能。除此以外，碳纤维片材也可沿受拉构件轴向粘贴，对受拉构件进行加固，或沿构件环向粘贴对轴心受压构件加固。至于受弯加固，虽可采用对碳纤维片材施加预应力的方法，以提高其加固效果，但由于相应的计算方法和施工方法的研究尚不成熟，故暂未列入本规程。

4.1.3 本规程对钢筋混凝土结构构件加固所采用的极限状态设计计算方法，与现行国家标准《混凝土结构设计规范》GB 50010 相协调，但考虑到既有建筑物的特性，要求以现场检测确定的材料实际强度和有关参数进行验算。同时，在验算中还应考虑二次受力问题。

试验研究表明，碳纤维片材加固的混凝土结构构件有多种破坏形态，除了与普通混凝土构件相同的以外，还有一些特殊的破坏形态，如碳纤维片材的剥离破坏等。采用这种加固方法，构件达到承载能力极限状态时，碳纤维片材的抗拉强度往往不能完全发挥，此时应以达到极限状态时碳纤维片材所达到的应变值来确定其承载力。同时，由于碳纤维片材在最终拉断时表现出明显的脆性，因此即使构件破坏时碳纤维片材可以达到其极限抗拉强度，也应选择小于其极限拉应变的允许拉应变作为设计极限状态的标志，以保证足够的可靠度。

4.1.4 本规程规定的碳纤维片材抗拉强度标准值的确定方法，是以现行国家标准《正态分布完全样本可靠度单侧置信下限》GB/T 4885 为依据制定的。同时，与国际标准、欧洲标准、ACI 标准等也是相协调的。因此，必须得到严格的执行。生产厂家提供的此项性能指标必须经进场见证抽样检验合格后，其产品方可在工程中使用。

4.1.5 一般情况下，对结构或构件的加固是局部的。加固后结构体系可能有所改变，因此，加固设计中应进行验算，以保证不发生危险的脆性破坏。例如，在受弯加固后应避免剪切破坏先于受弯破坏发生等。

4.1.6 研究表明，当加固前构件计算所受的初始弯矩小于受弯承载力的20%时，初始弯矩的作用不大，可以忽略二次受力的影响。

4.1.7 在实际工程中，某些结构的混凝土强度可能低于现行国家标准要求的最低强度等级。如果结构混凝土强度过低，则与碳纤维片材的粘结强度将会很低，易发生脆性的剥离破坏，碳纤维片材就不能充分发挥作用。因此，本条以现行国家标准《混凝土结构设计规范》GB 50010 对混凝土强度和耐久性的要求为依据，规定了被加固结构混凝土强度的最低等级。

4.1.8 碳纤维片材很容易受人为破坏和火灾烧毁，并因此而导致建筑物意外坍塌。为此，国外有关碳纤维片材加固混凝土结构的设计指南，或是要求对原结构、构件提供附加的安全保护，或是要求原结构、构件，必须能承担其恒荷载的标准值及少量的使用荷载。因而本规程也作出了原则性规定，以引起设计人员的重视。

4.2 构 造 要 求

4.2.1 碳纤维片材沿其纤维方向弯折时会导致应力集中和纤维丝折断，影响强度发挥。根据试验研究结果，当转角处的曲率半径不小于20mm 时，可缓解应力集中，使碳纤维片材强度不受显著影响。对弹性模量较高的碳纤维片材，如要使其强度不受影响，则转角处的曲率半径应该更大，但因缺少试验资料，本规程未作明确规定。

4.2.2 试验研究表明，当单位面积碳纤维质量不超过 $300g/m^2$，碳纤维布沿受力方向的搭接长度不小于 100mm 时，破坏不会发生在搭接部位。但有资料表明，倘若粘贴施工质量不良，碳纤维布的断裂或破坏仍然会发生在搭接处，因此，应采取措施保证粘贴施工质量，才能使本条的构造措施发挥其应有的作用。

4.2.3 附加锚固措施是指：将钢板或角钢等先粘贴在碳纤维片材外表面，再用锚栓锚固于混凝土中，锚栓的数量及布置方式应根据锚固区受力大小确定。钢板压条厚度不应小于3mm；锚栓规格应按计算确定，但不应小于M8。此外，设计时尚应考虑因采取附加锚固措施而造成的碳纤维片材损伤对加固效果的影响。

4.3 受弯加固

4.3.1 国内外的试验研究表明，在受弯构件的受拉面粘贴碳纤维片材进行受弯加固时，截面应变分布仍可采用平截面假定。为防止碳纤维片材最终发生脆性拉断破坏，所采用的允许拉应变$[\varepsilon_{cf}]$一般为设计极限拉应变$[\varepsilon_{cfu}]$的2/3；同时根据《混凝土结构设计规范》GB 50010对构件塑性变形的控制条件，$[\varepsilon_{cf}]$且不应大于0.01。

碳纤维片材从开始承受荷载至拉断，均表现为线弹性。

4.3.2 采用粘贴碳纤维片材进行受弯加固时，构件的破坏形态主要有以下几种：

1 受拉钢筋先达到屈服，然后受压区混凝土压坏，此时碳纤维片材未达到其允许拉应变$[\varepsilon_{cf}]$；

2 受拉钢筋先达到屈服，然后碳纤维片材超过其允许拉应变$[\varepsilon_{cf}]$并达到极限拉应变而拉断，此时受压区混凝土尚未压坏；

3 因加固量过大，在受拉钢筋达到屈服前受压区混凝土先压坏；

4 在达到正截面极限承载能力前，碳纤维片材与混凝土发生剥离破坏。

对受弯加固，宜按第1种破坏形态进行设计计算；也可按第2种破坏形态进行设计计算。第3种破坏形态，属脆性破坏，应通过控制加固量上限来避免发生。本规程第4.3.5条第1款规定的受压区高度x不大于$0.8\xi_b h_0$，即可控制不发生第3种破坏形态。第4种破坏形态也属脆性破坏。此时碳纤维片材中的应力状态很复杂，极易引起剥离，必须避免。设计时，应通过构造或锚固措施予以防止。本规程第4.3.8条和第4.3.9条的构造规定必须得到遵守，因为它是实现本条基本假定和要求的保证。

本条第1款为第1种破坏形态的受弯承载能力计算公式。公式（4.3.2-1）从对受拉钢筋截面形心取矩的力矩平衡方程得到，公式（4.3.2-2）为力平衡方程，公式（4.3.2-3）是按平截面假定得到。

本条第2款、第3款为第2种破坏形态的受弯承载力近似计算公式，此时受压区高度很小。第2款中，偏于安全地对受压区边缘混凝土达到极限压应变且碳纤维片材同时达到允许拉应变的界限状态时的受压区合力作用点取矩，并取碳纤维片材的应变为允许拉应变，即得公式（4.3.2-4）。第3款中，对受压钢筋合力作用点取矩，并认为受压钢筋合力作用点与受压区混凝土合力作用点重合，即得公式（4.3.2-5）。但应指出，由于碳纤维为线弹性材料，当按第2种破坏状态进行设计计算时，应要求所采用的碳纤维片材具有较大的伸长率，以提高被加固结构构件的安全可靠性。

另外，由于被加固结构的混凝土强度等级一般较低，故本规程受弯承载力计算公式中采用的等效矩形应力图形系数，未考虑高强混凝土的影响。

4.3.4 根据钢筋混凝土受弯构件在正常使用阶段受压区边缘混凝土和受拉钢筋的应变计算公式，按平截面假定可确定加固前在初始弯矩作用下的混凝土拉应变ε_i

根据计算分析和试验结果，当初始弯矩M_i小于未加固截面受弯承载力的20%时，二次受力对受弯极限承载力的影响很小，可以不考虑。

4.3.5 限制受压区高度 x 不大于 $0.8\xi_b h_0$，是为了避免因加固量过大而导致超筋性质的脆性破坏。

因为缺乏成熟的研究成果，本规程未给出受弯构件加固后正常使用阶段裂缝和变形的验算方法，但为了控制加固后构件的裂缝宽度和变形，以及考虑到碳纤维片材的加固应用经验尚有不足之处，本规程对加固后受弯承载力的提高程度作了限制，并对正常使用阶段的钢筋应力作了控制。

4.3.6 在梁侧面受拉区粘贴碳纤维片材进行受弯加固时，仍可采用平截面假定来确定碳纤维片材的应变分布。碳纤维片材距受拉区边缘越远，应变越小，越不能充分发挥作用，因此限制了碳纤维片材在梁侧面受拉区的粘贴高度，并引入折减系数来考虑应变不均匀分布的影响。

4.3.7 考虑到受弯加固可能引起构件受力状态改变从而引发破坏形态转化所导致的安全问题，故本条作出了进行受弯加固设计时尚应验算构件的受剪承载力的规定。

4.3.8 碳纤维片材与混凝土之间粘结强度的取值，是根据国内试验研究结果和工程经验，并参照国外有关设计指南给出的。其中已经考虑了施工现场和实验室的施工质量差别、粘结界面上拉应力和剪应力共同作用等因素的影响。这里应指出的是：由于试验数据不足，不仅未考虑粘结强度与混凝土强度等级的关系，而且也无法区别对待板和布粘结能力的不同，只能按最小值原则取值。在这种情况下，又建议设计时将碳纤维片材延伸至支座边缘，更是增加了不少安全储备。由之可见，规程中统一给出的粘结强度设计值显然是偏于保守的。尽管如此，但从新技术推广应用的角度来考虑，这一偏于保守的处理却是必要的。

4.3.9 本条的构造规定系根据试验研究结果和工程经验制定的，具有安全而实用价值，应得到很好的执行。

4.3.10 在对负弯矩区进行加固时，由于靠近梁肋处粘贴的碳纤维片材可以较充分地发挥作用，而远离梁肋的碳纤维片材作用较小，故限制了碳纤维片材的粘贴范围。

4.3.12 由于碳纤维片材在柱端锚固困难，通常不采用碳纤维片材对柱端进行正截面承载力加固。本条的规定仅适用于柱中部正截面承载力的加固。当被加固位置的碳纤维片材有可靠锚固时，加固后的承载力计算可按截面应变符合平截面假定，参照本规程第4.3.2条的方法进行。

4.4 受 剪 加 固

4.4.1、4.4.2 碳纤维片材的受剪承载力是根据加固后构件达到最大受剪承载力时碳纤维片材的应变发挥程度确定的。公式（4.4.1-3）和公式（4.4.2-3）是根据国内外的试验结果分析，并参照美国ACI的有关设计指南给出的。对钢筋混凝土柱，受剪加固应采取环向围束式（封闭式）粘贴，此时，取 $\varphi=1$；如不能封闭粘贴，不宜采用碳纤维片材加固。

4.4.3 本章的受剪计算公式均是按碳纤维片材纤维方向与构件轴向垂直的情况给出的。当采用斜向粘贴时，应对受剪计算公式作相应改变。

U形箍粘贴质量不良时，其端部易发生剥离破坏，影响碳纤维片材加固作用的发挥，故应优先采用环形箍。当采用U形箍粘贴时，宜按本条第4款的要求设置水平压条，以增加粘贴面积，提高抗剥离能力。试验表明，U形箍如采取了可靠的机械锚固措施，将具有与环形箍粘贴同样的效果。

4.5 柱的抗震加固

4.5.1 公式（4.5.1）中的总折算体积配箍率，是根据我国试验结果分析给出的。采用碳纤维片材缠绕加固混凝土柱可以约束混凝土的变形，从而提高混凝土的抗压强度，降低轴压比。但这方面的研究目前还不充分，仅当有可靠依据时，方可考虑其作用。

4.5.2 柱的抗震加固必须采用环向围束式粘贴并应有可靠的连接。此时，搭接长度比受弯加固、受剪加固的搭接长度应大一些，才能保证加固效果。

5 施 工 规 定

5.1 一 般 规 定

5.1.3 施工现场的环境温度必须符合粘结材料的使用温度以保证粘贴质量，如果不能满足，必须采取措施使其满足要求后再进行粘贴。

5.1.4 当环境湿度不超过70%时，可不考虑环境湿度对胶粘剂固化的不利影响。若采用高潮湿面专用胶粘剂，可不受此限制。

5.1.6 本条规定了配制底胶、修补胶及结构胶粘剂时均应满足的一般要求。施工时应根据施工进度和环境温度控制每次的拌和量，以保证在粘结材料规定的使用时间内有效地使用拌和好的粘结材料。

5.3 表 面 处 理

5.3.1 对较大的孔洞、凹陷等应采用高粘结性能的修复材料修补平整。修复材料宜采用水性环氧类聚合物砂浆，以保证其与原混凝土粘结良好。

5.4 涂 刷 底 胶

5.4.2 研究结果表明，在底胶表面指触干燥时，立即进入下一工序施工，其粘结效果最好，故作出本规定。底胶的指触干燥是指底胶刚达到凝胶的状态，即在施工现场以手指触摸胶层表面有凝胶的感觉，但却不会黏附手指的状态。

5.5 找 平 处 理

5.5.4 现场试验研究结果表明，在修补胶找平处理的表面达到指触干燥时，进行下一工序施工，其粘结效果最好，故作出本条的规定。

5.6 粘贴碳纤维片材

5.6.1 试验研究和工程经验表明，只有结构胶粘剂充分浸透在碳纤维布中才能保证其粘贴质量，否则有很不利的影响。用专用滚筒滚压碳纤维布时，可以向一个方向滚动，也可以从中间向两个方向滚动，但不允许来回反复滚动，以免损伤碳纤维，影响粘结质量。

6 检验及验收

6.0.1 施工前应对材料安全性能进行检验，以保证工程质量。

6.0.2 本条中的隐蔽工程指表面处理、涂刷底胶和找平处理三道工序。前一工序检查合格后方可进入下一道工序的施工，以避免覆盖后难以检验施工质量的问题发生。

6.0.4 本条规定的检查方法，是经实践检验过的有效而简便的方法，适用于任何条件下碳纤维片材与混凝土粘贴质量的检查。

6.0.5 对结构加固工程，除了检查碳纤维片材粘贴的空鼓率外，还应按附录B的规定，检验碳纤维片材与混凝土基材的正拉粘结强度，才能对粘贴质量作出更可靠的评估，以确保工程安全。